Springer-Lehrbuch

N. Birbaumer R.F. Schmidt

Biologische Psychologie

Zweite, korrigierte Auflage
mit 422 meist farbigen Abbildungen
in 687 Einzeldarstellungen
und 48 Tabellen

Springer-Verlag
Berlin Heidelberg New York
London Paris Tokyo
Hong Kong Barcelona
Budapest

Professor Dr. NIELS BIRBAUMER
Abteilung für Klinische und Physiologische Psychologie
Universität Tübingen
Gartenstraße 29, 7400 Tübingen

Professor Dr. ROBERT F. SCHMIDT
Physiologisches Institut
Universität Würzburg
Röntgenring 9, 8700 Würzburg

ISBN 3-540-53930-1 2. Auflage Springer-Verlag Berlin Heidelberg New York

ISBN 3-540-15437-X 1. Auflage Springer-Verlag Berlin Heidelberg New York
ISBN 0-387-15437-X 1st edition Springer-Verlag New York Berlin Heidelberg

CIP-Titelaufnahme der Deutschen Bibliothek
Birbaumer, Niels: Biologische Psychologie / N. Birbaumer ; R. F. Schmidt. - 2., korrigierte Aufl. - Berlin ; Heidelberg ; New York ; London ; Paris ; Tokyo ; Hong Kong ; Barcelona ; Budapest : Springer, 1991
(Springer-Lehrbuch)
ISBN 3-540-53930-1
NE: Schmidt, Robert F.:

Umschlaggestaltung: W. Eisenschink, Heddesheim
Gesamtherstellung: Appl, Wemding
15/3145-543210 - Gedruckt auf säurefreiem Papier

Dem Andenken meines Vaters
Niels Birbaumer

Meinem Freund Emilio
Robert F. Schmidt

Vorwort zur zweiten Auflage

Nachdem das Buch die erwartete gute Aufnahme gefunden hat, wurde innerhalb kurzer Zeit eine zweite Auflage notwendig. Bei dieser Gelegenheit haben wir Fehler, die bei der ersten Auflage unentdeckt blieben, korrigiert und einige, für das inhaltliche Verständnis notwendige Ergänzungen vorgenommen, sowie die Literaturverzeichnisse aktualisiert.

Wir bedanken uns für die vielen Zuschriften und Verbesserungsvorschläge, die bei den Korrekturen außerordentlich hilfreich waren. Auf Anregungen, die eine Umbruchänderung notwendig gemacht hätten, konnten wir diesmal noch nicht eingehen. Dies wird bei der in Angriff genommenen Überarbeitung für die nächste Auflage geschehen. Bis dahin bitten wir auch weiterhin um Kommentare aus dem Leserkreis.

Dem Springer Verlag in Heidelberg, insbesondere Frau A. C. Repnow im Lektorat und Herrn J. Sydor in der Herstellung, sind wir für die unverändert ausgezeichnete Zusammenarbeit zu großem Dank verpflichtet.

Tübingen und Würzburg
im August 1991

NIELS BIRBAUMER und ROBERT F. SCHMIDT

Vorwort und Danksagung zur ersten Auflage

Das vorliegende Werk ist in mehrjähriger enger Zusammenarbeit eines Biologischen Psychologen (NB) mit einem Physiologen (RFS) entstanden. Wir hatten uns zum Ziel gesetzt, die biologischen Grundlagen des Verhaltens unter einem „Umschlagdach" darzustellen, und zwar sowohl die neuronalen als auch die allgemein-physiologischen. Diese Aufgabe erwies sich wesentlich schwieriger und vor allem zeitintensiver als zunächst gedacht. Inwieweit sie überhaupt geglückt ist, sei dem Urteil des Lesers anheimgestellt.

Lehrbücher der *Biologischen* und *Physiologischen Psychologie* haben bisher fast ausschließlich ihre Aufmerksamkeit auf die Zusammenhänge zwischen *Gehirn* und *Verhalten* konzentriert. Dabei geriet das Zusammenwirken *aller* Körpersysteme an den Leistungen des Zentralnervensystems (ZNS) aus dem Blickfeld. Umgekehrt blieb wenig beachtet, daß die meisten der peripheren Organe und Organsysteme zentralnervös beeinflußt werden und damit ebenfalls den Gesetzmäßigkeiten der Verhaltensbiologie unterworfen sind. Damit wurde vernachlässigt, daß trotz der unumgänglichen Konzentration der wissenschaftlichen Forschung auf einzelne Systeme jeder dieser isolierten Mechanismen nur vor dem Hintergrund eines gewissen Verständnisses des *Gesamtorganismus* zu korrekten Schlüssen in Forschung und klinischer Praxis führen kann. Deswegen haben wir uns auch entschlossen, den ursprünglich vorgesehenen Titel *„Physiologische Psychologie"* in *„Biologische Psychologie"* zu ändern.

Physiologische Psychologie bedeutet traditionell das Studium der Rolle des ZNS für Verhalten. Diese Tradition wurde hier verlassen; wir haben versucht, das ZNS, Verhalten und die peripher-physiologischen Vorgänge als von gemeinsamen biologischen Grundprinzipien abhängige Prozesse darzustellen. Der umfassendere Begriff der *„Biologischen Psychologie"* erschien uns dafür geeigneter (s. dazu auch unsere Ausführungen im Kapitel 1). Besonders deutlich wird die Unauflösbarkeit peripherer und zentral-neuronaler Mechanismen bei *pathologischen Erscheinungen,* sowohl bei Organ- wie bei Verhaltensstörungen. Diese Tatsache versuchten wir durch zahlreiche Beispiele aus Pathophysiologie und Psychopathologie zu illustrieren.

Das Buch ist als einführender Text konzipiert. Es setzt daher kaum naturwissenschaftliche (mathematische, physikalische, chemische) sowie keine anatomischen oder physiologischen Vorkenntnisse voraus. Jeder neu eingeführte Begriff wird zunächst definiert und, soweit notwendig, erläutert. Alle Leserinnen und Leser, die das Abitur oder diesem vergleichbare Kenntnisse besitzen, sollten daher in der Lage sein, sich den Inhalt des Buches ohne Verständnisschwierigkeiten anzueignen.

Die wesentlichen Lerninhalte sind durch ihre Anordnung, durch Abbildungen und durch Hervorhebungen im Text gekennzeichnet, während umgekehrt Detailaspekte, methodische und historische Gesichtspunkte, sowie pathologische, klinische oder therapeutische Erörterungen meist im Kleindruck wiedergegeben sind. Für jedes Kapitel wurde ein eigenes Literaturverzeichnis erstellt, in dem grundlegende und weiterführende Lehr- und Handbücher ebenso wie Einzel- und Übersichtsarbeiten den Weg zu den Quellen und zu einem vertiefenden Studium öffnen.

Die durchweg zweifarbigen Abbildungen, die Dank dem Entgegenkommen des Verlages großformatig angelegt werden konnten, bilden einen zentralen Bestandteil dieses Buches. Sie sollten den Lernzielen optimal angepaßt, formal einheitlich, möglichst leicht verständlich und dabei sachlich korrekt sein und darüber hinaus auch noch die Aufmerksamkeit des Betrachters fesseln. Herr J. Kühn, Heidelberg, hat mit den Mitarbeitern seines graphischen Ateliers daher fast alle Abbildungen neu entworfen und gezeichnet. Es ist ihnen ein hervorragendes Stück Arbeit gelungen, künstlerisch wie wissenschaftlich, für das wir sehr herzlich danken.

Wir sind beim Verfassen des Manuskripts so vorgegangen, daß jeder der beiden Autoren zunächst eine Erstfassung eines Kapitels schrieb: die Kapitel 2 bis 13 und 15 bis 23 wurden von RFS, die Kapitel 14 und 24 bis 30 von NB verfaßt. Kapitel 1 schrieben wir gemeinsam. Danach überarbeitete jeder die Kapitel des anderen und erstellte eine vorläufige Endfassung, die dann nochmals vom anderen gelesen und - wenn notwendig - modifiziert wurde. Manches Wochenende der letzten Jahre war dem für uns beide immer außerordentlich anregenden Dialog über diese Entwürfe gewidmet.

Die Kapitel 14 und 24 bis 30 hat liebenswürdigerweise noch Prof. Uwe Heinemann (Physiologisches Institut der Universität Köln), Kapitel 30 Dr. Tony Canavan (Tübingen) bearbeitet und wertvolle Anregungen gegeben. Wir sind beiden Kollegen für ihre bereitwillige Hilfe zu großem Dank verpflichtet.

Eine Aufgabe wie dieses Buch kann bei der gegenwärtigen Wissensexplosion in der Physiologie, der Psychologie und vor allem in den Neurowissenschaften nicht mehr von einer Person allein gelöst werden. Aber auch für zwei Autoren bleibt die Aufgabe ohne externe Hilfe und Unterstützung kaum zu bewältigen. Unser Dank gilt daher unseren Mitarbeitern und Freunden am Physiologischen Institut der Universität Würzburg und an der Abteilung für Klinische und Physiologische Psychologie der Universität Tübingen, mit denen wir unsere Forschungsarbeiten durchführen. Sie hatten in den letzten Jahren manche zusätzliche Arbeit zu leisten. Aber ohne eigene Erfahrung in physiologischer und neurobiologischer Forschung könnte ein solches Buch nur schwer überzeugen. Darüber hinaus sind wir vielen Kollegen zu Dank verpflichtet, deren Forschungsergebnisse in dieses Buch einflossen und deren Abbildungen wir übernehmen oder zur Grundlage unserer Darstellungen machen konnten.

Zu danken haben wir auch den Mitarbeiterinnen in den beiden Sekretariaten, Frau M. D. Derrick und Frau I. Laing in Würzburg und Frau L. Hemberger und Frau A. Maier in Tübingen. Frau cand. med. et psychol. H. Schmittner, Würzburg, besorgte mit großer Umsicht das umfangreiche Sachverzeichnis. Dafür sei ihr besonders gedankt.

Der Springer Verlag mit Frau A. C. Repnow im Lektorat, Frau D. Großhans, Frau S. Vandrey, Herrn R. Fischer und Herrn J. Sydor in der Herstellung haben wie immer an dem schwierigen Unternehmen wesentlichen Anteil. Ihnen allen gilt unser besonderer Dank.

Unsere Frauen Veronika B. und Lotte S. haben trotz ihrer eigenen Arbeitsbelastung abends und an Wochenenden beim Lektorat der Fahnen mitgearbeitet. Ihre Sachkenntnis und Kritik war von großem Wert. Ihnen sei herzlich gedankt.

Tübingen und Würzburg
im August 1989

Niels Birbaumer und Robert F. Schmidt

Inhaltsverzeichnis

1 Biologische Psychologie: Die Wissenschaft von Physiologie und Verhalten

1.1 Begriffsbestimmung

Die **Biologische Psychologie** untersucht die Zusammenhänge zwischen biologischen Prozessen und Verhalten. Dabei werden die Lebensprozesse *aller* Organe des Körpers, nicht nur des Gehirns, betrachtet.

Unter **Physiologischer Psychologie** verstehen wir dagegen die interdisziplinäre Forschung über die Beziehungen zwischen *Gehirn* und *Verhalten*. Es existieren eine Reihe von anderen Bezeichnungen zur Beschreibung der Aufgabe der Physiologischen Psychologie, z. B. *Psychobiologie* und *Verhaltensneurowissenschaft (behavioral neuroscience).*

„Interdisziplinär" und „Gehirn und Verhalten" sind die wesentlichen Bestimmungsstücke dieser Definition. Interdisziplinär, weil die elektrischen, magnetischen, chemischen und molekularen Vorgänge im Gehirn von keiner Disziplin allein verstanden und erforscht werden können. Um die Arbeitsweise auch nur einer Nervenzelle beschreiben zu können, sind anatomisch-histologische, neurochemisch-molekulare und elektro-physikalische Kenntnisse notwendig – um eine Auswahl zu nennen –, deren Zusammenwirken nur von mehreren Wissenschaften mit ihren spezifischen Methoden geklärt werden kann. Die physikalisch-biologischen Erkenntnisse über Aufbau und Struktur des Gehirns sind *mit den Verhaltenswissenschaften* (Psychologie, Ethologie, Sozialwissenschaften) *zu vereinen*, will man deren gegenseitige Abhängigkeit verstehen.

Die Gesetzmäßigkeiten menschlichen und tierischen Verhaltens über die Wechselwirkungen des Individuums mit vergangener, gegenwärtiger und zukünftiger (erwarteter) Umwelt bestimmen die Vorgänge im Gehirn. Die Biologische Psychologie studiert deshalb die Körpervorgänge in umschriebenen *situativen* (z. B. sozialen) *Zusammenhängen*, die von den Verhaltenswissenschaften als besonders wichtig für die Vorhersage des Verhaltens von Mensch und Tier beschrieben wurden. Zum Verständnis der neuronalen Vorgänge von Lernen werden z. B. Lern- und Gedächtnisexperimente aus der Psychologie mit neurobiologischen Methoden (z. B. Änderungen von Überträgerstoffen an den Zellmembranen in spezifischen Lernsituationen) kombiniert.

Biologische Psychologie und Allgemeine Physiologie. Das Gehirn ist sowohl oberstes Steuerorgan aller übrigen Körperfunktionen, die an Verhalten beteiligt sind, als auch von den peripheren physiologischen Systemen abhängig. Ohne ausreichende Zufuhr von Sauerstoff, Zucker, Elektrolyten und Hormonen, z. B. aus der Lunge, aus dem gastrointestinalen Trakt, der Niere und den inneren Drüsen, kommt es innerhalb weniger Sekunden zu „Verhaltensstillstand". Der ständige Informationsaustausch zwischen Hirn, Muskulatur und inneren Organen über periphere Nerven und Blutkreislauf bestimmt Verhalten ebenso wie die Einwirkungen aus der Umwelt und die phylogenetische Vergangenheit (Erbsubstanz). Wir haben deshalb erstmals einen *Gesamtüberblick* von Physiologie und Physiologischer Psychologie in einer *Biologischen Psychologie* versucht, um die engen Beziehungen zwischen „Kopf und Körper" deutlich zu machen.

Die Inhalte der Kapitel 2–11 werden üblicherweise nicht als Teilgebiete der Physiologischen Psychologie aufgefaßt, sind aber zu deren Verständnis notwendig. *Allgemeine Physiologie* und *Physiologische Psychologie* werden daher in diesem Buch unter dem gemeinsamen „Dach" eines einzigen **Lehrbuchs der Biologischen Psychologie** vereint, um so einen möglichst umfassenden ersten Überblick der wichtigsten biologischen Grundlagen menschlichen und tierischen Verhaltens zu ermöglichen.

Physiologische Psychologie, Neuropsychologie und Psychophysiologie. Die **Physiologische Psychologie** untersucht in der Regel die biologischen Vorgänge und neuronalen Strukturen mit *direkter Reizung* (pharmakologisch, mechanisch, elektrisch), *Registrierung*, oder *Zerstörung* der Hirnaktivität (s. Kap. 24). Verhalten wird dabei als *abhängige* (z. B. Lernen nach Entfernen eines Hirnabschnittes) oder als *unabhängige Variable* (Lernen mit gleichzeitiger Registrierung der elektrischen Aktivität eines Hirnareals) gemessen. Die Biologische und

Physiologische Psychologie ist auf den *Tierversuch* angewiesen. Das Ziel aller Verhaltenswissenschaften, menschliches Verhalten besser zu verstehen und damit auch dessen Störungen und Erkrankungen zu heilen oder zu verhindern, ist ohne Tierversuche nicht erreichbar.

Die **Neuropsychologie** bedient sich derselben Methoden (Läsion, Reizung) wie die Physiologische Psychologie, konzentriert sich aber auf den *Menschen.* Da sich Eingriffe in das Gehirn des Menschen zu experimentellen Zwecken verbieten, untersucht die Neuropsychologie vor allem *Patienten* mit Störungen und Ausfällen der Hirntätigkeit. Aus den Verhaltensänderungen bei solchen Störungen der Hirntätigkeit kann häufig auf die Bedeutung dieser Strukturen und ihrer Verbindungen für bestimmte Verhaltensweisen geschlossen werden. Ein zentrales Anliegen der Neuropsychologie ist die Entwicklung von psychologischen Tests und Verhaltensproben, die als (indirektes) Maß der Funktionstüchtigkeit eines bestimmten Hirnprozesses sowohl beim Gesunden wie Kranken dienen. Die **neuropsychologische Diagnostik** stellt die Grundlage für die Planung der **psychologischen Rehabilitation** bei verschiedenen Hirnerkrankungen dar. Neuropsychologie und Physiologische Psychologie sind notwendige Ergänzungen: Ergebnisse aus dem Tierversuch können ihre Übertragbarkeit auf den Menschen durch neuropsychologische Untersuchungen unter Beweis stellen.

Die **Psychophysiologie** untersucht die Beziehungen zwischen biologischen Vorgängen vorwiegend am menschlichen Organismus mit *nicht-invasiven Registrier- und Meßmethoden.* Z.B. erlaubt die Registrierung der hirnelektrischen Aktivität während des Schlafes die Beobachtung und Beeinflußung (pharmakologisch oder psychologisch) der verschiedenen Schlafstadien (s. Kap. 26). Neuropsychologische und psychophysiologische Befunde werden vor allem in den Kap. 24–30 besprochen, soweit sie für das Verständnis der dort diskutierten Verhaltensweisen und Hirnmechanismen notwendig sind. *Physiologische Psychologie, Neuropsychologie* und *Psychophysiologie* ergänzen einander und sind selbst wieder Teil der **Biologischen Psychologie.**

1.2 Bemerkungen zur Geschichte der Biologischen und Physiologischen Psychologie

Biologische Psychologie im internationalen Vergleich. Die Physiologische und Biologische Psychologie spielte seit der Gründung der Psychologie als Wissenschaft eine zentrale Rolle: Mit Wilhelm Wundts *„Grundzüge der Physiologischen Psychologie"* begann 1873 die gesamte wissenschaftliche Psychologie. Im Gegensatz zur dominierenden Rolle im psychologischen *Denken* spielt die Biologische und Physiologische Psychologie als *Forschungsdisziplin* der Psychologie heute in den deutschsprachigen Ländern trotz einiger weniger hervorragender Forschungsgruppen eine untergeordnete Rolle. Ganz im Gegensatz zur anglo-amerikanischen Psychologie: Etwa 20% aller wissenschaftlichen Beiträge zu den Neurowissenschaften stammen in den USA von physiologischen Psychologen. Mehr als 1000 Psychologen sind in USA mit Forschung in Physiologischer Psychologie befaßt, die Biologen, Mediziner und Naturwisssenschaftler nicht mitgezählt. In der Bundesrepublik Deutschland sind es etwa 100 aktive Forscher. Während sich in den deutschsprachigen Ländern die Psychophysiologie relativ gut von der fast vollständigen Zerstörung des Faches Psychologie und seiner Vertreter durch das Naziregime erholte, blieb die Forschung in Physiologischer Psychologie – trotz Aufnahme des Faches in alle Prüfungsordnungen für Psychologen – auf wenige Institute beschränkt.

Dafür gibt es eine Reihe von Ursachen: a) Eine eher mentalistisch-geisteswissenschaftliche Grundhaltung der deutschen Psychologie, die dem Tierversuch ablehnend gegenübersteht. b) Die Vertreibung und Vernichtung der bedeutendsten Vertreter des Faches Physiologische und Vergleichende Psychologie wie der gesamten Psychologie von 1933–1945. Nach dem Krieg erfolgte keine Erneuerung des Faches, da kaum qualifizierte Forscher vorhanden waren, oder aus der Emigration zurückkehrten. Als 1960–1980 1800% mehr Personal an Psychologischen Instituten eingestellt wurde, hat man häufig wenig auf die Forschungsleistung als Qualifikationskriterium geachtet. Eine verstärkte Einstellung physiologischer Psychologen und Einrichtung entsprechender Labors unterblieben, da wenig qualifiziertes Personal dafür vorhanden war. c) Die generell mangelnde Konkurrenzfähigkeit und wissenschaftliche Qualität deutscher Universitäten (mit vergleichbaren anglo-amerikanischen) durch ein auf Lehre und Verwaltung konzentriertes Aufgabenspektrum trifft natürlich ein Labor-intensives Fach wie die Biologische und Physiologische Psychologie besonders. d) Die gegenwärtige inflexible und rigide Ausbildungsordnung für Psychologie-Studenten zwingt diese im Hauptstudium psychologische Fächer zu studieren (Pädagogische, Klinische und Organisationspsychologie), die traditionell wenig forschungsproduktiv sind.

Dieses Buch soll auch dazu beitragen, die Biologische und Physiologische Psychologie nicht nur im Bereich der Psychologie, sondern auch in Biologie und Medizin zu stärken, und Studenten und junge Forscher für dieses international rasch expandierende Fach zu begeistern.

Die Entwicklung der Physiologischen und Biologischen Psychologie. Die Physiologische und Biologische Psychologie haben sich im „Gleichschritt" mit den übrigen Neurowissenschaften - als deren Teil sie heute angesehen werden können - entwickelt. Besonders in den letzten 20 Jahren kam es mit der Entwicklung neuer Technologien (s. Kap. 24) zu einem sprunghaften Anstieg von bedeutsamen Erkenntnissen.

Die 50er Jahre waren von der Entdeckung Magoun und Moruzzis (1949, s. Kap. 25) dominiert: die **reticuläre Formation** des Hirnstamms als ein energetisierendes, Bewußtsein erzeugendes System. Zusätzlich zu den senso-motorischen Verbindungen war ein „Dynamo" psychischer Energien und der Aufmerksamkeit gefunden, wie ihn die Psychologie schon vorher als Grundlage von Aktivierung und Emotion postuliert hatte. Kurz danach veröffentlichten Olds & Milner (1952, s. Kap. 28) einen für die gesamte Psychologie bahnbrechenden Befund: die Existenz von Hirnstrukturen, welche die *Richtung* unsres Verhaltens bestimmen. „Lustzentren" wurden sie anfänglich von Olds genannt: Die anatomisch-physiologische Grundlage für die schon seit Jahrzehnten von den Lernpsychologen, speziell B. F. Skinner, betonte überragende Bedeutung der unmittelbaren positiven und negativen Konsequenzen unseres Verhaltens war gefunden.

Die **Neurochemie des Verhaltens** bildet den Abschluß dieser Entwicklung. Nachdem schon 1921 die chemische synaptische Übertragung (s. Kap. 13) von Otto Lœwi beschrieben worden war, gelang erst nach dem Krieg, vor allem durch die Arbeiten von Sir John Eccles und seiner Mitarbeiter, die genaue Beschreibung der Überträgerstoffe und -mechanismen. Mit der Entwicklung zunehmend präziser chemischer Analysemethoden kam es zu einer Forschungslawine, die den Fortschritt der letzten Jahre trägt. Die gezielte chemische Beeinflußung des Gehirns eröffnete auch der **Psychopharmakologie** neue Möglichkeiten: bis in die 60er Jahre konnte man sich die Effekte der oft zufällig entdeckten Pharmaka auf psychische Störungen kaum erklären. Die detaillierte Beschreibung von Transmitter- und Neuromodulator-Systemen im Gehirn erlaubt zunehmend gezieltere chemische Beeinflußung einzelner Hirngebiete und spezifischer Verhaltensweisen (Kap. 13, 14, 29).

Schließlich wurden die Methoden der nicht-invasiven Messung menschlicher Gehirntätigkeit durch die sogenannten **bildgebenden Verfahren** auf bisher ungeahnte Weise erweitert (s. Kap. 24, 30). Erstmals können wir ohne chirugischen Eingriff die Arbeitsweise des lebenden menschlichen Gehirns während Denken und Fühlen am Computer-Bildschirm beobachten (Abb. 1-1). In den nächsten Jahrzehnten werden durch die Entwicklung von leitfähigen, sogenannten „Super-conducting"-Materialien mit extrem geringem elektrischen Widerstand, die Kosten für die z. Zt. sehr teuren bildgebende Verfahren sinken, und damit eine breite Anwendung der bildgebenden Technologien in der Biologischen Psychologie möglich sein. Die Biologische Psychologie ist ja wie alle biologisch-naturwissenschaftlichen Disziplinen in ihrer Entwicklung eng an die Fortschritte von elektronischer Technik und Mikrobiologie gekoppelt.

1.3 Verhalten und Gehirn

Das Leib-Seele-Problem. Seit dem Altertum haben sich die philosophischen Positionen zu der Frage, *wie* Gehirn und psychisches Erleben zusammenhängen, kaum verändert. Durch die Entdeckungen der Neurowissenschaften in den letzten Jahrzehnten ist die Diskussion darüber wieder neu entbrannt. Vor allem die psychologischen Konsequenzen der Split-Brain-Operationen (Kap. 25, 30) haben den alten Gegensatz zwischen *materialistischen* und *mentalistischen Konzepten* der Beziehungen zwischen Hirn und Verhalten wiederbelebt. Während die einen die *vollständige Abhängigkeit* psychischen Erlebens und Verhaltens von neuronalen Prozessen betonen oder aber die Existenz mentaler Prozesse leugnen, behaupten die andern die eigenständige Existenz psychischen Erlebens: psychisches Erleben könne auf die neuronalen Prozesse wirken (*"downward causation"* des *Interaktionismus*).

„Zwischen dem Erregungsgeschehen im Gehirn und dem bewußten Erleben besteht eine so enge und feste kausale Beziehung, daß das letztere in seiner Existenz und in allen seinen Eigenschaften vom ersteren abhänge, die Hypothese behauptet aber außerdem, daß dieser Zusammenhang nur in *einer* Richtung gegeben sei, nämlich in derjenigen vom Physischen zum Psychischen: das bewußte Erleben könne nicht auf die Erregungsprozesse wirken oder neue Erregungen erzeugen, weil es selbst von Erregungsvorgängen abhängig sei und ohne diese überhaupt nicht existiere" [6].

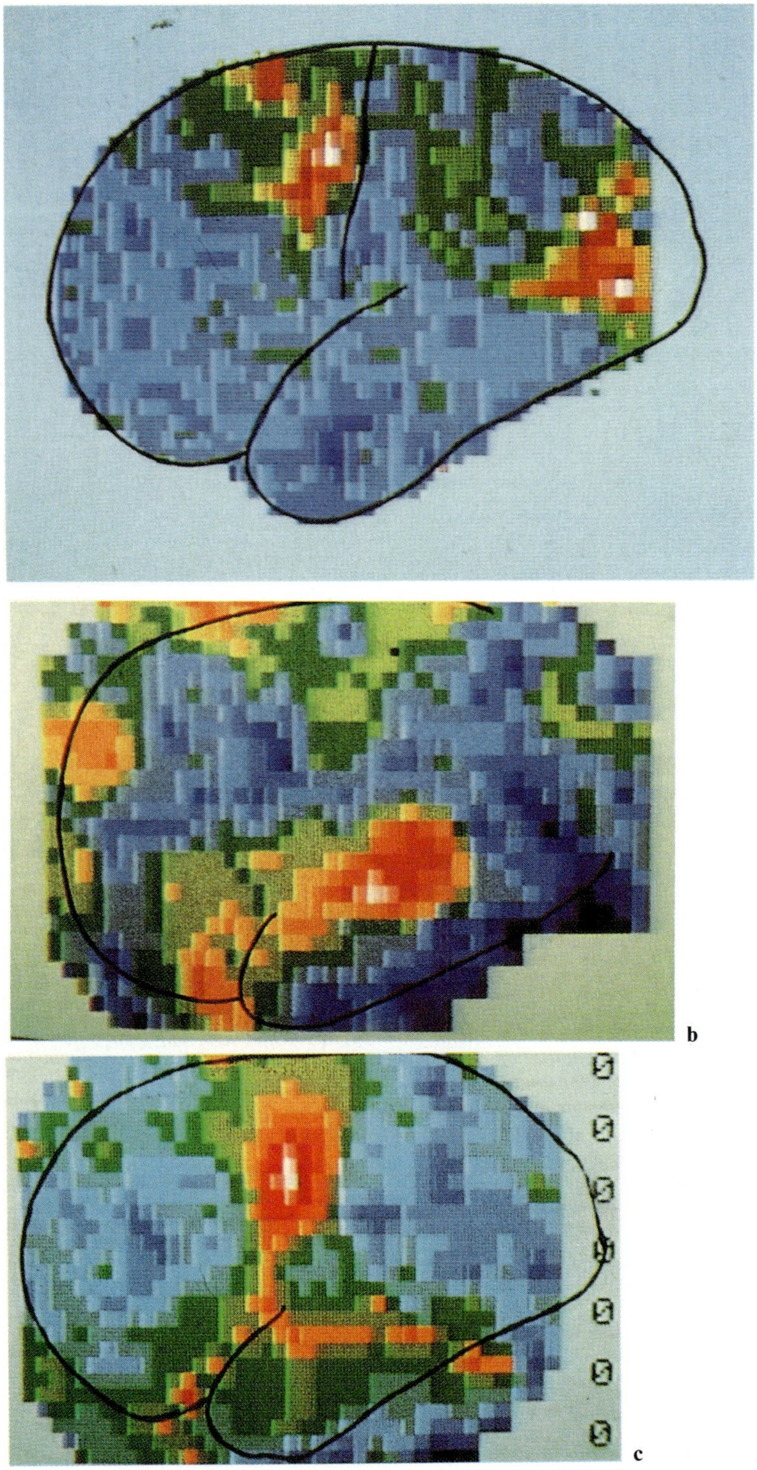

a

b

c

Abb. 1-1. Verteilung des corticalen Blutflusses nach Injektion einer radioaktiven Markierungssubstanz in die Halsschlagader. **a** Die Person folgt mit den Augen einem bewegten Objekt. Verstärkte Aktivität (zunehmend rot) tritt über dem Occipitallappen des Gehirns auf, wo der visuelle Cortex lokalisiert ist. **b** In dieser Abbildung hört die Person jemand beim Sprechen zu. Aktivität erkennt man über dem Temporallappen, wo das „Hörzentrum" liegt. **c** Die Person bewegt ihre Finger auf der zur Hirnhemisphäre gegenüberliegenden Körperseite. Der Blutfluß erhöht sich entsprechend am motorischen Cortex. **d** Die Person zählt laut bis zwanzig, was zu verstärkter Aktivität über der Mundregion des motorischen Cortex, als auch über dem akustischen Cortex im Temporallappen führt. Bezüglich der anatomischen Bezeichnungen siehe Kap. 14. (Aufnahmen von Niels Lassen)

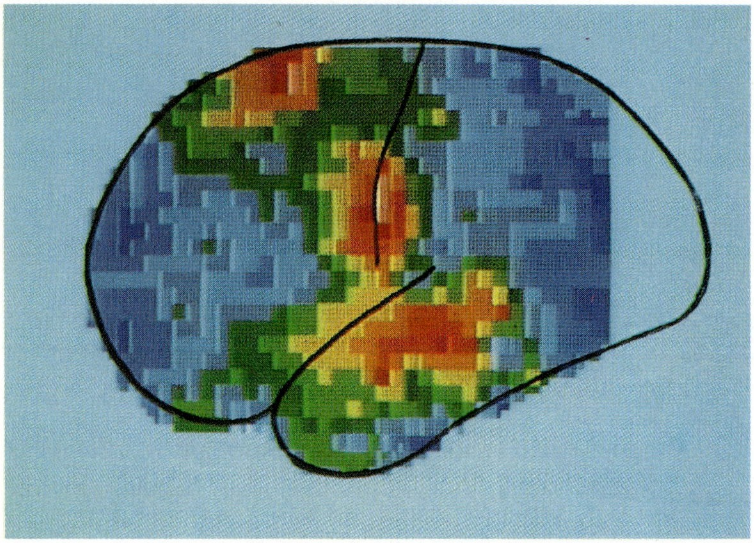

Abb. 1 d (Legende s. S. 4) d

Die Vertreter des mentalistischen Interaktionismus dagegen gehen davon aus, daß psychische und neuronale Phänomene einander gar nicht entsprechen könnten, da ja psychisches Erleben nicht aus Atomen, Molekülen und deren Kräfteverhältnissen bestehe. Die Wirkung psychischen Erlebens - vor allem auf die Hirnrinde (Eccles) - würde die plötzliche Entstehung von neuen Gedanken und produktiv-erfinderisches Handeln erklären.

Wie in Kap. 25 dargestellt wird, gehen wir heute von verschiedenen, heterogenen Bewußtseinsformen aus, die *vollständig* an Hirnprozesse gebunden sind. Deshalb können wir aus bewußten Vorgängen und nicht-bewußter Informationsverarbeitung (Kap. 25) mit einigen methodischen Einschränkungen (Kap. 25, 30) auf die zugrundeliegenden Hirnprozesse schließen. Das Zentralnervensystem (ZNS) wird aber nicht als isolierte biologische Größe betrachtet, das psychisches Erleben und Verhalten „hervorbringt", sondern als ein in ständigem Austausch mit den Umweltgegebenheiten, den übrigen Körpersystemen und den vererbten Eigenschaften befindliches dynamisches System.

Dynamische Knotenpunkte im Gehirn. Je mehr wir über das ZNS wissen, umso genauer könnnen wir jene Hirnstrukturen und peripheren Systeme beschreiben, die für ein bestimmtes Verhalten verantwortlich sind. Die Kontroverse zwischen **Lokalisationismus** (jedem Verhalten ein „Hirnzentrum") und **Antilokalisationismus** (komplexes Verhalten ist nicht in einige wenige Hirnzentren lokalisierbar) scheint heute durch die Fakten beendet zu sein: Verhalten ist von der Funktionstüchtigkeit anatomisch oft weit auseinanderliegender Nervennetze abhängig, deren Verbindungen, Überträgerstoffe (Kap. 13) und morphologischer Aufbau äußerst heterogen sein können. Solche verhaltensspezifische **Nervennetze** sind in ihrer eigenen Aktivität von der Gegenwart spezifischer **Umweltsituationen** abhängig und von diesen und ihren Konsequenzen modifizierbar (*Plastizität des Gehirns*, s. Kap. 27). Wir sprechen deshalb nicht mehr von einem „Hirnzentrum", sondern von **dynamischen Knotenpunkten** für ein bestimmtes Verhalten (Luria, 1970) oder von **neuronalen Ensembles** (neuronal assemblies [3]). Unter einem neuronalen Zell-Ensemble versteht man eine Ansammlung von Nervenzellen, die miteinander verknüpft und für ein bestimmtes Verhalten verantwortlich sind: der Grad der Verknüpfung dieser elementaren Einheiten wird u.a. durch Lernen bestimmt (s. Kap. 27).

Als Beispiel für die Abhängigkeit der Aktivität des ZNS von spezifischen psychologischen Bedingungen sei hier ein neuronales Ensemble im *praefrontalen*, vordersten Abschnitt der Großhirnrinde genannt (s. Kap. 30). In Abb. 1-2 sind 5 Durchgänge eines Lernexperiments gezeigt, in denen das Tier mit einer Reaktion *warten* mußte. Vor dem Versuch hat es gelernt, daß sein Futter unter einem von mehreren Objekten versteckt sein kann. Der Versuchsleiter (Vl) zeigt dem Versuchstier (Affe), wo er das Futter versteckt, dann senkt er eine undurchsichtige Platte vor die Objekte („Cue" auf Abb. 1-2). Nach 30 s bis 1 min, in der das Tier warten und den Ort des Verstecks im Gedächtnis behalten muß, hebt der Vl die Platte und das Tier soll das Futter unter dem richtigen Objekt ergreifen. Diese

Abb. 1-2. Aktivität einer Nervenzelle im praefrontalen Cortex des Affen (Kap. 30) Jeder *vertikale Strich* ist ein Aktionspotential (Kap. 12), was das „Feuern" der Zelle anzeigt. Fünf Durchgänge einer verzögerten Reaktionsaufgabe sind gezeigt (links). Die Warte-Verzögerungszeiten waren 32, 32, 32, 67 und 65 s (von *oben* nach *unten*). Der Hinweisreiz (cue) ist mit einer durchgezogenen Linie eingezeichnet. Das Verzögerungsintervall in jedem Durchgang folgt unmittelbar auf den Hinweisreiz und endet beim *Pfeil*. Beachten Sie, daß die Nervenzelle stärker während der Wartezeit feuert als vor Beginn jedes Durchgangs. (Nach Fuster, J. M. & Alexander, G. E.: Neuron activity related to short-term-memory. Science, 173, 652-654, 1971)

Versuchsanordnung wird *Verzögerte-Reaktionsaufgabe* (delayed response task) genannt. In Abb. 1-2 ist die Erregung einer Zelle im frontalen Hirnabschnitt während der Aufgabe gezeigt: Jeder vertikale Strich bedeutet eine Entladung der Einzelzelle (Kap. 12). Diese Zelle ist primär in der *Wartezeit erregt*, während der aktuellen Senkung der Platte (cue) ist sie gehemmt. Das neuronale Ensemble, dem diese einzelne Zelle angehört, reagiert also *spezifisch* auf die *Umweltsituation* „Warten". Andere Zellen außerhalb des frontalen Nervennetzes zeigen kein entsprechendes Erregungsverhalten. Es liegt die Annahme nahe, daß dieses frontale neuronale Ensemble mit der Erinnerung an das versteckte Objekt zu tun hat. - Auch am Menschen sind ähnliche Phänomene beobachtbar: nach Zerstörung der frontalen Hirnteile können viele dieser Patienten Aufgaben mit längeren Warteperioden nicht mehr lösen. Andere Verhaltensweisen sind dagegen relativ ungestört (s. Kap. 30).

1.4 Literatur

Weiterführende Lehr- und Handbücher

1. BIRBAUMER, N.: Physiologische Psychologie. Heidelberg: Springer Verlag 1975
2. GROVES, P. M., REBEC, G. V.: Introduction to Biological Psychology. 3rd ed. Wm. Dubugue, Iowa: C. Brown Publisher 1988
3. HEBB, D. O.: The Organization of Behavior. New York: Wiley 1949
4. LURIA, A.: Die höheren kortikalen Funktionen und ihre Störungen bei örtlichen Hirnschädigungen. Berlin: VEB Deutscher Verlag der Wissenschaften 1970
5. POPPER, K. & ECCLES J. C.: The Self and its Brain. New York: Springer Publ. Comp. 1977
6. ROHRACHER, H.: Die Arbeitsweise des Gehirns und die psychischen Vorgänge. München: Barth 1967
7. SCHLICK, M.: Allgemeine Erkenntnislehre. Springer, Berlin, 1925. Neudruck: Frankfurt: Suhrkamp Taschenbuch 1979
8. SCHMIDT, R. F., THEWS, G. (Hrsg): Physiologie des Menschen. 24. Auflage. Heidelberg: Springer Verlag 1990
9. WUNDT, W.: Grundzüge der Physiologischen Psychologie. Leipzig: Engelmann 1874

Einzel- und Übersichtsarbeiten

10. BIRBAUMER, N.: Funding in Psychology in the Federal Republic of Germany: Past and Present. Vortrag auf der Jahrestagung der American Psychological Association (APA), New York 1987. Manuskript beim Autor.
11. BIRBAUMER, N., SCHLOTTKE, P.: Klinische Psychologie. Ausweitung? Reduktion? Elimination? In: W. MICHAELIS & E. STEPHAN (Hrsg.) Ausbildungsreform Psychologie. 1984
12. DAVIS, H. P., ELKINS, C., ROSENZWEIG, M. R.: The role of physiological psychology in neuroscience. Neuroscience Newsletter, Vol. *18*, Nr. 1, 6-7, 1987
13. WISSENSCHAFTSRAT: Forschung in Psychologie. Bonn: Publikationen der Deutschen Forschungsgemeinschaft

2 Zellen und Zellverbände

Der Grundbaustein des menschlichen Körpers ist die einzelne lebende Zelle. Jedes Organ ist aus zahlreichen Zellen zusammengesetzt, die durch besonderes Stützgewebe zusammengehalten werden. Jeder Zelltyp ist darauf spezialisiert, eine besondere Aufgabe im Organismus wahrzunehmen. So transportieren die roten Blutzellen, auch rote Blutkörperchen oder *Erythrocyten* genannt, den in die Lunge eingeatmeten Sauerstoff zu seinen Verbrauchsorten im Gewebe. Im Blut schwimmen rund 25×10^{12} (ausgeschrieben 25 000 000 000 000, also 25 000 Milliarden) rote Blutkörperchen. Sie sind der am häufigsten vorkommende Zelltyp des Körpers. Daneben gibt es aber noch rund 50×10^{12} weitere Zellen (davon etwa 25×10^9 Nervenzellen, so daß der gesamte **menschliche Körper aus etwa 75×10^{12} individuellen Zellen aufgebaut** ist.

Allen Zellen ist eine Reihe von Grundeigenschaften gemeinsam, so sehr sie sich auch in ihren speziellen Aufgaben unterscheiden mögen: z. B. benötigt jede Zelle zur Aufrechterhaltung ihrer normalen Lebensfunktionen **Nährstoffe**, und diese Nährstoffe sind von Zelltyp zu Zelltyp ähnlich. Praktisch jede Zelle nimmt **Sauerstoff** auf, der sich zur **Energiegewinnung** mit Fetten, Eiweißen oder Kohlenhydraten verbindet. Die chemischen Prozesse, die sich bei dieser Umwandlung von Nährstoffen zur Energiegewinnung abspielen, sind ebenfalls in allen Zellen grundsätzlich gleich, und alle Zellen geben schließlich die Endprodukte der Energiegewinnung in die die Zellen umgebende Flüssigkeit ab. Viele Zellen haben schließlich die Fähigkeit, sich **durch Teilung fortzupflanzen**. Sobald im Körper Zellen eines bestimmten Typs zugrunde gehen, beginnen die übriggebliebenen Zellen desselben Typs, sich so lange zu vermehren, bis etwa die ursprüngliche Anzahl wieder erreicht ist.

Die grundsätzliche Ähnlichkeit der verschiedenen Zellen innerhalb des menschlichen Körpers läßt sich auch zwischen menschlichen und tierischen Zellen feststellen. Dies gilt nicht nur für die eben genannten Grundfunktionen der Nahrungsaufnahme, Energiegewinnung und Fortpflanzung, sondern auch für die speziellen Aufgaben der einzelnen Zelltypen. So ist z. B. im ganzen Tierreich der Mechanismus des Sauerstofftransportes in den roten Blutkörperchen gleich. Mit anderen Worten, gleiche Organe, wie Herz, Leber oder Nieren, arbeiten in den verschiedenen Tieren, einschließlich dem Menschen, nach den gleichen Wirkprinzipien. Von daher ist es auch **möglich und gerechtfertigt, viele an Tieren gewonnene Ergebnisse auf den Menschen zu übertragen**. Diese Parallelität in der Arbeitsweise einzelner Zellen und Zelltypen des gesamten Tierreiches ist entwicklungsgeschichtlich bedingt: Alles tierische Leben hat sich vor Hunderten von Millionen Jahren aus den gleichen einfachen Organismen entwickelt [32].

2.1 Biochemische Grundlagen der Zellphysiologie

Lebende Zellen sind aus chemischen Substanzen aufgebaut, und alles Zellgeschehen gehorcht den gleichen physikalischen und chemischen Gesetzmäßigkeiten wie die unbelebte Natur [5,15]. Bevor wir uns im einzelnen mit den Eigenschaften und Aufgaben der Zellen auseinandersetzen, wird daher in diesem Abschnitt nach einem ersten Blick auf die Zelle und ihre Bestandteile ein kurzer Abriß derjenigen chemischen Substanzen und Prozesse gegeben, die im Leben der Zelle eine besonders große Rolle spielen [2,3,7,13,14].

Bauplan der Zellen im Überblick

Zellbestandteile. Bei lichtmikroskopischer Betrachtung einer Zelle sehen wir, daß die von der **Zellmembran** (*Plasmamembran*) gegen ihre Umwelt abgegrenzte Zelle einerseits die **Zellflüssigkeit** oder das *Cytoplasma* und andererseits den **Zellkern** oder *Nucleus* enthält. Cytoplasma und Nucleus werden als Zellinhalt oder *Protoplasma* zusammengefaßt. Das Protoplasma ist im wesentlichen aus fünf Bestandteilen zusammengesetzt: nämlich aus Wasser, gelösten Salzen, Eiweiß, Lipiden (fettähnlichen Substanzen) und Kohlenhydraten.

Nähere Betrachtung des Protoplasmas, insbesondere die Untersuchung mit dem Elektronenmikroskop, dessen Auflösungsvermögen rund tausend-

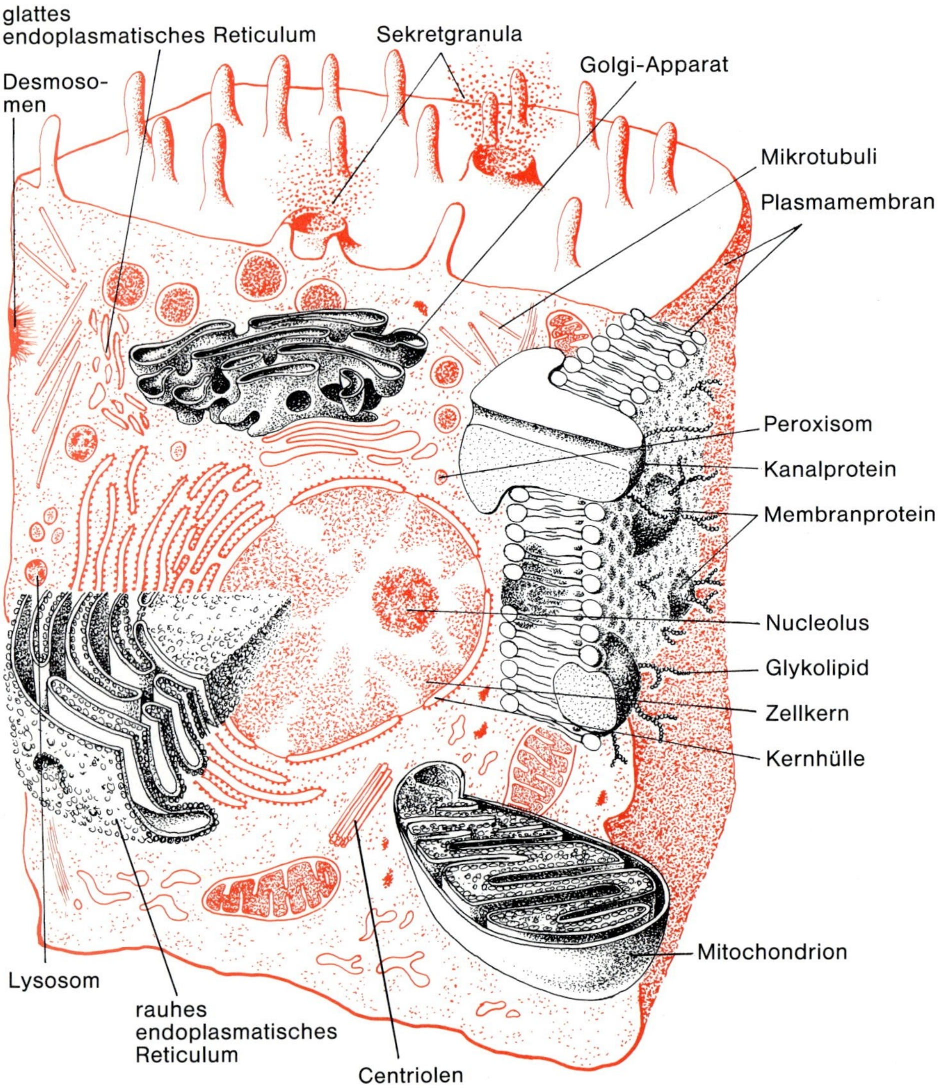

Abb. 2-1. Struktur der Zelle und ihrer wichtigsten Bestandteile, dargestellt an einer „idealisierten Modellzelle" bei etwa 24000facher Vergrößerung. Einzelne organisierte Zellbestandteile (Organellen), wie der *Golgi-Apparat*, ein *Mitochondrion* und Anteile des *rauhen endoplasmatischen Retikulums*, sind *schwarz* bei noch stärkerer Vergrößerung hervorgehoben. Der Aufbau der *Plasma-* oder *Zellmembran*, der *rechts am Rand* etwa sechsmillionenfach vergrößert gezeigt ist, kann auch mit dem Elektronenmikroskop nicht aufgelöst werden. Diese Plasmamembran ist auch in Abb. 2-10, S. 22, dargestellt. Es handelt sich um eine Phospholipid-Doppelschicht, in die Proteine eingelagert sind. Einige dieser Proteine enthalten Kanäle oder Poren, über die das Zellinnere mit der Außenwelt Ionen und Moleküle austauschen kann. Die Zelle ist vom *endoplasmatischen Retikulum* durchzogen, das teils glatte Wände hat, teils mit Ribosomen besetzt ist. Auch der *Golgi-Apparat* ist ein internes Hohlraumsystem, das an der Aufnahme (Mikropinocytose) und der Ausscheidung von Stoffen über die Sekretgranula beteiligt ist. Als Kraftwerke der Zellen dienen die *Mitochondrien*, zur Abfallbeseitigung die *Lysosomen*

fach über dem des Lichtmikroskops liegt, hat gezeigt, daß das Cytoplasma eine Reihe von hochorganisierten Körperchen enthält, die als **Organellen** bezeichnet werden. Als wichtige Beispiele solcher Organellen sind in Abb. 2-1 die **Mitochondrien**, das **endoplasmatische Retikulum** und die **Lysosomen** gezeigt. Auch die Zellmembran (Plasmamembran) und die Membran des Zellkerns werden heute zu den Organellen gerechnet. Ihnen allen kommen wichtige Zellfunktionen zu, auf die weiter unten näher eingegangen wird. Als Beispiel sei hier erwähnt, daß ein Entfernen oder Vergiften der Mitochondrien die Energiegewinnung in den Zellen zu mehr als 95 % lahmlegen würde.

Funktion bestimmt Zellgröße. Der Durchmesser der einzelnen Zellen liegt zwischen 5 und 100 Mikrometern (1000 Mikrometer, abgekürzt µm, sind 1 Millimeter, mm). Gelegentlich gibt es im Tierreich jedoch einzelne Zellen, wie das Hühnerei und andere Vogel- und Reptilieneier, deren Größe weit über das normale Maß hinausgeht. Sie enthalten außer den Stoffen und Strukturen, die für die einzelnen Lebensprozesse notwendig sind, einen großen Vorrat an Reservesubstanzen; dieser läßt sie so voluminös werden. Er ermöglicht die Entwicklung des Embryos ohne Stoffzufuhr von außen.

Die chemische Zusammensetzung der Zellsubstanz

Die Zelle enthält eine begrenzte Zahl natürlicher Elemente, wobei sechs von ihnen mehr als 99% ihres Gewichtes ausmachen, nämlich *Kohlenstoff*, **C**, *Wasserstoff*, **H**, *Stickstoff*, **N**, *Sauerstoff*, **O**, *Phosphor*, **P** und *Schwefel*, **S**. Zwei dieser Elemente bilden die einfachste und am häufigsten vorkommende Verbindung der Zelle, das **Wasser, H_2O**, das etwa 70 % des Zellgewichts ausmacht.

Sieht man vom Wasser ab, so enthalten fast alle Zellmoleküle **Kohlenstoff, C**. Dies hängt damit zusammen, daß der Kohlenstoff weit mehr als jedes andere Element auf unserer Erde in der Lage ist, große Moleküle zu bilden. Das Kohlenstoffatom kann sich vor allem auch mit anderen Kohlenstoffatomen zu großen Ringen und Ketten zusammenschließen, wobei diese nahezu beliebig lang werden können. Nimmt man noch die anderen, oben genannten Elemente dazu, so sind für die Zelle nahezu unbegrenzte Möglichkeiten der Synthese von Molekülen gegeben. Die Natur hat aber daraus nur eine relativ geringe Zahl sich ausgesucht, die im Laufe der Evolution durchgehend verwendet werden.

In der Zellflüssigkeit sind ungefähr 1000 verschiedene Arten von **kleinen organischen Molekülen** gelöst, die für den Zellstoffwechsel zur Verfügung stehen und von der Zelle als Bausteine für große Moleküle (Makromoleküle, s.u.) genutzt werden. Viele dieser kleinen organischen Moleküle sind chemisch miteinander verwandt und können daher in „Familien" oder Substanzklassen zusammengefaßt werden. In den Zellen sind vier solcher Substanzklassen enthalten, nämlich *Zucker, Fettsäuren, Aminosäuren und Nucleotide.*

Zucker (Mono-, Di- und Oligosaccharide). Die Zucker sind die wichtigsten Energielieferanten der Zelle. Die einfachsten Zucker sind die *Monosaccharide*

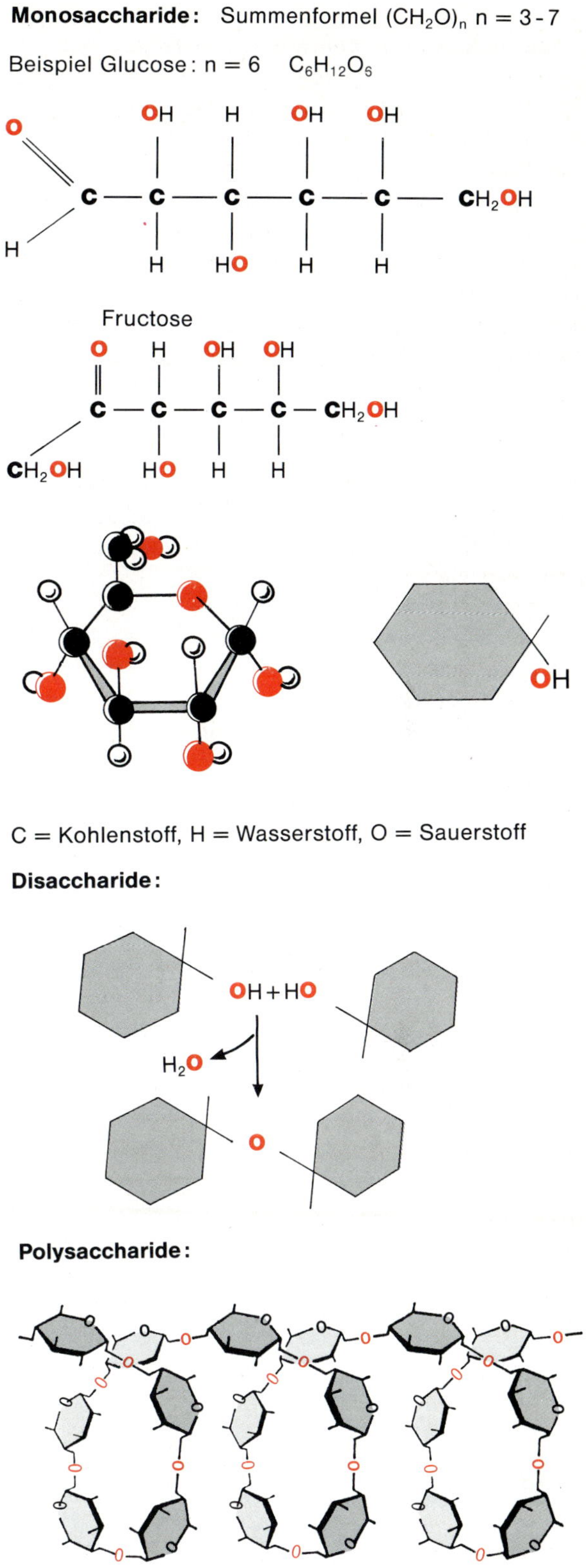

Abb. 2-2. Chemischer Aufbau von Zuckern am Beispiel biologisch wichtiger Mono-, Di- und Polysaccharide. Monosaccharide mit 5 und mehr C-Atomen können sich zu Ringen zusammenlagern (Halbacetalform, *Bildmitte*), die sich wiederum zu Di- und Polysacchariden verbinden können

mit der generellen Molekülformel $(CH_2O)_n$. Am bekanntesten ist die **Glucose** (der „Traubenzucker" oder „Blutzucker") mit der Formel $C_6H_{12}O_6$ (Abb. 2-2). Die Zusammenlagerung von zwei Monosacchariden führt zu *Disacchariden* (Beispiel: die Saccharose, unser gewöhnlicher Zucker, der in Zuckerrohr und Zuckerrüben vorkommt). Die weitere Zusammenlagerung von Monosacchariden resultiert in *Oligosacchariden* mit drei, vier und mehr Monosacchariden (beim Menschen ohne Bedeutung) und in *Polysacchariden* mit Hunderten und Tausenden von Monosacchariden (s. S. 14).

Die Glucose wird in der Zelle über eine Reihe von Zwischenschritten mit Hilfe von Sauerstoff zu Kohlendioxid und Wasser „verbrannt" (*oxidiert*). Dabei wird Energie frei, die im Zellstoffwechsel weiterverwendet wird. Das Nettoresultat dieser Zuckerverbrennung kann also wie folgt geschrieben werden:

$$C_6H_{12}O_6 + 6\ O_2 = 6\ CO_2 + 6\ H_2O + \text{Energie}$$

Im Endeffekt handelt es sich hier um den gleichen Vorgang wie beim Verbrennen von Kohle, Öl oder Holz zur Energiegewinnung. Diese Form des Stoffwechsels, bei der Sauerstoff verbraucht wird, wird als **oxidativer** oder **aerober Stoffwechsel** bezeichnet. Die freigesetzte Energie wird unter anderem dazu verwendet, den universellen Treibstoff der Zelle, nämlich das *Adenosintriphosphat*, kurz **ATP**, zu synthetisieren (s. u.).

In einem kleinen Umfang, zu etwa 5 % des Gesamtbedarfs, kann ATP auch ohne Sauerstoff synthetisiert werden. Dieser Stoffwechsel wird als **anaerob** bezeichnet. Es leuchtet ein, daß er allein den Gesamtbedarf der Zelle nur kurze Zeit decken kann. Ohne ständige Sauerstoffzufuhr ist also kein menschliches Leben möglich: Im Sauerstoffmangel ersticken wir, da unseren Zellen das lebensnotwendige ATP nicht mehr in ausreichender Menge zur Verfügung gestellt werden kann.

Fettsäuren. Die Fettsäuren sind wichtige Komponenten der Zellmembran. Sie bestehen im Grunde aus zwei Teilen, nämlich einer mehr oder weniger langen *Kohlenwasserstoffkette* und einer *Carboxylgruppe* an einem Ende (Abb. 2-3). Die Kohlenwasserstoffkette ist wasserunlöslich (*hydrophob*) und chemisch nicht sehr aktiv, während die Carboxylgruppe wasserlöslich (*hydrophil*) ist und den chemisch aktiven Teil der Fettsäuren bildet. Praktisch alle in der Zelle vorkommenden Fettsäuren sind über ihre Carboxylgruppe mit anderen Molekülen verbunden. So ergibt die Verbindung von drei Molekülen Fettsäure mit einem Molekül Glycerin das normale **Körperfett** (*Triglycerid*). Dies stellt neben den Kohlenhydraten (Zucker, Glykogen) den wichtigsten Energievorrat der Zellen dar.

Werden an das Glycerin nur zwei Fettsäuren gebunden und wird die dritte Bindungsstelle von einem Molekül Phosphorsäure besetzt (an dem wiederum eines von mehreren verschiedenen Alkohol-

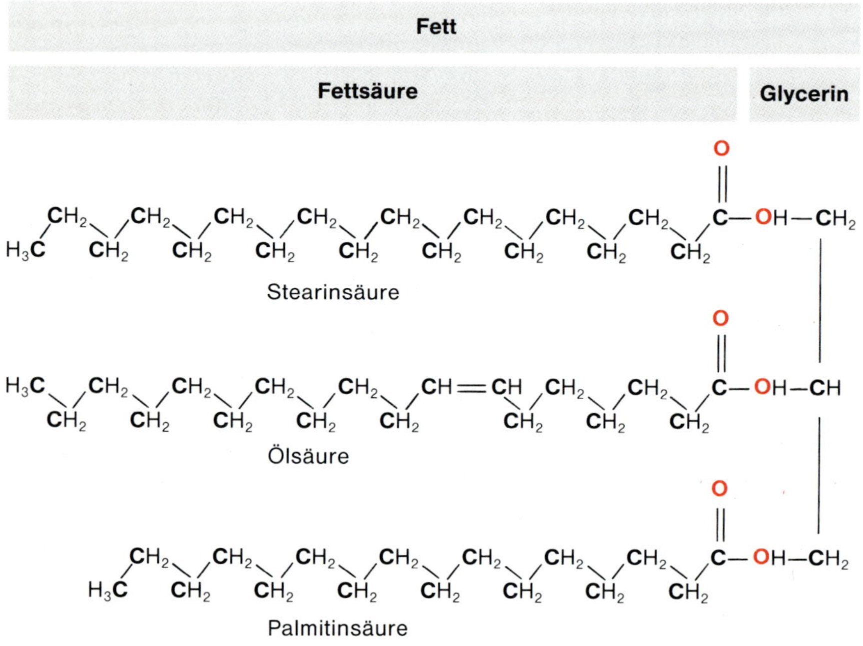

Abb. 2-3. Fettsäuren und ihr Aufbau zu Körperfett. Die Verbindung von 3 Molekülen Fettsäuren mit einem Molekül Glycerin ergibt das normale Körperfett (Triglycerid). Die Konsistenz des Fettes hängt von der Länge der Fettsäuremoleküle und von der Zahl der Doppelbindungen in ihnen („ungesättigte Fettsäuren") ab

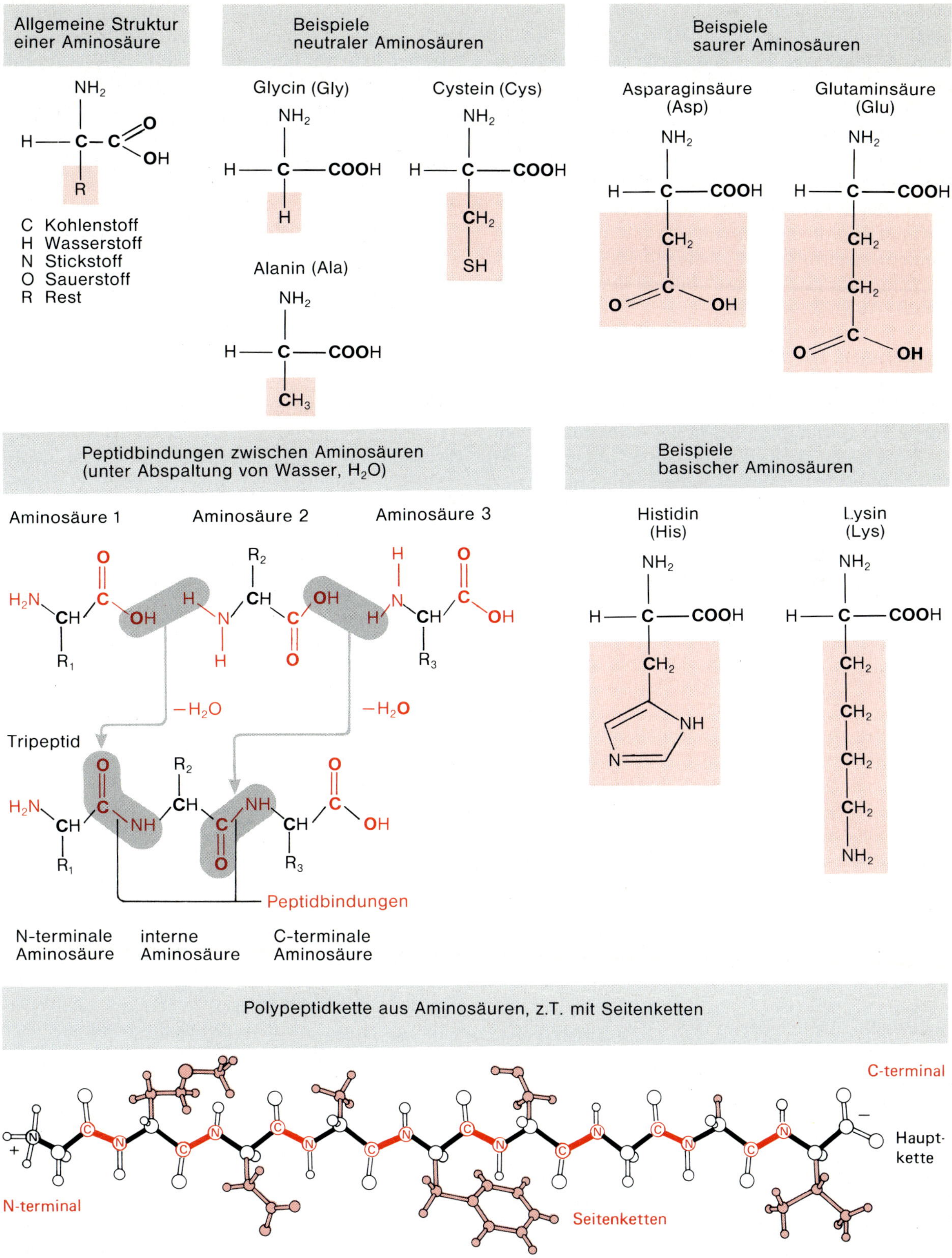

Abb. 2-4. Allgemeiner Aufbau und Beispiele einfacher Aminosäuren. Diese verbinden sich unter Wasserabspaltung zu Aminosäureketten. Ketten von weniger als 100 Aminosäuren nennt man Peptide (mit weniger als 10 Aminosäuren Oligopeptide), solche mit mehr als 100 Aminosäuren nennt man Eiweiße. Zum Aufbau der Körpereiweiße verwendet der Organismus lediglich 20 verschiedene Aminosäuren, von denen 7 in der Abbildung gezeigt sind. Dies gilt auch für andere Tiere, sowie für Bakterien und Pflanzen. Aus [10]

molekülen gebunden ist), so haben wir ein **Phospholipid** vor uns. Auch diese Phospholipide haben einen *hydrophoben* Teil, nämlich die beiden Fettsäuren, und einen *hydrophilen* Teil, nämlich die Phosphorsäure mit ihrem Alkolhol. Diese Eigenschaft macht sie zur Bildung von Zellmembranen aller Art besonders geeignet, denn sie bilden im Wasser spontan Doppelschichten, in denen sich die hydrophilen Kopfgruppen außen, dem Wasser zugewandt anordnen, während sich die hydrophoben Kohlenwasserstoffketten aneinanderlagern und eine nicht-wäßrige „Ölphase" bilden. Dies ist z. B. in Abb. 2-10, S. 22, zu sehen.

Aminosäuren. Die Aminosäuren sind die Bausteine der *Eiweiße* oder *Proteine*. Verglichen mit den Kohlenhydraten und den Fettsäuren zeichnen sie sich durch den zusätzlichen Besitz von **Stickstoffatomen** in Form einer Aminogruppe ($-NH_3^+$, s. Abb. 2-4) aus. Von den beim Menschen vorkommenden Aminosäuren besitzen zwei (Methionin und Cystein) außerdem noch ein *Schwefelatom*. Die Eiweiße stellen lange Ketten von Aminosäuren dar, wobei die Verbindung zwischen den einzelnen Aminosäuren jeweils zwischen der Carboxylgruppe der einen und der Aminogruppe der nächsten Aminosäure erfolgt.

Zum **Aufbau der Eiweiße** verwendet die Natur nur **20 verschiedene Aminosäuren**, und zwar nicht nur beim Menschen, sondern auch bei anderen Tieren ebenso wie bei Bakterien und Pflanzen. Einige dieser Aminosäuren können wir im Körper synthetisieren, die anderen müssen wir mit der Nahrung zu uns nehmen (*essentielle Aminosäuren*). Beim Menschen sind acht solcher essentieller Aminosäuren bekannt. Sie kommen reichlich in tierischen Nahrungsmitteln, aber nur sehr begrenzt in pflanzlichen vor. Bei einer rein pflanzlichen („vegetarischen") Ernährung ist daher sorgfältig darauf zu achten, daß keine Eiweißmangelerscheinungen auftreten.

Nucleotide. Die letzten der vier wesentlichen Grundbausteine der Zellen sind die Nucleotide. Ihr allgemeiner Bauplan und das spezielle Beispiel des Adenosintriphosphats, ATP, sind in Abb. 2-5 A zu sehen. Sie bestehen immer aus einer von fünf verschiedenen **stickstoffhaltigen Basen** (beim ATP ist es das *Adenin*), ferner aus einem von zwei **Pentosen** (Zucker mit fünf C-Atomen), nämlich entweder der *Ribose* (wie beim ATP) oder der *Desoxyribose* und ein bis drei **Phosphorsäuren**.

Eine der beiden wesentlichen Rollen der Nucleotide ist die **Übermittlung biologischer Information** (s. dazu S. 14), die andere die bereits erwähnte **Bereitstellung chemischer Energie**. Dazu dient vor allem das **ATP** [24, 27]. Von seinen drei Phosphatmolekülen sind die beiden letzten durch besonders energiereiche Verbindungen miteinander verknüpft (in der Abb. 2-5 A durch ~ symbolisiert). Diese energiereichen Verbindungen sind außerdem leicht lösbar. Sie gleichen gespannten Sprungfedern, die, wie bei einer Mausefalle, leicht ausgeklinkt werden können und dann schlagartig die in ihnen gespeicherte Energie freisetzen.

Bei Energiebedarf, z. B. zu einer Muskelzuckung, wird immer nur die letzte energiereiche Phosphatverbindung ausgeklinkt. Durch diese Abspaltung eines Phosphatmoleküls wird aus dem ATP das *Adenosin-"di"-phosphat* oder **ADP**. Adenosindiphosphat und Phosphat müssen dann wieder unter Energieaufwand, genau wie beim Spannen der Mausefalle, verknüpft werden.

Die wichtigsten **ATP-verbrauchenden Prozesse** sind: (a) der Transport von Stoffen durch die Zellmembran, (b) die Synthese von Eiweiß und anderen Zellbausteinen und (c) mechanische Arbeit. Wie groß der ATP-Bedarf für diese Prozesse ist, sei an einem Beispiel erläutert: Um ein Molekül Eiweiß aufzubauen, müssen viele, oft viele tausend Moleküle Aminosäuren in einer langen Kette aneinandergeknüpft werden. Jede Verknüpfung zweier Aminosäuren benötigt die Energie dreier ATP-Spaltungen in ADP. Viele tausend ATP-Moleküle werden also zum Aufbau nur eines Eiweißmolküls benötigt. Die Zellen verbrauchen daher bis zu 75 % ihres ATP-Umsatzes zum Aufbau der Zellbestandteile. Ganz besonders gilt dies während des Wachstums (Einzelheiten zur Proteinsynthese und zum Membrantransport s. u., zur Muskelkontraktion in Kap. 15).

Mitochondrien und ihre Enzyme

An dieser Stelle ist die Einführung des wichtigen zusätzlichen Begriffes **Enzym** notwendig: Die Synthese von ADP und Phosphat zu ATP ist eine der praktisch unzählbaren chemischen Reaktionen des Körpers. Versucht man, diese Reaktionen im Reagenzglas nachzuahmen, so zeigt sich, daß die meisten dort wesentlich langsamer als in der Zelle ablaufen. Da die beiden üblichen Techniken zur Erhöhung der Reaktionsgeschwindigkeit im Reagenzglas, nämlich Erhöhung der Temperatur oder des Drucks, in der Zelle nicht in Frage kommen, muß es offensichtlich einen anderen Grund für die schnelle *Kinetik* geben. Dieser Zaubertrick der Natur besteht in der **Verwendung von Enzymen**. Darunter versteht man Eiweißmoleküle, die sehr spezifisch eine oder einige wenige chemische Reaktionen erleichtern und damit beschleunigen, ohne selbst dadurch verändert zu werden. In der unbelebten Natur nennt man einen solchen Stoff einen *Katalysator*. Entsprechend kann man die Enzyme als **Biokatalysatoren** auffassen.

A

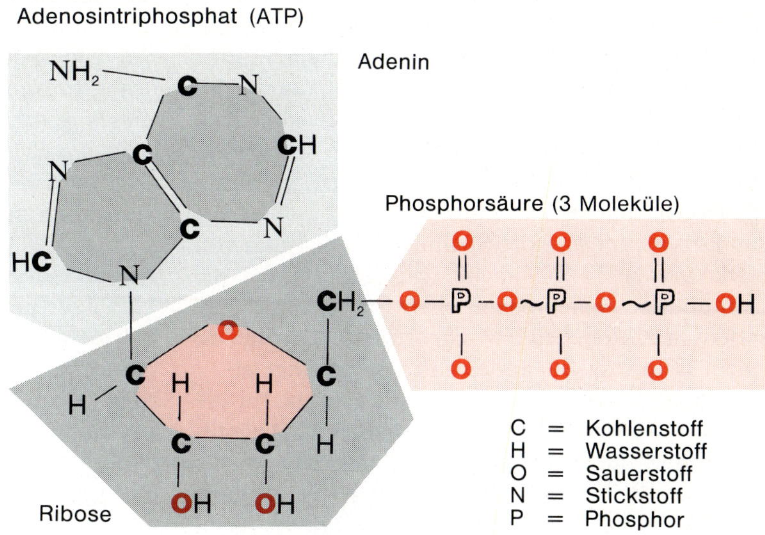

B

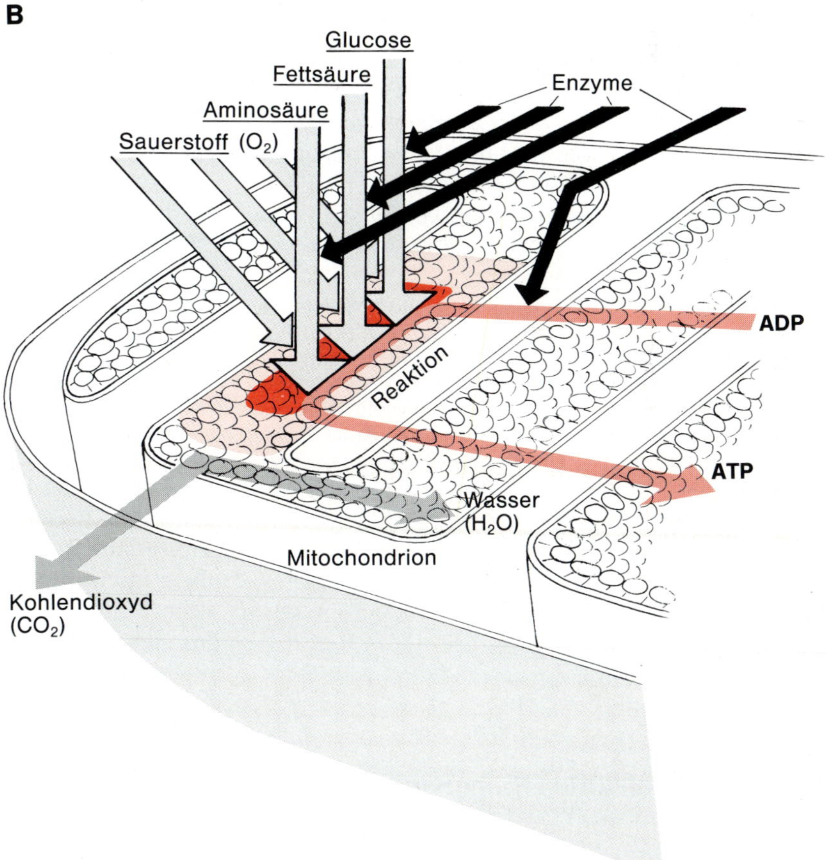

Abb. 2-5. Der universelle biologische Treibstoff Adenosintriphosphat, *ATP*, wird, wie in **B** gezeigt, in den Mitochondrien unter Energieaufwand aus der Vorstufe Adenosindiphosphat, *ADP*, durch Hinzufügen eines dritten Phosphatmoleküls aufgebaut. Die Strukturformel des *ATP* ist in **A** zu sehen, wobei die drei Bausteine des *ATP*-Moleküls, nämlich Adenin, Ribose und Phosphorsäure, verschieden stark *grau* bzw. *rot unterlegt* sind. Umgezeichnet aus [13]

Die **Bedeutung der als Enzyme tätigen Eiweißmoleküle**, von denen es im Körper viele tausend Arten gibt, kann nicht überschätzt werden, denn Leben ist nur durch ihre ständige Mitarbeit möglich. Eine Zelle muß, um lebensfähig zu sein, schätzungsweise *mindestens 100 Enzyme* enthalten. In Wirklichkeit sind es meist sehr viel mehr. Die durch sie bewirkten Reaktionsbeschleunigungen können erstaunliche Werte annehmen. Zum Beispiel beschleunigt das Enzym *Amylase* die Spaltung (Verdauung) von Stärke um das 3×10^{11}-fache. Häufig läuft dabei die Umwandlung einer chemischen Substanz in eine andere in zahlreichen Zwischenstufen ab, wobei an jedem Teilprozeß ein anderes Enzym beteiligt ist.

Auch an den Reaktionen, die die Energie für die **Umwandlung von ADP und Phosphat zu ATP** bereitstellen und die die Umwandlung durchführen, ist eine ganze **Reihe von Enzymen beteiligt**. Diese sitzen größtenteils auf den *Auffaltungen der inneren Membran der Mitochondrien* (Abb. 2-1). Die Aufgabe dieser Enzyme ist es, die aus der Nahrung stammende Glucose, die Fettsäuren und die Aminosäuren im Endeffekt zu Kohlendioxid und Wasser abzubauen, wie dies oben am Beispiel der Glucose schon besprochen worden ist, so daß die dabei freiwerdende Energie zur ATP-Synthese verwendet werden kann. Dies ist in Abb. 2-5 B schematisch gezeigt, wobei auf die Darstellung der verschiedenen chemischen Zwischenschritte verzichtet wurde (s. dazu [6, 9, 10]).

Den **Mitochondrien** (Abb. 2-1) kommt also eine **Schlüsselrolle bei der Energieversorgung der Zelle** zu. Diese länglichen, brotlaibartigen Organellen sind maximal 7 Mikrometer lang und 1 Mikrometer breit, meist aber wesentlich kleiner. Ihre Wände bestehen aus einer äußeren und einer inneren Membran, wobei die innere regelmäßig aufgefaltet ist und dadurch eine große Oberfläche besitzt. Die Anzahl der Mitochondrien schwankt in den verschiedenen Zelltypen von einigen hundert bis zu vielen tausend, je nach Energiebedarf. Auch innerhalb derselben Zelle kann sich die Zahl der Mitochondrien verändern, wenn sich der Energiebedarf ändert. Die Mitochondrien scheinen dabei in der Lage zu sein, sich selbst zu vermehren, das heißt, ein Mitochondrium kann ein zweites bilden, ein drittes und so weiter.

2.2 Makromoleküle (Biopolymere) und die Weitergabe biologischer Information

Die drei wichtigsten *Makromoleküle* der Zellen sind die **Polysaccharide**, die **Eiweiße** oder **Proteine** und die **Nucleinsäuren**. Diese Makromoleküle bilden die Grundlage aller Lebensfunktionen. Dazu gehören der Aufbau aller Zellbestandteile ebenso wie die Bewegungen der Zellen und des gesamten Organismus und vor allem die Vererbungsvorgänge, d. h. die generationsübergreifende Weitergabe biologischer Information. Dies wird im weiteren Verlauf dieses Abschnittes näher erläutert.

Aufgaben der Biopolymere

Polysaccharide. Die *Polysaccharide* sind von der Natur „erfundene" Zusammenlagerungen, also **Biopolymere** von Hunderten und Tausenden von Monosacchariden. Das zur zellulären Energiespeicherung wichtigste tierische Polysaccharid ist das aus *Glucosemolekülen* zusammengesetzte **Glykogen** (Abb. 2-2). Ähnlich ist in den Pflanzen die **Stärke** das weitverbreiteste Reservekohlenhydrat (ebenfalls nur aus Glucose aufgebaut). Die Polysaccharide sind aber nicht nur für die Bevorratung und Bereitstellung von Energie wichtig. Sie bilden auch *Stützsubstanzen* außerhalb der Zellen. So ist die ebenfalls nur aus Glucose aufgebaute **Cellulose** der Pflanzen die auf der Erde am weitesten verbreitete organische Substanz.

Die Zucker gehen zur Bildung von Polysacchariden auch mit anderen Molekülen Verbindungen ein, so z. B. mit Eiweißen zur Bildung von **Glykoproteinen** und mit Fetten zu **Glykolipiden**. Diese haben die verschiedensten Aufgaben in und außerhalb der Zellen. Als Beispiele seien hier nur genannt, daß die Glykoproteine als **Bestandteile der Zellmembran und des Bindegewebes** des Menschen wichtige Funktionen erfüllen (S. 35) und daß es sich bei den **Blutgruppensubstanzen** (S. 50) im wesentlichen um Glykoproteine und -lipide handelt, die zu 85 % aus Sacchariden bestehen.

Proteine. Die wichtige Rolle der Eiweiße als **Biokatalysatoren** oder **Enzyme** zur Beschleunigung chemischer Reaktionen wurde im vorigen Abschnitt bereits erläutert. Daneben dienen die Proteine vor allem als **Gerüstsubstanzen** (in Binde- und Stützgewebe, S. 35), als Strukturbestandteile zur Aufteilung des Zellraumes, also in **Membranen** (S. 21), als Signale zur Regulation des Stoffwechsels und der Zelltätigkeit (**Hormone**, S. 35) und als Einrichtungen zum Empfang von Signalen am Erfolgsorgan (**Receptoren**, S. 21). Die Information für den Aufbau all dieser Proteine ist in den anschließend zu besprechenden Nucleinsäuren niedergelegt. Kopien dieser Baupläne werden von Generation zu Generation weitergegeben (s. u.).

Wie schon erwähnt, werden die Proteine aus lediglich zwanzig verschiedenen Aminosäuren aufgebaut. Dennoch kann aus diesen relativ **wenigen Bausteinen** eine ungeheure **Vielzahl von Makromolekülen** mit unterschiedlicher Sequenz gebildet werden. Rein rechnerisch kann z.B. ein Eiweißmolekül aus 100 Aminosäuren (also ein recht kleines Molekül) aus 10^{130} verschiedenen Aminosäuresequenzen (also eine Zahl mit 130 Nullen) bestehen, wobei jedes dieser Proteine eine andere „Botschaft" oder Information enthalten kann. Wie immer in der Natur, werden aber nicht alle diese theoretisch möglichen Kombinationen ausgenutzt. Jede Zelle kann vielmehr nur eine beschränkte Anzahl spezifischer, funktionstüchtiger Proteine bilden.

Ketten von weniger als 100 Aminosäuren nennt man übrigens nicht Proteine sondern **Peptide**. Ketten mit weniger als 10 Aminosäuren werden als *Oligopeptide*, solche mit mehr als 10 als *Polypeptide* bezeichnet. Einige natürlich vorkommende Peptide sind **Hormone**, z.B. das *Insulin*, andere dienen als **Transmitter** (S.235) an Nervenzellen. Einige in der klinischen Medizin verwendeten **Antibiotica**, z.B. das *Penicillin*, sind ebenfalls Peptide.

Nucleinsäuren. Die *Nucleinsäuren* sind Biopolymere, die aus **Ketten von Nucleotiden** bestehen. Ähnlich wie bei den Eiweißen handelt es sich dabei um außerordentlich lange, immer unverzweigte Ketten. Die nachfolgende Tabelle 2-1 zeigt, daß in der Zelle nur zwei Grundformen von Nucleinsäuren gebildet werden, nämlich einmal die **Desoxyribonucleinsäuren**, abgekürzt **DNA** (nach der englischen Schreibweise **D**esoxyribo**N**ucleic**A**cid) und zum anderen die **Ribonucleinsäuren**, abgekürzt **RNA**. Eine Nucleinsäure enthält also *immer nur die eine oder die andere Pentoseform*, gleichgültig aus wievielen Tausenden von Nucleotiden (vgl. Abb.2-5A) sie zusammengesetzt ist. Daneben kommen die Basen

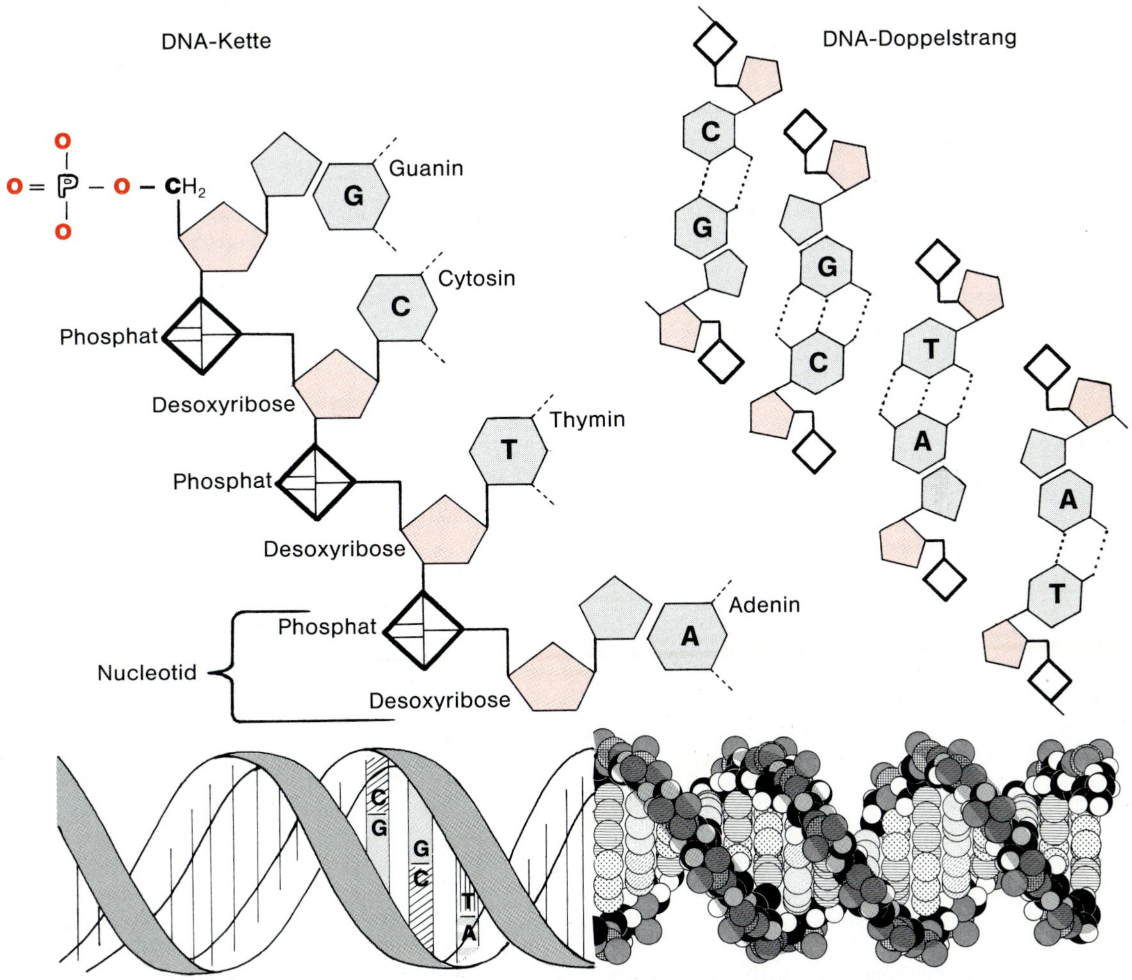

Abb. 2-6. Strukturmodell der DNA. *Links oben* die Primärstruktur einer hypothetischen Sequenz von DNA, die alle 4 Basen enthält (abgekürzte chemische Formeln). Diese Basen (G, C, T, A) sind an das „Rückgrat" von Desoxyribose (Pentose, d.h. Monosaccharid mit 5 C-Atomen) und Phosphat gebunden. *Rechts oben* ist die Basenpaarung von zwei sich gegenüberliegenden DNA-Strängen gezeigt. Die Paarung erfolgt nach der Spielregel, daß A nur mit T, C nur mit G Querbrücken herstellt. Auf diese Weise ist die Struktur jedes Stranges durch die seines Gegenüber vollkommen bestimmt. Wie zwei Modellanordnungen *unten* zeigen, sind die beiden Doppelstränge als Doppelhelix ineinander verdreht

Tabelle 2-1. Bausteine von DNA und RNA

	DNA	RNA
Pentosen	*Desoxyribose*	*Ribose*
Basen	Adenin (A)	Adenin (A)
	Guanin (G)	Guanin (G)
	Cytosin (C)	Cytosin (C)
	Thymin (T)	*Uracil* (U)
Phosphat	ja	ja

Adenin, Guanin und *Cytosin* in beiden Nucleinsäuren, die Base *Thymin* aber nur in DNA und die Base *Uracil* nur in RNA vor.

Beim Menschen und allen anderen Lebewesen ist die **genetische Information in DNA-Molekülen verschlüsselt**. Diese Erkenntnis ist erst rund drei Jahrzehnte alt. Den Genetikern war zwar schon um die Jahrhundertwende klar, daß die bei der Zellteilung im Zellkern sichtbar werdenden Chromosomen die Erbinformation enthalten, aber die DNA wurde wegen ihres relativ einfachen Aufbaues für lange Zeit als nicht geeignet zur Verschlüsselung des genetischen Codes gehalten (dazu schienen nur die Eiweiße wegen ihrer viel höheren Komplexität in der Lage). Heute gilt diese Erkenntnis bereits als so selbstverständlich, daß uns die Größe dieser Entdeckung kaum noch bewußt ist.

Im Jahre 1953 schlugen J.D. Watson und F. Crick ein **Strukturmodell für die DNA** vor, dessen Richtigkeit nach dem heutigen Wissen als gesichert gelten kann (Abb. 2-6) [33,34]. Danach sind die DNA-Moleküle in Doppelsträngen angeordnet, wobei die Desoxyribose und das Phosphat jeweils das „Rückgrat" jedes Stranges bilden, während die Basen nach einer festen Spielregel (A nur mit T, C nur mit G, Abb. 2-6) die Querbrücken herstellen. Diese *Basenpaarung* hat zur Folge, daß die Struktur *eines* Stranges die des anderen vollständig bestimmt. Die Wechselwirkungen zwischen den Basenpaaren ergeben außerdem eine *Verdrillung* des Doppelstranges. Dadurch entsteht die bekannte dreidimensionale Struktur der **Doppelhelix**, wobei

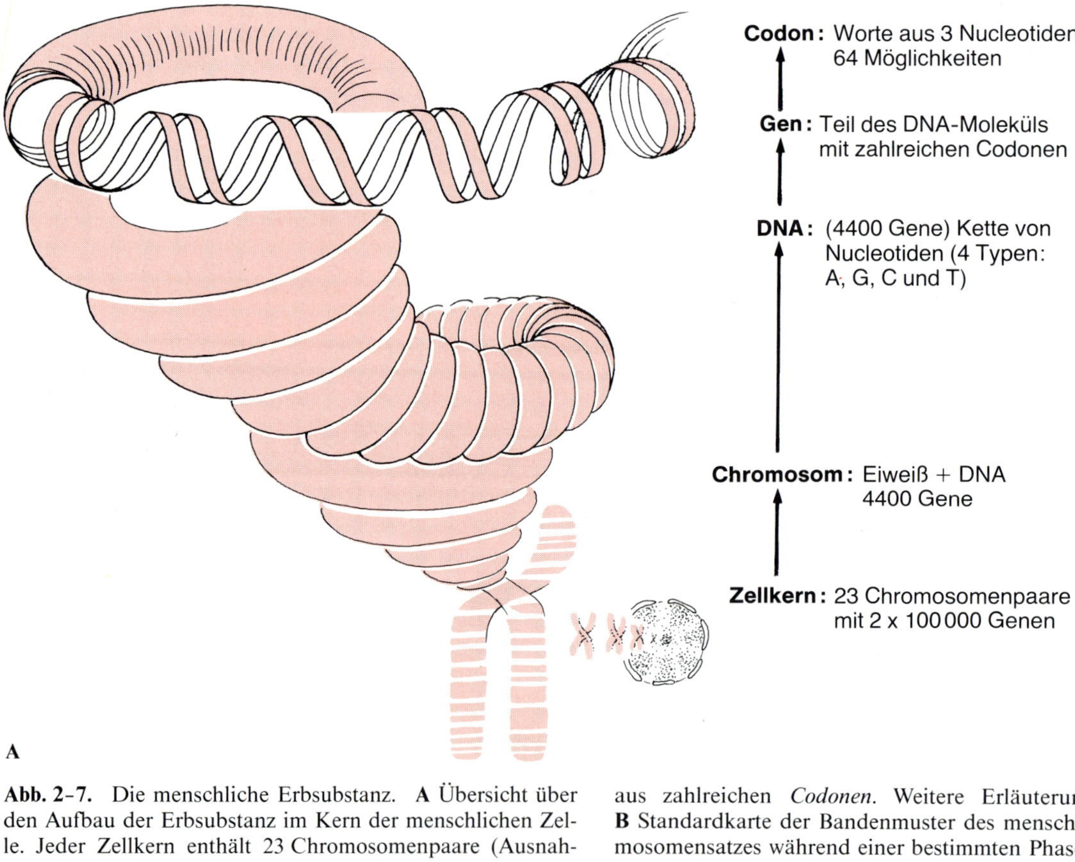

A

Abb. 2-7. Die menschliche Erbsubstanz. **A** Übersicht über den Aufbau der Erbsubstanz im Kern der menschlichen Zelle. Jeder Zellkern enthält 23 Chromosomenpaare (Ausnahmen sind die Ei- und Samenzellen, s. Text) mit jeweils rund 4400 Genen, die *hintereinander* in dem sehr langen DNA-Molekül verschlüsselt sind, aus dem jedes Chromosom (neben einem Eiweißanteil) besteht. Jedes *Gen* besteht wiederum aus zahlreichen *Codonen*. Weitere Erläuterung im Text. **B** Standardkarte der Bandenmuster des menschlichen Chromosomensatzes während einer bestimmten Phase der Zellteilung, der *Metaphase*. Zu diesem Zeitpunkt besteht jedes Chromosom aus zwei Schwesterchromatiden, die an einer Stelle, dem *Centromer*, fest zusammenhängen. Von dort gehen die kurzen p- und die langen q-Arme aus. **B** aus [10]

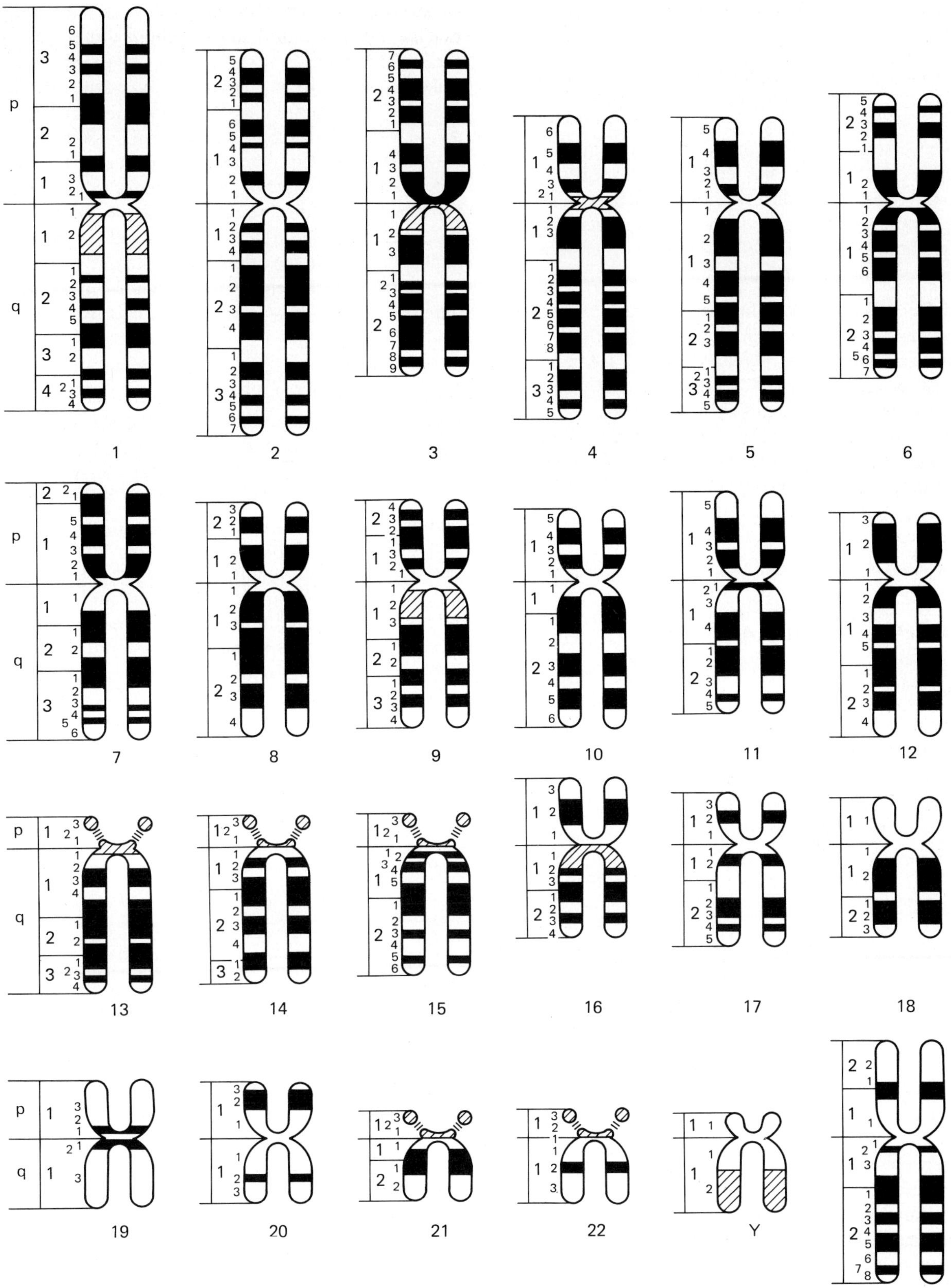

B

Abb. 2-7 B (Legende s. S. 16)

sich pro Wendelgang 10 Basenpaare finden (Abb. 2-6).

Um einen Eindruck von der Größenordnung der in der DNA verschlüsselten Erbinformation zu geben, sei erwähnt, daß die Gesamtlänge der in einer Menschenzelle als Doppelhelix vorliegenden DNA etwa 2 m beträgt. Dies entspricht $5{,}5 \times 10^9$ Basenpaaren. Man würde etwa 1000 Bücher zu je 1000 Druckseiten benötigen, um diese Basensequenz in der abgekürzten Schreibweise (ein Buchstabe pro Base, s. Tabelle 2-1) aufzuzeichnen.

Der zweite Nucleinsäuretyp, also die **RNA**, kommt in jeder menschlichen Zelle rund **5- bis 10mal häufiger** vor als die DNA. Es gibt mindestens 3 verschiedene RNA-Klassen, die sich in ihren Eigenschaften deutlich unterscheiden (s. u.). Sie sind alle an der im nächsten Abschnitt geschilderten Eiweißsynthese beteiligt, auf die hier verwiesen wird. RNA-Moleküle sind in der Regel **einsträngig**, wenn auch Teile eines Moleküls als Doppelhelix vorliegen können.

Molekulare Schritte der Vererbung

Der Zellkern als Quelle des Lebens. Unter dem Mikroskop verrät der membranumhüllte Zellkern (Abb. 2-1) nichts davon, daß in den in ihm enthaltenen **Chromosomen** die gesamte Erbsubstanz des menschlichen Körpers in **Genen** verschlüsselt ist. Diese Gene bestehen beim Menschen und allen anderen Organismen aus **DNA**, die damit in der Tat den Stoff darstellt, aus dem das Leben gemacht ist. Die faszinierende Entdeckungsgeschichte der Genetik, insbesondere die Enthüllung der molekularen Grundlagen des genetischen Codes, gehört zu den fesselndsten Gebieten der Biologie. Hier können nur einige in unserem Zusammenhang wichtige Aspekte der Molekulargenetik gestreift werden, im übrigen sei auf die Literatur verwiesen [11, 16, 21, 23].

Der in Abb. 2-7 gegebene Überblick stellt die wichtigsten Begriffe vor. Danach enthalten die menschlichen Zellkerne **23 Chromosomenpaare** mit insgesamt rund zweimal 100000 verschiedenen **Erbmerkmalen** oder **Genen** (jedes Gen kommt zweimal vor, nämlich ein mütterliches und ein väterliches; Ei und Samenzelle enthalten jedoch nur einen Chromosomen- und damit Gensatz). Jedes Chromosom enthält daher rund 4400 Gene. Diese Gene sind in dem sehr langen DNA-Molekül verschlüsselt, aus dem das Chromosom, neben einem Eiweißanteil, besteht. Die **Nucleotide** stellen dabei, wie die Zeichen eines Morsealphabets, den genetischen Code dar.

Jedes Gen besteht aus vielen „Wörtern". Es hat sich nun herausgestellt, daß diese Wörter des Codes aus jeweils 3 Nucleotiden zusammengesetzt sind. Sie werden **Triplets** oder **Codons** genannt. Da vier verschiedene Nucleotide verwendet werden (s. Tabelle 2-1) ergibt dies 4^3, also $4 \times 4 \times 4 = 64$ Wörter. Von diesen werden 61 als Anweisungen für die Bildung von Eiweiß aus den 20 im Körper vorkommenden Aminosäuren benutzt, die übrigen Codons signalisieren Anfang und Ende eines Eiweißmoleküls bzw. Gens.

Replikation bei der Zellteilung. Die in den Codons enthaltene Information, die den **Bauplan** des gesamten Organismus darstellt, muß bei der Zellteilung **unverändert an die Tochterzellen weitergegeben** werden. Die DNA-Doppelhelix muß also reduplizierbar sein. Der prinzipielle Mechanismus dieses Vorganges, der **Replikation** genannt wird, ist in Abb. 2-8 A veranschaulicht. An einer bestimmten Stelle des DNA-Stranges kommt es zur Aufspaltung der Doppelhelix in zwei Einzelstränge, von denen jeder *unter Berücksichtigung der Basenpaarungsregel* (s. o.) als Matrize für die Synthese eines neuen Stranges dient. Es entstehen zwei neue Doppelhelices, die aus je einem alten und einem neuen Strang bestehen und jeweils das genaue Abbild des elterlichen Stranges darstellen (Abb. 2-8 B). Dieser Vorgang wiederholt sich in jeder nachfolgenden Generation, so daß der Bauplan des Organismus im Prinzip für alle Zeiten unverändert weitergegeben, d. h. vererbt wird.

Die Replikation eines DNA-Stranges ist ein komplexer biologischer Vorgang. Es ist daher nicht verwunderlich, wenn dabei ab und zu ein „Irrtum" unterläuft und damit eine „falsche" Erbinformation weitergereicht wird. Einen solchen Irrtum nennen wir eine **Mutation**. Die Mutationen führen meist zu einer Veränderung im Organismus, die nachteilig gegenüber dem bisherigen Zustand ist, so daß die betroffenen Organismen auf dem Weg der natürlichen Auslese alsbald aussterben. Nur sehr gelegentlich erweist sich die neue Variante der alten überlegen und setzt sich gegenüber dieser im Kampf ums Überleben durch. Auf diesen Vorgängen **beruht die Evolution**.

Der Aufbau der Eiweiße. Die Bedeutung der Gene für die Weitergabe des elterlichen Erbgutes an die Kinder ist den meisten Menschen bekannt. Viele wissen aber nicht, daß die gleichen Gene auch die alltäglichen Lebensfunktionen der Zellen kontrollieren. Die Gene haben also eine Doppelrolle, nämlich einerseits die eben skizzierte **Steuerung der**

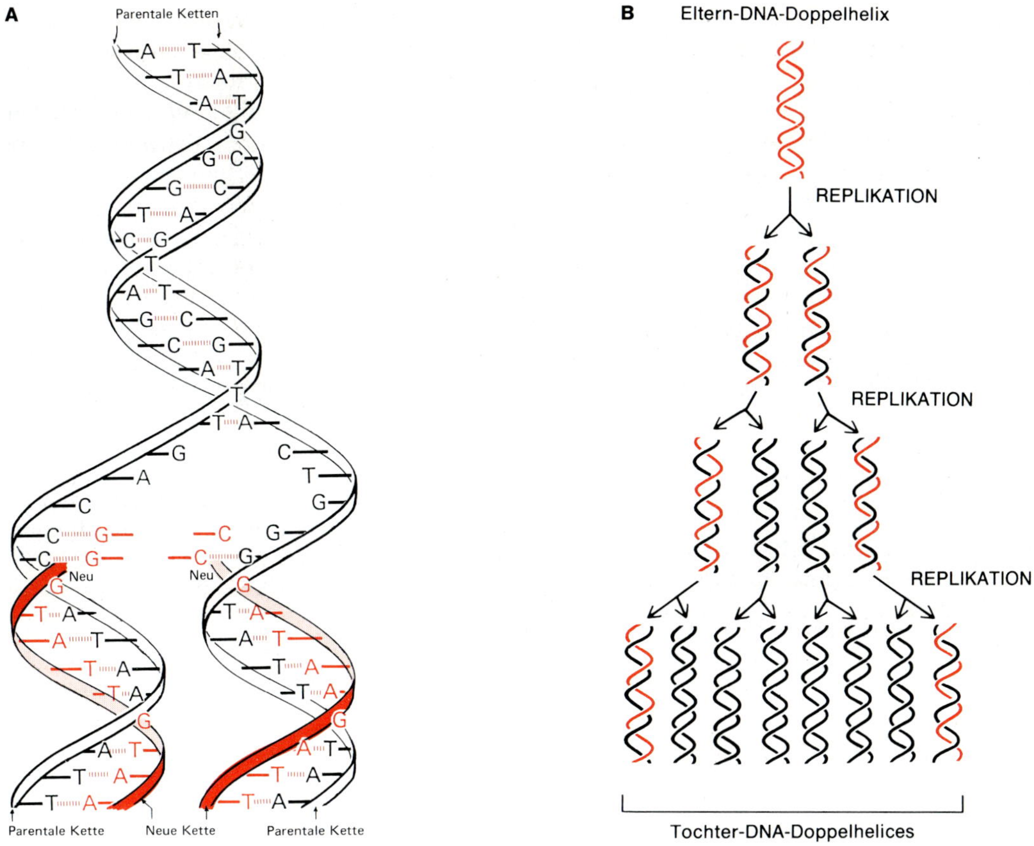

Abb. 2-8. Mechanismus der Replikation bei der Zellteilung. Bei jeder Zellteilung wird die in der DNA niedergelegte Information, die den Bauplan des gesamten Organismus enthält, unverändert an die Tochterzellen weitergegeben. Dazu muß der gesamte DNA-Strang redupliziert werden. Der prinzipielle Mechanismus dieser Reaktion ist in **A** dargestellt. An einer bestimmten Stelle des DNA-Stranges kommt es zur *Aufspaltung der Doppelhelix in zwei Einzelstränge,* von denen jeder als *Matrize* für die Synthese eines neuen Stranges dient. Als Reaktionsprodukt entstehen zwei neue Doppelhelices, die aus je einem alten und einem neuen Strang bestehen und das genaue Abbild des parenteralen Stranges darstellen. Diesen Vorgang nennt man den *semikonservativen Mechanismus der DNA-Replikation.* Er scheint nicht nur beim Menschen, sondern bei allen Species verwirklicht zu sein. Den Fortgang der Replikation bei weiteren Zellteilungen skizziert **B**. Jeder neu entstandene Doppelstrang dient jeweils als Matrize für den neu zu synthetisierenden Strang. Auf diese Weise erhalten die einzelnen Stränge ihre Individualität durch viele Zellgenerationen. Irrtümer in der DNA-Replikation bewirken genetische Fehler, genannt *Mutatioen.* Diese können wichtige Auswirkungen auf die Zelle haben, je nachdem, wo der Irrtum erfolgt. **A** aus [10], **B** aus [1]

Zellvermehrung bei der Fortpflanzung und bei der Neubildung von Zellen im erwachsenen Organismus, bei der die bestehenden Chromosomen sich selbst kopieren, um sich bei der anschließenden Zellteilung auf die beiden entstehenden Zellen zu verteilen, und andererseits die **Kontrolle aller Lebensvorgänge** in der Zelle. Diese ist chemischer Natur, nämlich über die Synthese von Eiweißen, die als Enzyme und als Bausteine der Zellstruktur dienen. Die dabei ablaufenden Prozesse lassen sich kurz so zusammenstellen:

Erbsubstanz (Chromosomen mit Genen aus DNA)
↓ — **Transkription** im Zellkern
RNA-Bildung
↓ — **Translation** in den Ribosomen
Eiweißbildung
↙ ↘
Enzyme — Eiweiße der Zellstruktur

In einem weitgehend aufgeklärten Prozeß, der in stark vereinfachter Form in Abb. 2-9 dargestellt ist, wird dazu im Zellkern der Code der DNA durch die ähnlich aufgebaute RNA „kopiert". Dieser Vorgang wird *Überschreibung* oder **Transkription** genannt. Die RNA bringt dann diese „Botschaft" zu den *Ribosomen* des endoplasmatischen Reticulums (vgl. Abb. 2-1). Sie heißt daher auch *Botschafter-RNA* oder **mRNA** (vom Englischen *messenger*= Bote). Andere, relativ kurze RNA-Moleküle, die ebenfalls im Zellkern synthetisiert werden, binden jeweils eine der 20 Aminosäuren der Zelle an sich und transportieren diese zu den Ribosomen. Diese RNA-Moleküle werden daher als *Transport-* oder **tRNA** bezeichnet. Sie sind für jeweils eine Aminosäure und den zugehörigen Codon auf der mRNA spezifisch.

Im **Ribosom** findet dann, unter Mitwirkung der dort vorhandenen Enzyme und einer dritten Form der RNA, nämlich der **ribosomalen RNA**, die Synthese von Eiweiß so statt, daß die sehr lange mRNA durch das Ribosom hindurchwandert und daß dabei, Codon für Codon, die im Code niedergelegten Eiweißmoleküle durch Aneinanderknüpfen der von den tRNA herbeigebrachten Aminosäuren aufgebaut werden. Dieser Prozeß wird *Übersetzung* oder **Translation** genannt. Die Proteine sind also das Endprodukt der Gene. Alle anderen Substanzen werden mit Hilfe der aus Eiweiß bestehenden Enzyme aufgebaut.

Mechanismen der Wachstumsbegrenzung und -kontrolle. Ei und Samenzelle verschmelzen bei der Zeugung zu einer **Urzelle**, aus der sich im Laufe von neun Monaten durch Zellteilung und Differenzierung ein lebensfähiger **Säugling** entwikkelt, der in knapp zwei Jahrzehnten zu einem **Erwachsenen** heranwächst. Es ist immer noch eines der großen Rätsel der Natur, welche Mechanismen bei dieser Entwicklung, ebenso wie im späteren Leben, zum einen für die Zelldifferenzierung

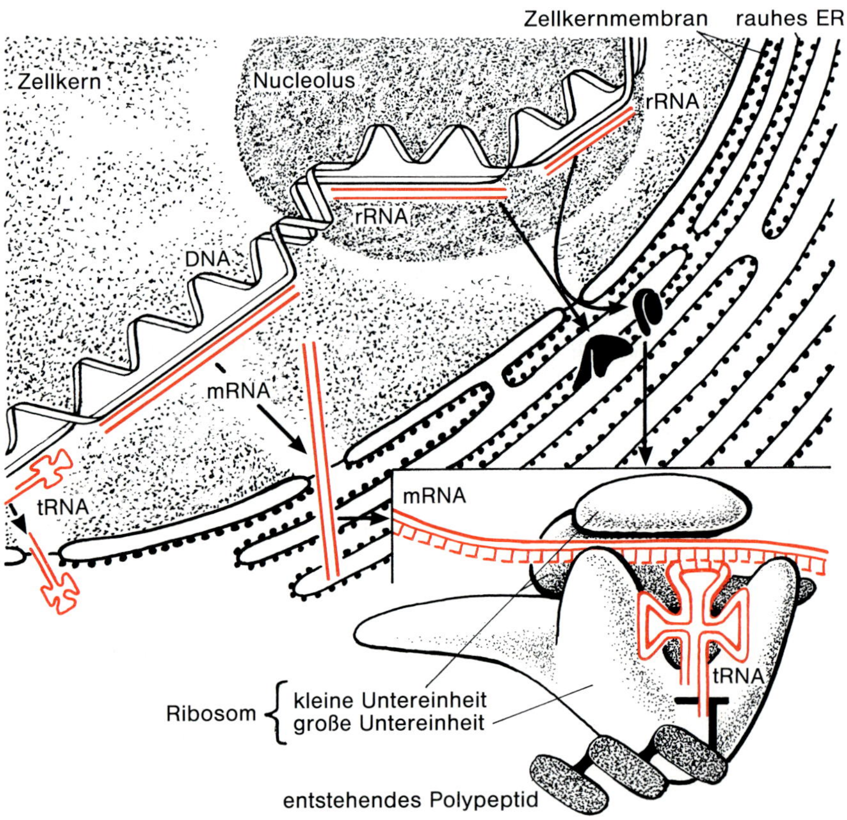

Abb. 2-9. Die wichtigsten Schritte der zellulären Eiweißsynthese wiedergegeben in stark vereinfachter, schematisierter Form. Die genetische Information der DNA-Sequenz wird im Zellkern in einem *Transkription* genannten Prozeß in eine einsträngige mRNA-Sequenz überschrieben. Anschließend wird diese Nucleotidsequenz im Ribosom in die Sequenz von Aminosäuren überschrieben, aus denen das Eiweiß besteht *(Translation)*. Die *mRNA* ist also die Matrize der Eiweißstruktur. Die Kleeblatt-förmige *tRNA* transportiert die Aminosäuren zum Syntheseort im Ribosom und dient dort als „Adapter" zwischen Nucleotid und Aminosäure. Es gibt mindestens eine *tRNA* für jede Aminosäure. Die ebenfalls an der Synthese beteiligte ribosomale RNA, *rRNA*, stammt aus dem *Nucleolus*

und zum anderen für die meisterhafte Kontrolle des Wachstums sorgen und durch dieses *„Bremsen" der Zellteilung* dafür sorgen, daß wir nicht zu Monstern auswachsen.

Die **Zelldifferenzierung**, also die *Ausbildung der verschiedenen Arten von Körperzellen*, beruht nicht auf einer Veränderung des Inhalts der Erbsubstanz. Zellen aus der Leber, aus dem Gehirn oder aus einem Muskel enthalten in ihren Kernen **alle die gleichen Gene**. Dies wurde durch ein Experiment bewiesen: In ein Froschei, dessen Zellkern man mikrochirurgisch entfernt hatte, wurde der Zellkern einer Haut- bzw. einer Leberzelle eingepflanzt, und es entwickelte sich daraus ein normales Individuum. Zur Erklärung dieser Befunde nimmt man, in Anlehnung an Ergebnisse bei Bakterien an, daß auch in der tierischen, einschließlich der menschlichen Zelle, Stoffe synthetisiert werden, die die Funktion bestimmter Gene ein- oder ausschalten können. Man spricht von **Aktivatoren** bzw. **Repressoren**. Solche Aktivatoren und Repressoren könnten auch über ihre Zellgrenzen hinaus auf andere Zellen einwirken und dort bestimmte Differenzierungen auslösen (induzieren).

Präcelluläre Lebensformen: Ahnengalerie der Zelle. Es könnte der Eindruck entstanden sein, die Zelle sei nicht nur der Baustein vielzelliger Lebewesen, sondern in der Form einzelliger Organismen die einfachste Form von Leben auf dieser Erde überhaupt. Dies ist nicht richtig. Die Zelle ist ein außerordentlich kompliziert aufgebauter Organismus, dessen **Entwicklung einige Milliarden Jahre** in Anspruch nahm. Die ersten einfachen Lebensformen ähnelten in ihrem Aufbau möglicherweise den heutigen **Viren** [20]. Diese bestehen im wesentlichen aus einer Nucleinsäure (DNA oder RNA), die von einer Proteinschicht umgeben ist. Sie sind 20–300 nm groß, also im Durchmesser etwa tausendmal und damit im Volumen etwa eine Milliarde mal kleiner als eine Zelle. Die Nucleinsäure kann sich selbst reproduzieren, und von daher ist das Virus ein Lebewesen wie die Zelle auch. Der Unterschied ist nur, daß die frühen Lebensformen und die Zellen sich in einer Umgebung vermehren konnten bzw. können, die weniger komplex aufgebaut ist als sie selbst, also z. B. in einer einfachen Nährlösung, während die heutigen Viren dazu in eine Zelle eindringen müssen. Dies führt häufig zu Schädigungen dieser (unfreiwilligen) Wirtszellen, beim Menschen zu den bekannten Virusinfektionen und eventuell zu Krebserkrankungen.

In späteren Stadien der Entwicklungsgeschichte bildeten sich **einfache Zellen ohne Zellkern aus**, deren heutige Vertreter die **Bakterien** sind. Diese sind etwa 1 μm groß. Sie besitzen eine äußere Zellmembran, aber keine deutlichen inneren Unterteilungen. Ihre Gene sind schon in einer einzigen DNA-Doppelhelix zusammengefaßt, und mit ihren zahlreichen Enzymen stellen sie bereits alles andere als primitive Lebensformen dar. (Viele der auf der Erde lebenden Bakterien sind für den Menschen harmlos, andere, wie bestimmte Darmbakterien, sind durch die von ihnen abgegebenen Stoffe für ihn sogar nützlich. Wieder andere führen aber, wenn man sich mit ihnen infiziert, zu schweren Erkrankungen.)

Die große Zahl der Übereinstimmungen zwischen **Bakterium** und **tierischer Zelle**, von der Struktur der DNA bis zu der der Eiweiße, weist darauf hin, daß **beide Zelltypen sich von gemeinsamen Vorfahren** herleiten. Irgendwann in der Frühzeit der biologischen Entwicklung haben sich die beiden Abstammungslinien getrennt. Danach erwies sich die mit einem Zellkern ausgestattete Zelle als geeigneter als die kernlose, komplexe Organismen aufzubauen.

2.3 Die Plasmamembran der Zelle und ihre Aufgaben

Praktisch alle Austauschvorgänge zwischen der Zelle und ihrer Umgebung spielen sich an der äußeren Zellhülle, der **Plasmamembran** ab. Gleichzeitig ist diese Membran auch der Ort, an dem viele Stoffwechselprozesse lokalisiert sind. Die Plasmamembran ist daher nicht nur eine passive Trennwand, die die Zelle als Ganzes gegenüber ihrer Umgebung abgrenzt, sondern sie ist auch der **Träger wichtiger Lebensprozesse** und damit für ein normales Leben der Zelle unabdingbar. Vergleichbares gilt übrigens auch für die im Abschnitt 2.4 näher betrachteten intracellulären Membranen. Die folgenden Ausführungen über Aufbau und Aufgaben der Plasmamembran können daher auch auf die intracellulären Membranen übertragen werden [4, 19, 27, 29].

Grundaufbau der Plasmamembran (Zellmembran). Die wesentlichsten Bausteine der Zellmembran sind die auf S. 12 bereits vorgestellten **Phospholipide**, die aufgrund ihrer hydrophil/hydrophoben Konfiguration im Wasser spontan Doppelschichten mit der in Abb. 2–10 gezeigten Anordnung bilden. Diese Lipiddoppelschicht ist nur rund 4–5 nm dick, aber insgesamt von großer Festigkeit. Neben den Phospholipiden finden sich in der Außenseite der Membran auch **Glykolipide**, deren hydrophiler Zukker (ein Oligosaccharid, s. S. 9) sich haarförmig in die Umgebung der Zelle erstreckt (Abb. 2–10). Zwischen den Phospholipiden liegen in etwa gleicher Anzahl **Cholesterinmoleküle**, die die Lipidmembran stabilisieren.

Eingebettet in die relativ inerte Lipidgrundsubstanz der Membran liegen, wie einzelne farbige Mosaiksteine in einer sonst einheitlichen Wand, als Hauptfunktionsträger **besonders große Proteine** (Abb. 2–10). Und zwar findet sich im Durchschnitt je ein Proteinmolekül pro 50 Lipidmoleküle in der Membran. Manche Proteine erstrecken sich von der Außen- zur Innenseite durch die ganze Membran, andere sind nur in der äußeren oder der inneren Schicht verankert. Dabei sind die Anteile der Proteine *innerhalb der Lipidmembran* regelmäßig *hydrophob*, während sich polare, *hydrophile* Gruppen an den *Außenseiten der Proteine* der wäßrigen Phase zuwenden. Viele Proteine der Außenseite der Plasmamembran sind Glykoproteine; sie tragen hydrophile Zuckergruppen, die in die Umgebung der Zelle hinausragen.

Aufgaben der Membranproteine. Den membranständigen Eiweißmolekülen werden im wesentlichen

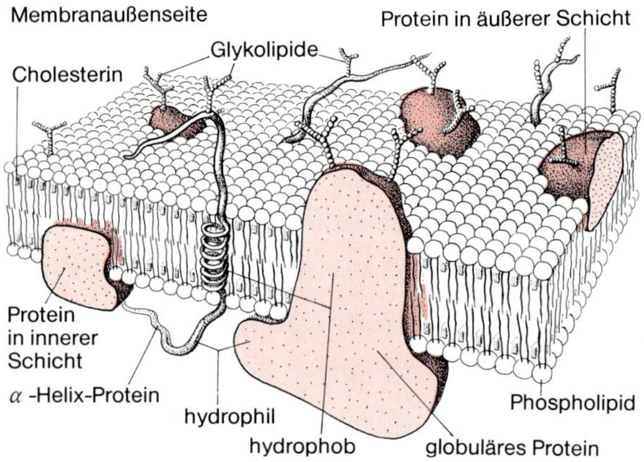

Abb. 2-10. Schema der Plasmamembran. In einer Phospholipid-Doppelschicht sind Proteine eingelagert, die teils die Lipiddoppelschicht ganz durchqueren, teils nur in der Außen- oder Innenschicht verankert sind. Viele Membranproteine bilden Kanäle oder Poren aus, die der Kommunikation zwischen Zellinnerem und Außenflüssigkeit dienen, vgl. Abb. 2-1, S. 8. (Aus Dudel in [14])

folgende **vier Funktionen** zugeschrieben [4, 19, 27, 29]: (1) Sie durchbrechen die wasserunlösliche Lipidschicht der Membran und schaffen dadurch **Poren** oder **Kanäle** (Abb. 2-12) in ihr; diese Poren dienen vor allem dem Durchtritt von Wasser und Salzen in die und aus der Zelle. (2) Sie wirken als **Träger-** oder **Transportmoleküle**, die andere Moleküle an sich anlagern und dann durch die Membran befördern (Abb. 2-13). (3) Sie beteiligen sich am **Stoffwechsel** der Zelle. (4) Sie tragen ähnlich wie die Cholesterinmoleküle zur **Festigkeit** der Membran bei.

Der Extracellulärraum als geregelter Lebensraum der Zelle

Alle Zellen sind durch feinste Spalträume voneinander getrennt. Diese **extracellulären Spalträume** werden als **Interstitium** bezeichnet. Durch sie ist gewährleistet, daß praktisch alle Zellen des Körpers von der gleichen Flüssigkeit umspült werden. Das Wasser im Interstitium enthält alle für die Versorgung der Zellen notwendigen Salze und Nährstoffe. Durch den Blutkreislauf (s. Kap. 5) wird es andauernd in Bewegung gehalten und durchmischt, so daß die Verteilung der Salze und Nährstoffe zu jeder Zeit nahezu überall gleich ist. Alle Zellen leben also praktisch in der gleichen Umgebung, nämlich der Extracellulärflüssigkeit, die deswegen schon im vorigen Jahrhundert von Claude Bernard als das **innere Milieu** des Körpers bezeichnet wurde.

Bedeutung der Homöostase. Durch die Tätigkeit vor allem der Lungen, der Nieren und der Leber, auf die wir noch im einzelnen eingehen, werden Zusammensetzung und Konzentration der Gase, Salze und Nährstoffe des inneren Milieus so konstant wie möglich gehalten. Ein solcher Zustand weitgehender Konstanz des extracellulären Milieus wird als **extracelluläre Homöostase** bezeichnet. Diese Homöostase ist **unabdingbare Voraussetzung für das optimale Funktionieren** der Zellen. Über die zugrunde liegenden Regelungsvorgänge werden wir bei der Besprechung der Hormone (Kap. 10) und des autonomen Nervensystems (Kap. 23) mehr hören. Hier sei nur darauf hingewiesen, daß die **Konstanthaltung innerer und auch äußerer Bedingungen** durch Regelungsvorgänge ein ganz **typisches Kennzeichen**, vielleicht das charakteristischste, **lebender Systeme** ist und daß wir im folgenden bei der Betrachtung der verschiedenen Organe uns immer wieder mit solchen Regelungssystemen und ihren Wechselbeziehungen untereinander auseinandersetzen müssen.

Zusammensetzung der Extracellulärflüssigkeit. Zunächst muß noch erwähnt werden, daß die extracelluläre Flüssigkeit an Salzen im wesentlichen gelöstes **Kochsalz** enthält, nämlich etwa 9 Gramm pro Liter (g/l). Jedes Kochsalzmolekül besteht aus einem Atom Natrium, Na, und einem Atom Chlor, Cl, also aus **NaCl**. Dieses **Natriumchlorid** löst sich in Wasser und bildet zwei elektrisch geladene Teilchen, nämlich das *Natriumion* mit einer positiven Einheitsladung, $\mathbf{Na^+}$, und das negative *Chlorion*, $\mathbf{Cl^-}$ (diese Zerlegung oder *Dissoziation* des Kochsalzes in wäßriger Lösung geschieht immer, also auch im Suppentopf, solange keine gesättigte Kochsalzlösung vorliegt). Die einfachste Blutersatzlösung (genauer: Plasmaersatzlösung, S. 38), die sich in Notfällen schnell herstellen läßt, ist also eine 0,9prozentige Kochsalzlösung (9 g/l), entspricht 0,9 g in 100 ml, also 0,9%. Diese Lösung muß vor der Infusion allerdings sterilisiert, mindestens aufgekocht werden.

Im Vergleich zur hohen Konzentration von Na^+ und Cl^- enthält die Extracellulärflüssigkeit nur geringe Mengen anderer einfach oder doppelt positiv geladener Ionen (positiv geladene Ionen werden auch als **Kationen** bezeichnet), wie Kalium-, Calcium- oder Magnesium-Ionen (K^+, Ca^{++}, Mg^{++}) und anderer negativ geladener Ionen (**Anionen**), wie z. B. Bicarbonat (HCO_3^-). Am Beispiel des Muskelgewebes sind die genauen extracellulären Ionenkonzentrationen des Warmblüters in Tabelle 2-2 (S. 28) angegeben. Bevor der Austausch dieser Salze, der Nährstoffe und der Atemgase (Sauerstoff und Kohlendioxid) zwischen dem Interstitium und der Zelle diskutiert werden kann, müssen noch zwei physikochemische Begriffe eingeführt werden, nämlich Diffusion und Osmose.

Diffusion und Osmose

Mechanismus der Diffusion. Alle in Wasser gelösten Teilchen (Ionen und Moleküle) sind in dauernder Bewegung in alle drei Raumrichtungen. Diese Bewegungen sind das, was die Physiker Wärme nennen: Je höher die Temperatur, desto schneller ist diese **Brownsche Molekularbewegung**, die nur beim absoluten Nullpunkt (−273 Grad Celsius) zum Stillstand kommt. Jedes Teilchen geht seinen eigenen Weg. Auf diesem stößt es häufig mit anderen Teilchen zusammen, wobei der Zusammenprall jeweils zu einer Änderung der Bewegungsrichtung führt. Diese Bewegung der Ionen und Moleküle bezeichnet man als **Diffusion**.

In einer gleichförmigen (homogenen) Lösung, also z. B. in einer gut durchgerührten Tasse Kaffee mit Milch und Zucker, bewegen sich alle Teilchen gleich wahrscheinlich in alle Raumrichtungen, d. h. ihre Verteilung bleibt insgesamt konstant. Bestehen aber Konzentrationsdifferenzen, also z. B. eine hohe Zuckerkonzentration am Boden der Kaffeetasse, dann werden Zuckermoleküle so lange *von Orten höherer Konzentration zu Orten geringerer Konzentration diffundieren*, bis ein Konzentrationsausgleich erreicht ist (Abb. 2-11 A). Dies kommt daher, daß im Durchschnitt die Teilchen bei ihrer Molekularbewegung in den „leeren" Raum hinein größere Strecken zurücklegen können, bevor sie mit einem anderen Teilchen zusammenprallen, als in die Richtung hoher Teilchenkonzentration.

Diffusion kann **auch durch Membranen** erfolgen, wenn diese für gelöste Teilchen durchgängig (permeabel) sind. Betrachtet man zwei flüssigkeitsgefüllte Räume, in denen ein Stoff die Konzentrationen c_1 und c_2 hat, und die durch eine Schicht mit der Fläche A und der Dicke d getrennt sind, so ist der Fluß des Stoffes m in der Zeit t nach dem **ersten Fickschen Diffusionsgesetz:**

$$dm/dt = D\,\frac{A}{d}\,(c_1 - c_2) = D\,\frac{A}{d}\,\Delta c,$$

wobei D der Diffusionskoeffizient ist, der für den jeweiligen Stoff, das Lösungsmittel und eine bestimmte Temperatur einen konstanten Wert hat. Allgemeiner gilt für einen Konzentrationsunterschied dc über die Strecke dx:

$$dm/dt = D \cdot A \cdot dc/dx,$$

d. h. der Fluß über den Querschnitt A ist proportional dem Konzentrationsgradienten dc/dx.

Transportfunktion der Diffusion. Die Diffusion ist für die meisten Moleküle in wäßriger Lösung der wichtigste **Austauschprozeß über kleine Entfernungen**. Dies gilt auch für die Zelle, soweit die Diffusion nicht durch Membranen behindert wird. Diffusion ist also einer der wichtigsten Transportmechanismen des Körpers. Sie wird uns noch an vielen Stellen begegnen. *Diffusion benötigt keine Energie* (außer der der Brownschen Molekularbewegung). Sie wird daher, ebenso wie die nachfolgend beschriebene Osmose als **passiver Transport** bezeichnet.

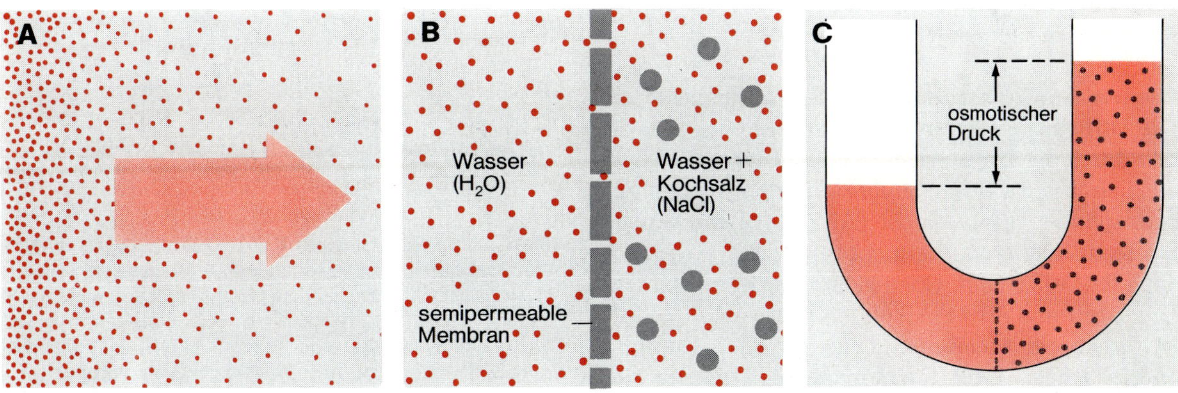

Abb. 2-11. Biophysikalische Grundlagen des Wasser- und Stoffaustausches zwischen den einzelnen Flüssigkeitsräumen des Organismus. **A** Diffusion bei Konzentrationsdifferenzen in einer Lösung als Folge der Brownschen Molekularbewegungen. (Erläuterungen im Text). **B** Osmotische Bewegungen von Wassermolekülen durch eine nur für Wasser durchlässige *(semipermeable)* Membran. Es fließt ein Nettowasserstrom in die Salzlösung, da dort die „Wasserkonzentration" niedriger als im reinen Wasser ist. **C** Aufbau eines osmotischen Druckes an einer *semipermeablen Membran*. Die Differenz der beiden Flüssigkeitsspiegel (der osmotische Druck) bleibt konstant, wenn der Wasserstrom durch Osmose (von *links* nach *rechts*) genauso groß ist wie der Wasserstrom durch die hydrostatische Druckdifferenz der rechts erhöhten Wassersäule. Ausführliche Besprechung im Text. Aus [13]

Osmose und osmotischer Druck. In Abb. 2-11 B ist ein wassergefüllter Raum durch eine feinporige Membran von einem Raum mit Kochsalzlösung getrennt. Die Poren der Membran sind so beschaffen, daß nur Wasser-, aber keine Salzmoleküle bzw. -ionen durch sie hindurchtreten können (man spricht von einer *teildurchlässigen* oder **semipermeablen Membran**). In diesem Fall kann das Salz nicht in das salzfreie Wasser diffundieren. Vielmehr wird **Wasser in die Salzlösung diffundieren**, da die „Wasserkonzentration" dort niedriger ist; dieser Vorgang heißt **Osmose**.

Soll die Osmose von Wasser in die Salzlösung verhindert werden, so muß man *auf die Salzlösung einen mechanischen Druck ausüben*, der genau so viele Wassermoleküle durch die Poren in Richtung des Wassers preßt, wie von dort durch Osmose in die Salzlösung gelangen. Diesen Druck nennt man **osmotischen Druck**. Er läßt sich in einem Experiment nach Art der Abb. 2-11 C als die Höhendifferenz der beiden Flüssigkeitsspiegel direkt messen. Es zeigt sich dabei, daß die Größe des osmotischen Druckes ausschließlich von der **Anzahl der gelösten Teilchen** in einem gegebenen Volumen abhängt. Die *Größe der Teilchen* oder ihre *elektrische Ladung* spielen keine Rolle.

Stoffaustausch der Zelle mit ihrer Umgebung

Bevor die in der extracellulären Flüssigkeit herantransportierten Stoffe der Zelle zur Verfügung stehen, müssen sie die Zellmembran passieren. Dies geschieht teils durch **Diffusion**, teils durch energieverbrauchende chemische Prozesse, die als **aktiver Transport** zusammengefaßt werden.

Passiver Stofftransport durch die Plasmamembran. Die **Diffusion** erfolgt auf zwei Wegen: entweder direkt **durch die Plasmamembran** oder **durch Poren** in ihr. Durch die *Plasmamembran* können wegen ihrer hydrophoben Lipidschicht (Abb. 2-10) nur solche Stoffe diffundieren, die nicht nur wasser-, sondern auch fettlöslich sind. Dazu gehören z. B. Fettsäuren, Sauerstoff und (Trink)Alkohol. Dazu kommen Stoffe, die an der Membranaußenseite durch Bindung an ein **Träger-** oder **Carriermolekül** fettlöslich gemacht werden und sodann durch die Lipidschicht diffundieren können. Mit dieser **erleichterten Diffusion** wird vor allem die Glucose in die Zellen transportiert.

Die Plasmamembran ist aber nicht nur für Stoffe durchlässig, die durch die Lipidschicht diffundieren, sondern auch für viele Ionen, Zucker, Aminosäuren und Nucleotide. Diese Stoffe kreuzen die Membran durch **Poren**, die von in die Membran eingelagerten **Transportproteinen** gebildet werden (Abb. 2-12 A, vgl. auch Abb. 2-1, S. 8). Ein solches Membranprotein wird von einem engen wassergefüllten Kanal durchzogen, durch den kleine Moleküle diffundieren können. Dazu gehört vor allem das Wasser, das pro Sekunde in jeder Zelle etwa hundertmal ausgewechselt wird, wobei Wasserein- und -austritt sich so exakt die Waage halten, daß die Zelle weder schwillt noch schrumpft.

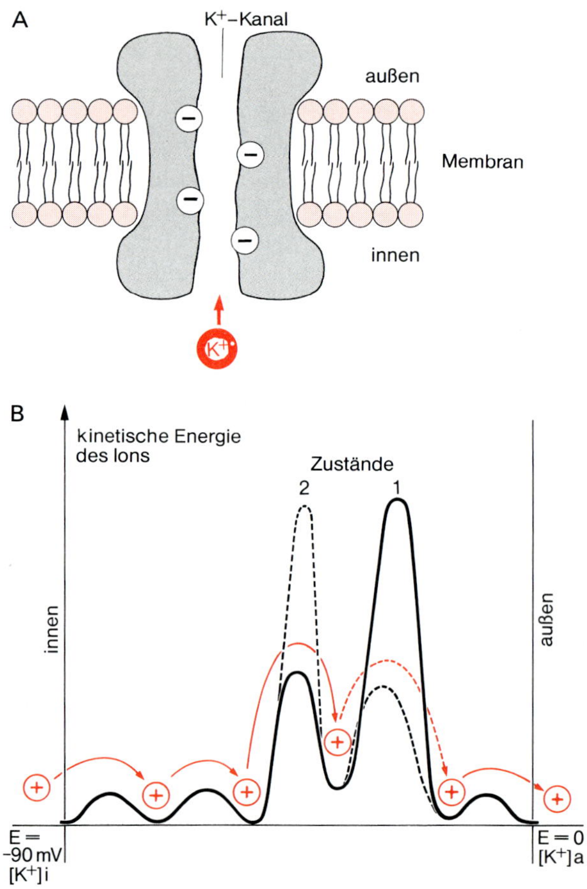

Abb. 2-12. **A** Schema eines K-Kanal-Proteins, das in die Lipiddoppelschicht der Plasmamembran eingelagert ist. In der „Wand" des Kanals sind 4 negative Ladungen fixiert. **B** Schematisches Energieprofil eines Kanals wie in **A**. Die *Ordinate* gibt die für eine Passage notwendige kinetische Energie eines Ions an, die *Abszisse* den Weg von der Innenseite zur Außenseite der Membran. Energieminima entsprechend Bindungsstellen des positiven Ions an die negativen „Festladungen" der Kanalwand. Die Energiemaxima entsprechend Diffusionshindernissen des Kanals. Es wird angenommen, daß die Konfirmation des Kanalproteins spontan oszilliert und das Energieprofil abwechselnd die *ausgezogenen* und die *gestrichelten* Profile einnehmen kann, was die Überwindung der Energiebarriere für vor der Barriere gebundene Ionen sehr erleichtert. (Nach Läuger 1985, aus Dudel in [14])

Die diffundierenden Substanzen bewegen sich durch die Membrankanäle entsprechend ihrem Konzentrationsgradienten und, falls sie geladen sind, auch unter dem Einfluß des Membranpotentials (s. Kap. 12). Die Membrankanäle sind dabei relativ selektiv hinsichtlich der durchfließenden Molekülspecies. Es gibt z. B. Kalium-, Natrium- und Calciumkanäle, die weitgehend jeweils nur diese spezifischen Ionen durchtreten lassen. Um diese **Kanalselektivität** zu erreichen, sind die Wände der Poren mit elektrischen Ladungen besetzt, die den Durchtritt für permeierende Moleküle erleichtern und andere Stoffe von der Permeation ausschließen.

Ein Kanalprotein darf nicht als starre, wassergefüllte Röhre angesehen werden. Es ist vielmehr ein hochdynamisches, pulsierendes Gebilde, wobei der Kanal spontan und hochfrequent zwischen offenen und geschlossenen Zuständen hin- und herschaltet. Die mittlere Öffnungsdauer beträgt dabei in der Regel nur einige Millisekunden (genug Zeit um den Austausch von einigen 10000 Ionen zu ermöglichen). Diesem dynamischen Charakter des Kanals nähert sich das Bild des **Energieprofils eines Kanals** in Abb. 2-12 B. Die Abszisse dieses Diagramms stellt den Kanal dar. Die Ordinate gibt das Energieniveau des Ions an der betreffenden Stelle des Kanals an: Ein Gipfel bedeutet eine Permeationsschranke, die ein Ion nur mit viel Energie überwinden kann, eine Senke einen relativ stabilen Zustand. Trotz der hindernden Energiegipfel kann ein Ion passieren, wenn sich das Energieprofil innerhalb des Kanals spontan und zyklisch verschiebt, weil damit das Ion plötzlich auf der anderen Seite des Gipfels liegen und damit permeieren kann. Je nach Ladung, Größe und Wasserhülle des Ions und möglichen Bindungen an Wandstrukturen wird das Energieprofil durch den Kanal für verschiedene Ionen unterschiedlich sein, wodurch die Selektivität der einzelnen Kanaltypen erklärlich wird.

Aktiver Transport durch die Plasmamembran. Manche Stoffe, wie die Aminosäuren oder die K^+-Ionen, kommen in der extracellulären Flüssigkeit in nur geringen, in der Zelle aber in sehr hohen Konzentrationen vor (s. dazu auch S. 201). Diese Stoffe können nicht durch Diffusion in der Zelle angehäuft werden, denn Diffusion erfolgt nur, wie wir gesehen haben, „bergab", also von der höheren in Richtung der geringeren Konzentration. Ihr Transport durch die Zellmembran erfordert also **Energieaufwand**, ähnlich wie Energieaufwand beim Aufpumpen eines Autoreifens zur Verdichtung der Luftmoleküle nötig ist. Unsere derzeitigen Modellvorstellungen zu diesem **aktiven Transport durch Membranen** sind am Beispiel der Abb. 2-13 zusammengefaßt. Es zeigt die sogenannte **Natrium-Kalium-Pumpe**, **Na-K-Pumpe**, die praktisch an allen Plasmamembranen der Zellen Na^+ aus der Zelle und K^+ in die Zelle schafft. Sie bewirkt dadurch, daß die intracelluläre Na-Konzentration gering, die

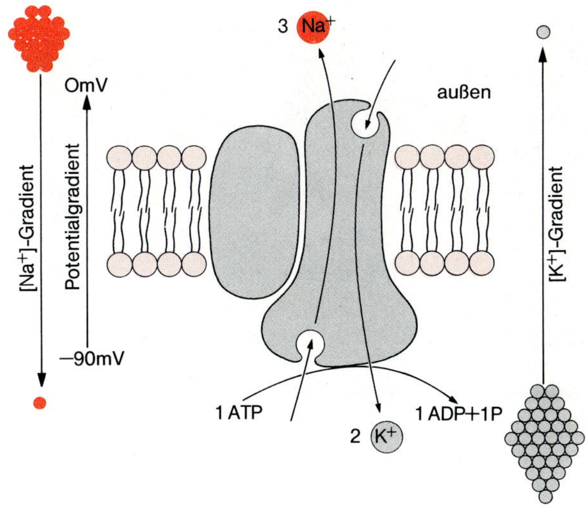

Abb. 2-13. Schema der Na-K-Pumpe eine ATPase in der Lipiddoppelschicht der Plasmamembran, die in einem Pumpzyklus 3 Na^+ gegen den Konzentrationsgradienten und Potentialgradienten aus der Zelle entfernt und 2 K^+ aufnimmt. Dabei wird 1 ATP in ADP und Phosphat P gespalten. Die ATPase ist als Dimer aus einer großen (Funktions-) Einheit und einer kleinen Einheit gezeichnet, sie liegt in der Membran als Tetramer aus zwei großen und zwei kleinen Einheiten vor. (Aus Dudel in [14])

der K-Ionen aber sehr hoch bleibt. Die so erzielten Konzentrationsgradienten werden funktionell für die elektrische Informationsfortleitung (Kap. 12, 13), aber auch zum Antrieb anderer aktiver Transportmechanismen für die Einstellung des Zellvolumens eingesetzt [22].

Die Na-K-Pumpe ist der wichtigste aktive Transportprozeß an der Plasmamembran. Mehr als ein Drittel des Energieverbrauchs einer Zelle, manchmal bis zu 70%, wird für sie aufgewendet. Das Na-K-Transportprotein ist gleichzeitig ein Enzym, nämlich eine ATPase, die an der Innenseite der Zellmembran ATP in ADP und Phosphat spaltet (s. auch Abb. 2-5). Mit Hilfe der dabei freiwerdenden Energie transportiert es netto 3 Na^+ aus der Zelle und gleichzeitig 2 K^+ in die Zelle. Das Protein leistet den Transport mit hoher Geschwindigkeit: 150 bis 600 Na^+ werden pro Sekunde umgesetzt.

Der aufmerksame Leser wird bemerkt haben, daß die Na-K-Pumpe pro Transportvorgang *netto* eine positive elektrische Ladung aus der Zelle treibt. Sie ist damit **elektrogen** und macht das Zellinnere um etwa 10 mV negativ gegenüber dem Zelläußeren. Dies ist ein kleiner Betrag gemessen an dem Gesamtmembranpotential erregbarer Zellen, das insgesamt bei rund −90 mV liegt (s. Kap. 12).

Zur Aufrechterhaltung der Nährstoff- und Salzkonzentration in der Zelle ist also beständiger Energieaufwand notwendig. Wird die Energieversorgung der Zelle durch starken Sauerstoffmangel oder durch Vergiftung der Membranpumpen unterbrochen, so wird u. a. die intracelluläre Na^+-Konzentration ansteigen. Dies würde zu einer Erhöhung der intracellulären Teilchenkonzentration und damit zu einem

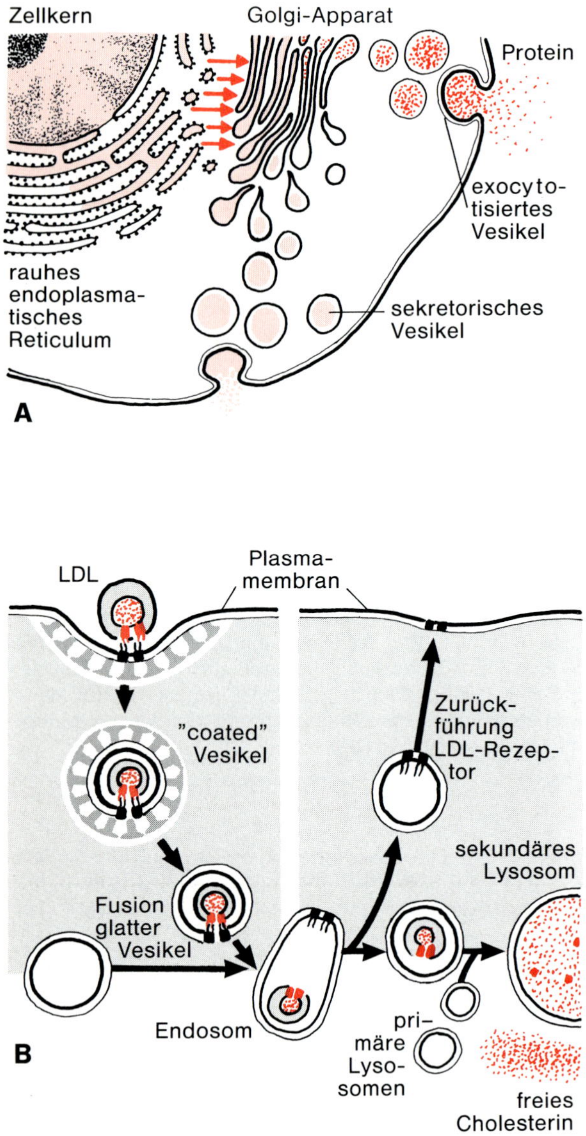

Abb. 2-14. Mechanismen der Exo- und Endocytose in schematischer, vereinfachter Darstellung. **A** Exocytose von Proteinmolekülen. Die Proteinmoleküle werden entsprechend Abb. 2-9, S. 20, am rauhen endoplasmatischen Retikulum synthesiert. Anschließend werden sie mit Hilfe des *Golgi-Apparates* (s. Abb. 2-1, S. 8) in Bläschen oder Vesikel gespeichert und zur Innenseite der Zellmembran transportiert. Dort verschmilzt die Vesikelwand im Prozeß der Exocytose mit der Zellmembran und der Vesikelinhalt, hier also die Proteinmoleküle, wird in das Interstitium entleert. **B** Aufnahme von Cholesterin in das Zellinnere über Endocytose. Cholesterin wird im Blut größtenteils als LDL-Lipoprotein-Partikel transportiert. Solche Partikel binden sich von außen an spezifische Membranbezirke, die LDL-Receptoren enthalten und sich im Prozeß der Endocytose nach innen einschnüren und *„coated" Vesikel* bilden. Diese verschmelzen unter Verlust des „Coat" zu Endosomen, die sich mit primären Lysosomen zu sekundären Lysosomen verbinden, aus denen das Cholesterin schließlich in das Cytoplasma freigesetzt wird. Von der Bindung an die Außenmembran bis zur Freisetzung des Cholesterin in das Cytoplasma vergehen 10-15 min. Nach Dudel in [14]

erhöhten osmotischen Druck führen, was aber durch den gleichzeitigen Einstrom von Wasser verhindert wird: die Zelle schwillt an und droht nach kurzer Zeit funktionsunfähig zu werden. Besonders gefährlich ist ein solcher Zustand im Gehirn. Kommt es dort z. B. durch ein Kreislaufversagen zu einer mangelnden Sauerstoffversorgung der Hirnzellen und damit zu deren Anschwellen, so kann sich das Hirngewebe innerhalb der knöchernen Schädelkapsel nur wenig ausdehnen. Statt dessen steigt bei diesem **Hirnödem** der Gewebsdruck stark an, wodurch die Gehirngefäße zugedrückt und damit die Energieversorgung noch weiter verschlechtert wird. Ein Versagen der lebenswichtigen Atem- und Kreislaufzentren ist die oft tödliche Folge.

Exo- und Endocytose. Für manche Stoffe, die die Zellmembran passieren müssen, gibt es keine Transportkanäle, z. B. für Proteine oder für Cholesterin. Solche Stoffe können die Plasmamembran als **Inhalt von Vesikeln**, durch *Endo- oder Exocytose* kreuzen (Abb. 2-14). Bei der **Exocytose** werden aus Zellorganellen *Vesikel* gebildet, die mit dem auszuscheidenden Stoff, z. B. einem Hormon, beladen sind. Wenn solche Vesikel die Plasmamembran erreichen, verschmilzt ihre Lipidmembran mit der Plasmamembran, und der Inhalt des Vesikels entleert sich in das Außenmedium.

Beim umgekehrten Vorgang, der **Endocytose**, stülpt sich die Plasmamembran ein und bildet eine Grube. Diese vertieft sich, schnürt sich ab und es entsteht ein **intracelluläres Vesikel**, das extracelluläre Flüssigkeit enthält. Allerdings wird nicht immer einfach Außenmedium aufgenommen. In der Membran liegen, oft in spezialisierten Gruppen angeordnet, spezifische Receptoren, z. B. für Makromoleküle wie Insulin oder Antigene. Nach Bindungen solcher Moleküle an ihre Receptoren wird im betreffenden Membranbezirk Endocytose ausgelöst und somit selektiv die betreffenden Makromoleküle in das Zellinnere transportiert.

2.4 Stoff- und Informationsaustausch innerhalb der Zelle

Wie beim Stoff- und Informationsaustausch der Zelle mit ihrer Umgebung, sind auch innerhalb der Zelle viele dieser Prozesse **an Membranen lokalisiert**. So haben wir in vorhergehenden Abschnitten bereits gesehen, daß die **Synthese von ATP** weitgehend an den *inneren Membranen der Mitochondrien* abläuft (S. 12) und daß die **Eiweißsynthese** in den *Ribosomen* [26] erfolgt, die wiederum an den *Membranen des endoplasmatischen Retikulums* angelagert sind (Abb. 2-1 u. S. 20). Aber diese intracellulären Austauschprozesse spielen sich nicht nur an

Membranen, sondern auch in den verschiedensten **Organellen** und an anderen Stellen **innerhalb des Cytoplasmas** ab. Die wichtigsten dieser Vorgänge wollen wir im folgenden kennenlernen [1, 3, 17].

Membransysteme der Organellen

Aufbau und Ausdehnung intracellulärer Membranen. Etwa die Hälfte des Zellvolumens wird von Organellen eingenommen, von denen einige bereits vorgestellt wurden (S. 8). Alle diese Organellen sind von Membranen umschlossen, deren Aufbau insgesamt **völlig identisch mit der Plasmamembran** der Zelle selbst ist. Die Fläche der Membranen der intracellulären Organellen ist allerdings wenigstens zehnmal größer als die Fläche der Plasmamembran.

Das ausgedehnteste Membransystem ist das **endoplasmatische Reticulum**, ein vielgelappter Raum, der in großen Bereichen mit *Ribosomen* besetzt ist und dann als **rauhes endoplasmatisches Reticulum** erscheint (Abb. 2-1, 2-9, 2-14). Auch der **Golgi-Apparat** besteht aus membranbegrenzten Lamellen, von denen sich Vesikel abspalten (Abb. 2-1, 2-14). Kleinere spezialisierte Vesikel sind die **Lysosomen** und die **Peroxisomen**. Der **Zellkern** und die **Mitochondrien** sind dadurch ausgezeichnet, daß sie beide von zwei Membranen umschlossen sind, wobei die innere Membran der Mitochondrien in typischer Weise aufgefältet ist (Abb. 2-1, s. auch Abb. 2-5, S. 13).

Stoffaustausch an intracellulären Membranen. Die Lipidmembranen der Organellen sind zweidimensionale „Flüssigkeiten", in denen und durch die die gleichen **Diffusionsvorgänge** stattfinden, wie wir sie weiter oben an der Plasmamembran bereits kennengelernt haben. Die Membranlipide selber diffundieren innerhalb ihrer Schicht, aber selten zwischen den beiden Schichten der Doppelschicht. Auch die in die Membran eingelagerten Proteine sind durchaus beweglich. Sie rotieren um eine Achse vertikal zur Membran, und sie diffundieren in seitlicher Richtung. Manche bewegen sich dabei fast so schnell wie die Phospholipidmoleküle, andere erscheinen fester „verankert", vielleicht durch eine Bindung an das weiter unten zu besprechende *Cytoskelet.*

Die für die Plasmamembran so wichtigen **aktiven Transporte** (*„Pumpen"*) finden ebenfalls in den Membranen der Zellorganellen statt. Ein wichtiges Beispiel ist die bereits erwähnte Synthese von ATP an den inneren Membranen der Mitochondrien (Abb. 2-5 B), die praktisch eine Umkehr der ATP-getriebenen Na-K-Pumpe darstellt (vgl. Abb. 2-13).

Als zweites Beispiel sei der Transport von Ca^{++}-Ionen aus der Zellflüssigkeit in das sarkoplasmatische Retikulum von Muskelzellen durch eine **Ca-Pumpe** erwähnt. Dieser Vorgang nimmt eine Schlüsselstellung bei der Auslösung und Beendigung von Muskelkontraktionen ein („elektromechanische Kopplung", S. 270).

Auch die bei der Exo- und Endocytose bereits besprochenen **Vesikel** nehmen am Stoffaustausch durch die Membranen der Organellen teil. Als Beispiel ist in Abb. 2-14 A der Ablauf der **Sekretion eines Proteins** aus dem endoplasmatischen Reticulum in den Extracellulärraum gezeigt. Nach seiner Synthese (S. 18-20) gelangt das Protein in den Innenraum des endoplasmatischen Reticulums. Von dessen Membran trennen sich Transportvesikel ab, die zum **Golgi-Komplex** wandern, wo das Protein evtl. modifiziert, z. B. glykosuriert wird. Vom Golgi-Apparat spalten sich wiederum Transportvesikel ab, die jetzt das Protein zur Plasmamembran befördern und durch Exocytose freisetzen.

Aufbau und Aufgaben von Cytoskelet und Cytosol im Cytoplasma

Das Cytoplasma zwischen den Organellen ist keineswegs amorph. Es wird vielmehr von einem gerüstartigen Maschenwerk durchzogen, dem man den Namen **Cytoskelet** gegeben hat. Das Cytoskelet besteht aus drei Hauptanteilen, nämlich den *Mikrotubuli*, den *Actinfilamenten* und den *intermediären Filamenten*, die je nach Zelltyp in wechselnder Zusammensetzung vorkommen (Abb. 2-1).

Die **Mikrotubuli** sind Röhrchen mit etwa 25 nm Außendurchmesser, die als wohlgeordnetes Polymerisat aus Molekülen des Eiweißes *Tubulin* aggregieren. Die **Actinfilamente** (Mikrofilamente) liegen als Zugfasern unter der Membran und im Zellinneren und sind häufig an Bewegungsvorgängen beteiligt. Die **intermediären Filamente** haben in verschiedenen Zelltypen verschiedene chemische Bausteine, sie verbinden vielfältig die beiden anderen Elemente des Cytoskelets. Die Zellorganellen und die Plasmamembran sind ebenfalls mit dem Cytoskelet verbunden. Dieses fixiert nicht nur die Form der Zelle und die Lage der Organellen, sondern ist auch Grundlage für *Formänderung und Bewegung.*

Das **Cytosol** nimmt etwa die Hälfte des Zellvolumens ein. Es besteht zu etwa 20 Gewichtsprozent aus **Eiweiß**, stellt also eher eine Gelatine als eine wäßrige Lösung dar. In der wäßrigen Lösung sind kleine Moleküle gelöst, darunter anorganische und organische **Ionen**.

Die **Konzentration der intracellulären Ionen** weicht in charakteristischer Weise von der im Ex-

Tabelle 2-2. Intra- und extracelluläre Ionenkonzentrationen bei einer Muskelzelle eines Warmblüters. A^- steht für „große intracelluläre Anionen". Aus Dudel in [14]

Intracellulär		Extracellulär	
Na^+	12 mmol/l	Na^+	145 mmol/l
K^+	155 mmol/l	K^+	4 mmol/l
Ca^{2+}	$10^{-8}-10^{-7}$ mol/l	Ca^{2+}	2 mmol/l
Cl^-	4 mmol/l	Andere	
HCO_3^-	8 mmol/l	Kationen	5 mmol/l
A^-	155 mmol/l	Cl^-	120 mmol/l
Ruhepotential	−90 mV	HCO_3^-	27 mmol/l

tracellulärraum ab (Tabelle 2-2): Intracellulär sind die K^+-Ionen das weitverbreitete Kation, extracellulär sind es die Na^+-Ionen (s. auch S. 201). Ihnen stehen als Anionen im Extracellulärraum vor allem Chlorionen (Cl^-) gegenüber, während im Intracellulärraum auch zahlreiche Eiweißmoleküle negativ geladen sind, also als Anionen dienen. Den größten extra- versus intracellulären Gradienten finden wir für die Ca^{++}-Ionen, deren freie Konzentration in der Zelle wenigstens 10000 mal kleiner ist als extracellulär. Neben den im Cytosol gelösten Ionen sind solche auch an Eiweiße adsorbiert oder in Organellen eingeschlossen. Diese gebundenen Ionen überwiegen z.B. im Falle des Ca^{++} die freien bei weitem.

Die meisten **Eiweiße im Cytosol** sind *Enzyme*. Mit ihrer Hilfe läuft ein großer Teil des cellulären Stoffwechsels ab, wie der Auf- und Abbau von Aminosäuren oder die Synthese von Proteinen an Ribosomen (s.o.). Auch die oben besprochene Umwandlung von Glukose in Glykogen zur Speicherung als *Glykogengranula* sowie die Umkehrung des Prozesses bei Glucosebedarf, spielen sich im Cytosol ab.

Transportvorgänge im Cytoplasma

Diffusion und Transport im Cytosol. Innerhalb des Cytosols werden unterschiedliche Konzentrationen von gelösten Teilchen durch **Diffusion** ausgeglichen. Das gleiche gilt für die in Organellen eingeschlossenen Flüssigkeiten. Wegen der hohen Konzentration an gelöstem Eiweiß in diesen Flüssigkeitsräumen (ca. 20%, s.o.) verläuft freilich die Diffusion langsamer als im Wasser. Die Bewegung von **Transportvesikeln** durch das Cytosol wurde bereits oben besprochen (Abb. 2-14 A). Ein weiteres, sozusagen umgekehrtes Beispiel zeigt Abb. 2-14 B, nämlich die Aufnahme von Cholesterin in die Zelle über **"coated" Vesikel**. Es handelt sich um eine Variante der ebenfalls oben bereits besprochenen *Endocytose*. Das Cholesterin wird in der Zelle als Baumaterial für die Membranen der Organellen benötigt.

Ähnlich wie in Abb. 2-14 A, B werden viele andere Arten von Vesikel durch das Cytosol bewegt. Diese Bewegung ist meist viel schneller als die einer reinen Diffusion. So beträgt die gesamte Zykluszeit von der Bindung eines cholesterin-haltigen LDL-Partikels an die äußere Zellmembran bis zur Cholesterinfreisetzung aus den sekundären Lysosomen lediglich 10-15 min. Es ist aber nicht bekannt, wie die Vesikel bewegt werden. Vielleicht sind Elemente des Cytoskelets beteiligt, z.B. die Mikrotubuli, an denen die Vesikel entlanggleiten könnten, wobei ein assoziiertes Protein die Bewegungsenergie vermitteln müßte (s.u.). Auch über die Mechanismen, mit denen die verschiedenen Vesikel ihre Zielorte in der Zelle finden, sind wir noch kaum unterrichtet. Vielleicht tragen die Vesikel Markierungen, die vom bewegenden System erkannt und in zielgerichtete Bewegung umgesetzt werden.

Die Mechanismen der Endo- und Exocytose können von den Zellen auch zur **Bildung neuer Fortsätze** und damit zu Bewegungen und Zellverlagerungen eingesetzt werden. Ein solcher Vorgang mit einem *weitreichenden Transport der Vesikel durch das Cytosol* ist eine Kombination der in Abb. 2-14 gezeigten Prozesse. Plasmamembran wird dabei an einem Ende der Zelle ab- und am anderen Ende wieder aufgebaut.

Transport und Bewegung im Cytoskelet. Ähnliche Umlagerungsprozesse wie eben für die Plasmamembran geschildert, sind auch für das Cytoskelet gefunden worden, insbesondere für die **Mikrotubuli** und die **Mikrofilamente** (Actinfilamente). Letztere bestehen aus Faserbündeln, die oft nur an einem Ende durch Anlagerung weiterer Actinmoleküle (Actin ist ein Protein) gezielt wachsen, während sie am anderen Ende unverändert bleiben oder sogar abgebaut werden. Durch derartige Verlagerungen können sich Mikrofilamente verschieben und Formänderungen des Maschenwerkes von Filamenten stattfinden. Ähnliche Umlagerungen sind für die **Mikrotubuli** typisch.

In vielen Zellen, vor allem allen Muskelzellen, findet sich neben den Actinmolekülen auch das Eiweiß **Myosin**. Dieses bildet dicke Filamente, die sich mit den Actinfilamenten zu geordneten Bündeln zusammenlegen. Myosin bindet sich mit Kopfteilen des Moleküls an die Actinfilamente, spaltet ATP und setzt die freiwerdende Energie in eine *Verschiebung von Myosin gegen Actin* um. Danach löst sich die Bindung wieder. Diese **aktive Bewegung des Cytoskelets** ist, wie ab S. 268 näher geschildert, die molekulare Grundlage jeder Muskelkontraktion. Eine ähnliche Rolle spielt das Protein **Dynein** für die Bewegung von Cilien, also fadenförmigen Zellfortsätzen, wie sie sich an vielen Zellen finden, z. B. an denen die die Atemwege auskleiden (Aufgabe der synchronen Cilienbewegungen ist es, eingeatmete Fremdpartikel wieder aus den Atemwegen zu befördern).

Axonaler Transport. Die Nervenfasern der peripheren Nerven stellen besonders lange Zellausläufer dar, die beim Menschen oft mehr als einen Meter messen können, wobei sie einen Durchmesser von nur wenigen Mikrometern haben (vgl. Tabelle 12-1, S. 195). Wie in Kap. 12 und 13 geschildert, dienen sie in erster Linie der schnellen Übertragung von Information in Form kurzer elektrischer Impulse (Aktionspotentiale) von einer Nervenzelle zur anderen. Daneben laufen in ihnen auch zahlreiche Transportprozesse ab, die als ein besonders gutes Beispiel für intracelluläre Transportprozesse gelten können. Sie werden unter dem Stichwort **axonaler Transport** zusammengefaßt [31]. Die aus dem Zellkörper gelieferten Substanzen (z. B. Aminosäuren, Proteine) sind für das Axon lebenswichtig: werden Axone von ihren Zellkörpern abgetrennt, wird also beispielsweise bei einem Unfall ein Nerv durchschnitten, so sterben die Axone ab, während die Zellkörper in der Regel überleben.

Der axonale Transport ist teilweise sehr schnell. So werden Proteine und synaptische Überträgerstoffe (s. Kap. 13) mit einer Geschwindigkeit von rund 40 cm pro Tag vom Zellkörper in die Peripherie transportiert (*anterograde* Bewegungsrichtung). Dieser Transport erfolgt aktiv, also unter Energieaufwand, wobei als „Träger" offenbar hauptsächlich **Vesikel** und **Organellen** eingesetzt werden, die die zu transportierenden Stoffe enthalten. Die Mikrotubuli bilden dabei wahrscheinlich eine Art Förderband, an dem entlang die zu transportierenden Stoffe in die Peripherie „geschoben" werden.

Der umgekehrte (*retrograde*) Transport aus der Peripherie zum Soma ist etwa halb so schnell. Er hat also eine Geschwindigkeit von etwa 20 cm pro Tag. Manche Viren und Toxine, z. B. die Poliomyelitis-Viren der spinalen Kinderlähmung und das Tetanustoxin, das für den Wundstarrkrampf verantwortlich ist, „mißbrauchen" die retrograden axonalen Transportwege, um aus dem Körper, also z. B. einer Hautwunde, in die Nervenzellkörper zu gelangen. Dort entfalten sie dann ihre krankmachende Wirkung.

Intracelluläre Botenstoffe, „second messengers"

Erste und zweite Botenstoffe. Zellen, Zellverbände und Organe eines Körpers verständigen sich untereinander durch chemische Botenstoffe, wie sie z. B. die Hormone darstellen. Diese „ersten" Botenstoffe dringen entweder in die Zelle ein, um im Zellinneren ihre Wirkung auszuüben, oder sie binden sich an der Außenseite der Plasmamembran an einen **„Receptor"** (in der Regel ein Proteinmolekül). Die Verbindung zwischen Botenstoff und Membranreceptor löst eine Reaktionskette aus, in deren Verlauf in der Zelle ein oder mehrere **"zweite" Botenstoffe (second messengers)** freigesetzt werden, die dann die von außen an die Zelle gelangte Information (z. B. die „Aufforderung" an Actin-Myosin-Bündel sich zu kontrahieren) in das Zellinnere weitertragen. Typische second messengers, die im folgenden kurz betrachtet werden sollen, sind Ca^{++}, cAMP und IP_3.

Calcium. Die Rolle der Calcium-Ionen als intracelluläre Botenstoffe bei der Auslösung der Muskelkontraktion wurde bereits mehrfach in diesem Kapitel angesprochen. Auch bei der Freisetzung von Überträgersubstanz (Kap. 13) spielt Calcium eine Schlüsselrolle. In beiden Fällen muß das freie intracelluläre Calcium auf etwa das Tausendfache seines Ruhewertes ansteigen (von 10^{-8} auf 10^{-5} mol/l) um seine Wirkung zu entfalten. Falls das Calcium dazu aus intracellulären Speichern freigesetzt wird (wie aus dem endoplasmatischen Reticulum) wird dazu ein weiterer Botenstoff benötigt (s. Abb. 2-16).

Cyclisches Adenosinmonophosphat, cAMP. Diese Substanz, ein Abkömmling des allgemeinen Energielieferanten ATP, ist der bisher am besten studierte second messenger. Die komplizierte Reaktionskette, auf die hier im einzelnen nicht eingegangen werden soll, ist vereinfacht in Abb. 2-15 gezeigt. Wesentlich dabei ist, daß über die als Membranreceptoren dienenden Proteinmoleküle R_s und R_i erregende bzw. hemmende Wirkungen auf das Second-messenger-System ausgeübt werden können, so daß das cAMP-System als ein **fein abstufbares intracelluläres Steuersystem** einsetzbar ist. Die Endstufe der meisten dieser Übertragungsprozesse ist, wie auch in Abb. 2-15 zu sehen, die **Phosphorylierung eines Proteins**, d. h. die Verbindung eines Phosphatmoleküls mit einem Proteinmolekül. Diese *Phosphorylierung macht das Protein funktionsfähig*, indem es seine Enzymeigenschaft aktiviert. Das aktivierte Enzym führt dann die von ihm katalytisch beschleunigte Reaktion im Zellstoffwechsel durch.

Phosphoinositol, IP_3. Ein ähnliches intracelluläres Second-messenger-System wie das cAMP-System ist das Phosphoinositolsystem [18]. Diese Botensubstanz, deren Freisetzungsweg in Abb. 2-16 skizziert ist, wirkt hauptsächlich, indem sie aus dem endo-

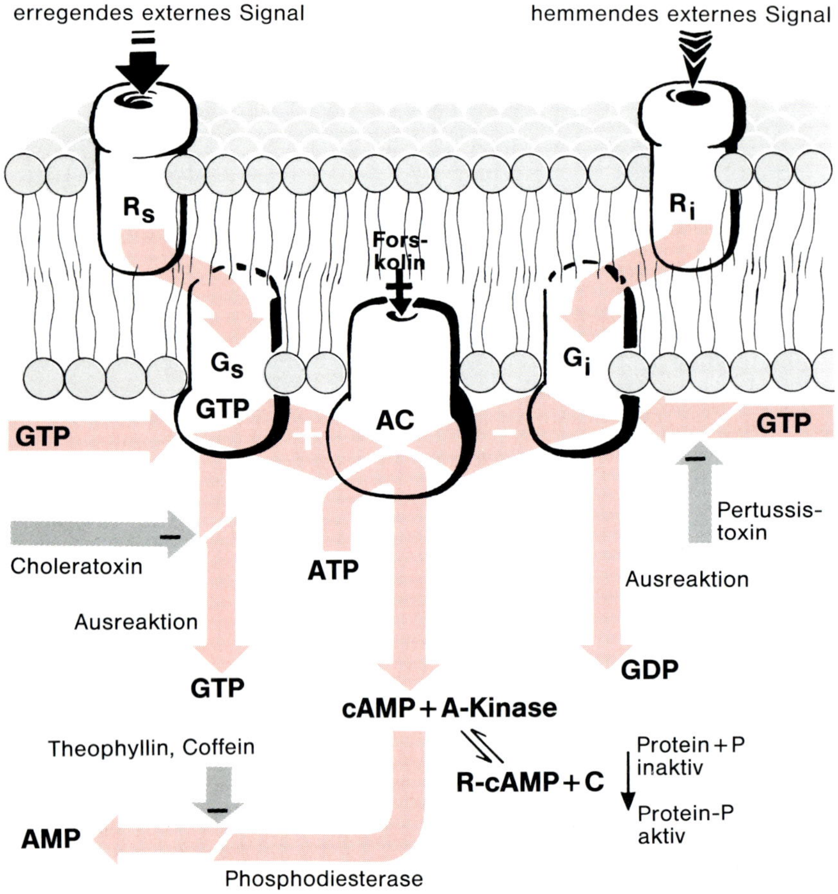

Abb. 2-15. Reaktionskette des intracellulären Botenstoffes *cAMP* (cyclisches Adenosinmonophosphat). Erregende oder hemmende externe Signale aktivieren Membranreceptoren R_s bzw. R_i. Diese steuern G-Proteine, die mit intracellulärem *GTP* (Guanosintriphosphat) reagieren können und intracelluläre Adenylatcyclase *(AC)* stimulieren oder hemmen. Das Verstärkerenzym *AC* konvertiert Adenosintriphosphat *(ATP)* in *cAMP*. *cAMP* wird durch Phosphodiesterase zu *AMP* abgebaut. Freies *cAMP* diffundiert in der Zelle und aktiviert Adenylatkinase (A-Kinase) und setzt daraus die katalytische Untereinheit *C* frei, die die Phosphorylierung von intracellulären Proteinen katalysiert und damit die „Wirkungen" der extracellulären Reize auslöst. An den verschiedenen Reaktionen sind Pharmaka bzw. Toxine vermerkt, die diese fördern (+) oder hemmen (−). (Nach Berridge 1985, in Anlehnung an Dudel in [14])

plasmatischen Reticulum Calcium-Ionen freisetzt. Diese stellen, wie oben schon erwähnt, einen weiteren second messenger dar, indem sie nach einem weiteren Zwischenschritt wiederum ein **Protein phosphorylieren**. Auch das bei der Bildung von IP_3 freiwerdende Spaltprodukt DG wirkt als second messenger und führt im Endeffekt ebenfalls zu einer Phosphorylierung, d.h. **Aktivierung eines Enzyms**, also eines Eiweißmoleküls, das in der aktivierten Form eine zelluläre Antwort bewirkt.

2.5 Von der Zelle zum multicellulären Organismus

Im Laufe der Entwicklungsgeschichte haben sich die Zellen zu immer größeren Zellverbänden und damit zu komplexen Organismen zusammengeschlossen. Diese Organisationsform gibt den einzelnen Zellen die Freiheit, sich auf bestimmte Aufgaben viel stärker zu spezialisieren als ihnen dies als Einzelzelle möglich wäre, wobei gleichzeitig der Organismus als Ganzes von dieser Spezialisierung profitiert. Der evolutionäre Fortschritt, den multizelluläre Organismen gegenüber Einzellern darstel-

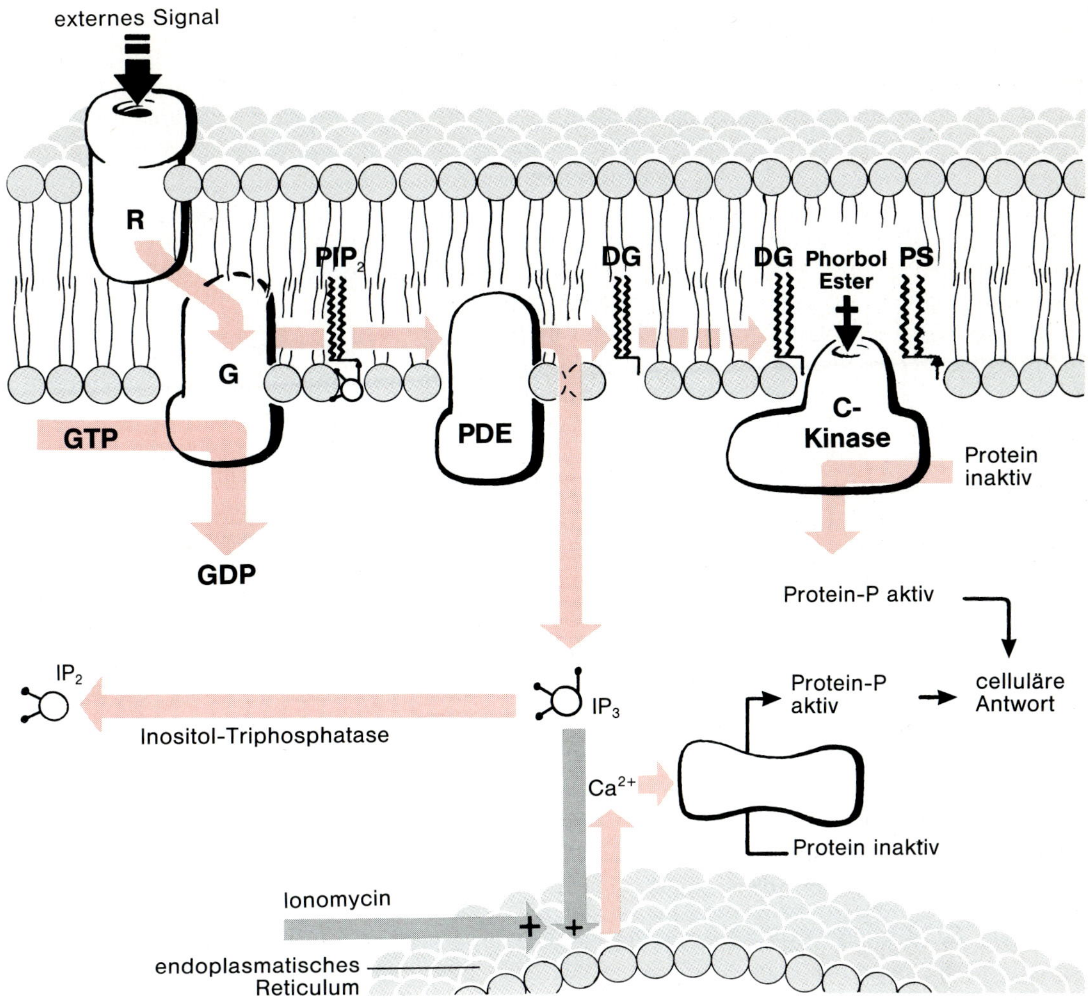

Abb. 2-16. Reaktionskette des intracellulären Botenstoffes IP_3 (Inositoltriphosphat). Das extracelluläre Signal wird wie beim cAMP-System über ein *G*-Protein vermittelt, das Phosphodiesterase *(PDE)* aktiviert. Diese spaltet Phosphaditylinosindiphosphat *(PIP₂)* der Plasmamembran in IP_3 und Diacylglycerin *(DG)*, wobei IP_3 ins Cytoplasma diffundiert. Dort setzt es Ca^{2+} aus dem *endoplasmatischen Reticulum* frei, und die Erhöhung von $(Ca^{2+})_i$ aktiviert eine Proteinkinase, die ein Funktionsprotein phosphoryliert und damit aktiviert. Das Spaltprodukt *DG* bleibt in der Membran und aktiviert eine *C*-Kinase (Cofaktor Phosphatidyl-Serin, PS). Auch diese *C*-Kinase phosphoryliert Funktionsproteine und vermittelt ebenfalls die spezifische Wirkung der Stimulation des externen Receptors, R. Die Reaktionszweige über IP_3 und *DG* können getrennt durch *Ionomycin* bzw. *Phorbolester* aktiviert werden. (Nach Berridge 1985 und Berridge u. Irvine 1984, in Anlehnung an Dudel in [14])

len, ist also durch **Spezialisierung** und **Kooperation** gekennzeichnet.

Die unterschiedlich spezialisierten Zellen des Menschen sind meist auf mikroskopischer Ebene zu kooperierenden Zellverbänden zusammengeschlossen, die wir als **Gewebe** (z. B. Bindegewebe, Muskelgewebe) bezeichnen. Aus solchen Geweben werden dann die einzelnen **Organe** (z. B. Herz, Nieren) aufgebaut. Die meisten, wenn nicht alle Organe, sind aber nicht aus einem einzigen, sondern aus unterschiedlichen Geweben zusammengesetzt. So sind praktisch alle Organe zu ihrer Ernährung von Blutgefäßen durchzogen, die ihrerseits wieder aus verschiedenen Geweben bestehen.

Ein **Lehrbuch der Histologie**, also der *Zell- und Gewebekunde*, verzeichnet beim Menschen etwa 200 verschiedene Zelltypen, die sich allerdings auf wenige Zellklassen zurückführen lassen. Als Beispiele solcher Klassen seien hier die **Epithelzellen**, die **Bindegewebszellen** und die **Muskel- und Nervenzellen** genannt. Die verschiedenen Zellen wurden und werden nach ihrem Aussehen, ihrer Funktion, ihrer chemischen Zusammensetzung und ihrer Anfärbbarkeit bei mikroskopischen Untersuchungen klassifiziert. Eine solche Klassifizierung hat natürlich ihre Grenzen und ist fortlaufend zu ergänzen. So hat z. B. die neuere immunologische Forschung ergeben, daß eine bestimmte Form der weißen Blutkörperchen, nämlich die früher als einheitlich angesehenen *Lymphocyten*, mehr als 10 Unterklassen von Zellen aufweisen.

Zellen in einem Gewebsverband *müssen irgendwie zusammengehalten werden*. Dies geschieht in menschlichem Gewebe auf zweierlei Weise: einmal durch große extracelluläre Moleküle, die ein mehr oder weniger festes Netzwerk um die Zellen bilden. Dieses Netzwerk wird **extracelluläre Matrix** genannt. Zweitens bilden sich zwischen den Plasmamembranen verschiedene Formen von **Zell-Zell-Verbindungen** aus, die z. T. nicht nur dem *Zellzusammenhalt*, sondern auch der *Kommunikation zwischen Zellen* und dem *Austausch von Nährstoffen* dienen.

In den folgenden Abschnitten wollen wir zum Abschluß dieses Kapitels in beispielhafter Form zunächst einen Blick auf die wichtigsten Zelltypen werfen und anschließend kurz erörtern, auf welche Weise sie in Geweben und Organen verbunden bleiben.

Epithelzellen und Epithelien

In einem vielzelligen Organismus spielen die Epithelzellen in etwa die Rolle, die die Plasmamembran und die intracellulären Membranen für die einzelne Zelle spielen: sie bilden einerseits die **äußere Hülle des Organismus** und sie kleiden andererseits **alle Hohlräume** des Organismus aus. Die von den Epithelzellen gebildeten flachen Gewebsschichten, **Epithelien** genannt, grenzen also den Organismus von der äußeren Welt ab und tragen gleichzeitig als innere Trennwände zur strukturellen Organisation der Organe und Organsysteme bei.

Der **Grundaufbau der Epithelien** ist schematisch in Abb. 2-17 A gezeigt: Die Epithelzellen sind untereinander an ihrer äußeren Oberfläche fest verbunden und sitzen auf ihrer Unterfläche auf einer Basalmembran auf. Dies gibt dem epithelialen Zellverband zum einen den notwendigen festen Zusammenhalt und macht ihn zum anderen undurchlässig für kleine Partikel, oder, je nach der Detailausführung, selbst für Moleküle, einschließlich des Wassers. Am konsequentesten ist diese „Abschirmung" bei der äußeren Haut durchgeführt, die jetzt besprochen werden soll.

Äußere Haut, Cutis. Unsere Haut bildet die elastische, wasserdichte und wärmedämmende „Verpackung" unseres Körpers. Ihr Aufbau ist schematisch in Abb. 2-17 B zu sehen. Von ihren beiden Schichten, der oberflächlichen **Epidermis** (Oberhaut) und dem darunterliegenden **Corium** (Lederhaut), ist die erstere aus Epithelgewebe, letztere aber vorwiegend aus Bindegewebe gebildet. Die äußere **Hornschicht** ebenso wie die verschiedenen anderen Verhornungen (Haare, Nägel) werden ebenfalls von den Epithelzellen gebildet. Gleiches gilt für die Schweiß- und Talgdrüsen der Haut, die die ersten hier erwähnten Beispiele dafür sind, daß auch **alle Drüsen aus Epithelgewebe geformt** sind.

Die Epithelzellen der Haut sind ein gutes Beispiel dafür, wieweit die **zelluläre Spezialisierung zugunsten des Gesamtorganismus** gehen kann, nämlich **bis zur Selbstaufopferung**, in diesem Fall durch Umwandlung in die leblosen, verhornten Zellschichten der Hautoberfläche. Diese bilden den äußersten Schutzmantel der Haut. Sie schilfern sich dauernd ab (teilweise als kleinste Partikel, teilweise mehr als „Schuppen" zusammenhängend) und müssen daher lebenslänglich immer wieder erneuert werden. Dies geschieht so, daß sich durch Zellteilung an der untersten, der Basalmembran aufgelagerten Epithelschicht dauernd neue Zellen bilden, die dann während ihrer langsamen, passiven Wanderung zur Hautoberfläche immer mehr Moleküle des fibrösen Eiweißes **Keratin** bilden und als Filamente in sich einlagern. Schließlich sind die Zellen vollgepackt mit Keratin und sterben ab.

Abb. 2-17. Aufbau und Spezialformen von Epithelien. **A** Schema des Grundaufbaues einer epithelialen Zellschicht. Die Epithelzellen sind über Zell-Zell-Verbindungen (vgl. Abb. 2-19) an ihrer Oberfläche mehr oder weniger eng verbunden (sog. Schlußleisten, bzw. *Zonula adhaerens*, bzw. *Zonula occludens*). An ihrer Unterfläche sitzen sie auf einer *Basalmembran* auf, die sie wiederum mit dem darunter liegenden Bindegewebe *(Lamina propria)* verbindet. Ausstülpungen *(Mikrovilli)* vergrößern in dieser Schemazeichnung die äußere Zelloberfläche. **B** Aufbau der behaarten Haut des Menschen, mit *Haaren, Talg-* und *Schweißdrüsen*, Sensoren (Sinnesreceptoren, *Meissner, Pacini*) Blutgefäßen und subcutanen Fettzellen. **C** Aufbau der Schleimhaut und der Wand des Dünndarms. *Zotten* und Mikrovilli vergrößern die Schleimhautoberfläche, mehrere Schichten glatter Muskulatur dienen zur Durchmischung und zum Transport des Speisebreies. **D** Entwicklung und Aufbau von Drüsengewebe einer exokrinen Drüse, z. B. einer Talg- oder Schweißdrüse

A

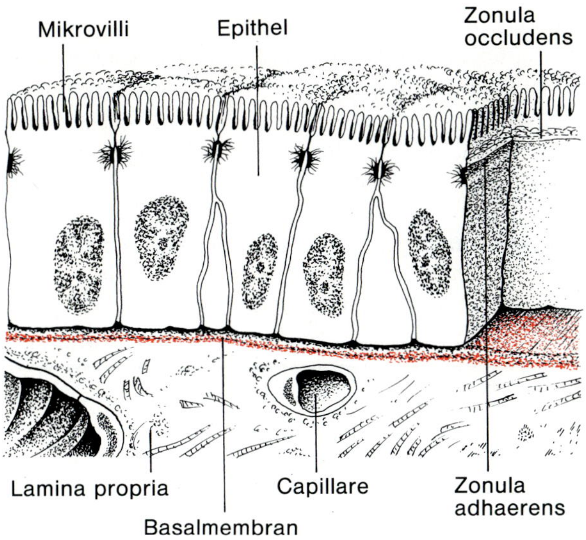

Mikrovilli
Epithel
Zonula occludens
Lamina propria
Capillare
Zonula adhaerens
Basalmembran

B

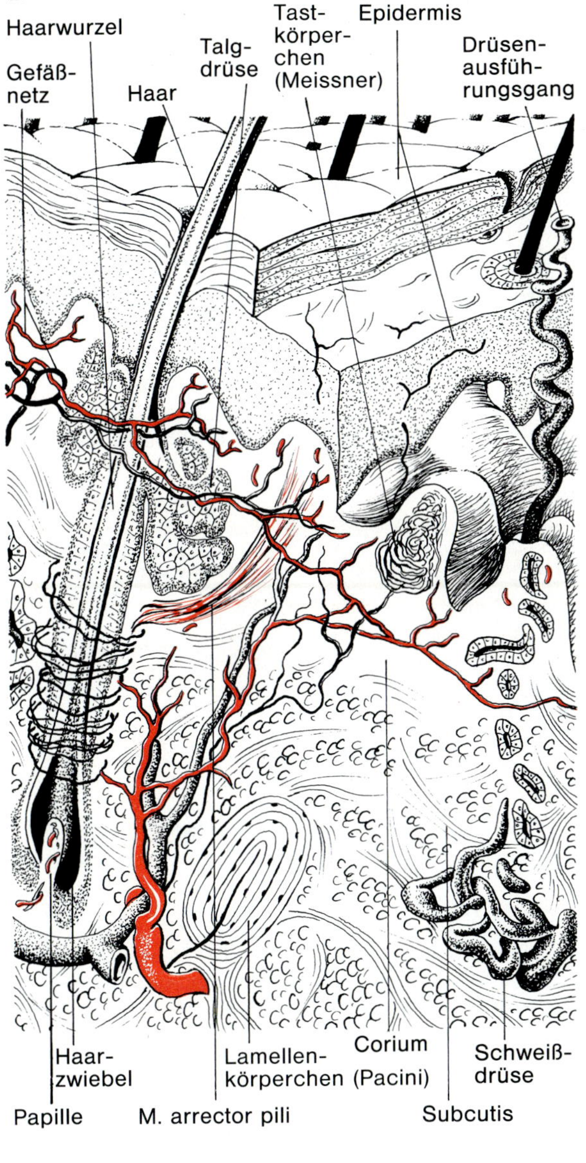

Haarwurzel
Gefäß-netz
Haar
Talg-drüse
Tast-körper-chen (Meissner)
Epidermis
Drüsen-ausfüh-rungsgang
Haar-zwiebel
Papille
Lamellen-körperchen (Pacini)
M. arrector pili
Corium
Schweiß-drüse
Subcutis

C

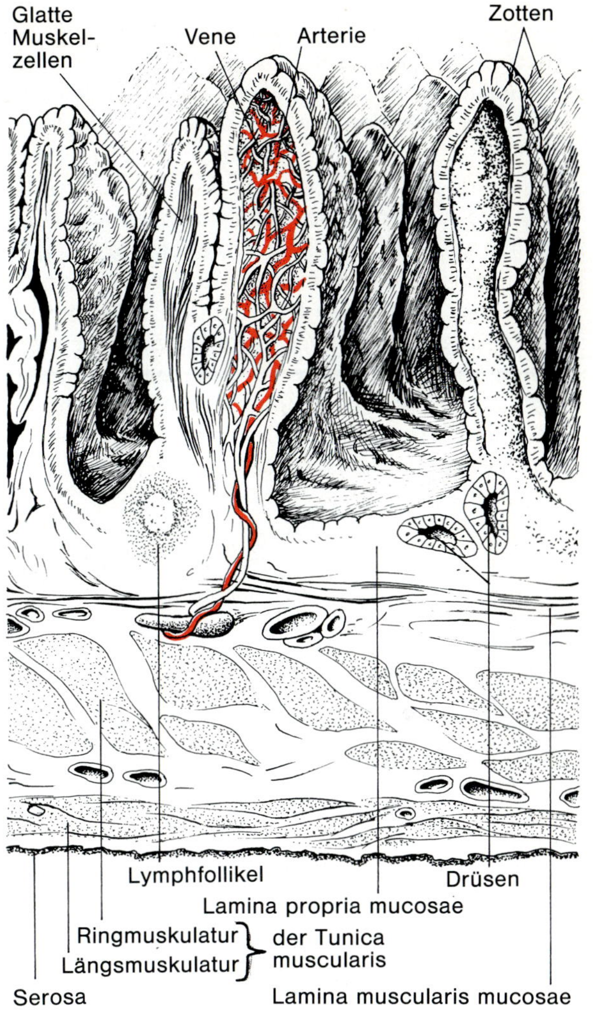

Glatte Muskel-zellen
Vene
Arterie
Zotten
Lymphfollikel
Drüsen
Lamina propria mucosae
Ringmuskulatur
Längsmuskulatur
der Tunica muscularis
Serosa
Lamina muscularis mucosae

D

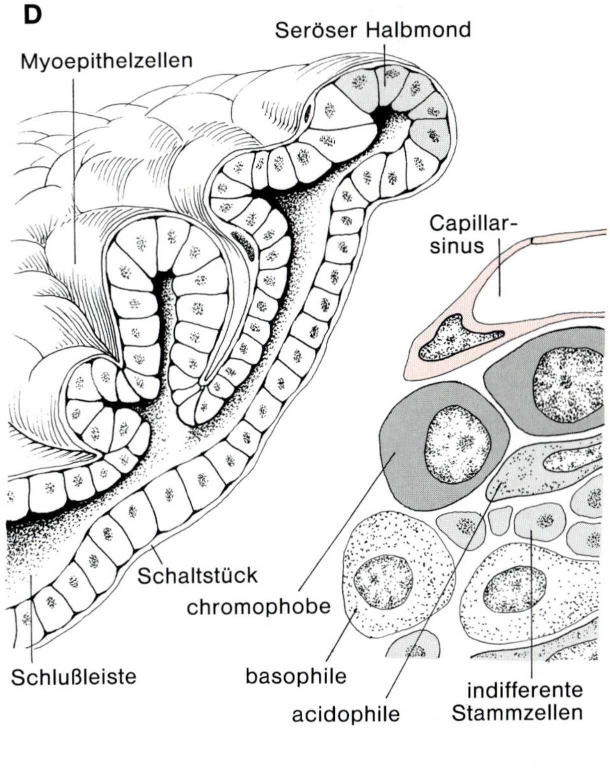

Myoepithelzellen
Seröser Halbmond
Capillar-sinus
Schaltstück
chromophobe
Schlußleiste
basophile
acidophile
indifferente Stammzellen

Epithel der Darmschleimhaut. Als Beispiel für ein „internes" Epithel sei das Epithel der Darmschleimhaut gewählt, da dieses, ähnlich wie die Haut, den Einwirkungen der Außenwelt (in Form der Nahrungsmittel) unmittelbar ausgesetzt ist und gleichzeitig die Aufgabe hat, Wasser, Nährstoffe und Salze aus dem Speisebrei aufzunehmen (Einzelheiten dazu in Kap. 8). Für die letztere Aufgabe ist die zum Darmlumen liegende Plasmamembran durch eng nebeneinanderstehende, fingerförmige Ausstülpungen, genannt **Mikrovilli**, zu einer möglichst großen Oberfläche geformt, gleichzeitig ist die gesamte Darmschleimhaut selbst in Form von Zotten aufgefaltet, um die Gesamtoberfläche weiter zu vergößern. Beides ist schematisch in Abb. 2-17 C gezeigt. Auch die Darmepithelzellen erneuern sich fortlaufend. Sie bilden aber keine Hornschicht, sondern sind dauernd mit schleimiger Flüssigkeit überzogen, die großenteils aus den in sie eingelagerten Drüsenzellen und den in den Verdauungskanal mündenden Drüsen stammt.

Exokrine und endokrine Drüsen. Alle Drüsen des menschlichen Körpers entstammen Epithelgewebe. Sie stellen praktisch eine weitere Differenzierung dieser Gewebsart dar. In der einfachsten Form sind die **Drüsenzellen** unmittelbar neben den „normalen" Epithelzellen eingebaut (Abb. 2-17 D) und geben die von ihnen sezernierten Substanzen direkt auf die Oberfläche ab. Vielfach lagern sich aber

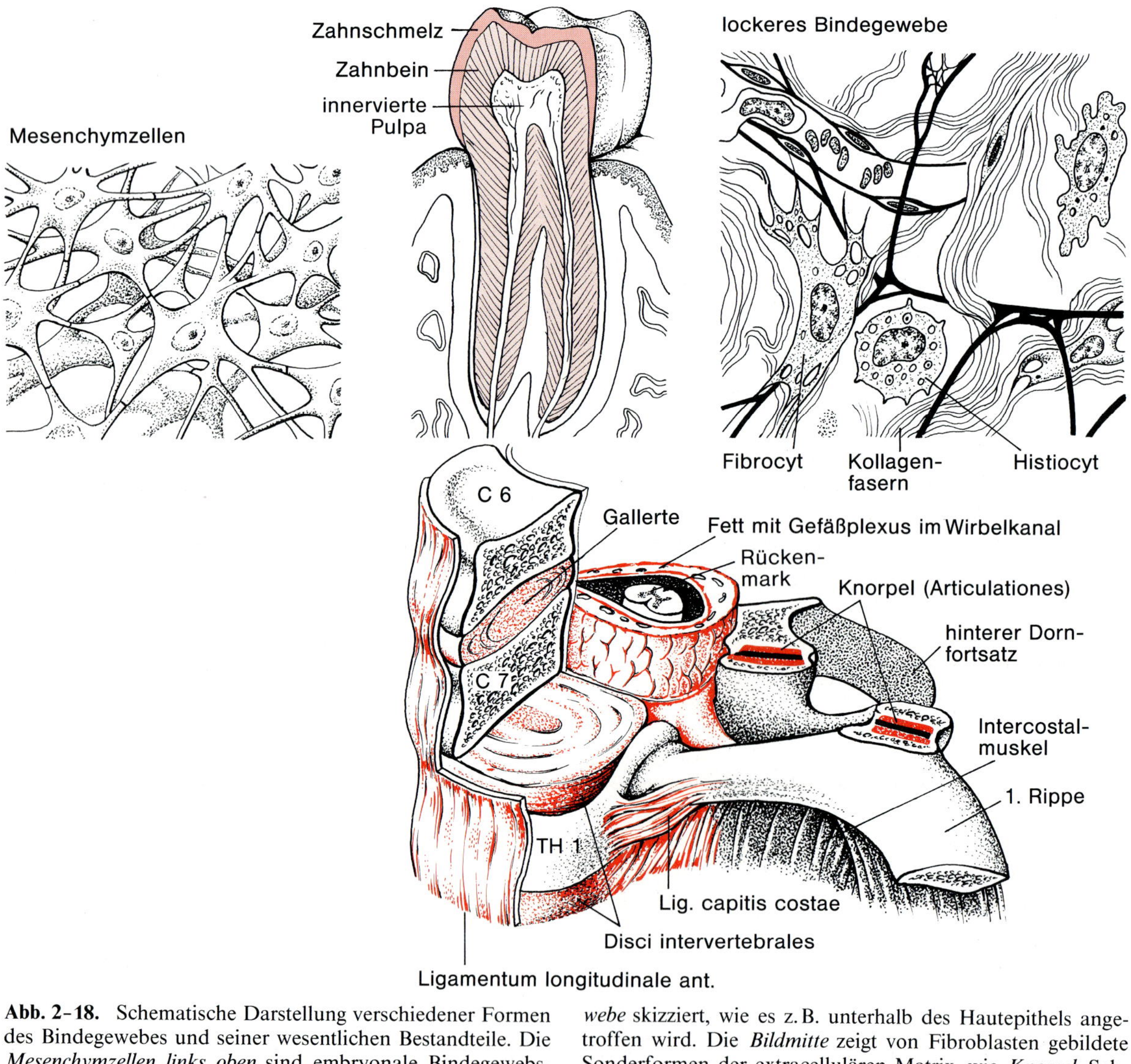

Abb. 2-18. Schematische Darstellung verschiedener Formen des Bindegewebes und seiner wesentlichen Bestandteile. Die *Mesenchymzellen links oben* sind embryonale Bindegewebszellen, die ein lockeres, von Extracellulärflüssigkeit ausgefülltes Schwammwerk bilden. Sie dienen als „Mutterzellen" aller Formen von Bindegewebe. *Rechts oben* ist *lockeres Bindegewebe* skizziert, wie es z. B. unterhalb des Hautepithels angetroffen wird. Die *Bildmitte* zeigt von Fibroblasten gebildete Sonderformen der extracellulären Matrix, wie *Knorpel*, Sehnen, Knochen und Zähne. *C6, C7*, Halswirbelkörper 6 und 7, TH1, erster Brustwirbel (Thorakalwirbel)

Drüsenzellen, wie ebenfalls in D zu sehen, zu **Drüsen** zusammen, die ihr Sekret in einen gemeinsamen Ausführungsgang und von dort an die Oberfläche entleeren. Solche Drüsenzellen und Drüsen, die ihr Sekret auf die Haut oder eine innere Oberfläche entleeren, werden deswegen **exokrin** genannt. Den exokrinen Drüsen stehen die **endokrinen Drüsen** gegenüber, die ihre Wirkstoffe, nämlich die **Hormone**, in den Blutstrom abgeben. Auf sie wird in einem eigenen Kapitel eingegangen (Kap. 10, ab S. 157).

Bindegewebszellen und extracelluläre Matrix

Die Zellverbände der menschlichen Organe sind praktisch alle in ein Netzwerk extracellulärer Makromoleküle eingeschlossen, das als **extracelluläre Matrix** bezeichnet wird. Die extracelluläre Matrix und die in sie eingelagerten und für sie spezifischen Zellen (z. B. Fibroblasten, Makrophagen, Mastzellen) bilden zusammen das **Bindegewebe** des menschlichen Körpers (Abb. 2-18).

Die extracelluläre Matrix stellt nicht nur den **universellen „Alleskleber"** dar, der alle Gewebe und Organe zusammenhält, sie bildet vielmehr auch so hochspezialisierte Strukturen aus wie **Knorpel**, **Sehnen**, **Basalmembranen** und (unter sekundärer Einlagerung von Calciumphosphatkristallen) auch **Knochen** und **Zähne**. Schon aus dieser Aufzählung läßt sich sehen, daß Art und Menge des Bindegewebes in den verschiedenen Organen des Körpers erhebliche Unterschiede zeigt und daß auch die Zusammensetzung der extracellulären Matrix nicht einheitlich ist. Sie kann buchstäblich knochenhart werden oder sie kann einen praktisch kristallklaren, durchsichtigen Aufbau haben, wie bei der **Cornea** (*Hornhaut*) des Auges.

Aufbau der extracellulären Matrix. Die extracelluläre Matrix wird von speziellen, in sie eingelagerten Zellen, vor allem **von den Fibroblasten sezerniert**. Sie besteht im wesentlichen aus zwei Klassen von Makromolekülen, die zum einen die **Kollagenfibrillen** und zum anderen die gelähnliche, stark wasserhaltige **Grundsubstanz** bilden.

Die **Kollagene** sind das häufigste Eiweiß des menschlichen Körpers. Es gibt davon einige Untergruppen, auf die hier nicht eingegangen wird. Das Kollagen lagert sich im Extracellulärraum zu langen kabelähnlichen **Fibrillen** zusammen, die zusätzlich untereinander vernetzt werden, so daß sie dem Gewebe festen Halt geben und vor allem auch *große Zugbelastungen aushalten* können (besonders deutlich bei den Sehnen der Muskulatur zu beobachten).

Die **Grundsubstanz**, in die die Kollagenfibrillen eingebettet sind, besteht aus bestimmten **Polysacchariden** (genannt *Glykosaminoglykane*), von denen die meisten mit Eiweißmolekülen **Glykoproteine** bilden. In das Netzwerk dieser Makromoleküle wird reichlich Wasser eingelagert, so daß die Grundsubstanz eine nahezu durchsichtige, gelartige Masse darstellt, die dem Gewebe seine pralle Konsistenz („Turgor") verleiht und es *gegen Druckkräfte widerstandsfähig* macht. Der hohe Wassergehalt der Grundsubstanz läßt kleine Moleküle leicht diffundieren und setzt auch der Wanderung von Zellen und Zellfortsätzen kaum Widerstand entgegen. Die Grundsubstanz ist daher das ideale Füllmaterial des Extracellulärraumes.

Ausblick auf die Gewebevielfalt des Organismus

Mit den *Epithelien* (einschließlich der Drüsen) und dem *Bindegewebe* haben wir die universellsten und in ihrer Masse größten Gewebe des menschlichen Körpers kennengelernt. Andere Gewebe werden uns in späteren Kapiteln dieses Buches beschäftigen, insbesondere das **Blut** (einschließlich des Immunsystems), die **Muskelgewebe** (Herzmuskel, glatter Muskel, Skeletmuskel) und das **Nervengewebe** (samt den Sinnesorganen) in seinen vielfältigen Formen. An dieser Stelle sei daher lediglich daran erinnert, daß damit die **Gewebevielfalt des menschlichen Organismus** keineswegs erschöpft, sondern lediglich **beispielhaft skizziert** worden ist. Einzelheiten sollen und müssen den entsprechenden Lehrbüchern der Histologie vorbehalten bleiben [3, 11, 12]. Hier sollte zunächst deutlich werden, daß **alles menschliche Leben auf der Tätigkeit einzelner Zellen beruht**, die wiederum, bei aller Spezialisierung eines multizellulären Organismus, sowohl untereinander wie auch *mit den Zellen und Zellverbänden wesentlich primitiverer Lebewesen* in ihren **Wirk- und Arbeitsprinzipien völlig übereinstimmen**. In dieser Hinsicht bildet also der Mensch keine Ausnahme innerhalb der tierischen Lebewesen.

Zellverbindungen

Zellen werden nicht nur durch die extracelluläre Matrix zusammengehalten. Die Plasmamembranen unmittelbar benachbarter Zellen bilden vielmehr häufig spezielle **Zell-Zell-Verbindungen** aus, die ebenfalls zum **Gewebszusammenhalt** beitragen. Gleichzeitig dienen diese Verbindungen in vielen Fällen auch dem Austausch von Molekülen und

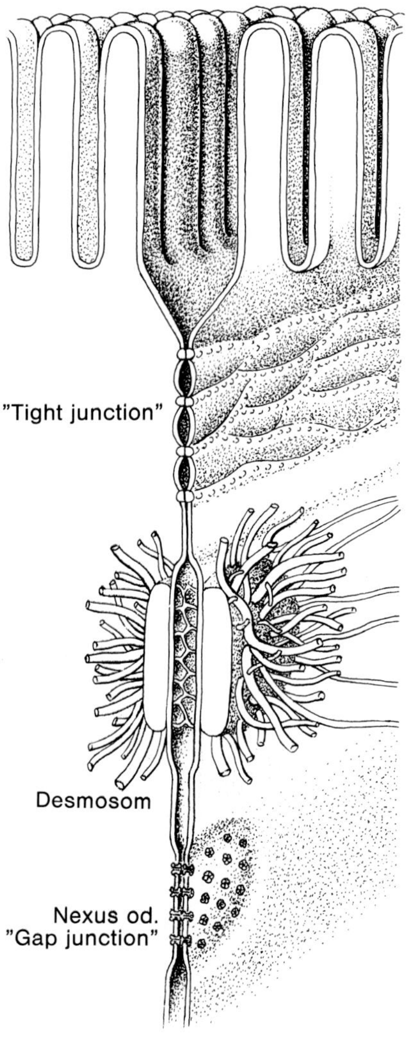

Abb. 2-19. Zell-Zell-Verbindungen in schematisierter Darstellung. Zur Verdeutlichung der einzelnen Verbindungen wurde auf eine maßstabgerechte Darstellung verzichtet. Die *oben* gezeigten Tight junctions oder Kontaktverbindungen stellen die festeste Form der Zellverbindung dar. Die Desmosomen sind besonders geeignet, Zugbelastungen zu übertragen und innerhalb des Gewebes zu verteilen. Die Nexus (Gap junctions, Spaltverbindungen, *unten*) lassen Zellen miteinander kommunizieren, z. B. in Form elektrischer Synapsen (s. Abb. 13-17, S. 271)

Partikeln zwischen den Zellen und damit auch der **Zellkommunikation**. Diese Verbindungen sind in der Regel zu klein, um im Lichtmikroskop sichtbar zu sein. Sie können aber im Elektronenmikroskop dargestellt werden. Drei im menschlichen Körper besonders wichtige Zellverbindungen seien im folgenden vorgestellt [28, 30].

Desmosomen. Desmosomen verankern Zellen miteinander. So sind die Epithelzellen in Abb. 2-17 A an der Außenseite des Epithels durch Desmosomen miteinander verknüpft, die *gürtelförmig um jede Zelle herumführen* und damit auch die darunterliegenden Zellzwischenräume völlig gegen die Außenwelt abdichten. An anderen Stellen der Epithelien und anderer Gewebe bilden die Desmosomen *knopfförmige Kontakte* zwischen den Zellen, wie dies schematisch in Abb. 2-19 gezeigt ist. Übrigens sind die Epithelzellen in Abb. 2-17 A an die darunterliegende Basalmembran mit „Halbdesmosomen" angeheftet. Von außen kommende Zugbelastungen werden über die Desmosomen und über die Keratinfasern des intracellulären Cytoskelets, die wiederum an den Desmosomen angreifen, über das Gewebe verteilt und ausgeglichen.

„Tight junctions", Kontaktverbindungen. An diesen Verbindungen sind die Plasmamembranen so eng miteinander verschmolzen, daß zwischen ihnen kein extracellulärer Spalt mehr existiert (Abb. 2-19, oben). Die Verbindung erfolgt über spezielle Proteinmoleküle, die sogar eine Wanderung der anderen Proteinmoleküle in der Membran verhindern (vgl. Abb. 2-10, S. 22), so daß auf diese Weise z. B. unterschiedliche Pumpmoleküle räumlich getrennt in verschiedenen Membranbereichen eingegrenzt werden können. Über tight junctions ist auch keinerlei Kommunikation der miteinander verbundenen Zellen möglich.

„Gap junctions", Nexus, Spaltverbindungen. Diese Verbindungen sind am häufigsten zwischen den Zellen anzutreffen. Sie sind für wasserlösliche Moleküle durchlässig und koppeln daher benachbarte Zellen sowohl metabolisch wie elektrisch miteinander. Ihr Aufbau ist schematisch unten in Abb. 2-19 gezeigt. Als Kanal- oder Porenproteine dienen die **Connexone**, von denen jedes eine der Membranen an gegenüberliegenden Orten durchsetzt. Jedes dieser Connexone ist aus 6 Untereinheiten aufgebaut. Der Porendurchmesser ist so groß, daß praktisch alle kleinen Moleküle, nicht aber die Makromoleküle, hindurchdiffundieren können.

In elektrisch erregbaren Geweben, wie dem Herzen und der glatten Muskulatur, dienen die Nexus als elektrisch leitende Verbindungen zur schnellen und ungestörten Ausbreitung des erregenden Aktionspotentials. Sie vernetzen also das Gewebe zu **funktionellen Syncytien**, also Gewebsverbänden, die sich funktionell wie eine einzige Zelle verhalten.

Auch im Nervensystem gibt es Nexus, die als Übertragungsstellen für elektrische Impulse dienen. Sie werden daher als **elektrische Synapsen** bezeichnet (vgl. S. 240). Mindestens genauso häufig, wenn nicht häufiger, ist die chemische Übertragung zwischen Nervenzellen an den **chemischen Synapsen**. Darauf wird in Kap. 13 ausführlich eingegangen.

2.6 Literatur

Weiterführende Lehr- und Handbücher

1. ALBERTS, B., BRAY, D., LEWIS, J., RAFF, M., ROBERTS, K., WATSON, J.D.: Molecular Biology of the Cell. New York, London: Garland Publishing Inc. 1983, 2. Auflage 1989. Deutsche Ausgabe, 2. Aufl.: Weinheim: VCH-Verlagsgesellschaft 1990
2. CZIHAK, G., LANGER, H., ZIEGLER, H. (Hrsg.): Biologie. Berlin, Heidelberg, New York, Tokyo: Springer 1983
3. FAWCETT, D.W.: The Cell. 2nd ed. Philadelphia: Saunders 1981
4. HILLE, B.: Ionic Channels of Excitable Membranes. Sunderland, Mass.: Sinauer Assoc. 1984
5. HOPPE, W., LOHMANN, W., MARKL, H., ZIEGLER, H. (Hrsg.): Biophysik. Berlin, Heidelberg, New York, Tokyo: Springer 1984
6. JUNGERMANN, K., MÖHLER, H.: Biochemie. Berlin, Heidelberg, New York: Springer 1980
7. KEETON, W.T.: Biological Science. 3rd ed. New York: Norton 1980
8. KRSTIĆ, R.V.: Ultrastructure of the Mammalian Cell. New York: Springer 1979
9. LEHNINGER, A.L.: Principles of Biochemistry. New York: Worth, 1982. Deutsche Ausgabe: Biochemie, 2. Aufl. VCH-Verlagsgesellschaft, Weinheim 1985
10. LÖFFLER, G., PETRIDES, P.E.: Physiologische Chemie. 4. Auflage. Berlin, Heidelberg, New York, Tokyo: Springer 1988
11. SCHIEBLER, T.H., PEIPER, U., SCHNEIDER, F.: Histologie. 2. Auflage. Berlin, Heidelberg, New York, Tokyo: Springer 1986
12. SCHIEBLER, T.H., SCHMIDT, W.: Anatomie des Menschen. 3. Auflage. Berlin, Heidelberg, New York, Tokyo: Springer 1983
13. SCHMIDT, R.F.: Medizinische Biologie des Menschen. 2. Auflage. München, Zürich: Piper 1983
14. SCHMIDT, R.F., THEWS, G. (Hrsg.): Physiologie des Menschen. 24. Auflage. Berlin, Heidelberg, New York, Tokyo: Springer 1990
15. SCHRÖDINGER, E.: What is Life; Mind and Matter. Cambridge: Cambridge University Press 1969
16. WATSON, J.D.: The Molecular Biology of the Gene, 3rd ed. Menlo Park, Ca.: Benjamin-Cummings 1976

Einzel- und Übersichtsarbeiten

17. BERRIDGE, M.J.: The molecular basis of communication within the cell. Sci. Am. *253*, 124–134 (1985)
18. BERRIDGE, M.J., IRVINE, R.F.: Inositol triphosphate, a novel second messenger in cellular signal transduction. Nature *312*, 315–321 (1984)
19. BRETSCHER, M.S.: The molecules of the cell membrane. Sci. Am. *253*, 124–134 (1985)
20. BUTLER, P.J.G., KLUG, A.: The assembly of a virus. Sci. Am. *239*, 62–69 (1978)
21. CRICK, F.H.C.: The genetic code: III. Sci. Am. *215(4)*, 55–62 (1966)
22. DAUT, J.: The living cell as an energy transducing machine. A minimal model of myocardial metabolism. Biochem. Biophys. Acta *895*, 41–62 (1987)
23. EIGEN, M., GARDINER, W., SCHUSTER, P., WINKLER-OSWATITSCH, R.: The origin of genetic information. Sci. Am. *244(4)*, 88–118 (1981)
24. HINKLE, P.C., McCARTY, R.E.: How cells make ATP. Sci. Am. *238*, 104–123 (1978)
25. KREBS, H.A.: The history of the tricarboxylic acid cycle. Perspect. Biol. Med. *14*, 154–170 (1970)
26. LAKE, J.A.: The ribosome. Sci Am. *245(2)*, 84–97 (1981)
27. LÄUGER, P.: Ionic channels with conformational substates. Biophys. J. *47*, 581–590 (1985)
28. LOEWENSTEIN, W.R.: Junctional intercellular communication: the cell-to-cell membrane channel. Physiol. Rev. *61*, 829–913 (1981)
29. LODISCH, H.F., ROTHMANN, J.E.: The assembly of cell membranes. Sci. Am. *240(1)*, 48–63 (1979)
30. MAKOWSKI, L., CASPAR, D.L.D., PHILLIPS, W.C., GOODENOUGH, D.A.: Gap junction structures. II. Analysis of the X-ray diffraction data. J. Cell. Biol. *84*, 629–664 (1977)
31. OCHS, S., WORTH, R.M.: Axoplasmic transport in normal and pathologic systems. In: WAXMANN, S.G. (Ed.) Physiology and Pathophysiology of axons. New York: Raven Press 1978
32. VALENTINE, J.W.: The evolution of multicellular plants and animals. Sci. Am. *239(3)*, 140–158 (1978)
33. WATSON, J.D., CRICK, F.H.C.: Molecular structure of nucleic acids. A structure for deoxyribose nucleic acid. Nature *171*, 737–738 (1953)
34. WATSON, J.D., CRICK, F.H.C.: Genetical implications of the structure of desoxyribonucleic acid. Nature *171*, 964–967 (1953)

3 Aufgaben des Blutes und des Immunsystems

Die 75×10^{12} Zellen des menschlichen Körpers, deren Grundeigenschaften wir im vorhergehenden Kapitel kennengelernt haben, sind in eine große Reihe funktioneller Systeme und Strukturen zusammengefaßt, von denen wir einige wiederum als Organe bezeichnen. Diese Systeme, mit deren Betrachtung wir in diesem Kapitel beginnen, beteiligen sich je nach ihren Fähigkeiten an der Kontrolle und Aufrechterhaltung der Homöostase, also der Konstanz des inneren Milieus. Wie bereits auf S. 22 geschildert, ist die Homöostase wiederum die Voraussetzung für ein optimales Funktionieren der Systeme selbst. Jede Zelle trägt also zur Homöostase bei und profitiert gleichzeitig von ihr. Dieses Geben und Nehmen garantiert so lange ein „vollautomatisches" und störungsfreies Funktionieren des Körpers, wie alle seine Systeme den von ihnen erwarteten Beitrag leisten. Versagt das eine oder andere System, werden alle Zellen des Körpers darunter leiden. Extreme Fehlfunktion wird zum Tode führen, eine geringere sich als Krankheit äußern.

Ein für die Homöostase besonders wichtiges Organ ist das **Blut**. Es ist eine undurchsichtige, rote Flüssigkeit, die aus dem schwach gelblichen **Plasma** und den darin schwimmenden **roten Blutzellen** (den *Erythrocyten*), den **weißen Blutzellen** (den *Leukocyten*) und den **Blutplättchen** (den *Thrombocyten*) besteht. Der Anteil des Organs Blut am Körpergewicht beträgt etwa 6–8%. Für den Erwachsenen entspricht das einem **Blutvolumen von 4–6 l** (Abb. 3-1). Der Anteil der Blutzellen am Blutvolumen wird **Hämatokrit** genannt. Er beträgt beim gesunden erwachsenen Mann 44–46 Volumen-Prozent (Vol.%), bei der Frau 41–43 Volumen-Prozent (Vol.% = ml/100 ml Blut).

Diese Definition des Blutes sagt über seine Besonderheiten und Aufgaben wenig aus. Blut ist aber, wie bei der Besprechung der Extracellulärflüssigkeit schon deutlich wurde, in **erster Linie ein Transportmedium**. Es transportiert Sauerstoff (O_2) von den Lungen zu den atmenden Geweben und Kohlendioxyd (CO_2) von dort zu den Lungen zurück. Blut schafft die Nährstoffe von den Orten ihrer Resorption (Darm) oder Speicherung (Leber, Fettdepots) zu denen des Verbrauches. Es bringt von dort die Stoffwechselzwischenprodukte oder -schlacken zu den Ausscheidungsorganen (Nieren) oder den Stätten ihrer weiteren Verwendung (wie z. B. in die Leber). Blut dient als Transport- und damit als Kommunikationssystem für körpereigene Wirkstoffe, wie die *Hormone*, wobei das Blut die Wirkstoffe an den Orten ihrer Bildung oder Speicherung aufnimmt und an die spezifischen Wirkorte anschwemmt. Blut verteilt wie eine Warmwasser-Zentralheizung die im Stoffwechsel gebildete Wärme und sorgt für ihre Abführung an die Umgebung über die Atmung und über die äußere Körperoberfläche. *All diese Funktionen tragen zur Homöostase bei.* Dies gilt auch für die dem Blut eigene Fähigkeit, Blutungen aus verletzten Gefäßen durch Gerinnung zum Stillstand zu bringen. Und es gilt ganz besonders für die Beteiligung des Blutes an der Abwehr eingedrungener Fremdkörper und Krankheitserreger. Mit all diesen Fähigkeiten, die wir nachfolgend näher betrachten, ist das **Blut in der Tat ein besonderer Saft**.

3.1 Das Blutplasma und seine Funktionen

Plasmawasser und Plasmaelektrolyte

Wird Blut zentrifugiert, so werden die Blutkörperchen vom Blutplasma abgetrennt und man erhält pro Liter Blut etwa 560 ml Plasma. Bei einem durchschnittlichen Blutvolumen des Menschen von 5 bis 6 l ergibt dies also rund 3 l (Abb. 3-1). Dieses Plasma enthält pro Liter etwa 65–80 g Eiweiß und 20 g kleinmolekulare Substanzen (so daß der Wassergehalt eines Liters Plasma bei etwa 900–910 g/l liegt).

Das **Plasmawasser** ist das ideale Transportmedium für alle wasserlöslichen Substanzen. Es steht bei seinem Fluß durch die feinsten Blutgefäße, nämlich die Blutcapillaren (Abb. 3-4), in ständigem Austausch mit dem Interstitium (den Zwischenzellräumen): Innerhalb jeder Minute des menschlichen Lebens werden mehr als 70% der Plasmaflüssigkeit

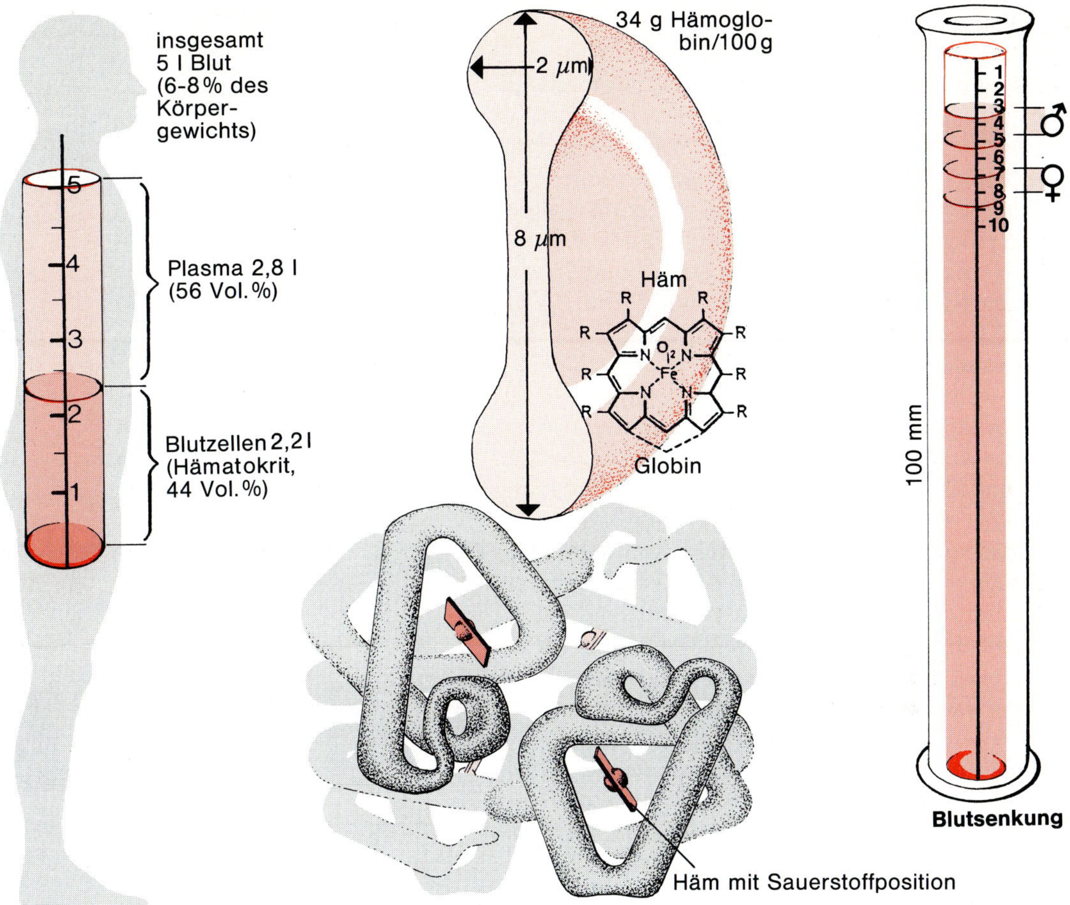

Abb. 3-1. Zusammensetzung des Blutes, Form der Erythrocyten und des Hämoglobins, Blutkörperchensenkungsreaktion. Blut besteht aus 56 Volumen-Prozent (Vol.%) Plasma und 44 Vol.% im Plasma aufgeschwemmter Blutkörperchen *(Hämatokrit)*. Der Mensch hat etwa 5 l Blut, das sind 6–8% seines Körpergewichtes. Die roten Blutkörperchen oder Erythrocyten sind beidseitig in der Mitte eingedellte Scheiben, deren wichtigster Bestandteil der Blutfarbstoff *Hämoglobin* ist. Letzteres besteht aus einem Eiweißteil, dem *Globin*, und dem *Häm*, dessen Strukturformel angegeben ist. Das zentrale Eisenatom (Fe) des *Häm* bindet den Sauerstoff (O_2) auf dem Weg von der Lunge in die Gewebe. Die Erythrocyten sind weich und leicht verformbar. Sie können daher auch feinste Blutgefäße (Capillaren) passieren, deren Innendurchmesser kleiner als *8 μm* ist. Für die Blutkörperchensenkungsreaktion wird ein 100 mm langes Glasröhrchen mit ungerinnbar gemachtem Blut gefüllt und das Absinken der Erythrocyten nach 1, nach 2 und nach 24 Stunden abgelesen. Die Normalwerte der ersten Stunden liegen für Männer bei rund 4–6 mm, bei Frauen bei rund 8–10 mm

mit der interstitiellen Flüssigkeit über die Wände der Capillaren ausgetauscht. Blutplasma und interstitielle Flüssigkeit bilden aus dieser Sicht praktisch einen einheitlichen Flüssigkeitsraum, nämlich den **Extracellulärraum**. Dieser macht etwa 34% der gesamten Körperflüssigkeit aus, das übrige Wasser findet sich in den Zellen (Intracellulärraum).

Bei dieser hohen Austauschrate verwundert es nicht, daß die Extracellulärflüssigkeiten innerhalb und außerhalb der Capillaren praktisch die gleiche Menge und Zusammensetzung an **gelösten Salzen (Elektrolyten)** enthalten. Der osmotische Druck des Blutplasmas ist also identisch mit dem der interstitiellen Flüssigkeit (bzgl. des kolloidosmotischen Druckes s. u.). Seine Konstanz ist einer der wesentlichen Faktoren der Homöostase.

Lösungen, die den gleichen osmotischen Druck haben wie Plasma, bezeichnet man als **isotonisch**; entsprechend nennt man Lösungen mit höherem osmotischen Druck **hypertonisch**, solche mit niedrigerem osmotischen Druck **hypotonisch**. Jede Abweichung vom normalen osmotischen Druck in der extracellulären Flüssigkeit führt zu Wasserverschiebungen zwischen den Zellen und ihrer Umgebung. Hypotonie der extracellulären Flüssigkeit bringt die Zellen durch Wassereinstrom zum Schwellen **(celluläres Ödem)**. Dabei kann es zum „Platzen" der Zellen durch die starke Volumenzunahme kommen. Umgekehrt läßt eine Hypertonie der extracellulären Flüssigkeit die **Zellen durch Wasserausstrom schrumpfen** und bewirkt den Verlust der normalen Gewebsspannung (des „Gewebsturgors").

Die Plasmaeiweiße

Durch die 65–80 g Eiweiß, die jeder Liter menschlichen Plasmas enthält (s.o.), ist das Plasma etwa doppelt so zähflüssig (viscös) wie Wasser. Das Plasmaeiweiß selbst ist ein Gemisch von verschiedenen mittelgroßen bis großen Eiweißmolekülen, deren Molekulardurchmesser zwischen 1 und 100 nm liegt. Typische Beispiele von Formen und Durchmessern solcher Plasmaeiweiße sind in Abb. 3-2 gezeigt. Moleküle dieser Größe werden auch als **Kolloide** bezeichnet.

Die verschiedenen Plasmaeiweiße können in einem elektrischen Feld voneinander getrennt werden, da sie unterschiedlich stark elektrisch geladen sind und damit in Abhängigkeit von ihrer Ladung und ihrer Größe unterschiedlich schnell in einem elektrischen Gleichspannungsfeld wandern. Das Ergebnis einer solchen, in der Klinik routinemäßig angewandten **Elektrophorese** ist in Abb. 3-3 zu sehen. Das Eiweiß **Albumin** kommt am häufigsten vor (rund 60% der Plasmaeiweißmenge), der Anteil der verschiedenen **Globuline** liegt zwischen 4 und 17%.

Kolloidosmotischer Druck durch Albumine. Anders als die Elektrolyte und andere kleinmolekulare gelöste Teilchen, können die Plasmaeiweiße nicht aus den Capillaren in das Interstitium diffundieren. In bezug auf sie besteht daher ein osmotisches Druckgefälle aus dem Interstitium in Richtung Capillarinnenraum von etwa 25 mm Hg. Diesen Druck nennt man wegen der Größe der Eiweißmoleküle den **kolloidosmotischen Druck**. Für ihn sind zu etwa 80% die Albuminmoleküle verantwortlich, da ihre Zahl weit größer als die aller anderen Plasmaeiweißmoleküle ist, und zwar aus zwei Gründen: Erstens stellen sie den größten Eiweißanteil (s.o.) und zweitens sind die Albuminmoleküle kleiner als die der Globuline (Abb. 3-2).

Der kolloidosmotische Druck würde zur Aufnahme von Wasser in die Capillaren führen, wenn ihm nicht der durch das Herz erzeugte Blutdruck entgegenwirkte. Dieser ist **zu Beginn der Capillare** (am arteriellen Ende, links in Abb. 3-4) mit 37 mm Hg sogar größer als der kolloidosmotische Druck, so daß dort sogar eine **Filtration von Flüssigkeit** in den interstitiellen Raum erfolgt. Am venösen Ende der Capillare (rechts in Abb. 3-4) ist der Capillarblut-

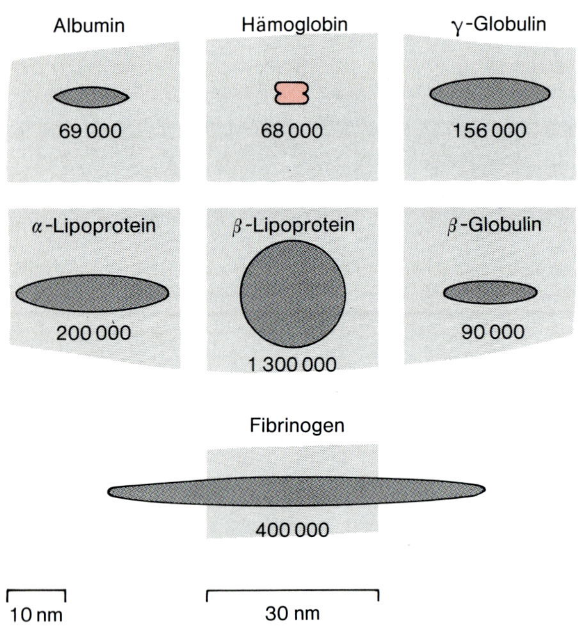

Abb. 3-2. Molekulargewichte und schematisierte Molekularformen einiger Plasmaeiweiße und des Hämoglobins. Unter dem Molekulargewicht eines Moleküls versteht man die Summe der Atomgewichte aller im Molekül enthaltenen Atome. Wasserstoff, H, hat das Atomgewicht 1. Alle anderen Moleküle haben höhere Atomgewichte. Sauerstoff hat zum Beispiel das Atomgewicht 16. Ein Molekül Wasser, H_2O, hat also ein Molekulargewicht von 18. (Nach E.J. Cohen aus [7])

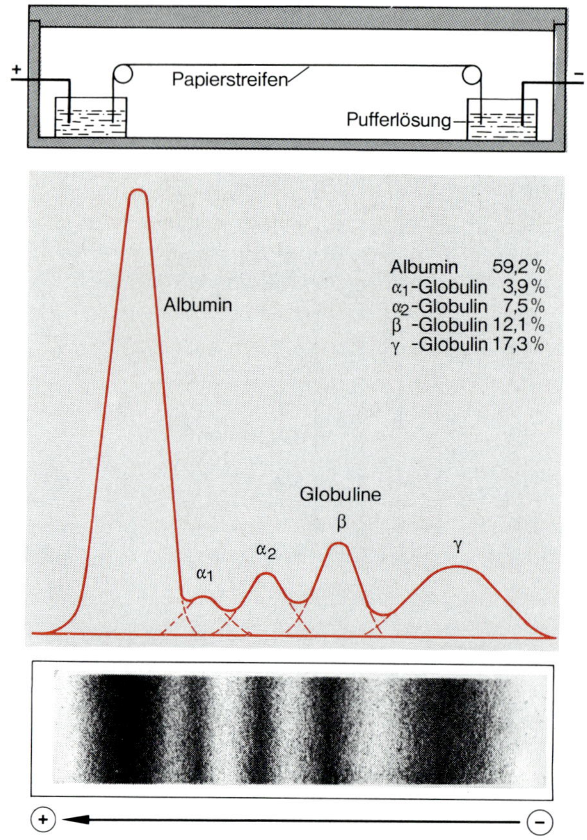

Abb. 3-3. Elektropherogramm eines menschlichen Serums. Unten der angefärbte Papierstreifen, darüber die Fotometerkurven, der prozentuale Anteil der einzelnen Serumeiweisfraktionen und die Apparatur zur Papierelektrophorese. (Aus Weiss und Jelkmann in [7])

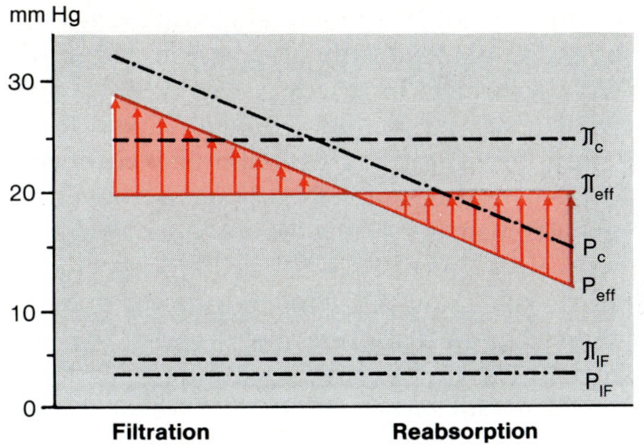

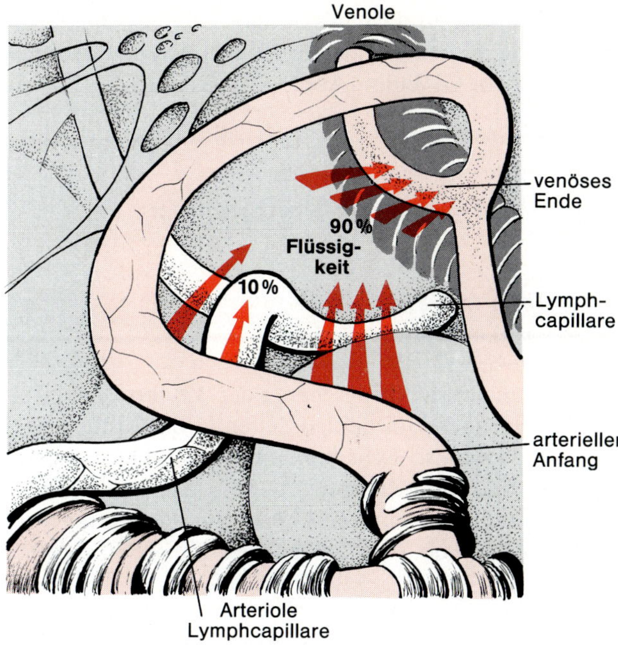

Abb. 3-4. Flüssigkeitsbewegungen aus den und in die Blutcapillaren. Die bildliche Darstellung des Gefäßsystems zeigt den Flüssigkeitsaustritt am arteriellen Beginn der Capillare und die spätere Reabsorption am venösen Ende und in die Lymphcapillaren (rote Pfeile). Die graphische Darstellung zeigt die Druckkomponenten und deren Änderung im Capillarverlauf (aus Witzleb in [7]). P_c, capillärer Druck; P_{IF}, Druck im interstitiellen Raum; π_c, capillärer kolloidosmotischer Druck; π_{IF}, kolloidosmotischer Druck im interstitiellen Raum; P_{eff}, effektiver transmuraler Filtrationsdruck; π_{eff}, effektiver kolloidosmotischer Druck. Etwa in der Mitte der Capillare sinkt der effektive Filtrationsdruck unter den effektiven kolloidosmotischen Druck und die Filtration geht daher in die Reabsorption über

druck auf rund 17 mm Hg abgefallen. Dadurch überwiegt der nach innen gerichtete kolloidosmotische Druck, und es wird Flüssigkeit in die Capillare wieder aufgenommen (reabsorbiert). Diese Verhältnisse bewirken, daß am arteriellen Capillarabschnitt rund 0,5% des durchfließenden Plasmavolumens filtriert werden. Von diesem Filtrat werden, wie Abb. 3-4 zeigt, **90% am venösen Ende reabsorbiert**, der Rest fließt über die **Lymphgefäße** in den Kreislauf zurück. Die durchschnittliche Filtrationsrate aller Capillaren des Körpers beträgt etwa 14 ml/min bzw. 20 l/24 h.

So gering die durch Filtration und Reabsorption verschobenen Flüssigkeitsvolumina erscheinen mögen, so kann doch eine Störung ihres „Fließgleichgewichts" sich sehr rasch bemerkbar machen. Zwei Beispiele: Vermindert sich der Eiweißgehalt des Blutplasmas, dann reduziert sich auch der kolloidosmotische Druck. Damit nimmt die Filtrationsrate zu und die Reabsorptionsrate ab, wodurch sich zusätzlich Flüssigkeit im Interstitium ansammelt, d. h. es bilden sich **Ödeme**. Solche durch **Eiweißmangel im Blutplasma** bedingten Ödeme finden sich bei **schweren Verbrennungen** (Eiweißverlust durch die geschädigten Gefäße), bei der **Nephrose** (einer Nierenerkrankung, bei der täglich bis zu 20-30 g Eiweiß im Urin ausgeschieden werden) und bei chronischer Unterernährung **(Hungerödem)**.

Zweitens: Kann ein Herz nicht schnell genug das in den Venen zu ihm strömende Blut wegpumpen, staut sich das Blut in den Venen, und der venöse Druck steigt an. Damit vermindert sich die Reabsorptionsrate am venösen Capillarende, und es resultieren daraus wieder Ödeme. Diese entwikkeln sich bei **Herzkranken** besonders in den abhängenden Körperpartien (Füße, Unterschenkel), da von dort der venöse Rückstrom zusätzlich gegen die Schwerkraft erfolgen muß. (Während der nächtlichen Ruhezeit gelingt es dem Herzen oft, den venösen Stau „abzubauen" und damit die Ödeme rückzubilden. Das überschüssige Wasser wird über die Nieren ausgeschieden und führt bei diesen Kranken zu nächtlichem Harndrang.)

Aufgaben der Globuline. Diese Eiweißkörper wurden nach ihrer Wanderungsgeschwindigkeit im elektrischen Feld in 4 Untergruppen eingeteilt (Abb. 3-3), die jede in sich mit feineren Methoden weiter aufteilbar ist. Ihre wichtigsten Funktionen seien hier nur stichwortartig genannt. Bei den **Alpha$_1$-Globulinen** handelt es sich vor allem um Glykoproteine mit unterschiedlichsten Transportaufgaben, z. B. für Hormone und Vitamine. Ähnliches gilt für die **Alpha$_2$-Globuline**. Die nächste Fraktion, also die **Beta-Globuline**, sind vorwiegend Lipoproteine, die als Lösungsvermittler und Transportmittel für die wasserunlöslichen Fette und Lipide dienen. Die **Gamma-Globuline** stellen die meisten **Schutz- und Abwehrstoffe** des Blutes. Ihr Anteil ist daher bei fast allen, besonders den entzündlichen Erkrankungen, über das normale Maß gesteigert (s. auch 3.4 Humorale Immunität). Auch das bei der Blutgerinnung (s. 3.5) eine wichtige Rolle spielende **Fibrinogen** ist ein Globulin (Abb. 3-2).

3.2 Aufgaben der Erythrocyten

Aufbau und Lebenslauf der roten Blutkörperchen

Die roten Blutkörperchen oder **Erythrocyten** sind flache, runde, auf beiden Seiten in der Mitte eingedellte kernlose Scheiben mit einem Durchmesser von rund 7,5 Mikrometer (µm) und einer Dicke zwischen 2 µm am Rand und 1 µm oder weniger im Zentrum (Abb. 3-1). Sie machen den größten Anteil der rund 44 Vol.% cellulärer Bestandteile des Blutes aus. Im Mikroliter Blut - das entspricht einem Würfel mit 1 mm Kantenlänge, also einem Kubikmillimeter (1 l hat 1 000 000 Mikroliter, µl, oder Kubikmillimeter, mm^3) - finden sich beim Mann rund 5,1 Millionen, bei der Frau rund 4,6 Millionen Erythrocyten. Ihre Gesamtzahl liegt damit, wie bereits erwähnt, bei 25×10^{12}, ihre Gesamtoberfläche beträgt beim erwachsenen Mann etwa 3 800 m^2 (Quadratmeter) [3, 6, 10, 11, 12].

Der wichtigste Bestandteil der Erythrocyten ist der rote Blutfarbstoff **Hämoglobin**, mit dessen Hilfe Sauerstoff aus der Lunge in das Gewebe transportiert wird. Das Hämoglobin färbt die Erythrocyten rot und läßt daher auch das Blut rot erscheinen. Normale Erythrocyten enthalten etwa 34 g Hämoglobin pro 100 g, das entspricht bei einem Hämatokrit von 44 Vol.% etwa 15 g Hämoglobin pro 100 ml Blut. Da jedes Gramm Hämoglobin etwa 1,33 ml Sauerstoff an sich binden kann, können 100 ml Blut etwa 20 ml Sauerstoff transportieren. (Zum Vergleich: der Körper verbraucht in Ruhe etwa 250 ml Sauerstoff pro Minute.)

Die Erythrocyten werden **im roten Mark der platten Knochen** aus einer kernhaltigen Vorstufe über mehrere Zwischenstufen gebildet. Unter anhaltender Zellteilung nimmt dabei die Menge des Hämoglobins in der Zelle dauernd zu und die Kerngröße dauernd ab. Im reifen Erythrocyten ist kein Kern mehr vorhanden (extreme Spezialisierung in einem multicellulären Organismus, vgl. S. 30, 31). Ein vom Knochenmark in das Blut abgegebener Erythrocyt hat eine **Lebensdauer von 100 bis 120 Tagen**. Dann zerfällt er und muß ersetzt werden. Dies bedeutet, daß rund 0,8% der 25×10^{12} Erythrocyten des Erwachsenen pro Tag erneuert werden, also 160×10^6 (160 Millionen) pro Minute!

Bei diesen hohen Umsatzzahlen ist es äußerst wichtig, daß die **Produktion genau dem Abbau entspricht**, damit nicht in kürzester Zeit zu viele (*Polycythämie*) oder zu wenige (*Anämie*) Erythrocyten auftreten. Der Körper verfügt dafür über ein ebenso einfaches wie wirksames Regelsystem: Sobald der Sauerstoffgehalt des Blutes absinkt, wird die Herstellung eines Hormons namens **Erythropoetin** erhöht, das wiederum die vermehrte Produktion von Erythrocyten im Knochenmark anregt. Die vermehrte Synthese von Erythropoetin setzt unmittelbar nach Absinken des Blutsauerstoffgehaltes ein, z. B. nach einem großen Blutverlust oder nach Aufstieg in große Höhen. Die Ankurbelung der vermehrten Erythrocytenproduktion macht sich aber erst nach zwei Tagen im Blut bemerkbar und braucht fünf Tage und mehr bis zu ihrer vollen Entwicklung. Sie hält so lange an, bis genügend Erythrocyten für eine physiologische Sauerstoffversorgung produziert sind und damit der Anreiz zur vermehrten Erythropoetinsynthese wegfällt [15].

Das **Erythropoetin**, bzw. eine Vorstufe davon, wird **zu 90% in den Nieren und** zu 10% in der Leber hergestellt. Menschen, deren Nieren durch Krankheit funktionsunfähig wurden und die daher regelmäßig an eine künstliche Niere angeschlossen werden müssen, haben wegen ihres dauernden Erythropoetinmangels eine meist schwere Anämie mit oft weniger als der Hälfte der normalen Erythrocytenzahl.

Zur Erythrocytenproduktion sind auch Vitamine notwendig, vor allem das **Vitamin B_{12}**. Dieses Vitamin wird in allen Zellen benötigt und ist damit generell für Zellreifung und Wachstum unentbehrlich. Sein Fehlen macht sich aber bei der zahlenmäßig sehr hohen Eythrocytenproduktion am schnellsten und nachhaltigsten bemerkbar. Meist handelt es sich dabei nicht um einen Vitamin-B_{12}-Mangel in der Nahrung, sondern um eine Störung der Aufnahme (Resorption) von Vitamin B_{12} aus dem Darm. Diesem als **perniziöse Anämie** bekannten Krankheitsbild liegt eine meist durch chronische Entzündungen bedingte Funktionsunfähigkeit der Magenschleimhaut zugrunde, die keinen Magensaft mehr produziert. Denn im Magensaft ist eine Substanz enthalten, die sich mit dem Vitamin B_{12} verbindet und es dadurch bis zur Resorption vor einer Zerstörung durch die Verdauungssäfte des Darmes schützt. Nach der Resorption wird das Vitamin B_{12} in der Leber gespeichert. Wir benötigen pro Tag ein Mikrogramm B_{12}. Normalerweise beträgt der Vorrat in der Leber etwa das Tausendfache davon.

Aufbau des Hämoglobins

Der rote Blutfarbstoff **Hämoglobin** besteht aus einer Eiweißkomponente, dem **Globin**, und dem eigentlichen Farbstoff, dem **Häm**. Dieser ist, wie in Abb. 3-1 skizziert, eine ringförmig aufgebaute Verbindung, in deren Zentrum ein Eisenatom (Fe) angeordnet ist. An dieses Eisen wird in der Lunge ein Molekül Sauerstoff (O_2) so lose angebunden, daß es im Gewebe leicht wieder abgegeben werden kann

(Einzelheiten dazu werden im Kapitel Atmung auf S. 103 beschrieben).

Beim Absterben der Erythrocyten wird das Hämoglobin durch Enzyme verdaut. Das Eisen wird weitgehend für die Synthese neuen Hämoglobins wiederverwendet. Das Häm wird über mehrere Schritte in den **gelben Gallenfarbstoff Bilirubin** umgewandelt, der von den Leberzellen in die Gallenblase und von dort in den Dünndarm ausgeschieden wird. Ist der Gallenblasenzugang verschlossen, z. B. durch einen Gallenstein, so häuft sich Bilirubin in Blut und Interstitium an und tritt auch in die Zellen über. Dadurch werden Haut und Schleimhäute gelb gefärbt, ein Symptom, dem man den Namen **Ikterus (Gelbsucht)** gegeben hat. Gelbsucht tritt auch auf, wenn die Leberzellen erkrankt sind und Bilirubin nicht ausreichend in die Galle ausscheiden können. Im Darm wird Bilirubin von Bakterien weiter zu dunklen Farbstoffen umgebaut. Diese sind für die Farbe unseres Stuhles verantwortlich. Gelangt kein Bilirubin in den Darm, ist der Stuhl hell. Bei schneller Darmpassage, also bei Durchfall, ist das Bilirubin noch nicht umgebaut, was an der hellgelblichen Farbe des Stuhles deutlich ist.

Im **Körper kommen rund 4g Eisen vor**, davon 65% im Hämoglobin, 15–35% als Vorrat vor allem in den Leberzellen, der Rest teils in den verschiedenen Enzymen, teils im Plasma. „Gebrauchtes" Eisen wird weitgehend wiederverwendet. Der **tägliche Eisenverlust des Körpers in den Darm** beträgt beim Mann nur etwa 0,6 mg. Er erhöht sich bei Blutungen, so daß z. B. durch die monatliche Regelblutung (Menstruation) bei der Frau durchschnittlich täglich etwa 1,3 mg Eisen verlorengehen. Dieses Eisen muß mit der Nahrung ersetzt werden, was bei einer normalen, gemischten Kost ohne weiteres der Fall ist.

Anämien. Einen Mangel an Erythrocyten im Blut bezeichnet man als **Anämie** oder „*Blutarmut*" (das *Blutvolumen* von rund 5 l ist, außer bei plötzlichem, großen Blutverlust oder bei extremer Austrocknung des Körpers beim Verdursten, konstant). Dieser Erythrocytenmangel kann verschiedene Ursachen haben, von denen wir *dauernden Blutverlust* (führt zu Eisenmangelanämie), *Vitamin-B_{12}-Mangel* und *Mangel an Erythropoetin* bereits kennengelernt haben. Zwei andere wichtige Gründe sind noch erwähnenswert: einmal die Zerstörung oder Rückbildung des Knochenmarks **(Knochenmarksaplasie)**, die als Folge von Arzneimittelvergiftungen oder radioaktiver Strahlenexposition, z. B. bei einer Atombombenexplosion, beobachtet wird. Zum zweiten der zu rasche Abbau der Erythrocyten **(Hämolyse)**, der aus einer Reihe von Gründen, z. B. ebenfalls bei Arzneimittelvergiftungen oder bei erblicher Schwäche der Erythrocytenmembran, vorkommen kann.
Mangel an Erythrocyten macht das Blut leichtflüssiger, seine **Viscosität nimmt ab**. Damit fließt das Blut leichter durch die Gefäße, so wie Wasser leichter als Öl durch Rohrleitungen fließt. Als Folge davon kehrt das Blut schneller zum Herzen zurück, so daß das geförderte Volumen (Herzzeitvolumen, s. S. 57) auf das Zwei- oder Mehrfache des Normalen ansteigt. Dadurch wird das **Herz mehr als normal belastet**, aber die beschleunigte Zirkulation hat den Vorteil, daß die verringerte Sauerstofftransportkapazität des anämischen Blutes dadurch mindestens teilweise ausgeglichen wird. Bei körperlicher Arbeit ist jedoch die obere Leistungsgrenze schnell erreicht, da das Herz seine Pumpfrequenz nicht mehr viel weiter erhöhen kann. Akutes Herzversagen kann die Folge der daraus resultierenden Überforderung sein.

BKS. Die roten Blutkörperchen sind etwas schwerer als das Plasma, in dem sie schwimmen. Wird ungerinnbar gemachtes Blut daher in einem Becherglas oder Röhrchen abgestellt (s. Abb. 3–1), dann senken sich die Erythrocyten langsam ab. Die **Blutkörperchensenkungsgeschwindigkeit** (im Medizinerjargon kurz **Senkung** oder **BKS** genannt) beträgt beim Mann in der ersten Stunde 3–6 mm, bei der Frau 8–10 mm. Besonders bei Entzündungen und bei vermehrtem Gewebszerfall (Tumoren) ist die Senkungsgeschwindigkeit erhöht. Hauptursache ist die verstärkte Neigung der Erythrocyten, sich zu größeren Klümpchen zusammenzuballen, die wegen ihrer dadurch verringerten Oberfläche schneller absinken. Eine erhöhte Senkungsgeschwindigkeit ist also ein unspezifisches Krankheitssymptom. Ihre wiederholte Messung kann als Verlaufskontrolle bei einer chronischen Erkrankung, wie z. B. der Tuberkulose, sehr nützlich sein.

3.3 Aufgaben der Leukocyten

Der Mensch trägt im Mund, in den Atemwegen, dem Dickdarm, den Bindehäuten der Augen und eventuell in den Harnwegen ständig Kolonien von Bakterien mit sich herum, die beim Vordringen in tiefere Körpergewebe Erkrankungen auslösen würden. Dazu kommen immer wieder Kontakte mit krankheitserregenden Bakterien und Viren der Außenwelt, deren sich der Körper erwehren muß. Die lebenslange Abwehr der dauernden Invasionsversuche von Bakterien und Viren wird im Körper vor allem von den **Leukocyten** geleistet, die sich dabei zwei verschiedener Techniken bedienen. Die eine ist die in diesem Abschnitt beschriebene **Phagocytose**, die zweite die im folgenden Abschnitt 3.4 geschilderte **Herstellung von Antikörpern**, die dann den Eindringling zerstören. Unterstützt werden die Leukocyten in ihrem Abwehrkampf von einem in mehreren Organen stationär ausgespannten Netzwerk von Zellen, die als **reticuloendotheliales System (RES)** zusammengefaßt werden. Diese Zellen sitzen besonders an strategisch wichtigen Einlaßpforten, vor allem in der Lunge und in der Leber (Durchflußstation allen vom Darm kommenden Blutes), aber auch in den Rachenmandeln (Tonsillen), der Milz und den Lymphknoten.

Herkunft und Lebensdauer der Leukocyten

Die hämoglobinfreien, kernhaltigen Leukocyten kommen im Blut in wesentlich geringerer Zahl als die Erythrocyten vor, nämlich nur zu rund 7000 pro Mikroliter (Kubikmillimeter) [12]. Entsprechend ihren Entstehungsorten gibt es **zwei Grundtypen**: zwei Drittel stammen aus Ursprungszellen im Knochenmark. Wegen der bei ihnen im Lichtmikroskop sichtbaren Körnchen oder Granula werden sie **Granulocyten** genannt. Das restliche Drittel wird im lymphatischen Gewebe gebildet, vor allem also in den Lymphknoten, der Milz, den Rachenmandeln und der Thymusdrüse. Dementsprechend werden sie als **Lymphocyten** bezeichnet [1, 6, 11].

Für Granulocyten wie Lymphocyten ist das Blut in erster Linie nicht Aufenthaltsort, sondern Transportmittel vom Ursprungs- zum Einsatzort. Entsprechend hält sich der einzelne Leukocyt oft nur **ein bis zwei Stunden** und selten mehr als 24 Stunden im Blut auf. Diese **Verweilzeit** ist nicht zu Verwechseln mit seiner **Lebensdauer**, die wesentlich länger, bis zu **100 bis 300 Tage** lang sein kann. In dieser Zeit wechselt er dauernd aus dem Blut in die verschiedensten Gewebe und zurück.

Bei den Granulocyten ebenso wie bei den Lymphocyten sind eine Reihe von Untertypen bekannt. Auf sie wird hier nicht im einzelnen eingegangen, die unterschiedliche Rolle der B- und T-Lypmphocyten wird in 3.4 beschrieben. Erwähnt seien noch die in geringer Anzahl vorkommenden **Monocyten**, die wie die Granulocyten ebenfalls aus dem Knochenmark stammen. Sie wandern aus dem Blut in die Gewebe ein und werden dort (anders als die anderen Leukocyten) „seßhaft", wobei sie an Größe deutlich zunehmen. Daher ihr Name **Gewebemakrophagen**. Monocyten und Gewebemakrophagen sind bei der anschließend besprochenen unspezifischen cellulären Abwehr besonders aktiv beteiligt [2, 6, 14].

Mechanismus der unspezifischen cellulären Abwehr

Diapedese und Phagocytose. Tritt irgendwo eine Gewebsschädigung auf, sei es durch Bakterien und ihre Giftstoffe (Toxine), sei es durch Verletzung oder eine andere Ursache, dann treten aus den Capillaren dieses Gebietes Leukocyten, vor allem Granulocyten und Monocyten aus, indem sie sich, wie in Abb. 3-5 A gezeigt, durch feine Lücken der Capillarwände hindurchquetschen und -schlängeln. Diese Form der Auswanderung nennt man **Diapedese**.

Die Leukocyten bewegen sich dann auf die Schadensstoffe und Gewebsabfälle zu, von denen sie angezogen werden. Bei dieser **"chemotaktischen" Annäherung** stülpt sich jeweils in einer fließenden, „amöboiden" Bewegung ein Teil des Cytoplasmas in die Bewegungsrichtung aus (Abb. 3-5 B), und der Rest der Zelle fließt kontinuierlich nach. Auf diese Weise können die Leukocyten bis zu 40 Mikrometer pro Minute wandern, also mehr als dreimal die Strecke ihres eigenen Zelldurchmessers.

Am Ziel angekommen, nehmen sie die Bakterien und Abfallstoffe mit dem auf S. 26 (Endocytose) bereits geschilderten und in Abb. 3-5 B nochmals skizzierten Prozeß der **Phagocytose** in sich auf und verdauen sie mit Hilfe lysosomatischer Enzyme. Schließlich sterben sie selbst am Übermaß der aufgenommenen Stoffe und Bakterien. Im Gewebe entsteht dabei häufig eine kleine (Abszeß-)Höhle, in der sich tote Leukocyten, Gewebsabfälle und Bakterien ansammeln. Dieses gelbliche, cremig-flüssige Gemisch nennen wir **Eiter (Pus)**. Die Eiterbildung hält an, bis die Infektion endgültig abgewehrt ist.

Die Fähigkeit der Leukocyten zu Diapedese und Phagocytose ist angeboren. Dadurch ist der Organismus in der Lage primär, d.h. ohne vorhergehenden Kontakt, Fremdkörper unschädlich zu machen. Wir fassen diese Abwehrfunktion daher als **unspezifische celluläre Abwehr** zusammen. Dagegen gewinnen die in 3.4 geschilderten spezifischen Abwehrsysteme ihre Wirksamkeit erst durch die Auseinandersetzung mit dem Fremdkörper (spezifische, erworbene Immunität, lat. immunis = frei von etwas).

Leukocytose und Agranulocytose. Lokale ebenso wie allgemeine Infektionen führen in kürzester Zeit zu einem vermehrten Auftreten von Leukocyten im Blut, zunächst durch eine verstärkte Ausschwemmung schon vorhandener Zellen aus dem Knochenmark und anderen Vorratsstellen, anschließend auch durch eine erhöhte Produktion. Übersteigt die Leukocytenzahl 10 000 im Mikroliter, spricht man von **Leukocytose**. Sie kann ein Mehrfaches dieses Wertes annehmen. Ähnlich wie bei der Blutsenkung deutet im Verlauf längerer Erkrankungen eine Abnahme der Leukocytose auf ein Fortschreiten des Heilungsprozesses.

Hört das Knochenmark mit der Produktion von Leukocyten auf, so ist der Körper in kürzester Zeit hilflos bakteriellen Infektionen ausgesetzt. Dieser Zustand, **Agranulocytose** genannt, kann nach Arzneimittelvergiftungen oder nach starker radioaktiver Bestrahlung (Atombombenexplosion, Reaktorunfall) auftreten. Innerhalb von zwei Tagen kommt es zu Geschwüren im Mund und Dickdarm oder zu schweren Entzündungen der Atemwege (Bronchien) und Lungen. Ohne Behandlung führt eine Agranulocytose in drei bis sechs Tagen zum Tode. Dieser dramatische Verlauf illustriert eindringlich, daß auf die Tätigkeit der Leukocyten nicht einmal für wenige Tage verzichtet werden kann.

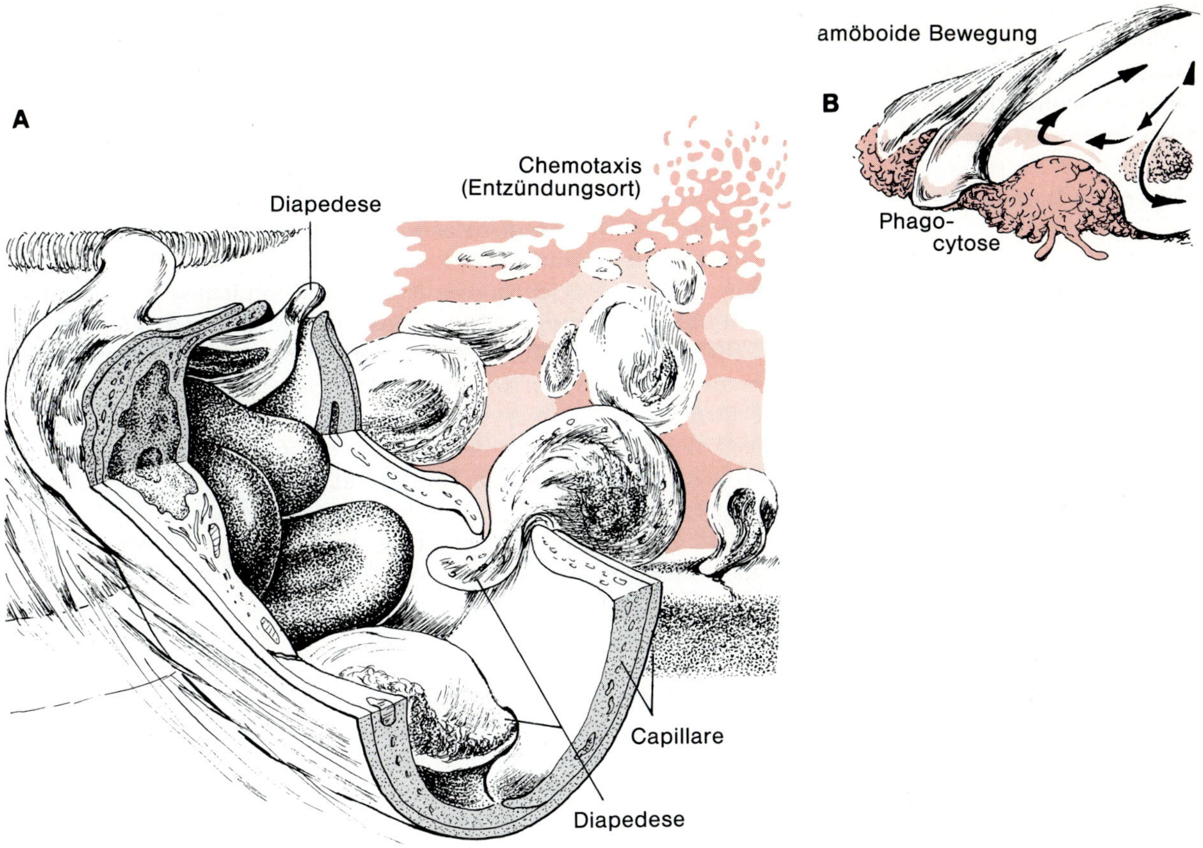

Abb. 3-5. Arbeitsweise der Leukocyten bei der Beseitigung von Schadstoffen. Angelockt durch chemische Reize verlassen Leukocyten die Capillaren (*Diapedese*, **A**) und wandern entlang dem chemischen Gradienten auf die Schadstoffe zu *(Chemotaxis)*. Bei der *Diapedese* stülpt sich in einer fließenden Bewegung die Zellflüssigkeit in die Bewegungsrichtung aus, so daß eine kettenraupenförmige Bewegung zustande kommt, ähnlich wie bei einzelligen Amöben (**B**). Die Fremdkörper werden umflossen, in die Zelle aufgenommen *(Phagocytose*, eine Form der Endocytose, s. Abb. 2-14 B, S. 26) und dort mit Hilfe der Lysosomen verdaut

Leukämie. Eine krebsige Überproduktion von Granulocyten oder Lymphocyten wird als **Leukämie** bezeichnet. Besonders bemerkenswert an den leukämischen Leukocyten ist, daß sie kaum infektionshemmende Eigenschaften haben und der Körper dadurch gegen Infektionen schutzlos wird. Außerdem nehmen die leukämischen Leukocyten oft derart rasch zu, daß die zugeführten Nährstoffe, vor allem die Aminosäuren, von ihnen völlig verbraucht und zusätzlich aus dem gesunden Gewebe abgebaut werden. Es resultiert daraus eine Auszehrung des Körpers, die schließlich zum Tode führt.

3.4 Die Arbeitsweise des Immunsystems

Angeborene und erworbene Immunität [4, 5, 14]. Der Körper kann sich gegen praktisch alle Mikroorganismen und Toxine wehren, die für ihn schädlich sind. Diese Fähigkeit bezeichnen wir als **Immunität**. Ein Teil der Immunität ist angeboren und unspezifisch. Dazu gehören die eben geschilderte Phagocytose (*unspezifische celluläre Abwehr*), ferner die Anwesenheit spezieller Stoffe im Blut, die sich an Fremdkörper anheften und sie zerstören (*unspezifische humorale Abwehr*), oder die Zerstörung heruntergeschluckter Bakterien durch die Salzsäure des Magens und die Verdauungsenzyme des Darmes, oder der Schutz, den die Haut gegen die Außenwelt gewährt. Durch diese **angeborene unspezifische Immunität** sind wir beispielsweise gegen eine Reihe von Infektionskrankheiten unserer Haustiere geschützt (und umgekehrt!).

Wichtiger noch als die unspezifische, angeborene Immunität sind die **erworbenen Formen**, die dadurch zustande kommen, daß in den Körper eingedrungene Bakterien und Toxine, oder entartete körpereigene Zellen, diesen zur Bildung spezieller Abwehrstoffe veranlassen. Diese Abwehrstoffe, **Antikörper** genannt, schwimmen entweder im Blut (*spezifische humorale Immunität*) oder sind an Lymphocyten (*spezifische celluläre Immunität*) gebunden. Die beiden Wege der **erworbenen spezifischen Immunität** gilt es jetzt kennenzulernen.

Humorale Immunität

Stoffe, die den Körper zur Bildung von Antikörpern anregen, bezeichnen wir als **Antigene**. Die Antigene (Krankheitserreger, artfremdes Eiweiß) sind meist sehr große Moleküle (neben Eiweißen auch Polysaccharide und Lipoproteine) sehr spezieller Struktur. Auf diesen großen **Trägermolekülen** sitzen die für die immunologische Spezifität maßgeblichen Teilstrukturen **(Determinanten)** an oberflächlich exponierter Stelle. Ein makromolekulares Antigen kann mehrere Determinanten haben. (Die isolierte Determinante wird *Hapten* genannt. Sie kann sich zwar mit ihrem Antikörper verbinden, aber nicht die Bildung von neuen Antikörpern auslösen.)

Die von den Antigenen angeregte **Bildung von Antikörpern** erfolgt in den Lymphocyten. Diese Lymphocyten stammen alle, wie Abb. 3-6 zeigt, von den gleichen Ursprungszellen ab. Sie machen aber bei ihrer Reifung im ungeborenen Kind und jungen Säugling entweder in der Thymusdrüse (*T-Lymphocyten*) oder an noch nicht sicher bekanntem Ort (*B-Lymphocyten*, der Ort ist wahrscheinlich das Knochenmark, englisch *bone marrow*) einen Prozeß durch (*Lymphocytenprägung* genannt), der sie auf ihre spätere Rolle bei der cellulären (T-Lymphocyten) oder humoralen (B-Lymphocyten) Antikörperbildung vorbereitet. (Entfernen der Thymusdrüse beim Erwachsenen beeinflußt das Immungeschehen nicht mehr).

Tritt nun im Körper ein Antigen auf, auf das eine spezielle Form der B-Lymphocyten reagiert, so wachen diese Zellen aus ihrem Dornröschenschlaf in den Lymphknoten auf, vermehren sich und produzieren innerhalb weniger Tage große Mengen Antikörper, jede Zelle bis zu 2000 Moleküle pro Sekunde. Diese **Antikörper sind Eiweiße**, die als **Immunglobuline** bezeichnet werden. Ihre charakteristische Form und ihre Interaktion mit dem Antigen sind in Abb. 3-6 skizziert. Die Bindung zwischen Antigen und zugehörigem Antikörper ist so spezifisch wie zwischen einem Sicherheitsschlüssel und dem zugehörigen Schloßzylinder. Die **Antigen-Antikörper-Reaktion macht das Antigen unschädlich** und führt zu seiner Zerstörung. Dabei hilft eine Reihe von im Blut gelösten Enzymen, die als **Komplement** bezeichnet werden. Das Komplement ist normalerweise wirkungslos, wird aber durch die Antigen-Antikörper-Reaktion aktiviert und beteiligt sich dann am Abbau des Antigens.

Celluläre Immunität

Bei der cellulären Immunität ist die Antigen-Antikörper-Reaktion mit der eben geschilderten völlig vergleichbar (s. dazu Abb. 3-6). Der wichtigste Unterschied zwischen beiden Formen der Immunität ist ihr **Zeitverlauf**. Die Antikörper der humoralen Immunität halten sich einige Monate, höchstens wenige Jahre im Blut auf, während die celluläre Immunität **viele Jahre, sogar lebenslang anhalten** kann. Außerdem ist die humorale Immunität besonders wirkungsvoll gegen akute bakterielle Infektionen, während sich die celluläre Immunität besonders gegen langsam verlaufende Infektionen (wie z. B. Tuberkulose) und gegen Viren, aber auch gegen Krebszellen des eigenen Körpers und, bei Organverpflanzungen, gegen fremde Zellen wendet.

Immuntoleranz. Gegen eigenes Körpergewebe wird normalerweise keine Immunität erworben. Der Mechanismus dieser **Immuntoleranz** ist noch nicht klar. Es kommt aber vor, daß im Laufe des Lebens die Immuntoleranz gegen das eine oder andere Körpergewebe verlorengeht und der Organismus Antikörper gegen sein eigenes Gewebe entwickelt. Die daraus resultierenden Krankheiten sind als **Autoimmunkrankheiten** bekannt. Dazu gehören beispielsweise das rheumatische Fieber und die akute Glomerulonephritis (Nierenentzündung), bei denen

Abb. 3-6. Prozesse und Komponenten der cellulären und humoralen spezifischen Immunität des Menschen in schematisierter und teilweise stark vereinfachter Darstellung. Die wichtigsten Abläufe sind im Text geschildert. Die *lymphatischen Stammzellen* werden in der Thymusdrüse zu T-Lymphocyten und an unbekanntem Ort, möglicherweise dem *Knochenmark*, zu B-Lymphocyten geprägt. Kommt ein T-Lymphocyt mit einem *Antigen* in Berührung, bildet er in seiner Membran Antikörper aus und wird dadurch zum Killer-Lymphocyten. Der B-Lymphocyt gibt demgegenüber seine Antikörper an das Blut ab. Diese verklumpen mit Antigen und machen es so unwirksam (humorale Antigen-Antikörper-Reaktion). Killer-Lymphocyten heften dagegen ihre Antikörper an Fremdkörper an, z. B. an Bakterien (celluläre Antigen-Antikörper-Reaktion). Der *rechte, untere Bildteil* (aus Weiss und Jelkmann in [14]) erinnert daran, daß neben Lymphocyten auch andere Zellen an den Abwehrleistungen des Blutes beteiligt sind

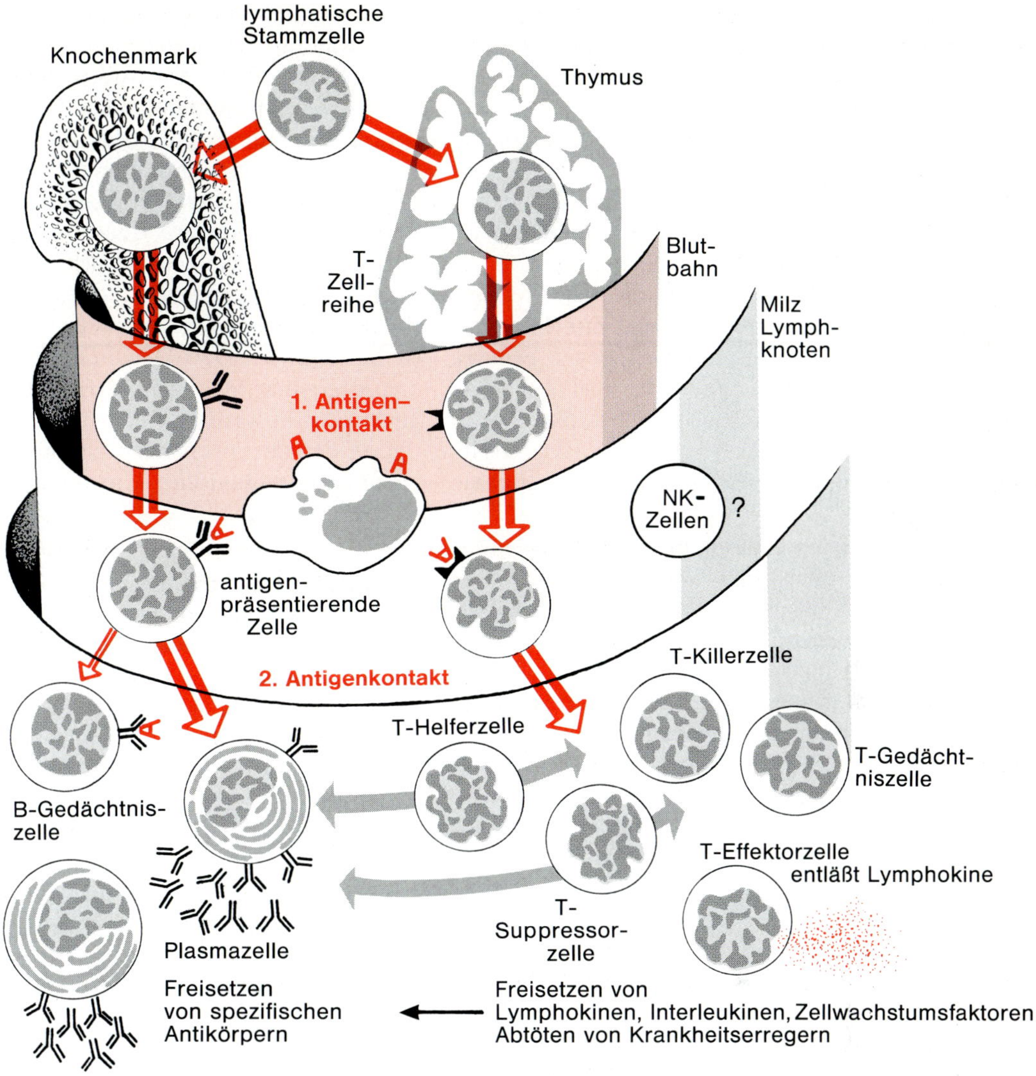

Humorale Immunität

Celluläre Immunität

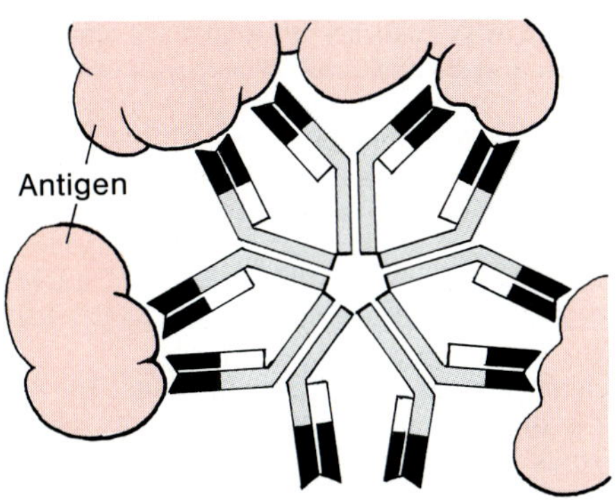

frei zirkulierende Antikörper

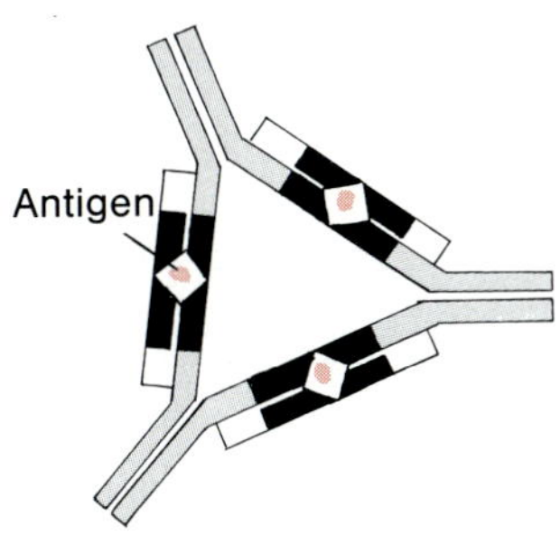

Agglutination und Neutralisation

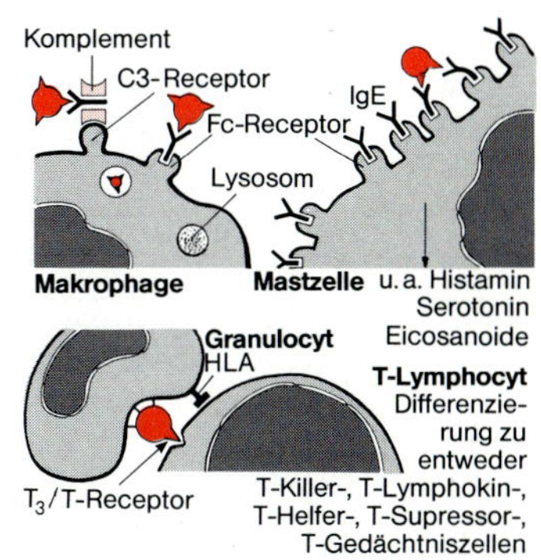

im Zusammenhang mit einer bakteriellen Infektion eine Immunisierung gegen das eigene Herz- und Gelenk- bzw. gegen Nierengewebe auftritt.

Impfung. Der Vorgang der Antikörperbildung benötigt einige Tage. In dieser Zeit können in den Körper eingedrungene Bakterien, Viren oder Toxine bereits erheblichen Schaden stiften. Durch **Impfung** ist es aber möglich, die Antikörperbildung anzuregen und dadurch den Körper gegen die betreffenden Krankheitserreger zu immunisieren. Zur Impfung können beispielsweise abgetötete Erreger benutzt werden, die keine Krankheit mehr auslösen können, deren Antigene aber noch erhalten sind. Diese Art von Impfung wird z. B. bei Keuchhusten, Diphtherie, Typhus und anderen bakteriellen Krankheiten angewandt.

Auch chemisch vorbehandelte Toxine, die nicht mehr giftig sind, aber noch Antigenwirkung besitzen, können zur Impfung herangezogen werden. Das bekannteste Beispiel dafür ist die Impfung gegen Tetanus (Wundstarrkrampf). Schließlich geschieht bei Viren meist die Impfung durch Gabe lebender, aber durch entsprechende Kultivierung „abgeschwächter" Stämme, die nicht mehr zur Erkrankung führen, aber eine volle Antikörperbildung anregen. Auf diese Weise wird gegen Poliomyelitis (spinale Kinderlähmung), Masern, Pocken (durch Impfung ausgerottet) und viele andere Viruskrankheiten geimpft. Eine wiederholte Impfung ist oft notwendig, um einen optimalen Schutz zu erzielen oder eine vorhandene Immunität wieder aufzufrischen.

Bei der bisher besprochenen **aktiven Immunisierung** wird durch das Impfen mit Antigenen die Antikörperbildung im Körper selbst angeregt. Einen sofortigen, allerdings nur Tage bis Wochen anhaltenden Schutz kann man aber auch erzielen, indem man die Antikörperbildung in anderen Menschen oder Tieren anregt und diese Antikörper dann dem Patienten einspritzt. Diese Technik bezeichnet man als **passive Immunisierung**. Ist z. B. ein Patient mit einer verschmutzten Wunde nicht gegen Wundstarrkrampf geimpft, so muß zum sofortigen Schutz eine passive Immunisierung gleichzeitig mit der aktiven Impfung erfolgen. Passive Immunisierung wird auch häufig als Erkrankungsschutz bei plötzlich ausbrechenden, seltenen (evtl. eingeschleppten) Infektionskrankheiten eingesetzt.

Allergie. Bei manchen Menschen führt die Antigen-Antikörper-Reaktion unter besonderen Umständen zu lokalen oder allgemeinen Reaktionen des Organismus, die als **Allergien** zusammengefaßt werden. Zugrunde liegt meist eine an die Antigen-Antikörper-Reaktion gekoppelte Zerstörung bestimmter Leukocyten, wodurch große Mengen chemischer Substanzen, besonders Histamin, freigesetzt werden. Diese führen entweder zu einer allgemeinen Gefäßerweiterung und damit zu einem lebensbedrohenden Absinken des Blutdrucks **(anaphylaktischer Schock)** oder zu quaddeligen Hautrötungen und -schwellungen **(Nesselsucht, Urticaria)** oder zu starken Absonderungen der Nasenschleimhaut (beim **Heuschnupfen**) oder zu Atembeschwerden (beim **Asthma**). Den Histamineffekten kann durch entsprechende Medikamente (Antihistaminica) entgegengewirkt werden. Langfristig ist oft eine Beseitigung der allergischen Reaktionen durch eine gezielte immunologische Umstimmung **(Desensibilisierung)** möglich.

Immunparalyse, Immunsuppression. Verliert der Körper die Fähigkeit zur Antikörperbildung (z. B. bei starker radioaktiver Bestrahlung des lymphatischen Gewebes oder bei dessen leukämischer Entartung), so ist er möglichen Schädigungen durch körperfremde Stoffe schutzlos ausgesetzt. Diese gefährliche Form der oben in bezug auf das eigene Körpergewebe geschilderten *Immuntoleranz* wird **Immunparalyse** genannt. Eine solche Immunparalyse wird gelegentlich in therapeutischer Absicht künstlich herbeigeführt, z. B. zur Verhinderung oder Verzögerung der Abstoßung körperfremden Eiweißes von Transplantaten. Diese gezielte Ausschaltung des Abwehrsystems bezeichnet man als **Immunsuppression**.

HIV-(HTLV-III)-Infektion und AIDS-Erkrankung. Seit einigen Jahren breitet sich weltweit eine Infektionskrankheit aus, die zu einem **Zusammenbruch der Immunabwehr** des Organismus führt. Die Infektion erfolgt mit Viren, die zur Familie der *Retroviren* gehören. Das Virus wird in erster Linie durch unmittelbare Aufnahme in das Blut von infiziertem Sperma (vor allem über Schleimhautverletzungen beim Geschlechtsverkehr) oder infiziertem Blut (z. B. bei Bluttransfusionen oder gemeinsamer Nutzung von Injektionsbestecken) übertragen. Infektionen sind aber auch mit infiziertem Körpersekret (Speichel, Vaginalsekret, Tränenflüssigkeit, Muttermilch) denkbar, wenn auch nur unter besondern Bedingungen, da die Viruskonzentration in diesen Flüssigkeiten sehr gering ist. Es gibt keine Tröpfcheninfektion, auch Infektionen durch Wasser, Lebensmittel und Insektenstiche können ausgeschlossen werden. Auch normale soziale Kontakte stellen keine Infektionsquelle dar.

Die Gefährlichkeit der HIV-Viren resultiert aus der Art und Weise mit der diese das Immun-Abwehrsystem des befallenen Organismus ausschalten. Dazu dringen sie in bestimmte T-Lymphocyten ein (daher der Name *humanes T-lymphotropes Virus, Typ III HTLV-III)*, verändern deren Erbsubstanz und beginnen sich erst dann explosionsartig zu vermehren, wenn der Lymphocyt durch eine weitere Infektion zu einer Immunantwort angeregt wird. Die riesige Anzahl von Viren reißt Löcher in die Zellmembran des Lymphocyten und dieser stirbt ab (unter Freisetzung der in ihm enthaltenen Viren, die jetzt andere Zellen befallen). Nach einiger Zeit bricht die gesamte Immunabwehr des befallenen Organismus zusammen. Der Patient stirbt schließlich an Infektionen, die für eine gesunde Person nicht bedrohlich wären. Das Virus heißt wegen dieser Wirkweise auch **humanes Immun-defekt-Virus, HIV**.

Das resultierende Krankheitsbild wird **aquiriertes Immun-Defekt-Syndrom, AIDS (Aquired immune-deficiency-disease)** genannt. Zwischen der HIV-Infektion und seinem Auftreten vergehen durchschnittlich 6 Jahre, mit einer sehr großen Schwankungsbreite, auf der einen Seite bis zu 15 Jahren. Das Krankheitsbild ist außerordentlich vielfältig. Eine kausale Therapie gibt es derzeit nicht. Auch eine Impfung steht noch nicht zur Verfügung. Daher kommt der Vorbeugung eine entscheidende Bedeutung zu.

Bei vielen, wenn nicht allen AIDS-Patienten kommt es auch zu einer **Erkrankung des Nervensystems**. Die Symptome umfassen ein großes Spektrum von nervösen und psychischen Störungen, von Symptomen wie bei eine multiplen Sklerose bis hin zur AIDS-Demenz mit dem Verlust aller intellektuellen Fähigkeiten.

Wechselwirkungen zwischen Immunsystem und Zentralnervensystem

Zentralnervöse Einflüsse können immunologische Reaktionen in vielfältiger Weise verändern. Dies bedeutet, daß auch **Verhaltens- und Immunreaktionen** zusammenhängen. Das ZNS interagiert mit Immunvorgängen vor allem über das autonome Nervensystem (Kap. 23) und über die Hormone der Hypophyse, deren Ausschüttung vom Hypothalamus gesteuert wird (Kap. 10). Der hormonelle Einfluß ist dabei vermutlich von großer Bedeutung. Das *Lymphgewebe* (lymphatische Gewebe) wird sowohl *sympathisch wie parasympathisch innerviert.* Elektrische Reizung des Hypothalamus modifiziert celluläre und humorale Immunantworten; umgekehrt wird die Aktivität einzelner hypothalamischer Regionen von Immunreaktionen beeinflußt. Hormone und Neurotransmitter können die Aktivität von Lymphozyten und Makrophagen direkt verändern: beide Zellarten besitzen Receptoren für eine Reihe von Hormonen und Transmittern.

Eine besondere Rolle bei der wechselseitigen Beeinflussung von Immunsystem und Zentralnervensystem spielen die **endogenen opioiden Peptide** (*Endorphine, Enkephaline*, s. Kap. 10 und Kap. 18). Opiat-Receptoren finden sich an Lymphocyten, Mastzellen, Monocyten und Granulocyten. Endorphine und Enkephaline werden in unterschiedlichen emotionalen Situationen und bei Schmerzen aus der Hypophyse in den Blutstrom abgegeben, oder sie werden als Antwort auf psychologische Bedingungen in einzelnen zentralen „Produktionsstätten" im Gehirn aktiviert. Obwohl ihre Wirkung auf Immunfaktoren nicht einheitlich ist, geht die *Reaktion auf unvermeidbare Belastung* („Hilflosigkeit") mit Ausschüttung des Hormons ACTH und des Beta-Endorphins einher, was zu anhaltender Immunsuppression führt. Erhöhung des Tumorwachstums im Tierversuch und verstärkte Krankheitsanfälligkeit bei Menschen sind die Folgen der *psychologisch bedingten Immunsuppression* („Psychoneuroimmunologie", s. Kap. 29) [5 a, 13, 16].

Konditionierung von Immunreaktionen. Die enge Verbindung zwischen Immunsystem und Zentralnervensystem wird aus Untersuchungen deutlich, die humorale Immunsuppression als klassisch konditionierbare Reaktion (vergleichbar mit erlernten autonomen Reaktionen) nachweisen (Kap. 27, Ader u. Cohen 1985). Dabei wird als konditionaler neutraler Reiz (CS) Saccharin im Trinkwasser verabreicht. Nach ca. 10–15 min Trinken erhalten die Tiere eine Injektion von Cyclophosphamid (CY) als unkonditioniertem Reiz (US). Dies wird an mehreren Tagen wiederholt. CY ist eine stark immunsuppressiv wirkende Droge. Die Tiere der Kontrollgruppen erhalten CS und US in zeitlich ungeordneter, ungepaarter Abfolge, z. B. den US vor dem CS, oder den US lange nach Beendigung des CS, oder den US allein.

Mehrere Tage nach dieser Konditionierung wird allen Tieren ein Antigen, meist Schaferythrocyten injiziert; 30 min nach der Immunisierung erhalten die Tiere den CS (Wasser + Saccharin). Tage danach werden die Blutproben auf Antikörperaktivität analysiert. Dabei zeigt sich, daß die Immunreaktion der konditionierten Tiere deutlich gehemmt ist, soweit, daß diese Tiere auch ungleich häufiger als die Tiere der Kontrollgruppen zu Tode kommen. Dies, obwohl alle Tiere dieselbe Menge von CY erhalten hatten und bei der Immunisierung die Bedingungen für alle Tiere gleich sind. Entscheidend war also die **Lerngeschichte** (CS wird kurz **vor** US dargeboten) und nicht die objektiv physiologisch zu erwartende Immunreaktion! Dasselbe wurde für celluläre Immunantworten gezeigt, die sich der T-Lymphocyten bedienen. Die Abstoßreaktion auf fremdes Gewebe ist bei Tieren, die kontingente CS-US-Paarung gelernt hatten, dramatisch erhöht, wenn die Immunstimulation (Injektion artfremden Gewebes) in Gegenwart des CS erfolgt. Auch Konditionierung der Verstärkung einer Immunantwort mit gebremstem Tumorwachstum als Konsequenz konnte demonstriert werden.

Viele der beim Menschen gefundenen immunsuppressiven Effekte nach unvermeidbarer Belastung („Hilflosigkeit") können als gelernte Immunreaktionen interpretiert werden, die auch dann auftreten, wenn der ursprünglich toxische Reiz (z.B. Streßsituation) nicht mehr vorhanden ist; es genügt, daß ein oder mehrere ursprünglich neutrale Umgebungsreize, z.B. Erinnerungen, auftreten, die ursprünglich mit der toxischen Situation assoziiert waren.

Blutgruppen

Die Blutübertragung (Bluttransfusion) ist im chirurgischen Alltag eine unentbehrliche Routine, denn mit keiner anderen Methode kann ein Verlust an roten Blutzellen und damit eine verminderte Sauerstofftransportkapazität des Blutes behoben werden. Bei ihrer Anwendung ist zu berücksichtigen, daß besonders die Membran der Erythrocyten Antigene enthält, die zu einem Verklumpen (Agglutinieren) der Erythrocyten und ihrer anschließenden Zerstörung (Hämolyse) führen, sobald Blut auf einen Menschen übertragen wird, der im Blutplasma Antikörper gegen diese Antigene besitzt. Rund 30 solcher angeborener, also vererbter Antigene sind auf menschlichen Erythrocytenmembranen gefunden worden. Klinisch wichtig sind davon vor allem das AB0-System und das Rhesus-System [7, 8, 9].

AB0-System. Für das AB0-System gilt: Die Blutgruppenbezeichnungen richten sich nach dem Erythrocytenantigen. Enthalten also die Erythrocyten das Antigen A, so hat ihr Träger die **Blutgruppe A**, bei Antigen B die **Blutgruppe B**, bei Fehlen der Antigene die **Blutgruppe 0** (Null) und bei Vorhandensein beider Antigene die **Blutgruppe AB**. Bei Menschen mit Blutgruppe A schwimmen im Blutplasma Antikörper gegen B, bei Blutgruppe B gegen A, bei Blutgruppe 0 gegen A und B, und bei Blutgruppe AB sind keine Antikörper im Plasma vorhanden. Die durch diese Verhältnisse bestehenden Immunitätsbarrieren werden auf die einfachstmögliche Weise umgangen, indem nur blutgruppengleiches Blut übertragen wird.

Die Antikörper des AB0-Systems werden wegen ihrer zusammenklumpenden (agglutinierenden) Wirkung auch **Agglutinine** genannt, die Antigene A und B entsprechend auch **Agglutinogene**. Während die Agglutinogene A bzw. B beim Neugeborenen vorhanden sind, entwickeln sich die Agglutinine **Anti-B** (bei Blutgruppe A) bzw. **Anti-A** (bei Blutgruppe B) bzw. **Anti-A plus Anti-B** (bei Blutgruppe 0) im Laufe der ersten Lebensmonate. Anders als bei der sonstigen Antikörperbildung ist also *zur Bildung der Agglutinine kein Kontakt mit dem fremden Antigen notwendig.* Als Folge davon ist schon bei der ersten „falschen" Bluttransfusion mit einem Verklumpen der übertragenen Erythrocyten zu rechnen.

Rhesus-System (Rh-System). Rund 85% aller Europäer besitzen in den Membranen der Erythrocyten ein weiteres Antigen, das als **Rhesus-Faktor** bezeichnet wird; sie sind **Rhesus-positiv** (abgekürzt **Rh+** oder **Rh**). Die anderen 15% enthalten dieses Antigen nicht; sie sind *Rhesus-negativ* (**Rh−** oder **rh**). Das Plasma Rh-negativer Menschen enthält normalerweise (anders als im AB0-System) keine Antikörper gegen das Rhesus-Antigen. Deren Bildung wird aber durch die Infusion von Rh-positivem Blut angeregt (die erste „falsche" Transfusion würde also nicht zu Verklumpungen führen).

Unfreiwillig kann die **Bildung von Rh-Antikörpern bei der Schwangerschaft** vorkommen: Infolge von Undichtigkeiten der Austauschflächen (Austauschmembranen) zwischen dem mütterlichen und dem kindlichen Blut im Mutterkuchen (Placenta) kann ein (vom Vater her) Rh-positives Kind im Blut einer Rh-negativen Mutter die Bildung von Rh-Antikörpern auslösen. Diese wiederum können bei einer späteren Schwangerschaft auf die kindlichen Rh-positiven Erythrocyten rückwirken und diese schädigen. (Eine vorbeugende Blockierung dieser Antikörperbildung ist heute möglich.)

Organtransplantation und Immunität. Die Bluttransfusion ist nur ein Spezialfall der heute immer häufigeren Organübertragungen **(Organtransplantationen)**, mit denen ein defektes Organ durch ein gesundes eines anderen Menschen oder eines Tieres ersetzt werden soll. Von der chirurgischen Technik her gibt es dabei heute kaum noch Probleme. Fremdes Körpergewebe ist aber **mit zahlreichen Antigenen besetzt**, die praktisch regelmäßig eine Antikörperbildung auslösen. Dadurch wird innerhalb von drei bis zehn Wochen unweigerlich der Tod der übertragenen Zellen herbeigeführt, es sei denn, die Antikörperbildung wird verhindert oder wenigstens abgeschwächt.

Je genetisch ähnlicher sich die Zellen von Empfänger und Spender sind, desto besser sind die Chancen für ein Einheilen des übertragenen Organs. Am besten liegen die Verhältnisse bei eineiigen Zwillingen, die den absolut gleichen Chromosomenbesatz haben. Schon bei Übertragungen zwischen Vater bzw. Mutter und Kind trifft das nicht mehr zu. Hier wie bei allen anderen Transplantationen versucht man, mit einer Reihe von Maßnahmen die **Bildung der unerwünschten Antikörper zu unterdrücken**. Alle derzeitigen Maßnahmen der **Immunsuppression**, wie der Gebrauch von Anti-Lymphocyten-Serum oder die Gabe von Hormonen und Pharmaka, die die Antikörperbildung verzögern, oder die Schwächung des lymphatischen Gewebes durch radioaktive oder Röntgenstrahlung, haben aber den ernsten Nachteil, daß sie gleichzeitig die Infektionsabwehr des Organempfängers schwächen. Während einer immunsuppressiven Therapie sollten daher alle Infektionsmöglichkeiten sorgfältig gemieden werden.

3.5 Blutstillung und Blutgerinnung

Blutstillung

Die Blutstillung oder **Hämostase** verhindert einen eventuell lebensbedrohenden Blutverlust. Sie setzt bei der Verletzung von Blutgefäßen praktisch sofort ein und bringt die meisten Blutungen **in ein bis drei Minuten zum Stillstand**. Wie Abb. 3-7 *oben* zeigt, ist der *erste Schritt der Hämostase* die Verengung des Durchmessers des verletzten Gefäßes **(Vasoconstriction)** durch eine Kontraktion der glatten Muskulatur der Gefäßwand. Sie wird durch die Freisetzung von kontraktionsfördernden Substanzen aus verletzten Zellen eingeleitet [7].

Der *zweite Schritt* ist die Bildung eines **Pfropfens aus Thrombocyten**, die sich an die verletzten Gefäßwände anlegen. Von diesen sehr kleinen Blutzellen, auch **Blutplättchen** genannt, existieren 150 000 bis 350 000 im Mikroliter Blut. Dabei werden aus den Thrombocyten Stoffe freigesetzt, die zusammen mit anderen aus den zerstörten Gewebszellen als *dritten Schritt* die Bildung des eigentlichen **Blutgerinnsels (Thrombus)** einleiten. Als *vierter und letzter Schritt* ziehen sich die im Thrombus enthaltenen Eiweißfäden zusammen, **verfestigen dadurch den Thrombus** und nähern die Wundränder einander an.

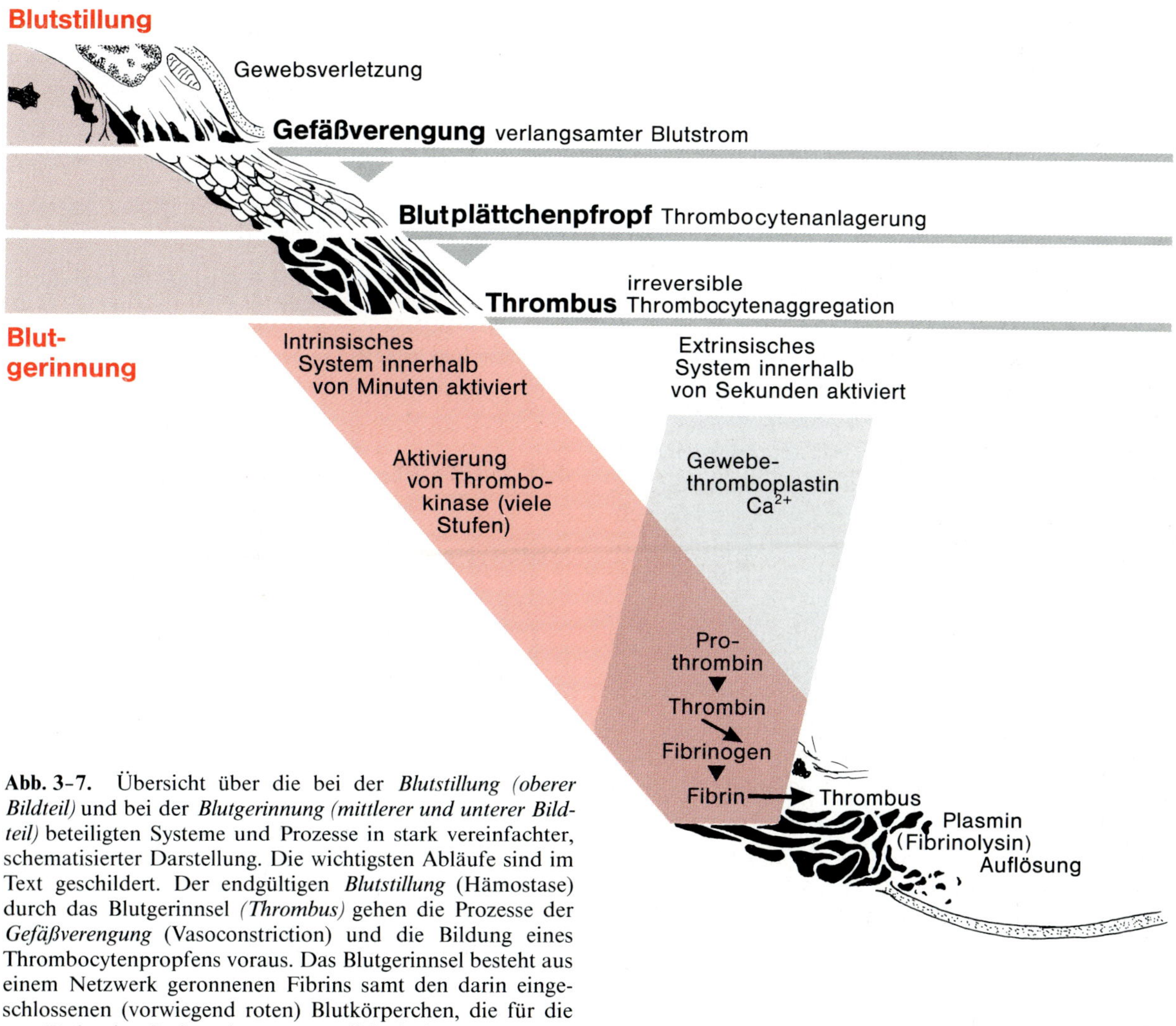

Abb. 3-7. Übersicht über die bei der *Blutstillung (oberer Bildteil)* und bei der *Blutgerinnung (mittlerer und unterer Bildteil)* beteiligten Systeme und Prozesse in stark vereinfachter, schematisierter Darstellung. Die wichtigsten Abläufe sind im Text geschildert. Der endgültigen *Blutstillung* (Hämostase) durch das Blutgerinnsel *(Thrombus)* gehen die Prozesse der *Gefäßverengung* (Vasoconstriction) und die Bildung eines Thrombocytenpropfens voraus. Das Blutgerinnsel besteht aus einem Netzwerk geronnenen Fibrins samt den darin eingeschlossenen (vorwiegend roten) Blutkörperchen, die für die rote Farbe des Gerinnsels verantwortlich sind

Blutgerinnung

Die eigentliche Blutgerinnung ist ein vielstufiger, enzymatisch gesteuerter Vorgang, von dem nur die wesentlichsten Ereignisse in der Abb. 3-7 aufgeführt sind [7]. In einer Reihe von ersten Schritten wird durch die Zerstörung der Gewebszellen und den Zerfall der sich zusammenklumpenden Blutplättchen ein Enzym, die **Thrombokinase**, aktiviert. Diese wiederum wandelt einen im Blutplasma mit etwa 15 mg/100 ml gelösten Eiweißkörper, das **Prothrombin**, in Anwesenheit von Calcium-Ionen (Ca^{++}) in das Enzym **Thrombin** um. Unter dem Einfluß des Thrombins wird ein weiterer mit 100 bis 700 mg/100 ml im Blut gelöster Eiweißkörper, das **Fibrinogen**, zu Eiweißfäden, dem **Fibrin**, ausgefällt, die zusammen mit den Blutzellen sich vernetzen und verkleben und dadurch das eigentliche Blutgerinnsel (den **Thrombus**) bilden. Dieser Thrombus verfestigt sich anschließend durch ein Zusammenschrumpeln der Fibrinfäden.

Im Laufe der Heilung wird der Thrombus mit Hilfe des Enzyms **Plasmin** (Fibrinolysin) wieder aufgelöst (resorbiert). Bei einem Bluterguß ins Gewebe kann man an der Verfärbung und Verkleinerung des „blauen Flecks" die Resorption des entstandenen Blutgerinnsels über Tage gut verfolgen.

Gerinnungshemmung und latente Gerinnung. Welche Mechanismen verhindern, daß es auch im intakten Gefäßsystem zur Blutgerinnung kommt oder daß eine einmal begonnene Gerinnung sich in den gesamten Kreislauf ausdehnt? Nach unserem heutigen Kenntnisstand sind die beiden wichtigsten gerinnungshemmenden Faktoren *erstens* die sehr glatte Zellauskleidung der Gefäßwände und *zweitens* eine dünne „Tapete" negativ geladener Eiweißmoleküle auf dieser Auskleidung, die beide zusammen ein Anheften oder Klebenbleiben der Blutplättchen und damit eine Aktivierung der Thrombokinase verhindern.

Das bei der Gerinnung entstehende Thrombin wird zu 90% mit dem von ihm gebildeten Fibrin verklebt und dadurch unwirksam gemacht. Auf diese Weise wird eine zu ausgedehnte Gerinnung verhindert. Schließlich kreisen im Blut noch geringe Mengen eines Polysaccharids namens **Heparin**. Dieses verhindert die Wirkung von Thrombin auf das Fibrinogen.

Thrombose, Embolie und Hämophilie. Wird das stabile Gleichgewicht der Gerinnungshemmung im normalen Gefäßsystem gestört, z. B. durch eine „Aufrauhung" der Gefäßwand bei der arteriosklerotischen Einlagerung von Cholesterin und anderen Stoffen, so kann es an dieser Stelle auch ohne äußere Verletzung zu einem Blutgerinnsel kommen. Wird dieser **Thrombus** durch das an ihm vorbeiströmende Blut losgerissen, so wird das frei schwimmende Gerinnsel als **Embolus** bezeichnet. Stillstehendes oder sehr langsam fließendes Blut neigt besonders leicht zur Bildung von Thromben. Daher ist eine Thrombusbildung **(Thrombose)** der Beinvenen bei bettlägerigen Patienten eine ebenso häufige wie gefürchtete Komplikation. Sie führt lokal zu Durchblutungsstörungen, Entzündungen **(Thrombophlebitis)** und Schmerzen. In 10 % der Fälle kommt es außerdem zu einer Ausschwemmung eines kleineren oder größeren Teils des Gerinnsels über die großen Körpervenen in das rechte Herz und von dort in die Lungenarterien, wo der Embolus in den sich verzweigenden und verengenden Gefäßen steckenbleibt.

Werden bei einer solchen **Lungenembolie** beide Lungenarterien verstopft, tritt der sofortige Tod ein. Aber auch kleinere Emboli sind lebensgefährlich, weil der steckengebliebene Embolus durch weitere lokale Gerinnung wachsen und die Lungenarterien völlig verstopfen kann. Bei drohender oder eingetretener Thrombose bzw. Embolie wird daher die Blutgerinnung medikamentös gehemmt. Dies ist mit **Heparin** möglich, dessen Wirkung sofort einsetzt, aber nur einige Stunden anhält. Für die Langzeitbehandlung eignet sich besser **Dicumarol**, das die in der Leber erfolgende Bildung von Prothrombin und dreier an der Thrombokinase-Aktivierung beteiligten Blutgerinnungsfaktoren hemmt. Für die Synthese dieser Stoffe ist **Vitamin K** erforderlich. Dicumarol verdrängt das Vitamin K von seinem Wirkort in der Leber.

Bei einer Überdosierung von Heparin oder Dicumarol kann es zu einer starken Hemmung der Blutgerinnung und damit, besonders bei Verletzungen, zu kaum noch stillbaren Blutungen kommen. Ein solcher Zustand kann sich nach dem eben Gesagten auch bei Vitamin-K-Mangel entwickeln, oder er kann bei Erkrankungen der Leber auftreten, bei denen es zu einem Ausfall der Synthese des Prothrombins und der dort produzierten Gerinnungsfaktoren kommt. Das gleiche gilt für einen Mangel an Thrombocyten (Blutplättchen). Schließlich gibt es auch **erbliche Formen der Blutungsneigung (Hämophilie)**, die ebenfalls auf einer Mangelproduktion des einen oder anderen Gerinnungsfaktors beruhen. Alle diese Störungen sind heute gut zu behandeln [5a, 7].

3.6 Literatur

Weiterführende Lehr- und Handbücher

1. BERGMANN, H., RASTETTER, J.: Atlas der klinischen Hämatologie. 3. Auflage. Berlin, Heidelberg, New York: Springer 1978
2. BESSIS, M. (Ed.): Living Blood Cells and their Ultrastructure. Berlin, Heidelberg, New York: Springer 1973
3. BESSIS, M.: Corpuscles. Atlas of Red Blood Cells. Berlin, Heidelberg, New York: Springer 1974
4. CHAPEL, H., HAENEY, M. (Eds.): Essentials of Clinical Immunology. Oxford, London, Edinburgh, Boston, Melbourne: Blackwell Scientific Publications 1984
5. HARBOE, M., NATVIG, J. B. (Hrsg.): Medizinische Immunologie (Übers. u. bearb. von D. Baron). Stuttgart: Enke 1981

5a. HIERHOLZER, K., SCHMIDT, R. F. (Hrsg.): Pathophysiologie des Menschen. Weinheim: *edition medizin* der VCH Verlagsgesellschaft, 1991

6. KLEIHAUER, E. (Hrsg.): Hämatologie, Berlin, Heidelberg, New York: Springer 1978

6a. LÖFFLER, G., PETRIDES, P.E.: Physiologische Chemie. 4. Aufl., Berlin, Heidelberg, New York, London, Paris, Tokyo: Springer 1988
7. SCHMIDT, R.F., THEWS, G. (Hrsg.): Physiologie des Menschen. 24. Aufl., Berlin, Heidelberg, New York, Tokyo: Springer 1990
8. SPIELMANN, W., KÜHNL, P.: Blutgruppenkunde. Stuttgart, New York: Thieme 1982
9. THEWS, G., VAUPEL, P.: Grundriß der vegetativen Physiologie. Berlin, Heidelberg, New York: Springer 1981
10. WINTROBE, M.M. (Ed.): Clinical Hematology, 8. Ed. Philadelphia: Lea & Febiger 1981
11. WINTROBE, M.M. (Ed.): Blood, Pure and Eloquent. New York: McGraw-Hill 1980
12. Wissenschaftliche Tabellen Geigy. Teilband Hämatologie und Humangenetik. 8. Aufl. Basel: Geigy 1979

Einzel- und Übersichtsarbeiten

13. ADER, R., COHEN, N.: CNS-immune system interactions: Conditioning phenomena. Behav. Brain Sci. *8*, 379-426 (1985)
14. HILSCHMANN, N.: Die Immunität - eine vorprogrammierte Reaktion auf das Unerwartete. In: Ditfurth H. von (Hrsg.): Mannheimer Forum. Studienreihe Boehringer Mannheim, S. 101 (1982/83)
15. JELKMANN, W.: Renal erythropoietin: properties and production. Rev. Physiol. Biochem. Pharmacol. 104, 139-215 (1986)
16. SHAVIT, Y., MARTIN, F.C.: Opiates, stress and immunity: animal studies. Ann. Behav. Med., *9*, 11-15 (1987)

4 Arbeitsweise und Aufgaben des Herzens

Blutversorgung gleicht Wasserversorgung. Herz und Kreislauf gleichen in ihrer Arbeitsweise dem Wasserversorgungssystem einer Stadt: Die Pumpen des Wasserwerks halten den Druck in den Wasserleitungen so hoch, daß die Abnehmer jederzeit beliebig viel Wasser zapfen können. Die Abwasserrohre sind außerdem so ausgelegt, daß auch bei maximaler Wasserentnahme kein Rückstau in den Abflußrohren auftritt. Genau das gleiche gilt für den Blutkreislauf: Die Pumpe *Herz* hält den Druck in den Versorgungsleitungen, den *Arterien*, so hoch, daß die Organe jederzeit mit dem notwendigen *Blut* durchströmt werden können. Die *Venen* sind als Abflußrohre in der Lage, auch große Blutmengen ohne Rückstau zurück zum Herzen fließen zu lassen.

Solange das Wasser in der Leitung unter Druck steht, solange fließt es aus dem Hahn. Versagt aber die Pumpe oder ist der Wasservorrat erschöpft, so fällt der Druck, und die Wasserversorgung bricht zusammen. Wiederum gilt das gleiche für das Herz-Kreislauf-System: Bleibt das Herz stehen oder fehlt ihm Blut zum Nachpumpen, sinkt der Blutdruck, und die Durchblutung der Organe nimmt ab und hört schließlich auf.

Stillstand der Wasserversorgung ist zunächst nur ärgerlich, **Stillstand des Kreislaufs fast sofort tödlich**: Schon nach 4 Sekunden kommt es zu Funktionsstörungen des Gehirns, die nach weiteren vier bis acht, also insgesamt 8–12 s, zur Bewußtlosigkeit mit völliger Lähmung führen: das Gehirn stirbt. Bleibt die *Durchblutung für mehr als 8 – 10 Minuten unterbrochen*, so ist das *Gehirn unrettbar geschädigt*, auch wenn Kreislauf und (künstliche) Atmung wieder in Gang kommen. Das Gehirn ist tot, der Körper (der etwas länger ohne Durchblutung aushalten kann) lebt weiter.

4.1 Die mechanische Herzaktion

Aufgaben des linken und des rechten Herzens

Zwei komplette Pumpanlagen liegen im Herzen anatomisch neben-, funktionell aber hintereinander (Abb. 4–1 C): *erstens* die **linke Herzhälfte**, die das Blut in das arterielle Versorgungssystem des Körpers drückt (linkes Herz und Körperarterien entsprechen also dem Wasserversorgungssystem in unserem obigen Vergleich), und *zweitens* die **rechte Herzhälfte**, die das „verbrauchte" Blut aus dem Körperinneren aufnimmt und zur „Auffrischung" über die Lungenarterien in die Lungen schickt. Von dort fließt es über die Lungenvenen zum linken Herzen zurück und steht für einen neuen kompletten Kreislauf durch den Körper bereit [1, 4, 7, 8, 9].

Bau der Pumpen. Die linken und die rechten Herzhälften haben je zwei Pumpräume, die durch *Ventilklappen* voneinander getrennt sind: die **Vorhöfe** und die **Kammern** (Abb. 4–1, 4–2). Das Blut aus den Lungen- und aus den Körpervenen fließt zunächst in den linken beziehungsweise rechten Vorhof und von dort in die Kammern. Aus diesen Kammern wird das Blut dann in die Körper- (links) und Lungenarterien (rechts) gepumpt. Die **Klappen** *zwischen den Vorhöfen und Kammern* und die (bisher noch nicht genannten) *zwischen den Kammern und Arterien* arbeiten wie Pendeltüren, die nur in der Flußrichtung des Blutes aufgehen. Sie stellen also wie technische Rückschlagventile sicher, daß das Blut nicht „rückwärts" fließt.

Aufbau und Speicherung der Energie für den Blutdruck. Die beiden Herzhälften drücken bei jedem Herzschlag Blut in die Arterien und „pumpen diese auf", genau wie eine Fahrradpumpe bei jeder Kolbenbewegung einen Fahrradschlauch aufpumpt. Hat ein solcher Schlauch einige feine Löcher, so läßt sich dennoch ein Druck in dem Schlauch aufbauen und aufrechterhalten, wenn man nur genug Luft in den Schlauch pumpt. Die *elastischen Schlauchwände speichern nämlich die Druckenergie*

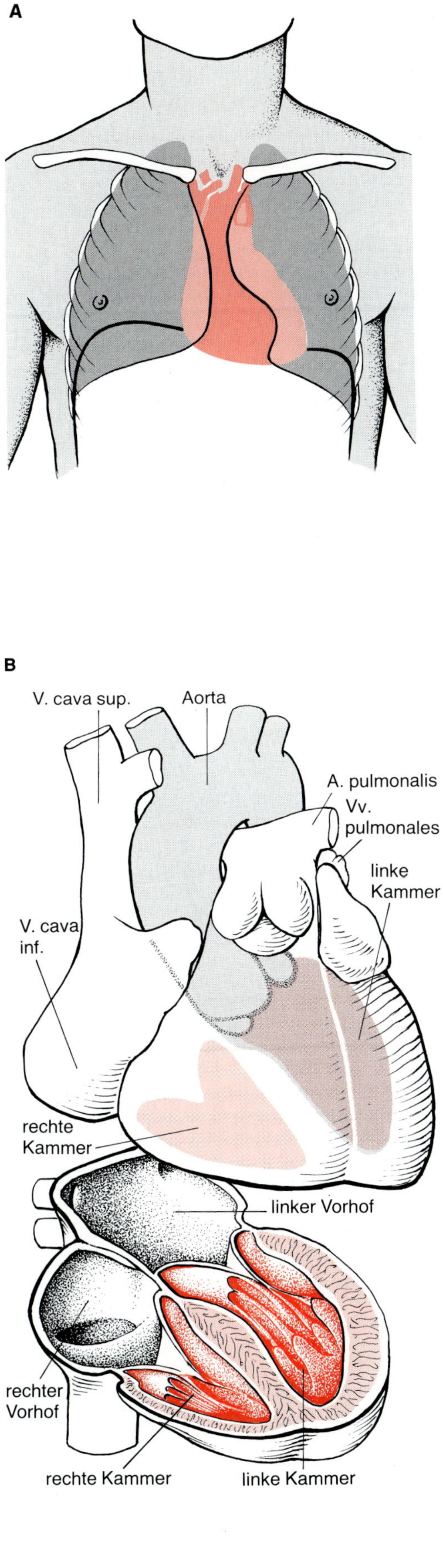

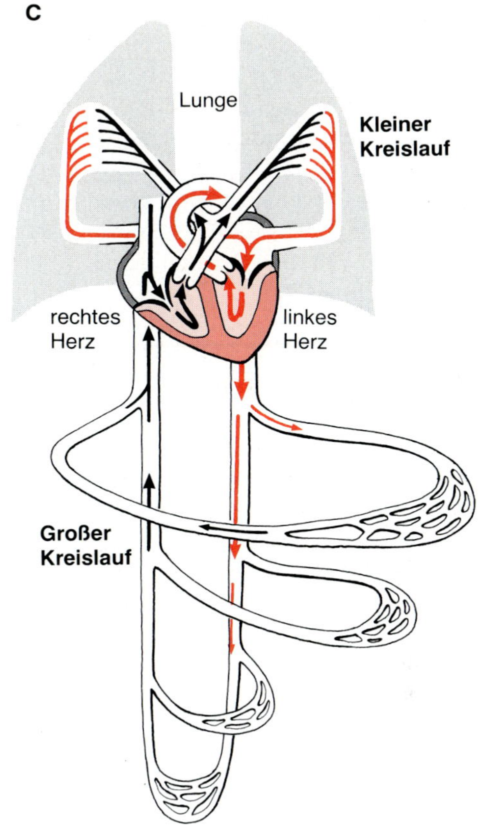

Abb. 4-1. Das Herz als Doppelpumpe für den kleinen und den großen Kreislauf. **A** Skizze der Lage des Herzens und der großen Gefäße im Brustkorb. **B** Skizze des aufgeschnittenen Herzens. Das Blut fließt aus den großen Körpervenen (*Vena cava sup.* und *Vena cava inf.*) über den *rechten* Vorhof in die *rechte Kammer* und von dort in die *Arteriae pulmonales*. Entsprechend fließt das aus den Lungen zurückströmende Blut über den *linken Vorhof* in die *linke Kammer* und wird von dort in die *Aorta* (Körperhauptschlagader) gepumpt. **C** Übersicht über den Weg des Blutes im kleinen (Lungen-) und im großen (Körper-) Kreislauf. Der *große Kreislauf* besteht aus zahlreichen parallel geschalteten Teilkreisläufen, z. B. für Gehirn, Nieren, Eingeweide, Muskulatur, Haut usw. In den Körpervenen (Venae cavae sup. et inf.) und den Lungenarterien fließt venöses Blut, in den Lungenvenen und der Aorta arterielles Blut (s. auch S. 101)

und sorgen dafür, daß trotz der stoßartigen Luftzufuhr aus der Pumpe der Luftausstrom aus den Löchern nahezu gleichmäßig erfolgt. Genau dies geschieht auch im „großen“ (linken) und im „kleinen“ (rechten) Kreislauf: Die **elastischen Wände der Arterien** werden durch das aus dem Herzen gepumpte Blut **gedehnt und speichern damit Druckenergie**, die zwischen den einzelnen Herzschlägen dafür sorgt, daß der Blutfluß durch die Organe des Körpers praktisch gleichmäßig erfolgt.

Die vier Phasen des Herzzyklus

Ähnlich wie der Kolbenmotor in einem Automobil arbeitet das Herz in einem festen „Vier-Phasen-Takt“. Wie die Bildserie in Abb. 4-2 zeigt, wird jeder Herzschlag, *erstens*, durch eine **Füllung der Kammern** eingeleitet. Dabei fließt das in den Vorhöfen angesammelte Blut durch die Vorhof-Kammer-Klappen in die Kammern. Zum Schluß dieser Füllphase kontrahieren sich die Muskelfasern der Vorhofwand und drücken durch diese **Vorhofkontraktion** soviel Blut wie möglich in die Kammern. Die Klappen zwischen den Kammern und den Arterien, der Aorta links und der Lungenarterie rechts, sind zu dieser Zeit verschlossen, denn der Druck in den „aufgepumpten“ Arterien ist höher als in den Kammern.

Unmittelbar nach der Vorhofkontraktion beginnen, *zweitens*, die Kammern sich zu kontrahieren. Das heißt, die Muskelfasern spannen sich an und versuchen sich zu verkürzen. Durch den Druckanstieg in den Kammern schlagen sofort die Vorhof-Kammer-Klappen zu. Für eine kurze Zeit, die der **Anspannung der Herzmuskelfasern**, sind dann alle vier Klappen des Herzens geschlossen.

Die Anspannungszeit endet, *drittens*, wenn durch die Kammerkontraktion der Druck in den Kammern den Druck in den Arterien übersteigt. In diesem Augenblick öffnen sich die Arterienklappen, und **Blut wird aus den Kammern in die Arterien ausgeworfen**. Dabei steigt gleichzeitig der Druck weiter an, um den Druckabfall in den Arterien seit der letzten Auswurfphase wieder auszugleichen.

Nach der Kontraktion **erschlafft**, *viertens*, **die Kammermuskulatur**. Sobald dadurch der Druck in den Kammern unter den in den Arterien sinkt, schlagen die Klappen zwischen ihnen zu. In den Vorhöfen hat sich unterdessen venöses Blut angestaut. Es beginnt, in die Kammern zu fließen. Der nächste Herzzyklus wird eingeleitet.

Die zweite und dritte Phase des Herzzyklus, also *Anspannungsphase* und *Austreibung des Blutes* durch die Herzkontraktion, wird **Systole** genannt,

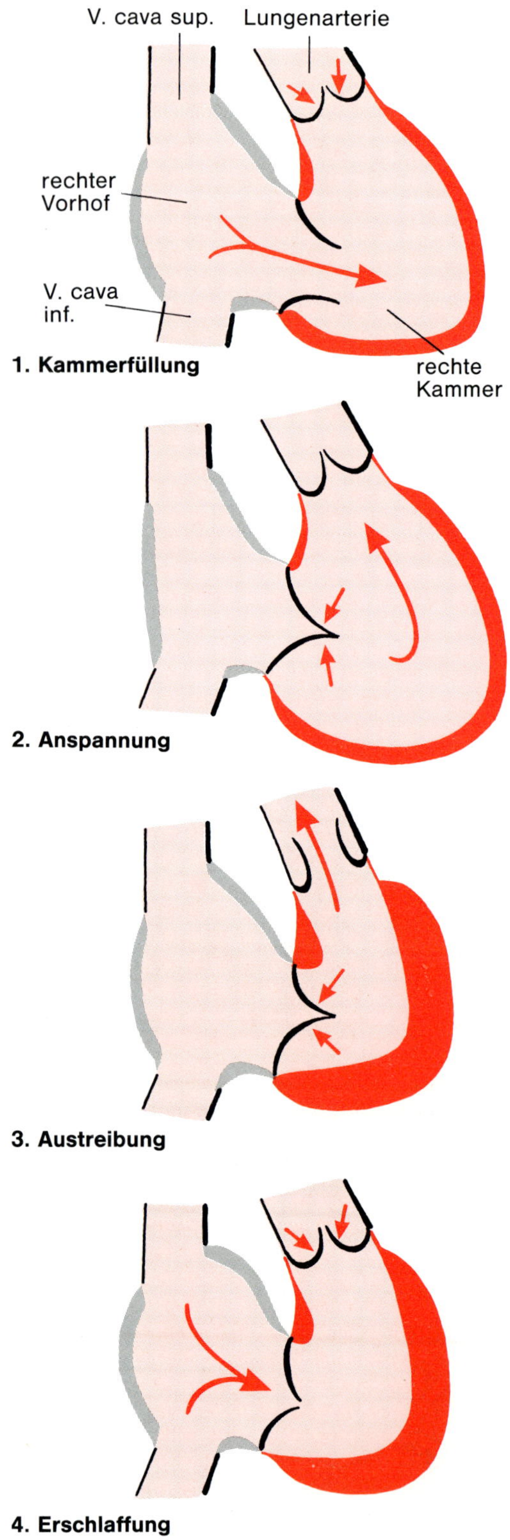

Abb. 4-2. Die vier Phasen jedes Herzschlages, dargestellt am Beispiel des rechten Herzens. Die erste und die vierte Phase werden als Diastole, die zweite und die dritte als Systole zusammengefaßt. Die entsprechenden Vorgänge im linken Herzen sind in Abb. 4-11, S. 69, zusammengestellt

die Pause dazwischen **Diastole**. Entsprechend heißt der *maximale Blutdruck* (auf dem Höhepunkt der Austreibungsphase) **systolischer Blutdruck**, der *minimale*, der beim Öffnen der Arterienklappen liegt, **diastolischer Blutdruck**. Über diese Werte später mehr (S. 69). Der genaue zeitliche Ablauf der vier Phasen des Herzzyklus, samt den dabei auftretenden Druck- und Volumenänderungen, ist für das linke Herz in Abb. 4-11 (S. 69) dargestellt.

Die Herztöne

Türenschlagen macht Krach. Das gilt auch für das Herz. Wenn in der Anspannungsphase die Klappen zwischen den Kammern und den Vorhöfen durch die rasche und kräftige Anspannung der Kammerwände zuschlagen und wenn bei der Erschlaffung die Klappen zwischen Arterien und Kammern ruckartig schließen, dann kann jedesmal das auf den Brustkorb aufgelegte oder über ein Stethoskop zuhörende Ohr einen „Ton" hören, nämlich den **ersten** und den **zweiten Herzton**. (Wie in Kap. 20 erläutert wird, sind die Herztöne physikalisch keine Töne, sondern Geräusche. Der Begriff *Herzgeräusche* ist aber für denjenigen Herzschall reserviert, der durch krankhafte Veränderungen des Herzens bedingt ist, s. u.)

Herzspitzenstoß. Der erste Herzton zu Beginn der Systole wird nicht nur durch das Zuschlagen der Vorhof-Kammer-Klappen, sondern auch durch die Schwingungen des ganzen Herzens bei der Anspannungskontraktion verursacht. Man kann diese Schwingungen, besonders bei mageren Menschen, auf dem Brustkorb mit den Fingerspitzen fühlen und links zwischen der fünften und sechsten Rippe als **Herzspitzenstoß** sehen. Nach größeren Anstrengungen, wenn das Herz besonders kräftig schlägt, können wir sogar spüren, wie unser Herz im Brustkorb „pocht". Auch die eigenen Herztöne kann man in einem ruhigen Zimmer mit dem Kopf auf dem Kissen hören. (Näheres zur Wahrnehmung der Herztätigkeit bei der Besprechung der Interoception, S. 347.)

Suffizienz und Insuffizienz des Herzens

Definition des Herzzeitvolumens. In Ruhe schlägt das Herz eines Erwachsenen etwa 70 mal in der Minute. Bei jedem Herzschlag werden rund 70 ml Blut aus der rechten und aus der linken Kammer ausgeworfen und damit von dem einen in den anderen Teilkreislauf verschoben. Also werden in Ruhe **pro Minute** $70 \times 70 = 4900$ ml oder **rund 5 l Blut „umgewälzt"**. Das ist etwa die gesamte im Körper vorhandene Blutmenge (S. 38).

Das in einer bestimmten Zeit vom Herzen umgepumpte Blutvolumen wird **Herzzeitvolumen** genannt. Im allgemeinen wird, wie in obigem Beispiel, das *Herzminutenvolumen* angegeben. Dieses ist in Ruhe am niedrigsten und erhöht sich bei Arbeit entsprechend dem erhöhten Bedarf der Skeletmuskulatur an Sauerstoff und Nährstoffen. Wie wir später ausführlicher sehen werden (ab S. 67), kann das Herz eines Erwachsenen, je nach Alter und Trainingszustand, bis zu 25–35 l Blut pro Minute „umwälzen". Das Herzzeitvolumen kann sich also etwa im Verhältnis 1:5 bis 1:7 an wechselnde Bedürfnisse anpassen. Ein Herzmuskel, der diese Anforderungen erfüllt, wird als **suffizient** bezeichnet.

Definition der Insuffizienz. *Dauernde* Überlastungen des Herzmuskels, sei es durch die anschließend geschilderten Klappenfehler, sei es aus anderen Ursachen (wie einem chronisch zu hohen Blutdruck, S. 89–91), führen früher oder später zu einem Nachlassen der Herzleistung [6, 11, 14, 17]. Zunächst fällt diese *Herzmuskelschwäche* oder **Herzinsuffizienz** nur bei Anstrengungen auf. Schließlich ist das Herz schon bei leichter Arbeit nicht mehr in der Lage, genügend Blut in die Arterien zu pumpen: aus einer **kompensierten** Herzmuskelinsuffizienz wird eine **dekompensierte**. Der Patient geht wegen der offensichtlichen Einschränkung seiner körperlichen Leistungsfähigkeit zum Arzt (Atemnot und „Herzbeschwerden" schon beim Treppensteigen, geschwollene Füße durch den Rückstau des venösen Blutes, häufiges nächtliches Wasserlassen, da das Herz nachts weniger belastet ist und die tagsüber angesammelten Ödeme ausschwemmt).

Die Aufgabe der Therapie besteht darin, die für die Herzmuskelschwäche verantwortliche Störung, z. B. den Bluthochdruck, soweit es geht zu beseitigen und gleichzeitig den Herzmuskel pharmakologisch zu stützen. Dies geschieht vor allem durch **Digitalispräparate** (Extrakt des Fingerhuts), die über einen noch nicht völlig aufgeklärten Mechanismus (s. S. 63) die *Kraft der Kontraktion* eines geschädigten Herzmuskels deutlich steigern können. (Am gesunden Herzmuskel wirkt Digitalis nicht. Auch auf die andere Körpermuskulatur hat es keinen Einfluß.) Ein durch jahrzehntelange Überlastung völlig erschöpfter Herzmuskel kann aber auch durch Digitalis nicht mehr zu ausreichenden Kontraktionen angeregt werden. Ohne eine *Herztransplantation* sind diese Patienten verloren. Da Herztransplantationen nach wie vor problematisch sind, ist es wichtig, jede Herzmuskelinsuffuzienz so früh und so konsequent wie möglich zu behandeln [6].

Zusammenspiel des kleinen und großen Kreislaufs. Rechtes und linkes Herz müssen das ganze Leben lang insgesamt *genau die gleiche Menge Blut durch-*

pumpen, denn sonst würde sich, wie sich mit einem Blick auf Abb. 4-1 C leicht vorstellen läßt, in dem einen Teilkreislauf ein Stau aufbauen, während der andere unter Blutmangel litte. Betrachten wir ein klinisch häufig vorkommendes Beispiel: Eine ungenügende Pumpleistung der linken Herzkammer (z. B. bei einem Herzinfarkt, S. 93) bei leistungsfähigem rechten Herzen führt dazu, daß das rechte Herz mehr Blut in den Lungenkreislauf hineinpumpt, als das linke Herz abnehmen kann. Das Blut staut sich in den Gefäßen des kleinen Kreislaufs. Der Rückstau führt zu einem zunehmenden Druckanstieg in den Lungengefäßen. Blutflüssigkeit wird durch diesen hohen Druck aus den feinsten Lungengefäßen (den Capillaren) in die belüfteten Lungenbläschen abgepreßt, die durch dieses **Lungenödem** mehr und mehr für die Atmung ausfallen. Die Lunge *"ertrinkt"* in körpereigener Flüssigkeit. Der Patient erstickt an diesem „inneren Ertrinken", sofern es nicht gelingt, das linke Herz zu kräftigen und dadurch den Rückstau und damit das Lungenödem abzubauen.

Herzklappeninsuffizienz und -stenose. Ein Rückstau von Blut in den Lungengefäßen kann auch dadurch zustande kommen, daß die Klappen zwischen linkem Vorhof und linker Kammer nicht völlig schließen. Dann strömt das Blut während der Systole nicht nur in die Aorta, sondern auch in den linken Vorhof und in die Lungenvenen zurück. Dies ist einer der **Klappenfehler**, die an allen vier Klappen angeboren oder durch Krankheit auftreten können. Die Folgen unvollkommen schließender Klappen, **Herzklappeninsuffizienz** genannt, kann man sich für alle vier Ventile leicht vorstellen. Für die linken Vorhof-Kammer-Klappen haben wir sie eben schon genannt. Als zweites Beispiel sei die Insuffizienz der Aortenklappen erwähnt. Sie führt dazu, daß während der Diastole das vorher in die Aorta ausgeworfene Blut teilweise wieder in die Kammer zurückfließt. Um dennoch ausreichend Blut in den großen Kreislauf zu pumpen, muß das linke Herz schon in Ruhe deutlich mehr Blut fördern, nämlich die normale plus die rückfließende Menge.

Sind die Klappen verengt **(stenotisch)** und öffnen sich nur unvollkommen, dann bilden sie ein Hindernis für den freien Blutdurchfluß. Stenosen zwischen Vorhöfen und Kammern führen zu Blutstau vor der Verengung und zu mangelhafter Füllung des Herzens in der Diastole. Verengungen zwischen den Kammern und den Arterien, z. B. die **Aortenstenose**, erfordern eine erheblich höhere Druckentwicklung des Herzens bei der Kontraktion, um die notwendige Blutmenge auszuwerfen.

4.2 Spontanerregung, Erregungsausbreitung, elektromechanische Kopplung

Entnimmt man einem narkotisierten Frosch das Herz und legt es in eine mit Sauerstoff durchperlte Blutersatzlösung, so schlägt es dort für viele Stunden weiter. Gleiches gelingt, allerdings mit sehr viel höherem experimentellen Aufwand, auch mit einem Säugetierherzen. Das Herz ist also in der Lage, **selbständig**, das heißt ohne einen Befehl oder Anstoß von außen, **sich rhythmisch zu kontrahieren.**

Zwei Besonderheiten der Herzmuskelfasern bilden die Voraussetzungen für die automatische Herztätigkeit: Erstens sind die *Herzmuskelzellen alle netzförmig miteinander verknüpft,* sie bilden also miteinander ein **funktionelles Syncytium**. Eine einmal an irgendeiner Stelle des Herzens ausgelöste Erregung breitet sich daher immer über das gesamte Herz aus und bringt es damit nahezu gleichzeitig zur Kontraktion. Die zweite Besonderheit des Herzmuskels liegt in der Fähigkeit *eines Teils seiner Zellen* zur **Spontanerregung** und zur besonders **raschen Ausbreitung** der Signale, die bei der spontanen Erregungsbildung ausgelöst werden.

Das Signal der Erregung ist dabei ein kurzer elektrischer Impuls, das **Aktionspotential der Herzmuskelfaser** [10, 18, 22, 23]. Es gleicht in seinem Mechanismus weitgehend den *Aktionspotentialen in Nervenzellen,* deren ausführliche Beschreibung in Kap. 13 zu finden ist. Wir empfehlen daher, die Schilderung der Entstehungsmechanismen von Ruhe- und Aktionspotential jetzt dort nachzulesen und anschließend mit dem Studium der Herzerregbarkeit fortzufahren.

Abb. 4-3. Elektrische Vorgänge bei der Herztätigkeit und die Entstehung des normalen Herzschlages. **A** Die Erregungen des Herzens entstehen in spezialisierten Herzmuskelzellen, die im Vorhof *(Sinusknoten)* und am Übergang zwischen Vorhof und Kammer *(AV-Knoten)* liegen. Die Kammern besitzen Herzmuskelzellverbände, die auf die Erregungsleitung im Herzen spezialisiert sind. Zu diesen gehören die *Purkinje-Fäden,* die auch Schrittmacherpotentiale ausbilden können. **B** Versuchsaufbau zur Registrierung der elektrischen Vorgänge an der Einzelfaser (Ruhepotential, Schrittmacherpotential, Aktionspotential) mit einer Glasmikroelektrode. Herzmuskelgewebe wurde aus einem Herzen entnommen und in eine Kammer mit Blutersatzlösung gelegt. In der Badelösung hängt eine Silberdrahtelektrode. In die Zelle ist eine Glasmikroelektrode eingestochen, die mit Salzlösung gefüllt ist. In der Salzlösung steckt ein weiterer Silberdraht. Beide Elektroden sind an ein empfindliches Spannungsmeßgerät (Voltmeter) angeschlossen. Dieses zeigt die Spannungsdifferenz zwischen dem Zellinneren und der Badelösung an. **C** Verlauf der Membranpotentiale einzelner Herzmuskelzellen aus den angegebenen Herzarealen. Die Ableitung dieser Potentiale erfolgte mit der in B gezeigten Technik. (**C** aus Antoni in [7])

A

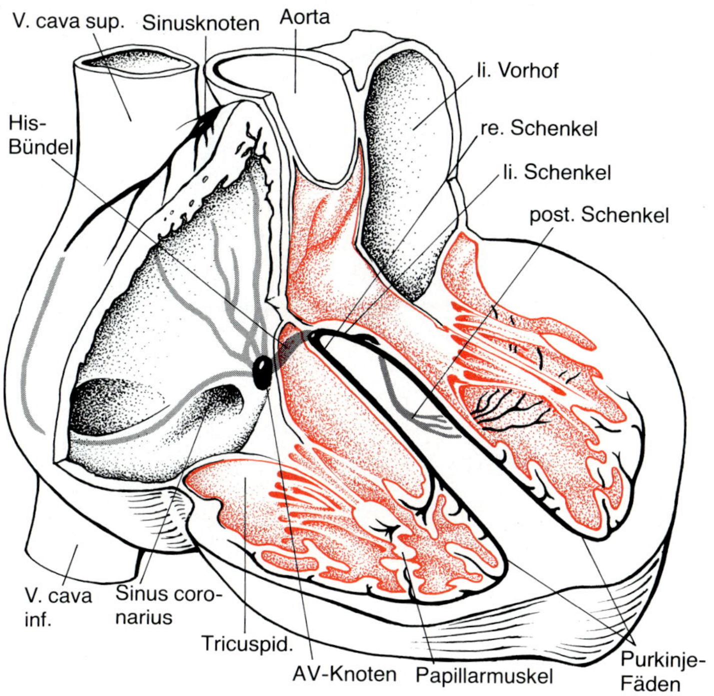
V. cava sup.
Sinusknoten
Aorta
li. Vorhof
His-Bündel
re. Schenkel
li. Schenkel
post. Schenkel
V. cava inf.
Sinus coronarius
Tricuspid.
AV-Knoten
Papillarmuskel
Purkinje-Fäden

B

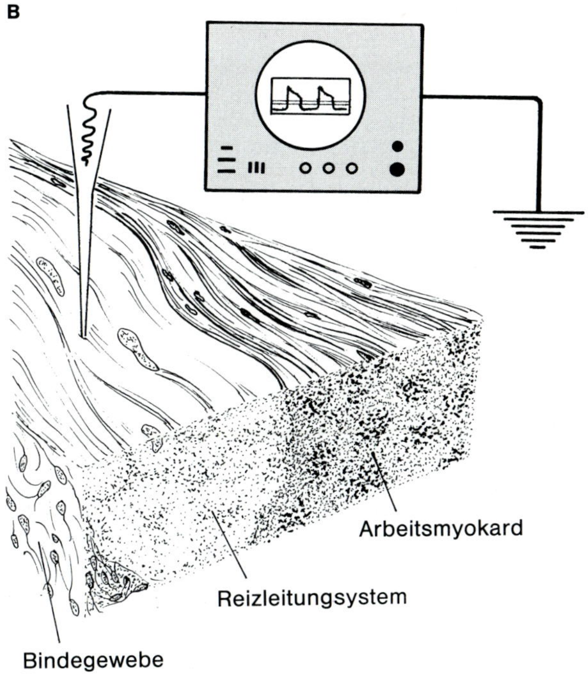
Arbeitsmyokard
Reizleitungssystem
Bindegewebe

C

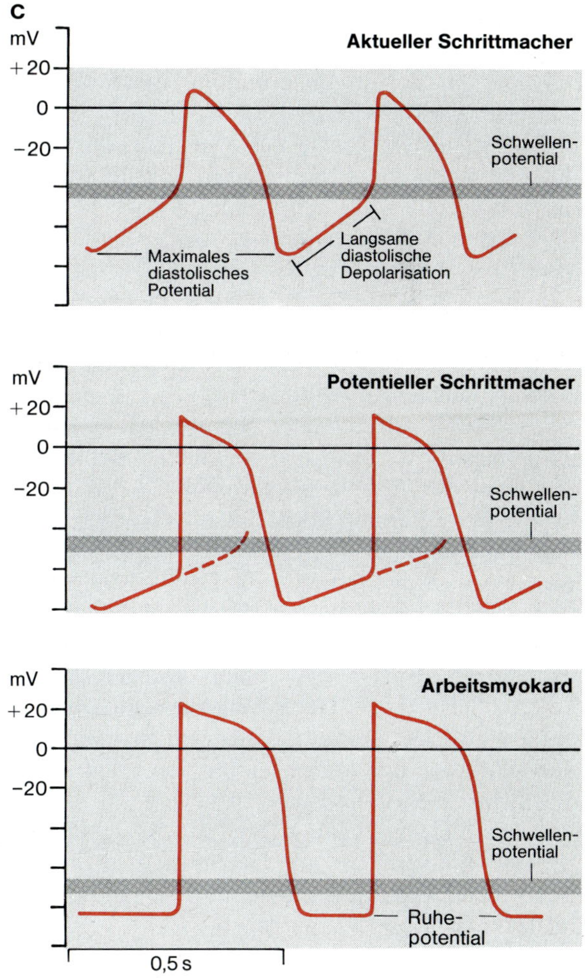
mV
+20
0
-20
Aktueller Schrittmacher
Schwellenpotential
Maximales diastolisches Potential
Langsame diastolische Depolarisation
Potentieller Schrittmacher
Arbeitsmyokard
Ruhepotential
0,5 s

Erregungsbildung in Schrittmacherzellen

Die zur Erregungsbildung fähigen Herzmuskelzellen sind in Abb. 4-3 A rot eingetragen. Normalerweise geht die spontane Erregungsbildung von einem Stückchen der rechten Vorhofmuskulatur, dem **Sinusknoten**, aus, er ist also der **Schrittmacher des Herzens**. Der Ablauf der Erregungsbildung in einer solchen Schrittmacherzelle kann heute an einem isolierten Sinusknoten mit Hilfe einer Mikroelektrode direkt untersucht werden. Die entsprechende Versuchsanordnung ist in Abb. 4-3 B zu sehen, und die mit der Mikroelektrode abgeleiteten Potentialsequenzen sind in Abb. 4-3 C gezeigt. Im Anschluß an jedes Aktionspotential, also nach dessen Repolarisation, kommt es, ausgehend vom *maximalen diastolischen Potential* zu einer langsamen Depolarisation, die das Schwellenpotential erreicht und damit eine neue Erregung auslöst. Diese **langsame diastolische Depolarisation** ist ein **lokaler Erregungsvorgang**, der *nicht* wie das anschließende Aktionspotential über das gesamte Herz fortgeleitet wird [5, 10, 23, 24].

Das langsame diastolische Potential wird auch als **Schrittmacherpotential** bezeichnet. Normalerweise sind nur wenige Zellen im Sinusknoten des Herzens für die Erregungsbildung verantwortlich **(aktuelle Schrittmacher)**, nämlich die, die das steilste Schrittmacherpotential aufweisen, das deswegen am schnellsten die Schwelle erreicht. Alle anderen Herzmuskelzellen mit langsamen diastolischen Depolarisationen werden genauso wie alle übrigen Herzzellen auf dem Weg der Fortleitung erregt, d. h. von ausgreifenden Stromschleifen rasch bis zur Schwelle depolarisiert, *bevor* ihre langsamen diastolischen Depolarisationen das Schwellenpotential erreichen **(potentielle Schrittmacher)**.

Bei Ausfall des aktuellen Schrittmachers (meist der Sinusknoten) kann ein potentieller Schrittmacher (z. B. der Atrioventrikularknoten, Abb. 4-3 A) die Erregungsbildung übernehmen. Wegen der bei ihm langsameren diastolischen Depolarisation (Abb. 4-3 C, Mitte) dauert es hier jedoch länger bis die Schwelle erreicht ist: das Herz schlägt dann entsprechend langsamer. Oft ist der Rhythmus dieser **sekundären Schrittmacher** auch unregelmäßiger. Gelegentlich setzt der Herzschlag sogar für viele Sekunden aus. Der Patient gerät dabei in Lebensgefahr. Es wird ihm daher empfohlen, sich einen **künstlichen Schrittmacher** einpflanzen zu lassen. Dies ist ein kleines, batteriegespeistes Reizgerät, das rhythmisch über zwei am Herzmuskel angenähte Elektroden Aktionspotentiale auslöst und damit das Herz zur Kontraktion bringt.

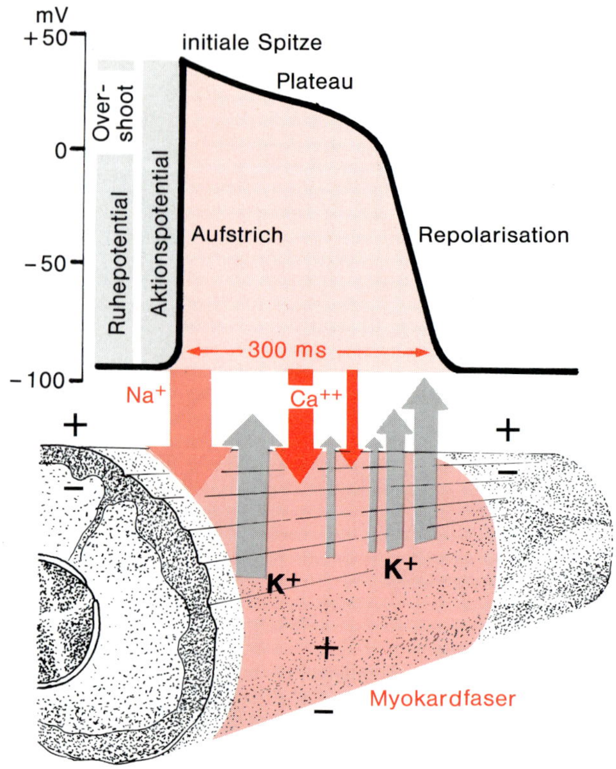

Abb. 4-4. Ionenflüsse bei einem Herzaktionspotential. *Oben:* Ablauf eines Aktionspotentials einer Zelle aus dem Arbeitsmyokard des Herzens. Die Benennung der einzelnen Anteile ist angegeben, beachte die Dauer des Aktionspotentials. *Unten:* Vereinfachtes Schema der Ionenströme, die das Aktionspotential erzeugen. *Rote Pfeile* symbolisieren den Einstrom von Natrium- *(Na^+)* und Calcium-Ionen *(Ca^{++})* in die Zelle, *graue Pfeile* den Austritt von Kalium-Ionen *(K^+)* aus der Zelle. Die *Dicke der Pfeile* symbolisiert die Stärke der Ionenströme während der durch die Lokalisation der Pfeile angegebenen Zeiten des Aktionspotentials. (In Anlehnung an Antoni in [7])

Ionenmechanismus des Schrittmacherpotentials [5, 10, 18, 22, 23]. Ähnlich wie an Nervenzellen ist auch an Herzmuskelzellen in Ruhe die Leitfähigkeit der Zellmembran für Kaliumionen hoch. Das Ruhepotential ist daher im wesentlichen ein „Kaliumpotential" (s. S. 201). Im Schrittmachergewebe ist jedoch zusätzlich die Leitfähigkeit für Natriumionen so hoch, daß das Kalium-Gleichgewichtspotential auch am Ende der Repolarisation (also beim maximalen diastolischen Potential) nicht erreicht wird (vgl. die einzelnen diastolischen Potentiale in Abb. 4-3 C). Das maximale diastolische Potential ist also ein durch die Leitfähigkeiten für Na^+- und K^+-Ionen bedingter labiler „Kompromiß", der nur dann Bestand hätte, wenn sich die Leitfähigkeiten nicht weiter verändern würden. Tatsächlich nimmt aber die Kaliumleitfähigkeit nach Erreichen der maximalen diastolischen Depolarisation wieder ab. Diese **Abnahme der Kaliumleitfähigkeit führt zur Membrandepolarisation, also zum Schrittmacherpotential**, weil der Einstrom positiv geladener Natriumionen den Ausstrom ebenfalls positiv geladener Kaliumionen überwiegt und damit das Zellinnere positiver wird. An der **Schwelle** wird die **Natriumleitfähigkeit** (die bis hierher unverändert war) zusätzlich **abrupt größer**, womit das Membranpotential in den Aufstrich des *fortgeleiteten* Aktionspotential übergeht (s.u.).

Erregungsausbreitung in die Arbeitsmuskulatur

Eine Systole wird also normalerweise durch den Start eines Aktionspotentials im Sinusknoten eingeleitet. Dieses Aktionspotential breitet sich zunächst über die beiden Vorhöfe aus und bringt diese damit zur Kontraktion [5, 24]. Anschließend pflanzt sich die Erregung über eine schmale Muskelbrücke in der Herzmitte, den **Atrio-Ventrikular-Knoten** (AV-Knoten, „Vorhof-Kammer-Knoten"), auf die Kammerseite fort. (Einen anderen Weg gibt es nicht, da ansonsten Vorhöfe und Kammern durch eine bindegewebige Platte voneinander getrennt sind. In dieser Platte sind die Herzklappen aufgehängt, s. Abb. 4-3 A.) Nach dem Atrio-Ventrikular-Knoten, in dem die Erregungswelle nur langsam vorankommt, greift diese schnell entlang dem in Abb. 4-3 A rot gezeichneten **Erregungsleitungsgewebe** auf *beide Kammern* über (vgl. auch Abb. 4-8). Die Verzögerung im Atrio-Ventrikular-Knoten stellt dabei sicher, daß sich die Kammern deutlich nach den Vorhöfen kontrahieren, damit die Schlußfüllung der Kammern durch die Vorhofkontraktion bei Beginn der Kammerkontraktion abgeschlossen ist.

Aktionspotential des Arbeitsmyokards (Abb. 4-4). Die Herzmuskelzelle weist – wie jede erregbare Nerven- und Muskelfaser – ein **Ruhepotential** zwischen dem Zellinneren (negativ) und dem Extracellulärraum auf (vgl. die Ausführungen S. 198 ff. im Kap. 12). Die Größe dieses Ruhepotentials beträgt −85 bis −90 mV. Das **Aktionspotential** beginnt mit einer raschen Umladung vom Ruhepotential bis zum Gipfel der *initialen Spitze* (ca. +30 mV). An diese schnelle Depolarisationsphase, die nur 1-2 ms dauert, schließt sich als besonderes Charakteristikum der Herzmuskulatur ein langdauerndes *Plateau* an, bevor die *Repolarisation* zum Ruhepotential erfolgt.

Das Aktionspotential der Herzmuskulatur dauert, in Abhängigkeit von der Herzfrequenz, ca. 200-400 ms, d.h. über 100mal länger als bei einer Skeletmuskel- oder Nervenzelle. Bei hoher Herzfrequenz ist das Aktionspotential kurz, bei geringer ist es lang. Diese **Dauer des Herzaktionspotentials** (und damit auch seine Frequenzabhängigkeit) kann im weiter unten besprochenen EKG an der **Dauer des QT-Intervalls** direkt abgelesen werden (Abb. 4-6).

Während der Dauer des Aktionspotentials ist der Herzmuskel nicht weiter erregbar, er ist **refraktär**. Damit ist die Muskulatur des Herzens **vor einer zu schnellen Wiedererregung geschützt**, die ihre Pumpfunktion beeinträchtigen könnte. Gleichzeitig wird verhindert, daß Erregungen im muskulären Netzwerk des Herzens im Kreise laufen und dadurch den rhythmischen Wechsel von Kontraktion und Erschlaffung stören. Eine weitere Konsequenz der langen Refraktärphase besteht darin, daß die Kontraktion des Herzmuskels beendet ist, bevor durch eine nachfolgende Erregung eine erneute Kontraktion ausgelöst werden kann. Eine Überlagerung von Kontraktionen, wie sie beim quergestreiften und beim glatten Muskel regelmäßig vorkommen, ist nicht möglich. Der **Herzmuskel** kann also **ausschließlich Einzelkontraktionen** ausführen.

Ionenmechanismus des Herzaktionspotentials (Abb. 4-4 unten). Der Aufstrich des Aktionspotentials wird durch eine starke Zunahme der Membranleitfähigkeit für Na^+-Ionen erzeugt, die einen kräftigen **Na^+-Einstrom** zur Folge hat. Der initiale Na^+-Einstrom wird jedoch sehr schnell *inaktiviert*, so daß sofort eine Teilrepolarisation eintritt. Die charakteristische Plateauphase ist darauf zurückzuführen, daß die Membranleitfähigkeit für Ca^{++}-Ionen für längere Zeit erhöht und die Leitfähigkeit für K^+-Ionen in dieser Zeitspanne erniedrigt ist, so daß sich die Effekte eines langsamen Ca^{++}-Einstromes und eines entsprechenden K^+-Ausstromes etwa die Waage halten. Erst wenn die Ca^{++}-Leitfähigkeit abnimmt und die K^+-Leitfähigkeit wieder zunimmt, kommt es zur vollständigen Repolarisation. Bei der Arbeitsmuskulatur ist im Gegensatz zu den Schrittmacherzellen (s.o.) nach Beendigung des Aktionspotentials die K^+-Leitfähigkeit gleichbleibend hoch (und die Na^+-Leitfähigkeit gering), so daß das Ruhepotential bis zur nächsten Erregung einen konstanten Wert beibehält [2, 7, 9, 10, 15].

Elektromechanische Kopplung

Aufgabe des elektrischen Erregungsprozesses ist es, Vorhöfe und Kammern in regelrechter Weise zur Kontraktion zu bringen. Die Übertragung der vom Aktionspotential übermittelten „Kontraktionsbotschaft" auf den mechanischen, zur Zuckung fähigen (kontraktilen) Apparat der Herzmuskelzellen wird **elektromechanische Kopplung** genannt. Die an dieser Kopplung beteiligten Strukturen und Prozesse sind in Abb. 4-5 skizziert. Die für eine synchrone Kontraktion der Herzkammern notwendige Zeitgleichheit der Kopplung ist dabei dadurch sichergestellt, daß sich die Kammeraktionspotentiale mit einer relativ hohen Geschwindigkeit (ca. 1 m/s) ausbreiten, so daß die gesamte Arbeitsmuskulatur nahezu gleichzeitig erregt wird.

Das Aktionspotential breitet sich aber nicht nur entlang der Oberfläche der Herzmuskelzellen aus, sondern es gelangt über fingerförmige Einstülpungen der Zellmembranen, die **transversalen Tubuli** (*T-System*) auch in das Faserinnere (Abb. 4-5). Hier

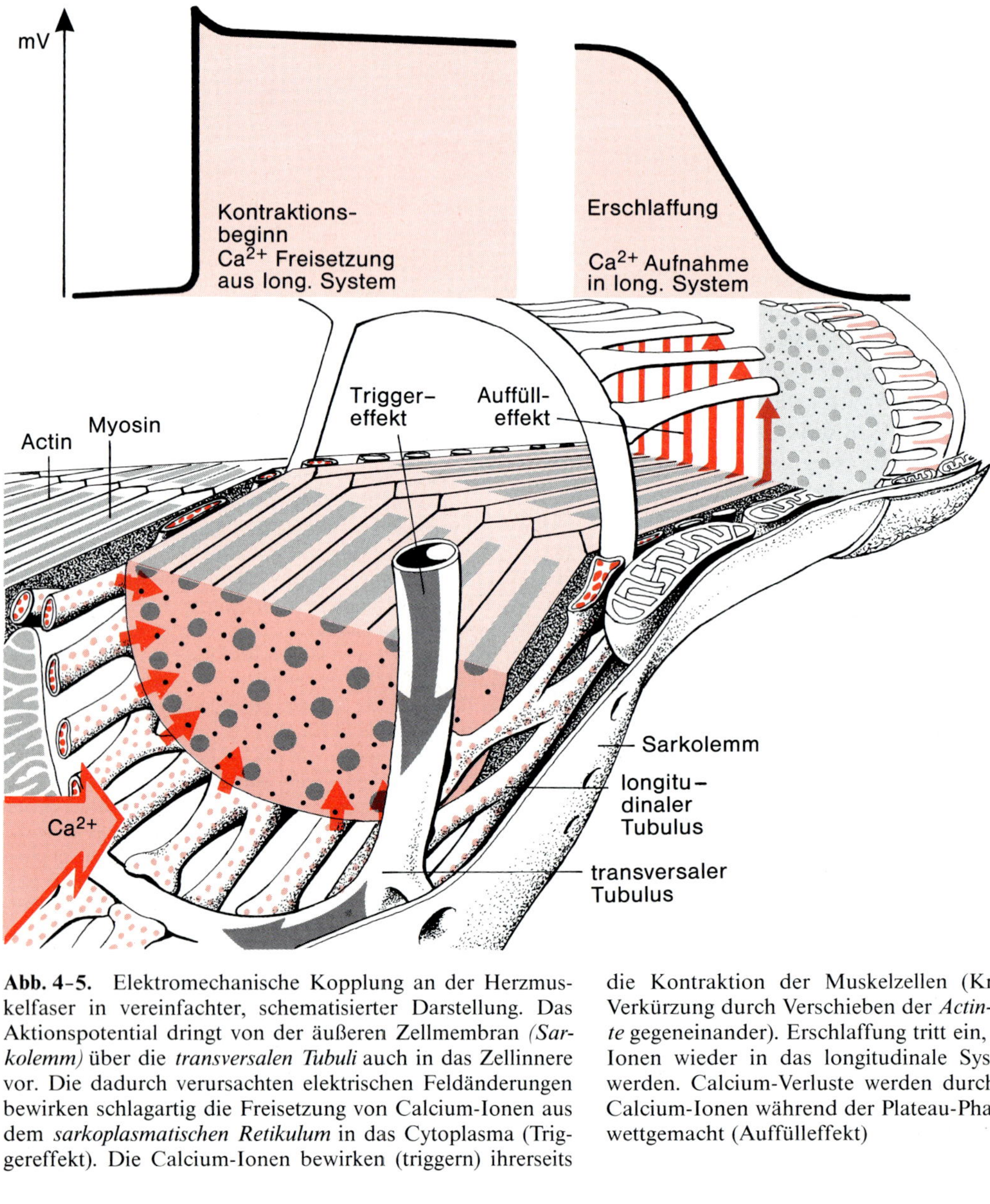

Abb. 4-5. Elektromechanische Kopplung an der Herzmuskelfaser in vereinfachter, schematisierter Darstellung. Das Aktionspotential dringt von der äußeren Zellmembran *(Sarkolemm)* über die *transversalen Tubuli* auch in das Zellinnere vor. Die dadurch verursachten elektrischen Feldänderungen bewirken schlagartig die Freisetzung von Calcium-Ionen aus dem *sarkoplasmatischen Retikulum* in das Cytoplasma (Triggereffekt). Die Calcium-Ionen bewirken (triggern) ihrerseits die Kontraktion der Muskelzellen (Kraftentwicklung und Verkürzung durch Verschieben der *Actin-* und *Myosinfilamente* gegeneinander). Erschlaffung tritt ein, sobald die Calcium-Ionen wieder in das longitudinale System zurückgepumpt werden. Calcium-Verluste werden durch den Einstrom von Calcium-Ionen während der Plateau-Phase (Abb. 4-4) wieder wettgemacht (Auffülleffekt)

besteht ein enger Kontakt der transversalen Tubuli zu dem intracellulären Hohlraumsystem des **sarkoplasmatischen Retikulums** (*longitudinales System*), in dem Ca^{++}-Ionen in hoher Konzentration gespeichert sind. Durch das Aktionspotential werden aus diesen intracellulären Speichern Ca^{++}-Ionen freigesetzt, so daß sich ihre intracelluläre Konzentration schlagartig um etwa das Hundertfache erhöht. Durch diesen Konzentrationsanstieg werden am kontraktilen Apparat diejenigen Prozesse aktiviert, die zur Kontraktion der Herzmuskelzellen führen. Diese Prozesse sind mit denen der Skeletmuskulatur praktisch identisch, so daß auf deren ausführliche Beschreibung in Kap. 15 verwiesen wird. Der Kontraktionsvorgang wird dadurch beendet, daß die Ca^{++}-Ionen aus dem Sarkoplasma aktiv (also unter Energieaufwand) in das longitudinale System zurückgepumpt werden [2, 6, 14].

Beim Freisetzen und Zurückpumpen der Calciumionen aus dem longitudinalen System gehen jedesmal Calciumionen „verloren“. Diese werden durch die während des Plateaus einströmenden Calciumionen ersetzt. Das Aktionspotential erfüllt daher 2 wichtige Aufgaben im Dienst der Kontraktion, nämlich, *erstens*, einen **Triggereffekt**, d.h die Auslösung der Kontraktion (siehe oben) und *zweitens* einen **Auffülleffekt**, d.h. eine mit der Erschlaffung einhergehende Bereitstellung von Calciumionen in den intracellulären Speichern für die nachfolgenden Kontraktionen.

Bei dieser Sachlage ist es nicht erstaunlich, daß sich **Veränderungen der extracellulären Ca^{2+}-Konzentration** rasch auf die Kontraktionskraft des Herzens auswirken. Im Experiment läßt sich durch extracellulären Ca^{2+}-Entzug eine komplette **elektromechanische Entkopplung** erzeugen, d. h. der Herzmuskel zeigt kaum veränderte Aktionspotentiale, die jedoch von keiner mechanischen Antwort mehr begleitet sind. Einen ähnlichen Effekt kann man durch Wirkstoffe erzielen, die den Ca^{2+}-Einwärtsstrom hemmen, sog. **Calcium-Antagonisten** (z. B. Verapamil, Nifedipin, Diltiazem) [2]. Diese Medikamente werden zur Behandlung zu hohen Blutdruckes eingesetzt, da sie die Kraft der Kontraktion des Herzens abschwächen.

Umgekehrt ist eine **Steigerung der Kontraktionskraft** durch Wirkstoffe möglich, die zu einer Anreicherung von Ca^{2+} im Zellinneren führen. Bei der **Therapie der Herzinsuffizienz** dienen dazu vor allem die **Herzglykoside** (Digitalis, Strophantin), die indirekt, auf eine hier nicht näher erläuterte Weise, eine *Zunahme der Calciumionen in den intracellulären Speichern* bewirken.

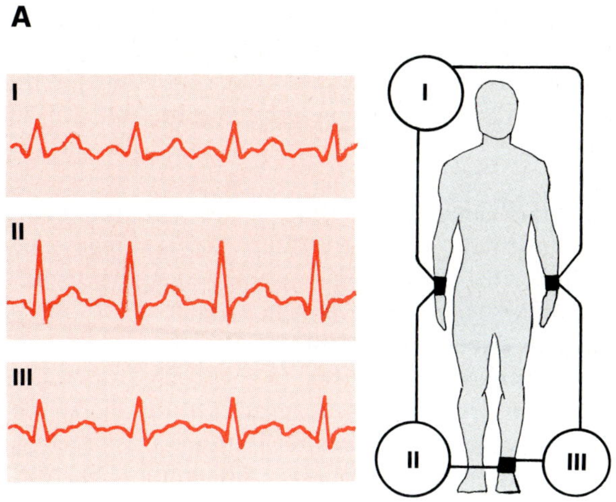

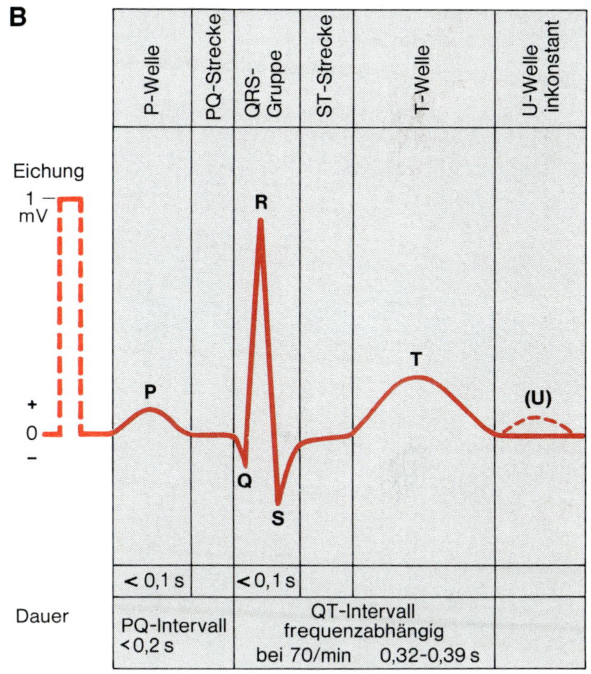

Abb. 4-6. Ableitung des Elektrokardiogramms (EKG). **A** Ableiteorte der EKG-Standardableitungen *I, II* und *III* (Extremitätenableitungen nach Einthoven) samt Registrierbeispielen. **B** Idealisierte Normalform des EKG bei Standardableitung II (rechter Arm gegen linkes Bein). Die vereinbarten Bezeichnungen der wichtigsten Wellen, Zacken und Strecken samt deren Dauer sind angegeben. Die Dauer des QT-Intervalls wird mit steigender Herzfrequenz kürzer. (**B** aus Antoni in [7])

4.3 Das Elektrokardiogramm, EKG

Nach dem bisher Gesagten besteht zwischen einer erregten und einer unerregten Stelle des Herzmuskels ein elektrischer **Spannungsunterschied von rund 120 mV** (Abb. 4-3, 4-4). Dieser Spannungsunterschied erzeugt in der elektrisch gut leitenden Umgebung des Herzens ein elektrisches Feld, das sich bis zur Körperoberfläche ausbreitet. Dabei treten zwischen einzelnen Punkten der Körperoberfläche, also beispielsweise dem rechten Arm und dem linken Bein, im Verlaufe der Ausbreitung und der anschließenden Rückbildung der Erregung Spannungsunterschiede der **elektrischen Felder bis zu 1 mV** auf. Diese Spannungsunterschiede können mit Elektroden aufgenommen, elektronisch verstärkt und als **Elektrokardiogramm (EKG)** auf einem Schreiber oder Bildschirm (Oscillograph) sichtbar gemacht werden. Das EKG ist also ein **Ausdruck der am Herzen ablaufenden Erregung** [3, 3 a, 7, 9].

Phänomenologie und Terminologie des EKG

Extremitätenableitungen. Die **Form des EKG** hängt also ganz wesentlich von den Ableiteorten ab. Um dennoch eine gewisse Einheitlichkeit und Vergleichbarkeit zu erzielen, haben sich einige **Standardableitungen** international durchgesetzt. So zeigt die Abb. 4-6 A die *Extremitätenableitungen I - III* (Standardableitungen nach Einthoven), von denen das Beispiel im vorigen Absatz (rechter Arm gegen linkes Bein) als Ableitung II bezeichnet wird. Beispiele der zugehörigen EKG-Formen sind daneben angeordnet. Auch sie sind keinesfalls bei allen Menschen völlig gleich, da der *Körperbau* (schlank, gedrungen, mager, beleibt) und die *Lage des Herzens im Brustkorb* (steil oder flach, mehr nach links oder mehr nach rechts verschoben) die Form des EKG stark beeinflussen. Diese Ableitungen werden als **bipolar** bezeichnet, da die *Spannungsdifferenzen zwischen zwei Ableitepunkten* registriert werden. Daneben sind auch „unipolare" Extremitätenableitungen (Goldberger) gebräuchlich, die in Abb. 4-7 zu sehen sind.

Brustwandableitungen. Eine zweite, international standardisierte und im Alltag häufig eingesetzte Technik der EKG-Registrierung sind die *Brustwandableitungen* nach Wilson (Abb. 4-7). Es handelt sich dabei um **„unipolare" Registrierungen** von genau vereinbarten Orten (V_1-V_6) der Brustwand gegen eine indifferente Bezugselektrode, die durch Zusammenschaltung der drei Extremitätenkabel erzeugt wird. Diese Form der Ableitung gibt Aufschluß über die Ausbreitung und Rückbildung der Erregungsvorgänge am Herzen in der horizontalen Ebene, während die obigen Extremitätenableitungen den Ablauf dieser Vorgänge in der frontalen (vertikalen) Ebene widerspiegeln. Bei entsprechender Erfahrung (!), heute auch unter Einsatz Rechner-gestützter Auswertemethoden, läßt sich aus diesen verschiedenen Ableitungen ein gutes Bild der am Herzen ablaufenden Erregungsprozesse gewinnen.

Die übliche Benennung der einzelnen „Wellen", „Zacken" und „Strecken" des EKG ist in Abb. 4-6 B gezeigt. Die **Zuordnung der verschiedenen Ausschläge des EKG zum Erregungsablauf des Herzens** verdeutlicht Abb. 4-8. Sie zeigt, daß beispielsweise die

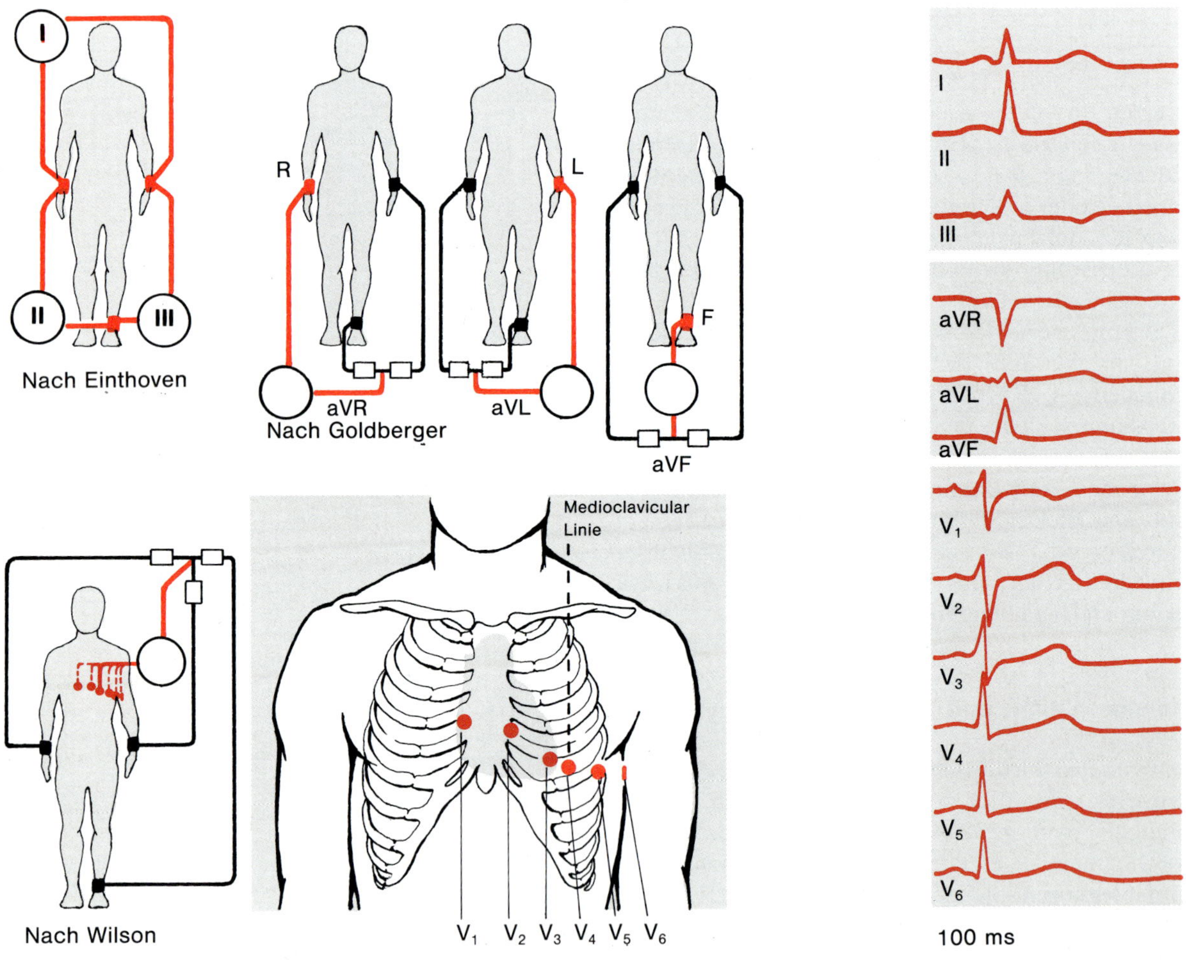

Abb. 4-7. Gebräuchliche Ableitungsformen des EKG, ihre Abgriffsorte und Verschaltungen. *Links oben* sind die bipolaren Ableitungen nach *Einthoven* zu sehen (s. auch Abb. 4-6). Bei den sogenannten unipolaren Ableitungen *(Goldberger, Wilson)* ist jeweils die differente Elektrode *rot* gezeichnet. Bei den Wilsonschen Brustwandableitungen sind *links* die Elektrodenschaltung und *rechts* die Abgriffstellen auf der Brustwand dargestellt. *Rechts:* Typische Registrierkurven von einem gesunden Probanden. (Aus Antoni in Schmidt und Thews 1987 [7])

P-Welle während der Erregungsausbreitung in den Vorhöfen und die QRS-Zacken zu Beginn der Kammererregung auftreten. Die T-Welle signalisiert das Ende der Kammerregung. Die Zeit von Anfang P bis Anfang Q (PQ-Intervall) gibt in etwa an, wie lange die Überleitung der Erregung vom Vorhof auf die Kammer braucht, und von Anfang Q bis Ende T dauert die Kammererregung (QT-Intervall, stark frequenzabhängig, siehe oben).

Entstehung des EKG

Bei der Erregung einer Herzmuskelfaser besteht, wie oben schon gesagt, zwischen der erregten und der unerregten Stelle eine erhebliche, rund 120 mV große Potentialdifferenz *in Richtung des anatomischen Verlaufs* der Faser. Eine solche lokale Potentialdifferenz kann daher als ein **Dipol** aufgefaßt werden, dessen jeweilige Größe und Richtung durch einen Pfeil (*Vektor*) symbolisiert wird. Da sich die Erregung im Herzen in der Regel gleichzeitig über viele tausende von Herzmuskelfaser ausbreitet, müssen sich alle diese Einzelvektoren in jedem Augenblick zu einem **Summations- oder Integralvektor** summieren. Man kann sich die Entstehung des Integralvektors wie die *Bildung einer Resultante im Parallelogramm der Kräfte* vorstellen. Ein großer Teil der Vektoren werden sich dabei in ihrer **Wirkung nach außen gegenseitig aufheben**, da sie in entgegengesetzte Richtungen weisen. Man hat geschätzt, daß bei der Erregung des Herzens zeitweise 90% der Einzelvektoren einander gegenseitig auslöschen. Dies ist ein wesentlicher Grund über die relativ kleinen Amplituden der verschiedenen EKG-Ausschläge.

In Abb. 4-8 sind die **momentanen Integralvektoren** und die daraus **resultierenden Ausschläge im Extremitäten-EKG** dargestellt. Die zu verschiedenen Zeitphasen von dem Erregungsprozeß erfaßten Herzmuskelanteile sind rot markiert. Die Pfeile stellen den jeweiligen Integralvektor dar, der sich durch Addition der einzelnen Lokalvektoren an der Ausbreitungsfront ergibt. Für die EKG-Registrierung hat man vereinbart, daß ein positiver Ausschlag (Ausschlag nach oben) einer Vektororientierung zur Herzspitze entsprechen soll. Es ist deutlich zu sehen, daß während der Erregungsausbreitung über die Vorhöfe **(P-Zacke)** die Erregungswellen überwiegend von oben nach unten laufen. Gleiches gilt noch ausgeprägter zum Zeitpunkt der **R-Zacke**, wenn sich nämlich die Erregung im Reizleitungssystem und der Kammerscheidewand überwiegend herzspitzenwärts ausbreitet.

Sobald die gesamte Kammer erregt ist **(ST-Strekke)**, verschwinden für kurze Zeit (ebenso wie bei der Vorhoferregung, PQ-Strecke) die gesamten Potentialunterschiede, da sich alle Fasern in der Plateauphase des Aktionspotentials befinden. Während der folgenden Erregungsrückbildung der Ventrikel *(T-Welle)* ändert sich die Richtung des Integralvektors kaum. Er zeigt während der gesamten Dauer der Erregungsrückbildung nach unten. Damit nimmt die **T-Welle einen positiven Verlauf** (wie die R-Zacke). Dies ist insofern überraschend, als man eigentlich eine Erregungsrückbildung erwarten würde, die sich zur Erregungsausbreitung spiegelbildlich verhält, also eine negative T-Welle zeigen würde. Daß dies nicht der Fall ist, hat hauptsächlich den Grund, daß die *Dauer des Aktionspotentials in den verschiedenen Herzabschnitten unterschiedlich lang* ist. So repolarisieren, wie das vorletzte Bild in Abb. 4-8 zeigt, die Herzmuskelzellen an der Herzspitze deutlich schneller als die an der Basis („apiko-basaler Erregungsrückgang"), und die Herzmuskelzellen an der Oberfläche des Herzens (subepikardiale Fasern, Epikard = dünner bindegewebiger äußerer Überzug des Herzens) repolarisieren schneller als die im Herzinneren (subendokardiale Fasern, Endokard = dünne innere Auskleidung der Herzhohlräume).

Diagnostische Bedeutung des EKG

Das EKG ist ein wichtiges *diagnostisches Hilfsmittel* bei der Beurteilung von **Bildung, Ausbreitung und Rückgang der Erregung** am Herzen. So lassen sich mit seiner Hilfe die *Frequenz* des Herzschlages und sein *Rhythmus* gut dokumentieren. Störungen der Erregungsausbreitung, beispielsweise ein Leitungsblock im Atrio-Ventrikular-Knoten (AV-Block) oder in einem der Äste (Schenkel) des Kammerleitungssystems (Links- oder Rechtsschenkelblock), schlagen sich ebenso in Änderungen des EKG nieder wie die Entstehung zusätzlicher Erregungen (genannt **Extrasystolen**) in einem übererregbaren Herzen. Beispiele für typische EKG-Veränderungen bei Störungen der Erregungsbildung und -ausbreitung zeigt Abb. 4-9. Für Einzelheiten sei auf die Literatur verwiesen [3, 7, 8].

Kammerflattern und -flimmern. Lebensgefährliche Erregungszustände, wie eine zu hohe Herzfrequenz (*Kammerflattern*), bei der das Herz nicht mehr ausreichend gefüllt wird und daher mehr oder weniger „leer" pumpt, oder das Auftreten von *Herzflimmern* (Kammerflimmern), bei dem das Herz überhaupt kein Blut mehr fördert, weil es sich nicht mehr gleichzeitig kontrahiert, sondern viele kleine Herzabschnitte unabhängig und zeitlich versetzt voneinander schlagen, sind im

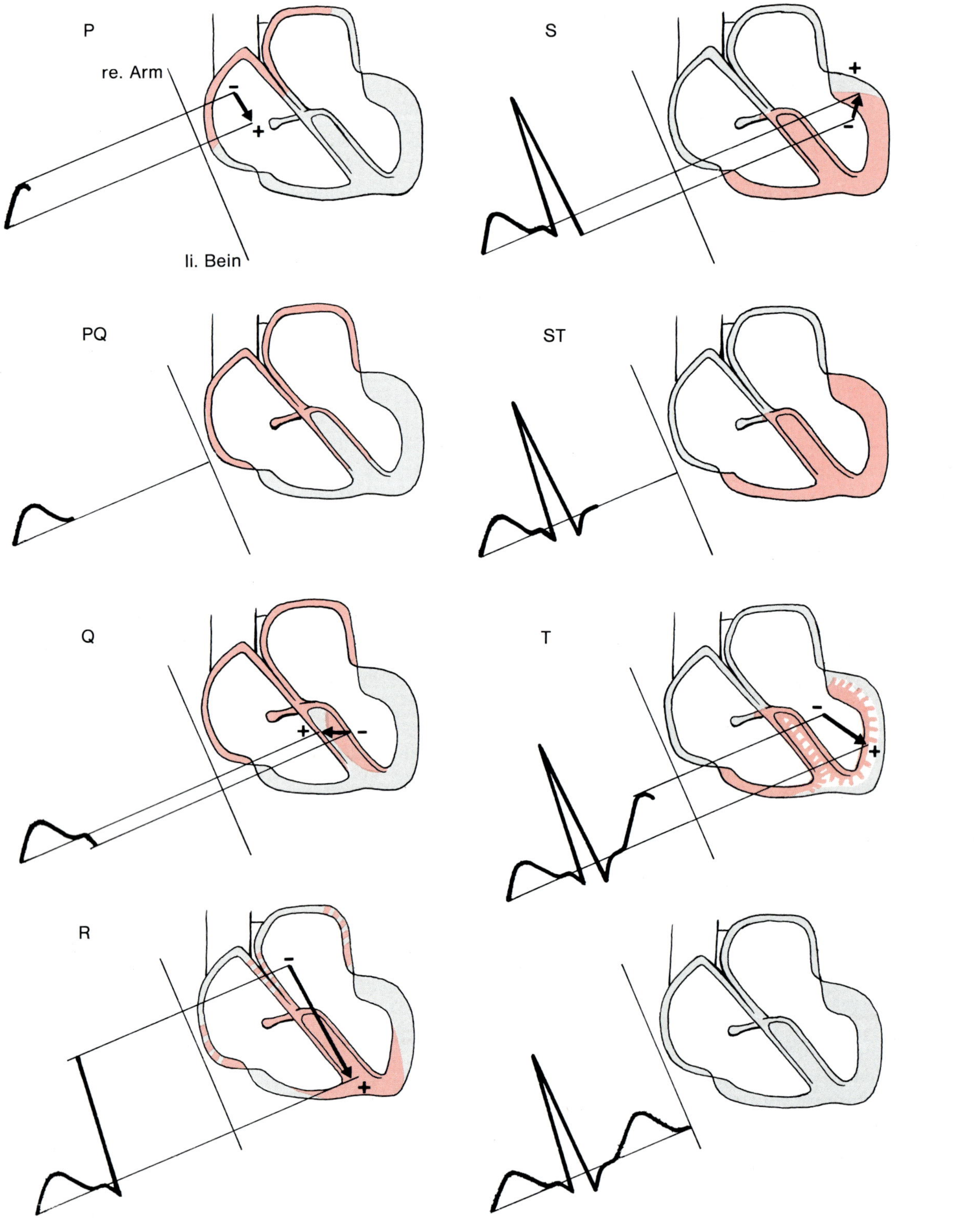

Abb. 4-8. Vereinfachte Deutung des EKG-Verlaufs. *Rote Flächen* kennzeichnen die erregten Myokardanteile. Die Potentialdifferenzen an der Erregungsfront werden nach Größe und Richtung durch einen Integralvektor *(Pfeil)* dargestellt, dessen Projektion auf die Ableitungsrichtung (rechter Arm – linkes Bein) die EKG-Amplitude bestimmt. *P* Erregungsausbreitung in den Vorhöfen; *PQ* vollständige Vorhoferregung, Überleitung auf das HIS-Bündel; *Q* Erregungsausbreitung in der Kammerscheidewand; *R* Erregung erfaßt große Teile der Ventrikel bis zur Herzspitze; *S* Erregungsausbreitung in den Ventrikelwänden in Richtung auf die Herzbasis; *ST* vollständige Ventrikelerregung; *T* Erregungsrückbildung in den Ventrikeln. (Aus [8])

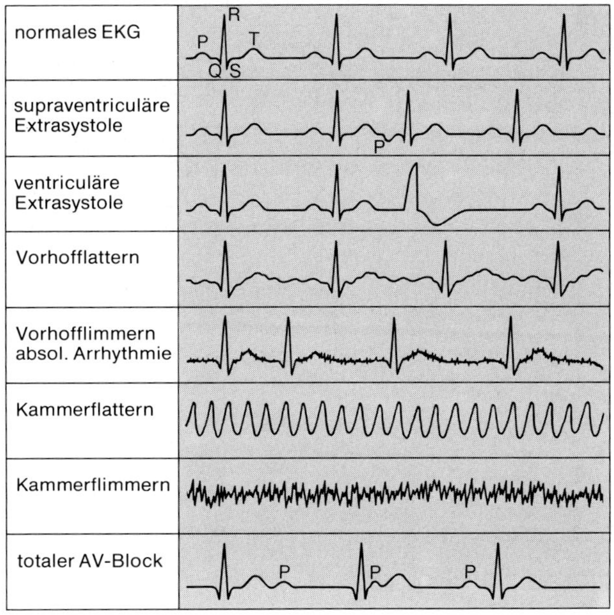

Abb. 4-9. Typische EKG-Veränderungen bei Störungen der Erregungsbildung und Erregungsleitung. Die *supraventriculäre Extrasystole* nimmt vom Vorhof ihren Ausgang. Die negative Polarität der Vorhofwelle *P* zeigt aber, daß nicht der Sinusknoten Ausgangspunkt der extrasystolen Erregung ist. Die *ventriculäre Extrasystole* ist von einer kompensatorischen Pause gefolgt, da die normale Vorhoferregung auf refraktäres Herzleitungsgewebe traf. Beim totalen *AV-Block* schlagen Vorhof und Kammern unabhängig voneinander. Die Kammerfrequenz ist dabei wesentlich niedriger als die Vorhoffrequenz. (Aus [8])

EKG eindeutig festzustellen. **Herzflimmern** oder **-fibrillieren** erfordert wegen des damit verbundenen Kreislaufstillstandes **sofortige Herzmassage** und - so vorhanden - den Einsatz eines **„Defibrillators"**. Dieses Gerät liefert intensive Stromstöße, mit denen alle Herzmuskelzellen sozusagen „mit Gewalt" auf eine einheitliche elektrische Membranspannung gebracht werden, um danach wieder einen gleichzeitigen Erregungsablauf zu ermöglichen [12].

Zeichen von Hypoxie und Anoxie des Herzmuskels im EKG. Ein Mißverhältnis zwischen Sauerstoffangebot und Sauerstoffbedarf des Herzmuskels - vor allem infolge einer lokalen Durchblutungseinschränkung - verursacht im EKG häufig eine Senkung der ST-Strecke unter die 0-Linie sowie eine Abflachung oder Negativierung der T-Welle. Wird das Mißverhältnis zwischen Sauerstoffangebot und -bedarf zu groß, so ist der Untergang des betroffenen Herzmuskelgewebes die Folge (**Herzinfarkt** oder **Myokardinfarkt**, S. 93 [3a]). Im Frühstadium (wenige Stunden nach Infarktbeginn) zeigt sich im EKG eine deutliche ST-Anhebung. Wenn sich später der geschädigte Bezirk durch Ausbildung einer isolierenden Grenzschicht von dem gesunden, erregbaren Gewebe demarkiert, ändert sich auch der EKG-Verlauf. Neben einer starken Negativierung von Q tritt eine negative T-Welle auf, die im Endstadium (nach Monaten bis Jahren) wieder positiv werden kann. (Weitere Einzelheiten zum Coronarkreislauf und zur Herzenergetik S. 91.)

Grenzen der EKG-Diagnostik. Abschließend sei nochmals betont, daß die Ableitung des EKG eine einfache und, wie aus dem Gesagten sicher schon klar, völlig harmlose Methode ist. Da das EKG aber **lediglich ein gewisses Abbild der Herzerregung** liefert, muß es immer durch andere diagnostische Maßnahmen, wie das Abhören des Herzens, das Messen des Blutdruckes oder durch Röntgenbilder des Brustkorbes ergänzt werden. Vor allem liefert das EKG keinerlei Informationen über die kontraktilen Eigenschaften des Herzmuskels. Auch können *unterschiedliche* Einwirkungen auf den Herzmuskel, z. B. Sauerstoffmangel oder Medikamente, zu *sehr ähnlichen* EKG-Veränderungen führen, so daß nur durch zusätzliche Maßnahmen festgestellt werden kann, auf welche Weise die EKG-Veränderung zustande gekommen ist.

4.4 Die Anpassung der Herzleistung an den Bedarf

Energetik der Herzaktion

Herzarbeit und Herzleistung. Die Arbeitsleistung beim Aufpumpen eines Fahrradschlauches hängt einmal davon ab, wieviel Luft in den Schlauch gepumpt wird. Zum anderen auch davon, wie hoch der Druck im Schlauch (bereits) ist, gegen dessen Widerstand die zusätzliche Luft in den Schlauch gepreßt werden muß. Genauso ist es beim Herzen. Herzarbeit ist also in erster Linie **Druck-Volumen-Arbeit**. Dazu kommt ein relativ unbedeutender Anteil (ca. 1%) an **Beschleunigungsarbeit**, da das in den Kammern während der Anspannungsphase „ruhende" Blut bei der Austreibung auf eine Geschwindigkeit von ca. 1 m/s beschleunigt werden muß. Die **Arbeitsleistung des Herzens** errechnet sich, wie bei anderen Maschinen auch, als das Produkt aus *Arbeit × Zeit*. Sie liegt in der Größenordnung von 1 W (0,1 kpm/s).

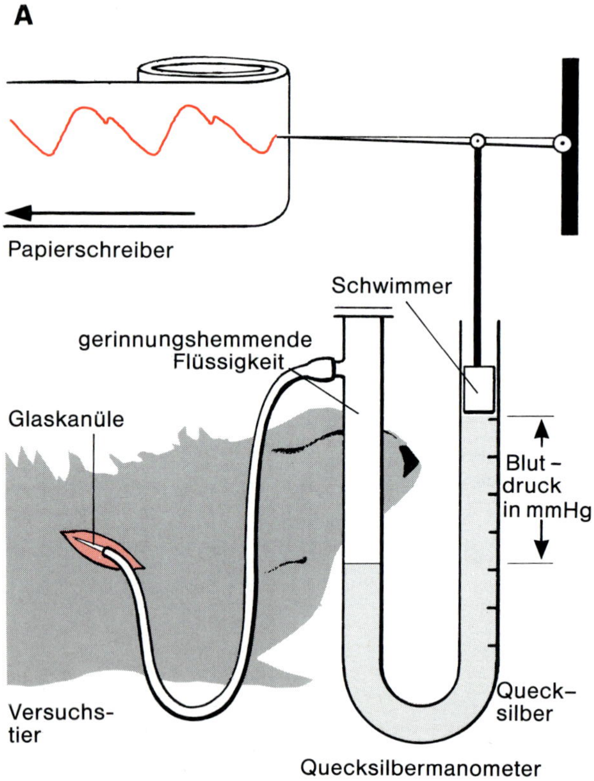

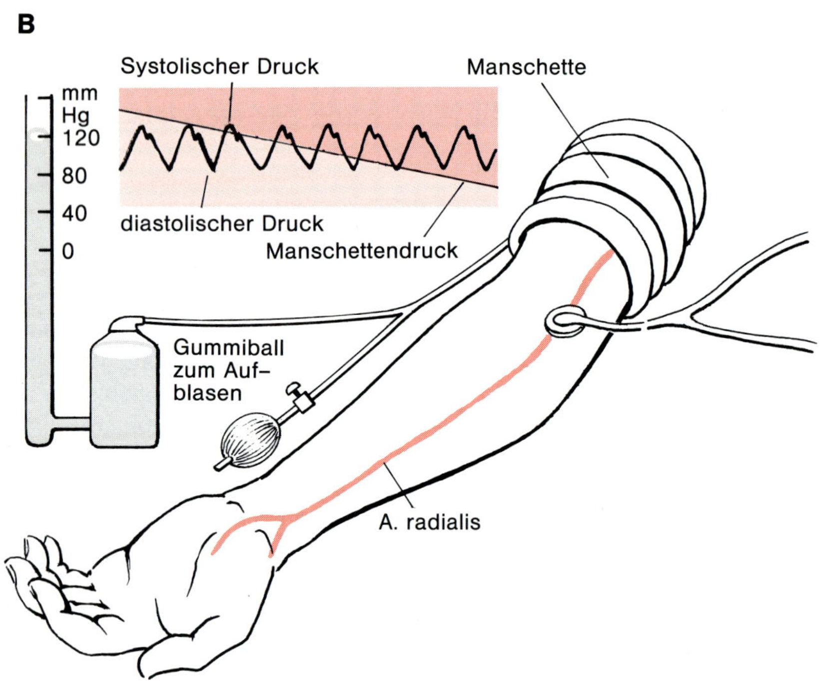

Abb. 4-10. Messen des Blutdruckes in den großen Körperarterien. **A** Direkte (blutige) Messung mit einem Quecksilbermanometer. Eine Kanüle ist in die Halsschlagader eines betäubten Versuchstieres eingebunden. **B** Indirekte (unblutige) Blutdruckmessung am Menschen nach der Methode von Riva-Rocci (Blutdruckwerte werden daher oft mit **RR** bezeichnet). Eine Manschette um den Oberarm wird so lange aufgepumpt, bis sie die Oberarmarterie zudrückt. Beim langsamen Absenken des Manschettendruckes läßt sich mit dem Stethoskop in der Ellenbeuge hören, wann der *systolische Druck* gerade den *Manschettendruck* überwindet und etwas Blut in den Unterarm spritzt. Dieses „Korotkowsche Geräusch" tritt so lange bei jedem Herzschlag auf, bis der Manschettendruck gerade unter den *diastolischen Druck* fällt; denn dann kann das Blut wieder ungehindert fließen. Bei der Aufzeichnung in **B** würde ein Korotkow-Geräusch also ab dem 3. Herzschlag von *links* einsetzen (der eingetragene Manschettendruck fällt dort gerade unter den systolischen Blutdruck) und beim 4. oder 3. Herzschlag wieder verschwinden

Anpassung des Herzzeitvolumens. Das Schlagvolumen der Herzkammern wurde bereits erwähnt. Es liegt in Ruhe bei 70 ml (S. 57). Bei einer Ruhefrequenz von 70 Schlägen pro Minute ergibt dies ein **Herzzeitvolumen** von rund 5 l/min. Bei leichter Arbeit verdoppelt sich dieses Herzzeitvolumen auf rund 10 l/min, bei mittlerer verdreifacht und bei schwerer verfünffacht bis versiebenfacht es sich. Das Herz pumpt dann 25–35 l/min durch den Kreislauf. Das heißt, die normale Blutmenge des Menschen wird etwa 5- bis 7 mal pro Minute umgewälzt. Das größere Herzzeitvolumen wird über eine **Vergrößerung des Schlagvolumens** (von 70 bis auf etwa 140 ml) und durch eine **Erhöhung der Herzfrequenz** bis auf etwa 180 Schläge pro Minute erreicht ($140\ ml \times 180\ min^{-1} = 25\,200\ ml/min = 25{,}2\ l/min$).

Definition und Messung des Blutdrucks. Der Druck, gegen den die linke Kammer das Blut auswerfen muß, nennt man den **Blutdruck**. Seine Entstehung ist bereits auf S. 54, 55 geschildert worden. Im Tierexperiment läßt sich der Blutdruck „blutig" messen, indem eine mit einem Manometer verbundene Kanüle in eine große Arterie eingebunden wird (Abb. 4-10 A). Beim Menschen kann in ähnlicher Weise eine Arterie punktiert und eine feine Kanüle mit einem kleinen Druckmeßknopf bis in die Aorta vorgeschoben werden (normale, „unblutige" Messung siehe Abb. 4-10 B). Der gemessene Druck wird in der Regel in **Millimeter Quecksilber (mm Hg)** angegeben, weil das in Abb. 4-10 A gezeigte Quecksilber-Manometer seit jeher in der Physiologie zur Blutdruckmessung verwendet wurde. Wenn man sagt, der Blutdruck sei 100 mm Hg, dann heißt das nichts anderes, als daß die auf die Gefäßwände ausgeübte bzw. dort in den elastischen Strukturen „gespeicherte" Kraft ausreicht, eine Quecksilbersäule um 100 mm in die Höhe zu drücken.

Systolischer und diastolischer Blutdruck. Der Blutdruck ist aber, anders als der Druck in einem Autoreifen, praktisch nie konstant. Er wird durch jeden Herzschlag auf seinen **systolischen** Wert getrieben und sinkt zwischen den Herzschlägen auf den **diastolischen** Wert ab (Begründung s. S. 54). Der systolische Blutdruck liegt bei jungen Menschen normalerweise bei 120, der diastolische bei 80 mm Hg (der mittlere Blutdruck liegt also tatsächlich bei 100 mm Hg). Die Differenz von 40 mm Hg ist die **Blutdruckamplitude**. Bei Arbeit steigen vor allem der systolische Blutdruck und damit die Blutdruckamplitude und der mittlere Blutdruck an. Es werden Werte bis zu 200 mm Hg gemessen. Der mittlere Blutdruck liegt dann bei 140 mm Hg.

Synopsis der Herzaktion. Einen abschließenden Gesamtüberblick über die wesentlichen Vorgänge in den verschiedenen Aktionsphasen des Herzens in korrekter zeitlicher Beziehung zueinander gibt die Abb. 4-11. Nicht alle der dort eingezeichneten Meßgrößen bzw. Vorgänge wurden bisher im einzelnen diskutiert. Ihre Bedeutung ergibt sich aber in den

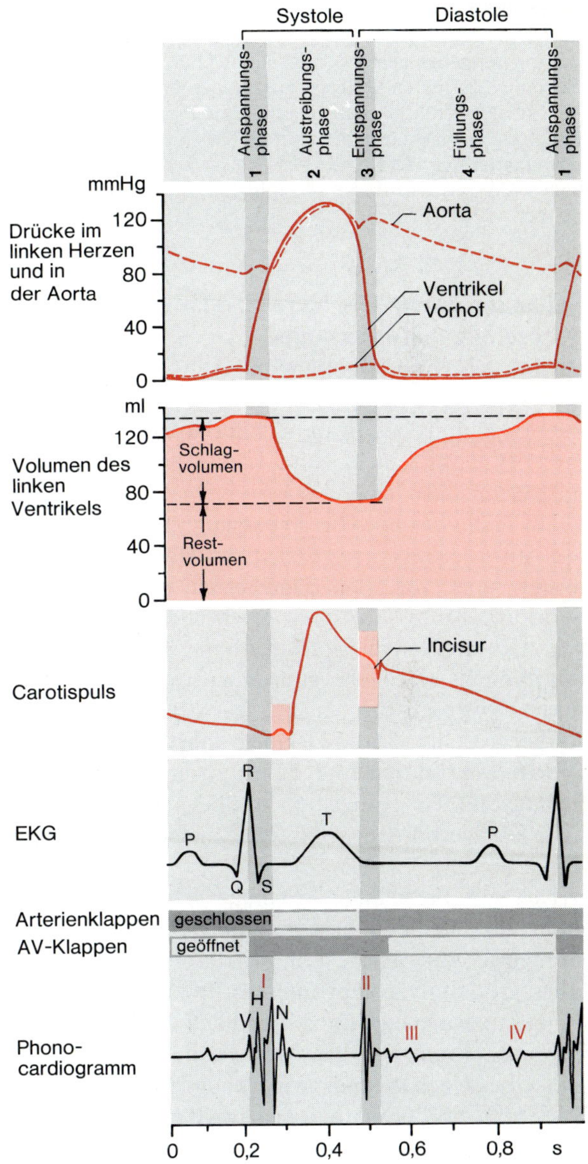

Abb. 4-11. Zeitliche Zuordnung einiger Meßgrößen bzw. Vorgänge zu den Aktionsphasen des linken Herzens: 1. Anspannungsphase. 2. Austreibungsphase. 3. Entspannungsphase. 4. Füllungsphase. Die grauen Querbalken im mittleren Teil des Diagramms markieren die Dauer des Verschlusses der betreffenden Klappen. Rote römische Zahlen kennzeichnen den 1. bis 4. Herzton. Der I. Herzton besteht aus den Segmenten V, H, N. (Aus Antoni in [7])

meisten Fällen von selbst. Erwähnt werden sollte aber, daß sowohl die linke wie die rechte Herzkammer sich bei Kontraktion nicht völlig entleeren, sondern daß ein **Restvolumen** zurückbleibt, das in der gleichen Größenordnung wie das Schlagvolumen, also jeweils bei ca. 70 ml liegt. Das Herz ist also am Ende der Austreibungsphase immer noch etwa „zur Hälfte“ gefüllt.

Vergleich des linken mit dem rechten Herzen. Die in Abb. 4-11 für das linke Herz dargestellten Aktionsphasen laufen in ähnlicher Weise auch am rechten Herzen (*kleiner Kreislauf* oder *Lungenkreislauf*) ab. Wegen des geringeren Gefäßwiderstandes im Lungenkreislauf kommt das rechte Herz jedoch mit wesentlich kleineren Drücken aus. In der Arteria pulmonalis beträgt der systolische Druck ca. 20 mm Hg, der diastolische Druck ca. 8 mm Hg und der mittlere Druck ca. 13 mm Hg. Da also **vom rechten Herzen sehr viel weniger Druckarbeit als vom linken** gefordert wird, ist seine Muskelwand entsprechend dünner.

Selbstanpassung des Herzmuskels an wechselnde Anforderungen (Frank-Starling-Mechanismus)

Das Herz muß bei anstrengender Arbeit etwa 5 mal mehr Blut mit einem rund 1,5mal höheren Druck auswerfen, also etwa $5 \times 1{,}5 = 7{,}5$mal mehr Arbeit als in Ruhe leisten. Die **Anpassung** an diese erhöhten Anforderungen wird teils vom **Herzen selbst** geleistet, teils von den **Herznerven gesteuert**. Die Selbstanpassung läuft über einen ebenso einfachen wie wirkungsvollen Mechanismus: Wird das Herz durch einen erhöhten venösen Zustrom stärker gefüllt, so werden die Muskelfasern der Herzwände stärker gedehnt. Diese **Dehnung führt zu einer kräftigeren Kontraktion** und damit zu einem größeren Schlagvolumen (Einzelheiten über die Bereitstellung eines erhöhten „venösen Angebots“ im nächsten Kapitel).

Das mit konstanter Frequenz schlagende Herz kann also aus sich heraus, **autoregulatorisch**, eine vermehrte diastolische Füllung durch den Auswurf eines größeren Schlagvolumens bewältigen. Dieser Anpassungsmechanismus wird nach seinen Entdekkern als **Frank-Starling-Mechanismus** bezeichnet. Derselbe Mechanismus wird auch aktiviert, wenn das Herz eine **erhöhte Druckarbeit** zu leisten hat, weil der Widerstand der Kreislaufgefäße gestiegen ist (dies kommt akut bei einer plötzlichen Zunahme des sympathischen Tonus vor, chronisch bei einer ausgedehnten Arteriosklerose und damit Verengung der Gefäße). In diesem Fall kann das Herz bei einer gegebenen Füllung gegen den hohen Widerstand nur ein kleines Schlagvolumen auswerfen. Es bleibt Schlag für Schlag mehr Restblut im Herzen zurück, womit das Herz wie oben stärker gedehnt und damit zu einer höheren Arbeitsleistung, in diesem Fall zu höherer Druckarbeit (bei normalem Schlagvolumen) gebracht wird.

Ursache des Frank-Starling-Mechanismus. Der Grund für die mit zunehmender Füllung des Herzens zunehmende Kontraktionskraft liegt in erster Linie in der Anordnung der für die Kontraktion verantwortlichen Eiweißmoleküle **Actin** und **Myosin** in den Herzmuskelzellen. Wie bei der Besprechung des Skeletmuskels ausführlich dargelegt wird (S. 269 ff.), sind diese beiden Moleküle miteinander überlappend verzahnt (vgl. Abb. 15-1, S. 269) und verschieben sich bei der Kontraktion teleskopartig gegeneinander. Bei einer mittleren Vordehnung ist die Überlappung optimal, d. h. dann wird die maximale Kraft entwickelt. Bei geringerer Dehnung (kleine Füllung des Herzens) und bei zu großer Dehnung (Überdehnung des insuffizienten Herzens) nimmt die Kontraktionskraft wieder ab.

Physiologische Rolle des Frank-Starling-Mechanismus. Der Frank-Starling-Mechanismus wurde an isolierten Herzen (ohne Innervation) erforscht. Wäre er auch am intakten Herzen *in situ* der alleinige Mechanismus zur Veränderung der Kontraktionskraft, dann wäre zu erwarten, daß ein leistungsfähiges Herz in Ruhe klein ist und sich bei Belastung in Anpassung an den vermehrten venösen Zustrom vergrößert. Genau das Umgekehrte ist jedoch der Fall! Läßt man z. B. gesunde Versuchspersonen auf einem Fahrradergometer körperliche Arbeit verrichten, so kann man gleichzeitig auf dem Röntgenschirm eine deutliche enddiastolische und endsystolische *Verkleinerung* des Herzschattens beobachten. Diese Anpassung erfolgt unter dem Einfluß des *Sympathikus* und beruht auf einer von der Vordehnung unabhängigen Steigerung der kontraktilen Kraft des Herzmuskels (positiv inotrope Wirkung des Sympathikus, siehe unten).

Von den regulatorischen Möglichkeiten des Frank-Starling-Mechanismus wird aber auch *in situ* Gebrauch gemacht, nämlich dann, wenn Füllungsänderungen eintreten, ohne daß eine generelle Aktivitätssteigerung vorliegt. Dies gilt insbesondere für die **gegenseitige Abstimmung der Förderleistung beider Kammern**. Da diese mit gleicher Frequenz schlagen, kann diese Abstimmung (S. 57, 58) nur über das Schlagvolumen erfolgen. Andere Beispiele sind: Änderungen der Körperstellung, die den venösen Rückstrom beeinflussen, akute Vergrößerung des zirkulierenden Blutvolumens (Transfusion) oder Erhöhung des peripheren Widerstandes. Auch bei pharmakologischer Ausschaltung der Sympathicuswirkung durch Beta-Sympatholytica („Beta-Blokker“) und am transplantierten Herzen bleiben die autoregulatorischen Mechanismen erhalten und fallen dann stärker ins Gewicht.

Einfluß der Herznerven auf die Herzleistung

Das Herz wird sowohl afferent (sensibel) wie efferent (vegetativ-motorisch) innerviert. Bei der **afferenten Innervation** handelt es sich einmal um *Mechanoreceptoren* (Afferenzen im Vagusnerv), die insbesondere die Dehnung der Vorhofwände, also die *Füllung der Vorhöfe* messen (diese Information wird bei der Kreislaufregelung verwendet), zum anderen um *Nociceptoren* (Afferenzen in den sympathischen Herznerven), die für die Übermittlung von Herzschmerzen verantwortlich sind (s. die entsprechenden Abschnitte im Kap. 18, S. 347 und 356). Auf die efferente Innervation, die aus dem vegetativen (autonomen) Nervensystem stammt, wird im folgenden näher eingegangen [20].

Sympathische Innervation. Die für eine Zunahme des Herzzeitvolumens ebenfalls notwendige **Erhöhung der Herzfrequenz** (*positiv chronotrope Wirkung*) wird nicht über eine Selbstanpassung des Sinusknotens, sondern durch die *sympathischen Herznerven* bewirkt (Abb. 4-12). Diese setzen bei ihrer Erregung den Überträgerstoff **Noradrenalin** frei, der das Schrittmacherpotential intensiviert und damit schneller an die Schwelle für ein Aktionspotential heranführt (Abb. 4-12 B; zum Mechanismus der Überträgersubstanzfreisetzung an den Nervenendigungen siehe S. 221).

Das Noradrenalin hat noch eine zweite wichtige Wirkung auf das Herz: es **erhöht**, ähnlich wie Digitalis (S. 63), die **Kraft der Kontraktion**. Diese erhöhte Kontraktionskraft kann sowohl zur Erhöhung des Schlagvolumens als auch des Blutdruckes genutzt werden.

Als **Mechanismus der positiv inotropen Wirkung** des *Sympathicus* und seiner Überträgerstoffe *Noradrenalin* und (in geringer Menge) *Adrenalin* ist eine Verstärkung des langsamen Ca^{2+}-Einwärtsstroms **(Erhöhung der Ca^{2+}-Leitfähigkeit)** experimentell gut gesichert. Sie erklärt die Steigerung der Kontraktionskraft durch Intensivierung der elektromechanischen Kopplung (siehe auch S. 62). Noch nicht eindeutig geklärt ist der **Mechanismus der positiv chronotropen Wirkung** des Sympathicus. Am

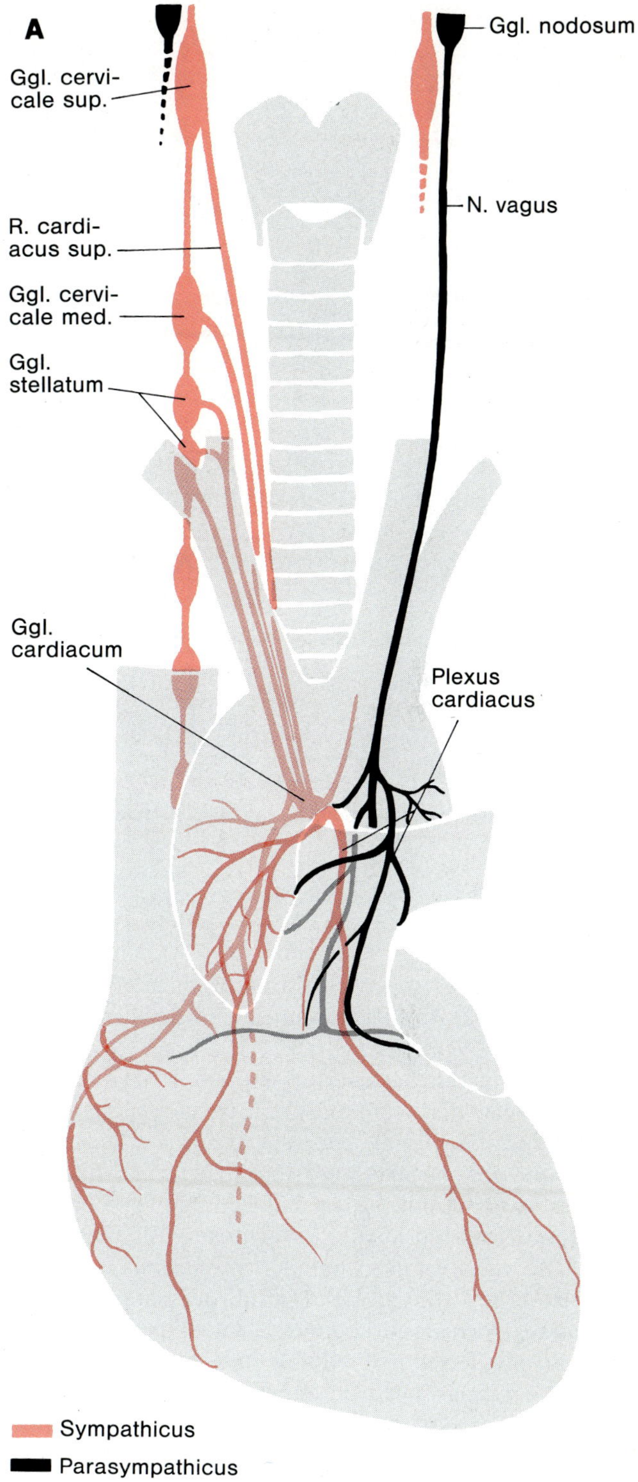

Abb. 4-12. Nervale Beeinflussung der Herzaktion. **A** Efferente Innervation des Herzens in schematischer Darstellung. Infolge der unterschiedlichen Verteilung sympathischer und parasympathischer Efferenzen auf Vorhöfe und Ventrikel differieren die nervalen Wirkungen in den verschiedenen Herzabschnitten. **B-D** (S. 72) Charakteristische Wirkung der efferenten vegetativen Herznerven bzw. ihrer Überträgerstoffe auf die Aktionspotentiale von Sinusknoten **(B)**, AV-Knoten **(C)** und Vorhofmyokard **(D)**. Beim Vorhofmyokard ist außerdem noch das Verhalten der isometrischen Kontraktion dargestellt. Die Sympathicuswirkung auf das Ventrikelmyokard gleicht der Wirkung auf den Vorhof. Der Vagus besitzt dagegen keinen oder nur geringen Einfluß auf die Ventrikelmuskulatur (siehe A). (B-D aus Antoni in [7])

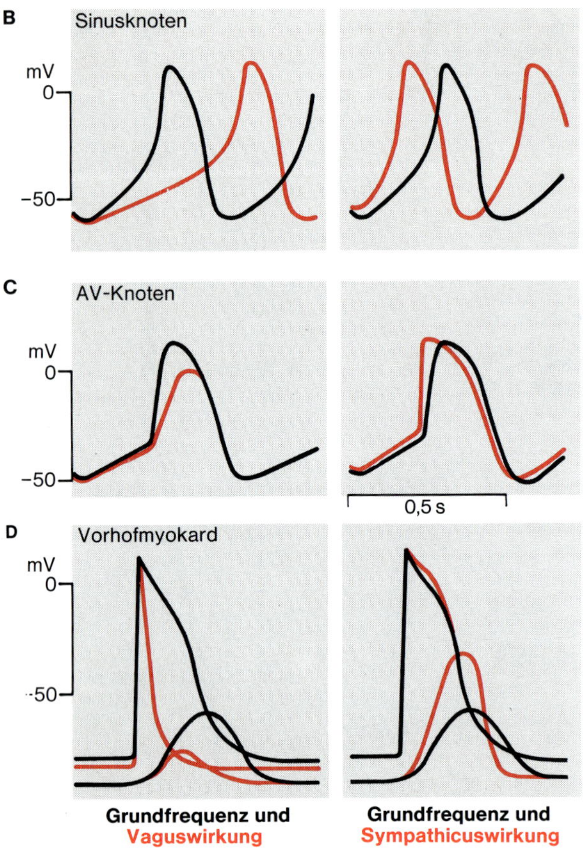

Abb. 4-12 B-D (Legende s. S. 71)

Sinusknoten handelt es sich möglicherweise um eine Verstärkung des langsamen Einwärtsstromes der Natriumionen (siehe S. 60).

Parasympathische Innervation (Abb. 4-12). Der Gegenspieler der sympathischen, frequenzsteigernden Herznerven sind die *parasympathischen Herznervenfasern* des **Vagusnerven**. Ihre Überträgersubstanz, das **Acetylcholin**, senkt die Herzfrequenz **(negativ chronotrope Wirkung)**. Tatsächlich ist es normalerweise in Ruhe (also wenn der Organismus keine Arbeit leistet) so, daß der Einfluß der parasympathischen Herznerven überwiegt. Schneidet man nämlich alle Herznerven durch (oder verhindert man die Wirkung ihrer Überträgersubstanzen durch entsprechende „blockende" Pharmaka), steigt die Ruheherzfrequenz an. Das Herz ist also *in Ruhe* unter dem dauernden dämpfenden Einfluß der vagalen, parasympathischen Herznerven.

Den chronotropen Wirkungen des *Vagusnerven* und seiner Überträgersubstanz *Acetylcholin* liegt als **Wirkmechanismus** eine **Erhöhung der K^+-Leitfähigkeit** der erregbaren Membranen zugrunde. Ein solcher Einfluß äußert sich generell in der Tendenz des Membranpotentials, sich dem Wert des K^+-Gleichgewichtspotentials (S. 201) anzunähern, also einer Depolarisation entgegenzuwirken. Dies bewirkt sowohl eine Abflachung der langsamen diastolischen Potentiale im Sinusknoten (Abb. 4-12 B) als auch die in der Abbildung sichtbare *Verkürzung der Aktionspotentialdauer* im Vorhofmyokard. Letztere wiederum ist über einen verminderten Einstrom von Calciumionen für die Abnahme der Kontraktionskraft der Vorhöfe (*negativ inotrope Wirkung*) verantwortlich. (Am Kammermyokard ist eine negativ inotrope Wirkung des Vagus unter normalen Bedingungen nicht nachweisbar.)

Anpassung des Herzens an langdauernde Belastungen, Herztraining

Vorteile der Volumenarbeit, Wirkungsgrad des Herzens. Auf den ersten Blick erscheint es gleichgültig, ob eine bestimmte Auswurfleistung des Herzens, also in Ruhe z. B. 5 l/min, von einem langsam schlagenden Herzen (50 Schläge pro Minute) mit einem hohen Schlagvolumen oder, umgekehrt, von einem schnell schlagenden Herzen (100 Schläge pro Minute) mit entsprechend kleinem Schlagvolumen gefördert wird ($50 \times 100 = 100 \times 50$). Der **Energieverbrauch** des Herzens ist aber im ersten Fall (geringe Herzfrequenz, hohes Schlagvolumen) wesentlich geringer als im zweiten. Mit anderen Worten, die Pumpe Herz fördert ein bestimmtes Herzzeitvolumen um so **wirkungsvoller, je größer das Schlagvolumen** und **je geringer die Herzfrequenz** ist. Wie jeder andere Motor auch, haben die Herzmuskelfasern nämlich einen Arbeitsbereich, bei dem sie am effektivsten arbeiten, also die zugeführte Energie am besten (mit optimalem Wirkungsgrad) ausnutzen. Bei Automotoren ist dies der Drehzahlbereich, bei dem das höchste Drehmoment abgegeben wird. Beim Herzen ist der **Wirkungsgrad** um so besser, je geringer für ein gegebenes Herzzeitvolumen die Frequenz und je höher das Schlagvolumen ist [13, 19, 21].

Es ist also energetisch am günstigsten, immer mit einer möglichst geringen Herzfrequenz zu arbeiten. Ein bis ins hohe Alter erfolgreicher Weg, das Herz in Ruhe und Arbeit im optimalen niederfrequenten Arbeitsbereich zu halten, ist ein **regelmäßiges Ausdauertraining**. Ein solches Training, z. B. ein täglicher Dauerlauf von 10 min, hat neben seiner frequenzsenkenden noch eine zweite wichtige Wirkung auf das Herz: es regt das Herz zu einer Vergrößerung seiner Muskelfasern an, wodurch sich sowohl Inhalt wie Umfang als auch die Kontraktionskraft des Herzens erhöhen.

Wirkungen des Ausdauertrainings. Ein ausgeprägtes Sportherz wiegt etwa 500 g, das Herz eines untrainierten Erwachsenen etwa 300 g (Abb. 4-13 A). Je größer das Herz durch Training wird, desto geringer wird seine Frequenz bei Ruhe (Abb. 4-14 A) und bei körperlicher Arbeit (Abb. 4-14 B), wobei in Ruhe bei Frauen dieser Zusammenhang eher noch ausgeprägter als bei Männern ist. Auch bei einem schon vortrainierten Dauerleistungssportler sinkt im Verlauf einer Trainingsperiode die Herzfrequenz noch über Monate langsam ab (rote Kurve in Abb. 4-13 B). Zusätzlich **sinkt** bei Ausdauertraining der **systolische** und damit auch der **mittlere Blutdruck** (schwarze Kurve in B). Die Druckarbeit des Herzens (S. 67) wird durch Ausdauertraining daher ebenfalls geringer.

Eine Abnahme der Herzfrequenz bedeutet auch, daß die Diastole (Erschlaffungs- und Füllungszeit) relativ zur Systole (Anspannungs- und Kontraktionszeit) immer länger wird. Die **Durchblutung des Herzmuskels** wird dadurch entscheidend verbessert, denn nur während der Diastole kann Blut durch die Capillaren zwischen den Herzmuskelfasern fließen (Abb. 4-13 A). Während der Systole werden die Capillaren dagegen durch die Kraft der Kontraktion praktisch völlig zusammengepreßt (vgl. Abb. 5-11 B, S. 92). Zum höheren Wirkungsgrad, also der besseren Ausnutzung des Sauerstoffs und der Nährstoffe, kommt bei niedriger Herzfrequenz also noch der Vorteil eines durch die erhöhte Durchblutung verbesserten Angebots.

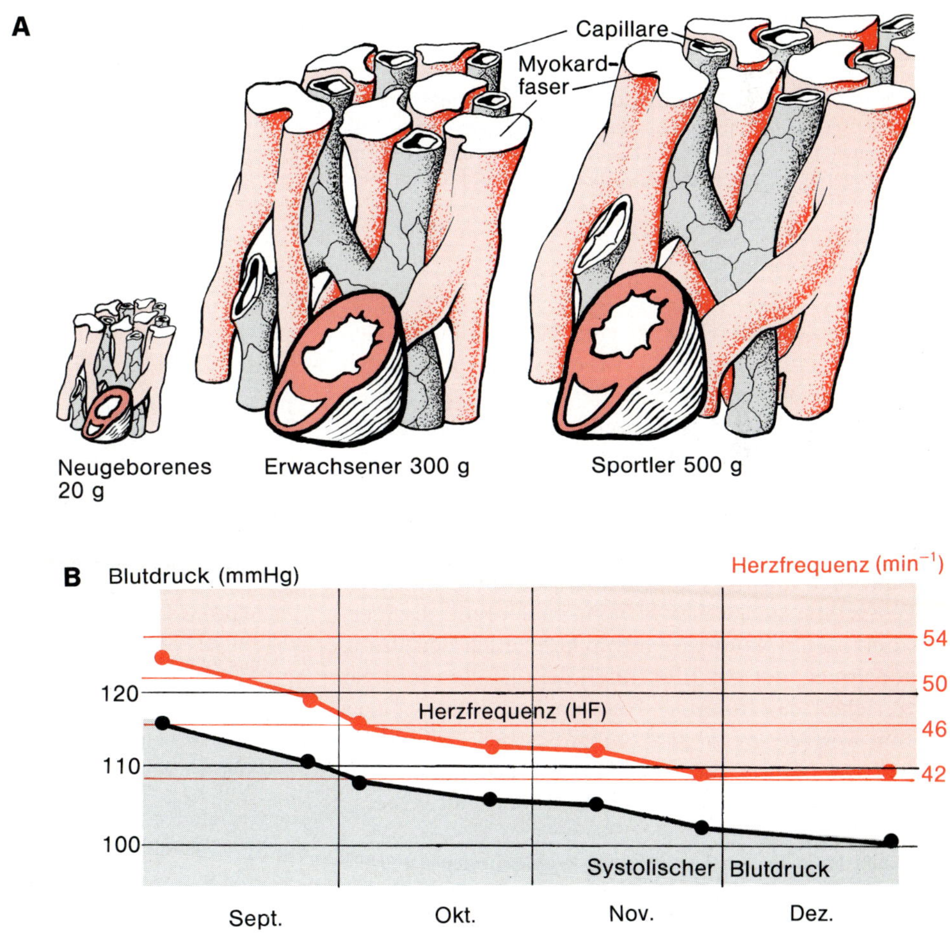

Abb. 4-13. Arbeitsweise des trainierten und des untrainierten Herzens. **A** Schema zur Veranschaulichung des natürlichen Herzwachstums und der Ausbildung des Sportherzens (nach Linzbach). Das Herz wird größer, weil die einzelnen Herzmuskelzellen an Dicke und Länge zunehmen. Man beachte, daß jede Muskelfaser ihre eigene Blutcapillare besitzt. Im frühen Säuglingsalter sind die Muskelfasern so dünn, daß zwei Fasern von je einer Capillare versorgt werden können. **B** Abnahme der Herzfrequenz (*rote Kurve* und *rotes Koordinatensystem* mit den rechten Ordinatenwerten) und des systolischen Blutdruckes *(schwarz, linke Ordinatenskala)* bei einem Leistungssportler im Verlauf einer viermonatigen zusätzlichen Trainingsperiode (nach Prokop)

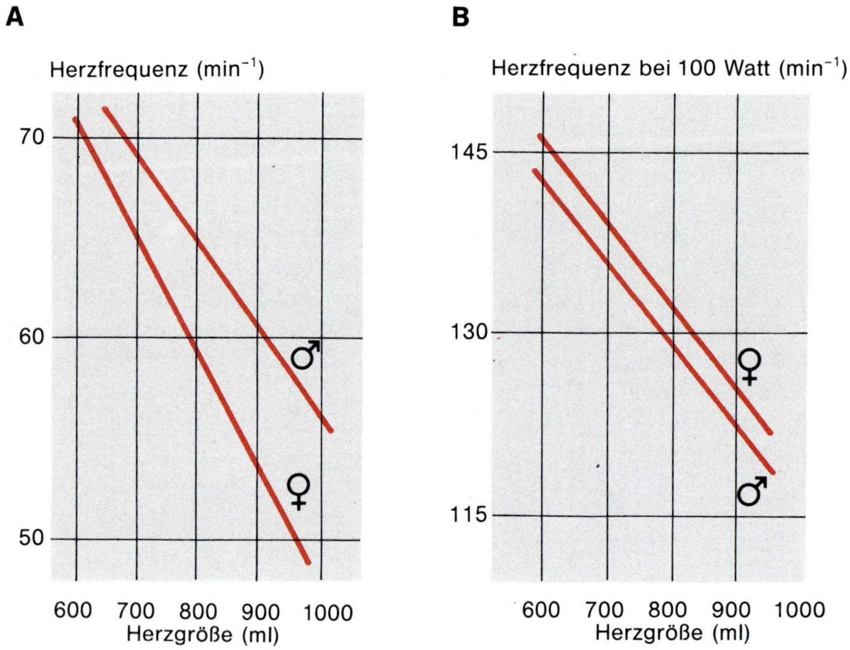

Abb. 4-14. Schlagfrequenzen des Herzens in Ruhe und bei Belastung in Abhängigkeit vom Geschlecht und vom Trainingszustand. **A** Das Verhalten der Ruheherzfrequenz mit zunehmender Sportherzbildung bei Männern (♂) und bei Frauen (♀). Die Herzgrößen beziehen sich auf das mit Blut gefüllte Herz. **B** Das Verhalten der Herzfrequenz bei leichter körperlicher Arbeit (100 Watt pro Minute) mit zunehmender Sportherzbildung bei Männern und bei Frauen (nach Israel)

Ein trainiertes Herz ist einem untrainierten also doppelt überlegen. Dies ist ein lebenslanger, bei schon verengten Herzgefäßen (den sogenannten **Herzkranz-** oder **Coronargefäßen**, da sie kranzförmig um das Herz laufen) oft ein lebensrettender und -verlängernder Vorteil, der nicht hoch genug bewertet werden kann. Dazu kommt, wie schon erwähnt, daß im Verlauf des Ausdauertrainings der Blutdruck absinkt (Abb. 4-13 B), da die peripheren Blutgefäße sich weiter öffnen: ihr Durchflußwiderstand nimmt damit ab, und so kann auch der Druck abnehmen, der das Blut durch die Gefäße preßt. So verrichtet das **trainierte Herz** im Laufe eines Tages eine *wesentlich geringere, im günstigsten Fall nahezu halbierte Arbeit*, die es außerdem **bei gutem Wirkungsgrad** und **optimalem Nährstoffangebot** leistet.

Minimales und optimales Herz- und Kreislauftraining. Für die meisten Menschen steht ein intensives Ausdauertraining, das zu einem ausgeprägten Sportherzen führt, nicht zur Diskussion. Die Sportphysiologie hat aber eindeutig nachweisen können, daß schon relativ *bescheidene körperliche Dauerleistungen* die meisten Nachteile des Bewegungsmangels der modernen Lebensführung verhindern und eine *gute körperliche Leistungsfähigkeit bis ins hohe Alter erhalten* können. Als Quintessenz dieser Untersuchungen kann festgehalten werden: Gesunde männliche und weibliche Personen zwischen dem 20. und dem 50. Lebensjahr sollten dafür sorgen, daß ihr Pulsschlag täglich durch Laufen (einfachste und natürlichste Bewegungsart), Radfahren, Schwimmen oder ähnliche Ausdauersportarten **für mindestens 10 min bei 130-150/min liegt** (dies bedeutet, daß sie für diese Zeit 50-70% ihrer maximalen körperlichen Leistungsfähigkeit in Anspruch nehmen).

Für gesunde Personen jenseits des 50. Lebensjahres gilt die Faustregel: *180 minus Lebensalter in Jahren gleich Mindest-Trainingspulsfrequenz* (bei 60 Jahren also 120/min, bei 70 Jahren 110/min etc.). Anstelle der 10 minütigen kann auch eine zweimalige 5 minütige Belastung täglich vorgenommen werden. Bei kürzeren Belastungen kommt es zu keinem Trainingseffekt. Ideal wäre ein täglich 30 minütiges Training, das aber für Sportungewohnte und fest in den Alltag eingespannte Menschen kaum realisierbar erscheint. Kann das Training nicht täglich erfolgen, so heißt die Regel: zumindest so oft wie möglich in der Woche trainieren. Ein **tägliches Kurztraining** ist aber **weit wirkungsvoller** als ein **Langzeittraining am Wochenende**. Besteht beispielsweise nur dreimal in der Woche eine Trainingsgelegenheit, so muß schon 30 - 45 min trainiert werden, um den gleichen Effekt wie bei dem oben skizzierten täglichen 10-min-Training zu erzielen.

Persönliche und gesellschaftliche Vorteile des Ausdauertrainings. Die Vorteile eines leichten, aber wirkungsvollen Ausdauertrainings reichen weit über die ohnehin kurz- und langfristig segensreichen Absenkungen der Herzfrequenz und des Blutdrucks hinaus (darüber mehr auf S. 94). Hier sei nur daran erinnert, daß jeder zweite Todesfall in unserer Republik (und vor allem viele unzeitgemäß frühe Tode) auf eine Herz-Kreislauf-Erkrankung zurückzuführen ist. Die aus solchen Erkrankungen resultierenden Kosten beliefen sich allein 1976 auf etwa 40 Milliarden DM. Es ist sehr wahrscheinlich, daß ein nennenswerter Prozentsatz dieser Kosten eingespart würde, wenn die meisten Menschen nach dem 30.-40. Lebensjahr ein regelmäßiges körperliches Minimal-Ausdauertraining betrieben.

4.5 Literatur

Weiterführende Lehr- und Handbücher

1. BERNE, R. M., SPERELAKIS, N., GEIGER, S. R. (eds.): Handbook of Physiology., Section 2: The Cardiovascular System. Vol. I. The Heart, Bethesda: Amer. Physiol. Soc. 1979
2. FLECKENSTEIN, A.: Calcium Antagonism in Heart and Smooth Muscle - Experimental Facts and Therapeutic Prospects. New York, Chichester, Brisbane, Toronto, Singapore: Wiley-Interscience Publ. 1983
3. HEINECKER, R.: EKG-Fibel, Stuttgart: Thieme 1973

3a. HIERHOLZER, K., SCHMIDT, R. F. (Hrsg.): Pathophysiologie des Menschen. Weinheim: *edition medizin* der VCH Verlagsgesellschaft, 1991

4. KRAYENBÜHL, H. P., KÜBLER, W. (Hrsg.): Kardiologie in Klinik und Praxis. Stuttgart, New York: Thieme 1981
5. NOBLE, D.: The Initiation of the Heart Beat. Oxford: Clarendon Press 1979
6. REINDELL, H., ROSKAMM, H. (Hrsg.): Herzkrankheiten, Pathophysiologie, Diagnostik und Therapie. Berlin, Heidelberg, New York: Springer 1982
7. SCHMIDT, R. F., THEWS, G. (Hrsg.): Physiologie des Menschen, 23. Aufl.: Berlin, Heidelberg, New York, Tokyo: Springer 1987
8. THEWS, G., VAUPEL, P.: Grundriß der vegetativen Physiologie: Berlin, Heidelberg, New York: Springer 1981
9. TRAUTWEIN, W., GAUER, O. H., KOEPCHEN H. P.: Herz und Kreislauf. In: Gauer, Kramer, Jung (Hrsg.): Physiologie des Menschen, Bd. 3. München, Berlin, Wien: Urban & Schwarzenberg 1972
10. WEIDMAN, S.: Elektrophysiologie der Herzmuskelfaser. Bern: Huber 1956

Einzel- und Übersichtsarbeiten

11. ANTONI, H.: Physiologie und Pathophysiologie der elementaren Myokardfunktionen. In: (6) pp. 42 (1982)
12. ANTONI, H.: Auslösung und Beseitigung von Herzkammerflimmern durch elektrischen Strom. Funkt. Biol. Med. *1*, 39 (1982)
13. BASSENGE, E.: Physiologie der Koronardurchblutung. In: Roskamm, H. (Hrsg.): Handbuch d. inneren Medizin, Bd. IX/3. Berlin, Heidelberg, New York, Tokyo: Springer 1984
14. BRETSCHNEIDER, J. J., HELLIGE, G.: Pathophysiologie der Ventrikelkontraktion - Kontraktilität, Inotropie, Suffizienzgrad und Arbeitsökonomie des Herzens. Verh. Dtsch. Ges. Kreislaufforsch. *42*, 14 (1976)
15. GLITSCH, H. G.: Electrogenic Na pumping in the heart. Ann. Rev. Physiol. *44*, 389 (1982)
16. HELLIGE, G: Koronardurchblutung. In: (4) pp. 8.1 (1981)
17. JACOB, R., GÜLCH, R., KISSLING, R., RAFF, U.: Muskelphysiologische Grundlagen für die Beurteilung der Leistungsfähigkeit des Herzens. Z. Inn. Med. *28*, 1 (1973)
18. NOBLE, D.: The surprising heart: A review of recent progress in cardiac electrophysiology. J. Physiol. (Lond.) *353*, 1 (1984)
19. SCHRADER, J.: Sites of action and production of adenosine in the heart. In: Burnstock, G. (ed.): Purinergic Receptors, pp. 120. London: Chapman & Hall 1981
20. SELLER, H.: Nervöse Regulation der Herztätigkeit. In: (4) pp. 10.1 (1981)
21. SPIEKERMANN, P. G.: Myokardstoffwechsel. In: (4) pp. 9.1 (1981)
22. TRAUTWEIN, W.: Membrane currents in cardiac muscle fibres. Pysiol. Rev. *53*, 793 (1973)
23. TRAUTWEIN, W., ISENBERG, G.: Elektrophysiologie des Herzens. In: (4) pp. 6.1 (1981)
24. WEIDMANN, S.: Erregungsausbreitung. Bull. Schweiz. Akad. Med. Wiss. *31*, 9 (1975)

5 Aufgaben des Blutkreislaufs

5.1 Arterieller und venöser Kreislauf im Überblick

Verteilung des Blutes auf die Teilkreisläufe

So banal es klingt: die wichtigste Eigenschaft des Kreislaufsystems ist seine *Geschlossenheit.* Das heißt, wenn eine bestimmte Menge Blut durch das Herz gepumpt wird, so muß diese gleiche Menge auch durch alle übrigen Abschnitte des Kreislaufs fließen. Oder, wenn Blut aus einem Kreislaufabschnitt in einen anderen verschoben wird, dann muß letzterer sich entsprechend ausweiten, es sei denn, es geht Blut durch eine Verletzung verloren. Diese Zusammenhänge werden durch Abb. 5-1 A dargestellt. Das Blut verteilt sich auf die **zwei Teilkreisläufe** des Organismus, den **Körper-** und den **Lungenkreislauf**. In der Abbildung sind alle *Arterien* jedes Teilkreislaufes zu einem einzigen, dehnbaren Gefäß zusammengefaßt, ebenso die *Venen,* die durch jeweils noch größere und noch dehnbarere Gefäße symbolisiert sind. Die *Arteriolen* (das sind die feinen Arterien in den einzelnen Organen) und die *Capillaren* (das sind die Haargefäße in den Geweben, durch deren Wände der Stoffaustausch stattfindet, siehe S.41) sind als dünne Verbindungen zwischen Arterien und Venen eingezeichnet. Die Größe der Gefäßräume spiegelt die ungefähre Verteilung des Gesamtblutvolumens von rund 5 l (S.38) auf die einzelnen Gefäßabschnitte wider. Über die Hälfte des Blutes findet sich in den Venen, nur knapp ein Fünftel in den großen Arterien (siehe dazu die genaue Aufstellung in Abb. 5-1 B).

Von der Hauptschlagader des Körpers, der **Aorta**, zweigen sich zahlreiche Arterien ab, um die verschiedenen **Teilkreisläufe des Organismus** entsprechend den Bedürfnissen der jeweiligen Organe zu versorgen. Wie diese Verteilung des Blutstromes auf die einzelnen Organe bei einem ruhenden Organismus aussieht, zeigt Abb. 5-2 B. Es fällt auf, daß unter diesen Bedingungen die Skeletmuskulatur, die über 50% des Körpergewichts ausmacht (S.268), nur rund ein Fünftel des Blutstromes in Anspruch nimmt, nicht mehr als die Nieren, die beide zusammen nur 300 g wiegen und doch von 20% des Ruhe-Herzminutenvolumens, also von rund 1 l Blut pro Minute, durchflossen werden.

Das vom Inhalt her große Venensystem des Körpers wird auch als **Dehnungssystem** des Kreislaufs bezeichnet, da es große Blutmengen speichern und bei Bedarf wieder abgeben kann, ohne daß sich wegen der leichten Dehnbarkeit der Gefäßwände der venöse Druck wesentlich ändert. Die arteriellen Gefäße faßt man dagegen als **Widerstandssystem** zusammen, da sie dem Blutstrom wegen ihres engen Durchmessers einen relativ hohen Widerstand entgegensetzen s. unten) [2, 3, 4, 10, 12, 17,19].

Flußwiderstände, Drücke und Strömungen im Kreislauf

Durch die großen Gefäße fließt das Blut leicht hindurch. Die **Arteriolen** und **Capillaren** setzen aber *wegen ihres kleinen Durchmessers* dem Blutstrom einen **großen Widerstand** entgegen, der nur durch einen entsprechend hohen Blutdruck auf der arteriellen Seite überwunden werden kann. Dieser liegt, wie im vorhergehenden Kapitel schon erwähnt, im Körperkreislauf im Mittel bei 100 mm Hg. Im Lungenkreislauf wird dagegen nur ein mittlerer Blutdruck von 15 mm Hg benötigt, um das Blut durch die Lungencapillaren zu drücken (aus diesem Grund ist die Wandstärke der rechten Herzkammer viel dünner als die der linken; bei gleicher Volumenarbeit braucht sie nur rund 15% der Druckarbeit der linken Kammer zu leisten).

Die aus den stark unterschiedlichen Gefäßwiderständen (siehe die prozentualen Angaben in Abb. 5-1 B) sich ergebende **Druckverteilung im Gesamtkreislauf** ist in Abb. 5-3 zu sehen: Der Druck in der linken Herzkammer schwankt zwischen nahezu 0 mm Hg (Füllung des Herzens in der Diastole) und 120 mm Hg (Systole), der in der Aorta und den Arterien zwischen dem systolischen und dem diastolischen Wert (120/80 mm Hg). In den Arteriolen und Capillaren sinkt der Blutdruck rasch ab.

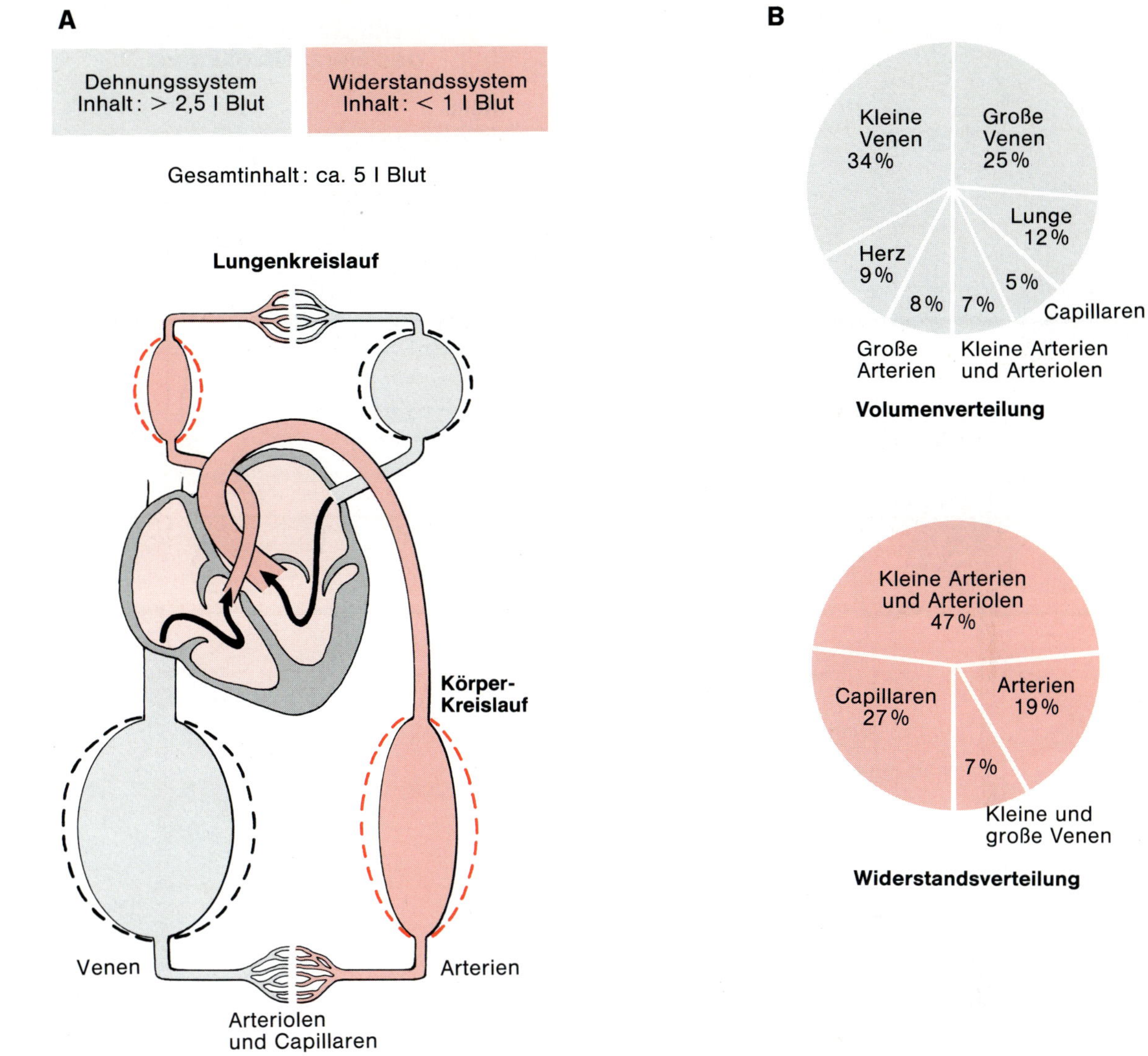

Abb. 5-1. Verteilung des Blutes auf den Körper- und den Lungenkreislauf (großer und kleiner Kreislauf) und dort auf die einzelnen Kreislaufabschnitte. **A** Verteilung des Blutes auf das Dehnungssystem und das Widerstandssystem. Die Venengefäße (Dehnungssystem) sind *grau* zusammengefaßt, alle übrigen Gefäßabschnitte (Widerstandssystem) sind *hellrot* unterlegt. Die *gestrichelten* Umfangslinien zeigen das mögliche Ausmaß von Blutverschiebungen zwischen den einzelnen Abschnitten und Systemen an (nach Guyton). Die genauen Prozentwerte für die Verteilung der Blutvolumina und der Strömungswiderstände sind in **B** gezeigt

Das rechte Herz baut anschließend in den Lungenarterien einen systolischen Druck von etwa 20 mm Hg auf, der während der Diastole auf etwa 10 mm Hg abfällt. Dieser Druck wird bei der Überwindung des Strömungswiderstandes in den Lungenarteriolen und -capillaren fast völlig verbraucht. In den großen Lungen- wie Körpervenen liegt der Druck also jeweils nur noch wenige mm Hg über Null.

Kontinuitätsgesetz. In einem aus verschieden weiten Röhren zusammengesetzten System ist die Stromstärke unabhängig vom Querschnitt der einzelnen Röhren in jedem beliebigen vollständigen Querschnitt immer konstant. Dieses *Kontinuitätsgesetz* gilt auch für den geschlossenen Blutkreislauf, d.h. auch bei ihm fließt durch jeden seiner Teilabschnitte immer etwa gleich viel Blut (Abb. 5-1 A). Daraus folgt, daß die **Strömungsgeschwindigkeit**, wie bei einem Fluß auch, vom jeweiligen **Querschnitt des Flußbettes** abhängt. Dies ist in Abb. 5-3 dargestellt. Es gibt nur eine Hauptschlagader, die Aorta. Sie hat einen Querschnitt von etwa 4 cm^2. Dagegen teilen sich die Arteriolen und Capillaren schließlich in

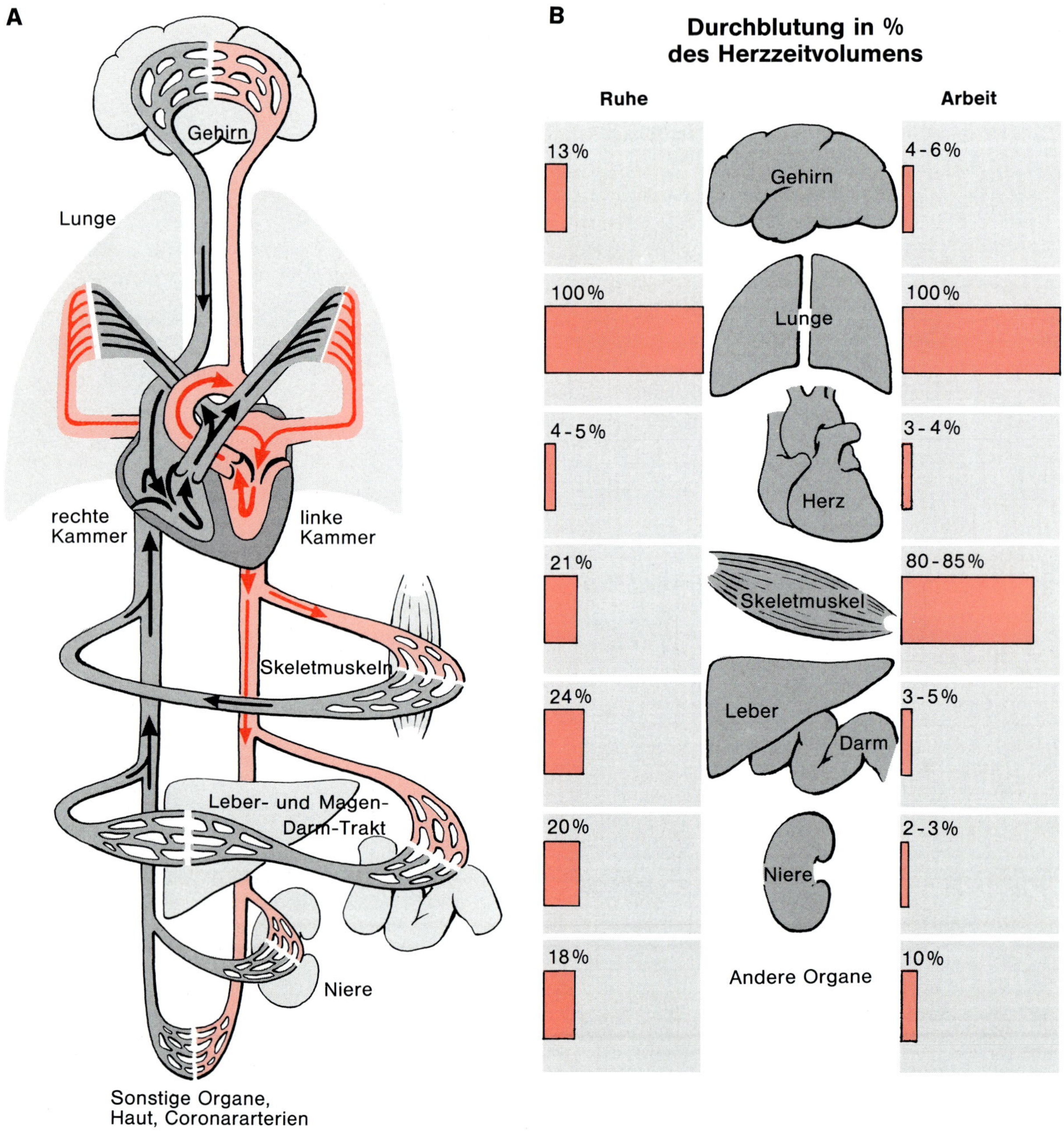

Abb. 5-2. Die wichtigsten Organkreisläufe (Teilkreisläufe) des Menschen und die Verteilung des Herzzeitvolumens in Ruhe und bei Arbeit. **A** Lungenkreislauf („kleiner" Kreislauf) und Organkreisläufe des Körperkreislaufs („großer" Kreislauf) in schematisierter Darstellung. Die Gefäßabschnitte mit sauerstoffgesättigtem, „arteriellen" Blut sind *rot*, die Gefäßabschnitte mit teilweise entsättigtem, „venösem" Blut sind *grau* gezeichnet. Beachte, daß die Lungenarterien „venöses", die Lungenvenen „arterielles" Blut enthalten. **B** Prozentualer Anteil der verschiedenen Organkreisläufe am Herzzeitvolumen in Ruhe *(links)* und bei Arbeit *(rechts)*. Beachte bei der Bewertung, daß das Herzzeitvolumen bei Arbeit erheblich ansteigt, so daß eine prozentuale Verminderung also durchaus mit einer konstanten oder wenig verminderten Durchblutung einhergehen kann

so zahlreiche Äste auf, daß sie sich zu einem Gesamtquerschnitt von über 3000 cm^2 addieren. Entsprechend nimmt die Strömungsgeschwindigkeit bis auf 0,05 cm/s ab. Auch in den kleinen Venen, den **Venolen**, in die die Capillaren münden, ist die Strömungsgeschwindigkeit wegen ihres großen Gesamtquerschnittes noch sehr gering. Erst in den großen Venen, die zum rechten Vorhof ziehen, steigt

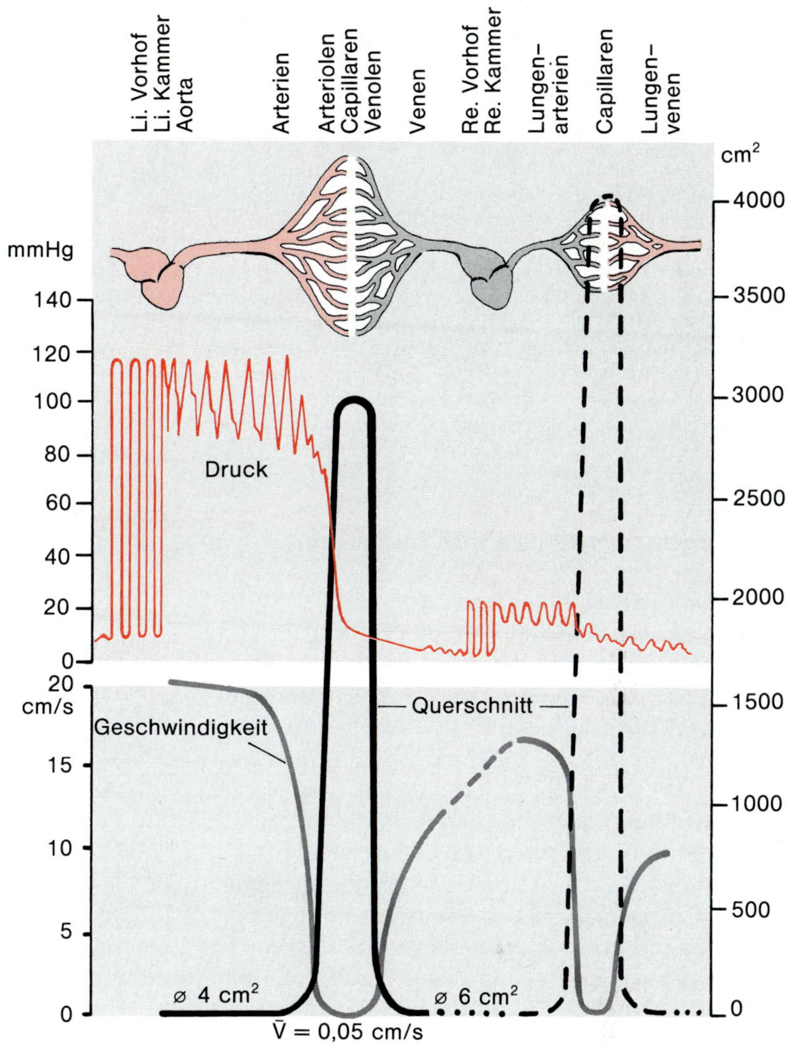

Abb. 5-3. Schematische Darstellung der Beziehungen zwischen Gesamtquerschnitt (*schwarze* ausgezogene und *gestrichelte* Kurven, *rechte Ordinate*), Blutdruck *(rot, linke, obere Ordinate)* und mittlerer linearer Strömungsgeschwindigkeit *(grau, linke untere Ordinate)* im Herz-Kreislauf-System. *Oben* sind die aufeinanderfolgenden Kreislaufabschnitte beginnend mit dem linken Vorhof hintereinander angeordnet. Abschnitte mit sauerstoffreichem, arteriellem Blut sind *rot aufgerastert*, die mit sauerstoffarmen, venösen Blut erscheinen *grau*. In den Capillaren sinkt die Strömungsgeschwindigkeit bis auf 0,05 – 0,03 cm/s ab *(unterer Bildrand)*. Der Durchmesser der Aorta liegt bei 4 cm^2, der der Pulmonalarterien bei 6 cm^2. (Umgezeichnet aus Witzleb in [10]).

die Strömungsgeschwindigkeit wieder auf Werte bis zu 10 cm/s an.

Im **Lungenkreislauf** sind die entsprechenden **Strömungsgeschwindigkeiten** wegen des großen Gesamtquerschnittes der jeweiligen Gefäße **alle etwas geringer** (Abb. 5-3, rechte Hälfte). Dies muß so sein, denn der Gesamtweg des Lungenkreislaufs ist kürzer als der des Körperkreislaufs. Da dennoch die Umwälzzeit in beiden Teilkreisläufen wegen der Geschlossenheit des Gesamtkreislaufs konstant sein muß, fließt der Blutstrom im Lungenkreislauf etwas langsamer.

In der **Aorta**, besonders in deren herznahen Abschnitten, gibt es natürlich **keinen konstanten Blutfluß**, da nur während der Systole Blut aus dem Herzen in die Aorta gepumpt wird. Vielmehr werden beim Auspumpen Spitzengeschwindigkeiten von weit über 100 cm/s erreicht, während in den späten Phasen der Diastole das Blut in der Aorta nahezu stillsteht. Wegen der Elastizität der Gefäßwände und der Trägheit der Blutflüssigkeit wird jedoch die Strömung zur Peripherie hin immer ausgeglichener, so daß in den Capillaren der Stromfluß während Systole und Diastole praktisch konstant ist.

Laminare und turbulente Strömung. Unter physiologischen Bedingungen liegt in nahezu allen Gefäßabschnitten ständig eine **laminare** oder **Schichtenströmung** vor. Die Flüssigkeit strömt dabei in *coaxialen zylindrischen Schichten*, in denen sich alle Teilchen ausschließlich *parallel* zur Gefäßachse bewegen. Die einzelnen Schichten verschieben sich teleskopartig gegeneinander, wobei die unmittelbar der Gefäßwand anliegende Schicht aufgrund der Adhäsion ruht, während sich die zweite gegenüber der ersten, die dritte gegenüber der zweiten Schicht usw. verschiebt, so daß ein **parabolisches Geschwindigkeitsprofil** mit einem Maximum im Axialstrom entsteht. Dabei werden die im Blut befindlichen corpusculären Elemente um so stärker in die Mitte gedrängt, je größer sie sind. Im Axialstrom finden sich daher fast nur Erythrocyten, die sich wie ein kompakter Zylinder in einem weitgehend zellfreien Plasmamantel bewegen. Die mittlere Strömungsgeschwindigkeit der Erythrocyten ist daher zwangsläufig größer als die des Plasmas.

Unter pathophysiologischen Bedingungen kann die energetisch günstige laminare Strömung „verwirbeln", d. h. in eine **turbulente Strömung** übergehen, bei der sich die Flüssigkeitsteilchen nicht nur parallel, sondern auch *quer* zur Gefäßachse bewegen. Solche turbulenten Strömungen treten insbesondere auf, wenn die Strömungsgeschwindigkeit des Blutes zu stark ansteigt (z. B. bei arteriosklerotisch verengten Gefäßen mit starren Wänden) oder wenn die Viskosität des Blutes bei schweren Anämien abnimmt. Turbulente Strömungen belasten das Herz mit zusätzlicher Arbeit. Wenn sie in großen Arterien auftreten, können Strömungsgeräusche auftreten, die mit dem Stethoskop zu hören sind („Nonnensausen" der alten Kliniker).

Die Druckpulswelle und ihre Ausbreitung

Der Druckanstieg in der Aorta während der Systole (normalerweise von 80 auf 120 mm Hg, vgl. die Ausführungen über den Blutdruck und seine Entstehung auf den S. 54 u. 69) pflanzt sich als **Druckpulswelle** rasch über das gesamte arterielle Gefäßsystem fort. Die Pulswelle ist schon nach 0,2 s in den Fußarterien angelangt (ein gleichzeitig aus dem Herzen ausgeworfenes Blutkörperchen ist in dieser Zeit erst 30 cm in der Aorta weitergeschwemmt worden). Die Druckpulswelle wird nämlich *in den Gefäßwänden von Gewebsteilchen zu Gewebsteilchen weitergeleitet*, und zwar um so schneller, je starrer das Gewebe ist. (Diese „Impulsübertragung" kann durch eine Reihe von Kugeln, die an Fäden aufgehängt sind und sich gerade berühren, eindrucksvoll demonstriert werden: Läßt man eine Endkugel auf die Kugelreihe prallen, wird nur die andere Endkugel bewegt.) Eine dünne, altersstarre Arterienwand hat daher eine höhere Pulswellengeschwindigkeit (und eine steilere Pulswelle) als eine große elastische Arterie wie die Aorta (normale Pulswellengeschwindigkeit dort 4–6 m/s).

In einem völlig starren Gefäßsystem könnte keine Energie zur Aufrechterhaltung des Blutdruckes in der Diastole gespeichert werden (vgl. S. 54). Während der Systole müßte daher nicht nur das Schlagvolumen, sondern die gesamte Blutmenge aus dem Stillstand beschleunigt werden. Dies würde wesentlich höhere systolische Drücke erfordern. In der Diastole würden zudem wegen der Massenträgheit des zuvor beschleunigten Blutes negative Drücke mit einem Strömungsstillstand auftreten. Außerdem könnten gleichgroße Stromstärken (Stromzeitvolumina) wie im „elastischen" Kreislauf nur durch höhere Strömungsgeschwindigkeiten während der Systole erreicht werden, die weitere Steigerungen des systolischen Druckes erforderten. Beides, die Vergrößerung der zu beschleunigenden Blutmassen als auch die notwendige Erhöhung der Strömungsgeschwindigkeit, würden für das Herz beträchtliche Mehrbelastungen darstellen.

Pulsqualitäten. Die Druckpulswelle, meist der **Puls** genannt, kann an den oberflächlich liegenden Körperarterien (wie am Hals oder am Handgelenk) leicht getastet werden. Aus seinen **Qualitäten** lassen sich wichtige Informationen über den Zustand des Herz-Kreislauf-Systems herleiten: So kann vor allem durch Zählen des Pulses die Herzfrequenz bestimmt werden; ferner läßt sich damit feststellen, ob das Herz regelmäßig oder unregelmäßig schlägt; der (sehr) erfahrene Arzt kann weiterhin aus der Größe, der Steilheit und der Spannung der Pulswelle erste Anhaltspunkte über die Größe des Schlagvolumens, die Geschwindigkeit der Druckänderung (das heißt, wie „kräftig" sich das Herz kontrahiert) und die Höhe des mittleren Blutdruckes gewinnen.

Bei der **Beurteilung der Frequenz** *(Pulsus frequens, Pulsus rarus)* ist zu beachten, daß die Ruhewerte bei Kindern höher als bei Erwachsenen liegen. Trainierte Menschen weisen niedrigere Frequenzen als untrainierte auf. Psychische Alterationen und körperliche Arbeit erhöhen die Frequenz (S. 71). Bei der **Beurteilung des Rhythmus** *(Pulsus regularis, Pulsus irregularis)* ist daran zu denken, daß dieser atemabhängige Schwankungen aufweisen kann, wobei die Frequenz während der Inspiration zu- und während der Exspiration abnimmt. Diese *respiratorische Arrhythmie* ist physiologisch und wird bei vertiefter Atmung deutlicher. Sie ist häufiger bei jüngeren oder „vegetativ labilen" Menschen. Zu einer genauen Analyse von Arrhythmien dient das EKG (S. 65). Die **Beurteilung der Größe** des Pulses *(Pulsus magnus, Pulsus parvus)*, also seiner Amplitude, erfordert ebenso wie die **Beurteilung der Steilheit** *(Pulsus celer, Pulsus tardus)* erhebliche Übung. Erstere hängt im wesentlichen von der Größe des Schlagvolumens und der während der Diastole abfließenden Blutmenge ab, letztere ergibt sich aus der Geschwindigkeit der Druckänderungen. Bei gleicher Herzfrequenz ist ein großer Puls zwangsläufig mit steileren (schnellenden) Druckänderungen, ein kleiner Puls dagegen mit flacheren (trägeren) Druckänderungen verbunden.

Das Lymphsystem

Die **Lymphgefäße** stellen ein **zusätzliches Abflußsystem** dar, durch das Flüssigkeit aus dem Extracellulärraum in das Blut zurückgeleitet wird (vgl. dazu S. 41). Mit Ausnahme der oberflächlichen Hautschichten, des Zentralnervensystems und der Knochen findet sich in allen Geweben ein sehr engmaschiges Netz von **Lymphcapillaren**, die jedoch im Gegensatz zu den Blutcapillaren an einem Ende verschlossen sind. Die Wände der Lymphcapillaren bestehen aus einschichtigem Endothel. Sie sind für Elektrolytlösungen, Zucker, Fette und Eiweiße leicht zu passieren. Die Lymphcapillaren vereinigen sich zu größer werdenden **Lymphgefäßen**, die schließlich im Brustraum in das Venensystem einmünden. In die größeren Lymphgefäße sind **Lymphknoten** zwischengeschaltet. Diese dienen einerseits als *Filter*, um größere Bestandteile zurückzuhalten (z. B. Tumorzellen, die in sie eingeschwemmt werden), andererseits beteiligen sie sich an der *Infektionsabwehr* (vgl. S. 44 f.). Aus diesem Grund sind die Lymphknoten bei Entzündungen geschwollen. Auch bei der lymphatischen Leukämie (S. 45) schwellen die Lymphknoten oft erheblich an. Werden die Lymphknoten entfernt (z. B. bei einer Geschwulstoperation), kann durch die resultierende Abflußbehinderung eine erhebliche Schwellung (Lymphödem) im zugehörigen Gewebe auftreten, obwohl die pro Tag insgesamt produzierte Lymphmenge nur bei 2 l liegt.

Die Lymphe besteht aus interstitieller Flüssigkeit. Der durchschnittliche Eiweißgehalt beträgt ca. 20 g/l, zeigt aber erhebliche regionale Unterschiede. Sie dient dem Abtransport von Eiweißen und anderen Stoffen aus dem interstitiellen Raum, die nicht durch Absorption in die Blutcapillaren aufgenommen werden können. Eine zusätzliche Sonderaufgabe nimmt die Lymphe im Bereich des Magen-Darm-Kanals wahr, wo sie dem Abtransport von aus dem Darminhalt absorbierten Stoffen, insbesondere von Fetten, dient (S. 138).

5.2 Anpassung des Kreislaufs an den Bedarf

Anpassung des regionalen Angebots über die Gefäßweite

Beginnt ein Mensch zu arbeiten, so steigt der Stoffwechsel seiner Muskeln deutlich an: Diese benötigen daher mehr Sauerstoff und mehr Nährstoffe, und sie geben mehr Abfallstoffe an das Blut ab. Um diesem erhöhten Bedarf gerecht zu werden, muß die *Durchblutung des arbeitenden Muskels zunehmen*. Dazu kann entweder der arterielle Blutdruck ansteigen oder der Gefäßwiderstand abnehmen. Die **Erhöhung des Blutdruckes** ist **nur beschränkt hilfreich**: Erstens würde damit die Durchblutung *aller* Organe zunehmen, und zweitens müßte der Blutdruck schon auf das Doppelte gesteigert werden (also auf 240/160 mm Hg!), um eine Verdopplung der Durchblutung zu erreichen (wegen der dann auftretenden turbulenten Strömungen, s. o., würden die Verhältnisse noch ungünstiger).

Eine Abnahme des Durchflußwiderstandes über eine **Erweiterung der lokalen Gefäße**, insbesondere der Arteriolen, wird dagegen, wie Abb. 5-4 A zeigt, zu **großen Änderungen der Durchblutung** führen.

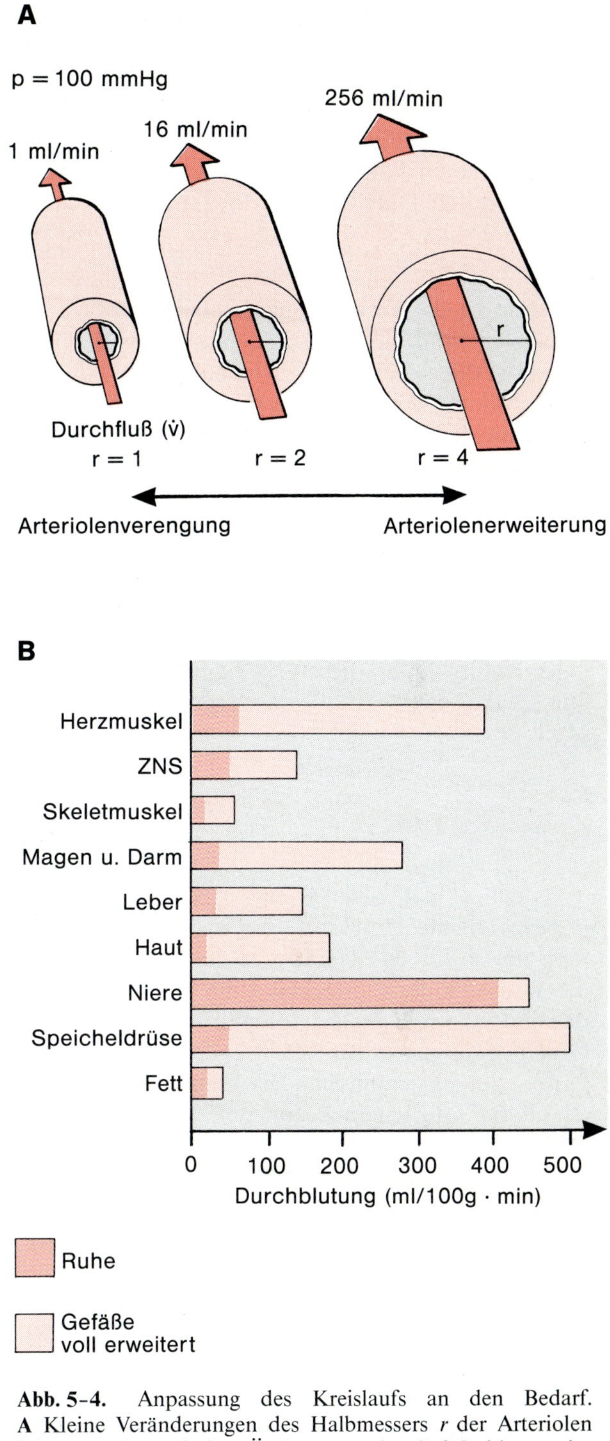

Abb. 5-4. Anpassung des Kreislaufs an den Bedarf. **A** Kleine Veränderungen des Halbmessers *r* der Arteriolen führen zu dramatischen Änderungen des Gefäßwiderstandes und damit (bei konstantem Blutdruck) der Durchblutung. **B** Durchblutung wichtiger Organe des Körpers in Ruhe (*dunkelrote* Säulen) und bei maximaler Erweiterung der versorgenden Gefäße (*hellrote* Säulen). Die Durchblutung ist in ml Blut/100 g Gewebe/Minute (ml/100 g · min) angegeben. (**B** nach Mellander und Johannsson umgezeichnet aus Witzleb in [10])

Wird nämlich der Radius (Halbmesser) eines Gefäßes verdoppelt, so strömt bei konstant gehaltenem Druck 16mal soviel Blut in einer Zeiteinheit hindurch; wird der Radius vervierfacht, sogar 256mal soviel. Offensichtlich hängt die Durchflußmenge von der vierten Potenz des Radius (r^4) ab, also bei $r=1$ ist durch Durchfluß $1\times1\times1\times1=1$, bei $r=2$ ist er $2\times2\times2\times2=16$ und bei $r=4$ ist er $4\times4\times4\times4=256$.

Damit ist die **Veränderung des Durchmessers** der Arteriolen (und auch der anderen, etwas dickeren Arterien) die **entscheidende Maßnahme**, mit der die Durchblutung der einzelnen Organe verändert und damit an den jeweiligen Bedarf angepaßt werden kann [5, 6, 7, 9, 13, 23].

Die eben geschilderte Beziehung zwischen dem Durchmesser eines Gefäßes und seinem Strömungswiderstand gilt, genau genommen, nur für laminare Strömungen homogener Flüssigkeiten in starren, unverzweigten Röhren mit kreisförmigem Querschnitt. Unter diesen Bedingungen gilt nämlich für die Stromstärke $\dot{V}$ das **Hagen-Poiseuille-Gesetz**

$$\dot{V} = \frac{\pi \cdot r^4}{8 \cdot \eta \cdot l} \cdot \Delta P, \qquad (1)$$

in dem ΔP die Druckdifferenz zwischen dem Anfang und Ende des Gefäßes, r der Gefäßradius, η die Viscosität der Flüssigkeit, l die Länge des Gefäßes und 8 die sich aus der Integration des laminären Geschwindigkeitsprofils ergebende Konstante ist. Unter Berücksichtigung des **Ohmschen Gesetzes** ($V = P/R$) folgt hieraus für den **Strömungswiderstand**

$$R = \frac{8 \cdot l \cdot \eta}{\pi \cdot r^4}. \qquad (2)$$

Im Gefäßsystem des Kreislaufs ist kaum eine der obigen Bedingungen erfüllt, denn die Gefäße sind elastisch (und nicht starr), sie verzweigen sich und sind nicht immer rund, die Strömung ist stellenweise turbulent, und das Blut ist keine homogene Flüssigkeit. All dies bewirkt mehr oder weniger deutliche Erhöhungen des Strömungswiderstandes. Das Hagen-Poiseuille-Gesetz ist also der (im Blutkreislauf nie erreichte) Idealfall, bei dem der Strömungswiderstand minimal ist [15, 16].

Nervöse und metabolische Regulation des Gefäßtonus

Die Außenwand der Arteriole besteht aus elastischem Bindegewebe und einer kräftigen Schicht von glatten Muskelfasern, deren Spannungszustand oder **Tonus** die Weite des Gefäßes bestimmt. Nimmt der Tonus zu, so verengt sich das Gefäß **(Vasoconstriction)**, erschlaffen die glatten Muskelfasern, so erweitert es sich **(Vasodilatation)**. Innen ist die Arteriole mit einer dünnen, glatten Gewebstapete ausgekleidet, die den Durchmesserveränderungen passiv folgt. Die Capillaren haben als Wand nur noch diese Innentapete (vgl. Abb. 3-4, S. 41), sie können daher ihren Durchmesser nicht aktiv verändern [1, 11].

Der Tonus der Gefäßwand wird einmal durch die **Gefäßnerven** bestimmt, die aus dem autonomen (vegetativen) Nervensystem stammen und zu den glatten Muskelfasern ziehen. Es handelt sich um **sympathische Nervenfasern**, deren Entladungsraten die jeweilige Tonuslage der Gefäßwand bestimmen (hohe Entladungen führen zu maximaler Vasoconstriction, Aufhören der Entladungen zur maximalen Vasodilatation, vgl. Abb. 23-9, S. 449). Zum zweiten gibt es eine Reihe von Stoffen, die den Kontraktionszustand der Gefäßmuskulatur direkt beeinflussen. Dazu gehört beispielsweise der **Sauerstoff**. Sinkt seine Konzentration im Gewebe ab, weil z. B. der Muskel zu arbeiten beginnt, so löst dies eine Vasodilatation der dortigen Arteriolen und damit quasi automatisch eine erhöhte Durchblutung aus. Unterstützt wird diese Reaktion durch **lokale Stoffwechselprodukte (Metabolite)**, die ebenfalls tonushemmend wirken. Auf diese Weise *steuert sich die* **lokale Durchblutung** *bedarfsabhängig selbst*. Daneben bietet die nervöse Kontrolle die Möglichkeit einer übergreifenden, auch *das Ganze berücksichtigende Steuerung*: So wird bei hoher Muskelarbeit die Darmdurchblutung weitgehend gehemmt, um das Herz nicht zu überlasten, oder es wird bei Fieber die Hautdurchblutung zur Wärmeabfuhr gesteigert.

In Abb. 5-5 sind die Wirkungen verschiedener Einflüsse und Mechanismen auf den Tonus (also die Gefäßweite) von Muskel-, Haut- und Eingeweidegefäßen (Splanchnicusgefäßen) schematisiert dargestellt. Der **Ruhetonus der Gefäße** entsteht durch eine ständige (tonische) Impulsaktivität der sympathischen, vasoconstrictorischen Nervenfasern von 1-3 Imp./s. Auf diesem Hintergrund können durch Variation des sympathischen Impulszuflusses sowohl constrictorische (Zunahme der Impulsfrequenz) als auch dilatatorische (Abnahme der Impulsfrequenz) Gefäßreaktionen ausgelöst werden.

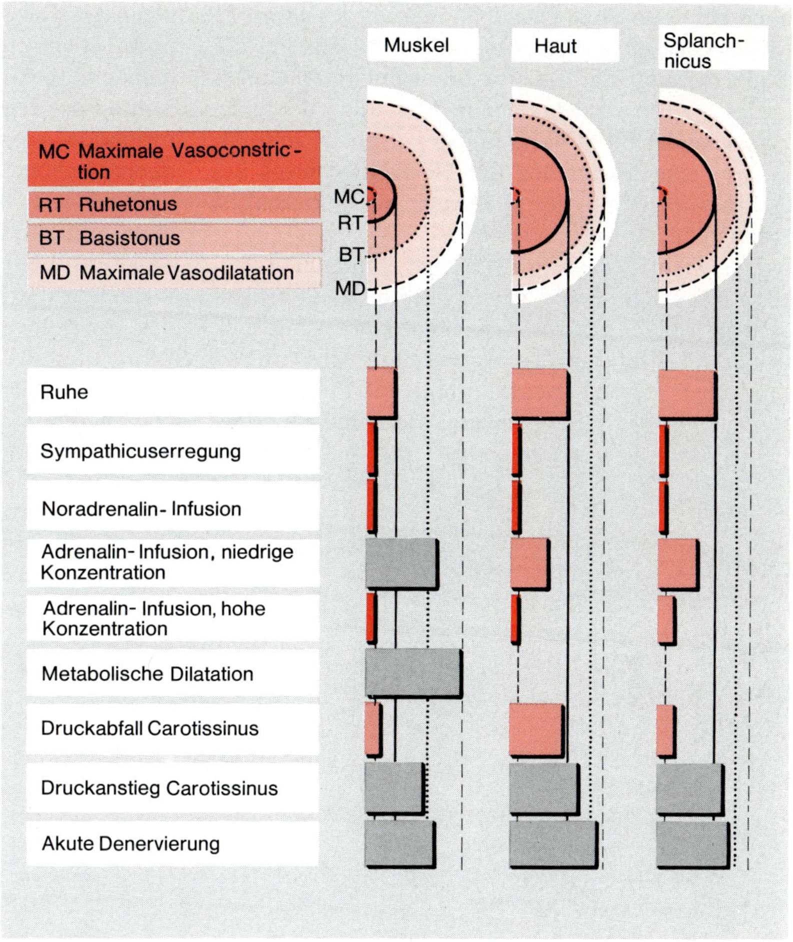

Abb. 5-5. Schematische Darstellung des Verhaltens des Gefäßtonus in Muskel-, Haut- und Eingeweidegefäßen *(Splanchnicus)* unter verschiedenen physiologischen und pathophysiologischen Bedingungen. Die einzelnen Komponenten des Gefäßtonus sind in den Organkreisläufen verschieden stark ausgeprägt, so daß gleiche Reize quantitativ unterschiedliche Reaktionen auslösen. (Aus Witzleb in [10])

Daneben wirken die verschiedenen Metabolite direkt auf die glatte Gefäßmuskulatur ein und vermindern deren Kontraktionszustand. Diese metabolisch bedingten vasodilatatorischen Reaktionen können so ausgeprägt sein, daß sie die neuronal ausgelösten constrictorischen Effekte völlig aufheben und die Gefäße maximal weit werden [6, 18].

Zwischen welchen Extremwerten sich die Durchblutung der einzelnen Organe verändern kann, ist in Abb. 5-4 B illustriert. Die Länge der dunkelroten Säulen gibt an, wieviele Milliliter Blut durch je 100 g des betreffenden Gewebes pro Minute in Ruhe fließen; die hellroten Säulen zeigen, auf welche Werte die Durchblutung bei maximaler Dilatation zunehmen kann. Bemerkenswert ist, daß in den Gefäßgebieten mit stark wechselnden funktionellen Anforderungen (Muskulatur, Magen-Darm-Trakt, Leber, Haut) die relativ größten Durchblutungsänderungen auftreten können, d.h. diese Organe können ihre Durchblutung auf das Mehrfache des Ruhewertes steigern. Demgegenüber wird die Durchblutung von lebenswichtigen Organen wie Gehirn und Nieren mit ständig hohen, aber relativ weniger stark wechselnden Anforderungen durch spezielle Regulationsmechanismen weitgehend konstant gehalten und innerhalb bestimmter Grenzen sogar von stärkeren Änderungen des arteriellen Drucks und des Herzzeitvolumens nur wenig beeinflußt.

Zentrale Anpassung des Kreislaufs an den Bedarf

Eine Erhöhung der Durchblutung eines einzelnen Muskels wird den zentralen Blutdruck nicht meßbar verändern. Werden aber bei körperlicher Arbeit große Muskelgruppen über eine Weitstellung der Arteriolen stärker durchblutet, fließt zwischen zwei Herzschlägen deutlich mehr Blut aus der Aorta und den anderen großen Arterien ab. Folglich sinkt der diastolische Blutdruck auf einen niedrigen Wert. Wirft das Herz nicht alsbald mehr Blut aus, wird auch der systolische Druck und damit der arterielle Mitteldruck absinken. Auf diese Weise würde die Blutversorgung der Gewebe sehr schnell abnehmen und schließlich zusammenbrechen. Jede deutliche **Zunahme des Blutbedarfs** in der Peripherie muß also von einer **Steigerung des Herzzeitvolumens** begleitet sein, damit der Blutdruck aufrechterhalten bleibt. Wie wird dies erreicht?

Die wichtigsten reflektorischen Anpassungsvorgänge des Kreislaufs an wechselnde Belastungen sind in Abb. 5-6 zusammengefaßt: Der Blutdruck in der Aorta und in den Halsarterien wird fortlaufend über spezielle Druckaufnehmer (Pressoreceptoren, Pressosensoren) in den Arterienwänden, genannt **Baroceptoren**, gemessen und nach zentral gemeldet. (Über die Arbeitsweise solcher Sensoren und die Verschlüsselung der von ihnen aufgenommenen Information siehe S. 310.) In den Kreislaufzentren des Hirnstammes werden anhand dieser Information die Arbeitsleistung des Herzens (Frequenz, Schlagvolumen und Kraft der Kontraktion) und die Weite der Gefäße so gesteuert, daß der normale mittlere Blutdruck aufrechterhalten bleibt. Sinkt also beispielsweise der Blutdruck durch einen vermehrten Blutabfluß aus der Aorta ab, so wird das Herz über die sympathischen Herznerven zu vermehrter Leistung angeregt. Gleichzeitig wird die Durchblutung der ruhenden Organe durch Vasoconstriction eingeschränkt. Drittens wird über eine Vasoconstriction aller Venen ein Teil des dort vorrä-

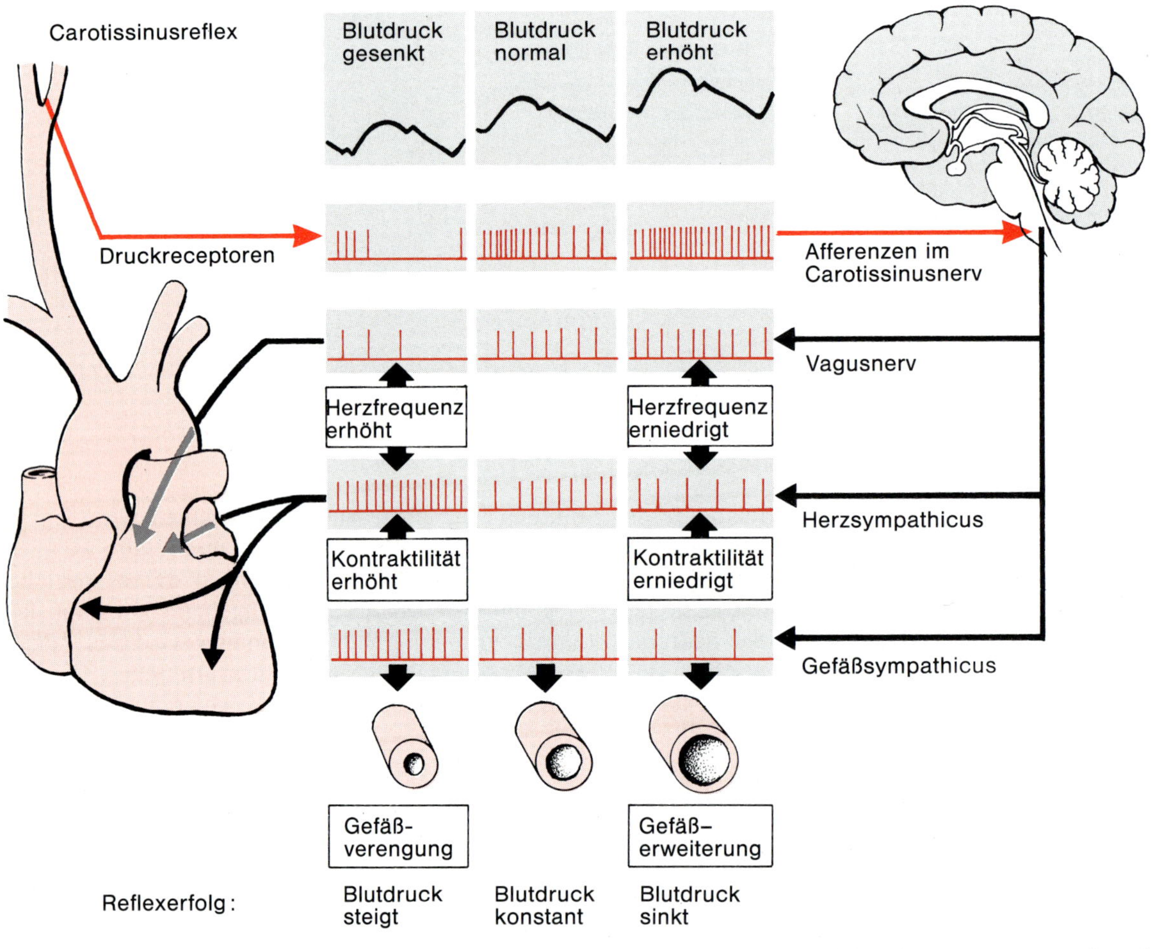

Abb. 5-6. Arbeitsweise des *Carotissinusreflexes* zur Konstanthaltung des mittleren Blutdruckes bei wechselnden Belastungen. Die Drucksensoren in den Wänden der Aorta und der Halsschlagadern (besonders in einem Gabelungsbereich, dem Carotissinus, daher der Name des Reflexes) melden fortlaufend über elektrische Impulse (Aktionspotentiale) im Carotissinusnerven den mittleren Blutdruck an die Kreislaufzentren im Hirnstamm. Sinkt der Blutdruck ab *(linke Säule)*, wird von dort die Aktivität der Vagusnerven gedrosselt, die der sympathischen Nerven gesteigert. Herzfrequenz, Kraft der Kontraktion und peripherer Gefäßwiderstand steigen an, damit auch der Blutdruck. Bei erhöhtem Blutdruck *(rechte Säule)* ist es umgekehrt. Die *mittlere Säule* zeigt die Verhältnisse bei ruhendem, unbelastetem Kreislauf. (Modifiziert nach Rushmer, umgezeichnet aus Witzleb in [10])

tigen Blutes (vgl. Abb. 5-1 A) dem Herzen zur sofortigen Erhöhung des Herzzeitvolumens zugeschoben.

Diese drei Maßnahmen, *Entleerung der venösen Speicher, Durchblutungsdrosselung ruhender Organe und Erhöhung der Herzleistung*, werden bei Übergang in körperliche Aktivität normalerweise schon vor einem Abfall des Blutdruckes *vorbeugend in Gang gesetzt*. Dies geschieht dadurch, daß die motorischen Zentren des Gehirns den Kreislaufzentren Kopien ihrer Befehle an die Muskulatur übersenden und sie damit über die bevorstehende Arbeitsaufnahme unterrichten. So kann sich der Kreislauf auf die bevorstehende Mehrbeanspruchung schon einstellen, ähnlich wie ein Wasserwerk sich durch das rechtzeitige Zuschalten weiterer Pumpen auf die tägliche Verbrauchsspitze einstellt.

Insgesamt bildet der eben geschilderte **homöostatische Selbststeuerungsmechanismus des Kreislaufs** einen in sich geschlossenen *Regelkreis* (Abb. 5-7), in dem die von den arteriellen Pressoreceptoren reflektorisch ausgelösten Änderungen des Strömungswiderstandes und des Herzzeitvolumens bei akuten Abweichungen des arteriellen Druckes eine schnelle Wiederannäherung an die Ausgangswerte bewirken. Diese Vorgänge stellen einen wichtigen Teil der **Kreislaufregulation im engeren Sinne** dar, wobei allerdings der arterielle Druck nur eine von mehreren geregelten Größen ist (eine andere ist z. B. das Blutvolumen im Gefäßsystem, s. S. 88). Die an der Kreislaufregulation beteiligten zentralnervösen Zentren („Kreislaufzentren", vor allem im Hirnstamm) und ihre Verknüpfungen werden im Zusammenhang mit Abb. 23-12 ab S. 452 vorgestellt.

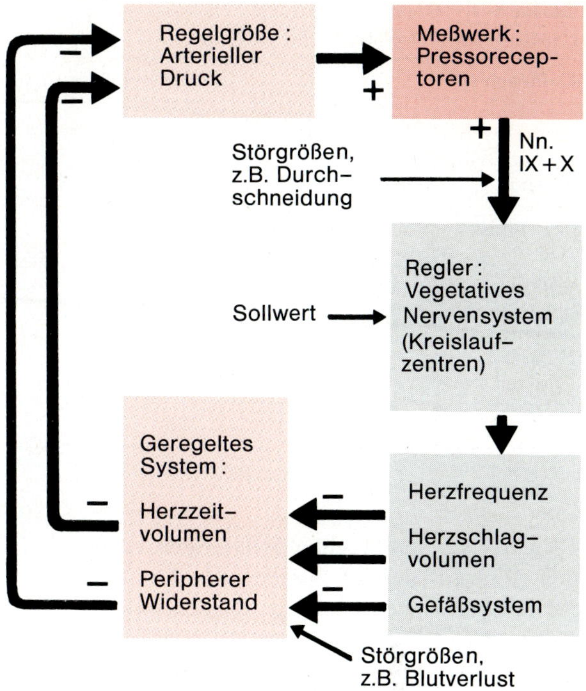

Abb. 5-7. Blockschema der Blutdruckregelung durch die arteriellen Pressosensoren *(Pressoreceptoren)*. Es ist das Verhalten des Regelkreises bei einer Erhöhung des arteriellen Druckes eingezeichnet. Fördernde Wirkungen sind mit + *(Pluszeichen)*, hemmende Wirkungen mit − *(Minuszeichen)* gekennzeichnet. Sinkt der arterielle Blutdruck unter den Sollwert, ändern sich alle Vorzeichen. Die Intensität der fördernden oder hemmenden Wirkungen sind proportional der Abweichung des Blutdrucks vom Sollwert. Zwei Angriffspunkte von Störgrößen sind angegeben. *Nn. IX + X*, Afferenzen in den Nervi glossopharyngeus *(IX)* und vagus *(X)*. (In Anlehnung an Witzleb in [10])

Als Folge einer verstärkten **Erregung von Pressosensoren** werden über die medullären Kreislaufzentren zahlreiche **andere Funktionen des Zentralnervensystems gehemmt**. So treten u. a. Hemmungen der Atmung, Abnahme des Muskeltonus und der efferenten Gamma-Innervation der Muskelspindeln sowie Abschwächungen der monosynaptischen Dehnungsreflexe auf. Im EEG finden sich Tendenzen zur Synchronisierung und Abnahme der Amplituden ereigniskorrelierter Hirnpotentiale (s. Kap. 25). Wache Tiere reagieren auf starke Dehnung der Carotissinusregion mit motorischer Inaktivität oder sogar mit Schlaf.

Eine verstärkte **Erregung der Pressosensoren durch Druck oder Schlag** auf den Carotissinus von außen löst ebenfalls **Abnahmen des Blutdrucks und der Herzfrequenz** aus. Bei älteren Menschen mit arteriosklerotischen Gefäßveränderungen kann dabei der Blutdruck sehr stark absinken und ein vorübergehender Herzstillstand mit Bewußtseinsverlust auftreten (*Carotissinussyndrom*). In den meisten Fällen setzt nach 4–6 s die Herztätigkeit wieder ein. Gelegentlich kann durch anhaltenden Herzstillstand auch der Tod eintreten. Bei anfallsweise auftretenden Herzfrequenzsteigerungen (*paroxysmale Tachykardie*) ist es andererseits eventuell möglich, durch ein- oder doppelseitigen Druck auf den Carotissinus die Herzfrequenz zu normalisieren. In neuerer Zeit wird auch versucht, die reflektorisch ausgelösten Effekte auf den Blutdruck therapeutisch zu nutzen und bei Patienten mit therapeutisch nicht zu beeinflussenden Hypertonieformen durch pulssynchrone bzw. Dauerreizung der Sinusnerven über implantierte Elektroden den Blutdruck zu senken (baropacing).

Grenzen der Leistungsfähigkeit des Kreislaufsystems

Das Herz eines Erwachsenen kann, je nach Alter und Trainingszustand, bis zu 25 l Blut pro Minute fördern (Tabelle 5-1). Diese Förderleistung des Herzens begrenzt weitgehend unsere körperliche Leistungsfähigkeit. Wie die Tabelle zeigt, wird während starker körperlicher Arbeit der Anteil der Skeletmuskulatur am Herzzeitvolumen *überproportional* zu Lasten der meisten anderen Organkreisläufe erhöht (vgl. auch Abb. 5-4 B). Diese Umverteilung geschieht über einen erhöhten sympathischen Tonus, der in der nichtarbeitenden Muskulatur und den

Tabelle 5-1. Organdurchblutung und Herzzeitvolumen in körperlicher Ruhe und bei verschiedenen Arbeitsintensitäten. (Nach WADE und BISHOP 1962 aus [10])

Gefäßgebiet	Durchblutung (ml/min)			
	Ruhe	Leichte Arbeit	Schwere Arbeit	Maximale Arbeit
O_2-Aufnahme ($ml \cdot min^{-1} \cdot m^{-2}$)	140	400	1200	2000
Skeletmuskel	1200	4500	12500	22000
Herz	250	350	750	1000
Gehirn	750	750	750	750
Splanchnicus	1400	1100	600	300
Nieren	1100	900	600	250
Haut	500	1500	1900	600
Andere Organe	600	400	400	100
Herzzeitvolumen	5800	9500	17500	25000

übrigen Organen zu einer **collateralen Vasoconstriction** führt (in der arbeitenden Muskulatur werden die sympathischen constrictorischen Effekte durch die lokalen Metabolite ausgeschaltet, s.o.). Bei leichter bis mittlerer Arbeit nimmt die Hautdurchblutung nach starker initialer Abnahme im weiteren Verlauf aus thermoregulatorischen Gründen wieder zu. Bei maximaler Arbeit bleiben diese Effekte jedoch aus (Tabelle 5-1). Die Coronardurchblutung steigt in Abhängigkeit von der zu leistenden Herzarbeit an, während die Hirndurchblutung bei allen Belastungsstufen in etwa konstant bleibt.

Verhalten des Blutdruckes bei Arbeit. Die Abnahme des Strömungswiderstandes in den Gefäßen der arbeitenden Muskulatur wird von der collateralen Vasoconstriction nicht voll kompensiert, so daß der totale periphere Widerstand absinkt. Der mittlere arterielle Druck nimmt aber trotz dieser Widerstandsabnahme aufgrund der relativ stärkeren Steigerungen des Herzzeitvolumens um so mehr zu, je stärker die Belastung ist. Die Blutdruckamplitude nimmt dabei ebenfalls zu, da der systolische Druck stärker als der diastolische ansteigt. Nach Beendigung der Arbeit sinkt der Blutdruck relativ schnell wieder auf seine Ruhewerte ab. Die übrigen Kreislaufwerte und die Sauerstoffaufnahme kehren um so langsamer auf die Ausgangswerte zurück, je größer die geleistete Arbeit war (s. auch S. 181).

Trainingseinfluß. Bei Hochleistungssportlern kann das Herzzeitvolumen kurzfristig deutlich über 25 l/min (bis zu 35 l/min) ansteigen. Zu beachten ist auch, daß bei trainierten Menschen die Herzfrequenz in Ruhe niedriger (bis 40/min), das Schlagvolumen dagegen größer als bei nichttrainierten Menschen ist. Trainierte erreichen daher ein bestimmtes Herzzeitvolumen mit einer geringeren Frequenz als Nichttrainierte. Das Blutvolumen ist leicht vergrößert, Sauerstoffaufnahmefähigkeit und -ausschöpfung sind ebenfalls erhöht (dazu mehr auf S. 72).

Kreislaufschock. Verbrauchen wir mehr Sauerstoff als das Blut bei maximaler Kreislaufbelastung herbeischaffen kann, zeigen sich in kürzester Zeit Erschöpfungszeichen, und wir müssen in unseren Anstrengungen nachlassen. Wird der Kreislauf so überfordert, daß der Blutdruck in der Aorta nicht aufrechterhalten werden kann (z. B. bei einer maximalen Dilatation aller Haut- und Muskelgefäße bei großer körperlicher Anstrengung in sehr warmfeuchter Umgebung), bricht die Durchblutung zusammen: Wir nennen dies einen **Kreislaufschock**, in unserem Beispiel einen *Hitzeschock* oder *Hitzekollaps* [4a]. Die mangelhafte Hirndurchblutung führt dabei zur Bewußtlosigkeit, eventuell auch zu einer Störung der Kreislaufzentren, was seinerseits den Schock verschlimmert, so daß er schließlich unter Umständen nicht mehr behoben werden kann (*refraktärer* oder *irreversibler Schock*). Auch bei allergischen Reaktionen des Körpers kann es durch im Blut auftretende Stoffe zu einer maximalen Gefäßerweiterung und damit zu einem **anaphylaktischen Schock** kommen.

Außer durch eine überschießende Vasodilatation kann ein Schock vor allem auch durch **Blutverluste bei Verletzungen** ausgelöst werden. Dem Herzen steht dann kein genügendes venöses Angebot mehr zur Verfügung. Bis es soweit kommt, hat der Körper aber mindestens 1 l Blut verloren. Vorher und, solange es geht, auch bei größeren Blutverlusten wehrt sich der Körper gegen ein Abfallen des Blutdruckes, indem er durch **radikale Vasoconstriction** die periphere Durchblutung aller nicht-lebensnotwendigen Organe soweit wie möglich einschränkt (daher die blasse, blutlose Haut von Schockpatienten) und alle venösen Blutspeicher soweit wie möglich entleert. Intravenöse Zufuhr von Blut oder Blutersatzlösung ist hier (und praktisch bei allen anderen Schockformen) der erste wichtige therapeutische Schritt: *Dem Herzen muß Flüssigkeit angeboten werden*, damit der Blutdruck wieder aufgebaut und so der Kreislauf wieder in Gang gesetzt wird.

Orthostatischer Kollaps. Eine relativ harmlose Sonderform des Volumen-Mangel-Schocks ist der **orthostatische Kollaps**: Beim Aufstehen aus dem Liegen wird die Blutverteilung im Gefäßsystem durch die Einwirkungen der Schwerkraft erheblich verändert. Im Vordergrund steht dabei die Erweiterung der Venen in den unteren Körperabschnitten, durch die z. B. im Bereich der Beine kurzfristig 400–600 ml Blut „versakken". Als Folge davon nehmen venöser Rückstrom, Herzschlagvolumen und systolischer Blutdruck vorübergehend ab. Normalerweise gleichen die oben geschilderten Kreislaufreaktionen das schnell wieder aus. Bei manchen Menschen reichen diese Kreislaufreaktionen nicht immer aus, so daß als Folge des Blutdruckabfalls und der resultierenden **Minderdurchblutung des Gehirns** subjektive Symptome wie *Schwindel, Sehstörungen* und eventuelle *Bewußtlosigkeit* auftreten. Das mit der Bewußtlosigkeit verbundene „Zu-Boden-Gehen" sorgt für einen verbesserten venösen Rückstrom: *Der orthostatische Kollaps behebt sich selbst.* (Vergleichbares gilt für das „Umkippen" von Soldaten bei Ehrenwachen: Die unbewegliche, angestrengte Haltung führt zu einem Wärmestau mit starker Erweiterung aller Hautvenen, so daß schließlich zuviel Blut dort versackt.)

5.3 Mittel- und langfristige Regulation des Gesamtkreislaufs

Als **Kreislaufregulation** sind alle diejenigen Anpassungsvorgänge zwischen dem **totalen peripheren Widerstand** der Blutgefäße, dem **Herzzeitvolumen** und dem **arteriellen Blutdruck** aufzufassen, die darauf gerichtet sind, bei einem möglichst optimalen (physiologischen) Blutdruck die notwendige Durchblutung der einzelnen Organe und des Gesamtgefäßsystems sicherzustellen. Diese Regulationsmechanismen dienen also beispielsweise dazu, Abnahmen des totalen peripheren Widerstandes (z. B. bei Erweiterung aller Hautgefäße zur Wärmeabgabe) durch Steigerung des Herzzeitvolumens und/oder collaterale Vasoconstriction (s. o.) in weiten Grenzen auszugleichen und umgekehrt.

Im vorigen Abschnitt war zu lesen, auf welche Weise kurzfristige Änderungen des Blutdruckes korrigiert werden. Neben dem dort geschilderten nervösen Blutdruck-Kontroll-System, das übrigens durch einige ebenfalls kurz- bis mittelfristig arbeitenden hormonelle Systeme ergänzt wird, benötigt der Körper aber auch eine **mittel- bis langfristig arbeitende Blutdruckkontrolle**, die seinen mittleren Blutdruck über das ganze Leben möglichst konstant hält. Dazu ist es zusätzlich unbedingt notwendig, das **Blutvolumen** jederzeit in einem **angemessenen Verhältnis zur Volumenkapazität**, also zum „Fassungsvermögen" der Blutgefäße zu halten. Dies soll sicherstellen, daß es nicht bei einer dauernden „Überfüllung" der Blutgefäße (über ein erhöhtes venöses Angebot und ein dadurch unnütz hohes Herzzeitvolumen) zu chronischen Überhöhungen des Blutdruckes (Hypertonie) und bei „Mangelfüllung" zu chronischen Unterdrucken (Hypotonie) kommt.

Mittelfristige Regulationsmechanismen

Zu den mittelfristigen Regulationsmechanismen zählen (a) das **Renin-Angiotensin-System**, das vor allem bei einem plötzlichen Abfall des Blutdruckes wirksam wird, und (b) die **Streßrelaxation der Gefäße**, die Zunahmen der Gefäßvolumina abpuffert. Dazu kommen (c) **transcapilläre Volumenverschiebungen** durch veränderte Fließgleichgewichte bei der transcapillären Filtration und Reabsorption (Abb. 3-4, S. 41 und zugehöriger Text): Erhöhung des Blutdruckes und damit des effektiven Filtrationsdruckes wird eine vermehrte Filtration in den interstitiellen Raum bewirken, so daß das intravasale Volumen abnimmt, und umgekehrt. Diese Verschiebung von Flüssigkeit aus dem Gefäßsystem in das Gewebsinterstitium reduziert den venösen Rückfluß (das „venöse Angebot") zum Herzen und senkt damit über ein vermindertes Herzzeitvolumen, also eine reduzierte Füllung des arteriellen Systems („Widerstandssystems", s. o.), den erhöhten Blutdruck zur Norm zurück [14].

Renin-Angiotensin-System (RAS). Jede Minderdurchblutung der Niere löst dort die Freisetzung des Enzyms **Renin** aus. Dieses wandelt, wie in Abb. 5-8 zu sehen, ein im Blut zirkulierendes Globulin, das **Angiotensinogen**, in das Peptid **Angiotensin I** um. Dieses wird durch ein weiteres Enzym (vor allem im Lungenkreislauf) in das Peptid **Angiotensin II** überführt. Letzteres löst sehr starke, direkte *vasoconstrictorische Reaktionen an Arterien* und in abgeschwächter Form auch an Venen aus. Gleichzeitig wird durch Angiotensin das gesamte *sympathische Nervensystem aktiviert*, was ebenfalls vasoconstrictorisch wirkt. Damit steigt der totale periphere Widerstand an, wodurch in Folge **der Blutdruck ansteigt**.

Der Renin-Angiotensin-Mechanismus trägt bei *pathologisch erniedrigtem Blutdruck* und bzw. oder bei *reduziertem Blutvolumen* wesentlich zur Normalisierung der Kreislauffunktionen bei. Er erreicht seine volle Wirksamkeit nach etwa 20 min. Die Freisetzung von Renin und das Auftreten von Angiotensin II löst auch Durst aus (starkes Durstgefühl nach größeren Blut- und Flüssigkeitsverlusten, s. auch S. 429). Die Wirkung des Renin-Angiotensin-Mechanismus kann lange anhalten. Der Abbau von Angiotensin II erfolgt durch *Angiotensinasen.*

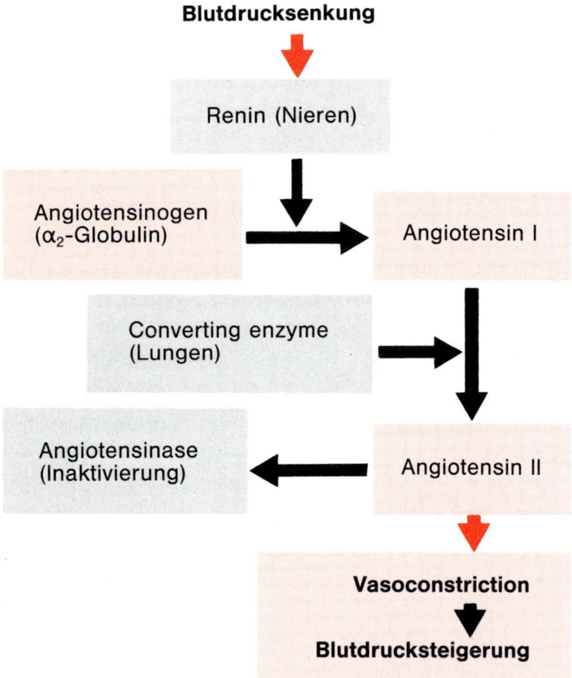

Abb. 5-8. Aktivierung des Renin-Angiotensin-Systems (RAS) zur mittelfristigen Blutdruckregelung bei einer Blutdrucksenkung (z.B. durch Blutverlust). Die Blutdrucksenkung führt zu einer Minderdurchblutung der Nieren. Dies bewirkt dort die Freisetzung des Renins. Die Abfolge der anschließenden Reaktionen ist im Text beschrieben. Nicht gezeigt ist, daß durch *Angiotensin II* auch das sympathische Nervensystem aktiviert und erheblicher Durst ausgelöst wird. (Nach Witzleb aus [10])

Streßrelaxation der Gefäße. In den elastischen Wänden der Arterien wird die Energie gespeichert, die in der Diastole zur Aufrechterhaltung des Blutdruckes dient (Windkesselfunktion, S. 54). Müssen die Arterien übernormal gefüllt werden, so ist zu ihrer „Aufdehnung" eine entsprechende Zunahme des Blutdruckes notwendig. Diese Steigerungen des arteriellen Druckes werden durch die Eigenschaft der Gefäße abgeschwächt, im Anschluß an die druckbedingte Dehnung **ihre Dehnbarkeit zu erhöhen**, also etwas „nachzugeben". Bei Abnahmen des intravasculären Volumens nimmt die Dehnbarkeit wieder ab (und damit steigt der Blutdruck wieder an). Diese als **Streßrelaxation** bzw. **reverse stress-relaxation** bezeichneten Eigenschaften helfen mit, daß selbst bei größeren Volumenzu- oder -abnahmen die Drücke im Verlauf von 10–60 min wieder in den Normbereich zurückkehren.

Langfristige Regulationsmechanismen

Die langfristigen Regulationsmechanismen des Kreislaufs sind, wie oben schon erwähnt, vor allem darauf gerichtet, das intravasale Flüssigkeitsvolumen an die Gefäßkapazität anzupassen. Dies hat in erster Linie folgenden Grund: Wenn die extracelluläre Flüssigkeitsmenge und damit auch das Blutvolumen (siehe S. 38) dauerhaft zunimmt, nimmt der venöse Zufluß zum Herzen und damit auch das Herzzeitvolumen zu. Die Zunahme des Herzzeitvolumens über das notwendige Maß hinaus erhöht den Blutdruck und damit die Durchblutung der Organe (die kurzfristige Kontrolle durch die Baroreceptoren paßt sich nach einigen Stunden schon an das gleichförmige neue Druckniveau an und ist dann nicht mehr wirksam). Die unnütz hohe Organdurchblutung wird von den Organen über ihre Autoregulationsmechanismen (S. 146) durch eine Verengung ihrer Gefäße beantwortet. Diese normalerweise sehr sinnvolle Maßnahme erhöht aber den peripheren Gesamtwiderstand des Organismus. Und das hat zur Folge, daß der Blutdruck weiter steigt. Damit ist ein *Teufelskreis* in Gang gesetzt, über den **kleine Zunahmen des Blutvolumens zu großen Zunahmen des Blutdruckes** führen. So konnte tierexperimentell gezeigt werden, daß bei Ausschaltung der Regulationsmechanismen eine chronische Zunahme des Blutvolumens um nur 2% (entspricht beim Menschen 100 ml) das Herzminutenvolumen um 5%, daraus resultierend den peripheren Widerstand um 25–50% und als Folge davon den Blutdruck um 30–57% steigen läßt.

Da die intravasale Kapazität nur in geringem Umfang und kaum auf Dauer verändert werden kann, kann nur über eine **Regulation des extracellulären Volumens** eine langfristig befriedigende Blutdruckeinstellung erzielt werden. Gleichzeitig sorgt diese Volumenregulation auch für einen ausgeglichenen Wasser- und Elektrolythaushalt. An ihr sind drei Mechanismen beteiligt: (a) das renale Volumenregulationssystem, (b) das Adiuretinsystem und (c) das Aldosteronsystem. Die beiden letzteren werden an anderer Stelle diskutiert (S. 148, 151), auf das renale Volumenregulationssystem wird jetzt eingegangen.

Renales Volumenregulationssystem. Die Nieren können am wirkungsvollsten das Entstehen des oben geschilderten Teufelskreises verhindern. Die dabei ablaufenden Vorgänge sind schematisch in Abb. 5-9 gezeigt: Jede **Zunahme des Blutvolumens** wird von den Nieren, wenn auch mit einer Verzögerung von einigen Stunden, durch eine **erhöhte Harnausscheidung** beantwortet. Diese erhöhte

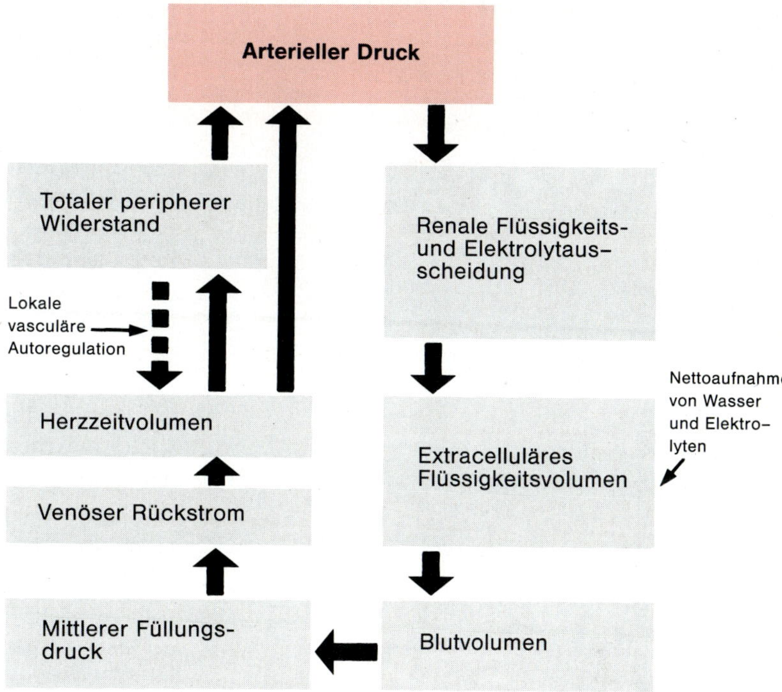

Abb. 5-9. Langfristige Regulation des arteriellen Blutdruckes über das renale Volumenregulationssystem nach einem Vorschlag von Guyton. Eine Zunahme des Blutdruckes durch eine vermehrte Füllung der Blutgefäße (über eine Nettoaufnahme von Wasser und Salzen [Elektrolyten] und damit einem erhöhten „venösen Angebot") führt zu einer entsprechenden Ausscheidung von Wasser und Elektrolyten durch die Nieren. (Zeichnung in Anlehnung an Witzleb in [10])

Harnausscheidung reduziert das Blutvolumen. Damit nehmen der venöse Rückstrom zum Herzen und das Herzminutenvolumen ab. Die Abnahme des Herzminutenvolumens läßt schließlich den Blutdruck wieder auf seinen normalen Wert absinken. Umgekehrt führt Fallen des Blutdruckes zur Abnahme der Harnproduktion; damit nimmt das Blutvolumen wieder zu und damit das venöse Angebot, Herzzeitvolumen und Blutdruck.

Zusammenhang zwischen Blutdruck und Harnausscheidung. Im Tierexperiment zeigte sich, daß eine Zunahme des mittleren Blutdruckes um nur 6 mm Hg zu einer 7fach größeren Harnmenge führte. Damit ist der Körper in einer äußerst wirkungsvollen Weise gegen langfristige Verstellungen des mittleren Blutdruckes abgesichert: Jede Verschiebung des Gleichgewichts zwischen Flüssigkeitsaufnahme und -abgabe wird durch die Nieren innerhalb weniger Stunden so ausgeglichen, daß der normale mittlere Blutdruck wieder eingestellt wird. Für unsere jetzigen Betrachtungen genügt es dabei völlig davon auszugehen, daß *um so mehr Urin aus dem Blut durch die Gewebsfilter der Nieren hindurch abgepreßt wird, je höher der Blutdruck ist* (für Details der Urinproduktion siehe S. 149).

Zusammenarbeit der Regulationssysteme. Von allen an der Kreislaufregulation beteiligten kurz- bis langfristigen Vorgängen wirkt praktisch kein einziger ausschließlich auf einen einzelnen Parameter. Es beeinflussen vielmehr nahezu alle Mechanismen mit unterschiedlicher Intensität entweder direkt oder indirekt das Herzzeitvolumen, den totalen peripheren Widerstand, die Gefäßkapazität und das intravasale Volumen. Es ergeben sich dabei **für die Regulation des Blutdruckes und des Blutvolumens** im Hinblick auf Wirkungseintritt und Wirkungsdauer **drei Verteidigungslinien** (Abb. 5-10). Bei *akuten Störungen* erfolgt ein Ausgleich überwiegend durch Reaktionen des Gefäßsystems, *während bei chronischen Störungen* Änderungen des Blutvolumens dominieren. An diesen Vorgängen sind **zentralnervöse Strukturen auf allen Ebenen des ZNS beteiligt**, d.h. nicht nur die in der Abb. 5-10 eingezeichneten *medullären Zentren*, sondern auch solche im *Hypothalamus* und in *corticalen Regionen.* Dies bedeutet auch, daß psychologische Faktoren auf allen Ebenen der Blutdruckregulation eine Rolle spielen können [8, 20, 21, 22, 24].

Pathophysiologie des Blutdrucks

Renaler Hochdruck. Leider entwickeln viele Menschen im Laufe ihres Lebens einen zu hohen Blutdruck (bezüglich der negativen Auswirkungen siehe S. 91). Bei ihnen ist also in der einen oder anderen Form das **delikate Gleichgewicht zwischen Blutdruck und Urinausscheidung** so gestört, daß es zu einem zu

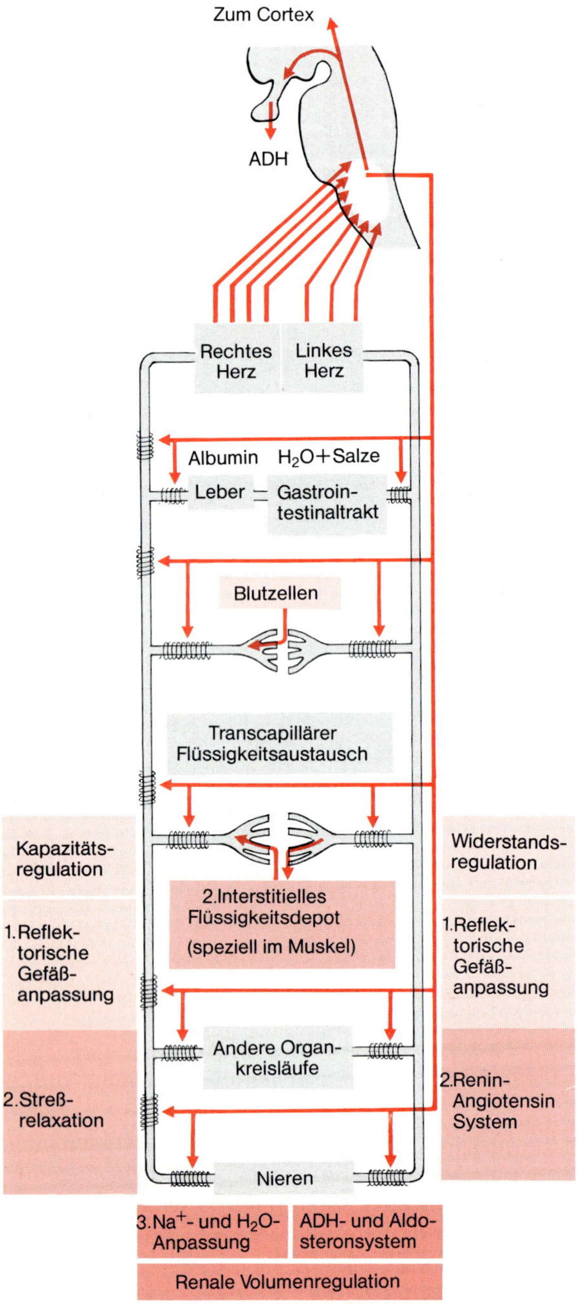

Abb. 5-10. Mechanismen der Widerstands-, Kapazitäts- und Volumenregulation. Für die Abstimmung des Verhältnisses zwischen intravasculärem Volumen und Gefäßkapazität existieren in zeitlicher Reihenfolge 3 „Verteidigungslinien“: 1. Überwiegend nerval gesteuerte Anpassung der Gefäßkapazität an das vorhandene Blutvolumen, 2. Verschiebung der Relation zwischen intravasculärem und interstitiellem Volumen und 3. überwiegend hormonal gesteuerte Anpassung der renalen Wasser- und Elektrolytausscheidung. (Modifiziert nach Folkow u. Neil 1971 aus Witzleb in [10])

hohen Blutvolumen und damit zum Anspringen des oben beschriebenen Teufelskreises kommt. Betrachten wir als klarstes Beispiel einen Patienten, der nach operativem Entfernen seiner Nieren regelmäßig zur Blutwäsche **(Dialyse)** an eine künstliche Niere angeschlossen werden muß: Nimmt seine Körperflüssigkeit zwischen zwei Dialysen *um wenige Liter zu* (was auf einer Waage leicht zu kontrollieren ist), *steigt unweigerlich sein Blutdruck deutlich an.* Jede dauernde Einschränkung der Urinproduktion führt also so lange zu einem immer höher werdenden Blutdruck, bis die in den Nieren abgepreßte Urinmenge gerade wieder so hoch wird, daß sich auf dem erhöhten Druckniveau ein neues Gleichgewicht zwischen Flüssigkeitsaufnahme und -abgabe einstellt.

Goldblatt-Hochdruck. Experimentell läßt sich die Abhängigkeit des Blutdruckes vom intravasalen Volumen leicht zeigen: Entfernt man bei Ratten eine Niere und klemmt man die zuführende Arterie der anderen Niere so weit zusammen, daß der Blutdruck hinter der Klemmstelle, also in der Niere, deutlich vermindert ist, dann sinkt erwartungsgemäß zunächst die Urinproduktion. Der Blutdruck steigt daraufhin in der Aorta so lange an, bis er hinter der Klemmstelle den alten Wert wieder erreicht und dadurch eine „normale“ Urinproduktion wieder gewährleistet ist. Dieser **experimentelle Hochdruck** wird **Goldblatt-Hochdruck** genannt, zu Ehren von Dr. Harry Goldblatt, der als erster dem Mechanismus dieses *renalen* oder *nierenbedingten Hochdrucks* nachspürte.

Beim Menschen liegt einem renalen Hochdruck meist ein **Untergang von Nierengewebe** (durch Entzündung, Geschwulst oder degenerative Veränderungen) oder eine Erschwerung der Filtration durch eine entzündliche Verdickung der Gewebsfilter (Glomeruli, S. 146) zugrunde. Auch mehr **indirekte Wege zur Entstehung eines renalen Hochdruckes** sind denkbar. So läßt sich vorstellen, daß eine *langfristige Erhöhung des Sympathicustonus* mit entsprechender *Dauerconstriction der Nierengefäße* zu einem Hochdruck führt. Dieser Mechanismus könnte bei Menschen, die unter längerer psychischer Belastung stehen, einen Hochdruck hervorrufen („Managerkrankheit“). Neuere Untersuchungen haben aber wahrscheinlich gemacht, daß psychische Belastungen per se („Streß“) zwar akut den Blutdruck erhöhen, aber keineswegs immer, wenn überhaupt, einen dauernden Hochdruck auslösen. Die cognitive Verarbeitung und soziale Bewältigung von Leistungssituationen („Kontrollambitionen“) scheint eine viel größere Bedeutung für die Dysregulation des Blutdruckes zu haben als der „objektive“ Streß. Der bevorzugte Bewältigungsstil kann zu erhöhtem sympathischen Output und damit zu peripherer Vasoconstriction und verstärktem cardialen Output führen. Auch die Renin-Ausschüttung kann durch verstärkte sympathische Einflüsse auf das Gefäßsystem der Niere ansteigen.

Essentielle Hypertonie. An dieser Stelle ist einzuräumen, daß bei 80–90% aller Hochdruckkranken (allein 6 Millionen Menschen in der Bundesrepublik) die **Ursache** ihres Leidens **nicht aufgeklärt** werden kann. Diese Form wird als „essentieller" oder *primärer Hochdruck* oder als **essentielle Hypertonie** bezeichnet („essentiell" steht in der Medizin für „ohne erkennbare Ursache", „wesensmäßig" oder „anlagebedingt"). Sicher liegt den essentiellen Hypertonien in vielen Fällen eine **familiäre Disposition**, das heißt eine *Empfänglichkeit aus vererbter Veranlagung*, zugrunde. Aus dieser Anlage muß aber keineswegs eine Hochdruckkrankheit werden. Sie entsteht erst dann, wenn zusätzliche Faktoren hinzukommen. Statistisch-epidemiologische Studien kommen übereinstimmend zu dem Ergebnis, daß möglicherweise Überernährung (Fettsucht) und zu hohe Kochsalzzufuhr (erhöht das Blutvolumen!), vor allem aber starkes Rauchen (Nikotin verengt die Arteriolen!) und soziale Aggressivität (emotionale „Verarbeitung") als auslösende und verstärkende **„Risikofaktoren"** für die Hochdruckkrankheit anzusehen sind.

Die Hochdruckkrankheit schädigt in doppelter Weise den Organismus: einmal durch die **Dauerüberlastung des Herzens** und zum zweiten über den **vorzeitigen Verschleiß der Arterien**. Die chronische Überlastung des Hypertonieherzens unterscheidet sich von der des Sportherzens in zweierlei wichtiger Hinsicht: Sie muß *erstens* **dauernd durchgehalten** werden, nicht nur für Minuten oder höchstens ein paar Stunden am Tag; und sie wird *zweitens* mit einem sehr viel **schlechteren Wirkungsgrad** geleistet. Denn bei der Hypertonie wird die Herzfrequenz nicht wie beim Ausdauertraining abgesenkt (vgl. dazu S. 73). Außerdem sind die Herzmuskelfasern **mehr auf Volumen- als auf Druckarbeit** eingerichtet. Es kommt daher im linken Herzen zu einem relativen Sauerstoffmangel, der sich, wenn er eine bestimmte Schwelle erreicht, als *Angina-pectoris-Schmerz* (Brustschmerz) bemerkbar macht (S. 93).

Der vorzeitige Verschleiß der Arterien ist durch deren **dauernde Überlastung durch den hohen Druck** bedingt. Die Wände werden starr, Fett und Cholesterin lagern sich in ihnen ab (*Arteriosklerose* oder Arterienverkalkung), ihr Durchmesser verengt sich oder schließt sich durch einen Blutpfropf (Thrombus) völlig. Die Widerstandserhöhung führt über den renalen Mechanismus zu einer weiteren Zunahme des Blutdruckes. Schließlich platzen oder verstopfen wichtige Gefäße völlig, am häufigsten die des Herzmuskels selbst (Herzinfarkt, s. u.), aber auch solche in den Nieren (was zur weiteren Verschlimmerung des Hochdrucks führt) und im Gehirn (Schlaganfall, S. 303).

Therapie der Hypertonie. Jeder Hochdruck sollte daher unbedingt, und zwar lebenslang, behandelt werden. Oft genügt eine **konsequente Ausschaltung der Risikofaktoren** zu einer Senkung des Blutdrucks in den Normalbereich. Häufig muß aber mit Medikamenten nachgeholfen werden. Diese sollen entweder die **Arteriolen erweitern** und damit neben einer generellen Senkung des Gesamtgefäßwiderstandes vor allem für eine bessere Filtration in den Nieren sorgen, oder sie sollen hemmend auf diejenigen Prozesse einwirken, die den zunächst abgefilterten „Primärharn" durch Rückgewinnung von Salzen und Wasser zum endgültigen Harn „eindicken" (siehe dazu S. 149). Letztere Medikamente, **Diuretika** genannt, weil sie die Harnausscheidung oder **Diurese fördern**, vergiften die zellulären Transportprozesse, die in den Nieren für die Rückgewinnung der Salze aus dem Primärharn dienen. Damit wird – aus osmotischen Gründen – quasi automatisch auch mehr Wasser ausgeschieden.

Leider weiß von den 6 Millionen hochdruckkranken Bundesbürgern nur etwa die Hälfte von ihrem Leiden, und von diesen steht wiederum nur jeder Zweite in ärztlicher Behandlung, oft nicht einmal optimal. Angesichts der schicksalhaften und lebensbedrohenden Folgen der Hypertonie sind dies erschreckende Zahlen. Jeder Erwachsene sollte daher mindestens **jährlich seinen Blutdruck messen** lassen, vor allem wenn ihm eine familiäre Disposition bekannt ist und wenn er von unspezifischen, aber bei Hypertonie häufig auftretenden Beschwerden, wie Kopfschmerzen, Ohrensausen, Müdigkeit und Schwindel, geplagt wird. Während nämlich bei 60% aller unbehandelten Hochdruckkranken im Verlauf von 5 Jahren mit Weiterungen wie Herzinfarkt oder Schlaganfall zu rechnen ist, treten diese Folgen nur bei 18% der behandelten Hochdruckkranken auf. Psychologische Verfahren zur Behandlung der essentiellen Hypertonie konzentrieren sich auf (a) die Reduktion des sympathischen Outputs durch Entspannung und (b) Verbesserung der „Compliance", d. h. Befolgung der ärztlich verordneten Maßnahmen und Änderung des Lebensstils [8].

5.4 Blutversorgung des Herzens selbst: Coronarkreislauf

Von allen Gefäßen des menschlichen Körpers versagen die des Herzmuskels selbst, die **Herzkranz-** oder **Coronargefäße**, am ehesten ihren Dienst: Etwa einem Drittel aller Sterbefälle liegt eine Erkrankung dieser Gefäße zugrunde. Die Physiologie und Pathophysiologie der arteriellen Blutversorgung des Herzmuskels ist daher eines der wichtigsten Gebiete der gesamten Medizin. Wie kommt es, daß ausgerechnet das Herz, durch das jeder Tropfen Blut mindestens zweimal pro Minute zirkuliert, so häufig an einer mangelnden Durchblutung seiner Muskulatur leidet?

Blutfluß durch den Herzmuskel in Ruhe und bei Arbeit

Größe der Myokarddurchblutung. Das Herz wird im wesentlichen von der **rechten** und der **linken Coronararterie** versorgt, die beide aus der Aortenwurzel entspringen (siehe Abb. 5-11 A), jedoch unterschiedliche Durchmesser besitzen. Die linke, die die dickwandige linke Kammer versorgt (vgl. Abb. 4-13, S. 73, für die relative Wandstärke der beiden Kammern), nimmt allein etwa vier Fünftel des coronaren Stromvolumens auf; der Rest fließt durch die rechte Arterie. Nur die **innerste Schicht der Kammermuskulatur** bis zu einer Tiefe von höchstens 0,5 mm kann **direkt Nährstoffe aus dem Blut** in den Kammern beziehen.

Durch die **Coronararterien fließen in Ruhe** pro Minute etwa 240 ml Blut. Das sind rund 5% des Herzminutenvolumens von 5 l (vgl. Abb. 5-2 B, S. 78). Bei einem Herzgewicht von 300 g werden also je 100 g Herzgewebe in Ruhe von 80 ml Blut pro Minute durchflossen (für den Vergleich mit anderen Organen siehe Abb. 5-4 B). **Bei starker körperlicher Arbeit** kann dieser Betrag auf gut das Vierfache ansteigen. Da unter diesen Bedingungen die vom Herzen zu leistende Druck-Volumen-Arbeit aber auf das Sechs- bis Achtfache zunimmt (S. 69), kommt es *schon normalerweise bei starker Arbeitsbelastung des Herzens zu einer relativen Unterversorgung des Herzens* mit Blut. Ein Teil davon wird allerdings dadurch wettgemacht, daß das unter einem hohen Sympathicustonus arbeitende Herz wegen seines höheren Wirkungsgrades die zugeführte Energie besser ausnutzt.

Variation des Blutstromes mit dem Herzcyclus. Der Blutfluß in den Coronargefäßen ist alles andere als gleichmäßig. Wie Abb. 5-11 B zeigt, nimmt der **Blutstrom in den Herzarterien** in einem Rhythmus zu und ab, der dem der anderen Körperarterien gerade entgegengesetzt ist: wegen des hohen Druckanstieges, besonders in der linken Kammerwand, **gering in der Systole** (der Herzmuskel preßt seine eigenen Gefäße zusammen) und **groß in der Diastole**.

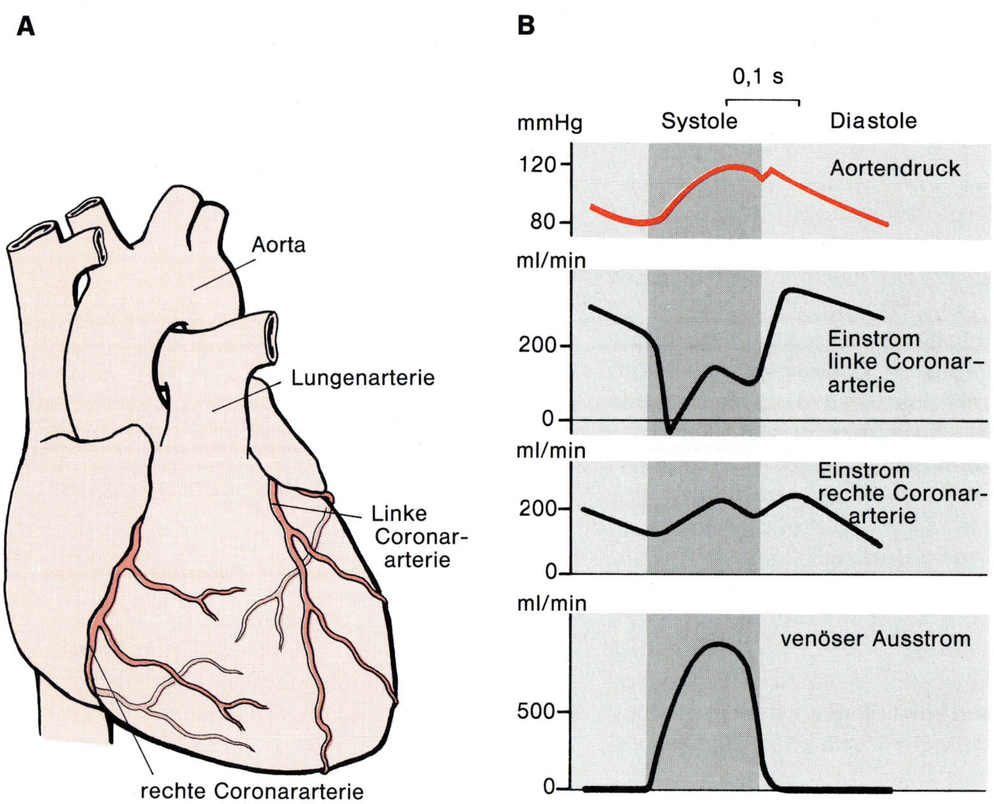

Abb. 5-11. A Die Blutversorgung des Herzmuskels erfolgt über die rechte und die linke Herzkranz- oder Coronararterie, die aus dem Anfangsteil der Aorta, kurz hinter den Aorten-Kammer-Klappen, entspringen. **B** Schwankungen der Blutströmungen in den Coronararterien und -venen im Verlauf des Herzzyklus. Während der Anspannungszeit der Systole fließt kaum noch Blut in den Herzmuskel. Die Dauer der für die Durchblutung günstigen Diastole wird bei Zunahme der Herzfrequenz überproportional stark verkürzt, da die Systole als aktiver Kontraktionsvorgang immer eine gewisse Mindestzeit braucht. (**B** umgezeichnet aus Antoni in [10])

Umgekehrt wird durch die Herzkontraktion das Blut aus den Coronarvenen regelrecht herausgepreßt, während in der Diastole die Herzvenen wie ein Schwamm das aus den Capillaren zufließende Blut aufnehmen, aber nicht weiter abgeben.

Lokale Regelung der Herzmuskeldurchblutung. Der Herzmuskel schöpft in Ruhe den im Blut herantransportierten Sauerstoff fast völlig aus. Bei erhöhtem Sauerstoffverbrauch infolge Mehrbelastung ist daher kaum eine weitere Ausschöpfung möglich. Das Herz muß daher **Vergrößerungen seines Sauerstoffbedarfs** v.a. durch eine **erhöhte Durchblutung** decken, und zwar wegen der fehlenden Sauerstoffreserven so proportional wie möglich zum Sauerstoffverbrauch. Dies geschieht im gesunden, besonders im trainierten Herzen, durch Weiterstellung (Dilatation) der Gefäße und damit Reduktion des Strömungswiderstandes. Die **Regelung der Durchblutung** erfolgt dabei vor allem, wenn nicht ausschließlich, **über den Sauerstoff selbst**: Sobald seine *Konzentration* im Gewebe durch einen erhöhten Verbrauch *abfällt, erweitern sich die Arteriolen* so lange, bis die Sauerstoffzufuhr mit dem Verbrauch wieder Schritt hält.

Als coronarerweiternde Einflüsse kommen ferner in Betracht **Adenosin**, das als Abbauprodukt energiereicher Phosphate eine wichtige Rolle spielt, ferner ein Anstieg der extracellulären **K^+-Konzentration**. Inwieweit die vegetativen Herznerven darüber hinaus eine direkte Wirkung auf die Coronargefäße besitzen, ist wegen ihrer gleichzeitigen sonstigen Einflüsse auf die Herztätigkeit schwer zu entscheiden. Neuere Untersuchungen sprechen für eine direkte **gefäßverengende Wirkung des Sympathicus** und eine **Gefäßerweiterung durch den Parasympathikus**. Neben den genannten Einflüssen haben auch **endothelial gebildete Faktoren** einen dilatierenden Einfluß auf die Coronargefäße. Ihre Struktur ist bisher ungeklärt. Insgesamt besteht eine starke Absicherung des gesamten Regulationssystems, das kaum eingeengt wird, wenn nur einzelne Teilkomponenten ausfallen [10].

Güte der Coronardurchblutung, Coronarreserve. So einfach und wirkungsvoll diese Regelung der Coronardurchblutung ist, so schnell ist sie aber auch an ihren Grenzen angelangt. Es wurde schon erwähnt, daß die **Coronardurchblutung nur auf den vierfachen Wert** steigen kann, die **Herzarbeit aber bis auf das Achtfache**, und es wurde eben darauf hingewiesen, daß die Sauerstoffausschöpfung des Blutes schon in Ruhe an den Grenzen des Möglichen liegt (ganz im Gegensatz beispielsweise zur Niere). Dazu kommt, daß **bei hohen Herzfrequenzen** sich die **Diastole**, und damit die zur Durchblutung zur Verfügung stehende Zeit (Abb. 5-11 B) **überproportional verkürzt**, da die Systole als aktiver Kontraktionsprozeß nicht beliebig viel schneller werden kann. Der Herzmuskel ist außerdem auch nicht, ebenfalls im Gegensatz zu vielen anderen Geweben, in der Lage, sauerstoffarme Zeiten vorübergehend durch einen sauerstoffunabhängigen (anaeroben) Stoffwechsel zu überbrücken.

Pathophysiologie des Coronarkreislaufs: Angina pectoris und Herzinfarkt

Eine optimale Blutversorgung des Herzmuskels ist also eng an eine ausreichende Dehnbarkeit der Herzkranzgefäße gekoppelt. Kein Wunder also, daß sie durch eine „Verkalkung" der Herzkranzgefäße **(Artero-** oder **Arteriosklerose)** leicht aus dem Gleichgewicht zu bringen ist. Die aus der Einlagerung von Fett und fettähnlichen Lipiden, wie vor allem Cholesterin, resultierende Starre und Verengung der Gefäßwände führen zu einer zunächst bei Anstrengung, später auch in Ruhe immer deutlicher werdenden **Mangeldurchblutung (Ischämie)** des Herzmuskels, die sich objektiv als zunehmende Einschränkung der Leistungsfähigkeit, subjektiv als **Herzschmerzen (Angina pectoris)** bemerkbar macht. Die Herzschmerzen sind eine direkte oder indirekte Folge des Sauerstoffmangels. Das heißt, sie werden durch eine zu niedrige Sauerstoffkonzentration oder durch die daraus resultierende Anhäufung von unvollkommen verbrannten Stoffwechselzwischenprodukten ausgelöst.

Therapie des Angina-pectoris-Anfalls. Ein typischer Angina-pectoris-Anfall mit Schmerzen hinter dem Brustbein, die auch in die Umgebung, vor allem den linken Arm, die linke Schulter und den Nacken ausstrahlen können, dauert einige Minuten. Der Anfall mit seinen schweren, oft als lebensbedrohend empfundenen Schmerzen kann meist durch die Einnahme eines **stark gefäßerweiternden Mittels**, wie z.B. **Nitroglycerin**, unterbrochen werden. Dieses wirkt nicht so sehr über eine Erweiterung der Herzkranzgefäße selbst. Vielmehr führt die generelle Gefäßerweiterung auch der Venen zu einer vorübergehenden Abnahme des venösen Rückflusses zum Herzen und damit zu einer Abnahme des Herzzeitvolumens und des Blutdruckes: Das Herz wird entlastet und benötigt entsprechend weniger Sauerstoff.

Herzinfarkt. Die Verkalkung der Herzkranzgefäße ist ein langsam fortschreitender, die Leistungsbreite des Herzens immer mehr einengender Prozeß, der schließlich über eine **Herzschwäche aus jahrelanger Unterversorgung** zum Tode führt (s. auch Herzinsuffizienz, S. 57). Häufig aber wird dieser Prozeß durch eine drastische Verschlimmerung der Erkrankung unterbrochen: dann nämlich, wenn sich einer der **großen Coronaräste** durch ein Blutgerinnsel, das sich an der arteriosklerotisch veränderten Wand leicht bildet, **akut verschließt**. Damit stoppt die

Durchblutung in den zugehörigen Teilen des Herzmuskels völlig: Der Patient erleidet einen **Herzinfarkt** [4a].

Bei einem Herzinfarkt hört immer ein mehr oder weniger großer Teil des Herzmuskels auf, sich zu kontrahieren, da seine Sauerstoff- und Nährstoffversorgung ausfällt. *Ort und Umfang des infarzierten Areals* geben für den klinischen Verlauf den Ausschlag. Als **Todesursachen beim Herzinfarkt** stehen die folgenden vier im Vordergrund: **(1)** Ein zu starker Ausfall im Bereich der linken Kammer **reduziert das Schlagvolumen** so sehr, daß der Blutdruck unter einen Wert abfällt, der für die notwendige Minimalversorgung des Gehirns und des Herzens ausreicht. **(2)** Häufig führt auch eine nicht ganz so starke Schädigung des linken Herzens im Verlauf von Stunden oder Tagen zu einem Rückstau von Blut vor dem nicht voll arbeitsfähigen linken Herzen, also in der Lunge. Blutflüssigkeit wird durch den erhöhten venösen Gefäßdruck aus den Lungencapillaren in die Lungenbläschen abgepreßt, und das resultierende **Lungenödem** verhindert einen ausreichenden Gasaustausch („inneres Ertrinken", S. 58). Jeder Infarkt kann außerdem **(3)** zur Übererregbarkeit des Herzens, insbesondere zum **Herzflimmern** (S. 67), führen. Schließlich kann **(4)** bei sehr schweren Infarkten die Herzwand einreißen: Blut ergießt sich in die Herzhöhle und verhindert damit den Zufluß weiteren Blutes **(Herztamponade)**.

Infarktverhütung, Risikofaktoren. Einer Angina pectoris oder einem Herzinfarkt vorbeugen heißt nach dem bisher Gesagten nichts anderes, als der **Coronarsklerose vorbeugen**. Diese ist zwar einer der natürlichen Alterungsprozesse des menschlichen Körpers, aber sie läßt sich in ihrem Zeitverlauf **durch entsprechende Lebensweise erheblich verlangsamen oder beschleunigen**. Dies besonders bei Menschen, die durch ihre familiäre Veranlagung zu einer vorzeitigen Arteriosklerose neigen. Tierversuche und Langzeitbeobachtungen an größeren Bevölkerungsgruppen haben eine Reihe von Faktoren deutlich gemacht, die offensichtlich das Risiko, einen Herzinfarkt zu erleiden, erheblich über den Durchschnitt heben, besonders wenn sie bei einem Menschen gehäuft vorkommen. Zu diesen **Risikofaktoren** sind vor allem eine *zu reichliche Ernährung, starkes Rauchen und ein zu hoher Blutdruck* zu zählen. Bei all den genannten Risikofaktoren spielen **psychologische Einflüsse** eine bedeutsame Rolle: z. B. hat eine Person mit starken Kontrollambitionen („alles im Griff behalten", Typ A-Persönlichkeit) ein bis zu 2fach erhöhtes Risiko für eine Coronarerkrankung als eine eher entspannte und ausgeglichene Person (Typ B). Die Erfassung der Risikopersönlichkeit (Typ A) erlaubt eine vorzeitige Beeinflussung jener Verhaltensweisen, die zur Risikoerhöhung führen.

Starkes Rauchen verengt erheblich die Coronargefäße und führt daher zur Unterversorgung des Herzmuskels. Als Folge davon treten möglicherweise immer wieder **„Mikroinfarkte"** auf, die nach und nach durch die jeweils entstehenden Narben zur ernsthaften Schwächung des Herzmuskels führen. Gleichzeitig bewirkt die allgemeine Vasoconstriction eine erhebliche Erhöhung des Blutdruckes (S. 87). Diese **Blutdruckerhöhung**, ebenso wie jede andere Form des Hypertonus, überlastet sowohl das Herz als auch die Gefäße, die dadurch vermehrt zur Arteriosklerose neigen. Damit setzt sich ein gefährlicher Teufelskreis in Gang (S. 89). Schließlich führt zu energiereiche, vor allem **zu fette Nahrung** nicht nur zu Übergewicht, sondern auch zu einem Ansteigen der Fett- und Lipidkonzentrationen, besonders des Cholesterins im Blut. Dies beschleunigt erheblich die arteriosklerotischen Ablagerungen in den Gefäßwänden. Gleichzeitig führt das Übergewicht zu zusätzlichen Belastungen des Herzens.

5.5 Literatur

Weiterführende Lehr- und Handbücher

1. BOHR, D. F., SOMLYO A. P., SPARKS H. V. Jr. (Hrsg.): Handbook of Physiology, Section 2: The Cardiovascular System. Vol. II: Vascular Smooth Muscle. Bethesda, Maryland: American Physiological Society 1980
2. CARO, C. G., PEDLEY, T. J., SCHROTER, R. C.,SEED, W. A.: The Mechanisms of the Circulation. New York, Toronto: Oxford University Press 1978
3. FOLKOW, B., NEIL, E.: Circulation. London, Toronto: Oxford University Press 1971
4. GUYTON, A. C.: Textbook of Medical Physiology. 5. Ed. Philadelphia, London: Saunders 1976

4a. HIERHOLZER, K., SCHMIDT, R. F. (Hrsg.): Pathophysiologie des Menschen. Weinheim: *edition medizin* der VCH Verlagsgesellschaft 1991

5. JOHNSON, P. C.: Peripheral Circulation. New York, Chichester, Brisbane, Toronto: Wiley & Sons 1978
6. KEATINGE, W. R., HARMAN, M. C.: Mechanisms Controlling Blood Vessels. London: Academic Press 1980
7. MEESEN, H.: Mikrozirkulation. In: Handbuch der allgemeinen Pathologie, Bd. III/7. Berlin, Heidelberg, New York: Springer 1977
8. MILTNER, W., BIRBAUMER, N., GERBER, W. Verhaltensmedizin. Berlin, Heidelberg, New York, Tokyo: Springer 1986
9. RENKIN E. M., MICHEL C. C. (Eds.): Handbook of Physiology, Section 2: The Cardiovascular System. Vol. IV: Microcirculation. Bethesda, Maryland: American Physiological Society 1984
10. SCHMIDT, R. F., THEWS, G. (Hrsg.): Physiologie des Menschen, 24. Auflage. S. 1-880. Berlin, Heidelberg, New York, Tokyo: Springer 1990
11. SHEPHERD, J. T., ABBOUD F. M. (Eds.): Handbook of Physiology, Section 2: The Cardiovascular System. Vol. III: Peripheral Circulation and Organ Blood Flow. Bethesda, Maryland: American Physiological Society 1983

12. SHEPHERD, J.T., VANHOUTTE, P.M.: The Human Cardiovascular System – Facts and Concepts. New York: Raven 1979
13. WIEDEMANN, M.P., TUMA, R.F., MAYROVITZ, H.N.: An Introduction to Microcirculation. Biophysics and Bioengineering Series. Vol. 2. London: Academic Press NY 1981

Einzel- und Übersichtsarbeiten

14. CRONE, C., CHRISTENSEN, O.: Transcapillary transport of small solutes and water. In: GUYTON, A.C., YOUNG, D.B. (Eds.): Cardiovascular Physiology III, Vol. 28, p. 149. Baltimore: University Park Press 1979
15. DRAPPATZ, B., WITZLEB, E.: Unterschiedliche Reaktionen von Widerstands- und Kapazitätsgefäßen der Haut an den Armen bei Beinmuskelarbeit bis zur Erschöpfung. Int. Z. Angew. Physiol. *28*, 321 (1970)
16. FOLKOW, B.: Description of the myogenic hypothesis. Circulat. Res. *14, 15*, Suppl. I, 279 (1964)
17. GREEN, J.F.: Determinants of systemic blood flow. In: GUYTON, A.C., YOUNG, D.B. (Eds.): Cardiovascular Physiology III, Vol. 18, p. 33. Baltimore: University Park Press 1979
18. GUYTON, A.C., JONES, C.E.: Central venous pressure: Physiological significance and clinical implications. Am. Heart J. *86*, 432 (1973)
19. GUYTON, A.C., TAYLOR, A.E., GRANGER, H.J.: Circulatory Physiology II: Dynamics and Control of Body Fluids. Philadelphia: Saunders 1975
20. HILTON, S.M., SPYER, K.M.: Central nervous regulation of vascular resistance. Ann. Rev. Physiol. *42*, 399 (1980)
21. HUNYOR, S., LUDBROOK, J., SHAW, J., McGRATH, M.: The Peripheral Circulation, Amsterdam: Excerpta Medica 1984
22. MICHTELL, J.H., SCHMIDT, R.F.: Cardiovascular reflex control by afferent fibers from skeletal muscle receptors. In: SHEPHERD J.T., ABBOUD F.M. (Eds.): Handbook of Physiology, Section 2: The Cardiovascular System, Vol. III: Peripheral Circulation and Organ Blood Flow, Part 2, pp. 623–658. American Physiological Society 1983
23. SCHMID-SCHÖNBEIN, H.: Microrheology of erythrocytes, blood viscosity, and the distribution of blood flow in the microcirculation. In: GUYTON, A.C. COWLEY, A.W., Jr. (Eds.): Cardiovascular Physiology II, Vol. 9, p. 1. Baltimore: University Park Press 1976
24. WESTFALL, T.C.: Neuroeffector mechanisms. Ann. Rev. Physiol. *42*, 338 (1980)

6 Lungen- und Gewebeatmung

Der menschliche Körper gewinnt seine Energie durch den oxidativen Abbau der Nahrungsstoffe, also durch ihre Verbrennung. Er ist daher auf die ständige Zufuhr von Sauerstoff (O_2) zu jeder einzelnen Zelle des Organismus angewiesen. So verbraucht der Mensch in Ruhe etwa 300 ml Sauerstoff pro Minute, was mit einem Energiegewinn von etwa 1,5 kcal oder 6,3 J (Joule, sprich dschjul) verbunden ist (Einzelheiten zur Ableitung und Definition des Energiebegriffs und der benutzten Maßangaben s. Kap. 7). Aus der Verbrennung der 300 ml Sauerstoff fallen rund 250 ml Kohlendioxid (CO_2) an, die aus den Zellen an die Außenluft abgegeben werden müssen [9, 22].

Da die meisten Zellen unseres Körpers weit von der Außenluft entfernt liegen, muß ihnen der *Sauerstoff gebracht* und das *Kohlendioxid wieder abgeholt* werden. Diese Serviceleistung nennen wir **Atmung**. Sie hat Anfang und Ende in der Lunge (**Lungenatmung** oder *"äußere" Atmung*, Abb. 6-1 A, B), bedient sich des Blutes als Transportmittel und versorgt jede einzelne Zelle von der nächstgelegenen Gewebscapillare aus (**Gewebeatmung** oder *"innere" Atmung*). Abb. 6-1 B faßt die **vier Schritte des Sauerstofftransportes** zusammen: Die Belüftung der Lungen befördert den Sauerstoff in die Lungenbläschen (Alveolen). Von dort diffundiert er in das Blut. Dieses bringt ihn in das Gewebe, wo er, wiederum durch Diffusion, die Zelle als „Endverbraucher" erreicht. Der anschließende Abtransport des Kohlendioxids läuft völlig analog in umgekehrter Reihenfolge ab [4, 5, 8, 11, 15, 34, 36].

6.1 Lungenventilation

Lungen- und Atemvolumina

Wenn Sie so tief wie möglich einatmen und dann so vollständig wie möglich in einen leeren Luftballon ausblasen, füllen Sie diesen je nach Alter, Geschlecht und Körperbau mit 3 bis 5 l Luft (trainierte Sportler, z. B. Schwimmer, Ruderer bis zu 8 l). Diese Luftmenge, **Vitalkapazität** genannt, ist ein Maß für die Ausdehnungsfähigkeit des Brustkorbes und der Lunge. Normalerweise wird die Vitalkapazität mit dem in Abb. 6-2 A gezeigten **Spirometer**, oder auch mit einem genau wie eine Haushaltsgasuhr arbeitenden *Flußmesser* gemessen [1, 2, 4, 6, 8, 11, 12, 14].

Auch nach maximalem Ausatmen verbleiben noch 1 bis 2 Liter Luft in der Lunge. Sie wird **Residualvolumen** (Residualluft) genannt. Frischluft vermischt sich also immer mit in der Lunge verbliebener Luft. Dies gilt besonders für die normale Atmung, die sich immer in einer Mittellage zwischen maximaler Ein- und Ausatmung bewegt (Abb. 6-2 B). So sind nach normalem, ruhigen Ausatmen noch immer zwei bis vier Liter Luft in der Lunge, nämlich die eben schon erwähnte *Residualluft* und die bei forcierter Ausatmung noch abgebbare Luft (**exspiratorisches Reservevolumen**, Abb. 6-2 B). Da wir in Ruhe nur rund 500 ml Luft einatmen und davon etwa 150 ml in den Atemwegen ungenutzt bleiben, mischt sich die Frischluft mit etwa der zehnfachen Menge der in den Alveolen vorhandenen Luft (s. unten). Residualvolumen und exspiratorisches Reservevolumen werden als **funktionelle Residualkapazität** zusammengefaßt.

Bedeutung der funktionellen Residualkapazität. Der Austausch von Sauerstoff und Kohlendioxid zwischen Außenluft und Blut geschieht in den Alveolen. Würde nur Frischluft in die Alveolen gelangen, so würden dort die Konzentrationen des Sauerstoff- und des Kohlensäuregehaltes *je nach der Atemphase* um mehrere Volumenprozent schwanken (s. die tatsächlichen Werte, S. 100). Durch die Mischung der Frischluft mit der *funktionellen Residualkapazität* treten nur noch geringe zeitliche Schwankungen in der Zusammensetzung der Alveolarluft auf. Damit ist der **Austausch der Atemgase** zwischen Luft und Blut weitgehend **unabhängig von der äußeren Atmung**.

Anatomischer und funktioneller Totraum. Das Volumen der leitenden Atemwege wird als *anatomischer Totraum* bezeichnet, weil in diesem Bereich kein Gasaustausch stattfindet. Hierzu gehören Mund-

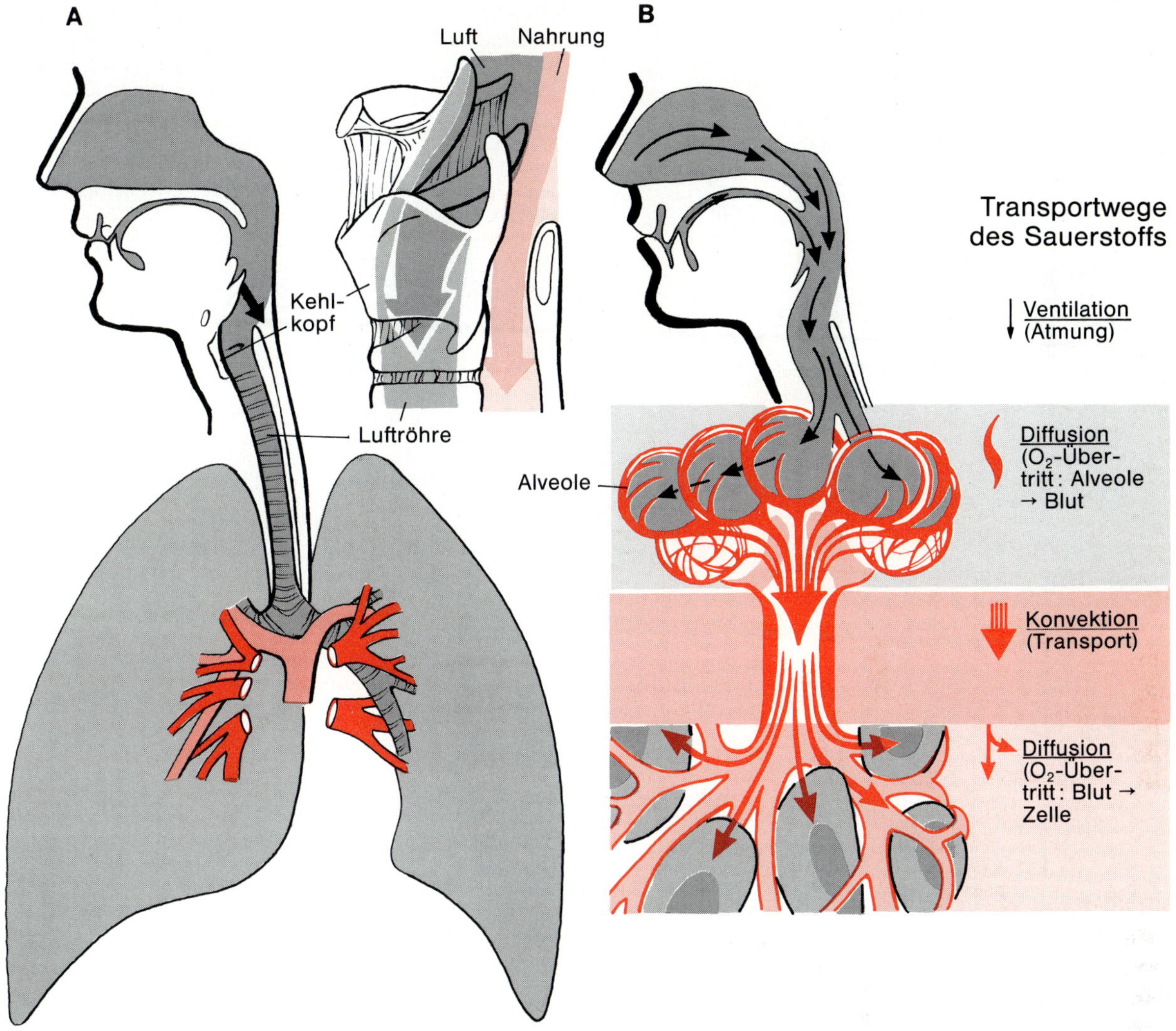

Abb. 6-1. Lungenatmung („äußere" Atmung) und Gewebeatmung („innere" Atmung). **A** Lungenbelüftung. Der Nasen-Rachen-Raum und die Luftröhre mit ihren Verzweigungen bilden die zuführenden Atemwege, die selbst nicht am Gasaustausch teilnehmen (Totraum). Beim Schlucken verhindert der Kehldeckel des Kehlkopfes, der dann die Luftröhre verschließt *(Pfeil)*, daß Flüssigkeit oder Speisebrei in die Luftröhre „verschluckt" wird. **B** Die vier Stufen des Sauerstofftransportes von der Außenwelt in die Zellen der Körpergewebe. Durch die *Ventilation* wird der Sauerstoff in die *Alveolen* der Lungen befördert. Dort tritt er durch *Diffusion* in das Blut über, das ihn in die Körpergewebe schwemmt *(Konvektion)*. Hier tritt der Sauerstoff ebenfalls durch *Diffusion* aus den Capillaren über das Interstitium in die Zellen über. Der Weg des Kohlendioxyd ist genau umgekehrt

höhle, Nasenrachenraum, Luftröhre (Trachea) und die Bronchien bis zu ihren feinsten Verzweigungen (Bronchiolen). Das Volumen des **anatomischen Totraums** liegt beim Erwachsenen bei **etwa 150 ml**. Unter dem **funktionellen** oder **physiologischen Totraum** versteht man alle Räume des Atmungstraktes, in denen kein Gasaustausch stattfindet. Dazu gehören neben dem anatomischen Totraum alle Alveolarräume, die zwar belüftet, aber nicht durchblutet sind. Solche Alveolen, in denen trotz Belüftung ein Gasaustausch nicht möglich ist, existieren beim Lungengesunden nur in geringer Zahl (physiologischer und anatomischer Totraum sind also praktisch identisch). Bei manchen Lungenfunktionsstörungen kann der funktionelle aber erheblich größer als der anatomische Totraum sein.

Atemzeitvolumen in Ruhe und bei Arbeit. Das in einer bestimmten Zeit ein- und ausgeatmete Gasvolumen, also das **Atemzeitvolumen**, ergibt sich als *Produkt* aus **Atemzugvolumen** und **Atemfrequenz**. Die Atmungsfrequenz des Erwachsenen liegt unter Ruhebedingungen im Mittel bei *14 Atemzügen pro Minute*, wobei allerdings größere individuelle Variatio-

A

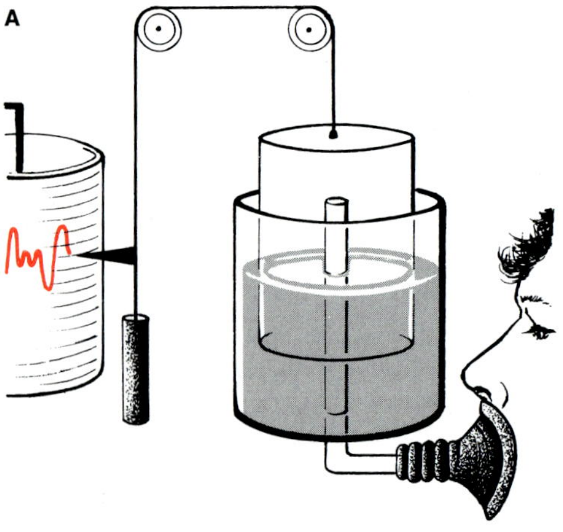

Abb. 6-2. Lungenvolumina und -kapazitäten und deren Messung. **A** Spirometer zur Lungenfunktionsprüfung. **B** Volumeneinteilung der Lunge. Alle Werte bis auf das Residualvolumen können, wie im Text beschrieben, mit Hilfe des Spirometers ermittelt werden. Zusammengesetzte Volumina werden als Kapazitäten gekennzeichnet. Wie die Zahlenangaben im *rechten* Bildteil verdeutlichen, nimmt die Vitalkapazität mit dem Alter, insbesondere nach dem vierzigsten Lebensjahr, ab. Dies ist auf den Elastizitätsverlust der Lunge und die zunehmende Einschränkung der Beweglichkeit des Brustkorbes zurückzuführen. Wie ebenfalls gezeigt, haben Frauen durchschnittlich eine etwa 25% kleinere Vitalkapazität als Männer

B

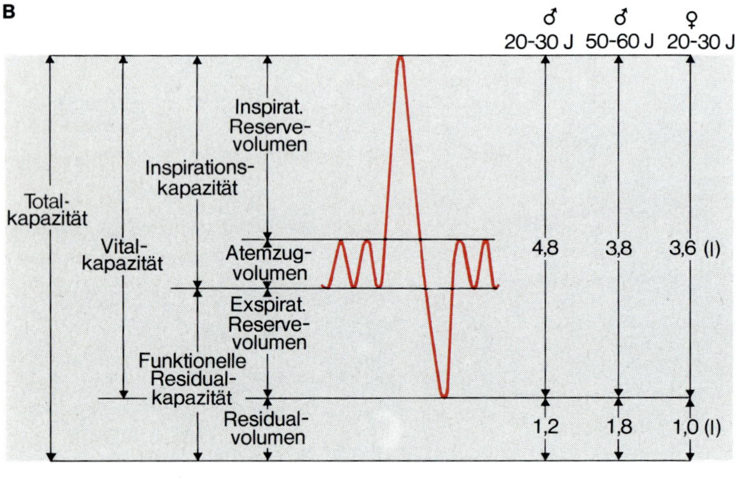

nen (10–18/min) zu beobachten sind. Wenn man das obengenannte durchschnittliche Atemzugvolumen von 500 ml zugrunde legt (Abb. 6-2 B) ergibt sich also für den Erwachsenen **in Ruhe** ein **Atemzeitvolumen von 7 l/min**. Bei **körperlicher Arbeit** steigt des Atemzeitvolumen an, um bei extremer Belastung **Werte von 120 l/min** zu erreichen.

Genaugenommen ist zwischen dem inspiratorischen und dem exspiratorischen Atemzeitvolumen zu unterscheiden. Da nämlich in der Regel etwas weniger Kohlendioxid abgegeben als Sauerstoff aufgenommen wird, ist das **Ausatmungsvolumen etwas kleiner als das Einatmungsvolumen**. Man hat daher vereinbart, die Ventilationsgrößen in der Regel auf die Ausatmungsphase zu beziehen.

Das Volumenverhältnis des ausgeatmeten Kohlendioxyds zum eingeatmeten Sauerstoff wird übrigens **respiratorischer Quotient** genannt. Er ist also normalerweise <1 (Details in [12]).

Die **Atemfrequenz in Ruhe** ist stark **altersabhängig**. Neugeborene atmen 40- bis 50 mal in der Minute, Kleinkinder 30- bis 40 mal und Kinder 20- bis 30 mal.

Alveoläre Ventilation und Totraumventilation. Das Atemzeitvolumen sagt nur wenig über die Effektivität der alveolären Belüftung aus. Dies läßt sich daran erkennen, daß ein normales Atemzeitvolumen von 7 l/min z. B. auch durch eine Atemfrequenz von 35/min bei einem Atemzugvolumen von 200 ml erzielt werden könnte. Bei einem Totraum von rund 150 ml (s. o.) würde dann wenig mehr als dieser belüftet (eine solche flache und frequente Atmung kann z. B. im Kreislaufschock vorkommen und ist dann lebensgefährlich). Bei einem Atemzugvolumen von 500 ml stehen dagegen 350 ml (und damit 70% des Atemzeitvolumens) für den Frischluftaustauch zur Verfügung. Jede weitere **Zunahme des Atemzugvolumens führt zu einem weiteren Anstieg der alveolären Ventilation** und *verbessert damit den Gasaustausch in der Lunge.* Eine langsame, tiefe Atmung ist also in diesem wichtigen Punkt wesentlich besser als eine frequente und entsprechend flache Ventilation der Lunge [14, 36].

Atmungsmechanik

Elastische Atemwiderstände. Die beiden Lungenflügel des Menschen liegen normalerweise der Wand des Brustkorbs und dem Zwerchfell an. Sie sind aber dort nicht angewachsen, sondern durch eine sehr dünne Flüssigkeitsschicht von der Innenauskleidung des Brustkorbs getrennt. Da diese Flüssigkeitsschicht nicht dehnbar ist, müssen die Lungenlappen allen Bewegungen von Brustkorb und Zwerchfell folgen. Sticht man aber eine Kanüle in den als **Pleuralspalt** bezeichneten Flüssigkeitsraum, dann wird über diese Kanüle Luft in den Pleuralspalt gesaugt und die Lunge „schnurrt" in Richtung auf die Lungenwurzel „zusammen" **(Pneumothorax)**. Im Pleuralspalt herrscht also gegenüber der Außenwelt ein negativer Druck („Unterdruck"). Er zeigt, daß die Lunge elastisch ist und daß sie auf die Brustkorbwand und das Zwerchfell eine konstante **Zugkraft in Richtung auf die Lungenwurzeln** ausübt [2, 12, 29].

Wird beim Einatmen der Brustkorb erweitert und das Zwerchfell gesenkt, dann werden die Lungen weiter gedehnt und der intrapleurale Druck nimmt entsprechend zu. Um die **elastischen Kräfte der Lunge** zu überwinden, müssen wir entsprechende **muskuläre Gegenkräfte** aufwenden. Die Einatmung ist also schon aus diesem Grunde ein aktiver Vorgang, für den wir die Muskulatur des Brustkorbs und des Zwerchfells einsetzen.

Viscöse Atemwiderstände. Beim Ein- und Ausatmen wird Luft durch die Atemwege befördert. Das Röhrensystem der Trachea und der Bronchien und Bronchiolen setzt dieser Luftströmung einen Widerstand entgegen, der analog dem Widerstand der Kreislaufgefäße für die Blutflüssigkeit ist. Für diesen **Strömungswiderstand der Atemwege** gilt daher auch das **Hagen-Poiseuille-Gesetz** (s. S. 82). Er wird **Atemwegswiderstand** oder **Resistance** genannt. Normalerweise wird der Atemwegswiderstand hauptsächlich von den Strömungsverhältnissen in der Trachea und den großen Bronchien bestimmt, während die Widerstände in den kleinen Bronchien und Bronchiolen nur einen kleinen Beitrag liefern [2, 29].

Neben dem Atemwegswiderstand ist beim Ein- und Ausatmen noch ein zweiter viscöser Widerstand zu überwinden, der durch die *Gewebereibung* und die *nichtelastische Deformation der Gewebe im Bauchraum* entsteht. Dieser **Gewebewiderstand** ist jedoch verhältnismäßig klein. 90% des viscösen Widerstandes werden normalerweise durch die Strömung in den Atemwegen und nur 10% durch den Gewebewiderstand hervorgerufen.

Intrapleurale und intrapulmonale Druckänderungen. Die Druck-Volumen- und die Druck-Stromstärke-Beziehungen im Atmungscyclus werden im wesentlichen durch die elastischen und viscösen Atmungswiderstände bestimmt. Sie lassen sich gut an Hand der regelmäßigen Verläufe des Atemvolumens sowie der intrapleuralen und intrapulmonalen Drükke diskutieren: Am Übergang von der vorhergehenden Ausatmung (Exspiration) in die nächste Einatmung (Inspiration) ist der Brustkorb (Thorax) kurzzeitig in Ruhe. Zu dieser Zeit ist der *intrapleurale Druck* durch den elastischen Zug der Lunge *negativ* (s. o.). Der *intrapulmonale Druck* (also der Druck in den mit der Außenwelt über die Atemwege verbundenen Alveolen) ist jedoch *gleich 0*, d. h. gleich dem äußeren Luftdruck. Es gibt daher zu diesem Zeitpunkt keine Druckdifferenz zwischen den Alveolen und dem Außenraum. Deswegen fließt auch keine Luft von außen nach innen oder umgekehrt.

Bei der Inspiration wird der Brustkorb durch die Atemmuskeln erweitert. Dadurch wird die Lunge weiter gedehnt und der **intrapleurale Druck wird noch negativer** (d. h. der „Unterdruck „ nimmt zu). Die Aufdehnung der Alveolen zu Beginn der Inspiration läßt auch dort den **intrapulmonalen Druck sinken**, so daß *Außenluft entlang dem Druckgefälle so lange in die Lunge strömt*, bis diese Druckdifferenz wieder ausgeglichen ist. Damit ist die Einatmung beendet.

Nach Abschluß der Inspiration erschlaffen die Einatmungsmuskeln. Damit können die elastischen Zugkräfte der Lunge zusammen mit den Ausatmungsmuskeln den Thorax wieder in die Ausgangsstellung zurückführen. **Bei dieser Exspiration** *erhöht sich zunächst der intrapulmonale Druck*, d. h. es baut sich ein Druckgefälle von innen nach außen auf. Entsprechend entweicht jetzt Luft so lange aus der Lunge, bis sich dieses Druckgefälle wieder ausgeglichen hat. Parallel mit dieser Abnahme des Thoraxvolumens *nimmt auch der intrapleurale Druck wieder ab.* Damit ist ein Atemcyclus vollendet.

Atemarbeit. Die Atemarbeit, die bei der Überwindung der elastischen und viscösen Atemwiderstände im Verlauf eines Atemcyclus geleistet wird, ergibt sich (völlig analog zur Herzarbeit, S. 67) als *Produkt* aus **intrapulmonalem Druck** und **Atemzugvolumen**. Zur Abschätzung der Größenordnung dieser Atemarbeit sei erwähnt, daß bei ruhiger Atmung etwa 2% des aufgenommenen Sauerstoffs für die Kontraktionsarbeit der Atemmuskeln benötigt werden. Bei schwerer Arbeit steigt dieser Wert sehr stark an, nämlich bis auf 20% des aufgenommenen Sauerstoffes.

Störungen der Atmungsmechanik und deren Diagnose. Es hat sich als zweckmäßig erwiesen, Störungen der Lungenbelüftung in 2 Gruppen zu unterteilen, nämlich die **restriktiven** und die **obstruktiven Funktionsstörungen**. Als **restriktiv** werden alle Störungen bezeichnet, bei denen die *Ausdehnungsfähigkeit der Lunge eingeschränkt* ist, z. B. bei Verwachsungen. Sind dagegen primär die Strömungswiderstände erhöht, z. B. bei Verlegung der Bronchialröhren durch Schleim, so nennt man diese Funktionsstörung **obstruktiv** [2, 6].

Als Zeichen für das Vorliegen einer restriktiven Funktionsstörung kann die **Abnahme der Vitalkapazität** gewertet werden (s. S. 96). Eine obstruktive Störung läßt sich durch die **Sekundenkapazität** (1-Sekunden-Ausatmungskapazität, Tiffenau-Test) erfassen. Darunter versteht man dasjenige Luftvolumen, das nach stärkster Einatmung innerhalb 1 s so schnell wie möglich ausgeatmet werden kann. Dieses Volumen wird meist als prozentualer Anteil der Vitalkapazität angegeben und dann als **relative Sekundenkapazität** bezeichnet. Der Normwert liegt bei 70–80% (ab dem 50. Lebensjahr eher 65–70%). Wird dieser deutlich unterschritten, spricht dies für eine obstruktive Störung.

6.2 Gasaustausch in der Lunge

Die Bauelemente der Lunge sind die bereits erwähnten 300 Millionen **Alveolen** beider Lungenflügel (Abb. 6-3). Jeweils mehrere von ihnen sind über immer dicker werdende Luftröhren (Bronchiolen und Bronchien) mit der Hauptluftröhre (Trachea) und schließlich mit der Außenwelt verbunden. Der *Durchmesser* der Alveolen beträgt im Schnitt nur 0,25 mm. In ihren dünnen Wänden ist ein dichtes **Netzwerk von Capillaren** eingebettet, durch die das Lungenblut fließt (Abb. 6-3 B). Die *Oberfläche aller Alveolenwände* beträgt insgesamt 70 m^2. Über diese große Oberfläche tritt unser Blut mit der Außenluft in Kontakt (zum Vergleich: unsere Hautoberfläche liegt nur bei etwa 1,8 m^2). Drei Aspekte sind beim Gasaustausch zwischen Außenluft und Blut besonders zu beachten: (1) Die Zusammensetzung des alveolären Gasgemischs, (2) die Diffusion der Atemgase durch die Gewebswände der Alveolen und Capillaren und (3) die Durchblutung der Lungencapillaren [34, 35, 36].

Zusammensetzung des alveolären Gasgemischs

Alveoläre Atemgaskonzentrationen. Luft enthält 20,9 Vol% Sauerstoff (O_2), praktisch kaum Kohlendioxid (CO_2, 0,03 Vol%) und im übrigen Stickstoff (79,1 Vol%) sowie Spuren von Edelgasen. In den Alveolen, in denen dauernd O_2 an das Blut abgegeben und CO_2 aus dem Blut aufgenommen wird, ist die O_2-Konzentration entsprechend verringert, nämlich auf **14 Vol%**, und die CO_2-Konzentration ist auf **5,6 Vol%** erhöht. Der Rest ist wiederum Stickstoff und Spuren von Edelgasen. Die ausgeatmete Luft, die aus einer Mischung von unveränder-

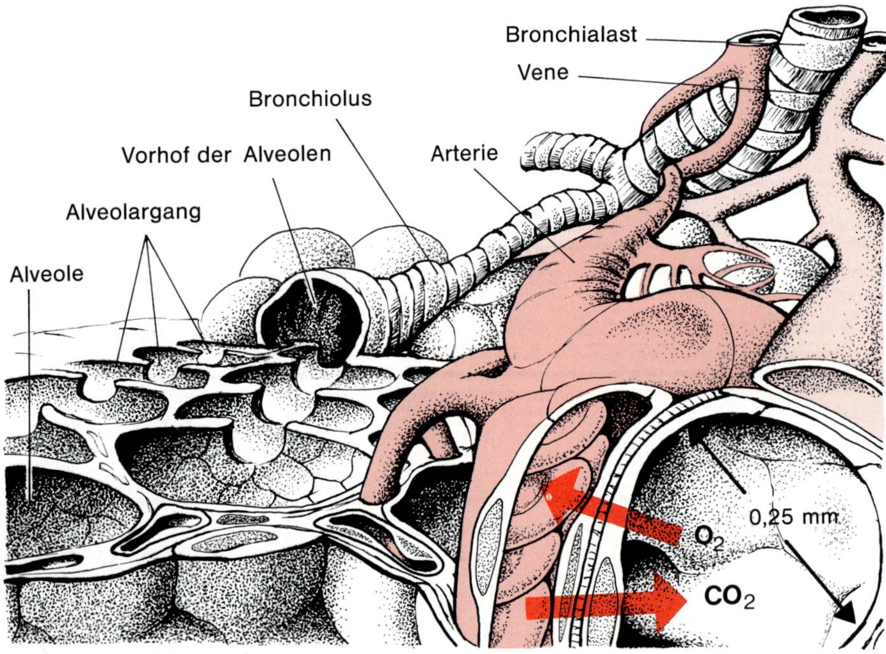

Abb. 6-3. Gasaustausch in den Lungenbläschen *(Alveolen)*. Aus der Hauptluftröhre (Trachea) gelangt die Luft über immer feinere Verzweigungen des Luftröhrensystems (Bronchialbaum) in die Alveolen, deren Wand nur noch aus einer Lage sehr dünner Zellen besteht. Die Wände der Alveolen sind außen von einem dichten Capillarnetz überzogen, dessen ebenfalls einzellige Wand nur durch eine sehr dünne Flüssigkeitsschicht von der Alveolarwand getrennt ist. *Rechts unten* in der Abbildung ist durch die *roten Pfeile* gezeigt, daß der Sauerstoff (O_2) aus der Alveole lediglich durch die Alveolarwand, die anschließende Flüssigkeitsschicht und durch die Capillarwand (Gesamtdicke <1 Mikrometer) diffundieren muß, um in das Blut und die dort schwimmenden Erythrocyten zu gelangen. Gleiches gilt umgekehrt für das Kohlendioxyd (CO_2). Jeder Erythrocyt schwimmt für etwa 0,3 s an einer Alveolenwand vorbei (Kontaktzeit). Dies reicht zur Sauerstoffsättigung des Blutes völlig aus

ter Totraumluft und alveolärem Gasgemisch besteht, hat dementsprechend eine höhere O_2- und eine geringere CO_2-Konzentration als das alveoläre Gasgemisch (16 bzw. 4 Vol%).

Partialdrücke der Atemgase. Jedes Gas übt in einem Gasgemisch einen Partialdruck (Teildruck) aus, der seinem Anteil am Gesamtvolumen, d.h. seiner Konzentration entspricht (Dalton-Gesetz). Bei Anwendung dieses Gesetzes auf die Atemgase ist zu berücksichtigen, daß sowohl die atmosphärische Luft als auch das alveoläre Gasgemisch Wasserdampf enthalten, der auch einen bestimmten Partialdruck ausübt. Dieser ist in der Außenluft recht schwankend, *in den Alveolen bei 100% Wasserdampfsättigung aber konstant.* Der Einfachheit halber werden die Partialdrücke deswegen errechnet, nachdem man den jeweiligen Wasserdampfdruck vom Gesamtdruck (Barometerdruck) abgezogen hat. In den Alveolen liegt der durchschnittliche **O_2-Partialdruck bei 100 mm Hg**, der durchschnittliche **CO_2-Partialdruck bei 40 mm Hg**.

Diese Daten gelten als **Normwerte** für den gesunden Erwachsenen. Dabei ist jedoch die Einschränkung zu machen, daß es sich in Wirklichkeit um *zeitliche* und *örtliche Mittelwerte* handelt. Wie oben schon erwähnt, treten geringe *zeitliche* Schwankungen der Partialdrücke auf, weil die Frischluft diskontinuierlich in den Alveolarraum gelangt. Kleine *örtliche* Variationen entstehen durch die nicht ganz gleichmäßige Belüftung und Durchblutung der verschiedenen Lungenabschnitte.

Kennzeichnung veränderter Ventilationszustände. Wird bei körperlicher Arbeit vermehrt Sauerstoff aus den Alveolen entnommen und zusätzliches Kohlendioxid in diese abgegeben, dann würden die Partialdrücke dieser Gase von den oben angegebenen Normwerten abweichen, wenn nicht gleichzeitig über ein erhöhtes Atemzeitvolumen die Ventilation der Alveolen entsprechend erhöht würde. Bei Erkrankungen kommt es aber vor, daß das Atemzeitvolumen in einem Mißverhältnis zu den Bedürfnissen des Organismus steht. Mehr- und Minderatmungen können also den jeweiligen Bedürfnissen des Organismus entsprechen oder davon abweichen. Entsprechend werden die Partialdrücke in den Alveolen konstant bleiben oder sich verändern. Um die *verschiedenen Ventilationszustände unter Berücksichtigung ihrer Auswirkungen genauer zu kennzeichnen,* hat man die folgenden Fachausdrücke eingeführt [14, 15]:

Normoventilation: Normale Ventilation, bei der in den Alveolen ein CO_2-Partialdruck von etwa 40 mm Hg aufrechterhalten wird.

Hyperventilation: Steigerung der alveolären Ventilation, die über die jeweiligen Stoffwechselbedürfnisse hinausgeht.

Hypoventilation: Minderung der alveolären Ventilation unter den Wert, der den Stoffwechselbedürfnissen entspricht.

Mehrventilation: Atmungssteigerung über den Ruhewert hinaus (etwa bei körperlicher Arbeit), unabhängig von der Höhe der alveolären Partialdrücke.

Eupnoe: Normale Ruheatmung.

Hyperpnoe: Vertiefte Atmung mit oder ohne Zunahme der Atemfrequenz.

Tachypnoe: Zunahme der Atemfrequenz.

Bradypnoe: Abnahme der Atemfrequenz.

Apnoe: Atmungsstillstand, hauptsächlich bedingt durch das Fehlen des physiologischen Atmungsreizes (Abnahme des arteriellen CO_2-Partialdruckes).

Dyspnoe: Erschwerte Atmung, verbunden mit dem subjektiven Gefühl der Atemnot.

Orthopnoe: Starke Dyspnoe bei Stauung des Blutes in den Lungencapillaren infolge einer Linksherzinsuffizienz, die im Liegen auftritt und daher den Patienten zum Aufsetzen zwingt.

Asphyxie: Atmungsstillstand oder Minderatmung bei Lähmung der Atmungszentren.

Arterialisierung des Blutes

Diffusion der Atemgase in das und aus dem Blut. Eine wirksame Diffusion von Gasen erfordert eine **große Austauschfläche** und einen **kleinen Diffusionsweg.** Beide Voraussetzungen sind in der Lunge in optimaler Weise erfüllt: Die Oberfläche der Lungenalveolen liegt bei etwa $70\,m^2$ (s.o.) und das Blut ist, wie Abb. 6-3 zeigt, nur durch zwei dünne, aufeinanderliegende Membranen, die **Capillarwand** und die **Alveolenwand**, von der Luft in den Lungenbläschen getrennt. Die beiden Membranen zusammen sind nicht mehr als 0,5 Mikrometer dick.

Das venöse Blut hat beim Eintritt in die Lungencapillaren einen O_2-Partialdruck von 40 mm Hg und einen CO_2-Partialdruck von 46 mm Hg, denen die Partialdrücke dieser Gase in den Lungenalveolen (100 bzw. 40 mm Hg, s.o.) gegenüberstehen. Diese

Partialdruckdifferenzen (60 mmHg beim O_2, 6 mm Hg beim CO_2) stellen die **treibenden Kräfte** für die O_2- und CO_2-Diffusion und damit **für den pulmonalen Gasaustausch** dar. Der Diffusionswiderstand hat im Lungengewebe für CO_2 einen 23mal kleineren Wert als für O_2. Dies ist der Grund dafür, daß beim Gasaustausch in der Lunge trotz kleiner CO_2-Partialdruckdifferenzen stets eine ausreichende CO_2-Diffusion gewährleistet ist.

Lungenperfusion und Kontaktzeit. In den Capillaren des Lungenkreislaufes fließen jeweils nur 100 ml Blut, wobei jedes einzelne rote Blutkörperchen in rund 0,3 s durch seine Alveolarcapillare hindurchfließt. Führt man sich vor Augen, daß diese 100 ml Blut gleichmäßig über eine Fläche von 70 m^2 verteilt sind, so ist leicht einzusehen, daß die relativ kurze **Kontaktzeit von 0,3 s** für den *Gasaustausch zwischen den roten Blutzellen und der Alveolarluft* voll ausreicht. Im Blut wird der Sauerstoff nämlich in erster Linie von den Erythrocyten transportiert, wie dies im nächsten Abschnitt 6.3 näher erläutert wird. Dort wird auch gezeigt, daß die Erythrocyten beim Transport des CO_2 ebenfalls eine wichtige Rolle spielen.

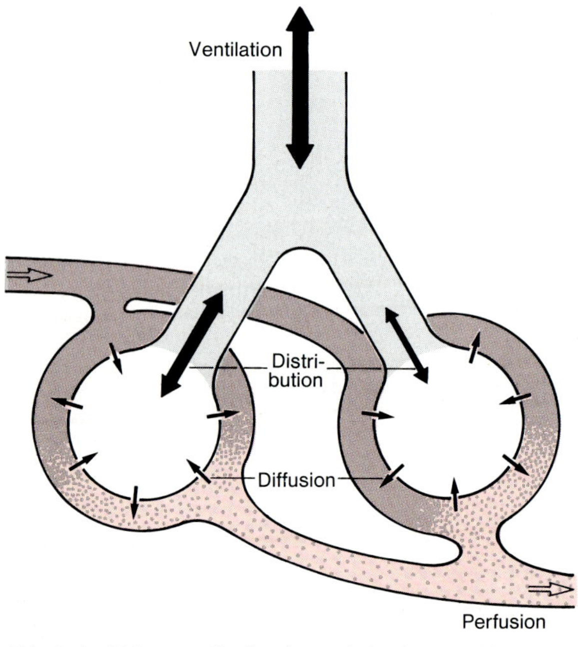

Abb. 6-4. Faktoren, die das Ausmaß der Sauerstoffsättigung des Blutes (seine *Arterialisierung*) bestimmen. Diese *Arterialisierungsfaktoren* sind im wesentlichen (1) die Güte der Ventilation oder Belüftung der Alveolen *(Distribution)*, (2) die Geschwindigkeit des Gasaustausches durch die Alveolen- und Blutcapillarwände *(Diffusion)*, und (3) das Ausmaß der Durchblutung der Capillaren *(Perfusion)*. Die unterschiedlich großen *Pfeile* am Eingang der beiden Alveolen verdeutlichen, daß normalerweise nicht alle Alveolen gleich gut belüftet sind. Dies mindert den maximal möglichen Arterialisierungsgrad. (Nach Comroe [4])

Arterialisierungsfaktoren. Durch den Gasaustausch in der Lunge wird aus dem sauerstoffarmen, kohlensäurereichen, venösen Blut das arterielle Blut mit seinem hohen O_2- und seinem geringen CO_2-Gehalt. Nach dem bisher Gesagten hängt der Grad dieser **Arterialisierung** von mindestens 3 Faktoren ab, die in Abb. 6-4 nochmals schematisch zusammengefaßt sind: einmal von einer ausreichenden **Belüftung** oder **Ventilation der Alveolen**, zweitens von einem ungestörten **Gasaustausch durch die Capillarwände** und drittens von einer genügenden **Durchblutung der Lungencapillaren**.

Zusätzlich ist bei der Arterialisierung noch ein weiterer Faktor zu beachten: Schon beim Gesunden, in besonderem Maße aber beim Lungenkranken findet man, daß Belüftung, Gasaustausch und Durchblutung nicht gleichmäßig über die verschiedenen Lungenabschnitte verteilt sind. Diese **ungleichmäßige Verteilung mindert den Arterialisierungseffekt**, da sich in den Lungenvenen, wie ebenfalls in Abb. 6-4 eingezeichnet, gut arterialisiertes Blut aus stark belüfteten Lungenabschnitten (großer Pfeil in die linke Alveole) mit mäßig arterialisiertem Blut aus den schwach belüfteten Lungenabschnitten mischt. Daher ist, vor allem bei älteren Menschen, die Arterialisierung des zum Herzen zurückfließenden Blutes nie so vollständig, wie sie theoretisch möglich wäre.

Pathophysiologie der Arterialisierung. Alle diese Faktoren können bei Lungenkrankheiten eine mehr oder weniger dominierende Rolle spielen. Erinnert sei an die erschwerte Ventilation beim **Asthma bronchiale**, an die drastische Reduzierung der Austauschfläche beim **Lungenödem** („inneres Ertrinken", S. 58, 94) und an die mangelhafte Durchblutung der Lungen bei einem **Infarkt** der rechten Herzkammer oder beim **Verschluß einer Lungenarterie** durch einen Blutpropf (*Lungenembolie*).

Die eben genannten Funktionseinschränkungen sind akuter Natur. Sie kommen aber auch bei chronischen Erkrankungen vor, z. B. bei der als **chronisches Lungenemphysem** bezeichneten degenerativen Veränderung des Lungengewebes, die immer häufiger als *Folge jahrelangen Rauchens* beobachtet wird. Zwei pathophysiologische Veränderungen stehen hier im Vordergrund: Erstens verengt und verschließt sich ein Teil der Bronchiolen (Folge: **erhöhter Atemwiderstand**). Zweitens geht ein Teil der Alveolarwände zugrunde, so daß schließlich nur ein Viertel oder weniger der ursprünglichen Austauschfläche übrigbleibt (Folge: **verschlechterter Gasaustausch**). Ferner reduziert die häufig zu beobachtende **schlechte Belüftung** großer Lungenabschnitte die Arterialisierung. Und schließlich sind mit den Alveolarwänden auch die in ihnen liegenden Capillaren verschwunden. Das Blut muß daher mit erhöhtem Druck durch die verbliebenen Capillaren gedrückt werden. Dies führt zur chronischen Überlastung und schließlich zum eventuellen **Versagen des rechten Herzens.** Rauchen hat also insgesamt einen hohen Preis (Krebsrisiko, Bluthochdruck, chronisches Lungenemphysem).

6.3 Atemgastransport des Blutes

Physikalische Löslichkeit der Atemgase

Gase können in fast allen Flüssigkeiten bis zu einem gewissen Grade *physikalisch gelöst* werden. Die gelöste Gasmenge ist dabei vom jeweiligen Partialdruck des Gases abhängig (zu erkennen z.B. am Entweichen von CO_2 beim Öffnen einer unter Druck stehenden Champagnerflasche). Die Gasaufnahme wird, zweitens, von den jeweiligen speziellen Löslichkeitseigenschaften bestimmt, die wiederum von der Art des Gases und des Lösungsmittels sowie von der Temperatur abhängen.

Bei normaler Körpertemperatur sind **pro ml Blut** etwa **0,003 ml O_2** und **0,026 ml CO_2** gelöst. Dies sind sehr kleine Volumina, gemessen an den insgesamt zu transportierenden Gasvolumina. Dennoch kommt dieser Zustandsform eine große biologische Bedeutung zu. Bevor nämlich die Atemgasmoleküle chemische Bindungen eingehen können, müssen sie in gelöster Form zu ihren Reaktionspartnern wandern. Das heißt, jedes O_2- bzw. CO_2-Molekül durchläuft mindestens je einmal in der Lunge und in den Geweben den Zustand der physikalischen Lösung.

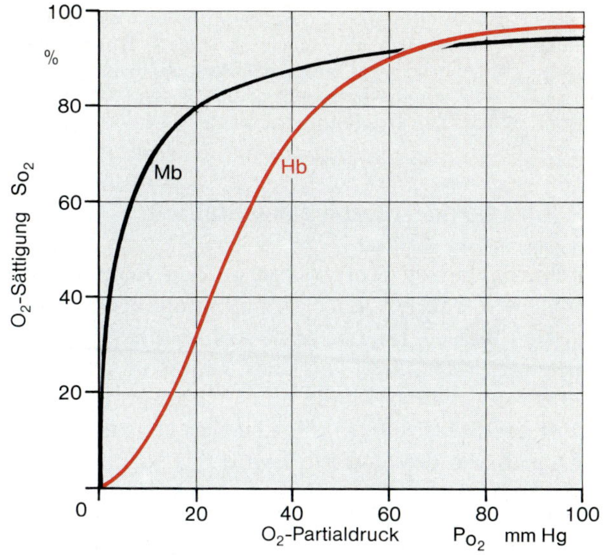

Abb. 6-5. Sauerstoffsättigung des Hämoglobins *(Hb) (Ordinate)* in Abhängigkeit von dem jeweils gegebenen O_2-Partialdruck *(Abszisse)*. Die Kurve ist bei den in der Lunge herrschenden Bedingungen aufgenommen. Zum Vergleich ist auch die Sauerstoffbindungskurve des roten Muskelfarbstoffs Myoglobin *(Mb)* dargestellt. Der Muskelfarbstoff kann den Sauerstoff bei wesentlich geringeren Partialdrücken, wie sie im peripheren Muskelgewebe vorkommen, noch speichern. Dies erleichtert die „Übernahme" des Sauerstoffs aus dem Kapillarblut in das Muskelgewebe. (Aus Thews in [12])

Sauerstofftransport durch Hämoglobin

Den roten Blutfarbstoff **Hämoglobin** und seine O_2-Transportkapazität haben wir bereits kennengelernt (S.42). Danach können 100 ml Blut etwa 20 ml O_2 transportieren. Bei dem Kontakt von Hämoglobin mit dem O_2 in den Lungencapillaren wird das **Hämoglobin in Oxyhämoglobin überführt**, wobei es vom O_2-Partialdruck abhängt, welcher Anteil des Hämoglobins in Oxyhämoglobin überführt wird [17, 18]. Graphisch wird dieser Zusammenhang durch die O_2-Bindungskurve dargestellt (Abb.6-5). Sie besitzt einen charakteristischen S-förmigen Verlauf, der von großem biologischem Vorteil ist. Er stellt nämlich bei der **Sauerstoffaufnahme in der Lunge** sicher, daß bei dem in den Alveolen herrschenden O_2-Partialdruck das Blut nahezu 100%ig mit Sauerstoff gesättigt wird, und bei der **Sauerstoffabgabe im Gewebe** hat der steile Verlauf im Mittelteil den Vorteil, daß kleine Abnahmen des Partialdruckes große Mengen von O_2 freisetzen. Oder umgekehrt gesagt: trotz großer O_2-Freisetzung bleibt der diffusionswirksame O_2-Partialdruck hoch.

Ob Blut **sauerstoffreich oder -arm** ist, läßt sich **an seiner Farbe** leicht erkennen. Das sauerstoffbeladene Hämoglobin hat nämlich eine hellrote, das unbeladene eine dunkelblaurote Farbe. Fließt sauerstoffarmes Blut durch die Haut und die Lippen, so nehmen auch diese den bläulichen Farbton an. Wir nennen dies eine **Zyanose**. Sie muß nicht immer auf einer krankhaften Störung beruhen. So resultiert beispielsweise die *Zyanose in der Kälte* daher, daß das Blut so langsam durch die verengten Hautgefäße fließt, daß sein Sauerstoffvorrat mehr als üblich durch den Stoffwechsel der Haut ausgeschöpft wird. Bei Kindern mit ihrer dünnen Haut, die die unter der Haut liegenden Capillaren gut durchscheinen läßt, fällt dies besonders auf.

Blockade durch Kohlenmonoxid (CO). Das Hämoglobin verbindet sich leicht mit dem Sauerstoff, noch leichter aber mit dem CO, einem farb- und geruchlosen Gas, das bei einer **unvollständigen Verbrennung** entsteht und z.B. in den Auspuffgasen von Automotoren und im Tabakrauch vorkommt. Auch im Stadtgas ist es teilweise noch enthalten. Da seine Bindung an das Hämoglobin rund 200mal fester als die des O_2 ist, können bereits 0,5 Vol% CO-Gas in der Einatmungsluft 90% des Hämoglobins blockieren. Schon normalerweise liegt daher 1% des Hämoglobins im Blut als CO-Hämoglobin vor; bei Rauchern findet man 3%, nach einem tiefen Lungenzug sogar bis zu 10% CO-Hämoglobin. Bei Taxifahrern hat man bis zu 20% CO-Hämoglobin gemessen. Bei einer starken **CO-Vergiftung**, die man an der **kirschroten Farbe des Blutes**

erkennt, kann eine sofort durchgeführte künstliche Beatmung, wenn möglich mit reinem Sauerstoff, lebensrettend sein. Unterstützend wirkt eine große Bluttransfusion, mit der dem Patienten unblockiertes und damit für den O_2-Transport freies Hämoglobin zugeführt wird.

Kohlendioxid-Transport des Blutes

Beim oxidativen Stoffwechsel in den Körperzellen entstehen, wie bei jeder Verbrennung, als Endprodukte Wasser (H_2O) und Kohlendioxid (CO_2). Letzteres diffundiert aus den Zellen in das Blut, wird von diesem in die Lunge transportiert und dort nach Diffusion in die Alveolen abgeatmet [19]. Ähnlich wie der Sauerstoff wird das Kohlendioxid in **physikalisch gelöster** und in **chemisch gebundener Form** im Blut transportiert. Allerdings ist der Vorgang der chemischen Bindung für das CO_2 etwas komplexer angelegt als für das O_2. Er wird daher hier nur kurz skizziert (Details bei [12]).

Im Blut bleibt nur ein geringer Teil des aus dem Gewebe eindiffundierenden CO_2 physikalisch gelöst. Der überwiegende Anteil wird zu Kohlensäure (H_2CO_3) umgesetzt. Diese Reaktion läuft im Plasma sehr langsam, im Erythrocyten dank des Enzyms **Carboanhydrase** dagegen mit einer etwa 10000mal größeren Geschwindigkeit ab. Aus diesem Grunde müssen praktisch alle an der chemischen Umsetzung beteiligten CO_2-Moleküle den Weg über den Erythrocyten nehmen. Dies gilt auch für die weitere Möglichkeit der CO_2-Bindung, nämlich die der direkten Anlagerung an die Eiweißkomponente des Hämoglobins. Das Reaktionsprodukt wird **Carbaminohämoglobin** oder kurz **Carbhämoglobin** genannt. In der Lunge laufen alle eben genannten Prozesse in der umgekehrten Richtung ab.

6.4 Gasaustausch im Gewebe

Sauerstoffversorgung der Gewebe

O_2-Angebot und O_2-Utilisation. Der Austausch der Atemgase zwischen dem Capillarblut und den Zellen eines Gewebes erfolgt in gleicher Weise wie der Atemgaswechsel in der Lunge, also durch **Diffusion** (Abb. 6-1 B). Die mit dem Blutstrom herantransportierten **O_2-Moleküle** wandern dem O_2-Partialdruckgefälle folgend aus den Erythrocyten und dem Plasma in das umgebende Gewebe. Gleichzeitig diffundiert das beim oxidativen Stoffwechsel gebildete **Kohlendioxid** aus den Zellen in das Blut (s. o.). Da die *arterielle O_2-Konzentration des Blutes konstant* ist, sind Unterschiede des **O_2-Angebotes in den verschiedenen Organen** ausschließlich auf die unterschiedliche Größe der Durchblutung zurückzuführen. Das bedeutet auch, daß jede Veränderung der Durchblutungsgröße als Folge von Änderungen des peripheren Gefäßwiderstandes oder des arteriellen Mitteldruckes unmittelbar zu einer Veränderung des O_2-Angebotes in einem Organ führt.

In Abhängigkeit vom Sauerstoffbedarf des Gewebes wird das O_2-Angebot in den einzelnen Organen unterschiedlich genutzt, d. h. der im Blut antransportierte Sauerstoff mehr oder weniger verbraucht. Man bezeichnet diesen *Grad der Ausschöpfung des Sauerstoffes aus dem Blut* als die **O_2-Utilisation**. Beispielsweise beträgt der Sauerstoffverbrauch der Großhirnrinde [20, 23, 30], des Herzmuskels und der ruhenden Skeletmuskulatur ca. 40-60% der angebotenen O_2-Menge. Höchstwerte, die im Extremfall ca. 90% erreichen, beobachtet man in der Skeletmuskulatur und im Herzmuskel (Myokard) bei schweren körperlichen Belastungen [24, 33]. Umgekehrt ist in manchen Organen, besonders der Milz und den Nieren, die O_2-Utilisation sehr gering (5% bzw. 8%), da diese Organe einen geringen O_2-Verbrauch haben, aber wegen ihrer Aufgaben besonders stark durchblutet sind.

Capillarisierung und O_2-Partialdruckverteilung im Gewebe. Während der Passage des Blutes durch die Gewebecapillaren diffundiert Sauerstoff in die benachbarten Zellen, so daß innerhalb der Capillaren der *O_2-Partialdruck vom arteriellen zum venösen Ende absinkt.* Ein O_2-Partialdruckgefälle besteht auch außerhalb der Capillaren jeweils in radialer Richtung, da infolge des O_2-Verbrauches der Diffusionsstrom mit wachsender Entfernung von den Capillaren abnimmt. Am schlechtesten versorgt sind also diejenigen Zellen eines Gewebeverbandes, die ihren Sauerstoff vom venösen Ende einer Capillare beziehen und von diesem auch noch weit entfernt liegen. Hier, in dieser **tödlichen Ecke**, wird sich ein O_2-Mangel am ehesten schädigend bemerkbar machen [25, 26].

Nach diesen Überlegungen hängt die Sauerstoffversorgung eines Organs entscheidend von der Dichte und Länge seines Capillarnetzes, seiner **Capillarisierung** ab. Ein besonders enges Capillarnetz und damit günstige Bedingungen für den Atemgaswechsel findet man in den Geweben mit hohem Energieumsatz. So entfällt z. B. **im Herzmuskel auf jede Muskelfaser eine Capillare** (vgl. Abb. 4-13, S. 73), und der mittlere Abstand benachbarter Capillaren beträgt nur ca. 25 μm. In der **Hirnrinde** liegt der mittlere Capillarabstand bei ca 40 μm, in der Skeletmuskulatur schon bei 80 μm [25, 26].

Gewebehypoxie und Gewebeanoxie

Aus drei pathophysiologischen Gründen kann es zu einer Mangelversorgung (Hypoxie) oder dem Ausbleiben der Sauerstoffversorgung (Anoxie) in einem Gewebe kommen: (a) die Sauerstoffbeladung des arteriellen Blutes ist vermindert (*primär arterielle Hypoxie*), (b) die Organdurchblutung ist eingeschränkt (*ischämische Hypoxie*) und (c) die O_2-Transportkapazität des Blutes ist reduziert (*anämische Hypoxie*).

Bei einer **primär arteriellen Hypoxie** ist die Sauerstoffkonzentration im Gewebe vermindert, die Organe erhalten also ein **vermindertes Sauerstoffangebot**. Eine solche arterielle Hypoxie kann z. B. durch eine schwere Lungenfunktionsstörung, wie ein extremes chronisches Emphysem (S. 102), oder durch einen Sauerstoffmangel in der Einatmungsluft (Aufstieg in große Höhen, Druckabfall im Flugzeug) verursacht werden. Als Ursachen für die bei der **ischämischen Hypoxie eingeschränkte Organdurchblutung** seien beispielhaft genannt: starker Blutdruckabfall (Kreislaufschock, S. 86), Verengung der Arterien durch Atherosklerose („Gefäßverkalkung") oder Verschluß der Arterien durch Thrombose oder Embolie. Die **anämische Hypoxie** ist entweder Folge eines schweren Blutverlustes oder einer ausgeprägten Anämie (S. 43). Auch eine CO-Vergiftung kann zu einer **funktionellen Anämie** mit den oben bereits geschilderten Folgen führen. Als Beispiel sei genannt, daß es im Gehirn zu hypoxischen Funktionsstörungen kommt, sobald die Durchblutung mehr als ein Drittel abgenommen hat oder die Hämoglobinkonzentration um mehr als 50% reduziert ist.

Folgen des O_2-Mangels. Bei einer plötzlichen Unterbrechung der Sauerstoffversorgung eines Organs, z. B. des Gehirns, kommt es nach einem sehr kurzen **freien Intervall** zunächst zu funktionellen Störungen und schließlich zu völligem Ausfall der Organfunktion, beim Gehirn also nach einem eventuellen kurzen Krampfstadium zur Bewußtlosigkeit. Die Zeit vom Beginn der Anoxie bis zum Eintritt der vollständigen Organlähmung wird als **Lähmungszeit** (*Funktionserhaltungszeit*) bezeichnet. Besteht die Anoxie weiter fort, werden alsbald einige, später alle Zellen irreversibel geschädigt und schließlich absterben. Die Zeit vom Anoxiebeginn bis zum Eintritt der ersten irreversiblen Zellschäden bezeichnet man als **Wiederbelebungszeit** (*Strukturerhaltungszeit*).

Für die **Großhirnrinde des Menschen** mit ihrem dauernden hohen Sauerstoffbedarf liegt das *freie Intervall* bei 4s, die *Lähmungszeit* bei 8–12 s und die *Wiederbelebungszeit* bei 8–10 min. Erste Veränderungen im EEG treten nach 4–6 s auf, nach 20–30 s ist das EEG erloschen (Nullinien-EEG, s. S. 459). In der **Skeletmuskulatur** können unter vergleichbaren Bedingungen und bei normalem Energievorrat irreversible Zellausfälle erst nach einer Anoxiedauer von mehreren Stunden festgestellt werden. Für **Niere** und **Leber** wurden Wiederbelebungszeiten von 3–4 h ermittelt. Das **tätige Herz** ist bereits bei 3–4 min langer Unterbrechung der Coronardurchblutung (z. B. bei Herzflimmern) nicht mehr in der Lage, die normale Kreislauffunktion wieder aufzunehmen (d. h. den für eine normale Gehirndurchblutung nötigen Blutdruck zu entwickeln), auch wenn es nach dieser Zeit durch Herzmassage oder elektrische Reizung (mit einem Defibrillator) wieder zum Schlagen gebracht wird. Eine akute Kreislaufunterbrechung nach einem Herzstillstand kann daher häufig trotz erfolgreicher Wiederbelebung des Herzens zu irreversiblen Störungen des Gehirns und zum Tode des Patienten führen [3].

6.5 Atemregulation und Atemantriebe

Wenn wir unsere Atmung willkürlich anhalten, führt dies innerhalb weniger als einer halben Minute zu einem so starken Atemantrieb, daß wir diesem alsbald nachgeben müssen. Völlig analog entsteht Atemnot, wenn wir durch ein so dünnes Rohr ein- und ausatmen, daß das Atemzeitvolumen wegen des erhöhten Atemwiderstandes nicht eingehalten werden kann. Das Atemzeitvolumen ist also normalerweise immer so dimensioniert, daß eine genügende Sauerstoffaufnahme und eine ausreichende Kohlendioxidabgabe gewährleistet ist und keine Atemnot entsteht. An dieser Atemregulation sind zahlreiche afferente, zentrale und efferente neuronale Systeme beteiligt, die im folgenden vorgestellt werden [27, 31].

Zentrale Rhythmogenese der Atmung

Der **Grundryhtmus der Atmung** wird durch spontane, sich wechselseitig beeinflussende salvenartige Entladungen von Populationen von Neuronen in der Medulla oblongata und den benachbarten Hirnabschnitten unterhalten, die zusammen als das **Atmungszentrum** angesehen werden können. Von diesen Neuronen sind ein Teil vorwiegend während der Inspiration tätig **(inspiratorische Neurone)**, andere entladen am Übergang zwischen In- und Exspiration **(postinspiratorische Neurone)** und wieder andere feuern während der Exspiration **(exspiratorische Neurone)**. Diese Neurone sind für den **primären Atmungsrhythmus** verantwortlich, der durch eine entsprechende wechselseitige erregende und hemmende Verknüpfung von mindestens 6 ver-

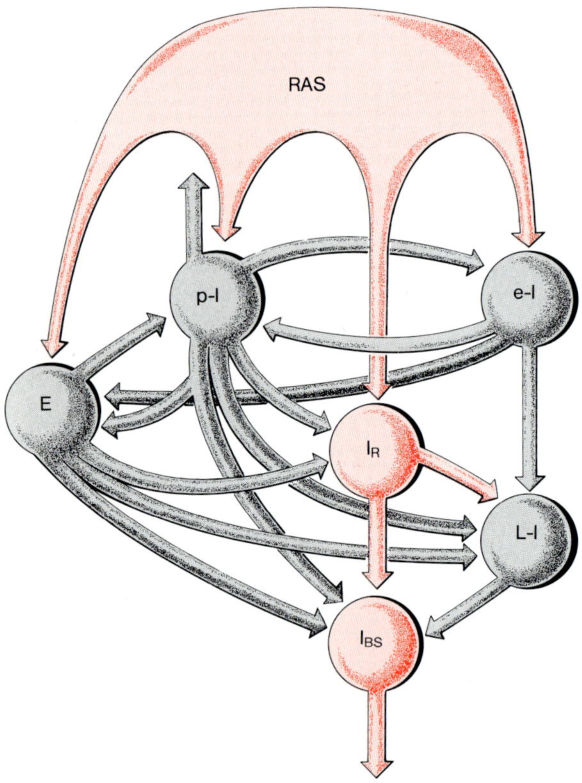

Abb. 6-6. Verschaltung der für die Kontrolle der Atmung verantwortlichen Nervenzellen in der Medulla oblongata. Erregende Neuronenpopulationen sind *rot*, hemmende Neuronenpopulationen *grau* dargestellt. Die Formatio reticulatis *(RAS)* wirkt aktivierend auf das gesamte Neuronennetzwerk ein. Die bulbospinalen Neurone *(I_{BS})* aktivieren die spinalen Motoneurone der Inspirationsmuskulatur. Die Bezeichnungen der einzelnen Neuronenklassen zeigen an, zu welchem Zeitpunkt des Atemzyklus diese besonders tätig sind: E: spätexspiratorische Neurone mit ansteigender Entladungsfrequenz in der zweiten Exspirationsphase; *p-I:* postinspiratorische Neurone, die besonders in der ersten Exspirationsphase entladen; *e-I:* frühinspiratorische Neurone (e engl. early), die besonders zu Beginn der Einatmung entladen; *I_R:* rampenförmig inspiratorische Neurone mit ansteigender Entladungsfrequenz während der Inspiration; *L-I:* spätinspiratorische Neurone (L engl. late), die am Ende der Inspiration kurz entladen; *I_{bs}:* bulbospinale inspiratorische Neurone mit ansteigender Entladungsfrequenz während der Inspiration und abfallender Frequenz in der Postinspirationsphase. (Nach [31] aus Thews in [12])

schiedenen Typen von Neuronen aufrechterhalten wird (Abb. 6-6) [31].

Von diesen Atmungsneuronen werden die **Motoneurone der Brustmuskulatur und des Zwerchfells** in rhythmischem Wechsel erregt und gehemmt, wobei zusätzlich entsprechende Modifikationen des Grundrhythmus der Atmung eingebracht werden müssen, da die Atmung sich zahlreichen anderen motorischen Vorgängen, die von Reflexen (z.B. Schlucken, Husten, Niesen) bis zu komplexen Ausdruckshandlungen reichen (Sprechen, Singen, Mimik), ein- und unterordnen muß. Der Grundrhythmus kann außerdem durch die Aktivität von Mechano- und Chemosensoren (-receptoren) an die jeweiligen Bedürfnisse angepaßt werden.

Mechanisch-reflektorische Kontrolle der Atmung

Bei einer tiefen Inspiration oder einer experimentellen passiven Aufblähung der Lungen werden die inspiratorischen Neurone des Atmungszentrums reflektorisch gehemmt und damit eine Exspiration eingeleitet. Dieser Vorgang wird nach seinen Entdeckern **Hering-Breuer-Reflex** genannt. Bewirkt wird er von **Dehnungssensoren der Lunge**, die bei zunehmender Inspiration immer stärker entladen, die inspiratorischen Neurone hemmen und damit die Amplitude der Atemexkursionen begrenzen (Doppelpfeil *rechts* in Abb. 6-7). Dies hilft mit, die Atemtiefe den jeweiligen Bedingungen anzupassen und im Extremfall eine Überdehnung der Lungen zu verhindern.

Die **afferenten Bahnen des Hering-Breuer-Reflexes** (Lungendehnungsreflexes) verlaufen im N. vagus. Eine beiderseitige Durchschneidung des Vagusnerven unterbricht daher diesen Reflex. Nach einer solchen **Vagotomie** tritt eine verlangsamte und inspiratorisch vertiefte Atmung auf. Neben den Dehnungsreceptoren der Lunge nehmen auch die **Dehnungsreceptoren der Atmungsmuskeln** (Muskelspindeln, Sehnenorgane) an der Steuerung der Atmungsbewegungen teil. Diese Sensoren messen teils die Muskellänge, teils die Muskelspannung (S. 286) und können daher die Kraft der Kontraktion der Atemmuskeln an die jeweiligen Atemwiderstände anpassen (Abb. 6-7, *linker* Doppelpfeil).

Chemisch-reflektorische Kontrolle der Atmung

Chemische Atemantriebe [7, 10, 13, 16, 27, 28, 32]. Bei körperlichen Anstrengungen kann der Sauerstoffverbrauch von 300 ml/min auf 3 l/min und mehr zunehmen (S. 180). Das Atemzeitvolumen steigt dann, wie bereits erwähnt (S. 98), von 14 l/min auf 100-120 l/min. Der Antrieb für diese starke Zunahme des Atemzeitvolumens ist dabei weniger die Abnahme der Sauerstoffkonzentration im Blut und im Gewebe (wie man zunächst erwarten könnte), sondern der **vermehrte Anfall von Kohlendioxid**. Unter normalen Umständen ist also der **arterielle CO_2-Partialdruck** die führende Regelgröße bei der Einstellung des Atemzeitvolumens. Als Beispiel sei erwähnt, daß bei Anstieg des normalen CO_2-Partialdrucks im Blut von 40 mm Hg auf 60 mm Hg das Atemzeitvolumen von 7 l/min auf etwa 65 l/min ansteigt. Eine Abnahme des **arteriellen O_2-Partialdruckes**, also eine *Hypoxie*, stellt zwar auch einen Atemantrieb dar, er macht sich aber nur unter pathologischen Bedingungen, und zwar wenn die CO_2-Regulation ausgeschaltet oder abgeschwächt ist, deutlich bemerkbar.

Der normalerweise geringe Effekt der O_2-Konzentration im Blut auf die Atmung ist nicht zuletzt darauf zurückzuführen, daß eine durch O_2-Mangel erhöhte Atmung zu einem vermehrten Abatmen von CO_2 führt, wodurch dessen antreibende Wirkung auf die Atmung sich abschwächt oder völlig entfällt. Ist aber die CO_2-Regelung ausgeschaltet, z. B. bei einer Barbituratvergiftung, wird der O_2-Partialdruck zum entscheidenden Atemantrieb.

Periphere und zentrale Chemosensoren. Der Gehalt des Blutes und der Extracellulärflüssigkeit an Kohlendioxid und Sauerstoff wird von peripheren und zentralen Chemosensoren (Chemoreceptoren) gemessen (Abb. 6-7). Die **peripheren Chemosensoren** liegen beiderseits im *Glomus caroticum*, das an der Teilungsstelle der A. carotis communis in die Aa. carotis interna und externa liegt. Das Glomus caroticum wird vom Sinusnerven, einem Ast des N. glossopharyngeus innerviert. Weitere, vom N. vagus versorgte Chemosensoren sind in der Nähe des Aortenbogens lokalisiert. Diese peripheren Chemosensoren antworten mit Aktivitätszunahme bei einer **Abnahme des O_2-Partialdruckes** und bei einer **Zunahme des CO_2-Partialdruckes** [21, 32].

Die für die Atmungsregulation wichtigen **zentralen Chemosensoren** finden sich im Hirnstamm, und zwar in unmittelbarer Nähe der für die Atmung zuständigen neuronalen Strukturen. Diese zentralen Chemosensoren sprechen kaum oder überhaupt nicht auf Sauerstoffmangelzustände an. Dagegen werden sie durch **Zunahme des CO_2-Partialdruckes stark aktiviert**. Mit anderen Worten, der überwiegende Teil des Einflusses des Kohlendioxids auf die Atmung wird über diese Chemosensoren im Hirnstamm ausgeübt [28, 32].

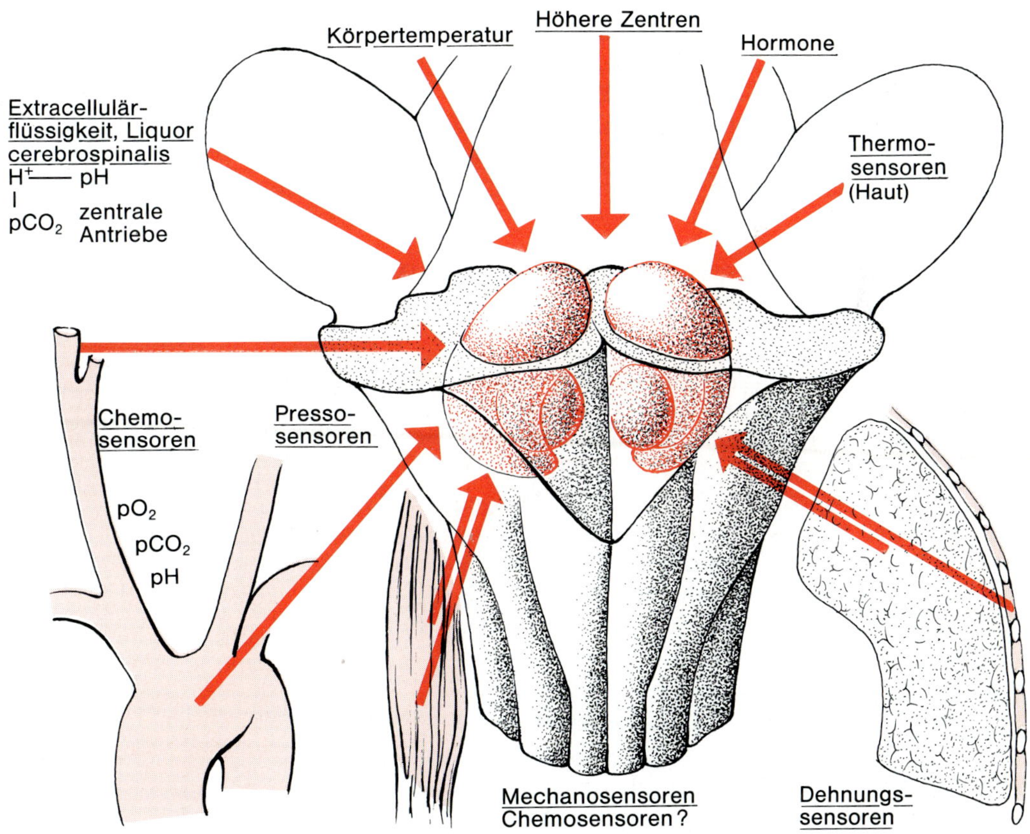

Abb. 6-7. Periphere und zentrale Atmungsantriebe in schematischer Übersicht. Die ausführliche Würdigung der einzelnen Komponenten erfolgt im Text. Im Vordergrund stehen die zentralen Chemosensoren des Hirnstamms, die in unmittelbarer Nähe der Atemzentren (*rot* punktiert) liegen *(zentrale Antriebe)*. Sie sprechen insbesondere auf Änderungen des Kohlensäurepartialdrucks *(pCO_2)* bzw. des Säurewertes (pH-Wert) der Cerebrospinalflüssigkeit an. Letzterer ist ein Maß für die Menge der gelösten Wasserstoffionen *(H^+)*. (Nach Thews in [12])

Bezeichnung	Atmungsform	Vorkommen bei
normale Ruheatmung	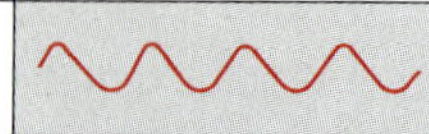	
Cheyne-Stokes-Atmung	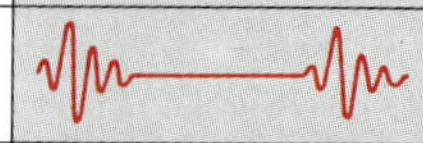	Hypoxie im Schlaf, Vergiftungen
Biot-Atmung	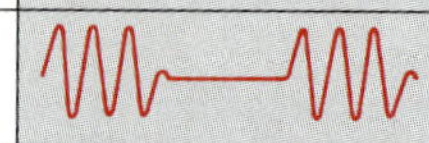	Hirnverletzungen, erhöhter Liquordruck
Kussmaul-Atmung	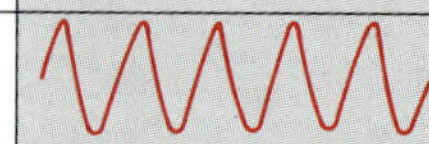	nichtrespiratorische (metabol.) Acidose
Schnapp-Atmung		Frühgeborene, Hirnschädigungen

Abb. 6-8. Bezeichnung, Vorkommen und Verlauf einiger pathologischer Atmungsformen in schematischer Darstellung. Zum Vergleich ist in der obersten Zeile die normale Ruheatmung von etwa 14 Atemzügen pro Minute abgebildet. In allen pathologischen Fällen handelt es sich um zentralnervös bedingte Veränderungen des Atmungsrhythmus. Die Pathogenese ist im einzelnen noch weitgehend ungeklärt. (Aus Thews in [12])

Oben wurde bereits erwähnt, daß das Kohlendioxid im Blut weitgehend in der Form von Kohlensäure transportiert wird (S. 104). Dies bedeutet, daß das Blut durch die Aufnahme von Kohlensäure „saurer“ wird, also mehr H^+-Ionen (Wasserstoffionen) enthält [7, 10, 13]. Es ist daher auch denkbar, daß die Chemosensoren nicht direkt durch das Kohlendioxid, sondern indirekt durch die H^+-Ionen, oder durch beide Faktoren erregt werden. Letzteres scheint den tatsächlichen Verhältnissen am nächsten zu kommen. Dabei sind die peripheren Chemosensoren anscheinend überwiegend direkt auf CO_2 empfindlich, die zentralen nahezu ausschließlich auf die Wasserstoffionen.

Weitere Atemantriebe

Die Abb. 6-7 zeigt noch eine Reihe weiterer Atemantriebe, die zum Teil nur unter besonderen Umständen Einfluß auf das Atemzeitvolumen nehmen. Wichtig ist vor allem der **Atemantrieb bei Muskelarbeit**, der schon mit dem Beginn der Arbeit einsetzt und in seinem Ausmaß deutlich größer ist als durch den verzögert einsetzenden Anstieg des Kohlendioxids im Blut zu erklären ist. Hier muß man annehmen, daß die Atemzentren rechtzeitig über eine **zentrale Mitinnervation** von den motorischen Zentren über Beginn und geplantes Ausmaß der Muskelarbeit informiert werden. Im Verlauf der Arbeit können weitere Atemantriebe aus den **Mechano- und Chemosensoren der Muskeln** dazukommen. Auf die mehr **unspezifischen Atmungsantriebe**, von denen einige in Abb. 6-7 angegeben sind, wird hier nicht weiter eingegangen.

Pathologische Atmungsformen

Die Abb. 6-8 zeigt einige wichtige pathologische Atmungsformen, auf die hier nur kurz hingewiesen sei. Die **Cheyne-Stokes-Atmung** ist durch den Wechsel zwischen tiefen Atemzügen und völligem Atemstillstand gekennzeichnet. Sie tritt bei Vergiftungen auf, z. B. beim Nierenversagen (Urämie), sie kann aber auch beim Gesunden schon beim Schlaf im Hochgebirge vorkommen, wahrscheinlich dort bedingt durch den geringen O_2-Partialdruck. Eine ähnliche periodische Atmungsform stellt die **Biot-Atmung** dar, die als Folge einer direkten Schädigung der Atemzentren z. B. bei Hirnverletzungen zu beobachten ist. Im Extremfall tritt unter solchen Umständen eine **Schnappatmung** auf, also eine nur gelegentliche tiefe Inspiration. Die **Kussmaul-Atmung** ist eine vertiefte Atmung, die nicht durch die Kohlensäure, sondern durch andere, bei Entgleisung des Stoffwechsels im Blut auftretende Säuren ausgelöst ist. Sie ist also durch eine *metabolische Acidose* („stoffwechselbedingte Säuerung des Blutes“, z. B. beim Diabetes mellitus) bedingt. Die Kussmaul-Atmung hat den positiven Effekt, daß vermehrt Kohlensäure abgegeben und damit die Acidose des Blutes insgesamt gebessert wird [3].

6.6 Literatur

Weiterführende Lehr- und Handbücher

1. ANTHONY, A.J., VENRATH, H.: Funktionsprüfungen der Atmung. Leipzig: J.A. Barth 1962
2. BACHOFEN, H.: Die mechanischen Eigenschaften der Lunge. Bern: Huber 1969
3. BENZER, H., FREY, R., HÜGIN, W., MAYRHOFER, O.: Anaesthesiologie, Intensivmedizin und Reanimatologie. Berlin-Heidelberg-New York: Springer 1982
4. COMROE, J.H.: Physiologie der Atmung. Stuttgart-New York: Schattauer 1968
5. FRICK, P.: Blut. In: SIEGENTHALER, W. (Hrsg.): Klinische Pathophysiologie. Stuttgart: Thieme 1982
6. HAYEK, H.v.: Die menschliche Lunge. Berlin-Heidelberg-New York: Springer 1970

6a. HIERHOLZER, K., SCHMIDT, R.F. (Hrsg.): Pathophysiologie des Menschen. Weinheim: *edition medizin* der VCH Verlagsgesellschaft 1991

7. HILLS, A.G.: Acid-Base Balance: Chemistry, Physiology, Pathophysiology, Baltimore: Williams and Wilkins 1973
8. JAQUEZ, J.A.: Respiratory Physiology. Maidenhead: MacGraw Hill 1979
9. LEHNINGER, A.I.: Bioenergetik. Molekulare Grundlagen der biologischen Energieumwandlungen. 2. Auflage. Stuttgart: Thieme 1974
10. MÜLLER-PLATHE, O.: Säure-Basen-Haushalt und Blutgase. Pathobiochemie, Klinik, Methodik. Stuttgart: Thieme 1982

11. PIIPER, J.: Physiologie der Atmung. In: GAUER, O.H., KRAMER, K., JUNG, R.(Hrsg.): Physiologie des Menschen. Bd.6: Atmung. München-Berlin-Wien: Urban u.Schwarzenberg 1975
12. SCHMIDT, R.F., THEWS, G.(Hrsg.): Physiologie des Menschen, 23.Auflage. Berlin-Heidelberg-New York-Tokyo: Springer 1987
13. SELLER, H.: Einführung in die Physiologie der Säure-Basen-Regulation. Heidelberg: Hüthig 1978
14. ULMER, W.T., REICHEL, G., NOLTE, D., ISLAM, M.S.: Die Lungenfunktion. Physiologie und Pathophysiologie, Methodik. Stuttgart: Thieme 1983
15. WEST, J.B.: Respiratory Physiology – The Essentials. Baltimore: Williams and Wilkins 1979
16. ZUMKLEY, H.(Hrsg.): Klinik des Wasser-, Elektrolyt- und Säure-Basen-Haushalts. Stuttgart: Thieme 1977

Einzel- und Übersichtsarbeiten

17. ADAMSON, J.W., FINCH, C.A.: Hemoglobin function, oxygen affinity, and erythropoietin. Ann. Rev. Physiol. *37*, 351 (1975)
18. BAUER, C.: On the respiratory function of haemoglobin. Rev. Physiol. Biochem. Pharmacol. *70*, 1 (1974)
19. BAUER, C., GROS, G., BARTELS, H.(Eds.): Biophysics and Physiology of Carbon Dioxide. Berlin-Heidelberg-New York: Springer 1980
20. BETZ, E.: Cerebral blood flow: its measurement and regulation. Physiol. Rev. *52*, 595 (1972)
21. BISCOE, T.J.: Carotid body: Structure and function. Physiol. Rev. *51*, 427 (1971)
22. CONNETT, R.J. GAYESKI, T.E.J., HONIG, C.R.: Energy sources in fully aerobic rest-work transitions: a new role for glycolysis. Am. J. Physiol. *248*, H922 (1985)
23. DEVOUS, M.D., Sr., STOKELY, E.M., CHEHABI, H.H., BONTE, F.J.: Normal distribution of regional cerebral blood flow measurement by dynamic single-photon emission tomography. J. Cereb. Blood Flow Metab.6, 95 (1986)
24. FEIGL, E.O.: Coronary physiology. Physiol. Rev. *63*, 1 (1983)
25. GLEICHMANN, U., LÜBBERS, D.W.: Die Messung des Sauerstoffdruckes in Gasen und Flüssigkeiten mit der Pt-Elektrode unter besonderer Berücksichtigung der Messung im Blut. Pflügers Arch. Ges. Physiol. *271*, 431 (1960)
26. GROTE, J., SCHUBERT, R.: Regulation of cerebral perfusion and pO_2 in normal and edematous brain tissue. In: LOEPPKY, J.A., RIEDESEL, M.L. (Eds.) Oxygen Transport to Human Tissue, p.169. New York, Amsterdam, Oxford: Elsevier North Holland (1982)
27. GUZ, A.: Regulation of respiration. Ann. Rev. Physiol. *37*, 303 (1975)
28. LOESCHCKE, H.H.: Respiratory chemosensitivity in the medulla oblongata. Acta Neurobiol. Exp. *33*, 97–112 (1973)
29. MEAD, J.: Pulmonary mechanics. Ann. Rev. Physiol. *35*, 169 (1973)
30. PHELPS, M.E., MAZZIOTTA, J.C., HUANG, S.-C.: Study of cerebral function with positron computed tomography. J.Cereb. Blood Flow Metabol. *2*, 113 (1982)
31. RICHTER, D.: Zur Rhythmogenese der Atmung. Physiologie Aktuell, Bd.1. Stuttgart: Fischer 1986
32. SCHLAEFKE, M.E.: Central chemosensitivity: a respiratory drive. Rev. Physiol. Biochem. Pharmacol. *90*, 171 (1981)
33. STRAUER, B.E.: Dynamik, Koronardurchblutung und Sauerstoffverbrauch des normalen und kranken Herzens. Experimentell-pharmakologische Untersuchungen und Katheteruntersuchungen am Patienten: Basel, München, Paris, London, New York, Sydney: S.Karger 1975
34. THEWS, G.: Der Transport der Atemgase. Klin.Wochenschr. *41*, 120 (1963)
35. THEWS, G.: Die theoretischen Grundlagen der Sauerstoffaufnahme in der Lunge. Ergebn. Physiol. *53*, 42 (1963)
36. THEWS, G.: Der Einfluß von Ventilation, Perfusion. Diffusion und Distribution auf den pulmonalen Gasaustausch. Analyse der Lungenfunktion unter physiologischen und pathologischen Bedingungen. Mainz: Akademie d.Wiss. u.d. Literatur; Wiesbaden: Steiner 1979

7 Bioenergetik, Wärmehaushalt, Temperaturregulation

7.1 Grundlagen der Bioenergetik

Beziehungen zwischen Energieformen

Energiewechsel. Die Lichtmaschine des Autos wandelt die ihr über den Keilriemen zugeführte mechanische Energie in elektrische Energie um. Diese wiederum kann in Wärmeenergie (Heizfäden der Heckscheibe), in Licht und in chemische Energie (letzteres beim Laden der Autobatterie) umgewandelt werden. Umgekehrt wird die in der Autobatterie gespeicherte chemische Energie beim Starten des Motors zunächst in elektrische umgewandelt, die den Anlasser antreibt und damit wieder mechanische Energie zur Verfügung stellt. Gleichermaßen wird beim Verbrennen von Kohle oder Heizöl aus chemischer Energie die Energieform Wärme. In allen diesen physikalisch so verschiedenen Prozessen gibt es also etwas, was **in verschiedener Form** auftritt, aber doch **die gleiche Dimension** hat: diese Größe nennt man die **Energie**.

Energieäquivalenz. Beim Studium der Gesetzmäßigkeiten der Umwandlung von einer Energieform in eine andere (z. B. chemische Energie in mechanische Arbeit oder mechanische Arbeit in Wärme), stellte sich heraus, daß sich **die umgesetzten Energiemengen streng quantitativ entsprechen**. Für die Umwandlung von mechanischer Arbeit in Wärme konnte dies von J. P. Joule in den Jahren 1845 bis 1847 mit dem in Abb. 7-1 gezeigten Experiment direkt gemessen werden: Eine abgemessene Wassermenge wurde in einen wärmeundurchlässigen Behälter gebracht, in dem sich, drehbar gelagert, mehrere Rührschaufeln befanden. Diese Rührschaufeln konnten durch ein herabfallendes Gewicht bewegt werden. Messungen der Wassertemperatur ergaben, daß die Temperatur beim Rühren anstieg. Dieser Temperaturanstieg konnte nur durch Wärmebildung verursacht sein. Bei diesem Versuch wurde demnach **mechanische Energie in Wärmeenergie umgewandelt**. Wurde die Wassermenge verkleinert, z. B. halbiert, so brauchte das Gewicht nur die halbe Fallhöhe, um die gleiche Erwärmung zu erzielen.

Aus diesen Meßergebnissen folgerte Joule: einer bestimmten mechanischen Energie, gemessen durch die aufgewandte potentielle Energie (s. Abb. 7-1), entspricht immer eine bestimmte Wärmeenergie. Die Einheit der Wärmemenge läßt sich also durch die Einheit der mechanischen Arbeit ausdrücken. Oder allgemeiner: die **verschiedenen Energieformen sind einander äquivalent**. Sie können daher alle in der Einheit der mechanischen Energie, dem **Joule (J)**, (Dimension: $m^2\,kg\,s^{-2}$ = Newtonmeter, Nm), ausgedrückt werden. Ein Joule (J) ist eine sehr kleine Energiemenge. Im physiologischen Alltag wird daher meist das **Kilojoule (kJ)**, also die tausendfach größere Einheit benützt.

Ursprünglich hatte man eine besondere Wärmemengeneinheit eingeführt, und zwar die **Calorie**. Sie ist diejenige Wärmemenge, die 1 ml Wasser von 14,5 °C auf 15,5 °C erwärmt. (Der Temperaturbereich muß angegeben sein, da das Wasser seine Eigenschaften mit der Temperatur ändert.) Versuche nach Abb. 7-1 zeigten, daß einer solchen Calorie (cal) 4,187 J entsprechen. Tausend Calorien, also **1 kcal** (früher häufig auch „große Calorie" genannt), entsprechen also **4,187 kJ**. Umgekehrt ergibt der Kehrwert den Äquivalenzfaktor 1 kJ = 0,239 kcal.

Gesetz der Erhaltung der Energie. Die strenge Äquivalenz der verschiedenen Energieformen bedeutet, daß bei allen **Umwandlungen von Energieformen** untereinander die **Energiemenge unverändert** erhalten bleiben muß. Dieses *Gesetz der Erhaltung der Energie* (I. Hauptsatz der Thermodynamik, Erhaltungssatz) ist eines der wichtigsten Grundgesetze der Natur. Es gilt uneingeschränkt auch für Pflanzen, Tiere und Menschen. Man kann also Energie nur „verbrauchen", wenn dafür Energie von einer anderen Stelle oder einer anderen Energieform zur Verfügung gestellt wird. Ein Perpetuum mobile, das Energie liefert, ohne dafür Energie zu „verbrauchen" ist unmöglich.

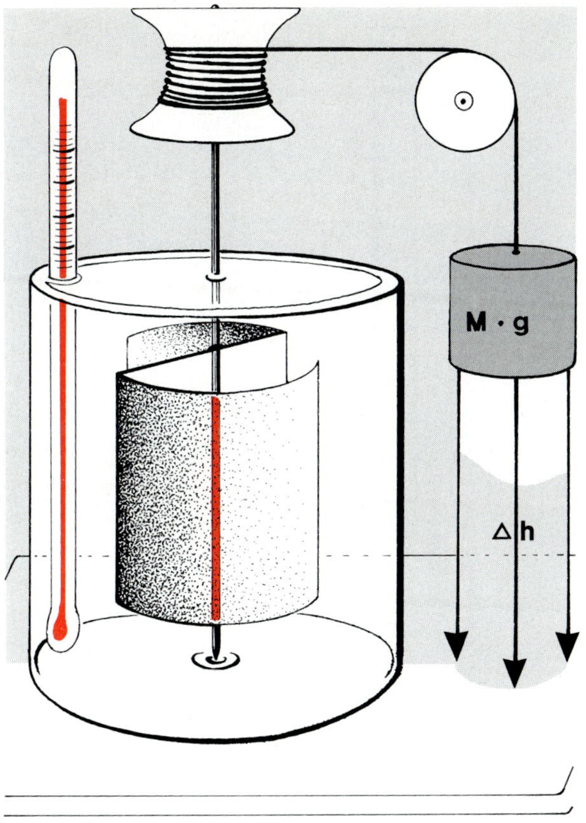

Abb. 7-1. Versuchsanordnung zum Nachweis des Gesetzes der Erhaltung der Energie (I. Hauptsatz der Thermodynamik, Erhaltungssatz). Es handelt sich um ein Rührwerk zur Umwandlung von mechanischer Arbeit in Wärme in einem wärmeisolierenden Thermogefäß. Werden die Rührschaufeln durch das Herabfallen der Masse *M* im Schwerefeld mit der Fallbeschleunigung g um die Höhe *Δh* (mechanische Energie $E_{mech} = M \cdot g \cdot \Delta h$) in einem wassergefüllten Behälter in Bewegung versetzt, so nimmt die Temperatur des Wassers zu: es entsteht die Energieform Wärme. Versuche dieser Art wurden von 1845 bis 1847 von J.P. Joule durchgeführt. (Nach D.W. Lübbers 1972)

Umwandlung von Energie und thermisches Gleichgewicht

Einstellung des Temperaturgleichgewichts. Im Versuch der Abb. 7-1 beschleunigen die Schaufelbewegungen die Wassermoleküle in der Umgebung der Schaufeln. Die kinetische Energie (Bewegungsenergie) der Schaufeln wird also beim Rühren auf die Wassermoleküle übertragen. Diese Erhöhung der kinetischen Energie der Wassermoleküle (erhöhte Brownsche Molekularbewegung) messen wir als Temperaturerhöhung. Infolge der gegenseitigen Stöße der Wassermoleküle verteilt sich die kinetische Energie mit der Zeit (auch wenn der Wasserbehälter sehr groß ist und das Rühren aufgehört hat) gleichmäßig auf alle Wassermoleküle, so daß schließlich überall die gleiche Temperatur gemessen wird. Dieser Zustand wird als **Temperaturgleichgewicht** oder **thermisches Gleichgewicht** bezeichnet. Seine Einstellung erfolgt unabhängig davon, wieviel mechanische kinetische Energie übertragen wurde oder welche Wassermenge zur Verfügung stand.

Übertragung von Wärmemengen. Dem eben beschriebenen Ausgleichsvorgang zwischen den Molekülen liegt auch die Übertragung von Wärmemengen zugrunde. Daher ist die **Temperaturdifferenz entscheidend für die Übertragbarkeit** von Wärmemengen. Haben zwei physikalische Körper die gleiche Temperatur, so herrscht ein thermisches Gleichgewicht, und es werden bilanzmäßig keine Wärmemengen übertragen. Um einem Körper eine Wärmemenge zuführen zu können, *muß* die zu übertragende Wärmemenge also eine *höhere* Temperatur haben, als sie der Empfängerkörper besitzt.

Wärmeenergie, die nicht mehr übertragbar ist, hat eine wichtige Fähigkeit verloren: Sie kann nicht mehr in andere Energieformen umgewandelt werden. Auch dies läßt sich an Abb. 7-1 verdeutlichen. Wird nämlich die Starttemperatur des Wasserbades so eingestellt, daß nach dem Herabfallen des Gewichts um die gleiche Höhe die Endtemperatur im Wasserbad einmal 15 °C und einmal 25 °C beträgt, dann sind beide Male *gleich große* Wärmemengen entstanden. Sie sind aber nicht *gleichwertig*. Eine Wärmemenge von 1 J bei 25 °C kann in eine Wärmemenge von 1 J bei 15 °C überführt werden, aber eine Umkehr dieser Folge ist nicht ohne neue Energiezufuhr möglich.

Der **erste Hauptsatz der Thermodynamik** sagt aus, daß aus der gleichen Arbeitsmenge immer eine gleich große Wärmemenge entstehen muß. Wie der Versuch der Abb. 7-1 bei verschiedenen Ausgangstemperaturen zeigt, ist aber für **die Wärmewanderung eine bestimmte Richtung vorgeschrieben**. Diese Richtung ist nicht *von selbst* umkehrbar, sie ist **irreversibel**. Die Wärmemenge von 15 °C hat gegenüber der Wärmemenge von 25 °C ihre „Umwandelbarkeit" verloren.

Um über Energieumwandlungen Aussagen machen zu können, genügt es also nicht, die zur Verfügung stehenden *Mengen* an Energie zu kennen, sondern man muß auch etwas über ihre *Umwandelbarkeit* wissen. Aussagen über diese Gesetzmäßigkeiten bilden den Inhalt des **zweiten Hauptsatzes der Thermodynamik**. Er hält die empirische Erfahrung fest, daß Energie ihre Umwandlungsfähigkeit verliert, sobald sich die Energieunterschiede (bei der Wärmeenergie die Temperatur) ausgeglichen haben. Dieser Verlust von Umwandelbarkeit ist nicht von selbst rückgängig zu machen, sondern nur durch Zufuhr von Energie, die ihre Umwandelbarkeit noch nicht verloren hat. Dies gilt für alle physikalischen und chemischen Prozesse in der unbelebten wie der belebten Natur.

7.2 Energieumsatz des Menschen

Umsatzgrößen der lebenden Zelle

Den Energieumsatz einer Körperzelle, z. B. einer Gehirnnervenzelle, nennt man ihren **Tätigkeitsumsatz** (Abb. 7-2A). Ruht die Zelle oder nimmt das Nährstoffangebot ab, so beschränkt sich die Zelle darauf, nur das zu tun, was ihre sofortige Einsatzbereitschaft sichert (z. B. ihr Membranpotential aufrecht zu erhalten, S. 203). Für diesen **Bereitschaftsumsatz** benötigt sie *etwa 50%* der für eine uneingeschränkte Tätigkeit notwendigen Energie. Nimmt das Angebot weiter ab, so kann sie zwar immer noch, aber nur unter zunehmender Funktionsminderung überleben. Erst wenn das Nährstoffangebot nicht einmal mehr für einen **Erhaltungsumsatz** von etwa 15% des Tätigkeitsumsatzes ausreicht, geht die Zelle zugrunde.

Diese Betrachtung gilt aber nicht für alle Zellen des Organismus. Denn eine ganze Reihe von ihnen, wie z. B. die Herzmuskelzellen und die Zellen der Atemmuskulatur, müssen zeitlebens tätig sein. Deswegen ist der Energieumsatz eines ruhenden Organismus auch nicht identisch mit der Summe der Bereitschaftsumsätze aller Zellen, zumal neben den eben genannten weitere Organe, wie Gehirn, Leber und Nieren, auch bei Körperruhe tätig sind.

Umsatzgrößen des Gesamtorganismus

Ruheumsatz und Grundumsatz. Der *geistig und körperlich ruhende Erwachsene* benötigt etwa 4 kJ Energie pro Kilogramm Körpergewicht und pro Stunde. Wie sehr dieser **Ruheumsatz** von Alter und Geschlecht abhängt, zeigen die Kurven in Abb. 7-2B. Besonders die starke Altersabhängigkeit ist zu beachten. Beispielsweise wird dem drastischen Rückgang des Basisenergiebedarfs beim Eintritt in das dritte Lebensjahrzehnt häufig nicht durch eine entsprechende Änderung der Eßgewohnheiten Rechnung getragen. Wenn dann zusätzlich, wie in diesem Alter in unseren Breiten ebenfalls üblich, die körperliche Aktivität abnimmt, dann übersteigt sehr schnell die Energiezufuhr den Energiebedarf, ohne daß weniger als früher gegessen wird. Die re-

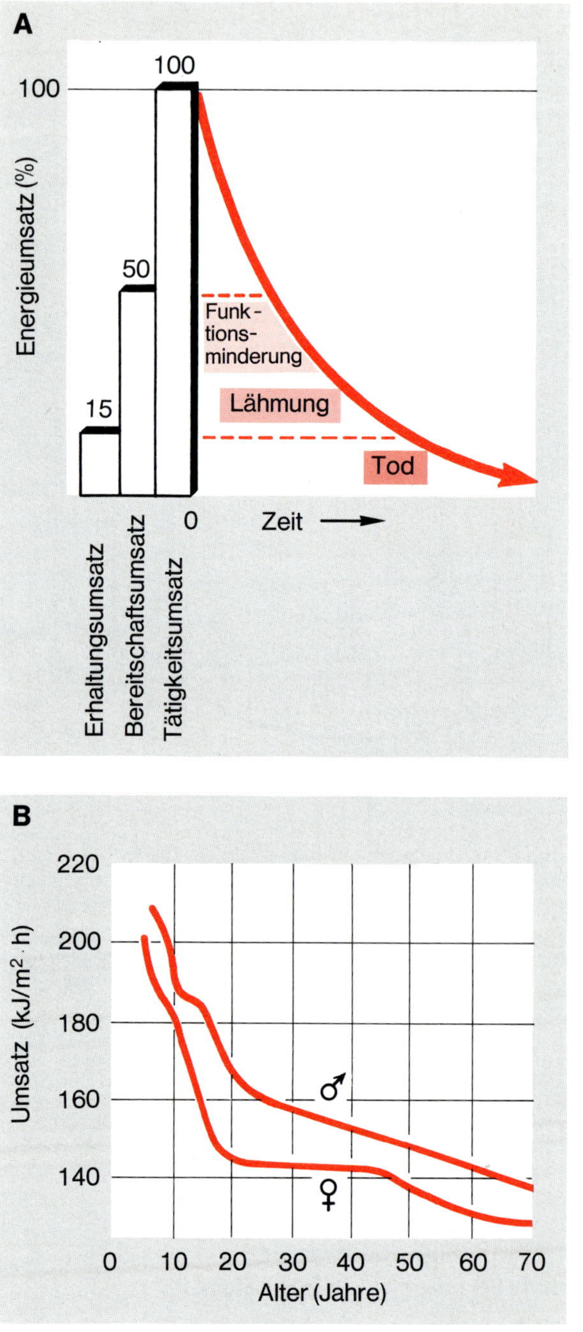

Abb. 7-2. Energieumsatz des Menschen. **A** Darstellung der Funktionseinschränkungen von Körperzellen bei Sauerstoff- oder Nahrungsmangel. Besprechung im Text. **B** Abhängigkeit des Grundumsatzes vom Alter bei Männern und bei Frauen. Es ist der relative Umsatz in Kilojoule pro Quadratmeter Körperoberfläche und Stunde ($kJ/m^2 \cdot h$) angegeben, um die Unterschiede in Körpergröße und -gewicht vernachlässigen zu können. Man beachte den besonders starken Rückgang des Energiebedarfs nach Abschluß des Wachstums. (**B** nach [17] aus Ulmer in [12])

sultierende Gewichtszunahme ist leider oft der *Ausgangspunkt eines lebenslänglichen Übergewichts* mit seinen negativen Folgen.

Der eben angegebene Wert für den Ruheumsatz ergibt bei einem 70 kg schweren Menschen 4 kJ × 70 kg × 24 h = rund 7000 kJ pro Tag (1700 kcal/Tag). Der Tagesumsatz eines nicht körperlich arbeitenden Menschen (**„Freizeitumsatz"**) liegt mit rund 10000 kJ (etwa 2300 kcal) nur relativ wenig darüber. Weite Teile der Bevölkerung, die als „Schreibtischarbeiter" keinen wesentlichen körperlichen Belastungen unterliegen, haben keinen höheren täglichen Gesamtumsatz. Die dazu notwendige *Sauerstoffaufnahme* liegt bei 330 ml/min oder 475 l/Tag.

Wird der Ruheumsatz unter definierten Bedingungen gemessen, so bezeichnet man ihn als **Grundumsatz**. Vereinbarungsgemäß sind diese Bedingungen: 1. morgens, 2. liegend in Ruhe, 3. nüchtern, 4. bei normaler Körpertemperatur ohne zu Frieren oder zu Schwitzen. Diese Bedingungen spiegeln die Variablen wider, die Einfluß auf den Energieumsatz nehmen. *Erstens* unterliegt dieser **tageszyklischen Schwankungen** mit einem Anstieg am Vormittag und einem Abfall während der Nacht. *Zweitens* steigt der Energieumsatz bei **körperlicher und geistiger Arbeit** an (s. u.), da die Anzahl derjenigen Zellen zunimmt, deren Umsatz über dem Bereitschaftsumsatz liegt. *Drittens* steigt der Energieumsatz nach **Nahrungsaufnahme** an. Diese Zunahme hängt nicht nur von der Verdauungstätigkeit ab, sondern auch von den sich anschließenden Stoffwechselprozessen. *Viertens* steigt der Energieumsatz **bei Fieber** und in zu kalter und zu warmer Umgebung, also **außerhalb der thermischen Neutralzone** (Indifferenzzone). Kalte Umgebung führt zu Muskelzittern (s. S. 115), in zu warmer Umgebung benötigt die Wärmeabfuhr (Schwitzen, erhöhte Kreislaufleistung durch vermehrte Hautdurchblutung) zusätzliche Energie.

Die Verteilung des Grundumsatzes auf die einzelnen Organe zeigt Tabelle 7-1. Leber und ruhende Skeletmuskulatur sind zur Hälfte am Grundumsatz beteiligt. Deshalb kann der Energieumsatz des Menschen **im Schlaf oder in Narkose unter den Grundumsatz** sinken (durch Abnahme des Muskeltonus). Ähnliches gilt für die Abnahme des Leberumsatzes beim Hungern.

Arbeitsumsatz. Bei **körperlicher Arbeit** geht der Tagesumsatz über den Freizeitumsatz von 10000 kJ hinaus. Bei *leichter körperlicher Arbeit* steigt der Umsatz um 1 × 2000 kJ pro Tag, bei *mäßiger* Arbeit um 2 × 2000, bei *mittelschwerer* um 3 × 2000 und bei *Schwerstarbeit* um 5 × 2000 kJ pro Tag an. Bei körperlicher Schwerstarbeit finden wir demnach Energieumsatzwerte bis zu 20000 kJ pro Tag. Das ist

Tabelle 7-1. Anteil verschiedener Organsysteme am Grundumsatz des Menschen. (Aus LEHMANN 1961 [8])

ORGAN:	Leber	Muskel	Gehirn	Herz	Nieren	Rest
ANTEIL:	26%	26%	18%	9%	7%	14%

rund das Dreifache des Ruheumsatzes. Bei Frauen liegt dieser Maximalwert wegen des geringeren Körpergewichts in der Nähe von 15000 kJ pro Tag. Bei **geistiger Arbeit** beobachtet man ebenfalls eine Zunahme des Energieumsatzes. Diese ist nur zum geringeren Teil durch die Mehrarbeit des Gehirns bedingt (vgl. Abb. 24-19, S. 477). Der größte Teil der Zunahme rührt von einer reflektorisch erhöhten Grundanspannung der Muskulatur her (Abb. 7-3). Bei *sportlichen Aktivitäten* werden erheblich höhere Energieumsätze als bei beruflichen Tätigkeiten erreicht, allerdings für kürzere Zeiträume.

Wie können wir feststellen, ob unsere tägliche **Energiezufuhr unserem Bedarf entspricht?** Beim gesunden Erwachsenen ist dies ganz einfach: durch **Messen des Körpergewichts.** Bleibt dieses im Mittel über lange Zeit konstant, so entspricht die Energiezufuhr in der Nahrung unserem Verbrauch. Nehmen wir aber an Gewicht zu, ist unsere Energiezufuhr zu groß, und der Körper speichert diese Energie in Form von Fett. Nehmen wir dagegen an Gewicht ab, so ist unsere Energiezufuhr zu gering, und unser Körper greift zur Deckung seines Energiebedarfs auf seine Fettvorräte zurück.

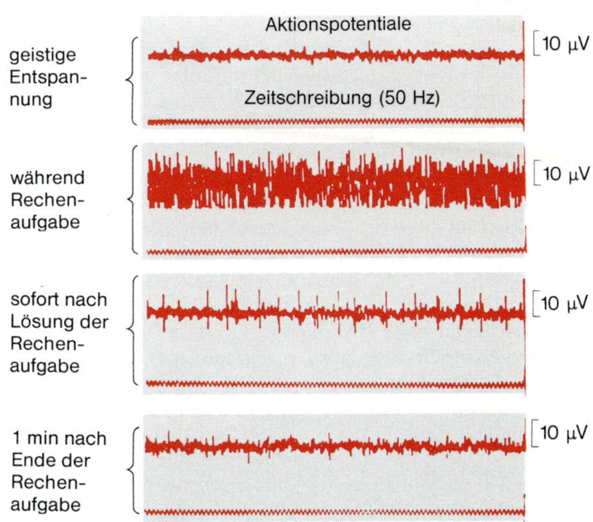

Abb. 7-3. Reflektorische Erhöhung des Muskeltonus bei geistiger Arbeit. Anhand der vom Unterarm abgeleiteten Muskelaktionspotentiale (EMG) erkennt man deutlich die erhöhte Muskelaktivität während geistiger Arbeit. (In Anlehnung an Göpfert et al. aus Brück in [12])

Brennwerte der Nahrungsmittel und des Sauerstoffs

Die vom Körper benötigte Energie wird durch die Verbrennung energiereicher Nährstoffe gewonnen. Bei diesen handelt es sich um **Kohlenhydrate, Fette** und **Eiweiße**, die wir mit der Nahrung zu uns nehmen. Mit Hilfe von **Sauerstoff** werden diese Nährstoffe zu energieärmeren Stoffwechselprodukten verbrannt und diese anschließend ausgeschieden. Die dabei freiwerdende Energie steht den Zellen für ihre Aufgaben (Baustoffwechsel, Betriebsstoffwechsel, spezifische Zelleistungen) zur Verfügung. Kohlenhydrate und Fette werden überwiegend zum *Betriebsstoffwechsel*, Eiweiße überwiegend zum *Baustoffwechsel* benötigt.

Die von den einzelnen Nährstoffen bei der Verbrennung freigesetzte Energie ist aus „Reagenzglasversuchen" bekannt. Genau die gleiche Menge Energie wird, wie in Abschnitt 7.1 schon erläutert, auch bei der Verbrennung im Organismus frei. Es läßt sich daher aus der Menge der aufgenommenen Nährstoffe, aus dem Sauerstoffverbrauch und aus den abgegebenen Stoffwechselendprodukten die im Körper bei der Verbrennung freigesetzte Energie exakt angeben. Die dabei zu beachtenden Zusammenhänge werden im folgenden kurz erläutert.

Molekulargewicht, Mol und Avogadro-Zahl. Für die quantitative Betrachtung des Energiewechsels ist die Einführung des Begriffs **Mol** notwendig. Es ist diejenige Menge eines chemisch einheitlichen Stoffes in Gramm, die seinem Molekulargewicht (ganz genau: seiner Molekularmasse) in Gramm entspricht. Nehmen wir als Beispiel das Glucosemolekül. Es ist aus 6 Kohlenstoffatomen (C), 12 Wasserstoffatomen (H) und 6 Sauerstoffatomen (O) aufgebaut (Abb. 2-2 und zugehöriger Text). Setzt man das Atomgewicht des Wasserstoffs gleich 1, so ist das des Kohlenstoffs gleich 12 und das des Sauerstoffs gleich 16 (s. Tabellen mit dem periodischen System der Elemente und den dort angegebenen relativen, also auf den Wasserstoff bezogenen Atomgewichten, z. B. in Lehninger [9]). Das Molekulargewicht der Glucose ist also $(6 \times 12) + (12 \times 1) + (6 \times 16) = 72 + 12 + 96 = 180$. Ein Mol Glucose sind also 180 g Glucose. Entsprechend läßt sich für jede chemisch einheitliche Substanz das Molekulargewicht errechnen und angeben, wieviel Gramm dieser Substanz ein Mol ausmachen.

Entsprechend dieser Definition (und darin liegt der große Vorteil dieser Betrachtungsweise) enthält **jedes Mol eines beliebigen Stoffes die gleiche Anzahl Moleküle**, nämlich $6{,}023 \times 10^{23}$ (Avogadro-Zahl, auch Loschmidt-Zahl genannt). In einem Mol Wasser (18 g, da $H_2O = 2 \times 1 + 16 = 18$) sind also genau so viele Moleküle enthalten, wie in einem Mol Glucose (180 g) etc. Moleinheiten der verschiedensten chemisch einheitlichen Stoffe können daher unabhängig von der Größe und Zusammensetzung ihrer Moleküle direkt miteinander in Beziehung gesetzt werden.

Energieäquivalent der Nährstoffe. Die mit der Nahrung aufgenommenen Kohlenhydrate (Stärke, verschiedene Zucker, s. Kap. 2 u. 8) werden vor ihrer Verbrennung alle zu Glucose (Traubenzucker, Blutzucker) umgewandelt (s. auch Kap. 2, S. 10). Für dessen Verbrennung gilt:

$$C_6H_{12}O_6 + 6\,O_2 = 6\,CO_2 + 6\,H_2O + 2826\text{ kJ}$$

Der Betrag von 2826 kJ Energie bezieht sich auf die Verbrennung von 1 Mol Glucose (180 g). Dafür werden, wie die Gleichung zeigt, 6 Mol Sauerstoff benötigt. Diese haben bei normalem Luftdruck ein Volumen von $6 \times 22{,}4\text{ l} = 134{,}4\text{ l}$. Daraus läßt sich jetzt umgekehrt leicht errechnen, daß bei der Verbrennung von Glucose pro Liter verbrauchten Sauerstoff $2826 : 134{,}4 = 21{,}0$ kJ Energie freiwerden. Dieser Wert von 21,1 kJ/lO_2 wird als das **Energieäquivalent** oder *"calorisches Äquivalent"* der Glucose (und damit auch der Kohlenhydrate) bezeichnet (s. Tabelle 7-2).

Auf entsprechende Weise lassen sich auch die Energieäquivalente der Fette und Eiweiße bestimmen. Sie sind in Tabelle 7-2 ebenfalls angegeben. Da die verschiedenen Energieäquivalente eng beisammenliegen (zwischen 18,8 und 21,1), ist es eine für praktische Zwecke völlig ausreichende Annahme, daß bei normalen Ernährungsgewohnheiten und normalem Stoffwechsel **im Körper pro Liter verbrauchten Sauerstoffs rund 20 kJ Energie** freigesetzt werden.

Biologischer Brennwert der Nährstoffe. Der obigen Formel der Glucoseverbrennung läßt sich auch entnehmen, daß bei der Oxidation von Glucose zu Wasser und Kohlendioxid pro Gramm Glucose $2826 : 180 = 15{,}7$ kJ freiwerden. Der **Brennwert der Glucose** beträgt also **15,7 kJ/g** (Tabelle 7-2). Die Brennwerte der in einer gemischten mitteleuropäischen Kost enthaltenen Kohlenhydrate, Fette und Eiweiße sind ebenfalls in Tabelle 7-2 angegeben. Der gegenüber den Kohlenhydraten und dem Eiweiß gut doppelt so hohe Brennwert der Fette rührt daher, daß in ihre Moleküle kaum Sauerstoff eingebunden ist (Abb. 2-3, S. 10).

Tabelle 7-2. Energieäquivalent (kJ/lO_2) und biologischer Brennwert (kJ/g) der Nährstoffe. Die biologischen Brennwerte der Fette, Eiweiße und Kohlenhydrate gelten für eine gemischte mitteleuropäische Kost

	Fette	Eiweiße	Kohlenhydrate	Glucose
kJ/lO$_2$	19,6	18,8	21,1	21,1
kJ/g	38,9	17,2	17,2	15,7

Der biologische Brennwert der Eiweiße ist kleiner als der, der bei vollständiger Verbrennung „im Reagenzglas" beobachtet wird. Dies kommt daher, daß die **Eiweißverbrennung im Organismus unvollständig** bleibt. Die im Eiweiß enthaltenen Stickstoffmoleküle werden nämlich nicht oxidiert, sondern als *Harnstoff*, als *Harnsäure* und als *Kreatinin* mit dem Harn ausgeschieden.

7.3 Die Körpertemperatur des Menschen

Wärmebildung und Körpertemperatur

Homoiothermie und Poikilothermie. Nach den eingangs dieses Kapitels geschilderten Gesetzen der Thermodynamik entsteht bei der Arbeitsleistung des Körpers zwangsläufig Wärme. Diese Wärme wird beim Menschen dazu genutzt, die Körpertemperatur dauernd auf einem Wert zu halten, der erheblich über der Umgebungstemperatur liegt. Der Mensch gehört also zur Gruppe der **homoiothermen Lebewesen** *(Warmblüter)*. Diesen (Vögel, Säugetiere) stehen die anderen Tiere gegenüber (z.B. Fische, Reptilien), die einen deutlich geringeren Stoffwechsel haben und die deswegen ihre Körpertemperatur nur wenig über die Umgebungstemperatur anheben können (*wechselwarme* oder **poikilotherme Lebewesen**, *Kaltblüter*). Die homoiothermen (oder *homöothermen*) Lebewesen können unabhängig von der Außentemperatur eine gleichförmige Körpertemperatur und damit eine gleichförmige Aktivität aufrecht erhalten (die Geschwindigkeit aller chemischen Prozesse ist temperaturabhängig). Sie sind daher poikilothermen Lebewesen vielfach überlegen.

Thermoregulatorische Wärmebildung. Reicht die bei der Arbeitsleistung des Körpers als „Abfallprodukt" entstehende Wärme zur Konstanthaltung der Körpertemperatur in kalter Umgebung nicht aus, bildet der Körper zusätzliche Wärme. Dies geschieht (1) durch aktive Betätigung seines Bewegungsapparates, (2) durch unwillkürliche tonische und rhythmische Muskelaktivität ohne äußere Arbeitsleistung, also durch **Kältezittern** und (3) durch Steigerung anderer Stoffwechselvorgänge. Letzteres wird als **zitterfreie Wärmebildung** bezeichnet.

Beim Erwachsenen ist **Kältezittern** der bedeutendste unwillkürliche Mechanismus der Wärmebildung. **Zitterfreie Wärmebildung** kommt bei Neugeborenen in meßbarem Umfang vor. Das zwischen den Schulterblättern und im Achselbereich vorkommende *braune Fettgewebe* stellt eine wesentliche Quelle dieser Wärmebildung dar (dieses Fettgewebe enthält sehr viele Mitochondrien, die es zu einem hohen Energieumsatz befähigen). Im Tierreich ist die zitterfreie Wärmebildung besonders bei kleinen, kälteadaptierten Tieren und bei Winterschläfern ausgeprägt.

Temperaturfeld des menschlichen Körpers

Kern- und Schalentemperatur. Die in den Körperzellen gebildete Wärme strömt über die Körperoberfläche zur Umgebung hin ab. Schon aus diesem Grunde haben die oberflächlichen Teile des Körpers eine niedrigere Temperatur als die zentralen. Infolge der unregelmäßigen Gestalt des Körpers und unter dem Einfluß der normalerweise getragenen Bekleidung ergibt sich insgesamt ein kompliziertes **Temperaturfeld**, von dem man vereinfachend sagen kann, daß es aus einem **homöothermen Körperkern** und einer **poikilothermen Körperschale** besteht. Solche Temperaturfelder illustriert die Abb. 7-4 bei kalter (A) und warmer Umgebungstemperatur (B). Als normale Körperkerntemperatur sind 37 °C angegeben. In kalter Umgebung ist diese

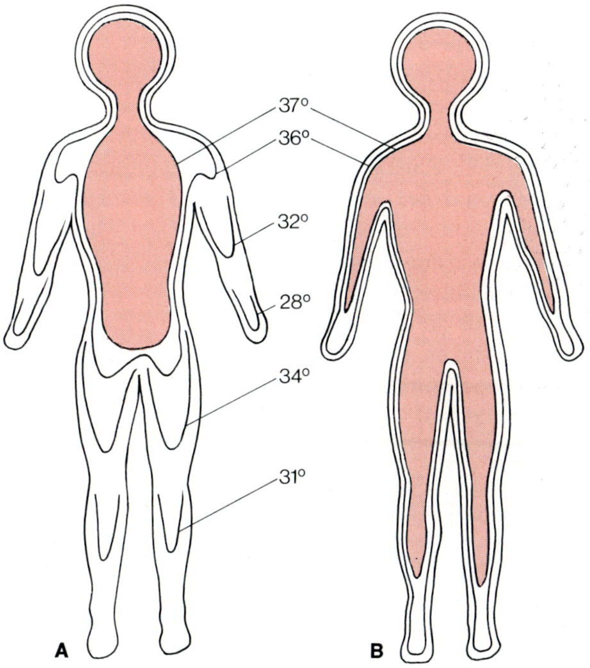

Abb. 7-4. Kern- und Schalentemperatur des menschlichen Körpers. Dargestellt sind die Verbindungslinien von Meßpunkten gleicher Temperatur auf der Körperoberfläche in kalter (**A**) und in warmer Umgebung (**B**). Sie geben ein Abbild des Temperaturfeldes des menschlichen Körpers unter diesen Umgebungsbedingungen. Der homöotherme Körperkern (*rot* in **A**) wird im wesentlichen vom Brust und Bauchraum sowie dem Schädelinneren gebildet. In warmer Umgebung steigt auch in großen Bereichen der poikilothermen Körperschale die Temperatur auf die des Kerns an. (Nach Aschoff u. Wever 1958 [16])

Temperatur nur in der Tiefe des Körpers anzutreffen (s. Verlauf der 37 °C-Isotherme in A und B). An den Händen und Füßen liegen die Temperaturen auch in der Tiefe des Gewebes um bis zu 10 °C darunter.

Messen der Körperkerntemperatur. Selbst die Körperkerntemperatur ist weder zeitlich noch räumlich völlig konstant. So findet man schon in normaler Umgebung Unterschiede in der Körperkerntemperatur von 0,2–1,2 °C. Selbst das Gehirn weist ein radiales Temperaturgefälle zur Hirnrinde auf, das mehr als 1 °C beträgt. Die höchsten Temperaturen werden im Rectum gefunden, nicht in der Leber, wie lange Zeit vielfach behauptet wurde [4]. Es ist daher nicht möglich, die Körperkerntemperatur durch eine einzige Zahl auszudrücken.

Für praktische Zwecke reicht es aus, eine an einem bestimmten Ort gemessene Temperatur als repräsentativ für die Körperkerntemperatur zu erklären. In der Klinik wurde bislang die **Rectaltemperatur** gemessen. In neuerer Zeit wird die Mundhöhlentemperatur, genauer die **Sublingualtemperatur** bevorzugt. Sie liegt meist 0,2–0,5 °C tiefer als die Rectaltemperatur. Bei sportmedizinischen Untersuchungen wird vielfach die **Ösophagustemperatur** mit flexiblen Meßfühlern gemessen. Auch die **Axillartemperatur** ist als Kerntemperaturangabe brauchbar, da durch festes Anlegen des Oberarmes an den Brustkorb das Temperaturfeld (Abb. 7–4) derart verändert wird, daß sich der Körperkern quasi bis zur Achselhöhle vorschiebt.

Körpertemperatur bei körperlicher Arbeit. Die Körperkerntemperatur steigt bei körperlicher Arbeit an, während die mittlere Hauttemperatur infolge der bei der Arbeit einsetzenden Schweißverdunstung abfällt. Die **Zunahme** der Körperkerntemperatur ist **proportional der relativen Leistung** (Leistung in % der individuellen Maximalleistung). Bei Marathonläufern werden Rectaltemperaturen von 39–40 °C, in Einzelfällen bis nahe 42 °C gemessen [30]. Wichtig ist, daß die durch das Schwitzen verlorengehende Flüssigkeit laufend ersetzt wird, da **Dehydratation temperatursteigernd und damit leistungsbegrenzend** wirkt [36].

Periodische Schwankungen der Körperkerntemperatur. Wie andere vegetative Variablen auch (vgl. Kap. 26), unterliegt die Körpertemperatur tagesperiodischen Schwankungen, die im Mittel bei 1 °C liegen. Das Temperaturminimum wird gegen Morgen gemessen, das Maximum meist am späten Nachmittag. Diese Schwankungen der Körpertemperatur folgen dem endogenen Rhythmus der *circadianen Periodik*, der in Kap. 26 ausführlich beschrieben wird. Neben dem Tagesgang der Körpertemperatur finden sich Temperaturschwankungen längerer Periodendauer. Am bekanntesten ist die mit dem **Menstruationscyclus** ablaufende Temperaturschwankung, deren Messung zur Bestimmung der unfruchtbaren Perioden der Frau und damit zur Empfängnisverhütung eingesetzt werden kann.

7.4 Wege der Wärmeabgabe

Wärmeaustausch im Körper (innerer Wärmestrom)

Zwei Wege des Wärmeaustausches stehen im Körperinneren zur Verfügung, um Wärme zur Körperoberfläche zu transportieren: einmal die unmittelbare „Weitergabe" der Wärme von einem Gewebeteilchen zum nächsten und zum anderen der „Transport" von Wärme durch das zirkulierende Blut. Ersteres wird **Wärmekonduktion**, letzteres **Wärmekonvektion** genannt. Es liegt auf der Hand, daß von diesen beiden die *Konvektion* der bei weitem wichtigere Wärmetransportweg ist (ähnlich wie bei einem Automotor der Wärmetransport durch das Kühlwasser wesentlich wichtiger ist als die Abgabe von Wärme durch Konduktion an die Umgebung im Motorraum).

Arme und Beine eignen sich wegen ihrer relativ zu ihrem Volumen großen Oberfläche hervorragend zur Wärmeabgabe. Dies könnte *in kalter Umgebung* sehr schnell zu unerwünschter Auskühlung des Organismus führen. Eine übermäßige Wärmeabgabe wird aber dadurch verhindert, daß das arterielle Blut auf seinem Weg zu den Händen und Füßen einen Großteil seiner Wärme an das venöse, zurückströmende Blut abgibt, denn die tiefen Arterien und Venen liegen durchweg eng zusammen. Durch dieses **Gegenstromprinzip des Temperaturaustausches** erhalten Hände und Füße bereits vorgekühltes arterielles Blut, und das venöse Blut gelangt ohne großen Wärmeverlust in den Körper zurück. *In warmer Umgebung* öffnen sich die oberflächlichen Hautvenen, und ein Großteil des venösen Blutes fließt über sie und nicht über die tiefen Venen zurück. Damit wird der Wärmeaustausch im Gegenstrom vermindert und die Wärmeabgabe an die Haut drastisch erhöht.

Wärmeabgabe an die Umgebung (äußerer Wärmestrom)

Bei der Abgabe der Körperwärme an die Umgebung spielen neben **Konduktion** und **Konvektion** auch die Prozesse der Wärmeabgabe durch **Wärmestrahlung** und durch Schweißverdunstung **(Evaporation)** eine wichtige Rolle. Strahlung und Konvektion stehen beim ruhenden Menschen im Vordergrund, während die zusätzlich erforderliche Wärmeabgabe bei Arbeit im wesentlichen durch Evaporation geleistet wird. Die Abb. 7–5 zeigt die relativen Anteile dieser verschiedenen Wärmeströme in Ruhe und bei Arbeit zusammen mit dem Verlauf der Körperkern- und der Hauttemperatur.

Konduktion. Wärmeabgabe durch Konduktion findet sich da, wo der Körper auf einer festen Unterla-

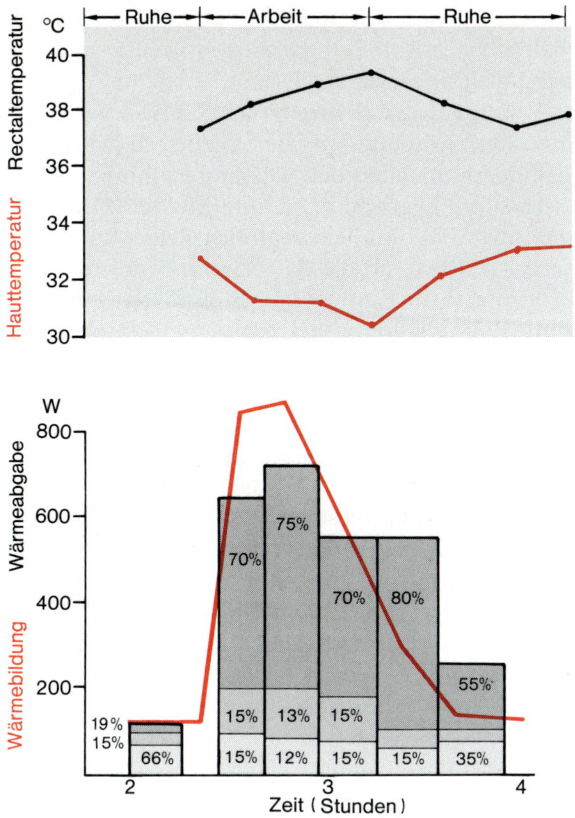

Abb. 7-5. Körpertemperaturen (*oben*, Rectaltemperatur, *schwarz*, und Hauttemperatur, *rot*), sowie *unten* Wärmebildung (roter Kurvenzug) und Wärmeabgabe (graue Säulen) in Ruhe und bei Arbeit. *Unterer Teil* der Säulen: Wärmeabgabe durch Strahlung; *mittlerer*: Wärmeabgabe durch Konvektion; *oberer*: evaporative Wärmeabgabe. Konduktion vernachlässigt. Die Abgabe der durch Arbeit erzeugten Wärme erfolgt überwiegend durch die Schweißverdunstung (Evaporation) von der Hautoberfläche. Dadurch fällt die Hauttemperatur bei Arbeit (trotz Anstiegs der Rectaltemperatur) unter ihren Wert in Ruhe. (Nach E.F. DuBois 1937 aus Brück in [12])

ge sitzt, liegt oder steht. Die Größe des konduktiven Wärmestromes wird durch die *Temperatur* und die *Wärmeleitfähigkeit* des unterstützenden Materials bestimmt (vgl. das Sitzen auf einer Holzbank mit dem auf einem Eisenträger).

Konvektion. Ist die Umgebungsluft kühler als die Haut, wird die unmittelbar an der Haut anliegende Luftschicht erwärmt. Sie beginnt dann aufwärtszugleiten und damit Wärme abzutransportieren. Diese **natürliche** oder **freie Konvektion** kann durch Bewegen der Luft (Wind, „Zug") erheblich verstärkt werden **(erzwungene Konvektion)**. Das Ausmaß der Konvektion hängt also von der Temperaturdifferenz zwischen Hautoberfläche und Luft und der Geschwindigkeit der Luftbewegung ab.

Strahlung. Die Wärmeaufnahme durch die infrarote Wärmestrahlung der Sonne ist jedem geläufig. Umgekehrt strahlt auch unser Körper infrarote Strahlen ab, wie dies auch alle Gegenstände in unserer Umgebung tun, jeder in Abhängigkeit von seiner Temperatur (genaue Gesetzmäßigkeiten s. [2]). Die Bedeutung der Temperatur der umgebenden Flächen kann man sich verdeutlichen, indem man die Handfläche in kleinem Abstand gegen das Gesicht hält: Man verspürt sofort eine Wärmeempfindung, die auf der verminderten (Netto-)Wärmeabstrahlung beruht. Das Nettoausmaß der **Wärmeabgabe durch Strahlung** ist also durch die Differenz zwischen der Hauttemperatur und der Temperatur der umgebenden Flächen (z.B. Zimmerwände) bestimmt.

Evaporation. Unsere Haut ist von innen her nicht absolut wasserdicht. Es gelangt daher immer etwas Wasser durch Diffusion auf die Hautoberfläche und verdunstet dort. Dabei wird der Haut Wärme entzogen, denn die Verdunstungswärme des Wassers beträgt 2400 kJ/l. Wie Abb. 7-5 zeigt, beträgt unter Normalbedingungen in Ruhe diese **Perspiratio insensibilis** oder **extraglanduläre Wärmeabgabe** (d.h. ohne Beteiligung der Schweißdrüsen) etwa 20% der Gesamtwärmeabgabe (Säule ganz links im unteren Teil der Abbildung). Bei Arbeit kommt die erhebliche **glanduläre Wärmeabgabe** durch die Schweißsekretion hinzu (rechte Säulen). Nur diese *glanduläre Wasserabgabe* ist neuronal über sudomotorische sympathische Nervenfasern steuerbar. Wichtig ist, daß bei Umgebungstemperaturen oberhalb der Körpertemperatur (Hochsommer, Tropen), Wärme nur noch auf evaporativem Wege abgegeben werden kann.

Wirkung der Bekleidung. Die isolierende Wirkung der Bekleidung beruht v.a. darauf, daß in den Textilien oder Pelzen kleinste Lufträume eingeschlossen sind, in denen keine nennenswerte Luftströmung auftreten kann. Die Wärme kann daher nur **konduktiv** über die *schlecht wärmeleitende Luft* abströmen (unbewegte Luft ist ein guter Isolator).

7.5 Die Regelung der Körpertemperatur

Die Anteile des Regelsystems und ihre neuronale Kontrolle

Die **Thermoregulation** kann formal als ein kreisförmig geschlossenes Regelsystem mit negativer Rück-

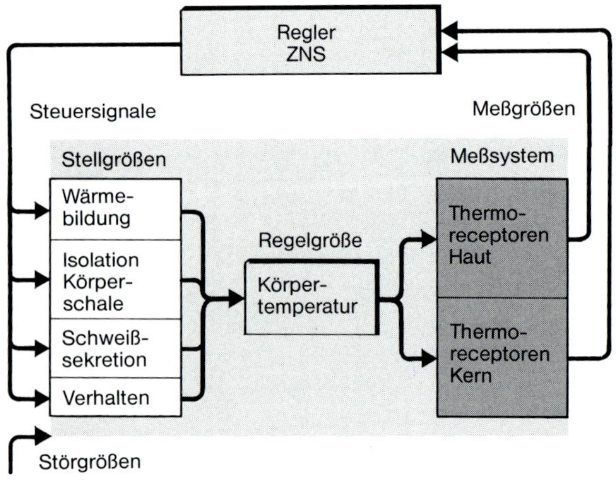

Abb. 7-6. Blockschaltbild der Thermoregulation. Das Meßsystem besitzt zwei Gruppen von Meßfühlern zur Messung der Körperkern- *(innere Thermoreceptoren)* und der Schalentemperatur *(cutane Thermoreceptoren)*. Über die von ihnen übermittelten Meßgrößen kann der zentralnervöse Regler Abweichungen des Sollwertes vom Istwert (z.B. durch die Einwirkung von Störgrößen) feststellen und anschließend über Steuersignale zu den in Abb. 7-9 gezeigten Stellgliedern entsprechende Änderungen der Stellgrößen zur Temperaturkorrektur einleiten. (Aus Brück in [12])

kopplung angesehen werden, wie dies im Blockschaltbild der Abb. 7-6 skizziert ist. Links sind die **Stellgrößen** angeordnet, deren „Verstellung“ zu einer Veränderung der **Regelgröße** Körpertemperatur führt. Die Körpertemperatur wiederum wird von **Meßfühlern**, nämlich den Thermoreceptoren (Thermosensoren) überwacht, die ihre Meldungen (*Meßgrößen* in Abb. 7-6) dem **zentralen Regler** zuführen. Dieser stellt fest, ob die Körpertemperatur (der *Istwert*) unter dem Einfluß von **Störgrößen** (z.B. vermehrte Wärmebildung bei Arbeit) von ihrem **Sollwert** abgewichen ist und verstellt entsprechend über die Aussendung von *Steuersignalen* die Stellgrößen so lange, bis die Meßgrößen den Ausgleich der Abweichung (im Beispiel also den Rückgang der erhöhten Körpertemperatur) signalisieren. Das wesentliche Merkmal dieser (wie jeder anderen Regelung) ist der geschlossene Regelkreis mit einer Polung derart, daß jede Störung der Regelgröße selbsttätig korrigiert wird. Dies wird mit dem Begriff **negative Rückkopplung** (negative feedback) ausgedrückt.

Die Abb. 7-7 illustriert die **nervale Ansteuerung der verschiedenen Stellglieder**, die die *Stellgrößen* der Temperaturregulation liefern (vgl. Abb. 7-7 mit

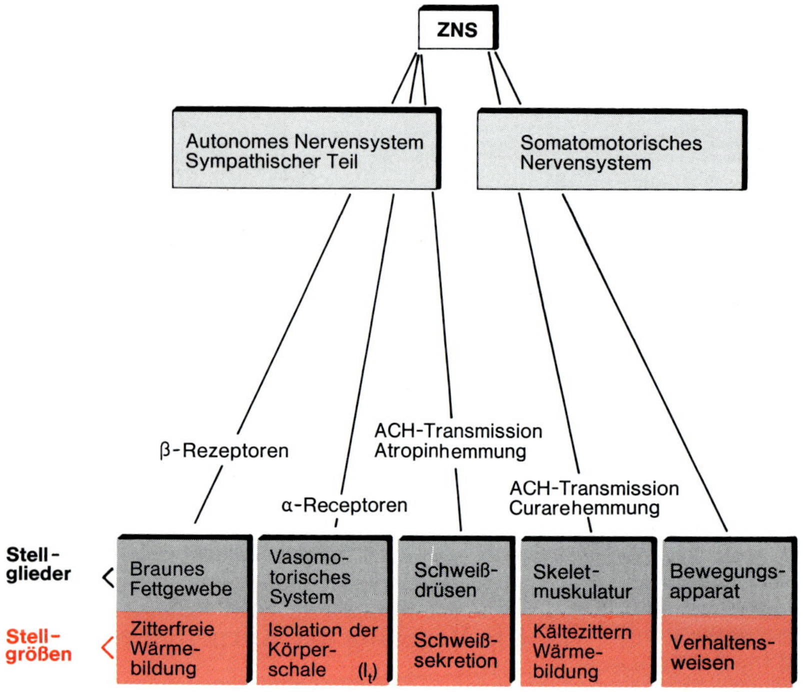

Abb. 7-7. Stellglieder der Thermoregulation und ihre nervale Kontrolle über das autonome und das somatomotorische Nervensystem. Die zitterfreie Wärmebildung im braunen Fettgewebe kann durch β-Receptoren-Blocker aufgehoben werden. Ausschaltung der Sympathicuswirkung an den Hautgefäßen (mit α-Receptoren-Blockern) führt zur maximalen Vasodilatation und zur Eröffnung von arteriovenösen Anastomosen (Steigerung des konvektiven Wärmetransportes). Die cholinerge sympathische Innervation der Schweißdrüsen (*ACH* = Acetylcholin) kann durch Atropin gehemmt werden. Die cholinerge neuromuskuläre Übertragung wird durch Curare blockiert. (Nach Brück in [12])

7-6). Das *autonome Nervensystem* steuert (von links nach rechts in Abb. 7-7) die zitterfreie Wärmebildung im braunen Fettgewebe, das Ausmaß der Isolation der Körperschale über die Regelung der Hautdurchblutung und die Sekretion der Schweißdrüsen. Das *somatomotorische Nervensystem* ist sowohl für die Wärmebildung durch Muskelzittern wie für die Steuerung der Wärmeabgabe über Verhalten (z. B. An- oder Ablegen von Kleidung) zuständig.

Besonderheiten der Hautinnervation. Die **Blutgefäße der Akren** (Finger, Hand, Ohren, Lippen, Nase), insbesondere deren Arteriolen und arteriovenösen Anastomosen, werden über *noradrenerge sympathische Nerven* versorgt, wobei Zunahme der sympathischen Impulse (des „sympathischen Tonus") eine Gefäßverengung (Vasoconstriction) bewirkt, Tonusabnahme zur Vasodilatation führt. Letzteres steigert die Durchblutung der Extremitäten und damit den konvektiven Wärmetransport (s. auch das oben angeführte Gegenstromprinzip des Temperaturaustausches). Die **Blutgefäße der proximalen Extremitäten und des Rumpfes** besitzen möglicherweise eine zusätzliche *aktive, vasodilatatorische Innervation* (Überträgersubstanz vermutlich Acetylcholin), die die Spontanaktivität der glatten Muskelfaser (myogener Tonus) zusätzlich hemmt und damit eine besonders starke Vasodilatation verursachen könnte [35]. Alternativ könnte diese Zusatzvasodilatation auch durch einen *Mediator* (Bradykinin?) verursacht sein, der mit dem Schweiß sezerniert wird [18].

Thermisches und emotionales Schwitzen. Die Sekretion der Schweißdrüsen wird durch cholinerge sympathische Nervenfasern gesteuert. Sie ist daher durch Atropin hemm- und durch Parasympathikomimetika auslösbar. Bei starker psychischer Anspannung kann eine *cutane Vasoconstriction* im Bereich der Hände und Füße mit *Schweißsekretion an den Palmar- und Plantarflächen* von Händen und Füßen verbunden sein. Thermoregulatorisch ist dieses **emotionale Schwitzen** („kalter Schweiß") eine paradoxe Reaktion, da es anders als das **thermische Schwitzen** nicht mit einer Vasodilatation einhergeht.

Direkte Temperaturwirkung auf Hautgefäße. Bei starker Kälteeinwirkung auf die Haut kommt es zunächst zu einer maximalen Vasoconstriction, kenntlich an Blässe, Kälte der Akren, oft verbunden mit Schmerzen. Nach einiger Zeit schießt plötzlich Blut in die Akren, erkennbar an einer Rötung und Erwärmung. Diese **Kältevasodilatation (Lewis-Reaktion)** tritt auch nach Denervierung auf. Sie kann sich bei fortbestehender Kälteeinwirkung periodisch wiederholen. Ihre physiologische Bedeutung ist ungewiß.

Die Meßfühler des Regelsystems (Thermosensoren)

Die **Körperkerntemperatur** wird an verschiedenen Stellen durch temperaturempfindliche Nerven- bzw. Sinneszellen gemessen. Experimentelle Befunde für die Existenz solcher **innerer Thermosensoren**

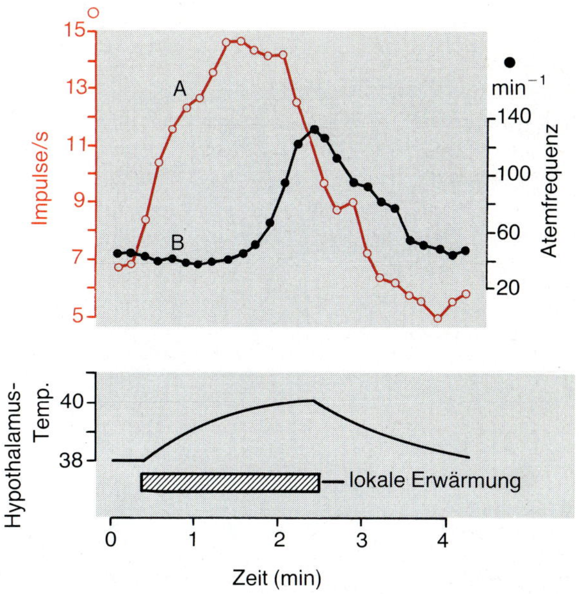

Abb. 7-8. Synchrone Registrierung der Impulsfrequenz eines „Wärmeneurons" der Regio präoptica des Hypothalamus **(A)** und der Atemfrequenz **(B)** in Abhängigkeit von der Hypothalamustemperatur, die durch eine implantierte Wärmesonde variiert worden ist (siehe unterer Teil der Abb.). (Nach Nakayama et al. 1963 [31])

(*innerer Thermoreceptoren*), insbesonderer solcher, die auf Temperaturanstieg mit einer Zunahme ihrer Entladungen reagieren (daher auch *Wärmeneurone* genannt), liegen vor allem für den *vorderen Hypothalamus* (Beispiel in Abb. 7-8), den *unteren Hirnstamm* (Mittelhirn und Medulla oblongata), das *Rückenmark* und für Strukturen außerhalb des Zentralnervensystems, wie die *Hinterwand der Bauchhöhle* und die *Skeletmuskulatur* vor [29, 31, 38, 39].

Die **Körperschalentemperatur** wird durch *Thermosensoren in und unter der Haut* gemessen. Es handelt sich hier um **spezifische Kalt- und Warmsensoren**, deren Eigenschaften ausführlich in Kap. 18 (ab S. 330, s. besonders Abb. 18-11, S. 345) beschrieben werden. Ihre Entladungen werden nämlich nicht nur zur (unbewußten) Messung der Körperschalentemperatur herangezogen, sondern sie dienen auch dem (bewußten) Temperatursinn zur Wahrnehmung der Kalt- bzw. Warmempfindungen.

Arbeitsweise des Temperaturregelsystems

Durchtrennung des Hirnstammes unmittelbar rostral des Hypothalamus läßt bei Katzen die Thermoregulation vollkommen intakt. Nach Durchschneidungen caudal des Hypothalamus verhalten sich die Tiere jedoch auch nach Wochen und Monaten noch poikilotherm [4, 39]. Aufgrund dieser

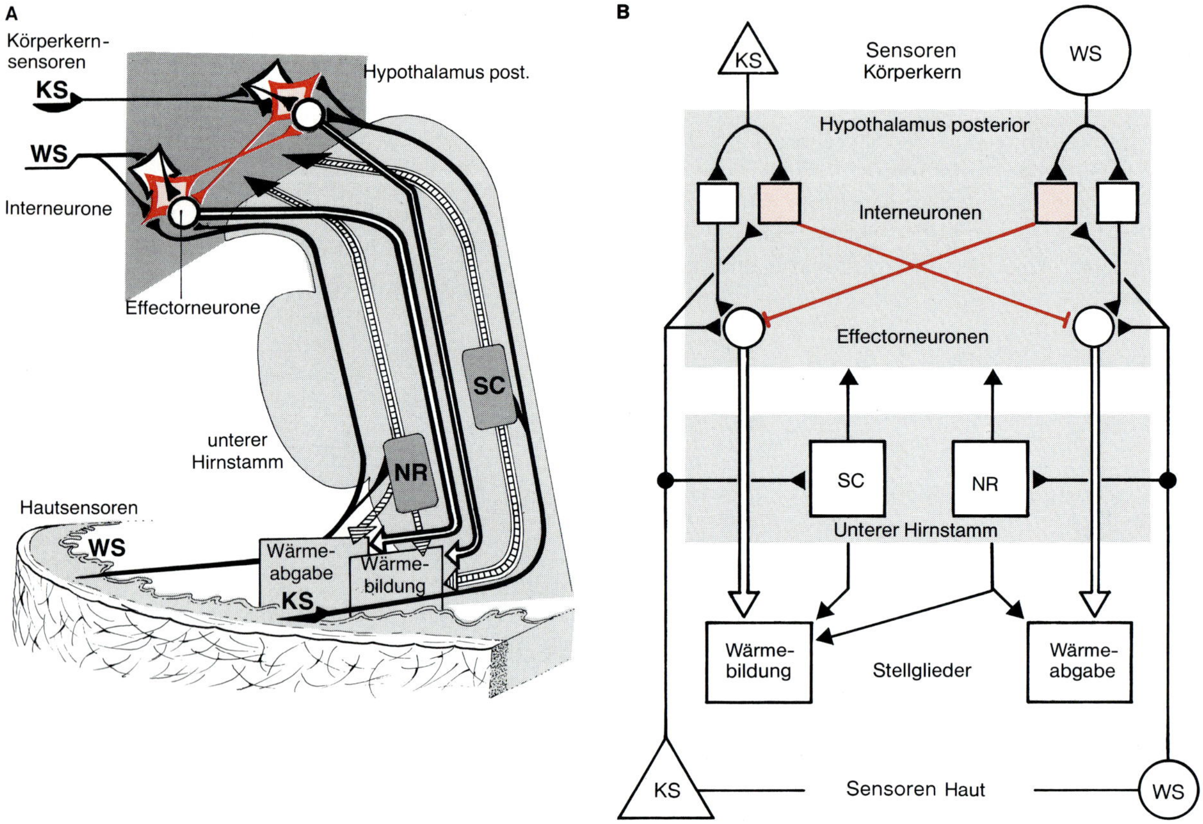

Abb. 7-9. Modell der neuronalen Verschaltung von thermischen Afferenzen mit den efferenten neuronalen Netzwerken, die die Stellglieder der Thermoregulation steuern, dargestellt in seinen neuronalen Strukturen (**A**) und als Regelnetzwerk (**B**). Die *schattierten Flächen* in **A** stellen die thermointegrativen Bereiche des *Hypothalamus posterior* und den *unteren Hirnstamm* dar, der für die Verarbeitung von Thermoafferenzen aus der Haut wichtige Strukturen enthält (Nucleus-Raphé-Kerne: *NR*; Regio subcoerulea: *SC*). *Rot* gezeichnet sind inhibitorische Neurone, die eine reziproke Hemmung der Entwärmungs- bzw. Wärmebildungsprozesse vermitteln. *KS*: Kaltsensoren; *WS*: Warmsensoren (die Flächen der *Dreiecke* bzw. *Kreise* in **B** sollen grob die unterschiedliche Anzahl von Sensoren andeuten). —◀ aktivierende, —⊣ inhibitorische synaptische Verbindungen. Die Symbole für Neurone repräsentieren nicht Einzelneurone, sondern Neuronenpools. Die zum Teil bekannten Verschaltungen zwischen *SC, NR* und *Hypothalamus* [22] sind der Übersichtlichkeit halber nicht im einzelnen eingezeichnet worden. Die vom unteren Hirnstamm abwärts zeigenden *Pfeile* repräsentieren Bahnverbindungen zu Motoneuronen und Hinterhornneuronen des Rückenmarks; über letztere kann eine Eingangshemmung der Warmafferenzen erfolgen. (**B** nach Brück aus [12])

und zahlreicher anderer experimenteller Indizien wird der Hypothalamus, insbesondere die **Area hypothalamica posterior**, die selbst keine nennenswerte Thermosensitivität besitzt, als **Integrationszentrum für die Thermoregulation** angesehen. Seine interne Verschaltung sowie seine Verknüpfung mit den Meßfühlern und den Stellgliedern des Temperaturregelsystems ist schematisch in Abb. 7-9 gezeigt. Diese hypothalamischen „Zentren" sind auch für andere Regelvorgänge (z. B. circadiane Periodik, Kap. 26) und für Verhalten verantwortlich. Bezüglich der Arbeitsweise biologischer Regelkreise sei auf Kapitel 10, insbesondere die Abb. 10-5 und den zugehörigen Text im Abschnitt 10.2 verwiesen.

Die **zentralen Effektorneurone** steuern (wahrscheinlich über eine Kette von Interneuronen, hier nicht eingezeichnet) die Stellglieder zur Wärmebildung und -abgabe (vgl. Abb. 7-7). Sie erhalten ihre afferenten Zuflüsse von den **äußeren** (unten) und **inneren Thermosensoren** (oben), wobei Kerngebiete des unteren Hirnstamms (SC und NR in Abb. 7-9) zum Teil an der Vorverarbeitung der von der Haut kommenden thermischen Information beteiligt sind. Die **Kältesensoren (KS)** wirken direkt aktivierend auf die Effektorneurone für Wärmebildung (links im Bild) und über Interneurone hemmend auf die Effektorneurone für die Wärmeabgabestellglieder. Die **Warmsensoren (WS)** sind *genau umge-*

kehrt mit den zwei verschiedenen Typen von Effektorneuronen verschaltet, so daß Erregung der Warmsensoren die Wärmeabgabe anregt und die Wärmebildung hemmt.

Im Vergleich zu technischen Regelsystemen, z. B. einer Klimaanlage oder Zentralheizung, handelt es sich hier um ein sehr aufwendiges Regelsystem, das durch seine **zahlreichen Meßfühler auf der Eingangsseite** den thermischen Gesamtzustand des komplizierten Temperaturfeldes des menschlichen Körpers (Abb. 7-4) berücksichtigen kann, wobei außerdem zwei Arten von Sensoren, nämlich Kalt- und Warmsensoren, antagonistisch zusammenwirken. Und mit den **zahlreichen Stellgliedern auf der Effektorseite** (Abb. 7-7) ist das System in der Lage, Abwehrvorgänge gegen Kälte oder Wärme („Stellvorgänge", Abb. 7-6, 7-7) sehr gezielt und mit kurzer Latenz einzuleiten.

Die **Arbeitsweise dieses Regelsystems** sei an Hand einiger Beispiele diskutiert. Bei **Kältebelastung**, also erniedrigter Außentemperatur, werden die Kaltsensoren der Haut aktiviert und lösen Vasoconstriction der Hautgefäße und thermoregulatorische Steigerung der Wärmebildung (z. B. Kältezittern) aus. Auf diese Weise werden bei äußerer Abkühlung sehr rasch – noch lange bevor eine Kerntemperatursenkung eingesetzt hat und innere Thermorsensoren beeinflußt werden konnten – die Kälteabwehrvorgänge angeworfen.

Bei **Wärmebelastung von innen**, also bei körperlicher Arbeit, werden die inneren Thermoreceptoren erregt und lösen Entwärmungsvorgänge (Vasodilatation, Schwitzen) aus. In *kalter* Umgebung wird diesen durch Kälteaktivierung der cutanen Kaltsensoren entgegengewirkt. Aber auch in *warmer* Umgebung kann bei körperlicher Arbeit von den Warmsensoren der Haut kein wesentlicher Antrieb der Entwärmungsvorgänge erwartet werden, da infolge der Schweißverdunstung die Hauttemperatur unter die Neutraltemperatur absinkt. Bei **Wärmebelastung von außen** (Sonnenbad, Sauna) erfolgt der Antrieb der Entwärmungsvorgänge dagegen durch das Zusammenwirken der inneren und cutanen Warmsensoren (vgl. Abb. 7-9).

7.6 Langfristige und pathophysiologische Aspekte der Thermoregulation

Die Temperaturregelung beim Neugeborenen

Beim menschlichen Neugeborenen sind alle thermoregulatorischen Reaktionen unmittelbar nach der Geburt auslösbar, selbst bei Frühgeburten mit Geburtsgewichten um 1000 g [20]. Die vielfach vertretene Auffassung, das Neu- oder Frühgeborene sei poikilotherm (wegen fehlender Reife seines zentralen Temperaturregelsystems) kam auf, weil das Neugeborene bei der Kälteregulation kein Zittern, sondern zitterfreie Wämebildung (S. 115) einsetzt, die nicht zu sehen ist. Die Wärmebildung kann auf zitterfreiem Wege verdoppelt bis verdreifacht werden. Erst bei sehr extremer Kältebelastung tritt auch Zittern hinzu.

Relativ zum Körpergewicht hat das Neugeborene eine sehr große Körperoberfläche, von der es sehr viel Wärme verlieren kann. Ein Ausgleich der Wärmebilanz auf dem Niveau des Minimalumsatzes (*Behaglichkeitstemperatur*) erfordert daher eine höhere Umgebungstemperatur als beim Erwachsenen, nämlich 32–34 °C statt 25–26 °C (oder zusätzliche Bekleidung). Bei Temperaturen unter 32–34 °C setzen beim Neugeborenen bereits die Wärmeabwehrvorgänge ein, bei Temperaturen unterhalb 23 °C sind sie schon maximal und reichen nicht mehr zur Konstanthaltung der Körperkerntemperatur aus, während sich beim leicht oder nicht bekleideten Erwachsenen dieser Bereich bis hinunter zu 5–0 °C erstreckt [20]. Bei sehr kleinen Frühgeborenen ist der Regelbereich noch weiter eingeschränkt. Sicherheitshalber werden sie daher in thermostatisierter Umgebung (Inkubatoren) aufgezogen.

Langfristige Anpassung an thermische Belastung (Akklimatisation)

Hitzeadaptation. Bei regelmäßiger **starker körperlicher Leistung in mäßig warmer Umgebung** (z. B. Marathonläufer) kommt es zu einer um einen Faktor zwei zunehmenden Schweißsekretionsrate, die bei Hochtrainierten 1–2 l/h erreichen kann. Die Schweißsekretion beginnt überdies bei einer niedrigeren Schalen- und Kerntemperatur, d. h. die Schwelle für die Auslösung des Regelmechanismus wird zu tieferen Werten verschoben. Durch diese Adaptationsvorgänge stellt sich die mittlere Körpertemperatur für eine gegebene Wärmebelastung auf einen niedrigeren Wert ein, wodurch der Organismus vor kritischen Anstiegen der Herzfrequenz und der peripheren Durchblutung bewahrt wird, die in den Hitzekollaps (s. u.) münden würden. Ferner nimmt im Verlauf der Adaptation der Salzgehalt des Schweißes erheblich ab, was schädlichen Salzverlusten vorbeugt [6, 10].

Bei anhaltender **Hitzebelastung in feucht-heißem Tropenklima** nimmt nach einiger Zeit profusen Schwitzens die Schweißsekretionsrate wieder ab. Das unnütze Abtropfen von Schweiß, das dem Körper keinerlei Wärme entzieht, wird dadurch vermieden. Der Hitzeadaptierte wird auch durstiger als ein Nichtadaptierter bei gleichem Schweißverlust (wahrscheinlich wegen der verminderten Salzkonzentration seines Schweißes, was zu osmotisch ausgelöstem Durst führt, S. 428). Der vermehrte Durst begünstigt den Ausgleich der Wasserbilanz, wodurch ein „Austrocknen" des Körpers mit der Gefahr einer Hyperthermie (s. u.) vermieden wird. Bei

Daueraufenthalt in den Tropen (und praktisch völligem Vermeiden körperlicher Belastungen) findet sich auch eine Verschiebung der Schwitzschwelle zu höheren Körpertemperaturen, ein Verhalten, das als **Toleranzadaptation** bezeichnet wird [34]. Der Adaptierte schwitzt bei der alltäglichen Hitzebelastung weniger stark.

Kälteadaptation. Anders als bei Tieren (z. B. Pelzwachstum, zitterfreie Thermogenese) ist der Mensch bei Kälteexposition im wesentlichen auf eine **Verhaltensanpassung** (Kleidung, Behausung, Heizung) angewiesen. Es findet sich jedoch auch eine gewisse **Toleranzadaptation**. Die Zitterschwelle und die übrigen Kälteabwehrreaktionen werden zu tieferen Temperaturwerten verschoben. Damit wird eine Ökonomisierung der Thermoregulation erreicht, allerdings auf Kosten der Präzision [21, 23]. Bei Dauerkältebelastung, wie bei den Eskimos, erfolgt auch eine **metabolische Adaptation**, nämlich eine Erhöhung des Grundumsatzes um 25–50% [27].

Fieber

Von außen in den Körper eindringende fiebererzeugende Stoffe **(exogene Pyrogene**, z. B. Bakterientoxine) führen im Körper zur Produktion eines **endogenen Pyrogens** (Interleukin I, Mediator unspezifischer Immunreaktionen), das über eine *Sollwertverstellung* des Temperaturregelsystems zu einer höheren Körpertemperatur führt. Dieser neue Sollwert wird im **Fieberanstieg** durch eine Steigerung der Wärmebildung über Kältezittern (*Schüttelfrost*) und eine *maximale Vasoconstriction* der Hautgefäße erreicht. Der Organismus verhält sich also so, als wenn beim Gesunden durch Auftreten einer äußeren Kältebelastung eine Abweichung der Isttemperatur von der Solltemperatur entsteht. Umgekehrt treten beim **Fieberabfall** *Schweißsekretion* und *Vasodilation* auf, genauso, als wenn beim Gesunden eine Überhöhung der Körpertemperatur aufgetreten wäre. Während des anhaltenden Fiebers werden äußere thermische Störungen durch entsprechende Stellvorgänge kompensiert. Die Stellvorgänge der Thermoregulation bleiben also intakt. Die Tempertur wird lediglich auf ein erhöhtes Niveau eingeregelt. Offen ist nach wie vor, ob die Temperaturerhöhung eine schädliche Begleiterscheinung von Immunreaktionen ist, oder einen günstigen Effekt bei der Infektionsbekämpfung hat [7, 28].

Hyperthermie und Hypothermie

Sobald bei extremer Wärmebelastung (z. B. Marathonlauf, Sauna) die Mechanismen der Wärmeabgabe überfordert sind, führt dies zu einem Anstieg der Körpertemperatur, also zur **Hyperthermie**. *Kurzfristig* können hier (wie auch beim Fieber) Körperkerntemperaturen um 42 °C ertragen werden. Bei *andauernder Hyperthermie* treten bei Temperaturen ab 39,5–40 °C schwerste, meist rasch zum Tode führende Schädigungen des Gehirns mit Gehirnödem auf, die von Desorientiertheit, Delirium und Krämpfen begleitet sind. Man spricht von einem **Hitzschlag** [6].

Zum wesentlich harmloseren **Hitzekollaps** kommt es durch längeres Stehen (bzw. Stehenbleiben nach körperlicher Aktivität) unter Hitzebelastung. Die extreme Vasodilatation der Hautgefäße führt zum „Versacken" größerer Blutmengen in den Hautvenen. Dies führt zu einem ungenügenden Herzminutenvolumen und damit zum raschen Blutdruckabfall mit daraus resultierender Bewußtlosigkeit. Die Körpertemperatur ist dabei nur wenig über normal erhöht [10].

Wenn bei extremer Kältebelastung die Kälteabwehrmechanismen überfordert sind, kommt es zwangsläufig zu einem Absinken der Körpertemperatur, genannt **Hypothermie**. Bei Körpertemperaturen um 26–28 °C kann dann der Tod durch **Herzflimmern** eintreten [33]. Vor Einleitung einer zu therapeutischen Zwecken **induzierten Hypothermie** (z. B. bei Herzoperationen) muß das Temperaturregelsystem vorher pharmakologisch (durch Narkose) ausgeschaltet werden.

7.7 Literatur

Weiterführende Lehr- und Handbücher

1. FANGER, P. O.: Thermal Comfort. Analysis and Application in Environmental Engineering. New York: McGraw Hill Book Co. 1972
2. GERTHSEN, C., KNESER, H. O., VOGEL, H.: Physik. 14. Aufl. Berlin, Heidelberg, New York: Springer 1982
3. HARDY, J. D., GAGGE, P. A., STOLWIJK, J. A. J. (Eds.): Physiological and Behavioral Temperature Regulation. Springfield, Ill.: Ch. C. Thomas 1970
4. HENSEL, H., BRÜCK, K., RATHS, P.: Homeothermic organisms. In: PRECHT H., CHRISTOPHERSEN J., HENSEL H., LARCHER W. (Eds.): Temperature and Life. pp 503–761. Berlin, Heidelberg, New York: Springer 1973
5. HENSEL, H.: Thermoreception and Temperature Regulation. London: Academic Press 1981
6. KHOGALI, M., HALES, J. R. S.: Heat Stroke and Temperature Regulation. Sydney, New York, London: Academic Press 1983
7. KLUGER, M. J.: Fever, its Biology, Evolution and Function. New Jersey: Princeton University Press 1979
8. LEHMANN, G.: Energetik des arbeitenden Menschen. In: LEHMANN, G. (Hrsg.): Handbuch der gesamten Arbeitsmedizin, Bd. 1: Arbeitsphysiologie. Berlin, München, Wien: Urban & Schwarzenberg 1961
9. LEHNINGER, A. L.: Biochemie, 2. Aufl. Weinheim: VCH Verlagsgesellschaft 1985
10. LEITHEAD, C. S., LIND, A. R.: Heat Stress and Heat Disorders. London: Cassell & Company Ltd. 1964
11. MILTON, A. S.: Pyretics and Antipyretics. Berlin, Heidelberg, New York: Springer 1982
12. SCHMIDT, R. F., THEWS, G. (Hrsg.) Physiologie des Menschen. 23. Aufl. Berlin, Heidelberg, New York, Tokyo: Springer 1987
13. SPITZER, H., HETTINGER, TH., KAMINSKY, G.: Tafeln für den Energieumsatz. 6. Aufl. Berlin, Köln: Beuth 1982
14. STEGEMANN, J.: Leistungsphysiologie – Physiologische Grundlagen der Arbeit und des Sports. Stuttgart: Thieme 1984
15. WERNER, J.: Regelung der menschlichen Körpertemperatur. Berlin, New York: Walter de Gruyter 1984

Einzel- und Übersichtsarbeiten

16. ASCHOFF, J., WEVER, R.: Kern und Schale im Wärmehaushalt des Menschen. Naturwissenschaften *45*, 477 (1958)
17. BOOTHBY, W.M., BERKSON, J., DUNN, H.L.: Studies of the energy of metabolism of normal individuals: A standard of basal metabolism, with a nomogram for clinical application. Am. J. Physiol. *116*, 468 (1936)
18. BRENGELMANN, G.L., FREUND, P.R., ROWELL, L.B., OLERUD, J.E., KRANING, K.K.: Absence of active cutaneous vasodilation associated with congenital absence of sweat glands in humans. Am. J. Physiol. *240*, H 571 (1981)
19. BROWN, A.C., BRENGELMANN, G.L.: The temperature regulation control system. In: HARDY, J.D., GAGGE, P.A., STOLWIJK, J.A.J. (Eds.): Physiological and Behavioral Temperature Regulation, pp 684–702. Springfield, Ill.: Ch. C. Thomas 1970
20. BRÜCK, K.: Heat production and temperature regulation. In: STAVE U.(Ed.): Perinatal Physiology, pp 445–498. New York: Plenum 1978
21. BRÜCK, K.: Basic mechanisms in long-time thermal adaptation. In: SZELÉNY Z., SZÉKELY M. (Eds.): Advances in Physiological Sciences, Vol 34, Contributions to Thermal Physiology, pp. 263–273. Oxford, New York: Pergamon Press 1981
22. BRÜCK, K., HINCKEL, P.: Thermoafferent systems and their adaptive modifications. Pharmacol. Ther. *17*, 357–381 (1982)
23. BRÜCK, K., ZEISBERGER, E.: Adaptive changes in thermoregulation and their neuropharmacological basis. Pharmacol. Ther. 35, 163–215 (1987)
24. DUBOIS, E.F.: The Mechanism of Heat Loss and Temperature Regulation. Stanford, Calif.: Stanford Univ. Press 1937
25. GAGGE, A.P., NISHI, Y.: Physical indices of the thermal environment. ASHRAE, J., Journal of the Am. Soc. of Heating, Refridgerating and Air Conditioning Engineers, January 1976, pp. 47–51
26. GÖPFERT, H., BERNSMEIER, A., STUFLER, R.: Über die Steigerung des Energiestoffwechsels und der Muskelinnervation bei geistiger Arbeit. Pflügers Arch. *256*, 304 (1953)
27. HAMMEL, H.T.: Terrestrial animals in cold: recent studies of primitive man. In: Handbook of Physiology, Sect. 4: Adaptation to the Environment, pp. 413–434. Washington: Am. Physiol. Soc. 1964
28. HELLON, R., TOWNSEND, Y.: Mechanisms of fever. Pharmacol. Ther. *19*, 211–244 (1983)
29. JESSEN, C.: Thermal afferents in the control of body temperature. Pharmacol. Ther. *28*, 107–134 (1985)
30. MARON, M.B., WAGNER, J.A., HORVATH, S.M.: Thermoregulatory responses during competitive marathon running. J. Appl. Physiol. *42*, 909 (1977)
31. NAKAYAMA, T., HAMMEL, H.T., HARDY, J.D., EISENMAN, J.S.: Thermal stimulation of electrical activity of single units of the preoptic region. Am. J. Physiol. *204*, 1122 (1963)
32. NICHOLLS, D.G., LOCKE, R.M.: Thermogenic mechanisms in brown fat. Physiol. Rev. *64*, 164 (1984)
33. PATON, B.C.: Accidental hypothermia. Pharmacol. Ther. *22*, 331–337 (1985)
34. RAYNAUD, J., MARTINEAUD, J.P., DURAND, J.: Heat adaptation in the tropics. In: HILDEBRANDT, G., HENSEL, H.(Eds.): Biological Adaptation, pp. 148–165. Stuttgart, New York: Thieme 1982
35. RODDIE, I.C.: Circulation to skin and adipose tissue. In: SHEPHERD J.T., ABBOUD F.M. (Eds.): Handbook of Physiology, Sect. 2: The Cardiovascular System, Vol. 3: Peripheral Circulation, part 1, pp 285–318. Bethesda, MD: Am. Physiol. Soc. 1983
36. SCARPERI, M., SCARPERI, S., BEHLING, K., BLEICHERT, A., KITZING, J.: Antriebe und effektorische Maßnahmen der Thermoregulation bei Ruhe und während körperlicher Arbeit. Int. Z. Angew. Physiol. *30*, 186 (1972)
37. SCHMIDT, T.H.: Thermoregulatorische Größe in Abhängigkeit von Tageszeit und Menstruationscyclus. Inaugural-Dissertation (MPI für Verhaltensforschung Erling-Andechs). München 1972
38. SIMON, E.: Temperature regulation: the spinal cord as a site of extrahypothalamic thermoregulatory functions. Rev. Physiol. Biochem. Pharmacol. *71*, 1–76 (1974)
39. THAUER, R., SIMON, E.: Spinal cord and temperature regulation. In: ITOH, S., OGATA, K., YOSHIMURA, H.(Eds.): Advances in Climatic Physiology, pp 22–49. Tokyo: Igaku Shoin Ltd.; Berlin, Heidelberg, New York: Springer 1972

8 Ernährung und Verdauung

8.1 Bestandteile menschlicher Nahrungsmittel

Nährstoffe

Zur Energieversorgung und als Baustoffe zur Zellerhaltung und -regeneration dienen die **Kohlenhydrate, Fette und Eiweiße** in den Nahrungsmitteln. Ihr biologischer Brennwert wurde bereits an Hand der Tabelle 7-2, S. 114, diskutiert. Für den **Brennstoffwechsel** sind die verschiedenen Nährstoffe gegenseitig austauschbar, für den **Baustoffwechsel** (Aufbau körpereigener Substanzen) gilt dies aber nicht, so daß Mindestmengen aller drei Nährstoffe zugeführt werden müssen.

Der **Energie- und Nährstoffgehalt der Nahrungsmittel** kann Tabellen entnommen werden (z. B. Tabelle 8-1) [4, 5, 6]. Da sich ändernde Mast- und Anbaumethoden einen wesentlichen Einfluß auf die Zusammensetzung der Nahrungsmittel ausüben, sollte man sich möglichst neuer Tabellen bedienen. Auf den *Wassergehalt* der Nahrungsmittel sei hingewiesen, da er bei Energieberechnungen leicht übersehen wird, wodurch sich falsche (zu hohe) Werte ergeben.

Kohlenhydrate. Über die chemische Struktur der Kohlenhydrate und ihre Rolle im Zellstoffwechsel wurde bereits auf den Seiten 9 u. 10 das Wesentliche gesagt (s. auch Abb. 2-2). Die Kohlenhydrate werden vom Menschen zum größten Teil in Form von **pflanzlicher Stärke** aufgenommen. Obst, Gemüse, Kartoffeln, Getreide und Hülsenfrüchte enthalten jedoch neben verdaulichen auch unverdauliche Kohlenhydrate wie Cellulose (S. 14).

Fette. Fette bestehen hauptsächlich aus einem Gemisch verschiedener **Triglyceride**, deren chemische Struktur auf S. 10 und in Abb. 2-3 vorgestellt wurde. Fette kommen als Begleitsubstanz in fast allen *Nahrungsmitteln tierischer Herkunft* vor, in geringerem Umfang in Pflanzensamen, z. B. in Nüssen. Etwa die Hälfte des Nahrungsfettes wird als **sichtbares Fett** (Butter, Speck etc), der Rest als **verborgenes Fett** (z. B. in Wurst, Käse) verzehrt. Die sehr eiweißreiche mitteleuropäische Durchschnittskost enthält daher einen aus ernährungsphysiologischer Sicht zu hohen Fettanteil. Nicht im Betriebsstoffwechsel verbranntes Fett wird im Gewebe in Form von **Depotfett** gespeichert.

Eiweiße. Die Eiweiße oder *Proteine* sind, wie auf S. 12 beschrieben, aus Aminosäuren aufgebaut, von denen, wie ebenfalls dort erwähnt, acht als **essentielle Aminosäuren** mit der Nahrung aufgenommen werden müssen. Je nach Herkunft unterscheidet man *tierisches* und *pflanzliches* Eiweiß. **Tierisches Eiweiß** findet sich hauptsächlich in *Fleisch, Fisch, Milch* und *Milchprodukten* sowie *Eiern.* **Pflanzliches Eiweiß** wird in nennenswerten Mengen mit *Brot, Hülsenfrüchten* und *Kartoffeln* aufgenommen, in geringen Mengen mit fast allen Obst- und Gemüsesorten (Tabelle 8-1). Das aufgenommene Eiweiß dient größtenteils dem **Baustoffwechsel**, wie dem Aufbau und Umbau von Muskulatur, Enzymen und Plasmaeiweißen. Es ist somit nur bedingt durch Fette und Kohlenhydrate zu ersetzen. Wich-

Tabelle 8-1. Energiegehalt und Zusammensetzung einiger Nahrungsmittel. Im Einzelfall können je nach Art und Zubereitung erhebliche Abweichungen vorkommen, besonders durch verborgene Fette (1 kJ ~0,24 kcal; Stand: 1980; *KH* = Kohlenhydrate). (Nach POLENSKY, aus [4])

Nahrungsmittel	Energie kJ/100 g	Eiweiße (%)	Fette (%)	KH (%)	Wasser (%)	Ballaststoffe (%)
Obst	190	0,7	0,3	10,5	86	2,3
Gemüse	85	1,6	0,2	3,0	93	2,0
Kartoffeln	330	2,1	0,1	16,8	79	2,0
Nüsse	2680	16,9	57	8,2	7	10,1
Fleisch	860	19	13	0	68	0
Brot	1020	7,3	1,4	47	40	4,3
Butter	3220	0,6	82,6	0,6	16	0
Käse	1340	23,7	22,3	2,8	51	0
Wurst	1500	12,9	30,4	1,1	55	0
Konsummilch	256	3,3	3,1	4,7	89	0
Fruchtsäfte	186	0,3	0,1	10,9	89	0
Bier	200	0,5	0	4,8	95	0

tig in dieser Hinsicht ist, daß bei *pflanzlichen* Eiweißen der *Gehalt an essentiellen Aminosäuren deutlich geringer* ist als bei *tierischen* (S. 12).

Vitamine

Definition und Klassifizierung. Als *Vitamine* bezeichnet man in der Nahrung vorkommende, *lebenswichtige* organische Substanzen, die der Organismus nicht oder nicht in genügender Menge synthetisieren kann und deren Energiegehalt ohne Bedeutung ist. Die chemische Struktur der Vitamine ist sehr uneinheitlich [12]. Man unterscheidet **fettlösliche** (A, D, E, K, Tabelle 8-2) und **wasserlösliche** Vitamine (B-Gruppe, C, Tabelle 8-3). Eine weitere Unterscheidung erfolgt historisch bedingt nach Buchstaben und bei den in neuerer Zeit entdeckten Vitaminen nach der chemischen Bezeichnung (z. B. Folsäure, Niacin; Tabelle 8-3).

Vorkommen. Vitamine kommen in pflanzlichen und tierischen Nahrungsmitteln vor. Einige Nahrungsmittel sind, vor allem in frischem Zustand, besonders reich an Vitaminen (Tabellen 8-2 und 8-3). Nicht jedes Vitamin muß aber mit der Nahrung zugeführt werden. Vitamin K wird z. B. von den Darmbakterien hergestellt; andere Vitamine werden im Körper aus Aminosäuren oder aus Vorstufen, den **Provitaminen**, synthetisiert (s. [12]). So kann Vitamin A im Körper aus mit der Nahrung aufgenommenen Carotinoiden gebildet werden. Die Vitamine D_2 und D_3 entstehen unter dem Einfluß von UV-Licht in der Haut durch eine photochemische Reaktion aus ihren Provitaminen.

Bedarf an Vitaminen. Richtwerte für die empfohlene Zufuhr sind in den Tabellen 8-2 und 8-3 festgehalten. Bei normaler gemischter Kost ist in der nördlichen Hemisphäre in der Regel eine ausreichende Vitaminzufuhr gewährleistet. Ein erhöhter Vitaminbedarf kann bei körperlicher Arbeit und bei Erkrankungen auftreten. Ersterer wird meist durch die mit der Arbeit verbundene erhöhte Nahrungsaufnahme abgedeckt. Gehen aber Krankheiten mit Appetitlosigkeit und verringerter Nahrungsaufnahme einher, können vorbeugende Vitamingaben ratsam sein. Auch bei sehr einseitiger Kost, wie z. B. bei strengen Vegetariern, sind Vitaminmangelzustände nicht selten (Symptome-Übersicht s. Tabellen 8-2 und 8-3).

Unter der Annahme, daß Vitamine „nichts schaden" können und daß sie die Widerstandskraft z. B. gegen Infektionen erhöhen, werden sie oft, besonders im Winter, in größeren Mengen eingenommen. Dabei wird übersehen, daß es auch **Hypervitaminosen** gibt (s. Tabelle 28-10, S. 726 in [15] für toxische Dosen und die von ihnen ausgelösten Symptome).

Für *Vitamin D* besteht bei Erwachsenen praktisch kein Bedarf, da genügend Provitamine in der Nahrung enthalten sind. Trotzdem werden viele Nahrungsmittel (z. B. Nährpräparate, Milch, Margarine) damit angereichert. Damit erhält auch der Erwachsene oft Mengen, die selbst über den Bedarf eines Heranwachsenden hinausgehen.

Tabelle 8-2. *Fettlösliche* Vitamine. Systematik, wichtige Quellen, biologische Funktionen, Bedarf, Mangelerscheinungen, Depots und empfohlene Zufuhr bei Erwachsenen [1, 4, 5, 18]

Bezeichnung und Synonyma	Wichtige Quellen	Typische biologische Funktionen	Mangel-erscheinungen	Depots	Empfohlene Zufuhr/Tag
Vitamin A Retinol	Leber und Milchfett	Epithelzellen und das Skeletwachstum	*Nachtblindheit*, atypische Epithelverhornung, Wachstumsstörungen	Große Mengen in der Leber	0,8–1,1 mg Vitamin A ~1,6–2,2 mg β-Carotin
Provitamin: β-Carotin	Karotten	Rhodopsinsynthese (Sehpurpur)			
Vitamin-D-Gruppe (antirachitische Vitamine)	Leber, Lebertran, Fische, Milchfett, Eigelb	Ca^{++}-Resorption und Ca^{++}-Stoffwechsel, Wechselwirkungen mit dem Parathormon	*Rachitis*, Störungen von Knochenwachstum	Geringe Mengen in Leber, Nieren, Darm, Knochen, Nebennieren	5,0 µg; Kinder und Schwangere 10 µg
Vitamine E Tocopherol	In fast allen Lebensmitteln, besonders in Pflanzenölen	Antioxidans, speziell beim Stoffwechsel der ungesättigten Fettsäuren	Muskelstoffwechsel- und Gefäßpermeabilitätsstörung	Mehrere Gramm in Leber, Fett, Hypophyse, Nebennieren	12 mg Tocopherol
Vitamin K (anihämorrhagisches Vitamin)	Grüngemüse, Darmflora	Beteiligt an der Synthese von Blutgerinnungsfaktoren	Verzögerte Blutgerinnung, Spontanblutungen	Sehr geringe Mengen in Leber, Milz	Bei intakter Darmflora Ø, sonst ca. 1 mg

Tabelle 8-3. *Wasserlösliche* Vitamine. Systematik, wichtige Quellen, biologische Funktionen, Bedarf, Mangelerscheinungen, Depotmengen, Depots und empfohlene Zufuhr bei Erwachsenen [1, 4, 5]

Bezeichnung und Synonyma	Wichtige Quellen	Typische biologische Funktionen	Mangelerscheinungen	Depotmengen und Depots	Empfohlene Zufuhr/Tag
Vitamin B_1 Aneurin Thiamin	Schweinefleisch, Vollkornprodukte	Bestandteil der Pyruvat-Cocarboxylase	*Beriberipolyneuritis*, ZNS-Störungen	ca. 10 mg; Leber, Herz, Gehirn	1,1-1,5 mg, bei Alkoholikern erhöht
Vitamin B_2 Lactoflavin Riboflavin	Milch, Fleisch, Eier, Fisch, Vollkorn	Bestandteil der Flavinenzyme (gelbe Atmungsfermente)	Wachstumsstillstand, Hauterkrankungen	ca. 10 mg; Leber, Skeletmuskel	1,5-1,8 mg
Vitamin-B_6-Gruppe Pyridoxingruppe	Fleisch, Korn, Fisch, Milch, Hülsenfrüchte	Coenzym verschiedener Enzymsysteme	Dermatitis, Polyneuritis, Krämpfe	ca. 100 mg; Muskel, Leber, Gehirn	2,0-2,6 mg oder 0,02 mg/g Nahrungseiweiß
Vitamin B_{12} Cyanocobalamin	Leber, andere *tierische* Nahrungsmittel	Bestandteil von Enzymen	*Perniziöse Anämie, funiculäre Myelose*	1,5-3 mg; besonders in der Leber	5 μg!
Weitere Vitamine der B-Gruppe					
Biotin (Vitamin H)	Leber, Niere, Eigelb, Soja	Bestandteil von Enzymen	Dermatitis	ca. 0,4 mg; Leber, Nieren	Bei intakter Darmflora Ø
Folsäuregruppe	Gemüse, Fleisch, Milch, Soja	Purin- und Methioninsynthese	*Perniziöse Anämie*	12-15 mg; Leber	0,4 mg
Niacin = Nicotinsäure	Fleisch, Fisch, Milch	Coenzym vieler Dehydrogenasen	*Pellagra*, Photodermatitis	ca. 150 mg; Leber	15-20 mg
Pantothensäure	In fast jeder Nahrung	Bestandteil des Coenzym A	ZNS-Störungen	ca. 50 mg; Nieren, Leber	8 mg
Vitamin C Ascorbinsäure	Frisches Obst und Gemüse	Mitwirkung bei Hydroxylierungen	*Scorbut*, Psychosen	1,5 g; Gehirn, Leber	75 mg

Wasser, Salze, Spurenelemente

Über den **Salz-Wasser-Haushalt** wird in Kap. 9 ausführlich berichtet (ab S. 143). Hier sei nur festgehalten, daß die meisten Lebensmittel mehr als 50% Wasser enthalten (Tabelle 8-1). Der Gehalt der Nahrungsmittel an **Kochsalz** (NaCl) und anderen Salzen reicht in unseren Breiten meist völlig aus, den Bedarf des Organismus an **Kationen**, vor allem Natrium (Na^+), Kalium (K^+), Calcium (Ca^{++}) und Magnesium (Mg^{++}) sowie an **Anionen** wie Chlorid (Cl^-) und Phosphat (PO_4^{---}) zu decken. Der Calciumbedarf ist bei gesteigertem Knochenwachstum erhöht, so für Schwangere und Säuglinge. Der Mindestbedarf an Kochsalz liegt unter 1 g/Tag. Der Mitteleuropäer nimmt im Durchschnitt mehr als die 10fache Menge auf.

Unter **Spurenelementen** versteht man Elemente, die nur in äußerst geringen Mengen in der Nahrung und im Organismus vorkommen. Für einige besteht ein regelmäßiger Bedarf, wie z. B. für **Eisen** (Baustein des Blutfarbstoffs, S. 42), **Jod** (Baustein der Schilddrüsenhormone) und **Fluor** (zur Kariesprophylaxe). Andere sind toxisch (z. B. Arsen, Blei, Quecksilber, Thallium) oder ohne erkennbare biologische Bedeutung (z. B. Gold).

8.2 Bedarf an Nährstoffen

Einen Überblick über die von der Deutschen Gesellschaft für Ernährung [3, 4] empfohlenen Richtwerte für eine ausreichende Zufuhr von Nährstoffen gibt Tabelle 8-4. Dieser Nährstoffbedarf richtet sich zum einen nach dem Energiebedarf des Organismus. Zum anderen werden, vor allem für den Baustoffwechsel, Mindestmengen an Eiweißen, Fetten und Kohlenhydraten benötigt, was die Austauschbarkeit der Nahrungsmittel (die in bezug auf ihren Energiegehalt durchaus gegeben ist, vgl. Tabelle 7-2, S. 115) einschränkt.

Die Tabelle 8-4 gibt auch an, welche Mengen der einzelnen Nährstoffe im Körper gespeichert werden können, welche Mangelerscheinungen bei Unterernährung auftreten und welche Überdosierungser-

Tabelle 8-4. Nährstoffe. Empfohlene Zufuhr für Erwachsene sowie Mangel- und Überdosierungserscheinungen. Aus [15]

	Empfohlene Zufuhr/Tag [5]	Erhöhter Bedarf	Depots	Mangelerscheinungen	Überdosierungserscheinungen
Eiweiße	0,8 g/kg Körpergewicht (bei genügendem Gehalt an essentiellen Aminosäuren, d.h. möglichst die Hälfte als tierisches Eiweiß)	Bei Alten und Kindern 1,2-1,5 g/kg KG; bei Schwerarbeit, Muskelaufbautraining, Schwangeren und Schwerkranken bis zu 2 g/kg KG	Kurzfristig verfügbarer Pool: 45 g (Muskel 40 g, Blut und Leber 5 g)	Hungerödeme, Infektanfälligkeit, Apathie, Muskelatrophie, bei Kindern Entwicklungsstörungen	Überwiegen der Fäulnis im Darm, bei Disposition: Gicht durch Verzehr von Fleisch und Innereien
Kohlenhydrate	Mindestens 100 g (für das Gehirn) alternativ: 200 g Eiweiß (Gluconeogenese)	Bei körperlicher Arbeit	300-400 g Glykogen	Untergewicht, verminderte Leistungsfähigkeit, Stoffwechselstörungen, Hypoglykämie, Ketose	Überwiegen der Gärung im Darm, Kohlenhydratmast, Fettsucht
Fette a) gesättigte und einfach ungesättigte Fettsäuren	Für a) und b): 25-30% des Energiebedarfs	Bei körperlicher Arbeit	Sehr variabel	Untergewicht, verminderte Leistungsfähigkeit, Mangelerscheinungen durch Fehlen fettlöslicher Vitamine	Hypertriglyceridämie und Hypercholesterinämie mit nachfolgender Sklerose, Fettsucht
b) essentielle Fettsäuren	Etwa ⅓ des aufgenommenen Fetts	Bei körperlicher Arbeit	Sehr variabel	Hämaturie, Veränderungen an Haut und Mitochondrien, Stoffwechselstörungen	Erhöhter Tocopherolbedarf (Vitamin E)

scheinungen bei zu reichlicher Nahrungsaufnahme zu beobachten sind. Der **Mindestbedarf an Fetten** beruht auf dem Bedarf an fettlöslichen Vitaminen, sowie auf dem Bedarf an essentiellen Fettsäuren (Fettsäuren, die für den Baustoffwechsel notwendig sind, aber nicht im Körper synthetisiert werden können). Der **Mindestbedarf an Kohlenhydraten** ist im wesentlichen durch den Gehirnstoffwechsel bedingt, der fast ausschließlich auf Glucose (ca. 100 g/Tag) angewiesen ist.

Der **Mindestbedarf an Eiweißen** beträgt bei gemischter Kost täglich etwa 30-40 g. Bei diesem **Bilanzminimum** (d.h. der Verlust an Eiweiß im Baustoffwechsel entspricht exakt der Zufuhr) ist zwar ein Überleben, aber keine normale körperliche Leistungsfähigkeit gegeben. Für eine optimale Versorgung des Organismus wird als **funktionelles Eiweißminimum** eine tägliche Zufuhr von 0,8 g Eiweiß pro kg Körpergewicht empfohlen, wovon etwa die Hälfte tierischen Ursprungs sein sollte.

Normalgewicht, **Idealgewicht**. Für das wünschenswerte Gewicht eines Menschen werden in der Literatur vielfältige Empfehlungen gegeben (Übersicht in [15]). Als *Normalgewichte* werden dabei die Durchschnittswerte in einer Bevölkerung angesehen, als *Idealgewicht* meist das Gewicht mit der statistisch höchsten Lebenserwartung. Am bekanntesten als Referenzwert ist der *Broca*-Index (Körperhöhe in cm − 100 = Körpergewicht in kg, also z.B. bei einer Körpergröße von 170 cm ergibt sich 170 − 100 = 70 kg Körpergewicht). Das **Idealgewicht** liegt bei uns für Männer etwa 10% und für Frauen etwa 15-20% unter dem nach dem *Broca*-Index berechneten Gewicht. Von der Deutschen Gesellschaft für Ernährung wird als Referenzgewicht, nicht zuletzt aus Gründen der Praktikabilität, der *Broca*-Index ohne Korrektur empfohlen [5]. Für das **individuelle Idealgewicht** eines Menschen gibt es noch keine Bestimmungsmethode. Der Körper- oder Knochenbau (leicht/mittelschwer/schwer) spielt eine wesentlich geringere Rolle als ihm allgemein zugeschrieben wird.

Adipositas: Psychophysiologie und Behandlung

Adipositas und Gesundheitsrisiko. Übergewicht von mehr als 40% des Idealgewichts stellt bei Männern ein bedeutsames Risiko für coronare Herzerkrankungen dar: das Risiko an einer solchen zu sterben ist bis zu viermal höher als bei Normalgewichtigen. Bei beiden Geschlechtern erhöht bereits 20% Übergewicht das Risiko, an einem nicht-insulinabhängigen Diabetes und/oder an einer Hypercholesterinämie zu erkranken.

Die **Verteilung der Fettzellen am Körper** scheint übrigens für das Gesundheitsrisiko eine größere Rolle zu spielen als das absolute Gewicht: Bauchfett (Fettsucht vom „Schürzentyp“) prädisponiert zu erhöhtem Risiko für Diabetes, Bluthochdruck und coronarer Herzerkrankung verglichen mit der Ablagerung von Fett an Oberschenkel und Hüfte (Fettsucht vom „Hosentyp“). Das geringere Risiko adipöser Frauen, an coronarer Herzerkrankung zu leiden, könnte u.a. damit zusammenhängen, daß Frauen Fett häufig an Hüften und Oberschenkeln speichern. Starke *Gewichtsschwankungen*, vor allem durch erfolglose Diäten, erhöhen ebenfalls das Krankheitsrisiko von Adipösen [7].

Behandlung von Adipositas. Obwohl die Risiken, Übergewicht zu entwickeln zu großen Teilen genetisch bestimmt sind, kann eine stabile Gewichtsreduktion über **verhaltenswissenschaftliche Methoden** erzielt werden. Diäten alleine haben in der Regel keine anhaltenden Effekte bei Personen mit starkem Übergewicht (> 30% des Idealgewichts). *Chirurgische* oder *pharmakologische* Eingriffe haben negative Nebeneffekte, die den Vorteil der Gewichtsreduktion nicht aufwiegen: Medikamente, z.B. Amphetaminabkömmlinge, haben trotz ihrer weiten Verbreitung keine anhaltende Wirkung. Auch in Kombination mit verhaltenstherapeutischen Methoden erweist sich pharmakologische Behandlung als nachteilig für die Wirkungen der psychologischen Behandlung.

Die deutlichsten Effekte (mehr als 20 kg Abnahme über 2 Jahre stabil) erzielen *intensive verhaltenstherapeutische Programme, kombiniert mit extrem kalorienarmer, proteinreicher Diät* (2500 kJ pro Tag) über die ersten Wochen und einem Bewegungsprogramm. Aber auch hier sind die Rückfallquoten nach 2 Jahren hoch und ohne lernpsychologische Hilfen der Rückfallprävention bleiben die Effekte selten stabil. Dies gilt übrigens für alle suchtartigen Verhaltensstörungen. Die Ursachen für die hohe Rückfallgefahr liegen sowohl in physiologischen (Konstanthalten der Fettzellen) als auch in psychologischen Mechanismen, die in Kap. 28 näher beschrieben werden [16, 17, 22].

8.3 Kauen, Einspeicheln und Schlucken

Die beim Essen aufgenommenen Nahrungsmittel müssen in Bestandteile umgewandelt werden, die in das Blut aufgenommen (resorbiert) werden können. Dies ist die Aufgabe des **Magen-Darm-Traktes**, der auch *Gastrointestinaltrakt* genannt wird [11, 13]. Er besteht aus einem durchlaufenden Rohr vom Mund bis zum Anus, bestehend aus Mund-Rachen-Raum, Speiseröhre, Magen, Dünn- und Dickdarm, in welche die Organe mit sekretorischer Funktion einmünden: Mundspeicheldrüsen, Pankreas und Leber (Abb. 8-1). Einige Teile des Magen-Darm-Traktes dienen hauptsächlich dem Weitertransport (Mundhöhle, Speiseröhre), andere haben vorwiegend Speicherfunktion, wie Magen und Dickdarm, und der Dünndarm ist der Hauptort für die Verdauung und Resorption. Diese wesentlichen Funktionen des Magen-Darm-Traktes und seiner Anhangsorgane gilt es jetzt kennenzulernen.

Kauakt. Das **Kauen** ist ein rhythmischer Reflex oder Automatismus, der normalerweise durch die orale Einnahme fester Speisen ausgelöst wird, aber auch willkürlich initialisiert werden kann. Der Berührungsreiz der Speisepartikel steuert reflektorisch die Kaubewegung: seitwärts, vor- und rückwärts, auf und ab. Der Ablauf eines solchen Kaucyclus nimmt ca. 0,6 bis 0,8 s in Anspruch. Die **motorischen Zentren dieses Automatismus** liegen im Hirnstamm (Kauen kann daher auch beim großhirnlosen Tier beobachtet werden). Beim Menschen scheinen die Hirnstammzentren für Kaubewegungen besonders unter der Kontrolle der frontalen und temporalen Hirnrinde zu sein. Bei Patienten mit ausgedehnten Läsionen dieser Hirnabschnitte können nicht selten **Kauautomatismen** unkontrolliert, d.h. spontan und nicht im richtigen Kontext auftreten (ähnlich: *Schmatzautomatismen* im Schlaf bei Gesunden).

Beim Kauen wird die feste Nahrung zerschnitten, zerrissen und zermahlen. Dies erleichtert die anschließende Verdauung. Die Effizienz der Zerkleinerung eines Bissens ist wesentlich vom Zustand des Gebisses abhängig. Das Fehlen von mehreren Zähnen kann nicht durch stärkeres oder längeres Kauen kompensiert werden. Zunge und Wangen halten die Bissen zwischen und innerhalb der Kauflächen. Feste Nahrung wird bis zu wenigen mm^3 messenden Partikeln zerkleinert.

Speichelsekretion. Der Speichel wird von **drei großen paarigen Drüsen** gebildet und sezerniert, nämlich der *Ohrspeicheldrüse* (Glandula parotis), der *Unterkieferdrüse* (Glandula submandibularis) und der *Unterzungendrüse* (Glandula sublingualis). Zusammen produzieren diese Drüsen **etwa 1 l Speichel pro Tag**. Dieser hält auch zwischen den Mahlzeiten den Mund feucht und erleichtert das Sprechen. Er hat eine reinigende und desinfizierende Wirkung und schützt die Zähne vor Karies.

Bei der Nahrungsaufnahme kommen dem Speichel im wesentlichen drei Aufgaben zu: *erstens* macht er

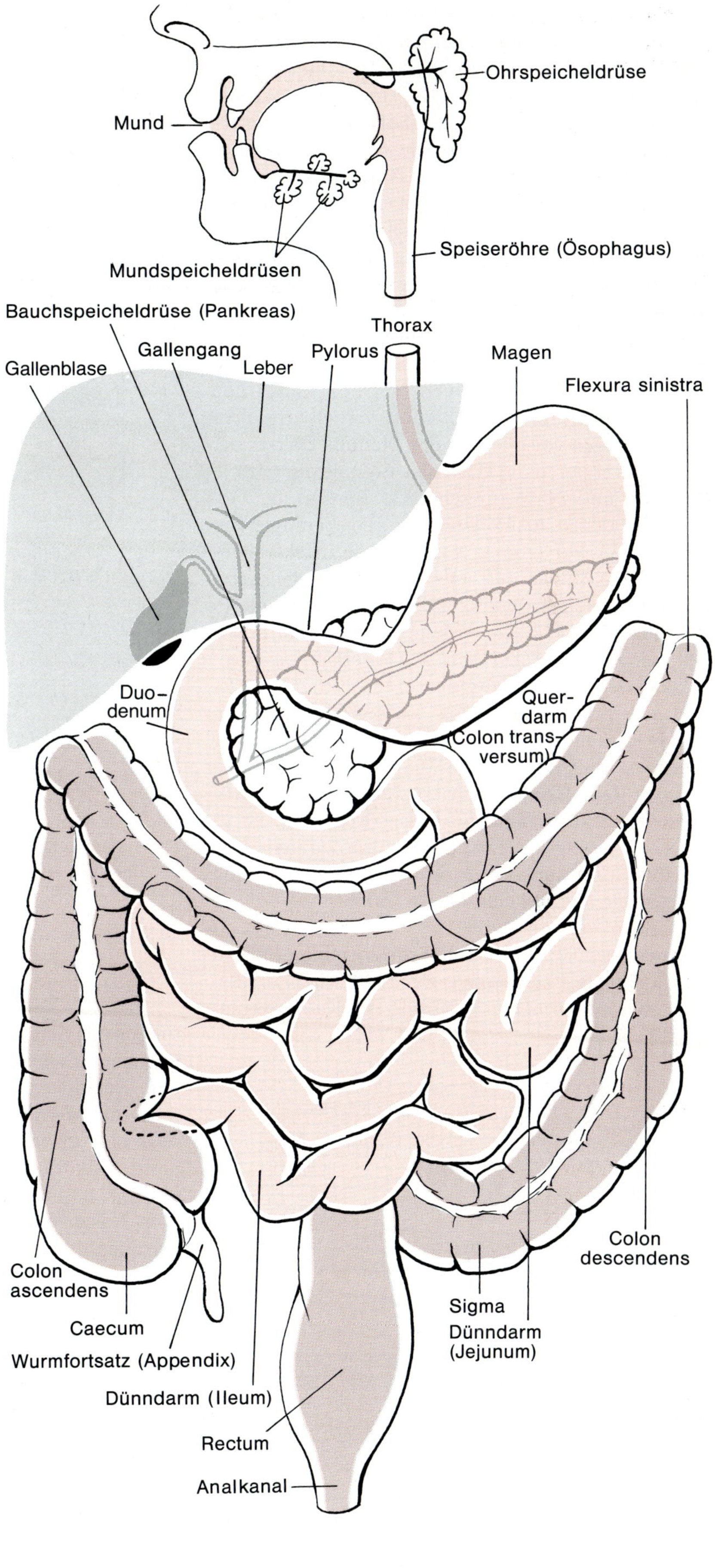

Abb. 8-1. Übersicht über die an Aufnahme, Weitertransport, Verdauung und Resorption der Nahrungsstoffe und des daraus gebildeten Speisebreies *(Chymus)* beteiligten Organe (*Magen-Darm-Trakt* oder *Gastrointestinaltrakt*). Ausführliche Besprechung im Text

die **Nahrungsbissen gleit- und schluckfähig**. Dies geschieht durch *Schleimsubstanzen* (Mucopolysaccharide, S. 14), die vor allem im Sekret der Unterzungen- und Unterkieferdrüse enthalten sind. *Zweitens* fördert er durch die Lösung und Aufschwemmung fester Bestandteile die **Geschmackswahrnehmung** (dies führt reflektorisch zur weiteren Anregung des Speichelflusses und der Sekretion der anderen Verdauungssäfte, s. unten). *Drittens* leitet er durch das vor allem im Parotissekret enthaltene Enzym *α-Amylase* die **Verdauung der Stärke** ein, die durch die Amylase in Zucker (Glucose, Maltose) aufgespalten wird.

Die **nervöse Kontrolle der Speichelsekretion** erfolgt über *sympathische* und *parasympathische* efferente Nervenfasern des autonomen Nervensystems. Die für die Steuerung der Sekretion verantwortlichen Zentren liegen vor allem in der Medulla oblongata. Dort konvergieren die afferenten Signale aus Mund, Gaumen und Nase (Geschmack, Berührung, Geruch) mit denen aus höheren Zentren (bedingte Reflexe, S. 533, Vorstellung, S. 622 auf die Effektorneurone, deren Aktivierung zur erhöhten Speichelsekretion führt. Die parasympathischen Fasern vermitteln die Sekretion reichlicher Mengen eines dünnflüssigen (serösen) Speichels aus der Parotisdrüse. Aktivierung der Sympathicusefferenzen führt zur Sekretion geringer Mengen eines viscösen Speichels aus den beiden anderen Drüsen. Die Übertragung der durch Aktionspotentiale (S. 205) vermittelten Erregung in den efferenten Nervenfasern auf die Drüsenzellen, die **Stimulus-Sekretions-Kopplung**, ist in Abb. 8-2 gezeigt. Die Abbildung verdeutlicht beispielhaft die Stimulus-Sekretions-Kopplung an allen Drüsenzellen des Magen-Darm-Traktes.

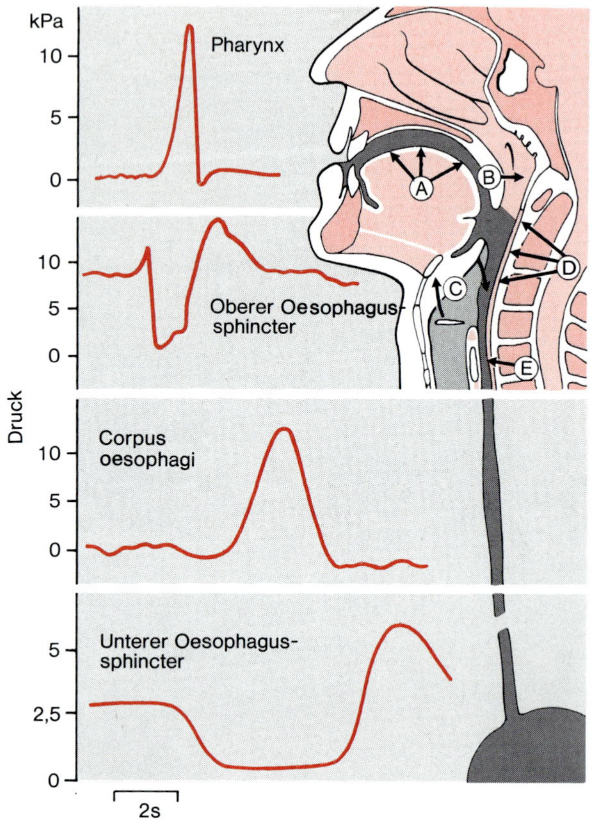

Abb. 8-3. Oropharyngeale und oesophageale Phasen des Schluckaktes. *A* Pressen der Zunge nach oben gegen den harten Gaumen, *B* Verschluß des Nasopharynx durch den weichen Gaumen, *C* Anheben des Larynx und Umbiegen der Epiglottis über den Eingang der Luftröhre, *D* Peristaltik der Pharynxmuskulatur. *E* Reflektorisches Öffnen des oberen Oesophagussphincters. Die Druckänderungen beim Schlukken sind für den Pharynx, den oberen Oesophagussphincter, das Corpus oesophagi und den unteren Oesophagussphincter als *Kurven* dargestellt. Aus Ewe und Karbach in [15]

Schluckakt. Die Abb. 8-3 faßt die einzelnen Phasen des Schluckens zusammen. Zunächst wird der Bissen unter willkürlicher Kontrolle der Kaumuskulatur für das Schlucken auf der Zungenmitte geformt und zum Zungengrund und Gaumen hin verschoben. Sobald er die Rachenwand erreicht hat und dort die *Mechanosensoren* der Rachenwand reizt, setzt ein unwillkürlicher Schluckakt ein, der nicht mehr willkürlich abgebrochen werden kann. Dabei schließt das weiche Gaumensegel die Mundhöhle vom Nasen-Rachen-Raum ab, der Kehlkopfdeckel verschließt den Eingang der Luftröhre (die Atmung wird also kurz unterbrochen), der obere Schließmuskel der Speiseröhre öffnet sich, und die Schlundmuskulatur schiebt zusammen mit der Zunge den Bissen (Bolus) in die Speiseröhre (Ösophagus). Von dort wird der Bolus durch eine Kontraktionswelle der glatten Muskulatur der Speiseröhrenwand innerhalb weniger Sekunden in den Magen geschoben (auch auf dem Kopf stehend kann man

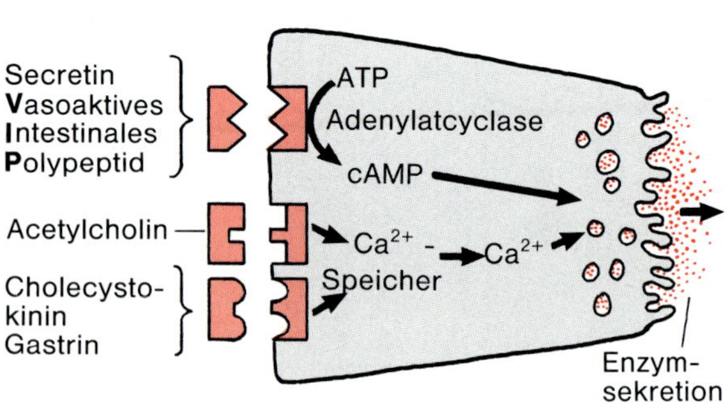

Abb. 8-2. Stimulus-Sekretions-Kopplung bei einer Pankreasdrüsenzelle. Die Wirkungen des *Nervus vagus* werden durch *Acetylcholin* übertragen. Aber auch die angegebenen *Hormone* regen die Enzymsekretion über die eingezeichneten intracellulären *second messenger Signalketten* an. Nach Ewe und Karbach in [15]

Essen und Trinken). Der untere Schließmuskel der Speiseröhre öffnet sich jeweils kurz vor Ankunft eines Bissens. Nach dessen Passage in den Magen schließt er sich sofort wieder. Damit ist der Schluckvorgang beendet.

Normalerweise schluckt ein Erwachsener etwa 600 mal in 24 h, 350 mal im wachen Zustand, 50 mal im Schlaf und 200 mal beim Essen. Die **zentralnervöse Steuerung des Schluckaktes** ist im Hirnstamm in den motorischen Kernen derjenigen Hirnnerven konzentriert, die die Muskulatur von Mund, Rachen und Schlund innervieren, also vor allem in den Kernen der Nervi trigemini, facialis, hypoglossus und vagus sowie in den oberen Cervicalsegmenten des Rückenmarks. Die afferenten Impulse von den Sensoren der Mund- und Rachenschleimhaut laufen über den N. glossopharyngeus und den N. vagus zu diesen motorischen Arealen. Wie gesagt, sobald das „Schluckzentrum" in Medulla oblongata und Halsmark erst einmal erregt ist, läuft das motorische Programm des Schluckaktes zwangsläufig und nicht mehr willkürlich beeinflußbar ab.

Erbrechen. Das Erbrechen ist ein motorischer Automatismus, der biologisch als Schutzreflex zur raschen Entleerung des Magens dient. Dazu werden die Bauchmuskeln kontrahiert und gleichzeitig der untere Schließmuskel der Speiseröhre entspannt (relaxiert). Neurophysiologisch ist das Erbrechen ein dem **Atmen verwandter motorischer Automatismus**, der unter peripherer und zentraler chemosensorischer Kontrolle steht. Sensoren, deren Erregung zu Erbrechen führt, liegen im Rachenraum (Pharynx). Ihre Afferenzen verlaufen in den Nn. glossopharyngeus und vagus. Auch von Chemosensoren am Boden des IV. Ventrikels des Hirnstamms (Chemoreceptor-Trigger-Zone) kann Erbrechen durch chemische Substanzen im Blut ausgelöst werden. Zusätzlich können Impulse aus Zwerchfell, Ösophagus, Magen, Darm, den Gleichgewichts-, Seh- und Riechorganen und aus übergeordneten Bereichen des Zentralnervensystems zu Erbrechen führen.

Die zentrale Auslösung und Kontrolle des Brechaktes erfolgt von einer als **Brechzentrum** bezeichneten Kernregion in der lateralen Medulla oblongata nahe dem *Nucleus* und *Tractus solitarius* und der Chemoreceptor-Trigger-Zone. Erbrechen dient normalerweise dazu, den Magen zu entleeren, bevor eine dem Körper schädliche Substanz in Magen und Blutstrom eine gefährliche Konzentration erreicht. Es ist aber auch, ebenso wie das ihm verwandte *Würgen* (Rumination, willentliches Aufstoßen der Nahrung vom Magen in den Mund) häufig psychologisch bedingt.

8.4 Speicherung und Verarbeitung des Speisebreis im Magen

Speicher- und Transportfunktion des Magens

Speicherung im proximalen Magen. Der aus der Speiseröhre in den Magen eintretende Speisebrei wird zunächst in den oberen (proximalen) Anteilen des Magens, *Fundus* genannt (Abb. 8-1, 8-4), eingelagert. Die festen Nahrungsbestandteile stapeln sich schichtweise übereinander, während die aufgenommene Flüssigkeit und der Magensaft an der Innenwand des Magens in den distalen Magen abfließen. Der Binnendruck des Magens erhöht sich bei zunehmender Füllung. Die Drucksteigerung bleibt aber wesentlich geringer, als von der Volumenzunahme zu erwarten wäre, da sich der Kontraktionszustand (Tonus) der glatten Muskulatur der Magenwand fortlaufend an die Volumenzunahme anpaßt. Der verbleibende Binnendruck und langsame, sich überlagernde Kontraktionswellen schieben den Speisebrei langsam in Richtung Dünndarm.

Genaugenommen ist es so, daß über eine reflektorische Hemmung der glatten Muskelfasern der Magenbinnendruck bereits sinkt, bevor der Bissen aus dem Ösophagus in den Magen übertritt (*receptive Relaxation*). Anschließend wird er fortlaufend an die Volumenzunahme angepaßt. Diese *adaptive Relaxation* erfolgt reflektorisch. Der Reflexbogen geht von Dehnungssensoren in der Magenwand aus, deren Afferenzen ebenso wie die effektorischen, **hemmenden Nervenfasern im N. vagus** verlaufen. Zusätzlich ist der Tonus der glatten Muskelfasern hormonell beeinflußbar. So senkt das Neuropeptid **Cholecystokinin** (Freisetzung und weitere Funktionen S. 135) den Tonus der glatten Muskulatur des Magenfundus.

Durchmischung und Entleerung im distalen Magen. Im distalen Teil des Magens, dem *Corpus* wird der

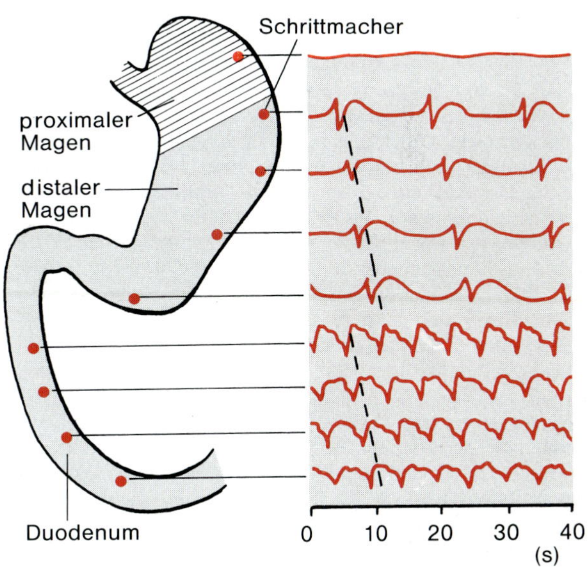

Abb. 8-4. Potentialwellen *(Slow waves)* im Magen und Duodenum. Der proximale Magen ist ohne Potentialwellen tonisch kontrahiert. Von der Schrittmacherregion aus wandern *Slow waves* mit einer Frequenz von 3–4 min nach unten und sind daher nach distal phasenverschoben. Im Duodenum haben die *Slow waves* eine Frequenz von ca. 12/min, auch sie zeigen eine Phasenverschiebung nach distal. Muskelkontraktionen erfolgen, wenn durch die Potentialwellen Aktionspotentiale ausgelöst werden. Nach [26] aus [15]

Speisebrei durch rhythmische Kontraktionswellen **(peristaltische Wellen)** der Magenwandmuskulatur durchmischt und durch die Reibungskräfte zerdrückt und zermahlen. Anschließend wird er portionsweise in den Zwölffingerdarm (*Duodenum*) entleert. Flüssigkeit wird schnell in das Duodenum weitergepreßt. Solange die festen Bestandteile aber nicht mindestens auf Partikel von 2–3 mm Größe zerkleinert sind, verschließt sich der Magenausgang (*Pylorus*) vor der anrollenden peristaltischen Welle und der eingezwängte Mageninhalt wird mit großer Kraft in den Magen zurückgeworfen. Tatsächlich sind die Speisebreipartikel beim Verlassen des Magens zu 90% kleiner als 0,25 mm.

Die **Steuerung der peristaltischen Wellen** und des **Tonus des Pylorus** erfolgt (1) durch lokale Reflexe in den intramuralen Plexus (Abb. 8-8, S. 136), (2) durch Reflexbögen, deren afferente und efferente Schenkel der N. vagus bildet und (3) durch Hormone. Die Muskulatur des Fundus bildet spontan rhythmische *Schrittmacherpotentiale* aus, die zu den in Abb. 8-4 gezeigten **Slow waves** führen. Diese Membranpotentiale wandern mit einer Häufigkeit von 3–4/min bis zum Pylorus hinab. Sie lösen die peristaltischen Wellen aus, vor allem wenn zusätzliche erregende Faktoren nervöser und humoraler Art sich hinzusummieren (für Einzelheiten s. [8, 9, 26, 27]).

Die **Rate der Magenentleerung** wird nicht nur vom Füllungszustand des Magens und von der Partikelgröße des Speisebreies (wie oben erwähnt), sondern auch von seiner chemischen Zusammensetzung beeinflußt, die wiederum von **Chemosensoren des Dünndarms** gemessen wird. Saurer Inhalt wird langsamer entleert als neutraler, hyperosmolarer langsamer als hypoosmolarer, Fette langsamer als Eiweißabbauprodukte. Die Rückmeldung aus dem Dünndarm erfolgt z. T. nervös, z. T. humoral (Lit. [8, 10, 11]). Ziel der Steuerung ist es, immer nur soviel Speisebrei in den Dünndarm zu entleeren, daß die anschließende Verdauung und Resorption optimal abläuft. Ist der Magen weitgehend leer, bleibt der Pylorus beim Anrollen der peristaltischen Wellen offen. Zu dieser Zeit können dann auch unverdaulich große Partikel aus dem Magen in den Darm entleert werden.

Elektrogastrogramm (EGG). Die Messung der Magenbewegungen an der Hautoberfläche über dem Magen stellt eine wichtige Untersuchungsmethode der *Psychophysiologie* dar. Die Kontraktionen des Magens werden von Muskelaktionspotentialen der glatten Muskulatur begleitet, die man an der Körperoberfläche mit nicht-polarisierbaren Elektroden ableiten kann. Dem Grundrhythmus von etwa drei Kontraktionen pro Minute sind langsamere und schnellere Kontraktionen überlagert. Diese summierten Muskelaktionspotentiale des Magens reagieren sehr sensitiv auf emotionale Reize, auf Vorstellungen und auf vestibulär-visuelle Wahrnehmungsdiskrepanzen (z. B. Karussell oder Schwerelosigkeit im All).

Zusammensetzung und Aufgaben des Magensaftes

Aufbau der Magenschleimhaut. Der gesamte Magen ist durch eine 0,6–0,9 mm dicke, in Falten gelegte Schleimhaut ausgekleidet, die den Magensaft produziert und deswegen *als ein weit ausgedehntes Drüsenfeld angesehen werden kann.* Der allgemeine Aufbau dieser Schleimhaut und einer Drüse ist in Abb. 8-5 gezeigt. Die Schleimhaut gleicht der in den anderen Abschnitten des Magen-Darm-Kanals (Abb. 8-10). Es gibt allerdings gegenüber diesen und innerhalb der verschiedenen Magenabschnitte eine ganze Reihe von Besonderheiten, die nur kurz angesprochen werden (für weitere Einzelheiten s. [14, 15]).

Menge und Bestandteile des Magensaftes. Die Magenschleimhaut (Abb. 8-5 A) produziert **täglich 2–3 l Magensaft**, wobei den einzelnen Zelltypen (Abb. 8-5 B) der Magenschleimhautdrüsen unterschiedliche Aufgaben zukommen. Die oberflächlich gelegenen Epithelzellen produzieren den **Schleim**, die tiefergelegenen z. T. **Salzsäure** (diese Zellen wer-

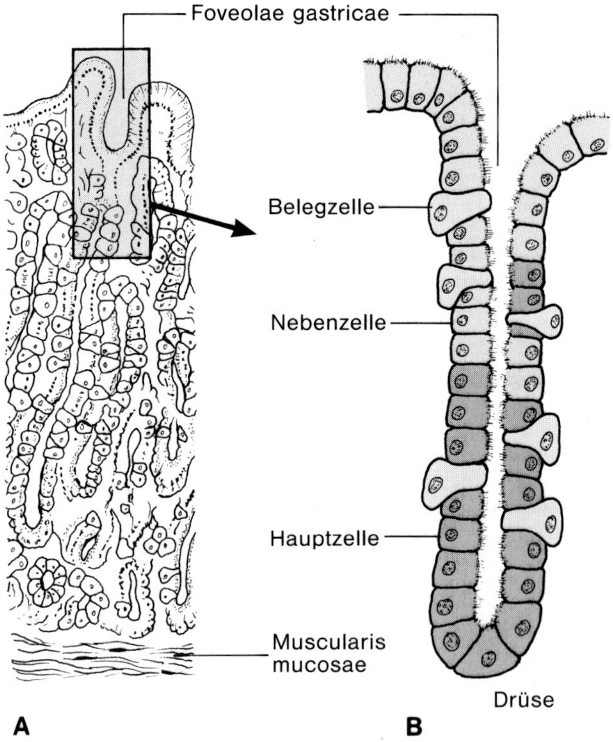

Abb. 8-5. Aufbau und Zellbestandteile der Schleimhaut des menschlichen Magenfundus. **A** Lichtmikroskopischer Querschnitt durch die Schleimhaut, das Mageninnere ist *oben* im Bild. **B** Magendrüse (Ausschnittvergrößerung wie in **A** angegeben). Die Belegzellen produzieren *Salzsäure (HCl)*, die Hauptzellen *Pepsinogen*, die Nebenzellen *Schleim*

den *Belegzellen* genannt), z.T. die Enzymvorstufe **Pepsinogen** (*Hauptzellen*) und z.T. **Hormone** (*endokrine Zellen*), vor allem das Hormon **Gastrin**. Die größte Besonderheit gegenüber der Schleimhaut in Dünn- und Dickdarm stellen die *Belegzellen* der Magenschleimhaut dar, da sie die *Salzsäure, HCl*, sezernieren und damit für die stark saure Natur des Magensaftes verantwortlich sind.

Funktionen des Magensaftes. Aufgabe der **Salzsäure** im Magen ist es (a) Bakterien abzutöten, (b) die Eiweißmoleküle der Nahrung zu denaturieren („auszufällen") und damit für die spätere Verdauung vorzubereiten, (c) das Pepsinogen zu **Pepsin** umzuwandeln, damit dieses die Eiweiße in Polypeptide aufspalten kann, und (d) den Säuregrad des Speisebreies so einzustellen, daß das Pepsin optimal wirken kann. Der **Magenschleim** schützt die Magenwände vor der Selbstverdauung durch das Pepsin. Gleichzeitig trägt er zur Gleitfähigkeit des *Chymus* (Speisebreies) bei und dient als Lösungsmittel für Nahrung und Drüsenprodukte.

Nervale und hormonale Steuerung der Magensaftsekretion

Im nüchternen Zustand wird eine geringe Menge zähflüssigen Magenschleims sezerniert. Bei Nahrungsaufnahme steigt die Magensaftsekretion bis auf das Zehnfache des Ruhewertes an. Gleichzeitig wird der Magensaft dünnflüssiger, und er enthält mehr Salzsäure und Pepsinogen. Diese erhöhte Magensaftsekretion setzt normalerweise schon unmittelbar vor der Nahrungsaufnahme ein und überdauert diese für eine ganze Weile. Zeitlich und vom Wirkmechanismus her lassen sich drei Phasen der Magensaftsekretion voneinander abgrenzen, die cephalische, die gastrale und die intestinale (s. auch S. 135, Phasen der Pankreassaftsekretion).

Cephalische Phase. Schon die Vorstellung, der Anblick, der Geruch und der Geschmack der Nahrung führen zur Magensaftsekretion. Sie kann bis zu 50% der maximalen Sekretion betragen. Diese **cephalische Phase der Magensaftsekretion** wurde von Pavlov ausführlich untersucht, der bei Hunden mit einer Ösophagus- und einer Magenfistel den *bedingten* Reflexcharakter dieser Sekretion nachwies und dieses Modell zu seinen Lernversuchen nutzte (s. S. 533). Durchschneidung der den Magen versorgenden Äste des **Nervus vagus** verhindert die cephalische Magensaftsekretion. Die Impulse in den parasympathischen Nervenfasern des N. vagus und das von ihnen freigesetzte Acetylcholin lösen also die

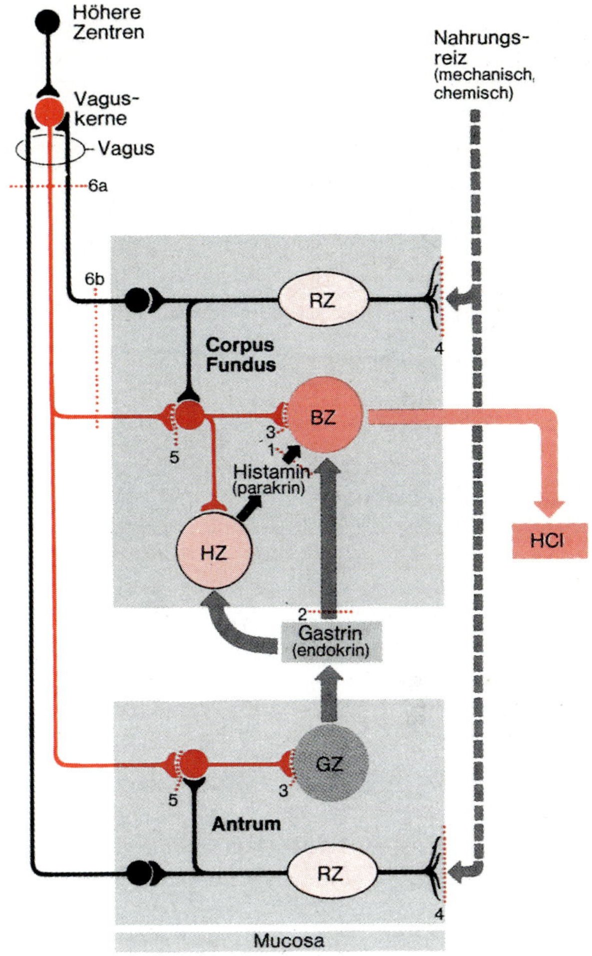

Abb. 8-6. Regulative Vorgänge bei der HCl-Sekretion der Magenmucosa in schematischer Darstellung. Die cholinergen Neurone sind *rot* markiert. BZ = Belegzelle, GZ = Gastrinzelle, HZ = Histaminzelle, RZ = Sinnesreceptorzelle. Die Zahlen kennzeichnen die Möglichkeiten zur Hemmung der HCl-Sekretion: 1. H_2(Histamin)-Receptor-Antagonist = Cimetidin, 2. Gastrinantagonist = Secretin, 3. Acetylcholinantagonist = Atropin (muscarinartiger Receptor), 4. Sinnesreceptorblockierung = Lokalanaesthetika, niedriges pH, 5. Acetylcholinantagonist = Hexamethonium (Ganglienblocker, nicotinartiger Receptor), 6. Vagus-Durchschneidung, a = selektive Vagotomie, b = selektiv proximale Vagotomie. Darstellung von F. Waldeck in [15], 22. Auflage 1985

Sekretion in den verschiedenen Zellen der Magendrüsen aus (Abb. 8-2, 8-5). Dies geschieht, wie Abb. 8-6 am Beispiel der HCl-Sekretion der Belegzelle zeigt, teils direkt, also durch die Überträgersubstanz **Acetylcholin**, teils indirekt, indem das Acetylcholin aus den endokrinen Zellen der Magenschleimhaut das Hormon **Gastrin** freisetzt, das dann seinerseits über den Blutweg die Beleg- und Hauptzellen erreicht und eine starke Salzsäure- bzw. Pepsinogenfreisetzung anregt. Zusätzlich setzt das Acetylcholin aus Mastzellen der Magen-

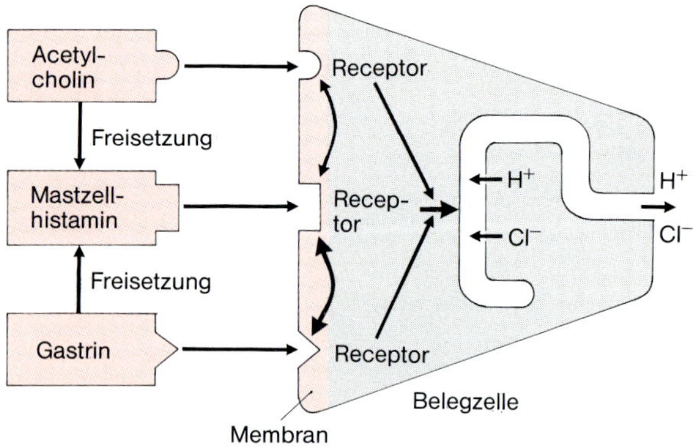

Abb. 8-7. Steuerung der Salzsäuresekretion der Belegzellen der Magenschleimhaut über drei verschiedene Receptorsysteme *(Dreireceptorenmodell)*. Die Receptoren beeinflussen sich auch gegenseitig. Die Stärke der Interaktion ist durch die *Pfeilstärke* symbolisiert (vgl. auch Abb. 8-6, vor allem bezüglich der Pharmakologie dieser Receptoren). Nach [24] aus [15]

schleimhaut **Histamin** frei, das genau wie das Gastrin wirkt. Die Sekretion der Magenschleimhautzellen kann also auf mindestens drei Wegen angestoßen werden (Abb. 8-7).

Gastrale Phase (Abb. 8-6). Die Dehnung des Magens wird über Mechanosensoren der Magenwand registriert und löst reflektorisch eine weitere Magensaftsekretion aus. Der Reflexweg läuft einerseits über den Nervus vagus (mit den oben beschriebenen Effektorwirkungen), andererseits auch über das neuronale Netzwerk in der Magenwand. Verdauungsprodukte, wie Aminosäuren, sowie Reizstoffe, wie Alkohol oder Coffein, können über die Erregung von Chemosensoren ebenfalls reflektorisch auf beiden Wegen zur Freisetzung von Gastrin führen.

Intestinale Phase. Auch die Mechano- und Chemosensoren des oberen Dünndarms können nerval und humoral Einfluß auf die Magensaftsekretion nehmen. Insgesamt kommt es auf diesen Wegen zunächst, also sobald Speisebrei in den oberen Teil des Dünndarms gelangt, zu einer Förderung des Magensaftsekretion, später dann zur Hemmung. Für Einzelheiten wird auf die Literatur verwiesen [15].

Magen- und Zwölffingerdarmgeschwür. 10% der Bevölkerung erkranken im Laufe ihres Lebens an einem Magen- oder einem Zwölffingerdarmgeschwür (Ulcus ventriculi bzw. Ulcus duodeni). Zwölffingerdarmgeschwüre sind siebenmal häufiger als Magengeschwüre. Bei den meisten Personen heilen die Geschwüre ohne Konsequenzen ab. Ein Geschwür (Ulcus) tritt stets an Grenzflächen zwischen verschiedenen Schleimhäuten auf (über oder unter dem Pylorus), beim Zwölffingerdarmgeschwür scheint eine erhöhte *Acidität* zu einer Erosion und Perforation der Schleimhäute beizutragen, beim Magengeschwür findet man in der Regel keinen erhöhten Säurespiegel. Im *Tierversuch* an Ratten und Affen konnte gezeigt werden, daß die Ulceration von *psychologischen Faktoren* ganz entscheidend mitbestimmt wird. Das Ausmaß der Ulceration hängt dabei von zwei Bedingungen ab:

a) Anzahl der notwendigen Vermeidungsreaktionen in einer aversiven Versuchs- oder Umgebungsbedingung (z. B. Anzahl von Hebelbewegungen, um einen schmerzhaften elektrischen Reiz abzustellen);

b) der unmittelbaren Rückmeldung über den Erfolg oder Mißerfolg der Vermeidungs- oder Fluchtreaktion. Die Ulzeration ist ausgedehnter, wenn keine oder negativ-bestrafende Rückmeldung erfolgt, und geringer bei positiver Rückmeldung [28].

Beim Menschen sind bisher keine schlüssigen experimentellen Beweise für die Abhängigkeit der Ulzeration von psychologischen Einflüssen erbracht worden, wenngleich dies zumindest bei Zwölffingerdarmgeschwüren durchaus wahrscheinlich ist.

8.5 Aufgaben des exokrinen Pankreas, der Leber und des Dünndarms

Nachdem die Nahrung den Magen verlassen hat, wird sie im Dünndarm zunächst einer intensiven Verdauung ausgesetzt. Die dazu notwendigen Enzyme werden in den Sekreten der Dünndarmschleimhaut und der Bauchspeicheldrüse unter den Speisebrei gemischt, während in der Galle enthaltene Detergenzien, nämlich die Gallensäuren, zur Fettemulgierung dienen und damit die Fettverdauung und -resorption erleichtern. Die Mitwirkung von Pankreas und Leber an den Verdauungs- und Resorptionsvorgängen im Dünndarm werden wir daher als nächstes betrachten. Anschließend werden wir sehen, daß im Dünndarm mit dem Fortschreiten der Verdauung gleichzeitig die Resorption einsetzt, die beim Übertritt des Chymus in den Dickdarm nahezu vollständig abgeschlossen ist.

Aufgaben des exokrinen Pankreas

Aufbau des Pankreas. Das Pankreas (auch *Bauchspeicheldrüse* genannt) liegt in enger Nachbarschaft zum oberen Dünndarm (Duodenum, s. u.), in das sein Ausführungsgang mündet (Abb. 8-1). Es besteht praktisch aus zwei Organen: erstens dem verdauungssaft-produzierenden **exokrinen Pankreas**, das hier besprochen wird und, zweitens, aus hormonproduzierenden Zellen, die als Zellkolonien, genannt *Langerhans-Inseln*, zwischen die Sekretzellen eingelagert sind. Sie bilden das **endokrine Pankreas**, dessen Aufgaben in Kap. 10 ab S. 164 besprochen werden. Das Pankreas ist eine kleine Drüse von rund 100 g Gewicht. Es kann aber im Laufe des

Tages 1–2 l an Sekret, also über das Zehnfache seines Gewichtes, produzieren und an den Dünndarm abgeben.

Zusammensetzung des Pankreassaftes. Der Pankreassaft ist im Gegensatz zum Magensaft eine *basische* (alkalische) Flüssigkeit, und zwar durch ihren hohen Gehalt an **Bicarbonat**. Dieses neutralisiert zusammen mit dem Bicarbonat des Dünndarmsekrets und der Galle die aus dem Magen übertretende Salzsäure, so daß der Chymus im Dünndarm wieder einen neutralen bis leicht alkalischen Charakter annimmt. Hierdurch wird ein günstiges Milieu für die Pankreas-Enzyme geschaffen, deren Wirkoptimum in diesem Bereich liegt.

Das Pankreassekret enthält zahlreiche **Enzyme zur Verdauung von Eiweißen** (z. B. *Trypsin*), **Fetten** (z. B. *Lipase*) und **Kohlenhydraten** (z. B. *Amylase*). Manche von ihnen werden nur als Vorstufe sezerniert. Sie müssen im Darm erst aktiviert werden. Diese Aktivierung erfolgt wiederum durch ein Enzym aus der Schleimhaut des oberen Dünndarms, nämlich durch die *Enterokinase*. So wird z. B. das eiweißspaltende **Trypsin** durch die Enterokinase aus seiner im Pankreas gebildeten Vorstufe **Trypsinogen** aktiviert. Der Vorteil der Vorstufen ist es, daß nicht schon im Pankreas eine „Selbstverdauung" des Organs einsetzt (der Dünndarm ist durch seine Schleimschicht vor Selbstverdauung geschützt).

Steuerung der Pankreassekretion. Ähnlich wie bei der Magenschleimhaut wird die Sekretion des Pankreassaftes teils neural, teils humoral beeinflußt. Auch hier läßt sich eine **cephalische Phase der Sekretion** (s. S. 133) nachweisen, die durch die Vorstellung von Speisen, ihren Anblick, durch Geruch und Geschmack und durch die Kau- und Schluckvorgänge ausgelöst und durch Impulsaktivität im *Nervus vagus* induziert wird (Blockade durch Vagusdurchschneidung oder Gabe von Atropin). Ihr folgt eine **gastrale Phase**, die durch den Eintritt von Speisebrei in den Magen ausgelöst wird. Sie ist teils *nervös*, also über den **Nervus vagus**, teils *humoral*, nämlich über das **Gastrin** vermittelt, genau wie wir dies für die Magensaftsekretion kennengelernt haben.

Der Hauptteil der Sekretion erfolgt jedoch als **intestinale Phase** nach dem Übertritt von Chymus in den Dünndarm. Die Säure des Chymus setzt aus endokrinen Zellen der Dünndarmschleimhaut die Hormone **Sekretin** und **Cholecystokinin (CCK)** frei. Diese wiederum wirken auf dem Blutweg auf die Pankreaszellen ein und lösen dort eine kräftige Pankreassaftsekretion aus. (Beide Hormone wirken auch auf die Gallensekretion und die Entleerung der Gallenblase, s. u.) Zu diesem Zeitpunkt summiert sich die Wirkung des *Nervus vagus* mit denen von *Sekretin* und *CCK*, so daß nur beim Zusammenwirken aller drei Auslöser eine maximale Sekretion erzielt wird.

Verdauungsaufgaben der Leber; der Beitrag der Galle

Die Leber ist das wichtigste Stoffwechselorgan des Organismus. Sie hat vielfältige Funktionen im Stoffwechsel der Eiweiße, Fette, Kohlenhydrate, Hormone, Vitamine und exogen zugeführten Substanzen (wie Pharmaka). Diese Zusammenhänge werden in Lehrbüchern der Biochemie abgehandelt [15]. Im Hinblick auf die Verdauung soll hier die gleichzeitige exkretorische und sekretorische Funktion der Leber betrachtet werden.

Bildung und Sekretion der Galle. Die Galle wird von den Leberzellen gebildet und in die zwischen den Zellen liegenden Gallencapillaren sezerniert. Von dort fließt die Galle innerhalb der Leber über immer größer werdende Gänge schließlich in den ausführenden Gallengang, genannt *Ductus hepaticus* (Abb. 8–1). Dieser teilt sich auf, so daß die Galle entweder direkt in den Dünndarm fließen kann (während der Verdauungsphase) oder zwischen den Mahlzeiten zur Speicherung in die Gallenblase geleitet wird. Die **Sekretion der Lebergalle** läuft kontinuierlich während des ganzen Tages ab, wobei insgesamt ein Volumen von 0,5–1,0 l pro Tag gebildet wird. Die Galle ist von goldgelber Farbe und leicht alkalisch (basisch). Die zur Gallenblase geleitete Galle wird dort eingedickt. Durch diese Konzentrierung ist die Gallenblase in der Lage, bei einem Fassungsvermögen von nur 50–80 ml die in 12 h sezernierte *Lebergalle* aufzunehmen. Zur Verdauung strömt die konzentrierte **Blasengalle** in den Dünndarm.

Inhaltsstoffe der Galle. Die für die Verdauung wichtigsten Bestandteile der Galle sind die **Gallensäuren**. Sie werden in den Leberzellen aus *Cholesterin* gebildet. Sie haben einen *hydrophilen* und einen *hydrophoben* Molekülanteil und können daher als Detergenzien bei der Fettverdauung dienen. Sie erleichtern damit die Emulgation der Fette im Chymus und ermöglichen anschließend über die Bildung von Molekülaggregaten mit den Fettsäuren, genannt **Micellen**, die Resorption der Fettsäuren in die Darmzellen. Auch die Gallensäuren werden großenteils wieder in Darmzellen aufgenommen und zurück zur Leber transportiert. Die Menge dieser zirkulierenden Gallensäuren (Gallensäurepool) beträgt 2–4 g. Dieser Pool durchläuft den Ausscheidungskreislauf 6- bis 10mal pro 24 h. Etwa 0,6 g Gallensäuren gehen pro Tag mit dem Stuhl verloren und müssen daher in der Leber neu gebildet werden (s. o.).

Die goldgelbe Farbe der Galle ist durch das **Bilirubin** bedingt. Dieses ist das Abbauprodukt des roten Blutfarbstoffs *Hämoglobin*, das auf diese Weise aus dem Körper ausgeschieden wird (tägliche Ausscheidung etwa 200–300 mg, s. auch S. 43). Durch die Darmbakterien wird das Bilirubin in das dunklere **Urobilinogen** umgewandelt, das für die braune Farbe des Stuhles verantwortlich ist. Auch *Cholesterin* und *Lecithin*, sowie Abbauprodukte von Medikamenten und Toxinen werden über die Galle ausgeschieden. Die Galle enthält auch Salze und Schleim (nähere Einzelheiten [15]).

Regulation der Sekretion und Ausschüttung der Galle. Die außerhalb der Verdauungsphasen kontinuierliche Sekretion der

Lebergalle nimmt während der Verdauung bis auf das Doppelte zu. Diese Sekretionssteigerung wird hauptsächlich durch **Sekretin** (Freisetzungsmechanismus s. o.) vermittelt. Die in der Gallenblase gespeicherte und konzentrierte *Blasengalle* wird nach Freisetzung des **CCK** ausgeschüttet. Dabei führt CCK zu einer *Kontraktion der Gallenblase*, wodurch die Blasengalle in den Dünndarm gepreßt wird. Auch der **Nervus vagus** wirkt kontraktionsfördernd auf die Gallenblase ein. Chirurgisches Entfernen der Gallenblase (bei Gallensteinen oder einem Tumor) bleibt bei nicht zu fetthaltiger und zu reichlicher Nahrung in der Regel ohne Konsequenzen.

Motorik des Dünndarms und ihre Regulation

Anteile und Aufbau des Dünndarms. Der Dünndarm ist der längste Abschnitt des Verdauungskanals (Abb. 8-1). Seine Gesamtlänge beträgt im lebenden Zustand etwa 4 m. Wenn die glatte Muskulatur der Wände im Tode erschlafft, mißt der Dünndarm 6-8 m. Das kurze Anfangsteil wird **Duodenum** (Zwölffingerdarm) genannt (20-30 cm lang). In ihn münden der Pankreasgang und der Gallengang. Es schließt sich das **Jejunum** an, das nach 1,5-2,5 m in das **Ileum** (2-3 m Länge) übergeht. Letzteres mündet in den Dickdarm (s. u.). Der in allen Anteilen des Dünndarms prinzipiell gleiche Aufbau der Wandschichten und der Schleimhaut ist in Abb. 8-8 skizziert. Auf die Unterschiede zwischen den einzelnen Abschnitten, die für unsere Betrachtung nicht wesentlich sind, sei nicht weiter eingegangen, sondern auf die Literatur verwiesen [3, 14, 15].

Dünndarmmotilität. Der Dünndarm ist in dauernder, durch die Längs- und Ringmuskelschichten seiner Wand verursachten Bewegung [8, 25, 27]. Bei dieser **Darmmotilität** lassen sich vier Bewegungsmuster voneinander abgrenzen. Drei davon dienen der gründlichen Durchmischung des Chymus mit dem Pankreassaft, der Galle und den Sekreten der Darmdrüsen sowie seinem wechselnden Kontakt mit der Schleimhaut. Es sind dies (1) lokale, ringförmige Kontraktionswellen **(nicht-propulsive Peristaltik)**, (2) lokale Einschnürungen in Abständen von 10-20 cm **(rhythmische Segmentationen)** und (3) **Pendelbewegungen** der Längsmuskulatur. Die vierte Kontraktionsform schiebt den Speisebrei in Richtung Dickdarm **(propulsive Peristaltik)**. Zeitlich gesehen beginnt die Entleerung einer Mahlzeit aus dem Dünndarm in den Dickdarm frühestens 4 h nach der Nahrungsaufnahme. Nach weiteren 4-6 h (also 8-10 h nach dem Essen) ist sie abgeschlossen.

Intrinsische Innervation des Dünndarms. Eine Durchschneidung des Nervus vagus (Vagotomie) oder der sympathischen Darmnerven verändert die

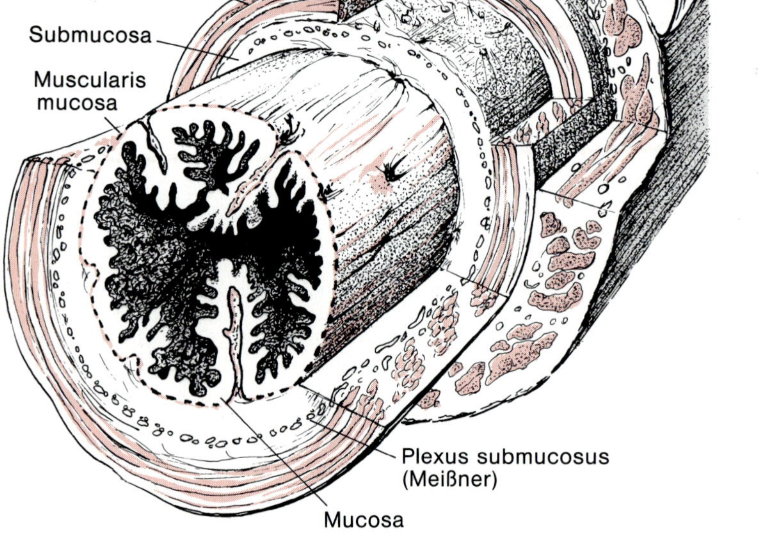

Abb. 8-8. Aufbau der Wand des Dünndarms aus Schleimhaut *(Mucosa)*, Bindegewebsschichten *(Submucosa)*, *Längs- und Ringmuskulatur* und den Anteilen des Darmnervensystem (*Plexus myentericus, Auerbach*, und *Plexus submucosus, Meißner*). Der gesamte Darm wird über das *Mesenterium* mit Gefäßen und Nerven versorgt. Zur Verdeutlichung ist die Darmwand relativ zum Darmlumen hier wesentlich dicker als in Wirklichkeit gezeichnet

Dünndarmmotorik kaum. Dies zeigt, daß der Dünndarm über ein eigenes nervöses Netzwerk verfügt. Es wird **Darmnervensystem** oder auch **enterisches** oder **intrinsisches Nervensystem** genannt (Abb. 8-8 u. Kap. 23). Die meisten Neurone des Darmnervensystems liegen zum einen zwischen Längs- und Ringmuskulatur im **Plexus myentericus** (*Auerbach-Plexus*) und zum anderen zwischen Ringmuskulatur und den glatten Muskelfasern unter der Schleimhaut (Submucosa) im **Plexus submucosus** (*Meißner-Plexus*, Abb. 8-8).

Das Darmnervensystem besteht auch in den unteren Anteilen der *Speiseröhre*, im *Magen* und im *Dickdarm*. Es unterliegt aber dort deutlicher der Kontrolle des autonomen Nervensystems. Die **Bedeutung des Darmnervensystems** läßt sich schon daran erkennen, daß es beim Menschen aus insgesamt etwa 10^8 Neuronen besteht. Diese Zahl ist etwa *genauso groß wie die Gesamtzahl der Neurone im Rükkenmark* und sehr groß im Vergleich zu den etwa 2000 präganglionären parasympathischen Axonen im Nervus vagus, die zum Darmnervensystem projizieren.

Neuronale und humorale Kontrolle der Dünndarmmotilität. Ähnlich wie im Magen bildet die Dünndarmmuskulatur spontan rhythmische **Schrittmacherpotentiale** aus (siehe die *Slow waves* in Abb. 8-4). Diese haben im oberen Dünndarm eine Frequenz von etwa 12 Cyclen pro Minute. Sie werden zum Dünndarmende hin zunehmend langsamer (zuletzt ca. 8 Cyclen pro min). Diese *Slow waves* unterliegen vor allem der Kontrolle des **Plexus myentericus**, durch dessen Einfluß der **basale myogene Rhythmus** in die zum Dickdarm hin gerichtete **propulsive Peristaltik** moduliert wird. Die propulsive Peristaltik ist in ihrer Richtung nicht umkehrbar: Wird ein Dünndarmstück herausgeschnitten und umgekehrt wieder eingenäht, so bleibt die Bewegungsrichtung der Peristaltik erhalten, und man beobachtet einen Stau von Chymus oberhalb des Operationsbereiches.

Neben der *peristaltischen Motorik* werden **Mischbewegungen des Dünndarms** beobachtet (s. o.), die ein etwas anderes motorisches Programm erfordern. Auch dies wird vom *Auerbach-Plexus* (Plexus myentericus) des Darmnervensystems geliefert. Es gibt Anzeichen dafür, daß diese „Programmänderung" durch die bereits erwähnten Hormone **Gastrin** und **Cholecystokinin (CCK)** erfolgt, also *humoral* kontrolliert ist. Die Dauer und das Ausmaß dieser *digestiven Motorik* hängen von der Zusammensetzung der Nahrung ab. Fette haben einen erheblich längeren und stärkeren Effekt als Eiweiße und Kohlenhydrate gleichen Energiegehalts.

Verdauung und Resorption im Dünndarm

Aufbau der Dünndarmschleimhaut. Zwei Besonderheiten zeichnen die Dünndarmschleimhaut aus, die in Abb. 8-8 noch nicht deutlich genug zu erkennen sind: einmal die durch vielfache *Fältelung, Zotten* (Villi) und *Mikrovilli* erreichte große Oberfläche der Darmschleimhaut und zum zweiten der besondere Aufbau der Dünndarmzotten, der sie für die Resorption der Nahrungsstoffe besonders geeignet macht.

Die Schleimhaut des Dünndarms bildet durch die enorme Gewebsfältelung eine **600 m² große Resorptionsfläche**, die allen diesbezüglichen Anforderungen leicht gewachsen ist. Als Beispiel sei erwähnt, daß täglich etwa 9 l Wasser den Darm passieren. Davon stammen 2 l aus der Nahrung und 7 l aus den endogenen Sekreten der Drüsen und des Darmes. Über 80% davon werden im Dünndarm resorbiert, das meiste davon schon im Duodenum. Der Rest wird vom Dickdarm aufgenommen (s. u.), und nur 1%, d. h. ca. 100 ml, verläßt normalerweise den Darm im Stuhl. Die große Oberfläche der Schleimhaut findet ihre funktionelle Ergänzung in einer entsprechend **ausgeprägten Durchblutung des Dünndarms**, die für einen raschen Abtransport der resorbierten Stoffe sorgt. Sie beträgt beim Menschen während der Nahrungsaufnahme etwa 400 ml/min und in der eigentlichen Verdauungsphase etwa 750 ml/min. Die Schleimhaut selbst nimmt davon bis zu 80% in Anspruch.

Der **Feinbau der Darmzotten (Villi)** ist in Abb. 8-9 wiedergegeben. Die dem Darmlumen zugewandte Oberfläche ist von resorbierenden **Enterocyten** (*Saumzellen*) ausgekleidet, die mit ihren zahlreichen Zellausstülpungen, den **Mikrovilli**, besonders zur großen Oberfläche des Darmes beitragen. In der Wand der Mikrovilli sitzen zahlreiche **Enzyme**, die sich an der Verdauung beteiligen. In die Mikrovilli sind außerdem kontraktile Proteine (Actinfilamente, S. 268) eingebaut, so daß sich die Mikrovilli auch verkürzen können. Nach ihrem Erscheinungsbild unter dem Mikroskop werden die Mikrovilli auch als **Bürstensaum** bezeichnet. Entsprechend nennt man die in ihren Wänden eingebauten Enzyme auch *Bürstensaumenzyme*.

Außer den *Enterocyten* enthält die Dünndarmschleimhaut noch die **schleimbildenden Becherzellen** sowie **endokrine Zellen**, die verschiedene Hormone, wie *Gastrin* und *CCK* bilden (s. o.). Zusammen mit den endokrinen Zellen der Magenschleimhaut und den endokrinen Zellen in den Langerhans-Inseln des Pankreas werden sie zum *gastro-entero-pankreatischen endokrinen System* zusammengefaßt. Nach unserem heutigen Wissen besteht dieses Sy-

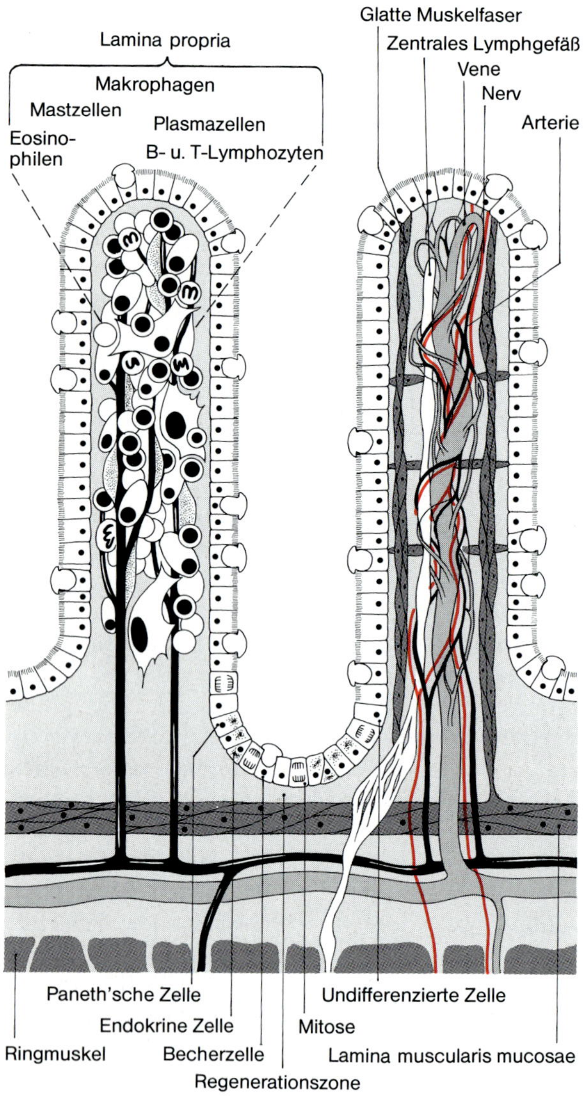

Abb. 8-9. Querschnitt durch 2 Dünndarmzotten und eine Krypte. Dargestellt sind die verschiedenen Zellformen der Mucosa und die Strukturen im Innern der Zotten. Aus Ewe und Karbach in [15]

stem beim Menschen aus 19 verschiedenen Zelltypen, die 18 Peptidhormone und Serotonin bilden. Die Hormone stehen im Dienste des Kohlenhydratstoffwechsels oder beteiligen sich an der Regulation der Verdauungstätigkeit [10, 13, 14, 19].

Verdauung und Resorption der Kohlenhydrate. Stärke, Polysaccharide und Disaccharide (chemischer Aufbau dieser Substanzen s. S. 14) werden praktisch nicht resorbiert. Sie müssen daher bei der Verdauung zu Monosacchariden, insbesondere zu *Glucose*, aufgespalten werden. Kohlenhydrate nehmen wir hauptsächlich in Form von Stärke (60% der Aufnahme) und von Saccharose (normaler Rüben- oder Rohr-„Zucker", 30% der Aufnahme) zu uns. Erstere wird durch das *Enzym* (synonym: *Ferment*) **Amylase**, das vor allem im Speichel und im Pankreassaft enthalten ist, zu Polysacchariden zerlegt. Diese und die Disaccharide werden durch **Oligosaccharidasen** bzw. **Disaccharidasen** bis zu den Monosacchariden *Glucose, Galactose und Fructose* gespalten (Abb. 8-10 A) [20].

Anders als die Amylase sitzen die Oligo- und Polysaccharidasen, wie z. B. die die Saccharose spaltende **Sucrase**, alle als **Bürstensaumenzyme** in den Wänden der *Mikrovilli*. Im Bürstensaum erfolgt auch die Resorption der Monosaccharide in die Enterocyten. Dies geschieht teils passiv, also durch Diffusion, teils aktiv, also unter Energieaufwand, mit Hilfe von Membranpumpen (zur Definition von „Pumpen" s. S. 25). Letzteres gilt vor allem für die Glucose, die in Blut und Körpergewebe in recht hoher Konzentration vorkommt (S. 164), so daß sie nicht entlang einem Konzentrationsgradienten in den Enterocyten diffundieren kann.

Verdauung und Resorption der Fette [23]. Die Fette werden hauptsächlich durch die **lipidspaltenden Enzyme (Lipasen) des Pankreassaftes** abgebaut (Abb. 8-10 B). Da die Fettbestandteile schlecht wasserlöslich sind, erfolgt ihre Lösung in der wäßrigen Phase des Darminhalts durch die Aufnahme in die oben bereits beschriebenen **Micellen**. Die Bestandteile der gemischten Micellen müssen dann zur Resorption in die Enterocyten drei Barrieren überwinden: (1) die *unbewegte Wasserschicht*, die der Zelloberfläche aufliegt; (2) die *Schleimschicht*, die der Bürstensaummembran aufliegt und (3) die *Lipidmembran der Enterocyten*. In dieser lösen sich die Fettbestandteile der Micellen und diffundieren in die Zelle. Die Micelle ist dann wieder frei und kann neue Fettbestandteile aufnehmen.

Im Enterocyten werden die Fettbestandteile wieder zu verschiedenen Fetten, insbesondere zu den am häufigsten vorkommenden *Triglyceriden* (s. S. 10) resynthetisiert **(intracelluläre Lipidsynthese)**. Die neugebildeten Fette und Lipide können allerdings wegen ihrer Wasserunlöslichkeit erst dann den Enterocyten verlassen, wenn sie in eine Glykoproteinhülle eingehüllt wurden und auf diese Weise die **Chylomikronen** bilden. Diese werden dann auf dem Weg der *Exocytose* (Abb. 2-14, S. 26) in den Intercellulärraum ausgestoßen. Von dort führt ihr weiterer Weg über den **zentralen Lymphgang** der Darmzotten in die größeren Lymphgefäße bis zu deren gemeinsamer Einmündung als **Ductus thoracicus** in die untere Hohlvene. Nach einer fettreichen Mahlzeit sind die Chylomikronen in solchen Mengen im Blutplasma enthalten, daß dieses milchig-trüb erscheint *(Verdauungshyperlipidämie)*.

Verdauung und Resorption der Eiweiße [21]. Der Vorgang der Eiweißverdauung und Resorption ist in schematischer Darstellung in Abb. 8-10 C gezeigt. Die Proteine und Peptide werden durch **Pepsine, Trypsin** und **Chymotrypsin** in verschieden große Bruchstücke (Poly- und Oligopeptide, S. 15) zerlegt.

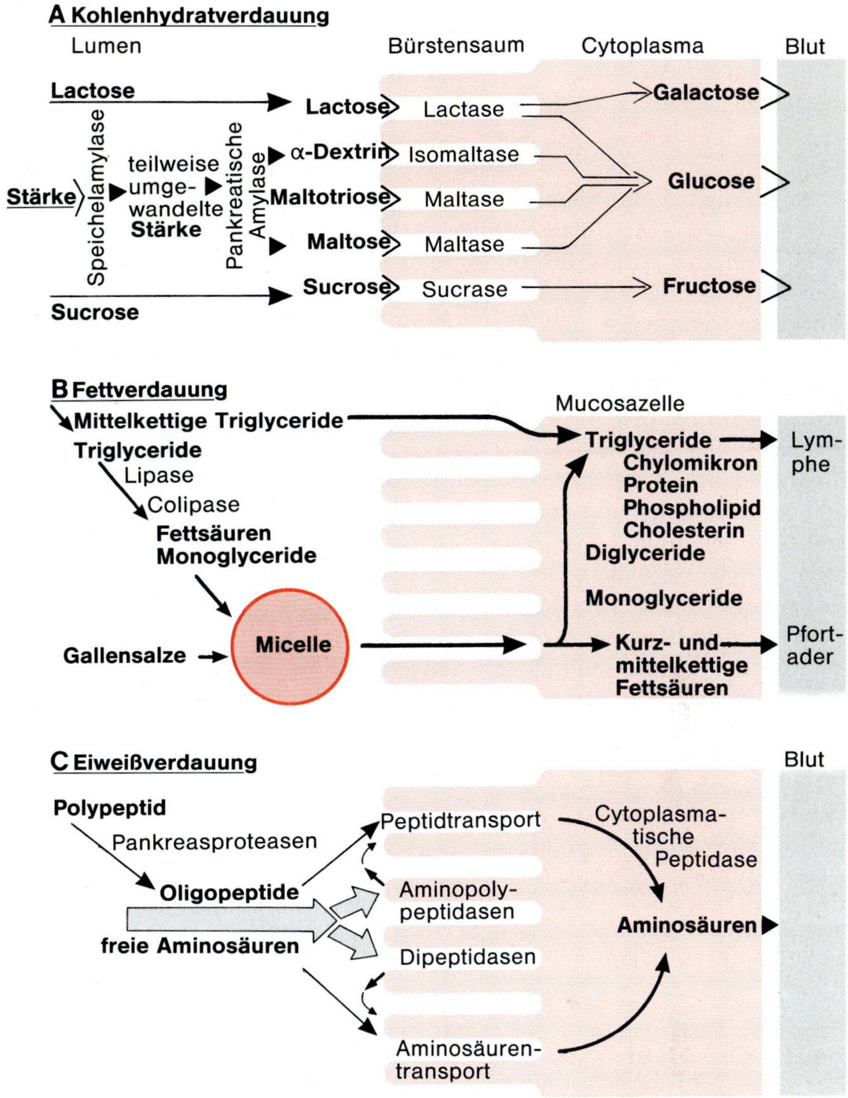

Abb. 8-10. Verdauung und Resorption der Nahrungsstoffe im Dünndarm. Schematisierte und stark vereinfachte Darstellung der wesentlichen *enzymatischen Verdauungsschritte* und der *Resorptionswege* durch die Zellen der Darmschleimhaut. **A** Verdauung und Resorption der *Kohlenhydrate*. Die Verdauung setzt bereits im Mund ein. Endprodukte sind die drei Monosaccharide *Glucose, Galactose* und *Fructose*. **B** Verdauung und Resorption von *Fetten*. Details im Text. **C** Verdauung und Resorption der *Eiweiße*. Details im Text

Die Eiweißverdauung beginnt im Magen (Pepsin), wird durch den Pankreassaft (Trypsin, Chymotrypsin) fortgesetzt und durch **Peptidasen des Bürstensaums** zu Ende geführt. Im Anschluß daran erfolgt die Aufnahme der Spaltstücke (Aminosäuren, S. 12, Oligopeptide, S. 15) in die Enterocyten. Dies geschieht größtenteils wieder durch aktive Transportprozesse im Bürstensaum („Pumpen", s. o.). Der Austritt der Aminosäuren aus den Enterocyten in das Interstitium geschieht teils passiv, teils aktiv. Der weitere Abtransport erfolgt auf dem Blutweg. Intakte Eiweißmoleküle werden in geringem Maße durch Endocytose (Abb. 2-14, 26) resorbiert. Diese Art der Resorption hat keine nutritive, wohl aber immunologische Bedeutung und kann zu Sensibilisierung und Allergie führen.

8.6 Dickdarm und Enddarm (Colon und Rectum)

Dickdarmmotorik

Aufbau des Dickdarms. Der menschliche Dickdarm ist etwa 120–150 cm lang (Abb. 8-1). Sein Durchmesser beträgt am Anfang 6–9 cm und nimmt nach distal ab. Die Längsmuskulatur des Colons ist in Form von 3 Längsbändern von etwa 0,8 cm Breite, den **Taenien** ausgebildet. Der Tonus der Taenien und lokale Kontraktionen der Ringmuskulatur lassen Einschnürungen entstehen, zwischen denen jeweils Ausbuchtungen, die **Haustren**, hervortreten. Dies gibt dem Colon sein charakteristisches Aussehen (Abb. 8-1). Die **Colonschleimhaut** enthält keine *Villi*, wohl aber **Mikrovilli**. Ihr Aufbau ist im übrigen der der übrigen Darmschleimhaut analog.

Dickdarmbewegungen und ihre Kontrolle [2]. Die Kontraktionen der Dickdarmmuskulatur erfolgen weitgehend ungeregelt und an verschiedenen Stellen gleichzeitig, d.h. sie durchmischen den Inhalt, befördern ihn aber nicht weiter (*nichtpropulsive Motilität*). Daneben treten selten *peristaltische Wellen* mit Kontraktionen und vorauslaufender Relaxation auf, die den Inhalt über etwa 20 cm weiterbefördern. Nur 3- bis 4mal täglich kommt es zu *Massenbewegungen*, die den Inhalt über lange Strecken befördern. Alle beschriebenen Motilitätsabläufe werden durch Nahrungsaufnahme gesteigert (*gastrocolischer Reflex*). Die Transitzeit des Chymus durch das Colon beträgt bei unserer faserstoffarmen Diät 2-3 Tage. Bei sehr faserreicher Kost kann sich diese Zeit halbieren.

Der Grundrhythmus der Colonbewegungen wird durch die **Slow waves** der glatten Muskulatur vorgegeben (s.o., S. 137). Der **Parasympathicus** hat auf diesen Rhythmus einen fördernden, der **Sympathicus** einen hemmenden Effekt. Die **gastrointestinalen Peptide** wirken teils steigernd auf die Colonmotilität, wie *Gastrin* und *Cholecystokinin*, teils hemmend wie *Sekretin* und *Glucagon*. Der **Plexus myentericus** (*Auerbach-Plexus*) übt insgesamt einen hemmenden Einfluß auf die Schrittmacher der glatten Muskulatur und damit die Colonmotilität aus. Das angeborene Fehlen des Auerbach-Plexus in einem bestimmten Bereich des Dickdarms führt zu einer Engstellung dieses Abschnittes, da hier der relaxierende Einfluß ausfällt. Oberhalb dieser Stelle kommt es zu einer starken Erweiterung des Dickdarms (*Megacolon congenitum, Hirschsprung-Erkrankung*).

Bildung der Faeces

Der vom Dünndarm in den Dickdarm weitergegebene Chymus (ca. 200-500 ml pro Tag) wird dort durch die **Resorption von Wasser** eingedickt. Gleichzeitig werden *Elektrolyte* und *Vitamine* resorbiert. Die insgesamt im Dickdarm resorbierten Mengen an Wasser, Elektrolyten und Vitaminen sind im Vergleich zum Dünndarm sehr gering. Die bei ausgewogener Kost täglich ausgeschiedenen 100-200 g *Faeces* (Kot) bestehen zu 75-80% aus Wasser und zu 20-25% aus festen Bestandteilen. Die festen Bestandteile enthalten variable Mengen an Cellulose und weiteren unverdaulichen Bestandteilen, ca. 10-30% Bakterien, ca. 10-15% anorganisches Material (unlösliche Calcium- und Eisensalze) sowie ca. 5% Fett aus Enterocyten und geringe Mengen abgeschilferter Epithelien und Schleim.

Zur **Besiedlung des Darmes mit Bakterien** sei bemerkt, daß das Duodenum des Gesunden fast immer steril ist, während man im Jejunum meist wenig, im Ileum deutlich mehr und im Colon stets reichlich Bakterien (Escherichia coli, Aerobacter aerogenes, nichtpathogene Kokken) findet. Das beim Neugeborenen sterile Colon wird in den ersten Lebensmonaten von einer solchen **Darmflora** besiedelt. *Kohlenhydrate* werden durch *bakterielle Gärung* und *Eiweiße* durch *Fäulniserreger* weiter abgebaut. Bei der **Vergärung** entstehen *saure* Endprodukte (z. B. Milchsäure). Bei der **Fäulnis** werden u.a. Amine (z. B. Scatol) und Schwefelwasserstoff (bestimmt den Geruch des Stuhls) gebildet. Zwischen Gärung und Fäulnis besteht bei ausgewogener Kost ein Gleichgewicht, da z. B. die bei der Gärung entstehende Säure die Fäulnis hemmt. Wird dieses Gleichgewicht gestört, kommt es zur Ausscheidung typisch gärender oder fauliger Stühle.

Pathophysiologie. Die **Colitis ulcerosa** ist eine vermutlich durch autoaggressive Immunfaktoren bedingte geschwürartige Zerstörung der Darmwand, die oft mit psychischen Einflüssen in Verbindung gebracht wurde. Meist chronisch-rezidivierend kommt es zu schleimig-blutigen Durchfällen, die im Extremfall zu Perforationen des Dickdarms mit lebensbedrohlichen Blutungen führen. Teile des oder der gesamte Dickdarm ist befallen.

Das **Colon irritabile** (*Reizcolon*) ist dagegen - wenn infektiöse, parasitäre und entzündliche Erkrankungen als Ursache ausgeschlossen sind - in der Regel auf psychophysiologische Faktoren zurückzuführen. Vor allem nach den Mahlzeiten treten bei diesen Patienten erhöhte Darmkontraktionen auf. Entscheidend ist eine erhöhte Sensibilität der Wahrnehmung dieser Kontraktionen („Interoception"): bei Dehnung des Colons empfinden Reizkolon-Patienten früher und intensiver Schmerz als vergleichbare Kontrollgruppen. Die psychologische Behandlung des Colon irritabile (u.a. mit Biofeedback, s. S. 617) strebt eine Verminderung der Schmerzempfindlichkeit und Reduktion der Stärke der Kontraktionen an.

Neuronale Kontrolle der Darmentleerung

Kontinenz. Neben der unten beschriebenen *Defäkation* (Darmentleerung) ist die Aufrechterhaltung der **Darmkontinenz** die wichtigste Aufgabe des Enddarms (Rectum) und des Anus. Beide Funktionen werden durch das Darmnervensystem in Zusammenarbeit mit dem parasympathischen Nervensystem und der Somatomotorik kontrolliert. Die Abb. 8-11 gibt einen Überblick über die beteiligten Strukturen und Schaltkreise.

Das Rectum wird durch zwei Ringmuskeln (M. sphincter ani int. et ext.) verschlossen. Der innere besteht aus glatter Muskulatur und unterliegt nicht willkürlicher Kontrolle. Der äußere ist quergestreift und kann willkürlich kontrolliert werden. Sein normaler tonischer Schließzustand wird im Zusammenspiel von tonischen descendierenden

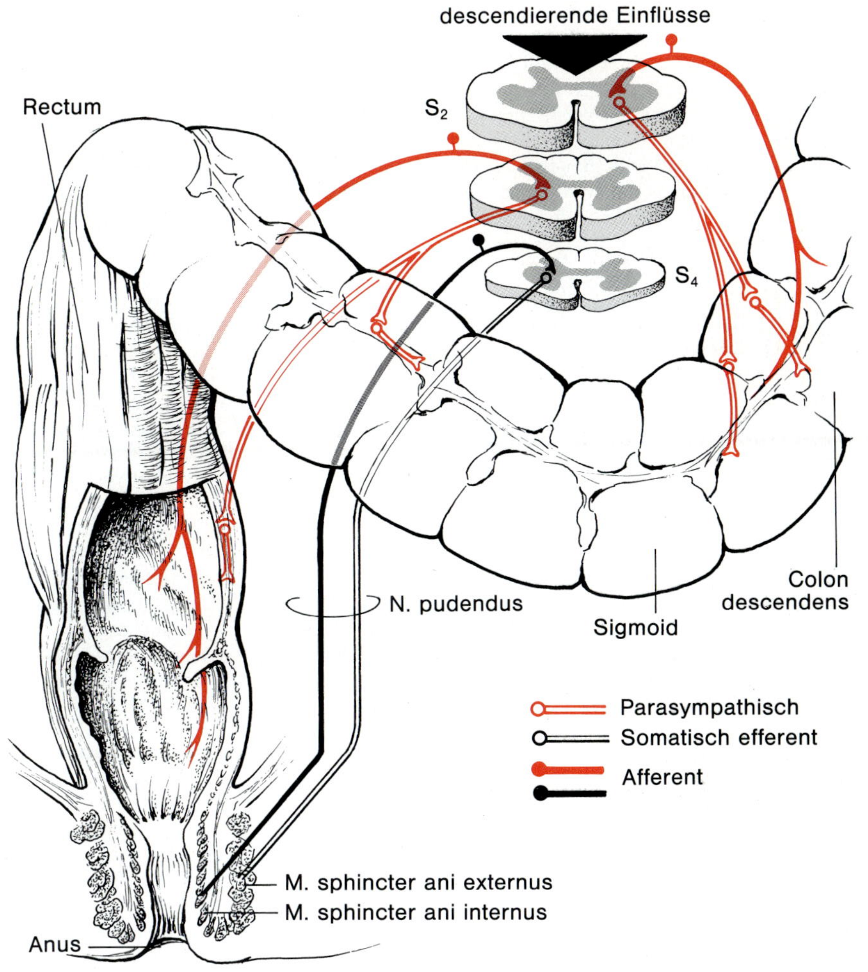

Abb. 8-11. Neuronale Kontrolle von *Darmkontinenz* und *Defäkation.* Diese beiden Funktionen werden durch das intrinsische Darmnervensystem, durch parasympathische sacrale (Rückenmarkssegmente S_2 bis S_4) und durch somatomotorische nervöse Mechanismen kontrolliert. Welche Rolle der sympathischen Innervation des Enddarmes zukommt ist nicht bekannt. *Zerstörung des Sacralmarks* führt zum vollständigen Ausfall der Defäkationsreflexe. Weitere Besprechung im Text

Einflüssen aus dem ZNS mit spinal vermittelten afferenten Impulsen aus dem Muskel und vom umgebenden Gewebe, insbesondere von der Analhaut, aufrechterhalten. **Füllung des Rectums mit Darminhalt** führt reflektorisch zur Erschlaffung des inneren Schließmuskels bei gleichzeitig verstärkter Kontraktion des äußeren. Gleichzeitig kommt es zum **Stuhldrang**, also zu bewußten Sensationen, ausgelöst durch die afferenten Impulse von **Sensoren in Colon- und Rectumwand**. Kommt es nicht zur sofortigen Darmentleerung, nimmt die Erschlaffung des inneren Schließmuskels wieder ab, und das Rectum paßt sich an den vermehrten Inhalt an. Damit verschwindet auch der Stuhldrang. Durch diesen Mechanismus kann beim Gesunden die Kontinenz bis zu einer Füllung von etwa 2 l im Rectum gewahrt werden.

Defäkation. Die Entleerung des Enddarmes setzt normalerweise unter *willkürlicher Unterstützung* ein. Supraspinale Förderung der spinalen parasympathischen Reflexwege zum Enddarm (Abb. 8-11) führt zur reflektorischen Kontraktion der Endabschnitte des Colons bei gleichzeitiger Erschlaffung beider Schließmuskeln. Dies muß durch die Erhöhung des Druckes im Bauchraum (Bauchpresse) unterstützt werden. Beide Mechanismen zusammen führen unter Senkung des Beckenbodens zum Ausstoßen der Kotsäule.

Fäkale Inkontinenz. Eine Vielzahl von Erkrankungen im Kindes- und Erwachsenenalter führen zu zeitweiser oder anhaltender fäkaler Inkontinenz. Im Kindesalter sind davon vor allem Geburtsdefekte wie *Spina bifida* betroffen: durch Spaltbildung der unteren Wirbelsäule wird das Rückenmark geschädigt, und der externe Sphincter kann nicht mehr auf

Druckveränderungen des Rectums und des internen Sphincters mit Kontraktion (Stuhl halten) reagieren. Bei *diabetischer Neuropathie*, einer Komplikation bei Diabetes mellitus (vgl. S. 166) und im Alter kommt es ebenfalls zu teilweiser Degeneration der nervösen Versorgung des Sphincters mit Inkontinenz. Neben operativen Eingriffen hat sich zur Wiedererlangung von Kontinenz *Biofeedback* der Kontraktion des externen Sphincters gut bewährt. Die dabei verwendete Methode ist auf S. 304 und Abb. 16-14 beschrieben [8].

8.7 Literatur

Weiterführende Lehr- u. Handbücher

1. BÄSSLER, K.H., FEKL, W., LANG, K.: Grundbegriffe der Ernährungslehre. Heidelberger Taschenbuch, Bd. 119, Medizin. Berlin, Heidelberg, New York: Springer 1973
2. BUSTOS-FERNANDES, L. (Ed.): Colon, Structure and Function. New York: Plenum Medical Book 1983
3. CASPARY, W.F. (Hrsg.): Dünndarm: Handbuch Innere Medizin, 5. Aufl. Bd. 3, Verdauungsorgane, Teil 3 A., Berlin, Heidelberg, New York, Tokyo: Springer 1983
4. DEUTSCHE GESELLSCHAFT FÜR ERNÄHRUNG e.V. (Hrsg.): Material zum Ernährungsbericht Frankfurt: Deutsche Gesellschaft für Ernährung e.V. 1980
5. DEUTSCHE GESELLSCHAFT FÜR ERNÄHRUNG e.V. (Hrsg.): Empfehlungen für die Nährstoffzufuhr (4. erw. Überarb.) Frankfurt: Umschau Verlag 1985
6. DOCUMENTA GEIGY: Wissenschaftliche Tabellen - (Hrsg.: J.R. Geigy AG Pharma, Basel), 7. Aufl. Basel 1969
7. FEIST, J., BRANNON, L.: Health Psychology. Belmont, Cal.; Wadsworth 1988
8. GRANGER, D.N., BARROWMAN, J.A., KVIETYS, P.R. (Eds.): Clinical Gastrointestinal Physiology. Philadelphia: Saunders 1985
9. HÖLZL, R., WHITEHEAD, W.E.: Psychophysiology of the Gastrointestinal Tract. Plenum, New York 1983
10. JOHNSON, L.R. (Ed.): Physiology of the Gastrointestinal Tract. New York: Raven Press 1981
11. KONTUREK, S.J., CLASSEN, M. (Hrsg.): Gastrointestinale Physiologie. Baden-Baden: Witzstrock 1976
12. LEHNINGER, A.L.: Biochemie, 2. Aufl. Weinheim: VCH Verlagsgesellschaft 1985
13. MAGEE, D.F., DALLEY, A.F. (Eds.): Digestion and the structure and function of the gut. Basel: Karger 1986
14. SCHIEBLER, T.H., PEIPER, U., SCHNEIDER, FR.: Histologie, 2. Aufl. Berlin, Heidelberg, New York, Tokyo: Springer 1986
15. SCHMIDT, R.F., THEWS, G. (Hrs.) Physiologie des Menschen. 23. Aufl. Berlin, Heidelberg, New York, Tokyo: Springer 1987

Einzel- und Übersichtsarbeiten

16. BIRBAUMER, N.: Cardiovasculäre Störungen. In: MILTNER W., BIRBAUMER N., GERBER D. (Hrsg:): Verhaltensmedizin. Berlin, Heidelberg, New York, Tokyo: Springer 1986
17. BIRBAUMER, N.: Gastrointestinaltrakt. In: MILTNER W., BIRBAUMER N., GERBER D. (Hrsg:): Verhaltensmedizin. Berlin, Heidelberg, New York, Tokyo: Springer 1986
18. BITSCH, R.: Die therapeutische Anwendung von Vitaminen. Dt. Apothekerzeitg. *125*, 392 (1985)
19. ECKHARDT, R., MEYER ZUM BÜSCHENFELDE, K.H.: Immunologie des Dünndarms. In: Handbuch Innere Medizin, 5. Aufl., Bd. 3; Verdauungsorgane Teil 3 A. CASPARY, W.F. (Hrsg.). Berlin, Heidelberg, New York, Tokyo: Springer, S. 73-104 (1983)
20. ELSENHANS, B., CASPARY, W.F.: Resorption von Kohlenhydraten. In: Handbuch Innere Medizin 5. Aufl., Bd. 3; Verdauungsorgane Teil 3 A. CASPARY, W.F. (Hrsg.). Berlin, Heidelberg, New York, Tokyo: Springer, S. 139-156 (1983)
21. ELSENHANS, B., CASPARY, W.F.: Resorption von Eiweiß. In: Handbuch Innere Medizin, 5. Aufl., Bd. 3; Verdauungsorgane Teil 3 A. CASPARY, W.F. (Hrsg.). Berlin, Heidelberg, New York, Tokyo: Springer, S. 157-178 (1983)
22. FOREYT, J.P.: The Addictive Disorders. In: WILSON G.T., FRANKS C.M., KENDALL P.C., FOREYT J.P. (Eds.): Review of Behavior Therapy. Vol. 11. New York: Guilford 1987
23. GANGL, A.: Resorption von Triglyceriden und fettlöslichen Vitaminen (außer Vitamin D). In: Handbuch Innere Medizin, 5. Aufl., Bd. 3; Verdauungsorgane, Teil 3 A. CASPARY, W.F. (Hrsg.). Berlin, Heidelberg, New York, Tokyo: Springer, S. 179-215 (1983)
24. HENTSCHEL, E.: Cimetidin. In: BLUM, A.L., SIEVERT, J.R. (Hrsg.): Ulcustherapie. Berlin, Heidelberg, New York, Tokyo: Springer, S. 225-253 (1982)
25. RUPPIN, H.: Motilität des Dünndarms. In: Handbuch Innere Medizin, 5. Aufl., Bd. 3; Verdauungsorgane, Teil 3 A. CASPARY, W.F. (Hrsg.) Berlin, Heidelberg, New York, Tokyo: Springer, S. 464-487 (1983)
26. SCHILLER, L.R.: Motor function of the stomach. In: SLEISENGER, M.H., FORDTRAN, J.S. (Eds.): Gastrointestinal Disease. Philadelphia: Saunders, pp. 521-541 (1983)
27. WEISBRODT, N.W.: Pattern of intestinal motility. Annual Rev. Physiol. *43*, 33-51 (1981)
28. WEISS, J.M.: Psychological and behavioral influences on gastrointestinal lesions in animal models. In: Maser S., Seligman M.E.P. (Eds.): Psychopathology. San Francisco: Freeman 1977
29. WHITEHEAD, W.E., SCHUSTER, M.M.: Manometric and electromyographic techniques for assessment of the anorectal mechanism for continence and defecation. In: HÖLZL, R., WHITEHEAD, W.E. (Eds.): Psychophysiology of the Gastrointestinal Tract. Experimental and Clinical Applications. New York: Plenum 1983

9 Nierenfunktion, Salz-Wasser-Haushalt

Aufgaben der Nieren. Die Nieren haben zwei Hauptaufgaben: Sie scheiden *erstens* die meisten der im Körperstoffwechsel anfallenden Abfallstoffe aus, und sie sorgen *zweitens* dafür, daß die normalen Konzentrationen der in der extracellulären Flüssigkeit gelösten Salze und andere Stoffe und die extracelluläre Flüssigkeitsmenge möglichst konstant gehalten werden. Damit wird jeder Körperzelle geboten, was für die Einzeller im Meer seit Jahrmillionen völlig selbstverständlich ist: eine konstante Außenwelt. Sie ist, wie aus Kap. 2 erinnerlich, eine unabdingbare Voraussetzung für das normale Arbeiten aller Zellen und Organe. Die von den Nieren ausgeschiedene überflüssige Extracellulärflüssigkeit samt den in ihr gelösten Stoffen wird aus dem Nierenbecken als Harn oder Urin über die Harnleiter (*Ureter*) in die Harnblase geleitet und von dort periodisch über die Harnröhre (*Urethra*) nach außen entleert.

Arbeitsprinzip der Nieren [1, 4, 8, 9]. Die Harnbereitung in den Nieren erfolgt in zwei Schritten. Zuerst wird in den *Glomeruli* (s. u.) ein **Primärharn** aus dem Blutplasma *abgefiltert*, in dem alle dort gelösten feinmolekularen Stoffe enthalten sind. Pro Tag sind dies rund 180 l. Aus diesem Primärharn wird anschließend in den Tubuli (s. u.) der endgültige Harn gebildet. Da wir täglich rund 1,5 l Urin ausscheiden, bedeutet dies, daß in den *Tubuli* etwa 99% des abfiltrierten Primärharns wieder *resorbiert* werden müssen. Ferner sind im Primärharn auch eine Menge Salze und andere Stoffe, wie z. B. Glucose, enthalten, die nicht ausgeschieden werden sollen. Sie müssen daher unbedingt aus dem *Tubulus* wieder *resorbiert* werden. Schließlich gilt es, Abfall- und Giftstoffe, die durch Filtration nicht oder nicht genügend ausgeschieden werden, aus dem Blut mit aktivem Transport in den Harn zu *"sezernieren"*. Der **endgültige Urin** besteht also aus dem, was die verschiedenen Resorptionsprozesse von dem Primärharn übriglassen, plus dem, was die Tubuluszellen in die Harnflüssigkeit hineinsezernieren.

9.1 Aufbau und Blutversorgung des harnbereitenden und harnableitenden Systems

Lage, Grob- und Feinbau des Harnapparates

Lage und Grobbau der Nieren. Die Nieren liegen in der Lendengegend beiderseits der Wirbelsäule hinter der Bauchhöhle (Abb. 9-1 A). Eine Niere wiegt etwa 150 g, ist etwa 12 cm lang, 6 cm breit und 3 cm dick. Sie hat die Form einer Bohne. An der eingedellten Seite, dem *Nierenhilus*, treten die Gefäße und der Nierennerv in die Niere ein. Dort wird auch der Harn im *Nierenbecken* gesammelt und in den *Ureter* weitergeleitet. Ein Mittelschnitt durch die Niere zeigt Mark (Medulla) und Rinde (Cortex) (Abb. 9-1 B). Sie enthalten unterschiedliche Abschnitte der Bauelemente der Nieren, der *Nephronen* (s. u.).

Feinbau der Nieren. Die beiden Nieren sind sehr gleichförmig aus insgesamt 2,4 Millionen einzelnen Bauelementen, den **Nephronen**, aufgebaut, die jedes für sich Harn bilden können. Die Arbeitsweise eines einzelnen Nephrons spiegelt daher weitgehend die Tätigkeit der gesamten Niere wider. Ein solches Nephron ist sehr schematisch in Abb. 9-2 gezeigt. Es besteht aus dem **Glomerulus** mit *Bowman-Kapsel* und dem **Tubulus** mit dem *proximalen Convolut*, der *Henle-Schleife* und dem *distalen Convolut*. Die Nephrone münden schließlich zu mehreren in eine gemeinsame *Sammelrohrstrecke*, die den Harn zum Nierenbecken leitet.

In jeden **Glomerulus** tritt eine *Arteriole* ein und verzweigt sich zu einem *Capillarknäuel* (Abb. 9-2), das von dem inneren Blatt der Bowman-Kapsel zusammengehalten wird. Zwischen diesem und der äußeren Membran liegt der Kapselraum, in den aus den Capillaren der Primärharn abgefiltert wird, der

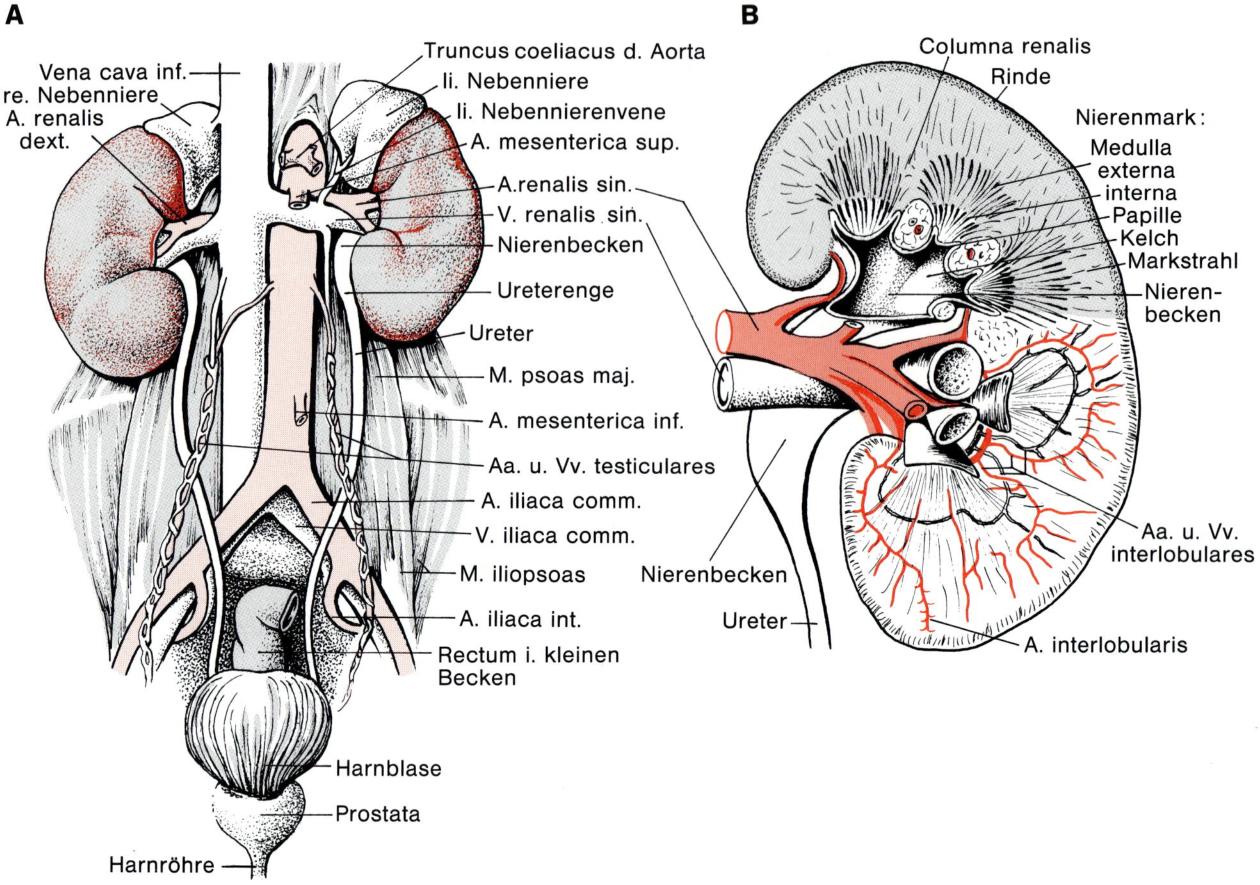

Abb. 9-1. Überblick über Lage und Grobbau der Niere und der ableitenden Harnwege beim Menschen. **A** Blick von vorne auf die Lage von Nieren und Nebennieren (letztere sind endokrine Drüsen s. Kap. 10) mit Gefäßen, Harnleitern und Harnblase beim Mann nach Entfernen des in Abb. 8-1 (S. 129) gezeigten Gastrointestinaltraktes. **B** Aufblick und Schnitt durch eine linke Niere mit Darstellung des Nierenbeckens und der Blutgefäßversorgung. Als Maßstab sei angeführt, daß eine menschliche Niere etwa 12 cm lang ist. Weitere Besprechung im Text

von dort in den Tubulus fließt. Anders als in allen übrigen Geweben münden die Glomeruluscapillaren aber nicht in Venolen, sondern in eine zweite, *abführende Arteriole*, die sich anschließend in ein *zweites Capillarnetz* aufsplittert, das, wie in Abb. 9-2 zu sehen, den Tubulus versorgt.

Der **Tubulus** ist kein einheitliches Zellrohr, sondern seine Wände sind in den verschiedenen Abschnitten *aus deutlich unterschiedlichen Zellen* aufgebaut. Dieser Verschiedenheit der Zellformen entsprechen auch unterschiedliche Funktionen bei der Umwandlung des Primärharns (der ein sehr großes Volumen hat) in den stark „eingedickten" Endharn. Schon die Durchflußmengen und damit die Strömungsgeschwindigkeiten in den verschiedenen Abschnitten der Tubuli ändern sich von proximal nach distal wegen der starken Resorption des Wassers erheblich: fließen doch durch die *Anfangsteile* aller Tubuli insgesamt rund 125 ml/min, durch die *Henleschen Schleifen* noch 20 ml/min, aber durch die *Sammelrohre* nur noch 1-5 ml/min (Abb. 9-3).

Harnleiter, Harnblase, Harnröhre. Die Harnleiter oder **Ureteren** sind etwa 25 cm lang (Abb. 9-1). Sie steigen aus den Nierenbecken abwärts und münden an der Hinterseite der Harnblase ein, wobei sie die Blasenwand schief durchsetzen. Dadurch entsteht eine Art Druckverschluß, welcher einen Rückstau nach oben verhindert. Die Harnleiterwand besteht aus zwei bis drei Schichten glatter Muskulatur, deren peristaltische Bewegungen den Urin bis in die Blase vorwärtstreiben (normalerweise 2-3 peristaltische Wellen pro Minute).

Die **Harnblase** liegt als muskulomembranöser Behälter für den Urin im kleinen Becken. Beim Mann befindet sich die Blase vor dem Rectum und liegt der Vorsteherdrüse auf (Abb. 28-8 A). Bei der Frau ist sie der Gebärmutter und der Scheide vor-

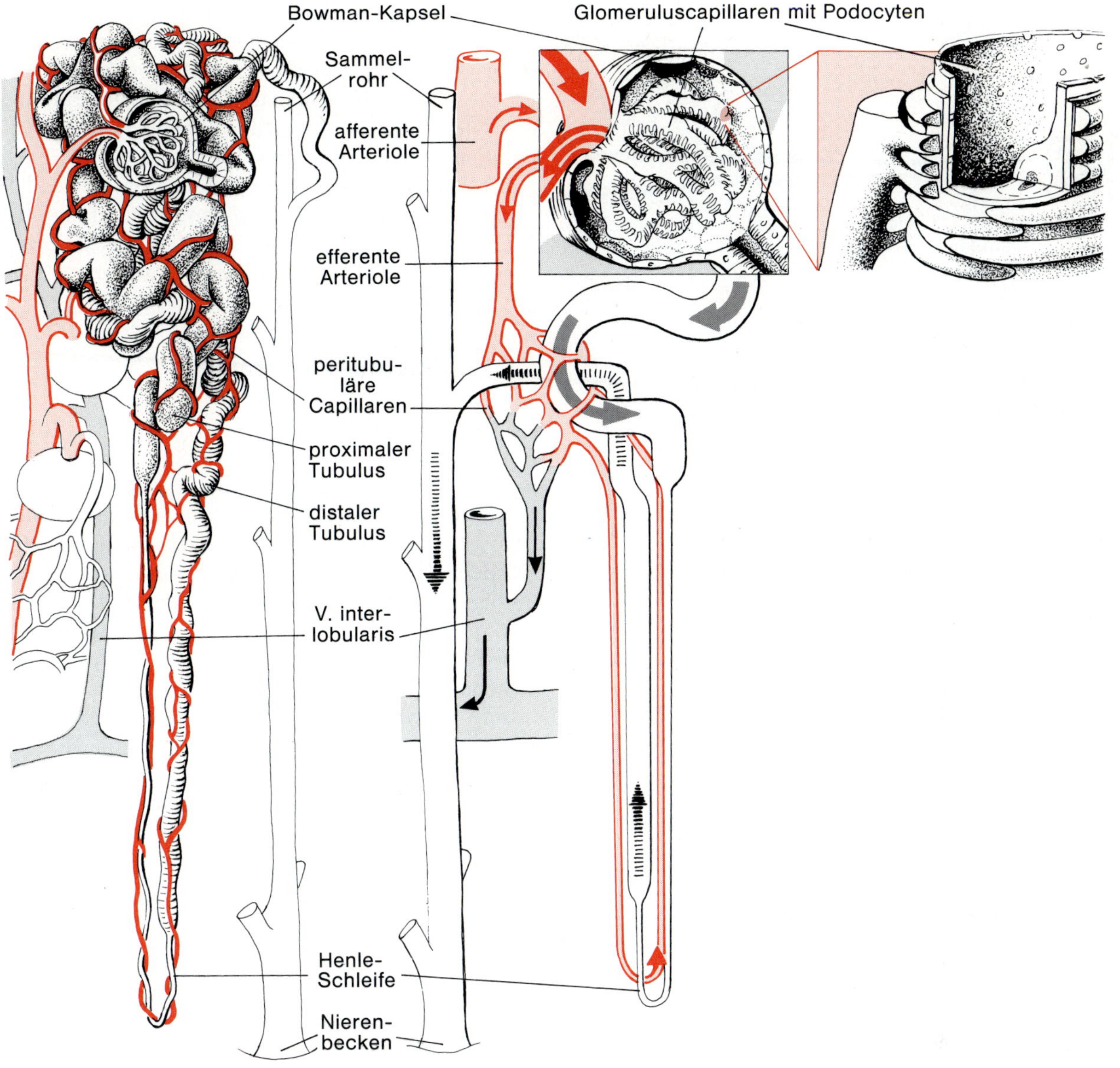

Abb. 9-2. Aufbau eines Nephrons und seiner Gefäßversorgung. *Links* eine nach mikroskopischen Beobachtungen rekonstruierte dreidimensionale Darstellung, *rechts* eine schematische Illustration zur Klarstellung von Harnfluß und Blutfluß. Der Glomerulus ist *rechts oben* noch weiter vergrößert dargestellt, um seine Filterrolle bei der Gewinnung des Ultrafiltrats zu verdeutlichen. Bei der Blutversorgung ist zu beachten, daß *zwei* Arteriolenstrecken (*afferente* und *efferente Arteriole*) und *zwei* Capillarnetze (glomuläres und peritubuläres) hintereinander geschaltet sind. Weitere Besprechung im Text

gelagert (Abb. 28-8 B). Ihre *normale Fassungskraft* beträgt zwischen 150 und 500 ml. Bei stärkster Füllung kann die Harnblase 1 l oder mehr enthalten. Der Abfluß des Harns wird durch zwei Schließmuskeln gehemmt. Der *innere Ringmuskel* besteht aus glatter Muskulatur und kann nicht willkürlich beeinflußt werden. Der *äußere Ringmuskel* wird von quergestreifter, willkürlich innervierter Muskulatur gebildet (die Innervation der Harnblase und ihr Entleerungsreflex sind ab S. 154 geschildert).

Die **Harnröhre (Urethra)** ist **beim Mann** 20 bis 25 cm lang. Der erste Teil der Harnröhre durchsetzt die Prostata, der zweite Teil läuft durch den bindegewebigen Beckenboden und der dritte Abschnitt liegt im Inneren des Harnröhrenschwellkörpers des männlichen Gliedes (Abb. 28-8 A). Im Grunde handelt es sich beim Mann um eine *Harn-Samen-Röhre*. Es ist der gemeinsame Endabschnitt sowohl des Harn- wie des Geschlechtssystems. **Bei der Frau** ist die Harnröhre kurz (2,5-4 cm) und gestreckt. Sie

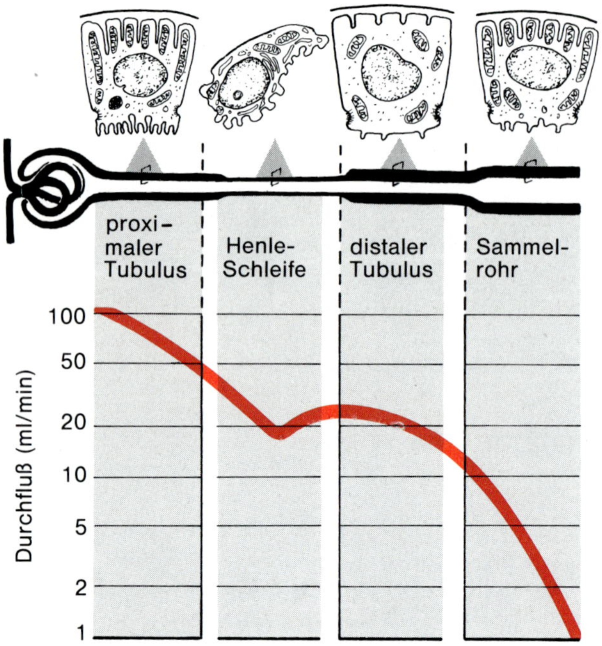

Abb. 9-3. Abnahme der Durchflußmenge des Urins bei der Passage durch die Nierentubuli. In den verschiedenen Abschnitten der Tubuli wird der Primärharn in den Endharn umgewandelt. Dabei nimmt sein Volumen, wie die *rote Kurve* zeigt, ständig ab. Diese Kurve gibt an, wieviele Milliliter Urin pro Minute durch die Gesamtheit der jeweils oben angegebenen Tubulusabschnitte fließen. Die logarithmische Ordinate wurde wegen der besseren Übersichtlichkeit gewählt. Bei einem linearen Maßstab wäre der Endteil der Kurve nur noch sehr ungenau abzulesen

mündet auf einer kleinen Vorwölbung im Scheidenvorhof (Abb. 28-6, 28-12 A).

Durchblutung der Nieren

Die Bildung großer Mengen Primärharns erfordert eine entsprechend **hohe Durchblutung**. Die Nieren machen mit ihren 300 g Gewicht nur 0,4% des Körpergewichts eines 70 kg schweren Menschen aus. Ihre Durchblutung beträgt aber rund 1,2 l/min, also etwa **25% des Herzzeitvolumens in Ruhe**. Dieser hohe Blutstrom fließt vornehmlich durch die *Nierenrinde.* Dort liegen die Glomeruli und die proximalen Tubulusknäuel (Convolute), in denen der Umsatz an extracellulärer Flüssigkeit hauptsächlich stattfindet. Im *Nierenmark* gibt es nur Capillaren (Abb. 9-2). Diese verlaufen zum großen Teil parallel zu den in Richtung Nierenbecken laufenden Henle-Schleifen der Tubuli und werden dabei viele Zentimeter lang (übliche Capillarlänge = 0,5 mm).

Autoregulation der Nierendurchblutung [21]. Ähnlich wie das Gehirn zeichnet sich die Niere durch die Besonderheit aus, daß ihre afferenten Arteriolen (Abb. 9-2) auf eine *Erhöhung des Blutdruckes* mit einer *Widerstandszunahme* (Gefäßverengung) reagieren, die so abgestuft ist, daß die Durchblutung der Niere praktisch konstant bleibt. Diese **Autoregulation** koppelt die Niere (und, wie gesagt, auch das Gehirn) von der allgemeinen Kreislaufregulation weitgehend ab. Damit ist gewährleistet, daß die Bildung des Ultrafiltrates unter praktisch allzeit konstanten Druckbedingungen verläuft.

9.2 Glomeruläre Filtration

In den Glomeruli wird aus dem Blut Extracellulärflüssigkeit in den Kapselraum als **Primärharn** abgepreßt, der von dort in die Tubuli fließt. Das Abfiltern des Primärharns im Glomerulus ist dem Abfiltern von Blutplasma in den übrigen Capillaren des Körpers völlig analog: der **Filtrationsdruck** ist als treibende Kraft die *Differenz aus dem Blutdruck minus dem kolloidosmotischen Druck* (Abb. 3-4, S. 41). Der Unterschied zum übrigen Körpergewebe besteht lediglich darin, daß die Glomeruluscapillarwände *viel mehr feine Poren* als die anderen Capillarwände haben und damit mehr Filtrat leichter durchlassen (s. rechts oben in Abb. 9-2) und daß die Rückdiffusion von Wasser nicht schon im Glomerulus, sondern erst im Tubulus einsetzt. Denn, wie schon erwähnt, die Glomeruluscapillaren münden nicht in Venen, sondern in eine zweite, abführende Arteriole, die sich anschließend in ein zweites Capillarnetz aufsplittert, das, wie in Abb. 9-2 zu sehen, den Tubulus versorgt.

Die hohe Durchblutung der Nierenrinde (s. o.) ist die Voraussetzung für die Bildung großer Mengen von Primärharn, also für eine hohe **glomeruläre Filtrationsrate (GFR)**. Etwa 20% des renalen Plasmaflusses werden dabei ständig abfiltriert. Pro Minute beträgt die GFR 120 ml, pro Tag summiert sie sich auf 170 l. Die durchschnittliche GFR von 120 ml/min unterliegt *physiologischen Schwankungen.* So existiert ein ausgeprägter circadianer Rhythmus. Das Tagesmaximum kann bis zu 30% über, das nächtliche Minimum bis zu 30% unter dem Mittelwert liegen. Auch im Anschluß an Mahlzeiten kann die GFR bis zu 30% über dem Durchschnitt liegen.

Bestimmung der GFR. Ein Stoff, der lediglich im Glomerulus frei abfiltriert, später im Tubulus aber weder wieder rückresorbiert, noch sezerniert wird, ist dazu geeignet, die GFR zu bestimmen. Kennt man nämlich seine Konzentration im Plasma, so kann man aus seiner Konzentration im Urin und dem Volumen des gebildeten Urins auf das Volumen der GFR schließen. Ein solcher Stoff ist das Polysaccharid **Inulin**. Es kommt im menschlichen Stoffwechsel nicht vor. Es muß daher zur GFR-Bestimmung infundiert werden. Unter den natürlichen Stoffwechselprodukten wird das **Kreatinin** ebenfalls fast ausschließlich filtriert (S. 149). Es stammt aus dem Muskelstoffwechsel und liegt im Blut des Erwachsenen in relativ konstanter Konzentration vor (es muß also nicht infundiert werden). Das Messen der im Urin ausgeschiedenen Kreatininmenge liefert also einen sehr guten Anhaltspunkt für die GFR. Umgekehrt ist ein Ansteigen der Kreatininkonzentration im Blutplasma ein deutliches Zeichen einer Niereninsuffizienz.

9.3 Tubuläre Resorption und Sekretion

Die Resorption von Stoffen und Wasser aus dem Tubulus in das Blut erfolgt entweder aktiv, also unter Energieaufwand, oder passiv, d. h. die Moleküle diffundieren aus elektrischen oder osmotischen Gründen durch die Tubuluszellen in das Blut. Insgesamt ist es so, daß *nur wenige Substanzen aktiv* aus dem Blut resorbiert werden, allen voran die Natriumionen des Kochsalzes. Diesen folgen dann *passiv die anderen Substanzen,* in unserem Beispiel aus Gründen der Elektroneutralität die Chlorionen und aus osmotischen Gründen das Wasser (wobei die Wasserdiffusion wiederum weiteres Kochsalz mitreißt und natürlich auch die Diffusion anderer Stoffe nach sich zieht). Diese Prozesse werden im folgenden etwas näher beleuchtet.

Flüssigkeitsresorption

Es wurde eingangs schon erwähnt, daß jeden Tag nur rund 1% der GFR, nämlich etwa 1,5 l, als Urin ausgeschieden werden. Die anderen 99% werden im Tubulussystem wieder resorbiert. An dieser Resorption sind, wie aus Abb. 9-3 abgeschätzt werden kann, die einzelnen Tubulusabschnitte ganz unterschiedlich beteiligt. Die Hauptlast liegt beim Anfangsteil des Nephrons, wo bereits *im proximalen Convolut 65% des Filtratvolumens wieder zurückgenommen* werden. Das übrige Volumen wird im absteigenden Teil der Henle-Schleife, im distalen Convolut und in den Sammelrohren rückresorbiert.

Die Feineinstellung der Urinmenge hängt davon ab, ob der Körper Wasser sparen und deswegen einen konzentrierten Urin herstellen muß (*Antidiurese,* normale Arbeitsweise der Niere) oder ob er zuviel Wasser aufgenommen hat, das ausgeschieden werden muß (*Wasserdiurese*). Diese Feineinstellung, die im Abschnitt 9.4 beschrieben wird, erfolgt in den letzten Tubulusabschnitten unter dem Einfluß des Hormons *ADH (Adiuretin).* In den proximalen Tubulusabschnitten erfolgt die Volumeneinengung des Urins dagegen unabhängig vom Funktionszustand der Niere.

Transtubulärer Transport von Salzen (Elektrolyten)

Nicht nur beim Wasser, sondern auch bei der *Resorption* gelöster Substanzen dominiert der proximale Tubulus. Auch bei der *Sekretion,* z. B. von schwachen organischen Säuren und Basen oder von Wasserstoff- und Ammonium-Ionen, ist er führend. Die Resorptionsleistung der *distalen* Tubulusabschnitte ist viel geringer. Dort aber ist die Feineinstellung der Resorption bzw. Sekretion der wichtigsten Salze lokalisiert. Eine vereinfachte Übersicht über die Lokalisation der Resorptions- und Sekretionsvorgänge an den verschiedenen Stellen des Nephrons zeigt Abb. 9-4 [9, 10, 11, 14, 17, 20, 22].

Ionentransport im proximalen Convolut. Vier Fünftel der im Ultrafiltrat gelösten Salze sind Natriumsalze (vor allem Kochsalz, NaCl). Im täglichen Primärharn sind nämlich rund 1,2 kg Kochsalz enthalten. Damit der Salzgehalt des Körpers konstant bleibt, dürfen von diesen 1,2 kg nicht mehr, aber auch nicht weniger als die täglich mit der Nahrung aufgenommenen 8–15 g, also rund 1%, im Urin ausgeschieden werden. Bei kochsalzarmer Nahrung müs-

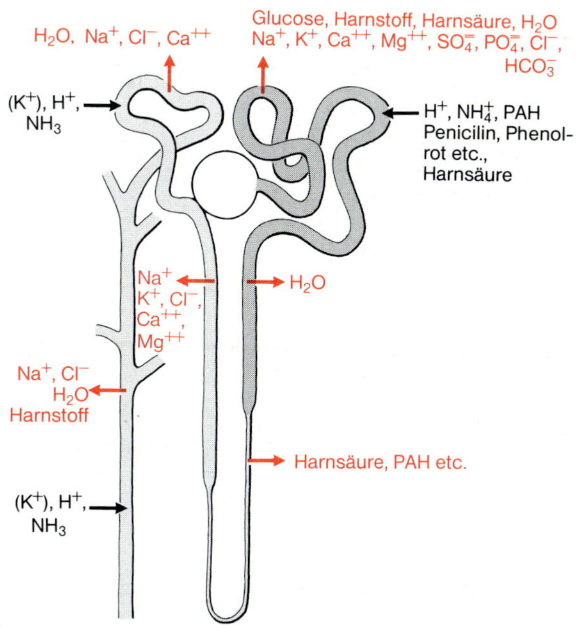

Abb. 9-4. Überblick über die Lokalisation der Transportvorgänge im Nephron. Substanzen, die aus dem im Glomerulus ultrafiltrierten Primärharn anschließend wieder resorbiert werden, sind *rot* eingetragen, die in den Harn sezernierten Substanzen *schwarz* (s. a. die *Pfeilrichtung*). Darstellung von P. Deetjen in [8]

sen es sogar weniger als 0,1% sein, damit langfristig keine Änderung der NaCl-Konzentration der Extracellulärflüssigkeit auftritt. Die **Resorption von Natrium** ist daher die größte Aufgabe der Niere. Um die dabei notwendige Genauigkeit zu erzielen, arbeitet die Niere in einem Zwei-Stufen-Verfahren: Im proximalen Tubulus und in der Henle-Schleife (s. u.) werden gut 90% des Kochsalzes resorbiert. Im distalen Tubulus erfolgt dann die Feineinstellung (s. u.).

Der Transport der Natrium-Ionen **aus dem proximalen Tubulus in die Tubuluszellen** erfolgt *passiv*. Die Tubuluszellen haben nämlich eine sehr geringe Natrium-Ionen-Konzentration und sie sind elektrisch negativ geladen (s. dazu S. 22, 201). Es existieren somit sowohl ein osmotischer wie ein elektrischer Gradient und damit treibende Kräfte für einen Einstrom der Na^+-Ionen aus der Tubulusflüssigkeit.

Die passive Diffusion von Natrium-Ionen in die Tubuluszellen würde sehr schnell zum Stillstand kommen, wenn das Na^+ nicht schnellstens **aus den Zellen** über das Interstitium **an das Blut** weitergegeben würde. Dies kann aber nur unter Mithilfe von *„Pumpen"*, vor allem von Na-K-Pumpen (s. S. 25), also *unter Energieaufwand* geschehen, denn der Kochsalzgehalt der Extracellulärflüssigkeit ist hoch (S. 22). Im Endeffekt erfolgt die Natrium-Resorption aus dem Tubulus also *aktiv*. Es überrascht daher nicht, daß der **Energieumsatz der Niere**, gemessen am O_2-Verbrauch, klar mit der Na^+-Resorption korreliert.

Wie oben schon erwähnt, ist die Na^+-Resorption aus dem Tubulus und der aktive Weitertransport aus den Tubuluszellen in den Extracellulärraum *aus osmotischen Gründen* von einem **Nachstrom von Wasser** gefolgt. Der Wasserstrom reißt wiederum weitere gelöste Substanzen mit sich, ein Prozeß der **solvent drag** genannt wird. Zu diesen gehören neben Calciumionen, Glucose, Aminosäuren und anderen Molekülen vor allem das hauptsächlich vorhandene Kochsalz. Damit wird ein Großteil des Kochsalzes und viele andere Moleküle lediglich indirekt oder *"sekundär aktiv"*, also auf sehr energiesparende Weise, aus dem Primärharn rückresorbiert.

Im proximalen Tubulus wird immer nur ein bestimmter Anteil des Wassers und Kochsalzes des Primärharns resorbiert, *nämlich etwa 65%*, ganz gleich ob die GFR hoch oder niedrig ist. Diese **glomerulotubuläre Balance** hat den Vorteil, daß *bei niedriger GFR* die Tubulusflüssigkeit nicht schon proximal vollständig resorbiert wird und damit für die spätere Feineinstellung überhaupt keine Flüssigkeit mehr zur Verfügung steht. Umgekehrt gelangt *bei erhöhter GFR* nicht der ganze Zuwachs, sondern immer nur etwa 1/3 davon in die distalen Nephronabschnitte, so daß deren begrenzte Regulationsfähigkeit nicht überlastet wird.

Ionentransport in der Henle-Schleife [10, 11, 15, 22]. Der *Anfang der Henle-Schleife* (gerader Teil des proximalen Tubulus) entspricht in seinen Transporteigenschaften dem proximalen Convolut, allerdings mit einer deutlich verminderten Kapazität. Entsprechend sinkt auch die Fähigkeit zum Transport großer Mengen an Salzen und Wasser. Im dikken *aufsteigenden Teil der Henle-Schleife* ist die **Tubuluszellwand für Wasser praktisch undurchlässig**. Dadurch kommt es hier zu der im Tubulus einzigartigen Situation, daß **Natrium ohne Wasser resorbiert** wird. Dadurch wird die Tubulusflüssigkeit hypoton, d. h. der osmotische Druck sinkt unter den des Plasmas. Damit wird die Voraussetzung geschaffen, bei einem eventuellen Salzmangel oder bei einem Wasserüberschuß einen osmotisch verdünnten Endharn auszuscheiden.

Ionentransport im distalen Tubulus [14, 15]. Hier erfolgt die Feineinstellung der Harnbildung. Eine wichtige Rolle übernimmt dabei das aus der *Nebennierenrinde* stammende Hormon **Aldosteron**. Dessen Freisetzung erfolgt durch den auf S. 87 bereits geschilderten **Renin-Angiotensin-Mechanismus**, der bei Flüssigkeitsmangel im Extracellulärraum und bei Kochsalzmangel aktiviert wird. *Aldosteron* steigert den aktiven Transport von **Natrium-Ionen** aus der Tubulusflüssigkeit. Die Natrium-Ionen werden zum großen Teil gegen **Kalium-Ionen** ausgetauscht, die wir normalerweise im Übermaß mit der Nahrung aufnehmen (vor allem bei sehr fleischreicher Nahrung) und wieder „loswerden" müssen.

Umgekehrt wird durch *Drosselung der Aldosteronfreisetzung* eine **Natriurese** (vermehrte Ausscheidung von Natrium) bewirkt (z. B. bei sehr salzhaltiger, flüssigkeitsreicher Kost). Diese Natriurese kann auch aktiv hormonal verstärkt werden, und zwar durch den erst vor kurzem entdeckten **atrialen natriuretischen Faktor, ANF**. ANF ist ein Polypeptid, das auch **Atriopeptin** genannt wird, da es in den Muskelzellen des Herzvorhofes vorkommt. ANF steigert die GFR und bremst die Natrium-Resorption am Ende des Nephrons. Es wird nerval und durch Dehnung der Vorhöfe freigesetzt.

Neben Kalium werden eine Reihe von anderen Stoffen durch **Sekretion**, also **durch aktiven Transport aus dem Blut** des zweiten Capillarnetzes über die Tubuluszellen **in den Harn** ausgeschieden (Abb. 9-4, *schwarze* Pfeile). Dazu gehören vor allem die im Körper durch den Stoffwechsel im Übermaß entstehenden **Säuren**, die sonst zu einer Übersäuerung des Blutes führen würden. Auch viele *Giftstoffe* und *Arzneimittel* werden in den Tubuli durch Sekretion ausgeschieden. Bei manchen Arzneimitteln geschieht dies so schnell, daß man sie über den Tag verteilt in zahlreichen Einzeldosen geben muß, um einen wirksamen Blutspiegel aufrechtzuerhalten.

Transport von Schwellenstoffen

Neben denjenigen Substanzen, deren Ausscheidungsrate mit ihrer Zufuhr von außen (Beispiel Kochsalz, s. o.) oder ihrer Produktion im Stoffwechsel (Beispiel Harnstoff, s. u.) schwankt, werden im Glomerulus auch eine Reihe von Stoffen abfiltriert, die *wegen ihres Nährwertes überhaupt nicht ausgeschieden* werden sollen, wie Glucose, Aminosäuren, kleine Eiweißmoleküle und Vitamine. Für diese Stoffe gibt es in den Tubuluszellen spezielle **aktive Transportsysteme** *(Pumpen)*, die dafür sorgen, daß unter normalen Umständen nur Spuren dieser Stoffe im Urin ausgeschieden werden [4, 19].

Als Beispiel für einen solchen Schwellenstoff sei der Blutzucker erwähnt. Seine normale Konzentration liegt bei 80–100 mg% (mg pro 100 ml Plasma). Selbst bei einer Verdoppelung auf 200 mg% wird praktisch noch die gesamte abfiltrierte Glucose aus dem Primärharn resorbiert. Steigt der Blutzuckerspiegel noch weiter an, wie das bei der Zuckerkrankheit (Diabetes mellitus, S. 165) der Fall ist, kann das Transportsystem nicht mehr die gesamte Glucose resorbieren (die Pumpen sind überfordert). Ein Teil wird daher im Urin auftauchen. Da die Glucose eine osmotische Wirkung hat, scheiden die Patienten zusätzlich eine erhöhte Harnmenge aus. Dies ist oft das erste, augenfällige Symptom. Auch der Name **Diabetes mellitus** bedeutet nichts anderes als „süße Harnruhr", also eine vermehrte Harnmenge, die süß schmeckt. Die Diagnose wurde nämlich früher durch Verkosten des Urins gestellt.

Transport von Abfallstoffen aus dem Eiweißstoffwechsel

Harnstoff. So sorgfältig die Niere bei der Ausscheidung der Salze verfährt, so locker geht sie mit dem **Harnstoff** um, der das *stickstoffhaltige Hauptabfallprodukt des Eiweißstoffwechsels* ist und nur über die Nieren ausgeschieden werden kann. Immerhin produzieren wir pro Tag 25–30 g Harnstoff, sogar mehr, wenn wir sehr eiweißreich, etwas weniger, wenn wir sehr eiweißarm essen. Selbst bei *völligem Hungern* entstehen durch den Abbau körpereigener Eiweiße immer noch einige Gramm Harnstoff pro Tag.

Der **Harnstoff wird mit dem Primärharn abgefiltert**. Danach wird er sozusagen seinem Schicksal überlassen. Da die Harnstoffmoleküle nicht sehr groß und elektrisch neutral sind, diffundieren sie zum Teil passiv mit dem Wasser aus den proximalen Tubuli in das Blut zurück. Der Rest bleibt im Harn. Da der Diffusionsvorgang Zeit braucht, ist die *Harnstoffmenge im Urin um so größer*, je schneller der Urin durch die Tubuli fließt, das heißt, *je höher die GFR ist.* Die normalen Schwankungen des Blutspiegels machen dabei wenig aus, denn Harnstoff ist praktisch ungiftig. Es ist damit gleichgültig, ob seine Konzentration im Blutplasma (Normalwert 260 mg pro Liter) etwas schwankt oder nicht. Bei Patienten mit einer eingeschränken Nierenfunktion ist es aber sehr wichtig, eine hohe glomeruläre Filtrationsrate anzuregen, damit genügend Harnstoff ausgeschieden wird.

Harnsäure. Harnsäure ist frei filtrierbar und kann zusätzlich vom proximalen Tubulus sezerniert werden. Sie wird aber auch passiv resorbiert (im proximalen Tubulus und im absteigenden Teil der Henle-Schleife), so daß nur **10% der ursprünglich filtrierten Menge im Endharn** erscheinen. Eine stärkere Konzentrierung von Harnsäure im Urin ist auch nicht wünschenswert, da Harnsäure nur begrenzt wasserlöslich ist und daher eventuell schon in den Tubuli als Natriumurat ausfällen könnte. Der Anteil der Harnsäure an der Stickstoffeliminierung beim Menschen beträgt nur 5%. Harnsäure ist aber medizinisch bedeutsam, da sie die *Ursache von Gicht und Harnsteinen* (Uratsteinen) ist, Erkrankungen, für die in den letzten Jahrzehnten sprunghafte Zunahmen zu verzeichnen sind.

Kreatinin. Kreatinin stammt aus dem Muskelstoffwechsel. Die täglich anfallende Kreatininmenge ist von der Muskelmasse abhängig, schwankt aber beim einzelnen Individuum nur wenig (mittlere Blutplasmakonzentration 9 mg/l). Kreatinin wird ultrafiltriert und in sehr geringem Maße zusätzlich sezerniert, jedoch nicht aus der Tubulusflüssigkeit resorbiert. Aus seiner Menge im Urin kann daher (bei Bestimmung der Plasmakonzentration) die GFR recht genau abgeschätzt werden (S. 147).

9.4 Harnkonzentrierung und -verdünnung

Antidiurese

Normalerweise bilden die Nieren pro Tag rund 1,5 l Harn. In ihm sind die von den Nieren auszuscheidenden *"harnpflichtigen" Substanzen* so konzentriert, daß der Urin etwa dreimal hypertoner als das Blutplasma ist. Für diese Konzentrationsleistung werden im wesentlichen die oben geschilderten aktiven Resorptionsprozesse („Pumpen") eingesetzt,

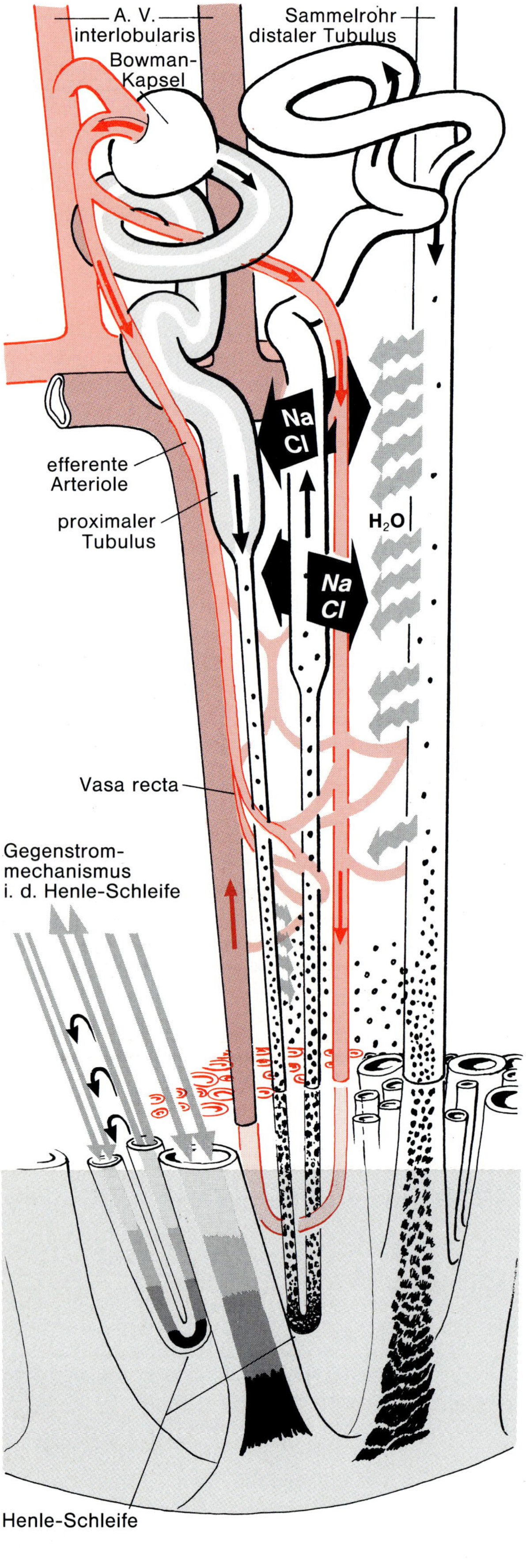

vor allem die in der Henle-Schleife. Zur Energieeinsparung und um eine hormonale Steuerung der Diurese zu ermöglichen, bedient sich die Niere dabei eines dreistufigen, insgesamt komplizierten Mechanismus.

Konzentrationsmechanismus. Die *erste Stufe* der Harnkonzentrierung spielt sich in der Henle-Schleife ab. Durch die Anordnung dieser Schleife in Form einer Haarnadel mit gegenläufigem Flüssigkeitsstrom im ab- und aufsteigenden Schenkel ist hier die strukturelle Voraussetzung für die Harnkonzentrierung nach dem **Gegenstrommultiplikationsprinzip** gegeben. Wie Abb. 9-5 zeigt, kommt es durch diesen Mechanismus zu einem stark hypertonen (salzreichen) Urin in der im Nierenmark gelegenen Schleifenspitze, während an der Basis der Schleife ein **hypotoner** *(salzarmer)* **Urin die Henle-Schleife verläßt** und in den distalen Tubulus fließt. Damit wäre zunächst für die Harnkonzentrierung noch nichts gewonnen, wenn nicht durch die starke Konzentrierung des Harns in der Schleifenspitze das gesamte Nierenmarkgewebe hyperton würde (s. dazu die dritte Stufe).

Die *zweite Stufe* der Harnkonzentrierung besteht darin, daß die hypoton aus dem aufsteigenden Schenkel kommende Flüssigkeit im distalen Convolut durch Wasserentzug wieder **auf Isotonie gebracht und im Volumen halbiert** wird. Die treibende Kraft ist die osmotische Druckdifferenz zwischen der Tubulusflüssigkeit (hypoton) und den Tubuluszellen samt dem Interstitium. Das genaue Ausmaß der Wasserresorption wird, wie oben beschrieben (S. 148), durch *Aldosteron* über die aktive Kochsalzresorption gesteuert.

Den Clou bildet allerdings erst die *dritte Stufe*, nämlich der Fluß des Harns durch die Sammelrohre. Denn diese verlaufen durch das zur Papillenspitze immer hypertoner werdende Gewebe des Nierenmarks (s. erste Stufe), so daß jetzt dem Harn

Abb. 9-5. Harnkonzentrierung in den Tubuli in synoptischer Darstellung. Der dreistufige Konzentrationsmechanismus steht im Text. In der ersten Stufe wird *NaCl* vom aufsteigenden Schenkel der Henle-Schleife aktiv in die benachbart liegenden absteigenden Henle-Schenkel gepumpt. Die Konzentrationsdifferenzen zwischen den nachbarlichen auf- und absteigenden Tubulusabschnitten bleiben dabei gering (und damit der Energieaufwand für die Pumpen), aber der Urin in der Spitze der Henle-Schleife wird sehr *hyperton.* Dadurch wird zwischen Nierenrinde und Nierenmark ein hoher osmotischer Gradient aufgebaut. Dieser wird in der dritten Stufe zur Konzentrierung des Endharns genutzt

Wasser in großen Mengen auf osmotische Weise **entzogen** werden kann. Dies setzt voraus, das die Wände der Sammelrohre wasserdurchlässig sind oder, und das ist der Fall, durch die Wirkung eines Hormons wasserdurchlässig gemacht werden können. Das dafür zuständige Hormon ist das **Adiuretin** oder **ADH** (ADH = **a**nti**d**iuretisches **H**ormon). Es wird im Hypothalamus gebildet, durch neuroaxonalen Transport in die Hypophyse gebracht und dort im Hinterlappen gespeichert (S. 171).

Hormonale Kontrolle der Antidiurese [13]. Die **Freisetzung von ADH** aus der Hypophyse erfolgt in Abhängigkeit von der Konzentration der Natrium-Ionen im Extracellulärraum (gemessen von Osmosensoren, vor allem im Hypothalamus). Eine *Erhöhung der Na^+-Konzentration* führt zur *Freisetzung von ADH* und damit zu einer **Antidiurese**, die so lange durchgehalten wird, bis die Na^+-Konzentration ihren Normalwert wieder erreicht hat. Das Umgekehrte geschieht bei Na^+-Mangel (s. unten). Dieses Regelsystem hält also die Kochsalzkonzentration und damit den osmotischen Druck im Extracellulärraum konstant. (Alle anderen Ionen kommen im Extracellulärraum in zu geringen Mengen vor, als daß sie den osmotischen Druck wesentlich beeinflussen könnten.)

Neben der Konstanthaltung der Kochsalzkonzentration der Extracellulärflüssigkeit ist aber auch wichtig, daß deren *Volumen* konstant bleibt. Dies wurde im Zusammenhang mit der Langzeit-Regulation des Blutdruckes bereits dargelegt (S. 88). Dort wurde auch beschrieben, daß ein erhöhtes extracelluläres Volumen durch eine vermehrte Primärharnbildung rasch wieder ausgeglichen wird. Die Regelkreise für den Kochsalzgehalt und für das Volumen der Extracellulärflüssigkeit ergänzen sich dabei in ihrer Wirkung, ohne sich völlig zu überlappen und ihr jeweiliges Hauptziel aus den Augen zu verlieren.

Folgen von Kochsalzüberschuß, Wassermangel und Wasserverlust. Die Regelmechanismen des Salz-Wasser-Haushalts und die Konzentrierungsfähigkeit der Nieren reichen nicht so weit, daß wir uns, wie dies manche Wüstentiere vermögen, lediglich mit dem Oxidationswasser (300 ml/d) unseres Stoffwechsels begnügen könnten. Wir müssen daher auch bei völligem Fasten trinken. Erinnert werden wir daran durch das *Durstgefühl.* Dieses wird durch den gleichen Mechanismus ausgelöst, der zur ADH-Ausschüttung führt, nämlich eine *Erhöhung der Kochsalzkonzentration der Extracellulärflüssigkeit*, gleichgültig ob diese durch Kochsalzaufnahme oder Wasserverlust bedingt ist (Einzelheiten dazu in Kap. 22).

Durst entsteht schon, wenn der Körper mehr als 0,5% seines Gewichtes an Wasser verliert, also etwa 350 ml bei 70 kg Körpergewicht (S. 428). Dies zeigt an, daß wir *gegen Wasserverluste sehr empfindlich* sind: So beginnen bereits bei einem Wasserdefizit von ungefähr 3% des Körpergewichtes die Speichelsekretion und die Harnbildung abzunehmen. Ein Abbau der körperlichen und geistigen Fähigkeiten ist zu beobachten, wenn das Wasserdefizit 10% des Körpergewichtes überschreitet. Bei einem **Wasserverlust von 15–20% tritt der Tod** ein. Dies ist unter günstigen Umständen (Schutz vor Sonne, mäßige Temperaturen) nach 10–20 Tagen ohne Wasseraufnahme der Fall. Beim Marschieren in der Wüstensonne ist diese Grenze aber schon nach Stunden erreicht, da dabei rund ein Liter Wasser pro Stunde durch die Schweißsekretion verlorengeht. Auch *auf See* ist der Mensch ohne Süßwasser zum Verdursten verurteilt: Das Wasser der Ozeane enthält bis zu 3,5% Salze, während die Nieren nur einen Harn mit nicht mehr als 2% Salzgehalt (plus harnpflichtige Substanzen, die hier nicht wichtig sind) herstellen können. Pro 100 ml Meerwasser müßten daher 175 ml Urin ausgeschieden werden. Auch das Essen von rohem Fisch nützt nichts, da sein Wassergehalt bestenfalls ausreicht, die dabei aufgenommenen Salze und den durch die Eiweißverbrennung entstehenden Harnstoff auszuscheiden.

Wasserdiurese

Das andere Ende der Skala sieht sehr viel freundlicher aus. Wasser können wir soviel trinken wie wir wollen. Jeder Flüssigkeitsüberschuß wird mit einer Verzögerung von wenigen Stunden wieder ausgeschieden. Verantwortlich dafür ist der starke **Rückgang der ADH-Freisetzung**, der zusammen mit einer *erhöhten Primärharnbildung* (durch den volumenbedingten Blutdruckanstieg, S. 88) für einen außerordentlich verdünnten Harn sorgt. Dies wird bei alkoholischen Getränken noch dadurch unterstützt, daß Alkohol die ADH-Freisetzung zusätzlich hemmt.

Wirkung von Diuretika. Eine vermehrte Harnbildung ist auch medizinisch oft erwünscht, vor allem bei der Behandlung des Bluthochdrucks (S. 91). Sie wird aber vom Arzt weniger durch Hemmstoffe der ADH-Freisetzung oder -Wirkung angeregt als durch Gabe von Pharmaka, die den aktiven Transport des Natriums aus den Tubuli hemmen und damit indirekt für eine Verminderung der passiven Wasserresorption sorgen. Die gleichzeitige vermehrte Ausscheidung von *Kochsalz und Wasser* durch solche Diuretika (harntreibende Substanzen) ist wichtig. Eine reine Wasserausscheidung würde nämlich zu einer erhöhten Kochsalzkonzentration der Extracellulärflüssigkeit führen und damit über eine ADH-Ausschüttung eine entsprechende Antidiurese auslösen. Gleichzeitig träte Durst auf. Der anfängliche Wasserverlust wäre daher schnell wieder ausgeglichen.

Diabetes insipidus [5a]. Bei eingeschränkter oder fehlender ADH-Produktion des Hypothalamus (z. B. nach Unfällen mit Schädelbasisbruch, aber auch angeboren oder bei Tumoren und Metastasen im Hypophysen-Hypothalamus-Bereich) kommt es ständig zur Ausscheidung eines hypotonen Urins. Die Folge einer solchen **Polyurie** ist ein zu hoher Kochsalzgehalt der Extracellulärflüssigkeit mit dauerndem Durst. Dies führt zu dauerndem Trinken **(Polydipsie)**, dessen zwanghafter Charakter die gesamte Lebensweise des Patienten bestimmt. So wird berichtet, daß der Tiroler Zwerg *Klemens Perkeo* (Hofnarr in Heidelberg um 1720–1730 bei *Karl Philipp von der Pfalz)*, der wahrscheinlich unter einem angeborenen ADH-Mangel litt, täglich 20–30 l Wein trank).

9.5 Niereninsuffizienz

Entscheidend für die Gesamtfunktion der Nieren ist eine ausreichende Filtration von Primärharn in den Glomeruli. Wenn nicht mehr ausreichend filtriert wird, ist es bedeutungslos, ob die tubulären Mechanismen zur Resorption von Salzen, Glucose oder Aminosäuren noch intakt sind und ob die Mechanismen zur Sekretion von Kaliumionen, Säuren oder Arzneistoffen arbeitsfähig sind. Ohne eine ausreichende GFR und ohne eine genügende Durchströmung der einzelnen Tubulusabschnitte können alle dort lokalisierten Partialfunktionen nicht wirksam werden.

Akutes Nierenversagen

Ein akutes Versagen der Nieren ist meist durch eine ungenügende Nierendurchblutung als Folge eines Kreislaufzusammenbruchs (z.B. bei einer akuten Herzinsuffizienz oder einem starken Blutverlust) bedingt. Es kommt zu einer drastischen *Reduktion der GFR*. Dies wiederum führt zu einem stark reduzierten Harnfluß **(Oligurie)** oder dieser versiegt völlig **(Anurie)**. Sekundär kommt es durch die mangelnde Sauerstoffzufuhr zur Schädigung der Nierenzellen, so daß häufig auch nach Wiederherstellen der Nierendurchblutung die Oligurie und Anurie bestehen bleiben [5a, 7, 9, 18]. Oder die Niere verliert die Fähigkeit, den Harn zu konzentrieren oder zu verdünnen. Sie scheidet dann den größten Teil des Filtrates aus **(Polyurie)** und ist damit nicht mehr in der Lage, den Salz-Wasser-Haushalt zu regulieren (s. auch unten).

Chronisches Nierenversagen

Unter normalen Umständen reicht ein Drittel der 2,4 Millionen Nephrone unserer beiden Nieren aus, um den Körper von allen „harnpflichtigen" Substanzen zu befreien. Der Verlust einer Niere ist also ohne weiteres zu verschmerzen, solange die verbleibende Niere gesund bleibt. Sinkt aber die Zahl der Nephrone auf weniger als 800 000 ab, beginnen sich die Abfallprodukte im Körper anzuhäufen. Weniger als eine halbe Million Nephrone ist mit dem Leben nicht mehr vereinbar.

Folgen zunehmenden Nephronenausfalls. Fallen im Verlauf einer fortschreitenden Erkrankung immer mehr Nephrone aus, z.B. bei einer chronischen Glomerulonephritis, bei der mehr und mehr Glomeruli durch entzündliche Schwellung der Capillarwände und das Einwandern von Leukocyten völlig verstopfen, nehmen aus unbekannten Gründen der Blutstrom und die Primärharnbildung in dem übriggebliebenen Nierengewebe oft bis auf das Doppelte zu. Da außerdem die Konzentration der harnpflichtigen Substanzen im Blutplasma und damit im Primärharn unter diesen Bedingungen erhöht ist, steigt damit die Menge der nicht rückresorbierten Stoffe stark an. Ihre osmotische Kraft hindert dabei auch die Resorption von Wasser aus den Tubuli **(osmotische Diurese)**. Auf diese Weise bildet *das einzelne Nephron bis zu zwanzigmal mehr Urin als normal.* Die Gesamtharnmenge steigt dann bei einem solchen Patienten bis auf das Dreifache des Normalwertes an, obwohl er an einer schweren Unterfunktion der Nieren leidet. Diese paradox erscheinende Situation spiegelt aber nur wider, daß die Zunahme der Urinproduktion jedes einzelnen der verbleibenden Nephrone stärker zugenommen hat, als es dem Verlust der übrigen Nephrone entsprechen würde.

So hilfreich dieser Kompensationsmechanismus für die Entgiftung des Körpers auf den ersten Blick ist, so hat er aber doch den Nachteil, daß der *schnelle Durchfluß des Primärharns durch die Tubuli* eine ausreichende Wasserresorption, also das *Eindicken des Urins, mehr und mehr verhindert.* Ein solcher Patient kann auch nach 12stündigem Dursten seinen Urin kaum noch konzentrieren, ganz im Gegensatz zu einem Gesunden, der dann einen Harn ausscheidet, der bis zu fünfmal soviel lösliche Stoffe enthält wie das Blutplasma, also fünfmal so hoch konzentriert ist (S. 151).

Ablauf völligen Nierenversagens [5a, 7]. Die Folgen einer unzureichenden Nierenfunktion lassen sich am besten anhand eines vollkommenen Nierenversagens erläutern, wie es beispielsweise bei einer akuten, schweren *Glomerulonephritis* durch die entzündliche *Schwellung und Verstopfung praktisch aller Glomeruli* auftreten kann. Geht man davon aus, daß der Kranke mäßig ißt und trinkt, so ändert sich seine Extracellulärflüssigkeit etwa so, wie in Abb. 9-6 zu sehen ist: Erstens nehmen Wasser- und Kochsalzgehalt des Körpers so stark zu, daß es zu einem immer ausgeprägteren, generalisierten *Ödem* kommt. Zweitens bewirkt die fehlende Ausscheidung der im Stoffwechsel im Überschuß produzierten Säuren eine *Übersäuerung (Acidose)*, wodurch sich gleichzeitig der Gehalt der „flüchtigen" Kohlensäure (HCO_3^-, wird als CO_2 in der Lunge abgeatmet) verringert. Drittens steigt die *Harnstoffkonzentration* innerhalb von ein bis zwei Wochen auf das *Zehnfache des Normalen* an. Und viertens er-

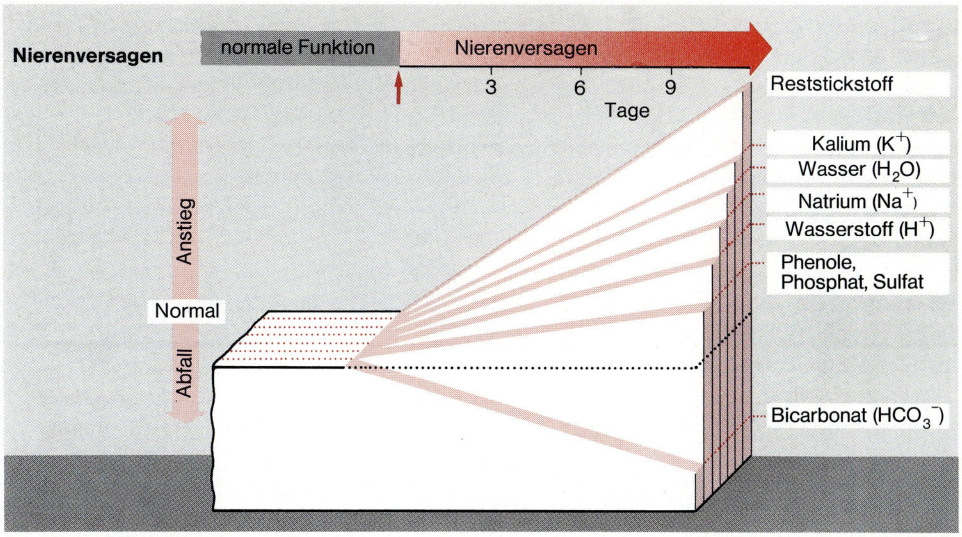

Abb. 9-6. Veränderungen in der Extracellulärflüssigkeit, also in Blut und Interstitium, im Verlauf eines mehrtägigen vollständigen Nierenversagens. Der Endzustand wird als *Urämie* bezeichnet. Hauptsymptome sind ein *generalisiertes Ödem* (durch die Wasser- und Salzretention), *Acidose* (durch die fehlende Säureausscheidung), hohe Konzentration von *Reststickstoff* (vor allem Harnstoff aus dem Eiweißstoffwechsel) und eine Anhäufung zahlreicher weiterer, toxisch wirkender *harnpflichtiger Substanzen*

höht sich auch die Konzentration einer ganzen Reihe von anderen *harnpflichtigen Substanzen auf gefährlich hohe Werte*, so die von Kalium, Harnsäure, Phenolen, Phosphaten oder Sulfaten. Das Krankheitsbild wird als **Urämie** bezeichnet, eben wegen der großen Anhäufung von harnpflichtigen Substanzen im Blut und in der übrigen Extracellulärflüssigkeit.

Etwa *eine Woche nach Beginn* des völligen Nierenversagens kommt es zu Bewußtseinstrübungen, die alsbald in einen Zustand tiefer Bewußtlosigkeit übergehen: der *Patient wird komatös.* Wahrscheinlich ist in erster Linie die starke Übersäuerung des Blutes verantwortlich, denn auch bei einer Übersäuerung aus anderen Ursachen, z. B. einer schweren, „entgleisten" Zuckerkrankheit, kommt es zum Koma. Aber auch eine Reihe der anderen Faktoren wird zum Koma beitragen, wie die hohe Kalium-Konzentration und das generalisierte Ödem, vor dem auch das Gehirn nicht verschont bleibt. Die Übersäuerung ist auch für die tiefe und schnelle Atmung des komatösen Patienten verantwortlich, denn die Atmung wird durch die Stoffwechselsäuren ebenso, wenn auch fälschlich, angeregt wie durch die normalerweise bei Arbeit ansteigende Kohlensäure (vgl. S. 106). Der Blutdruck beginnt etwa einen Tag vor dem Tod zunächst langsam, dann immer schneller zu fallen. Schließlich tritt der Tod ein.

Dialyse mit künstlicher Niere. Bei einem vorübergehenden oder dauernden Ausfall beider Nieren muß der Patient regelmäßig von den harnpflichtigen Substanzen befreit werden. Dies geschieht mit Hilfe von *"künstlichen Nieren"*. Die Arbeitsweise dieser Geräte ist im Prinzip außerordentlich einfach (Abb. 9-7): Blut wird durch dünne Zellophanschläuche geleitet, die auf ihrer Außenseite von einer Austausch- oder Dialysierflüssigkeit umspült werden, in die die *harnpflichtigen Substanzen abdiffundieren* können.

Die Zellophan-Membranen der Austauschflächen haben Poren, die gerade so groß sind, daß die harnpflichtigen Substanzen frei hindurchdiffundieren können, die großmolekularen Eiweißkörper und die Blutkörperchen aber zurückgehalten werden (*unten* in Abb. 9-7). Art und Ausmaß der Diffusion werden dabei von den *Konzentrationsunterschieden zwischen Blutplasma und Dialysat* bestimmt. Ist also im Dialysat kein Harnstoff gelöst, wird dieser in großen Mengen aus dem Blut abdiffundieren. Ist andererseits die Kochsalzkonzentration in beiden Flüssigkeiten gleich, wird trotz Hin- und Herdiffundierens von Na^+- und Cl^--Ionen keine Nettoverschiebung auftreten. Und ist schließlich ein Stoff im Dialysat in höherer Konzentration als im Blutplasma gelöst, so wird er in das Blut übertreten (z. B. Bakterien und andere Verunreinigungen, sofern sie durch die Poren gehen). Die zusätzlich notwendige Entfernung von Wasser aus dem Blut wird durch *Druck auf der Blutseite* (also durch Ultrafiltration wie in den Glomeruli) oder durch *Osmose* oder *Sog auf der Dialyseseite* bewirkt.

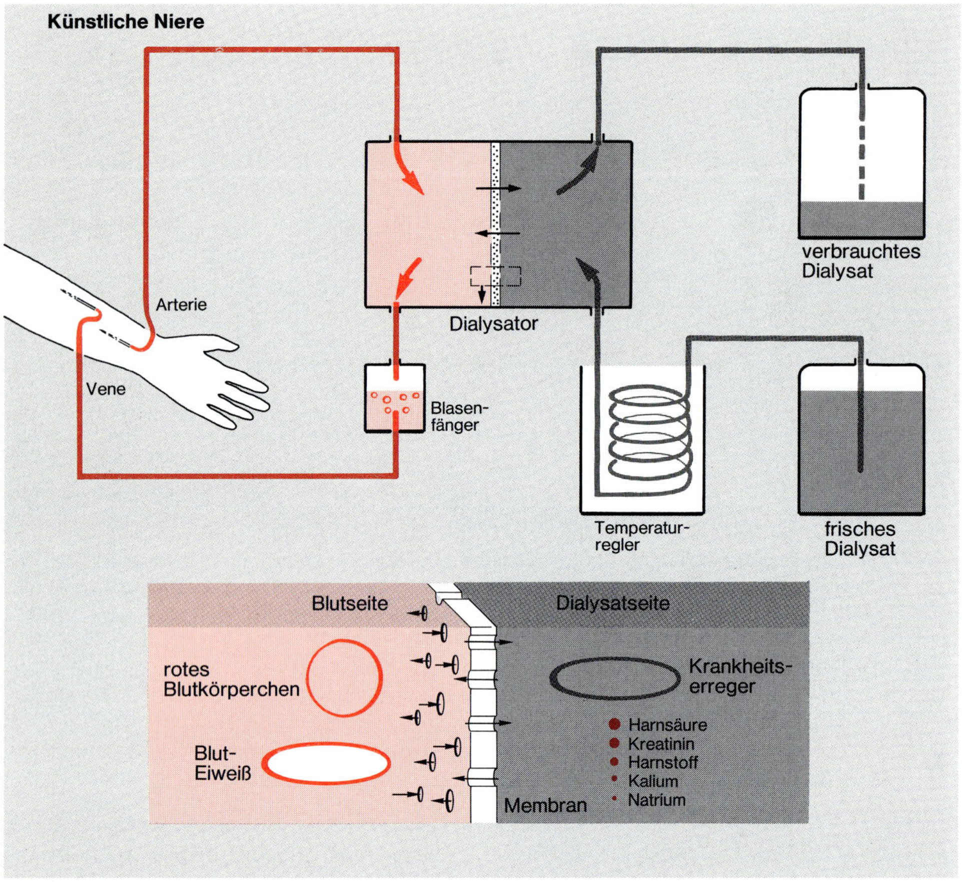

Abb. 9-7. Arbeitsweise künstlicher Nieren bei der Blutwäsche (Dialyse) von Patienten mit akutem oder chronischem Nierenversagen. Im Dialysator (Austauscher) ist Blut durch eine feinporige Membran (Zellophanmembran) von einer Blutersatzlösung (Dialysat) getrennt. Durch die Poren der Membran diffundieren die harnpflichtigen Abfallprodukte (Harnstoff, Kreatinin, Harnsäure, usw., vgl. Abb. 9-6) und überflüssige Salze sowie Wasser in das Dialysat, nicht jedoch die größeren zellulären Bestandteile des Blutes und die Eiweißmoleküle. Weitere Besprechung im Text

Die Dialyse in der künstlichen Niere ist also ein *rein passiver* Vorgang. Dennoch sind die Austauschraten moderner Geräte doppelt so hoch wie die der beiden normalen Nieren zusammen. Nur so ist es möglich, daß der Patient *nur alle drei bis vier Tage für etwa 12 Stunden* an den Dialysator angeschlossen werden muß. Während dieser Zeit fließen etwa 300-400 ml Blut pro Minute durch den Dialysator, der über eine Austauschfläche von 10000-20000 cm^2 geleitet wird. Immer mehr Patienten sind in der Lage, diese Dialysen selbständig bei sich zu Hause durchzuführen.

Nierentransplantationen sind die optimale Lösung bei der Behandlung eines dauernden totalen Nierenversagens. Sie können derzeit noch nicht im notwendigen Umfang durchgeführt werden: Spendernieren sind knapp, und die Abstoßreaktionen sind, wie S. 50 erläutert, noch nicht voll unter Kontrolle.

9.6 Neuronale Kontrolle der Harnblasenentleerung

Innervation der Harnblase [2, 12]. Die Innervation der Harnblase samt ihres *inneren* Schließmuskels (M. sphincter internus, S. 145) erfolgt durch das autonome Nervensystem. Die Blasenmuskulatur wird erregt durch **parasympathische Fasern**, die im *Nervus splanchnicus pelvinus* laufen und den 2.-4. Sacralsegmenten entspringen (vgl. die Innervation des Enddarmes in Abb. 8-11, S. 141). Diese Innervation ist Voraussetzung für die normale Blasenentleerung. Die **sympathische Innervation** wirkt hemmend auf die Blasenwandmuskulatur und erregend auf den inneren Schließmuskel. Sie entstammt dem oberen Lumbalmark. Ihre Aufgabe ist möglicherweise die Verbesserung der Kontinenz der Harnblase. Der *äußere* Schließmuskel (M. sphincter externus) ist so-

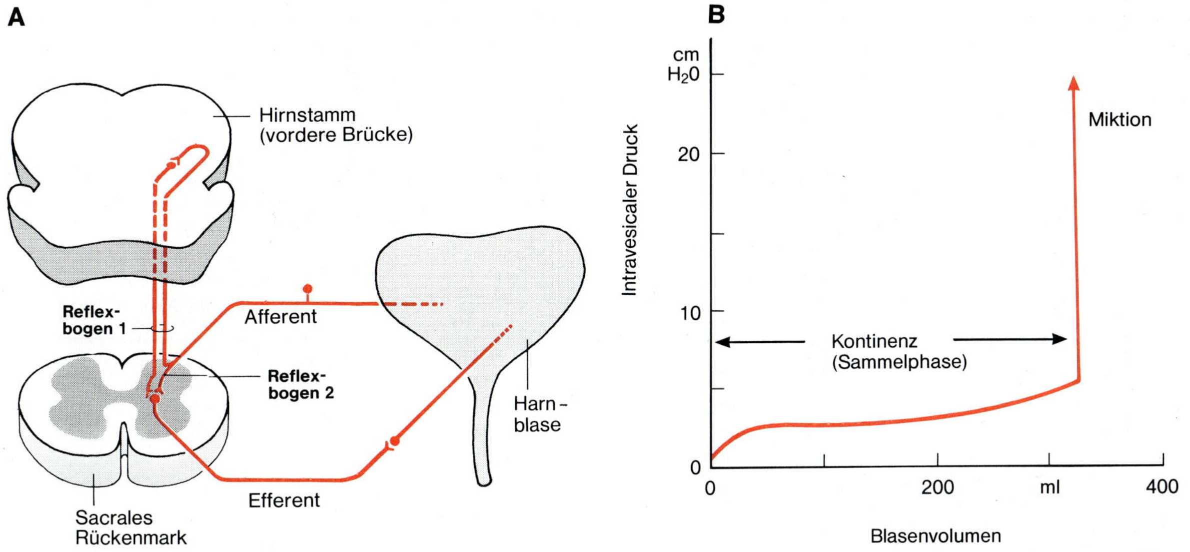

Abb. 9-8. Reflexbögen und Mechanismen der Blasenkontinenz und der Miktion. **A** Vereinfachte Darstellung des Reflexbogens der Blasenentleerung (*Miktion*, Reflexweg 1). Der Reflexbogen nimmt von Dehnungssensoren in der Blasenwand seinen Ausgang. Bei Querschnittslähmungen erfolgt die Blasenentleerung über den spinalen Reflexbogen 2 *(Reflexblase)*. Dieser Reflexweg funktioniert bei intaktem Rückenmark nicht. **B** Volumen-Druck-Diagramm *(Cystometrogramm)* der menschlichen Harnblase. Die Phase der Blasenkontinenz ist durch den flachen Teil des Diagramms definiert. Beim plötzlichen Anstieg des Blaseninnendruckes setzt die Miktion ein. Darstellungen von W. Jänig in [8]

matisch *(Nervus pudendus)* innerviert. Die zugehörigen Motoneurone liegen im mittleren Sacralmark. In der Blasenwand liegen *Dehnungssensoren*, die den Füllungsgrad der Blase messen. Ihre afferenten Nervenfasern verlaufen im *N. splanchnicus pelvinus*.

Blasenentleerungsreflex. Bei der Harnblase wechseln sich lange Sammelphasen und kurze Entleerungsphasen ab. Man nennt die Fähigkeit der Blase, den Urin zu speichern, **Kontinenz** und die Fähigkeit sich aktiv zu entleeren, **Miktion**.

Während der **Sammelphasen** wird die Entleerung reflektorisch verhindert oder erschwert. Die Blase füllt sich mit etwa 50 ml Urin pro Stunde. In dieser Zeit kommt es nur zu geringen Zunahmen des Blaseninnendrucks (Abb. 9-8 B). Hat die Füllung der Harnblase etwa 250-500 ml erreicht, setzt normalerweise die **Entleerungsphase** ein. Es kommt zu einem raschen Anstieg des Blaseninnendrucks (Abb. 9-8 B), verbunden mit starkem Harndrang.

Der normale **Reflexbogen der Miktion** ist in Abb. 9-8 A skizziert. Die zunehmende Füllung der Blase aktiviert die Dehnungssensoren der Blasenwand. Dies erregt über Reflexbogen 1 die parasympathischen Neurone zur Blasenwandmuskulatur, worauf es zu deren Kontraktion und damit zur Blasenentleerung kommt. Der Reflexbogen ist an die Unversehrtheit der vorderen Brückenregion im Hirnstamm gebunden. Auch durch elektrische Reizung dieser Region kann man im Tierversuch Miktionen auslösen. Der Blasenentleerungsreflex unterliegt zussätzlich einer **suprapontinen Kontrolle** vom oberen Hirnstamm, vom Hypothalamus und vom Großhirn. Diese Kontrolle ermöglicht eine willkürliche Blasenkontinenz trotz starker Füllung der Blase (um eine ungelegene Miktion zu vermeiden) und umgekehrt eine willkürliche Miktion, sobald diese erwünscht ist [3, 5, 12].

Blasenentleerungsstörungen [6]. Diese sind häufig zu beobachten. **Harnverhaltung** tritt auf bei Lähmung oder Schädigung der Blasenwandmuskulatur, z. B. durch Entzündung oder traumatische Nervenschädigung, bei Verlegung der Harnröhre, z. B. durch einen Prostatatumor, oder durch einen Krampf der Schließmuskeln. Das Unvermögen, den Harn willkürlich zurückzuhalten, bezeichnet man als **Harninkontinenz**. Sie tritt besonders bei Frauen nach der Geburt (durch Beckenbodenschwäche), bei hirnorganischen Erkrankungen (z. B. multiple Sklerose, Arteriosklerose der Hirngefäße) und auch rein psychogen auf. Bei einer **Querschnittslähmung** kann auf Blasenfüllung zunächst keine reflektorische Entleerung mehr beobachtet werden. Korrekte Pflege vorausgesetzt, bildet sich aber nach 1 bis 5 Wochen wieder eine reflektorische Entleerung heraus. Der Reflexbogen dieser **Reflexblase** verläuft spinal (Reflexweg 2 in Abb. 9-8 B). Dieser Reflexweg wird auch vom normalen Säugling benutzt. Er wird später durch den supraspinalen Weg überlagert. Querschnittsgelähmte können es lernen, den spinalen Reflexweg durch äußere Reize (z. B. Beklopfen des Unterbauches) zu aktivieren und damit ihre Kontrolle der Miktion zurückzugewinnen [12, 16].

9.7 Literatur

Weiterführende Lehr- und Handbücher

1. DEETJEN, P., BOYLAN, J.W., KRAMER, K.: Niere und Wasserhaushalt. 3. Aufl. München: Urban & Schwarzenberg 1976
2. CERVERO, F., MORRISON, J.F.B. (Eds.): Visceral Sensation. Progress in Brain Res. 67 Amsterdam, New York, Oxford: Elsevier Biomedical Press 1986
3. DAVSON, H., SEGAL, M.B.: Introduction to Physiology, Vol. 3, Chapter 4: Control Mechanism in the Alimentary Process, pp. 276-403. London: Academic Press. New York: Grune & Stratton 1976
4. GREGER, R., LANG, F., SILBERNAGL, S. (Eds.): Renal Transport of Organic Substances. Berlin, Heidelberg, New York: Springer 1981
5. GUTTMANN, L.: Spinal Cord Injuries. 2nd ed. Oxford, London, Edinburgh, Melbourne: Blackwell Scientific Publications 1976

5a. HIERHOLZER, K., SCHMIDT, R.F. (Hrsg.): Pathophysiologie des Menschen. Weinheim: *edition medizin* der VCH Verlagsgesellschaft 1991

6. JOHNSON, R.H., SPALDING, J.M.K.: Disorders of the Autonomic Nervous System. Oxford, London, Edinburgh, Melbourne: Blackwell Scientific Publications 1974
7. SARRE, H.J., GESSLER, H. (Hrsg.): Nierenkrankheiten. 5. Aufl. Stuttgart: Thieme 1986
8. SCHMIDT, R.F., THEWS, G. (Hrsg.): Physiologie des Menschen. 23. Aufl. Berlin, Heidelberg, New York, Tokyo: Springer 1987
9. SELDIN, D.W., GIEBISCH, G. (Eds.): The Kidney, Physiology and Pathophysiology, Vol. I, II. New York: Raven Press 1985

Einzel- und Übersichtsarbeiten

10. GREGER, R.: Ion transport mechanism in thick ascending limb of Henle's loop of mammalian nephron. Physiol. Rev. *65*, 760 (1985)
11. GREGER, R., SCHLATTER, E., LANG, F.: Evidence for electroneutral sodium chloride cotransport in the cortical thick ascending limb of Henle's loop of rabbit kidney. Pflügers Arch. *396*, 208-314 (1983)
12. GROAT, W.C. DE: Nervous control of the urinary bladder of the cat. Brain Res. *87*, 201-211 (1975)
13. HANDLER, J.S., ORLOFF, J.: Antidiuretic hormone. Ann. Rev. Physiol. *43*, 611-624 (1981)
14. HIERHOLZER, K.: Sodium reabsorption in the distal tubular system. In: SELDIN, D.W., GIEBISCH G. (Eds.) The Kidney. Vol. II, pp. 1063-1069. New York: Raven Press (1985)
15. KRAMER, H.J., KRÜCK, F.: Molecular basis of tubular transport and of the action of diuretics. Klin. Wschr. *60*, 1165-1263 (1982)
16. KUHN, R.A.: Functional capacity of the isolated human spinal cord. Brain *72*, 1-51 (1950)
17. LANG, F., GREGER, R., KNOX, F., OBERLEITHNER, H.: Factors modulating the renal handling of phosphate. Renal Physiology *4*, 1-16 (1981)
18. PFALLER, W., GSTRAUNTHALER, G., DEETJEN P.: biochemical aspects of cell injury in acute renal failure. In: ELLAHOU, H.E. (Eds.), Acute Renal Failure p. 25. London: John LIBLEY (1982)
19. SILBERNAGL, S.: Amino Acids and Oligopeptides. In: The Kidney, SELDIN, D.W., GIEBISCH, G., (Eds.): Vol. II, pp. 1677-1702. New York: Raven Press (1985)
20. TANNEN, R.L.: Control of acid excretion by the kidney. Ann. Rev. Med. *31*, 35-49 (1980)
21. THURAU, K., WOBER, E.: Zur Lokalisation der autoregulativen Widerstandsänderung in der Niere. Pflügers Arch. Ges. Physiol. *274*, 553-566 (1963)
22. ULLRICH, K.J., FRÖMTER, E., MURER, H.: Prinzipien des epithelialen Transportes in Niere und Darm. Klin. Wschr. *57*, 977-992 (1979)

10 Endokrine Systeme (Hormone)

10.1 Allgemeine Endokrinologie

Aufgaben der Hormone

Zwei Kommunikationssysteme dienen im Körperinneren dem Informationsaustausch zwischen den einzelnen Organen des Körpers: das **vegetative Nervensystem** und das **endokrine System.** Aufbau und Wirkweise des vegetativen Nervensystems werden im Kap. 23 ausführlich dargestellt. Das endokrine System (mit Ausnahme der Sexualhormone, die in Kap. 28 behandelt werden) ist Gegenstand dieses Kapitels [3, 4, 8, 10].

Das endokrine System ist funktionell eng mit dem vegetativen Nervensystem verknüpft. Zusammen mit ihm *regelt und koordiniert es die Funktion von zum Teil weit voneinander entfernten Organen.* Während aber das Nervensystem seine Botschaften *in elektrischen Impulsen verschlüsselt* über die Nervenfasern zu den einzelnen Organen schickt, bedient sich das endokrine System **chemischer Stoffe**, nämlich der **Hormone**, um sich mit den Erfolgsorganen zu verständigen. Der Unterschied zwischen den beiden Systemen liegt also hauptsächlich in der Technik der Informationsübertragung.

Endokrines System und *autonomes Nervensystem* verbindet noch eine weitere Gemeinsamkeit: Beide haben bei aller Vielfalt ihrer unterschiedlichen Einzelaufgaben das **übergeordnete Ziel**, den Körper kontinuierlich an die wechselnden Belastungen der Umwelt anzupassen. Dies heißt einerseits, das auf S. 22 bereits als **Homöostase des inneren Milieus** gekennzeichnete Gleichgewicht der „inneren Außenwelt" der Zellen immer dann wieder herzustellen, wenn es von außen gestört worden ist. Dazu gehört aber auch, **sich rechtzeitig auf vorhersehbare Änderungen oder Störungen der Homöostase einzustellen**, also beispielsweise das Herzminutenvolumen schon vor Beginn einer willkürlichen körperlichen Anstrengung zu erhöhen (S. 85), oder schon vor dem morgendlichen Aufwachen die Körperorgane in erhöhte Arbeitsbereitschaft zu bringen (circadiane Periodik, S. 504).

Bildungsorte der Hormone

Die Hormone werden in **Drüsenzellen** gebildet. Diese liegen meist als Organe, nämlich als **endokrine Drüsen**, zusammen. Unter solchen *endokrinen Drüsen* versteht man Drüsen **ohne** Ausführungsgang, wie z. B. die Schilddrüse, die Nebennierenrinde oder die Hypophyse (Drüsen *mit* Ausführungsgang sind z. B. die Speicheldrüsen). Die *Drüsenzellen* können aber auch vereinzelt oder in Gruppen zusammengefaßt in nicht hormonproduzierenden Organen liegen. Beispiele dafür haben wir bereits in Form der entero-endokrinen Zellen des Magen-Darm-Kanals in Kap. 8 kennengelernt.

In den Drüsenzellen werden die Hormone in *granulärer Form*, also **in Vesikeln gespeichert** (vgl. S. 217). In einem solchen *Vesikel* oder *Granulum*, das durch eine Membran vom Cytoplasma abgetrennt ist, sind viele Hormonmoleküle in eine Eiweißmatrix eingelagert. Die Freisetzung der Hormone erfolgt durch den Prozeß der *Exocytose* (Abb. 2-14, S. 26), d. h. die Membran des Granulums verschmilzt mit der äußeren Zellmembran und entleert ihren Inhalt in den Extracellulärraum.

Übertragungsweg der Hormone

Klassische Hormonwirkung. Die in den Extracellulärraum freigesetzten Hormonmoleküle diffundieren durch die Wand der nächstgelegenen Blutcapillaren **in das Blut** (vgl. Abb. 10-2). Von diesem werden sie im gesamten Körper verteilt. Auf diesem Weg können sie alle Körperzellen erreichen, denn sie können überall die Blutcapillaren auf dem Diffusionsweg wieder verlassen. Aber nur an ihren Zielorten lösen sie spezifische Wirkungen aus, das heißt Wirkungen, die durch keinen anderen Stoff hervorgerufen werden können. **Die Hormone tragen also Botschaften** von den endokrinen Drüsen über den Blutstrom **zu den Zellen ihrer Erfolgsorgane**, die nur von diesen Zellen verstanden und befolgt werden können. So führt die Erhöhung der Kalium-Ionen-Konzentration im Blut (wir nehmen in der täglichen Nahrung Kalium im Überschuß auf) zu einer

Freisetzung des Hormons *Aldosteron* aus der Nebennierenrinde. Aldosteron veranlaßt die Tubuluszellen der Nieren über den auf S. 148 geschilderten Mechanismus zu einer erhöhten Kaliumausscheidung im Urin.

Parakrine Hormonwirkung [2]. Wie wir eben gesehen haben, wird ein Hormon normalerweise über den Blutstrom zu seinen Zielzellen transportiert. Es kommt aber auch vor, daß die Hormonbotschaft von Zellen „gelesen" werden kann, die in unmittelbarer Nachbarschaft zu den hormonproduzierenden Zellen liegen. Das Hormon diffundiert dann direkt im Extracellulärraum zu den Zielzellen. Diese „nichtklassische" (also nicht über den Blutstrom) erfolgende Wirkung von Hormonen an benachbarten Zellen heißt **parakrine Wirkung**.

Hormone, die nicht in die Blutbahn abgegeben werden, sondern im umliegenden Gewebe wirken, werden auch als **Gewebehormone** bezeichnet. Dieser Name war bisher für die schon länger bekannten *Prostaglandine* reserviert. Es ist aber jetzt sicher, daß auch „klassische" Hormone parakrine Wirkung haben können, so daß sie insoweit auch Gewebehormone sind.

Neurohormonwirkung. Nervenzellen übertragen an den *Synapsen* ihre erregenden und hemmenden Wirkungen über die Freisetzung chemischer Substanzen *(Neurotransmitter)* auf die nächste Nervenzelle (Einzelheiten in Kap. 13). Diese Wirkform gleicht der parakrinen Hormonwirkung, sie ist aber in der Regel direkter und wesentlich schneller (vgl. Abb. 13-1, S. 218). Es hat sich aber zunehmend gezeigt, daß von Nervenzellen produzierte Peptide und Proteine auch in die Blutbahn aufgenommen werden. Diese Substanzen können daher „klassische" Hormonwirkungen haben. Möglicherweise ist es so, daß **große Teile des Zentralnervensystems** im klassischen Sinne als **hormonproduzierend** angesehen werden müssen.

Der Receptor als Wirkort der Hormone

Schlüssel-Schloß-Konzept. Die Hormone sind, wie oben schon gesagt, *chemisch codierte Nachrichten*, die nur von den Zellen der Zielorgane „gelesen" werden sollen. Dies geschieht so, daß die „Empfangszellen" besondere Moleküle besitzen (Abb. 10-1 A), in die sich die Hormonmoleküle wie ein Schlüssel in ein Schloß „einpassen". Diese Schloßmoleküle werden **Receptoren** genannt. Die Verbindung des „Schlüssels" *Hormon* mit dem „Schloß" *Receptor* stellt den eigentlichen informationsübertragenden Prozeß dar, der dann anschließend die unterschiedlichsten Vorgänge auslösen kann (s. u.). Abb. 10-1 illustriert dieses Konzept der Schlüssel-Schloß-Verbindung von Hormonmolekülen mit Zellreceptoren.

Das einfache Schlüssel-Schloß-Konzept der Hormon-Receptor-Bindung muß aber in einigen Punkten erweitert werden, um der biologischen Wirklichkeit Genüge zu tun. Der wesentlichste Punkt ist, daß innerhalb eines Hormonsystems, ähnlich wie bei einer großen Schließanlage, sowohl etwas unterschiedliche „Schlüssel" wie etwas unterschiedliche „Schlösser" existieren können, wodurch sich die verschiedensten „Schließmöglichkeiten" ergeben. Diese Zusammenhänge sind in Abb. 10-1 am Beispiel der Nebennierenmarkhormone *Adrenalin* und *Noradrenalin* illustriert, die gleichzeitig als Überträgersubstanzen im sympathischen Nervensystem dienen (vgl. dazu S. 446).

Die Receptoren dieser Hormone sind in der Abbildung in zweierlei *„Gestalt"* dargestellt: Der eine Receptor ist mehr rund, der andere mehr eckig, so daß das eine oder andere Ende der adrenergen Moleküle „hineinpaßt". Dazu kommen kleine Einbuchtungen in den Receptoren, in die die entsprechenden Ausbuchtungen der Hormonmoleküle hineinpassen. Diese Einbuchtungen sind die eigentlichen *Reaktionsorte*: je mehr der ein bis drei „Schlüsselausbuchtungen" sich in die drei „Schloßeinbuchtungen" einpassen, desto größer ist die Wirkung.

Man nennt die einen der in Abb. 10-1 B gezeigten „Receptorformen" **α-Receptoren** (Alpha-Receptoren), die anderen **β-Receptoren** (Beta-Receptoren). Unter deren Form ist dabei zu verstehen, daß die α-Receptoren besonders gut auf Noradrenalin, weniger gut auf Adrenalin und kaum auf das nahe verwandte, aber künstlich hergestellte Isoproterenol (Struktur siehe Abb. 10-1 C) reagieren, während die β-Receptoren besonders gut auf dieses Isoproterenol, weniger gut auf Adrenalin und kaum auf Noradrenalin ansprechen. Die „Receptorform" ist also rein **pharmakologisch** definiert, d. h. nicht nach ihrem Aussehen, sondern nach ihrem Verhalten beim Kontakt mit körpereigenen (Adrenalin, Noradrenalin) oder körperfremden (Isoproterenol) Substanzen.

Receptorblocker. Abb. 10-1 B verdeutlicht auch, daß es „Schlüssel", also Moleküle, gibt, die in ihrer Form einem Hormon so sehr gleichen können, daß sie zwar in den Receptor „passen", aber dennoch die eigentliche Hormonwirkung nicht ausüben können. In der Abb. 10-1 B ist dies dadurch symboli-

Abb. 10-1. Receptoren als Wirkorte von Hormonen am Beispiel der Hormone des Nebennierenmarks *Adrenalin* und *Noradrenalin*. **A** Zwei Eiweißmoleküle in der Lipidmembran einer Zelle dienen als Hormonreceptoren. **B** Bildliche Darstellung des im Text erläuterten *Schlüssel-Schloß-Konzeptes* der Hormon-Receptor-Interaktion und Klassifikation der beiden Membranreceptoren als α- und β-Receptoren aufgrund ihrer unterschiedlichen Reaktion mit den angegebenen Hormonen. **C** Strukturformeln von *Noradrenalin, Adrenalin* und dem künstlichen *Isoproterenol. Rot* unterlegt sind diejenigen Molekülabschnitte, bei denen sich die beiden letzteren von *Noradrenalin* unterscheiden (vgl. Abb. 13-13)

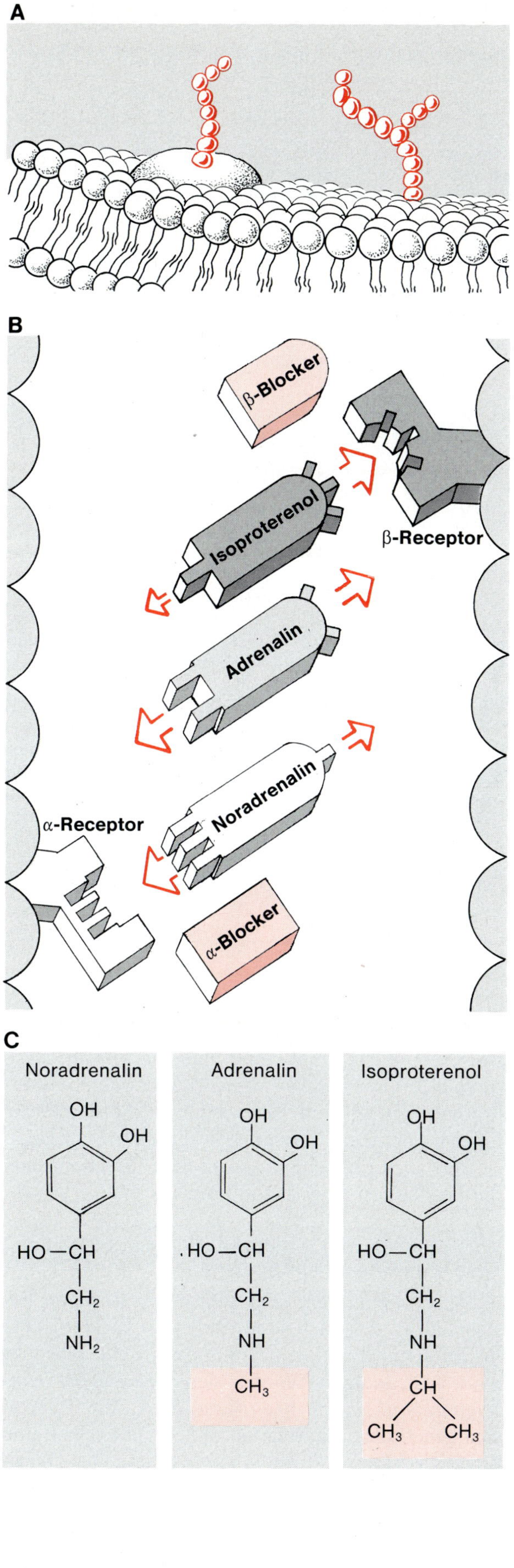

siert, daß diesen Molekülen die Ausbuchtungen für die Receptoren fehlen: der „Schlüssel" setzt sich zwar in das „Schloß", aber er „schließt" nicht: **der Receptor ist damit blockiert**. Für viele Hormonsysteme sind heute solche **Receptorblocker** bekannt, von denen die meisten auch klinisch eingesetzt werden.

Unser Beispiel zeigt, daß es für die adrenergen Hormone (also auch für die sympathische synaptische Übertragung, S. 445) sowohl **α-Blocker** als auch **β-Blocker** gibt. Die klinische Bedeutung dieser Zusammenhänge sei an einem Beispiel erläutert: Der Herzmuskel hat überwiegend β-Receptoren. Die Gabe eines α-Blockers, z. B. des Ergotamins, wird also eine durch vermehrte Sympathicustätigkeit erhöhte Herzfrequenz unbeeinflußt lassen. Um so effektiver wird ein β-Blocker sein, z. B. das Propanolol. Dies wird therapeutisch ausgenutzt, vor allem um über eine Senkung der Herzfrequenz und eine Reduzierung der Kraft der Kontraktion den mittleren Blutdruck eines Hypertoniepatienten zu senken (S. 89) oder um bei Angina pectoris die Sauerstoffversorgung zu verbessern (S. 93). Der Patient darf aber nicht an einem Asthma bronchiale leiden, denn die Aktivierung der β-Receptoren des Bronchialbaumes wirkt hemmend auf die glatten Muskelfasern und erweitert damit den Durchmesser der Bronchiolen. Dieser positive Effekt würde durch die Gabe von β-Blokkern wegfallen, das Leiden also verschlimmert (S. 444). Im Asthma-Anfall ist vielmehr das Inhalieren von Isoproterenol oder einer ähnlich wirkenden Substanz angezeigt (was wiederum bei einem Infarktpatienten, dessen Herz-Kreislauf-System geschont werden soll, nur bedingt möglich ist).

Celluläre Lokalisation der Hormonreceptoren. Fast alle Körperzellen können über einige oder mehrere Hormone angesprochen werden, d. h. sie besitzen für diese Hormone entsprechende Receptoren. Abb. 10-2 zeigt, daß diese Receptoren **an drei verschiedenen Stellen der Zelle lokalisiert** sein können. Zum einen sitzen die Hormonreceptoren *in der Plasmazellmembran*, also der äußeren Zellhülle (s. a. Abb. 10-1 A). Dort können die Hormone die Zellen am besten erreichen (Hormon A in Abb. 10-2). Hormone, die nicht fettlöslich sind, haben ohnehin keine andere Wirkmöglichkeit, da sie die Plasmazellmembran nicht passieren können.

Hormonreceptoren finden sich aber auch in den Zellen und zwar entweder im *Cytosol* (Hormon B in 10-2) oder im *Zellkern* (Hormon C in 10-2). Die im Zellinneren wirkenden Hormone müssen fettlöslich sein, um die Plasmazellmembran durchdringen zu können (s. u. *Biochemie der Hormone*). An die Cytosolreceptoren binden sich hauptsächlich Hormone aus der chemischen Gruppe der *Lipide* (z. B. die Corticoidhormone der Nebennierenrinde). Die Receptoren in den Zellkernen werden praktisch ausschließlich von den niedermolekularen *Schilddrüsenhormonen* erreicht, die die Plasmazellmembran leicht durchdringen können (s. u. Biochemie).

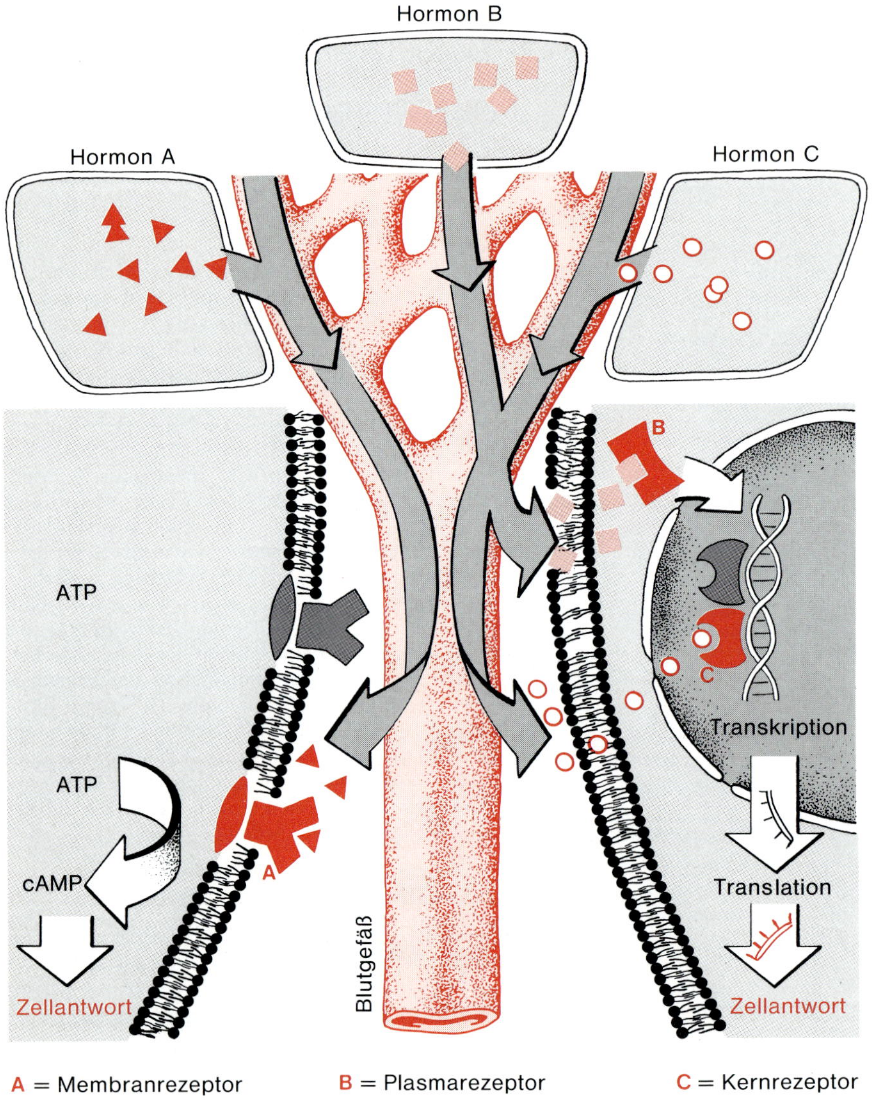

Abb. 10-2. Celluläre Lokalisation der Hormonreceptoren und die drei Mechanismen der Hormonwirkung. Die *Hormone A, B und C* werden von hormonbildenden Zellen in das Interstitium ausgeschüttet und diffundieren von dort in die benachbarten Capillaren der Blutbahn. Von dort werden sie zu ihren Zielzellen transportiert. *Hormon A* bindet an einen membranständigen Receptor, der über einen *zweiten Boten (second messenger)* die Zellantwort bewirkt. *Hormon B* bildet einen cytoplasmatischen Hormonreceptorkomplex, der nach Translokation in den Zellkern genomisch, also durch Veränderung der *DNA-* und damit der *Proteinsynthese* im Zellkern wirkt. *Hormon C* bindet direkt im Zellkern und wirkt dort analog zu *Hormon B*. Der Unterschied besteht also lediglich im Receptorort. Alle nichtfettlöslichen Hormone gehören zum *Typ A*, *Typ B* sind Lipide, *Typ C* die niedermolekularen Schilddrüsenhormone. In Anlehnung an W. Wuttke in [8]

Folgen der Hormon-Receptor-Bindung

Wirkweise des membranständigen Hormonreceptorkomplexes. Sobald sich ein Hormon mit seinem Receptor in der Plasmamembran verbunden hat, kann seine Nachricht gelesen werden. In der Regel wird die Nachricht über biochemische Mechanismen **in das Zellinnere weitergeleitet**. Ein häufiger Weg ist der über die Aktivierung eines *zweiten Botenstoffes* oder **second messenger**. Dieser Weg wurde bereits an einem häufigen second messenger, nämlich dem *cyclischen Adenosinmonophosphat,* in Abb. 2-15 (S. 30) illustriert und ausführlich besprochen (in dieser Abbildung wird statt des Begriffs „Hormon" der noch allgemeinere Begriff „externes Signal" verwendet).

Festzuhalten bleibt hier, daß über die **spezifische Botschaft** des Hormons und über *spezifische Receptoren* ein *unspezifischer intracellulärer Mechanismus* in Gang gesetzt wird, der wiederum die **spezifische Leistung** der Zelle anregt. Wie die Abb. 2-15 zeigt, ist der unspezifische intracelluläre Mechanismus die Produktion eines second messengers.

Wirkweise der intracellulären Hormonreceptorkomplexe. Die Wirkweise eines Hormons mit intracellulärem (cytosolischem oder nucleärem) Receptor besteht darin, daß in beiden Fällen im Zellkern eine Wirkung auf die Eiweißsynthese der Zelle ausgeübt wird. Mit anderen Worten, der *intracelluläre Hormonreceptorkomplex* beeinflußt direkt die **Expression genetischer Information**, d. h. er übt selbst eine direkte Wirkung auf die DNA-Synthese aus. Der in

Kap. 2 geschilderte Vorgang der Eiweißsynthese (Abb. 2-9, S. 20) kann also über Hormonreceptorkomplexe an- und abgeschaltet werden.

Biochemie der Hormone

Hormonklassen. Die Botschaft der Hormone ist in der chemischen Struktur ihrer Moleküle verschlüsselt. Ein genaueres Studium und Verständnis der Hormonwirkungen muß daher ein Studium der Biochemie der Hormone einschließen. Dafür wird auf die Lehrbücher der Biochemie (z. B. [7]) verwiesen. Hier sei nur festgehalten, daß alle Hormone entweder aus *Aminosäuren* aufgebaut oder *Lipide* sind. Die chemische Struktur ist mit der im Zusammenhang mit Abb. 10-2 diskutierten *Lokalisation der Hormonreceptoren* so verknüpft, daß **drei Klassen von Hormonen** gebildet werden können: **(1)** Die Hormone aus der **Lipidgruppe** (Steroidhormone) können aufgrund ihrer Fettlöslichkeit durch die Plasmazellmembran diffundieren und sich mit den *im Cytosol lokalisierten Receptoren* verbinden (zur Synthese von Lipidhormonen s. Legende der Abb. 10-11, S. 278 und S. 572). **(2)** Die aus mehreren bis zahlreichen *Aminosäuren* aufgebauten **Peptid-** und **Proteinhormone** sind wenig fettlöslich. Sie können die Plasmazellmembran kaum passieren. Ihre Receptoren sitzen auf der *Oberfläche der Plasmazellmembran.* **(3)** Die **Schilddrüsenhormone** bestehen aus lediglich 2 Aminosäuren, die mit einer Ätherbrücke verknüpft sind (zur Synthese s. S. 172). Sie dringen gut in alle Körperzellen ein und verbinden sich mit den *im Zellkern lokalisierten Receptoren.*

Synthese der Peptid- und Proteinhormone. Wie bei anderen Eiweißkörpern auch, erfolgt die Bildung dieser Hormone im *Golgi-Apparat* der endokrinen Drüsenzelle durch das Übersetzen der RNA-codierten Nachricht in eine Aminosäuresequenz (Abb. 2-9 und zugehöriger Text). Das Hormon wird jedoch nicht in der biologisch wirksamen Form gebildet, sondern als *höhermolekulares Vorläufermolekül.* Diese wird die **Präproform** des Hormons genannt [5]. Aus dieser Präproform wird das eigentliche Hormon in einem nächsten Schritt enzymatisch abgetrennt. Anschließend wird es bis zu seiner Ausschüttung in Granula gepeichert. Die übrigbleibenden „Restsequenzen" der Präproform haben möglicherweise ebenfalls biologische Bedeutung [5, 6, 11], s. auch S. 179.

Abbau der Peptid- und Proteinhormone. Auf **zwei Wegen** werden die Protein- und Peptidhormone alsbald nach ihrer Freisetzung abgebaut. *Erstens* gibt es in den verschiedensten Körperorganen eine Reihe von **Enzymsystemen**, die die „vorbeischwimmenden" Hormone in unwirksame Teile aufspalten. Dies gilt nicht nur für solche Moleküle, die nie mit einem Receptor verbunden waren, sondern auch für solche, die sich aus dieser (immer *reversiblen*) Bindung wieder gelöst hatten. *Zweitens* wird ein Teil der Hormone nach seiner Receptorbindung **in der Zelle abgebaut**. Dies geschieht in den *Lysosomen*, kleinen Zellorganellen (s. S. 27).

Hormonnachweis. Am Beginn der modernen Hormonforschung standen 1848 Experimente von A. A. Berthold an kastrierten Hähnen. Es war damals bekannt, daß Hähne nach der Kastration den geschwollenen Hahnenkamm verlieren und weniger aggressives Verhalten zeigen. Dies wurde auf nervöse Verbindungen zwischen Hoden und Gehirn zurückgeführt. Berthold reimplantierte die Hoden in die Bauchhöhle, worauf der Hahnenkamm geschwollen blieb und die Tiere weiterhin aggressives Dominanzverhalten zeigten. Die dafür verantwortlichen Signale aus dem Hoden mußten also auf dem Blutwege (humoral) in das Gehirn bzw. zum Hahnenkamm gelangen. Solche und ähnliche **biologische Nachweismethoden** oder **Bioassays** werden heute noch eingesetzt.

Wesentlich feiner als das Messen von biologischen Wirkungen an Tiermodellen sind **immunologische Nachweismethoden**, die darauf beruhen, daß gegen praktisch jedes Hormon spezifische Antikörper hergestellt werden können. Bei diesen Tests, z. B. einigen Schwangerschaftstests, wird der Hormon-Antikörper-Komplex ausgefällt und dann seine Menge bestimmt. Eine besonders feine immunologische Methode ist der **Radioimmunoassay (RIA)**. Hier bindet sich radioaktiv markiertes Hormon in Konkurrenz mit dem zu bestimmenden Hormon an die Antikörper. Aus der Menge der an die Antikörper gebundenen Radioaktivität läßt sich dann sehr genau auf die zu messende Hormonmenge schließen (je mehr radioaktive Strahlung gefunden wird, desto weniger zu messendes Hormon war in der Probe).

10.2 Grundbegriffe der Regelungslehre

Anteile und Aufgaben eines Regelkreises

Viele, wenn nicht die meisten Aktivitäten der endokrinen Systeme und des mit ihnen Hand in Hand arbeitenden autonomen Nervensystems sind eingebunden in **Regulations-** oder **Regelungsvorgänge**, die als biologische Balanceakte dazu dienen, die „Ordnung im Hause", sprich die notwendige Homöostase, aufrecht zu erhalten. Solche biologischen Regelungsvorgänge lassen sich durch die *Regelungslehre* beschreiben, eine Disziplin, die ursprünglich im Bereich der Technik entwickelt wurde.

Grundbegriffe der Regellehre. Die regelungstechnischen Grundbegriffe lassen sich leicht am Beispiel einer Raumtemperaturregelung veranschaulichen (Abb. 10-3 A, B, *schwarze* Beschriftung): In diesem

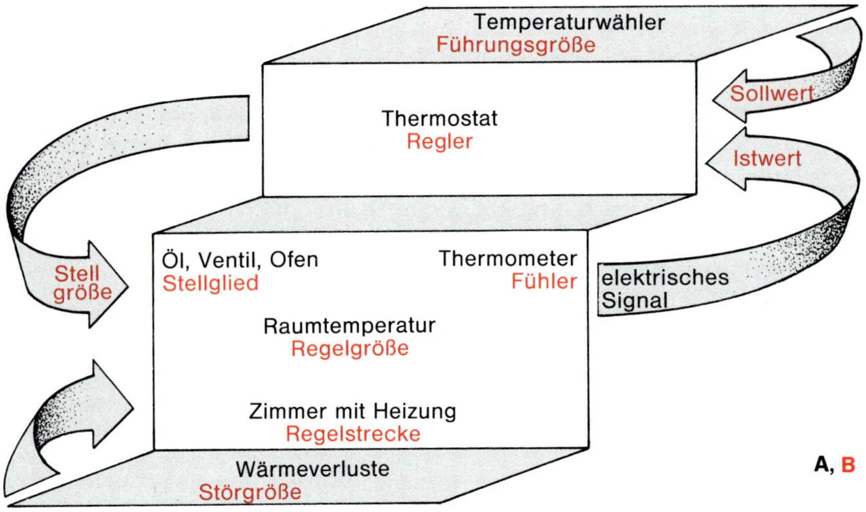
Temperaturwähler
Führungsgröße
Thermostat
Regler
Sollwert
Istwert
Stell
größe
Öl, Ventil, Ofen
Stellglied
Thermometer
Fühler
elektrisches
Signal
Raumtemperatur
Regelgröße
Zimmer mit Heizung
Regelstrecke
Wärmeverluste
Störgröße

A, B

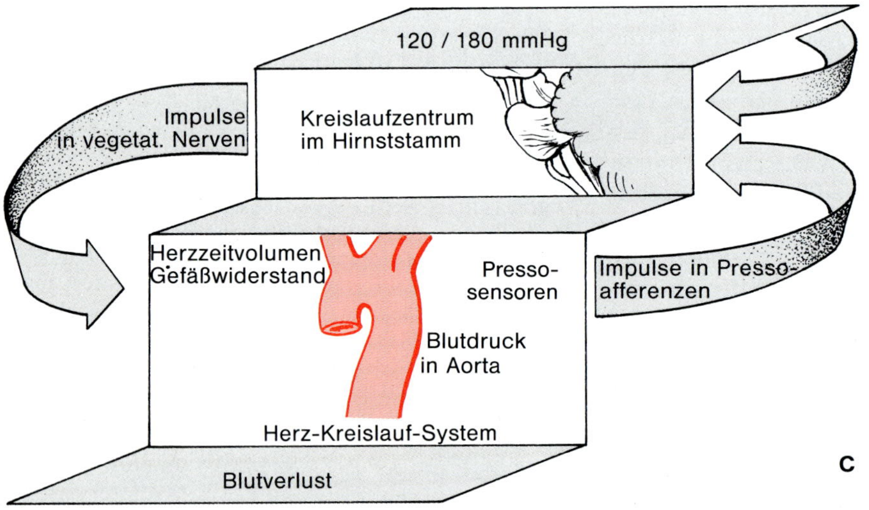
120 / 180 mmHg
Impulse
in vegetat. Nerven
Kreislaufzentrum
im Hirnststamm
Herzzeitvolumen
Gefäßwiderstand
Presso-
sensoren
Impulse in Presso-
afferenzen
Blutdruck
in Aorta
Herz-Kreislauf-System
Blutverlust

C

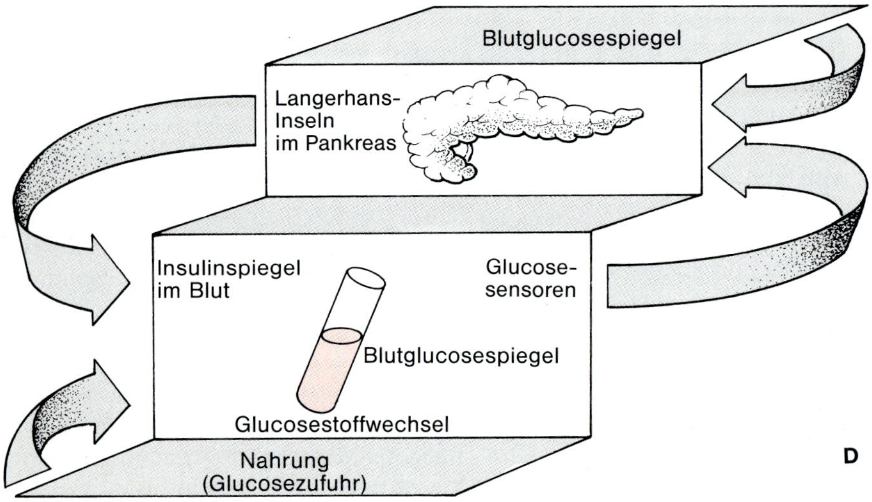
Blutglucosespiegel
Langerhans-
Inseln
im Pankreas
Insulinspiegel
im Blut
Glucose-
sensoren
Blutglucosespiegel
Glucosestoffwechsel
Nahrung
(Glucosezufuhr)

D

Beispiel soll die Raumtemperatur konstant gehalten werden. Sie ist also die *Regelgröße*. Die gerätetechnische Einrichtung, an der dies geschieht, ist das Zimmer mit seiner Heizung, die *Regelstrecke*. Ein Thermometer mißt als *Fühler* die tatsächliche Raumtemperatur, den *Istwert*. Diese wird im Thermostat, dem *Regler*, mit der vorgewählten Temperatur, der *Führungsgröße*, verglichen, die den gewünschten *Sollwert* der Regelgröße Raumtemperatur darstellt.

Haben Istwert und Sollwert unterschiedliche Werte, liegt eine *Regelabweichung* vor. Daraus wird vom Regler die *Stellgröße* berechnet, die über das *Stellglied*, nämlich den Ofen mit seiner veränderlichen Brennstoffzufuhr, so lange korrigierend auf die Regelgröße Raumtemperatur einwirkt, bis Istwert und Sollwert übereinstimmen. Alle Einflüsse auf die Regelgröße, die Abweichungen vom Sollwert verursachen, hier vor allem die verschiedenen Formen der Wärmeverluste, werden *Störgrößen* genannt.

Wesen jedes Regelkreises. Die Abb. 10-3 A, B faßt den formalen Aufbau eines Regelkreises in der üblichen Nomenklatur in *roter* Schrift zusammen. Das *wesentliche Merkmal der Regelung ist also der geschlossene Regelkreis*, der so aufgebaut (gepolt) ist, daß jede Störung der Regelgröße automatisch und möglichst vollständig korrigiert wird. Wir nennen einen solchen, den Einfluß der Störgröße kompensierenden Vorgang eine **negative Rückkopplung**. Läßt man die negative Rückkopplung wegfallen, z. B. indem man auf die Rückmeldung der Ist-Temperatur an die Heizungsanlage verzichtet, spricht man von **Steuerung**. Durch Steuerung kann zwar eine im voraus bekannte Störung kompensiert werden, beispielsweise ein erhöhter Heizungsbedarf bei Ankündigung eines Kälteeinbruchs, jedoch nicht wechselnde und unvorhersehbare Störungen. Die Regelung ist also der Steuerung in ihrer Anpassungsfähigkeit an wechselnde Störgrößen weit überlegen. (Dies gilt natürlich nicht für Anpassungen, die außerhalb der Möglichkeiten des Regelkreises liegen. Dort ist ohnehin nur Steuerung möglich.)

◀

Abb. 10-3. Arbeitsweise von technischen und biologischen Regelkreisen. **A** Die *schwarze* Schrift zeigt die Anteile eines Regelkreises am Beispiel einer Heizungsanlage zur Temperaturregelung. **B** Die *rote* Schrift ordnet jedem Bestandteil des konkreten Temperaturregelkreises den jeweiligen allgemeinen regelungstechnischen Namen zu. Erklärung der Begriffe im Text. **C** Regelkreis zur Konstanthaltung des arteriellen Blutdrucks. Als Störgröße ist ein Blutverlust angenommen (siehe Text). **D** Regelkreis zur Konstanthaltung des Blutzuckerspiegels. Ausführliche Besprechung im Text

Anwendung des Regelkonzeptes auf biologische Vorgänge

Beispiel Blutdruckregulation. Wie im Kapitel 5 bereits erläutert, ist die Konstanthaltung des arteriellen Blutdruckes das wichtigste Ziel bei der *Anpassung des Herz-Kreislauf-Systems an wechselnde Belastungen* (s. dazu vor allem S. 85, 89). An Hand der Abb. 10-3 C können wir jetzt erkennen, daß es sich hier um einen *sehr typischen biologischen Regelvorgang* handelt, dessen **geschlossener Regelkreis** so verschaltet ist, daß jede vom Sollwert abweichende Änderung des Blutdrucks wieder ausgeglichen wird. Als Beispiel für die Vielfalt der möglichen Störgrößen ist ein arterieller Blutverlust angenommen. Der dadurch bedingte Blutdruckabfall wird über die auf S. 84 beschriebenen Pressosensoren registriert. Sie senden weniger Impulse in das Kreislaufzentrum, das daraufhin, wie in Abb. 5-6 geschildert, über die vegetativen Nerven eine Reihe von Maßnahmen einleitet, um den drohenden „Volumen-Mangel-Schock", also das Versagen des Regelkreises und damit den Zusammenbruch des Kreislaufs zu verhindern.

Vermaschte Regelkreise. Genaugenommen zeigt Abb. 10-3 C nur einen von mehreren Regelkreisen der Blutdruckregulation. Wir haben weitere bereits kennengelernt, beispielsweise die Konstanthaltung identischer Herzzeitvolumina im großen und kleinen Kreislauf (S. 70) oder die Langzeitkontrolle des Blutdruckes über die Nieren, die verhindert, daß eine Erhöhung der extracellulären Flüssigkeitsmenge zur Hypertonie führt (S. 89) [13]. Eine solche **Mehrfach-Regulation** einer wichtigen biologischen Größe, wie hier des Blutdruckes, ist sehr typisch für lebende Organismen. Sie sichert die Regelgröße gegen die verschiedensten Störeinflüsse ab, damit diese auch unter extremen Bedingungen im Bereich des Sollwertes bleibt.

Bedeutung der Dimensionierung des Regelkreises. Den Eigenschaften der einzelnen Anteile des Regelkreises, die im Organismus nur experimentell bestimmt werden können, kommen für das *Verhalten des Regelkreises als Ganzes* große Bedeutung zu. Hier sei nur die *Verstärkung des Reglers* betrachtet, gewissermaßen die „Heftigkeit", mit der der Regler auf eine Änderung der Regelgröße reagiert. Ist die Verstärkung sehr klein, so wird der Regelkreis nur langsam und bedächtig auf eine Störung antworten. Dies mag für manche Regelkreise, wie beispielsweise die Langzeitkontrolle des Blutdruckes, ausreichen. Bei anderen, z. B. in der Motorik, ist eine viel heftigere Reglerantwort notwendig. Aber auch hier

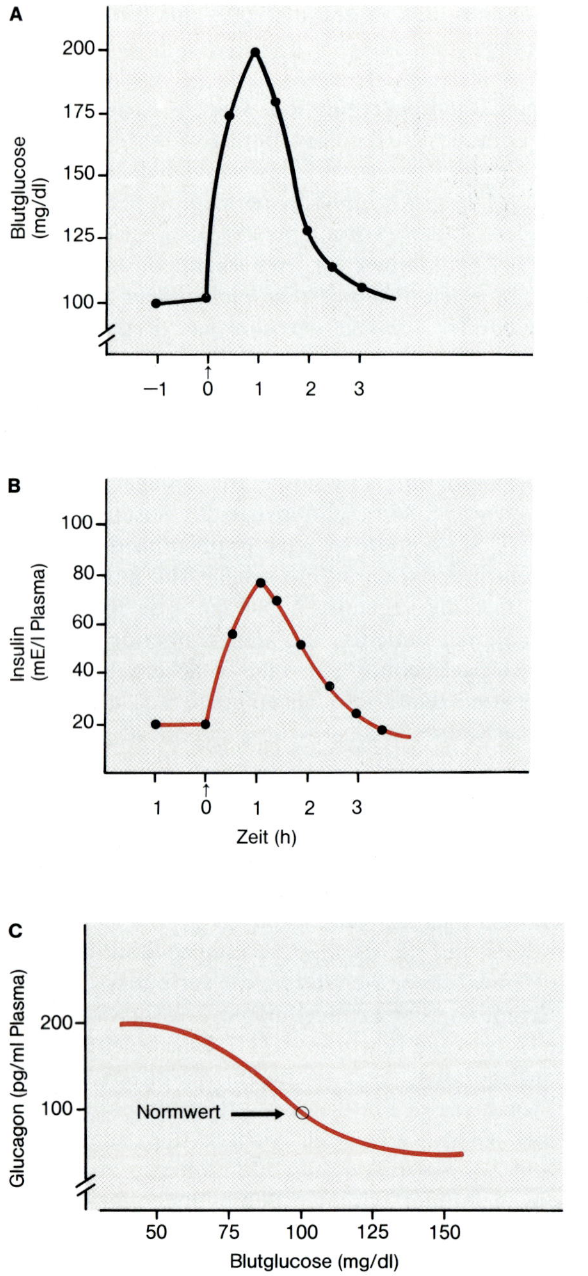

Abb. 10-4. Regelung des Blutglucosespiegels durch die Hormone *Insulin* und *Glucagon.* **A** Verlauf des *Blutglucosespiegels* bei einer gesunden Versuchsperson nach einem Glucosetrunk (100g Glucose, *Glucosebelastungstest*). Der Glucosespiegel steigt rasch auf das doppelte des Ruhewertes an. **B** Reaktion des *Insulinspiegels* auf die Glucosebelastung: er steigt mit kurzer Verzögerung auf das Mehrfache des Kontrollspiegels an. **C** Abhängigkeit des *Glucagonspiegels* im Blut vom Blutzuckerspiegel. Unter Normalbedingungen und bei Hyperglykämie ist die Glukagonkonzentration im Blut niedrig, sie steigt bei *hypoglykämischen* Zuständen deutlich an. Darstellungen von W. Wuttke in [8]

gibt es Grenzen: Mit zunehmender Verstärkung wird zwar die Regelung besser, aber sobald sie zu kräftig einsetzt, läuft sie leicht über den angepeilten Sollwert hinaus. Daraufhin setzt prompt der umgekehrte Regelvorgang ein, der wiederum über sein Ziel hinausschießt. Solche **ungedämpften Regelschwingungen** werden in der Motorik als Zittern (Tremor) sichtbar, beispielsweise als Ruhezittern bei der Parkinsonschen Erkrankung oder als Bewegungszittern bei Kleinhirnstörungen (S. 302 bzw. S. 303).

Darüber hinaus können erhebliche Abweichungen vom Sollwert durch Lernen erzielt werden: beispielsweise kann ein Mensch im Experiment lernen, in einer physischen Belastungssituation (Ergometrie z. B.) seine Herztätigkeit zu verlangsamen, obwohl der Regelkreis eine Anhebung der Herzrate (Sollwert) über Pressosensoren (Istwert) herstellen müßte. Regelkreise können also durch Lernprozesse (s. Kap. 27) erheblich aus dem homöostatischen Gleichgewicht gebracht werden.

10.3 Hormone als Teile von Regelkreisen: Beispiel Blutzuckerregulation (Pankreashormone)

Endokrine Drüsenzellen des Pankreas. In der Bauchspeicheldrüse (dem Pankreas) liegen Gruppen von einigen tausend endokrinen Drüsenzellen als **Langerhans-Inseln** eingestreut in das Verdauungssaft produzierende exokrine Drüsengewebe (S. 134). Etwa 60% dieser endokrinen Drüsenzellen produzieren das Hormon **Insulin** (die *B-Zellen*), etwa 25% produzieren das Hormon **Glucagon** (die *A-Zellen*), und die restlichen 15% produzieren das Hormon **Somatostatin** (die *D-Zellen*). Alle drei Hormone sind Polypeptide, also Ketten von Aminosäuren.

Arbeitsweise des Blutzuckerregelkreises

Wirkungen des Insulins. Nehmen wir an, wir trinken ein großes Glas Limonade, das mit einigen Löffeln Traubenzucker (Glucose) gesüßt ist. Da Traubenzucker diejenige Zuckerform ist, die ohne weitere Verdauung durch die Darmwandzellen in das Blut diffundiert, wird kurz darauf die Glucosekonzentration des Blutes (der „Glucosespiegel") ansteigen (Abb. 10-4 A). Dieser Anstieg würde sich fortsetzen, wäre nicht durch einen Regelprozeß dafür gesorgt, daß der *normale Glucosespiegel von 80-100 mg pro 100 ml Blut* (also 0,8-1 g/l) alsbald wieder erreicht wird. Dieser Regelkreis ist in Abb. 10-3 D skizziert: In der Bauchspeicheldrüse führt *Ansteigen des Glucosespiegels* zur **Freisetzung des Hormons Insulin** aus den *B-Zellen.* Entsprechend steigt seine Konzentration im Blut an (Abb. 10-4 B). Das Insulin sorgt dafür, daß jedes *Zuviel an Glucose aus dem Blut verschwindet.* Und zwar steigert es in nahezu allen Zellen den Glucoseverbrauch und regt vor allem die Leberzellen dazu an, Glucose in einer chemisch anderen Form, nämlich als **Glykogen**, zu stapeln. Außerdem löst Insulin eine **vermehrte Fettspeicherung** in den Fettzellen aus, womit weitere Energie „aus dem Markt genommen" wird.

Wirkungen des Glucagons. Mit dem eben geschilderten Regelkreis allein läßt sich aber ein konstanter Blutzuckerspiegel nicht aufrechterhalten. Denn ohne eine weitere Regelung würde die Blutglucose zwischen den Mahlzeiten sehr rasch abnehmen. Dies gefährdet die Energieversorgung aller Zellen, besonders der Gehirnzellen, für die die Glucose die alleinige Energiequelle bildet. So nimmt es kein Wunder, daß bei Absinken des Blutzuckers unter 50 mg pro 100 ml Blut, **Hypoglykämie** genannt, *deutliche Zeichen nervöser Störung* auftreten, vor allem Schweißausbrüche, Herzjagen, Zittern, Heißhunger und eine allgemeine innere Unruhe und Erregung. Um eine solche Hypoglykämie zu verhindern, führt normalerweise jedes **Absinken des Blutglucosespiegels** nicht nur zu einer **Hemmung der Insulinfreisetzung**, sondern gleichzeitig zur vermehrten **Freisetzung von Glucagon** (Abb. 10-4 C). Dieses Hormon der *A-Zellen* der Langerhansschen Inseln stellt den *direkten Gegenspieler des Insulins* dar. Hauptzielorgan des Glucagons ist die Leber. Dort sorgt es dafür, daß das Glykogen wieder in Glucose umgewandelt und in das Blut abgegeben wird. Zusätzlich, vor allem wenn die Glykogenspeicher erschöpft sein sollten, regt es in der Leber die **Gluconeogenese** an, also die Umwandlung von Aminosäuren in Glucose.

Wirkungen des Somatostatins. Dieses Peptid wird von den *D-Zellen* der Langerhans-Inseln produziert. Es wirkt unmittelbar auf die benachbarten *A-* und *B-Zellen* hemmend ein. Es hat also eine **hemmende parakrine Wirkung**. Gleichzeitig hemmt es die Kontraktionen des Magen-Darm-Traktes und der Gallenblase und die Freisetzung der Verdauungssäfte. Damit wird die Verdauung und Resorption der Nahrungsmittel verlangsamt. Diese Effekte führen insgesamt dazu, daß die *gesamte Verdauungsaktivität verlangsamt* und dadurch ein **zu starkes Ansteigen des Blutglucosespiegels verhindert** wird.

Folgen eines Stellgliedausfalls: Diabetes mellitus

Die hormonelle Regelung des Blutglucosespiegels ist ein weiteres, der nervösen Regelung des Kreislaufs in seiner Komplexheit durchaus vergleichbares Beispiel der Tatsache, daß **die meisten biologischen Größen** des menschlichen Organismus **vielfach abgesichert** sind. Die zunächst verwirrend erscheinenden, in geduldiger Forschung aber durchaus entwirrbaren Netze von Regelkreisen garantieren in ihrer Gesamtwirkung, daß der Mensch sich auch **an extreme Belastungen anpassen (adaptieren)** kann, ohne die Homöostase seines inneren Milieus zu gefährden. Er hat damit eine wesentlich größere Aktionsfreiheit gewonnen, als sie ein Organismus besitzt, der nicht über diese Möglichkeiten verfügt und der sich daher in seinen Aktivitäten auf einen eng begrenzten Raum, wie eine bestimmte Klimazone, beschränken muß.

Es ist, so gesehen, nicht ohne Ironie, daß ausgerechnet der Regelkreis, in dem das **Insulin als Stellglied** dient (Abb. 10-3 D), keinen ergänzenden Partner hat, der bei *Versagen der Insulinproduktion* in die Bresche springen könnte. Denn dieses Versagen, **Zuckerkrankheit** oder **Diabetes mellitus** genannt (s. zur Namensgebung S. 149), macht sich als eine im wesentlichen vererbte Krankheit bei rund 4% der Bevölkerung irgendwann im Leben bemerkbar. Es ist außerordentlich eindrucksvoll, sich vor Augen zu führen, welche mannigfaltigen, tiefgreifenden und schließlich lebensbedrohenden Störungen beim Ausfall eines einzigen solchen Regelkreises auftreten können.

Stoffwechselstörungen bei Insulinmangel. Fehlt genügend Insulin, so hat dies für den Organismus drei Hauptnachteile: (1) Es verringert sich die Aufnahme von Glucose und dessen Verwendung als Energiequelle durch die Zellen. Der Blutzuckerspiegel steigt dabei auf Werte bis zu 300-1200 mg pro 100 ml Blut. (2) Fett wird in großem Umfang aus den Fettdepots des Körpers mobilisiert, um als Energieträger auszuhelfen. Es kommt zu Störungen des Fettstoffwechsels, vor allem auch zur vermehrten Ablagerung von Fett in den Gefäßwänden, also einer schnell fortschreitenden Arteriosklerose. (3) Auch Körpereiweiß wird unter Insulinmangel vermehrt abgebaut, teils um als Energieersatz für die reichlich vorhandene, aber nicht nutzbare Glucose zu dienen, teils weil das Fehlen des Insulins den Wiederaufbau des in den täglichen Zellumbauprozessen verbrauchten Eiweißes verhindert.

Symptome des Diabetes mellitus. Praktisch alle Symptome der Zuckerkrankheit sind Folgen dieser drei Grundstörungen. So ist auf S. 149 bereits geschildert worden, daß oberhalb eines Blutglucosespiegels von 200 mg/100 ml ein Teil der *Glucose in den Harn ausgeschieden* wird (Glucosurie). Auf diese Weise können dem Körper täglich mehrere hundert Gramm Glucose verlorengehen, was sich in vermehrtem Hunger bemerkbar macht. Die Glucose im Urin erhöht wegen ihrer starken osmotischen Wirkung die Gesamtharnmenge (osmotische Diurese, S. 152). Es kommt zu einer unfreiwilligen Entwässerung mit entsprechend *vermehrtem Durst.* Die Erhöhung des Fettstoffwechsels führt nicht nur als Folge der Arteriosklerose zu *Durchblutungsstörungen aller Art,* sondern auch zum stark vermehrten Auftreten von Stoffwechselprodukten wie des Acetons, die als **Ketonkörper** bezeichnet werden. Viele von ihnen sind sauer. Sie erschöpfen sehr bald diejenigen Regelkreise, die den Säurespiegel des Blutes konstant halten. Es resultiert eine **Übersäuerung (Acidose)**, die unbehandelt zu einem akut lebensbedrohenden Schockzustand führt, dem **diabetischen Koma**.

Behandlung der Zuckerkrankheit. Eine einmal ausgebrochene Zuckerkrankheit, also eine ungenügende Insulinproduktion der Bauchspeicheldrüse, kann man nicht heilen. Ist eine Teilproduktion erhalten, wird man solange als möglich versuchen, der eingeschränkten Leistungsfähigkeit des Regelkreises durch eine *Verringerung des Störgrößeneinflusses,* sprich durch eine **diätetische Beschränkung der Zufuhr** von Glucose und anderen Kohlenhydraten (die im Darm alle zu Glucose aufgespalten werden, s. S. 138), zu entsprechen. Genügen solche Diätmaßnahmen nicht, kann durch Sulfonylharnstoff-Tabletten eine **zusätzliche Insulinausschüttung** aus der Bauchspeicheldrüse angeregt werden. Bei weiter sinkender Insulinproduktion ist aber auch auf diese Weise eine ausreichende Regelung des Blutglucosespiegels nicht mehr möglich. Wir müssen dann den ausgefallenen *Regelvorgang* durch einen **Steuervorgang**, nämlich die **Injektion von Insulin**, ersetzen. Dem Patienten wird dabei gerade so viel Insulin zugeführt, daß sich sein Glucose- und damit auch sein Fettstoffwechsel normalisiert. Dies setzt voraus, daß über eine entsprechende Diät auch die Kohlenhydratzufuhr genau eingestellt und absolut konstant gehalten wird. Denn wie jede Steuerung, so kann auch diese **nur vorhersehbare Störgrößen kompensieren** (vgl. S. 163). Außer „Diätsünden" bedrohen aber auch andere Störungen, vor allem Erkrankungen mit starkem Fieber, das einmal eingestellte Gleichgewicht, da dabei der Insulinbedarf stark ansteigt. Umgekehrt hat körperliche Anstrengung oft den gegenteiligen Effekt. Dies rührt daher, daß die arbeitende Muskelzelle auch in Abwesenheit von Insulin vermehrt Glucose aufnimmt. Muskelarbeit hat also eine insulinartige Wirkung. Ein normal aktives Kind mit einer schweren Zuckerkrankheit kommt daher oft mit weniger Insulin aus als eines, das ein sehr behütetes Leben führt.

Folgen einer Insulinüberdosierung. Eine Überdosierung von Insulin oder, was selten aber doch vorkommt, seine Überproduktion im Pankreas, wird den *Blutglucosespiegel zu stark absenken* (**Hypoglykämie**, s. o.) und damit möglicherweise einen **hypoglykämischen Schock** auslösen, der von Bewußtlosigkeit begleitet ist und rasch zum Tode führen kann. Bei einem bewußtlosen Diabetespatienten muß also als erstes geklärt werden, ob er durch zuwenig Insulin (bzw. zu hohe Kohlenhydratzufuhr) in ein *diabetisches Koma* oder durch das Gegenteil in einen *hypoglykämischen Schock* gerutscht ist. Die Therapie beider Schockzustände muß nämlich genau entgegengesetzt erfolgen, hohe Gaben von Insulin im ersteren, Traubenzuckerinfusion im zweiten Fall.

10.4 Hormone des Hypothalamus und der Hypophyse

Menschliches Verhalten ist immer eine Funktion des gesamten Gehirns und nicht ausschließlich die eines bestimmten Hirnabschnittes. Aber wie bei anderen Aufgaben des Gehirns, so werden auch die verschiedenen Verhaltensäußerungen des Menschen von bestimmten Arealen des Gehirns eingeleitet und durchgeführt, denen deswegen für das betreffende Verhalten eine besondere Bedeutung zukommt. Zu diesen Gebieten gehören die als **limbisches System** zusammengefaßten Hirnstrukturen, deren Verhaltensrelevanz in Kap. 28 ausführlich gewürdigt wird.

In vieler Hinsicht benutzt das limbische System als „Ausgang" zum Körper hin eine Hirnregion, die wegen ihrer Lage unterhalb der Thalamuskerne **Hypothalamus** heißt. Der Hypothalamus ist aber keineswegs nur Befehlsempfänger und ausführendes Organ, sondern er besitzt eine erhebliche Selbständigkeit und Eigeninitiative in der Steuerung vegetativer Körperfunktionen und anderer einfacher Verhaltensweisen (S. 250, 451). Bemerkenswert ist, daß dieses kleine Gebiet am Übergang zwischen Hirnstamm und Großhirn nur etwa 5 g wiegt, was kaum ahnen läßt, daß es das lebenswichtigste Zentrum für die Steuerung aller vegetativen Funktionen und für die Koordination dieser vegetativen Regulationen mit den übrigen Aktivitäten des Organismus darstellt.

Wie in Abb. 10-5 zu sehen, geht dieses ebenso kleine wie wichtige, der Schädelbasis aufliegende Hirngebiet in ein drüsiges „Anhängsel" über, das entsprechend als **Hirnanhangsdrüse** oder **Hypophyse** bezeichnet wird. Diese endokrine Drüse wiegt nur rund ein halbes Gramm. Sie ist aber teils Fabrik, teils Lagerstätte für 8 lebenswichtige Hormone. Produktion, Vorratshaltung und Freisetzung dieser Hormone erfolgen in engster Zusammenarbeit mit dem *Hypothalamus.* Damit ist das **hypothalamisch-hypophysäre System** die entscheidende Naht- und Schaltstelle (in der Computertechnik *Interface* genannt) zwischen den hormonellen und den neuronalen Regelprozessen [11].

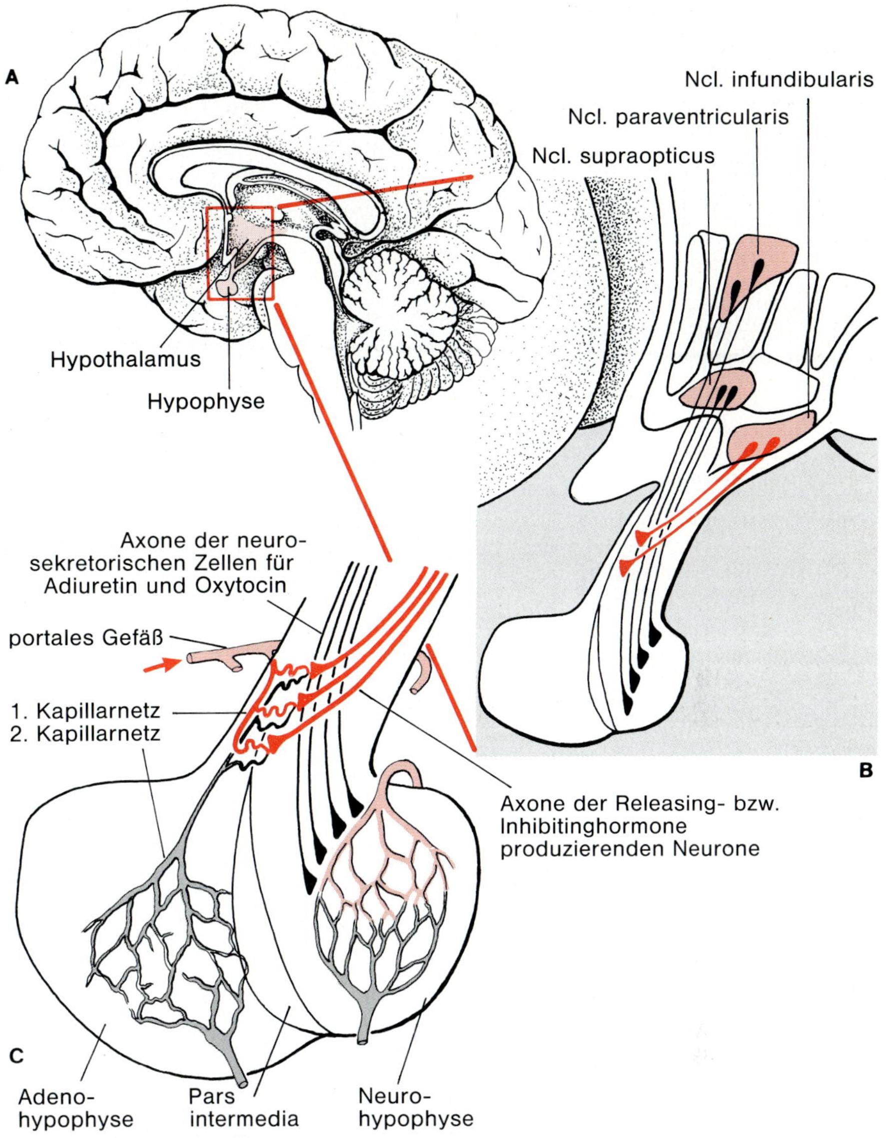

Abb. 10-5. Überblick über Lage und Aufbau des hypothalamisch-hypophysären Systems. **A** Lage von *Hypothalamus* und *Hypophyse* an der Schädelbasis des Menschen. Als Maßstab sei angemerkt, daß der *Hypothalamus* ein Gewicht von etwa 5 g, die *Hypophyse* von etwa 0,5 g hat. **B** Die *Kerngebiete* der Hormon-produzierenden (neurosekretorischen) Zellen des *Hypothalamus* und ihre Verbindungen zum portalen Capillarnetz der *Adenohypophyse* und zur *Neurohypophyse* (siehe dazu auch C). **C** Anteile der *Hypophyse,* ihre Lagebeziehungen zueinander, ihre Gefäßversorgung und die Endigungsgebiete der hypothalamischen Axone. Die *Adenohypophyse* wird auch als *Hypophysenvorderlappen, HVL,* die *Neurohypophyse* als *Hypophysenhinterlappen, HHL,* bezeichnet. Die *Adenohypophyse* produziert und speichert 6 Hormone (Tabelle 10-1). Ihre Freisetzung wird von Neurohormonen aus dem *Nucleus infundibularis* gesteuert, die über das hintereinandergeschaltete Doppelcapillarnetz als Releasing- und Inhibitinghormone (Tabelle 10-2) den HVL erreichen. In der *Neurohypophyse* werden zwei Hormone gespeichert, und zwar in den präsynaptischen axonalen Verdickungen der die Hormone produzierenden hypothalamischen Neurone (s. Text)

Ein normales menschliches Leben ohne das hypothalamisch-hypophysäre System ist nicht denkbar. Im Experiment gelingt es nur bei intensivster Pflege, Tiere ohne dieses System für längere Zeit, maximal einige Monate, überleben zu lassen. Werden also durch einen Tumor oder eine Verletzung (Schädelbasisbruch, Schußverletzung) Hypothalamus und/oder Hypophyse in ihrer Funktion beeinträchtigt, so führt dies immer zu einer ernsten, oft lebensbedrohenden Erkrankung.

Das Hypophysenvorderlappensystem (Adenohypophyse)

Überblick [1]. Der vordere Anteil der Hirnanhangsdrüse, der **Hypophysenvorderlappen (HVL,** *Adenohypophyse*), produziert und speichert *sechs lebenswichtige Hormone* (drei Geschlechtshormone, je

Tabelle 10-1. Hypophysenvorderlappenhormone [8]

Kurzbezeichnung	Name	Wirkung auf
Glandotrope Hormone		
ACTH	**A**drenocorticotropes **H**ormon (syn. Corticotropin)	Nebennierenrinde
TSH	**T**hyreoidea-**s**timulierendes **H**ormon (syn. Thyreotropin)	Schilddrüse
FSH	**F**ollikel-**s**timulierendes **H**ormon	Gonaden
LH	**L**uteinisierendes **H**ormon	Gonaden
(FSH und LH sind die beiden Gonadotropine)		
Nicht-glandotrope Hormone		
GH	Wachstumshormon (engl. **G**rowth **H**ormone) (syn. **S**omato**t**ropes **H**ormon = STH)	Alle Körperzellen
	Prolactin	Viele Körperzellen (Mamma, (Gonaden)

Tabelle 10-2. Releasing- und Inhibitinghormone [8]

Kurzbezeichnung[a]	Name	Wirkung auf
Releasinghormone		
TRH	**T**hyreotropin-**R**eleasing-**H**ormon	TSH
LHRH	**L**uteinisierendes **H**ormon **R**eleasing-**H**ormon (syn. GnRH)	FSH und LH
CRH	**C**orticotropin-**R**eleasing-**H**ormon	ACTH
GHRH	**G**rowth **H**ormone-**R**eleasing **H**ormon	GH
PRH	**P**rolactin **R**eleasing-**H**ormon	PRL
Inhibitinghormone		
GHIH	**G**rowth **H**ormone-**I**nhibiting-**H**ormon (syn. Somatostatin, SS)	GH
PIH	**P**rolactin-**I**nhibiting-**H**ormon	PRL

[a] Es gibt noch keine allgemeinverbindliche Nomenklatur. Die ursprüngliche und unverbindliche Bezeichnung der Hormone mit „Faktor" kommt noch in den alternativ gebrauchten Kurzformen, wie CRF (statt CRH), PIF (statt PIH) zum Ausdruck.

eines zur Steuerung der Schilddrüse und der Nebennierenrinde und das Wachstumshormon). Die Freisetzung dieser Hormone wird von **Neurohormonen des Hypothalamus** gesteuert, also von Hormonen, die in dafür spezialisierten Nervenzellen gebildet werden und *auf dem Blutweg* den Vorderlappen erreichen. Dazu hat der Organismus ein spezielles, in Abb. 10-5 gezeigtes Gefäßsystem entwickelt: Ein erstes Capillarnetz nimmt die Neurohormone aus den axonalen Verdickungen der Drüsen-Nervenzellen auf, und ein dahintergeschaltetes, zweites Capillarnetz im Vorderlappen bringt die Neurohomone auf dem schnellsten Wege an ihr Ziel. Da die Neurohormone die Freisetzung der sechs Vorderlappenhormone teils anregen, teils hemmen, werden sie **Releasinghormone** oder **-faktoren** (to release = freisetzen) bzw. **Inhibitinghormone** oder **-faktoren** (to inhibit = hemmen) genannt.

Glandotrope und nichtglandotrope Hormone. Vier der Hormone des HVL haben als Zielorgan jeweils eine Drüse. Sie heißen daher **glandotrope Hormone** (Tabelle 10-1). Zwei davon stimulieren die Tätigkeit der Geschlechtsdrüsen (Gonaden). Die Wirkungen dieser **Gonadotropine** wird später besprochen (S. 572-575). Das dritte glandotrope Hormon stimuliert die Schildrüse (Thyreoidea), das vierte die Nebennierenrinde (Cortex der Glandula adrenalis). Entsprechend wird das dritte **t**hyreoida-**s**timulierendes **H**ormon **(TSH)** oder **Thyreotropin** genannt und das vierte als **Corticotropin** oder **a**drenocorti**c**o**t**ropes **H**ormon **(ACTH)** bezeichnet. Einzelheiten dazu in den Abschnitten 10.5 und 10.7.

Die beiden anderen Hormone des HVL wirken nicht auf Drüsen, sondern auf andere Organsysteme, bzw. den gesamten Organismus. Diese beiden **nichtglandotropen Hormone** sind das **Wachstumshormon** und das **Prolactin** (Tabelle 10-1). Auf sie wird unten noch etwas näher eingegangen.

Regulation der HVL-Hormonsekretion. Die derzeit gebräuchlichste Nomenklatur für die hypothalamischen **Releasinghormone** und **Inhibitinghormone** zeigt Tabelle 10-2. Ergänzend dazu gibt die Abb. 10-6 einen Überblick über die Wirkungen der hypothalamischen Neurohormone auf die ihrer Kontrolle unterliegenden HVL-Hormone. Nur die beiden *nichtglandotropen Hormone*, nämlich das Wachstumshormon und das Prolactin, werden sowohl von Releasing- wie Inhibitinghormonen kontrolliert. Die glandotropen Hormone werden in ihrer Freisetzung nur durch Releasinghormone gesteuert, die beiden gonadotropen nach gegenwärtiger Auffassung sogar nur gemeinsam über das LHRH (früher wurden für LH und FSH eigene Releasinghormone angenommen).

Die Abb. 10-6 zeigt jeweils nur einen kurzen Ausschnitt aus den Regelkreisen, in die die HVL-Hormone eingebunden sind. So werden die Neurone des Hypothalamus, die die Releasing- und Inhibitinghormone produzieren, ihrerseits von zahlrei-

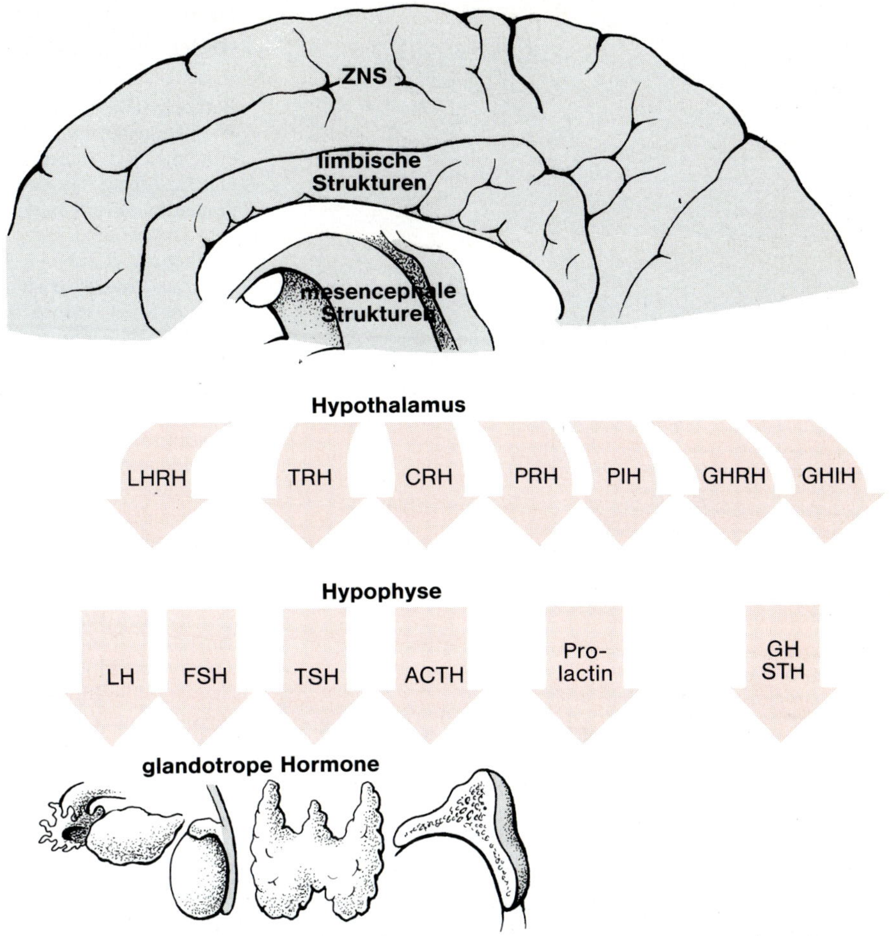

Abb. 10-6. Das *hypothalamisch-adenohypophysäre System* als Nahtstelle (Interface) zwischen dem Zentralnervensystem und der Körperperipherie. Zur Nomenklatur der Hormone siehe die Tabellen 10-1 und 10-2. Die *4 glandotropen Hormone LH, FSH, TSH* und *ACTH* haben jeweils nur ein Zielorgan im Körper, nämlich jeweils eine Drüse (darunter im Umriß angeordnet). Die beiden anderen Hormone, *Prolactin* und *Wachstumshormon (GH = STH)* wirken an Zellen vieler Organe. Anders als die *glandotropen Hormone* werden *Prolactin* und *Wachstumshormon* nicht nur von Releasing-, sondern auch von Inhibitinghormonen des Hypothalamus kontrolliert. Auf die Bedeutung der zentralnervösen Strukturen aus dem Mesencephalon, dem limbischen System und dem Großhirn wird im Text näher eingegangen

chen intra- und extrahypothalamischen Neuronen erregend und hemmend innerviert. Besonders reichhaltige Zuflüsse kommen aus dem *Mittelhirn* (Mesencephalon, Vermittlung über *noradrenerge, adrenerge* und *serotonerge Neurone*), ebenso aus *limbischen Strukturen*, insbesondere dem *Nucleus amygdalae* sowie dem *Hippocampus*. Dadurch können Umwelt- und Innenwelteinflüsse (in erster Linie über die mesencephalen Strukturen) sowie emotionale Regungen (in erster Linie über die limbischen Strukturen) in die neuroendokrine Regulation integriert werden. Mesencephale und limbische Strukturen erhalten aus dem Hypothalamus Afferenzen, so daß ein reziproker Informationsaustausch stattfindet. Außerdem wird die Produktion der Releasing- und Inhibitinghormone durch Rückmeldungen von den nachgeschalteten Hormonen oder deren Wirkungen gesteuert.

Wirkungen des Wachstumshormons (GH, STH). Wie viele andere Hormone auch, wird das Wachstumshormon in pulsartiger Form, und zwar in 3 bis 4 Pulsen pro Tag, ausgeschüttet. Außerdem wird es interessanterweise im Tiefschlaf (Schlafstadien 3 und 4, s. Kap. 26) freigesetzt. Es hat vielfältige, z.T. noch nicht völlig klare Wirkungen im Organismus, die vereinfacht so zusammengefaßt werden können, daß es **zur normalen körperlichen Entwicklung des Kindes notwendig** ist. Dazu benötigt es teilweise die Vermittlung von **Somatomedinen** aus der Leber, die dort unter dem Einfluß von Wachstumshormon produziert werden. Der zugehörige Regelkreis ist in Abb. 10-7 zu sehen. Das wichtigste Somatomedin ist das *Somatomedin C*: Es regt die Eiweißsynthese in allen Körperzellen und damit auch die Zellteilung an (ein anderes bekanntes Somatomedin ist der *Insulin like growth factor, IGF)*.

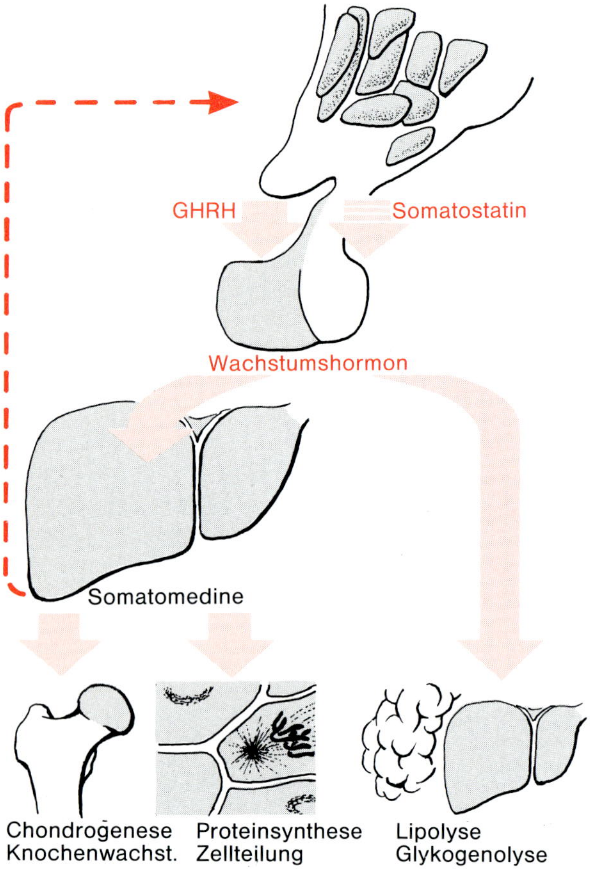

Abb. 10-7. Regelkreis der Freisetzung des *Wachstumshormons* und dessen Wirkungen auf den Körper. Die Freisetzung von Wachstumshormon wird über *GHRH* ausgelöst und über GHIH (=Somatostatin, vgl. Tab. 10-2) gehemmt. Das Wachstumshormon wiederum stimuliert in der Leber die Bildung von Somatomedinen. Diese koppeln hemmend zum Hypothalamus zurück und schließen so den Regelkreis. Bei der pulsartigen Freisetzung des Wachstumshormons kommt es frühzeitig zu einem über die Somatomedine vermittelten, also *indirekten insulinähnlichen* Effekt, später setzt sich die im Text beschriebene *direkte insulinantagonistische* Wirkung durch. Die wesentlichsten Wirkungen des Wachstumshormons sind unten in der Abbildung skizziert

Bei der pulsartigen Freisetzung des Wachstumshormons kommt es zu **zeitlich gestaffelten Stoffwechselwirkungen**. Zunächst *sinkt* der Blutglucosespiegel als Folge der Freisetzung der Somatomedine (daher die ursprüngliche Namensgebung des Somatomedins IGF, s.o.). Dieser frühe **insulinähnliche Effekt** der Somatomedine hält aber nur etwa eine Stunde an. Danach setzt sich die direkte Wirkung des Wachstumshormons auf die *Fett-* und *Glykogendepots* durch (rechts in Abb. 10-7). Diese werden durch das Hormon eingeschmolzen und *zu Glucose umgewandelt (Lipolyse bzw. Glykogenolyse)* [4, 10]. Zusätzlich wird die Glucoseaufnahme in die Zellen gehemmt. Insgesamt kommt es dadurch zu einer *Erhöhung des Blutglucosespiegels*, also einer späten **insulinantagonistischen Wirkung**.

Pathophysiologie des Wachstumshormons. Bei Mangel an Wachstumshormon bleibt bei Kindern das Wachstum zurück, ohne daß sich die relative Größe der verschiedenen Körperteile zueinander verändert. Ohne Behandlung mit Wachstumshormon (oder seinem Releasinghormon GHRH) entwikkeln sich die Kinder also zu **proportionierten Zwergen**. Ähnliches ist bei den **Pygmäen** zu beobachten, bei denen zwar das Wachstumshormon normal produziert und ausgeschüttet wird, jedoch aufgrund einer genetischen Mutante *kein Somatomedin C.*

Wird *bei Kindern* in der Hypophyse zuviel Wachstumshormon produziert (durch eine gutartige tumoröse Entartung der dafür verantwortlichen Drüsenzellen), kommt es zu einem **Riesenwuchs** oder **Gigantismus**. Dieser wird erst durch das Verknöchern der Wachstumsfugen (Epiphysenschluß) bei der pubertätsbedingten vermehrten Sekretion von Sexualhormonen beendet.

Tritt eine vermehrte Wachstumshormonausschüttung erst *bei Erwachsenen* auf, wird zwar das Längenwachstum nicht mehr stimuliert (da die Epiphysenfugen geschlossen sind), aber es *wachsen die Spitzen (Akren) des Körpers*, also vor allem Ohren, Nase, Kinn, Finger und Füße. Es entsteht das Krankheitsbild der **Akromegalie**. Die Knochen wachsen zusätzlich in die Breite (appositionelles Knochenwachstum, dadurch plump erscheinender Knochenbau), und es kommt auch zu Vergrößerungen der Organe des Verdauungskanals (Zunge, Magen, Darm).

Wirkungen des Prolactins. Dieses HVL-Hormon steuert die Ingangsetzung und Aufrechterhaltung der **Milchsynthese** in der Brustdrüse der Frau. Unter physiologischen Bedingungen produzieren die Brustdrüsen nach der Geburt innerhalb von 24 h Milch (die Milch schießt ein), das Baby kann also gesäugt werden. Prolactin hat dabei einen *komplizierten Freisetzungsmechanismus*, an dem Releasing- und Inhibitinghormone des Hypothalamus beteiligt sind (Abb. 10-6). Beim Inhibitinghormon handelt es sich chemisch um **Dopamin** [16, 17, 19], beim Releasinghormon um verschiedene Stoffe, wie *TRH*, das *vasoaktive-intestinale Popypeptid (VIP)* (S. 236), *Angiotensin II* (S. 87) und möglicherweise das endogene Opiatpeptid *β-Endorphin* [19]. Insgesamt scheint der hemmende Einfluß des Dopamins vorzuherrschen. Die Freisetzung des Prolactins beruht also mehr auf einer **Wegnahme der tonischen Dopaminhemmung** als auf einer Freisetzung der Releasinghormone. Alle Einzelheiten sind jedoch noch nicht aufgeklärt (Wuttke in [8]).

Das Hypophysenhinterlappensystem

Überblick. In zwei Kerngebieten des Hypothalamus, nämlich dem *Nucleus supraopticus* und dem *Nucleus paraventricularis* liegen besonders große Nervenzellen, deren Axone im Hypophysenstiel nach unten ziehen und deren kolbig aufgetriebene *Endigungen den Hypophysenhinterlappen bilden* (Abb. 10-5). In ihnen werden zwei Hormone gespeichert, nämlich das *antidiuretische Hormon (ADH, Vasopressin)* und das *Oxytocin.* Das **antidiuretische Hormon (ADH)** hemmt die Wasserausscheidung in der Niere (S. 151). Das **Oxytocin** unterstützt beim Stillen des Säuglings reflektorisch dessen Nahrungsaufnahme, denn es kontrahiert die glatte Muskulatur der mütterlichen Brustdrüse, wodurch die Milch aus den Drüsenkörpern (Alveolen) in die Ausführungsgänge gedrückt wird. Beide Hormone haben auch Wirkungen auf das Zentralnervensystem und üben damit *verhaltenssteuernde Funktionen* aus: z. B. wird die Löschungsgeschwindigkeit einer gelernten Vermeidungsreaktion durch Vasodepressin verzögert (s. Kap. 27).

Beide Hormone, bzw. ihre Vorstufen, werden *nicht* im Hypophysenhinterlappen gebildet, sondern in den Zellkörpern der eben erwähnten Neurone des *Hypothalamus.* **ADH** und **Oxytocin** sind also **Neurohormone**. Sie werden in den Axonen der „neurosekretorischen" Zellen (also im Hypophysenstiel) zum Hypophysenhinterlappen transportiert und dort, wie eben gesagt, *in den Endigungen dieser Axone* bis zu ihrer Freisetzung gespeichert. Beide Hormone bestehen aus 9 Aminosäuren, deren Sequenzen unterdessen aufgeklärt sind. Ihre hochmolekularen Vorstufen werden im *Golgi-Apparat der Zellkörper* synthetisiert. Aus diesen Vorstufen werden die beiden Hormone auf dem Weg in den Hypophysenhinterlappen oder spätestens dort abgespalten. Die Nervenzellen der Nuclei supraopticus und paraventricularis können immer nur ADH oder Oxytocin synthetisieren und speichern.

Antidiuretisches Hormon, ADH. Die antidiuretischen Wirkungen des ADH *in der Niere* wurden bereits auf S. 151 beschrieben. Das Hormon hat auch eine blutdrucksteigernde Wirkung, daher sein zweiter Name *Vasopressin.* Die vasopressorischen Wirkungen treten beim Menschen aber nur bei pathophysiologisch hohen Hormonkonzentrationen auf. Es sollte daher nur der Name *ADH* Verwendung finden.

Das ADH ist in Regelkreise eingebunden, die das *extracelluläre Flüssigkeitsvolumen und dessen osmotischen Druck konstant halten.* Die Fühler dazu sind einmal *Volumensensoren* in den großen Venen und den Herzvorhöfen (S. 71) und zum anderen besonders *Osmosensoren (Osmoreceptoren),* vor allem im Hypothalamus. Möglicherweise sind die ADH-produzierenden Neurone selbst osmoreceptiv. Ansteigen des osmotischen Druckes bewirkt eine Erregung der Osmosensoren. Dies führt dann zur vermehrten Freisetzung von ADH. Ausfall des ADH führt zum Krankheitsbild des **Diabetes insipidus**, dessen Symptomatik auf S. 151 geschildert ist. Da ADH heute synthetisch verfügbar ist, kann der Diabetes insipidus gut behandelt werden.

Oxytocin. Die Wirkungen des *Prolactins* auf die Milchbildung in der weiblichen Brustdrüse wurden bereits oben beschrieben (S. 170). Der durch das *Oxytocin* ausgelöste **Milchejektionsreflex** (Abb. 10-8) wird durch die Reizung der Mechanoreceptoren der Brustwarzen (Mamillen) eingeleitet. Diese Reizung wird nämlich auf nervalem Wege den oxytocin-produzierenden Neuronen des Hypothalamus mitgeteilt, die daraufhin alle nahezu gleichzeitig Oxytocin ausschütten. Durch diese bolusartige Form der Freisetzung kommt es zu einer abrupten Tonussteigerung der die Drüsenalveolen umspannenden glatten Muskulatur und damit zur Milchejektion. (Die kontraktilen Elemente der Brustdrüse sind keine „Muskeln" im engeren Sinne. Sie sind entwicklungsgeschichtlich epithelialen Ursprungs.)

Ferguson-Reflex. Gegen Ende der Schwangerschaft ist das Oxytocin auf folgendem Wege an der Einleitung der Wehentätigkeit beteiligt. Zum einen wird der Uterus durch die Wirkungen der Östrogene *für Oxytocin empfindlich.* Zum anderen werden die Mechanosensoren des Uterus und der Vagina durch die wachsende Frucht zunehmend gereizt. Dies führt auf nervalem Wege reflektorisch zur Ausschüttung von Oxytocin *(Ferguson-Reflex).* Nach etwa 280 Schwangerschaftstagen wird auf diese Weise vermehrt *Oxytocin* freigesetzt. Es kommt dadurch zu leichten **Kontraktionen des Uterus**. Die Frucht wird daraufhin in Richtung Scheide gedrückt. Es resultiert eine vermehrte Reizung der Mechanosensoren und damit eine weiter gesteigerte Oxytocinausschüttung. Dieser Prozeß schaukelt sich schließlich zur **Wehentätigkeit** auf, die zum Austreiben von Frucht und Mutterkuchen führt.

Der *Ferguson-Reflex* hat bei der nichtschwangeren Frau keine große Bedeutung. Funktionen von Oxytocin im männlichen Körper sind noch nicht bekannt.

10.5 Das Schilddrüsensystem

Überblick. Das biologisch wirksame Hormon der Schilddrüse *(Thyreoidea)* ist das **Trijodthyronin, T_3**. Es stimuliert den gesamten Stoffwechsel des Körpers, insbesondere die **Proteinsynthese**. Bei Kindern fördert das T_3 auch das **körperliche Wachstum**, bei Säuglingen vor allem auch die **Hirnreifung**. Die Freisetzung der Schilddrüsenhormone wird von dem HVL-Hormon **TSH** (Tabelle 10-1) gesteuert. Dieses wiederum unterliegt der Kontrolle des hypothalamischen Neurohormons **TRH** (Tabelle

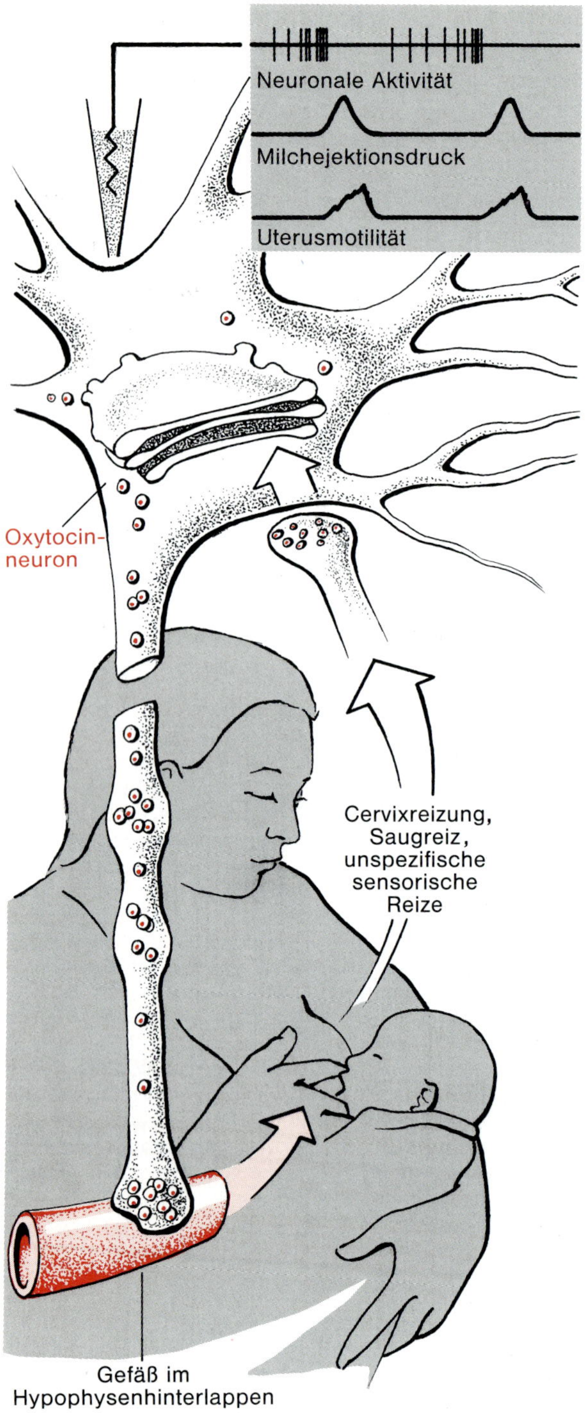

Abb. 10-8. Schematisierte Darstellung der Grundlagen des *Milchejektionsreflexes*. Durch mechanische Reizung der Cervix uteri oder der Mamillen (Brustwarzen), mitunter auch durch unspezifische sensorische Reize, können die *oxytocinproduzierenden Neurone im Hypothalamus* (Nuclei supraopticus und paraventricularis) konzertiert aktiviert werden (Salven von Aktionspotentialen in der Einsatzfigur *oben*). Dadurch wird bolusartig *Oxytocin* in das Blut ausgeschüttet und in der Brustdrüse angeschwemmt. Dort erhöht es den *Milchejektionsdruck* (*mittlere* Registrierung in der Einsatzfigur). Auch die *uterine Muskulatur* wird durch den Oxytocinbolus aktiviert (*untere* Registrierung in der Einsatzfigur). In Anlehnung an W. Wuttke in [8]

10-2, Abb. 10-6, Abb. 10-9). Die Schilddrüsenhormone enthalten *Jod.* Dieses muß mit der Nahrung aufgenommen werden (ca. 150 μg/Tag).

Synthese, Speicherung und Freisetzung der Schilddrüsenhormone

Ausgangspunkt der Hormonsynthese in den Schilddrüsenzellen ist die Bildung eines hochmolekularen Eiweißes, nämlich des **Thyreoglobulins**. Dieses Protein enthält in seinen Aminosäureketten an vielen Stellen die Aminosäure *Tyrosin.* An diese Aminosäuren wird *Jod* angelagert. An jedes Tyrosinmolekül lagern sich ein oder zwei Jodmoleküle an. Anschließend verbinden sich, *immer noch innerhalb des Thyreoglobulins,* je zwei dieser jodierten Tyrosinmoleküle miteinander. Es entsteht vor allem **Thyroxin** (mit 4 Jodatomen, also *Tetrajodthyronin* oder $\mathbf{T_4}$) und in kleineren Mengen **Trijodthyronin,** $\mathbf{T_3}$ (mit 3 Jodatomen).

Als nächster Schritt wird das *T_3 und T_4 enthaltende Thyreoglobulin* aus den Schilddrüsenzellen ausgeschieden und in kleinen Hohlräumen, den **Schilddrüsenfollikeln, zwischengelagert**. Der dort gespeicherte Vorrat an Schilddrüsenhormon ist in der Regel so groß, daß der Körper einige Monate ohne Jodzufuhr auskommen kann.

Zur **Freisetzung der Schilddrüsenhormone** wird das *Thyreoglobulin* wieder aus den Follikeln in die Drüsenzellen aufgenommen und dort abgebaut. Die so freigesetzten **T_3- und T_4-Moleküle** diffundieren aus den Drüsenzellen in das Blut. Dort lagern sie sich zum größten Teil an Plasmaeiweiße an. Von etwa einem Drittel der T_4-Moleküle wird außerhalb der Drüsenzellen ein Jodmolekül abgespalten, sie werden also *in T_3-Moleküle umgewandelt.* Dies bedeutet, daß etwa 80–90% des T_3 außerhalb der Schilddrüse (extrathyreoidal) durch Dejodierung von T_4 entsteht.

Regulation der Schilddrüsenhormonproduktion

Der Regelkreis der Schilddrüsenhormonproduktion ist in Abb. 10-9 skizziert. Die gesamten, eben geschilderten Vorgänge der Synthese, Vorratshaltung und Freisetzung von T_3 und T_4 unterliegen dem *glandotropen Hypophysenvorderlappenhormon* **thyreoidea-stimulierendes Hormon, TSH**, auch **Thyreotropin** genannt (Tabelle 10-1). Die TSH-produzierenden Drüsenzellen des HVL unterliegen wiederum der Kontrolle des hypophysären Releasinghormons **TRH** *(Thyreotropin-Releasing-Hormon)* (Tabelle 10-2 und Abb. 10-6). Die Schilddrüsenhormo-

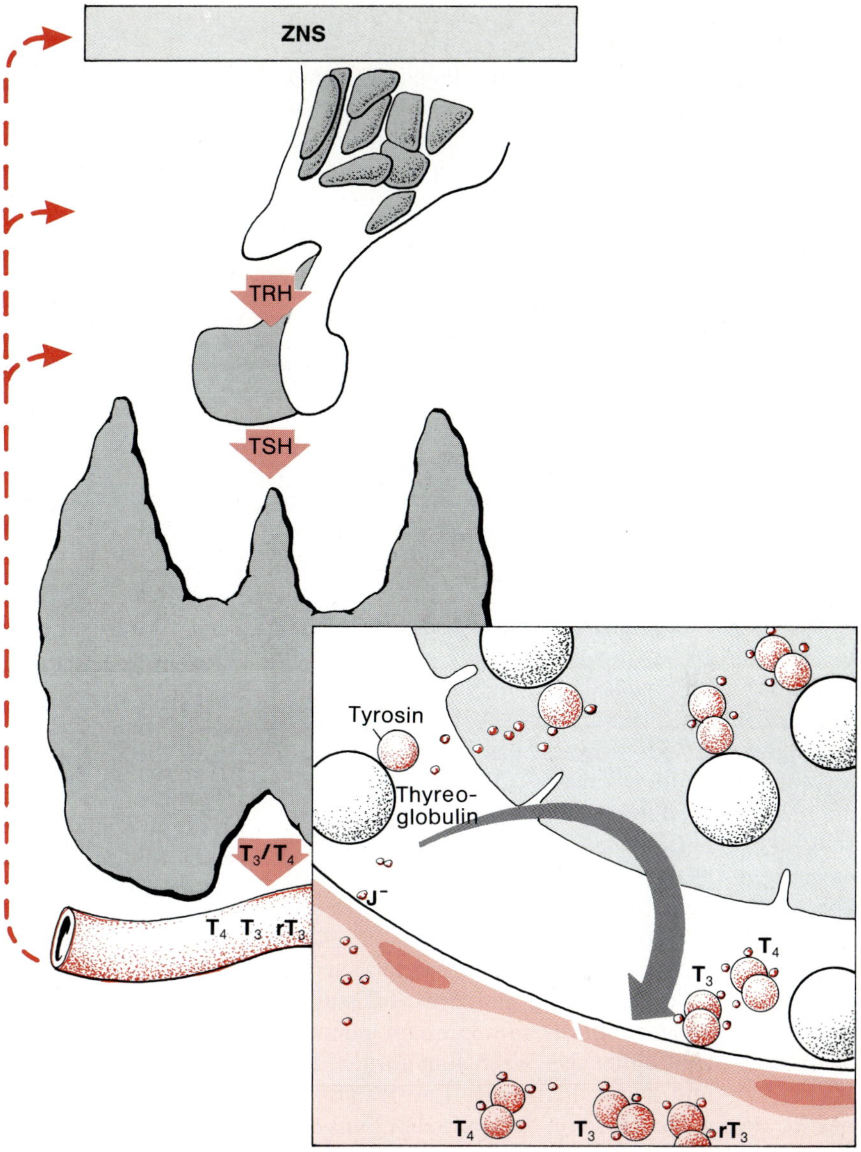

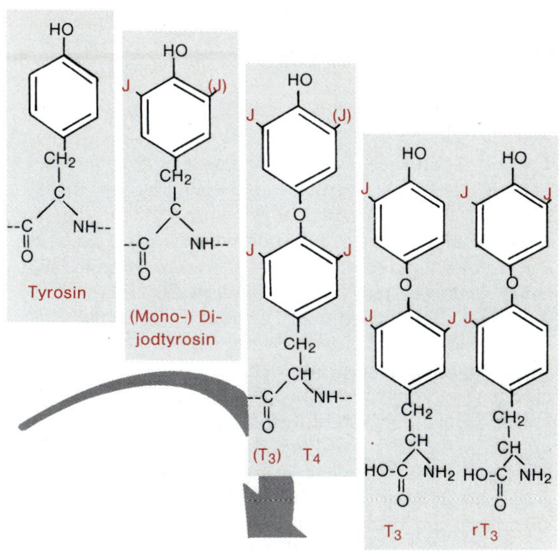

Abb. 10-9. Produktion, Speicherung, Freisetzung und Regelung der Schilddrüsenhormone. In der *oberen* Bildhälfte ist der *hypothalamo-hypophysio-thyreoidale Regelkreis* gezeigt. Die Schilddrüsenhormone T_3 und T_4 wirken negativ rückkoppelnd sowohl auf den Hypothalamus wie auf die Hypophyse zurück (*TRH*, Thyreotropin-Releasing-Hormon; *TSH*, Thyreoidea-stimulierendes Hormon). Im *mittleren* Bildteil ist die *Produktion* der Schilddrüsenhormone, ihre *Zwischenspeicherung* im Kolloid in den Schilddrüsenfollikeln und ihre *endgültige Freisetzung* in das Blut gezeigt. Einzelheiten dieser Vorgänge sind im Text erläutert. Der *untere* Teil der Abbildung zeigt die *Strukturformeln* der Schilddrüsenhormone und ihrer Vorstufen. Nur das T_3 ist im Körper biologisch wirksam. Es entsteht, wie im Text beschrieben, größtenteils *extrathyreoidal*. Neben dem T_3 wird im Blut ein *reversed* T_3 (rT_3) gefunden. Dieses entsteht durch Dejodierung an der falschen Stelle (nämlich am Phenolring statt am Tyrosinring). Es ist ebenfalls biologisch unwirksam

ne T_3 und T_4 wirken *negativ rückkoppelnd* sowohl auf den Hypothalamus wie auf die Hypophyse zurück (Abb. 10-9). Bei hohen Blutkonzentrationen von T_3 und T_4 ist daher die TSH-Sekretion minimal. Umgekehrt ist bei niedrigen Schilddrüsenhormonspiegeln im Blut die TSH-Sekretion sehr hoch.

Aufgaben des T_3

Die auffälligste Wirkung des T_3 ist die **Beeinflussung des Energieumsatzes**, die auch **calorische Wirkung** genannt wird. Bei Ausfall der Schilddrüsenhormone sinkt der Energieumsatz im Extremfall auf die Hälfte des Grundumsatzes ab (Definition *Grundumsatz* s. S. 113). Durch überschüssige Zufuhr von T_3 können Steigerungen des Ruheenergieumsatzes auf fast das Doppelte des Grundumsatzes erreicht werden.

Die diesen Effekten zugrunde liegenden Mechanismen sind bisher nicht vollständig geklärt [9, 10]. Wahrscheinlich bindet das T_3 an ein Receptormolekül im Zellkern. Es stimuliert auf diese Weise über *genomische Effekte* sowohl die *Transkription* als auch die *Translation* (s. dazu S. 20). Dadurch wird in allen Zellen die **Eiweißsynthese gesteigert**. Andererseits *aktiviert T_3 mitochondriale Enzyme*, was den **oxydativen Abbau von Kohlenhydraten und Fetten erhöht**. Alle drei Grundnährstoffe sind somit an der thyreogenen Umsatzsteigerung beteiligt.

Die Schilddrüsenhormone sind unerläßlich für eine normale **Verknöcherung der Wachstumsfugen**. Beim Ausfall der Schilddrüsenfunktion im jugendlichen Alter bleibt daher das Wachstum zurück. Die Hirnreifung und damit die **geistige Entwicklung** eines Kindes ist ebenfalls von der normalen Funktion des Schilddrüsensystems abhängig (s. u.).

Hypothyreose. Bei einer *Unterfunktion der Schilddrüse* bildet sich in der Regel eine starke Vergrößerung der Schildddrüse (*hypothyreotischer Kropf* aus. Die Kropfbildung läßt sich aus Abb. 10-9 leicht verständlich machen: infolge des gesenkten T_3- und T_4-Spiegels entfällt die negative Rückkopplung, es wird im HVL daher vermehrt TSH gebildet, das das Wachstum der Schilddrüse steigert. Als eine Ursache der mangelhaften Schilddrüsenhormonproduktion kommt *Jodmangel in der Nahrung* in Frage. Im Gebirgswasser ist wenig Jod enthalten, daher besteht in Alpenländern die Gefahr, an Hypothyreose mit Kropfbildung zu erkranken **(endemischer Kropf)**. Durch eine gezielte *Jodprophylaxe*, z. B. Zuführung von geringen Mengen Jodchlorid mit dem Kochsalz, kann einer endemischen Hypothyreose wirksam begegnet werden.

Das Fehlen von Schilddrüsenhormonen *im frühen Kindesalter* führt zu schwerer körperlicher und geistiger Retardierung, genannt **Kretinismus**. In Utero wird ein Fetus, der nicht genügend Schilddrüsenhormone produziert, noch ausreichend von der Mutter versorgt. Das neugeborene Kind benötigt dann eine rasche Substitutionstherapie, um irreversiblen Hirnschäden, bis hin zur *Idiotie* vorzubeugen. In fast allen zivilisierten Ländern ist daher die routinemäßige Analyse von Neugeborenenblut auf Schilddrüsenhormone (*Hypothyreosescreening*) eingeführt. Beim *Erwachsenen* ist die Hypothyreose durch Verlangsamung aller Stoffwechselvorgänge und damit einer Verminderung der körperlichen und geistigen Aktivität gekennzeichnet. Auffällig ist die **Myxödem** genannte teigige Verdickung der Haut, die durch Vermehrung und Quellung des Bindegewebes und Einlagerung einer schleimigen Substanz (Mucin) bedingt ist. Alle Symptome sind durch Gabe von Schilddrüsenhormon voll reversibel.

Hyperthyreose. Ein hyperthyreotisches Krankheitsbild stellt die seit langem bekannte **Basedow-Krankheit** dar. Neben den obengenannten Stoffwechselsteigerungen (die den Patienten übererregt erscheinen lassen), wird bei vielen Patienten ein starkes Hervortreten der Augäpfel (*Exophthalmus*) beobachtet, dessen Ursache noch unklar ist. Auch kann es zu einer kropfigen Vergrößerung der Schilddrüse (*Struma*) kommen. Therapeutisch kann die gesteigerte Hormonproduktion durch Gabe von *Thyreostatica* normalisiert werden.

10.6 Regulation des Calcium- und des Phosphathaushaltes

Überblick. *Calcium* spielt an vielen Stellen des Körpers eine Schlüsselrolle, so bei allen Erregungsprozessen und beim Knochenwachstum. Ähnliches gilt für den *Phosphor*, der meist in Form von Phosphaten im Körper vorkommt, z. B. als *Adenosintriphosphat* (dem universellen Zellbrennstoff, S. 12), oder im Knochen zusammen mit dem Calcium als *Calciumphosphat* (hauptsächlichstes Mineral des Knochens, für seine Festigkeit verantwortlich). Die Blutspiegel des ional gelösten Calciums (Ca^{++}) und des Phosphats (PO_4^{---}) unterliegen daher einer besonders feinen Regulation. Daran sind in erster Linie **drei Hormone** beteiligt, deren kompliziertes Zusammenspiel Abb. 10-10 schematisch und vereinfacht widergibt. Die wichtigsten Wirkungen jedes dieser drei Hormone, nämlich des **Parathormons**, des **Calcitonins** und des **Vitamin-D-Hormons** sollen im folgenden kurz beleuchtet werden.

Parathormon (PTH)

Das *Parathormon* wird in den **Nebenschilddrüsen** (*Glandulae parathyreoideae, Epithelkörperchen*) gebildet. Es ist ein Polypeptid, das aus 84 Aminosäuren besteht. Der physiologische Reiz für die Freisetzung von Parathormon in das Blut ist eine *erniedrigte Calciumionenkonzentration* [14, 18]. Das PTH veranlaßt die Knochenzellen (Osteoclasten) ver-

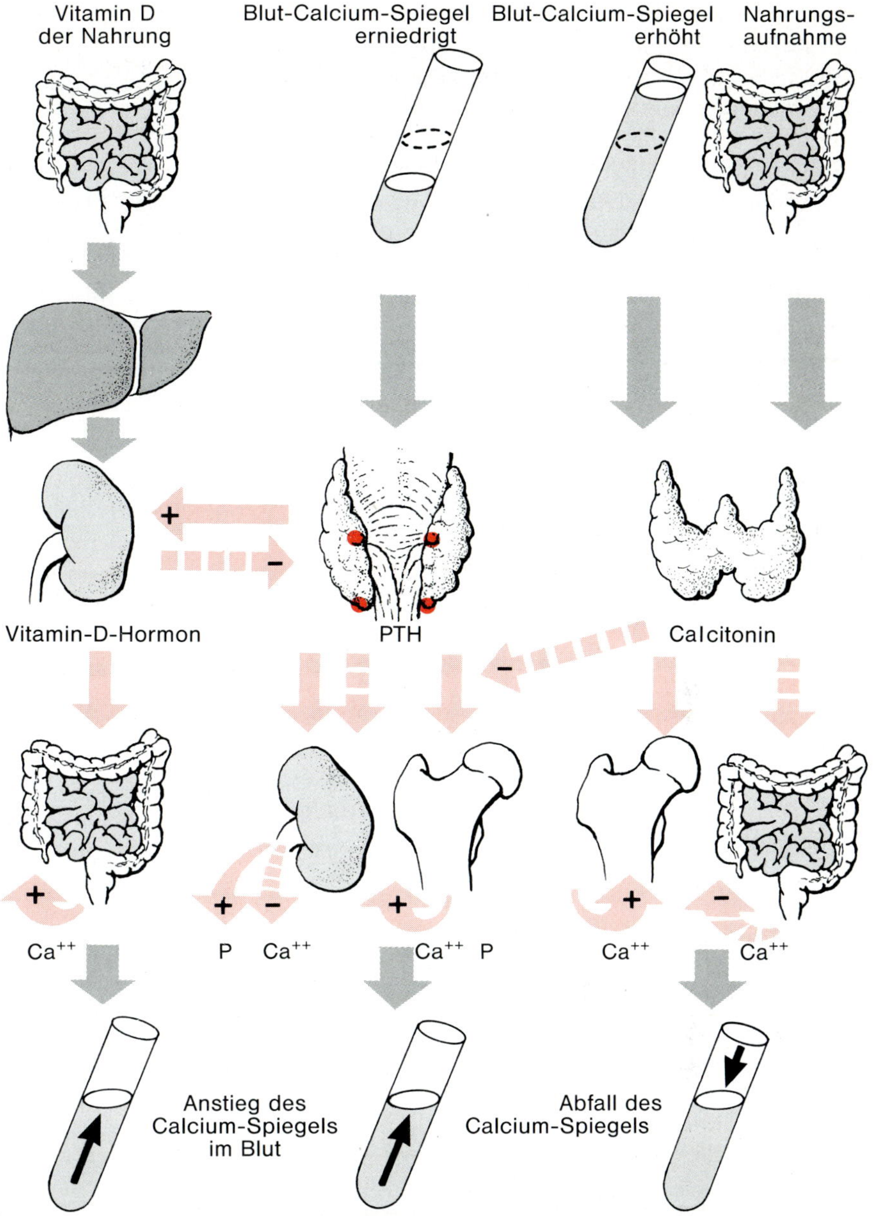

Abb. 10-10. Hormonelle Einstellung der Calciumhomöostase. *Bildmitte:* ein erniedrigter Blut-Calcium-Spiegel stimuliert die Sekretion des *Parathormons (PTH)* aus den Epithelkörperchen und damit die Osteolyse (vermehrte Freisetzung von Calcium und Phosphat aus dem Knochen). Gleichzeitig wird die Phosphatausscheidung in der Niere erhöht, die des Calciums gehemmt. *Rechts im Bild:* ein erhöhter Blut-Calcium-Spiegel und Nahrungsaufnahme setzen *Calcitonin* aus den C-Zellen der Schilddrüse frei. Dadurch wird vermehrt Calcium in die Knochen eingebaut, die Osteolyse gehemmt und durch Verlangsamung des Verdauungsprozesses eine zu rasche Calciumresorption aus dem Darm verhindert. *Links im Bild:* Aus Vitamin D wird in Leber und Niere Vitamin-D-Hormon. Seine Bildung wird vom Parathormon gefördert und es unterstützt dessen Wirkungen durch die Erhöhung der Calciumaufnahme im Darm. Gleichzeitig wird die PTH-Freisetzung gehemmt

mehrt Calcium und Phosphat aus dem Knochen herauszulösen. Gleichzeitig hemmt das PTH die Calciumausscheidung in der Niere und erhöht die des Phosphats. Im Endeffekt steigt dadurch der Blut-Calcium-Spiegel an (womit der Anreiz zu weiterer PTH-Freisetzung entfällt).

Calcitonin (Thyreocalcitonin)

Das *Calcitonin* stammt aus Drüsenzellen, die sich verstreut in der Schilddrüse finden, den *C-Zellen.* Es ist ein Polypeptid aus 32 Aminosäuren. Umgekehrt wie beim PTH wird es immer dann freigesetzt, wenn der *Blutcalciumspiegel erhöht* ist [12, 18]. Es bewirkt dann einen vermehrten Einbau von Calcium in die Knochen, bei gleichzeitiger Hemmung der PTH-gesteuerten Freisetzung. Auch Nahrungsaufnahme erhöht die Calcitoninfreisetzung (Abb. 10-10). Dadurch wird das mit der Nahrung aufgenommene Calcium rasch in die Knochendepots eingebaut. Calcitonin verlangsamt außerdem den Verdauungsprozeß (ebenfalls in Abb. 10-10 zu sehen). Dadurch wird zusätzlich gewährleistet, daß die Calciumaufnahme aus dem Darm nicht zu schnell erfolgt und der Blutcalciumspiegel möglichst ungestört bleibt.

Vitamin-D-Hormon

Das mit der Nahrung direkt oder als Vorform aufgenommene Vitamin D (S. 125) wird in Leber und Niere schließlich in das *Vitamin-D-Hormon* umgewandelt (Abb. 10-10). Diese Umwandlung wird vom PTH gefördert. Da Vitamin-D-Hormon die Calciumaufnahme im Darm erhöht, wirkt es in die gleiche Richtung wie PTH, es steigert also den Blut-Calcium-Spiegel. Gleichzeitig wird die PTH-Freisetzung durch Vitamin-D-Hormon gehemmt, so daß hier auf kürzestem Weg ein Regelkreis geschlossen wird (Abb. 10-10).

Pathophysiologie des Calcium- und Phosphathaushaltes

Rachitis. Bei ungenügender Zufuhr von Vitamin D oder seinen Vorstufen kann nicht genügend Vitamin-D-Hormon gebildet werden. Dies stört die Calciumaufnahme aus dem Darm und führt zu einer ungenügenden Knochencalcifizierung, verbunden mit erniedrigter Calciumionenkonzentration im Blut. Dadurch wird vermehrt PTH ausgeschüttet (s. o.), was eigentlich die Vitamin-D-Hormonbildung in der Niere stimulieren müßte. Klinisch macht sich der mangelnde Einbau von Calciumphosphat vor allem bei Kindern in Störungen des Knochenwachstums und in Verbiegungen der „zu weichen" Knochen (z. B. die bekannten O-Beine) bemerkbar.

Hypoparathyreodismus. Bei einer Unterfunktion der Nebenschilddrüsen kommt es zu einem chronisch zu niedrigen Blutcalciumspiegel (und zu hohen Phosphatspiegel). Die Senkung des Calciumspiegels löst eine Erhöhung der neuromuskulären Erregbarkeit aus. Schon leichte, normalerweise unterschwellige elektrische oder mechanische Reize (z. B. Beklopfen eines motorischen Nerven) bewirken unter diesen Umständen eine tonische Kontraktion der Skeletmuskulatur. Die Krämpfe treten schließlich spontan auf. Infolge tonischer Kontraktion der Atem- und Kehlkopfmuskulatur kann rasch der Tod eintreten. Dieses Krankheitsbild wird als **Tetanie** bezeichnet.

Hyperparathyreodismus. Dieses Krankheitsbild kommt bei gutartigen Geschwülsten *(Adenomen)* der Nebenschilddrüsen vor, die zuviel PTH produzieren. Es treten dabei sehr hohe Calciumspiegel im Blut auf. Bei dieser **Hypercalciämie** stehen als renale Symptome *Polyurie* und *Polydipsie* im Vordergrund. Häufig findet man bei den Patienten aber auch neurologische Symptome, nämlich *Adynamie, Reflexabschwächung* und *uncharakteristische EEG-Veränderungen.* Es kommt auch zu Kalkeinlagerungen in den Gefäßen und in der Niere (auch in Form von *Nierensteinen*).

10.7 Die Hormone der Nebennieren

Überblick über die Hormone von Nebennierenmark und Nebennierenrinde

Die Nebennieren sind zwei kleine, gelblich aussehende Drüsen, die den oberen Nierenpolen aufliegen. Jede wiegt beim Menschen etwa 4 g. Jede Nebenniere besteht aus zwei morphologisch und funktionell völlig unterschiedlichen Anteilen, nämlich der **Nebennierenrinde** und dem **Nebennierenmark.**

Die Drüsenzellen des **Nebennierenmarks** sind modifizierte Zellen des *sympathischen Nervensystems.* Sie bilden die beiden *(Neuro-)Hormone* **Adrenalin** und **Noradrenalin**, die im sympathischen Nervensystem auch als Überträgerstoffe dienen (vor allem das *Noradrenalin*, chemische Formel in Abb. 10-1 C). Das Nebennierenmark wird, genau wie andere postganglionäre sympathische Nervenzellen, von präganglionären sympathischen Nervenzellen innerviert und aktiviert (s. S. 437 zur Erläuterung der Begriffe prä- und postganglionär). Es ist also ein spezieller Teil des **sympathischen** und damit des **autonomen Nervensystems**. Seine Arbeitsweise und seine Aufgaben werden daher dort abgehandelt (Kap. 23, S. 443).

Die **Nebennierenrinde** hat einen dreischichtigen Aufbau. Jede Schicht bildet bevorzugt eine chemisch und funktionell zusammengehörige Gruppe von Hormonen aus, nämlich die innerste Schicht *(Zona reticularis)*, überwiegend männliche Geschlechtshormone oder **Androgene**, die mittlere Schicht *(Zona fasciculata)*, hauptsächlich **Glucocorticoide** und die äußere Schicht *(Zona glomerulosa)*, vor allem **Mineralocorticoide** [1, 15].

Beim Mann werden etwa ein Drittel aller **Androgene** in der Nebennierenrinde, die übrigen zwei Drittel im Hoden gebildet. Bei der Frau stellt die Nebennierenrinde die bedeutendste Androgenquelle dar. Das wichtigste adrenale Androgen ist das **Dehydroepiandrosteron (DHEA)**. Die Rolle der Androgene bei Mann und Frau wird zusammen mit der der übrigen Geschlechtshormone in Kap. 28 im Zusammenhang besprochen.

Die **Glucocorticoide** unterstützen Prozesse, die dafür sorgen, daß den Zellen des Körpers *Glucose zur Verfügung gestellt* wird, z. B. durch Anregen der *Gluconeogenese* der Leber (Umwandlung von Aminosäuren in Glucose). Daneben haben die Glucocorticoide noch eine Reihe weiterer Aufgaben, vor allem im Stoffwechsel, beim Verhalten und im Immunsystem (s. u.). Das **Cortisol** ist der beim Menschen wichtigste Vertreter der *Glucocorticoide.*

Der wichtigste Vertreter der **Mineralocorticoide** ist das **Aldosteron**. Seine Rolle in der Niere bei der Harnbildung wurde bereits im vorhergehenden Kap. 9 erörtert (S. 151). Auf die Mineralocorticoide wird daher hier nicht weiter eingegangen. Schlagwortartig sei daran erinnert, daß das Aldosteron die *Rückgewinnung von Natriumionen* aus der Tubulusflüssigkeit, und zwar hauptsächlich im *Austausch gegen Kaliumionen,* fördert. Es ist damit hauptverantwortlich für die **Homöostase des Natrium-, Kalium- und Wasserhaushaltes**.

Das Glucocorticoidsystem

Wirkungen der Glucocorticoide. Die biologischen Wirkungen der Glucocorticoide lassen sich am besten am adrenektomierten Tier studieren, bei dem die durch den Ausfall von Mineralocorticoiden bedingten Ausfallerscheinungen durch Substitution mit Aldosteron aufgehoben worden sind. Aus solchen Experimenten und aus klinischen Beobachtungen ergibt sich für das *Cortisol* folgendes Wirkungsbild:

Metabolische Wirkungen. Unter der Einwirkung hoher Cortisolspiegel werden in der Leber Aminosäuren zu Glucose umgewandelt. Dieser Prozeß, dem die Glucocorticoide ihren Namen verdanken, wird **Gluconeogenese** genannt. Die Gluconeogenese wird besonders beim Fasten und beim Hungern aktiviert, um nach Erschöpfen der Glykogenvorräte einen möglichst konstanten Blutzuckerspiegel aufrecht zu erhalten. Die für die Gluconeogenese notwendigen Aminosäuren werden durch Abbau von Körpereiweiß, insbesondere von Skeletmuskulatur gewonnen *(eiweißkatabole Wirkung).* Cortisol aktiviert unter diesen Bedingungen auch die Freisetzung von Glycerin und Fettsäuren aus den Fettvorräten des Körpers *(Lipolyse),* um weiteren Zellbrennstoff bereitzustellen. Das Cortisol wirkt also in die gleiche Richtung wie das *Glucagon* (S. 165) und ist insoweit auch ein Gegenspieler des *Insulins.*

Immunologische Wirkungen. Cortisol in *pharmakologischen* Dosen verursacht eine drastische Unterdrückung des Aufbaus und der Aktivität des lymphatischen Gewebes. Die Lymphocyten und die eosinophilen Granulocyten des Blutes werden deutlich weniger. Auch die Produktion von Antikörpern wird reduziert. Insgesamt wird dadurch die *Abwehr körperfremder Eiweiße* und damit die **Infektabwehr geschwächt**. Diese, im allgemeinen unerwünschte Wirkung wird heute als eine Form der **immunsuppressiven Therapie** ausgenutzt, um bei Organtransplantationen eine Abstoßung des verpflanzten Gewebes zu verhindern.

In diesem Zusammenhang sind auch die **entzündungshemmenden** oder **antiphlogistischen Wirkungen** des Cortisols zu sehen. Die Gefäßerweiterung im Entzündungsgebiet (sichtbar an der Rötung) wird ebenso reduziert wie die lokale Schwellung (Ödembildung durch erhöhte Durchlässigkeit der Blutcapillarwände). Schließlich gehört zu den immunologischen Wirkungen des Cortisols auch seine starke **antiallergische Wirkung**, die im wesentlichen darauf zurückzuführen ist, daß die Entzündungsreaktion, die durch die Antigen-Antikörper-Reaktion normalerweise ausgelöst wird, vom Cortisol unterdrückt wird.

Wirkungen auf Nervensystem und Sinnesorgane. Die Glucocorticoide haben starke, aber im einzelnen schwer voraussagbare **Effekte auf das Nervensystem und auf die Psyche**. Insuffizienz der Nebennieren ist oft von einer Verlangsamung der EEG-Aktivität begleitet. Erhöhte Cortisolspiegel erniedrigen die Erregbarkeitsschwelle. Die *erhöhte Krampfbereitschaft* von Epilepsiepatienten *nach Cortisolzufuhr* ist möglicherweise auf diesen Mechanismus zurückzuführen. Hohe Dosen von Cortisol führen auch zu *Schlaflosigkeit.* Bei vielen Patienten kommt es zu Beginn einer Cortisoltherapie zu *Euphorie*, während im Laufe einer Langzeittherapie psychische Störungen manifest werden können. Depressionen sind ein häufiges Problem. Verhaltens- und andere Störungen können sowohl bei Mangel wie bei Überschuß von Cortisol auftreten. Membranreceptoren für Cortisol kommen an vielen Stellen des Gehirns vor, ihre Funktionen sind aber noch weitgehend im Dunkeln. Einen erheblichen Einfluß haben die Glucocorticoide auch auf die **Funktion der Sinnesorgane**. Die Qualitätsunterscheidung, z. B. „süß" bei Zuckerlösung und „salzig" bei Salzlösung, ist bei Nebennierenrindeninsuffizienz verschlechtert, d. h. es werden höhere Konzentrationen der Stoffe benötigt, wenn zwischen „süß" und „salzig" unterschieden werden soll. Vergleichbare Verschlechterungen der Sinnesleistungen finden sich auch in anderen Modalitäten, so beim *Geruch* und beim *Gehör.*

Permissive Wirkung auf die Gefäßmuskulatur. Der starke Blutdruckabfall während eines Kreislaufschocks kann oft durch Gabe blutdrucksteigernder Mittel, wie Noradrenalin, nicht ausreichend beeinflußt werden. In solchen Fällen kommt es häufig nach einer hohen Cortisoldosis zu prompten und eindrucksvollen Besserungen. Diese sind wahrscheinlich darauf zurückzuführen, daß Cortisol zwar selbst keine direkten gefäßverengenden Wirkungen hat, die glatte Muskulatur der Gefäße aber für die Wirkung der Catecholamine (Adrenalin, Noradrenalin) sensibilisiert. Diesen Effekt bezeichnet man als die **permissive Wirkung** des Cortisols. Sie kommt möglicherweise auch an anderen Stellen vor [8].

Regelung der Cortisolfreisetzung [1, 15]. Die Cortisolfreisetzung wird von einem der vier glandotropen Hormone des HVL, nämlich dem **ACTH** gesteuert (Tabelle 10-1, S. 168), das seinerseits der Kontrolle des hypophysären Releasinghormons **CRH** unterliegt (Tabelle 10-2, Abb. 10-6). Der hy-

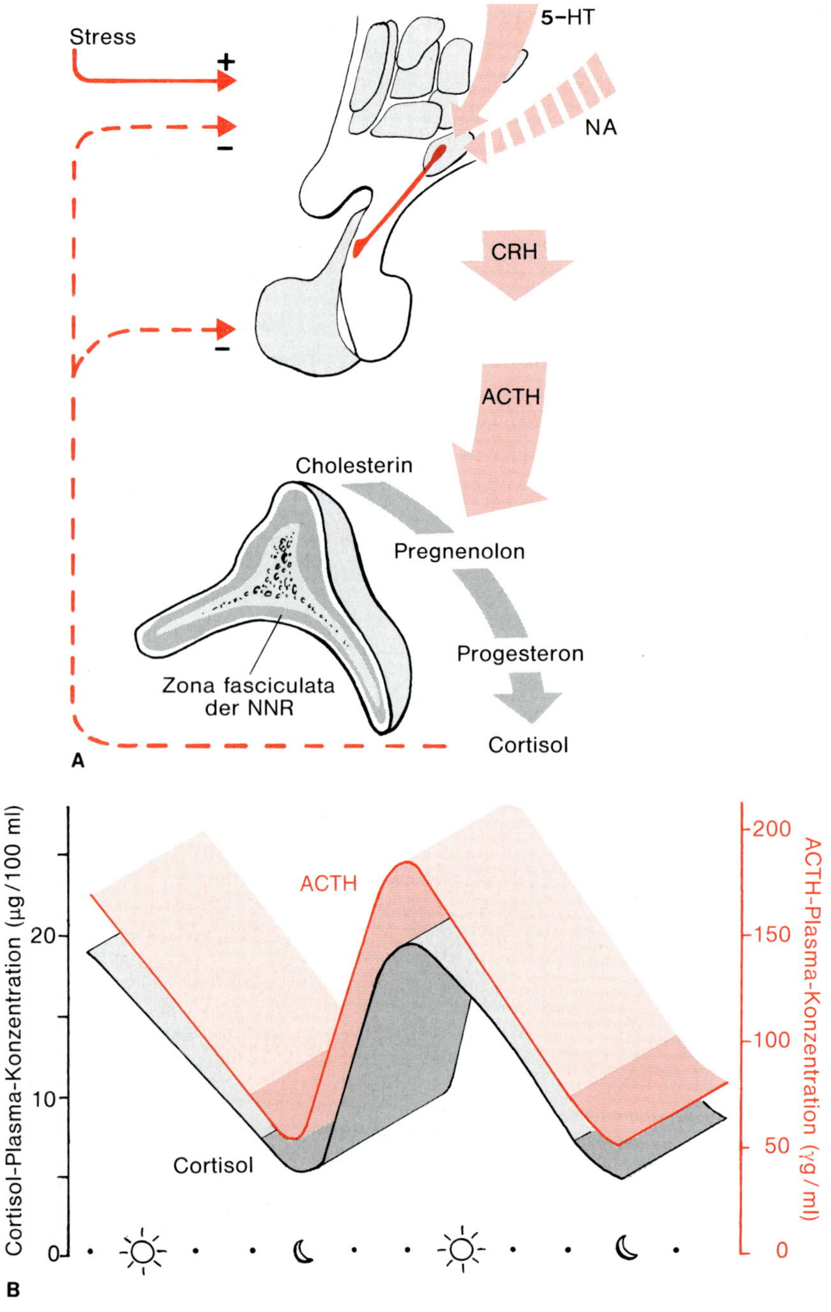

Abb. 10-11. Regelung der Glucocorticoidfreisetzung am Beispiel des Cortisols und deren Abhängigkeit von der circadianen Periodik. **A** *Hypothalamo-hypophysio-adrenaler Regelkreis.* Die Corticoide der Nebennierenrinde werden wie alle Steroidhormone aus *Cholesterin* gebildet, wobei das *Pregnenolon* die Ausgangssubstanz aller dort gebildeten Hormone ist. Das *Cortisol* wird in der *Zona fasciculata* synthetisiert. Die Regelung seiner Freisetzung über *ACTH*, das wiederum von *CHR* kontrolliert wird, ebenso wie die übergeordneten Einflüsse sind im Text erläutert. **B** Blutplasmakonzentrationen von *ACTH* und *Cortisol* beim Menschen im Tagesverlauf. Am Morgen ist die Konzentration beider Hormone am höchsten, um Mitternacht am tiefsten. Die Veränderungen des ACTH-Spiegels gehen denen des Cortisol voraus. **B** nach M. P. Sambi, *Ann. Inter. Med. 79:*411, 1973

pothalamo-hypophysio-adrenale Regelkreis ist in seinen wesentlichen Anteilen in Abb. 10-11 skizziert. Es ist zu sehen, daß das im Blut zirkulierende Cortisol selbst in Form einer negativen Rückkopplung hemmend auf die weitere Freisetzung von *CRH* und *ACTH* im Hypothalamus bzw. dem HVL wirkt und damit den Regelkreis an diesen beiden Stellen schließt.

Abb. 10–11 zeigt auch, daß **Streßsituationen aller Art** den Regelkreis durch vermehrte Freisetzung von *CRH* deutlich verstellen können. Die dadurch induzierte ACTH-Freisetzung kann in starken Streßsituationen so intensiv sein, daß mehr *ACTH* im Blut auftaucht, als für eine maximale Cortisolsekretion notwendig ist.

Tiere ohne Nebennieren überleben Streßsituationen schlechter als normale Tiere. Dennoch ist bis heute nicht völlig klar, welche physiologischen Aufgaben die hohen Cortisolspiegel unter Streß haben. Möglicherweise spielen auch hier **permissive Wirkungen** des Cortisols (s. o.) eine wichtige Rolle.

Die der *circadianen Periodik* (S. 505) folgenden **tagesrhythmischen Schwankungen des Cortisolspiegels** sind ebenfalls durch entsprechende *Schwankungen der ACTH-Freisetzung* verursacht (Abb. 10–11). Diese wiederum sind wahrscheinlich durch die circadiane Periodik der CRH-produzierenden Neurohormonzellen des Hypothalamus bedingt. Die dabei beteiligten zentralen Neurotransmitter sind wahrscheinlich *Noradrenalin* (hemmende Wirkung auf CRH-Neurone) und *Serotonin* (5-HT, erregende Wirkung auf CRH-Neurone).

Pathophysiologie der Nebennierenrinde

Erhöhte Cortisolspiegel, Cushing-Syndrom. Die wichtigsten klinischen Zeichen einer chronischen Steigerung des Cortisolspiegels sind: Fettsucht mit charakteristischer Fettverteilung (Mondgesicht, Stammfettsucht), erhöhter Blutzuckerspiegel (prädiabetogene Stoffwechsellage), Zuckerausscheidung im Harn, vermehrter Eiweißabbau, Wasser- und Kochsalzretention (Ödembildung), Entkalkung der Knochen (Osteoporose), hoher Blutdruck (Hypertonie). Die erhöhte Cortisolfreisetzung kann Folge einer Geschwulst der Nebennierenrinde oder des HVL sei („peripheres" bzw. „zentrales" Cushing-Syndrom).

Verminderte Cortisolspiegel, adreno-genitales Syndrom. Hier bewirkt ein genetischer Defekt, daß statt Cortisol ein Androgen in der Nebennierenrinde gebildet wird. Das Androgen wirkt bei Mädchen virilisierend und ruft bei Knaben eine vorzeitige Pubertät hervor. Durch die fehlende Rückkopplung wird vom HVL vermehrt ACTH freigesetzt, das die falsche Hormonsynthese der Nebennierenrinde nur noch weiter antreibt. Therapeutische Gaben von Cortisol unterbrechen diesen Circulus vitiosus.

Verminderte Aldosteronspiegel, Addison-Krankheit. Eine Verminderung aller Hormone der Nebennierenrinde kennzeichnet die **Addison-Krankheit**, bei der jedoch der Ausfall der Mineralocorticoide das Krankheitsbild beherrscht. Es kommt zu schweren Störungen im Salz-Wasser-Haushalt (s. die Aufgaben des Aldosterons S. 151). Zusätzlich tritt eine vermehrte Hautpigmentierung („Bräune" der Haut auf). Diese ist dadurch bedingt, daß bei der Synthese des ACTH aus seiner großmolekularen Vorstufe ein Polypeptid „nebenher" entsteht, nämlich das melanocyten-stimulierende Hormon, MSH. Da die ACTH-Freisetzung mangels hemmender Rückkopplung stark erhöht ist, wird auch vermehrt MSH freigesetzt. Dies bewirkt die verstärkte Pigmentierung der Haut.

10.8 Literatur

Weiterführende Lehr- und Handbücher

1. BESSER, G. M., REES, L. H.: Clinics in Endocrinology and Metabolism. Vol. 14, No. 4. The Pituitary-Adrenocortical Axis. Philadelphia: Saunders 1985
2. FRANCHIMONT, P.: Clinics in Endocrinology and Metabolism. Vol. 15, No. 1. Paracrine Contr. Philadelphia: Saunders 1986
3. FREGLY, M. J., LUTTGE, W. G.: Human Endocrinology. New York, Amsterdam, Oxford: Elsevier 1982
4. GUYTON, A. C.: Textbook of Medical Physiology, 7th Edn. Philadelphia: Saunders 1986
5. HAKANSON, R., THORELL, J.: Biogenetics of Neurohormonal Peptides. Academic Press, New York 1985

5a. HIERHOLZER, K., SCHMIDT, R. F. (Hrsg.): Pathophysiologie des Menschen. Weinheim: *edition medizin* der VCH Verlagsgesellschaft 1991

6. KRIEGER, D. T., BROWNSTEIN, M. J., MARTIN, J. B.: Peptides. New York: Wiley 1983
7. LEHNINGER, A. L.: Biochemie, 2. Auflage. Weinheim: VCH Verlagsgesellschaft 1985
8. SCHMIDT, R. F., THEWS, G. (Hrsg.): Physiologie des Menschen, 24. Auflage. Berlin, Heidelberg, New York, Tokyo: Springer 1990
9. TOFT, A. D.: Clinics in Endocrinology and Metabolism. Vol. 14, No. 2. Hyperthyroidism. Philadelphia: Saunders 1985
10. WILSON, J. D., FORSTER, D. W.: William's Textbook of Endocrinology, 7th Edn. Philadelphia: Saunders 1985
11. WUTTKE, W., WEINDL, A., VOIGT, K. H., DRIES, R.-R.: Brain and Pituitary Peptides. Basel: Karger 1980

Einzel- und Übersichtsarbeiten

12. CANALIS, E.: The hormonal and local regulation of bone formation. Endocr. Rev. *4/1*, 62–77 (1985)
13. CANTIN, M., GENEST, J.: The Heart and the Atrial Natriuretic Factor. Endocr. Rev. *6/2*, 107–127 (1985)
14. HABENER, J. F.: Regulation of parathyroid hormone secretion and biosynthesis. Ann. Rev. Physiol. *43*, 211–223 (1981)
15. KELLER-WOOD, M. E., DALLMAN, M. F.: Corticosteroid inhibition of ACTH secretion. Endocr. Rev. *5/1*, 1–24 (1984)
16. LEONG, D. A., FRAWLEY, L. S., NEILL, J. D.: Neuroendocrine control of prolactin secretion. Ann. Rev. Physiol. *45*, 109–127 (1983)
17. NEILL, J. D.: Neuroendocrine Regulation of Prolactin Secretion. Frontiers in Neuroendocrinology, Vol. 6, pp. 129–155. Raven Press, New York 1980
18. RAUE, F., ZIEGLER, R.: Pathophysiologie der Nebenschilddrüsen und der Calciumhomöostase. Endokrinologie der Kindheit und Adoleszenz. Thieme, Stuttgart 1986
19. WUTTKE, W., HOROWSKI, R.: Gonadal steroids and brain function. Exp. Brain Res. Suppl. *3*, 182–199 (1981)

11 Arbeit, Sport, Rehabilitation, Umwelt

In diesem kurzen Kapitel sollen überwiegend einige *arbeits- und sportphysiologische* Aspekte behandelt werden, die für die physiologische Psychologie von Bedeutung sind. Viele Grundlagen dazu sind in anderen Kapiteln dargestellt worden und brauchen hier nicht mehr aufgegriffen zu werden (z.B. Energieumsatz in der Zelle und im Organismus, Anpassung von Herz, Kreislauf und Atmung an wechselnde Belastungen, Anpassung des Organismus an verschiedene Umgebungstemperaturen, Abstufung der Muskelkraft bei Arbeit etc.).

11.1 Psychophysiologie von Arbeit und Leistung

Grundbegriffe der Arbeitsphysiologie

Belastung und Leistung [1, 2, 10, 11, 18, 21]. Unter *Belastung* versteht man eine an den Menschen herangetragene Anforderung, deren Art und Ausmaß von außen vorgegeben ist. Man unterscheidet zwischen **physischen** und **psychischen Belastungen**. Erstere lassen sich meist mit physikalischen Maßeinheiten erfassen, letztere werden mit psychologischen und psychophysischen Methoden quantitativ beschrieben. Reagiert der Mensch auf Belastung, so erbringt er eine *Leistung*. Entsprechend den Belastungsarten unterscheidet man zwischen **physischen** *(körperlichen)* und **psychischen Leistungen**.

Bei den **physischen** Leistungen muß aus physiologischen Gründen (s.u.) zwischen **dynamischer** und **statischer Arbeit** unterschieden werden. Erstere entspricht der *Arbeitsdefinition im physikalischen Sinne* (Arbeit = Kraft × Weg), d.h. die Leistung läßt sich dabei in physikalischen Einheiten (z.B. in *Watt*) angeben. Unter *statischer* Arbeit verstehen wir Haltungs- und Haltearbeit, für die *isometrische* Muskelkontraktionen benötigt werden. Da dabei kein Weg zurückgelegt wird, handelt es sich im physikalischen Sinne nicht um Arbeit. Der Organismus wird aber beansprucht. Seine Leistung kann man unter diesen Umständen als das *Produkt aus Kraft mal Zeit* erfassen.

Bei den **psychischen** Leistungen können *kognitive* oder *emotionale* Aspekte im Vordergrund stehen. Im Berufsleben sind überwiegend **kognitive Leistungen** gefordert, z.B. bei Überwachungstätigkeiten, wie bei der Signalwahrnehmung und -verarbeitung beim Führen von Fahrzeugen oder auf Prüfständen. Heutzutage erfordern viele berufliche Tätigkeiten keine rein psychischen oder physischen, sondern gemischte, z.B. *sensomotorische Leistungen* (feine Montagearbeiten, chirurgische Eingriffe etc.). Hier ist also die scharfe Trennung zwischen physischen und psychischen Leistungen nicht auf Anhieb möglich.

Ergometrie. Die quantitative Erfassung physikalischer Leistungen nennt man *Ergometrie* [13]. Es werden definierte Belastungen vorgegeben und die erbrachte Leistung gemessen. Als Beispiel ist in Abb. 11-1 die Leistungsbestimmung bei dynamischer Arbeit an einem **Laufbandergometer** gezeigt. Mit der Leistung läßt sich auch bestimmen, welche

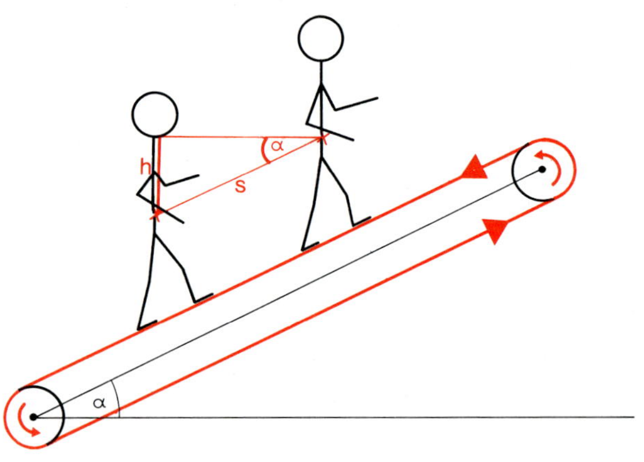

Abb. 11-1. Leistungsbestimmung bei dynamischer Arbeit an einem Laufbandergometer. Durch das laufende Band wird der Körperschwerpunkt entlang des Weges s in der Zeit t um den Betrag h $(= s \cdot \sin \alpha)$ gesenkt. Will ein Läufer die gleiche Höhe h halten, muß es sich so schnell „auf der Stelle" fortbewegen, daß sein Gewicht F um den Betrag h gehoben wird. Für die Leistung gilt dann: $P = F \cdot s \cdot \sin \alpha \cdot t^{-1}$. Aus H.-V. Ulmer in [18]

Belastungsreaktionen der Organismus für eine gegebene Leistung zeigt (z. B. Steigerung von Herzfrequenz, Blutdruck, Atmung etc., s. u.).

Leistungsbereiche; Variabilität der Leistungsfähigkeit. In Abhängigkeit von dem für das Erbringen einer Leistung notwendigen *Willenseinsatz* werden in der Arbeitsphysiologie vier Leistungsbereiche unterschieden (oben in Abb. 11-2): **automatisierte Leistungen** erfordern lediglich bei Start und Stop den Einsatz des Willens, **physiologische Leistungsbereitschaft** bezeichnet Leistungen mit ständigem Willenseinsatz, aber ohne Anstrengung und Ermüdung, **gewöhnliche Einsatzreserven** müssen mit stärkerem Willen eingesetzt werden und führen zur Ermüdung, **autonom geschützte Reserven** sind normalerweise auch mit starkem Willenseinsatz nicht zugänglich und stehen dem Organismus nur im Notfall (S. 445) zur Verfügung [27].

Körperliche und geistige Leistungfähigkeit zeigen **tagesrhythmische Schwankungen** (S. 510), deren Zeitgang trotz deutlicher *interindividueller Unterschiede* in typischer Weise abläuft [8]. Abb. 11-2 zeigt beispielhaft die Mittelwertkurve für die *Tagesperiodik der Vigilanz* bei einer Gruppe von Männern. Dieser Kurvenverlauf, mit einem Maximum vormittags gegen 9 Uhr und einem zweiten, schwächeren, am späten Nachmittag, läßt sich bei verschiedensten Arbeitsformen nachweisen. Die tagesrhythmischen Schwankungen der Leistungsfähigkeit sind besonders bei **Schichtarbeit** wichtig (S. 511).

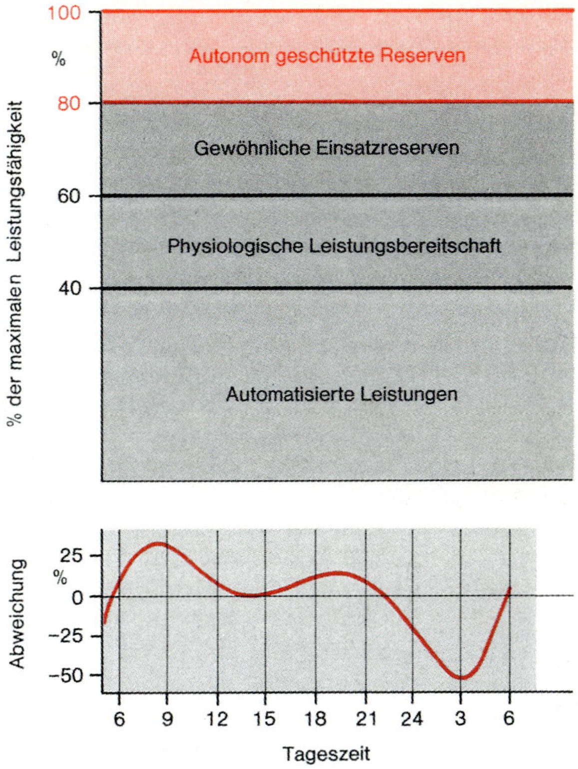

Abb. 11-2. Leistungsbereiche des Menschen nach dem für das Erbringen einer Leistung notwendigen Willenseinsatz und die tagesrhythmischen Schwankungen der Leistungsbereitschaft. *Oben:* Schema der 4 Leistungsbereiche nach GRAF, Definition im Text. *Unten:* Tagesperiodik der Vigilanz bei einer Gruppe von Männern. Nach [27] in [10]

Körperreaktionen auf Belastungen

Physische und psychische Arbeit lösen im Körper eine Reihe von Anpassungsreaktionen aus, vor allem in der Skeletmuskulatur, im Herz-Kreislauf-System und bei der Atmung. Das Ausmaß dieser Anpassungsreaktionen ist ein **direktes Maß für die Beanspruchung** des entsprechenden Teilsystems (z. B. Herz) und der damit verbundenen Systeme (z. B. Skeletmuskulatur). Viele dieser Anpassungsreaktionen werden bei der Besprechung der jeweiligen Organsysteme diskutiert. Hier sei daher lediglich auf einige übergeordnete Gesichtspunkte eingegangen.

Körperreaktionen auf dynamische Arbeit. Bei dynamischer Arbeit, z. B. auf einem Laufbandergometer (Abb. 11-1) oder einem Fahrradergometer (Abb. 11-5), nimmt die **Herzfrequenz** in Abhängigkeit von der geforderten Leistung stetig zu, so daß diese unter diesen Bedingungen in der Regel ein **zuverlässiges Maß für die Beanspruchung** des Herz-Kreislauf-

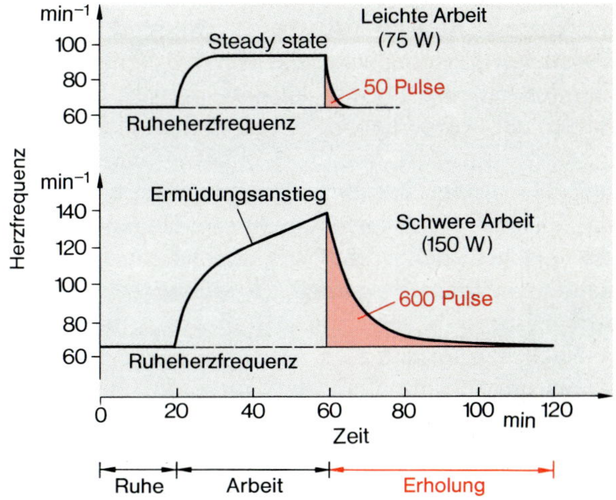

Abb. 11-3. Körperreaktionen des Menschen auf dynamische Arbeit am Beispiel der Herzfrequenz. *Oben:* Verhalten der Herzfrequenz bei Probanden durchschnittlicher Leistungsfähigkeit während leichter dynamischer Arbeit (75 W) mit konstanter Leistung. *Unten:* Verhalten der Herzfrequenz bei 150 W (schwere Arbeit). Die Erholungspulssummen sind *rot* eingetragen. Nach [30] aus H.-V. Ulmer in [18]

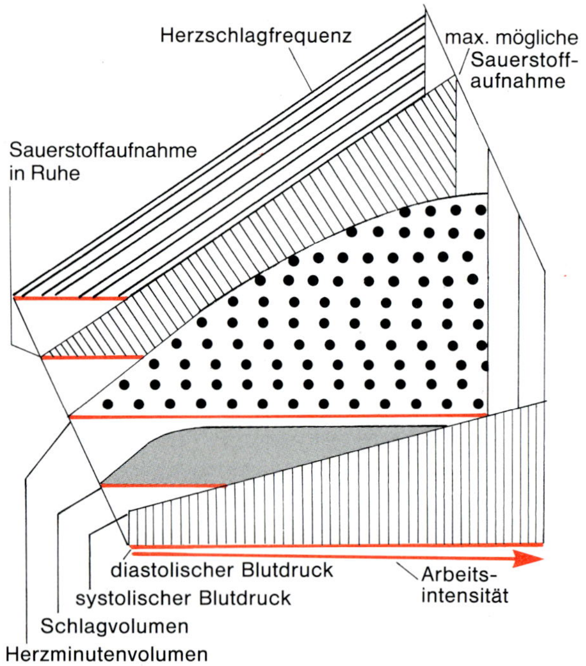

Abb. 11-4. Verhalten des Herz-Kreislauf-Systems bei dynamischer körperlicher Arbeit zunehmender Intensität in vereinfachter, schematisierter Darstellung. Die *Herzfrequenz*, das *Herzminutenvolumen* und der *systolische Blutdruck* steigen mit der Zunahme der *Sauerstoffaufnahme* „im Gleichschritt" an. Das *Schlagvolumen* des Herzens erreicht sein Maximum (Zunahme um 20-30% des Ruhewertes) bereits sehr früh. Der *diastolische Blutdruck* nimmt nur wenig oder nicht zu. Das maximal mögliche Herzminutenvolumen (abhängig u.a. vom Trainingszustand) begrenzt die maximal mögliche Sauerstoffaufnahme

Systems ist (Abb. 11-3 bis 11-5). Während leichter, konstanter Leistung steigt die Herzfrequenz in kurzer Zeit auf ein Plateau an, das für die Gesamtdauer der körperlichen Arbeit beibehalten wird („Steady state" in Abb. 11-3, *nicht ermüdende Arbeit*). Je größer die Beanspruchung, desto höher das Plateau. Wird kein Plateau erreicht, so ist dies ein Zeichen dafür, daß die geforderte Leistung den Organismus *überfordert („Ermüdungsanstieg"* in Abb. 11-3).

Nach der körperlichen Arbeit kehrt die Herzfrequenz um so langsamer zum Ruhewert zurück, je anstrengender die Arbeit war. Die Anzahl der Pulsschläge, die in dieser **Erholungszeit** über dem Ruhewert liegen, ist ein Maß für die vorangegangene Beanspruchung. Sie wird als **Erholungspulssumme** bezeichnet (Abb. 11-3).

Die Gründe für die enge Korrelation der Herzfrequenz mit der Arbeitsleistung sind in Abb. 11-4 skizziert. Die Steigerung des Stoffwechsel während dynamischer körperlicher Arbeit erfordert eine erhöhte Sauerstoffaufnahme. Diese kann nur über ein erhöhtes Herzminutenvolumen erbracht werden (S. 85, 86), für das wiederum eine Steigerung der Herzfrequenz unabdingbar ist (s. auch S. 74). Das Schlagvolumen des Herzens steigt nämlich nur zu Beginn einer Arbeit um lediglich 20-30% an und bleibt dann weitgehend konstant. Mit anderen Worten, *wegen der weitgehenden Konstanz des Schlagvolumens* steigen bei körperlicher Arbeit **Herzfrequenz, Herzzeitvolumen und Sauerstoffaufnahme praktisch parallel** zueinander und zur geleisteten Arbeit an.

Körperreaktionen auf statische Arbeit. Statische Arbeit, also *Haltungsarbeit* für die Körperhaltung und *Haltearbeit* beim Halten von Gegenständen ist deutlich anstrengender als dynamische Arbeit, da der rhythmische Wechsel der Muskulatur zwischen Arbeit und Entspannung entfällt (dadurch fehlen dem Muskel „Arbeitspausen"). Insbesondere der Blutdruck steigt unter diesen Bedingungen deutlich stärker an als bei dynamischer Arbeit (Abb. 11-5). Auffallend ist in Abb. 11-5 auch das Ansteigen der Milchsäurekonzentration im Blut, die bei vergleichbarer dynamischer Arbeit nicht zu beobachten ist. Sie rührt daher, daß im isometrisch kontrahierten Skeletmuskel die Durchblutung durch den konstant hohen Muskeltonus (der die Blutgefäße zusammendrückt) behindert ist und dadurch ein vermehrt *anaerober Stoffwechsel* abläuft, dessen Endprodukt die Milchsäure ist (S. 280). Die Konzentration an Milchsäure im Blut korreliert hoch mit der lokalen Ermüdung des Muskels.

Körperreaktionen auf psychische Belastungen. Der erhöhte Sauerstoffverbrauch bei bestimmten **kognitiven Leistungen** ist in erster Linie durch einen erhöhten Muskeltonus bedingt (Abb. 11-6). Damit im Zusammenhang stehen auch die übrigen Reaktionen, die denen bei physischen Leistungen ähneln können: Anstieg von Herzfrequenz und Atemzeitvolumen, Zunahme der Durchblutung und Abnahme des elektrischen Widerstandes der Haut, sowie eine vermehrte Adrenalinausschüttung [29]. Hier wie bei den häufig geforderten **psychisch-physischen Leistungen** lassen jedoch die physiologischen Meßgrößen *keineswegs* ebenso zuverlässige Rückschlüsse zu wie bei ausschließlicher dynamischer oder statischer Arbeit.

Aber auch kognitive Leistungen können mit differenzierbaren und heterogenen Mustern psychophysischer Erregung einhergehen. Beispielsweise führen *nach außen* auf die Umwelt gerichtete Aufgaben (z. B. die Analyse eines Musikstückes oder einer Bildkombination) zum Absinken cardiovasculä-

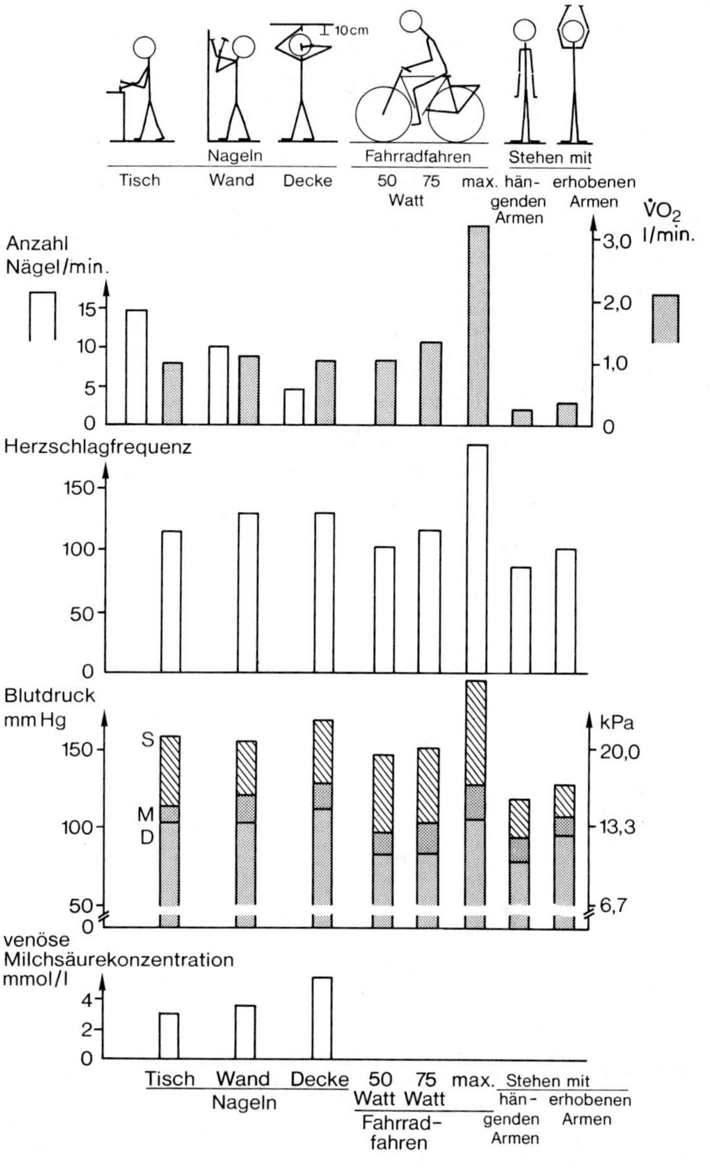

Abb. 11-5. Körperreaktionen auf *statische* Arbeit. Gezeigt sind verschiedene Parameter während des *Nagelns* in verschiedener Körperhaltung, während des *Fahrradfahrens* und *im Stehen* mit seitlich hängenden Armen sowie mit über den Kopf erhobenen Armen. Beim Übergang vom Nageln auf dem Tisch zum Nageln in die Decke sinkt die Leistung von 15 auf 5 Nägel/min, und zwar trotz konstanten Sauerstoffverbrauchs von etwa 1 l/min. Der *Wirkungsgrad* nimmt also deutlich ab. Dynamische Arbeit von 50 W (Fahrradfahren) verbraucht ebenfalls 1 l Sauerstoff/min. Im Vergleich zum Nageln in die Decke steigt dabei aber die *Herzfrequenz* weniger stark an (100 gegen 130 Schläge/min) und der *systolische (S)* und insbesondere der *mittlere Blutdruck (M)* bleiben niedriger (100 gegen 130 mmHg). Der *diastolische Blutdruck (D)* steigt bei der Haltearbeit auf 110 mmHg (die Blutdruckwerte sind rechts auch in kPa angegeben). Weitere Diskussion im Text. $\dot{V}O_2$, Sauerstoffverbrauch in l/min. Aus [1]

rer Maße (Herzrate, Blutdruck), während *nach innen* gerichtetes Problemlösen mit Abwehr äußerer Reize (z. B. konzentriertes Lösen einer Rechenaufgabe wie auf Abb. 11-6) mit einem Anstieg cardialer Erregung einhergeht. Wir nennen dieses Phänomen **Situationsstereotypie**, d. h. daß das Muster physiologischer Erregung von der psychologischen Natur der vorhandenen Situation abhängig ist (bezüglich der Körperreaktionen bei *emotionalen Belastungen* s. Kap. 29 ab S. 591).

Ermüdung und Erschöpfung

Leistungsgrenzen. Bei körperlicher Arbeit ist es wichtig, wie intensiv eine kontinuierliche **dynamische Arbeit** sein kann, ohne daß sie über längere Zeiträume Ermüdung auslöst. Diese Grenze läßt sich für jedes Individuum im Laboratorium, z. B. auf dem Fahrradergometer, ziemlich genau bei **40% der maximalen Sauerstoffaufnahmekapazität** ermitteln. Dieser Wert wird auch in der alltäglichen Berufspraxis, z. B. bei Akkordarbeitern, weitgehend eingehalten [1, 2]. Er kann daher als **Dauerleistungsgrenze** angesehen werden. Arbeit unterhalb dieser Grenze kann durch die enge Verknüpfung zwischen Sauerstoffaufnahme und Herzfrequenz (Abb. 11-4) auch so charakterisiert werden [30]: *Konstante Pulsfrequenz* ohne Ermüdungsanstieg (z. B. unterhalb 130/min bei untrainierten 20- bis 30jährigen, unterhalb 100-105 bei 65jährigen), *Erholungspulssumme* unter 100 Pulsen sowie *Erholungszeit* unter 5 min (vgl. Abb. 11-3).

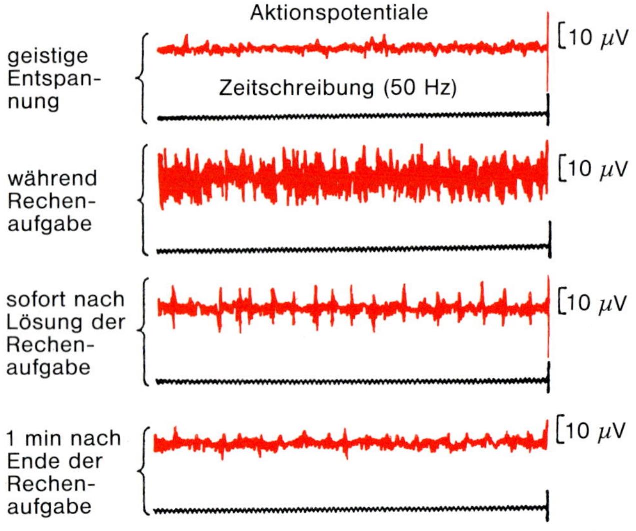

Abb. 11-6. Nachweis der *Erhöhung des Muskeltonus* bei geistiger Arbeit. *Elektromyografische Ableitung (EMG)* der Muskelaktionspotentiale vom Unterarm einer Versuchsperson während der *links* angegebenen Tätigkeiten. Beachte die starke Zunahme der EMG-Aktivität während geistiger Arbeit samt des raschen Abfalls nach Lösen der Rechenaufgabe. In Anlehnung an [26] aus [18]

Bei einer **statischen Arbeit** *(Haltearbeit)* darf die eingesetzte Muskelkraft **15% der maximalen Kraft nicht überschreiten**, damit die Energieversorgung ohne Ansammlung von Milchsäure (s. o.) geschehen kann. Möglicherweise liegt die *Dauerleistungsgrenze für statische Haltearbeit* bei noch niedrigeren Prozentsätzen der Maximalkraft (5–10%) und weist überdies deutliche interindividuelle Unterschiede auf.

Das körperliche Arbeitsvermögen ist von vielen Faktoren abhängig, von denen hier nur einige genannt werden. So **sinkt das körperliche Arbeitsvermögen mit dem Alter**, z. B. um 30% vom 25. zum 65. Lebensjahr. Der **Unterschied zwischen Männern und Frauen** im körperlichen Arbeitsvermögen liegt bei 30%. Die **Variation im Arbeitsvermögen** ist groß. Zwei Standardabweichungen für eine relativ homogene Gruppe im Hinblick auf Trainingszustand, Alter und Geschlecht können etwa ±30% vom Mittelwert ausmachen. Dies gilt sowohl für Männer und Frauen als auch für verschiedene Altersgruppen. In diesem Zusammenhang ist zu beachten, daß die **mittlere Herzschlagfrequenz** mit dem Alter sinkt (s. o.). Damit sinkt auch das maximale Sauerstoffaufnahmevermögen. Dies ist der Hauptgrund für das eben erwähnte Abnehmen des körperlichen Leistungsvermögens mit dem Alter. Falls von der Aufgabe her möglich, bietet eine **individuelle Wahl des Arbeitstaktes** und der **Arbeitsintensität** die besten Voraussetzungen für eine optimale Arbeitsweise und die Vermeidung von Ermüdung [1, 2].

Physische Ermüdung *(muskuläre Ermüdung).* Ermüdungsgefühle sind verknüpft mit einer Hemmung, die weitere Tätigkeit verhindert oder erschwert. Bei **körperlicher Arbeit** oberhalb der Dauerleistungsgrenze (s. o.) tritt Ermüdung in enger Korrelation mit der Zunahme der (aus dem anaeroben Stoffwechsel stammenden) **Milchsäurekonzentration im Blut** auf. Milchsäure kann also als ein *Ermüdungsstoff* angesehen werden. Für den Abbau der Milchsäure sind **Erholungspausen** notwendig. Da die Restitution zu Beginn der Erholung besonders rasch verläuft, wie z. B. das Verhalten der Herzfrequenz zeigt (Abb. 11-3), sind *viele kurze Pausen besser* als wenige lange [19, 21, 30].

Erschöpfung tritt ein, wenn bei Arbeit oder Sport *oberhalb der Dauerleistungsgrenze* die **Energiereserven** des Körpers **verbraucht** sind. Erschöpfung führt zwangsläufig zum Arbeitsabbruch. Die Dauer der nach erschöpfenden Leistungen benötigten *Erholungszeit* hängt vom Grad der Erschöpfung ab. Im Extremfall kann es zu langanhaltenden oder lebensbedrohlichen Zusammenbrüchen von Regulationssystemen kommen (z. B. Versagen der Nebennierenrindenfunktion). Der gelegentlich beobachtete **Erschöpfungstod** (Paradebeispiel: Tod des legendären Läufers von Marathon, der 490 v. Chr. die Botschaft des Sieges über die Perser nach Athen brachte) ist vermutlich durch Kammerflimmern bedingt.

Psychische Ermüdung *(zentrale Ermüdung).* Anstrengende geistige (und monotone) Arbeit führt überwiegend zu *zentraler* Ermüdung. Zu ihren typischen Symptomen zählen verlangsamte Informationsübermittlung, Zunahme von Fehlern, sowie Beeinträchtigungen der Sinnes- und der sensomotorischen Leistungen. Die Gründe für zentralnervöse Ermüdung sind nicht bekannt. Anders als die körperliche Ermüdung kann die psychische Ermüdung manchmal *schlagartig aufgehoben* werden, z. B. wenn die ermüdende Tätigkeit durch eine andere ersetzt, das Interesse durch neue Information wieder geweckt, oder der Organismus durch eine drohende Gefahr in einen Alarmzustand versetzt wird. Dies zeigt, daß bei der psychischen Ermüdung eine Anhäufung von „Ermüdungsstoffen“ und ein Verbrauch von

Energiereserven im Vergleich zur physischen Ermüdung keine nennenswerte Rolle spielen.

11.2 Sportphysiologie

Die Anwendung medizinischer und psychologischer Kenntnisse für den Sport soll in der Regel sowohl der Leistungssteigerung wie der Rehabilitation bei Verletzung dienen. In den letzten Jahren sind Sportphysiologie und -psychologie aber auch zunehmend für eine optimale Gestaltung des Breitensports wichtig geworden. Als ersten professionellen Sportmediziner könnte man vielleicht Galen (129-200 n. Chr.) ansehen, der zur Zeit Marc Aurels die römischen Gladiatoren ärztlich betreute. Sein Arbeitsschwerpunkt lag damals allerdings weitgehend auf traumatologischem Gebiet, während heute der Schwerpunkt der sportmedizinischen, einschließlich der sportpsychologischen Tätigkeit überwiegend auf dem Gebiet der Leistungssteigerung liegt. Auch dies ist nicht so neu, denn schon bei den antiken Olympischen Spielen scheint es Bemühungen gegeben zu haben, über Ernährung, Massage und die Anwendung stimulierender Substanzen (Doping!) zu Höchstleistungen zu kommen [9, 15, 16, 17, 18, 19, 28].

Bedingungen sportlicher Höchstleistung

Leistungsbestimmende Faktoren. Die ständige Verbesserung der Höchstleistungen („Rekorde") im modernen Sport wirft die Frage auf, wo die Leistungsgrenzen des Menschen liegen, und zwar sowohl die durch restlose Ausschöpfung des physischen und psychischen Kräftepotentials erzielbare *absolute Leistungsgrenze* als auch die noch vertretbare *individuelle biologische Grenze* der optimalen Leistung. Die **absolute Leistungsgrenze des Menschen** läßt sich nicht bestimmen, denn weder die Biologie noch die Psychologie können die zahlreichen Variationsmöglichkeiten der menschlichen Entwicklungs- und Anpassungsfähigkeit einigermaßen sicher erfassen.

Die **individuelle Leistungsfähigkeit** ist in gleicher Weise durch physische und psychische Faktoren bestimmt. Zum Teil sind diese erbbedingt, zum Teil exogener Art und bis zu einem gewissen Grad aktiv zu beeinflussen. Das subjektive Leistungsvermögen ist nur dann richtig zu erfassen, wenn außer den *physiologischen* noch *psychologische* Testmethoden angewendet werden, die die voraussichtliche psychische Verfassung des Sportlers zu einem bestimmten Zeitpunkt erkennen lassen. Erfolg und Versagen liegen im Hochleistungssport eng beieinander, denn es müssen zum Erfolg *alle* psychischen und physischen Faktoren *nahe ihrem Optimum* rangieren, und dies wird nicht häufig der Fall sein.

Grenzen der Leistungssteigerung. Die Leistungsfähigkeit und Trainierbarkeit der einzelnen Organe und Organsysteme ist recht unterschiedlich. Das gesunde **Herz** hat praktisch unbegrenzte Leistungsreserven, die verhindern, daß es durch Muskelarbeit überfordert wird. Auch die **Skeletmuskulatur** läßt sich in erheblichem Umfang trainieren. Dagegen ist der **passive Bewegungsapparat** (Knochen, Gelenke, Sehnen, Bänder) *nur beschränkt trainierbar.* Aus diesem Mißverhältnis resultieren zahlreiche Reizzustände, Verletzungen und chronische Schäden. Dieser „Schwachstelle" des Organismus ist es zuzuschreiben, daß es heute praktisch keinen schmerz- und verletzungsfreien Spitzensportler gibt. Die **energetischen Möglichkeiten des Stoffwechsels** sind durch die maximal mögliche *Sauerstoffaufnahme* („aerobe Kapazität") begrenzt, die bei etwa 7 l pro Minute liegt. Höherer Energieverbrauch führt zu Milchsäurebildung und damit zu Ermüdung und Erschöpfung (s. o.). Grenzen der Leistungssteigerung setzt auch das **Alter**, nicht zuletzt durch abnehmende **Kreislaufleistung**, die wiederum die *Sauerstoffaufnahme* bestimmt. Schließlich sei daran erinnert, daß die **psychischen Eigenschaften** des Sportlers ein entscheidender, leistungsbegrenzender Faktorenkomplex sind.

Leistungssport von Frauen. Die Trainierbarkeit und Belastbarkeit des weiblichen Körpers unterscheidet sich von der des männlichen [15]. Hier sei nur beispielhaft erwähnt, daß der normale weibliche Organismus **kleiner und leichter** als der männliche ist. Dazu kommt, daß das **Verhältnis von Fett und Muskulatur** mit 28 zu 35 bei der erwachsenen Frau gegenüber 18 zu 42 beim Mann liegt. Das **Skelet** der Frau ist wesentlich graziler, im Durchschnitt 20-25% leichter und die Hebelverhältnisse der Wirbelsäule und Extremitäten zum Teil ungünstiger. Die **Muskelkraft** ist, auf denselben Muskelquerschnitt bezogen, um 20-25% geringer (bedingt durch eine geringere Fibrillenzahl in der Muskelfaser), so daß muskelmäßig bei gleichem Typ und Gewicht die starken Frauen etwa so „stark" sind wie die „schwachen" Männer. Dagegen ist bei der Frau die **psychomotorische Feinkoordination** besser entwickelt (Vorteile z. B. bei Eislaufen, Gymnastik, Turnen). Auch das **Herzvolumen** ist absolut und relativ bei der Frau kleiner als beim Mann. Dies ist für die *geringere Ausdauerleistung* der Frau verantwortlich. Beim Jugendlichen ist diese Geschlechtsdifferenzierung noch nicht so deutlich, so daß Mädchen im Verhältnis zur erwachsenen Frau relativ größere Herzen besitzen (mögliche Teilursache der hervorragenden Langstreckenschwimmleistungen in dieser Altersklasse). Die meisten der hier genannten und der vielen anderen **Unterschiede** sind unter anderem **hormonell bedingt**.

Training

Allgemeine Gesichtspunkte. Das Wiederholen gleichartiger physischer oder psychischer Tätigkeiten wird **Training** (synonym: *Übung*) genannt. Dabei werden im Organismus Anpassungsvorgänge ausgelöst, die eine *Zunahme bzw. den Erhalt der Leistungsfähigkeit* bewirken [7, 13, 14, 24]. Ein wesentliches Prinzip der Leistungssteigerung durch Training ist die *Ökonomisierung von Funktionen.* Hierdurch werden die Leistungsreserven und die Leistungskapazität des Organismus vergrößert.

Alle Trainingswirkungen werden von der *Art* oder *Qualität* des Trainings bestimmt, d.h. um eine bestimmte Leistung zu optimieren, muß genau diese und keine andere trainiert werden („anforderungsspezifisches Training"). Spezielle Trainingsformen, wie z.B. Ausdauer-, Intervall- und Krafttraining, ergeben einen Leistungsgewinn nur für den jeweils trainierten Bereich der Leistungsfähigkeit. Die erreichbare **Leistungssteigerung** hängt vom *Trainingspensum* ab, also von Trainingsintensität und -dauer. *Übertraining* bewirkt Funktionsstörungen und Leistungsminderungen, *Trainingsmangel* führt zu einem Rückgang der Leistungen, wobei im Herz-Kreislauf- und im Muskelsystem der Leistungsverlust rasch und erheblich ist, während einmal erlernte Bewegungsmuster (z.B. Schreiben, Klavierspielen) nur sehr langsam verloren gehen.

Präventives Training. Training ist nicht nur wirksam zur Leistungssteigerung. Es hat auch große präventive Bedeutung, besonders bei der heutigen bewegungsarmen Lebensweise, zur **Erhaltung und Förderung der Leistungsfähigkeit im Alltag**, insbesondere zur Vorbeugung von Krankheiten, die überwiegend durch Mangel an Bewegung und körperlicher Arbeit sowie durch Überernährung bedingt sind. Das präventive Training zielt vor allem darauf ab, die Leistungsfähigkeit von Herz und Kreislauf zu erhalten. Dafür kommt ausschließlich ein **Dauerleistungstraining** (Ausdauertraining) in Frage, dessen Prinzipien und Kriterien bereits in den Kapiteln über das Herz und den Kreislauf diskutiert wurden (S.72, 73).

Trainingswirkungen. Die morphologischen und funktionellen Wirkungen des Trainings auf den Organismus sind so vielfältig, daß sie hier im einzelnen nicht erörtert werden können [14, 15]. Als Beispiel (neben den eben erwähnten Herz-Kreislauf-Wirkungen) seien die Trainigswirkungen auf die **Skeletmuskulatur** erwähnt: bei ihr kommt es durch *Krafttraining* (nicht durch Ausdauertraining!) zu einer *Massenzunahme* (nicht Vermehrung) der Muskelfasern und des ganzen Muskels. Die Zunahme kann 100% übersteigen („Bodybuilding"). Eine solche Muskulatur ist für Ausdauerleistungen ungeeignet. *Ausdauertraining* der Muskulatur führt zu verbesserter Durchblutung (Eröffnung von Reservecapillaren) des Muskels und zu Stoffwechselumstellungen in den einzelnen Muskelfaser, die insgesamt die Dauerleistungsfähigkeit erhöhen (z.B. Zunahme der Glykogeneinlagerung, des Gehalts an energiereichen Phosphaten und der biologischen Katalysatoren).

Sportverletzungen und Sportschäden

Der Anteil der Sportunfälle an den Gesamtunfällen (einschließlich Berufsunfälle, Autounfälle) liegt bei etwa 8%. Im Schnitt kommt auf 40 Sportausübende ein mehr oder weniger schwerer Unfall, auf 4000 ein Invaliditätsfall und auf 40000 ein Todesfall [28]. An der Spitze der Unfallhäufigkeit steht in allen Statistiken Fußball mit etwa 10 Unfällen auf 100 Ausübende. Beim Skilaufen kommen auf 1000 Skiläufer pro Tag etwa 5 Unfälle. Viele Unfälle sind harmlos, je nach Sportart sind aber etwa 20% als mittlere und 3–10% als schwere Verletzungen zu bezeichnen. Die daraus resultierende Arbeitsunfähigkeit liegt im Mittel aller Sportverletzungen bei drei Wochen. Das gefährdetste Alter liegt um 20 Jahre, bei Frauen ist die Verletzungsquote fast doppelt so hoch wie bei Männern.

Längerdauernde Über- oder Fehlbeanspruchungen des Bewegungsapparates führen zu schleichenden pathologischen Veränderungen des Gewebes, die als **Sportschäden** von den Sportverletzungen abgegrenzt werden (gleiches gilt für entsprechende Schäden im Arbeitsleben). Es kommt vor allem zu *irreversiblen Abnützungserscheinungen* der Knochen und Gelenke und zu *chronischen Reizzuständen* mit degenerativer Tendenz von Sehnen, Periost (Knochenhaut), Knochen und Knorpeln. An der Spitze der Sportschäden steht die *Arthrosis deformans*, vor allem der Kniegelenke und der Wirbelsäule. Andererseits nehmen Herz und Kreislauf durch Sport in der Regel keinen Schaden, sondern werden durch ihn eher positiv beeinflußt (s.o.). Im mittleren und höheren Lebensalter ist dann der Sportler vom Herzen her biologisch jünger, vom Bewegungsapparat her aber deutlich biologisch älter als es seinem kalendarischen Alter entspricht.

11.3 Rehabilitives Training

Körperliche Rehabilitation

Sport als Therapie (Heilsport) zielt auf die Normalisierung geschädigter Organe und gestörter Funktionen. Diese Form der (Zusatz-)Therapie beschränkt sich heute nicht nur auf die Nachbehandlung orthopädisch-chirurgischer und neurologischer Fälle, sondern erstreckt sich zunehmend auf internistische Indikationen, z.B. von seiten des Kreislaufs und des Verdauungsapparates und in neuerer Zeit auch auf psychiatrische Indikationen, z.B. bei der Therapie von Depressionen. In diesem therapeutischen Rahmen wird die sportliche Lei-

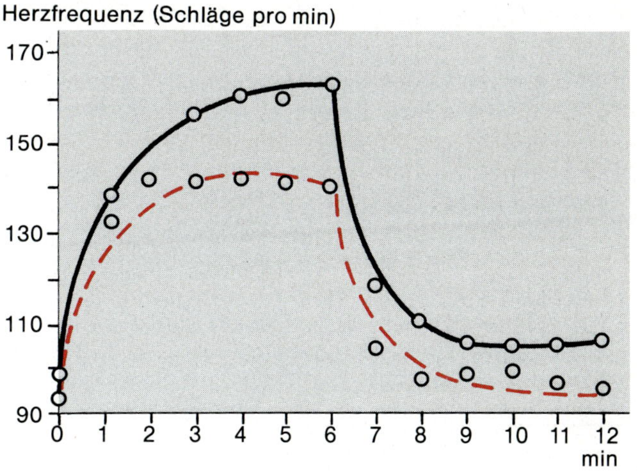

Abb. 11-7. Wirkung rehabilitativen Ausdauertrainings auf das menschliche Herz. Die Abbildung zeigt die mittlere Abnahme der Leistungs- und Erholungsschlagfrequenz bei einer Leistung von 1 W/kg Körpergewicht am Handkurbelergometer bei einer Gruppe von 12 Rehabilitanden nach Operationen am Herzen. Trainingsdauer 6-10 Wochen, 16-31 Trainingstage, Intervalltraining 30 bis 100 W ansteigend. *Obere Kurve* bei vor Beginn, *untere Kurve* nach Abschluß des Trainings. Aus [31]

stungsanforderung im allgemeinen auf den physiologischen Bereich beschränkt bleiben, ausgesprochener Leistungs- und Kampfsport ist hier meist unangebracht [3, 4, 7, 31].

Rehabilitation des Bewegungsapparates. Hier bietet sich ein breites therapeutisches Arbeitsgebiet, z. B. bei der Kräftigung von Skelet und Muskulatur, der aktiven Dehnung schrumpfender Weichteile und Narben, der Mobilisierung von Gelenken, oder der kompensatorischen Ausbildung von Ersatzbewegungen. Für alle am Bewegungsapparat Geschädigten sind Schwimmen, Wasserball, Gymnastik, Wandern und je nach Lage des Falles Geräteturnen, Ballspiele, Radfahren, Skilaufen, Tanzen und Tennis geeignet. Es muß mindestens zwei- bis dreimal in der Woche geübt werden.

Rehabilitation von Herz und Kreislauf. Hier gelten die bereits diskutierten Grundsätze des präventiven Trainings (S. 72-75, 95), unter Berücksichtigung der eingeschränkten Leistungsfähigkeit des Patienten bzw. Rehabilitanden. Bei organisch geschädigten Herzen, z. B. bei Postinfarktpatienten mittleren Schweregrades, müssen die Belastungen wirklich adäquat dosiert werden. Die beste Kontrollmöglichkeit besteht bei Ergometerbelastungen, die nicht über 1,5 Watt pro kg Körpergewicht gehen sollten. Die dabei erzielbare Verbesserung der Arbeitsbedingungen des Herzens zeigt Abb. 11-7 an Hand der Schlagfrequenzreduktion im Verlauf eines solchen Ausdauertrainings. Sehr bewährt haben sich Terrainkuren mit individuell angepaßter Steigerung der Geschwindigkeit, wenn gleichzeitig eine telemetrische Puls- und EKG-Kontrolle durchgeführt wird. Absolute Kontraindikationen für jede sportliche Betätigung sind u. a. hochgradige Leistungs- und Coronarinsuffizienz des Herzens, hochgradige fixierte Hypertonien, akute und chronische entzündliche Prozesse und schwere Arrhythmien.

Versehrtensport. Der Sport von Amputierten, von Blinden, Gehörlosen oder Querschnittsgelähmten dient einerseits der Funktionsverbesserung und dem Ausgleich für die oft leidensbedingte Überlastung einzelner Organe, er dient aber andererseits auch psychologisch der Stärkung des Selbstbewußtseins, der Sicherheit im Alltag und der Schaffung von Erfolgserlebnissen, wie sie auch der Gesunde im Sport sucht. Allerdings ergeben sich im Versehrtensport andere Maßstäbe als für den Sport des Gesunden. Diese werden jedoch dort, wo Versehrtensport auf Höchstleistungen und konventionelle Wettkämpfe wie bei Gesunden abzielt („Versehrtenolympiade"), nicht immer berücksichtigt, zumal der Versehrte nicht selten zur Überkompensation seines Schadens neigt. Beispielsweise sind für den Beinamputierten zusätzliche Belastungen des erhaltenen Beines durch Springen oder Hüpfen sehr problematisch und als Wettkampf über 100 oder 400 m Hüpfen, wie er international ausgetragen wird, abzulehnen. Dagegen ist z. B. Schwimmen eine für Versehrte aller Art ideale und relativ ungefährliche Sportart.

Neuropsychologische Rehabilitation

Störungen des Zentralnervensystems. Mehr als zwei Millionen Menschen in Deutschland leiden an Erkrankungen des ZNS, die mit schweren Störungen psychischer Funktionen und des Verhaltens einhergehen. 20% aller Insassen in psychiatrischen Krankenhäusern haben organische Hirnstörungen. Die Zahl der Erkrankten nimmt mit dem Alter zu, wobei im Alter vor allem *senile Demenzen* (Alzheimersche Krankheit, s. Kap. 30) und *cerebrovasculäre Ausfälle* („Hirnschlag") dominieren. Bei jüngeren Menschen erleiden pro Jahr mehr als 3% der Bevölkerung *Schädel-Hirn-Traumen* als Folge von Verkehrs- und anderen Unfällen, die mit bleibenden Schäden, vor allem *Gedächtnisstörungen* einhergehen.

Obwohl neurologische und psychologische Diagnosen zunehmend präziser wurden (s. Kap. 14), sind *therapeutische* Rehabilitationsmethoden sowohl auf medizinischer wie auf psychologischer Seite bisher wenig untersucht. Dies gilt besonders für Folgen von **Läsionen des Gehirns** nach Traumen, Tumoren, operativen Eingriffen, cardiovasculären Störungen, infektiösen Erkrankungen, Vergiftungen und Geburts- oder Vorgeburtsschäden. Dafür sind mehrere Gründe vorhanden:

- **Pessimistische Prognosen**: Obwohl für die Folgen von Hirnschäden Verbesserungen im Verhalten, kognitiven Funktionen und beruflichem Status noch nach 15 Jahren nachgewiesen werden konnten, hält sich das Vorurteil fehlender Plastizität des ZNS bei erwachsenen und alten Menschen. Für die meisten Störungen werden Verbesserungschancen bis zu maximal 1 Jahr nach dem Auftreten der Läsion angegeben. Dies widerspricht den meisten empirischen Untersuchungen ([22], siehe auch Kap. 27).

- **Emotionale Störungen** als Konsequenz der Ausfälle beeinträchtigen die Rehabilitation. Die Betroffenen sind entweder *depressiv* und/oder *leugnen* unkritisch jede Störung. Dasselbe gilt für die Familienangehörigen, die eine Schlüsselstellung in der Wiederherstellung einnehmen. Diese übernehmen häufig die pessimistischen Prognosen des medizinischen und psychologischen Personals und tragen damit zu mangelnden rehabilitativen Versuchen bei.

- **Inadäquate Behandlung** und **Unterlassen von Verhaltensmodifikation**. Klinisch-psychotherapeutische Behandlung ohne Einbezug der Familie und Umgebung des Betroffenen ist für die meisten dieser Patienten inadäquat. Intensive (mehrmals pro Woche) und langwierige neuropsychologische Rehabilitation ist die einzige z. Z. vorhandene Möglichkeit zur Wiederherstellung kognitiver und emotionaler Funktionsausfälle.

Methoden neuropsychologischer Rehabilitation. Angesichts der Heterogenität neuropsychologischer Ausfälle nach Hirnläsionen, werden die Behandlungsprogramme *individuell* an die Patienten angepaßt. *Ort* und *Ausmaß der zerstörten Hirnsubstanz* spielen dabei eine wichtige Rolle: *rechtshemisphärische* Läsionen gehen mit Aufmerksamkeitsstörungen (vor allem Ignorieren des linken Gesichts- und Körperfeldes, sogenanntem *Neglect*, s. Kap. 30), visuellen Wahrnehmungsstörungen und Sozial- und Gefühlsstörungen einher; *linkshemisphärische* Verletzungen führen häufig zu Sprach- und Gedächtnisstörungen, sowie Störungen der Problemlösefertigkeiten und des logischen Denkens (s. Kap. 30). Bei *subcorticalen* und *frontalen* Ausfällen dominieren motivationale und emotionale Verhaltensabweichungen (Kap. 28, 29), die fast immer von Bewußtseins- und Aufmerksamkeitsveränderungen begleitet sind (Kap. 25).

Meist stehen **Aufmerksamkeits-** oder **Gedächtnistraining** am Beginn der Behandlung, dabei werden die Aufgaben über Personal-Computer in ansteigender Schwierigkeit dargeboten. Computer erlauben individuelle, *selbst-kontrollierte* Darbietung des Lernmaterials und geben *unmittelbare Rückmeldung* über die Richtigkeit der Lösung, ohne störende Gefühlsschwankungen beim Patienten auszulösen. Familienangehörige werden geschult, die erzielten Verhaltensänderungen in der häuslichen Umgebung weiter zu verstärken.

Aufmerksamkeitsübungen. Bei *linksseitigem Neglect* werden die visuellen Reize zunehmend in das linke Gesichtsfeld eingeblendet, z. B. signalisiert ein Warnreiz im linken Gesichtsfeld eine kurz danach dargebotene Aufgabe (z. B. Puzzle) im rechten Gesichtsfeld, die nur bei Beachtung des Warnreizes gelöst werden kann. Zeit- und Distanzschätzungsaufgaben werden so aufgebaut, daß sie nur nach Absuchen *(„scanning")* der linken Seite lösbar sind. Die Aufgaben werden häufig aus *neuropsychologischen Testbatterien* entlehnt, mit denen vor der Rehabilitation die Ausfälle des Patienten qualitativ erfaßt wurden [12].

Gedächtnistraining. Störungen des Kurzzeitgedächtnisses (s. Kap. 27) und der Einprägung (Konsolidierung) gehören zu den häufigsten Konsequenzen nicht nur von *Hirnläsionen*, sondern auch bei *Demenzen* (Alzheimersche Krankheit, Altersdemenz, infektiöse oder erbliche Demenzen, z. B. Huntington Erkrankung). Verschiedene Strategien haben sich als wirksam erwiesen:

- *„Flugzeuglistenmethode"*: Die zu merkenden Worte und Begriffe werden in eine absurde, aber leicht visuell vorstellbare Geschichte eingebaut; z. B. zum Einprägen der Worte „Flugzeug" und „Giraffe" soll sich die Person vorstellen, daß in den bequemen Sitzen eines Flugzeugs Giraffen sitzen.

- *Vorstellungsmethode*: Diese geht ähnlich vor; wenn die Worte „Injektion", „Milch", „Tomate" etc. eingeprägt werden sollen, wird der Patient angehalten, die einzelnen Begriffe assoziativ zu verbinden. Z. B. „Stellen Sie sich eine Injektion vor..., verbinden Sie diese Vorstellung mit der Milch" usw. Dabei werden Hinweisreize (z. B. Anfangsbuchstaben, Klänge) im Laufe des Trainings zunehmend weggelassen [23].

- *Sprachtraining*: Je nach Lokalisation der Läsion werden mehr motorische oder sensorisch-semantische Programme zur Behandlung von Aphasien und Dyslexien (Kap. 30) verwendet. Bei schweren Sprachstörungen bedient man sich der Erkenntnisse, die beim Sprachtraining mit Menschenaffen gemacht wurden. Die Worte und syntaktischen Hinweisreize werden z. B. als unterschiedlich farbige Plättchen auf einer Tafel fixiert, und nach Erlernen von „Anbringen von Sätzen" in Form von Plättchenfolgen, werden Lautäußerungen damit verbunden und vom Therapeuten der richtige Gebrauch systematisch belohnt *(Verhaltensmodifikation)*. Angehörige werden trainiert, selbst als Lehrer zu fungieren, wobei *unmittelbare Verstärkung* von korrektem Sprachgebrauch die wichtigste Trainingsmethode darstellt (*instrumentelles Konditionieren*, s. Kap. 27). Bei motorischen Aphasien wird oft eine *Melodien-Intonations-Methode* als Hilfe verwendet: die Silben und Wörter werden zuerst genannt, gesungen und rhythmisch begleitet. Danach werden die rhythmischen „Krücken" langsam weggelassen.

Neuropsychologische Rehabilitation bei Epilepsien. Die *Anfallserkrankungen* stellen besondere Probleme gegenüber anderen Störungen des ZNS dar. Für die meisten Patienten existieren heute Medikamente, welche die zum Anfall führende Übererregung des Gehirns oder einzelner Hirnteile verhindern (Kap. 14). Bei allen Personen, besonders bei Kindern, führen die Medikamente aber auch zu psychischen und körperlichen Nebenwirkungen, die eine zusätzliche, von Nebenwirkungen freie neuropsychologische Rehabilitation wünschenswert machen; die Medikationsdosen können damit z. T. erheblich reduziert werden (bei 30% aller Anfallskranken können Medikamente ohnehin keine Kontrolle der Anfälle erzielen).

Drei **Rehabilitationsmethoden** wurden bisher untersucht:

- *Verhaltensmodifikation bei Kindern*: Bei medikamentös unbehandelbaren Kindern wird eine frühzeitige Wahrnehmung von Anfallszeichen und darauf kontingente Entspannung geübt. Eltern, Kinder und Lehrer werden einbezogen und lernen, bei ersten Anzeichen von Anfällen, psychologische Bewältigungsübungen (Entspannung, Ablenkung, Vorstellungen) anzuwenden [25].

- *Systematische Desensibilisierung*: Diese besteht bei Reflexepilepsien darin, die anfallsauslösenden Reize (z. B. Gerüche, Lichtflackern) in ansteigender Intensität über Tage und Wochen so darzubieten, daß die Reizintensität gerade unter der Anfallsschwelle liegt.

- *Instrumentelles Konditionieren von antiepileptischen EEG-Mustern*: diese Methode erfordert einen hohen technischen Aufwand. In Kap. 24, S. 474, wird eine typische Trainingsmethode beschrieben, die auch bei Epilepsien Anwendung findet. Die Personen lernen dabei, durch Rückmeldung ihrer eigenen Hirnaktivität (z. B. der Frequenzen von 12–15 Hz, s. Kap. 24), elektrische Hirnpotentiale zu vermehren, die mit dem Auftreten von Anfällen unvereinbar sind [6].

Bezüglich psychologischer Rehabilitation bei motorischen Störungen siehe Kap. 16, S. 303–305.

11.4 Umweltphysiologie

Auf die zahlreichen Einwirkungen der Umwelt reagiert der Mensch durch **kurzfristige** *Umstellungen* und **langfristige** *Anpassungen* seiner Körperfunktionen. Die Physiologie befaßt sich überwiegend mit den Regulationsvorgängen, die durch *physikalische* Umweltbelastungen im Menschen ausgelöst werden. So wurde in Kapitel 7 bereits erläutert, auf welche Weise sich der Mensch auf unterschiedliche thermische Belastungen umstellt, wie er sich an verschiedene Klimazonen anpaßt und welche klimatischen Faktoren die Behaglichkeit bzw. den Diskomfort eines Raumklimas bestimmen (S. 121, 122). Hier sei jetzt beispielhaft auf die Einwirkung einiger anderer Umweltbelastungen auf den menschlichen Körper eingegangen.

Aufenthalt in der Höhe

Höhenumstellung und -akklimatisation. Die Zusammensetzung der Luft ändert sich beim Aufstieg in die Höhe nicht, der Luftdruck und damit auch der Sauerstoffpartialdruck nehmen aber kontinuierlich ab. In 5500 m Höhe ist der Luftdruck auf die Hälfte des Drucks auf Meereshöhe gefallen (Normalwerte S. 101). Dadurch vermindert sich auch der Sauerstoffpartialdruck in den Lungenalveolen und damit die Sauerstoffbeladung des arteriellen Blutes: *primär arterielle Hypoxie* (S. 105). Dies führt *bei raschem Aufstieg* zu **akuten Höhenumstellungen** von Atmung und Kreislauf. Das Atemzeitvolumen nimmt in Ruhe geringfügig zu (arterielle Hypoxie ist nur ein geringer Atemantrieb, S. 107), bei körperlicher Arbeit steigt es stark an. Die Herzfrequenz nimmt in Ruhe schon ab 2000 m Höhe deutlich zu, in 6000 m Höhe erreicht sie Werte von 120 Schlägen pro Minute. Entsprechend ausgeprägt sind die Zunahmen bei Arbeit.

Bei *langfristigen Höhenaufenthalten* kommt es als Antwort auf die arterielle Hypoxie und ihre Folgen zur **Höhenakklimatisation**, deren wesentlichste Komponente die Zunahme der roten Blutkörperchen (Erythrocyten) ist, wodurch die Sauerstofftransportkapazität des Blutes erheblich erhöht wird. Dadurch wird es dem Menschen möglich, befristet in Höhen zu leben, die sonst todbringend wären. Akklimatisierte Bergsteiger können sich ohne Sauerstoffgerät vorübergehend in Höhen um 8000 m, im Einzelfall bis zu 8900 m aufhalten. Die höchstgelegenen Siedlungen von Menschen finden sich in etwa 5300 m in den Anden. Diese Höhe markiert wahrscheinlich die oberste Grenze der Höhenverträglichkeit auf Dauer.

Höhenkrankheit. Bei nicht ausreichender Höhenanpassung bzw. -akklimatisation kommt es in der Höhe zu einer Reihe relativ unspezifischer Symptome, die als **Warnsignale** einer bevorstehenden Dekompensation der Körperfunktionen aufzufassen sind. Zu ihnen gehören Willensschwäche, Schlafbedürfnis, Appetitlosigkeit, Atemnot, Tachykardie, Schwindel, Erbrechen, Kopfschmerzen, Apathie, aber auch Euphorie (sie wird **Höhenrausch** genannt), die zum Verkennen der Gefahren und entsprechenden Fehleinschätzungen führt). Die Gefahrenzone ist endgültig erreicht, wenn Muskelzuckungen, Blutdruckabfall, Lungenödem und (noch reversible) Bewußtseinstrübungen auftreten. Schließlich treten Bewußtlosigkeit (nur noch für kurze Zeit reversibel), Krämpfe und schließlich der **Höhentod** auf.

Luft- und Raumfahrt. Beim *Fliegen in großen Höhen* ist eine *Druckkabine* erforderlich. Der Innendruck wird entsprechend einer Höhe von 2300 m eingestellt, so daß beim Starten und Landen Druckschwankungen auftreten, die sich besonders am

Trommelfell bemerkbar machen (Druckdifferenz zwischen Mittelohrhöhle und Außenluft, Ausgleich über die Tuba Eustachii, die sich beim Schlucken öffnet). Plötzlicher Druckabfall in der Kabine kann vorübergehend durch Einatmen reinen Sauerstoffs überbrückt werden.

Der *Aufenthalt im Weltraum* ist nur in Druckkabinen oder Druckanzügen möglich. Diese gewährleisten nicht nur den notwendigen Sauerstoffpartialdruck, sondern auch Schutz vor der Kälte und (unvollkommenen) Schutz vor der Strahlung im Weltraum. Das *Fehlen der Erdanziehung* hat akute und chronische Folgen für den Organismus, die derzeit nur unvollkommen bekannt sind. Akut kommt es zur **Raumkrankheit** mit Übelkeit und dem Gefühl schweren Krankseins, vor allem in den ersten drei Tagen im Weltraum. Chronisch kommt es z. B. zur Abnahme des Blutvolumens, zur Atrophie der Muskulatur (besonders der Haltemuskeln), zu Calciumverlust im Knochen und zu Störungen im Elektrolythaushalt.

Aufenthalt unter Wasser

Tauchen [5, 11]. Beim Tauchen muß der Mensch für seine Atmung vorsorgen, sich einem erhöhten Umgebungsdruck anpassen und eine erhöhte Wärmeabgabe berücksichtigen. Beim **Tauchen ohne Gerät**, z. B. beim *Streckentauchen* in geringer Tiefe, zwingt der zunehmende Atemantrieb durch Ansteigen des CO_2-Partialdrucks („Lufthunger") schließlich zum Auftauchen. Abrauchen der Kohlensäure vor dem Tauchen durch vertiefte Atmung (Hyperventilation) erlaubt längeres Tauchen, ist aber gefährlich weil (a) schon vor dem Tauchen Schwindelanfälle und Tetanie auftreten können (da das Blut Säure verliert und damit der Spiegel an Calciumionen im Blut abnimmt) und weil (b) beim Tauchen dann plötzlich Ohnmacht („black out") auftreten kann, wenn der Sauerstoffgehalt des Blutes zu stark absinkt (Sauerstoffmangel ist nur ein schwacher Atemantrieb, S. 107).

Beim **Tauchen mit Atemgerät** aus beruflichen oder sportlichen Gründen wird meistens Preßluft benutzt, wobei der Druck der Einatmungsluft dem jeweiligen Umgebungsdruck fortlaufend angepaßt wird. Zu beachten ist, daß mit zunehmender Tauchtiefe und Tauchzeit wegen des erhöhten Umgebungsdrucks vermehrt Stickstoff im Gewebe gelöst wird. Dieser muß beim Auftauchen wieder entspeichert und abgeatmet werden. Geschieht diese *Dekompression* zu schnell, kommt es zur *Gasblasenbildung in Blut und Gewebe*, ähnlich der Gasblasenbildung beim Öffnen einer Sprudelflasche (Caissonkrankheit, s. u.). Das Auftauchen darf daher nur langsam erfolgen [5].

Caissonkrankheit. Für längeres und umfangreicheres Arbeiten auf Fluß- oder Meeresgrund werden seit langem Senkkästen (Caissons) benutzt, die nach unten offen sind und in denen der Luftdruck dem Umgebungsdruck entspricht, also pro 10 m Wassertiefe um 1 bar zunimmt (also bei 10 m = 2 bar, bei 20 m = 3 bar, bei 40 m = 5 bar etc.). Bei zu rascher Dekompression kommt es auch hier zu der eben erwähnten Gasblasenbildung, deren Symptome früher als **Caissonkrankheit**, heute auch als **Taucherkrankheit** bekannt sind. Zu den Symptomen gehören Bewußtseinstrübungen, Hautjucken, Schmerzen in Armen und Beinen, vor allem den Bändern und Sehnen. Die Gasblasen können die feinen Blutgefäße verstopfen und z. B. im Gehirn zu Sauerstoffmangel und Zelltod führen. Die beste Therapie ist der Aufenthalt in einer Druckkammer, wodurch der Stickstoff wieder im Gewebe gelöst wird, und eine anschließende regelrechte Dekompression.

Tiefenrausch. Wird im Blut bei zunehmender Tauchtiefe immer mehr Stickstoff gelöst, so wirkt der Stickstoff bei Tiefen ab 40 m erregend auf das Nervensystem und löst *Rauschzustände* (Euphorie, aber auch Angst) mit krassen Fehlhandlungen und anschließender Bewußtlosigkeit aus. Der Anfangszustand dieses *Tiefenrausches* wird oft ähnlich dem eines leichten Alkoholrausches geschildert. Das Tauchen mit Preßluft sollte sich daher auf Tiefen von nicht mehr als 30–50 m beschränken. (Darüber hinaus werden *Mischgasverfahren* verwendet, bei denen z. B. Helium den Stickstoff teilweise ersetzt.)

11.5 Literatur

Weiterführende Lehr- und Handbücher

1. ÅSTRAND, I.: Arbeitsphysiologie. Stuttgart: Schattauer 1987
2. ÅSTRAND, P.-O., RODAHL, K.: Textbook of Work Physiology, Physiological Bases of Exercise. 3 rd. Ed. New York: McGraw-Hill, Inc. 1986
3. BERG, A., LEHMANN, M., KEUL, J.: Körperliche Aktivität bei Gesunden und Koronarkranken. Stuttgart, New York: Thieme 1986
4. Bundesarbeitsgemeinschaft f. Rehabilitationen (Hrsg.): Die Rehabilitation Behinderter. Wegweiser für Ärzte. Köln: Deutscher Ärzte-Verlag 1984
5. EHM, O. F.: Tauchen – noch sicherer! Ruschlikon, Zürich, Stuttgart, Wien: A. Müller 1984
6. ELBERT, T., ROCKSTROH, B., LUTZENBERGER, W., BIRBAUMER N. (Eds.): Self-Regulation of the Brain and Behavior. Berlin, Heidelberg, New York, Tokyo: Springer 1984
7. FRANZ I. W., MELLEROWICZ, H., NOACK, W. (Hrsg.): Training und Sport zur Prävention und Rehabilitation in der technisierten Umwelt. Berlin, Heidelberg, New York, Tokyo: Springer 1985
8. HILDENBRANDT, G. (Hrsg.): Biologische Rhythmen und Arbeit. Wien, New York: Springer 1976
9. HOLLMANN, W. (Hrsg.): Zentrale Themen der Sportmedizin. 3. Aufl. Berlin, Heidelberg, New York, Tokyo: Springer 1986

10. LEHMANN, G.(Hrsg.): Handbuch der gesamten Arbeitsmedizin, Bd. 1: Arbeitsphysiologie. Berlin, München, Wien: Urban & Schwarzenberg 1961
11. McARDLE, W.D., KATCH, F.I., KATCH, V.L.: Exercise Physiology - Energy, Nutrition, and Human Performance. 2nd Ed. Philadelphia: Lea & Febiger 1986
12. MEIER, M., BENTON, A., DILLER, L.(Eds.): Neuropsychological Rehabilitation. New York: Guilford Press 1987
13. MELLEROWICZ, H.: Ergometrie, Grundriß der medizinischen Leistungsmessung. München: Urban & Schwarzenberg 1979
14. MELLEROWICZ, H., MELLER, W.: Training: Biologische und medizinische Grundlagen und Prinzipien des Trainings. 4. Aufl. Berlin, Heidelberg, New York, Tokyo: Springer 1984
15. PROKOP, L.: Einführung in die Sportmedizin. 3. Aufl. Stuttgart, New York: Gustav Fischer Verlag 1983
16. RIECKERT, H.(Hrsg.): Sport an der Grenze menschlicher Leistungsfähigkeit. Berlin, Heidelberg, New York: Springer 1981
17. RIECKERT, H.(Hrsg.): Sportmedizin - Kursbestimmung. Berlin, Heidelberg, New York, Tokyo: Springer 1987
18. SCHMIDT, R.F., THEWS, G.(Hrsg.): Physiologie des Menschen. 23. Aufl. Heidelberg, Berlin, New York, Tokyo: Springer 1987
19. STEGEMANN, J.: Leistungsphysiologie. Stuttgart, New York: Thieme 1984
20. VALENTIN, H., HOLZHAUSER, K.P.: Funktionsprüfungen von Herz und Kreislauf. Köln: Deutscher Ärzte-Verlag 1976
21. VALENTIN, H., LEHNERT, G., PETRY, H., RUTENFRANZ, J., STALDER, K., WEBER, G., WITTGENS, H., WOITOWITZ, H.: Arbeitsmedizin. Bd. 1 und Bd. 2. Stuttgart, New York: Thieme 1985
22. WILLIAMS, J.M., LONG, CH. (Eds.): The Rehabilitation of Cognitive Disabilities. New York: Plenum Press 1987
23. WILSON, B.: Rehabilitation of Memory. New York: Guilford Press 1987

Einzel- und Übersichtsarbeiten

24. BLOMQUIST, C.G., SALTIN, B.: Cardiovascular adaptations of physical training. Ann. Rev. Physiol. *45*, 169 (1986)
25. DAHL, J., MELIN, L., BRORSON, L.O., SCHÜLLIN, J.: Effects of a broad spectrum behavior modification treatment program on children with refractory epileptic seizures. Epilepsia *26*, 303-309 (1985)
26. GÖPFERT, H., BERNSMEIER, A., STUFLER, R.: Über die Steigerung des Energiestoffwechsels und der Muskelinnervation bei geistiger Arbeit. Pflügers Arch. *256*, 304 (1953)
27. GRAF, O.: Arbeitsablauf und Arbeitsrhythmus. In: [10]
28. GROH, H: Sportmedizin. Enke, Stuttgart 1962. Zitiert in: [15]
29. KLIMMER, F., AULMANN, H.M., RUTENFRANZ, J.: Katecholaminausscheidung im Urin bei emotional und mental belastenden Tätigkeiten im Flugkontrolldienst. Int. Arch. Arbeitsmed. *30*, 65 (1972)
30. MÜLLER, E.A.: Die physische Ermüdung. In: [10]
31. SMODLAKA, V., JANKOVIC, M., MELLEROWICZ, H. et al.: Das ergometrisch dosierte Intervalltraining zur Rehabilitation nach Herzoperationen. Kreisl.-Forsch. *51*, 152 (1962)

12.1 Bausteine des Nervensystems

Die Nervenzelle und ihre Verbindungen

Neurone. Im Nervensystem bilden die **Nervenzellen** oder **Neurone** die strukturell und funktionell selbständigen Grundeinheiten, von denen das menschliche Gehirn etwa 25 Milliarden (25×10^9) besitzt. Die Größe und Form dieser Neurone schwanken in weiten Grenzen, aber der Grundplan ist immer gleich (Abb. 12-1): Sie haben einen *Zellkörper* oder **Soma** und Fortsätze aus diesem Zellkörper, nämlich ein **Axon** oder *Neurit*, und meist mehrere **Dendriten**.

Die **Einteilung der Neuronenfortsätze** in ein Axon und mehrere Dendriten erfolgt nach funktionellen Gesichtspunkten (Abb. 12-1): Das *Axon* verbindet die Nervenzellen mit anderen Zellen. An den *Dendriten*, wie auch am *Soma*, enden die Axone anderer Neurone. Axon und Dendriten zweigen sich gewöhnlich nach ihrem Abgang aus dem Soma in mehr oder weniger zahlreiche Äste auf. Die *Verzweigungen der Axone* werden **Kollaterale** genannt. Die Axone und ihre Kollateralen sind von sehr unterschiedlicher Länge, oft nur wenige Mikron kurz, manchmal auch, z. B. bei manchen Neuronen des Menschen und anderer großer Säugetiere, weit über einen Meter lang [3, 6, 7, 10, 11].

Die **Formenvielfalt der Neurone** ist im wesentlichen durch die unterschiedliche *Ausprägung der Dendriten* bestimmt (Abb. 12-2). Manche Neurone, z. B. Neuron C in Abb. 12-2, verfügen über regelrechte Dendritenbäume, bei anderen, wie z. B. bei den Neuronen A und B, ist das Verhältnis Somaoberfläche zu Dendritenoberfläche ausgewogener. Schließlich gibt es auch Neurone, die keine Dendriten haben (Neurone D und E). Die Durchmesser der Somata liegen in der Größenordnung von 5 µm

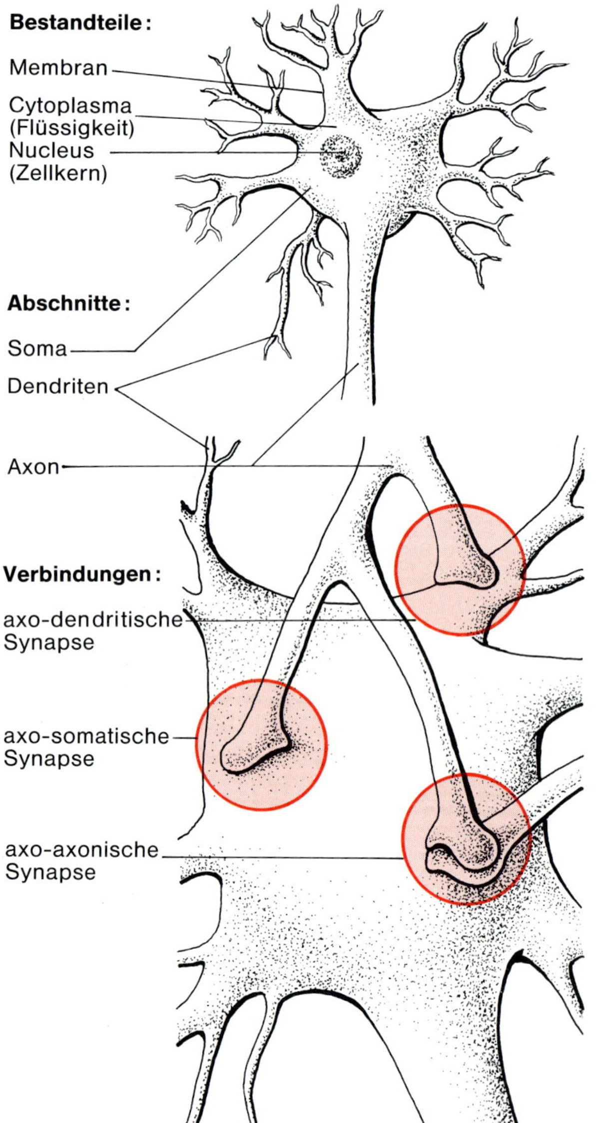

Abb. 12-1. Schematischer Aufbau eines Neurons mit seinen Bestandteilen, Abschnitten und Verbindungen. Die *Zellbestandteile* eines Neurons (Membran, Cytoplasma, Zellkern) sind mit denen anderer Körperzellen identisch (vgl. Abb. 2-1, S. 8). Die für ein Neuron typischen *Abschnitte* (Soma, Axon, Dendriten) sind angegeben. In der unteren, vergrößerten Bildhälfte sind *Zellverbindungen (Synapsen)* eingezeichnet. Die Kontaktstelle des Axons mit einer anderen Nervenzelle *(Soma, Dendrit, Axon)* drückt sich in der Bezeichnung der Synapse (z. B. axo-somatisch) aus. Ein Neuron empfängt in der Regel sehr viel Synapsen (vgl. Abb. 13-7)

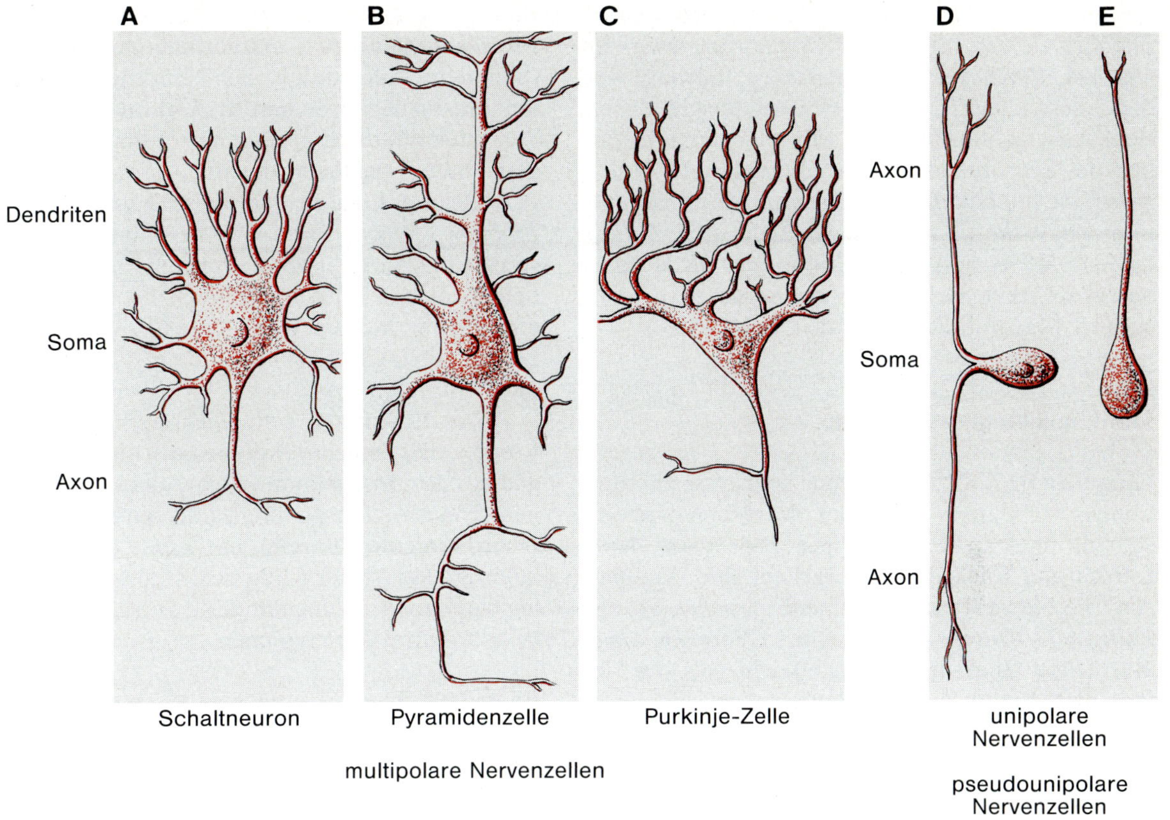

Abb. 12-2. Beispiele der Formenvielfalt von Neuronen. Während jedes Neuron ein *Soma* und ein *Axon* (meist mit Verzweigungen, Kollateralen genannt) besitzt, schwankt die Ausbildung der Dendriten in weiten Grenzen. Entsprechend schwankt die Zahl der axo-dendritischen Synapsen

bis 100 μm (1 mm = 1000 μm), die Dendriten können einige hundert Mikrometer lang sein.

Synapsen. Wie oben bereits gesagt, verbindet das Axon und seine Kollateralen die Nervenzelle mit anderen Zellen. Dies können andere Nervenzellen, aber auch Muskel- oder Drüsenzellen sein. Die Verbindungsstelle einer axonalen Endigung mit einer anderen Zelle hat der Engländer Sir Charles Sherrington im Jahr 1897 **Synapse** genannt. Abb. 12-1 zeigt Verbindungsstellen von Neuronen. Endet ein Axon auf dem Soma eines anderen Neurons, so sprechen wir von einer **axo-somatischen Synapse**. Entsprechend heißt eine Synapse zwischen Axon und Dendrit eine **axo-dendritische** Synapse und eine zwischen zwei Axonen eine **axo-axonische** Synapse. Endet ein Axon auf einer Skeletmuskelfaser, so wird diese Synapse **neuromuskuläre Endplatte** genannt. Synapsen auf Muskelfasern der Eingeweide (glatte Muskulatur) und auf Drüsenzellen tragen keine besonderen Bezeichnungen. Viele Leistungen des Nervensystems werden durch die *Wechselwirkungen zwischen den einzelnen Neuronen über ihre Synapsen* erbracht [1, 3, 10, 11, 12].

Effectoren. Die meisten Neurone haben über Synapsen Verbindungen zu anderen Neuronen und fügen sich mit diesen zu neuronalen Schaltkreisen zusammen. Ein kleinerer Teil der Neurone tritt über seine Axone nicht mit anderen Neuronen, sondern mit Muskel- oder Drüsenzellen in Kontakt. Die quergestreiften Skeletmuskeln, die glatten Muskeln der Gefäße und Eingeweide und die Drüsen (z. B. Speicheldrüsen, Schweißdrüsen, Nebenniere) sind also die Befehlsempfänger, die ausführenden Organe oder die **Effectoren des Nervensystems**. Auf den Aufbau der Effectoren wird, soweit notwendig, bei den entsprechenden Kapiteln eingegangen. – Nervenzellen können auch selbst als Hormon-produzierende Drüsenzellen fungieren, speziell im Hypothalamus (s. Kap. 8).

Sensoren. Um sich zweckmäßig mit seiner Umwelt auseinandersetzen zu können und zur Überwachung der Tätigkeit der Effectoren braucht das Nervensystem aber auch noch Fühler, die auf Veränderungen in der Umwelt und im Organismus antworten und diese Antworten dem Nervensystem mitteilen. Der Organismus besitzt für diese Aufgaben spezialisierte Nervenzellen, die als **Sensoren** bezeichnet werden (Synonyme: *Sinnesreceptoren, Receptoren, Receptorzellen, Sinneszellen*; teilweise werden diese Begriffe mit etwas unterschiedlicher Bedeutung gebraucht). Eine sehr allgemeine Definition des Sensoren lautet also: *Spezialisierte Nervenzellen, die auf bestimmte Veränderungen im Organismus oder in der Umwelt antworten und diese Antworten dem Nervensystem mitteilen, werden als Sensoren bezeichnet.* (Die Physiologie der Sensoren wird im Kapitel 17 ausführlich behandelt, S. 310–313.)

Die Umgebung des Neurons

Gliazellen [1, 7, 8]. Die Neurone sind zwar die funktionell wichtigsten Bausteine des Nervensystems, sie sind aber nicht die einzigen Zellen, aus denen Gehirn und Rückenmark aufgebaut sind. Vielmehr sind die Nervenzellen von einem *speziellen Stützgewebe*, den **Neuroglia-Zellen** oder **Gliazellen** umgeben. Diese Gliazellen sind zahlreicher als die Nervenzellen. Sie sind aber im Durchschnitt kleiner, so daß Neurone und Glia je knapp die Hälfte des Volumens von Gehirn und Rückenmark ausmachen. Die restlichen 10–20% des Hirnvolumens werden von den extracellulären Spalträumen und den Blutgefäßen ausgefüllt (s. u.).

Die Gliazellen, von denen es verschiedene Typen gibt, erfüllen im Nervensystem einerseits die Aufgaben des Bindegewebes in den anderen Organen des Körpers, sie sind aber entwicklungsgeschichtlich nicht mit diesen, sondern mit den Neuronen verwandt. Neben dieser **generellen Stützfunktion** sind die Gliazellen vielleicht auch bei der **Ernährung der Neurone** beteiligt. Ein Typ von ihnen, die *Oligodendroglia*, bildet die **Myelinscheiden der Nervenfasern** aus, ein anderer, die *Astroglia*, bildet ein Auffangbecken oder **Reservoir für Kaliumionen**, die aus den Neuronen bei den Erregungsprozessen in das Interstitium (s. u.) freigesetzt werden. Da Gliazellen anders als Neurone zeitlebens die Fähigkeit zur Zellteilung beibehalten, dienen sie auch zum **Ausfüllen neuronaler Zelldefekte**. Solche Gliazellvermehrungen (Glianarben) sind oft der Ausgangspunkt für Krampfentladungen des Gehirns, die sich eventuell als epileptische Anfälle äußern [11, 18].

Interstitium. Im lichtmikroskopischen Bild sieht es so aus, als ob Neuronen und Gliazellen im Nervensystem nahtlos aneinandergefügt seien. Im elektronenmikroskopischen Bild läßt sich aber unschwer erkennen, daß zwischen den Zellen jeweils ein schmaler Spalt freibleibt (durchschnittliche Breite 200 Å = 20 nm = 2×10^{-5} mm). Alle diese Zwischenräume sind untereinander verbunden, sie bilden die **flüssigkeitsgefüllten extracellulären Spalträume** (Synonym: Interstitium) der Neurone und Gliazellen. An manchen Stellen im Gehirn erweitert sich das Interstitium zu größeren Hohlräumen, den sogenannten **Ventrikeln**, die die *Cerebrospinalflüssigkeit* oder den **Liquor cerebrospinalis** enthalten (*Cerebrum* = Gehirn, *Spina* = Wirbelsäule). Der Liquor stimmt in seiner Zusammensetzung mit der interstitiellen (extracellulären) Flüssigkeit praktisch überein (auf die kleinen Unterschiede zwischen diesen beiden Flüssigkeiten und deren Ursachen wird nicht eingegangen).

Da es funktionell sehr wichtig ist, muß betont werden, daß jeglicher **Stoffaustausch der Neurone in und aus dem Interstitium erfolgt**, nicht direkt von einem Neuron zum anderen, oder direkt von einem Neuron in eine Gliazelle. Die Breite der extracellulären Spalten reicht völlig aus, Ionen und Molekülen eine praktisch ungehinderte Diffusion im Extracellulärraum zu ermöglichen.

Blutgefäße. Das gesamte Nervensystem ist von einem *dichten Netz von Blutgefäßen* durchzogen. Dabei ist das Capillarnetz des Gehirns so eng geknüpft, daß die meisten Neurone nicht mehr als 50 µm von einer Capillare entfernt sind. Die Diffusionswege für alle Nähr- und Abfallstoffe sind also kurz. Allerdings gilt auch hier, daß es keinen direkten Kontakt zwischen Capillarwand und Neuron gibt, denn das Interstitium umgibt auch alle Capillaren. Ein Sauerstoff- oder Nährstoffmolekül (oder auch ein intravenös injiziertes Medikament) muß also zunächst die Gefäßwand (Capillarmembran) und anschließend die Zellmembran überwinden, um in einem Neuron wirken zu können (manche Pharmaka greifen allerdings direkt an der Außenseite der Membran an). Die Capillarwand der Gehirngefäße ist dabei für viele Stoffe nicht durchlässig, weshalb man in der Pharmakologie von einer **Blut-Hirn-Schranke** für diese Stoffe spricht.

Die Neurone des Zentralnervensystems sind auf eine **ständige Sauerstoffversorgung** angewiesen. Unterbrechung der Blutzufuhr zum Gehirn für 8–12 s (z. B. durch Herzstillstand oder Strangulation des Halses) führt bereits zu **Bewußtlosigkeit**, nach 8–12 min ist das Gehirn meist irreversibel geschädigt. Bei Atemstillstand sind diese Zeiten erheblich verlängert, da der Sauerstoffvorrat des zirkulierenden Blutes ausgenützt werden kann (z. B. beim Tauchen).

12.2 Peripheres Nervensystem

Gehirn und Rückenmark werden üblicherweise als **Zentralnervensystem (ZNS)** zusammengefaßt. Sein Aufbau ist im Kapitel 14 dargestellt. Alles übrige nervöse Gewebe wird als **peripheres Nervensystem** bezeichnet. Die **Nerven** in der Peripherie des Organismus sind Bündel von Axonen, die von Gewebshüllen umgeben sind. Ihr Aufbau, ihre Herkunft und ihre Klassifizierung nach morphologischen und funktionellen Gesichtspunkten sollen im folgenden erläutert werden [10].

Aufbau der Nerven

Nervenfasern und Nerven. In den peripheren Nerven wird jedes Axon schlauchartig von speziellen Gliazellen, den *Schwann-Zellen* umhüllt (Abb. 12-3). **Axon und umgebende Schwann-Zelle** bezeichnet man als **Nervenfaser**. Ein **Nerv** ist *ein Bündel von mehr oder weniger vielen Nervenfasern.* Ist der Nerv so dick, daß er leicht mit bloßem Auge als weißlichgelbliches Faserbündel erkannt werden kann, laufen in ihm viele Dutzend bis einige hundert Nervenfasern. In noch dickeren Nerven sind es viele Tausende bis Zehntausende.

Markhaltige und marklose Nervenfasern. Etwa bei einem Drittel aller Nervenfasern wickelt sich die Schwann-Zelle während des Wachstums mehrfach um das Axon herum und bildet dadurch zwischen Axon und Schwann-Zelle *eine weitere Hülle* aus einem *Lipoid-Protein-Gemisch* (Fett-Eiweiß-Gemisch) aus, das **Myelin** (Abb. 12-3 A, D). Im Querschnitt ähnelt eine solche Nervenfaser einem Draht, der von einer Isolierung umgeben ist. Derart „isolierte" Nervenfasern werden als **myelinisierte** oder **markhaltige Nervenfasern** bezeichnet.

Anders als bei einem isolierten Draht umgibt bei myelinisierten Nervenfasern das *Myelin* oder die **Markscheide** die Nervenfaser nicht kontinuierlich, sondern ist, wie in Abb. 12-3 B zu sehen, in regelmäßigen Abständen unterbrochen. Unter dem Lichtmikroskop erscheinen diese myelinfreien Stellen als Einschnürungen. Sie werden nach ihrem Entdecker als **Ranvier-Schnürringe** bezeichnet. Myelinisierte Nervenfasern haben etwa alle 1 bis 2 mm einen Ranvier-Schnürring.

Nervenfasern ohne Markscheide nennt man **marklose**, oder, da sie nicht von Myelin umgeben sind, **unmyelinisierte Nervenfasern**. Wie die markhaltigen Nervenfasern sind sie aber auch von Schwann-Zellen umhüllt, wobei eine Schwann-Zelle, wie in Abb. 12-3 A, C, E zu sehen, oft mehrere marklose Axone umgibt. Bei den *markhaltigen Nervenfasern* nimmt dagegen jede Schwann-Zelle etwa den Platz zwischen zwei Schnürringen ein.

Tabelle 12-1 a. Klassifikation der Nervenfasern nach ERLANGER/GASSER. Aus [12]

Fasertyp	Funktion, z. B.	Mittlerer Faserdurchmesser	Mittlere Leitungsgeschwindigkeit
Aα	Primäre Muskelspindelafferenzen, motorisch zu Skeletmuskeln	15 µm	100 m/s (70-120 m/s)
Aβ	Hautafferenzen für Berührung und Druck	8 µm	50 m/s (30-70 m/s)
Aγ	Motorisch zu Muskelspindeln	5 µm	20 m/s (15-30 m/s)
Aδ	Hautafferenzen für Temperatur und Nociception	<3 µm	15 m/s (12-30 m/s)
B	Sympathisch präganglionär	3 µm	7 m/s (3-15 m/s)
C	Hautafferenzen für Nociception, sympathische postganglionäre Efferenzen	1 µm marklos!	1 m/s (0,5-2 m/s)

Tabelle 12-1 b. Klassifikation der Nervenfasern nach LLOYD/HUNT. Aus [12]

Gruppen	Funktion, z. B.	Mittlerer Faserdurchmesser	Mittlere Leitungsgeschwindigkeit
I	Primäre Muskelspindelafferenzen und Sehnenorganafferenzen	13 µm	75 m/s (70-120 m/s)
II	Mechanoreceptoren der Haut	9 µm	55 m/s (25-70 m/s)
III	Tiefe Drucksensibilität des Muskels	3 µm	11 m/s (10-25 m/s)
IV	Marklose nociceptive Fasern	1 µm	1 m/s

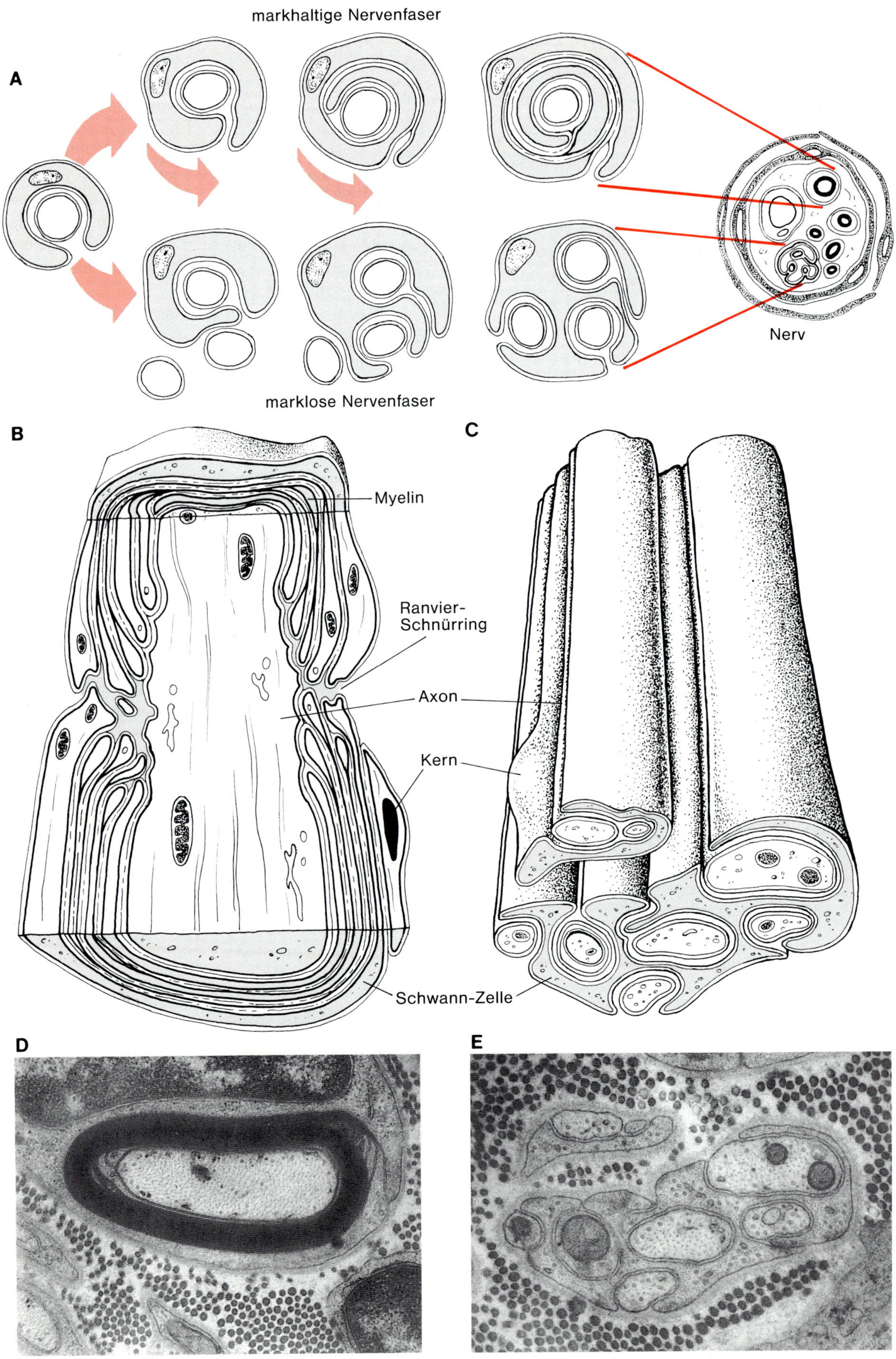

A
markhaltige Nervenfaser
marklose Nervenfaser
Nerv
B
Myelin
Ranvier-
Schnürring
Axon
Kern
Schwann-Zelle
C
D
E

Klassifizierung von Nervenfasern und Nerven

Physiologisch gesehen unterscheiden sich die markhaltigen von den marklosen Nervenfasern vor allem durch ihre **unterschiedlichen Leitungsgeschwindigkeiten** nervöser Erregungen. Aus Gründen, die auf S. 213 geschildert werden, ist diese bei *myelinisierten* Nervenfaser *hoch*, bei *unmyelinisierten gering*. Innerhalb jeder Gruppe hängt die Leitungsgeschwindigkeit außerdem vom Durchmesser der Nervenfaser ab: je größer der Durchmesser, desto höher die Leitungsgeschwindigkeit. Diese Zusammenhänge bringen es mit sich, daß die verschiedenen, von anatomischer und physiologischer Seite vorgeschlagenen **Klassifizierungen der Nervenfasern** sich mehr oder weniger überlappen. Markhaltige Nervenfasern werden oft als **A-Fasern**, marklose Fasern als **C-Fasern** bezeichnet (Tabelle 12-1a, S. 195). Daneben zeigt Tabelle 12-1b die gebräuchlichste Einteilung nach dem Durchmesser, wobei die markhaltigen Fasern die *Gruppen I, II und III* und die marklosen Fasern die *Gruppe IV* bilden [10, 12].

Funktionelle Klassifikation der Nervenfasern. Außer der Leitungsgeschwindigkeit und dem Durchmesser werden eine Reihe anderer Funktionsmerkmale der Nervenfasern dazu benutzt, diese eindeutig zu kennzeichnen. Die wichtigsten Begriffe sind in Abb. 12-4 zusammengefaßt. Sie werden jetzt erläutert.

Die Nervenfasern der Sensoren nennt man *afferente Nervenfasern* oder abgekürzt **Afferenzen** (links in Abb. 12-4). Sie ziehen zum Zentralnervensystem (ZNS) und übermitteln diesem die Meldungen der Sensoren (Receptoren) über Veränderungen in der Umwelt und im Organismus. Abb. 12-4 zeigt weiter, daß die afferenten Nervenfasern aus den Eingeweiden als **viscerale Afferenzen** bezeichnet werden, alle anderen Afferenzen des Organismus, z. B. von den Muskeln, Gelenken, der Haut und den Sinnesorganen des Kopfes (Auge, Ohr etc.) als **somatische Afferenzen.** (Die Begriffe afferent und efferent werden auch allgemein im Sinne von „hinführend zu", bzw. „wegführend von" einer Zelle oder einem Kerngebiet benutzt, man spricht also z. B. von „Afferenzen

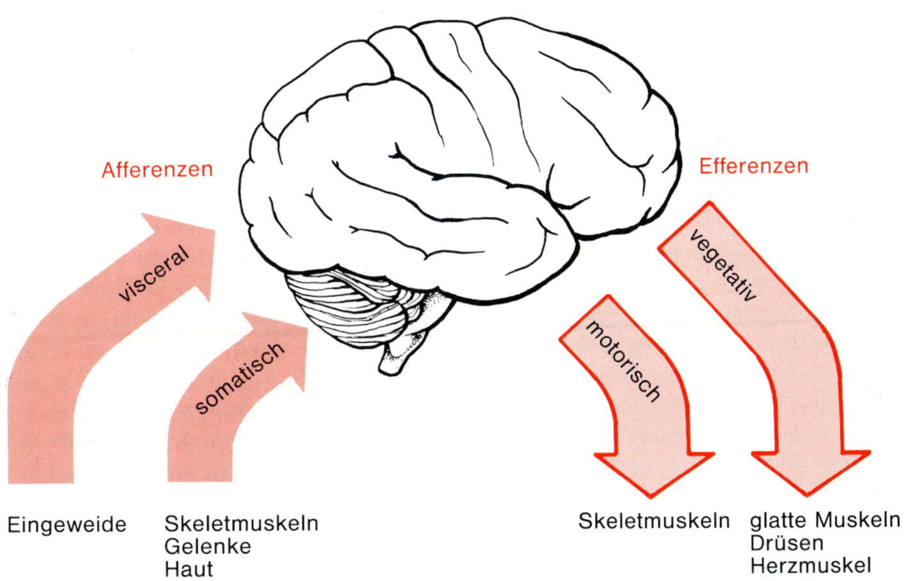

Abb. 12-4. Schema der Klassifizierung der Nervenfasern nach Herkunft und Funktion. Die *afferenten Nervenfasern* oder *Afferenzen* sind durch die linken Pfeile, die *efferenten Nervenfasern* oder *Efferenzen* durch die rechten Pfeile symbolisiert. Ein Nerv enthält immer afferente und efferente Nervenfasern (siehe Text). Die Begriffe „afferent" und „efferent" werden auch im Zentralnervensystem (Gehirn, Rückenmark) im Sinne von „hinführend" bzw. „wegführend" benutzt

◄

Abb. 12-3. *Marklose* und *markhaltige* Nervenfasern. **A** Entwicklung markhaltiger *(oben)* und markloser *(unten)* Nervenfasern während des Wachstums. *Rechts* ist zu sehen, daß ein Nerv markhaltige und marklose Fasern enthält. **B** Quer- und Längsschnitt durch einen *Ranvier-Schnürring*. **C** Aufsicht auf ein Bündel markloser Nervenfasern, die von einer *Schwann-Zelle* umschlossen sind. **D** Elektronenmikroskopische Aufnahme eines Querschnittes durch eine dünne markhaltige Nervenfaser (Gruppe III Faser). **E** Wie D, jedoch Schnitt durch marklose Nervenfasern (Gruppe IV Fasern). Beachte den stark unterschiedlichen Durchmesser dieser Nervenfasern zum Hippocampus“ oder von „Efferenzen des Thalamus“ etc).

Die Informationsübertragung aus dem ZNS in die Peripherie erfolgt über *efferente Nervenfasern*, abgekürzt **Efferenzen**. Efferenzen zu den Skeletmuskeln heißen **motorische Efferenzen**. Alle übrigen gehören zum vegetativen oder autonomen Nervensystem und werden deswegen **vegetative Efferenzen** genannt. Letztere versorgen die glatten Muskeln in den Eingeweiden und den Gefäßwänden, die Herzmuskulatur und alle Drüsen des Körpers [10, 12].

Klassifikation der Nerven. In den letzten beiden Absätzen wurde ausschließlich die funktionelle Einteilung *einzelner Nervenfasern* betrachtet. Es wurde aber schon gesagt, daß in einem *Nerven* zahlreiche, oft viele Zehntausende von Nervenfasern enthalten sind. In praktisch allen Nerven, also z. B. im *Nervus ischiadicus*, der den größten Teil des Beines nervös versorgt, sind sowohl afferente als auch efferente Nervenfasern gebündelt. Es hängt dabei vom Versorgungsgebiet (Haut, Muskeln, Eingeweide) des Nerven ab, welche Arten von Nervenfasern in ihm enthalten sind.

Die Nerven zur Haut, zu den Skeletmuskeln und zu den Gelenken werden als **somatische Nerven** zusammengefaßt. Die Nerven zu den Eingeweiden heißen **Eingeweidenerven** (Synonyme: *autonome Nerven, viscerale Nerven, vegetative Nerven*; teilweise werden diese Begriffe mit etwas unterschiedlicher Bedeutung gebraucht. Darauf wird hier nicht eingegangen). Ein **Hautnerv** ist also ein somatischer Nerv. Er enthält *somatische Afferenzen* (afferente Nervenfasern) von den Sensoren der Haut, aber auch *vegetative Efferenzen* zu den Blutgefäßen, Schweißdrüsen und Haaren der Haut. Ein *Skeletmuskelnerv*, meist kurz **Muskelnerv** genannt, ist ebenfalls ein somatischer Nerv. In ihm laufen *motorische Efferenzen*, ferner *somatische Afferenzen* von den Sensoren der Muskeln und *vegetative Efferenzen* zu den Blutgefäßen. Auch ein **Gelenknerv** ist ein somatischer Nerv mit *somatischen Afferenzen* von den Sensoren der Gelenke und *vegetativen Efferenzen* zu den Blutgefäßen der Gelenke und der Gelenkkapsel. Die dickeren Nerven, z. B. der *Nervus ischiadicus*, sind meist **gemischte Nerven**, die sich später in Haut-, Muskel- oder Gelenknerven verzweigen. Schließlich bleibt zu erwähnen, daß die **Eingeweidenerven** *viscerale Afferenzen* und *vegetative Efferenzen* enthalten.

Allgemeine Funktion der Nervenzellen

Informationsverarbeitung. Die Nervenzellen sind im Organismus auf die Verarbeitung von Informationen in Form elektrischer Signale spezialisiert. Diese Aufgabe läßt sich aufteilen in die Aufnahme der Information, ihre Fortleitung über eine größere Distanz, sowie deren Weitergabe an eine oder mehrere andere Zellen. Die **Informationsaufnahme** geschieht meist über Synapsen an Dendriten oder dem Soma der Nervenzelle, wobei die Information von anderen Nervenzellen kommt (Abb. 12-1). Die Nervenzelle kann jedoch die Information auch von den *Sensoren* oder *Receptoren* der Sinnesorgane empfangen, oder mit *spezialisierten Dendriten* direkt Informationen aus der Umwelt aufnehmen. Die **Fortleitung** der aufgenommenen Information geschieht im Axon (Abb. 12-1), das bei geringem Durchmesser große Entfernungen (beim Menschen bis zu 1 m und mehr) überbrückt. Die **Weitergabe** der Information erfolgt schließlich, wie schon erwähnt, an den Synapsen (Abb. 12-1).

Die Information liegt in der Nervenzelle **als elektrisches Signal** vor. Dieses Kapitel wird sich vornehmlich mit der Natur dieser Signale und mit ihrer Fortleitung im Axon befassen. Die besonderen Mechanismen der Signalweitergabe an Synapsen werden dann Gegenstand des folgenden Kapitels sein.

Andere Funktionen. Wie andere Zellen auch, müssen sich die Nervenzellen zusätzlich zu ihren Aufgaben bei der Informationsverarbeitung *in ihrer Gestalt erhalten, dabei ihre Funktionsfähigkeit wahren und sich wechselnden Bedürfnissen anpassen.* Auf diese Zellfunktionen wurde bereits im Kapitel 2 ausführlich eingegangen. Hinzu kommt, daß Nervenzellen oft auch **organisierend auf andere Nervenzellen** wirken, z. B. indem sie in Zellen, mit denen sie Synapsen bilden, die Ausbildung synaptischer Strukturen auslösen (s. z. B. S. 541, 549). Die Mechanismen dieser Vorgänge sind noch wenig bekannt. Sie sind jedoch außerordentlich wichtig für die funktionsgerechte Entwicklung des Nervensystems und der innervierten Organe, sowie auch für die Lern- und Gedächtnisvorgänge [1, 6, 11, 12].

12.3 Das Ruhepotential

Wie die anderen Zellen unseres Körpers sind auch die Nervenzellen von der in Kapitel 2 ausführlich erläuterten *Plasmamembran* umgeben, die elektrisch als guter Isolator wirkt. Über dieser Membran, d.h. zwischen dem Inneren der Zelle und der extracellulären Flüssigkeit, besteht in der Regel eine *elektrische Potentialdifferenz*. Da diese Potentialdifferenz unmittelbar an der Membran auftritt, wird sie **Membranpotential** genannt.

Das Membranpotential hat bei den meisten Zellen über längere Zeit einen konstanten Wert, wenn nicht besondere Einflüsse von außen auf die Zelle einwirken. Wenn sich die Zelle in einem solchen Zustand der Ruhe befindet, bezeichnet man das Membranpotential als **Ruhepotential**. Es ist bei Nerven- und Muskelzellen immer *negativ* und liegt beim Menschen und anderen Säugetieren je nach Zelltyp zwischen −55 und −100 mV (1000 mV sind 1 V).

Das Ruhepotential ist Vorbedingung für die Fähigkeit von Nervenzellen, ihre spezifischen Aufgaben der Informationsaufnahme, -weiterleitung, -verarbeitung und -aussendung zu erfüllen. Wenn die Zellen *„aktiv"* sind, treten kurze, impulsartige, positive Änderungen des Membranpotentials auf, die **Aktionspotentiale**. Diese Aktionspotentiale sind praktisch im gesamten Tierreich das *universelle Kommunikationsmittel* des Nervensystems. Kenntnis der Eigenschaften und Entstehungsmechanismen der Membranpotentiale sind daher eine wichtige Voraussetzung für eine Erörterung der Arbeitsweise des menschlichen Nervensystems [1, 2, 5, 9–13].

Messung des Membranpotentials

Die heute übliche Meßanordnung zur Registrierung des Membranpotentials zeigt schematisch Abb. 12-5. Als Meßfühler (Elektrode) für das Zellpoten-

A Messung des Membranpotentials

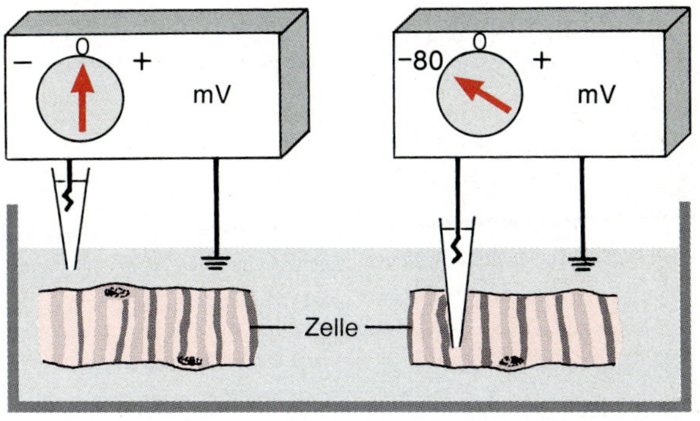

B

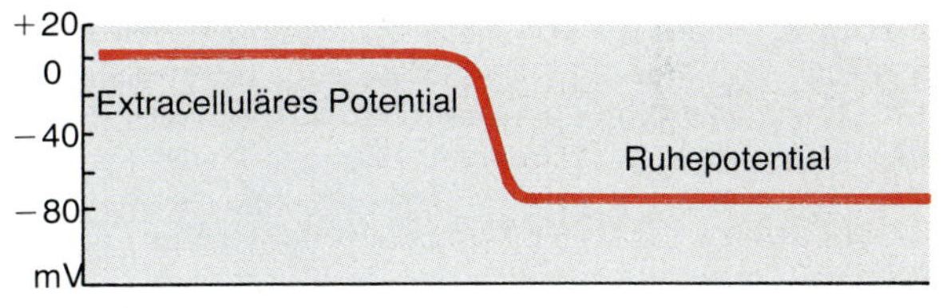

C Spannungsklemme zur Messung der Membranströme

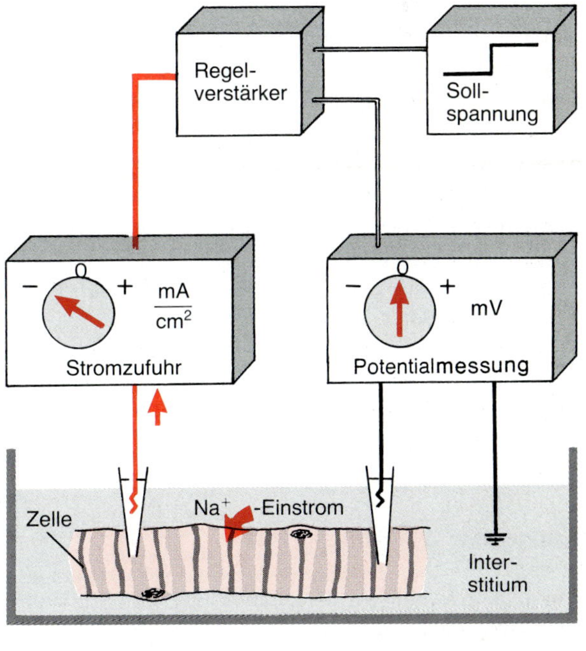

Abb. 12-5. Messungen des Membranpotentials und der Membranströme einzelner Nerven- oder Muskelzellen mit Mikroelektroden. **A** Schema der Meßanordnung zur Messung des Membranpotentials einer Zelle eines Gewebsverbandes, der aus dem Körper entnommen und in eine kleine Kammer mit Blutersatzlösung gelegt wurde (*in vitro*-Präparat). Als Meßelektrode dient eine mit Salzlösung gefüllte Glas-Mikroelektrode, die über einen Silberdraht mit dem Voltmeter verbunden ist. Als Bezugselektrode dient ein weiterer Silberdraht in der Badelösung. *Links* liegen Bezugselektrode und Meßelektrode extracellulär, der Spannungsmesser zeigt die Spannung Null. *Rechts* ist die Meßelektrode in die Zelle eingestochen, „intracellulär". Der Spannungsmesser zeigt das Membranpotential. **B** Das vor und nach dem Einstich der Meßelektrode registrierte Membranpotential (Ruhepotential). **C** Spannungsklemme. Das gemessene Potential wird mit der vom Experimentator einstellbaren Sollspannung verglichen. Bei Abweichung von der Sollspannung veranlaßt der Regelverstärker eine Stromzufuhr („Klemmstrom"), die die Spannungsabweichung ausgleicht („voltage clamp"). Die Blutersatzlösung (z.B. Ringer-Lösung oder Tyrode-Lösung) stellt unter *in vitro*-Bedingungen das Interstitium (den Extracellulärraum) der untersuchten Zellen dar

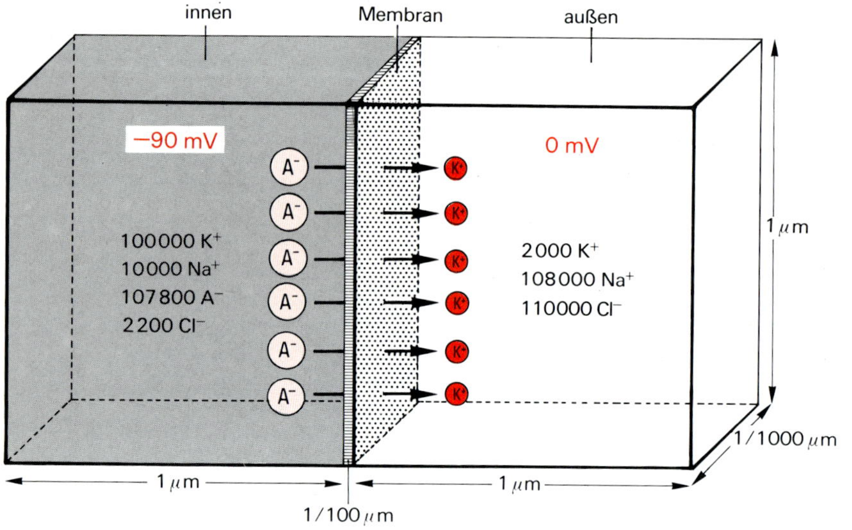

Abb. 12-6. Ladungsverteilung an der Membran beim Ruhepotential. Die Membran wird dabei als elektrotechnischer Kondensator betrachtet (s. Text). Die Aufladung eines kleinen Membranstückes von 1 µm × 1/1000 µm Fläche mit je 6 K^+-Ionen und Anionen *(A^-)* wird der Zahl der Ionen in den auf beiden Seiten der Membran benachbarten Räumen von je 1 µm × 1 µm × 1/1000 µm Inhalt gegenübergestellt. Die *Pfeile* durch die Membran zeigen an, daß die K^+ durch die Membran aus der Zelle diffundiert sind, aber durch die Ladung der in der Zelle zurückgebliebenen A^- auf der Außenseite der Membran fixiert bleiben. Angenommen ist eine Membrankapazität von 1 µF/cm². Darstellung von J. Dudel in [10]

tial dient eine Glascapillare, die mit einer elektrisch leitenden Salzlösung (meist mit Kochsalzlösung, NaCl) gefüllt ist. Um die Zellen nicht zu schädigen, haben diese Glascapillaren sehr feine Spitzen (dünner als 1 µm). Die Bezugselektrode im Extracellulärraum ist ein chloriertes Silberplättchen. Beide Elektroden sind an ein empfindliches Spannungsmeßgerät (Voltmeter, Oscilloskop) angeschlossen.

Zu Beginn der Messung (Abb. 12-5 A, links) liegen beide Elektroden im Extracellulärraum, und zwischen den beiden Elektroden wird keine Potentialdifferenz gemessen (der Spannungsmesser zeigt als *„extracelluläres Potential“* den Wert Null an). Wird nun die Spitze der Glascapillare durch die Membran der Zelle geschoben (rechts in Abb. 12-5 A), so springt das Potential in negative Richtung auf etwa −80 mV (B). Dieses *negative* Membranpotential einer ruhenden Nervenzelle ist also das **Ruhepotential**.

Entstehung des Ruhepotentials

Ladungsverteilung an der Membran [5, 6, 12]. Wenn das Zellinnere negativer ist als die Umgebung der Zelle, so muß in der Zelle gegenüber dem Extracellulärraum ein Überschuß an negativen elektrischen Ladungen herrschen. Da es sich bei den elektrischen Ladungen im Zellinneren wie im Extracellulärraum um *Ionen*, nämlich **Kationen** (positiv geladen) und **Anionen** (negativ geladen, s. S. 22) von Salzmolekülen handelt, bedeutet der Überschuß an negativen Ladungen im Zellinneren *einen Überschuß an Anionen in der Zelle.* Diesen Anionen müssen an der Außenseite der Membran *Kationen* in gleicher Zahl gegenüberstehen.

Um die Ladungsverhältnisse an der Membran quantitativ betrachten zu können, ziehen wir einen Vergleich mit einem elektrotechnischen *Kondensator* heran, der aus zwei „Metallplatten“ besteht, die durch ein nichtleitendes Medium (Isolierfolie o. ä.) getrennt sind. Hat ein solcher Kondensator zwischen seinen Platten einen Abstand von 6 nm (60 Å) und soll er auf ein „Ruhepotential“ von −75 mV aufgeladen werden, so muß er entsprechend seiner *Kapazität für elektrische Ladungen* mit etwa 5000 Paaren von negativen und positiven Ladungen pro µm² Fläche besetzt werden.

Wendet man diese Betrachtungsweise auf die Verhältnisse an der Zellmembran an, so ergibt sich, wie Abb. 12-6 zeigt, daß ein sehr kleiner Membranbezirk von 1 µm × 1/1000 µm Fläche bei einem angenommenen Ruhepotential von −90 mV nur von je 6 Anionen (innen) und Kationen (außen) besetzt ist. In den angrenzenden, mit Salzlösung gefüllten Räumen befinden sich allein im ersten Mikrometer Abstand von der Membran bereits je 220000 Ionen, d. h. außen und innen sind praktisch gleich viel Anionen und Kationen (bezüglich der Unterschiede zwischen den einzelnen Ionensorten s. u.). Das Un-

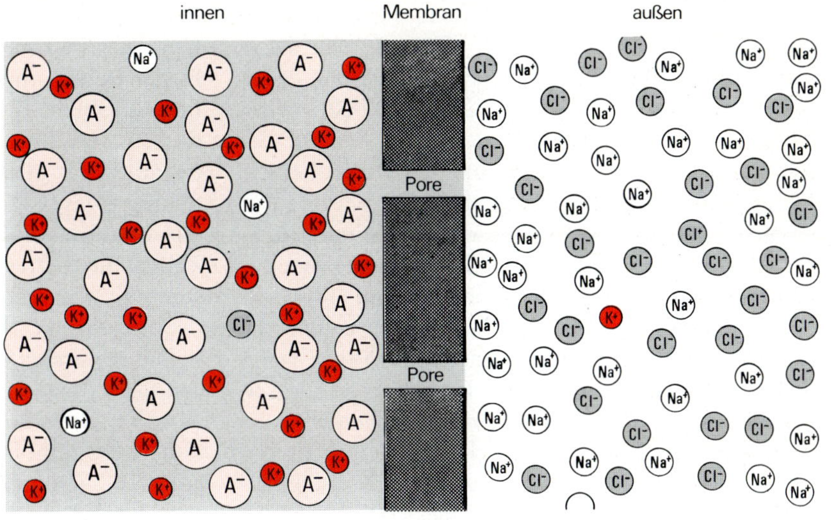

Abb. 12-7. Vergleich der *Verteilung der Ionen* in einer Nerven- oder Muskelzelle *(intracellulär)* mit der im Interstitium *(extracellulär)*. Auf beiden Seiten der Membran sind die verschiedenen Ionen durch *Kreise* verschiedenen Durchmessers symbolisiert. Der Durchmesser ist jeweils dem *hydratisierten Ionendurchmesser* (Ion mit seiner „Wasserhülle") proportional. A^- bezeichnet die großen intracellulären Eiweißionen. Die offenen Verbindungen durch die Membran, die *Poren* oder *Kanäle,* sind gerade groß genug, um den K^+ den Durchtritt zu gestatten. Darstellung von J. Dudel in [10]

Tabelle 12-2. Intra- und extracelluläre Ionenkonzentrationen bei einer Muskelzelle eines Warmblüters. A^- steht für „große intracelluläre Anionen". Aus [12]

Intracellulär		Extracellulär	
Na^+	12 mmol/l	Na^+	145 mmol/l
K^+	155 mmol/l	K^+	4 mmol/l
Ca^{2+}	$10^{-8}-10^{-7}$ mol/l	Ca^{2+}	2 mmol/l
Cl^-	4 mmol/l	Andere Kationen	5 mmol/l
HCO_3^-	8 mmol/l	Cl^-	120 mmol/l
A^-	155 mmol/l	HCO_3^-	27 mmol/l
Ruhepotential	−90 mV		

gleichgewicht der Ladungsverteilung an der Zellmembran ist also äußerst geringfügig (chemische Meßmethoden könnten es nicht erfassen). Um so erstaunlicher ist es, daß alle Funktionen des Nervensystems auf diese *Ladungsunterschiede,* die wir als **Ruhepotential** messen, angewiesen sind.

Konzentrationsverteilung der Ionen innen und außen. In Abb. 12-6 fällt neben dem Ungleichgewicht der Ladungen an der Membran auch die ungleiche Verteilung der *Ionenarten* innerhalb und außerhalb der Zelle auf. Das größte Ungleichgewicht besteht bei den K^+-Ionen: 100000 K^+ intracellulär stehen extracellulär nur 2000 K^+ gegenüber. Dagegen entsprechen extracellulär 108 000 Na^+ nur 10000 Na^+ in der Zelle. Die Chloridionen (Cl^-) sind umgekehrt verteilt wie die K^+-Ionen. Der größte Teil der intracellulären Anionen wird von großen Eiweißionen gestellt (als A^- bezeichnet). In Tabelle 12-2 sind die **Ionenkonzentrationen in einer Muskelzelle und im Extracellulärraum** angegeben (s. auch S. 22 in Kap. 2). Allgemein ist bei Nerven- und Muskelzellen die intracelluläre K^+-Konzentration 20- bis 100mal höher als die extracelluläre, die intracelluläre Na^+-Konzentration 5- bis 15mal niedriger als die extracelluläre, und die intracelluläre Cl^--Konzentration 20- bis 100mal niedriger als die extracelluläre. Die Konzentrationsverteilung für Chlorid ist also etwa reziprok der für die Kaliumionen.

Ruhepotential als K^+-Diffusionspotential. Die in Abb. 12-6 und Tabelle 12-2 dokumentierten Unterschiede der Ionenkonzentrationen zwischen Zellinnerem und Extracellulärraum würden sich durch **Diffusion der beweglichen Teilchen** bald ausgleichen, wenn dies nicht **durch die Membran verhindert** würde. Wäre die Membran völlig undurchlässig für Ionen, also *impermeabel,* so könnten die unterschiedlichen Ionenkonzentrationen auf beiden Seiten der Membran unbeschränkt bestehen bleiben. Die Membran läßt aber K^+-Ionen relativ gut hindurchtreten, sie ist **für K^+-Ionen permeabel**. Man kann sich, wie auf S. 22 bereits geschildert, die Membran als *mit Poren oder Kanälen durchsetzt* vorstellen, wie dies Abb. 12-7 illustriert [4]. Die Poren sind so eng, daß durch sie nur die relativ kleinen K^+-Ionen hindurchpassen und durch die Membran diffundieren können. Aufgrund der dort weit höheren Konzentration werden an der Innenseite viel öfter

K^+-Ionen eine Pore treffen und durchtreten als an der Außenseite. Es ergibt sich also **aufgrund dieser osmotischen Kraft** (zu den Begriffen *Osmose, osmotischer Druck* etc. s. S. 22–24 in Kap. 2) **ein Netto-Ausstrom von K^+-Ionen** aus der Zelle, der auf der höheren Innenkonzentration der K^+-Ionen beruht. Damit wird positive Ladung aus der Zelle herausgetragen und die negativ geladenen Anionen bleiben zurück (Abb. 12–6). So gesehen ist das Ruhepotential ein **K^+-Diffusionspotential** [14].

Der Netto-Ausstrom von K^+-Ionen würde die Konzentrationsunterschiede rasch beenden, wenn nicht durch die „Mitnahme" der positiven Ladungen, also *durch die Entstehung des Ruhepotentials* eine **Gegenkraft aufgebaut** würde, die dem weiteren Ausströmen der K^+-Ionen zunehmend entgegenwirkt. Mit anderen Worten, das *elektrische Potential* wächst so lange an, bis seine dem K^+-Ausstrom entgegenwirkende Kraft *gleich groß* ist wie der *osmotische Druck* der K^+-Ionen. Bei diesem Potential sind Ein- und Ausstrom von K^+-Ionen im Gleichgewicht, man nennt es deshalb das **K^+-Gleichgewichtspotential E_K**. Die Ruhepotentiale von Nerven- und Muskelzellen sind also in erster Annäherung Kaliumgleichgewichtspotentiale.

Für Diffusionspotentiale der eben beschriebenen Art gelten allgemein die in der **Nernst-Gleichung** zusammengefaßten Gesetzmäßigkeiten:

$$E_{Ion} = \frac{RT}{zF} \cdot \ln \frac{\text{extracell. Konzentr. des Ions}}{\text{intracell. Konzentr. des Ions}}$$

Dabei ist R die Gaskonstante, T die absolute Temperatur, z die Wertigkeit des Ions (negativ für Anion) und F die Faraday-Konstante [1, 5, 12]. Unter Zusammenfassung der Konstanten wird daraus für E_K:

$$E_K = -61\,\text{mV} \cdot \log \frac{[K_i^+]}{[K_a^+]}.$$

Ist $\frac{K_i}{K_a} = 39$ wie in Tabelle 12–2, so ist

$$E_K = -61\,\text{mV} \cdot \log 39 = -61\,\text{mV} \cdot 1{,}59 = -97\,\text{mV}.$$

Beteiligung von Cl^-- und Na^+-Ionen am Ruhepotential, Rolle der großen Anionen

Cl^--Ionen und Eiweißanionen. Die Beschreibung des Ruhepotentials als eines K^+-Gleichgewichtspotentials muß in verschiedener Hinsicht ergänzt werden, da die Voraussetzung, die Membran sei nur durchlässig für K^+-Ionen, nicht voll zutrifft. Die Zellmembranen sind z. B. auch durchlässig für Cl^--Ionen. Die Permeabilität für Chlorionen ist an Nervenzellen zwar meist sehr viel kleiner als für Kaliumionen, an Muskelfasern überwiegt jedoch die Permeabilität für Cl^- [5, 8, 12]. Die Konzentrationen der Cl^--Ionen sind über die Zellmembran nun in der Regel umgekehrt verteilt wie die der K^+-Ionen (s. Tabelle 12–2). Für diese reziproke Verteilung der Cl^- ergibt sich nach der Nernst-Gleichung (*z* negativ!) das gleiche Potential wie für die K^+-Verteilung. Das *Cl^--Gleichgewichtspotential* ist also in der Regel etwa *gleich dem Ruhepotential*, und an Zellen mit beträchtlicher Cl^--Permeabilität tragen somit K^+- und Cl^--Ionen gleichermaßen zum Ruhepotential bei.

Die **reziproke Verteilung der K^+- und der Cl^--Ionen** über die Zellmembran stellt sich nicht zufällig ein. Die relativ kleine intracelluläre Cl^--Konzentration von 5 mmol/l kann durch Aus- und Einstrom von Cl^- leicht geändert werden. Sie richtet sich entsprechend dem Membranpotential ein, weil bei Abweichung des Potentials von E_{Cl} Chloridionen ein- oder ausströmen. Liegt also das Ruhepotential nahe E_K, so stellt sich für Chlorid ein zu K^+ reziprokes Konzentrationsverhältnis ein.

Im Gegensatz zum Chlorid ist für K^+ eine Einstellung des intra/extracellulären Konzentrationsverhältnisses entsprechend dem jeweiligen Membranpotential nicht möglich, weil die *Kaliumionen in der Zelle das Ladungsgleichgewicht zu den Anionen herstellen* müssen. Die intracellulären Anionen sind vorwiegend große Eiweißmoleküle, deren Konzentration konstant ist. Ihre negative Ladung muß durch die der intracellulären Kalium- oder Natriumionen aufgehoben werden. Da die Na^+-Konzentration in der Zelle durch später zu besprechende Mechanismen niedrig (nahe 10 mmol/l) gehalten wird, kann sich die K^+-Konzentration ebenso wie die der intracellulären großen Anionen kaum ändern. Die *hohe intracelluläre K^+-Konzentration* wird also indirekt *durch die Konzentration der impermeablen intracellulären Eiweiß-Anionen erzwungen*, und aus der hohen intracellulären K^+-Konzentration folgt das negative E_K. Das negative Ruhepotential der Zelle kann also als Folge der hohen Konzentration von nichtpermeablen intracellulären Anionen angesehen werden.

Einstrom von Na^+-Ionen. Für Na^+ besteht ein kräftiges Konzentrationsgefälle von außen nach innen von etwa 10 : 1 (s. Tabelle 12–2), und ein Einstrom von Na^+ in die Zelle wird weiter begünstigt durch das innen negative Ruhepotential, das positive Ionen anzieht. So kommt es, daß trotz der sehr geringen Durchlässigkeit der ruhenden Membran für Na^+ diese in die Zelle strömen und damit die Negativität des Ruhepotentials etwas verringern. Der in Ruhe eintretende Na^+-Einstrom wird **passiv** genannt, weil er längs der existierenden Konzentrations- und Potentialgradienten erfolgt. Das Ruhepotential stimmt also meist nicht ganz mit E_K überein, weil die Membran nicht nur für Kalium- (und Chlor-)ionen, sondern auch **etwas für Natriumionen permeabel** ist.

Genau genommen ist der Grad der Abweichung des Ruhepotentials von E_K durch das *Verhältnis der Membrandurchlässigkeiten für* Na^+ *und* K^+ bestimmt. Um wiederum die „Membrandurchlässigkeit" eines Ions quantitativ zu erfassen, bedient man sich des Begriffs der **Membranleitfähigkeit g für Ionen**. Diese ist (genau wie beim Ohm-Gesetz in der Elektrizitätslehre) definiert als der Quotient des Nettostromes des Ions durch die Membran und der diesen Strom antreibenden Spannung. Diese Spannung ist Null beim Gleichgewichtspotential für das betreffende Ion, und wächst mit dem Abstand des Membranpotentials E vom Gleichgewichtspotential. Es gilt also z. B. für die Kaliumleitfähigkeit g_K:

$$g_K = \frac{I_K}{(E - E_K)}.$$

Dabei ist I_K der Kaliumnettostrom durch die Membran beim Membranpotential E.

Es ist experimentell möglich, die Nettoströme der Kaliumionen und Natriumionen beim Ruhepotential zu messen und damit g_K und g_{Na} quantitativ zu bestimmen. Dabei ergibt sich, daß an *Nerven- und Muskelzellen* **bei Ruhebedingungen g_K 10- bis 25 mal größer ist als g_{Na}.**

Aufrechterhaltung des Ruhepotentials

Instabilität des Ruhepotentials bei rein passiven Ionenströmen. Würde die Zellmembran in Ruhe nur für Kaliumionen permeabel sein, so würde sich, wie oben geschildert, das Ruhepotential auf das Kaliumgleichgewichtspotential einpendeln und dort stabil bleiben. Da die Zellmembran aber in geringem Maße auch für Natriumionen durchlässig ist, treten diese unter dem Druck ihrer treibenden osmotischen und elektrischen Kräfte (s. o.) dauernd in die Zelle ein, erniedrigen dabei das Ruhepotential und führen damit fortwährend zu einem entsprechenden Ausstrom von Kaliumionen.

Unter *rein passiven* Bedingungen kann also das Ruhepotential *nicht konstant* bleiben, denn das System ist nicht im Gleichgewicht: Die Zelle verliert dauernd K^+ und gewinnt Na^+, und die intracellulären Konzentrationen dieser Ionen müssen abnehmen bzw. steigen. Der K^+-Verlust führt zu einer Abnahme des Ruhepotentials, denn dieses ist ja in erster Linie ein K^+-Potential, das sich bei abnehmender intra/extracellulärer Konzentrationsdifferenz verkleinert. Wie oben besprochen, erhöht sich bei einer Abnahme des Membranpotentials die intracelluläre Cl^--Konzentration und damit die Gesamtkonzentration von Anionen. Dies wiederum erzeugt einen erhöhten osmotischen Druck in der Zelle und damit einen Wassereinstrom. Als Folge schwillt die Zelle an. Die Wasseraufnahme vermindert zusätzlich die intracelluläre K^+-Konzentration, und das Ruhepotential muß daher entsprechend der Nernst-Gleichung weiter abfallen. Dieser *Teufelskreis (Circulus vitiosus)* läuft so lange weiter, bis unter Anschwellung der Zellen und weitgehendem Ausgleich der Konzentrationsdifferenzen zwischen den intra- und den extracellulären Ionen die Zellfunktionen zum Erliegen kommen.

Notwendigkeit und Nachweis des aktiven Transports von Na^+ aus der Zelle. In normalem Gewebe ist der eben geschilderte *Circulus vitiosus* nicht zu beobachten. Es müssen folglich zu den passiven Ionenströmen durch die Membran noch andere hinzutreten, die dafür sorgen, daß das Ruhepotential konstant bleibt. Einen Hinweis auf die Natur der gesuchten Prozesse bietet das pathologische Bild des *extremen Sauerstoff- oder Energiemangels* in einem Gewebe: Es treten dort genau die eben geschilderten Verschiebungen der Ionenkonzentrationen und der Wassereinstrom auf. Dies zeigt, daß die **Konstanthaltung der normalen intracellulären Ionenkonzentrationen** und damit des Ruhepotentials der **Zufuhr von Stoffwechselenergie** bedarf.

Die eindiffundierten Na^+-Ionen müssen also mit Hilfe eines Stoffwechselenergie verbrauchenden Membranprozesses, also **aktiv** aus der Zelle entfernt werden. Ein solcher, in Kapitel 2, S. 25, bereits geschilderter **aktiver Transport von Ionen** gegen elektrische und Konzentrationsgradienten wird auch **Ionenpumpe** genannt (Abb. 2-13, S. 25). Die Existenz solcher Na^+-Pumpen läßt sich am besten mit *radioaktiven* Na^+*-Ionen* nachweisen. Dazu werden die Zellen zunächst mit dem radioaktiven Natriumisotop $^{24}Na^+$ aufgeladen. Anschließend strömen intracelluläre $^{24}Na^+$ in die Badelösung aus und werden dort durch ihre radioaktive Strahlung nachgewiesen. Der $^{24}Na^+$-Ausstrom fällt mit der Zeit exponentiell ab, da sich durch den Ausstrom der Anteil der $^{24}Na^+$ an der intracellulären Na^+-Konzentration vermindert. Wird nun die Nervenzelle schnell abgekühlt oder der Stoffwechsel der Zelle mit Dinitrophenol (DNP) vergiftet, so fällt der Na^+-Ausstrom drastisch ab. Diese Ergebnisse zeigen eindeutig, daß der **Ausstrom von Na^+-Ionen aus der Zelle** auf energieverbrauchende Prozesse angewiesen ist, also **auf aktivem Transport beruht**.

Gekoppelte Na^+-K^+-Pumpen vom elektroneutralen und elektrogenen Typ. Neben Ionenpumpen, die lediglich Na^+-Ionen transportieren, kommen auch Ionenpumpen vor, bei denen der Auswärtstransport der Natriumionen an den Einwärtstransport von Kaliumionen gekoppelt ist. Solche **gekoppelte Na^+-K^+-Pumpen** haben den Vorteil, daß *Energie eingespart* wird, und zwar wird bei dieser **elektroneutralen Ionenpumpe** gegenüber einem ungekoppelten Transport nur etwa halb soviel Energie verbraucht. Neben der *elektroneutralen Na^+-K^+-Pumpe* kommen auch Pumpen vor, bei denen *netto* mehr Na^+-Ionen aus der als K^+-Ionen in die Zelle gepumpt werden. Eine solche **elektrogene Ionenpumpe** wurde bereits in Abb. 2-13 (S. 25) vorgestellt. Durch die Tätigkeit solcher Pumpen kommt es zu einer erhöhten Negativität des Zellinneren, also einer **Hyperpolarisation**. An einigen Nerven- und Muskelzellen, z. B. an sehr dünnen Nervenfasern und an Herzmuskelzellen, tragen elektrogene Pumpen wesentlich zum Membranpotential bei.

Übersicht über die Ionenströme durch die Membran

Mit Hilfe des Schemas der Abb. 12-8 soll noch einmal eine Übersicht über die Ionenströme durch die Membran, die für das Ruhepotential wichtig sind, gegeben werden [3]. Dabei werden Cl^--Ströme und elektrogene Pumpvorgänge vernachlässigt. In diesem Schema fließen K^+- und Na^+-Ionen durch Kanäle, deren *Breite* der Größe des betreffenden Ionenstromes, und deren *Neigung* dem elektrochemischen Potential entsprechen. Als Ruhepotential wurden −80 mV angenommen.

Die **K^+-Ionen** strömen vorwiegend, entlang des kleinen elektrochemischen Gradienten von −11 mV, *passiv von innen nach außen*, doch ist auch der *passive K^+-Einstrom gegen den Gradienten* beträchtlich. Die relativ große Breite der beiden passiven K^+-Kanäle spiegelt die hohe K^+-Leitfähigkeit der Membran wider. Die Differenz der passiven K^+-Ströme wird durch den *aktiven K^+-Transport* ausgeglichen, der wie alle aktiven Transporte rot eingezeichnet ist.

Bei den **Na^+-Ionen** ist wegen des großen Abstandes des Gleichgewichtspotentials E_{Na} vom Ruhepotential die Neigung der Kanäle sehr groß (E_{Na} kann

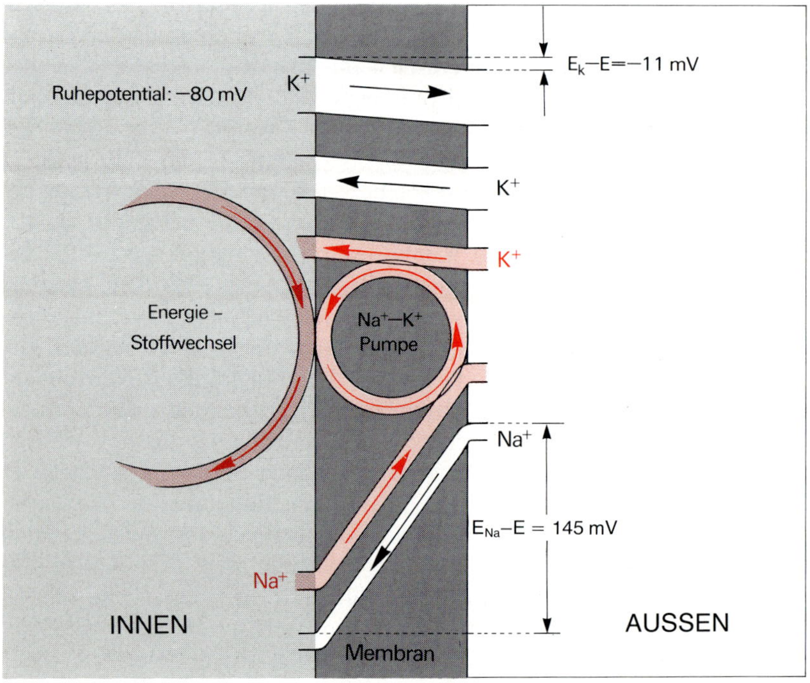

Abb. 12-8. Passive und aktive Ionenbewegungen durch die Membran. Die *Breite* der Kanäle entspricht der Größe der angegebenen Ionenströme und die *Neigung* der Kanäle der treibenden Kraft für den Ionenstrom. Ströme entgegen der Richtung der treibenden Kraft werden für *Na^+* und *K^+* durch die *Na^+-K^+-Pumpe* ermöglicht. Dieser *aktive Transport* ist *rot* eingezeichnet. Darstellung von J. Dudel in [10] nach J. C. Eccles [3]

aus den in Tabelle 12-2 gegebenen Werten mit Hilfe der Nernst-Gleichung errechnet werden, es liegt bei etwa +65 mV). *Passiv* können deshalb die Na^+-Ionen praktisch nur „bergab" diffundieren. Der *passive* Na^+-Einstrom muß deshalb vollständig durch einen *aktiven* Na^+-Ausstrom kompensiert werden, der von der rot eingezeichneten Na^+-K^+-Pumpe angetrieben wird. Die Na^+-Kanäle durch die Membran sind insgesamt weit schmäler als die K^+-Kanäle, so daß trotz großer treibender Potentiale die Na^+-Ströme kleiner sind als die K^+-Ströme. Dies ist Ausdruck der im Vergleich zu K^+ geringen Leitfähigkeit der Membran für Na^+.

12.4 Das Aktionspotential

Größe, Form und Zeitverlauf des Aktionspotentials

Am besten, aber technisch auch am schwierigsten, können die Aktionspotentiale über eine in die Zelle eingestochene Mikroelektrode registriert werden. Dazu kann die gleiche Meßanordnung benutzt werden, wie sie in Abb. 12-5 A für die Messung des Ruhepotentials angegeben wurde. Zusätzlich können Aktionspotentiale auch über extracelluläre Elektroden, die nahe der Zelle liegen, registriert werden (s. u.). Solche *extracellulären Ableitungen* haben eine viel kleinere Amplitude als die *intracellulären Ableitungen*, und sie geben Form und Zeitverlauf des Aktionspotentials nur angenähert wieder.

Amplitude, Form und Zeitverlauf intracellulär abgeleiteter Aktionspotentiale von verschiedenen Zelltypen von Wirbeltieren sind sich ähnlich: Ausgehend vom Ruhepotential springt das Potential sehr schnell auf einen positiven Wert und kehrt dann etwas langsamer zum Ruhepotential zurück. Die Spitze der Impulse liegt bei etwa +30 mV. Damit beträgt die Gesamtamplitude der Aktionspotentiale um die 110 mV, also rund ein Zehntel Volt. Die Dauer des Aktionspotentials ist bei den verschiedenen Zelltypen sehr verschieden: Am Nerven dauert das Aktionspotential nur etwa 1 ms, während es am Herzmuskel nach 200 ms noch nicht ganz beendet ist.

Anteile des Aktionspotentials. Abb. 12-9 illustriert die Bezeichnungen der verschiedenen Anteile oder Phasen des Aktionspotentials. Es beginnt immer mit einer sehr schnellen positiven Potentialänderung, dem **Aufstrich**. Er dauert an Nerven- und Muskelzellen von Warmblütern nur 0,2-0,5 ms. Da die Zelle ihre negative Ruheladung oder *Polarisation* während des Aufstrichs verliert, wird diese Zeit auch **Depolarisationsphase** genannt. Der positive Anteil der Depolarisationsphase, also von 0 mV bis +30 mV, wird als *Überschuß* oder **Overshoot** bezeichnet [10, 12].

Die mehr oder weniger langsame Rückkehr des Aktionspotentials zum Ruhepotential heißt **Repolarisation**, weil damit die normale Polarisation der Zellmembran wieder hergestellt wird. Anschließende kleine *Nachschwankungen* des Membranpotentials werden je nach ihrer Richtung als *hyperpolarisierende* (über den Wert des Ruhepotentials hinausgehende) oder als *depolarisierende* **Nachpotentiale** bezeichnet.

„Alles-oder-Nichts-Charakter" der Aktionspotentiale. Aktionspotentiale entstehen immer dann, wenn die Membran, vom Ruhepotential ausgehend, auf etwa −50 mV depolarisiert wird (wie diese anfängliche Depolarisation von −80 auf −50 mV *normalerweise* zustande kommt, wird im folgenden Kapitel 13 berichtet). An dieser **Schwelle** wird die Membranladung instabil. Sie kippt aus Gründen, die anschließend geschildert werden, unaufhaltsam in das Aktionspotential um. Diese **Erregung** hält für eine kurze, für jedes Gewebe charakteristische Zeit an, dann beginnt ebenso zwangsläufig die Repolarisation. Die zwangsläufige Gleichförmigkeit, mit der jedesmal bei Erreichen der Schwelle ein Aktionspotential gleicher Form, Größe und Dauer entsteht, wird als **Alles-oder-Nichts-Gesetz der Erregung** bezeichnet. Dieses „Gesetz" gilt auch für die Erregung der Muskelzellen.

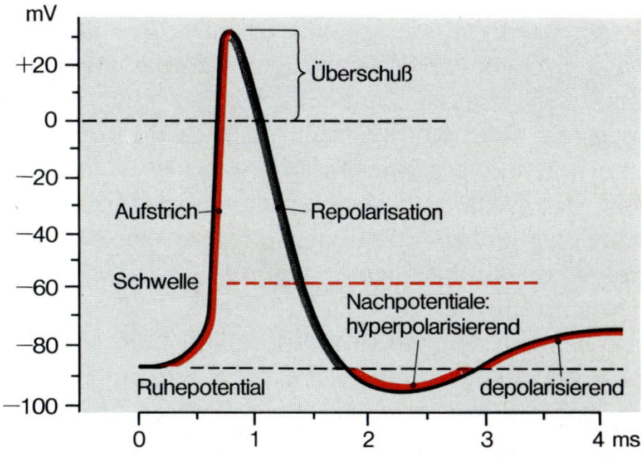

Abb. 12-9. Phasen des Aktionspotentials am Beispiel eines Aktionspotential eines Neurons (Nervenzelle). Die initiale Phase des Aufstrichs wird auch *Depolarisationsphase* genannt. Für den Überschuß ist in unserem Sprachraum auch der Ausdruck *Overshoot* gebräuchlich. Nach Erreichen der Schwelle läuft das Aktionspotential monoton ab („Alles-oder-Nichts-Gesetz"). Darstellung von J. Dudel in [12]

Zellen, an denen Aktionspotentiale ausgelöst werden können, nennt man erregbar. Zu diesen gehören neben den Skelet- und Herzmuskelzellen vor allem die Nervenzellen. Das Alles-oder-Nichts-Gesetz beinhaltet, daß alle Nervenzellen nur völlig einheitliche Aktionspotentiale oder kürzer gesagt, **Impulse** zu den mit ihnen verbundenen Zellen aussenden können. Die von ihnen weitergegebene Information kann daher *nicht in der Form der Impulse enthalten* (codiert, verschlüsselt) sein. Vielmehr überbringt ihre *Anzahl pro Zeiteinheit* die jeweils wichtige Mitteilung. Die **Impulsfrequenz** ist also die Sprache oder der entscheidende **Code der Neurone** und damit des Nervensystems. Neurone können bis zu 500 Impulse pro Sekunde aussenden. Meist „feuern" die Neurone aber mit wesentlich geringerer Impulsfrequenz.

Ionenmechanismus des Aktionspotentials

Überblick über die Ionenverschiebungen während des Aktionspotentials. Das Ruhepotential ist, wie im Abschnitt 12.3 besprochen, weitgehend das Gleichgewichtspotential der K^+-Ionen, für die in Ruhe die Membran am besten leitfähig ist. Wenn während des Aktionspotentials das Zellinnere positiver wird als der Extracellulärraum, so kann dies nur auf einer erhöhten Leitfähigkeit der Membran für Na^+ beruhen, denn nur für Na^+ ergibt sich ein positives Gleichgewichtspotential, das mit mehr als +60 mV positiver ist als die Spitze des Aktionspotentials. Basis der Erregung ist also eine kurzfristige **Erhöhung der Membranleitfähigkeit für Na^+, g_{Na}**, die durch Depolarisation zur Schwelle ausgelöst wird [2, 12, 19].

Die Erhöhung der g_{Na} dauert nur kurze Zeit, an Nervenzellen von Warmblütern weniger als 1 ms. Zusätzlich kommt es mit einer Verzögerung von weniger als einer Millisekunde nach Beginn des Aktionspotentials zu einer **Erhöhung der K^+-Leitfähigkeit, g_K**. Wenn also weniger als eine Millisekunde nach Beginn der Erregung die Spitze des Aktionspotentials erreicht wird, beginnen die K^+-Ionen vermehrt aus der Zelle zu strömen und kompensieren schnell den Einstrom positiver Ladungen in Form von Na^+-Ionen. Schließlich wird g_K größer als g_{Na}, der Ausstrom positiver Ladung überwiegt den Einstrom, und das Membranpotential wird negativer. Dieser überwiegende **K^+-Ausstrom verursacht** also die **Repolarisationsphase** des Aktionspotentials.

Ionenumsätze während des Aktionspotentials. Trotz der großen Änderungen der Leitfähigkeit der Membran für Na^+-Ionen während des Aktionspotentials (g_{Na} erreicht mehr als das hundertfache ihres Ruhewertes) sind die **Ionenverschiebungen durch die Membran** relativ zu den die Membran umgebenden Ionenmengen **klein**. Im Schema der Abb. 12-6 (S. 200) müssen während der Erregung nur 8 Na^+ in die Zelle einströmen, und entsprechend würde die Repolarisation durch den Ausstrom von 6 K^+ erreicht. Durch die Ionenumsätze würde sich die Na^+-Konzentration in den sehr kleinen Räumen, die in Abb. 12-6 gezeigt sind, um weniger als 1/1000 während eines Aktionspotentials ändern.

Bei der starken Zunahme der g_{Na} während des Aktionspotentials müßte die Spitze des Aktionspotentials das Na^+-Gleichgewichtspotential erreichen, also bei etwa +60 mV liegen. Bei diesem Potential müßte im Beispiel der Abb. 12-6 ein Kationenüberschuß von 4 Na^+ an der Innenseite der Membran liegen; um auch die beim Ruhepotential an der Membraninnenseite liegenden 6 Anionen zu kompensieren, müßten also insgesamt 10 Na^+ in die Zelle einströmen, bis der Na^+ beim E_{Na} zum Stillstand kommt. Wie Abb. 12-9 zeigt, liegen die Spitzen der Aktionspotentiale aber nur bei etwa +30 mV, sie erreichen also das Na^+-Gleichgewichtspotential nicht. Dies hat zwei Gründe: Zum einen **dauert die Erhöhung von g_{Na} nur so kurze Zeit an**, daß die Umladung der Membran **nicht bis zum E_{Na} ablaufen kann**. Der zweite Grund ist die bereits erwähnte Tatsache, daß sich **mit einer Verzögerung von etwa 1 ms** nach Beginn der Erhöhung von g_{Na} **die K^+-Leitfähigkeit kräftig verstärkt**. Zu einer Zeit also, in der die Spitze des Aktionspotentials erreicht wird, beginnen die K^+-Ionen vermehrt aus der Zelle zu strömen und kompensieren schnell den Einstrom positiver Ladungen in Form von Na^+-Ionen.

Die mit dem Aktionspotential **in die Zelle geströmten Na^+-Ionen** werden im Laufe der Zeit genauso wie die während des Ruhepotentials eindiffundierten (s. o.) **durch die Na^+-Pumpen aus der Zelle** geschafft. Für das einzelne Aktionspotential hat jedoch der aktive Na^+-Transport keine Bedeutung. Werden die Ionenpumpen blockiert, z. B. durch Vergiftung mit Dinitrophenol (S. 203), so können trotz der Ausschaltung des aktiven Transports noch Tausende von Aktionspotentialen ablaufen, ehe die intracelluläre Na^+-Konzentration so hoch wird, daß die Zelle unerregbar ist. Das Aktionspotential entsteht also aus passiven Bewegungen der Ionen entlang ihren Konzentrationsgradienten. Energieverbrauchende Prozesse wie die Na^+-Pumpen, sind nur insoweit notwendig, als sie die Konzentrationsgradienten aufrechterhalten.

Analyse der Ionenströme bei Erregung mit Hilfe der Voltage Clamp

Methode der Spannungsklemme (Voltage Clamp). Die Natrium- und Kaliumströme, die während des Aktionspotentials fließen, sind stark potential- und zeitabhängig. Da sich während des Aktionspotentials das Membranpotential dauernd schnell ändert, kann die Potentialabhängigkeit der Ströme während des Ablaufs des Aktionspotentials nicht näher analysiert werden. Diese Analyse ist jedoch möglich, wenn das Potential der Zelle nach dem Einsatz der Erregung künstlich konstant gehalten wird. Eine Versuchsanordnung, mit der dies erreicht werden kann, nennt man eine **Spannungsklemme** (englisch *voltage clamp*). Bei ihr werden, wie in Abb. 12-5C (S.199) gezeigt, zwei intracelluläre Elektroden verwendet. Mit der einen wird das Membranpotential in üblicher Weise gemessen. Durch die andere ändert man durch Stromeinspeisung sprunghaft das Membranpotential vom Ausgangswert zu einem Testpotential. Der zur Potentialeinstellung und „Festklemmung" benötigte Strom wird fortlaufend gemessen. Er entspricht spiegelbildlich dem Strom, der von der Zellmembran nach dem Spannungssprung erzeugt wird.

Membranströme nach Depolarisation. Die ersten Voltage-clamp-Versuche zur Aufklärung der Ionenströme während des Aktionspotentials wurden von A. L. Hodgkin und A. F. Huxley an einer besonders dicken Nervenfaser des Tintenfisches, *Riesenaxon* genannt, vorgenommen [20, 21, 27]. Das Tintenfisch-Riesenaxon ist bei einem Faserdurchmesser von bis zu 1 mm für solche Versuche am besten geeignet. Es ist deshalb zum Standardpräparat der Aktionspotentialforschung geworden.

Die **Voltage-clamp-Versuche** am Riesenaxon erbrachten Ergebnisse, die weitgehend auch für andere Nervenzellen, z. B. die von Säugetieren, zutreffen. Auf die Resultate im einzelnen wird hier nicht eingegangen, sondern auf die umfangreiche Literatur verwiesen [4, 17, 19, 24]. Kurz gesagt ist es so, daß bei einer erzwungenen Depolarisation vom Ruhepotential auf ein deutlich positiveres Potential, also z. B. von -60 mV auf -10 mV, für kurze Zeit, etwa 1 ms, ein **negativer Klemmstrom** fließt (zeigt den *Einstrom positiver Ladung* in die Zelle an), der in einen anhaltenden **positiven Klemmstrom** übergeht (zeigt den *Ausstrom positiver Ladung* an).

Die weitere Analyse ergab, daß es sich bei der *anfänglichen* Stromkomponente um einen einwärtsgerichteten **Natriumstrom** handelt, während die anschließende *Auswärts*-Stromkomponente im wesentlichen von **Kaliumionen** getragen wird. Anders als der Natriumstrom fällt der Kaliumstrom nach Erreichen des Maximums nicht ab, solange die durch die Voltage Clamp erzwungene Depolarisation anhält.

Durch spezifische Hemmstoffe können entweder die Natriumströme oder die Kaliumströme selektiv ausgeschaltet werden. So bewirkt der Zusatz von *Tetraäthylammonium (TEA)*, daß die *Kaliumströme blockiert* werden. Dann sind unter Spannungsklemmbedingungen **nur noch die Na^+-Ströme zu sehen**. Diese erreichen nach den Depolarisationssprüngen jeweils sehr schnell ihren Maximalwert, gehen aber dann, bei bestehenbleibender Depolarisation, wieder auf Null zurück. Dieser Vorgang wird **Inaktivation** genannt (s. u.). Die Inaktivation ist bei kleinen Depolarisationen am langsamsten und *beschleunigt sich mit zunehmender Depolarisationsamplitude*. Im Extremfall fließt der Na^+-Strom praktisch nur für etwa 1 ms [24].

Um die **Zeitverläufe der K^+-Ströme alleine sichtbar** zu machen, kann man die *Natriumströme mit Tetrodotoxin (TTX) ausschalten* [28]. Diese K^+-Ströme sind im ganzen Testpotentialbereich positiv. Sie wachsen etwa proportional zur Größe der Depolarisation (s. o.). Die K^+-Ströme beginnen mit einer Verzögerung (ca. 0,5 ms), erreichen in 5-10 ms ihr Maximum und halten ihren Endwert, solange die Depolarisation bestehen bleibt. Mit anderen Worten: Sie zeigen **keine Inaktivation**.

Na- und K-Leitfähigkeiten während des Aktionspotentials. Der Klemmstrom nach einem Depolarisationsschritt läßt sich also für jedes Potential in eine Natrium- und eine Kaliumkomponente zerlegen. Aus ihnen kann man wiederum die Zeitverläufe der Membranleitfähigkeiten bestimmen. Mit Hilfe eines entsprechenden Gleichungssystems läßt sich daraus schließlich auch der **Ablauf des Aktionspotentials synthetisieren** [24, 27]. Die Abb. 12-10 zeigt das so erhaltene Aktionspotential zusammen mit den **Zeitverläufen von g_{Na} und g_K**. An der Schwelle steigt g_{Na} steil an, erreicht ihr Maximum schon vor der Spitze des Aktionspotentials, weil die Inaktivation des Na-Stromes beginnt, und fällt innerhalb von 1 ms auf den Ruhewert zurück. Dagegen steigt g_K nach der Depolarisation verzögert und langsam an. Sie erreicht ihr Maximum in der Mitte der Repolarisation und fällt dann wieder, weil die Depolarisation ge-

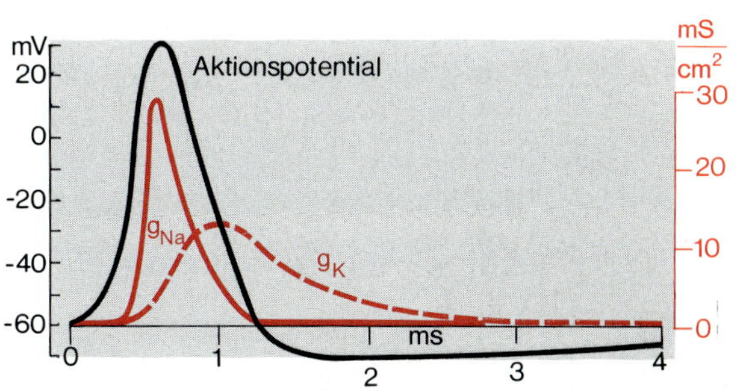

Abb. 12-10. Zeitverlauf und Ausmaß der Membranleitfähigkeitsänderungen für Na^+- und K^+-Ionen während des Aktionspotentials am Tintenfisch-Riesenaxon. g_{Na} und g_K wurden aus zahlreichen Serien von Voltage Clamp Messungen berechnet. Die hier gezeigten Ergebnisse treffen insgesamt auch für Neurone und Muskelzellen von Warmblütern, einschließlich des Menschen zu. Nach H. Meves [24] aus [12]

ringer wird. Nach dem Ende des Aktionspotentials ist g_K gegenüber seinem Ruhewert noch erhöht. Dadurch nähert sich das Membranpotential etwas näher als normal an das Kaliumgleichgewichtspotential an: es entsteht ein **hyperpolarisierendes Nachpotential**.

Refrakterität als Folge der Na^+-Inaktivation. Depolarisiert man unmittelbar nach einem Aktionspotential die Membran bis zur Schwelle für das vorhergehende Aktionspotential, so tritt keine Erregung auf, und auch durch beliebig hohe Depolarisation ist die Zelle nicht erregbar. Dieser Zustand der völligen Unerregbarkeit, der bei Nervenzellen etwa 2 ms andauert, wird **absolute Refraktärphase** genannt. Nach der absoluten Refraktärphase können in einer **relativen Refraktärphase** durch große Depolarisationen Aktionspotentiale ausgelöst werden, diese Aktionspotentiale haben allerdings gegenüber dem normalen Aktionspotential eine verkleinerte Amplitude. Erst mehrere ms nach einem Aktionspotential kann mit normaler Schwellendepolarisation ein weiteres Aktionspotential mit normaler Amplitude ausgelöst werden.

Die Phänomene der absoluten und relativen Refrakterität sind seit langem bekannt [3, 9]. Sie können aber erst seit der Entdeckung der Inaktivation des Na-Systems durch Depolarisation richtig gedeutet werden. Die während des Aufstriches des Aktionspotentials ausgelöste Inaktivation des Natriumsystems wird zwar durch die Repolarisation wieder aufgehoben, dieser Vorgang benötigt jedoch einige ms, und während dieser Zeit ist das Natriumsystem noch nicht oder nur beschränkt wieder aktivierbar.

Die **absolute Refraktärphase begrenzt die maximale Frequenz** mit der Aktionspotentiale ausgelöst werden können. Ist die absolute Refraktärphase 2 ms nach dem Beginn des Aktionspotentials beendet, so kann die Zelle maximal mit einer Frequenz von 500/s erregt werden. Es gibt Zellen mit noch kürzeren Refraktärzeiten, so daß im Extremfall Impulsfrequenzen bis 1000/s vorkommen. Bei den meisten Zellen werden jedoch maximale Impulsfrequenzen unter 500/s gemessen.

Analyse der Natrium- und Kaliumkanäle mit der Patch Clamp

Methode der Spannungsfleckklemme (patch clamp). Eine elegante Weiterentwicklung der Spannungsklemme gelang E. Neher und B. Sakmann mit der Spannungfleckklemme (englisch *patch clamp*) [25]. Bei dieser Methode werden die Ströme durch kleinste Membranflecken von etwa 1 μm^2 gemessen, d.h. es können die Ströme durch einzelne oder wenige

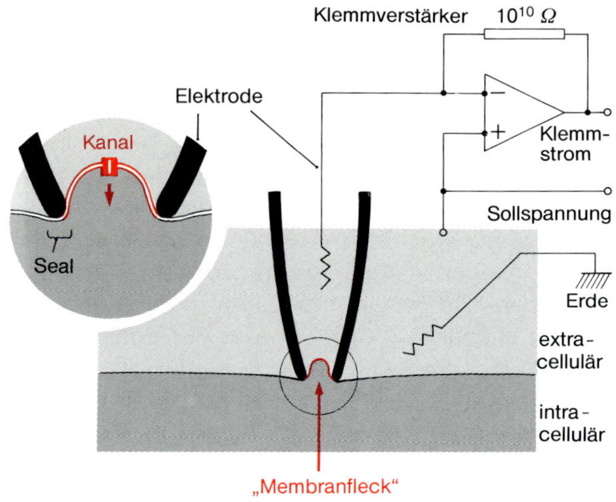

Abb. 12-11. Methode und Arbeitsweise der *Membranfleckklemme* oder *Patch Clamp*. Die Meßpipette, eine Glasmikroelektrode *(schwarz)*, hat eine Öffnung von etwa 1 μm Durchmesser. Sie sitzt der Membranoberfläche auf. Wenn die Zelloberfläche von Bindegewebe befreit ist, kann sich beim Anlegen von Unterdruck in der Meßpipette (Ansaugen mit einer Injektionsspritze) eine Dichtung *(seal)* ausbilden, die die in der Elektrodenspitze liegenden Ionenkanäle elektrisch vom Rest der Zellmembran isoliert. Die Kanalströme können dann mit einem *Klemmverstärker* gemessen werden. Die Methode ist eine Weiterentwicklung der in Abb. 12-5C gezeigten *Voltage Clamp*. Nach [25] aus [12]

Ionenkanäle oder *Poren* unmittelbar erfaßt werden. Mit dieser Methode kann man die **molekularen Reaktionen der Einzelkanäle** unmittelbar erfassen und damit die bisher beschriebene Potential- und Zeitabhängigkeit der Ionenströme an der einzelnen Membranpore studieren.

Das **Prinzip der Membranfleckklemme** zeigt Abb. 12-11. Eine Glaspipette mit einer Öffnung kleiner als 1 μm Durchmesser wird auf eine Zellmembran gesetzt und durch Unterdruck fest an die Membran angesaugt. Dadurch steigt der elektrische Widerstand zwischen Pipette und Außenlösung auf so hohe Werte (Größenordnung giga-Ohm $= 10^9$ Ohm), daß der Membranfleck *elektrisch von seiner Umgebung isoliert* ist. Jetzt können wie bei der Spannungsklemme das Potential in der Pipette verstellt und die Ströme durch den Membranfleck gemessen werden.

Ströme durch Na-Einzelkanäle. Messungen an einem einzelnen Na-Kanal bei einer Depolarisation des Membranpotentials von -80 auf -40 mV für die Dauer von 14 ms zeigt schematisiert Abb. 12-12 A. Es sind 10 Wiederholungen der gleichen Messung aufgezeichnet, in diesen sieht man jeweils höchstens einen, $-1{,}6$ pA großen, kurzen Strom-

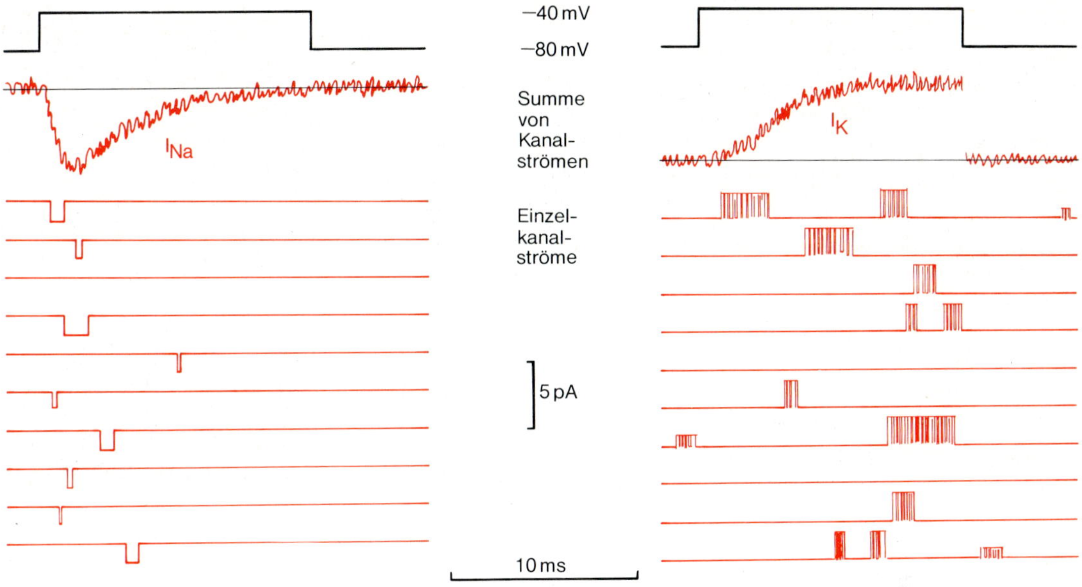

Abb. 12-12. Schematisierte Darstellung der Messung von Kanalströmen mit der Patch Clamp. *Links* sind Ströme durch Natriumkanäle, *rechts* Ströme durch Kaliumkanäle gezeigt. Das Membranpotential wird in einer Membranfleckklemme für 14 ms von −80 mV auf −40 mV verstellt *(oben)*. Dieser Spannungssprung wird häufig wiederholt. Dabei werden die *unten* dargestellten Einzelkanalmembranströme gemessen. Diese erscheinen irgendwann während der Depolarisation und haben verschiedene Dauer. Summiert man, synchron zum Spannungssprung, viele der gemessenen Einzelkanalströme, so ergeben sich die *oben in rot* gezeichneten Summenströme I_{Na} bzw. I_K. Ihr Zeitverlauf zeigt, daß bei den Na-Kanälen die Öffnung kurz nach dem Spannungssprung am wahrscheinlichsten ist und daß nach etwa 1 ms die Öffnungen seltener werden und schließlich ganz ausbleiben (Inaktivation). Die Kaliumkanäle öffnen sich dagegen im Mittel mit Verzögerung nach dem Spannungssprung, dann stellt sich jedoch eine mittlere Häufigkeit von Öffnungen ein, die konstant bleibt, solange die Depolarisation anhält (keine Inaktivation). Darstellung von J. Dudel in [12]

fluß. Dessen Dauer, also die *Dauer der Öffnung* des Na-Kanalproteins, schwankt beträchtlich um einen Mittelwert von 0,7 ms. Auch der *Zeitpunkt der Kanalöffnung* schwankt. Summiert man jedoch viele Einzelmessungen, so entsteht der unter dem Spannungssprung eingezeichnete Stromverlauf, der die **Wahrscheinlichkeit der Öffnung aller Na^+-Kanäle der Zellmembran nach Depolarisation** widerspiegelt. Diese nimmt zunächst rasch zu, erreicht nach 1,5 ms ihr Maximum und wird dann innerhalb von 10 ms minimal. Diese *Abnahme der Wahrscheinlichkeit* der Kanalöffnung entspricht der **Inaktivation** des Natriumstromes.

Aus Messungen nach Art der Abb. 12-12 A kann geschlossen werden, daß der Na-Kanal durch die Depolarisation nicht streng determiniert geöffnet wird. Es wächst nur die Wahrscheinlichkeit des offenen Zustandes, und wenn ein Kanal einmal offen ist, schließt er mit einer gewissen Wahrscheinlichkeit, wobei er dann für eine gewisse Zeit inaktiviert bleibt. Es lassen sich also **drei Kanalzustände** voneinander unterscheiden und mit entsprechenden Reaktions-Geschwindigkeits-Konstanten miteinander verknüpfen, wie dies schematisch in Abb. 12-13 zu sehen ist. Der Übergang von **„geschlossen-aktivierbar"** zu **„offen-aktiviert"** wird durch Depolarisation gefördert. Depolarisation beschleunigt jedoch auch den Übergang in den **„geschlossen-inaktivierten"** Zustand, deshalb wird nach Öffnung des Kanals dieser schnell inaktiviert und bleibt dies, wenn er nicht durch Repolarisation der Membran in den „geschlossen-aktivierbaren" Zustand zurückkehren kann [23].

Das **Na-Kanalmolekül** ist ein **Glykoprotein** mit einem Molekulargewicht von etwa 300 000. In verschiedenen Membranen erregbarer Zellen sind zwischen **1-50 solcher Kanäle pro** μm^2 eingebaut. Ein Na-Kanalprotein muß schnell einen hohen Na-Ionenfluß einschalten können, muß aber den Durchtritt anderer Ionen, vor allem des fast gleich großen K^+-Ions verhindern. Die Na-Kanäle müssen also **selektiv** sein. Anionen werden durch negative Ladungen am Kanaleingang ausgeschlossen, wie dies das Schema in Abb. 12-14 andeutet. Die Selektivität gegenüber K^+-Ionen kann aber nur durch spezifische Bindungen des Na^+-Ions während des Durchtrittes durch den Kanal erklärt werden (darauf wird hier nicht weiter eingegangen).

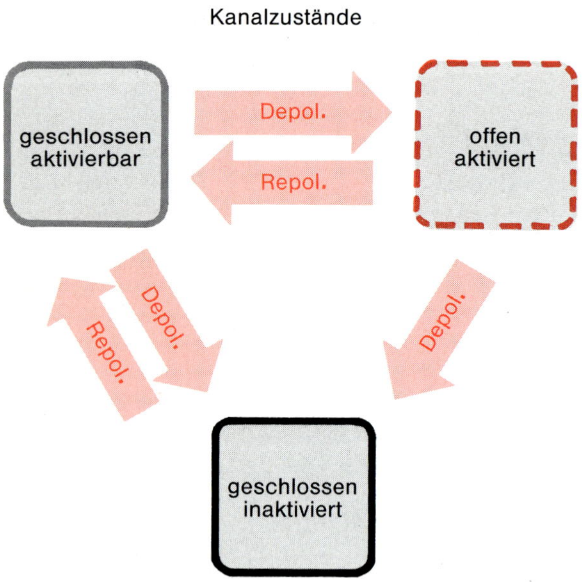

Abb. 12-13. Zustandsänderungen des Natriumionenkanals erregbarer Membranen durch *De-* und *Repolarisation*. Der Ruhezustand *geschlossen aktivierbar* kann bei Depolarisation in die Zustände *offen-aktiviert* oder *geschlossen-inaktiviert* übergehen. Auch aus dem *offen-aktivierten* Zustand fördert anhaltende Depolarisation den Übergang in den *geschlossen-inaktivierten* Zustand. Nur durch Repolarisation kann der Kanal schließlich in den *geschlossen-aktivierbaren* Zustand zurückkehren. Darstellung von J. Dudel in [12]. Realistischere Modelle enthalten weitere „Unterzustände" [23]

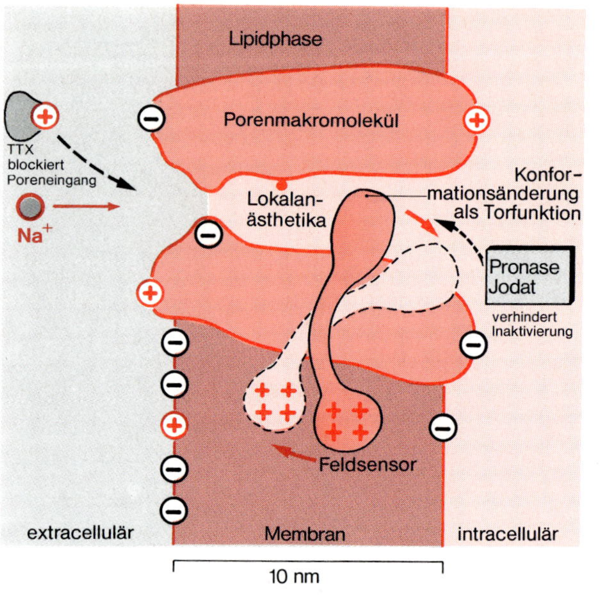

Abb. 12-14. Funktionelle Eigenschaften eines Natriumkanals (Na-Kanal-Proteins), der in die Lipiddoppelschicht einer erregbaren Zellmembran eingelagert ist. Die Größenverhältnisse der Membrankomponenten und der Ionen sind etwa maßstabgerecht. Neben den die Pore permeierenden *Na*$^+$-Ionen sind mit *gestrichelten Pfeilen* die Hemmstoffe Tetrodotoxin (*TTX*, blockiert Poreneingang) und *Pronase* bzw. *Jodat* (verhindert Inaktivierung) eingezeichnet. Vergleiche dazu auch das Schema eines K-Kanal-Proteins in Abb. 2-12A, S. 24. Darstellung von J. Dudel in [12] nach [16, 19]

Die **schnelle Öffnung des Na-Kanals** bei Depolarisation läßt sich am besten mit der Annahme erklären, daß das Kanalmolekül **Festladungen** enthält, die durch Änderungen der Feldstärke über der Membran verschoben werden können [15, 16]. Die Verschiebung dieser Ladungen kann man tatsächlich als **Torstrom** (englisch *gating current*) nach Blockade der Na-Kanäle mit TTX (s. o) messen. Der Torstrom entspricht der Verschiebung von wenigstens 4 Ladungen pro Kanal. Diese sind in Abb. 12-14 als *„Feldsensor"* eingetragen.

Ströme durch K-Einzelkanäle. Das Verhalten eines einzelnen K-Kanals bei Depolarisation ist links in Abb. 12-12 zu sehen. Es gibt wiederum während der Depolarisation nur eine Kanalamplitude von +2 pA. Die Kanalöffnungsdauer schwankt um einen Mittelwert von 5 ms. Während der Kanalöffnungen treten allerdings häufig kurze Zwischenschließungen auf, der Kanal oscilliert schnell zwischen dem offenen und einem geschlossenen Zustand (vgl. dazu auch Abb. 2-12, S. 24, und den dort zugehörigen Text). Während der Depolarisation wird der Kanal allerdings **nicht inaktiviert**, vielmehr öffnen und schließen sich die K-Kanäle während der gesamten Dauer der Depolarisation. Entsprechend zeigt die Summenkurve nach dem anfänglichen Stromanstieg einen konstanten K$^+$-Strom.

Neben dem in Abb. 12-12 B gezeigten K-Kanal, der für Nervenfasern typisch ist, wurden unterdessen **mindesten 5 andere Typen von K-Kanälen gefunden**, deren Öffnung z. B. eine andere Potentialabhängigkeit hat, oder die inaktiviert werden, oder die neben der Depolarisation durch die intracelluläre Ca-Konzentration gesteuert werden. Diese verschiedenen Kanalformen bedingen weitgehend die verschiedenen Formen der Dauer und Repolarisation der Aktionspotentiale. Die Einheitlichkeit des Aufstriches des Aktionspotentials ist dagegen dadurch bedingt, daß es anscheinend nur einen **einheitlichen Typ eines Na-Kanals** gibt, der durch Depolarisation schnell aktiviert und anschließend rasch inaktiviert wird.

Ströme durch Ca-Einzelkanäle. Bei Depolarisation öffnen sich neben Na-Kanälen auch solche für Ca$^+$-Ionen. Der resultierende **Ca^{++}-Einwärtsstrom** depolarisiert ebenso wie Na$^+$-Strom die Zellmembran. In der Membran von Nervenfasern ist g_{Ca} vernachlässigbar klein. Dagegen kann in *Dendriten* von Neuronen oder in den *präsynaptischen Endigungen* von Axonen die Erhöhung von g_{Ca} bei Depolarisation die von g_{Na} übertreffen. Auch beim *Herzmuskel* und bei der *glatten Muskulatur* sind Steigerungen von g_{Ca} ähnlich groß oder größer als die von g_{Na}. Diese Ca-Kanäle sind entwicklungsgeschichtlich sehr alt, sie kommen schon bei Einzellern vor. Ihre Bedeutung liegt darin, daß das einströmende Ca^{++} auch *intracelluläre Steuerfunktionen* ausüben kann (siehe auch Abb. 2-16, S. 31).

12.5 Elektrotonus und Reiz

Ein Aktionspotential wird, wie in den vorhergehenden Abschnitten gezeigt wurde, durch Depolarisation des Ruhepotentials zur Schwelle ausgelöst. Eine solche Depolarisation zu der oder über die Schwelle wird **Reiz** oder **Reizung** genannt [5, 12]. Bei Zellen im Verband des Organismus ist der *Reiz* in der Regel ein *elektrischer Strom*, der von Synapsen oder Sensoren stammt und die Zellen depolarisiert. Im neurophysiologischen Experiment wird der Reizstrom meist über Elektroden zugeführt, weil er so in Größe und Zeitdauer leicht kontrolliert werden kann. In diesem Abschnitt wird die *Erregungsauslösung durch Reize* dargestellt, wobei zur besseren Übersichtlichkeit nur über Elektroden zugeführter Strom verwendet werden wird (zur Auslösung von Erregung durch Synapsen s. Kap. 13, zur Erregungsauslösung über Sensoren s. Kap. 17).

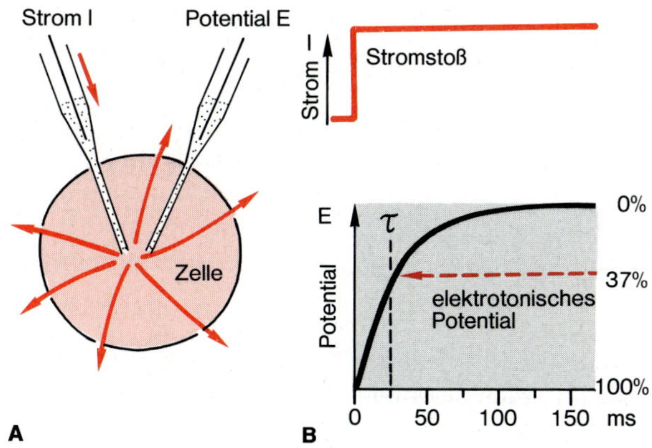

Abb. 12-15. Elektrotonisches Potential einer kugelförmigen Zelle. **A** Schema der Messung des Potentials E und der Zuführung des Stromes I durch intracelluläre Elektroden (vgl. dazu Abb. 12-5). Der Stromfluß durch die Membran wird durch die *roten Linien* symbolisiert. **B** Zeitverläufe eines Stromstoßes und des gleichzeitig in der Zelle gemessenen elektrotonischen Potentials. Die Steilheit des Anstieges des elektrotonischen Potentials wird durch die *Membranzeitkonstante* τ (tau) gekennzeichnet, die abgelesen wird, wenn das Potential sich seinem Endwert bis auf 37% (1/e, e = 2,718, Basis der natürlichen Logarithmen) genähert hat. Darstellung von J. Dudel in [12]

Elektrotonus bei homogener Stromverteilung in einer kugelförmigen Zelle

Wird mit Hilfe einer intracellulären Elektrode Strom in eine kugelförmige Zelle appliziert (Abb. 12-15), so fließt der zugeführte Strom I gleichmäßig über die Membran wieder aus. Er fließt dabei erstens *über die Membrankapazität* und zweitens *als Ionenstrom durch die Membran.* Dabei wird das Membranpotential E verändert: Die Meßelektrode mißt während und kurz nach Ende des Stromflusses ein **elektrotonisches Potential**. Dieses wird auch **Elektrotonus** genannt [5, 12].

Kapazitiver Strom beim Elektrotonus. Die mit dem Stromfluß in die Zelle gelangten überschüssigen Ladungen werden *je nach Polarität* die negative Aufladung der Innenseite der Membran vergrößern oder verkleinern. Zum Beispiel wird eingeströmte positive Ladung die negative Aufladung der Membraninnenseite herabsetzen (vgl. Abb. 12-6, S. 200). Wird aber die *negative* Ladung an der Membraninnenseite vermindert, so nimmt auch die *positive* Aufladung der Membranaußenseite entsprechend ab. Es werden also *an der Membranaußenseite so viele positive Ladungen frei, wie innen zur Verminderung der negativen Ladung verbraucht* wurden. Damit ist durch die Membran ein Strom geflossen, **ohne daß Ladungsträger die Membran wirklich gekreuzt** haben. Da dieser Strom durch Ladungsverschiebungen an der Membrankapazität vermittelt wurde, wird er **kapazitiver Strom I_c** genannt.

Beim Einschalten eines konstanten Stromes, also bei konstanter Ladungszufuhr, könnte man nach dem bisher Gesagten erwarten, daß sich das Membranpotential mit konstanter Geschwindigkeit ändert. Dies ist aber, wie Abb. 12-15 B zeigt nicht der Fall. Vielmehr ist es so, daß die Geschwindigkeit der Potentialänderung beim Einschalten des Stromes am höchsten ist, danach mit der Zeit dauernd sinkt und schließlich den Wert Null erreicht, d.h. das Membranpotential erreicht *trotz des weiterfließenden Stromes* einen konstanten Wert. Dies zeigt an, daß der Verlauf der Potentialänderung nicht allein durch Fließen eines kapazitiven Stromes erklärbar ist.

Ionenstrom beim Elektrotonus. Wie wir bereits gesehen haben, ist die Membran beim Ruhepotential besonders durchlässig für K^+-Ionen, meist weniger für Cl^--Ionen und etwas durchlässig für Na^+-Ionen. Bei *konstantem* Ruhepotential ist die *Summe dieser Ströme Null.* Wird das Membranpotential aber aus seiner Ruheladung durch von außen zugeführten Strom verschoben, so fließt ein **Ionenstrom**, der der **Größe der Potentialverschiebung proportional** ist. Denn die Ionenströme sind proportional der Membranleitfähigkeit und ändern sich proportional zum Abstand des Potentials vom Gleichgewichtspotential. Wenn also, wie in Abb. 12-15 B, die Membranladung durch einen konstanten Strom vermindert wird, so fließt mit wachsendem Abstand vom

Ruhepotential mehr Ionenstrom über die Membran. Dieser wird hauptsächlich von K^+-Ionen getragen. Mit wachsender Depolarisation steht also immer weniger Strom für die Entladung der Membrankapazität zur Verfügung. Deshalb ändert sich mit der Zeit das Membranpotential immer langsamer. Schließlich wird es konstant, wenn der gesamte applizierte Strom als **Ionenstrom I_i** über die Membran fließt.

Membranzeitkonstante. Zu Beginn eines elektrotonischen Potentials fließt also nur kapazitiver Strom, am Plateau nur Ionenstrom durch die Membran. Dazwischen nimmt der Anteil des kapazitiven Stromes dauernd ab und der des Ionenstromes dauernd zu. Als Folge resultiert der in Abb. 12-15 B gezeigte **exponentielle Zeitverlauf des elektrotonischen Potentials.** Die Steilheit des exponentiellen Anstiegs dieses Potentials läßt sich durch die **Membranzeitkonstante t_c** kennzeichnen. Es ist dies die Zeit, in der sich das elektrotonische Potential auf 37% (1/e) seines Endwertes verschiebt. t_c hat an biologischen Membranen meist Werte zwischen 10 bis 50 ms. (Die Membranzeitkonstante wird oft mit dem griechischen Buchstaben tau, τ gekennzeichnet, s. Abb. 12-15.)

Elektrotonische Potentiale werden in der Neurophysiologie viel dazu verwendet, Widerstand und Kapazität der Membran zu bestimmen [5]. Der **Membranwiderstand r_m** einer Zelle ist der Quotient aus der Endamplitude des elektrotonischen Potentials und dem zugeführten Strom. Auf dem Plateau des elektrotonischen Potentials fließt ja der gesamte Strom als Ionenstrom über den Membranwiderstand, und dieser läßt sich nach dem Ohm-Gesetz ($R = U/I$) aus Spannungsänderung und Stromgröße berechnen. Der Zeitverlauf des elektrotonischen Potentials stellt die Ladekurve des Membrankondensators über den Membranwiderstand dar, wobei die Membranzeitkonstante τ das Produkt von Widerstand und Kapazität ist. Die **Membrankapazität c_m**l läßt sich also als Quotient von τ und r_m berechnen.

Elektrotonus bei inhomogener Stromverteilung an langgestreckten Zellen

Die idealen Verhältnisse einer kugelförmigen Zelle sind im Nervensystem kaum anzutreffen. Die meisten Nerven- und Muskelfasern sind nämlich sehr lang im Verhältnis zu ihrem Durchmesser. Unter diesen Umständen ist es so, daß der an einer Stelle applizierte Strom in der Nähe dieser Stelle mit viel größerer Dichte durch die Membran fließt als an weiter entfernten Membranbezirken. Entsprechend ist die **Form der elektrotonischen Potentiale** gegenüber Abb. 12-15 verändert, sie ist nämlich in Anstieg und Abfall nicht mehr einfach exponentiell, und ihre Amplitude *hängt von der Entfernung ab.* Am Ort der Stromzuführung steigt das elektrotonische Potential steiler an als bei gleichmäßiger Stromverteilung, und mit wachsender Entfernung vom Ort der Stromzuführung wird der **Zeitverlauf** des elektrotonischen Potentials zunehmend langsamer.

Membranlängskonstante. Auch wenn der zugeführte Strom längere Zeit geflossen ist und eine neue Ladungsverteilung sich eingestellt hat, fließt immer noch mehr Strom durch die nahe der Stromzuführung liegende Membran als durch entferntere Membranbezirke, denn bei entfernteren Membranbezirken muß der Strom zusätzlich zum Membranwiderstand auch noch den Längswiderstand in der Zelle überwinden. Im Ergebnis ist es so, daß die maximale Amplitude exponentiell mit dem Abstand von der Stromelektrode fällt. Die Steilheit dieses exponentiellen Abfallens wird durch die **Membranlängskonstante** gekennzeichnet, bei der die maximale Amplitude auf 37% (1/e) abgefallen ist. Die Membranlängskonstante wird meist mit dem griechischen Buchstaben λ (lambda) gekennzeichnet. An verschiedenen Zellen hat λ (lambda) Werte zwischen 0,1 und 5 mm. Die Längskonstante ist ein Maß dafür, über wie große Entfernungen sich elektrotonische Potentiale über langgestreckte Zellen ausbreiten. In der Entfernung von 4 λ ist z. B. die Amplitude des elektrotonischen Potentials nur noch 2% der nahe der Stromzuführung.

Elektrotonische Potentiale als Reize, lokale Antwort

Die in Abb. 12-15 gezeigten elektrotonischen Potentiale sind rein passive Reaktionen der Zellmembranen auf den zugeführten Strom. Auch die Polarität des Stromes ist für den Verlauf des elektrotonischen Potentials gleichgültig, es lassen sich ebenso leicht hyperpolarisierende wie depolarisierende elektrotonische Potentiale erzeugen. Bei **Depolarisationen in den Schwellenbereich** ändert sich allerdings das Bild: die Depolarisation wird zunehmend größer, als sie bei einem reinen elektrotonischen Potential ausfallen würde. Dieser Überschuß an Depolarisation wird als **lokale Antwort** bezeichnet.

Die lokale Antwort ist die Folge der bei der Depolarisation im Schwellenbereich ansteigenden Natriumleitfähigkeit g_{Na} der Membran. Während solcher lokaler Antworten kann der Na^+-Einstrom durchaus den K^+-Ausstrom überwiegen, der Na^+-Strom ist jedoch nicht groß genug, um die Membran mit ausreichender Geschwindigkeit zu depolarisieren, d.h. die nahe dem Schwellenpotential langsame Inaktivation des Natriumsystems zu überspielen. Es handelt sich also bei der **lokalen Antwort** um einen **nicht voll ausgebildeten Erregungszustand**, der nicht fortgeleitet wird. Überschreitet auf Grund eines noch größeren Stromstoßes die Depolarisation die Schwelle, so wird die volle Erregung, also ein Aktionspotential, ausgelöst.

Wenn der Strom gerade ausreicht, um eine Erregung auszulösen, ist er der **minimale Reizstrom**. Alle Ströme, die größer sind als der minimale Reizstrom, wirken ebenfalls als Reize. Sie lösen wegen des Alles-oder-Nichts-Charakters der Erregung Aktionspotentiale gleicher Amplitude aus. Der minimale Reizstrom muß eine gewisse Zeit fließen, bis er die Schwelle erreicht. Diese Flußzeit des Stromes bis zur Schwelle bezeichnet man als die **minimale Reizzeit**. Bei stärkeren Strömen verkürzt sich wegen ihres steileren Anstieges die minimal notwendige Flußzeit, sie kann dann in der Größenordnung von 0,1 ms liegen. Durch Erhöhung der Reizstärke läßt sich aber die minimal notwendige Reizzeit nicht beliebig verkürzen. Extrem kurze Reize können daher auch bei hoher Spannung keine Erregungen auslösen (dies macht man sich z.B. bei den Diathermiegeräten zunutze).

12.6 Fortleitung des Aktionspotentials

Normale und saltatorische Erregungsleitung

Wird an irgendeiner Stelle einer Nervenzelle das Membranpotential bis zur Schwelle depolarisiert, dann entsteht dort also ein Aktionspotential. In Abb. 12-16 A ist dies an der Somamembran der Zelle geschehen. Damit tritt zwischen erregter und unerregter Membranstelle (in der Abbildung am Übergang zwischen Soma und Axon) ein elektrischer Spannungsunterschied auf, dem entlang Strom aus dem depolarisierten in den noch nicht depolarisierten Nachbarbezirk fließt (Abb. 12-16 C, oben). Dieser Nachbarbezirk wird dadurch selbst zur Schwelle depolarisiert und bildet dann seinerseits einen Alles-oder-Nichts-Impuls aus, und so weiter. Auf diese Weise pflanzt sich der Impuls entlang der Nervenfaser und all ihren Verzweigungen wie der Funke an einer Zündschnur fort. Dabei ist es gleichgültig, ob der Impuls vom Soma in das Axon oder vom Axon in das Soma läuft. (Normalerweise leitet ein Neuron Impulse immer nur in eine Richtung, weil die Synapsen immer nur in einer Richtung Information weitergeben und damit einen Einbahnstraßenverkehr erzwingen, s. S. 217. Diese normale Ausbreitungsrichtung wird *orthodrom* genannt. Erregungsausbreitung in die Gegenrichtung nennt man *antidrom*.)

Die Geschwindigkeit, mit der die Erregungswelle über eine Nervenfaser läuft, hängt im wesentlichen von zwei Dingen ab: Erstens: je *dicker* eine Nervenfaser ist, desto schneller leitet sie. Und zweitens: *markhaltige* Fasern leiten wesentlich schneller als *marklose*. Das Geschwindigkeitsspektrum reicht von etwa *1 m/s* für ganz dünne, marklose Fasern (Durchmesser ca. 1 Mikrometer) bis *100 m/s* für die dicksten, markhaltigen (Durchmesser 15 µm, Übersicht in Tabelle 12-1). Dies bedeutet zum Beispiel, daß ein Impuls, der von der großen Zehe über eine dünne, marklose Faser in das Rückenmark geleitet wird, dort etwa eine Sekunde nach seinem Start ankommt, während ein Impuls, der in einer dicken Faser mit einer Leitungsgeschwindigkeit von 50 m/s läuft, nur 20 ms braucht.

Der Grund für die besonders hohe Leitungsgeschwindigkeit markhaltiger Nerven ist in Abb. 12-16 B zu sehen. Diese Nervenfasern zeigen nur für sehr kurze Abschnitte, die **Ranvier-Schnürringe**, eine normale Zellmembran (s.a. Abb. 12-3 B). In den dazwischenliegenden **Internodien** ist durch die **Markscheide** der Membranwiderstand kräftig erhöht und die Membrankapazität stark vermindert. Daher fließt in den Internodien praktisch kein Strom durch die Membran, und ein Aktionspotential an einem Ranvier-Schnürring breitet sich fast verlustlos elektrotonisch über das Internodium auf benachbarte Schnürringe aus (Abb. 12-16 C, unten). So wird die Leitungszeit über die Internodien eingespart, die Erregung springt von Schnürring zu Schnürring. Wir sprechen daher von einer **saltatorischen Erregungsleitung** [22].

Elektroneurographie

Auch am Menschen kann die Fortleitung der Impulse gemessen werden. Ein Beispiel zeigt die Abb. 12-16 D. Über einem Hautnerv, hier dem *Nervus ulnaris*, werden im Abstand von 25 cm je ein Paar Metallelektroden angebracht (oder besser in der Form von Nadelelektroden in den Nerv eingestochen) und mit geeigneten Spannungsmessern verbunden. Nach elektrischer Reizung der Nervenendigungen in der Haut des kleinen Fingers über ein drittes Paar, diesmal ringförmiger, Elektroden, kann dann mit kurzer Verzögerung auf einem Oscillographenschirm oder einem schnellen Papierschreiber erst eine kleine Potentialschwankung von den Handgelenkelektroden und nach einer deutlich längeren Verzögerung eine ähnliche Potentialschwankung von den Elektroden am Ellenbogen registriert werden. Offensichtlich ist in der Zeit zwischen dem Beginn der ersten und dem Beginn der zweiten Potentialschwankung die Erregung vom ersten zum zweiten Elektrodenpaar gelaufen. Dieses Zeitintervall betrug 5 ms, der Abstand der Elektrodenpaare 25 cm. Die Geschwindigkeit der Erregungswelle lag daher bei 50 m/s.

A Prinzip der extracellulären Ableitung des Aktionspot.

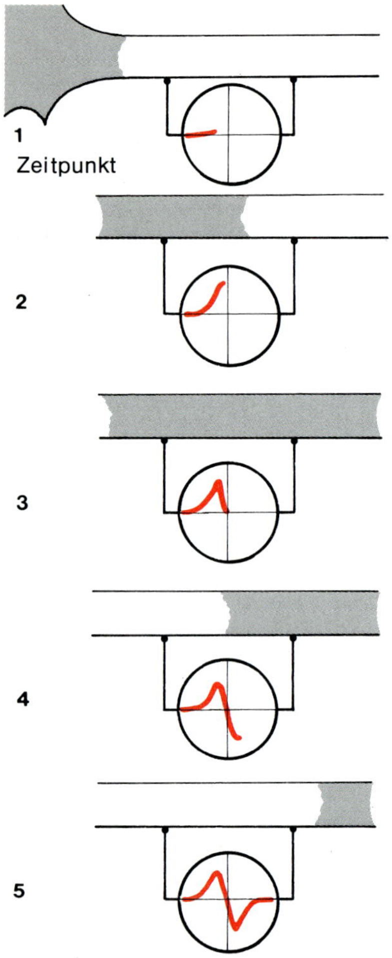

B saltatorische Erregungsleitung

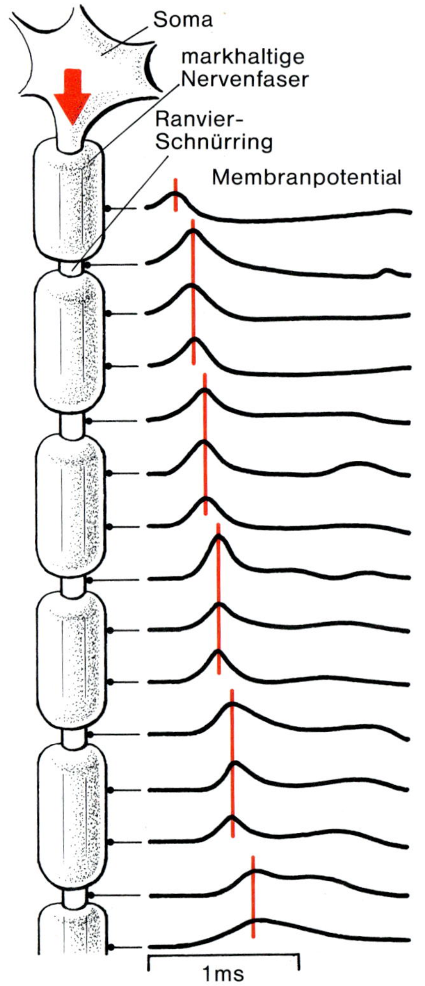

C Stromschleifen im marklosen Axon

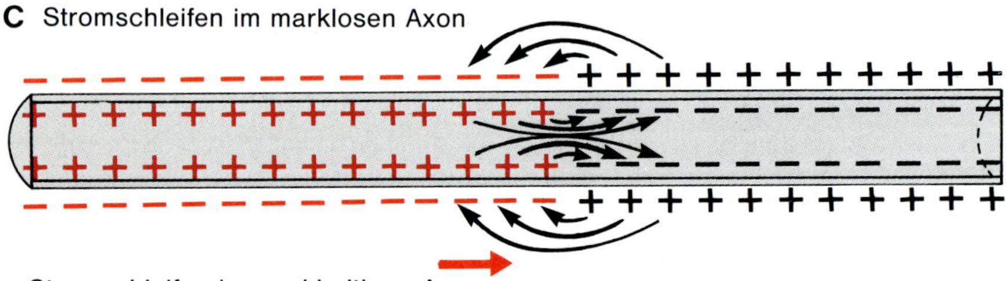

Stromschleifen im markhaltigen Axon

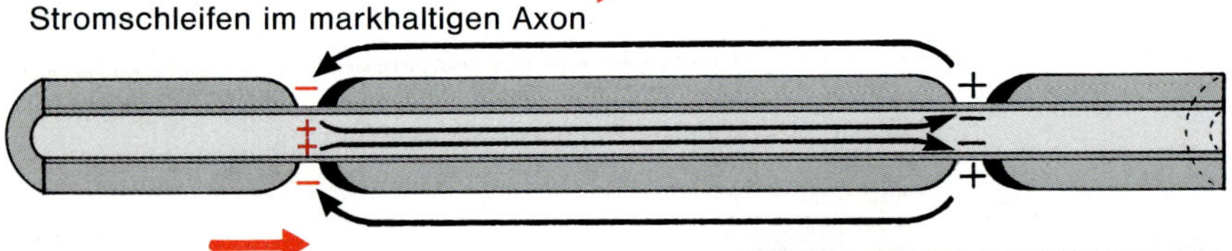

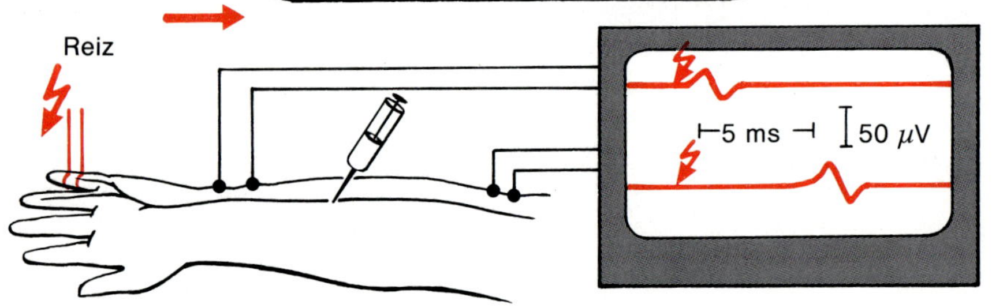

D Elektroneurographie

Nach dem eben geschilderten Ergebnis einer **Elektroneurographie, ENG**, ist es also auch mit extracellulären Elektroden möglich, Aktionspotentiale zu registrieren. Die dabei abgeleiteten Potentiale sind wesentlich, nämlich hundert- bis tausendmal kleiner als die mit einer intracellulären Mikroelektrode abgeleiteten (vgl. in Abb. 12-9 die mV-Skala mit der Mikrovoltskala in Abb. 12-16 D). Sie haben auch eine andere, deutlich zweiphasige Form. Deren Zustandekommen ist in Abb. 12-16 A verdeutlicht: Liegen *zwei* Elektroden an einem Axon *außen* an und ist das Axon unerregt (Zeitpunkt 1), so gibt es keine Spannungsdifferenz zwischen den beiden Elektroden. Wandert nun von links eine Erregungswelle über das Axon, so wird durch die Ausgleichsströme zwischen erregten und unerregten Membranabschnitten zuerst die linke Elektrode negativ gegenüber der rechten (Zeitpunkt 2), dann werden beide Elektroden „gleich negativ" (Zeitpunkt 3), danach wird die rechte Elektrode negativ gegenüber der linken (Zeitpunkt 4, Repolarisation links) und schließlich beide wieder „gleich positiv" (Zeitpunkt 5, die Membran ist wieder völlig repolarisiert).

Am ganzen Nerven leitet man bei der Elektroneurographie allerdings nicht von einem einzelnen Axon, sondern das **„Massenpotential"** einer großen Anzahl durch den elektrischen Reiz *gleichzeitig erregter Nervenfasern* ab. Nur dann sind die elektrischen Felder groß genug, um mit dieser Methode meßbar zu sein. Da die dicken Fasern durch ihre größere Oberfläche auch stärkere elektrische Felder bei ihrer Erregung ausbilden als die dünnen, werden bei der **Elektroneurographie** nach Art der Abb. 12-16 D vorwiegend die Massenpotentiale der **dicken Nervenfasern erfaßt**, obwohl die *dünnen Nervenfasern eher zahlreicher als die dicken* sind. Die mit der Elektroneurographie ermittelte Nervenleitungsgeschwindigkeit ist damit die der schnellstleitenden, also der dicksten Fasern des jeweiligen Nerven.

Ähnlich wie in einem Nerven entstehen auch in einem Skeletmuskel und im Herzmuskel während der Erregung elektrische Felder und damit Spannungsunterschiede in deren Umgebung, die von der Körperoberfläche oder vom Muskel selbst abgeleitet werden können. Entsprechend nennen wir diese Verfahren **Elektromyographie, EMG**, beim Skeletmuskel und **Elektrokardiographie, EKG** oder **Ekg**, beim Herzen (s. S. 279, 63). Auch von der Schädeldecke ist es möglich, auf der Tätigkeit des Großhirns beruhende Potentiale zu registrieren. Über dieses **Elektroencephalogramm, EEG**, wird noch ausführlich ab S. 459 berichtet.

Wirkmechanismus der Lokalanästhetika. Einige Stoffe, wie z. B. das *Cocain* oder eine synthetische Variante, das **Novocain**, blockieren die Erregungsleitung, sobald sie mit einer Nervenfaser in Berührung kommen, indem sie das Öffnen der Natrium-Poren (Abb. 12-14) erschweren oder völlig verhindern [26]. Sie werden daher als sogenannte **Lokalanästhetika**, also direkt am Nerven wirkende schmerzhemmende Mittel, unmittelbar an und in den Nerven eingespritzt. Wird dies in Abb. 12-16 D an der durch eine Injektionsspritze markierten Stelle getan, so kann zwar das Massenpotential der Ableitung 1 unverändert registriert werden, das Massenpotential der Ableitung 2 verschwindet aber vollkommen. Ebenso verschwinden alle Empfindungen, also nicht nur die Schmerz-, sondern auch die Druck-, Berührungs- und Temperaturempfindungen, aus dem vom blockierten Nerven versorgten Gebiet.

Da die *dünnen* Nervenfasern auf Lokalanästhetika empfindlicher als die *dicken* reagieren, fallen nicht alle Empfindungen beim Einsetzen des Blockes gleichzeitig aus, und sie kehren auch nicht alle gleichzeitig zurück. Daraus resultieren die gut bekannten Mißempfindungen (Kribbeln, pelziges Gefühl etc.), die zu diesen Zeiten auftreten können. Solche Mißempfindungen treten auch beim Wiedereinsetzen einer unterbrochenen Blutversorgung auf (z. B. *„eingeschlafenes Bein"* beim Abklemmen der Blutversorgung an einer Stuhlkante). Sie zeigen an, daß durch Sauerstoffmangel die Nervenfasern geblockt wurden (durch Versagen der Na^+-K^+-Pumpe, was wiederum zum Verlust des Ruhepotentials und damit zur Unerregbarkeit führt), bei erneutem Sauerstoffangebot aber rasch repolarisieren. Die *Dauer* der durch Lokalanästhetika verursachten Nervenblockade hängt von der Art des verwendeten Mittels ab. Es gibt allerdings Gifte, wie das bereits erwähnte **Tetrodotoxin, TTX**, des als Delikatesse geschätzten japanischen Pufferfisches, die *irreversibel* die Öffnung der

◄

Abb. 12-16. Fortleitung und extracelluläre Registrierung des Aktionspotentials. **A** Prinzip der extracellulären Ableitung von Aktionspotentialen. Eine Erregungswelle wird *links* im *Soma* ausgelöst und breitet sich nach *rechts* über das *Axon* aus. Zwischen den beiden auf dem Axon liegenden Meßelektroden tritt immer dann eine Spannungsdifferenz (Meßkurve auf dem Oscillografenschirm) auf, wenn die von *links* nach *rechts* wandernde Erregungswelle nur eine der beiden Elektroden erfaßt hat. **B** Saltatorische Erregungsleitung. *Rechts* Potentialverläufe des Membranpotentials an den *links* davon liegenden *Ranvier* Schnürringen. Die Fortleitung des Aktionspotentials erfährt jeweils an den Schnürringen eine Verzögerung. **C** Stromfluß bei fortgeleiteter Erregung in einem *marklosen Axon (oben)* in Vergleich zum Verlauf der Stromschleifen bei einem *markhaltigen Axon (unten)*. Die Erregung breitet sich in beiden Fällen von links nach rechts aus. **D** Technik der Auslösung und Ableitung von Massenaktionspotentialen eines Hautnerven am Menschen *(Elektroneurografie, ENG)*. Bei dieser Form der extracellulären Ableitung werden die Elektroden außen auf der Haut über dem Nerven angebracht oder in den Nerven eingestochen

Natriumkanäle hemmen. Die Einnahme dieses Giftes, z. B. bei einer nicht sachgerecht zubereiteten Fischmahlzeit, macht das Nervensystem unerregbar und ist daher tödlich.

Einfluß der Ca^{++}-Ionen auf die Erregbarkeit. Die im Blut und im Interstitium gelösten Ca^{++}-Ionen haben für die Erregbarkeit eine große Bedeutung, da sie die Schwelle für eine fortgeleitete Erregung beeinflussen [10, 12, 18, 27]. **Erhöhung der Ca^{++}-Ionen-Konzentration** verschiebt die Schwelle in positivere Potentialbereiche, macht die Zellen also **weniger leicht erregbar**, während eine **Erniedrigung der Ca^{++}-Ionen-Konzentration** die Schwelle näher an das Ruhepotential bringt und damit die Zelle **leichter erregbar** macht. Letzteres ist von klinischer Bedeutung, da es Krankheiten gibt, bei denen es zum Absinken der Ca^{++}-Ionen-Konzentration kommt. Dies führt zu Muskelkrämpfen. Infolge krampfhafter Zusammenziehungen (Dauerkontraktionen) der Atem- und Kehlkopfmuskulatur kann rasch der Tod eintreten. Das Krankheitsbild wird als **Tetanie** bezeichnet. Eine Abnahme der Ca^{++}-Ionen-Konzentration kann auch durch *unnütz gesteigerte und vertiefte Atmung (Hyperventilation)* eintreten. Durch das vermehrte Abatmen der Kohlensäure (als Kohlendioxid) kommt es nämlich zu einer Alkalisierung des Blutes, die die Ionisierung der Calciumsalze zurückdrängt. Auch dabei kann es, vor allem bei ohnehin niedrigem Calciumspiegel, zur Tetanie *(Hyperventilationstetanie)* kommen. Die Hyperventilationstetanie ist aber leicht durch vorübergehende Unterbrechung der Atmung (z. B. Mund-zu-halten) oder durch Rückatmen des Kohlendioxids (Hin- und Heratmen in eine Plastiktüte) reversibel.

12.7 Literatur

Weiterführende Lehr- und Handbücher

1. ALBERTS, B., BRAY, D., LEWIS, J., RAFF, M., ROBERTS, K., WATSON, J. D.: Molecular Biology of the Cell. New York and London: Garland Publishing Inc., 1983. Deutsche Ausgabe, 2. Auflage: Molekularbiologie der Zelle. Weinheim: VCH Verlagsgesellschaft 1990
2. COOKE, I., LIPKIN, M.: Cellular Neurophysiology. A Source Book. New York: Holt, Rinehart and Winston 1972 (Sammlung wichtiger Originalarbeiten)
3. ECCLES, J. C.: The Physiology of Nerve Cells. Baltimore, Md: The Johns Hopkins Press 1957
4. HILLE, B.: Ionic Channels of Excitable Membranes. Sunderland, Mass.: Sinauer Assoc. 1984
5. HOPPE, W., LOHMANN, W., MARKL, H., ZIEGLER, H. (Hrsg.): Biophysik. Berlin, Heidelberg, New York, Tokyo: Springer 1984
6. KANDEL, E. R., SCHWARTZ, J. H. (Eds.): Principles of Neural Science, 2nd ed, New York, Amsterdam, Oxford: Elsevier 1985
7. KUFFLER, S. W., NICHOLLS, J. G., MARTIN, A. R.: From Neuron to Brain. 2nd ed, Sunderland, Mass.: Sinauer Associates 1984
8. McGEER, P. L., ECCLES, J. C., McGEER, E. G.: Molecular Neurobiology of the Mammalian Brain. 2nd ed, New York, London: Plenum Press 1987
9. RUCH, T. C., PATTON, H. D.: Physiology and Biophysics. Philadelphia: Saunders 1966
10. SCHMIDT, R. F. (Hrsg.): Grundriß der Neurophysiologie. Heidelberger Taschenbücher, Bd. 96, 6. korr. Aufl., Berlin, Heidelberg, New York, Tokyo: Springer 1987
11. SCHMIDT, R. F.: Medizinische Biologie des Menschen. 2. Aufl. München, Zürich: Piper 1983
12. SCHMIDT, R. F., THEWS, G. (Hrsg.): Physiologie des Menschen, 24. Auflage. Berlin, Heidelberg, New York, Tokyo: Springer 1990
13. WILLIS, W. D., GROSSMAN, R. G.: Medical Neurobiology. 3rd ed, St. Louis, Toronto, London: The C. V. Mosby Company 1981

Einzel- und Übersichtsarbeiten

14. ADRIAN, R. H.: The effect of internal and external potassium concentration on the membrane potential of frog muscle. J. Physiol. (Lond.) *133*, 631 (1956)
15. ALDRICH, R. W.: Voltage dependent gating of sodium channels: towards an integrating approach. Trends Neurosci. *9*, 82–86 (1986)
16. ARMSTRONG, C. M.: Sodium channels and gating currents. Physiol. Rev. *61*, 644–683 (1981)
17. CONNOR, J. A., STEVENS, C. F.: Inward and delayed outward membrane currents in isolated neural somata under voltage clamp. J. Physiol. (Lond.) *213*, 1–19 (1971)
18. HEINEMANN, U., LUX, D.: Ionic changes during experimentally induced epilepsies. In: Progress in Epilepsy, Rose, R.C. (ed): London: Pitman Medical, p. 87–102 (1983)
19. HILLE, B.: Ionic channels in excitable membranes. Biophys. J. *11*, 283–294 (1978)
20. HODGKIN, A. L., HUXLEY, A. F.: The dual effect of membrane potential on sodium conductance in the giant axon of Loligo. J. Physiol. (Lond.) *116* 497 (1952)
21. HODGKIN, A. L., HUXLEY, A. F.: Quantitative description of membrane current and its application to conduction and excitation in nerve. J. Physiol. (Lond.) *117*, 500 (1952)
22. HUXLEY, A. F., STÄMPFLI, R.: Evidence for saltatory conduction in peripheral myelinated nerve fibres. J. Physiol. (Lond.) *108*, 315 (1949)
23. LÄUGER, P.: Ionic channels with conformational substates. Biophys. J. *47*, 581–590 (1985)
24. MEVES, H.: Inactivation of the sodium permeability in squid giant nerve fibres. Prog. Biophys. Mol. Biol. *33*, 207–230 (1978)
25. NEHER, E., SAKMANN, B., STEINBACH, J. H.: The extracellular patch clamp: A method for resolving currents through individual open channels in biological membranes. Pflügers Arch. *375*, 219–228 (1978)
26. NEUMCKE, B., SCHWARZ, W., STÄMPFLI, R.: Block of Na channels in the membrane of myelinated nerve by benzocaine. Pflügers Arch. *390*, 230–236 (1981)
27. NOBLE, D.: Applications of Hodgkin-Huxley equations to excitable tissues. Physiol. Rev. *46*, 1 (1966)
28. QUANDT, F. N., YEH, J. Z., NARAHASHI, T.: All or none block of single Na+ channels by tetrodotoxin. Neurosci. Lett. *54*, 77–83 (1985)

13 Synaptische Erregung und Hemmung

Die Verbindungsstelle der axonalen Endigung einer Nervenfaser mit einer Nerven-, Muskel- oder Drüsenzelle hat Sherrington [15] um die Jahrhundertwende **Synapse** genannt (s. auch Kap. 12, Abb. 12-1 und zugehöriger Text). An den Synapsen wird das fortgeleitete Aktionspotential auf die nächste Zelle übertragen. Ursprünglich wurde fälschlich geglaubt, daß das Axon immer fest mit der Zelle, an der es endigt, verbunden sei, so daß die fortgeleitete Erregung ohne Unterbrechung auf diese Zellen übertragen werde. Elektrophysiologische und mikroskopische Untersuchungen haben aber gezeigt, daß diese Form der Synapse, die heute als **elektrische Synapse** bezeichnet wird, selten vorkommt. Insbesondere beim Säugetier, d.h. auch beim Menschen, ist ein anderer Typ von Synapsen viel häufiger. Bei ihr setzt die axonale Endigung beim Einlaufen der Erregung einen chemischen Stoff frei, der dann an der benachbarten Zellmembran eine Erregung oder Hemmung bewirkt. Dieser Typ der Synapse wird **chemische Synapse** genannt [2, 12, 29].

Bedeutung der Synapsen. Synapsen sind aus mehreren Gründen für des Nervensystem von zentraler Bedeutung. Zum Beispiel werden an chemischen wie an elektrischen Synapsen Signale fast immer nur von der präsynaptischen (axonalen) Seite auf die postsynaptische Seite der nachfolgenden Zelle übertragen. Synapsen haben also eine **Ventilfunktion**, ohne die eine geordnete Tätigkeit des Nervensystems kaum denkbar wäre. Zum nächsten sind die Synapsen in ihrer Wirkung modifizierbar: sie übertragen beispielsweise bei häufiger Benutzung besser als wenn sie selten oder nicht benutzt werden (s. S. 238). Synapsen haben also eine gewisse **Plastizität** und damit *Lern- und Gedächtnisfunktionen.* Ferner sind die Synapsen die *Wirkstellen,* d.h. die **Angriffspunkte zahlreicher Pharmaka**.

Normalerweise sind an Synapsen die Membranen der prä- und postsynaptischen Seite durch einen **synaptischen Spalt** von 10-50 nm (100-500 Å) voneinander getrennt. Quantitative Überlegungen zeigen, daß eine elektrische Erregungsübertragung an diesen Synapsen wegen der hohen Stromverluste im extracellulären Medium kaum möglich ist [10]. Die chemische Übertragung stellt, so gesehen, einen notwendigen **Sicherungsmechanismus** dar.

13.1 Die neuromuskuläre Endplatte: Beispiel einer chemischen Synapse

Bauelemente chemischer Synapsen

Licht- und elektronenmikroskopische Untersuchungen haben gezeigt, daß synaptische Verbindungen eine große Mannigfaltigkeit in ihren Formen aufweisen. Funktionell lassen sich aber alle Anteile chemischer Synapsen auf die in Abb. 13-1 gezeigten und im folgenden besprochenen und definierten Grundelemente zurückführen.

In Abb. 13-1 endet das Axon in der **präsynaptischen Endigung**. Dies zeigt sich im mikroskopischen Bild häufig als Auftreibung oder Verdickung des axonalen Endstückes (vgl. Abb. 13-7), daher auch der Name *„synaptischer Endknopf"*. Die präsynaptische Endigung ist durch den eben schon erwähnten **synaptischen Spalt** von 10-50 nm von der postsynaptischen Seite getrennt. Er ist nur im Elektronenmikroskop deutlich auszumachen.

Derjenige Anteil der (postsynaptischen) Zellmembran, der der präsynaptischen Endigung genau gegenüberliegt, also *auf der postsynaptischen Seite den synaptischen Spalt begrenzt,* wird **subsynaptische Membran** genannt. Elektronenmikroskopisch erscheint die subsynaptische Membran meist etwas dicker als die übrige postsynaptische Membran, was darauf hindeutet, daß die subsynaptische Membran auch funktionell von der übrigen postsynaptischen Membran verschieden ist.

Die präsynaptische Endigung enthält zahlreiche submikroskopische, also nur mit dem Elektronenmikroskop sichtbare, kugelförmige Strukturen, die als **synaptische Bläschen** oder auch als **synaptische Vesikel** bezeichnet werden [42]. Ihr Durchmesser beträgt etwa 50 nm. Es gibt zahlreiche experimentelle Befunde, von denen die wichtigsten in diesem Kapitel erläutert werden, die dafür sprechen, daß

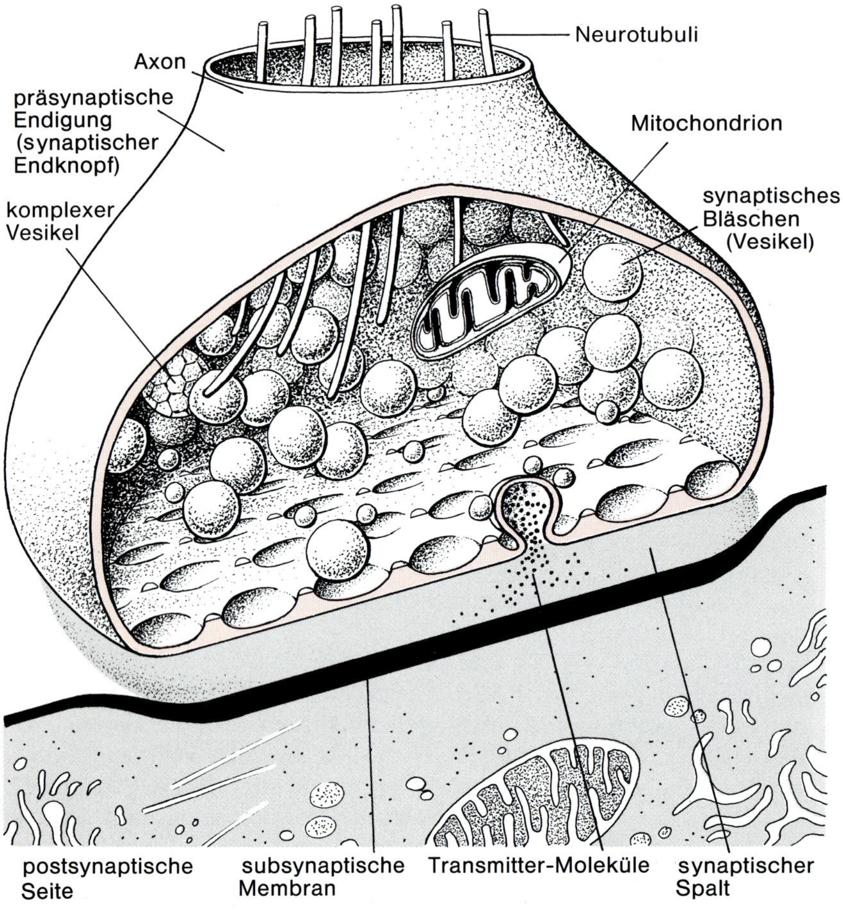

Abb. 13-1. Aufbau einer chemischen Synapse im Überblick. Alle bei der synaptischen Übertragung wichtigen Bauelemente sind eingezeichnet. Der Durchmesser der synaptischen Bläschen und die Breite des synaptischen Spaltes sind relativ zu den übrigen Anteilen der Synapse mehrfach überhöht gezeichnet (Maßangaben im Text). Schematisch nach den elektronenmikroskopischen Befunden zahlreicher Autoren

die synaptischen Bläschen in den präsynaptischen Endigungen die **Überträgersubstanz** enthalten, also den Stoff, der bei der Erregung in den synaptischen Spalt freigesetzt wird und dann an der subsynaptischen Membran die elektrische Erregung oder Hemmung auslöst.

Bauelemente der Endplatte

Die Axone der motorischen Vorderhornzellen des Rückenmarks (Motoaxone) bilden Synapsen mit Skeletmuskelfasern. Aufgrund ihrer Form werden diese Synapsen als **neuromuskuläre Endplatten** bezeichnet. Sie besitzen alle typischen morphologischen Merkmale *chemischer Synapsen* (Abb. 13-2). Die *präsynaptische Endigung* ist durch den **synaptischen Spalt** von der *subsynaptischen Membran* der postsynaptischen Seite getrennt. Auf der präsynaptischen Seite fallen vor allem die Doppelreihen von **synaptischen Vesikeln** auf. Diese finden sich an Stellen, an denen die präsynaptische Membran in Form leistenförmiger Eindellungen zu **„aktiven Zonen“** verdickt ist. Genau gegenüber liegen die **subsynaptischen Einfaltungen**, durch die die Oberfläche der subsynaptischen Membran relativ zu der der präsynaptischen Endigung erheblich vergrößert wird (Details s. [11, 14]).

Manche der präsynaptischen Vesikel sind nach außen, zum synaptischen Spalt hin offen. Es muß sich daher bei den aktiven Zonen und den assoziierten Vesikeln um einen für *Exocytose* (s. S. 26) spezialisierten Apparat handeln, der den Inhalt der Vesikel in den synaptischen Spalt entleert. Die Vesikel enthalten neben Proteinen und Nucleotiden in hoher Konzentration **Acetylcholin (ACh)**. Dieses wird also an den aktiven Zonen in Vesikelportionen („Quanten“, s. u.) von der motorischen Nervenendigung freigesetzt.

Das Endplattenpotential

Nachweis des Endplattenpotentials. Abb. 13-3 D zeigt den Versuchsaufbau bei der Untersuchung der synaptischen Übertragung eines Nerv-Muskel-Prä-

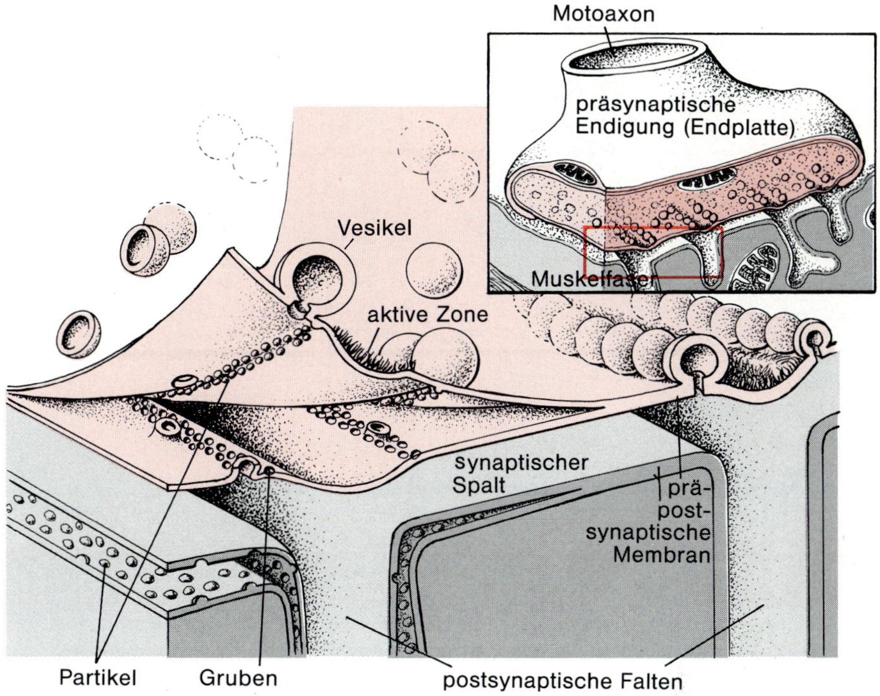

Abb. 13-2. Aufbau der neuromuskulären Endplatte beim Menschen und anderen Säugern im Überblick. *Oben rechts:* Endigung des präsynaptischen Axons auf der Muskelfaser. Beachte die Ähnlichkeit mit Abb. 13-1. Der angegebene Ausschnitt ist *darunter* in stärkerer Vergrößerung wiedergegeben. Beachte die Doppelreihe der präsynaptischen Vesikel, die jeweils gegenüber den postsynaptischen Einfaltungen liegen. Die Partikel in der subsynaptischen Membran entsprechen Acetylcholinreceptoren und Cholinesterasemolekülen. Im übrigen Tierreich finden sich zahlreiche Modifikationen neuromuskulärer Synapsen bei prinzipiell gleichem Grundaufbau. In Anlehnung an [11]

parates *in vitro.* Am intakten Präparat in normaler Blutersatzlösung löst Reizung des Motoaxons in der Muskelzelle ein fortgeleitetes Aktionspotential aus (Abb. 13-3 A), das seinerseits zu einer Kontraktion der Muskelfaser führt. Wird der Badelösung eine geringe Menge (Größenordnung 10^{-7} bis 10^{-6} g/ml) des indianischen Pfeilgiftes *Curare* zugesetzt, so erreicht die anfängliche Membrandepolarisation die Schwelle kaum noch (Abb. 13-3 B) oder überhaupt nicht mehr (Abb. 13-3 C), sondern bleibt unterschwellig und kehrt nach einigen Millisekunden auf den Ruhepotentialwert zurück. (Es tritt dann auch keine Zuckung mehr auf.) Wir bezeichnen diese verbleibende lokale Depolarisation als **Endplattenpotential**. Durch die schwarz gestrichelten Linien in Abb. 13-3 A, B ist angedeutet, daß auch hier Endplattenpotentiale entstanden waren, die aber durch die Aktionspotentiale weitgehend verdeckt wurden. *Endplattenpotentiale können also, je nach ihrer Amplitude, über- oder unterschwellig sein.*

Endplattenpotentiale *in situ.* Im gesunden Muskel *in situ* sind die Endplattenpotentiale immer weit überschwellig: jedes präsynaptische Aktionspotential löst also eine Zuckung der zugehörigen Muskelfaser aus. Vergiftung mit Curare verkleinert das Endplattenpotential in seiner Amplitude, so daß es, bei genügend hoher Curare-Konzentration, unterschwellig wird, d.h. kein Aktionspotential der Muskelfaser und damit keine Kontraktion mehr auslöst: die neuromuskuläre Übertragung ist *blockiert.* Ein mit **Curare vergifteter Mensch erstickt**, weil die neuromuskuläre Übertragung seiner Skeletmuskulatur, also auch seiner Atemmuskulatur, blockiert ist (Wirkmechanismus des Curare s. S. 225).

Zeitverlauf von Endplattenpotential und Endplattenstrom. Der Anstieg des Endplattenpotentials dauert 1-2 ms, der Abfall 5 bis maximal 20 ms. Wird, wie in Abb. 13-4, das Endplattenpotential in verschiedenen Abständen von der Endplatte registriert, so ist seine Amplitude desto kleiner und sein Anstieg und Abfall desto langsamer, je weiter die Ableitestelle von der Endplatte entfernt ist. Dieser Befund ist ein eindeutiges Zeichen (s. S 212), daß sich das Endplattenpotential vom Ort seiner Entstehung, also der *subsynaptischen Membran*, **elektrotonisch ausbreitet**.

Ursache des Endplattenpotentials ist ein **Strom durch die subsynaptische Membran**, der durch die Einwirkung der präsynaptisch freigesetzten Überträgersubstanz *Acetylcholin* (s. u.) auf die subsynap-

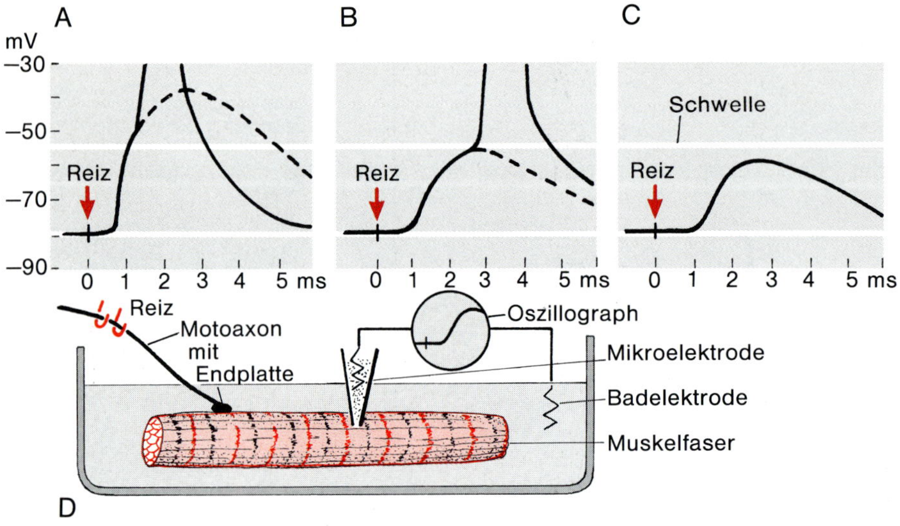

Abb. 13-3. Nachweis des Endplattenpotentials. Schema der Versuchsanordnung in **D** (vgl. Abb. 12-5A). Nur eine Muskelfaser mit ihrem zugehörigen Motoaxon ist gezeigt. Das Motoaxon wird elektrisch gereizt *(Pfeile in A–C)*. Um Kurzschluß zwischen den Reizelektroden zu vermeiden, wird der Nerv dabei in Luft oder in einer Schicht von Paraffinöl gehalten. **A** Intracellulär registrierte Potentialänderungen der Muskelfasermembran mit dem Präparat in normaler Blutersatzlösung nach TYRODE (Tyrode-Lösung). Das fortgeleitete Aktionspotential ist nur teilweise gezeichnet. **B, C** Potentialverlauf nach Zusatz von *d-Tubocurarin*. Die Schwelle für ein fortgeleitetes Aktionspotential (bei −55 mV) wird kaum noch **(B)** oder nicht mehr **(C)** erreicht. Zurück bleibt das *Endplattenpotential* **(C)**, das in **A** und **B** durch das Aktionspotential überdeckt wurde. Die Amplitude des Endplattenpotentials nimmt mit der Konzentration des Curare und der Dauer seiner Einwirkung ab

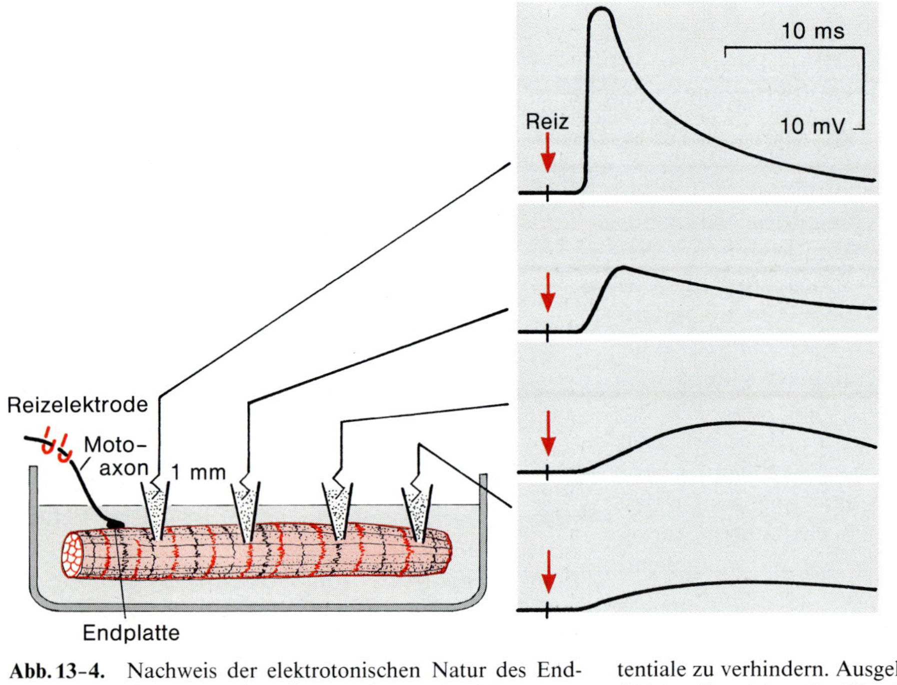

Abb. 13-4. Nachweis der elektrotonischen Natur des Endplattenpotentials. Versuchsaufbau, Reizung des Motoaxons und Registrierung der Endplattenpotentiale wie in Abb. 13-3. Der Badelösung ist während der Dauer des Experimentes genügend Curare zugesetzt, um überschwellige Endplattenpotentiale zu verhindern. Ausgehend von der Endplatte sind die Ableitstellen (also die Einstichorte der Mikroelektrode) jeweils *1 mm* in Längsrichtung der Muskelfaser voneinander entfernt

tische Membran ausgelöst wird. Dieser **Endplattenstrom** erreicht in weniger als 1 ms sein Maximum und klingt in weiteren 1–2 ms wieder ab (vgl. Abb. 13–15 D). Entsprechend schnell ist der Anstieg des Endplattenpotentials. Sein wesentlich langsamerer Abfall ist durch die passiven elektrischen Eigenschaften der Muskelfasermembran, also vor allem durch die Membrankapazität und durch den Membranwiderstand bestimmt [8, 10, 12, 25].

Subsynaptische Leitfähigkeitsänderungen während des Endplattenstromes. Die Natur der Leitfähigkeitsänderungen während der initialen Phase des Endplattenpotentials wurde zuerst durch die Bestimmung des Gleichgewichtspotentials des Endplattenpotentials, später auch durch Voltage-clamp- und Patch-clamp-Experimente aufgeklärt. Diese Messungen führten übereinstimmend zu dem Schluß, daß während der Zeit der Transmittereinwirkung auf die subsynaptische Membran, also für etwa 1–2 ms, die **Leitfähigkeit der Membran für kleine Kationen** (Na^+, K^+) stark erhöht ist [7, 8, 20, 25]. Unter normalen Umständen werden daher aufgrund der gegebenen Ionenverteilung (Tabelle 12–2, S. 201) besonders Na^+-Ionen in die Muskelfaser fließen und dadurch das Membranpotential verringern, denn bei einem Membranpotential von −80 mV ist die treibende Kraft für Na^+-Ionen größer als die treibende Kraft für die K^+-Ionen: es fließt ein von Na^+-Ionen getragener Nettoeinwärtsstrom. Ist die Leitfähigkeitsänderung groß genug, so wird an der Endplatte die Muskelfasermembran bis zur Schwelle depolarisiert, und es entsteht ein fortgeleitetes Aktionspotential (Abb. 13–3 A, B), das sich über die gesamte Muskelzelle ausbreitet.

Die Freisetzung der Überträgersubstanz

Miniatur-Endplattenpotentiale und die Quantenhypothese. In einer ruhenden Muskelfaser können mit einer intracellulären Elektrode kleine, kurze, in unregelmäßigen Abständen auftretende Membrandepolarisationen registriert werden. Sie ähneln in ihrem Zeitverlauf dem normalen Endplattenpotential, jedoch ist ihre Amplitude um ein Vielfaches kleiner. Sie werden daher **Miniatur-Endplattenpotentiale** genannt [2, 10, 27]. Sie entstehen, wie die Endplattenpotentiale auch, nur an der subsynaptischen Membran und breiten sich von dort elektrotonisch auf der Muskelfaser aus. Wegen ihrer kleinen Amplitude sind sie nur in unmittelbarer Nähe der Endplatte ableitbar. Auch die Pharmakologie der Endplattenpotentiale und der Miniatur-Endplattenpotentiale ist identisch. Man kann daher folgern, daß letztere durch die spontane Freisetzung kleiner Transmittermengen verursacht werden.

Miniatur-Endplattenpotentiale haben alle etwa die gleiche Amplitude. Sie werden anscheinend durch etwa gleich große Mengen Acetylcholin ausgelöst. Diese „Pakete" von Acetylcholin (ACh) hat man als **Quanten** bezeichnet. Es ließ sich zeigen, daß auch das Endplattenpotential durch die Freisetzung von Quanten verursacht wird. Reduzierung der pro Aktionspotential freigesetzten Menge an Überträgersubstanz durch Entzug von Ca^{++}-Ionen aus der Badelösung (oder Zusatz von Mg^{++}-Ionen, Mechanismus S. 225) macht nämlich sichtbar, daß das **Endplattenpotential** wahrscheinlich immer aus **ganzzahligen Vielfachen der Miniatur-Endplattenpotentiale** zusammengesetzt ist, also durch die praktisch gleichzeitige Freisetzung einer großen Zahl von Quanten verursacht wird.

Zusammengefaßt ergibt sich folgendes Bild: Die ruhende Endplatte setzt in statistisch verteilten Abständen (im Mittel etwa einmal pro Sekunde) ein Quantum Transmitter frei, das an der subsynaptischen Membran ein Miniatur-Endplattenpotential auslöst. Mit anderen Worten: Es besteht eine gewisse **statistische Wahrscheinlichkeit**, daß zu jedem Zeitpunkt ein Quantum Überträgersubstanz freigesetzt wird. Diese Wahrscheinlichkeit wird **durch das präsynaptische Aktionspotential** für kurze Zeit **erheblich vergrößert**, so daß innerhalb von einer Millisekunde einige Hundert Quanten freigesetzt werden, die das Endplattenpotential auslösen. Es ist beispielsweise abgeschätzt worden, daß an der Endplatte des Frosches pro präsynaptisches Aktionspotential etwa 200 Quanten freigesetzt werden. An anderen Synapsen reichen die Schätzungen bis zu 2000 Quanten. Die Gesamtmenge des durch ein präsynaptisches Aktionspotential an der Endplatte freigesetzten Acetylcholins wird mit $1{,}5 \times 10^{-15}$ g angegeben [10, 12].

Wie oben schon erwähnt, sind die präsynaptischen Vesikel seit langem als der Speicherorte des Transmitters angesehen worden. Die **Quantenhypothese** beruht also im wesentlichen auf zwei Befunden: 1. dem **elektronenmikroskopischen Befund** der synaptischen Bläschen und 2. dem **physiologischen Befund** der Quantennatur der Transmitterfreisetzung. Unterdessen hat man auch an vielen anderen chemischen Synapsen Vesikel und Miniaturendplattenpotentiale gefunden, und es ist auch geglückt, synaptische Vesikel durch Ultrazentrifugation zu isolieren und in ihnen Acetylcholin oder andere Stoffe nachzuweisen, denen Transmitterfunktion zugeschrieben wird [42]. Möglicherweise wird also **an allen Synapsen, die präsynaptische Vesikel haben, der Transmitter in Quanten freigesetzt**, auch an solchen, deren Transmitter noch unbekannt ist.

Ein **synaptisches Quantum** (nicht zu verwechseln mit dem physikalischen Begriff des Energiequants) enthält wahrscheinlich einige Tausend Transmittermoleküle, die innerhalb

1-2 ms in den sehr schmalen synaptischen Spalt entleert werden und dadurch praktisch gleichzeitig an der subsynaptischen Membran wirken können. An der Froschendplatte enthält ein Quantum etwa 10^3 bis 10^4 Acetylcholinmoleküle, bei der Ratte zwischen 4000 und 20000 Moleküle [10, 42], an anderen Synapsen gibt es noch keine genügend fundierten Abschätzungen. Es läßt sich im Augenblick noch nicht angeben, ob den Miniaturpotentialen eine physiologische Bedeutung zukommt, da es dazu keine entsprechenden Befunde gibt. Dies gilt auch für die zahlreichen Synapsen des Nervensystems, bei denen nicht ACh, sondern andere Substanzen als Transmitter dienen.

Lebenscyclus synaptischer Vesikel. Abb. 13-6 zeigt schematisch die Entstehung synaptischer Vesikel aus **komplexen Vesikeln**. Diese bilden sich aus Membraneinfaltungen und bestehen aus einem glattwandigen inneren Bläschen, das anscheinend identisch ist mit dem synaptischen Vesikel, und einer äußeren Hülle aus hexagonal angeordnetem Material. Die komplexen Vesikel bilden **Zisternen**, aus denen sich die synaptischen Vesikel abschnüren [27, 42]. Die hier vorgetragene Hypothese der Vesikelentstehung postuliert weiter, daß die Vesikelmembran bei Freisetzung der Überträgersubstanz mit der präsynaptischen Membran verschmilzt und daß der Ort der Vesikelbildung nicht identisch ist mit der Freisetzungszone. Letztere läßt sich auch elektronenoptisch von der übrigen Membran abgrenzen (Abb. 13-1, 13-2).

Überträgersubstanzfreisetzung durch das Aktionspotential; Rolle des Calciums. Das präsynaptische Aktionspotential ist eine starke, wenn auch nur sehr kurz dauernde Depolarisation der Membran. Trotzdem scheint sie auszureichen, die Wahrscheinlichkeit der Transmittersubstanzfreisetzung für weniger als 1 ms vieltausendfach über den Ruhewert ansteigen zu lassen, wodurch mit einer kleinen Verzögerung einige Hundert Quanten freigesetzt werden. Diese wiederum erzeugen in der postsynaptischen Membran das Endplattenpotential. Die Zahl der freigesetzten Quanten nimmt dabei mit der Amplitude des präsynaptischen Aktionspotentials zu und umgekehrt (vgl. die Mechanismen der *präsynaptischen Hemmung*, S. 232, und der *posttetanischen Potenzierung, S. 239)*.

Die Zeit, die vom Einlaufen des Aktionspotentials in die präsynaptische Endigung bis zum Beginn der subsynaptischen Ladungsverschiebung vergeht, wird als **synaptische Latenz** (Abb. 13-5) bezeichnet. Sie beträgt an der Endplatte der Ratte etwa 0,2 ms [27]. Vergleichbare Werte werden an den meisten zentralnervösen erregenden und hemmenden Synapsen gefunden. Als Beispiel sind in Abb. 13-5 diese Zeitverhältnisse für eine Tintenfischriesensynapse dargestellt, an der man sowohl prä- wie postsynaptisch die Potentialänderungen und die dabei entstehenden Ströme messen kann.

Oben in Abb. 13-5 ist neben dem präsynaptischen Aktionspotential (A) auch der **Ca^{++}-Einstrom in die präsynaptische Nervenendigung** (B) eingetragen, der bei Depolarisation neben den Na- und K-Strömen fließt (s. S. 210). Dieser *Ca^{++}-Einstrom* spielt eine Schlüsselrolle bei der Quantenfreisetzung [10, 22, 25, 32, 35, 39]. Wird nämlich, wie oben schon erwähnt, *in vitro* der Badelösung Ca^{++} entzogen, so setzt das präsynaptische Aktionspotential nicht einige Hundert, sondern weniger Quanten

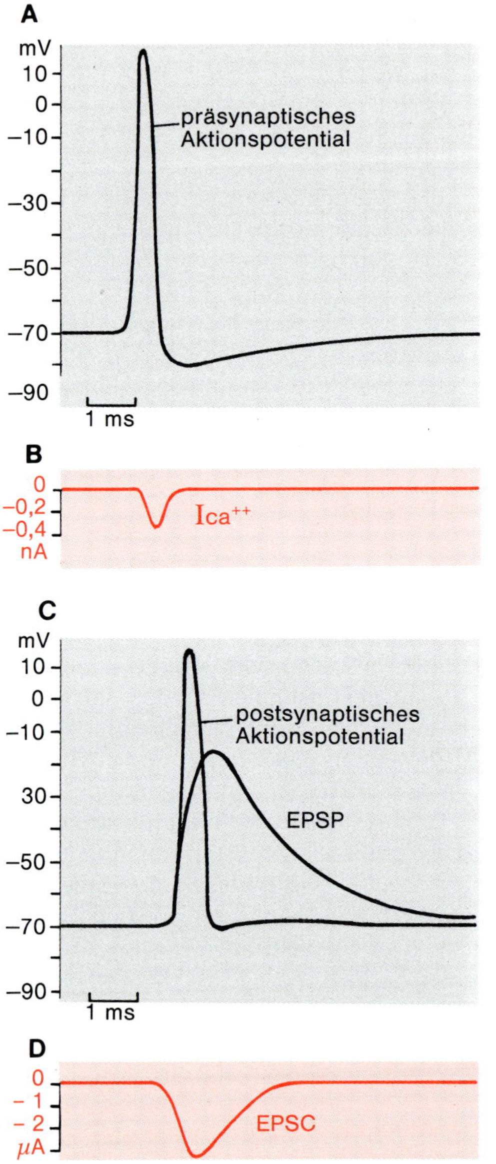

Abb. 13-5. Zeitverhältnisse der synaptischen Übertragung an einer Riesensynapse des Tintenfisches. Versuchsaufbau wie in Abb. 13-3. Die präsynaptische Endigung ist an diesem Präparat so groß, daß auch dort eine Mikroelektrode eingestochen werden kann. Dies erlaubt die synchrone Messung der prä- und postsynaptischen Vorgänge. **A** Zeitverlauf des präsynaptischen Aktionspotentials. **B** Zeitverlauf des Ca-Einstroms *(rot)* in die präsynaptische Endigung. **C, D** Postsynaptischer Strom (EPSC, *rot*), postsynaptisches Potential (EPSP) und das durch dieses ausgelöste Aktionspotential. Beachte die Zeitverzögerung *(synaptische Latenz)* zwischen **A** und **C.** Nach [32]

frei, wobei die Zahl der pro Impuls freigesetzten Quanten um einen Mittelwert schwankt, der von der jeweils wirksamen Ca^{++}-Konzentration abhängt. Bei geringer Ca^{++}-Konzentration treten Endplattenpotentiale auf, deren Amplituden geringzahlige Vielfache der Miniatur-Endplattenpotentiale sind. Gelegentlich wird auch kein Quantum freigesetzt. Die Größe der Quanten ändert sich dabei nicht. Für die Freisetzung eines Quantums scheinen vier Ca^{++}-Ionen benötigt zu werden, die sich *an der Innenseite der Membran* mit einem *Aktivator* verbinden. Ähnlich wie *Ca^{++}-Entzug* wirkt der *Zusatz* von Mg^{++}-Ionen. Anscheinend verdrängen die Mg^{++}-Ionen die Ca^{++}-Ionen kompetitiv von ihren Bindungsstellen am Aktivator, ohne ihn zu „aktivieren".

Aktivierung des Aktivators mit Ca^{++}-Ionen genügt nicht, um mit hoher Wahrscheinlichkeit ein Quantum freizusetzen. Vielmehr muß auch bei ausreichend hoher intracellulärer (präsynaptischer) Ca^{++}-Konzentration die Membran zur synchronen Überträgerstoffausschüttung depolarisiert werden [35, 36]. Die Wirkung der Depolarisation auf den Aktivator könnte man sich ähnlich wie die auf ein Kanalmolekül (Abb. 12-13 und 12-14) vorstellen. Die präsynaptischen aktiven Zonen mit ihren Vesikelbindungsstellen und Membranproteinen („Partikeln" in Abb. 13-2) wären damit ein Apparat zur schnellen Steuerung von Exocytose durch Depolarisation und Erhöhung des intracellulären Ca^{++}. Der **Wirkmechanismus der Ca^{++}-Ionen** innerhalb der präsynaptischen Endigung ist noch nicht bekannt [9, 12]. Die Erhöhung der Ca^{++}-Konzentration könnte aber z. B. die kontraktilen Elemente des Cytoskelets steuern (und damit die Vesikel an die Membran „drücken" oder dort „auspressen") oder die Phosphorylierung von Funktionsproteinen in der Membran auslösen.

Pathophysiologie der Freisetzung. Das Gift der Botulinus-Bakterien (in verdorbenem Fisch, Fleisch oder verdorbenen Konserven) wirkt auf die Endplatte ähnlich wie Ca^{++}-Entzug: über eine **Hemmung der ACh-Freisetzung** führt **Botulinustoxin** schon in winzigsten Mengen (Nanogramm) zu oft tödlichen Lähmungen (Atmung!) der Muskulatur. Da Botulinustoxin hitzeempfindlich ist, kann man sich im Zweifelsfall durch Aufkochen, Aufbraten etc. der fraglichen Lebensmittel wirksam schützen.

Der Transmitter Acetylcholins und seine subsynaptischen Receptoren

Synthese des Acetylcholin. Die Überträgersubstanz an der neuromuskulären Endplatte von Wirbeltieren, einschließlich des Menschen, ist das **Acetylcholin** (ACh), der Essigsäureester des Cholins (für andere Transmitterfunktionen des ACh s. S. 234). Die Synthese in der präsynaptischen Endigung erfolgt wie in Abb. 13-6 A,B,F zusammengefaßt. **Cholin** muß dazu über einen *Transportmechanismus* in die Endigung aufgenommen werden. Etwa die Hälfte des aufgenommenen Cholins stammt aus dem vorher freigesetzten und dann hydrolisierten ACh (Abb. 13-6 C,F), der Rest wahrscheinlich aus dem Blutplasma. Das für die Synthese benötigte Enzym **Cholinacetylase** (ChAc) wird im Soma des Motoneurons gebildet und in etwa 10 Tagen im Axon zu den präsynaptischen Endigungen transportiert [27]. Das von der Cholinacetylase synthetisierte ACh wird über einen noch unbekannten Mechanismus in die Vesikel aufgenommen.

Vorratshaltung. Nur ein kleiner Teil (15-20%) des in den Vesikeln gespeicherten ACh scheint als **unmittelbar verfügbare Fraktion** für die spontane oder durch ein Aktionspotential induzierte Freisetzung zur Verfügung zu stehen, während eine größere **Depotfraktion** nur mit einer gewissen Verzögerung mobilisiert werden kann (Abb. 13-6 G). Zusätzlich scheint eine dritte, **stationäre Fraktion** zu existieren, die möglicherweise nicht in Vesikelform vorliegt. Ein Austausch zwischen diesen drei Fraktionen scheint möglich (Pfeile in Abb. 13-6 G). Die *histologischen Korrelate dieser drei Fraktionen* sind noch nicht klar, wenn auch anzunehmen ist, daß die Vesikel in der Nähe des synaptischen Spaltes die unmittelbar verfügbare Fraktion bilden, die übrigen Vesikel ganz oder zum größeren Teil die Depotfraktion [27, 42].

Die subsynaptischen Receptoren. ACh verbindet sich an der subsynaptischen Seite mit spezifischen Makromolekülen, nämlich **Kanalproteinen**, die als *(pharmakologische)* **Receptoren** bezeichnet werden. Diese Verbindung bewirkt die Öffnung des Kanalproteins für Na^{+} und K^{+} (Abb. 13-6 H). Schematisch wurde als ein solches Kanalprotein das des Na-Kanals bereits dargestellt (Abb. 12-14). Der Torfunktion der Potentialabhängigkeit des Na-Kanals entspricht bei den Kanälen der neuromuskulären Endplatte (und der anderen chemischen Synapsen) die Bindung der Überträgersubstanz an den Receptorkanalkomplex. Dieses Makroprotein läßt sich für verschiedene Receptortypen isolieren, und für den Acetylcholinreceptor ist die volle Aminosäuresequenz bekannt. Er hat ein Molekulargewicht von 268 000 und besteht aus 5 etwa gleich großen und weitgehend analogen Untereinheiten, die sich um den zentralen Kanal lagern [12, 34, 37, 38, 39].

Verteilung und Dichte der ACh-Receptoren. Die ACh-Receptoren sitzen normalerweise nur an der subsynaptischen, nicht an der übrigen postsynaptischen Muskelfasermembran. Ihre Dichte liegt bei Ratten und Fröschen bei etwa 10^4 Receptoren pro μm^2 [27, 37]. Bei **Denervierung**, z. B. nach Durchschneiden des Motoaxons, entwickelt sich auf der gesamten Oberfläche der Muskelfaser eine Empfindlichkeit für ACh, die Muskelfasermembran wird **hypersensitiv** gegenüber ACh. (Gleichzei-

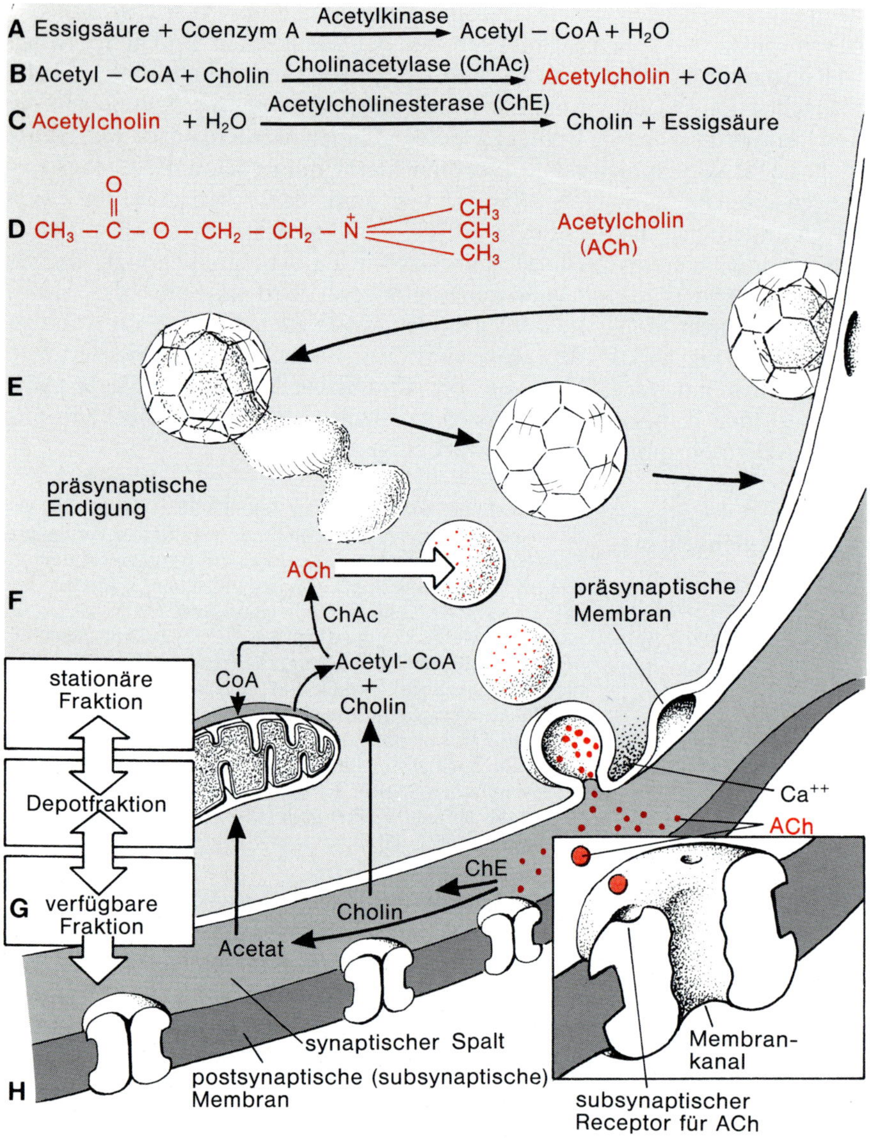

Abb. 13-6. *Acetylcholin* als Überträgersubstanz. **A, B** Biosynthese und **C** Abbau des Acetylcholins (chemische Strukturformel in **D**). In **E** ist die Bildung neuer Vesikel schematisch dargestellt. Erläuterung im Text. **F** faßt die Vorgänge bei der Synthese, Speicherung und Freisetzung des *ACh* und die Wiederaufnahme der Spaltprodukte aus dem *synaptischen Spalt* zusammen. **G** zeigt, daß neben der unmittelbar für die Freisetzung verfügbaren Fraktion auch eine größere Depotfraktion für die Freisetzung bereitsteht, während eine dritte, kleinere stationäre Fraktion nicht unmittelbar aus der Endigung freigesetzt werden kann. In **H** sind schematisch subsynaptische ACh-Receptoren gezeigt. Verbindung des Receptors mit ACh *(vergrößerte Einsatzfigur)* führt zu einer Öffnung der Membranpore für kleine Kationen

tig wird der Muskel atrophisch, und es treten Fibrillationen, das heißt spontane, nichtsynchronisierte, frequente Zuckungen der einzelnen Muskelfasern auf.) Die Hypersensitivierung ist teilweise Folge fehlender Muskelaktivität, teils ist sie aber auch durch den Wegfall unbekannter präsynaptischer Faktoren bedingt, die unabhängig von der synaptischen Transmission den Stoffwechsel der Muskelfaser beeinflussen und die wir als **trophische Faktoren** zusammenfassen. Bei Reinnervation verschwinden die ACh-Receptoren außerhalb der Endplatte wieder.

Inaktivierung von ACh-Receptoren. Wird eine Endplatte mehrere 100 ms der Einwirkung von ACh ausgesetzt, so kommt es an der ursprünglich depolarisierten Membran trotz weiterer Anwesenheit von ACh zu einer Repolarisation; die subsynaptischen Receptoren werden refraktär gegen ACh, sie werden **inaktiviert** oder **desensitiviert**. Auch an vielen anderen chemischen Synapsen mit anderen Überträgerstoffen ließ sich das Phänomen der **Desensitisierung** nachweisen. Es entspricht der *Inaktivation der Na-Kanäle* (S. 209). Bei den an den meisten Synapsen nur sehr kurzzeitig hohen Überträgerstoffkonzentrationen spielt die Desensitisierung für die Übertragung keine Rolle. Bei pharmakologischer Applikation des Überträgerstoffes oder seiner Agonisten zu therapeutischen Zwecken kann es aber durchaus zu Desensitisierungen kommen.

Beendigung der ACh-Wirkung. Das ACh wirkt normalerweise nur *für sehr kurze Zeit* an der subsynaptischen Membran (1–2 ms, S. 221), da es teils **wegdiffundiert**, teils durch das an der Endplatte in großen Mengen vorhandene Enzym **Acetylcholinesterase hydrolysiert**, das heißt in die unwirksamen Bestandteile *Cholin* und *Essigsäure* gespalten wird (Abb. 13-6C). Die Spaltprodukte des ACh werden zum großen Teil von der präsynaptischen Endigung wieder aufgenommen und dort zu ACh resynthetisiert. Abb. 3-6 F zeigt den Cyclus des ACh im zusammenfassenden Überblick. Auch für andere Überträgersubstanzen sind vergleichbare Cyclen nachgewiesen oder wahrscheinlich gemacht worden (S. 234–237). Bei vielen Synapsen spielt dabei der **aktive Transport** der Überträgersubstanz von der subsynaptischen Membran *zurück in die präsynaptische Nervenendigung* oder *in umliegende Zellen* für die Beendigung der Transmitterwirkung die entscheidende Rolle. Dies gilt z. B. besonders für *Adrenalin, Noradrenalin, GABA* und *Glutamat.* Wie das abbauende Enzym Acetylcholinesterase sind die Aufnahmemechanismen für Überträgerstoffe in die Zellen Angriffspunkte für viele wichtige pharmakologische Beeinflussungen der synaptischen Übertragung.

Myasthenia gravis. Diese chronische Störung der neuromuskulären Übertragung ist durch Schwäche und abnorme Ermüdbarkeit der Skeletmuskulatur gekennzeichnet: Den Patienten sinken z. B. die Augenlider herab oder sie können kaum gehen. Zugrunde liegt eine *Abnahme der Zahl der subsynaptischen Acetylcholinreceptoren.* Dadurch kommt es trotz ausreichender präsynaptischer Freisetzung von ACh zu verkleinerten Endplattenpotentialen, die teilweise unterschwellig bleiben. Kleine Abnahmen der ACh-Freisetzung im Verlauf der täglichen Muskelarbeit führen daher zum neuromuskulären Block vieler Endplatten. Der Receptorschwund ist durch eine **spezifisch gegen die ACh-Receptoren gerichtete Autoimmunreaktion** verursacht. Bei den meisten Patienten können Antikörper gegen ACh-Receptoren nachgewiesen werden, die entweder die Abbaurate der Receptoren erhöhen oder diese blockieren. Therapeutisch ist die Gabe von **Cholinesterase-Hemmstoffen** *(Ambenonium, Neostigmin, Pyridostigmin),* die die **Einwirkungsdauer des ACh** auf die vorhandenen Receptoren **verlängern**, eine zwar nicht kausale, aber erfolgreiche Behandlung. Thymusexstirpation und Prednison-Gaben können die Erkrankung zusätzlich günstig beeinflussen. Immunsuppressive Arzneimittel können ebenfalls eingesetzt werden [6, 14, 16, 28].

Neuromuskuläre Blockade

Mechanismen des neuromuskulären Blocks [1, 13, 14, 19]. Die bisherige Schilderung der neuromuskulären Übertragung hat deutlich gemacht, daß es eine ganze Reihe von Möglichkeiten gibt, die neuromuskuläre Übertragung zu beeinflussen. Ein Pharmakon oder eine toxische Substanz kann z. B. auf folgende Weise die Übertragung hemmen:

- es kann die **Fortleitung der Erregung** in die präsynaptische Endigung blockieren (Beispiel: *Lokalanästhetika*);
- es kann die **Freisetzung der Überträgersubstanz** blockieren (Beispiele: *in vivo* Botulinus-Toxin, *in vitro* Ca^{++}-Entzug bzw. kompetitive Verdrängung durch Mg^{++} oder Mn^{++});
- es kann mit der **Produktion von Überträgersubstanz** interferieren (Beispiel: *Hemicholin,* das die Aufnahme von Cholin in die präsynaptische Endigung hemmt);
- es kann am **subsynaptischen ACh-Receptor** angreifen. Mit diesem kann es eine *irreversible blockierende Bindung* eingehen (Beispiel: das Schlangengift *α-Bungarotoxin*), oder es kann ACh von seinem Wirkort *kompetitiv*, d. h. heißt reversibel und in Abhängigkeit von der Konzentration der beiden Partner verdrängen (Beispiele: *Curare, Pancuronium*), oder es kann eine *verlängerte subsynaptische Depolarisation und Receptor-Desensitisierung* induzieren (Beispiele: *Succinylcholin, Decamethonium*);
- es kann die **Cholinesterase** und damit die **ACh-Spaltung hemmen**, was über eine verlängerte Transmittereinwirkung zur subsynaptischen Depolarisation und Receptor-Desensitisierung und damit, ähnlich dem Beispiel des Succinylcholins, zum neuromuskulären Block führt (Beispiele: *Organophosphate*, jedoch nur in toxischer Dosierung).

Klinische Nutzanwendung. Blockierung der neuromuskulären Übertragung wird während *Narkosen* in weitem Umfang eingesetzt. Der Patient, der in dieser Zeit künstlich beatmet werden muß, benötigt dann nur eine relativ flache Narkose, die Bewußtsein und Schmerzempfindung ausschaltet, bei der sich aber ohne neuromuskuläre Blockade motorische Reflexe und ein hoher Muskeltonus störend bemerkbar machen würden. Die Vorteile der flachen Narkose liegen in ihrer geringen Toxicität, ihrer leichten Steuerbarkeit und ihrer schnellen Reversibilität. Ganz allgemein bezeichnet man Stoffe, die während Narkosen oder in anderen therapeutischen Situationen zur Muskelentspannung verwendet werden als **Relaxanzien** [1, 16].

Depolarisierende Muskelrelaxanzien. Stoffe, die die Wirkung des ACh am subsynaptischen Receptor für *längere Zeit* imitieren (sie werden von der Cholinesterase nicht oder nicht schnell genug abgebaut), blockieren durch die damit verbundene Depolarisation der subsynaptischen Membran (und die nachfolgende Receptor-Desensitisierung) die Erregungsübertragung. Man faßt solche Substanzen als **depolarisierende**

Muskelrelaxanzien zusammen [1, 13, 14]. *Succinylcholin* ist für diese Gruppe das wichtigste Beispiel. Entsprechend dem eben geschilderten Wirkmechanismus geht nach i.v. Injektion von Succinylcholin der völligen Erschlaffung eine kurze Periode ungeordneter (fasciculärer) Muskelzuckungen voraus.

Nicht-depolarisierende Muskelrelaxanzien. Stoffe, die ACh von seinem subsynaptischen Receptor kompetitiv verdrängen, ohne die Membranleitfähigkeit zu verändern, werden als **nicht-depolarisierende Muskelrelaxanzien** bezeichnet [1, 13, 14]. *Curare* (d-Tubocurarin) und *Pancuronium* können als Prototypen dieser Gruppe gelten. Im Vergleich zum Succinylcholin tritt nach i.v. Injektion von Curare die Muskelerschlaffung langsamer ein, sie hält aber auch wesentlich länger an. Entsprechend dem Wirkmechanismus treten vor der Erschlaffung keine Muskelzuckungen auf.

Cholinesterasehemmstoffe. Durch Gabe von Cholinesterasehemmstoffen könnte es ebenfalls zu einem neuromuskulären Block kommen, da es durch die verzögerte Spaltung des ACh zu einer verlängerten Depolarisation an der subsynaptischen Membran kommt. Wegen starker Nebenwirkungen an anderen cholinergen Synapsen wird dies klinisch nicht ausgenutzt, doch sind verschiedene Organophosphate (Insecticide und einige Nervengase) *irreversible* Cholinesterasehemmstoffe. Bei Vorliegen eines Blocks vom Curaretyp oder bei einer Abnahme der ACh-Receptoren (Myasthenia gravis, s.o.), kann aber die neuromuskuläre Übertragung durch Gabe von *reversiblen* Cholinesterasehemmstoffen wieder hergestellt bzw. normalisiert werden (Beispiele: *Ambenonium, Neostigmin, Pyridostigmin*).

13.2 Zentrale erregende chemische Synapsen

Die Grundvorgänge bei der Erregungsbildung an chemischen Synapsen sind bisher am Beispiel der neuromuskulären Endplatte geschildert worden. Es ist daher jetzt möglich, sich den komplexeren Vorgängen bei der Erregungsübertragung an zentralen Neuronen zuzuwenden. Während nämlich jede Muskelfaser in der Regel nur eine Endplatte besitzt und jedes Endplattenpotential normalerweise überschwellig ist, besitzen zentrale Neurone meist viele Dutzend bis einige Tausend Synapsen [2, 9, 12, 14], und die erregenden postsynaptischen Potentiale der *einzelnen* Synapsen sind fast immer unterschwellig, so daß nur die *gleichzeitige* Tätigkeit zahlreicher Synapsen zu einer fortgeleiteten Erregung führt. Dazu kommt, daß neben den *erregenden* auch *hemmende* Synapsen auf dem Soma und den Dendriten der Neurone enden, deren Aktivierung dem Entstehen einer fortgeleiteten Erregung entgegenwirkt.

Die Erregung des Motoneurons

Die **motorische Vorderhornzelle** (Motoneuron) in der grauen Substanz des Rückenmarks, deren Nervenfaser (Motoaxon) das Rückenmark durch die Vorderwurzeln verläßt und Skeletmuskelfasern innerviert, hat sich wegen ihrer Größe (Durchmesser des Somas bis zu 100 µm), ihrer relativ guten Zugänglichkeit und ihrer gut bekannten erregenden und hemmenden Verbindungen für das Studium der neuronalen synaptischen Potentiale als besonders geeignet erwiesen. Die an Motoneuronen gewonnenen Ergebnisse lassen sich außerdem ohne größere Einschränkungen auf die Mehrzahl der zentralen Neurone übertragen, so daß diese Ergebnisse zur Grundlage der jetzigen Erörterung gemacht werden können [2, 9, 11–14].

Erregende postsynaptische Potentiale, EPSP. Abb. 13–7 zeigt schematisch, daß über die Oberfläche eines Motoneurons mit Ausnahme des Axonhügels und des Axons zahlreiche Synapsen verteilt sind. Es wird geschätzt, daß jedes Motoneuron etwa 6000 axo-somatische und axo-dendritische Synapsen besitzt. Die Synapsen sind teils erregender, teils hemmender Natur, und die Axone stammen zum größten Teil von zentralen Neuronen. Ihr Aufbau entspricht dem der Synapse in Abb. 13–1; es handelt sich also um **chemische Synapsen.**

Ein kleiner Teil der Axone der erregenden Synapsen kommt direkt von Dehnungsreceptoren der quergestreiften Muskulatur, den *Muskelspindeln.* Diese Axone sind also *afferente* Nervenfasern, die von den Muskelnerven über die Hinterwurzeln in das Rückenmark eintreten. Diese Muskelspindelafferenzen bilden direkte erregende Synapsen mit Motoneuronen ihres eigenen *(homonymen)* Muskels. Diese Verschaltung macht es möglich, erregende Synapsen eines Motoneurons durch periphere elektrische Reizung des zugehörigen Muskelnerven zu aktivieren und die postsynaptischen Prozesse durch eine intracelluläre Mikroelektrode zu beobachten.

In Abb. 13–8A ist ein solcher Versuchsaufbau gezeigt. Werden die Afferenzen elektrisch gereizt (Pfeile in B, C, D), so tritt nach kurzer Latenz eine Depolarisation des Membranpotentials auf, dessen Zeitverlauf in B und C dem des Endplattenpotentials ähnlich ist. Die Amplituden hängen von der Zahl der erregten Afferenzen ab, bei elektrischer Reizung also von der Reizstärke ($B < C < D$). Als Maß für die Anzahl der erregten Afferenzen kann im Experiment die extracelluläre Ableitung der afferenten Salve von der Hinterwurzeleintrittszone dienen (Abb. 13–8 A und untere Registrierung in E–K). Von ihr aus kann auch die **spinale Latenz** bis zum Auftreten der intracellulären Depolarisation gemessen werden. Da, wie in D gezeigt, die Depolarisation das Neuron erregen kann, so daß ein fortgeleitetes Aktionspotential auftritt, wird sie **erregendes postsynaptisches Potential**, abgekürzt **EPSP**, genannt.

Die EPSP sind den Endplattenpotentialen an der neuromuskulären Endigung analog. Während das

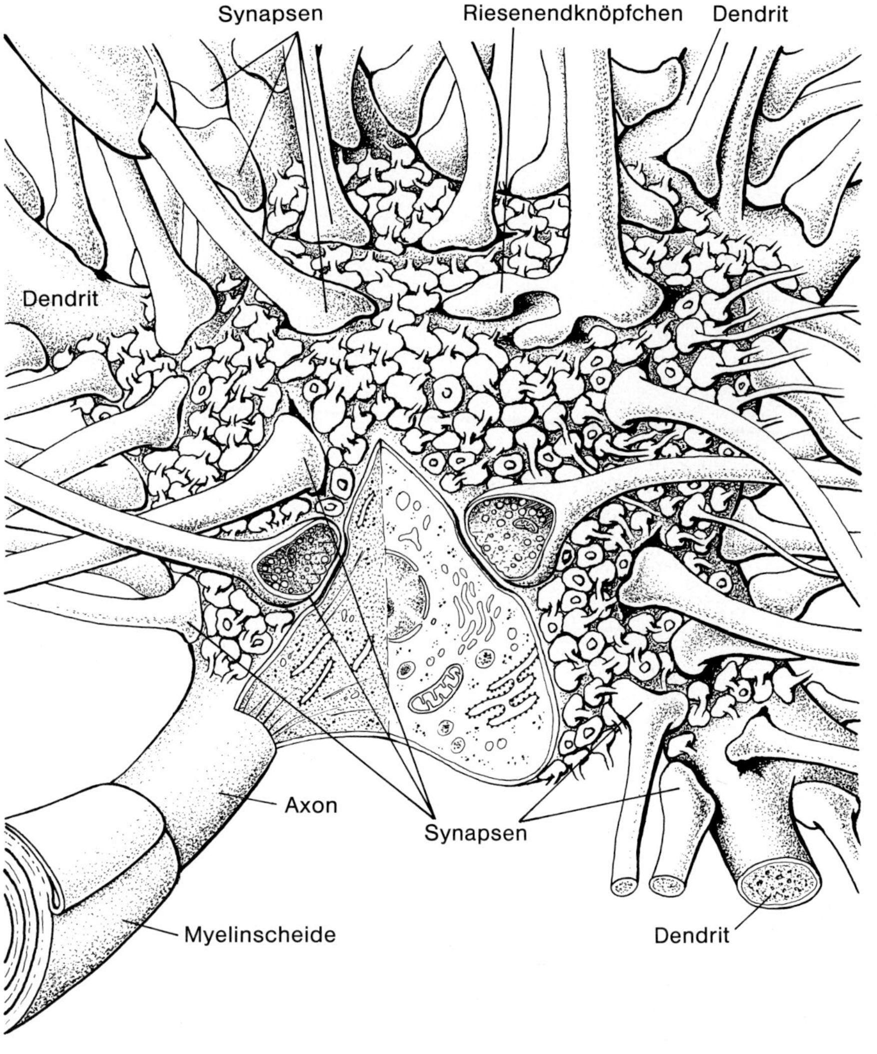

Abb. 13-7. Synapsen auf einem Motoneuron. Stark vereinfachte, schematisierte Darstellung. Die Dendriten sind kurz nach ihrem Ursprung aus dem Soma abgeschnitten, sie würden sich bei diesem Vergrößerungsmaßstab weit über die Fläche des Buches hinaus erstrecken. Soma und Dendriten sind nahezu vollständig von Synapsen unterschiedlicher Größe bedeckt. Die meisten (teils markhaltige, teils marklose) Axone sind unmittelbar am synaptischen Endknopf abgeschnitten. Das Motoaxon ist markhaltig. Es endet als motorische Endplatte auf Skeletmuskelfasern (vgl. Abb. 13-2)

Endplattenpotential aber durch die Aktivierung einer einzelnen Synapse, nämlich der Endplatte, entsteht, sind die EPSP meist durch die **gleichzeitige Aktivierung mehrerer Synapsen** verursacht. Die *Anstiegsphase* eines EPSP dauert etwa 2 ms, der *Abfall* etwa 10–15 ms (EPSP mit wesentlich längeren Zeitverläufen werden weiter unten geschildert). Der Zeitverlauf ist unabhängig von der Amplitude des EPSP (Abb. 13-8 E-K). Dies bedeutet, daß sich die an verschiedenen Synapsen gleichzeitig ausgelösten EPSP in der Amplitude addieren und sich außerdem gegenseitig nicht beeinflussen. (Die Unabhängigkeit der „unitären" EPSP voneinander gilt nur in gewissen Grenzen, die aber hier vernachlässigt werden können.)

Ionenmechanismus des EPSP. Alle Befunde weisen darauf hin, daß das EPSP auf einer **kurzzeitigen Leitfähigkeitserhöhung für kleine Kationen** beruht, was in direkter Analogie zum Ionenmechanismus des Endplattenpotentials steht. Zusätzlich scheint auch die Leitfähigkeit für Cl^--Ionen erhöht zu werden. Das Gleichgewichtspotential des EPSP liegt bei etwa −15mV. Aus dem Zeitverlauf des EPSP und der Membranzeitkonstante des Motoneurons läßt sich die Dauer der Leitfähigkeitsänderung zu 1–2 ms berechnen [2]. Die unbekannte Überträgersubstanz wirkt also etwa ebensolange an der subsynaptischen Membran des Motoneurons wie ACh an der Endplatte. Die Überträgersubstanz des EPSP ist aber sicher nicht ACh; Kandidaten sind Glutamat und Substanz P [12, 21].

Die Auslösung des Aktionspotentials. Die Membran des **Axonhügels** am Abgang des Axons aus dem Soma hat eine deutlich geringere Schwelle als die des Somas und der Dendriten. Fortgeleitete Aktionspotentiale entstehen daher in Motoneuronen und wahrscheinlich auch in anderen, wenn auch nicht allen Nervenzellen, am Axonhügel, der damit den

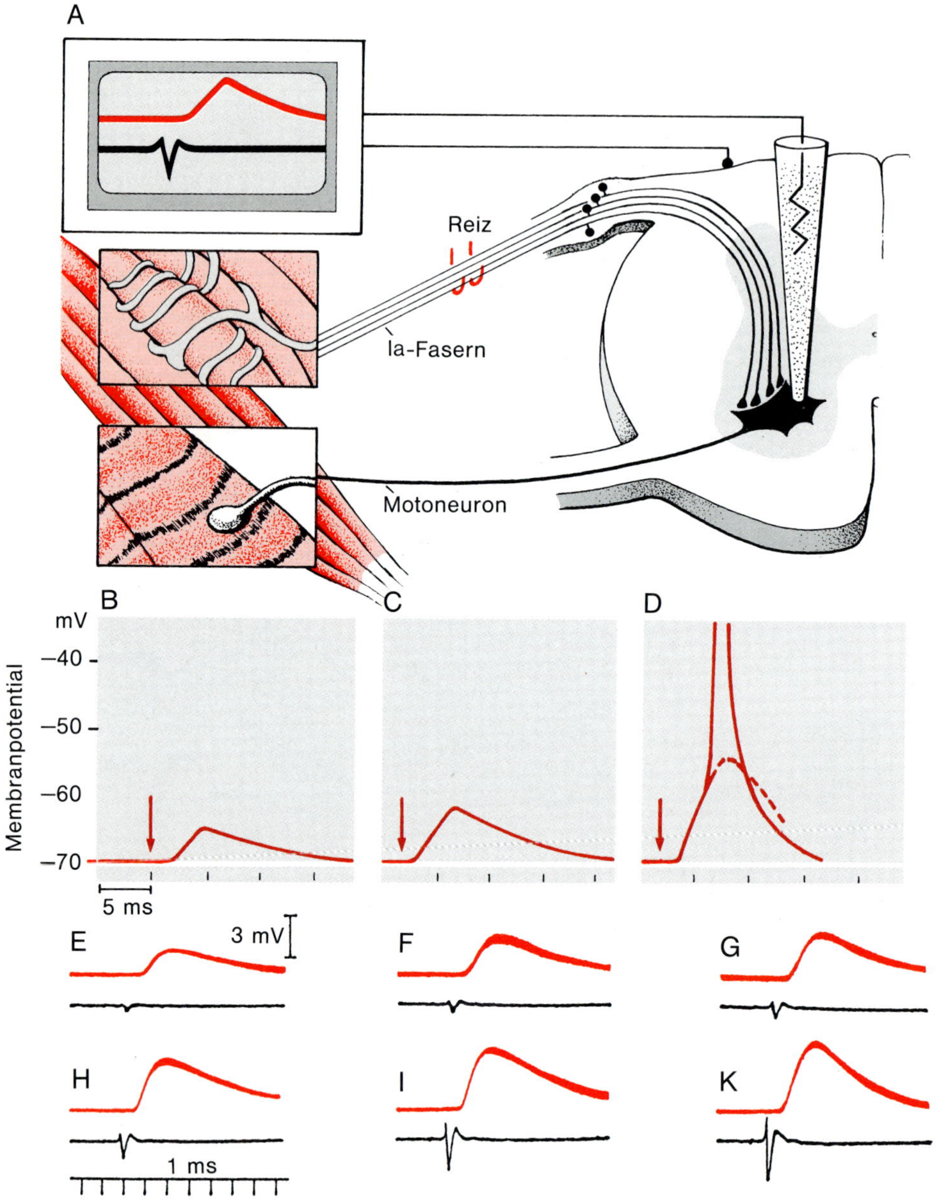

Abb. 13-8. Erregende postsynaptische Potentiale (EPSP). **A** Schema der Versuchsanordnung. Die EPSP werden intracellulär von einem Motoneuron nach Reizung der homonymen (zugehörigen) Muskelspindelafferenzen *(Ia-Fasern)* abgeleitet. **B–D** Schematische Darstellung der Wirkung zunehmender Reizstärke. Das EPSP löst bei Erreichen der Schwelle (−60 mV) ein fortgeleitetes Aktionspotential aus. **E–K** EPSP eines Motoneurons des Musculus quadriceps der Katze. Die unipolare extracelluläre Ableitung der afferenten Salve von der Hinterwurzeleintrittszone (siehe **A**) dient als Maß für die Zahl der erregten afferenten Nervenfasern und zur Bestimmung der spinalen Latenz. Sie ist als triphasische Potentialschwankung auf den unteren Registrierungen zu sehen. **E–K** aus [3]

gemeinsamen Wirkort aller somatischen und dendritischen Synapsen darstellt. Da der Axonhügel in das Axon übergeht, ist so gewährleistet, daß ein einmal entstandenes Aktionspotential sich mit Sicherheit in die Peripherie fortpflanzt.

Wirksamkeit somatischer und dendritischer Synapsen. Da EPSP sich passiv elektrotonisch auf der Zellmembran ausbreiten, sollten somatische Synapsen nahe dem Axonhügel die Erregbarkeit eines Neurons mehr beeinflussen als weiter entfernte dendritische Synapsen. Zum Teil ist dies möglicherweise richtig, zum Teil scheint dieser Nachteil dadurch kompensiert zu werden, daß an den Dendriten besonders große EPSP auftreten. Die Ursache dafür liegt wahrscheinlich in den Kabeleigenschaften der Dendriten, also auf der postsynaptischen Seite [2, 12]. Die Bedeutung der somatischen relativ zu den dendritischen Synapsen ist aber noch nicht völlig klar.

Zellgröße und Erregbarkeit [26]. Unter sonst gleichen Bedingungen ist bei Motoneuronen die **Erregbarkeit um so größer, je kleiner das Neuron** ist. Diese Verhältnisse treffen wahrscheinlich auch für andere Neurone zu. Dem liegt zugrunde, daß die Membran einer kleinen Zelle einen größeren elektrischen Widerstand darstellt als die einer großen Zelle mit zahlreichen parallel liegenden „Widerstandselementen". Folglich wird bei einer kleinen Zelle ein gegebener, durch die subsynaptische Membran eintretender Ionenstrom beim Ausstrom durch die übrige postsynaptische Membran eine größere Membranpotentialänderung, also ein größeres EPSP, hervorrufen als der gleiche Strom an einer großen Zelle. Die wichtigste Folge dieses Zusammenhangs ist, daß kleine Motoneurone und die ihnen zugehörigen Muskelfasern im Laufe eines Lebens viel häufiger tätig sind als große.

Gamma-Motoneurone (γ-Motoneurone). Die bisher geschilderten Motoneurone innervieren die Arbeitsmuskulatur. Ihre Axone gehören zum A-α-Typ (vgl. Tabelle 12-1, S. 195). Sie werden daher als **Alpha-Motoneurone** (α-Motoneurone) zusammengefaßt. Es gibt aber noch eine Gruppe besonders kleiner Motoneurone, deren dünne Motoaxone zum A-γ-Typ gezählt werden. Diese **Gamma-Motoneurone** (γ-Motoneurone) machen etwa ein Drittel aller Motoneurone aus. Sie innervieren die Muskelfasern der Muskelspindeln (S. 285). Die meisten γ-Motoneurone zeigen eine Ruheentladung, ihre Entladungsfrequenz ist meist höher als die der α-Motoneurone, und sie antworten häufig repetitiv. Diese Eigenschaften scheinen eine direkte Folge ihrer geringen Größe zu sein.

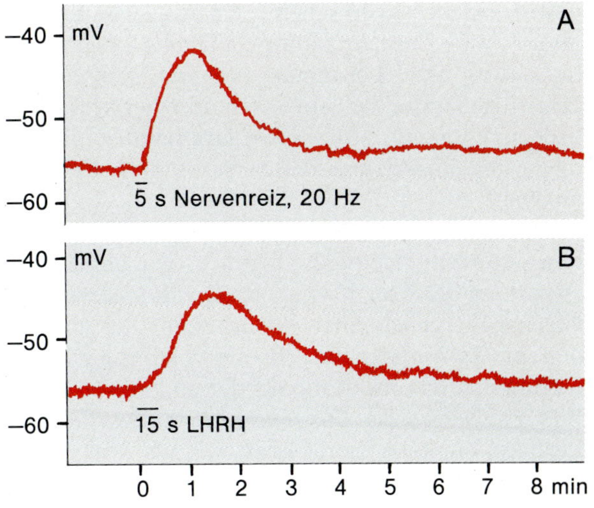

Abb. 13-9. Langsame synaptische Potentiale einer peptidergen Synapse. **A** Intracelluläre Registrierung eines langsamen (slow) erregenden postsynaptischen Potentials, *sEPSP*, an einer sympathischen Ganglienzelle des Frosches. Zur Auslösung des sEPSP wurde der präsynaptische Nerv für 5 s mit 20 Reizen pro Sekunde (20 Hz) elektrisch gereizt. **B** Eine ähnliche Depolarisation wird durch 15 s lange Applikation des Peptids LHRH ausgelöst (s. Text). Beachte die rund 8 min lange Dauer beider Depolarisationen. Nach [11, 30]

EPSP an anderen Nervenzellen

Nach den bisher vorliegenden, zum Teil noch sehr unvollkommenen Beobachtungen an anderen Neuronen, treten EPSP des eben beschriebenen Typs auch an anderen Neuronen des ZNS auf. Zum Teil sind etwas kürzere und längere Zeitverläufe sowohl im Anstieg wie im Abfall des EPSP beobachtet worden, wobei insgesamt derzeit der Eindruck vorherrscht, daß die EPSP der Motoneurone in ihrem Zeitverlauf eher kürzer als die meisten anderen EPSP sind. Allerdings ist bei dieser Aussage, ebenso wie bei jedem anderen Generalisierungsversuch im Auge zu behalten, daß die *Mehrzahl* der zentralnervösen Synapsen bisher nicht untersucht wurde und daß in den wenigen anderen Fällen zwangsläufig *große* Neurone bei weitem bevorzugt wurden [2, 4, 11, 12, 14].

Langsame vegetative Synapse [30, 31]. An peripheren sympathischen Ganglienzellen werden zusätzlich bemerkenswert langsame EPSP (Dauer viele Sekunden bis Minuten) beobachtet. Solchen Potentialen kommt möglicherweise eine große Bedeutung bei der **Langzeit-Informationsübertragung** von Neuron zu Neuron zu, da durch sie die Erregbarkeit auf einfachste Weise über lange Zeit verstellt werden kann. Ein solches synaptisches Potential in einem Sympathicusganglion zeigt Abb. 13-9. In diesen Ganglien gibt es schnelle, erregende Synapsen, die Acetylcholin als Überträgerstoff haben. Dazu erzeugen wiederholte Reizungen der präsynaptischen Axone minutenlange erregende postsynaptische Potentiale, die nicht von Acetylcholin vermittelt werden. Dagegen verursacht ganz spezifisch das Peptid **LHRH** (luteinisierendes Hormon-Releasing-Hormon, vgl. Tabelle 10-2), ein praktisch identisches postsynaptisches Potential. Verschiedene Tests zeigten, daß wirklich dieses Peptid oder ein naher Verwandter hier der Überträgerstoff ist. Es ist daneben durchaus wahrscheinlich, wenn auch nicht gesichert, daß langsame EPSP (abgekürzt sEPSP - von slow EPSP) auch im ZNS, vor allem im Neocortex und im Hippocampus auslösbar sind (Kap. 27).

Synaptische Cotransmitter und Modulatoren. Lange Zeit hat man geglaubt, daß eine Nervenzelle an allen ihren präsynaptischen Endigungen nur jeweils einen Überträgerstoff ausschüttet. Mittlerweile mehren sich aber Beispiele von Synapsen, die mehr als eine Transmittersubstanz enthalten. So gibt es im vegetativen Nervensystem, zumindest bei embryonalen Zellen, Freisetzung von Acetylcholin und Adrenalin aus derselben präsynaptischen Endigung. An der motorischen Endplatte wird zusammen mit Acetylcholin auch Adenosintriphosphat freigesetzt, das wahrscheinlich ebenfalls als Transmitter wirkt. Häufig wird auch, wie in Abb. 13-9 demonstriert, an synaptischen Nervenendigungen neben einem „klassischen" Überträgerstoff (z. B. Acetylcholin, Noradrenalin) ein *Peptid* ausgeschüttet, das an der Übertragung mitwirkt. Wir nennen Überträgerstoffe, die gemeinsam in einer präsynaptischen Endigung auftreten, **Cotransmitter**, die gemeinsame Freisetzung dieser Substanzen **Cotransmission**.

Die unterschiedlichen **Aufgaben von Cotransmittern** sind noch nicht völlig deutlich. Wie bei der Besprechung der Abb. 13-9 schon erwähnt, sieht es in vielen Fällen nach einer Arbeitsteilung aus, bei der der eine Transmitter die schnelle synaptische Übertragung übernimmt, während der andere für *Langzeitverstellungen der Erregbarkeit* verantwortlich ist. Letztere Funktion bezeichnen wir als **synaptische Modulation**. Ein **synaptischer Modulator** bewirkt also unmittelbar keine Leitfähigkeitsänderung in den subsynaptischen Membranen, sondern er beeinflußt Intensität und Dauer der Wirkung der „klassischen" Überträgerstoffe. Als Modulatoren kommen vor allem eine *Reihe von Peptiden* in Frage (s. Abb. 13-14), z. B. das in Abb. 13-9 wirksame LHRH und die Enkephaline (die an Morphinreceptoren binden).

13.3 Zentrale hemmende chemische Synapsen

Neben den lokalen und fortgeleiteten *erregenden* Prozessen laufen an den Nervenzellen auch Vorgänge ab, die die Aktivität der beteiligten neuronalen Strukturen reduzieren. Dabei handelt es sich nur zum kleineren Teil um *Folgen einer vorhergehenden Erregung*, wie z. B. die *Refraktärphase* im Anschluß an ein Aktionspotential. Viel wichtiger sind *aktive Prozesse*, die den Erregungszustand der Neurone herabsetzen. Diese aktiven Prozesse werden als **Hemmung** oder **Inhibition** bezeichnet, während die davor angesprochenen passiven Abnahmen von Erregung als **Depression** zusammengefaßt werden.

Zwei Typen von Hemmung sind uns bekannt: bei der **postsynaptischen Hemmung** wird die Erregbarkeit der *subsynaptischen* Soma- und Dendritenmembran der Neurone herabgesetzt, während bei der **präsynaptischen Hemmung** die Transmitterfreisetzung an *präsynaptischen* Endigungen reduziert oder völlig verhindert wird. Im ZNS der Wirbeltiere scheint die postsynaptische Hemmung die größere Rolle zu spielen; die präsynaptische Hemmung findet sich vorwiegend an den präsynaptischen Endigungen somatischer und visceraler Afferenzen, weniger im übrigen Nervensystem.

Die Bedeutung hemmender Prozesse für das Zentralnervensystem läßt sich gut durch folgendes Experiment illustrieren: Injiziert man einem Versuchstier einige Milligramm **Strychnin**, ein Pharmakon, das viele **hemmende Synapsen blockiert**, die erregenden aber unbeeinflußt läßt, so setzen innerhalb weniger Minuten schwere **Krämpfe** ein, an denen der Organismus schließlich zugrunde geht. Eindrucksvoller kann kaum noch demonstriert werden, daß die Hemmung ein mit der Erregung gleichrangiger Grundprozeß zentralnervöser Tätigkeit ist.

Postsynaptische Hemmung

Inhibitorische postsynaptische Potentiale im Motoneuron. Durch Messung von Reflexkontraktionen ist seit langem bekannt, daß Reizung von Muskelspindelafferenzen nicht nur die homonymen Motoneurone erregt, sondern gleichzeitig die antagonistischen Motoneurone hemmt (s. auch S. 289). Die dabei in einem solchen antagonistischen Motoneuron auftretenden Potentiale zeigt Abb. 13-10. Jeder Reiz löst eine *hyperpolarisierende* Potentialverschiebung aus, deren Zeitverlauf unabhängig von der Amplitude ist und sehr dem Zeitverlauf des EPSP ähnelt. Durch die Hyperpolarisation wird das Membranpotential von der Schwelle für eine fortgeleitete Erregung entfernt, das Motoneuron also gehemmt. Die Hyperpolarisationen in Abb. 13-10 werden daher als *hemmende* oder **inhibitorische postsynaptische Potentiale**, abgekürzt **IPSP**, bezeichnet [2, 3].

Ionenmechanismus des IPSP. Der Zeitverlauf der IPSP ist praktisch spiegelbildlich dem der EPSP mit einem Anstieg von 1-2 ms und einem Abfall von 10-12 ms. Auch hier dauert die subsynaptische Leitfähigkeitsänderung etwa 1-2 ms [2, 3, 12]. Messung des **Gleichgewichtspotentials des IPSP** ergab einen Wert von $E_{IPSP} = -80$ mV. Da das Gleichgewichtspotential der K^+-Ionen etwa bei -90 mV liegt, das der Cl^--Ionen beim Ruhepotential, liegt das E_{IPSP} etwa in der Mitte zwischen E_K und E_{Cl}. Daraus wurde gefolgert, daß es während der Einwirkung des inhibitorischen Transmitters an der subsynaptischen Membran zu einer **starken Erhöhung der Leitfähigkeit für K^+- und Cl^--Ionen** kommt [2, 3, 12].

Hemmende Wirkung des IPSP. Die hemmende Wirkung des IPSP beruht einmal auf der **Hyperpolarisation des Membranpotentials** und zum anderen auf der **initialen Erhöhung der Membranleitfähigkeit**. Die unterschiedliche Wirkung dieser beiden Hemm-Mechanismen ist in Abb. 13-11B zu sehen. Ein im späteren Verlauf des IPSP ausgelöstes EPSP ist lediglich um den Betrag der jeweiligen Hyperpo-

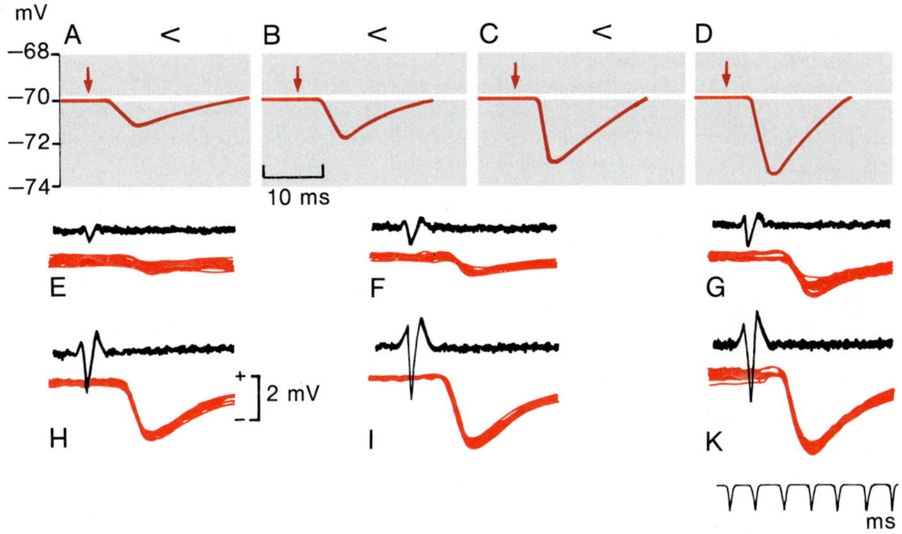

Abb. 13-10. Hemmende postsynaptische Potentiale (IPSP). Versuchsanordnung wie in Abb. 13-8A, es wird jedoch ein dem Motoneuron antagonistischer Nerv gereizt. **A–D** Schematische Darstellung hemmender synaptischer Potentiale bei Zunahme der afferenten Reizstärke. **E–K** Hemmende postsynaptische Potentiale in einem Motoneuron des Musculus semitendinosus der Katze bei Reizung des Nervus quadriceps. Die von der Hinterwurzeleintrittszone abgeleiteten afferenten Salven (extracelluläre, unipolare Ableitung, s. Abb. 13-8A) sind als triphasische Potentialschwankungen auf den oberen Registrierungen zu sehen. Beachte die gegenüber Abb. 13-8 deutlich längere spinale Latenz, die auf die Zwischenschaltung eines Interneurons im spinalen Reflexweg hinweist. **E–K** aus [2]

larisation verschoben (mittlere und rechte Registrierung in B), das während der initialen Phase ausgelöste EPSP ist jedoch kleiner als das Kontroll-EPSP in A. Die Skizzen in C zeigen die Ursache für den unterschiedlichen Effekt des IPSP während und nach der aktiven Phase: links sind erregende und hemmende Synapse etwa gleichzeitig aktiviert und der Einstrom der Na^+-Ionen an der subsynaptischen Membran der erregenden Synapse wird durch die an der hemmenden Synapse ausströmenden K^+-Ionen teilweise kompensiert. Die resultierende Potentialänderung in depolarisierender Richtung ist daher kleiner als zu dem rechts gezeigten Zeitpunkt, bei dem die inhibitorische Synapse nicht aktiviert ist.

Nach der bisher gegebenen Darstellung ist die **Rolle der Cl^--Ionen bei der Entstehung des IPSP** gering. Dies ist richtig, solange das IPSP vom normalen Ruhepotential seinen Ausgang nimmt, da E_{Cl} beim Ruhepotential liegt. Nimmt das IPSP jedoch von einem (vorübergehend durch EPSP) depolarisierten Membranpotential seinen Ausgang, so wird die erhöhte Cl^--Permeabilität zu einem verstärkten Einströmen von Cl^--Ionen führen und dadurch zu vergrößerten IPSP.

Liegt das **Membranpotential beim Gleichgewichtspotential des IPSP**, so löst definitionsgemäß eine Aktivierung hemmender Synapsen *keine Potentialverschiebung* aus. Die Zelle ist jedoch während der *aktiven Phase* des IPSP **durch die erhöhte Leitfähigkeit der Membran** für K^+- und Cl^--Ionen **gehemmt**. In dieser Zeit wird jede Ladungsverschiebung an er-

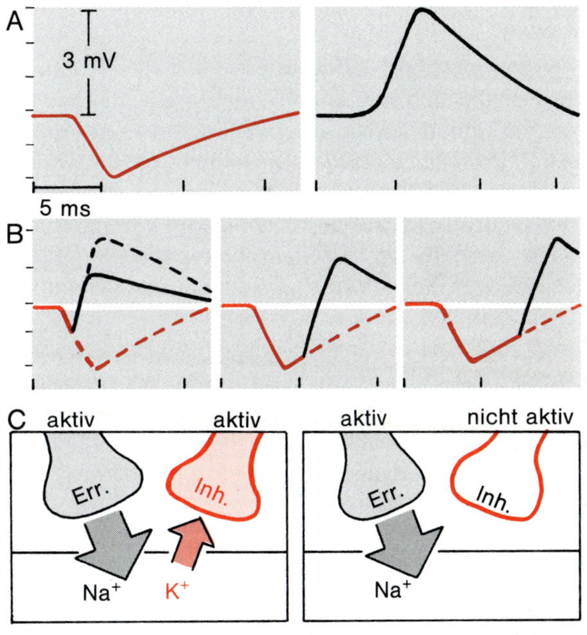

Abb. 13-11. Wirkung von IPSP auf EPSP. Versuchsaufbau wie in Abb. 13-8 und 13-10. Reizung des antagonistischen Nerven ergibt das IPSP *links* in **A**, Reizung des homonymen Nerven das *rechts gezeigte* EPSP. In **B** wurde das EPSP etwa 1, 3 und 5 ms nach Beginn des IPSP ausgelöst. **C** skizziert die subsynaptischen Permeabilitätsänderungen bei gleichzeitiger Aktivierung erregender und hemmender Synapsen *(links)* und bei alleiniger Aktivierung der erregenden Synapsen *(rechts)*

regenden Synapsen durch die dann einsetzende Ladungsverschiebung unter der hemmenden subsynaptischen Membran mindestens teilweise kompensiert (s. Abb. 13–11 C). Bei *repetitiver asynchroner* Aktivierung zahlreicher hemmender Synapsen kann die Leitfähigkeit so stark ansteigen, daß auch große erregende Ströme nur noch zu kleinen Depolarisationen führen.

Transmitterfreisetzung an hemmenden Synapsen. Der Mechanismus der Transmitterfreisetzung an hemmenden Synapsen ist dem an erregenden Synapsen wahrscheinlich sehr ähnlich. *Synaptische Bläschen (Vesikel)* sind an hemmenden Synapsen ebenso vorhanden wie an erregenden und auch sonst lassen sich morphologisch erregende und hemmende Synapsen nicht unterscheiden. Die hemmende Überträgersubstanz an Motoneuronen und vielen anderen, aber nicht allen hemmenden Synapsen ist die Aminosäure **Glycin**.

Von zwei Giften ist bekannt, daß sie die **synaptische Übertragung hemmender Synapsen blockieren** und dadurch **Krämpfe verursachen**: Das oben schon erwähnte *Strychnin* verdrängt kompetitiv die hemmende Überträgersubstanz von der subsynaptischen Membran (vgl. Curarewirkung an der Endplatte), *Tetanustoxin* verhindert wahrscheinlich die Freisetzung des Transmitters von der inhibitorischen präsynaptischen Endigung (vgl. Mg^{++}- und Botulinustoxin-Effekt an der Endplatte). Da eine manifest gewordene **Tetanuserkrankung meist zum Tode führt**, ist eine vorbeugende aktive Schutzimpfung (Tetanol) allgemein zu empfehlen.

IPSP an anderen Neuronen. Soweit bisher bekannt, können die Befunde an Motoneuronen auf andere Neurone übertragen werden. Jedenfalls sind an einer Reihe von zentralen, einschließlich corticalen Neuronen, IPSP beobachtet worden, die denen der Motoneurone im wesentlichen analog waren. Allerdings wurden im einzelnen beträchtliche Unterschiede der Zeitverläufe registriert. An sympathischen Ganglien sind, analog den langsamen EPSP, auch langsame synaptisch ausgelöste Hyperpolarisationen gefunden worden, mit synaptischen Latenzen von 30–100 ms und einer Dauer von mehreren Hundert Millisekunden, also **langsame inhibitorische synaptische Potentiale**.

Präsynaptische Hemmung

Bei der präsynaptischen Hemmung kommt es zu keinen Veränderungen des Erregungszustandes der postsynaptischen Membran, sondern der hemmende Vorgang bewirkt eine **verminderte Transmitterfreisetzung** an der präsynaptischen Endigung der erregenden Synapse, also einen Vorgang wie wir ihn ähnlich an der Endplatte bei Zusatz von Mg^{++}-Ionen oder bei Botulinustoxinvergiftung kennenlernten. Präsynaptische Hemmung wird durch die **Aktivierung axo-axonischer Synapsen** (vgl. Abb. 12–1) ausgelöst [23, 40, 41].

Abb. 13–12 zeigt den Aufbau einer axo-axonischen Synapse und ihren Einfluß auf das postsynaptische EPSP. Axon 1 bildet mit Neuron 3 eine axo-somatische Synapse, während Axon 2 mit Axon 1 eine axo-axonische Synapse bildet. Nach Anordnung der synaptischen Bläschen und der subsynaptischen Membranverdickungen ist Axon 1 präsynaptisch zu Neuron 3 und Axon 2 präsynaptisch zu Axon 1. Aktivierung der synaptischen Endigung 1 (Pfeil in Abb. 13–12 A) ruft in Neuron 3 ein EPSP von etwa 10 mV hervor. Die axo-somatische Synapse ist also eine erregende Synapse. Wird Axon 2 vor Axon 1 aktiviert (Pfeile in B), so beträgt die Amplitude des EPSP nur noch 5 mV, ohne daß ein IPSP an der postsynaptischen Membran der Zelle 3 auftritt. Diese Form der EPSP-Hemmung *ohne Änderung der postsynaptischen Membraneigenschaften* bezeichnet man als **präsynaptische Hemmung**. Der Zeitverlauf der präsynaptischen Hemmung beträgt etwa 100–150 ms, ist also wesentlich länger als der des EPSP [40].

Als **hemmender Transmitter** wird von Axon 2 in Abb. 13–12 sehr wahrscheinlich die γ-Aminobuttersäure, **GABA**, freigesetzt. Blockierung der axo-axonischen Synapse durch den kompetitiven GABA-Antagonisten **Bicucullin** führt ähnlich wie die Strychnin-Blockierung der postsynaptischen Hemmung zu **Muskelkrämpfen**, was wiederum die große Bedeutung auch dieser hemmenden Prozesse im Zentralnervensystem unterstreicht.

Die **Ursache der verminderten Transmitterfreisetzung** ist wahrscheinlich eine Reduzierug der Amplitude des präsynaptischen Aktionpotentials in Endigung 1. Es kommt nämlich während der präsynaptischen Hemmung zu einer *Depolarisation* des Axons 1. Da eine Depolarisation des Ruhepotentials zu einer Inaktivierung des schnellen Na-Systems führt (S. 207), kommt es zu einer verringerten Amplitude des präsynaptischen Aktionspotentials. Da die Transmitterfreisetzung zum Teil von der Amplitude des präsynaptischen Aktionspotentials abhängt (S. 222), wird ein während präsynaptischer Hemmung in Endigung 1 einlaufendes Aktionspotential weniger Transmitter freisetzen und dadurch ein kleineres EPSP auslösen. Im Extremfall, z. B. bei repetitiver Aktivierung der axo-axonischen Synapse, kann Endigung 1 eventuell soweit depolarisiert werden, daß eine fortgeleitete Erregung nicht mehr möglich ist und dadurch nur noch ein sehr reduziertes, elektrotonisch fortgeleitetes Aktionspotential die Endigung erreicht und nur noch sehr wenig oder keinen Transmitter mehr freisetzt.

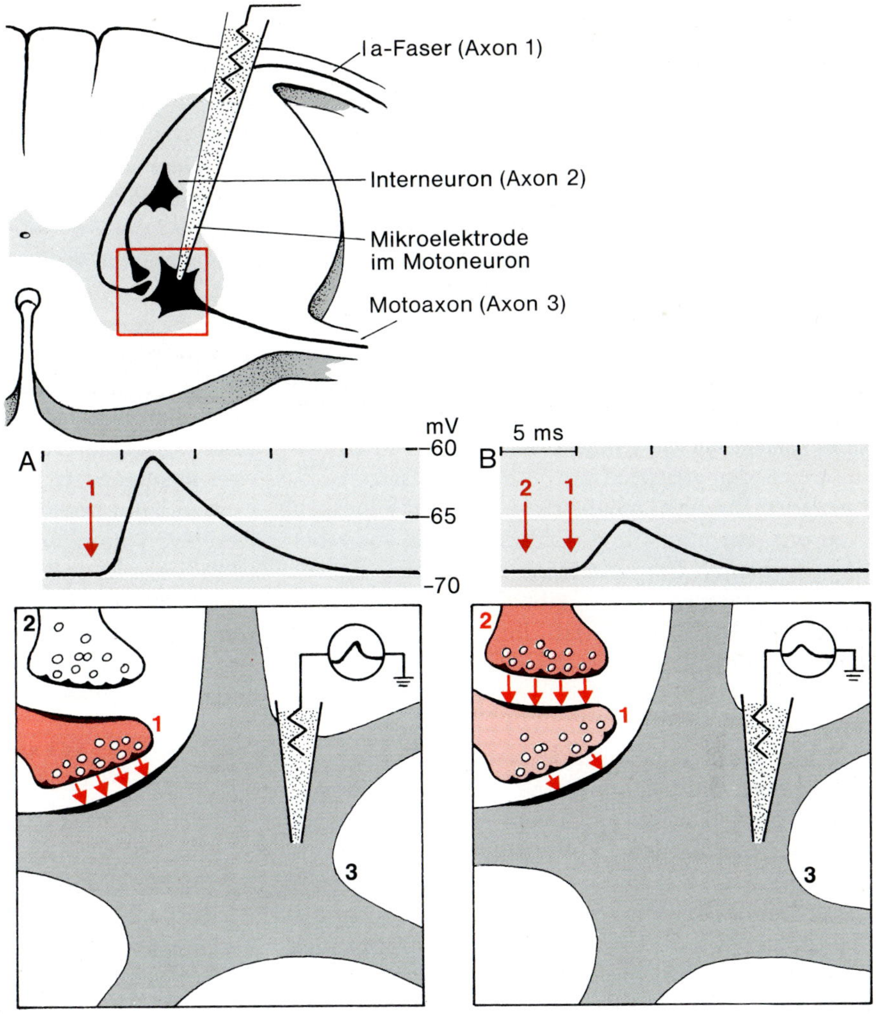

Abb. 13-12. Arbeitsweise der präsynaptischen Hemmung. Die Skizze *oben* zeigt die Versuchsanordung zum Nachweis der präsynaptischen Hemmung eines monosynaptischen EPSP eines Motoneurons (Axon 3, s. auch die vergrößerten Darstellungen unterhalb von **A** und **B**). **A, B** motoneuronales EPSP nach Reizung der homonymen *Ia-Fasern (Axon 1) ohne* **(A)** und *mit* **(B)** vorhergehender Aktivierung präsynaptisch hemmender *Interneurone (Axon 2)*

Aufgaben der präsynaptischen Hemmung. Präsynaptische Hemmung findet sich im Zentralnervensystem der Säuger, also auch des Menschen, vorwiegend an den erregenden Synapsen, die von den Endigungen afferenter Fasern im Rückenmark gebildet werden. Ist z. B. Neuron 3 in Abb. 13-12 ein Motoneuron, so ist Axon 1 eine afferente Faser von einer Muskelspindel (Ia-Faser), während Axon 2 von einem Zwischenneuron aus der grauen Substanz des Rückenmarks (propriospinalem Interneuron) stammt.

Die **funktionelle Bedeutung** der präsynaptischen Hemmung primär afferenter Fasern (also von Fasern, die von den peripheren Sensoren kommend über die Hinterwurzeln in das Rückenmark eintreten), liegt vor allem in der Kontrolle der von der Peripherie eintreffenden sensiblen Signale. Die Möglichkeit der Hemmung der von den Sensoren in das Nervensystem einströmenden Impulse an der frühestmöglichen Stelle, nämlich bevor diese Impulse irgendeine erregende Wirkung auf das Nervensystem gehabt haben, wird vom Organismus z. B. zur **Empfindlichkeitsverstellung der afferenten Kanäle**, also zur *Unterdrückung „unerwünschter" Information* und zur *Auswahl „erwünschter" Information* (s. Kap. 25) und zur *Kontrastverschärfung* eingesetzt. Dazu kommt, daß über präsynaptische Hemmung **einzelne afferente Zuflüsse** zu einer Nervenzelle **gezielt gehemmt** werden können, *ohne* die Gesamterregbarkeit des postsynaptischen Neurons zu verändern [40, 41].

13.4 Überträgerstoffe chemischer Synapsen

Auf Seite 223 ist am Beispiel des ACh das Schicksal eines Überträgerstoffes geschildert worden. Auch für alle anderen Überträgerstoffe gilt, daß Systeme für ihre Synthese, Vorratshaltung, Freisetzung, Inaktivierung und für die Wiederaufnahme des Transmitters oder seiner Spaltprodukte in die präsynaptische Endigung nachgewiesen oder anzunehmen sind und daß sie mit subsynaptischen Receptoren reagieren. Ursprünglich wurde angenommen, daß jedes Neuron jeweils nur ein solches Transmittersystem besitzt, mit der Folge, daß an allen seinen Endigungen der gleiche Transmitter freigesetzt wird. Dies trifft für viele, möglicherweise für die meisten Neurone zu, aber die Entdeckung der oben bereits erwähnten **Cotransmission** hat gezeigt, daß es auch Ausnahmen davon gibt. Allerdings scheint nach wie vor richtig, daß im Zentralnervensystem der Wirbeltiere jedes Neuron regelmäßig entweder nur erregende oder hemmende Wirkungen ausübt.

Erregende und hemmende Neurone können allerdings durchaus den gleichen Transmitter haben. So wirkt beispielsweise das vom Motoaxon freigesetzte ACh erregend auf Skeletmuskelfasern, während das gleiche ACh (von Vagusfasern freigesetzt) die Herzmuskelfasern hemmt. Es sind also nicht die Transmitter selbst, sondern die **Eigenschaften der subsynaptischen Membran**, die über die erregende oder hemmende Wirkung des Transmitters entscheiden.

Acetylcholin als Überträgersubstanz im Nervensystem

ACh im autonomen Nervensystem. Im **sympathischen Teil** des autonomen Nervensystems wirkt ACh als Transmitter an allen *ganglionären Synapsen*, ferner an den *Synapsen des Nebennierenmarks* und postganglionär an den *Synapsen der Schweißdrüsen.* Im **parasympathischen Teil** ist es ebenfalls Überträgersubstanz in *allen Ganglien* und an allen *postganglionären effectorischen Synapsen.* Die Physiologie und Pharmakologie dieser Synapsen wird im Kapitel 23 besprochen (S. 445-448). Sowohl die normalen EPSP als auch die langsamen EPSP in sympathischen Ganglien (S. 437) werden durch ACh bewirkt. Feldberg hat darauf aufmerksam gemacht, daß ACh der Transmitter aller Axone ist, die das Zentralnervensystem verlassen (Motoneurone, präganglionäre autonome Nervenfasern).

ACh an Renshaw-Zellen. Die Motoaxone geben schon im Rückenmark Collateralen zu Interneuronen ab, deren Axone wiederum hemmende Synapsen auf Motoneuronen bilden. Nach seinem Entdecker wird der hemmende Schaltkreis als **Renshaw-Hemmung** bezeichnet und die hemmenden Interneurone werden **Renshaw-Zellen** genannt (über diese *Rückwärts-* oder *Feedbackhemmung* soll ein Aufschaukeln der Motoneuronenaktivität verhindert werden). Genau wie an den Endplatten ist auch an den präsynaptischen Endigungen der Motoaxoncollateralen an den Renshaw-Zellen ACh die Überträgersubstanz. Subsynaptisch finden sich zwei pharmakologisch klar unterscheidbare erregend wirkende ACh-Receptortypen: ein Receptor vom **nicotinartigen Typ**, der durch Curare geblockt werden kann und ein kurzes EPSP bewirkt, und ein Receptor vom **muscarinartigen Typ**, der ein längeres EPSP bewirkt und gegen Curare unempfindlich ist (zur Definition der nicotinartigen und muscarinartigen Eigenschaften s. S. 448). Die beiden EPSP-Arten scheinen durch unterschiedliche Leitfähigkeitsänderungen hervorgerufen zu sein.

Auf die Rolle des **ACh als Transmitter im Zentralnervensystem** wird im folgenden Kapitel 14 und im Kapitel 24 weiter eingegangen.

Adrenerge Überträgersubstanzen

Vorkommen, Nomenklatur. Zu den adrenergen Überträgersubstanzen zählen wir *Adrenalin* und *Noradrenalin* und deren Vorstufe *Dopamin* (Abb. 13-13, s. auch Abb. 10-1, S. 159). **Noradrenalin** ist der Transmitter an allen *postganglionären* sympathischen Endigungen mit Ausnahme der Schweißdrüsen, **Adrenalin** wird neben Noradrenalin im Nebennierenmark sezerniert. **Noradrenalin und Dopamin** wirken auch im ZNS, z. B. im Hypothalamus und in den Kerngebieten der motorischen Stammganglien, als Transmitter. Über Einzelheiten wird an den betreffenden Stellen berichtet.

Adrenalin, Noradrenalin und Dopamin werden als **Catecholamine** zusammengefaßt (nach dem engl. *catechol*= Brenzcatechin). Zusammen mit dem *Serotonin* (5-Hydroxytryptamin, 5-HT) werden sie auch als **Monoamine** bezeichnet. Außer in Nervenzellen kommen die Catecholamine auch in bestimmten anderen Zelltypen vor, die man wegen der charakteristischen histochemischen Reaktion ihrer Granula als **chromaffine Zellen** oder auch als **phäochrome Zellen** bezeichnet. Dazu gehören Zellen des Nebennierenmarks, Zellen des Nebenhodens und die sympathischen Paraganglien (z. B. Paraganglion aorticum abdominale = Zuckerkandl-Organ).

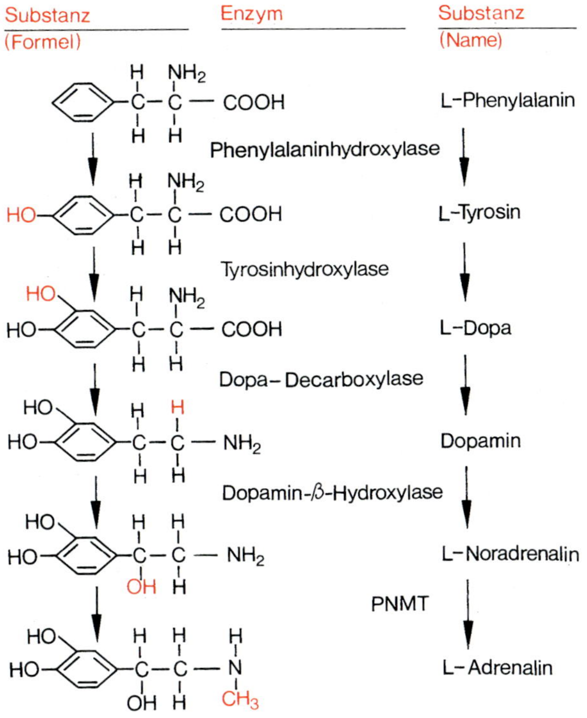

Abb. 13-13. Biosynthese der Catecholamine *(Dopamin, Noradrenalin, Adrenalin)* mit Angabe beteiligter Enzyme. *PNMT,* Phenyläthanolamin-N-Methyl-Transferase. Die in jedem Syntheseschritt erfolgte Änderung der molekularen Konfiguration ist *rot* hervorgehoben. Nur die linksdrehenden Formen *(L–)* der angegebenen Substanzen kommen biologisch vor

Biosynthese der Catecholamine. Noradrenalin und Adrenalin werden durch eine Reihe enzymatischer Syntheseschritte aus Tyrosin gebildet. Der Hauptsyntheseweg, der beim Phenylalanin beginnt und über Tyrosin und Dopa zu den Catecholaminen Dopamin, Noradrenalin und Adrenalin führt, ist in Abb. 13-13 gezeigt. Neben diesem Hauptweg der Synthese kann *Noradrenalin* noch auf verschiedenen anderen metabolischen Nebenwegen synthetisiert werden. Die physiologische Bedeutung dieser Synthesewege ist jedoch anscheinend gering.

Speicherung der Catecholamine. In den **Granula** der Zellen des **Nebennierenmarks** werden Adrenalin und Noradrenalin gespeichert. Ihre Konzentration ist dort doppelt so hoch wie die Osmolarität der Körperflüssigkeit, sie können also dort nicht frei in Lösung sein. Auch in den **sympathischen Nervenendigungen** scheint der überwiegende Teil des Noradrenalins in den **Vesikeln** gespeichert zu sein.

Freisetzung von Catecholaminen durch Aktionspotentiale. Insgesamt scheinen bei der Freisetzung von Noradrenalin an sympathischen Nervenendigungen analoge Verhältnisse vorzuliegen wie bei der Freisetzung von ACh an der motorischen Endplatte: Die Anwesenheit von Calcium-Ionen ist notwendig und ein Überschuß von Magnesium-Ionen wirkt hemmend. Die Freisetzung erfolgt in Quanten, wobei in Ruhe vereinzelt Elementarquanten freigesetzt werden. Die elektronenoptisch sichtbaren Vesikel stellen sehr wahrscheinlich das morphologische Substrat der elektrophysiologisch erfaßbaren Elementarquanten dar. Analoge Zusammenhänge darf man auch hier für die übrige catecholaminerge Transmission annehmen [12].

Beendigung der Transmitterwirkung. Bei der adrenergen Übertragung spielt, im Gegensatz zur cholinergen Übertragung, der enzymatische Abbau keine wesentliche Rolle. Zwar werden die Catecholamine durch die **Monoaminooxydase (MAO)** und die **Catechol-O-Methyltransferase (COMT)** in biologisch inaktive Metaboliten umgewandelt, aber selbst die gleichzeitige Blockierung beider enzymatischer Abbauwege führt zu keiner wesentlichen Verstärkung und Verlängerung der durch Sympathicusstimulation oder durch intravenös verabreichtes Noradrenalin hervorgerufene Wirkung auf die Erfolgsorgane.

Wesentlicher als der enzymatische Abbau erscheint für die Beendigung der Catecholaminwirkung die nahezu **vollständige Aufnahme** bzw. **Wiederaufnahme der Transmitter** in die präsynaptischen Nervenendigungen. So wurde die Noradrenalinaufnahme in die sympathischen Neurone als **aktiver Membrantransport** charakterisiert, der Calcium-unabhängig ist, aber von der Natrium-Konzentration und von einem intakten aeroben und anaeroben Energiestoffwechsel abhängt. Analoge Verhältnisse müssen an den andern catecholaminergen Nervenendigungen angenommen werden. Die *Wiederaufnahme des Transmitters* ist dabei nicht nur für die rasche Beendigung der Wirkung auf die Erfolgsorgane von Bedeutung, sondern verhindert auch eine Entleerung der präsynaptischen Speicher bei repetitiver Benutzung.

Serotonin *(5-Hydroxytryptamin, 5-HT).* 5-HT ist ein Monoamin, wird aber nicht zu den adrenergen Überträgersubstanzen im engeren Sinne gerechnet. Es wird im Körper aus der essentiellen Aminosäure *Tryptophan* gebildet. Seine Rolle als zentrale Überträgersubstanz wird auf S. 263 diskutiert. Auf die chemische Verwandtschaft bzw. den Antagonismus verschiedener Halluzinogene, wie des **Lysergsäurediäthylamid, LSD**, mit 5-HT sei hingewiesen.

Aminosäuren

GABA. Die Aminosäure γ-amino-Buttersäure (GABA, gamma-amino-butyric acid, Abb. 13-14) ist der verbreitetste hemmende Überträgerstoff im Zentral-

Aminosäuren

γ-amino-Buttersäure (GABA)
$^{+}H_3N-CH_2-CH_2-CH_2-COO^-$

Glycin
$^{+}H_3N-CH_2-COO^-$

Glutamat
$^{+}H_3N-CH(COO^-)-CH_2-CH_2-COO^-$

Peptide

Met-Enkephalin
Tyr–Gly–Gly–Phe–Met

Substanz P
Arg–Pro–Lys–Pro–Gln–Gln–Phe–Phe–Gly–Leu–Met –NH₂

Leu-Enkephalin
Tyr–Gly–Gly–Phe–Leu

Angiotensin II
Asp–Arg–Val–Tyr–Ile–His–Pro–Phe –NH₂

Vasoaktives intestinales Peptid
His–Ser–Asp–Ala–Val–Phe–Thr–Asp–Asn–Tyr–Thr–Arg–Leu–Arg–Lys–Gln–Met–Ala–Val–Lys–Lys–Tyr–Leu–Asn–Ser–Ile–Leu–Asn –NH₂

Somatostatin
H– Ala–Gly–Cys–Lys–Asn–Phe–Phe–Trp–Lys–Thr–Phe–Thr–Ser–Cys –OH (S–S)

Luteinisierendes Hormon Releasing Hormon (LHRH)
pyroGlu–His–Trp–Ser–Tyr–Gly–Leu–Arg–Pro–Gly –NH₂

Abb. 13-14. Eine Auswahl von Aminosäuren *(oberste Reihe)* und Peptiden *(untere Reihen)*, die im peripheren und zentralen Nervensystem als Transmitter, Neurohormone und Modulatoren dienen. Bei den Peptiden stellt jede dreibuchstabige Abkürzung eine Aminosäure dar, also z. B. *Arg* Arginin, *Gly* Glycin, *Lys* Lysin, *Tyr* Tyronin, etc.

nervensystem. Sie wird im Nervensystem aus *Glutaminsäure* synthetisiert. Erwähnt wurde bereits, daß sie z. B. bei der **präsynaptischen Hemmung** der Wirbeltiere als *Transmitter an axo-axonischen Synapsen* dient (S. 232). Einige Krampfgifte, insbesondere das Alkaloid *Bicucullin*, das *Picrotoxin* und das *Penicillin* scheinen mehr oder weniger spezifische Antagonisten des GABA zu sein [21, 40].

Glycin. Diese einfache Aminosäure (Abb. 13-14) ist zumindest für einige Formen der **postsynaptischen Hemmung** im Rückenmark verantwortlich. *Strychnin* scheint ein spezifischer Antagonist des Glycins zu sein. Die durch *Strychninvergiftung* ausgelösten Muskelkrämpfe sind also allein auf die Blockierung hemmender Synapsen im Rückenmark zurückzuführen.

Glutaminsäure. Diese saure Aminosäure (Abb. 13-14), auch *Glutamat* genannt, ist wohl der verbreitetste erregende Überträgerstoff im ZNS. Gleichzeitig ist sie die Vorstufe von GABA (s. o). Auch andere saure Aminosäuren stehen im Verdacht, erregende Transmitter im ZNS zu sein.

Neuroaktive Peptide

Immer zahlreichere, aus mehr oder weniger langen Aminosäureketten aufgebaute neuroaktive Peptide werden bekannt. Es handelt sich einmal um **Neurohormone**, also um Stoffe, die aus Nervenzellen freigesetzt werden, um anschließend auf dem Blutwege ihre (nichtneuronalen) Wirkorte zu erreichen. Dazu zählen die *Releasing-Hormone* (S. 168) sowie *Adiuretin* und *Oxytocin* (S. 171).

Andere Peptide, von denen einige charakteristische Vertreter in Abb. 13-14 aufgeführt sind, sind möglicherweise **Transmitter** im engeren Sinne. Zum Teil bewirken diese Peptide aber keine unmittelbare Leitfähigkeitsänderung an der subsynaptischen Membran, sondern beeinflussen („modulieren") Intensität und Dauer der Wirkung der „klassischen" Transmitter. Zu solchen **Neuromodulatoren** zählen wahrscheinlich die in Abb. 13-14 gezeigten *Enkephaline*, das *vasoaktive intestinale Peptid (VIP)* und das *LHRH* (S. 168). Das *Angiotensin II* ist ein Lokalhormon, das stark auf die Blutgefäße, aber auch im ZNS wirkt (S. 87).

Es muß im Augenblick offen bleiben, ob ein von Nervenzellen synthetisiertes und anschließend freigesetztes Peptid immer jeweils nur eine der eben skizzierten Aufgaben des **Neurohormons, Neurotransmitters oder Neuromodulators** wahrnimmt. Es kann durchaus sein, daß das eine oder andere Peptid bei seiner Freisetzung sowohl lokal als Transmitter, als auch anderswo als Hormon und/oder Modulator wirkt [5, 12, 30].

Andere mögliche Transmitter

Histamin. Histamin entsteht aus der Aminosäure *Histidin*. Größere Konzentrationen finden sich in der Hypophyse und in der angrenzenden Eminentia mediana des Hypothalamus. In den übrigen Regionen des ZNS ist der Histamingehalt sehr niedrig. Ansonsten gibt es nur einige pharmakologische Befunde, die auf eine Transmitterfunktion des Histamins hinweisen könnten.

Prostaglandine. Die Aufklärung der biologischen Bedeutung dieser speziellen Gruppe von mehrfach ungesättigten Fettsäuren ist in vollem Fluß. Im sympathischen Nervensystem scheinen sie neuromodulatorische Wirkung zu haben. Auch Hirngewebe und Cerebrospinalflüssigkeit enthalten Prostaglandine, deren Aufgaben noch unbekannt sind. In entzündetem Gewebe kommen vermehrt Prostaglandine vor, die anscheinend u.a. die Nociceptoren sensibilisieren (S.356). Die schmerzhemmende Wirkung der Acetylsalicylsäure (Aspirin) wird z.T. auf eine Hemmung der Prostaglandin-Synthese zurückgeführt.

13.5 Synaptische Interaktion und Plastizität

Bei der bisherigen Betrachtung stand das an einzelnen Synapsen (Endplatte) oder *gleichzeitig* an mehreren Synapsen ausgelöste EPSP im Vordergrund der Betrachtung, wobei stillschweigend davon ausgegangen wurde, daß die Aktivierung der Synapse diese in ihrer Wirksamkeit nicht verändert. Diese Betrachtungsweise muß jetzt in zwei Richtungen ergänzt werden. Zum einen ist zu erörtern, in welcher Weise kurz hintereinander ausgelöste EPSP miteinander interagieren, zum zweiten bleibt zu diskutieren, welche Veränderungen synaptischer Aktivität durch die Aktivierung von Synapsen an diesen selbst ausgelöst werden können. Nicht eingegangen wird hier auf die Interaktion zwischen erregenden und hemmenden Synapsen, da dies bereits im Abschnitt 13.3 (ab S.230) behandelt wurde.

Bahnung durch synaptische Summation, Occlusion

Zeitliche Bahnung. In Abb.13-15A ist gezeigt, daß kurz hintereinander ausgelöste EPSP wegen ihres relativ langen Zeitverlaufs (etwa 15ms) sich summieren und schließlich überschwellig werden. Diese Art der Erregbarkeitssteigerung eines Neurons durch *aufeinanderfolgende EPSP* wird als **zeitliche Bahnung** bezeichnet. Zeitliche Bahnung über ein Axon ist möglich, weil die Dauer der EPSP länger ist als die Refraktärzeit der Axone. Zeitliche Bahnung ist von großer physiologischer Bedeutung, da viele nervöse Prozesse, z.B. Entladungen von Sinnesreceptoren, repetitiv ablaufen und sich dadurch an Synapsen zu überschwelligen Erregungen summieren können.

Räumliche Bahnung. Die Versuchsanordnung in Abb. 13-15B demonstriert das Zustandekommen *räumlicher Bahnung*: Reizung der Axone 1 und 2 alleine führt zu unterschwelligen EPSP, während es nach gleichzeitiger Reizung beider Axone zu einem fortgeleiteten Aktionspotential kommt, also zu einem Prozeß, der durch die einzelnen EPSP nicht ausgelöst werden konnte. Solange die Summe der einzelnen EPSP-Amplituden unterhalb der Schwelle für ein fortgeleitetes Aktionspotential bleibt, liegt die in Abb.13-8 bereits gezeigte **Summation von „unitären" EPSP** vor. Räumliche Bahnung ist also nur ein Sonderfall der Summation synchron ausgelöster EPSP am selben Neuron.

Allgemein gesprochen liegt also **Bahnung**, *zeitlich* oder *räumlich*, vor, wenn in einem Neuron oder in einer Population von Neuronen mehr fortgeleitete Erregungen auftreten als der Summe der Einzelwirkungen entsprechen. Von dieser Bahnung als **Spezialfall der Summation** muß die echte synaptische Bahnung unterschieden werden, die ein präsynaptischer Vorgang ist und weiter unten dargestellt werden soll.

Occlusion. Statt der eben beschriebenen Bahnung kann aber auch der Fall eintreten, daß von einer gegebenen Neuronenpopulation bei Einzelreizung zweier Eingänge alle oder nahezu alle Neurone *überschwellig* erregt werden. In diesem Fall wird bei *gemeinsamer* Reizung beider Eingänge die Zahl der *überschwellig* erregten Neurone nur wenig über der bei Einzelreizung jedes Eingangs liegen, also nicht einmal die algebraische Summe der Einzelreizung erreichen. Diesen Befund bezeichnet man als **Occlusion**. Der in Abb.13-15 gezeigte Vorgang der Bahnung ist also, durch eine *Zunahme der Erregbarkeit* der beteiligten Neurone (z.B. durch weitere

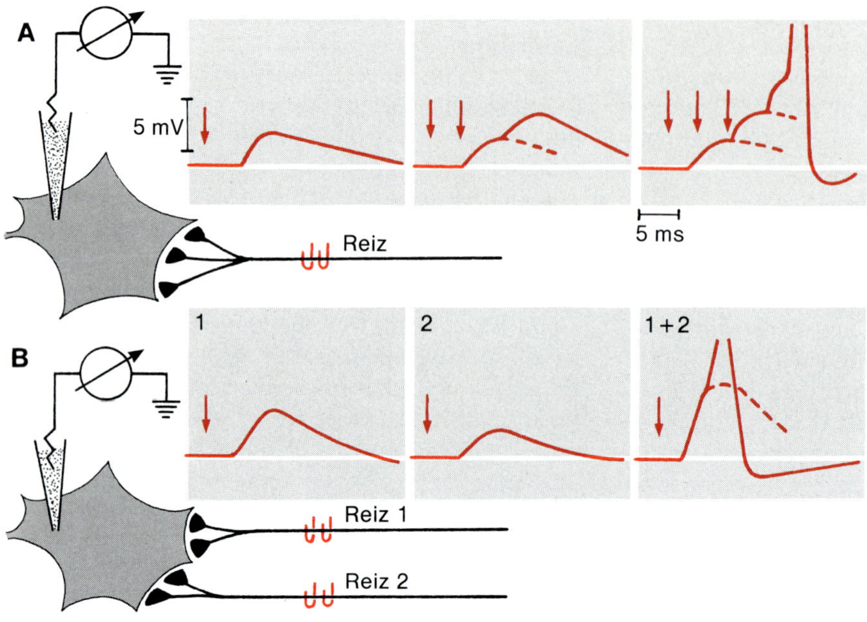

Abb. 13-15. Bahnung im Nervensystem. **A** Zeitliche Bahnung: Einzelreiz *(ein Pfeil)* und Doppelreiz (*zwei Pfeile*, Reizabstand etwa 4 ms) erzeugen jeweils ein unterschwelliges EPSP, der dritte Reiz *(drei Pfeile)* löst ein Aktionspotential aus. **B** Räumliche Bahnung: *Reiz 1* und *Reiz 2* lösen je ein unterschwelliges EPSP aus. Gleichzeitige Reizung beider Axone *(1 + 2)* führt zu einem Aktionspotential. Nur Anfang und Ende der bei diesem Maßstab rund 14 cm hohen Aktionspotentiale (1,4 mm etwa = 1 mV, siehe Eichung) sind eingezeichnet

erregende Zuflüsse) umgeschlagen in *Occlusion*. Verallgemeinert läßt sich also festhalten: Ist der **Reizerfolg** mehrerer gleichzeitig oder kurz hintereinander gegebener Reize **größer als der der Summe der Einzelreize**, so bezeichnen wir dies als **Bahnung**; ist der **Reizerfolg kleiner als der der Summe der Einzelreize**, so nennen wir dies **Occlusion**.

Synaptische Bahnung

Tetanische und posttetanische Potenzierung. Wiederholte Benutzung einer Synapse führt oft zu einer beträchtlichen *Vergrößerung der synaptischen Potentiale*. Eine solche *synaptische Bahnung* ist oft schon für einige Zeit nach einem oder einigen wenigen Reizen zu sehen (Abb. 13-16C). Tritt sie bereits *während* der tetanischen Reizung auf, wird sie **tetanische Potenzierung** genannt (Abb. 13-16B). Überdauert die tetanische Potenzierung die Reizserie oder setzt die Potenzierung erst nach dem Ende des Tetanus ein, so spricht man von **posttetanischer Potenzierung** (Abb. 13-16C-F) [18].

Ausmaß und Dauer der synaptischen Bahnung hängen sehr stark von der jeweiligen Synapse und der Dauer und Frequenz der repetitiven Reizung ab. Einzelreize oder kurze Tetani hinterlassen nur eine geringe und kurzdauernde Bahnung (Abb. 13-16C), die bei längerer Reizung auf ein Vielfaches des Ausgangswertes anwächst (Abb. 13-16E,F) und über Minuten bis Stunden anhalten kann (Abb. 13-16D-F). **Funktionell** gesehen ist synaptische Bahnung ein durch *Üben* erleichterter Ablauf eines zentralnervösen Vorganges, also ein **Lernprozeß**. In diesem Zusammenhang erscheint bedeutungsvoll, daß besonders lange posttetanische Potenzierungen im *Hippocampus* gefunden wurden (Abb. 13-16F). Dieser Struktur werden nämlich besondere Aufgaben im Gedächtnis- und Lernprozeß zugeschrieben (S. 550) [4, 9, 12-14].

Mechanismus der synaptischen Bahnung. Im wesentlichen scheinen drei **präsynaptische Faktoren** für die synaptische Bahnung verantwortlich zu sein. Nach allgemeiner Ansicht wird sie *in erster Linie* **durch „Rest-Calcium" erzeugt**: Wie berichtet (S. 222), strömen während einer Depolarisation der präsynaptischen Endigung Ca^{++}-Ionen in die Endigung ein, erhöhen dort die Innenkonzentration und beteiligen sich an der Transmitterfreisetzung. Diese erhöhte Calcium-Innenkonzentration bildet sich danach durch Transport und Austauschprozesse zum Ruhewert zurück. Solange sie jedoch noch über dem Ruhewert liegt, startet bei einer neuen Depolarisation die Zunahme der Calcium-Innenkonzentration von einem erhöhten Ausgangswert und wird damit größer als nach der ersten Depolarisation. Wegen der beträchtlichen Abhängigkeit der Transmitterfreisetzung von der Calcium-Innenkonzentration können schon kleine Zunahmen zu beträchtlichen Bahnungen führen.

Zum zweiten führt repetitive Aktivierung der präsynaptischen Axonmembran zu einer Zunahme (Hyperpolarisation) des Ruhepotentials und dadurch zu einer **Zunahme der Aktionspotentialamplitude**. Das vergrößerte Aktionspotential setzt mehr Überträgerstoff in den synaptischen Spalt frei (S. 222). Dieser Prozeß ist also in etwa umgekehrt dem, den wir bei der präsynaptischen Hemmung kennengelernt haben, wo Verringerung der präsynaptischen Aktionspotentialamplitude zu verminderter Transmitterfreisetzung führt.

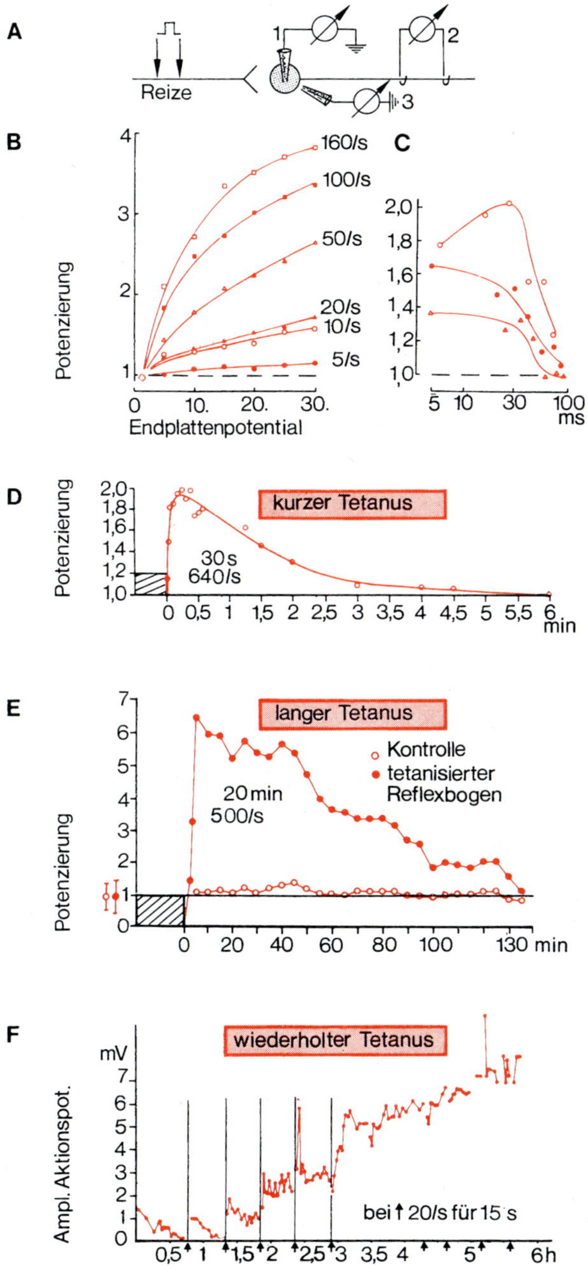

Zum dritten führt repetitive Aktivierung zu einer vermehrten Bereitstellung von Transmitter am synaptischen Spalt. Diese **Mobilisation** bewirkt ebenfalls eine verbesserte synaptische Übertragung, da pro Aktionspotential ein vergrößerter Anteil des in der präsynaptischen Endigung vorrätigen Transmitters freigesetzt wird.

Synaptische Depression

Sind die postsynaptischen Potentiale während oder nach einer tetanischen Reizung kleiner als die Kontrollwerte, so wird dies als **synaptische Depression** bezeichnet, wobei analog zur synaptischen Bahnung von **tetanischer** bzw. **posttetanischer Depression** gesprochen werden kann. Synaptische Depression kommt möglicherweise an vielen Stellen des Nervensystems als *neuronales Korrelat von Gewöhnungen (Habituation,* S. 485) vor. In Avertebraten konnte die Habituation einfacher Verhaltensreaktionen unmittelbar auf eine Depression der beteiligten Synapsen zurückgeführt werden; gleiches gilt für den Flexorreflex bei Katzen [9]. *Synaptische Depression* ist also der synaptischen Bahnung als **elementarer Lernprozeß** durchaus vergleichbar.

Heterosynaptische Bahnung

Synaptische Bahnung und synaptische Depression sind Folge der vorausgehenden Aktivierung der jeweiligen Synapse. Es werden aber zunehmend synaptische Bahnungen beschrieben, bei denen **durch Coaktivierung von zwei synaptischen Eingängen** auf eine Zelle erhebliche Bahnungen ausgelöst werden, indem der eine Eingang bei seiner Aktivierung den

Abb. 13-16. Tetanische **(B)** und posttetanische Potenzierung **(C–F)** an peripheren **(B, C)** und zentralen **(D–F)** Synapsen. **A** Schema der Versuchsanordnungen. Die Potenzierung wird entweder 1. als intracelluläres synaptisches Potential **(B–D)** oder 2. als extracellulärer Massenreflex von der Vorderwurzel **(E)** oder 3. mit einer extracellulären Mikroelektrode im Neuronenverband **(F)** abgeleitet. **B** Tetanische Potenzierung eines Endplattenpotentials durch repetitive Reizung mit den angegebenen Frequenzen. Das Ausmaß der Potenzierung ist der Reizfrequenz proportional. Frosch; neuromuskuläre Übertragung blockiert durch Ca^{++}-Entzug und Mg^{++}-Zusatz. **C** Kurze posttetanische Potenzierung nach ein, zwei und fünf konditionierenden Reizen am gleichen Präparat. **D, E** Posttetanische Potenzierung des monosynaptischen Dehnungsreflexes an der Katze. Ausmaß und Dauer der Potenzierung hängen wesentlich von der Dauer des Tetanus ab. **F** Posttetanische Potenzierung der Entladungen von Körnerzellen des Hippocampus in Verlauf sich wiederholender kurzer Tetani (*Pfeile*, 20 Hz für 15 s). **B, C** aus [18], **D, F** zusammengestellt von J. C. Eccles in [4] zweiten Eingang für längere Zeit *in seiner Effizienz bahnend moduliert.* An zwei Beispielen sei dies kurz dargestellt, da diese Mechanismen möglicherweise für **mittelfristige Lernprozesse** eine große Rolle spielen.

An Neuronen in sympathischen Ganglien konnte eine heterosynaptische **postsynaptische Bahnung von ACh-evozierten EPSP** durch die parallele Aktivierung einer dopaminergen Synapse nachgewiesen werden [31]. Das freigesetzte Dopamin hat selbst keinen Effekt auf die Ionenleitfähigkeiten der postsynaptischen Membran. Es verursacht jedoch bei seiner Freisetzung für mehrere Stunden eine vergrößerte Amplitude des ACh-evozierten EPSP. Ursache ist eine *postsynaptische Verstärkung* der Wirkung des ACh, d.h. eine gegebene Menge Transmitter löst einen stärkeren subsynaptischen Strom und damit ein größeres EPSP aus.

Als zweites Beispiel einer heterosynaptischen Bahnung sei eine **präsynaptische Bahnung** erwähnt, die an Mollusken und Insekten beschrieben wurde [9]. Serotonin, das aus Nervenendigungen bei Aktivierung freigesetzt wird, wirkt auf andere präsynaptische Endigungen ein und blockiert dort Kaliumkanäle. Die Ausschaltung der Kaliumkanäle verzögert die Repolarisation der Aktionspotentiale und verlängert sie dadurch. Dies führt zu einer vermehrten Überträgerstoffausschüttung und damit zu einer *präsynaptischen Bahnung.* Auch hier wird also durch **Coaktivierung zweier Synapsen** die *Effektivität* eines synaptischen Übertragungsweges erhöht. Der Vorgang ist im Effekt *reziprok* dem oben beschriebenen Mechanismus der **präsynaptischen Hemmung** (S.232).

13.6 Elektrische Synapsen

Nimmt man an, daß die elektrischen Eigenschaften (Widerstand, Kapazität) der synaptischen Regionen in etwa denen entsprechen, die an anderen Stellen erregbarer Membranen zu finden sind, dann läßt sich, wie Katz [10] anschaulich gezeigt hat, ausrechnen, daß das präsynaptische Aktionspotential in der Regel so wenig Strom liefert, daß die postsynaptische Membran einer typischen **chemischen Synapse** (abgeschlossene prä- und postsynaptische Membran mit dazwischen liegendem synaptischen Spalt) um weit weniger als 0,1 mV depolarisiert wird. Die chemische Übertragung ist also ein **unabdingbarer Verstärkermechanismus** an diesen Synapsen. Elektrische Synapsen müssen also einen anderen Aufbau haben, der den ungehinderten Stromübertritt von der präsynaptischen zur postsynaptischen Seite ermöglicht [17, 33].

Erregende elektrische Synapsen. Im Zentralnervensystem werden neben chemischen Synapsen auch *Regionen engsten Kontakts* zwischen Nervenzellen gesehen, bei denen der synaptische Spalt statt der üblichen 20nm nur noch 2nm breit ist, ohne daß die Membranen miteinander verschmelzen. Die Zellen habe also hier einen so engen Kontakt, daß der Widerstand für elektrischen Strom über diese Membranen in der gleichen Größenordnung liegt wie der für Stromfluß über die restliche, freie Membranfläche. Unter diesen Umständen ist, wie Abb. 13-17 zeigt, eine **elektrische Erregungsübertragung** zwischen zwei Neuronen möglich. Wird Zelle 1 erregt, so fließt Natriumstrom I_{Na} durch die geöffneten Natriumkanäle in Zelle 1 ein. Dieser Strom fließt durch noch unerregte Membranbereiche aus, ein Teil jedoch kreuzt die Membrankontakte und fließt in Zelle 2 ein. Letztere wird damit depolarisiert, die Depolarisation ist freilich viel geringer, z.B. 10% der Depolarisation von Zelle 1. Eine solche elektrisch übertragene Depolarisation kann überschwellig werden und auch in Zelle 2 ein Aktionspotential auslösen, vor allem wenn sie gleichzeitig mit anderen elektrischen oder chemischen EPSP auftritt, also bei *zeitlicher Bahnung.*

Nexus („Gap junctions") und Connexone [33]. Die Region engsten Kontaktes zwischen zwei Nervenzellen, also das morphologische Korrelat der elektrischen Synapse wird als **Nexus** oder englisch **Gap junction** bezeichnet (s.a. Abb. 2-19, S. 36). Die in Abb. 13-17 von Zelle 1 in Zelle 2 fließenden Ionenströme können aber nicht durch die Lipidschichten der eng gegenüberliegenden Zellmembranen fließen. Es gibt vielmehr an diesen elektrischen Synapsen *Kanalproteine,* **Connexone** genannt, durch die der Strom fließen kann. Wie Abb. 13-17 zeigt, überbrücken je zwei sich gegenüberliegende Connexone den synaptischen Spalt, so daß die inneren Kanäle oder Poren der Connexone die Zellflüssigkeiten der benachbarten Zellen miteinander verbinden. Diese Poren lassen neben kleinen Ionen auch relativ große Moleküle bis zu einem Molekulargewicht von etwa 1000 passieren.

Funktionelle Syncytien. In einigen Geweben außerhalb des ZNS sind die einzelnen Zellen durchweg mit ihren Nachbarzellen über *Nexus* verbunden, so z.B. bei den meisten *glatten Muskeln* und beim *Herzmuskel.* Diese Verbindungen, also beispielsweise die *Glanzstreifen* genannten Verbindungen der Herzmuskelzellen, sind so eng, daß sie elektrisch vom übrigen Cytoplasma nicht oder kaum zu unter-

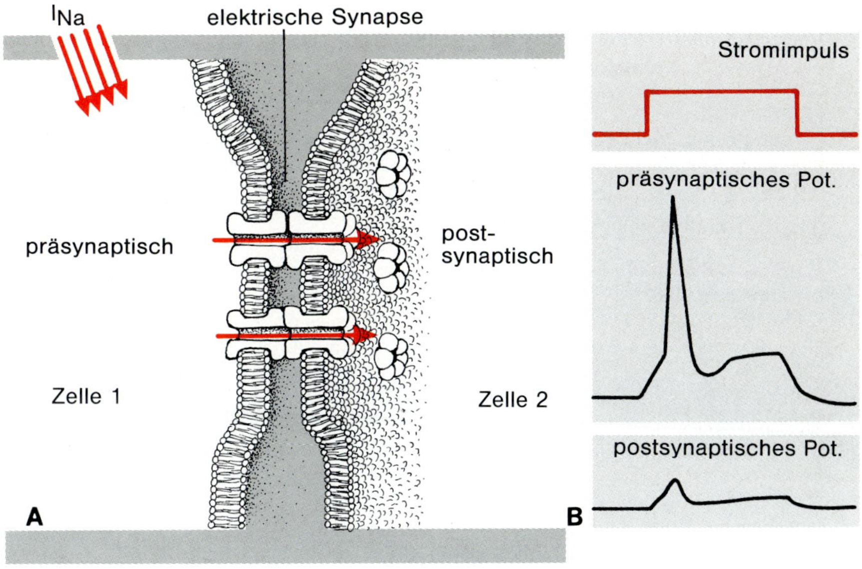

Abb. 13-17. Erregungsübertragung an elektrischen Synapsen. **A** Zwischen *Zelle 1* und *Zelle 2* liegt ein Nexus (Gap junction). Wird *Zelle 1* erregt, so fließt dort ein Strom I_{Na} in die Zelle ein. Dieser fließt z.T. über den Nexus in die *Zelle 2* und depolarisiert diese. **B** Ein Strompuls *(rot)* in die (präsynaptische) Zelle 1 erzeugt in dieser ein elektrotonisches Potential, das ein Aktionspotential auslöst. In der (postsynaptischen) *Zelle 2* erscheint als postsynaptisches Potential, über den Nexus fortgeleitet, ein verkleinertes Abbild des präsynaptischen Potentials. In Anlehnung an J. Dudel in [14]

scheiden sind. Aktionspotentiale werden in beiden Richtungen über diese Zellgrenzen hinweggeleitet. Diese Gewebe verhalten sich also *funktionell* wie ein großes, zusammengewachsenes Netzwerk von Zellen, daher der Name **funktionelle Syncytien**. Die Zellverbindungen der funktionellen Syncytien werden nicht als (elektrische) Synapsen bezeichnet. Die Connexone sind in diesen Geweben im normalen Gewebe dauernd offen. Bei Gewebsverletzungen schließen sie sich aber an der Verletzungsstelle, wodurch sich das funktionelle Syncytium vom geschädigten Bezirk elektrisch isoliert. Auf diese Weise wird z.B. bei einem Herzinfarkt die Ausbreitung des Schadens begrenzt.

Hemmende elektrische Synapsen. Elektrische Synapsen auf der Grundlage von Nexus sind vom erregenden Typ. Es gibt jedoch auch Beispiele für elektrische hemmende Synapsen, die morphologisch anders aufgebaut sind. So ist an einer Synapse von Goldfischen beschrieben worden, daß speziell angeordnete präsynaptische Fasern das Potential im Extracellulärraum um ein postsynaptisches Axon so weit positiv machen kann, daß das Aktionspotential im Axon die Schwelle nicht mehr erreicht und seine Fortleitung blockiert wird [24].

Ephaptische Übertragung. Jede erregbare Zelle ist von einem leitenden Medium, dem Extracellulärraum umgeben (S.22). Die extracellulären Ströme der Aktionspotentiale erregter Zellen werden von den Ionen dieses Mediums getragen (S.206). Zellen in der Nachbarschaft der erregten Zelle werden aber ebenfalls von diesen extracellulären Strömen durchflossen, und zwar in einem Ausmaß, das dem Verhältnis des Membranwiderstandes zu dem der extracellulären Flüssigkeit entspricht. Da dieses Verhältnis sehr groß ist, sind die transmembranösen Ströme sehr klein. Sie werden aber, wenn auch noch so geringfügig, das Membranpotential der von ihnen durchflossenen Zelle verändern und damit ihre Erregbarkeit beeinflussen. Diese Form der **intercellulären Kommunikation** bezeichnet man als **ephaptische Interaktion**.

Im **peripheren Nerven** ist die ephaptische Interaktion *normalerweise* so gering, daß sie vernachlässigt werden darf. Dasselbe gilt auch für zentrale Bahnen. Bei **Verletzungen und Erkrankungen** scheint dagegen in Ausnahmefällen überschwellige ephaptische Übertragung vorzukommen. Die *pathologische* Kontaktstelle bezeichnet man als **Ephapse**. Zugrunde liegt eine Degeneration der Markscheiden bei einer gleichzeitigen Übererregbarkeit der Nervenfasern. Die ephaptische Aktivität in geschädigten sensorischen Nerven kann sich bei den Patienten als anomale Empfindung bemerkbar machen. Solche **Parästhesien** können sehr quälend sein, besonders wenn sie in nociceptiven Fasern auftreten (neuralgische Schmerzen, S.357). Es muß aber deutlich gesagt werden, daß neuralgische und ihnen verwandte Schmerzen (Neuromschmerzen, Kausalgie) wahrscheinlich nicht ausschließlich auf dem ephaptischen „Übersprechen" zwischen benachbarten Axonen beruhen.

13.7 Literatur

Weiterführende Lehr- und Handbücher

1. AHNEFELD, F.W., BERGMANN, H., BURRI, C., DICK, W., HALMAGY, M., HOSSLI, G., RÜGHEIMER, E.: Muskelrelaxanzien. Klinische Anästhesiologie und Intensivtherapie. Berlin, Heidelberg, New York: Springer 1980
2. ECCLES, J.C.: The Physiology of Synapses. Berlin, Göttingen, Heidelberg, New York: Springer 1964
3. ECCLES, J.C.: The inhibitory pathways of the central nervous system. The Sherrington Lectures IX. Springfield/Ill.: Ch.C. Thomas 1969

4. ECCLES, J.C.: The Understanding of the Brain. New York: McGraw-Hill 1973. Deutsche Ausgabe: Das Gehirn des Menschen. München, Zürich: Piper 1975
5. GAINER, H.(Ed.): Peptides in Neurobiology, New York, London: Plenum Press 1977
6. GROB, D.(Ed.): Myasthenia gravis, Ann. N.Y. Acad. Sci. *274*, 1-682 (1976)
7. HILLE, B.: Ionic Channels of Excitable Membranes. Sunderland, Mass.: Sinauer Assoc. 1984
8. HOPPE, W., LOHMANN, W., MARKL, H., ZIEGLER, H. (Hrsg.): Biophysik. Berlin, Heidelberg, New York, Tokyo: Springer 1984
9. KANDEL, E.R., SCHWARTZ, J.H. (Eds.): Principles of Neural Science. New York, Amsterdam, Oxford: Elsevier 1985
10. KATZ, B.: Nerv, Muskel und Synapse. 5. Aufl. Stuttgart: Thieme 1987
11. KUFFLER, S.W., NICHOLLS, J.G., MARTIN, A.R.: From Neuron to Brain. Second Edition. Sunderland, Mass.: Sinauer Associates 1984
12. McGEER, P.L., ECCLES, J.C., McGEER, E.G.: Molecular Neurobiology of the Mammalian Brain. Second Edition. New York, London: Plenum Press 1987
13. SCHMIDT, R.F. (Hrsg.): Grundriß der Neurophysiologie. 6. Aufl. Berlin, Heidelberg, New York, Tokyo: Springer 1987
14. SCHMIDT, R.F., THEWS, G.(Hrsg.): Physiologie des Menschen. 24. Aufl. Berlin, Heidelberg, New York, Tokyo: Springer 1990
15. SHERRINGTON, C.S.: The Integrative Action of the Nervous System. New Haven: Yale University Press, 2nd ed. 1947. Nachdruck 1961 (1906)
16. ZAIMIS, E.(Ed.): Neuromuscular Junction. Berlin, Heidelberg, New York: Springer 1976

Einzel- und Übersichtsarbeiten

17. BENNETT, M.L.V.: Electrical transmission: a functional analysis and comparison with chemical transmission. In: KANDEL, E.R. (Ed.) Cellular Biology of Neurons, Vol. 1, Sect. 1, Handbook of Physiology: The Nervous System. Baltimore: Williams & Wilkins pp 357-416, 1977
18. BRAUN, M., SCHMIDT, R.F., ZIMMERMANN, M.: Facilitation at the frog neuromuscular junction during and after repetitive stimulation. Pflügers Arch. ges. Physiol. *287*, 41-55 (1966)
19. COLQUHOUN, D., DREYER, F., SHERIDAN, R.E.: The actions of tubocurarine at the frog neuromuscular junction. J. Physiol. (Lond.) *293*, 247-284 (1979)
20. COLQUHOUN, D., SAKMANN, B.: Fast events in single-channel currents activated by acetylcholine and its analoques at the frog muscle end-plate. J. Physiol. (Lond.) *369*, 501-557 (1985)
21. CURTIS, D.R., JOHNSTON, G.A.R.: Amino acid transmitters in the mammalian central nervous system. Ergebn. Physiol. *69*, 97 (1973)
22. DODGE, F.A., RAHAMIMOFF, R.: Co-operative action of calcium ions in transmitter release at the neuromuscular junction. J. Physiol. (Lond.) *193*, 419-432 (1967)
23. DUDEL, J.: The mechanism of presynaptic inhibition at the crayfish neuromuscular junction. Pflügers Arch. *248*, 66-80 (1965)
24. FURUKAWA, T., FURSHPAN, E.J.: Two inhibitory mechanisms in the Mauthner neurons of goldfish. J. Neurophysiol. *26*, 140-176 (1963)
25. GAGE, P.W.: Generation of end-plate potentials. Physiol. Rev. *56*, 177-247 (1976)
26. HENNEMAN, E., SOMJEN, G., CARPENTER, D.O.: Functional significance of cell size in spinal motoneurons. J. Neurophysiol. *28*, 560 (1965)
27. HUBBARD, J.I.: Microphysiology of vertebrate neuromusclular transmission. Physiol. Rev. *53*, 674 (1973)
28. ITO, Y., MILEDI, R., VINCENT, A., NEWSOM-DAVIS, J.: Acetylcholine receptors and end-plate electrophysiology in myasthenia gravis. Brain *101*, 345-368 (1978)
29. KRNJEVÍC, K.: Chemical nature of synaptic transmission in vertebrates. Physiol. Rev. *54*, 418 (1974)
30. KUFFLER, S.W.: Slow synaptic responses in autonomic ganglia and the pursuit of a peptidergic transmitter. J. Exp. Biol. *89*, 257-286 (1980)
31. LIBET, B.: Heterosynaptic interaction at a sympathetic neuron as a model for induction and storage of a postsynaptic memory trace. In: LYNCH, G., McGAUGH, J.L., WEINBERGER, N.M. (Eds.): Neurobiology of Learning and Memory. New York: Guilford Press 1984, pp 405-430
32. LLIŃAS, R.R.: Calcium in synaptic transmission. Sci. Am. *10*, 38-48 (1982)
33. LOEWENSTEIN, W.R.: Junctional intercellular communication: the cell-to-cell membrane channel. Physiol. Rev. *61*, 829-913 (1981)
34. NUMA, S., NODA, M., TAKAHASHI, H., TANABE, T., TOYOSATO, M., FURUTANI, Y., KIKYOTONI, S.: Molecular structure of the nicotinic acetylcholine receptor. Cold Spring Harbor Symposia Quant. Biol. *48*, 57-69 (1983)
35. PARNAS, H., DUDEL, J., PARNAS, I.: Neurotransmitter release and its facilitation in crayfish. I. Saturation kinetics of release, and of entry and removal of calcium. Pflügers Arch. *393*, 1-14 (1982)
36. PARNAS, H., DUDEL, J., PARNAS, I.: Neurotransmitter release and its facilitation in crayfish. VII. Another voltage dependent process beside Ca entry controls the time course of phasic release. Pflügers Arch. *406*, 121-130 (1986)
37. PEPER, K., BRADLEY, R.J., DREYER, F.: The acetylcholine receptor at the neuromuscular junction. Physiol. Rev. *62*, 1271-1340 (1982)
38. POPOT, J.L., CHANGEUX, J.P.: Nicotinic receptor of acetylcholine: structure of an oligomeric integral membrane protein. Physiol. Rev. *64*, 1162-1239 (1984)
39. SAKMANN, B., METHFESSEL, C., MISHINA, M., TAKAHASHI, T., TAKAI, T., KURASAKI, M., FUKUDA, K., NUMA, S.: Role of acetylcholine receptor subunits in gating of the channel. Nature *318*, 538-543 (1985)
40. SCHMIDT, R.F.: Presynaptic inhibition in the vertebrate central nervous system. Ergebn. Physiol. *63*, 20 (1971)
41. SCHMIDT, R.F.: Control of the access of afferent activity to somatosensory pathways. In: IGGO, A.(ed.): Handbook of Sensory Physiology, Vol. II Berlin, Heidelberg, New York: Springer 1973, p 151
42. WHITTAKER, V.P.: Origin and function of synaptic vesicles. Ann. N.Y. Acad. Sci. *183*, 21 (1971)

14.1 Aufbau und Entwicklungsgeschichte

Grobaufbau des ZNS. Das Nervensystem besteht aus Gehirn und Rückenmark, dem **Zentralnervensystem (ZNS)**, und den cranialen und spinalen Nervenfasern sowie den peripheren Ganglien, die das **periphere Nervensystem (PNS)** bilden. Die inneren Organe und Blutgefäße werden vom **autonomen Nervensystem (AS)** innerviert (Kap. 23), dessen Fasern, Ganglien und Kerne teils innerhalb, teils außerhalb des ZNS und PNS verlaufen.

Ansichten des ZNS. Abb. 14-1 zeigt die anatomischen Richtungsbezeichnungen und Sichtebenen bei Tier und Mensch. Da beim Tier die **Neurachse** als eine imaginäre gerade Linie durch Rückenmark und Gehirn verläuft, sind die Ortsbezeichnungen klarer als beim Menschen. Das frontale Ende ist *anterior*, der Schwanz *posterior*, auch die Bezeichnungen *rostral* (schnauzen- oder schnabelwärts) und *caudal* (schwanzwärts) sind klar. Beim Menschen und bei Primaten, bei denen wir einen Knick in der Neurachse auf Höhe des Gehirns nach frontal vorfinden, deckt sich *dorsal* (rückenwärts) mit dem obersten Kopfende, das deshalb auch als *superior* bezeichnet wird, mit dem rückenwärts, das auch mit *posterior* bezeichnet wird. Dasselbe gilt für *ventral* (bauchwärts) und *anterior* bzw. *inferior*. Die Richtungen *lateral* und *medial* sind dagegen bei Tier und Mensch unmißverständlich.

Abb. 14-2 zeigt die verschiedenen Ansichten und Schnittebenen des Gehirns. Der **coronare Schnitt** wird auch als Querschnitt, Frontalschnitt oder Transversalschnitt bezeichnet. Der **Sagittalschnitt** steht im rechten Winkel zum Coronarschnitt.

Hirnhäute, Blutversorgung und Ventrikel. Abb. 14-3 illustriert die Lageverhältnisse von Gehirn und Rückenmark und den umgebenden Schichten. Die *Hirnhäute (Meninges)* bestehen aus 3 Schichten: der äußeren, dicken und undehnbaren **Dura mater** („harte Mutter"), der mittleren **arachnoiden Membran** („Spinnenmembran"), die der Dura anliegt,

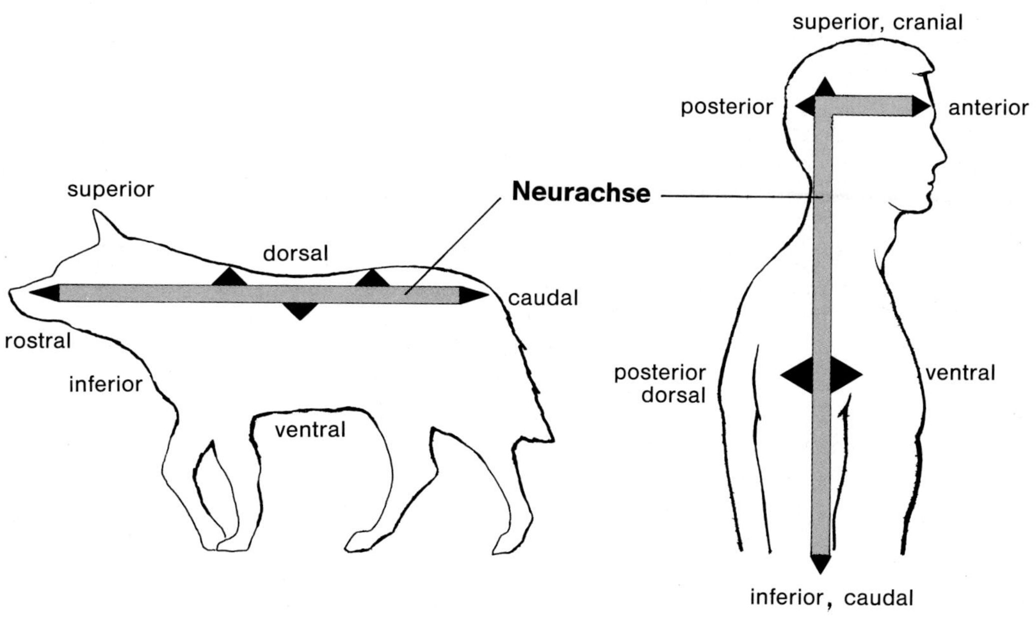

Abb. 14-1. Anatomische Richtungsbezeichnungen

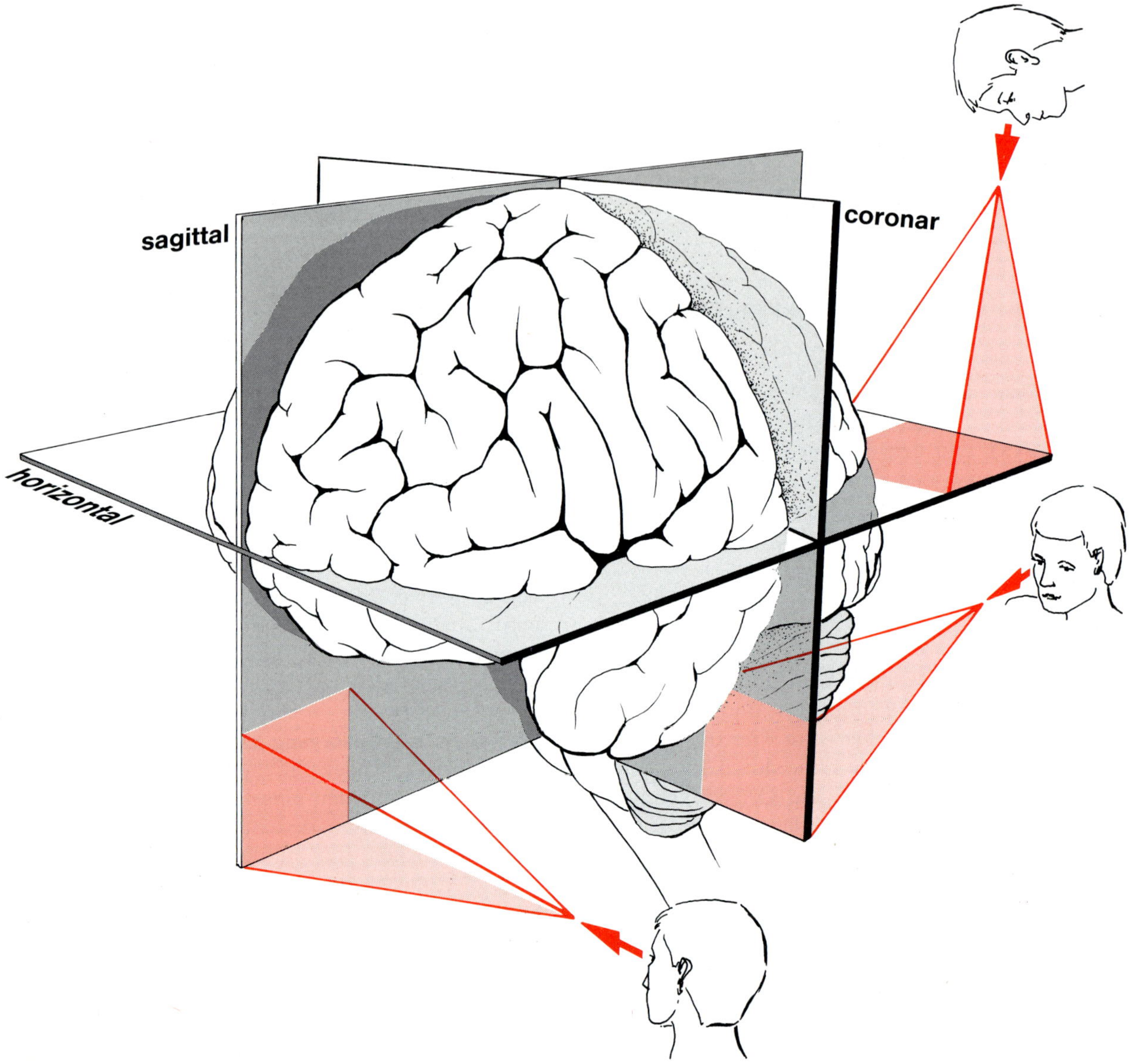

Abb. 14-2. Schnitt- und Sichtebenen im ZNS

darunter der **subarachnoidale Spalt** mit *Cerebrospinalflüssigkeit (CSF)* und den großen Gefäßen. Den Windungen, *Sulci* („Täler") des Gehirns, liegt die elastische Pia mater („weiche Mutter") eng an (die eigenartigen Bezeichnungen stammen aus z.T. fehlerhaften Übersetzungen von Anatomen des 11. und 12. Jahrhunderts aus dem Arabischen).

Die **Blutversorgung** des Gehirns ist - verglichen mit Muskeln und inneren Organen - erstaunlich stabil. Sie beträgt ca. 20% der Gesamtzirkulation mit nur geringen Schwankungen, entsprechend dem Glucoseverbrauch (vgl. Abb. 5-2B, S. 78). Bereits nach 1 sekündiger Unterbrechung der Blutzufuhr ist der gesamte zur Verfügung stehende Sauerstoff verbraucht. Nach 6s tritt Bewußtlosigkeit ein. Die Zirkulation erfolgt ansonsten wie in anderen Körperregionen auch (s. Kap. 5). Die arterielle Versorgung erfolgt über zwei Hauptarteriensysteme, die **vertebralen Arterien** für die caudalen Abschnitte des Gehirns und die **inneren Carotiden**, die den rostralen Hirnbereich versorgen.

Gehirn und Rückenmark „schwimmen" in der **CSF**, die sowohl Verletzungen der Hirnmasse durch plötzliche mechanische Einwirkungen (Schlag, Stoß, Bewegung) verhindert, als auch dem Stoffwechsel dient. Die CSF (500 ml/Tag) wird in den **Plexi chorioideii** der vier Ventrikel aus Blutplasma gebildet (s. Abb. 14-4). Der Abfluß (Reabsorption im Blutkreislauf) erfolgt über die Arachnoidea

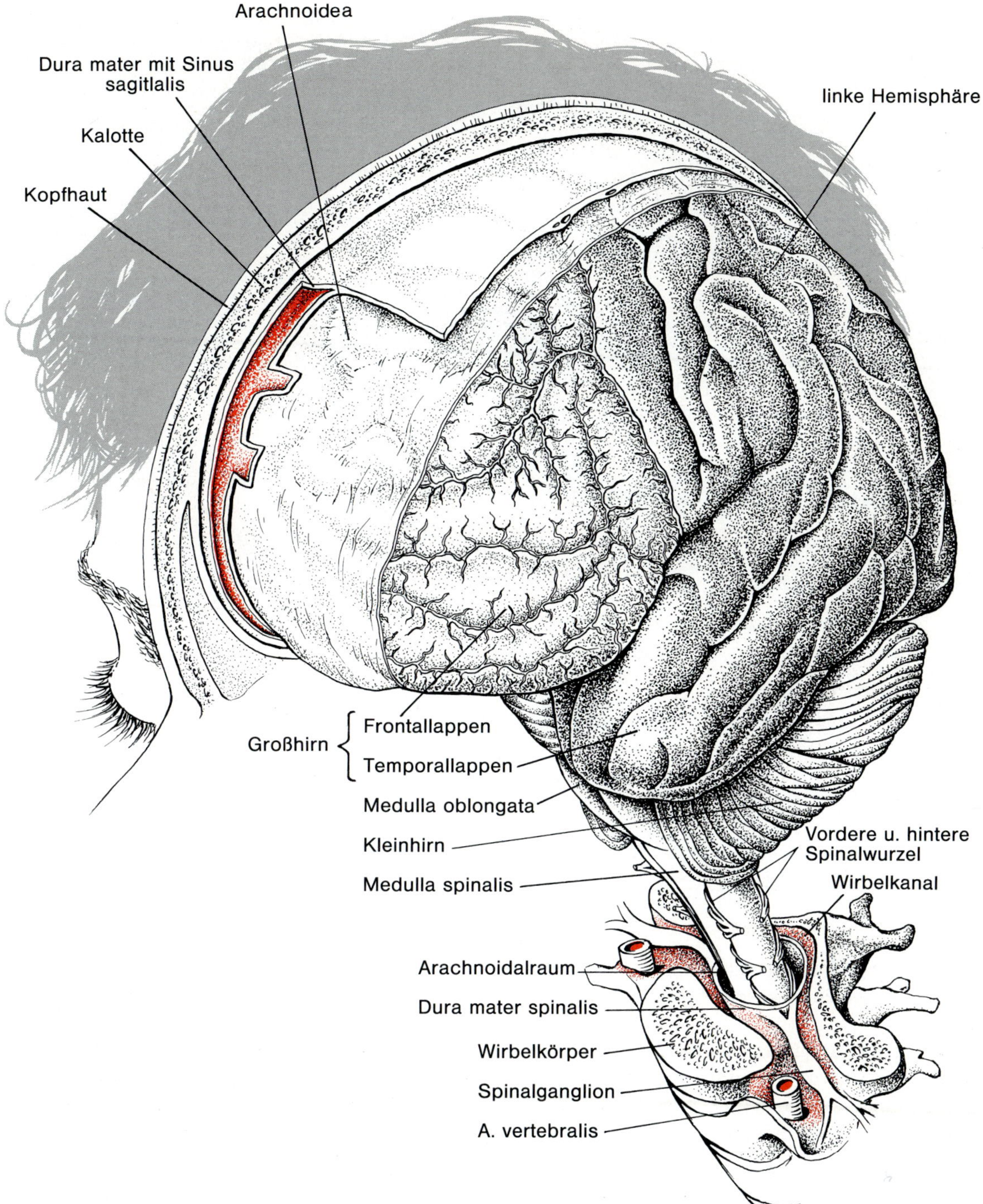

Abb. 14-3. Lage von Gehirn und Rückenmark in Kopf und Nacken. Hirnhäute

(ca. 125 ml Gesamtvolumen wird innerhalb von 3 Stunden ausgetauscht.) Die extraventrikuläre CSF (Interstitialflüssigkeit) wird von den Capillaren gebildet und kommuniziert frei mit der ventrikulären CSF. Die vier Ventrikel sind durch schmale Kanäle *(Aquaeduct, Foramen)* verbunden.

Bei raumfordernden Prozessen (Tumoren) kommt es durch die rigiden Umfassungsstrukturen (Schädelknochen, Hirnhäute) zu Verschiebungen, primär der Flüssigkeitsräume, besonders der Ventrikelgrenzen. Bei Verschluß eines oder mehrerer Foramen tritt **Hydrocephalus** („Wasserkopf") auf, da

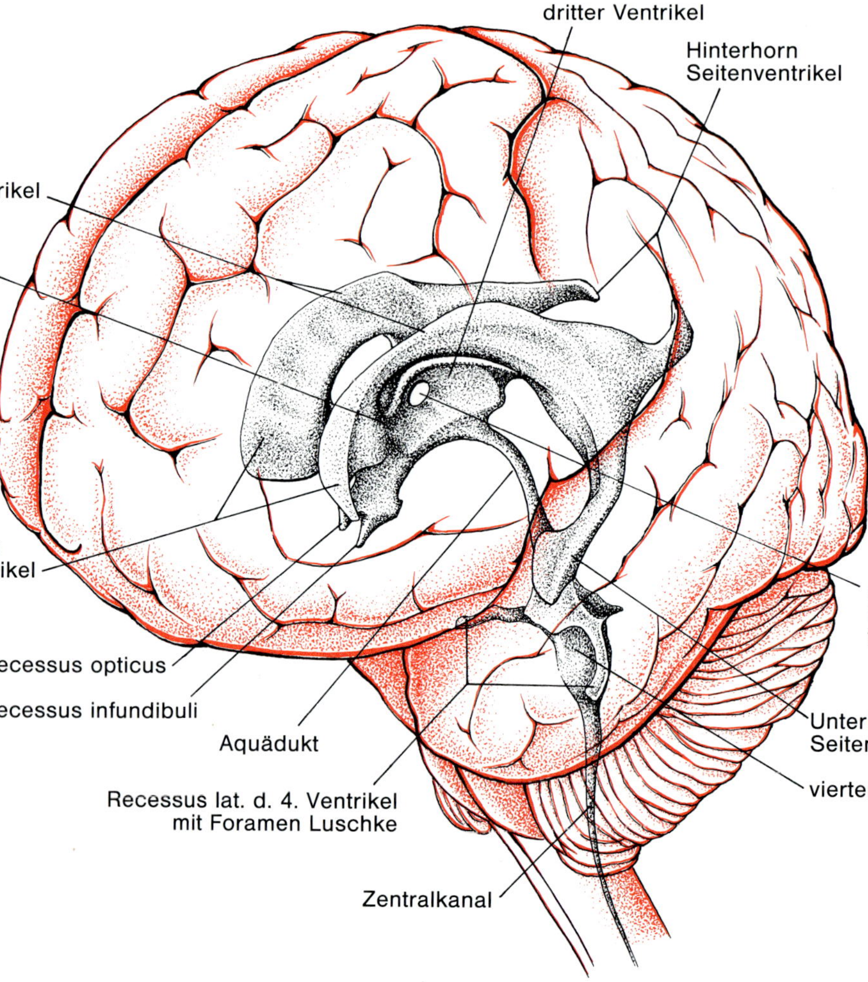

Abb. 14-4. Das Ventrikelsystem des Gehirns

weiter CSF produziert wird; ohne Abflußmöglichkeit wird das Gehirn geschädigt oder zerstört.

Die drei Hauptabschnitte des Gehirns. Tabelle 14-1, S. 247 *oben*, gibt die Anordnung der wichtigsten Abschnitte des Gehirns wieder. Abb. 14-5 zeigt deren fetale Entwicklung und die Grenzen der einzelnen Abschnitte.

Auf den folgenden Seiten wollen wir die einzelnen Strukturen der drei Hauptabschnitte unter dem Aspekt ihrer *funktionellen Bedeutung für die Steuerung von Verhalten* beschreiben. Dabei sollen nur *generelle Strukturprinzipien* erläutert werden. Die speziellen Aufgaben der einzelnen Hirnabschnitte im Rahmen von Sensorik, Motorik und vegetativen Funktionen sind Themen der Kapitel 16 - 23. Ihre Bedeutung für Verhalten und Informationsverarbeitung (Kognition) sind Gegenstand der Kap. 25 - 30. Rückenmark, verlängertes Mark *(Medulla oblongata)*, sowie Brücken- und Mittelhirn werden in den entsprechenden Abschnitten der Kapitel 16-23 besprochen. Brückenhirn *(Pons)* und Kleinhirn *(Cerebellum)* bilden zusammen das Hinterhirn *(Metencephalon)*. Die Struktur und Bedeutung des **Kleinhirns** für die geordnete Koordination von Bewegungen wird in Kap. 16 beschrieben, seine Rolle bei Lernprozessen in Kap. 27.

Bereits an dieser Stelle muß einem weitverbreiteten **Vorurteil über den hierarchischen Aufbau des Gehirns** von „niederen", entwicklungsgeschichtlich alten Funktionen (Triebe) des Hinter- und Mittelhirns bis zu „höheren" Funktionen (Verstand, Vernunft) des Vorderhirns entgegengewirkt werden: Zwar werden vital notwendige Mechanismen zur Erhaltung der Lebensfunktionen auch ohne Mitwirkung des Vorderhirns aufrechterhalten, umgekehrt aber stimmt nicht, daß komplexes Verhalten, einschließlich Sprache, primär eine Funktion der höheren Hirnabschnitte, speziell des Neocortex, ist. Vielmehr gilt, daß mit zunehmender Komplexität und Neuheit des Verhaltens auch die Zahl der beteiligten Hirnstrukturen und die Ausbreitung der Erregungskonstellationen über *alle* Hirnabschnitte, cortical und subcortical, steigt.

Tabelle 14-1. Hauptabschnitte des Gehirns

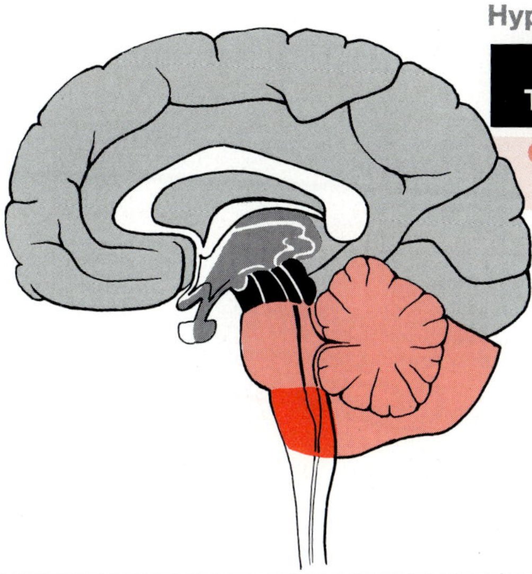

Neocortex Basalganglien Limbisches System	Telencephalon Endhirn	Vorderhirn	Hirn (Encephalon)	Zentralnervensystem (ZNS)
Thalamus Hypothalamus	Diencephalon Zwischenhirn			
Tectum Tegmentum	Mesencephalon Mittelhirn	Mittelhirn		
Cerebellum Pons	Metencephalon Hinterhirn	Rautenhirn		
Medulla oblongata	Myelencephalon Nachhirn			
		Rückenmark		

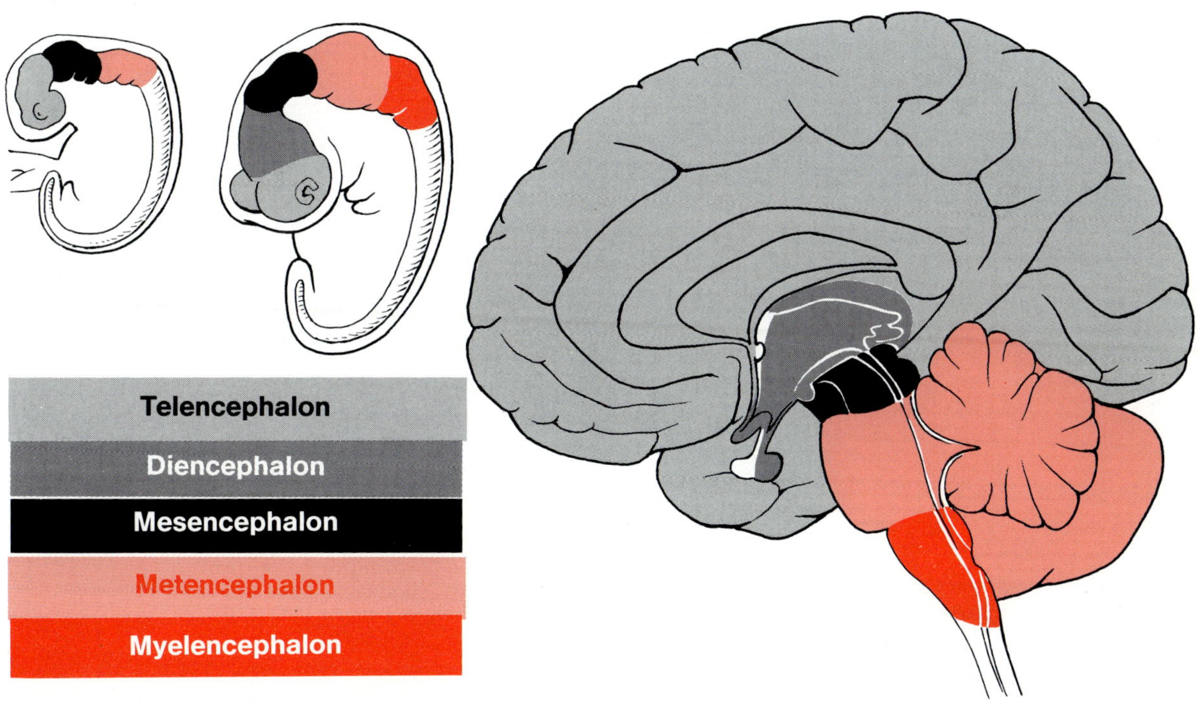

Abb. 14-5. *Entwicklung und Lage der fünf Hirnabschnitte*: *Oben links:* Wenige Wochen nach der Befruchtung zeigen sich am Kopfende des Neuralrohrs bereits drei Hauptabschnitte. Sechs Wochen nach der Befruchtung sind die fünf Hauptabschnitte des Gehirns bereits sichtbar. *Rechts:* Erwachsenes Gehirn. (Nach Rosenzweig u. Leiman 1982 [11])

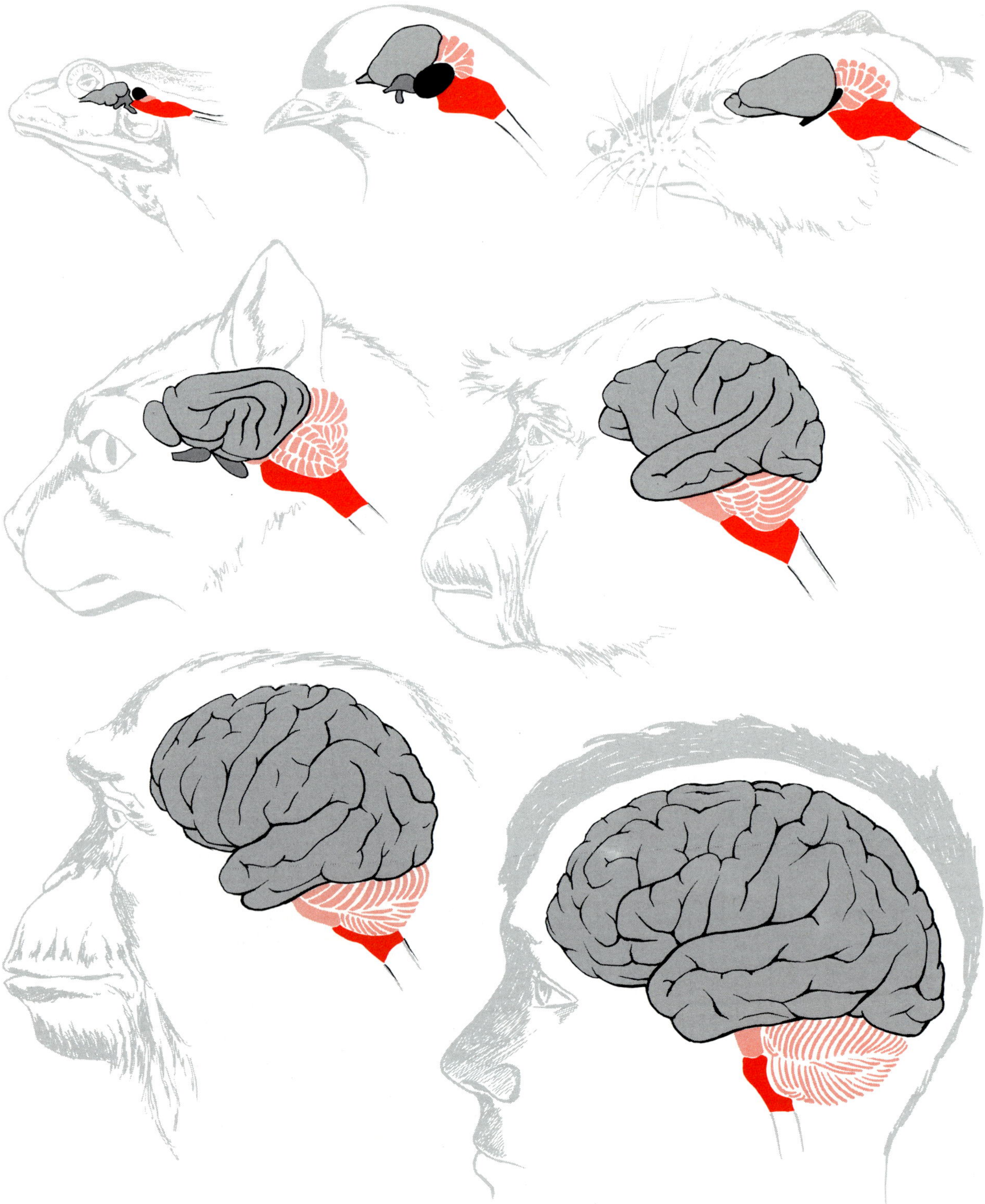

Abb. 14-6. Vergleich von Größe und Form der Gehirnabschnitte verschiedener Vertebraten. Die Größenverhältnisse zwischen den dargestellten Gehirnen sind nicht korrekt wiedergegeben. (Nach Rosenzweig u. Leiman 1982 [11])

Gewisse **Funktionsschwerpunkte** in den einzelnen Hirnabschnitten lassen sich allerdings bei Betrachtung des Standes heutigen Wissens unterscheiden, die aber nicht notwendigerweise mit den Attributen „höher" und „primitiver" zu versehen sind. Von inferior nach superior ist eher eine *Hierarchie an Flexibilität und Geschwindigkeit* der Informationsverarbeitung und Verhaltenssteuerung auszumachen. Je „telencephaler" eine bestimmte Reaktionsweise lokalisiert ist, um so schneller kann einmal gelerntes Verhalten wieder *aufgegeben* werden; je weiter ventral (inferior) eine Erregungssequenz abläuft, um so inflexibler gegenüber Veränderungen wird das produzierte Verhalten [6].

Das **limbische System** (S. 253) z. B. speichert die stereotypen Reaktionen der darunterliegenden Strukturen und erlaubt ein schnelleres Aufgeben dieser Verhaltensweisen zugunsten neuer Reaktionsalternativen. Während die subcorticalen Anteile die *Intensität dominierender Reaktionssequenzen modulieren*, erlaubt die Aktivität des limbischen Systems die *Unterdrückung „traditioneller" Reaktionsweisen*, um Verhaltensmodifikation auf der Grundlage körperinterner Informationen („Freuden", „Lust" und „Aversionen") und auf der Grundlage von *Zukunftserwartungen* über das Auftreten veränderter Reizbedingungen (neocortical) zu ermöglichen. Der Neocortex selbst ist für *keine* der höheren Funktionen *allein* verantwortlich: Wissenserwerb, Lernen, Gedächtnis benötigen keine neocorticalen Strukturen. Wohl kann der Neocortex die *Geschwindigkeit der Informationsverarbeitung* erhöhen und durch die Steuerung von Sprache beim Menschen schnelle Änderungen von Zukunftserwartungen und Aktivitäten ermöglichen. Die „Zwänge" der internen und externen Welt können rasch aufgegeben werden, wenn sich die Erwartungen verändern (s. Kap. 25 u. 30).

Evolution und Verhaltensfunktionen des Gehirns

Höhere Hirnfunktionen. Als ein Argument für die Lokalisierung „höherer" Funktionen in corticalen Regionen wird häufig der Vergleich zwischen dem ZNS verschiedener Species herangezogen (Abb. 14-6). Dieser Vergleich kann irreführend sein, wenn er aus dem Blickwinkel menschlicher Überlegenheit gesehen wird: die relative Größe einer bestimmten Hirnregion ist stets das Resultat eines evolutionären Anpassungsprozesses der gegebenen Species an eine bestimmte ökologische Nische. Die Behauptung, daß die relative Zunahme (relativ zum Körpergewicht) der neocorticalen Strukturen beim Menschen mit der Entwicklung von „spezifisch menschlichen Funktionen des Gehirns, also sprachlicher, geistiger, moralischer und ästhetischer Leistungen" [4] zu tun hat, ist kaum zu erhärten. Die Größenzunahme der neocorticalen Rinde dürfte eher mit der *abnehmenden Spezialisierung* der Sensorik auf bestimmte Sinnesmodalitäten und der Motorik auf wenige Reaktionsmuster zusammenhängen, wie der Vergleich etwa von Ratte und Mensch zeigt. Die Ratte ist sehr viel mehr auf ihr Riechsystem (daher dominierender Bulbus olfactorius) und die Lokalisation der Beute durch Hören (bzw. Sehen) und genaues Ortsgedächtnis (daher großer Colliculus inferior und relativ groß entwikkelter entorhinal-hippocampaler Komplex, s. S. 253) angewiesen.

Der Neocortex hat sich vermutlich als Basis für die Bildung *multisensorischer Repräsentation* der Umwelt entwickelt. Auch *Sprache* ist als Spezialfall sensorischer Integration und eines Systems zur exakten zeitlichen Steuerung und Speicherung von Tönen aufzufassen, ein Problem, das in der Tat durch den Neocortex gelöst wurde. Aber auch bei Vergleichen über die Säugetierreihe hinaus zeigt sich, daß der Neocortex keine besondere Vergrößerung beim Menschen erfahren hat, sondern sich im Laufe der Evolution mit Ausnahme des Bulbus olfactorius *alle*

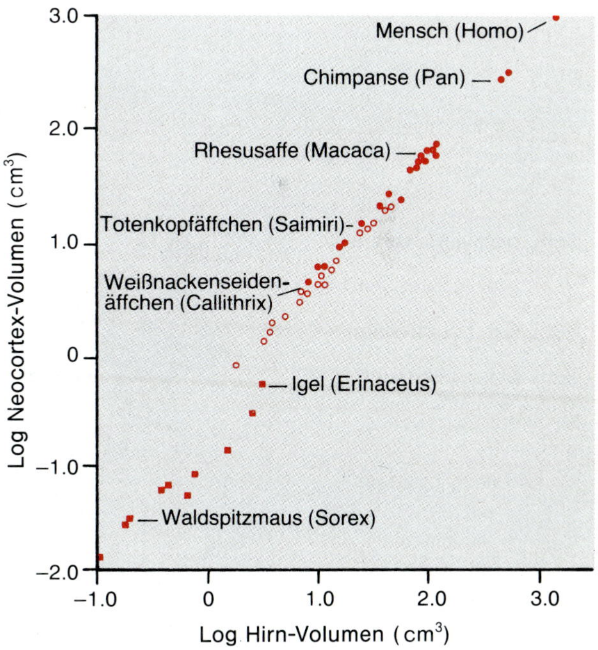

Abb. 14-7. Beziehung zwischen dem Volumen des Neocortex und dem Gehirngewicht bei 10 Insectivoren *(Quadrate)*, 18 Prosimien (Affenvorläufern, *offene Kreise*), und 21 Anthropoiden (*gefüllte Kreise*). Primaten erhöhen das Cortexgewicht relativ zum Hirngewicht deutlich stärker als Insectivoren. [Nach Radinsky, L. Primate brain evolution. Am. Scientist. **63**, 6, 656-63 (1975)]

Hirnstrukturen relativ zum Körpergewicht vergrößert haben. Abb. 14-7 zeigt diese Beziehung für den Zusammenhang zwischen Neocortex und Hirngewicht. Wie aus der Abbildung erkennbar, besteht keine Diskontinuität zwischen den Menschen und der übrigen Reihe der Primaten: die Größe des Neocortex entspricht dem Erwartungswert für Primaten mit dem gegebenen Hirnvolumen [7].

Evolution und Funktion des Gehirns. Es ist natürlich unbestritten, daß die Beziehung zwischen Hirn- und Körpergewicht beim Homo sapiens ein ungleich „günstigeres" Verhältnis als bei den übrigen Vertebraten erreicht.

Die Evolutionsbiologie führt die starke *Encephalisation* auf die Interaktion zwischen Jäger und Beute zurück: unter dem Selektionsdruck entwickeln fleischfressende Lebewesen erfolgreiche Strategien, größere Mengen energiereicher Nahrung zu finden. Mit zeitlich und örtlich zunehmend schwieriger Lokalisation der Beute entwickeln sich die Sinnessysteme und ihre neuronalen Analysatoren zu neuer Größe (vor allem Sensomotorik der Hände).

Die Entwicklung von Sprache hat mit dem hohen Encephalisationsfaktor wenig zu tun, da Sprachentwicklung wahrscheinlich erst spät in der Entwicklung des Homo sapiens auftrat (vor ca. 40000 Jahren). Die vergleichende Untersuchung von Lern- und Denkprozessen (s. Kap. 27, 30) weist darauf hin, daß die überlegenen Denk- und Lernleistungen des Menschen auf die quantitative Zunahme von informationsverarbeitenden Einheiten (Neuronenverbänden) und nicht auf qualitative Neuentwicklungen (z. B. „Sprachneurone") rückführbar sind.

14.2 Struktur und Funktion des Vorderhirns

Zwischenhirn

Obwohl Hypothalamus und Thalamus entwicklungsgeschichtlich (s. Abb. 14-5) eine Einheit bilden, sind sie anatomisch und auch in ihrer Bedeutung für Verhalten zwei *heterogene* Strukturen,

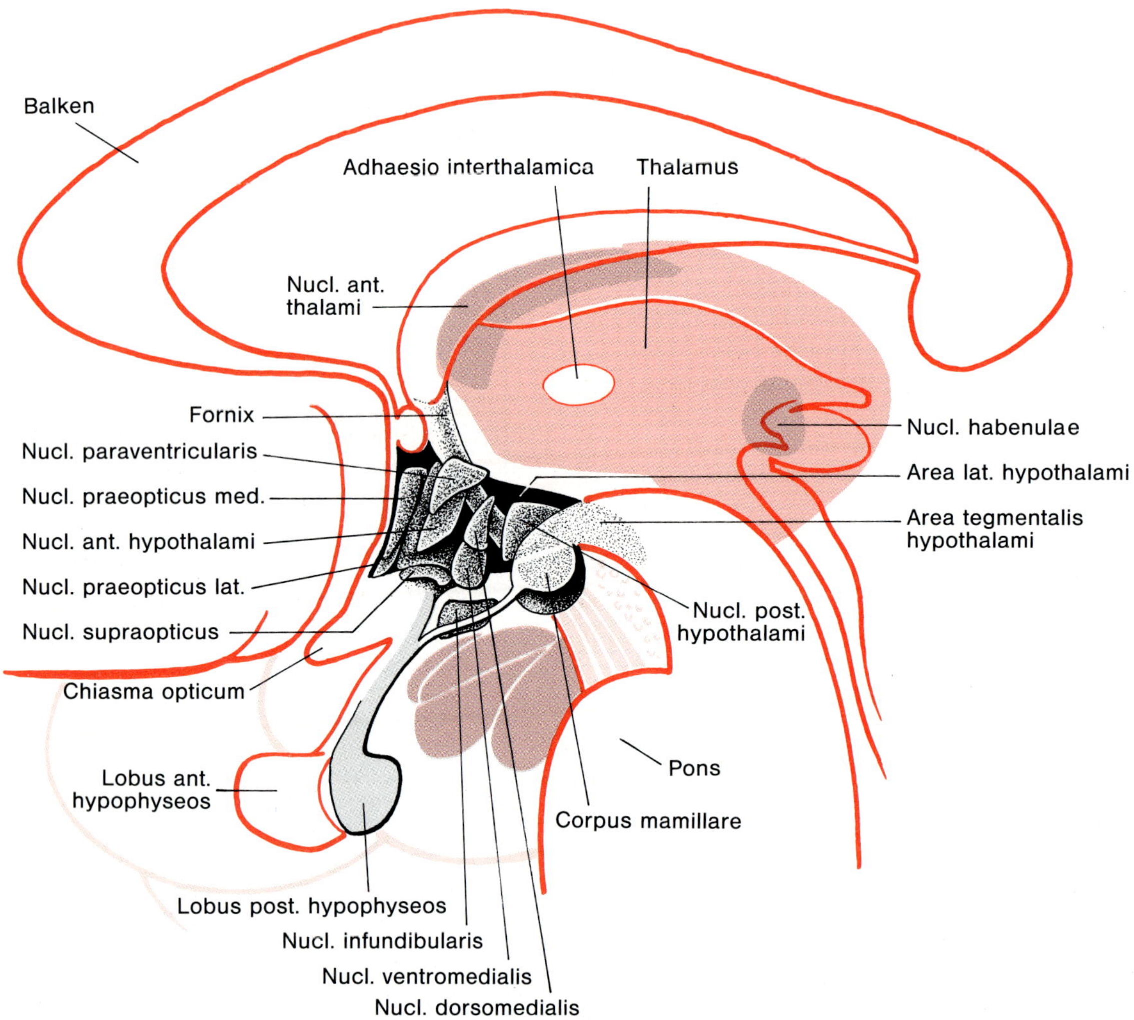

Abb. 14-8. Regionen und Kerne im Hypothalamus *(schwarz)*

deren Verbindungen untereinander eher bescheiden sind: Während der Hypothalamus mit den übrigen Teilen des limbischen Systems (s. S. 253) anatomisch und funktionell eng verbunden ist, bildet der Thalamus mit dem Cortex cerebri eine solche Einheit. Direkte afferente Verbindungen vom Thalamus zum Hypothalamus scheinen nicht zu existieren, während der unspezifische (dorsomediale) Thalamus aus dem Hypothalamus reich versorgt wird. Damit beeinflußt der Hypothalamus – als „Kopf"-Ganglion des autonomen Nervensystems (ANS) (Sherrington) direkt und hauptverantwortlich für Antrieb und Gefühl (Motivation und Emotion) – auch die höheren sensorischen, motorischen und kognitiven Funktionen von Thalamus und Cortex. Die neocorticalen Einflüsse auf den Hypothalamus gehen den indirekten Weg über die limbischen Strukturen.

Hypothalamus. Struktur und Bedeutung des Hypothalamus vor allem für die Modulation des ANS und der körperinternen Homöostase werden in Kap. 23 diskutiert. Hier sollen nur jene Kerne und Verbindungen dargestellt werden, die in enger Verbindung mit dem limbischen System an der Steuerung von Lernvorgängen (Kap. 27) und Emotionen (Kap. 29), nicht-homöostatischen Trieben (Sexualität, Aggression, Kap. 28 und 29) sowie Aufmerksamkeitsverhalten und „kognitiven" Funktionen (Kap. 25, 30) beteiligt sind.

Die **Kerngruppen** des Hypothalamus, zu dem auch die Mamillarkörper gehören, sind zwar anatomisch und histologisch oft schwer abzugrenzen, dienen aber meist differenzierbaren Funktionen (Abb. 14-8). Anders die extensiven **Faserverbindungen** (schwach myelinisiert), sowohl intrahypothalamisch als auch mit Regionen außerhalb: Eine Vielzahl von Bahnen mit unterschiedlichen Transmittern durchzieht den Hypothalamus, entspringt und endet hier. Vor allem peptiderge Bahnen (s. Kap. 10) haben im Hypothalamus ihren Ursprung. Das mediale Vorderhirnbündel (MFB, Kap. 29, S. 602) bringt monoaminerge Fasern in einige Kernsysteme des Hypothalamus [5, 6].

Abb. 14-9 zeigt die wichtigsten Fasersysteme: Der **Fornix** verbindet Hippocampus, Septalregion und N. anterior des Thalamus über die C. mamillares mit dem Hypothalamus. Die **Stria terminalis** verbindet primär die Amygdala und den medialen Hypothalamus. Dabei geht sie den „Umweg" dorsal über den Thalamus hinweg. Der bedeutsame Einfluß der Amygdala auf den Hypothalamus läuft vor allem über diese Bahn. Die **Stria medullaris** ist ein heterogenes Faserbündel mit weitgestreuten Verbindungen, die meisten verbinden Habenula mit dem präoptischen Hypothalamus.

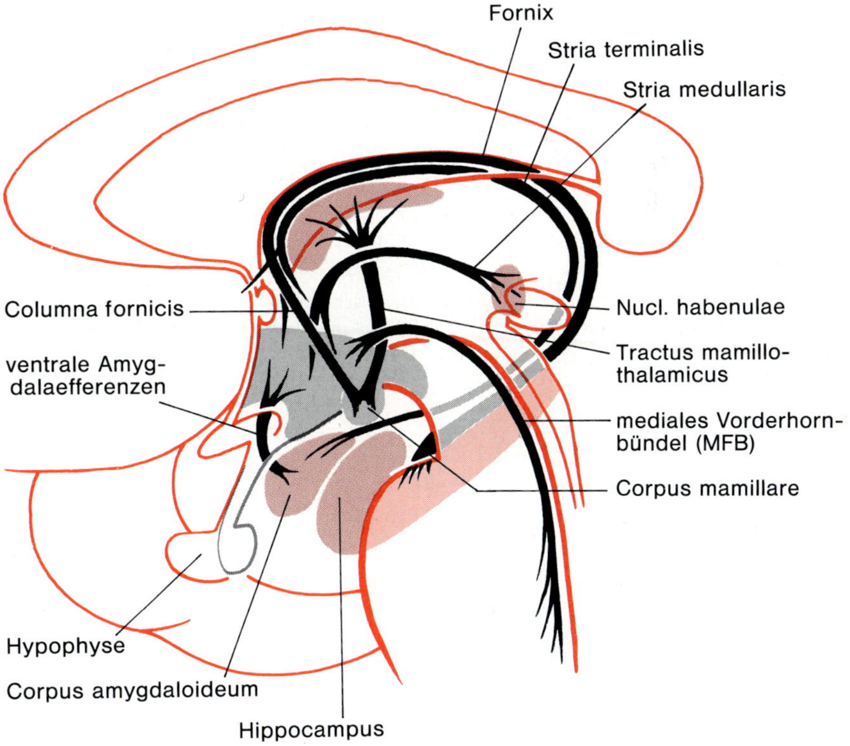

Abb. 14-9. Wichtigste Faserverbindungen des Hypothalamus. (Nach Heimer 1983 [5])

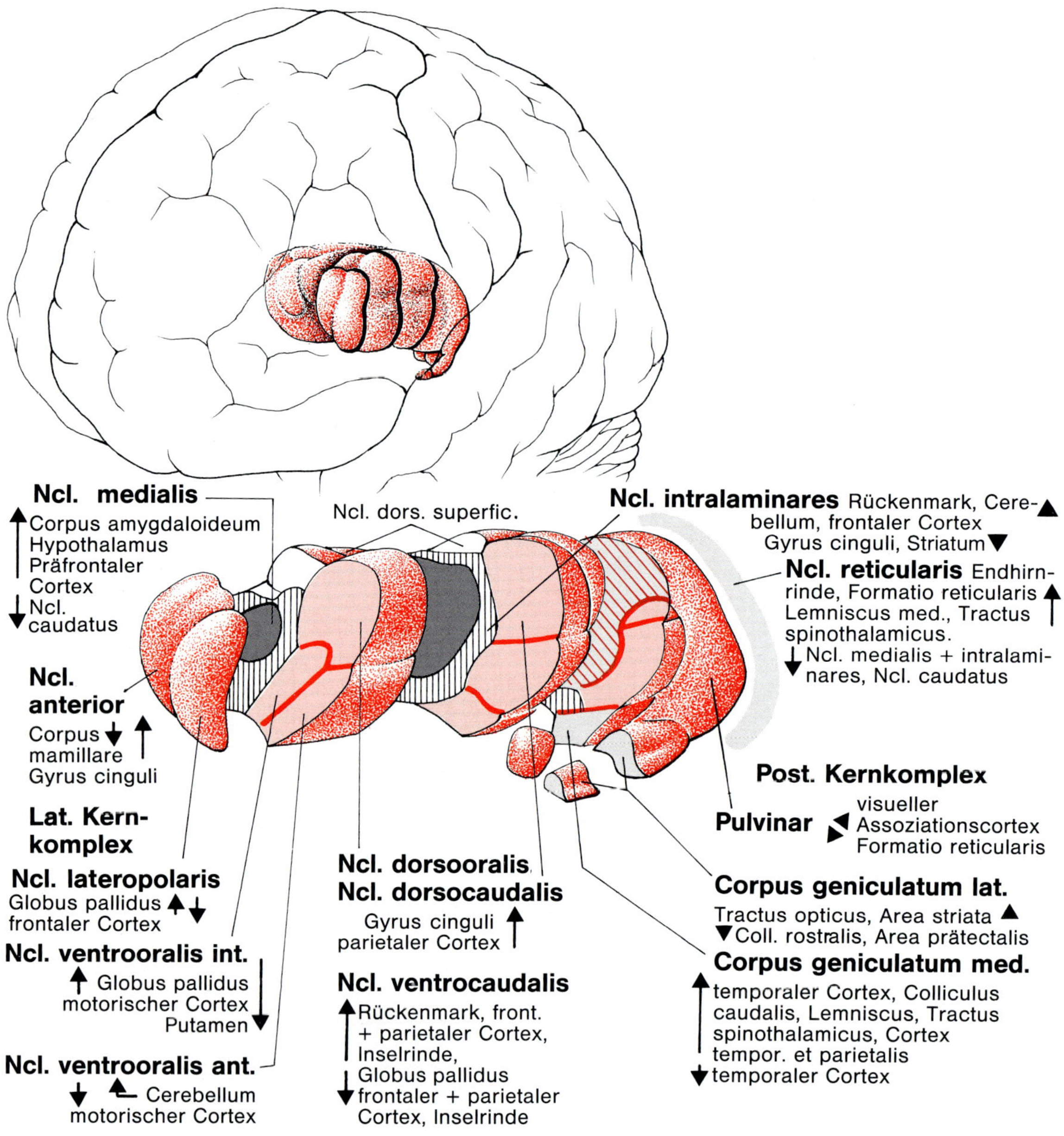

Abb. 14-10. Der Thalamus. Ein- und Ausgänge der einzelnen Thalamuskerne, die zur besseren Übersicht aus dem Gesamtthalamus (*oben*) herausgelöst wurden. *Pfeile* nach unten symbolisieren efferente Verbindungen. Zwischen den thalamischen Kernen existieren Verbindungen, die hier nicht eingezeichnet sind. (Nach Carlson 1986)

Das **mediale Vorderhirnbündel** (medial forebrain bundle, MFB, siehe Abb. 29-10, 29-11) ist zwar das meistzitierte, aber am wenigsten anatomisch faßbare Fasersystem. Viele der Axone kommen aus der und gehen in die Formatio reticularis des Mittelhirns. Das MFB verläuft vor allem im lateralen Hypothalamus, seine diffusen Verbindungen lassen die Bezeichnung „Bündel" als fragwürdig erscheinen. Abb. 29-10 gibt den allgemeinen „Bauplan" des MFB im stilisierten Säugetierhirn wieder und illustriert seine Rolle als *zentrales Kommunikationssystem* des medialen Vorderhirns (Septum, Hippocampus, Amygdala, Hypothalamus) mit dem Mittelhirn. Wie aus Abb. 14-9 ersichtlich, kommt ein Großteil der Vorderhirn-Eingänge in den Hypothalamus aus dem limbischen System, während der Hirnstamm aus den Mittelhirnregionen und dem medialen periventriculären System in den Hypothalamus projiziert. Zum und vom Neocortex (mit Ausnahme des präfrontalen Cortex) und zum spezifischen Thalamus sowie zu den Basalganglien bestehen kaum direkte Verbindungen.

Thalamus (thalamos = innere Kammer). Thalamus und Cortex bilden eine *funktionelle Einheit*: fast alle sensorischen Afferenzen werden in den sensorischen **Relaissystemen** vor ihrer Weiterleitung zur Hirnrinde umgeschaltet (s. Kap. 18–21). Die thalamischen Kerne (Abb. 14–10) sind das „Tor" zum Cortex und spielen daher eine zentrale Rolle in der Steuerung von *Aufmerksamkeitsverhalten* (Kap. 25) und der rhythmischen elektrischen Aktivität des Großhirns (Kap. 24). Der Thalamus erhält rückläufige Afferenzen aus der untersten Schicht des Neocortex. Zusätzlich geben alle efferenten Bahnen vom Neocortex Seitenäste (Kollateralen) an den Thalamus ab. Damit hat der Thalamus stets eine **Efferenzkopie** zur Verfügung, vor allem über die motorischen Kommandos (s. Kap. 16). Über die **ventralen Kerne** erhält der Thalamus Information aus den Basalganglien (s. u.) und dem Cerebellum; über diese Verbindungen steuert er die motorische Aufmerksamkeit und Planung (Kap. 16). Der **Nucleus anterior** unterhält beidseitige Verbindungen zu den G. cinguli und erhält Fasern aus dem Hippocampus über die Mamillarkörper via Fornix. Zusammen mit dem dorsomedialen Kern des Thalamus, der von Hypothalamus und Amygdala versorgt wird und in den präfrontalen Cortex projiziert, bilden diese Abschnitte des Thalamus einen *Teil des limbischen Systems.* Die enge Verbindung von Aufmerksamkeitsfunktionen und emotional-motivationalen Prozessen findet hier anatomisch ihre Entsprechung.

Als „rostraler Türöffner" scheint dabei der präfrontale Cortex über die „Schlüssel" zum medialen (intralaminären) und **reticulären Thalamus** zu verfügen. Der reticuläre Kern umgibt den Thalamus wie ein Schild und erhält rückläufige Fasern aus allen übrigen Kernen des Thalamus und der Formatio reticularis des Mittelhirns und indirekt aus den Basalganglien. Der präfrontale Cortex projiziert vermutlich exzitatorisch in den reticulären Thalamus. Damit ist der reticuläre Thalamus zu einer Integrationsstation cortico-thalamischer und thalamo-corticaler Aktivität mit dem Aktivierungssystem des Mittelhirns geworden. Über die extensiven Verbindungen der intralaminären Kerne zum Striatum hält der „Toröffner" nicht nur den Schlüssel zu ankommender (sensorischer), sondern auch den für efferente (motorische) Information „in der Hand" (s. Kap. 25 und Abb. 14–10).

Das limbische System

Grobaufbau und Funktionen. Pierre Paul Broca prägte 1878 den Begriff „la grande lobe limbique" und verstand darunter den „Saum" (Limbus) aus phylogenetisch älteren neocorticalen Anteilen (Übergangscortex, transitional cortex), der den Hirnstamm umgibt. Später bezeichnete man die limbischen Strukturen als **Riechhirn**, was aber bald wieder aufgegeben wurde, da nur Septum und Amygdala, sowie entorhinaler Cortex und Hippocampus mit dem Bulbus olfactorius verbunden sind (Abb. 14–11). Die Ausweitung zu einem limbischen „System" nahm 1939 Papez vor, der die kreisartige Geschlossenheit (**Papez-Kreis**) aus Hippocampus – Mamillarkörper – Vicq d'Azursches Bündel – N. anterior – G. cinguli – Hippocampus als neuroanatomische *Grundlage von Emotionen* ansah (Kap. 28, 29).

Die Tatsache, daß der **entorhinale Cortex** (Abb. 14–11) Projektionen aus dem Bulbus olfactorius (s. Kap. 21) bekommt, könnte mit der *Bedeutung von Geruchsreizen für Lernen* zusammenhängen. Der entorhinale Cortex ist mit dem Hippocampus verbunden, der von überragender Bedeutung für Lernen und Einprägen ist. Vor allem unangenehme Gerüche und Geschmack führen zu lang *anhaltenden Aversionen* (Geruchs- und Geschmacksaversionen, s. auch Kap. 27). Sowohl Menschen als auch geruchsempfindliche Säugetiere vermeiden potentiell toxische Nahrung oder Gerüche oft ein ganzes Leben, auch wenn die negativen Konsequenzen der Aufnahme über Stunden verzögert sind.

Heute verstehen wir unter dem limbischen System, die in Abb. 14–11 wiedergegebenen Abschnitte. Teile des Hypothalamus sind so eng mit dem limbischen System verbunden (s. o.), daß sie dem „System" zugeordnet werden müssen. Mit dem Neocortex bestehen extensive Verbindungen, vor allem zum präfrontalen und Temporalpol, so daß man beide auch oft als Teile des limbischen Systems betrachtet. Über den Temporallappen laufen die meisten indirekten Verbindungen zum Neocortex, was z. T. die Auswirkungen temporaler Läsionen auf Gedächtnisfunktionen verständlich macht (Kap. 27 und 30). Limbische Strukturen sind an der Steuerung aller Verhaltens- und Denkprozesse beteiligt, emotionale Vorgänge sind dabei nur ein Teil der vielfältigen Aufgaben dieser Kerne und ihrer Verbindungen.

Amygdala (Mandelkern). Der Mandelkern ist eine Ansammlung mehrerer Kerne im vorderen Abschnitt des Temporallappens. Die funktionelle Heterogenität spiegelt sich auch in ihrer *biochemischen Heterogenität* wider (s. 14.3.); cholinerge, endorphinerge, dopaminerge und adrenerge Transmitter werden gefunden. Nur ein kleiner Teil, der N. corticalis, erhält Afferenzen aus dem Bulbus olfactorius und dient Riechfunktionen. Der **N. lateralis** ist eng mit dopaminergen Strukturen, vor allem dem **N. accumbens** (S. 255) und dem Frontallappen verbunden und spielt eine wichtige Rolle im Rahmen von positiver Verstärkung („Freude") und intracranieller Selbstreizung (Kap. 29). Aus Abb. 14–11 wird die zentrale Rolle der **Stria terminalis** als Verbindungs-

A

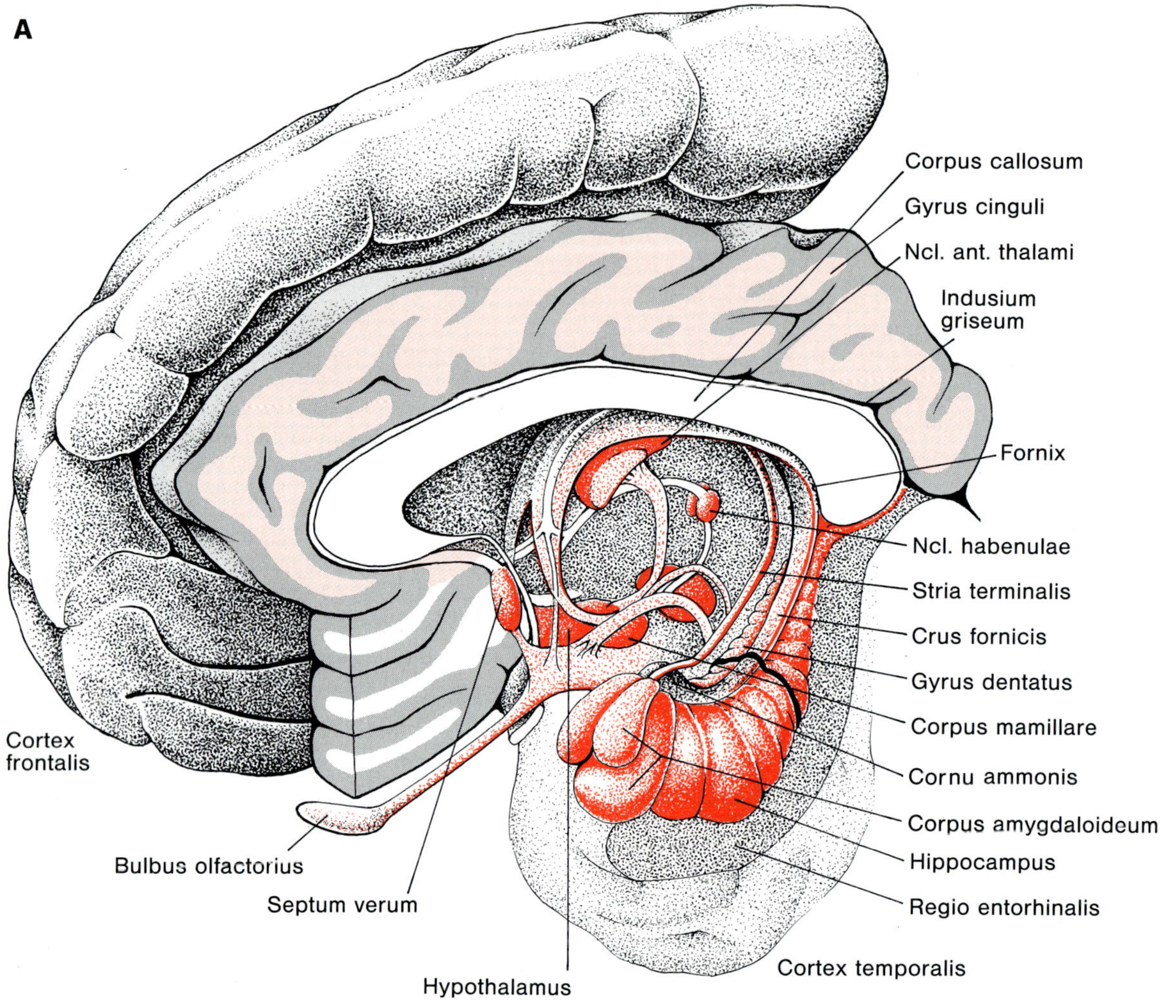
Corpus callosum
Gyrus cinguli
Ncl. ant. thalami
Indusium griseum
Fornix
Ncl. habenulae
Stria terminalis
Crus fornicis
Gyrus dentatus
Corpus mamillare
Cornu ammonis
Corpus amygdaloideum
Hippocampus
Regio entorhinalis
Cortex temporalis
Hypothalamus
Septum verum
Bulbus olfactorius
Cortex frontalis

B

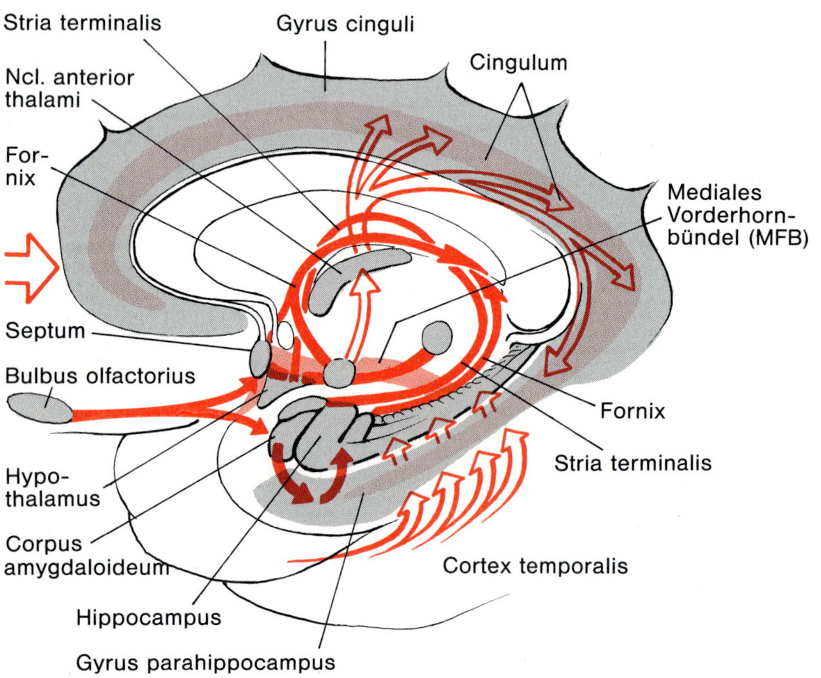
Stria terminalis
Gyrus cinguli
Cingulum
Ncl. anterior thalami
For-nix
Mediales Vorderhorn-bündel (MFB)
Septum
Bulbus olfactorius
Fornix
Stria terminalis
Hypo-thalamus
Corpus amygdaloideum
Cortex temporalis
Hippocampus
Gyrus parahippocampus

strang zu den anderen Teilen des limbischen Systems und dem Hypothalamus ersichtlich. Die Stria terminalis verbindet über die Commissura anterior die beiden Mandelkerne und die beiden Temporallappen [4, 5].

Neben diesen Hauptverbindungen existieren eine Vielzahl reziproker Fasersysteme mit dem Thalamus (N. dorsomedialis, s. Abb. 14-10), und darüber indirekt zum frontalen Orbitalcortex (s. unten), dem Septum, Fornix und Hippocampus, sowie Mittelhirn und Formatio reticularis. Die enge Verbindung mit dem Hypothalamus und dem autonomen System und die Resultate von Reiz- und Läsionsversuchen weisen der Amygdala eher *emotional-motivationale* als kognitive Funktionen zu. Sowohl die *Analyse* und *Wahrnehmung visceral-körperinterner Informationen* wie deren Steuerung hängen von der Intaktheit der Amygdala ab; kognitive Funktionen des limbischen Systems bleiben dem Hippocampus und seinen Verbindungen vorbehalten [1].

Hippocampus (Ammonshorn). Während das septoamygdale Gebiet primär zum Hypothalamus und seinen „viscero-motorischen Verbindungen" projiziert, kann man den hippocampalen „Komplex" funktionell als *Teil der neocorticalen Assoziationscortices* auffassen. Obwohl seine vielfältigen Funktionen für Informationsverarbeitung nicht geklärt sind, spielt er mit Sicherheit eine zentrale Rolle beim *Vergleich ankommender und gespeicherter Information* und ist damit ein wesentlicher Teil jener Strukturen, die an *Kurzzeitgedächtnis, Konsolidierung und Habituation* beteiligt sind (s. Kap. 27 u. 30).

Aufbau. Abb. 14-12 A und B illustriert die Lage und den Feinaufbau der **Hippocampusformation.**

Während man unter dem Hippocampus in der Regel nur die typisch geschichteten Regionen des Hippocampus selbst mit der engen Pyramidenzellschicht und den G. dentatus mit der Granularzellenschicht versteht, faßt man als **Hippocampusformation** außer dem Hippocampus und Dendatus auch den Übergangscortex zusammen, vor allem Subiculum und den entorhinalen Cortex. Obwohl die ventral-dorsale Erstreckung den Namen Hippocampus (Seepferdchen) kaum rechtfertigt, ergibt die coronare Ansicht durchaus jene Form, welche die Bezeichnung rechtfertigt, die ihm von Renaissance-Anatomen gegeben wurde. Die endgültige Beschreibung, die heute noch Gültigkeit hat, stammt von dem genialen spanischen Anatomen Ramon y Cajal. Dieser hat im Hippocampus (Ammonshorn, Cornu ammonis) bereits einen Aufbau ähnlich dem Cortex cerebri identifiziert. Lorente de No beschrieb im eigentlichen Hippocampus 4 Unterregionen, die als CA_1, CA_2, CA_3 und CA_4 (CA von Cornu Ammonis) bezeichnet werden [4].

Die auf Abb. 14-12 (unterer Teil) dargestellten Schichten (Stratum oriens, Stratum pyramidale, Stratum radiatum, Stratum moleculare) zeigen bereits, daß trotz aller Ähnlichkeit mit dem Neocortex (s. S. 259) erhebliche Differenzen im Zellaufbau bestehen, die dann auch mit den typischen elektrophysiologischen und behavioralen Eigenheiten des Hippocampus zusammenhängen dürften: die Dendriten der Pyramidenzellen (einige sind auf Abb. 14-12 rot angefärbt) laufen in beiden Richtungen (Doppelpyramiden). Die Axone senden Kollateralen in alle Schichten des Hippocampus und laufen zumeist in der Fornix zur Septalregion; besonders auffällig sind die sogenannten *Schaffer-Kollateralen*, die weit in den entorhinalen Cortex führen. Die Axone selbst formen die ventriculäre Oberfläche des Alveus (weiße Substanz). Der G. dendatus mit seinen Granulazellen gibt die Information, vor allem aus neocorticalen Regionen über das Moosfasersystem an die Pyramidenzellen ab.

Verbindungen. Ein Großteil der Information in den Hippocampus kommt aus dem entorhinalen Cortex über den **Tractus perforans**, der Output hat seinen Ursprung vor allem im **Subiculum** (s. Abb. 14-12 B). Die Fasern vom Hippocampus zum Subiculum stammen aus CA_1 und sind Schaffer-Kollateralen. Vom Subiculum führen Bahnen u. a. in die **Assoziationscortices** aller vier Lappen der Hirnrinde. Das Subiculum kann als gemeinsame Endstrecke der telencephalen Information angesehen werden, die den Hippocampus erreicht und dort „verarbeitet" wird (meist aus dem entorhinalen Cortex). Der **entorhinale Cortex** erhält einen Großteil seiner Informationen aus dem ventralen Temporallappen und dem orbitalen Frontalcortex (die genannten Verbindungen sind auch gegenläufig, wie dies im gesamten ZNS üblich, aber hier Regel ist). Afferenzen kommen zusätzlich aus einer Reihe thalamischer und hypothamischer Regionen und den Mamillarkörpern. Die Hippocampi beider Seiten sind über Commissuren eng verbunden.

Die Beziehungen des Hippocampus zum **Septum** (s. Abb. 14-11) laufen über den **Fornix** und stellen die Verbindungen zu den *tieferliegenden subcorticalen Strukturen* her (Hypothalamus, Formatio reticularis, Tegmentum). Die Efferenzen zum Septum

◄

Abb. 14-11. Kerne (**A**) und Verbindungen (**B**) des limbischen Systems (Ausführungen s. Text). Unterer Teil der Abbildung aus Jänig, W.: Vegetatives Nervensystem. In: R. F. Schmidt, G. Thews (Hrsg.) Physiologie des Menschen. 23. Auflage. Berlin, Heidelberg, New York, Tokyo: Springer 1987)

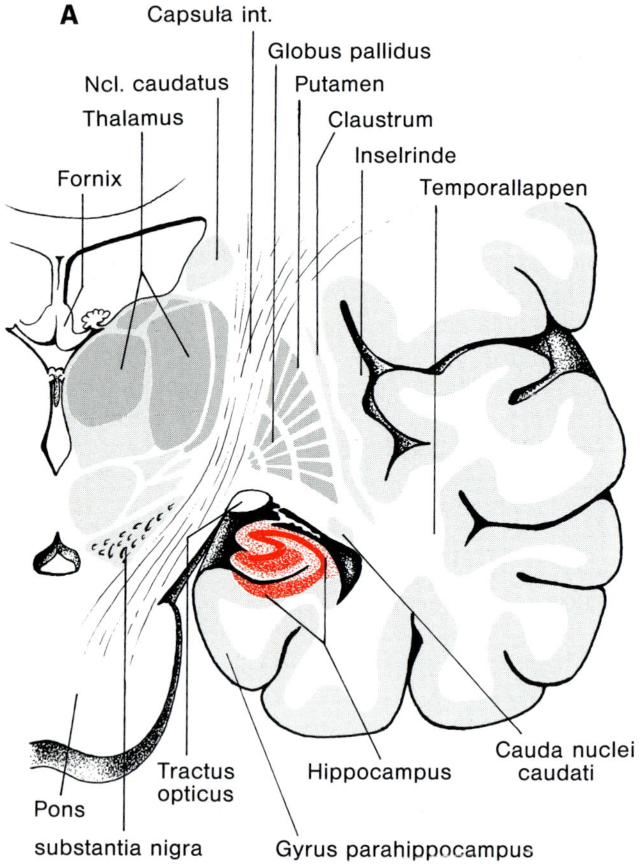

laufen von CA_3 in den **lateralen** Septumkern. Die Afferenzen kommen aus dem **medialen** Septumkern und führen nach CA_3. Über diese Bahn wird der *hippocampale Theta-Rhythmus* (4–7 Hz) generiert, der bei Orientierung und Aufgeben „alter" Verhaltensweisen auftritt (s. Kap. 29).

Ist das limbische System ein System? Swanson (1983) hat ein Ordnungsschema der Beziehungen zwischen neocorticalen und limbischen Funktionen vorgeschlagen, das ein besseres Verständnis zumindest der *telencephalen Anteile* dieses Systems ermöglicht (s. nächster Abschnitt). Ausgehend von der Überlegung, daß sensorische und motorische Signale nach (oder während) ihrer Analyse in den primären Projektionsarealen des Neocortex meist in **unimodale** und dann in **polymodale Assoziationsareale** und von dort in **supramodale Assoziationsareale** geleitet werden, postuliert Swanson *zwei gemeinsame Endstrecken* limbischer Informationsverarbeitung: den **septo-amygdalen Komplex (SAC)** und das **Striatum (STR**, bestehend aus Caudatum, Putamen, N. accumbens). Abb. 14–13 zeigt, daß über den SAC (mit Hippocampus, Cingulum, präfrontalen Cortex) *„viscerale"* emotional-motivationale Motorik, über das STR eher *somato-motorische* Reaktionen gesteuert werden (s. Kap. 29 und 30). Die *hippocampale For-*

Abb. 14–12. Die Hippocampusformation. **A** Ansicht im Frontalschnitt (*rechts* unten der Temporallappen). **B** *Obere* (superiore) und *untere* (inferiore) Abschnitte des Hippocampus und Einteilung in die verschiedenen CA-Felder. (Nach Brodal, aus Isaacson 1982)

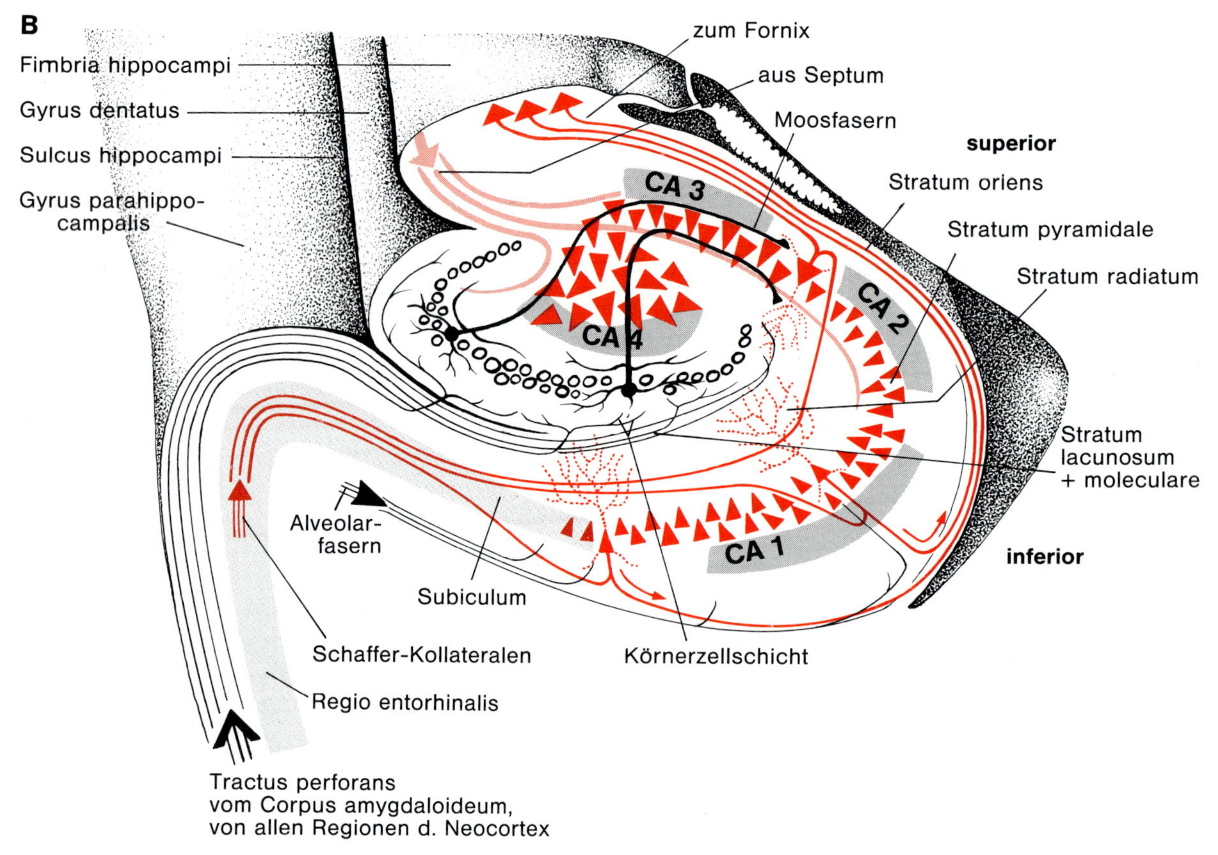

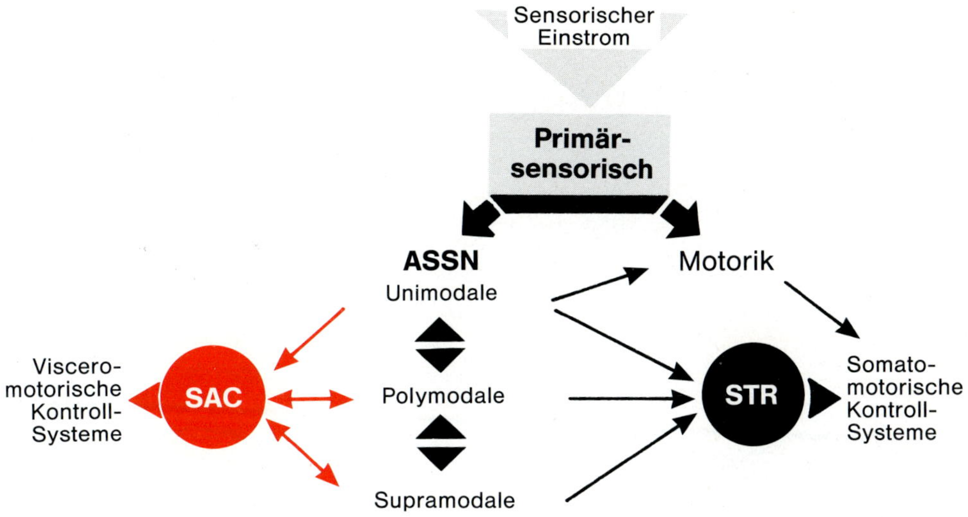

Abb. 14-13. Diagramm der beiden wichtigsten funktionellen Einheiten des limbischen Systems: *SAC*, septoamygdaler Komplex *(rot)*; *STR*, Striatum; *ASSN*, Assoziationscortices. Erläuterung siehe Text. (Nach Swanson 1983)

mation ist der zentrale supramodale Assoziationscortex, der Information aus allen poly- und supramodalen Assoziationscortices erhält, dorthin zurückprojiziert und gleichzeitig zum SAC und STR Impulsmuster abgibt. Sie steht zwischen den polymodalen Assoziationsarealen und den visceralen Regionen, vor allem dem Hypothalamus; damit spielt sie eine wichtige integrative Rolle für vitale viscerale Funktionen (Nahrungsaufnahme, Verteidigung, Reproduktion), andererseits reguliert sie die hypothalamische („motivationale") Beeinflussung vieler kognitiver Funktionen der supramodalen Assoziationsareale (einschließlich Sprache).

Das **telencephale limbische System** besteht somit aus drei Hauptregionen: (1) dem hippocampalen Assoziationscortex, (2) den damit verbundenen Assoziationscortices (Cingulum, präfrontaler und entorhinaler Cortex) und (3) dem subcorticalen SAC.

Endhirn

Cortex cerebri (Hirnrinde). Der Cortex besteht aus einer 4-5 mm dicken grauen Substanz mit Zellkörpern und Dendriten und der darunterliegenden weißen Substanz mit myelinisierten und unmyelinisierten Nervenfasern. Abb. 14-14 zeigt die wichtigsten Furchen und Windungen sowie die 4 Lappen der beiden Großhirnhemisphären. Der mikroskopische Aufbau der Hirnrinde ist in allen Arealen prinzipiell ähnlich. Abb. 14-15 zeigt die 6 Schichten der Rinde, deren Anordnung von größter Bedeutung für das Verständnis ihrer Funktion ist. Die spezifischen thalamischen Fasern aus den Sinnessystemen gelangen in Schicht III, IV und V, wo die Zellkörper der Pyramidenzellen liegen, während die Fasern aus anderen corticalen Regionen (Assoziationsfasern), aus der gegenüberliegenden Hemisphäre (Commissuren) und aus dem unspezifischen Thalamus (das sind jene Kerne, die nicht mit spezifischen sensorischen und motorischen Aufgaben betraut sind, s. Kap. 25) an die Dendriten von Schicht I und II führen.

Die Sechs-Schichtigkeit ist in den Assoziationsarealen besonders deutlich. In den primären sensorischen Projektionsarealen sind die Pyramidenschichten III und IV schwächer ausgeprägt. Wichtig ist, daß die Schichten I-IV primär Afferenzen empfangen und V und VI als Ausgangsschichten anzusehen sind.

Der Assoziationscortex: Grundlage polysensorischer Informationsverarbeitung. Der phylogenetische und ontogenetische Zuwachs an Hirnrinde beim Menschen (s. S. 249) ist primär auf die enorme Ausdehnung der *polymodalen* **Assoziationsfelder** zurückzuführen, die im phylo- und ontogenetischen Reifungsprozeß von den *primären* sensorischen und motorischen Regionen aus gebildet werden und auch keine wesentlich andere Feinstruktur als diese aufweisen. Abb. 14-16 illustriert die Anordnung von primären sensorischen und motorischen Arealen. Alle übrigen Regionen werden als Assoziationsareale bezeichnet.

Die klassische Ansicht, daß ankommende Information zunächst in den primären Projektionsarealen auf seine elementaren Qualitäten (Kontur, Lage etc.) analysiert und danach für „höhere" Analysen (Vergleich mit Gespeichertem etc.) an die benachbarten Assoziationscortices weitergegeben werden, ist zumindest im Bereich einfacher Säugetiere nicht korrekt. Der anatomische Nutzen des Konzepts wurde vor allem durch die Einführung der Meerrettich-Peroxidasetechnik (Kap. 24) in Zweifel gezogen. Dabei zeigte sich, daß *alle* un-

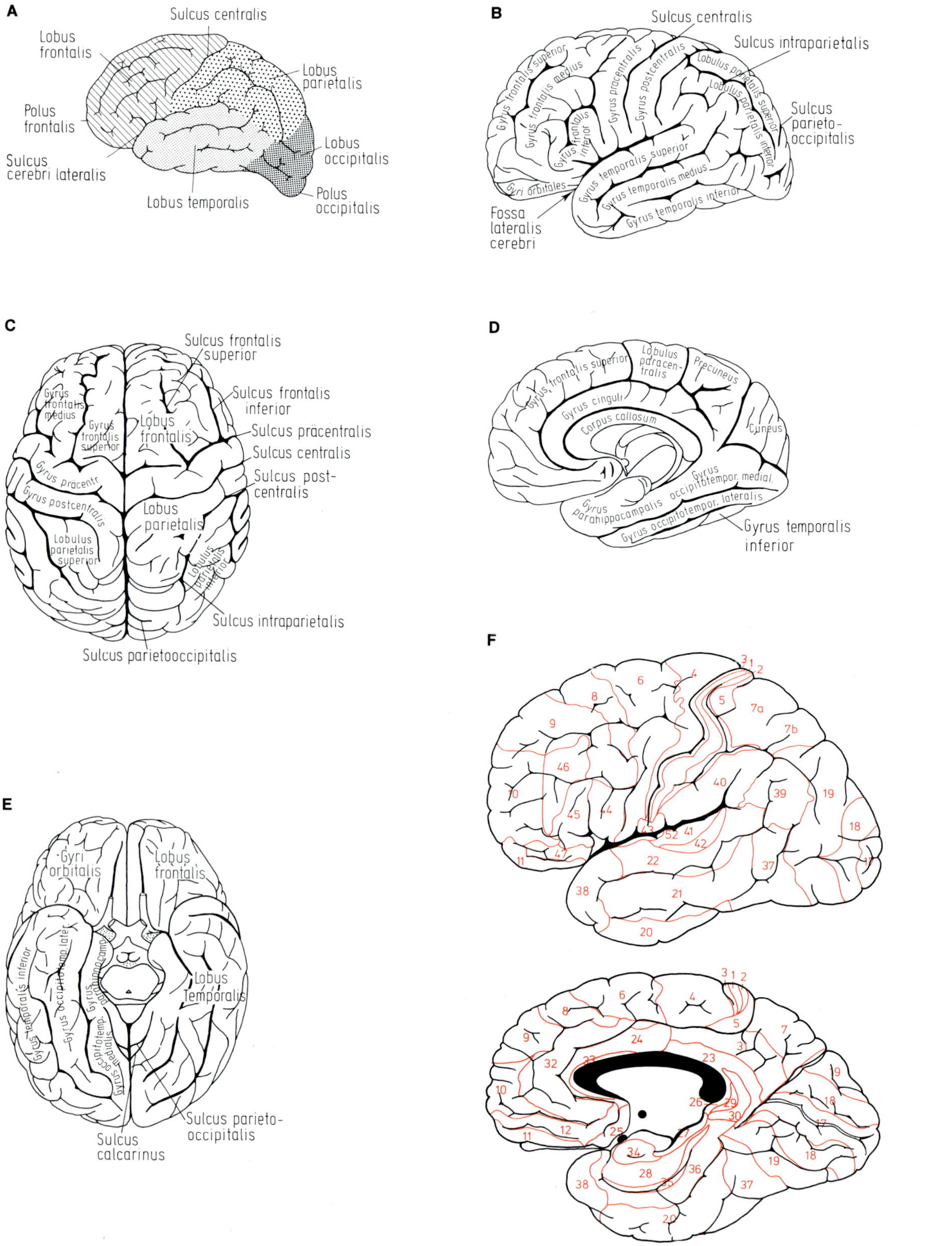

Abb. 14-14. **A** Lappen der Großhirnhemisphären. **B** Linke Seitenansicht des Hirnmantels und seiner Gliederung in Furchen, Sulci und Windungen, Gyri. **C** Die Furchen und Windungen des Endhirnmantels in der Ansicht von oben. **D** Furchen und Windungen des Hirnmantels in der Ansicht von der medialen Fläche. **E** Furchen und Windungen des Hirnmantels; Ansicht von der basalen Fläche. **F** Die cytoarchitektonischen Rindenfelder der lateralen (*oben*) und medialen (*unten*) Oberfläche der Großhirnhemisphäre nach K. Brodmann. (Nach [12])

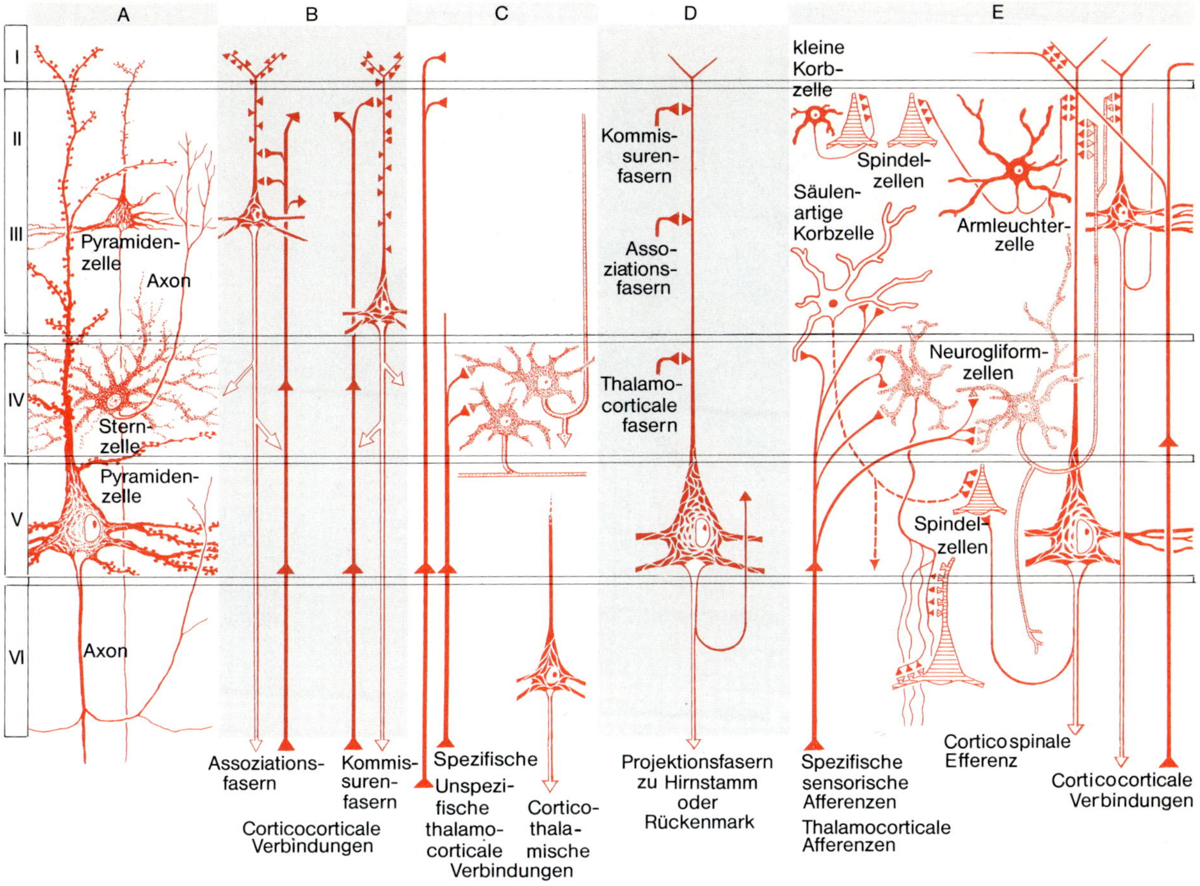

Abb. 14-15. Corticale Neurone, ihre Schaltkreise und ihre afferenten und efferenten Verbindungen. Stark vereinfachte und schematisierte Darstellung auf dem Hintergrund der Schichtenstruktur der Hirnrinde. **A** Lage und Aussehen der 2 Haupttypen corticaler Neurone. **B** Eingangs-Ausgangs-Beziehungen cortico-corticaler Verbindungen (Assoziations- und Commissurenfasern). **C** Charakteristika thalamo-corticaler (unspezifischer und spezifischer) und cortico-thalamischer Verbindungen. **D** Synaptische Eingangszonen einer Pyramidenzelle, deren Axon zu subthalamischen Hirnregionen projiziert (Hirnstamm, Rückenmark). **E** Zusammenschau der Verknüpfung corticaler Neurone (J. Szentágothai, umgezeichnet und stark vereinfacht nach mehreren seiner Veröffentlichungen; **B-D** nach den Untersuchungsergebnissen zahlreicher Autoren

tersuchten Areale der Hirnrinde entweder optische oder akustische oder somatosensorische oder viscerale Afferenzen vom Thalamus erhalten und wieder dorthin und an die Basalganglien abgeben. Platz für Assoziationsfelder *zwischen* den sensorischen Arealen besteht nicht. Die Faserverbindungen zwischen sensorischen Arealen sind sehr viel weniger bedeutsam als jene *innerhalb* der Regionen.

Unterstützt werden die anatomischen Studien durch Arbeiten, die zeigten, daß Tiere nach Zerstörung der primären Projektionsareale weder blind noch taub etc. sind und auch Agnosien (s. Kap. 17-20, Kap. 30) nach Läsionen der sekundären Assoziationsfelder *allein* nicht existieren. Die primären Projektionsareale, versorgt vom entsprechenden Relaiskern des Thalamus, z. B. im visuellen Feld vom N. geniculatus lateralis und vom Pulvinar, dehnen sich bis zum somatischen und akustischen Areal aus. Jede Modalität bildet eine funktionelle und anatomische Einheit, aber zwischen den Feldern gibt es wenig corticocorticale Verbindungen.

Auch im motorischen Feld (s. Kap. 16) muß man feststellen, daß die Reduktion der Motorik auf primär motorische Areale am Cortex in einem völlig anderen Licht erscheint, wenn man als motorisches Areal jene Zellsysteme bezeichnet, die zu den Vorderhörnern des Rückenmarks projizieren. Dann wird der *gesamte* Cortex ein motorisches Areal. Motorische Reaktionen sind von allen Teilen der Großhirnrinde auslösbar, efferente Fasern entspringen in allen „sensorischen" Arealen, Läsion der „motorischen Areale" führt kaum zu motorischen Ausfällen, ausgenommen Feinmotorik der Hände. Wenig anatomische und funktionell-psychologische Evidenz konnte auch für die Annahme gefunden werden, daß die primär motorischen Areale die gemeinsamen Endstrecken sensorischer Assoziationsareale darstellen.

Zusammenfassend könnte man den Neocortex bei Säugern in vier Felder teilen: auditorisch, visuell, somatisch und visceral. Jedes Feld ist funktionell auf eine Modalität beschränkt, die einzelnen Unterfelder innerhalb einer Modalität sind durch aufsteigende und absteigende Projektionen und intracorticale Verbindungen eng verbunden.

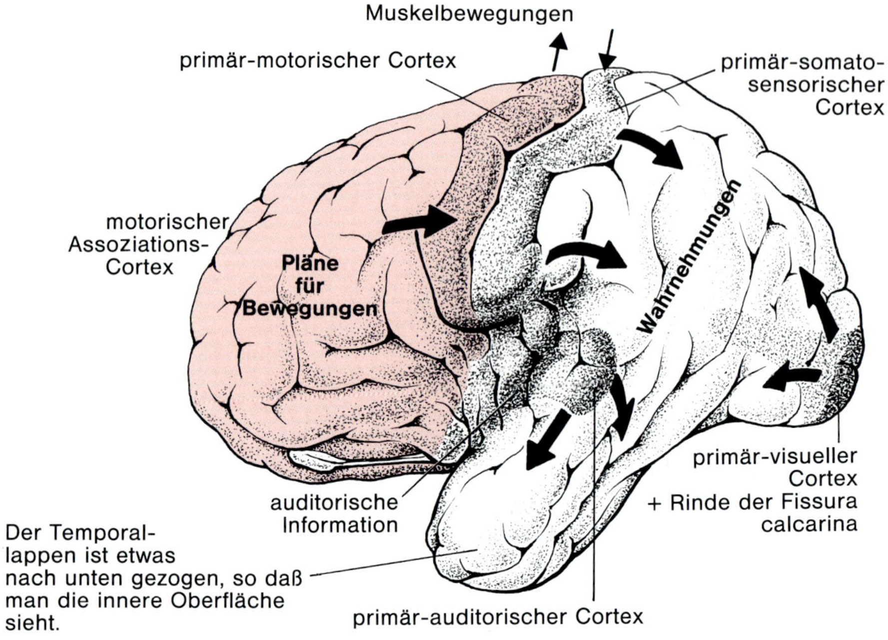

Abb. 14-16. Primäre sensorische und motorische Areale (*dunkel*) des Neocortex kommunizieren mit den Assoziationsarealen

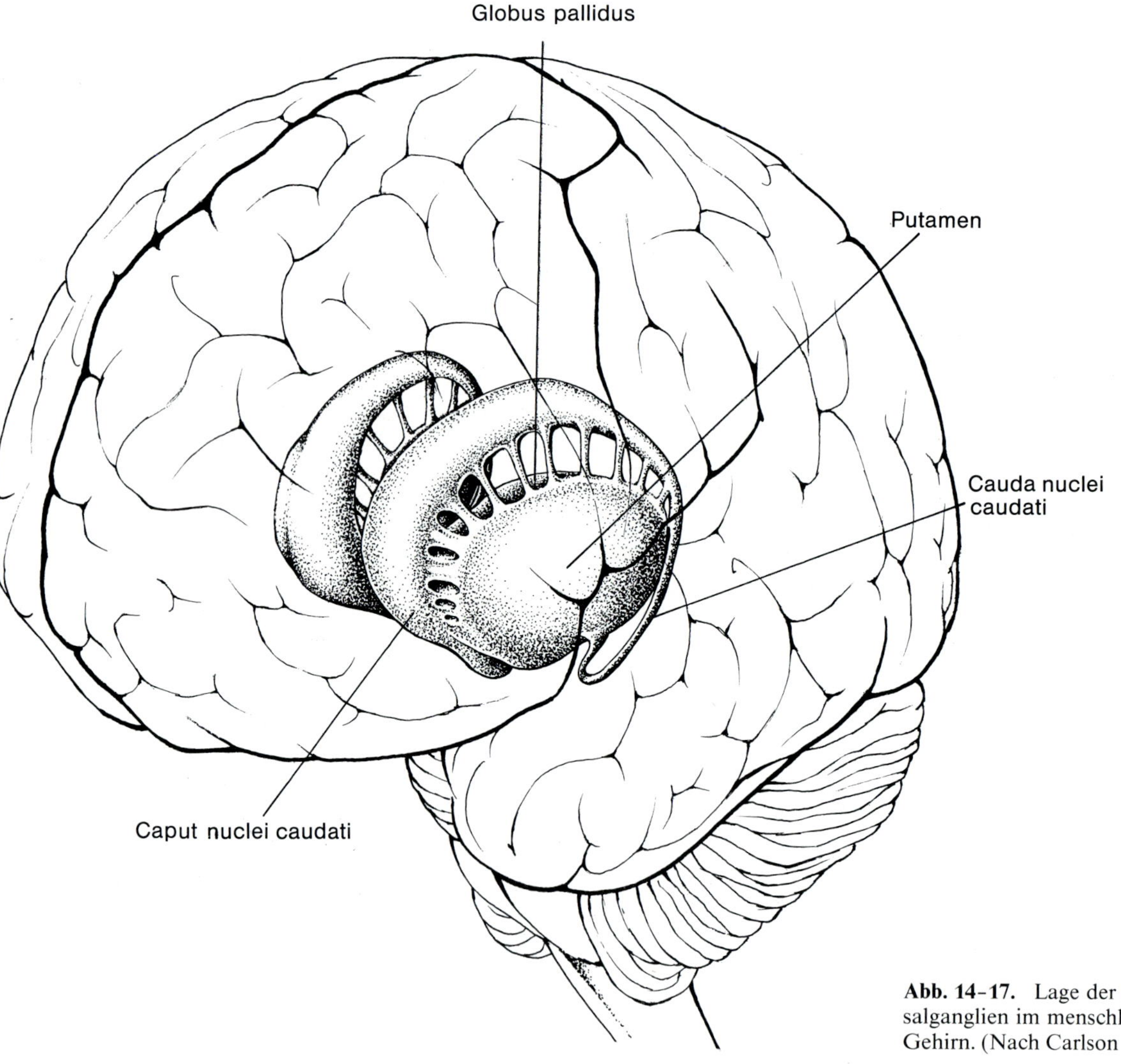

Abb. 14-17. Lage der Basalganglien im menschlichen Gehirn. (Nach Carlson 1986)

Basalganglien. Die enge Verbindung der Basalganglien mit den motorischen Kernen des Thalamus (s. Abb. 14-10) ließ sie als ausschließlich motorische Kernsysteme erscheinen. Eine genaue neuroanatomische und psychologische Analyse der Verhaltensausfälle nach Läsionen zeigt aber, daß die Basalganglien auch für kognitive Funktionen und Aufmerksamkeit bedeutsam sind.

Abb. 14-17 illustriert die Lage der Basalganglien im Gehirn. Der gesamte Neocortex gibt den Erregungszustand seiner **Module** (s. Kap. 19) an das **Striatum** (Caudatus und Putamen) ab. Über das Pallidum und den Thalamus wird damit die Aktivität des gesamten Neocortex im Sinne einer *negativen Rückmeldeschleife* reguliert: in Abhängigkeit von den momentanen Aktivitätsmustern am Cortex regeln die Basalganglien den Fluß der Erregung vom Thalamus zum Cortex (Kap. 16, 25 und 30).

14.3 Neuroregulatoren im ZNS

Neurochemie des Verhaltens

Die „chemische" Anatomie. Die Einteilung des Gehirns in anatomisch abgrenzbare Einheiten auf der Grundlage phylogenetischer und ontogenetischer Entwicklung ergibt eine relativ eindeutige Abgrenzung der Kerne und Fasersysteme. Allgemeine Strukturprinzipien des Zentralnervensystems lassen sich aber auch aufzeigen, wenn man diese anatomische Einteilung verläßt und dafür eine *chemische Abgrenzung* einzelner Hirngebiete versucht. Dabei ergibt sich ein *übergreifenderes Strukturprinzip* des Zentralnervensystems, das sich nicht an die entwicklungsgeschichtlich vorgegebenen Grenzen hält. Die „chemischen Systeme" ziehen häufig von phylogenetisch älteren Anteilen in die „höheren" Hirnabschnitte und bilden weitverstreute, anatomisch schlecht abgrenzbare Systeme. Die exakte Lokalisation eines Transmittersystems ist stark von der vorgegebenen Methodologie zu ihrer Identifikation abhängig (s. u.). Unter einem **Transmittersystem** verstehen wir alle Neurone (Somata, Axone, Dendriten, Synapsen), und deren postsynaptische Verbindungen, die einen bestimmten Transmitter oder eine bestimmte Kombination von Transmittern (z. B. Dopamin und Noradrenalin) zur Kommunikation mit anderen Zellen und Dendriten benutzen [2, 9, 10].

In der Regel haben Transmittersysteme ihren Ursprung in umschriebenen Kerngebieten, deren Zellkörper den jeweiligen Transmitter in hoher Konzentration enthalten und der sowohl in den Axonen als auch an den Synapsen dieser Zellen nachweisbar ist. In vielen Fällen wird der Neuroregulator über den **axonalen Transportmechanismus** (axonal flow, s. Kap. 13) an die Nervenendigungen gebracht. Dabei ist nicht nur anterograder, sondern für manche Substanzen (z. B. Meerrettichperoxidase) auch retrograder Transport *von* den Synapsen *zum* Soma möglich. Die Abgrenzung der Systeme und die Identifikation von stabilen Korrelationen von Transmitterreaktionen mit Verhalten wird zusätzlich durch die Tatsache erschwert, daß eine Zelle bzw. Synapse auch *mehrere Transmitter* enthalten kann. An der postsynaptischen Membran können Receptormoleküle für mehrere Transmitter sitzen.

Die Entdeckung von Transmittersytemen im ZNS schien die Erklärung für die Wirksamkeit mancher seit Jahren eingesetzter **Psychopharmaka** zu bieten, deren Wirkungsmechanismen bis dahin nur vermutet werden konnten. Daraus wiederum schloß man – vor allem für psychiatrische und psychologische Mechanismen – auf einheitliche kausale Beziehungen zum Verhalten: das Dopaminsystem (Abb. 14-19) wurde mit *„der"* Schizophrenie in Verbindung gebracht, das NA-System mit *„der"* Depression, die Endorphinsysteme mit *„der"* Sucht u. v. a. m. (s. Kap. 28, 29, 30). Theorien dieser Art, in denen *ein* bestimmter Wirkstoff für die Entstehung einer komplexen, meist äußerst heterogenen Verhaltensstörung (bestehend aus mehreren abgrenzbaren Erkrankungen) verantwortlich gemacht wurde, erwiesen sich *in allen Fällen als unrichtig*. Dies um so mehr als bei allen psychiatrischen und psychologischen Störungen *nicht-neuronale Faktoren* eine wesentliche Rolle spielen.

Die Tatsache, daß manche der etablierten Psychopharmaka eine gewisse Affinität oder blockierende Wirkung auf den vermuteten Transmitter im Tierversuch ausüben, ist zwar ein Beleg für ihre therapeutische Wirkung, aber kein Beleg für die *Genese der Erkrankung* aus einer Störung des beteiligten neuronalen Systems beim Menschen. Die meisten Psychopharmaka beeinflussen eine Vielzahl von Übertragungsprozessen, neuronalen Strukturen und Verhaltensweisen und interagieren in schwer vorhersagbarer Weise mit den *Umweltdeterminanten* der jeweiligen Störung. Therapeutische Effekte sind eine Kombination aus all diesen Einflußfaktoren und können sekundäre, tertiäre etc. Folgen des vermuteten Transmittereffekts sein.

Neurochemische Methoden. Die Beschreibung von Transmittersystemen ist Ergebnis einer neuen Methodologie, die winzige Mengen von Substanzen im Nervengewebe identifizieren kann [2, 8, 10].

Bei der **Mikroiontopherese** wird eine mehrkanalige Mikropipette an die Zelle herangeführt oder in die Zelle eingestochen (Abb. 14-18). Ein Kanal (z. B. der innere auf Abb. 14-18) wird zur Registrierung der postsynaptischen Antworten (PSP) verwendet, der andere Pipettenkanal enthält den ionisierten Neurotransmitter, den man untersuchen will. Wenn durch diese äußere Pipette ein Strom geschickt wird, „reißt" er einige Transmittermoleküle mit sich, die an die Membran oder in die Zelle ge-

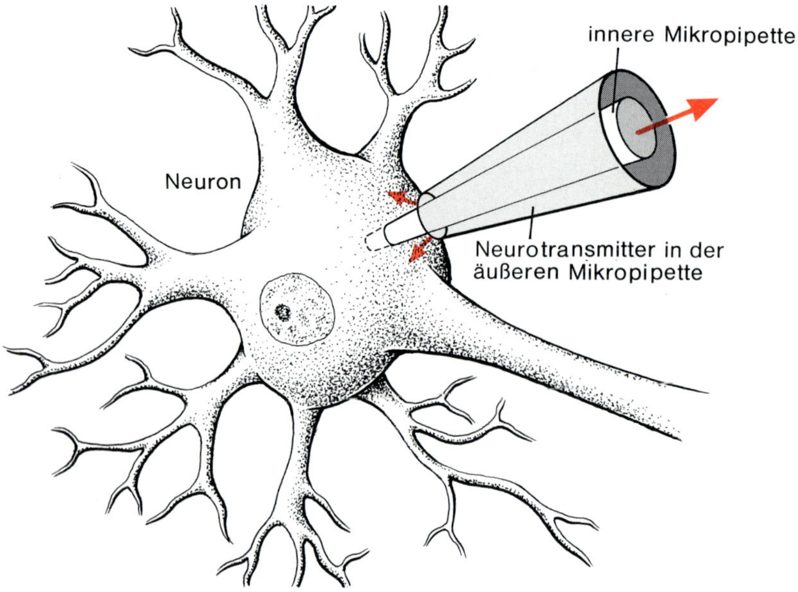

Abb. 14-18. Mikroiontophorese. Moleküle des Neurotransmitters werden von der äußeren Mikropipette vom Strom transportiert. Intracellulär wird von der inneren Elektrode registriert. (Nach Carlson 1986)

langen (Iontophorese bedeutet „Ion tragen"). Je nach der Reaktion des Membranpotentials, der Membranströme, oder der neuronalen Entladungsrate kann man auf die Existenz *passender* Receptoren schließen. Zur Messung dieser synaptisch evozierten Potentiale wird meist eine zusätzliche Elektrode in die Zelle gestochen.

Fluoreszenz-histochemische Methoden benutzen Farbstoffe zur Anfärbung histologischer Präparate, die sich mit bestimmten Transmittern verbinden und bei ultravioletter Beleuchtung fluoreszieren. In ähnlicher Weise funktionieren **radioaktive Markierungen** (tracer). Radioaktive Tracer sind radioaktive Substanzen, die sich entweder an Stoffwechselprozessen der Zelle beteiligen oder an Receptoren binden. Das neuronale Material wird mit einer photographischen Emulsion bestrichen und nach Tagen oder Wochen wie ein Film entwickelt. Die radioaktiven Teilchen werden auf der Emulsion sichtbar, genauso wie Röntgenstrahlen oder Licht einen Film schwärzen (s. Kap. 24).

Immunhistochemische Methoden machen sich die chemische Selektivität der Antigen-Antikörper-Verbindung zunutze (s. Kap. 3). Dabei wird ein Antikörper eines spezifischen Enzyms, das an der Synthese oder dem Abbau eines Transmitters beteiligt ist (z. B. Antikörper von Cholin-Acetyltransferase) als Färbemittel verwendet. Die angefärbten Antikörper binden sich an das entsprechende Antigen; wobei es sich bei den Farbstoffen, die den Antikörper färben, um Substanzen handelt, die bei Beleuchtung mit UV-Licht fluoreszieren, so daß Ort und Dichte der Antigen-Antikörper-Verbindung indentifiziert werden können [3].

Transmittersysteme

Acetylcholin (Ach). Etwa 10% der ZNS-Synapsen benutzen Ach als Transmitter. Seine Synthese wurde in Kap. 13 beschrieben. Im ZNS wie im ANS existieren zwei verschiedene Typen von Ach-Receptoren, die eine unterschiedliche stereo-chemische Struktur aufweisen; der eine Receptor wird durch Nicotin stimuliert und durch Curare blockiert (*nicotinerger Receptor*), der andere durch Muscarin stimuliert und Atropin blockiert (*muscarinerger Receptor*, s. a. S. 448). Die meisten Ach-Synapsen im ZNS sind exzitatorisch, allerdings wurden auch inhibitorische festgestellt.

Cholinerge Neuroregulationen und ihre afferenten Projektionen sind auf allen Ebenen des ZNS zu finden, mit einigen Aktivitätsschwerpunkten. Eine große Zahl von Neuronen entspringt in der **medialen Reticulärformation** des Rautenhirns und zieht zum Thalamus und Cortex und anderen Regionen des Mittel- und Zwischenhirns. Teile dieses „Systems" sind in die *aufsteigende Aktivierung* des Endhirns involviert (Kap. 25). Die meisten neocorticalen Ach-Afferenzen entspringen im **N. basalis Meynert**, einer Kernregion über dem Hypothalamus in enger Nachbarschaft des Pallidums. Von dort werden alle Lappen des Großhirns versorgt, hinzu kommen Verbindungen zu Hippocampus und Amygdala. Der N. basalis Meynert scheint ein Vorderhirnäquivalent des aufsteigenden reticulären Aktivierungssystems (ARAS, Kap. 25) zu sein. Der Kern erhält aber nur wenige streng lokalisierte Bahnsysteme aus umschriebenen Cortexregionen und dem limbischen System. Deshalb wird dieses System auch als entscheidendes Verbindungsglied zwischen *emotionalen und kognitiven Verhaltenskategorien* angesehen. Seine bedeutende Rolle in *Gedächtnisprozessen* wird in Kap. 27 und 30 beschrieben. Degenerationen der Neurone des N. basalis und Cortex hängen möglicherweise mit der **Alzheimerschen Erkrankung** zusammen. Die cholinergen Anteile der Basalganglien sind eng mit der *Bewegungssteuerung* verknüpft. Überaktivität führt z. B. zu Tremor (Parkinsonscher Tremor).

Catecholamine. Dopamin, Noradrenalin (NA) und Adrenalin (A) machen kaum mehr als 1–2% der gesamten Transmittersubstanzen im ZNS aus, scheinen aber von hervorragender Bedeutung für Motorik, emotionales Verhalten und Denken (Kognitionen) zu sein. Während die Synapsen im peripheren NS EPSPs produzieren, lösen noradrenge und dopaminerge Synapsen im ZNS IPSPs *oder* EPSPs aus. Im ZNS finden wir an den postsynaptischen Membranen meist β_1- und α_2-noradrenerge Receptoren als präsynaptische Autoreceptoren (s. Kap. 13), Adrenalin scheint weniger verbreitet zu sein als NA. Bei Dopamin finden wir D_1-Receptoren postsynaptisch, D_2-Receptoren prae- und postsynaptisch [9].

Zu den Catecholaminen ist zu bemerken, daß Dopamin und Noradrenalin (das gleiche gilt auch für Serotonin) *mehrere Wirkungen* haben. Noradrenalin vermittelt seine Wirkung teilweise über die Mobilisierung von sogenannten „second messengers" (s. Kap. 2, 12, 13). Das gilt sowohl für den β_1-Receptor wie für den α_2-Receptor, im Fall des β_1-Receptors ist es das cyclische AMP. Die Wirkung von Noradrenalin und Dopamin hängt damit nicht nur von dem Receptortyp ab, der aktiviert wird, sondern darüber hinaus auch davon, was der „second messenger" in der Zelle bewirkt. α_2-Receptoren sind in vielen Teilen des ZNS nicht nur Autoreceptoren auf präsynaptischen Fasern des noradrenergen Systems, sondern kommen darüber hinaus auch in vielen anderen glutaminergen und GABAergen Synapsen vor.

Die Wirkung eines Transmitters, ob hemmend oder erregend, variiert außerordentlich stark. So sind allein unter den β-Wirkungen des Noradrenalins im ZNS sieben verschiedene Effekte beschrieben worden; wenn man die α-Wirkungen auf Nervenfasern und Nervenzellen mit hinzunimmt, kommt man heute zu über vierzehn verschiedenen Wirkungen. Ein Großteil der Noradrenalin-Effekte, die über β-Receptoren vermittelt werden, wird heute als erregend angesehen: Dazu zählt z. B. die Langzeitpotenzierung innerhalb der Area dentata und dem CA_3-Gebiet des Hippocampus, die von β_1-Receptoren vermittelt wird (Heinemann, persönliche Mitteilung).

Abb. 14–19 zeigt die Lage und Verbindungen der beiden wichtigsten **Dopaminsysteme**, dem **mesolimbischen und dem nigrostriatalen System**. Neben diesen beiden Hauptverbindungen existieren aber eine Reihe anderer Zellsysteme und Fasern, die Dopamin als Transmitter benutzen, speziell limbische, hypothalamisch-hypophysäre und spinale Strukturen.

Das striatale, extrapyramidale Dopaminsystem scheint mit dem *Wechsel* (switching) *motorischer Programme* zu tun zu haben. Dopaminmangel in diesem System geht mit Symptomen der **Parkinsonschen Erkrankung** (S. 302) einher. Das mesolimbische System, das in den frontalen Cortex projiziert, hat u. a. *positive Verstärkerfunktionen* (Kap. 27, 28, 29). Die D_1-Receptoren scheinen in die Denkstörungen bei *Schizophrenen* „verwickelt" zu sein (Kap. 30).

Das **Noradrenalinsystem** entspringt in Zellgruppen der Medulla und Brücke, wobei besonders die Fasern aus dem **Ncl. coeruleus** in viele Teile des Mittel-, Zwischen- und Großhirns führen. Limbische Projektionen zum Hypothalamus und Thalamus bilden einen Schwerpunkt der Versorgung dieses Systems. Der gesamte Neocortex erhält noradrenerge Fasern. Das „NA-System" besteht bei genauer Analyse aus mehreren „Systemen" mit unterschiedlichen Neuronentypen und Receptoren. Entsprechend vielfältig sind die psychischen Funktionen, die man diesen Systemen zuordnet: *Furcht, Orientierung, Aufmerksamkeit und Traumsschlaf.*

Serotonin (5-Hydroxytryptamin, 5-HT). Der Transmitter Serotonin ist zwar nur in kleinen Mengen im ZNS vorhanden, hat aber aufgrund seiner extensiven Verbindungen ähnlich umfassende Bedeutung wie NA. Im ZNS wirkt Serotonin häufig inhibitorisch, aber auch exzitatorische Wirkungen werden zunehmend beschrieben. Insgesamt erscheinen aber die Aktivitäten dieses „Systems" (Abb. 14–20) homogener als die der Catecholamine, da Serotonin im wesentlichen *dämpfende Wirkung* auf eine Reihe von Verhaltenskategorien aufweist. Neben seinen neuronalen Effekten spielt Serotonin in der *Regelung des cerebralen Blutflusses* und der Gefäße eine entscheidende Rolle.

Die Ursprungskerne im Rautenhirn wie auch die Fasersysteme liegen in enger Nachbarschaft zu den NA-Systemen. Abb. 14–20 illustriert die zwei wichtigsten Ursprungszonen im **Ncl. raphe**. Die absteigenden Fasern aus dem caudalen N. raphe ins Spinalmark sind eng mit der Modulation von *Schmerz* (s. Kap. 18) verbunden. Die Lage des Ncl. raphe in der Reticulärformation macht ihn zu einem wichtigen Kandidaten in der Steuerung von *Schlafen* und *Wachen* (Kap. 26). Die reziproken hemmenden Ver-

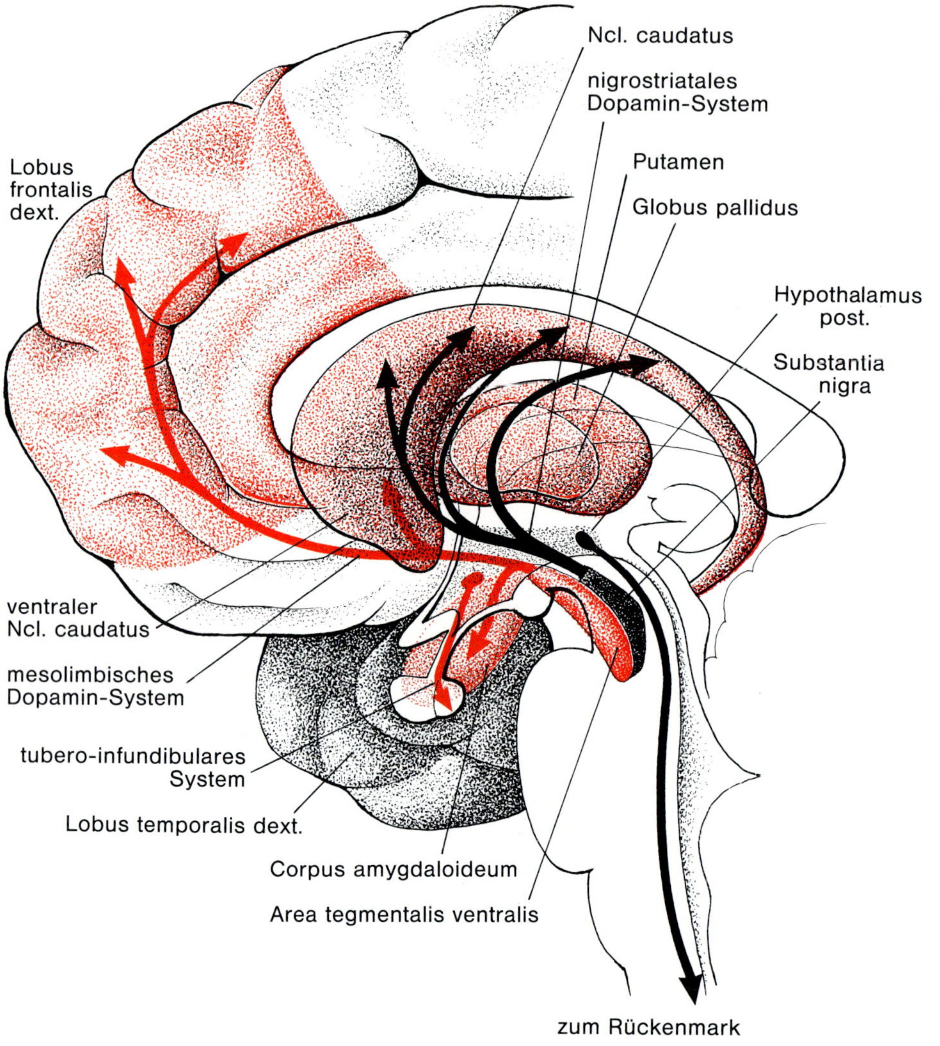

Abb. 14-19. Dopaminerges System. Das *nigrostriatale* Dopaminsystem *(schwarz)* entspringt in der Substantia nigra und endet im dorsalen Teil des Striatums. Das *mesolimbische* Dopaminsystem (*rot*) entspringt im ventralen Tegmentum, endet im ventralen Striatum, den Amygdalae, dem Frontallappen und einigen anderen basalen Regionen des Vorderhirns. Das Tubero-infundibular-System innerviert den Hypophysenhinterlappen. Dopaminneurone aus dem hinteren Hypothalamus projizieren in das Rückenmark. (Nach Heimer 1983)

bindungen mit dem NA-Ncl. coeruleus lassen Serotonin an der Hemmung der Funktionen des NA-Systems teilnehmen. Inwieweit eine Reduktion von Serotonin an *depressiven Verstimmungen* beteiligt ist, bleibt unklar (Kap. 29).

Aminosäuren. Tabelle 14-2 gibt eine Übersicht über die wichtigsten Aminosäuren, die als Transmitter fungieren und ihre relative Menge im ZNS (s. a. S. 236).

Tabelle 14-2. Aminosäuren, die als Transmitter fungieren

Exzitatorisch		Inhibitorisch	
Aspartat Glutamat Glutamin	50%	Gamma-Amino-Buttersäure (GABA) Glycin	20%

Glutamat scheint vor allem in limbischen Kernen und Hippocampus sowie im Neocortex und Striatum vorhanden zu sein. Vor allem Fasersysteme, die *vom* Neocortex in subcorticale Regionen projizieren, sowie Basalganglien und Thalamus benützen Glutamat als Transmitter. Diese corticofugalen Bahnen und die hohe Konzentration im Hippocampus weisen darauf hin, daß Glutamat an der Regelung der Informationsverarbeitung, sowie der *ersten corticalen Reizanalyse* und an der Steuerung des *Kurzzeitgedächtnisses* beteiligt ist.

Glutamat dient als erregender Neurotransmitter praktisch in allen großen Projektionssystemen, so

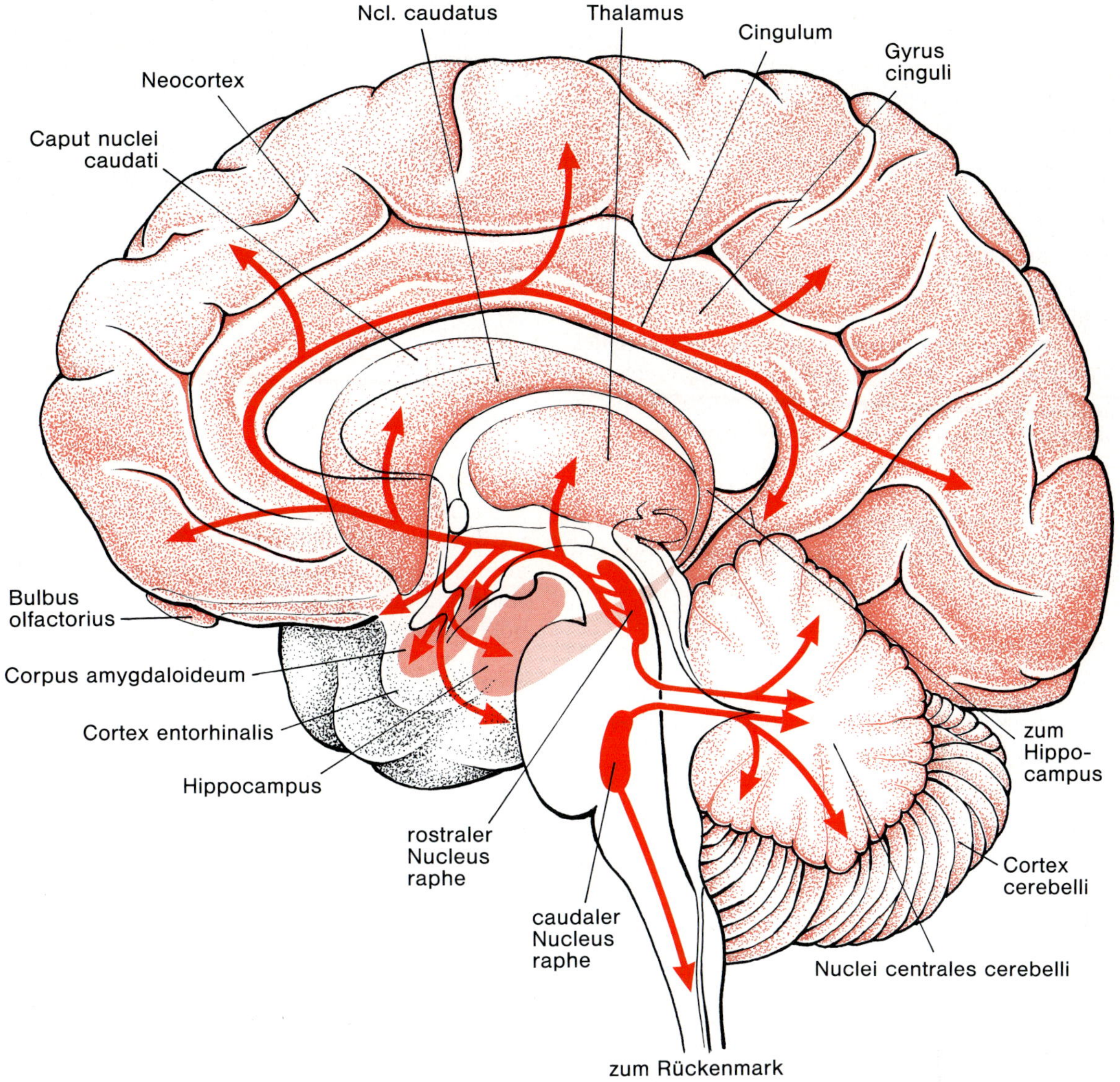

Abb. 14-20. Das serotonerge System. Der Nucleus raphe bildet eine mehr oder weniger kontinuierliche Anhäufung von Zellgruppen um die Mittellinie durch den ganzen Hirnstamm; zur besseren Übersicht wurde er hier in einen rostralen und einen caudalen Teil getrennt. Der rostrale Nucleus raphe projiziert zu einer großen Anzahl von Strukturen des Vorderhirns. Nicht eingezeichnet sind jene Fasern, die lateral durch die Capsula interna und die Capsula externa in weite Teile des Neocortex projizieren. (Nach Heimer 1983)

ist die Übertragung vom Thalamus in den Cortex Glutamat-abhängig; die Übertragung vom entorhinalen Cortex im Tractus perforans auf die Area dentata, von den Moosfasern auf CA_3-Zellen und von den Schaffer-Kollateralen auf die CA_1 Zellen ist sicher glutaminerg. Glutaminerge Übertragungen sind auch in den Projektionen vom Neocortex zum Striatum nachgewiesen. Diese Projektionen wurden mit der Entstehung der Schizophrenie in Verbindung gebracht (s. Kap. 30). Desgleichen ist Glutamat ein wichtiger Transmitter im Rückenmark, in den Vestibularkernen, im Kleinhirn etc. Glutamat hat auch eine große Bedeutung als Transmitter in der Retina, im Tectum opticum, im Colliculus inferior und superior (Heinemann, persönliche Mitteilung). Die cerebralen *Commissuren* scheinen **Aspartat** als Transmitter zu benutzen. Aspartat und Glutamat sind die *wichtigsten erregenden Neurotransmitter im ZNS.*

GABA ist der wichtigste *inhibitorische* Transmitter im ZNS, vor allem die kleineren Interneurone (Golgi-, Stern- und Korbzellen) benutzen GABA als Überträger. Die Aussage „inhibitorisch" ist auch mit Vorbehalt aufzunehmen: GABA kommt oft gemeinsam mit Peptiden vor, und je nach synergistischer oder antagonistischer Wirkung der beiden kann auch Erregung resultieren. Entsprechend seiner Bedeutung finden wir GABA auf allen Ebenen des ZNS vom Spinalmark zum Cortex. Besonders hohe Konzentrationen finden sich in den Kernen des extrapyramidalen Systems, Cerebellum, Hippocampus, Thalamus, Hypothalamus und Schicht IV des Neocortex. Degeneration der GABAergen Neurone in den Basalganglien wird mit **Chorea Huntington,** einer Erkrankung mit unwillkürlichen Zukkungen, Depressionen und progressivem intellektuellen Verfall in Zusammenhang gebracht (s. a. S. 302). Auch einige Formen von **Epilepsien** werden auf den Verlust GABAerger Neurone zurückgeführt. Wie bei anderen Transmitter-Receptor-Komplexen finden wir verschiedene GABA-Receptoren, die unterschiedliche Wirkungen haben. Bisher wurden vor allem sogenannte GABA-A- und GABA-B-Receptoren identifiziert.

GABA-A-Receptoren entfalten mit den **Benzodiazepinen** (Diazepam, Valium, Clonazepam, Nitrazepam) *synergische Wirkung.* Diazepam fördert die Übertragung an GABAergen Synapsen prä- und postsynaptisch. **Benzodiazepinreceptoren** und GABA-A-Receptoren treten stets an benachbarten Stellen auf. Benzodiazepine haben konsequenterweise auch antiepileptische Wirkung, zusätzlich zu ihren allgemein dämpfenden Effekten.

Neuropeptide. Peptide bestehen aus zwei oder mehr Aminosäuren, die von den Ribosomen synthetisiert werden (s. Kap. 2). Große Peptide mit mehr als 100 Aminosäuren bilden Proteine; Peptide mit 10–100 Aminosäuren sind Polypeptide (S. 15). Tabelle 14–3 gibt einige wichtige Neuropeptide und ihre Verbreitung und vermuteten Funktionen wieder, die in den einzelnen Kapiteln besprochen werden. Die Enkephaline wurden bisher am besten in ihren Auswirkungen auf Schmerz (Kap. 18), Sucht (Kap. 28) und andere Verhaltensweisen untersucht. Da mit **Naloxon** ein opiat-selektiver Receptorblokker existiert, können Allgemeineffekte gut studiert werden. Unklar bleibt, warum Opiattransmitter oft gegensätzliche Wirkungen entfalten; so wirken sie sedierend und analgetisch, können aber auch zu erhöhter Motorik, Aktivierung und Anfällen führen. Dosis und Ort im ZNS spielen dabei eine große Rolle, die eine korrekte Vorhersage über ihre Einflüsse auf Verhalten erschweren.

Tabelle 14–3. Einige wichtige Neuropeptide und ihre vermutlichen Funktionen. i: vorwiegend inhibitorische Wirkung, e: vorwiegend exzitatorische Wirkung

Neuropeptid	Vorkommen	Funktionen
Enkephaline (β-LPH$_{61-65}$) Met-enkephalin Leu-enkephalin	Basalganglien, Hypothalamus, Neurohypophyse und limbisches System und MFB, Thalamus. Mittelhirn, zentrales Grau, Rückenmark	i: präsynaptisch wirksam? μ-Rezeptoren: Analgesie δ-Rezeptoren: positive Verstärkung, Euphorie
Dynorphin	Interaktion mit catecholaminergen Systemen, Orte noch wenig bekannt	potenter Agonist für Opioide, auch in Nahrungverhalten involviert
β-Endorphin (β-LPH$_{61-91}$)	Ncl. arcuatus in Hypothalamus, Neurohypophyse, limbisches System, Basalganglien, Rückenmark	i: (e nur in Hippocampus und spinalen Renshaw-Zellen), Toleranzeffekte, Analgesie (affektiv), Immobilität (Hilflosigkeit?), Stress-Analgesie, Lernen und Gedächtnis, Sozialverhalten (Bindung)?
Substanz P	Amygdala, Substantia nigra, Basalganglien, Hypothalamus, Rückenmark (oft gemeinsam mit Dopaminsystem)	e: (präsynaptisch) Schmerz (im Rükkenmark), vegetative Effekte, Lernen
Hypophysenpeptide	s. Kap. 10, viele davon bzw. Vorläufer im ZNS, besonders im Hypothalamus	s. Kap. 10
Vasopressin, Oxytocin	Hypothalamus, Hypophyse (Hinterlappen), limbisches System, Hirnstamm	i: neben hormonellen Effekten in Peripherie (Wasserhaushalt, Lactation, Uterusaktivität), Einfluß auf Lernen und Gedächtnis, Aufmerksamkeit
ACTH, ACTH$_{4-10}$ α-MSH	Hypothalamus, Hypophyse (Vorderlappen), limbisches System	i: neben hormonellen Effekten in Peripherie, Lernen und Gedächtnis, Aufmerksamkeit

14.4 Literatur

Weiterführende Lehr- und Handbücher

1. BIRBAUMER, N.: Physiologische Psychologie. Berlin, Heidelberg, New York: Springer 1975
2. BRADFORD, H.F.: Chemical Neurobiology. New York: Freeman 1986
3. CARLSON, N.R.: Physiology of Behavior. 3rd ed. Newton: Allyn & Bacon 1986
4. CREUTZFELDT, O.D.: Cortex cerebri. Berlin, Heidelberg, New York, Tokyo: Springer 1983
5. HEIMER, L.: The Human Brain and Spinal Cord. New York: Springer 1983
6. ISAACSON, R.L.: The Limbic System. 2nd ed. New York: Plenum Press 1982
7. JERISON, H.J.: Evolution of the Brain and Intelligence. New York: Academic Press 1973
8. KALAT, S.W.: Biological Psychology. 2nd ed. Belmont, Cal.: Wordsworth 1984
9. NIENWENHUYS, R.: Chemoarchitecture of the Brain. Berlin, Heidelberg, New York, Tokyo: Springer 1985
10. REINIS, S. & GOLDMAN, J.M.: The Chemistry of Behavior. New York: Plenum Press 1982
11. ROSENZWEIG, M.R., LEIMAN, A.L.: Physiological Psychology. Lexington, Mass.: D.C. Heath 1982
12. SOBOTTA, J., BECHER, H.: Atlas der Anatomie des Menschen. München: Urban & Schwarzenberg 1962
13. SWANSON, L.W.: The hippocampus and the concept of the limbic system. In: SEIFERT, W. (Ed): Neurobiology of the Hippocampus. London: Academic Press 1983
14. SZENTAGOTHAI, J.: Architecture of the cerebral cortex. In: JASPER, H.H., WARD, A.A., POPE, A. (Eds.): Basic Mechanisms of the Epilepsies. Boston: Little, Brown 1969

15 Der Skeletmuskel

Das weitaus am stärksten ausgebildete Organ des Menschen und der Wirbeltiere ist die Skeletmuskulatur [1, 3, 5, 7, 8, 9]. Die Skeletmuskeln haben einen Anteil am Gesamtkörpergewicht von 40–50 %. Die beiden anderen Formen von Muskulatur im Körper, nämlich der Herzmuskel (S. 54) und die glatte Muskulatur in den Wänden der Gefäße und der Eingeweide (Magen, Darm, Harnblase usw.) [2, 17], machen dagegen nur einen viel kleineren Anteil am Gesamtkörpergewicht aus. Die Hauptfunktion der Muskeln ist die **Kontraktion**, also das Zusammenziehen oder Zusammenzucken unter Kraftentwicklung. Außerdem spielen die Muskeln eine wichtige Rolle im Wärmehaushalt des Organismus, denn bei einer Muskelverkürzung oder -anspannung wird Energie verbraucht, die zum größten Teil als **Wärme** frei wird. Mit Hilfe dieser Wärme halten wir unsere Körpertemperatur bei 36,5 bis 37,5° Celsius. Einen Überschuß an Wärme geben wir durch Schwitzen ab, bei zu geringer Wärmeproduktion führen wir in Form von „Zittern" spezielle Muskelkontraktionen durch, um vermehrt Wärme zu erzeugen.

15.1 Die molekularen Mechanismen der Kontraktion

Die Arbeitsweise des Sarkomers

Aufbau des Skeletmuskels. Die Muskulatur besteht aus einzelnen Muskeln, von denen der *Wadenmuskel* oder der *Musculus biceps* des Oberarmes bekannte Beispiele sind. Der Feinschmecker schätzt vor allem den Hüftgelenkbeuger *Musculus iliopsoas* an der Rückwand der Bauch- und Beckenhöhle, aus dem die Filetsteaks geschnitten werden. Ein solcher Muskel ist ein langgestrecktes „Fleischpaket", das an beiden Enden in feste Sehnen ausläuft. Über diese Sehnen wird der Muskel mit den Knochen, dem „Skelet", verknüpft und kann auf dieses Kraft ausüben. Je nach Größe, Lokalisation und Funktion sind die Muskeln des Menschen von unterschiedlichster Gestalt, ihr Aufbau ist aber im Prinzip immer gleich [1, 7, 8, 9].

Wie Abb. 15-1 A zeigt setzt sich jeder Muskel aus **Faserbündeln** zusammen, die mit freiem Auge noch gut sichtbar sind (z. B. die „Fasern" gekochten Rindfleisches). Die einzelnen **Muskelfasern** des Bündels sind fadenartige, oft viele Zentimeter lange **Zellen** mit einem Durchmesser von 10–100 μm (0,01–0,1 mm). Diese Muskelfasern oder -zellen durchlaufen meist die Gesamtlänge des Muskels und gehen an beiden Enden in bindegewebige Sehnen über. (Wenn Sie Ihren Biceps anspannen, können Sie in der Ellenbeuge dessen Sehne sehr deutlich tasten.)

In ihrem allgemeinen Aufbau gleichen die Muskelfasern den übrigen Zellen des Körpers (Kap. 1), in ihren elektrophysiologischen Eigenschaften (Ruhe- und Aktionspotential, Erregbarkeit) den Nervenzellen (Kap. 12). Als entscheidende Besonderheit liegen aber in den Muskelzellen in hoher Konzentration die als **Myofibrillen** bezeichneten Eiweißstrukturen, die sich bei Erregung der Muskelfasern zusammenziehen oder **kontrahieren**. Die kontraktilen Myofibrillen sind also die *„Minimotoren" der Skeletmuskulatur*, von denen Abertausende gleichzeitig tätig sind, wenn sich ein Muskel verkürzt oder Spannung entwickelt.

Aufbau des Sarkomers. Die eben als „Minimotoren" bezeichneten Myofibrillen sind sehr lange, etwa 1 μm dünne Schläuche, die durch Trennwände, die sogenannten *Z-Scheiben* in zahlreiche, etwa 2,5 μm große Fächer, die **Sarkomere**, unterteilt sind. Die Struktur eines solchen Sarkomers, der kleinsten funktionell selbständigen Betriebseinheit eines Muskels, ist unten in Abb. 15-1A schematisch gezeigt (s. a. Abb. 15-2 A, *rechts*). In der Mitte jedes Sarkomers liegen an die tausend „dicke" Filamente aus dem kontraktilen Eiweißkörper **Myosin**. In sie hinein ragen von jeder Wand der zugehörigen Z-Scheiben je etwa 2000 dünne Filamente aus dem kontraktilen Eiweißkörper **Actin**, die wie Borsten einer Bürste an den Z-Scheiben befestigt sind.

Die regelmäßige Anordnung der Actin- und Myosinfilamente und die ebenfalls in den einzelnen

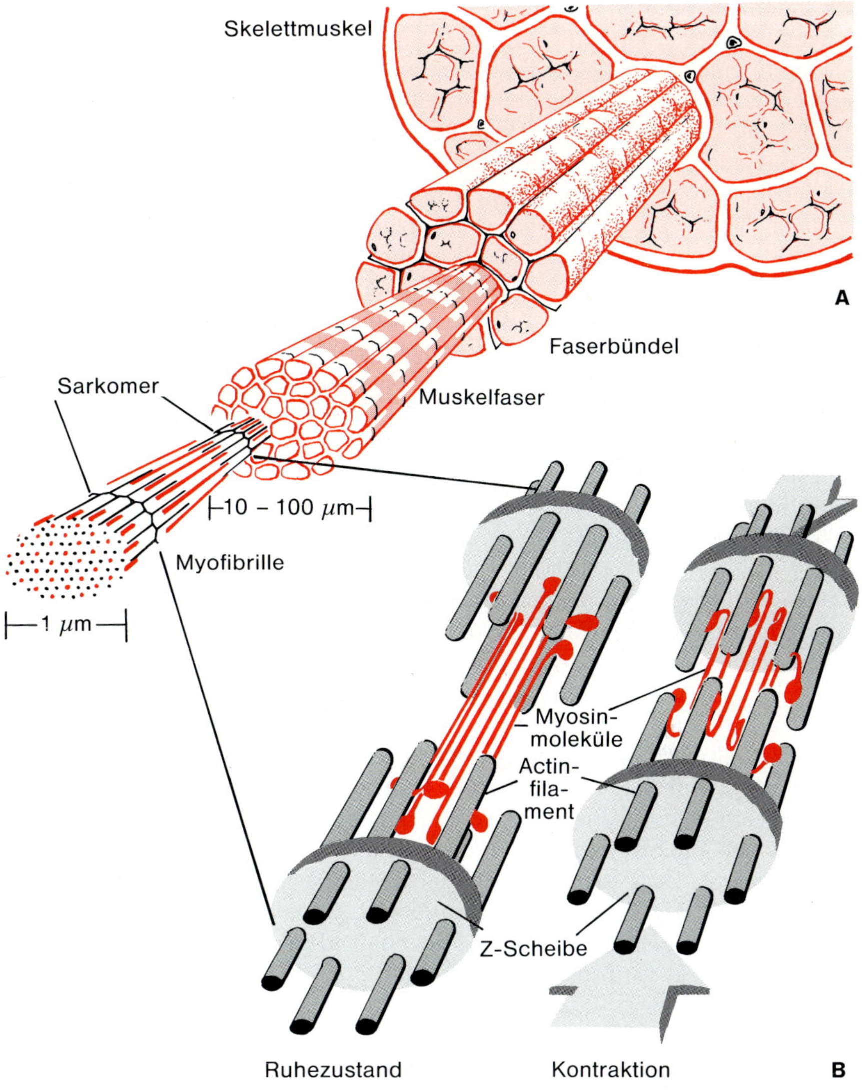

Abb. 15-1. Grob- und Feinbau des Muskels. **A** Jeder Skeletmuskel ist aus vielen *Faserbündeln* zusammengesetzt, die jeweils in bindegewebige Hüllen eingescheidet sind. Jedes Faserbündel besteht wiederum aus zahlreichen *Muskelfasern*. In den Muskelfasern sind die kontraktilen Elemente, *Sarkomere* genannt, als *Myofibrillen* hintereinander angeordnet und jeweils durch die *Z-Scheiben* begrenzt. **B** Aufbau eines Sarkomers in Ruhe *(links)* und bei Kontraktion *(rechts)*. Zwischen den Actinfilamenten liegen dicke Myosinfilamente, die aus Bündeln von Myosinmolekülen bestehen. Zur Verdeutlichung des Kontraktionsvorganges ist jeweils nur *ein* Myosinmolekül eingezeichnet

Muskelfasern völlig einheitliche Anordnung aller Myofibrillen zeigt sich im Lichtmikroskop als gleichmäßige Hell-Dunkel-Bänderung der Muskelfasern, die dem Skeletmuskel auch den Namen **quergestreifter Muskel** eingetragen hat. (Auch der Herzmuskel zeigt diese Querstreifung, nicht aber der glatte Muskel; er ist zwar auch aus Myofibrillen aufgebaut, diese sind aber unregelmäßig gegeneinander verschoben.) Skeletmuskeln enthalten pro Gramm Gewicht etwa 100 mg der kontraktilen Proteine Actin (Molekulargewicht 42 000) und Myosin (Molekulargewicht 500000).

Gleitfilamenttheorie der Kontraktion. Unsere gegenwärtigen Vorstellungen über das Zusammenwirken von Actin und Myosin bei der Kontraktion wird durch die Gleitfilamenttheorie von Huxley und Hanson [15, 16] beschrieben: Im ruhenden Muskel (links in Abb. 15-1 B) überlappen sich die Enden der dicken Myosin- und dünnen Actinfilamente nur wenig. Bei der Kontraktion (rechts in B) gleiten die dünnen Filamente aus Actin zwischen die dicken Filamente aus Myosin. Dadurch verkürzt sich das Sarkomer, ohne daß sich die Actin- und Myosinfilamente selbst verkürzen. Umgekehrt wird bei Dehnung des Muskels das Bündel der dünnen Filamente aus der Anordnung der dicken Filamente mehr oder weniger herausgezogen, wodurch die Filamentüberlappung abnimmt.

Die Verknüpfung zwischen den Filamenten des Sarkomers erfolgt über **Querfortsätze**, die an den Enden der Myosinfilamente als kleine Verdickungen herausragen (Abb. 15-1 B). Jeder Myosinkopf verbindet sich als Querbrücke mit einem benachbarten Actinfilament. Bei der Kontraktion **„rudern“ die Köpfe**, wie B zeigt, durch eine „Kippbewegung“

mit vereinten Kräften die Actinfilamente in Richtung zur Sarkomermitte.

Durch eine einmalige Kippbewegung verkürzt sich ein Sarkomer allerdings nur um etwa 1 % seiner Länge. Um eine stärkere Verkürzung zu erzielen, müssen also die Querbrücken die eben beschriebene Ruderbewegung nicht einmal, sondern vielmals (für eine *maximale* Verkürzung etwa 50mal) schnell hintereinander ausführen. Erst durch dieses wiederholte Loslassen und Anfassen der Myosinköpfe werden die Actinfilamente schließlich zur Sarkomermitte hingezogen, etwa so wie ein langes Stück Seil durch das wiederholte Nachgreifen von einer Seilmannschaft zu sich herangezogen wird. Bei der **Muskelerschlaffung** lösen sich die Myosinköpfchen vom Actinfaden, und die Actinfilamente gleiten leicht und passiv aus den Myosinfilamenten heraus.

Chemomechanische Energietransformation. Das „Rudern" der Querbrücken, also das Arbeiten der „Minimotoren" ist ein aktiver Prozeß, der Energie benötigt. Diese kann nur aus dem chemischen Stoffwechsel der Zelle stammen. Und zwar hat sich herausgestellt, daß das **Adenosintriphosphat**, **ATP**, der alleinige Energielieferant für die Ruderschläge der Myosinquerbrücken ist. Diesen universellen biologischen Treibstoff haben wir bereits auf S. 12 kennengelernt. Dort ist auch beschrieben, daß bei Energiebedarf, hier also für einen Ruderschlag, immer nur die letzte energiereiche Phosphatverbindung ausgeklinkt wird und anschließend die Spaltprodukte wieder unter Energieaufwand in der Zelle verknüpft werden müssen. Diesem Resynthetisieren von ATP dienen alle anderen energieliefernden Reaktionen im Muskel, wie der Abbau von Kohlenhydraten und der Zerfall von Kreatinphosphat [3, 4, 7, 8].

Wahrscheinlich wird **pro Ruderschlag** jeder Querbrücke jeweils **ein Molekül ATP** gespalten. Und zwar ist interessanterweise das ATP nicht für den aktiven Ruderschlag, also für den Gleitvorgang der Filamente, nötig, sondern um den Querbrückenkopf anschließend vom Actinfilament zu lösen und für einen neuen Ruderschlag wie die Feder eines Katapults zu spannen. Als Enzym für die ATP-Spaltung, also als **ATPase**, wirkt das Myosin selbst, und zwar der Myosinkopf. Diese ATPase wird durch das Actin aktiviert, sobald sich der Myosinkopf an seinen „Aktivator" Actin anheftet. Die Anheftung führt also zur ATP-Spaltung und diese Spaltung liefert die notwendige Energie, den Myosinkopf wieder vom Actin zu lösen (und damit gleichzeitig die ATPase wieder zu inaktivieren). In jedem Arbeitscyclus einer Querbrücke wird also nur einmal und nur ein Molekül ATP gespalten. Dies bedeutet: Je mehr Querbrücken aktiviert und tätig sind, desto größer ist die ATP-Spaltung und die Muskelkraft pro Zeiteinheit. Daraus folgt, daß die *ATP-Spaltungsrate* und somit auch die Energieumsatzrate *der Kraft eines Muskels proportional* sind.

Ohne ATP im Muskel bleibt der Querbrückenkopf am Actin angeheftet, und der Muskel wird starr. Man spricht daher auch von einer *„Weichmacherfunktion des ATP"*. Eine Erschöpfung der ATP-Vorräte im Muskel wird nach dem Tode beobachtet: je nach den Umständen tritt früher oder später **Totenstarre** *(Rigor mortis)* als Folge des ATP-Mangels in den Muskelzellen ein. (Die Totenstarre löst sich wieder, sobald die Gewebsstruktur insgesamt zu zerfallen beginnt.)

Die elektromechanische Kopplung

Die bisherige Erörterung des molekularen Mechanismus der Muskelkontraktion hat noch offen gelassen, auf welche Weise die Myosinköpfe dazu angeregt werden, sich am Actin anzuheften, also einen Ruderschlag einzuleiten, und außerdem, wie es dazu kommt, daß die Ruderschläge, einmal eingeleitet, nicht bis zur jeweils völligen Erschöpfung der ATP-Vorräte anhalten. Diese Prozesse sollen jetzt betrachtet werden. Dabei wird sich zeigen, daß die Calcium-Ionen in der Muskelzelle eine Schlüsselrolle spielen [4, 6, 12].

Abb. 15-2. Strukturelle Voraussetzungen und Mechanismus der elektromechanischen Kopplung. **A** Feinbau einer Skeletmuskelfaser. *Oben* die Zellmembran, auf ihr eine *motorische Endplatte*. Jeweils auf Höhe der Z-Scheiben stülpt sich die Zellmembran als *transversaler Tubulus* in die Muskelfaser ein. Zwischen den Z-Scheiben breitet sich parallel zu den Myofibrillen das sarkoplasmatische Retikulum in Form von *longitudinalen Tubuli* aus. Letztere grenzen mit sackförmigen Erweiterungen, den *Terminalcysternen*, an die transversalen Tubuli an. **B–D** Vorgänge bei der elektromechanischen Kopplung. **B** Zustand bei erschlaffter Muskelfaser. Die als *rote* Punkte dargestellten Ca^{++}-Ionen liegen in hoher Konzentration im sarkoplasmatischen Reticulum (Ionenkonzentration *intracellulär* daher lediglich $< 10^{-7}$ molar). **C** Bei der Erregung der Muskelfaser wird die Membran des sarkoplasmatischen Retikulums auf Grund der Depolarisation der transversalen Tubuli durchlässig für Ca^{++} und diese beginnen auszuströmen. **D** Die intracelluläre Ca^{++}-Konzentration hat am Ende des Aktionspotentials etwa 10^{-5} molar erreicht. Die Sarkomere kontrahieren sich. **E** Zeitliche Abfolge der Vorgänge bei der elektromechanischen Kopplung während der „Latenzzeit" und zu Beginn der Kontraktion (*Musc. sartorius* des Frosches bei 0 °C). **B–E** aus J.C. Rüegg in [7]

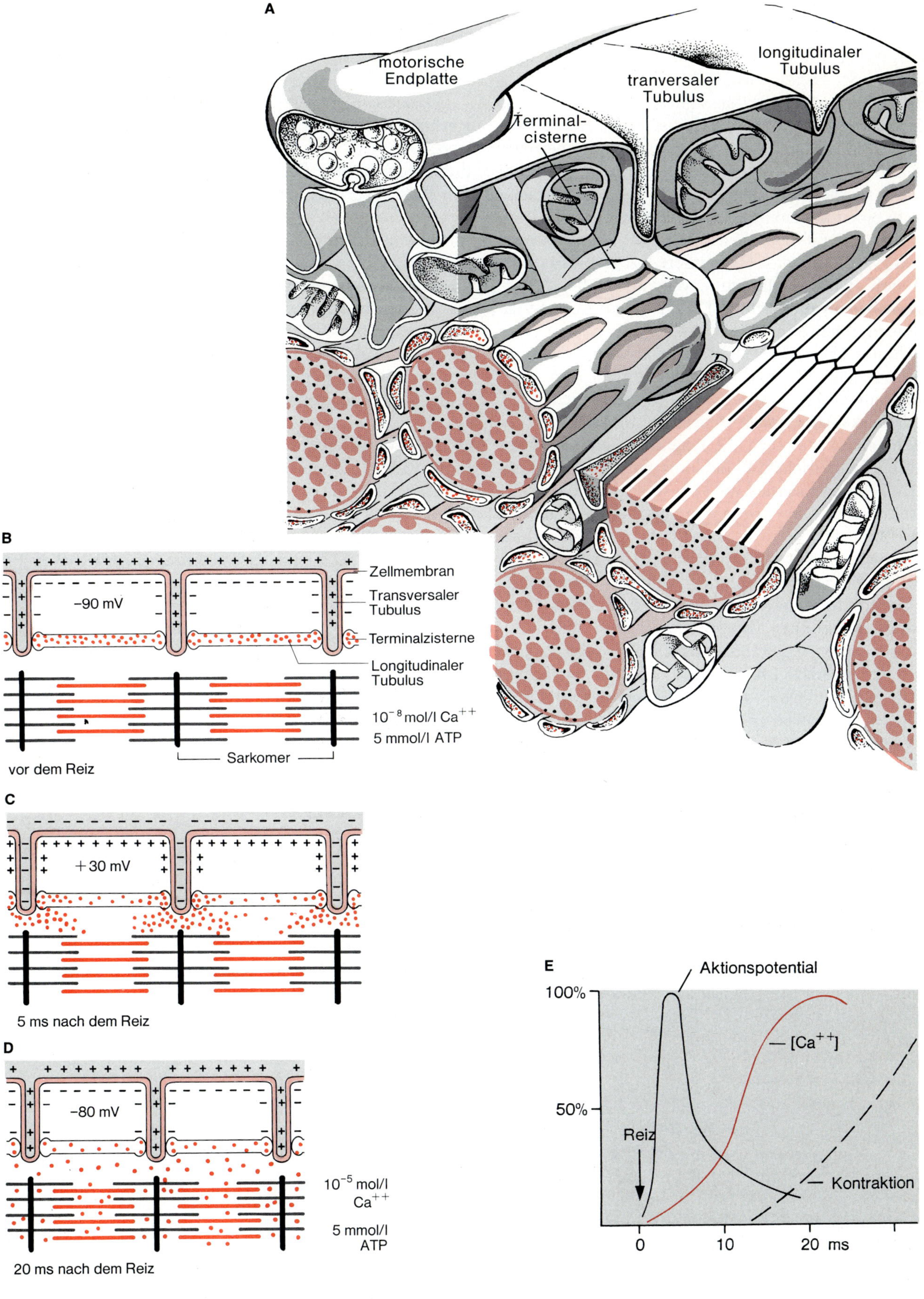
A
motorische Endplatte
tranversaler Tubulus
longitudinaler Tubulus
Terminal-cisterne
B
Zellmembran
−90 mV
Transversaler Tubulus
Terminalzisterne
Longitudinaler Tubulus
10^−8 mol/l Ca^++
5 mmol/l ATP
Sarkomer
vor dem Reiz
C
+30 mV
5 ms nach dem Reiz
D
−80 mV
10^−5 mol/l Ca^++
5 mmol/l ATP
20 ms nach dem Reiz
E
Aktionspotential
100%
50%
[Ca^++]
Reiz
Kontraktion
0
10
20 ms

Das endoplasmatische Reticulum. Normalerweise wird die Kontraktion der Skeletmuskelfasern durch die an den Endplatten entstehenden Aktionspotentiale (s. S. 219) ausgelöst. Für die schnelle Übertragung des „Kontraktionssignals" *Aktionspotential* auf das kontraktile System hat sich bei den verhältnismäßig dicken Skeletmuskelfasern ein spezieller Komplex von Strukturen herausgebildet, das **endoplasmatische Reticulum** (Abb. 15-2 A). Es besteht zum einen aus zahlreichen röhrenförmigen Einstülpungen der Muskelfasermembran senkrecht zur Längsachse in das Faserinnere, den **transversalen Tubuli**. Diese verlaufen jeweils in Höhe der Z-Scheiben in die Tiefe der Fasern und können sie ganz durchqueren.

Senkrecht zu diesem Transversalsystem, also parallel zu den Myofibrillen, schließt sich, zum zweiten, ein *longitudinales System* von Schläuchen an, das **sarkoplasmatische Reticulum**. In Höhe der Z-Scheiben weiten sich die **longitudinalen Tubuli des** sarkoplasmatischen Reticulums zu den sogenannten **Terminalcisternen** auf. Diese sackförmigen Erweiterungen des sarkoplasmatischen Reticulums berühren die transversalen Tubuli, so daß sich im mikroskopischen Querschnitt durch transversalen Tubulus und angrenzende terminale Cisterne als Schnittfigur eine **„Triade"** ergibt. Eine offene Verbindung zwischen sarkoplasmatischem Reticulum und transversalen Tubuli existiert aber nicht [12].

Die **Terminalcisternen** des sarkoplasmatischen Reticulums dienen vor allem als **Speicher für Calcium-Ionen**. Sie werden dort durch spezielle **Calcium-Pumpen** angereichert, die in die Membranwände des sarkoplasmatischen Reticulums eingebaut sind. Diese Pumpen sorgen dafür, daß die Calcium-Ionen-Konzentration im Inneren der Muskelfaser in Ruhe sehr niedrig liegt, nämlich bei etwa 10^{-8} mol/l (Abb. 15-2 B).

Einleitung der Kontraktion durch Ca^{++}-Ionen. Ein von der Endplatte ausgehendes Aktionspotential breitet sich nicht nur längs der Faser, sondern über die röhrenförmigen transversalen Tubuli auch in das Innere der Muskelfaser aus. Dadurch dringt die Erregung rasch in die Tiefe der Muskelfaser, springt auf das sarkoplasmatische Reticulum über und bewirkt dort eine plötzliche Freisetzung der in den Terminalcisternen gespeicherten Ca^{++}-Ionen in die Zellflüssigkeit um die Myofibrillen (Abb. 15-2 C) [13]. Damit **erhöht sich die intracelluläre Ca^{++}-Konzentration etwa um das Tausendfache**, also von 10^{-8} auf 10^{-5} mol/l. In diesem Augenblick wird es den Myosinköpfchen möglich, sich an die Actinfilamente anzuheften und damit einen „Ruderschlag" samt anschließender ATP-Spaltung einzuleiten. Der entscheidende Schritt der **elektromechanischen Kopplung** ist also die *Freisetzung der Ca^{++}-Ionen* aus den sarkoplasmatischen Speichern.

Die derzeitige Auffassung über den **Aktivierungsmechanismus der Ca^{++}-Ionen** ist in Abb. 15-3 skizziert. Das etwa 1 µm lange und 5–7 nm dicke Actinfilament besteht aus zwei umeinander gewundenen Ketten von perlförmigen Actinmonomeren. Sie können eine anschauliche Vorstellung dieser Struktur erhalten, wenn Sie zwei Perlenketten nebeneinanderlegen und dann „spiralig" so umeinander winden, daß auf jede Windung der Spirale 14 Perlen zu liegen kommen. In regelmäßigen Abständen von etwa 40 nm sind die Actinketten mit kugeligen **Troponinmolekülen** besetzt, während in den Längsrinnen zwischen den Ketten **Fäden aus Tropomyosin** laufen. Diese sind in Ruhe so gelagert, daß sie das Anheften von Myosinquerbrücken an den Actinsträngen blockieren. Beim Auftauchen der aktivierenden Ca^{++}-Ionen rutschen dann die Tropomyosinfäden tiefer in die Rinnen zwischen den Actinsträngen und geben dadurch die Haftstellen für die Myosinquerbrücken frei. Infolgedessen heften sich die Myosinbrücken an das Actinfilament, entwickeln Muskelkraft („Ruderschlag") und spalten ATP.

Das Verschieben der Tropomyosinfäden weg von den Haftstellen der Myosinköpfe wird durch die eben schon erwähnten Troponinmoleküle bewirkt, die sich mit Calciumionen verbinden und dabei so deformiert werden, daß sie die Tropomyosinfäden tiefer in die Längsrinne im Actindoppelstrang drükken. Die Troponinmoleküle dienen also als „Calciumschalter" der Myofibrillen [6, 14].

Beendigung der Kontraktion. Mit dem Ende des Aktionspotentials hört die Freisetzung der Calciumionen aus den Cisternen auf. Gleichzeitig werden die ausgeströmten Calciumionen durch die Calciumpumpen in das sarkoplasmatische Reticulum zurückgepumpt. Damit sinkt die Ca^{++}-Konzentration im Faserinneren fast so schlagartig ab wie sie mit

Abb. 15-3. Wirkweise der *Ca^{++}*-Ionen bei der Einleitung und Durchführung einer Kontraktion im Sarkomer. Die Bindung von *Ca^{++}*-Ionen mit dem *Troponin* führt bei diesem zu einer Änderung seiner Molekülgestalt (Konfiguration), derart daß die *Tropomyosinfäden* tiefer in die Rinne zwischen den Actinmonomeren gedrückt werden und damit die Haftstellen auf den Actinmonomeren für die Myosinköpfchen freigeben. Jetzt kann ein „Ruderschlag" ausgeführt werden. Sobald das *Ca^{++}* am Ende des Aktionspotentials in das sarkoplasmatische Retikulum zurückgepumpt wird, werden die Haftstellen durch die Tropomyosinfäden wieder blockiert und die Kontraktion damit beendet

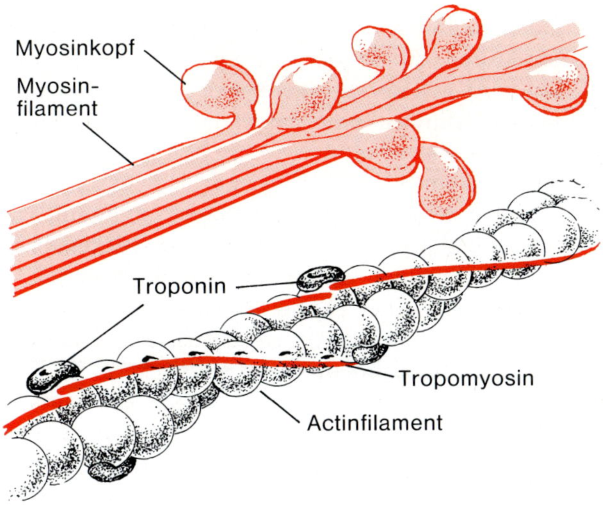
Myosinkopf
Myosin-
filament
Troponin
Tropomyosin
Actinfilament

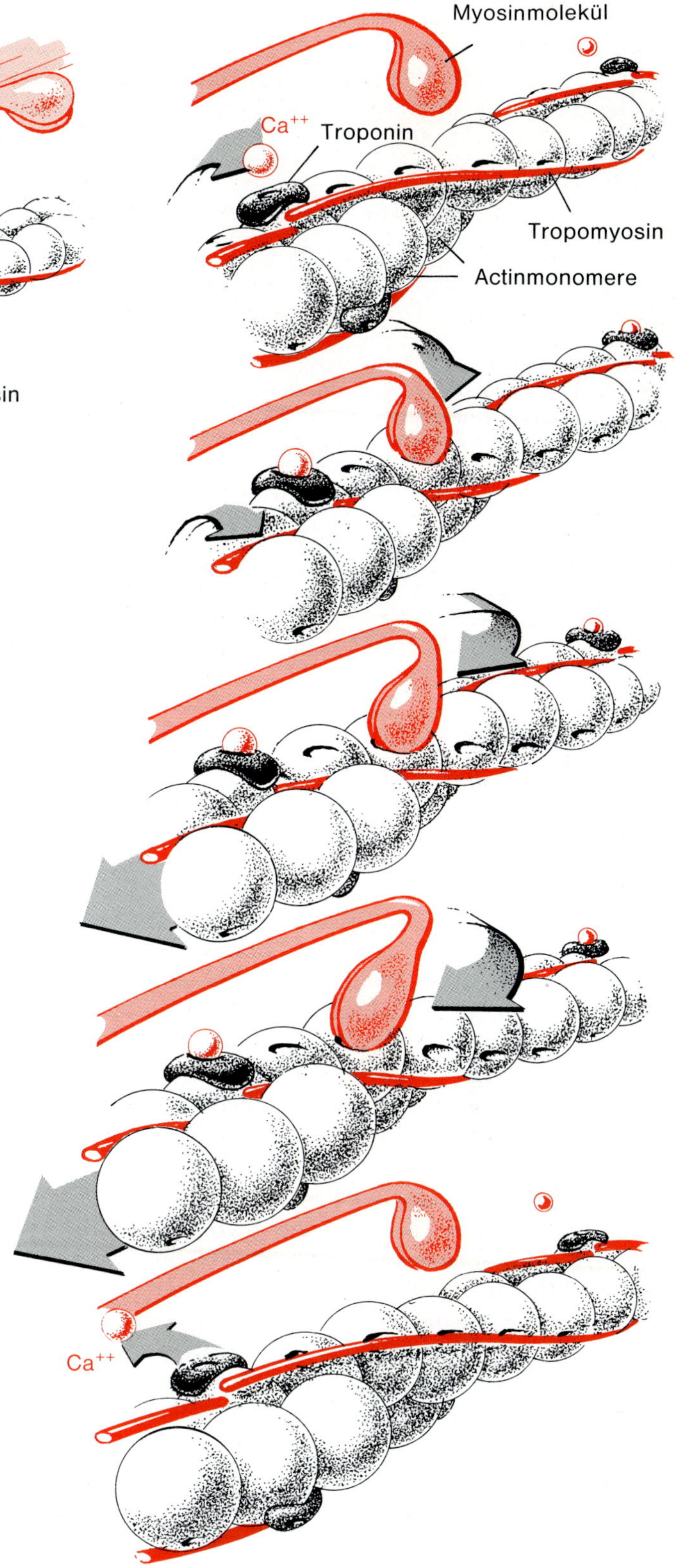
Myosinmolekül
Ca++
Troponin
Tropomyosin
Actinmonomere
Ca++

dem Aktionspotential anstieg: Der Calciumschalter wird „ausgeschaltet", d.h. die Actin-Myosin-Interaktion kann nicht mehr stattfinden, und die Erschlaffung (Relaxation) setzt ein [6].

Anstieg und Abfall der Ca^{++}-Konzentration im Faserinneren können heute im Experiment direkt gemessen werden [6, 10]. Das Protein **Aequorin** aus Leuchtquallen, das bei Reaktion mit Calciumionen Licht aussendet, kann nämlich in Muskelfasern injiziert und sein „Aufleuchten" bei der Kontraktion mit Hilfe hochempfindlicher Photometer registriert werden. Aus solchen Messungen wissen wir, daß nach einer Einzelzuckung das gesamte Calcium zurückgepumpt wird. Auch bei aufeinanderfolgenden Zuckungen (Tetanus, s.u.) sinkt bei niedrigen Zuckungsfrequenzen die Calciumkonzentration zwischen den einzelnen Zuckungen wieder auf den Ruhewert ab, selbst dann noch, wenn sich auf den Kontraktionsrückstand der ersten Zuckung die zweite überlagert und auf diese die dritte und so fort. Erst bei schneller Aktionspotentialfolge bleibt der Calciumionenspiegel zwischendurch erhöht, weil die Calciumpumpe „überfordert" ist und in den kurzen Intervallen zwischen zwei Aktionspotentialen die Calciumionen nicht vollständig ins sarkoplasmatische Reticulum zurückpumpen kann.

15.2 Die Muskelaktivität im Körper und ihre nervöse Kontrolle

Muskelmechanik

Isotonische, isometrische und auxotonische Kontraktion [3, 7, 8]. Wird ein isolierter, ruhender Muskel durch einen direkten elektrischen Reiz oder über seinen Nerven erregt, so **kontrahiert** er sich, d.h. er versucht sich zu verkürzen, wobei er an seinen Befestigungen zieht. Ob bei dieser Kontraktion eine Verkürzung des Muskels eintritt, hängt davon ab, ob die Befestigung nachgeben kann. Ist der Muskel z.B. an einem Ende fest eingespannt, während an dem anderen eine **konstante Last** und ein Hebel zur Registrierung der Muskellänge befestigt sind (Abb. 15-4A), so kann sich der Muskel mit konstanter Muskelspannung gegen diese Last verkürzen. Die unter diesen Bedingungen gemessene Verkürzung des Muskels bei konstanter Belastung wird **isotonische Kontraktion** genannt (Abb. 15-4B). Der Muskel leistet dabei mechanische Arbeit (Hubhöhe mal Last).

Wird der Muskel an beiden Enden fest eingespannt, so daß er sich bei seiner Kontraktion nicht verkürzen kann (Abb. 15-4C), so entwickelt er nur Spannung ohne Längenänderung. Dies läßt sich mit einem Kraftmesser registrieren. Wir nennen eine solche Muskelanspannung eine **isometrische Kontraktion**, eben weil die Länge (Meter) konstant bleibt (Abb. 15-4D).

Im menschlichen Körper übertragen die Skeletmuskeln ihre Kraft über elastische, etwas dehnbare Strukturen, die Sehnen, auf das Skelet. Infolgedessen wird sich der Muskel bei der Kraftentwicklung etwas verkürzen und dabei die zwischen Muskel und Skelet geschalteten elastischen Strukturen dehnen und anspannen. Eine solche Muskelkontraktion, bei welcher die Muskellänge abnimmt, während die gleichzeitig vom Muskel entwickelte Kraft zunimmt, nennen wir **auxotonische Kontraktion**.

Auch bei einer isometrischen Kontraktion verkürzen sich die Sarkomere etwas, und zwar nicht nur weil das Sehnengewebe elastisch ist. Vielmehr können die kontraktilen Strukturen (Myosinköpfchen) die von ihnen entwickelte Kraft nur über **intramuskuläre elastische Strukturen** weitergeben. So ist, wie in Abb. 15-1B schematisch gezeigt, z.B. der Hals der Myosinquerbrücke elastisch und wird bei isometrischer Kontraktion wie bei einer Federwaage oder einem Expander gedehnt. Die elastischen Strukturen sind aber auch in den Aktinfilamenten, den Z-Scheiben und in den Sehnenansätzen lokalisiert.

Das **Zusammenwirken von elastischen und kontraktilen Kräften** läßt sich an einem Analogmodell verdeutlichen (Abb. 15-4, in die Muskulatur eingezeichnet), das aus in Serie geschalteten elastischen (SE) und kontraktilen Elementen (CE) besteht. Indem bei der Aktivierung die kontraktilen Elemente sich verkürzen, spannen sie die serienelastischen Elemente an, und dadurch erst entsteht die meßbare Muskelkraft. Zusätzlich ist dabei zu berücksichtigen, daß den kontraktilen Elementen auch elastische Strukturen parallel geschaltet sind (Parallelelastizität PE in Abb. 15-4A-D). Zu diesen gehören das Sarkolemm um die Muskelfasern, das sarkoplasmatische Reticulum und das Bindegewebe zwischen den Fasern. Diese Parallelelastizität ist für die Ruhespannung des passiv gedehnten Muskels verantwortlich (die Sarkomere sind im erschlafften Zustand fast widerstandslos dehnbar).

Zeitverlauf der Einzelzuckung. Wird eine Muskelfaser erregt, so kontrahiert sie sich kurz, sie zuckt. Die Dauer einer solchen Einzelzuckung ist, wie in Abb. 15-5A der Vergleich zwischen der oberen und der unteren Registrierung zeigt, rund 100 mal länger als die des auslösenden Aktionspotentials, das in 1 bis 2 ms beendet ist. Dieser langsamere Verlauf der Muskelzuckung spiegelt den trägeren Ablauf all der Vorgänge wider, die bei der Kontraktion im Inneren der Muskelfaser ablaufen. Dennoch ist eine einzelne Muskelzuckung ein sehr schneller Vorgang, der in Bruchteilen einer Sekunde beendet ist.

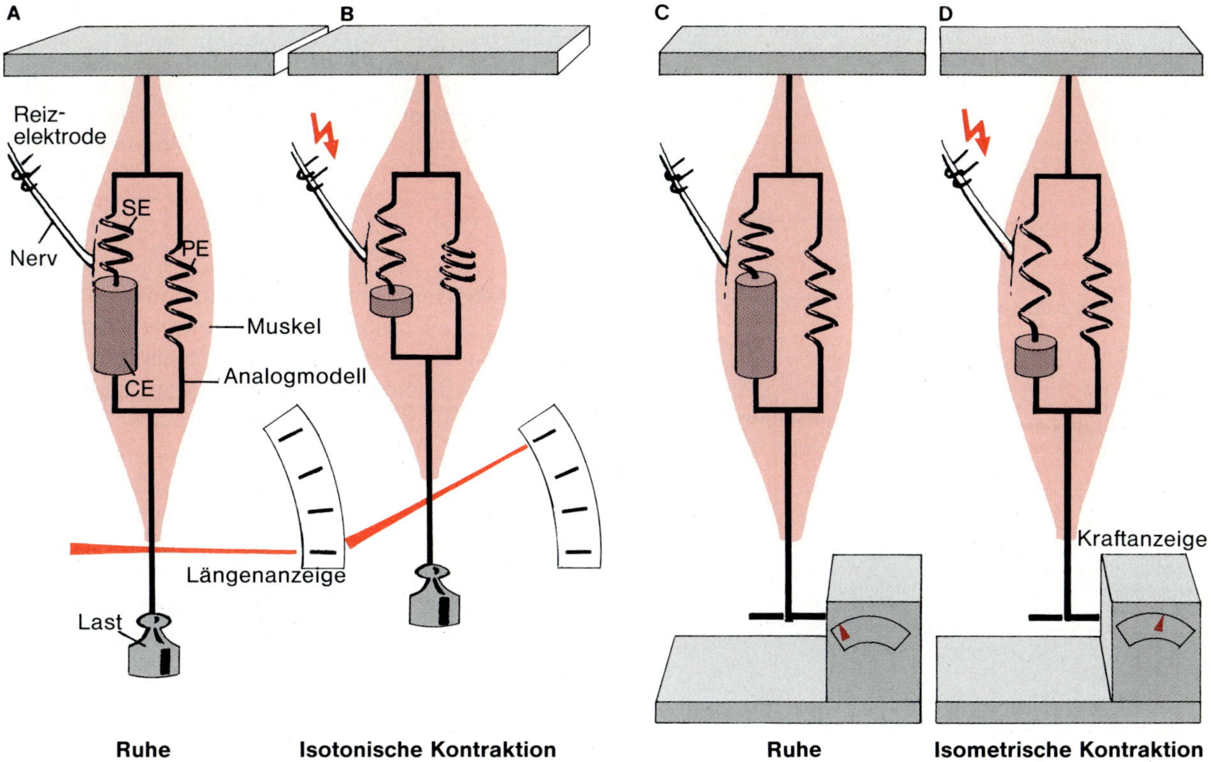

Abb. 15-4. Grundformen der Muskelkontraktion. **A** Passive Dehnung eines ruhenden Muskels durch eine konstante Last. **B** Isotonische Kontraktion nach Erregung des Muskels durch Reizung seines motorischen Nerven *(roter Pfeil)*. Der Muskel hebt eine konstante Last, registriert wird die Änderung der Muskellänge. **C, D** Isometrische Kontraktion. Der Muskel ist nach Vordehnung beidseitig befestigt (**C**). Er kann sich nach Reizung (*roter Pfeil* in **D**) zwar nicht verkürzen, aber Spannung (Kraft) entwickeln. Ein *Analogmodell* des Muskels aus elastischen und kontraktilen Elemente ist in die Muskulatur eingezeichnet. Besprechung im Text. *CE* kontraktiles Element, *SE* serienelastisches Element, *PE* parallelelastisches Element

Nicht alle Muskeln zucken gleich schnell. Die in Abb. 15-6A gezeigte Kontraktionskurve eines menschlichen Daumenmuskels ist ein Beispiel für einen „schnellen" Warmblütermuskel. Es gibt auch „langsame" Warmblütermuskeln, deren Kontraktion wesentlich träger abläuft. Bei Kaltblütermuskeln hängt die Kontraktionsgeschwindigkeit zusätzlich sehr stark von der jeweiligen Körpertemperatur ab.

Muskeln können um so schneller kontrahieren, je schneller sich ihre Querbrücken bewegen, d.h. je öfter pro Zeiteinheit sie „rudern". Da jede Ruderbewegung ATP verbraucht (s.o.), benötigen schnelle Muskeln mehr Energie als langsame. Schnelle Muskeln sind daher bei Halteleistungen weniger energiesparend als langsame. Langsame Muskeln enthalten große Mengen des roten Muskelfarbstoffes **Myoglobin**, der in schnellen Muskeln seltener ist. Wir können daher schon an ihrer Farbe die **langsamen „roten" Muskeln** von den **schnellen „weißen" Muskeln** unterscheiden. Erstere werden vorwiegend für Haltearbeiten (z.B. Rückenmuskulatur), letztere für schnelle Bewegungen (z.B. Augenmuskulatur) eingesetzt.

Superposition von Zuckungen, Tetanus. Soll sich ein Muskel länger als für die Dauer einer Einzelzuckung kontrahieren, müssen seine Muskelfasern mehrfach kurz hintereinander **repetitiv** oder **tetanisch** erregt werden. Sobald dabei, wie in Abb. 15-5B zu sehen, die nächste Erregung schon kommt, bevor die vorhergehende abgeklungen ist, *setzt sich erstere auf den Kontraktionsrückstand ihres Vorgängers auf* und bewirkt durch diese **Summation** nicht nur eine längere, sondern auch eine stärkere Kontraktion [3, 7, 8].

Bei genügend hoher Folgefrequenz der Aktionspotentiale, beim Menschen bei etwa 50–100 Hz, geht der zunächst **unvollkommene Tetanus** (2 und 3 in Abb. 15-5B) in einen **vollkommenen** über (4 und 5 in B), bei dem die Einzelzuckungen nicht mehr unterscheidbar sind und die maximale Kraft der Muskelfaser erzeugt wird. Hier ist der oben geschilderte „Calcium-Schalter" dauernd in Aktivierungs-

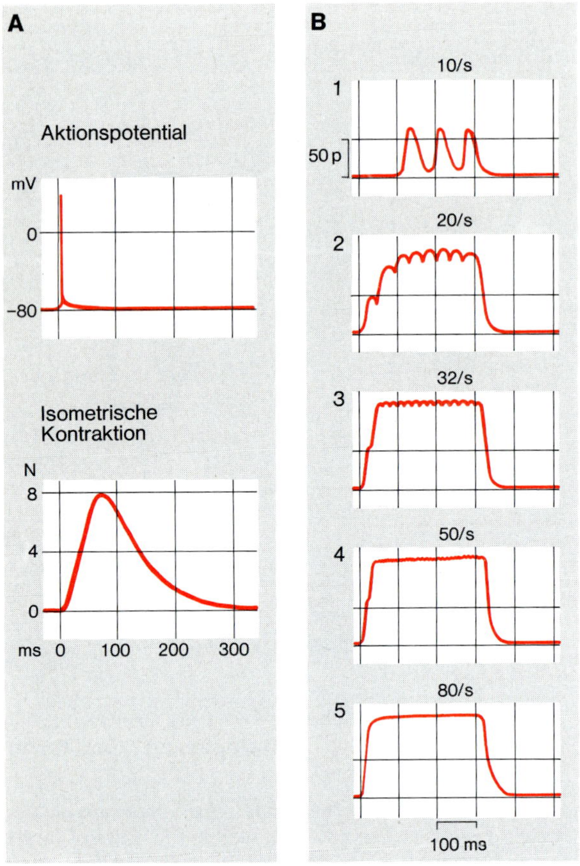

Abb. 15-5. Kontraktionsverhalten der Muskulatur von Säugern. **A** Zeitlicher Zusammenhang zwischen Aktionspotential und Einzelzuckung am Beispiel eines *menschlichen Daumenmuskels*. Die Kontraktion beginnt 2 ms nach dem Aufstrich des Aktionspotentials und erreicht erst nach 80 ms ihr Maximum. **B** Summation von Einzelkontraktionen bis zum vollständigen Tetanus. Die Abbildungen zeigen Kontraktionen eines *schnellen Katzenmuskels*. Registrierung 1 zeigt Einzelkontraktionen, Registrierungen 2 bis 5 Kontraktionsserien, erzeugt durch Reize von der jeweils über der Kurve angegebenen Reizfrequenz. In 2 und 3 wurden ein unvollständiger, in 4 und 5 ein vollständiger Tetanus erreicht

stellung, da in den kurzen Pausen zwischen den einzelnen Aktionspotentialen die Calcium-Ionen nicht mehr vollständig in die Bläschen des sarkoplasmatischen Reticulums zurückgepumpt werden können.

Kontraktur. Wird der Badelösung eines isolierten Muskels eine große Menge Coffein beigegeben, so verkürzt sich der Muskel maximal und bleibt für die Dauer der Coffeinbeigabe verkürzt. Aktionspotentiale treten dabei nicht auf. Eine solche pathophysiologische, nicht fortgeleitete, aber reversible Dauerkontraktion bezeichnen wir als **Kontraktur**. Sie kommt in unserem Beispiel dadurch zustande, daß das Coffein in die Muskelfasern eindringt und die Calciumionen aus dem sarkoplasmatischen Reticulum freisetzt. Gleiches geschieht auch bei der **Kaliumkontraktur**, die bei Ersatz des extracellulären Natriums durch Kalium dadurch auftritt, daß die Membran *dauerdepolarisiert* wird und damit das Rückpumpen der Calciumionen ausbleibt. Eine **physiologische Form der Kontraktur** wird bei bestimmten, langsamen Muskelfasern, den **Tonusfasern**, beobachtet. Sie sind beim Menschen selten (langsame Fasern der Augenmuskeln, Teil der intrafusalen Fasern der Muskelspindeln), bei Kaltblütern, z. B. Fröschen, aber häufig. Bei ihnen führt Erregung nicht zu Aktionspotentialen, sondern zu mehr oder weniger ausgeprägten Dauerdepolarisationen mit entsprechend abgestuften Freisetzungen von Calciumionen aus dem sarkoplasmatischen Reticulum.

Vordehnung (Last) und Kontraktionskraft. Die maximal mögliche Kraft der Kontraktion bei einem vollkommenen Tetanus wird erreicht, wenn die Actin- und Myosinfilamente sich optimal überlappen. Nur dann können nämlich alle Myosinköpfe mit den Actinfäden in Wechselwirkung treten. Dieser optimale Zustand liegt etwa bei der Ruhelänge der Muskelfaser (Abb. 15-6 A). Zuviel Dehnung zieht die Actinfäden zu sehr aus den Myosinfäden heraus, und die Querbrücken greifen ins Leere. Zu starke Verkürzung führt dazu, daß sich die gegenüberliegenden Actinfäden eines Sarkomers in der Mitte überlappen und stören und daß die Myosinfäden an den Z-Scheiben anstoßen und sich stauchen. Aus diesen Gründen kann sich ein Muskel einerseits auf höchstens 50–70% seiner Ruhelänge verkürzen und andererseits keine Spannung mehr entwickeln, wenn er über 180% seiner Ruhelänge gedehnt wird [11, 18].

Ein Experiment zur Bestimmung des Zusammenhangs zwischen Muskellänge und Kraftentwicklung ist in Abb. 15-6 B, C gezeigt. Der Muskel ist an beiden Enden fest eingespannt, er kann sich also nur isometrisch kontrahieren. Im erschlafften Zustand übt er bei seiner Ruhelänge (L_o) keine Zugkraft auf die Haltevorrichtung aus. Wenn man jedoch den Muskel vordehnt, so wird er zunehmend passiv angespannt (Anspannung der Parallelelastizität PE in Abb. 15-4). Trägt man die für die Dehnung notwendige Kraft gegen die Muskellänge auf, so erhält man ein Längenspannungsdiagramm des ruhenden Muskels, die **Ruhedehnungskurve** (Kurve a in Abb. 15-6 B). Wird der Muskel nun bei verschiedenen Ausgangslängen zur Kontraktion gebracht, so erhöht sich die Kraft über die Ausgangsspannung jeweils bis zum **isometrischen Maximum**. Die Kurve der isometrischen Maxima ist rot in Abb. 15-6 B eingezeichnet. Die bei einer bestimmten Muskellänge über die Ruhespannung hinaus entwickelte Kraft ist die Differenz zwischen der Kurve der isometrischen Maxima und der Ruhedehnungskurve. Die Beziehung zwischen dieser Kraft und der Sarkomerlänge ist in Abb. 15-6 A zu sehen. Es ist sofort deutlich, daß die Kraft der Kontraktion entscheidend von einer optimalen Überlappung der Actin- und Myosinfilamente abhängt und jedes Zuviel (Stauchung) oder Zuwenig (Überdehnung) die Kontraktionskraft rasch absinken läßt.

Vordehnung, Last und Verkürzungslänge. Das Ausmaß der Vordehnung beeinflußt auch die bei isotonischer Kontraktion erreichbare Verkürzung des Muskels: wird ein vorbelasteter und gedehnter Muskel „tetanisch" gereizt, so verkürzt er sich unter konstanter Spannung, indem er die Last hebt und dabei mechanische Arbeit leistet (Hubhöhe mal Last). Die Muskelverkürzung ist um so geringer, je größer die Last ist.

Um den **Einfluß der Last auf die Verkürzungslänge** unabhängig von der Vordehnung zu untersuchen, kann der Muskel auf seiner Ruhelänge gehalten werden, indem die Last unterstützt wird. In diesem Fall kontrahiert der tetanisch stimulierte Muskel zunächst isometrisch, d.h. er spannt sich an, bis die Muskelkraft der Last gleich ist. Erst dann kann die Last durch die weitere, jetzt isotonische Kontraktion in die Höhe gehoben werden. Diesen Kontraktionsablauf bezeichnen wir als **Unterstützungskontraktion**. Auch hier stellt sich heraus, daß die Verkürzung um so deutlicher ausfällt, je geringer die Last ist. Die **Muskelarbeit** bei einer tetanischen Unterstützungskontraktion ist das Produkt von Hubhöhe (Muskelverkürzung) und Last. Dieses Produkt erreicht bei mittlerer Belastung seinen Maximalwert und wird bei sehr großer oder sehr kleiner Belastung kleiner. Diese Befunde sind in der Arbeitsphysiologie, z.B. bei der Bemessung von Bedienungshebeln oder -rädern an Maschinen, für eine möglichst ermüdungsarme Bedienung von großer Bedeutung.

Last und Verkürzungsgeschwindigkeit. Wie wir aus dem Alltag wissen, können unsere Muskeln nur dann ihre maximale Kraft ausüben, wenn sie sich dabei nicht oder nur sehr wenig verkürzen, z.B. wenn wir „stemmen" oder „drücken". Sehr schnelle Bewegungen können wir dagegen nur bei sehr ge-

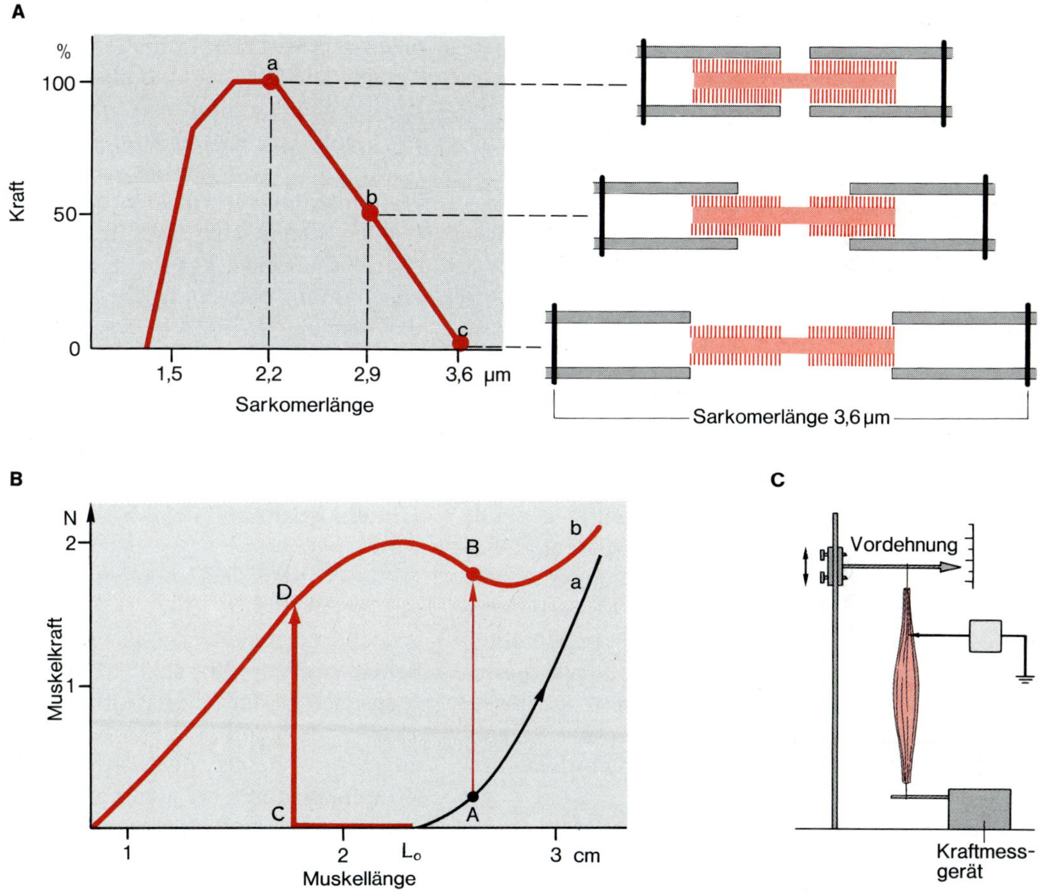

Abb. 15-6. Vordehnung (Last) und Kontraktionskraft. **A** Beziehung zwischen Kontraktionskraft, Sarkomerlänge und Filamentüberlappung. *Links:* Abhängigkeit der im Tetanus entwickelten isometrischen Maximalkraft (Ordinate) von der Sarkomerlänge, d.h. der Muskelvordehnung (Abscisse). *Rechts:* Skizze der Überlappung der Myosin- und Actinfilamente bei den angegebenen Sarkomerlängen. Weder bei zu weit ausgezogenem Sarkomer (Länge = > 3,6 µm), noch bei zu weit überlappenden Filamenten (Länge = < 1,5 µm) kann Muskelkraft entwickelt werden. **B, C** Beziehungen zwischen Kraft und Muskellänge am gesamten Muskel. Ruhedehnungskurve (a) und Kurve der isometrischen Maxima (b) in **B** wurden mit der in **C** gezeigten Versuchsanordnung aufgenommen. Der Versuchsablauf ist im Text geschildert. Wird der Muskel so eingespannt, daß er gestaucht wird (also kürzer als seine Ruhelänge von $L_o = 2,3$ cm), z.B. auf den Punkt C auf der Abscisse, so verkürzt er sich bei der Kontraktion zunächst auf diese vorbestimmte Länge, bevor er sich isometrisch anspannt (Kraftentwicklung von Punkt C auf der Abscisse nach Punkt D auf Kurve b). Diese Form der Kontraktion wird Anschlagszuckung genannt. Nach J.C. Rüegg in [7]

ringer Belastung des Muskels, bei „entspannter" Muskulatur, ausführen, z.B. beim Werfen eines handlichen Steines oder beim Klavierspielen. Auch diese **Abhängigkeit der Muskelkraft von der Geschwindigkeit der Kontraktion** (die wiederum von der Last abhängt) ist durch die Arbeitsweise der kontraktilen Proteine in den Sarkomeren bestimmt: Bei schneller Verkürzung gleiten die Filamente rasch aneinander vorbei, und das dauernde „Nachgreifen" der Querbrücken bedingt, daß pro Zeiteinheit immer eine relativ große Anzahl von diesen gerade losgelassen hat; es kann daher nur eine geringe Kraft entfaltet werden. Bei streng isometrischer Kontraktion können dagegen praktisch alle Querbrücken nahezu gleichzeitig „ziehen", denn ein Nachgreifen ist nicht erforderlich (vgl. die entsprechenden Situationen beim Einholen eines Taues durch eine Schiffsmannschaft).

Regelung der Muskelkontraktion

Die motorische Einheit. Bisher haben wir im wesentlichen die Arbeitsweise einer einzelnen Muskelfaser und der in sie eingebauten Minimaschinen, der Sarkomere, betrachtet. In einem Muskel liegen aber je nach seiner Größe einige hundert bis viele tausend Muskelfasern. Sie werden immer dann erregt, wenn aus dem sie versorgenden Motoneuron über die im Muskelnerven laufende motorische Nervenfaser (Motoaxon) ein Aktionspotential in die synaptische Verbindung zwischen Motoaxon und Muskelfaser (Endplatte) einläuft und ein erregendes synaptisches Potential (hier Endplattenpotential genannt, S.219) mit daraus folgendem Aktionspotential auslöst. Jedes Motoaxon versorgt aber nicht eine, sondern **über Axonkollateralen mehrere bis viele Muskelfasern**. Ein Aktionspotential in einem Motoneuron wird also eine Zuckung aller von diesem Motoneuron versorgten Muskelfasern auslösen: Das Motoneuron und das von ihm innervierte Kollektiv von Muskelfasern bilden eine **motorische Einheit** [7, 8].

Je *kleiner* eine motorische Einheit ist, desto *feiner abstufbar* sind die Kontraktionen eines Muskels und umgekehrt. Hätte jede Muskelfaser ein eigenes Motoneuron, so wäre ein Optimum an Abstufbarkeit erreicht; würde nur ein Motoneuron den gesamten Muskel versorgen, so könnte sich dieser immer nur im ganzen kontrahieren. Muskeln, die sehr fein arbeiten müssen, wie die äußeren Augenmuskeln, die den Augapfel bewegen, haben motorische Einheiten mit nur etwa einem halben Dutzend Muskelfasern. In anderen Muskeln, wie denen des Rückens, zählt die von einer Nervenfaser versorgte Fasergruppe oft über 500 bis zu 1700 Muskelfasern. Beim menschlichen Biceps mit rund 770 motorischen Einheiten hat jede Einheit etwa 750 Fasern (der Biceps hat also rund $770 \times 750 = 577500$ Muskelfasern).

Abstufung der Kontraktion im Alltag durch Tetanisierung und Rekrutierung. Aus dem bisher Gesagten läßt sich folgern, daß es zwei Möglichkeiten gibt, die **Kraft der Kontraktion** eines Muskels abzustufen: einmal über die Erregungsfrequenz (von der Einzelzuckung bis zum vollkommenen Tetanus) und zum anderen über die Anzahl der jeweils aktivierten motorischen Einheiten. Beide Wege werden im Alltag dauernd ausgenutzt. Über die Zahl der gleichzeitig aktivierten motorischen Einheiten kann auch die **Geschwindigkeit der Kontraktion** verändert werden, denn bei einer konstanten Last ist der von einer motorischen Einheit zu leistende Teilbetrag um so kleiner, je mehr Einheiten sich kontrahieren. Entsprechend nimmt, wie oben gerade ausgeführt, die Kontraktionsgeschwindigkeit zu.

Haltefunktion der Muskeln; Muskeltonus. Beim aufrechten Stehen, aber auch in vielen anderen alltäglichen Situationen, ist eine dauernde leichte Muskelanspannung notwendig, die ohne Längenänderung der beteiligten Muskeln gerade ausreicht, um eine bestimmte Gelenk- und damit Körperstellung aufrechtzuerhalten. Dies wird durch eine **asynchrone**, also zeitlich immer etwas versetzte **Summation von Einzelzuckungen** vieler motorischer Einheiten erreicht. Daraus resultiert eine kaum schwankende Grundanspannung des Muskels, die **Tonus** genannt wird [7, 8].

Alle Muskeln im lebenden Organismus haben einen Tonus, der in seiner Höhe ständig wechselt. Er erreicht normalerweise im REM-Schlaf („Traum-Schlaf", s.Kap.26) sein Minimum. Am wachen Menschen ist der jeweils vorhandene Tonus als passiver Widerstand bei der Bewegung eines Armes oder eines Beines deutlich spür- und feststellbar (Routineprüfung bei der neurologischen Untersuchung). Bei geistiger Anspannung oder bei Aufregung steigt der Tonus unwillkürlich an, d.h. die Grundspannung aller Muskeln erhöht sich.

Das Elektromyogramm

Registriertechnik. Die Tätigkeit eines Muskels kann einmal an der mechanischen Arbeit gemessen werden, die er leistet. Für klinische und experimentelle Zwecke ist es aber oft besser, die Aktivierung des Muskels und seiner einzelnen motorischen Einheiten mit dem sogenannten **Elektromyogramm**, abgekürzt **EMG**, zu registrieren. Dies ist eine extracelluläre Potentialableitung vom Muskel, die völlig der extracellulären Elektroneurographie am Nerven (S. 213) entspricht. Die Elektroden liegen entweder als kleine Scheiben auf der Haut über dem Muskel, oder sie werden in Injektionskanülen eingebaut und in den Muskel eingestochen, d. h. extracellulär zwischen die Muskelfasern geschoben (s. Abb. 7-3, S. 113, als Beispiel einer EMG-Ableitung).

Anwendung bei Muskelerkrankungen. Störungen der muskulären Tätigkeit, bei denen das EMG als wichtiges diagnostisches Hilfsmittel dient, sind einerseits Lähmungen oder abgeschwächte Kraftentwicklungen, die unter dem Oberbegriff **Myasthenie** zusammengefaßt werden, und andererseits unkontrolliert starke Kontraktionen, **Myotonien** genannt. Bei vielen dieser Krankheitsbilder spiegeln die Reaktionen der Muskulatur Schädigungen oder Erkrankungen des motorischen Nervensystems wider, in anderen Fällen ist die neuromuskuläre Übertragung betroffen. Als Beispiel diene die **spinale Kinderlähmung (Poliomyelitis)**. Bei ihr gehen in wechselnder Anzahl die Motoneurone im Rückenmark unwiederbringlich (irreversibel) zugrunde. Fallen wenige motorische Einheiten eines Muskels aus, resultiert daraus eine leichte Kontraktionsschwäche. Fallen alle oder nahezu alle aus, ist der Muskel für immer gelähmt (durch vorbeugende Schluckimpfung zu vermeiden). Erkrankungen des eigentlichen kontraktilen Systems in den Muskelfasern, sogenannte **Muskeldystrophien**, sind selten. Sie sind meist Folge eines angeborenen Enzymdefektes oder einer hormonellen Störung.

Anwendung in der Psychophysiologie. Die Registrierung des EMGs mit Oberflächenelektroden ist ein wichtiges Maß auch für psychologisch bedingte Anspannung (Abb. 7-3, S. 113). Bevorzugt werden die Stirnmuskulatur (Frontalis-EMG) und die Muskeln des Oberarms benutzt. Dabei ist zu beachten, daß eine Erhöhung der „Anspannung" (Zunahme der Aktionspotentialfrequenz) in einem bestimmten Muskel keine gesicherte Aussage über die Anspannung der übrigen Muskeln erlaubt, da auch in psychischen Belastungssituationen („Stress") einzelne intraindividuelle Muskelgruppen bevorzugt angespannt werden (*„Reaktionsstereotypie"*, S. 598). In der Verhaltensmedizin und in der Psychosomatik wird die **Rückmeldung des EMGs** von einzelnen Muskelgruppen (EMG-Biofeedback) zur psychologischen Behandlung spannungsbedingter Schmerzen (Spannungskopfschmerz, Rückenschmerzen) und in der Rehabilitation schlaffer und spastischer Lähmungen eingesetzt. Statt mit dem EMG kann der Tonus eines Muskels auch als **Mikrovibration** mit empfindlichen Schwingungsaufnehmern registriert werden. In Ruhe läßt sich so eine Schwingung von 8-12 Hz registrieren, deren Frequenz unter psychischer Belastung ansteigt und daher für psychophysiologische Untersuchungen geeignet ist.

Muskelenergetik

Energiestoffwechsel. Wie wir bereits gesehen haben, ist ATP der unmittelbare Energielieferant der Muskelkontraktion (S. 12). Seine Spaltung zu Adenosindiphosphat (ADP) und Phosphorsäure liefert die mechanische Energie und die bei der Muskeltätigkeit freigesetzte Wärme. Diesem Prozeß nachgeschaltet sind weitere energieliefernde Reaktionen, die dazu dienen, aus ADP und Phosphorsäure wieder ATP aufzubauen und für die weitere Muskelarbeit bereitzustellen. Diese Reaktionen sind in Tabelle 15-1 zusammengestellt [7].

Bei andauernder stetiger Muskeltätigkeit erfolgt die Regeneration des ATP **unter Sauerstoffverbrauch (= aerob)** auf dem Weg über die sogenannte **oxidative Phosphorylierung**. „Verbrannt" werden Kohlenhydrate und Fette. Das System ist im Gleichgewicht, wenn die Geschwindigkeit der ATP-Spaltung genauso groß ist wie die ATP-Bildung. Die maximale ATP-Bildungsrate stellt also die Dauerleistungsgrenze bei muskulärer Arbeit dar. Bei einem gut trainierten Dauerläufer wird diese Grenze im Langstreckenlauf etwa bei einer Laufgeschwindigkeit von 6 m/s (21,6 km/h) ausgeschöpft. Der Sauerstoffverbrauch des Muskels ist dabei 50- bis 100mal so hoch wie in Ruhe. Entsprechend nimmt die Muskeldurchblutung bis auf das 20fache zu und Herzminutenvolumen (Pulsfrequenz mal Schlagvolumen) und Atemminutenvolumen (Atemfrequenz mal Atemtiefe) steigen stark an.

Kurzfristige Höchstleistungen - über die Dauerleistungsgrenze hinaus - sind möglich. Die dazu notwendige Energie wird **ohne Sauerstoffverbrauch (= anaerob)** auf dem Weg der sogenannten **Glykolyse** gewonnen. Hierbei erfolgt die ATP-Bildung 2- bis 3mal so schnell wie bei der oxidativen Phosphorylierung. Damit ist auch eine 2- bis 3mal so hohe Leistung der Muskeln möglich. Im Sprint lassen sich daher Laufgeschwindigkeiten um die 10 m/s erzielen.

Eine solche hohe Leistung kann aus zwei Gründen nur sehr kurzfristig (etwa 30 s) erbracht werden. Erstens sind die anaerob verfügbaren Energiereserven begrenzt und zweitens bildet sich bei der anaeroben Glykolyse **Milchsäure**, die sich in der Zell-

Tabelle 15-1. Die unmittelbare und die mittelbaren Energiequellen im Skeletmuskel (Mensch). [5]

Energiequelle	Gehalt (μMol/g Muskel)	Energieliefernde Reaktion
Adenosintriphosphat (ATP)	5	$ATP \rightarrow ADP + P_i$
Kreatinphosphat (PC)	11	$PC + ADP \leftrightharpoons ATP + C$
Glucose-Einheiten im Glykogen	84	*anaerob:* Abbau über Pyruvat zu Lactat (Glycolyse) *aerob:* Abbau über Pyruvat zu CO_2 und H_2O
Triglyceride	10	Oxydation zu CO_2 und H_2O

ADP = Adenosindiphosphat, C = Kreatin, Pi = anorganisches Phosphat

flüssigkeit und im Blut anreichert. Dies führt zur **metabolischen Acidose** (s. auch S. 184) und damit zur Ermüdung.

Auch in der Anlaufphase zu einer Dauerleistung wird vorübergehend eine anaerobe Form der ATP-Gewinnung eingesetzt, weil das „Hochfahren" der oxidativen Phosphorylierung Zeit braucht. Es ist dies die **Lohmannsche Reaktion**, nämlich der Aufbau von ATP aus ADP und Kreatinphosphat (Tabelle 15-1). Dabei nimmt der Vorrat an Phosphokreatin ab. Er wird meist erst nach Ende der Kontraktion, also in der Erholungsphase wieder aufgefüllt, und zwar unter Umkehr der Lohmannschen Reaktion, d.h. unter ATP-Verbrauch. Dieses ATP wird über oxidative Phosphorylierung wieder ergänzt. Der dafür benötigte Sauerstoff ist gewissermaßen eine zurückbezahlte **Sauerstoffschuld**, die der Muskel zu Beginn seiner Arbeit eingegangen ist und in der Erholung wieder einlöst. Glykolyse erhöht diese Sauerstoffschuld, da auch die Milchsäure nur unter Sauerstoffverbrauch abgebaut werden kann. Die durch die Lohmannsche Reaktion bedingte Sauerstoffschuld kann bis zu 4 l betragen; glykolytische Energiegewinnung kann sie bis auf 20 l steigern.

Muskelwärme und Energieumsatz. Die im Muskel freigesetzte chemische Energie wird vollständig teils in mechanische, teils in thermische Energie (Wärme) umgewandelt. Auch wenn keine physikalisch meßbare Muskelarbeit geleistet wird, z. B. während einer isometrischen Anspannung, wird im Muskel fortwährend chemische Energie in Wärme **(Erhaltungswärme)** übergeführt. Auch bei isometrischer Kontraktion sind nämlich, wie oben schon geschildert, die Myosinquerbrücken in dauernder zyklischer Rudertätigkeit, wobei sie unter ATP-Spaltung und Wärmeproduktion eine beträchtliche „innere" Haltearbeit verrichten. Kein Wunder, daß Halteleistungen (z. B. „Strammstehen") sehr ermüdend sind (die Ermüdung wird auch dadurch begünstigt, daß ein hoher isometrischer Muskeltonus die Durchblutung des Muskels behindert und damit die Zufuhr von Nährstoffen und Sauerstoff sowie den Abtransport der Metabolite stört).

Die bei der Muskeltätigkeit freiwerdende Wärme stellt einen Großteil der Wärme dar, die für die Aufrechterhaltung der Körpertemperatur notwendig ist (vgl. Kap. 7, S. 115ff.). Reicht der Beitrag der Muskelwärme unter bestimmten Bedingungen nicht aus, kann er durch **Muskelzittern**, also eine Art „Leerarbeit" der Muskulatur erhöht werden. Die Muskeln werden also beim **Kältezittern** ausschließlich als Wärmelieferanten eingesetzt, so wie ein Automotor im Stand auch nur für die Wagenheizung genutzt werden kann.

Wirkungsgrad. Die Sarkomere sind relativ gute „Minimotoren", denn sie können 40–50% der zugeführten chemischen Energie in mechanische Energie transformieren. Die restlichen 50–60% verpuffen als Wärme. Der tatsächliche Nutzeffekt der Muskulatur bei natürlicher Muskeltätigkeit ist aber deutlich geringer als der der Myofibrillenkontraktion und liegt bei 20–30%. Dies ist durch „innere Reibungsverluste" und energieverschleißende „Erholungsprozesse" bedingt, wie die Tätigkeit der Ionenpumpen oder das Abtragen der „Sauerstoffschuld" (s. o.). Dennoch liegt der Wirkungsgrad der „Muskelmaschine" deutlich über dem technischer Maschinen.

15.3 Literatur

Weiterführende Lehr- und Handbücher

1. BOURNE, G.H. (Ed.): The Structure and Function of Muscle. 2nd ed., Vol. I-III. London, New York: Academic Press 1972
2. BÜLBRING, F., BRADING, A.F., JONES, A.W., TOMITA, T.: Smooth Muscle. London: Edward Arnold 1970
3. HASSELBACH, W.: Muskel. In: Gauer, O.H., Kramer, K., Jung, R.(Hrsg.): Physiologie des Menschen. Bd. 4: Muskel. München, Berlin, Wien: Urban u. Schwarzenberg 1975
4. HOPE, W., LOHMANN, W., MARKL, H., ZIEGLER, H. (Hrsg.): Biophysik. 2. Aufl. Berlin, Heidelberg, New York: Springer 1982
5. PEACHEY, L.D., ADRIAN, R.H., GEIGER, S.R., (Eds.): Handbook of Physiology, Section 10: Skeletal Muscle. American Physiol. Soc. Bethesda 1983
6. RÜEGG, J.C.: Calcium in Muscle Activation. Berlin, Heidelberg, New York, Tokyo: Springer 1986
7. SCHMIDT, R.F., THEWS, G.(Hrsg.): Physiologie des Menschen. 23. neubearbeitete Aufl. Berlin, Heidelberg, New York, Tokyo: Springer 1987

8. SCHMIDT, R.F. (Hrsg.): Grundriß der Neurophysiologie. Heidelberger Taschenbücher, Bd. 96, 6. Aufl. Berlin, Heidelberg, New York, Tokyo: Springer 1987

9. WILKIE, D.R.: Muskel: Strukur und Funktion: Stuttgart: B.G. Teubner 1983

Einzel- und Übersichtsarbeiten

10. BLINKS, J.R., RÜDEL, R., TAYLOR, S.R.: Calcium transients in isolated amphibian skeletal muscle fibres: Detection with aequorin. J. Physiol. *277*, 291-323 (1987)

11. GORDON, A.M., HUXLEY, A.F., JULIAN, F.J.: The variation in isometric tension with sarcomere length in vertebrate muscle fibres. J. Physiol. (Lond.) *184*, 170 (1966)

12. HASSELBACH, W., MAKINOSE, J.: Über den Mechanismus des Calciumtransports durch die Membranen des sarkoplasmatischen Reticulums. Biochem. Z. *339*, 94 (1963)

13. HUXLEY, A.F., TAYLOR, R.E.: Local activation of striated muscle fibres. J. Physiol. (Lond.) ***144***, 426 (1958)

14. HUXLEY, A.F.: Muscular contraction. J. Physiol. ***243***, 1-43 (1974)

15. HUXLEY, H.E.: The mechanism of muscular contraction. Science ***164***, 1356 (1969)

16. HUXLEY, H.E.: Structural changes in the actin and myosin containing filaments during contraction. Cold Spring Harbor Symp. quant. Biol. *37*, 361 (1973)

17. RÜEGG, J.C.: Smooth muscle tone. Physiol. Rev. ***51***, 201 (1971)

18. WILKIE, D.R.: The relation between force and velocity in human muscle. J. Physiol. ***110***, 249-280 (1950)

16 Motorische Systeme

16.1 Nervöse Kontrolle von Haltung und Bewegung im Überblick

Nur über Bewegungen kann der Mensch auf seine Umwelt einwirken und sich mit ihr auseinandersetzen. Dies gilt für die einfachste Handarbeit wie für die Übermittlung der subtilsten Gedanken und Gefühle, z. B. durch Sprechen oder Schreiben, durch Mimik oder Gestik. All diese Bewegungen können nur gut und richtig ausgeführt werden, wenn durch eine angemessene Haltung des Körpers und der Gliedmaßen die für diese Tätigkeiten notwendigen Ausgangspositionen eingenommen werden. Die nervöse Kontrolle von Haltung und Bewegung ist daher eine der wichtigsten Aufgaben des Zentralnervensystems [1, 4, 19].

Phänomenologie motorischer Akte

Reflex-gesteuerte Bewegung. Entfernt man bei einem Frosch das Großhirn (der Frosch kann danach viele Wochen weiterleben), läßt aber das Rückenmark intakt, so führt Kneifen einer Hinterpfote zum Wegziehen des Beines. Legt man ein säuregetränktes Stückchen Filterpapier auf die Rückenhaut, so wird es nach kurzer Zeit mit dem nächstgelegenen Hinterbein zielsicher weggewischt. Für solche *automatischen, beliebig wiederholbaren und zweckgerichteten Antworten des Organismus auf Reize* wurde 1771 von Unzer der Begriff **Reflex** in die Physiologie eingeführt. Zerstören des Rückenmarks läßt alle Reflexe verschwinden. Sie sind also auf die Tätigkeit zentralnervöser Strukturen zurückzuführen [18].

Auch am intakten Tier und beim Menschen lösen Reize aus der Umwelt oder uns selbst häufig stereotype Reaktionen aus, die sich im Laufe der stammesgeschichtlichen oder der individuellen Entwicklung als besonders zweckmäßige Antworten auf diese Reize herausgestellt haben. Eine Vielzahl von Beispielen von solchen **angeborenen** oder **erlernten Reflexen** sind uns geläufig. Anfassen eines heißen Gegenstandes läßt uns die Hand zurückziehen, noch bevor uns der Hitzeschmerz bewußt wurde und wir willkürlich darauf hätten reagieren können; Berühren der Hornhaut des Auges führt immer zu einem Lidschlag; Kontakt von Speisen mit der hinteren Rachenwand löst Schlucken aus. Die meisten Reflexe laufen aber ab, ohne daß wir bewußt von ihnen Notiz nehmen. Zum Beispiel diejenigen Reflexe, die Kreislauf und Atmung kontinuierlich an die jeweiligen Erfordernisse des Organismus anpassen.

Programm-gesteuerte Bewegung. Schon Sherrington fiel auf, daß großhirnlose (decerebrierte) Hunde auch nach Ausschalten aller Reizzuflüße zum Rückenmark (durch Durchschneiden der betreffenden Nerven bzw. Hinterwurzel) rhythmische Bewegungen, wie Kratzen mit der Hinterpfote auf dem Rükken oder Laufbewegungen ausführen können - was sich mit einer reinen Reflexorganisation von Bewegungen nicht vereinbaren läßt [18]. Auch die Atmung ist ein rhythmischer Vorgang, der nach Abkoppeln aller äußeren Reize nervös gesteuert weiterläuft. Wir bezeichnen solche Bewegungsfolgen, die vom Zentralnervensystem ohne das Zutun äußerer Reize unterhalten werden, als **„programmgesteuert"**.

Die Entdeckung von reizunabhängigen Aktivitäten des Zentralnervensystems ließ die Hypothese rasch an Boden gewinnen, daß Bewegungen im wesentlichen durch Programme, nicht durch Reflexe gesteuert werden, das Zentralnervensystem also vorwiegend „programm-organisiert" sei. Atmen, Laufen oder Kratzen sind dabei Beispiele angeborener, also ererbter Programme, die im Laufe des Lebens durch zahlreiche erlernte Programme ergänzt werden. Man denke nur an sportliche und berufliche Handfertigkeiten, wie z. B. Geräteturnen oder Schreibmaschineschreiben, die alle nach einiger Übung nahezu automatisch ablaufen.

Die **Reflex-Theorie der Bewegung** mündet im psychologischen Bereich in den verschiedenen Formen der Reiz-Reaktions-Theorien des Verhaltens, während die **Programm-Theorie** denjenigen Unterstützung gibt, die das reizunabhängige (spontane, freiwillige, willkürliche) Handeln des Menschen betonen. Mit einem Beharren auf oder Überbetonen der einen oder anderen Theorie ist aber wenig gedient. Vielmehr erscheint eine Kombination der beiden Theorien, nämlich die *Annahme zentraler Programme, die über sensorische Meldungen („Reize") beinflußt werden können*, am ehesten geeignet, den gegenwärtig bekannten Befunden einen konzeptuellen Rahmen zu geben und gleichzeitig den Weg für weitere Experimente freizuhalten.

Willkürliche und unwillkürliche Bewegungen. Vor allem in der Klinik wird häufig von *„willkürlichen"* und *„unwillkürlichen"* Bewegungen gesprochen. Gemeint ist dabei, daß diese nach Auffassung des Beobachters und der Aussage des Patienten „gewollt" beziehungsweise „ungewollt" ausgeführt werden. Der Beobachter stützt sich dabei auf Verhaltensmerkmale, der Patient auf sein subjektives Erleben. Bleibt man sich der Grenzen dieser Positionen eingedenk, ist es aus praktischen Gründen vertretbar, diese Begriffe im klinischen Alltag beizubehalten (s. auch Kap. 25, S. 481).

Stützmotorik und Zielmotorik. Unabhängig von der Betrachtung der Motorik als reflex- oder programmgesteuert, oder als mehr oder weniger willkürlich, ist ein wichtiger dritter Aspekt der, daß ein Großteil unserer Muskeltätigkeit sich nicht in erster Linie als Bewegung nach außen, in die Umwelt hinein richtet, sondern dazu dient, **Haltung und Stellung des Körpers im Raum** zu bewerkstelligen und aufrechtzuerhalten. Diesen Anteil der Motorik bezeichnen wir als **Stützmotorik.** Ohne diese wären wir nichts anderes als ein hilflos am Boden liegender Klumpen Mensch, wie der Anblick k. o.-geschlagener Boxer immer wieder deutlich vor Augen führt [10, 15–17].

Der Stützmotorik kann man als **Zielmotorik** all die motorischen Funktionen gegenüberstellen, die sich als nach außen gerichtete Bewegung äußern. Zielmotorik wird dabei immer auch von Aktionen und Reaktionen der Stützmotorik begleitet sein, sei es zur Vorbereitung der Bewegung, sei es zur Korrektur der Haltung während und nach der Bewegung. Trotz dieser engen Verknüpfung von Stütz- und Zielmotorik ist deren getrennte Betrachtung von Vorteil: Es wird sich bei der Besprechung der Aufgaben und der zentralen Organisation der verschiedenen „motorischen Zentren" nämlich zeigen, daß ihnen teils vorwiegend stützmotorische, teils vorwiegend zielmotorische Funktionen übertragen sind.

Lage und Funktion motorischer Zentren

Die Strukturen, die für die nervöse Kontrolle von Haltung und Bewegung verantwortlich sind *(„motorische Zentren")*, erstrecken sich über die verschiedensten Abschnitte des Zentralnervensystems von der Hirnrinde bis zum Rückenmark. Dabei zeigt sich eine auf den ersten Blick ausgeprägte **hierarchische Ordnung**, die aus der fortschreitenden entwicklungsgeschichtlichen Anpassung der Motorik an komplexere Aufgaben zu verstehen ist. Es erfolgte phylogenetisch anscheinend weniger ein Umbau der vorhandenen motorischen Systeme als vielmehr ein Überbau mit zusätzlichen leistungsfähigen Steuersystemen. Parallel dazu entwickelte sich aber eine ausgeprägte Spezialisierung einzelner motorischer Zentren, so daß bei der Bewältigung der motorischen Aufgaben neben der hierarchischen zunehmend eine **partnerschaftliche Zusammenarbeit** zwischen den einzelnen Zentren zu beobachten ist [17].

Die linke Säule der Abb. 16-1 gibt einen ersten Überblick über den Aufbau der motorischen Zentren. Um der Übersichtlichkeit willen und zur ersten Orientierung ist hier eine überwiegend hierarchische Darstellung gewählt. Mit gewissen Einschränkungen lassen sich diesen Zentren bestimmte motorische Leistungen zuweisen, die in der mittleren Säule der Abb. 16-1 aufgeführt sind. Die rechte Säule gibt außerdem stichwortartig die bei einer geplanten Bewegung ablaufenden zentralnervösen Vorgänge wieder.

Spinalmotorik. Im Rückenmark existieren zwischen den sensorischen Afferenzen und den Motoneuronen eine Vielzahl von neuronalen Verschaltungen, bei deren Aktivierung es entweder zur Förderung und Auslösung von Bewegungen oder zu ihrer Hemmung kommt. Diese Schaltwege *(Reflexbögen)*, die die Grundlage für die **spinalen Reflexe** bilden, sind zwar jeweils anatomisch festgelegt, ihre Funktion läßt sich aber von anderen spinalen oder auch höheren Zentren weitgehend steuern, indem die Durchgängigkeit der verschiedenen Reflexwege unterschiedlich verändert werden kann.

Die ursprünglich für den **Reflex** namengebende Definition, die davon ausging, daß jede Reflexbewegung eine stereotype, vom Rückenmark wie von einem Spiegel *reflektierte* Äußerung auf einen bestimmten sensorischen Zustrom sei (s. o.), läßt sich also nicht mehr halten. Eine auch die hemmenden Reflexe einbeziehende Definition muß sehr viel weiter gefaßt werden. Danach wäre ein spinaler motorischer Reflex eine von sensorischen Afferenzen auf der Rückenmarksebene ausgelöste Aktivitätsänderung von Neuronen, die zu einer Förderung oder Hemmung von Bewegungen führt. Die spinalen Reflexe stellen so gesehen einen **Vorrat elementarer Haltungs- und Bewegungsabläufe** dar, die in weitem Maß an die Bewegungsintention angepaßt werden können.

Höhere Motorik. Der Spinalmotorik wird die motorische Kontrolle durch supraspinale Zentren als *höhere Motorik* gegenübergestellt. Während die Stützmotorik und ihre Koordination mit der Zielmotorik

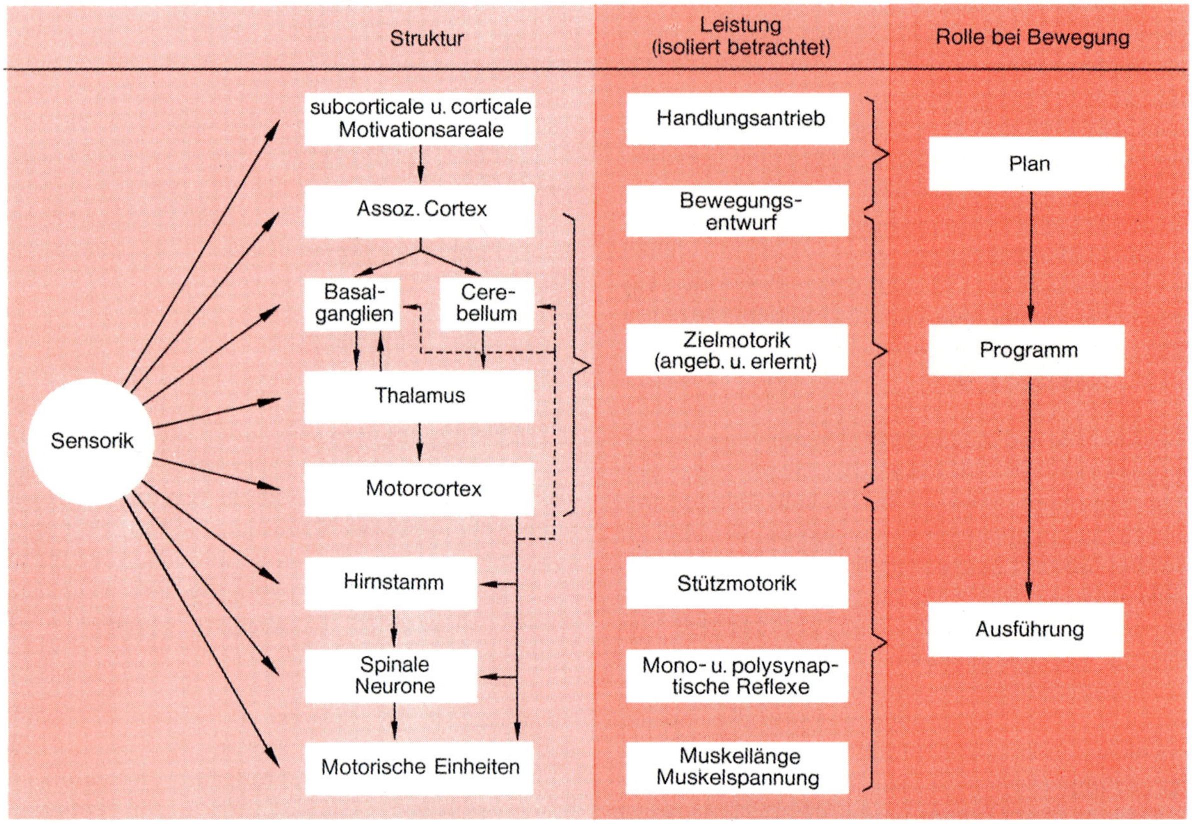

Abb. 16-1. Motorisches System im Überblick. Die wichtigsten Strukturen und ihre Hauptverbindungen sind in der *linken Säule* angeordnet. Der Einfachheit halber wurden alle sensorischen Zuflüsse *ganz links* zusammengefaßt. Die *mittlere Säule* betont die bei isolierter Betrachtungsweise herausragenden Leistungen der einzelnen Abschnitte des motorischen Systems, die *rechte* gibt die Rolle bei der Initiierung und Durchführung einer Bewegung wieder. Auf die parallele Position der Basalganglien und des Kleinhirns und die Einordnung des Motorcortex am Übergang zwischen Programm und Ausführung sei hingewiesen

vorwiegend über Strukturen des Hirnstammes kontrolliert wird, ist für die Durchführung zielgerichteter Bewegungen eine Beteiligung höherer Zentren erforderlich. Wie Abb. 16-1 zeigt, werden die in den subcorticalen Motivationsarealen und im assoziativen Cortex entstehenden **Handlungsantriebe** und **Bewegungsentwürfe** anschließend in *Bewegungsprogramme* umgesetzt. An deren Ausarbeitung sind die Basalganglien und das Kleinhirn beteiligt, die beide über thalamische Kerne auf den motorischen Cortex einwirken. Dieser übernimmt zusammen mit den tiefergelegenen motorischen Strukturen in Hirnstamm und Rückenmark die Bewegungsausführung.

Mitbewegungen, wie das Pendeln der Arme beim Gehen oder die Mimik und Gestik beim Sprechen, sind in vielen Fällen von tieferen Hirnstrukturen kontrollierte Vorgänge, zu deren Durchführung eine Einbeziehung des Motorcortex nicht unbedingt erforderlich ist. Für bestimmte Krankheitsbilder, wie z. B. das Parkinson-Syndrom (S. 302) ist ein Ausfall derartiger Mitbewegungen charakteristisch. - Die **Blickmotorik** wird ab S. 386 gesondert besprochen.

Verknüpfung von Sensorik und Motorik [3, 17]. Sensorische Information und motorische Aktion sind miteinander verwoben. Für die funktionsgerechte Ausführung von Bewegungen benötigen und erhalten alle an der Motorik beteiligten Strukturen Informationen aus der Peripherie, die ihnen über die jeweilige Körperstellung und über die Ausführung der angestrebten Bewegungen Auskunft gibt (Abb. 16-1 links). Zum anderen sind bestimmte Sinnesinformationen, z. B. vom Gesichtssinn oder vom Getast, nur unter Einschaltung differenzierter motorischer Akte funktionsgerecht zu erzielen.

16.2 Sensoren der Motorik: Muskelspindeln und Sehnenorgane

Morphologische Aspekte

Aufbau der Muskelspindeln [11, 21]. Jeder Muskel enthält *Dehnungssensoren*, die auf Grund ihrer Form als **Muskelspindeln**

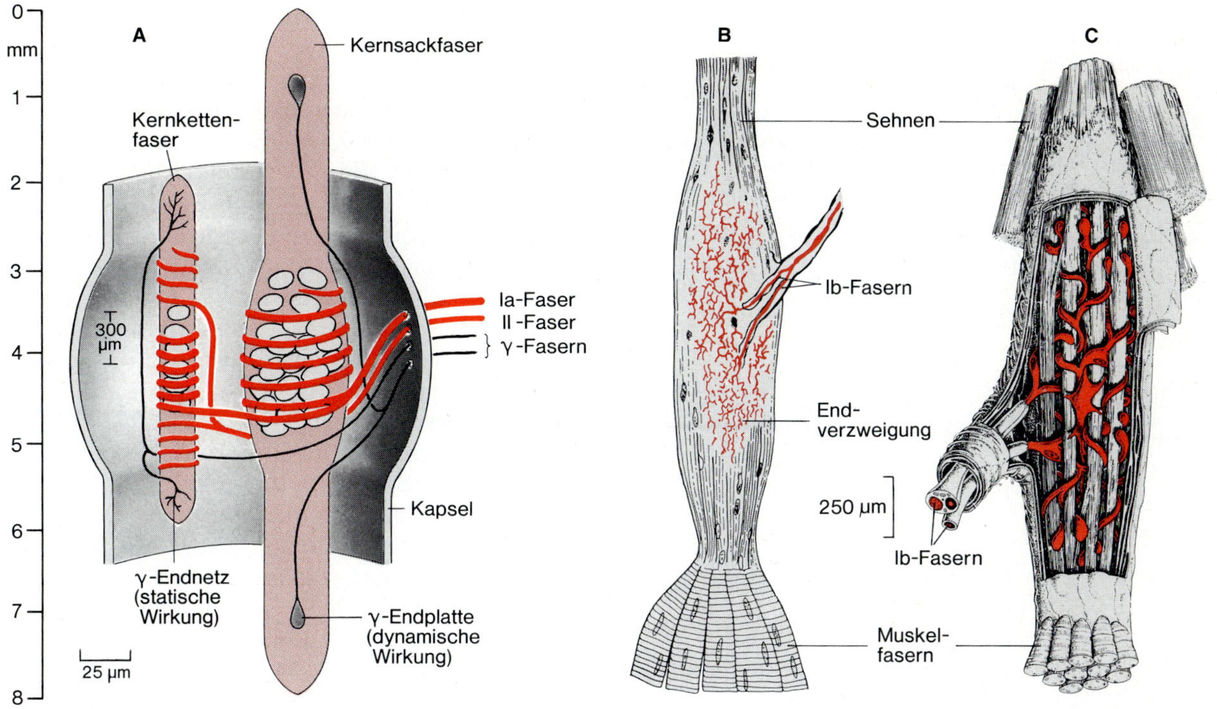

Abb. 16-2. Aufbau von Muskelspindeln und Sehnenorganen. **A** Schema des Aufbaus einer Muskelspindel. Die afferente Innervation ist *rot,* die efferente *schwarz* gezeichnet. Die unterschiedlichen Maßstäbe in Längs- und Querrichtung geben einen ungefähren Anhalt über die Größenverhältnisse. Zusammengestellt nach histologischen und physiologischen Daten zahlreicher Autoren. **B** Lichtmikroskopische Zeichnung eines Golgi-Sehnenorgans durch Ramon y Cajal (1906). Die *Ib-Faser* und ihre Endverzweigungen sind *rot* gezeichnet. **C** Rekonstruktion der Endverzweigung *(rot)* einer *Ib-Faser* im Inneren eines Golgi-Sehnenorgans (nach R. V. Kristic 1978). Aus R. F. Schmidt und M. Wiesendanger in [17]

bezeichnet werden. Ihr Aufbau ist schematisch in Abb. 16-2A dargestellt. Eine bindegewebige Kapsel umhüllt eine Anzahl Muskelfasern, die dünner und kürzer als die gewöhnlichen Muskelfasern sind. Die in der Kapsel liegenden Muskelfasern werden als **intrafusale Muskelfasern** bezeichnet, während die gewöhnlichen Muskelfasern, die als die eigentliche Arbeitsmuskulatur den Großteil des Muskels ausmachen, **extrafusale Muskelfasern** genannt werden. Zur Veranschaulichung sei angeführt, daß der Durchmesser der intrafusalen Muskelfasern bei etwa 15 bis 30 µm, ihre Länge bei 4 bis 7 mm liegt. Die extrafusalen Muskelfasern haben dagegen einen Durchmesser in der Größenordnung von 50 bis 100 µm, und ihre Länge schwankt von einigen Millimetern bis zu vielen Zentimetern und Dezimetern. Die Muskelspindeln setzen an beiden Enden über Bindegewebszüge an den bindegewebigen Hüllen (Perimysium) extrafusaler Faserbündel an.

Afferente Innervation. Die **sensible Innervation** wird durch eine afferente Nervenfasern gebildet, die sich als **annulospirale Endigung** mehrmals um das Zentrum der intrafusalen Muskelfasern herumschlingt (Abb. 16-2A). Die afferente Faser ist eine dicke markhaltige Nervenfaser (Durchmesser um 13 µm), die als **Ia-Fasern** bezeichnet wird (vgl. auch Tabelle 12-1, S. 195). In jede Spindel zieht immer nur eine Ia-Faser. Wegen ihrer Versorgung durch die Ia-Fasern werden die annulospiralen auch als **primär sensible Endigungen** bezeichnet.

Viele, wenn auch nicht alle Muskelspindeln besitzen eine **zweite dehnungssensible Innervation**. Ihre afferenten Fasern sind dünn (Gruppe-II-Fasern, Durchmesser um 9 µm, vgl. Tabelle 12-1). Man bezeichnet die von **Gruppe-II-Fasern** innervierten Receptorstrukturen als **sekundäre Muskelspindelendigungen**. Ihre Form ähnelt der der primären Endigungen.

Efferente Innervation. Außer der sensiblen besitzen die intrafusalen Muskelfasern genau wie die extrafusalen eine **motorische Innervation**. Die Motoaxone der intrafusalen Muskelfasern sind dünner als normale Motoaxone. Letztere werden meist als Aα-Fasern, abgekürzt α-Fasern (α = alpha) bezeichnet, während man die Motoaxone der intrafusalen Muskulatur Aγ-Fasern, abgekürzt γ-Fasern (γ = gamma) nennt. (α-Fasern haben einen Durchmesser von 12-21 µm, γ-Fasern von 2-8 µm, vgl. Tabelle 12-1. Sowohl bei den α- wie bei den γ-Fasern sind die Durchmesser der Muskelfasern proportional den Durchmessern der Nervenfasern. Die Ursache für diese Gesetzmäßigkeit ist nicht bekannt.) Die γ-Motoaxone bilden endplatten-ähnliche synaptische Verbindungen auf den intrafusalen Muskelfasern, die, wie Abb. 16-2A zeigt, meist in den lateralen Dritteln der Muskelfasern liegen.

Aufbau der Sehnenorgane. In den Sehnen aller Warmblütermuskeln kommen nahe dem muskulären Ursprung der Sehnen Sensoren vor, die aus den Sehnenfaszikeln von etwa 10 extrafusalen Muskelfasern bestehen, von einer bindegewebigen Kapsel umhüllt sind und von ein bis zwei dicken myelinisierten Nervenfasern (Durchmesser 10-20 µm) versorgt werden, die **Sehnenorgane** (syn. *Golgi-Sehnenorgane,* Abb. 16-2B,C). Die afferenten Nervenfasern werden als **Ib-Fasern** bezeichnet. Diese teilen sich nach Eintritt in die Kapsel in dünnere Äste auf, werden schließlich marklos und enden reich verzweigt zwischen den Sehnenfaszikeln (Abb. 16-2B,C, Einzelheiten [11, 17, 21]).

Verteilung von Muskelspindeln und Sehnenorganen. In praktisch allen quergestreiften Skeletmuskeln der Säugetiere kommen **Muskelspindeln** vor. Die Anzahl der Muskelspindeln pro Muskel schwankt beim Menschen zwischen etwa 40 Spindeln in den kleinen Handmuskeln bis zu 500 Spindeln im M. triceps brachii. Die **Spindeldichte**, d.h. die Anzahl der Muskelspindeln pro Gramm Muskelgewebe, ist besonders hoch in kleinen Muskeln, die an Feinbewegungen beteiligt sind, wie den kleinen Handmuskeln (bis zu 130 Spindeln/g), während große, rumpfnahe Muskeln weniger als 1 Spindel/g aufweisen. Die **Zahl der Sehnenorgane** pro Muskel ist bisher nur wenig untersucht worden. Als Richtwert kann angenommen werden, daß auf je 100 Muskelspindeln 50-80 Sehnenorgane vorkommen [11, 21].

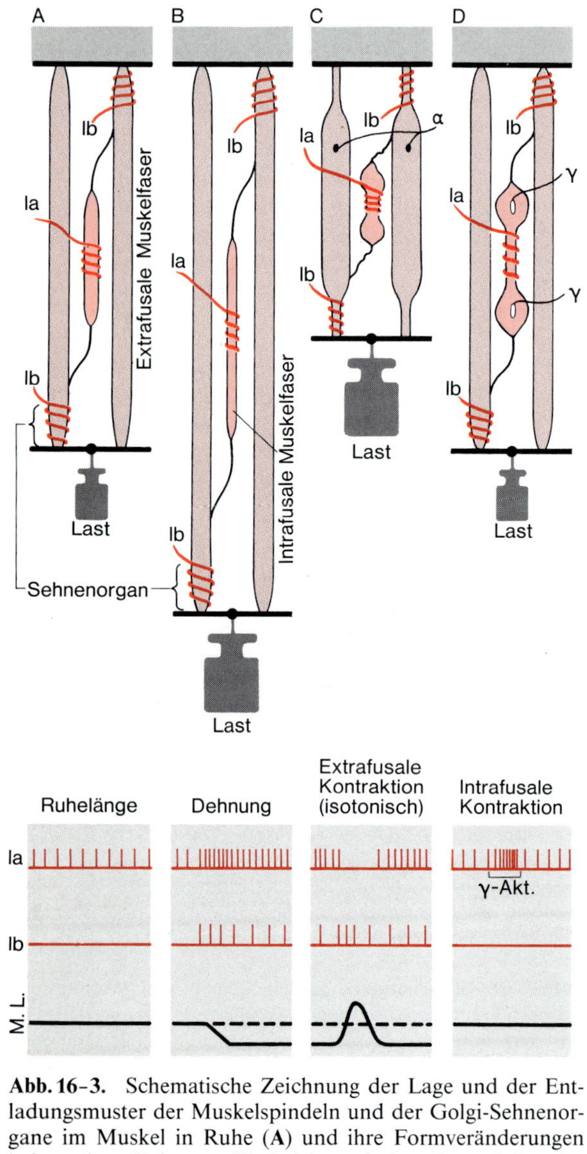

Abb. 16-3. Schematische Zeichnung der Lage und der Entladungsmuster der Muskelspindeln und der Golgi-Sehnenorgane im Muskel in Ruhe (**A**) und ihre Formveränderungen bei passiver Dehnung (**B**), bei isotonischer Kontraktion der extrafusalen Muskelfasern (**C**) und bei alleiniger Kontraktion der intrafusalen Muskelfasern (**D**, γ-Aktivierung). Kombination von **B** mit **D** führt zu besonders starker Aktivierung der Muskelspindelafferenzen. *Ia*, Entladungsmuster der primären Muskelspindelafferenzen über ihre Ia-Fasern, *Ib*, Entladungsmuster der Sehnenorgane über Ib-Fasern. *M. L.*, Muskellänge. Aus R.F. Schmidt und M. Wiesendanger in [17]

Sensorfunktion der Muskelspindeln und Sehnenorgane

Lage und Entladungsmuster. Muskelspindeln und Sehnenorgane sind nach ihrem adäquaten Reiz **Dehnungssensoren**. Ihre Anordnung im Muskel ist jedoch unterschiedlich (Abb. 16-3): Die Muskelspindeln liegen **parallel**, die Sehnenorgane **in Serie** zur extrafusalen Muskulatur. Daraus ergeben sich charakteristische Unterschiede der Entladungsmuster vor allem bei Kontraktion des Muskels, die bei einem Vergleich der beiden Sensoren in Abb. 16-3 verständlich werden.

Ist ein Muskel etwa auf seine Ruhelänge gedehnt (Abb. 16-3 A), so entladen die meisten primären Muskelspindelendigungen (versorgt von Ia-Fasern), während die Sehnenorgane (versorgt von Ib-Fasern) in der Regel stumm sind. Bei **Dehnung** (Abb. 16-3 B) nimmt die Entladungsfrequenz der Ia-Fasern zu, und auch die Sehnenorgane beginnen zu entladen. **Isotonische Kontraktion** der extrafusalen Muskulatur (Abb. 16-3 C) entlastet die Muskelspindel, und die Receptorentladungen hören daher auf. Das Sehnenorgan bleibt gedehnt, seine Entladungsfrequenz nimmt während der Kontraktion sogar vorübergehend zu, da die Beschleunigung der Last zu einer kurzzeitigen stärkeren Dehnung des Sehnenorgans führt.

Aus diesen Befunden ist zu folgern, daß die **Muskelspindeln vorwiegend die Länge** des Muskels messen, während die **Sehnenorgane vorwiegend die Spannung** registrieren. Es ist also zu erwarten, daß bei isometrischer Kontraktion die Entladungsfrequenz der Sehnenorgane stark zunimmt, während die der Muskelspindeln etwa gleich bleiben sollte.

Wirkung der fusimotorischen Nervenfasern. Die eine Möglichkeit, den Dehnungsreceptor Muskelspindel zu erregen, ist nach dem eben Gesagten die Dehnung des Muskels, also Dehnung der extrafusalen und der ihnen parallel liegenden intrafusalen Muskelfasern (vgl. Abb. 16-3A mit B). Es gibt eine zweite Möglichkeit, die primären Muskelspindelendigungen zu erregen, nämlich eine Kontraktion der intrafusalen Muskelfasern, die über die γ-Motoneurone ausgelöst wird (Abb. 16-3 D). Eine solche intrafusale Kontraktion reicht aus, den **zentralen Anteil der intrafusalen Fasern zu dehnen** (Abb. 16-3 D) und damit Erregungen in den primär sensiblen Endigungen zu induzieren. Dies führt dann, ebenso wie die Dehnung des gesamten Muskels, zu afferenten Aktionspotentialen in Ia-Fasern.

Die beiden Wege der Spindelaktivierung, nämlich *Dehnung des Muskels* und *intrafusale Kontraktion*, können sich auch in ihrer Wirkung addieren.

Andererseits kann durch intrafusale Kontraktion die Wirkung extrafusaler Kontraktion mehr oder weniger kompensiert werden, so daß die Muskelspindeln auch bei extrafusaler Kontraktion ihre Meßfunktion erhalten können. Mit anderen Worten über die *intrafusale Vorspannung* des Dehnungsreceptors können seine **Schwelle** und sein **Empfindlichkeitsbereich** verstellt werden.

Eigenschaften sekundärer sensibler Spindelendigungen. Auch die sekundär sensiblen Endigungen der Muskelspindeln mit Gruppe-II-afferenten Fasern sind **Dehnungssensoren**. Sie haben allerdings eine höhere Schwelle als die primär sensiblen Endigungen. Diese Schwelle kann ebenso wie bei den primären Endigungen durch Kontraktion der intrafusalen Muskelfasern verstellt werden.

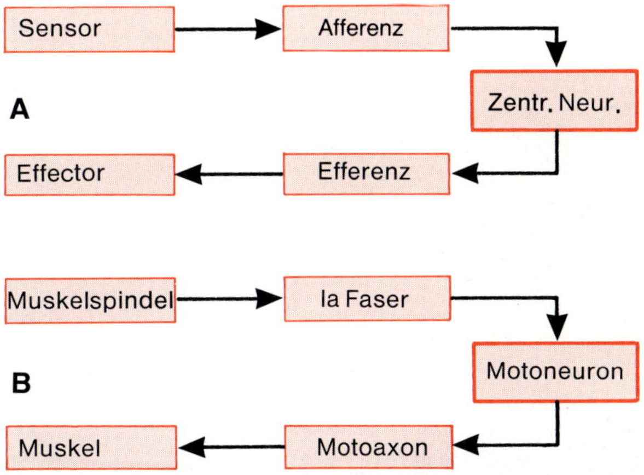

Abb. 16-4. A Allgemeine Bezeichnungen der Anteile eines Reflexbogens. **B** Die Reflexbogenanteile des monosynaptischen Dehnungsreflexes

16.3 Spinale und supraspinale motorische Reflexe

Motorische Reflexbögen mit Muskelspindelafferenzen

Anteile eines Reflexbogens, Reflexzeit. Auf die allgemeine Definition von Reflexen wurde bereits eingegangen (S. 282). Die sensorischen, neuronalen und effektorischen Stationen, die beim Ablauf eines Reflexes nacheinander aktiviert werden, bezeichnet man als seinen **Reflexbogen**. Im einzelnen hat, wie Abb. 16-4A zeigt, ein Reflexbogen neben dem peripheren Sensor einen afferenten Schenkel (Afferenz), einen oder mehrere zentrale Neurone, einen efferenten Schenkel (Efferenz) und einen Effector.

Alle **Sensoren** sind an Reflexen der einen oder anderen Art beteiligt, und dementsprechend dienen ihre afferenten Fasern als **afferente Schenkel** in diesen jeweiligen Reflexbögen. Die Zahl der **zentralen Neurone** eines Reflexbogens ist, mit Ausnahme des monosynaptischen Dehnungsreflexes (s. unten), immer größer als eins. Als **efferente Schenkel** dienen entweder die Motoaxone oder die postganglionären Fasern des autonomen Nervensystems, als **Effectoren** die Skeletmuskulatur, respektive die glatte Muskulatur, das Herz oder die Drüsen.

Die Zeit zwischen Beginn des Reizes und Aktion des Effectors bezeichnen wir als **Reflexzeit**. In den meisten Fällen ist sie vorwiegend bedingt durch die Leitungszeit in den afferenten und efferenten Schenkeln und in den zentralen Teilen des Reflexbogens (die Leitungsgeschwindigkeiten menschlicher Nervenfasern sind durchweg etwas geringer als die, die in Tabelle 12-1, S. 195, für die Katze angegeben werden [14]). Dazu kommen noch Zeiten a) für die Umwandlung eines Reizes in eine fortgeleitete Erregung im Sensor, b) für die Übertragung in den Synapsen an den zentralen Neuronen (Synapsenzeit), c) für die Übertragung vom efferenten Schenkel auf den Effector (z. B. Endplattenpotential) und d) für die Aktivierung des Effectors durch die Membranerregung (z. B. elektromechanische Kopplung).

Dehnungsreflex durch Muskeldehnung. Es ist bei der Besprechung der zentralen erregenden Synapsen und in Abb. 13-8 bereits gesagt und gezeigt worden, daß die *Ia-Fasern* erregende Synapsen auf homonymen Motoneuronen bilden. **Aktivierung der primären Muskelspindelendigungen** durch Dehnung des Muskels muß also zu einer **Erregung der homonymen Motoneurone** führen. Ein entsprechender Versuch ist in Abb. 16-5 aufgezeichnet. Kurzfristige Dehnung des Muskels durch einen leichten Hammerschlag auf den Registrierhebel führt, wie die Registrierkurve links unten im Bild zeigt, nach einer kurzen Latenz zu einer Kontraktion des Muskels. Diesen Reflex, der nur eine zentrale Synapse besitzt, nämlich die der Ia-Fasern auf die homonymen Motoneurone, nennt man den **monosynaptischen Dehnungsreflex** der Muskulatur. Er ist, wie Abb. 16-4B zeigt, das einfachste Beispiel eines kompletten Reflexbogens.

Da beim monosynaptischen Dehnungsreflex die Sensoren (Muskelspindeln) und die Effectoren (extrafusale Muskelfasern) im gleichen Organ (Muskel) liegen, wird er oft auch als monosynaptischer **Eigenreflex** bezeichnet. Der Ausdruck *Dehnungsreflex* ist ihm aber angemessener. Daneben wird vor allem im englischen Sprachraum auch häufig der Ausdruck **myotatischer Reflex** benutzt.

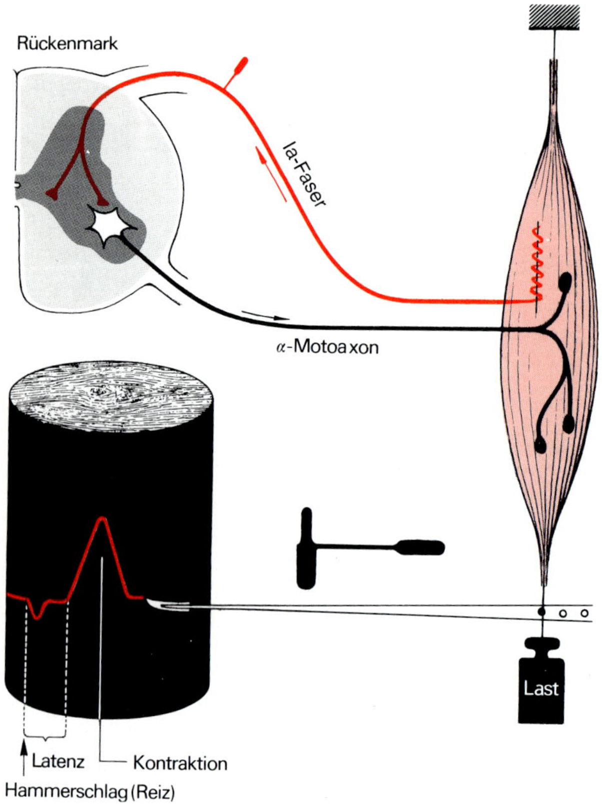

Abb. 16-5. Schematisierte Darstellung des Reflexbogens des monosynaptischen Dehnungsreflexes. Ein leichter Hammerschlag auf den Zeiger des Meßinstrumentes, der mit dem Muskel verbunden ist (Ausschlag nach *unten* auf dem Registrierpapier), führt nach kurzer Latenz zu einer Kontraktion des Muskels. Der Reflexbogen dieses Reflexes von den Muskelspindeln über die *Ia-Fasern* zu den Motoneuronen und zurück zum Muskel ist angegeben. Die hier gezeigten Verhältnisse sind denen beim Schlag mit dem Reflexhammer auf die Kniesehne (Patellarsehnenreflex) analog. Aus [16]

Das bekannteste Beispiel eines monosynaptischen Dehnungsreflexes ist der **Patellarsehnenreflex**: Der M. quadriceps femoris wird durch einen leichten Schlag auf seine Sehne unterhalb der Patella kurzfristig gedehnt. Nach kurzer Latenz kommt es zu einer leichten Zuckung des Muskels. Der Ausdruck „Sehnenreflex" ist irreführend. Es handelt sich hier wie bei den anderen „Sehnenreflexen" um monosynaptische Dehnungsreflexe. Monosynaptische Dehnungsreflexe, die durch Beklopfen einer Sehne ausgelöst werden, werden in der Klinik auch als **T-Reflexe** (engl. Tendon-Reflex = Sehnenreflex) bezeichnet.

Die **Prüfung der Dehnungsreflexe** erhält dadurch eine besondere Bedeutung, daß die Reflexbahnen über verschiedene Rückenmarkssegmente verlaufen und damit Störungen beim Auftreten einzelner Reflexe Hinweise auf die Höhe eines krankhaften Rückenmarksprozesses geben können. Insgesamt ist die Normbreite für die **Lebhaftigkeit der Dehnungsreflexe** sehr groß und stark von einer möglichen Mit- oder Gegeninnervation abhängig (s. u.). Klinisch ist daher weniger die Lebhaftigkeit dieser Reflexe von Bedeutung als vielmehr die Frage, ob Seitenunterschiede bestehen oder ob einzelne Reflexe in ihrem Verhalten gegenüber dem Gesamtreflexverhalten besonders verändert sind.

Bahnung von T-Reflexen. Schwache Patellarsehnen- und andere T-Reflexe der unteren Extremität lassen sich besser auslösen, wenn der Patient aufgefordert wird, seine vor der Brust ineinandergehakten Hände auseinanderzuziehen oder einer dritten Person die Hand zu drücken (**Jendrassik Handgriff**). Es kommt bei dieser Anstrengung zu einer bahnenden Mitinnervation der Motoneurone des Lumbalmarks.

Auslösung von H-Reflexen. Der monosynaptische Dehnungsreflex kann am Menschen auch durch elektrische Reizung der Ia-Afferenzen eines Muskelnerven induziert werden. Diese Form des monosynaptischen Dehnungsreflexes bezeichnet man als **H-Reflex** (nach Paul Hoffmann). Gewöhnlich wird der H-Reflex durch elektrische Reizung des N. popliteus in der Kniekehle ausgelöst und der Reflex elektromyographisch von der Oberfläche (Hautelektroden) oder dem Innern (Nadelelektroden) des M. triceps surae registriert. Auf diese Weise ist eine quantitative Dokumentation des monosynaptischen Dehnungsreflexes möglich.

Dehnungsreflex zur Kontrolle der Muskellänge. Der monosynaptische Dehnungsreflex kann in erster Linie als Teil eines Regelmechanismus zur Kontrolle der Muskellänge aufgefaßt werden: Dehnung des Muskels führt zu einer Kontraktion, also einer der Dehnung entgegenwirkenden Verkürzung des Muskels. Diese *reflektorische Konstanthaltung der Muskellänge* ist von besonderer Bedeutung für die Aufrechterhaltung des **Haltetonus** in der Stützmotorik. So wird z. B. jedes leichte, noch nicht sicht- und merkbare Einknicken der Kniegelenke zu einer Dehnung des M. quadriceps und damit zu einer verstärkten Aktivierung der primären Muskelspindelendigungen führen (vgl. Patellarsehnenreflex, Abb. 16-5). Dadurch kommt es zu einer zusätzlichen Erregung der α-Motoneurone des M. quadriceps (Abb. 16-6) und damit zu einem erhöhten Muskeltonus, der das beginnende Einknicken sofort wieder ausgleicht. Über diesen Regelkreis wird also die **Länge des Muskels konstant** gehalten.

Dehnungsreflex durch intrafusale Kontraktion; Gamma-Spindel-Schleife. Eine Aktivierung der primären Muskelspindelendigungen durch intrafusale Kontraktion (Abb. 16-3 D) wird genau wie eine Dehnung des Muskels zu einem monosynaptischen Dehnungsreflex führen. Eine Kontraktion der extrafusalen Muskulatur kann also von den Muskelspindeln ausgelöst werden, (a) wenn der Muskel gedehnt wird oder (b) wenn die intrafusalen Muskelfasern sich kontrahieren.

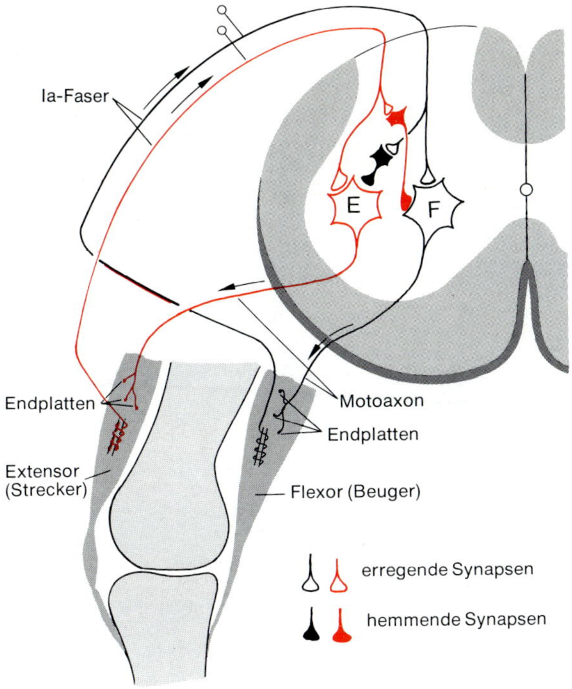

Abb. 16-6. Reflexwege des Dehnungsreflexes und der reziproken antagonistischen Hemmung. *F* Flexormotoneuron, *E* Extensormotoneuron des Kniegelenks. Die Beugemuskeln *(Flexoren, Beuger)* und die Streckmuskeln *(Extensoren, Strekker)* dieses Gelenks und die erregenden bzw. hemmenden Wirkungen der Synapsen sind in der Abbildung angegeben. Die hemmenden Reflexe enthalten je ein spinales Interneuron. Aus [17]

Die supraspinalen motorischen Zentren haben also zwei Möglichkeiten, eine Kontraktion der extrafusalen Muskulatur auszulösen: *erstens* durch **direkte Erregung der α-Motoneurone**, und *zweitens* über eine **Erregung der γ-Motoneurone**, die ihrerseits über eine intrafusale Kontraktion eine Aktivierung des Dehnungsreflexbogens bewirken und dadurch die extrafusale Muskulatur zur Kontraktion bringen. Letztere Möglichkeit wird als **Gamma-Spindel-Schleife** bezeichnet (Abb. 16-7A). Die *direkte Aktivation der α-Motoneurone von supraspinalen Zentren* hat den Vorteil der kurzen Latenz, aber den Nachteil, daß das sorgfältige Gleichgewicht des über den Dehnungsreflex arbeitenden Längenkontroll-Systems empfindlich gestört wird. Dagegen bewirkt *Aktivierung der γ-Spindel-Schleife* eine Verkürzung des Muskels ohne oder mit geringer Veränderung der Entladungsfrequenz der Muskelspindelafferenzen.

In Abb. 16-7B ist der Zusammenhang zwischen Muskellänge (Abszisse) und Entladungsfrequenz (Ordinate) einer primären Spindelafferenz bei unterschiedlichen Reizfrequenzen (0, 30, 50, 90 Hz) der zugehörigen γ-Faser graphisch dargestellt. Ändert sich z. B. in Punkt 1 die Frequenz der γ-Faser-Reizung von 30 auf 50 Hz, so wird die afferente Entladungsrate nach Punkt 2 zunehmen. Die ursprüngliche afferente Entladungsrate wird dann durch Verkürzung des Muskels auf Punkt 3 wieder hergestellt. Über die γ-Efferenzen läßt sich also die Muskellänge verstellen, ohne daß sich die Impulsaktivität der Muskelspindelsensoren dauernd ändert. In diesem Beispiel folgt also einer Kontraktion der intrafusalen Muskulatur eine verstärkte Kontraktion der extrafusalen Muskulatur, bis die ursprüngliche Entladungsrate der primären Spindelafferenz wieder erreicht ist. Die γ-Spindel-Schleife mit dem in ihr eingeschlossenen Dehnungsreflexbogen bildet also in diesem Fall einen **Folge-Servomechanismus**, bei dem die *Muskellänge der Muskelspindellänge folgt.*

Eine Änderung der Muskellänge **ausschließlich über die γ-Spindel-Schleife** kommt anscheinend **nicht vor**. Vielmehr werden bei Muskelkontraktionen die α- und γ-Motoneurone gleichzeitig aktiviert, weshalb man von **α-γ-Coaktivierung** oder **α-γ-Kopplung** spricht. Die Aufgabe der α-Motoneurone wird also durch die Tätigkeit der γ-Motoneurone unterstützt. Diese Unterstützung wirkt ähnlich wie eine Lenk- oder Bremshilfe in einem Automobil, wobei gleichzeitig der Meßfühler, also die primäre Muskelspindelendigung, in einem günstigen Meßbereich gehalten wird. Die **Aufgabe der γ-Spindel-Schleife** kann daher am besten als die der **Servo-Unterstützung von Bewegungen** beschrieben werden.

Reziproke antagonistische Hemmung durch Ia-Afferenzen. Die Ia-Fasern bilden nicht nur monosynap-

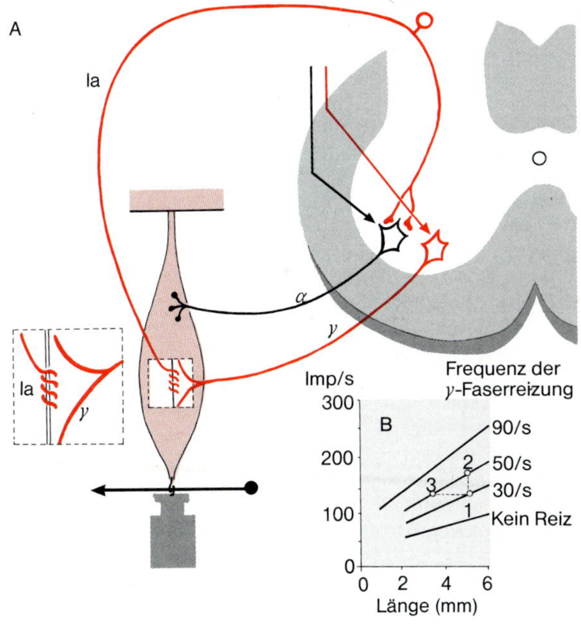

Abb. 16-7. Reflexweg der γ-Spindel-Schleife (*rot* in **A**) und der Einfluß der fusimotorischen Aktivität auf die Entladungsrate einer primären Muskelspindelendigung (*Ordinate* in **B**). Bei supraspinaler Aktivierung der γ-Spindel-Schleife kommt es meist zu einer gleichzeitigen descendierenden Aktivierung der zugehörigen (homonymen) alpha-Motoneurone (α-γ-Coaktivierung, durch die *rote* und die *schwarze* (kursiv) absteigende Bahn angedeutet). Die Muskelspindel von **B** stammte aus dem M. soleus der Katze. Es wurde, wie in der *Abscisse* angegeben, die Ruhelänge variiert und die Frequenz der fusimotorischen Reizung wie *rechts* angegeben geändert. Aus [17]

tische erregende Verbindungen mit homonymen Motoneuronen (Reflexbogen des Dehnungsreflexes), sondern auch **disynaptische hemmende** Verbindungen zu den antagonistischen Motoneuronen (Abb. 16-6). Dieser Reflexbogen enthält also ein zentrales Interneuron. Es ist der kürzeste hemmende Reflexbogen, den wir kennen. Man nennt diese Hemmung daher auch **direkte Hemmung**. Besser ist ihre Bezeichnung **reziproke antagonistische Hemmung**, die beinhaltet, daß die Motoneurone antagonistischer Muskeln (z. B. Beuge- und Streckmuskeln am selben Gelenk) wechselseitig über diesen Reflexbogen gehemmt werden können [5, 16, 17, 18].

Funktionell gesehen unterstützt die reziproke antagonistische Hemmung die durch Ia-Faser-Aktivität hervorgerufene oder geförderte Kontraktion homonymer und agonistischer Muskeln durch gleichzeitige Hemmung der am selben Gelenk angreifenden Antagonisten. Da die Ia-Fasern des antagonistischen Muskels entsprechende Verknüpfungen besitzen (Abb. 16-6), werden durch passive, d. h. von außen erzwungene Änderungen der Gelenkstellung **vier Reflexbögen aktiviert**, die insgesamt dazu dienen, die Änderungen der Gelenkstellung weitgehend rückgängig zu machen, also die **vorgegebene Muskellänge konstant** zu halten. Diese Reflexbögen bilden also zusammen ein **Längen-Kontroll-System des Muskels**.

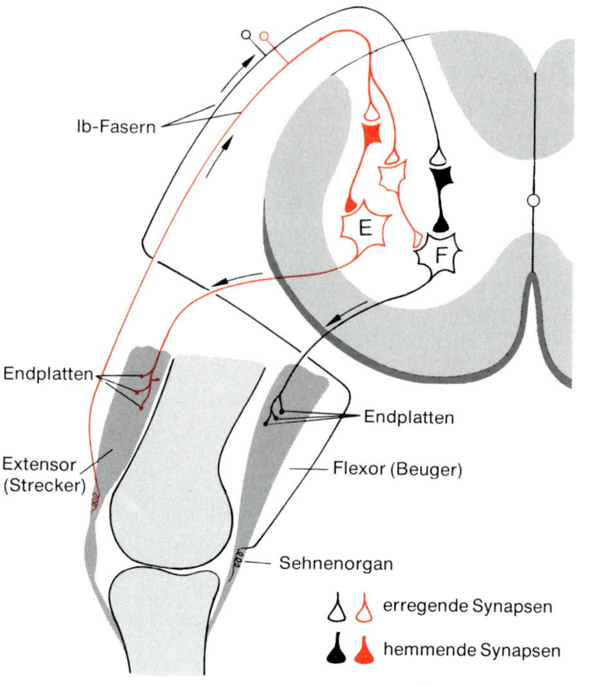

Abb. 16-8. Spinale segmentale Verschaltung der Ib-Fasern von den Golgi-Sehnenorganen im Muskel. Darstellung analog Abb. 16-6. Die erregende Verbindung der Flexor-Ib-Faser zum Streckermotoneuron *E* ist weggelassen, da eine entsprechende Reflexwirkung nicht regelmäßig beobachtet wird. Aus [17]

Reflexbögen sekundärer Muskelspindelafferenzen. Die zentrale Verschaltung der Gruppe-II-Afferenzen von Muskelspindeln unterscheidet sich wesentlich von der der Ia-Afferenzen. Abgesehen von einer inzwischen als gesichert geltenden monosynaptischen Erregung homonymer Motoneurone, deren Umfang und funktionelle Bedeutung bisher noch nicht abzuschätzen ist, ähnelt die segmentale Reflexverschaltung der sekundären Spindelafferenzen weitgehend der Verschaltung jener Afferenzen, die den Flexorreflex hervorrufen können (s. S. 291). Dies bedeutet, daß sie unabhängig von ihrem Ursprungsmuskel unter bestimmten Bedingungen auf alle Flexoren der entsprechenden Extremität fördernd und auf die Extensoren hemmend wirken. Die Wirkung beschränkt sich also nicht, wie es bei Ia-Afferenzen vorwiegend der Fall ist, auf die Synergisten und Antagonisten, die am selben Gelenk angreifen, sondern sie beinhaltet eine Steuerung der Bewegung der ganzen Extremität [23].

Motorische Reflexbögen mit Sehnenorganafferenzen

Segmentale Verschaltung der Ib-Fasern. In erster Annäherung ist die segmentale Verschaltung der Ib-Fasern spiegelbildlich der der Ia-Fasern (Abb. 16-8). Die Sehnenorgane haben *di- oder trisynaptische hemmende Verbindungen* zu ihren homonymen und agonistischen Motoneuronen (diese Hemmung wird **autogene Hemmung** = Selbsthemmung genannt) und *disynaptische erregende Verbindungen* zu antagonistischen Motoneuronen [5, 17]. Einschränkend muß gesagt werden, daß diese Verschaltung nicht generell beobachtet wurde. Darüber hinaus erfaßt der Ausdruck *autogene Hemmung* nur einen Teil der Wirkungen der Ib-Afferenzen, denn außer den Motoneuronen synergistischer und antagonistischer Muskeln werden auch Motoneurone beeinflußt, deren Muskeln an anderen Gelenken angreifen [5].

Aufgaben der Sehnenorgane. Da die Sehnenorgane die Spannung des Muskels messen (S. 286), wird eine Zunahme der Muskelspannung durch extrafusale Kontraktion über die Aktivierung von Ib-Afferenzen zu einer Hemmung der homonymen Motoneurone führen. Umgekehrt wird eine Abnahme des Muskeltonus eine *Disinhibition* (Abnahme von Hemmung) und damit eine Aktivierung homonymer Motoneurone bewirken. Mit anderen Worten: Der Reflexbogen der Sehnenorgane ist so verschaltet, daß er dazu dienen kann, die **Spannung des Muskels konstant** zu halten.

Jeder Muskel besitzt also zwei Rückkopplungs-(feedback-)systeme (Regelkreise): ein **Längen-Kontroll-System** mit den Muskelspindeln als Fühlern und ein **Spannungs-Kontroll-System** mit den Sehnenorganen als Fühlern. Das Längen-Kontroll-System beschränkt sich dabei in seinen Auswirkungen im wesentlichen auf den eigenen Muskel und seinen Antagonisten, während durch das Spannungs-Kontroll-System der Ib-Afferenzen der muskuläre Tonus der gesamten Extremität mitgesteuert wird.

Wenn sich die Last eines Muskels ändert, ist es unmöglich, sowohl Länge als auch Spannung konstant zu halten. Nimmt die Last zu, wird der Muskel entweder länger oder er muß seine Spannung erhöhen, um seine Länge konstant zu halten. In dieser (häufigen) Situation arbeiten also Längen-Kontroll-System und Spannungs-Kontroll-System gegen- und nicht miteinander. Die Auflösung dieses Zielkonfliktes sieht Houk [22] darin, daß möglicherweise weder Länge noch Spannung als individuelle Variablen konstant gehalten werden, sondern die **Muskelsteifheit**, definiert als das Verhältnis von Spannungsänderung zu Längenänderung.

Polysynaptische motorische Reflexe

Außer beim monosynaptischen Dehnungsreflex und beim disynaptischen hemmenden Reflexbogen der Ib-Fasern sind bei allen anderen Reflexen mehrere zentrale Neurone im Reflexbogen hintereinandergeschaltet. Diese Reflexe sind also **polysynaptisch**. Ferner sind bei den polysynaptischen Reflexen häufig Sensor und Effector im Organismus räumlich getrennt, so daß sie auch als **Fremdreflexe** bezeichnet werden. Man unterscheidet bei den Fremdreflexen **vegetative Reflexe** mit Reflexbögen, die in den Effectoren des autonomen Nervensystems enden (s. S. 450) von **polysynaptischen motorischen Reflexen**, deren Effectoren die Skeletmuskeln sind. Letztere spielen in der gesamten Motorik eine große Rolle, so zum Beispiel bei der Fortbewegung *(Lokomotionsreflexe)*, bei der Nahrungsaufnahme *(Nutritionsreflexe)* und bei der Abwehr schädigender Einflüsse *(Schutzreflexe)*.

Eigenschaften polysynaptischer Reflexe. Als Beispiel zur Diskussion der Eigenschaften polysynaptischer Reflexe sei der *Hustenreflex* gewählt, ein typischer Schutzreflex. Von diesem wissen wir, daß ein leichtes „Kitzeln" oder „Kratzen" im Hals nicht sofort, wohl aber nach einer Weile zum Husten führt. Bei polysynaptischen Reflexen können sich also unterschwellige Reize zu einem überschwelligen Reiz summieren. Diese **Summation** ist ein zentrales Phänomen, d.h. sie findet an den Interneuronen und Motoneuronen des Reflexbogens statt. Die subjektiven Mißempfindungen (Kitzeln, Kratzen) vor der Reflexauslösung sind nämlich ein klares Zeichen, daß die für den Reflex verantwortlichen Sensoren schon erregt sind.

Bei zunehmender Reizintensität wird die Zeit zwischen Reizbeginn (Kitzeln) und Reflexauslösung (Husten), also die **Reflexzeit**, kürzer. Dies zeigt, daß beim polysynaptischen Reflex die **Reflexzeit von der Reizintensität abhängig** ist: je stärker der Reiz, desto früher beginnt der Reflex. Die Verkürzung der Reflexzeit ist eine Folge der schnelleren, überschwelligen Erregung der zentralen Neurone des Reflexbogens durch die zahlreicher und intensiver aktivierten Sensoren: sie ist also hauptsächlich durch *zeitliche* und *räumliche Bahnung* verursacht.

Husten kann in seiner Intensität vom leichten Räuspern bis zum langanhaltenden Würgehusten reichen, wiederum in Abhängigkeit von der Reizintensität. Auch diese Zunahme des Reflexerfolges bei steigender Reizintensität ist eine typische Eigenschaft des polysynaptischen motorischen Reflexes. Dabei greift der Reflex auch auf bisher unbeteiligte Muskelgruppen über, ein Phänomen, das als **Ausbreitung** oder **Irradiation** bezeichnet wird.

Eine Reihe weiterer Eigenschaften polysynaptischer motorischer Reflexe wie *Lokalzeichen, Habituation und Sensitivierung* spiegeln besonders die **Plastizität der Fremdreflexantwort** wider. Unter **Lokalzeichen** versteht man, daß z.B. bei schmerzhafter Reizung des Beines die Beugemuskeln der Hüft-, Knie- und Fußgelenke *abhängig vom Reizort* verschieden stark kontrahiert werden. Als **Habituation** („Gewöhnung") bezeichnet man die Beobachtung, daß die häufige, gleichmäßige Wiederholung eines nicht schmerzhaften und nicht schädlichen Reizes (z.B. Bestreichen der Bauchdecken) am *selben Ort* und mit der *gleichen Intensität* zu einem *Nachlassen* des Reflexerfolges führt, wobei die Erregbarkeit der beteiligten Sensoren, Motoneurone und Skeletmuskeln unverändert bleibt. Ein Wechsel des Reizortes oder der Reizparameter (vor allem größere Reizstärken) lösen wieder eine normale Reizantwort aus. Dies wird als **Dishabituation** bezeichnet. Ein längeres reizfreies Intervall führt ebenfalls zu einer Rückkehr der ursprünglichen Reflexantwort. Der Habituation polysynaptischer Reflexe liegt wahrscheinlich, zumindest bei Intervertebraten, eine synaptische Depression (S. 239) zugrunde. Wiederholte *schmerzhafte Reize* führen zur **Sensitivierung**. Die Reflexschwelle ist gesenkt, die Reflexzeit ist verkürzt, das receptive Feld vergrößert, und der Reflex irradiiert.

Flexorreflex und gekreuzter Extensorreflex. Wird am spinalisierten Tier eine Hinterpfote schmerzhaft gereizt (durch Kneifen, starke elektrische Reize, Hitze), so beobachtet man ein Wegziehen der gereizten Extremität, also eine Beugung (Flexion) im Sprung-, Knie- und Hüftgelenk. Dieses Phänomen bezeichnet man als den **Flexorreflex**. Der Flexorreflex ist ein typischer *Schutzreflex*. Sein Auftreten im spinalisierten Tier und seine Eigenschaften zeigen, daß er einen spinalen, polysynaptischen Reflexbogen besitzt (Abb. 16-9).

Der Flexorreflex einer Hinter- oder Vorderextremität ist immer von einer Streckung (Extension) der gegenüberliegenden (kontralateralen) Extremität

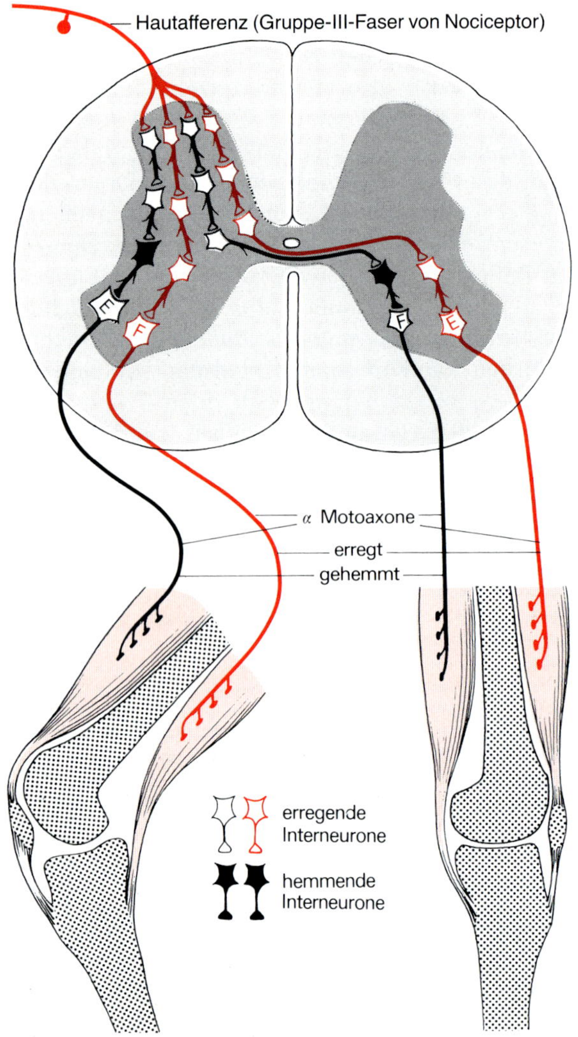

Abb. 16-9. Spinale intrasegmentale Verschaltung einer afferenten Faser von einem Nociceptor der Haut des menschlichen Fußes. Die Gruppe-III-Afferenz und die Reflexwege des ipsilateralen Beuge-(Flexor-)Reflexes und des kontralateralen Streck-(Extensor-)reflexes sind *rot* eingetragen. *E* Extensormotoneuron, *F* Flexormotoneuron. Aus [16]

begleitet. Schmerzhafte Reizung einer Extremität hat also ipsilateral einen Flexorreflex und kontralateral einen Extensor- oder Streckreflex zur Folge. Der kontralaterale Streckreflex wird auch als **gekreuzter Streckreflex** bezeichnet. Insgesamt werden also, wie Abb. 16-9 verdeutlicht, auf segmentaler Ebene durch schmerzhafte Reizung einer Extremität vier motorische Reflexbögen aktiviert: Ipsilateral werden die Flexoren erregt und die Extensoren gehemmt; kontralateral ist es umgekehrt. Dies bedeutet, daß in Abb. 16-9 der ipsilaterale Unterschenkel angewinkelt und der kontralaterale gestreckt wird.

Intersegmentale Reflexverbindungen. Neben den segmentalen Reflexbögen verfügt das Rückenmark über auf- oder absteigende *intersegmentale Reflexverschaltungen.* Die Interneurone der intersegmentalen Reflexbögen liegen als **propriospinale Neurone** in der grauen Substanz des Rückenmarks. Ihre Axone ziehen in der weißen Substanz als **propriospinale Bahnen** mehr oder weniger weit auf und ab, ohne das Rückenmark zu verlassen. Die Mehrzahl der spinalen Nervenzellen zählt zu den propriospinalen Neuronen.

Die intersegmentalen Reflexe dienen der **Koordination von Bewegungen**, insbesondere zwischen Vorder- und Hinterextremität [17, 18]. Über diese Reflexe ist das Rückenmark in der Lage, *komplexe motorische Bewegungen auszuführen und aufeinander abzustimmen.* Wir bezeichnen dies als die **integrative Funktion des Rückenmarks**, wobei wir uns bewußt bleiben, daß bei den höheren Wirbeltieren, insbesondere bei den Säugern, die höheren Abschnitte des Zentralnervensystems mehr und mehr die Kontrolle der Rückenmarksfunktionen übernommen haben (Prozeß der **Encephalisation**).

Leistungen des isolierten Rückenmarks

Spinale Lokomotion. Stellt man ein spinalisiertes Tier unterstützt auf ein Laufband, so kann es unter bestimmten Bedingungen koordinierte Laufbewegungen ausführen, die den Bewegungen eines freilaufenden Tieres ähneln. Das Rückenmark verfügt also über **lokomotorische Zentren**. Jede Extremität scheint ein solches Zentrum zu besitzen. Ihre Koordinierung erfolgt über die propriospinalen Neuronensysteme [25].

Beim *Menschen* werden ebenfalls spinale lokomotorische Zentren angenommen. So wird der **Schreitreflex des Neugeborenen** als ein Ausdruck der durch Hautreize aktivierten lokomotorischen spinalen Zentren angesehen. Im Laufe der Ausreifung des Nervensystems kommen diese Zentren jedoch unter eine so starke supraspinale Kontrolle, daß sie keine eigenständige Aktivität mehr entwickeln können. Darauf läßt es sich wahrscheinlich zurückführen, daß die Auslösung einer koordinierten Lokomotion nach einer *Querschnittslähmung* beim Menschen bisher nicht gelungen ist.

Es gibt also schon auf spinaler Ebene Bewegungsfolgen, die nicht durch äußere Reize ausgelöst, also **reflexgesteuert** sind, sondern die ohne Zutun äußerer Reize **programmgesteuert** unterhalten werden. In den höheren motorischen Zentren sind solche *reizunabhängigen Bewegungsprogramme* noch viel zahlreicher niedergelegt. Sie sind teils angeboren, wie das Atmen, teils im Laufe des Lebens erlernt. Man denke nur an sportliche und berufliche Handfertigkeiten, wie z.B. Geräteturnen oder Maschinenschreiben, die alle nach einiger Übung nahezu automatisch ablaufen. Die zentralen spinalen und supraspinalen Bewegungsprogramme sind nicht nur reizunabhängig, sie können auch weitgehend *ohne jede sensorische Rückmeldung* ablaufen (s. S. 282).

Querschnittslähmung. Beim Menschen führt eine **komplette Durchtrennung** des Rückenmarks zu einer sofortigen und permanenten Lähmung aller Willkürbewegungen derjenigen Muskeln, die von den caudal gelegenen Rückenmarkssegmenten versorgt werden *(„Querschnittslähmung")*. Bewußte Empfindungen aus den betroffenen Körpergebieten sind ebenfalls für immer unmöglich geworden. Auch alle motorischen und vegetativen (autonomen) Reflexe sind zunächst erloschen (komplette *„Areflexie"*). Die **motorischen Reflexe** erholen sich in den nächsten Wochen und Monaten. Korrekte Pflege vorausgesetzt, lassen sich im Laufe eines halben bis eines Jahres bestimmte Grundmuster des Erholungsverlaufes erkennen, aus denen auch prognostische Schlüsse gezogen werden können. Auch die **vegetativen Reflexe** kehren nach Wochen und Monaten in wechselndem Umfang wieder [24].

Spinaler Schock. Die reversible *motorische* und *autonome Areflexie* nach Rückenmarksdurchtrennung wird als **spinaler Schock** bezeichnet. Im Tierexperiment ruft auch eine funktionelle Durchtrennung durch lokale Abkühlung oder Lokalanästhesie einen spinalen Schock hervor. Entscheidend für sein Auftreten ist also der Verlust der Verbindung zum übrigen ZNS.

Über die **Ursachen des spinalen Schocks** und über die Mechanismen, die zur Rückkehr der Reflexe führen, besitzen wir kaum Kenntnisse. Durch die Durchtrennung der absteigenden Bahnen fallen zahlreiche erregende Antriebe auf spinale Neurone aus. Daneben kommt es möglicherweise zu einer Enthemmung hemmender spinaler Interneurone. Beides zusammen führt zu einer starken Reflexunterdrückung, die sich klinisch als *Areflexie* zeigt. Es ist derzeit offen, welche Mechanismen für die Rückkehr einiger Rückenmarksfunktionen verantwortlich sind, und warum die Erholungsperiode beim Menschen viele Monate dauert (bei Fröschen dauert der spinale Schock nur wenige Minuten, bei Fleischfressern Stunden, bei Affen Tage oder Wochen, bei Menschenaffen Wochen bis Monate).

16.4 Stützmotorik

Die Aufrechterhaltung des Gleichgewichts und der normalen Körperstellung im Schwerefeld der Erde geschieht normalerweise automatisch, also ohne Einschaltung der Bewußtseinssphäre. Diese **Stützmotorik** ist weitgehend eine Leistung des Hirnstammes, die dieser mit Hilfe von Informationen aus den entsprechenden Sensorsystemen, insbesondere des Gleichgewichtsorgans und der Halsregion erbringt [10, 15]. Experimentell wurde dies vor allem so untersucht, daß die Verbindungen des Hirnstammes zu den höhergelegenen motorischen Zentren unterbrochen und eventuell auch das Kleinhirn ausgeschaltet wurde. Durch gezielte, umschriebene Ausschaltversuche, durch Reizversuche und durch Ableiten mit Mikroelektroden konnten die motorischen Zentren des Hirnstammes näher lokalisiert werden.

Funktionelle Anatomie supramedullärer motorischer Zentren im Überblick

Benennung, Lage im ZNS. Oberhalb des Rückenmarks (supramedullär oder supraspinal) liegen wichtige motorische Kerngebiete. Diese sind zum einen die *motorischen Kerngebiete* im *Hirnstamm*, ferner der *Motorcortex*, die *Basalganglien* (Basalkerne) und das *Cerebellum* (Kleinhirn). Alle motorischen Zentren sind paarig angelegt, d.h. sie kommen in der rechten und linken Hirnhälfte je einmal vor. Die **motorischen Zentren des Hirnstamms** umfassen eine Reihe kleinerer Kerngebiete, die in den verschiedensten Abschnitten des Hirnstamms liegen (vgl. Abb. 16-10). Die **Basalkerne** (Basalganglien) sind dagegen sehr klar abgegrenzte größere Kernstrukturen, von denen die wichtigsten als **Striatum** (Putamen und Caudatum) und als **Pallidum** bezeichnet werden (s. auch Abb. 14-17, S. 260). Die Basalkerne liegen in unmittelbarer Nähe des **Thalamus**, der das wichtigste sensible Kerngebiet des Gehirns darstellt und gleichzeitig mit einigen seiner Kerne in das motorische System eingebunden ist (vgl. Abb. 16-1, s. auch Abb. 14-10, S. 252). Alle diese Kerne sind von der Hirnrinde überdeckt. Der **Motorcortex** liegt dagegen weitgehend auf der Oberfläche der Hirnrinde. Das bekannteste, aber nicht das einzige corticale motorische Areal ist der vor der Zentralfurche (Sulcus centralis) liegende **Gyrus praecentralis** (Abb. 16-13, s. auch Abb. 14-14 und Abb. 14-16). Der Tractus corticospinalis und die corticalen motorischen Efferenzen zum Hirnstamm nehmen von hier, aber auch von umgebenden Arealen ihren Ausgang.

Das **Kleinhirn** (Cerebellum) ist vom übrigen Gehirn deutlich abgegrenzt und mit diesem über dicke Stränge afferenter und efferenter Bahnen verbunden (s. Pfeile in Abb. 16-1). Dabei wirken die eintretenden Afferenzen in erster Linie auf die Kleinhirnrinde ein, die ihrerseits auf die Kleinhirnkerne projizieren. Die Kleinhirnrinde ist deutlich verschieden von der übrigen Hirnrinde. Sie besitzt einen wesentlich einfacheren, nämlich einen drei- statt sechsschichtigen Aufbau und ist auch anders gefaltet als die Großhirnrinde. Das Kleinhirn ist daher an einem Gehirnpräparat sofort zu erkennen.

Der Tractus corticospinalis [27]. Diese eindrucksvolle motorische Bahn zieht vom Motorcortex ununterbrochen bis ins Rückenmark. Sie durchläuft dabei im Hirnstamm eine Struktur, die als *Pyramide* bezeichnet wird. Daher heißt die corticospinale Bahn auch **Pyramidenbahn**. Die Axone des Tractus corticospinalis ziehen zunächst zwischen Thalamus und den Basalkernen in den Hirnstamm. Diese Gegend bezeichnen wir als **Capsula interna** (innere Kapsel), da hier die Pyramidenbahn und andere Bahnen den Thalamus wie eine Kapsel einhüllen. Hier kommt es häufig durch Blutungen und Verstopfungen der Blutgefäße zu einer Unterbrechung motorischer Bahnen mit entsprechender lebensbedrohender Symptomatik (**Hirnschlag** oder **Schlaganfall**, s. S. 303).

Aus der Capsula interna tritt die Pyramidenbahn in den **Hirnstamm** ein. Ein Großteil der Fasern kreuzt hier auf die andere Seite und zieht nach der Kreuzung im postero-lateralen Quadranten (hinteren-seitlichen Viertel) des Rückenmarks nach caudal (abwärts). Der Rest verläuft ungekreuzt in den antero-medialen Abschnitten des Rückenmarks nach caudal. Von den etwa eine Million Fasern jedes Trakts kreuzen im unteren Teil des Hirnstamms 75–90% (diese Kreuzungsstelle heißt wegen ihrer Form **Pyramide**). Unterbrechung einer Pyramidenbahn und der anderen motorischen efferenten Bahnen in der Capsula interna wird also vorwiegend zu klinischen Symptomen auf der **kontralateralen Seite** der Schädigung führen.

Im **Rückenmark** endet der Tractus corticospinalis. Die ungekreuzten Axone kreuzen dabei zum Teil auf segmentaler Ebene auf die kontralaterale Seite, so daß sich der Prozentsatz der gekreuzten Axone noch weiter erhöht. Die Pyramidenbahnaxone enden nur zum geringen Teil direkt an Motoneuronen, zum größeren Teil wirken sie über segmentale Interneurone auf die Motoneuronenkerngebiete ein (vgl. Abb. 16–1). Dabei wirken die von einem umschriebenen Areal des Motorcortex ausgehenden Axone immer auf bestimmte periphere Muskeln, d. h. der **Motorcortex ist somatotopisch organisiert**. Die funktionelle Bedeutung dieses Befundes wird in Abschnitt 16.5 (Seite 300) erläutert.

Extrapyramidale corticale motorische Efferenzen. Etwa die gleichen motorischen Areale, aus denen der Tractus corticospinalis entspringt, sind auch der Ursprungsort der corticalen motorischen Efferenzen, die zu den motorischen Zentren des Hirnstamms ziehen. Diese Bahnen *kreuzen nicht in der Pyramide.* Man faßt sie daher als **extrapyramidale Bahnen** zusammen. *Dies ist eine rein anatomische Unterscheidung.* Funktionell sind die Pyramidenbahn und die extrapyramidalen Bahnen so eng miteinander verknüpft, daß die früher häufig postulierte Trennung dieser beiden „Systeme" nicht gerechtfertigt ist (s. auch S. 303).

Die extrapyramidalen Verbindungen zwischen Motorcortex und Hirnstamm laufen teils direkt vom Cortex durch die Capsula interna, teils mit ein- oder zweimaliger Umschaltung in den Basalkernen zu den motorischen Zentren des Hirnstammes. Die Axone enden ungekreuzt im Hirnstamm. Diese Kreuzung geschieht aber nach Umschaltung auf die Hirnstammneurone. Vom Hirnstamm nehmen dann eine Reihe extrapyramidaler motorischer Bahnen ihren Ausgang. Ihre Namen leiten sich vom Ursprungsort im Hirnstamm (Formatio reticularis, Vestibulariskerne, Nucleus ruber) und ihrem Verlauf im Rückenmark (med., lat.) ab. Sie heißen Tractus reticulospinalis lateralis, Tractus reticulospinalis medialis, Tractus vestibulospinalis und Tractus rubrospinalis.

Reflektorische Kontrolle der Körperstellung im Raum

Querschnittsdurchtrennungen im Hirnstamm. Als **Hirnstamm** im *physiologischen* Sinne bezeichnen wir die auf dem Längsschnitt (Sagittalschnitt) in Abb. 16–10 hervorgehobenen Abschnitte des Zentralnervensystems. Caudal geht der Hirnstamm in das Rückenmark über, nach rostral (cranial) schließt sich das Zwischenhirn (Diencephalon) an, das vor allem die sensiblen Kerne des Thalamus und den Hypothalamus mit wichtigen Zentren des autonomen Nervensystems enthält. Im Hirnstamm lassen sich von caudal nach cranial drei Anteile gegeneinander abgrenzen, nämlich 1. **Medulla oblongata** (verlängertes Mark), 2. **Pons** (Brückenhirn) und 3. **Mittelhirn** (Mesencephalon). Cranial vom Hirnstamm liegen die motorischen Zentren der Basalganglien und des Motorcortex, die über Kollateralen des Tractus corticospinalis und extrapyramidale Bahnen mit dem Hirnstamm verbunden sind. Außer diesen sind noch weitere Zuflüsse für die motorischen Zentren des Hirnstammes wichtig, nämlich vor allem *Sensoren aus der Körperperipherie* (von Haut, Muskeln und Gelenken), zum anderen das *Kleinhirn* und schließlich das *Gleichgewichtsorgan.*

Die Einflüsse der cranial vom Hirnstamm liegenden motorischen Zentren kann man durch eine Querschnittsdurchtrennung an der oberen Grenze des Hirnstammes ausschalten. Ein solches Tier nennt man ein **Mittelhirntier** (Schnittführung 2 in Abb. 16–10), da das Mittelhirn der höchste noch intakte Abschnitt des ZNS ist. Erfolgt die Schnittführung etwas tiefer, etwa an der Grenze zwischen Mittelhirn und Pons, so wird ein solches Tier als **decerebriertes Tier** bezeichnet (Schnittführung 1). Bei diesem Tier sind nur noch Medulla oblongata und Pons über das Rückenmark mit dem Organismus verbunden. Beide, das Mittelhirntier und das decerebrierte Tier, verfügen über die gleichen afferenten Zuflüsse. Auch die Verbindungen zum Kleinhirn bleiben erhalten.

Motorische Leistungen des decerebrierten Tiers, Haltereflexe. Bei akuten Durchtrennungen des Rückenmarks (z. B. Schnittführung 3 in Abb. 16–10) ist die periphere Muskulatur schlaff. Der querschnittsgelähmte Mensch, bzw. ein Spinaltier, ist nicht in der Lage zu stehen (s. S. 292). Beim decerebrierten Tier finden wir dagegen eine starke **Tonuserhöhung der gesamten Extensormuskulatur**. Das Tier hält dadurch alle vier Extremitäten in maximaler Streckstellung. Kopf und Schwanz sind zum Rücken hin gebogen. Man bezeichnet dieses Bild als **Enthirnungs-** oder **Decerebrationsstarre**. Wird ein decerebriertes Tier aufgerichtet, so bleibt es stehen, da durch den hohen Tonus der Extensormuskulatur die Gelenke nicht einknicken. Die unnatürliche, überstreckte Haltung des Tieres wirkt wie eine *Karikatur des normalen Stehens.* Da das decerebrierte Tier aufrecht stehen bleibt, das spinalisierte Tier aber nicht, ist daraus zu schließen, daß Medulla oblongata und Pons motorische Zentren enthalten, die den Muskeltonus der Extremitäten so steuern, daß diese das Gewicht des Körpers tragen können. Die Decerebrationsstarre zeigt an, daß diese Zentren durch die Ausschaltung höhergelegener Hirnabschnitte „enthemmt" (disinhibiert) wurden.

Die **Tonusverteilung der Muskulatur** eines decerebrierten Tieres kann durch *passives Bewegen des Kopfes* verändert werden. Da Bewegungen des Kopfes zum einen die Stellung des Kopfes im Raum, zum anderen die Stellung des Kopfes rela-

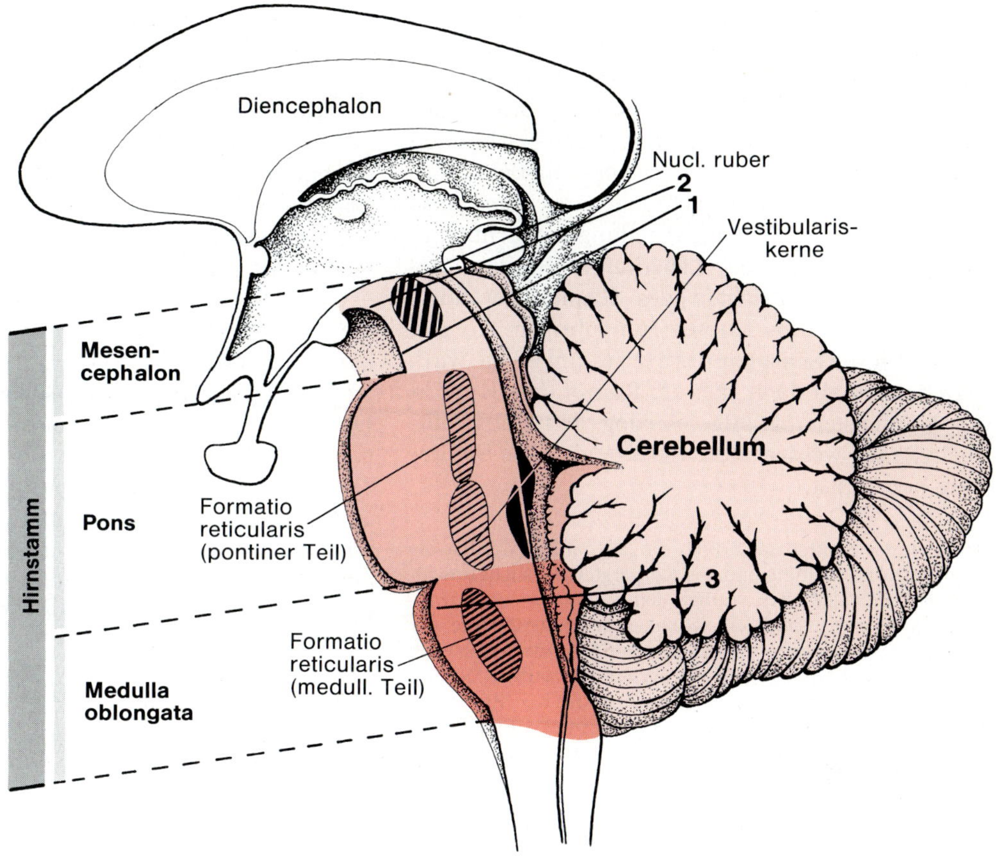

Abb. 16-10. Sagittalschnitt (Längsschnitt) durch den Hirnstamm mit Angabe der motorischen Zentren. Als Hirnstamm in physiologischem Sinne werden *Mesencephalon* (Mittelhirn), *Pons* (Brückenhirn) und *Medulla oblongata* (verlängertes Mark) zusammengefaßt. Die in jedem dieser drei Hirnabschnitte liegenden *motorischen Zentren* sind eingezeichnet *(Nucleus ruber, pontiner* und *medullärer Teil* der *Formatio reticularis* sowie Anteile der *Vestibulariskerne).* Ausschaltung der Gehirnanteile oberhalb der angegebenen drei Schnittebenen führt zu einem *decerebrierten Tier (1),* einem *Mittelhirntier (2)* und einem *hochspinalisierten Tier (3)*

tiv zum Körper ändern, kann diese Tonusänderung durch Meldungen aus den Gleichgewichtsorganen und/oder den Sensoren des Halses hervorgerufen werden. Es ist daher notwendig, die Tonusänderungen nach Ausschalten der einen oder anderen Informationsquelle zu untersuchen. Entfernt man z.B. beide Labyrinthe der Gleichgewichtsorgane, so wird die Stellung des Kopfes im Raum nicht mehr angezeigt, die Sensoren des Halses werden aber jede Änderung der Kopfstellung relativ zur Körperstellung melden. Diese Meldungen führen in den *motorischen Zentren des Hirnstammes* zu entsprechenden, sinnvollen *Korrekturen der Tonusverteilung der Körpermuskulatur,* die als **tonische Halsreflexe** bezeichnet werden. Entsprechend werden von den Gleichgewichtsorganen ausgehende Änderungen der Tonusverteilung **tonische Labyrinthreflexe** genannt. Man faßt solche Reflexe als **Haltereflexe** oder auch als *Stehreflexe* zusammen, da sie die Haltung des ruhig stehenden Tieres bestimmen. Die Haltereflexe werden hier nicht im einzelnen beschrieben, es sei aber festgehalten, daß sie zusammen mit ihnen verwandten Reflexen am intakten Tier einen **Vorrat an elementaren Haltungsabläufen darstellen**, deren sich der Körper nach Bedarf bedienen kann.

Motorische Leistungen des Mittelhirntieres, Stellreflexe. Läßt man neben Medulla oblongata und Pons auch das Mesencephalon weitgehend in Verbindung mit dem Rückenmark (Mittelhirntier, Schnitt 2 in Abb. 16-10), so werden die motorischen Fähigkeiten des Organismus erheblich verbessert. Die zwei bemerkenswerten Unterschiede zum decerebrierten Tier sind: 1. das **Mittelhirntier hat keine Decerebrationsstarre**, d.h. die einseitige Bevorzugung der Streckmuskeln fällt fort; 2. das **Mittelhirntier vermag sich selbst zu stellen**. Da sich die motorisch relevanten Zuflüsse zum Hirnstamm des Mittelhirntieres nicht von denen des decerebrierten Tieres unterscheiden, müssen die Verbesserungen in den motorischen Leistungen überwiegend durch die *motorischen Zentren des Mittelhirns* bedingt sein.

Noch bemerkenswerter als das Fehlen der Decerebrationsstarre ist die Fähigkeit des Mittelhirntieres, sich in die *normale Körperstellung aufzustellen.* Aus allen abnormen Lagen wird jeweils die Grundhaltung automatisch und mit vollständiger Sicherheit eingenommen. Diejenigen Reflexe, die an diesem Aufstellen in die normale Körperstellung mitwirken, bezeichnen wir als **Stellreflexe**. Der Ablauf der Stellreflexe erfolgt immer in einer bestimmten Reihenfolge, kettenförmig gewissermaßen. Zunächst wird immer über Meldungen aus dem Labyrinth der Kopf in die Normalstellung gebracht. Diese Reflexe werden als **Labyrinth-Stellreflexe** bezeichnet. Das Aufrichten des Kopfes verändert dann die Lage des Kopfes zum übrigen Körper, was durch die Sensoren des Halses angezeigt wird. Dies bewirkt als dann, daß der Rumpf dem Kopf in die Normalstellung folgt. Analog den Labyrinth-Stellreflexen werden diese Reflexe als **Hals-Stellreflexe** bezeichnet.

Funktion der Stellreflexe. Durch die Stellreflexe werden die normale Körperhaltung und das Körpergleichgewicht unwillkürlich aufrechterhalten. Außer den *Labyrinth-* und *Hals-Stellreflexen* gibt es noch eine Reihe anderer Stellreflexe, die z. B. von den *Sensoren der Körperoberfläche* ihren Ausgang nehmen und auf Kopf- und Körperstellung wirken. Nimmt man noch die *optischen Stellreflexe* dazu, die bei Mittelhirntieren ausgeschaltet sind, aber unter anderen experimentellen Bedingungen nachgewiesen werden können, so wird klar, daß das **Aufrichten in die normale Körperstellung** über diese mehrfachen Auslösungsmöglichkeiten zu den bestgesicherten Funktionen des Zentralnervensystems gehört. Durch die Halte- und Stellreflexe wird die **Einnahme der Grundstellung** und die **Annahme und das Aufrechterhalten einer bestimmten Haltung** gewährleistet. Wichtig ist, daß bei diesen Reaktionen der Kopf, in welchem Auge, Ohr und Geruchsorgan liegen, eine dominierende Rolle spielt. So kommt es, daß bereits auf Fernreize hin der Körper die passende Stellung, welche häufig eine Verteidigungsstellung sein wird, einnehmen kann.

Statische und stato-kinetische Reflexe. Die bisher geschilderten Reflexe werden oft als **statische Reflexe** zusammengefaßt, da sie die Körperstellung und das Gleichgewicht beim ruhigen Liegen, Stehen und Sitzen in den verschiedensten Stellungen bedingen und erhalten. Daneben sind beim Mittelhirntier auch eine Reihe von Reflexen nachweisbar, die durch Bewegungen ausgelöst werden und selbst Bewegungen darstellen. Sie werden daher als **stato-kinetische Reflexe** zusammengefaßt. Viele davon nehmen ihren Ausgang vom Labyrinth. Am bekanntesten sind die **Kopf-** und **Augendrehreaktionen**. Wird ein Tier z. B. im Uhrzeigersinn gedreht, so wird der Kopf im Gegenuhrzeigersinn gewendet, usw. Diese Reaktionen sind *kompensatorisch*, d. h. Augen und Kopf werden so bewegt, daß die optischen Bilder während der Bewegung nach Möglichkeit erhalten bleiben. Nach Abschluß der Bewegung werden sie dann durch statische Reflexe festgehalten. Andere wichtige stato-kinetische Reflexe sorgen für Gleichgewicht und korrekte Körperstellung bei Sprung und Lauf. Diese Reflexe bewirken beispielsweise, daß eine Katze immer in korrekter Körperstellung auf dem Boden landet, unabhängig davon, aus welcher Position sie fallen gelassen wurde.

Der Reflexbegriff muß besonders bei diesen tonischen Haltereflexen nicht zu eng als starre Automatik gesehen werden, wonach ein sensorischer Eingang zwangsläufig zu einer motorischen Reaktion führt. Vielmehr handelt es sich um einen subtilen Regelvorgang, der weitgehend von höheren motorischen Zentren der Willkürmotorik eingestellt und kontrolliert werden kann. Deshalb kommt das Automatenhafte der tonischen Haltereflexe nur unter besonderen Umständen zum Ausdruck, z. B. beim Kleinkind mit noch unreifem Großhirn oder bei Patienten mit Großhirnerkrankungen.

Funktion des Hirnstammes bei Stütz- und Zielmotorik. Zusammenfassend läßt sich also sagen, daß sich das **Mittelhirntier** in bezug auf Halte- und Stellreaktionen kaum vom intakten Tier unterscheidet [10, 15]. Seine motorischen Zentren können also die wesentliche stützmotorische Aufgabe erfüllen, nämlich *Haltung und Stellung des Körpers im Raum zu bewerkstelligen und aufrechtzuerhalten* (s. S. 283). Die bisher beschriebenen Leistungen des Hirnstammes bei der Stützmotorik erfassen aber nur einen Teil seiner Bedeutung für die Gesamtmotorik. Dies läßt sich schon daran erkennen, daß beim Mittelhirntier durch umschriebene elektrische Reizung mesencephaler Areale koordinierte Laufbewegungen ausgelöst werden können. Wie nicht anders zu erwarten, sind Stütz- und Zielmotorik auf allen Ebenen des motorischen Systems miteinander verknüpft, wobei allerdings die eine oder andere Komponente jeweils im Vordergrund steht. Aus dieser Sicht haben die motorischen Zentren des Hirnstammes eine „Zulieferfunktion" für die Zielmotorik. So sind sie auch, zusammen mit dem Kleinhirn (s. u.), für die Anpassung der Stützmotorik an die sich durch die Zielmotorik dauernd ändernden Anforderungen an Gleichgewicht und Tonus verantwortlich.

Stand, Haltung und Bewegung beim Menschen

Posturale Synergien zum Erhalt des Gleichgewichts. Der aufrechte Gang mit der relativ kleinen Standfläche der Füße des Menschen ist schon an sich ein Wunder der Regulation, wenn man bedenkt, daß die Atmung und alle Manipulationen und Rumpfbewegungen ständige Verlagerungen des Schwerpunktes bewirken, die aktiv kompensiert werden müssen. Elektromyographische Analysen beim Menschen zeigen, daß tatsächlich jede „Störgröße" (wie z. B. das Anheben des Brustkorbes bei der Atmung) eine Kette von musculären Reaktionen, in Rumpf- und Beinmuskeln zur Folge hat, die als **posturale Synergien** bezeichnet werden.

Die posturalen Synergien der Bein- und Rumpfmuskeln haben reflektorischen Charakter. Die größten und funktionell wichtigsten Komponenten treten nach einer Latenzzeit von 100–150 ms auf. Die langen Reflexzeiten deuten auf eine komplexe Verrechnung im ZNS hin, an der supraspinale Strukturen beteiligt sind. Mit anderen Worten: den

lokalen Reflexmechanismen sind **lange Funktionsschleifen** übergeordnet, die supraspinale Zentren einschließen. Die supraspinalen Reflexe (*long loop reflexes* im englischen Sprachraum [30]) laufen ebenfalls automatisch ab, aber sie adaptieren sich in ihrer Stärke und Auswirkung an die aktuellen Gegebenheiten. *Die synergische Reaktion hat immer einen stabilisierenden Effekt* und verhindert, daß die Versuchsperson nach vorn oder nach hinten fällt.

Antizipatorische posturale Synergien. Die elektromyographische Analyse der posturalen Synergien bei Zielbewegungen ergab das interessante Resultat, daß diese Synergien nicht wie bei äußeren Störungen mit einer reflektorischen Verzögerung, sondern gleichzeitig oder sogar **antizipatorisch zur Zielbewegung** erfolgen. Durch eine entsprechende Zu- oder Abnahme des erregenden Zustroms zur Haltemuskulatur, etwa *gleichzeitig* mit der Aktivierung der Bewegungsmuskulatur wird dafür gesorgt, daß die erwartete Störung des Gleichgewichts minimiert wird. Diese Ergebnisse elektromyographischer Analysen der Halte- und Stützmotorik beim Menschen führen somit zur allgemeinen Schlußfolgerung, daß *Kompensationsmechanismen sowohl reflex- als auch programmgesteuert* sein können.

Kauen als Beispiel eines programmgesteuerten Automatismus. Oben (S. 292) wurde schon erwähnt, daß es bei Säugetieren und wahrscheinlich auch beim Menschen" **Schreitgeneratoren"** gibt, die im Rükkenmark lokalisiert sind. Diese spinalen Netzwerke liefern *stereotype Schreitrhythmen*, die in mannigfaltiger Weise von supraspinalen Zentren modifiziert werden können. Das **Kauen** ist ein weiterer rhythmischer Automatismus, der normalerweise durch die orale Einnahme fester Speisen ausgelöst wird, aber wie die Lokomotion willkürlich initialisiert werden kann. **Rhythmische Kaubewegungen** bei Futtereinnahme können durchaus auch **beim großhirnlosen Tier** beobachtet werden. Durch elektrische Reizung in einer diskreten Region des Hirnstammes („*Kauzentrum*") können besonders bei Nagetieren Kaurhythmen ausgelöst werden. Beim Menschen scheinen die Hirnstammzentren für Kaubewegungen besonders unter Kontrolle der frontalen und temporalen Hirnrinde zu sein. Bei Patienten mit ausgedehnten Läsionen dieser Rindenabschnitte können nicht selten Kauautomatismen unkontrolliert, d. h. spontan und nicht im richtigen Kontext auftreten. Beim normalen Menschen können **Schmatzautomatismen** gelegentlich im Schlaf auftreten, möglicherweise, weil sich im Schlaf die untergeordneten Mustergeneratoren der Großhirnkontrolle entzieht.

16.5 Zielmotorik

Für die *Zielmotorik* besonders wichtige Zentren sind der **motorische Cortex**, die **Basalganglien** und das **Kleinhirn**, wobei letzteres, wie eben schon erwähnt, auch eine wesentliche Rolle bei der Verknüpfung zwischen Zielmotorik und Stützmotorik spielt. Die Aufgaben dieser drei Strukturen werden deswegen hier im Zusammenhang erörtert. Da Basalganglien und Kleinhirn weitgehend über thalamische Strukturen mit dem motorischen Cortex verknüpft sind, wird in diesem Abschnitt auch die *motorische Rolle* des **Thalamus** besprochen (für seine übrigen Funktionen s. S. 318). Abschließend wird in diesem Abschnitt, wenn auch nur kurz, auf *Handlungsantrieb* und *Bewegungsentwurf* eingegangen (s. dazu auch Kap. 25 u. 28).

Die Basalganglien

Die **Basalganglien** sind ein wichtiges **subcorticales Bindeglied** zwischen der assoziativen Großhirnrinde und dem motorischen Cortex (Abb. 16-1, 16-11, s. auch Abb. 14-17). Ihre Bedeutung wird besonders deutlich an den schweren Störungen von Muskeltonus, Haltung und Bewegung bei Erkrankungen dieser Kerne, wie z. B. beim Morbus Parkinson (S. 302). Unsere Kenntnisse über diese Strukturen sind aber noch sehr lückenhaft, was größtenteils damit zusammenhängt, daß sie experimentell schwer zugänglich sind [7, 16, 17, 20].

Anteile und Verbindungen der Basalganglien. Die wichtigsten Anteile der Basalganglien, nämlich **Striatum** und **Pallidum** wurden auf S. 257 schon erwähnt. Sie sind auch in Abb. 16-11 zusammen mit der **Substantia nigra** gezeigt. Ihren afferenten Zustrom erhalten die Basalganglien vor allem aus der gesamten Großhirnrinde und der Sensorik (d. h. von sensorischen Kernen des Thalamus), wobei das Striatum diese Zuflüsse empfängt und an das Pallidum weitergibt. Die Ausgänge der Basalganglien projizieren vor allem über den Thalamus zum motorischen Cortex, daneben auch direkt zum Hirnstamm (Abb. 16-11). Intern besteht außerdem eine besonders enge wechselseitige Verknüpfung zwischen der Substantia nigra und dem Striatum. Im wesentlichen bilden die Basalganglien also, wie eingangs erwähnt, ein Zwischenglied der Verbindung zwischen der gesamten **nicht-motorischen Großhirnrinde** und dem **Motorcortex**. Sie sind darin dem Kleinhirn vergleichbar (Abb. 16-1, 16-12).

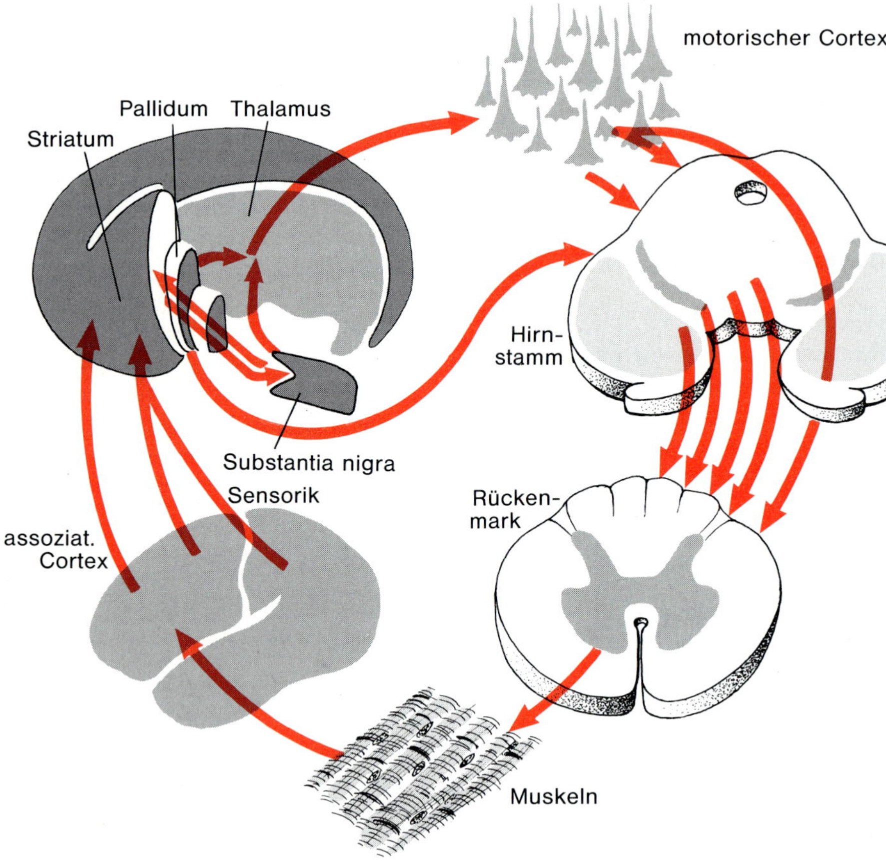

Abb. 16-11. Einbindung der Basalganglien in das motorische System. Stark vereinfachte und schematisierte Darstellung des Informationsflusses zwischen den motorischen Zentren, der Körperperipherie *(Muskulatur)* und der Gesamtheit der Sinnesorgane *(Sensorik)*. Parallel zu den Basalganglien ist das Kleinhirn in das motorische System eingebunden (s. Abb. 16-1). Diese Einbindung ist in der nachfolgenden Abb. 16-12 gezeigt, deren *rechte* und *untere* Bildanteile identisch mit denen in der obigen Abbildung sind. Die Ausgänge der Basalganglien projizieren teils über den *Thalamus* zum Motocortex, teils unmittelbar zum *Hirnstamm* (vgl. Abb. 16-1). Der vom *motorischen Cortex* bis ins *Rückenmark* durchziehende *Pfeil* symbolisiert den *Tractus corticospinalis*, die 4 vom Hirnstamm ausgehenden *Pfeile* diejenigen motorischen Bahnen, die von den in Abb. 16-10 gezeigten Hirnstammzentren ihren Ursprung nehmen und ins Rückenmark descendieren (z. B. *Tractus rubrospinalis, Tractus reticulospinalis)*

Aufgaben der Basalganglien. Die Aufgaben der Basalganglien liegen in der Mitwirkung bei der Umsetzung der im assoziativen Cortex entstehenden Bewegungsplanung in **Bewegungsprogramme**, also in der *Ausarbeitung zeitlich-räumlicher nervöser Impulsmuster*, die die ausführenden motorischen Zentren steuern (vgl. Abb. 16-1, rechte Säulen). Die Abb. 16-11 zeigt in mehr Detail als Abb. 16-1 in welcher Form dabei die Basalganglien in den Informationsfluß vom assoziativen Cortex und der Sensorik zum Motorcortex eingebunden sind. Die bisher bekannte klinische (s. S. 302) und experimentelle Evidenz weist darauf hin, daß die Basalganglien insbesondere bei der **Festlegung der Bewegungsparameter**, wie der Amplitude, der Richtung, der Geschwindigkeit und der Kraft einer Bewegung entscheidend beteiligt sind. Daneben erlaubt die den Basalkernen zur Verfügung gestellte sensorische Information auch eine Beteiligung an der *Kontrolle der gerade ablaufenden Bewegungen.*

Das Kleinhirn

Das Kleinhirn nimmt an der nervösen Kontrolle von Haltung und Bewegung in einem erheblichen Umfang teil [6, 8, 9]. Insbesondere klinische Befunde zeigen, daß eine Reihe von Tätigkeiten, wie z. B. Klavierspielen und andere extrem schnelle und feine Bewegungen, sich nur unter der Mitwirkung des Kleinhirns optimal erlernen und ausführen lassen (s. S. 302). Dem steht nicht entgegen (sondern ist nur Zeichen der erheblichen Plastizität unseres Nervensystems), daß Menschen mit angeborenem Fehlen des Kleinhirns im Alltag keine wesentlichen motorischen Ausfälle aufweisen.

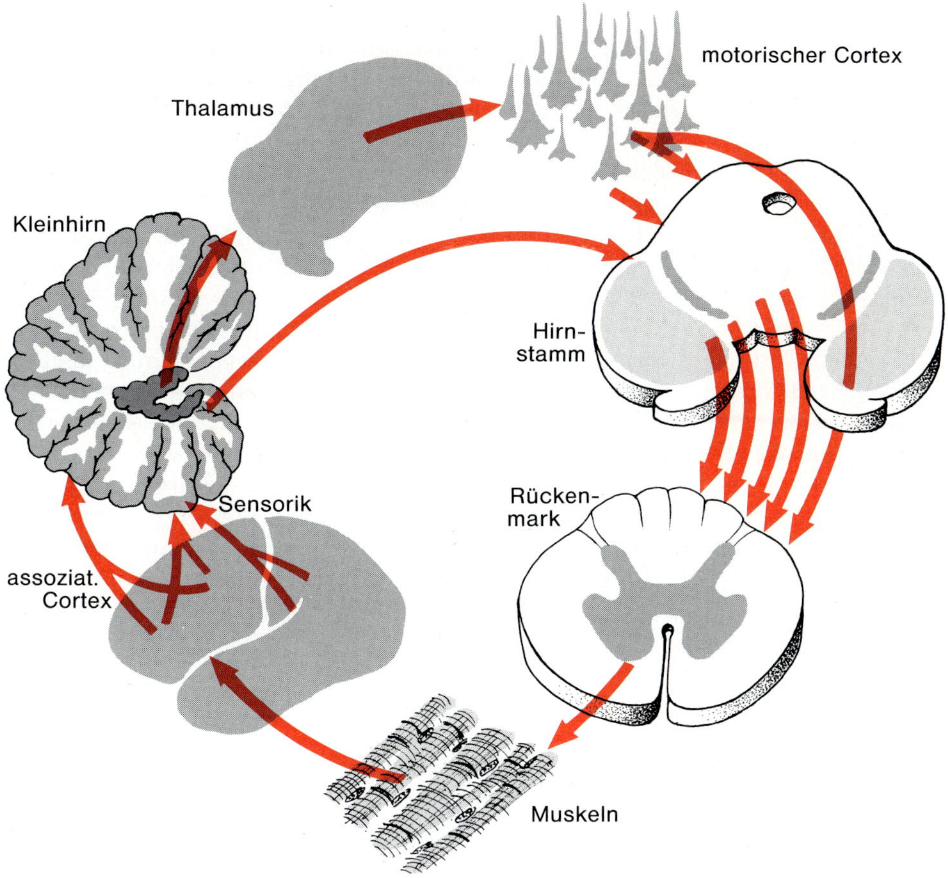

Abb. 16-12. Einbindung des Kleinhirns in das motorische System. Die Darstellung entspricht der in Abb. 16-11. Die Zuflüsse in das Kleinhirn erfolgen durch die *Moosfasern* und die *Kletterfasern*, hier symbolisiert durch *Doppelpfeile*. Die Kleinhirnkerne bilden den Ausgang des Kleinhirns. Sie projizieren teils über den *Thalamus* zum *motorischen Cortex*, teils unmittelbar zum *Hirnstamm* (vgl. Abb. 16-1 und die analogen Ausgänge der Basalganglien in Abb. 16-11). Für die übrigen Bildanteile wird auf die Legende der Abb. 16-11 verwiesen

Anteile und Verbindungen des Kleinhirns. Das Kleinhirn ist aus zwei sehr unterschiedlichen Teilen aufgebaut, nämlich der *Kleinhirnrinde* und den *Kleinhirnkernen*. Das Diagramm der Kleinhirneingänge und -ausgänge in Abb. 16-12 zeigt, daß die Kleinhirnrinde ihre afferenten Zuflüsse im wesentlichen aus der Sensorik (vom Gleichgewichtsorgan und vor allem der Haut- und Tiefensensibilität) und dem assoziativen Cortex bezieht. Dabei treten diese Zuflüsse auf zwei parallelen Wegen in die Kleinhirnrinde ein, nämlich einmal als **Moosfasern** und zum anderen als **Kletterfasern**. Von den verschiedenen, hier nicht erwähnten Neuronen der Kleinhirnrinde senden nur die Purkinje-Zellen ihre Axone aus der Rinde heraus, und zwar zu den **Kleinhirnkernen**. Diese wiederum projizieren sowohl über den Thalamus zum motorischen Cortex als auch direkt zu den motorischen Zentren des Hirnstamms. In dieser Hinsicht ähnelt der Informationsfluß durch das Kleinhirn dem durch die Basalkerne (vgl. Abb. 16-11 mit 16-12). Hierarchisch betrachtet sind also Kleinhirn (Cerebellum) und Basalganglien gleichrangige Zentren, die an der Programmierung cortical induzierter Bewegungsabläufe beteiligt sind.

Aufgaben des Kleinhirns. Aufgrund klinischer und experimenteller Evidenz lassen sich die Aufgaben des Kleinhirns so zusammenfassen: Das Kleinhirn dient in erster Linie dazu, die Tätigkeit der anderen motorischen Zentren zu unterstützen und miteinander zu koordinieren. Insbesondere ist es zuständig **a)** für die Steuerung und Korrektur der stützmotorischen Anteile von Haltung und Bewegung (Haltung, Tonus, Körpergleichgewicht), **b)** für die Kurskorrektur *langsamer* zielmotorischer Bewegungen und ihre Koordination mit der Stützmotorik, und **c)** für die reibungslose Durchführung der vom Großhirn „entworfenen" *schnellen* Zielmotorik. Für jede dieser Aufgaben sind unterschiedliche Anteile des

Kleinhirns zuständig, nämlich in obiger Reihenfolge der in der Mitte liegenden **Vermis**, die sich an beiden Seiten anschließende **Pars intermedia** und die seitlichen, beim Menschen besonders großen **Hemisphären**.

In bezug auf die Rolle der Kleinhirnhemisphären sei daran erinnert, daß viele zielmotorische Bewegungen entweder so schnell sind, daß eine Steuerung oder Regelung über somatosensorische Rückmeldungen aus *Zeitgründen nicht möglich ist*, oder daß eine solche Rückmeldung *nicht erforderlich* ist, da sie hinreichend gut beherrscht werden (Beispiele: schnelle Bewegungen beim Hochleistungssport, bei der Musikausübung, beim Sprechen, bei sakkadischen Augenbewegungen). Viele dieser Bewegungen können nur durch intensives Training optimal erlernt werden. Sowohl dieses Training wie auch die spätere Ausführung der schnellen Bewegungen ist nur unter Beteiligung der Hemisphären möglich.

Rolle der Hirnrinde in der Motorik

Motorische Cortexareale [2, 13, 17, 28, 29]. Seit mehr als einem Jahrhundert ist bekannt, daß *elektrische Reizung* umschriebener Areale der Großhirnrinde Bewegungen der kontralateralen Extremitäten auslösen. Diese Areale wurden und werden als **motorischer Cortex** bezeichnet. Zwei Aspekte des motorischen Cortex sind funktionell besonders wichtig: einmal seine **somatotopische Organisation** (Abb. 16-13 A), d. h. eine geordnete räumliche Zuordnung zwischen Körperperipherie und motorischem Cortex, und zweitens eine **multiple Repräsentation** der Körperperipherie in mehreren motorischen Arealen (Abb. 16-13 B).

Somatotopie [28, 29, 31, 32]. Das zuerst entdeckte und daher bekannteste corticale motorische Areal des Menschen ist der **Gyrus praecentralis** (Felder 4 und 6 nach Brodmann, s. Abb. 14-14, S. 258). Seine somatotopische Organisation ist in Abb. 16-13 C dargestellt. Es fällt sofort auf, daß diejenigen Körperstellen, die über besonders gute motorische Fähigkeiten verfügen, wie zum Beispiel Finger, Lippen, Zunge, weit überproportionale Anteile des Gyrus praecentralis einnehmen, während Rumpf und proximale Extremitäten nur auf relativ kleinen Anteilen repräsentiert sind (vgl. auch 16-13 A, B). Das motorische Areal erstreckt sich nicht nur auf die sichtbare Oberfläche des Gyrus praecentralis, sondern auch in die Tiefe des Sulcus centralis, ferner nach medial über die Mantelkante und auch nach rostral etwas über den Gyrus praecentralis hinaus.

Multiple Repräsentation [28, 29, 31, 32]. Neben dem eben beschriebenen **primär motorischen Cortex** (abgekürzt **MI**) findet sich ein ebenfalls *somatotopisch gegliederter* **sekundär motorischer Cortex (MII)** in der Tiefe der Fissura interhemisphaerica im Anschluß an den primär motorischen Cortex und etwas rostral davon (Abb. 16-13 A, B). Dieses Areal wird häufig auch als **supplementär-motorisches Feld** bezeichnet. Beide Areale, MI und MII, besitzen auch eine *sensible Projektion der Körperperipherie*, so daß auch vom primären und sekundären **motosensorischen Cortex**, abgekürzt **MsI** und **MsII**, gesprochen wird. Entsprechend werden die primären und sekundären *somtatosensorischen Felder SI und SII* (S. 319) wegen ihrer motorischen Projektion auch als sensomotorischer Cortex, SmI und SmII, bezeichnet. Insgesamt können wir hier als von **vier motorischen** bzw. **vier sensorischen** corticalen Feldern sprechen, je nachdem welcher Aspekt gerade im Vordergrund der Betrachtung steht. Dazu kommen weitere corticale motorische Felder, so z. B. rostral von MI im **prämotorischen Cortex**, **Pm**, deren genaue Abgrenzung noch nicht abgeschlossen ist. Außerdem scheinen die „klassischen" Motorareale mehrfach unterteilt zu sein, so daß wir insgesamt damit rechnen müssen, daß der Cortex vielleicht ein Dutzend oder mehr motorische Felder besitzt, wovon derzeit MI, MII und Pm als die wichtigsten angesehen werden.

Aufgaben der motorischen Areale. Durch elektrische Reizung von MI und der benachbarten motorischen Areale bei Mensch (während therapeutisch notwendiger Operationen) und Tier können Kontraktionen einzelner Muskeln und auch Bewegungen in Gelenken, nie jedoch zweckgerichtete komplexe Bewegungsabläufe ausgelöst werden. Daraus ist zu schließen, daß der Motorcortex nicht für den Entwurf von angeborenen oder erworbenen Bewegungen verantwortlich ist. Er ist vielmehr eine und zwar, wie Abb. 16-1 zeigt, die **letzte supraspinale Station** für die Umsetzung der Bewegungsentwürfe in **Bewegungsprogramme**. Gleichzeitig, wie ebenfalls in Abb. 16-1 zu sehen, beginnt mit ihm die Kette derjenigen Strukturen, die vor allem die **Bewegungsausführung** übernehmen. Dabei sei allerdings daran erinnert, daß viele komplexe Bewegungsabläufe subcortical verlaufen, man denke nur an den zu Beginn dieses Kapitels erwähnten Säure-Wisch-Reflex beim Rückenmarksfrosch. Auch Säugetiere, denen die gesamte Großhirnrinde entfernt wurde (decorticierte Tiere), weisen eine zum Teil überdurchschnittlich lebhafte, wenn auch ziellose, oft bis zur Erschöpfung des Tieres führende Motorik auf.

A

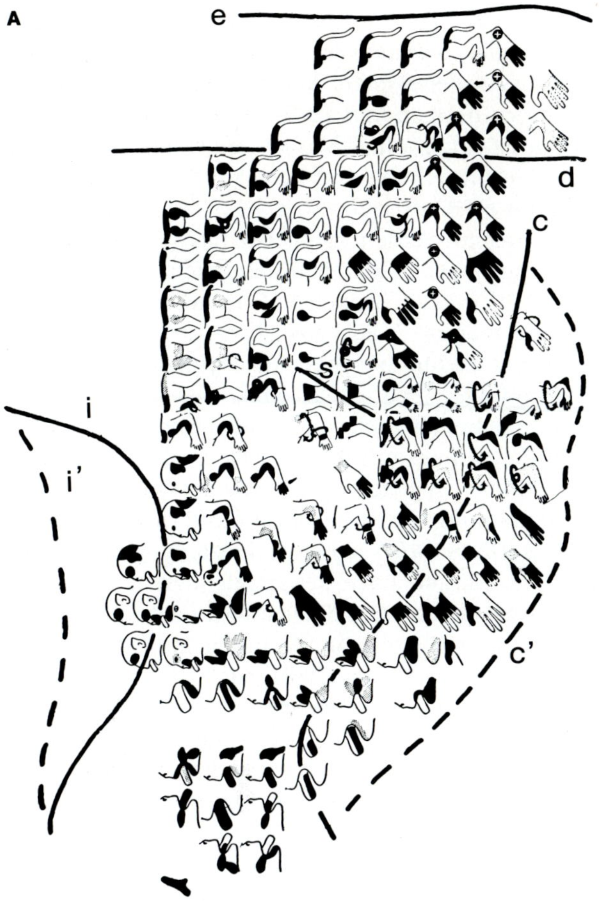

B

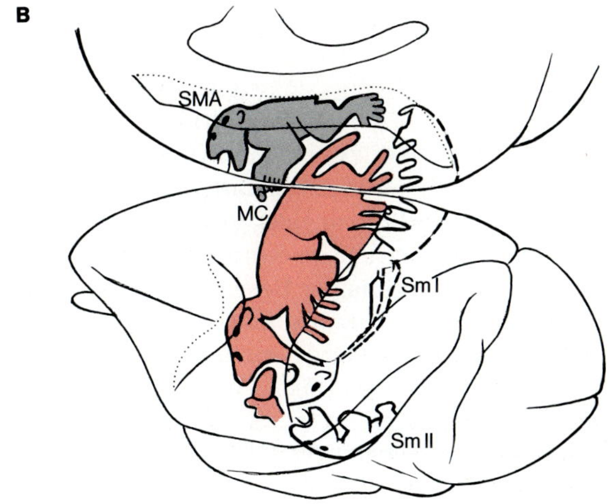

C

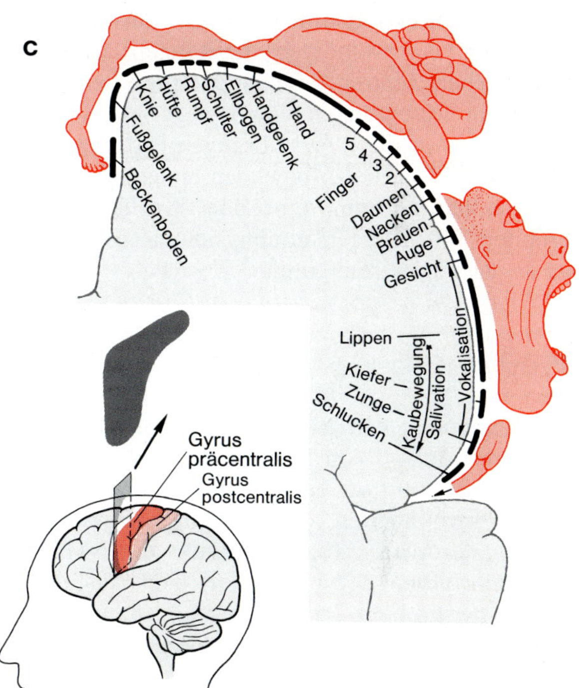

Abb. 16-13. Verschiedene Darstellungsarten der motorischen Karten. **A** Details der motorischen Effekte werden in den Körperteilfiguren auf den Umrissen der Hirnkarte eingetragen. Die mediale Fläche des Cortex sowie der Cortex in der Zentralfurche (c) und im Sulcus arcuatus des Affengehirns sind aufgeklappt dargestellt. In **B** sind die Körperumrisse des Äffchens (Simiusculus) entsprechend der motorischen Repräsentation eingezeichnet. *MC* Motorischer Cortex. *SM A* Supplementär-motorische Area. *Sm I* und *Sm II* Simiusculi der postzentralen somatosensorischen Areale, von denen bei hoher Reizstärke auch motorische Effekte ausgelöst werden können. **C** Motorischer Homunculus mit verzerrter Darstellung der Körperteile entsprechend der ungleichen corticalen motorischen Repräsentation. **A** und **B** nach C. Woolsey u. Mitarb. [32]; **C** nach W. Penfield u. Mitarb. [13]. Aus [17]

Die *spezielle Rolle der einzelnen corticalen motorischen Felder* wird derzeit erst in Ansätzen sichtbar. Wichtige Hinweise kommen aus dem Studium der Verbindungen dieser Areale mit dem Thalamus und anderen subcorticalen Regionen. So sendet das Kleinhirn seine Information durch den Thalamus im wesentlichen nach MI, während die Basalganglien vor allem nach MII und Pm projizieren. Der Ausgang von MI ist im wesentlichen über die Pyramidenbahn auf die spinalen Motoneuronen gerichtet, während MII und Pm bevorzugt nach MI und den motorischen Zentren des Hirnstammes projizieren. Daraus und aus den Ergebnissen lokaler Reizung, Ableitungen von Neuronen und regionalen Durchblutungsmessungen ist gefolgert worden, daß **MI vorwiegend der Feinkontrolle von Bewegungen**, insbesondere von Einzelbewegungen der distalen Körpermuskulatur dient, während **MII und Pm** in die zentrale Generierung der **Abfolge von komplex zusammengesetzten Bewegungsprogrammen** eingebunden sind.

16.6 Pathophysiologie der Motorik

Die in Abb. 16-1 vorgestellte Struktur des motorischen Systems läßt zwei Grundtypen pathophysiologischer Veränderungen erwarten, einmal **Störungen in der Ausarbeitung eines Bewegungsprogramms**, wie z. B. beim Parkinson-Syndrom (s. u), und zum anderen **Störungen in der Bewegungsausführung**, die dann auftreten, wenn ein normal entworfenes Programm durch Defekte des peripheren motorischen Apparates, also z. B. eine Nervendurchtrennung, nicht richtig ausgeführt werden kann. Eine extreme Form einer solchen „Verhinderung der Ausführung" haben wir bereits kennengelernt, nämlich die *spinale Querschnittslähmung* (S. 292). Dieses Beispiel ebenso wie die bereits diskutierten Leistungen des decerebrierten und des Mittelhirntieres (S. 294) haben gleichzeitig deutlich gemacht, zu welchen erheblichen eigenständigen Leistungen diejenigen motorischen Zentren fähig sind, denen beim Menschen im wesentlichen die Bewegungsausführung zukommt. Auf diese Ausführungen wird verwiesen. Zusätzlich werden im folgenden einige in der Neurologie häufige Symptome oder Krankheitsbilder erläutert, für die eine pathophysiologische Grundlage angegeben werden kann.

Periphere Lähmung

Unterbrechung von Motoaxonen (z. B. durch Unfall) oder Ausfall von Motoneuronen (z. B. bei Poliomyelitis) führt zu einer **schlaffen Lähmung**, die durch verminderten Muskeltonus (Hypotonus), durch Atrophie (Degeneration) der Muskeln (s. S. 268), Verminderung (Parese) oder Ausfall (Paralyse) der groben Kraft und entsprechende Beeinträchtigung der Feinmotorik ausgezeichnet ist. Die monosynaptischen Dehnungsreflexe sind abgeschwächt oder erloschen. Alle Symptome sind aus der Schädigung ohne weiteres einsichtig.

Pathophysiologie der Basalganglien

Läsionen in den Basalganglien führen zu verschiedenen Formen von Bewegungsstörungen, von denen das **Parkinson-Syndrom** am bekanntesten ist [7, 14, 16, 17]. Die Patienten fallen durch ihre mimische Starre, ihre geringen oder fehlenden Ausdrucksbewegungen, ihren zögernden, kleinschrittigen Gang und durch Zittern ihrer Hände auf. Die Untersuchung zeigt in wechselnder Ausprägung die Symptome *Akinese, Rigor* und *Ruhetremor*. Als **Akinesie** bezeichnet man „eine motorische Gebundenheit, in der die Kranken große und oft unüberwindliche Schwierigkeiten haben, eine Bewegung in Gang zu bringen und zu Ende zu führen" [14]. Der **Rigor** ist ein erhöhter Muskeltonus, der unabhängig von Gelenkstellung und Bewegung stets vorhanden ist und als plastischer oder *wächserner Widerstand* beschrieben werden kann. Bei passiven Gelenkbewegungen geben die Muskeln nicht gleichmäßig, sondern ruckartig nach: *Zahnradphänomen*. Der **Ruhetremor** (4-7 Hz, vor allem an den Händen) läßt bei zielmotorischen Bewegungen nach und setzt anschließend wieder ein.

Pathophysiologisch kann die *Akinese* als Ausfall von Bewegung aufgefaßt werden, also als *Minus-Symptom*. Umgekehrt sind *Rigor* und *Tremor* als Enthemmung der Basalkernmotorik anzusehen, also als *Überschuß-Symptome*. Letzteres gilt auch für andere Erkrankungen der Basalganglien, bei denen überschießende Bewegungsstörungen der einen oder anderen Form im Vordergrund stehen (z. B. **Chorea**, **Athetose**, **Hemiballismus** [14]).

Wahrscheinliche **Ursache des Parkinson-Syndroms** ist der Untergang der von der Substantia nigra zum Striatum ziehenden (hemmenden?) Bahn (Abb. 16-11), deren Transmitter im Striatum Dopamin ist. Das Parkinson-Syndrom, vor allem die Akinese, kann daher **durch Gaben von L-Dopa**, der Vorstufe des Dopamins, erfolgreich **behandelt** werden (Dopamin selbst ist unwirksam, da es die Blut-Hirn-Schranke nicht passieren kann). Dagegen können durch stereotaktische Ausschaltungen im Pallidum und im Thalamus (VL), also durch Unterbrechen der Projektion zum Motorcortex (Abb. 16-11), zwar die Überschuß-Symptome, nicht aber die Akinese gebessert werden.

Pathophysiologie des Kleinhirns

Die auf S. 299 geschilderten Funktionen des Kleinhirns lassen erwarten, daß *Störungen der Kleinhirntätigkeit* sich vor allem als Störungen der Muskelkoordination bei Bewegungen und des Muskeltonus bemerkbar machen. Entsprechend stehen bei cerebellären Ausfällen die folgenden Symptome im Vordergrund [8, 9, 14]:

1. **Asynergie**, definiert als die Unfähigkeit, die bei einer Bewegung beteiligten Muskeln korrekt dosiert zu innervieren. Die einzelnen Anteile eines Bewegungsprogramms werden nicht gleichzeitig, sondern hintereinander ausgeführt *(Bewegungsdekomposition)*, die Bewegungen geraten zu kurz oder zu weit und werden anschließend überkompensiert *(Dys-*

metrie), der Gang wird dadurch breitbeinig, unsicher, überschießend *(cerebelläre Ataxie)*, und rasch aufeinanderfolgende Bewegungen sind nicht mehr möglich *(Adiadochokinese)*.

2. **Tremor**, der nicht bei Ruhe, aber bei Bewegungen auftritt *(Intentionstremor)*. Er kann sich bei zielgerichteten Bewegungen vor Erreichen des Zieles zu einem so starken Wackeln steigern, daß das Ziel verfehlt wird (Störung der Kurskorrektur besonders bei Schädigungen der Kleinhirnkerne).

3. **Hypotonus** der Muskulatur, also ein *zu niedriger Muskeltonus*, oft verbunden mit *Muskelschwäche* und *rascher Ermüdbarkeit* der Muskulatur. Dies ist vor allem ein Symptom von Hemisphärenläsionen, während isolierte Läsionen des Vermis (Lobus anterior) eher zu Hypotonus führen (s.o.).

4. **Nystagmus** und 5. **Sprachstörungen** sind weitere, bei cerebellären Läsionen beobachtete Symptome. Charcot hat ursprünglich als cerebelläre Symptomen-Trias *Nystagmus, Intentionstremor* und *skandierende Sprache* angegeben. Auch Schwindel kann bei Kleinhirnerkrankungen auftreten.

Pathophysiologie des Motorcortex und seiner Efferenzen

Capsuläre Hemiplegie. Läsionen im Bereich des Motorcortex, die zu Reiz- (z.B. epileptischen Anfällen) oder Ausfallsymptomen führen, sowie Unterbrechungen der corticalen motorischen Efferenzen sind selten. Eine Ausnahme bildet die völlige oder teilweise Unterbrechung der corticalen Efferenzen im Bereich der inneren Kapsel durch eine Blutung aus oder Thrombose in der A. cerebri media am Abgang der A. lenticulostriata **(Schlaganfall, Hirnschlag, Apoplex)**. Dies führt nach einem anfänglichen Schockstadium mit schlaffer Lähmung der kontralateralen Körperhälfte (schlaffe Hemiplegie) zu einer *Lähmung mit deutlichem Hypertonus der Muskulatur*, der sich insbesondere als zunehmender Widerstand gegen passive Bewegungen äußert **(spastische Hemiplegie)**. Es überwiegt die Spastizität derjenigen Muskeln, die gegen die Schwerkraft arbeiten, also der Extensoren der Beine und der Flexoren der Arme (beim Vierbeiner wären es die Extensoren aller Extremitäten). Eine gewisse Rückkehr der Zielmotorik ist nach einiger Zeit zu beobachten, es bleibt aber meist bei groben Massenbewegungen der Flexoren und Extensoren *(Flexor- bzw. Extensorsynergie)*.

Ursachen von Spastik und Lähmung. Pathophysiologisch ist die spastische Hemiplegie als Folge der Unterbrechung cortical motorischer Efferenzen aufzufassen, und zwar immer sowohl des **Tractus corticospinalis**, als auch der zum Hirnstamm ziehenden **extrapyramidalen Bahnen**.

Die **Spastizität** (Spastik) ähnelt in ihrem Charakter der Decerebrationsstarre des Tierexperiments (S. 294). Sie kann wie diese durch Durchschneiden der Hinterwurzeln aufgehoben werden, was auf die Beteiligung der γ-Spindel-Schleife hinweist. Die **capsuläre Lähmung** ist ursprünglich weitgehend dem Ausfall des Tractus corticospinalis zugeschrieben worden. Isolierte Unterbrechung dieser Bahn bei Primaten und entsprechende klinisch-pathologische Beobachtungen beim Menschen haben aber gezeigt, daß dabei nach der Erholungsphase nur eine gewisse Einschränkung der Fingerfertigkeit übrigbleibt, keinesfalls das Bild einer capsulären Hemiplegie. Um dieses in etwa zu erzeugen, ist ein Abtragen des motorischen Cortex im weiteren Sinne (MI, MII, SI, Pm, s. S. 300) erforderlich. Die capsuläre Hemiplegie ist also auf den **gemeinsamen Ausfall verschiedener descendierender Bahnen des motorischen Cortex** zurückzuführen [17, 27].

Unglücklicherweise sind, infolge einer zeitweisen Überbewertung des Tractus corticospinalis für die Zielmotorik, die Lähmungserscheinungen des Motorcortex und seiner Efferenzen als **Pyramidenbahn-Symptome** oder auch als **Pyramidenbahn-Syndrom** in die Neurologie eingegangen. Die Spastizität hat man der Mitbeteiligung des extrapyramidal-motorischen Systems zugeschrieben. Auch die motorischen Störungen bei Läsionen der Basalganglien werden immer noch als **extrapyramidale Bewegungsstörungen** zusammengefaßt. Wie dieses Kapitel zeigt, ist die anatomisch korrekte Trennung der Pyramidenbahn von den extrapyramidalen Bahnen **funktionell sinnlos, ja irreführend** (s. auch S. 294). Diese Einsicht sollte auch in der Klinik einen angemessenen Wechsel der Nomenklatur zur Folge haben.

16.7 Rehabilitation im motorischen System

Obwohl nach Schädigungen des ZNS die gestörten sensorischen, motorischen und kognitiven Funktionen häufig spontan im Laufe der ersten Wochen und Monate zurückkehren (Plastizität, s. Kap. 27), kann die Remission durch *physische* und **neuropsychologische Rehabilitation** beschleunigt oder aber im Falle des permanenten Ausbleibens einer Funktion teilweise oder vollständig überhaupt erst ermöglicht werden.

Periphere Lähmung und Spastik. Neben der konventionellen physischen Therapie von Lähmungen,

z. B. nach Durchtrennung des Rückenmarks oder nach zentralen Schädigungen des motorischen Systems (Apoplexien, spastische Lähmungen, Hemiparesen), sind *operante Trainingsverfahren*, insbesondere *EMG-Biofeedback*, zur teilweisen oder vollständigen Wiederherstellung der Funktion nützlich:

Bei spastischen Lähmungen kann beispielsweise durch allgemeines **muskuläres Entspannungstraining** die extreme Innervation der spastischen Muskelgruppen durch Rückmeldung der EMG-Aktivität reduziert werden. Der Patient kann dabei die EMG-Entladungsrate der betroffenen Muskeln hören oder auf einem Bildschirm sehen und wird für Reduktion der Muskelspannung (d.h. Abnahme der EMG-Impulsfrequenz) belohnt. Soll die Beweglichkeit eines ganzen Gliedes rehabilitiert werden, so wird gleichzeitig die Muskelaktivität von Agonisten und Antagonisten (Strecker und Beuger) rückgemeldet, und der Patient lernt selektiv beide Gruppen gegensätzlich zu innervieren. Durch Biofeedback kommt es offensichtlich zu einer teilweisen Neuinnervation der verbliebenen Nervenbahnen. Operante Therapiemethoden (s. Kap. 27) und EMG-Biofeedback werden auch zur Rehabilitation von Parkinson, Torticollis und motorischen Tics eingesetzt.

Rehabilitation bei Inkontinenz. Abb. 16-14 zeigt eine Biofeedback-Anordnung zur Wiederherstellung der motorischen Kontrolle über die Ausscheidungsmuskulatur bei **Enkopresis** (Einkoten) nach Querschnittslähmungen oder anderen Schädigungen des Rückenmarks (z. B. bei Spina bifida, einem angeborenen Austritt des Rückenmarks), bei alten Personen, sowie nach operativen Eingriffen [26]. Dieselbe operante Methode wird bei *Enuresis* von Frauen angewendet. Der Patient beobachtet dabei die motorische Aktivität des internen Sphincters (glatter Muskel) und des externen Sphincters (quergestreifter Muskel). Der Rectalballon dient zur Simulation von Stuhldruck: Die Aufgabe der Patienten besteht darin, bei Druck auf den internen Sphincter und Dehnung des Rectums sofort mit einer Kontraktion des externen Sphincters zu antworten. Dafür wird

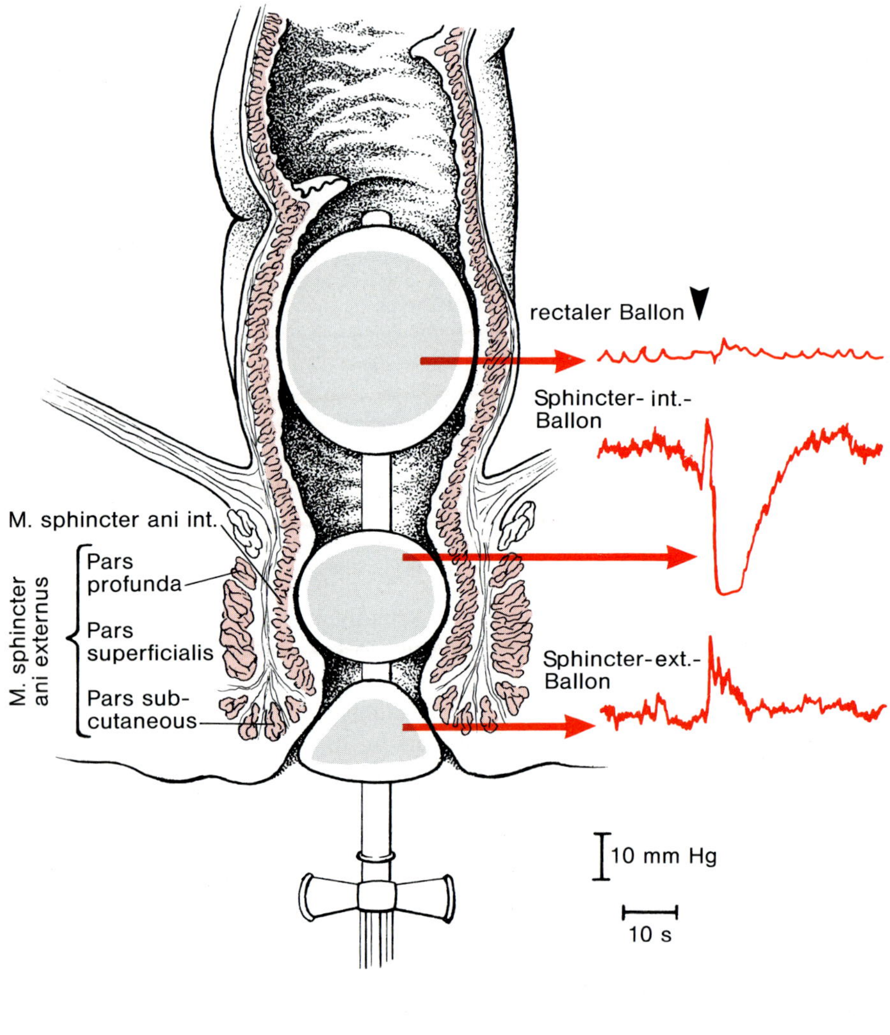

Abb. 16-14. Psychologische Rehabilitation von *Enkopresis* (Einkoten) nach Ausfall spinaler, supraspinaler oder peripherer Motorik. Es wird die Aktivität des inneren *(M. sphincter ani int.)* und des äußeren *(M. sphincter ani externus)* Schließmuskels durch Registrierballons, die als Druckaufnehmer dienen, gemessen (*rechts* im Bild). Ein dritter, rektaler Ballon dient zur Simulation von Stuhldruck (Eintritt von Kot in den Enddarm). In einer *Biofeedback-Anordnung* kann der Patient lernen, Druck auf den M. sphincter ani int. mit einem erhöhten Tonus des äußeren Sphinkter zu beantworten. In Anlehnung an [26]

er kontingent verstärkt (s. Kap. 27). Bereits nach wenigen Übungsdurchgängen kann bei 60–80% der Betroffenen, sofern noch eine nervöse Restinnervation vorhanden ist, die Kontrolle über die Ausscheidung wiederhergestellt werden [12].

16.8 Literatur

Weiterführende Lehr- und Handbücher

1. BROOKS, V.B. (Ed.): Motor Control. Handbook of Physiology, Sect. 1. The Nervous System. Vol. 2, Parts 1 and 2: Motor Control. Bethesda: Amer. Physiol. Soc. 1981
2. CREUTZFELDT, O.D.: Cortex cerebri. Leistung, strukturelle und funktionelle Organisation der Hirnrinde. Berlin, Heidelberg, New York, Tokyo: Springer 1983
3. CREUTZFELDT, O., SCHMIDT R.F., WILLIS, W.S. (Eds.): Sensory-Motor Integration in the Nervous System (Exp. Brain Res. Suppl. *9*). Berlin, Heidelberg, New York, Tokyo: Springer 1984
4. DESMEDT, J.E. (Ed.): Motor Control Mechanisms in Health and Disease (Adv. Neurol *39*). New York: Raven Press 1983
5. ECCLES, J.C.: The Inhibitory Pathways of the Central Nervous System. The Sherrington Lectures IX. Springfield/Ill.: Ch. C. Thomas 1969
6. ECCLES, J.C., ITO, M., SZENTAGOTHAI, J.: The Cerebellum as a Neuronal Machine. Berlin, Heidelberg, New York: Springer 1967
7. EVERED, D., O,CONNOR, M. (Eds.): Function of the Basal Ganglia. CIBA Foundation Symposium 107, London: Pitman 1984
8. GILMAN, S., BLOEDEL, J.R., LECHTENBERG, R.: Disorders of the Cerebellum. Contemporary Neurology Series, Vol. 21. Philadelphia: Davis 1981
9. ITO, M.: The Cerebellum and Neural Control. New York: Raven Press 1984
10. MAGNUS, R.: Körperstellung. Berlin: Springer 1924
11. MATTHEWS, P.B.C.: Mammalian Muscle Receptors and their Central Actions. London: Arnold 1972
12. MILTNER, W., BIRBAUMER, N., GERBER, D.: Verhaltensmedizin. Berlin, Heidelberg, New York, Tokyo: Springer 1986
13. PENFIELD, W., RASMUSSEN, T.: The Cerebral Cortex of Man. New York: McMillan 1950
14. POECK, K.: Neurologie, 7. Aufl. Berlin, Heidelberg, New York, Tokyo: Springer 1987
15. RADEMAKER, G.G.J.: Das Stehen. Berlin: Springer 1931
16. SCHMIDT, R.F. (Hrsg.): Grundriß der Neurophysiologie. 6. Aufl. Berlin, Heidelberg, New York, Tokyo: Springer 1987
17. SCHMIDT, R.F., THEWS, G. (Hrsg.): Physiologie des Menschen. 24. Aufl. Berlin, Heidelberg, New York, Tokyo: Springer 1990
18. SHERRINGTON, C.S.: The Integrative Action of the Nervous System. New Haven: Yale University Press, 2. Aufl. 1947. Nachdruck 1961 (1906)
19. TOWE, A.L., LUSCHEI E.S. (Eds.): Motor Coordination. Handbook of Behavioral Neurobiology, Vol. V. Plenum Press: New York 1981

Einzel- und Übersichtsarbeiten

20. ALEXANDER, G.E., DELONG, M.R., STRICK, P.L.: Parallel organization of functionally segregated circuits linking basal ganglia and cortex. Ann. Rev. Neurosci. *9*, 357 (1986)
21. BOYD, J.A.: Muscle spindles and stretch reflexes. In: SWASH, M., KENNARD, C. (Eds.): Scientific Basis of Clinical Neurology, pp. 74–97. London: Churchill Livingstone 1985
22. HOUK, J.C.: Regulation of stiffness by skeletmotor reflexes. Ann. Rev. Physiol. *41*, 99 (1979)
23. LUNDBERG, A., MALMGREN, K., SCHOMBURG, E.D.: Comments on reflex actions evoked by electrical stimulation of group II muscle afferents. Brain Res. *122*, 551 (1977)
24. PUCHALA, E., WINDLE, W.F.: The possibility of structural and functional restitution after spinal cord injury. A review. Exp. Neurol. *55*, 1 (1977)
25. SHIK, M.L., ORLOVSKY, G.N.: Neurophysiology of locomotor automatism. Physiol. Rev. *56*, 465 (1976)
26. WHITEHEAD, W.E., SCHUSTER, M.M.: Manometric and electromyographic techniques for assessment of the anorectal mechanism for continence and defecation. In: HÖLZL, R., WHITEHEAD, W.E. (Eds.): Psychophysiology of the Gastrointestinal Tract. Experimental and Clinical Applications. New York: Plenum 1983
27. WIESENDANGER, M.: The pyramidal tract: its structure and function. In: TOWE, A.L., LUSCHEI, E.S. (Eds.): Handbook of Behavioral Neurbiology, Vol. 5. Motor Coordination. New York: Plenum 1981
28. WIESENDANGER, M.: Organization of secondary motor areas of cerebral cortex. In: BROOKS, V.B. (Ed.): Handbook of Physiology, Section 1. The Nervous System, Vol. II, Motor Control, Part 2. Bethesda, Md.: Amer. Physiol. Soc. 1981
29. WIESENDANGER, M.: Recent developments in studies of the supplementary motor area of primates. Rev. Physiol. Biochem. Pharmacol. *103*, 1 (1986)
30. WIESENDANGER, M. MILES, W.: Ascending pathway of low-threshold muscle afferents to the cerebral cortex and its possible role in motor control. Physiol. Rev. *62*, 1234–1270 (1982)
31. WISE, S.P.: The primate premotor cortex: past, present, and preparatory. Ann. Rev. Neurosci. *8*, 1 (1985)
32. WOOLSEY, C.N., SETTLAGE, P.H., MEYER, D.R., SENCER, W., PINTO-HAMUY, T., TRAVIS, H.M.: Patterns of localization in precentral and „supplementary" motor areas and their relation to the concept of a premotor area. Proc. Assoc. Res. Nerv. Ment. Dis. *30*, (1950)

17 Allgemeine Sinnesphysiologie

Unsere Sinnesorgane übermitteln uns **nur einen winzigen Ausschnitt** aller in unserer Umwelt ablaufenden Vorgänge. So haben wir, um das Beispiel der elektromagnetischen Wellen zu benützen, nicht nur keine Sinneserfahrung über das ganze Spektrum der Radiowellen, sondern auch keine über radioaktive Strahlen, Röntgenstrahlen und ultraviolettes Licht. Nur Licht mit den Wellenlängen zwischen 350 und 800 nm sehen wir. Dagegen sehen wir infrarotes Licht nicht, empfinden jedoch diese langwelligen Wärmestrahlen über den Wärmesinn der Haut.

Wie kommt es zu dieser zunächst willkürlich erscheinenden Auswahl? Der Vergleich mit anderen Tieren zeigt, daß es sich auch hier, wie bei den meisten Lebensphänomenen, um eine **entwicklungsgeschichtliche Anpassung an unseren Lebensraum** handelt. Wir haben nur für solche Umwelteinflüsse Sinnesorgane entwickelt, die für unser Überleben besonders nützlich sind. Andere Tierarten haben sich an von den unseren sehr verschiedenen Lebensräumen durch eine andere Auswahl ihrer Sinnesorgane angepaßt. So besitzen beispielsweise gewisse Fische, die in sehr trübem Wasser leben, ein sehr empfindliches Sinnesorgan für elektrische Feldstärkeänderungen. Sie registrieren damit Änderungen eines von ihnen selbst durch Stromstöße aufgebauten elektrischen Feldes und benutzen dies als Ortungsmittel, ähnlich einer Radarortung oder dem von Fledermäusen entwickelten Echolot, mit dem diese in völliger Dunkelheit absolut sicher in engsten Höhlen fliegen und auf Beutefang gehen können.

17.1 Grundbegriffe in der Sinnesphysiologie

Nach dem eben Gesagten erfahren wir unsere Umwelt und die Vorgänge in unserem Organismus nicht vollständig, sondern über spezielle **Sinnesorgane**, die darauf spezialisiert sind, auf einen gewissen Bereich von Umwelteinflüssen zu reagieren und entsprechende Informationen an das Zentralnervensystem weiterzugeben. Die bekanntesten Sinnesorgane sind das *Auge*, das *Ohr*, das *Geschmacksorgan* der Zunge, das *Riechorgan* der Nase, das *Tast-* und das *Temperaturorgan* der Haut und das *nociceptive System* (das „Schmerzorgan"). Organisation und Funktion dieser Sinnesorgane, ihre Verknüpfung mit den Gehirnzentren und die über die Sinnesorgane ausgelösten Reaktionen sind einander sehr ähnlich. Diesen allgemeinen, für alle Sinneswahrnehmungen gültigen Gesetzmäßigkeiten wenden wir jetzt unsere Aufmerksamkeit zu [4, 5, 9, 10, 17, 20].

Objektive Sinnesphysiologie und Wahrnehmungspsychologie (subjektive Sinnesphysiologie)

Definition. Die Leistungen der Sinnesorgane bei Tieren und Menschen werden einmal mit den gleichen Methoden beobachtet und analysiert, die auch bei der Erforschung anderer Organe des Körpers, wie beispielsweise des Kreislaufsystems, angewendet werden. In solchen Untersuchungen wird festgestellt, welche der mannigfaltigen Umwelteinflüsse ein Sinnesorgan als *Reiz* beeinflussen können, welche Veränderungen ein Reiz in den speziellen Receptorzellen (Sensoren) der Sinnesorgane auslöst, wie diese Veränderungen in ein neuronales Impulsmuster umgesetzt werden und wie schließlich die Verarbeitung dieser Impulsmuster in den sensorischen Anteilen des Gehirns vor sich geht. Wir fassen diese Betrachtungsweise der Sinnesorgane und ihrer Leistungen als **objektive Sinnesphysiologie** zusammen.

Die Aktivität der Sinnesorgane löst aber auch in uns selbst Empfindungen und Wahrnehmungen aus. Auch diese können wir zum Gegenstand wissenschaftlicher Analyse machen und können dazu auch analoge Erlebnisse, die von anderen Menschen berichtet werden, heranziehen. Diese Tätigkeit wird in der *Psychologie* als **Wahrnehmungspsychologie**, in der *Physiologie* als **subjektive Sinnesphysiologie** bezeichnet (wir benutzen daher hier beide

Ausdrücke synonym). Die Wahrnehmungspsychologie untersucht beispielsweise, um wieviel Grad die Temperatur eines Bades geändert werden muß, damit wir diese Temperaturänderung gerade bemerken (Messung einer Unterschiedsschwelle, S. 323), oder welche Wassertemperatur gerade als *schmerzhaft heiß* empfunden wird (es sind ziemlich genau 44–45 °C, weniger als die meisten annehmen).

Photographische und sinnesphysiologische Abbildung. Wenn wir einen Gegenstand photographieren, dann liegen zahlreiche Schritte zwischen dem Beginn der Aufnahme und dem fertigen Bild. Jeder dieser Schritte, wie die Projektion des Bildes in die Filmebene der Kamera oder die photochemischen Veränderungen in der lichtsensiblen Filmschicht, lassen sich exakt beschreiben. Keine der Zwischenstufen und auch nicht das fertige Bild sind der Gegenstand selbst; alle sind nur Abbildungen des vorhergehenden Prozesses, mit dem sie aber durch die Gesetzmäßigkeiten des Abbildungsvorganges in einem so eindeutigen Zusammenhang stehen, daß wir schließlich aus der Farbvergrößerung genaue Informationen über den photographierten Gegenstand gewinnen können.

Völlig analog diesem Beispiel werden auch in unseren Sinnesorganen und den nachfolgenden Stationen des Nervensystems die als Reiz wirkenden Umweltphänomene „abgebildet". Dies ist in Abb. 17–1 illustriert. In den Kästchen der linken Säule stehen die *Grundphänomene* der Sinnesphysiologie. Sie sind durch Pfeile verknüpft. Diese Pfeile deuten *Entsprechung (oder* Abbildung, *nicht Kausalität* an. So ist die Nervenerregung Abbildung eines Sinnesreizes und die Wahrnehmung Abbildung von Sinneseindrücken. Neben den Pfeilen sind außerdem die Bedingungen und Voraussetzungen vermerkt, unter denen der jeweilige Abbildungsvorgang stattfindet. So sind *Phänomene der Umwelt* nur dann *Sinnesreize*, wenn sie in Wechselwirkung mit einem geeigneten Sinnesorgan treten. Ebenso werden aus den im Zentralnervensystem verarbeiteten *Erregungsmustern der Sinnesorgane* nur dann *bewußte Sinneseindrücke*, wenn das Zentralnervensystem Bewußtsein herzustellen vermag (s. Kap. 25).

Eindruck, Empfindung, Wahrnehmung. Abb. 17–1 gibt auch an, welche der Abbildungsprozesse der objektiven, welche der subjektiven Sinnesphysiologie (bzw. der Wahrnehmungspsychologie, s. o.) zugeordnet werden müssen. Bei der letzteren ist noch erläuternd zu ergänzen, daß wir als **Sinneseindruck** die einfachsten Einheiten, die *Elemente der Sinneserfahrung* bezeichnen. Ein solcher Eindruck wäre beispielsweise der Geschmack süß. Wir nehmen aber solche Sinneseindrücke kaum je isoliert auf und nennen eine *Summe von ihnen* eine **Sinnesempfindung.** Die Aussage „Ich schmecke etwas Bittersüßes und verspüre ein Prickeln auf der Zunge" beschreibt eine solche Sinnesempfindung. Zur reinen Sinnesempfindung kommt aber in der Regel eine *Deutung*, ein *Bezug auf Erfahrenes und Gelerntes.* Dies wird **Wahrnehmung** genannt. Der eben geschilderten Empfindung entspricht so die Wahrnehmung: „Ich trinke einen Gin-Tonic".

Psychische Prozesse und Hirnvorgänge: sinnesphysiologische Aspekte. Der „nahtlose" Übergang zwischen objektiver Sinnesphysiologie und Wahrnehmungspsychologie in Abb. 17–1 darf nicht darüber hinwegtäuschen, daß es für viele Menschen keineswegs als ausgemacht und allgemein akzeptiert anzusehen ist, daß die *psychischen* Phänomene der subjektiven Sinnesphysiologie, also die Empfindungen und Wahrnehmungen, überhaupt etwas gemeinsam haben mit den *materiellen* Phänomenen der objektiven Sinnesphysiologie, wie den Erregungsmustern der Sensoren und Neurone. Diese Frage ist natürlich nur ein Teilaspekt der generellen Frage nach **Wesensgleichheit oder -verschiedenheit** von Geist und Materie oder „Hirn und Seele" (s. a. S. 3). Sie tritt hier aber in einer besonders anziehenden Variante auf, denn sie gibt den Anreiz, Experimente durchzuführen, die uns vielleicht der Lösung dieses faszinierenden Rätsels näherführen können. Zwar lassen sich keine Experimente angeben, die Kausalzusammenhänge zwischen den Inhalten der objektiven Sinnesphysiologie und der Wahrnehmungspsychologie nachzuweisen gestatten, aber es können doch feste, d. h. **voraussagbare und mathematisch beschreibbare Korrelationen** (Beziehungen, Abbildungen) zwischen den Phänomenen der beiden Bereiche postuliert und anschließend experimentell überprüft werden [9, 10].

Betrachten wir dazu ein einfaches Beispiel: Es ist schwedischen Forschern gelungen, eine Mikroelektrode zu entwickeln, mit der durch die intakte Haut hindurch die Impulsaktivität einer einzelnen Nervenfaser, z. B. eines Drucksensors der Haut, abgeleitet werden kann *(„transcutane Mikroneurographie")*. Diese Elektrode erlaubt es also, von dem Sensor nach zentral gesandten Impulse (Aktionspotentiale) aufzuzeichnen und „mitzuhören". Wird nun die Hypothese aufgestellt, daß die Frequenz dieser Impulse in einem festen, mathematisch beschreibbaren Zusammenhang steht mit der *Stärke eines Druckreizes* einerseits und mit der *Stärke der subjektiven Druckempfindung* andererseits, so läßt sich dies, wie bereits geschehen, am wachen Menschen unmittelbar überprüfen: Auf der einen Seite erhält man Registrierungen von Impulsentladungen, die eine feste Abhängigkeit vom Reiz aufweisen, auf der anderen Seite ein Protokoll der Empfindungen der Versuchspersonen, die ebenfalls in einem eindeu-

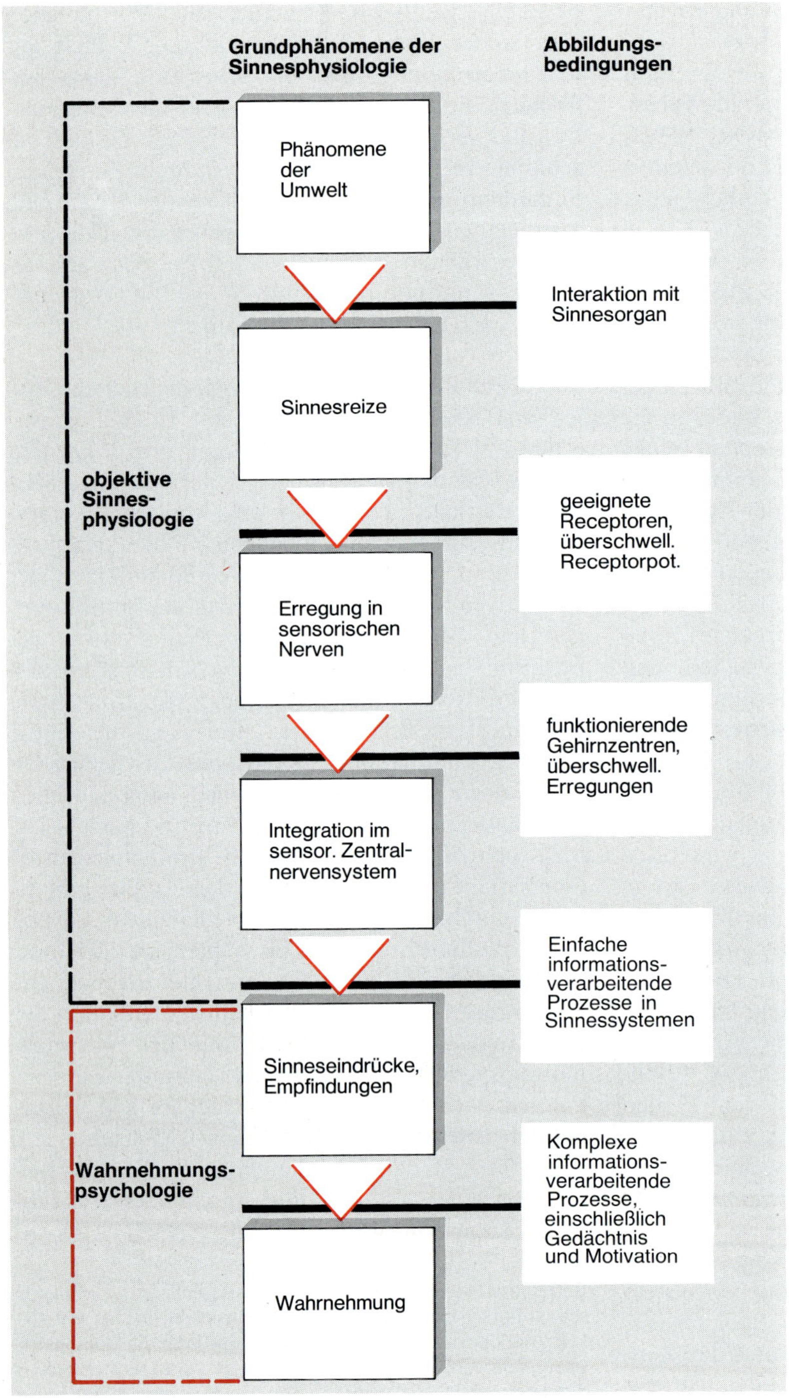

Abb. 17-1. Abbildungsverhältnisse in der Sinnesphysiologie. In den Kästchen Grundphänomene der Sinnesphysiologie, die *roten* Pfeile dazwischen deuten das Verhältnis *„Abbildung"* an. *Rechts* davon sind die Abbildungsbedingungen angegeben. Die Bereiche der objektiven Sinnesphysiologie und der Wahrnehmungspsychologie bzw. subjektiven Sinnesphysiologie sind *schwarz* bzw. *rot* gestrichelt zusammengefaßt. Modifiziert aus [10, 17]

tigen Zusammenhang mit dem Reiz stehen. Damit lassen sich aus der Kenntnis der Impulsentladungen eindeutige Voraussagen sowohl über den auslösenden Reiz als auch über die dabei auftretenden Empfindungen machen, ganz unabhängig davon, ob die Impulse in einem ursächlichen Zusammenhang mit der Empfindung stehen oder ob die psychologischen Vorgänge nur Begleitphänomene der physiologischen sind (*Epiphänomenalismus*) [3].

Das Studium der quantitativen Beziehungen zwischen *Reizgröße* und *subjektiver Empfindungsgröße* wird traditionell als **Psychophysik** bezeichnet [2, 4, 10, 11, 17, 20]. Dieses Gebiet gehört gleichermaßen der Sinnesphysiologie wie der experimentellen Psychologie, genauer der **Wahrnehmungspsychologie** an. Die im vorigen Absatz vorgestellte gleichzeitige

Messung und Verknüpfung objektiver Ereignisse an Sinnesorganen oder zentralnervösen Strukturen und subjektiven Wahrnehmungen und Verhalten werden der **Psychophysiologie** zugeordnet (vgl. auch Abb. 17-13 und zugehöriger Text). Psychophysik und Psychophysiologie haben eine Reihe von allgemeinen Gesetzmäßigkeiten erarbeitet, die zeigen, daß zwischen den physikalischen, physiologischen und psychologischen Änderungen häufig lineare Korrelationen bestehen, die auch interindividuell erstaunlich konstant sind.

Die Wahrnehmungspsychologie befaßt sich auch mit affektiven Prozessen der Sinneswahrnehmung, wie sie sich beispielsweise in den Begriffspaaren *angenehm/unangenehm, behaglich/unbehaglich, schön/häßlich* ausdrücken. Besonders ausgeprägt ist das für Gerüche, die wir oft nicht besser als „anregend" oder „ekelhaft" bezeichnen können. Auch die affektive Tönung von Empfindungen, also z. B. der Grad des Unbehagens bei zu kalter oder zu warmer Hauttemperatur in der Klimakammer, läßt sich ebenso messen wie Reizstärkeempfindungen (indem beispielsweise der *Grad des Unbehagens* von der Versuchsperson in der *Lautstärke eines Tones* ausgedrückt wird). Die Ergebnisse sind auch hier von Mensch zu Mensch außerordentlich konstant. Mit anderen Worten: Wahrnehmungen sind sich bei aller Subjektivität unserer persönlichen Erfahrung von Mensch zu Mensch viel ähnlicher, als wir es im allgemeinen einzuräumen geneigt sind, eben weil der für die Aufnahme und Verarbeitung von Sinnesreizen notwendige neuronale Apparat bei allen Individuen nach denselben Spielregeln arbeitet.

Grunddimensionen der Empfindung

Jede Empfindung und die ihr zugeordneten Reaktionen des sensorischen Nervensystems hat **4 Grunddimensionen**, nämlich die Dimensionen der **Räumlichkeit** und der **Zeitlichkeit**, die **Qualitätsdimension** und die **Intensitätsdimension**. Die beiden ersten Dimensionen ordnen die Empfindung in die Raum- und Zeitstruktur unseres Körpers und unserer Umwelt ein. Wir können einen Hitzereiz auf der Haut genau lokalisieren und seinen Beginn und seine Dauer zeitlich genau angeben. Gleiches gilt für einen Ton oder einen Lichtstrahl aus der Umwelt. Die *Räumlichkeit* und *Zeitlichkeit* dieser Reize sind im übrigen Dimensionen eines jeden materiellen Phänomens und gelten so auch für die objektive Sinnesphysiologie.

Qualität und Modalität. Wie bereits besprochen, erfahren wir unseren Körper und unsere Umwelt nicht vollständig, sondern über spezialisierte **Sinnesorgane** oder **Sinne**. Dazu gehören die alten *„fünf Sinne"*: das Sehen, das Gehör, das Gefühl (oder Getast), der Geschmack und das Riechen. Jedes dieser Sinnesorgane vermittelt jeweils Sinneseindrücke, die in ihrer Intensität verschieden sein können, in ihrer Qualität einander jedoch ähnlich sind. Wir nennen eine *Gruppe ähnlicher Sinneseindrücke*, die durch ein bestimmtes Organ vermittelt werden, eine **Modalität** oder **Sinnesmodalität**.

Innerhalb einer Sinnesmodalität lassen sich oft weitere Unterscheidungen des Sinneseindruckes voneinander abgrenzen, die als **Qualitäten** bezeichnet werden. So unterteilt man den Gesichtssinn in die Qualitäten Helligkeit (oder Grauwert) und die Farben Rot, Grün und Blau. Qualitäten des Gehörsinns sind die Töne verschiedener Höhe, und der Geschmack hat die Qualitäten süß, sauer, salzig und bitter. Im allgemeinen *entsprechen den Modalitäten die verschiedenen Sinnesorgane*, während das organische Korrelat einer *Qualität* einer der spezialisierten *Sensoren* (Receptortypen) innerhalb eines Sinnesorgans ist. In Abb. 17-2 sind diese Verhältnisse für den Gesichtssinn deutlich gemacht.

Intensität und Quantität. Die vierte Grunddimension einer Sinnesempfindung ist ihre *Intensität* oder **Quantität**. Eine Quantität ist für den Gesichtssinn

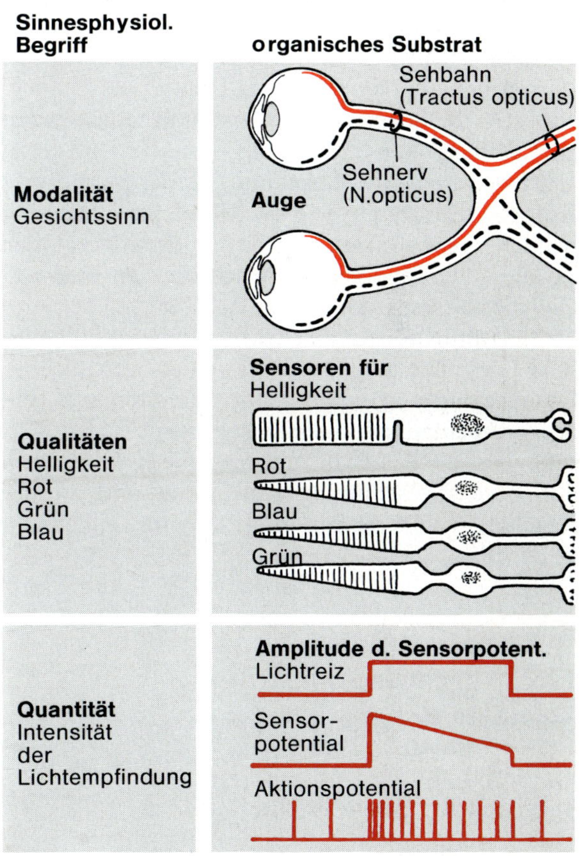

Abb. 17-2. *Modalität, Quantität* und *Qualität* und ihre organischen Substrate am Beispiel des Sehorgans. Modifiziert aus [17]

z. B. die Stärke der Helligkeitsempfindung oder für das Gehör die Lautheit eines Tones. Das organische Korrelat der *Quantität* eines Sinneseindruckes ist die *Amplitude* des Sensorpotentials (Receptorpotentials) bzw. die *Frequenz* der Aktionspotentiale im sensorischen Nerven (S. 316). Ein Beispiel einer solchen Korrelation zeigt Abb. 17-2 für den Gesichtssinn.

Einteilung der Sinne

Neben den klassischen „fünf Sinnen" kennen wir heute eine ganze Reihe weiterer Sinnesmodalitäten, z. B. den Temperatursinn der Haut und den Gleichgewichtssinn. Zu diesen **spezifischen Modalitäten** kommen solche hinzu, deren Sinnesorgane im Körper liegen und dessen Zustand feststellen. Bei diesen Modalitäten wird uns die Information meist nicht direkt, sondern mehr in Form eines **Allgemeingefühls** bewußt. Es ist jedenfalls heute klar, daß die Anzahl der Modalitäten über die fünf Sinne weit hinausgeht.

Bei einem Versuch, die Sinnesorgane unseres Körpers zu klassifizieren, lassen sich **an Hand der jeweils verwendeten Sensoren** *(Sinnesfühler, Sinnesreceptoren)* in etwa drei große Gruppen abgrenzen: (1) Sensoren, die Reize aus der Umwelt aufnehmen, also z. B. die Sensoren von Auge und Ohr, werden als **Exteroceptoren** bezeichnet.

(2) Sensoren, die Lage und Bewegung unseres Körpers registrieren, wie die Muskelspindeln und Sehnenorgane (S. 284), nennen wir **Proprioceptoren**. Zu dieser Gruppe gehören auch die Sensoren des Gleichgewichtsorgans.

(3) Informationen über mechanische und chemische Ereignisse aus den Eingeweiden werden über **Enteroceptoren** vermittelt. Dazu gehören z. B. die *Baroreceptoren* und *Chemoreceptoren* aus dem Carotissinus, die den Blutdruck bzw. die Kohlensäure- und Sauerstoffspannung registrieren und an der Regelung von Kreislauf und Atmung teilnehmen (S. 85, 107).

17.2 Allgemeine objektive Sinnesphysiologie

Spezifität der Sinnesorgane

Adäquate Reize. Die Meßfühler oder **Sensoren** (Sinnesreceptoren) in den Sinnesorganen sind darauf spezialisiert, auf bestimmte Reize optimal zu reagieren. Meist ist das der Reiz, der die minimale Energie benötigt, um das betreffende Organ zu erregen. Diejenigen Reizformen, auf die ein Sinnesorgan optimal reagiert, werden **adäquate Reize** genannt. Für das Auge sind dies z. B. elektromagnetische Schwingungen mit Wellenlängen zwischen 400 bis 800 nm (S. 370), für das Ohr Schall(druck)wellen mit einer Frequenz zwischen 20 und 16000 Hz (S. 392).

Die Spezifität der Sinnesorgane ist vielfach von deren **Aufbau mitbedingt**. So werden sowohl im Gleichgewichtsorgan wie im Innenohr die *Haarzellen durch Endolymphströmungen* erregt. Im ersteren Fall werden diese Strömungen durch Kopfbewegungen ausgelöst (S. 408), im zweiten durch Schallwellen.

Nichtadäquate Reize. Ein Sinnesorgan reagiert jedoch nicht nur auf adäquate Reize. So können z. B. alle Sinnesorgane durch elektrischen Strom erregt werden. Ähnlich wirken starke Druckänderungen (Schlag auf das Auge: „Sterne sehen") oder Änderungen des chemischen Milieus (z. B. Sauerstoffmangel) auf die meisten Sensoren. Bei diesen Einschränkungen der Spezifität handelt es sich um *unphysiologische*, **nichtadäquate Reize**, jedoch werden auch Reaktionen auf *physiologische* nichtadäquate Reize beobachtet. So spricht ein Grün-Sensor der Netzhaut auch auf starkes rotes oder blaues Licht an, seine Empfindlichkeit ist aber für grünes Licht am höchsten.

Manchmal kann es sogar schwierig sein, den adäquaten Reiz für einen bestimmten Sensor zu definieren. Es gibt z. B. in der Haut Drucksensoren (Druckreceptoren), die sowohl auf schwache Druckänderungen wie auch auf kleine Temperaturänderungen reagieren. In diesem Fall läßt es sich nur durch das Studium der zentralen Verarbeitung der von diesem und benachbarten Sensoren vermittelten Impulsfolgen klären, welches der adäquate Reiz dieses Sensors ist. Die Spezifität der Sinnesorgane, und damit die Abgrenzung von Modalitäten und Qualitäten, wird also nicht ausschließlich durch die Spezifität der Sensoren bestimmt. Der adäquate Reiz für ein Sinnesorgan wird vielmehr mitdefiniert durch die **zentrale Verarbeitung** der von den Sensoren kommenden Impulsmuster, durch die **Verknüpfung der Funktion gleichartiger Sensoren** und durch den **Vergleich der einlaufenden Information** mit der, die aus benachbarten Sensoren anderer Modalitäten kommt.

Erregungsauslösung an Sensoren

Das Sensorpotential. Die Abb. 17-3 zeigt eine schematische Darstellung eines Dehnungssensors an einem Krebsmuskel, der zu den bestuntersuchten Sensorpräparaten gehört [23]. Er besteht aus einer Nervenzelle mit relativ großem Soma, deren Dendriten Muskelfasern anliegen, und von der ein

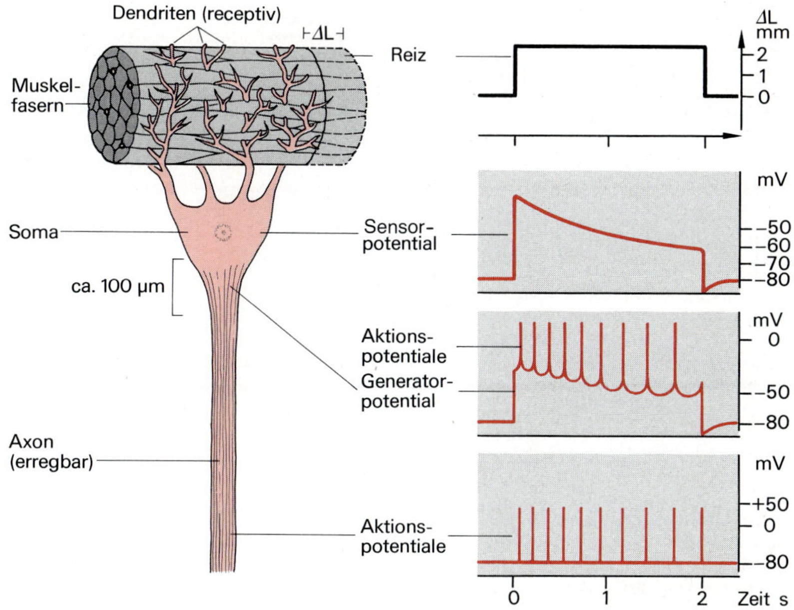

Abb. 17-3. Transduktion und Transformation am Beispiel eines Mechanosensors. Elektrophysiologische Messungen (*rechte* Bildhälfte) an einem Strecksensor des Krebses, dessen Dendriten als Dehnungsmeßfühler zwischen den Muskelfasern liegen (*linke* Bildhälfte). Bei Reizung (Längenänderung des Muskels um △ L) kann von der Sensorzelle mit einer Mikroelektrode das Sensorpotential (erste *rote* Registrierung von oben) aufgezeichnet werden. Die Umwandlung des mechanischen Reizes in das Sensorpotential wird Transduktion genannt. Am Übergang zwischen Soma und Axon entstehen aus dem Sensorpotential Aktionspotentiale (Prozeß der Transformation, zweite *rote* Registrierung von oben). Am Axon selbst werden nur diese Aktionspotentiale nach zentral geleitet (*unterste* Registrierung). Nach M. Zimmermann in [10]

Axon Aktionspotentiale zum Zentrum leiten kann. Werden zur Reizung des Sensors die Muskelfasern gedehnt, so wird im Soma (das ein normales Ruhepotential besitzt) eine *Depolarisation* gemessen, die bei Ende des Reizes wieder verschwindet. Diese Depolarisation wird **Sensorpotential** (auch *Generatorpotential* oder *Receptorpotential*) genannt. Dieses Sensorpotential muß in den Dendriten entstehen, die ja allein Kontakt zum Dehnungsreiz haben.

Das Sensorpotential dauert so lange wie der Reiz, und seine Amplitude wächst mit der Reizstärke. Es ist somit **reizabbildend** und nicht ein „Alles-oder-Nichts-Signal" wie ein fortgeleitetes Aktionspotential. Es beruht auf einer Erhöhung der Na^+-Leitfähigkeit der gedehnten Dendritenmembran, die von der Stärke der Dehnung abhängt. Der dadurch verursachte Einstrom von Na^+-Ionen erzeugt das depolarisierende Sensorpotential, das sich elektrotonisch auf das Soma ausbreitet [1, 9, 10, 17, 20]. Diese primäre Umwandlung des Reizes in ein Sensorpotential wird auch **Transduktion** genannt, der *Sensor* ist also ein *Transducer*.

Ein wichtiger Teilaspekt der Transduktion des Reizes in das Sensorpotential ist der energetische. Der Reiz ist nicht die Energiequelle des Sensorpotentials. Er steuert nur, unter Mitwirkung von im einzelnen noch unbekannten Membranprozessen, Ionenströme durch die Membran, die durch die Konzentrationsdifferenzen der Ionen über die Membran angetrieben werden. So kann schon ein einzelnes Lichtquant so große Membranströme auslösen, daß das entstehende Sensorpotential die Aktivität der Sehzellen meßbar beeinflußt. Mit der Transduktion ist also ein **Verstärkungsprozeß** verbunden.

An den meisten Sensoren entsteht das depolarisierende Sensorpotential durch eine Erhöhung der Membranleitfähigkeit für Na^+. Eine Sonderstellung nehmen die Sensorpotentiale der primären Sehzellen der Netzhaut (Zapfen, Stäbchen) ein, die bei Belichtung *hyperpolarisieren* (S. 379).

Transformation des Sensorpotentials in Erregungen. Im Axon des Dehnungssensors entsteht, wie Abb. 17-3 zeigt, eine Salve von Aktionspotentialen. Diese Aktionspotentiale werden durch das Sensorpotential ausgelöst, das elektrotonisch in den Anfangsabschnitt des Axons geleitet wird und dort das Ruhepotential über die Schwelle für fortgeleitete Aktionspotentiale depolarisiert. Die anhaltende Depolarisation des Sensorpotentials wird also in eine rhythmische Serie von Aktionspotentialen umgewandelt. Dieser Prozeß wird **Transformation** genannt.

Primäre und sekundäre Sensoren. Die Transformation des Sensorpotentials in eine Serie von Aktionspotentialen findet bei vielen Sensoren im Anfangsabschnitt des Axons der Sensorzelle statt (s. Abb. 17-3). Neben solchen *primären Sensoren* gibt es auch *sekundäre Sensoren.* Bei letzteren wird das Sensorpotential nicht schon in der Sinneszelle in Aktionspotentiale transformiert, sondern in der Endigung einer afferenten Nervenzelle, die mit der Sensorzelle synaptischen Kontakt hat (s. Abb. 20-11, S. 408). Wichtige Typen von sekundären Sensoren sind z. B. die Schmeckzellen auf der Zunge, die Sehzellen in der Netzhaut des Auges und die Hörzellen im Innenohr des Menschen.

Adaptation. Die oben beschriebene Abbildung des Reizes in der afferenten Impulssalve ist aber nicht absolut reizgetreu, denn das Sensorpotential wird auch bei konstantem Reiz im Laufe der Zeit kleiner (Abb. 17-3, 17-4). Diese **Adaptation an den Reiz** kennen wir aus der subjektiven Erfahrung

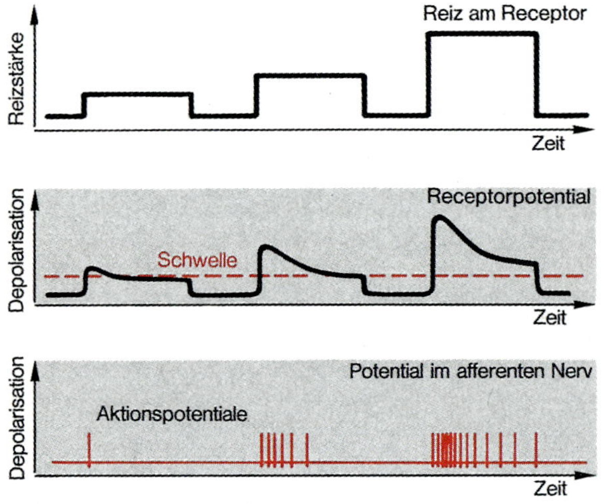

Abb. 17-4. Codierung der Reizstärke durch Sensoren und die Adaptation der Sensorpotentiale auf einen anhaltenden Reiz. *Oben:* drei Reize zunehmender Intensität (z. B. Druckreize), *darunter* die dadurch ausgelösten Sensorpotentiale, die mittelschnelle Adaptation zeigen. Die Sensorpotentiale überschreiten in verschiedenem Ausmaß die Schwelle *(rot)* für die Auslösung von Aktionspotentialen, deren Frequenz in der *untersten* Zeile ersichtlich ist. Aus [17]

(Abb. 17-16). Der Zeitverlauf der Adaptation ist von den Eigenschaften des Sensors abhängig: Es gibt solche, die sehr rasch adaptieren, wie die Berührungssensoren der Haut, und solche, wie die Nociceptoren („Schmerzreceptoren", S. 353), die dies nur sehr langsam oder überhaupt nicht tun. Der Zeitverlauf der subjektiven Adaptation ist daher schon durch die Abbildungvorgänge im Sensor vorbestimmt.

Codierung der Amplitude des Reizes als Impulsfrequenz. Die bei der Transformation entstehenden Aktionspotentiale werden zum Zentralnervensystem weitergeleitet und enthalten in Form einer **Frequenzcodierung** Information über die Stärke und Dauer des Sensorpotentials (Abb. 17-3). Da letzteres wiederum in seinem Verlauf durch den Reiz bestimmt wird, **bildet sich der Reiz** also **in der Impulssalve** der afferenten Nervenfaser ab. Dies ist (neben dem Prozeß der Adaptation) ebenfalls in Abb. 17-4 zu sehen.

Eine genaue Betrachtung der quantitativen Beziehungen zwischen den Amplituden des Sensorpotentials bzw. des Reizes zeigt, daß die **Übertragungsfunktionen** nicht bei allen Sensoren gleich sind. Langsame Dehnungssensoren wie der der Abb. 17-3 können in weiten Bereichen eine **lineare** Übertragungsfunktion haben, d. h. Reizamplitude und Aktionspotentialfrequenz des Sensors sind proportional (Abb. 17-5 A).

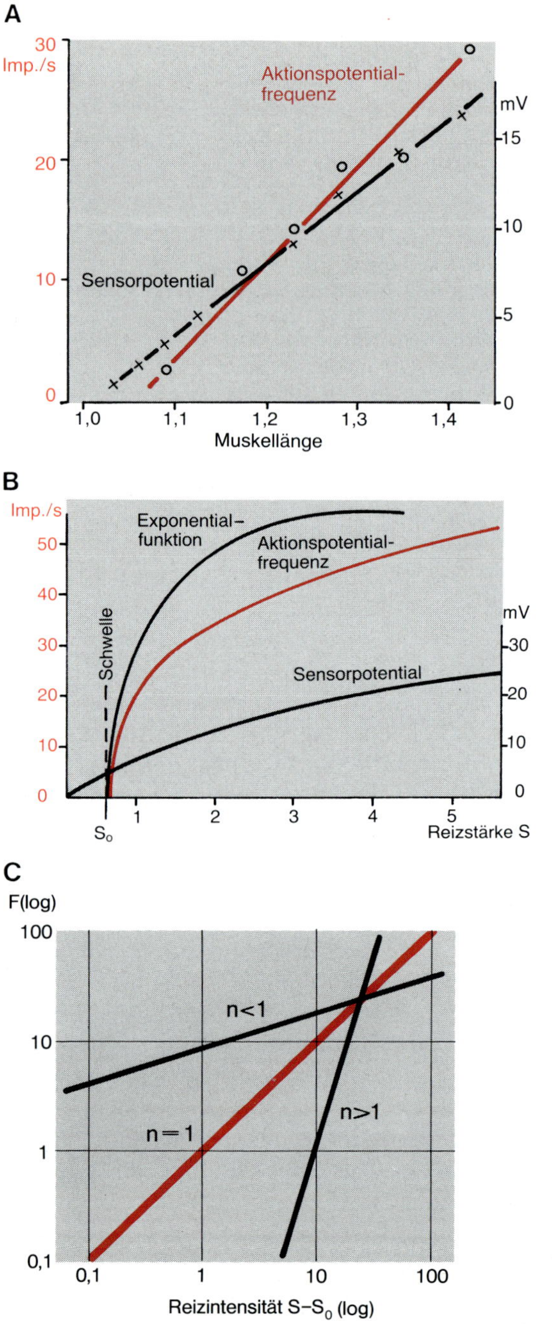

Abb. 17-5. Übertragungsfunktionen bei der Transformation in Sensoren. **A** Lineare Übertragungsfunktion eines Dehnungssensors des Krebsmuskels. Abhängigkeit der Amplitude des Sensorpotentials *(schwarz, rechte Ordinate)* und der Impulsfrequenz der ausgelösten Aktionspotentiale *(rot, linke Ordinate)* von der Länge des gedehnten Krebsmuskels. **B** Nichtlineare Übertragungsfunktion eines Sensors, ansonsten wie in **A.** S_o bezeichnet die Schwelle des Sensorpotentials für die Auslösung von Aktionspotentialen. Beide Kurvenverläufe sind bei diesem Sensor Potenzfunktionen. **C** Formen von Potenzfunktionen mit Exponenten größer (>) und kleiner (<) 1 bei Darstellung in einem Koordinatensystem mit logarithmischen Skalen. *Ordinate:* Entladungsfrequenz eines Sensors. *Abscisse:* Reizstärke S vermindert um die Schwellenreizstärke S_o. **A, B** aus [17]

Häufig sind aber auch Übertragungsfunktionen von der in Abb. 17-5B gezeigten Form: Das Sensorpotential und, wenn dies überschwellig wird, auch die Aktionspotentialfrequenz steigen bei schwachen Reizen steil mit der Reizamplitude, bei stärkeren Reizen nimmt jedoch die Empfindlichkeit des Sensors zunehmend ab, die Aktionspotentialfrequenz steigt bei großen Reizen nur noch wenig. Diese **nichtlineare** Übertragungsfunktion wird bei Sinnesorganen gefunden, bei denen die Reize einen großen Amplitudenumfang haben, z. B. bei Lichtsensoren in der Netzhaut des Auges, die auf Beleuchtungsstärken, deren Amplituden sich im Extremfall wie $1:10^6$ verhalten, antworten müssen. Selten kommt die umgekehrte Krümmung der Übertragungsfunktion wie die in Abb. 17-5B vor, daß nämlich die Aktionspotentialfrequenz mit steigender Reizamplitude steiler ansteigt. Ein solches Verhalten ist für Nociceptoren („Schmerzsensoren") typisch.

Die verschiedenen *Formen der Übertragungsfunktionen* zwischen *überschwelligem* Reiz **S** und Impulsfrequenz **F** lassen sich am besten in Form einer **Potenzfunktion** fassen. Es ist

$$F = k \cdot S^n$$

Dabei ist **k** eine Konstante und der Exponent **n** ein für jeden Sensortyp charakteristischer positiver Wert. Ist $n = 1$, so wird die Potenzfunktion zu einer Geraden mit der Steigung k. Ist n kleiner als 1 ($n < 1$), so ergibt sich in einem linearen Koordinatensystem die Kurvenform der Abb. 17-5 B, und ist n größer als 1 ($n > 1$), so steigt die Impulsfrequenz überproportional mit dem Reiz an. Bei Auftragung der Meßwerte in einem doppelt-logarithmischen Koordinatensystem lassen sich die Werte von Potenzfunktionen durch Gerade bestimmen, deren Steilheiten durch die Exponenten bestimmt werden. Ist $n = 1$, so beträgt die Steilheit der Geraden, wie Abb. 17-5C zeigt, 45°, bei $n < 1$ und $n > 1$ liegt ihre Steilheit unter bzw. über diesem Wert. So bedeutet ein Exponent von $n = 0{,}3$, daß sich die Empfindung bei einer Verzehnfachung der Reizstärke etwa verdoppelt ($10^{0,3} = 1{,}995262$, Taschenrechner!). Potenzfunktionen charakterisieren auch die Übertragungsfunktionen sensorischer Neurone (S. 316) und die Beziehung zwischen Reiz- und Empfindungsstärken (s. S. 324). Die subjektiv empfundenen Änderungen der Reizintensität lassen sich mit Hilfe dieser Beziehungen exakt berechnen.

Neuronale Verschaltungen im sensorischen System

Erregungsausbreitung. Ein Reiz erregt normalerweise nicht einen, sondern viele, oft viele tausend Sensoren gleichzeitig. Die daraus resultierende Impulsflut in den afferenten Nervenfasern enthält die Information über die räumliche Ausdehnung und die zeitliche Struktur des Reizes. Die Information muß vom Nervensystem ausgewertet werden, damit der Organismus angemessen auf den sensorischen Reiz reagieren kann. Die Auswertung erfolgt bei allen Sinnesorganen an mehreren Stellen zwischen dem Sensor am einen und den zugehörigen Großhirnrindenarealen am anderen Ende der sensorischen Bahnen.

Die ersten Schritte der Erregungsausbreitung in einem sensorischen System zeigt Abb. 17-6. Dargestellt ist *links* in A ein Nervennetz aus 3 Sensoren und zwei darauf folgenden synaptischen Ebenen. Der mittlere Sensor wird durch einen Reiz erregt und beeinflußt erregend die mit ihm synaptisch verbundenen 3 Neurone. Diese **Divergenz** hat zur Folge, daß das auf der Ebene der Sensoren noch eng begrenzte *„erregte Gebiet"* (s. Abb. 17-6 A, *rechts*) sich ausweitet und damit die *Lokalisation* des Reizes verschlechtert wird. Andererseits gewährleistet die Divergenz, daß auch die Effekte schwacher Reize auf wenige Sensoren anschließend verstärkt weitergegeben werden. Als Beispiel sei erwähnt, daß wir beim Schmecken nicht wahrnehmen können, von welcher Region der Zunge die Geschmacksempfindung ausgeht.

Im Neuronennetz der Abb. 17-6 A kommt auch **Konvergenz** vor: Jedes Neuron bekommt mehrfache Afferenzen. Die Konvergenz der von vielen benachbarten Sensoren ausgehenden Erregungen führt zur **räumlichen Summation** oder **Bahnung** der synaptischen Potentiale in diesem Neuron. Auch dadurch wird erreicht, daß die Effekte schwacher Reize verstärkt werden. Andererseits wird bei sehr starken und großflächigen Reizen über die Konvergenz sehr schnell der maximale Erregungszustand der Neurone erreicht. Ein solcher „Sättigungszustand" in einem Neuronenverband wird **Occlusion** genannt (S. 237). Er führt beispielsweise dazu, daß zwei eng nebeneinanderliegende starke Druckreize nicht mehr voneinander unterschieden, sondern nur als einheitlicher Reiz wahrgenommen werden.

Hemmung im sensorischen System. Würden sich die Erregungen, wie in Abb. 17-6A angenommen, ungehindert ausbreiten, so wäre bald das ganze Gehirn erregt. Dies wird durch das *Hinzutreten von Hemmung verhindert.* In Abb. 17-6B ist das Nerven-

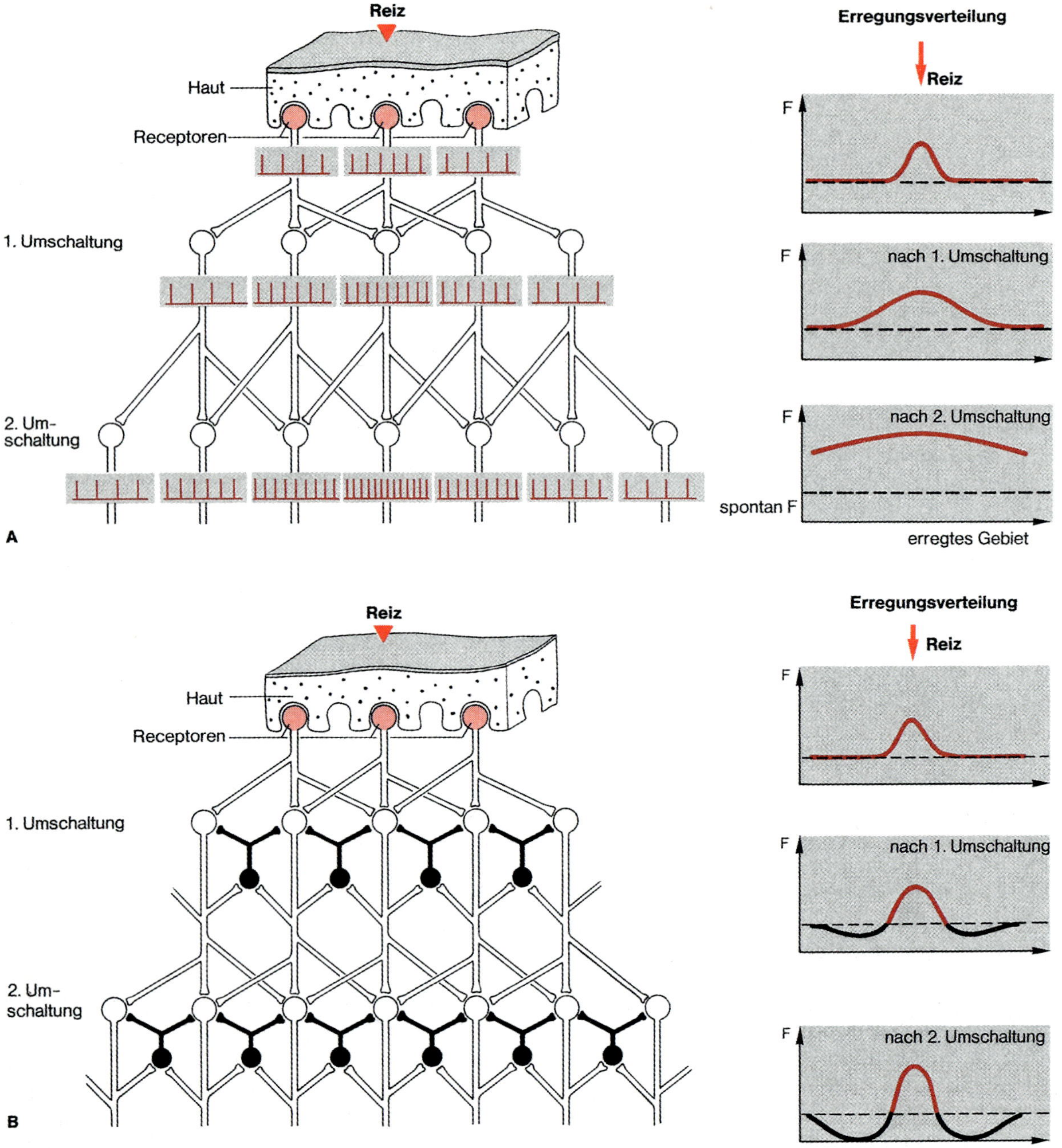

Abb. 17-6. Laterale Hemmung in einem einfachen Modell eines Sinnessystems. **A** *Links:* Schema der erregenden synaptischen Verbindungen von 3 Sensoren und 2 darauffolgenden synaptischen Ebenen. Die *gerasterten* Einschaltungen über den Axonen deuten die entsprechenden Erregungsfrequenzen während des Reizes an. Dieses Netzwerk weist ausgesprochene Divergenz und Konvergenz auf. *Rechts:* Verteilung der Entladungsfrequenzen *F* im „erregten Gebiet" um den Reizort auf der Ebene der Sensoren und den beiden nachfolgenden synaptischen Ebenen. **B** Wirkung zusätzlicher hemmender Interneurone *(schwarz)*. In den Entladungsverteilungen *rechts* wird lateral vom Reizort die Ruhefrequenz *(gestrichelt)* unterschritten. Diese laterale Hemmung ist *schwarz* eingetragen. Aus [17]

netz von Abb. 17-6A um *hemmende Interneurone* (schwarz) ergänzt. Es ist nur ein Typ der Hemmung berücksichtigt, nämlich die **laterale Hemmung durch negative Rückkopplung**, die im sensorischen System besonders wichtig ist [10, 13, 17, 20]. Im Beispiel der Abb. 17-6B führt die laterale Hemmung dazu, daß sich um die durch den Reiz maximal erregten Neurone der Mittelachse eine **Hemmzone** ausbildet, die das erregte Gebiet auch auf den höheren synaptischen Ebenen stark eingrenzt. Dies führt z. B. im vi-

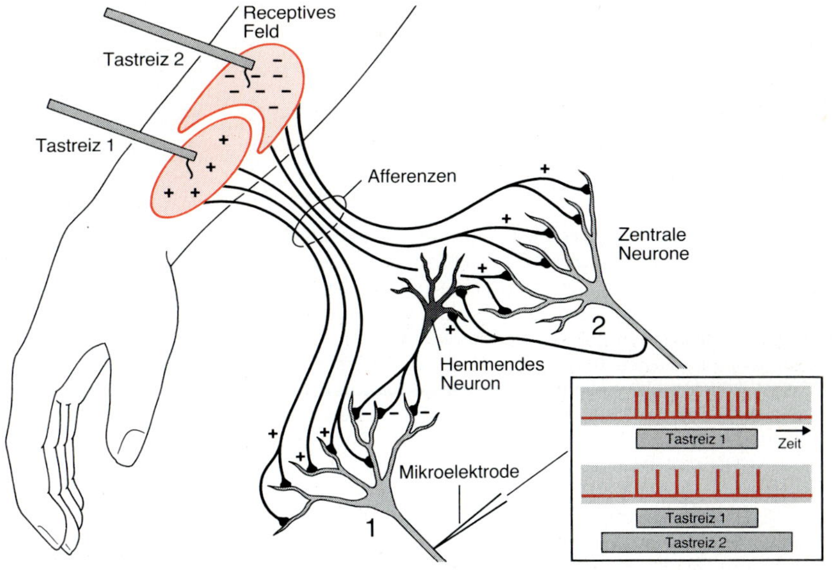

Abb. 17-7. Erregende und hemmende receptive Felder zentraler sensorischer Neurone. Gezeigt sind receptive Felder auf der Haut des Unterarms, von denen aus Neurone im Rückenmark (oder auf höheren Ebenen, z. B. im Thalamus) erregt oder gehemmt werden können. Neuron 1 wird aus dem erregenden receptiven Feld (+) aktiviert, aus dem hemmenden Umfeld (−) gehemmt, wie die Registrierung der Aktionspotentiale angibt. Neuron 2 wird aus dem für Neuron 1 hemmenden Feld (−) erregt. Die hier gezeigte hemmende Verschaltung ist ein Fall der lateralen Inhibition (vgl. Abb. 17-6). Nach M. Zimmermann in [10]

suellen System zu erheblichen Kontrastverschärfungen, wie später im Zusammenhang mit Abb. 17-15 erläutert werden wird.

Receptives Feld. In Abb. 17-6 haben wir vom Sensor ausgehend den Fluß der sensorischen Information über verschiedene synaptische Stationen betrachtet. Man geht in der Sinnesphysiologie häufig auch umgekehrt vor und bestimmt diejenigen Sensoren oder diejenigen Punkte des Raumes, von denen aus ein sensorisches Neuron erregt werden kann. Die Gesamtheit aller Punkte der Körperperipherie, von denen aus ein sensorisches Neuron durch spezifische Reize beeinflußt werden kann, wird ihr **receptives Feld** genannt [6, 21,]. Ein Beispiel zeigt Abb. 17-7 für zentrale sensorische Neurone. Leichte Berührung der Haut (Tastreiz 1) löst nur von Punkten in dem rot umrandeten Bezirk des Unterarmes eine Zunahme der Impulsfrequenz im Neuron 1 aus. Dieser Bezirk ist das erregende receptive Feld des Neurons 1.

Die **Größe der receptiven Felder** ist bei verschiedenen sensorischen Neuronen sehr unterschiedlich. Einige haben *sehr kleine* receptive Felder, so z. B. Neurone des visuellen Cortex, die nur von einer 0,02 mm^2 großen Fläche der Netzhaut durch Lichtreize beeinflußt werden können. Andere Neurone können z. B. durch Hautreize in *sehr großen* Körperpartien, etwa einem ganzen Bein, beeinflußt werden, wobei das Neuron sowohl auf Berührungs-, wie auf Vibrations- und Kältereize reagiert. Dieses große receptive Feld umfaßt also auch *verschiedene Modalitäten.* Es leuchtet ein, daß das räumliche Auflösungsvermögen eines Sinnesorgans um so besser ist, je kleiner die receptiven Felder der beteiligten Neurone sind.

Erregung und Hemmung im receptiven Feld. Definitionsgemäß kann ein Neuron durch Reizung seines receptiven Feldes *beeinflußt* werden. Wie Abb. 17-6 und 17-7 zeigen, kann diese „Beeinflussung" entweder erregender oder hemmender Natur sein. In der Regel **reagieren Zentrum und Peripherie** des receptiven Feldes **gegensätzlich**. Beispiele zeigt Abb. 17-8. Dort erfolgt z. B. in einem Fall im Zentrum auf den Reiz hin eine *„an-Reaktion"*, d. h. die Impulsfrequenz nimmt während des Reizes zu und wird nach dem Reiz für einige Zeit kleiner als die Ruhefrequenz. Wenn aber der Reiz im Zentrum eine *„an-Reaktion"* auslöst, so führen Reize in der Peripherie zu der umgekehrten *„aus-Reaktion"* (Abb. 17-8, links). Man nennt ein solches receptives Feld ein *„an-Zentrum"-Feld* (on-Zentrum-Feld). Genauso häufig wie die „an-Zentrum"-Felder kommen je-

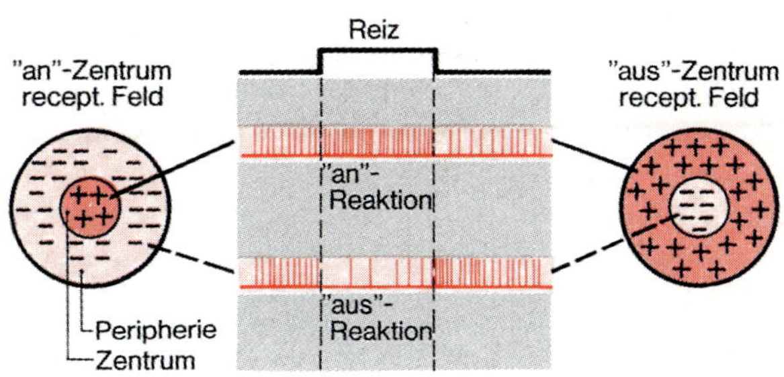

Abb. 17-8. Organisation receptiver Felder in sensorischen Systemen mit gegensätzlicher „Polung" von Zentrum und Umfeld. Diese Form der Organisation kommt häufig vor. In den konzentrischen receptiven Felder *rechts* und *links* im Bild sind mit (+) alle Areale markiert (und *dunkelrot hervorgehoben*), deren Reizung zu einer „an-Reaktion" eines zentralen Neurons führt. Umgekehrt sind mit (−) und *hellrot* alle Areale markiert, deren Reizung zu einer „aus-Reaktion" führt. Das Entladungsverhalten der Neurone, die eine Ruheentladung aufweisen, ist schematisiert in der *Bildmitte* gezeigt. Aus [17]

doch auch die umgekehrt organisierten *„aus-Zentrum"-Felder* (off-Zentrum-Feld) vor (Abb. 17-8, rechts) [22]. Diese Anordnung der receptiven Felder ist z. B. im Sehsystem verantwortlich für die Entstehung des *Simultankontrastes* (Abb. 19-5 und zugehöriger Text S. 369).

Grundlage dieser **Organisation des receptiven Feldes** ist die laterale oder **Umfeldhemmung**. Wie bereits in Abb. 17-6 gezeigt, erzeugt diese Hemmung um ein durch den Reiz „erregtes Gebiet" eine Hemmzone. Diese Konfiguration ist äquivalent zu einem *an-Zentrum* und einer *aus-Peripherie*. Wenn die durch den Reiz ausgelösten Erregungen über eine hemmende Synapse laufen, ergibt sich analog ein *aus-Zentrum*-receptives Feld. Die Organisation des receptiven Feldes in Zentrum und umgekehrt reagierende Peripherie **verschärft das räumliche Unterscheidungsvermögen** der Gehirnzentren und **fördert den Kontrast** (S. 326).

Die **Größe des receptiven Feldes** kann durch *zentral gesteuerte Hemmvorgänge* **verkleinert** werden, und sogar die relative Größe von Zentrum und Peripherie kann verschieden eingestellt werden. So ist z. B. ein wichtiger Teilaspekt der Dunkeladaptation des Auges (S. 365) die relative Vergrößerung der Zentren der receptiven Felder der Retina-Ganglienzellen bei herabgesetzter Beleuchtung [12]. **Größe und Organisation** des receptiven Feldes sind also **keine unveränderlichen Eigenschaften** eines sensorischen Neurons.

Reizstärke-Reizantwort-Beziehungen sensorischer Neurone

Übertragungsfunktion sensorischer Neurone. So wie dies oben für die *peripheren* Sensoren beschrieben wurde, läßt sich die Beziehung zwischen der Impulsfrequenz F eines *zentralen* sensorischen Neurons und der überschwelligen Reizstärke S in seinem receptiven Feld am besten durch die **Potenzfunktion**

$$F = k \cdot S^n$$

beschreiben [26]. Es kommen verschiedene Werte von n vor: es gibt Proportionalität von Reiz und Reizantwort (n = 1) auch bei zentralen Neuronen; bei den meisten Neuronen wird mit steigendem Reiz der Zuwachs an Reaktion *kleiner*, der Exponent n ist also kleiner als 1 (vgl. Abb. 17-5C).

Schwellen sensorischer Neurone. An zentralen sensorischen Neuronen kann, ebenso wie an Sensoren, die **absolute Schwelle** für den adäquaten Reiz bestimmt werden. Dies ist die kleinste Reizstärke, für die sich eine Änderung der Impulsfrequenz des Neurons feststellen läßt. Wichtiger sind noch die **Unterschiedsschwellen**, d. h. die *kleinste* Änderung eines Reizparameters, die eine *meßbare* Änderung der Impulsfrequenz des sensorischen Neurons hervorruft.

Die Bestimmung einer **Intensitäts-Unterschiedsschwelle** ist in Abb. 17-9A erläutert. Ein überschwelliger Dauerreiz führt zu einer konstanten Impulsfrequenz in einem sensorischen Neuron. Wird die Reizstärke in kleinen Schritten erhöht, so verursacht der erste Reizzuwachs keine merkliche Änderung der Impulsfrequenz. Die nächste, etwas größere Reizstärkenerhöhung bringt eine erhöhte Impulsfrequenz, diese Steigerung entspricht also der Intensitäts-Unterschiedsschwelle.

Abb. 17-9B zeigt die Bestimmung einer **Orts-Unterschiedsschwelle**. Links ist die Ausgangssituation gezeichnet, ein Reiz im Zentrum eines Achsenkreuzes (z. B. auf der Haut) verursacht eine kräftige Erhöhung der Impulsfrequenz des Neurons. Wird für den nächsten Reizversuch der Reizpunkt leicht nach rechts verschoben, so ist der Reizerfolg derselbe wie in der Ausgangssituation. Der dritte Reizort liegt noch weiter rechts, und der Reizerfolg *ist merklich geringer* als zuvor. Der Abstand dieses Reizortes vom Zentrum des Achsenkreuzes ist also die Orts-Unterschiedsschwelle.

Ebenso wie für die Reizintensität oder die Verschiebung des Reizortes lassen sich **Unterschiedsschwellen für andere Reizpa-**

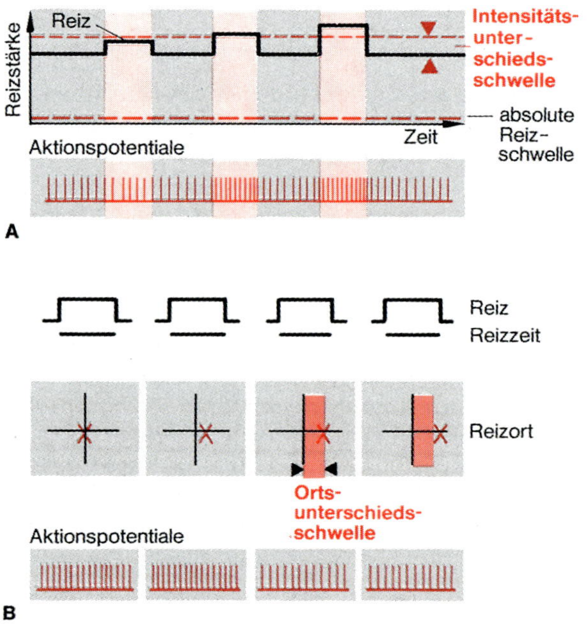

Abb. 17-9. Messung von Unterschiedsschwellen an zentralen sensorischen Neuronen. **A** Bestimmung einer Intensitätsunterschiedsschwelle. *Oben:* Zeitverlauf der überschwelligen Reize, *darunter* die durch die Reizung ausgelösten Aktionspotentiale. Die Frequenzzunahme bei der *zweiten* Reizerhöhung zeigt die Unterschiedsschwelle an. **B** Bestimmung einer Ortsunterschiedsschwelle. *Oben:* Lage des Reizpunktes *(rot)* relativ zu einem Achsenkreuz. Darunter die durch den Reiz ausgelöste Salve von Aktionspotentialen. Beim *dritten* Reizort ist eine eben unterschiedliche Frequenz der Aktionspotentiale bemerkbar. Aus [17]

rameter bestimmen, so für *Zeitunterschiede, Tonhöhenunterschiede, Farbunterschiede*, usw. Bei allen diesen Unterschiedsschwellen hängt der gefundene Wert nicht nur vom Sinnesorgan, sondern auch von Nebenbedingungen des Reizes („Kontext", Umfeld) und *von der absoluten Reizstärke* ab.

Besonders deutlich wird die **Abhängigkeit von Unterschiedsschwellen von der absoluten Reizstärke**, wenn man die *Intensitäts-Unterschiedsschwelle* bei steigenden absoluten Reizstärken mißt. Sie nimmt nämlich zu. Für viele Reizqualitäten gilt dabei, daß die Intensitäts-Unterschiedsschwelle ΔS und die Amplitude des Gesamtreizes S einander proportional sind:

$$\frac{\Delta S}{S} = \text{konstant}.$$

Dies wird, in Anlehnung an entsprechende Befunde in der Wahrnehmungspsychologie (S. 324) als **Weber-Regel** bezeichnet. Für Druckreize auf die Haut bedeutet die Regel beispielsweise, daß die Unterschiedsschwelle jeweils bei einer Erhöhung des Drucks um 3% erreicht wird. Diese Regel gilt freilich nur für einen beschränkten Bereich von Reizstärken [5, 7, 11].

Zentrale Weiterleitung und Verarbeitung somatoviszeraler Information

Synaptische Verschaltung im Rückenmark. Die Afferenzen aus Rumpf und Extremitäten bilden im Rückenmark synaptische Verbindungen mit spinalen Neuronen im dorsalen Teil der grauen Substanz, dem *Hinterhorn* (Abb. 17-10 A). Ein Teil der dicken myelinisierten Afferenzen hat außerdem eine Abzweigung in den aufsteigenden Hinterstrang. Das in Abb. 17-10A abgebildete Hinterhornneuron steht stellvertretend für viele zehntausend Neurone in jedem Rückenmarkssegment. Die von ihm ausgehenden efferenten Verbindungen treffen aber nicht für jedes Neuron zu. Das heißt, die Neurone haben unterschiedliche Konvergenz und Divergenz in ihrer synaptischen Verschaltung. Außerdem ist zu beachten, daß es im Hinterhorn nicht nur erregende, sondern auch eine Vielzahl von hemmenden Synapsen gibt. Diese und ein zugehöriges Interneuron sind in Abb. 17-10 A rot gezeichnet. Die zwei im sensorischen System besonders wichtigen Hemmungstypen sind symbolisiert: **afferente Hemmung** und **descendierende (absteigende) Hemmung**. Sie dienen im wesentlichen der Kontrolle und Modulation des afferenten Zustroms.

Aufsteigende Bahnen des Rückenmarks. In Abb. 17-10A sind zwei aufsteigende Bahnen eingezeichnet, über die die Information der somatosensorischen Afferenzen zum Gehirn weitergeleitet werden: der **Hinterstrang** und der **Vorderseitenstrang**. Ihr weiterer Verlauf ist in Abb. 17-10B gezeigt. Wie alle auf- und absteigenden Bahnen liegen sie in der weißen Substanz des Rückenmarks. Relativ zu den mit ihnen verbundenen Hinterwurzelafferenzen verläuft der Hinterstrang *im Rückenmark* gleichseitig (ipsilateral), der Vorderseitenstrang gegenseitig (kontralateral).

Die im **Hinterstrang** verlaufenden dicken myelinisierten Afferenzen kommen ausnahmslos von niederschwelligen Mechanosensoren des Rumpfes und der Extremitäten, und zwar von Haut, Eingeweiden, Muskeln und Gelenken. Sie endigen synaptisch auf Neuronen der **Hinterstrangkerne** *(Nn. gracilis und cuneatus)*, die im *verlängerten* Mark liegen. Die Axone dieser Neurone kreuzen zur Gegenseite und ziehen als **mediale Schleifenbahn** (*Tractus lemniscus medialis*) zum Thalamus. Hinterstrang und Lemniscus bilden die markanten Bahnen des **spezifischen (lemniscalen) Systems** der Somatosensorik. Zu diesem System gehört auch der im nächsten Absatz besprochene *Tractus neospinothalamicus* des Vorderseitenstranges.

Der **Vorderseitenstrang** enthält Axone, die überwiegend in Neuronen des Hinterhorns der Gegenseite entspringen (s. Abb. 17-10 A). Er endigt in der *Formatio reticularis* des Hirnstamms sowie im *Thalamus*; entsprechend unterteilt man den Vorderseitenstrang in den **Tractus spinothalamicus** und den **Tractus spinoreticularis**. Die spinothalamische Bahn läßt sich nach dem entwicklungsgeschichtlichen Alter in zwei Komponenten unterteilen, den *Tractus palaeospinothalamicus* (alt) und den *Tractus neospinothalamicus* (neu). Der letztere ist besonders beim Menschen und bei den Primaten stark entwickelt, er wird, wie eben erwähnt, zum *lemniscalen System* gerechnet. Spinoreticularis und Palaeospinothalamicus sind dagegen wichtige **extralemniscale Bahnen**, die auch als **unspezifisches sensorisches System** bezeichnet werden (auf ihre Bedeutung wird weiter unten in diesem Abschnitt eingegangen).

Der *Hinterstrang* überträgt ausschließlich Meldungen aus niederschwelligen Mechanosensoren, der *Vorderseitenstrang* dagegen enthält Nachrichten von Mechano-, Thermo- und Nociceptoren. Die afferenten Zuströme beider Bahnen kommen nicht nur aus der *Haut* und den *Eingeweiden*, sondern auch aus *Muskeln* und *Gelenken*. Bei Durchtrennung einer dieser Bahnen treten sensorische Ausfälle auf, die den genannten Zuordnungen zu den Sensortypen entsprechen. **Hinterstrangläsionen** beeinträchtigen ipsilateral solche Fähigkeiten, die mit der räumlichen Lokalisation taktiler Reize zusammenhängen, wie z. B. die Zweipunktdiskrimination. Nach **Durchtrennung des Vorderseitenstrangs** können Temperatur- und Schmerzreize nicht mehr wahrgenommen werden, und zwar in Körperregionen, die kontralateral zur Durchtrennungsstelle liegen.

Außer Hinterstrang und Vorderseitenstrang gibt es im Rückenmark noch andere aufsteigende Bahnen. Die **spinocerebellären Bahnen** übermitteln Information aus mechanosensitiven Haut- und Muskelafferenzen zum Kleinhirn, sie gehören funktionell zum motorischen System. Der **Spinocervicaltrakt**, der zum *Thalamus* projiziert, erhält vorwiegend Hautafferenzen aus den Extremitäten. Über seine Funktion besteht noch keine Klarheit. Außer den bisher genannten Bahnen existieren auch polysynaptische aufsteigende Verbindungen zum Gehirn, die über hintereinandergeschaltete Rückenmarksneurone mit kurzen Axonen verlaufen.

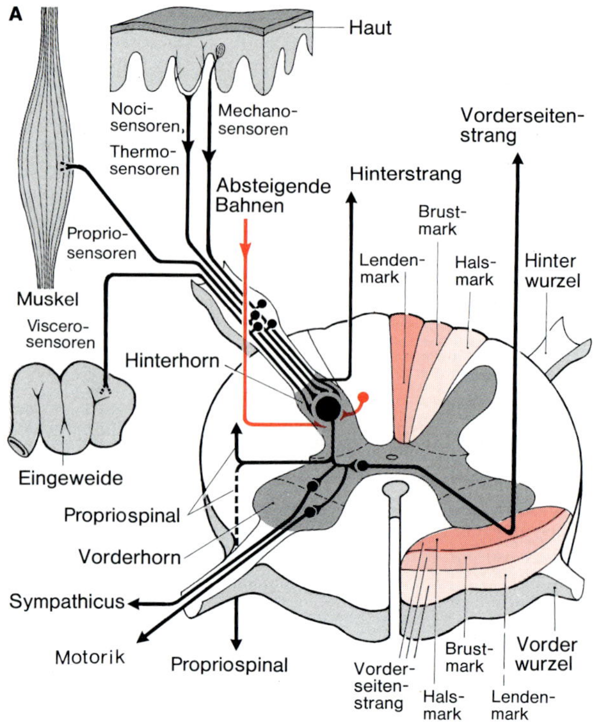

Abb. 17-10. Spinale und supraspinale Weiterleitung und Verarbeitung somatovisceraler afferenter Information. Stark schematisierte und vereinfachte Darstellung. **A** Verschaltung der somatovisceralen Afferenzen im Rückenmark. Alle Afferenzen treten über die Hinterwurzel ein und werden auf Höhe des Eintrittssegments auf Interneurone umgeschaltet. Zusätzlich zweigen sich von den dicken, myelinisierten Afferenzen, die von niederschwelligen Mechanosensoren kommen, Collaterale ab, die im Hinterstrang ohne Umschaltung bis zu den Hinterstrangkernen ziehen (vgl. **B**). Absteigende und lokale hemmende Einflüsse sind *rot* eingezeichnet. *Rechts* topographische Schichtung der aufsteigenden Bahnen auf der Höhe des oberen Halsmarks. **B** Verlauf der somatosensorischen Bahnen samt den wichtigsten Schaltstationen. Spezifische Bahnen sind *rot*, unspezifische sind *schwarz* eingezeichnet. Die Lage des Gyrus postcentralis (somatosensorisches Projektionsfeld SI) ist der *links oben* gezeigten Seitenansicht des Gehirns zu entnehmen. Die zeichnerische Darstellung von Penfield und Rasmussen der topographisch geordneten Projektion der Körperperipherie auf den Gyrus postcentralis (sensorischer Homunculus) soll die Größenverhältnisse der Projektion der einzelnen Körpergebiete auf die Hirnrinde verdeutlichen. **A** nach M. Zimmermann in [10a], **B** aus [9]

Zentrale Verschaltung des Nervus trigeminus. Der N. trigeminus, der somatoviscerale Nerv der Gesichtsregion, tritt in das Brückenhirn (Pons) ein (Abb. 17-10 B). In zwei Kernen der grauen Substanz werden die Afferenzen synaptisch umgeschaltet, im **spinalen Kern** und im **sensorischen Hauptkern**. Der spinale Trigeminuskern entspricht funktionell dem Hinterhorn des Rückenmarks, der sensorische Hauptkern entspricht den Hinterstrangkernen der spinalen Afferenzen. Diese Analogie erstreckt sich auch auf die weiterführenden Bahnen, wie dies entsprechend in Abb. 17-10B eingezeichnet ist.

Formatio reticularis. Die den Hirnstamm durchziehende *Formatio reticularis* ist eine wichtige Station des aufsteigenden **unspezifischen (extralemniscalen) Systems** (Abb. 17-10 B). Sie verfügt über eine Vielfalt von afferenten Verbindungen aus praktisch allen Sinnesorganen. Afferente Zuströme kommen auch aus zahlreichen anderen Gehirngebieten, z. B. motorische und sensorische Großhirnrinde, Thalamus, Hypothalamus. Auch die efferenten Verbindungen sind vielfältig: absteigend zum Rückenmark, aufsteigend über die unspezifischen Thalamuskerne zum Cortex, zum Hypothalamus, sowie zu den Bereichen des limbischen Systems.

Über die vielfältigen **Aufgaben der Formatio reticularis** sind wir bisher nur unvollkommen unterrichtet. Ihr wird eine Mitwirkung an einer Reihe von Funktionen zugesprochen, die wie folgt zusammengefaßt werden können: a) Steuerung der Bewußtseinslage durch Beeinflussung der Erregbarkeit corticaler Neurone und damit Teilnahme am Schlaf-Wach-Rhythmus (Schlagwort: aufsteigendes reticuläres aktivierendes System, ARAS, s. S. 495); b) Vermittlung der affektiv-emotionalen Wirkungen sensorischer Reize durch Weiterleitung afferenter Information zum limbischen System; c) vegetativ-motorische Regulationsaufgaben, besonders bei lebenswichtigen Reflexen (z. B. bei Kreislauf-, Atem-, Schluck-, Husten-, Nießreflexen), bei denen viele afferente und efferente Systeme miteinander koordiniert werden müssen; und d) Mitwirkung an der Stütz- und Zielmotorik über die motorischen Zentren des Hirnstammes (S. 293).

Thalamus und Cortex. Im *Thalamus*, dem mächtigsten und wichtigsten sensiblen Kern, im Zwischenhirn gelegen, sind alle Bahnkreuzungen abgeschlossen, so daß beispielsweise die rechten Thalamusneurone im wesentlichen die Impulse aus der linken Körperhälfte verarbeiten. Wie im Kap. 14 bereits dargestellt, ist der Thalamus eine Anhäufung zahlreicher, funktionell verschiedener Kerngebiete, die teils vorwiegend für *sensorische*, teils für mehr *motorische*, teils für *integrative* Aufgaben zuständig sind (s. Abb. 14-10, S. 252). Allen Teilkernen ist gemeinsam, daß sie unmittelbar in die ihnen zu-

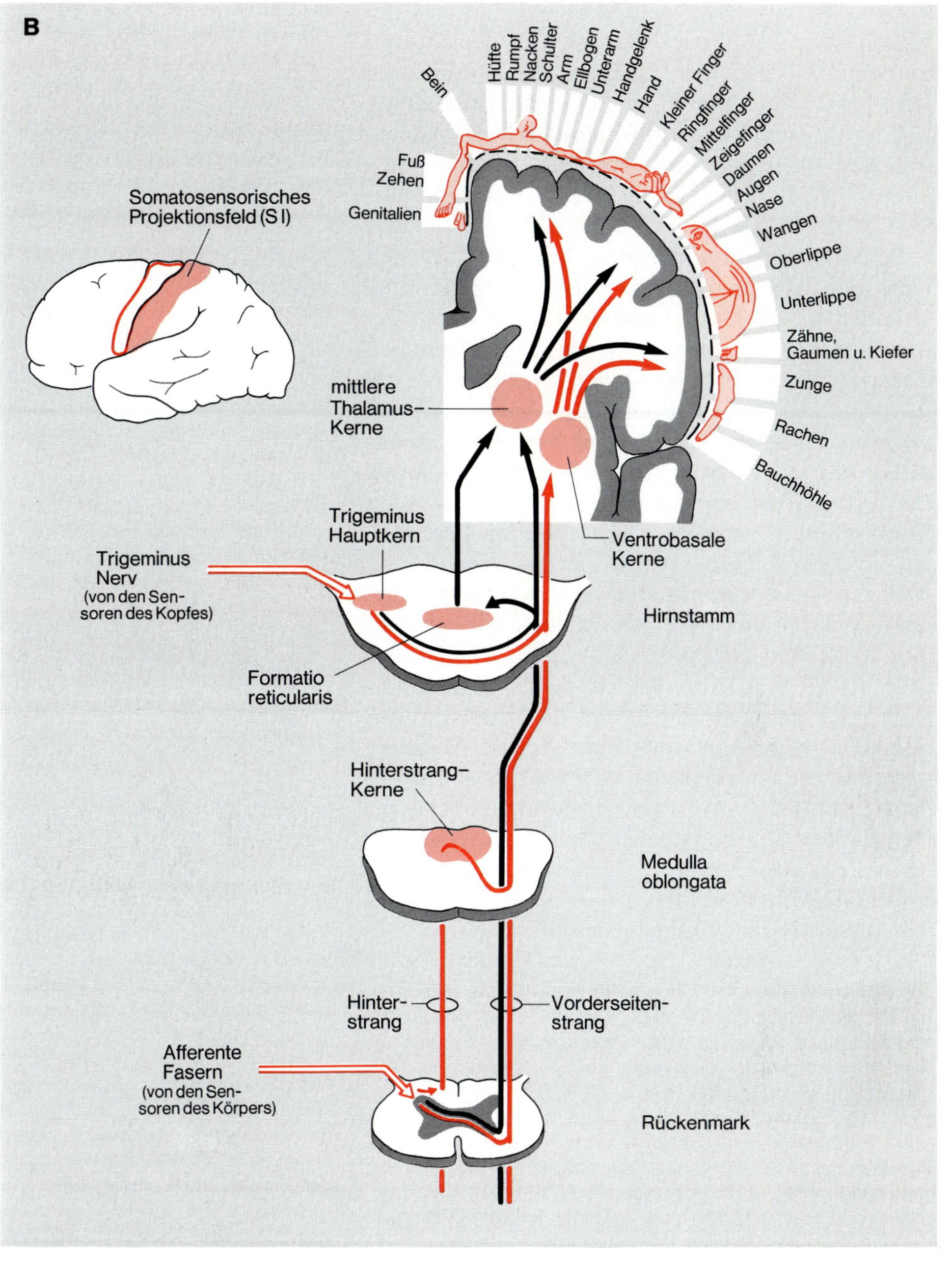

Abb. 17-10 B
(s. Legende S. 318)

gehörige Hirnrinde projizieren, so z. B., wie Seite 297 schon erwähnt, die motorischen Anteile in den motorischen Cortex (*Gyrus praecentralis*) oder, wie in Abb. 17-10B zu sehen, die somatosensorischen Anteile (**Ventrobasalkerne**) in den sensiblen Cortex (*Gyrus postcentralis*). Völlig Vergleichbares gilt für diejenigen Thalamuskerne, die in der Sehbahn (Kap. 18) oder in der Hörbahn (Kap. 19) liegen und zur Seh- und Hörrinde projizieren.

Für die **Abbildung der Körperperipherie** in den Neuronen der **somatosensorischen Basalkerne** gelten folgende „Spielregeln": 1. Jedes Neuron kann nur aus einem umschriebenen Areal der gegenüberliegenden Körperhälfte erregt werden, seinem sogenannten *rezeptiven Feld* (vgl. Abb. 10-7). Erregung des Neurons bedeutet also, daß das zugehörige Feld gereizt wird. 2. Die rezeptiven Felder der Thalamusneurone sind um so kleiner, je weiter distal sie auf den Extremitäten liegen. Dadurch wird die *Genauigkeit, mit der der Reizort bestimmt werden kann*, zu den Zehen- bzw. Fingerspitzen hin immer größer. 3. Benachbart liegende Körperregionen projizieren auf benachbarte Neurone im Ventrobasalkern. Diese räumliche Ordnung kennen wir schon vom sensorischen Cortex als *Somatotopie.* 4. Jedes Neuron wird nur durch eine einzige Sensorart erregt, also z. B. nur durch Vibrationssensoren. Erregung des Neurons signalisiert also *Ort und Art des Reizes* in der Peripherie. 5. Obendrein ist die *Reizstärke* in der Impulsfrequenz des Thalamusneurons abgebildet, ganz ähnlich wie wir dies bei den afferenten Nervenfasern bereits kennengelernt haben.

Ein letztes, besonders eindrucksvolles Abbild der sensorischen Peripherie findet sich in der Endstation der aufsteigenden Bahnen, der **sensorischen Hirnrinde**. Diese Abbildung der Körperperipherie auf der postzentralen Hirnwindung **(Gyrus postcentralis)** ist nicht nur im Tierversuch, sondern auch direkt am Menschen nachgewiesen worden. Reizt man nämlich, wie dies vor allem W. Penfield und seine Mitarbeiter getan haben, bei einem wachen Patienten, dessen Gehirn aus therapeutischen Gründen in lokaler Betäubung teilweise freigelegt wurde, mit einer feinen Elektrode die sensorischen Cortexareale, dann berichtet der Patient über *Empfindungen aus umschriebenen Bereichen der Körperperipherie.* Den Reiz am Gehirn bemerkt er nicht; dieser ruft jedoch eine Empfindung hervor, so als ob die auf das gereizte Hirnareal projizierenden Sensoren erregt worden wären. Aus den Ergebnissen solcher Versuche wurde der in Abb. 17-10B *oben* gezeigte **sensorische Homunculus** zusammengesetzt. Aus ihm läßt sich, ganz ähnlich wie bei dem ihm benachbart liegenden *motorischen Homunculus* (Abb. 16-13, S. 301), die Botschaft ablesen, daß diejenigen Körperareale, die für die Tastempfindungen besonders bedeutungsvoll sind, wie die Mundgegend und die Fingerspitzen, weit überproportionale Areale auf der sensorischen Hirnrinde einnehmen: Den dichten Sensorsystemen der Peripherie ist zur optimalen Auswertung der von dort kommenden Information ein besonders großer Anteil des zentralen Apparates zur Verfügung gestellt.

Neuronale und subjektive Zeitstruktur von Empfindungen. Eine intakte sensorische Hirnrinde ist nach allen experimentellen und klinischen Befunden eine *notwendige* Voraussetzung für eine räumlich geordnete bewußte Sinneswahrnehmung. Welche Vorgänge laufen aber in der sensorischen Hirnrinde im einzelnen bei einer bewußten Empfindung ab? B. Libet und seine Mitarbeiter in San Francisco sind in der Aufklärung dieser Frage in den letzten Jahren einige wichtige Schritte weitergekommen, in dem sie die von Penfield zuerst beschriebene Möglichkeit, durch direkte elektrische Reizung der sensorischen Hirnrinde bewußte Empfindungen auszulösen, systematisch ausnutzten, um diejenigen **Minimalbedingungen corticaler Neuronenaktivität** herauszufinden, die für das **Auftreten einer bewußten** Empfindung notwendig sind. Dabei stellte sich alsbald heraus, daß ein einzelner elektrischer Reiz der Hirnrinde (Rechteckimpuls von 1 ms Dauer) nie eine bewußte Empfindung auslöst. Dazu ist immer *eine Serie von Reizen* (Reizfrequenz 20-120 Hz) notwendig, wobei die minimal notwendige Dauer der Reizserie von der Reizstärke abhängt. Im Schwellenbereich muß sie bei etwa 500 ms liegen, bei hoher Reizstärke können 100 ms ausreichen. Daraus ist zu folgern, daß einer bewußten Empfindung die Erregung einer ausreichend großen Zahl corticaler Neurone für eine beträchtliche Zeit, nämlich bis zu 0,5 s, *vorausgehen* muß.

Nach diesen Befunden Libets kann ein zartes, aber gerade überschwelliges Berühren der Haut *erst geraume Zeit nach dem Reiz* bewußt empfunden werden. Trifft dies tatsächlich zu? Erleben wir die Ereignisse in unserer Umwelt genau um die Zeit verzögert, die für eine angemessene Aktivierung der corticalen Neurone notwendig ist? Libet ist dieser Frage experimentell nachgegangen, indem er die durch gleichzeitige und zeitverschobene periphere und corticale Reize ausgelösten Empfindungen in ihrer zeitlichen Beziehung zueinander verglich. Seine Antwort ist verblüffend: Nein, wir *erleben* die Ereignisse nicht erst wenn die minimal notwendigen Aktivierungsvorgänge in der Hirnrinde abgelaufen sind, sondern zu der Zeit, in der die ersten Impulse aus der Peripherie im Cortex eintreffen, nämlich etwa 15-25 ms nach dem Reiz. Offensichtlich, das ist jedenfalls Libets Erklärung dieses überraschenden Befundes, wird die *subjektive Empfindung*, wenn sie nach einigen Hundert Millisekunden endlich auftritt, über einen unbekannten Mechanismus *auf die Ankunftzeit der ersten Impulse rückdatiert.*

Bedeutung des unspezifischen sensorischen Systems. Die Erregung des sensorischen Cortex ist zwar eine *notwendige*, aber *keine hinreichende* Bedingung für das Zustandekommen einer bewußten Wahrnehmung. Dazu ist auch erforderlich, daß wir wach sind und daß unsere Aufmerksamkeit auf das wahrzunehmende Ereignis gerichtet ist. Wie in den Kapiteln über den Schlaf und das Bewußtsein näher ausgeführt, ist dafür u. a. ein ständiger erregender Zufluß aus der Formatio reticularis des Hirnstammes über den Thalamus in die Hirnrinde notwendig. Diese generelle Aktivierung (*arousal* im englischen Sprachgebrauch) aus der Formatio reticularis wird ihrerseits wieder angeregt und unterhalten durch sensorische Zuflüsse, die teils aus dem Vorderseitenstrang, teils aus anderen hier nicht genannten aufsteigenden Bahnen des Rückenmarks und teils aus anderen Sinneskanälen stammen. Sie werden, wie oben schon erwähnt, als **unspezifische sensorische Systeme** zusammengefaßt (schwarze Bahnen in Abb. 17-10 B), da sie nicht der genauen Identifizierung der Reize nach Art, Stärke und Ort dienen. Statt dessen führt ihre Tätigkeit zum Aufwachen und zu Aufmerksamkeits- und Hinwendungsreaktionen. Sie tragen damit dazu bei, das für eine bewußte Wahrnehmung notwendige Wachheitsniveau einzustellen. Das unspezifische sensorische System ist auch mit dem *limbischen System* eng verknüpft. Dieses System, wie später näher ausgeführt, ist für die emotionalen und affektiven Komponenten der Sinneswahrnehmungen, also für ihren „Gefühlsgehalt", verantwortlich. Die Ereignisse in der Umwelt, die wir mit der Hirnrinde bewußt registrieren, erfahren also hier ihre affektive Färbung und damit ihre Bewertung für den Organismus. Seine Reaktionen auf einen Reiz werden durch diese **affektive Bewertung** ganz wesentlich, oft entscheidend mitbestimmt (s. dazu auch S. 563 und 591).

Zentrifugale Kontrolle afferenter Information. Ein letzer genereller und wichtiger Aspekt der Abbildung von Reizen in den zentralen sensorischen Systemen ist der, daß die sensorischen Bahnen nach der bisherigen Schilderung zwar als aufsteigende Einbahnstraßen erscheinen, dies aber keineswegs sind. Vielmehr durchzieht das gesamte Nervensystem, von der Hirnrinde bis in das Rückenmark (bei manchen Sinnesorganen sogar bis in die Sensoren selbst), eine Fülle *absteigender* Bahnen, deren wesentliche Aufgabe die **Kontrolle des afferenten Zustroms** in den verschiedenen sensorischen Kerngebieten ist. Diese absteigende Kontrolle schützt vor einer *Überflutung mit unwichtigen Informationen,* in dem sie deren Übertragung und Weiterleitung

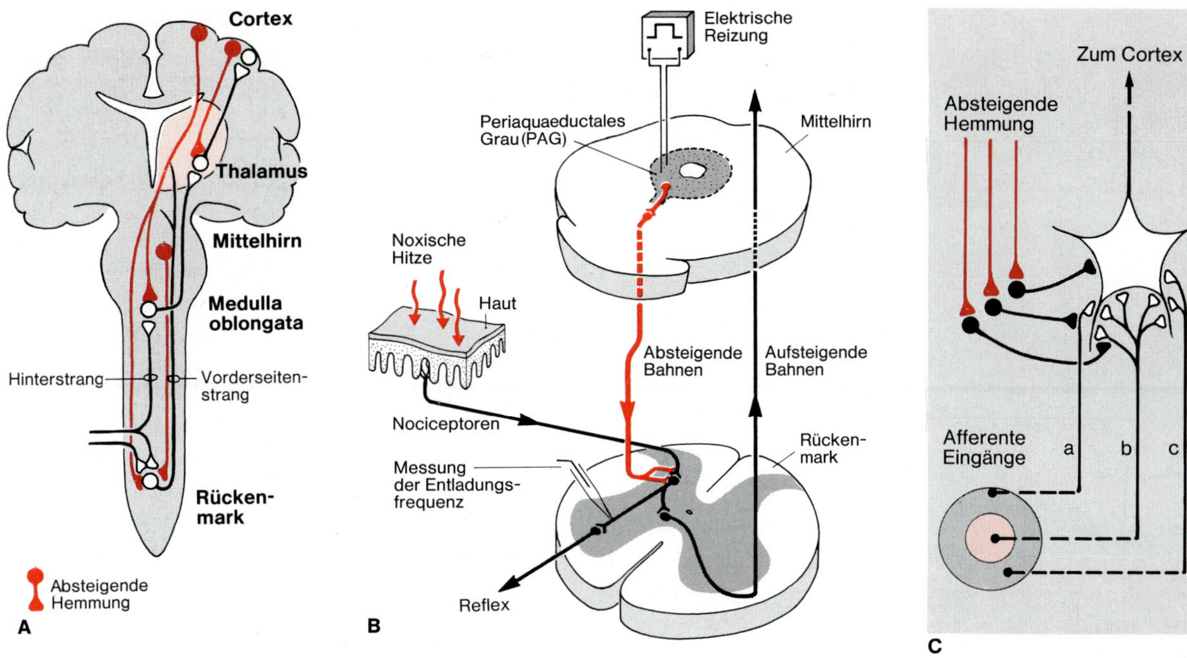

Abb. 17-11. Absteigende Hemmung im somatovisceralen afferenten System. **A** Schematisierter, stark vereinfachter Überblick über die descendierenden hemmenden Bahnsysteme. Hemmende Bahnen und Synapsen sind *rot* gezeichnet. **B** Tierexperimenteller Nachweis eines aus dem Hirnstamm absteigenden hemmenden Bahnsystems: elektrische Reizung umschriebener Kerngebiete des zentralen Höhlengraus *(PAG)* über implantierte Elektroden führt zu einer Hemmung der noxischen Informationsübertragung an Hinterhornneuronen. **C** Angriffspunkte und Wirkweise descendierender Hemmung. Die afferenten Eingänge *a, b, c* können entweder schon präsynaptische gehemmt (axo-axonische Synapsen auf *a, b*) oder in ihrer postsynaptischen Wirksamkeit (axo-somatische Synapse) moduliert werden. Nach M. Zimmermann aus [10a]

hemmt. Sie verfügt ferner über eine Reihe von Mechanismen, um *die Übertragung gewünschter Information*, auf die sich die Aufmerksamkeit gerichtet hat, *gezielt zu erleichtern.*

Die Übersicht in Abb. 17-11A zeigt **absteigende Hemmsysteme** des somatosensorischen Systems (rot gekennzeichnet), die von Cortex und Hirnstamm ausgehen. In B ist exemplarisch gezeigt, wie die afferente Information aus Hautsensoren bei der Umschaltung im Rückenmark durch Aktivierung entsprechender Strukturen im Mittelhirn gehemmt werden kann. Die Hemmung wird über eine absteigende Bahn vermittelt, sie kann prä- oder postsynaptisch auf die Informationsübertragung aus der Haut angreifen. Es werden dabei sowohl Informationen über noxische als auch nicht-noxische Reize gehemmt. Abb. 17-11C zeigt schließlich, über welche Angriffspunkte die absteigende Hemmung ihre Wirkung entfalten kann. Die hier gezeigte Verschaltung könnte beispielsweise dazu dienen, die Größe des receptiven Feldes eines zentralen Neurons durch zunehmende descendierende Hemmung zu verkleinern, oder die Modalität eines Neurons, auf das verschiedene Arten von Afferenzen konvergieren (a, b in Abbildung 17-11C), zu verändern. Mit anderen Worten, über diese descendierenden Mechanismen ist auch eine *Empfindlichkeitskontrolle* oder *Bereichseinstellung* der afferenten Informationsübertragung möglich.

Auch über die **Motorik** wird eine **zentrifugale Wirkung** auf die Meldungen aus den Sensoren ausgeübt. Man denke etwa an die Steuerung der Muskelspindeln über die Gammamotorik, die Bewegung der Augen beim Blicken, der Finger beim Tasten, oder die Tonusänderungen der Muskeln des Mittelohrapparates. Sie sind ebenfalls zu den Mechanismen zentrifugaler Modifikationen im Sinneskanal zu rechnen. Die genannten Beispiele sollten verdeutlichen, daß das ZNS bei der Wahrnehmung die periphere Information nicht nur aufnimmt, sondern in einer aktiven Leistung diese Information auf vielfältige Weise beeinflußt und steuert.

17.3 Sinnesreiz und Verhalten

Durch Sinnesreize ausgelöste Verhaltensänderungen zeigen die Reaktionen der nervösen Zentren auf einem höheren Integrationsniveau als die Ableitungen von isolierten Zellgruppen des Zentralnervensystems, denn sie schließen die Verknüpfung von Sensorik und Motorik mit ein. Die **Beobachtung von Verhaltensänderungen** ist also eine aus der

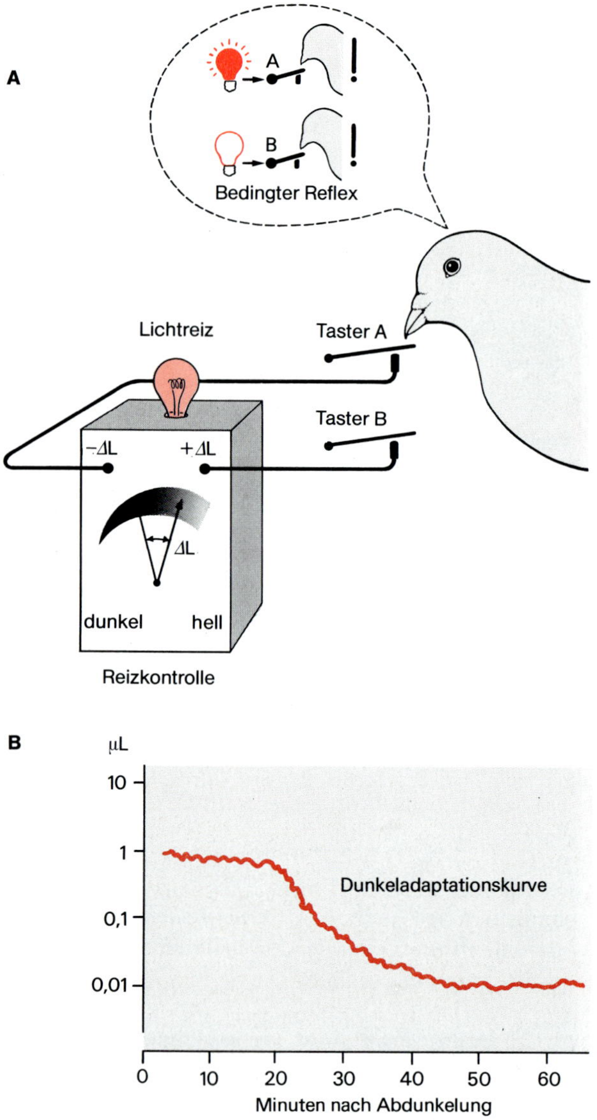

Abb. 17-12. Sehschwellenbestimmung im Verhaltensversuch bei einer Taube. Bei diesem Experiment kontrolliert (a) der Reiz das Verhalten der Taube und (b) die Antworten der Taube die nachfolgenden Reize und zwar wie folgt: Ist der Lichtreiz an, so schaltet ihn Picken der *Taste A* (in **A**) aus; gleichzeitig öffnet sich zur Belohnung eine Futterklappe. Ist der Lichtreiz aus, so führt Picken der *Taste B* zum Öffnen einer Futterklappe. Auf diese Weise lernt die Taube schnell, bei Lichtreiz *Taste A* und anschließend *Taste B* zu picken. Das Verhalten der Taube beeinflußt die Reizsituation dadurch, daß über einen automatisierten Schaltkreis nach jedem Picken von *Taste A* die Helligkeit des Lichtreizes reduziert wird, während Picken der *Taste B* die Helligkeit des nachfolgenden Lichtreizes erhöht. Auf diese Weise oscilliert die Helligkeit des Lichtreizes um die jeweilige Sehschwelle der Taube. **B** Verlauf der von der Taube eingestellten Schwellenreizstärke nach Abschalten einer hellen Hintergrundsbeleuchtung. Nach [15] aus J. Dudel in [10]

Psychologie stammende sehr wirkungsvolle **Methode der objektiven Sinnesphysiologie**, die hier an einem Beispiel vorgestellt werden soll.

Messung der Dunkeladaptation durch operante Konditionierung

Kommen wir aus einem hell erleuchteten Raum plötzlich in einen abgedunkelten, so sehen wir anfänglich *nichts*. Nach Minuten werden erste Konturen sichtbar, und nach längerem Verweilen im „Dunkeln" sind wir oft erstaunt, wie viele Details wir noch wahrnehmen können. Diese langsame Zunahme der Empfindlichkeit des Gesichtssinnes bei Abnahme der Beleuchtungsstärke heißt **Dunkeladaptation** (S. 365). Es soll hier ein Versuch geschildert werden, in dem mit Hilfe einer **operanten Konditionierung** (S. 535) die *Sehschwelle* und die *Dunkeladaptation* bei einer Taube quantitativ bestimmt wird. Zur Vorbereitung des Versuches werden bei der Taube zwei **instrumentelle Reaktionen** (S. 235) eingeübt mit denen die Taube die Helligkeit des Lichtreizes kontrolliert. Der Versuchsablauf ist in der Legende der Abb. 17-12 geschildert.

Messung der absoluten Sehschwelle. Zu Versuchsbeginn sieht die Taube das relativ hell leuchtende Reizlicht. Entsprechend dem eingeübten Verhalten wird sie mehrfach die Taste A picken, und die Reizkontrolle (Abb. 17-12 A) wird daraufhin jeweils die Helligkeit des Reizlichtes herabsetzen. Schließlich unterschreitet die Helligkeit des Reizlichtes die Reizschwelle, worauf die Taube beginnt, Taste B zu picken. Dies erhöht wiederum über die Reizkontrolle die Lichtstärke, und Taste B wird nur so lange gepickt werden, bis die Stärke des Reizlichtes wieder überschwellig wird. Mit Hilfe der Betätigung der beiden Tasten wird also die Taube eine Lichtstärke einstellen, die um die *absolute Sehschwelle* schwankt.

Messung des Zeitverlaufs der Dunkeladaptation. Mit der eben geschilderten Versuchsanordnung lassen sich nun auch zeitliche Änderungen der Sehschwelle bestimmen, z. B. der Zeitverlauf der *Dunkeladaptation* [15]. Nach dem Übergang von einer hellen Raumbeleuchtung zur Abdunkelung stellt die Taube für etwa 25 min eine relativ hohe Schwellenreizstärke von 1 μL ein (Abb. 17-12 B). Danach fällt die Schwellenreizstärke schnell ab und erreicht etwa 1 h nach Abdunkelung einen Minimalwert nahe 0,01 μL. Während dieser Zeit hat also die **am Verhalten** der Taube **ablesbare** Empfindlichkeit des Sehorgans etwa um den Faktor 100 zugenommen. Die so gewonnene **Dunkeladaptationskurve** der Taube ist der entsprechenden subjektiv bestimmten Dunkeladaptationskurve des Menschen (Abb. 19-2, S. 365) in Zeitverlauf und Amplitude sehr ähnlich.

Messung von Unterschiedsschwellen im Verhaltensversuch

Auch andere Schwellenwerte können bei Tieren durch die eben geschilderten Verhaltensuntersuchungen bestimmt werden [16]. Eingehend untersucht wurden z. B. die Abhängigkeit der absoluten Sehschwelle von der Wellenlänge des Reizlichtes. Auf diese Weise wurden die Absorptionskurven der von verschiedenen Säugetieren, Fröschen, Fischen, Vögeln, aber auch Tintenfischen benutzten Sehfarbstoffe (Pigmente) bestimmt. Es können aber auch **Ton-Unterschiedsschwellen** oder **Orts-Unterschiedsschwellen** gemessen werden.

Mit Hilfe der operanten Konditionierung können also sehr detaillierte sinnesphysiologische Messungen an Tieren durchgeführt werden. Viele der im nächsten Abschnitt dargestellten wahrnehmungspsychologischen Gesetzmäßigkeiten lassen sich so auch bei Tieren analog als **Relationen von Reiz und Verhalten** nachweisen.

17.4 Allgemeine Wahrnehmungspsychologie (subjektive Sinnesphysiologie)

Subjektive Absolutschwellen und Unterschiedsschwellen

Messen der Absolutschwelle. Der kleinste Reiz, der gerade eine bestimmte Empfindung hervorruft, ist ein Maß für die **Absolutschwelle** oder **Reizschwelle** dieser Empfindung. Häufig wird dafür auch die Bezeichnung *Reizlimen*, abgekürzt **RL**, verwendet. Da jedes Sinnesorgan, wie alle biologischen Systeme, eine gewisse Variabilität aufweist, kann das RL nur durch mehrfache Messungen ermittelt werden. Die Reizintensität kann bei diesen Messungen in kleinen Schritten von deutlich unterschwelligen zu deutlich überschwelligen Werten (oder umgekehrt) verändert werden (diese Methode wird **Grenzmethode** genannt), oder verschiedene schwellennahe Reize werden mehrfach in randomisierter Reihenfolge angeboten. Der Proband gibt bei diesem **Kontrastverfahren** jeweils an, ob er den Reiz wahrnimmt oder nicht. Als Schwelle wird diejenige Reizstärke bezeichnet, bei der 50% der Reize erkannt werden.

Sensorische Entscheidungstheorie, Signal Detection Theory, (SDT). Die Variabilität des Antwortverhaltens eines Sinnesorgans auf schwellennahe Reize ist mindestens zum Teil dadurch bedingt, daß jeder Sinneskanal auch ohne von außen kommende Reize eine gewisse Spontanaktivität besitzt, die ihrerseits wiederum um einen Mittelwert schwankt. Durch dieses **Rauschen** kann nicht ohne weiteres *entschieden* werden, ob eine leichte Zunahme der Impulsaktivität durch spontane Schwankungen der Hintergrundsaktivität oder durch einen schwachen Reiz bedingt ist. Nach Auffassung der **SDT** (engl. **s**ignal **d**ecision **t**heory oder **s**ignal **d**etection **t**heory) [9, 18] muß daher ein Beobachter, der ein schwaches Signal vom Rauschen trennen will, eine *Entscheidung* treffen, von welchem Erregungszustand ab er diesen als reizbedingt ansieht. Man nennt eine solche, durch Entscheidung festgelegte Trennlinie **Kriterium** (engl. *bias*). Diese Festlegung führt zwangsläufig zu Fehlentscheidungen: *intensives Rauschen*, das das Kriterium überschreitet, wird „falsch positiv" als Reiz eingestuft, und ein unter dem Kriterium liegender *schwacher Reiz* wird „falsch negativ" als Rauschen klassifiziert. Wird das Kriterium geändert, ändert sich entsprechend das Ergebnis der Schwellenmessung. Es ist das Verdienst der **SDT**, klar herausgearbeitet zu haben, daß ein *subjektiver Entscheidungsprozeß*, nämlich die Festlegung eines *Kriteriums*, die Schwellen mitbestimmt.

Messen einer subjektiven Unterschiedsschwelle. Untersucht man deutlich überschwellige Reize, dann läßt sich eine weitere Schwelle definieren, die *Unterschiedsschwelle*, auch *Differenzlimen, DL*, genannt (engl. *just noticable difference, jnd)*. Wie der englische Begriff sagt, versteht man darunter den Betrag, um den ein Reiz größer oder kleiner sein muß als ein Vergleichsreiz, damit er gerade eben merklich als stärker bzw. schwächer empfunden wird. Betrachten wir ein Beispiel: Es wird bei einer Versuchsperson gemessen, um wieviel sich zwei Druckreize auf die Handfläche in ihrer Stärke unterscheiden müssen, damit die Versuchsperson erkennt, daß sie verschieden sind. Prüft man dies, indem man völlig gleich aussehende, aber unterschiedlich schwere Gewichte auf die Haut aufsetzt, so findet man beispielsweise, daß nach einem Gewicht von 100 g ein solches von 101 g oder 102 g nicht als verschieden schwer, wohl aber eines von 103 g als schwerer empfunden wird. Beginnt man mit 200 g, so verspürt die Versuchsperson keinen Gewichtsunterschied, wenn anschließend 203 g, sondern erst wenn 206 g aufgesetzt werden. Mit anderen Worten, der Druckreiz muß nicht um einen absoluten Betrag (also z. B. 3 g), sondern um einen bestimmten Anteil (Prozentsatz) des Ausgangsreizes verändert werden (in unserem Beispiel um 3/100 oder 3%), um in seiner Reizstärke als unterschiedlich empfunden zu werden.

Weber-Regel. Solche Untersuchungen wurden ab 1834 von E.H. Weber für Druckempfindungen, später für viele Arten von Sinnesempfindungen durchgeführt. Er prüfte beispielsweise, um wieviel sich die Helligkeit zweier Lichtreize, die Frequenz zweier Töne oder die Konzentration zweier Zuckerlösungen unterscheiden mußten, um von Auge, Ohr und Geschmack gerade als merklich verschieden erkannt zu werden. Immer fand er die gleiche Spielregel: Die Unterschiedsschwelle ΔE (delta E) ist proportional ($\sim$) dem relativen Reizzuwachs $\Delta S/S$, wobei S die Ausgangsreizstärke ist

$$\Delta E \sim \frac{\Delta S}{S}.$$

Diesen Befund nennt man die **Weber-Regel** (s. auch S. 317, in unserem Beispiel 3 g/100 g oder 6 g/200 g = 0,03 oder 3%).

Die *Weber-Regel* zeigt uns, daß bei der Entwicklung der Sinnesorgane diese so angelegt wurden, daß ihre Ansprechempfindlichkeit sich mit dem Meßbereich, in dem sie gerade arbeiten, automatisch verändert. Die **Sinne** sind also **Meßapparaturen mit automatischer**, von der Meßgröße abhängiger **Empfindlichkeitseinstellung**. Gerade wenn die zu messende Größe in weiten Bereichen schwankt, wie das praktisch bei allen Sinnen der Fall ist (denken wir nur an die enormen Helligkeitsunterschiede im Verlaufe eines Tages, 1:100000 und mehr), ist ein sich automatisch anpassendes Meßgerät einem mit starrem Meßbereich überlegen.

Messen der Empfindungsstärke

Weber-Fechner-„Gesetz". Auf mathematischem Wege hat Fechner aus der Weber-Regel die Beziehung zwischen der Intensität der Empfindung E und der Reizstärke S hergeleitet. Er erhielt dabei (indem er die Weber-Regel über ΔS integrierte) das **Weber-Fechner-„Gesetz"**, nämlich die Regel, daß die Empfindungsstärke E dem Logarithmus der Reizstärke proportional ist. Also

$$E \sim \log S.$$

Diese Proportionalitätsbeziehung, die auch als **psychophysisches Grundgesetz** bezeichnet wird, besagt im Grunde nichts anderes, als daß eine Verdoppelung der Reizstärke nicht zu einer Verdoppelung der Empfindung, sondern zu deutlich weniger, sagen wir zu dem 1,3fachen der Ausgangsempfindung führt. Für eine Verdoppelung der Empfindung müßte dann etwa die zehnfache Reizstärke eingesetzt werden. Auch dies ist ein Ausdruck des oben schon angesprochenen Anpassungsmechanismus der Sinne an den weiten, von ihnen abzudeckenden Meßbereich: Bei schwachen Reizen ist die Meßempfindlichkeit hoch, bei starken ist sie geringer; aber in beiden Fällen bleibt die relative Unterschiedsempfindlichkeit erhalten.

Stevens-Potenzfunktion. Die experimentelle Nachprüfung des Weber-Fechner-Gesetzes ergab, daß es zumindest in mittleren Reizstärkebereichen in etwa „stimmte", d.h. die experimentell gefundenen Werte zeigten die geforderte logarithmische Beziehung zwischen *Reizstärke* und *Empfindungsintensität*. Bei sehr großen und sehr kleinen Reizstärken wichen die Ergebnisse aber deutlich von den errechneten Werten ab. Diese unbefriedigende Diskrepanz zwischen Vorhersage und Befund gab zu zahlreichen Experimenten Anlaß, die zu dem Schluß führten, daß die Beziehungen zwischen Reiz und Empfindungsstärke besser beschrieben werden durch Potenzfunktionen, bei denen die Empfindungsstärke E proportional ist der n-ten Potenz der Reizstärke S, abzüglich der Schwellenreizstärke S_o. Also

$$E \sim (S-S_o)^n \text{ oder auch } E \sim k \cdot S^n,$$

wobei k jeweils die absolute Schwelle der Reizkategorie bestimmt.

Potenzbeziehungen der obigen Art können in weiten Bereichen die Relation von Reiz- und Empfindungsintensität beschreiben. Sie heißen nach ihrem Entdecker **Stevens Potenzfunktionen** [11, 25, 26]. Ist n gleich 1, so ist die Empfindung direkt proportional der Reizstärke, bei Werten von n kleiner als 1 nimmt ihre Intensität, genau wie bei der logarithmischen Beziehung, langsamer zu als die Reizstärke. Dies ist der Normalfall. So bedeutet ein Exponent von n = 0,3, daß sich die Empfindung bei einer Verzehnfachung der Reizstärke etwa verdoppelt ($10^{0,3} = 1,99$, Taschenrechner!).

Ob eine experimentell gefundene Beziehung zwischen zwei Meßpunkten durch eine Potenzfunktion beschrieben werden kann, läßt sich auch dann bestimmen, wenn man die Meßwerte in ein Diagramm einträgt, in dem die x- und die y-Achse (Abszisse und Ordinate) nicht linear, sondern logarithmisch aufgetragen sind, also jede Verzehnfachung, wie von 1 bis 10, von 10 bis 100 usw., eine gleich große Strecke einnimmt. Können die in einem solchen *doppelt-logarithmischen Diagramm* eingetragenen Meßpunkte durch eine *Gerade* verbunden werden, dann läßt sich ihre Beziehung durch eine Potenzfunktion beschreiben, wobei der Exponent n durch die Steilheit der Geraden gegeben ist (s. auch Abb. 17-5 B, C und zugehöriger Text).

Zwei Beispiele für die **Schätzung des Vielfachen einer Empfindungsintensität** zeigt die Abb. 17-13. Hier wurde bestimmt, in welcher Beziehung die Konzentration einer Zitronensäure- und einer Zuckerlösung (Abscisse) zu der Stärke der Empfindung (Ordinate) *sauer* bzw. *süß* stehen. In beiden Fällen ließen sich die Meßwerte durch Geraden verbinden, deren Steilheiten die Exponenten n = 0,85 bzw. n = 1,1 ergaben. Die Süßempfindung nimmt also bei Erhöhung der Reizstoffkonzentration rascher zu als die Sauerempfindung. Sie setzt außerdem erst bei einer höheren Anfangskonzentration ein. Für den Koch bedeutet dies, daß er zwischen *„nicht süß genug"* und *„zu süß"* offensichtlich nur einen schmalen Spielraum hat.

Als eine seltene Besonderheit war in dem Experiment der Abb. 17-13 ein **unmittelbarer Vergleich der subjektiven und objektiven Reizantworten** möglich. Die Versuchspersonen waren nämlich Patienten, die sich wegen einer Schwerhörigkeit einer Mittelohr-Operation (Stapes-Mobilisation) unterziehen mußten. Bei dieser Operation wird im Mittelohr ein *Chorda tympani* genannter Nerv freigelegt, in dem die Geschmacksfasern zum Gehirn ziehen. Von diesen Nervenfasern konnten während der Operation Aktionspotentiale abgeleitet werden, und so die neurale Antwort auf Geschmacksreize verschiedener Intensität registriert werden. Diese Meßwerte sind in Abb. 17-13 schwarz eingetragen, sie lassen sich ebenfalls durch gerade Linien approximieren, und diese haben die gleiche Steigung wie die entsprechenden, durch die subjektive Messung bestimmten. Bei diesen Geschmacksqualitäten lassen sich also die *objektiv* gemessene Reizantwort und die *subjektive* Empfindungsintensität durch *Stevens Potenzfunktionen mit gleichem Exponenten n* beschreiben (vgl. auch Abb. 17-5 und zugehöriger Text).

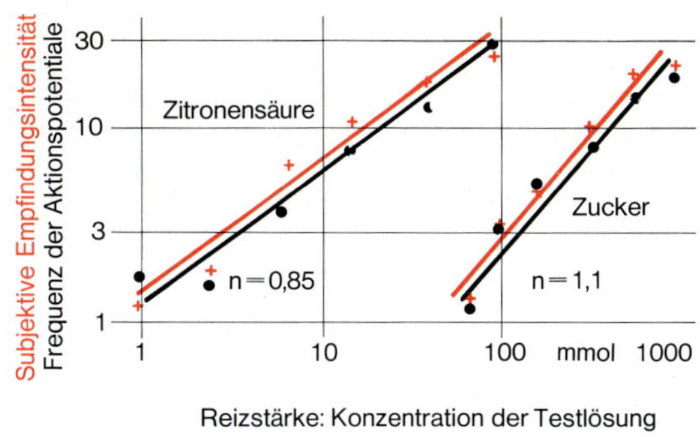

Abb. 17-13. Abhängigkeit der subjektiven Empfindungsintensität (*rot*, Kreuze) des Geschmacks und der Frequenz der Aktionspotentiale in Nervenfasern des Geschmacksnerven (*schwarz*, Kreise) von der Konzentration von Zitronensäure und Zuckerlösung. Die Ableitung der Aktionspotentiale erfolgte während Operationen im Mittelohr, an dessen Wand der Geschmacksnerv vorbeizieht. Die Testlösungen wurden auf die Zunge gespült. Abscissen- und Ordinatenskalen sind logarithmisch dargestellt. Die Steilheiten der Geraden *(n)* sind angegeben. Messungen von Borg et al. J. Physiol. 192, 13 (1967), aus [9]

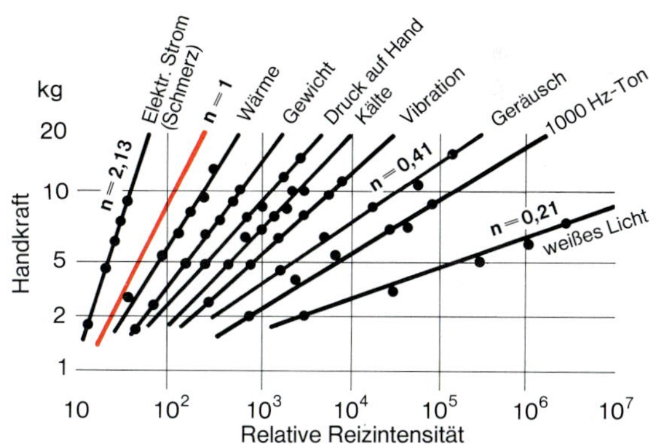

Abb. 17-14. Messung der Beziehung zwischen Reizstärke und Empfindungsstärke mit der Methode des intermodalen Intensitätsvergleichs. Die Versuchsperson zeigt durch Druck auf einen Kraftmesser (Handdynamometer) die Stärke ihrer Empfindung bei Reizen der angegebenen Modalitäten an. Deren Reizstärken sind in der Abscisse in willkürlichen Einheiten angegeben. Kleine Zunahmen der Reizstärke führen beim Schmerz zu starken Zunahmen der Schmerzempfindung, während eine große Zunahme der Lichtintensität zu nur geringen Änderungen der Helligkeitsempfindung führt. Die anderen Sinnesmodalitäten liegen zwischen diesen Extremen. Messungen von S. S. Stevens [11] aus [9]

Intermodaler Intensitätsvergleich. Viele Versuchspersonen haben Schwierigkeiten, wie im Versuch der Abb. 17-13 die Empfindungsintensität als Vielfaches eines Standardreizes (also in Zahlenwerten) auszudrücken. Dies läßt sich umgehen, indem man die Empfindungsstärke von der Versuchsperson auf andere Weise ausdrücken läßt. Beispielsweise wird sie gebeten, die empfundene *Lautstärke eines Tones* durch entsprechenden *Druck mit der Hand* auf den Hebel eines Kraftmessers (Handdynamometer, aber eine Badezimmerwaage tut es auch) anzugeben. Hier wird also die Empfindungsstärke eines Sinnes oder einer *Modalität* durch die einer anderen Modalität (in unserem Beispiel des Kraftsinnes) ausgedrückt. Beispiele für die Ergebnisse solcher **intermodalen Intensitätsvergleiche** zeigt Abb. 17-14. In dieser Abbildung ist für eine Reihe von Modalitäten die gemessene Empfindungsintensität dargestellt als „Handkraft" (Ordinate) in Abhängigkeit von der Reizstärke (Abszisse). Die Meßpunkte für jede Modalität liegen in dem doppeltlogarithmischen Koordinatensystem jeweils auf einer Geraden, d.h. sie können durch Potenzfunktionen beschrieben werden. Die Exponenten sind an einigen Beispielen angegeben. Sie reichen von n = 2,13 für den Hautschmerz bis zu n = 0,21 für die Lichtempfindung.

Funktionell ist es sehr nützlich, daß bei einer Zunahme des Schmerzreizes die Intensität der Empfindung sehr stark zunimmt. Ein Exponent von etwa 2 bedeutet nämlich, daß die *Empfindungsstärke* etwa mit dem *Quadrat der Reizstärke* wächst, also eine Verdoppelung der Reizstärke schon eine $2^2 = 4$fach stärkere Empfindung bewirkt. Die Schmerzempfindung kann nämlich auf diese Weise besonders nachdrücklich ihren Warnaufgaben nachkommen (S. 349). Andererseits ist es für die Funktion sinnvoll, daß bei Lichtreizen, die einen Intensitätsumfang von 5–6 Dekaden haben, die Empfindungsstärke nur relativ flach ansteigt und somit ein entsprechend weiter Empfindungsbereich abgedeckt wird.

Simultane Dimensionsänderungen

Reize haben neben ihrer Intensität auch die Dimensionen des Raumes und der Zeit, z. B. der Reizfläche und der Reizdauer, deren Quantität sich ändern kann. Wie wird die Intensität der Empfindung von simultanen Änderungen in diesen Dimensionen des Reizes beeinflußt? Die einfachste Annahme wäre eine lineare Beziehung: daß sich Reize vergrößerter Fläche oder verlängerter Dauer *summieren*. Dies ist jedoch nur sehr eingeschränkt für schwellennahe Reize der Fall.

Simultane Reizänderungen an der Schwelle. Für Schwellenreize zur Auslösung einer Lichtempfindung gilt, daß das Produkt aus Lichtintensität I und leuchtender Fläche F konstant ist [4, 17]:

$$I \cdot F = \text{const.}$$

Diese Regel besagt, daß ein kleiner heller Lichtpunkt als ebenso hell empfunden wird wie ein größerer aber schwächer leuchtender. Die Regel gilt aber nur, solange der Sehwinkel des Objektes kleiner als 3 Bogenminuten ist. Eine analoge Beziehung findet man übrigens auch für Schwellenreize an Ganglienzellen der Netzhaut [12]. Eine entsprechende Regel gilt auch für das *Produkt* aus *Lichtstärke* und *Dauer* des Lichtreizes, sofern 120 ms nicht überschritten werden (kurze, helle Lichtblitze werden also als ebenso hell empfunden wie schwächere, die länger dauern). Weitere konstante Produkte von Reizdimensionen an der absoluten Schwelle wurden auch für den Temperatursinn, den Tastsinn und das Gehör gefunden [4].

Simultane überschwellige Reizänderungen. Überschwellige Reize summieren sich bei Änderungen der Reizfläche oder -dauer nur unvollständig. Mißt man die Intensität der Empfindung als Anzahl der Unterschiedsschwellenschritte, so findet man z. B., daß sich bei simultaner Änderung der Stärke D und der Fläche F eines Druckreizes die Empfindungsintensität E gemäß der Beziehung

$$E^2 = D^2 + F^2$$

ändert [14]. Diese „pythagoräische" Summe der Quadrate ist um den Faktor $2 \cdot D \cdot F$ kleiner als $(D + F)^2$, die Summation ist also unvollständig. Die Gültigkeit dieser Beziehung ist auch für die Modalitäten Lichtsinn und Gehör für begrenzte Bereiche nachgewiesen [4].

Die quantitativen Aussagen über die Wirkungen der simultanen Änderung verschiedener Reizdimensionen auf die Intensität der Empfindungen sind besonders wichtig, weil solche komplizierten Reizänderungen den natürlichen Reizen in unserer Umgebung näherstehen als die isolierte Änderung einer Intensität oder eines Ortsparameters. In unserem Sehraum ändern sich in der Regel Reizort, Helligkeit und Reizfläche simultan; wenn wir einen Gegenstand abtasten, so ändern sich simultan die Drücke und Kontaktflächen. Die oben angeführte Produktregel über Reizintensität und -fläche hat beispielsweise die praktische Konsequenz, daß ein schnell zu erkennendes Warnzeichen, z. B. an der Autobahn, eine überproportional große Fläche haben muß.

Raumdimension der Empfindung, Kontrast

Auch in dieser Dimension kann *quantitativ* die Änderung der Empfindung in Folge der Änderung eines Ortsparameters des Reizes bestimmt werden. So können z. B. die Schwellen für den kleinstmöglichen Abstand von zwei Reizpunkten, die als getrennt wahrgenommen werden, bestimmt werden (s. Abb. 18–4, S. 333: Zweipunktschwellen der Haut, Abb. 19–1, S. 364: Visus), oder es kann die Stärke der empfundenen Änderung einer Reizfläche über die Anzahl der in dieser Empfindungsänderung enthaltenen Unterschiedsschwellenschritte gemessen werden. Es soll auf diese Meßverfahren hier nicht weiter eingegangen werden, wir wollen uns vielmehr einer wichtigen Besonderheit der Raumdimension, dem Kontrast, zuwenden.

Unter **visuellem Kontrast** versteht man physikalisch das Verhältnis der Lichtstärken (gemessen in *Candela, cd*) zweier nebeneinanderliegender Bildteile, und analog kann auch für andere Sinnesbereiche der Begriff Kontrast definiert werden. Ein visueller Reiz mit definiertem Kontrast wurde in dem Versuch der Abb. 17–15 a benutzt: Die Helligkeit einer Fläche ändert sich an einer Kante über eine Entfernung von 20 Winkelminuten gleichförmig von 10 cd/m^2 auf 70 cd/m^2. Es wurde nun die Stärke der subjektiven Helligkeitsempfindung in den verschiedenen Bildanteilen gemessen und die rote Kurve erhalten. Die Empfindungsintensität weicht von der physikalischen Helligkeitsverteilung nach unten und nach oben ab, der **Kontrast** zwischen heller und dunkler Fläche ist **in der Empfindung stärker** als im Reiz. Für die Empfindung ergibt sich also eine **Kontrastüberhöhung**.

Das Phänomen der Kontrastüberhöhung, auch **Simultankontrast** genannt (vgl. Abb. 19–3 B, S. 366), kann leicht im Selbstversuch verifiziert werden: Betrachten Sie irgendeine Trennungslinie zwischen einer hellen und einer dunklen Fläche: unmittelbar neben der Trennungslinie erscheint die helle Fläche heller und die dunkle Fläche dunkler als innerhalb der betreffenden Flächen. Man nennt diese hellen und dunklen Streifen in einem kontrastreichen Bild **Mach-Streifen**.

Eine *Kontrastüberhöhung* der Empfindung wird nicht nur im visuellen Bereich, sondern auch für das Gehör, die Hautsinne und den Geschmack empfunden. Es handelt sich also bei der Kontrastüberhöhung um eine *allgemeine Eigenschaft unserer Empfindungen* [13]. Die Kontrastüberhöhung **verschärft das räumliche Unterscheidungsvermögen.**

Kontrastüberhöhung in sensorischen Neuronen. An sensorischen Neuronen werden Reaktionen beobachtet, die der Kontrastüberhöhung in den Sinnesempfindungen analog sind. So werden z. B. an afferenten Fasern aus dem Auge von Limulus [24] oder an Retinaganglienzellen von Katzen bei entsprechenden Reizmustern dem Verlauf der Empfindungsintensität in Abb. 17-15a völlig analoge Impulsverteilungen gefunden [18]. Abb. 17-15b zeigt schematisch das Zustandekommen einer solchen neuronalen Kontrastsüberhöhung an Neuronen des Sehsystems.

Ursache dieser Erscheinung ist die *laterale Hemmung* bzw. die Organisation des receptiven Feldes in Zentrum und reziprok reagierende Peripherie (s. Abb. 17-6 und 17-8). Bei Neuronen, deren receptives Feld ganz in der gleichmäßig belichteten hellen Fläche liegt, sind Zentrum und Peripherie gleichmäßig gereizt, und die Reizantwort dieses Neurons entspricht der Summe aus Erregung und lateraler Hemmung. Liegt das receptive Feld des Neurons jedoch am Rande der hellen Fläche, so kann ein Teil seiner Peripherie schon in der dunklen Fläche liegen, und dadurch wird die laterale Hemmung des Neurons vermindert. Dieses Neuron wird also stärker erregt sein als das erstere, was die relativ erhöhte Impulsfrequenz bei den dem Rand der hellen Fläche entsprechenden Neuronen erklärt.

Zeitdimension der Empfindung, Adaptation

Zeitliches Auflösungsvermögen. Wie wir bereits bei der Besprechung der *simultanen* Dimensionsänderungen gesehen haben (S. 326), beeinflußt die *Reiz-*

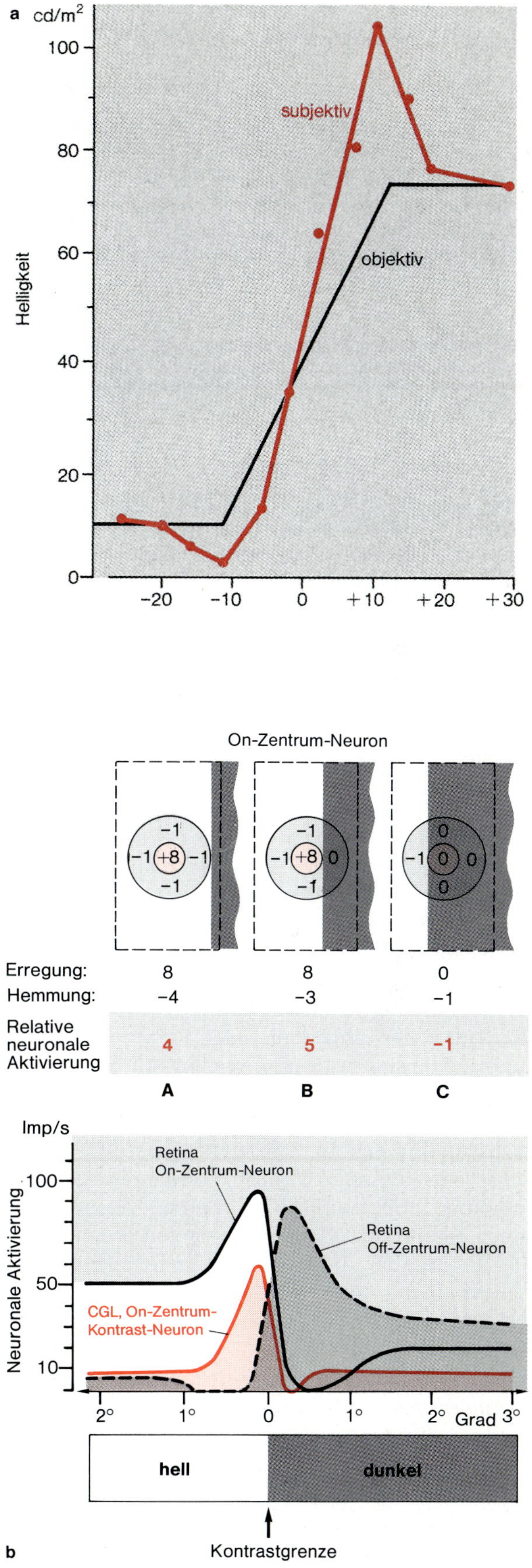

Abb. 17-15. Kontrastüberhöhung (Simultankontrast) bei Sinnesempfindungen und deren neuronales Korrelat. **a** Subjektive Kontrastüberhöhung beim Übergang von einer dunklen Fläche *links* zu einer hellen *rechts*, dargestellt an einer Linie senkrecht zur Kante *(Abscisse)*. Die *Ordinate* zeigt die Helligkeit der betrachteten Fläche. Die *schwarze* Kurve zeigt die mit einem Photometer gemessene objektive Helligkeitsverteilung, die *rote* die subjektive Verteilung. Letztere wird durch Einstellung einer als gleich hell empfundenen Vergleichsfläche an den verschiedenen Meßpunkten durch die Versuchsperson bestimmt. **b** Schema des neuronalen Korrelates der Kontrastüberhöhung. *A–C* Die Aktivierung eines On-Zentrum-Neurons hängt von der Lage einer Hell-Dunkel-Grenze innerhalb des receptiven Feldes ab. Die maximale Aktivierung wird bei Position *B* erreicht, wenn die Hell-Dunkel-Grenze mit der Grenze zwischen RF-Zentrum und RF-Peripherie zusammenfällt. Die Zahlen geben Relativwerte ohne die Spontanaktivität an. *Unten:* Abhängigkeit der Aktivierung visueller Neurone von der Position einer Hell-Dunkel-Grenze im receptiven Feld *(Abscisse)*. Dargestellt sind schematisierte Resultate von retinalen On-Zentrum- und Off-Zentrum-Neuronen sowie von On-Zentrum-Kontrastneuronen des Corpus geniculatum laterale. **a** aus [17], **b** aus Grüsser u. Grüsser-Cornehls in [10a]

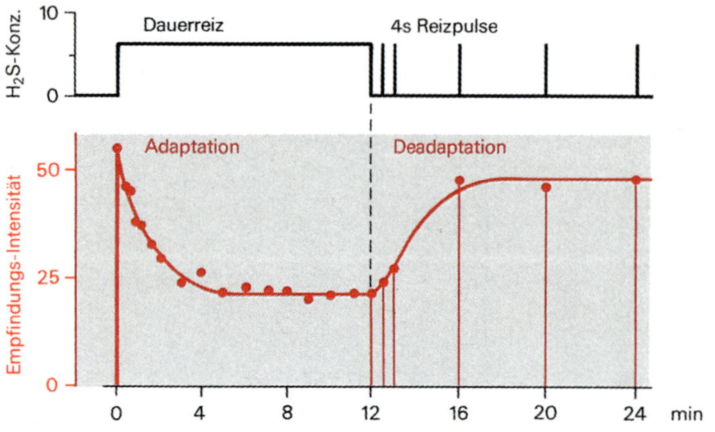

Abb. 17-16. Adaptation einer Geruchsempfindung. Oben *(schwarz)* Reizamplitude (Schwefelwasserstoffkonzentration von $6{,}5 \times 10^{-6}$ Volumenanteilen), unten *(rot)* Empfindungsintensität, geschätzt von 4 Versuchspersonen in je 10 Versuchen als Vielfaches einer Standardintensität. Nach L. E. Marks aus [17]

dauer stark die *Intensität* der Sinnesempfindung. Will man das *zeitliche Auflösungsvermögen* einer Sinnesmodalität bestimmen, so mißt man dazu die **Zeitunterschiedsschwellen** von Reizen, also z. B. um wieviele Millisekunden ein Ton oder ein Lichtreiz verlängert werden muß, bis er als länger als der Ausgangsreiz erkannt werden kann.

Bei periodischen Reizen, also z. B. bei einem Flimmer- oder Flackerlicht, kann die Frequenz, bei der die Reize gerade nicht mehr getrennt wahrgenommen werden können, die **Verschmelzungsfrequenz**, gemessen werden. Beim Auge liegt die dort *Flimmerfusionsfrequenz* genannte Verschmelzungsfrequenz in Abhängigkeit von der Leuchtdichte und der Reizfläche zwischen 22 bis maximal 80 Lichtreizen pro Sekunde (S. 366). Insgesamt ist festzustellen, daß die Sinnesorgane ein schlechtes zeitliches Auflösungsvermögen haben. Sie sind daher für genaue Zeitmessung nicht sehr geeignet.

Adaptation. Bei längerdauernden Reizen nimmt die Empfindungsintensität fast regelmäßig ab. Dieses Phänomen bezeichnen wir als **Adaptation**. Abb. 17-16 zeigt als Beispiel die Adaptation der Geruchsempfindung auf Schwefelwasserstoff. Unmittelbar nach Einschalten einer konstanten Konzentration des Riechstoffes wird von den Versuchspersonen eine Empfindungsintensität von 56 geschätzt. Die Empfindungsintensität fällt innerhalb der ersten Minuten jedoch steil ab und stellt sich nach etwa 5 min auf eine konstante Intensität von etwa 20 ein.

Nach Beendigung des Reizes kommt es, wie ebenfalls in Abb. 17-16 zu sehen, zur **Deadaptation**, d. h. zum Wiederanstieg der Empfindlichkeit. Diese wurde so gemessen, daß nach Abschalten des Dauerreizes der Geruchsreiz für kurze Perioden gegeben und die Empfindungsintensität bestimmt wurde. Die subjektive Empfindlichkeit für den Reizstoff kehrt mit einem ähnlichen Zeitgang zurück, wie er für die Adaptation beobachtet wurde.

Mit Ausnahme des Schmerzes wird **Adaptation praktisch bei allen Sinnesmodalitäten** gefunden. Ihr Ausmaß und ihr Zeitgang sind dabei charakteristisch für die jeweilige Modalität. Die Adaptation bedeutet eine Herabsetzung der Empfindlichkeit für lange Reize. Sie begünstigt damit die Wahrnehmung von Änderungen von Reizen, die Sinnesorgane werden dadurch viel **empfindlicher für dynamische Vorgänge** als für *statische Situationen.* So spüren wir den Ring am Finger nicht, sofort aber die Fliege, die sich neben ihn setzt.

Die *Adaptation* und die *räumliche Kontrastüberhöhung* (Abb. 17-15) sind analoge Mechanismen, die beide für ihre Dimension die **Wahrnehmung der Änderung von Reizparametern** fördern. Sie dienen beide dazu, aus der Menge der aus den Sinnesorganen einströmenden Informationen nur die wesentlichen auszuwählen und wahrzunehmen.

Adaptationsvorgänge sind auch in der **objektiven Sinnesphysiologie** weit verbreitet (S. 311). Die meisten *Sensoren* zeigen Adaptation (Abb. 17-4), und an zentralen *sensorischen Neuronen* ist ebenso eine Adaptation, ein Abfall der Impulsfrequenz während des andauernden Reizes deutlich. Auch im *Verhaltensversuch* bei Tieren können Adaptationsvorgänge verfolgt werden. Die für zentrale Neurone gefundenen Adaptationsverläufe stimmen meist quantitativ gut mit den Adaptationen in den entsprechenden Sinnesempfindungen überein.

17.5 Literatur

Weiterführende Lehr- und Handbücher

1. GAUER, O. H., KRAMER, K., JUNG, R.: Allgemeine Neurophysiologie. In: Physiologie des Menschen, Bd. 10, 2. Aufl. München: Urban & Schwarzenberg 1974

2. GESCHEIDER, G.A.: Psychophysics: Method and Theory. New York: John Wiley & Sons 1976
3. HANDWERKER, H.O. (Ed.): Nerve fiber discharges and sensations. Hum. Neurobiol. *3*, (1984)
4. HENSEL, H.: Allgemeine Sinnesphysiologie, Hautsinne, Geschmack, Geruch. Berlin Heidelberg New York: Springer 1966
5. KEIDEL, W.D.: Sinnesphysiologie, Teil I: Allgemeine Sinnesphysiologie, Visuelles System. Berlin Heidelberg New York: Springer 1971
6. KUFFLER, J.S.W., NICHOLLS, J.G., MARTIN, A.R.: From Neuron to Brain. 2nd. Ed. Sunderland, Mass.: Sinauer Associates 1984
7. LOEWENSTEIN, W.R. (Ed.): Handbook of Sensory Physiology, Vol. I: Principles of Receptor Physiology. Berlin Heidelberg New York: Springer 1971
8. McNICOL, D.: A Primer of Signal Detection Theory. London: George Allen & Unwin 1972
9. SCHMIDT, R.F.: Medizinische Biologie des Menschen. 2. überarbeitete und erweiterte Auflage der „Biomaschine Mensch". München: Piper 1983
10. SCHMIDT, R.F. (Hrsg.): Grundriß der Sinnesphysiologie. 5. Aufl., Berlin, Heidelberg, New York, Tokyo: Springer 1985

10a. SCHMIDT, R.F., THEWS, G. (Hrsg.): Physiologie des Menschen, 24. Aufl., Berlin, Heidelberg, New York, Tokyo: Springer 1990

11. STEVENS, S.S.: Psychophysics. New York: John Wiley 1975

Einzel- und Übersichtsarbeiten

12. BARLOW, H.B., FITZHUGH, R., KUFFLER, S.W.: Change of organization in the receptive fields of the cat's retina during dark adaptation. J. Physiol. (Lond.) *137*, 338 (1957)
13. BÉKÉSY, G. von: Mach band type lateral inhibition in different sense organs. J. Gen. Physiol. *50*, 519 (1967)
14. BERGSTRÖM, R.M., LINDFORS, K.O.: Experimental demonstration of the euclidean-pythagorean structure and the quadratic metrics in the perceptual manifold of the cutaneous tactile sense. Acta Physiol. Scand. *44*, 170 (1958)
15. BLOUGH, D.S.: Dark adaptation in the pigeon. J. Comp. Physiol. Psychol. *49*, 425 (1956)
16. BLOUGH, D.S., YAGER, D.: Visual psychophysics in animals. In: Handbook of Sensory Physiology, Vol. VII/4: Visual Psychophysics (Eds. D. JAMESON, L.M., HURVICH). Berlin Heidelberg New York: Springer 1972
17. DUDEL, J.: Allgemeine Sinnesphysiologie. In: SCHMIDT, R.F., THEWS, G. (Hrsg.): Physiologie des Menschen. 22. Aufl., S. 191–208 Berlin, Heidelberg, New York, Tokyo: Springer 1985
18. FLORENTINI, A.: Mach-band phenomena. In: Handbook of Sensory Physiology. Vol. VI/4: Visual Psychophysics (Eds. D. JAMESON, L.M. HURVICH). Berlin, Heidelberg, New York: Springer 1972
19. GREEN, D.M., SWETS, J.A.: Signal Detection Theory and Psychophysics. New York: John Wiley 1966
20. HANDWERKER, H.: Allgemeine Sinnesphysiologie. In: SCHMIDT, R.F., THEWS, G. (Hrsg.): Physiologie des Menschen. 23. Aufl., S. 186–233 Berlin, Heidelberg, New York, Tokyo: Springer 1987
21. HARTLINE, H.K.: The receptive fields of optic nerve fibers. Am. J. Physiol. *130*, 690 (1940)
22. KUFFLER, S.W.: Discharge patterns and functional organization in mammalian retina. J. Neurophysiol. *16*, 37 (1953)
23. KUFFLER, S.W.: Mechanism of activation and motor control of stretch receptors in lobster and crayfish. J. Neurophysiol. *17*, 558 (1954)
24. RATLIFF, F., HARTLINE, H.K.: The responses of Limulus optic nerve fibers to patterns of illumination on the receptor mosaic. J. Gen. Physiol. *42*, 1241 (1959)
25. STEVENS, S.S.: The psychophysics of sensory function. Am. Scientist *48*, 226 (1960)
26. STEVENS, S.S.: Sensory power functions and neural events. In: Handbook of Sensory Physiology, Vol. I: Principles of Receptor Physiology (Ed. W.R. Loewenstein). Berlin, Heidelberg, New York: Springer 1971

18 Somatosensorik, Nociception, Schmerz

In der Haut, den Skeletmuskeln, den Sehnen, Gelenken und den Eingeweiden liegen Sensoren, die Signale aus der Umwelt oder aus dem Körper aufnehmen und dem Zentralnervensystem mitteilen. Die Gesamtheit dieser Sinnessysteme bezeichnen wir als **somatoviscerale Sensibilität** [7, 8, 10, 16, 21]. Wie Abb. 18-1 zeigt, ist es üblich, die Sinnessysteme der Haut, der Gelenke und der Skeletmuskeln mit ihren Sehnen als *somatische Sensibilität* oder *Somatosensorik* abzugrenzen von der Sensibilität der Eingeweide, die als *viscerale Sensibilität* zusammengefaßt wird.

Bei der **somatischen Sensibilität** werden die in der Haut lokalisierten Modalitäten als *Oberflächensensibilität* der *Tiefensensibilität* aus den darunterliegenden Muskeln, Sehnen und Gelenken gegenübergestellt. Die der Haut eigentümlichen, also zur Oberflächensensibilität gehörenden Modalitäten, nämlich der *Tastsinn* (Mechanoreception) und der *Temperatursinn* (Thermoreception) werden ebenso wie die Tiefensensibilität und die **viscerale Sensibilität** in den folgenden Abschnitten dieses Kapitels dargestellt. Der zusätzliche, allen Geweben gemeinsame **Schmerzsinn** wird anschließend im Abschnitt 18.5 besprochen.

Die **Sensoren** (Sinnesreceptoren) der somatovisceralen Sensibilität können, wie im untersten Teil der Abb. 18-1 zu sehen, vier Grundtypen zugeordnet werden, nämlich einerseits solchen, die entweder auf mechanische (**Mechanoreceptor**) oder auf thermische (**Thermoreceptor**) oder auf chemische Reize (**Chemoreceptor**) ansprechen und andererseits den **Nociceptoren**, die nur auf intensive Reize reagieren (s. Abschnitt 18.5). Mechanoreceptoren spielen vor allem beim Tastsinn der Haut und bei der Tiefensensibilität eine wichtige Rolle, die Thermoreceptoren dienen vor allem dem Temperatursinn, und die Chemoreceptoren sind in der visceralen Sensibilität am häufigsten anzutreffen (für eine noch allgemeinere Klassifikation von Sensoren s. S. 310).

Die Leistungsfähigkeit der somatovisceralen Sensibilität ist mit der der speziellen Sinnesorgane (z. B. Auge, Ohr) durchaus vergleichbar. Die früher häufig benutzte Bezeichnung „niedere Sinne" für die somatoviscerale Sensibilität, die vielleicht das Fehlen komplizierter spezieller Sinnesorgane andeuten sollte, ist daher mißverständlich und nicht länger brauchbar.

18.1 Mechanoreception

Die menschliche Haut ist sehr empfindlich für mechanische Reize. Schon das Bewegen eines einzelnen Haares auf der Oberfläche des Handrückens kann eine deutliche Empfindung auslösen. Insbesondere die Innenfläche der Hände, die Lippen und die Zunge sind so berührungsempfindlich, daß wir sie tagtäglich zur Exploration unserer Umwelt, vor allem auch unserer Nahrung einsetzen. Eine systematiche Untersuchung der Mechanoreception fördert vier Qualitäten zutage, die sich in der alltäglichen Erfahrung, im Experiment und in ihren receptiven Grundlagen deutlich voneinander abgrenzen lassen, nämlich die **Druck-**, **Berührungs-**, **Vibrations- und Kitzelempfindungen** [20, 21, 31].

Subjektiv erfaßbare Eigenschaften der Mechanoreception

Empfindungsschwellen für mechanische Hautreize. Die moderne Erforschung des Tastsinnes begann mit der Beobachtung Max von Freys, daß die Haut nicht auf ihrer ganzen Fläche, sondern *nur punktförmig mechanosensibel* ist. Er überprüfte dies mit Hilfe von Haaren oder Borsten unterschiedlicher Dicke, die er auf einer Waage eichen konnte (Abb. 18-2A) und mit denen er die Haut systematisch abtastete. Diejenigen Punkte von denen eine taktile Empfindung ausging, nannte er **Tastpunkte**. Hautregionen mit zahlreichen Tastpunkten sind insbesondere die Fingerkuppen und die Lippen, während Oberarme, Oberschenkel und der Rücken besonders wenige Tastpunkte aufweisen.

Das Ergebnis einer praxisnaheren Überprüfung der **taktilen Empfindungsschwellen** der menschlichen Innenhand mit Hilfe eines elektronisch geführten Stößels zeigt Abb. 18-2B, C. Die minimal

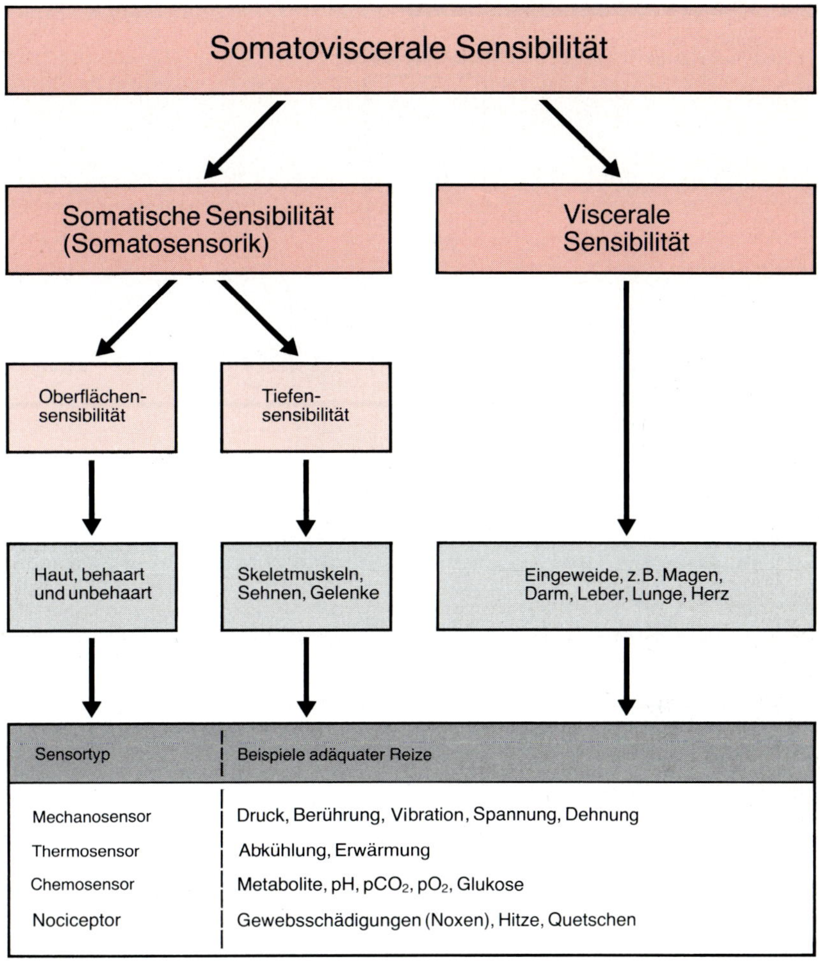

Abb. 18-1. Übersicht über die Anteile der somatovisceralen Sensibilität *(oben)*, ihre Lokalisation im Körper *(Mitte)* und über die vier Grundtypen somatovisceraler Sensoren mit Beispielen ihrer adäquaten Reize. Aus [18]

notwendige Eindrucktiefe der Haut, die zu einer gerade wahrnehmbaren Berührungsempfindung führt, liegt in der Größenordnung von 0,01 Millimeter (10 Mikrometer, lm). An den Fingerspitzen sind die Schwellen dabei deutlich geringer als in der übrigen Handinnenfläche, der Zeigefinger hat aber keine geringere Schwelle als seine Nachbarn. Auch bei Blinden kommt es nicht zu einer Schwellenabsenkung. Es wird vielmehr gelernt, mit der vorhandenen Sensibilität besser umzugehen.

Intensitätsfunktion der Mechanosensibilität. Mit Hilfe der auf den Seiten 323-326 beschriebenen Methoden läßt sich bestimmen, in welcher Weise die subjektive Stärke eines taktilen Reizes von seiner Intensität abhängt. Das Ergebnis solcher Messungen an der Handinnenfläche von drei Versuchspersonen zeigt Abb. 18-3. Für jede Person (A, B, C) wurde diese **psychophysische Intensitätsfunktion** dreimal aufgenommen, wobei sich klar zeigte, daß diese Funktion *intraindividuell* bemerkenswert konstant ist, aber *interindividuell* große Unterschiede zeigt. Dies drückt sich deutlich in den Exponenten der an die Meßpunkte angepaßten Potenzfunktionen aus.

Räumliches Auflösungsvermögen. Als Maß für das räumliche Auflösungsvermögen der Haut für taktile Reize wird seit langem die Bestimmung der räumlichen Unterschiedsschwelle herangezogen, d.h. das Messen des Abstandes zwischen zwei taktilen Reizen, bei dem diese gerade noch als getrennt wahrgenommen werden. Diese räumlichen Unterschiedsschwellen lassen sich mit einem Stechzirkel (mit abgestumpften Spitzen, um Schmerzreize zu vermeiden) leicht untersuchen. Werden beide Spitzen gleichzeitig aufgesetzt, also die **simultane Raumschwelle** geprüft, so ergeben sich beim Erwachsenen die in Abb. 18-4 gezeigten Werte. Sie sind ein **Maß für das räumliche Auflösungsvermögen** der Haut für taktile Reize in der jeweiligen Körperregion.

Entsprechend unserer Alltagserfahrung und in Übereinstimmung mit der oben erwähnten Verteilung der Tastpunkte sind

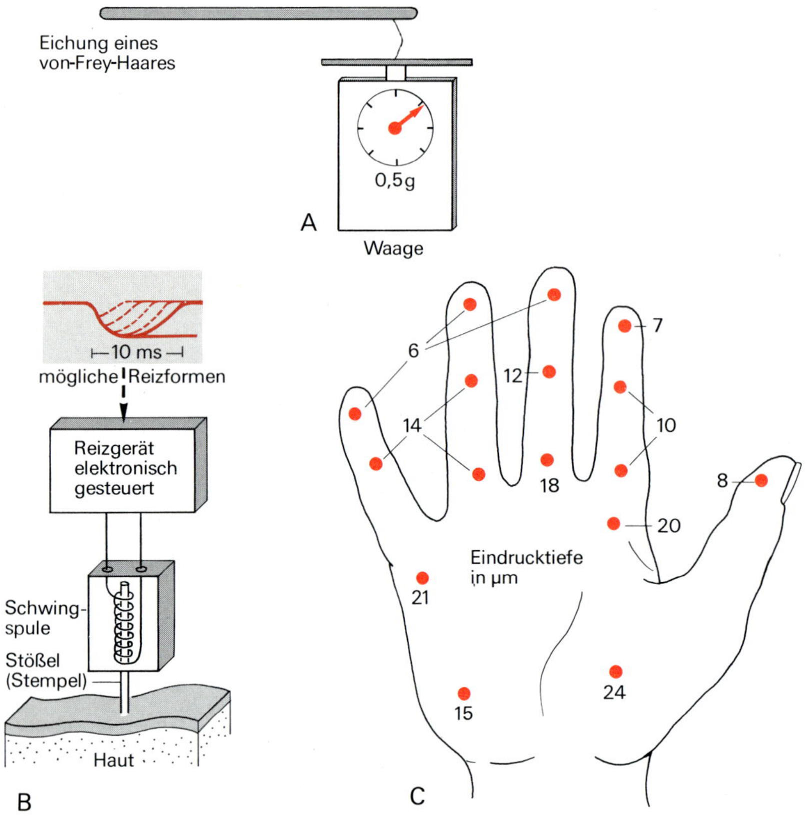

Abb. 18-2. Schwelle und Verteilung der Mechanosensibilität auf der Haut. **A** Eichung eines „von-Frey-Haares" durch Bestimmung desjenigen Druckes (in Milligramm oder Gramm), bei dem sich das Haar oder die (Nylon-)Borste gerade verbiegt. Mit Hilfe eines abgestuften Satzes solcher Reizhaare lassen sich Schwelle und Verteilung der Tastpunkte und die Schwellen und receptiven Felder von Mechanoreceptoren bestimmen. **B** Beispiel für mechanische Hautreizung mit Hilfe eines elektronisch geführten Stempels oder Stößels. **C** Verteilung der Empfindungsschwellen für Reize der in **B** gezeigten Form, angegeben in µm Eindrucktiefe. Nach Lindblom und Lindström in [28] aus [18]

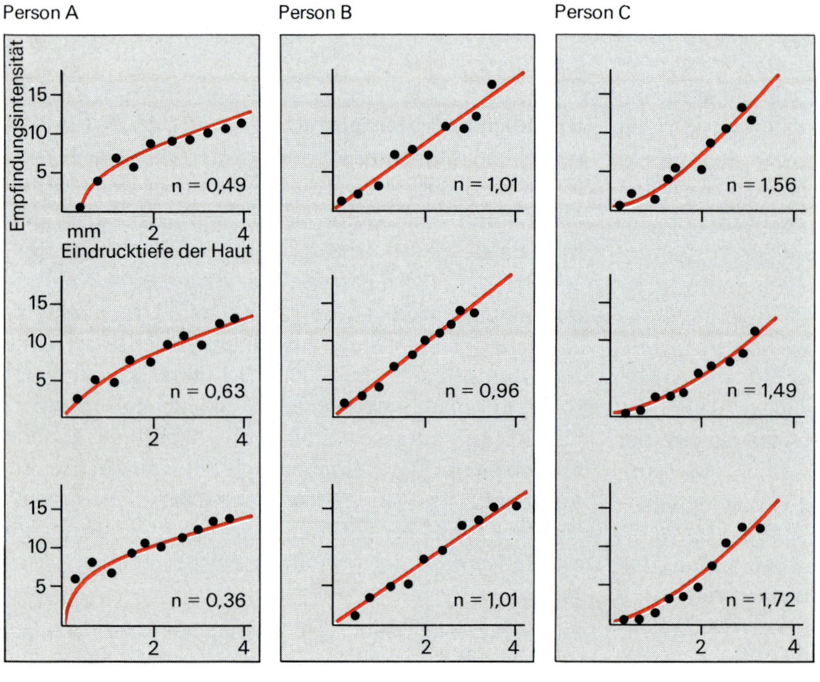

Abb. 18-3. Psychophysische Intensitätsfunktion für die Abhängigkeit der Druckempfindung von der Reizstärke. Druckpulse von einer Sekunde Dauer wurden mit der in Abb. 18-2 gezeigten Reizapparatur auf die Handinnenfläche gegeben und die Hauteindrucktiefe (Abscisse) gemessen. Die drei Versuchspersonen *(A)*, *(B)* und *(C)* ordneten den Reizen Zahlenwerte in Abhängigkeit von der Empfindungsintensität *(Ordinate)* zu. Jeder Versuch wurde dreimal wiederholt (untereinander angeordnete Kurven). Die ausgezogenen Kurven sind an die Meßwerte angepaßte Potenzfunktionen mit den jeweils *rechts* im Diagramm angegebenen Exponenten. Nach Knibestöl und Vallbo in [28] aus [18]

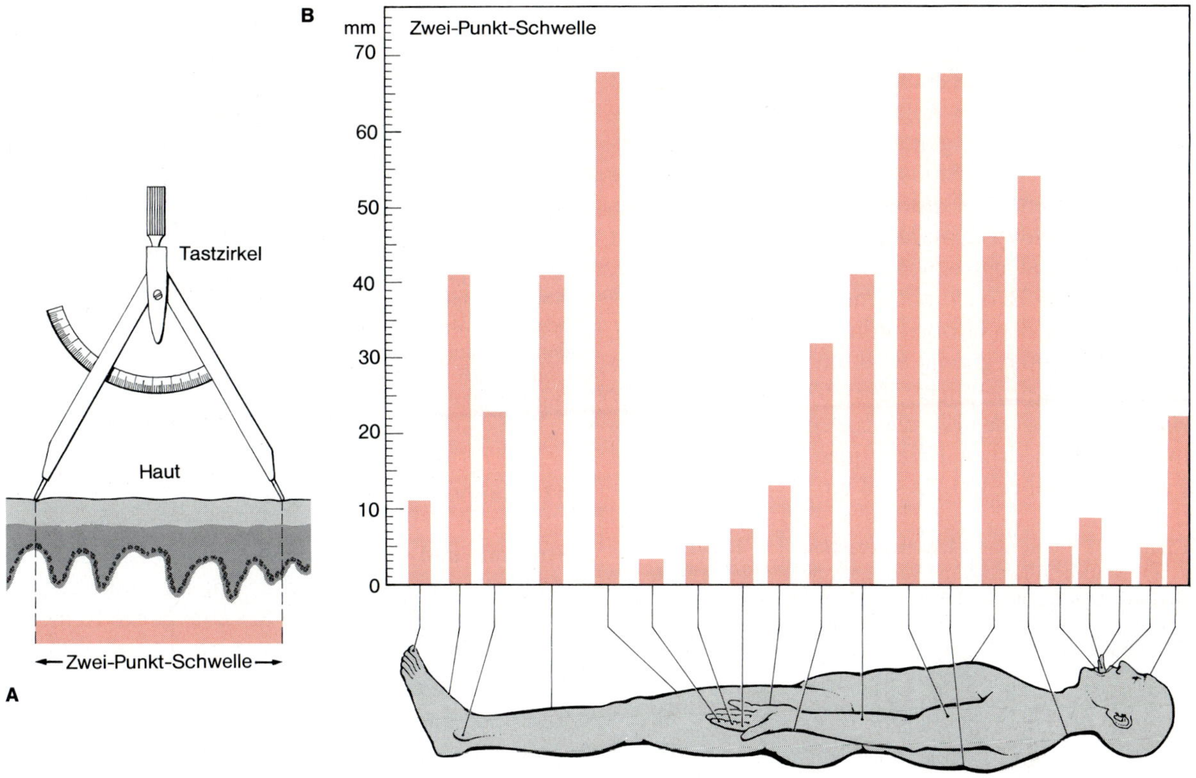

Abb. 18-4. Simultane Raumschwellen (Zweipunktschwellen) des Erwachsenen. **A** Meßmethode: die abgestumpften Spitzen eines Stechzirkels werden mehrmals mit unterschiedlichem Abstand auf die Haut gesetzt. Gesucht wird der minimale Abstand zwischen den Spitzen, bei dem die beiden Reizpunkte gerade noch als getrennt wahrgenommen werden können. **B** Verteilung der Zweipunktschwelle der Haut an verschiedenen Körperstellen des Menschen. Meßwerte von E. H. Weber, Arch. Anat. Physiol. wiss. Med. 1835, S. 135, nach [17] aus M. Zimmermann in [21]

die simultanen Raumschwellen der Zungenspitze, der Fingerkuppen und der Lippen besonders niedrig (Größenordnung 1 - 3 mm), während sie auf dem Rücken und an den Oberarmen und Oberschenkeln in der Größenordnung von 50 - 100 mm liegen. Dabei sind sie in der Längsachse der Extremitäten deutlich höher als senkrecht dazu (bitte ausprobieren).

Wird das räumliche Auflösungsvermögen eines Hautareals geprüft, indem die Zirkelspitzen nacheinander aufgesetzt werden, so wird nicht die simultane, sondern die **sukzessive Raumschwelle** getestet. Diese ist *deutlich besser als die simultane*, oft viermal so gut, also z. B. 1 mm statt 4 mm. Die Gründe für diesen Unterschied liegen teils in den mechanischen Eigenschaften der Haut, zum größten Teil in der Art und Weise ihrer Innervation und in der zentralen Verschaltung der afferenten Nervenfasern.

Das räumliche Auflösungsvermögen der Haut für mechanische Reize kann aber auch auf andere Weise als durch das Messen der simultanen und sukzessiven Raumschwellen geprüft werden. So kann beispielsweise gemessen werden, bei welchem Längenunterschied zwei auf die Haut aufgesetzte Kanten als unterschiedlich lang empfunden werden oder welche Länge ein solcher Kantenreiz haben muß, damit unterschieden werden kann, ob er längs oder quer aufgesetzt wurde. Als Beispiele seien erwähnt, daß am Unterarm, bei dem die simultane Raumschwelle bei 30 - 40 mm liegt, die Länge zweier Kantenreize sich um 5 - 10 mm unterscheiden muß, um wahrgenommen zu werden und daß durchschnittlich eine minimale Kantenlänge von 17 mm erforderlich ist um zu unterscheiden, ob die Kante in medio-lateraler oder proximo-distaler Richtung aufgesetzt wurde.

Plastizität der Raumschwellen. Das Auflösungsvermögen der Mechanoreception ist keine unveränderbar feste Größe. So können durch Übung, selbst innerhalb einiger Stunden, die Raumschwellen etwa halbiert werden. Blinde sind besonders bekannt für ihre Fähigkeit, kleine Gegenstände, z. B. die Punkte der Blindenschrift, rasch und sicher durch Betasten erkennen zu können. Dabei bleiben die Empfindungsschwellen allerdings unverändert (s. o.). Wird die Raumschwelle eines Hautareals durch Übung verkleinert, so reduziert sie sich nicht nur in und um dieses Areal, sondern auch im entsprechenden Hautareal der anderen Körperseite, wenn auch nicht so ausgeprägt. Bei fehlender Übung gehen die erworbenen Verbesserungen des taktilen Auflösungsvermögens wieder verloren. Akute Verschlechterungen können z. B. durch verringerte Durchblutung, zu häufiges Testen, allgemeine Ermüdung oder Abkühlen der Haut auftreten.

Schwellen der Vibrationsempfindung. Vibrationsempfindungen können auf einfache Weise durch Aufsetzen einer angeschlagenen Stimmgabel auf Knochenpunkte (z. B. Ellenbogen, Schienbein) ausgelöst werden. Bei genauerer Untersuchung verwendet man von Sinusgeneratoren angesteuerte Schwingspulen. Die *absolute Schwelle für eine bewußte Vibrationsempfindung* hat ihren besten Wert bei einer Schwingfrequenz von etwa 150–300 Hz. Die in diesem Bereich notwendige Vibrationsamplitude liegt in der Größenordnung von 1 μm, also, wie weiter unten gezeigt wird, im Schwellenbereich der Pacini-Körperchen. Die *Unterschiedsschwelle für Änderungen der Vibrationsfrequenz* ist am besten im Bereich niedriger Reizfrequenzen und steigt bei Frequenzen über 100 Hz steil an.

Klinische Prüfung der Mechanoreception [15]. Bei der klinischen Routineuntersuchung wird gewöhnlich zur **Prüfung der Berührungsempfindung** die Haut mit einem Wattebausch o. ä. gereizt und der Patient nach seiner Empfindung befragt; ferner darüber, an welchem Ort er den Reiz lokalisiert. Das *Unterscheiden von spitz und stumpf* wird durch unregelmäßig abwechselndes Aufsetzen von Spitze und Kopf einer Glasstecknadel geprüft. Regelmäßig werden bei solchen Untersuchungen auch das *Erkennen auf die Haut geschriebener Zahlen* erfragt. Dabei werden zunächst größere, dann kleiner werdende Zahlen mit einem stumpfen Griffel (Nadelkopf, Fingerspitze) auf die Haut geschrieben. Die **Prüfung der Vibrationsempfindung** erfolgt mit einer Stimmgabel (s. oben). Bei allen Messungen sollte möglichst ein **Seitenvergleich**, d. h. das Prüfen des gleichen Parameters auf der entsprechenden anderen Körperseite durchgeführt werden, um auch geringe Abweichungen einer Seite zu erfassen. Einschränkend ist zu bemerken, daß die klinische Untersuchung, die gemessen an der Leistungsfähigkeit der Mechanoreception ohnehin sehr summarisch ist, oft durch die fehlende Kooperation des Patienten zusätzlich beeinträchtigt wird.

Mechanosensoren der Haut

Struktur und Lage von Mechanosensoren in der Haut. Die mikroskopische Untersuchung brachte schon im vorigen Jahrhundert eine ganze Reihe von nervösen Endstrukturen ans Licht, die damals und

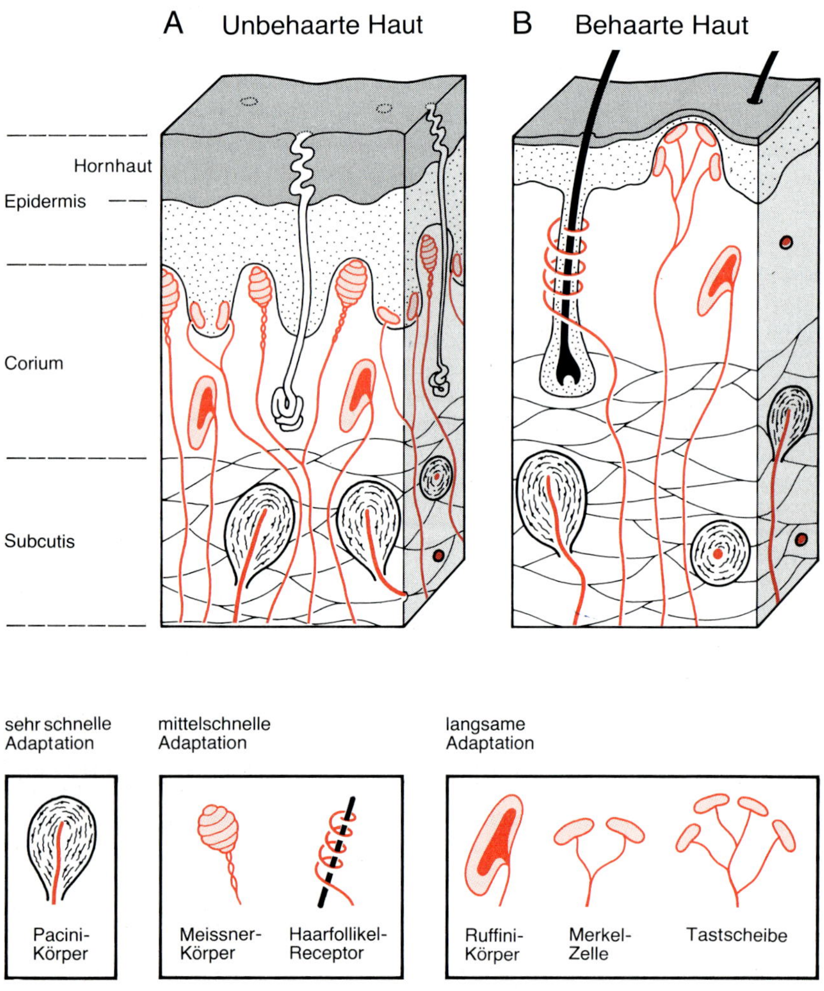

Abb. 18-5. Schematische Darstellung der Struktur und Lage von Mechanosensoren in der unbehaarten Haut (**A**) und der behaarten Haut (**B**) des Menschen. *Unten* in der Abbildung sind die verschiedenen Sensoren nach ihrem Adaptationsverhalten zusammengefaßt. Gleichzeitig dient diese Darstellung als Schlüssel für die Benennung der verschiedenen Sensortypen in **A** und **B**. Diese Sensoren werden alle von schnelleitenden, markhaltigen Nervenfasern der Gruppe II versorgt (vgl. Tabelle 12-1, S. 195). Aus [18]

weitgehend bis heute nach den Namen ihrer Erstbeschreiber benannt wurden. Mit der Entdeckung der Tastpunkte (und der etwa gleichzeitig gefundenen Warm-, Kalt- und Schmerzpunkte) setzten sofort Spekulationen darüber ein, welches die adäquaten Reize dieser verschiedenen Sensoren seien und welche sensorische Aufgabe ihnen damit zukomme. Die experimentelle Aufklärung dieser Zuordnungen erwies sich schwieriger als ursprünglich gedacht und dauert bis heute an. Für die mechanosensiblen korpuskulären Sensoren ist sie aber weitgehend geglückt.

Abb. 18-5 gibt einen schematisierten Überblick über die Struktur und Lage der in der unbehaarten (A) und behaarten (B) Haut des Menschen und bei Säugetieren (z.B. Affen, Katzen) vorkommenden Mechanosensoren. Neben einigen Sensortypen, die in beiden Hautgeweben vorkommen, gibt es andere, wie die Meissner-Körperchen und die Haarfollikel-Sensoren, die nur in der unbehaarten, bzw. behaarten Haut zu finden sind. Allen Sensortypen ist gemeinsam, daß sie von schnelleitenden, markhaltigen Nervenfasern der Gruppe II versorgt werden (s. Tabelle 12-1, S. 195), was sicherstellt, daß jeder von ihnen ausgehende Impuls in wenigen Millisekunden im Rückenmark eintrifft.

Eine auf histologischen und funktionellen Untersuchungen basierende Abschätzung der **Innervationsdichte der Mechanosensoren in der menschlichen Haut** gibt es bisher in ausreichend genauer Form nur für die unbehaarte Innenhandfläche (Abb. 18-6). Diese wird von etwa 17000 mechanoreceptiven Nervenfasern der Gruppe II versorgt. Der Anteil der einzelnen Typen von Mechanoreceptoren und die Dichte ihrer Anordnung in Fingerspitzen, proximalen Fingerflächen und Handinnenflächen können der rechten Seite der Abb. 18-6 entnommen werden. Bemerkenswert ist der insgesamt hohe Anteil der Meissner-Körperchen (43%) und deren beträchtliche Dichte (etwa 140 pro cm^2) in den Fingerspitzen. Schon daraus läßt sich vermuten, daß sie an den niederen Schwellen (Abb. 18-2) und dem guten Auflösungsvermögen dieser Hautregion (Abb. 18-4) besonders beteiligt sind.

Reiz-Antwort-Verhalten von Mechanosensoren der Haut. Die Aufzeichnung der Aktivität einzelner Mechanosensoren der Haut glückte zunächst bei Tieren mit der in Abb. 18-7A schematisch gezeigten Versuchsanordnung, bei der einzelne Nervenfasern unter dem Operationsmikroskop aus dem Nervenverband freipräpariert und auf einen dünnen Platindraht als Ableiteelektrode gelegt werden. Jede vom Sensor ausgehende Impulsaktivität kann dann registriert werden (Abb. 18-7 B-D). Vergleichbare Messungen lassen sich unterdessen auch am Menschen durchführen. Dazu werden, wie G in Abb. 18-7 schematisch zeigt, feinste Metalldrähte („Metallmikroelektroden") durch die Haut (transcutan) in den zu untersuchenden Nerv eingestochen und einzelne afferente Nervenfasern aufgesucht. Nach elektrischer Auslösung einzelner Aktionspotentiale zum Feststellen der Leitungsgeschwindigkeit (beim Tier Reizung mit bipolaren Elektroden, beim Menschen percutan und monopolar) können anschließend mit natürlichen mechanischen Reizen die wesentlichen Charakteristika eines Sensors, also sein adäquater Reiz, die Schwelle, die Beziehung zwischen Reizintensität und Entladungsfrequenz, die Größe des receptiven Feldes und seine Adaptation auf konstante Reize studiert werden [8, 31, 44]. Mit dieser **transcutanen Mikroneurographie** können nicht nur afferente Entladungen, sondern auch solche in motorischen und vegetativen Efferenzen untersucht werden.

Die wichtigsten funktionellen Eigenschaften der in Abb. 18-5 gezeigten Mechanosensoren der Haut sind in Tabelle 18-1 zusammengefaßt. Es zeigt sich, daß in der behaarten wie in der unbehaarten Haut jeweils Receptoren liegen, die einerseits **nach ihrem Verhalten auf konstante Druckreize** als *langsam*, *mittelschnell* und *sehr schnell adaptierend* bezeichnet werden können und die andererseits **in bezug auf ihren adäquaten Reiz** jeweils einen der drei Parameter eines mechanischen Reizes, nämlich *Intensität*, *Geschwindigkeit* und *Beschleunigung*, bevorzugt übertragen.

Drucksensoren (Intensitätsdetektoren). Diese langsam adaptierenden Sensoren messen die Stärke oder Eindrucktiefe eines mechanischen Hautreizes. Da sie auch nach langer Zeit nicht vollkommen adaptieren, geben sie auch die Dauer eines Druckreizes an. Die Druckreceptoren der Haut sind die **Merkel-Zellen** (Abb. 18-5 und Tabelle 18-1). Sie liegen in kleinen Gruppen in den untersten Schichten der Epidermis. Auch in der behaarten Haut gibt es Merkel-Zellen. Sie liegen aber in besonderen, punktförmig über die Hautoberfläche herausragenden **Tastscheiben** (Abb. 18-5B).

In der unbehaarten wie der behaarten Haut liegen weitere langsam adaptierende Mechanosensoren, nämlich die **Ruffini-Körperchen** (Abb. 18-5). Diese antworten nicht nur auf senkrecht auf die Haut auftreffende Druckreize, sondern auch auf Dehnung der Haut, wobei mindestens ein Teil von ihnen richtungsempfindlich ist, d.h. Dehnen der Haut in nur einer Richtung führt zu vermehrten Entladungen (vgl. Abb. 18-6B). Die Ruffini-Körperchen können also Information über die Rich-

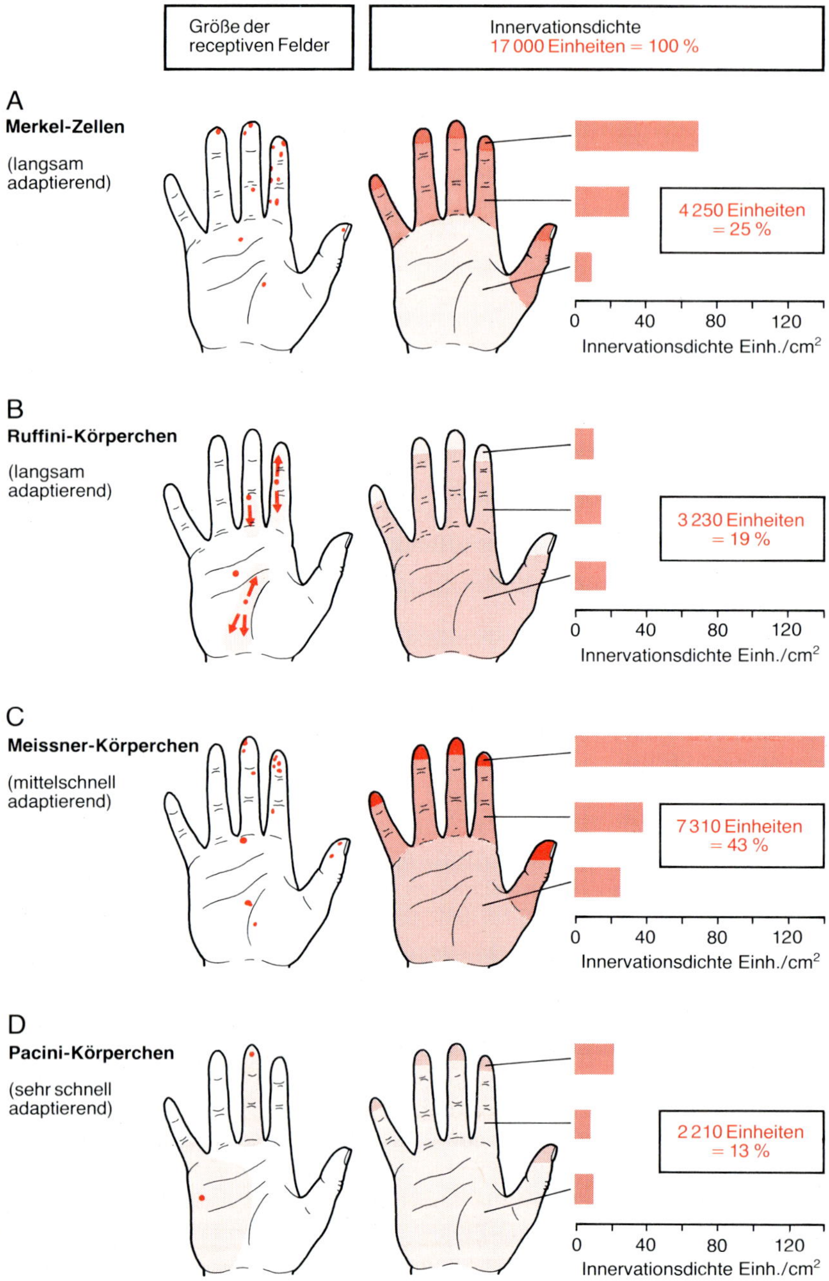

Abb. 18-6. Receptive Felder und Innervationsdichten von Mechanosensoren mit korpuskulärn Endstrukturen und Gruppe II afferenten Fasern der menschlichen Innenhand. Nach Daten von [44] aus [18]

tung und Stärke von Scherkräften vermitteln, die in der Haut und zwischen Haut und Unterhaut beispielsweise bei Gelenkbewegungen oder beim Hantieren mit Werkzeugen auftreten.

Berührungssensoren (Geschwindigkeitsdetektoren). Bewegt man einige Haare auf dem Handrücken, ohne die Haut selbst zu berühren, und hält man die Haare anschließend in ihrer neuen Stellung fest, so entsteht nur während der Bewegung der Haare eine Empfindung. Die **Haarfollikel-Sensoren** registrieren also vor allem die Bewegung des Haares selbst, genauer die Geschwindigkeit dieser Bewegung. Auch in der unbehaarten Haut gibt es solche Sensoren, nämlich die **Meissner-Körperchen**. Ein Beispiel zeigt die Abb. 18-7 B-E. Der Sensor sendet nur während der rampenförmigen Stößelbewegungen Impulse aus, nicht jedoch nach Aufhören der Bewegung. Die Impulsfrequenz hängt dabei insbesondere von der Eindrucksgeschwindigkeit des Stößels ab, wie die Originalregistrierungen in B-D ebenso zeigen wie die Auswertung in E. Ein solcher Sensor kann

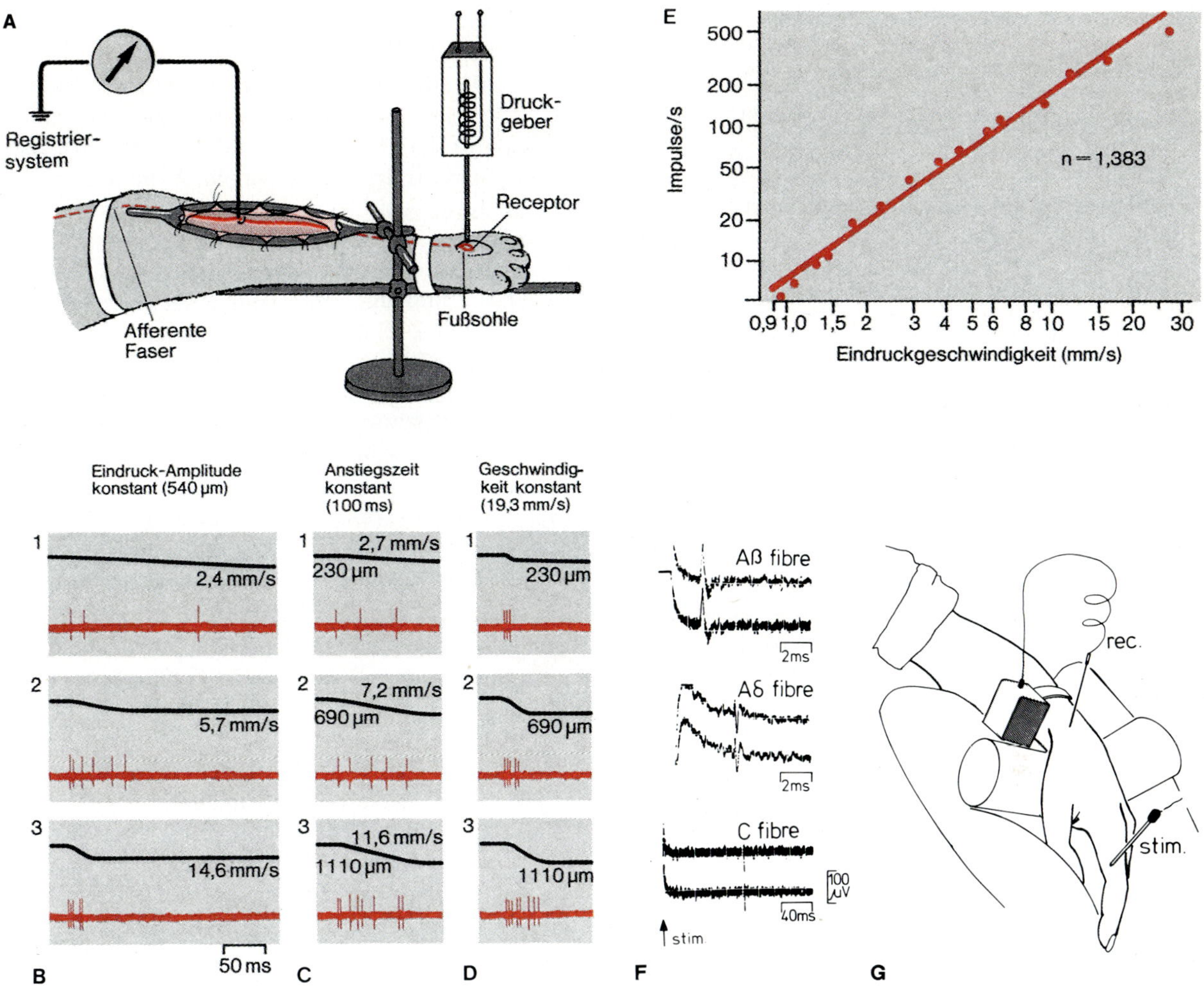

Abb. 18-7. Untersuchung des Reiz-Antwort-Verhaltens von Hautsensoren bei Tier und Mensch. **A** Versuchsanordnung bei einem Tierexperiment. Eine Katzenpfote wird so aufgelegt, daß der zentrale Gehballen nach *oben* zeigt und mechanische Reize auf ihn ausgeübt werden können. **B–D** Antwortverhalten eines Geschwindigkeitsdetektors bei Reizung mit den angegebenen Reizparametern. Der Sensor war nur auf die Geschwindigkeitskomponente des Reizes empfindlich. **E** zeigt die quantitative Beziehung zwischen der Eindruckgeschwindigkeit und der mittleren Impulsfrequenz. Das Antwortverhalten folgt einer Potenzfunktion mit dem Exponenten n = 1,383. Die ausgezogene Gerade entspricht der mathematischen Regressionsgeraden. Messungen von K.-M. Gottschaldt aus [20]. **F, G** Mikroneuronographische Ableitungen aus dem N. radialis superficialis des Menschen. Im Schema der Versuchsanordnung ist die Ableiteelektrode wiedergegeben, deren Verstärker am Handgelenk befestigt ist. Gezeigt wird außerdem eine Reizelektrode zur perkutanen Stimulation einer Nervenendigung in ihrem receptiven Feld. Die Ableitungen in **F** zeigen Aktionspotentiale einer schnelleitenden myelinisierten (A beta), einer langsamleitenden myelinisierten (A delta) und einer unmyelinisierten (C) Nervenfaser auf elektrische Reizung (beachte die unterschiedlichen Zeitmarken). Nach H. O. Handwerker aus [27]

also als **Geschwindigkeitsdetektor** bezeichnet werden. Bei rechteckigen Dauerreizen adaptieren diese Sensoren innerhalb von 50–500 ms. Sie sind also *mittelschnell adaptierend* (Tabelle 18-1, Abb. 18-6C).

Sensoren wie die Drucksensoren, die in erster Linie die Intensität eines Reizes, nicht dessen zeitliche Änderung übermitteln, werden (früher häufiger als heute) in Anlehnung an technische Meßfühler auch als **Proportionalreceptoren** oder *P-Receptoren* bezeichnet. Entsprechend werden Sensoren mit dem Antwortverhalten der Berührungssensoren **Differentialreceptoren** oder *D-Receptoren* und Mischformen *PD-Receptoren* oder **PD-Fühler** genannt. Im Englischen haben sich für die beiden Receptortypen die Bezeichnungen *slowly adapting receptors* = **SA-receptors** einerseits und *rapidly adapting receptors* = **RA-receptors** andererseits eingebürgert.

Vibrationssensoren (Beschleunigungsdetektoren). Der verbleibende korpuskuläre Mechanosensor der Haut ist das **Pacini-Körperchen**. Dieses antwortet auf rechteckige mechanische Reize lediglich mit je einem Impuls zu Beginn und am Ende des Reizes, *es adaptiert also sehr schnell.* Andererseits läßt es

Tabelle 18-1. Klassifikation cutaner Mechanosensoren nach ihrem Adaptationsverhalten (Säulenüberschriften) und ihrem adäquaten Reiz (Säulenunterschriften). Aus [18]

	Adaptation bei konstantem Druckreiz		
	langsam	mittelschnell	sehr schnell
Unbehaarte Haut	Merkel-Zelle, Ruffini-Körperchen	Meissner-Körperchen	Pacini-Körperchen
Behaarte Haut	Tastscheibe, Ruffini-Körperchen	Haarfollikel-Sensor	Pacini-Körperchen
	Intensitätsdetektor	Geschwindigkeitsdetektor	Beschleunigungsdetektor
	Klassifikation nach adäquatem Reiz		

sich durch sinusförmige Reize, z.B. durch die Vibrationen einer Stimmgabel, besonders gut erregen, wobei seine Schwelle für solche Reize im Bereich zwichen 100 und 300 Hz sehr niedrig ist und zu höheren und niedrigeren Frequenzen steil ansteigt. Es zeigte sich, daß bei sinusförmiger Reizung die Beziehung zwischen der Reizschwelle und Reizfrequenz der zweiten Ableitung der Eindrucktiefe nach der Zeit, also der Beschleunigung folgt. Die Pacini-Körperchen sind also funktionell **Beschleunigungsdetektoren**, die vor allem *Vibrationsreize* aufnehmen. Außer in der Unterhaut finden sie sich noch in wechselnder Anzahl an den Sehnen und Fascien der Muskeln, an der Knochenhaut und in den Gelenkkapseln.

Receptive Felder von Mechanosensoren. Für das Verhalten eines Sensors ist auch die Größe seines receptiven Feldes von Bedeutung. Als solches bezeichnet man dasjenige Areal, von dem der Sensor durch einen Reiz definierter Stärke erregt werden kann. Als Reizstärke benutzt man in der Regel einige wenige Vielfache, beispielsweise das Vier- oder Fünffache der Schwellenreizstärke. Die Ausdehnung auf diese Weise bestimmter receptiver Felder der menschlichen Innenhand ist für die vier Typen von Mechanosensoren der **unbehaarten Haut** in Abb. 18-6 zu sehen. In A sind die receptiven Felder von 15 **Merkel-Zell-Einheiten** dargestellt. Sie sind klein, ihre Fläche beträgt gewöhnlich 3 - 50 mm^2, was etwa Durchmessern von 2 bis 8 mm entspricht. Im Gegensatz dazu sind die receptiven Felder der **Ruffini-Körperchen** groß (B). Diese Sensoren weisen außerdem, wie bereits erwähnt, eine deutliche Richtungsempfindlichkeit auf. Noch deutlicher sind die Unterschiede in der Größe der receptiven Felder bei den schnell adaptierenden Sensoren. Die receptiven Felder der **Meissner-Körperchen** (C) sind ebenso klein wie die Merkel-Zellen, während sich die der **Pacini-Körperchen** (D) über eine weite Fläche, beispielsweise einen ganzen Finger oder die halbe Handinnenfläche ausdehnen [44].

Mechanosensible freie Nervenendigungen der Haut. Außer *myelinisierten* (Gruppen II und III) Afferenzen enthält jeder Hautnerv auch noch 50% und mehr *unmyelinisierte* (Gruppe IV oder C) Fasern. Dies sind teils efferente *postganglionäre sympathische Nervenfasern*, die beispielsweise die glatte Muskulatur der Hautgefäße und der Haarbälge, sowie die Schweißdrüsen, versorgen. Zum Teil sind es aber auch *afferente* Nervenfasern, die in *freien Nervenendigungen* enden. Die Sensorfunktionen dieser freien Nervenendigungen sind zum Teil noch ungeklärt. Manche sind möglicherweise *Temperaturreceptoren*, viele wahrscheinlich *Nociceptoren* (s. S. 353). Einige sind auch auf mechanische Berührungsreize geringer Reizstärke empfindlich. Solche **Mechanoreceptoren** mit unmyelinisierten afferenten Fasern fanden sich in der behaarten und, wenn auch nur selten, in der unbehaarten Haut.

Die geringe *Leitungsgeschwindigkeit der Gruppe-IV-Fasern* (um 1 m/s) bedingt, daß zwischen Reizbeginn und Ankunft der afferenten Impulse im ZNS viel Zeit vergeht. Beispielsweise erreicht ein solcher Impuls, der von der Zehe eines Erwachsenen ausgeht, das Rückenmark (Entfernung etwa 1 m) erst nach etwa 1000 ms = 1 s, während ein Impuls in einer Gruppe-II-Faser (Leitungsgeschwindigkeit etwa 50 m/s) für die gleiche Strecke nur etwa 20 ms = 0,02 s benötigt. Viele durch mechanische Reize induzierten Reflexe und meist auch die begleitenden subjektiven Empfindungen haben kürzere Latenzen als die Leitungszeiten der Impulse in den C-Fasern. Letztere sind also an diesen Vorgängen schon aus diesem Grunde in der Regel nicht, oder jedenfalls zu Beginn nicht beteiligt.

Aus dem **Antwortverhalten** dieser Sensoren auf mechanische Hautreize ließen sich bisher keine sicheren Schlüsse auf ihre mögliche Funktion ableiten. Möglicherweise sind sie besonders an der Übermittlung schwacher, sich **auf der Haut bewegender Mechanoreize** (wie z.B. das Krabbeln eines kleinen Insekts) beteiligt. Auch wird diskutiert, daß sie, alleine oder mit anderen, bei der **Kitzelempfindung** eine Rolle spielen.

Sensorfunktion und Mechanoperception

Die Technik der transcutanen Ableitung (*Mikroneurographie*) von einzelnen Sensoren der menschlichen Haut (Abb. 18-6 F, G) hat auch die Möglichkeit eröffnet, gleichzeitige neurophysiologische und psychophysische Messungen durchzuführen. Auf diese Weise konnte zum Beispiel geprüft werden, ob die Schwelle für eine bewußte Empfindung eines taktilen Reizes auf der Haut mit der Schwelle eines oder mehrerer der verschiedenen Mechanosensortypen übereinstimmt, oder ob die **Empfin-**

dungsschwelle deutlich über der **Sensorschwelle** liegt, eine Empfindung also erst dann auftritt, wenn Mechanosensoren deutlich überschwellig erregt werden [8, 44].

Empfindungsschwellen. Für die *Fingerinnenflächen der menschlichen Hand* stellte sich heraus, daß die Erregung eines **einzelnen Meissner-Körperchens** bereits zu einer Berührungsempfindung führt, selbst wenn nur ein einzelner Impuls in einem solchen Sensor ausgelöst wird (Eindrucktiefe dabei 5 - 10 µm). Bei Vibrationsreizen über 60 Hz genügt ebenfalls die Erregung **eines oder weniger Pacini-Körperchen**, um eine Vibrationsempfindung auszulösen. Die *Merkel-Zellen* und *Ruffini-Körperchen* spielen für die Wahrnehmung solch kleiner Reize keine Rolle, da ihre Schwellen um ein Mehrfaches über denen der beiden anderen Sensortypen liegen.

In der *Handinnenfläche* liegt dagegen die Empfindungsschwelle deutlich über der Schwelle der schnell adaptierenden Mechanosensoren. In der *Fingerinnenfläche* wird die Empfindungsschwelle also durch die Schwelle der Mechanosensoren bedingt, während in anderen Hautarealen die Empfindungsschwelle durch zentrale Mechanismen auf einem höheren Wert liegt.

Psychophysische Intensitätsfunktion. Bei überschwelligen taktilen Reizen folgen sowohl die psychophysischen Intensitätsfunktionen (Abb. 17-13, 18-3) wie das Entladungsverhalten von Drucksensoren *Potenzfunktionen*, wobei die jeweils zugehörigen *Exponenten* ähnliche Werte annehmen können. Offen blieb allerdings die Frage, ob die Form der psychophysischen Intensitätsfunktion vor allem das Entladungsverhalten der Sensoren widerspiegelt, oder ob diese Form auch wesentlich von zentralnervösen Prozessen mitbestimmt wird. Gleichzeitige Messungen der Entladungen von Drucksensoren und der subjektiven Empfindungsstärken bei Druckreizen auf die menschliche Haut haben die Frage weitgehend zu Gunsten der zweiten Möglichkeit entschieden: die Exponenten für die Entladungsfunktion einzelner Sensoren und für die Intensitätsfunktion der dabei auftretenden Empfindungen fallen in der Regel so weit auseinander, daß auf eine *wesentliche Mitwirkung des Zentralnervensystems bei der Formung der psychophysischen Intensitätsfunktionen* geschlossen werden muß.

18.2 Tiefensensibilität

Im Wachzustand sind wir jederzeit über die *Stellung unserer Glieder* zueinander orientiert. Ferner nehmen wir passive *Bewegungen* unserer Gelenke durch von außen einwirkende Kräfte ebenso wahr wie aktive Bewegungen mit Hilfe unserer Muskeln. Auch sind wir in der Lage, den *Widerstand* ziemlich genau anzugeben, gegen den wir eine Bewegung ausführen. Wir fassen diese Fähigkeiten als **Tiefensensibilität** zusammen, da die dafür verantwortlichen Sensoren weniger in der Haut, als in den Muskeln, Sehnen und Gelenken liegen (vgl. Abb. 18-1). Diese Sensoren werden, da sie ihre Reize aus dem Körper und nicht aus der Umwelt empfangen, als **Proprioceptoren** (synonym: *Propriosensoren*) zusammengefaßt. Von der Tiefensensibilität wird daher auch als **Proprioception** gesprochen. Dabei ist allerdings im Auge zu behalten, daß auch Hautsensoren bei Gelenkbewegungen erregt werden können (durch Dehnung und Stauchung der Haut, vgl. Abb. 18-6) und auf diese Weise eventuell einen Beitrag zur Tiefensensibilität liefern (s. unten).

Qualitäten der Tiefensensibilität

Stellungssinn. Im Dunkeln oder auch nach Schließen der Augen ist es immer möglich, sich selbst die Lage der einzelnen Glieder und die Stellung der verschiedenen Extremitätenabschnitte zueinander zu vergegenwärtigen. Diese *Qualität der Tiefensensibilität* bezeichnen wir als **Stellungssinn**. Genaugenommen orientiert uns der Stellungssinn über die *Winkelstellung der Gelenke* und damit insgesamt über die Stellung unserer Glieder zueinander. Wenn wir längere Zeit unsere Glieder nicht bewegt haben, oder wenn wir nach längerem Schlaf aufwachen, ist unser Stellungssinn meistens gut erhalten. Der Stellungssinn adaptiert also wenig oder nicht.

Die *Stellung der Gelenke* kann von uns ohne spezielle Übung weder in Winkelgrad angegeben noch anders mit Worten einigermaßen zutreffend beschrieben werden. Wie genau wir aber dennoch über die Stellung der Extremitätenabschnitte zueinander orientiert sind, läßt sich leicht mit den beiden folgenden Beobachtungen zeigen: Einmal kann jede aktiv oder passiv (durch einen Untersucher) an einer Extremität eingestellte Stellung durch die Extremität der anderen Körperseite ohne visuelle Kontrolle imitiert werden. Zum anderen können wir jeden von uns oder einem Untersucher gewünschten Punkt einer Extremität (z. B. Fingerspitzen) ebenfalls ohne visuelle Kontrolle mit den Fingern der anderen Hand mit großer Sicherheit aufsuchen.

Bewegungssinn. Wenn wir ohne visuelle Kontrolle eine Gelenkstellung ändern, beispielsweise den Unterarm im Ellenbogengelenk beugen oder strecken, nehmen wir sowohl die Richtung wie auch die Geschwindigkeit der Bewegung wahr. Diese *Qualität der Tiefensensibilität* bezeichnen wir als **Bewegungssinn**. *Aktive* Gelenkbewegung mit Hilfe der Muskeln wird von uns ebenso wahrgenommen wie *passive* Gelenkbewegung durch eine andere Person. Die *Wahrnehmungsschwelle des Bewegungssinnes* hängt, ganz analog zu anderen Sinnesmodalitäten, einerseits von dem *Ausmaß* der Winkeländerung und andererseits von deren *Geschwindigkeit* ab. Sie ist an den proximalen Gelenken (z.B. Schultergelenken) deutlich besser als an den distalen Gelenken (z.B. Fingergelenken).

Kraftsinn. Bindet man Fäden an eine Reihe von Gegenständen, die sich in ihrem Gewicht um 10% oder mehr voneinander unterscheiden, so kann man diese Gegenstände in bezug auf ihr Gewicht durch Anheben der Fäden leicht voneinander trennen. Wir schätzen dabei das *Ausmaß an Muskelkraft* ab, das wir aufwenden müssen, um die Gegenstände anzuheben und freischwebend zu halten. Diese *Qualität der Tiefensensibilität*, nämlich das Abschätzungsvermögen für die Muskelkraft, die notwendig ist, eine Bewegung durchzuführen oder eine Gelenkstellung einzuhalten, bezeichnen wir als **Kraftsinn**. Da die aufzuwendende Muskelkraft von dem Widerstand abhängt, der sich der Bewegung entgegensetzt, könnten wir den Ausdruck *Widerstandssinn* als Synonym für den Kraftsinn benutzen, doch hat sich dieser Ausdruck nicht durchgesetzt.

Bei der experimentellen Ermittlung der *Fähigkeiten des Kraftsinns* ist es immer schwierig, Beiträge der Mechanoperception der Haut auszuschalten oder abzugrenzen. Es läßt sich allerdings leicht zeigen, daß das *Unterscheidungsvermögen* des Kraftsinnes deutlich besser ist als das des Drucksinnes der Haut: Das Abschätzen von Gewichten durch Aufsetzen auf die Haut ist wesentlich schwieriger als das durch Aufheben der Gewichte, eine Tatsache, die jeder im Alltag häufig ausnutzt. Insgesamt zeichnet sich der Kraftsinn durch **große Genauigkeit und präzise Reproduzierbarkeit** aus. Er wird deswegen gerne, wie in Abb. 17-14 gezeigt, beim intermodalen Intensitätsvergleich als Standard eingesetzt.

Sensoren der Tiefensensibilität

Wie eingangs bereits erwähnt, sind es die als Proprioceptoren bezeichneten Sensoren subcutaner Strukturen (Gelenke, Muskeln, Sehnen), die zusammen mit den Hautsensoren als Sensoren der Tiefensensibilität in Frage kommen. Ihre Rolle für Stellungs-, Bewegungs- und Kraftsinn soll jetzt betrachtet werden [33, 36]. Dabei werden die Gelenksensoren etwas ausführlicher erörtert, während für die Eigenschaften der Muskelspindeln und Golgi-Sehnenorgane auf die entsprechenden Ausführungen auf S. 284 und für die Hautreceptoren auf den vorhergehenden Abschnitt ab S. 334 verwiesen wird.

Gelenksensoren. Die Gelenknerven sind ähnlich zusammengesetzt wie die Hautnerven, d.h. sie enthalten jeweils eine Anzahl dicker markhaltiger (Gruppe II) und dünner markhaltiger (Gruppe III) afferenter Nervenfasern sowie eine meist deutlich größere Zahl markloser Afferenzen (Gruppe-IV-Fasern). Die Gruppe-II-Nervenfasern und einige wenige der Gruppe III enden in **mechanosensitiven Sensorkörperchen** ähnlich den Ruffini- und Pacini-Körperchen der Haut (vgl. Abb. 18-5). Die übrigen Gruppe-III- und alle Gruppe-IV-Fasern bilden freie Nervenendigungen im Gelenkgewebe aus. Als Beispiel sei angeführt, daß die afferente Innervation des Kniegelenks etwa aus 400 markhaltigen und 800 marklosen Afferenzen besteht.

Die **receptiven Eigenschaften** der Gelenksensoren sind bei weitem nicht so gut untersucht wie die der Haut- oder Muskelsensoren, da sie gering an Zahl und versuchstechnisch sehr schwer zugänglich sind. Die Mehrzahl der **korpuskulären Sensoren** scheint in ihrem Entladungsverhalten den mittelschnell adaptierenden Sensoren der Haut (Meissner-Körperchen, Haarfollikel-Sensoren) zu gleichen, d.h. insbesondere *Gelenkbewegungen* zu signalisieren. Der einzelne Sensor wird dabei durch unterschiedlichste Bewegungen (Beugung, Streckung, Rotation) aktiviert, so daß zumindest aus dem Entladungsverhalten eines einzelnen Sensors keine Schlüsse auf die Bewegungsrichtung gezogen werden können.

Über das **Entladungsverhalten der freien Nervenendigungen** ist ebenfalls wenig bekannt. Viele dieser Afferenzen haben wahrscheinlich nociceptive Aufgaben, d.h. sie sprechen erst an, wenn die Gelenkbewegungen den physiologischen Arbeitsbereich des Gelenks zu verlassen drohen, oder wenn Verletzungen oder Entzündungen auftreten. Erregung dieser **Gelenknociceptoren** führt zu Gelenkschmerzen.

Bei den übrigen freien Nervenendigungen scheint es sich vorwiegend um **mechanosensitive Sensoren** zu handeln, die sowohl auf lokale Reize (Druck auf die Gelenkkapsel) wie bei Gelenkbewegungen aktiviert werden. Sie adaptieren langsamer als die korpuskulären Sensoren. Aber auch hier gilt, daß aus den Entladungen einzelner oder weniger Sensoren keine sicheren Schlüsse auf die Gelenkstellung gezogen werden können.

Alles in allem lassen die bisher bekanntgewordenen Eigenschaften der mechanosensitiven Gelenksensoren es insgesamt wahrscheinlich erscheinen, daß diese für die **Vermittlung des Bewegungssinnes** teilweise mitverantwortlich sind, aber für den **Stellungssinn** kaum eine Rolle spielen. Auch andere Befunde weisen in diese Richtung: Wird durch Krankheit oder Lokalanästhesie die Innervation der Gelenkkapseln ausgeschaltet, so kommt es zu schweren Störungen des Bewegungssinnes.

Muskelsensoren. Die Beteiligung der *Muskelspindelsensoren* am Stellungs- und Bewegungssinn ist experimentell gut gesichert. Zusammen mit den anderen Dehnungssensoren der Skeletmuskulatur, den *Golgi-Sehnenorganen* (vgl. S. 285) spielen sie wahrscheinlich auch eine wichtige Rolle bei der Übermittlung des **Kraftsinnes**, ohne daß wir über ihre Rolle im einzelnen ausreichend unterrichtet sind [9, 33].

Hautsensoren. Die Haut um die Gelenke wird bei Gelenkbewegungen gestaucht und gedehnt. Nach mikroneurographischen Untersuchungen werden durch die dabei auftretenden Spannungsänderungen in der Haut Hautmechanosensoren aller vier Typen (vgl. Abb. 18-6) erregt, wobei die empfindlichen *Pacini-Körperchen* mit ihren großen receptiven Feldern am häufigsten und die *Ruffini-Körperchen* am zweithäufigsten beteiligt sind. Damit erscheinen Beiträge der Hautsensoren zur Tiefensensibilität möglich. Ihre Rolle darf aber nicht überschätzt werden, denn die Tiefensensibilität wird durch Lokalanästhesie der Hautpartien über den Gelenken nur wenig beeinträchtigt.

Zentrale Verarbeitung der proprioceptiven Aktivität

Nach dem bisher Gesagten ist keines der angesprochenen Sensorsysteme *für sich alleine* in der Lage, die notwendige Information für die eine oder andere Qualität der Tiefensensibilität zu vermitteln. Wir müssen daher davon ausgehen, daß für die Wahrnehmung der Tiefensensibilität die **gleichzeitige regelhafte Aktivierung verschiedener Sensorsysteme** und die *zentrale Integration* dieses afferenten Zuflusses unabdingbare Voraussetzungen sind (Abb. 18-8, rot unterlegte Anteile). Diese **integrative Aufarbeitung** setzt, ähnlich wie bei anderen Sinnesorganen, bereits in den **subcorticalen sensorischen Schaltkernen** ein. So sind beispielsweise im Thalamus Neurone gefunden worden, deren Impulsfrequenz über mehr als 90° die Gelenkstellung treu widerspiegelte. Auf ein solches Neuron muß also eine beträchtliche, *präzise organisierte Konvergenz von zahlreichen proprioceptiven Meldungen* erfolgt sein, von denen die aus den Gelenksensoren selbst möglicherweise nur einen geringen Anteil ausmachen.

Beseitigen von Mehrdeutigkeit. Ein wichtiger, noch wenig aufgeklärter Aspekt der zentralnervösen Integration ist, daß die zentralen motorischen Systeme anscheinend über die von ihnen ausgehende Aktivität einen *„Durchschlag"* oder eine **Efferenzkopie** (von Holst) an die für die Wahrnehmung der Tiefensensibilität verantwortlichen zentralen sensori-

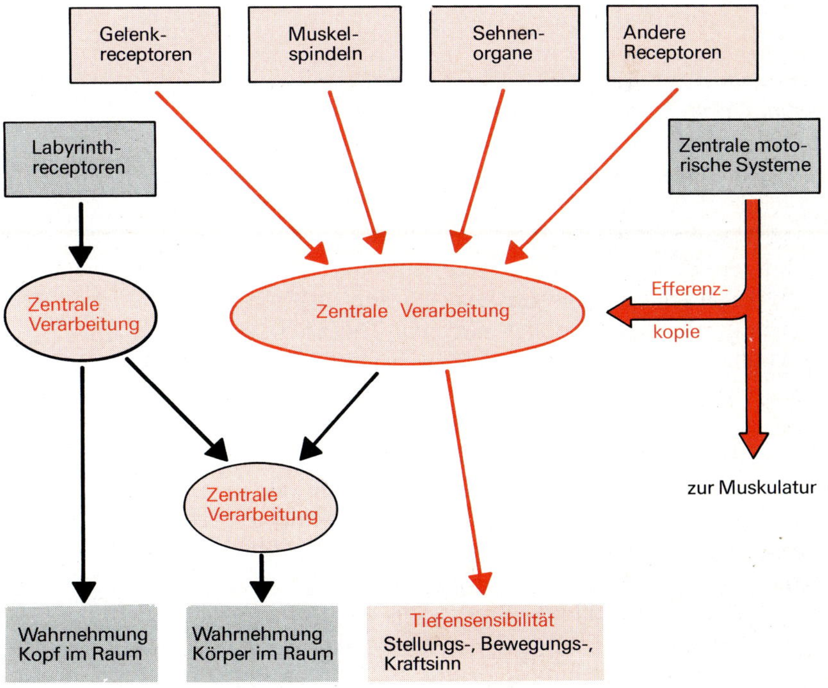

Abb. 18-8. Wahrnehmung der Tiefensensibilität (rot unterlegt) über Propriosensoren, deren afferente Zuflüsse mit den motorischen Efferenzkopien im sensorischen Nervensystem zum Stellungs-, Bewegungs- und Kraftsinn verarbeitet (integriert) werden. Die von den Sensoren des Gleichgewichtsorgans kommende Information dient zusammen mit der Tiefensensibilität zur Wahrnehmung des Körpers im Raum. Aus [18]

schen Zentren senden (rechts in Abb. 18-8). Diese Efferenzkopien unterrichten im voraus über die vorgesehene Muskelaktivität und die daraus resultierenden Bewegungen. Sie können daher dazu verwendet werden, die **Mehrdeutigkeit afferenter Information zu beseitigen**, die beispielsweise bei den Muskelspindeln durch die Aktivität der γ-Motoneurone entsteht und die bei anderen Sensoren dadurch bedingt sein kann, daß diese sowohl durch von außen kommende Reize, als auch durch Bewegungen aktiviert werden können (z. B. die Mechanosensoren der Haut in Gelenknähe, s. o.).

Ein zweiter Weg zur **Ausschaltung der Mehrdeutigkeit** afferenter Information ist eine gezielte, von den motorischen Schaltkernen ausgehende **efferente Hemmung** in den sensorischen Schaltkernen, ein dritter Weg die wechselseitige Beeinflussung der receptiven Zuflüsse untereinander, also eine **afferente Hemmung**. Beides, efferente wie afferente Hemmung kommt in praktisch allen sensiblen Zentren (Kernen), vom Rückenmark bis zum Thalamus vor.

Speichern der Gelenkstellung. Ein bisher noch wenig beachteter Aspekt der Tiefensensibilität ist, daß die statische Gelenkstellung (Stellungssinn) nicht unbedingt den Dauerentladungen sehr langsam adaptierender Sensoren entnommen werden muß. Vielmehr ist auch denkbar, daß das Zentralnervensystem aus den *schnell adaptierenden proprioceptiven Meldungen die Gelenkstellung ermittelt*, anschließend in einem **Gedächtnis** speichert und dort bis zur nächsten Änderung der Gelenkstellung dem Bewußtsein auf Abruf zur Verfügung hält. In diesem Fall wäre der Stellungssinn nicht auf eigene, über lange Zeit tonisch entladende Sensoren angewiesen.

Der Körper im Raum

Die Umwelt als Tastwelt. *Tiefensensibilität* und *Mechanoreception*, in gewissem Umfang auch die *cutane Thermoreception*, wirken zusammen beim **Aufbau der räumlichen Tastwelt**, die uns vor allem durch die tastende, d. h. sich aktiv bewegende Hand vermittelt wird. Zwar sind unsere Raumvorstellungen weitgehend geprägt durch visuelle Wahrnehmungen, aber viele Eigenschaften unserer Umwelt sind uns vorwiegend oder ausschließlich über die Tastfunktion zugänglich. Man denke beispielsweise an Eigenschaften wie *flüssig, klebrig, fest, elastisch, weich, hart, glatt, rauh, samtartig* und viele andere. Wichtig ist, daß diese Eigenschaften durch passives Betasten (Auflegen des Gegenstandes auf die unbewegte Hand oder der Hand auf den Gegenstand) schlecht oder überhaupt nicht erfaßt werden können, während **bei bewegter Hand** es wenig Mühe macht, Struktur und Form zu erkennen [5, 20].

Die *Überlegenheit der tastenden gegenüber der ruhenden Hand* beruht einmal darauf, daß durch die Bewegung wesentlich mehr Hautsensoren aktiviert werden und deren Adaptation verhindert oder vermindert wird, wodurch detailliertere Informationen über das Kontaktgeschehen an der Haut nach zentral vermittelt werden, zum anderen darauf, daß bei bewegter Hand die Tiefensensibilität ihren Teil zur Form- und Oberflächenerkennung beiträgt.

Körperstellung und Körperschema. Der subjektive Gesamteindruck der **Stellung des Körpers im Raum** wird im wesentlichen gewonnen aus einer integrativen Auswertung der über den *Stellungssinn* erhaltenen Information mit von den *Labyrinthen* der Gleichgewichtsorgane kommenden Informationen über die *Stellung des Kopfes* im Schwerefeld der Erde (Abb. 18-8). Dabei ist das *Bewußtsein der räumlichen Ausdehnung unseres Körpers in der Umwelt*, oft **Körperschema** genannt, ein wichtiger Teilaspekt unserer nicht-visuellen Raumvorstellung.

Das Körperschema ist erstaunlich fest in uns verankert und anscheinend teilweise unabhängig vom afferenten Zustrom aus den Proprioceptoren. Davon zeugt, daß nach der Amputation eines Armes oder Beines die weit überwiegende Mehrzahl der Patienten für lange Zeit, oft für den Rest ihres Lebens, das *fehlende Glied noch empfindet.* Häufig ist die Täuschung so eindringlich, daß die Patienten ihr **Phantomglied** deutlicher als ihr gesundes Glied erleben. In vielen Fällen ist der Patient in der Lage, sein Phantomglied „willkürlich zu bewegen", will heißen, er erlebt eine von ihm gewollte Bewegung des Phantomgliedes so, als ob sie wirklich stattgefunden hätte (möglicherweise ein Effekt der Efferenzkopie). In anderen Fällen erlebt er eine unveränderte Dauerhaltung des Phantomgliedes, die er auch mit großer Willensanstrengung nicht beeinflussen kann (so wie wir ein „eingeschlafenes" Bein auch nicht bewegen können). Häufig gehen vom Phantomglied auch **somatosensorische Empfindungen** aus, wie das Gefühl, beim Durchschreiten des Zimmers an eine Tischkante angestoßen zu sein. Leider sind diese Empfindungen zum Teil unangenehm und gelegentlich sehr schmerzhaft (**Phantomgliedschmerz** oder **Phantomschmerz** [19, 21, 23], s. S. 358).

Linksneglect und räumliche Agnosie. Die Phantomempfindungen sind eine Art „Überschußempfindung" des Körperschemas. Ihr Gegenteil, der teilweise *Wegfall des Bewußtseins der Körperlichkeit*, ist ein ebenfalls klinisch bekanntes, zwar seltenes, aber dann doch sehr eindrucksvolles Bild. Es tritt meist als Teilfolge eines Schlaganfalles in der rechten Großhirnhälfte auf, wenn es zu Ausfällen derjenigen Anteile der rechten Scheitel- und Schläfenlappen kommt, die denen der Wernickeschen Sprachregion auf der linken Seite entsprechen. In seiner klarsten Form *ignorieren die Patienten die Existenz ihrer linken Körperhälfte völlig* (**Linksneglect**) und vernachlässigen sie entsprechend (Einzelheiten in Kap. 30, s. besonders Abb. 30-17).

Auch andere Störungen der *räumlichen Abstraktions-, Synthese- und Orientierungsleistungen* können bei Ausfällen und Erkrankungen der parietalen und temporalen nicht-sprachdominaten Cortexareale und der ihnen zugeordneten thalamischen Kerne auftreten. So kann es zu räumlichen Orientierungsstörungen kommen, die als **räumliche Agnosie** bezeichnet werden. Die Symptome sind vielfältig. So verlaufen sich diese Patienten auch in einer ihnen völlig vertrauten Umgebung oder es mißlingt ihnen völlig, dreidimensionale Zeichnungen einfacher Objekte, wie z.B. eines Hauses anzufertigen (Einzelheiten s.S. 639-642).

18.3 Thermoreception

Der **Thermoreception** (Synonyme: Temperatursinn, Thermoperception) können zwei Qualitäten zugeordnet werden, nämlich **Kältesinn** und **Wärmesinn**. Dies wird durch zahlreiche subjektive und objektive Befunde gestützt. Am wichtigsten davon ist die Beobachtung, daß es in der Haut des Menschen und wahrscheinlich bei allen anderen Säugetieren spezielle **Kalt-** und **Warmsensoren** gibt. Diese dienen nicht nur als Fühler für bewußte Temperaturempfindungen, sondern sind auch an der Thermoregulation des Organismus beteiligt. In letzterer Aufgabe werden sie ergänzt und unterstützt durch Thermosensoren im Zentralnervensystem (z.B. im Hypothalamus, s.S. 119). Wenden wir uns aber zunächst einmal den subjektiven Temperaturempfindungen bei konstanten und während sich ändernden Hauttemperaturen zu.

Die Temperaturempfindungen der Haut

Statische Temperaturempfindungen (konstante Hauttemperatur). Beim Einstieg in ein warmes (ca. 33 °C) Bad kommt es zunächst zu einer deutlichen Warmempfindung. Diese Warmempfindung läßt auch bei konstantgehaltener Wassertemperatur nach einiger Zeit nach. Auch das umgekehrte Phänomen ist bekannt: Wer an einem heißen Sommertag in ein Bekken mit Wasser von etwa 28 °C springt, empfindet das Wasser zunächst als kühl. Nach kurzer Zeit weicht aber die Kaltempfindung einer Neutralempfindung. Zumindest in einem mittleren Temperaturbereich ist es also so, daß Erwärmung oder Abkühlung nur vorübergehend zu einer Warm- respektive Kaltempfindung führen. In diesem Temperaturbereich findet sich also eine praktisch **vollständige Adaptation** der Temperaturempfindung auf die neue Hauttemperatur.

Den Temperaturbereich, in dem eine vollständige Adaptation der Temperaturempfindung eintritt, bezeichnen wir als die **Zone der Indifferenztemperatur**. Oberhalb bzw. unterhalb dieser Indifferenzzone kommt es zu dauernden Warm- bzw. Kaltempfindungen, auch wenn die Hauttemperatur für lange Zeit konstantgehalten wird (bekanntestes Beispiel: stundenlang kalte Füße). Die oberen und unteren Temperaturgrenzen liegen bei 36 °C und 30 °C für eine Hautfläche von 15 cm^2. Werden kleinere Hautareale untersucht, so wird die Zone weiter, bei größeren Flächen wird sie schmaler (Hinweis auf eine zentrale Summation der von den Thermosensoren kommenden Impulse). Bei Versuchen in der Klimakammer am unbekleideten Menschen liegt die Indifferenzzone bei etwa 35 °C - 33 °C (vgl. auch Kap. 7).

Die **dauernden Warmempfindungen**, die bei konstanten Hauttemperaturen oberhalb 36° C bestehenbleiben, sind um so intensiver, je höher die Hauttemperatur ist. Bei Temperaturen von mehr als 43 °C bis 44 °C macht die Warmempfindung einer schmerzhaften Hitzeempfindung (**Hitzeschmerz**) Platz. In ähnlicher Weise nimmt bei Temperaturen unterhalb 30 °C die **dauernde Kaltempfindung** um so mehr zu, je kälter die Haut ist. Ausgesprochener **Kälteschmerz** setzt bei Hauttemperaturen von 17 °C und weniger ein, doch besitzt die Kälteempfindung auch schon bei Hauttemperaturen unterhalb 25 °C eine unangenehme Komponente.

Messungen des **Zeitverlaufs der Adaptation** auf eine sprunghafte Änderung der Hauttemperatur *innerhalb der Indifferenzzone* ergaben, daß es viele Minuten dauert, bis die durch den Temperatursprung hervorgerufene Temperaturempfindung wieder einer Neutralempfindung weicht. Auch *außerhalb der Indifferenzzone* kommt es nach Einstellen einer neuen Hauttemperatur zur (unvollkommenen) Adaptation, wie es aus dem Alltag gut bekannt ist: Eintauchen der Hand in warmes Wasser (42 °C) führt zunächst zu einer sehr starken Warmempfindung, die erst rasch, dann langsamer auf eine dauernde Warmempfindung geringerer Intensität abklingt.

In der *Handinnenfläche* sind im Bereich von 25 °C bis 40 °C selbst nach langer Zeit konstanter Hauttemperatur (30 min und länger) noch reproduzierbare Schätzungen der Hauttemperatur möglich (Abb. 18-9). Es tritt dort also **keine vollständige Adaptation** ein. Die Versuchspersonen schätzten bei 37 °C Hauttemperatur am genauesten den vorgegebenen Wert, während bei höheren bzw. niedrigeren Temperaturen die empfundenen Werte deutlich über bzw. unter den eingestellten lagen. So wurde bei 25 °C und 27°C Hauttemperatur ihr Wert auf 10 °C geschätzt! Bei diesen Versuchen wurden Temperaturen um 34 °C als neutral empfunden, so daß dieser Bereich als sehr schmale Indifferenzzone angesehen werden kann. Bei 37 °C hatten die Versuchspersonen eine angenehme, anhaltende Warmempfindung.

Dynamische Temperaturempfindungen. Die während *Änderungen der Hauttemperatur* auftretenden Temperaturempfindungen werden im wesentlichen von drei Parametern bestimmt, nämlich der *Ausgangstemperatur* der Haut, der *Geschwindigkeit* der Temperaturänderung und der *Größe des Hautareals*, auf das der Reiz einwirkt.

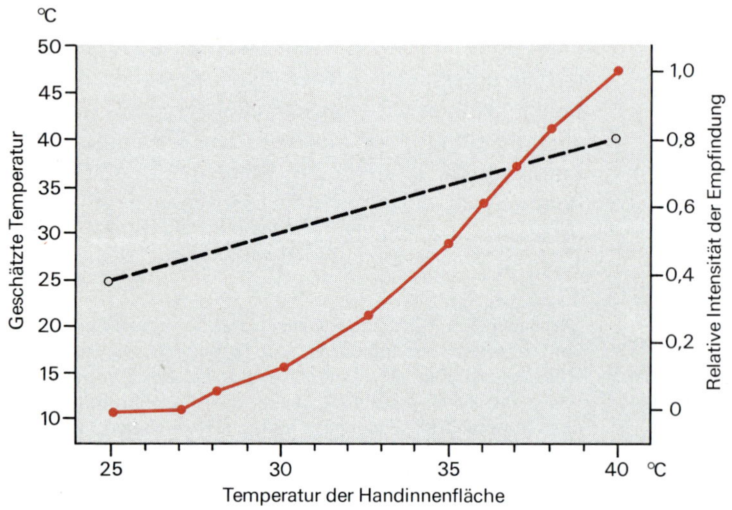

Abb. 18-9. Psychophysische Intensitätsfunktion für die Wahrnehmung der Temperatur der Handinnenfläche in Abhängigkeit von der tatsächlichen Hauttemperatur nach einer Adaptationszeit von 30 min *(rote Kurve). Linke Ordinate:* Schätzungen in °C. *Rechte Ordinate:* Schätzungen in relativen Einheiten. Die *gestrichelte Linie* zeigt an, welchen Verlauf die Kurve nehmen würde, wenn tatsächliche und geschätzte Hauttemperaturen übereinstimmten. Mittelwerte von 18 Versuchspersonen. Nach Hensel und Mitarbeitern in [28] aus [18]

Der **Einfluß der Ausgangstemperatur** auf die Schwelle für eine Warm- oder Kaltempfindung zeigt Abb. 18-10. Bei niedrigen Hauttemperaturen ist die Schwelle für eine Warmempfindung groß, die für eine Kaltempfindung gering. Wird die Ausgangstemperatur zu höheren Werten gelegt, so nehmen die Warmschwellen ab und die Kaltschwellen zu. Mit anderen Worten, eine kühle Haut von beispielsweise 28 °C muß nur um <0,2 °C weiter abgekühlt werden, bis die Dauerkaltempfindung in die Empfindung „kälter geworden" übergeht. Die gleiche Haut muß aber nahezu 1 °C erwärmt werden, bis eine Warmempfindung auftritt. Das Spiegelbildliche gilt bei hohen Ausgangstemperaturen.

Auf eine Besonderheit, die nicht aus Abb. 18-10 hervorgeht, muß noch hingewiesen werden: Bei Temperaturänderungen aus der Indifferenzzone (31 °C - 36 °C in Abb. 18-10) kommt es bei Abkühlen bzw. Erwärmen aus einer Neutralempfindung heraus zu einer Kalt- bzw. Warmempfindung. Wird dagegen beispielsweise die Haut von 28 °C aus erwärmt, so empfindet die Versuchsperson vor Erreichen der in Abb. 18-10 angegebenen Warmschwelle zunächst, daß die Haut *„weniger kühl"* und anschließend *„neutral"* wird. Umgekehrt wird bei Abkühlen aus hoher Hauttemperatur zunächst *„weniger warm"* und danach *„neutral"* empfunden, bevor eine Kaltempfindung auftritt. Diese **Empfindungen abnehmender Intensität** einer bestehenden Kalt- bzw. Warmempfindung sind deutlich verschieden von denen, die als Auftreten einer Warm- bzw. Kaltempfindung beschrieben werden.

Aus Abb. 18-10 läßt sich schließlich entnehmen, daß es bei **gleicher Hauttemperatur**, in Abhängigkeit von den Reizbedingungen, entweder zu einer **Warm- oder zu einer Kaltempfindung** kommen kann. Zum Beispiel ausgehend von 32 °C tritt bei Erwärmung auf 32,5 °C eine Warmempfindung auf, während von 33 °C aus Abkühlen auf 32,5 °C eine deutliche Kaltempfindung hervorruft. Mit dem **Weber Drei-Schalen-Versuch** können Sie sich von dem eben geschilderten Phänomen leicht überzeugen, indem Sie je eine Schale mit kaltem, lauwarmem und warmem Wasser füllen und zunächst je eine Hand in das kalte und warme Wasser tauchen. Wechseln Sie jetzt mit beiden Händen in die Schale mit lauwarmem Wasser, so haben Sie deutlich an der einen Hand eine Warm- und an der anderen eine Kaltempfindung.

Die **Geschwindigkeit einer Temperaturänderung** hat nur einen geringen Einfluß auf die Lage der Warm- und Kaltschwellen, solange diese größer als 0,1 °C/s (6 °C/min) ist. Bei langsameren Temperaturänderungen nehmen beide Schwellen kontinuierlich zu. Bei sehr langsamer Abkühlung der Haut können also unbemerkt *große Hautgebiete beträchtlich abkühlen* (und damit dem Körper Wärme verlorengehen), insbesondere wenn die Aufmerksamkeit durch andere Dinge abgelenkt ist. Es ist denkbar, daß dieser Faktor auch bei der **Erkältung** eine Rolle spielt.

Bezüglich der **Größe des Hautareals**, auf das eine Temperaturänderung einwirkt, ist es so, daß bei kleinen Hautflächen die Schwellen für eine Kalt- oder Warmempfindung höher sind als bei großen und daß für eine gegebene, überschwellige Änderung der Hauttemperatur die Intensität der Empfindung mit der Fläche des gereizten Hautareals zunimmt. Es kommt also sowohl im Schwellen- wie im überschwelligen Bereich zu einer zentralnervösen **räumlichen Bahnung** der von den Thermosensoren kommenden Impulse. Dies ist besonders deutlich bei Versuchen mit bilateraler Reizapplikation: So zeigen z. B. Warmreize, die gleichzeitig auf beide Handrücken gegeben werden, eine geringere Schwelle, als wenn jeder Reiz für sich allein angewendet wird.

Kalt- und Warmpunkte; Raumschwellen. Die Kalt- und Warmempfindlichkeit der menschlichen Haut ist nicht überall gleich ausgeprägt. Reizung der Haut mit der abgerundeten Spitze von Metallröhrchen, die mit Eiswasser oder heißem Wasser gefüllt sind, läßt analog zu den Tastpunkten **Kalt- und Warmpunkte** erkennen, die *an unterschiedlichen Stellen in der Haut lokalisiert* sind. Sie sind weniger zahlreich als Tastpunkte, und es gibt *deutlich mehr Kalt- als Warmpunkte.* Zum Bei-

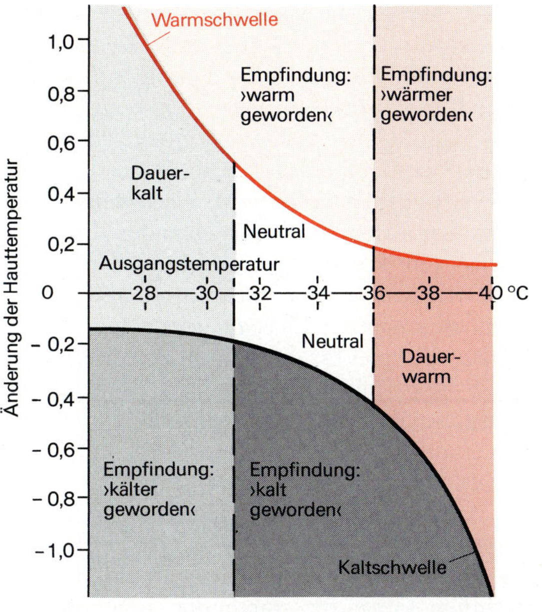

Abb. 18-10. Die Abhängigkeit der Warm- und Kaltschwellen von der Ausgangstemperatur der Haut. Ausgehend von den in der *Abscisse* angegebenen Temperaturen, auf die die Haut längere Zeit adaptiert wurde, muß sich die Hauttemperatur um den von 0 in der *Ordinate* ausgehenden Betrag ändern, bis eine Kalt- bzw. Warmempfindung auftritt. Das Diagramm gilt für alle Temperaturänderungen, deren Geschwindigkeit größer als 6 °C/min ist. Nach Kenshalo in [28] aus [18]

spiel weisen die Handflächen 1-5 Kaltpunkte pro cm^2, aber nur 0,4 Warmpunkte pro cm^2 auf. Am dichtesten sind die Kaltpunkte im temperaturempfindlichsten Gebiet der Haut, nämlich im Gesicht verteilt. Es finden sich hier 16-19 Kaltpunkte pro cm^2. Einzelne Warmpunkte lassen sich im Gesicht nicht abgrenzen, wahrscheinlich weil sie zu nahe beieinanderstehen. Die Warmempfindlichkeit der Gesichtshaut erscheint als eine einheitliche *Sinnesfläche.*

Im Vergleich zur Mechanoreception sind die **simultanen Raumschwellen für Temperaturreize** groß. Kältereize werden besser aufgelöst als Wärmereize, Reize quer zur Körperachse besser als solche in Längsrichtung. Zum Beispiel ist am Oberschenkel die simultane Raumschwelle für Kältereize in Querrichtung 2,9 cm, in Längsrichtung 16,5 cm; für Wärmereize sind es 9 bzw. 26 cm.

Kalt- und Warmsensoren

Eigenschaften spezifischer Thermosensoren. Bei Primaten einschließlich des Menschen, aber auch bei vielen anderen Species ist das Vorkommen **spezifischer Thermosensoren** (synonym: *Thermoreceptoren*) eindeutig gesichert. Ihnen sind folgende Eigenschaften gemeinsam:

- Dauerentladungen bei konstanten Hauttemperaturen, wobei die Entladungsrate proportional der Hauttemperatur ist (statische Antwort, Abb. 18-11 A).
- Ein Ansteigen (oder Fallen) der Entladungsrate *während* einer Temperaturänderung (dynamische Antwort, Abb. 18-11 B).
- Unempfindlichkeit gegenüber nicht-thermischen Reizen.
- Schwellenempfindlichkeit vergleichbar den menschlichen Empfindungsschwellen für thermische Hautreize.
- Kleine receptive Felder (1 mm^2 oder weniger), wobei jede afferente Faser nur ein oder wenige Warm- bzw. Kaltpunkte versorgt.
- Leitungsgeschwindigkeiten unter 20 m/s, bei manchen Species herab bis zu 0,4 m/s.

Mittelwerte des Antwortverhaltens von Kalt- und Warmsensoren **bei konstanter Hauttemperatur** zeigt Abb. 18-11 A. Die mittleren statischen Entladungs-

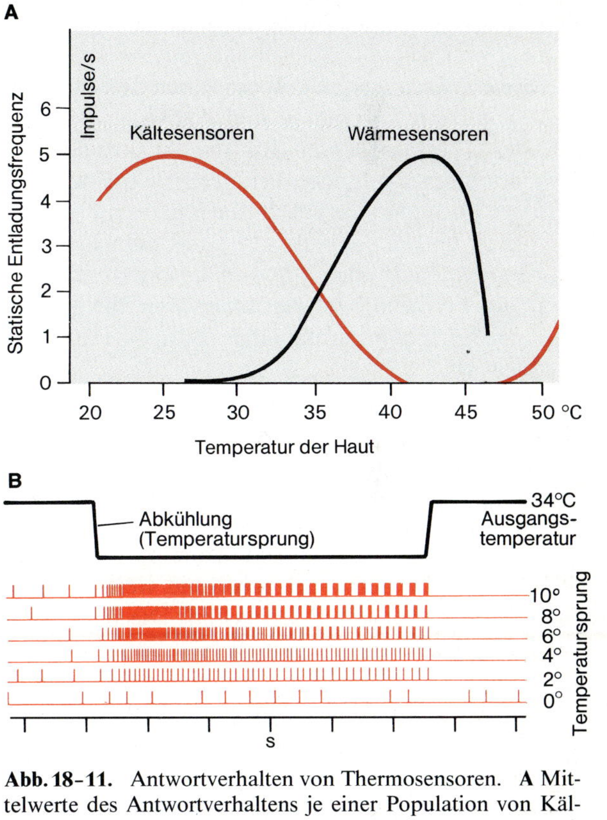

Abb. 18-11. Antwortverhalten von Thermosensoren. **A** Mittelwerte des Antwortverhaltens je einer Population von Kälte- *(rote Kurve)* und Wärmesensoren *(schwarze Kurve)* der Affenhaut bei konstanter Hauttemperatur (statische Kennlinien). Ableitung der Aktionspotentiale von dünnen Filamenten der zugehörigen Nerven entsprechend der Skizze in Abb. 18-7 A. **B** Verhalten eines Kältesensors bei kurzen, abkühlenden Temperatursprüngen. Die Ausgangs- und Rückkehrtemperatur betrug immer 34 °C. Die Größe des Abkühlungssprunges ist jeweils *rechts* in °C angegeben. Ableitung von einem Filament des N. medianus der Affenhaut mit der in Abb. 18-7 A gezeigten Technik. **A** nach Kenshalo in [25], **B** aus Darian-Smith et al., J. Neurophysiol. *36,* 325, 1973

frequenzen der beiden Populationen bilden „glokkenförmige Kurven", wobei die maximale Aktivität der Kaltsensoren bei etwa 30 °C, die der Warmsensoren bei etwa 43 °C liegt. (Das individuelle Aktivitätsmaximum einzelner Kaltsensoren liegt zwischen 17 °C und 36 °C, das einzelner Warmsensoren zwischen 41 °C und 47 °C.)

Die **histologische Struktur** der Thermosensoren ist noch nicht endgültig aufgeklärt. Es handelt sich wahrscheinlich um **freie Nervenendigungen**, wobei in der Haut des Menschen die *Kaltsensoren mehr oberflächlich*, nämlich in und dicht unter der Epidermis, die *Warmsensoren etwas tiefer*, nämlich mehr in den oberen und mittleren Schichten des Coriums liegen (vgl. Abb. 18-5 für die Schichtenstruktur der Haut). Die Kaltsensoren werden hauptsächlich von dünnen markhaltigen Nervenfasern (Gruppe-III-Fasern), die Warmsensoren von marklosen Nervenfasern (Gruppe-IV-Fasern) versorgt. (Die Reaktionszeiten auf Kaltreize sind anscheinend aus diesem Grunde schneller als die auf Warmreize.)

Sensorfunktion und Thermoreception

Es besteht kein Zweifel, daß die durch Temperaturreize bewirkten Aktivitäten und Aktivitätsänderungen der Thermosensoren für die Auslösung von Temperaturempfindungen verantwortlich sind. Wie aus dem folgenden Vergleich der Eigenschaften der receptiven und der subjektiv sensorischen Prozesse aber hervorgeht, bildet sich die Sensoraktivität erst nach einer **erheblichen zentralnervösen Integration** des von peripher kommenden Zuflusses im Bewußtsein ab.

Wie Abb. 18-11 A zeigt, entladen bei konstanter Hauttemperatur innerhalb der *subjektiven Indifferenzzone* (31 °C-36 °C) sowohl Warm- als auch Kaltsensoren. Aktivität in Thermosensoren führt also, zumindest bei geringen Entladungsraten, nicht notwendigerweise zu subjektiven Empfindungen. Diese treten nur auf, wenn genügend viele Impulse das Zentralnervensystem erreichen. Die **dauernden Warmempfindungen oberhalb 36 °C** lassen sich entsprechend als Folge der mit zunehmender Temperatur sich stetig erhöhenden Entladungsraten der Warmsensoren auffassen, wobei oberhalb 43 °C durch die zusätzliche Erregung von *Hitzesensoren* die Warmempfindung in eine *schmerzhafte Hitzeempfindung* übergeht.

Die **dauernden Kaltempfindungen unterhalb 31 °C** lassen sich dagegen nicht ähnlich einfach mit der Zunahme der statischen Entladungen der Kaltsensoren in Verbindung bringen, da das untere Ende der Indifferenzzone und die Lage der maximalen mittleren Entladungsrate der Kaltsensoren praktisch übereinstimmen. Außerdem sind beispielsweise die mittleren Entladungsraten bei 25 °C und 33 °C etwa gleich, jedoch kommt es bei der niedrigen Temperatur zu einer dauernden Kaltempfindung, bei der höheren zu einer Neutralempfindung. Es ist also hier *zusätzliche Information nötig*, um zu entscheiden, auf welcher Seite der glockenförmigen Kurve die Hauttemperatur liegt. Dazu könnten beispielsweise die *gleichzeitigen Entladungen der Warmsensoren* ausgewertet werden, oder das Zentralnervensystem könnte davon Gebrauch machen, daß viele Kaltsensoren in ihrem mittleren Entladungsbereich *gruppierte Entladungen* zeigen.

Als letztes Beispiel für die zentralnervöse Modifikation, die die peripheren Prozesse erfahren, ehe sie im Bewußtsein abgebildet werden, sei erwähnt, daß der Zeitverlauf der **subjektiven Adaptation** auf eine neue Hauttemperatur (z. B. beim Einstieg in ein warmes Bad) **viele Minuten** dauert, während die **Thermosensoren** schon innerhalb von **einigen Sekunden** auf einen neuen Temperaturwert adaptieren. Offensichtlich klingt die durch den dynamischen afferenten Zufluß induzierte zentralnervöse Aktivität nur langsam ab.

Sonderformen der Thermoreception

Beim Temperatursinn kommt es häufig zu **Nachempfindungen**. Preßt man beispielsweise einen kalten Metallstab für etwa 30 s gegen die Stirnhaut, so kommt es auch nach Wegnahme zu einer deutlichen Kaltempfindung, obwohl die Haut sich wieder aufwärmt, so daß eine Warmempfindung auftreten sollte (Weber). Weber glaubte, daß die Kaltempfindung durch Ausbreitung der Abkühlung in die Umgebung auftrete. Direkte Ableitungen von Thermosensoren haben aber gezeigt, daß die Kaltsensoren nach *starker* Abkühlung auch bei Wiedererwärmung, zunächst sogar mit steigender Frequenz, entladen (Hensel). Die Nachempfindung ist, so gesehen, also eine normale Kaltempfindung. Entsprechende Warmempfindungen sind ebenfalls beschrieben worden.

Bei sehr starken Wärmereizen (z. B. zu heißes Badewasser) kommt es häufig zu einer **paradoxen Kaltempfindung**. Sie beruht wahrscheinlich darauf, daß die Kaltsensoren, die normalerweise oberhalb 41 °C stumm sind (Abb. 18-11), bei *rascher Erwärmung auf über 45 °C* vorübergehend wieder entladen.

Die **Hitzeempfindung**, die regelmäßig bei Hauttemperaturen über 45 °C auftritt, scheint durch die Erregung spezieller **Hitzereceptoren** ausgelöst zu werden (vgl. Abb. 18-14). Da die *Hitzeempfindung* schmerzhaften Charakter hat und da Hitzereize für den Körper schädlich sind, ist die Hitzeempfindung eher eine Qualität der Schmerz- denn der Temperaturreception.

Eine stark unlustbetonte affektive Komponente zeichnet die Empfindungen der **Schwüle** und des **Frierens** aus. Beide sind von vegetativen und motorischen Reflexen, wie Schwitzen und Gefäßerweiterung bzw. Zittern und Gefäßverengung, begleitet. Sie werden entweder durch äußere Reize oder durch psychische Ursachen, seltener durch krankhafte Prozesse im Zentralnervensystem ausgelöst.

Klinische Prüfung [15]. Meist begnügt man sich mit dem Testen der Kalt- und Warmempfindung mit zwei Reagenzgläsern, von denen das eine heißes, das andere Eiswasser enthält. Umschriebene *Störungen der Thermoreception* finden sich bei Schädigungen oder Unterbrechungen der Temperaturbahnen. Meist ist der Schmerzsinn mitbetroffen, da die nociceptiven Afferenzen über den gleichen Weg zentralwärts ziehen (s. S. 317). Mechanoreception und Tiefensensibilität bleiben dabei unbeeinflußt.

18.4 Viscerale Sensibilität

Genau wie die somatischen Nerven zu Haut, Skeletmuskeln und Gelenken enthalten auch die **visceralen Nerven** zu den Eingeweiden in Brustkorb und Bauchraum einen *großen Prozentsatz afferenter Nervenfasern.* Im parasympathischen *Nervus vagus* zu den Brust- und Baucheingeweiden sollen 80% - 90% der Fasern afferent sein, im sympathischen *Nervus splanchnicus* des Bauchraumes 50% und in den parasympathischen *Nervi pelvici* des Beckens mindestens 30%. Die Sensoren der Eingeweide mit ihren afferenten Nervenfasern bilden also einen beträchtlichen Teil der somatovisceralen Sensibilität (vgl. Abb. 18-1, S. 331) [2, 6].

Aufgaben der Visceroceptoren. Anders als bei den somatischen Nerven wird uns aber die zentripetale Impulsaktivität in den afferenten Nervenfasern der visceralen Nerven nur zu einem sehr geringen Teil und häufig nur unter speziellen Umständen bewußt. Dies mag darauf hindeuten, daß der viscerale Anteil der somatovisceralen Sensibilität *vorwiegend andere Aufgaben hat als die Vermittlung von Sinnesempfindungen* aus unseren Eingeweiden. Diese Aufgaben können am besten als die **homöostatische Rolle der Eingeweidesensoren** bezeichnet werden. Das heißt, die von ihnen kommenden Meldungen werden von den autonomen Anteilen des Zentralnervensystems dazu genutzt, Abweichungen von den Sollwerten des *„inneren Milieus"* des Körpers, also beispielsweise einen abgesunkenen Blutdruck oder einen zu hohen Kohlensäuregehalt des Blutes zu erkennen, um entsprechende Gegenmaßnahmen zum Erhalt der Homöostase einleiten zu können (zur Begriffsdefinition und Aufgabenbeschreibung der Homöostase siehe S. 22).

Selbstverständlich werden auch zahlreiche *Meldungen aus somatischen Sensoren zur Kontrolle der Homöostase* eingesetzt, unabhängig davon, ob diese Meldungen gleichzeitig als Sinnesempfindungen bewußt werden oder nicht. So liegen in den Skeletmuskeln Sensoren, die auf die Anhäufung von Stoffwechselprodukten (Metaboliten) bei Muskelarbeit ansprechen (**„Metabosensoren"**) und eine erhöhte Durchblutung zum Abtransport der Metabolite einleiten. Die Tätigkeit dieser Sensoren wird uns **nicht bewußt**. Andererseits wird durch die Aktivierung von Wärmesensoren der Haut eine ebenfalls reflektorische Durchblutungssteigerung der Haut ausgelöst, wobei aber *gleichzeitig eine Warmempfindung* auftritt.

Sensoren des cardiovasculären Systems

Die Anpassung des vom Herzen geförderten Blutvolumens an den wechselnden Bedarf des Körpers und die damit verknüpfte Konstanthaltung des Blutdruckes geschieht im *cardiovasculären* oder **Herz-Kreislauf-System**, unter der Mitarbeit spezieller *Mechanosensoren*, die den Blutdruck in den großen Gefäßen und die Füllung der Vorhöfe des Herzens dauernd messen (**Drucksensoren** im Aortenbogen und in den Carotissinuskörperchen, **Dehnungssensoren** in den Vorhofwänden). Die lebenslange Tätigkeit dieser Sensoren wird uns allem Anschein nach nicht bewußt. Dennoch können wir die Herztätigkeit, besonders in Extremsituationen, also z. B. bei großer körperlicher Anstrengung oder bei starker psychischer Anspannung (*„Herz klopft bis zum Halse"*), wahrnehmen. Es fragt sich, über welche Sensoren diese **Wahrnehmungen des Herzschlages** vermittelt werden.

Im Laufe eines *Herzcyclus* kommt es zu erheblichen **Form-, Volumen- und Lageänderungen** des Herzens. Wie in den Kapiteln 4 und 5 ausführlicher dargestellt, werden während eines Herzschlages von der linken und rechten Herzkammer je 70 ml Blut ausgeworfen. Das Herz wird also um dieses Volumen verkleinert. Dabei steigt in der linken Kammer der Druck von nahe 0 mmHg auf 120 mmHg (systolischer Blutdruck) und in der rechten Kammer auf 25 mmHg an. Die **Druckwellen** werden als **Pulswellen** in die Körperperipherie (vom linken Herz) und in die Lungen (rechtes Herz) geleitet. Die ruckartig systolische Kontraktion des Herzens ist als **„Herzspitzenstoß"** an der linken Brustwand (im 5. Intercostalraum) zu fühlen und häufig auch zu sehen. Sie erzeugt auch den ersten **Herzton**, während der zweite am Ende der Systole durch das Zuschlagen der Aorten- und Pulmonalklappen entsteht.

Die mit der Herztätigkeit verbundenen *mechanischen Erschütterungen des Brustkorbes* erregen wahrscheinlich zahlreiche **Mechanosensoren** der Muskeln, Sehnen, Gelenke und des subcutanen Gewebes der Brustwand und der Wirbelsäule, besonders wenn bei Zunahme der Herzarbeit die oben genannten Druckwerte erheblich ansteigen und das Herzzeitvolumen durch Zunahme von Schlagvolumen und Herzfrequenz auf ein Mehrfaches des Ruhewertes (5 l/min) zunimmt. Auch die **Pulswellen** erregen in der Körperperipherie zahlreiche *Mechanosensoren*, besonders **Pacini-Körperchen**. Die Erregung all dieser somatischen Sensoren wird uns *im Alltag nicht bewußt*. Erst bei intensiver Herztätigkeit und dem damit verbundenen vermehrten afferenten Zustrom nehmen wir den Herzschlag wahr.

Sensoren des pulmonalen Systems

Mechanosensoren. Die rhythmische Tätigkeit des *pulmonalen* oder **Atmungs-Systems** wird uns im Alltag nicht bewußt, obwohl bei jedem Atemzug zahlreiche **somatische** *Mechanosensoren des Brustkorbes und Zwerchfelles* sowie viele **viscerale** *Mechanosensoren des Brust- und Bauchraumes* aktiviert werden. Wir können aber jederzeit unsere *Aufmerksamkeit auf die Atmung lenken*, dabei die Atembewegungen wahrnehmen und willkürlich in den Atemablauf eingreifen.

Chemosensoren. Die zentralnervöse reflektorische Steuerung der unwillkürlichen Atembewegungen erfolgt zum einen unter der Mithilfe der eben angesprochenen Mechanosensoren, die Angaben über Dauer und Tiefe von Ein- und Ausatmung liefern, zum anderen über **Chemosensoren**, die *Kohlensäure- und Sauerstoffspannung des Blutes* melden und damit anzeigen, ob das Atemzeitvolumen dem jeweiligen Stoffwechsel angemessen ist. Die Tätigkeit dieser Chemosensoren wird uns nur in Extremfällen bewußt, nämlich als **Gefühl des Lufthungers und Erstickens**, wenn die Sauerstoffzufuhr weit hinter den Erfordernissen zurückbleibt und der Kohlensäuregehalt des Blutes stark ansteigt.

Nociceptoren. In den Schleimhäuten der Atemwege, also Nase, Rachen, Luftröhre, Bronchien und Bronchiolen finden sich zahlreiche Sensoren, die auf *schädliche mechanische* (Fremdkörper, Schleim) und *chemische Reize* reagieren und **Hustenreflexe** auslösen. Für die Eigenschaften dieser *Nociceptoren* wird auf die entsprechenden Ausführungen ab S. 354 verwiesen.

Sensoren des gastro-intestinalen Systems

Der *Magen-Darm-Kanal* stellt einen **Teil der Körperoberfläche** dar, auch wenn er an seinem Anfang und Ende durch Mund und After verschlossen ist. Seine mit Schleimhaut ausgekleidete „innere Oberfläche" ist daher von außen kommenden Reizen, nämlich den durch Essen und Trinken aufgenommenen Stoffen und ihren Abbauprodukten, deutlich mehr als die übrigen Eingeweide ausgesetzt. Aus dieser Sicht ist es vielleicht nicht verwunderlich, daß wir *mechanische, thermische und chemische Vorgänge im Magen-Darm-Bereich mehr als in anderen Eingeweiden wahrnehmen*. Soweit diese Vorgänge zu **Durst-, Hunger- und Sättigungsgefühlen** führen, sind sie im Kapitel 22 besprochen. Im folgenden wird auf einige andere Aspekte der Magen-Darm-Sensibilität aufmerksam gemacht.

Mechanoperception. Von der Speiseröhre (Oesophagus) bis zum Mastdarm (Rectum) lösen Berührungen des Magen-Darm-Kanals keine Empfindungen aus. Erst im Ausgang des Mastdarms, dem *Analkanal*, werden Berührungsreize wahrgenommen. *Dehnung der Hohlwände* (experimentell z. B. durch Aufblasen eines Ballons) scheint dagegen im gesamten Magen-Darm-Kanal empfunden zu werden, allerdings mit unterschiedlichen Wahrnehmungen. So wird Dehnung der Magenwände als **Sättigungs- oder Völlegefühl** wahrgenommen (s. S. 433), während die Dehnung des Mastdarmes regelmäßig **Stuhldrang** auslöst. Dehnung von Dünn- oder Dickdarm wird ebenfalls bemerkt und häufig Darmgasen zugeschrieben, wo der Ort der Dehnung nicht genau lokalisiert werden kann. *Überdehnung* und *Spasmen* (Krampfkontraktionen der glatten Muskulatur) scheinen im gesamten Magen-Darm-Kanal **Schmerz** hervorzurufen.

Thermoperception. Warm- und Kaltreize werden in der gesamten Speiseröhre und im Analkanal wahrgenommen, nicht aber in Magen oder Darm. Alkohol kann dagegen auch im Magen ein wärmendes oder brennendes Gefühl auslösen.

Nociception. Nach alter chirurgischer Erfahrung treten am nichtnarkotisierten Menschen beim Berühren von Magen, Dünndarm, Dickdarm und Blinddarm mit warmen und kalten Instrumenten, Kauterisation (Schneiden mit einem glühenden Draht), beim Quetschen mit einer Pinzette oder Klemme oder beim Schneiden mit einem Skalpell *keinerlei Empfindungen* auf. Bei den heute üblichen anaesthesiologischen und chirurgischen Techniken lassen sich diese Angaben nicht nachprüfen.

Sensoren im renalen System

Mechanoperception. Die Zubereitung des Urins in den Nieren und sein Transport durch die Harnleiter in die Harnblase lösen keinerlei Empfindungen aus, obwohl Nieren und Harnleiter über eine ausgeprägte afferente Innervation verfügen. Wird dagegen die *Harnblase durch den sich dort ansammelnden Urin gedehnt*, so wird diese Füllung wahrgenommen, und es kommt zu **Harndrang**. Es ist allerdings eine alltägliche Erfahrung, daß die *Wahrnehmungsschwelle* in Abhängigkeit von unserer Aufmerksamkeit und Tätigkeit über einen *sehr weiten Bereich schwanken*, Harndrang also schon bei sehr kleinen Füllungen oder erst bei nahezu maximal gefüllter Blase auftreten kann.

Nociception. Stauungen des Harnflusses aus den Nierenbecken in die Blase rufen schwere Schmerzen (**Nierenkoliken**) hervor. Sie werden vor allem durch „*Nierensteine*" verursacht, die sich aus ihrem Lager im Nierenbecken gelöst haben und auf dem Weg durch den Harnleiter „steckenbleiben". Entzündungen der Harnblase und der ableitenden Harnwege führen ebenfalls zu Schmerzen, die meist von dem Gefühl des dauernden Harndranges begleitet sind.

18.5 Nociception und Schmerz

Alle Menschen und praktisch alle tierischen Organismen verfügen über spezielle Sensoren, die eine so hohe Schwelle haben, daß sie nur durch gewebsschädigende oder bedrohende Reize („Noxen", lat. noxa = Schaden) erregt werden. Diese Receptoren werden als **Nociceptoren** (synonym: *Nocisensoren*) bezeichnet. Ihre Erregung *löst in der Regel Schmerzen aus*, die wiederum signalisieren, daß entweder von außen (z. B. Hitze) oder von innen kommende Reize (z. B. bei Entzündungen) dem Körper Schaden zuzufügen drohen.

Die *Aufnahme, Weiterleitung und zentralnervöse Verarbeitung* noxischer Signale bezeichnen wir als **Nociception**, die mit diesen Vorgängen befaßten nervösen Strukturen als das *nociceptive* oder *nocifensive System* [11, 19, 24, 25]. Die subjektive Empfindung **Schmerz** ist zwar häufig eine Folge der Aktivierung des nociceptiven Systems, aber nicht jede Erregung von Nociceptoren ist von Schmerzen gefolgt. Umgekehrt können Schmerzen auch, wie noch gezeigt wird, ohne eine Erregung von Nociceptoren auftreten.

Bis vor kurzem sind die Begriffe **Nociception** und **Schmerz** nicht mit der wünschenswerten Genauigkeit getrennt gehandhabt worden. So wurde von den Anteilen des nociceptiven Systems beispielsweise als „Schmerzreceptoren", „Schmerzbahnen" oder „Schmerzzentren" gesprochen. Wie falsch diese Gleichsetzung neuronaler Strukturen und der in ihnen ablaufenden elektrischen und chemischen Prozesse mit der subjektiven Welt der Schmerzerlebnisse ist, zeigt vielleicht am einfachsten der Hinweis, daß wir auch nicht von „Lustreceptoren", „Lustbahnen" oder „Lustzentren" sprechen, obwohl ohne Zweifel die Erregung mancher Sensoren uns durchaus lustvolle Sinneserlebnisse verschaffen kann.

Im folgenden werden wir uns zunächst den verschiedenen Qualitäten und Komponenten des Schmerzes zuwenden, dann die Neurophysiologie, vor allem die Grundlagen der Nociception und die Psychophysik des Schmerzes besprechen, darauf einige pathophysiologische Aspekte des Schmerzes erläutern und abschließend einen Blick auf die wichtigsten Verfahren zur Hemmung nociceptiver Prozesse und zur Linderung von Schmerzen werfen.

Schmerzqualitäten

Der Schmerz (Synonym: Schmerzsinn) läßt sich im Hinblick auf seinen *Entstehungsort* in eine Reihe von Qualitäten einteilen. In Abb. 18-12 sind diese Qualitäten in den roten Kästchen wiedergegeben. Die *Modalität* **Schmerz** umfaßt zunächst die beiden *Qualitäten* **somatischer** und **visceraler** Schmerz.

Somatischer Schmerz. Kommt der somatische Schmerz von der Haut, so wird er als **Oberflächenschmerz** bezeichnet; kommt er aus den Muskeln, Knochen, Gelenken und Bindegeweben, so bezeichnet man ihn als **Tiefenschmerz**. Oberflächen- und Tiefenschmerz sind also (Sub-)Qualitäten des somatischen Schmerzes.

Sticht man zur Auslösung eines Oberflächenschmerzes die Haut mit einer Nadel, so empfindet

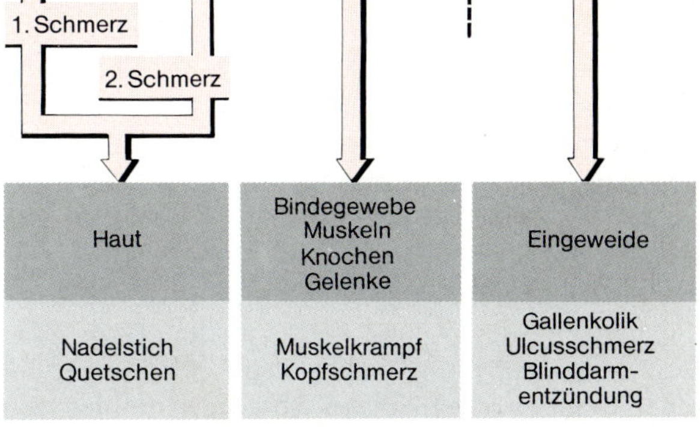

Abb. 18-12. Qualitäten des Schmerzes (*rot* unterlegt) nach ihrem Entstehungsort (*grau* unterlegt). Schmerzbeispiele sind *unten* angegeben. Besprechung im Text. Aus [21]

man einen Schmerz von „hellem" Charakter, der gut lokalisierbar ist und der nach Aufhören des Reizes schnell abklingt. Diesem **ersten Schmerz** des Nadelstiches folgt oft mit einer Latenz von 0,5 – 1,0 s ein **zweiter Schmerz** von dumpfem (brennenden) Charakter, der schwerer zu lokalisieren ist und nur langsam abklingt. Diesen Schmerz kann man besonders gut durch Quetschen einer Interdigitalfalte auslösen.

Tiefenschmerz. Schmerzen aus Muskeln, Knochen, Gelenken und Bindegewebe werden als **Tiefenschmerz** bezeichnet. Wie der Oberflächenschmerz ist der Tiefenschmerz Teil des somatischen Schmerzes. Wir kennen solche Schmerzen beispielsweise als akute, subakute oder chronische *Gelenkschmerzen*, die beim Menschen zu den häufigsten Schmerzformen gehören. Der Tiefenschmerz ist von dumpfem Schmerzcharakter, er ist in der Regel schlecht lokalisierbar, und er neigt dazu in die Umgebung auszustrahlen.

Visceraler Schmerz. Neben dem somatischen Schmerz und seinen (Sub-)Qualitäten zeigt Abb. 18–12 als weitere wichtige Schmerzqualität den **visceralen** oder **Eingeweideschmerz**. Solche Schmerzen treten beispielsweise bei rascher und starker Dehnung der Hohlorgane (z. B. der Gallenblase oder des Nierenbeckens, s. o.) auf. Ferner sind Spasmen oder starke Kontraktionen schmerzhaft, besonders wenn sie mit fehlender Durchblutung (Ischämie) verbunden sind.

Akute und chronische Schmerzen. Neben dem Entstehungsort ist auch die Dauer eines Schmerzes ein für seine Beurteilung wesentlicher Aspekt. Bei **akuten Schmerzen**, beispielsweise bei einem Unfall, einer Blinddarmentzündung oder einer Zahnkaries, ist der Schmerz in der Regel auf den Ort der Schädigung begrenzt, dieser Ort ist für uns eindeutig lokalisierbar, und das Ausmaß des Schmerzes hängt direkt von der Intensität des Reizes ab. Diese Schmerzen weisen auf eine drohende oder bereits eingetretene Gewebsschädigung hin. Sie haben also eindeutig eine **Signal- und Warnfunktion**. Nach Beseitigung der Schädigung klingen sie rasch wieder ab.

Außer den akuten Schmerzen gibt es zahlreiche Schmerzen, die für lange Zeit anhalten (z. B. Rückenschmerzen, Tumorschmerzen) oder in mehr oder weniger regelmäßigen Abständen immer wiederkehren (z. B. Migränekopfschmerzen, Trigeminusneuralgie, Herzschmerzen bei Angina pectoris). Diese Schmerzformen, den *Dauerschmerz* und den *immer wiederkehrenden Schmerz*, faßt man als **chronische Schmerzen** zusammen.

Sinnesphysiologisch gesehen besteht beim chronischen Schmerz häufig *keine* eindeutige Beziehung zwischen dem *Ausmaß der Organschädigung* und der *Schmerzintensität*, vor allem wenn der Schmerz für lange Zeit fortbesteht. Mit anderen Worten, es kommt beim chronischen Schmerz im Verlauf der Zeit zu einer deutlichen Lösung des Schmerzerlebnisses von der ursprünglich zugrundeliegenden Störung. Diese „*Verselbständigung*" läßt den chronischen Schmerz als ein **eigenständiges Krankheitssyndrom** erscheinen, das sich deutlich vom akuten Schmerz abhebt [14, 19, 22, 23].

Eine physiologische Aufgabe kann dem chronischen Schmerz meist nicht zugeschrieben werden. So gesehen sind viele chronische Schmerzen sinnlos und sollten daher gelindert werden. Man darf aber nicht übersehen, daß chronische Schmerzen eine klare **soziale Funktion** haben können, die mindestens in einigen Fällen einer Schmerzbeseitigung entgegensteht, z. B. wenn dadurch das soziale Gefüge, in dem der Schmerzkranke lebt, ernsthaft bedroht würde [20, 22, 29].

Schmerzkomponenten

Sensorische Komponente. Beim Eintauchen einer Hand in Wasser über 45 °C werden Nociceptoren der Haut erregt. Ihre afferenten Impulse vermitteln Information über die *Lokalisation* des Hitzereizes, über seinen *Beginn*, seine *Intensität* (die von der Wassertemperatur abhängt) und über sein *Ende*, sobald die Hand aus dem Wasser gezogen wird. Diese Information wird uns als **Sinnesempfindung** genauso bewußt wie andere Sinneseindrücke auch, beispielsweise wenn wir die Hand in lauwarmes oder kühles Wasser getaucht und damit eine Warm- oder Kaltempfindung ausgelöst hätten. Wir nennen diesen Aspekt des Schmerzes die **sensorische** oder **sensorisch-diskriminative Komponente** des Schmerzes (Abb. 18–13).

Affektive Komponente. Wenn wir, um im Beispiel zu bleiben, an einem sehr heißen Sommertag in ein Bad von 25 °C eintauchen, empfinden wir nicht nur einen Kältereiz auf der Haut, sondern die Abkühlung löst in uns gleichzeitig ein angenehmes Gefühl der Erfrischung aus. An einem kalten Wintertag würde das gleiche Bad jedoch als unangenehm kühl empfunden. Ein Sinneseindruck kann also, *je nach Ausgangslage und Umständen, lust- oder unlustbetonte Gefühle* in uns hervorrufen. Dies gilt praktisch für alle Sinnesempfindungen, zum Beispiel vom Auge, vom Ohr, vom Geruch oder vom Geschmack. Eine Ausnahme macht der Schmerz. Er löst fast immer nur unlustbetonte Affekte oder Emotionen in uns aus, unser Wohlbefinden wird durch ihn gestört, kurz der Schmerz tut weh, wir leiden an ihm. Wir bezeichnen diesen Aspekt des

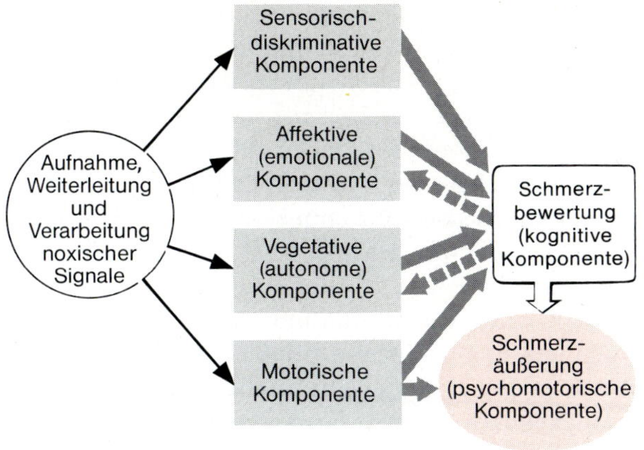

Abb. 18-13. Schematische Darstellung der durch noxische Signale aktivierten Komponenten des Schmerzes. In die resultierende Schmerzbewertung (kognitive Komponente) und Schmerzäußerung (psychomotorische Komponente) gehen die sensorischen, affektiven und vegetativen Komponenten je nach Art des Schmerzes in unterschiedlichem Ausmaß ein. Umgekehrt beeinflußt die Schmerzbewertung ihrerseits die Ausprägung der affektiven und vegetativen Schmerzkomponenten *(gestrichelte Pfeile)*. Das Schema gilt auch für Schmerzen, die nicht durch Nociceptoren oder neuralgische Erregungen bedingt sind. Aus [21]

Schmerzes als die **emotionale** oder **affektive Komponente**.

Vegetative Komponente. Eintauchen der Hand in heißes Wasser löst aber nicht nur Schmerzen und Unlust aus, sondern führt auch zur Erweiterung der Hautgefäße und damit erhöhter Durchblutung, sichtbar an der Rötung der Haut. Umgekehrt verengt Eintauchen in Eiswasser die Hautgefäße, und die Durchblutung nimmt entsprechend ab. In beiden Fällen steigt in der Regel auch der Blutdruck an, die Herzfrequenz nimmt zu, die Pupillen erweitern und die Atmung verändert sich. Diese Reaktionen auf die schmerzhafte Reizung werden *reflektorisch über das autonome oder vegetative Nervensystem abgewickelt,* wir sprechen daher von der **autonomen** oder **vegetativen Komponente** des Schmerzgeschehens. Die vegetative Komponente kann besonders bei **visceralen Schmerzen** sehr ausgeprägt sein und sich z. B. bei einer Gallenkolik als Übelkeit mit Erbrechen, Schweißausbruch und Blutdruckfall äußern.

Motorische Komponente. Schließlich ist uns gut vertraut, daß beim unabsichtlichen Eintauchen einer Hand in heißes Wasser oder beim Berühren einer heißen Herdplatte die Hand schon zurückzuckt, lange bevor uns ein Hitzeschmerz bewußt wurde und wir willkürlich darauf hätten reagieren können. Diese **motorische Komponente** des Schmerzes ist uns als *Flucht- oder Schutzreflex* in einer Vielzahl von Beispielen bekannt. Sie spielen v. a. bei von außen kommenden noxischen Reizen eine wichtige Rolle. Aber auch bei Tiefenschmerzen und visceralen Schmerzen können motorische Komponenten, z. B. in der Form von *Muskelverspannungen,* beobachtet werden. Im weiteren Sinne sind auch andere Verhaltensäußerungen auf den Schmerz, beispielsweise Mimik, Wehklagen oder willkürliche Bewegungen, die aus der Schmerzbewertung (s. u.) resultieren, als motorische oder besser **psychomotorische Komponenten** des Schmerzes anzusehen (Abb. 18-13, *untere rechte* Bildhälfte).

Gewöhnlich treten **alle vier Schmerzkomponenten** gemeinsam auf, wenn auch in jeweils unterschiedlicher Ausprägung. Da sie aber über zum Teil sehr unterschiedliche zentrale Bahnen verfügen und die verschiedensten Anteile des Nervensystems (z. B. lemniscales System, limbisches System, autonomes Nervensystem, motorisches System) an ihrer Entstehung beteiligt sind, **stehen sie im Grunde nur in loser Beziehung zueinander** und können durchaus **völlig getrennt voneinander** ablaufen. Zum Beispiel ziehen wir auch im Schlaf unsere Hand von einem Schmerzreiz zurück, obwohl keine bewußte Schmerzempfindung auftritt, und an chronisch decerebrierten Tieren können motorische und vegetative Schmerzreaktionen genau wie an intakten Tieren beobachtet werden, obwohl kein Großhirn mehr vorhanden ist.

Schmerzbewertung und Schmerzäußerung

An der **Bewertung eines Schmerzes**, also ob wir ihn beispielsweise als *mild, unangenehm, beunruhigend, heftig* oder *unerträglich* empfinden, haben die sensorischen, affektiven und vegetativen Komponenten des Schmerzes in je nach Schmerzursache und Begleitumständen variierendem Ausmaß ihren Anteil (Abb. 18-13). Beispielsweise wird bei *akuten Oberflächenschmerzen* häufig die sensorische Komponente im Vordergrund stehen, bei *akuten visceralen Schmerzen* wird die vegetative Komponente eine große Rolle spielen, und bei *chronischen Schmerzen* wird die affektive Komponente für die Schmerzbewertung oft ausschlaggebend sein [29].

Entscheidend für die *Schmerzbewertung* ist der **Vergleich der aktuellen Schmerzen mit den Schmerzen der Vergangenheit** und ihren damaligen Folgen. Der aktuelle Schmerz wird also an den im Kurz- und Langzeitgedächnis gespeicherten Schmerzerfahrungen gemessen und entsprechend diesen Erfahrungen bewertet. Die Schmerzbewertung kann daher als die *erkennende* oder **kognitive Komponente** des Schmerzes bezeichnet werden. Das Ergebnis dieses kognitiven Prozesses führt zu entsprechenden **Schmerzäußerungen** (*psychomotorische Komponente,* z. B. Mimik, Wehklagen, Verlangen nach schmerzstillenden Medikamenten). Es fließt aber wahrscheinlich auch in die Ausprägung der affektiven und vegetativen Komponenten ein (gestrichelte Pfeile von rechts nach links in Abb. 18-13), d.h. diese Komponenten sind nicht nur für die Bewertung des Schmerzes bedeutsam, sondern ihr Ausmaß hängt auch von der Gesamteinschätzung des aktuellen Schmerzes ab: Wir leiden mehr an einem Schmerz, den wir im Hinblick auf unser Wohlergehen als „wichtig" einschätzen, als an einem, der uns (bei gleicher Intensität) banal erscheint.

In die Schmerzbewertung und die daraus resultierenden Schmerzäußerungen geht noch eine Reihe anderer Faktoren ein, auf die hier nur kurz hingewiesen wird. So hängt das Ausmaß der vom Patienten geäußerten Schmerzklagen z. B. sehr von der *aktuellen sozialen Situation*, vom *familiären Herkommen*, von der *Erziehung* und auch von der *ethnischen Herkunft* ab. Ein nordamerikanischer Indianer am Marterpfahl verhält sich in bezug auf seine Schmerzäußerungen völlig anders als eine süditalienische Hausfrau mit einer Gallenkolik, auch dann, wenn beide an Schmerzen gleicher Intensität leiden.

Außerdem ist für eine Schmerzbewertung oft entscheidend, *unter welchen Umständen ein Schmerzereignis auftritt.* So ist gut bekannt, daß bei Kriegsverwundungen der Bedarf an schmerzstillenden Mitteln weitaus geringer ist, als bei vergleichbaren Verletzungen im Zivilleben. Anscheinend vermindert die Aussicht auf die alsbaldige Heimreise und das Glücksgefühl, die Schlacht überlebt zu haben, Schmerzwahrnehmung und -bewertung in einem erheblichen Ausmaß.

Entgegen den Erwartungen fanden sich aber nur *schwache Zusammenhänge zwischen Schmerzverhalten und überdauernden Persönlichkeitseigenschaften* (wie z. B. bei einem Vergleich zwischen extrovertierten versus introvertierten Personen). Aus einer Analyse der Persönlichkeitsvariablen läßt sich also für das Schmerzverhalten kaum eine brauchbare Voraussage machen [29].

Schließlich soll noch darauf hingewiesen werden, daß zweckmäßiges Verhalten und gefühlsmäßig **normale Reaktionen auf schmerzhafte Reize** anscheinend zum großen Teil nicht angeboren sind, sondern vom jugendlichen Organismus in einer frühen Phase seiner Entwicklung **erlernt werden müssen**. Bleiben diese frühkindlichen Erfahrungen aus, so lassen sie sich später nur schwer erlernen: Junge Hunde, die in den ersten 8 Lebensmonaten vor allen schädigenden Reizen bewahrt wurden, waren unfähig, auf Schmerzen angemessen zu reagieren, und lernten dies nur langsam und unvollkommen. Sie schnupperten immer wieder an offenen Flammen und ließen sich Nadeln tief in die Haut stechen, ohne mehr als lokale reflektorische Zuckungen zu zeigen. Vergleichbare Beobachtungen wurden auch an jungen Rhesusaffen erhoben (Lit. in [13, 19]).

Jucken

Ungenügend sind unsere Kenntnisse über eine weitere, *mit dem Schmerz mindestens verwandte* und deswegen hier erwähnte Hautsinnesqualität, nämlich das **Jucken**. Möglicherweise ist es eine besondere Form der Schmerzempfindung, die bei bestimmten Reizzuständen auftritt. Dafür spricht, daß eine Reihe von Juckreizen bei stärkerer Reizintensität zu Schmerzempfindungen führen und daß eine Unterbrechung der nociceptiven Vorderseitenstrangbahnen des Rückenmarks von einem Ausfall der Juckempfindung begleitet ist, während eine Störung des Druck- und Berührungssinnes (Hinterstrang) die Juckempfindung unbeeinflußt läßt. Auch ließ sich nachweisen, daß die Haut nur an bestimmten Punkten juckempfindlich ist und daß diese **Juckpunkte** mit den **Schmerzpunkten** korrespondieren.

Andere Befunde lassen es aber auch möglich erscheinen, daß das **Jucken eine vom Schmerz unabhängige Empfindung** ist, die eventuell **eigene Sensoren** besitzt. So ist die Juckempfindung nur von den äußersten Schichten der Epidermis auslösbar, während Schmerz auch in den tieferen Hautschichten ausgelöst werden kann. Auch ist es mit entsprechender Technik möglich, alle Grade von Juckreiz ohne Schmerz und umgekehrt zu erzeugen. Schließlich sei erwähnt, daß für das Auftreten der Juckempfindung das Freisetzen einer chemischen Substanz, vielleicht des **Histamins**, notwendig zu sein scheint. Eine intradermale Histamininjektion löst starkes Jucken aus, und bei Hautschäden, die zum Jucken führen, wird in der Haut Histamin freigesetzt.

Schmerzmessung

Subjektive Algesimetrie. Die klassischen Methoden der Psychophysik (S. 323) lassen sich beim Menschen auch auf das *experimentelle Studium der Zusammenhänge zwischen noxischem Reiz und Schmerz* anwenden, wobei bei dieser **experimentellen Algesimetrie** sowohl subjektive wie objektive Methoden angewandt werden [3, 32]. Zur Schmerzauslösung kommen thermische, elektrische, mechanische und chemische Reize in Frage. Gemessen wird in der **subjektiven** Algesimetrie einmal die **Schmerzschwelle**, also diejenige Reizstärke, bei der eben eine Schmerzempfindung auftritt, weiterhin die **Schmerzintensität** (die verbal oder über eine andere Anzeigemethode ausgedrückt wird) und schließlich die **Schmerztoleranzschwelle**, also diejenige Reizintensität, bei der die Versuchsperson den Abbruch des Reizes verlangt.

Schmerzadaptation. Neben der Schmerzintensität ist klinisch v. a. noch wichtig, ob die Schmerzempfindung adaptiert. Die subjektive Erfahrung weist eher auf **fehlende Adaptation** hin (z. B. stundenlange Kopf- oder Zahnschmerzen). Auch bei der experimentellen **Messung der Schmerzadaptation** beim Hitzeschmerz (Abb. 18-14) finden sich keine An-

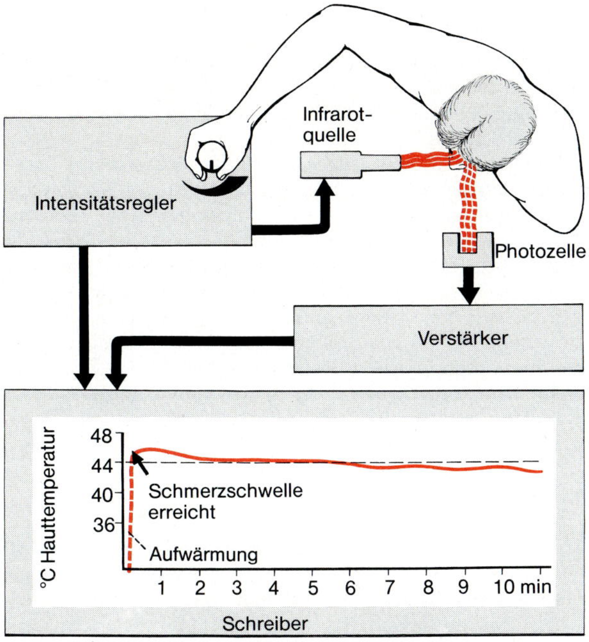

Abb. 18-14. Experimentelle thermische Schmerzreizung. Infrarote Strahlen erwärmen ein geschwärztes Hautfeld auf der Stirn der Versuchsperson. Die Hauttemperatur wird über einen Temperaturfühler *(Photozelle)* aufgenommen und auf einem Schreiber registriert. (Nach Hardy: J. Appl. Physiol. *5*, 725 (1953). Die *rote Kurve* zeigt die Abhängigkeit der Schmerzschwelle (Mittelwerte) von der Dauer des Hitzereizes. Die Versuchspersonen wurden angehalten, die Strahlungsintensität selbst so zu regulieren, daß die Hauttemperatur für die Dauer des Versuches gerade als schmerzhaft empfunden wurde. Das anfängliche Überschießen der Hauttemperatur über die Schmerzschwelle hinaus ist durch die Trägheit der Versuchsanordnung bedingt. (Nach Greene und Hardy: J. Appl. Physiol. *17*, 693 (1962). Aus [21]

haltspunkte für eine Schmerzadaptation. Die Abnahme der Schmerzschwellentemperatur im Verlauf der Messung weist sogar eher auf eine **Sensibilisierung** der Nociceptoren im bestrahlten Hautareal durch den andauernden Hitzereiz hin. (Bei wiederholten, alltäglichen nociceptiven Reizen ist allerdings in der Regel eine *Habituation* zu beobachten.)

Objektive Algesimetrie. Die objektive Algesimetrie bedient sich beim Menschen vor allem der Messung motorischer und vegetativer Reaktionen auf den Schmerz und der Registrierung evozierter Hirnrindenpotentiale (der Ausdruck „objektiv" bedeutet lediglich, daß nicht die „subjektiven" Aussagen des Probanden, sondern vom Beobachter registrierte Variablen gemessen werden). Häufig werden verschiedene Methoden gleichzeitig eingesetzt (z. B. Messung evozierter Potentiale bei gleichzeitiger Messung des Pupillendurchmessers als Maß für den Sympathikustonus), oft werden auch subjektive und objektive Methoden miteinander kombiniert (**mehrdimensionale Algesimetrie**). Die experimentelle Algesimetrie ist ein derzeit rasch wachsendes Arbeitsgebiet, von dem noch wesentliche Aufschlüsse über die Natur des Schmerzes erwartet werden können [3, 32].

Klinische Algesimetrie. Die klinische Algesimetrie benutzt auf der subjektiven Ebene einerseits **Verhältnisschätzmethoden**, wie beispielsweise eine einfache visuelle Analogskala, bei der der Patient das Ausmaß seines Schmerzes zwischen zwei Endpunkten (kein Schmerz/unerträglicher Schmerz) zu verschiedenen Zeiten einträgt. Andererseits werden Fragebögen eingesetzt, wie der vielfach benutzte McGill-Pain-Questionnaire von Melzack [13]. Schließlich kann die klinische Schmerzstärke auch zu einem experimentellen Schmerz in Bezug gesetzt werden, wie beispielsweise bei der Bestimmung des Tourniquet-Schmerzquotienten, bei dem der Patient die Intensität eines experimentellen ischämischen Muskelschmerzes zu seinem klinischen Schmerz abschätzt [22].

Neurophysiologie des Schmerzes

Schmerztheorien. Unsere heutigen Hypothesen zur *Schmerzentstehung im Gewebe* gehen davon aus, daß **Schmerz eine selbständige Empfindung** mit einem dafür spezialisierten nervösen Apparat von Sensoren, Leitungsbahnen und Zentren ist (**Spezifitätstheorie des Schmerzes**). Nach dieser experimentell gut abgesicherten Vorstellung verfügen alle Menschen und praktisch alle tierischen Organismen über spezielle Sensoren (Sinnesreceptoren), die eine so hohe Schwelle haben, daß sie nur durch gewebeschädigende oder gewebebedrohende Reize („Noxen" lat. *noxa* = Schaden) erregt werden. Diese Sensoren werden daher als **Nociceptoren** bezeichnet und die von ihnen aktivierten neuronalen Strukturen als das **nociceptive System**.

Eine der ersten experimentellen Stützen der Spezifitätstheorie lieferte der Befund, daß die Haut in Analogie zu den Befunden bei der Mechano- und Thermoperception auch für den Schmerz nicht gleichmäßig empfindlich ist, sondern **Schmerzpunkte** besitzt. Diese sind *deutlich häufiger* als Druckpunkte. Da die Kalt- und Warmpunkte der Haut noch weniger zahlreich als die Druckpunkte sind, ist das Verhältnis der Schmerzpunkte zu diesen noch größer. Schon aufgrund dieser Befunde erschien es wahrscheinlich, daß der Schmerz über eigene Sensoren, also spezielle Nociceptoren verfügt, die Nociception also nicht über Mechano- oder

Thermoreceptoren vermittelt wird (wie es von der anschließend erwähnten Intensitätstheorie und der Mustertheorie gefordert wurde).

Intensitäts- und Mustertheorien der Nociception. Diese Theorien konkurrierten für lange Zeit mit der Spezifitätstheorie, da die Vielfalt der noxischen Reize (und damit das Fehlen eines einzelnen adäquaten Reizes) zu der Annahme führte, es gäbe keine speziellen Nociceptoren, sondern Schmerz trete immer dann auf, wenn die niedrigschwelligen Mechano- und Thermosensoren über eine bestimmte Reizintensität hinaus gereizt würden. Nach Ansicht der **Intensitätstheorie** rufen nociceptive Reize besonders **hochfrequente Impulssalven** in den niedrigschwelligen Sensoren hervor, nach der **Mustertheorie** kommt es dabei zu **speziellen Impulsmustern**, die von denen bei unschädlichen Reizen abweichen.

Gate-Control-Theorie. Die im Jahre 1965 von Melzack und Wall [34] vorgeschlagene „Gate-Control-Theorie" (Kontrollschrankentheorie) der **spinalen Verarbeitung nociceptiver Information** postulierte als eine ihrer wesentlichen Aussagen, daß die nach zentripetal projizierenden Hinterhornneurone des nociceptiven Systems durch Erregung *dicker nichtnociceptiver* Afferenzen gehemmt (gate closed: Schranke geschlossen) und durch Erregung *dünner nociceptiver* Afferenzen aktiviert würden (Schranke offen). Diese Hemmung sollte in der **Substantia gelatinosa** des Hinterhorns des Rückenmarks generiert und – dies war der kritische Punkt der Theorie – nur über einen **präsynaptischen Hemmechanismus** auf die *dünnen nociceptiven* Afferenzen übertragen werden. Experimentell konnte diese Hypothese nicht bestätigt werden, ihre wesentlichen Postulate wurden sogar widerlegt [26, 39, 40]. Die Theorie mußte daher in dieser Hinsicht von ihren Autoren modifiziert werden [13].

Eine zweite, wesentliche Aussage der Gate-Control-Theorie ist, daß die spinalen Hemmechanismen der Nociception in der Substantia gelatinosa auch durch **absteigende Hemmsysteme** aktiviert werden können und daß auf diese Weise die nociceptive Information *bereits auf spinaler Ebene* einer **zentrifugalen Kontrolle** unterliegt. Die Existenz solcher descendierender Hemmsysteme gilt unterdessen als gesichert, und zwar nicht nur im nociceptiven, sondern auch in allen anderen somatosensorischen Systemen (s. Abb. 17-11, S. 321). Es bleibt das wesentliche Verdienst der Gate-Control-Theorie, darauf hingewiesen zu haben, daß auch der *nociceptive* Zustrom in das Rückenmark schon auf der Ebene der ersten zentralen Neurone durch *lokale* und *descendierende* Einflüsse erheblich **moduliert** werden kann [24, 40].

Transduktion und Transformation in Nociceptoren. In der Haut des Menschen wurden bisher überwiegend Nociceptoren gefunden, die sowohl auf **mechanische** (z. B. Nadelstich, Quetschen), wie auf **thermische** (Hitze, Kälte) und **chemische** Reize (z. B. Bradykinin, Prostaglandin) antworten (Abb. 18-15). Diese Nociceptoren sind also **polymodal**. Auch in der Skeletmuskulatur, ihren Sehnen und im Gelenkgewebe kommen

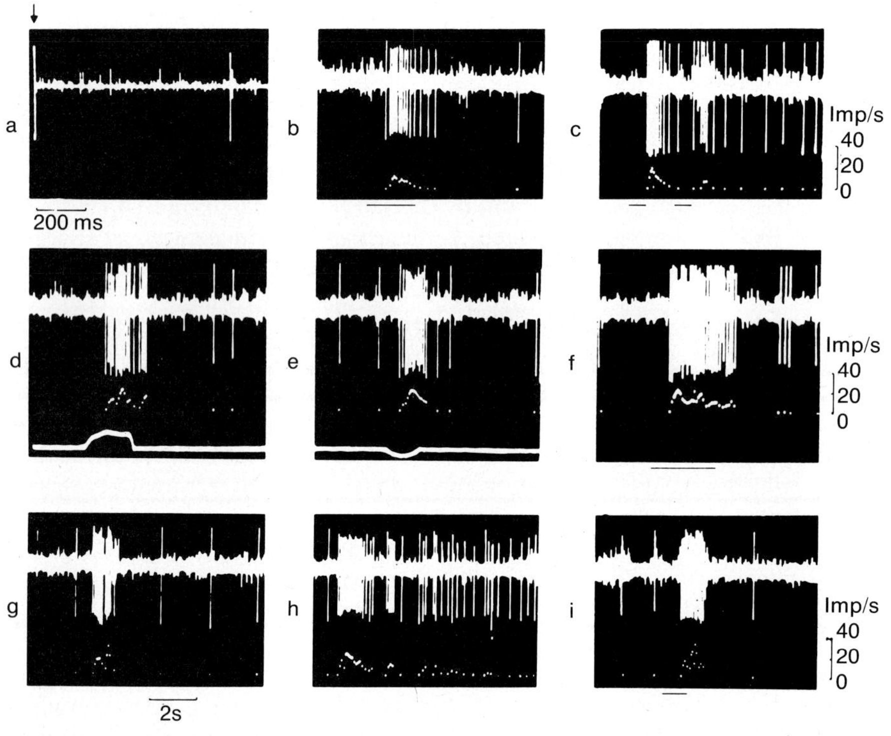

Abb. 18-15. Antwortverhalten eines einzelnen polymodalen Nociceptors. Ableitung am wachen Menschen. Die Impulsaktivität wurde mit einer transkutanen Metallmikroelektrode am N. peronaeus in Höhe des Kniegelenks während Hautreizung des receptiven Feldes auf der großen Zehe abgeleitet. **a** Antwort auf einen einzelnen elektrischen Reiz. **b** Reizung mit einem Von-Frey-Haar von 2 g. Dieser Reiz wurde 2 s nach Beginn als Kribbeln empfunden. **c** Wiederholtes festes Überstreichen des receptiven Feldes mit einem dünnen Stift führt zu leichtem Schmerz. **d** Reizung mit einem Stab (15 g Gewicht) wird als Druck empfunden. **e** Druck mit einem spitzen Stab von 5 g ruft leichten Schmerz hervor. **f** Ein Nadelstich evoziert ersten und zweiten Schmerz. **g** Anwendung von Juckpuder auf das receptive Feld führt zu brennendem Jucken. **h** Brennesselkontakt führt zu Schmerz, gefolgt von Jucken. **i** Eine heiße Thermode führt zu anfänglichem scharfen Schmerz, der später brennend wird. Aus: Torebjörk, H. E., Acta Physiol. Scand. *92,* 374, 1974

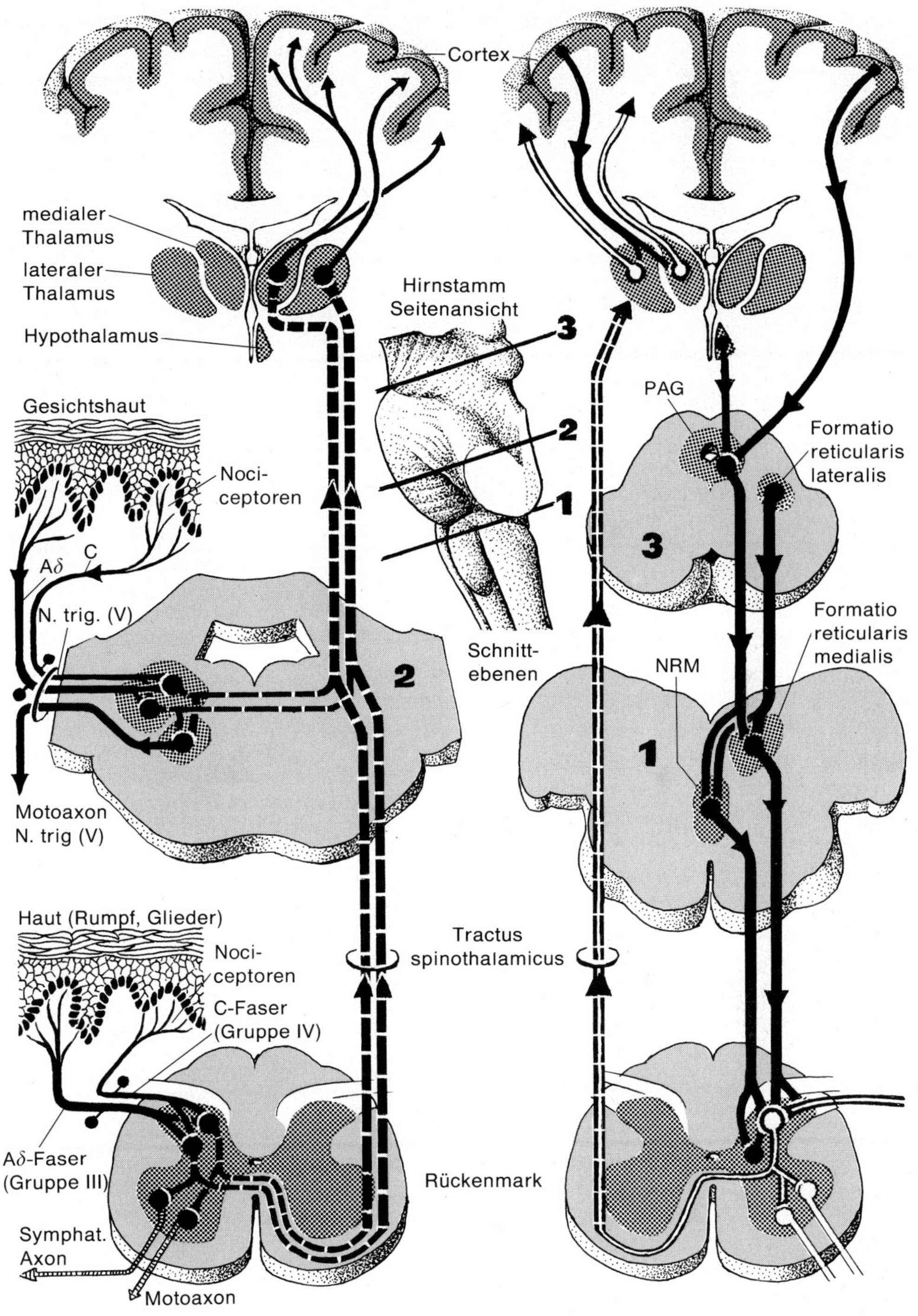

Abb. 18-16. Schematische Übersicht über den Verlauf der aufsteigenden nociceptiven Bahnen *(links)* und der descendierenden Bahnsysteme, die den nociceptiven Zustrom modulieren *(rechts)*. Von den aufsteigenden Bahnsystemen sind nur der Tractus spinothalamicus und die sich ihm anschließenden trigeminothalamischen Zuflüsse gezeigt. Andere, an der ascendierenden Konduktion nociceptiver Information beteiligte Bahnen (z. B. Tractus spinoreticularis, Tractus spinocervicalis) sind der Einfachheit halber weggelassen. Vom lateralen Thalamus nehmen die spezifischen thalamocorticalen Bahnen ihren Ursprung; sie enden überwiegend im somatosensorischen Cortex. Die Efferenzen der medialen Thalamuskerne sind diffuser. Sie enden nicht nur in weiten Arealen des frontalen Cortex, sondern ziehen auch zu subcorticalen Strukturen, insbesondere des limbischen Systems (nicht eingezeichnet, ebenso nicht die starken reticulären Zuflüsse dieser Kerne). Die descendierenden Systeme üben ihren Einfluß überwiegend auf spinaler Ebene (bzw. auf die entsprechenden trigeminalen Strukturen, nicht eingezeichnet) aus. Die *Einsatzfigur* gibt in einer Seitenansicht des Hirnstamms die Lage der Hirnstammschnitte an: *1* cranialer Rand der unteren Olive, *2* Mitte des Pons, *3* unteres Mesencephalon. *PAG* periaquäductales Grau (zentrales Höhlengrau); *NRM* Nucleus raphé magnus. Nach Untersuchungsergebnissen zahlreicher Autoren. Darstellung von R. F. Schmidt in Wörz, R. (Hrs.): Pharmakotherapie bei Schmerz. Weinheim: edition medizin 1986

anscheinend vorwiegend polymodale Nociceptoren vor [9, 35]. Diese sind aber bisher fast ausschließlich bei Tieren untersucht worden. Histologisch handelt es sich bei den Nociceptoren um **freie**, genauer um **nichtcorpusculäre Nervenendigungen**, deren ultrastrukturelle Lokalisation und deren Beziehungen zu den sie umgebenden perineuralen Strukturen bisher kaum erforscht wurden.

Die Nociceptoren können durch intensive Reize („Noxen") direkt erregt werden, wie etwa während einer mechanischen Gewalteinwirkung. Viel häufiger ist es aber wahrscheinlich so, daß durch ihre Erregung eine *Kette von Zell- und Gewebereaktionen* ausgelöst wird, an deren Ende die Freisetzung von einem oder mehreren Stoffen steht, z. B. bei einer Gelenkentzündung von Prostaglandinen, Bradykinin, Serotonin und anderen, die dann als **Noxen im engeren Sinne** erregend und sensibilisierend auf die Nociceptoren einwirken. Die in den **Transduktionsarealen** der Nociceptoren durch die Noxen ausgelösten **Generator-** oder **Sensorpotentiale** lassen sich wegen der Feinheit dieser Sensoren nicht unmittelbar elektrophysiologisch beobachten. Die im nachfolgenden Schritt der **Transformation evozierten Aktionspotentiale** lassen sich aber, wie in Ab. 18-15 gezeigt, in den zugehörigen Nervenfasern bei Tier und Mensch ableiten.

Sensibilisierung und Desensibilisierung. Die *Schwelle der Nociceptoren* für noxische Reize ist weder für Nociceptoren einheitlich noch für einen gegebenen Nociceptor konstant. In gesundem Gewebe finden sich Nociceptoren mit recht unterschiedlichen Schwellen auf noxische Reize, die z. T. so hoch liegen können, daß die Nociceptoren im Experiment nicht zu erregen sind („schlafende" Nociceptoren). Ist aber das Gewebe pathophysiologisch verändert, z. B. durch eine Entzündung, werden alle **Nociceptoren sensibilisiert**, d. h. ihre Schwellen werden abgesenkt, und zwar z. T. so weit, daß selbst normalerweise nichtnoxische Reize jetzt zur Erregung der Nociceptoren führen. Dabei werden auch die „schlafenden" Nociceptoren „aufgeweckt" [37, 38]. Die Sensibilisierung erfolgt wahrscheinlich durch *algetische Substanzen*, wie die Prostaglandine. Ihr genauer Mechanismus ist aber noch nicht bekannt. Auch Schwellenerhöhungen, also **Desensibilisierungen von Nociceptoren**, lassen sich beobachten. So greifen einige Schmerzmittel anscheinend in der Peripherie an und erhöhen dort die Schwelle der Nociceptoren für noxische Reize.

Periphere Konduktion noxischer Signale. Zwei Typen von Nervenfasern kommen praktisch ausschließlich in Frage, nämlich **dünne markhaltige** (Gruppe-III- oder A-δ-Fasern) und **marklose** Nervenfasern (Gruppe-IV- oder C-Fasern). Erstere haben Leitungsgeschwindigkeiten vorwiegend zwischen 2,5 und 20 m/s, letztere unter 2,5 m/s (Durchschnittswert 1 m/s, vgl. Tabelle 12-1, S. 195). Zahlenmäßig sind die *Gruppe-IV-Fasern wesentlich häufiger als die Gruppe-III-Fasern* [9, 35, 37].

Zentrale Weiterleitung und Verarbeitung. Im **Rükkenmark** enden die nociceptiven Afferenzen an Neuronen des **Hinterhornes**. Diese Nervenzellen sind Ausgangspunkt der im vorhergehenden Kapitel ausführlich dargestellten **Vorderseitenstrangbahnen** (Tractus spinothalamicus u. a.), die in Richtung Hirnstamm aufsteigen, um sich dort mit den nociceptiven, weitgehend aus dem **Nervus trigeminus** stammenden Afferenzen aus dem Kopfbereich auf dem Weg zum **Thalamus** zu vereinigen (Abb. 18-16, *linke* Bildhälfte, vgl. auch Abb. 17-10). Wegen der Arbeitsweise dieser aufsteigenden Systeme, ihren weiteren zentripetalen Projektionen und der Beteiligung von Formatio reticularis, Thalamus und Großhirnrinde an der Verarbeitung nociceptiver Signale sei auf die entsprechenden Abschnitte des vorhergehenden Kapitels (S. 317) verwiesen [24].

An dieser Stelle sei in bezug auf die **Beteiligung der Großhirnrinde an Nociception und Schmerz**, besonders der sensorisch-diskriminativen und der kognitiven Komponenten, lediglich erwähnt, daß in der ersten Hälfte dieses Jahrhunderts aufgrund klinischer und experimenteller Befunde die Ansicht vorherrschte, daß der Cortex für das Entstehen bewußter Schmerzempfindungen nicht unbedingt notwendig sei. Vielmehr wurde der *Thalamus als das entscheidende Zentrum für bewußte Schmerzempfindung* angesehen. Sorgfältige Beobachtungen, v. a. an Hirnverletzten des Zweiten Weltkriegs, haben allerdings zu einer *Revision dieser Auffassung* geführt. Schußverletzungen bestimmter Cortexareale in der Tiefe der Zentralfurche (Sulcus centralis) des Scheitelhirnes führten nämlich zu einer kontralateralen Schmerzunempfindlichkeit, die auch auf Dauer bestehen blieb. In manchen Fällen war nur ein Teil der gegenüberliegenden Körperhälfte betroffen, z. B. ein Arm oder ein Bein, in anderen Fällen blieb die gesamte Körperhälfte schmerzunempfindlich. Entsprechend diesen Befunden ist es unterdessen auch geglückt, durch lokale elektrische Reizung dieser Hirnareale beim Menschen Schmerz auszulösen. Wir können also heute davon ausgehen, daß **Schmerzempfindungen**, ebenso wie alle anderen bewußten Sinneseindrücke, **nicht ohne die Mitarbeit der Großhirnrinde** möglich sind [43].

Spezielle und abnorme Schmerzformen: Pathophysiologie von Nociception und Schmerz

Projizierter Schmerz. Nicht alle nociceptiven Impulse entstehen in den Endigungen der Nociceptoren. So kommt es z. B. bei heftiger mechanischer Reizung des N. ulnaris am Ellenbogen zu Mißempfindungen im Versorgungsgebiet dieses Nerven (Abb. 18-17). Offensichtlich wird die am Ellenbogen in den afferenten Fasern ausgelöste Aktivität von unserem Bewußtsein in das Versorgungsgebiet dieser afferenten Fasern **projiziert**, da normalerweise solche sensorischen Impulse aus den Sensoren dieses Versorgungsgebietes stammen. Die Interpretation der dabei auftretenden Empfindungen (Krib-

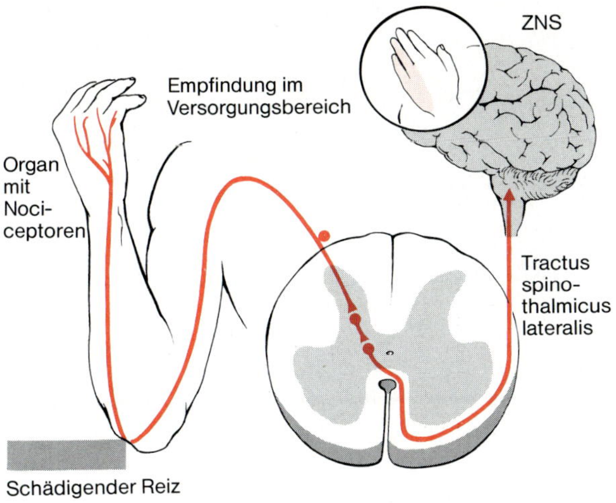

Abb. 18-17. Entstehung des projizierten Schmerzes (schematisch) Besprechung im Text. Aus [21]

beln o. ä.) fällt uns schwer, da das durch direkte mechanische Reizung der Nervenfasern auftretende Impulsmuster normalerweise nicht vorkommt.

Projizierte Empfindungen können im Prinzip innerhalb aller Sinnesempfindungen auftreten, aber nur der **projizierte Schmerz** ist klinisch bedeutungsvoll. Häufig treten beispielsweise solche Schmerzen bei Kompressionen des Spinalnerven im Rahmen eines akuten Bandscheibensyndroms auf. Die dabei durch die zentripetalen Impulse in nociceptiven Fasern auftretenden Schmerzempfindungen werden in das Versorgungsgebiet des gereizten Spinalnerven projiziert. (Daneben können natürlich auch lokale Schmerzen auftreten.) Beim projizierten Schmerz ist also der Ort der Einwirkung der Noxe nicht identisch mit dem der Schmerzempfindung.

Neuralgie. Weit wichtiger als akute projizierte Schmerzen vom eben beschriebenen Typ sind projizierte Schmerzen, die durch *fortgesetzte Reizung eines Nerven oder einer Hinterwurzel* entstehen. Eine solche chronische Nervenschädigung führt zu **„spontanen" Schmerzen**, die häufig wellenförmig oder attackenweise auftreten. Sie bleiben meist, wie vom projizierten Schmerz zu erwarten, auf das Versorgungsgebiet des erkrankten Nerven oder der geschädigten Wurzel begrenzt. Diese und nur diese durch **pathophysiologische Impulsbildung an nociceptiven Fasern** (nicht an den Nociceptoren) entstehenden Schmerzen sollten durch die Begriffe **Neuralgie** oder **neuralgischer Schmerz** gekennzeichnet werden [5 a].

Der **Mechanismus der Impulsentstehung** in der normalerweise nur konduktilen und nicht regenerativen Axonmembran der Gruppe-III und -IV-nociceptiven Afferenzen durch länger-dauernde Einwirkung von Zug und Druck (und möglicherweise auch chemischen Stoffen, wie sie bei Entzündungen und Gewebsschädigungen vermehrt auftreten) ist ungeklärt. Pathophysiologisch könnte es sich um den Einbau regenerativer Membran, die Demaskierung vorhandener regenerativer Membran, einen Umbau im Axoninneren oder auch einen Umbau des perineuralen Gewebes handeln. Möglicherweise ist die regenerative Impulsentstehung in nociceptiven afferenten Fasern auf mehrere der dort aufgelisteten Faktoren zurückzuführen.

Kausalgie. Aus unbekannter Ursache kann es bei Nervenverletzungen, insbesondere bei Schußverletzungen zu einer Sonderform der Neuralgie, nämlich zu chronischen, sehr quälenden *Schmerzen im Versorgungsgebiet des verletzten Nerven* kommen, wobei gleichzeitig *Durchblutungs- und Ernährungsstörungen* des betroffenen Gebietes auftreten. Der Symptomemkomplex wird als **Kausalgie** bezeichnet. Die Durchblutungs- und Ernährungsstörungen weisen auf eine **Beteiligung des sympathischen Nervensystems** hin [5 a, 11, 12].

Übertragener Schmerz. Nociceptive Reizung der Eingeweide wird oft nicht oder nicht nur am inneren Organ als Schmerz empfunden, sondern auch an oberflächlichen, entfernten Strukturen des Körpers. Einen solchen Schmerz bezeichnet man als **übertragenen Schmerz**. Für jedes innere Organ lassen sich typische Hautareale angeben, in die die Eingeweideschmerzen übertragen werden (z. B. Innenseite des linken Armes bei *Angina pectoris*). Diese Hautareale werden als **Head-Zonen** bezeichnet (Abb. 18-18). Übertragene Schmerzen sind aufgrund dieses Zusammenhanges oft ein wichtiges diagnostisches Hilfsmittel.

Die **Zuordnung der Head-Zonen zu den Eingeweideorganen** (Abb. 18-18 B, C) ist dadurch bedingt, daß die Hautafferenzen jeder Hinterwurzel des Rückenmarks jeweils ein umschriebenes Hautareal innervieren. Dieses Hautareal wird **Dermatom** genannt (18-18 A). Benachbarte Dermatome überlappen sich allerdings beträchtlich, weil sich die Hinterwurzelfasern beim Wachstum in die Peripherie umbündeln. Die Dermatome, ebenso wie die ihnen äquivalenten **Myotome** der Skeletmuskulatur, bleiben aber trotz aller Umbündelungen der primär afferenten Fasern gut erhalten. Gleiches ist auch für die spinale afferente Innervation der Baucheingeweide gültig. So kommt es, daß die Head-Zone eines inneren Organs, z. B. des Herzens oder des Magens, also genau von denjenigen Dermatomen gebildet wird, deren zugehörige Rückenmarkssegmente dieses Organ afferent versorgen [42].

Das **Zustandekommen des übertragenen Schmerzes** beruht wahrscheinlich, wie Abb. 18-19 zeigt, darauf, daß einerseits nociceptive Afferenzen aus der Haut und den tiefen Geweben auf dieselben Ursprungszellen der aufsteigenden nociceptiven Bahnen konvergieren (linke Bildhälfte) und daß andererseits Axonkollateralen solcher primärer nociceptiver Afferenzen sich bereits im Bereich des Spinalnerven in zwei oder mehrere Kollateralen aufzweigen, die anschließend oberflächliche und tiefe

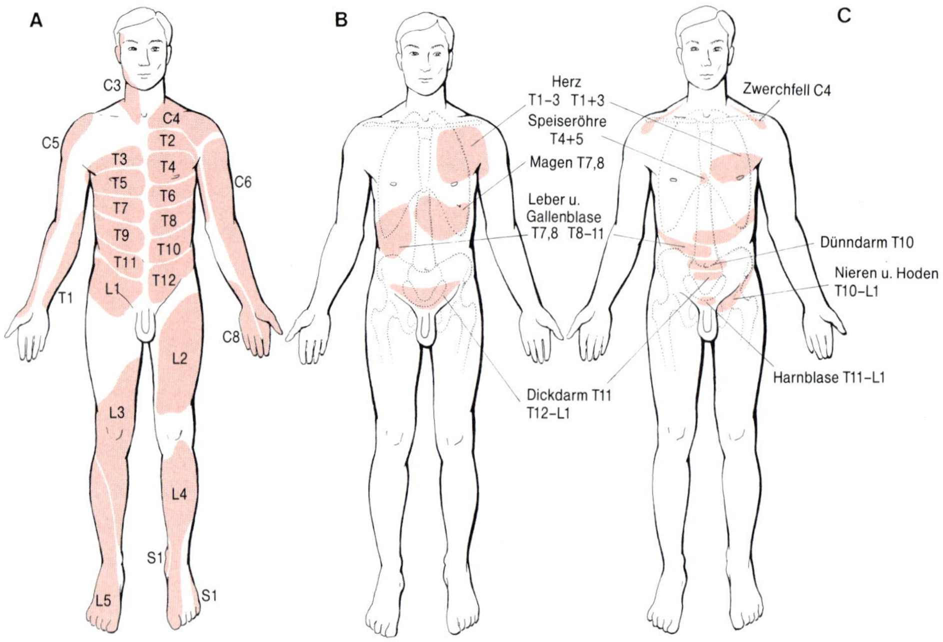

Abb. 18-18. Dermatome und Head-Zonen des Menschen für den Brust- und Bauchbereich. **A** Dermatome des Menschen. Die Innervationsgebiete der Hinterwurzeln aufeinanderfolgender Rückenmarkssegmente sind alternierend in jeweils einer Körperhälfte angegeben. Nach O. Foerster aus [11]. **B, C** Head-Zonen (oberflächliche hyperalgetische Zonen) für die angegebenen Eingeweideorgane. Die Spinalnerven, durch welche die visceralen Afferenzen von den Organen ins Rückenmark eintreten, sind ebenfalls angegeben. Die Head-Zonen werden in der Literatur unterschiedlich groß dargestellt (vgl. **A** mit **B**, je nach Art der Beobachtung. **B, C** zusammengestellt von J. Jänig und M. Zimmermann in [20] nach Beobachtungen verschiedener Untersucher. Aus [42]

Strukturen innervieren (rechte Bildhälfte). Erregung der zentralen nociceptiven Neurone wird als Schmerz in der Peripherie interpretiert, da diese Interpretation dem Organismus geläufig ist.

Als weitere Konsequenz der in Abb. 18-19 gezeigten zentralen Konvergenz und Divergenz nociceptiver Afferenzen kann es zu einer **Hyperpathie** (s. u.) oder zu einer **Hyperästhesie** (s. u.) der Haut im betroffenen Dermatom kommen. Diese beruhen darauf, daß die Erregbarkeit der spinalen Interneurone durch die nociceptiven Impulse aus den tiefen Geweben erhöht ist, so daß ein Hautreiz im Vergleich zum Normalzustand zu einer stärkeren Aktivierung führt. Schließlich sei daran erinnert, daß selbstverständlich auch neuralgische Schmerzen als übertragene Schmerzen imponieren oder zusammen mit einer übertragenen Komponente auftreten können.

Zentraler Schmerz. Funktionelle Störungen oder Defekte der spinalen und supraspinalen nociceptiven Systeme können zu Erregbarkeitssteigerungen und zu Spontanaktivität in diesen Strukturen führen, die erhebliche Schmerzen bereiten können. Diese Schmerzen werden als **zentrale Schmerzen** be-

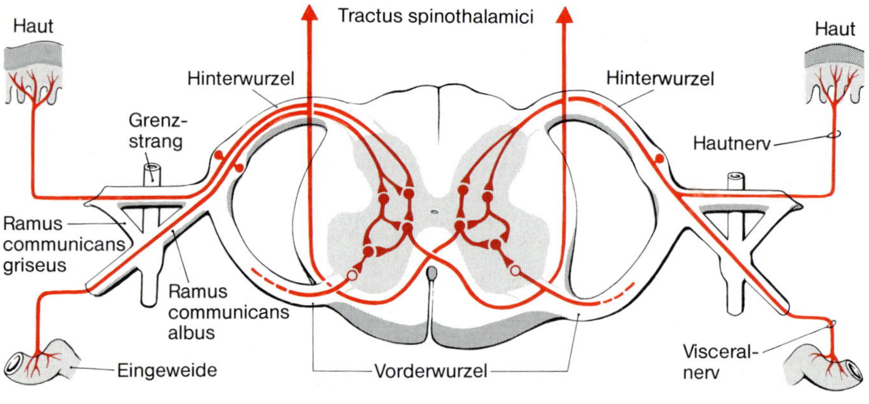

Abb. 18-19. Entstehungswege übertragener Schmerzen. *Links* ist gezeigt, daß nociceptive Afferenzen aus den Eingeweiden zum Teil an denselben Neuronen des Hinterhornes enden wie nociceptive Afferenzen aus der Haut. *Rechts* ist zu sehen, daß dieselbe nociceptive Afferenz gelegentlich sowohl oberflächliches wie tiefes Gewebe versorgen kann. Aus [21]

zeichnet. Bekannte Beispiele sind die Schmerzen der **Anaesthesia dolorosa** nach Ausrissen von Hinterwurzeln oder der **Thalamusschmerz**, der bei Erkrankungen der sensiblen Ventralkerne des Thalamus beobachtet wird.

Schmerzüber- und Schmerzunterempfindlichkeit [5a]. Das gesamte nociceptive System ist von erheblicher Plastizität. Dies ist teilweise dadurch bedingt, daß die **Nociceptoren** in ihrer Empfindlichkeit in einem weiten Umfang, beispielsweise bei Entzündungsprozessen, verändert werden können (Sensibilisierung, s.o.), teilweise liegt dieser Plastizität aber auch die erhebliche **zentrale Divergenz und Konvergenz** des nociceptiven Systems zugrunde, als deren eine Folge wir den übertragenen Schmerz gerade kennengelernt haben. Je nach ihrer Ursache treten *Steigerungen und Abschwächungen der Schmerzempfindlichkeit* alleine oder in Verbindung mit anderen Veränderungen der Sensibilität auf. Dies wird durch eine entsprechende Nomenklatur zum Ausdruck gebracht.

So versteht man beispielsweise unter einer **Allodynie** Schmerzen, die durch *nichtnoxische* Reizung normaler Haut verusacht werden. Mit diesem Ausdruck sollen Zustände bezeichnet werden, bei denen beispielsweise durch eine abnorme Innervation oder durch zentrale Konvergenz noxischer Impulsaktivität schon eine normale mechanische oder thermische Reizung der Haut zu Schmerzempfindungen führt. Im Gegensatz dazu bezeichnet man mit **Hyperalgesie** eine erhöhte Empfindlichkeit auf *noxische* Reize. Es handelt sich hierbei um eine Schwellensenkung auf noxische Reize und nicht um eine verstärkte Antwort auf einen noxischen Reiz. Bei der **Hyperpathie** handelt es sich um ein Schmerzsyndrom, das sich durch verzögertes Einsetzen, verstärkte Antwort und eine reizüberdauernde Nachantwort auszeichnet. Es tritt besonders deutlich bei repetitiver Reizung auf.

Eine **Hypoalgesie** ist eine verringerte Empfindlichkeit auf schmerzhafte Reize. Ein völliges Fehlen von Schmerzen bei noxischer Reizung, eine **Analgesie**, kommt meist nur in Verbindung mit Störungen oder Ausfällen anderer Sinnesmodalitäten vor. Beispielsweise wird im einfachsten Fall die Durchtrennung oder Blockade (z.B. mit Novocain) eines Hautnerven zur Analgesie seines Versorgungsgebietes, aber auch zum Ausfall der anderen Hautsinnesmodalitäten, also zu einer **Anästhesie**, führen.

Gelegentlich werden Menschen mit einer **angeborenen völligen Schmerzunempfindlichkeit** beobachtet. Bei einem Teil dieser Fälle läßt sich ein eindeutiger Defekt des Nervensystems nachweisen, bei anderen fehlen entweder die nociceptiven Afferenzen in den peripheren Nerven oder die ersten weiterführenden Neurone im Hinterhorn des Rückenmarks (Lissauers Trakt) sind nicht vorhanden. In allen Fällen ist die Symptomatik gleich: Die Patienten nehmen gewebsschädigende Reize nicht als solche wahr. Es ist für sie daher typisch, daß sie von frühester Kindheit schwere Schäden davontragen oder sich selbst zufügen. Diese Verstümmelungen führen in der Regel zu einem frühen Tod (Lit. in [19]).

Endogene Schmerzkontrollsysteme

Der Körper verfügt anscheinend über eine Reihe von Möglichkeiten, die Aktivität seiner zentralnervösen nocifensiven Systeme auf einen mittleren Erregungszustand einzupegeln und damit diese Systeme in einem optimalen Arbeitsbereich zu halten. Die Arbeitsweise dieser *endogenen Schmerzkontrollsysteme* ist in den letzten Jahren durch zwei wesentliche Entdeckungen deutlicher geworden, nämlich einmal durch das Auffinden von **Opiatreceptoren** und ihnen zugehörige **körpereigene Liganden** (*Endorphine, Enkephaline, Dynorphine*) und zum anderen durch die Entdeckung supraspinaler Areale, deren **elektrische Reizung zur Analgesie** führt. Beide Phänomene stehen, wie unten ausgeführt wird, möglicherweise in enger Verbindung miteinander (Lit. in [19, 24, 27]).

Endorphine, Enkephaline, Dynorphine. Opiate hemmen die Schmerzempfindung, ohne daß sie die anderen Sinnesmodalitäten wesentlich beeinflussen. Diese gezielte Wirkung der Opiate beruht auf der Existenz **spezifischer Opiatreceptoren** an den Neuronen des nociceptiven Systems. Von diesen sind mindestens vier Untertypen bekannt, die sich in ihrem Empfindlichkeitsprofil für Opiate und für die verschiedenen endogenen Liganden unterscheiden (Herz in [27]).

Diese endogenen Liganden, z.B. die Pentapeptide **Methionin-** und **Leucin-Enkephalin**, können durch bestimmte Reizungen des Nervensystems freigesetzt werden, wirken an den Opiatreceptoren und *erzeugen eine Analgesie.* Die Gabe des Opiatantagonisten **Naloxon** hebt ihre Wirkung auf, Peptidasen bauen sie *in vivo* ab. *Methionin-Enkephalin* ist ein Bestandteil des Polypeptids **Beta-Endorphin**, *Leucin-Enkephalin* ist im Polypeptid **Dynorphin** enthalten. Beide Polypeptide wirken ebenfalls analgetisch; v.a. Dynorphin wirkt deutlich stärker als die Enkephaline.

Descendierende Hemmsysteme (Abb. 18-16, *rechte* Bildhälfte). Eine elektrische Reizung des gesamten Gehirns kann zu Anästhesie und Analgesie führen (**„Elektronarkose"**). Diese scheint von *umschriebenen Stellen des zentralen Höhlengraues* ihren Ausgang zu nehmen (vgl. Abb. 17-11 B, S. 321), denn lokale elektrische Reizung dieser Areale führt im Tierversuch zu tiefer Analgesie, die als **stimulationsproduzierte Analgesie SPA** bezeichnet wird. Besonders wichtige Stellen scheinen der *Nucleus raphe magnus* und der *Nucleus paragigantocellularis* (oder *magnocellularis*) der Formatio reticularis zu sein, denn von diesen Kernregionen führen direkte *absteigende Bahnen in das Rückenmark*, deren Aktivierung möglicherweise die Weiterleitung nociceptiver Information im Hinterhorn hemmt.

Mikroinjektionen von *Morphin in das zentrale Höhlengrau* führen genau wie elektrische Reizung zu deutlicher Analgesie. Dies weist auf die **enge Verbindung zwischen SPA und Opiatanalgesie** hin. Auch andere mit der SPA eng korrelierte Strukturen, beispielsweise in der Formatio reticularis (s. oben), weisen eine deutliche Opiatempfindlichkeit auf. Es ist daher wahrscheinlich, daß die analgetischen Effekte der SPA und der exogenen und endogenen Opiate über dieselben neuronalen Systeme vermittelt werden.

Die interessanteste Konsequenz dieser Schlußfolgerung liegt darin, daß der Angriffspunkt auf die nociceptiven Signale nicht nur für die SPA, sondern auch für die Opiatanalgesie im **Hinterhorn des Rückenmarks** liegen muß (vgl. 17-10A, 17-11A-C). Anscheinend werden die analgetischen Wirkungen aus dem Hirnstamm über mehrere absteigende Bahnsysteme vermittelt (Abb. 18-16, *rechts*), wobei **monoaminerge Transmitter**, insbesondere *Serotonin, Noradrenalin* und *Dopamin* beteiligt zu sein scheinen.

Angriffspunkte exogener Schmerzhemmung, Schmerztherapie

Schmerzen zu lindern ist eine der wesentlichen ärztlichen Aufgaben. Kann die schmerzauslösende Ursache beseitigt werden, verschwindet damit auch der Schmerz. Ist dies nicht möglich, ist eine symptomatische Schmerzbehandlung angesagt. Einen Überblick über die **wesentlichen Schmerzbehandlungsverfahren** gibt Abb. 18-20. Sie zeigt einmal die pharmakologischen Verfahren (1-4), die entweder dazu dienen, Aufnahme (1) und Weiterleitung (4) noxischer Signale zu verhindern, oder die zentrale Verarbeitung zu hemmen (2) und die affektive Anteilnahme am Schmerzgeschehen abzuschwächen (2, 3). Zweitens zeigt Abb. 18-20 die physikalischen Behandlungsverfahren (5-8), die auf den verschiedensten Wegen und an ganz unterschiedlichen Stellen in den Schmerz eingreifen. Drittens wird auf die psychologischen Verfahren hingewiesen (9-12), die vereinfacht als *Schmerzbewältigungsstrategien* zusammengefaßt werden können. Im folgenden wird auf die *Wirkweise dieser verschiedenen Behandlungsansätze* in der in Abb. 18-20 gegebenen Reihenfolge kurz eingegangen [1, 3, 14, 19, 23, 26, 27].

Pharmakologische Schmerzbehandlung. Unter dem Stichwort **nichtnarkotische Schmerzmittel** (1 in Abb. 18-20) werden Stoffe zusammengefaßt, die **analgetisch** (schmerzhemmend) wirken, deren Einnahme aber nicht zu einer deutlichen Einschränkung oder Ausschaltung (Narkose) des Bewußtseins führen [26, 30]. Die bekanntesten dieser Analgetica sind Abkömmlinge der Salicylsäure, v. a. die mit Abstand am meisten benutzte *Acetylsalicylsäure.* Als **narkotische Schmerzmittel** (2 in Abb. 18-20) oder *narkotische Analgetica* werden Substanzen zusammengefaßt, die einerseits in der Lage sind, auch stärkste Schmerzen wirkungsvoll zu lindern, die aber ander-

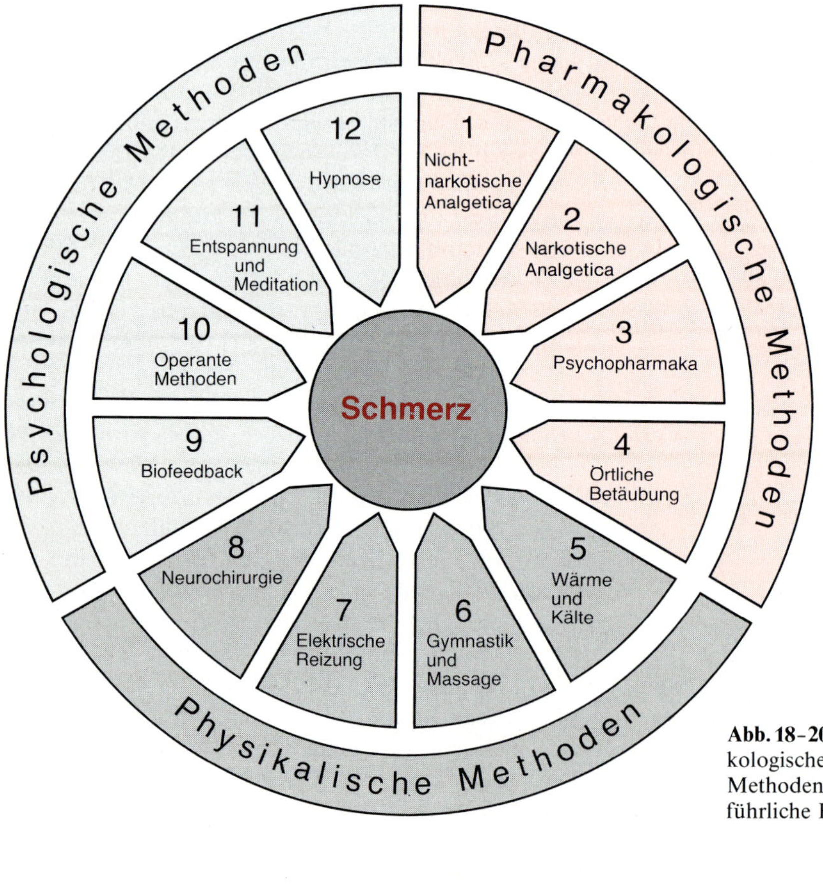

Abb. 18-20. Spektrum der wesentlichen pharmakologischen, physikalischen und psychologischen Methoden zur Behandlung von Schmerzen. Ausführliche Erläuterung im Text. Aus [18]

seits eine so stark beruhigende, ja schläfrigmachende Wirkung haben, daß v.a. bei höherer Dosierung narkoseähnliche Zustände auftreten können. Ältester Vertreter ist das **Morphin**, ein Bestandteil des Opiums. Daher die Bezeichnung **Opiate** oder **Opiode** für alle dem Morphin vergleichbaren Stoffe. Ihre analgetische Wirkung beruht auf deren Bindung an die eingangs dieses Abschnittes beschriebenen **Opiatreceptoren** und der dadurch bewirkten *Aktivierung des endogenen Schmerzkontrollsystems* [26, 27].

Von den Medikamenten, die wegen ihrer starken Wirkung auf das psychische Befinden als **Psychopharmaka** (3 in Abb. 18-20) betrachtet werden, werden die *Tranquilizer* (lateinisch *tranquillus* = ruhig, beruhigt) zur Lösung und Dämpfung von Angst-, Spannungs- und Erregungszuständen nicht nur bei der Schmerzbekämpfung eingesetzt. Die *Antidepressiva* werden in erster Linie bei endogenen Depressionen angewandt. Da bei diesen Erkrankungen häufig über Schmerzen geklagt wird und da umgekehrt chronische Schmerzen zu einer depressiven Stimmungslage führen können, kann der Einsatz von Antidepressiva in diesen Fällen erfolgversprechend sein.

Eine **örtliche Betäubung** mit einem Lokalanästheticum (4 in Abb. 18-20) kann man mit einem **Nervenblock** oder durch eine **Infiltrationsanästhesie** erzielen (vgl. Abb. 12-16D, S. 214). Auf Schleimhäute kann ein Lokalanästheticum zur **Oberflächenanästhesie** auch aufgesprüht oder aufgepinselt werden. Um eine kleine Hautstelle für kurze Zeit zu betäuben, kann man sie durch Aufsprühen von rasch verdampfendem Chloräthyl „vereisen", d.h. so tief abkühlen, daß die Sensoren ihre Arbeit einstellen.

In der Behandlung umschriebener Schmerzzustände kann ein Nervenblock vorübergehend (einige Stunden) eine erhebliche Erleichterung bringen. In seltenen Fällen hält die schmerzlindernde Wirkung länger an, als von der Wirkdauer des Lokalanästheticums zu erwarten ist. Eine örtliche Betäubung mit dem Ziel, das Krankheitsgeschehen selbst positiv zu beeinflussen, wird **therapeutische Lokalanästhesie**, in Deutschland teilweise auch *Neuraltherapie* genannt [1, 19, 27].

Physikalische Schmerzbehandlung (5 bis 8 in Abb. 18-20). Hier sind sehr unterschiedliche Einwirkungen zusammengefaßt, die von Wärme- und Kälteanwendungen über Massage und Gymnastik bis zur Anwendung elektrischer Reize und zur Neurochirurgie reichen. Teilweise werden diese Methoden seit Jahrhunderten, oft seit Jahrtausenden zur Bekämpfung von Schmerzen eingesetzt. Dies gilt auch für die einfachsten physikalischen Maßnahmen, nämlich **Ruhe und Ruhigstellung**, die in der Schmerztherapie oft eine große Hilfe sind.

Die **elektrische Reizung zur Schmerztherapie** (7 in Abb. 18-20) macht sich die Beobachtung zunutze, daß Schmerzen oft durch andere, gleichzeitige Sinnesreize, wie Reiben, Kratzen, Wärme und Kälte (s.o.) deutlich vermindert werden (*„Verdeckung", „Gegenirritation"*). In diesen Situationen ist es keineswegs so, daß der Strom von nervösen Impulsen aus den Nociceptoren aufhört. Vielmehr wird seine Weiterleitung an seine zentralnervösen Schaltstationen gehemmt. Die Hemmung kann bereits im Rückenmark geschehen, sie kann aber auch weiter zentral, etwa im Hirnstamm oder Thalamus, einsetzen. Wie diese **afferente Hemmung** abläuft, ist noch nicht in allen Einzelheiten bekannt [24, 40].

Am meisten wird die elektrische Reizung von Nerven durch die Haut eingesetzt, die als **transcutane elektrische Nervenstimulation**, TENS, bezeichnet wird. Eine Variante dieser Methode ist die **Hinterstrangreizung**, bei der die Elektroden operativ in den Wirbelkanal eingepflanzt werden. Man verspricht sich dadurch eine besonders intensive Reizung der afferenten Faserbündel im Hinterstrang des Rückenmarks und damit eine besonders starke afferente Hemmung. Drittens versucht man, die afferenten Hemmzentren im Hirnstamm über eingepflanzte Elektroden direkt zu aktivieren. Diese **elektrische Gehirnreizung** ist die gezielte Anwendung der zu Beginn dieses Abschnitts vorgestellten stimulationsproduzierten Analgesie, SPA.

Auch die **Akupunktur** wird von manchen Seiten als eine Methode angesehen, die über *afferente Hemmung* ihre analgetische Wirkung entfaltet. Dies trifft möglicherweise für die intensive **Elektroakupunktur** neuroanatomisch definierter Reizareale zu, die anscheinend eine über Placeboeffekte hinausgehende analgetische Wirkung hat. Für die **klassische Akupunktur** und ihre Spielarten, z.B. die **Ohrakupunktur**, gibt es aber nach wie vor keine Anhaltspunkte für einen primär neurobiologischen Wirkmechanismus [19, 41].

Alle derzeit bekannten **neurochirurgischen Maßnahmen zur Schmerzbekämpfung** (8 in Abb. 18-20) sind im Grunde nur Notbehelfe [4, 19, 23]. Von praktischer Bedeutung ist v.a. die Durchschneidung des Vorderseitenstrangs des Rückenmarks **(Chordotomie)**. Sie unterbricht die Weiterleitung nociceptiver Signale aus der kontralateralen Körperhälfte. Mit ihr können bei schweren chronischen Schmerzen, z.B. aus dem Bereich des kleinen Beckens, kurz- bis mittelfristig (Wochen bis Monate) gute Erfolge erzielt werden.

Psychologische Methoden der Schmerzbekämpfung. Psychologische Variablen sind ein zentraler Faktor bei vielen Schmerzen, v.a. bei solchen ohne deutliche periphere Schmerzursache. Entsprechend wichtig ist der Einsatz **psychologischer Therapieverfahren** bei diesen Schmerzzuständen. Aber auch bei Schmerzen mit Organbefund gibt es viele Situationen, in denen eine psychologische Behandlung weiter führt als eine somatische. Wichtige Beispiele solcher Verfahren sind in Abb. 18-20 unter 9 bis 12 genannt [14, 19, 22, 23, 29].

18.6 Literatur

Weiterführende Lehr- und Handbücher

1. BONICA, J.J.: The Management of Pain. Philadelphia: Lea & Febiger 1953, Nachdruck 1980
2. BRODAL, A.: Neurological Anatomy in Relation to Clinical Medicine. 3rd edn. New York: Oxford University Press 1981
3. BROMM, B. (Ed.): Pain Measurement in Man. Amsterdam: Elsevier 1984
4. FOERSTER, O.: Die Leitungsbahnen des Schmerzgefühls und die chirurgische Behandlung der Schmerzzustände. Berlin: Urban & Schwarzenberg 1927
5. GORDON, G. (Ed.): Active Touch. Oxford: Pergamon Press 1978

5a. HIERHOLZER, K., SCHMIDT, R.F. (Hrsg.): Pathophysiologie des Menschen. Weinheim: *edition medizin* der VCH Verlagsgesellschaft 1991

6. HÖLZL, R., WHITEHEAD, W.E. (Eds.): Psychophysiology of the Gastrointestinal Tract. New York: Plenum Press 1983
7. IGGO, A. (Ed.): Somatosensory System. Handbook of Sensory Physiology, Vol. 2. Berlin, Heidelberg, New York: Springer 1973
8. KENSHALO, D.R. (Ed.): Sensory Functions of the Skin of Humans. New York: Plenum Press 1979
9. KNIFFKI, K.-D.: Muskuläre Nociception. Weinheim: Edition Medizin 1986
10. KORNHUBER, H.H. (Ed.): The Somatosensory System. Stuttgart: Thieme 1975
11. LEWIS, T.: Pain. London: Macmillan 1942, Nachdruck 1981
12. LIVINGSTON, W.K.: Pain Mechanism. A Physiological Interpretation of Causalgia and its Related States. New York: Plenum Press 1943, Nachdruck 1976
13. MELZACK, R., WALL, P.D.: The Challenge of Pain. New York: Basic Books 1983
14. MILTNER, W., BIRBAUMER, N., GERBER, W.-D.: Verhaltensmedizin. Berlin, Heidelberg, New York, Tokyo: Springer 1986
15. POECK, K.: Neurologie. 7. Auflage. Berlin, Heidelberg, New York, Tokyo: Springer 1987
16. ROWE, M., WILLIS, W.D. Jr. (Eds.): Development, Organization, and Processing in Somatosensory Pathways. New York: Alan R. Liss 1985
17. RUCH, T., PATTON, H.D. (Eds.): Physiology and Biophysics. The Brain and Neural Function. Philadelphia: W.B. Saunders 1979
18. SCHMIDT, R.F. (Hrsg.): Grundriß der Sinnesphysiologie. 5. Aufl. Berlin, Heidelberg, New York, Tokyo: Springer 1985
19. SCHMIDT, R.F., STRUPPLER, A.: Der Schmerz. Ursachen, Diagnose, Therapie. 2. Aufl. München: Piper (Serie Piper Bd 241) 1983
20. SCHMIDT, R.F., THEWS, G. (Hrsg.): Physiologie des Menschen. 22. Aufl. Berlin, Heidelberg, New York, Tokyo: Springer 1985
21. SCHMIDT, R.F., THEWS, G. (Hrsg.): Physiologie des Menschen. 24. Aufl. Berlin, Heidelberg, New York, Tokyo: Springer 1990
22. STERNBACH, R.A.: Schmerzpatienten. Krankheitsursachen und Behandlung. Heidelberg: Verlag für Medizin 1983
23. WALL, P.D., MELZACK, R. (Eds.): Textbook of Pain. Edingburgh: Churchill Livingstone 1984
24. WILLIS, W.D.: The Pain System. Basel: Karger 1985
25. WILLIS, W.D., COGGESHALL, R.E.: Sensory Mechanisms of the Spinal Cord. New York: Plenum Press 1978
26. WÖRZ, R. (Hrsg.): Pharmakotherapie bei Schmerz. Weinheim: Edition Medizin 1986
27. ZIMMERMANN, M., HANDWERKER, H.O. (Hrsg.): Schmerz. Konzepte und ärztliches Handeln. Berlin, Heidelberg, New York, Tokyo: Springer 1984
28. ZOTTERMAN, Y. (Ed.): Sensory Functions of the Skin in Primates. Oxford: Pergamon Press 1976

Einzel- und Übersichtsarbeiten

29. BIRBAUMER, N.: Psychologische Analyse und Behandlung von Schmerzzuständen. In: [27]
30. BRUNE, K., DIETZEL, K., MÖLLER, N.: Pharmakologie des Schmerzes. In: [26]
31. DARIAN-SMITH, I.: Touch in primates. Ann. Rev. Psychol. *33*, 155 (1982)
32. HANDWERKER, H.: Experimentelle Schmerzanalyse beim Menschen. In: [27]
33. MATTHEWS, P.B.C.: Where does Sherrington's „muscular sense" originate? Muscles, joints, corollary discharges? Ann. Rev. Physiol. *5*, 189–218 (1983)
34. MELZACK, R., WALL, P.D.: Pain mechanism: a new theory. Science *150*, 971 (1975)
35. MENSE, S.: Slowly conducting afferent fibers from deep tissue: Neurobiological properties and central nervous actions. Prog. Sens. Physiol. *6*, 139 (1986)
36. ROLL, J.P. VEDEL, J.P.: Kinaesthetic role of muscle afferents in man, studied by tendon vibration and microneurography. Exp. Brain Res. *47*, 177–190 (1982)
37. SCHAIBLE, H.-G., SCHMIDT, R.F.: Mechanosensibility of joint receptors with fine afferent fibers. Exp. Brain Res. (Suppl.) *9*, 284 (1984)
38. SCHAIBLE, H.-G., SCHMIDT, R.F.: Effects of an experimental arthritis on the sensory properties of fine articular units. J. Neurophysiol. *54*, 1109 (1985)
39. SCHMIDT, R.F.: Die Gate-Control-Theorie des Schmerzes: eine unwahrscheinliche Hypothese. In: JANZEN, R. et al. (Hrsg.): Schmerz. Stuttgart: Thieme (1972)
40. SCHMIDT, R.F.: Control of the access of afferent activity to somatosensory systems. In: IGGO, A. (Ed.): Handbook of Sensory Physiology, Vol. 2, Somatosensory Systems, pp. 151–206. Berlin, Heidelberg, New York: Springer 1973
41. SCHMIDT, R.F.: Neurobiologische Aspekte der Akupunktur und ihre Konsequenzen. Dtsch. Ärztebl. *82*, 413 (1985)
42. SCHMIDT, R.F.: Bauchschmerzen aus physiologischer Sicht. In: Thomalske, G. (Ed.): Bauchschmerz. S. 1–38, Weinheim: Edition Medizin 1987
43. SWEET, W.H.: Cerebral localization of pain. In: J.R. GREEN, R.A. THOMPSON (Eds.): New Perspectives in Cerebral Localization, pp. 205–242. New York: Raven 1982
44. VALLBO, A.B., JOHANSSON, R.S.: Properties of cutaneous mechanoreceptors in the human hand related to touch sensation. Human Neurobiol. *3*, 2 (1984)

19 Das visuelle System

In diesem und dem folgenden Kapitel wollen wir uns mit dem Sehen und dem Hören vertraut machen, die als die wichtigsten Sinnesmodalitäten des Menschen angesehen werden. Diese hochspezialisierten Sinne haben viele Gemeinsamkeiten: Sie besitzen zum Beispiel beide raffiniert aufgebaute Sinnesorgane, **Auge** und **Ohr**, die auf eng umgrenzte physikalische Ereignisse in der Umwelt reagieren, die **Licht-** und die **Schallwellen**. Diese Reize können wir dank der hohen Empfindlichkeit von Auge und Ohr schon in sehr geringer Intensität und damit auch aus großer Entfernung wahrnehmen. Auge und Ohr sind also *„Fernempfänger“*, die uns über weit von unserem Körper ablaufende Ereignisse informieren, also unseren *„Horizont“* beträchtlich erweitern. Was aber die funktionelle Arbeitsweise dieser Sinnesorgane und der ihnen zugehörigen zentralen Strukturen anbelangt, so gelten auch für sie all die allgemeinen Gesetzmäßigkeiten der Sinnesphysiologie, die im Kapitel 17 definiert und erläutert wurden [3, 5, 7, 8].

19.1 Psychophysiologie des Sehens

Scharfes und unscharfes Sehen im Gesichts- und Blickfeld

Bedeckt man mit der Hand ein Auge und sieht man mit dem anderen Auge einen Punkt im Raum fest an, so erscheint dieser **fixierte Punkt** scharf und etwa im Mittelpunkt eines gleichzeitig wahrgenommenen Ausschnittes aus unserer Umwelt, den wir das *einäugige* oder **monoculare Gesichtsfeld** nennen. Fixieren wir den selben Punkt anschließend mit beiden Augen, so erweitert sich unser Gesichtsfeld auf der Seite des zusätzlich geöffneten Auges. Das *zweiäugige* oder **binoculare Gesichtsfeld** ist also deutlich größer als das monoculare. Es ist aber nicht doppelt so groß, weil sich die beiden monocularen Gesichtsfelder in der Mitte zu einem *erheblichen Teil überlappen*. Dieses **binoculare Deckfeld** hat große Bedeutung für das dreidimensionale räumliche Sehen, s. S. 367.

Durch Bewegen der Augen können wir das Gesichtsfeld nach beiden Seiten um maximal etwa 60°, sowie nach oben und unten um etwa je 40° verschieben. Bei unbewegtem Kopf ist also unser **Blickfeld** in horizontaler Richtung insgesamt um 120° und in vertikaler Richtung um etwa 80° größer als das Gesichtsfeld. Jede darüber hinausgehende Verschiebung des Gesichtsfeldes muß durch Kopf- oder Körperbewegungen erfolgen.

Perimetrie. Die exakte augenärztliche Ausmessung des Gesichtsfeldes jedes Auges wird **Perimetrie** genannt. Dazu werden in einer *Perimeterapparatur* weiße oder farbige Leuchtpunkte von außerhalb des Gesichtsfeldes zum fixierten Punkt hin bewegt, und der Patient oder Proband gibt ein Zeichen, sobald er den Punkt sieht. Dabei zeigt sich, daß das Gesichtsfeld für weiße Leuchtpunkte größer ist als für farbige. Wir sind also *an den Rändern des Gesichtsfeldes farbenblind.*

Skotom. Der Verlust der visuellen Empfindung in einem Teil des Gesichtsfeldes wird *Gesichtsfeldausfall* oder **Skotom** genannt. Aus Ort und Umfang des Skotoms und seinem ein- oder beiderseitigen Auftreten, können meist schon recht genaue Schlüsse über den Sitz der Schädigung gezogen werden. Im Gesichtsfeld jedes Auges gibt es ein *physiologisches Skotom*, den **blinden Fleck**. Er liegt dort, wo der Sehnerv die Netzhaut verläßt (Abb. 19-11). Der Leser kann seinen blinden Fleck an Hand der Abb. 19-1 A) selbst feststellen. Dieser blinde Fleck wird im Alltag nicht bemerkt, da das zentrale Sehsystem aus dem Gesamtmuster der jeweiligen optischen Eindrücke eine **Wahrnehmungsergänzung** für die blinden Flecke beider Augen durchführt.

Die Sehschärfe und ihre Messung. Wenn man monocular oder binocular einen Gegenstand fixiert und darauf achtet, wie deutlich man andere Gegenstände im Gesichtsfeld erkennt, bemerkt man, daß die **Deutlichkeit** mit der Entfernung der Gegenstände vom Fixationspunkt immer weiter abnimmt und wir die Gegenstände am Rande nur schemenhaft erkennen. Wollen wir diese deutlich erkennen, müssen wir dorthin blicken, also unseren Fixationspunkt ändern. *Fixationspunkt und Stelle des schärfsten Sehens im Gesichtsfeld* stimmen also überein – jedenfalls beim Sehen mit mittlerer und starker Beleuchtung.

Die Sehschärfe für die Stelle des schärfsten Sehens wird mit „Leseprobetafeln“ geprüft und als **Visus** bezeichnet. Die physiologische Definition des

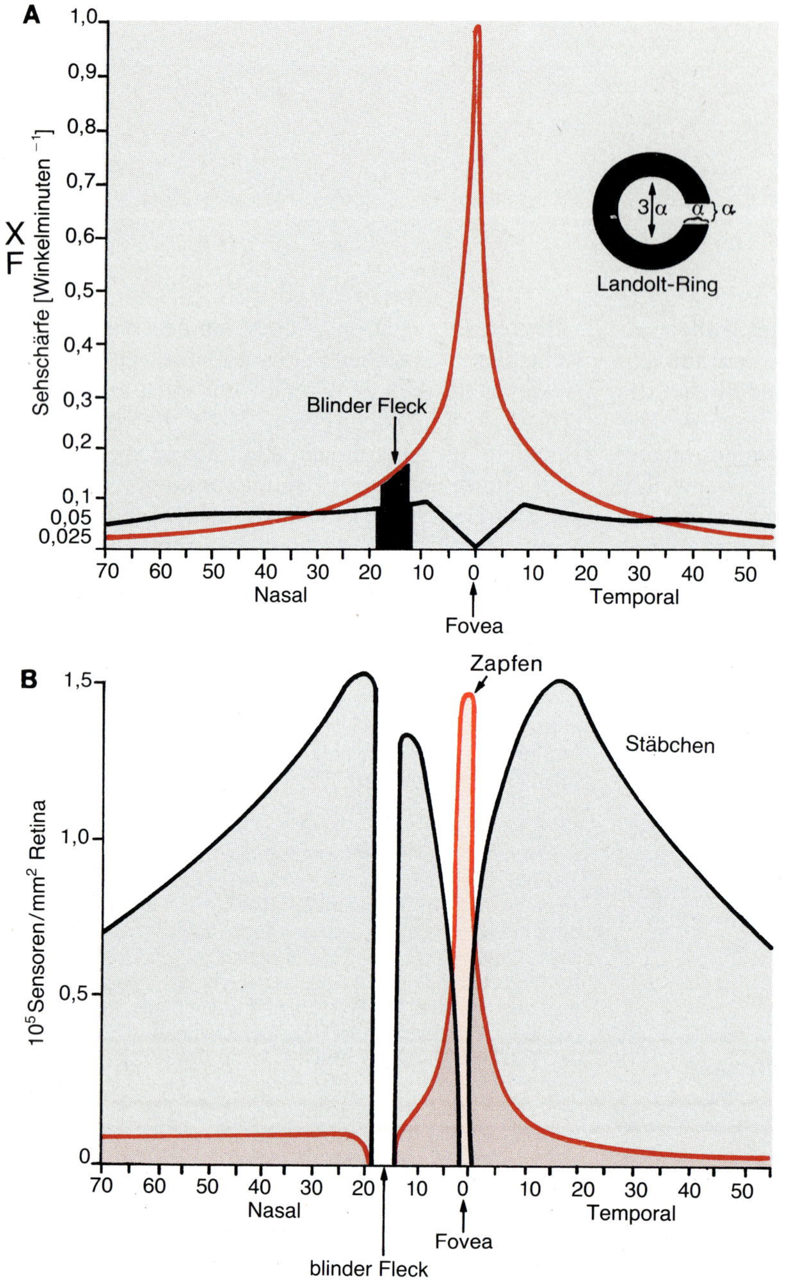

Abb. 19-1. Sehschärfe im Gesichtsfeld bei photopischem und skotopischem Sehen. **A** Die *rote* Kurve gibt die Verteilung der Sehschärfe bei Tageslicht (photopisches Sehen) wider, die *schwarze* zeigt die Sehschärfe beim Dämmerungssehen (skotopisches Sehen). Als Einsatzfigur ist ein *Landolt-Ring* zu sehen, wie er zur Bestimmung der Sehschärfe eingesetzt wird. An dieser Figur kann der Beobachter den blinden Fleck feststellen, wenn er aus etwa 32 cm Entfernung das *Kreuz F* mit dem rechten Auge monocular fixiert. Der *Landolt-Ring* fällt dann auf den blinden Fleck und wird nicht mehr gesehen. **B** Verteilung der *Zapfen* und *Stäbchen* an verschiedenen Stellen der Netzhaut (schematisch). Offensichtlich ist die Verteilung der Sehschärfe weitgehend eine Folge der Anordnung der Photosensoren. Nach O.-J. Grüsser in [14]

Visus **V** erfolgt meist mit Hilfe der Landolt-Ringe (Einsatzfigur in Abb. 19-1 A) als

$$V = 1/\alpha \text{ (Winkelminuten}^{-1}\text{)},$$

wobei α die Lücke in Winkelminuten ist, die von der Versuchsperson in einem Landolt-Ring gerade noch erkannt wird. Der Visus ist also 1, wenn $\alpha = 1$ Winkelminute ist. Diese Sehschärfe hat die Mehrheit der normalsichtigen Bevölkerung. Von der Stelle des schärfsten Sehens fällt der Visus zum Rande des Gesichtsfeldes steil ab (schwarze Kurve in Abb. 19-1 A), genau wie wir dies von unserer subjektiven Erfahrung zu erwarten hatten.

Photopisches und skotopisches Sehen

Beim Lesen einer Zeitung in zunehmender Dämmerung fällt auf, daß zunächst das Kleingedruckte nicht mehr gelesen werden kann. Offensichtlich ist die *Sehschärfe von den Beleuchtungsbedingungen abhängig* und nimmt mit abnehmender Helligkeit rasch ab. Schließlich ist überhaupt keine Lektüre mehr möglich, auch wenn der Mond am Himmel steht. Farben lassen sich jetzt auch nicht mehr erkennen: Das Farbensehen des Tages (**photopisches Sehen**) hat dem Schwarz-Weiß-Sehen der Dämmerung (**skotopisches Sehen**), also einer *funktionellen Farbenblindheit*, Platz gemacht (nachts sind alle Katzen grau).

Photopisches und skotopisches Sehen werden über zwei verschiedene Sensortypen der Netzhaut vermittelt, nämlich die *Zapfen* und die *Stäbchen* (Einzelheiten dazu S.379). Diese sind in unterschiedlicher Dichte auf der Netzhaut verteilt (Abb.19-1B). An der Stelle des schärfsten Sehens, der **Fovea centralis** (Abb.19-11) finden sich nur Zapfen, von dort zum Rande der Netzhaut mischen sich Zapfen mit Stäbchen, am Rande der Netzhaut selbst gibt es fast nur noch Stäbchen. Aus dieser Verteilung der Sensoren ergibt sich auch die unterschiedliche Verteilung der Sehschärfe beim photopischen (rote Kurve in Abb.19-1A) und skotopischen Sehen (schwarze Kurve): dort wo das Maximum des photopischen Sehens ist (Fovea centralis) hat das skotopische Sehen einen (weiteren) blinden Fleck. Diesen können Sie sich in einer sternklaren Nacht sehr leicht verdeutlichen, in dem Sie versuchen, einzelne, sehr lichtschwache Sterne zu fixieren: der Stern verschwindet mit jeder Fixation, taucht jedoch sofort wieder auf, wenn Sie einen Fixationsort etwas neben dem Stern wählen.

Dunkeladaptation. Wenn Sie aus einem sehr hellen in einen nur schwach erleuchteten Raum treten, nehmen Sie zunächst kaum etwas wahr. Erst allmählich paßt sich Ihr Auge an die verringerte Helligkeit an, die Sehschärfe nimmt wieder zu, und Sie können einzelne Gegenstände mindestens in Umrissen erkennen. Offensichtlich waren die Sensoren der Netzhaut durch die Lichtfülle des hellen Raumes so stark in ihrer Empfindlichkeit vermindert worden, daß sie längere Zeit benötigten, um ihre maximale Empfindlichkeit zurückzugewinnen. Der Zeitverlauf dieser **Dunkeladaptation** kann beim Menschen leicht bestimmt werden (Abb.19-2, für eine tierexperimentelle Methode s.Abb.17-12, S.322). Die **Dunkeladaptationskurve** zeigt, daß die größte Empfindlichkeit des Auges erst nach einem Dunkelaufenthalt von über 30min erreicht wird. Die Adaptation der Zapfen setzt dabei rasch ein und erreicht alsbald ihr Maximum, während die der Stäbchen später einsetzt und länger andauert, aber dafür zu einer wesentlich höheren Lichtempfindlichkeit führt: Wie der Ordinate in Abb.19-2 zu entnehmen, sind die voll adaptierten Stäbchen mehr als tausendmal so empfindlich wie die Zapfen.

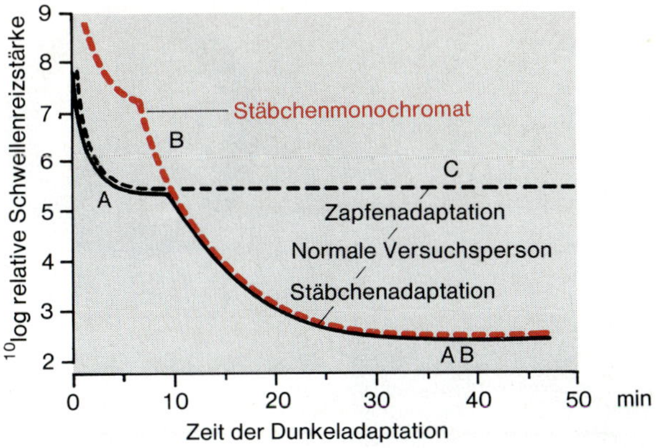

Abb.19-2. Dunkeladaptationskurve des Menschen. *(A)* Kurve der Mittelwerte von 9 normalen Versuchspersonen. *(B)* Dunkeladaptationskurve eines total Farbenblinden, gemessen für den retinalen Ort 8° oberhalb der Fovea centralis. *(C)* Dunkeladaptationskurve für das Zapfensystem des normal farbentüchtigen Menschen (Fovea centralis, *rote* Lichtreize). Für die Kurve *(B)* ist die Zeitachse *(Abscisse)* um 2 min nach rechts zu verschieben. *A* und *B* nach Untersuchungen von E.Auerbach, Vision Res. Laboratory, Jerusalem, 1973. Aus Grüsser und Grüsser-Cornehls in [15]

Nachtblindheit (Hemeralopie). Der Sehfarbstoff der Stäbchen benötigt zu seiner Synthese **Vitamin A** (S.125). Wird dieses nicht in ausreichender Menge mit der Nahrung aufgenommen, kommt es zu einer stark eingeschränkten Dunkeladaptation. Auch angeborenen Formen solcher **Nachtblindheit** oder **Hemeralopie** sind bekannt. Berufe, die ein normales Dämmerungssehen erfordern, können von diesen Personen nicht ausgeübt werden.

Helladaptation. Hat das Auge nach einem längeren Aufenthalt im Dunkeln seine maximale Empfindlichkeit erreicht, so kommt es beim abrupten Übergang in eine sehr helle Umgebung zunächst zu einer sehr starken Aktivierung der Netzhautsensoren, die sich subjektiv als **Blendung** bemerkbar macht. Danach paßt sich das Sehsystem in weniger als einer Minute an die neue Umgebungshelligkeit an. Die **Helladaptation** verläuft also wesentlich schneller als die Dunkeladaptation.

Nachbilder. Die Lichtempfindlichkeit des Auges als Ganzes kann also über einen sehr weiten Bereich schwanken (Abb.19-2). Mit Hilfe der Abb. 19-3A läßt sich schnell klarmachen, daß auch umschriebene Abschnitte der Netzhaut unterschiedlich stark an Licht adaptiert werden können. Diese **Lokaladaptation** führt zu Nachbildern, da beispielsweise beim Wechseln der Fixation von der rechten auf die linke Zeichnung in Abb. 19-3A der gleichmäßige Lichtreiz des weißen Papieres auf unterschiedlich adap-

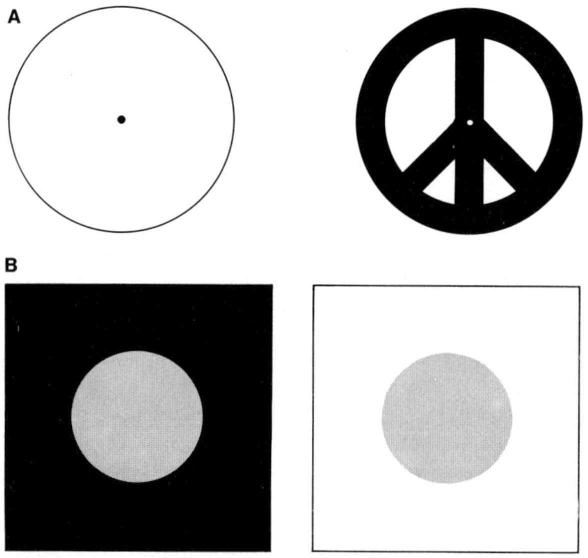

Abb. 19-3. Nachweis von Nachbildern und Simultankontrast. **A** Vorlage zur Beobachtung eines Nachbildes. Fixiert man für etwa 30 s das Zentrum der geometrischen Figur *rechts* und blickt anschließend auf das Zentrum des Kreises *links*, so sieht man ein *negatives Nachbild* der *rechten* Figur. **B** Vorlage zur Beobachtung des Simultankontrastes. Das identisch *graue* Feld erscheint auf dunklem Hintergrund deutlich heller als auf hellem

tierte Netzhautsensoren trifft und damit bei den dunkeladaptierten eine stärkere Erregung auslöst. Das subjektive Resultat ist ein **negatives Nachbild**. Eine Lokaladaptation durch farbige Reizmuster löst Nachbilder in der Gegenfarbe (rot/grün, blau/gelb, s. S. 372) aus.

Intensive Belichtung der Netzhaut (z. B. Blick in die Sonne) löst langanhaltende Nachbilder aus. Nach kurzen Lichtblitzen nimmt man dagegen eine rasche Folge von hellen, also **positiven** periodischen Nachbildern wahr (2 - 4 Nachbilder innerhalb von 2 s). Diese sind wahrscheinlich durch oscillatorische Erregungsprozesse in der Netzhaut bedingt.

Kontrast- und Bewegungssehen

Das Sehsystem besitzt Eigenschaften, die es befähigen, aus der Fülle der optischen Reize besonders auf diejenigen zu achten, die für eine *Interpretation der visuellen Empfindungen* von besonderer Bedeutung sind. Ein Beispiel ist die starke Beachtung und Unterstreichung von Konturen und Kontrasten, die sowohl im Schwarz-Weiß- wie im Farbensehen dafür sorgen, daß **Reizänderungen** bevorzugt wahrgenommen werden.

Simultankontrast. Das graue Feld in Abb. 19-3B erscheint auf dunklem Hintergrund deutlich heller als auf hellem. Der physikalisch identische Reiz wird also in Abhängigkeit von seiner Umgebung unterschiedlich wahrgenommen, und zwar in dem Sinne, daß *der Unterschied zur Umgebung ausdrücklich betont* wird. Wir bezeichnen dieses Phänomen als **Simultankontrast**. Eine genaue Betrachtung der beiden Vorlagen zeigt, daß bei dunklem Hintergrund der äußerste Rand des Graukreises besonders aufgehellt erscheint, während bei hellem Hintergrund ein dunkles Band den Graukreis umgibt. Diese **simultanen Grenzkontraste** werden nach ihrem Erstbeschreiber als **Mach-Bänder** oder *Mach-Streifen* bezeichnet. Solche Kontrastüberhöhungen lassen sich in analoger Form auch in anderen Sinnessystemen nachweisen (vgl. Abb. 17-15 a, S. 372 und zugehörigen Text).

Eigengrau und Graustufen. Wie notwendig die ständige Anpassung des Sehsystems an wechselnde Reizbedingungen ist, geht auch aus folgender Beobachtung deutlich hervor: Wenn wir uns längere Zeit im Dunkeln aufhalten, so ist unsere visuelle Wahrnehmung nicht „schwarz", sondern eher ein mittleres Grau, das **Eigengrau** genannt wird. Auch dieses *Eigengrau* ist in seiner Helligkeit nicht konstant, sondern fließend, und es gehen häufig die verschiedensten Sinnestäuschungen (Sehen von Gesichtern, Gestalten, Geistern) von ihm aus. Wird in einer solchen Situation plötzlich ein vor uns liegendes Schachbrett schwach angeleuchtet, so sehen wir sofort die hellen Felder heller als das vorhergehende Eigengrau und die dunklen Felder dunkler, obwohl auch von diesen dunkleren Felder jetzt mehr Licht in die Augen fällt als in der vorhergehenden Dunkelheit. Mit anderen Worten, dank der *Mechanismen der Kontrastüberhöhung* hat sich das Sehsystem sofort auf die neue Reizsituation so angepaßt, daß eine gegenüber der objektiven Reizsituation verbesserte Deutung des visuellen Sinneseindruckes möglich ist.

Flimmerfusionsfrequenz und Scheinbewegungen. Wird ein Licht zuerst langsam und dann schneller ein- und ausgeschaltet, so kann man den Hell-Dunkel-Wechsel bis zu einer Lichtwechselfrequenz von etwa 30 pro Sekunde noch auflösen. Danach erscheint das Licht als Dauerlicht, wobei allerdings die **Flimmerfusionsfrequenz** deutlich von der Intensität des Lichtreizes abhängt: Je heller das Licht, desto höher die *kritische Flimmerfrequenz*. Diese Trägheit des Sehvorganges macht sich die Film- und Fernsehtechnik heute in weitem Umfang zunutze. Dabei nutzt sie noch einen zweiten Effekt aus, nämlich die als **Phi-Phänomen** bezeichnete *Scheinbewegung*, die sich am einfachsten bei Lichterketten beobachten läßt, die so geschaltet sind, daß kurz nach Erlöschen des einen Lichtes das benachbarte angeht (z. B. hin- und herspringende Blinker bei Straßenbahnen).

Im Film wird eine Serie von ruhenden Bildern dargeboten (24 pro Sekunde, wobei jedes Einzelbild dreimal gezeigt wird), beim Fernsehen wird das Bild aus schmalen Zeilen aufgebaut. In beiden Fällen sehen wir ein (fast) flimmerfreies

Bild mit einem kontinuierlichen Bewegungsablauf. Niederfrequentes Flimmern kann dagegen eigenartige Effekte hervorrufen, wie z. B. verschiedene Farbschattierungen sowie bewegte und ruhende Gestalten. Bei photosensitiv veranlagten Menschen kann auch ein epileptischer Anfall ausgelöst werden.

Eine völlig andere, in ihren Ursachen noch nicht aufgeklärte Scheinbewegung ist das als **autokinetisches Phänomen** bezeichnete *„wandernde Licht"*, daß sich z. B. mit einer glühenden, auf einem Aschenbecher liegenden Zigarette leicht beobachten läßt. Beobachtet man das glühende Ende länger als einige Sekunden, dann beginnt es in der Regel, in einer seltsamen, regellosen Art herumzuwandern oder zu schwingen. Von den vielen Theorien, die bisher zur Erklärung dieses Phänomens herangezogen wurden, fand keine bisher allgemeine Anerkennung.

Sehen mit zwei Augen

Das beidäugige Sehen ist dem einäugigen in mehrfacher Hinsicht überlegen. Zum einen erweitert es, wie wir schon gesehen haben, Gesichts- und Blickfeld. Zum anderen ermöglicht es uns, den Abstand zu den Gegenständen im Raum besser zu messen und aus den etwas unterschiedlichen Bildern, die die beiden Augen wegen ihres seitlichen Abstandes von etwa 7 cm sehen, ein dreidimensionales plastisches Abbild der Umwelt aufzubauen.

Konvergenz als Entfernungsmesser. Die optischen Achsen jedes Auges treffen sich immer im fixierten Punkt. Liegt dieser im Unendlichen, so stehen die optischen Achsen parallel. Je näher der fixierte Punkt rückt, desto stumpfer wird der Winkel, den die beiden Sehachsen miteinander bilden (die Augen „wenden sich nach innen"). Dieser **Konvergenzwinkel** kann vom Gehirn festgestellt und als *Maß für die Entfernung des fixierten Punktes* ausgewertet werden. Dieses Meßprinzip wird auch in zahlreichen technischen Entfernungsmessern, z. B. in Fotoapparaten mit „Schnittbildentfernungsmessern", ausgenutzt.

Querdisparation und Tiefenwahrnehmung. Die Entfernungsmessung über den Konvergenzwinkel hält immer nur die Entfernung zum fixierten Punkt fest. Zusätzlich hat das Gehirn aber auch ein Verfahren entwickelt, die Entfernung von Gegenständen zu messen, die näher und ferner als der fixierte Punkt liegen. Dabei werden die geringen Unterschiede ausgewertet, die die beiden Netzhautbilder dadurch aufweisen, daß die beiden Augen die Umwelt von verschiedener Position aus, nämlich seitlich etwas verschoben, betrachten. Diese *seitliche Verschiebung* oder **Querdisparation** bedingt, daß alle Gegenstände, die näher als der fixierte Punkt liegen, als **gekreuzte Doppelbilder** erscheinen müßten, alle Gegenstände, die ferner als der fixierte Punkt liegen, als **ungekreuzte**. Das Gehirn verrechnet aber diese Information zu einem einheitlichen Bild, wobei bei dieser **binocularen Fusion** aus den Doppelbildern ein **räumlicher Tiefeneindruck** aufgebaut wird.

Pathologische Doppelbilder, Schielen. Stört man durch einen leichten Druck auf einen Augapfel das komplexe Zusammenspiel von Konvergenz und Disparation, so zerfällt die binoculare Fusion, und es werden Doppelbilder wahrgenommen. Solche Doppelbilder treten auch bei Lähmungen der äußeren Augenmuskeln auf (s. S. 386), wobei aus der Art ihres Auftretens diagnostische Schlüsse auf die Schädigung gezogen werden können. Wenn infolge von Koordinationsstörungen der Augenbewegungen schon in früher Kindheit die *beiden Augachsen nicht auf dem fixierten Punkt zur Deckung* gebracht werden können, das Kind also **schielt**, wird zur Vermeidung von Doppelbildern die Information des einen Auges weitgehend unterdrückt. Besteht eine solche **Schielamblyopie** einige Zeit fort, nimmt die Sehleistung des „unterdrückten Auges" rasch und *alsbald irreversibel* ab. Dies kann und muß durch eine rechtzeitig einsetzende Schieltherapie verhindert werden (s. dazu auch S. 378 über das Schielen bei Weitsichtigkeit).

Stereoskopisches Sehen läßt sich zur Gewinnung eines räumlichen Tiefeneindruckes nur bei nahen Gegenständen ausnutzen. Bei entfernteren Gegenständen verringert sich die Querdisparation zu vernachlässigbar kleinen Werten, so daß wir etwa *ab 6 m Entfernung* praktisch **einäugig** sind. Zur Wahrnehmung der Tiefe in größerer Entfernung nutzen wir daher zusätzliche Informationen aus, die uns vom Sehsystem zur Verfügung gestellt werden. Darüber wird anschließend berichtet.

Sehen und Wahrnehmen

Verliert ein Mensch in früher Kindheit sein Augenlicht und kann ihm dieses später operativ zurückgegeben werden, so hat er in der Regel für lange Zeit – und oft für immer – Schwierigkeiten, das was er sieht richtig zu deuten. Auch vertraute Gegenstände des Alltags kann er zunächst nicht erkennen, während deren Identifikation beim Betasten sofort gelingt. Umgekehrt ist es auch im späteren Leben im gewissen Umfang noch möglich, sich an langdauernde Veränderungen des Netzhautbildes, z. B. beim Tragen von Umkehrbrillen, so zu gewöhnen, daß die visuell wahrgenommene Umwelt wieder „normal" erscheint und mit der Tastwelt übereinstimmt. Die Augen liefern also keineswegs ein eindeutiges Abbild der Umwelt an das Gehirn, sondern letzteres muß auf dem Hintergrund seiner Erfahrungen eine **Deutung** der über die Sehnerven einströmenden Impulse vornehmen, damit wir nicht sinnlose visuelle Reizmuster „sehen", sondern Objekte in der Umwelt wahrnehmen. Einige Aspekte

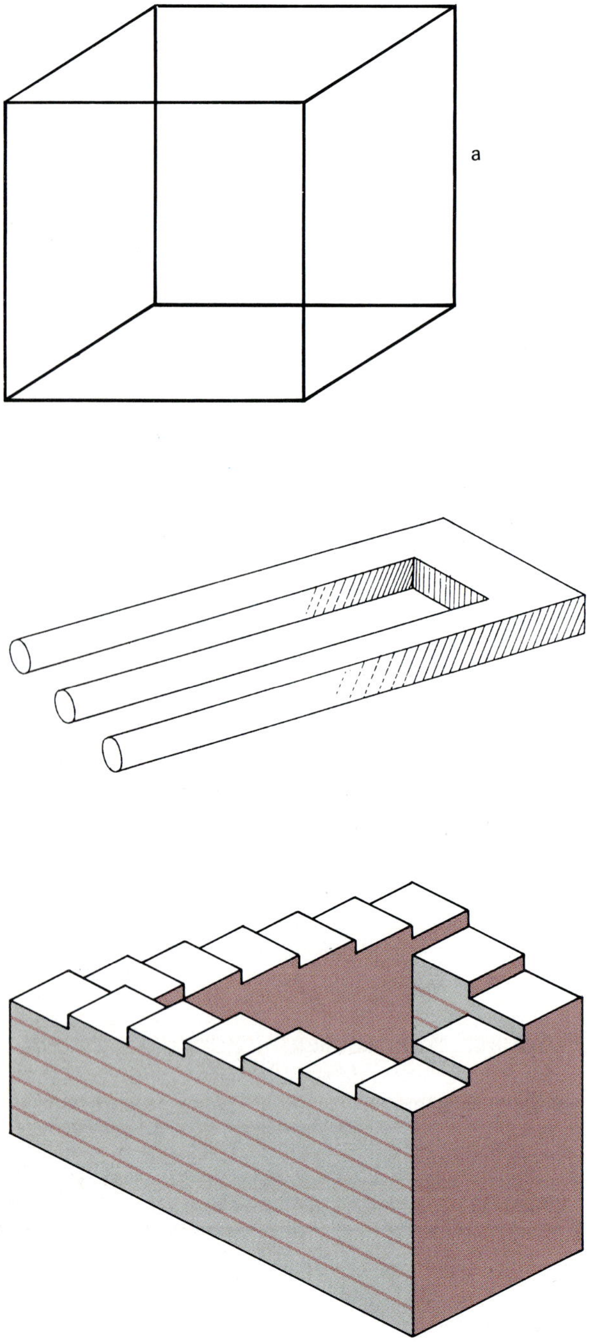

Abb. 19-4. Mehrdeutige und „unmögliche" Figuren. *Oben:* Necker-Würfel. In diesem Bild kehrt sich die Tiefenanordnung fortwährend um. Die mit *a* markierte Würfelfläche erscheint manchmal als Vorder- manchmal als Rückseite des Würfels. *Mitte und unten:* „Unmögliche" Figuren. Man kann sie zwar zeichnen, aber existieren können sie nicht und können auch nicht als eindeutige Gegenstände gesehen werden. Die Störung kommt von der Doppeldeutigkeit der Tiefenwahrnehmung *(Mitte)* und von der Tatsache, daß das Wahrnehmungssystem eine dreidimensionale Welt aus einer nicht eindeutigen zweidimensionalen Information aufzubauen hat *(unten)*. In allen drei Fällen gibt es keine eindeutige Lösung und das Gehirn kann sich daher nicht zu einer endgültigen Entscheidung aufraffen

der subjektiven Sinnesphysiologie, die bei der **Gestaltwahrnehmung** beteiligt sind, wollen wir anschließend kennenlernen.

Größenkonstanz. Wie bei einem Fotoapparat nimmt auch auf der Netzhaut des Auges das Abbild eines Gegenstandes bei jeder Verdoppelung der Entfernung auf die Hälfte der ursprünglichen Größe ab. Dennoch wird der Gegenstand immer in etwa der gleichen Größe gesehen. Das Sehsystem verfügt also über einen Mechanismus, mit dem *von der Sehdistanz abhängige Veränderungen der Netzhautbilder wieder ausgeglichen* werden. Von seiner Wirksamkeit kann man sich z. B. in einem Konzertsaal leicht überzeugen: Alle Gesichter scheinen die gleiche Größe zu haben, während tatsächlich die Netzhautbilder der entfernt sitzenden Zuhörer wesentlich kleiner als die der näher sitzenden sind.

Formkonstanz. Uns bekannte Gegenstände oder Personen werden von uns immer wieder als die gleichen erkannt, unabhängig davon unter welchen Bedingungen wir im einzelnen sie sehen. Diese **Formkonstanz** ist also beispielsweise unabhängig von der Intensität und der Farbe der Beleuchtung, von der Entfernung und der perspektivischen Verzerrung, von der Stelle des Gesichtsfeldes, an der wir die Person oder den Gegenstand wahrnehmen und von den Stellungen, die sie relativ zu uns einnehmen.

Offensichtlich treten bei der visuellen Wahrnehmung zahlreiche **Ergänzungs- und Kontrastprozesse** auf, die zusammen mit den oben besprochenen Mechanismen der Entfernungsmessung und der Tiefenwahrnehmung sowie unter Ausnutzung der Perspektive und der Verwertung von Konturen, Konturüberschneidungen und -unterbrechungen dazu beitragen, daß die **Wahrnehmung einer geschlossenen Gestalt** zustande kommt. Systematische Untersuchungen der *Gestaltpsychologie*, besonders im ersten Viertel dieses Jahrhunderts, haben die Regelhaftigkeit der visuellen Wahrnehmung komplexer Gestalten nachgewiesen. Mit anderen Worten, das Gehirn setzt bei jedem visuellen Sinneseindruck seine Erfahrung ein, um zu einer befriedigenden **Deutung** des Gesehenen zu kommen. Im allgemeinen wird bei diesem Suchen nach der besten Interpretation des Sinneseindrucks die beste Wahl getroffen, und wir sehen die Dinge mehr oder weniger korrekt. Manchmal ist aber keine befriedigende Deutung möglich, wie beispielsweise beim *Necker-Würfel* oder den beiden anderen *„unmöglichen"* Figuren in Abb. 19-4. Das wahrnehmende System kann dann auch nicht zu einem eindeutigen Schluß kommen und springt daher zwischen alternativen Lösungen hin und her.

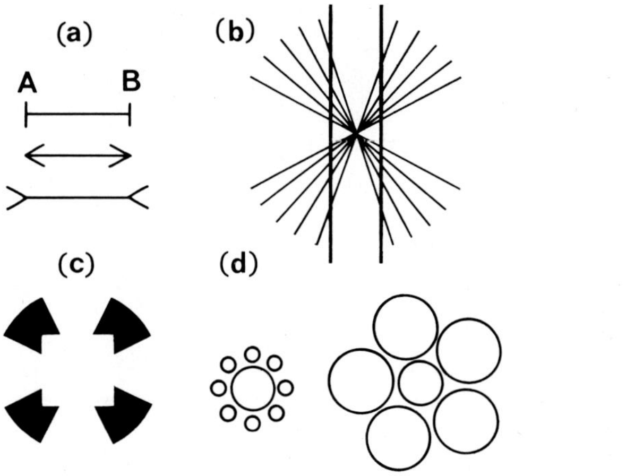

Abb. 19-5. Beispiele für Sinnestäuschungen bei der Gestaltwahrnehmung. **a** Die Strecke *AB* ist für den Doppelpfeil und die Doppelgabel objektiv gleich, erscheint jedoch verschieden groß. **b** Die beiden vertikalen dicken Striche sind parallel und gerade. **c** Das weiße Quadrat in der Mitte existiert nicht, sondern entsteht durch Gestaltergänzung. **d** Die beiden Kreise in der Mitte sind jeweils gleich groß. Zusammengestellt von Grüsser und Grüsser-Cornehls in [13]

Optische Täuschungen. Auch die zahlreichen optischen Täuschungen, von denen einige bekannte Beispiele in Abb. 19-5 zu sehen sind, sind wahrscheinlich nichts anderes als *Fehlinterpretationen des Wahrnehmungssystems.* Sie unterlaufen, weil normalerweise zuverlässige Hinweise auf die den Reizen zugrunde liegenden Gestalten in diesen besonderen Fällen nicht stimmen. Das visuelle System fällt also hier nicht seiner mangelnden Analyse- und Deutungsfähigkeit zum Opfer, sondern im Gegenteil, die Fehlinterpretationen der optischen Illusionen weisen eindringlich auf seine überragende Fähigkeit hin, aus wenigen Hinweisen eine zuverlässige Interpretation der Umwelt zu geben.

Sehen, Blicken und Wahrnehmung. Wie sehr die Deutung des Gesehenen die Vorgänge bei der visuellen Wahrnehmung beeinflußt, zeigt sich eindrucksvoll bei der Messung der Augenbewegungen beim normalen Umherblicken. Unter diesen Bedingungen wechseln sich Fixationsperioden mit raschen Augenbewegungen (Sakkaden, S. 387) miteinander ab, wobei die Augen vor allem durch *Konturen, Konturunterbrechungen und Konturüberschneidungen* festgehalten werden. Dabei werden vor allem solche Stellen „angeblickt", die für die **Bedeutung** des Gesehenen besonders wichtig sind. Beim menschlichen Gesicht sind dies anscheinend vor allem *Augen* und *Mund*, denn diese werden immer als erstes und - wie Abb. 19-6 eindrucksvoll zeigt - wesentlich häufiger als andere Stellen des Gesichts angesehen. Außerdem ist zu sehen, daß die *rechte* Hälfte der Portraitaufnahme deutlich mehr Aufmerksamkeit findet als die *linke*, eine Tatsache, die anscheinend generell für das Betrachten von Bildern gilt und von Malern beim Aufbau ihrer Gemälde beachtet wird.

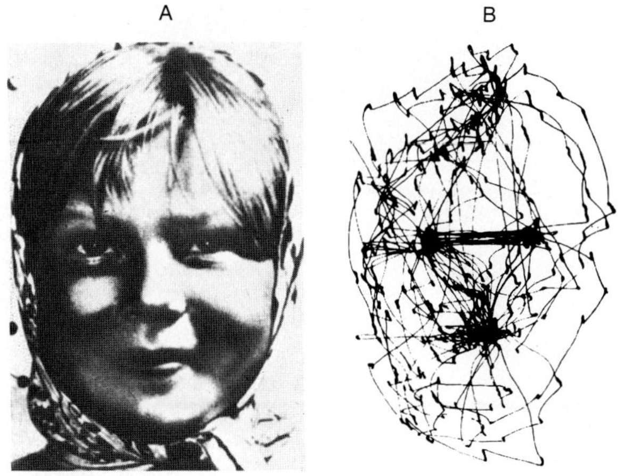

Abb. 19-6. Fotografische Aufnahme eines Mädchengesichtes (**A**) und (**B**) die zweidimensionale Aufzeichnung der Augenbewegungen beim kurzzeitigen, aufmerksamen Betrachten der Fotografie. Nach [19]

19.2 Besonderheiten des Farbensehens

Farben zu sehen, die Welt also bunt und nicht nur in Grauabstufungen zu erleben, ist in mehr als einer Hinsicht eine Besonderheit. So besitzen keineswegs alle, nicht einmal alle Säugetiere Farbensehen (die visuelle Welt der Katzen und Hunde ist auch am Tage weitgehend grau), und auch unter uns gibt es viele Menschen, deren Welt durch Störungen des Farbsinnes („Farbblindheiten", s. S. 373) wesentlich unbunter als die der Mehrzahl der Menschen ist. Das Farbensehen bietet auch aus wissenschaftlicher Sicht zahlreiche Probleme und Eigentümlichkeiten, deren Erforschung nach wie vor zu den kontroversen Gebieten der Sinnesphysiologie zählt [13, 15, 18, 20, 31].

Licht und Farbe

Spektralfarben. Die Untersuchung des Farbensehens begann mit Newtons Entdeckung, daß *weißes Sonnenlicht aus allen Spektralfarben zusammengesetzt* ist. Heute wissen wir, daß sichtbares Licht eine

A

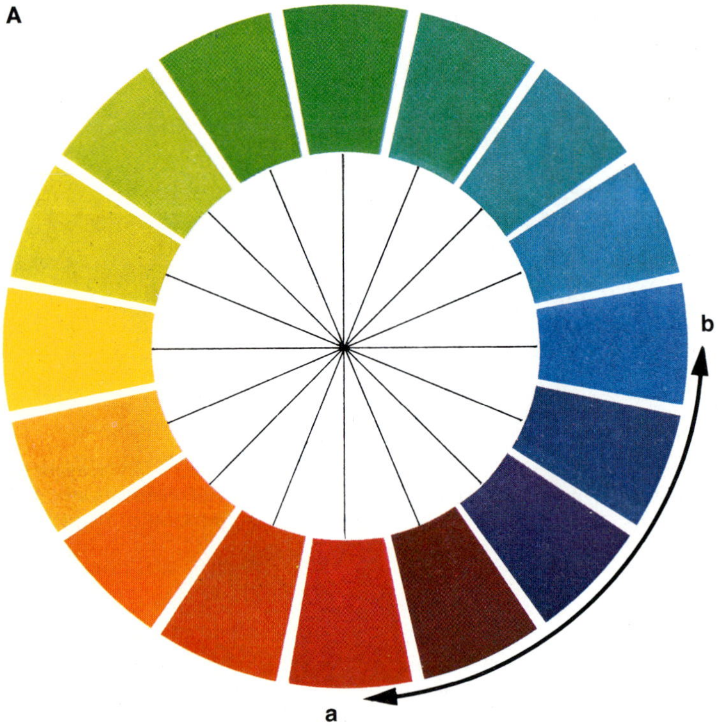

B

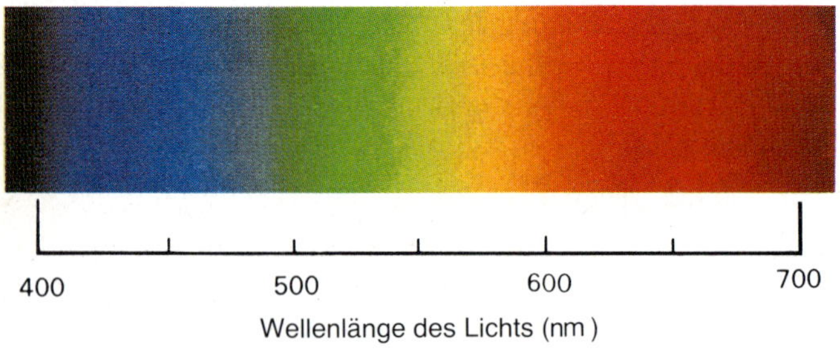

Abb. 19-7. Spektralfarben und Mischfarben. **A** Anordnung der Farbtöne in einem Farbenkreis. Die Farbtöne zwischen *a* und *b (Pfeil)* sind keine Spektralfarben, sondern als Mischfarben von Rot und Blau entstanden. **B** Spektrum des monochromatischen Lichts, wie es z. B. bei der Zerlegung von Sonnenlicht mit Hilfe eines Prismas entsteht. **A** aus [13, 15]

elektromagnetische Strahlung ist, deren Wellenlänge zwischen 400 und 700 Nanometer (nm) liegt, und daß die Newtonsche Zerlegung des Sonnenlichts in seine Spektralfarben mit Hilfe eines Prismas deswegen gelingt, weil das Ausmaß der Brechung von der Frequenz der elektromagnetischen Wellen abhängt: kurzwelliges Licht wird stärker gebrochen als langwelliges (*chromatische Aberration*).

Der langwellige Teil des Lichtes erscheint uns als „rot“, der kurzwellige als „violett“, die dazwischenliegenden Anteile in einem kontinuierlichen Übergang als „orange“, „gelb“, „grün“ und „blau“ (Abb. 19-7). Wir bezeichnen Licht, das nur aus einer einzigen Wellenlänge oder aus einem sehr engen Spektrum besteht, als **monochromatisches Licht**. Monochromatisches Licht ist im Alltag selten, die meisten Farben, die wir sehen, sind aus Licht verschiedenster Wellenlänge gemischt.

Mischfarben. Farben können durch *physiologische Mischung* erzeugt werden. Dies legt den Gedanken nahe, daß die ganze Farbskala aus einigen wenigen *„Grund“-Farben* aufgebaut sein könnte. In der Tat zeigt die Anordnung der uns geläufigen Farbtöne in einem **Farbenkreis** in Abb. 19-7 A, daß es neben den Spektralfarben (Abb. 19-7 B) eine Reihe von Mischfarben, nämlich die Purpurtöne gibt, die im Spektrum nicht vorkommen, sondern durch Mischung von Rot und Blau entstehen. Aber auch die Spektralfarben können durch Mischung hergestellt werden.

Bevor wir uns etwas näher mit den Mischfarben beschäftigen, sei darauf hingewiesen, daß sich das Auge in dieser Hinsicht sehr verschieden vom Ohr verhält. Aus zwei Farben kann eine dritte gemischt werden, aus der die Mischkomponenten nicht mehr identifiziert werden können. Zwei reine Töne verschmelzen aber nie zu einem anderen, dritten Ton. Stattdessen werden zusammengesetzte Töne als Akkord gehört, dessen Zusammensetzung zumindest durch geübte Musiker erkannt werden kann.

Bunte und unbunte Farben. Normal farbtüchtige Menschen können etwa 7 Millionen verschiedene *Farbnuancen* oder **Farbwerte** wahrnehmen und unterscheiden. Diese Mannigfaltigkeit der Farbenwelt entsteht durch Mischung der **bunten** mit den **unbunten Farben**. Die Klasse der *unbunten* Farbvalenzen besteht aus der Reihe der **Graustufen**, die vom strahlendsten Weiß bis zum tiefsten Schwarz reicht. Die Klasse der *bunten* Farbvalenzen wird von dem Kontinuum der im Farbenkreis der Abb. 19-7A gezeigten **Farbtöne** gebildet. Die **Sättigung** eines Farbwertes wird durch den unbunten Anteil, also den Weiß- bzw. Schwarzgehalt bestimmt. Diese Mischungen ergeben zusätzliche Farbwerte, die im Spektrum nicht vorkommen und auch aus den Spektralfarben nicht gemischt werden können. So führt beispielsweise die Mischung von spektralem Rot einerseits mit Weiß zu *Rosa* und andererseits mit Schwarz zu *Braun.*

Additive und subtraktive Farbmischung. Bei Mischung von rotem mit grünem Licht erhält man Gelb (Abb. 19-8, links). Eine **additive Farbmischung** erhält man also, wenn auf die *gleiche Netzhautstelle Licht verschiedener Wellenlänge* fällt. Zur additiven Farbmischung benötigen wir demnach *selbstleuchtende Lichtquellen*, so wie sie in Abb. 19-8 *links* angedeutet sind. Wenn wir selbstleuchtende Lichtquellen aus dem Farbenkreis benutzen (Abb. 19-7), so zeigt sich, daß sich für jede Farbe eine zweite Farbe findet, die bei additiver Mischung *Weiß* ergibt. Die beiden Farbtöne sind zueinander **Komplementärfarben**.

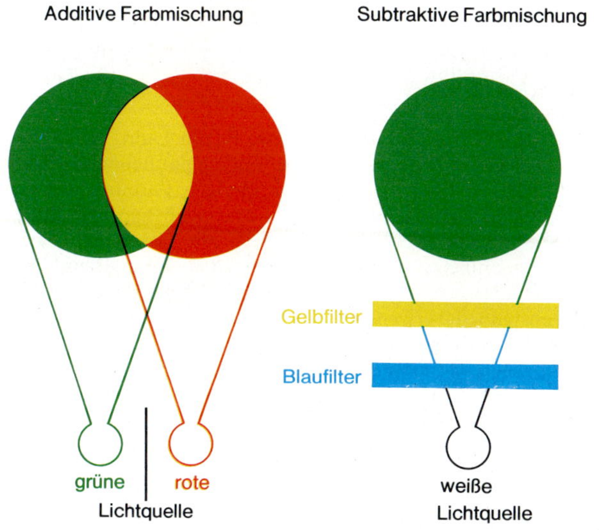

Abb. 19-8. Schema einer additiven und einer subtraktiven Farbmischung. Eine additive Farbmischung *(links)* entsteht, wenn auf die gleiche *Netzhautstelle* Licht verschiedener Wellenlänge fällt. Die subtraktive Farbmischung *(rechts)* ist dagegen ein rein physikalischer Vorgang, bei dem mit Hilfe von Filtern nur bestimmte Spektralfarben das Auge erreichen. Nach Grüsser und Grüsser-Cornehls aus [13, 15]

Subtraktive Farbmischung. Wenn wir weißes Licht zunächst durch einen breitbandigen Blaufilter und anschließend durch einen breitbandigen Gelbfilter senden (*rechts* in Abb. 19-8), so erhalten wir *Grün.* Dies beruht darauf, daß der Blaufilter noch einen Teil des benachbarten grünen Spektrums, aber kein gelbes oder gar rotes Licht durchläßt, während der Gelbfilter das Blaulicht zurückhält, aber wiederum das benachbarte Grün passieren läßt. Auf diese Weise bleibt die **subtraktive Mischfarbe** *Grün* „übrig". Gleiches gilt für das Mischen von Pigmentfarben durch den Maler. Auch hier wird eine subtraktive Mischfarbe hergestellt, da die einzelnen Körnchen der blauen und gelben Pigmentfarbe wie Farbfilter wirken.

Trichromatisches Farbensehen und die Farbtheorien

Es ist ein auf Thomas Young (1773-1829) zurückgehender Befund, daß für den normal Farbtüchtigen viele, aber nicht alle Farbarten durch Mischung von zwei Farben möglich sind, daß aber *drei und nur drei Farbtöne genügen, um alle Farbtöne zu mischen.* Diese drei **Primärfarben** liegen aber nicht eindeutig fest, sondern sie können durch Versuch und Irrtum aus den Spektralfarben ausgewählt werden. Young wählte ursprünglich drei bestimmte (Rot, Gelb und Blau) aus, später Rot, Grün und Violett. Heute hat man sich international darauf geeinigt, als **Primärfarben** die Spektralfarben mit den Wellenlängen 700 nm (rot), 546 nm (grün) und 435 nm (blau) anzusehen, aber es muß betont werden, daß es sich dabei um eine Übereinkunft, nicht um eine physiologisch zwingend notwendige Wahl handelt.

Das trichromatische Sehen. Die Tatsache, daß für den normal Farbtüchtigen alle Farbtöne selbstleuchtender Farben durch drei Primärfarben hinreichend und eindeutig beschreibbar sind und daß die Mehrheit der Bevölkerung zur Mischung eines vorgegebenen Farbtones praktisch identische Anteile der Primärfarben mischt, hat zu der Auffassung geführt, daß die Netzhaut des Auges über drei unterschiedlich farbempfindliche Sensorentypen verfügt, so daß unser Farbensehen auf der zunächst unterschiedlichen Aktivierung und der anschließenden gemeinsamen Verrechnung der Erregung dieser drei Farbsysteme im visuellen System aufbaut. Diese **tri-**

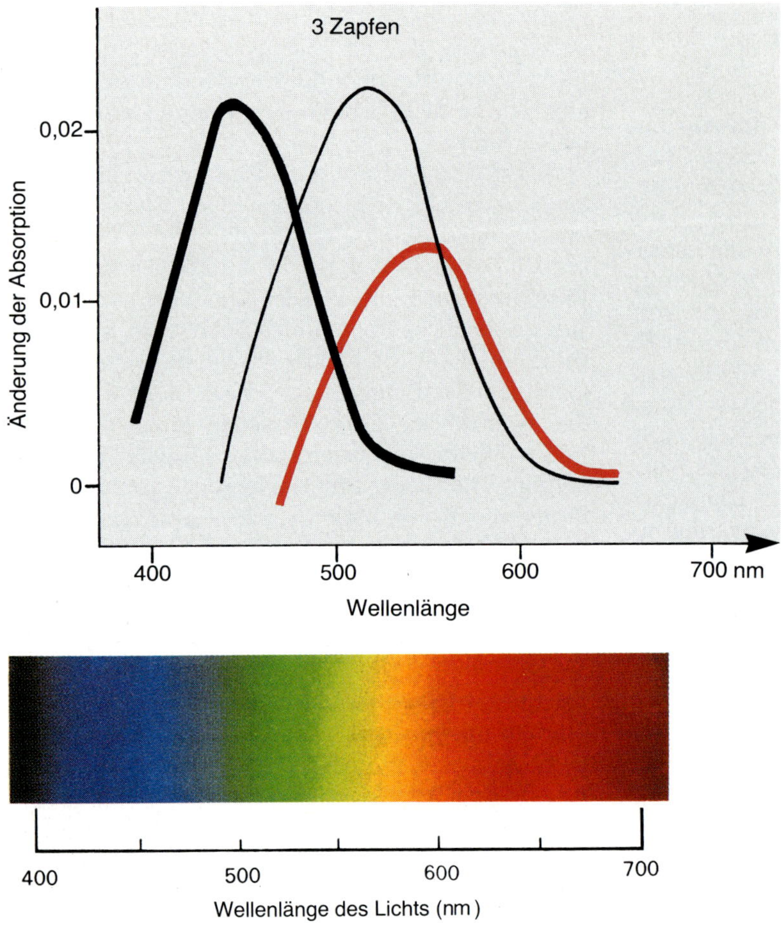

Abb. 19-9. Absorptionskurven menschlicher Zapfen (Operationspräparate der Retina). Die Absorptionskurven der drei unterschiedlichen Zapfentypen wurden durch Mikrospektrophotometrie bestimmt. Dazu wird unter dem Mikroskop ein kleines Lichtbündel durch die Außenglieder einzelner Zapfen (vgl. Abb. 19-10 *oben*) projiziert und mittels hochempfindlicher Fotozellen die spektrale Absorption *(Ordinate)* bestimmt. Diese hängt bei jedem Zapfentyp in charakteristischer Weise von der Wellenlänge (Farbe) des Reizlichtes *(Abscisse)* ab. Daraus ist zu folgern, daß es bei den Zapfen drei unterschiedliche Sehfarbstoffe gibt. Schematisiert nach Messungen von Brown und Wald, Science 144, 45, 1964

chromatische Theorie des Farbensehens geht auf Young zurück und wurde später vor allem von Helmholtz weiterentwickelt. Sie findet heute unter anderem eine starke Stütze in dem in Abb. 19-9 gezeigten Befund, daß sich in der Netzhaut des Menschen mit mikrospektrophotometrischen Methoden in der Tat drei Zapfentypen mit unterschiedlicher spektraler Empfindlichkeit nachweisen lassen.

Die Gegenfarbentheorie. Ein intensiver Rotreiz führt häufig zu einem grünen Nachbild (und umgekehrt), gleiches gilt für Blau und Gelb und für Weiß und Schwarz. Aus solchen und weiteren Beobachtungen von Kontrastphänomenen zog im vorigen Jahrhundert Hering den Schluß, daß unsere Farbwelt aus den **vier Urfarben** Rot, Gelb, Grün und Blau aufgebaut ist, wobei sich die Wirkungen der Gegenfarben Rot/Grün und Blau/Gelb sowie von Schwarz/Weiß antagonistisch verhalten. Solche antagonistischen Erregungs- und Hemmprozesse lassen sich heute in der Tat nicht an den Sensoren, also den Zapfen, aber bereits an den unmittelbar nachgeschalteten Neuronen der Netzhaut und auf späteren Stationen der Sehbahn beobachten (Abb. 19-10). Die trichromatische Theorie des Farbensehens und die Gegenfarbentheorie sind also auf verschiedenen Ebenen des visuellen Systems „richtig".

Der Erfinder der Polaroid-Kamera, Edwin Land, hat in den letzten beiden Jahrzehnten eine Fülle von Beobachtungen vorgelegt, die zeigen, daß alle bisherigen Farbtheorien bestenfalls erste Annäherungen an die tatsächlichen Verhältnisse sind. Er wiederholte beispielsweise die klassischen Farbmischexperimente, wobei er aber nicht dreifarbige einfache Lichtfelder, sondern zweifarbige Diapositive von komplexen Gegenständen verwendete. Dabei fand er, daß ein überraschender Farbreichtum auch bei nur zwei wirklich vorhandenen Farben wahrgenommen werden kann. Die Technik besteht darin, dieselbe Szene durch zwei verschiedene Farbfilter aufzunehmen und die resultierenden Diapositive mit zwei Projektoren durch dieselben Farbfilter übereinander zu projizieren. Dabei nehmen wir Farben wahr, die physikalisch überhaupt nicht angeboten werden, und es kommt bei bekannten Gegenständen, z. B. einer grünen Wiese, zu einer erstaunlichen **Farbkonstanz** unter den unterschiedlichsten Lichtbedingungen. Erwartung und vorhergehende Kenntnis der normalen Farbe der Gegenstände sind also von Bedeutung. Aber auch dies ist sicher nicht die ganze Erklärung, die zum Beispiel auch einbeziehen müßte, warum sich keine Metallfarben wie Gold und Silber aus den Spektralfarben und Weiß mischen lassen.

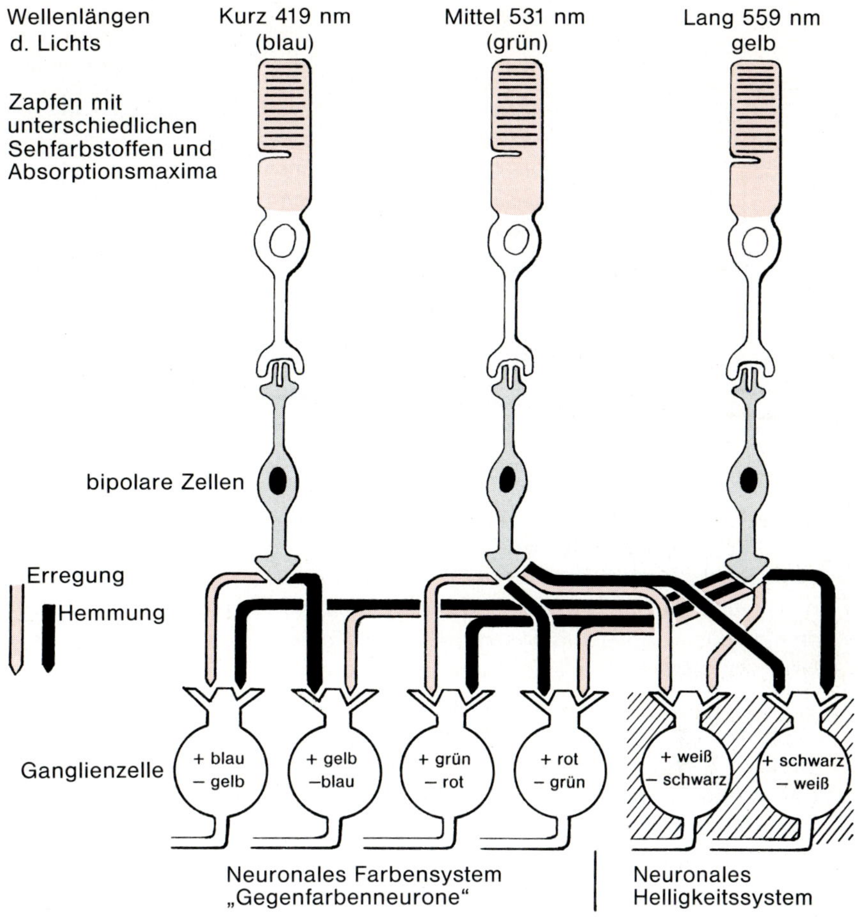

Abb. 19-10. Modell eines Farbensystems in der Retina und der Verknüpfung der Farbsensoren mit den nachfolgenden Neuronen des Sehsystems. Das Modell liefert die Verbindung zwischen der trichromatischen Theorie des Farbensehens (nach Young) und der Gegenfarbentheorie (nach Hering). Aus den Erregungen der in Abb. 19-9 vorgestellten drei Zapfentypen mit unterschiedlichen Sehfarbstoffen kann auf den nachfolgenden Neuronen der Sehbahn Information über Farbe *(Neuronales Farbensystem)* und Helligkeit *(Neuronales Helligkeitssystem)* des Lichtreizes gewonnen werden. Modifiziert nach einem Vorschlag von De Valois 1969

Farbsinnstörungen und Farbenblindheit

Rot-Grün-Verwechslung. Die häufigste Farbsinnstörung ist die Verwechslung von Rot und Grün. Etwa 8% aller Männer und 0,4% aller Frauen sind davon betroffen. Im Alltag macht sich diese Störung oft wenig bemerkbar, weil viele Objekte nicht nur auf Grund ihrer Farbe identifiziert werden können (Gras wird daher von allen Menschen als grün, ein Autorücklicht als rot bezeichnet). Dennoch sind solche Rot-Grün-Verwechsler für Berufe ungeeignet, in denen eine Information überwiegend *über die Farbe alleine* beurteilt werden muß.

Die Verwechslung von Rot und Grün beruht entweder auf einer verringerten oder fehlenden Rot-Empfindlichkeit des Auges oder auf einer entsprechenden Störung im Grünbereich. Dies kann sehr leicht mit Hilfe eines **Anomaloskops** herausgefunden werden. In diesem Apparat wird dicht neben einem monochromatischen Gelbfeld ein rot-grünes Mischfeld angeboten, und der Beobachter wird aufgefordert, die relativen Intensitäten von Rot und Grün so zu mischen, daß der Farbeindruck des Mischfeldes dem des Gelbfeldes entspricht. Bei einer Rotschwäche wird mehr Rot als normal zugemischt. Solche Rot-Grün-Verwechsler werden je nach dem Ausmaß der Störung als **Protanomale** oder **Protanope** bezeichnet. Muß mehr Grün als normal zugemischt werden, so spricht man von **Deuteranomalen** oder **Deuteranopen**. Bei beiden Formen genügen jeweils zwei Spektralfarben, um alle Farbtöne ihres Farbraumes zu beschreiben. Sie sehen also nicht *trichromatisch*, sondern **dichromatisch**. Beim *Protanopen* ist das Spektrum am langwelligen Ende stark verkürzt, er ist „rotblind". Er verwechselt daher Rot mit Schwarz, Dunkelgrau, Braun und eben auch mit Grün. Der *Deuteranope* ist dagegen „grünblind".

Gelb-Blau-Verwechslung. Eine Verwechslung von Gelb und Blau, **Tritanomalie** oder in schweren Fällen **Tritanopie** genannt, ist eine äußerst seltene Farbsinnstörung. Bei diesen Menschen ist das blau-violette Ende des Farbenspektrums verkürzt, d.h. diese Farben erscheinen ihnen lediglich in Grau- und Schwarztönen.

Totale Farbenblindheit (*Achromasie* oder *Monochromasie*). Bei völligem Ausfall der Zapfenfunktion kann die Welt nur wie in einem Schwarz-Weiß-Film wahrgenommen werden (skotopisches Sehen, s. S. 365). Sehen in der Dämmerung ist normal, am Tage müssen starke Sonnenbrillen getragen werden, um Blendungseffekte zu vermeiden. Die Sehschärfe in der optischen Achse des Auges ist auf 1/10 des Normalwertes reduziert. Die Störung ist extrem selten.

Untersuchung des Farbensinnes. Eine einfache, aber zuverlässige Überprüfung des Farbensinnes kann mit den *pseudo-isochromatischen Tafeln* nach Stilling-Velhagen oder nach Ishihara durchgeführt werden. Sie zeigen Zahlen, die aus zahlreichen Farbtupfen so gedruckt sind, daß der Farbtüchtige die richtige Zahl erkennt, der Farbuntüchtige aber keine oder eine falsche Zahl liest. Die weitere Diagnostik erfolgt dann am Anomaloskop.

19.3 Das Auge

Die miserable Fernsehkamera

Das Auge, von dem Abb. 19-11 A einen horizontalen Querschnitt und B einen Sagittalschnitt zeigt, kann in vieler Hinsicht mit einem Fotoapparat oder besser noch mit einer Videokamera verglichen werden. Vor einem solchen Vergleich ist aber klar festzuhalten, daß die *physikalisch-optischen Qualitäten* des Auges so *erbärmlich schlecht* sind, daß dagegen auch die einfachsten Schnappschußkameras ein Wunder an optischer Präzision darstellen. Würden wir also an die Stelle der lichtempfindlichen Schicht des Auges, der **Netzhaut** oder **Retina**, einen Farbfilm legen, so erhielten wir von unserem Auge nur bedingt brauchbare Bilder.

Das optische System des Auges [6]. Wie bei einer Kamera auch, ist das „Objektiv" des Auges ein zusammengesetztes optisches System, das aus **Cornea** (*Hornhaut*), **vorderer Augenkammer** und **Linse** besteht. Dieses „Objektiv" entwirft auf der Netzhaut ein umgekehrtes und stark verkleinertes Bild der Umwelt. In der normalen Ruhestellung des Auges ist dieses Objektiv so eingestellt, daß Gegenstände, die unendlich weit entfernt liegen (zum Beispiel der Sternenhimmel, aber in der Praxis alle Gegenstände, die mehr als 10 m entfernt sind), scharf auf der Netzhaut abgebildet werden. Die *Achse des optischen Systems* (**Sehachse** in Abb. 19-11) trifft auf der Netzhaut auf eine Stelle mit einer kleinen Eindellung, die als *Zentralgrube* (**Fovea centralis**) oder, wegen ihres Aussehens beim Augenspiegeln, auch als **gelber Fleck** bezeichnet wird. Dieser *gelbe Fleck* ist die **Stelle des schärfsten Sehens**.

Aufgaben der Iris. Mitten im Strahlengang des Objektives sitzt beim Auge, wieder genau wie bei der Kamera, eine *automatische Blende mit verstellbarem Durchmesser*, nämlich die **Iris**. Diese Blende bestimmt mit Hilfe der Änderung der Pupillenweite das Ausmaß des Lichteinfalls in das Auge. Bei großer Helligkeit wird die Pupille also enger. Bei geringer Lichtstärke öffnet sich die Pupille. Diese **Lichtreaktionen** können Sie in einem schwach erleuchteten Raum durch Belichtung mit einer Taschenlampe auslösen. Sie werden dabei feststellen, daß die beiden Pupillen in ihren Reaktionen *fest miteinander gekoppelt* sind: Bei Belichtung eines Auges verengt sich nicht nur dessen Pupille, sondern auch die des nicht-belichteten Auges.

Die **Augenfarbe** ist übrigens nicht durch die Einlagerung unterschiedlicher Farbstoffe (*Pigmente*) in der Iris bedingt, sondern sie hängt lediglich von der Menge des eingelagerten Farbstoffes ab. Bei *geringer* Pigmentierung erscheint die Iris *blau*, bei *mittlerer grau* und bei *starker braun*. Kein Wunder also, daß Menschen mit sehr heller Hautfarbe, also insgesamt geringer Pigmentierung, häufig blaue Augen haben.

Nahfokussierung. Da beim Auge in normaler Ruhestellung nur ferne Gegenstände scharf auf der Netzhaut abgebildet werden, muß für das *scharfe Sehen in der Nähe* das „Objektiv" des Auges anders eingestellt werden. Beim Fotoapparat geschieht dies, indem das Objektiv weiter von der Filmebene entfernt wird. Ähnlich macht es auch der Frosch. Im menschlichen Auge wird dagegen die *Brechkraft des „Objektivs"* durch **Erhöhung der Brechkraft der Linse** verstärkt. Dies geschieht über eine *Zunahme der Krümmung der Linsenoberfläche.* Beim Nahsehen wird die Linse also „kugelförmiger".

Die **Linse des menschlichen Auges** ist ein elastischer Körper, der über Aufhängebänder, die *Zonulafasern*, an der Sclera des Augapfels befestigt ist (Abb. 19-11). Durch den Augeninnendruck wird die Linse über diese Aufhängung flachgezogen. Werden die **Zonulafasern** an ihrem Übergang in die Augenwand durch die Kontraktion eines dort ringförmig angeordneten Muskels, des **Ciliarmuskels**, entspannt, dann kann die Linse, besonders ihre Vorderfläche, sich entsprechend ihrer Eigenelastizität krümmen. Damit nimmt die Brechkraft zu. Erschlafft der Ciliarmuskel (oder wird er durch das Einträufeln von *Atropin* in das Auge gelähmt), dann ziehen die Zonulafasern die Linse wieder flach. (Das Atropin lähmt auch den Irismuskel. Die Pupille wird dadurch maximal weit. Wir können daher nach dem Besuch beim Augenarzt für einige Stunden nicht mehr nahsehen und sind außerdem sehr lichtempfindlich.)

Die Netzhaut (Retina). Die lichtempfindliche Schicht des Augenhintergrundes, auf die der optische Apparat das Bild der Umwelt projiziert, ist die *Netzhaut* oder *Retina.* Die Netzhaut entspricht also dem Film im Fotoapparat oder besser den lichtempfindlichen Sensoren der Fernsehkamera. Die Retina enthält, wie in anderem Zusammenhang bereits erwähnt (Abb. 19-1 B, 19-2, 19-10), zwei Typen von *Photosensoren*, nämlich die **Stäbchen** und die **Zapfen**, sowie ein Netzwerk nachgeschalteter Nervenzellen, deren letzte Schicht die **Ganglienzellen** bilden. Dieser Aufbau der Retina ist in Abb. 19-12 dargestellt (vgl. auch Abb. 19-10).

Die *Axone* der retinalen Ganglienzellen sammeln sich zum **Sehnerven**, der etwa in Höhe der Fovea centralis das Auge verläßt, um zum Gehirn zu ziehen (vgl. Abb. 19-17, S. 382). Paradoxerweise ist die Netzhaut so aufgebaut, daß die Lichtstrahlen, die von der Linse und durch den klaren, gallertartigen **Glaskörper** auf sie treffen, zunächst durch die ge-

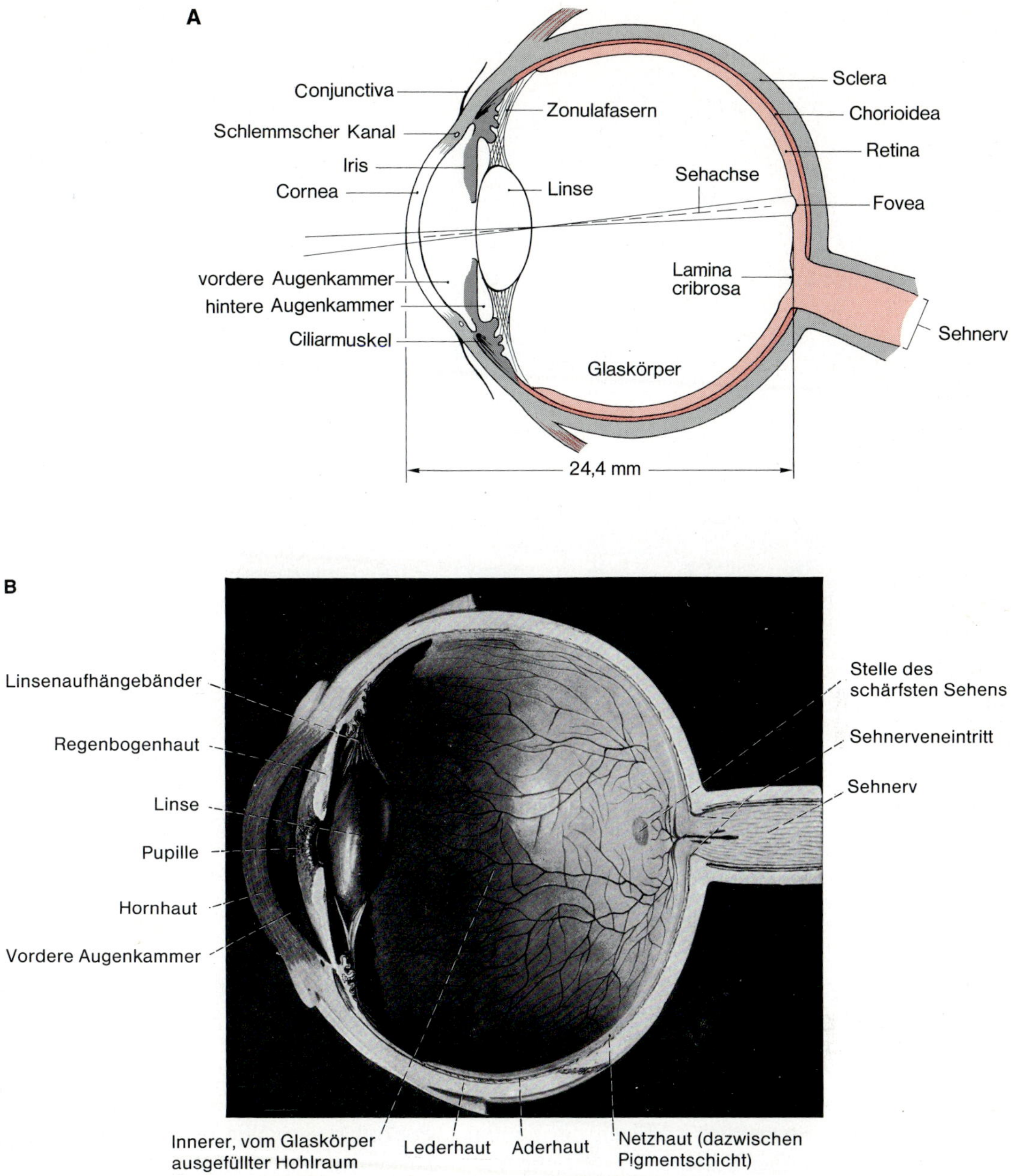

Abb. 19-11. Der Aufbau des Auges. **A** Horizontalschnitt durch das rechte Auge (Aufsicht, Blick von oben). Etwa auf der Höhe der Fovea centralis verläßt der *Sehnerv* durch die bindegewebige *Lamina cribrosa* den Augapfel. An dieser Stelle fehlt die Netzhaut *(Retina)*. Das Auge ist also hier blind. Diesen *blinden Fleck* können Sie sich mit Hilfe der Abb. 19-1A „sichtbar“ machen. Die bindegewebige *Sclera (Lederhaut)* bildet die äußere Hülle des Augapfels. In der *Chorioidea (Aderhaut)* laufen die Blutgefäße der Netzhaut. **B** Sagittalschnitt durch das rechte Auge mit Blick in die temporale Hälfte. Die Linse ist nicht durchschnitten. **B** nach einem Lehrmodell aus [11]

samte Neuronenschicht laufen müssen, bevor sie auf die Photosensoren treffen. Dieser bei der entwicklungsgeschichtlichen Vorstülpung der Augen aus dem Gehirn entstandene „Konstruktionsfehler“ ist neben der schlechten Abbildungsqualität des optischen Apparates ein weiterer Grund für die nur sehr bescheidenen Leistungen der „Kamera“ *Auge.*

Nur in der **Fovea centralis** ist die gesamte Neuronenschicht der Retina zur Seite geschoben, und die Photosensoren werden unmittelbar von den Licht-

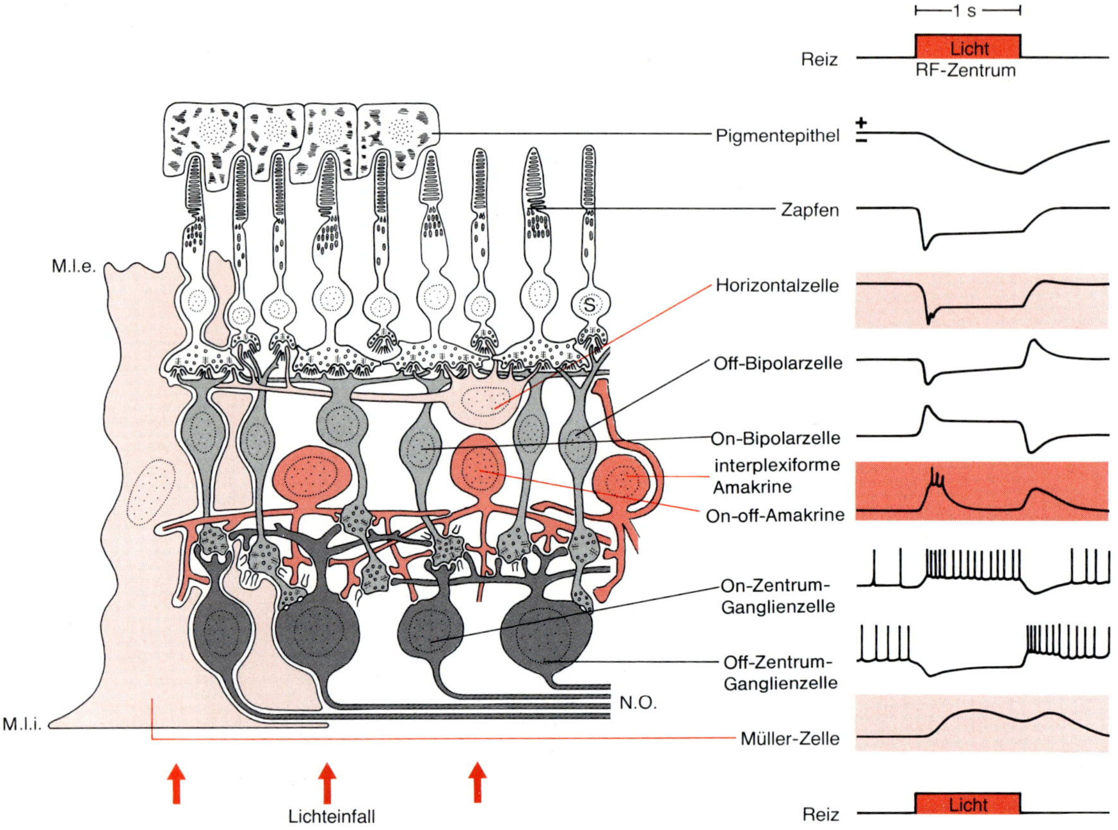

Abb. 19-12. Informationsverarbeitung in der Netzhaut des Auges. *Links:* Schema des Aufbaues der Netzhaut beim Menschen und bei Primaten nach elektronenmikroskopischen Befunden (Boycott und Dowling 1966). *S,* Stäbchen, *M.l.e.,* Membrana limitans externa, *M.l.i.,* Membrana limitans interna, *N.O.,* Nervus opticus (Sehnervenaxone). Die Müller-Zellen und das Pigmentepithel nehmen an der Informationsverarbeitung nicht teil. *Rechts:* Schema der Reaktion einzelner Neurone der Netzhaut auf einen Lichtreiz. Zusammengestellt von Grüsser und Grüsser-Cornehls in [13, 15, 25]

strahlen getroffen (daher ist die Netzhaut dort wesentlich dünner, was wie eine kleine Grube aussieht). Außerdem gibt es dort nur eine der beiden Sorten von Photosensoren, nämlich die **farbtüchtigen Zapfen**. Diese stehen obendrein dort besonders dicht (Abb. 19-1). Schließlich verfügen die Zapfen der Fovea centralis über besonders zahlreiche Verbindungen zum zentralen Sehsystem. Jeder Zapfen hat sozusagen seine eigene Telefonleitung ins Gehirn, während überall sonst in der Netzhaut zahlreiche Photosensoren sich in eine Sammelleitung teilen müssen. Dank all dieser Privilegien, zu denen noch die bereits erwähnte Lage in der optischen Achse des Auges kommt, ist die *Fovea centralis* mit Abstand die *Stelle des schärfsten Sehens* (Abb. 19-1). Immer wenn wir ein Objekt genau ansehen (fixieren), richten wir es „automatisch" so ein, daß sein Abbild auf die Sehgrube beider Augen fällt.

Brillen für nah und fern

Die Vorderfläche der Hornhaut ist von der Oberfläche der Netzhaut 24,4 mm entfernt (Abb. 19-11). Dies entspricht in etwa den Verhältnissen bei einer Pocketkamera. Wie bereits erwähnt, wird in Ruhe bei einem normalen Auge ein unendlich weit entfernter Gegenstand scharf auf die Netzhaut abgebildet (Abb. 19-13 A). Bei vielen Menschen ist aber, meist als angeborener Fehler, die Entfernung von 24,4 mm nicht eingehalten, der *Augapfel* (Bulbus) also *relativ zur Brechkraft* zu kurz oder zu lang. Die aus dem Unendlichen kommenden (und deswegen parallelen) Lichtstrahlen eines Gegenstandes vereinigen sich dann entweder schon vorher (B) oder erst (wenn der Augapfel durchsichtig wäre) dahinter (C, oben). *Solche Menschen sind fehlsichtig.* Die auf ihre Netzhaut projizierten Bilder sind genauso unscharf wie Fotos, die mit einer falschen Entfernungseinstellung gemacht wurden. In beiden Fällen werden nämlich die einzelnen Punkte eines Gegenstandes nicht als Punkte, sondern als kleine Scheib-

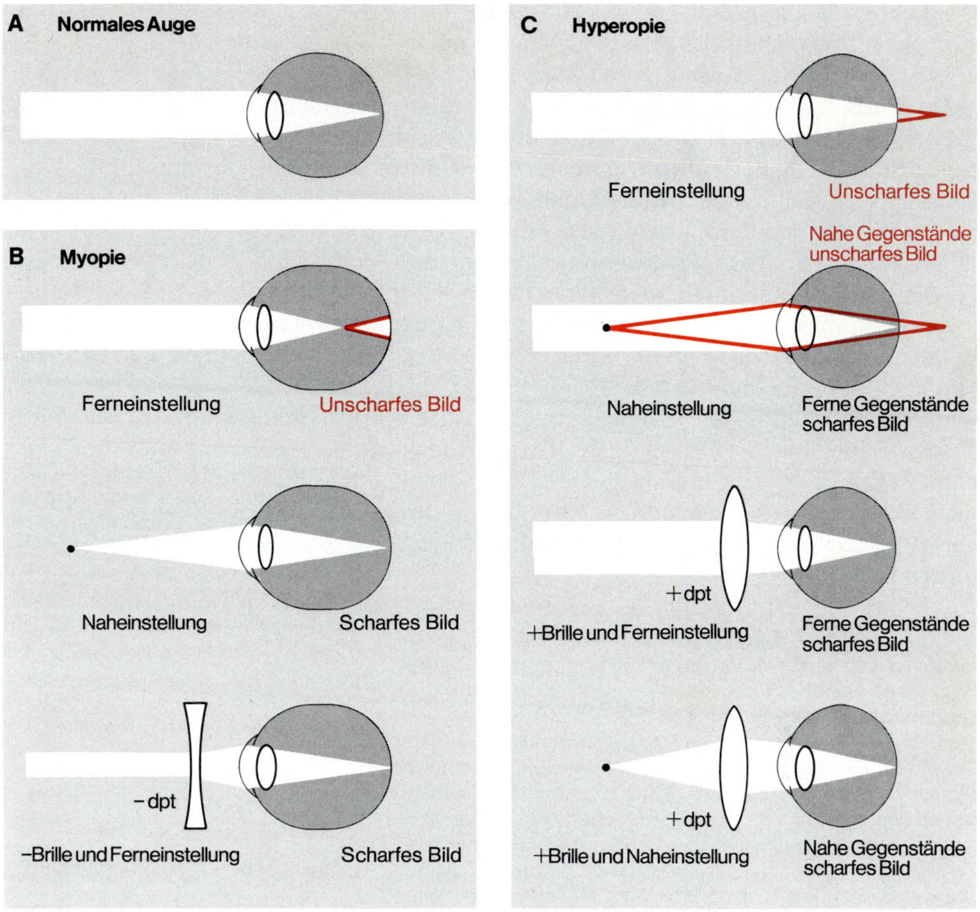

Abb. 19-13. Strahlengang bei normalen und fehlsichtigen Augen. **A** Beim normalen Auge werden aus dem Unendlichen kommende Strahlen scharf auf der Netzhaut abgebildet. **B** Myopie (Kurzsichtigkeit). Der Augapfel (Bulbus) ist relativ zur Brechkraft des optischen Systems zu lang. Aus dem Unendlichen kommende Strahlen vereinigen sich schon vor der Netzhaut und gehen anschließend wieder auseinander (*rot* in *B*). Die Korrektur erfolgt durch Zerstreuungslinsen. **C** Hyperopie (Weitsichtigkeit). Der Bulbus ist relativ zu kurz. Erst bei Naheinstellung der Linse werden aus dem Unendlichen kommende Strahlen scharf auf der Netzhaut abgebildet. Nahe Gegenstände bleiben unscharf (*roter* Strahlengang im 2. Bild von *oben*). Die Korrektur erfolgt durch Sammellinsen. Aus R. F. Schmidt: Medizinische Biologie des Menschen. 2. Aufl. München: Piper 1983

chen abgebildet. (Viel seltener als ein zu kurzer oder zu langer Augapfel ist ein zu stark oder zu gering lichtbrechendes optisches System. Der Effekt ist dabei der gleiche.)

Kurzsichtigkeit (Myopie). Ist der **Augapfel zu lang** (Abb. 19-13 B), dann treffen sich die aus dem Unendlichen kommenden Strahlen schon vor der Netzhaut und gehen anschließend wieder auseinander. Die **Brechkraft** des Auges ist also *relativ zur Länge des Augapfels* **zu groß**. Erst wenn der Gegenstand näher liegt, kann er scharf auf der Netzhaut abgebildet werden (B, *Mitte*). Menschen mit einem zu langen Augapfel können also nur in der Nähe scharf sehen. Sie sind **kurzsichtig** (*myop*). Um in die Ferne scharf zu sehen, muß ihrem Auge eine **Zerstreuungslinse** vorgesetzt werden (B, *unten*).

Brillenberechnung. Das Maß für die Stärke der Brillengläser ist die **Dioptrie**. Je größer dieser Wert, desto stärker die *Brechkraft* des Brillenglases. Definiert ist die *Dioptrie* als der **Kehrwert der Brennweite** einer Linse *in Metern.* Hat eine Sammellinse, wie sie zum Beispiel von Kindern zum Feueranzünden benützt wird, eine Brennweite von 0,25 m (das heißt, die Sonnenstrahlen vereinigen sich 25 cm hinter der Linse im „Brennpunkt"), dann hat diese Linse eine Brechkraft von 1/0,25 gleich 4 Dioptrien (dpt). Bei einer Brennweite von 12,5 cm wären es 8 dpt, bei 5 cm 20 dpt usw. Zerstreuungslinsen haben nur einen theoretischen Brennpunkt, der sich beispielsweise zeichnerisch bestimmen läßt. Die daraus resultierende (fiktive) Brennweite wird in *negativen* Dioptrien (**- dpt**) angegeben.

Weitsichtigkeit (Hyperopie). Ist der *Augapfel zu kurz*, dann sind die aus dem Unendlichen kommenden Strahlen beim Auftreffen auf die Netzhaut noch nicht zu einem scharfen Bild vereinigt (Abb. 19-13C, *oben*). Hier kann sich der Mensch zunächst selber helfen, indem er seine Augen auf Nahsehen einstellt, also die Brechkraft der Linse durch Anspannung des Ciliarmuskels erhöht. Trotz seines zu kurzen Augapfels kann er dann in der Ferne scharf sehen. Für die Nähe hat er aber, wie in C (*roter* Strahlengang) skizziert, nicht mehr genug Brechkraft zur Verfügung. Er ist also *weitsichtig.* Um auch in der Nähe scharf zu sehen, muß er die fehlende Brechkraft mit Sammellinsen ergänzen (*untere* Bildhälfte in Abb. 19-13C). Dies ist auch beim Sehen in die Ferne wichtig, damit die Augen nicht zu sehr durch die dauernde Kontraktion des Ciliarmuskels ermüden, was zu Kopfschmerzen führen kann.

Weitsichtigkeit und Schielen. Es gibt noch einen weiteren wichtigen Grund für das dauernde Tragen einer Brille bei Hyperopie: Da wir bei der Fixation eines Gegenstandes diesen immer auf den *Sehgruben* **beider** *Augen abbilden*, sind die nervösen Steuerzentren des äußeren Augenmuskels so programmiert, daß die *beim Blick in die Ferne* völlig parallelen Sehachsen beim Nahsehen einen um so stumpferen Winkel einnehmen, je näher der fixierte Gegenstand ist. Beim Versuch, die eigene Nasenspitze zu sehen, wird dieses „Einwärtswenden" besonders deutlich. Der Weitsichtige, der bereits für einen scharfen Blick in die Ferne seine Linse kugeliger werden lassen muß, verstellt dabei automatisch (und ohne es je im Leben ändern zu können) den Winkel seiner Sehachsen so, *als ob er auf die Nähe fixieren* würde. Dabei fällt dann der fixierte Gegenstand in einem Auge auf die zentrale Sehgrube, in dem anderen auf eine „falsche" Netzhautstelle. Ein Auge sieht also gewissermaßen am fixierten Gegenstand vorbei: der Mensch **schielt**.

Beim Schielen müßte eigentlich der fixierte Gegenstand doppelt gesehen werden, so wie wir Doppelbilder sehen, wenn wir einen Augapfel mit dem Finger in der Augenhöhle etwas verschieben (S. 389). Um dies zu verhindern, unterdrückt der Schielende das störende Bild in seinem Gehirn. Bei kleinen Kindern führt dies zu einer raschen und starken **Abnahme der Sehleistung** des *unterdrückten Auges* - nicht weil das Auge schlecht wird, sondern weil die von ihm kommenden Impulse *in den Sehzentren des Gehirns* nicht mehr bearbeitet werden. Um diese Form der *„zentralen" Schwachsichtigkeit*, **Schielamblyopie** genannt, zu verhindern, ist es dringend notwendig, alle schielenden Kinder (auch wenn das Schielen andere Ursachen als eine Weitsichtigkeit hat, S. 367) auf jeden Fall schon *im Vorschulalter* zu behandeln. Eine einmal entstandene Schielamblyopie ist kaum mehr zu bessern. Der oder die Betroffene bleibt für den Rest seines Lebens praktisch einäugig.

Alterssichtigkeit (Presbyopie). Im Alter wird die Linse unelastisch. Auch wenn der Ciliarmuskel sich noch so anstrengt, die Linse bleibt in der nur für das Sehen in die Ferne geeigneten flachen Form: Der Mensch wird **alterssichtig (presbyop)**. Das heißt, der **Normalsichtige** kann weiterhin gut in die Ferne sehen. Aber für die Nähe braucht er eine *Brille mit Sammellinsen*, um die fehlende Zusatz-Brechkraft der Linse zu kompensieren. Meist wird das Tragen einer solchen *Lesebrille* um das vierzigste Lebensjahr notwendig. Der **Weitsichtige** braucht im Alter nach wie vor seine Fernbrille und dazu eine stärkere für die Nähe. Auch der **Kurzsichtige** kann auf seine Zerstreuungsbrille für die Ferne nicht verzichten; in der Nähe muß sie aber etwas schwächer werden, also weniger zerstreuen. Getrennte Brillen für nah und fern können genausogut benutzt werden wie Fernbrillen mit eingeschliffenen Nahteilen in den unteren Brillenglashälften.

Astigmatismus. Bei manchen Menschen ist die Hornhaut in einer Richtung, meist in der senkrechten, stärker gekrümmt als in der anderen. Ein wenig ist dies schon im normalen Auge der Fall. Wenn die Differenz aber 0,5 dpt überschreitet, muß dieser **Astigmatismus** korrigiert werden. Diese Gläser sind dann nur in derjenigen Achse geschliffen, die auf der Hornhaut eine zu starke oder zu schwache Krümmung aufweist. Die Gläser werden daher **Zylindergläser** genannt. Häufig kommt ein Astigmatismus mit anderen Fehlsichtigkeiten vor. Sie alle können gleichzeitig durch eine entsprechend geschliffene Brille (oder durch *Kontaktlinsen*) kompensiert werden.

19.4 Die Signalverarbeitung im visuellen System

Im strengen Sinn des Wortes sieht das Auge nichts. Auch das Gehirn sieht nichts. Jedenfalls nicht in dem Sinne, daß die Augen Bilder im Gehirn hervorrufen, die von diesem angesehen werden. Ein solcher Vorgang würde eine Art inneren Auges im Gehirn voraussetzen, das dann selbst wiederum von einem weiteren Auge betrachtet werden müßte, und so fort in einer endlosen Reihe von Augen und Bildern. Vielmehr geben die Ganglienzellen der Retina über ihre Axone im Sehnerven in *Impulsmustern verschlüsselte Informationen* über die auf die Photosensoren treffenden Lichtstrahlen weiter. In diesen Impulsmustern ist, wie bei anderen Sinnesorganen auch (S. 307), ein *Abbild* der vom Auge betrachteten Objekte *repräsentiert.* Das Gehirn entziffert die Impulsmuster und benutzt die in ihnen enthaltene Information zur Wahrnehmung der Objekte in der Umwelt [9, 10].

Die Signalverarbeitung in der Netzhaut

Transduktion in den Photosensoren. Die Sensorschicht des menschlichen Auges besteht aus etwa

120 Millionen **Stäbchen** und 6 Millionen **Zapfen**, deren unterschiedliche Verteilung auf der Netzhaut oben bereits angesprochen wurde (Abb. 19-1 B, S. 364). Stäbchen und Zapfen sind ähnlich aufgebaut (Abb. 19-14): Die *Außenglieder* der Sensorzelle bestehen aus etwa tausend *Membranscheibchen* (Stäbchen) bzw. *-einfaltungen* (Zapfen), in die die **Sehfarbstoffe** eingelagert sind. Über eine dünne Gewebsbrücke (*Cilium*) sind die Außenglieder mit dem übrigen Zellkörper verbunden. Dieser wiederum steht in synaptischem Kontakt mit den vor ihm liegenden Neuronen (vgl. Abb. 19-12).

Sobald Licht von *Sehfarbstoff* absorbiert wird, zerfällt dieser in Vorstufen (s. unten). Dieser Zerfallsprozeß leitet, als erste Stufe der **Transduktion**, Änderungen der Membranpermeabilität der Photosensoren und damit Änderungen des Membranpotentials ein, nämlich das **Sensorpotential**. Dieses verläuft in *hyperpolarisierender* Richtung (Abb. 19-14 D) und stellt damit eine Ausnahme unter den Sensorpotentialen dar. Wie üblich hängt aber die Amplitude des Sensorpotentials von der Reizintensität (s. Abb. 19-14 D), seine Dauer von der Dauer des Lichtreizes ab. Für mittlere Intensitätsbereiche konnte gezeigt werden, daß die Amplitude des Sensorpotentials der im **Weber-Fechner-Gesetz** formulierten logarithmischen Beziehung zwischen Reizstärke und Amplitude folgt.

Der *Sehfarbstoff der Stäbchen* heißt **Rhodopsin** („Sehpurpur"), denn eine im Dunkeln hergestellte Lösung dieses Stoffes sieht rot aus. Rhodopsin besteht aus einem Eiweiß (Opsin) und Retinal 1, dem Aldehyd des *Vitamins A*. Bei Belichtung zerfällt Rhodopsin über mehrere Zwischenstufen (siehe z. B. MI und MII in Abb. 19-14 D) in das farblose Opsin und Vitamin A, aus denen es anschließend unter Energieaufwand wieder aufgebaut werden muß. Für eine gegebene Belichtungsstärke stellt sich ein Gleichgewicht zwischen diesen beiden Prozessen, *Zerfall* und *Wiederaufbau* ein: in großer Helligkeit ist der Sehpurpur nahezu „ausgebleicht" (die Stäbchen also kaum noch lichtempfindlich), in Dunkelheit regeneriert der Sehpurpur zu seiner Maximalkonzentration. Je mehr Sehfarbstoff vorhanden ist, um so größer ist die Chance, daß ein Lichtquant (Photon) absorbiert wird, d. h. um so

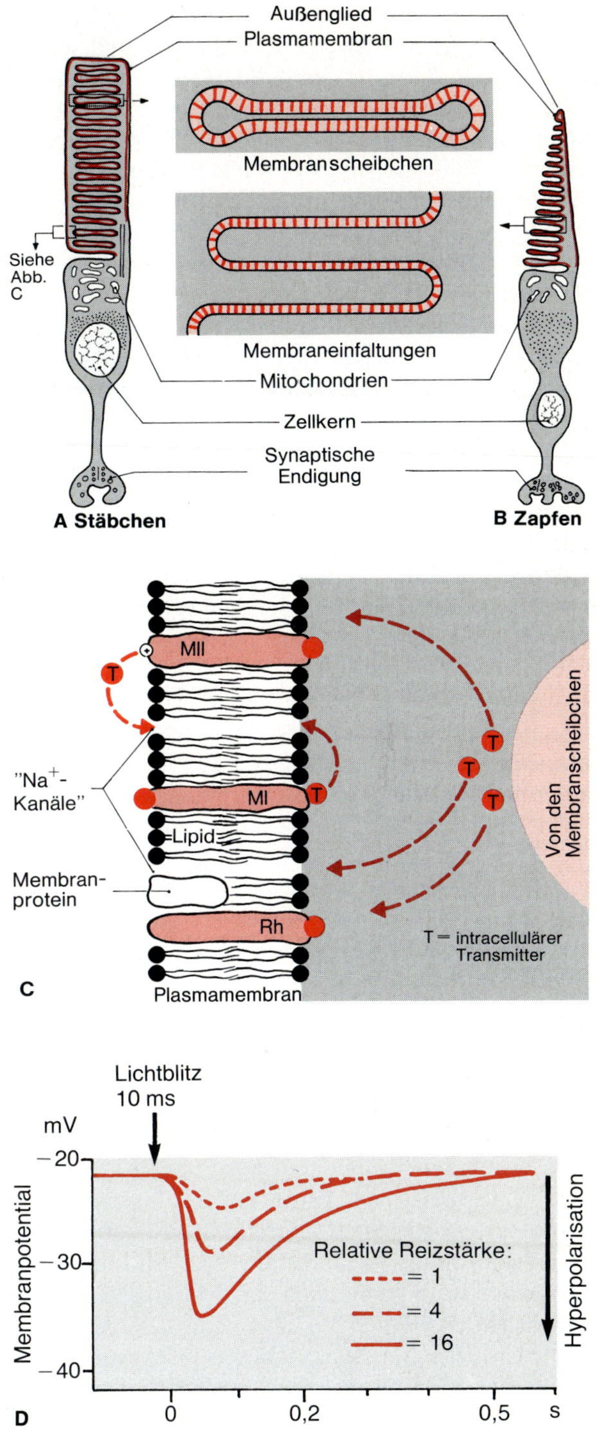

Abb. 19-14. Transduktion in der Retina. Schematischer Aufbau eines Stäbchens **(A)** und eines Zapfens **(B)** der menschlichen Netzhaut. Die *Bildmitte* zeigt vergrößert *oben* den Aufbau der Membranscheibchen in den Außengliedern der Stäbchen und *darunter* die Membraneinfaltungen in den Außengliedern der Zapfen. **C** Schema des Aufbaus der Plasmamembran eines Stäbchens. Absorption von Licht durch den Sehfarbstoff (Rh, Rhodopsin) führt zu Konformationsänderungen des Sehfarbstoffs (MI, Metarhodopsin I, MII, Metarhodopsin II) und über eine intracelluläre Transmitterkette zu einer Veränderung der Ionenpermeabilität der Membran, wahrscheinlich zu einem Schließen („Verstopfen"?) von Natriumkanälen. Dadurch kommt es zu den in **D** gezeigten, *hyperpolarisierenden* Sensorpotentialen. Diese entstanden als Reaktion auf drei kurze Lichtblitze von verschiedener Reizstärke (Schildkrötenretina, nach Baylor und Fuortes 1970). Zusammengestellt von Grüsser und Grüsser-Cornehls in [13, 15]

größer ist die Lichtempfindlichkeit. Das Reaktionsgleichgewicht zwischen dem Sehpurpur und seinen Zerfallsprodukten ist also die physiko-chemische Grundlage der Hell-Dunkel-Adaptation. Mangel an Vitamin A behindert den Aufbau des Rhodopsins und führt deswegen zu **Nachtblindheit** (s. auch S. 365). (Über die Bedeutung des *Mikrotremors* der Augen für die Photosensoren s. S. 386.)

Die chemische Struktur der **Sehfarbstoffe der Zapfen** ist nicht im einzelnen bekannt. Aus den schon mitgeteilten Resultaten mikrospektrophotometrischer Messungen ist zu schließen, daß es *drei Zapfentypen* mit unterschiedlichen Sehfarbstoffen gibt (Abb. 19-9). Wie gesagt, dies ist eine der wesentliche Stützen der **trichromatischen Theorie des Farbensehens** (s. S. 371).

Arbeitsweise lokaler retinaler Neurone [22, 25]. Die *Photosensoren* bilden den „Eingang" in das lokale Netzwerk der retinalen Nervenzellen, die *Ganglienzellen* bilden mit ihren im Sehnerven verlaufenden Axonen den „Ausgang". Dazwischen liegen, wie in Abb. 19-12 zu sehen, drei weitere neuronale Zelltypen, nämlich die **Horizontalzellen**, die **Bipolarzellen** und die **Amakrinen**. In diesem Neuronennetzwerk lassen sich, wie ebenfalls in Abb. 19-12 auszumachen, **zwei Hauptflußrichtungen** der neuronalen Signalübertragung erkennen, nämlich einmal die nach zentripetal gerichtete Signalübertragung *von den Photosensoren über die Bipolarzellen auf die Ganglienzellen* und zum zweiten ein quer dazu verlaufender Signalfluß in den Schichten der *Horizontalzellen* und der *Amakrinen.*

Es gehört zu den bemerkenswerten Eigentümlichkeiten der *neuronalen Signalverarbeitung in der Netzhaut,* daß sie nicht nur in den Photosensoren, sondern auch in den Horizontalzellen, Amakrinen und Bipolarzellen ausschließlich über **langsame lokale Membranpotentiale** und nicht über Aktionspotentiale verläuft (Abb. 19-12 *rechts*). Insgesamt ist dabei eine starke *Signalkonvergenz* zu beobachten, denn jedes Auge hat ungefähr eine Million Ganglienzellen (und damit auch eine Million Nervenfasern in jedem Sehnerven), aber rund 125 Millionen Photosensoren (s. oben). Diese Konvergenz ist funktionell strukturiert, denn im Ergebnis erlaubt die komplexe Verknüpfung der retinalen Neurone bereits im Auge selbst eine erhebliche Aufarbeitung der von den Photosensoren ausgehenden Signale. Diese Strukturierung der visuellen Information spiegelt sich deutlich in der anschließend zu besprechenden funktionellen Organisation der verschiedenen Typen retinaler Ganglienzellen wider.

Signalverarbeitung in den retinalen Ganglienzellen. Zwei Besonderheiten zeichnen die retinalen Ganglienzellen gegenüber den anderen Nervenzellen der Netzhaut aus (Abb. 19-12): Ihre Axone verlassen im Sehnerven das Auge, und sie bilden Aktionspotentiale aus, die über den Sehnerven die visuelle Information in das Gehirn tragen. Alles was wir mit dem Auge wahrnehmen ist also in den Impulsmustern verschlüsselt, die von den retinalen Ganglienzellen zu den Sehzentren fließen. Angesichts dieser Tatsache ist die **funktionelle Organisation retinaler Ganglienzellen** bemerkenswert simpel. Sie zeichnet sich bei den verschiedenen Klassen dieser Zellen nämlich im Grunde immer dadurch aus, daß die *Hintergrund-* oder *Spontanaktivität* durch Lichtreize auf einem kleinen, kreisrunden Fleck der Retina verändert wird (dieses Netzhautareal wird **receptives Feldzentrum** oder **RF-Zentrum** genannt), während Belichtung in einem darum herum liegenden Feld, also der **RF-Peripherie**, die gegenteilige Wirkung hat. Diese gegensätzliche Reaktion von Zentrum und Peripherie receptiver Felder ist bereits an Hand der Abb. 17-8, S. 315, vorgestellt worden.

Zwei Beispiele für die antagonistische Organisation der receptiven Felder retinaler Ganglienzellen zeigt Abb. 19-15. *Oben* sind die Entladungen einer Zelle zu sehen, die bei einem Lichtreiz im RF-Zentrum ihre Entladungsfrequenz erhöht, während Belichtung der RF-Peripherie diese vermindert. Solche Neurone nennt man **ON-Zentrum-Neurone**. Ihr Spiegelbild sind die **OFF-Zentrum-Neurone**, deren Verhalten auf die gleiche Belichtung *unten* in Abb. 19-15 zu sehen ist. Ebenso wie Zunahme der Belichtung zu einer Erregung bzw. Hemmung der beiden Neuronentypen führt, beeinflußt auch Abnahme der Belichtung die Entladungsfrequenz, nur eben mit umgekehrten Vorzeichen: Das Ende eines Lichtreizes im Zentrum eines *OFF-Zentrum-Neurons* erhöht dessen Entladungsfrequenz etc. (s. Abb. 19-15).

Die ON- und OFF-Zentrum-Neurone stellen die zwei wichtigsten Klassen retinaler Ganglienzellen dar. In beiden Klassen lassen sich mehr phasisch und mehr tonisch reagierende Zellen voneinander abgrenzen. Eine dritte Klasse wird als ON-OFF-Neurone bezeichnet, weil sie bei Änderungen der Belichtung jeweils nur mit einer kurzen Aktivierung reagiert. Diese Neurone sind besonders gut durch bewegte Lichtmuster aktivierbar. Werden Zentrum und Peripherie eines receptiven Feldes gleichzeitig belichtet, addieren sich die antagonistischen Wirkungen, aber es überwiegt meist der Einfluß des RF-Zentrums (s. jeweils dritte Registrierung in Abb. 19-15 *oben* und *unten*).

Die receptiven Felder der retinalen Ganglienzellen sind nicht in allen Teilen der Netzhaut gleich groß: In der Fovea centralis sind die receptiven Felder am kleinsten (d. h. das visuelle Auflösungsvermögen ist hier am größten, s. auch S. 364). Zur Netzhautperipherie nimmt die Größe der Felder kontinuierlich zu. Innerhalb eines receptiven Feldes ist der

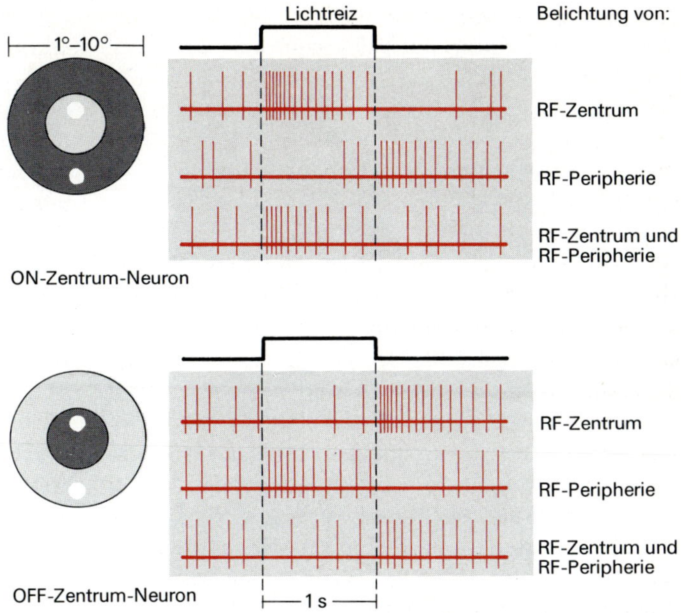

Abb. 19-15. Funktionelle Organisation receptiver Felder (RF) der Ganglienzellen des *Schwarz-Weiß-Sehens* in der Säugetierretina (vgl. Abb. 19-16 für das Farbensehen). Zur Analyse der receptiven Felder werden weiße Lichtpunkte entweder in das RF-Zentrum oder in die RF-Peripherie oder in beide Anteile gleichzeitig projiziert. *Oben:* Reaktionen eines ON-Zentrum-Neurons. *Unten:* Reaktionen eines OFF-Zentrum-Neurons. Bei beiden Neuronen überwiegt bei gleichzeitiger Reizung von Zentrum und Peripherie des RF die aus dem RF-Zentrum ausgelöste Antwort (Erregung *oben*, Hemmung *unten*). Nach Grüsser und Grüsser-Cornehls in [13]

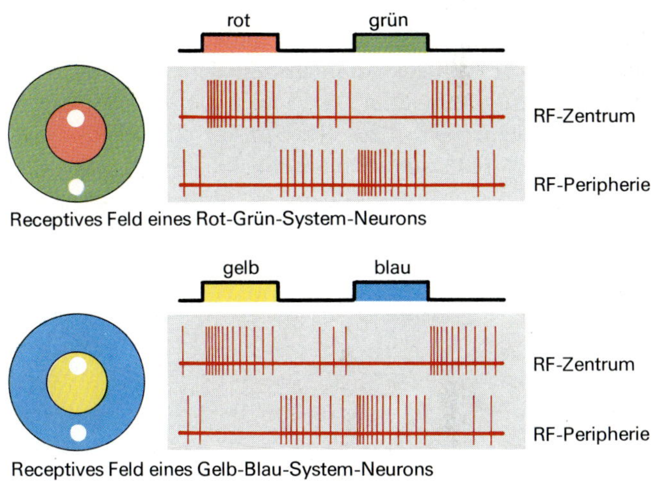

Abb. 19-16. Funktionelle Organisation receptiver Felder (RF) visueller Neurone des *Farbensehens* in der Retina bzw. dem Corpus geniculatum laterale des Säugetiers (vgl. Abb. 19-15 für das Schwarz-Weiß-Sehen). *Oben:* Neuron des Rot-Grün-Systems. *Unten:* Neuron des Gelb-Blau-Systems. Wie bei den Schwarz-Weiß-Neuronen sind Zentrum und Peripherie der RF (farb)-antagonistisch organisiert (siehe dazu auch Abb. 19-10). Nach Grüsser und Grüsser-Cornehls in [14]

Anteil von RF-Zentrum und RF-Peripherie sehr stark vom Adaptationszustand abhängig: Bei *Helladaptation* ist das Zentrum klein und die Peripherie groß, bei *Dunkeladaptation* ist im Extremfall überhaupt keine Peripherie mehr nachzuweisen, d.h. die antagonistische Organisation des receptiven Feldes erscheint aufgehoben. Diese Umorganisation wird vor allem durch adaptationsabhängige laterale Hemmprozesse bewirkt, an denen die Horizontalzellen und Amakrinen beteiligt sind.

Verarbeitung farbiger Lichtreize in retinalen Ganglienzellen. Die bisherige Diskussion der funktionellen Organisation retinaler Ganglienzellen bezog sich weitgehend auf das Schwarz-Weiß-Sehen. Die dabei erörterten allgemeinen Gesetzmäßigkeiten treffen aber auch weitgehend auf die Verarbeitung farbiger Lichtreize zu. Wie in Abb. 19-16 illustriert, sind auch die receptiven Felder farbempfindlicher Ganglienzellen in *kreisförmig antagonistischer Form* organisiert, nur daß an Stelle des Hell-Dunkel-Antagonismus sich zum einen ein **Rot-Grün-Antagonismus** und zum anderen ein **Gelb-Blau-Antagonismus** in der Anlage der receptiven Felder zeigt. Bei den farbentüchtigen Säugetieren sind also die oben beschriebenen drei verschiedenen Zapfentypen (vgl. Abb. 19-9 u. S. 371) mit den nachfolgenden retinalen Nervenzellen so verschaltet, daß beim Tagessehen neben einem System für das „Unbunt-Sehen" zwei farbspezifische, antagonistische Ganglienzellsysteme aktiviert werden, die ein **Vierfarbensystem** mit den *Gegenfarben* Gelb-Blau und Rot-Grün bilden (Abb. 19-10 *unten*, S. 373). Diese Organisation des Farbensehens ist auch noch in dem Endigungsgebiet der Sehnervenfasern, dem Corpus geniculatum laterale, nachweisbar (s. unten).

Die Signalverarbeitung in subcorticalen visuellen Zentren

Die Sehnerven. Einen schematischen Überblick über den Verlauf der gesamten **Sehbahn** und die wichtigsten zentralen **Sehzentren** gibt Abb. 19-17. Die **Sehnerven** (*Nervi optici*) beider Augen laufen an der Schädelbasis aufeinander zu und tauschen in der **Sehkreuzung** (*Chiasma opticum*) etwa die Hälfte ihrer Nervenfasern (= Axone der retinalen Ganglienzellen, vgl. Abb. 19-17) miteinander aus. Dieser Austausch erfolgt nach einer strengen Regel: Gekreuzt wird so, daß die linken Gesichtshälften beider Augen (rot in Abb. 19-17) zur rechten Hirnhälfte projizieren und umgekehrt. (Durch die seitenverkehrte Projektion im optischen Apparat wird die linke Gesichtshälfte im linken Auge auf die nasale, im rechten Auge auf die seitlich äußere Netzhaut abgebildet.) In völliger Analogie mit dem somatosensorischen System wird damit auch für das Sehsystem sichergestellt, daß alle sensorischen Eindrücke einer Seite zunächst durch die jeweils auf der anderen Seite liegende Hirnhälfte verarbeitet werden.

Stationen der Sehbahn. Nach der Sehkreuzung verlaufen die Ganglienaxone zu einem Kerngebiet des Thalamus, dem **Corpus geniculatum laterale** (*seitlichem Kniehöcker*), an dessen Neuronen sie synaptisch enden. Dies ist die erste und einzige Schaltstelle auf dem direkten Weg zwischen Netzhaut und Hirnrinde. Der „Ausgang" des Corpus gen. lat. führt als **Sehstrahlung** (*Radiatio optica*) zur primären Sehrinde (visueller Cortex) im Hinterhauptslappen der Großhirnrinde (Abb. 19-17, Areal 17 der Hirnrindenkarte nach Brodman, vgl. Abb. 14-14, S. 258). Von der primären Sehrinde gehen zahlreiche weitere Verbindungen aus. In unmittelbarer Nachbarschaft liegen beispielsweise die zweiten und dritten Sehzentren (Areale 18 und 19 in Abb. 19-17). Und die drei Sehzentren einer Seite sind wiederum über den Balken (Corpus callosum) mit denen der anderen Seite verbunden.

Von der direkten Sehkreuzung zweigen schon kurz nach der Sehkreuzung Seitenäste ab, die zu denjenigen Kerngebieten des Hirnstammes ziehen, von denen die Bewegungen unserer Augen gesteuert werden (siehe entsprechende Pfeile in Abb. 19-17). Es handelt sich vor allem um die **prätektale**

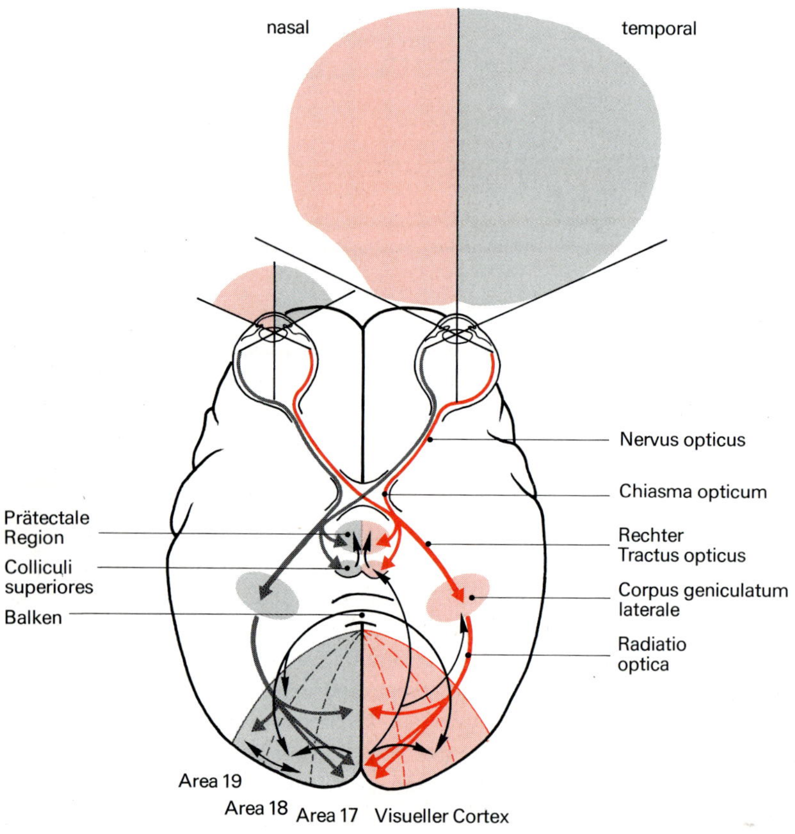

Abb. 19-17. Schema der Sehbahn im Gehirn des Menschen (Aufsicht). Die beiden aus den Augen kommenden Sehnerven *(Nervi optici)* tauschen in der Sehkreuzung *(Chiasma opticum)* einen Teil ihrer Fasern so aus, daß die linken Gesichtsfeldhälften beider Augen in der rechten Sehrinde *(visueller Cortex)* abgebildet werden und umgekehrt. Nach der Sehnervenkreuzung geben die Sehnervenfasern Verzweigungen *(Kollateralen)* zu den augenmotorischen Zentren *(prätectale Region, Colliculi superiores)* ab. Anschließend enden sie im seitlichen Kniehöcker *(Corpus geniculatum laterale)*, einem Kern des Thalamus, von dem der letzte Teil der Sehbahn, nämlich die Sehstrahlung *(Radiatio optica)* ihren Ausgang nimmt. Neben der primären Sehrinde *(Area 17)* sind schematisch auch die zweiten und dritten corticalen Sehzentren eingezeichnet *(Areae 18, 19)*. Die Verbindungen der Sehzentren beider Hemisphären über den Balken sind ebenfalls angegeben. Zusätzlich ist *rechts* mit einem *Pfeil* auf die efferenten Verbindungen zwischen dem visuellen Cortex und subcorticalen Strukturen aufmerksam gemacht. Darstellung von Grüsser und Grüsser-Cornehls in [13]

Region und die **vorderen vier Hügel** (*Colliculi superiores*).

Signalverarbeitung in den Colliculi superiores. Bei diesen, im Nebenschluß der Sehbahn liegenden Kerngebieten überrascht es angesichts ihrer eben erwähnten Aufgabe nicht, daß ihre Neurone bevorzugt auf bewegte visuelle Reizmuster antworten und dabei auch richtungsempfindlich sind, d.h. nur dann auf ein Reizmuster reagieren, wenn es in bestimmter Richtung durch das receptive Feld bewegt wird. Bei wachen Versuchstieren mit chronisch implantierten Mikroelektroden ließ sich außerdem zeigen, daß viele Neurone *kurz vor Augenbewegungen* aktiviert werden, also vermutlich eine **blickmotorische Kontrollfunktion** haben. Diese Vermutung wird durch die Beobachtung weiter gestärkt, daß umgekehrt elektrische Reize über die Mikroelektroden bei Affen Augenbewegungen auslösen.

Signalverarbeitung im Corpus geniculatum laterale (CGL). Das CGL ist aus sechs Neuronenschichten aufgebaut, die teils dem ipsilateralen (Schichten 2, 3, 5) und teils dem kontralateralen Auge (Schichten 1, 4, 6) zugeordnet sind. Dies bedeutet, daß die Signalverarbeitung jeweils dreier Schichten im wesentlichen von einem Auge bestimmt wird. Die Interaktion zwischen den sich entsprechenden, aber jeweils kontralateralen Schichten ist jedenfalls auffallend gering. Hier findet also noch keine binokulare Verarbeitung der visuellen Signale zum Zwecke des beidäugigen stereoskopischen Sehens statt. Dies erfolgt also erst im visuellen Cortex.

Die Neurone des CGL haben wie die Ganglienzellen der Retina meist einfache, konzentrisch organisierte receptive Felder. Mit unbunten Reizen findet man zwei verschiedene Neuronenklassen, nämlich **Kontrastneurone** und **Hell-Dunkel-Neurone**. Bei letzteren hängt das Erregungsniveau von der mittleren Leuchtdichte der Lichtreize ab. Die *Kontrastneurone* reagieren dagegen nur schwach oder überhaupt nicht auf diffuse Lichtreize, während sie auf Reize mit einer scharfen Hell-Dunkel-Grenze hochfrequent entladen. Die **Farbinformation** ist in den oben schon erwähnten gegenfarbig organisierten Neuronenklassen repräsentiert (Abb. 19-16).

Die Signalverarbeitung im visuellen Cortex

Funktionelle Struktur der Sehrinde [23, 24]. Das Endigungsgebiet der Sehstrahlung, die bereits erwähnte *primäre Sehrinde* (Area oder Areal 17 oder V1 für Visuell 1) entspricht der primäten somatosensorischen Rinde der hinteren Zentralwindung (Gyrus postcentralis, S. 318). So weist beispielsweise die Sehrinde eine **topologische Organisation** auf, ähnlich der somatotopischen Organisation, die sich im sensorischen Homunculus der Abb. 17-10 (S. 319) ausdrückt. Topologische **Organisation** bedeutet, daß, ähnlich der Abbildung eines bestimmten geographischen Gebietes auf einer Landkarte, das räumliche Erregungsmuster in der Retina oder Netzhaut sich im räumlichen Erregungszustand der Neurone der Sehrinde „abbildet". Im Unterschied zu einer Landkarte mit der Verkleinerung von beispielsweise 10000 : 1, bei der jeder Kilometer Luftlinie in der Natur einem Zentimeter auf der Karte entspricht, ist die retinotope Projektion jedoch nicht linear. Das kleine Gebiet der Sehgrube nimmt auf der Sehrinde ein mindestens ebenso großes Areal ein wie die gesamte übrige Retina zusammen. Auch dies hat in den überproportional großen Arealen von Lippen, Zunge und Fingerspitzen des „sensorischen Homunculus" seine Entsprechung. (Auch die gesamte, vor dem primären visuellen Cortex liegende Sehbahn mit den oben erwähnten Schaltstationen ist retinotop organisiert.)

Anders als eine Landkarte ist die Sehrinde wie der übrige Neocortex aus sechs deutlich unterscheidbaren **Zellschichten** aufgebaut (Abb. 19-18 *oben rechts*, s.a. Abb. 14-15, S. 259). Die Nervenfasern der Sehstrahlung enden vor allem in der Schicht IV, von wo aus die Informationsverarbeitung im Cortex ihren Ausgang nimmt. Diese erfolgt vorwiegend senkrecht zur Zellschichtung, also in **„corticalen Säulen"** von Neuronen, die „retinotop" benachbart sind. Dabei wechseln sich Säulen, die vorwiegend Information aus dem linken Auge verarbeiten, regelmäßig mit solchen ab, bei denen die Verabeitung aus dem rechten Auge dominiert. Die Säulen werden **oculäre Dominanzsäulen** genannt (Abb. 19-18).

Innerhalb der *oculären Dominanzsäulen* läßt sich eine weitere Differenzierung nachweisen, nämlich „Untersäulen", in denen die Neurone einander ähnliche receptive Felder aufweisen. Diese Felder sind nicht mehr rund (wie in den retinalen Ganglienzellen und den Neuronen des CGL), sondern länglich, also vorzugsweise in eine Richtung „orientiert". Daher der Name **Orientierungssäulen** für die Untersäulen der Dominanzsäulen. Wie Abb. 19-18 auch zeigt, ändert sich der Winkel der Hauptorientierung stetig von Orientierungs- zu Orientierungssäule, so daß insgesamt eine sehr regelhafte funktionelle Struktur des visuellen Cortex resultiert.

Zwischen den Orientierungssäulen gibt es größere Regionen, in denen die receptiven Felder der Neurone keine Orientierungsspezifität erkennen lassen. Diese Neurone sind dann besonders **auf farbige Reize empfindlich**. Diese funktionelle Architektonik des primären visuellen Cortex zeigt, daß offensichtlich eine *örtliche Aufteilung* der Signalverar-

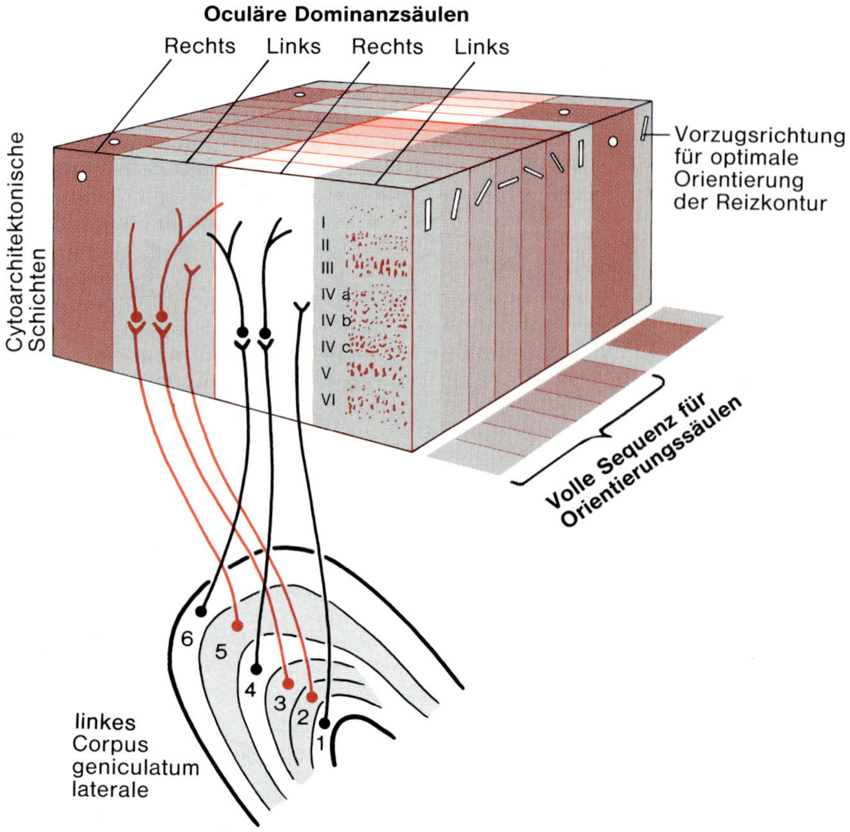

Abb. 19-18. Signalverarbeitung auf den höheren Stationen der Sehbahn. *Unten:* Schichtenstruktur des Corpus geniculatum laterale. Die Schichten 2, 3 und 5 erhalten praktisch nur Zuflüsse aus dem ipsilateralen Auge, die Schichten 1, 4 und 6 nur Zuflüsse aus dem kontralateralen Auge. Diese funktionelle Trennung ipsi- und kontralateraler Zuflüsse setzt sich bei der Projektion in den primär visuellen Cortex fort *(oben)*, wodurch sich die (senkrecht zur Cortexoberfläche stehende) Schichtenstruktur der *oculären Dominanzsäulen* ausbildet. Wiederum senkrecht zu dieser Schichtung und zur Cortexoberfläche sind die corticalen Neurone - zusätzlich nach ihrem Antwortverhalten auf die Richtung einer Kontur im receptiven Feld in regelmäßiger Sequenz angeordnet. Diese Schichtenstruktur wird als *Orientierungssäulen* bezeichnet. Dazwischen finden sich Säulen mit Neuronen, die keine Orientierungspräferenz für Reizkonturen, aber für Farben haben *(dunkles rot)*. Ihre receptiven Felder sind konzentrisch organisiert. Umgezeichnet aus [13] nach [30, 31]

beitung nach verschiedenen *Qualitäten des Sehens* (Farbe, Orientierung von Strukturen) vorliegt. Ähnliches gilt für die übrigen mit visueller Informationsverarbeitung befaßten corticalen Rindenfelder. Die Neurone dieser Areale reagieren z.T. sehr selektiv auf Konturen oder bewegte Reize, auf ganz bestimmte Farbsignale oder Bewegungen in der „Z-Achse“, d.h. auf Bewegungen auf den Kopf zu oder vom Kopf weg [26, 27].

RF-Struktur visueller corticaler Neurone. Es ist eben schon angeklungen, daß die Struktur der receptiven Felder der corticalen Nervenzellen zum Teil erheblich von der auf den vorhergehenden Stationen der Sehbahn (Retina, CGL) abweicht. Zwar finden sich auch hier noch Neurone mit konzentrischen receptiven Feldern, aber dazu kommen Neurone mit parallel angeordneten receptiven Feldern (**einfache receptive Felder**) und solche, bei denen nur differenzierte Reizmuster, wie z.B. Hell-Dunkel-Konturen oder Konturunterbrechungen (**komplexe receptive Felder**) oder aneinanderstoßende Konturen (**hyperkomplexe receptive Felder**) zu einer Aktivitätsänderung führen. Neurone mit komplexen und hyperkomplexen RF reagieren auf *bewegte Reizmuster* stärker als auf unbewegte. Insgesamt kommen die einfacheren receptiven Felder mehr in der Eintrittszone der Sehstrahlung (Schicht IV) vor, die komplexeren in den darüber- und darunterliegenden Schichten. Auch ist der primäre visuelle Cortex in bezug auf die Form seiner receptiven Felder „einfacher“ organisiert als die funktionell nachfolgenden Rindenabschnitte.

Ontogenetische Entwicklung und Plastizität im visuellen System

Postnatale Entwicklung der oculären Dominanzsäulen. Wird bei einem Kätzchen oder einem jungen Affen ein Augenlid kurz nach der Geburt für einige Tage verschlossen, so können von diesem Auge später kaum noch Neurone des visuellen Cortex erregt werden, selbst nach mehreren normalen Jahren nicht. **Beidäugiges Sehen** ist damit **nicht mehr möglich**, das zeitweilig verschlossene Auge bleibt lebenslänglich funktionslos. Im Gegensatz dazu hat eine vorübergehende Ausschaltung eines Auges im späteren Leben keine solchen Nachwirkungen [21, 29, 30].

Die Zeit, in der das visuelle System in seiner Entwicklung auf visuelle Reize unbedingt angewiesen ist, wird **kritische Periode** genannt. Bei jungen Katzen liegt diese zwischen der dritten bis zur zehnten Lebenswoche. Lidverschluß während der 4. und 5. Woche hat den stärksten Effekt. In dieser Zeit kommt es bei normaler binocularer Reizung zur regelrechten Entwicklung und Abgrenzung der oculären Dominanzsäulen. Bleiben die Reize von einem Auge aus, so schrumpfen die Dominanzschichten dieses Auges, während die des anderen Auges überdurchschnittlich breit werden.

Die bei Katzen und Affen beobachtete Unterentwicklung des visuellen Cortex bei Lidverschluß in einer frühen Entwicklungsperiode existiert wahrscheinlich auch beim Menschen: Wie oben schon erwähnt, können Menschen, die z. B. durch eine Hornhaut- oder durch eine Linsentrübung (Katarakt) in früher Jugend erblindeten, später große Schwierigkeiten haben, das was sie sehen richtig zu deuten (S. 367). Auch die funktionelle Blindheit eines Auges beim Schielen (Schielamblyopie) wurde schon erwähnt (S. 367). In beiden Fällen ist es denkbar, daß eine Unterentwicklung der oculären Dominanzsäulen des betroffenen Auges für die Funktionseinschränkung verantwortlich ist.

Postnatale Entwicklung der Orientierungssäulen. Auch das **Konturensehen** ist für seine normale Entwicklung auf entsprechende visuelle Reize angewiesen. Werden beispielsweise neugeborene Katzen in einer Umgebung aufgezogen, die nur senkrechte Streifenmuster aufweist, dann kommt es zu einem Überwiegen der senkrechten Orientierung der Neurone der oculären Orientierungssäulen im visuellen Cortex (vgl. Abb. 19-18 und zugehöriger Text) und einem schweren Mangel an Neuronen mit anderen Richtungspräferenzen. Verhaltensuntersuchungen an diesen Tieren zeigten, daß diese neuronale Fehlentwicklungen sich bei diesen Tieren auch in einem defizitären visuellen Erleben der Umwelt widerspiegeln.

Für eine normale Entwicklung des Sehsystems ist schließlich noch wichtig, daß diese **„aktiv“**, also mit Hilfe des motorischen Systems **„erarbeitet“** wird. Werden neugeborene Katzen so aufgezogen, daß in einem entsprechend konstruierten Apparat das eine Kätzchen sich drei Stunden am Tag frei bewegen kann, während das andere dieselbe Umgebung aus einer kleinen Gondel passiv miterlebt (die übrige Tageszeit bleiben die Kätzchen mit ihrer Mutter im Dunkeln), dann sind die „aktiven“ Kätzchen schneller und wesentlich besser in der Lage, sich in einer neuen Umgebung zurechtzufinden, als die „passiven“ [28]. (Anders als bei den oben geschilderten Experimenten sind die Defizite also nicht permanent).

Visuelle Rehabilitation. Blindheit befällt hauptsächlich ältere Menschen. Ungefähr 1500 von 100000 Menschen über 65 Jahren sind blind. Einigen von ihnen kann heute in geradezu dramatischer Weise das Augenlicht zurückgegeben werden, z. B. durch eine *Linsen- oder Hornhauttransplantation.* Andere Rehabilitationsmöglichkeiten sind noch im Erprobungsstadium, insbesondere der Versuch, durch *direkte elektrische Reizung des visuellen Cortex* zu optischen Eindrücken zu kommen. Dazu wird von einer auf dem Kopf befestigten Miniaturfernsehkamera eine Serie von Elektroden aktiviert, die permanent auf dem visuellen Cortex eingepflanzt sind. Vielleicht wird es auf diese Weise mindestens in Einzelfällen möglich, Hinweise zur optischen Orientierung im Raum zu erhalten, oder vielleicht sogar wieder lesen zu können.

Bei inkompletten Einschränkungen des Sehvermögens lassen sich durch entsprechende Rehabilitationsmaßnahmen oft erstaunliche Verbesserungen erzielen. Bei einem Gesichtsfeldausfall nach Hirnverletzung ist es z. B. keinesfalls ausgemacht, daß alle Zellen des zugehörigen zentralen Sehsystems ausgefallen sind. Training kann hier auch noch nach Monaten und Jahren zu beachtlicher Erholung führen. Wird am Rande eines Gesichtsfeldausfalls (oder Skotoms) die *Unterscheidung von Helligkeitsunterschieden* trainiert, so kann dies zusätzlich auch zu einer *Verkleinerung des Skotoms* führen, vor allem bei einem graduellen Übergang zwischen dem Skotom und dem normalen Gesichtsfeld. Gleichzeitig lassen sich eventuell Verbesserungen des *Visus* und der *Farbtüchtigkeit* erzielen [32].

Sehen ohne Sehrinde (Blindsight effect). Ein umschriebener Ausfall des visuellen Cortex, z. B. durch eine Schußverletzung, hat ein permanentes Skotom im zugehörigen (retinotopen) Gesichtsfeld zur Folge. Ist der gesamte visuelle Cortex ausgefallen, resultiert eine permante **„zentrale“ Blindheit**. Lichtblitze innerhalb des Skotoms werden von den

Patienten nicht bewußt wahrgenommen, und auf Befragen verneinen sie, diese gesehen zu haben. Bittet man sie aber, mittels Fingerzeig abzuschätzen, wo im Gesichtsfeld der Lichtblitz auftrat, so können sie dies mit bemerkenswerter Genauigkeit anzeigen. Bei Lichtbalken können sie sogar angeben, ob dieser z.B. horizontal oder vertikal lag, obwohl sie ihn angeblich überhaupt nicht gesehen haben und die ganze Fragerei etwas lächerlich finden.

Als Ergebnis dieser Versuche ist festzuhalten, daß anscheinend auch die subcorticalen visuellen Zentren in der Lage sind, Information über visuelle Information an die motorischen Zentren weiterzugeben. Allerdings erreicht diese Information nicht das Bewußtsein. Der Effekt wird **Blindsight effect** genannt. Er unterstreicht, daß der Cortex für bewußte Wahrnehmungen unentbehrlich ist [2].

Visuell evozierte corticale Potentiale (VEP)

Nach Lichtreizen sind über dem occipitalen Cortex **visuell evozierte Potentiale** abzuleiten (zum Begriff der *evozierten Potentiale s. S. 470*). Sie gestatten, allerdings in sehr begrenztem Umfang, eine atraumatische Untersuchung des visuellen Systems [12, 16]. Bei den visuellen Reizen werden *blitzevozierte* (z.B. unstrukturierte Lichtblitze) und *musterumkehrevozierte Potentiale* (z.B. Schachbrettmuster bei dem die hellen und dunklen Anteile rhythmisch vertauscht werden) unterschieden. Letztere haben gegenüber ersteren den großen Vorteil, daß die mittlere Leuchtdichte konstant bleibt und sich nur die Bildstruktur ändert.

Zahlreiche organische Störungen und Erkrankungen des visuellen Systems können mit Hilfe der VEP besser diagnostiziert werden [12, 16]. Erwähnt seien Sehschärfebestimmung, Amblyopie, Trübungen, Störungen des Farbsinnes, Gesichtsfelddefekte und Entzündungen des optischen Nerven (z.B. bei multipler Sklerose). Auch bei funktionellen Sehstörungen, z.B. bei Simulation oder Hysterie, sind sie zur Objektivierung des Befundes nützlich. Corticale Blindheit geht beim Erwachsenen in der Regel mit einem Verlust der VEP einher. Wenn eine klinische Besserung eintritt, erholen sich auch die Amplituden des VEP.

19.5 Sehen und Blicken; Oculomotorik und Blickmotorik

Augenbewegungen

Jedes Auge wird von sechs Muskeln bewegt (Abb. 19-19). Mit ihrer Hilfe kann der kugelförmige Augapfel **horizontale, vertikale** und **„cyclo-rotatorische“** Bewegungen ausführen, wobei durch die Kombination von horizontalen und vertikalen Bewegungen auch *schräge* Augenbewegungen möglich sind. Diese Augenmuskeln werden einmal dazu eingesetzt, die Sehachsen beider Augen relativ zueinander zu verschieben (**Vergenzbewegungen**) und zum anderen beide Augen gemeinsam zu bewegen (**konjugierte Augenbewegungen**). Aber auch wenn ein Punkt im Raum fixiert wird, bleiben die Augen nicht völlig ruhig. Einmal kommt es während längerer Fixationsperioden (0,5-2 s Dauer) zu **langsamen Verschiebungen des Fixationspunktes** geringer Amplitude. Außerdem ist jede Fixation von einem *leichten Zittern* oder **Mikrotremor** beider Augen überlagert (Amplitude 1-3 Winkelminuten, Frequenz zwischen 20-150 Hz).

Der unwillkürliche **Mikrotremor** ist anscheinend für das Sehen **unbedingt erforderlich**. Man kann nämlich ein Bild auf der Retina so fixieren, daß es sich bei jeder Augenbewegung mitbewegt und damit auf der gleichen Retinastelle projiziert bleibt. Ein derartig *optisch stabilisiertes* Bild verschwindet nach wenigen Sekunden, wahrscheinlich weil die Photosen-

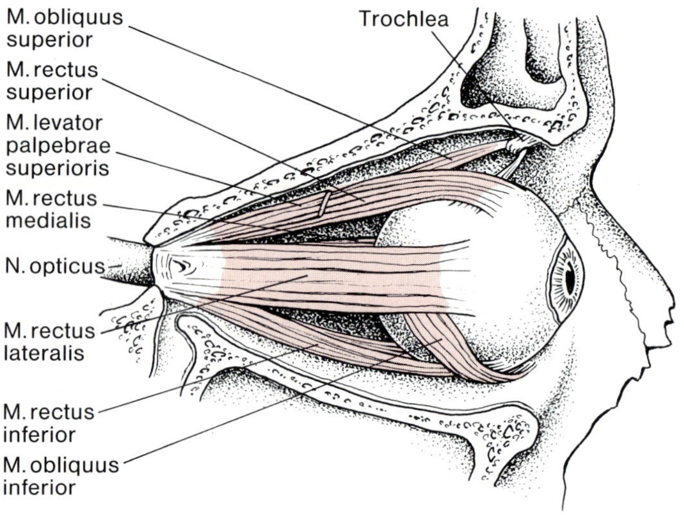

Abb. 19-19. Lage der äußeren Außenmuskeln in der Augenhöhle *(Orbita)*. Die 6 Muskeln werden durch 3 Hirnnerven bewegt: der *Nervus trochlearis (IV)* innerviert den *M. obliquus superior*, der *N. abducens (VI)* den *M. rectus lateralis* und der *N. oculomotorius (III)* die vier übrigen (Mm. rectus med., inf., sup., M. obliq. inf.) sowie den willkürlich kontrollierbaren Heber des Augenlides, M. levator palpebrae superioris (abgeschnitten in der Abb.). Schädigung eines der genannten Hirnnerven hat eine *Augenmuskellähmung* zur Folge. Wichtigstes Zeichen davon sind *Doppelbilder*, die der Patient sieht, wenn er in jene Richtung blickt, in die der gelähmte Muskel das Auge normalerweise bewegen würde. Umgezeichnet nach O.-J. Grüsser in [14]

soren auf den Dauerreiz adaptieren. Das durch den Mikrotremor bewirkte dauernde Verschieben von Rändern und Umrissen scheint dabei der für die Wahrnehmung ausschlaggebende Prozeß zu sein, denn wenn wir längere Zeit eine homogene Fläche wie z.B. ein weißes Blatt Papier betrachten, verblaßt der mittlere Teil des Bildes nicht, obwohl hier durch den Mikrotremor keine Änderung der Reizsituation eintritt.

Vergenzbewegungen. Wenn ein Punkt in großer Ferne fixiert wird, sind die Sehachsen *parallel* (S.367). Zur Fixation in der Nähe müssen die optischen Achsen beider Augen **konvergieren**. Bei anschließendem Blick in die Ferne ist wieder eine **Divergenzbewegung** erforderlich. Die *Konvergenzbewegungen* sind mit der *Kontraktion des Ciliarmuskels* zur Nahfokussierung fest gekoppelt (S.375). Außerdem tritt bei Nahfokussierung „automatisch" eine *Pupillenverengung* auf, die das Tiefensehen verbessert und Fehler der optischen Abbildung reduziert (s. „Abblenden" beim Fotoapparat). Diese drei Vorgänge werden als **Konvergenztrias** bezeichnet.

Konjugierte Augenbewegungen. Wenn wir frei im Raum umherblicken, bewegen sich beide Augen gleichzeitig miteinander in dieselbe Richtung. Bei diesen **konjugierten Augenbewegungen** können die Augen jeweils zusammen nach oben, nach unten, nach links oder nach rechts bewegt werden. Bei einem solchen *freien Umherblicken* bewegen sich die Augen nie langsam und gleichmäßig von einem Fixationspunkt zum anderen, sondern sie springen in **raschen Rucken**, genannt **Sakkaden**, von einem Fixationspunkt zum nächsten (Abb.19-20A-C). Zwischen den *Sakkaden* treten **Fixationsperioden** von 0,15 bis etwa 2s Dauer auf. Die Dauer der Sakkaden selbst schwankt zwischen 10 ms und etwa 80ms und ist näherungsweise proportional zur Sakkadenamplitude. Große Sakkaden werden in der Regel von Kopfbewegungen begleitet (Abb.19-20D). Wird ein *bewegtes Objekt* mit den Augen verfolgt, so treten **gleitende Augefolgebewegungen** auf (Abb.19-20E). Vorausgesetzt die Winkelgeschwindigkeit des verfolgten Objekts ist nicht zu groß, bleibt sein Abbild auf diese Weise auf der Stelle des schärfsten Sehens, der Fovea centralis.

Ebenso wie die Sakkaden sind auch die Augefolgebewegungen häufig mit Folgebewegungen des Kopfes koordiniert. Alle diese Bewegungen zusammen mit den dazwischenliegenden Fixationsperioden werden durch unterschiedliche motorische Programme aus den **blickmotorischen Zentren des Hirnstammes** (Abb.19-17) gesteuert [1, 4, 13-15, 27]. Die dazu nötige Information erhalten diese Zentren nicht nur aus dem peripheren und zentralen visuellen System, sondern aus zahlreichen Quellen, wie z.B. dem Kleinhirn, dem Gleichgewichtsorgan, der Tiefensensibilität oder dem Hörsystem (Abb.19-20E, *rote* Kurve). Insgesamt zählen die Steuerung der **Oculomotorik** (Steuerung eines Auges) und der **Blickmotorik** (Steuerung beider Augen) zu den kompliziertesten und faszinierendsten Beispielen der *sensomotorischen Integration* (Einzelheiten und pathophysiologische Gesichtspunkte bei [14]).

Nystagmus

Optokinetischer Nystagmus. Wenn Sie aus einem Seitenfenster eines fahrenden Eisenbahnzuges in die Landschaft blicken, so halten Ihre Augen einen Fixationspunkt fest, während Sie sich seitlich an ihm vorbeibewegen. Die Augen führen also eine *langsame Augenfolgebewegung entgegen der Fahrtrichtung* aus. Sobald der fixierte Punkt zu entschwinden droht, sucht sich das Auge mit einer *Sakkade in Fahrtrichtung* einen neuen Fixationspunkt. Ein solcher periodischer Wechsel zwischen Sakkaden und langsamen Augefolgebewegungen wird **Nystagmus** genannt. Da der *Nystagmus* in unserem Beispiel durch die Bewegung der optischen Reize ausgelöst wird, sprechen wir vom **optokinetischen** *Nystagmus* („Eisenbahnnystagmus"). Die Sakkade wird auch als *„Rückstellsakkade"* bezeichnet. Die **Richtung des Nystagmus** wird vereinbarungsgemäß nach der **Bewegungsrichtung der Sakkade** angegeben. Experimentell läßt sich ein optokinetischer Nystagmus durch horizontal oder vertikal bewegte Hell-Dunkel-Streifen, die sich in einem Zylinder um die Versuchsperson bewegen, auslösen. Variable Parameter bei der Untersuchung sind die Winkelgeschwindigkeit und die Bewegungsrichtung der Streifenmuster.

Vestibulärer Nystagmus. Sobald wir uns auf einem Drehstuhl zu drehen beginnen, versuchen wir, den gerade fixierten Punkt mit den Augen festzuhalten, ganz ähnlich wie wir es eben bei der Eisenbahnfahrt erlebt haben. Es kommt zu einer langsamen Gegenbewegung der Augen, die natürlich nur bis zu einem gewissen Punkt möglich ist. Anschließend springt das Auge mit einer Sakkade in Drehrichtung auf einen neuen Fixationspunkt. Es entsteht also wiederum ein Nystagmus, diesmal ein „Drehnystagmus". Er ist einerseits durch die Relativbewegungen des optischen Reizes bedingt, insoweit also ein optokinetischer Nystagmus, aber er hat auch eine sehr starke vestibuläre Komponente, denn die Drehbewegung aktiviert die Sensoren der horizontalen Bogengänge des Gleichgewichtsorgans, die ihrerseits zu einem **horizontalen vestibulären Nystagmus** führen.

Wird nach längerer gleichförmiger Drehung plötzlich gestoppt, so kommt es noch für eine Weile zu einem **postrotatorischen Nystagmus** in die Gegenrichtung des anfänglichen *Drehnystagmus*, da die

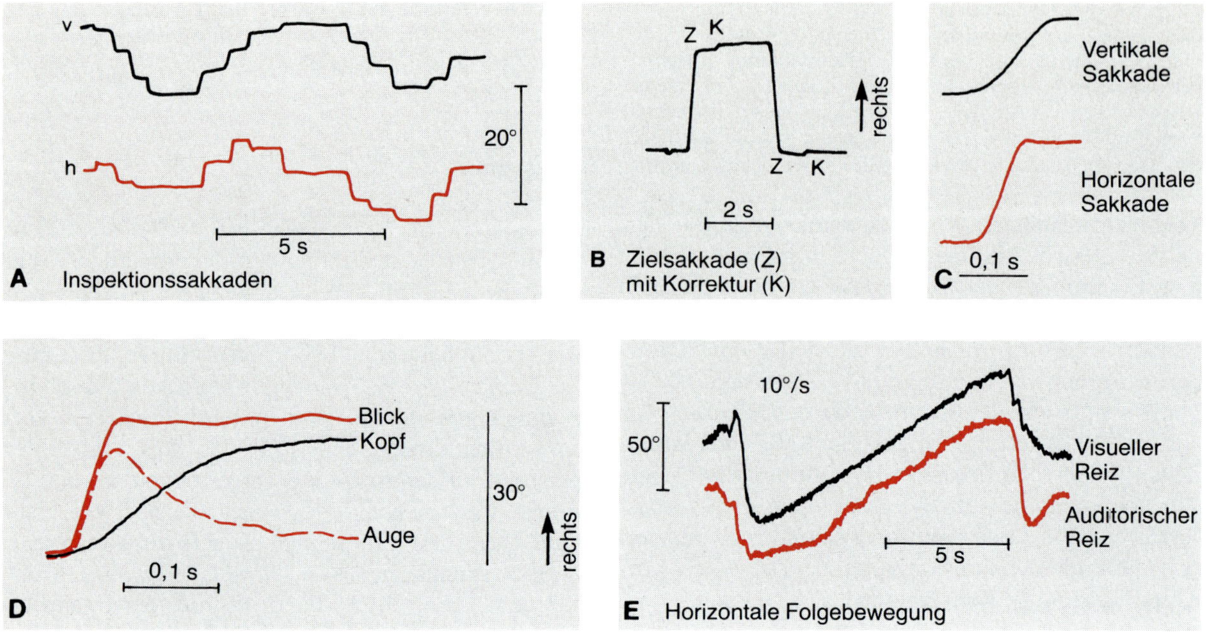

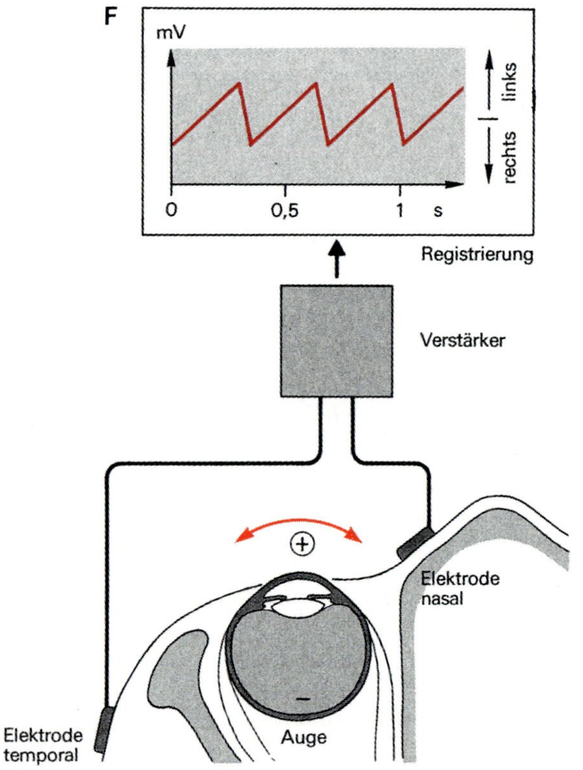

Abb. 19-20. Elektrooculographische Registrierung *(Electrooculogramm, EOG)* der Augenbewegungen des Menschen. **F** Aufgrund des *corneo-retinalen Bestandspotentials* (verursacht durch Ionenströme zwischen den retinalen Pigmentzellen und den Photosensoren, vgl. Abb. 19-12) bildet das Auge einen Dipol (Cornea *positiv* gegen Retina), dessen Bewegungen mit der in **E** gezeigten Methode als EOG registriert werden können. **A** Horizontale Sakkaden beim freien Umherblicken. **B** Große horizontale Zielsakkade (Z) mit kleiner Korrektursakkade. **C** Horizontale und langsamere vertikale Sakkade. **D** Augen- und Kopfbewegung eines Rhesusaffen bei einem Lichtreiz im rechten Gesichtsfeld. **E** Horizontale Augenbewegung auf einen im Dunkel bewegten Lichtpunkt und auditorische Augenfolgebewegungen auf einen im Dunkeln bewegten kleinen Lautsprecher, der weißes Rauschen abgab. Aus O.-J. Grüsser in [14]

Gleichgewichtssensoren jetzt in der umgekehrten Richtung wie bei Andrehen aktiviert werden. Setzt man bei dieser Prüfung dem Probanden eine Brille auf, die sehr stark konvexe Linsen und eine Beleuchtung enthält (*Frenzelsche Brille*), so wird er myop und kann nicht mehr fixieren (*zum Ausschalten visueller Einflüsse*); gleichzeitig lassen sich jetzt die Augen des Patienten gut beobachten. Dieser Test eignet sich gut zur *klinischen Funktionsprüfung* des Gleichgewichtsorgans und der Zusammenarbeit zwischen ihm und dem blickmotorischen System. Mit der *Frenzel-Leuchtbrille* kann gleichzeitig geprüft werden, ob der Patient nach Ausschalten der visuellen Fixation einen (unphysiologischen) **Spon-**

tannystagmus zeigt. (Alle Formen von Nystagmus gehen häufig mit *Schwindel* und *Gleichgewichtsstörungen* einher.)

Augenbewegung, Bewegungswahrnehmung und Umweltstabilität

Umweltstabilität trotz Augenbewegung. Bei Augen- und Kopfbewegungen bewegt sich die Umwelt nicht, obwohl sich die Bilder der Umwelt auf der Netzhaut verschieben. Dagegen bewirkt leichtes Bewegen des Augapfels mit einem Finger eine Verschiebung der Sehwelt in entgegengesetzter Richtung (und ein Doppelbild, sofern man das andere Auge nicht bedeckt oder geschlossen hält). Dieser einfache Versuch weist schon darauf hin, daß die zur Stabilisierung der Sehwelt ausgewerteten Signale nicht durch die Bewegung des Augapfels selbst ausgelöst werden (also z. B. aus den Dehnungssensoren der Augenmuskeln stammen). Es werden vielmehr die von den blickmotorischen Zentren zur Bewegungssteuerung der Augen ausgesandten Kommandosignale schon im Gehirn unmittelbar mit den retinalen Bewegungsmeldungen so verrechnet, daß keine Bewegung der Sehwelt wahrgenommen wird. Eine Verrechnung der efferenten motorischen Kommandos für die Augen- und Kopfbewegungen mit den afferenten visuellen Signalen aus der Netzhaut wurde bereits von Helmholtz im vorigen Jahrhundert postuliert. Diese Verrechnung wurde im Modell des **Reafferenzprinzips** von v. Holst und Mittelstaedt präzise formuliert und ist in Abb. 19-21 schematisch dargestellt. Ähnliches geschieht mit Hilfe der *Tiefensensibilität*, dem *Gleichgewichtssinn* und entsprechenden *Efferenzkopien* aus den motorischen Zentren, um bei Kopf- und Körperbewegungen die Umwelt zu stabilisieren (vgl. Abb. 18-8 und zugehörigen Text).

Bewegungssehen. Bewegliche Augen, wie die unseren, können auf zweierlei Weise über Bewegungen unterrichten: zum einen, indem wir mit den Augen den Bewegungen eines fixierten Objektes auf dem Hintergrund einer stabilen Umwelt folgen und zum anderen, indem wir bei ruhigem Blicken diejenige Information auswerten, die das Abbild eines sich bewegenden Gegenstandes bei seiner Verschiebung über die Netzhaut hervorruft. Es leuchtet sofort ein, daß für diese beiden Formen der Bewegungswahrnehmung unterschiedliche zentralnervöse Strukturen und Analyseprogramme zur Verfügung stehen müssen, denn das neuronale System, das die Bewegungswahrnehmung bei Verschieben der Bilder über die Netzhäute vermittelt, muß anders arbeiten

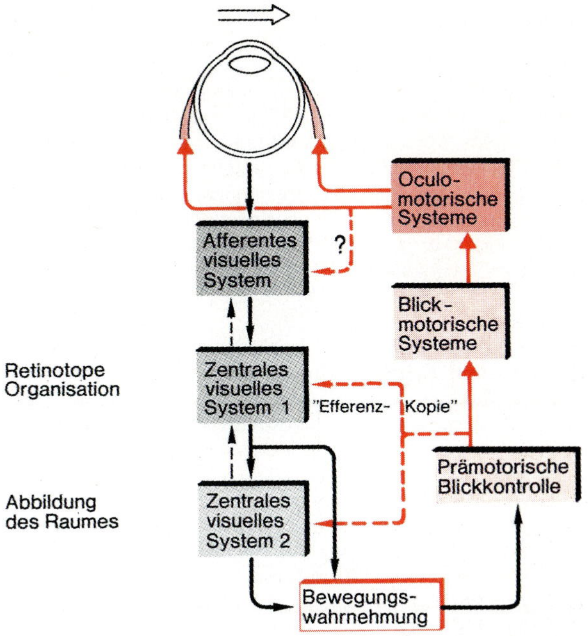

Abb. 19-21. Zentralnervöse Grundlagen des Bewegungssehens und der Umweltstabilität trotz Augenbewegungen. Dargestellt sind in einem Blockdiagramm die Verknüpfungen zwischen den einzelnen zentralnervösen Stationen, die an der Verrechnung der von der Retina kommenden Afferenz mit den Efferenzkopien der Bewegungskommandos aus den blickmotorischen Zentren beteiligt sind. Die Arbeitsweise dieser Schaltkreise ist im Text erläutert. Aus O.-J. Grüsser in [14]

als das, welches Bewegung signalisiert, wenn die Augen bewegt werden. Beide Systeme müssen außerdem miteinander und mit dem System zur Umweltstabilisierung (Abb. 19-21) eng zusammenarbeiten.

Bewegung eines Abbildes über die Sensoren der Netzhaut wird besonders am Rand des Gesichtsfeldes deutlich wahrgenommen, ohne daß man das Objekt sofort identifizieren kann. Ein solcher Reiz löst dann reflektorisch eine Blickbewegung aus, die den bewegten Gegenstand in den Bereich des zentralen Sehens bringt. Es handelt sich hier anscheinend um entwicklungsgeschichtlich sehr alte Wahrnehmungsmechanismen, mit denen nach Art eines Vorwarnsystems sichergestellt wird, das eventuell interessante oder gefährliche Objekte schnellstens durch das in der Fovea hochentwickelte Formensehen erkannt werden. Viele Tiere verfügen kaum über Formen- aber praktisch immer über ein hochentwickeltes Bewegungssehen.

Bei der Komplexität der Wahrnehmungsprozesse des Bewegungssehens verwundert es nicht, daß es gelegentlich auch zu **Bewegungstäuschungen** kommt, die (wie andere optischen Täuschungen auch, vgl. Abb. 19-5) die Leistungsfähigkeit des visuellen Systems eher unterstreichen als in Frage stellen. Das **Phi-Phänomen** und seine Rolle bei Film und Fernsehen wurde bereits erwähnt (S. 366), ebenso das **autokinetische Phänomen** des „wandernden Lichtes" (S. 367). Letzteres ist aus der Sicht der eben dargestellten Theorie der Umweltstabilisation vielleicht auf die Fehldeutung von Efferenzkopien motorischer Signale zu den Augenmuskeln zurückzuführen, die im Verlauf einer längeren Fixation benötigt werden und deren Fehlinterpretation durch die Abwesenheit einer strukturierten visuellen Umwelt begünstigt wird. Eine andere bekannte *Bewegungstäuschung* ist die **Wasserfalltäuschung**, die man zu Hause sehr leicht auslösen kann, indem man ungefähr eine halbe Minute das Zentrum eines rotierenden Schallplattenspielers fixiert. Wird der Plattenspieler dann plötzlich gestoppt, scheint er für einige Sekunden in umgekehrter Richtung zu rotieren. Dieser Effekt wird wahrscheinlich durch die Adaptation des Sehsystems an die vorhergehende Bewegung hervorgerufen.

Der in dieser Hinsicht eindrucksvollste Effekt wird durch eine **rotierende Spirale** hervorgerufen. Sie scheint sich *während der Rotation auszudehnen und nach Anhalten der Rotation zu kontrahieren.* Wenn die Rotationsrichtung umgekehrt wird, kehrt sich der Effekt um. Diese vorgetäuschten Kontraktionen und Ausdehnungen können nicht durch Augenbewegungen ausgelöst sein, da sie gleichzeitig in alle Richtungen auftreten. Sie zeigen außerdem das Paradox, daß die Scheibe sich ausdehnt oder zusammenzieht und dabei von gleicher Größe bleibt. Wir haben es hier möglicherweise mit ähnlichen Phänomenen zu tun wie bei der Betrachtung der statischen Figuren der Abb. 19-4: Das Sehsystem erhält Bewegungsinformationen, die miteinander schwer vereinbar oder völlig unvereinbar sind und daher zunächst einmal unterschiedlich gedeutet werden, sozusagen in der Hoffnung, daß sich alsbald herausstellt, welcher der Deutungsvorschläge zutrifft.

Elektrooculogramm (EOG). Relativ zur Retina ist die Hornhaut des Auges elektrisch positiv geladen. Dieses *corneo-retinale Bestandspotential* ist durch Ionenflüsse zwischen Retinazellen bedingt. Das Auge bildet also einen *elektrischen Dipol*, dessen elektrisches Feld mit Makroelektroden, die am äußeren Rand der Augenhöhle angeklebt werden, aufgezeichnet werden kann. Dieses *Elektrooculogramm (EOG)* stellt eine einfache und zuverlässige Methode zur Registrierung der Augenbewegungen dar (Abb. 19-20). Wird das EOG bei Nystagmusprüfungen eingesetzt, so nennt man es auch **Nystagmogramm.**

Elektroretinogramm (ERG). Das EOG darf nicht verwechselt werden mit denjenigen elektrischen Spannungsschwankugen, die auf ähnliche Weise registriert werden, aber nicht durch Bewegungen des Auges, sondern durch Belichtung oder Verdunkelung der Netzhaut bedingte elektrische Spannungsschwankungen sind. Diese *Elektroretinogramme (ERG)* stellen summierte Potentiale der Retinazellen dar. Man kann sie vielleicht am ehesten mit den EEG-Registrierungen der Hirnrinde vergleichen. Mit der Einführung der Mikroelektroden hat ihre Aufzeichnung an Bedeutung verloren.

19.6 Literatur

Weiterführende Lehr- und Handbücher

1. BAKER, R., BERTHOZ, A. (Eds.): Control of Gaze by Brain Stem Neurons. Amsterdam: Elsevier 1977
2. BLAKEMORE, C.: Mechanics of the Mind. Cambridge: Cambridge University Press 1977
3. DAVSON, V.: The Eye. London: Academic Press 1962
4. DICHGANS, J., BIZZI, E. (Eds.): Cerebral Control of Eye Movements and Motion Perception. Basel: Karger 1972
5. GRAHAM, C.H. (Ed.): Vision and Visual Perception. New York: J. Wiley 1965
6. HELMHOLTZ, H. von: Handbuch der Physiologischen Optik, 2. Aufl. Hamburg: L. Voss 1896
7. HERING, E.: Grundzüge der Lehre vom Lichtsinn. Berlin: Springer 1920
8. JAMESON, D., HURVICH, L.M. (Eds.): Visual Psychophysics. Handbook of Sensory Physiology Bd. VII/4. Berlin, Heidelberg, New York: Springer 1972
9. JUNG, R. (Ed.): Central processing of visual information. A: Integrative function and comparative data. Handbook of Sensory Physiology, Bd. VII/3 A. Berlin, Heidelberg, New York: Springer 1973
10. JUNG, R. (Ed.): Central processing of visual information. B: Visual centers in the brain. Handbook of Sensory Physiology, Bd VI/3 B. Berlin, Heidelberg, New York: Springer 1973
11. LEYDHECKER, W.: Augenheilkunde. 22. Aufl. Berlin, Heidelberg, New York, Tokio: Springer 1985
12. LUTZENBERGER, W., ELBERT, T.H., ROCKSTROH, B., BIRBAUMER, N.: Das EEG - Psychophysiologie und Methodik von Spontan-EEG und ereigniskorrelierten Potentialen. Berlin, Heidelberg, New York, Tokyo: Springer 1985
13. SCHMIDT, R.F. (Hrsg.): Grundriß der Sinnesphysiologie. 5. Aufl. Berlin, Heidelberg, New York, Tokyo: Springer 1985
14. SCHMIDT, R.F., THEWS, G. (Hrsg.): Physiologie des Menschen. 22. Aufl. Berlin, Heidelberg, New York, Tokyo: Springer 1985
15. SCHMIDT, R.F., THEWS, G. (Hrsg.): Physiologie des Menschen. 23. Aufl. Berlin, Heidelberg, New York, Tokyo: Springer 1987
16. STÖHR, M., DICHGANS, J., DIENER, H.C., BÜTTNER, U.W.: Evozierte Potentiale. Berlin, Heidelberg, New York: Springer 1982
17. WALLS, G.L.: The Vertebrate Eye and its Adaptive Radiation. New York: Hafner 1963
18. WRIGHT, W.D.: The Measurement of Colour, 3rd Ed. London: Hilger & Watts 1964
19. YARBUS, A.L.: Eye Movements and Vision. New York: Plenum Press 1967
20. ZRENNER, E.: Neurophysiological Aspects of Colour Vision in Primates. Berlin, Heidelberg, New York, Tokyo: Springer 1983

Einzel- und Übersichtsarbeiten

21. BLAKEMORE, C.: Genetic instructions and developmental plasticity in the kitten's visual cortex. Philos. Trans. R. Soc. London, Ser. B *278*, 425-434 (1977)

22. BOYCOTT, B.B., WÄSSLE, H.: The morphological types of ganglion cells of the domestic cat's retina. J. Physiol. (Lond.) *240*, 397 (1974)
23. ESSEN, D.C. van: Visual areas of the mammalian cerebral cortex. Ann. Rev. Neurosci. *2*, 227 (1979)
24. ESSEN, D.C. van, ZEKI, S.M.: The topographic organization of Rhesus monkey prestriate cortex. J. Physiol. *277*, 193 (1978)
25. GRÜSSER, O.-J.: Die funktionelle Organisation der Säugetiernetzhaut - physiologische und pathophysiologische Aspekte. Fortschr. Ophthalmol. *80*, 502 (1983)
26. GRÜSSER, O.-J.: Face recognition within the region of neurobiology and beyond it. Human Neurobiol. *3*, 183 (1984)
27. GRÜSSER, O.-J., GRÜSSER-CORNEHLS, U.: Neurophysiologie des Bewegungssehens. Bewegungsempfindliche und richtungsspezifische Neurone im visuellen System. Ergebn. Physiol. *61*, 178 (1969)
28. HELD R., HEIN A.: Movement-produced stimulation in the development of visually guided behavior. J. Comp. Physiol. Psychol. *56*, 872-876 (1963)
29. HUBEL, D.H., WIESEL, T.N.: The period of susceptibility to the physiological effects of unilateral eye closure in kittens. J. Physiol. (Lond.) *206*, 419-436 (1970)
30. HUBEL, D.H., WIESEL, T.N.: Functional architecture of macaque visual cortex. Proc. R. Soc. Lond. [Biol.] *198*, 1 (1977)
31. LIVINGSTON, M.S., HUBEL, D.H.: Anatomy and physiology of a color system in the primate visual cortex. J. Neurosci. *4*, 309 (1984)
32. ZIHL, J., CRAMON D. von: Restitution of visual function in patients with cerebral blindness. J. Neurol. Neurosurg. Psychiatry *42*, 312-322 (1979)

20 Hören und Gleichgewicht

Es mutet auf den ersten Blick seltsam an, so unterschiedliche Modalitäten wie den Hör- und den Gleichgewichtssinn in ein und demselben Kapitel besprochen zu finden. Aber diese beiden Sinne sind entwicklungsgeschichtlich eng verwandt. Ihre Sensoren sitzen in einem gemeinsamen Organ, dem *inneren Ohr*, das wiederum fest in einen Schädelknochen, nämlich in das *Felsenbein* „eingemauert" ist (Abb. 20-2). Die Sensoren der beiden Sinne sind sich auch nach wie vor in ihrem Aufbau außerordentlich ähnlich, selbst ihre adäquaten Reize stimmen auf zellulärer Ebene noch überein, aber die lokalen Erregungsprozesse werden durch völlig unterschiedliche äußere Reize angestoßen, nämlich durch die **Schallwellen** auf der einen Seite und durch die **Schwerkraft** und andere *Beschleunigungskräfte* auf der anderen.

Wir werden uns im folgenden zunächst mit den Grundbegriffen der (physikalischen) *Akustik* und anschließend mit der erstaunlichen *psychophysiologischen Leistungsfähigkeit* des Hörsystems vertraut machen. Im zweiten Abschnitt werden wir die Verarbeitung der akustischen Signale im Zentralnervensystem verfolgen, vom Auftreffen der Schallwellen auf dem Trommelfell über die Transduktions- und Transformationsprozesse in der Cochlea bis zu den verschiedenen Stationen der Hörbahn und ihren Aufgaben. Der dritte Abschnitt dieses Kapitels ist schließlich dem *Gleichgewichtssinn* gewidmet, dessen Zusammenarbeit mit der Tiefensensibilität bereits erwähnt wurde (Abb. 18-8, S. 341).

20.1 Psychophysik des Hörens (Psychoakustik)

Der Schall und seine Messung

Den großen Baßlautsprechern moderner HiFi-Boxen können wir es ansehen: Sie schwingen bei der Schallabgabe hin und her und regen dadurch die sie umgebende Luft zu *Schwingungen*, also zu rhythmisch abwechselnden *Verdichtungen und Verdünnungen der Luftmoleküle* an (Abb. 20-1 A). In diesen Zonen ist der Luftdruck entsprechend erhöht und erniedrigt. Die Luft(druck)schwingungen oder Schall(druck)wellen breiten sich von der Quelle mit einer Geschwindigkeit von etwa 340 m/s wellenförmig aus. Dies entspricht 20400 m/min oder 1224 km/Stunde.

Wenn Schall(druck)wellen von einer Frequenz zwischen 20 und 16000 Hz (Hertz = Schwingungen pro Sekunde) in einer gewissen Mindestdruckstärke auf unsere Ohren treffen, erregen sie *Sensoren im Innenohr* und lösen damit eine *Schallempfindung* aus. Je höher die Schallwellenfrequenz, desto höher der Ton. Schall unter 20 Hz (Infraschall) und über 16000 Hz (Ultraschall) lösen keine Erregung in unseren Innenohrsensoren aus. Aber es gibt viele Tiere, die im Ultraschallbereich hören können. Ebenso wie die Lautsprechermembran bewegen sich die Luftmoleküle bei der Schallausbreitung nicht fort, sondern schwingen um ihre mittlere Ruhelage hin und her. Da diese Schwingungsrichtung mit der Ausbreitungsrichtung des Schalles identisch ist, sprechen wir von **Longitudinalwellen**. Schallwellen können sich nicht nur in der Luft, sondern auch als *Körperschall* in festen und flüssigen Körpern ausbreiten.

Schalldruckmessung. Mit einem Mikrophon kann man Schalldruckwellen aufnehmen und in ein elektrisches Signal umwandeln. Das elektrische Signal läßt sich aufzeichnen oder an einem Meßinstrument sichtbar machen. Seine Amplitude ist ein direktes Maß für die *Intensität des Schalldruckes*. Bei solchen Messungen stellen wir zunächst fest, daß die Amplitude der Druckschwankungen sehr klein ist, gemessen an dem uns umgebenden *atmosphärischen Luftdruck*. Selbst bei den Lautstärken einer Diskothek oder eines startenden Düsenjets liegt sie bei deutlich weniger als 1% Atmosphärendruck. Zweitens bemerken wir bei solchen Messungen sehr schnell, daß zwischen dem minimalen Schalldruck, der gerade für eine Hörempfindung ausreicht, und dem der so stark ist, daß die Hörempfindung schon schmerzhaft wird, ein Unterschied von mindestens 1 : 10000 und manchmal mehr als 1 : 1000000 registriert werden kann.

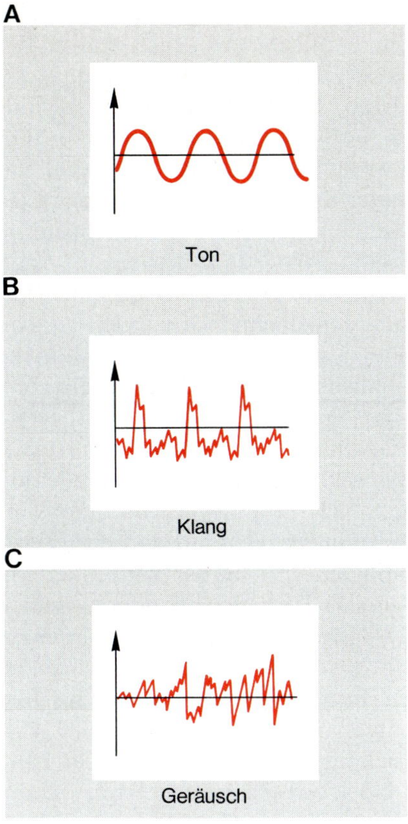

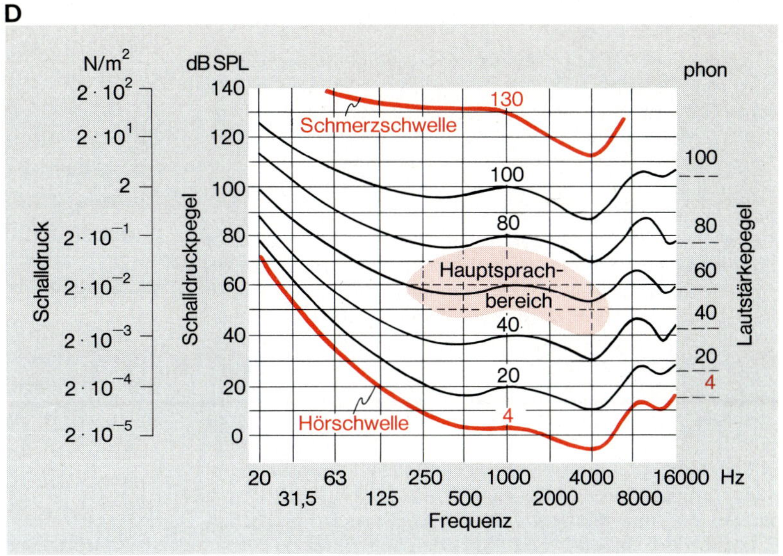

Abb. 20-1. Der Arbeitsbereich des menschlichen Hörsystems. **A–C** Beispiele für den Schalldruckverlauf von Tönen, Klängen und Geräuschen. **D** Kurven gleicher Lautstärkepegel *(Isophone)* nach DIN 45630. Nur Schallereignisse, deren Frequenzen höher als rund 20 Hz und geringer als rund 16000 Hz sind, können gehört werden. Die Hörschwelle (*unterste rote* Kurve) hängt stark von der Schallfrequenz ab. Lautstärkepegel über 130 Phon sind schmerzhaft (*oberste rote* Kurve). Die Ordinatenskalen der *linken* Seite erlauben einen Vergleich zwischen *Schalldruck (N/m²)* und *Schalldruckpegel (dB SPL)*. Der Hauptsprachbereich ist *hellrot* hervorgehoben

Wir können die Stärke einer so gemessenen Schalldruckwelle in der für Drücke normalerweise verwendeten Größe von Newton pro Quadratmeter (N/m^2), abgekürzt *Pascal* (Pa), angeben. Beispielsweise finden wir nahe der Hörschwelle, daß der Druck von Tönen zwischen 1000 und 2000 Hz bei etwa 2×10^{-5} N/m^2 liegt. Wie gesagt, sehr laute Töne haben bis zu zehnmillionenfach höhere Druckamplituden. Um mit diesem weiten Druckbereich besser umgehen zu können, hat man sich international verständigt, ein anderes, handlicheres Maß für den Schalldruck einzuführen, nämlich den in **Dezibel (dB)** angegebenen **Schalldruckpegel**. Bei diesem Maßsystem wird der Schalldruck von 2×10^{-5} N/m^2 (20 Mikropascal) als 0 dB gesetzt und jede *zehnfache Zunahme des Schalldruckes* in 20 dB Einheiten aufgeteilt. Der zehnmillionenfache Schalldruck von 2×10^2 N/m^2 entspricht also einem Schalldruckpegel von 140 dB SPL (der Zusatz **SPL**, **S**ound **P**ressure **L**evel, grenzt die hier benutzten dB von anderen technisch gebräuchlichen dB-Maßsystemen ab).

Die dB (SPL) Skala hat zwei wesentliche Vorteile: Erstens kann der sehr weite Intensitätsbereich des hörbaren Schalldruckes mit einer kurzen Skala handlicher Zahlen dargestellt werden und zweitens entsprechen, wie wir noch sehen werden, gleichgroße Zunahmen des Schalldruckpegels in etwa auch gleichgroßen Zunahmen der subjektiv erlebten Lautstärke. Es lohnt sich daher, sich mit dieser Skala noch etwas vertrauter zu machen. Es handelt sich dabei um eine Skala von Verhältniszahlen, die so gewonnen werden, daß ein gemessener Schalldruck $\mathbf{p_x}$ mit dem oben schon genannten Bezugsschalldruck $\mathbf{p_0} = 2 \times 10^{-5}$ N/m^2 verglichen wird. Man bildet dazu den Quotienten $\mathbf{p_x/p_0}$. Dieser Quotient wird logarithmiert (dekadischer Logarithmus) und mit 20 multipliziert, so daß der **Schalldruckpegel L** folgendermaßen definiert ist:

$$L = 20 \times \log_{10} (p_x/p_0)\ (dB)$$

Wie „handlich" diese auf den ersten Blick recht umständlich erscheinende Definition des Schalldruckpegels in der praktischen Anwendung ist, wird sich in den folgenden Abschnitten dieses Kapitels noch zeigen. Vorweg sei der Umgang mit ihr an den nachfolgenden Beispielen etwas eingeübt.

Gesucht sei der *Schalldruckpegel* eines Tones mit dem Schalldruck von $p_x = 2 \times 10^{-2}$ N/m^2. Wir errechnen zunächst $p_x/p_0 = 2 \times 10^{-2}/2 \times 10^{-5} = 1\,000 = 10^3$. Diesen Wert setzen wir in obige Formel ein und erhalten (da $\log_{10} 1000 = 3$) $L = 20 \times \log_{10} 10^3 = 20 \times 3 = 60$ *dB.*

Verdoppeln wir den Schalldruck des obigen Beispieles, so wird der Quotient p_x/p_0 zu 2000 oder 2×10^3. Sein dekadischer Logarithmus ist (lt. Taschenrechner oder Tabelle) 3,30103, der Schalldruckpegel liegt also bei $20 \times 3{,}3 = 66$ dB. Eine weitere Verdopplung des Schalldruckes ergibt einen weiteren Zuwachs von 6 dB auf 72 dB (bitte nachrechnen), usw. Gleiches gilt, wenn man von anderen Schalldrücken startet. Eine Verdopplung eines beliebigen Schalldruckes erhöht also den zugehörigen Schalldruckpegel immer um 6 dB.

Können Sie sich jetzt noch erinnern, um wieviel dB-Einheiten sich der Schalldruckpegel ändert, sobald der Schalldruck sich verzehnfacht? Wenn nicht, können Sie es jetzt leicht errechnen. In obigem Beispiel würde sich der Quotient p_x/p_0 von 1000 auf 10000 vergrößern, der zugehörige Logarithmus von 3 auf 4 und damit der dB-Wert von 60 auf 80. Dies gilt offensichtlich ganz allgemein, da jede Verzehnfachung des Schalldruckes den dekadischen Logarithmus um 1,0 vergrößert und den dB-Wert damit um 1×20 dB erhöht. Dieser Zusammenhang zwischen Schalldruck und Schalldruckpegel ist *links* in Abb. 20-1 D deutlich zu sehen.

Töne, Klänge und Geräusche. Enthält ein Schallereignis nur eine einzige Sinusschwingung bestimmter Frequenz, so sprechen wir von einem **Ton** (Abb. 20-1 A). Im täglichen Leben kommen reine Töne jedoch praktisch nicht vor. Hier dominieren *Klänge* und *Geräusche.* Man spricht von einem **Klang**, wenn das Schallereignis mehrere Frequenzen enthält. Es handelt sich dabei im allgemeinen um einen Grundton mit mehreren harmonischen Obertönen (Abb. 20-1 B). Der Grundton ist in der Periodik des Schalldruckverlaufes zu erkennen. Die Frequenz der Obertöne sind ganzzahlige Vielfache der Grundfrequenz. Dies gilt insbesondere für Musikinstrumente, die im physikalischen Sinne *„Klänge"* abstrahlen. Doch erzeugen verschiedene Instrumente auch bei gleichem Grundton Obertöne in unterschiedlicher Zahl und Intensität. So entstehen die unterschiedlichen Klangbilder der Instrumente und des gesamten Orchesters. Enthält ein Schallereignis praktisch alle Frequenzen des Hörbereiches, so nennt man das Ereignis ein **Geräusch**. Im zeitlichen Verlauf des Schalldruckes ist daher keine Periodizität mehr zu erkennen (Abb. 20-1 C).

Die Auswertung der Schallereignisse

Hörschwelle. Mißt man bei einer größeren Gruppe gesunder Erwachsener, bei welchem Schalldruckpegel die *Hörschwelle* liegt, so ergibt sich der in Abb. 20-1 D durch die unterste, rote Kurve gezeichnete Befund: *Die Hörschwelle hängt stark von der Frequenz des Prüftones ab.* Das Ohr ist im Bereich von 2000 - 5000 Hz am empfindlichsten. Dort genügt bereits ein sehr niedriger Schalldruckpegel, um die Hörschwelle zu überschreiten. Bei höheren und tieferen Frequenzen sind zum Überschreiten der Hörschwelle höhere Schalldruckpegel notwendig. Besonders im Bereich der tiefen Töne (Baßtöne), also der sehr niedrigen Schallfrequenzen, liegen die Hörschwellen um 20 bis 60 dB über denen bei 2000 Hz. (Dies ist ein wesentlicher Grund dafür, daß Hi-Fi-Anlagen mit guter Baßwiedergabe eine hohe Leistung haben müssen und entsprechend teuer sind.)

Lautstärke. Die (subjektive) Hörschwelle eines Tones und seine bei steigendem Schalldruck zunehmende (subjektive) Lautstärke hängen also nicht nur vom (physikalischen) Schalldruckpegel, sondern auch von der Frequenz des Tones ab. Dennoch kann der *Zusammenhang zwischen Lautstärke und Schalldruckpegel* mit psychophysischen Methoden (siehe dazu S. 323) erfaßt werden. Eine Versuchsperson kann nämlich nicht nur darüber Angaben machen, wann ein Ton hörbar wird, sondern auch darüber, wann sie Töne gleicher oder verschiedener Frequenz als **gleichlaut** empfindet. Bei einer solchen Messung bietet man der Versuchsperson 2 Töne dar: einen Testton beliebiger Frequenz und Intensität und einen Vergleichston von 1000 Hz, dessen Schalldruckpegel bekannt ist (er sei zum Beispiel 60 dB). Über einen Lautstärkeregler kann dann die Versuchsperson den Testton so lange lauter oder leiser drehen, bis er ihr genauso laut wie der Vergleichston erscheint. Beide Töne sind dann **subjektiv gleich laut**. Sie haben, so sagt man, den gleichen **Lautstärkepegel**.

Phon-Skala. Der *Lautstärkepegel* wird in **Phon** angegeben. Und zwar wurde vereinbart, daß bei 1000 Hz die **Phon-** und die **dB-Werte** übereinstimmen. In unserem obigen Beispiel haben also nach dem Lautstärkeabgleich beide Töne einen *Lautstärkepegel von 60 Phon.* Der Schalldruckpegel des Vergleichstones von 1000 Hz ist dabei definitionsgemäß 60 dB, der des Testtones kann je nach seiner Frequenz geringer oder (wie meistens) größer sein. Dies zeigen eindrucksvoll die *Kurven gleicher Lautstärkepegel* oder **Isophone** in Abb. 20-1 D. Sie wurden mit der eben beschriebenen Methode aus zahlreichen Einzelmessungen gewonnen. Auch die Hörschwelle ist eine solche Isophone; alle Töne, die auf der Hörschwelle liegen, sind nämlich gleich laut, und zwar eben überschwellig.

Die mittlere Hörschwelle gesunder Menschen liegt bei 4 Phon. Die 60-Phon-Kurve läuft mitten durch den **Hauptsprachbereich**. Das ist dasjenige, in der Abb. 20-1 D rot hervorgehobene Areal, in dem die bei normalem Sprechen hautsächlich vorkommenden Frequenzen und Laustärkepegel liegen. Sehr hohe Lautstärkepegel lösen Ohrenschmerzen aus. Dies ist etwa bei *130 Phon* der Fall. Dieser

Wert wird deswegen als **Schmerzschwelle** bezeichnet. Solch hohe Lautstärkepegel führen auch zu Hörschäden, die bei längerer Einwirkungsdauer auch schon bei viel geringeren Schallbelastungen auftreten können. So verursacht eine Dauerbeschallung (8stündiger Arbeitstag) mit mehr als 90 Phon mit Sicherheit im Laufe von Jahren eine **Schwerhörigkeit**. Diese Lautstärkepegel werden nicht nur in einigen Betrieben (wo das Tragen von Schallschutz vorgeschrieben ist), sondern auch in Beatschuppen und Diskotheken regelmäßig überschritten.

Lautstärkepegel und Lautheit. Gibt man einer Versuchsperson einen Ton von 1000 Hz mit einem Lautstärkepegel von 40 Phon vor und bittet sie, einen zweiten Ton von 1000 Hz so laut einzustellen, daß er ihr genau doppelt so laut erscheint, dann stellt sie einen Lautstärkepegel von etwa 50 Phon ein. Soll der Ton viermal so laut wie der Kontrollton von 40 Phon empfunden werden, wird ein Lautstärkepegel von etwa 60 Phon eingestellt. Mit anderen Worten, ein Ton wird ungefähr doppelt so laut empfunden, wenn sein Lautstärkepegel um 10 Phon ansteigt. Bei 1000 Hz bedeutet dies umgekehrt, daß eine *Verzehnfachung des Schalldruckpegels* (und damit eine Zunahme des Lautstärkepegels um 20 Phon) nur eine *Vervierfachung der Lautheit* bewirkt. Für andere Frequenzen gilt ähnliches. Wir haben es hier, wie bei den anderen Sinnesorganen auch, mit einer Beziehung zwischen *physikalischem* Reiz **(Schalldruck)** und *subjektiver* Empfindung (**Lautheit**) in Form einer Potenzfunktion zu tun, deren Exponent etwa 0,3 ist (vgl. dazu S. 324). Dies gilt allerdings nur für Lautstärkepegel oberhalb 40 Phon. Unterhalb von 40 Phon wird eine Lautheitsverdopplung schon bei geringerer Zunahme des Lautstärkepegels erreicht.

Lärmmessung. Da die subjektive Lautheit von Geräuschen und damit das Ausmaß der von ihnen ausgehenden Lärmbelästigung sehr stark von den in ihnen enthaltenen Frequenzen abhängt (Abb. 20-1 D), gibt eine Messung des Schalldruckpegels keinen ausreichenden Anhaltspunkt für ihre Beurteilung. Man kann jedoch Schallpegelmesser durch den Einbau von Frequenzfiltern in ihrer Empfindlichkeit so verändern, daß sie eine Bewertung vornehmen, die etwa dem menschlichen Gehör entspricht. Die höchste Empfindlichkeit des Meßinstrumentes liegt dann, entsprechend dem Verlauf der Hörschwelle, im mittleren Frequenzbereich, für höhere und tiefere Frequenzen ist das Gerät weniger empfindlich. Die mit einem derartigen Gerät zu messenden Werte werden mit **dB (A)** bezeichnet. Sie stimmen also *näherungsweise* mit den Phon-Werten überein.

Intensitätsunterschiedsschwelle. Die Phon-Skala baut darauf auf, daß Versuchspersonen zwei Töne als **gleich laut** angeben. Es ist daher die Frage erlaubt und wichtig, wie genau wir unterschiedliche Schalldruckpegel voneinander unterscheiden können. Die Antwort lautet: erstaunlich genau! Denn zwei Töne gleicher Frequenz werden im unteren Intensitätsbereich bereits dann als unterschiedlich laut empfunden, wenn sich der Schalldruck um nur 1 dB voneinander unterscheidet. Im oberen Intensitätsbereich wird dieser Wert sogar noch wesentlich geringer.

Frequenzunterschiedsschwelle. Unser Gehör ist aber nicht nur in der Lage, einen Ton nach seiner Lautstärke zu beurteilen, sondern auch nach der **Tonhöhe**, die durch die Tonfrequenz gegeben ist. Im allgemeinen Sprachgebrauch sind wir gewohnt, einen Ton mit hoher Frequenz als „hoch" zu bezeichnen und umgekehrt. Die Fähigkeit, Tonhöhen zu unterscheiden, ist erstaunlich gut. Im günstigsten Bereich um 1000 Hz sind wir in der Lage, noch Frequenzen zu unterscheiden, die nur um 0,3%, also 3 Hz, differieren. Entsprechend kann ein geübter Sänger dargebotene Töne mit einem Fehler kleiner als 1% nachsingen.

Ein praktisch wichtigerer Versuch besteht darin, aus einem Gemisch verschiedener Töne einen bestimmten Ton herauszuhören, denn sein Ergebnis sagt etwas darüber aus, inwieweit wir in der Lage sind, auf der *Grundlage von Frequenzunterschieden* aus Tongemischen einzelne Töne „herauszufiltern". Die Schwellen für diese Art von **Frequenzauflösung** liegen wesentlich höher als die für die oben beschriebenen Frequenzunterschiedsschwellen, nämlich bei etwa 15–20% der Tonfrequenz.

Maskierung *(Verdeckung).* Wenn wir in einem fahrenden Auto Nachrichten über das Radio hören, so ist bei langsamer, ruhiger Fahrt dazu nicht allzu große Lautstärke notwendig. Bei plötzlicher Zunahme der Fahrgeräusche wird der Radiosprecher aber unhörbar. Erst wenn der Sprachpegel über den Lautstärkeregler erheblich gesteigert wird, kann der Sprecher wieder verstanden werden. Dieses Phänomen nennt man **Maskierung** oder **Verdeckung**. Um die im Alltag wichtigen Effekte der Verdeckung quantitativ genau angeben zu können, wird die sogenannte **Mithörschwelle** gemessen. Die Mithörschwelle gibt denjenigen Schalldruckpegel eines Testschalles (beispielsweise eines sinusförmigen Testtones) an, den dieser haben muß, damit er neben dem Störschall gerade noch wahrgenommen, also mitgehört wird. Aus unserem Beispiel geht schon hervor, daß die *Mithörschwelle immer oberhalb der Ruhehörschwelle* liegt.

Schallortung und Richtungshören. Eine Schallquelle im Raum wird beide Ohren reizen. Experimente mit Kopfhörern haben gezeigt, daß über die *Richtung aus der der Schall kommt,* aufgrund von **Zeit- und Intensitätsunterschieden** des Hörens der beiden Ohren entschieden wird. Die Fragen, *wieweit* sich die Schallquelle vom Hörer entfernt befindet und ob sie *vor* oder *hinter* ihm liegt werden dagegen durch die **Klangfärbung** entschieden, die der Schall durch *Resonanzen und Reflektionen* an Kopf und Ohrmuscheln erfährt. Dieser Aspekt der Schallortung ist noch wenig erforscht, während über die Bedeutung von *Laufzeit- und Pegeldifferenzen* für das Richtungshören zahlreiche Experimente vorliegen.

Werden beide Ohren mit Kopfhörern unabhängig voneinander gereizt, so führt eine Abschwächung des Signals zu einem Ohr von nur 1 dB schon zur Lokalisation des Schalles auf die andere Seite. Ebenso können Laufzeitunterschiede bis hinunter zu 3×10^{-5} s sicher beurteilt werden, was einer Abweichung der Schallquelle um ca. 3° von der Mittellinie entspricht. Unter optimalen Bedingungen kann dieser Wert noch um die Hälfte verkleinert werden. Man kann aber auch eine Schallverspätung durch eine gleichzeitige Erhöhung der Intensität am gleichen Ohr wieder „wettmachen“ und so wieder einen Mitteneindruck erzeugen, was besonders deutlich zeigt, daß beide Parameter an der Richtungslokalisation beteiligt sind. Welche neuronalen Mechanismen im einzelnen für die extrem gute zeitliche Auflösung akustischer Signale bis in die Größenordnung von 10^{-4} s (0,1 ms) eingesetzt werden, ist aber noch nicht völlig klar.

Adaptation im Hörsystem. Wie andere Sinnessysteme zeigt das Hörsystem das Phänomen der **Adaptation**. An diesem Vorgang sind sowohl *peripheres Ohr* als auch *zentrale Neurone* beteiligt. Ausdruck der Adaptation ist ein **Anstieg der Hörschwelle** (temporary threshold shift, TTS). Auch die Isophone oberhalb der Hörschwelle verschieben sich „nach oben“, diejenigen geringer Lautstärkepegel allerdings mehr als die hoher Pegel, so daß insgesamt die Isophone *näher zusammenrücken*. Dies bedeutet praktisch, daß die Unterschiedsschwellen abnehmen, denn um den gleichen Unterschied im Lautstärkepegel zu erhalten, ist jetzt, also *im adaptierten Zustand*, ein geringerer Zuwachs im Schalldruckpegel nötig. Die Adaptation trägt also zur **Differenzierung unserer Hörerlebnisse** bei.

20.2 Die Signalauswertung im akustischen System

Aufbau und Funktion des Ohres

Äußeres und mittleres Ohr. Die Umsetzung der Schallschwingungen in nervöse Impulsmuster des *Hörnerven* ist ein vielstufiger Vorgang, dessen wichtigsten Schritte wir in diesem Abschnitt an Hand der Abb. 20-2 bis 20-6 verfolgen wollen. Wie Abb. 20-2 A zeigt, werden die *Ohrmuschel* und der *äußere Gehörgang* durch das *Trommelfell* als **äußeres Ohr** gegenüber dem **Mittelohr** abgegrenzt, das aus der luftgefüllten *Paukenhöhle* mit der darin enthaltenen *Gehörknöchelchenkette* (Hammer, Amboß, Steigbügel) aufgebaut ist. Die Paukenhöhle steht durch eine enge, *Tuba Eustachii* genannte Röhre mit dem Rachen hinter der Mundhöhle in Verbindung. Sie wird von dort beim Schlucken, das die Eustachische Röhre jeweils kurz öffnet, belüftet. (Rasche Luftdruckschwankungen, z. B. beim Steig- oder Sinkflug, führen zum „Druck auf den Ohren“. Es handelt sich dabei um subjektiv unangenehme *Spannungen des Trommelfells*, die durch den Luftdruckunterschied zwischen Außenwelt und Paukenhöhle entstehen. Schlucken, also Öffnen der Eustachischen Röhre, stellt den Druckausgleich her.)

Die in den äußeren Gehörgang eintretenden Schallwellen treffen zunächst auf das *Trommelfell* (Abb. 20-2 A). Von dort wird der Schall auf die *Gehörknöchelchenkette* übertragen. Das erste Knöchelchen, der **Hammer**, ist am Trommelfell angewachsen und schwingt mit diesem mit. Über das zweite, den **Amboß**, werden diese Schwingungen an das dritte, den **Steigbügel**, weitergegeben. Dieser bildet mit seiner Fußplatte die Grenze zum flüssigkeitsgefüllten Innenohr, das die eigentlichen Sinneszellen enthält (s. *unten*).

Die aufwendige Gehörknöchelchenkette wurde von der Natur „erfunden“, da normalerweise aus der Luft auf Wasser auftretende Schallwellen größtenteils zurückgeworfen (reflektiert) werden und nicht in das Wasser übertreten. (Wie groß diese Verluste sind, können Sie beim Tauchen an den fast fehlenden Außengeräuschen erkennen.) Die *Gehörknöchelchenkette vermindert die Reflexionsverluste* dadurch, daß, *erstens*, die Druckfläche des Trommelfells erheblich größer ist als die der Steigbügelfußplatte: Der über eine große Fläche aufgenommene Druck wird auf eine kleine Fläche „gebündelt“. *Zum zweiten* bewirken die Hebelarme der Kette eine weitere Druckerhöhung. Und *zum dritten* wird bei der Übertragung des Schalles vom Steigbügel auf das ovale Fenster des Innenohres ebenfalls über Hebelwirkung eine zusätzliche Druckerhöhung erzielt. Das System arbeitet also ähnlich wie ein Transformator, indem es die schnellen, aber „kraftlosen“ Schallwellen in langsamere, aber „kraftvollere“ Druckwellen umsetzt. Der wichtigste Faktor dabei ist die „Bündelung“ der Schallwellen von der großen Fläche des Trommelfelles auf die Steigbügelplatte, da sich diese beiden Flächen etwa wie 35:1 verhalten.

Füllt sich die Paukenhöhle mit Flüssigkeit, z. B. mit Eiter bei einer akuten Mittelohrentzündung, verschlechtert sich die Hörleistung durch die starke Dämpfung der Gehörknöchel-

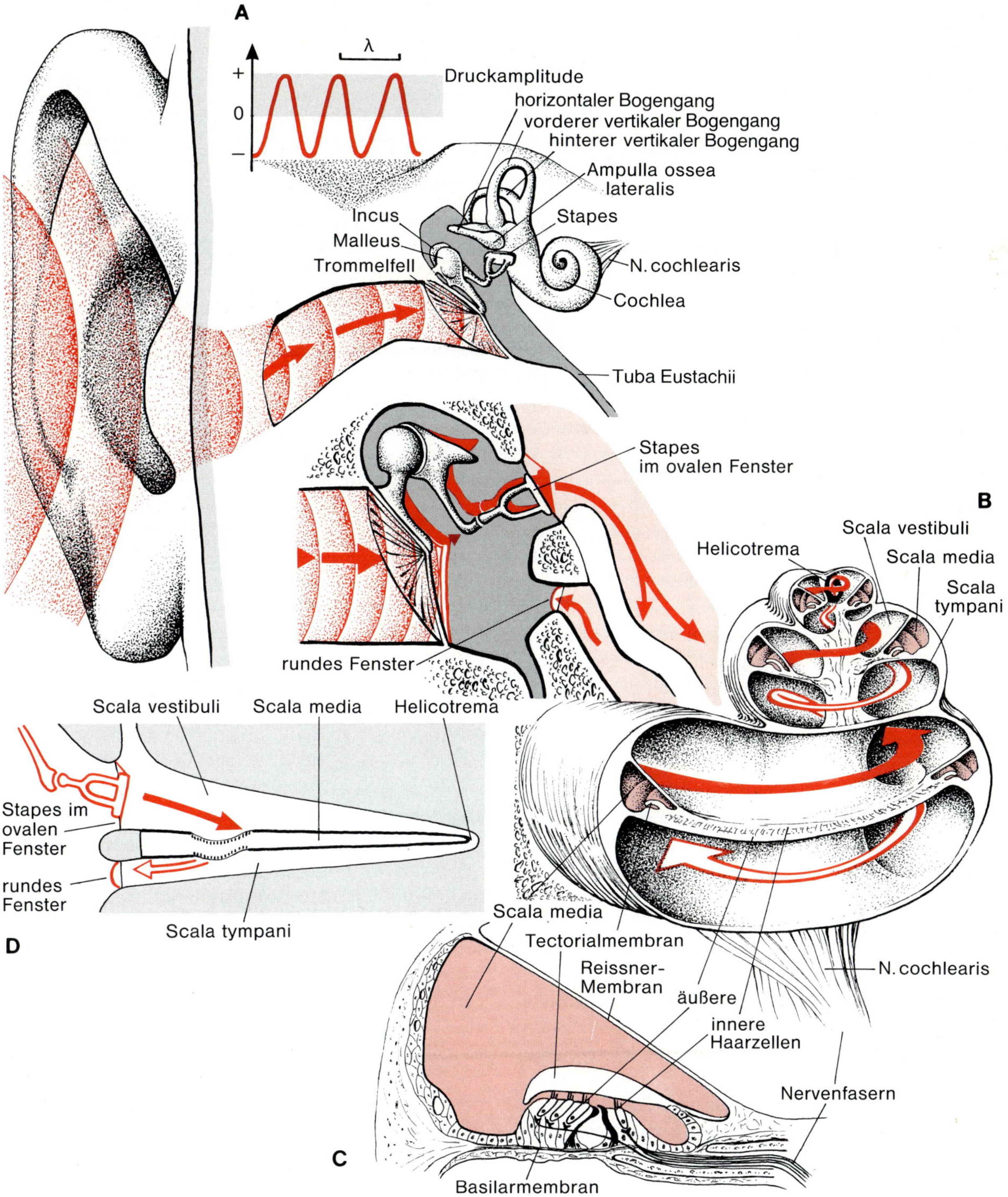

Abb. 20-2. Schallaufnahme im Ohr. **A** Das von einer Schallquelle (z. B. einer Stimmgabel) ausgehende Schallfeld erreicht über den äußeren Gehörgang das Trommelfell. Die Schallübertragung von dort über Hammer *(Malleus)*, Amboß *(Incus)* und Steigbügel *(Stapes)* auf das Innenohr wird im Text beschrieben. Jede Schallwelle ist, wie *links oben* gezeigt, durch ihre Frequenz λ (lambda) und ihre Druckamplitude charakterisiert. **B** Einblick in das Mittelohr und in die menschliche Hörschnecke *(Cochlea)*, wobei die schneckenförmigen Windungen mehrfach angeschnitten sind. **C** Blick in eine Windung der *Cochlea*. Sie besteht aus drei Etagen (*Scalen*, siehe Text). Die *oberste, Scala vestibuli* (sie liegt dem Gleichgewichts- oder Vestibularorgan am nächsten), und die *unterste, Scala tympani,* gehen an der Spitze der Schnecke offen ineinander über (s. **D**). In der *mittleren (Scala media)* liegen die Hörsensorzellen *(Haarzellen)* auf der *Basilarmembran*. *Über* ihnen liegt eine Abdeckung, die *Tectorialmembran*. **D** Weg des Schalldrucks durch die *Cochlea*. Schematisierte Darstellung mit „ausgerollter" Schnecke

chenkette erheblich. Durch einen Einschnitt am Rande des Trommelfelles muß daher diese Flüssigkeit entfernt werden.

Zwei kleine Muskeln greifen an der Gehörknöchelchenkette an: Der **M. tensor tympani**, der am Hammer nahe dem Trommelfell ansetzt und der **M. stapedius**, der am Steigbügel endet. Anspannung dieser Muskeln „versteift" die Gehörknöchelchenkette und reduziert damit die Übertragung vor allem von niederfrequentem Schall. Auf diese Weise scheinen sie das Ohr in gewissem Umfang vor zu intensivem Schall zu schützen, die Wirkung körpereigenen Schalles zu vermindern, Resonanzen im Mittelohr zu dämpfen und Maskierungseffekte höherer Frequenzen zu vermindern.

Luftleitung und Knochenleitung. Die Übertragung des Schalles vom äußeren Gehörgang über das Trommelfell und die Gehörknöchelchenkette auf das Innenohr bezeichnen wir als **Luftleitung**. Sie ist der normale Weg der Schallaufnahme in das Innenohr. Eine Schallempfindung entsteht aber auch dann, wenn man einen schwingenden Körper, etwa eine Stimmgabel, direkt auf den Schädel aufsetzt und damit die Schädelknochen zu Schwingungen anregt. Diese Form der Schallübertragung wird **Knochenleitung** genannt. Sie spielt im täglichen Leben keine nennenswerte Rolle. Die weit verbreitete Hypothese, daß hohe Frequenzen durch Knochenleitung ans Innenohr gelangen, hat sich experimentell nicht bestätigen lassen. Messungen der Knochenleitung werden aber zur Diagnostik von Hörstörungen eingesetzt (s. S. 404).

Innenohr. Im *knöchernen Labyrinth* des Felsenbeins liegen Gleichgewichtsorgan und Hörorgan eingebettet in einer bindegewebigen Hülle, dem *häutigen Labyrinth*. Das **Hörorgan** wird wegen seiner Form auch **Schnecke** oder **Cochlea** genannt (Abb. 20-2). Beim Menschen hat die Schnecke etwa zweieinhalb Windungen (B), einen Basisdurchmesser von etwa 10 mm, eine Höhe von 5 mm von der Basis zur Spitze und eine (auseinandergerollte) Gesamtlänge von etwa 35 mm. Jede Windung besteht aus drei „Etagen" oder **Skalen**, die alle mit Flüssigkeit gefüllt sind. Sie werden, wie in Abb. 20-2 B, C zu sehen, mit **Scala vestibuli, Scala media** und **Scala tympani** bezeichnet. Scala vestibuli und Scala tympani enthalten **Perilymphe**, wogegen die Scala media **Endolymphe** enthält. Erstere entspricht in ihrer Zusammensetzung mehr einer Extracellulär-, letztere einer Intracellulärflüssigkeit. Wie in Abb. 20-2 D weiter zu sehen, stehen Scala vestibuli und Scala tympani an der Spitze der Schnecke, dem **Helicotrema**, miteinander in Verbindung.

Auf dem Boden der mittleren Etage, der **Basilarmembran**, sitzt der eigentliche sensorische Apparat, das **Corti Organ**. Es enthält, eingebettet in *Stützzellen*, die Hörsensorzellen. Sie werden als **Haarzellen** bezeichnet, weil sie submikroskopische haarförmige Fortsätze tragen, die man **Stereocilien** nennt. Drei Reihen von **äußeren Haarzellen** steht eine einzelne Reihe **innerer Haarzellen** gegenüber. Beim Menschen gibt es etwa 3500 innere und 12000 äußere Haarzellen.

Über dem Cortischen Organ liegt eine gallertartige Masse, die **Tectorialmembran** (Abb. 20-2 C). Sie ist an der inneren Seite der Schnecke, also in der Gegend der Schneckenspindel befestigt. Außerdem berührt sie die Cilien der Haarzellen und hat mit ihnen relativ festen Kontakt. An der äußeren Begrenzung der *Scala media* befindet sich eine gefäßreiche Region, die **Stria vascularis**. Sie spielt für die Energieversorgung der Cochlea eine große Rolle und hält u. a. die K^+-Konzentration der Endolymphe aufrecht.

Die Receptorzellen oder Sensoren im Cortischen Organ sind **sekundäre Sinneszellen**, d. h. sie bilden selbst keine Nervenfortsätze aus. Stattdessen werden sie von Nervenfasern versorgt, deren Ursprungszellen im **Ganglion spirale** liegen. Dieses wiederum liegt inmitten der Cochlea und ist ebenfalls spiralförmig gewunden (s. Abb. 20-2 B). Die Nervenzellen dieses Ganglions sind **Bipolarzellen**. Ein Fortsatz läuft zu den Haarzellen im Corti Organ (Abb. 20-2 C), der andere im **Nervus acusticus** ins Gehirn.

Innere und äußere Haarzellen sind getrennt innerviert. Jede **innere Haarzelle** wird von *vielen* afferenten Nervenfasern versorgt, von denen jede wahrscheinlich nur an einer einzigen inneren Haarzelle endet. Dagegen verzweigen sich die für die **äußeren Haarzellen** bestimmten Nervenfasern vielfach und *jede einzelne versorgt viele* äußere Haarzellen. Auf diese Weise laufen etwa 90% der rund 30000 afferenten Nervenfasern im N. acusticus zu den (relativ wenigen, s. o.) inneren Haarzellen und nur die restlichen 10 % an die zahlenmäßig weit überlegenen äußeren Haarzellen. Die Innervation der beiden Haarzelltypen ist also außerordentlich unterschiedlich. Schließlich sei vermerkt, daß noch etwa 1800 **efferente** Nervenfasern in das Corti Organ eintreten und die Haarzellen innervieren. Sie können anscheinend sowohl die Erregbarkeit der Haarzellen, wie die synaptische Übertragung von den Haarzellen auf die afferenten Nervenfasern modulieren. (Wie alle Organe erhält das Corti Organ auch eine sympathische, adrenerge Innervation).

Die Schallübertragung auf das Corti Organ. Die Fußplatte des Steigbügels sitzt im **ovalen Fenster** der Scala vestibuli. Sie überträgt die vom Trommelfell kommenden Schallwellen auf das Innenohr (s. oben u. Abb. 20-2 D). Da sich die inkompressible Flüssigkeit des Innenohres im knöchernen Labyrinth des Felsenbeines nirgendwohin „verschieben" läßt, ist von der Natur zur Paukenhöhle hin eine zweite, mit einer elastischen Haut verschlossene Öffnung geschaffen worden, das **runde Fenster**, über das der Druckausgleich erfolgt. Bei Einwärtsbewegung des Steigbügels bewegt sich die Membran des runden Fensters nach außen und umgekehrt (Abb. 20-2 B, D).

Die vom ovalen Fenster ausgehenden Druckwellen laufen aber nicht nur die Scala vestibuli entlang zum Helicotrema und von dort entlang der Scala tympani zum runden Fenster, sondern sie bringen gleichzeitig die zwischen diesen beiden Skalen liegende *Scala media* zum *Mitschwingen.* In Abhängigkeit von der Schallfrequenz bilden sich *entlang der Scala media* **Wanderwellen** aus, ähnlich wie Wellen an einem horizontal gehaltenen Seil. Die Abb. 20-3 zeigt in ihrem oberen Teil zwei Zustände einer derartigen Welle. Der *„Endolymphschlauch"* der Scala media ist hier als einfacher Strich dargestellt. Bedingt durch die mechanischen Eigenschaften der Basilarmembran und der gesamten Cochlea bilden sich für jede Schallfrequenz charakteristische *Schwingungsmaxima und -minima* entlang dem Endolymphschlauch aus, wie sie an einem Beispiel in Abb. 20-3 B dargestellt sind. Und zwar so, daß sich die Schwingungsmaxima bei Beschallung mit *hohen Frequenzen in der Steigbügelregion*, bei Beschallung mit *tiefen Frequenzen mehr in der Nähe des Helicotremas* ausbilden (Abb. 20-3 C). Durch die Ausbildung dieses *Schwingungsmaximums* wird also jede Frequenz einem bestimmten Ort des Corti Organs zugeordnet. Nach heutiger, als **Ortstheorie** benannter Auffassung, werden die Haarzellen des Corti Organs in erster Linie an den Orten des Schwingungsmaximums erregt.

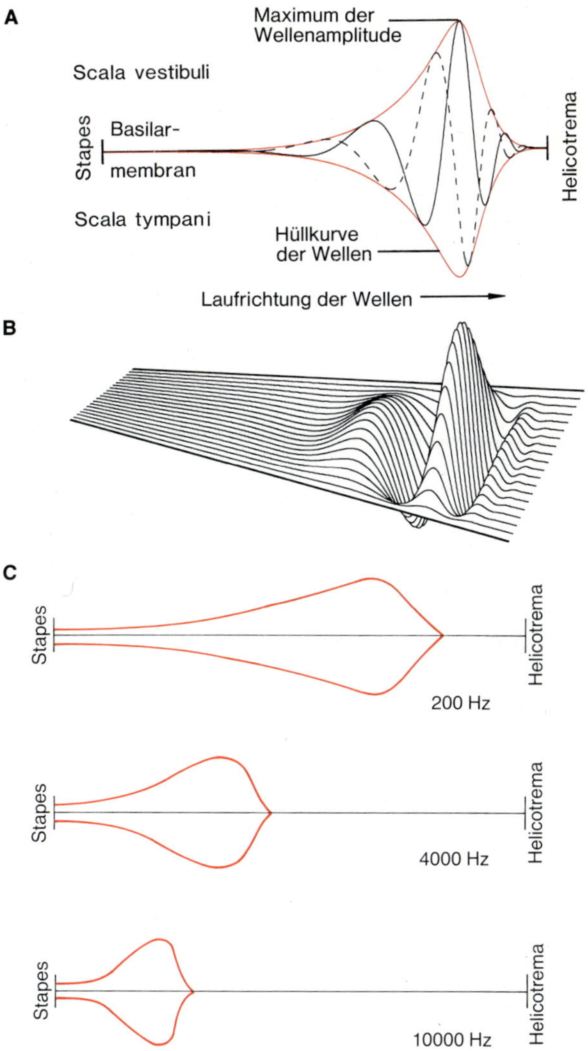

Abb. 20-3. Schallübertragung im Innenohr. **A** Schematische Darstellung einer Wanderwelle. Es sind zwei Wellenbilder zu verschiedenen Zeitpunkten eingezeichnet. Die Hüllkurve gibt an, welche Extremwerte die Wellen bei festgehaltener Frequenz an den verschiedenen Orten der Cochlea erreichen können. **B** Räumliches Bild der Welle. **C** Auslenkungsmaxima der schwingenden Basilarmembran bei Beschallung mit Tönen verschiedener Frequenz zur Verbildlichung der Frequenz-Ortsabbildung (Ortstheorie des Hörens). Nach R. Klinke in [11, 12, 18]

Reizaufnahme (Transduktion) an den Haarzellen. Durch die mechanischen Eigenschaften der Cochlea wird für jede Schallfrequenz nur am *Schwingungsmaximum* eine Bewegung des Endolymphschlauches von nennenswerter Amplitude entstehen (Abb. 20-4 A). Selbst diese Maxima sind noch klein und liegen lediglich in der Größenordnung von 10^{-10} m. Sie reichen aber aus, um die an der Tectorialmembran festsitzenden **Cilien der Haarzellen** durch die Relativbewegung zwischen dieser und der Basilarmembran zu verbiegen oder **abzuscheren** (Abb. 20-4 B). Diese *Abscherung der Cilien* stellt für die Haarzellen den **adäquaten Reiz** dar und führt zu deren Erregung.

Nach heutiger Auffassung führt die Abscherung der Cilien zu Änderungen der Membranpermeabilitäten der Haarzellen für kleine Ionen, zu entsprechenden Ionenflüssen und damit zur Ausbildung von **Sensorpotentialen**. Diese Sensor- oder Receptorpotentiale setzen am innervierten (basalen) Ende der Haarzellen Überträgersubstanz frei. Die (unbekannte) Überträgersubstanz erregt die afferenten Nervenfasern.

Bestandspotential, Mikrophonpotential, Summenaktionspotential. Die elektrophysiologische Analyse der Transduktionsprozesse am Innenohr hat ergeben, daß die Endolymphe der Scala media von der Scala vestibuli her gesehen elektrisch positiv geladen ist (etwa +80 mV), während die Stria vascularis und das Corti Organ demgegenüber negativ erscheinen (Abb. 20-5 A). Das am unbeschallten Ohr registrierbare positive *endocochleäre Potential* wird **Bestandspotential** genannt. Seine Ursache sind nicht passive Ionenverschiebungen in oder aus dem Endolymphraum, sondern die Aktivität einer *energieverbrauchenden Na^+-K^+-Pumpe* in der Stria vascularis, von der netto mehr positiv geladene Kaliumionen in die Scala media transportiert als Natriumionen entfernt werden. Sauerstoffmangel bringt dieses Potential in ein bis zwei Minuten zum Verschwinden, was seine Stoffwechselabhängigkeit eindrucksvoll unterstreicht.

Zwischen dem positiven endocochleären Potential und dem üblichen Membranpotential der Haarzellen besteht also ein beträchtliches Spannungsgefälle, nämlich von etwa −70 auf +80 mV, also von

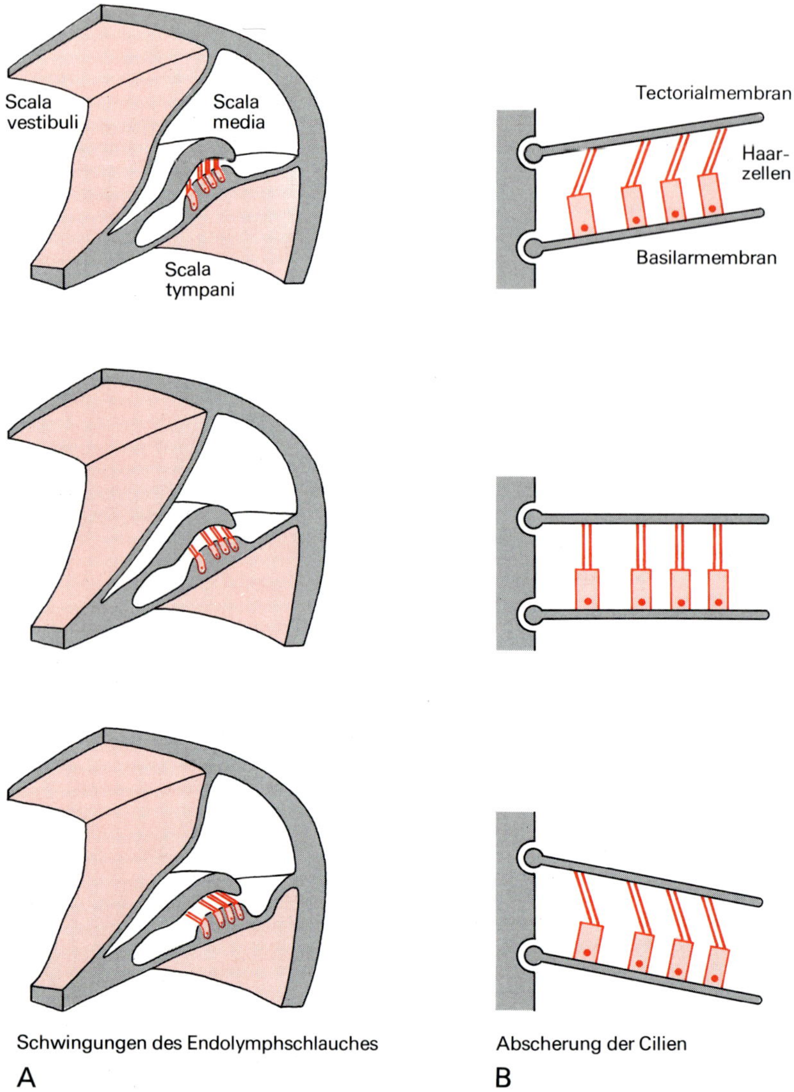

Abb. 20-4. Transduktion an den Haarzellen im Innenohr. **A** Räumliches Bild der Schwingungen des *Endolymphschlauches* (stark schematisierte, vergröberte Darstellung, s. Text). **B** Abscherung der *Cilien* der Haarzellen durch die Relativbewegungen zwischen *Basilar-* und *Tectorialmembran* bei den Schwingungen des *Endolymphschlauches*. Umgezeichnet nach R. Klinke in [11]

rund 150 mV. Nach der **Batteriehypothese** führt diese große Spannungsquelle bei jeder durch Schallreize hervorgerufenen Verbiegung der Cilien und den daraus resultierenden Widerstandsänderungen der Haarzellenmembran zu entsprechenden Ionenströmen in und aus den Haarzellen. Die damit verbundenen Potentiale können im Corti Organ, aber auch am runden Fenster registriert werden. Sie werden **Mikrophonpotentiale** (**CM** = *cochlear microphonics*) genannt, da sie sich ähnlich wie die Ausgangsspannung eines technischen Mikrophons verhalten, also den Schalldruckverlauf genau wiedergeben (Abb. 20-5 B, *CM*). Im Gegensatz zu anderen biologischen Potentialen (z. B. Aktionspotentialen, synaptischen Potentialen) folgt das Mikrophonpotential dem Reiz praktisch *ohne* Latenz, besitzt *keine* Refraktärzeit, *keine* meßbare Schwelle und ist *nicht* ermüdbar. All dies spricht dafür, daß es tatsächlich die passiven Membranwiderstandsänderungen der Haarzellmembranen bei der Bewegung der Cilien widerspiegelt. Dennoch ist diese Deutung noch umstritten [18].

Von den gleichen Stellen, von denen sich Mikrophonpotentiale ableiten lassen, also z. B. vom runden Fenster, lassen sich bei Beschallung des Ohres mit Klicks auch **Massen-** oder **Summenaktionspotentiale** der Aktionspotentiale im Hörnerven ableiten (Abb. 20-5 B, *CAP*). Solche Summenaktionspotentiale sind natürlich bei Dauerbeschallungen nicht registrierbar, da dann die Aktionspotentiale in den zahlreichen Nervenfasern des *Nervus acusticus* völlig asynchron verlaufen.

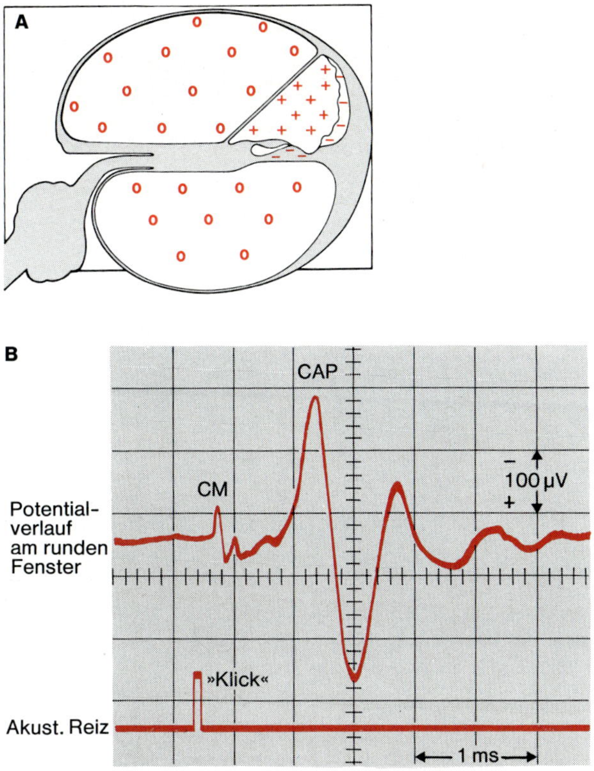

Abb. 20-5. Elektrophysiologische Korrelate der Aktivität des Innenohrs. **A** Bestandspotential in der Cochlea, verursacht durch eine Natrium-Kalium-Pumpe in der Stria vascularis (s. Text). **B** Mikrophonpotential (CM = *cochlear microphonics*) und Summenaktionspotential des Nervus acusticus (CAP) abgeleitet am runden Fenster des Katzenohres nach Reizung mit einem Klick. Solche Potentiale lassen sich auch beim Menschen ableiten. Aus [18]

Hörnerv, Hörbahnen, Hörzentren

Transformation des Schallreizes in den Hörnervenfasern. Die Nervenfasern des *Nervus acusticus* enden alle in einem jeweils sehr kleinen Bereich des Cortischen Organs, die meisten sogar, wie schon erwähnt, an nur einer einzigen Haarzelle (s. S. 398). Da andererseits, entsprechend der ebenfalls schon erläuterten *Ortstheorie*, jedem Ort des Cortischen Organs eine bestimmte Schallfrequenz zugeordnet ist, wird jede Hörnervenfaser durch eine entsprechend ihrem Innervationsort festliegende Schallfrequenz optimal, d.h. mit der niedrigstmöglichen Schwelle erregt. Diese Schallfrequenz nennt man die **charakteristische Frequenz** der Faser. Hörnervenfasern, die in der Nähe des Steigbügels enden, haben also *hohe* charakteristische Frequenzen, während die charakteristischen Frequenzen der Hörnervenfasern um so tiefer werden, je näher ihr Innervationsort an das Helicotrema rückt.

Hörnervenfasern weisen oft eine *Spontanaktivität* auf. Werden sie mit ihrer charakteristischen Frequenz beschallt, so treten zusätzliche evozierte Aktionspotentiale auf, deren Frequenz vom Schalldruck des Schallreizes abhängt (Abb. 20-6 A,C). Mit einer gewissen Adaptation (s. auch *unten*) halten diese evozierten Impulse für die gesamte Dauer des Schallreizes an, während es nach Reizende eine kleine Weile dauert, bis die Spontanaktivität wieder erscheint. Schallfrequenzen in der Nachbarschaft der charakteristischen Frequenz können zwar dieselbe Hörnervenfaser ebenfalls erregen, sie benötigen aber für gleiche Reizeffekte höhere Schalldrükke, bzw. wie in Abb. 20-6 C,D zu sehen, gleiche Schalldrücke führen zu geringerer evozierter Impulsaktivität.

Man kann den minimalen Schalldruckpegel einer Hörnervenfaser bei ihrer charakteristischen Frequenz und zu beiden Seiten dieser Frequenz messen und diese Werte in ein Diagramm eintragen. Die resultierenden Kurven (Abb. 20-6 E) nennt man *Abstimmkurven* oder meist **Tuning-Kurven**. Die von ihnen eingeschlossenen Flächen zeigen diejenigen Frequenz- und Intensitätsbereiche an, von denen die Hörnervenfaser aktiviert werden kann. Die Steilheit der „Kurvenflanken" ist dabei ein Maß für die Frequenzselektivität der Faser.

Enthält ein überschwelliger Schallreiz mehrere Frequenzen, so werden entsprechend zahlreiche Hörnervenfasern an den jeweiligen Orten der Schwingungsmaxima und in deren unmittelbaren Nachbarschaft erregt. Mit anderen Worten, *der Schall wird in seine Frequenzkomponenten zerlegt*, wobei sich die Intensität der einzelnen Komponenten in der Entladungsrate der Hörnervenfasern widerspiegelt. Bei höheren Schalldruckpegeln erreichen die frequenzspezifischen Fasern rasch ihren Sättigungsbereich. Gleichzeitig werden aber, wie aus Abb. 20-6 E zu sehen, benachbarte Fasern immer stärker erregt. Damit ist auch bei höheren Schalldruckpegeln eine frequenz- und intensitätsgemäße Codierung der Schallereignisse gewährleistet.

Anteile der Hörbahn und deren Verlauf. Einen stark vereinfachten und schematisierten Überblick über die wesentlichsten Bahnen und Kerne der Hörbahn zeigt Abb. 20-7. Der Übersichtlichkeit halber sind nur die Bahnen von einem Ohr eingezeichnet. Die des anderen Ohres verlaufen spiegelbildlich, woraus sofort hervorgeht, daß auf den meisten Stationen der Hörbahn **Information aus beiden Ohren** eintrifft.

Die primären Hörnervenfasern vereinigen sich schon im Innenohr mit den primären Nervenfasern des Gleichgewichtsorgans zum **Nervus statoacusticus**, der auch als der VIII. Hirnnerv bezeichnet

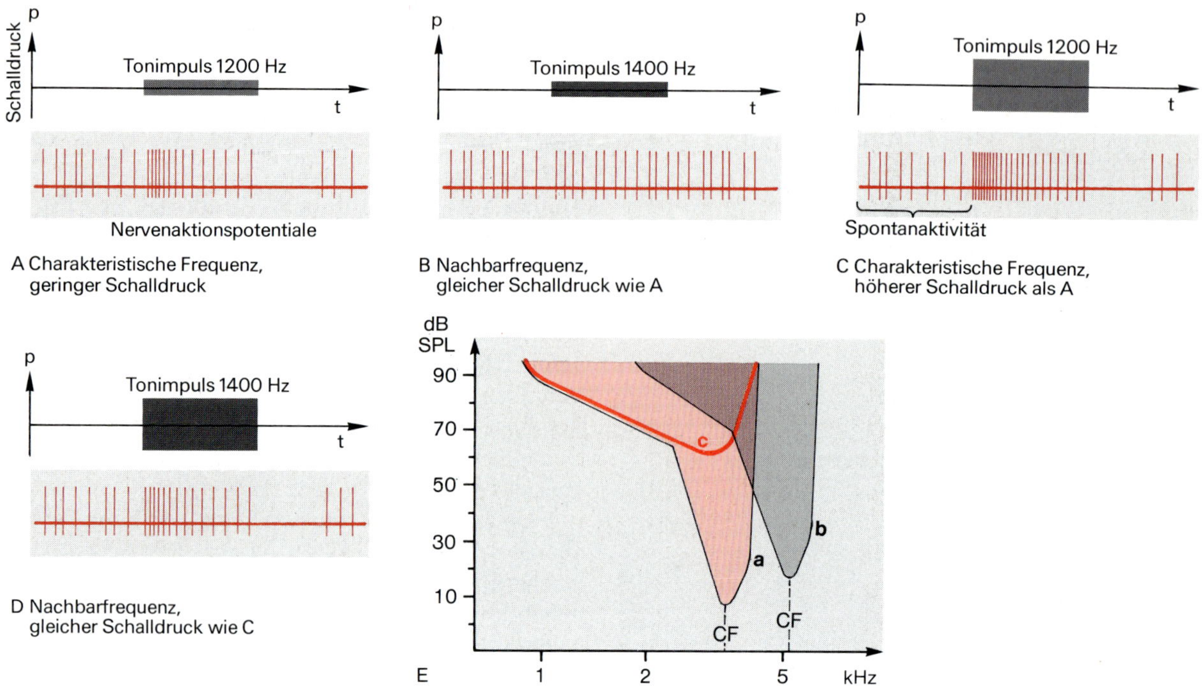

Abb. 20-6. Codierung von Schallfrequenz und Schallintensität in den Nervenfasern des Hörnerven. **A–D** Verhalten einer Hörnervenfaser bei Beschallung mit ihrer charakteristischen Frequenz **(A, C)** sowie mit einer Nachbarfrequenz **(B, D)** bei zwei verschiedenen Schallintensitäten. **E** Tuning-Kurven von zwei Hörnervenfasern bei normaler **(a, b)** bzw. geschädigter **(c)** Cochlea. Wenn das Innenohr geschädigt ist (z. B. durch Lärmschaden), werden die Fasern unempfindlicher (es resultiert Schwerhörigkeit) und die Frequenzselektivität geht verloren. Aus R. Klinke in [11]

wird. Nach dem Eintritt in den Hirnstamm enden die Hörnervenfasern im **Nucleus cochlearis** (jede Synapse in Abb. 20-7 zeigt an, daß die ankommenden Nervenfasern auf das nächste Neuron umgeschaltet werden, dessen Axon wiederum bis zur nächsten Synapse reicht). Vom *hinteren* (dorsalen) Teil des Nucleus cochlearis entspringt eine Bahn, deren Fasern auf die andere Seite kreuzen und dort im **lateralen Schleifenkern** enden. Vom *vorderen* (ventralen) Teil dieses Kernes geht eine Bahn aus, die zum **Olivenkomplex** der gleichen und der gegenüberliegenden Seite zieht. Hier, besonders im *Nucleus accessorius* des Olivenkomplexes, besteht also schon die erste Möglichkeit, akustische Signale, die auf beiden Ohren einwirken, miteinander zu vergleichen.

Die Neurone des **Olivenkomplexes** senden ihre Axone zum Teil auf der gleichen, zum Teil auf der Gegenseite zu den **lateralen Schleifenkernen**. Von dort geht es über die **Colliculi inferiores** mit oder ohne Umschaltung zu den **medialen Kniehöckern** (Corp. genic. med.) und anschließend zur **primären Hirnrinde** im *Temporallappen* (s. auch Abb. 14-14, S. 258). Von den Haarzellen bis zur Großhirnrinde besteht die Hörbahn also aus mindestens fünf bis sechs Neuronen. Es gibt aber auch noch längere Wege, die nicht in der Abb. 20-7 eingezeichnet sind. Auch sind weder die zahlreiche Querverzweigungen der Hörbahn zu sehen, noch geht aus der Abbildung hervor, daß im Nervus statoacusticus ein zentrifugales *efferentes System feiner Nervenfasern in das Ohr* zieht, dessen Aufgabe uns noch nicht klar ist [5, 9, 16].

Die Signalverarbeitung in den Neuronen der Hörbahn. Untersucht man das Antwortverhalten der Neurone auf den verschiedenen Stationen der Hörbahn auf akustische Reize, so zeigt sich sehr schnell, daß einfache Reize, wie beispielsweise reine Töne, diese Neurone im allgemeinen weder erregen noch hemmen. Dagegen sprechen sie auf **komplexe Schallmuster** an, z. B. amplituden- oder frequenzmodulierte Töne. Das sind solche, bei denen sich der Schalldruck oder die Frequenz ständig ändert. Andere Neurone sprechen nur auf den Beginn, wieder andere nur auf das Ende von Schallreizen an. Vielfach findet man, daß Neurone des Hörsystems durch manche Frequenzen aktiviert, durch andere gehemmt werden. Je weiter man sich in der Hörbahn von der Cochlea entfernt, desto komplexere Schallmuster muß man verwenden, um die Neurone aktivieren zu können.

Die **funktionelle Bedeutung** dieses Antwortverhaltens der Neurone der Hörbahn liegt offensichtlich

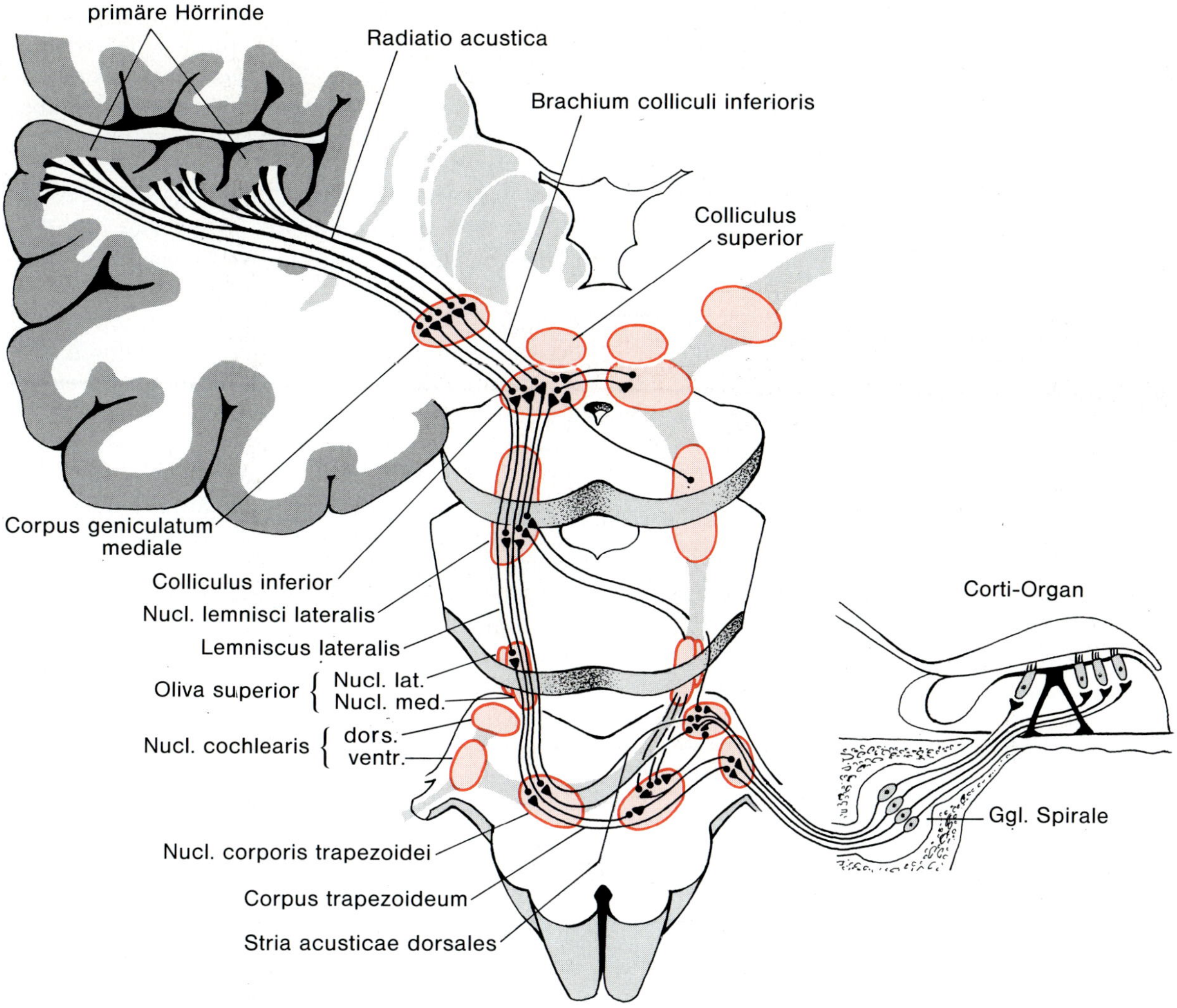

Abb. 20-7. Anteile der Hörbahn und deren Verlauf. Stark vereinfachter und schematischer Überblick. Nur die Bahnen von einem Ohr sind eingezeichnet, die des anderen Ohres verlaufen spiegelbildlich. Die zentrifugalen (descendierenden) Bahnen des Hörsystems sind nicht eingetragen. Da in den Kernen der Hörbahn eine erhebliche Konvergenz ipsilateraler und kontralateraler Afferenzen erfolgt, gelangt die aus einem Ohr stammende Information zu der primären Hörrinde beider Hemisphären (nicht eingezeichnet); die Projektion nach kontralateral ist allerdings deutlich stärker als die ipsilaterale. In Anlehnung an [11, 12, 18]

darin, daß auf jeder Ebene des Hörsystems bestimmte Eigenschaften der Schallreize analysiert werden. Diese Arbeitsweise zur **auditorischen Mustererkennung** erinnert an die des visuellen Systems, wo beispielsweise in der Sehrinde Neurone mit *komplexen* oder *hyperkomplexen* receptiven Feldern nur durch bewegte Reize bestimmter Konfiguration erregt werden können. So überrascht es nicht, daß im *auditorischen Cortex* von Affen Neurone gefunden wurden, die vorwiegend auf *arteigene Kommunikationslaute* reagierten, während andere unter den begrenzten Bedingungen des Experimentes überhaupt nicht aktivierbar waren, d.h. wahrscheinlich nur auf sehr komplexe Schallmuster reagieren.

Ursachen von Schwerhörigkeit

Es gibt mannigfache Ursachen von Schwerhörigkeit und Taubheit, die von einer banalen Verlegung des äußeren Gehörganges mit „Ohrschmalz" bis zu hirnpathologischen Veränderungen reichen. Im Bereich des Ohres kann man **Schalleitungsstörungen** von **Schallempfindungsstörungen** eindeutig abgrenzen. Bei den **retrocochleären Störungen**, also solchen, bei denen Mittel- und Innenohr intakt, jedoch Schäden an der Hörbahn vorhanden sind, läßt sich Ort, Art und Umfang der Erkrankung häufig erst durch eine ausgefeilte Diagnostik mit der wünschenswerten Präzision feststellen.

Schalleitungsstörungen. Die Schallübertragung im Mittelohr kann aus verschiedensten Gründen erschwert oder unterbrochen sein, z. B. wenn auf Grund einer Entzündung sich dort eitrige Flüssigkeit ansammelt oder wenn die Gelenke der Gehörknöchelchenkette versteifen oder wenn die Elastizität des runden oder des ovalen Fensters nachläßt. Es kommt zu einer Schwellenerhöhung für akustische Reize. Diese kann durch eine *Hörhilfe*, die den Schall verstärkt, ausgeglichen oder gebessert werden. Unter Umständen ist auch eine chirurgische Behandlung möglich, beispielsweise der Ersatz eines verknöcherten Steigbügels im ovalen Fenster.

Schallempfindungsstörungen. Kommt es zu einem Untergang von Haarzellen, so resultiert daraus zwangsläufig Schwerhörigkeit. Das bekannteste Beispiel einer solchen **Innenohrschwerhörigkeit** ist die des mittleren und höheren Alters. Sie wird **Presbyakusis** oder *Altersschwerhörigkeit* genannt. Aber auch übermäßiger Lärm, Infektionen, einige Medikamente oder ein angeborener, genetisch bedingter Defekt können für eine Schädigung des Corti Organs verantwortlich sein. Sind die Haarzellen erst einmal zerstört, können sie nicht ersetzt werden. Die Behandlung ist wenig aussichtsreich, da Hörhilfen keine Besserung bringen können.

Tinnitus. Dauergeräusche aus einem Ohr mit Innenohrschwerhörigkeit gehören zu den quälendsten Störungen des menschlichen Wohlbefindens. Ein solcher **Tinnitus** kann derzeit kaum medikamentös oder chirurgisch behandelt werden.

Hörsturz. Eine akut auftretende Schwerhörigkeit eines oder beider Ohren wird als **Hörsturz** bezeichnet. Er ist in der Regel Folge eines akuten Sauerstoffmangels im Innenohr durch eine nicht ausreichende Durchblutung, ähnlich wie beim Herzinfarkt oder beim Hirnschlag. Therapeutisch wird versucht, die Durchblutungsstörung schnellstmöglich medikamentös zu beheben, damit es nicht zum endgültigen Absterben der Haarzellen des Corti Organs kommt.

Cochleäre Prothese. Bei völligem Ausfall des Corti Organs wird zunehmend der Versuch gemacht, durch Einbau einer entsprechenden Prothese den Nervus acusticus direkt elektrisch zu reizen, wobei diese Reize ihrerseits durch akustische Reize ausgelöst werden. Diese Technik befindet sich noch im Experimentierstadium. Berichte über Erfolge halten sich noch die Waage mit solchen über Mißerfolge. Immerhin scheint es aus heutiger Sicht denkbar, daß beispielsweise das Ablesen von den Lippen durch die zusätzliche Information über die Cochlearprothese erheblich erleichtert wird.

Retrocochleäre Schäden. Erregungsleitungsstörungen im Nervus acusticus sind meist durch Tumoren bedingt. Auch zentrale Schwerhörigkeiten können durch Tumoren bedingt sein. Tinnitus kann auch bei retrocochleären Schäden auftreten.

Klinische Prüfung des Hörvermögens

Durch Hörprüfungen sollen der Schweregrad, der Frequenzbereich, die Art (Schalleitungs- oder Schallempfindungsstörung) und die mögliche Ursache einer Hörstörung ermittelt werden. Es stehen für diese **Audiometrie** eine ganze Reihe von Verfahren zur Verfügung, die von einfachen *Hörweitenprüfungen* (Sprachabstandsprüfungen mit Flüster- oder Umgangssprache) bis zur Aufzeichnung akustisch evozierter Potentiale (s. u.) reichen. Hier sollen nur die wesentlichsten Verfahren kurz erläutert werden.

Schwellenaudiometrie. Eine Anwendung dieses Verfahren bei Gesunden haben wir bei der Bestimmung der Hörschwelle und der Isophone (Abb. 20-1) bereits kennengelernt. Es werden über Kopfhörer einseitig verschiedene Töne angeboten. Der Arzt beginnt im sicher unterschwelligen Bereich und erhöht den Schalldruck langsam, bis der Patient eine Hörempfindung angibt. Der dazu benötigte Schalldruck wird in ein **Audiogramm** eingetragen. Ein solcher Formularvordruck ist in Abb. 20-8 zu sehen. Diese Darstellung unterscheidet sich von der in Abb. 20-1 *erstens* dadurch, daß die normale Hörschwelle als gerade Linie eingedruckt und mit *„O dB"* bezeichnet ist. *Zweitens* sind höhere Schwellenwerte nach unten und nicht nach oben abgetragen. Damit wird auf einen Blick offensichtlich, um wieviel dB die Hörschwelle eines Patienten über der normalen Hörschwelle liegt. Liegt die Hörschwelle beispielsweise um 20 dB über der normalen Hörschwelle, so spricht man von einem *Hörverlust von 20 dB.* Dies entspricht etwa dem Hörverlust, der beim Verschließen beider Gehörgänge mit den Fingern auftritt.

Bei der Schwellenaudiometrie mit Hilfe von Kopfhörern wird die **Luftleitung** überprüft. Dasselbe Verfahren kann aber auch zur Prüfung der **Knochenleitung** herangezogen werden, wenn man statt des Kopfhörers einen Schwingkörper verwendet, der auf den Warzenfortsatz der zu prüfenden Seite aufgesetzt wird und der die Schädelknochen direkt zu Schwingungen anregt. Liegt eine *Innenohrschwerhörigkeit* vor, so wird das Hörvermögen sowohl bei Luft- wie bei Knochenleitung verschlechtert sein. Gleiches gilt für *retrocochleäre Schäden.* Bei einer *Mittelohrschwerhörigkeit* wird für Luft-, aber nicht für Knochenleitung ein Hörverlust bestehen, da das Innenohr dabei nicht geschädigt ist.

Weber-Versuch. Schon mit einer einfachen Stimmgabel kann in der Regel eine Mittelohrschwerhörigkeit (Schalleitungsstörung) von den Innenohr- und retrocochleären Schädigungen abgegrenzt werden, sofern man weiß, welches Ohr schwerhörig ist (Weber-Versuch). Man setzt dazu den Griff der schwingenden Stimmgabel auf die Mitte des Schädels auf. Bei einem Innenohrschaden hört der Patient den Ton auf der gesunden Seite lauter, bei den anderen Schäden ist es umgekehrt. Ersteres ist sofort einsichtig, für letzteres sind mehrere Gründe verantwortlich, z. B. der geringere Adaptationszustand des kranken Ohres, da wegen der Schalleitungsstörung weniger Umweltgeräusche an das Innenohr gelangen und dessen Sensoren dadurch empfindlicher als die auf der gesunden Seite sind (Näheres s. [18]).

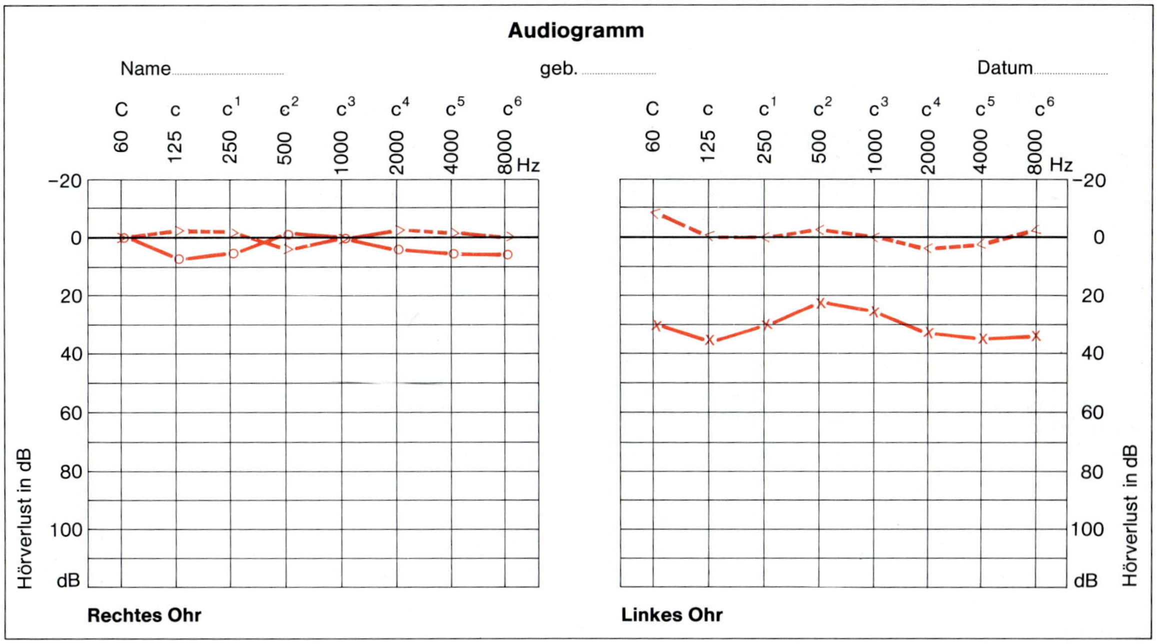

Abb. 20-8. Schwellenaudiometrie zur Prüfung des Hörvermögens beider Ohren. Gezeigt ist das Audiogramm eines Menschen mit einer linksseitigen Schalleitungsstörung, die zu einem *Hörverlust*, also einem Ansteigen der Hörschwelle um rund 30 dB führte. Das Prinzip der Messung wird im Text beschrieben. Knochenleitung, Luftleitung. In die Formulare sind die *normalen* Hörschwellen als *gerade Linien* eingedruckt und mit 0 dB bezeichnet. Eine negative Abweichung (– dB, nach *oben* abgetragen) bedeutet hier also ein besonders gutes Hörvermögen. Aus [18]

Rinne-Test. Mit einer Stimmgabel werden Luft- und Knochenleitung am gleichen Ohr verglichen. Die schwingende Stimmgabel wird zunächst zur Knochenleitung auf den Warzenfortsatz aufgesetzt. Ist der Ton nicht mehr hörbar, wird sie zur Luftleitung vor das Ohr gehalten. Der Ohrgesunde und der Patient mit einer Schallempfindungsstörung hören den Ton wieder *(Rinne positiv)*, der Schalleitungsgestörte hört ihn nicht *(Rinne negativ)*.

Objektive Audiometrie. Eine objektive Hörprüfung ohne Mitarbeit der Patienten (z. B. bei kleinen Kindern, bei Sprachlosen oder bei Simulanten) kann mit Hilfe elektroencephalographisch aufgezeichneter evozierter Potentiale durchgeführt werden. Dabei werden die durch mehrere akustische Einzelreize hervorgerufenen EEG-Änderungen mit Hilfe eines Mittelwertbildners aus der Hintergrundaktivität des EEG herausgelöst (vgl. S. 470). Diese **E***voked* **R***esponse* **A***udiometry*, **ERA**, wird sowohl zur Überprüfung der evozierten Potential der Hirnrinde wie auch der des Hirnstammes angewandt. Besonders bei retrocochleären Schäden kann die **ERA** Aufschluß über den Ort der Schädigung geben. Die frühen Potentiale haben Latenzen unter 15 ms, späte haben Latenzen von 150 ms und mehr (s. S. 471).

20.3 Physiologie und Psychophysik des Gleichgewichtssinnes

Die Leistungen des Gleichgewichtssinnes

Auch wenn wir im Inneren eines modernen Verkehrsflugzeuges sitzen und ohne jeden Blickkontakt nach außen sind, haben wir nie den geringsten Zweifel, wo „unten" und wo „oben" ist. Auch können wir jederzeit angeben, ob das Flugzeug steigt oder fällt oder ob seine Geschwindigkeit zu- oder abnimmt. Mit anderen Worten, wir verfügen anscheinend über die Möglichkeit, sowohl den Einfluß der **Schwerkraft** (*Gravitationsbeschleunigung*) als auch den beliebiger anderer **linearer Beschleunigungen** auf unseren Körper zu registrieren und wahrzunehmen.

Wir können aber ohne jede visuelle Kontrolle nicht nur die eben erwähnten *Translationsbeschleunigungen*, sondern auch **Rotationsbeschleunigungen** wahrnehmen, was jeder auf einem modernen Bürodrehstuhl oder beim Kurvenfahren in einem Auto schon erlebt hat. Eine genauere Analyse unserer Empfindlichkeit auf Drehbeschleunigungen ergibt, daß schon der Kopf alleine auf diese empfindlich ist und zwar in allen seinen drei Bewegungsrichtun-

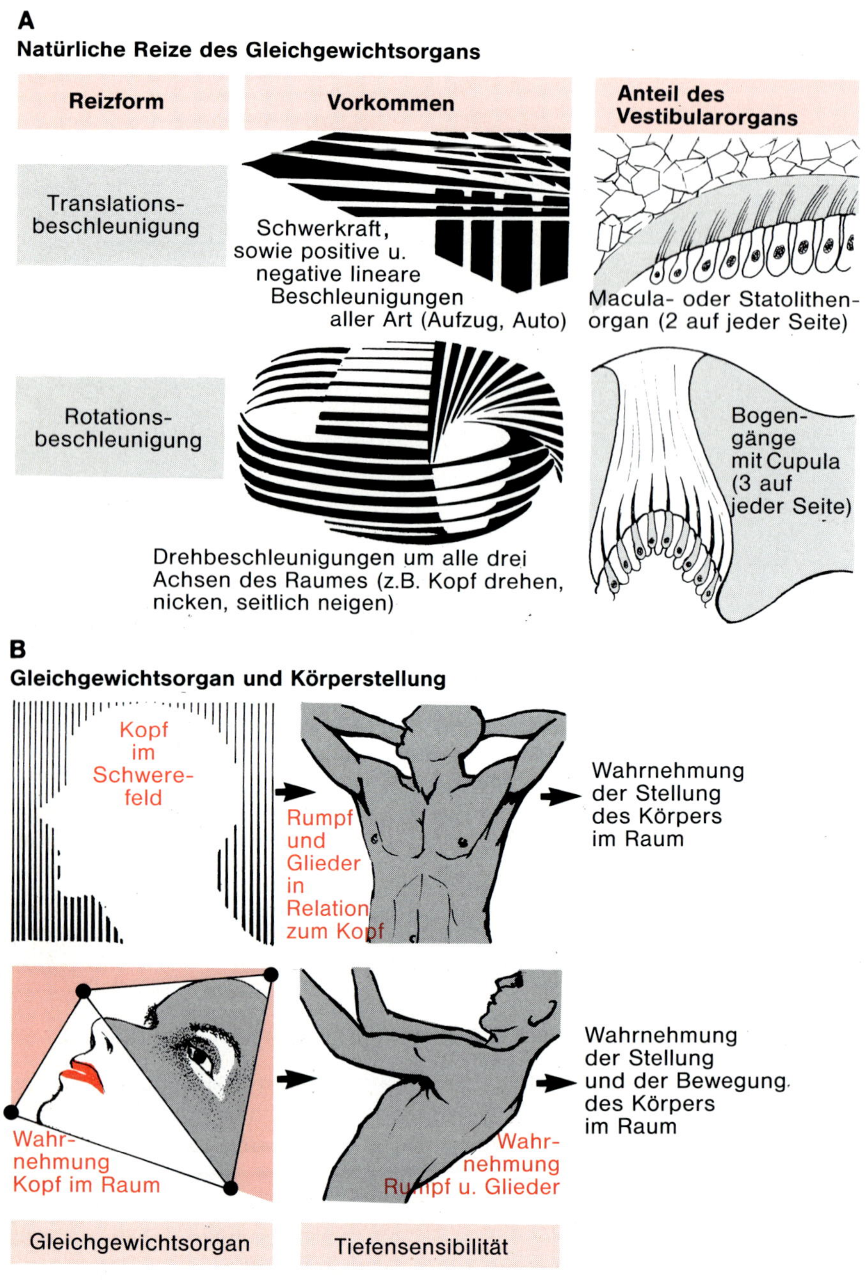

Abb. 20-9. Beschleunigungen als adäquate Reize des Gleichgewichtsorgans und dessen Aufgaben bei der Wahrnehmung der Körperstellung im Raum. **A** Erregung der verschiedenen Anteile des Vestibularorgans bei verschiedenen Beschleunigungsarten. Auch die Schwerkraft ist eine Linearbeschleunigung. **B** Zusammenarbeit des Gleichgewichtsorgans mit der Tiefensensibilität bei der Wahrnehmung der Stellung von Kopf, Rumpf und Gliedmaßen, d. h. des Körpers im Raum

gen. Wir können uns davon durch Nicken des Kopfes nach vorne und hinten, sein Neigen nach rechts und links und durch sein Drehen um die Körperlängsachse leicht überzeugen.

Für die Aufnahme aller Formen von Beschleunigungsreizen ist das **Gleichgewichts-** oder **Vestibularorgan** zuständig, das zum Innenohr gehört und zusammen mit der Cochlea das **häutige Labyrinth** bildet (Abb. 20-2 A). Auf seinen Aufbau und seine Arbeitsweise wird weiter unten genauer eingegangen. Hier sei nur festgehalten, daß für die Aufnahme der Linear- bzw. der Drehbeschleunigungen unterschiedliche Anteile des Vestibularorgans zuständig sind, nämlich, wie in Abb. 20-9 A angegeben, die **Statolithenorgane** einerseits und die **Bogengangsorgane** andererseits.

Das Gleichgewichtsorgan liefert lebenslänglich Information über die Stellung des Kopfes im Schwerefeld der Erde. Da der Kopf aber über den Hals beweglich mit dem Rumpf verbunden ist, ist aus der Stellung des Kopfes alleine über die **Stellung des Körpers im Raum** keine eindeutige Information zu gewinnen. Dafür ist, wie bereits in Kapitel 18 besprochen und in Abb. 20-9 B illustriert

(s. auch Abb. 18–8, S. 341), die Zusammenarbeit zwischen Gleichgewichtssinn und Tiefensensibilität notwendig. Diese Zusammenarbeit wird natürlich im Alltag durch visuelle Information aus dem Sehsystem ergänzt und vertieft. Es bleibt aber festzuhalten, daß wir auch nach sehr langem Aufenthalt im Dunkeln über unsere *Körperstellung und die räumliche Ausdehnung unseres Körpers in der Umwelt* (**Körperschema**, s. S. 342) jederzeit exakt informiert sind.

Reflektorische Leistungen des Gleichgewichtsorgans: Körperstabilität und Umweltstabilität. Die Meldungen aus dem Gleichgewichtsorgan dienen nicht nur der bewußten Wahrnehmung der auf den Körper einwirkenden Beschleunigungskräfte, sondern sie werden in vielfacher Weise in Reflexbögen eingesetzt, die ohne jedes Zutun des Bewußtseins für die **Aufrechterhaltung des Körpergleichgewichts** und für das **Festhalten des „Fixationspunktes" bei Augenbewegungen** sowie die **Bewegungslosigkeit der Umwelt** bei Augen-, Kopf- und Körperbewegungen sorgen (zu letzterem s. S. 389).

Die experimentelle Analyse des Beitrages des Gleichgewichtsorgans zu den eben genannten motorischen Reflexen ergab (an Tieren, bei denen eines oder beide Gleichgewichtsorgane entfernt oder nur diese als sensorische Eingänge in das motorische System erhalten waren), daß von den Statolithen- und Bogengangsorganen zwei Typen von **Labyrinthreflexen** ausgehen, nämlich **statische** und **statokinetische Reflexe** (s. dazu auch S. 246).

Die **statischen Reflexe** erhalten das Gleichgewicht beim ruhigen Stehen, Sitzen und Liegen. Für diese Reflexe sind die **Maculaorgane** verantwortlich. Die Sensoren der Maculaorgane bewirken also über die motorischen Zentren des Nervensystems eine Abstufung des Tonus derjenigen Muskelgruppen, deren Aktivität zur Erhaltung des Gleichgewichts in den verschiedensten Körperstellungen notwendig ist. Das **Gegenrollen der Augen**, das sich an Katzen wegen ihrer senkrecht stehenden Pupillen leicht beobachten läßt (die Pupillenschlitze bleiben beim Neigen des Kopfes in der Senkrechten), aber auch beim Menschen vorkommt, ist ebenfalls ein statischer Reflex. Durch ihn wird erreicht, daß horizontale und vertikale Linien auf der Retina immer gleich abgebildet werden. Selbstverständlich ist normalerweise am Ablauf dieses Reflexes auch die *Tiefensensibilität* (Sensoren der Muskeln, Sehnen und Gelenke des Halses) und das *visuelle System* beteiligt.

Die **statokinetischen Reflexe** treten während Bewegungen auf und stellen selbst Bewegungen dar. Diese Reflexe gehen von den **Maculaorganen** und den **Bogengangsorganen** aus. Zu ihnen gehört beispielsweise das reflektorische Umdrehen im freien Fall, das bei einer Katze (aber auch vielen anderen Tieren) dafür sorgt, daß sie immer mit den Pfoten aufkommt, unabhängig davon, in welcher Stellung sie fallengelassen wurde. Ein anderes Beispiel ist die **Liftreaktion**. Durch sie wird der Tonus der Muskeln der Extremitäten und des Rumpfes so verändert, daß es bei Beschleunigungen in der Senkrechten nicht zu Änderungen der Körperstellung kommt. Das bekannteste Beispiel eines *statokinetischen Reflexes* ist der **Nystagmus**. Auf seine verschiedenen Formen wurde bereits eingegangen (s. S. 387). Seine klinisch-diagnostische Bedeutung wird weiter unten in diesem Abschnitt angesprochen.

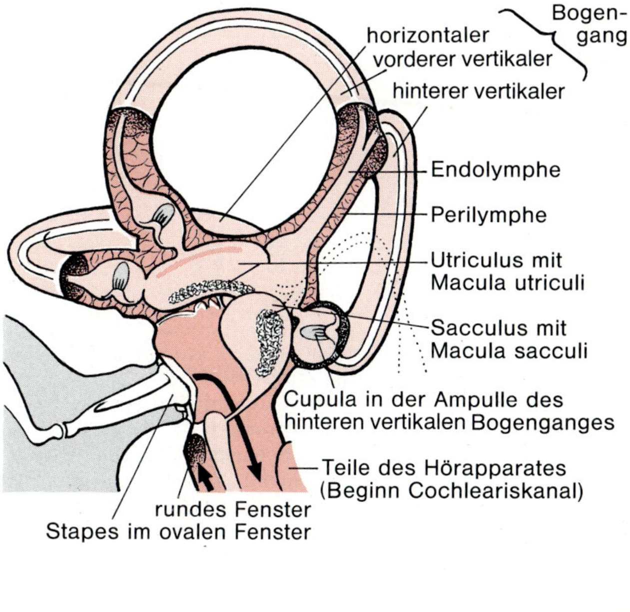

Abb. 20–10. Das vestibuläre Labyrinth. Die drei Bogengänge stehen praktisch senkrecht zueinander und ihre Cupulaorgane messen Rotationsbeschleunigungen (Drehbeschleunigungen) in den drei Raumachsen. Die beiden Maculaorgane (Statolithenorgane) werden vor allem durch die Schwerkraft, aber auch durch andere Formen von Linear- oder Translationsbeschleunigung erregt

Peripheres und zentrales vestibuläres System

Aufbau des Gleichgewichtsorgans. Am Schema des Aufbaues des *Gleichgewichts- oder Vestibularorgans* (Abb. 20-10) ist die Lage der bereits erwähnten zwei morphologischen Untereinheiten, nämlich erstens der **Maculaorgane** *(Macula utriculi* und *Macula sacculi)* und zweitens der **Bogengangsorgane** *(horizontaler, vorderer vertikaler* und *hinterer vertikaler Bogengang)* zu erkennen. Der von diesen Anteilen des **häutigen Labyrinths** umschlossene Raum ist ebenso wie die Scala media der Cochlea mit **Endolymphe** gefüllt und von **Perilymphe** umgeben. Im Bereich der Maculae und in den Bogengängen im Bereich der sogenannten Ampullen (vgl. Abb. 20-13) findet sich ein Sinnesepithel, in das die Sensoren eingebettet sind.

Dem Sinnesepithel liegt eine gallertige Masse auf, die reichlich *Mucopolysaccharide* enthält. Im Falle der Maculaorgane bedeckt sie kissenförmig die Sinneszellen und enthält Einlagerungen von Calciumcarbonat (Calcit-Kristalle), die als **Otolithen** bezeichnet werden (Abb. 20-12). Die Gallerte mit ihren Otolithen wird daher auch **Otolithenmembran** genannt. Bei den Bogengängen ähnelt die Gallerte mehr einem fahnenförmigen Gebilde, das als **Cupula** bezeichnet wird (Abb. 20-13). Die Cupula enthält keine Kristalle.

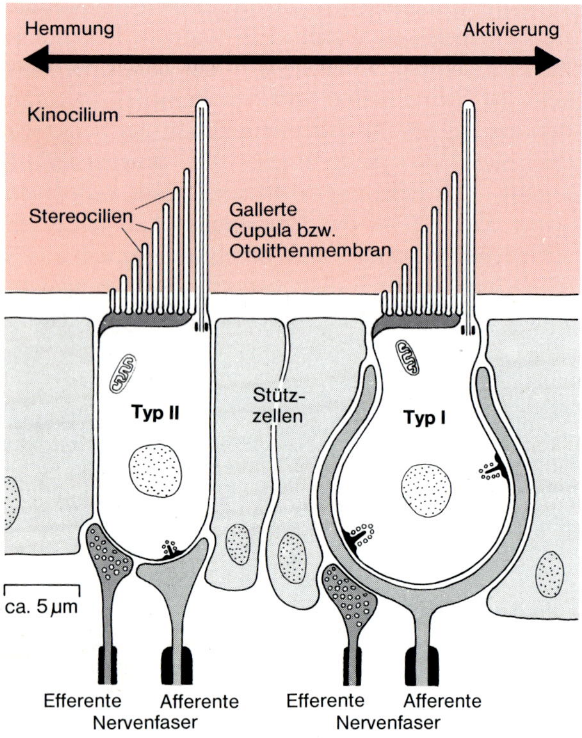

Abb. 20-11. Transduktion in den Sensoren des Vestibularorgans. Schematische Darstellung zweier Sensorzellen aus dem Sinnesepithel des Gleichgewichtsorgans mit ihrer afferenten und efferenten Innervation. Die Sensoren bzw. ihre afferenten Nervenfasern zeigen deutliche Spontanentladungen. Abbiegung des Cilienbündels in Richtung auf das Kinocilium erhöht die Entladungsrate, Abbiegung vom Kinocilium weg vermindert sie. Aus [18]

Aufbau und Innervation der Haarzellen. Von den Sinneszellen (Sensoren) des Vestibularorgans gibt es morphologisch zwei verschiedene Typen, die sich aber funktionell anscheinend kaum unterscheiden. Beide tragen an ihrer der Gallerte zugewandten Oberfläche feine **Härchen** oder **Cilien** und werden deswegen (ebenso wie die Sinneszellen der Cochlea, s. S. 398) als *Haarzellen* bezeichnet (Abb. 20-11). Jede Haarzelle hat ein großes **Kinocilium** und 60 bis 80 kleinere **Stereocilien.**

Die Haarzellen sind **sekundäre Sinneszellen,** d. h. sie besitzen keine eigenen Nervenfortsätze, sondern werden von *afferenten* Nervenfasern innerviert, die die Information über den Erregungszustand der Haarzellen zum Zentralnervensystem übertragen. Neben den afferenten endigen auch *efferente* Nervenfasern an den Haarzellen, über deren Aktivität sich möglicherweise die Empfindlichkeit der Haarzellen verstellen läßt. Die afferenten Nervenfasern stammen von den Nervenzellen des *Ganglion vestibuli (Scarpae).* Zentralwärts bilden die Nervenfasern den **Nervus vestibularis,** der sich noch im Bereich des Innenohres mit dem aus dem Ganglion spirale der Cochlea stammenden *Nervus acusticus* zum **Nervus vestibulocochlearis,** dem VIII. Hirnnerven, vereinigt. Dieser tritt im Bereich des sogenannten Kleinhirnbrückenwinkels in den Hirnstamm ein.

Entladungsverhalten der Haarzellen. Die afferenten Nervenfasern des Nervus vestibularis besitzen eine hohe regelmäßige **Ruheaktivität.** Diese neuronalen Entladungen treten also auf, ohne daß äußere Reize auf die Haarzellen einwirken. Verschiebt man experimentell die Gallerte über dem Sinnesepithel, so kann die vorhandene Aktivität *je nach Richtung der Verschiebung erhöht oder reduziert* werden. Offensichtlich bewirkt die Abscherung der in die Gallerte ragenden Cilien diesen Effekt. Dabei läßt sich folgende Gesetzmäßigkeit beobachten (Abb. 20-11, 20-12): Abscherung des Cilienbündels in Richtung auf das Kinocilium erhöht die Entladungsrate in der zugehörigen Nervenfaser, Abscherung in die Gegenrichtung vermindert sie, und Abscherungen senkrecht zu dieser Achse bleiben wirkungslos. Jede Haarzelle verfügt also über eine ausgesprochene **Richtungssensitivität,** wobei die Ruheaktivität die Voraussetzung dafür schafft, daß nicht nur die Akti-

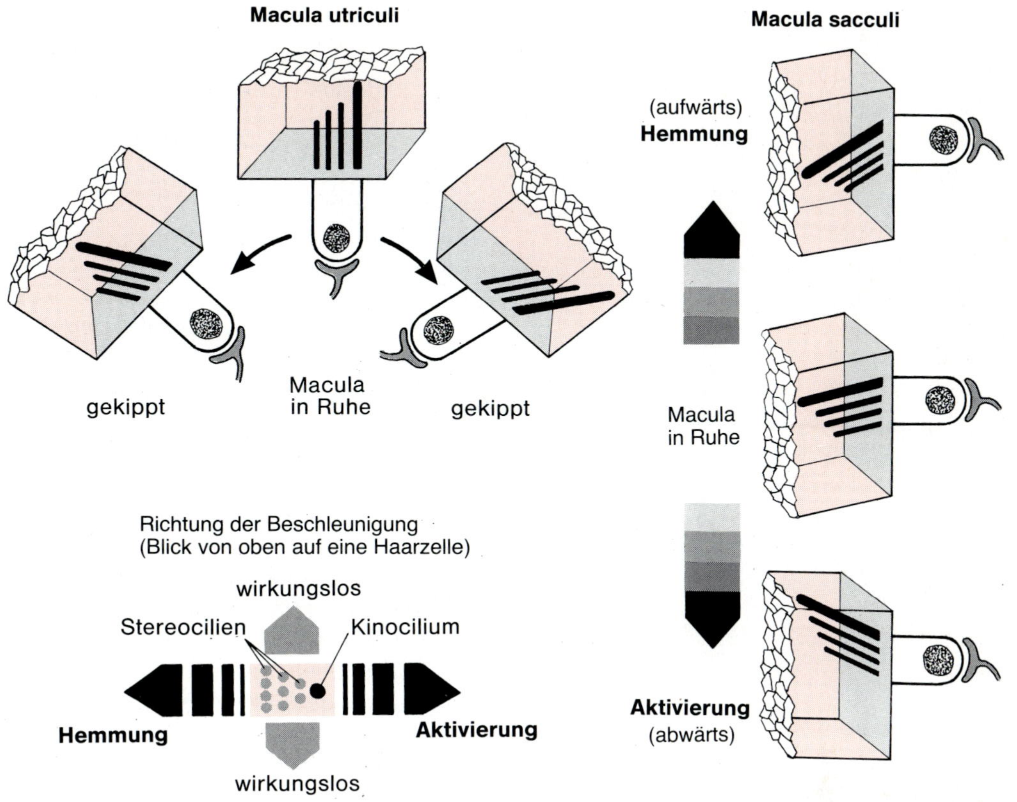

Abb. 20-12. Adäquate Reizung der Maculaorgane bei Beschleunigungen. Die Haarzellen weisen alle eine Spontanaktivität auf. Diese wird je nach Lage des Maculaorgans (*Maculae utriculi* praktisch waagrecht, *Maculae sacculi* praktisch senkrecht) und nach Richtung der Beschleunigung verstärkt oder abgeschwächt. Auch bei ruhendem Kopf unterliegen die *Maculae sacculi* der Linearbeschleunigung der Schwerkraft (Gravitationsbeschleunigung)

vierung, sondern auch die Hemmung in abgestufter Weise nach zentral signalisiert werden können. (Die an den Synapsen zwischen den Haarzellen und ihren Nervenfasern wirkenden Überträgersubstanzen sind bisher nicht identifiziert.)

Besonderheiten der Maculaerregung. Die spezifische Dichte der Otolithenmembran ist wegen der Einlagerung der Calcit-Kristalle etwa doppelt so hoch wie die der umgebenden Endolymphe. Wirken auf sie Beschleunigungskräfte ein, wie beispielsweise beim Anfahren und Bremsen in einem Auto, so wirkt auf die dichtere Otolithenmembran eine größere Kraft ein als auf die umgebenden Endolymphe (Kraft = Masse × Beschleunigung). Die Otolithenmembran rutscht daher um einen winzigen Betrag über die Haarzellen hinweg, und die Cilien werden entsprechend abgeschert.

Die *Maculae utriculi* liegen bei aufrechter Körperstellung etwa waagrecht im Schädel. Ihre Haarzellen können also in der eben beschriebenen Weise durch lineare Beschleunigungen aktiviert werden. Da im Sinnesepithelverband einer Macula verschiedene Orientierungsrichtungen der Cilien vorkommen, wird es für jede Form der Beschleunigung zu einer bestimmten Erregungkonstellation der zugehörigen Nervenfasern kommen, die in den zentralen Teilen des vestibulären Systems dann ausgewertet wird. Die Haarzellen der Maculae utriculi können aber auch durch Kippung aktiviert bzw. gehemmt werden (Abb. 20-12), wobei zusätzlich zu den Beschleunigungskräften in der waagrechten Ebene, auch die der Schwerkraft (Gravitationsbeschleunigung) auf die Otolithenmembran und damit auf die Haarzellen einwirken.

Die *Maculae sacculi* sind senkrecht im Schädel angeordnet. Die Cilien ihrer Haarzellen werden daher bei aufrechter Körperstellung durch die Gravitationsbeschleunigung dauernd etwas abgeschert. Änderung der Kopfstellung, wie die eben erwähnte Kippung, wird auch hier zu einer Veränderung des afferenten Ausstroms führen. Der Organismus gewinnt so die Information über die **Stellung des Kopfes im Raum**. Dies ist die *wichtigste Aufgabe* der Maculaorgane. Zusätzlich liefern sie, wie wir gesehen haben, auch Information über jede andere Translationsbeschleunigung, die auf den Körper einwirkt.

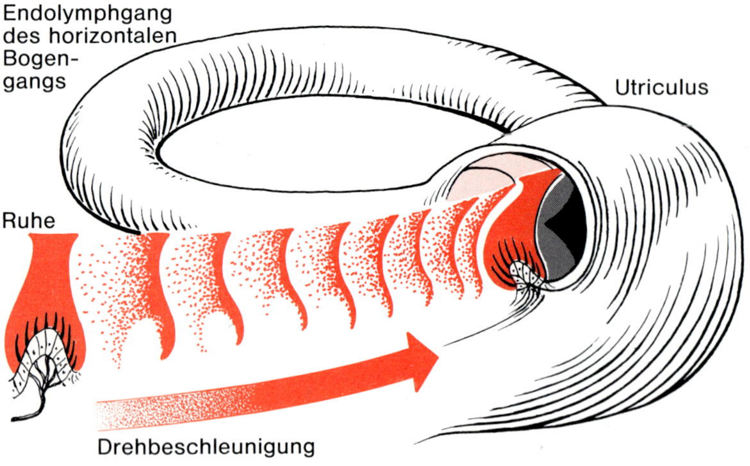

Abb. 20-13. Wirkung einer Drehbeschleunigung (Wenden des Kopfes nach links) auf die Cupula des linken horizontalen Bogenganges. Durch die Trägheit der Endolymphe wird die Cupula entgegen der Drehrichtung abgebogen

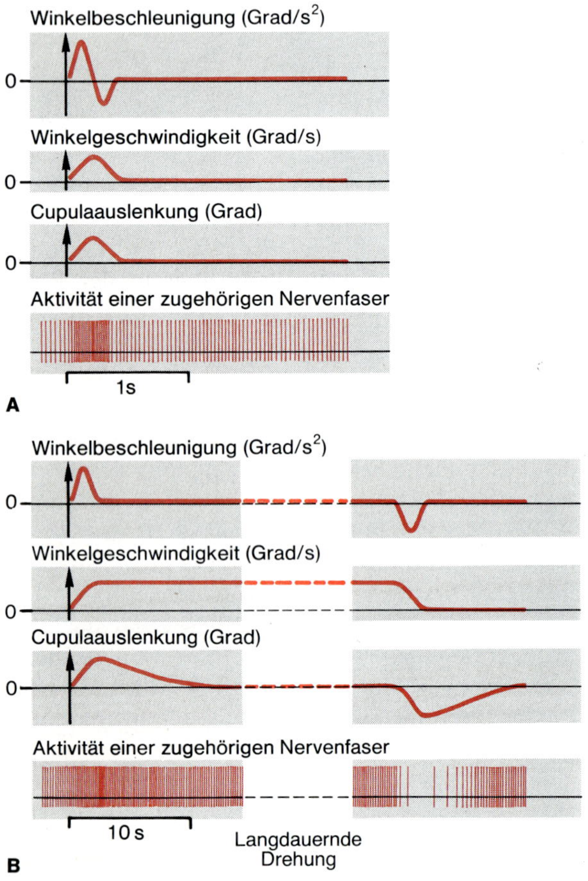

Abb. 20-14. Entladungsverhalten einer afferenten Nervenfaser aus dem Cupulaorgan eines horizontalen Bogenganges bei Drehbewegungen. Zusätzlich sind neben der Winkelbeschleunigung und der Winkelgeschwindigkeit auch die Cupulaauslenkungen angegeben. **A** Wirkung einer *kurzdauernden Drehbewegung* (z. B. Kopfwendung wie in Abb. 20-12/13). **B** Wirkungen zu Beginn, während (Zeitabschnitte unmittelbar vor und nach Unterbrechung der Registrierung in der Bildmitte) und am Ende einer *langdauernden Drehbewegung* (z. B. auf einem Drehstuhl). Beachte die unterschiedlichen Zeitachsen in **A** und **B.** Aus [18]

Besonderheiten der Bogengangserregung. Anders als die Otolithenmembran besitzt die Cupula, also die gallertige Masse über dem Sinnesepithel in den Ampullen, die *gleiche spezifische Dichte* wie die umgebende Endolymphe. Lineare Beschleunigungen führen daher nicht zu einer Abscherung der in die Cupula ragenden Cilien. Anders ist es bei **Drehbeschleunigungen** (Abb. 20-13): Wird der ruhende Schädel nämlich gedreht, so bleibt wegen ihrer Trägheit die Endolymphe zunächst in Ruhe (wie der Kaffee wenn man die Tasse zu drehen beginnt). Dadurch wird die Cupula, die mit der Kanalwand verwachsen ist, in die Gegenrichtung ausgelenkt und damit die Cilien abgeschert. Abbiegung der Cupula in eine Richtung führt zu einer Erhöhung, Abbiegung in die Gegenrichtung zu einer Verminderung der Entladungsrate (Abb. 20-14).

Da wir auf jeder Seite drei Bogengänge besitzen, die ungefähr senkrecht aufeinanderstehen, lassen sich alle in den drei Achsen des Raumes denkbaren Rotationsbeschleunigungen mit den Bogengangsorganen erfassen. Wie solche Winkelbeschleunigungen auf die Cupulaauslenkung und die Aktivität in einer zugehörigen Nervenfaser wirken, ist in Abb. 20-14 für den üblicherweise im täglichen Leben vorkommenden Fall einer kurzen Drehbewegung (A) und für eine langandauernde Drehbewegung (B, Drehstuhlsituation) gezeigt. Wie nicht anders zu erwarten, wird bei langen Drehungen die Endolymphe schließlich von der Wand des häutigen Labyrinths „mitgenommen" und auf die konstante Winkelgeschwindigkeit beschleunigt. Damit hört die Cupulaauslenkung und damit die Abscherung auf. Beim Stillstand wird die Cupula wiederum durch die Trägheit der Endolymphe in die Gegenrichtung ausgelenkt. Es dauert 10 bis 30 s bis die Cupula wieder ihre Ruhelage erreicht hat.

Das zentrale vestibuläre System. Die über den *Nervus vestibulocochlearis* (s. oben) in den Hirnstamm eintretenden afferenten Nervenfasern ziehen zu den **Vestibulariskernen**, an deren Neuronen sie enden. Diese Kerngebiete erhalten außerdem zahlreiche Zuflüsse von somatosensorischen Afferenzen, insbesondere von Sensoren aus den Muskeln und Gelenken des Halses, ohne die, wie oben schon besprochen, eine eindeutige Information über die Stellung des Körpers im Raum nicht zu gewinnen ist. Die Vestibulariskerne sind efferent und reziprok mit zahlreichen anderen Hirnarealen verbunden, die für die bewußte Raumorientierung, die Aufrechterhaltung des Gleichgewichts (Stützmotorik) und die Abstimmung von Kopf- und Augenbewegungen (Blickmotorik) zuständig sind (vgl. z. B. Abb. 16-10, S. 297). Beispielhaft und wegen seiner großen Bedeutung sowohl für die Stütz- wie für die Blickmotorik sei das **Kleinhirn** (*Cerebellum*) erwähnt, dessen entwicklungsgeschichtlich älteste Teile (*Archicerebellum*) zum Teil sogar von primären Vestibularisafferenzen direkt, also ohne Umschaltung in den Vestibulariskernen erreicht werden.

Störungen des vestibulären Systems, Gleichgewichtsuntersuchungen, Nystagmus

Kinetosen (Bewegungskrankheiten). Die bekannteste Kinetose ist die **Seekrankheit**, unter der viele aber nicht alle Menschen an Bord eines Schiffes bei mittlerem bis starkem Seegang leiden. Die Seekrankheit und andere Formen der *Bewegungskrankheit* (motion sickness) werden durch eine ungewohnt starke Erregung des Gleichgewichtsorgans ausgelöst, wobei Unwohlsein, Schwindel, Erbrechen, Schweißausbruch und Pulsanstieg die häufigsten Symptome sind. Auch Tiere können „seekrank" werden, nicht aber Säuglinge. Bei Menschen und Tieren ohne Labyrinthe oder ohne Archicerebellum sind ebenfalls keine Kinetosen mehr auslösbar.

Labyrinthausfall. Der *akute Ausfall* eines Labyrinths führt zu einem *Drehschwindel* zur gesunden Seite, verbunden mit einer *Fallneigung* zur kranken Seite. Gleichzeitig treten Übelkeit, Erbrechen, Schweißausbrüche und ähnliche Symptome auf. Auch läßt sich ein *Nystagmus* zur gesunden Seite beobachten. Ein doppelseitiger akuter Ausfall kommt beim Menschen praktisch kaum vor. Im Tierexperiment sind die Symptome deutlich schwächer als beim einseitigen Ausfall ausgeprägt, wahrscheinlich weil die starke Diskrepanz zwischen den neuronalen Zuflüssen aus der gesunden und der erkrankten Seite fehlt. Der **chronische Ausfall** eines Labyrinths kann in der Regel gut kompensiert werden, vor allem wenn andere Sinne (visuelles System, Tiefensensibilität) ihren Beitrag zur Raumorientierung liefern können. Fehlt einer dieser Eingänge, zum Beispiel im Dunkeln, treten wieder deutliche Ausfallserscheinungen auf.

Schwerelosigkeit. Im schwerelosen Zustand der Raumfahrt entfällt der Einfluß der Gravitationsbeschleunigung auf die Maculae. Die Wirkung von Linearbeschleunigungen bleibt aber ebenso erhalten wie die der Drehbeschleunigungen auf die Bogengangsorgane, die sowieso nicht von der Schwerkraft beeinflußt werden (s. oben). Damit entsteht eine Erregungskonstellation, die auf der Erde nicht vorkommt. Sie löst nach den vorliegenden Berichten mindestens gelegentlich Kinetosen aus.

Gleichgewichtsdiagnostik. Da die unterschiedlichsten Sinnesorgane beim Entstehen unserer bewußten Raumempfindungen und bei der Aufrechterhaltung des Gleichgewichts zusammenwirken, läßt sich im Falle einer Störung aus dem Symptom alleine (z. B. Schwindel) nur selten auf die zugrundeliegende Ursache schließen. Eine ausgefeilte Gleichgewichtsdiagnostik kann aber in der Regel Art und Ausmaß der Störung sehr genau eingrenzen. Beispiele einfacher Untersuchungsmethoden sind *Prüfen des Stehens und Gehens bei offenen und geschlossenen Augen* und die Beobachtung der *Fixations- und Augenfolgebewegungen* mit Hilfe eines Pendels, auf das der Proband fixieren und dessen Schwingen er verfolgen soll.

Nystagmus. Wir haben den optokinetischen und vestibulären Nystagmus bereits als physiologischen Regelmechanismus zur Anpassung der Augenbewegungen an Bewegungen des Körpers und der Umwelt kennengelernt (S. 387). Neben den dort erwähnten *physiologischen Nystagmusformen* treten bei Erkrankungen im okulomotorischen, optischen und vestibulären System zahlreiche **pathologische Nystagmen** spontan oder bei entsprechender Provokation auf. Die Registrierung des Nystagmus (*Elektronystagmographie, Nystagmogramme*) ist daher zur wichtigsten diagnostischen Methode bei der Untersuchung solcher Störungen geworden. Die Gleichgewichtsorgane werden dabei entweder *gleichzeitig* erregt, nämlich bei den **Drehprüfungen**, oder *einzeln*, z. B. bei der Spülung des äußeren Gehörgangs mit kaltem (30° C) oder warmem Wasser (44° C). Diese Spülung löst nämlich durch Erwärmen bzw. Abkühlen der Endolymphe und die damit verbundenen Druckänderungen im horizontalen Bogengang einen **calorischen Nystagmus** aus. Warmspülung ruft einen Nystagmus zur gespülten Seite hervor, Kaltspülung einen entgegengesetzten (zur Bezeichnung der Nystagmusrichtung s. S. 387). Störungen äußern sich in qualitativen und quantitativen Abweichungen.

20.4 Literatur

Weiterführende Lehr- und Handbücher

1. BLAUERT, J.: Spatial Hearing. Cambridge Mass: MIT Press 1983
2. FLOCK, A., WERSÄLL, J. (Eds.): Cellular mechanisms in hearing. Hear. Res. *22*, 1-323 (1986)
3. GUALTIEROTTI, T. (Ed.): The Vestibular System: Function and Morphology. Berlin, Heidelberg, New York: Springer 1981
4. HONRUBIA, V., BRAZIER, M: Nystagmus and Vertigo. Clinical Approaches to the Patient with Dizziness. New York: Academic Press 1982
5. KEIDEL, W. D., NEFF, W. D. (Eds.): Handbook of Sensory Physiology. Berlin, Heidelberg, New York: Springer, Vol. V, 1 (1974) Vol. V, 2 (1975), Vol V., 3 (1976)
6. KLINKE, R., HARTMANN, R. (Eds.): Hearing - Physiological Bases and Psychophysics. Berlin, Heidelberg, New York, Tokyo: Springer 1983
7. LENHARDT, E.: Praktische Audiometrie. 6. Auflage. Stuttgart: Thieme 1986
8. MOORE, B. C. J.: An Introduction to the Psychology of Hearing. London: Academic Press 1982
9. PICKLES, J. O.: An Introduction to the Physiology of Hearing. London: Academic Press 1982
10. ROEDERER, J. G.: Physikalische und psychoakustische Grundlagen der Musik. Berlin, Heidelberg, New York: Springer 1977
11. SCHMIDT, R. F. (Hrsg.): Grundriß der Sinnesphysiologie. 5. Aufl. Berlin, Heidelberg, New York, Tokyo: Springer 1985
12. SCHMIDT, R. F., THEWS, G. (Hrsg.): Physiologie des Menschen. 24. Aufl. Berlin, Heidelberg, New York, Tokyo: Springer 1990
13. ZWICKER, E.: Psychoakustik. Berlin, Heiddelberg, New York, Tokyo: Springer 1982

Einzel- und Übersichtsarbeiten

14. BAUMGARTNER, R. v. et al.: Effects of rectilinear acceleration and optokinetic and caloric simulations in space. Science *225*, 208-212 (1984)
15. DALLOS, P.: Cochlear physiology. Ann. Rev. Psychol. *32*, 153-190 (1981)
16. KLINKE, R.: Neurotransmission in the inner ear. Hear. Res. *22*, 235-243 (1986)
17. KLINKE, R.: Die Verarbeitung von Schallreizen im Innerohr - eine Übersicht über neuere Forschungsergebnisse. HNO *35*, 139-148 (1987)
18. KLINKE, R.: Physiologie des Gleichgewichtssinnes, des Hörens und des Sprechens. In: SCHMIDT, R. F., THEWS, G. (Hrsg.): Physiologie des Menschen, 22. Aufl. Berlin, Heidelberg, New York, Tokyo: Springer 1985
19. KLINKE, R., GALLEY, N.: Efferent innervation of vestibular and auditory receptors. Physiol. Rev. *54*, 316-357 (1974)
20. PHILIPPS, D. P., BRUGGE, J. F.: Progress in neurophysiology of sound localization. Ann. Rev. Psychol. *36*, 245-274 (1985)
21. PICKLES, J. O.: Recent advances in cochlear physiology. Prog. Neurobiol. *24*, 1-42 (1985)
22. RHODE, W. S.: Cochlear mechanics. Ann. Rev. Physiol. *46*, 231-246 (1984)
23. WEBSTER, W. R., AITKIN, L. M.: Central auditory processing. In: GAZZANIGA, M. S., BLAKEMORE C. (eds.): Handbook of Psychobiology, p. 325. New York: Academic Press 1975

21 Geschmack und Geruch

Geschmack und Geruch sind chemische Sinnessysteme, die entwicklungsgeschichtlich zu unseren ältesten Sinnen gehören. Selbst sehr einfache Lebewesen verfügen bereits über *Chemosensoren* (Chemoreceptoren), mit denen sie ihre unmittelbare Umwelt analysieren und über die sie ihr Verhalten entsprechend modifizieren. Beim Menschen fällt auf, daß die zentralen Leitungsbahnen des Geruchssinn, abweichend von allen anderen Sinnen, zunächst zu phylogenetisch alten Teilen der Hirnrinde ziehen, bevor sie zum Thalamus und zum Neocortex projizieren (Abb. 21-7, S. 423). Dies weist ebenso auf die besondere Stellung des Geruchssinnes hin wie die starke Verknüpfung, die seine Bahnen zum limbischen System haben (S. 422).

Die **Abgrenzung des Geschmacks vom Geruch** läßt sich nach morphologischen und physiologischen Kriterien durchführen (Tabelle 21-1). Andere Merkmale, wie Empfindlichkeit oder adäquate Reize, können ebenfalls zur Kennzeichnung dienen, zeigen aber Überlappungen. Insgesamt dient der *Geschmack* als unmittelbarer **Nahsinn**, während der *Geruch* zusätzlich auch als **Fernsinn** Information aus der weiteren Umgebung vermitteln kann. Der „Geschmack" eines Gerichts (engl.: *flavor*) hängt von der Zusammenarbeit *beider* Sinnessysteme ab: selbst das herrlichste Gericht verliert ohne seine Gerüche einen Großteil seines „Geschmacks".

Tabelle 21-1. Einteilung und Charakterisierung der chemischen Sinne. (Nach Altner & Boeckh in [7])

	Geschmack	Geruch
Sensoren	Sekundäre Sinneszellen	Primäre Sinneszellen Enden des V. (IX. und X.) Hirnnerven
Lage der Sensoren Afferente Hirnnerven	Auf der Zunge N. VII, N. IX	Im Nasen- und Rachenraum N. I, N. V. (N. IX, N. X)
Stationen im Zentralnervensystem	1. Medulla oblongata 2. Ventraler Thalamus 3. Cortex (Gyrus postcentralis) Verbindungen zum Hypothalamus	1. Bulbus olfactorius 2. Endhirn (Area praepiriformis) Verbindungen zum limbischen System, Hypothalamus und zum orbitofrontalen Cortex
Adäquater Reiz	Moleküle organischer und anorganischer, meist nicht flüchtiger Stoffe. Reizquelle in Nähe oder direktem Kontakt zum Sinnesorgan	Moleküle fast ausschließlich organischer, flüchtiger Verbindungen in Gasform, erst direkt an Receptoren in flüssiger Phase gelöst. Reizquelle meist in größerer Entfernung
Zahl qualitativ unterscheidbarer Reize	4 Grundqualitäten	Sehr hoch (einige Tausend), zahlreiche, schwer abgrenzbare Qualitätsklassen
Absolute Empfindlichkeit	Gering, mindestens 10^{16} und mehr Moleküle/ml Lösung	Für manche Substanzen sehr hoch (10^7 Moleküle pro ml Luft, bei Tieren bis zu 10^2 bis 10^3)
Biologische Charakterisierung	Nahsinn Nahrungskontrolle, Steuerung der Nahrungsaufnahme und -verarbeitung (Speichelreflexe)	Fernsinn und Nahsinn Umweltkontrolle (Hygiene), Nahrungskontrolle Bei Tieren auch Nahrungs- und Futtersuche, Kommunikation, Fortpflanzung Starke emotionale Bewertung

21.1 Geschmackssinn

Die Leistungen des Geschmackssinnes (subjektive Schmeckphysiologie)

Hauptqualitäten des Schmeckens [1, 10, 14]. In psychophysischen Experimenten läßt sich zeigen, daß beim Menschen alle Geschmacksempfindungen auf **4 Geschmacksqualitäten** zurückgeführt werden können, nämlich **süß, sauer, bitter** und **salzig**. Jede dieser Geschmacksqualitäten wird bevorzugt durch bestimmte chemische Moleküle ausgelöst. Süß schmecken hauptsächlich natürlich vorkommende Zucker, salzig schmeckt Kochsalz (NaCl), andere Salze, wie z.B. KCl, schmecken salzig, zugleich aber auch bitter. Eine rein bittere Empfindung wird durch Chinin und andere pflanzliche Alkaloide ausgelöst, saure Empfindungen durch Säuren, wie Zitronensäure oder Salzsäure. Viele natürliche Geschmacksreize lösen **Mischempfindungen** aus, so schmeckt z.B. Orange süß und sauer, Pampelmuse sauer, süß und bitter.

Nebenqualitäten des Schmeckens. Außer den eben genannten Grundqualitäten können noch zwei *Nebenqualitäten*, nämlich **alkalisch** (oder auch *seifig*) und **metallisch**, unterschieden werden. Die Empfindung alkalisch wird bei Reizung mit Pottasche (Kaliumcarbonat) hervorgerufen. Einen spezifisch *metallischen* Geschmack haben einige Metalle und Metallsalze.

Die eindeutige **Zuordnung chemischer Eigenschaften** eines Stoffes zu seiner **Schmeckwirkung** ist nicht möglich. So schmecken neben Zuckern auch Bleisalze süß, die wirksamsten Süßreize sind künstliche Süßstoffe wie Saccharin. Die *Empfindungsqualität* eines Stoffes ist zusätzlich von seiner *Konzentration* abhängig. So schmeckt Kochsalz in geringer Konzentration (0,02–0,03 molar) süß und erst in höherer (0,04 molar und stärker) rein salzig („Qualitätsumschlag"). Auffällig ist die hohe Empfindlichkeit des Geschmackssinns für Bitterstoffe. Da diese oft giftig sind, erscheint eine Warnung vor bereits geringen Konzentrationen bei der Wasser- oder Nahrungsaufnahme sinnvoll. Stärkere Bitterreize lösen leicht *Brech-* und *Würgereflexe* aus.

Wahrnehmungschwellen des Schmeckens. Wie eben schon erwähnt, werden **bitter** schmeckende Stoffe schon bei sehr niedrigen Konzentrationen wahrgenommen. Der Schwellenwert für *Chininsulfat* liegt bei 0,000008 molar = 6 mg/l. In einer ähnlichen Größenordnung liegt der Schwellenwert für **süß** des synthetischen Süßstoffes *Saccharin*, nämlich bei 0,000023 Mol/l (5,5 mg/l). Die Schwellen der natürlichen Zucker liegen viel höher, nämlich für *Rohrzucker* bei 0,01 Mol/l (3,42 g/l) und für *Traubenzucker* bei 0,08 Mol/l (14,41 g/l). Wie aus den Schwellen für *Essigsäure* (0,0018 n = 0,108 g/l) und *Kochsalz* (0,01 Mol/l = 0,585 g/l) hervorgeht, liegen die Schwellen für **sauer** und **salzig** schmeckende Stoffe etwa in der gleichen Größenordnung wie für die genannten Zucker.

Hinzuzufügen bleibt, daß die Aussagekraft von genau angegebenen Schwellenwerten beschränkt ist, da für die meisten Stoffe eine **erhebliche individuelle Variabilität** in den Schwellen besteht. Es entspräche den Gegebenheiten mehr, von **Schwellenbereichen** zu sprechen.

Empfindungsstärke. Die Stärke einer Schmeckempfindung hängt in erster Linie von der **Konzentration** des Reizstoffes ab. Im Schwellenbereich ist allerdings zu beachten, daß der Effekt einer Verdünnung einer Reizstofflösung durch *Reizung eines größeren Areals* auf der Zungenoberfläche kompensiert werden kann. Ebenso läßt sich die Verdünnung einer Reizstofflösung durch *Verlängerung der Reizdauer* in gewissem Umfang ausgleichen.

Die eben genannten Befunde lassen sich durch die Ausdrücke

$$C \cdot A^n = k \quad \text{und} \quad t \cdot C^n = k$$

zusammenfassen. Dabei steht C für die Konzentration einer Schmeckstofflösung, A für die Größe des gereizten Areals auf der Zunge und t für die Dauer der Reizwirkung. Die Exponenten n sind reizstoffspezifische Größen. Zu berücksichtigen bleibt ferner, daß die menschliche Zunge in ihren verschiedenen Regionen für die vier Grundqualitäten unterschiedlich empfindlich ist (Abb. 21-1) und daß auch die *Temperatur* einer Reizstofflösung die Stärke der Schmeckempfindung beeinflußt.

Adaptation. Bei langdauernden Reizen nimmt die Empfindungsstärke deutlich ab, d.h. der Geschmackssinn zeigt eine deutliche *Adaptation.* Dieser ist sicher z.T. neuronal also nicht nur durch Sensoradaptation bedingt. Es darf aber dabei nicht übersehen werden, daß durch die Sekretion der in Abb. 21-1 sichtbaren *Spüldrüsen* die Konzentration eines Reizstoffes an den Geschmacksknospen herabgesetzt und auf diese Weise eine Änderung der Empfindungsstärke verursacht werden kann.

Peripherer Aufbau des Schmeckorgans

Lokalisation der Geschmacksqualitäten. Die Geschmackssensoren sind auf der Zungenoberfläche lokalisiert. Für die einzelnen Geschmacksqualitäten

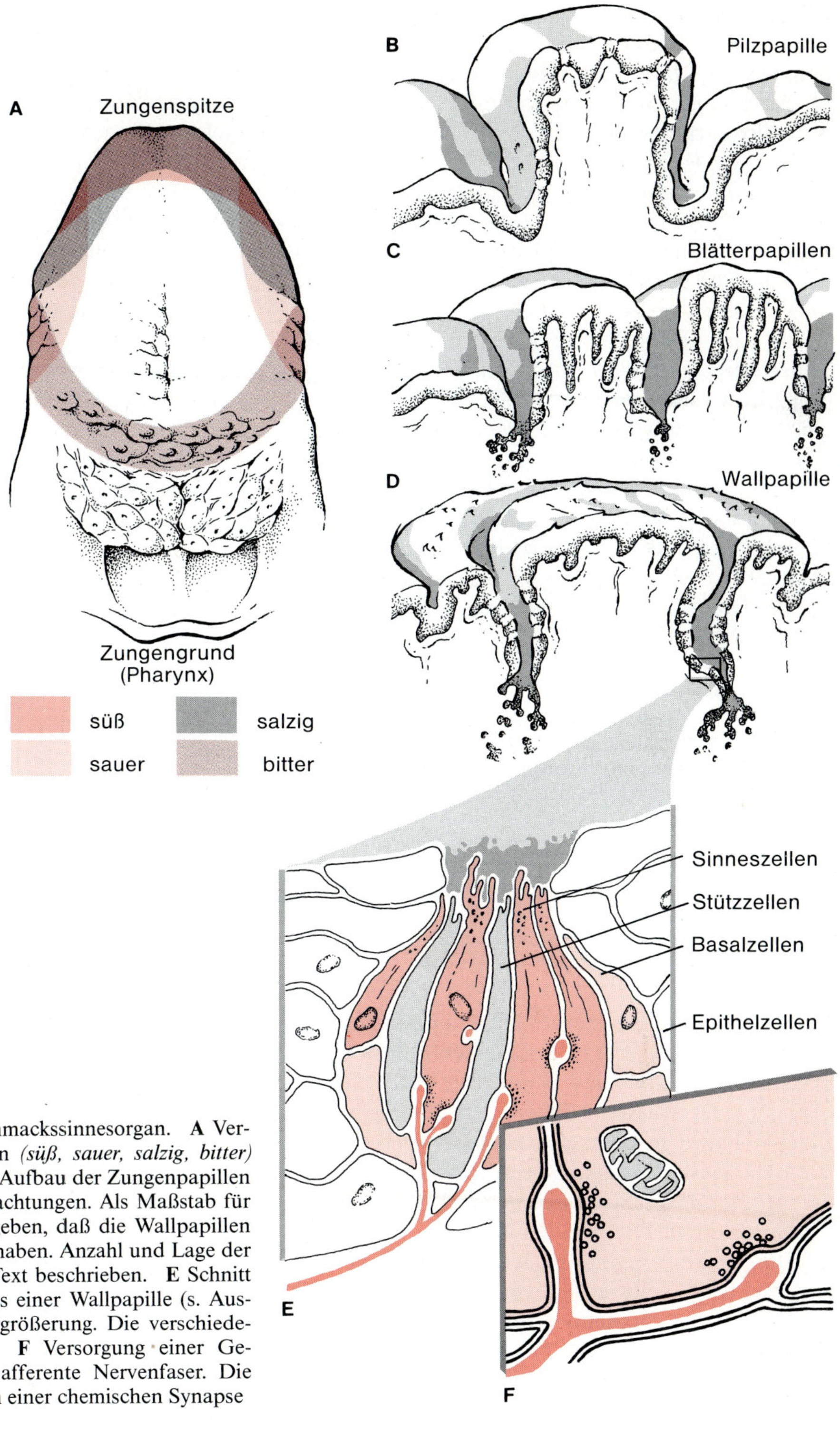

Abb. 21-1. Die Zunge als Geschmackssinnesorgan. **A** Verteilung der Geschmacksqualitäten *(süß, sauer, salzig, bitter)* auf der Zungenoberfläche. **B-D** Aufbau der Zungenpapillen nach lichtmikroskopischen Beobachtungen. Als Maßstab für die Größenverhältnisse sei angegeben, daß die Wallpapillen einen Durchmesser von 1-3 mm haben. Anzahl und Lage der verschiedenen Papillen sind im Text beschrieben. **E** Schnitt durch die Geschmacksknospe aus einer Wallpapille (s. Ausschnittsangabe) bei stärkerer Vergrößerung. Die verschiedenen Zelltypen sind angegeben. **F** Versorgung einer Geschmackssinneszelle durch ihre afferente Nervenfaser. Die Verbindung hat die Eigenschaften einer chemischen Synapse

können auf der Zunge **spezifisch empfindliche Zonen** abgegrenzt werden, wie dies in Abb. 21-1 A zu sehen ist. Die vorderen Abschnitte der Zunge sind besonders empfindlich für süß und salzig, die seitlichen für sauer und die hinteren Zungenabschnitte für bitter.

Geschmackspapillen, Schmeckzellen, Geschmacksknospen. In der Schleimhaut der Zungenoberfläche liegen zahlreiche, **Papillen** genannte Erhebungen, von denen drei Typen in Abb. 21-1 B-D schematisch dargestellt sind. Diese Papillentypen sind nicht gleichmäßig über die Zunge verteilt. Nur die

Pilzpapillen sind über die ganze Oberfläche verstreut. Die 1-3 mm großen, von oben gesehen runden **Wallpapillen**, beim Menschen nur 7-12, liegen an der Grenze zum Zungengrund. Der dritte Typ, die **Blätterpapillen**, finden sich als *dicht hintereinanderliegende Falten* am hinteren Seitenrand der Zunge; sie sind bei Kindern gut entwickelt, bei Erwachsenen jedoch weitgehend zurückgebildet (die *Fadenpapillen*, die die übrige Zungenoberfläche bedecken, sind nicht gezeigt, da sie am Geschmack nicht beteiligt sind).

Die eigentlichen Sensoren sind die **Geschmackssinneszellen** (syn. *Schmeckzellen*). Diese liegen gebündelt in Gruppen von ungefähr 50 Zellen in einem als **Geschmacksknospe** bezeichneten Sinnesorgan [15]. Die Geschmacksknospen sind wiederum in die *Geschmackspapillen* eingebaut. Bei den Wall- und Blätterpapillen liegen zahlreiche Geschmacksknospen in den Seitenwänden der Papillen (Abb. 21-1 C, D), während sie bei den Pilzpapillen auf der Oberfläche des bis zu 1 mm breiten Pilzhuts liegen (Abb. 21-1 B).

Die einzelnen Geschmacksknospen sind etwa 70 μm hoch und haben einen Durchmesser von etwa 40 μm. Der Mensch besitzt etwa 2000 Geschmacksknospen. Etwa die Hälfte davon findet sich auf den Wallpapillen. In das Bindegewebe unterhalb der Wall- und Blätterpapillen sind Drüsen eingebettet, deren Ausführungsgänge in den Vertiefungen zwischen Papille und Wall bzw. zwischen den Papillen ausmünden (Abb. 21-1 C, D). Sie werden als **Spüldrüsen** bezeichnet, denn ihr Sekret hat die Aufgabe, Speiseteilchen und Mikroorganismen fortzuschwemmen. Außerdem wird durch das Sekret dieser Drüsen die Konzentration an Reizstoffen im Bereich der Geschmacksknospen herabgesetzt.

Den **Aufbau** und die **Innervation** einer **Geschmacksknospe** zeigt Abb. 21-1 E, F. Es lassen sich dort *Sinneszellen, Stützzellen* und *Basalzellen* unterscheiden (Abb. 21-1 E). Wasserlösliche Reizstoffe, die auf die Zungenoberfläche gelangen, können durch den *Porus* in die Geschmacksknospe diffundieren und hier die *Mikrovilli* der Sinneszellen erreichen. Die *Lebensdauer* dieser Sinneszellen ist gering. Sie werden im Durchschnitt bereits nach 10 Tagen durch eine nachrückende Zelle ersetzt. Bei dieser **Zellmauser** werden die ausscheidenden Sinneszellen durch *Abkömmlinge der Stützzellen* ersetzt, die ihrerseits aus den *Basalzellen* ausdifferenzieren.

Afferente Innervation. Die Geschmackssinneszellen sind **sekundäre Sinneszellen**, d. h. sie entsenden keine ableitenden Nervenfortsätze. Jede Sinneszelle wird vielmehr durch eine afferente Nervenfaser innerviert (Abb. 21-1 F). Die Verbindung zwischen der Sinneszelle und der afferenten Nervenfaser hat alle Eigenschaften einer **chemischen Synapse**, wie z. B. Vesikel in der Sinneszelle, also auf der *präsynaptischen* Seite. Jede afferente Nervenfaser zweigt sich vielfach auf, so daß eine Nervenfaser häufig mehrere Geschmacksknospen und dort jeweils mehrere Sinneszellen innerviert (s. Abb. 21-1 E). Die zentripetal laufenden Impulse in einer afferenten Nervenfaser entstammen also mehreren Geschmackssinneszellen.

Die Geschmackssinneszellen der vorderen zwei Drittel der Zunge werden von afferenten Nervenfasern der **Chorda tympani** innerviert, einem Ast des *Nervus facialis* (VII. Hirnnerv, s. Abb. 21-4). Der Zungengrund wird vom IX. Hirnnerven, dem **Nervus glossopharyngeus**, innerviert. Die Geschmackszellen sind auf diese Innervation angewiesen. Wird z. B. die Chorda tympani durchschnitten, so degenerieren alle von ihr innervierten Geschmacksknospen.

Periphere Mechanismen der Geschmacksreception

Ein Molekül, das eine bestimmte Geschmacksempfindung auslöst, bindet sich an ein **Receptorprotein** in der Membran der Mikrovilli einer Geschmackssinneszelle. Diese Bindung des Moleküls an seinen *Membranreceptor* löst eine Öffnung von Membrankanälen („Poren") aus. Der resultierende Ionenstrom führt zu einem depolarisierenden oder hyperpolarisierenden **Sensorpotential** in der Geschmackssinneszelle [18]. Beispiele dieses **Transduktionsprozesses** sind in Abb. 21-2 gezeigt. Die Höhe des Sensorpotentials nimmt mit der Konzentration des Schmeckstoffes zu. Erreicht ein depolarisierendes Sensorpotential die Schwelle, so werden ein

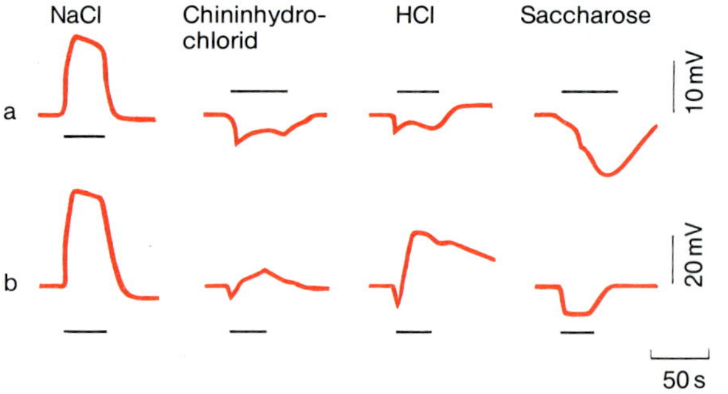

Abb. 21-2. Transduktion in Geschmackssinneszellen. Intracellulär gemessene Sensorpotentiale zweier Geschmackssinneszellen **(a, b)** der Rattenzunge. Zur Reizung wurde die Geschmacksknospe für die Dauer der *horizontalen Balken* mit den angegebenen Lösungen in folgenden Konzentrationen bespült: 0,5 mol/l NaCl (Kochsalz), 0,02 mol/l Chininhydrochlorid, 0,01 mol/l HCl (Salzsäure) und 0,5 mol/l Saccharose (Rohrzucker). Nach [18] aus [7]

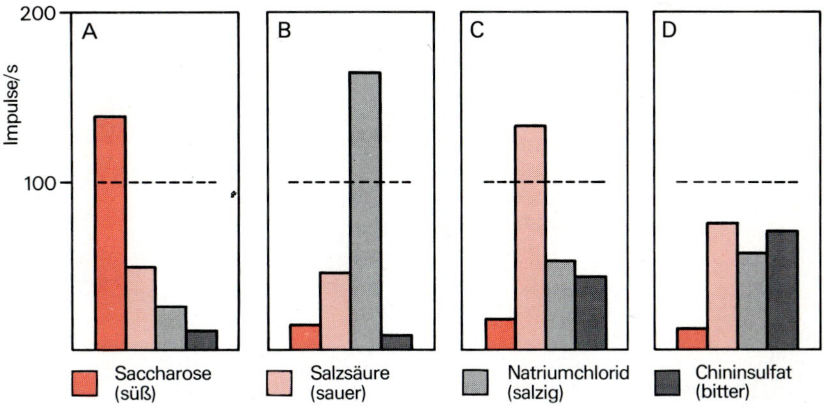

Abb. 21-3. Antwortverhalten von 4 Geschmacksnervenfasern **(A-D)** auf Reizstofflösungen aus den angegebenen Qualitätsbereichen. Einzelfaserableitungen aus der Chorda tympani einer Ratte mit der in Abb. 18-7 A gezeigten Methode. Es wurden alle Aktionspotentiale gezählt, die durch die jeweilige Reizstofflösung evoziert wurden. Die typischen Muster der Erregungszunahme werden als *Geschmacksprofile* bezeichnet. Nach H. Altner in [6a]

oder mehrere fortgeleitete *Aktionspotentiale* an der Synapse zur afferenten Nervenfaser generiert und nach dieser **Transformation** nach zentral geleitet. Die hier beschriebenen Prozesse der *Transduktion* und *Transformation* sind denen an anderen Sinneszellen völlig vergleichbar (S. 310-313).

Weder die in einer einzelnen Sinneszelle registrierten Sensorpotentiale (Abb. 21-2) noch die in einer einzelnen afferenten Nervenfaser ableitbaren Impulssalven sind qualitätsspezifisch [8, 13]. Vielmehr werden in der Regel Reize aus mehr als einem Qualitätsbereich beantwortet. Abb. 21-3 zeigt für 4 afferente Fasern (A-D) die Veränderung der Entladungsfrequenz bei Reizung mit Substanzen, die die 4 Grundqualitäten vertreten. Der Abbildung ist zu entnehmen, daß die Nervenfasern auf Reize aus mehr als einer Qualitätsklasse reagieren, wobei sie insofern **abgestuft spezifisch** antworten, als bei Reizung mit einer Geschmacksstofflösung von bestimmter Konzentration die *Entladungsfrequenz* der einzelnen Fasern *ungleich stark* zunimmt. Wir bezeichnen die jeweils typischen Muster der Erregungszunahme einzelner Fasern auch als die **Geschmacksprofile** dieser Fasern. Die Reaktionen der afferenten Nervenfasern ergeben sich aus den Reaktionen der Schmeckzellen in der Weise, daß Depolarisation der Sinneszellen erregend und Hyperpolarisation hemmend wirkt.

Die entscheidende **Information über die Geschmacksqualität und -intensität** ist also nicht in einer einzelnen afferenten Nervenfaser, sondern in der Gesamterregung aller beteiligten afferenten Nervenfasern, also im **afferenten Impulsmuster** enthalten. Dieses muß in den zentralnervösen Strukturen des Geschmacksinnes (s. u.) entsprechend decodiert werden. Der Decodierungsprozeß wird dadurch erleichtert, daß die afferenten Nervenfasern, wie Abb. 21-3 bereits gezeigt hat, eine **unvollkommene** oder **relative Spezifität** aufweisen, d. h. bevorzugt auf eine Geschmacksqualität antworten. Dazu kommt, wie die Registrierung einer großen Zahl von *Geschmacksprofilen* gezeigt hat, daß die wirkungsvollste Reizqualität auch die Reihenfolge der Wirksamkeit der anderen Reizqualitäten bestimmt.

Für die zwar unvollkommene aber doch beträchtliche Spezifität der Geschmacksafferenzen spricht auch die *selektive Wirkung bestimmter Drogen* auf Geschmacksorgane. Wird z. B. Kaliumgymnemat, ein Stoff aus der indischen Pflanze *Gymnema silvestre*, auf die Zunge gebracht, erlischt spezifisch nur die Süßwahrnehmung: Zucker „schmeckt wie Sand". Ein in der Frucht der westafrikanischen Pflanze *Synsepalium dulcificum* enthaltenes Protein verwandelt saueren Geschmack in süßen: Zitrone schmeckt wie Orange [1]. Wird Cocain auf die Zunge gebracht, fallen nacheinander die Empfindungen für bitter, süß, salzig und sauer aus.

Zentrale Verarbeitung

Die von den Geschmackszellen stammende Information wird in die *Hirnrinde* übertragen [16]. Wie andere sensorische Information, die schließlich in unser Bewußtsein eintritt, wird auch die Information über den Geschmack im *Thalamus* umgeschaltet. Dabei verbleibt die Geschmacksinformation zum Teil *ipsilateral*, d. h. die Geschmacksbahn kreuzt nicht vollständig auf die kontralaterale Seite.

Die Abb. 21-4 knüpft an Abb. 21-1 an und zeigt den Verlauf der von der Zunge über die *Chorda tympani* und den *Nervus glossopharyngeus* kommenden Geschmacksafferenzen in den Hirnstamm. Dort werden beiderseits die Geschmacksfasern im **Tractus solitarius** gesammelt. Dieser Faserzug endet im *rostralen* Bereich des **Nucleus tractus solitarii** im verlängerten Mark, wo die über die afferenten Fasern einlaufenden Erregungen auf ein zweites Neuron übertragen werden. Der Nucleus tractus solitarii ist außerdem ein wichtiger Kern für die

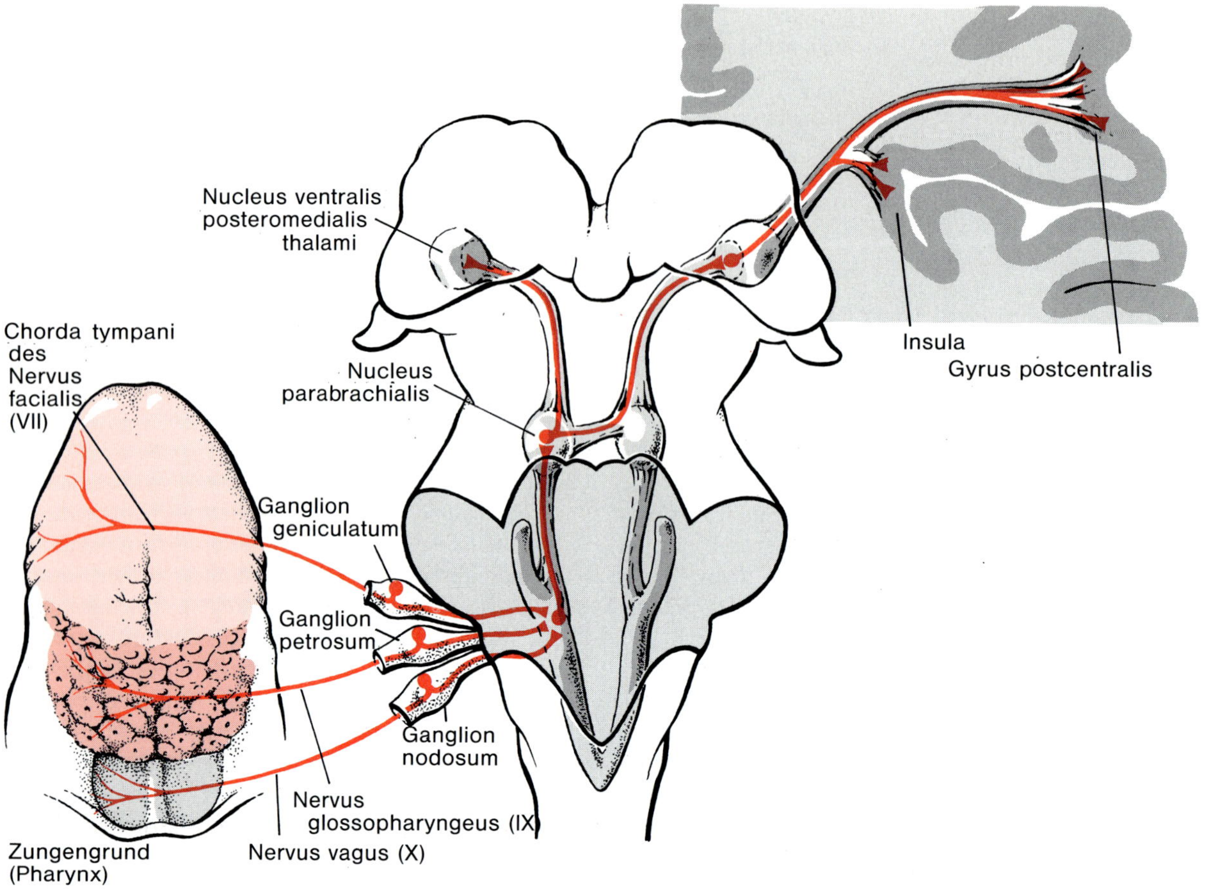

Abb. 21-4. Zentralnervöse Bahnen des Geschmacksinnes am Beispiel der linken Zungenhälfte. Beschreibung der einzelnen Stationen der Geschmacksbahn im Text. Die ipsilaterale Projektion, die möglicherweise gleichstark oder stärker als die kontralaterale ausgeprägt ist, ist zur besseren Übersichtlichkeit nur bis zum Thalamus *(N. ventralis posteromedialis)* ausgeführt. Nicht angegeben sind die Verbindungen der Geschmacksbahn aus dem Hirnstamm zum limbischen System und zum Hypothalamus

Verarbeitung visceraler Information. In seinen *caudalen* Teil laufen nämlich afferente Erregungen aus den Darmeingeweiden, der Lunge und dem Herz-Kreislauf-System ein, die von dort zu mehr rostral gelegenen Hirnstammkernen weitergeleitet werden.

Die Axone der die Geschmacksinformation tragenden Neurone des rostralen Nucleus tractus solitarii ziehen als Teil eines **Lemniscus medialis** genannten Faserzuges in den **ventralen Thalamus**. Dort enden die Axone an Neuronen des **Nucleus ventralis posteriomedialis**. Sie bilden dort einen eigenen, nur dem Geschmack vorbehaltenen „Unterkern" aus besonders kleinzelligen Neuronen. Von hier wird über die Axone dieser Neurone die Verbindung mit der Großhirnrinde hergestellt. Die corticalen Geschmacksfelder liegen im lateralen Bereich des **Gyrus postcentralis**, ventral und rostral der somatosensorischen Repräsentation der Zunge (vgl. Abb. 14-14, S. 258). Ein weiteres corticales Geschmacksareal, das auch in Abb. 21-4 gezeigt ist, liegt in dem **Insula** genannten Hirnrindenbereich. Die anteriore Insula ist ein Teil des Frontalcortex und liegt versteckt unter dem vorderen Temporalcortex (Abb. 21-4).

Eine weitere, nicht in Abb. 21-4 eingezeichnete Geschmacksbahn verläuft aus dem Hirnstamm über das Brückenhirn (Pons) zum **limbischen System** und zum **Hypothalamus**. Diese Verbindung ist besonders wichtig für die *affektiven, hedonischen* (lustvollen) Komponenten der Geschmackswahrnehmung.

Biologische Bedeutung des Geschmackssinnes

Zwei Funktionen des Geschmackssinnes sind hervorzuheben: einmal die **Prüfung der Nahrung** auf eventuell unverdauliche oder giftige Stoffe. Zweitens eine Beteiligung an der reflektorischen **Steuerung der Sekretion** der Verdauungsdrüsen [4]. Dabei wird nicht nur die Sekretmenge durch Schmeckreize beeinflußt, sondern auch die Zusammensetzung des Sekretes z. B. in Abhängigkeit von der überwiegend süß oder salzig schmeckenden Nahrung. Dies erfolgt nicht nur als Reaktion auf Geschmacksreize, sondern auch **antizipatorisch**, als klassisch konditionierte Reaktion („das Wasser läuft im Munde zusammen“; Kap. 27, 28, 29).

Störungen des Geschmackssinnes

Wird der den Zungengrund innervierende *Nervus glossopharyngeus* durchtrennt, ist im wesentlichen die Empfindlichkeit für Bitterreize herabgesetzt. Umgekehrt führt Durchtrennung der die übrige Zunge innervierenden *Chorda tympani* zu einem praktischen Verschwinden der drei anderen Geschmacksqualitäten, d. h. es bleibt nur die Empfindlichkeit für bitter übrig.

Läsionen der corticalen Geschmacksareale, der kleinzelligen Areale des ventralen posteromedialen Thalamus oder der rostralen Anteile des Nucleus tractus solitarii können zu Einschränkungen des Geschmackssinnes führen. Liegen die Wahrnehmungsschwellen über dem Normalbereich, spricht man von **Hypogeusie**. Bei **Ageusien** kommt keine Geschmacksempfindung zustande; gesättigte Kochsalz- oder Zuckerlösung werden nicht von Wasser unterschieden. Am häufigsten ist die Wahrnehmung bitterer Stoffe betroffen.

Als **Dysgeusien** werden dem Reiz nicht entsprechende oder ohne Reiz auftretende und meist unangenehme Geschmacksempfindungen bezeichnet. Sie werden bei verschiedenen Krankheitsbildern beobachtet, insbesondere bei Carcinomen. Da sich Dysgeusien auf die Nahrungswahl und die Menge der aufgenommenen Nahrung auswirken („*Geschmacksaversion*“, Kap. 28) und leicht an neutrale Umgebungsreize konditioniert werden, kann der Allgemeinzustand eines Patienten beeinflußt werden. Zu beachten ist allerdings, daß die meisten Patienten, die über Störungen der Geschmacksempfindung klagen, in Wirklichkeit an einer Störung des Geruchssinnes leiden. Störungen des Geschmackssinnes sind insgesamt selten.

21.2 Geruchssinn

Geruchsqualitäten

Das menschliche Geruchssystem kann Tausende verschiedener Duftstoffe unterscheiden [3, 7, 11]. Dazu kommt, daß die Geruchsschwellen äußerst niedrig sind. Wir können schon die Anwesenheit von nur 10^8 Molekülen eines Geruchsstoffes in einem Raum entdecken. Dabei ist der menschliche Geruchssinn nicht einmal das empfindlichste Geruchssystem im Tierreich. Ein Hund ist beispielsweise viel geruchsempfindlicher. Er kann ohne weiteres darauf trainiert werden, den individuellen Geruch einer einzelnen Person exakt zu erkennen. Noch geruchsempfindlicher sind z. B. Aale. Sie können im Verhaltensversuch den für uns „blumig“ riechenden β-Phenyläthylalkohol noch bei Konzentrationen feststellen, die einer Lösung von 1 ml dieses Duftstoffes in einer Wassermenge vom 58fachen Volumen des Bodensees entspricht.

Im Unterschied zur Geschmacksphysiologie gelingt es der subjektiven Riechphysiologie bisher nicht, Geruchsqualitäten scharf gegeneinander abzugrenzen. Allen Versuchen, solche Qualitäten zu definieren haftet etwas Willkürliches an. Die Unsicherheit der Abgrenzung ist schon daraus zu ersehen, daß die Anzahl der **Primärgerüche** oder **Duftklassen** von den verschiedenen Autoren sehr unterschiedlich angegeben wird. Heute geht man davon aus, daß es mindestens **7 Primärgerüche** gibt, die durch *„Standarddüfte“* gekennzeichnet werden können (Tabelle 21-2). Diese Geruchsempfindungen werden über die Riechzellen des Geruchsorgans vermittelt (s. u.).

Zusätzlich führen manche Stoffe zu **stechenden** oder **brenzligen Geruchsempfindungen**. Diese Reize werden nicht vom eigentlichen Geruchsorgan, sondern von freien Nervenendigungen des *Nervus trigeminus* (V. Hirnnerv) aufgenommen, der die ge-

Tabelle 21-2. Merkmale zur Kennzeichnung von Duftklassen. (Nach Amoore und Skramlik aus Altner und Boeckh in [7])

Duftklasse	Bekannte, repräsentative Verbindungen	Riecht nach	„Standard“
Blumig	Geraniol	Rosen	d-1-β-Phenyläthylmethylcarbinol
Ätherisch	Benzylacetat	Birnen	1,2-Dichloräthan
Moschusartig	Moschus	Moschus	1,5-Hydroxypentadecansäurelacton
Campherartig	Cineol, Campher	Eukalyptus	1,8-Cineol
Faulig	Schwefelwasserstoff	Faulen Eiern	Dimethylsulfid
Stechend	Ameisensäure, Essigsäure	Essig	Ameisensäure

samte Schleimhaut der Nasenhöhle innerviert. Im Rachenraum sprechen auch afferente Nervenfasern des *Nervus glossopharyngeus* (IX. Hirnnerv) und des *Nervus vagus* (X. Hirnnerv) auf Geruchsreize an.

Empfindlichkeit des Geruchssinnes

Wahrnehmungsschwelle, Erkennungsschwelle. Bei sehr geringen Konzentrationen eines Duftstoffes ist die Geruchsempfindung *unspezifisch*: Wir können nur wahrnehmen, daß es riecht, aber den Geruch nicht deutlich identifizieren. Dies gelingt erst bei höheren Duftstoffkonzentrationen. So wird *Scatol* bei niedrigen Konzentrationen keineswegs als unangenehm riechend empfunden, erst ab einer gewissen Grenze manifestiert sich der typische widerwärtige Geruch dieser Substanz. Es läßt sich also beim Riechen eine **Wahrnehmungsschwelle** von einer **Erkennungsschwelle** abgrenzen.

Empfindungsstärke. Wie bei anderen Sinnesmodalitäten auch, folgt bei überschwelligen Duftreizen die Empfindungsstärke **E** der Reizintensität **S**, also der Konzentration des Duftstoffes, gemäß der **Stevens-Potenzfunktion** (S. 324)

$$E = k \cdot S^n.$$

Benützt man zur Darstellung dieser Beziehung ein doppelt-logarithmisches Koordinatensystem, so ergibt sich, wie Abb. 21-5 zeigt, eine Gerade, deren Steilheit ein Maß für das Anwachsen der Empfindungsstärke im Vergleich zur Zunahme der Konzentration ist. Der Exponent n, der die Steilheit angibt, liegt für den Geruchssinn bei 0,5–0,6. Im Vergleich zu anderen Sinnesmodalitäten ist die Steigung der Geraden und die Größe des Exponenten eher gering. Die relative Empfindungsstärke steigt also beim Geruchssinn eher langsamer an als bei anderen Sinnesmodalitäten.

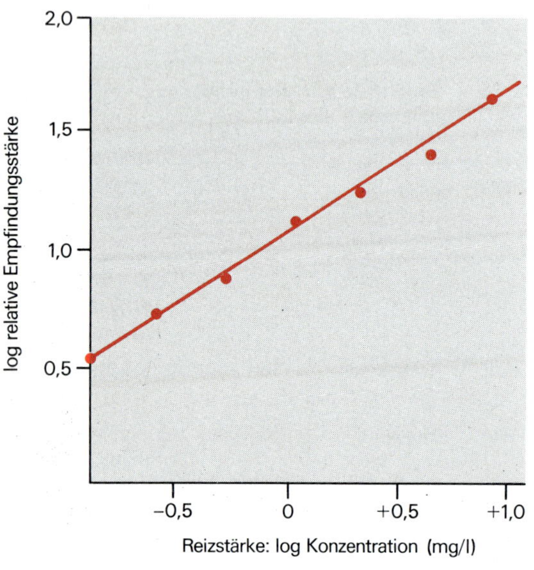

Abb. 21-5. Abhängigkeit der Empfindungsstärke des Geruchssinnes von der Duftstoffkonzentration am Beispiel des Riechstoffes *Pentanol*. Im Vergleich zu anderen Sinnesmodalitäten ist der Anstieg der Empfindungsstärke eher gering. Nach H. Altner in [6a]

Adaptation. Aus der alltäglichen Erfahrung ist uns gut bekannt, daß es beim längeren Andauern eines Geruchsreizes sehr rasch zu einer Minderung der Empfindungsstärke kommt. In vielen Fällen ist diese **Adaptation** so vollständig, daß wir den Duftstoff schon nach kurzer Zeit nicht mehr erkennen können. Gleichzeitig läßt sich auch eine **Kreuzadaptation** für verwandte Duftstoffe feststellen, die aber in der Regel weniger stark ausgebildet ist.

Periphere Mechanismen der Geruchsreception

Lage und Aufbau des Riechepithels [9]. Der Geruchssinn nimmt in **Riechzellen** genannten Sensoren seinen Anfang, die tief in der Nasenhöhle liegen. Beim Menschen sind die Riechzellen auf ein kleines, bräunlich-gelb aussehendes Schleimhautareal beschränkt, das **Riechepithel**, das auf jeder Seite etwa 5 cm^2 der hinteren, oberen Nasenhöhle bedeckt (Abb. 21-6 A). Das Riechepithel enthält 3 Zelltypen: **Riechzellen** (die eigentlichen Sensoren), **Stützzellen** und **Basalzellen** (Abb. 21-6 B). Die *Riechzellen* sind spezialisierte bipolare Nervenzellen mit einem kurzen, dicken *dendritischen* Fortsatz in Richtung Schleimhautoberfläche (dort senden diese Dendriten zahlreiche **Cilien** in die Schleimhaut) und einem langen Fortsatz, der als *unmyelinisiertes Axon* zentralwärts zieht.

Die zum Bulbus olfactorius ziehenden axonalen Fortsätze der Riechzellen bilden beim Austritt aus der Riechschleimhaut Bündel von 10 bis 100 Axonen. Sie werden **Fila olfactoria** genannt. Diese treten durch die feinen Löcher des knöchernen *Siebbeines (Lamina cribosa)* aus der Nasenhöhle aus, um zusammen als **Nervus olfactorius** (er ist der I. Hirnnerv) zum *Bulbus olfactorius* zu ziehen (s. Abb. 21-7, 21-8).

Der Mensch besitzt zwischen 10 und 100 Millionen Riechzellen. Wie die Geschmackssinneszellen, haben sie nur eine kurze Lebensdauer. Alle 60 Tage werden sie aus den Basalzellen neu gebildet. Diese rasche **Zellmauser der Riechzellen** ist um so beachtenswerter, als sie – anders als die Geschmackszellen – Nervenzellen mit einem (zum Bulbus olfactorius ziehen-

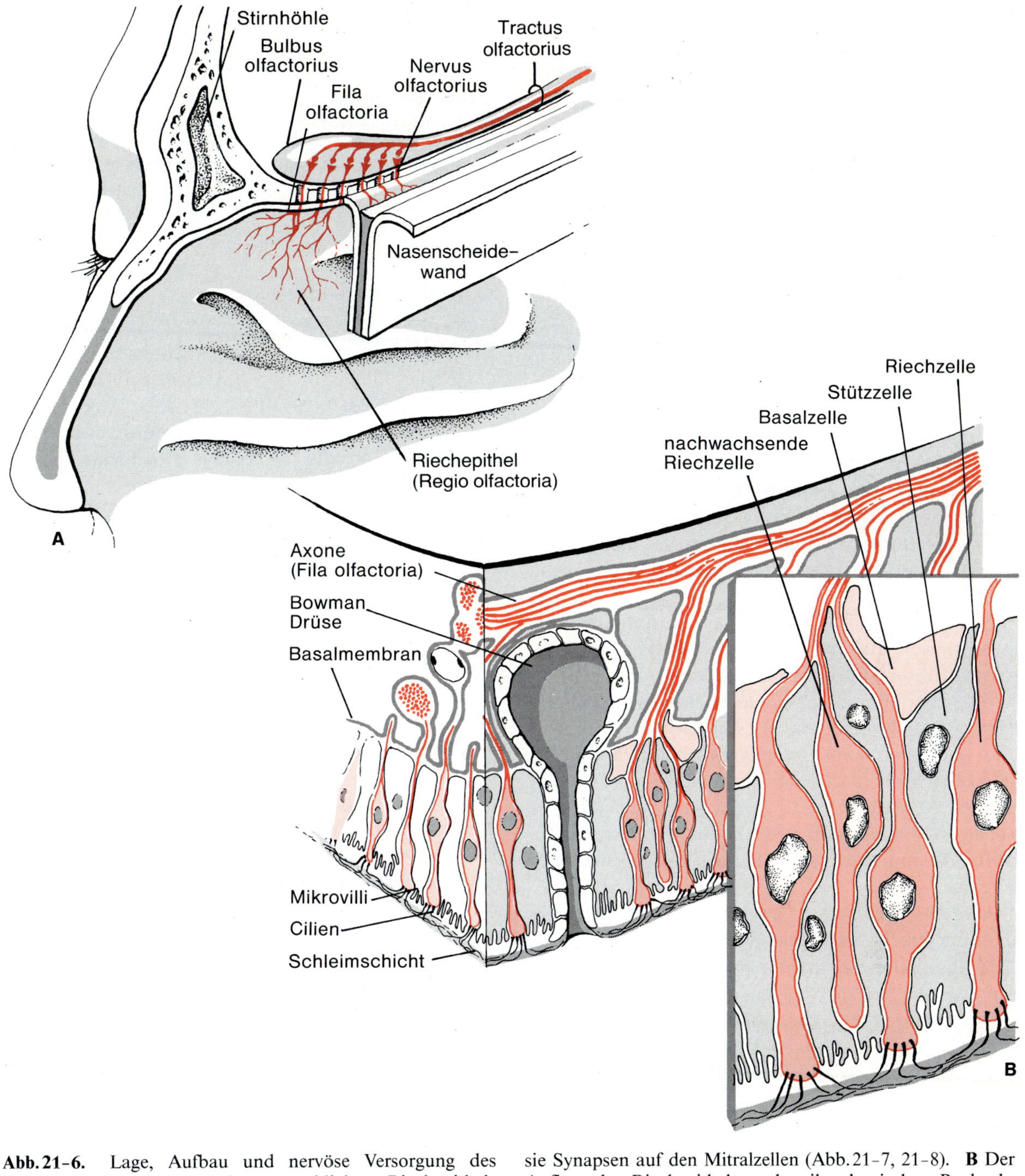

Abb. 21-6. Lage, Aufbau und nervöse Versorgung des Riechepithels. **A** Lage des menschlichen Riechepithels *(Regio olfactoria)* in der Gegend der oberen und mittleren Conche der lateralen Nasenwand. Die von den Riechzellen fortführenden Axone ziehen als *Filia olfactoria* durch die knöcherne Lamina cribosa (Siebbein) und danach gemeinsam als *Nervus olfactorius* zum *Bulbus olfactorius*. Dort bilden sie Synapsen auf den Mitralzellen (Abb. 21-7, 21-8). **B** Der Aufbau des Riechepithels nach mikroskopischen Beobachtungen in zwei verschiedenen Vergrößerungen [9]. Die *Riechzellen* enden mit den *Cilien* ihres dicken dendritischen Fortsatzes in der Schleimschicht des Riechepithels. Die dünnen axonalen Fortsätze vereinigen sich zu den *Filia olfactoria* (s. *oben*)

den) Axon sind. Soweit wir wissen, handelt es sich bei ihnen um die einzigen Nervenzellen im erwachsenen Nervensystem, die zu regelmäßiger mitotischer Zellteilung fähig sind. Jede sich neu entwickelnde Riechzelle muß ihren *Dendriten* zur Riechschleimhaut und ihr *Axon* in die Gegenrichtung zum Bulbus olfactorius senden.

Codierung in den Riechzellen. Wie beim Geschmackssinn beginnt die **Transduktion** in den Riechzellen damit, daß sich in der Schleimschicht des Riechepithels Riechstoffmoleküle an spezielle **Receptormoleküle** der Cilienmembranen binden. Die Bindung eines Riechstoffmoleküls an ein Receptormolekül öffnet dann, ähnlich wie bei anderen Sensoren, Ionenkanäle für kleine Kationen (Natrium, Kalium, s. S. 311). Durch die resultierenden Ionenflüsse kommt es zu einem *depolarisierenden Sensorpotential*. Die Riechzellen sind spontan aktiv. Durch das depolarisierende Sensorpotential wird die Frequenz der Aktionspotentiale entsprechend erhöht. Diese **Transformation** des Sensorpotentials in fortgeleitete Aktionspotentiale findet wahrscheinlich am Übergang der Riechzelle in ihr Axon statt.

Über die Einzelheiten des Codierungsmechanismus in den Riechzellen, insbesondere über das Ausmaß ihrer Spezifität für bestimmte Riechstoffe, sind wir bei höheren Säugetieren noch schlecht unterrichtet. Schon angesichts der großen Zahl von Duftstoffen ist es äußerst unwahrscheinlich, daß für jeden Duftstoff in der Membran der Sinneszelle ein eigenes Receptormolekül vorhanden ist. Vielmehr ist anzunehmen, daß jeweils mehrere **verwandte Duftstoffe** mit einem **gemeinsamen Receptormolekül** reagieren.

Ähnlich wie beim Geschmackssinn, scheinen auch die Riechzellen eine **unvollkommene Spezifität** oder **abgestufte Selektivität** für bestimmte Klassen von Duftstoffen zu besitzen und auf Reizung mit entsprechenden **Geruchsprofilen** (vgl. die *Geschmacksprofile* in Abb. 21-3), also *individuellen Reaktionsspektren*, zu antworten. Für diesen Codierungsmechanismus und damit für die Existenz von **Receptionsorten** an den Riechzellen, die nur bestimmte *Stoffgruppen* binden, sprechen neben den Ergebnissen elektrophysiologischer Ableitungen von einzelnen Riechzellen bei Wirbeltieren auch Fälle von **partieller Anosmie** beim Menschen. Bei solchen partiellen Riechunfähigkeiten wird nur eine begrenzte Zahl von chemisch nah verwandten Gerüchen nicht mehr wahrgenommen.

Die **Riechsinneszellen von Insekten** lassen sich mit Mikroelektroden weit besser untersuchen als die Riechzellen von Wirbeltieren. Dabei sind auch Sensoren gefunden worden, die auf bestimmte Duftstoffe höchst spezifisch reagieren. Außerdem ist es beim *Seidenspinner*, einem Schmetterling, gelungen nachzuweisen, daß ein *einzelnes* auf die Membran einer Sinneszelle auftretendes *Molekül* des von den Weibchen erzeugten Lockstoffes ausreicht, um ein *fortgeleitetes Aktionspotential* auszulösen.

Vom Riechepithel von Wirbeltieren können bei Duftreizung langsame Potentiale komplexen Aufbaues von einigen Millivolt Amplitude abgegriffen werden. Diese **Elektroolfactogramme (EOG)** sind wie Elektroretinogramme Summenpotentiale. Die Analyse des EOG läßt allerdings keine Aussagen über die Eigenschaften einzelner Sensoren zu [17].

Zentrale Verarbeitung

Riechbahn. Die dünnen, unmyelinisierten Axone der Riechzellen enden im **Bulbus olfactorius** (Riechkolben, Abb. 21-7, 21-8) [12, 19]. Den Ausgang des Bulbus olfactorius bilden die Axone der Mitralzellen (Abb. 21-8), die als **Tractus olfactorius** zentralwärts ziehen und dort in verschiedenen Gebieten des *Palaeocortex* terminieren, die insgesamt als **Riechhirn** bezeichnet werden [5]. Dazu gehören das *Tuberculum olfactorium*, die *Area praepiriformis*, ein Teil des *Mandelkerns* (Corpus amygdaloideum) sowie die *Regio entorhinalis*. Alle diese corticalen Areale gehören zum Typ des dreischichtigen *Allocortex*, der wesentlich einfacher als der sechsschichtige Neocortex aufgebaut ist (S. 253). Innerhalb dieser Riechhirnareale gilt die *Area praepiriformis* als das wesentliche Zentrum für die **Geruchsdiskrimination**.

Die Verarbeitung der von den Riechzellen kommenden Information endet aber nicht im Riechhirn. Wie alle anderen Sinnesinformationen auch, wird die Riechinformation *zum einen* über den Thalamus zum Neocortex geleitet. Wie Abb. 21-7 zeigt, nimmt diese Verbindung im *Tuberculum olfactorium* ihren Ausgang. Sie zieht zum ipsilateralen dorsomedialen Kern des **Thalamus** und von dort zum ipsilateralen **orbitofrontalen Neocortex**. *Zum anderen*, hierin gleicht der Geruchssinn dem Geschmackssinn (s. o.), nehmen vom Riechhirn Bahnen zum **limbischen System** (Mandelkern, Hippocampus) ihren Ausgang. Von dort werden auch Verbindungen mit den vegetativen Kernen des **Hypothalamus** und der **Formatio reticularis** des Hirnstammes hergestellt. Die limbischen Anteile der Riechbahnen werden für die starke *emotionale* Komponente (*hedonische* Komponente) der Geruchswahrnehmungen verantwortlich gemacht. Der thalamocorticale Anteil dürfte mehr mit sensorischen Geruchsdiskriminationen befaßt sein.

Neuronale Verarbeitung im Bulbus olfactorius. Die Abb. 21-8 zeigt, daß die Neurone des Bulbus olfactorius in mehreren Schichten angeordnet sind. Von

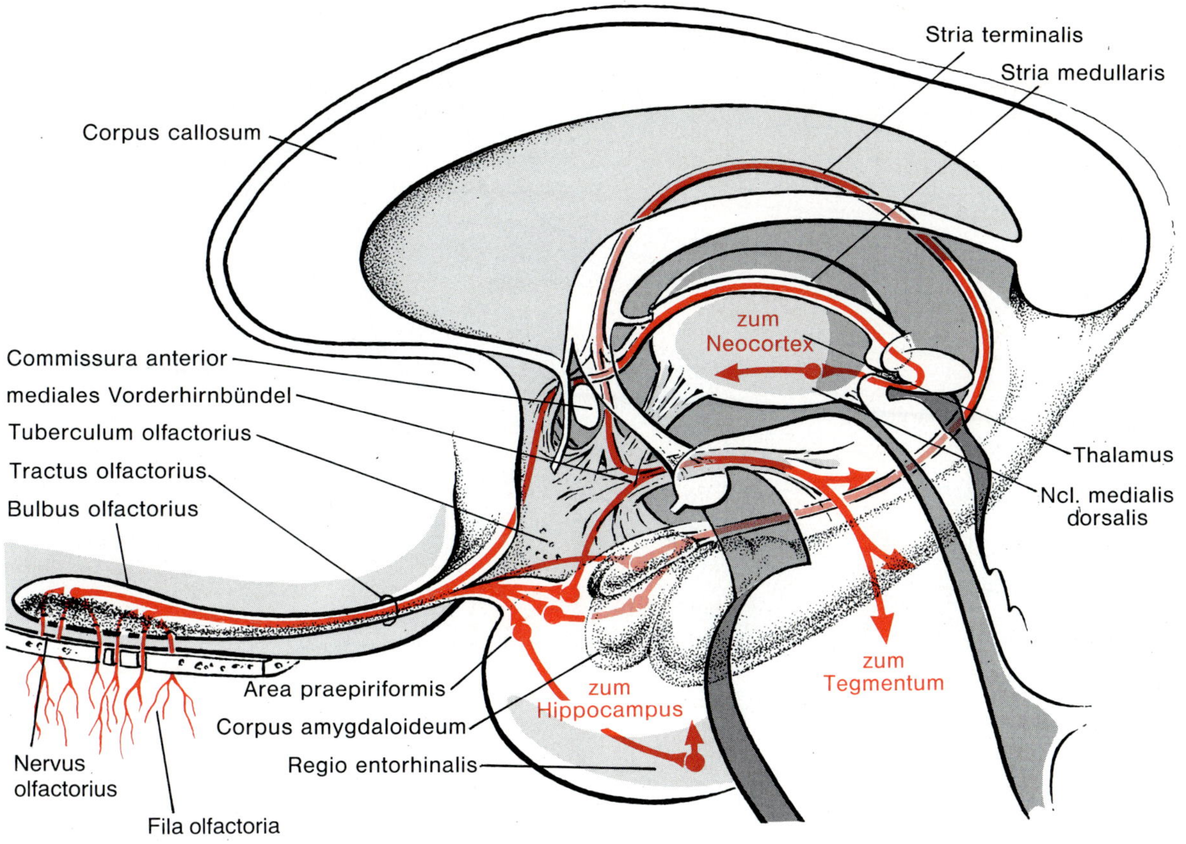

Abb. 21-7. Verlauf und Verbindungen der Riechbahn. Den Ausgang des *Bulbus olfactorius* bilden die Axone der Mitralzellen (Abb. 21-8), die als *Tractus olfactorius* zentralwärts ziehen. Wie im Text beschrieben, endet dieser in den verschiedenen Anteilen des palaeocorticalen Riechhirns. Erst von dort ziehen Verbindungen *einerseits* über den Thalamus zum Cortex und *andererseits* zum limbischen System

der Peripherie zentralwärts fortschreitend folgen nach dem Eintritt des *Nervus olfactorius* (Gesamtheit der *Fila olfactoria*) aufeinander (1) die Schicht der *Glomeruli*, (2) die *äußere plexiforme Schicht*, (3) die Schicht der *Mitralzellen* und (4) die Schicht der *Körnerzellen*, auch *innere plexiforme Schicht* genannt. Die wesentlichen Merkmale der Informationsverarbeitung in diesem Nervennetzwerk sind (a) eine starke *Konvergenz* der Riechzellaxone auf die Mitralzellen, (b) ausgeprägte *Hemmechanismen* und (c) eine *efferente Kontrolle* der einlaufenden Erregungen.

Die auffallend großen **Mitralzellen** stellen das zweite Neuron in der Riechbahn dar. Sie senden den Riechzellaxonen einen großen *Dendriten* entgegen (D1 in Abb. 21-8 B), an dessen distalen Aufzweigungen die Riechfasern mit Synapsen enden. In diesen kugeligen synaptischen Kontaktzonen, den **Glomeruli**, konvergieren etwa 1000 Riechzellaxone auf eine Mitralzelle! Zwischen den Glomeruli - und diese miteinander verbindend - liegen die **periglomulären Zellen**, die ebenfalls Synapsen von den Riechzellaxonen erhalten. Auf diese Weise ist eine erste Informationsverarbeitung schon innerhalb der Glomeruli möglich.

An den sekundären Dendriten der Mitralzellen (D2 in Abb. 21-8 B) bilden Dendriten der **Körnerzellen** ebenfalls in beiden Richtungen wirksame dendro-dendritische Synapsen aus, über die die Impulsbildung in den Mitralzellen kontrolliert werden kann, wobei die auf die Mitralzellen wirkenden Synapsen hemmend wirken (dies ist in gleicher Weise in den Glomeruli der Fall). Die Körnerzellen stehen ihrerseits unter einer starken **efferenten Kontrolle** (rot in Abb. 21-8 B). Die efferenten Axone enden aber nicht nur an den Körner-, sondern auch an den periglomulären Zellen. Sie sind dementsprechend in der Lage, die über die Fila olfactoria einlaufenden Erregungen über 2 Wege bereits auf der Ebene der Mitralzellen zu modulieren.

Die **Axone der Mitralzellen** bilden, wie oben bereits beschrieben, als Tractus olfactorius den Ausgang des Bulbus olfactorius (Abb. 21-7, 21-8). Ein Teil dieser Axone bildet rückläufige Kollateralen aus, die über die vordere Kommissur als zentripetale Faser zum kontralateralen Bulbus ziehen und

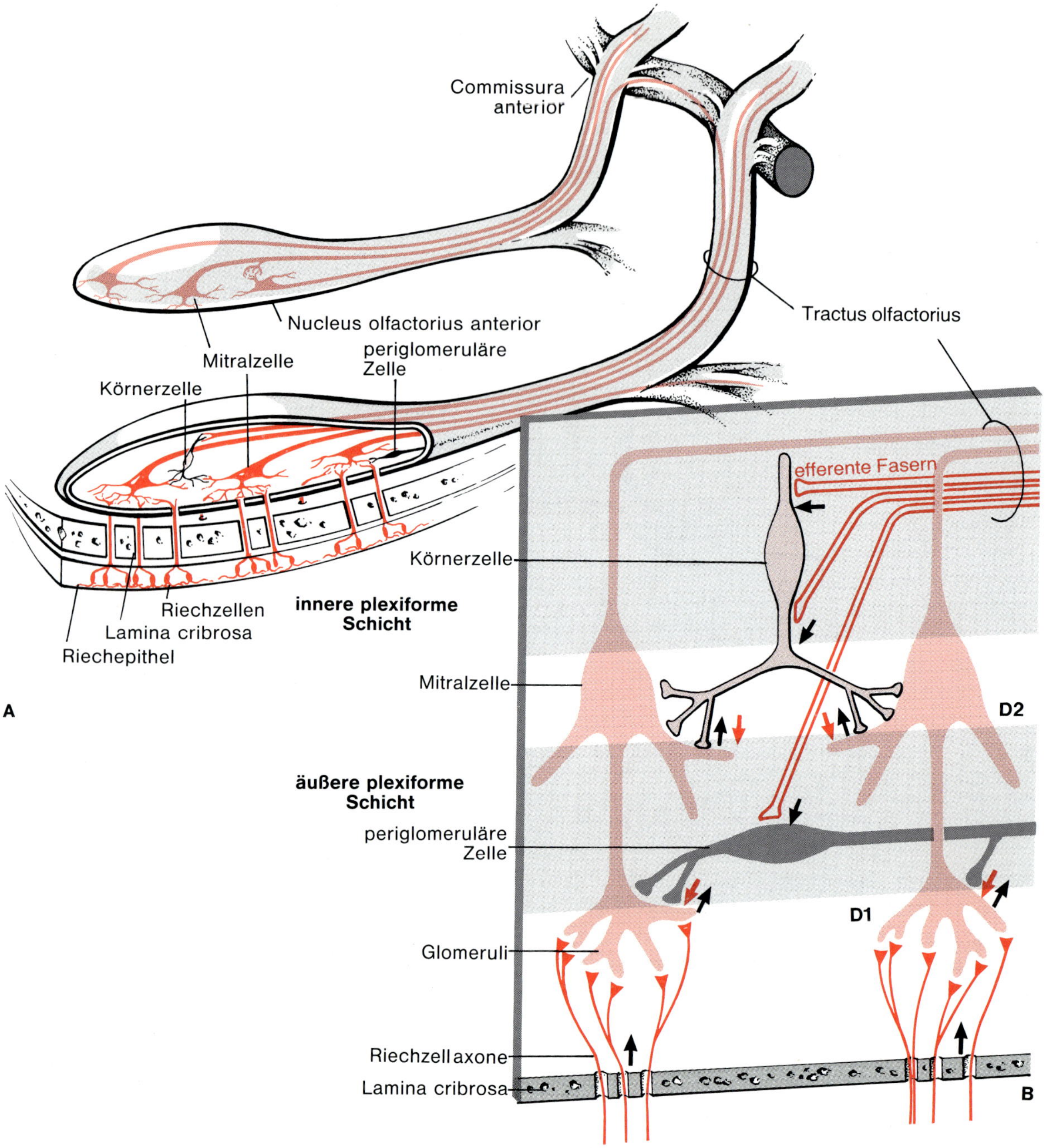

Abb. 21-8. Informationsverarbeitung im Bulbus olfactorius. **A** Überblick über die Ein- und Ausgänge des Bulbus olfactorius. Die Filia olfactoria bilden nach ihrem Durchtritt durch das Siebbein *(Lamina cribrosa)* in ihrer Gesamtheit den *Nervus olfactorius* (nicht beschriftet), der nach sehr kurzem Weg in den Bulbus olfactorius eintritt und dort endet. **B** Schichtenanordnung und neuronale Verschaltung im Bulbus olfactorius. In den *Glomeruli* enden die Riechzellaxone (aus dem N. olfactorius, s. *oben*) an den primären *(D1)* Dendriten der Mitralzellen. Die *periglomulären Zellen* ermöglichen eine laterale Modulation der Mitralzellen. Ebenso wie die *Körnerzellen*, die an den sekundären Dendriten *(D2)* der Mitralzellen enden, vermitteln sie die efferenten Zuflüsse in den Bulbus olfactorius (*rechts oben* eintretend). Die Richtung der synaptischen Übertragung ist durch *Pfeile* angegeben (Erregung *schwarz*, Hemmung *rot*). Umgezeichnet nach [7]

sich dort an der efferenten Kontrolle (s.o.) beteiligen.

Defizite oder Veränderungen des Geruchssinnes beruhen meist auf einer der drei folgenden Ursachen: (1) einem Hindernis in der Nasenhöhle, das den Zugang der Riechstoffe zum Riechepithel einschränkt; (2) einer Schädigung des Riechepithels; (3) Schädigungen in der Riechbahn und ihren Kerngebieten.

Biologische Bedeutung des Riechens

Die unmittelbare Verbindung mit dem limbischen System erklärt die starke emotionale Komponente des Geruchssinnes [11]. Die vertraute Redewendung, *„jemanden nicht riechen können"* gibt einen Hinweis auf diesen Aspekt der Geruchswahrnehmungen. Die enge Verbindung mit dem Hypothalamus ist in ihrer biologischen Bedeutung nicht vollständig klar. Für verschiedene Säugetiere ist gesichert, daß Erregungen, die über diese Bahnen einlaufen, zur Steuerung des Fortpflanzungsgeschehens beitragen (Pheromonkommunikation, Kap. 28). In diesem Zusammenhang ist der Befund wichtig, daß Sinneszellen und Neurone der Riechbahn von Steroidhormonen beeinflußt werden [2, 6]. Bei Nagetieren wirken Östradiol, Testosteron und Aldosteron auf verschiedenen Ebenen des Systems. Dabei dürfte auch die Reaktionsfähigkeit auf Pheromone gesteigert werden, also auf Duftstoffe, die vom Sexualpartner ausgehen.

Duftstoffe können auch in den wechselseitigen Beziehungen von Gruppen und Individuen eine wichtige Funktion als Signale übernehmen. Die Gruppenzugehörigkeit eines Individuums kann durch ein **Duftabzeichen** ebenso mitgeteilt werden, wie ein Revierinhaber das von ihm besetzte Territorium mit Hilfe von **Duftmarken** abgrenzen kann. Beim Menschen können durch manche unangenehme Gerüche Schutzreflexe, wie z.B. Nies- und Würgereflexe ausgelöst werden. Stechend riechende Substanzen, wie z.B. Ammoniak, können reflektorischen Atemstillstand verursachen.

Geruchs- und Geschmacksaversionslernen. Die enge anatomische Verbindung des Geruchs- und Geschmackssinnes mit dem limbischen System und dem Hypothalamus verleiht den beiden Systemen eine *Sonderstellung in Lernprozessen*: Während bei allen Versuchen zum klassischen Konditionieren (Kap. 27) das optimale Intervall zwischen neutralem konditionalen Reiz (CS, z.B. Ton) und unkonditionalem Reiz (US, z.B. Schmerzreiz) von einer halben Sekunde bis maximal eine Minute beträgt, kann bei Geruchs- und Geschmacksreizen das *CS-US-Intervall bis zu Stunden* ausgedehnt werden. Trotz dieser langen Intervalle kommt es zu einer konditionierten Reaktion (CR, z.B. Ekel) auf einen neutralen Reiz (CS, z.B. Umgebung der Nahrungsaufnahme). Viele Menschen behalten beispielsweise die Aversion auf Fischgeruch (CS) ein Leben lang bei, wenn sie einmal verdorbenen Fisch (US) konsumiert hatten, der Stunden später zu Erbrechen (UR, unkonditionierte Reaktion) führte.

Im Bereich der Medizin stellt diese Art von Konditionierung ein Problem in der Bestrahlungstherapie von Krebsgeschwülsten dar: Röntgenstrahlung und andere Strahlungsarten stellen wirksame US dar, die offenbar Geschmackssensoren oder deren zentrale Verschaltung so reizen, daß die Patienten eine ausgeprägte *Ekelaversion* gegen alles entwickeln, was mit der Behandlung zusammenhängt, einschließlich der gedanklichen Vorstellung und Antizipation der nächsten Behandlung.

Störungen des Geruchssinnes

Störungen des Geruchssinnes kommen in vielfältiger Form vor. Fehlt der Geruchssinn vollständig, so spricht man von (genereller) **Anosmie** (bei vielen Tierarten führt Anosmie zu schweren Störungen des reproduktiven Verhaltens). Bei einer **partiellen Anosmie**, von der oben schon die Rede war, können einige Geruchsqualitäten wahrgenommen werden, andere nicht. Bei einer **Hyposmie** ist die Geruchsempfindlichkeit herabgesetzt, entweder für einige (partielle Hyoposmie) oder für alle Riechstoffe (vollständige oder generelle Hyposmie). Das Gegenteil ist die generelle oder partielle **Hyperosmie**. Auch Fehlwahrnehmungen, **Parosmien**, und Geruchswahrnehmungen ohne Vorhandensein von Riechstoffen, also Geruchshalluzinationen, **Phantasosmien**, kommen vor. Schließlich werden **Geruchsagnosien** beobachtet, bei denen die fehlende Geruchswahrnehmung nicht durch eine Störung der Geruchsaufnahme und -verarbeitung, eine Sprachstörung oder ein intellektuelles Defizit verursacht zu sein scheint.

Fällt das gesamte Riechepithel aus, z.B. durch Abscheren der Fila olfactoria im Siebbein bei einem Schleuderunfall, so bleiben die vom *Nervus trigeminus* vermittelten stechenden und brenzligen Geruchsempfindungen übrig, ebenso die aus dem Rachenraum möglichen Geruchsempfindungen, die von den *Nn. glossopharyngeus* und *vagus* vermittelt werden.

21.3 Literatur

Weiterführende Lehr- und Handbücher

1. BEIDLER, L.M. (Ed.): Chemical Senses, Part 1: Olfaction, Part 2: Taste, Handbook of Physiology, Vol. IV. Berlin, Heidelberg, New York: Springer 1971
2. BREIPOHL, W.(Ed.): Olfaction and Endocrine Regulation. London: IRL Press 1982
3. ENGEN, T.: The Perception of Odors. New York: Academic Press 1982
4. KARE, M.R., MALLER, O.(Eds.): The Chemical Senses and Nutrition. New York: Academic Press 1977
5. PFAFF, D.(Ed.): Taste, Olfaction and the Central Nervous System. New York: Rockefeller University Press 1985
6. NORRIS, D.M. (Ed.): Perception of Behavioral Chemicals. Amsterdam: Elsevier 1981

6a. SCHMIDT, R.F. (Hrsg.) Grundriß der Sinnesphysiologie. 5. Auflage. Berlin, Heidelberg, New York, Tokyo: Springer 1985

Einzel- und Übersichtsarbeiten

7. ALTNER, H., BOECKH, J.: Geschmack und Geruch. In: SCHMIDT, R.F., THEWS G.(Hrsg.): Physiologie des Menschen, 24. Auflage. Berlin, Heidelberg, New York, Tokyo: Springer 1990
8. AMOORE, J.E., JOHNSTON, J.W.jr., RUBIN, M.: The stereochemical theory of odor. Sci. Am. *210* (2), 42-49 (1964)
9. ANDRES, K.-H.: Der Feinbau der Regio olfactoria bei Makrosmatikern. Z. Zellforsch. *69*, 140-154 (1966)
10. BEIDLER, L.M.: The chemical senses: Gustation and olfaction. In: MOUNTCASTLE, V.B. (Ed.): Medical Physiology. 14th edn., Vol. 1. St. Louis: Mosby 1980
11. CAIN, W.S. (Ed.): Odors: Evaluation, utilization, and control. Ann. N.Y. Acad. Sci. *237*, 1-439 (1974)
12. CASTELLUCI, V.F.: The chemical senses: Taste and smell. In: KANDEL, E.R., SCHWARTZ, J.H. (Eds.): Principals of Neural Science. 2nd edn. Amsterdam: Elsevier 1985
13. KIMURA, K., BEIDLER, L.N.: Microelectrode study of taste receptors of rat and hamster. J. Cell. Comp. Physiol. *58*, 131-139 (1961)
14. McBURNEY, D.H.: Taste and olfaction: Sensory discrimination. In: DARIAN-SMITH, I.(Ed.): Handbook of Physiology, Section 1: The Nervous System, Vol. III, Sensory Processes. Bethesda, Md.: American Physiological Society 1984
15. MURRAY, R.G.: The ultrastructure of taste buds. In: FRIEDMANN, I.(Ed.): The Ultrastructure of Sensory Organs. New York: Elsevier 1973
16. NORGREN, R.: Central neural mechanisms of taste. In: DARIAN-SMITH, I.(Ed.): Handbook of Physiology, Section 1: The Nervous System, Vol. III, Sensory Processes. Bethesda, Md.: American Physiological Society 1984
17. OTTOSON, D.: The electro-olfactogram. In: BEIDLER, L.M. (Ed.), Handbook of Sensory Physiology, Vol. IV. Chemical Senses, Part 1, Olfaction. Berlin, Heidelberg, New York, Tokyo: Springer 1971
18. SATO, T.: Receptor potential in rat taste cells. Prog. Sens. Physiol. *6*, 1-37 (1986)
19. SHEPHERD, G.M.: Synaptic organization of the mammalian olfactory bulb. Physiol. Rev. *52*, 864-917 (1972)

22 Durst und Hunger: Allgemeinempfindungen*

Aus der **Sicht der Psychologie** sind Hunger und Durst **homöostatische Triebe**, die dafür sorgen, daß der Körper ausreichend Nahrung und Flüssigkeit zu sich nimmt. Aus dieser Sicht wird das Triebgeschehen direkt von den Triebreizen gesteuert (waagrechter schwarzer Pfeil in Abb. 22-1 A), indem die Triebreize *motivationale Zustände* im Gehirn auslösen, die mit *motivationalen Verhaltensweisen* einhergehen (s. Kap. 28).

Aus **sinnesphysiologischer Sicht** können die Durstempfindungen bei Flüssigkeitsmangel und die Hungerempfindungen bei Nahrungsmangel weder einem bestimmten Sinnesorgan, noch einer bestimmten Körperstruktur zugeordnet werden. Sie werden deshalb als **Allgemeinempfindungen** (Synonyme: *Allgemeingefühle, Gemeingefühle*) bezeichnet. Als solche lassen sich beispielsweise auch Müdigkeit, Lufthunger (Atemnot) und sexuelle Appetenz auffassen. Ihnen ist gemeinsam, daß sie einen oder mehrere *adäquate Reize besitzen, die ihren Ursprung im Organismus selbst*, nicht in der Umwelt haben. Diese Reize werden von zum Teil noch unbekannten Sensoren registriert und führen damit zu den jeweiligen Allgemeinempfindungen (Abb. 22-1 A). So wird unten gezeigt, daß eine „Eindikkung" (Hypertonizität) der Körperflüssigkeit bei Wassermangel über Osmosensoren erfaßt und dadurch eine *Durstempfindung* (Synonyme: *Durst, Durstgefühl*) ausgelöst wird (Abb. 22-1 B). Entsprechend läßt sich vorstellen, daß sich im Blut im Laufe des Tages „Abfallstoffe" anhäufen, die uns das Gefühl der Müdigkeit vermitteln oder daß bestimmte Hormone, sobald sie in genügender Form im Organismus vorliegen, Empfindungen der sexuellen Appetenz auslösen oder deren Auslösung begünstigen.

Hunger und Durst müssen gestillt werden, um die Homöostase des Körpers aufrechtzuerhalten und damit das **Überleben zu sichern** (zum Begriff der Homöostase s. S. 22). Sie sind angeboren und brauchen nicht erlernt zu werden. Sie werden aber im Laufe des Lebens durch zahlreiche Einflüsse modifiziert, deren Bedeutung mit der phylogenetischen Entwicklung stark zunimmt. Diese Einflüsse greifen an zahlreichen Stellen des Trieb- und Empfindungsgeschehens an (s. Abb. 22-1 A, B). Im folgenden werden weder die Triebe noch ihre Modifikationen geschildert (s. dazu Kap. 28 und [2, 9, 10, 21]). Es wird lediglich auf die sinnesphysiologischen Aspekte des Durstes und des Hungers eingegangen, die als Beispiele für Allgemeingefühle dargestellt werden sollen.

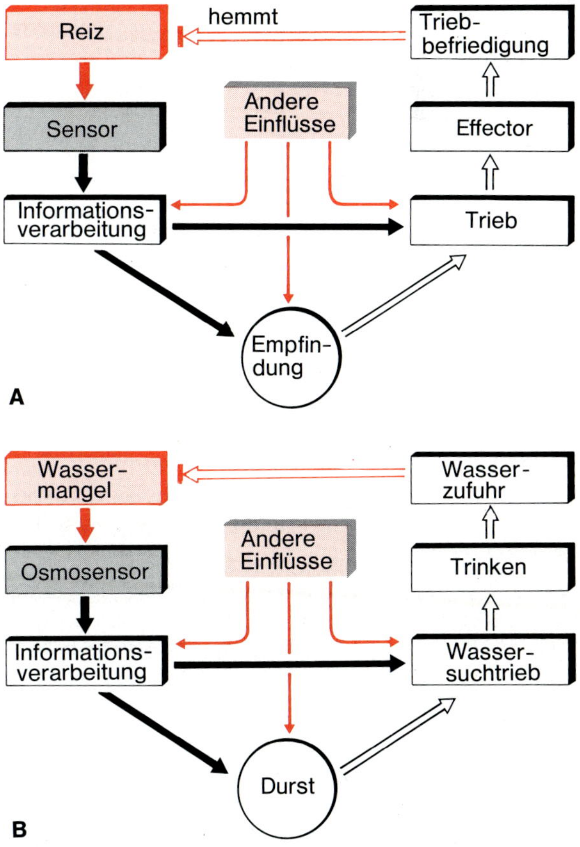

Abb. 22-1. Schematische Darstellung des Zusammenhangs zwischen Allgemeingefühlen und Trieben. **A** Allgemeine Darstellung der Entstehung von Allgemeingefühlen und Trieben. **B** Entstehung des Durstgefühls und Wassersuchtriebes bei Wassermangel. Neben den Osmosensoren sind auch andere Sensoren für die Entstehung des Durstgefühls verantwortlich (s. Abb. 22-2). Die *senkrechten roten Minuszeichen* zeigen an, daß die Triebbefriedigung (Wasserzufuhr in B) zum Wegfall des Reizes (Wassermangel in B) führt

* Mit geringen Änderungen und Ergänzungen übernommenes Kapitel von R. F. Schmidt in R. F. Schmidt, G. Thews (Hrsg.) „Physiologie des Menschen" [23]

22.1 Durst

Enstehung des Durstes

Bedingungen für das Auftreten einer Durstempfindung. Der erwachsene menschliche Körper besteht zu etwa 70–75% seines Gewichtes aus Wasser (Fettdepots unberücksichtigt). Dieser Wassergehalt wird mit großer Genauigkeit konstant gehalten: Er schwankt langfristig normalerweise nur um ±0,22% des Körpergewichts, bei einem Mann von 70 kg also nur um rund ±150 ml. Verliert der Körper mehr als 0,5% seines Gewichtes an Wasser (also etwa 350 ml bei 70 kg Körpergewicht), entsteht Durst [3, 7, 11, 16]. (Meistens wird ohne Durst getrunken, s. S. 431.)

Die physiologischen Wasserverluste des Körpers (Harn, Schweiß, Atemluftfeuchtigkeit) führen insgesamt zu **Wasserverlusten im Extra- wie im Intracellulärraum**, wobei es zusätzlich zu einer, wenn auch normalerweise nur geringen osmotischen *Hypertonizität* kommt. Ferner *vermindert sich die Speichelsekretion*, wodurch das für den Durst so **charakteristische Trockenheitsgefühl** des Mund-Rachen-Raumes entsteht. Entsprechende Sensoren vorausgesetzt, könnte also Wassermangel des Körpers gemessen werden a) am Volumen oder osmotischen Druck der *Zellen* (intracellulär), b) am Volumen oder osmotischen Druck des *Extracellulärraumes* und c) indirekt über die Reduktion der *Speichelsekretion* und die daraus resultierende Trockenheit der Mund- und Rachenschleimhaut.

Adäquate Reize der Durstempfindung. Um zu entscheiden, welche der eben genannten Änderungen für die Auslösung der Durstempfindung verantwortlich ist oder sind, ist es notwendig, durch experimentelle Maßnahmen jeweils *allein* die Wasser- oder Salzmenge des einen oder anderen Flüssigkeitsraumes zu ändern oder die Speichelsekretion zu modifizieren. Diese Experimente werden weitgehend an Tieren durchgeführt, wobei die von den Tieren getrunkene Wassermenge als Indiz für das Ausmaß des experimentell erzeugten Durstes gilt [3, 7, 11, 13, 14]. Die wichtigsten Ergebnisse dieser Versuche werden im folgenden geschildert.

Intravenöse Infusion einer hypertonen NaCl-Lösung (Kochsalzlösung) führt beim Hund zu einer doppelt so großen Wasseraufnahme wie die i.v. Infusion einer osmotisch äquivalenten Harnstofflösung. Im ersten Fall kommt es wegen der Impermeabilität der Zellmembran für Na^+-Ionen und des daraus resultierenden Konzentrationsgefälles für Na^+-Ionen zwischen Zellinnerem und Extracellulärraum zu einem Wasseraustritt aus den Zellen. Dagegen sind die Zellmembranen für Harnstoff gut permeabel. Im zweiten Fall kommt es daher zu einem Ausgleich der Harnstoffkonzentration von Intra- und Extracellulärraum und damit zu deutlich geringeren Änderungen von Zellvolumen und Tonizität. Dieser Befund, der sich bei zahlreichen Modifikationen und an den verschiedensten Säugetieren insgesamt immer wieder bestätigt hat, läßt den Schluß zu, daß **Abnahme des Zellvolumens** (bei konstanter *Salzmenge* der Zellen) Durst auslöst [3, 14]. Dieser Durst wird **osmotischer Durst** genannt.

Wird experimentell die Na^+-Menge des Extracellulärraumes verringert (z. B. durch entsprechende Diät oder durch Peritonealdialyse), so verliert der Extracellulärraum Wasser, teils durch Abgabe nach außen, teils durch Diffusion von Wasser in die Zellen. Trotz dieser Zunahme des Zellvolumens kommt es unter diesen Bedingungen zu Durst. Daneben tritt auch Kochsalzhunger auf. Wird experimentell die Extracellulärflüssigkeit insgesamt, ohne Änderung der NaCl-Konzentration verändert, tritt ebenfalls Durst auf. Wir können also folgern, daß auch die **Abnahme der Extracellulärflüssigkeit** Durst auslöst. Dieser Durst wird **hypovolämischer Durst** genannt. Experimente haben gezeigt, daß *gleichzeitige Abnahmen des Zellvolumens und der Extracellulärflüssigkeit* **additiv** wirken, also besonders **starken Durst** auslösen [3]. Insgesamt ist aber der osmotische Durst bedeutsamer als der hypovolämische Durst.

Die bei praktisch allen Durstformen auftretende **Trockenheit des Mundes** ist, wie bereits erwähnt, durch die *Abnahme der Speichelsekretion* bedingt. Sie reflektiert den Wassermangel und scheint entgegen früheren Annahmen nur ein **Begleitsymptom des generellen Durstgefühls** zu sein, wie folgende Befunde zeigen: Befeuchten des Mund-Rachen-Raumes stillt den Durst nicht, wenn es ihn auch lindern kann. Auch durch Lokalanästhesie der Mundschleimhaut oder durch eine komplette Denervierung des Mund-Rachen-Raumes kann Durst weder verhindert noch gestillt werden. Schließlich beeinflußt angeborenes Fehlen der Speicheldrüsen (Mensch) oder deren operative Entfernung (Tier) die normale Wasseraufnahme nicht wesentlich.

Alle Zustände, die *Durst* auslösen, führen gleichzeitig zur **Freisetzung von ADH** (antidiuretisches Hormon, Adiuretin, Einzelheiten s. S. 151). Umgekehrt bewirkt excessives Trinken eine Hemmung der ADH-Ausschüttung und damit eine Wasserdiurese [14].

Sensoren und zentrale Mechanismen

Intracelluläre Sensoren. Die neuralen Strukturen, die in erster Linie mit der Regelung des Salz-Wasser-Haushaltes befaßt sind, finden sich im Zwischenhirn, besonders im **Hypothalamus** und in seiner **Umgebung**. Vor allem in Arealen *vor* dem Hypothalamus konnten zahlreiche **Osmosensoren** nachgewiesen werden, die auf Erhöhung der **intracellulären** Salzkonzentration bei Wasserverlust der Zelle ansprechen. Die Injektion kleinster Mengen (weniger als 0,2 ml) hypertoner Kochsalzlösung in bestimmte Stellen dieser Region führte beispielsweise bei der Ziege nach 30–60 s zum Trinken für 2–5 min, wobei 2–8 l Wasser aufgenommen wurden. Elektrische Reizung der gleichen neuralen Strukturen löst ebenfalls starkes Trinken aus. Bei Ausschaltungen hypothalamischer Strukturen durch Durchschneidung oder Coagulation fanden sich bei zahlreichen Versuchen Konstellationen, bei denen das Trinken, auch bei Wassermangel im Organismus, reduziert oder aufgehoben war (**Adipsie**). Insgesamt können wir daraus folgern, daß **Osmosensoren des Zwischenhirns**, vor allem in den vor dem Hypothalamus gelegenen Arealen, als *Meßfühler* des durch **cellulären Wassermangel** induzierten Durstes dienen (*links* in Abb. 22-2). Neuronale Strukturen des Hypothalamus sind an der Verarbeitung der von den Osmoreceptoren kommenden Information anscheinend beteiligt [5, 7, 14, 17, 18, 19, 22].

Extracelluläre Sensoren. In bezug auf die Fühler für den durch *Wassermangel im Extracellulärraum ausgelösten Durst* gibt es nur Vermutungen und indirekte Hinweise. Am wahrscheinlichsten ist derzeit,

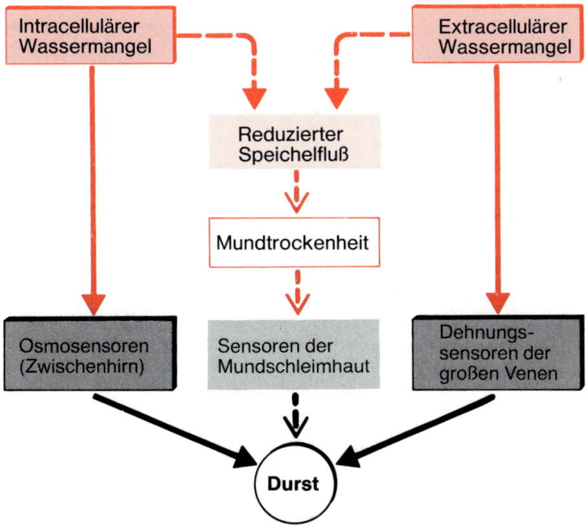

Abb. 22-2. Entstehung des Durstgefühls. Die an der Entstehung des Durstgefühls beteiligten Sensoren sind *grau* unterlegt. Darüber sind die ihnen adäquaten Reize angeordnet. Die Mundtrockenheit ist eine indirekte Folge des intra- und extracellulären Wassermangels

daß die **Dehnungssensoren** in den Wänden der herznahen großen Venen, neben ihren Aufgaben im Kreislaufgeschehen, auch bei der Regulierung des Wasserhaushaltes und beim Entstehen des Durstgefühls beteiligt sind (*rechts* in Abb. 22-2). Der Hypothalamus ist auch für die von ihnen über Vagusafferenzen nach zentral gesandte Information eine wichtige Verarbeitungsstelle. Außerdem gibt es Hinweise, daß neben der neuronalen Komponente auch **hormonale Faktoren** bei der Auslösung des Durstes beteiligt sind. Extracellulärer Wassermangel führt nämlich zur Freisetzung von **Renin** in der Niere und damit zur Bildung von **Angiotensin II** (vgl. S. 87). Intravenöse Gabe von Angiotensin II oder seine direkte Applikation in verschiedene Abschnitte des Hypothalamus, einschließlich dem *Subfornicalorgan*, löst starken Durst aus. Damit scheint sicher, daß Angiotensin II bei hypovolämischem Durst (Volumenmangeldurst) eine Rolle spielt. Aber im Augenblick läßt sich über seine genaue Stellung und Bedeutung im Durstgeschehen noch nichts Näheres sagen [3, 18, 22].

Gleiches gilt für die Rolle anderer Hormone, wie z. B. das eben erwähnte **ADH** oder den kürzlich entdeckten **atrialen natriuretischen Faktor**, **ANF**, ein Polypeptid, das auch **Atriopeptin** genannt wird, da es zuerst in Muskelzellen des Herzvorhofs nachgewiesen wurde. Es wird durch Dehnung der Vorhöfe, insbesondere des rechten Vorhofes, freigesetzt, löst, wie sein Name sagt, in der Niere eine starke Natrium- und Wasserdiurese aus und hemmt u.a. dort die Freisetzung von Renin. Möglicherweise ist es auch eine Überträgersubstanz im hypothalamisch-hypophysären System und greift dort (*dursthemmend*?) in das Durstgeschehen ein.

Mund- und Rachensensoren. Die durch *reduzierten Speichelfluß verursachte Trockenheit des Mundes wird über Sensoren der Mund- und Rachenschleimhaut* vermittelt (*Mitte* in Abb. 22-2). In welchem Umfang die einzelnen aus Tierversuchen bekannten Sensortypen (Mechano-, Kälte-, Wärme-, Wasser-Sensoren) am Zustandekommen dieses **peripheren Anteils des Durstes** beteiligt sind, ist nicht bekannt. Werden diese Sensoren gereizt, ohne daß ein Wassermangel des Organismus vorliegt, z. B. durch Sprechen, Rauchen, Mundatmung, sehr trockene Kost, so wird bei diesem **falschen Durst** durch Befeuchten der Mundschleimhaut das Durstgefühl beseitigt, während, wie oben schon erwähnt, dies bei echtem Durst höchstens das Durstgefühl lindert, es aber nicht stillt.

Zentrale Integration. *Durst* ist also eine Allgemeinempfindung, die durch die **Mitwirkung zahlreicher Sensortypen** entsteht, die teils in der Peripherie, teils im Zentralnervensystem selbst lokalisiert sind. Das **Zwischenhirn**, insbesondere der *Hypothalamus*, scheint bei der Integration dieser vielfachen afferenten Zuflüsse eine dominierende Rolle zu spielen. Wie weit die im Tierversuch gewonnenen Experimente auf den Menschen übertragen werden können, ist im einzelnen nicht bekannt, auch nicht, welche zentralen Strukturen am Zustandekommen des Durstes beteiligt sind. Es darf aber angenommen werden, daß die in Abb. 22-2 gezeigten Zusammenhänge auch beim Menschen im wesentlichen zutreffen [3, 5, 14].

Die **Durstempfindung adaptiert nicht**. Dies konnte auch im Tierversuch bestätigt werden: Die nach i.v. Injektion von hypertoner Kochsalzlösung aufgenommene Wassermenge war unabhängig von der Geschwindigkeit der Infusion. Mit anderen Worten, der durch die Kochsalzinfusion ausgelöste Durst war bei sehr langsamem Anstieg der NaCl-Konzentration genauso groß wie bei sehr schnellem. Da der Durst nicht adaptiert, ist eine Durststillung daher in aller Regel nur durch Wasseraufnahme möglich (Abb. 22-1 B).

Durststillung

Präresorptive und resorptive Durststillung. Vom Beginn des Trinkens bis zur Beseitigung eines Wassermangels im Intracellulärraum vergeht geraume Zeit, da das in Magen und Darm aufgenommene Wasser zunächst, vor allem im Dünndarm, **resorbiert**, d.h. in den Blutkreislauf überführt werden muß. Es ist aber eine alltägliche und im Tierexperiment vielfach bestätigte Beobachtung, daß das Durstgefühl erlischt, d.h. das Trinken aufhört, lange bevor der Wassermangel im Extra- und Intracellulärraum beseitigt ist. Der **resorptiven** Durststillung geht also eine **präresorptive** voraus, die eine übermäßige Aufnahme von Wasser verhindert und die Zeit bis zur resorptiven Durststillung überbrückt (Abb. 22-3). In Tierversuchen hat sich gezeigt, daß die *präresorptive Durststillung mit großer Präzision* arbeitet: Die getrunkene Wassermenge entspricht in engsten Grenzen der benötigten [1, 3, 7].

Die **Sensoren und Mechanismen der präresorptiven Durststillung** sind nicht bekannt. Ein Hund mit einer Ösophagusfistel trinkt etwa doppelt so viel Wasser wie ein normaler Hund mit dem gleichen Wasserdefizit. Danach unterbricht er das Trinken für 20-60 min. Also bewirkt das Trinken selbst, beziehungsweise die mit ihm verbundenen motorischen und sensiblen Vorgänge eine gewisse, vorübergehende Durststillung. Auch Sensoren des Magens und des Duodenums scheinen eine Rolle zu spielen: Wird bei Affen nach Beendigung des Trinkens die Flüssigkeit über einen vorher gelegten Magenschlauch abgesaugt, nehmen die Tiere das Trinken bald wieder auf.

Umgekehrt hört das Trinken sofort auf, wenn über einen Katheter eine kleine Menge Wasser direkt in das Duodenum appliziert wird. Nimmt man statt Wasser isotonische Kochsalzlösung, geht das Trinken weiter. Das Duodenum scheint also Osmosensoren zu enthalten, die die Wasseraufnahme registrieren. Die meisten Fragen sind aber noch offen [3, 16].

Die jeweils getrunkene Flüssigkeitsmenge hängt auch **von ihrem Geschmack** ab. Zusatz von Zucker führt bei Menschen, Affen und Ratten, aber nicht bei Katzen, zu deutlich größerer Flüssigkeitsaufnahme. Auch eine Auswahl unterschiedlicher Getränke erhöht den Konsum im Vergleich zu einem gleichförmigen Angebot. Umgekehrt wird der **Wohlgeschmack** eines Getränkes, auch von Wasser, **um so positiver** beurteilt, **je größer der Durst** ist. Die niedrigsten Bewertungen finden sich nach Durststillung [15].

Durstschwelle. Ist der Durst endgültig gestillt **(resorptive Durststillung)**, das relative (bei Aufnahme von zuviel Kochsalz) oder absolute Wasserdefizit also beseitigt, so vergeht trotz der stetigen, wenn auch langsamen physiologischen Wasserverluste eine gewisse Zeit, bis erneut Durst auftritt. Es gibt also eine *Schwelle* für den Durst. Sie liegt, wie eingangs gesagt, beim Menschen bei einem **Wasserverlust von 0,5%** des Körpergewichts. Durch diese **Durstschwelle** wird verhindert, daß geringgradige Wasserverluste schon zum Auftreten von Durst führen. Physiologischerweise schwankt der Wassergehalt des menschlichen Körpers also zumindest zwischen einem Maximum nach resorptiver Durststillung und einem Minimum, das im Idealfall gerade etwas unterhalb der Durstschwelle liegt. Die normalen Schwankungen des Wassergehaltes des menschlichen Körpers sind jedoch oft größer, weil wir einerseits oft mehr Flüssigkeit als nötig aufnehmen und andererseits den Durst nicht immer unmittelbar bei seinem Auftreten löschen können.

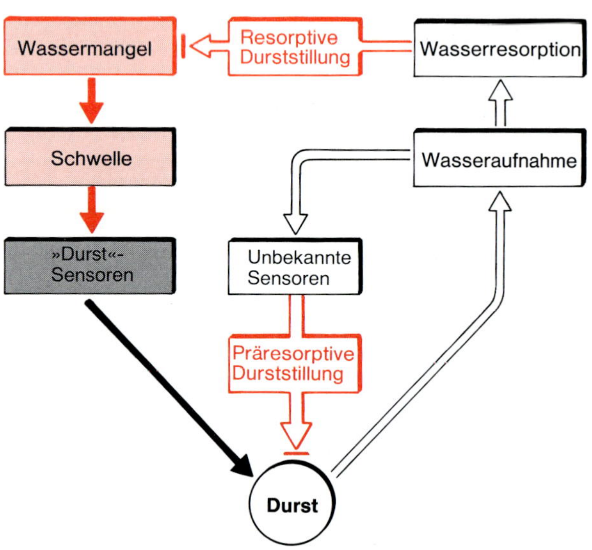

Abb. 22-3. Schema der präresorptiven und resorptiven Durststillung nach Wasseraufnahme. Die in Abb. 22-2 eingetragenen Sensoren sind hier als „Durst"-Sensoren zusammengefaßt

Primäres und sekundäres Trinken. Trinken als Folge eines absoluten oder relativen Wassermangels in einem der Flüssigkeitsräume des Körpers bezeichnen wir als **primäres Trinken**, alles Trinken ohne offensichtliche Notwendigkeit der Wasserzufuhr als **sekundäres Trinken**. Letzteres ist normalerweise die übliche Form der Flüssigkeitszufuhr! Im allgemeinen nehmen wir (das gilt auch für andere Säuger) meist schon im voraus das physiologischerweise benötigte Wasser auf. Zum Beispiel wird mit und nach dem Essen Flüssigkeit aufgenommen, wobei wir anscheinend gelernt haben, die Flüssigkeitsmenge an die Speise anzupassen, bei salzhaltiger Kost also mehr zu trinken, selbst wenn noch kein Durstgefühl aufgetreten ist. Auch Gewohnheiten scheinen eine Rolle zu spielen, doch sind wir über die Mechanismen zur Vorausschätzung unseres Wasserbedarfs noch sehr unvollkommen unterrichtet. Jedenfalls ist *primäres Trinken im Grunde eine Notfallreaktion*, die bei regelmäßiger Lebensweise nur selten auftritt.

Klinischer Durst

Vermehrter Durst im Verlaufe von Erkrankungen kann einmal die Folge eines abnorm hohen Wasserverlustes sein, bei ansonsten normal funktionierenden Durstmechanismen, zum anderen kann er Störungen der Durstmechanismen oder allgemeiner, der Regelung des Salz-Wasser-Haushaltes anzeigen. Eklatante Beispiele für den ersten Fall sind die **Wasserverluste bei anhaltendem Erbrechen oder schweren Durchfällen**, wie z. B. bei der Cholera (der englische Arzt *Thomas Latta* stillte 1832 erstmals den Durst der Cholerakranken durch intravenöse Flüssigkeitszufuhr und konnte dabei schlagartige Besserung der Symptome beobachten). Ein weiteres Beispiel des ersten Falles ist der **Diabetes insipidus**, bei dem der Körper wegen eines Mangels an antidiuretischem Hormon (ADH) täglich viele Liter hypotonen Urin ausscheidet (S. 151). Ohne Therapie leiden diese Patienten unter unersättlichem Durst, und ihr ganzer Tagesablauf ist durch die ständige Notwendigkeit zu trinken bestimmt.

22.2 Hunger

Entstehen der Hungerempfindung

Kurzzeit- und Langzeit-Regulierung der Nahrungsaufnahme. Die Energiebilanz des menschlichen und tierischen Körpers bleibt im Gleichgewicht, wenn der Energiegehalt der Nahrung demjenigen Energiebedarf entspricht, der durch Muskelarbeit, chemische Prozesse (Wachstum, Umbau) und Wärmeverluste des Körpers entsteht. Überschüssige Nahrung führt zur Anlage von Fettdepots und damit zur Gewichtszunahme, Nahrungsmangel zum Verbrauch der Fettdepots, zu Gewichtsverlust, eventuell zur Leistungseinschränkung und im Extremfall zum Tode.

Mensch und Tier passen ihre Nahrungsaufnahme normalerweise rasch den wechselnden Bedürfnissen des Alltags (z. B. Art und Umfang der Arbeit, Klima) und dem Nährwert (Energiegehalt) der Nahrung an. Diese **Kurzzeit-Regulierung der Nahrungsaufnahme** wird ergänzt und überlagert durch eine **Langzeit-Regulierung**, die Diätfehler ausgleicht und für die Wiederherstellung des normalen Körpergewichtes sorgt. Wenn beispielsweise Tiere durch Zwangsfütterung übergewichtig werden, fressen sie anschließend unter Normalbedingungen deutlich weniger als Tiere der Kontrollgruppe. Die Nahrungsaufnahme nimmt langsam wieder zu, sobald die Tiere sich wieder ihrem ursprünglichen Kontrollgewicht nähern. Umgekehrt wird nach einer Fastenzeit das ursprüngliche Kontrollgewicht durch vorübergehend vermehrte Nahrungsaufnahme wieder eingestellt [5, 6, 12].

Nahrungsmangel bewirkt **Hunger** (Synonyme: *Hungerempfindung, Hungergefühl*), und der mit dem Hunger verbundene Nahrungstrieb führt zur Nahrungsaufnahme und evtl. zur **Sättigung** (vgl. Abb. 22-1 A). Es stellt sich die Frage, welche Mechanismen für die Auslösung des Hungers und für den Eintritt der Sättigung verantwortlich sind, wobei zusätzlich zu fragen ist, ob Kurzzeit- und Langzeit-Regulierung der Nahrungsaufnahme über identische oder verschiedene Mechanismen erfolgen. Trotz umfangreicher wissenschaftlicher Bearbeitung sind diese Mechanismen noch nicht voll geklärt. Die folgende Darstellung muß deshalb ergänzungsbedürftig bleiben. Die Analyse der für die Entstehung des Hungergefühls verantwortlichen Mechanismen hat jedenfalls eindeutig gezeigt, daß mehrere Faktoren beteiligt sind. Die relative Wichtigkeit der einzelnen Faktoren ist jedoch noch keineswegs in allen Einzelheiten geklärt, noch steht bisher fest, ob bereits alle Faktoren erkannt wurden. Dies gilt auch für diejenigen Faktoren, die zum Gefühl der Sattheit führen (s. weiter *unten*).

Auslösung des Hungers. Nach subjektiver Erfahrung ist **Hunger** eine in der Magengegend lokalisierte oder dorthin projizierte **Allgemeinempfindung**, die bei leerem Magen auftritt und nach Füllen des Magens mit Nahrung wieder verschwindet, bzw. dem **Gefühl der Sattheit** Platz macht. Entsprechend ist von einigen Seiten schon früh postuliert worden, daß Hunger durch **Leerkontraktionen des Magens** ausgelöst wird. Gestützt wurde diese Ansicht durch Befunde, die zeigten, daß der Magen neben den üblichen Kontraktionen, die dem Transport und der Verarbeitung des Speisebreies dienen, im leeren Zustand besonders kräftige Kontraktionen ausführt, die gut mit dem Auftreten von Hunger korreliert sind. Die Leerkontraktionen werden möglicherweise über **Mechanosensoren der Magenwand** registriert (*links* im Abb. 22-4). Der von den Leerkontraktionen ausgehende Einfluß auf den Hunger darf jedoch nicht überschätzt werden: Im Tierversuch und beim Menschen lassen *Denervation des Magens* oder seine *operative Entfernung* das Freß- bzw. Eßverhalten im wesentlichen unbeeinflußt. Die Leerkontraktionen des Magens sind also ein allerdings **völlig entbehrlicher Faktor** bei der Entstehung des Hungergefühls [4, 6, 13].

Glucostatische Hypothese. Eine entscheidende Rolle bei der Auslösung des Hungers scheint die im Blut gelöste Glucose (Traubenzucker, „Blutzucker") zu spielen. (Bezüglich der hormonellen Steuerung des Glucosespiegels und der Verfügbarkeit von Glucose für die Zelle s. S. 164.) Es konnte nämlich experimentell gezeigt werden, daß **abnehmende Verfügbarkeit von Glucose** (nicht die Höhe des Blutzuckerspiegels selbst) sehr gut korreliert ist mit Hungergefühlen und Leerkontraktionen des Magens. Daraus wurde geschlossen, daß dieser Faktor „Verfügbarkeit von Glucose" ein entscheidender Parameter für die Entstehung des Hungers ist [5, 6, 13, 18, 20].

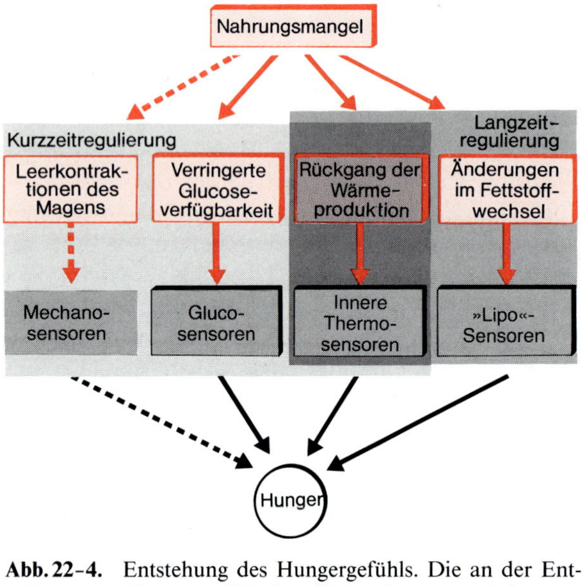

Abb. 22-4. Entstehung des Hungergefühls. Die an der Entstehung des Hungergefühls beteiligten Sensoren sind unterhalb der ihnen adäquaten Reize angeordnet. Die an der Kurzzeit- bzw. Langzeitregulierung der Nahrungsaufnahme beteiligten Faktoren und Sensoren sind durch *graue Unterlegungen* zusammengefaßt. Hunger entsteht auch ohne Leerkontraktionen des Magens. Die an der Hungerauslösung beteiligten Glucosensoren liegen überwiegend im Hypothalamus

Weiter gestützt wird diese **glucostatische Hypothese des Hungers** durch verschiedene experimentelle Befunde, die in Zwischenhirn, Leber, Magen und Dünndarm die Existenz von entsprechenden **Glucosensoren** wahrscheinlich machen. So zerstört bei Mäusen die Injektion von Goldthioglucose (Gold ist ein Zellgift) zahlreiche Zellen im Zwischenhirn, die anscheinend Glucose besonders stark aufnehmen, und diese Zerstörungen lösen schwere Störungen der Nahrungsaufnahme aus. Diese zentralen Glucosensoren registrieren also eine verringerte Verfügbarkeit von Glucose und tragen damit zur Auslösung von Hungergefühlen bei (*halblinks* in Abb. 22-4).

Thermostatische Hypothese. Weniger gut gestützt als die glucostatische Hypothese der Hungerauslösung ist die **thermostatische Hypothese**. Sie geht von der Beobachtung aus, daß die Nahrungsaufnahme von Warmblütern umgekehrt proportional der Umgebungstemperatur ist: Je kälter die Umgebungstemperatur, desto mehr Nahrung wird aufgenommen und umgekehrt. Die inneren (zentralen) Thermosensoren des Körpers (s. S. 119) könnten dabei als Fühler für eine Integration der Gesamtenergiebilanz dienen. **Rückgang der Gesamtwärmeproduktion** würde also über die **inneren Thermosensoren** Hungergefühle auslösen (*halbrechts* in Abb. 22-4). Experimentell läßt sich zeigen, daß durch lokales Kühlen und Erwärmen im Zwischenhirn, dem Sitz zentraler Thermosensoren, Änderungen im Freßverhalten entsprechend dieser Hypothese bewirkt werden können, doch sind andere, mehr unspezifische Deutungsmöglichkeiten nicht ausgeschlossen [6].

Lipostatische Hypothese. Überschüssige Nahrungsaufnahme führt zur Anlage von Fettdepots im Organismus, Nahrungsmangel zu deren Auflösung. Entsprechende **Liposensoren** vorausgesetzt, könnten solche Abweichungen vom Sollgewicht des Körpers an Hand der jeweils auftretenden Zwischenprodukte des Fettstoffwechsels registriert und als Hunger- bzw. Sättigungssignale verwertet werden (*rechts* in Abb. 22-4). Es gibt einige gute experimentelle Hinweise für diese **lipostatische Hypothese**, vor allem die bereits oben erwähnte Beobachtung, daß zwangsgemästete Tiere anschließend bis zum Abbau der Fettdepots weniger Nahrung als unter Kontrollbedingungen aufnehmen [6, 18, 20].

Hungerauslösung und Kurzzeit-Langzeit-Regulierung. Der lipostatische Mechanismus dient, wie das eben erwähnte Experiment zeigt, vor allem der *Langzeitregulierung* der Nahrungsaufnahme, während der glucostatische Mechanismus (und vielleicht in geringem Umfang die Leerkontraktionen des Magens) vor allem der *Kurzzeitregulierung* dienen. Der thermostatische Mechanismus ist möglicherweise bei beiden beteiligt (s. entsprechende graue Unterlegungen in Abb. 22-4). Insgesamt sorgt die Vielfalt der für den Hunger verantwortlichen physiologischen Mechanismen dafür, daß selbst unter den komplexesten Lebensbedingungen Hungergefühl und Nahrungstrieb eine angemessene Nahrungsaufnahme sicherstellen.

Nahrungsaufnahme ohne Hunger. Nicht nur beim Menschen, sondern auch bei anderen Warmblütern hängt der Umfang der Nahrungsaufnahme nicht nur vom aktuellen Nahrungsbedarf und von psychischen Faktoren (S. 434), sondern auch davon ab, wann voraussichtlich die nächste Mahlzeit stattfindet und wieviel Energie in der Zwischenzeit wahrscheinlich verbraucht wird. Es handelt sich hier also um eine **vorausplanende Nahrungsaufnahme**, bei der nicht (wie oben besprochen) ein bereits entstandenes Defizit ausgeglichen, sondern der **erwartete Energiebedarf vorwegnehmend abgedeckt** wird. Dieses Verhalten entspricht dem beim Trinken, bei dem ebenfalls die vorausplanende Wasseraufnahme (sekundäres Trinken, S. 431) die normale Form der Flüssigkeitszufuhr ist.

Sättigung

Präresorptive und resorptive Sättigung. Ähnlich wie bei der Durststillung wird die Nahrungsaufnahme bei Mensch und Tier in der Regel beendet, lange bevor durch Resorption der Nährstoffe aus dem Verdauungstrakt das Energiedefizit abgedeckt wird, das ursprünglich zum Hunger und damit zur Nahrungsaufnahme führte. Wir bezeichnen die Vorgänge, die den Organismus zum Beenden der Mahlzeit anhalten, insgesamt als **Sättigung.** Das **Gefühl der Sattheit** ist, wie jeder aus Erfahrung weiß, nicht nur ein Verschwinden des Hungergefühls, sondern hat durchaus eigene, teilweise lustbetonte Aspekte („wohlig satt sein"), zu denen bei übermäßiger Nahrungsaufnahme deutliche Gefühle der **Völle** treten. Das Gefühl der Sattheit läßt bei zunehmendem zeitlichen Abstand von der letzten Mahlzeit langsam nach und macht, nach einer mehr oder minder langen neutralen Periode, erneutem Hunger Platz. Wir können demnach davon ausgehen, daß die Sättigung zunächst **präresorptiv** ist, d. h. durch Vorgänge erfolgt, die mit der Nahrungsaufnahme selbst in Verbindung stehen, während anschließend die **resorptive** Sättigung dafür sorgt, daß kein erneuter Hunger auftritt.

Faktoren der präresorptiven Sättigung. Tiere mit einer Fistel der Speiseröhre fressen zwar wesentlich länger als vor der Operation und wiederholen ihre Mahlzeiten in kurzen Abständen, aber es kommt auch bei ihnen regelmäßig zu einer Beendigung des Fressens. Da keine Nahrungsaufnahme in den Magen erfolgt, ist anzunehmen, daß die mit dem Fressen verbundene **Reizung der Geruchs-, Geschmacks- und Mechanosensoren** des Nasen-Mund-Rachen-Raumes und der Speiseröhre sowie möglicherweise der Kauakt selbst (*links* in Abb. 22-5) zur präresorptiven Sättigung beitragen, wenn auch nach den bisher vorliegenden Ergebnissen ihr Einfluß auf Einleitung und Aufrechterhaltung der Sättigung gering ist.

Ein weiterer Faktor scheint die **Dehnung des Magens** und vielleicht auch der anschließenden Darmabschnitte durch die Nahrung zu sein (*Mitte* in Abb. 22-5): Wird im Tierversuch der Magen vor der Mahlzeit über eine Fistel oder Sonde gefüllt, so wird die Füllung im gewissen Umfang durch eine verminderte Nahrungsaufnahme kompensiert. Das *Ausmaß der Kompensation* hängt dabei nicht vom Nährwert der Nahrung, sondern vom Volumen und Zeitpunkt der Zufuhr ab. Im Extremfall läßt sich über Wochen eine orale Nahrungsaufnahme völlig hemmen, indem regelmäßig kurz vor den Mahlzeiten große Mengen hochcalorischer Nahrung in den Magen gegeben werden.

Ergänzt werden die bisher genannten Faktoren durch die **Effekte von Chemosensoren** des Magens und der oberen Dünndarmabschnitte (*rechts* in Abb. 22-5), die anscheinend auf den **Glucose- und Aminosäuregehalt der Nahrung** empfindlich sind. So steigt z. B. schon während der Nahrungsaufnahme der Glucosespiegel des Blutes in Abhängigkeit vom Kohlenhydratgehalt der Nahrung. Dies könnte natürlich auch eine humoral ausgelöste Reaktion sein, doch sind elektrophysiologisch *Gluco- und Aminosäuresensoren* der Darmwand nachgewiesen worden [1, 5, 6, 13].

Von den gastrointestinalen Hormonen (s. S. 135) wird insbesondere dem **Cholecystokinin, CCK**, eine mögliche **Rolle bei der Sättigung** zugeschrieben, da seine intraperitoneale Injektion bei hungrigen Ratten, Katzen und Hunden zur Unterbrechung der Nahrungsaufnahme führt und da dieses Hormon von der Mucosa des Duodenums freigesetzt wird, sobald Nahrung in das Duodenum gelangt. Die sättigende Wirkung intraperitonealer CCK-Injektionen geht nach Durchschneidung der vagalen Versorgung des Magens verloren. Das CCK scheint daher periphere Sensoren zu erregen, entweder direkt oder über seine kontrahierende Wirkung auf die glatte Muskulatur [24].

Faktoren der resorptiven Sättigung. Bei der resorptiven Sättigung sind möglicherweise die letztgenannten **Chemosensoren des Verdauungstraktes** ebenfalls beteiligt, da sie den Organismus über die noch im Darm vorhandene Konzentration an verwertbaren

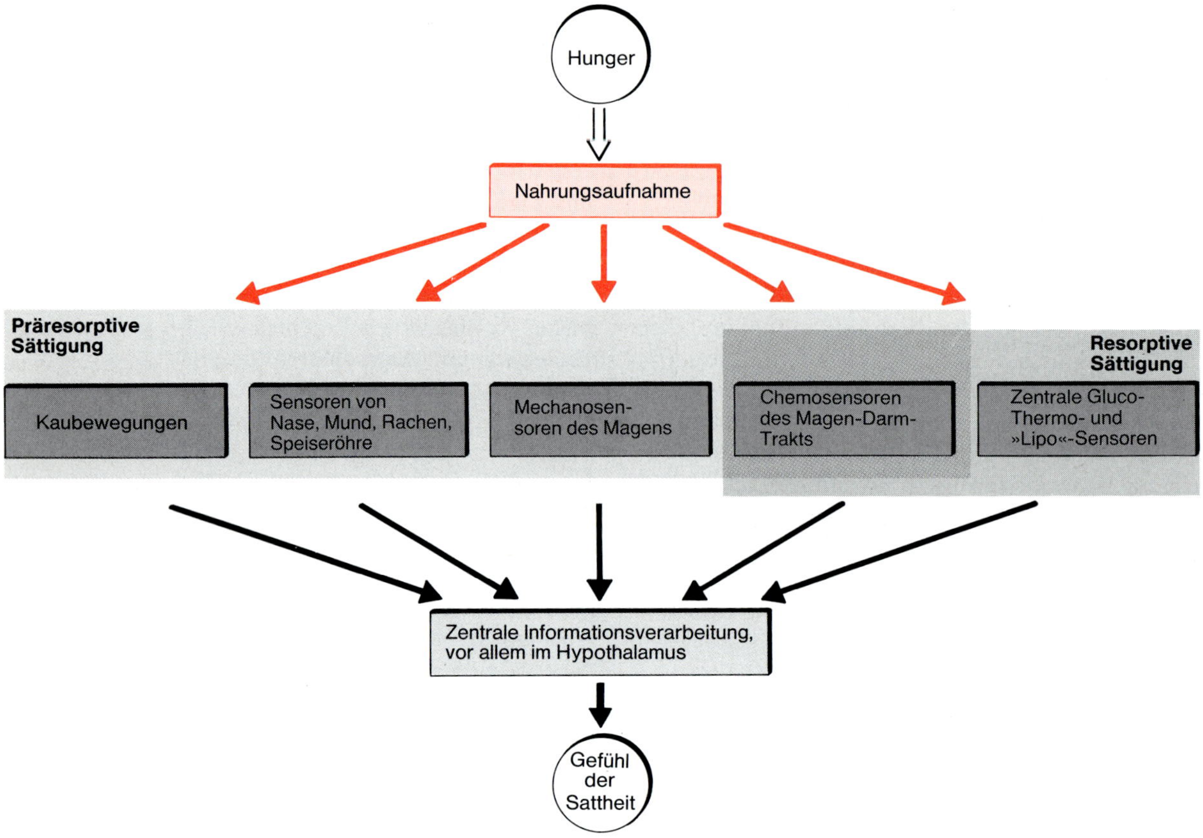

Abb. 22-5. Entstehung des Gefühls der Sattheit bei Nahrungsaufnahme. Die an der präresorptiven bzw. resorptiven Sättigung beteiligten Faktoren und Sensoren sind durch *graue Unterlegungen* zusammengefaßt. Die Kaubewegungen können *entweder* über eine direkte zentrale Efferenzkopie der Kaumotorik *oder* über die beim Kauen aktivierten Sensoren (z. B. Muskelspindeln, Sehnenorgane) *oder* über beides zur präresorptiven Sättigung beitragen

Nahrungsstoffen informieren können. Dazu treten aber alle enteroceptiven sensorischen Prozesse, die wir bei der Besprechung des Hungers kennengelernt haben. Die **vermehrte Verfügbarkeit von Glucose**, die **erhöhte Wärmeproduktion** durch die Aufbereitung der Nahrungsmittel und die **Änderungen im Fettstoffwechsel** haben auf die entsprechenden zentralen Sensoren (*rechts* in Abb. 22-5) den umgekehrten Effekt wie die zugehörigen, in Abb. 22-4 rot unterlegten Vorgänge.

Hunger und **Sattheit** sind also in gewissem Umfang die beiden Seiten derselben Medaille: Das (Kurzzeit-)Hungergefühl regt die Nahrungsaufnahme an („go"-Signal), das Gefühl der (präresorptiven) Sattheit beendet sie („stop"-Signal). Das Ausmaß der Nahrungsaufnahme und die Länge der Pausen zwischen den Mahlzeiten sind dagegen durch diejenigen Vorgänge bestimmt, die wir *„Langzeitregulierung der Nahrungsaufnahme"* und *„resorptive Sättigung"* genannt haben und die sich, wie wir jetzt erkennen (vgl. Abb. 22-4 und 22-5), mehr oder weniger weitgehend überlappen.

Psychische Faktoren des Hungers, Appetit

Neben den bisher besprochenen *physiologischen Faktoren* sind an der Regelung der Nahrungsaufnahme zahlreiche **psychische Faktoren** beteiligt. So wird Zeitpunkt und Umfang der Nahrungsaufnahme nicht nur vom Hunger bestimmt, sondern auch von vielen anderen Lebensumständen, wie der Gewöhnung an Mahl-**„zeiten"**, der Menge und der Schmackhaftigkeit der angebotenen Nahrungsmittel.

Unter dem Einfluß starker äußerer Anreize, z. B. bei einem besonders verlockenden, reichhaltigen Nahrungsangebot, kommt es bei praktisch allen Menschen gelegentlich zu einer über dem Energiebedarf liegenden Nahrungsaufnahme, also zu einem **Überspielen der biologischen Mechanismen der Kurzzeit-Regulierung**. Dies wird oder besser sollte anschließend durch entsprechend verminderte Nahrungszufuhr wieder ausgeglichen werden. Offensichtlich gelingt dies vielen Menschen in Wohlstandsgesellschaften wie der unsrigen nicht. Die

Gründe für dieses **Versagen der biologischen Langzeit-Regulierung** gegenüber den äußeren Anreizen zur Nahrungsaufnahme sind leider noch nicht ausreichend bekannt. Entsprechend schwierig ist die vorbeugende und therapeutische Bekämpfung der mit großen gesundheitlichen Risiken behafteten **Fettsucht** oder **Adipositas**, die bei uns und in anderen westlichen Ländern mittlerweile epidemische Ausmaße angenommen hat [2, 8, 9, 10, 21].

Hingewiesen werden soll ferner auf den großen Stellenwert der Nahrungsaufnahme bei **Verhaltensstörungen**. Übermäßiges Essen oder Nahrungsverweigerung sind dabei häufig zu beobachten. Das bekannteste Beispiel ist die *Anorexia nervosa* (Magersucht), eine Form der Nahrungsverweigerung, die als psychische Entwicklungsstörung in der Pubertät von Mädchen manchmal zum Hungertode führt.

Zentrale Mechanismen des Hungers und der Sättigung

Der **Hypothalamus** ist, wie für andere vegetative Funktionen auch, anscheinend die wichtigste zentrale *Schalt- und Integrationsstruktur* für Hunger und Sattheit. Beidseitige umschriebene Zerstörungen in bestimmten ventromedialen Regionen des Hypothalamus (VMH) lösen im Tierversuch extreme Fettsucht aus, die durch vermehrte Nahrungsaufnahme (**Hyperphagie**) hervorgerufen wird, während Zerstörung weiter lateral gelegener Stellen (LH) Verweigerung der Nahrungsaufnahme bis zum Tode durch Verhungern hervorrufen kann. Umgekehrt führt elektrische Reizung (mit chronisch eingepflanzten Elektroden) der VMH-Region zur Aphagie und die der LH-Region zur Hyperphagie [17, 18].

Diese eindrucksvollen Befunde haben lange Zeit die Aufmerksamkeit der Forschung so stark auf den Hypothalamus konzentriert, daß über die Bedeutung anderer Hirnstrukturen für die Regelung der Nahrungsaufnahme noch sehr wenig bekannt ist. Sicher ist es eine zu starke Vereinfachung, aufgrund der oben geschilderten Versuche die gesamte zentrale Informationsverarbeitung in zwei hypothalamischen „Zentren" zu lokalisieren, von denen der VMH als **„Sättigungszentrum"** agiert und dessen Zerstörung zu einer Enthemmung des lateralen **„Hungerzentrums"** und damit zur Freßsucht führt, während umgekehrt bei Zerstörung des „Hungerzentrums" ein permanentes Gefühl der Sattheit auftritt, wodurch jede weitere Nahrungsaufnahme verweigert wird [6, 13, 17, 18]. So erfordert beispielsweise die oben angesprochene vorausplanende Nahrungs- und Flüssigkeitsaufnahme die Beteiligung höherer Hirnabschnitte, wie des **limbischen Systems** und der mit ihm assoziierten Hirnrinde (vgl. Kap. 28).

Schließlich sollte nicht übersehen werden, daß Essen und Trinken komplexe motorische Akte sind, die eine entsprechende Teilnahme des **motorischen Systems** erfordern. Den Anschluß an die motorischen Zentren erhalten die limbischen, insbesondere die hypothalamischen Motivationsareale wahrscheinlich über die zentralen **catecholaminergen Systeme** mit ihren vom Hirnstamm zu Kleinhirn, Basalkernen und Cortex ziehenden Bahnen (S. 263). Diese Bahnen bilden also möglicherweise ein wichtiges Bindeglied zwischen den Trieben und ihrer motorischen Verwirklichung (s. Kap. 28).

22.3 Literatur

Weiterführende Lehr- und Handbücher

1. CODE, C. F. (Ed.): Handbook of Physiology. Section 6: Alimentary Canal. Vol. I: Control of Food and Water Intake. Washington: American Physiology Society 1967
2. FERSTL, R.: Determinanten und Therapie des Eßverhaltens. Berlin, Heidelberg, New York: Springer 1980
3. FITZSIMONS, J. T.: The Physiology of Thirst and Sodium Appetite (Monographs of the Physiological Society, Vol. 35). Cambridge: Cambridge University Press 1979
4. GLATZEL, H.: Verhaltensphysiologie der Ernährung. München: Urban & Schwarzenberg 1973
5. MORGANE, P. J. (Ed.): Neural Regulation of Food and Water Intake. Ann. N. Y. Acad. Sci. *157*, 531 (1969)
6. NOVIN, D., WYRWICKA, W., BRAY, G. A. (Ed.): Hunger. Basic Mechanism and Clinical Implications. New York: Raven Press 1976
7. PETERS, G., FITZSIMONS, J. T., PETERS-HAEFELI, L. (Eds.): Control Meachanisms of Drinking. Berlin, Heidelberg, New York: Springer 1975
8. PUDEL, V.: Zur Psychogenese und Therapie der Adipositas. 2. Aufl. Berlin, Heidelberg, New York: Springer 1982
9. STUNKARD, A.J. (Ed.): Obesity. Philadelphia: Saunders 1980
10. THOMPSON, C.J.: Controls of Eating. Jamaica, New York: Spectrum 1980
11. WOLF, A. V.: Thirst: Physiology of the Urge to Drink and Problems of Water Lack. Springfield/Ill.: Ch. C. Thomas 1958

Einzel- und Übersichtsarbeiten

12. ANAND, B. K.: Nervous regulation of food intake. Physiol. Rev. *41*, 677 (1961)
13. ANDERSSON, B.: Receptors subserving hunger and thirst. In: NEIL, E. (Ed.): Handbook of Sensory Physiology, Vol. III/1. Berlin, Heidelberg, New York: Springer 1972

14. ANDERSSON, B.: Regulation of Water Intake. Physiol. Rev. *58*, 582 (1978)
15. CABANAC, M.: Physiological role of pleasure. Science *173*, 1103-1107 (1971)
16. EPSTEIN, A.N.: The physiology of thirst. In: PFAFF, D.W. (Ed.): The Physiological Mechanisms of Motivation, pp 165-214. New York: Springer 1982
17. HAYWARD, J.N.: Functional and Morphological Aspects of Hypothalamic Neurons. Physiol. Rev. *57*, 574 (1977)
18. LEIBOWITZ, S.F.: Neurochemical systems of the hypothalamus. Control of feeding and drinking behaviour and water-electrolyte excretion. In: MORGANE, P.J., PANKSEPP J. (Eds.): Handbook of the Hypothalamus, Vol. 3, Part A, Behavioral Studies of the Hypothalamus. New York: Marcel Dekker 1980
19. MALMO, R.B., MALMO, H.P.: Experiments on the neuropsychology of thirst. Int. J. Psychophysiol. *1*, 25-48 (1983)
20. MAYER, J.: Regulation of Energy Intake and Body Weight: Glucostatic Theory and Lipostatic Hypothesis. Ann. N.Y. Acad. Sci. *63*, 15 (1955)
21. RODIN, J.: Current status of the internal-external hypothesis for obesity. Am. Psychol. *36*, 361-372 (1981)
22. ROLLS, B.J., WOOD, R.J., ROLLS, E.T.: The initiation, maintenance, and termination of drinking. In: SPRAGUE, J.M., EPSTEIN, A.N. (Eds.): Progress in Psychobiology and Physiological Psychology, Vol. 9. New York: Academic Press 1980
23. SCHMIDT, R.F.: Durst und Hunger: Allgemeinempfindungen. In: SCHMIDT, R.F. und G. THEWS: Physiologie des Menschen, 24. Aufl. Berlin, Heidelberg, New York, London, Tokyo: Springer 1990
24. SMITH, G.P., JEROME, C., CUSLIEN, B.J., ETERNO, R., SIMANSKI, K.J.: Abdominal vagotomy blocks the satiety effect of cholecystokinin in the rat. Science *213*, 1036-1037 (1981)

23 Autonomes Nervensystem

Neben dem *endokrinen System* ist das *autonome Nervensystem* das zweite Kommunikationssystem für den innerbetrieblichen Informationsaustausch zwischen den einzelnen Organen des Körpers. Das *autonome Nervensystem* innerviert die glatte Muskulatur aller Organe und Organsysteme sowie das Herz und die Drüsen. Es regelt die lebenswichtigen Funktionen der Atmung, des Kreislaufes, der Verdauung, des Stoffwechsels, der Drüsensekretion, der Körpertemperatur und der Fortpflanzung. Es unterliegt nicht im gleichen Ausmaß der direkten, willkürlichen Kontrolle wie das somatische (sensomotorische) Nervensystem. Daher auch sein Name **autonomes Nervensystem** (synonym wird auch der Begriff **vegetatives Nervensystem** gebraucht). Seine Wirkungen laufen allerdings kaum je isoliert, sondern, wenn wir z. B. an die Atmung oder an die Kreislaufregulation bei wechselnden Belastungen denken, gleichzeitig mit denen des sensomotorischen Nervensystems ab. Diese enge Zusammenarbeit hat auch ihre strukturellen Entsprechungen: Manche Anteile des Zentralnervensystem, wie der Hypothalamus, gehören dem einen wie dem anderen Nervensystem an [2, 4, 5].

23.1 Aufbau und Wirkweise des peripheren autonomen Nervensystems

Anteile des peripheren autonomen Nervensystems

Das autonome Nervensystem ist aus drei Teilsystemen aufgebaut, dem *sympathischen Nervensystem* oder **Sympathicus**, dem *parasympathischen Nervensystem* oder **Parasympathicus** und dem **Darmnervensystem**. Diese Dreiteilung geht auf den englischen Physiologen Langley zurück, der sie um 1900 aufgrund *anatomischer* Kriterien einführte. Seine Einteilung und Begriffsbildung hat sich bis heute als zweckmäßig und nützlich erwiesen.

Die Endstrecken der Teilsysteme *Sympathicus* und *Parasympathicus* sind, wie Abb. 23-1 zeigt, jeweils aus einer zweizelligen Neuronenkette aufgebaut: einem Neuron, das noch innerhalb des Zentralnervensystems, also im Hirnstamm oder im Rückenmark liegt und einem zweiten, dessen Zellkörper mit anderen eine periphere Zellanhäufung oder ein **Ganglion** bildet. Entsprechend werden erstere **präganglionäre**, letztere **postganglionäre Neurone** genannt. Genau genommen passen die Bezeichnungen *prä-* und *postganglionär* nur auf die Axone oder Nervenfasern. Der Einfachheit halber wendet man sie aber auf die Zellen insgesamt an. Die Neurone des *Darmnervensystems* liegen in den Wänden des Magen-Darm-Traktes. Diese Neurone sind z. T. identisch mit den postganglionären parasympathischen Neuronen.

Sympathicus. Abb. 23-2 zeigt sehr vereinfacht die *Lagebeziehungen* der sympathischen (rot) und parasympathischen (schwarz) Neurone samt dem präganglionären und postganglionären Verlauf ihrer Nervenfasern. Die Zellkörper aller *präganglionären sympathischen Neurone* liegen im **Brustmark** und **oberen Lendenmark** (s. auch Abb. 23-1). Die Axone dieser Neurone (rot ausgezogen in Abb. 23-2) verlassen das Rückenmark über die *Vorderwurzeln* und ziehen durch die *weißen Rami* zu den außerhalb des ZNS liegenden **sympathischen Ganglien**. In den sympathischen Ganglien werden die Axone der *präganglionären* Neurone auf die Zellkörper der *postganglionären* Neurone umgeschaltet [6, 10, 14].

Ein Großteil der *sympathischen Ganglien* ist *paarweise* rechts und links der Wirbelsäule angeordnet und durch Nervenstränge miteinander verbunden. Man nennt diese Ganglienkette *linker* und *rechter* **Grenzstrang** (Abb. 23-3 A, s. auch Abb. 23-2 und 23-4). Die sympathischen Grenzstrangganglien sind im Bereich der Brust-, Lenden- und Kreuzwirbelsäule segmental angeordnet. Im Bereich des Halsmarks (HM in Abb. 23-3 A) gibt es nur zwei paare Ganglien.

Außer den paarweise in den Grenzsträngen angeordneten sympathischen Ganglien gibt es im Bauch- und Beckenraum **unpaare Ganglien**, in denen die Axone präganglionärer Neurone *aus beiden*

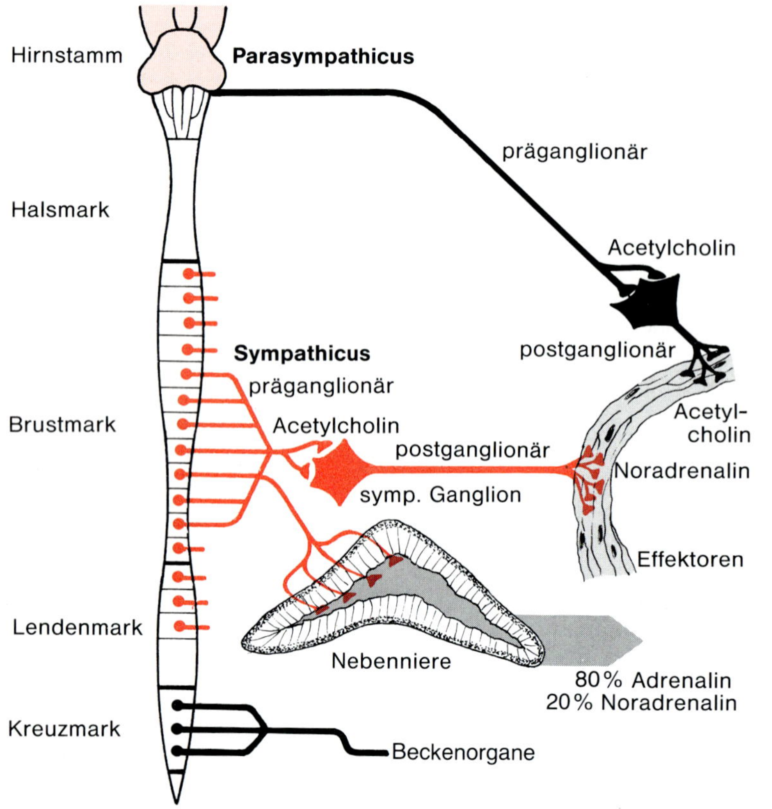

Abb. 23-1. Ursprung und Aufbau des peripheren vegetativen Nervensystems. *Links* die Ursprungsgebiete der Zellkörper präganglionärer Neurone des *Sympathicus (rot)* und des *Parasympathicus (schwarz)* im Hirnstamm und den verschiedenen Abschnitten des Rückenmarks. *Rechts* davon eine schematische Darstellung des Verlaufs prä- und postganglionärer sympathischer und parasympathischer Neurone. Die synaptischen Überträgerstoffe der zweistufigen Neuronenketten des peripheren autonomen Nervensystems in den Ganglien und auf den Effectoren sind angegeben. Das Nebennierenmark *(unten Mitte)* besteht aus umgewandelten postganglionären sympathischen Zellen. Synaptische Aktivierung dieser Zellen (über präganglionäre cholinerge Axone) setzt aus ihnen Adrenalin (80%) und Noradrenalin (20%) frei

Rückenmarkshälften enden (Abb. 23-2, 23-4). Die präganglionären Axone dieser Ganglien ziehen, *ohne* umgeschaltet zu werden, durch die Grenzstrangganglien hindurch.

Die **synaptische Verschaltung** zwischen präganglionären und postganglionären sympathischen Neuronen ist schematisch in Abb. 23-3B gezeigt. In den paarigen und unpaarigen Ganglien **divergiert** ein präganglionäres Axon einerseits auf viele postganglionäre Zellen, andererseits **konvergieren** viele präganglionäre Axone auf eine postganglionäre Zelle. In Abb. 23-3B sind die Verschaltungen von vier präganglionären Axonen auf vier postganglionäre Neurone in zwei Ganglien eingezeichnet. Durch die gezeigte Divergenz und Konvergenz wird einerseits die Aktivität von *wenigen* präganglionären Neuronen auf *viele* postganglionäre Neurone übertragen, andererseits empfängt ein *einzelnes* postganglionäres Neuron die Aktivität *vieler* präganglionärer Neurone. Diese Verschaltung gewährleistet, daß die Erregung auch dann von prä- nach postganglionär übertragen wird, wenn nur ein Teil der präganglionären Neurone erregt ist oder wenn ein Teil der präganglionären Neurone ausgefallen ist. Zu beachten ist unbedingt, daß die hier gezeigte Divergenz und Konvergenz überwiegend, wenn nicht ausschließlich **zwischen prä- und postganglionären Neuronen gleicher Funktion** auftritt (also z. B. zwischen Neuronen, die die Schweißsekretion steuern oder zwischen Neuronen, die die Durchblutung der Haut regulieren). Mit anderen Worten, das periphere sympathische Nervensystem weist einen erheblichen Grad **funktioneller Organisation und Spezifität auf** (S. 448). Dies gilt entsprechend für das parasympathische periphere Nervensystem.

Die meisten **präganglionären** sympathischen Nervenfasern sind **myelinisiert**. Ihre Durchmesser sind kleiner als 4 μm. Sie leiten die Erregung mit 20 m/s und weniger fort (B-Fasern, Tabelle 12-1, S. 195). Die **postganglionären** Nervenfasern sind sehr dünn und **unmyelinisiert**. Sie leiten die Erregung mit etwa 1 m/s fort (C-Fasern, Tabelle 12-1).

Die linke Hälfte der Abb. 23-4 zeigt eine Übersicht über die sympathische Innervation der Brust- und Bauchorgane, sowie der Augen und der Drüsen im Kopfbereich, also der **Erfolgsorgane** oder **Effectoren** des Sympathicus (vgl. auch mit Abb. 23-2). Diejenigen postganglionären Neurone, auf die präganglionäre Neurone aus dem *Brustmark* (Thoracalmark) konvergieren, innervieren die Kopforgane, den Brust- und Bauchraum und die (nicht gezeigten) oberen Extremitäten. Diejenigen postganglionären Neurone, auf die präganglionäre Neurone

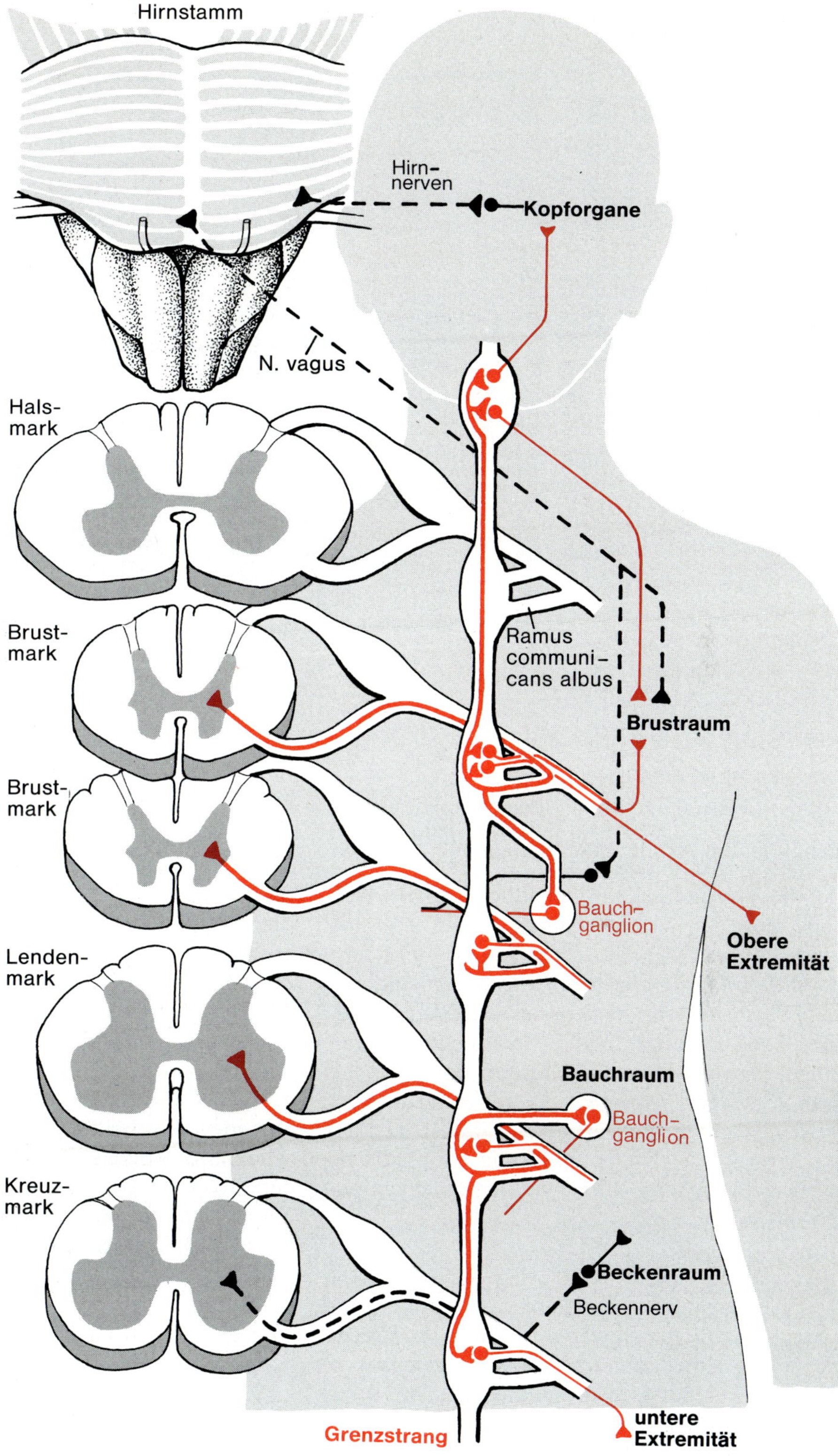

Abb. 23-2. Lage der Ursprungszellen und Versorgungsgebiete von Sympathicus (*rote* Neurone) und Parasympathicus *(schwarz)*. Sicht von vorne (ventral), auch auf das Rückenmark. Der Grenzstrang ist beim Menschen paarig angelegt (s. Abb. 23-3), nur der rechte ist gezeichnet. Relativ zum Rükkenmark ist der Grenzstrang zu groß gezeichnet, gleiches gilt für das Rückenmark relativ zum Körperumriß

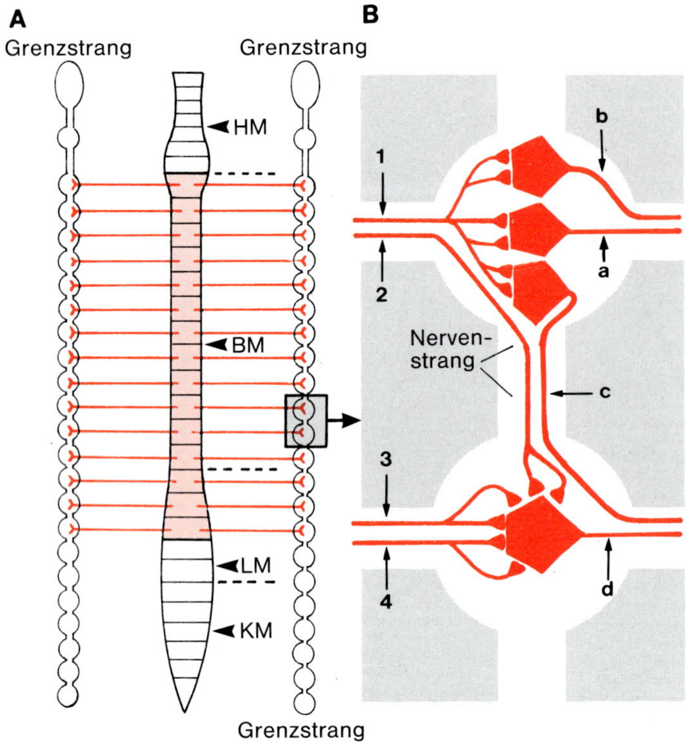

Abb. 23-3. Überblick über die Grenzstränge und Schema der synaptischen Verschaltung in den sympathischen Grenzstrangganglien. **A** Lage der Grenzstränge im Verhältnis zu Rückenmark und Hirnstamm. *HM* Halsmark, *BM* Brustmark, *LM* Lendenmark, *KM* Kreuzmark (Sacralmark). **B** Divergenz (präganglionäres Axon *1* auf Neurone *a, b, c*) und Konvergenz (präganglionäre Axone *2, 3, 4* auf Neuron *d*) der synaptischen Verschaltung in den Ganglien. Umgezeichnet nach W. Jänig in [11]

aus dem *Lendenmark* (Lumbalmark) konvergieren, innervieren den Beckenraum und die (nicht gezeigten) unteren Extremitäten.

Da die Ganglien des Sympathicus relativ weit entfernt von den Erfolgsorganen liegen, sind die postganglionären sympathischen Axone meist sehr lang. Die *Erfolgsorgane des Sympathicus* sind die **glatten Muskelfasern aller Organe** (Gefäße, Eingeweide, Ausscheidungs- und Sexualorgane, Haare, Pupillen [1], die **Herzmuskelfasern** und manche **Drüsen** (Schweiß-, Speichel-, Verdauungsdrüsen). Außerdem werden die Fettzellen, die Leberzellen, möglicherweise die Nierentubuli und lymphatische Gewebe (z. B. Thymus, Milz, Lymphknoten) sympathisch innerviert.

Parasympathicus. Das zweite Teilsystem des autonomen Nervensystems, der Parasympathicus, konzentriert seine **präganglionären Neurone** im Kreuzmark und im Hirnstamm (schwarz eingezeichnet in Abb. 23-1, 23-2, 23-4, rechte Bildhälfte). Ihre Axone sind teils *myelinisiert*, teils *unmyelinisiert* und im Gegensatz zu den sympathischen präganglionären Axonen sehr lang. Sie ziehen *in speziellen Nerven* zu den organnahe gelegenen parasympathischen postganglionären Neuronen. Für den gesamten Brust- und den oberen Bauchraum ist dies der *X. Hirnnerv*, der **Nervus vagus**. Die sacralen parasympathischen Fasern zu den Beckenorganen laufen im *Nervus splanchnicus pelvinus.* Wie Abb. 23-4 weiter zeigt, treten die parasympathischen präganglionären Fasern für die inneren Augenmuskeln und für die Drüsen im Kopfbereich über verschiedene Hirnnerven aus dem Hirnstamm aus (III = *Nervus oculomotorius*, VII = *Nervus facialis*, IX = *Nervus glossopharyngeus*).

Die **parasympathischen Ganglien**, in denen analog zu den sympathischen Ganglien die prä- und postganglionären parasympathischen Fasern miteinander verschaltet sind, findet man nur vereinzelt im Kopfbereich und im Becken in der Nähe der Erfolgsorgane. Ansonsten sind die postganglionären Zellen in oder auf den Wänden des Magen-Darm-Traktes **(intramurale Ganglien)**, des Herzens und der Lunge verstreut. Die postganglionären parasympathischen Fasern (schwarz in Abb. 23-2) sind deshalb im Gegensatz zu den entsprechenden sympathischen Fasern (rot in Abb. 23-2) sehr kurz.

Der *Parasympathicus* innerviert **die glatte Muskulatur und die Drüsen** des Magen-Darm-Traktes, der Ausscheidungsorgane, der Sexualorgane und der Lunge. Er innerviert weiterhin die **Vorhöfe des Herzens**, die **Tränen-** und **Speicheldrüsen** im Kopfbereich und die **inneren Augenmuskeln**. Dagegen innerviert er *nicht* (mit wenigen Ausnahmen) das

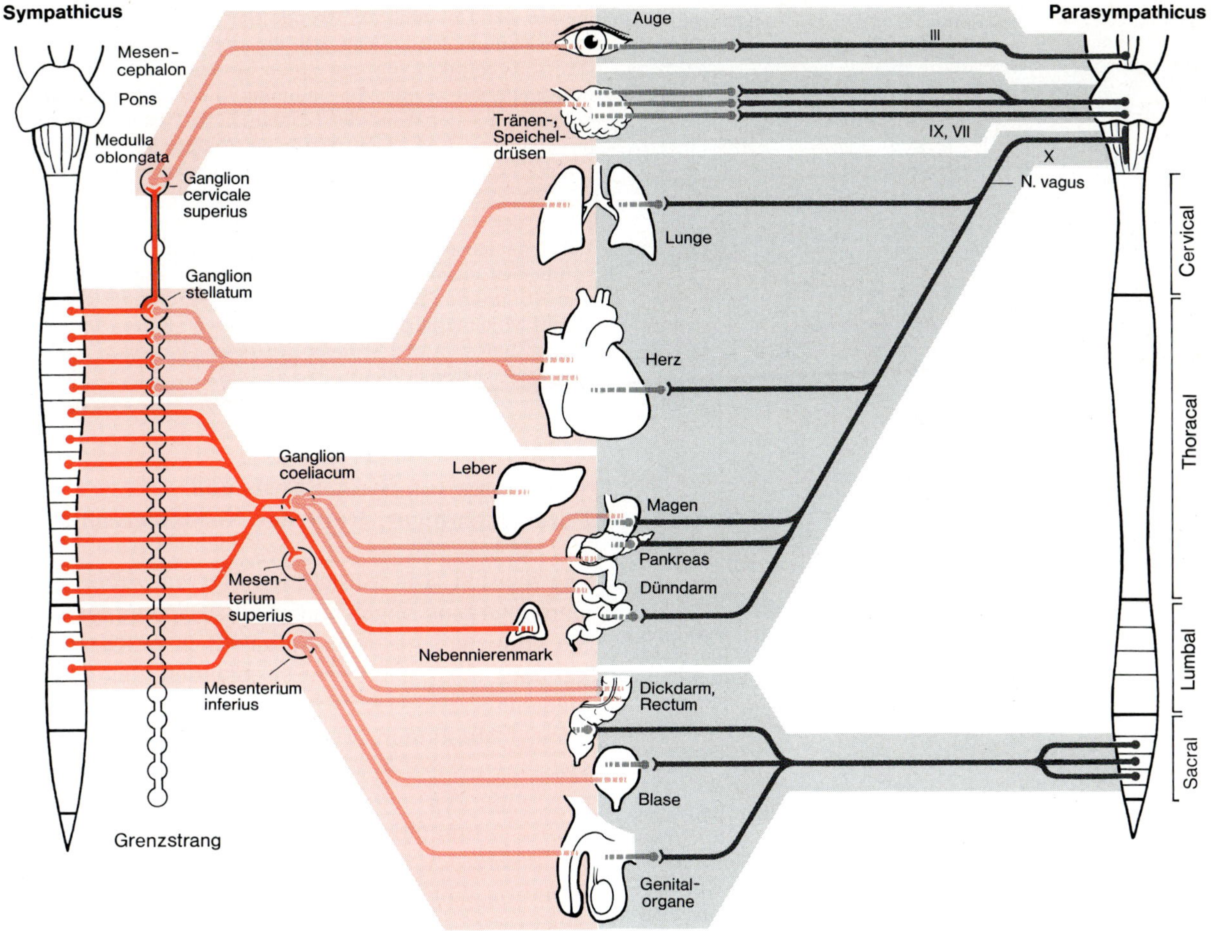

Abb. 23-4. Zielorgane von Sympathicus und Parasympathicus. *Durchgezogene Linien:* präganglionäre Axone. *Am Ende gepunktete Linien:* postganglionäre Axone. Die sympathische Innervation der Gefäße, der Schweißdrüsen und der Musculi arrectores pilorum (glatte Muskulatur der Haarbälge) ist nicht aufgeführt. Aus [14]

gesamte Gefäßsystem (glatte Gefäßmuskulatur in den Arterien und Venen) und die Schweißdrüsen. Hier liegt der entscheidende Unterschied zum Sympathicus, der alle Gefäße innerviert.

Darmnervensystem. Das dritte Teilsystem des *autonomen Nervensystems*, nämlich das **Darmnervensystem**, dient der Kontrolle und Koordination einer Vielzahl von Effectorsystemen des Magen-Darm-Traktes, wie glatter Muskulatur, sekretorischen Epithelien, resorptiven Epithelien, vaskulären Systemen und endokrinen Systemen. Es ist, genau genommen, das eigentliche **autonome** Nervensystem, denn es kann auch ohne zentral-nervöse Beeinflußung von Sympathicus und Parasympathicus funktionieren und z. B. die vielfältigen Bewegungen des Darmschlauches zur Durchmischung und zum Weitertransport des Darminhaltes regeln (vgl. S. 136).

Die meisten Zellkörper der Neurone des Darmnervensystems liegen in zwei Nervenzellgeflechten der Darmwände und zwar einmal zwischen der glatten Längsmuskulatur und der glatten Ringmuskulatur der Darmwand im **Plexus myentericus** *(Auerbach-Plexus)* und zweitens unterhalb der Ringmuskulatur im **Plexus submucosus** *(Meissner-Plexus)*. Die Neurone des Darmnervensystems sind, *erstens*, **sensorische Neurone**, die auf Dehnung und Kontraktion der Darmwand erregt werden, *zweitens*, **motorische Neurone**, die die glatten Muskelfasern der Ring- und Längsmuskulatur innervieren und, *drittens*, **Interneurone**, die zwischen afferenten und motorischen Neuronen geschaltet sind. Ihre Verschaltung untereinander und die Zugriffsmöglichkeiten von Sympathicus und Parasympathicus auf diese Schaltkreise ist in Abb. 23-5 skizziert.

Das Darmnervensystem des Menschen besteht aus etwa 10^8 Neuronen. Diese Zahl ist etwa genauso groß wie die Gesamt-

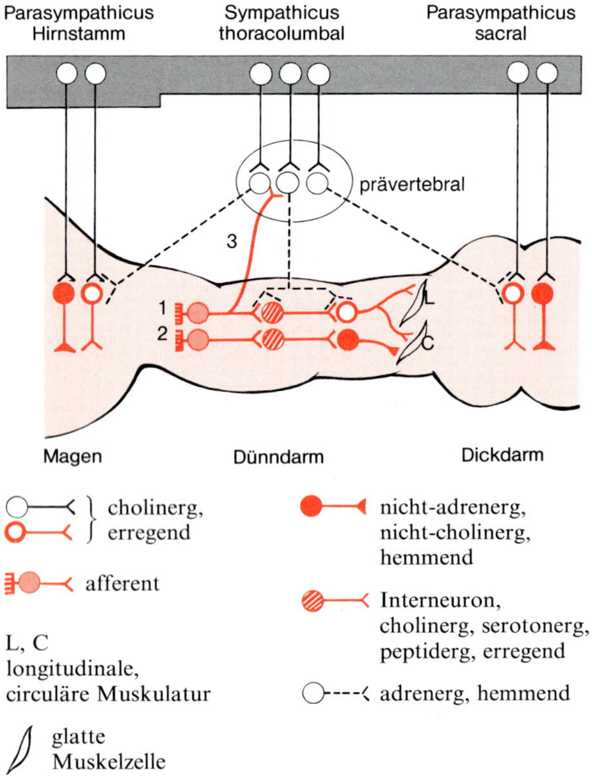

Abb. 23-5. Organisation des Darmnervensystems und seiner extrinsischen Kontrolle durch Parasympathicus und Sympathicus. *1, 2* Erregende und hemmende Reflexbahn als Bestandteil des peristaltischen Reflexes. *3* Kollaterale eines afferenten Neurons zu postganglionären sympathischen Neuronen im prävertebralen Ganglion. Nach Burnstock: Pharmacol. Rev. *24,* 509–581, 1972 und Holman in [1], aus [14]

zahl der Neurone im Rückenmark und sehr groß im Vergleich zu den etwa 2000 präganglionären parasympathischen Axonen im Nervus vagus, die zum Darmnervensystem projizieren (einige Motoneurone des Darmnervensystems, besonders im Magen und im Enddarm, sind gleichzeitig postganglionäre parasympathische Neurone, s. Abb. 23-5). Man könnte das Darmnervensystem auch als das **Gehirn des Darmes** bezeichnen. Es enthält nämlich eigenständige **sensomotorische Programme** zur Regulation und Koordination aller der von ihm betreuten Effectorsysteme. Sympathicus und Parasympathicus greifen in dieses lokale neuronale Geschehen weitgehend nur modulatorisch ein, z. B. am Anfang und Ende des Magen-Darm-Traktes bei der Nahrungsaufnahme oder den Entleerungsfunktionen. Nach den verschiedensten Kriterien lassen sich im Darmnervensystem **mehr als 10 verschiedene Typen von Neuronen** unterscheiden. So gibt es neben *Acetylcholin* etwa 10 Substanzen in den Neuronen (z. B. *Serotonin, ATP, Neuropeptide*), die als Neurotransmitter oder Neuromodulatoren wirken können oder parakrine Funktionen haben [18].

Viscerale Afferenzen. Rund die Hälfte aller Nervenfasern in den Eingeweidenerven *(Nervi splanchnici)* und etwa 80% aller Nervenfasern in den *Vagusnerven* sind **afferente Nervenfasern**. Diese Afferenzen kommen von Sensoren der inneren Organe und werden daher **viscerale Afferenzen** genannt. Die meisten Sensoren dieser Afferenzen sind **mechanosensitiv**, d. h. sie messen bei Dehnung der Wände der Hohlorgane entweder die intraluminalen Drücke, z. B. die arteriellen *Pressosensoren* (Pressoreceptoren) vom arteriellen System und die Sensoren in der Harnblase, oder die Volumina in den Organe, z. B. die Sensoren aus der Wand des Magen-Darm-Traktes, vom rechten Herzvorhof und von der Lunge. Andere Mechanosensoren der Darmschleimhaut werden durch Scherreize erregt. Einige Sensoren sind **chemosensitiv** (z. B. arterielle Chemosensoren in der Aorten- und Carotiswand, Osmosensoren in der Leber, Glucosensoren im Darm). **Nociceptoren**, die viscerale Schmerzen auslösen können, reagieren auf starke Dehnung und Kontraktion des Magen-Darm-Traktes und der Harnblase, auf Mesenterialzug und auf ischämische Reize). Ihre Afferenzen laufen in den *spinalen visceralen Afferenzen*, nicht in den Vagusnerven [3, 11, 15, 19, 20, 24].

Wirkungen von Sympathicus und Parasympathicus, Rolle des Nebennierenmarks

Die meisten vom autonomen Nervensystem innervierten Organe zeigen eine gewisse *Spontanaktivität.* Sie können daher ihre Aufgaben in beschränktem Umfang auch nach Durchschneiden der autonomen Innervation, also *im denervierten Zustand* ausüben, insbesondere diejenigen, die vom *Darmnervensystem* versorgt werden (s. o.). Bei diesen Organen wirkt die autonome Innervation *modulierend* auf die Grundtätigkeit der Organe ein. Andere, z. B. die inneren Augenmuskeln, sind dagegen in ihrer Funktion völlig auf die autonome Innervation angewiesen.

Wirkantagonismus und funktioneller Synergismus von Sympathicus und Parasympathicus. Alle Organe, die *parasympathisch* innerviert werden, haben auch eine *sympathische* Innervation. Umgekehrt gibt es aber einige Organe, die zwar eine *sympathische* Innervation besitzen, bei denen die parasympathische aber fehlt (z. B. die oben schon erwähnten Blutgefäße oder das Arbeitsmyokard der Herzkammern oder die Schweißdrüsen). Will man die direkten Wirkungen dieser autonomen Innervation auf die einzelnen Organe studieren, so kann dies im Tierversuch durch *elektrische Reizung* der prä- oder postganglionären Nervenfasern in den entsprechenden Nervensträngen (vgl. Abb. 23-2 bis 23-4) geschehen.

Soweit die Organe sowohl sympathisch wie parasympathisch innerviert werden, zeigen solche Reizversuche, daß die Effekte der Erregung der beiden autonomen Teilsysteme **weitgehend antagonistisch** sind. So führt z. B. die Reizung entsprechender **sympathischer** Nerven zur Zunahme der Schlagfrequenz des Herzens, zur Abnahme der Darmmotilität, zur Erschlaffung von Gallenblase und Bronchien und zur Kontraktion der Schließmuskeln des Gastrointestinaltraktes. Erregung der **parasympathischen** Innervation dieser Organe (z. B. durch elektrische Reizung des Vagusnerven, s. Abb. 23-4) führt zu entgegengesetzten Effekten: Abnahme der Herzfrequenz, Zunahme der Darmmotilität, Kontraktion von Gallenblase und Bronchien und Erschlaffung der Schließmuskeln des Gastrointestinaltraktes. Unter physiologischen Bedingungen ist also die vegetative Regulation dieser Organe näherungsweise immer als die Summe der antagonistischen Effekte von Sympathicus und Parasympathicus zu verstehen.

Im einzelnen wirkt das **sympathische** Nervensystem **erregend** auf die glatte Muskulatur der Gefäße, der Haare, der Schließer des Darmes, der Ausscheidungsorgane, der Pupillen und **hemmend** auf die glatte Muskulatur der Eingeweide, der Ausscheidungsorgane, der Luftröhre und auf die Verdauungsdrüsen. Die **Effekte des Parasympathicus** sind weitgehend *antagonistisch* zu denen des Sympathicus. Einen detaillierten Überblick gibt Tabelle 23-1.

Die gegensätzliche oder antagonistische Wirkung der beiden autonomen Teilsysteme *Sympathicus* und *Parasympathicus* auf die einzelnen vegetativen Organe, ist *funktionell* mehr ein „Hand in Hand" als ein gegeneinander Arbeiten. Dieser **funktionelle Synergismus** zeigt sich z. B. deutlich in der reflektorischen Beeinflussung des Herzens durch die arteriellen Pressosensoren (s. Abb. 5-6, S. 84): Eine Erregung der Pressosensoren bei Erhöhung des arteriellen Blutdrucks führt zur *Abnahme* von Schlagfrequenz und Kontraktionskraft des Herzens. Ersteres, also die Abnahme der Schlagfrequenz, wird durch die *Zunahme der Aktivität* in parasympathischen Fasern, letzteres, also die Abnahme der Kontraktionskraft, wird durch die gleichzeitige *Abnahme der Aktivität* in sympathischen Fasern zum Herzen bewirkt.

In vielen Organen, die durch beide autonome Teilsysteme innerviert werden, steht *unter physiologischen Bedingungen* die **parasympathische Innervation im Vordergrund**. Hierzu zählen das Herz, die Harnblase und einige exokrine Drüsen. Im übrigen werden die Wirkungen des autonomen Nervensystems auf die einzelnen Organe detailliert in den entsprechenden Kapiteln erläutert.

Nebennierenmark (NNM): sympathisch gesteuerte endokrine Drüse. Die Überträgersubstanz von den postganglionären Axonen des Sympathicus auf die Effectoren ist bis auf wenige Ausnahmen *Noradrenalin* (Details im kommenden Abschnitt 23.2). Man nennt diese sympathischen postganglionären Neurone nach ihrem Überträgerstoff auch *adrenerge Neurone.* Eigentlich müßten die Neurone „noradrenerg" heißen, da sie Noradrenalin und nicht Adrenalin ausschütten. **Adrenerge Zellen** gibt es allerdings auch, nämlich **im Nebennierenmark**. Dieser innere Anteil der Nebenniere ist eine entwicklungsgeschichtliche Kuriosität: Seine **jetzt endokrinen Zellen** sind umgewandelte sympathische Ganglienzellen, also eigentlich *postganglionäre* Zellen. Sie werden entsprechend auch synaptisch **durch präganglionäre Axone aktiviert** (Abb. 23-1).

Erregung der präganglionären Axone zum Nebennierenmark führt *beim Menschen* normalerweise zur Ausschüttung eines Hormongemisches von etwas mehr als **80% Adrenalin** und knapp **20% Noradrenalin** in die Blutbahn. Die aus dem NNM ausgeschütteten adrenergen Substanzen wirken auf dieselben Erfolgsorgane wie die der postganglionären sympathischen Neurone (Abb. 23-6). Diese Wirkungen sind normalerweise wahrscheinlich vor allem für solche Organe und Organbereiche wichtig, die wenig oder überhaupt nicht durch postganglionäre Neurone innerviert sind. Insbesondere scheinen sie als **Stoffwechselhormone** bei körperlichen Belastungen für eine **schnelle Bereitstellung von Brennstoffen** zu sorgen, nämlich durch Mobilisation von freien Fettsäuren aus Fettgewebe und von Glucose aus den Glykogenvorräten der Leber (Einzelheiten in Abb. 23-6). Besonders in **Notfallsituationen** (z. B. Blutverlust, Unterkühlung, Sauerstoffmangel, Verbrennung, extreme körperliche Belastung) kommt es zu *starken Erhöhungen der Ausschüttung von Adrenalin und Noradrenalin* aus dem NNM.

Ganz besonders wird das NNM auch bei *psychischen (emotionalen) Belastungen* des Organismus aktiviert. Unter **emotionalem Streß** kann es zu Ausschüttungen von Adrenalin kommen, die kurzzeitig mehr als das 10fache über der Ruheausschüttung liegen. Die Ausschüttungen von NNM-Hormon werden durch den Hypothalamus und das limbische System gesteuert. Man kann sich vorstellen, daß sich dauernd wiederholende Streßsituationen, wie sie im modernen Großstadtleben und am Arbeitsplatz an der Tagesordnung sind, über einen langfristig erhöhten Adrenalinspiegel im Blut das Entstehen verschiedener Erkrankungen begünstigen können (s. Kap. 29). Andererseits darf man aber nicht übersehen, daß eine **Streßreaktion** eine durchaus normale und sogar **wünschenswerte Anpassung des Organismus** an eine von außen herangetragene Belastung darstellt. Sie muß regelmäßig „trainiert" werden, d. h. ein gewisses Ausmaß „mittelstarker" Belastung ist vermutlich eine Voraussetzung für die Reaktionsbereitschaft dieses Systems. So gesehen wäre ein Leben ohne Streß für den Organismus mindestens ebenso ungesund wie ein Zuviel davon.

Tabelle 23-1. Effekte der Aktivierung von Sympathicus und Parasympathicus auf die einzelnen Organe. (Aus [14])

Organ oder Organsystem	Reizung des Parasympathicus	Reizung des Sympathicus	Adrenerge Receptoren
Herzmuskel	Abnahme der Herzfrequenz	Zunahme der Herzfrequenz	β
	Abnahme der Kontraktionskraft (nur Vorhöfe)	Zunahme der Kontraktionskraft	β
Blutgefäße			
Arterien in Haut und Mucosa	0	Vasoconstriction	α
... im Abdominalbereich	0	Vasoconstriction	α
... im Skeletmuskel	0	Vasoconstriction	α
		Vasodilatation (nur durch Adrenalin)	β
		Vasodilatation (cholinerg)	
... im Herzen (Coronarien)	Vasodilatation (?)	Vasoconstriction	α
		Vasodilatation (nur durch Adrenalin)	β
... im Penis (Clitoris und Labia minora?)	Vasodilatation	?	
Venen	0	Vasoconstriction	α
Gehirn	Vasodilatation (?)	Vasoconstriction	α
Gastrointestinaltrakt:			
Longitudinale und circuläre Muskulatur	Zunahme der Motilität	Abnahme der Motilität	α und β
Sphincteren	Erschlaffung	Kontraktion	α
Milzkapsel	0	Kontraktion	α
Harnblase:			
Detrusor vesicae	Kontraktion	Erschlaffung	β
Trigonum vesicae (Sphincter internus)	0	Kontraktion	α
Genitalorgane:			
Vesica seminalis	0	Kontraktion	α
Ductus deferens	0	Kontraktion	α
Uterus	0	Kontraktion	α
		Erschlaffung (abhängig von Species und hormonalem Status)	β
Auge:			
M. dilatator pupillae	0	Kontraktion (Mydriasis)	α
M. sphincter pupillae	Kontraktion (Miosis)	0	
M. ciliaris	Kontraktion (Nahakkomodation)	Leichte Erschlaffung (unbedeutend)	β
Tracheal-/Bronchialmuskulatur	Kontraktion	Erschlaffung (vorwiegend durch Adrenalin)	β
Mm. arrectores pilorum	0	Kontraktion	α
Exocrine Drüsen			
Speicheldrüsen	Starke seröse Sekretion	Schwache mucöse Sekretion (Glandula submandibularis)	α
Tränendrüsen	Sekretion	0	
Verdauungsdrüsen	Sekretion	Abnahme der Sekretion oder 0	α
Drüsen im Nasen-Rachen-Raum	Sekretion	0	
Bronchialdrüsen	Sekretion	?	
Schweißdrüsen	0	Sekretion (cholinerg)	
Stoffwechsel:			
Leber	0	Glykogenolyse Gluconeogenese	β
Fettzellen	0	Lipolysis (freie Fettsäuren im Blut erhöht)	β
Insulinsekretion (aus β-Zellen der Langerhans-Inseln)	0	Verminderung	α

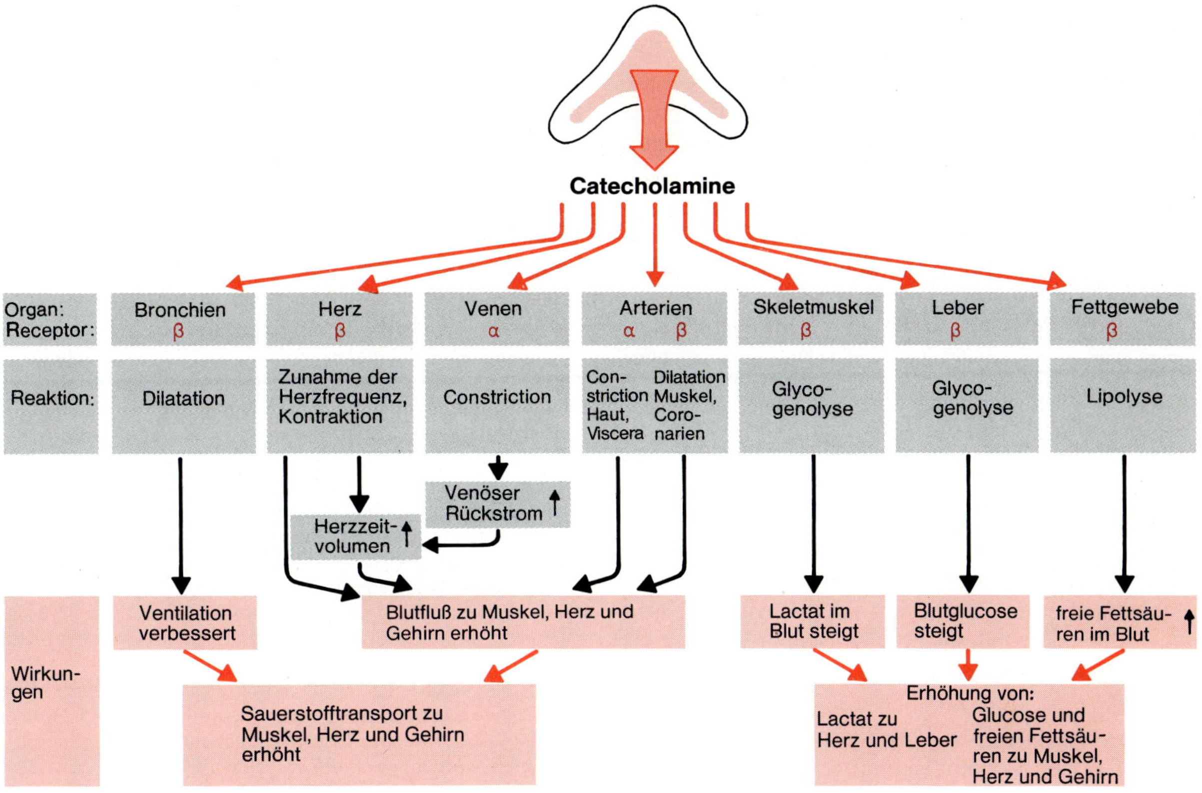

Abb. 23-6. Wirkung von Adrenalin aus dem Nebennierenmark auf verschiedene Organe. Aus [14]

Die **Ruheausschüttung** von Adrenalin und Noradrenalin aus dem NNM beträgt insgesamt etwa 8–10 ng je kg Körpergewicht und Minute. Sie hängt von der Ruheaktivität in den präganglionären Fasern ab, ist also zentralnervös bedingt. Das Verhältnis von Adrenalin und Noradrenalin, das beim Menschen 80 : 20 beträgt, schwankt erheblich von Tierart zu Tierart, z. B. enthält das NNM des Wales 70–80% *Noradrenalin* und das des Kaninchens fast nur *Adrenalin.* Die beiden Substanzen werden von verschiedenen Zellen des NNM produziert.

Die Reaktionen der Effectororgane, die in Notfallsituationen und bei starkem emotionalen Streß durch die Aktivierung der postganglionären sympathischen Neurone und des NNM zustande kommen, werden auch unter dem Begriff **Notfallreaktion** zusammengefaßt. Während einer Notfallreaktion reagieren nahezu *alle Ausgänge des sympathischen Nervensystems einheitlich.* Deshalb spricht man in diesem Zusammenhang auch vom **sympathicoadrenalen System** [2]. Diese einheitliche Reaktion des sympathischen Nervensystems unter inneren und äußeren Extrembedingungen wird besonders vom Hypothalamus ausgelöst (s. Kap. 28 u. 29).

23.2 Neurotransmission im peripheren autonomen Nervensystem

Die Wirkungen der prä- und postganglionären Axone des autonomen Nervensystems werden an den präsynaptischen Endigungen ihrer Synapsen *chemisch,* d. h. durch die Freisetzung von Überträgersubstanzen, ausgeübt. Diese **chemische Erregungsübertragung** folgt alles in allem den gleichen Gesetzmäßigkeiten, die wir in Kapitel 13 beim Studium der neuromuskulären Endplatte und der zentralen chemischen Synapsen kennengelernt haben. Der wichtigste Unterschied zu diesen Synapsen liegt aber in der **Struktur der präsynaptischen Axone,** besonders der der postganglionären Neurone (Abb. 23-7). Diese bilden in den Effectororganen zahlreiche Verzweigungen, so daß im lichtmikroskopischen Bild der Eindruck eines neuronalen Netzwerks oder *Plexus* entsteht. Die Gesamtlänge eines solchen Plexus eines einzelnen Neurons kann mehrere Zentimeter(!) betragen, wenn auch viele kürzer sind.

Im Abstand von wenigen Mikrometern bilden die langen und sehr dünnen präsynaptischen Axone Verdickungen oder **Varikositäten** aus, die etwa 1–2 μm, also etwa doppelt so dick wie das Axon sind. Das präsynaptische Axon der postganglionären Zellen sieht also wie eine Halskette aus, auf der alle paar Mikrometer eine Perle aufgereiht ist. Auf einen Millimeter Axon kommen also mehrere hundert Varikositäten. In diesen Varikositäten wird die

Überträgersubstanz gespeichert. Ein solches Neuron hat also nicht einige wenige präsynaptische Endigungen, von denen Überträgerstoff freigesetzt werden kann, sondern viele Tausende, die praktisch alle *„en passant"* entlang dem Axon liegen (Abb. 23-7).

Überträgerstoffe im autonomen Nervensystem

Acetylcholin. Die Überträgersubstanz **aller präganglionären** Axone in den *sympathischen* wie den *parasympathischen* Ganglien ist das *Acetylcholin* (Abb. 23-1, s.a. Kapitel 13, S. 223, Einzelheiten zu seiner chemischen Struktur S. 224). Die gleiche Überträgersubstanz, also *Acetylcholin*, wird auch von den **parasympathischen postganglionären** Axonen in den Erfolgsorganen (Effectoren) freigesetzt, beispielsweise am Herzen oder an den glatten Muskelfasern, die die Pupille des Auges verengen und für die Naheinstellung sorgen. Außerdem setzen *sympathische postganglionäre* Neurone an den *Schweißdrüsen* und möglicherweise die *sympathischen postganglionären* Vasodilatorneurone zu den Arteriolen der Skeletmuskulatur Acetylcholin frei. Autonome Nervenzellen, die Acetylcholin als Transmitter besitzen, werden **cholinerg** genannt (Abb. 23-7). Die Mechanismen der Synthese, Vorratshaltung und Freisetzung des Acetylcholins entsprechen denen, die wir an der neuromuskulären Synapse kennengelernt haben.

Noradrenalin. Die Überträgersubstanz von den **sympathischen postganglionären** Axonen auf die Effectoren ist bis auf wenige Ausnahmen *Noradrenalin* (Abb. 23-1, Stellung innerhalb der Catecholamine s. Abb. 13-13, S. 235). Man nennt diese sympathischen postganglionären Neurone nach ihrem Überträgerstoff auch **adrenerge Neurone**. Eigentlich müßten die Neurone „noradrenerg" heißen, da sie Noradrenalin und nicht Adrenalin ausschütten (s. aber die „echt" adrenergen Zellen im Nebennierenmark, S. 176). Das Noradrenalin wird auf dem in Abb. 13-13, S. 235, gezeigten Weg *in den Varikositäten synthetisiert* und dort bis zu seiner Freisetzung **in Vesikeln gespeichert**. Auf die Mechanismen der Freisetzung und der Beendigung der Transmitterwirkung wurde bereits eingegangen (S. 235).

Andere Transmitter im peripheren autonomen Nervensystem [9, 10, 18]. In vielen Organen sind nach Reizung von vegetativen Nerven Effekte auslösbar, die auch *nach Blockade* der *cholinergen* und *adrenergen* Übertragung nachgewiesen werden können. Daraus folgt, daß Acetylcholin und Noradrenalin sehr wahrscheinlich nicht die einzigen Überträgersubstanzen im peripheren autonomen Nervensystem sind. Beispielsweise wird die neurale Aktivierung der Schweiß- und Speicheldrüsen von einer Weitstellung der Gefäße (Vasodilatation) und damit einer Erhöhung des Blutflußes im Bereich der Drüsen begleitet. Diese Vasodilatation ist, wie Abb. 23-7 zeigt, nicht durch das Acetylcholin bedingt, sondern wahrscheinlich durch die gleichzeitige Freisetzung des *Neuropeptids VIP* („vasoactive intestinal polypeptide", zum Begriff der **Cotransmission** s. S. 229). Auch in vielen präganglionären cholinergen Neuronen wurden *colokalisierte Neuropeptide* nachgewiesen (z. B. Metenkephalin, Neurotensin, Substanz P) [6, 10]. Weitere autonome Transmittersubstanzen, vor allem im *Darmnervensystem*, scheinen *ATP* („purinerge" Neurone) und *Serotonin (5-HT)* zu sein. Die klassische Vorstellung, nach der das periphere autonome Nervensystem nur aus cholinergen und adrenergen Neuronen besteht, muß daher als überholt angesehen werden [10].

Präsynaptische Kontrolle der Transmitterfreisetzung

Die allgemeinen Grundsätze der präsynaptischen Freisetzung von Überträgersubstanzen gelten auch

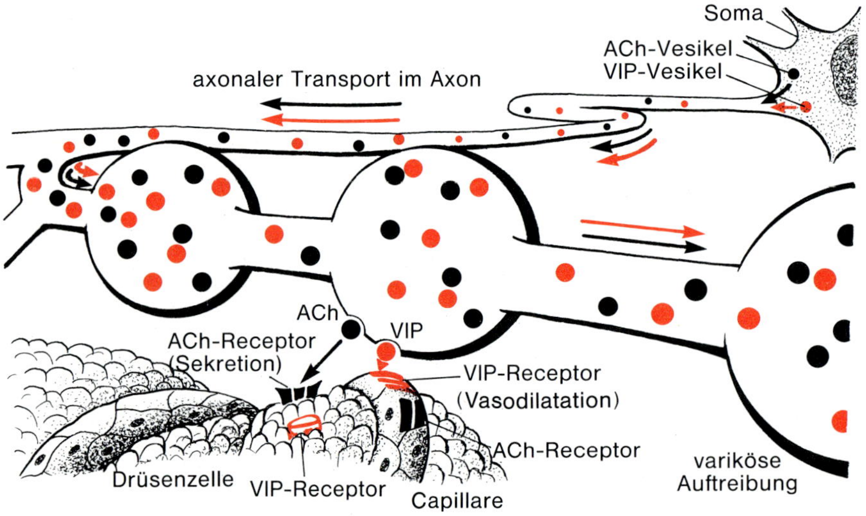

Abb. 23-7. Colokalisation eines klassischen Transmitters *(Acetylcholin, ACh, schwarze* Vesikel) mit einem Neuropeptid *(VIP, vasoactive intestinal peptide, rote* Vesikel) in einem Neuron des autonomen Nervensystems nach dem Vorschlag von Lundberg [18]. Neurone diesen Typs innervieren die menschlichen Speicheldrüsen. Die Freisetzung von ACh aktiviert in erster Linie die Speichelsekretion und führt in geringerem Maße zur Vasodilation, während bei VIP die Vasodilation im Vordergrund steht

für die Neurone des peripheren autonomen Nervensystems (S. 222 u. 235). Zusätzlich verfügen die cholinergen und adrenergen Neurone aber noch über eine wirkungsvolle **präsynaptische Kontrolle** ihrer Transmitterfreisetzung, die **durch die Überträgersubstanzen selbst** ausgeübt wird. Diese präsynaptische Kontrolle ist **teils hemmender, teils fördernder** Natur.

Abb. 23-8A zeigt die Situation an einer Varikosität eines adrenergen Neurons. Das freigesetzte *Noradrenalin (NA)* wirkt auf den Effector, aber auch zum Teil auf die Membran der Varikosität zurück. Es interagiert dort mit einem Membranreceptor vom α-Typ (s. u.), wodurch es zu einer Hemmung (Verminderung) der nachfolgenden NA-Freisetzung kommt (*negativer* Rückkopplungsmechanismus).

An derselben Varikosität existieren zusätzlich adrenerge Membranreceptoren vom β-Typ, die bevorzugt mit *Adrenalin* reagieren. Werden diese Receptoren durch im Blut zirkulierendes Adrenalin (das aus dem Nebennierenmark stammt, s. o.) aktiviert, so kommt es zu einer *Förderung* der NA-Freisetzung aus der Varikosität (*positiver* Rückkopplungsmechanismus).

In Organen, die sowohl *sympathisch* als auch *parasympathisch* innerviert sind, wie z. B. am Herzen oder im gesamten Magen-Darm-Trakt, kommt es an den präsynaptischen Nervenendigungen und Varikositäten zu einer **wechselseitigen hemmenden Beeinflussung der Transmitterfreisetzung**, wie sie in Abb. 23-8B skizziert ist. Über diese Mechanismen nimmt z. B. am Herzen die Freisetzung von Acetylcholin aus erregten *parasympathischen* Neuronen ab, wenn gleichzeitig die sympathischen Neurone zum Herzen gereizt werden. Diese Wirkung wird, wie Abb. 23-8B zeigt, durch α-adrenerge Membranreceptoren in den präsynaptischen *cholinergen* Endigungen vermittelt. *Vice versa* hemmt das aus den parasympathischen cholinergen Neuronen stammende Acetylcholin die Freisetzung von Noradrenalin aus den adrenergen Endigungen (über *muscarinerge* ACh-Receptoren, s. u.). Es existiert also schon auf **präsynaptischer Ebene ein Antagonismus** zwischen dem *sympathischen* und dem *parasympathischen Nervensystem* [14].

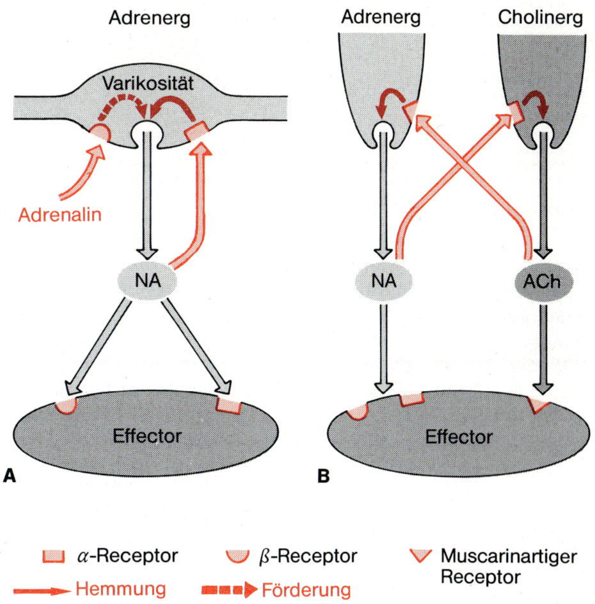

Abb. 23-8. Arbeitsweise der rückgekoppelten präsynaptischen Kontrolle der Transmitterfreisetzung durch die freigesetzten Transmitter. Daneben kann die adrenerge Transmitterfreisetzung auch durch zirkulierendes Adrenalin (aus dem Nebennierenmark) beeinflußt werden. **A** Situation an einer Varikosität eines noradrenergen Neurons. **B** Wechselseitige hemmende Beeinflussung der präsynaptischen Freisetzung zwischen einem noradrenergen und einem cholinergen Neuron, z. B. am Herzen. *NA* Noradrenalin, *ACh* Acetylcholin. Aus [14]

Membranreceptoren autonomer Überträgerstoffe

Der Acetylcholinreceptor der neuromuskulären Endplatte wurde als Prototyp eines subsynaptischen (postsynaptischen) Membranreceptors auf S. 223 bereits vorgestellt. Ferner wurde in Kapitel 10 ab S. 158 der Membranreceptor bereits als Wirkort von Hormonen eingeführt und das Konzept der Receptorblockade an Hand der adrenergen α- und β-Membranreceptoren (Abb. 10-1) vorgestellt. Die dort geschilderten Vorgänge und Mechanismen müssen auf diesem, hier als bekannt vorausgesetzten Hintergrund jetzt ergänzt und erweitert werden. Vorweg seien die pharmakologischen Begriffe des *Agonisten* und des *Antagonisten* erläutert.

Agonisten und Antagonisten der synaptischen Übertragung [7]. Wie wir in den Kapiteln 10 und 13 gesehen haben, reagieren die Receptoren in der postsynaptischen Membran mit dem für sie spezifischen Überträgerstoff und erhöhen dadurch die entsprechende Ionenleitfähigkeit. Die Spezifität für den Überträgerstoff ist jedoch nicht absolut, es gibt praktisch für alle Membranreceptoren auch noch weitere Substanzen, die an sie binden. Folgt auf die *Bindung* die entsprechende *Leitfähigkeitsänderung*, so ersetzt die Substanz den Überträgerstoff völlig. Solche Substanzen nennt man **Agonisten**. Als Beispiele dafür haben wir auf S. 225 die *depolarisierenden Muskelrelaxanzien* vom Typ des *Succinylcholins* kennengelernt. Andere Substanzen binden am subsynaptischen Membranreceptor, sind aber *nicht so effektiv* im Auslösen der Leitfähigkeitsänderung. Dies sind **partielle Agonisten**.

Andererseits gibt es Substanzen, die an den synaptischen Membranreceptor binden, aber *keine Leitfähigkeitsänderung* verursachen. Solche Substanzen heißen (synaptische) **Antagonisten.** Dazu zählen die an der Endplatte wirksamen *α-Bungarotoxin* (irreversibel) und *Curare* (reversibler, nichtdepolarisierender Blocker, S. 226).

Viele wichtige Pharmaka sind Agonisten oder Antagonisten für synaptische Membranreceptoren. Wie wir anschließend sehen werden, werden sie auch zur **Charakterisierung der Bindungsstellen** an den Receptoren herangezogen: Aus der Effektivität von Substanzen, die verwandt zu den eigentlichen Überträgersubstanzen sind, kann man auf die *Strukturmerkmale der Bindungsstellen* schließen. Auf diese Weise sind auch die unterschiedlichen Typen von Acetylcholin- und Adrenalinreceptoren klassifiziert worden (s. u.).

Cholinerge Membranreceptoren. Im peripheren autonomen Nervensystem lassen sich *zwei* Typen von cholinergen Membranreceptoren nachweisen. Bei den einen wirkt **Nicotin als Agonist**, sie werden daher als *nicotinartig* oder *nicotinerg* bezeichnet. Bei den anderen wirkt (das Fliegenpilzgift) **Muscarin als Agonist**, daher die Bezeichnung *muscarinartig* oder *muscarinerg.*

Die *neuro-neuronalen Synapsen* der autonomen Ganglien von Sympathicus wie Parasympathicus (vgl. Abb. 23-1) haben postsynaptische Membranreceptoren vom **nicotinartigen Typ**. Als **Antagonisten** wirken an diesen Receptoren **quartäre Ammoniumbasen**, die deswegen als *Ganglienblocker* bezeichnet werden.

Die *neuro-effektorischen Synapsen* der postganglionären parasympathischen Fasern (z. B. der Vagusfasern auf das Herz, vgl. Abb. 23-4) haben postsynaptische Membranreceptoren vom **muscarinartigen Typ**. Als **Antagonist** wirkt an diesen Receptoren **Atropin**, das Gift der Tollkirsche. In der Pharmakologie bezeichnet man Substanzen, die auf Effektorzellen so wirken wie die cholinergen postganglionären parasympathischen Neurone (also dort Agonisten des ACh sind) als *Parasympathikomimetica.* Pharmaka, die die Wirkung des ACh auf vegetative Effectorzellen aufheben oder abschwächen (wie das Atropin) als *Parasympatholytica.*

Adrenerge Membranreceptoren. Auch bei den *neuroeffektorischen Synapsen* der postganglionären sympathischen Fasern finden sich zwei Typen von postsynaptischen Membranreceptoren, nämlich ***α*-adrenerge** und ***β*-adrenerge Receptoren**, die meist abgekürzt ***α***- und ***β***-Receptoren genannt werden. Ihre Definition beruht auf der unterschiedlichen Effektivität natürlicher und synthetischer Catecholamine, diese Receptoren zu aktivieren. Diese Zusammenhänge wurden bereits an Hand der Abb. 10-1 ab S. 158 erläutert. Die so definierte Klassifikation wird zusätzlich durch Substanzen unterstützt, die als ***α*-Blocker** weitgehend spezifisch nur die *α-Receptoren* oder als ***β*-Blocker** weitgehend spezifisch nur die *β-Receptoren* blockieren (ein solcher *β*-Blokker ist das *Dichlorisoproterenol*, eine Abkömmling des *Isoproterenols*). Die „Receptorgestalt" ist also, um dies noch einmal zu unterstreichen, **rein pharmakologisch definiert**; also nicht nach dem „Aussehen", sondern nach dem Verhalten des Receptors beim Kontakt mit körpereigenen (Adrenalin, Noradrenalin) oder körperfremden (Isoproterenol, Blocker) Substanzen.

Anders als bei den cholinergen Receptoren lassen sich für die adrenergen Receptoren keine einfachen „Regeln" für das Vorkommen der *α*- und *β*-Receptoren auf den verschiedenen Effectoren angeben. Eine Auswahl wichtiger Wirkstellen zeigt Tabelle 23-1. Zu beachten ist, daß die meisten Organe und Gewebe, die durch Catecholamine beeinflußt werden, **sowohl *α*-** als auch ***β***-Receptoren in ihren Zellmembranen enthalten. Diese beiden Receptortypen vermitteln in den meisten Organen **entgegengesetzte (antagonistische) Effekte**. Unter physiologischen Bedingungen hängt die Antwort eines Organs auf die im Blut zirkulierenden oder präsynaptisch freigesetzten Catecholamine davon ab, ob die *α*- oder *β*-adrenergen Wirkungen überwiegen. Die klinische Bedeutung der daraus resultierenden komplexen Zusammenhänge wurde bereits auf S. 159 an einem Beispiel erläutert.

α_1- und α_2- sowie β_1- und β_2-Receptoren. Noradrenalin aktiviert die *β*-Receptoren des Herzens sehr stark, reagiert aber nur schwach mit den *β*-Receptoren der glatten Gefäßmuskulatur und der glatten Muskulatur der Bronchien und der Trachea. Aus diesem Grunde werden die *β*-Receptoren des Herzens mit β_1 bezeichnet und die *β*-Receptoren an Gefäßen und Bronchien mit β_2. Eine durchgehende Klassifizierung der *β*-Receptorenpopulation in β_1 und β_2 ist zur Zeit noch nicht mit der notwendigen Genauigkeit möglich [7, 12, 17]. Für die *α*-Receptoren zeichnet sich eine vergleichbare Differenzierung in α_1- und α_2-Receptoren ab. Die präsynaptischen Receptoren (Abb. 23-8) sollen vorwiegend vom α_2- und β_2-Typ sein.

23.3 Arbeitsweise des peripheren autonomen Nervensystems; descendierende Kontrolle

Das periphere autonome Nervensystem ist funktionell ähnlich spezifisch organisiert wie das motorische oder das sensorische Nervensystem. So sind z. B. die prä- und postganglionären Neurone, die

die Schweißsekretion regulieren, verschieden von denen, die die Durchblutung durch die Haut regulieren etc. Dieser hohen funktionellen Spezifität entspricht wahrscheinlich auch eine entsprechende anatomische Differenzierung. Die prä- und postganglionären Neurone in Sympathicus und Parasympathicus können daher in Analogie zu den Motoneuronen des motorischen Systems als die letzte „gemeinsame Endstrecke" angesehen werden, auf die alle zentralnervösen und sensorischen Einflüsse konvergieren, die sich an der Aktivität des autonomen Nervensystems beteiligen. Entsprechend kann durch die Beobachtung der Aktivität in diesen Neuronen beträchtlicher Aufschluß über die Arbeitsweise nicht nur des peripheren, sondern auch des gesamten autonomen Nervensystems erhalten werden [13, 14, 21, 22].

So berechtigt diese Betrachtungsweise ist, so darf nicht außer acht gelassen werden, daß das Verhalten vieler Effectororgane nicht nur von der Aktivität in den postganglionären Neuronen abhängt, sondern auch von hormonalen und metabolischen Änderungen in der Nähe der Effectorzellen und von mechanischen Prozessen und Einflüssen aus der Umwelt (z.B. thermisch). Der Blutflußwiderstand im Muskelstrombett hängt z.B. von der Aktivität in den postganglionären sympathischen Muskelvasoconstrictorneuronen, von der Eigenaktivität (myogenen Aktivität) der glatten Gefäßmuskulatur, vom metabolischen Zustand des Skeletmuskels und von der Konzentration der aus dem Nebennierenmark freigesetzten und im Blut zirkulierenden Catecholamine ab.

Die Bedeutung der Ruheaktivität im autonomen Nervensystem

Viele prä- und postganglionäre autonome Neurone sind spontan aktiv. Die **Frequenz dieser Ruheaktivität** liegt in der Größenordnung von etwa 0,1 Hz bis etwa 4 Hz, im Durchschnitt etwa 1–2 Hz. **Aufgabe dieser Ruheaktivität** ist es, in dem innervierten Effektororgan einen gleichmäßigen Ruhe- oder Aktivitätszustand zu erzeugen, einen **Ruhetonus** also, so daß durch Veränderung der neurogenen Ruheaktivität sowohl eine Steigerung wie eine Abnahme des Tonus erzielt werden kann. Dies sei an zwei Beispielen erörtert.

Das Herz ist über die Schrittmacherzellen des Vorhofs spontan aktiv. Seine Schlagfrequenz kann aber durch vagale (parasympathische) Impulse gesenkt und durch sympathische gesteigert werden (S.71). Normalerweise schlägt das ruhende, insbesondere das **trainierte Herz schneller, sobald es denerviert** wird. Es steht also offensichtlich unter einem **„vagalen Tonus"**. Dies hat den Vorteil, daß das Herz ökonomischer arbeitet (S.72). Gleichzeitig ist so die Möglichkeit geschaffen, allein durch Änderung der parasympathischen Impulsaktivität, also *ohne sympathische Beteiligung*, die Frequenz des Herzens zu senken (Zunahme des vagalen Tonus) oder, wenn auch nur in geringem Umfang, zu steigern (Abnahme des vagalen Tonus).

Noch bedeutsamer ist die autonome Spontanaktivität in Organen, die **nur eine sympathische Innervation besitzen**, wie z.B. wahrscheinlich viele Blutgefäße. In diesen bestimmt der **Tonus der glatten Muskelfasern** der Gefäßwände den Durchmesser des Gefäßes und damit seinen Durchflußwiderstand (S.82). Je höher dieser Tonus, desto enger der Gefäßquerschnitt. Da sympathische Aktivität die Gefäße verengt, werden diese sympathischen Neurone **Vasoconstrictorneurone** genannt. Sie stellen durch ihre Ruheaktivität einen Zustand relativer Kontraktion der Gefäßmuskulatur ein, von dem aus der Gefäßquerschnitt durch Veränderung der sympathischen Ruheaktivität vergrößert oder verkleinert werden kann. Diese Zusammenhänge sind in Abb.23-9 illustriert. Die Ruheentladungen werden in diesem Experiment durch elektrische Reizung simuliert. Der periphere Widerstand, der *in vivo* in Ruhe herrscht, kann durch etwa *zwei Reize pro Sekunde* erzeugt werden. Abnahme der Reizfrequenz hat eine Vasodilatation und damit eine Er-

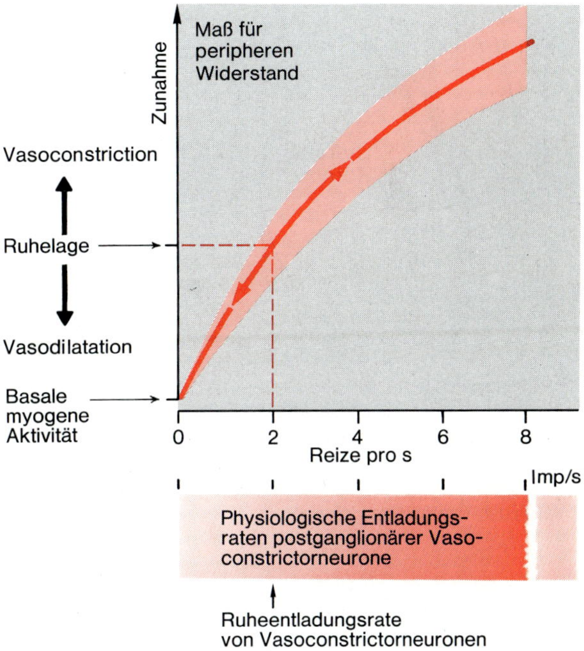

Abb.23-9. Beziehung zwischen Blutflußwiderstand in der Skeletmuskulatur einer Hinterextremität einer Katze *(Ordinate)* und der Frequenz elektrischer überschwelliger Reizung der präganglionären Axone im lumbalen Grenzstrang. Die *rote Fläche* gibt die Schwankungen der Meßwerte an. Modifiziert nach Mellander: Acta physiol scand. *50,* Suppl. *176,* 1–86 (1960), aus [14]

niedrigung des Durchflußwiderstandes zur Folge. Zunahme der Reizfrequenz führt umgekehrt zu einer Vasoconstriction. Im ersteren Fall wird die Durchblutung zu-, im zweiten abnehmen.

Vegetative Reflexe des Rückenmarks

In Analogie zum Motoneuron als gemeinsamer Endstrecke der Sensomotorik, kann man, wie oben schon diskutiert, die peripheren autonomen Neurone als die gemeinsame Endstrecke der vegetativen Motorik bezeichnen. Sie integrieren spinale und von supraspinal descendierende erregende und hemmende Einflüsse. Die synaptische Verschaltung zwischen Afferenzen und vegetativen Efferenzen auf spinaler segmentaler Ebene wird **vegetativer Reflexbogen** genannt. Anders als der monosynaptische Dehnungsreflex haben selbst die einfachsten vegetativen spinalen Reflexbögen wahrscheinlich keine monosynaptischen Verbindungen zwischen den (visceralen und somatischen) Afferenzen und den präganglionären Neuronen, sondern mindestens disynaptische. Der vegetative Reflexbogen hat demnach insgesamt **mindestens drei Synapsen** zwischen afferentem und postganglionärem Neuron, zwei im Rückenmarksgrau und eine Synapse im vegetativen Ganglion. Dieser „Grundaufbau" des vegetativen Reflexbogens ist in Abb. 23-10 illustriert.

Die **funktionelle Organisation der vegetativen Reflexbögen** läßt auf spinaler Ebene eine enge Verknüpfung von afferenten und efferenten Neuronen des selben Organs erkennen, d.h. die Wirkung der autonomen Neuronen auf ihr Effectororgan wird durch die dortigen Sensoren rückkoppelnd überwacht und mitgeregelt. Als Beispiele seien *cardio-cardiale Reflexbögen* oder *intestino-intestinale Reflexbögen* (Bogen 4in Abb.23-11) genannt. Zu letzteren zählen z.B. Reflexbögen, die bei den „Entleerungsreflexen" der Hohlorgane eine Rolle spielen (Gallenblase, Harnblase, Mastdarm) oder an den Genitalreflexen (S.575) beteiligt sind.

Die **pathophysiologische Bedeutung** der segmental-spinalen Organisation der vegetativen Reflexe und ihre **Verknüpfung mit dem motorischen Nerven-**

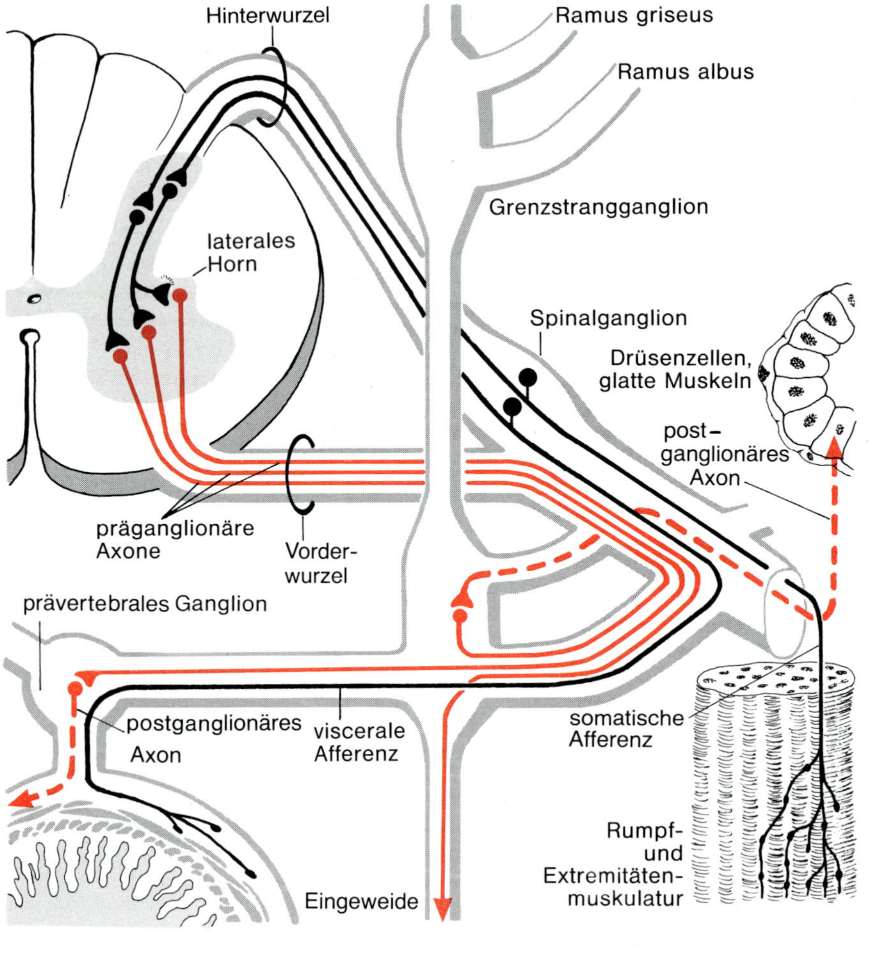

Abb. 23-10. Anteile und Verlauf vegetativer spinaler Reflexbögen. Aus dem *lateralen Horn* des Rückenmarks verlassen drei *präganglionäre Axone* durch die *Vorderwurzel* das Rückenmark. Je nach ihrem Innervationsgebiet liegt ihre Umschaltstelle (Synapse vom präganglionären auf das postganglionäre Neuron) entweder im zugehörigen *Grenzstrangganglion*, oder in einem benachbarten (Axon nach *unten*) oder in einem *prävertebralen Ganglion*. Die *afferenten* Schenkel der vegetativen Reflexbögen werden von somatischen und visceralen Afferenzen derjenigen somatischen und visceralen Organe gebildet, die von den *efferenten* Schenkeln vegetativ innerviert werden. Jeder Reflexbogen hat mindestens ein *spinales Interneuron*, meist sind es mehrere. In Anlehnung an [14]

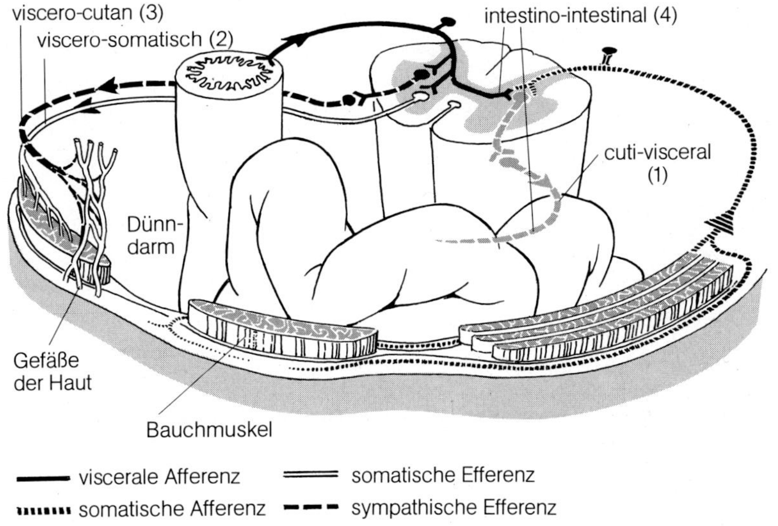

Abb. 23-11. Segmental-spinale Reflexe zur Skeletmuskulatur und zur glatten Muskulatur (Gefäßwände, Darmwände). Die in der Abb. 23-10 gezeigten spinalen Interneurone zwischen den afferenten und efferenten Neuronen sind zur besseren Übersicht nicht eingezeichnet. Die supraspinale Beeinflussung dieser Reflexbögen ist in Abb. 23-12 gezeigt. Aus [24]

system wird besonders bei krankhaften Prozessen im Eingeweidebereich deutlich. So ist z. B. bei Gallenblasen- oder Blinddarmentzündungen die Muskulatur über dem Krankheitsherd gespannt, und das Hautareal, welches durch dasselbe Rückenmarkssegment wie das erkrankte innere Organ afferent und efferent innerviert wird *(Dermatom*, Abb. 18-18, S. 358, ist gerötet. Diese Befunde sind darauf zurückzuführen, daß *viscerale Afferenzen* aus dem erkrankten Eingeweidebereich über die entsprechenden Rückenmarkssegmente *sympathische vasoconstrictorische Efferenzen* zu den Hautgefäßen hemmen (*Hautrötung*: Reflexweg 3 in Abb. 23-11) und Motoneurone reflektorisch erregen (*Abwehrspannung* der Bauchmuskulatur: Reflexweg 2 in Abb. 23-11). Umgekehrt kann man, z. B **zu therapeutischen Zwecken**, durch Reizung von Thermosensoren in der Haut (Heizkissen etc.) diejenigen Eingeweide, die durch dieselben Rückenmarkssegmente innerviert werden wie das gereizte Hautdermatom, über den Reflexweg 1 in Abb. 23-11 hemmend reflektorisch beeinflussen. Mit dieser Form der **physikalischen Therapie** läßt sich z. B. über eine Hemmung der Vasoconstrictoren die Durchblutung eines Organs steigern oder über eine Hemmung der sympathischen motorischen Efferenzen der Tonus der (verkrampften) glatten Muskulatur (z. B. des Gallenganges) herabsetzen [13, 21-24].

Spinale vegetative Reflexe bei Querschnittslähmung [8, 14, 16]. Beim Menschen sind nach einer kompletten Durchtrennung des Rückenmarks alle spinalen vegetativen Reflexe, die unterhalb der Unterbrechung organisiert sind, für 1-6 Monate erloschen (bezüglich der motorischen Reflexe und der Sensibilität s. S. 292, 317). Während der ersten 1-2 Monate ist die Haut trocken und rosig, weil die Ruheaktivität in den sympathischen Fasern zu Schweißdrüsen und Gefäßen sehr niedrig ist. Die somatosympathischen Reflexe in den autonomen Neuronen zu den Schweißdrüsen (Sudomotoren) und den Gefäßen (Vasoconstrictoren) nach Hautreizung steigen im Laufe der Monate langsam an und können dann in ein Stadium der **Hyperreflexie** übergehen. Ähnlich lange Erholungszeiten haben *Blasen-* und *Darmentleerungsreflexe* sowie *Genitalreflexe* [8, 16]. Das Verschwinden der spinalen vegetativen Reflexe bei Querschnittslähmung ist ein Teil des **spinalen Schocks**. Er ist wahrscheinlich auf die Unterbrechung der descendierenden Bahnen vom Hirnstamm zurückzuführen (S. 293).

Das vom Gehirn **isolierte Rückenmark** ist *nach seiner Erholung vom spinalen Schock* zu einer Reihe von **regulativen Leistungen** fähig. So führen z. B. das Aufrichten des Körpers aus der Horizontallage oder Blutverlust reflektorisch zu einer allgemeinen Vasoconstriction von Arterien und Venen. Dieser Prozeß verhindert einen allzu gefährlichen Abfall des arteriellen Blutdruckes. Allerdings leiden hoch Querschnittsgelähmte häufig an einer *Haltungshypotonie* mit Blutdruckabfall beim Aufrichten. Die Vasoconstriction in der Peripherie unterbleibt bei diesen Patienten. Auch die reflektorische *Entleerung der Harnblase* und die *Defäkation des Enddarmes* kann mit angemessener Anleitung und Übung von Querschnittsgelähmten erlernt werden [25].

Kontrolle des spinalen autonomen Nervensystems durch Hirnstamm und Hypothalamus

Aufgaben von Hirnstamm und Hypothalamus. Große Teile des Hirnstammes (Medulla oblongata, Pons, Mesencephalon) und zahlreiche Kerngebiete des Hypothalamus nehmen an der vegetativen Regelung und Steuerung autonomer Effektororgane teil, wobei es anscheinend die Aufgabe dieser „autonomen Zentren" ist, die verschiedenen spinalen Systeme **in ihrer Tätigkeit zu synchronisieren und aufeinander abzustimmen**, so daß die spinalen Systeme je nach den Erfordernissen als **funktionelle Koalitio-**

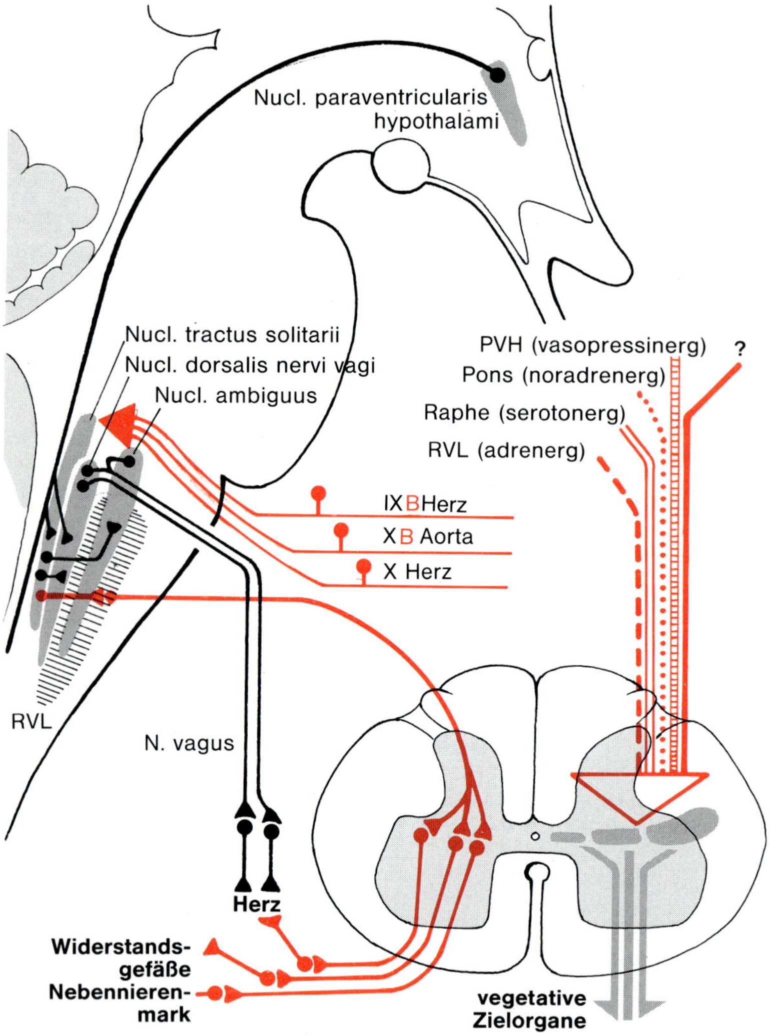

Abb. 23-12. Kontrolle des spinalen autonomen Nervensystems durch descendierende Bahnsysteme aus dem Hirnstamm und dem Hypothalamus. *Links im Bild:* Afferente Eingänge, zentrale Kerngebiete und efferente Ausgänge des Kontrollsystems zur Regelung des arteriellen Blutdrucks sind angegeben. *Rechts im Bild:* Descendierende Systeme von Hirnstamm und Hypothalamus, die auf Neurone in der intermediären Zone der präganglionären Neurone im thoracolumbalen Rückenmark konvergieren. Ihre Transmittersysteme sind angegeben. *IX* Nervus glossopharyngeus, *X* Nervus vagus (*rote* B sind Afferenzen von Barosensoren), *PVH* Nucleus paraventricularis hypothalami, *RVL* rostrale ventrolaterale Medulla oblongata. In Anlehnung an [4] und [14]

nen auf Zeit zusammenarbeiten können. So ist es z. B. erforderlich, daß bei der *Thermoregulation* die Weite der Hautgefäße (über das cutane Vasoconstrictorsystem) und die Tätigkeit der Schweißdrüsen (über das Sudomotorsystem), in Abhängigkeit von den Außenbedingungen und der durch körperliche Arbeit erzeugten Wärme, so aufeinander abgestimmt werden, daß eine *optimale Wärmeabfuhr* sichergestellt ist. Andere Beispiele sind die Koordination der Vasoconstrictorsysteme der Arteriolen mit der sympathischen Innervation des Herzens und des Nebennierenmarks bei der *Regelung des arteriellen Blutdruckes*, oder die Zusammenarbeit zwischen den (spinal unterschiedlich lokalisierten, Abb. 23-1, 23-2) sympathischen und parasympathischen Systemen zu den Eingeweiden bei den *Entleerungsfunktionen* oder den *Sexualfunktionen.*

Descendierende autonome Bahnsysteme. Der Vielfältigkeit der eben genannten Funktionskomplexe entspricht eine ebenso große Vielfältigkeit descendierender spinaler Systeme von Hirnstamm und Hypothalamus, die zu den präganglionären Neuronen in der grauen Substanz des Rückenmarks projizieren (Abb. 23-12, linker Bildteil). Wenn auch die Funktionen dieser Systeme im einzelnen nicht bekannt sind, so können sie doch nach ihrer Herkunft und nach ihren Überträgersubstanzen charakterisiert werden. So erhalten die spinalen präganglionären Neurone z. B. Zuflüsse von *serotonergen Neuronen* aus den Raphekernen, von *adrenergen Neuronen* aus der rostralen ventrolateralen Medulla oblongata, von *noradrenergen Neuronen* aus der Pons und von *peptidergen Neuronen* (vasopressinerg, oxytocinerg) aus dem Nucleus paraventricularis hypothalamii [9, 14].

Kreislaufzentren der Medulla oblongata. Die Steuerungs- und Regelungsfunktionen (Koordinierungsaufgaben) der *supraspinalen autonomen Zentren* lassen sich besonders klar am Beispiel der Kreislaufregulation illustrieren, da hier die experimentelle Analyse weit gediehen ist. Die beteiligten Neuronen- und Bahnsysteme sind rechts in der Abb. 23-12 gezeigt. Ihre Aufgaben zeigen sich deutlich, wenn man die Blutdruckregulation bei einem hochspinalisierten Tier (Rückenmark in Höhe des oberen Halsmarks durchtrennt) mit der bei einem decerebrierten Tier, bei dem die Medulla oblongata intakt ist, vergleicht. Bei **akut spinalisierten Tieren** sinkt der Blutdruck auf niedrige Werte, weil die Ruheaktivität in den sympathischen Neuronen zu den Blutgefäßen, zum Herzen und zum Nebennierenmark verschwindet. Nur die Herzfunktion kann noch neuronal von der Medulla oblongata über die Vagusnerven geregelt werden (Abb. 23-12, *Mitte*). **Decerebrierte Tiere** haben dagegen einen normalen Blutdruck. Bei diesen reagieren die Vasoconstrictoren der Blutgefäße koordiniert auf Lageänderungen des Körpers im Raum und stellen den Gefäßquerschnitt (und damit den Gefäßwiderstand) so ein, daß der Perfusionsdruck in den Versorgungsgebieten gleich bleibt. Diese Befunde zeigen, daß die **Medulla oblongata** die neuronalen Systeme für die Regulation des arteriellen Systemblutdrucks enthält. Diese neuronalen Systeme nennen wir **Kreislaufzentren**.

Im einzelnen ist die Verknüpfung der verschiedenen, an der Kreislaufregulation beteiligten Areale und ihrer Zu- und Abflüsse in Abb. 23-12 angegeben. Die **sympathischen** präganglionären Neurone erhalten ihre erregenden Zuflüsse vor allem aus dem mit *RVL* bezeichneten Areal *(rostrales ventrolaterales Areal)*. Elektrische Reizung dieses Areals führt zur Erhöhung von Blutdruck, Herzfrequenz und Catecholaminausschüttung aus dem Nebennierenmark. Seine Zerstörung erzeugt einen Blutdruckabfall wie nach hoher Spinalisation (s.o.). Die Axone aus dem RVL-Areal projizieren im *Hinterseitenstrang* zu den *sympathischen* präganglionären Neuronen.

Die **parasympathischen** präganglionären Axone, die im *Vagusnerven* verlaufen und zum Herzen ziehen, nehmen ihren Ursprung in Neuronen des *Nucleus dorsalis nervi vagi (NDX bzw. DNX in Abb. 23-12)* und im *Nucleus ambiguus (NA)*. Aktivierung dieser Neurone führt zu den bekannten parasympathischen Herznervenwirkungen, insbesondere zur Senkung der Herzfrequenz (S. 72).

Die an der Kreislaufregulation in erster Linie beteiligten **Afferenzen** (von Baro- und Chemosensoren sowie von den Sensoren des Herzens) treten über die Vagusnerven (X) und über die Glossopharyngeusnerven (IX) in die Medulla oblongata ein und projizieren dort zum *Nucleus tractus solitarii (NTS)*. Über dieses Kerngebiet üben die Afferenzen ihre erregenden und hemmenden Wirkungen auf die oben beschriebenen Kerne aus (s. die entsprechenden Verbindungen in Abb. 23-12). Beispielsweise wird eine Erregung der *arteriellen Pressosensoren* Neurone im *NTS* aktivieren, die ihrerseits den *RVL* hemmen. Damit reduziert sich der erregende Zufluß zu den spinalen Vasoconstrictorsystemen. Folglich nimmt der periphere Widerstand ab und der Blutdruck sinkt.

23.4 Literatur

Weiterführende Lehr- und Handbücher

1. BÜLBRING, E., BRADING, A.F., JONES, A.W., TOMITA, T.: Smooth Muscle: An Assessment of Current Knowledge. London: Edward Arnold 1981
2. CANNON, W.B.: The Wisdom of the Body. 2nd Edn. New York: Norton 1939
3. CERVERO, F., MORRISON, J.F.B. (Eds.): Visceral Sensation. Progress in Brain Res., Vol. 67. Amsterdam: Elsevier 1986
4. CHALMERS, J.P. (Ed.): Control of Blood Pressure. Clinical and Experimental Hypertension - Theory and Practice A6, 1 & 2. New York: Dekker 1984
5. DAVSON, H., SEGAL, M.B.: Introduction to Physiology. Vol. 3, Chapter 4: Control Mechanisms in the Alimentary Process, pp. 276-403. London: Academic Press. New York: Grune & Stratton 1976
6. ELFVIN, L.-G. (Ed.): Autonomic Ganglia. Chichester, New York: John Wiley 1983
7. GILMAN, A.G., GOODMAN, L.S., GILMAN, A.: Pharmacological Basis of Therapeutics. 6th Ed. New York: Macmillan 1980
8. GUTTMANN, L.: Spinal Cord Injuries. 2nd Edn. Oxford: Blackwell 1976
9. NIEUWENHUYS, R.: Chemoarchitecture of the Brain. Berlin, Heidelberg, New York, Tokyo: Springer 1985
10. NILSSON, S.: Autonomic Nerve Function in the Vertebrates. Berlin, Heidelberg, New York, Tokyo: Springer 1983
11. SCHMIDT, R.F. (Hrsg.): Grundriß der Neurophysiologie, 6. Aufl. Berlin, Heidelberg, New York, Tokyo: Springer 1987

Einzel- und Übersichtsarbeiten

12. FURCHTGOTT, R.F.: The classification of adrenoceptors (adrenergic receptors). An evaluation from the standpoint of receptor theory. In: BLASCHKO, H. MUSCHOLL, E. (Eds.): Handbook of Experimental Pharmacology, Vol. 33: Catecholamines, pp 282-335, Berlin, Heidelberg, New York: Springer 1972
13. JÄNIG, W.: Organization of the lumber sympathetic outflow to skeletal muscle and skin of the cat hindlimb and tail. Rev. Physiol. Biochem. Pharmacol. *102*: 119-213 (1985)
14. JÄNIG, W.: Vegetatives Nervensystem. In: SCHMIDT, R.F., THEWS, G. (Hrsg.): Physiologie des Menschen. 23. Auflage, S. 349-389. Berlin, Heidelberg, New York, Tokyo: Springer 1987
15. JÄNIG, W., MORRISON, J.F.B.: Functional properties of spinal visceral afferents supplying abdominal and pelvic organs, with special emphasis on visceral nociception. Progr. Brain Res. *67*: 87-114 (1986)
16. KUHN, R.A.: Functional capacity of the isolated human spinal cord. Brain *73*, 1-51 (1950)
17. LEVITZKI, A.: Catecholamine receptors. Rev. Physiol. Biochem. Pharmacol. *82*, 1-26 (1978)
18. LUNDBERG, J.M.: Evidence for coexistence of vasoactive intestinal polypeptide (VIP) and acetylcholine in neurons of cat exocrine glands. Morphological, biochemical and functional studies. Acta Physiol. Scand. *112* (Suppl 496): 1-57 (1981)

19. MEI, N.: Sensory structures in the viscera. In: OTTOSON, D. (Ed.) Progress in Sensory Physiology, Vol. 4, pp 1-42. Berlin, Heidelberg, New York, Tokyo: Springer 1983
20. MEI, N.: Intestinal chemosensitivity. Physiol. Rev. *65*: 211-237 (1985)
21. SATO, A., SCHMIDT, R.F.: Spinal and supraspinal components of the reflex discharges into lumbar and thoracic white rami. J. Physiol. (Lond.) *212*: 839-850 (1971)
22. SATO, A., SCHMIDT, R.F.: Somatosympathetic reflexes: Afferent fibers, central pathways, discharge characteristics. Physiol. Rev. *53*: 916-947 (1973)
23. SATO, A., SCHMIDT, R.F.: The modulation of visceral functions by somatic afferent activity. Jap. J. Physiol. *37*: 1-17 (1987)
24. SCHMIDT, R.F.: Bauchschmerzen aus physiologischer Sicht. In: WACKENHEIM, A., VOUGE, M. (Hrsg.): Bauchschmerz, S. 1-38. Weinheim: Edition Medizin 1987
25. SCHUSTER, M.M., MENDELOFF, A.I.: Motor action of rectum and anal sphincters in continence and defecation. In: Handbook of Physiology, Section 6: Alimentary Canal. Volume IV: Motility, pp. 2121-2145. American Physiological Society, Washington, D.C. 1968

24 Methoden der Biologischen Psychologie

Wir unterscheiden *zwei* methodische Zugänge zur Untersuchung der Zusammenhänge zwischen physiologischen Prozessen und Verhalten:

a) das *physiologische Substrat* wird als *unabhängige Variable* manipuliert und *Verhalten* als *abhängige Variable* gemessen.
b) Verhalten wird als *unabhängige Variable* manipuliert und Veränderungen des physiologischen Substrats werden als *abhängige Variable* gemessen.

Biologische Psychologie und Neuropsychologie benutzen fast ausschließlich Methode a), die Psychophysiologie dagegen meist Methode b) (s. Kap. 1). **Läsion und Stimulation** des Nervengewebes im Tierversuch (a) beherrschen die Geschichte der Biologischen und Physiologischen Psychologie (s. 14.1), während **Registrierung von hirnelektrischen Prozessen** bei Verhalten und Denkprozessen (b) im Humanversuch in der Psychophysiologie dominiert. Die Neuropsychologie steht methodisch zwischen Physiologischer Psychologie und Psychophysiologie; sie untersucht Verhaltens- und Denkstörungen nach Läsionen und Störungen des *menschlichen* Gehirns (s. Kap. 1). Mit der Entwicklung bildgebender Verfahren (s. 24.4) wurde eine neue Entwicklung der Neurowissenschaften eingeleitet: das lebende menschliche Gehirn kann ohne größeren Eingriff während Verhaltens- und Denkprozessen studiert werden.

24.1 Invasive Methoden

Neuroanatomische Techniken

Histologie und Elektronenmikroskopie. Tabelle 24-1 gibt die wichtigsten Größenverhältnisse im ZNS wieder. Um die einzelnen Zellanhäufungen und Bahnen im Mikroskop sichtbar zu machen, ist es erforderlich, das Nervengewebe zu *fixieren* und zu *färben* (staining). Fixierung wird benötigt, um die Auflösung des Materials nach dem Tod des Lebewesens zu verhindern. Dazu wird meist Formalin verwendet und das Blut in den Hirngefäßen durch eine Salzlösung ersetzt (Perfusion). Danach wird das neuronale Gewebe in hauchdünne Scheiben geschnitten. Dafür wird ein **Microtom** verwendet, das

Tabelle 24-1. Wichtigste Größenverhältnisse im ZNS

Vergrößerung	Strukturen, die man bei dieser Vergrößerung sehen kann	Größe der Strukturen	Maßeinheiten
× 1 (Lebensgröße)	Ganzes Gehirn	Das Gehirn eines erwachsenen Menschen mißt etwa 15 cm von vorne (frontal) nach hinten (occipital)	1 cm = 10^{-2} m
× 10	Neocortex; große Faserzüge	Der Neocortex des menschlichen Gehirns ist etwa 3 mm dick	1 mm = 10^{-3} m
× 100 (10^2)	Schichten der neocorticalen Zellen	Große Zellkörper haben einen Durchmesser von 100 µ (0,1 mm)	0,1 mm = 10^{-4} m = 100 Micrometer (Micron µ)
× 1000 (10^3)	Abschnitte einzelner Neurone	Große Axone und Dendriten, etwa 10 µ Durchmesser (0,01 mm)	0,01 mm = 10^{-5} m = 10 µ
× 10000 (10^4)	Synapse (Endknopf und dendritische Spines)	Endknopf hat etwa 1 µ Durchmesser	1 Micrometer (Micron, µ) = 10^{-6} m
× 100000 (10^5)	Strukturen der Synapse	Der synaptische Spalt zwischen Neuron und Synapse ist etwa 20 nm	0,1 µ = 100 Nanometer (nm) = 10^{-7} m

Schnitte von 10–80 μm erlaubt. Vorher muß das Hirn aber gehärtet werden; dazu wird es entweder in Paraffin getaucht oder gefroren. Die Schnitte werden auf Glasplättchen fixiert und dann in die Farblösung getaucht.

Prinzipiell kann man entweder **Zellkörper**, **Myelinscheiden** oder **Zellmembranen** anfärben. Zur Zellkörperfärbung wird meist die **Nissl-Färbung** verwendet. Methylenblau und andere Farben, die auch zum Einfärben von Stoffmustern verwendet werden, verbinden sich mit Zellproteinen und färben sie dunkler als die myelinisierten Fasern. Zur Sichtbarmachung der myelinisierten Faseranteile werden andere Färbemittel verwendet, zur Membranfärbung die sogenannte **Golgi-Färbung**. Dabei werden sowohl Soma-, Axon-, und Dendritenmembran durch Salze verschiedener Schwermetalle (meist Silber) gefärbt.

Mehr als 1500fache Vergrößerung erbringt keine Verbesserung der Detailtreue im Lichtmikroskop. Im **Elektronenmikroskop** wird ein Elektronenstrahl auf das extrem dünn geschnittene Präparat (< 1μm) gerichtet, das den Elektronen einen gewissen Widerstand entgegensetzt. Hinter dem Präparat werden die verbliebenen Elektronen auf einem photographischen Film aufgefangen. Abb. 2–1 (S. 8) gibt eine elektronenoptische Aufnahme wieder.

Neuronale Verbindungen. Wir haben bereits in 14.3 einige Methoden zum Studium neuronaler Verbindungen beschrieben. Drei Verfahren zur Sichtbarmachung von Faserverbindungen werden heute verwendet: **Degenerationsmethoden**, **Aminosäuren-Autoradiographie** und **Meerrettichperoxidase**. Hinzu kommen physiologische Reizexperimente und Ableitung synaptischer Potentiale oder Aktionspotentiale im Projektionsgebiet.

Wenn ein Zellkörper zerstört oder das Axon durchschnitten wird, degeneriert das Axon, **anterograde Degeneration** genannt. Auch die Zellkörper und Dendriten schrumpfen meist nach Axondurchtrennung; nach länger anhaltenden Läsionen kommt es auch zu **transsynaptischer Degeneration**. Die degenerierenden Axone werden wie bei der Golgi-Färbung präpariert, nachdem noch zu Lebzeiten des Tieres das Axon durchschnitten wurde. Dazu werden Materialien verwendet, die speziell degenerierende Axone anfärben.

Anders bei der **Aminosäuren-Autoradiographie**: radioaktive Proteine werden in jene Zellsysteme eingespritzt, die interessieren. Das Tier lebt noch 1–2 Tage, und in dieser Zeit werden die radioaktiv markierten Proteine über das Axon zu den Endkörpern transportiert. Das geschnittene Hirnmaterial wird dann in einer Dunkelkammer mit photographischer Emulsion bestrichen; nach Wochen werden die Emulsionen wie ein Film entwickelt, und die radioaktiv bestrahlten Stellen erscheinen als schwarze Punkte.

Bei der **Meerrettichperoxidase** (MRP, horseradish peroxidase), einem Enzym, das aus unbekannten Gründen von den Axonendigungen und Synapsen aufgenommen wird, wandert die Substanz gegen den axoplasmatischen Transport zum Zellkörper (**retrograder axoplasmatischer Transport**). MRP wird in die interessierende Region eingespritzt, das Tier ca. 1 Tag danach getötet und das geschnittene Präparat in einer bestimmten Sequenz Lösungen ausgesetzt. Die angefärbten Zellkörper erlauben somit eine exakte Lokalisation jener Hirnstrukturen, aus denen die Fasern und ihre Synapsen stammen.

Stereotaxie. Um eine Elektrode oder Kanüle in einen bestimmten Kern oder in Faserzüge in der (unsichtbaren) Tiefe des Gehirns einzustechen, wird ein stereotaktisches Gerät in Kombination mit einem stereotaktischen Atlas der jeweiligen Tierart oder des Menschen verwendet. Obwohl sich kein Kopf oder Gehirn völlig gleicht, lassen sich mit hoher Genauigkeit die wichtigsten Strukturen lokalisieren: Atlas und Apparat gehen (eine bestimmte Haltung des Kopfes vorausgesetzt) dabei von einem gut sichtbaren universellen Fixierpunkt an der Schädeldecke aus, z. B. dem Kreuzungspunkt mehrerer Schädelknochen (Bregma). Der Atlas enthält Frontalschnitte des Gehirns, wobei die Entfernungsangaben in Millimeter vom Fixpunkt in allen drei Raumachsen (anterior-posterior, dorsal-ventral, lateral-medial) angegeben sind.

Abbildung 24–1 zeigt den stereotaktischen Apparat, der Bewegung und Fixierung der Elektrode oder Kanüle in den drei Ebenen erlaubt. Nach Auffinden der gesuchten Stelle durch Bewegung des Elektrodenhalters nach anterior-posterior und lateral-medial wird ein Loch in die Schädeldecke gebohrt und die Elektrode entsprechend den Angaben des Atlas in die Tiefe gesenkt. Aufgrund der Variabilität der verschiedenen Entfernungen müssen die verschiedenen Zielorte allerdings nach Abschluß des Experiments histologisch nachträglich überprüft werden, wenn die Verifizierung im Experiment durch Auslösen typisch evozierter Potentiale oder definierter Verhaltensweisen (Mensch) nicht gelang. Im Humanbereich bei neurochirurgischen Eingriffen erfolgt die Verifikation vor der Operation röntgenologisch und z. T. durch elektrische Reizung mit gleichzeitiger Beobachtung des Verhaltens und Bericht des Patienten.

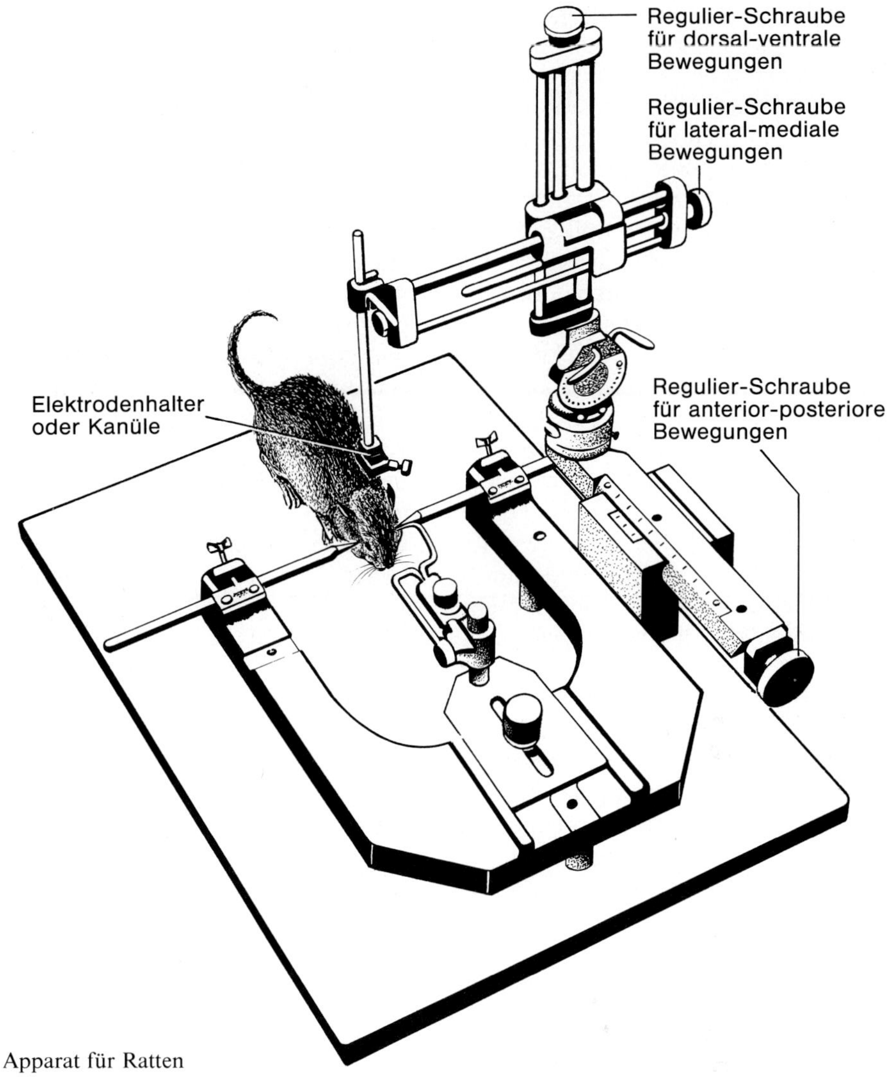

Abb. 24-1. Ein stereotaktischer Apparat für Ratten

Läsionsmethoden

Bewertung von Läsionsmethoden. Die reversible oder irreversible Zerstörung von Hirnsubstanz ist die am häufigsten verwendete Methode der Biologischen und Physiologischen Psychologie. Obwohl häufig verwendet, ist die Interpretation von Ergebnissen dieser Methode besonders schwierig. Wenn nach Läsion einer bestimmten Hirnstruktur ein Verhalten ausfällt, kann dies verschiedene Ursachen haben:

a) Die lädierte Struktur ist zur Steuerung des Verhaltens notwendig. Dieser optimale Fall ist selten.
b) Die Störung des beobachteten Verhaltens ist nur ein Nebeneffekt der Elimination eines anderen Verhaltens. Z.B. wenn das Tier nach der Läsion den Weg zum Futter nicht mehr findet, kann es blind, die Diskrimination gestört, die Motivation beeinflußt sein usw. Nur durch geschickte Versuchsanordnungen sind hier Fehlschlüsse zu vermeiden.
c) Der Effekt der Läsion ist nur vorübergehend; psychologische (Lernen) und neuronale Kompensationsprozesse (z.B. Auswachsen von neuen Fasern, s. Kap. 27) führen oft zu völliger Wiederherstellung.
d) Die zerstörte Struktur sendet Faserzüge zu einer entfernten Struktur, die für das Verhalten verantwortlich ist, aber Teilinformationen aus dem zerstörten Kern benötigt. Dies ist fast immer der Fall, da im ZNS kein Teil allein vollständig für ein Verhalten verantwortlich ist, sondern alle Teile des Gehirns, wenn auch unterschiedlich eng, zusammenarbeiten.
e) Läsion einer Region führt zu Disinhibition einer anderen Region, die zuvor von der zerstörten Struktur gehemmt wurde.
f) Die Effekte sind nur sekundäre Folgen der mit der Operation und Heilung verbundenen Prozesse (z.B. Schock, Ödeme).

Läsionsmethoden erlauben daher nur grobe Schlußfolgerungen: Bei länger anhaltenden Verhaltensausfällen nach Läsion spielt die betroffene

Struktur zumindest eine „gewisse" Rolle in der Steuerung des in Frage stehenden Verhaltens. Wenn das gemessene Verhalten unverändert bleibt, scheint die zerstörte Struktur zumindest keine essentielle Rolle zu spielen.

Eine irreversible Läsion erfolgt meist durch **Hochfrequenz-Reizung** mit einer isolierten Elektrode, die nur an ihrer Spitze Stromfluß aufweist (Koagulation). Hochfrequente Wechselströme erhitzen das umgebende Gewebe. An der Cortexoberfläche kann man Gewebe absaugen. Selektiver wirken **chemische Läsionen**, die Zellkörper zerstören, ohne die Axone zu beeinflussen (Kainsäure, Ibotensäure) oder es werden nur solche Zellen zerstört, die einen bestimmten Transmitter benützen: 6-Hydroxydopamin zerstört z. B. selektiv alle Zellen und ihre Ausläufer, die Catecholamine als Überträgerstoff verwenden. – Reversible Läsionen erfolgen entweder durch **Kühlung** (cryogene Blockade auf etwa +25 Grad Celsius) oder im Falle des Neocortex durch Auftropfen kleiner Mengen von Kaliumchlorid-Lösung (KCl). KCl führt zu einer sich ausbreitenden negativen Gleichspannungsverschiebung von 5–10 mV mit darauffolgender elektrischer Stille, einem isoelektrischen EEG. Diese **spreading depression** (SD) bleibt über Minuten bestehen und auf eine Hemisphäre beschränkt. Durch Aufbringen von KCl-Kristallen an der Hirnoberfläche kann die SD erheblich verlängert werden.

Neuropsychologische Methodik. Mit der Entwicklung der kognitiven Psychologie in den letzten 20 Jahren wurden neuropsychologische Methoden für die Biologische Psychologie und die Neurowissenschaften zunehmend ein unersetzbarer Bestandteil neben Läsion, Reizung und Registrierung. Die Anwendung **experimentalpsychologischer Untersuchungsstrategien** und **psychologischer Tests** auf Menschen mit reversiblen oder irreversiblen Störungen der Hirntätigkeit gehören ebenso zur neuropsychologischen Methodik wie die psychologische Untersuchung gesunder Menschen mit Versuchsanordnungen, die einen vermuteten neuronalen Prozeß „sichtbar" werden lassen [6].

Beispiele für die zuletzt genannten Methoden, sind Versuche zur Objektivierung hemisphärenspezifischer Informationsverarbeitung (s. Kap. 29 und 30) mit speziell dafür konstruierten Versuchsanordnungen, z. B. Projektionen des Versuchsmaterials in die beiden Gesichtsfelder. Für alle sensorischen, motorischen und intervenierenden Variablen des psychologischen Funktionierens wurden kurze neuropsychologische Verhaltensstichproben entwikkelt, die umfangreichste von A. Luria [8]. Diese Verhaltensausschnitte werden zu standardisierten neuropsychologischen Testbatterien zusammengefaßt, die einen umfassenden Überblick über hirnorganisch bedingte Störungen der Sensorik, Motorik und kognitiven Funktionen geben. Die bekanntesten davon sind die **Luria-Nebraska-Neuropsychologische Testbatterie** und die **Halstead-Reitan-Batterie** [5, 6].

Reizungsmethoden

Reizung des Gehirns bei neurochirurgischen Eingriffen. Am Menschen führte die elektrische Reizung – vor allem der Cortexoberfläche – während neurochirurgischer Eingriffe zu wichtigen Erkenntnissen über die Lokalisation psychischer Funktionen. Die bedeutendsten Arbeiten stammen von Penfield, Jasper und Rasmussen, die alle an der neurochirurgischen Klinik Montreal **focale Epilepsien** operierten [11]. Dabei wird am wachen Patienten (Hirnsubstanz ist schmerzunempfindlich) das Ausgangsgebiet (Focus) epileptischer Anfälle, meist Teile des Temporallappens entfernt. Um keine essentiell wichtigen Teile zu verletzen – vor allem Sprachfunktionen – werden verschiedene Regionen der exponierten Hirnrinde mit einer Elektrode gereizt und die Reaktionen der Patienten beobachtet oder erfragt.

Experimentelle elektrische Reizung des Gehirns. Weniger präzise Lokalisation einer Verhaltenssequenz ist durch elektrische Reizung an der Oberfläche des Schädels möglich. Abb. 24–2 zeigt eine Versuchsanordnung zur Reizung von rechter und linker sensomotorischer Region. Dabei wird ein schwacher, nicht spürbarer Gleichstrom (0,2 mA) zwischen zwei Elektroden über den Arealen für eine bestimmte Zeit (hier 6 s) von einer Elektrode zur anderen geschickt. Unter der positiv polarisierten Elektrode (Anode) (im Verhältnis zur negativen, gegenüberliegenden Elektrode) wird eine Depolarisation mit erhöhter Erregbarkeit des Nervengewebes erwartet (s. Kap. 13 und 30, Abb. 25–12, S. 495). Damit wird artifiziell ein Gleichspannungsfeld in einem Hirngebiet nahe der Elektrode aufgebaut, das dem natürlich dort vorhandenen Feld gleicht und somit ähnliche Effekte auf Verhalten haben sollte: in diesem Fall, bei anodaler Polarisation der linken präzentralen Handregion, sollte die Leistung und Reaktionsgeschwindigkeit der rechten Hand besser werden. Darüber hinaus müßte insgesamt die Bereitschaft, der „Wunsch", mit der rechten Hand zu reagieren, zunehmen. Bei Umpolung müßte sich dasselbe für die linke Hand wiederholen. Genau das ist auch der Fall [12].

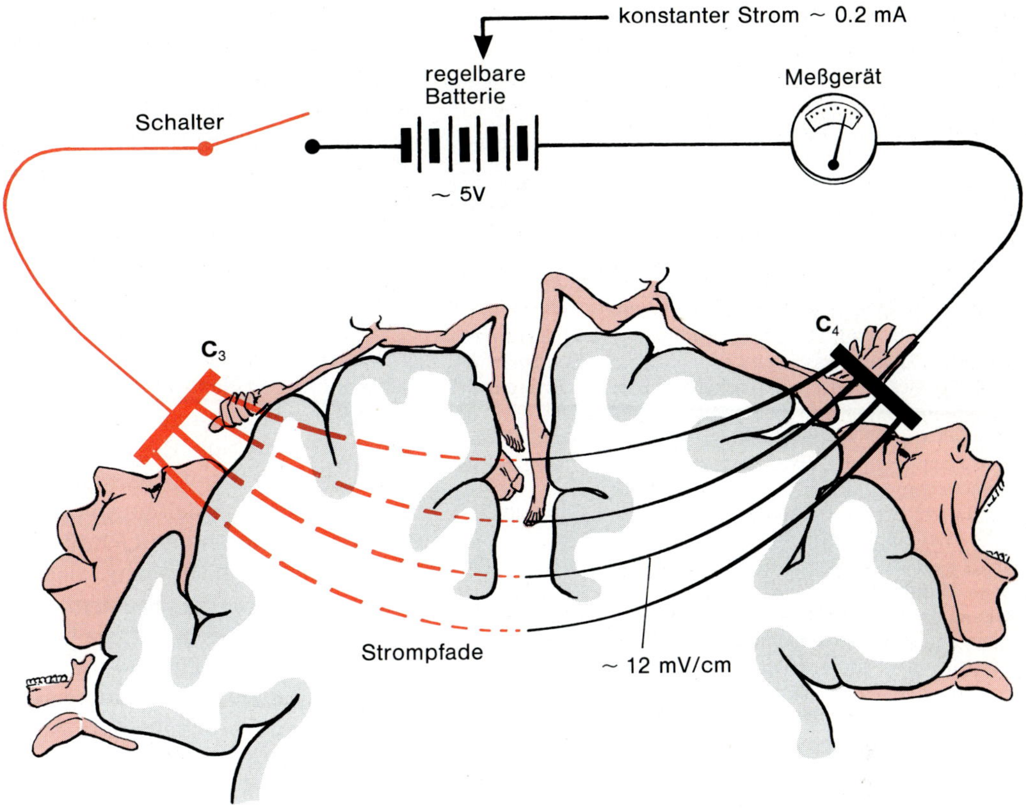

Abb. 24-2. Bei Anlegen eines nicht spürbaren Gleichstroms von ca. 0,2 mA zwischen rechter *(C_4)* und linker *(C_3)* Zentralregion am Menschen kommt es auf der Seite der anodalen Polarisierung (*C_3* Pol, *rot*) zu einer Anregung des Verhaltens, das von der entsprechenden Hirnregion gesteuert wird: bei anodaler Polarisation von C_3 werden sensomotorische Reaktionen der rechten Hand, bei anodaler Polarisation von *C_4*, die der linken Hand erleichtert

Im Tierversuch kann lokale elektrische Reizung in allen Hirnregionen über stereotaktische Implantation der Elektroden erfolgen. Dieser Methode haben wir eine der wichtigsten Entdeckungen der Biologischen Psychologie, die intrakranielle Selbstreizung (ICSS, s. Kap. 29) als Substrat von Verstärkungsprozessen, zu verdanken.

Dieselben kritischen Einwände, die gegen die Läsionsmethode vorzubringen sind, (s. S. 457) gelten auch hier. Hinzu kommt, daß die Reizströme selten den natürlichen, im Nervengewebe vorhandenen Strömen entsprechen. Aus den genannten Gründen haben all diese Verfahren nur dann andauernden Wert, wenn sie gemeinsam zu *konvergierenden Ergebnissen* führen.

Als dritte Methode der Biologischen und Physiologischen Psychologie wird die **chemische Reizung** über Mikropipetten angewandt, die winzige Mengen potentiell agonistischer oder antagonistischer Substanzen der vorhandenen Neuromodulatoren oder Neurotransmitter an die Synapsen transportieren. Wir haben die wichtigsten bereits in 14.3 (S. 262) beschrieben.

24.2 Das Elektroencephalogramm (EEG)

Die Aufzeichnung der elektrischen Aktivität des Gehirns ist der wichtigste methodische Zugang zur Erforschung der Zusammenhänge zwischen Hirn und Verhalten beim Menschen. Da die informationsverarbeitenden Prozesse im Gehirn z. T. sehr rasch ablaufen (in ms-Intervallen), erfordert ihre Messung eine Zeitauflösung, die bildgebende Verfahren (24.4) noch nicht aufweisen. Der Nachteil elektroencephalographischer Methoden besteht darin, daß sie ihre präzise Zeitstruktur mit relativer örtlicher Ungenauigkeit über den anatomischen Ursprung einer bestimmten Spannungsschwankung erkaufen müssen. Mit Hilfe mathematisch-statistischer Analysen konnten aber zunehmend genaue Lokalisationen der elektrischen „Generatoren" erzielt werden. Aber auch mit den mathematisch-biophysikalischen Verfahren können die anatomischen Lokalisationen nur theoretisch vorgenommen werden und müssen durch die bildgebenden Verfahren (PET, NMR) ergänzt werden. Die Ableitung des

Magnetoencephalogramms (MEG) erlaubt ebenfalls eine präzisere Lokalisation (s. S. 479).

Geschichte und Messung

Geschichte und Definition. Die Geschichte der Entdeckung der hirnelektrischen Aktivität ist eng mit den zunehmenden technischen Möglichkeiten der Spannungsmessung und -verstärkung im ausgehenden 19. und im 20. Jahrhundert verbunden. Nach der Entdeckung der Bioelektrizität durch Luigi Galvani und seine Frau 1791, leiteten erstmals 1848 Matteucci am Muskel und DuBois-Raymond an der Nervenfaser elektrische Spannungsschwankungen ab. Als Entdecker des tierischen EEGs darf man Richard Caton bezeichnen, der 1857 erstmals spontane Spannungsschwankungen vom unverletzten Cortex ableiten konnte. Evozierte Potentiale nach Lichtreizen beschreibt erstmals Fleischl von Marxow, der seine Beobachtungen 1883 an der Wiener Akademie der Wissenschaften deponierte und sie erst nach der Replikation Becks 1890 publizierte [14].

1902 begann *Hans Berger* mit einer Reihe von Experimenten an Hunden und an Katzen, die ihn schließlich zur Entdeckung des menschlichen EEGs führen sollten. Am 6.7.1924 leitete Berger mit einem empfindlichen Saitengalvanometer an einem siebenjährigen Patienten erstmals spontane elektrische Spannungsschwankungen von der Hirnrinde ab. Aber erst nach einer Vielzahl von Kontrollversuchen und weiteren Ableitungen an 38 Vpn publizierte Berger 1929 seine ersten Mitteilungen *„Über das Elektrenkephalogramm des Menschen"*. Seiner ersten Mitteilung folgten bis zum Jahre 1938 weitere 13 Mitteilungen. Die Bergerschen Arbeiten, seine Experimentiermethodik und sein Einfallsreichtum gehören zu den großartigen Leistungen der Naturwissenschaft. Zu den Pionieren der EEG-Forschung gehört auch Hubert Rohracher, der ab 1933 EEG-Versuche durchführte und Wesentliches zur technischen Weiterentwicklung der Ableitverfahren beitrug. Die sich im Laufe der dreißiger Jahre entwickelnde Kontroverse zwischen Beger und Rohracher ist einer der interessantesten Abschnitte in der Geschichte der Biologischen Psychologie [1].

Obwohl man unter dem EEG im allgemeinen die elektrischen Spannungsschwankungen der Großhirnrinde versteht, gehören dazu auch *subcorticale elektrische Potentiale*, die bis zum Cortex als Feldpotentiale („far-field") weitergeleitet werden können. Für die Interpretation der physiologischen Bedeutung der EEG-Muster ist zu bedenken, daß sie von subcorticalen Strukturen – vor allem dem Thalamus – als Schrittmacher dem Neocortex quasi „aufgezwungen" werden (s. nächster Abschnitt). Dies gilt besonders für die sogenannten Alpha-Wellen und langsame Hirnpotentiale (s. u.). Die bioelektrische Genese von Delta- und Theta-Wellen ist weniger klar. Abb. 24-3 zeigt die wichtigsten Frequenzbänder im menschlichen EEG, wobei jeweils die EEGs verschiedener Personen untereinander gezeigt werden, um die Variabilität der Form der Hirnpotentiale zu demonstrieren. Für das bloße Auge ist besonders der sinusförmige **Alpha-Rhythmus** (8–13 Hz) gut erkennbar, der im wachen Zustand bei geringer visueller Aufmerksamkeit vor allem occipito-parietal auftritt. Bei **visueller Konzentration** oder **Aufmerksamkeit** wird er sofort blockiert und geht bei den meisten, aber nicht allen Personen, in höher frequenten **Beta-Rhythmus** (13–40 Hz) über. Dieses Phänomen bezeichnet man als **„Alpha-Block"**. Die übrigen, auf Abb. 24–3 gezeigten Frequenzen treten im Schlaf oder unter pathologischen Bedingungen auf und werden in Kap. 26 besprochen.

Ableitung und Verstärkung. Zur Ableitung und Registrierung der schwachen elektrischen Spannungsschwankungen des Gehirns (1–200 Millionstel Volt = Mikrovolt, µV) an der Schädeloberfläche werden **Elektroden** aus Silberlegierung mit einer gut leitenden Paste am Kopf befestigt. Abb. 24-4 illustriert die wichtigsten Ableitungspunkte und deren Lage zum darunterliegenden Gehirn. Je zwei Elektroden werden mit dem Eingang eines Verstärkerkanals verbunden, der die **Spannungsdifferenz** zwischen den beiden elektrisch aktiven Orten unter den Elektroden mißt. Liegt eine der beiden Elektroden über elektrisch relativ inaktiven Organen, z. B. dem Ohr, so spricht man von **unipolarer Ableitung**, liegen beide Elektroden über elektrisch aktiven Regionen (z. B. T_4-C_4 auf Abb. 24–4) von **bipolarer Ableitung**. Will man mehrere Orte des Gehirns gleichzeitig untersuchen, benötigt man einen **Polygraphen**, der mehrere Verstärkereingänge aufweist. Polygraphen besitzen meist eine Vorrichtung, mit der die Spannungsschwankungen in Form von Wellen auf laufendem Papier aufgezeichnet werden.

Für das Verständnis der aufgezeichneten EEG-Wellen ist wichtig, daß man die *Arbeitsweise von Differenzverstärkern* berücksichtigt: Zur Charakterisierung kontinuierlich ablaufender bioelektrischer Signale sind *Frequenz* und *Amplitude* der Signale von Bedeutung. Die Frequenz reicht beim EEG-Signal von Gleichspannung 0 Hz bis 100 Hz, die Amplitude von 1–200 µV. Jene elektrischen Signale, die an beiden Elektroden gleichzeitig ankommen, sind in der Regel Störungen aus dem umgebenden Raum (z. B. Wechselstrom von unabgeschirmten Leitungen; 50 Hz in Deutschland und anderen europäischen Ländern, 60 Hz in den USA) oder von anderen physiologischen Quellen, z. B. Hautwiderstand. Interessant ist nur die *Differenz der Spannungen* zwischen den beiden Elektroden am Schädel, die aus dem Gehirn stammt. Deshalb muß der Verstärker bestimmte elektronische Qualitäten aufweisen, die eine optimale Unterdrückung (Common Mode Rejection) dieser Störsignale bei Hervorhebung der interessierenden Differenzen erlaubt. Verstärker müssen bestimmte Frequenzen auswählen, und andere unterdrücken; diese Eigenheit nennt man *Filtercharakteristik*, wobei die **Zeitkonstante tc** die untere Grenzfrequenz bestimmt: tc entspricht der Zeit, nach der 37% eines eingegebenen Rechtecksignals am Ausgang des Verstärkers vorhanden ist [9].

Abb. 24-5 zeigt die Wirkung von Zeitkonstanten auf die Verzerrung des Eingangssignals, links einer

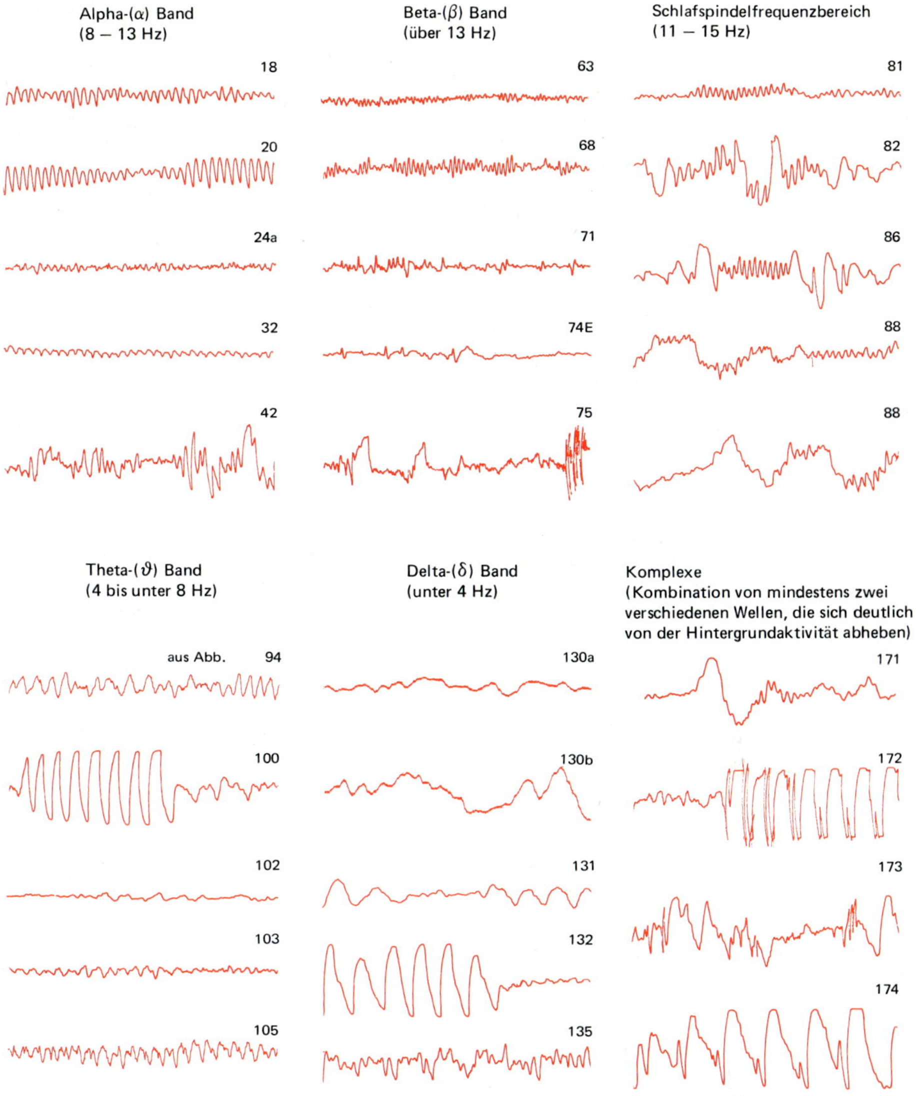

Abb. 24-3. Beispiele von EEG-Wellen der verschiedenen Frequenzbänder, Amplituden und Formen. Es ist jeweils ein Ausschnitt von ca. 3,3 s dargestellt. Jede Zahl kennzeichnet eine andere Person. (Nach Simon, O.: Das Elektroencephalogramm. München: Urban & Schwarzenberg 1977)

Rechteck- und Sinusschwingung, rechts eines typischen ereigniskorrelierten EEG-Hirnpotentials; zwischen S_1 und S_2 erwartet die Vp den S_2; dabei bildet sich ein **„Erwartungspotential"** aus; dieses wird aber bei den handelsüblichen Verstärkern mit 1 s oder 0,3 s Zeitkonstante völlig unterdrückt. Was wir also im EEG sehen, hängt wesentlich von den Verstärkereigenschaften des Ableitungssystems ab.

Neurophysiologische Grundlagen

EEG-Signale an der Schädeloberfläche stellen stets die summierte Aktivität aus einer Vielzahl elektrischer Prozesse dar, die in vielen neuronalen Strukturen unter Beteiligung unterschiedlicher Transmittersysteme ablaufen. Es wäre auch höchst unwahrscheinlich und unbiologisch, wenn all unsere informationsverarbeitenden Vorgänge auf einen einzigen physiologischen Vorgang rückführbar wären. Das EEG und die ereigniskorrelierten Potentiale (EKP, s. 24.3) sind gerade deshalb als Substrat von Kognition und Verhalten bedeutsam: trotz der scheinbar unübersehbaren Vielfalt cellulärer Prozesse bildet sich ein *geordnetes Muster elektrischer Potentiale* ab, das mit psychischen Vorgängen eng zusammenhängt. Jene physiologisch-anatomischen Eigenheiten des ZNS, die an der *Entstehung von Ordnung* aus dem Chaos der elektrischen Aktivitäten von

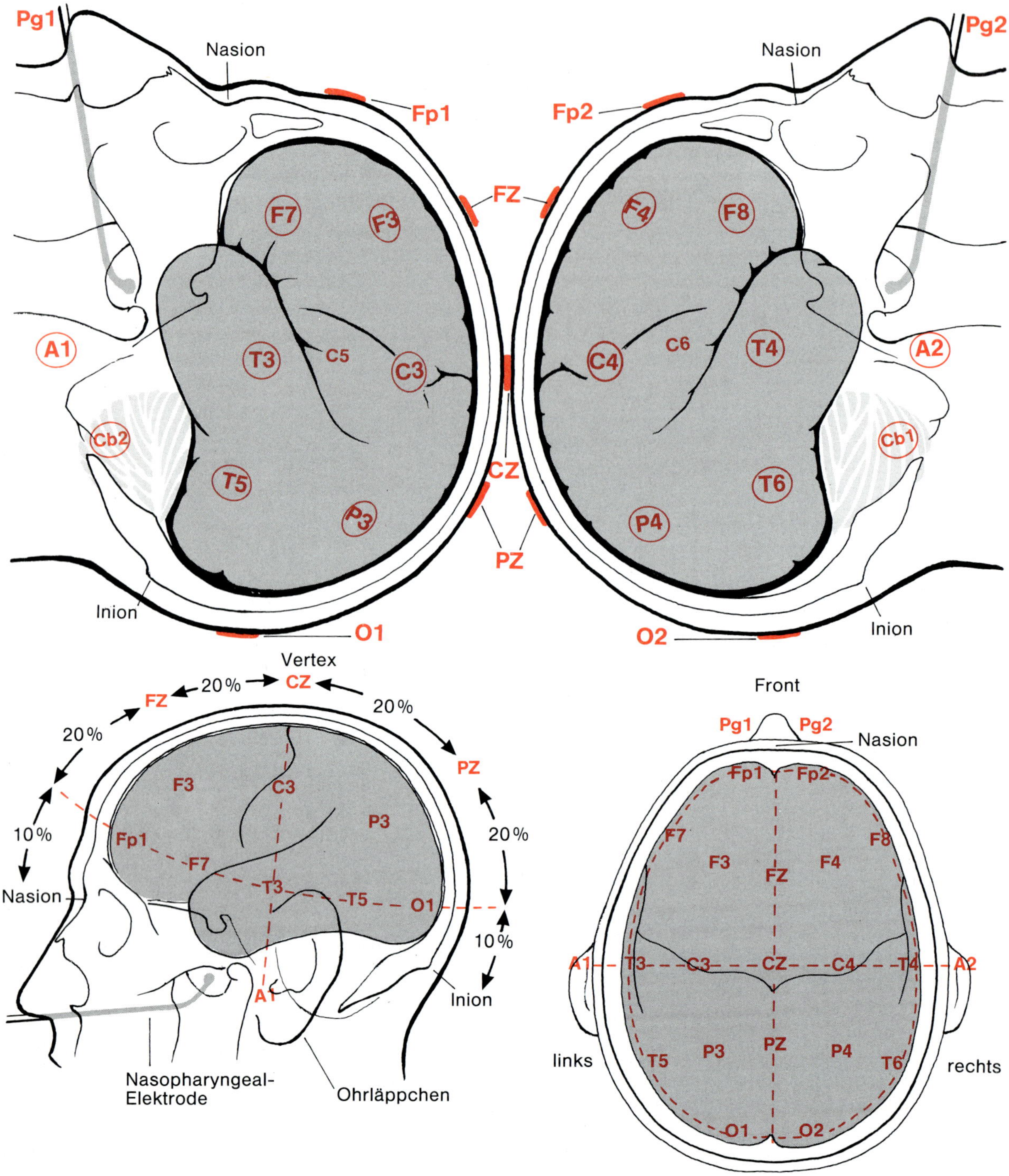

Abb. 24-4. Internationales 10–20-System für die Plazierung der EEG-Elektroden. (Nach Jasper, H. H.: The ten-twenty electrode system of the International Federation. J. Electroenceph. Clin. Neurophysiol. *20*, 371–375, 1958)

Einzelzellen beteiligt sind, sind es auch, die unserem Verhalten und Denken zugrundeliegen.

Dipolstruktur des Neocortex. Die *Geordnetheit* der EEG-Wellen (und wahrscheinlich unseres subjektiven Erlebens) verdanken wir der Geordnetheit des cyto-architektonischen Aufbaus des Neocortex. Trotz regionaler Unterschiede in der Schichtung (Kap. 14, 16, 19) ist die Grundstruktur stets gleich: die Dendriten der Pyramidenzellen liegen oben (Schicht I und II), die Zellkörper unten (Schicht III, IV und V). Abgesehen von den Gliazellen spie-

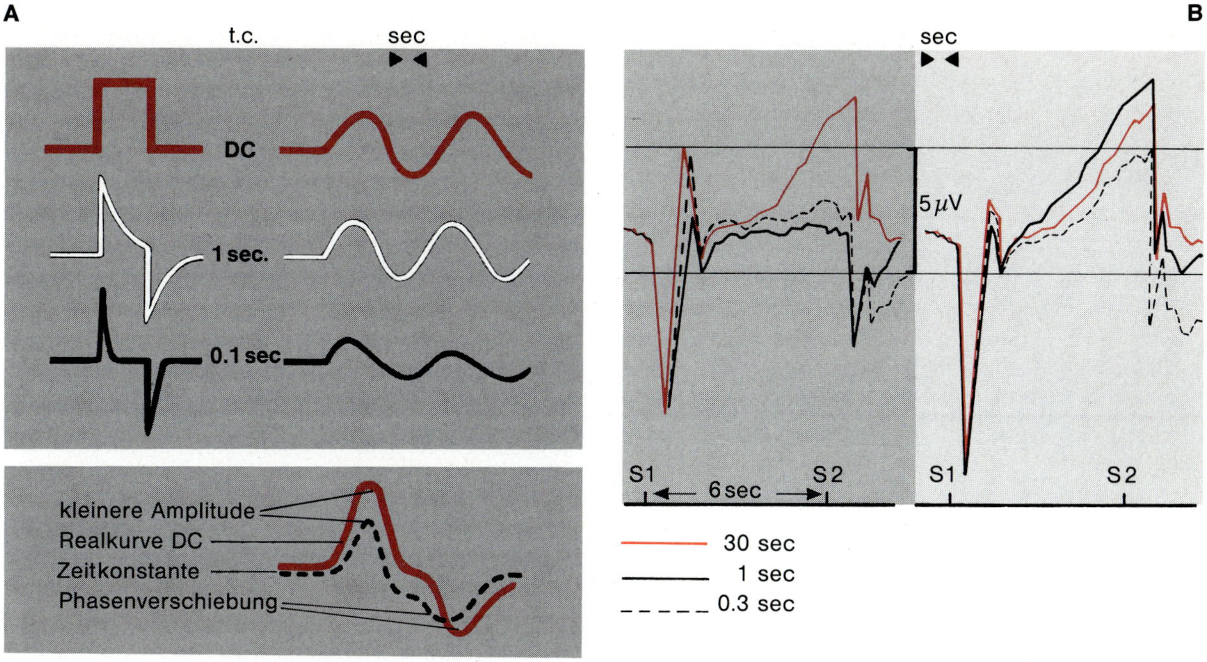

Abb. 24-5. Verzerrung durch unterschiedliche Zeitkonstanten (t.c.); **A** Veränderung synthetischer Rechteck- und Sinusschwingungen (*oben*) und schematische Darstellung der zwei Effekte einer Zeitkonstante: Amplitudenverringerung und Phasen- (bzw. Latenz-) Verschiebung (aus Rockstroh et al. 1982). **B** Empirische Ermittlung von Zeitkonstanteneffekten: auf der *linken Seite* sind Ableitungen an einem Elektrodenpaar (Vertex versus verbundene Ohrläppchen) mit stark unterschiedlichen Zeitkonstanten überlagert. Die auf *DC* (*t.c.*= unendlich) korrigierten richtigen Werte sind auf der *rechten Seite* dargestellt. Die verbleibenden Abweichungen haben folgende Ursachen: 1. die Herstellerangaben über Zeitkonstanten sind nur auf 10% genau, 2. die Verstärkung der einzelnen Kanäle ist leicht unterschiedlich (Fehler und Ungenauigkeiten summieren sich über die Zeit), 3. Artefakte treten in den einzelnen Kanälen aufgrund der unterschiedlichen Zeitkonstanten mit unterschiedlicher Wirkung hervor

len die übrigen Zellarten (Korbzellen und Sternzellen) bei der Generierung der an der Cortexoberfläche meßbaren Spannungsschwankungen nur eine geringe Rolle. Diese *senkrechte Ausrichtung* der corticalen Module führt zu einer Stromverteilung an den Zellen, die weiter entfernt registrierbare Feldpotentiale bewirkt. Die Verteilung dieser Feldpotentiale in der Hirnrinde wird theoretisch am besten mit einer sogenannten Dipolstruktur beschrieben [12].

An den oberen apicalen Dendriten in Schicht I und II enden primär *exzitatorische* Fasern aus den *unspezifischen* thalamischen Kernen (s. Kap. 14, 25), sowie Commissuren und Assoziationsfasern. Die spezifischen sensorischen thalamischen Afferenzen enden in tieferen Schichten (III und IV). Inhibitorische Synapsen finden wir im motorischen Cortex mehr in Soma-Nähe als an den Dendriten. Inhibitorische Potentiale tragen kaum zur Genese von Feldpotentialen bei, da die bei hemmenden Potentialen fließenden Ströme pro Zeiteinheit sehr viel kleiner sind als die für EPSPs erforderlichen Ströme. Auch Aktionspotentiale spielen keine Rolle für das EEG, abgesehen von den sie auslösenden EPSPs: der Extracellulärraum des Nervengewebes wirkt wie ein Kondensator (RC-Glied), der hohe Frequenzen abschirmt. Für die Generierung der elektrischen Spannungsänderungen im Spontan-EEG und bei den EKP spielen die apicalen Dendriten und die unspezifischen Afferenzen im Vergleich zu den übrigen Zellanteilen eine dominierende Rolle. **Gliazellen**, die sowohl Soma wie auch Dendriten umgeben, bewirken - neben vielen anderen Vorgängen - eine Verstärkung und Ausbreitung der extracellulären negativen Potentiale, vor allem im DC-Potentialbereich und Delta-Potentialbereich (s. 24.3).

Abb. 24-6 gibt die Situation bei Einlaufen einer afferenten Impulssalve aus dem Thalamus an die apicalen Dendriten wieder. Die extracelluläre Region der apicalen Dendriten wird negativ, da durch den Na^+-Einstrom positiver Ionen (s. Kap. 13, 14) ein **negatives Feldpotential** an dieser Stelle entsteht. Strom, das sind positive Ladungsträger, fließt ins Zellinnere und von der Elektrode in Umgebung der Dendriten weg; an der Membraninnenseite „bewegt" er sich dem Stromgradienten folgend in Richtung Soma und entlang der extrasynaptischen Membran in umgekehrte Richtung zur Depolarisa-

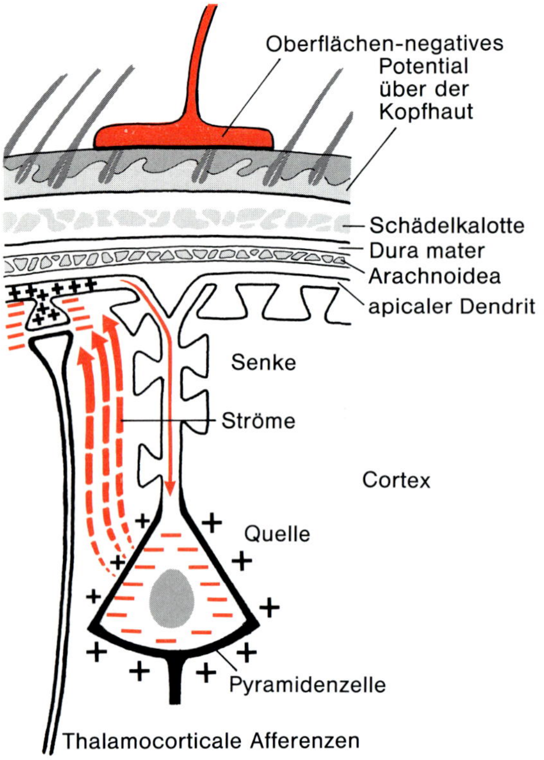

Abb. 24-6. Oberflächennegative langsame Hirnpotentiale (LP) werden durch Polarisation des *Cortex* erzeugt, wobei thalamische Afferenzen die *apicalen Dendriten* von *Pyramidenneuronen* aktivieren. Die extracellulären Ströme erzeugen an der Kopfhaut meßbare Potentiale, siehe Text. (Aus Rockstroh et al. 1982)

tion. Der elektrische Widerstand der nicht-erregten Membran ist so groß, daß sich der Strom entlang der gesamten Längenausdehnung des Dendritenbaumes und Somas verteilen muß. Die Stelle des Stromeintritts wird **Senke** (sink) genannt, da sie als negativer Pol positive Ladungen anzieht. Die Orte des Stromaustritts werden **Quelle** (source) genannt. Extracellulär fließt der Strom also immer von Regionen geringer Depolarisation (in unserem Fall Soma) in Richtung der Depolarisation (apicale Dendriten), die Polarität der extracellulären Spannung ist daher an der Senke relativ zur Quelle negativ. Intracellulär ist die Stromausrichtung entsprechend umgekehrt.

Durch die vertikale Lage der Pyramidenzellen im Neocortex und die dort herrschenden elektrischen Widerstandsverhältnisse kommt es zu einer Phasenumkehr zwischen Soma und apicalen Dendriten: Von dieser Potentialverteilung leitet sich die Bezeichnung **„Dipol“** (aus der Physik elektromagnetischer Felder entlehnt) ab. Die beschriebenen Ionenbewegungen generieren Feldpotentiale, die auch von weiter entfernt liegenden Elektroden aufgefangen werden können [17].

Dabei ist zu bedenken, daß auch in dem Dipol-Schema von Abb. 24-6 ein Ausgleich der Ströme im Gewebe erfolgen würde und dann natürlich kein EEG entfernt von den Stromsenken sichtbar würde. EEG-Potentiale können nur dann sichtbar werden, wenn sich der extracelluläre Strom von Quelle zu Senke nicht mehr ausgleichen kann. Strom geht immer den Weg des geringsten Widerstandes und nach dem Prinzip, die Stromdichte so klein wie möglich zu halten. Wenn gleichzeitig viele Zellen synchron aktiviert werden, steht nur noch der unmittelbare Extracellulärraum für den Potentialausgleich von Quelle zur Senke zur Verfügung. Da dieser Durchmesser sehr klein ist und der Widerstand in der 4. Potenz mit abnehmendem Durchmesser eines Leiters zunimmt, sucht der Strom nun den Umweg über die weiße Substanz, inaktive Cortexareale (Fernfeld) durch die Hirnhäute und Knochen zurück zur Stromsenke (s. Abb. 24-6, Heinemann, persönliche Mitteilung).

Um die Bedeutung der vertikalen Dipole im Cortex zu verdeutlichen, möge sich der Leser einmal eine kreisförmig-radiale Ausrichtung der Dendriten-Soma-Achsen vorstellen, wie sie z. B. in Hirnstammkernen vorkommt. Die positiven Pole lägen alle im Zentrum dieser kugelförmigen Anordnung, die negativen außen: Die Potentialdifferenzen außerhalb der Kugel, wo unsere Elektrode liegt, wären 0, da an allen Punkten der Kugeloberfläche das gleiche Potential herrscht, z. B. +10 mV. Geschlossene Potentialfelder dieser Art kommen im Cortex (z. B. in Schicht III und IV, alle sternförmigen Zellen bilden theoretisch geschlossene Felder) und vor allem subcortical (Thalamus) vor, gehen aber nicht in unsere Oberflächenregistrierung ein. Bei einem einheitlich aktivierten vertikal ausgerichteten Dipol, werden auf einer benachbarten Elektrode des 10-20-Systems von Abb. 24-4 nur noch 10% der Amplitude registriert; dies bedeutet, daß man auch an der Schädeloberfläche die „Generatoren“ einer bestimmten elektrischen Aktivität auf etwa 2-3 mm genau angeben kann. Mit speziellen mathematischen Verfahren läßt sich diese Genauigkeit noch auf 1 mm erhöhen. Die Amplitude der Potentiale an der Schädeloberfläche ist gegenüber Potentialen, die direkt an der Cortexoberfläche gemessen werden (Elektrocorticogramm, ECoG) etwa 3-10 mal kleiner.

Synchronisation und Spontan-EEG. Bei ungeordneter Aktivität der aus dem Thalamus und den übrigen Cortexregionen kommenden Afferenzen würde trotz Dipolstruktur kein meßbares EEG an der Schädeloberfläche entstehen, da die Feldpotentiale von Einzelzellen zu schwach sind. Es müssen also ein oder mehrere Module (ein Modul hat ca. 10000 Pyramidenzellen) *gleichzeitig* synaptisch aktiviert werden, um die EEG-Potentiale am Schädel auffangen zu können. D. h. **zeitliche Synchronisation** der afferenten Impulssalven ist Voraussetzung für die EEG-Rhythmen. Aus den beschriebenen anatomischen Gründen (Kap. 14) kommt als rhythmusgebende und synchronisierende Struktur für den Alpha-Rhythmus nur der **Thalamus** in Frage: Vom Thalamus isolierte Cortexzellen entfalten keine spontane rhythmische Aktivität, auch wenn die Commissuren und Assoziationsfasern erhalten bleiben.

Abb. 24-7 illustriert schematisch die Prinzipien der Entstehung von EEG-Wellen. Dabei wird auch

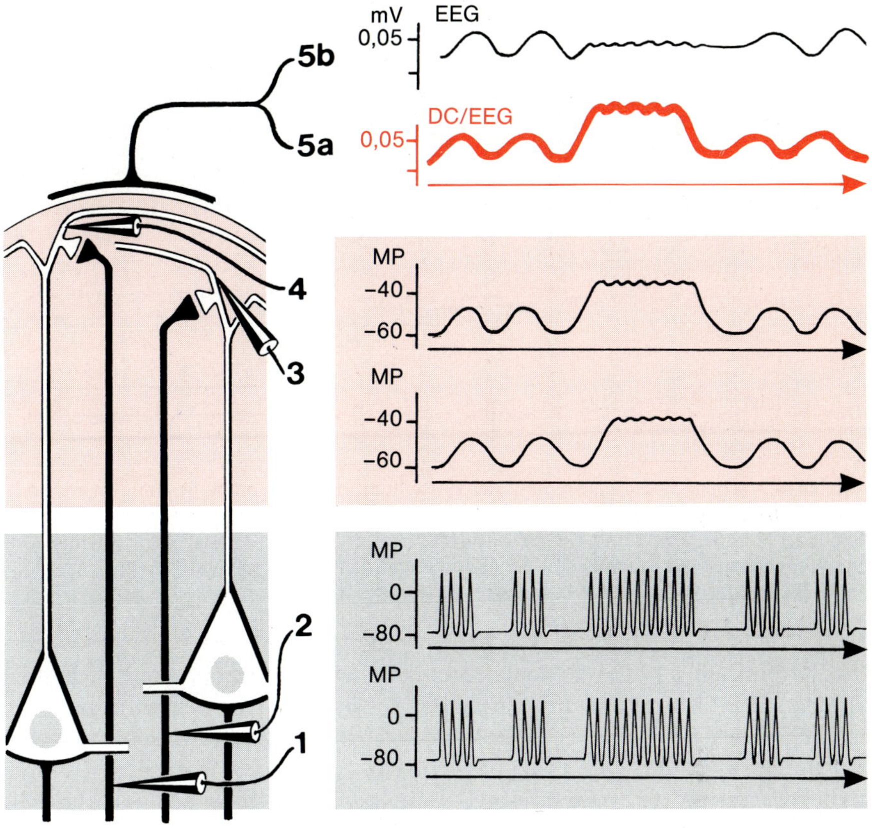

Abb. 24-7. Prinzipien der Generation von EEG-Wellen. Die exzitatorischen Synapsen zweier afferenter Fasern (*schwarz*) enden am oberflächlichen Dendritenbaum (*weiß*) von zwei longitudinalen neuronalen Elementen. Die Aktivität dieser afferenten Fasern wird durch zwei intracelluläre Elektroden *1* und *2* registriert. Die Membranpotentiale *(MP)* der dendritischen Elemente werden durch die Elektroden *3* und *4* registriert. Das Feldpotential an der corticalen Oberfläche wird von Elektrode *5* aufgefangen. Synchrone Gruppen von Aktionspotentialen in den afferenten Fasern *(1, 2)* generieren Wellenformen von EPSPs in den Dendriten *(3, 4)* und entsprechende Feldpotentiale in den EEG- und DC-Ableitungen (*oben rechts 5a* u. *5b*). Tonische Aktivität in den afferenten Fasern *(Mitte rechts)* resultiert in einem anhaltenden EPSP mit kleinen Fluktuationen. Während dieser Periode weist das *EEG* nur eine Reduktion der Amplitude auf, während die *DC/EEG*-Ableitung *(5a)* auch die Depolarisation der neuronalen Elemente wiedergibt. (Nach Speckmann u. Elger 1982)

der enge Zusammenhang von *synchronen postsynaptischen Potentialen* der einzelnen Zellen und der EEG-Kurven deutlich. Eine Desynchronisation des EEGs mit Amplitudenabnahme kann also zwei Ursachen haben; die Afferenzen feuern mit hoher Frequenz, aber irregulär, oder sie feuern extrem selten, so daß keine Summation von EPSPs möglich ist. Nur die *Gleichspannungsverschiebungen* erlauben eine Aussage darüber, welcher Aktivitätszustand im Nervengewebe unter der Elektrode vorherrscht (s. 24.3). Die corticalen Netzwerke werden von den thalamischen Efferenzen „getrieben", der Rhythmus den Dendriten und Zellen „aufgezwungen". Abb. 24-8 gibt die Vorstellung über die thalamocorticalen Rhythmusgeber wieder [13].

Die Entstehung regelmäßiger Muster ist auf die anatomisch-histologischen Eigenheiten des Aufbaus thalamischer Zellverbände und auf das elektrophysiologische Phänomen **„post-inhibitorischer Entladung"** zurückzuführen: Ein afferenter Impuls aus der Peripherie oder den subcorticalen unspezifischen Aktivierungsstrukturen der Formatio reticularis führt zur Entladung eines thalamischen Neurons. Der Impuls wird entlang der thalamo-corticalen Faser weitergeleitet, geht aber auch rückläufig an ein hemmendes Interneuron (**rückläufige collaterale Hemmung** über hemmendes Zwischenneuron). Das inhibitorische Interneuron hat viele laterale Verzweigungen und erzeugt an den benachbarten thalamischen Zellen langandauernde Hyperpolarisation. Nach ca. 100 ms kommt es zu spontanen rhythmischen post-inhibitorischen Nachentladungen in den beteiligten Zellen. Das Auftreten der Nachentladung ist auf einen transienten Ca-Strom, der durch die Hyperpolarisation aktivierbar gemacht wurde, zurückzuführen. Durch weitere inhibitorische Zwischenneurone wird der Kreis betroffener Zellen erweitert. Das Fortbestehen des Eigenrhythmus der Zellgruppe wird durch das Ankommen eines zweiten afferenten Impulses *vor* einer spontanen Nachentladung unterdrückt (Desynchronisation), während ein afferenter Impuls zur Zeit der zweiten Entladung den Rhythmus verstärkt. Dies scheint die Grundlage für das sogenannte *„Driving"-Phänomen* zu bilden (Flackerlicht einer bestimmten Frequenz löst EEG-Rhythmen derselben Frequenz aus).

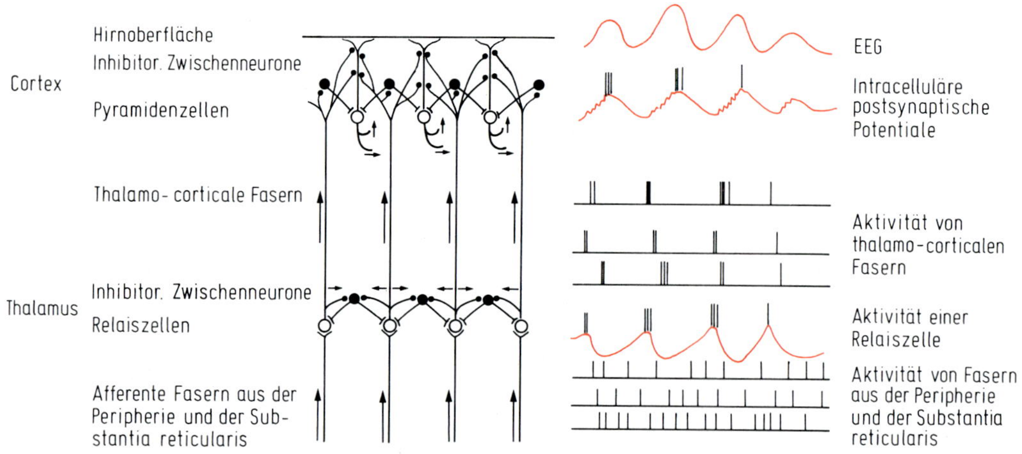

Abb. 24-8. Schematische Darstellung der Entstehung rhythmischer EEG-Wellen. *Links*: Darstellung der neuronalen Schaltkreise in *Thalamus* und *Cortex*. *Rechts*: Die resultierenden Aktivitäten. Man beachte, daß die oszillierende Aktivität im Thalamus durch den Zeitverlauf der rekurrierenden Hemmung bestimmt wird, und daß die hemmenden Interneurone wiederum unter Kontrolle nichtspezifischer Aktivierungssysteme des Hirnstamms stehen. Einzelheiten siehe Text. (Nach Creutzfeldt 1983)

Die Afferenzen aus der Reticulärformation unterdrücken die thalamische Inhibition bei Aufmerksamkeitszuwendung und erhöhen damit die „Impulsdurchlässigkeit". Der Thalamus fungiert somit als Tor (gate) für sensorische Impulsströme (Kap. 25). Die „Durchlässigkeit" des Tores läßt sich an den corticalen EEG-Frequenzen ablesen. Je langsamer und synchronisierter die Wellen, um so stärker die intrathalamische Hemmung, um so geschlossener ist das Tor für ankommende „Besucher" des corticalen „Schlosses" (F. Kafka). In Kap. 25 geben wir eine ausführliche Übersicht über die Aufmerksamkeitsmechanismen und stellen auch den „Toröffner" vor: den präfrontalen Cortex [13].

Auswertung und Interpretation des Spontan-EEGs

Frequenzspektren und Amplitude. Trotz der synchronisierenden Wirkung der thalamischen Kerne variieren Frequenz und Amplitude auch innerhalb eines gegebenen Bewußtseinszustandes ganz erheblich an verschiedenen Punkten des Cortex. Je nach dem Ort der ablaufenden Informationsverarbeitung werden einzelne Hirnareale erregt (desynchronisiert) und oft benachbarte gehemmt. Eine exakte Analyse der Frequenzen, Phasenverschiebungen und Amplituden von möglichst vielen Arealen ist deshalb für die meisten psychophysiologischen Fragen notwendig (**Neurometrie**).

Mit dem Auge und dem Lineal kann man zwar grobe Frequenzänderungen langsamer und hochamplitudiger Rhythmen messen, psychologische Versuchsanordnungen führen aber meist zu Frequenzverschiebungen im Alpha- und Beta-Band, die nur durch Computeranalyse und elektronische Filter sichtbar gemacht werden können. Dabei wird das analoge Originalsignal mit einer bestimmten zeitlichen Abtastrate in digitale Punkte zerlegt, die der Rechner weiterbearbeiten kann. Abb. 24-9 gibt diese **Analog-Digitalwandlung** wieder [9, 10].

Die wichtigste Auswertungsmethode für diese digitalen Punkte ist die **Fourier-Analyse**, die zu sogenannten **Leistungs-**

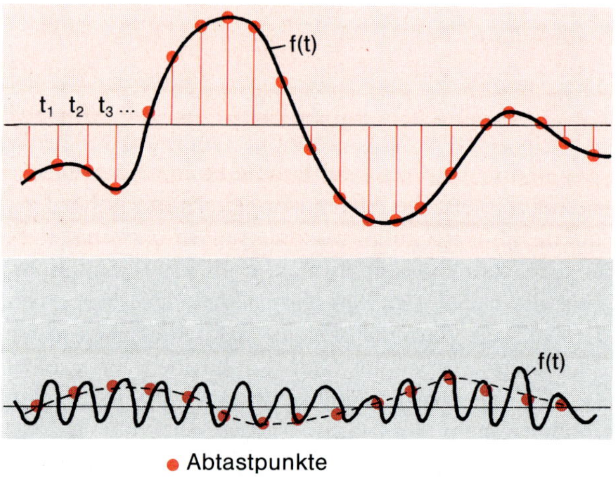

Abb. 24-9. Analog-Digitalwandlung. Das Signal $f(t)$ wird in regelmäßigen Abständen zur Zeit t_1, t_2, t_3... abgetastet und vom Rechner in digitaler Form (d.h. als Zahl) gespeichert. Frequenzen, die höher als die halbe Abtastfrequenz sind, täuschen langsame Änderungen vor. Dies ist in der unteren Kurve durch die *gestrichelte* Verbindung symbolisiert. (Nach Rockstroh et al. 1982)

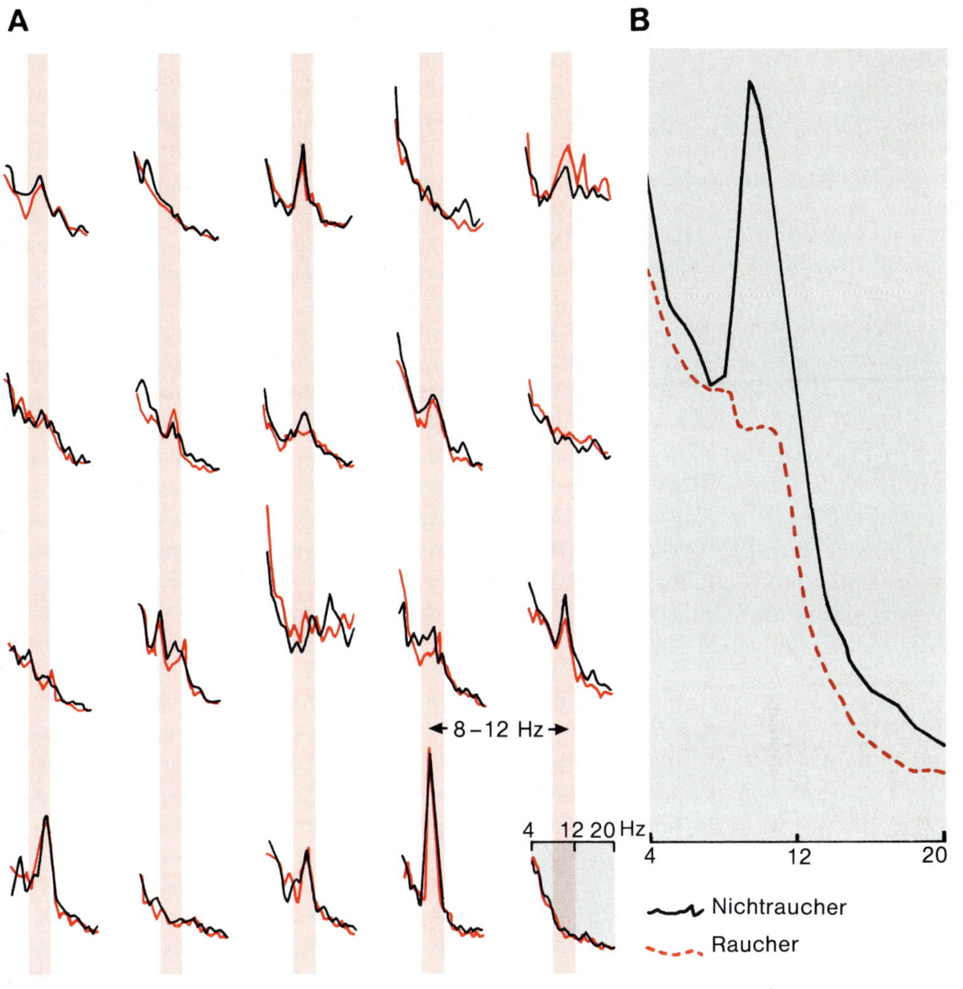

Abb. 24-10. **A** Leistungsspektren des parietalen EEGs (monopolar). Dargestellt sind die Spektren von 20 männlichen Erwachsenen. Überlagert (*rot* und *schwarz*) sind jeweils Spektren ein und derselben Person für unterschiedliche experimentelle Bedingungen. Man beachte die hohe intraindividuelle Konstanz der jeweiligen Kurvenverläufe; im Vergleich dazu ist die Varianz *zwischen* den Vpn recht hoch. Der *rot unterlegte* Bereich zwischen den senkrechten Geraden kennzeichnet das Alpha-Band (hier 8-12 Hz). Eine genauere Betrachtung macht deutlich, daß unter den vorliegenden Bedingungen (mit offenen Augen) nur etwa drei Viertel der Vpn einen Gipfel im Alpha-Bereich aufweisen. **B** Über Vpn gemittelte Leistungsspektren zeigen einen deutlichen Alpha-Gipfel (zwischen 10 und 11 Hz) vor allem bei posterioren Ableitungen (wie hier von Pz), selbst bei offenen Augen. Unter bestimmten Bedingungen oder bei bestimmten Vpn - wie hier bei deprivierten Rauchern - kann jedoch die Leistung im Alpha-Band deutlich reduziert sein. In der Literatur finden sich vielfach Spektren mit deutlich weniger Leistung im unteren Frequenzbereich (unter 6 Hz); diese sind dann Ergebnis einer entsprechenden Hochpaßfilterung (Zeitkonstanten von unter 0,5 s sind üblich). Die Folge ist allerdings, daß Veränderungen im unteren Frequenzband in oberen Bereichen Variationen hervorrufen können

spektren (power spectrum) des EEGs führt. Dabei geht man davon aus, daß jede Kurvenform in eine Anzahl von Sinuskurven unterschiedlicher Frequenz zerlegt werden kann (Kap. 19, 20); die Summe der Einzelschwingungen muß dann das Originalsignal wiedergeben. Die Fourier-Analyse bestimmt das Ausmaß jener Frequenzanteile, die in einer bestimmten Zeiteinheit vorkommen. Die „Stärke" des Signals wird in Volt zum Quadrat pro Sekunde (V^2 *s*) ausgedrückt, d.h. wir erhalten die Verteilung der quadrierten EEG-Amplituden für einen bestimmten Frequenzausschnitt. Abb. 24-10 gibt die Leistungsspektren von 20 Vpn in ein und derselben experimentellen Bedingung wieder. Rechts davon die summierten Spektren von zwei Gruppen von Personen, Nichtrauchern und Rauchern, die über einige Stunden keine Zigarette rauchen durften.

Interpretation des EEGs. Tabelle 24-2 gibt eine Übersicht der Zuordnungen einzelner Frequenzbänder zu Bewußtseinszuständen. Dabei ist nicht berücksichtigt, daß bei Analyse der *topographischen Verteilung* der einzelnen Frequenzen an den verschiedenen Regionen der Hirnrinde subtilere Aussagen über die *Qualität* der informationsverarbeitenden Vorgänge möglich sind: z. B. rechts- versus

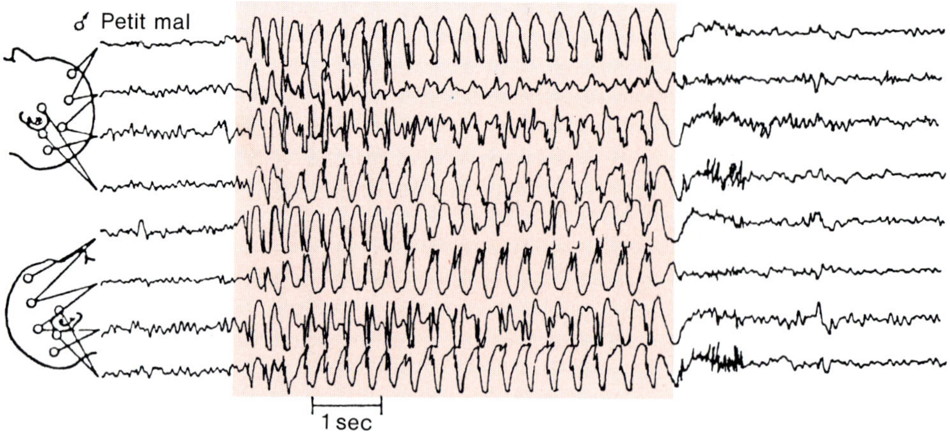

Abb. 24-11. Das EEG eines Patienten mit Petit-mal-Epilepsie zeigt deutlich die paroxysmale Spike-Wave-Entladung

linkshemisphärische Desynchronisation bei Gestalt- und Sprachaufgaben (Kap. 30) oder frontale versus occipitale Alpha-Verteilung bei Blinden in bestimmten Aufgaben [1].

Klinisches EEG. Im klinischen Bereich wird das EEG vor allem zur Diagnose und Lokalisation von Anfallsleiden, zur Bestimmung des cerebralen Todes, zur Abschätzung von Vergiftungen auf die Hirntätigkeit, in der Anästhesie zur Abschätzung der Narkosetiefe, in der Pharmakologie zur Untersuchung von Pharmaka-Wirkungen und in der Neurologie zur Abschätzung von cerebralen Störungen nach Durchblutungsproblemen verwendet. Seine Bedeutung als Diagnoseinstrument für neurologische Ausfälle nach Läsionen und zur Lokalisation von Tumoren ist nach der Einführung bildgebender Verfahren (s. 24.4) gering geworden. Zur Klassifikation und Behandlung von **Epilepsien** stellt das EEG nach wie vor das zentrale Diagnoseinstrument dar. Abb. 24-11 zeigt die typischen Spike- und -Wave-Muster während eines sogenannten Petit-mal-Anfalls, bei dem der Patient für wenige Sekunden bewußtlos ist, ohne daß dabei die motorischen Krämpfe der Grand-mal-Epilepsien auftreten. Die Spikes sind dabei Ausdruck extrem dichter und/oder ausgebreiteter Riesen-EPSPs oder paroxysmaler (krampfartiger) Depolarisationen. Die langsamen Wellen beruhen auf intracellulärer K^+-Akkumulation und Depolarisation der Gliazellen.

Abb. 24-12 gibt die Anwendung der **Neurometrie** zur Klassifikation psychischer Störungen wieder.

Tabelle 24-2. Zuordnung von Aktivation und EEG-Frequenz.

Verhaltens-kontinuum	EEG-Frequenz	Verhaltenseffizienz
sehr starke Aktivierung (emotionale Erregung)	desynchronisiert, niedrige Amplituden	schlecht; Kontrollverlust; desorganisiert; Schreckreflex
mäßige Aktivierung (wache Aufmerksamk.)	Gemisch schneller Frequenzen	gut; effektiv; selektive, schnelle Reakt. (kontrolliert)
entspannter Wachzustand	Synchronisation, deutlicher Alpha	gut für automatische Reaktionen (z. T. für kreative Gedanken)
Dösen, schläfrig	Alpha, Theta	schlecht; unkoordiniert; sporadisch
leichter SWS (Slow-Wave-Sleep)	Theta, Vertexwellen, Schlafspindeln, K-Komplexe	Reaktionen nur auf sehr starke oder bestimmten Einstellungen entsprechenden Reizen
tiefer SWS	Delta, große, langsame Wellen	
Koma	isoelektrisch und große langsame Wellen	
Tod	isoelektrisch, zunehmendes Verschwinden elektr. Aktivität	

Die einzelnen Störungen unterscheiden sich sowohl in den Frequenzanteilen als auch in den topographischen Verteilungen der Abweichungen von den Normverteilungen.

Abb. 24-12. Gemittelte topographische „Kopfkarten" des z-Scores von Leistungsspektren (in Prozent) für Delta-, Theta-, Alpha- und Beta-Frequenzband. Jede Karte repräsentiert die mittlere Differenz im Leistungsspektrum zwischen der jeweiligen Personen(Störungs)gruppe und der (nicht gezeigten) Normpopulation. Die *rot bezw. grau gerasterten Flächen* kennzeichnen jeweils das Ausmaß der Abweichung von der Normalgruppe in z-Scores – nur die letzte Zeile (Dementia) ist in größeren z-Scores (+1,5 bis −1,5) ausgedrückt. (Nach John et al. 1988)

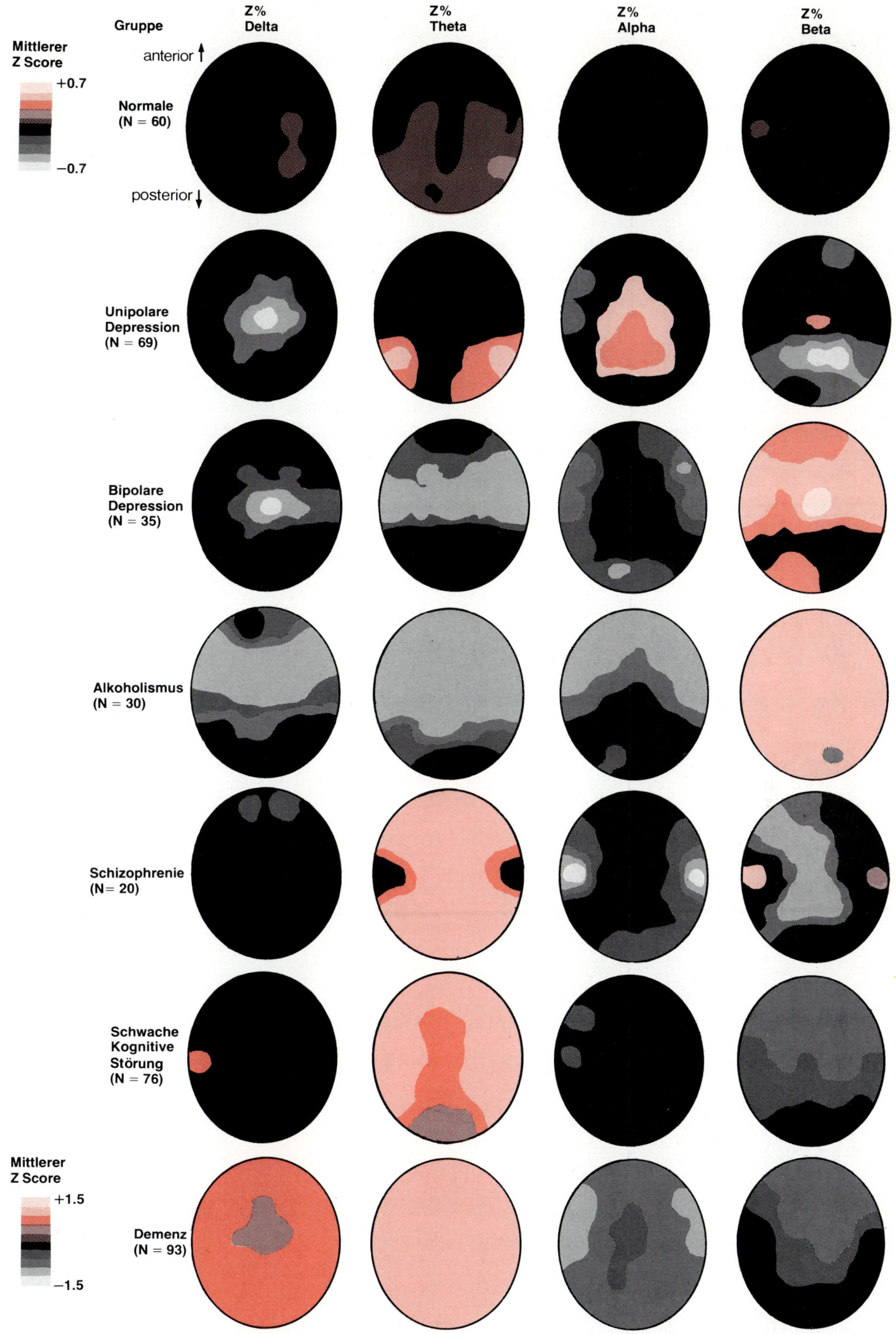
Mittlerer Z Score
+0.7
−0.7
Gruppe
Z% Delta
Z% Theta
Z% Alpha
Z% Beta
anterior
posterior
Normale (N = 60)
Unipolare Depression (N = 69)
Bipolare Depression (N = 35)
Alkoholismus (N = 30)
Schizophrenie (N= 20)
Schwache Kognitive Störung (N = 76)
Mittlerer Z Score
+1.5
−1.5
Demenz (N = 93)

24.3 Ereigniskorrelierte Hirnpotentiale (EKP)

Meßmethoden und Komponenten von EKP

Unter ereigniskorrelierten Hirnpotentialen (EKP) verstehen wir alle elektrocorticalen Potentiale, die *vor*, *während* und *nach* einem sensorischen, motorischen oder psychischen Ereignis im EEG meßbar sind. EKPs sind in der Regel von sehr viel kleinerer Amplitude (1–30μV) als das Spontan-EEG, das diese Potentiale als „Rauschen" so stark überlagert, daß sie mit freiem Auge nicht sichtbar sind. Der Grund für die kleinen Amplituden der EKPs liegt sowohl in ihrer stärkeren örtlichen Lokalisation in den verschiedenen Cortexarealen, die eine Konsequenz der lokalen thalamischen Generatoren ist, als auch in der Tatsache, daß sie seltenere Ereignisse sind als die in Form und Amplitude ähnlichen, dauernd vorhandenen EEG-Wellen. In der Nachrichtentechnik wird zur Lösung dieses Problems – in einem „verrauschten" Prozeß ein Signal zu entdecken – die Mittelungstechnik verwendet. Dasselbe Prinzip läßt sich auf EKPs anwenden.

Mittelungstechnik. Bei Wiederholung ein und desselben Reizes, derselben Reaktion oder desselben psychischen Vorgangs geht man davon aus, daß der zugrunde liegende elektrocorticale Prozeß *gleich* oder zumindest *ähnlich* aussieht, während die EEG-Hintergrund-Aktivität in bezug auf das Ereignis *zufällig* verteilt ist. Abb. 24–13 gibt die zunehmende Verbesserung des **Signal-Rausch-Verhältnisses** mit Summierung der zeitsynchronen EEG-Aktivität wieder. Wie leicht zu sehen ist, summieren sich Amplituden, die zum selben Zeitpunkt die gleiche Form und Phase haben und werden zunehmend größer. Die variablen EEG-Wellen (einmal positiv, einmal negativ) bleiben gleich oder werden kleiner.

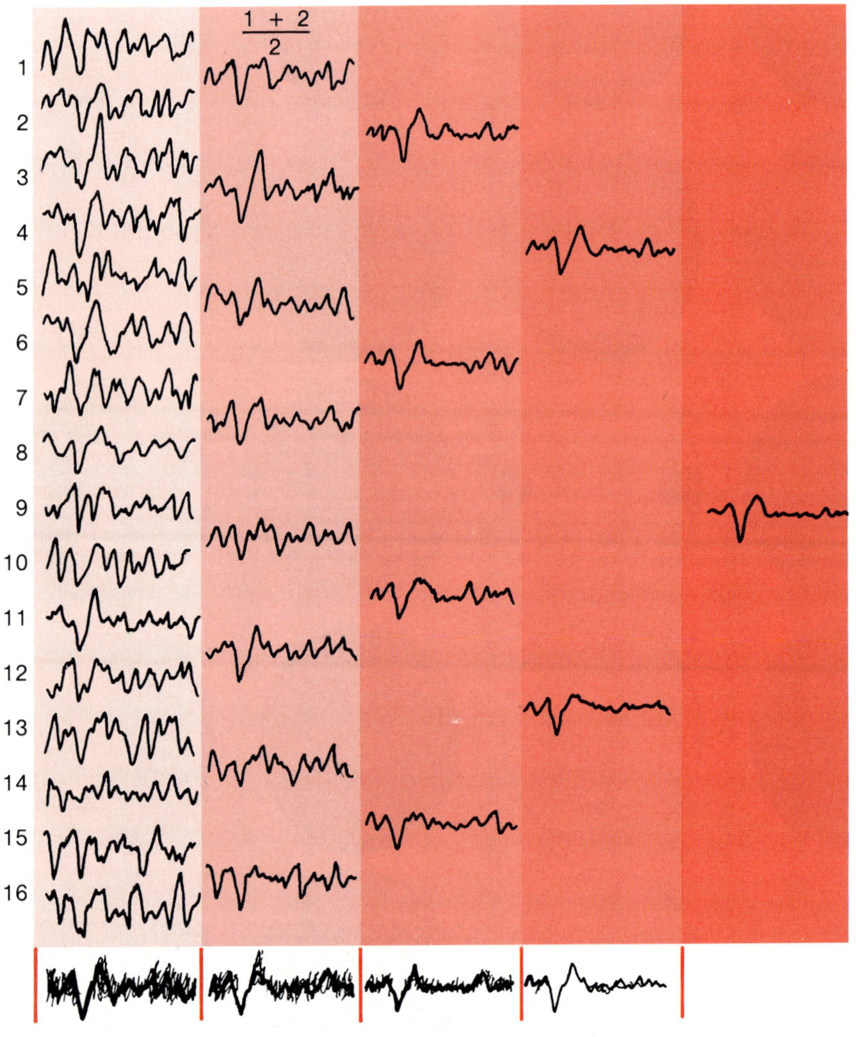

Abb. 24–13. Darstellung des Mittelungsprozesses. Mit zunehmender Anzahl der aufsummierten Durchgänge nimmt das Rauschen ab. Die überlagerten Verläufe sind in der untersten Zeile dargestellt. (Nach Cooper et al. 1980)

Die spezifischen Komponenten, also jene Spannungsschwankungen, die in unveränderlicher, immer gleicher Form auf den Reiz folgen, werden hervorgehoben und mit zunehmender Summierung (größer werdender Reizzahl) deutlicher. Um die Originalgröße zu erhalten, bilden wir abschließend das arithmetische Mittel der summierten Kurven. Alle hier beschriebenen Vorgänge werden heute bereits von Computern („Averager") übernommen, die das Ergebnis sofort verfügbar machen (On-line-Analyse).

Identifikation von Komponenten. Nach Mittelung des EEGs auf einen Reiz oder vor einer Reaktion liegt meist eine komplexe Aufeinanderfolge von Wellen vor, die unterschiedliche neurophysiologische und *damit* unterschiedliche psychologische Vorgänge repräsentieren. Abb. 24-14 zeigt ein typisches EKP auf einen akustischen Reiz. Welche der dort sichtbaren Abschnitte stellen nun eine unabhängige und reliable Komponente dar, die einen *spezifischen* neurophysiologischen und psychologischen Prozeß so exakt wie möglich beschreibt?

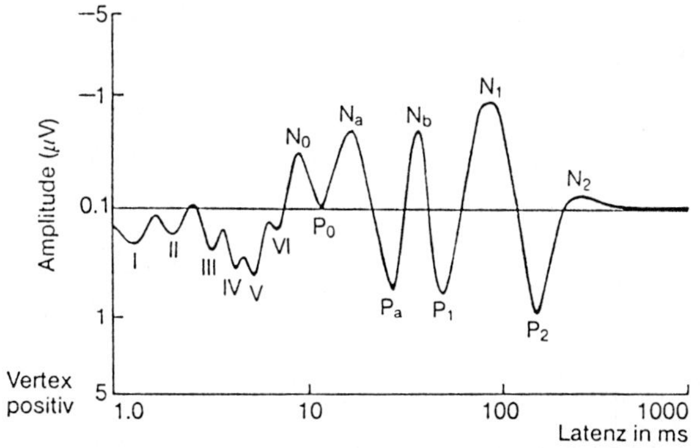

Abb. 24-14. Schematische Darstellung eines akustisch evozierten Potentials (AEP) (logarithmischer Maßstab der Zeitachse). Die Gipfel (Peaks) I-VI werden zwischen akustischem Nerv und lateralem Kniekörper (Corpus geniculatum laterale) generiert, also relativ weit entfernt von dem Ableitungsort und der Schädeloberfläche. Diese Gipfel werden daher auch „far field potentials" genannt. Gipfel VI tritt in der Vertexableitung nicht hervor. Die mit N (negativ) und P (positiv) bezeichneten Gipfel repräsentieren Aktivität aus Thalamuskernen, dem akustischen Cortex und Assoziationsarealen. (Aus [9] nach Picton et al., J. Electroenc. Clin. Neurophysiol. 36, 179-190, 1974)

Auf diese Frage gibt es mehrere methodische Antworten. Jede der Methoden zur Bestimmung von unabhängigen *Komponenten* weist Vor- und Nachteile auf. Der einfachste Weg ist die Bestimmung der *Amplituden* zweier aufeinanderfolgender Potentialgipfel in einem bestimmten Zeitraum (z. B. N100-P200 in Abb. 24-16). Die Variation der Amplituden in Abhängigkeit von experimentellen Bedingungen (z. B. aufmerksam versus unaufmerksam) stellt die wichtigste Informationsquelle dar. Aus diesen *Gipfel-zu-Gipfel-Analysen* geht aber nicht hervor, ob den einzelnen Wellen real unterschiedliche Prozesse zugrunde liegen; z. B. kann eine Wellenform nur eine Nachschwankung („rebound") der vorausgegangenen sein.

Wenn eine bestimmte Amplitude in einem gegebenen Zeitraum Variationen zeigt, die immer wieder bei verschiedenen Personen oder Tieren auftaucht, so nimmt man eine Komponente an. Mathematisch lassen sich solche unabhängigen Komponenten über die sogenannte **Principal-Component-Analyse (PCA)** errechnen, die analog der in der Psycholgie gebräuchlichen Faktorenanalyse funktioniert (Abb. 24-15). - Bei vielen Elektroden am Kopf läßt sich der *elektrische Ursprung* einer bestimmten Komponente im Schädel aus den beschriebenen biophysikalischen Eigenheiten (Dipolstruktur, s. o.) ebenfalls berechnen. Die Verteilung, Phasen und Polarisationsvariationen der Potentiale geben bei Berücksichtigung der Windungen und Täler der Hirnrinde Information über den Ursprung in einem bestimmten „Verarbeitungszentrum". Angesichts der Komplexität der biophysikalischen Prozesse im Gehirn sind diese Analysen häufig ungenau und müssen durch experimentelle Befunde belegt werden.

Exogene und endogene Komponenten. Grundsätzlich gilt, daß die Amplitude einer Potentialkomponente mit der Anzahl funktionstüchtiger Neurone in dem Hirnabschnitt unter der Elektrode korreliert. Das Fehlen, die Reduktion oder Überschießen einer bestimmten Amplitude erlauben uns daher Aussagen über den *Funktionszustand des Nervengewebes.* Dies gilt vor allem für Komponenten, die bis zu 100 ms nach einem sensorischen Reiz auftreten: den *exogenen Komponenten.* Abb. 24-14 zeigt ein EKP nach einem einfachen akustischen Reiz (beachte die logarithmische Zeitachse). Die Amplituden bis 100 ms ändern sich vor allem in Abhängigkeit von den physikalischen Charakteristiken des Reizes, primär seiner Intensität. Die Wellen bis 10 ms bezeichnet man als **Hirnstammpotentiale**, da ihre Komponenten in verschiedenen Umschaltstationen des akustischen Systems generiert werden und sich von dort bis an die Schädeldecke fortpflanzen (s. Kap. 20). Welle II entsteht im Nucl. cochlearis, III im oberen Olivenkern, IV und V im Colliculus inferior und VI im Geniculatum mediale des Thalamus. Aus den Latenz- und Amplitudenverschiebungen dieser Komponenten lassen sich Schlüsse auf eventuelle Unterbrechungsorte und Störungen im akustischen Leitungssystem ziehen. Die Komponenten zwischen 10 ms und 100 ms nach einem Reiz entstehen zum Großteil in den spezifischen Projektionsarealen des Neocortex, ihre Bedeutung für die Informationsverarbeitung ist nicht völlig geklärt.

Alle Komponenten *ab 100 ms* zeigen Variationen in Abhängigkeit von *psychischen Veränderungen* und sind nicht mehr von den physikalischen Reiz- und Reaktionsbedingungen *allein* abhängig. Sie

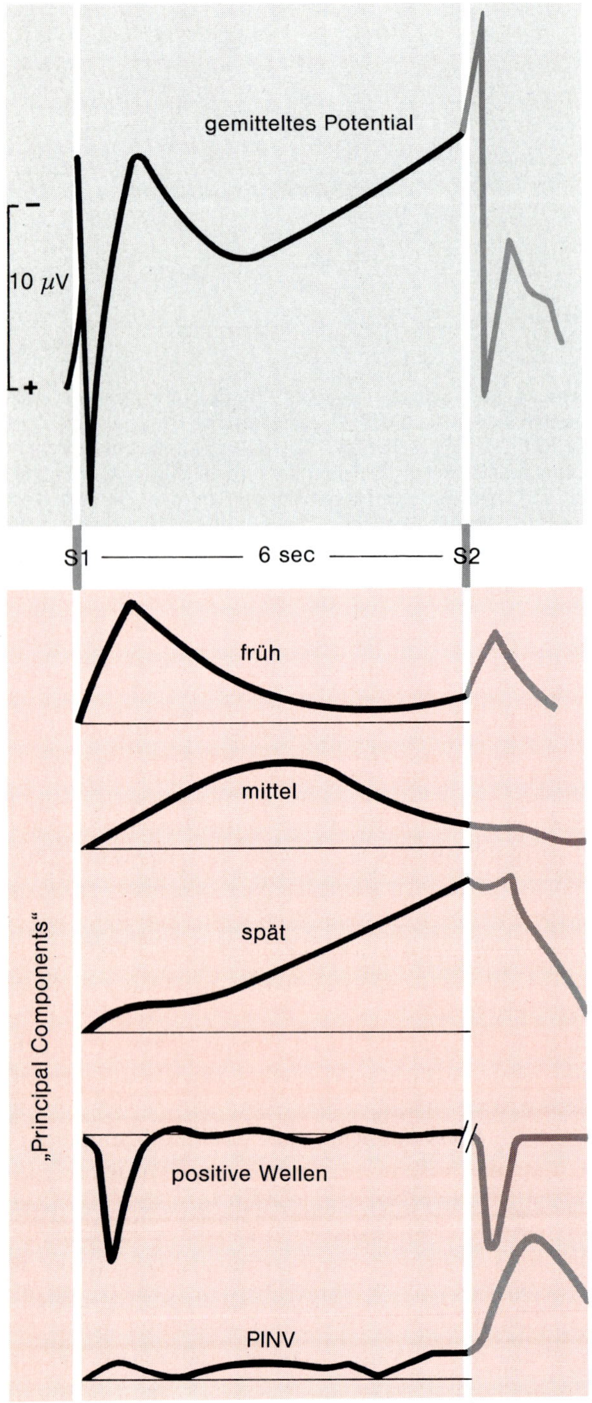

Abb. 24-15. Langsame Hirnpotentiale LP, vom Vertex (Cz) registriert. Gemittelte Kurve *oben*. Bei S_1 wird ein akustischer Warnreiz dargeboten, 6 s danach erfolgt bei S_2 ein imperativer akustischer Reiz, auf den die Person eine Taste drücken muß. Darunter fünf mathematisch errechnete „Principal Components", unabhängige Komponenten der oben dargestellten Kurve. Eine „frühe" Komponente (ca. 1 s nach S_1) repräsentiert die von S_1 ausgelöste *Erwartung*, die „späte" Komponente die *Vorbereitung* auf S_2 und Reaktion. Die positiven Wellen (P 300) hängen mit Orientierung und Kurzzeitgedächtnis zusammen, die PINV (*p*ost *i*mperative *n*egative *V*ariation) stellt eine Neumobilisierung bei unerwarteten Ereignissen dar

werden als *endogene Komponenten* bezeichnet, da man den primären Ursprung ihrer Variabilität *innerhalb* des Organismus vermutet (Abb. 24-16). Wir besprechen diese ausführlich in Kap. 25 und 30.

Langsame Hirnpotentiale

Registriert man das EEG mit Gleichspannungsverstärkern, so daß auch langsame Veränderungen unter 1 Hz sichtbar werden, so zeigen sich charakteristische Verschiebungen des EEGs in *elektrisch negative* oder *positive Richtung*. Da diese *Gleichspannungsverschiebungen* auf bestimmte Ereignisse eher träge reagieren (selten schneller als 200-300 ms), spricht man von langsamen Hirnpotentialen (slow brain potentials, LP). Diese LP sind für die Psychologie von großer Bedeutung, da sie die Aktivität eines ausgedehnten neuronalen Systems widerspiegeln, das für die *Planung und Mobilisierung zielgerichteten Verhaltens* notwendig ist [12].

Im Gegensatz zu den EKPs bis 300 ms nach einem Reiz repräsentieren die LPs einen *„scopeutischen" Verarbeitungsmechanismus* des Nervengewebes, während LKP bis 300 ms automatische, „kategorische" Verarbeitung widerspiegeln. Der Begriff „scopeutisch" kommt aus dem Griechischen und meint, daß etwas *gewünscht* wird oder *erreicht* werden soll. LP in negativer Richtung treten stets dann auf, wenn zusätzliche Energiereserven in neuen komplexen Situationen oder psychischen Bedingungen benötigt werden (Kap. 25).

Komponenten und Topographie. Abb. 24-15 gibt den typischen Verlauf der LP in einer Verarbeitungs- und Erwartungssituation wieder. 6 s nach einem Warnreiz (S_1) erfolgt ein zweiter imperativer Reiz (S_2), auf den die Person so rasch wie möglich reagieren muß. Unter der summierten Rohkurve des EEGs oben sind einige mit Hilfe der PCA berechneten Komponenten aufgetragen. Jede dieser Komponenten entspringt in verschiedenen Hirnregionen und stellt einen unterschiedlichen Verarbeitungsprozeß dar. Z. B. kommt die erste, frühe Komponente aus dem präfrontalen Cortex, während die späte Komponente stets in *jenen Hirnregionen* dominiert, in denen der zweite Reiz verarbeitet oder die Reaktion vorbereitet wird: z. B. bei Reaktion der linken Hand auf S_2 finden wir ein negatives Maximum über der rechten praecentralen Windung. Die als PINV (*p*ost *i*mperative *n*egative *V*ariation) bezeichnete Negativierung dagegen tritt dann auf, wenn eine *Erwartung verletzt* wurde, z. B. wenn bei S_2 nicht die gewünschte Änderung in der Umgebung auftritt.

Elektrogenese von LP. LP und EKP stellen – wie schon auf S. 463 beschrieben – lokale Verschiebungen synchroner postsynaptischer Potentiale der oberen Rindenschicht dar, die von „unspezifischen" Afferenzen moduliert werden (s. Abb. 24–7, 24–8). Negative LP treten immer dann auf, wenn es zu einer relativen Erhöhung der Synchronisation einlaufender tonischer Impulssalven aus dem Thalamus an den apicalen Dendriten kommt. D. h. mit zunehmender Gleichzeitigkeit (Synchronisation) der tonisch ununterbrochen ankommenden EPSPs steigt die Negativierung in einer bestimmten Gruppe von neocorticalen Modulen.

Die Negativierung dürfte primär auf corticale cholinerge Synapsen rückführbar sein, da die Blockade mit Anticholinergica die LPs reduziert. *Positivierung* ist entweder auf Nachlassen der synchronen thalamischen Feuerrate oder aber auf eine Erregung der soma-nahen Rindenschicht IV zurückzuführen (siehe Dipolmodell, S. 463). Die funktionelle Bedeutung der Negativierung (Depolarisation) apicaler Dendriten liegt primär in der Tatsache, daß sie die synaptische Übertragung nachfolgender Impulse und das Auslösen von Aktionspotentialen am Axonhügel begünstigt. Negativierung der oberen Cortexschicht stellt somit elektrophysiologisch einen **Mobilisierungszustand** des betreffenden Areals dar, während Positivierung entweder die Hemmung oder Konsumation der Mobilisierung (z. B. durch Feuern der Pyramidenzellen in Schicht IV) repräsentiert.

Neurophysiologische Grundlagen von LP. Wie schon oben erwähnt, sind negative LPs Ausdruck der Aktivität eines „scopeutischen" Mobilisierungssystems, das die Erregungsschwellen ausgedehnter neocorticaler Netzwerke regelt. Damit wird die *Entladungsbereitschaft* einzelner Netzwerke lokal schon *vor* der aktuellen Verarbeitung ankommender Erregung bzw. in Vorbereitung auf nicht-automatische Handlungen geregelt. Die gemessenen LPs sind also stets das Resultat des momentanen *labilen Gleichgewichts* zwischen Erregungsbereitschaft (negativ) und Hemmung dieser Bereitschaft (apicale Positivierung) oder Konsumation der Bereitschaft (soma-nahe Negativierung). Steigt die Erregungsschwelle über ein bestimmtes Ausmaß an, so wird eine Gegenregulation eingeleitet (mit ca. 50–100 ms Latenz), die das betroffene Netzwerk wieder auf ein „mittleres" Erregungsniveau zurückregelt. Beim epileptischen Krampfanfall z. B. versagt dieser Gegenregulationsmechanismus, und die Erregungsschwelle (Negativierung) sinkt unkontrolliert. Extreme Feuerraten der Pyramidenzellen mit entsprechenden Konsequenzen in den Erfolgsorganen (Anfall) sind die Folge. Da dieses System der corticalen Erregungsregulation gleichzeitig für die Steuerung motorischer und sensorischer **Aufmerksamkeit** verantwortlich ist, besprechen wir es ausführlicher in Kap. 25.

Untersuchungen an der Katze und am Affen ergaben, daß für die antizipatorische Verteilung der Erregungsschwellen z. B. nach einem Warnreiz am Neocortex die Intaktheit des *präfrontalen Cortex* Voraussetzung ist. Die negative Rückmeldung, über die ein übermäßig starkes Ansteigen der lokalen Erregungsschwellen verhindert werden, erfolgt über die *Basalganglien.* Beide Systeme konvergieren im *reticulären Thalamus* als gemeinsame Endstrecke, dessen tonisches Erregungsniveau selbst wieder von dem „Aktivierungsfluß" aus der mesencephalen Reticulärformation abhängt.

Psychophysiologische Bedeutung von EKP und LP

Informationsverarbeitung und EKP. Die Deutung von einzelnen Potentialkomponenten als Substrate der Informationsverarbeitung beruht ausschließlich auf experimentalpsychologischen Befunden, da die neurophysiologische Basis vieler Komponenten ungeklärt ist. Abb. 24–16 zeigt die EKP-Komponenten eines *bedeutsamen* (links) und eines *irrelevanten* akustischen Reizes (rechts). Die Zuordnung an die einzelnen Stadien der Informationsverarbeitung wird in Kap. 25 und 30 ausführlich beschrieben. Bis 300 ms sind die einzelnen Verarbeitungsschritte *nicht bewußt*: bewußtes Erleben ist im allgemeinen an hinreichend synchrone Negativierung eines größeren Zellareals gebunden. In der Regel treten klar feststellbare Bewußtseinsänderungen erst mit der ersten LP-Komponente (auch CNV genannt, kontingente negative Variation von Abb. 24–15 und 24–16) um 300 ms auf. Während die Negativierung um 100 ms (N100) im wesentlichen auf das primäre Projektionsareal beschränkt bleibt, breiten sich die übrigen Potentialanteile in verschiedenen Hirnregionen aus, je nach den oft weit auseinanderliegenden Arealen, die an einem bestimmten Verarbeitungsschritt beteiligt sind.

LP, cerebrale Potentialität und cerebrale Leistung. LP sind nicht nur Ausdruck der Erregbarkeitsschwellen corticaler Netzwerke, sondern sie *beeinflussen* diese auch rückwirkend und haben somit eine *aktiv-modulierende* Funktion. Bei antizipatorischer Negativierung steigt die Depolarisation der apicalen Dendriten an, die Entladungsschwelle des Neurons sinkt. Diesen Zustand eines lokalen Netzwerkes nennen wir **cerebrale Potentialität**. Cerebrale Potentialität kann auch durch extern angelegte positive (anodale) Potentialität „erzeugt" werden (die extracelluläre Positivierung verringert den Potentialgradienten an der Dendritenmembran). Wenn in diesem „Zustand" cellulärer Bereitschaft ein sensorischer Reiz in Schicht III oder IV (ca. 5–10% aller Afferenzen), eine assoziative oder callossale Afferenz (ca. 60% aller Afferenzen) in Schicht I und II anlangt, ist die *Wahrscheinlichkeit für das Feuern* des Zellsystems erhöht [12, 17].

Feuern viele Pyramidenzellen gleichzeitig, sowohl bei motorischen Efferenzen als auch assoziati-

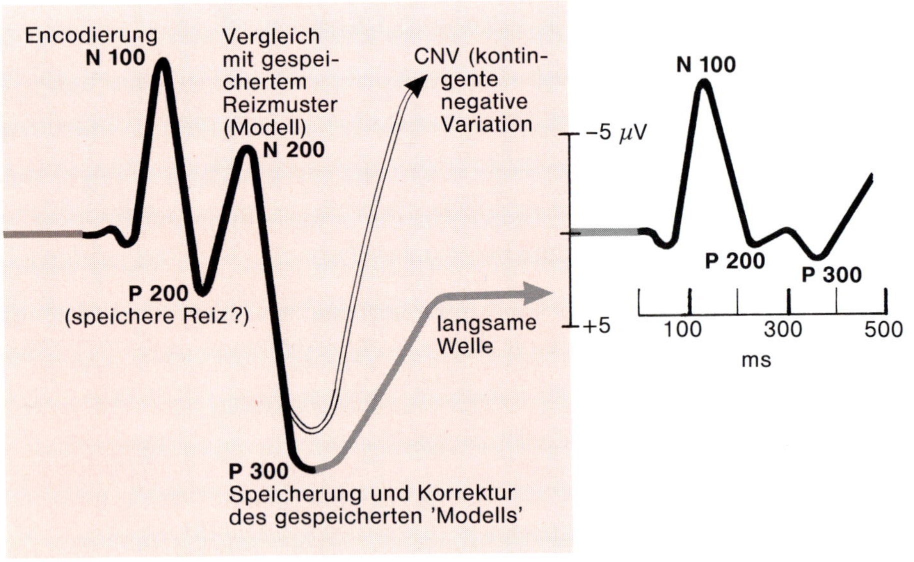

Abb. 24-16. EKP auf einen akustischen Reiz. *Links* auf einen aufgabenrelevanten Ton, *rechts* derselbe Ton ohne Bedeutung (s. auch Text)

ven Verbindungen („Denken"), so verschiebt sich das Potential (LP) nach positiv, da die negative Stromsenke zum tiefergelegenen Soma wandert: diesen Zustand nennen wir **cerebrale Leistung**, da er mit Informationsaustausch und -weitergabe des Netzwerks verbunden ist. Da häufig aber auch *während* aktueller cerebraler Leistung im selben Netzwerk cerebrale Potentialität für neue Verarbeitung aufgebaut wird, stellt die aktuell sichtbare Polarisierung des LP-EEGs stets ein *dynamisches Equilibrium* aus Potentialität und Leistung dar, sodaß wir aus der Amplitude des LP nur auf das *relative Übergewicht* einer der beiden Zustände schließen können. Bei unwichtigen oder bekannten Afferenzen (automatisierte Verarbeitung) dauert die Schwellenerhöhung nur kurz an, da frontale Aufmerksamkeitssysteme (s. Kap. 25) die thalamischen „Tore" nicht lange genug offenhalten, d.h. die Positivierung bleibt nur kurz bestehen (P200-Komponente). Nach bedeutsamen Reizen (kontrollierte Verarbeitung) hält synchrone Erregung länger an, sie trifft allerdings aufgrund der Verarbeitungszeit des frontalen Aufmerksamkeitssystems ca. 100 ms später ein (P300-Komponente, s. Kap. 25).

Instrumentelles Lernen von LP. Wenn die LP-Negativierung ein relatives Übergewicht an lokaler cerebraler Potentialität widerspiegelt und Positivierung cerebrale Leistung, müßten Verhaltensweisen oder Denkprozesse, die von einem bestimmten corticalen Netzwerk ausgehen, während *Negativierung* effizienter und während *Positivierung* fehleranfälliger werden. Dies wurde mit sogenannten biologischen Konditionierungsversuchen (**„Biofeedback"**) gezeigt: Personen können lernen, ihre eigenen LPs über instrumentelle Versuchsanordnungen selbst zu regulieren. Dabei werden sie für negative oder positive LPs systematisch belohnt. Nach solchen Lernphasen, die detailliert in Kap. 25, 29 und 30 beschrieben werden, können die Personen ihre LPs in den entsprechenden Regionen des Cortex regulieren. Werden danach sensorische und motorische Aufgaben dargeboten, die in umschriebenen Hirnregionen verarbeitet werden, so ist die Verhaltenseffizienz für diese spezifischen Verhaltensweisen durch selbsterzeugte Negativierung aus der betroffenen Cortexregion erhöht.

24.4 Bildgebende Methoden

Das EEG und EKP sowie das MEG (Magnetoencephalogramm) sind die einzigen Methoden, die eine *quantitative und kontinuierliche* Verfolgung informationsverarbeitender Prozesse im Gehirn des Menschen erlauben. Sie bilden aber nur synchrone elektrische bzw. magnetische Änderungen von relativ umfänglichen Netzwerken ab. Subcorticale Potentialverschiebungen können nur über umständliche mathematische Verfahren indirekt erschlossen werden. Die den elektromagnetischen Vorgängen zugrunde liegenden Bewegungen und Aktionen der Neuromodulatoren und ihrer Receptoren bleiben ebenso unsichtbar. Zur Ergänzung des Bildes über neuronale Prozesse im gesamten und intakten menschlichen Gehirn sind deshalb die im folgenden beschriebenen Verfahren unerläßlich. Ihre träge zeitliche Auflösung (meist werden nur Prozesse, die Minuten andauern, sichtbar) limitiert aber ihren Nutzen für den Verhaltenswissenschaftler.

Radiologische Techniken

Röntgencomputertomographie (CT). Bis vor wenigen Jahren mußte zur neuroradiologischen Untersuchung entweder Luft in die Liquorräume (**Pneumoencephalographie**) oder ein Kontrastmittel in eine der großen Arterien des Kopfes (**Angiographie**) eingespritzt und danach eine Röntgenaufnahme gemacht werden. Da die Dichte von Röntgenstrahlen in allen Hirnteilen nahezu dieselbe ist, kann unterschiedliche Färbung des Films ansonsten nicht erfolgen. Beide Methoden sind nicht ungefährlich, haben Nebenwirkungen und sind für den Patienten belastend. Die „computerisierte" Axial-Tomographie (CAT-Scan) vermeidet diese Nachteile, die abgegebene Röntgenstrahlung hat keine negativen Auswirkungen. Der Kopf des Patienten wird in einen großen, zum Körper offenen drehbaren Ring plaziert. Der Ring enthält eine Röntgenröhre und genau gegenüber den Röntgendetektor (Abb. 24-17). Die Röntgenstrahlen dringen durch den Kopf des Patienten, der ihnen unterschiedliche „Widerstände" entgegensetzt; das resultierende Ausmaß an Radioaktivität wird auf der gegenüberliegenden Seite vom Detektor gemessen und in einem angeschlossenen Computer gespeichert. Danach wird der ganze Ring um 3 Grad gedreht, der Vorgang wiederholt usw., bis der Schädel aus allen Winkeln „gescannt" ist. Der Computer rekonstruiert ein zweidimensionales Bild, z. B. der horizontalen Schnittebene; danach wird der Kopf des Patienten nach oben oder unten bewegt und eine neue Schnittebene gescannt usw. Abb. 24-18 zeigt eine Serie solcher Schnittebenen bei einem Patienten mit einer rechten parieto-occipitalen Läsion nach einer Blutung.

Der Nachteil dieser Röntgendiagnostik ist ihr statischer Charakter. Eine einzige Aufnahme eines Schnittbildes dauert Mi-

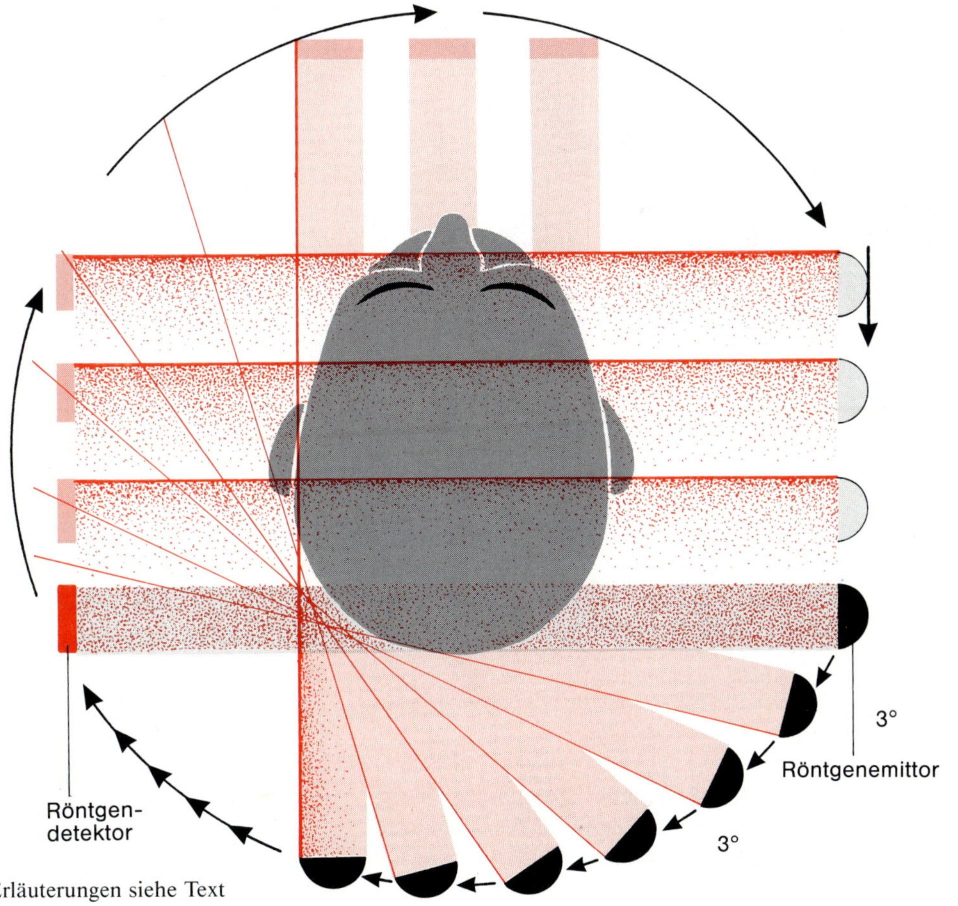

Abb. 24-17. CAT-Scan. Erläuterungen siehe Text

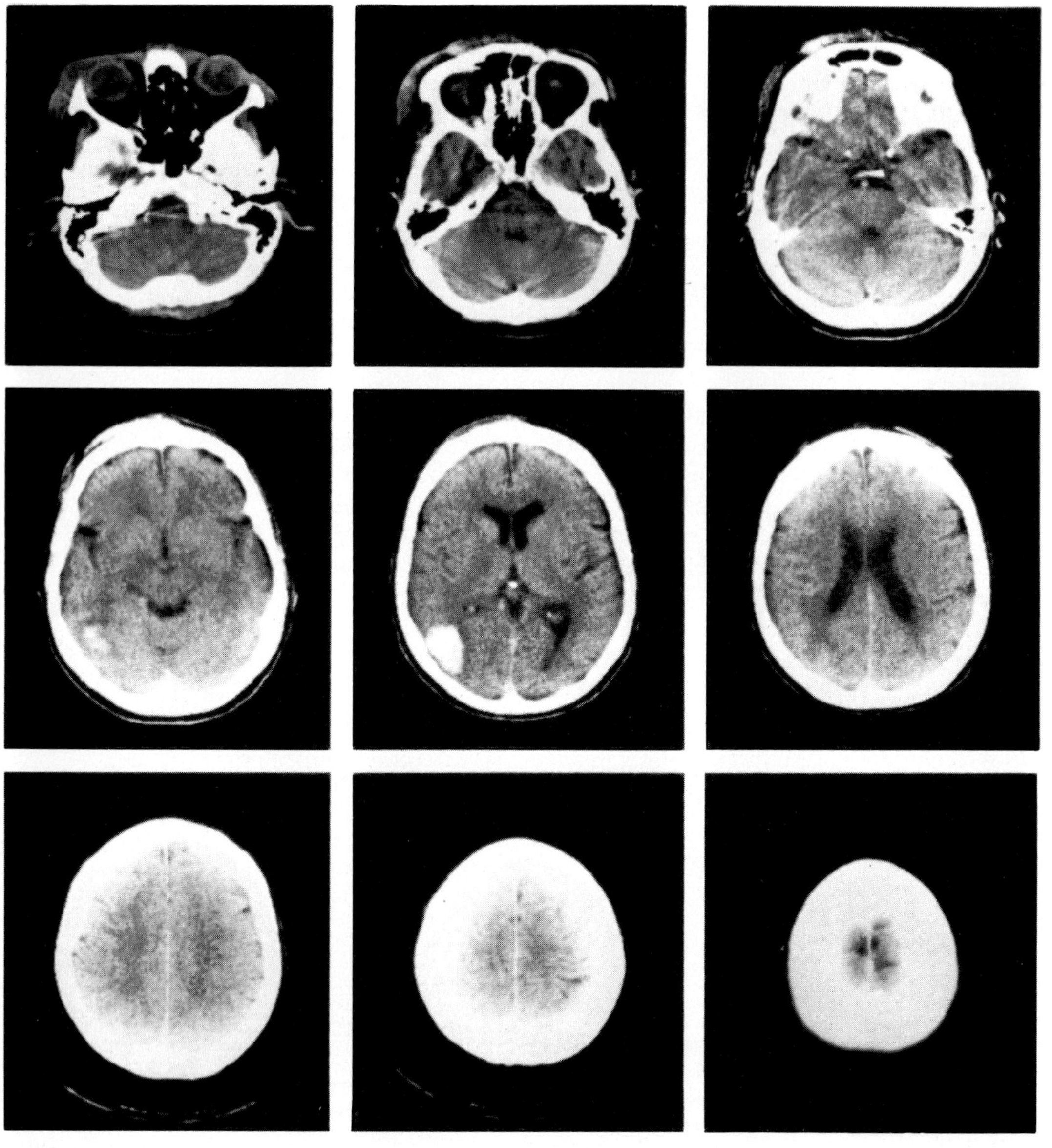

Abb. 24-18. Serie von CAT-Scans von einem Patienten mit rechts-parieto-occipitaler Läsion nach Blutung. Die Läsion erscheint *weiß*, weil Blut mehr Strahlung absorbiert als das umgebende Gewebe. Rostral, oben, caudal unten, links und rechts sind vertauscht. Das *obere* Bild ist ein Schnitt durch die Augen und den Hirnstamm, danach geht die Schnittebene nach oben. (Nach Carlson 1986)

nuten, also vergleichsweise lange zu Vorgängen im Gehirn. Da sich die Röntgenabsorptionskoeffizienten nur bei deutlichen Gewebeveränderungen ändern, dient das Verfahren vor allem zur Diagnostik raumfordernder Prozesse (z. B. Tumore) oder zur Ermittlung von Läsionen. Das Tomogramm eines toten Gehirns unterscheidet sich nicht von dem eines lebenden Gehirns.

Für die neuropsychologische Forschung wurde CAT besonders wichtig, da erstmals Verhaltensstörungen nach exakt definierten Ausfällen studiert werden konnten.

Messung regionaler Hirndurchblutung (rCBF). Ingvar u. Lassen [15] entwickelten eine quasi-kontinuierliche Methode zur Messung der regionalen Hirndurchblutung, die ein gutes Bild des momentanen Energieverbrauches einer neocorticalen Region gibt, die im Versorgungsgebiet der A. carotis interna liegt (Abb. 1-1). Dabei wird eine kleine Menge radioaktives Xenon-133 in die Arterie injiziiert oder Xenon-133-Gas inhaliert. Mit bis zu 300 Detektoren an einer Hemisphäre können der Einstrom und die anschließende Auswaschung des radioaktiven Isotops über einige Minuten gezählt werden. Je mehr Blut in einer bestimmten Region aufgenommen wird, um so stärker die Konzentration des Isotops und um so stärker die Gammastrahlung aus diesem Gebiet. Da tieferliegende Schichten die Gammastrahlung wesentlich abschwächen, dient das Verfahren primär der Darstellung des regionalen Blutflusses der Hirnrinde. Die Ergebnisse der rCBF-Methode erbrachten bisher Übereinstimmung mit und Erweiterung von neuropsychologischen Lokalisationsversuchen und EEG-Befunden. Abb. 24-19 gibt die rCBF für verschiedene Verhaltenszustände wieder.

Positron-Emissions-Tomographie (PET). Die Detektion von Radioaktivität liegt auch der PET zugrunde, wobei unterschiedliche *Stoffwechselaktivitäten* im Zentrum des Interesses liegen. Zunächst erhält der Patient eine Injektion von radioaktiv markiertem Stoffwechselmaterial. Da das Gehirn 95% seines Energiebedarfs durch Abbau von Glucose deckt, ist die lokale Glucoseaufnahme während verschiedener mentaler Prozesse besonders wichtig. Radioaktive 2-Deoxyglucose wird in die *metabolisch aktiven Zellen verstärkt inkorporiert.* Anders als körpereigene Glucose wird sie aber verzögert metabolisiert und bleibt für einige Zeit in den Zellen. Wie beim CAT-Scan wird der Kopf der Person in einen ringförmigen Röntgenemitter und Positrondetektor plaziert; der Positrondetektor zählt die aus dem Kopf emittierten Partikel, der Computer rekonstruiert die Orte stärkster Strahlenemission (s. Abb. 24-20).

Funktionsweise der PET. Zur PET werden Radioisotope verschiedener Atome verwendet, die Positrone freisetzen. Positronen vereinigen sich, wenn sie abgebremst sind, mit einem Elektron. Dabei werden die beiden Teilchen in Strahlungsenergie, nämlich in Gamma-Strahlen umgewandelt. Gewöhnlich werden zwei Gamma-Quanten in einem Winkel von 180 Grad mit gleicher Energie (511 kev) abgestrahlt. Diese harte Strahlung durchdringt Hirnsubstanz und Knochen und kann von außen gemessen werden. Nun werden Detektoren paarweise in Koinzidenz geschaltet. Aus diesen Koinzidenzen (d. h. dem *gleichzeitigen* Eintreffen zweier Gamma-Quanten) an zwei gegenüberliegenden Detektoren ergibt sich, daß ein Strahlungsherd auf der Verbindungslinie liegen muß. D. h. das Isotop wurde in das jeweils interessierende biologische Molekül (z. B. Glucose) eingebaut. Aus der Summe solcher Information wird dann das Schnittbild erstellt. Die Aufnahme von Deoxyglucose ist proportional dem Glucoseverbrauch, so daß wir ein exaktes Bild der momentanen Stoffwechselaktivität des Gehirns erhalten. Bis zu 8 Aufnahmen innerhalb von 30 min nach Injektion können gemacht werden. Der Nachteil dieser Methode besteht darin, daß man zum Zeitpunkt der Messung im Gehirn gleichbleibende Verhältnisse voraussetzt, was innerhalb von 20-40 min Untersuchungszeit wohl selten gegeben ist. Änderungen während der Untersuchung selbst beeinflussen daher die Ergebnisse in schwer vorhersagbarer Form.

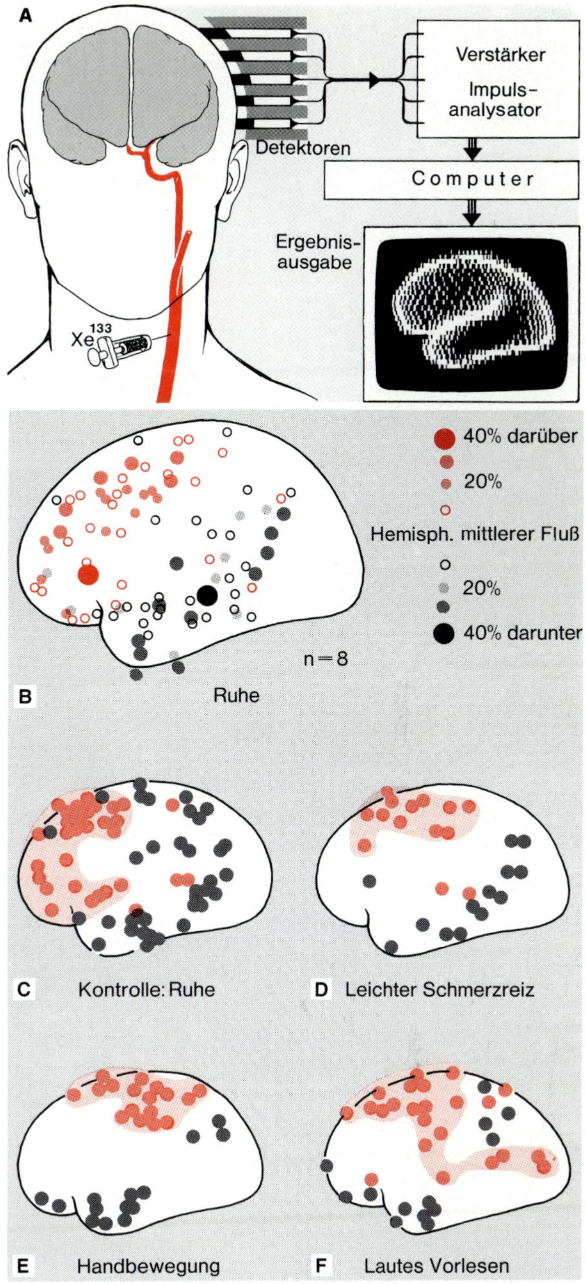

Abb. 24-19. Messung der regionalen Hirndurchblutung mittels intraarterieller Injektion von ^{133}Xe in die Carotis interna (N. A. Lassen und D. H. Ingvar). Aufnahme und Wiederausschwemmung in den verschiedenen Hirnregionen wird mit seitlich am Kopf angebrachten Geigerzählern gemessen. Mit Hilfe eines Computers wird die zugehörige Hirndurchblutung errechnet und numerisch oder graphisch angegeben. **A** Überblick über die Methodik. **B** Durchblutung der dominanten Hemisphäre in entspannter Ruhe. Mittelwerte von 8 Versuchspersonen. Abweichungen der Durchblutung vom Mittelwert sind entsprechend dem rechts gezeigten Schlüssel angegeben. **C** entspricht **B**: es sind aber nur diejenigen Areale angegeben, deren Durchblutung mindestens 20% über oder unter dem Mittelwert liegt. **D-F** Veränderung der regionalen Hirndurchblutung bei den angegebenen Hirnaktivitäten, Darstellung wie in **C**

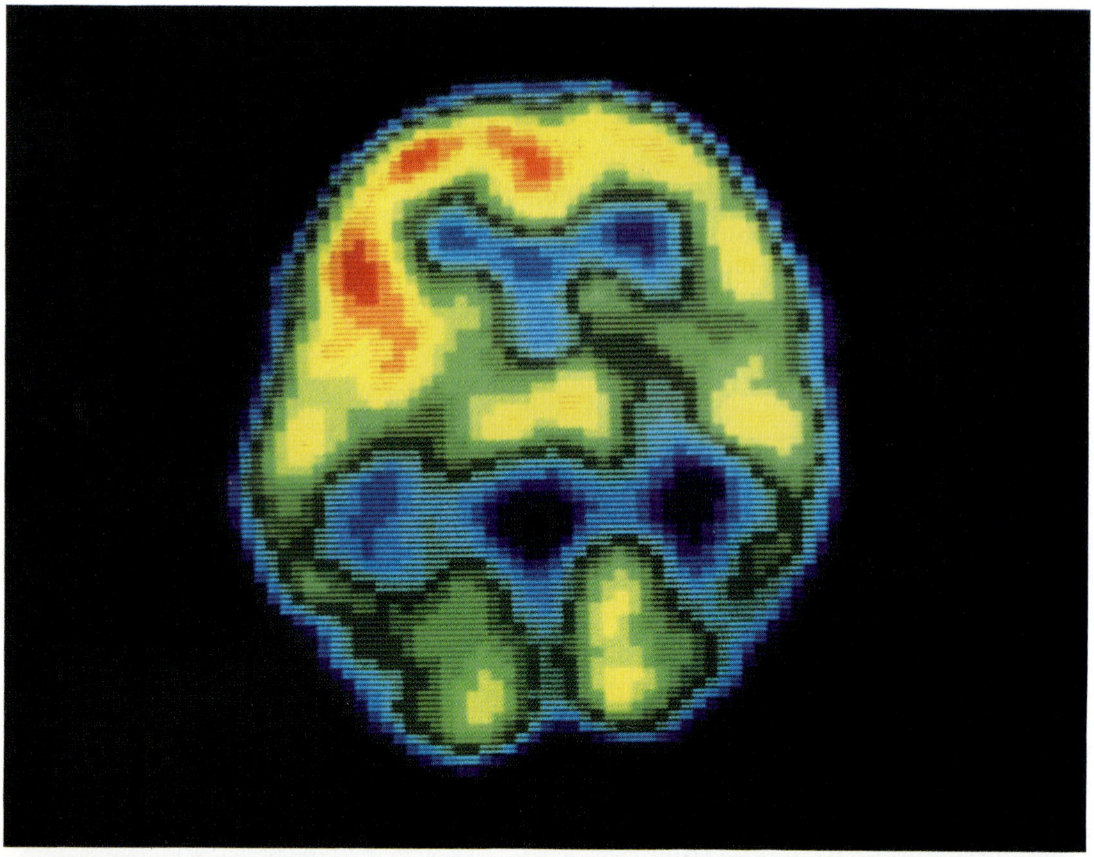

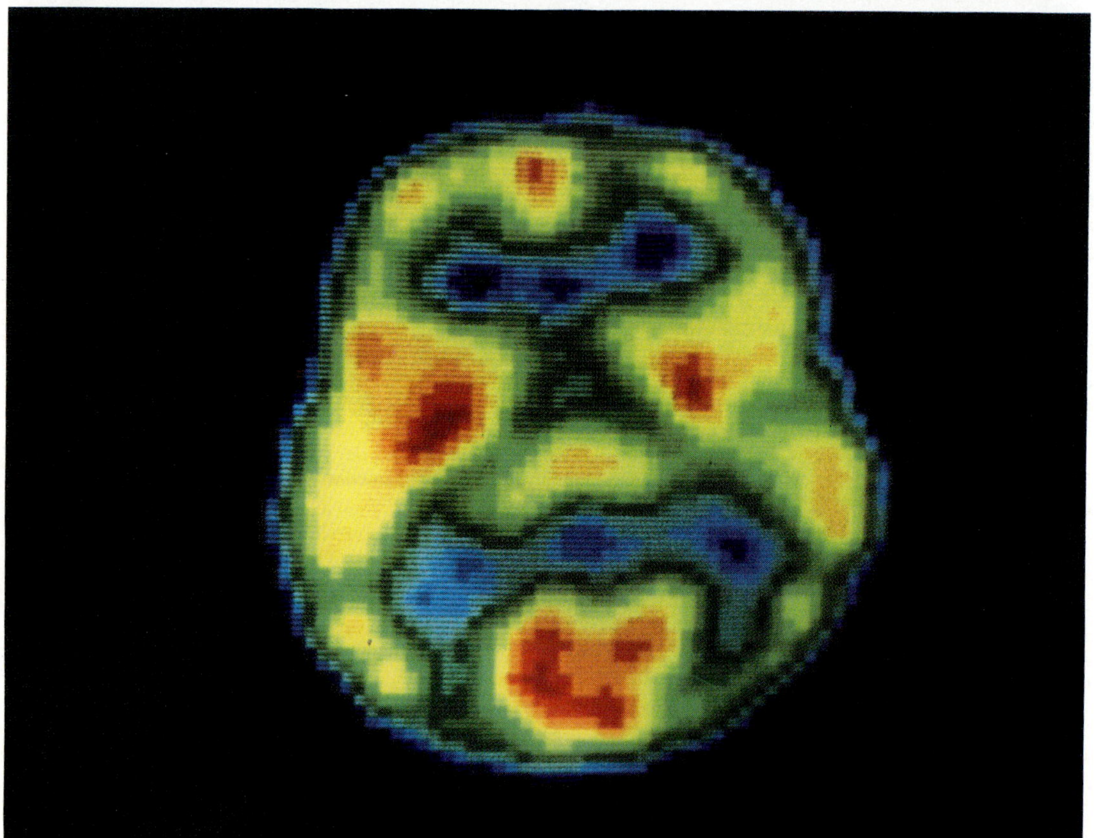

Abb. 24-20. Positron-Emissions-Tomographie (PET) einer Versuchsperson (*oben*) und eines schizophrenen Patienten (*unten*). Vp und Patient haben die Augen geschlossen und erhalten schwache elektrische Reize auf einen Arm. Areale mit hoher Glucoseaufnahme *rot*. Der Patient hat im Vergleich zur Vp erhöhte Stoffwechselaktivität im Occipitalbereich und erniedrigte im Frontallappen. (Aufnahmen von Dr. Monte Buchsbaum, Dep. of Psychiatry and the Behavioral Science, School of Medicine, Univ. of California, Irvine, California)

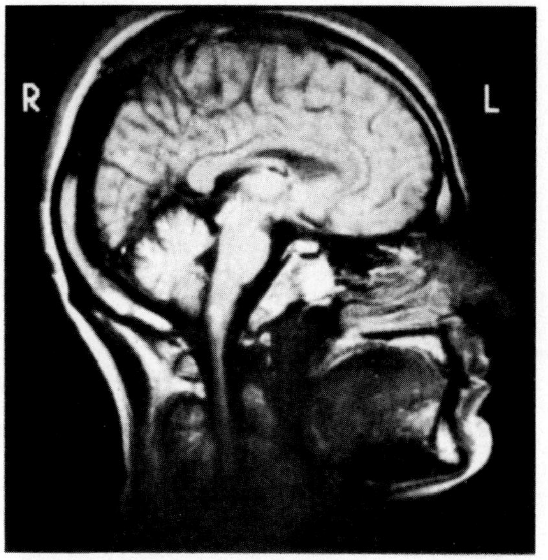

Abb. 24-21. Midsagittaler NMR-Scan durch ein menschliches Gehirn. (Aus Carlson 1986)

Magnetische Techniken

Magnetoencephalographie. Jede Bewegung elektrischer Ladungen ruft ein Magnetfeld hervor. Die magnetischen Feldlinien umgeben die longitudinale Achse eines durch einen elektrischen Dipol hervorgerufenen Stroms (siehe 24.2). Das Gehirn generiert daher auch schwache magnetische Felder, die mit hochempfindlichen Detektoren, sogenannten SQUID (superconducting quantum interference device), nachgewiesen werden können, die etwa 10-15 mm von der Schädeloberfläche entfernt angebracht werden.

Die im MEG (Magnetoencephalogramm) gemessenen magnetischen Flußdichten liegen unterhalb eines pT (pico Tesla) und betragen damit weniger als der zehnmillionste Teil der durch das Erdfeld hervorgerufenen magnetischen Flußdichte (Induktion). Mit den auf der Temperatur von flüssigem Helium zu haltenden Detektoren wurde 1968 erstmals Alphaaktivität und von 1975 an ereigniskorrelierte Aktivität gemessen. Aus den Änderungen des Magnetfeldes läßt sich die Lage und Ausdehnung des Dipols bei gleichzeitiger Kenntnis der EEG-Verteilung berechnen. Da das MEG durch umliegende Schichten weniger beeinflußt wird als die im EEG gemessene elektrische Aktivität (Abschirmung) und da keine Referenz notwendig ist, ist das MEG besonders gut geeignet, Quellen elektromagnetischer Aktivität aufzuspüren. Das MEG mißt die Aktivität von Stromsenken und -quellen auch in tiefen Hirnregionen, da dort die stärksten magnetischen Felder entstehen.

Kernspintomographie (NMR = nuclear magnetic resonance). Die „Nuclear-Magnetic-Resonance"-Tomographie stellt eine interessante, wenn auch bislang teure Entwicklung in der Objektivierung körperinterner Prozesse dar. Das Prinzip entspricht dem CAT-Scan, statt radioaktiver Strahlung werden aber starke Magnetfelder verwendet. Die Belastung des Organismus mit Röntgenstrahlen wird vermieden. Negative Effekte der angewandten Magnetfelder sind bisher nicht bekannt, wenngleich nicht auszuschließen. Die Kernspinresonanz (NMR) ist heute ein Standardverfahren in Physik und Chemie. Sie hat u.a. zur Strukturaufklärung biologisch interessanter Moleküle beigetragen. Zunehmend werden aber auch Stoffwechseluntersuchungen realisierbar.

In einem Magnetfeld werden die stets rotierenden Protonen in Gegenrichtung zum Feld ausgelenkt, da diese Rotation selbst einen kleinen Dipol erzeugt (Kernspin). Der Wasserstoffkern (H^+), also das Proton, besitzt das größte magnetische Moment, deshalb wird primär die Strahlung von *Wasserstoff* gemessen. Durch den Kernspin erfolgt in einem *äußeren* (angelegten) magnetischen Feld eine entsprechende Ausrichtung der Atomkerne. Werden die Atomkerne aus dieser Lage ausgelenkt, so rotieren sie wie ein angestoßener Kreisel um diese Vorzugsrichtung. Die Winkelgeschwindigkeit (Lamorfrequenz) der Kernrotation ist proportional zur Feldstärke und für die verschiedenen Atomkerne unterschiedlich.

Wird quer durch den Kopf ein in der Stärke abfallendes Magnetfeld erzeugt, so kann darüber der Ort der kreisenden Kerne entsprechend ihrer Dichte im Schädel ermittelt werden. Die Auslenkung des ausgerichteten Atomkerns erfolgt durch einen Hochfrequenzimpuls mit Lamorfrequenz. Das Abklingen (Relaxation) dieses Prozesses hängt vom umliegenden Gewebe ab (ein Kreisel rotiert auch unterschiedlich lange in Wasser und Luft). Der Aufbau eines Bildes aus 600 räumlichen Stellen benötigt zur Zeit etwa 20 min. Da eine einzelne Projektion aber nur 0,3-2,5 s (in Abhängigkeit der Relaxation) benötigt, können auch Veränderungen sichtbar gemacht werden. Die räumliche Auflösung ist durch thermisches Rauschen und Dämpfung durch elektrische Leitfähigkeit des menschlichen Körpers eingeschränkt. Deshalb besitzt bisher nur die Messung an Protonen hinreichendes räumliches Auflösungsvermögen. Abb. 24-21 gibt ein NMR-Bild des menschlichen Gehirns wieder.

24.5 Literatur

Weiterführende Lehr- und Handbücher

1. BIRBAUMER, N.: Das Elektroencephalogramm bei Blindgeborenen. Diss. der Univ. Wien 1969
2. CARLSON, N.R.: Physiology of Behavior. 3rd ed. Newton: Allyn & Bacon 1986
3. COOPER, R., OSSELTON, J.W., SHAW, J.C.: EEG Technology. 2nd ed. London: Butterworth 1980
4. CREUTZFELDT, O.D.: Cortex cerebri. Berlin, Heidelberg, New York, Tokyo: Springer 1983
5. EDELSTEIN, B.A., COUTURE, E.T. (Eds.): Behavioral Assessment and Rehabilitation of the Traumatically Brain-Damaged. New York: Plenum 1984
6. FILSKOV, S.B., BOLL, T.S. (Eds.): Handbook of Clinical Neuropsychology. Vol. 1: 1981; Vol. 2: 1986: New York, Wiley
7. INGVAR, D.H., LASSEN, N.: Cerebral function metabolism and circulation. Acta Neurol. Scand. *55*, Suppl. 64 (1977)
8. LURIA, A.R.: Die höheren corticalen Funktionen und ihre Störungen bei örtlichen Hirnschädigungen. Berlin: VEB Deutscher Verlag der Wissenschaften 1970
9. LUTZENBERGER, W., ELBERT, T., ROCKSTROH, B. BIRBAUMER, N.: Das EEG. Berlin, Heidelberg, New York, Tokyo: Springer 1985
10. NIEDERMEYER, E., LOPES DA SILVA, F. (Eds.): Electroencephalography. Baltimore: Urban & Schwarzenberg 1982, 2nd ed 1988.
11. PENFIELD, W., JASPER, H.H.: Epilepsy and the Functional Anatomy of the Human Brain. Boston: Little Brown 1954
12. ROCKSTROH, B., ELBERT, T., BIRBAUMER, N., LUTZENBERGER, W.: Slow Brain Potentials and Behavior. Baltimore: Urban & Schwarzenberg 1982. 2. Auflage 1989

Einzel- und Übersichtsarbeiten

13. ANDERSEN, P., ANDERSSON, S.A.: Physiological Basis of the Alpha-Rhythm. New York: Appleton-Century-Crofts 1968
14. BRAZIER, M.A.B.: The development of the concepts relating to the electrical activity of the brain. J. Nerv. Ment. Dis. *126*, 303–321 (1958)
15. INGVAR, D.H.: Functional landscapes of the dominant hemisphere. Brain Res. *107*, 181 (1976)
16. JOHN, E.R., PRICHEP, L.S., FRIDMAN, S., EASTON, P.: Neurometrics. Computer-assisted differential diagnostic of brain dysfunctions. Science *239*, 162–169 (1988)
17. SPECKMANN, E.J., ELGER, Ch.E.: Neurophysiological basis of the EEG and of DC potential. In: NIEDERMEYER, E., LOPES DA SILVA, F. (Eds.): Electroencephalography. Baltimore: Urban & Schwarzenberg 1982

25 Bewußtsein und Aufmerksamkeit

Bewußtes Erleben setzt das erfolgreiche *Zusammenspiel* verschiedener neuronaler Netzwerke innerhalb des Zentralnervensystems voraus und läßt sich nicht einer Region in der Hirnrinde allein zuordnen. Neurophysiologisch scheint die Erregung neocorticaler Zellverbände durch subcorticalen Einstrom eine notwendige, aber nicht hinreichende Voraussetzung für Bewußtsein zu sein.

Eine einheitliche Definition von Bewußtsein ist deshalb nicht möglich, weil es *heterogene Bewußtseinsprozesse und -formen* gibt, deren gemeinsames physiologisches Merkmal der *weiträumige Erregungsanstieg*, und psychologisch der Übergang von nicht-bewußter „automatischer" (s. 25.1) zu aufmerksamer, „kontrollierter" Informationsverarbeitung darstellen. Dieser Übergang kann kontinuierlich oder ruckartig erfolgen. Obwohl nicht alle kontrollierten Verarbeitungsvorgänge bewußt sind, gilt dies doch für einen Großteil dieser auf S. 485 beschriebener Prozesse.

Introspektiv ist Bewußtsein nur an seiner Abwesenheit im Tiefschlaf, bei Narkose und Zerstreutheit im Sinne von unaufmerksamer Wachheit zu erkennen. In Zuständen der Zerstreutheit oder automatisierter Verarbeitung besteht aber in der Regel reduziertes Bewußtsein, da kontrollierte Aufmerksamkeitsprozesse in abgeschwächter Intensität weiter existieren. Aufmerksamkeit und Bewußtsein sind nicht nur an selektive Erregung corticaler Areale über eine gewisse Schwelle, sondern auch an eine physiologische Balance zwischen erregenden und hemmenden Mechanismen gebunden. Bei Störung dieser Balance und vermehrter synchroner neuronaler Aktivität im epileptischen Anfall kommt es genauso zu Bewußtseinsverlust wie im Tiefschlaf, im Koma oder bei Betäubung durch Medikamente oder Drogen (z. B. Alkohol, Opiate).

Zum Verständnis der Neurobiologie von Aufmerksamkeit ist die Kenntnis der informationsverarbeitenden und präparatorischen (auf Wahrnehmung und Handlung vorbereitenden) *Prozesse* und *Stadien* auf psychologischer Ebene notwendig. Eine Analyse der Aufmerksamkeits- und Bewußtseinsprozesse ohne Verständnis der kognitiven Psychologie von Aufmerksamkeit bleibt genauso fragmentarisch wie die rein kognitive Analyse ohne Beachtung der physiologischen Grundlagen.

25.1 Psychologie der Bewußtseinsformen

Informationsverarbeitung und Aufmerksamkeit

Bewußtsein und Kurzzeitgedächtnis. Die Produktion von Bewußtsein ist eine Eigenschaft des Kurzzeitgedächtnisses (KZG, engl. STM, short term memory), während Prozesse im Langzeitgedächtnis (LZG, engl. LTM, long term memory) in der Regel nicht bewußt sind; LZG-Inhalte werden erst bei Übertragung in ein KZG- oder Arbeitsgedächtnis bewußt (Kap. 27).

Bei der Diskussion von Aufmerksamkeitsvorgängen dürfen wir nicht vergessen, daß die **Selektion** und die **Speicherung** (Kap. 27) eines Inhalts von der *motivationalen „Kraft"* der Inhalte abhängt. Reize mit hohem Anreiz- (Incentive) Wert (s. S. 563) und Reaktionen, die primäre Triebe befriedigen, werden eher Aufmerksamkeit steuern als neutrale Reize (zur Motivation s. Kap. 28). Jeder Gedächtnisinhalt im KZG erhält eine damit assoziierte Antriebs- oder eine Incentive-Komponente. Bei zwei verschiedenen Reaktionsformen, die an *zwei* Antriebzustände konditioniert sind (z. B. Hunger und Durst an zwei unvereinbare Situationen gekoppelt), wird durch „**Triebkonkurrenz**" bestimmt, welcher Reiz aufmerksam verfolgt und welche Reaktion ausgewählt wird.

Heterogenität des Bewußtseins. Die *kognitive Psychologie* geht heute davon aus, daß es verschiedene Formen von Bewußtsein gibt. Diese Erkenntnis wird von neurobiologischen Befunden, die wir in den nächsten Abschnitten erläutern, gestützt. Drei wichtige Befunde haben in der Psychologie zur Annahme von mehreren Bewußtseinsformen geführt:

a) Bewußtseinsprozesse resultieren stets aus *vorbewußter (subliminaler) Informationsverarbeitung* [1].
b) Die Annahme eines einzigen Selektionssystems (*„Flaschenhalstheorien"*) ist mit den experimentellen Befunden nicht vereinbar.
c) Es existieren eine begrenzte Anzahl von Verarbeitungsmechanismen, jeder benötigt seine eige-

nen *„Ressourcen"*. Bei Aufgaben, deren „Ressourcen" sich überlappen, kommt es zur *„Ressourcen-Konkurrenz"*, die sich meist in Interferenzen und Leistungsstörungen äußert. Unter Ressource versteht man in der Psychologie eine nicht direkt beobachtbare Erregungshöhe, die einem informationsverarbeitenden System (z.B. KZG) verliehen werden muß, damit es eine bestimmte Leistung erbringen kann. Jene Systeme des „mentalen Apparates", welche die Ressourcen für ein oder mehrere sensorische und motorische Funktionen *zur Verfügung* stellen, nennt man **limitierte Kapazitäts-Kontroll-Systeme** (LCCS – limited capacity control systems). Ressourcen werden in der Regel antizipatorisch, d.h. *vor* einem Reiz oder einer Reaktion, nach Warnsignalen, die Reiz oder Reaktion (oder beides) ankündigen, zur Verfügung gestellt [3].

Alle Theorien der Aufmerksamkeit gehen von einer *limitierten Aufmerksamkeitskapazität* (limited capacity, LC) aus. Der gemeinsame Mechanismus hinter allen Bewußtseinsformen und Aufmerksamkeit wird in jenen Situationen sichtbar und meßbar, bei denen die Anforderungen (task demands, workload) die Kapazität (Ressource) der Person für die Aufgabe überschreitet. Die *Aufgabenschwierigkeit* wird als die Differenz zwischen *erwarteter und aktueller Leistung* definiert. Erwartete Aufgabenschwierigkeit und Leistung sind somit zentrale Bestandteile jeder Aufmerksamkeitstheorie.

Vorbewußte Informationsverarbeitung

Subliminale Wahrnehmung. Nur ein Bruchteil der ankommenden und vorbereitenden Reize werden bewußt. Bewußtsein tritt nur auf: 1. beim Erwerb *neuer* Information oder beim Lernen *neuer* Reaktionen, 2. bei Abgabe von Urteilen und Wahlreaktionen und 3. bei Nicht-Eintreffen erwarteter Reize. Auf der *motorischen Seite* wird uns Verhalten erst in Situationen bewußt, die: 1. neue Aktionspläne und 2. eine Wahl (Entscheidung) zwischen Handlungsalternativen erfordern, 3. in gefährlichen oder als schwierig beurteilten Situationen und 4. bei Handlungen, die eine starke Gewohnheit oder „Versuchung" überwinden müssen. Aber auch in diesen Situationen (1–4) tritt Bewußtsein oft erst *nach* bereits erfolgter Handlung auf (z.B. beim Bergsteiger, der eben „instinktiv" einen gefährlichen Schritt vollzogen hat und dem(r) dies erschreckt bewußt wird).

Die **Reizaufnahme**, die **Repräsentation (Codierung)** des Reizes (s. Kap. 19), die **Musterextraktion** (s. Kap. 19) und der **Vergleich** des gegenwärtigen Reizmusters mit Reizmustern im LZG sind ebensowenig bewußt wie die **Auswahl** und **Ausführung** der auf den Reiz „passenden" Reaktion und die **Rückmeldung** des Reaktionserfolgs aus der Peripherie.

Erst wenn nach dem Vergleichs- und Bewertungsprozeß ankommender mit gespeicherter Information die Kapazität des jeweiligen KZG-Systems (visuell, akustisch, räumlich etc., s. S. 487) überschritten wird, wird zu einem späteren Zeitpunkt der Verarbeitung (*frühestens 250 ms* nach Reizung der Sinnesreceptoren (siehe 25.4) der bewußtseinserzeugende Aktivierungsprozeß ausgelöst. Die Ressource eines KZG-Systems ist durchschnittlich mit 2–2,5 bit (7 ± 2 Zeichen) limitiert, kann aber durch geeignete Kombination und Gruppierung von isolierten Zeichen (**chunking**, z.B. Telefonnummern in Gruppen von je 3 Zahlen merken) im Laufe des Lernprozesses erweitert werden (s. Kap. 27 und 30). Ähnliches gilt für die motorische Seite.

Flaschenhalstheorien. Abb. 25-1 zeigt ein "natürliches" **dichotisches Hörexperiment**, aus dem man – fälschlich – auf die Existenz eines einzigen (Flaschenhals-)Filters schloß: das „Cocktail-Party-Phänomen". Aus einer Vielzahl ankommender Reize wird von dem selektiven Filter jener Reiz ausgewählt, dessen *physikalische* Charakteristiken überlegen sind (z.B. der lauteste Schwätzer einer Gesellschaft). Abb. 25-2 erläutert den Grundgedanken der Flaschenhals-Theorie von Broadbent [5]: ein Informationskanal mit limitierter Kapazität (LC) führt zum KZG. *Bevor* die Information zum KZG gelangt, wird vom vorgeschalteten Filter nur *ein* physikalisch herausragender Reiz aus den vielen ankommenden ausgewählt. Die vollständige Analyse der Reize erfolgt erst *nach* der Passage durch das LC.

Daß Flaschenhalstheorien unvollständig sind, zeigt sich bereits an alltäglichen Beobachtungen wie der bewußten Wahrnehmung des eigenen Namens auf einer „verrauschten" Gesellschaft, auch wenn er von jemand leise gesprochen wird. Die Mutter, die von ihrem Kind selbst bei lautem Verkehrslärm aus dem Schlaf geweckt wird, ist ein besonders deutliches Beispiel. Aber auch experimentell läßt sich zeigen, daß die ankommende Information *vor* ihrer Selektion relativ vollständig und unbewußt analysiert und beurteilt wird. Auch schwierige Aufgaben, die **geteilte Aufmerksamkeit** erfordern, werden gelöst, wenn nicht dieselben Ressourcen benötigt werden (s.u.). Z.B. kann man gleichzeitig addieren oder andere Rechenoperationen durchführen und eine Handgeschicklichkeitsaufgabe (visuelle Folgeaufgaben) durchführen. Dagegen wird dieselbe Rechenoperation nicht gelöst, wenn man gleichzeitig Wahlreaktionen auf visuell dargebotene Zahlen durchführen muß. Diese Ergebnisse sind mit der Annahme eines einzigen Kanals mit begrenzter Kapazität unvereinbar. Wir werden später sehen, daß der *Grad der Interferenz* (Störung) zwischen zwei

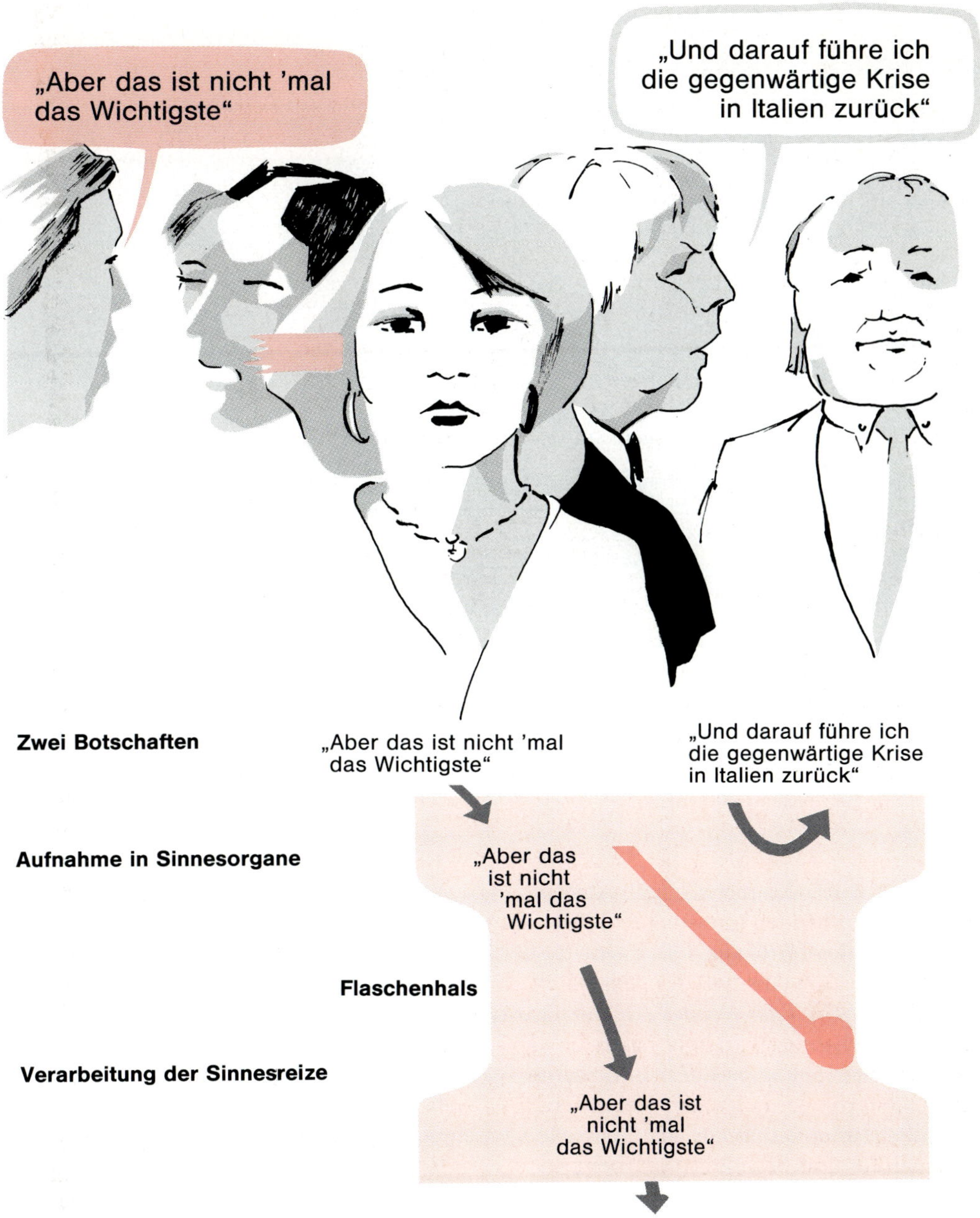

Abb. 25-1. Das „Cocktail-Party-Phänomen". Die Person konzentriert sich auf die Information, die dem rechten Ohr dargeboten wird, die Information, die gleichzeitig auf dem linken Ohr dargeboten wird, kann nicht wiedergegeben werden. (Nach Matlin 1983)

Aufgaben von der *cerebralen Distanz* der dabei beteiligten Analysatoren abhängt. Je mehr sich diese überlappen (also gemeinsame Ressourcen benützen), um so größer ist die Interferenz.

Die Ablehnung der Flaschenhalstheorie bedeutet aber nicht, daß ankommende Informationen nicht bereits auf einer früheren Verarbeitungsebene (100 ms), *vor* ihrer vollständigen Verarbeitung gehemmt werden könnte, vor dem Erreichen des KZG. Die Aktivität solcher frühen Filter kann man vor allem an corticalen Hirnpotentialen (Kap. 24 und 25.4) ablesen; sie sind als zu den limitierten Ressourcen-Systemen *parallel* geschaltete Systeme zu denken, die Information nicht blockieren, sondern abschwächen. Besonders bei *automatisierter Verarbeitung* oder *Handlung* (s. S.) wird die Rolle der frühen Filter sichtbar [5].

Orientierung und Habituation. Die Intensität der Aufmerksamkeitszuwendung und Reaktionsvorbereitung hängt offensichtlich vom Resultat eines *Vergleichsprozesses* zwischen ankommenden Reizmustern und im LZG gespeicherten Modellen desselben Verarbeitungssystems (z. B. visuell, akustisch

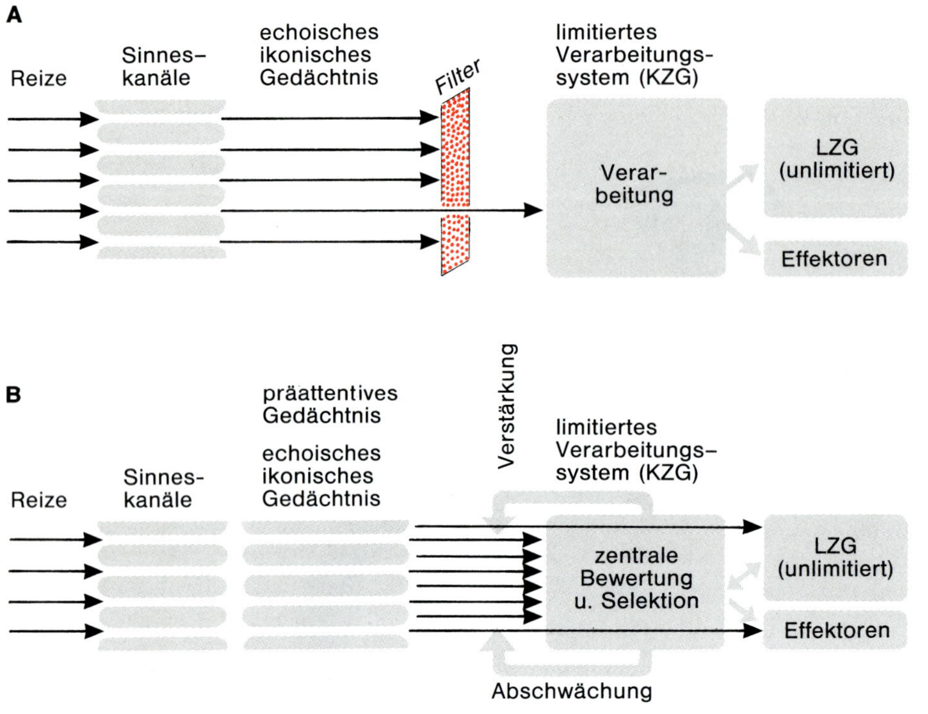

Abb. 25-2. **A** Grundgedanke eines Flaschenhalsmodells der Aufmerksamkeit (s. Text). **B** Grundgedanke eines zentralen Verarbeitungssystems, in dem die gesamte Information *vor* ihrer Selektion analysiert wird. Die Menge der verarbeiteten Information ergibt sich aus der Kapazität des zentralen Systems. Die beiden *Pfeile*, die über das zentrale Bewertungssystem direkt zu LZG oder Effektoren gehen, zeigen automatisierte Verarbeitung an (Erläuterungen s. Text)

etc.) ab (Abb. 25-2 b rechts). Jede Abweichung vom gespeicherten Modell („mismatch") löst eine **Orientierungsreaktion (OR)** aus. Die Intensität der OR ist proportional dem Ausmaß des „mismatch", was wir subjektiv als *Grad der Neuheit* erleben. Obwohl dieser Vergleichsprozeß relativ spät in der Verarbeitungskette ankommender Information erfolgt, ca. 200–250 ms bei einfachen Reizen (s. 25.4), steht er zeitlich unmittelbar an der Schwelle zwischen vorbewußter und bewußter Verarbeitung.

Die OR ist ein Reflex, der von anderen Reflexen, der **Defensivreaktion** (DR) und dem **Startlereflex** (SR), auch Schreckreflex genannt, unterschieden werden muß. Um als OR bezeichnet zu werden, müssen vier Kriterien erfüllt sein:

1. Die Reaktion muß auf *neue* Reize sensitiv sein.
2. Die Reaktion muß habituieren (s. u.).
3. Das Auftreten eines neuen Reizes muß eine vergleichbare OR auslösen wie das plötzliche *Ausbleiben* eines erwarteten Reizes.
4. Wenig intensive Reize (besonders in Schwellennähe) müssen eine OR, Reize mit hoher Intensität eine DR, Reize mittlerer Intensität eine Mischung aus beiden hervorrufen. Durch extrem steile Anstiegszeiten der Reizenergie wird ein SR (z. B. Blinken des Augenlids) ausgelöst.

Der Verlauf der Herzrate (HR) wenige Sekunden nach einem Reiz ist z. B. ein gutes Maß für die OR bzw. die DR: auf einen neuen Reiz geringer physikalischer Intensität sinkt sie (OR), auf Reize mit hoher Intensität steigt sie (DR).

Orientierung ist unauflöslich mit der *Bildung von Erwartungen* verbunden. Erwartungen sind das Resultat von zunehmenden Präzisierungen des im LZG gespeicherten Reiz-Reaktionsmodells bedingt durch häufige Wiederholung derselben Reiz-Reaktionssequenz. Bei Auftreten eines bekannten Reizes oder eines Elementes davon wird dieser Gedächtnisinhalt vom LZG auf das KZG „projiziert". „Paßt" der im KZG aus den Sinneskanälen stammende Inhalt zu dem aus dem LZG auf diesen projizierten Inhalt (d. h. ist er identisch), so wird die Erwartung bestätigt, „paßt" er nicht (mismatch, der Reiz weicht vom gespeicherten Inhalt ab), wird eine OR ausgelöst.
Die OR besteht also aus vier zeitlich nacheinander ablaufenden Prozessen:

a) Vergleich des ankommenden mit dem (erwarteten) gespeicherten Modell des Reizes,
b) entsprechend dem Ausmaß des „mismatch" wird eine unspezifische Mobilisierung der Receptoren und zentralen Sinnessysteme (Orientierung) eingeleitet und

c) der momentane Inhalt des KZG abgeschwächt, das KZG vom alten Modell „bereinigt" und
d) im LZG das gespeicherte Modell des Reizes modifiziert, danach ändert sich die Erwartung erneut usf.

Habituation ist die Verringerung der Intensität einer OR nach wiederholter identischer Darbietung eines Reizes. Habituation muß von *Adaptation* sowie von *Effektor-Ermüdung* (Kap. 11) und *Extinktion* (Kap. 27) unterschieden werden: Adaptation meint die Erhöhung der Reizschwelle eines Sinnesorgans bei kontinuierlicher Reizung, Extinktion die Abnahme der Reaktionsintensität einer klassisch oder instrumentell gelernten Reaktion [10].

Allgemeine Kennzeichen von Habituation. Die Abnahme der Reaktionsrate bei wiederholter Darbietung identischer Reize erfolgt im allgemeinen *exponentiell.* Erlangt ein bereits habituierter Reiz wieder Neuheitsqualität (z. B. durch Paarung mit einem biologisch bedeutsamen Reiz), so wird die OR wieder hergestellt. Die Habituationsrate hängt unter anderem von der Regelmäßigkeit der Reizdarbietung ab; mit zunehmender Regularität steigt die Habituationsgeschwindigkeit. Je schneller die Darbietungsrate, um so schneller erfolgt Habituation. Wenn der Reiz eine Diskrimination, eine negative oder positive Konsequenz oder eine Entscheidung verlangt, ist die Habituationsrate verzögert. Die Darbietung eines unterschiedlichen Reizes in einer Serie identischer Reize führt zur teilweisen Wiederherstellung der ursprünglichen Reaktion: **Dishabituation**. Zustände extrem hoher Aktivierung (z. B. „Angst") und gesenkter tonischer zentralnervöser Aktivierung (Schlaf) verlangsamen die Habituation. Mit zunehmender Reizintensität sinkt die Habituationsrate im allgemeinen; aber auch bei schwellennahen, schwachen Reizen ist die Habituation verzögert. Nach Schlafverlust erfolgt beschleunigte Habituation. Stimulierende Drogen verlangsamen die Habituationsrate.

Beim Menschen ist nicht die objektive Reizintensität, sondern die *subjektive Signifikanz* des Reizes für die Höhe der OR und die Habituationsrate entscheidend. Dauerhafte Störungen der Habituationsgeschwindigkeit gehen häufig mit Verhaltensauffälligkeiten einher (bei Angst und schizophrenen Störungen wenig Habituation, bei Soziopathie zu rasche Habituation, s. Kap. 29 und 30).

Grenzen der Aufmerksamkeit: Das limitierte Aufmerksamkeits-Kontrollsystem (LCCS – limited capacity control system)

Wie wir in Kap. 17 gesehen haben, besitzt jeder sensorische Kanal (optisch, akustisch, taktil) nur eine begrenzte Kapazität der Informationsübertragung. Diese Begrenzung der Sinnensysteme ist durch eine Reihe von Faktoren bedingt: Anzahl und Ausrichtung von receptiven Feldern, Grenzfrequenzen der afferenten Fasern, Konvergenz und Divergenz der kommunizierenden Neuronenverbände und vor allem den Ernährungs- und Stoffwechselbedingungen der beteiligten Zellverbände. Da aber offensichtlich große Teile der im ZNS gleichzeitig angekommenen Information verarbeitet und erst *danach* zentral ausgewählt werden, müssen wir zusätzlich zu den Grenzen der sensorischen Übertragung *(Kanalkapazität)* noch ein oder mehrere *zentrale* Aufmerksamkeitsmechanismen annehmen. Der Schluß von psychologischen Experimenten auf ein oder mehrere LCCS ist natürlich hypothetisch. Ob diesen LCCS reale physiologische Systeme entsprechen, muß die Biologische Psychologie klären.

Automatische und kontrollierte Verarbeitung. Ein Reizmuster oder eine motorische Antwort werden dann aus den bestehenden Alternativen ausgewählt, wenn sie eine bestimmte Erregungsschwelle übersteigen. Die Aktivierung von sensorischen und motorischen Mustern (Schemata) über eine bestimmte Schwelle macht sie nicht notwendigerweise bewußt. Bei *überlernten,* geübten Aufgaben (z. B. Autofahren) erfolgt die Reaktion ohne Bewußtsein, und andere Reaktionssysteme können gleichzeitig ohne gegenseitige Behinderung (Interferenz) funktionieren (geteilte Aufmerksamkeit). Die gesamte ankommende Information wird zuerst für wenige ms in einem sensorischen Speicher gehalten (sensorisches Gedächtnis, Abb. 25-2), dort wird Mustererkennung (Erkennung der wesentlichen Merkmale), Codierung (s. Kap. 17 und 19) und danach der besprochene Vergleich (match) vorgenommen. Paßt der ankommende Reiz vollkommen in ein (überlerntes) gespeichertes Reiz-Reaktions-Muster, wird die Reaktion „automatisch", d. h. ohne besondere Erhöhung der Erregung, in den beteiligten Netzwerken und ohne Mitwirkung des Bewußtseins ausgelöst (s. Abb. 25-3) [13].

Erst wenn *neue* oder *komplexe Situationen* und Handlungen auftauchen („mismatch"), und Reaktionsalternativen bestehen, wird ein hypothetisches LCCS aktiviert. Das LCCS erregt zusätzlich die beteiligten informationsverarbeitenden und reaktionsplanenden Systeme und hemmt die nicht-beteiligten. Dabei greift die Stärke motivationaler Einflüsse direkt in die Hemmung und Erregung ein („Triebkonkurrenz", Kap. 28). Dies bedeutet, daß Reize oder Reaktionen, die in der Vergangenheit mit biologisch bedeutsamen Reizen (z. B. Triebbefriedigung) assoziiert waren, eher einen Erregungsanstieg auslösen. Dieser **„Effort"-Mechanismus** (willentliche Anstrengung) koordiniert in neuen und komplexen Situationen Ein- und Ausgabeprozesse (sensorische und motorische Aktivierung), geht mit Bewußtsein und verstärktem Energieverbrauch (z. B. mehr Glucoseverbrauch im ZNS) einher, erfordert *„kontrollierte Suche"* durch ständigen Ver-

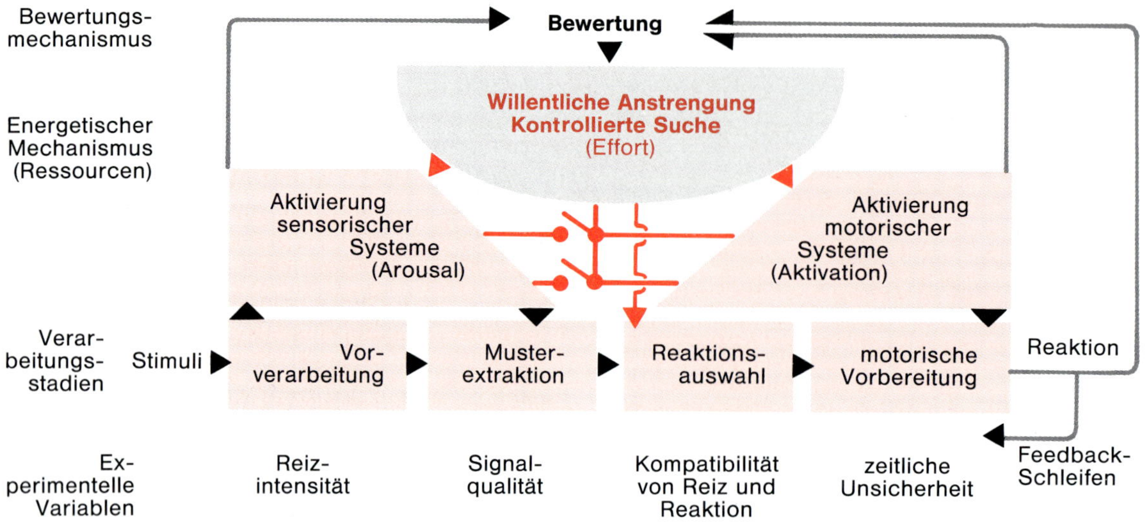

Abb. 25-3. Kognitive Prozesse der Informationsverarbeitung. Unten sind die einzelnen Stadien der Verarbeitung vom Eingang des Reizes bis zur Reaktion skizziert. Darunter einige Beispiele von experimentellen Umweltvariationen, mit denen die Stadien beeinflußbar sind. Darüber die eigentlichen Aufmerksamkeitsprozesse: die Aktivierung und Mobilisierung sensorischer Systeme führt sowohl zu verbesserter Mustererkennung (*unten*) als auch zu dem multisensorischen Vergleich gespeicherter mit angekommener Information. Je nach Resultat dieser Vergleiche wird bei neuer oder komplexer Information der Ressourcen mobilisierende Prozeß willentlicher Anstrengung (effort) aktiviert (*rot*). Dieser kann sowohl sensorische wie motorische Aktivierung beeinflussen und wird zur Entscheidung über Reaktionsalternativen benötigt. Abschließend erfolgen dann Planung und Ausführung der entsprechenden Reaktion, nicht ohne eine vorherige Bewertung der antizipierten Konsequenzen *(rechts und oben)*. Bei überlernter, automatischer Verarbeitung wird die Beteiligung von Effortsystemen minimal. (Nach Sanders , A. F.: Towards a model of stress and human performance. Acta Psychologica *53*, 61-97 (1983))

gleich von KZG- und LZG-Inhalten oder aktive Bewegungsplanung (Wille).

Abb. 25-3 gibt diese Modellvorstellung wieder. Kontrollierte Suche erfordert in jedem Fall die Kapazität des KZG, Interferenzen von anderen Aufgaben sind hier wahrscheinlich, wenn mehrere Aufgaben ganz oder teilweise gleiche KZG-Ressourcen erfordern [3].

Ein Beispiel für ein Experiment, das diese Prozesse widerspiegelt: Auf einem Bildschirm wird ein und derselbe Zielbuchstabe inmitten ablenkender Buchstaben mehrmals dargeboten. Die Person darf nur auf den Zielbuchstaben reagieren. Nach mehreren Wiederholungen spielt die Zahl der ablenkenden Buchstaben keine Rolle mehr für Reaktionszeit und Fehler. Die Person reagiert „automatisch" auf den Buchstaben. Wenn man dagegen wiederholt den Zielbuchstaben mit ablenkenden Buchstaben austauscht, wird die Reaktionszeit langsam, und die Fehler steigen mit der Zahl der ablenkenden Reize. Daraus schließt man auf „kontrollierte Suche".

Ressourcen-Zuordnung (resource allocation). Während es mehrere KZG-Systeme (z.B. akustisch, visuell, taktil etc.) zu geben scheint, die die Anzahl gleichzeitig durchführbarer Aufgaben beschränken, scheint es nur ein, maximal zwei übergeordnete Effort-Systeme zu geben (eines für sensorische, eines für motorische Verarbeitung). Wenn Überlappungen zwischen den sechs auf Abb. 25-4 dargestellten *Verarbeitungsdimensionen* durch simultane Aufgabendarbietung entstehen, wird das LCCS aufgerufen und die Aufmerksamkeitsenergie auf eine Dimension (z.B. visuell) verteilt (Ressourcen-Zuordnung). Jedes der auf Abb. 25-4 gezeigten Verarbeitungssysteme verfügt über *beschränkte Ressourcen*, sonst könnten mehrere neue Aufgaben sowohl innerhalb einer Verarbeitungsdimension (z.B. visuell) als auch zwischen diesen ohne Interferenz gelöst werden. Dies gelingt innerhalb *einer* Dimension am schlechtesten (neue akustische Aufgaben stören akustische mehr als visuelle). Aber auch *zwischen* den Verarbeitungsdimensionen sind die Ressourcen beschränkt: eine komplexe visuelle Aufgabe stört z.B. eine akustisch-musikalische erheblich. Erst nach häufiger Wiederholung tritt Automatisierung ein, und geteilte Aufmerksamkeit wird möglich. - Natürlich sind mehr als sechs Verarbeitungsdimensionen denkbar, dies sind nur die wichtigsten der menschlichen Informationsverarbeitung [3, 4, 5].

Die Ressourcen-Zuordnung des LCCS erfordert extensive multisensorische Vergleichsprozesse sowie Information über die motivationale Bedeutung („wichtig - unwichtig", s. Kap. 28) der einzelnen zu vergleichenden Informationen.

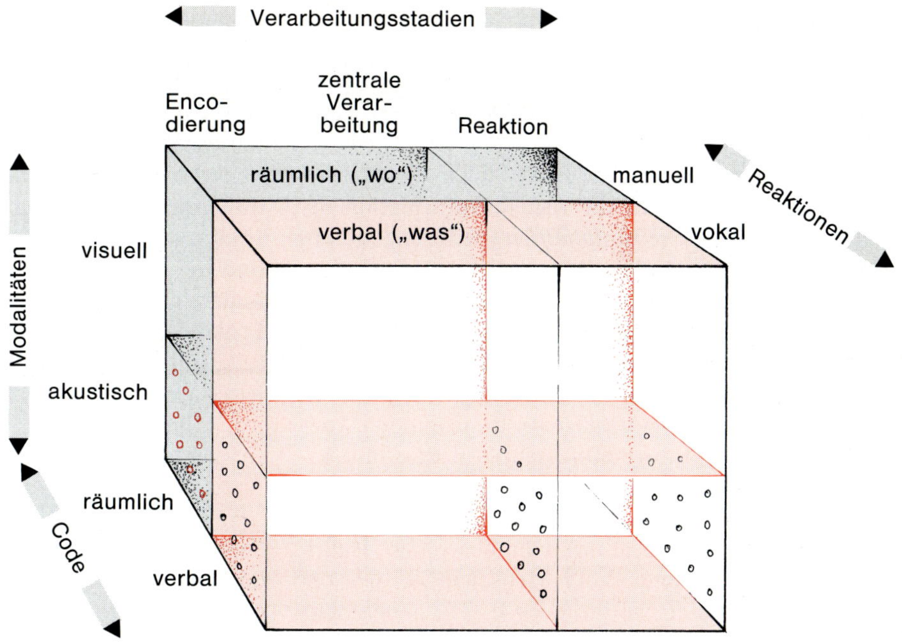

Abb. 25-4. Einige wichtige Verarbeitungsmechanismen: für jeden der drei Verarbeitungsschritte Encodierung, zentrale Verarbeitung und Reaktionsvorbereitung bzw. -ausführung werden je zwei Verarbeitungsarten (räumlich-verbal), je zwei Sinnesmodalitäten (visuell-akustisch) und je zwei Reaktionsmodalitäten (manuell-vokal) angenommen. Bei neuen Aufgaben konkurrieren diese 6 Verarbeitungsdimensionen um die limitierten Ressourcen. (Nach Gopher u. Donchin 1985)

Nach Abschätzung („Bewertung" in Abb. 25-3) der Alternativen erfolgt zusätzliche Aktivierung der aus der Konkurrenz „siegreich" hervorgegangenen Dimension und Hemmung der übrigen Dimensionen von Abb. 25-4. Dabei handelt es sich um Verarbeitungsdimensionen, die sich aus der Kombination der Sinnesmodalitäten (z. B. visuell-akustisch) der Art der Codierung (z. B. räumlich-verbal) und den Reaktionsmöglichkeiten (z. B. manuell-vokal) ergeben. Jede dieser Dimensionen benötigt bei neuen Aufgaben einen verstärkten Zustrom an aktivierenden Ressourcen in jene Verarbeitungssysteme, die mit einer bestimmten S-R-Abfolge befaßt sind.

Bevor wir auf die neuroanatomischen und neurophysiologischen Grundlagen dieser Prozesse eingehen, müssen wir im nächsten Abschnitt begründen, warum *verbale* und *räumliche* Dimensionen auf Abb. 25-4 zwei *getrennte Verarbeitungssysteme* sind. Wir wollen in 25.2 auch physiologische Indikatoren (langsame Hirnpotentiale) für die besprochenen psychologischen Vorgänge beschreiben, an denen wir den Übergang von vorbewußter zu bewußter Information und das Ausmaß der zugeteilten Ressourcen für eine bestimmte Aufgabe ablesen können. Schließlich müssen wir noch klären, woher die genannten Ressourcen ihre „Energie" beziehen und somit Wachheit und bewußte Aufmerksamkeit möglich wird (s. 25.3). Vor allem sollten wir wissen, woraus diese aktivierende „Energie" besteht, deren Existenz aus psychologischen Experimenten erschlossen wurde, deren physiologische Basis aber bisher nicht geklärt wurde.

25.2 Neuropsychologie der Bewußtseinsformen

Gespaltenes Gehirn - gespaltenes Bewußtsein

Geschichte der Split-brain-Forschung. Lange vor den ersten Split-brain-Versuchen R. Sperry's - zunächst bei Tieren - war aus neuropsychologischen Experimenten an Personen mit lokalen Hirnschädigungen und aus Reizversuchen während neurochirurgischen Operationen seit Mitte des 19. Jahrhunderts bekannt, daß die beiden neocorticalen Hemisphären unterschiedliche Funktionen für Verhalten aufweisen. In keinem Experiment konnte dieser Unterschied aber so dramatisch und eindrucksvoll demonstriert werden wie bei Menschen nach **Commissurektomie**.

Die Untersuchungen begannen 1960, als der Neurochirurg J. Bogen das Corpus callosum eines epileptischen Patienten durchtrennte, um eine medikamentös unbeeinflußbare Epilepsie, die sich von einer Hemisphäre zur anderen ausbreitete, unter Kontrolle zu bekommen. Die Operationstechnik war nicht neu, sondern ist schon früher angewandt worden, ohne daß besondere Verhaltensänderungen bei den Patienten beobachtet werden konnten. Erst durch die Entwicklung *psychologischer Testverfahren* durch Sperry, Gazzaniga u. LeDoux konnten die Wirkungen dieser Operation auf das Verhalten des Patienten beschrieben werden [2, 4, 14, 15]. Abb. 25-5 zeigt die von der Operation betroffenen Hirnregionen und die Struktur des Corpus callosum.

Im Tierversuch trennte Sperry auch die Sehnervenkreuzung, wodurch die visuelle Information der beiden *nasalen Netzhauthälften* verlorengeht. In Abb. 25-6 erkennt man, daß der Affe in der linken Hemisphäre nur visuelle Information aus der rechten Hälfte des visuellen Feldes erhält, die rechte Hemisphäre Information aus der linken Hälfte des visuellen Feldes. Die Untersuchungen an diesen Tieren zeigen, daß normalerweise mit einer Hemisphäre gelernte Information *aktiv* (nicht „automatisch") in die andere Hemisphäre übertragen wird. Erst ein aktiver Prozeß transportiert die gespeicherte Information (Engramm) von der einen Hemisphäre in die andere. Beim Menschen ist dies bei manchen Verhaltensweisen ebenso. Mit zunehmender sprachlicher Beteiligung kommt es aber zu verstärkter Lateralisierung der Gedächtnisspur in *eine* Hemisphäre (s. Kap. 30). (Auch bei anderen Leistungen ist die Lateralisierungstendenz beim Menschen stärker als beim Affen.)

Lernt ein Tier mit Commissurenläsion, Durchtrennung des Corpus callosum und Läsion der Sehnervenkreuzung zum Beispiel nur mit dem einen Auge eine *Diskrimination* zwischen Kreuz und Kreis (Drücken bei Kreuz) und schließt man dann dieses Auge, so muß das Tier die Aufgabe mit dem anderen Auge völlig neu lernen. Ja, es kann sowohl hintereinander als auch gleichzeitig (!) jede Hemisphäre ein entgegengesetztes Verhalten lernen, ohne daß es zu Anzeichen eines Konflikts wie beim normalen Tier kommt. Zum Beispiel lernt das Tier bei Projektion von einem Kreis in das rechte Gesichtsfeld, mit der rechten Pfote zu drücken und bei Projektion eines Kreuzes nicht zu drücken und gleichzeitig bei Projektion eines Kreuzes ins linke Gesichtsfeld, mit der linken Pfote zu drücken und bei Kreis nicht zu reagieren. Im intakten Tier kommt es bei solchen Aufgaben zu allen Anzeichen eines emotionalen Konflikts und Versagens. Dies zeigt, daß es in solchen Lebewesen auch zu einer Verdoppelung der Aufmerksamkeitsprozesse kommt. Es ist, als ob zwei Lebewesen gelernt hätten.

Ähnlich sind die *Effekte beim Menschen* (eine detaillierte Beschreibung erfolgt in Kap. 30). Abb. 25-7 zeigt eine der Versuchsanordnungen. Die Versuchsperson hat vor sich im rechten Gesichtsfeld ein R projiziert, im linken ein B und soll nun – für

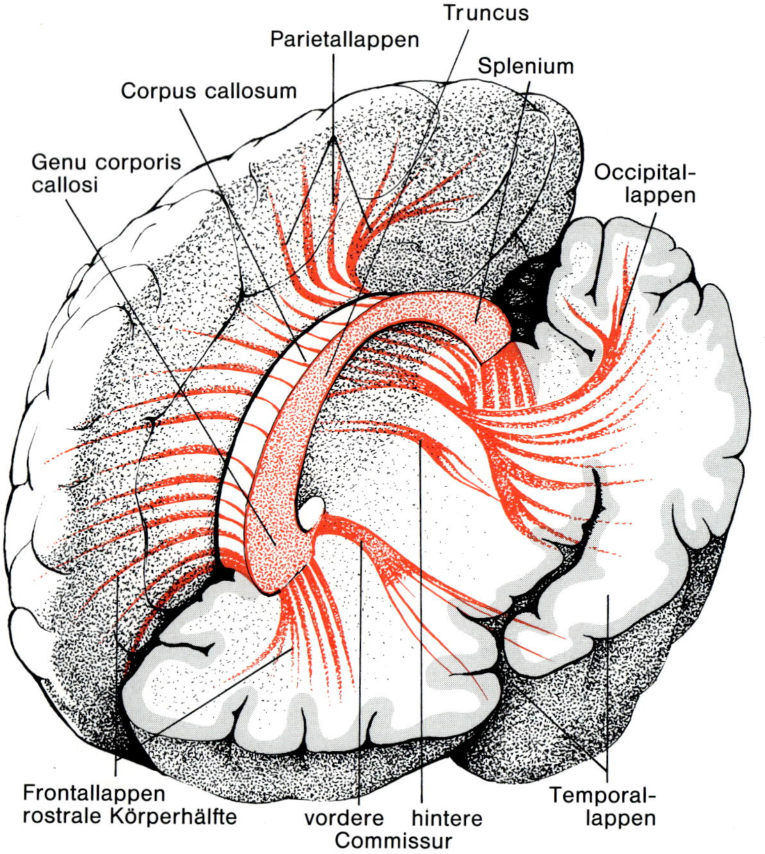

Abb. 25-5. Die funktionelle Aufteilung des *Corpus callosum:* die posteriore Region, das *Splenium*, projiziert primär in den *Occipitallappen*, der *Truncus* des Corpus callosum projiziert zum *Parietallappen* und Teile des *Temporallappens*, der anteriore Genu projiziert zu den *Frontallappen*. Die Temporallappen sind zusätzlich noch über die vordere Commissur verbunden

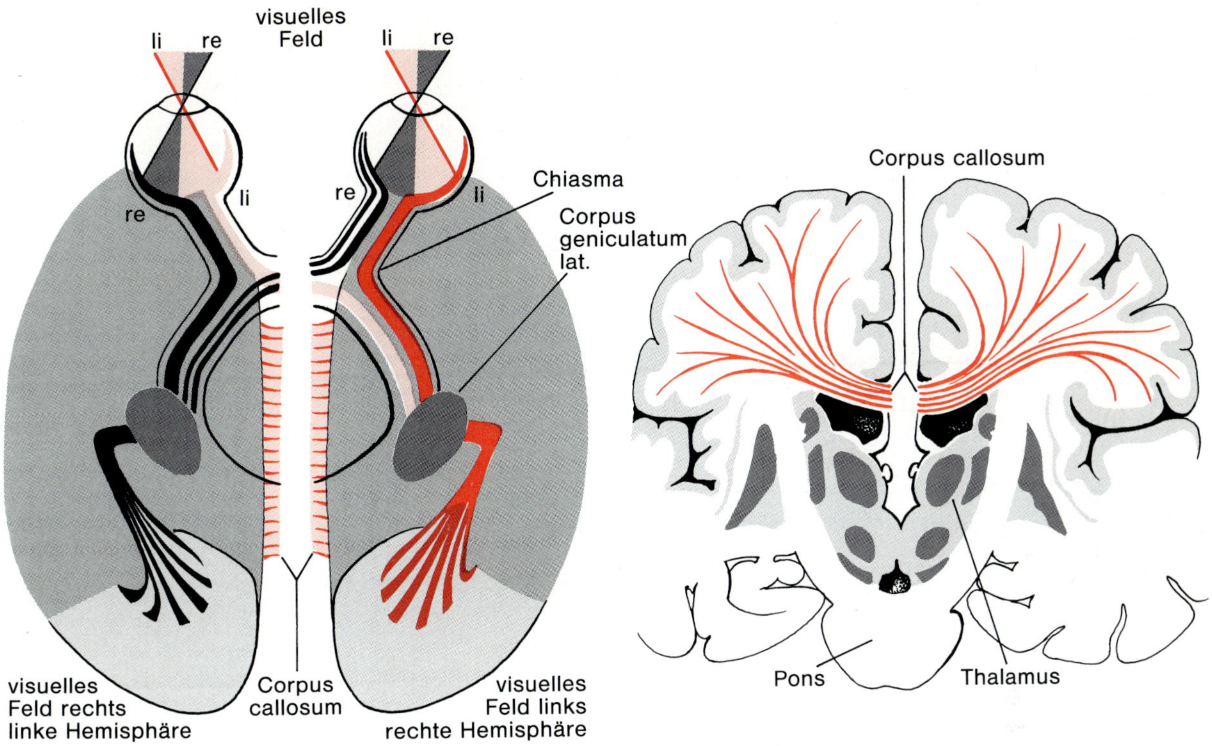

Abb. 25-6. Nach Durchtrennung der Sehnervenkreuzung gelangt nur Information aus dem rechten visuellen Feld des linken Auges in die linke Hemisphäre und aus dem linken visuellen Feld des rechten Auges in die rechte Hemisphäre. Rechts: Ausmaß der Trennung („split brain") im Frontalschnitt. (Nach Sperry 1964)

sie unsichtbar – das B (in der rechten Hemisphäre) mit der linken Hand aus mehreren Buchstaben herausfinden. Dies gelingt auch ohne Schwierigkeiten, die Person kann den Buchstaben aber nicht benennen.

Alle Aufgaben, in denen sprachliches Denken zu koordinierten Bewegungen *beider* Körperhälften führen soll, sind gestört. Gegenstände im linken visuellen Feld können nicht benannt oder gelesen werden, mit der linken Hand kann nicht geschrieben, wohl aber vorgegebene visuelle Muster gezeichnet werden, die mit der rechten Schreibhand nicht nachgezeichnet werden können. Verbale Kommandos können schwer mit linker Hand oder linkem Fuß ausgeführt werden. Wenn man die dominante linke Hemisphäre fragt (z. B. durch Projektion der Frage ins rechte Gesichtsfeld), was die linke Hand gerade tut, kann keine Auskunft gegeben werden. Keine Hemisphäre weiß von der anderen. Im allgemeinen kooperieren zwar durch Ausbildung ähnlicher Bewegungsstrategien die motorischen Aktivitäten beider Seiten, häufig aber kommt es zu *getrennten „Willensimpulsen"*, z. B. zog beim Anziehen die rechte Hand die Hose rauf, die linke runter, oder die rechte Hemisphäre zog bei Begrüßung die Person heran, die linke stieß sie wieder weg. „Die Tatsache, daß zwei freie Willen innerhalb desselben Schädels wohnen, erinnert uns daran und verstärkt unsere Vermutung, daß der freie Wille eine Illusion ist, wie das Auf- und Untergehen der Sonne. Je mehr wir über Gehirn und Verhalten lernen, um so deterministischer, gesetzmäßiger und kausaler erscheint es uns" (Sperry 1952).

Zwei Bewußtseinsprozesse. Die subjektiv erlebbare *Einheit des Bewußtseins* ist also auf die Existenz der Commissuren und Assoziationsfasern und anderer weiträumiger Verbindungen im ZNS rückführbar. Im intakten Gehirn kommt es zu ständigem Informationsfluß zwischen den Hemisphären. Die linke, sprachbegabte Hemisphäre dominiert die Kommunikation zwischen Menschen, weshalb uns das sprachliche Bewußtsein auch als dominierend *erscheint.* Ohne die Commissuren teilt die linke Hand nicht mehr die Erfahrungen der rechten, die beiden visuellen Welten der beiden Hemisphären sind vollständig getrennt, das Tun der linken Körperseite können wir nicht mehr beschreiben und verstehen es schlecht; sprachliche und komplexe kognitive Aufgaben können nur gelöst werden, wenn sie der linken Hemisphäre (rechtes visuelles Feld, rechtes Ohr) dargeboten werden.

Nur eine kleine Gruppe von Menschen mit intaktem Corpus callosum besitzt vergleichbare linguistische Fertigkeiten in der rechten Hemisphäre. Beide „Bewußtseine" besitzen ein unabhängiges „Willens-Kontrollsystem", das aber normalerweise durch die linke Hemisphäre dominiert wird (s. Kap. 30, S. 633–634). Die *rechte Hemisphäre* verarbeitet primär *visuell-räumliche, nicht-sprachliche Inhalte* und

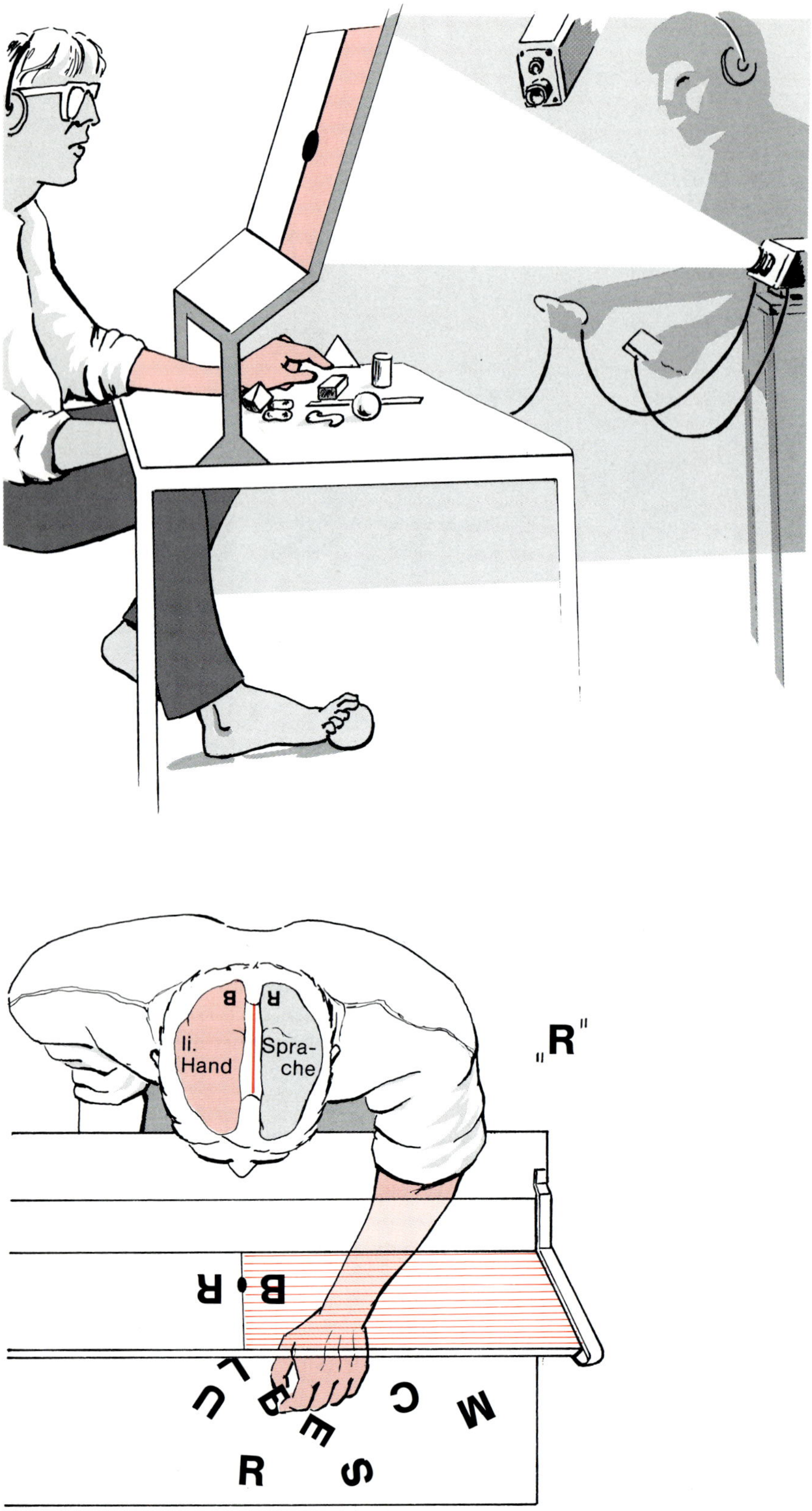

Abb. 25-7. Versuchsanordnung zur testpsychologischen Erfassung von Störungen nach „split-brain“. Auf dem Bildschirm vor der Vp kann in das rechte oder linke visuelle Feld getrennt für kurze Zeit ein Objekt projiziert werden, da die Vp den Punkt dazwischen fixiert. Die Vp soll das projizierte Objekt mit einer Hand ertasten. Unten: das B wird korrekt unter mehreren Buchstaben identifiziert, kann aber nicht benannt werden, die Vp sagt „R“. (Nach Sperry 1964)

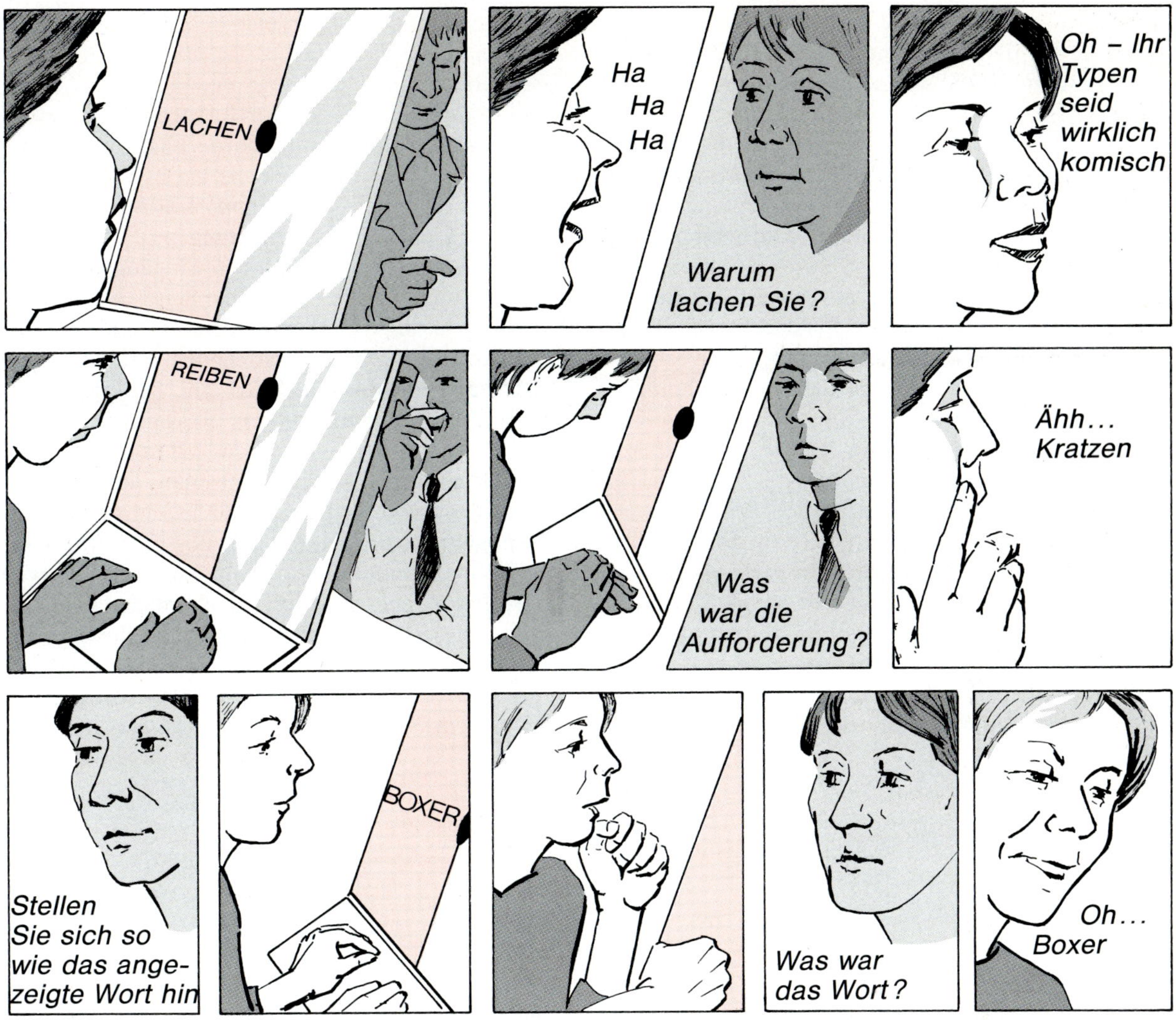

Abb. 25-8. „Bewußtsein" der rechten Hirnhemisphäre: Wenn der rechten Hirnhemisphäre Instruktionen gegeben wurden, antwortet sie korrekt im Verhalten. Obwohl die linke Hirnhemisphäre die Instruktion nicht kannte, versuchte sie, eine „Erklärung" für die rechtshemisphärische Reaktion zu finden. Wenn oben die Instruktion „Lachen" war und der Versuchsleiter fragte, warum die Person lachte, so entwickelt die linke Hemisphäre eine Erklärung dafür (Kausalattribution). Wenn die verlangte Reaktion für die linke Hemisphäre gut sichtbar war (Haltung eines Boxers einnehmen, siehe unten), ist die Reaktion der linken Hemisphäre korrekt, obwohl sie keine Kenntnis der Instruktion haben konnte. (Nach Gazzaniga u. LeDoux 1979)

kann darüber auch in nicht-sprachlicher Form (Deuten, Zeigen, emotionale Reaktionen) Auskunft geben, besitzt also zweifelsfrei „Bewußtsein"; trotzdem ist die Definition *rechtshemisphärischen Bewußtseins* schwierig, da wir zur Beschreibung dieses Bewußtseins Sprache benutzen müßten. Sprachlich kann diese Bewußtseinsform aber nur schwer beschrieben werden.

Abb. 25-8 zeigt die Reaktionen einer Split-brain-Patientin, deren rechte Hemisphäre ein gewisses Instruktionsverständnis aufwies, ohne sprechen zu können: die einzelnen Reize und Aufforderungen auf Abb. 25-8 wurden ausschließlich der rechten Hemisphäre dargeboten. In diesem Fall ist die linke Hemisphäre primär mit **Kausalattribution** (Ursachenzuschreibung) beschäftigt, ohne zu wissen, was rechts vor sich geht. Wir werden in Kap. 29 und 30 noch detailliert auf die Unterschiede zwischen rechts- und linkshemisphärischer Informationsverarbeitung eingehen.

Langsame Hirnpotentiale, Bewußtsein und Aufmerksamkeit

Die Ableitung, Bedeutung und die physiologische Grundlage langsamer Hirnpotentiale (LP) wurde bereits in Kap. 24, S. 472 beschrieben. Wir wollen uns hier auf den Zusammenhang der LP mit den in 25.1 beschriebenen Aufmerksamkeitsprozessen befassen.

LP und kontrollierte Aufmerksamkeit. Abb. 25-9 zeigt den Verlauf langsamer Hirnpotentiale in einer typischen Erwartungssituation. Die Person wird von einem Reiz S1 gewarnt. Nach 6 Sekunden erfolgt ein zweiter (S2) imperativer Reiz, ein unangenehmer lauter Ton, den die Versuchsperson durch einen Knopfdruck abstellen kann. Abwechselnd mit dieser Sequenz erfolgt dieselbe Reihenfolge, nur ist S2 ein neutraler Ton. Nach 40 solchen Durchgängen wird plötzlich die Situation unkontrollierbar, der laute S2 bleibt für 5 s bestehen, egal was die Person tut *(Verlust der Verhaltenskontrolle)*.

Aus Abb. 25-9 ist ersichtlich, daß die Höhe der negativen Amplitude mit dem *Ausmaß von Ressourcen* für sensorische und motorische Aufmerksamkeit zusammenhängt: generell ist die Amplitude in der Experimentalgruppe (EG) gegenüber der Kontrollgruppe (YC) höher, vor allem in den zweiten 40 Durchgängen. Obwohl beide Gruppen dieselben Reize bekommen und gleich reagieren, mobilisiert die EG mehr Ressourcen, um die Kontrolle über die Versuchsanordnung zu behalten. Dies besonders in den zweiten 40 Durchgängen nach Darbietung des nun unkontrollierbaren Lärms.

Die **1. Negativierung** 500 ms bis 2 s nach Darbietung von S1 tritt in den *frontalen* Hirnregionen auf und repräsentiert die **Erwartung** und Ressourcen-Mobilisierung der sensorischen Eingänge und Reizverarbeitung (s. Abb. 25-3, linke Seite), während die **2. Negativierung** vor dem S2 **motorische Mobilisierung** und **willentliche Anstrengung** (effort) auf die Reaktion widerspiegelt. Wird eine Reaktion ausgeführt – die bereitgestellten Ressourcen „konsumiert" –, so verschiebt sich das LP in elektrisch *positive* Richtung. Dies erkennt man deutlich nach Darbietung von S2. Nur in der EG in den zweiten Durchgängen, bei Darbietung des unkontrollierbaren Lärms, kommt es sofort zu neuer Mobilisierung sensomotorischer Areale (vor allem der Frontalregion). Dieses elektrisch-negative „Hilflosigkeitspotential" nennt man **postimperative Variation (PINV)**.

Ressourcen-Bereitstellung ist also proportional der *Negativierung*, *Ressourcen-Konsumation* propor-

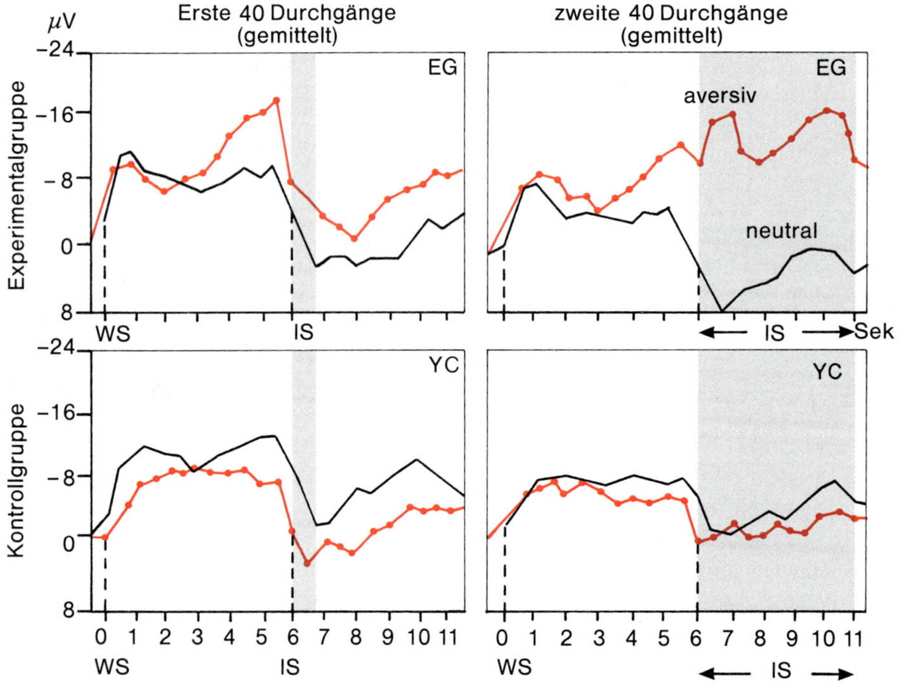

Abb. 25-9. *Präzentrale LP* in Mikrovolt für zwei Gruppen von Versuchspersonen (Vpn) in je zwei Versuchsbedingungen. Die Experimentalgruppe (EG, *oben*) verlor zwischen erster (*links*) und zweiter (*rechts*) experimenteller Periode die Kontrolle über den *unangenehmen IS* (imperativen Reiz, *grau unterlegt*). Die Kontrollgruppe *(YC)* hatte keine Kontrolle über den aversiven *IS* (*grau unterlegt*), sie erhält vor Beginn des Experiments die Instruktion, bei Beginn des *IS* nach Beendigung des 6 s dauernden Warnsignals (*WS*) eine Taste zu drücken. Die Vpn der EG konnten in der ersten experimentellen Periode den unangenehmen *IS* durch Tastendruck abstellen, in der zweiten blieb der *IS* 5 s bestehen, unabhängig von der Reaktion der Vp. Als Kontrollbedingung erhielten alle Vpn einen neutralen *IS (schwarze Linie)*, der ebenfalls von einem *WS* angekündigt wurde (s. Text). (Nach Rockstroh et al. 1982)

tional der *Positivierung* der LP [6]. Da in vielen Situationen beides simultan reguliert wird, kann man an der Höhe der LPs an einer Stelle des Neocortex meist nur das *Nettoresultat* beider Prozesse ablesen. Beobachtet man allerdings die *Verteilung der mobilisierenden Aktivierung* über den gesamten Neocortex, so findet man, daß genau *dort* Voraktivierung (Ressourcen) bereitgestellt werden, wo sie gegenwärtig oder in Zukunft gebraucht werden. Abb. 25-10 illustriert diesen Sachverhalt für die Verteilung von Ressourcen für Gestalt-Aufgaben (rechte Hemisphäre) und mathematische Aufgaben (linke Hemisphäre). Das (frontale) LCCS „transportiert" die Vor-Aktivierung (priming) zur Lösung der Gestaltaufgabe in den *rechten* Temporallappen, die Vor-Aktivierung für die mathematische Aufgabe in den *linken* Temporallappen.

In Abb. 25-9 erkennt man auch, daß nach plötzlicher Hilflosigkeit und Neuheit ein hohes Maß an Mobilisierung (Negativierung) für die Analyse der neuen, unerwarteten Situation und zur Lösung der damit verbundenen Entscheidungen nach dem S2 bereitgestellt wird, allerdings nur für den bedeutsamen, unangenehmen Reiz; der neutrale S2 löst auch bei längerer Dauer keine neue Ressourcenverteilung aus, die Versuchspersonen reagieren auf diesen S2 „automatisiert" weiter. Aus den Abb. 25-9 und 25-10 ersehen wir auch, daß die Höhe der Negativierung proportional zur *neuronalen Mobilisierung für kontrollierte Suche* (s. S. 485), das Ausmaß der Positivierung proportional zu den *aktuell verbrauchten Ressourcen* für *kontrollierte Informationsverarbeitung* ist. Bei automatisierter Verarbeitung, wie in Abb. 25-9 auf den neutralen S2 sichtbar, treten minimale Negativierungen oder Positivierungen auf.

Ähnliche Änderungen von Erregungsanstieg und -verteilung wie bei den LP finden wir auch bei der Registrierung des regionalen cerebralen Blutflusses (rCBF, s. Kap. 24) und der Glucoseabsorption während Aufmerksamkeitsaufgaben. Die Abb. 1-1, 24-19, 24-20 geben die Verteilung der rCBF bei verschiedenen Aufgaben wieder. Die Höhe des registrierten Blutflusses ist dabei grob dem Ausmaß der geistigen Arbeitsbelastung (workload) bzw. den Aufgabenanforderungen (task demands) proportional. Allerdings ist eine genaue Zuordnung der verschiedenen Aufmerksamkeitsprozesse (sensorische und motorische Mobilisierung, Verbrauch der Ressourcen) nicht möglich, da die Zeitauflösung des rCBF zu grob ist (5-10 min), um die einzelnen Vorgänge detailliert abzubilden.

LP und die Entstehung bewußter Willenshandlungen. Die im vorausgegangenen Abschnitt dargestellten Prinzipien kontrollierter Informationsverarbeitung gelten nicht nur für die sensorische Eingangsseite,

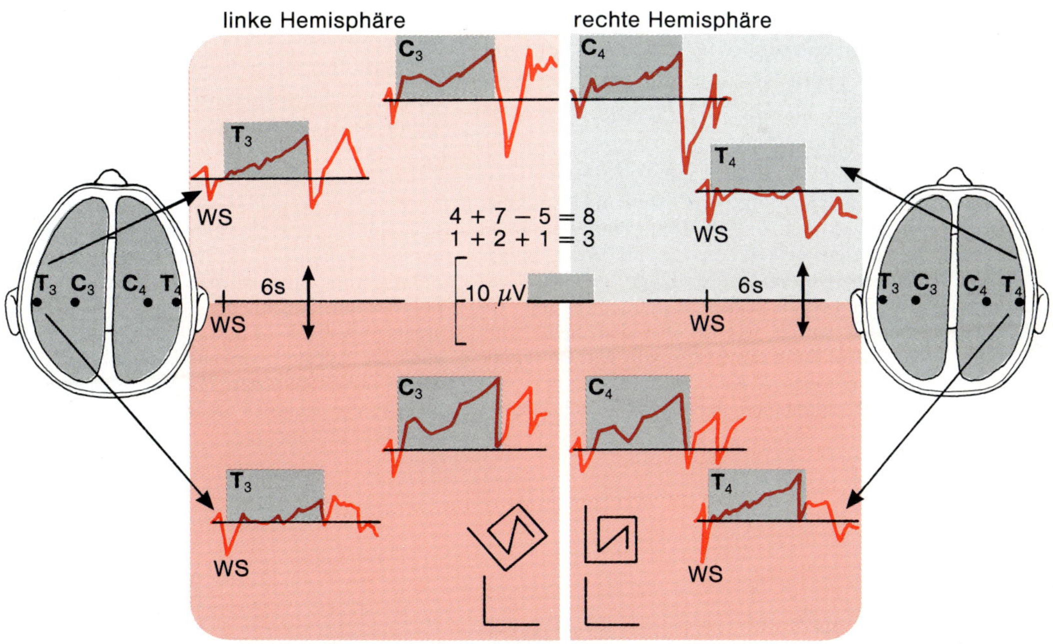

Abb. 25-10. Langsame Potentiale (*LP*) gemittelt über verschiedenen Hirnregionen (T_3 temporal links, T_4 temporal rechts, C_3 zentral links, C_4 zentral rechts). *Oben* arithmetische Aufgaben, *unten* Erkennen von verdrehten Figuren. Die Aufgaben wurden nach einem 6 s dauernden Vorintervall dargeboten *(WS)*. Vor der Darbietung der Aufgaben bildet sich eine antizipatorische Negativierung aus, bei Darbietung der Aufgaben kommt es zu einer Positivierung. Signifikante Unterschiede treten nur in den temporalen Ableitungen auf: bei Rechenaufgaben negativiert die linke Hemisphäre stärker als die rechte (T_3 versus T_4 *oben*), bei Gestaltaufgaben negativiert die rechte Hemisphäre stärker als die linke (T_4 gegen T_3 *unten*). (Nach Birbaumer et al. 1981)

sondern auch für die motorische Reaktion. Gut geübte, automatisierte Bewegungen benötigen ein Minimum an Aufmerksamkeitsaufwand, neue, komplizierte und schlecht gelernte Handlungen dagegen eine entsprechende Konzentration der limitierten Ressourcen in den prämotorischen, supplementärmotorischen (SMA) und motorisch-neocorticalen Arealen (s. Kap. 16).

Auch auf der efferenten („activation", Abb. 25-3) Seite ist die Amplitude des LP über den motorischen Arealen ein gutes Maß der für eine bestimmte Handlung zur Verfügung stehenden Aufmerksamkeit. Bei spontanen „freien" Handlungen entsteht vor der aktuellen Handlung ein negatives **Bereitschaftspotential**, dessen verschiedene Komponenten unterschiedliche Aspekte der *Planung, Entscheidung und Ausführung* einer Handlung widerspiegeln (s. Kap. 16 und 24). Ab einer bestimmten Amplitudenhöhe des Bereitschaftspotentials über dem supplementär-motorischen Areal (SMA, Kap. 16) wird der „Wille" zur Handlung *bewußt*; stets geht aber dem bewußten Willen eine Periode nicht-bewußter Negativierung des LP voraus. Der nicht-bewußte Vorplanungsprozeß beginnt bei einfachen Bewegungen (z. B. Fingerflexion) etwa 350 ms vor dem Bewußtwerden des Antriebs („Wille") zur Handlung. Die aktuelle Handlung wird dann oft bis zu 400 ms später ausgeführt; während dieser Zeit steigt die Amplitude des Bereitschaftspotentials kontinuierlich. Erfolgt vor der Entscheidung zur Handlung ein „Veto", so fällt die negative Amplitude rasch wieder ab und die Bewegung unterbleibt (Abb. 25-11).

Abb. 25-11 gibt ein Beispiel einer Untersuchung von Libet (1985): die Vpn sollten von Zeit zu Zeit, wenn sie „einen Drang dazu" verspürten, eine Bewegung mit einem Finger ausführen. Gleichzeitig wurden sie angehalten, sich am Stand eines laufenden Uhrzeigers zu merken, wann der „Drang" *vor* der Bewegung bewußt wurde. Die LP über dem SMA wurden durch Rückwärtsmittlung des EEGs, von den Bewegungen zeitlich zurück, erhoben (s. Kap. 24). RP 2 ist ein typisches LP vor einer spontanen Bewegung *ohne* längere bewußte Vorplanung, RP 1 ein LP vor einer Bewegung *mit* „kontrollierter" Vorplanung. Das Bewußtsein des Drangs tritt bei RP 1 etwa 350 ms *nach* Beginn der Negativierung auf, bei RP 2 kurz vor der Bewegung [8].

Modifikation langsamer Hirnpotentiale und Aufmerksamkeit. Wenn die Zuordnung von LP und Aufmerksamkeitsprozessen richtig ist, müßten sich bei Manipulation des LP als *unabhängige Variable* die Aufmerksamkeit als *abhängige Variable* in gesetzmäßiger Art und Weise ändern: mit vermehrter Bereitstellung von Mobilisierung (Ressourcen) müßten die Verhaltensleistungen in Abhängigkeit von der Höhe der Negativierung besser werden. Dies müßte *topographisch spezifisch* sein: nur solche Aufgaben sollten profitieren, die in jenen Hirnregionen verarbeitet werden, wo die Ressourcen zur Verfügung gestellt werden.

Beim Menschen sind nur zwei Methoden denkbar, dies zu prüfen, da sich ein experimenteller Eingriff ins Gehirn verbietet: Die *Selbstregulation langsamer Hirnpotentiale durch instrumentelle Konditionierung* und die Beeinflussung des LP mit an den Kopf angelegten *schwachen externen Gleichspannungen.* Die Methode und Ergebnisse zur instrumentellen Konditionierung von LP ist in 30.2 beschrieben. Personen, die gelernt haben, ihre eigenen LP auf „Kommando" eines Signals (z. B. Ton oder Licht) selbst in bestimmten Hirnregionen zu verändern, ändern auch ihre Aufmerksamkeitsleistung: mit zunehmender Negativierung verbessert sich die Leistung. Dies bestätigt also die Bedeutung der LP als Grundlage der Mobilisierung von Aufmerksamkeit.

Dasselbe ist der Fall, wenn man die LP durch externe Ströme ins Gehirn induziert. Schwache (0,22 mA), positive (anodale) Polarisierung eines Hirnareals führt zu einer Erregung (Depolarisation, Negativierung) des vom Strom gereizten Hirnareals (s. Abb. 25-12 und Abb. 24-2). Damit müßte sich dann auch die Aufmerksamkeitsleistung von Handlungen ändern, die in diesen gereizten Hirnarealen generiert werden. Wenn wir also die zentralen rechten Hirnareale negativieren, müßte

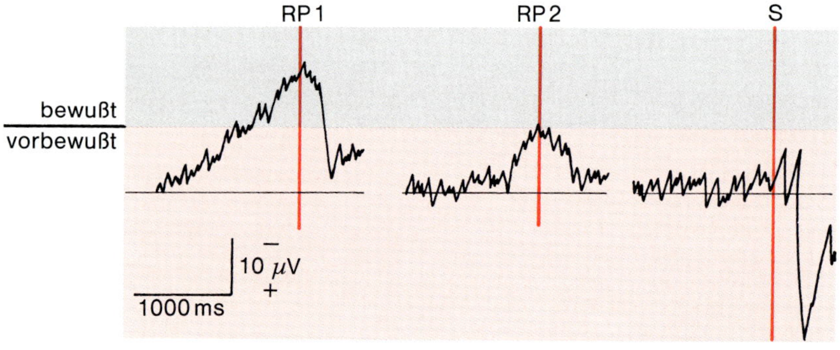

Abb. 25-11. LP der linken präzentralen Handregion vor Willkürbewegungen. Die Bewegung wurde bei dem vertikalen Strich ausgeführt. *RP 1* sind LP bei vorgeplanten Bewegungen, *RP 2* automatische Bewegungen; *S* ist eine Kontrollbedingung, bei der nur ein taktiler Reiz ohne Bewegung appliziert wurde. Erläuterungen siehe Text. (Nach Libet 1985)

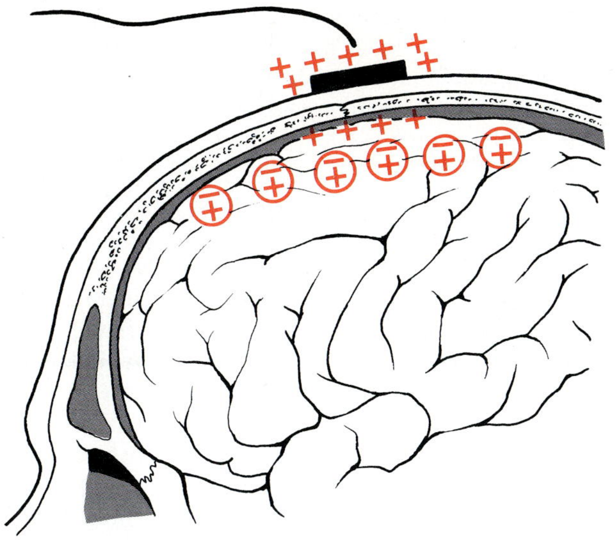

Abb. 25-12. Einfluß externer Gleichspannungsverschiebungen auf die Dipolstruktur der Hirnrinde. Es wird angenommen, daß die Ladungsträger von einer Elektrode durch den Kopf fließen und bei einem positiv angelegten Feld, wie auf der Abbildung gezeigt, die corticalen Dipole in Richtung Oberflächennegativität verändern. (Nach Rockstroh et al. 1982)

sich die Leistung bei Aufgaben ändern, die der linken Hand dargeboten werden und umgekehrt (typische Aufgaben sind auf Abb. 30-10 zu sehen); wenn die linke Zentralregion negativiert wird, sollte die rechte Hand über mehr Aktivierungsressourcen verfügen. Die Leistungen ändern sich auch entsprechend der Vorhersage. Wenn man der Person freistellt, mit welcher Hand sie reagieren möchte, und gleichzeitig z. B. das linke zentrale Hirnareal anodal polarisiert, wählen die Vpn. überzufällig häufig - ohne dies zu merken - die rechte Hand für bestimmte Handlungen [6]. Dies bestätigt die im vorigen Abschnitt von Libet berichteten Ergebnisse über Willensentscheidungen. Die bewußte Entscheidung zu einer Handlung wird vorbewußt eingeleitet. Erst ab einer bestimmten Höhe der Negativierung und der damit einhergehenden Depolarisation von corticalem Gewebe, wird die Intention oder Entscheidung bewußt.

25.3 Unspezifische Aktivierungssysteme

Aus dem bisher Besprochenen ist klar geworden, daß an der Steuerung von Aufmerksamkeit und Bewußtsein mehrere, z. T. weitgestreute Hirnsysteme beteiligt sein müssen. Voraussetzung für aufmerksames Verhalten und präparatorische Planung sind multisensorische *und* motorische Systeme, *ein* Hirnabschnitt allein kann die Aufgaben von Orientierung und präparatorischer Aktivierung nicht erfüllen. Wir wollen in diesem Abschnitt eine Gruppe von subcorticalen Hirnsystemen näher untersuchen, die zumindest *eine* der vielen Aufgaben aufmerksamkeitssteuernder Systeme erfüllen: die Regulation der neocorticalen Aktivierung. Während die *großflächige Aktivierung* des Neocortex zur Aufrechterhaltung eines optimalen *tonischen* Erregungsniveaus corticaler Zellverbände primär als Funktion der Reticulärformation (FR) des Hirnstammes angesehen werden kann, müssen zur *phasischen, lokalen* Mobilisierung FR, Thalamus, Basalganglien, Parietalregion und Frontalcortex zusammenarbeiten.

Die mesencephalen reticulären Aktivierungssysteme (MRF, mesencephalic reticular formation)

Aufsteigendes reticuläres Aktivierungssystem (ARAS). Abbildung 25-13 zeigt die Versuchsanordnung, die zur Entdeckung des ARAS 1949 führte. Magoun, Moruzzi und Lindsley waren die ersten, die das Phänomen *„unspezifischer" Weckeffekte* beschrieben [9].

Läsionen im medialen Mittelhirn und/oder Zwischenhirn (**cerveau isolé**) hatten Synchronisation des EEG und Schlaf zur Folge, Läsionen der lateralen Anteile des Hirnstammes hatten keinen Effekt. Auch Durchtrennung der gesamten Medulla (**encephale isolé**) führte zu keiner Störung des Wach- und Schlafrhythmus. Sie zeigten ferner, daß der Aktivierungseffekt von peripheren Reizen im intakten Gehirn durch *Collateralen* der spezifischen Bahnen zur Formatio vermittelt wird [11].

Die genannten Arbeiten lösten eine Flut von Untersuchungen aus, die das anfangs etwas unscharfe Bild präzisierten. Danach hat die reticuläre Formation des Hirnstammes vor allem drei Funktionen:

1. Generierung der tonischen (lang anhaltenden) Wachheit,
2. Einfluß auf die Muskulatur, vor allem der tonischen (lang anhaltenden) Anspannung,
3. Verstärkung oder Abschwächung der Aufnahme und Weiterleitung sensorischer und motorischer Impulse.

Anatomisch ist die Formatio eine schwer definierbare Struktur. Sie beginnt kurz oberhalb der Pyramidenkreuzung und ist von den langen spezifischen Bahnen und Kernen wie von einer Muschel *umgeben.* Sie erhält Bahnen aus vielen Rückenmarksegmenten und Collateralen aus den spezifischen Bahnen verschiedener Sinneskanäle; Fasern *zur* MRF entspringen in fast allen Gehirngegenden, vor allem dem limbischen Cortex und dem Thalamus. Die Zellen innerhalb der Formatio zeichnen sich durch

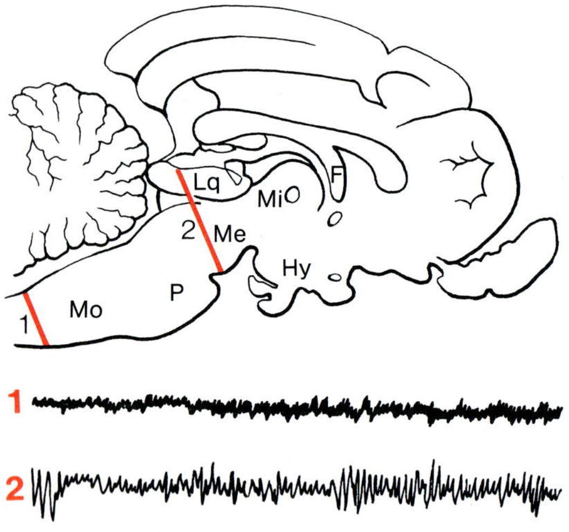

Abb. 25-13. Sagittaler Schnitt durch das Katzenhirn mit den kritischen Transsektionen (in Farbe), darunter die dazugehörigen EEG-Bilder. 1: encephale isolé, Sektion zwischen Medulla und Rückenmark, normales Wach-EEG. 2: cerveau isolé, Schnitt zwischen dem oberen und unteren Vierhügel durch das Mittelhirn; Schlaf-EEG. *F* Fornix, *Hy* Hypothalamus, *Lq* Vierhügelplatte (Lamina quadrigemina). *Me* Mittelhirn. *Mi* Massa intermedia, *Mo* Medulla oblongata, *P* Pons. (Nach Pilleri 1966)

eine im übrigen Gehirn nicht wieder auffindbare *Variabilität* aus. Die meisten sind *unspezifisch*, d.h. es konvergieren Fasern aus allen Sinnessystemen, motorische und vegetative Fasern, auf diese Zellen. Aus der Antwort der Zelle ist keine Reiz- oder Reaktionsspezifität erkennbar. Besonders intensiv sind die Verbindungen von und zu den medialen Thalamuskernen (s. unten). Neuere Untersuchungen konnten keine extrathalamischen Afferenzen von der mesencephalen Reticulärformation zum Cortex feststellen.

Fassen wir die klassische Ansicht über die Arbeitsweise des ARAS bis in die späten fünfziger Jahre zusammen (soweit sie sich auf selektive Aufmerksamkeit beziehen, s. Abb. 25-14): EEG-Desynchronisation und verhaltensmäßige Aktivierung wird durch diffuse aufsteigende afferente Fasern aus der Formatio reticularis in höhergelegene Regionen, besonders den Cortex, bewirkt. Die Formatio selbst wird durch collaterale Impulse aus den spezifischen aufsteigenden Bahnen erregt. Im Falle der phasischen (kurzdauernden) Weckreaktion splittern die Impulse aus der Formatio die thalamischen Schrittmacher (Kap. 24) auf, wodurch das Cortex-EEG desynchronisiert wird. Zusätzlich erhält die Formatio auch das tonische Wachheitsniveau durch ständige Aufrechterhaltung einer diffusen Erregung der darüberliegenden Hirnregionen über einem bestimmten kritischen Niveau. Schlaf wird durch aktive corticofugale Hemmung der Formatio und Einschränkung der afferenten Impulszufuhr erreicht (Kap. 26).

Neurophysiologie tonischer und phasischer Aktivierung. Heute besteht Einigkeit darüber, daß tonische Aktivierung primär eine Funktion des mesencephalen Reticulärsystems (MRF) ist, während phasische Aktivierung im Rahmen selektiver Aufmerksamkeitsprozesse primär eine Funktion des reticulären Kerns des **Thalamus** in „Zusammenarbeit" mit MRF, Frontalcortex (FC) und Neocortex ist. Untersuchungen von Steriade zeigen, daß die intralaminären Kerne des Thalamus auch ohne MRF den Cortex aktivieren können, diese Aktivierung ist aber nur kurzzeitig, phasisch, ohne MRF kommt es immer zu Störungen des Wachheitsniveaus. Das ursprüngliche Konzept wurde daher vor allem in bezug auf die „Unspezifität" erheblich eingeschränkt:

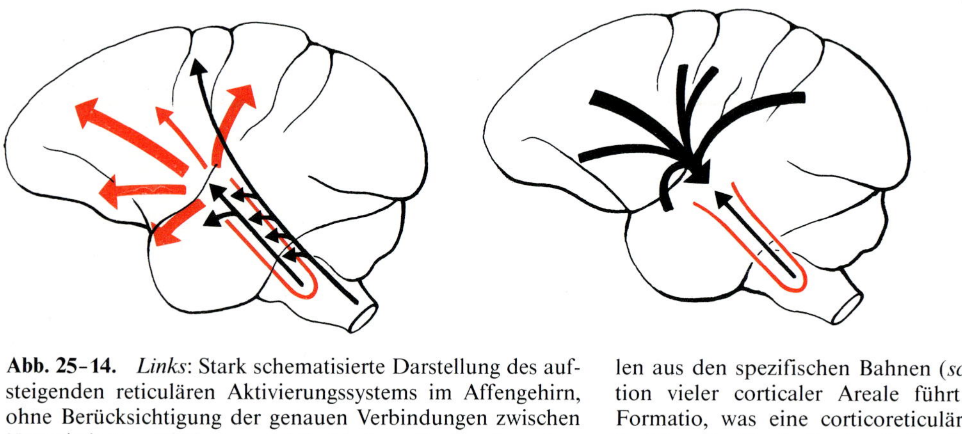

Abb. 25-14. *Links*: Stark schematisierte Darstellung des aufsteigenden reticulären Aktivierungssystems im Affengehirn, ohne Berücksichtigung der genauen Verbindungen zwischen Hypothalamus, Thalamus und limbischem Cortex. Angedeutet die multisynaptischen reticulären Neurone und Collateralen aus den spezifischen Bahnen (*schwarz*). *Rechts*: Stimulation vieler corticaler Areale führt zu Potentialen in der Formatio, was eine corticoreticuläre Verbindung und eine funktionelle Kontrolle der Aufmerksamkeitssteuerung nahelegt

a) nur ein kleiner Teil der Reticulärformation hat tonische Aktivierungsfunktionen, besonders die MRF,
b) die Axone der MRF projizieren alle in die intralaminären Kerne des Thalamus, extrathalamische Verbindungen zum Neocortex existieren vermutlich nicht,
c) sowohl die Verbindungen von der MRF zum Thalamus, als auch vom Thalamus zum Cortex sind insofern spezifisch, als eine bestimmte Zelle oder Region nicht eine Vielzahl von anderen Zellen oder Regionen versorgt, sondern spezifische Punkt-zu-Punkt-Projektionen vorliegen. Die einzelnen Substrukturen dieser Projektionssysteme sind auch funktionell unterscheidbar.

Auf *cellulärer Ebene* besteht *Aktivierung* trotz der Präsenz einiger inhibitorischer Effekte der MRF im wesentlichen aus einem tonischen Zustand der „depolarisierten" Bereitschaft in thalamischen und corticalen Netzwerken, der die Voraussetzung für phasische Aktivierung (Arousal), Wachen und den paradoxen Schlaf (PS) (s. Kap. 26) darstellt. Die thalamocorticale Aktivierung äußert sich dabei in folgenden neurophysiologischen Merkmalen [16]:

1. erhöhte Feuerungsrate von Neuronen mit langen Axonen,
2. Erhöhung der corticalen Erregbarkeit der thalamo-corticalen Zellen,
3. die Unterdrückung jener sekundären synaptischen Erregungen und Hemmungen, aus denen sich Spindeln und Alpha-Wellen im EEG entwickeln (s. Kap. 24, S. 465),
4. Einengung und Focussierung inhibitorischer Prozesse. Die Fläche getrennter Areale verkleinert sich am Cortex nach reticulärer Aktivierung, ohne daß punktförmige „Hemmungsherde" deshalb verschwinden müssen,
5. Depolarisation (Negativierung) der apicalen Dendriten am Neocortex.

Neurochemische Aspekte unspezifischer Aktivierung. Trotz einer Vielzahl pharmakologisch aktivierend wirkender Substanzen (z. B. Amphetamin, Coffein, Nicotin) sind die Transmitter und Neuromodulatorensysteme des ARAS nicht bekannt. Obwohl die meisten erregend wirkenden Substanzen die NA- und DA-Synthese beeinflussen, sind vermutlich gerade die *Catecholaminsysteme* im Säugetier-ZNS *nicht direkt* in den MRF-thalamo-corticalen Aktivierungsstrukturen involviert. Der Ursprung monoaminerger Systeme (s. Kap. 14) im Mittelhirn und ihre extensive Verzweigung in den darüberliegenden Regionen und im Neocortex läßt sie als „Kandidaten" für aktivierende Systeme erscheinen.

Alle Zuordnungen verliefen aber bisher widersprüchlich, die Neurochemie des ARAS bleibt spekulativ. Elektrische und chemische Reizung der Ursprungsorte des NA-Systems im Nucl. coeruleus und des Serotoninsystems im Nucl. raphe (s. Abb. 14-20, Kap. 14) führt zu Hyperpolarisation und Aktivierungshemmung der davon betroffenen neocorticalen Projektionen. Zerstörung des NA-Systems hat keinerlei Einfluß auf die EEG-Aktivierung und tonische Wachheit. Nur *cholinerge Stimulation* im Mittelhirn erregt corticale Areale. Trotzdem bleibt die Möglichkeit bestehen, daß die Aktivität der monoaminergen Systeme das **Signal-Rauschverhältnis** der neocorticalen Regionen durch Hemmung einzelner Areale verbessert und lokale Erregungsanstiege (Aufmerksamkeitsänderungen) sich damit „deutlicher" von den gehemmten Regionen abheben. Die anatomische Zuordnung neurochemischer „Systeme" wird in diesem Fall auch noch dadurch erschwert, daß im NA-System und im Nucl. coeruleus, die ja auch eine zentrale Rolle in der Induktion desynchronisierten (paradoxen) Schlafes (PS) spielen, NA-Neurone *und* cholinerg übertragende Zellen vorhanden sind. Neocorticale Neurone verhalten sich während paradoxem Schlaf und Wachheit gleich, sie sind mehrheitlich erregt, während die noradrenerg übertragenden Zellen im Neocortex im Wachzustand gehemmt sind.

Dopaminerge Systeme. Dopamin (DA) ist wie NA in eine Vielzahl von motorischen und kognitiven Funktionen involviert. Auch für Aufmerksamkeitsprozesse spielt es eine Rolle, weniger für tonische Wachheit, an der eher cholinerge Transmitter beteiligt sein dürften. **Amphetamin** in geringen Dosen verbessert die Aufmerksamkeitsleistung primär über eine verstärkte präsynaptische DA-Ausschüttung und Hemmung der DA-Wiederaufnahme aus dem synaptischen Spalt. In hohen Dosen führt dies zu motorischen Stereotypien und psychotischem Verhalten (Kap. 30). Von den verschiedenen DA-Systemen scheint an der Aufmersamkeitssteuerung vor allem das **mesolimbische DA-System** beteiligt (Kap. 14). Zerstörung dieses Systems in der Entwicklung bei Ratten durch 6-Hydroxidopamin verursacht irreversible Störungen von Aufmerksamkeitsprozessen: die Tiere habituieren nicht, sind extrem irritierbar und lernen schlecht, ähnlich wie man das bei der kindlichen *Aufmerksamkeitsstörung* findet.

Cholinerge Systeme. Cholinerge Systeme wurden bisher vorrangig mit unspezifischer Aktivierung in Verbindung gebracht, wenngleich die „Richtung" der Aktivierung (z. B. Hungeraktivierung, sexuelle Aktivierung etc.) durchaus von monoaminergen und anderen Neurotransmittern und -modulatoren mitbestimmt wird. Die Zuordnung von Acetylcholin (ACh) zu aktivierenden Prozessen wird aber durch die Tatsache erschwert, daß Ach in einer Vielzahl von Verhaltensweisen und neuroanatomischen Regionen eine bedeutsame Rolle spielt. Die aktivierende Übertragung im Thalamus und Neocortex, als den wesentlichen Projektionen der MRF, stellt nur *eine* Funktion unter vielen dar.

Die Sensitivität der ACh-Receptoren wird durch elektrische Potentiale, vor allem DC-Potentiale, beeinflußt, was gut zu der in Abschnitt 25.2.und in Kap.24 vermuteten Rolle von DC-Potentialen und langsamen Hirnpotentialen im Aktivierungsprozeß paßt. Allerdings ändern auch glutaminerge und dopaminerge neocorticale Neurone ihr Entladungsverhalten unter DC-Einfluß. Im Säugetiergehirn ist ACh-Aktivität in den zum intralaminären Thalamus und von dort zum Neocortex projizierenden Neuronen sowohl bei tonischer Erregung als auch im PS erhöht.

Die thalamo-corticalen Aktivierungssysteme und Aufmerksamkeit

Thalamo-corticales „Gating". Die Eigenheit neuronaler Netzwerke, einen Teil der ankommenden Information weiterzuleiten und den übrigen Teil von der Weiterleitung auszuschließen, bezeichnet man im anglo-amerikanischen Sprachraum als „Gating" (im Deutschen am besten mit „Schleusen" zu übersetzen). Da wir in 25.1 gesehen haben, daß ankommende Information, auch wenn sie gut gelernt wurde, stets relativ vollständig analysiert wird, müssen wir *vor* einer peripheren Hemmung eine Analyse des Reizmaterials auf neocorticaler Ebene annehmen. Erst danach ist eine *efferente* (von höheren zu niedrigen Strukturen verlaufende) *Hemmung* des afferenten Impulseinstromes denkbar. Eine Schlüsselposition für diese Funktion nimmt der Thalamus ein.

Die Tatsache *multisensorischer Vergleiche* auf neocorticalem Niveau *vor* einem aktiven Gating, geht aus einer Reihe von Untersuchungen hervor; z.B. fallen nach Läsion des rechten Parietallappens die Analyse und der Vergleich visueller und taktiler und z.T. auch akustischer Reize aus. Die Folge ist „Ignorieren" der kontralateralen Körperseite sowohl der eigenen Körperhälfte als auch der Reize aus dieser Richtung, trotz intakter Wahrnehmung und Motorik (*Neglect*, s.30.4). - Zellen im *unteren Parietallappen*, wo visuelle, akustische und taktile Information einläuft, feuern nur, wenn das Tier sich der Reizquelle aufmerksam zuwendet; die Axone dieser **Aufmerksamkeitszellen** führen sowohl zum Frontalcortex als auch in Thalamus und Basalganglien (s.u.). Bei jedem Wechsel der Aufmerksamkeit kommt es beim Menschen zu einem Anstieg der Durchblutung im präfrontalen und inferior-parietalen Bereich, was auch für die Rolle dieser Region für multisensorische Vergleiche spricht.

Innerhalb der thalamischen Kerne stellt der **Nucleus reticularis thalamus (R)** das „Tor" zum Cortex dar. Der R umgibt den Thalamus wie eine Muschel (s. Kap.14) und weist eine Feinstruktur auf, die für Selektion ankommender sensorischer Erregungsmuster ideal ist: die Zellen im R sind durch weitverzweigte Dendriten innerhalb von R und multipolare Axone mit vielen Collateralen in die spezifischen Thalamuskerne gekennzeichnet; diese langen, multipolaren Axone kommunizieren mit dem übrigen Thalamus und Mittelhirn, aber nicht mit neocorticalen Strukturen (Abb.25-15) [6, 16].

Abb.25-16 zeigt den geschlossenen **thalamo-corticalen Feedback-Kreis**: spezifische afferente Fasern bilden Synapsen sowohl mit spezifischen thalamo-corticalen Projektionen (tc), als auch lokalen thalamischen Zellen (lc). Auf ihrem Weg zum Cortex erhält R Collateralen von den aufsteigenden Fasern, und die Axone aus R bilden wiederum Synapsen mit den spezifischen Projektionen des Thalamus zum Cortex (tc). Geschlossen wird dieser Kreis durch die rückkehrenden Axone aus den corticalen Pyramidenzellen (PC), die ihrerseits mit den lokalen Zellen im Thalamus Synapsen bilden, deren kurze Axone auf die tc projizieren. Die multipolaren Axone aus R gehen bis in die MRF (re. unten), die selbst nach R projiziert. Man muß sich diese thalamocorticalen Verbindungen als große Zahl parallel geschalteter Erregungskreise vorstellen. Hinzu kommen die intrathalamischen Verbindungen, die aus den spezifischen Afferenzen, den unspezifischen Kernen, dem Hypothalamus, den Basalganglien und vom präfrontalen Cortex versorgt werden (Abb.25-17).

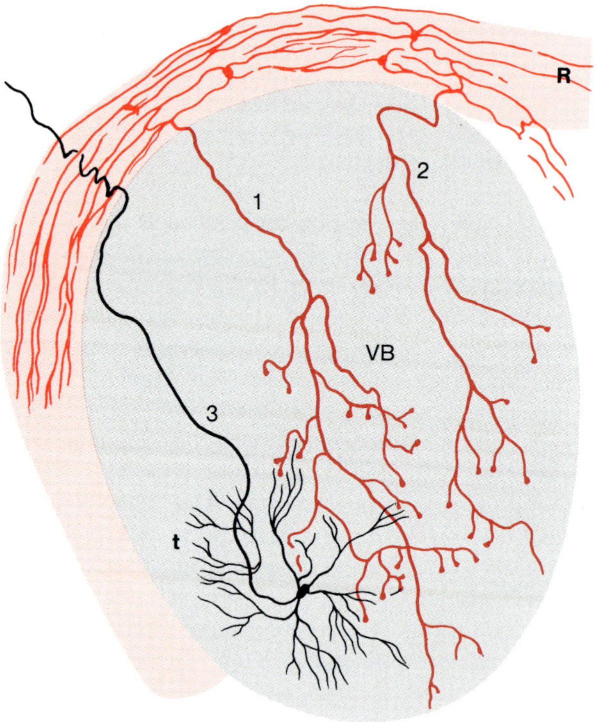

Abb. 25-15. Schematisierter Horizontalschnitt durch den ventralen Abschnitt des Thalamus. *VB* ventrobasaler Komplex des Thalamus, *R* Ncl. reticularis thalami (*rot*). Eine thalamocorticale Projektionszelle (*t*) gibt ihr Axon (*3*) rostral in den Cortex ab, während zwei Neurone aus dem N. reticularis ihre Axone (*1* und *2*) nach caudal in den VB abgeben. 1 und 2 kommunizieren mit t. (Nach Scheibel 1981)

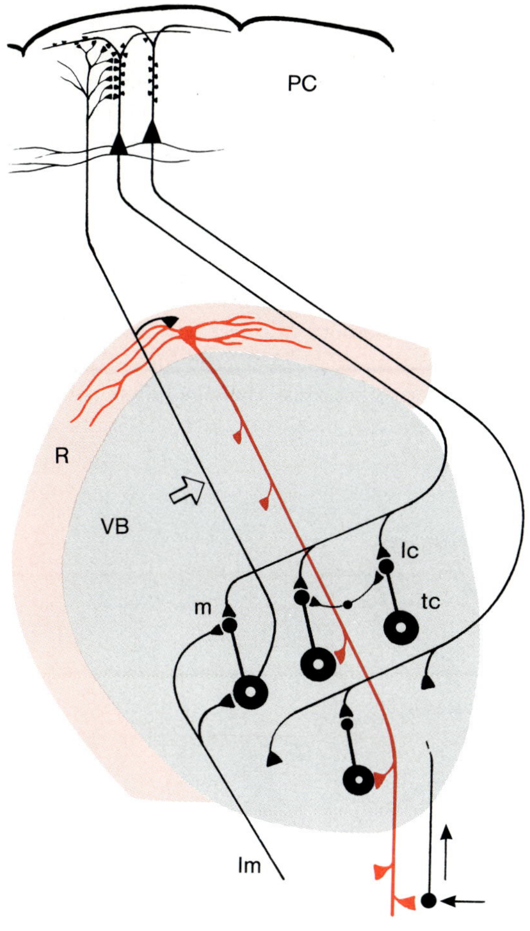

Abb. 25-16. Schematische Darstellung der Beziehungen zwischen Thalamus und Cortex der Katze. Die mediale Lemniscus-Faser (*lm*) bildet Synapsen sowohl an thalamocorticalen Projektionszellen (*tc*), als auch an lokalen thalamischen Zellen (*lc*), die selbst wieder untereinander durch kleine axonlose Neurone verbunden sind. Eine thalamocorticale Projektionszelle gibt ihr Axon (*dicker Pfeil*) über den Ncl. reticularis thalami (*R*) an den Cortex weiter (*PC*). Axone der corticalen Pyramidenzellen kehren wieder in den ventrobasalen Kern (*VB*) zurück, wo sie in einer horizontalen Anordnung in relativ dicken moosartigen Endigungen mit den thalamischen Zellen kommunizieren (*m*). Die Zelle aus dem Nucl. reticularis thalami projiziert in einer linearen rostrocaudalen Anordnung in den Thalamus und das rostrale Mesencephalon (*rot*). (Nach Scheibel 1981)

Ein externer Reiz oder eine elektrische Reizung im Tegmentum und der Reticulärformation bewirkt Hemmung der Spike-Aktivität im R und ein negatives LP im Frontalcortex (FC), das bis zu 20-30 s anhalten kann. Da die Spikes im R mit Hemmung der spezifischen thalamischen Neuronen korrelieren, kann angenommen werden, daß *Hemmung der R-Neuronen*, vor allem aus der FR, das Tor (gate) für thalamocorticale Interaktion *öffnet*.

R ist somatotopisch, visuotopisch etc. organisiert: die Afferenzen aus den verschiedenen Regionen lassen sich entsprechend ihrer funktionellen Bedeutung gliedern. In Abhängigkeit vom Ursprung der Afferenz wird also *nur jenes* Tor von R geöffnet, das der entsprechenden Afferenz (Sinnesmodalität) zugeordnet ist. Damit ist die in 25.1 psychologisch beschriebene *Spezifität* des postulierten LCCS für die verschiedenen Verarbeitungsdimensionen (Abb. 25-4) anatomisch gewährleistet.

25.4 Psychophysiologie selektiver Aufmerksamkeit

Anatomie und Dynamik des LCCS

Anatomie des LCCS. Wir haben bereits wesentliche Teile des LCCS in Gestalt der MRF als „Energielieferant" und des R als „Tor" der Aktivierungsverteilung kennengelernt. Es fehlen uns noch zwei Systemeigenschaften, die wir zur Lenkung (Focussierung) gerichteter Aufmerksamkeit benötigen:

- eine **Entscheidungsinstanz**, die *vor* der aktuellen Schwellenerniedrigung (Erregungserhöhung) der corticalen Areale eines der thalamischen „Tore"(z. B. das visuelle, akustische etc.) öffnet und damit den Erregungsfluß dort hinlenkt, wo er für die weitere Reizanalyse oder die Handlungsvorbereitung „gebraucht" wird;
- ein System, das den R über die z.Z. *bestehende Erregungsverteilung am Neocortex informiert* und verhindert, daß bereits erregte Areale weiter erregt werden (z. B. bis zu einer epileptischen Übererregung).

Beide Systeme sind durch elektrophysiologische und neurochirurgische Untersuchungen beschrieben worden: die „Entscheidungsinstanz" besteht aus dem **präfrontalen Cortex (PF)**, der Informationen aus allen Teilen des Neocortex, besonders dem (rechten) **inferior-parietalen Assoziationscortex** (s. S. 498 und Kap. 30) über die eingelaufene Information und das Resultat der (nicht-bewußten) Vergleichsprozesse erhält und gleichzeitig aus dem **limbischen System** (s. Kap. 14, 28) über die motivationale Bedeutung („vital wichtig" oder „unwichtig") informiert wird.

Das rückwirkende Informationssystem über die Topographie der Erregungsverteilung am Neocortex läuft über die **Basalganglien** zum R und schließt die thalamischen Tore durch Anwachsen der Hemmung bei Erregungssteigerung in den entsprechenden corticalen „Modulen" über *kritische Schwellen.*

Abb. 25-17 stellt eine schematische Zusammenfassung aller bisher in 25.3 beschriebenen Systeme dar, unter Einbeziehung des sogenannten **Medio-thalamo-frontocorticalen Systems (MTFCS)** und der Basalganglien.

Funktion und Dynamik des LCCS. Efferenzen des FC und der MRF konvergieren an dem R, der die thalamo-corticale Aktivität „verteilt". MRF-Reizung öffnet die Tore unspezifisch, d.h. die Amplituden der ereigniskorrelierten Potentiale (EKP, s. nächsten Abschnitt und Kap. 24) steigen, das EEG wird desynchronisiert. Eine generelle Bereitschaft für Informationsaufnahme und Orientierung ist die Folge. Aktivierung des FC dagegen reduziert die Amplituden der ereigniskorrelierten Potentiale sowie der langsamen Hirnpotentiale (s. 25.2)und schließt die thalamischen Tore. Im Gegensatz zur MRF sind aber die Afferenzen und Efferenzen des präfrontalen Cortex *anatomisch selektiv* tätig, d.h. daß nur ein Teil der Bahnen vom FC zum R aktiviert ist, ein anderer Teil „still" bleibt und damit *ein* „Tor" (z.B. das C. geniculatum mediale bei akustischer Information) „geöffnet", alle anderen geschlossen bleiben.

Grau ist in Abb. 25-17 die rückwirkende Schleife vom Cortex zu den **Basalganglien** (über Striatum zum Pallidum und von dort wieder in den Thala-

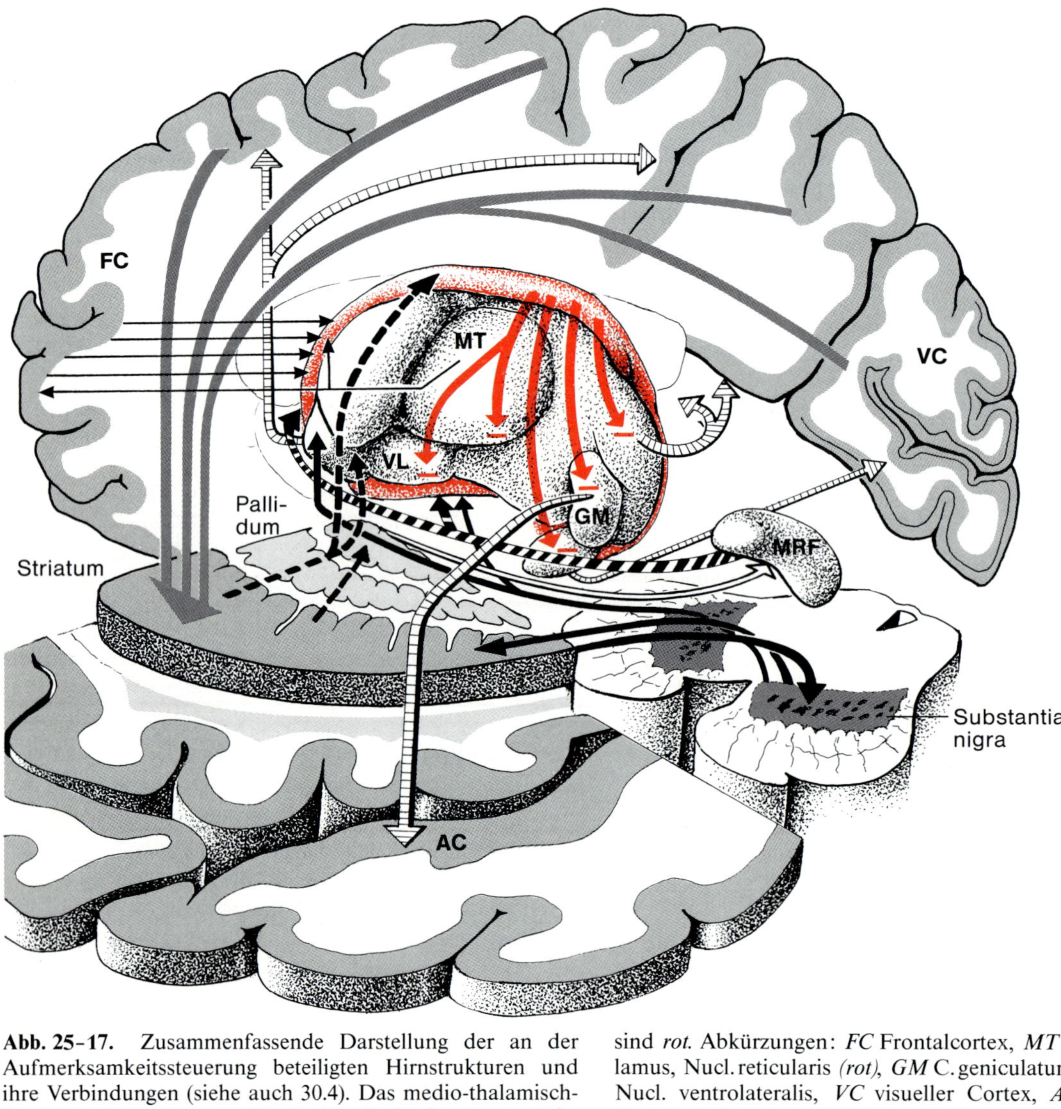

Abb. 25-17. Zusammenfassende Darstellung der an der Aufmerksamkeitssteuerung beteiligten Hirnstrukturen und ihre Verbindungen (siehe auch 30.4). Das medio-thalamisch-fronto-corticale System (MTFCS) ist mit *durchgezogenen Pfeilen* verknüpft, thalamocorticale Afferenzen sind horizontal *strichliert*, die Verbindungen Cortex-Basalganglien-Thalamus *grau*, bzw. *schwarz strichliert.* Die Einflüsse des „gates" aus R sind *rot.* Abkürzungen: *FC* Frontalcortex, *MT* medialer Thalamus, Nucl. reticularis *(rot)*, *GM* C. geniculatum mediale, *VL* Nucl. ventrolateralis, *VC* visueller Cortex, *AC* akustischer Cortex, *MRF* mesencephale Reticulärformation (Das Schema und das hier dargestellte Konzept stammen von Dr. Thomas Elbert, mit freundlicher Erlaubnis. Erläuterungen siehe Text)

mus) eingetragen. Reizung des Nucl. caudatus bewirkt eine Hemmung (Positivierung, Erregungssenkung) in einem umschriebenen corticalen Areal. Alle neocorticalen Regionen projizieren ins Striatum (s. Kap. 16), Reizung dieser Region bewirkt bevorzugt verhaltensmäßige und neuronale Hemmung. Die basalen Systeme verhindern ein Anwachsen der Erregung in den cortico-thalamischen Rückmeldekreisen, sie erhöhen die Erregungsschwelle, wenn die Aktivierung (Depolarisation) der corticalen Module über eine kritische Schwelle steigt. Je höher die neocorticale Erregung, desto „stärker" wird der neuronale Zustrom in die Basalganglien, und um so mehr werden die „Tore" geschlossen. Der FC moduliert den neocortical-striatalen Hemmungskreis.

Störungen in einem dieser weitverzweigten Systeme gehen daher stets mit *Bewußtseins- und Aufmerksamkeitsstörungen* einher. Zerstörung der Basalganglien führt zu Bewußtlosigkeit. Inkomplette Ausfälle wie z. B. der dopaminergen Projektionen von der S. nigra zum Striatum bei der Parkinsonschen Erkrankung (s. Kap. 30) führen zu Reduktion der Bereitschaftspotentiale (LP) und zu Aufmerksamkeitsstörungen. Bei Ausfall des FC kommt es zu schweren Störungen der „Selektivität", die Person wird von unmittelbar gegenwärtigen Reizen „gesteuert", zu viele thalamische „Tore" sind geöffnet (s. Kap. 30).

Ereigniskorrelierte Potentiale (EKP) und Aufmerksamkeit

EKP geben uns Informationen über den Zeitverlauf (Latenz) und die „Stärke" (Amplitude) eines bestimmten Stadiums der Informationsverarbeitung. Wir haben in Kap. 24 bereits die methodischen Grundlagen und wichtigsten EKP kennengelernt. Wir wollen diese EKP nun zu den in 25.1 beschriebenen psychologischen Prozessen in Verbindung bringen. Dabei zeigt sich, daß zwischen den elektrophysiologischen Substraten und den psychologisch beschreibbaren Stadien der Aufmerksamkeitssteuerung Korrespondenz besteht. In 25.2 wurde dies bereits am Prozeß der Ressourcen-Bereitstellung und den LP demonstriert. Es sollen hier die EKP *vor* der aktuellen Mobilisierung corticaler Regionen, wie sie sich in den LP wiederspiegelt, dargestellt werden. Abb. 25-18 gibt die typische Form eines endogenen EKP (s. Kap. 24) auf neue Reize wieder. Je „automatisierter", d. h. je häufiger folgenlos die Reize dargeboten worden sind, um so kleiner werden die Amplituden vor allem der Komponenten N2 und LPC (**L**angsamer **P**ositiver **C**omplex). N1 und die davor auftretenden Komponenten dagegen sind Korrelate der Reizaufnahme, Codierung und Muster-Extraktion, die bei jeder Reizdarbietung auftreten müssen (s. Kap. 17-20) und daher primär von physikalischen Charakteristiken der Reize abhängig sind, wenngleich Aufmerksamkeitsprozesse bereits ab 30 ms die Potentiale beeinflussen können.

N1. Wie schon in Kap. 24 ausgeführt, ist die N1 eine der ersten Komponenten der EKP, die auf Manipulation der Aufmerksamkeit anspricht und ca. 100 ms nach dem Reiz gemessen wird (daher die Bezeichnung N1). Bei akustischen Reizen tritt die N1 etwas früher auf als bei visuellen. Die N1 registriert man vor allem über den *primären sensorischen Projektionsarealen.* Die temporale N1-Komponente ist z. B. auf die Richtung der Aufmerksamkeit zu einem bestimmten Ohr besonders sensibel: bei Konzentration aufs rechte Ohr steigt die linke temporale Amplitude und umgekehrt. Bei Läsionen des jeweiligen Projektionssystems verschwindet die N1. Sie steigt zwar mit der Reizintensität, reagiert aber im wesentlichen auf *zeitliche Änderungen* (zeitliche Unsicherheit) in einer gegebenen Reizfolge. Bei langen Abständen zwischen den Reizen, wenn deren Abfolgesequenz keine zeitlichen Regularitä-

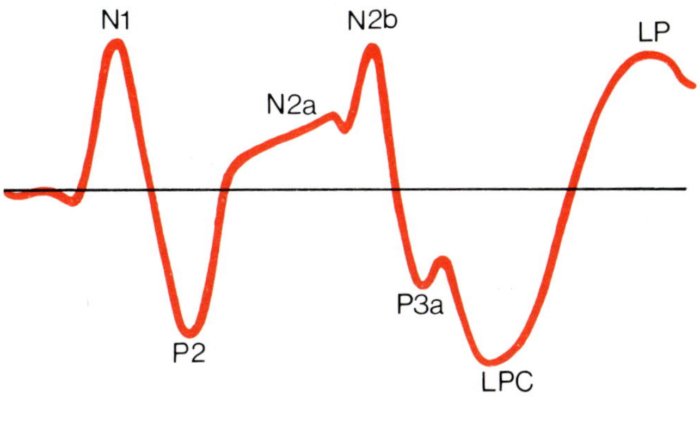

Abb. 25-18. Schema des „typischen" ereigniskorrelierten Potentials für die Zeit bis 500 ms nach Darbietung eines einfachen, aber aufgabenrelevanten akustischen Reizes

ten zwischen den Reizen herzustellen erlaubt, wird die N1 sehr klein oder verschwindet.

Der „Aufmerksamkeitseffekt" (Erhöhung) einiger N1-Komponenten dürfte also kaum auf die Aktivität eines um 100 ms aktiven LCCS zurückzuführen sein, sondern negative LP („gerichtete Aufmerksamkeit") können die N1 überlagern und täuschen einen Zusammenhang mit „Ressourcen-Verteilung" vor, die aber sehr viel mehr Zeit braucht; die meisten Untersuchungen sprechen dafür, daß die N1 in den spezifischen thalamocorticalen Systemen entsteht und Korrelat eines *ersten neuronalen Modells* über die (zeitliche) Auftrittswahrscheinlichkeit wiederholter Reize in einem Sinnessytem ist.

N2. Die N2, bei der auch wieder distinktive Subkomponenten (N2a, N2b) berichtet werden, läßt sich durch Auslassen eines Reizes in einer Reizsequenz auslösen. Sie erhielt deswegen auch den Namen „MISMATCH-Negativität". Vor allem die modalitätspezifische N2a erfüllt alle Charakteristiken, die man an ein neuronales Korrelat eines **Vergleichsprozesses** des ankommenden Reizes mit den vorher gespeicherten Reizen derselben Modalität stellen würde: Änderungen der Reizintensität nach oben und unten lösen die N2 aus; Weglassen des Reizes; je größer die Abweichung von den vorausgegangenen Reizen, um so höher ist die N2; sie ist insensitiv auf Änderungen der willentlichen, gerichteten Aufmerksamkeit.

Die P3a von Abb. 25-18 scheint eng mit der N2a zusammenzuhängen, sie reagiert auf dieselben Änderungen der Versuchsbedingungen, wird aber von Aufmerksamkeitsänderungen mehr beeinflußt: Erhöhung der gerichteten Aufmerksamkeit erniedrigt zumindest die Schwelle, ab der eine P3a auslösbar ist. N1, N2 und P3a sind eher als Korrelate *präattentiver*, selten bewußter Prozesse im Rahmen der *Orientierung* auf zeitlich oder räumlich noch unsicher lokalisierbare Reize aufzufassen.

P3. Die P300 ist an kein Sinnessystem gebunden, sondern tritt „unspezifisch" immer dann auf, wenn eine Erwartung nicht erfüllt wird. Sie tritt nach allen *aufgabenrelevanten Reizen* (targets) auf, die eine vorher aufgebaute *Erwartung verletzen*, und kann Sekunden andauern, in Abhängigkeit vom Ausmaß der „Verletzung" der Erwartung (z. B. steigt die Amplitude mit der Auftritts*un*wahrscheinlichkeit, wie sie von der Vpn angegeben wird (Überraschung), und nicht mit der *objektiven* Auftrittswahrscheinlichkeit). Der Reiz muß also *vor* Auftreten der P300 bereits als abweichend erkannt sein; die P300 spiegelt den auf S. 485 postulierten *Löschungsprozeß* eines Inhalts im KZG wieder, wenn eine Erwartung korrigiert werden mußte. Wird beim Vergleich von angekommenem und gespeichertem Reizmuster (um 200 ms) festgestellt, daß die beiden Muster voneinander abweichen, wird „automatisch" der alte Inhalt gelöscht. Die P3 ist Korrelat dieses reflektorischen Hemmprozesses im KZG. Sie tritt vor allem zentral am Vertex und parietal auf und ist nicht modalitätsspezifisch, topographisch lokalisierbar.

Nach der P3 beginnen dann jene Prozesse, die sich in Negativierung und Positivierung langsamer Hirnpotentiale (LP) widerspiegeln und in den vorangegangenen Abschnitten detailliert besprochen wurden.

25.5 Literatur

Weiterführende Lehr- und Handbücher

1. DIXON, N.: Preconscious Processing, New York: Wiley 1981
2. GAZZANIGA, M., LEDOUX, J.E.: The Integrated Mind. New York: Plenum Press 1979
3. GOPHER, D., DONCHIN, E.: Workload - An examination of the concept. In: BOFF, K.R., KAUFMANN, L., THOMAS, J.R. (Eds.): Handbook of Perception and Human Performance. Vol. 2, pp. 411-418. New York: Wiley 1985
4. LEDOUX, J.E., HIRST, W. (Eds.): Mind and Brain. Cambridge, USA: Cambridge Univ. Press 1986
5. MATLIN, M.: Cognition. New York: Holt 1983
6. ROCKSTROH, B., ELBERT, T., BIRBAUMER, N., LUTZENBERGER, W.: Slow Brain Potentials and Behavior. Baltimore: Urban & Schwarzenberg 1982. 2. Auflage 1989

Einzel- und Übersichtsarbeiten

7. BIRBAUMER, N., ELBERT, T., LUTZENBERGER, W., ROCKSTROH, B., SCHWARTZ, J.: EEG and slow cortical potentials in anticipation of mental tasks with different hemispheric involvement. Biol. Psychol. *13*, 251-260 (1981)
8. LIBET, B.: Unconscious cerebral initiative and the role of conscious will in voluntary action. Behavioral and Brain Sciences *8*, 529-566 (1985)
9. LINDSLEY, D.B., BOWDEN, J.W., MAGOUN, H.W.: Effects upon the EEG of acute injury to the brainstem activating system. Electroenceph. Clin. Neurophysiol. *1*, 475-486 (1949)
10. LOVELESS, N.: The orienting response and evoked potentials in man. In: SIDDLE, D. (Ed.) Orienting and Habituation. New York, Wiley 1983
11. PILLERI, G.: The anatomy, physiology and pathology of the brainstem reticular formation. In: BIRKMAYER, W., PILLERI, G. (Eds.): The Brainstem Reticular Formation and its Significance for Autonomic and Affective Behavior. Basel: Hoffmann-La-Roche Publ. 1966
12. SCHEIBEL, A.B.: The problem of selective attention: A possible structural substrate. In: POMPEIANO, O., AJMONE MARSAN, C. (Eds.): Brain Mechanisms of Perceptual Awarness and Purposeful Behavior. New York: Raven Press 1981

13. SHIFFRIN, R. M., SCHNEIDER, W.: Controlled and automatic attention and a general theory. Psychol. Rev. *84*, 127–190 (1977)
14. SPERRY, R. W.: The great cerebral commissure. Sci. Amer., Jan. 1964. Auch in: CHALMERS, N., CRAWLEY, R., ROSE, S. P. R. (Eds.): The Biological Bases of Behavior. London: Harper 1971
15. SPERRY, R. W.: Neurology and the mind-brain problem. Amer. Scientist *40*, 291–312 (1952). Auch in: ISAACSON, R. L. (Ed.). Basic Readings in Neuropsychology. New York: Harper 1964
16. STERIADE, M.: Mechanism underlying cortical activation: neuronal organization and properties of the midbrain reticular core and intralaminar thalamic nuclei. In: POMPEIANO, O., AJMONE MARSAN, C. A. (Eds.): Brain Mechanisms of Perceptual Awareness and Purposeful Behavior. New York: Raven Press 1981, pp. 327–377
17. YOUNG, J. G., HALPERIN, J. M., LEVEN, L., SHAYWITZ, B. A., COHEN, D.: Developmental Neuropharmacology. In: IVERSEN, L. L., IVERSEN, S. D., SNYDER, S. H. (Eds.): Handbook of Psychopharmacology. Vol 19. New York: Plenum Press 1987

Die Umdrehung der Erde um ihre Achse führt bei pflanzlichen und tierischen Organismen zu einem circa 24-stündigen Licht- und Temperaturrhythmus, der fast alle physiologischen und psychologischen Variationen beeinflußt. Diese circadianen (circa = ungefähr; dies = Tag) Rhythmen sind zum Großteil keine *passiven* Konsequenzen des Hell-Dunkel-Rhythmus des Tages, sondern Ausdruck der Aktivität organismusinterner **Oszillatoren** („Uhren") mit definierten Oszillationsperioden (τ), die meist von **„Zeitgebern"** der Umgebung synchronisiert, „mitgenommen" (entrain) werden. Die Oszillationsperiode des externen Zeitgebers (T) stimmt dabei selten exakt mit der Periode des endogenen Rhythmus überein. In diesem Fall sprechen wir von **Phasenverschiebung** zwischen den Phasen des biologischen Rhythmus mit einer definierten Phase (τ) und der Phase des Zeitgebers (T) (Abb. 26-1). Den endogenen Charakter vieler, aber nicht aller biologischer Rhythmen erkennt man vor allem nach Ausschaltung des externen Zeitgebers, z. B. der Hell-Dunkel-Variation. Endogene Rhythmen laufen danach mit veränderter Periodik weiter (**Freilauf**). Abb. 26-2 zeigt die Periodik einiger wichtiger Rhythmen bei strenger zeitlicher Synchronisation durch einen 24-Stunden-Zeitgeber (Wecken - Schlafen durch Versuchsleiter bei gleicher Beleuchtung).

Neben der circadianen Periodik existieren eine Vielzahl endogener Oszillatoren; die kurzen Periodizitäten wie EEG, Atmung und einige vegetative Rhythmen sind in den entsprechenden Kapiteln besprochen, die längeren haben mit Ausnahme des **Menstruationscyclus** (Kap. 28) für den Menschen vermutlich nicht die Bedeutung der circadianen Periodik, z. B. Winterschlaf-Perioden. Rhythmen mit

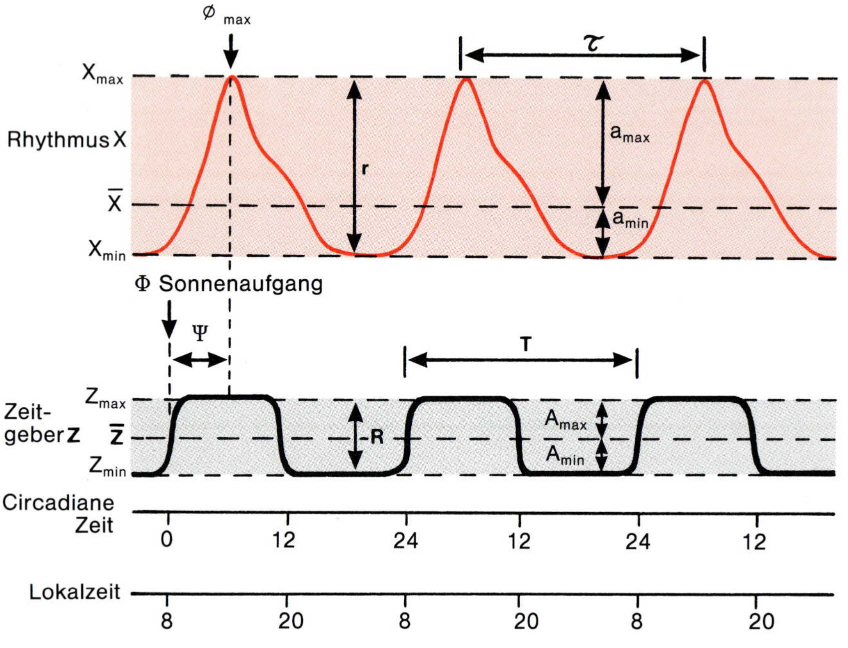

Abb. 26-1. Wichtige Parameter biologischer Rhythmen, Zeitgeber und Referenzzeiten. *Obere Kurve*: Rhythmus einer biologischen Variable *X*; *Untere Kurve*: Cyclus eines Zeitgebers *Z*, der den Rhythmus *X* mitnimmt. Die beiden Variablen sind gegen zwei verschiedene Zeitskalen aufgetragen. Die Lokalzeitskala gibt die Uhrzeit wieder, zu der die biologische Messung erhoben wird (z. B. Greenwich-Zeit). Die circadiane Zeitskala (darüber) standardisiert die Beziehung der biologischen Variable zum Zeitgebercyclus durch Beginn der circadianen Zeit 0 bei Sonnenaufgang. Weitere Erläuterungen siehe Text. (Nach Moore-Ede et al. 1982)

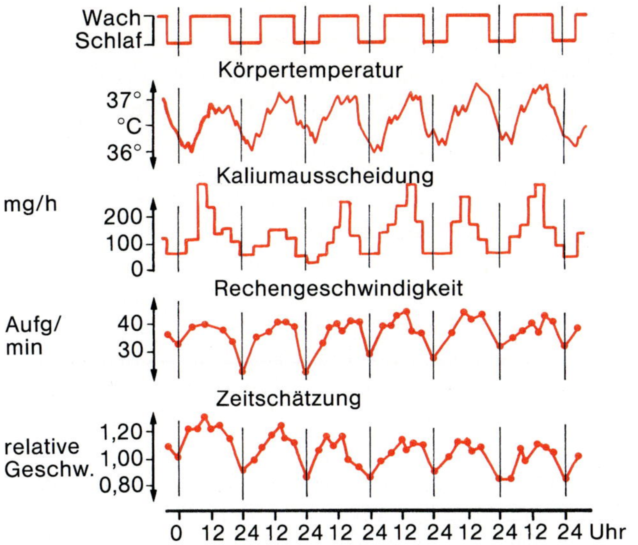

Abb. 26-2. Zeitlicher Verlauf verschiedener Meßgrößen bei einer Versuchsperson, die unter strenger 24-h-Routine lebt. Dargestellt sind von *oben* nach *unten*: Aktivitäts-Zustand; Rectaltemperatur, kontinuierlich gemessen; Kalium-Ausscheidung im Urin; maximale Rechengeschwindigkeit, gemessen mit einem Pauli-Test-Gerät; Geschwindigkeit der Zeitschätzung, gemessen an der Herstellung eines 10-s-Intervalls. Nachts wurde die Versuchsperson zu den Messungen geweckt. (Nach Wever 1978)

längerer Periodendauer als die circadianen werden als **infradiane Rhythmen** bezeichnet.

26.1 Prinzipien circadianer Periodik

Freilaufende Uhren

Endogene Oszillatoren. Bei Isolation von den Zeitgebern der Umgebung weisen die meisten Säugetiere und der Mensch weiterhin in vielen Körperfunktionen eine circadiane Periodik auf. Die Periodik dieser frei laufenden Rhythmen ist aber meist etwas länger oder kürzer als 24h. Beim Menschen beträgt die frei laufende Periodik der in Abb. 26-2 angegebenen Variablen etwa 25h. Abb 26-3 zeigt die Periodik von Wachen und Schlafen und der Rectaltemperatur unter Isolation (konstante Helligkeit, keine sozialen Hinweisreize). - Bei den endogenen Oszillatoren handelt es sich um **angeborene Rhythmusgeber**. Dies zeigen selektive Zuchtversuche an Tieren, die über mehrere Generationen unter absoluter Isolation lebten, ihre Rhythmen aber beibehielten. Die Tatsache, daß unter frei laufenden Bedingungen die Tagesperiodik selten exakt 24h ist, könnte auf die *Flexibilität* der endogenen Uhren hinweisen, die sich innerhalb bestimmter Grenzen

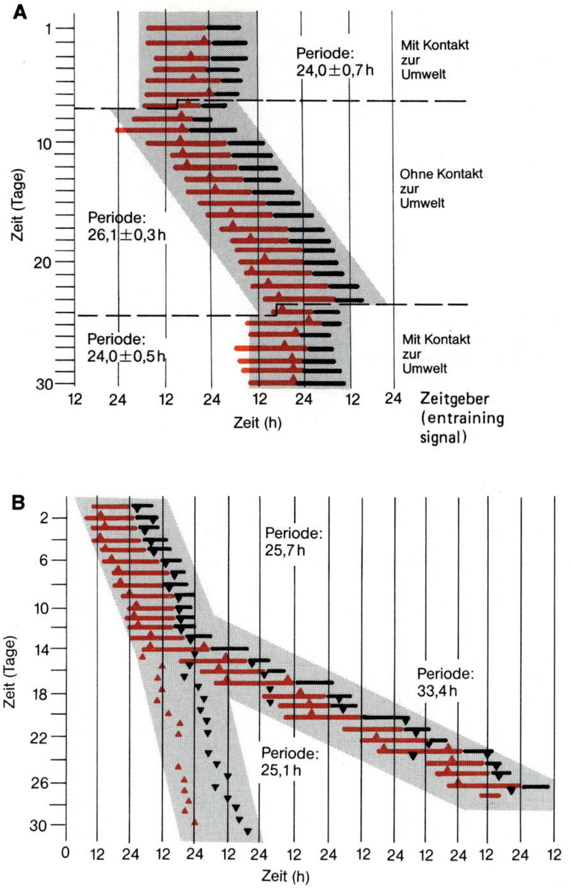

Abb. 26-3. Circadiane Periodik des Menschen. **A** Rhythmus des Wachens (*rote Balkenabschnitte*) und Schlafens (*schwarze Balkenabschnitte*) einer Versuchsperson in der Isolierkammer bei offener Tür (also mit sozialem Zeitgeber) und in Isolation (ohne Zeitgeber). Die *Dreiecke* geben den Zeitpunkt der höchsten Körpertemperatur an. Bei offener Tür betrug die Periodendauer jeweils genau 24h (mittlere tägliche Abweichungen ± 0,7 bzw. ± 0,5h), in der Isolation aber 26,1 ± 0,3h. **B** Aktivitätsrhythmus einer im Bunker isolierten Versuchsperson, bei der sich am 15. Tag der Temperaturrhythmus (Maxima = *rote Dreiecke nach oben*. Minima = *graue Dreiecke nach unten*) vom Wach-Schlaf-Rhythmus abkoppelt und mit einer Periode von 25,1 h weiterläuft. Der Wach-Schlaf-Rhythmus (Aktivitätsrhythmus) sprang zu dieser Zeit aus unbekannten Gründen auf eine Periode von 33,4 h (Messungen von Prof. J. Aschoff, Seewiesen, u. Mitarb. [1])

an veränderte Zeitgeber (z. B. Außentemperatur) anpassen können. Beim Menschen liegt der maximale **Mitnahmebereich** (s. auch nächster Abschnitt) für die Körpertemperatur zwischen 23 und 27 Stunden, für die motorische Aktivität zwischen 20 und 32 Stunden. Innerhab dieser Grenzen paßt sich der circadiane Rhythmus einem Zeitgeber (z. B. 26-h-Kunsttag) an. Außerhalb dieses Mitnahmebereichs werden die Rhythmen gestört, und es kommt zu Desynchronisationen zwischen verschiedenen Rhythmen [11].

Zweifellos bedeutet die Existenz endogener Rhythmen und die Flexibilität ihres Mitnahmebereiches einen deutlichen *Selektionsvorteil*: die normalerweise perfekte Synchronisation des internen Milieus mit der externen Licht-Dunkel-Variation (LD) und/oder Temperatur erlaubt eine ökonomische Anpassung des internen Milieus an externe Anforderungen. Aber auch unter Freilaufbedingungen in absoluter Isolation treten bei einigen Personen **spontane Desynchronisationen** zweier Rhythmen auf: z. B. ergab sich in der Untersuchung Wevers (1979) bei einigen Vpn nach 10 Tagen ein Aktivitätscyclus (gemessen durch Registrierung der Trittaktivität in der Isolierkammer) von $\tau = 32{,}6$ h bzw. 33,4 h, während die Rectaltemperatur weiter ihre $\tau = 24$–25 h beibehielt (Abb. 26-3). Subjektiv merken die uhrlosen Vpn weder die Tatsache, daß ihr Tag 32 Stunden aufweist, noch die Trennung der beiden ursprünglichen Oszillatoren. Diese und andere Befunde zeigen, daß es *mehrere endogene Oszillatoren* gibt, die unterschiedlich eng gekoppelt sind.

Mitnahme (entrainment) endogener Rhythmen durch Umgebungsreize

Soziale Synchronisation. Beim Menschen entwickelt sich eine circadiane Rhythmik erst etwa 15 Wochen nach der Geburt, während bei einigen Säugern bereits in utero eine Mitnahme des fetalen Rhythmus durch den Rhythmus der Mutter erfolgt. Die Endogenität auch des menschlichen 24-h-Rhythmus ist u. a. daran zu erkennen, daß der Rhythmus auftritt, bevor die Möglichkeit zur Synchronisation mit den Hell-Dunkel-Perioden besteht: nach den „chaotischen" ersten Wochen entwickeln sich freilaufende Schlafphasen, die dann ab der 20. Woche mit dem Rhythmus der Eltern synchronisierbar sind [6, 12].

Neben der Licht-Dunkel-Synchronisation sind beim Menschen *soziale Hinweisreize* wichtige Zeitgeber: in der Isolierkammer Aschoffs und Wevers entwickeln einige Vpn trotz stabilen Licht-Dunkel-Wechsels frei laufende Rhythmen um 24 h und synchronisieren erst, wenn durch den Versuchsleiter zusätzlich ein Tonsignal oder andere soziale Reize eingeführt werden. Wenn zwei oder mehrere Vpn gemeinsam isoliert sind, synchronisieren sich die Rhythmen zu einem konstanten Gruppenrhythmus, auch wenn eine Vp vor der gemeinsamen Isolation eine erheblich unterschiedliche Periodendauer aufwies. Sozialer Druck, Verfügbarkeit von Nahrung und Flüssigkeit spielen dabei eine wichtige Rolle.

Struktur circadianer Uhren

Rhythmusschrittmacher. Vor der Entdeckung endogener Rhythmen wurde die **motivationale Steuerung** des Verhaltens durch externe Einflüsse vor allem durch negative Rückkopplung (feedback) erklärt: Wiederherstellung eines stabilen Zustandes (Sollwert) „motiviert" das vorangegangene Verhalten. Endogene Rhythmen sind aber durch Feedback-Regulation und homöostatische Prinzipien nicht in diesem Ausmaß beeinflußbar. Damit haben sie neben der Feedback-Regulation einen entscheidenden Einfluß auf die Motivation (s. Kap. 28). Die Effektivität eines Rückmeldereizes und damit z. B. die Lern- und Gedächtnisleistung hängt auch von der momentanen Phase des circadianen Rhythmus ab.

Angesichts des Bestehens multipler Oszillatoren kann aber nicht von einheitlichen Reagibilitätsrhythmen ausgegangen werden: Der Aktivitäts-Wach-Schlaf-Rhythmus läßt sich z. B. relativ leicht durch einen Zeitgeber synchronisieren, während Temperatur und Na-Ausscheidung resistenter gegenüber Zeitgebern sind. Einfache intellektuelle Aufgaben (psychomotorische Tests) sind ebenfalls leicht beeinflußbar. Komplexe Aufgaben scheinen mehr den Temperaturverläufen zu folgen.

Die *Enge der Kopplung* endogener Oszillatoren und ihre Beeinflußbarkeit durch Zeitgeber hängt von der *gemeinsamen physiologischen Funktion* der Oszillatoren ab: z. B. folgt die Körpertemperatur dem Licht-Dunkel-Cyclus, wenn dieser auf 23 h eingestellt wurde, die Kaliumausscheidung dem Verfügbarkeitscyclus für Nahrung, wenn dieser auf 24 h eingestellt wurde [8]. Jeder Oszillator ist mit *spezifischen* Umgebungscyclen korreliert, die einzelnen Oszillatoren müssen also über verschiedene Meßfühler (Sensoren, „Receptoren") verfügen, die das jeweils spezifische Zeitgebersignal auf die interne Uhr(en) überträgt.

Abb. 26-4 zeigt die wichtigsten Elemente eines circadianen Systems: Als Meßfühler für die Licht-Dunkel-Cyclen fungieren bei Säugern die Retina und für Eß-Fastencyclen vermutlich Meßfühler im Hypothalamus. Thermoreceptoren und auditive Receptoren spielen nur dann eine Rolle, wenn die primären Receptoren ausgeschaltet sind. Als eigentliche Oszillatoren werden Schrittmacher angesehen, welche die Zeit in Abwesenheit externer Hinweisreize messen. Circadiane Schrittmacher liegen im ZNS. Periphere Schrittmacher und sekundäre Oszillatoren (wie auch z. B. das Herzleitungssystem als nicht-circadianer Schrittmacher) synchronisieren dann das jeweilige Organsystem.

Sekundäre Oszillatoren. Außerhalb des ZNS sind für die sichtbare Rhythmizität einer gegebenen physiologischen Variable sekundäre Oszillatoren verantwortlich: z. B. wird das Plasmaniveau der Nebennierensteroide vom hypophysären-ACTH synchronisiert (Mediator des hypothalamischen Schrittmachers), aber in vitro (Zellkultur) oszilliert das Plasma-Steroid-Niveau mit einem labilen Rhythmus von weniger als 24 h weiter.

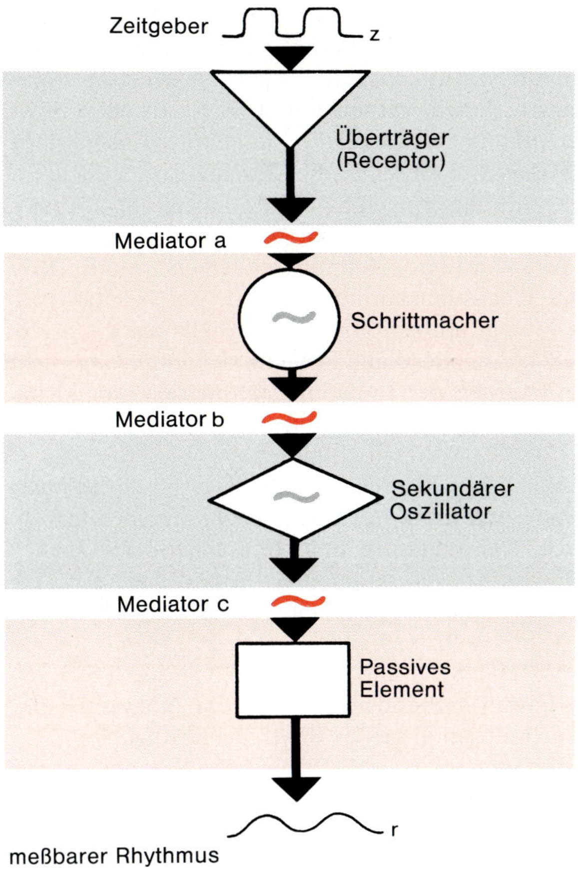

Abb. 26-4. Ein Diagramm der wichtigsten funktionellen Elemente eines circadianen Schrittmachersystems. Die zeitliche Information vom Zeitgeber wird von einem Übertragungssystem aufgenommen und über einen Mediator *a* zum Schrittmacher geleitet. Von dort geht die Information über einen Mediator *b* auf einen sekundären Oszillator und dann wird über den Mediator *c* der sichtbare circadiane Rhythmus *r* durch ein passives Element produziert. (Nach Moore-Ede et al. 1982)

Passive Elemente. Das sind jene Erfolgsorgane, die selbst keine circadiane Periodizität aufweisen (z. B. die Zirbeldrüse der Ratte verliert ihre circadiane Melatonin-Synthese, wenn die neuronalen Afferenzen zerstört sind). **Mediatoren** übertragen die zeitliche Information zwischen den verschiedenen Körperregionen und können z. T. erhebliche Phasenverschiebungen bewirken. Neuronale Entladungsraten, Konzentration von Neurotransmittern, synaptische Erregbarkeit, endokrine Schwankungen sind nur einige wenige der vielen möglichen Mediatoren.

Die Aufklärung der neuronalen und extraneuronalen Grundlagen dieser wesentlichen Bestimmungsstücke eines endogenen Rhythmussystems ist angesichts der Existenz mehrerer, lose gekoppelter circadianer Systeme und der großen Speziesdifferenzen besonders schwierig.

Neuronale Grundlagen circadianer Rhythmen

Die suprachiasmatischen Kerne des Hypothalamus. Ein zentraler Schrittmacher der circadianen Periodik wurde von Richter (1967) an geblendeten Ratten in einer Region des ventralen Hypothalamus identifiziert. Die Läsion dieser Region führte zu völligem und anhaltendem Verlust der Rhythmizität von motorischer Aktivität vor Änderungen der Nahrungs- und Flüssigkeitsaufnahme [32]. Hunderte von Kontrolläsionen in und außerhalb des ZNS hatten keinen vergleichbar radikalen Effekt auf die Rhythmizität. Eine genaue Lokalisation der Region ist Richter nicht gelungen; erst durch autoradiographische Techniken konnte der Weg von den retinalen Ganglienzellen bis zum Hypothalamus verfolgt werden: die Endstation der Fasern lag im Ncl. suprachiasmaticus (SCN).

Abb. 26-5 zeigt die Lage des SCN im Gehirn des Squirrel-Affen über der Sehnervenkreuzung und lateral der vordersten Spitze des III. Ventrikels. Zwar zeigten die späteren Läsionsstudien in der Nachfolge Richters, daß vor allem die Temperaturperiodik durch einen anderen Schrittmacher gesteuert wird, aber ein Großteil aller mit dem Licht-Dunkel-Cyclus synchronisierten Funktionen scheinen vom SCN „rhythmisiert" zu werden. Der SCN wird über den **retinohypothalamischen Trakt (RHT)** ohne Umschaltung aus der meist kontralateralen peripheren Retina mit Licht-Dunkel-Information versorgt.

Neben dem retinohypothalamischen Trakt erhält der SCN visuelle Information aus dem Nucleus geniculatum laterale des Thalamus und direkt, ohne Umschaltung aus dem Chiasma opticum. Neurone des SCN weisen Dendriten auf, die ins Chiasma reichen. Daneben erhält der SCN serotonerge Endigungen aus dem medialen Nucleus raphe (s. Kap. 14, S. 263). *Efferenzen* des SCN sind in vielen hypothalamischen Kernen, Hypophyse, Zirbeldrüse, Septum, Hirnstamm und Rückenmark nachweisbar. Der SCN erfüllt somit *anatomisch und neurophysiologisch* alle Voraussetzungen für einen zentralen Schrittmacher. Beim Menschen ist der SCN diffuser organisiert als beim nichthumanen Primaten und liegt aufgrund des vergrößerten III. Ventrikels mehr lateral in der Wand des III. Ventrikels. Wie bei allen Säugern enthält er auch beim Menschen größere Mengen an *Vasopressin* und *Oxytocin* (Kap. 10). Ein dominierender Zelltyp des SCN liegt direkt an den Capillaren und scheint Neuromodulatoren in die Zirkulation abzugeben, die Zielorgane rhythmisch aktivieren können.

Bilaterale **Läsion des SCN** führt bei Primaten zu einem völligen Verlust der Aktivitätsrhythmen, einschließlich des Trinkrhythmus, ohne daß die abso-

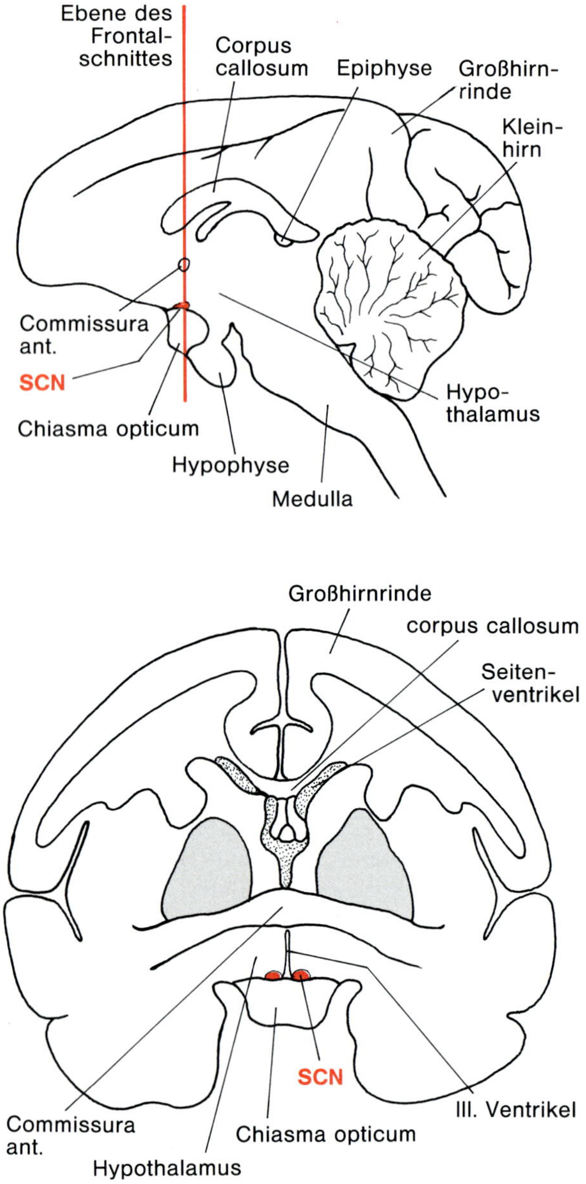

Abb. 26-5. Lage des suprachiasmatischen Kerns (SCN) im Gehirn des Affen. *Oben* sagitaler Schnitt, *darunter* Coronalschnitt auf Ebene des Chiasma opticums. Der SCN ist im Hypothalamus über dem Chiasma lokalisiert, jeweils lateral am vorderen Teil des III. Ventrikels. (Nach Moore-Ede et al. 1982)

lute Menge aufgenommener Flüssigkeit reduziert wird (keine homöostatische Funktion circadianer Rhythmen!). Bereits in den 30er Jahren wurden Tumore im vorderen Teil des III. Ventrikels über dem Chiasma beschrieben, die bei den Patienten zu irregulärem Einschlafen und erschwertem Wecken führten [22]. Ähnlich ist auch der Schlaf-Wach-Rhythmus der Tiere nach Läsion eliminiert, ohne daß die Absolutzeiten von Schlafen und Wachen verändert sind. Nur REM-Schlaf (s. S. 514) scheint durch SCN-Läsionen nicht beeinflußt zu werden, was für einen getrennten Schrittmacher spricht (Temperatur-Schrittmacher?). Auch Nahrungsantizipationsrhythmen werden durch SCN-Läsionen nicht beeinflußt. Unklar ist die Situation bei **endokrinen Rhythmen**: während die Plasma-Cortisol-Rhythmus-Störungen nach SCN-Läsion nur über 13 postoperative Wochen anhielten, ist die circadiane Periodik von thyroid-stimulierendem Hormon (TSH) und Wachstumshormon zerstört. Bei Isolation der SCN vom übrigen Hirngewebe behalten die SCN-Zellen ihre circadiane Periodik der *Entladungsraten* bei (Anstieg der Entladungsfrequenzen von 21 bis ca. 3 h, Abfall bis 9 h, stabiles Tief von 9–21 h).

Interaktion von Schrittmachern (Abb. 26-6). Der zweite Schrittmacher, der sowohl Temperatur als auch Nahrungsaufnahme (einschließlich Plasma-Glucose-Konzentration, Insulin und freie Fettsäuren) rhythmisiert, liegt mit großer Wahrscheinlichkeit im ventromedialen Kern des Hypohalamus (VMH) [8]. SCN und VMH sind eng durch reziproke Fasern verbunden, über die im Normalfall die Synchronisation beider Rhythmen erfolgt.

Zusammenfassend stützen sowohl physiologische, psychologische als auch neuroanatomische Be-

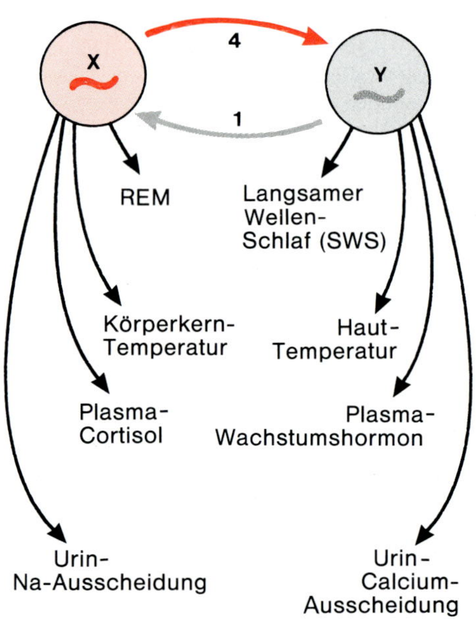

Abb. 26-6. Gruppe-I- (*links*) und Gruppe-II-Oszillatoren (*rechts*). Der Schrittmacher X (Gruppe I) „treibt" die Rhythmen von REM-Schlaf, Körperkerntemperatur, Plasmacortisolkonzentration und urinäre Na-Ausscheidung. Schrittmacher Y (Gruppe II) „treibt" den Ruhe-Aktivitätscyclus, Slow-Wave-Sleep-Rhythmus, Hauttemperatur, Wachstumshormon, urinäre Calcium-Ausscheidung. Gruppe I-Oszillatoren haben einen viermal höheren Synchronisationseinfluß als Gruppe-II-Oszillatoren. (Nach Moore-Ede et al. 1982)

funde Wevers (1979) **multiple Oszillationstheorie**: Gruppe-I-Oszillatoren, die primär den Temperaturrhythmus kontrollieren, sind „endogener" und haben eine Periode bei 25 Stunden. Gruppe-II-Oszillatoren kontrollieren primär den Aktivitätsrhythmus und können erheblich von 24–25 Stunden-Perioden abweichen. Die beiden Oszillatoren (SCN und VMH?) sind eng miteinander verbunden und interagieren in einer komplexen, wenig bekannten Art und Weise auf Änderungen externer Zeitgeber. Neben diesen beiden Gruppen von Oszillatoren existieren vor allem für psychologische Faktoren zusätzliche „Uhren", deren Zusammenhang mit den Gruppe-I- und Gruppe-II-Oszillatoren noch unklar ist [20].

26.2 Circadiane Uhren bei Mensch und Tier

Psychophysiologische Rhythmen

Schlaf-Wach-Cyclen sind eine der wichtigsten Ausdrucksformen zentraler Schrittmacher: der tägliche Wechsel von bewußtem zu nicht-bewußtem oder nur teilweise bewußtem Erleben dominiert unser Leben wie kein anderer Körperrhythmus. Abschnitt 26.3 gibt hierzu eine ausführliche Übersicht.

Nahrungsaufnahme. Nahrungsaufnahme und Aktivitätscyclen sind bei Säugern eng synchronisiert, wenngleich entsprechend den Schwierigkeiten und Hindernissen der jeweiligen Spezies bei der Nahrungsaufnahme die Mitnahme des Aktivitätscyclus vom Nahrungsaufnahmecyclus abhängt. Der Rhythmus wird durch die *Antizipation der Verfügbarkeit* von Nahrung bestimmt und hängt somit primär von frühen Lernvorgängen ab. Dies bedeutet, daß wir lernen, wann Nahrung zur Verfügung stehen wird und sowohl Aktivität (Nahrungssuche) als auch Ausschüttung von gastrointestinalen Hormonen in Antizipation der Nahrungsaufnahme ansteigen. Die Zeiten, in denen die Nahrung zur Verfügung steht, bestimmen den Rhythmus. Die Synchronisation der Rhythmisierung hängt von der Intaktheit des SCN ab. Wird die Nahrung nach Läsion des SCN nur in bestimmten circadianen Intervallen zur Verfügung gestellt, bleibt der antizipatorische Nahrungssucherhythmus entsprechend dem Zeitgeber trotz SCN-Verlustes intakt. Antizipatorische Rhythmen sind somit nicht von SCN-Aktivität allein abhängig. Eine Läsion des **ventromedialen Kerns** des Hypothalamus, der als Sättigungs-"zentrum" identifiziert wurde, zerstört dagegen den antizipatorischen Nahrungssucherhythmus (s. Kap. 22). **Trinkrhythmen** sind im Normalfall mit den Eßrhythmen korreliert, können sich aber davon trennen. Im Gegensatz zu Verfügbarkeit von Nahrung synchronisiert die Verfügbarkeit von Flüssigkeit im freilaufenden Rhythmus den Trinkrhythmus nicht. Antizipatorische Rhythmen existieren daher nicht. Der Trinkrhythmus ist sehr viel stärker von exogenen Faktoren abhängig: Licht-Dunkel, Nahrungsausmaß, aber natürlich auch den homöostatischen Faktoren (s. Kap. 22). SCN-Läsion zerstört auch die Rhythmizität des Trinkens; die peripheren Rhythmen von Plasma-Renin und Angiotensin spielen dabei eine untergeordnete Rolle, auch bei Nierenentfernung bleiben die Rhythmen bestehen [12].

Thermoregulation. Mit Ausnahme von Hund und Katze ist der Körpertemperaturrhythmus bei den meisten Säugern gleich: nach 18 Uhr erreicht die Temperatur ein Maximum. In der Inaktivitätsphase sinkt sie kontinuierlich. Vor dem Erwachen steigt sie „antizipatorisch" in der Dunkelheit (ab 5–6 h) an. Abb. 26–7 zeigt den durchschnittlichen Tagesgang beim Menschen. Licht erhöht die Amplitude der Perioden, ähnlich wie die Raumtemperatur Nahrungsaufnahme und Aktivitätscyclen beeinflußt, ohne die Rhythmizität der jeweiligen Variable zu ändern. Der Abfall der Temperatur im circadianen Rhythmus entsteht durch erhöhten Blutfluß in der Haut und verursacht dadurch erhöhten Hitzeverlust. Der genaue Ort des Schrittmachers ist noch unbekannt.

Die homöostatische, nicht-circadiane Regulation von Temperatur wird über Receptoren an vielen Körperbereichen (nicht nur Haut) vom posterioren Hypothalamus gesteuert. Bei entsprechenden Abweichungen wird Blut aus der Haut abgezogen oder zugeführt, die Schweißproduktion ändert sich, Haltung (Zusammenrollen) und Muskelzittern, einschließlich Mikrovibration werden eingeleitet [34].

Endokrine Rhythmen. Plasma-Corticosteroide sind mit Licht-Dunkel- und Schlaf-Wach-Cyclen synchronisiert (s. Abb. 26–2). Sie sind aber ähnlich wie Temperaturrhythmen schwer extern beeinflußbar, obwohl sie eher der Gruppe-II-Oszillatoren angehören. Der freilaufende Rhythmus liegt beim Menschen fast genau bei 25 Stunden. *Streß* muß subjektiv außerordentlich belastend sein, um auch nur kurzfristig eine Veränderung der Rhythmizität zu bewirken. Im Gegensatz zur Rhythmizität von ACTH, die nach SCN-Läsion völlig verloren wird, scheinen die Nebennieren noch von einem zusätzlichen Schrittmacher (VMH?) beeinflußt zu werden, der nach SCN-Läsion den Rhythmus stabil hält.

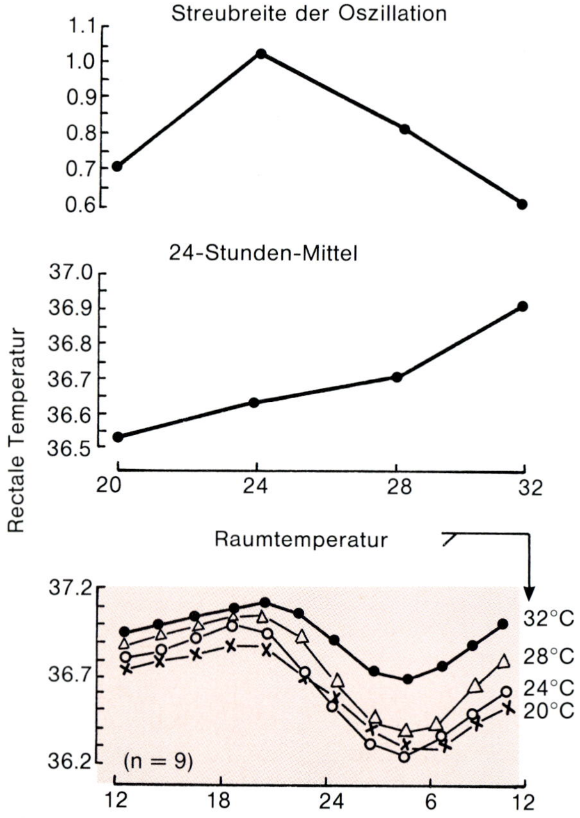

Abb. 26-7. Tagesgang der Rectaltemperatur des Menschen bei vier verschiedenen Umgebungstemperaturen. Jede Kurve stellt das Mittel aus 9 männlichen Versuchspersonen dar. *Oben:* Streubreite der Oszillation. In der *Mitte*: 24-Stunden-Mittel als Funktion der Außentemperatur. Die Daten beider Kurven wurden aus den unten dargestellten Verläufen gewonnen, dem mittleren Rectaltemperatur-Rhythmus bei den verschiedenen Außentemperaturen. (Nach Aschoff et al. 1982)

Rhythmen psychologischer Variablen

Schmerz. Gut untersucht ist die Schmerzempfindlichkeit der Hand mit elektrischen Schwellenmessungen und der Zähne mit der sogenannten „Kaltreiznutzzeit" im Tagesgang (Zeit bis zum Zurückziehen eines vereisten Wattezylinders von einem intakten Frontzahn) [30]. Beide verlaufen gleich. Das Maximum der Schmerzschwelle (Schmerzunempfindlichkeit) liegt zwischen 12 und 18 Uhr, das Minimum zwischen 0 und 3 Uhr. Bei *Nachttypen* („Eulen") steigt die Schmerzempfindlichkeit später an (ca. ab 1-2 Uhr). Erhöhte unspezifische vegetative Erregung („Streß") verschiebt das Maximum und Minimum nach vorne. *Analgetica* wirken in der Nachtzeit, also zum Zeitpunkt erhöhter Schmerzempfindlichkeit, *weniger* als zu den Tageszeiten. Auch *Placebos* (unspezifische und suggestive Faktoren der Schmerzhemmung) wirken zwischen 12 und 20 h besser als zwischen 0 und 4 Uhr. Gibt man z. B. eine unwirksame Tablette, die als schmerzstillend deklariert wurde, zwischen 12 und 20 Uhr, so zeigt sich eine deutliche Schmerzreduktion bei den meisten Versuchspersonen. Dieselbe Tablette und Instruktion zeigen keine Wirkung zwischen 0 und 4 Uhr. Unklar bleibt, ob für chronische Schmerzen ähnliche Verläufe gelten und mit welchem der beiden Schrittmacher von Abb. 26-6 der Schmerzverlauf enger verbunden ist.

Reaktionszeit und Vigilanz. Die Leistung in *einfachen* akustischen Reaktionszeitaufgaben von gesunden und in ihrem Schlaf ungestörten Personen ist minimal um ca. 3 Uhr morgens. Es handelt sich um einen sinusoidalen Verlauf, der zur Schmerzempfindlichkeit parallel läuft. Die **Daueraufmerksamkeit** (Vigilanz) verläuft parallel zur einfachen Reaktionszeit. Dementsprechend ist die Fehlerhäufigkeit bei Schichtarbeitern (Einschlafen am Steuer, Zwangsbremsungen bei Lokomotivführern) um 3 Uhr morgens maximal. Bei den beruflichen Leistungen liegt ein weiterer Gipfel der Fehler nach Mittag um 14 bis 15 Uhr [25].

Rechengeschwindigkeit ist mit den Gruppe-I-Oszillatorfunktionen und der Körpertemperatur korreliert (Abb. 26-8). Aus dieser Korrelation wurde fälschlich auf einen einheitlichen „Aktivierungsoszillator" geschlossen, der die circadiane Variation der kognitiven und psychomotorischen Leistungsfähigkeit steuert. Kognitive Funktionen scheinen aber je nach den beteiligten informationsverarbeitenden Prozessen verschiedenen Schrittmachern zu folgen [20].

Serielle visuelle Suchaufgaben (z. B. Durchstreichtests). Einfache Aufgaben dieser Art kovariieren mit dem Temperaturverlauf: die Leistung ist am Morgen schlecht, steigt kontinuierlich bis ca. 21 Uhr, um dann mit der Temperatur zu sinken.

Unmittelbares Gedächtnis (z. B. Zahlennachsprechen). Der Leistungsverlauf ist der Temperatur entgegengesetzt: maximale Reproduktion am Morgen, minimale abends, Anstieg nachts bis 23 Uhr. Mit zunehmender Gedächtnisbelastung (z. B. sich 6 Buchstaben merken und in einer Buchstabenliste finden) schiebt sich das Maximum der Leistung in die Mitte des Tages. Abb. 26-8 zeigt den Leistungsverlauf für zwei verschiedene Aufgabentypen und den Temperaturverlauf. *Elaboriertes semantisches Verarbeiten* (Kap. 30) scheint nicht dem Körpertemperatur-Oszillator zu folgen. Dabei bestehen aber starke individuelle Differenzen zwischen Morgen- und Abendtypen in dem circadianen Leistungsverlauf.

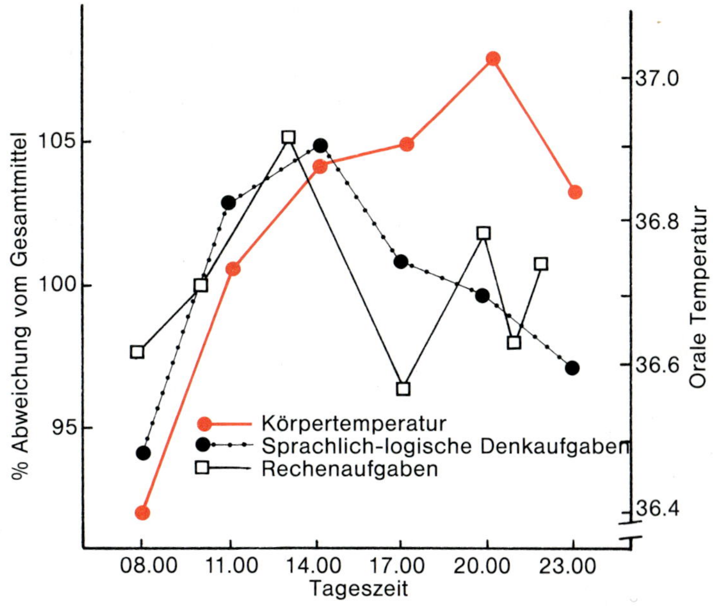

Abb. 26-8. Einfluß der Tageszeit auf die Leistungen in verschiedenen Aufgaben. Im Vergleich dazu ist die Körpertemperatur dargestellt (*rote Linie*). (Nach Folkard u. Monk 1983)

Störungen der circadianen Periodik

Die häufigsten Störungen circadianer Periodik sind die verschiedenen Formen von Schlafstörungen (s. S. 527), Depressionen und die Folgen von Nacht- und Schichtarbeit, sowie das Überschreiten von Zeitgrenzen mit dem Flugzeug (Jet-lag). Auch einige Epilepsieformen dürften eng mit Abweichungen des Schlaf-Wach-Rhythmus verbunden sein (s. S. 529) Kennzeichen aller Rhythmusstörungen sind *Desynchronisationen* von normalerweise eng korrelierten physiologischen und psychologischen Variablen oder *extreme Synchronisation* von normalerweise unkorrelierten Größen.

Nacht- und Schichtarbeit. Nacht- und Schichtarbeit führen zu anhaltenden Störungen der Periodik und der mit ihr verbundenen physiologischen Systeme und psychologischen Variationen (zur Zeit sind in den Industrieländern ca. 20% der arbeitenden Bevölkerung davon betroffen). Angesichts der Stabilität einiger wichtiger endogener Oszillatoren gibt es für die meisten Störungen der Periodik nur *wenig Beeinflussungsmöglichkeiten*; so auch für die Rhythmusstörungen von Nachtarbeit: ausreichend lange Erholungsphasen, die eine Synchronisation desynchronisierter Rhythmen erlauben, Änderung der Periodik der für den Menschen bedeutsamen sozialen Zeitgeber (was praktisch nie möglich ist, da Familie und übrige Sozietät selten dem Zeittakt der Nachtarbeiter folgen können), Auswahl jener Personen, die eher Abendtypen sind und daher eine Phasenverschiebung eher verkraften.

Abgesehen von den Leistungstiefs nach 24 Uhr, die auch bei „erfahrenen" Schichtarbeitern bestehen bleiben, sind gastrointestinale Störungen (Ulcus, Gastritis) durch das Weiterbestehen antizipatorischer Nahrungsaufnahme-Rhythmen bis zu 10mal häufiger (das Essen erfolgt nicht zum Zeitpunkt optimaler antizipatorischer Einstellung des Gastrointestinaltraktes). Hinzu kommen Schlafstörungen, respiratorische Probleme und Schmerzen (Rückenschmerzen). Die Tatsache, daß etwa bei den Mannschaften nuklearer U-Boote erhebliche Störungen als Folge der chronischen Aperiodik nachweisbar sind, sollte zu Sorge Anlaß geben [8]. Personen, die am Polarkreis arbeiten, zeigen keine Anpassung ihrer Rhythmen, sondern erhebliche Desynchronisationen. *Eskimos* zeigten vor Einführung künstlicher Licht-Dunkel-Cyclen keine klaren circadianen Rhythmen. Nach Einführen künstlicher Licht-Dunkel-Cyclen traten dieselben Perioden wie bei der übrigen Erdbevölkerung auf, was darauf hinweist, daß die genetisch vorhandenen Rhythmen durch die Abwesenheit von Zeitgebern sehr niedrig-amplitudig werden.

Jet-lag. Da die meisten internationalen Fluglinien Ost-West verkehren, sind Millionen Fluggäste und das Personal von den Störungen der Periodik betroffen: Schlafprobleme, gastrointestinale Störungen, Vigilanzabfall, Unwohlsein. Je mehr Zeitzonen überflogen werden, um so intensiver sind die Störungen. Auch die bereits einstündige Umstellung von **Sommer- auf Winterzeit** und umgekehrt führt besonders bei *älteren Menschen* zu meßbaren Alterationen. Das Störungsausmaß hängt neben der Anzahl der Zeitgrenzen und der Flugzeit (bei Nachtflügen sind die Störungen ausgeprägter), sowie Persönlichkeitsfaktoren (Morgen- oder Abendtyp), von der Richtung der Reise ab: Flüge von West nach Ost sind besonders betroffen. Dies liegt vor allem an der Tatsache, daß die frei-laufende circadiane Periode (τ) beim Menschen 25 Stunden beträgt und wir daher das Verlängern der Periode (Flug von Ost nach West) eher tolerieren als Verkürzen der Periode (Flug von West nach Ost) [28]. Die Erholungsdauer ist schneller nach Westflügen, die tagsüber erfolgen: Herzrate, Temperatur, Catecholamine, Cortisol und psychologische Variablen resynchronisieren um etwa die Hälfte der Zeit (statt 88 min, 56 min pro Tag). Wenn die Person sich *sofort den neuen Zeitgebern* aussetzt, sind die Störungen geringer. Personen mit einer niedrigen Amplitude ihres Temperaturrhythmus erholen sich am schnellsten und zeigen auch weniger Störungen (*Persistenz des circadianen Oszillators*).

Zum Verständnis der Arbeitsweise Rhythmus-gebender Strukturen im Organismus und ihrer Zeitgeber ist die Klärung der physiologischen Steuermechanismen von Schlafen und Wachen Voraussetzung. Nirgends bildet sich die Bedeutung circadianer Rhythmusgeber besser ab als in dem oft unwiderstehlichen Bedürfnis, ermüdet Schlaf zu suchen. Bevor wir Störungen des Schlaf-Wach-Rhythmus besprechen, soll die zentralnervöse Steuerung der Aufeinanderfolge dieser beiden „unwiderstehlichen Bedürfnisse", Schlafen und Wachen, beschrieben werden. Die Tatsache, daß aus der Analyse von Schlafstadien bisher nur deren relative Bedeutungslosigkeit für physisches und psychisches Funktionieren hervorging, zeigt, daß wir nur wenig über die neurobiologischen Mechanismen von Schlafen und Wachen wissen. Denn zweifellos haben die Schlafstadien vitale Bedeutung. – Wir wollen zunächst die physiologischen und psychischen Veränderungen während der verschiedenen Schlafstadien beschreiben, danach diskutieren wir die bisher gefundenen neurobiologischen Substrate der Schlafstadien. Abschließend wenden wir uns mehr spekulativen Fragen nach der biologischen Bedeutung der Schlafphasen und ihren Störungen zu.

26.3 Schlaf und Traum

Die Klassifikation der Schlafstadien. Die Klassifikation des EEGs während des Schlafes durch Loomis et al. (1936) stellt die Grundlage aller Klassifikationsversuche dar. Abb. 26-9 zeigt die verschiedenen Stadien von Loomis et al. Von oben nach unten sind repräsentative Ausschnitte der Stadien A-E wiedergegeben: A: Alpha, in der Alpha nicht mehr kontinuierlich vertreten ist, sondern zunehmend gruppiert erscheint. B: Niederampulitudige Aktivität und Theta. C: Spindelaktivität: niederamplitudig mit 12–17-Hz-Spindelgruppen (über den sensomotorischen Arealen, daher auch SMR – *s*enso-*m*otorischer *R*hythmus), die irregulär in mehreren Sekundenabschnitten auftauchen. D: Spindeln mit unregelmäßig auftauchenden hohen 0,5–3 Hz, 300 μV hohen Wellen (negative K-Komplexe). E: hohe, langsame Delta-Aktivität.

Dement und Kleitmann (1957) unterscheiden 4 Schlafstadien (1–4) und das Stadium REM (*R*apid *E*ye *M*ovement-Sleep; s. Abb. 26-9). *Stadium 1*: Fehlen von Alpha, niedrige schnelle Beta-Aktivität und niedrige Theta-Aktivität; C wird *Stadium 2*: niedrige schnelle Aktivität mit Spindeln und später K-Komplexen; *Stadium 3*: 10–50% der Zeit Delta; *Stadium 4*: mehr als 50% der Zeit Delta (> 100μV, < 3 Hz) und schließlich *REM-Stadium*: niederamplitudiges EEG mit niederen Theta-Wellen, sog. Sägezahnwellen, ansonsten ähnelt das EEG einem aufmerksamen Wachstadium ohne Alpha. Die physiologische Bedeutung von Spindeln (SMR) und K-Komplexen ist wenig erforscht. Spindeln signalisieren vermutlich Hemmung der sensomotorischen Areale, während K-Komplexe Korrelate starker interner Entladungen sensorischer Systeme darstellen dürften. Abb. 26-9 zeigt die einzelnen Stadien nach dieser Klassifizierung. Von Stadium 1 bis Stadium 4 nimmt die EMG-Aktivität – besonders der Hals- und Nackenmuskulatur – ab, im REM-Stadium schließlich herrscht völlige Muskelatonie. Man sieht auch auf Abb. 26-9 die Phasen schneller Augenbewegungen im REM-Stadium; die langsamen Wellen an den Augenelektroden, die man häufig in Stadium 3 und 4 sieht, sind Delta-Wellen, die sich bis zu den Augenelektroden fortpflanzen.

Abb. 26-10 zeigt den durchschnittlichen Verlauf der EEG-Stadien und anderer physiologischer Größen innerhalb einer Nacht bei einem jungen männlichen Erwachsenen. Die Abweichungen von diesem „Idealverlauf" sind sowohl bei einer gegebenen Person im Verlauf vieler Nächte als auch zwischen den Personen hoch. Aus dieser Abbildung sind die wesentlichen peripher-physiologischen Unterschiede zwischen den Stadien 1–4 und dem REM-Stadium bereits deutlich zu erkennen (s. u.).

Von Schlaf im physiologischen Sinn – bei gesunden und sehenden Menschen – spricht man erst, wenn *keine Alpha-Wel-*

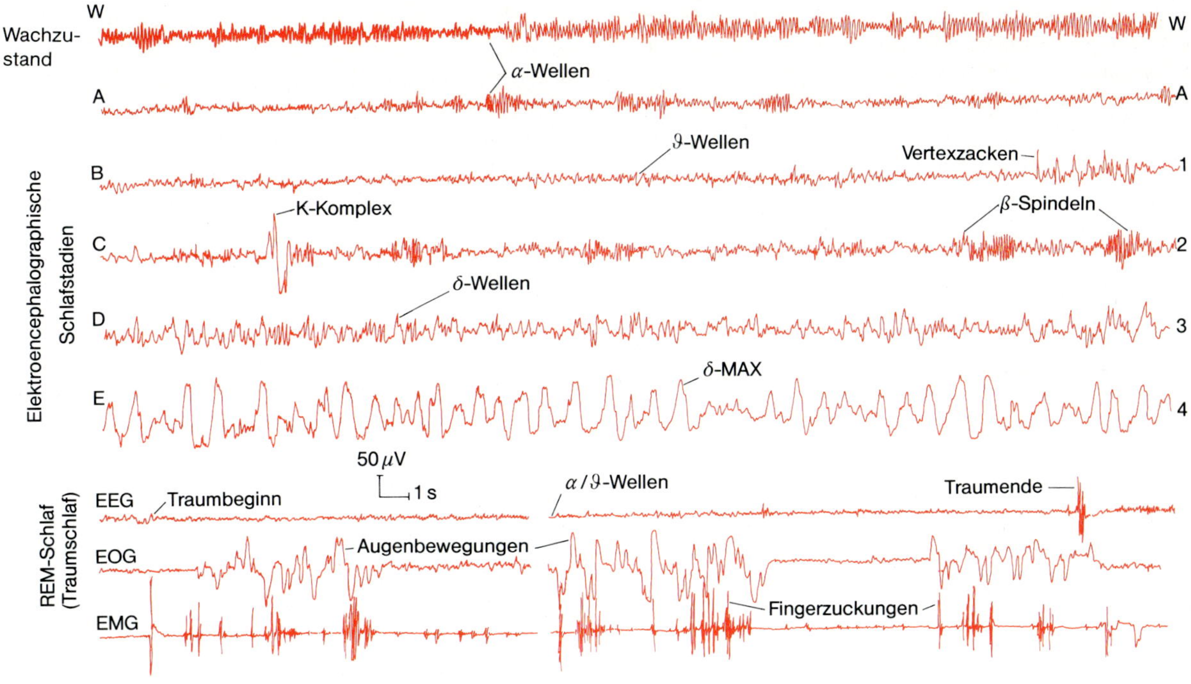

Abb. 26-9. Einteilung der Schlafstadien beim Menschen aufgrund des EEGs. In den ersten 6 Ableitungen sind *links* die Schlafstadien nach Loomis et al. [29], *rechts* die nach Kleitman et al. angegeben, s. dazu auch [17]. Stadium *W*: Entspanntes Wachsein. Stadium *A*: Übergang vom Wachsein zum Einschlafen. Dieses Stadium wird von vielen Autoren dem Stadium *W* zugerechnet. Stadium *B* bzw. *1*: Einschlafstadium und leichtester Schlaf. Die am Ende der Ableitung auftretenden Vertexzacken werden auch als „physiologisches Einschlafmoment" bezeichnet. Stadium *C* bzw. *2*: Leichter Schlaf. Stadium *D* bzw. *3*: Mittlerer Schlaf. Stadium *E* bzw. *4*: Tiefschlaf. In den nächsten 3 Ableitungen sind das *EEG*, das Electrooculogramm (*EOG*) und das Elektromyogramm eines Zeigefingers (*EMG*) während des REM-Schlafes (Traumschlafes) aufgezeichnet. Die REM-Phasen stehen typischerweise am Ende jeder Schlafperiode. Sie können keinem der „klassischen" Schlafstadien zugeordnet werden, sondern stellen ein eigenständiges Stadium dar. Erläuterungen siehe Text. (Aus: U.J. Jovanovic. Methodik und Theorie der Hynose. Stuttgart: Fischer 1986)

len mehr vorhanden sind. Der Moment des Einschlafens kann manchmal an einer Gruppe von hohen Vertex-Zacken von ca. 170–180 ms Dauer und Amplituden größer als 100µV festgestellt werden. Die Dauer der REM-Phasen – auch **paradoxer Schlaf, PS, REM-** oder **Traumschlaf**, genannt (im Gegensatz zu **„orthodoxem"** oder **NREM-Schlaf** (Non-REM)), – beträgt im Durchschnitt bei jungen Erwachsenen 104 min mit einer Streubreite von 16 min in einer Nacht **(ultradianer Rhythmus)** [5]. Dies entspricht etwa 17,5–23,8% der gesamten Schlafdauer. Die erste NREM-Phase dauert im Durchschnitt eine Stunde.

Bei Säugetieren geht unter Normalbedingungen SWS stets REM *voraus*. **Slow-Wave-Sleep (SWS)** bezeichnet Stadium 3 und 4 („Tiefschlaf"). Die Periodendauer eines NREM-REM-

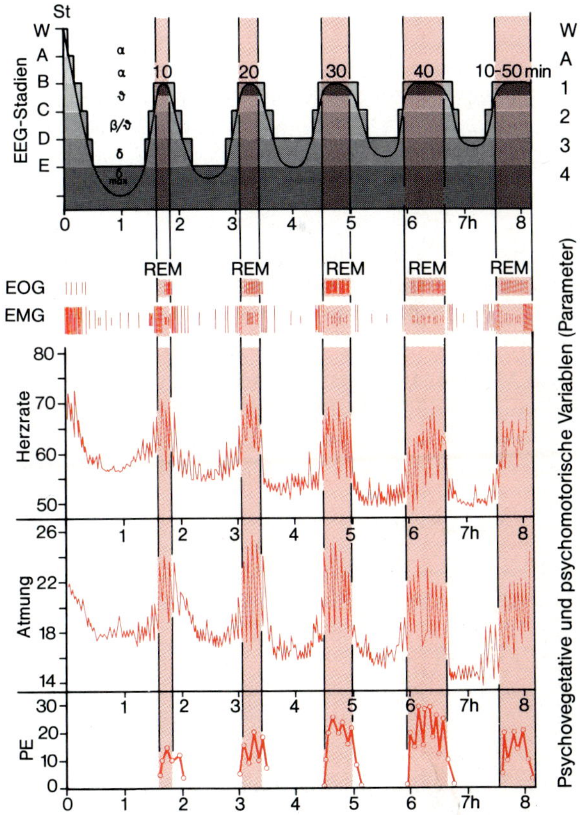

Abb. 26-10. Verlauf verschiedener physiologischer Maße in einer Nacht. Von *oben* nach *unten*: *EEG*-Stadien, *EOG* (Elektrooculogramm) mit schnellen Augenbewegungen (*REM*), *EMG* (Elektromyogramm), Herzrate, Atmung und Peniserektion (*PE*). (Nach Jovanovic 1971)

Cyclus beträgt bei jungen Menschen 90 Minuten, zu Beginn der Nacht etwas kürzer (70–80 min). Der zweite und dritte Cyclus sind länger (100–110 min), die folgenden wieder etwas kürzer. Die Dauer von Stadium 2 (mehr als 50% des Gesamtschlafes) wird im Laufe eines 8-Stunden-Schlafes zunehmend länger und okkupiert im letzten Cyclus meist vollständig die NREM-Phasen. SWS kommt in den letzten beiden Cyclen selten oder nicht mehr vor. Die REM-Dauer beträgt im Mittel 10 min und wird im Laufe des Schlafes länger (von 5–10 min in der ersten Periode bis 22 min in der letzten, aus der man in der Regel erwacht).

Die durchschnittlich 90 min dauernde REM-NREM-Phase wird auch **basic rest-activity cycle (BRAC)** genannt, da sie im Wachzustand möglicherweise weiterbesteht. Eine Reihe anderer Rhythmen sind damit teilweise synchronisiert: Essen, Trinken, Rauchen, Herzrate, Sauerstoffaufnahme, Magenbewegungen, Urinproduktion und Daueraufmerksamkeit in verschiedenen Aufgaben.

NREM-Schlaf und REM-Schlaf

Augenbewegungen. Die entscheidende Entdeckung der modernen Schlafforschung war die Beobachtung von Aserinsky und Kleitman (1953): Sie registrierten an Kindern Körperbewegungen während des Schlafes und stellten dabei fest, daß in regelmäßigen Abständen von ungefähr einer Stunde unter den Augenlidern Phasen von schnellen, richtungslosen Bewegungen des Augapfels mit einer Frequenz von 1–4 Hz auftreten. Die REMs treten im allgemeinen in Gruppen über mehrere Sekunden (max. 23 s) auf, die von unterschiedlich langen „stillen“ Zwischenzeiten (200 ms-23 s) unterbrochen sind.

Abb. 26–11 zeigt die Standardregistrierung zur Erfassung der wichtigsten physiologischen Kennzeichen des REM-Schlafes beim Menschen. Man registriert die REMs mit der **elektrooculographischen Methode (EOG)**: zwischen Hornhaut und Augenhintergrund besteht ein ständiges Potential (Abb. 26–12). Wenn seitlich der Augen und über und unter dem Auge Elektroden angebracht werden, so können die sich im Kopfgewebe ausbreitenden Potentialänderungen registriert werden: bei Bewegungen des Augapfels wandern die Pole der „Augenbatterie“ jeweils zu der einen Elektrode bzw. von der zweiten weg. Die resultierenden Änderungen des Potentials können registriert und verstärkt werden.

Motorische Begleiterscheinungen des REM-Schlafes. Im SWS kommt es zu langsamen, rollenden Bewegungen der Augen, die während der REM-Periode von raschen Abwärtsbewegungen und konjugierten Augenbewegungen abgelöst werden. Die späteren REM-Stadien gegen Morgen enthalten mehr und längere „Bursts“ von REM (und lebendigere Träume s.u.). Mit den REMs gehen kurze phasische Muskelaktivitäten in den Extremitäten und der Gesichtsmuskulatur (*Myocloni*), den Pupillen und glatten Muskeln einher. Der Muskeltonus dagegen kommt während des REM-Stadiums zum Erliegen (*Atonie*). Die tonische REM-Schlaf-Atonie ist für das unangenehme Gefühl des Gelähmtseins während mancher Träume und bei Erwachen aus einem Traum verantwortlich. Grobbewegungen und Haltungsänderungen sind während REM-Schlaf selten, REM-Schlaf wird aber häufig durch eine grobmotorische Reaktion (Änderung der Schlafposition) eingeleitet.

Die Atonie während des REM-Schlafes ist durch *Hyperpolarisation der Alpha-Motoneurone* verursacht. Gleichzeitig mit der *tonischen* Blockade der spinalen Motoneurone werden diese *phasisch* durch absteigende Erregungssalven aus dem Hirnstamm erregt. Simultan mit den REMs kommt es zusätzlich zur tonischen Hemmung, zu präsynaptischer Depolarisation (präsynaptische Hemmung) der

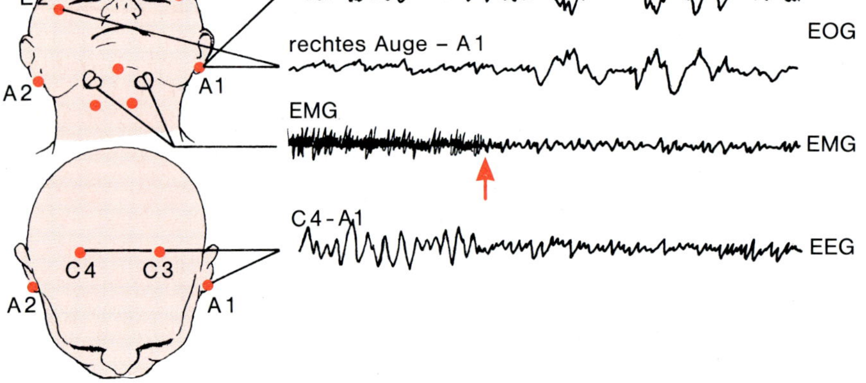

Abb. 26–11. Polygraphische Standardregistrierung des Schlafes: Von unten nach oben: EEG, EMG (Kinnmuskulatur) und EOG. Bei Pfeil Beginn einer REM-Phase. (Aus Rechtschaffen u. Kales 1968)

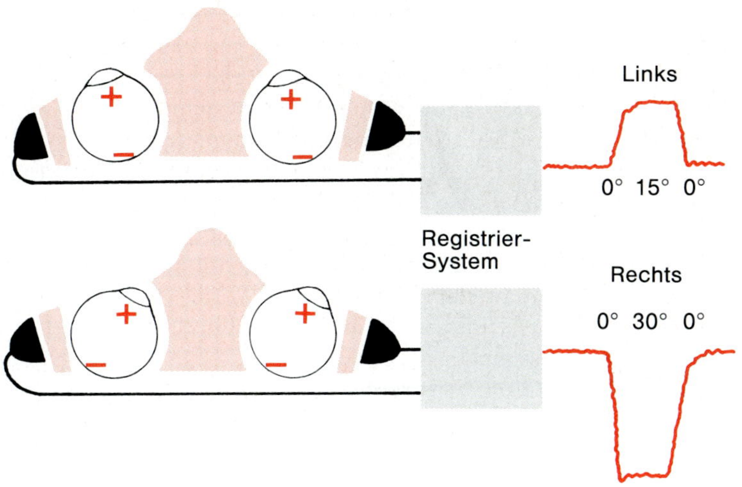

Abb. 26-12. Elektrophysiologische Basis und Registrierung des Elektrooculogramms. Erläuterung siehe Text

Gruppe-I-primären Afferenzen und damit zur Unterdrückung monosynaptischer Reflexe (Kap. 16). Aber auch die polysynaptischen Reflexe werden durch die vom Hirnstamm via ventrales Horn des Rückenmarks absteigende Hemmung blockiert [6].

PGO. 20-120s vor der EEG-Desynchronisation im REM-Schlaf treten die **ponto-geniculo-occipitalen Cortex-Wellen (PGOs)** auf und bleiben während der ganzen REM-Phase bestehen. Ihre Existenz ist vor allem bei der Katze und nichthumanen Primaten studiert worden; inwieweit sie beim Menschen vorhanden sind, ist unklar. Wie der Name impliziert, entstehen sie in umschriebenen Regionen der pontinen Reticulärformation und breiten sich von dort in das Corpus geniculatum laterale und den visuellen Cortex aus. Ihre Amplitude ist größer als 100μV, ihre Frequenz im REM-Schlaf ca. 60/min, die Polarität positiv, die Dauer 100 ms bei extracellulärer Registrierung mit negativer Nachschwankung. Trotz ihrer anatomischen Verbindung mit dem visuellen System sind sie unabhängig vom visuellen Input; häufig werden sie als Reaktion auf *körperinterne* visuelle Orientierungsreize gedeutet. Während PGOs kommt es zu präsynaptischer Hemmung der Afferenzen aus dem Tractus opticus im Ncl. geniculatum („afferente Hemmung").

Weckschwelle und Zustand sensorischer Systeme. Einschlafen ist mit kurzer funktioneller Blindheit verbunden. Die Weckschwelle ist während der *phasischen* REM-Perioden deutlich gegenüber den übrigen tonischen REM-Kennzeichen und SWS erhöht. Mit den phasischen REMs und Myocloni werden die spinalen Umschaltstationen gehemmt, während in den spezifischen Thalamuskernen und am Cortex erhöhte neuronale Aktivität auftritt [31]. Die phasische motorische Aktivität während REM-Schlaf geht also mit *sensorischer Hemmung in der Peripherie* und *sensorischer Aktivität im Zentrum* einher: diese „corrolare Entladung" im ZNS (Kap. 30, S. 647) scheint für die *Stabilität der Wahrnehmungsleistung* während der REMs und die *Entwicklung* der sensorischen Strukturen beim heranwachsenden Lebewesen von Bedeutung zu sein.

Beim Menschen hängt die Weckschwelle auch von der „Bedeutung" (Assoziation mit Verstärkern) des Reizmaterials ab, die Verarbeitung selbst komplexer Reizmuster bleibt offenbar in allen Schlafstadien erhalten (z. B. Mutter, die auf schwächste Reize ihres Kindes reagiert). Sieht man von der *phasischen* REM-Blockade ab, in der nur schwer reagiert werden kann, so reagieren Vpn mit Knopfdruck auf akustische Reize von Stadium II-IV abnehmend gut, während die Reaktionen des *tonischen* REMs dazwischenliegen. Nach Schlafdeprivation vereinheitlicht sich das Bild insofern, als die Weckschwelle eine lineare Funktion der Schlafdauer ist; sie nimmt bis zur 6. Stunde zu (weniger Reagibilität), um dann bis zum Erwachen wieder zu sinken (erhöhte Reagibilität).

Die Amplituden der *sensorisch evozierten Potentiale* korrelieren nur schlecht mit der Weckschwelle: bis 50 ms ergeben sich wenig Änderungen im Schlaf, die späteren Amplituden erhöhen sich von Stadium 1 bis 4, ihre Latenz verzögert sich. Die Amplitudenreduktion während REM ist kein zentralnervöses Phänomen, sondern auf die Hemmung in der Peripherie (Mittelohrmuskel, spinale Neurone) rückführbar; psychologisch entspricht die Amplitudenreduktion dem Ausmaß der Ablenkung durch den Traum.

Vegetative und endokrine Änderungen. Während REM-Schlaf sind beim Menschen die meisten vegetativen Funktionen leicht erhöht (s. Abb. 26-10): Herzrate, Blutdruck, Atemfrequenz, penile Erektion und vaginale Durchblutung. Adrenalin ist in der Peripherie während REM erhöht (Herzattacken vermutlich eher während REM), die Magen- und Zwölffingerdarmaktivität steigt (Ulcusschmerz nachts). Mehr als die Absoluthöhe steigt die **Variabilität** autonomer Funktionen gemeinsam mit den übrigen phasischen REM-Aktivitäten. Teile der Temperaturregulation sind während REM-Schlaf aufgehoben: Schwitzen und Zittern verschwinden auch bei hohen bzw. niedrigen Umgebungstemperaturen, die vasomotorischen Änderungen werden irregulär und temperaturunabhängig. Die Körpertemperatur gleicht sich langsam an die Umgebungstemperatur an. Tiere mit Winterschlaf reduzieren konsequenterweise REM-Schlaf während Hibernation auf ein Minimum.

Wachstumshormon, Prolactin, Luteinisierendes Hormon und Testosteron sind während aller Schlafphasen erhöht. Wachstumshormon wird vermehrt bei Eintreten in den SW-Schlaf freigesetzt.

Zwergwuchs bei sozial „verwahrlosten", deprivierten Kindern ist häufig durch Schlafstörungen mit SWS-Deprivation (s. S. 522) bedingt. Die SWS-Unterdrückung geht mit reduzierter Ausschüttung des Wachstumhormons einher.

Peniserektionen und Erhöhung der **Vaginaldurchblutung** während REM-Schlaf können klinisch zur Abgrenzung *organisch versus psychologisch* bedingter Impotenz benutzt werden. Tritt die Erektion während REM auf, so ist die Diagnose organisch bedingter Impotenz (z. B. durch Nervenschädigung oder Durchblutungsstörung) unwahrscheinlich.

Cerebraler Blutfluß. Mit der Xenon-Methode (s. Kap. 24) gemessener Blutfluß steigt während REM-Schlaf um 3–12% verglichen mit entspannter Ruhe an und erreicht Werte wie bei wacher Aufmerksamkeit. Im SWS sinkt die Durchblutung gegenüber dem Wachzustand um 6–14% ab [35]. Insgesamt wird während REM-Schlaf der Blutfluß zum ZNS relativ zur Peripherie deutlich erhöht.

Evolution und Ontogenie des Schlafes

Evolution. Von der Analyse des Schlafes über die Reihe der Lebewesen hinweg erhofft man sich Aufschlüsse über die biologische Bedeutung einzelner Schlafstadien. Evolutionistische Interpretationen des Schlafes sind deshalb schwer zu bewerten, da unklar bleibt, ob die an Säugern festgestellten Indikatoren für die einzelnen Schlafarten mit denen anderer Species überhaupt verglichen werden können. Die unterschiedliche Struktur des ZNS führt zu veränderten elektrophysiologischen Parametern, über deren Homologie kaum entschieden werden kann.

Während Säuger und Vögel (Warmblütler) im EEG den beschriebenen Wechsel von synchronisiertem und desynchronisiertem Schlaf zeigen, ist bei Reptilien, Amphibien, Fischen, Mollusken und Insekten diese Differenzierung schwer möglich, obwohl alle bisher untersuchten Lebewesen Phasen verhaltensmäßiger und metabolischer Inaktivität (Schlaf?) aufweisen.

Abb. 26–13 demonstriert die Beziehung zwischen der REM-NREM-Phasenlänge (τ) und der metabolischen Aktivität (O_2-Konsumation). Aus Abb. 26–13 wird klar, daß kleine und kurzlebige Tiere mit relativ hoher Stoffwechselrate und kurzem BRAC (basic rest-activity-cycle) länger schlafen als

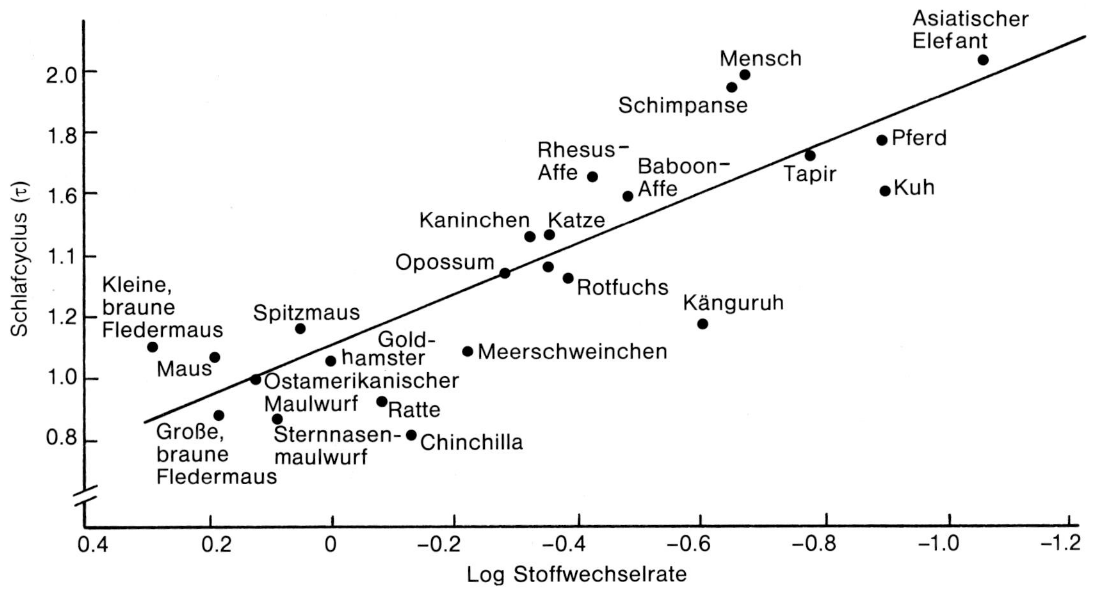

Abb. 26–13. Beziehung zwischen Stoffwechselrate (*Abscisse* in log. Einheiten) und der Dauer des SWS-REM-Cyclus (*Ordinate* in log. Einheiten). Beachte, daß auf der Abscisse die von *links* nach *rechts* abnehmende Stoffwechselrate aufgetragen ist. (Nach Meddis 1979)

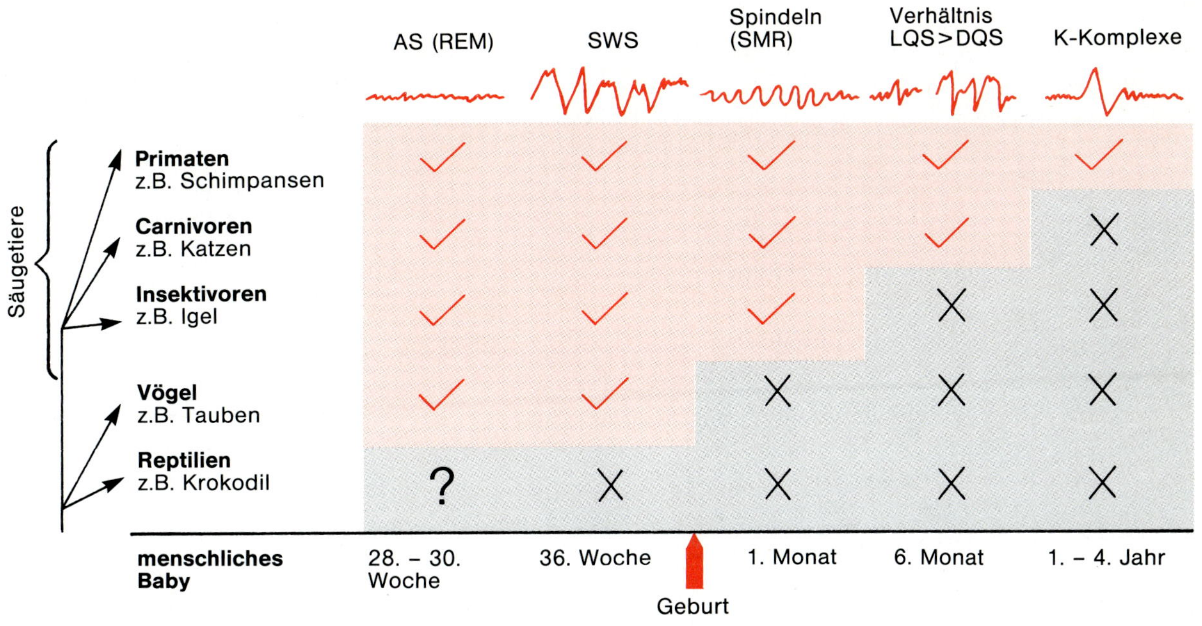

Abb. 26-14. Phylogenie der Schlafindikatoren im EEG. *LQ* leichter NREM-Schlaf; *DQ* tiefer NREM-Schlaf (*SWS*), *AS* aktiver Schlaf (*REM*). *Rot* unterlegt bedeutet, daß das jeweilige EEG-Kennzeichen vorhanden, *grau*, daß es nicht vorhanden ist. (Nach Meddis 1979)

die großen Säuger, die einen Großteil des Tages mit Nahrungssuche verbringen (Pferd, Elefant). Die Schlafdauer ist dabei in Abb. 26-13 grob umgekehrt proportional der Länge des Schlafcyclus (Ordinate auf Abb. 26-13). Der Mensch ist, verglichen mit anderen Species, ein Kurzschläfer. (Interessant ist in diesem Zusammenhang, daß *Langschläfer* (> 9 Stunden Schlaf) und *Kurzschläfer* (<5 Stunden Schlaf) im Durchschnitt eine 2-3 Jahre verkürzte Lebenserwartung aufweisen, eine mittlere Schlafdauer von 6-8 Stunden also das Leben verlängert [4]).

Während die Beziehung von Abb. 26-13 mehr für SWS gilt, scheint die REM-Schlafdauer eher mit dem Ausmaß der Gefahr, gefressen zu werden, korreliert zu sein (große Tiere mit erhöhter Vulnerabilität weniger REM-Schlaf). Die Gefahr, Beutetier zu werden, scheint die Schlafdauer zu begrenzen. Rätselhaft bleiben einige Ausnahmen von dieser groben Regel: der Tümmler (Delphinart) z. B. schläft *abwechselnd* mit der rechten und linken Hirnhemisphäre, gleichzeitiger Schlaf beider Hirnhemisphären läßt sich nicht beobachten.

Abb. 26-14 zeigt die Phylogenie einzelner EEG-Indikatoren im Vergleich zum menschlichen Baby und Kleinkind. Daraus wird ersichtlich, daß unklar ist, ob REM-Schlaf phylogenetisch älter („primitiver") ist. K-Komplexe und der Zuwachs an Stadium 1 und 2 erscheinen in Ontogenie und Phylogenie relativ spät. Der Zuwachs an Zwischen- und Leichtschlafstadien scheint für phylogenetische wie ontogenetische Entwicklung eher charakteristisch zu sein als REM oder SWS. Man unterscheidet daher oft einen **Kernschlaf** und Optional-Schlaf [4]. Beim erwachsenen Menschen sind die ersten 4 Stunden Kernschlaf, der zur Erholung des Gehirns - nicht des Körpers - dient. Der Rest ist „Option" und dient der allgemeinen Entspannung.

Ontogenie. Der REM-NREM-Cyclus läßt sich nur bei *Warmblütlern* zweifelsfrei identifizieren, während das REM-Äquivalent bei *Kaltblütlern,* die keine physiologische Temperaturregulation aufweisen, vorhanden ist, SWS-Äquivalente aber fehlen. Die Tatsache, daß der REM-Anteil nach der Geburt stark absinkt, nach der der Säugling für die eigene Temperaturregulation „verantwortlich" ist, könnte darauf hinweisen, daß *REM-Schlaf ein Relikt unserer Reptilien-Vorfahren* ist. SWS hat sich möglicherweise später in der Evolution unter dem Druck nach einem alternativen Ruhezustand entwickelt, der den homöostatischen Bedürfnissen der Warmblütler eher angepaßt ist.

Abb. 26-15 zeigt den Verlauf von Wachen, REM-Schlaf und NREM-Schlaf im Laufe des menschlichen Lebens. Dabei ist anzumerken, daß ab dem 50. Lebensjahr NREM-Schlaf im wesentlichen aus Stadium 1 und 2 besteht, in jungen Jahren SWS bis zu 40% der Totalschlafzeit ausmachen kann. Alte Menschen schlafen insgesamt weniger, wachen häufiger auf und zeigen verringerte REM-Phasen-

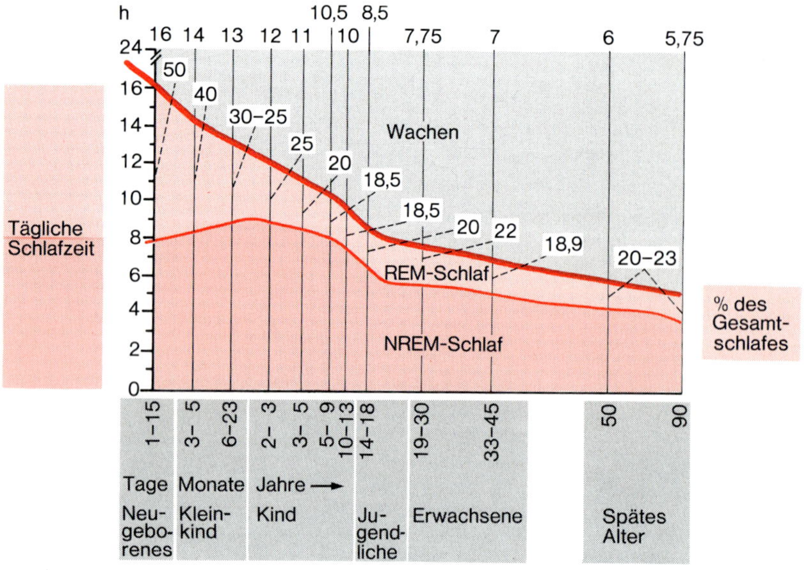

Abb. 26-15. Wach- und Schlafzeiten und der Anteil von *NREM*- und *REM*-Schlaf im Verlauf des menschlichen Lebens. Neben dem Rückgang der Gesamtschlafzeit ist u.a. die starke Abnahme der REM-Schlafdauer nach den frühen Lebensjahren bemerkenswert. (Aus Roffwarg et al. 1966)

dauer und deutlich weniger SWS (Stadium 3 und 4). Bei dementen Personen kann der SWS-Anteil bis auf 0 reduziert sein.

Bei Säugern ist der REM-Schlaf-Anteil vor und kurz nach der Geburt, also im einfachen ZNS mit noch geringerem sensorischen Input, maximal. Der REM-Schlafanteil zeigt somit eine deutliche Korrelation mit der **Reifung des ZNS**, besonders der sensorischen Systeme. Die Reifung des ZNS bedarf im Fetus und Kleinstkind eines ständigen internen „Bombardements" an sensorischen Reizen, die von den REM-Strukturen im Stammhirn zum Vorderhirn gelangen. In diesem Sinne könnte REM auch ein *Relikt aus der Frühphase unserer ontogenetischen Entwicklung* sein [4].

26.4 Neurobiologische Grundlagen des Schlafes

Die meisten der bisher durchgeführten Untersuchungen über die neurobiologischen Grundlagen des Schlafes beziehen sich auf SWS und REM-Schlaf. Wenig ist über jene Stadien bekannt, die mit zunehmendem Lebensalter beim Menschen mehr als 50% des Schlafes ausmachen, nämlich Stadium 1 und 2 mit **K-Komplexen, Spindeln** und relativ niederamplitudiger EEG-Aktivität. Spindeln (12–17 Hz), möglicherweise identisch mit dem sensomotorischen Rhythmus (SMR, s. S. 512), treten allerdings auch im SWS und REM-Schlaf auf, in Stadium 1 und 2 sind sie aber durch die niedrige Hintergrundaktivität eher sichtbar.

Neurophysiologie von SWS und REMS

Subcorticale Steuerung des Schlafes. Die in Kap. 25 dargestellten Studien zur RF und zum ARAS haben gezeigt, daß

1. der Schlaf-Wach(S-W)-Rhythmus ohne Telencephalon weiterbesteht;
2. Deafferenzierung bei encephale isolé keinen Einfluß auf den S-W-Rhythmus hat;
3. die schlafsteuernden Strukturen unter dem Zwischenhirn vom Mittelhirn abwärts bis in die Medulla lokalisiert sind.
4. Trotz der dominierenden Rolle subcorticaler Strukturen übt das Vorderhirn, besonders der orbitale frontale Cortex, anteriore Hypothalamus und Teile des Thalamus und des Striatums einen *schlaffördernden* Einfluß aus: nach Entfernung aller Vorderhirnstrukturen über thalamischem Niveau sinken SWS und REM-Anteile auf 20% ihres Normalwertes ab [6].

Viele Hirnregionen haben schlafinduzierende oder schlafhemmende Einflüsse, verschiedene Aspekte des Schlafes (REM, Atonie, PGO etc.) gehen auf ein komplexes Wechselspiel subcorticaler Regionen zurück. Abb. 26-16 gibt schematisch die bisher untersuchten Strukturen **RF**, **Locus coeruleus** (blauer Kern) und **Nucleus raphe** („Falte") wieder. Jouvet (1984) nimmt an, daß die **serotonergen Raphe-Neuronen** SWS „anstoßen", primär durch Hemmung der RF und des L. coeruleus. REM wird durch Einfluß der serotonergen *caudalen* Raphe-Kerne auf den Nucl. coeruleus proportional der abnehmenden Rate der Serotoninproduktion im Raphe während

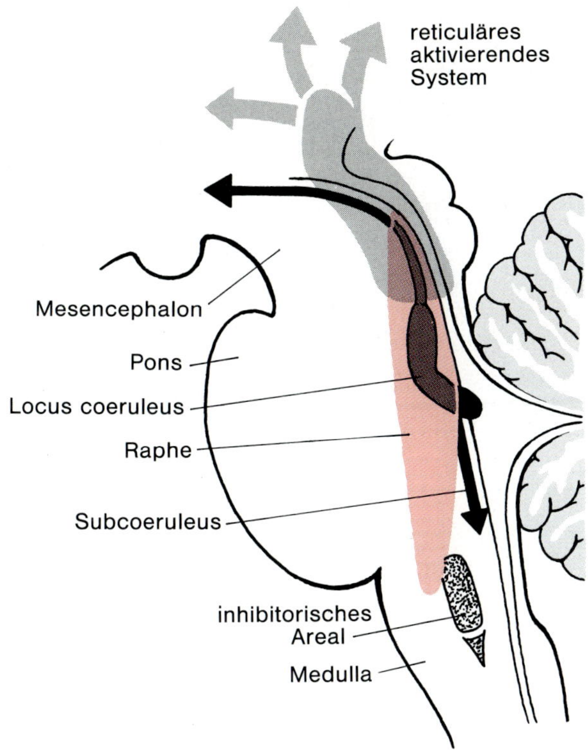

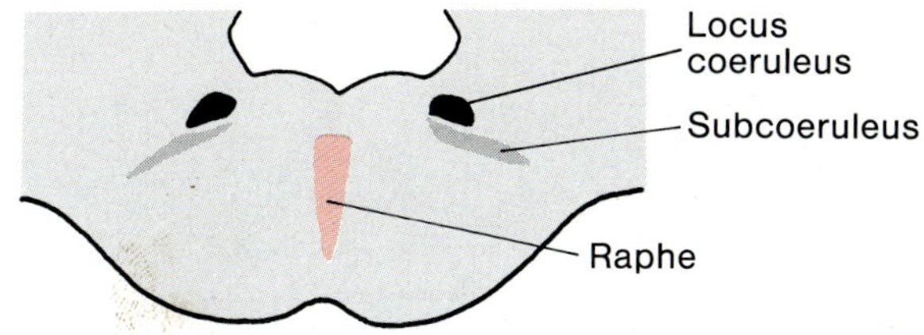

Abb. 26-16. Hirnregionen, die an der Regulation des Schlafes bevorzugt beteiligt sind. *Links:* Sagittalschnitt mit schematischer Ansicht des Hirnstammes. Zellen, die Wachheit auslösen und aufrecht erhalten, befinden sich vor allem im *Mesencephalon*; Zellen, die eine bedeutsame Rolle für NREM-Schlaf spielen, liegen im Ncl. raphe der Pons und dem posterioren Mesencephalon. *L. coeruleus* und *subcoeruleus* scheinen eher in die Koordination von REM-Schlaf involviert. Das medulläre inhibitorische Areal stellt eine gemeinsame Endstrecke für motorische Hemmung dar. *Rechts:* Querschnitt durch den Hirnstamm auf Ebene der Pons, mit Raphe medial und Coeruleus lateral

SWS erzeugt. Der *noradrengere* Nucl. coeruleus kontrolliert danach tonische Muskelatonie (caudal) und die phasischen REM-Phänomene (medial). Wenn die anterioren Coeruleus-Neurone den anterioren Nucl. raphe hemmen, tritt Wachen ein.

Spätere Läsions- und Stimulationsstudien stützen zwar Teilaspekte der Theorie, speziell eine gewisse Bedeutung von Serotonin und NA, nicht aber die Zuordnung zu den neuroanatomischen Substraten. SWS ist weder von der Funktionstüchtigkeit des Nucl. raphe und seinen Efferenzen, noch ist REM-Schlaf vom Nucl. coeruleus abhängig. *Mehrere* Regionen steuern unterschiedliche tonische und phasische, sowie circadiane und arhythmische Anteile. Eine *exklusiv* SWS oder REM-Schlaf auslösende Struktur oder Substanz existiert nicht. Welche Regionen die Koordination der vielen Schlafanteile vermittelt, ist noch unklar, der dorsale N. raphe könnte zumindest für den SWS eine solche Rolle spielen.

SWS. Drei Regionen konnten mit Sicherheit als SWS-produzierend interpretiert werden: das **basale Vorderhirn**, die laterale **präoptische Region des Hypothalamus** und der **Nucleus tractus solitarius**, letzterer hemmt die aktivierende RF (s. Abb. 26-17). Der Nucl. tractus solitarius erhält Input aus dem Vagus und hat einen synchronisierenden Einfluß auf das corticale EEG: Baroreceptoren-Aktivität bei Blutdruckanstieg (Vagusafferenzen) und Druckerhöhungen aus Magen (Müdigkeit nach Essen) und Lunge (tiefer Atemzug entspannt) senken das corticale Aktivierungsniveau. Der posteriore Hypothalamus scheint für die (cholinerge?) tonische Aktivität der RF bei Wachen mitverantwortlich zu sein. Seine Zerstörung führt zu SWS, was schon von Economo bei Encephalitis-lethargica-Patienten festgestellt wurde.

Obwohl die Rolle der verschiedenen Anteile des Nucl. raphe ungeklärt ist, spielt **Serotonin** entweder als Neurohormon und/oder als Neurotransmitter für die Schlafsteuerung eine bedeutsame Rolle (s. u.). Da aber vermutlich ein Großteil des Serotonins im ZNS aus dem Nucl. raphe kommt und von dort über das mediale Vorderhirnbündel weite Teile des Zwischen- und Großhirns erreicht (s. Kap. 14, S. 265), dürften einzelne Raphe-Kerne in die Schlafsteuerung involviert sein. Für den Nucl. coeruleus und seine Subsysteme, Ursprung des noch diffuseren NA-Systems im Säugetierhirn (s. Kap. 14, S. 262), ist die Beteiligung an Aktivierungsphänomenen gesichert, weniger die Rolle des Nucl. coeruleus am Paradoxen REM-Schlaf [26].

Die dorsalen serotonergen Raphe-Kerne (DRN). Die DRN sind endogen aktive Zellen, die zwar durch Reize beeinflußbar, aber auch ohne Einflüsse in vitro und in vivo rhythmisch entladen. Sie sind bidirektional u. a. mit dem SCN des Hypothalamus verbunden, den wir in Abb. 26-5 mit der SWS-Steuerung in Verbindung brachten. Weiter sind die DRN eng mit dem Ncl. tractus solitarius verbunden. DRN-Neurone

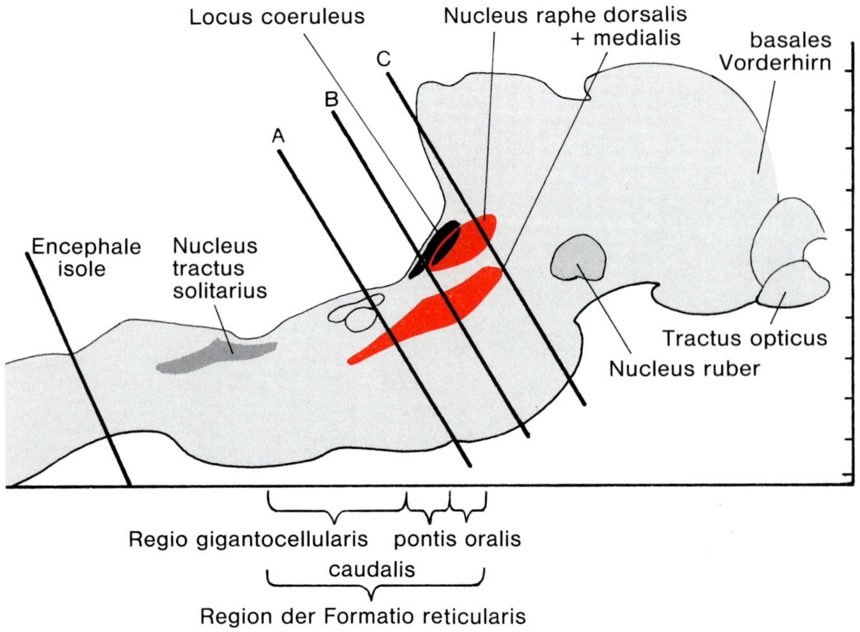

Abb. 26-17. Sagittalschnitt des Hirnstamms der Katze mit den wichtigsten Schnittebenen, die zur Lokalisierung von Schlafregionen benützt werden. (Nach McGinty u. Siegel 1983)

senken ihre Entladungsrate kontinuierlich von Wachen bis SWS, während REM-Schlaf sind sie völlig still. Die PGOs während REM-Schlaf stehen unter tonischem Hemmungseinfluß durch die DRN. Die DRN hemmen die Kerne des Nucleus reticularis pontis caudalis und vice versa (s. Abb. 26-17), die *tonisch* während REM aktiv sind. Noradrenerge Synapsen aus dem Nucl. coeruleus vermitteln wahrscheinlich *phasische* Erregung der DRN auf externe und interne Reize, was mit Weckeffekten sowohl während SWS als auch REM korrelieren könnte. Primär aber sind DRN mit motorischer Aktivität verbunden. Während Immobilisierung in REM, aber auch Immobilisierung im Schlafstadium 2 und im Wachen, und beim Auftreten des SMR (Schlafspindeln) sind die DRN vollständig gehemmt.

REM-Schlaf. Die tonische **Muskelatonie** während REM-Schlaf, die mit einer Hemmung der DRN einhergeht, ist bei der Katze auf Aktivität der Kerne im pontinen Tegmentum (L. coeruleus) rückführbar, die ihrerseits den Nucl. magnocellularis in der RF erregen; dieser wieder induziert die postsynaptische Hemmung der spinalen Motoneurone. Läsion einer der beiden Kerne führt zu REM-Schlaf *ohne* Muskelatonie (Abb. 26-18). Die Katze zeigt alle Anzeichen von REM-Schlaf, bewegt sich aber in Abhängigkeit von dem (halluzinatorischen?) phasischen endogenen REM-Phänomen (z. B. PGOs), ohne auf die äußeren Stimuli zu reagieren. Dabei handelt es sich um einen primär *cholinergen* Mechanismus (Carbachol in die beiden Kerne injiziert, führt zu Atonie).

EEG-Desynchronisation. Die an der Desynchronisation des Wachzustandes beteiligten cholinergen reticulären Strukturen (RF, pontines und Mittelhirn-Tegmentum, posteriorer Hypothalamus und Thalamus, s. Kap. 25) sind auch während REM aktiv. Was unterscheidet nun Wachen von REM-Schlaf, der ja subjektiv einen völlig anderen Zustand als wache Aufmerksamkeit darstellt? Diese Frage ist z. Z. nicht zu beantworten. Es wird spekuliert, daß es zu einer Verschiebung des Anteils monoaminerger (vor allem NA-Transmission) gegenüber cholinerger Aktivierungsmechanismen im REM-Schlaf kommt, der den veränderten Bewußtseinszustand erklären könnte.

PGO. Die PGO-Wellen entspringen innerhalb der MRF in einer eng umschriebenen Region um das Brachium conjunctivum des rostralen L. coeruleus [2]. Diese Neurone entladen in Salven von Spikes ca. 5-25 ms *vor* Registrierung der PGOs. Die PGO-Neurone projizieren direkt in die thalamischen Relaiskerne und von dort diffus in alle corticalen Regionen, ausgenommen motorische und somatosensorische Areale.

DRN und L. coeruleus hemmen die PGO-Aktivität während SWS, Disinhibition durch den DRN ermöglicht das Feuern dieser Zellen. Im Wachzustand treten PGO nur nach REM (PGO)-Deprivation oder Serotonin-Synthesehemmung auf. Obwohl aus dem Verhalten (schnelle Kopfbewegungen, so als suche das Tier etwas) auf halluzinatorische Erlebnisse während PGO nur indirekt geschlossen werden kann, sprechen auch Humanbeobachtungen für einen Zusammenhang von PGO und aktivem Traumzustand und der *Aufhebung* der serotonergen Hemmung: sowohl Katzen nach Serotonin-Blockade als auch aktiv halluzinierende Schizophrene zeigen

Abb. 26-18. **A** Katze mit bilateralen pontinen Läsionen bei Beginn einer REM-Episode ohne Atonie, **B** dieselbe Episode etwas später, Katze voll aufgerichtet, möglicherweise eine Maus halluzinierend. (Nach Jacobs et al. 1984)

keinen REM-Rebound (Anstieg von REM-Dauer in der ersten normalen Schlafphase nach Deprivation). Schizophrene in Remission zeigen dagegen REM-Rebound. Manche Krebspatienten mit Serotonin-produzierenden Tumoren erhalten Tryptophan-Hydroxylase-Hemmer und entwickeln dadurch floride Halluzinationen. Die PGOs stimulieren den Thalamus und vor allem den *linken* Neocortex während REM und können so durch **ZNS-interne Orientierungsreaktionen** den Mangel an externer Reizung ersetzen. Die subjektiven Trauminhalte entstehen im Cortex durch das „Aufprallen" der subcorticalen Erregungssalven (s. 26.5).

Neurochemie von SWS und REM-Schlaf

Serotonin. Das Modell Jouvets [27], das Serotonin und NA eine zentrale Rolle bei der Initiierung von SWS und REMS zusprach, läßt sich in der ursprünglichen Form nicht mehr aufrechterhalten. Serotonin-Hemmung oder Raphe-Zerstörung führen nur zu kurzfristiger Schlaflosigkeit (Tage), danach erholt sich das Tier. Serotonin, als Neurotransmitter des Raphe-Kerns, spielt aber eine wichtige Rolle in der *tonischen REM-Unterdrückung*, der eigentlich REM-Schlaf auslösende Faktor bleibt aber unbekannt. Serotonin als Neurohormon scheint eine Schlaf- (SWS und danach REM) induzierende Wirkung auf hypothalamischer Ebene aufzuweisen, wo auch kleine Dosen der Substanz zur Wiederherstellung von Schlaf nach Para-Chlorphenylalanin (PCPA)-Gabe führt, das die Serontonin-Synthese blockiert. Serotonin spielt möglicherweise eine stimulierende Rolle für einen noch unbekannten hypnagogen Faktor.

Catecholamine (CA). NA wird nicht nur im Nucl. coeruleus, sondern auch in anderen subcorticalen Regionen synthetisiert. Für die REM-Schlaf-Aktivierung scheinen weniger die Neurone des Nucl. coeruleus, sondern eher die des diffuser verteilten **Subcoeruleus** (Abb. 26-16 und Abb. 26-17) verantwortlich zu sein, die während REM-Schlaf aktiv sind, während die Neurone des Nucl. coeruleus durch kollaterale Hemmung im REM still und im Wachen aktiv sind. Läsion des Subcoeruleus eliminiert REM-Schlaf, führt aber auch zu urogenitalen Störungen und Aphagie-Adipsie, was zeigt, daß diese Struktur auch andere Funktionen mediiert. Alpha-Methyl-Paratyrosin (alpha-MPT) hemmt die CA-Synthese und in hohen Dosen REM-Schlaf. Kleine Dosen (75 mg/kg) reduzieren die kollaterale Inhibition in den NA-Neuronen und führen daher zu REM-Anstieg [23].

Endogene Schlaffaktoren. Bereits 1910 haben Legendre und Pieron Cerebrospinalflüssigkeit (CSF) schlafdeprivierter Hunde wachen Tieren injiziert und Schlaf ausgelöst [36]. Vor allem **Peptide** kommen als Kandidaten für Schlafinduktion in Frage. Tabelle 26-1 gibt die wichtigsten bisher untersuchten Substanzen wieder.

Zwei Wirkungsprinzipien solcher Schlaffaktoren müssen unterschieden werden:

a) Kumulierung einer Substanz während Wachen und bei Schlafdeprivation, die ab einer kritischen Dosis Schlaf induziert
b) Produktion oder Ausschüttung einer Substanz während des Schlafes.

Faktor S ist ein kleines Glucopeptid, das aus dem Urin oder der CSF deprivierter Tiere extrahiert werden kann. Auch im menschlichen Urin kommt es vor. Bei Ratten und Katzen führt intracerebrale Injektion zu 50% SWS-Anstieg. Eine genaue Beschreibung dieser Substanz ist noch nicht gelungen, sie findet sich aber nur im Urin schlafdeprivierter Personen. Jouvet injizierte CSF REM-deprivierter Katzen in Empfängertiere und konnte *spezifischen* REM-Schlafanstieg nachweisen. Welche der vielen CSF-Peptide dafür verantwortlich sind, ist unklar.

Ein Delta-Schlaf-induzierendes Peptid (DSIP), wurde von Mounnier [9] gefunden: er verband die Zirkulation zweier Kaninchen miteinander und stimulierte im Thalamus des einen Tieres durch Niederfrequenzreizung (6 Hz) Schlaf, der prompt auf das Empfängertier übergriff. Die CSF der Tiere wurde analysiert und DSIP isoliert. Es kann heute synthetisch hergestellt werden (Nonapeptid der Form: Trp-Ala-Gly-Gly-Asp-Ala-Ser-Gly-Glu). Die Ergebnisse sind von Species zu Species unterschiedlich verläßlich und wie auch bei den anderen Substanzen bleibt unklar, ob es sich um einen *spezifischen* SWS-Faktor handelt. Beim Menschen hat DSIP einen schlafanstoßenden Effekt, aber daneben noch eine Vielzahl anderer Wirkungen (Schmerzreduktion, Leistungsanstieg, verbesserte Streßbewältigung). Auch bei den übrigen auf Tabelle 26-1 genannten Substanzen ist unklar, welche Rolle sie in der physiologischen Schlafkontrolle spielen, ob sie eher Wirkungsprinzip a) oder b) folgen und ob sie überhaupt spezifisch für Schlafregulation sind.

Tabelle 26-1. Peptiderge Schlaffaktoren

Faktoren, die nach Schlafdeprivation gefunden wurden
Faktor S
Schlaf-fördernde Substanz (SPS)
Faktor von schlafdeprivierten Menschen
Faktoren während Schlaf
Delta-Schlaf-induzierendes Peptid (DSIP)
Perfundierte Formatio Reticularis
Faktor aus der Cerebrospinalflüssigkeit
Neuropeptide
Vasoaktives Peptid (VIP)
Arginin-Vasotocin (AVT)

26.5 Psychophysiologie der Schlafstadien

Einflüsse auf die Verteilung der Schlafstadien

Schlafdeprivation. Die Ergebnisse der Schlafentzugsexperimente sind schwer zu interpretieren, da häufig ungeklärt ist, welche der vielen tonischen und/oder phasischen Anteile der Schlafstadien depriviert wurden: eine *selektive*, nicht-pharmakologische Deprivation von Non-REM-Schlaf ist unmöglich; ein Raum (REM) kann nicht betreten werden, ohne vorerst durch die Tür (SWS) zu gehen. Bei längerer Deprivation ist das „Durchsickern" (leakage) von Mikroschlafepisoden, vor allem der phasischen Anteile, nicht zu verhindern. Auch eine vollständige und spezifische pharmakologische Deprivation der Schlafanteile ist so lange nicht möglich, bis die physiologischen und neurochemischen Schlafmechanismen bekannt sind.

Einzelfallstudien an Patienten mit Encephalitis zeigen fast totale Schlaflosigkeit (35 min/Tag im Stadium 1 bei kontinuierlicher polygraphischer Kontrolle) über 3 Monate. Ein von Fisher-Perroudon et al. (1974) beschriebener Patient zeigte normale Intelligenz-, Gedächtnis- und Persönlichkeitstestwerte während der drei Monate Schlaflosigkeit. Auffällig war nur eine Tendenz zu *Halluzinationen* („leakage" von REM-Schlaf), leicht erhöhte Herzrate, Schmerzen in den Extremitäten und Jucken. Obwohl unklar bleibt, was auf die neurologische Erkrankung rückführbar ist (der Patient starb nach 11 Monaten Behandlung mit Tryptophan-Vorläufern), stehen dieser und andere Fallberichte in guter Übereinstimmung mit den experimentellen Ergebnissen.

Der bisher längste, gut dokumentierte quasi-experimentelle **totale Schlafentzug** (REM + alle anderen Stadien) betrug 11 Tage (264 h) [4]: ab der 3. Nacht kann ohne fremde Hilfe nicht mehr Wachheit erhalten werden, besonders zwischen 3 und 5 Uhr morgens. REM- und SWS-Episoden greifen zunehmend auf den Tag über, Illusionen und Halluzinationen im optischen und akustischen System nehmen zu, ab 4 Tagen werden gelegentlich Wahnideen paranoiden Inhalts berichtet. Die körperlich-metabolischen und die Leistungsänderungen (Verhalten) sind demgegenüber – wenngleich Konzentrations- und Aufmerksamkeitsprobleme auch schon nach kurzem Schlafentzug auftreten – relativ gering. In den Erholungsnächten wird *vorerst* SWS und erst sekundär REM-Schlaf nachgeholt: nach 200 Stunden Wachzeit erhöht sich der SWS-Anteil in den ersten 9 Stunden Erholungsschlaf um 50% einer normalen Nacht.

Kompensatorische REM-Erhöhung (REM-Rebound) tritt bei totalem Schlafentzug erst ab 4 Tagen Wachheit ein. REM-Rebound ist bei selektivem

REM-Schlaf-Entzug die Regel, insgesamt wird in den Erholungsnächten aber nur ein kleiner Teil des versäumten SWS und REM-Schlaf nachgeholt (1/4–1/3 des „Kernschlafs"). Depriviert man im Tierversuch selektiv die phasischen REM-Anteile (PGOs, REM), so werden diese in den Erholungsnächten bis zu 100% nachgeholt. Für die phasischen REM-Anteile besteht somit ein sehr viel stärkeres „biologisches Bedürfnis" als für die tonischen. *Schlafmittel* (z.B. Barbiturate und einige Benzodiazepine), die SWS und/oder REM-Schlaf unterdrücken, führen in den drogenfreien Nächten zu Rebound und deshalb meist zu neuerlicher Einnahme (Sucht).

Insgesamt führt selektive REM-Deprivation zu *Erhöhung der Erregbarkeit* corticaler und einiger autonomer Funktionen sowie auch psychologisch zu erhöhter Reizbarkeit. Daraus wurde häufig der Schluß gezogen, daß REM-Schlaf funktionell eine Reduktion zentralnervöser Erregbarkeit bewirke. REM-Deprivation müßte daher zu einem „Stau" emotionaler und motivationaler Strebungen führen. REM-Deprivation verursacht aber keine erhöhte „Entladung" von Antriebsverhalten (z.B. Sexualphanthasien) während des Tages, wie dies von der psychoanalytischen Traumtheorie behauptet wird (s.u.).

REM-Schlaf und Nahrungsaufnahme. REM-Schlaf weist eine enge Beziehung zur Nahrungsaufnahme bei verschiedenen Species, einschließlich Mensch, auf: Übergewicht geht mit erhöhtem REM-Anteil einher, Anorexien erhöhen REM-Schlaf, wenn sie ihr Gewicht normalisieren, also das Körpergewicht wieder steigt. Der Fettsäurespiegel im Blut scheint eng mit dem REM-Anstieg korreliert zu sein. Mit zunehmendem REM-Anteil pro Nacht sinkt die Menge aufgenommener Nahrung am nächsten Tag. REM-Schlaf-Zeit ist ein besserer Prädiktor für Nahrungsaufnahme als SWS, Wachen und vorausgegangene Nahrungsaufnahme [6].

Schlaf und Stoffwechselrate. Stoffwechselrate und Gesamtschlafzeit, sowie Körpertemperatur während des Tages, sind hoch korreliert (Abb.26-13). Schlaf, besonders SWS hat zweifellos eine energiekonservierende Funktion, zumindest für das ZNS. Hyperthyroide Personen mit erhöhtem Energieumsatz zeigen deutlich erhöhten SWS, hypothyroide Personen weniger. Hungernde leiden unter Schlaflosigkeit. Nach extremer *körperlicher Anstrengung* kommt es zu kompensatorischem SWS-Anstieg ausgelöst durch erhöhte Hirntemperatur nach physischer Aktivität [4].

Mit Verringerung der metabolischen Anforderungen im Schlaf erreichen die cellulären Energiespeicher (ATP) ein Maximum und erhöhen die Proteinsynthese und Mitoserate. Schlafzeit, besonders REM-Schlaf, ist dementsprechend maximal in Entwicklungsperioden, in denen besonders viel gespeichert werden muß und gleichzeitig beschleunigte Proteinsynthese für einige Proteine und Zellsysteme feststellbar ist (s. S.524).

„Der Traum als Hüter des Schlafes?"

Psychisches Erleben während REM- und NREM-Schlaf. Die Beobachtung Aserinskys und Kleitmans (1953), daß Vpn nach dem Wecken aus REM-Phasen im allgemeinen Träume berichten und nach NREM-Schlaf nicht, blieb nur wenige Jahre unwidersprochen. Stets handelt es sich ja in diesen Experimenten nicht um die objektive Feststellung von „Träumen", sondern um *Traumberichte* von Vpn. Berichtet eine Vp nach dem Wecken aus einer REM-Phase detaillierte Trauminhalte im Gegensatz zu NREM-Weckungen, so schließen wir auf einen Zusammenhang. Es ist dabei offensichtlich, daß die Klassifikation „Traumschlaf" von einer Vielzahl unzuverlässiger Meßdaten abhängt.

Alle Untersuchungen stimmen aber darin überein, daß die Traumberichte nach REM-Schlaf deutlich lebendiger, visueller und emotionaler sind (80–90% Traumberichte) als in Zeiten ocularer Ruhe und während SWS. Aber auch in etwa 70% von NREM-Weckungen werden Träume berichtet, ihr Inhalt ist eher abstrakt „gedankenartig" (kognitiv). Nach REM-Weckungen fehlen die gedanklichen Ausarbeitungen, die Verbalisierung fällt schwerer, aber der berichtete Trauminhalt ist „sensorischer" (Bilder, Gerüche, Töne) und zieht den Schläfer eher in seinen Bann, erscheint real. Geschulte Beobachter können mit 90%iger Sicherheit aus dem berichteten Trauminhalt angeben, aus welchem Stadium der Traum stammt.

Traumberichte innerhalb einer Nacht. Zwischen *erster und zweiter Nachthälfte* bestehen erhebliche Unterschiede in den REM-Trauminhalten: während die frühen Träume mehr realitätsbezogen sind und *Ereignisse des vergangenen Tages* zum Inhalt haben, sind die Träume der zweiten Nachthälfte ungewöhnlicher, irreal und weniger auf Tageserleben bezogen, sie werden zunehmend bizarr und emotional intensiver [3]. Erinnert werden nur jene Träume, bei denen innerhalb von 5 min nach einer REM-Schlaf-Episode geweckt wird, oder der letzte Traum vor dem Aufwachen. Da besonders die späten Träume innerhalb einer Nacht erinnert werden, erscheint uns das Traumerleben so irreal. Die frühen Träume dagegen enthalten durchaus sinnvolles und cohärentes Material.

Der Traum ist keineswegs als Hüter des Schlafes zu interpretieren, wie die Psychoanalyse behauptet, da wir aus Träumen häufiger erwachen als aus „tiefen" SWS-Episoden. Dies gilt natürlich besonders für jene Träume, die gegen Morgen auftreten.

Traum und Gedächtnis

Methodische Probleme der Schlaf-Gedächtnisforschung. REM-Schlaf stellt einen tonischen Zustand dar, in dem ideale Bedingungen für das Speichern von (phasischen) Inhalten bestehen: abgeschirmt von externer Reizzufuhr – durch absteigende afferente Inhibition – besteht im ZNS ein Zustand erhöhter Aktivierung, der ungestörtes „Verarbeiten" ohne sensomotorische Interferenzen erlaubt. Das Argument, Träumen sei „nur" Epiphänomen der endogenen metabolischen Änderungen im REM-Schlaf spricht ebensowenig gegen diese These wie die Tatsache, daß zumindest beim Menschen REM-Schlaf-Deprivation nicht immer mit schweren Gedächtnisstörungen einhergeht: Psychische Phänomene, so auch Träumen, sind stets *Begleitreaktionen* vieler zentralnervöser und somit auch metabolischer Prozesse; eine perfekte Korrelation mit *einer* Variablen ist somit nicht zu erwarten.

Die Konkordanz von erhöhter Nahrungsaufnahme, Entwicklung des ZNS bei Säugern und erhöhten metabolischen Anforderungen bei Konsolidierungsvorgängen (Übertragung von Inhalten aus STM ins LTM, Kap. 27) spricht für einen Zusammenhang mit Traumtätigkeit. Dabei ist vermutlich wenig relevant, ob REM-Schlaf die Konsolidierung von Tagesmaterial erleichtert oder nur der Elimination interferierender, „überflüssiger" Inhalte aus dem LTM dient, [16], da das eine (Elimination interferierenden Materials) Voraussetzung des anderen (Konsolidierung) ist. Beim Menschen liegt die Schwierigkeit eines Nachweises des Zusammenhangs zwischen Gedächtnis und REM-Schlaf in der Unmöglichkeit *völliger* Deprivation vor allem der *phasischen* Anteile; aber auch im Tierversuch fällt der Nachweis schwer, da keine adäquate Kontrollbedingung für selektive phasische und/oder tonische REM-Schlaf-Deprivation zur Verfügung steht und man stets auch den Ablauf der circadianen Periodik stört. Deshalb ist die Evidenz für einen Zusammenhang zwischen REM-Schlaf und Gedächtnis vorerst nur korrelativ.

„Lernen im Schlaf". Tabelle 26-2 gibt die drei bei Humanversuchen verwendeten Versuchspläne zur Untersuchung der Einflüsse von Schlaf auf Lernen zusammenfassend wieder und demonstriert die methodischen Probleme, die dabei entstehen. Zusätzlich zu den in Tabelle 26-2 angeführten Bedingungen kann natürlich der Zeitpunkt der Deprivation innerhalb einer circadianen Periode variiert werden (z.B. erste Hälfte der Nacht versus zweite). Unbestritten ist die Tatsache, daß Lernmaterial, vor dem Einschlafen dargeboten, besser behalten wird als Material vor einer Wachperiode. *Schlaf erleichtert also Konsolidierung.* Im Tierversuch covariiert der relative REM-Anteil am Gesamtschlaf gut mit der Menge des behaltenen Materials: je steiler die Lernkurve, um so mehr REM. REM-Deprivation führt stets zu defizitärer Wiedergabe von gelerntem Material, wenn man die Wiedergabeleistung nach REM-Deprivation und nach Erholungs-REM-Rebound vergleicht.

Tabelle 26-2. Versuchspläne zur Untersuchung von Lernen und Schlaf (s. Birbaumer: Physiologische Psychologie. Springer, Heidelberg: 1975)

	L	S	T
1. Versuchsgruppe (VG)	→ Lernaufgabe vor dem Schlaf	→ ungestörter Schlaf	→ Lerntest nach Erwachen
Kontrollgruppe (KG)	→ Lernaufgabe bei gleichen Zeitverhältnissen	→ Wachperiode Lerntest	→
2. VG:	→ Lernaufgabe vor REMS-Entzug	→ Schlaf mit selektivem REMS-Entzug	→ Lerntest nach Beendigung des REMS-Entzugs
KG:	→ Lernaufgabe vor Schlaf	→ ungestörter Schlaf oder Schlaf mit gleicher Weckungszahl in SWS	→ Lerntest nach Erwachen
3. VG:	→ Schlaf mit selektivem REMS-Entzug	→ Lernaufgabe nach Beendigung des REMS-Entzugs	→ Lerntest
KG:	→ Schlaf mit gleichen Weckungen in NREMS, bzw. SWS	→ Lernaufgabe nach Beendigung des NREMS, bzw. SWS-Entzugs	→ Lerntest

Für die REM-Gedächtnisbeziehung sprechen auch Untersuchungen zur **RNS- und DNS-Synthese** während des Schlafes. Dabei wurde der RNS-Inhalt innerhalb der Nerven- und Gliazellen in verschiedenen Hirnregionen und die Synthese von RNS und DNS nach Injektion radioaktiver Vorläufer nach REM-Schlaf-Deprivation untersucht. Obwohl die Ergebnisse für Zellen aus verschiedenen Strukturen und Zeitverläufen nach Entnahme des Zellmaterials uneinheitlich sind, tritt nach eintägiger REM-Schlaf-Deprivation sowohl bei der Katze als auch bei der Ratte eine deutliche Abnahme der RNS-Synthese auf, während nach totaler Schlafdeprivation ein Anstieg auftritt. Dabei scheint eher die RNS aus dem Zellkern durch Schlaf erhöht, weniger ribosomale RNS; RNS aus dem Zellkern ist eher für die Akkumulation *neuer* Proteinketten (und Gedächtnismaterial) verantwortlich. Ratten nach einer Lernaufgabe zeigen erhöhte DNS-Konzentration; Ratten mit längeren REM-Episoden weisen ebenfalls erhöhte DNS im Hirn, nicht in der Leber auf. Da REM besonders in der frühen Entwicklung dominiert, sollte man hier einen besonders destruktiven Effekt der Deprivation und Hemmung der Proteinsynthese finden. Dies ist auch der Fall: DNS-Synthese in der Entwicklung wird durch REM-Deprivation reduziert, Schlafentzug im Säuglings- und Kindesalter wirkt besonders destruktiv auf kognitive Funktionen, Körper- und Gehirnwachstum.

Ein weiteres korrelatives Indiz für die Rolle von REM-Schlaf im Konsolidierungsprozeß ist die Gegenwart von Hippocampus-Theta-Rhythmus während des Übergangs von STM in LTM (z. B. bei Durchgängen, wo die Fehlerrate in einer Lernaufgabe noch hoch ist, um danach abzufallen) im wachen Tier und der vorherrschenden Hippocampus-Theta-Aktivität in REM-Episoden (zum Hippocampus-Theta s. auch Kap. 29 und 30).

Lernen im Schlaf beim Menschen: Die Darbietung von Lernmaterial während des Schlafes führt nur dann zu Behalten, wenn während und nach der Darbietung zumindest Alpha-Aktivität, d.h. Wachen auftritt. Zwar wird während NREM-Schlaf und in reduziertem Ausmaß auch während REM-Schlaf Information aufgenommen und rudimentär verarbeitet, ihre Konsolidierung aber vor allem durch SWS-Episoden verhindert.

Schlaf- und Traumtheorien

Psychoanalyse. Freud [21] unterscheidet einen *manifesten* (erinnerten) Trauminhalt vom *latenten* Traumgedanken. Ersterer geht aus dem letzteren über Traumarbeit hervor, wobei der Traumgedanke (stets ein unbewußter Wunsch) auf seinem Weg vom Es (dessen Inhalte unbewußt sind) von der Traumzensur des Ichs (vorbewußt) entstellt werden. Die Traumbildung selbst wird erst durch die Tatsache des Schlafzustandes (Immobilität) ermöglicht, der nach Freud die „endopsychische Zensur herabsetzt". Die Willkürmotorik sieht Freud als Ichfunktion an. Mit Abb. 26-19 illustriert er seine Vorstellung: zwischen Eingangsseite (*W* Wahrnehmung) und Ausgang (Motorik) befinden sich „Erinnerungsspuren" (*Er*) vergangener Wahrnehmungen. Die einzelnen Erinnerungssysteme sind unterschiedlich stabil und durch gegenseitige Assoziationen verbunden, die durch ursprünglich gleichzeitiges Auftreten von W und M gebildet wurden. Vor dem Ausgang des Systems steht das Vorbewußte (Vbw), das „den Schlüssel zur willkürlichen Motilität innehat". Davor steht noch das Unbewußte, aus dem Inhalte bei ihrem Durchgang durch das Vbw Veränderungen (Zensur) erfahren. In der Nacht kommt es durch relative Inaktivität des Ich (Vbw, Motorik) zu einem Absinken der Zensur. Normalerweise (im Wachen) nimmt die ankommende Erregung den Weg vom Wahrnehmungssystem zur Motorik (Pfeile in Farbe), im Traum pflanzen sich die Er nicht zum motorischen Ende des Apparates vor, sondern zum sensiblen, d.h. in das Wahrnehmungssystem; dies bedingt den halluzinatorischen Charakter von Träumen. Die Regression der Er, ihre „halluzinatorische Belebung", wird durch die Ausschaltung externen Reizzuflusses und der Motorik und die dadurch erhöhte assoziative Beweglichkeit erzielt. „Das Gefüge der Traumgedanken wird bei der Regression in sein Rohmaterial aufgelöst".

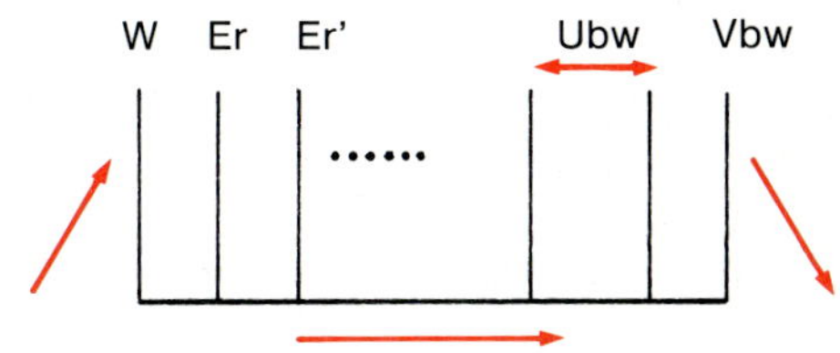

Abb. 26-19. Freuds Reiz-Reaktions-Schema des „psychischen Apparates". Erläuterungen s. Text. (Aus Freud 1945)

Weniger richtungsweisend war die ausschließliche Funktionsbeschränkung des Traumes auf die **Wunscherfüllung**, wenngleich Freud auch hier einige wichtige Hinweise auf Untersuchungsmöglichkeiten gegeben hat. Der Wunsch kann „1. bei Tage erregt worden sein und infolge äußerer Verhältnisse keine Befriedigung gefunden haben; es erübrigt dann für die Nacht ein anerkannter und unerledigter Wunsch. 2. Er kann bei Tage aufgetaucht sein, aber Verwerfung gefunden haben, es erübrigt uns dann einen unerledigten, aber unterdrückten Wunsch. 3. Er kann außer Beziehung mit dem Tagesleben sein und zu jenen Wünschen gehören, die erst nachts aus dem Unterdrückten in uns rege werden". „Ich stelle mir vor, daß der bewußte Wunsch nur dann zum Traumerreger wird, wenn es ihm gelingt einen gleichwirkenden unbewußten zu wecken, durch den er sich verstärkt." In der Folge verirrt sich Freud wieder in sein selbstgebautes Hypothesenlabyrinth verdrängter infantiler Sexualregungen.

Freuds Wunscherfüllungstheorie erwies sich als nicht zutreffend, ebenso seine Spekulationen über die *symbolische Bedeutung* von Träumen. Wir haben gesehen, daß REM-Deprivation zu keinerlei Erhöhung der Antriebsbereitschaft für sexuelle oder andere Triebregungen führte. Wünsche sind als Trauminhalte äußerst selten, in der Regel dominieren Ereignisse des vergangenen Tages. Trotz dieser Situation stellt die Traumdeutung nach wie vor eine wichtige Stütze der *psychoanalytischen Behandlung* dar, die sich, wie auch die übrigen Leitsätze dieses gedanklichen Spekulationsgebäudes, nicht mit den Ergebnissen neurobiologischer Forschung in Einklang bringen lassen. Die nun schon fast ein Jahrhundert dauernde Ignoranz der psychoanalytischen „Schulen" gegenüber den Ergebnissen der experimentellen Psychologie und Physiologie steht in der Geschichte der Humanwissenschaften beispiellos da.

Borbelys Zwei-Prozeß-Theorie. Eine moderne Theorie der Schlaf- und Traumregulation wurde von Borbely entwickelt. Sie berücksichtigt die bisher besprochenen neurobiologischen Fakten und erlaubt Vorhersagen über pathophysiologische Veränderungen der Schlafregulation, die wir in 26.6 besprechen [2].

Die Schlafentzugsexperimente zeigen, daß Theta-Delta-Schlaf eher nachgeholt wird und hoch mit den circadianen Schwankungen der **Müdigkeit** kovariiert (Abb. 26-20). Müdigkeit (Tiefschlafbereitschaft) wird primär durch die Dauer des Wachzustandes kumulativ bestimmt (Prozeß S). Der circadiane Prozeß C entspricht der REM-Schlaf -Bereitschaft und Körpertemperatur. Der Gesamt-„Schlafdruck" bestimmt sich durch die Summe (Abstand) von S und $\overline{C}$. Auf Abb. 26-20 sind die beiden hypothetischen Prozesse „NREM-Schlaf-Bedürfnis" (S) und die Periodik des circadianen Temperaturoszil-

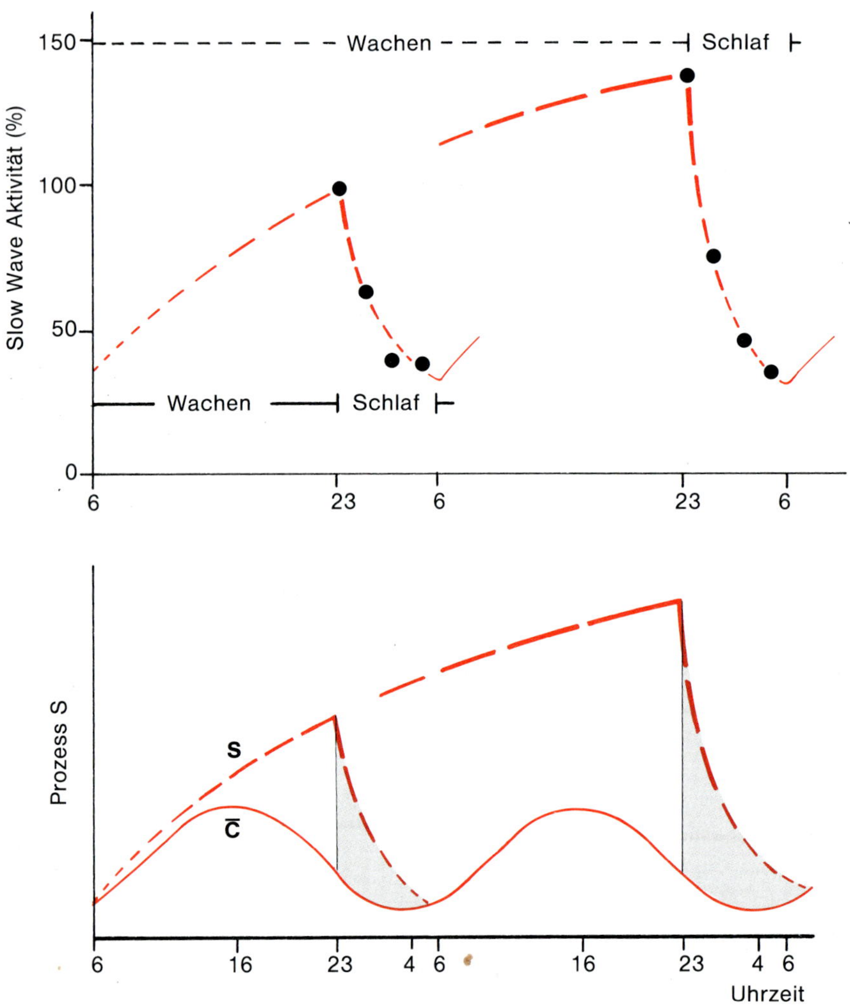

Abb. 26-20. Zwei-Prozeß-Theorie der Schlafregulation. *Oberer Teil*: Ausmaß an SWS (Verbindungslinie zwischen den Punkten) in erster Baseline-Nacht und nach einer Nacht Schlafdeprivation (*punktierte* Verbindung zwischen Punkten *rechts*). Der theoretisch postulierte exponentielle Anstieg von SWS-Druck (S) während des Wachens ist durch die *schräg ansteigende Linie* symbolisiert. *Unterer Teil*: Reziprokwert des circadianen REM-Drucks C und Verlauf des SWS-Drucks in erster Nacht und nach Schlafdeprivation. Die *graue* Fläche (Differenz SWS-REM) gibt die „Schlaftiefe" im Verlauf einer Nacht wieder (Erläuterung s. Text). (Nach Borbely 1984)

lators (Gruppe-I-Oszillator auf Abb. 26-6, $\overline{C}$) eingetragen. „REM-Schlafbedürfnis" entspricht dem reziproken Wert des Temperaturoszillators: der REM-Druck (C) sinkt bis 16 Uhr, um dann bis morgens anzusteigen.

Das Modell von Borbely erlaubt Vorhersagen über die Effekte von Schlafdeprivation auf Depression und impliziert die Existenz eines oder mehrerer kumulativ aktiver Schlafsubstanzen („Hypnotoxine") als Grundlage von S und sieht den circadianen SCN-Oszillator als neuronanatomische Basis von C. Das Modell erklärt auch, warum **Einschlafen** besser am „abfallenden Ast" der Temperaturkurve gelingt und nicht am steigenden: wäre die Temperatur z. B. um 23 Uhr hoch (niedriger REM-Druck), wäre die Differenz zwischen S und C niedrig, die Schlaftiefe somit gering.

26.6 Schlafstörungen

Primäre Schlafstörungen. Die wichtigsten primären Schlafstörungen, bei denen Schlafstörungen nicht *sekundär* die Folge einer organischen, häufig neurologischen Erkrankung darstellen, sind in Tabelle 26-3 zusammengefaßt.

Tabelle 26-3. Primäre Schlafstörungen

1. **Insomnia** (Ein -und Durchschlafstörungen)
   - Pseudoinsomnia
   - Idiopathische Insomnia
   - „delayed sleep phase insomnia"
   - Drogen-Insomnia
   - Insomnia bei Hyperaktivität und affektiven Störungen
   - Schlafapnoe
2. **Hypersomnia**
   - Narkolepsie
   - Drogen-Hypersomnia
   - Hypersomnia bei Verhaltensstörungen
   - Pickwick-Syndrom
3. **Schlafstadien-gebundene Störungen**
   - Schlafwandeln (Somnambulismus)
   - Enuresis nocturna (nächtliches Einnässen)
   - Alpträume (Pavor nocturnus)
   - Bruxismus nocturnus (nächtliches Zähneknirschen)
   - Iactatio capitus nocturnus (nächtliches Kopfschlagen)
   - Somniloquie (Sprechen im Schlaf)
   - Ruhelose Beine (restless leg syndrome)
4. **Störungen des Schlaf-Wach-Rhythmus**
   - Zeitzonenüberschreitung („jet lag")
   - Schicht- und Nachtarbeit

Pseudoinsomnien sind Schlafstörungen, bei denen subjektiv eine Störung des Ein- oder Durchschlafens berichtet wird, nach wiederholter *polygraphischer Registrierung* des Schlafes aber keine Auffälligkeiten des altersentsprechenden Schlafprofils vorliegt. Ursache ist häufig ein fehlerhafter kognitiver Zuschreibungsprozeß (*Attribution*) dessen, was „richtig" schlafen bedeutet. Meist liegen psychologische Störungen vor, die den gestörten Attributionsprozeß verursachen, u. a. Partnerschafts- und Sexualstörungen, operante Konditionierung der verbalen Äußerungen („Hypochondrie").

Idiopathische Insomnia. Diese Verhaltensstörung weist ein *gestörtes physiologisches Schlafprofil* und ein damit konkordantes subjektives Erleben auf: die Personen berichten schlechten oder zu kurzen Schlaf mit häufigem Erwachen, ohne daß eine organische Ursache oder eine andere der in Tabelle 26-3 genannten Störungen vorliegt. Meist sind die Ursachen aus der **Verhaltensanalyse** und der wiederholten polygraphischen Erfassung des Schlafes diagnostizierbar: erhöhte Anspannung, zuviel oder zu wenig körperliche Aktivität, kognitive Störungen (Insomniacs weisen erhöhtes Nachdenken über Sorgen und wenig erlebte *Selbsteffizienz* auf), Diät, Störung der circadianen Regularität (Reisen, unregelmäßige Schlafzeiten), chronischer Streß, Abendaktivitäten (Fernsehen), inadäquate Schlafumgebung u. a. kennzeichnen chronische Insomnia. Bei Insomnia ist die Muskelanspannung (EMG) vor dem Einschlafen meist erhöht und die Hauttemperatur im Tagesdurchschnitt oft erniedrigt. Besonders bei Einschlafstörungen sind auch noch andere physiologische Parameter vor Eintritt des Schlafes aktiviert. Oft gehen diese Personen am *ansteigenden Ast ihrer Temperaturkurve* zu Bett (s. o.). Personen mit Insomnia sind ängstlicher als normale Schläfer sowie schlechter hypnotisierbar, sie unterschätzen die Schlafzeit und überschätzen die Einschlafzeit, sie neigen eher zu interner Streßbewältigung (Nachdenken, „Ärger schlucken") als zu handlungsorientierter Bewältigung [15].

Je nach Ergebnis der Verhaltensanalyse und des Schlafprofils sind folgende Behandlungsverfahren indiziert:

- Entspannungstraining
- EMG und/oder EEG-Biofeedback (Theta- oder SMR-Rhythmus)
- Reizkontrolle (Verhaltenstherapie durch Neuarrengement des Einschlafverhaltens)
- Kognitive Verhaltenstherapie (Neuattribution der Ursachen für Schlafstörungen) [18].

Verzögertes Einschlafen (delayed sleep phase insomnia, DSPI). Von den idiopathischen Einschlafstörungen ist eine Untergruppe von Personen abzugrenzen, die spät zu Bett gehen, dabei aber länger als eine Stunde brauchen, um einzuschlafen. Das Schlafbedürfnis ist dann tagsüber erhöht. Sie haben sonst keine Abnormität in ihrem physiologischen Schlafprofil. Häufig ist dabei das Einschlafen bei *selbstgewählten* Schlafzeiten (Urlaub, Wochenende oder im Freilauf-Experiment) normal. Die Ursache für DSPI liegt vermutlich in einer reduzierten Flexibilität eines S-W-Oszillators, die circadiane Periode zeitlich nach vorne zu verschieben, d.h. vor Erreichen des eigentlichen Periodenbeginns einzuschlafen. Obwohl diese Patienten ihren endogenen 25-h-Rhythmus auch auf 24h anpassen können, gelingt es ihnen nicht mehr, eine einmal eingetretene Phasenverschiebung (später zu-Bett-gehen, verzögertes Einschlafen, Flugreise über Zeitzonen) *wieder rückgängig* zu machen. Mehrere solcher Patienten wurden erfolgreich durch **Chronotherapie** behandelt: von einer Zeitgeberperiode von 27h (24 h+3h) ausgehend, mußten die Patienten jeden Tag 3h später zu Bett gehen, bis zum Erreichen der gewünschten Periode (z.B. 21 Uhr zu Bett gehen, 6 Uhr aufwachen). Wenn der Patient z.B. erst gegen 3 Uhr früh einschlafen konnte, so durfte er am nächsten Tag erst um 6 Uhr früh zu Bett gehen, am darauffolgenden um 9 Uhr usf [8].

Drogen-Insomnia. Die häufigste Ursache von Schlafstörungen ist der chronische Gebrauch von Schlafmitteln durch ärztliche Verschreibungen (in den USA, 1976 27 Mio. Verschreibungen). Drogen-Insomnia ist die häufigste iatrogene (d.h. von Medizinern erzeugte) Störung der Gesundheit. Alle heute gebräuchlichen Schlafmittel führen zu Veränderungen des Schlafprofils: Barbiturate und die meisten Benzodiazepine reduzieren REM-Schlaf und SWS zugunsten einer Verlängerung der Zwischenstadien. Das Schlaf-EEG weist bei beiden Drogentypen erhöhte Beta-Aktivität auf. Auch Alkohol reduziert REM und führt zu irregulärem Schlafprofil. Nach Absetzen der Schlafmittel treten Rebound-Phänomene auf (z.B. REM-Rebound mit Alpträumen), die durch neuerliche Einnahme unterdrückt werden. Drogen- und Alkoholabhängige zeigen dieselben Phänomene (Crosstoleranz), häufig mit völligem Verlust einer circadianen S-W-Periodik. Ironischerweise ergibt sich auch subjektiv im Durchschnitt kein besserer Schlaf bei Personen, die über Insomnia klagen und Drogen einnehmen, verglichen mit Personen, die über Insomnia klagen und keine Schlafmittel nehmen. Auch die kurzfristige Verschreibung von Schlafmitteln bei primären Schlafstörungen (Tabelle 26-3) ist kontraindiziert, da Suchtcyclen außerordentlich schnell in Gang kommen können und keinerlei langfristige Normalisierung des Schlafes erreicht werden kann. Schon nach 3 Tagen Einnahme kommt es zu Rebound-Insomnia! [15]

Insomnia bei Verhaltensstörungen. Bei fast allen psychophysiologischen Störungen treten auch Schlafstörungen und Störungen der circadianen und ultradianen 90-Minuten-Periodik auf: vor allem die **affektiven Störungen** (monopolare und bipolare Depressionen) weisen eine ausgeprägte Irregularität auf, die – so im Fall des circadianen Temperaturrhythmus – oft schon *vor* Eintritt der psychophysiologischen Störungen auftritt. Die Änderungen sind äußerst heterogen. Die Amplituden vieler circadianer und ultradianer Rhythmen sind *erniedrigt*. Am häufigsten aber wird bei Depression eine *Verkürzung der REM-Latenz* nach dem Einschlafen berichtet, im Durchschnitt von 70 auf 40 Minuten. Abb. 26-21 zeigt die Effekte der Schlafdeprivation auf Depressionen auf der Grundlage der Borbelyschen Zwei-Prozeß-Theorie (S. 526). Totaler Schlafentzug führt zu *vorübergehender* Besserung bei einigen depressiven Patienten, wobei isolierte **REM-Deprivation** auch langanhaltende Verbesserung erzielen kann [2].

Schlaf-Apnoe. Respiratorische Pausen von mehr als 15 s Dauer während des Schlafes (häufig bei Personen mit **Schnarchen**) sind nicht nur mit *häufigem Erwachen* (meist aus REM) und Tagesmüdigkeit, sondern auch mit erhöhtem Risiko für **plötzlichen Tod** und kardiovaskuläre Leiden verbunden. Obwohl bei Personen mit Obstruktionen der Luftröhre (z.B. bei Übergewichtigen, die auf dem Rücken liegen und bei Rauchern) häufiger, tritt Schlaf-Apnoe in allen Altersstufen auf. Entfernbare Plastik-Tuben in der Luftröhre oder Sauerstoffzufuhr können neben psychologischer Adipositas-Therapie eine Reduktion der Apnoe bewirken.

Das **Pickwick-Syndrom** (nach Charles Dickens dickem Held in der Novelle „The Pickwick-Papers" benannt) bezeichnet Schlafattacken von übergewichtigen Personen während des Tages, die vermutlich eher zur Schlaf-Apnoe gehören: Fettleibige wachen häufig nachts durch Apnoe-Phasen auf und sind deshalb hypersomnisch.

Narkolepsie. Häufige Schlafattacken während des Tages, die mit Muskelrelaxation, bis zu plötzlichem Tonusverlust und Hinstürzen des Betroffenen (Kataplexie) verbunden sind und von wenigen Sekunden bis 30 Minuten andauern können, stellen das

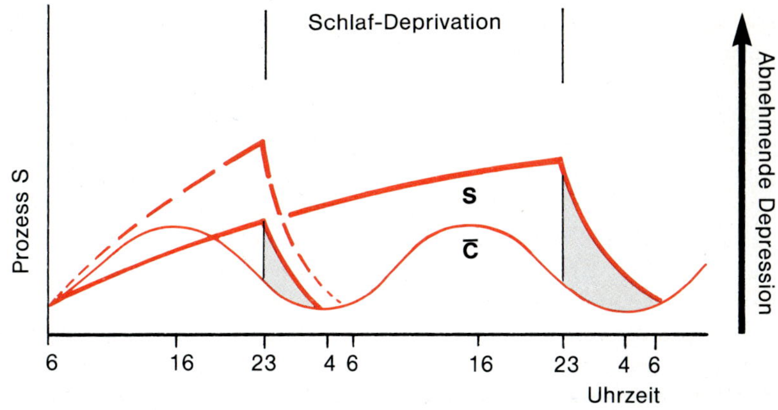

Abb. 26-21. Schlaf und Depression: *Prozeß S* bei einer gesunden Person (*strichlierte Kurve*) und bei einem depressiven Patienten (*ausgezogene Kurve*). Die Schlafperioden des Patienten sind durch die *graue* Fläche symbolisiert. Wegen des SWS-System (S)-Defektes sind Schlafdruck und SWS reduziert und die Schlafperioden verkürzt. Die S-Defizienz führt zu „Enthemmung" des REM-Prozesses im ersten Teil der Nacht (verkürzte REM-Latenz). Schlafdeprivation (*rechter Teil* der Abb.) normalisiert die Schlafstruktur und reduziert die depressive Stimmung. (Nach Borbely 1984)

„Eindringen" von REM-Episoden in den Wachzustand dar. Personen mit Narkolepsie weisen oft mehrere solcher Perioden pro Tag auf und leiden an exzessiver Müdigkeit. Die Attacken werden häufig durch emotionale Erregung, Lachen, intensive und plötzliche Reize ausgelöst. Narkoleptiker fallen sofort nach Einschlafen in eine REM-Episode, was auch auf eine reduzierte Hemmung von REM-aktivierenden Strukturen bei diesen Patienten hinweist. Narkolepsie mit Kataplexie tritt auch bei Säugetieren auf und scheint dort wie beim Menschen stark unter genetischer Kontrolle zu stehen.

Somnambulismus. Somnambulismus (Schlafwandeln), Pavor nocturnus (Nacht-"terror", häufig mit Schrei) und einige Formen von Enuresis nocturna treten in SWS-Phasen auf und sind bei Kindern besonders häufig. Die sensomotorische Koordination ist dabei z.T. intakt, die Augen weit geöffnet, aber es besteht keine Erinnerung an die Episoden. Die Genese dieser Störungen ist unklar, eine funktionelle **Desynchronisation von Hirn- und Körperschlaf**, wie er nach hohen Cerveau-isolé-Präparationen bei Katzen beobachtet wurde, wird als Erklärung herangezogen: „wache" subcorticale Motorik und teilweise auch „wache" subcorticale sensorische Kerne (die Personen „sehen" die Hindernisse) auf Zwischen- und Mittelhirnniveau gehen dabei mit Endhirnsynchronisation einher. Restless-leg-Syndrom und Pavor nocturnus (nächtlicher Schrei) treten vor allem in NREM-Episoden auf.

Alpträume mit Schlafparalyse (Gefühl der Unfähigkeit, die Glieder zu bewegen) sind meist REM-Episoden, bei denen die motorische Hemmung besonders ausgeprägt ist und bei denen Erwachen auftritt: berichtet werden oft Flucht- und Verfolgungssituationen, denen die Person durch Bewegungslosigkeit ausgeliefert ist.

Schlaf und Epilepsie

Krampfschwelle und Bewußtseinsänderung. Es besteht ein enger Zusammenhang zwischen der „Krampfschwelle" zentralnervöser Strukturen und den Schlaf-Wach-Phasen. Eine Erniedrigung der Krampfschwelle läßt sich am corticalen Spontan-EEG durch Auftreten von „Spikes" (hohe negative Entladung von 20–70 ms, die aus dem Hintergrund-EEG hervortritt) ablesen, die meist gemeinsam mit oder kurz vor „Spike-Wave-Komplexen" auftreten. Auch bei Normalpersonen treten diese Spikes auf, bevorzugt bei Einschlafen und Aufwachen, eine Zuckung des ganzen Körpers oder einzelner Glieder geht damit einher. Den Spike-Wave-Komplexen gehen im Wachzustand eine Desynchronisation und *DC-Negativierung* des EEGs voraus (s. Kap. 24 und 25). Solche paroxysmalen Aktivitäten sind keineswegs Indikatoren einer der vielen epileptischen Krankheitsbilder, sondern können vor allem bei Kindern vorübergehend auftreten. Bei den verschiedenen Epilepsien sind sie aber auch interictal (zwischen Anfällen) beobachtbar (s. Kap. 24).

Schlaf als Provokationsmethode. Eine der verläßlichsten **Provokationsmethoden** interictaler Krampfpotentiale ist neben der Hyperventilation und Photostimulation Schlaf und Schlafdeprivation. Interictale Krampfpotentiale im Schlaf gehen dabei nicht notwendigerweise mit Anfällen im Schlaf (Schlafepilepsien) oder nach dem Aufwachen (Aufwachepilepsien) einher; Grand-mal-Anfälle im Schlaf sind bei Patienten mit einem primären Focus und sekundärer Generalisation der Anfälle häufig (50% der Attacken), weniger bei primär generalisierten Anfällen. Anfälle mit einem primären Focus nehmen von einer bestimmten Hirnregion ihren Ausgang und generalisieren später in andere Regionen.

Anfälle, die *nur* im Schlaf auftreten, sind keine epileptischen paroxsysmalen Störungen, sondern meist „dissoziative Aufwachstörungen" aus NREM-Schlaf. Grand-mal-Anfälle treten *nie* aus REM-Perioden auf, REM folgen nie einem Grand-mal-Anfall und offensichtlich selten stabilen Tiefschlafstadien 3 und 4, sondern treten bevorzugt aus den *Übergangsstadien 1 und 2* mit plötzlichen phasischen Aktivierungsschwankungen (nach oben oder unten) auf (Abb. 26-22). Deshalb genügt auch ein etwa einstündiger Leichtschlaf nach dem Mittagessen und ein vorausgegangener kurzer Nachtschlaf als Provokationsmethode zur Demonstration der interictalen paroxysmalen Aktivitäten im EEG-Labor [24].

Schlafdeprivation erhöht die Häufigkeit von Übergangsphasen und damit das Risiko für das Auftreten ictaler und interictaler paroxysmaler EEG-Korrelate. K-Komplexe, die auf starke interne Reizbombardements rückführbar sind, stellen besonders kritische Ereignisse dar. Dabei ist massive Aktivierung, die sofort zum Aufwachen führt, selten ein Auslöser: offenbar besteht im Stadium 1 und 2 eine erhöhte Tendenz thalamo-corticaler Synchronisation nach phasischer Aktivierung, die bei Epileptikern - im Gegensatz zu Normalen - auch frontothalamische Areale erfaßt, die aufgrund ihrer ausgedehnten Faserverbindungen die Generalisation synchronisierter Potentiale in anderen Hirnarealen erleichtern. Die Ursache dafür ist unklar, offenbar ist aber das Hemmungspotential der corticalen Kolumnen (bei generalisierten Epilepsien besonders frontal) verringert.

Psychophysiologische Behandlung der Epilepsien. Neben REM-Schlaf mit seiner ausgeprägten Desynchronisation und senso-motorischen Hemmung ist auch SMR (senso-motorischer Rhythmus über dem motorischen Projektionsfeld von 12-17 Hz, s. Kap. 24) mit motorischer Hemmung verbunden und deshalb mit dem Krampfgeschehen inkompatibel. Abb. 26-22 zeigt in der oberen EEG-Kurve die hemmende Spindel-SMR-Aktivität nach einem „gefährlich" hohen K-Komplex. Psychologisches Training von EEG-Aktivitäten bei generalisierten Epilepsien (Biofeedback, s. Kap. 29, 30) konzentriert

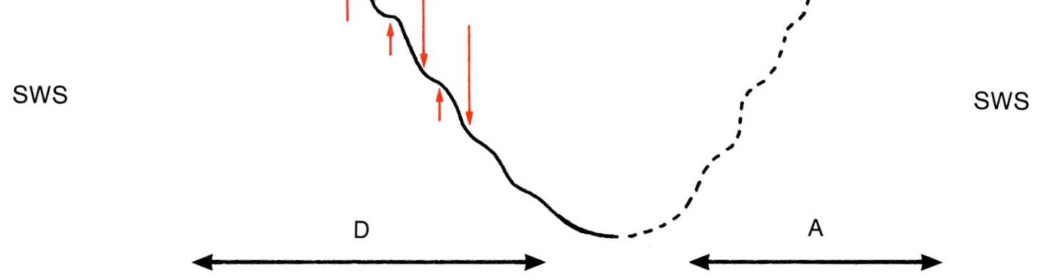

Abb. 26-22. Schema eines Schlafcyclus. *Aw*... wach, *Int*... Zwischenstadium 1 und 2, *D*... abfallender Ast des Cyclus, *A*... ansteigender Ast des Cyclus. Die nach *oben gerichteten Pfeile* zeigen Mikroaktivierungen an, die nach *unten gerichteten Pfeile* Mikroschlafperioden in Richtung *SWS*. Die *Länge der Pfeile* symbolisiert die Beziehung zwischen den aktivierenden und desaktivierenden „Kräften". Das Zwischenstadium ist durch vermehrte Fluktuationen ohne Dominanz einer der beiden „Kräfte" gekennzeichnet. Während Wachheit (*Aw*) und *SWS* dominiert klar jeweils einer der beiden Zustände. Die eingezeichneten EEG-Kurven zeigen einen Aktivierungsanstieg (K-Komplex) mit einem kompensatorischen Rebound (Spindeln-SMR) und darunter die Konsequenz eines Aktivierungsabfalls (Synchronisation) gefolgt von Spike- und Wave-Paroxysmen. (Nach Halasz 1984)

sich deshalb auf Unterdrückung von Synchronisation (Theta-Delta), Erhöhung der Häufigkeit von SMR und *Selbstkontrolle* der auslösenden Aktivierungsschübe durch *Regulation negativer DC-Verschiebungen* [18].

26.7 Literatur

Weiterführende Lehr- und Handbücher

1. ASCHOFF, J., DAAN, S., GROOS, G.A.: Vertebrate Circadian Systems. Structure and Physiology. Heidelberg, New York, Tokyo: Springer 1982
2. BORBELY, A., VALATX, J.L. (Eds.): Sleep Mechanisms. Berlin, Heidelberg, New York, Tokyo: Springer 1984
3. CARTWRIGHT, R.D.: Night Life. Englewood, N.J.: Prentice Hall 1978
4. HORNE, J.: Why We Sleep. Oxford: Univ. Press 1988
5. JOVANOVIC, U.J.: Normal Sleep in Man. Stuttgart: Hippokrates 1971
6. MCGINTY, D.S., SIEGEL, S.M.: Sleep states. In: SATINOFF, E., TEITELBAUM, P.(Eds.): Motivation. Handbook of Behavioral Neurobiology. Vol. 6. New York: Plenum Press 1983, pp. 109-181
7. MEDDIS, R.: The evolution and function of sleep. In: OAKLEY, D.A., PLOTKIN, H.C. (Eds.): Brain, Behavior and Evolution. London: Methuen 1979, pp. 99-129
8. MOORE-EDE, M.C., SALZMAN, F.M., FULLER Ch.A.: The Clocks That Time Us. Cambridge, Mass.: Harvard Univ. Press 1982
9. MOUNNIER, M.: Functions of the Nervous System. Vol. 4. Amsterdam: Elsevier 1983
10. RECHTSCHAFFEN, A., KALES, A.(Eds.): A Manual of Standardized Terminology, Techniques and Scoring System. U.S. Dept. Health, Education and Welfare, National Institute of Health Publ. No. 204, Washington 1968. (Nachdruck 1971)
11. WEVER, R.A.: The Circadian System of Man. Berlin, Heidelberg, New York, Tokyo: Springer 1979
12. ZUCKER, I.: Motivation, biological clocks and temporal organisation of behavior. In: SATINOFF, E., TEITELBAUM, P.(Eds.): Motivation. Handbook of Behavioral Neurobiology, Vol. 6. New York: Plenum Press 1983

Einzel- und Übersichtsarbeiten

13. ASERINSKY, E., KLEITMAN, N.: Regulary occuring periods of eye motility, and concomitant phenomena during sleep. Science *118*, 273-274 (1953)
14. BORBELY, A.: Sleep regulation: outline of a model and its implications for depression. In: BORBELY, A., VALATX, J.L. (Eds.) Sleep Mechanisms. Berlin, Heidelberg, New York, Tokyo: Springer 1984
15. COATES, T.J. & THORESEN, C.E.: Treating sleep disorders: Few answers, some suggestions and many questions. In: TURNER, S.M., CALHOUN, K.S., ADAMS, H.E. (Eds.): Handbook of Clinical Behavior Therapy. New York: Wiley 1981
16. CRICK, F., MITCHINSON, G.: The function of dream sleep. Nature *304*, 111-114 (1983)
17. DEMENT, W.C., KLEITMAN, N.: Cyclic variations in EEG during sleep and their relations to eye movements, body motility and dreaming. Electroenceph. Clin. Neurophysiol. *9*, 673-690 (1957)
18. ELBERT, T., ROCKSTROH, B., LUTZENBERGER, W., BIRBAUMER, N.(Eds.): Self-Regulation of the Brain and Behavior. Heidelberg, New York, Tokyo: Springer 1984
19. FISHER-PERROUDON, C., MOURET, J., JOUVET, M. Sur un cas d'agrypnie au cours d'une maladies de Morvan. Electroenceph. Clin. Neurophysiol. *36*, 1-18, 1974
20. FOLKARD, S., MONK, T.M.: Chronopsychology: Circadian rhythms and human performance. In: GALE, A., EDWARDS, J.A. (Eds.): Physiological Correlates of Human Behavior. Vol 2. Acad. Press London: 1983, pp. 57-78
21. FREUD, S.: Die Traumdeutung. Erstmals erschienen 1900. Nachdruck der 7. Auflage. Wien: Deuticke 1945
22. FULTON, J.F., BAILEY, P.: Tumors in the region of the third ventricle: their diagnosis and relation to pathological sleep. J. Nerv. Ment. Dis., *69*, 1-25 (1929)
23. GAILLARD, J.M.: Activity of brain catecholamine systems in sleep and wakefulness regulation. In: BORBELY, A., VALATX, S.L. (Eds.): Sleep Mechanisms. Berlin, Heidelberg, New York, Tokyo: Springer 1984, pp. 106-117
24. HALASZ, P.: Sleep, arousal and electrocortical manifestations of generalized epilepsy with spike wave pattern. In: DEGEN, R., NIEDERMEYER, E.(Eds.): Epilepsy, Sleep and Sleep Deprivation. Amsterdam: Elsevier 1984
25. HILDEBRANDT, G.: Chronobiologische Probleme der Nacht- und Schichtarbeit. In: HEIMANN, H., PFLUG, B.(Hrsg.): Rhythmusprobleme in der Psychiatrie. Stuttgart: G. Fischer 1978, S. 29-39
26. JACOBS, B.L., HEYM, J., STEINFELS, G.F.: Physiological and behavioral analysis of raphe unit activity. In: IVERSEN, L.L., IVERSEN, S.D., SNYDER, S.H. (Eds.): Handbook of Psychopharmacology. Vol. 18: Drugs, Neurotransmitters and Behavior. New York: Plenum Press 1984, pp. 343-395
27. JOUVET, M.: Indolamines and sleep-inducing factors. In: BORBELY, A., VALATX, S.L. (Eds.): Sleep Mechanisms. Berlin, Heidelberg, New York, Tokyo: Springer 1984, pp. 81-94
28. KLEIN, K., WEGMAN, H.M.: Circadian rhythm in air operation. In: NICHOLSON, A.N. (Ed.): Sleep, Wakefullness and Circadian Rhythmus. NATO Advisary Group for Aerospace Research and Development. Neully sur Seine 1979
29. LOOMIS, A.L., HARVEY, E.N., HOBART, G.: Electrical potentials of the human brain. J. Exp. Psychol. *19*, 249-279 (1936)
30. PÖLLMANN, L.: Der Zahnschmerz. Chronobiologie, Beurteilung und Behandlung. München: C. Hanser 1980
31. POMPEIANO, O.: Mechanisms of sensorimotor integration during sleep. In: STELLAR, E., SPRAGUE, J.M. (Eds.): Progress in Physiological Psychology, Vol. III. New York: Academic Press 1970
32. RICHTER, C.P.: Sleep and activity: their relation to the 24-hour clock. Proc. Assoc. Res. Nerv. Ment. Dis. *45*, 8-27 (1967)
33. ROFFWARG, H.P., MUZIO, J.N., DEMENT, W.C.: Ontogenetic development of the human sleep-dream cycle. Science *152*, 604 (1966)

34. ROHRACHER, H., INANAGA, K.: Die Mikrovibration. Bern: Huber 1969
35. TOWNSEND, R.E., PRINT, O.N., OBRIST, W.D.: Human cerebral blood flow during sleep and waking. J. Appl. Physiol. *39*, 620–629 (1973)
36. URSIN, R.: Endogenous sleep factors. In: BORBELY, A., VALATX, S.L. (Eds.): Sleep Mechanisms. Berlin, Heidelberg, New York, Tokyo: Springer 1984, pp. 118–132
37. WEVER, R.A.: Grundlagen der Tagesperiodik beim Menschen. In: HEIMANN, H., PFLUG, B. (Hrsg.): Rhythmusprobleme in der Psychiatrie. Stuttgart: Gustav Fischer 1978, S. 1–23

27 Plastizität, Lernen, Gedächtnis

27.1 Psychologie von Lernen und Gedächtnis

Die Lern- und Gedächtnispsychologie ist in zwei theoretisch divergierende Forschungsrichtungen geteilt, die sich auch in der Physiologie von Lernen und Gedächtnis wiederfinden:

a) Lernen und Gedächtnis als Konditionierung (klassisch oder instrumentell),
b) Lernen und Gedächtnis als kognitive Prozesse.

Die Divergenz ist vor allem *methodisch* und weniger theoretisch begründet: während Lernen und Behalten im *Tierversuch* einfacher mit Konditionierungsprinzipien vorhersagbar ist, wird im *Humanversuch* der Erwerb, das Behalten und Wiedergeben von Wissen und Fertigkeiten mit Prinzipien der Informationsverarbeitung erklärt. [Rohracher (1976) spricht von „*Verhaltensgedächtnis*" und „*Wissensgedächtnis*".] Während die behavioristisch orientierten Konditionierungsforscher (Skinner) auch komplexe Lernprozesse (z. B. Spracherwerb) auf der Grundlage von Konditionierungsregeln erklären wollen, glauben kognitive Gedächtnisforscher, daß zusätzliche Prinzipien zum Verständnis von Wissenserwerb notwendig sind.

Die Kontroverse setzt sich auch in der physiologischen Psychologie des Lernens fort. Während die einen Lernen und Gedächtnis auf Einzelzellniveau glauben erklären zu können, gehen die anderen davon aus, daß in der evolutionären Entwicklung komplexer Lern- und Gedächtnisvorgänge viele, einander z.T. überlappende Systeme hinzugekommen sind. Sowohl die **Repräsentation** als auch die **Verarbeitung** (processing) von Informationen kommt nicht ohne Zusammenarbeit neuronaler Netzwerke aus und kann nicht aus der Tätigkeit einer einzigen Zelle erklärt werden.

Eine Biologische Psychologie des Lernens sollte alle aus der Lern- und Gedächtnispsychologie bekannten Phänomene in physiologische Prozesse übersetzen können. Die Kenntnis der psychologischen Gesetze des Lernens ist daher Voraussetzung für eine zielführende physiologische Analyse eben dieser Prinzipien.

Lernen und Gedächtnis als Konditionierung (Verhaltensgedächtnis)

Assoziatives und nicht-assoziatives Lernen. Konditionierungsvorgänge werden häufig als **assoziatives Lernen** bezeichnet, da der zentralnervöse Prozeß in der Herstellung einer Assoziation zwischen Reizen (S) und Reaktionen (R) besteht und damit von Wissenserwerb abgegrenzt ist. Wissenserwerb besteht in der *aktiven Rekonstruktion* der gesamten Reizsituation (s. unten u. Kap. 30), Assoziationen spielen dabei eine untergeordnete Rolle. – Assoziatives Lernen wird von **nicht-assoziativem Lernen** abgegrenzt: Bei nicht-assoziativen Lernprozessen ändert sich Verhalten auch als Konsequenz von Wiederholung der Reizsituation oder der Reaktion und nicht als Folge der engen *zeitlichen Paarung* (Assoziation) von Reizen und Reaktionen. Habituation und Sensitivierung sind Beispiele für nicht-assoziative Lernvorgänge (Kap. 25): die Änderungen im Verhalten sind dabei nur eine Funktion der Reizstärke und der wiederholten Darbietung und nicht der **zeitlichen Paarung** (Kontiguität).

Klassische Konditionierung. Die Prinzipien der klassischen Konditionierung sind universelle Lerngesetze: sie gelten von einfachen Lebewesen (wie z. B. Schnecken) bis zum Menschen. Ein neutraler Reiz, z. B. Licht oder Ton (CS), wird kurz *vor* (optimales Intervall 200–500 ms) einem unkonditionierten Reiz, US (Futter), dargeboten, der eine unkonditionierte Reaktion, UR (Speichelfluß), auslöst. Nach wiederholter Paarung (Kontiguität) löst der CS auch ohne US eine konditionierte Reaktion, CR (Speichelfluß), aus. Die CR ist in der Regel schwächer als die UR. Überschreitet das CS-US-Intervall 1 s, so wird eine klassische (Pavlovsche) Konditionierung zunehmend unwahrscheinlicher, mit Ausnahme von potentiell toxischen Geruchs- und Geschmacksreizen, bzw. Reizen, die eine *angeborene (prepared)* „assoziative" Verbindung bei längerem

CS-US-Intervall aufweisen (z. B. Essen und Darbietung eines toxischen Reizes eine Stunde später, s. auch Kap. 29). Die optimalen Intervalle zwischen CS und US bei **konditionierter Geschmacksaversion** sind (in Abhängigkeit vom Chemismus des toxischen US) Minuten bis Stunden.

Die wiederholte Darbietung des CS *allein* nach erfolgter Konditionierung führt zur Abschwächung der CR und wird **Extinktion** (Löschung) genannt. Extinktion und Habituation weisen viele Ähnlichkeiten auf, so daß häufig von Identität der zugrundeliegenden neuronalen Prozesse ausgegangen wird.

CRs werden auch auf Reize ausgelöst, die dem ursprünglichen CS sehr ähnlich sind; wenn der CS ein Ton von 1000 Hz war, so erfolgt eine – allerdings abgeschwächte – CR auf einen 700-Hz-Ton, auch wenn dieser nie mit dem US gepaart wurde: Wir nennen diesen Vorgang **Generalisation**. Werden zwei CS (z. B. ein Licht und ein Ton) abwechselnd und hintereinander dargeboten und nur der CS1 (Licht) von einem US (z. B. Lärm) gefolgt, so reagiert der Organismus nach mehreren Durchgängen nurmehr auf CS1. Er hat gelernt, CS1 von CS2 zu unterscheiden (**Diskrimination**). Erscheint der US *vor* dem CS, so erfolgt in der Regel keine Konditionierung, d. h. der CS löst danach, allein dargeboten, keine CR aus. Man nennt diese Situation **Rückwärtskonditionierung**.

Abb. 27-1 zeigt eine Versuchsanordnung, die für das Erlernen von Verhaltensketten wichtig ist: ein ursprünglich wirksamer CS1 (Licht) für eine CR (Speichelfluß) löst eine völlig neue Reaktion aus (Anheben des Beines). Lernvorgänge dieser Art nennen wir **Konditionierung zweiter und höherer Ordnung**.

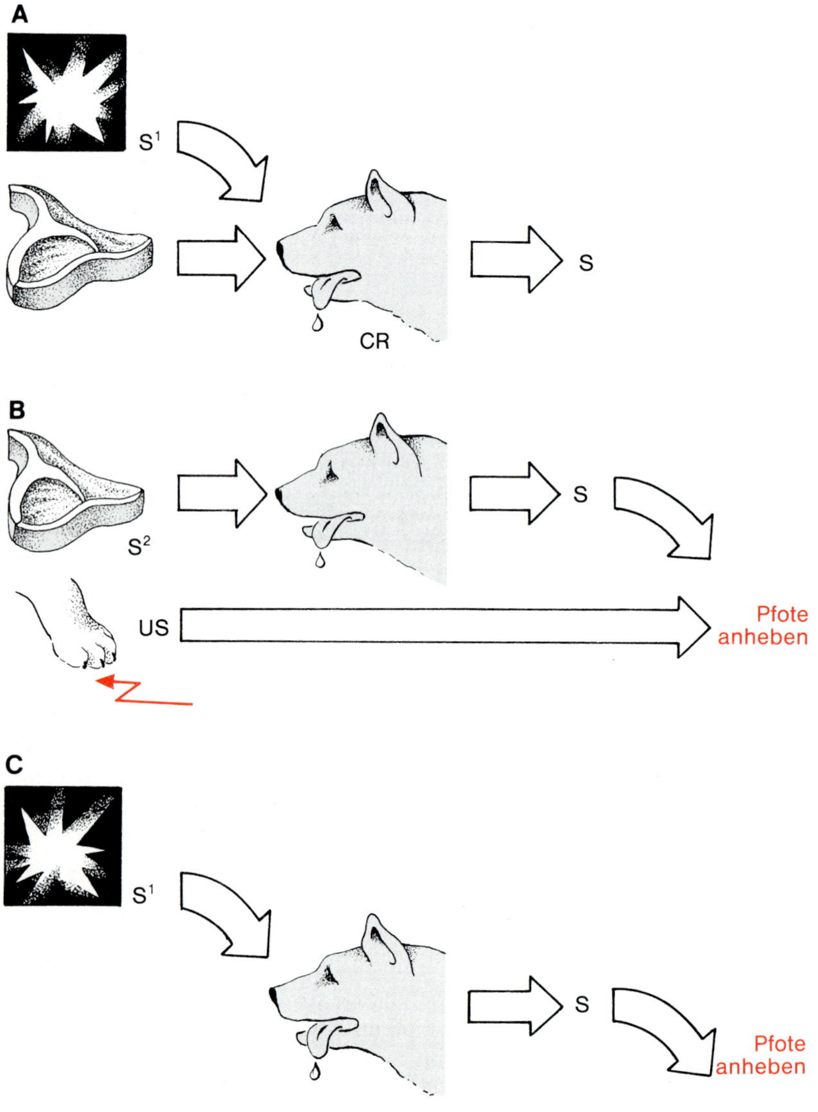

Abb. 27-1. Konditionierung zweiter Ordnung. Dabei dient die Speichelflußreaktion als vermittelnder Reiz für die Auslösung der motorischen Reaktion (Pfoten anheben). (Nach Woody 1982)

Prägung, Prädispositionen und Präferenzen. Unter Prägung verstehen wir das *Erlernen sozialer Bindung* auf ein spezifisches Reizmuster in einer begrenzten Periode der Entwicklung. Die soziale Bindung äußert sich in Annäherungsverhalten an das „geprägte" Objekt (in der Regel Muttertier) und in Abwehr- und Fluchtverhalten gegenüber fremden Objekten.

Prägung (imprinting) ist eine spezielle Form von assoziativem Lernen auf der Grundlage einer angeborenen Sensibilitätserhöhung für spezifische Reiz-Reaktionsverkettungen in einem bestimmten Abschnitt der Entwicklung eines Lebewesens [6]. Populärstes Beispiel sind Konrad Lorenz' junge Graugänse, die innerhalb eines eng umschriebenen Zeitabschnittes ihrer Entwicklung lernten, auch dem Menschen zu folgen, wenn der natürliche Auslöser (Mutter-Gans) nicht vorhanden war. Prägung tritt vor allem bei Tieren auf, die sich schon wenige Stunden nach der Geburt fortbewegen können, vor allem bei Vögeln. Ohne rasche Einprägung potentiell bedrohlicher Objekte und örtliche Bindung an die für die Fütterung Verantwortlichen würden diese Tiere Gefahr laufen, sich zu weit vom Bindungsobjekt zu entfernen und nicht zu überleben. Bei Säugetieren, die nach der Geburt längere Zeit völlig hilflos sind, findet man Prägung selten. In der Regel benötigt aber auch Prägung einige Lerndurchgänge mit Verstärkungen, es liegt also kein fundamentaler Unterschied zu den anderen Formen assoziativen Lernens vor (Abb. 27-2).

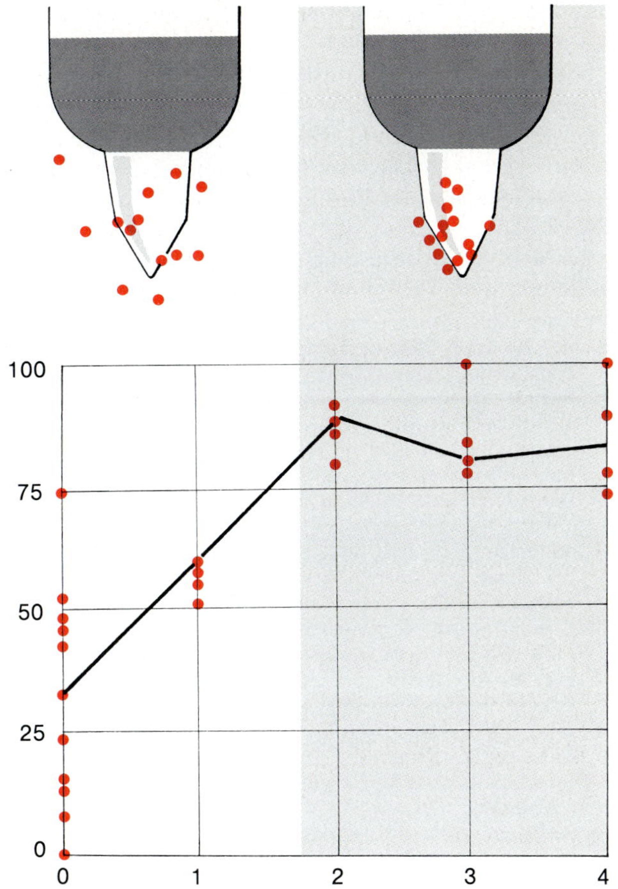

Abb. 27-2. Zielreaktion eines Vogels auf einen Attrappenschnabel unmittelbar nach dem Ausschlüpfen (0) und 1, 2, 3 und 4 Tage später. (Nach Hailman 1969)

Bei Säugern und beim Menschen existieren ähnliche Formen des Lernens, an biologisch bedeutsame Auslösereize mit ganz spezifischen Reizqualitäten Reaktionen assoziativ zu binden. Geruchs- und Geschmacksreize z. B. führen zu lebenslangen Präferenzen, auch wenn CS und US, bzw. Reaktion und Konsequenz Stunden auseinanderliegen. Das bereits erwähnte Phänomen der **„Preparedness"**, der Prädisposition, auf bestimmte Objekte besonders stabile Erinnerungen, oft schon nach einmaliger Darbietung, (**„Alles-oder-Nichts-Lernen"**) auszubilden, beruht ebenfalls auf angeborenen, besonders sensitiven Reiz-Reaktionsmustern: z. B. verlernen wir physiologische Angstreaktionen wie Schweiß-Durchfeuchtung der Haut bei Darbietung von Spinnen und Schlangen sehr viel langsamer als bei faktisch höchst gefährlichen Reizen, z. B. technischen Objekten oder Waffen (s. Kap. 29).

Instrumentelle Konditionierung (operante Konditionierung). Wenn auf eine motorische Reaktion (z. B. Tastendruck in einer Skinner-Box, Abb. 29-9) unmittelbar eine positive oder negative Konsequenz (z. B. Futter) folgt und danach die Reaktion wiederholt (bzw. unterlassen) wird, so heißt dies instrumentelles oder operantes Lernen. Instrumentell, weil die Reaktion als „Instrument" für die Konsequenz benutzt wird; im Englischen spricht man von „operates on", die Reaktion wirkt auf die Konsequenz, daher auch **operantes Konditionieren** genannt. Dabei muß die Konsequenz *unmittelbar*, d. h. im Sekundenabstand auf die Reaktion folgen, sonst wird nicht gelernt. Ausnahmen sind wieder angeborene (prepared) Reiz-Reaktionsverbindungen (s. oben). Wie beim klassischen Konditionieren gelten die Prinzipien instrumentellen Lernens für Mensch und Tier gleichermaßen.

Die positiven oder negativen Konsequenzen, die zu instrumentellem Lernen führen, nennt man **positive** oder **negative Verstärker**. **Primäre positive** und **negative Verstärker** sind Reize, die angeboren oder sehr früh in der ontogenetischen Entwicklung die Wahrscheinlichkeit für das Wiederauftreten einer Reaktion erhöhen (positive Verstärker) oder erniedrigen (negative Verstärker): Nahrung, Flüssigkeit, sexuelle Aktivität, soziale Zu- und Abwendung, Temperaturänderungen etc.

Sekundäre Verstärker sind verstärkende Reize, die erst durch zeitliche Paarung mit primären Verstärkern die Wahrscheinlichkeit von Verhalten verändern; z.B. kann ein völlig neutraler Lichtreiz, wenn er mit Futtergabe gepaart wurde, danach selbst als sekundärer positiver Verstärker Verhalten beeinflussen (s. Abb. 27-1). **Generalisierte Verstärker** sind verstärkende Reize, die auf eine Vielzahl von Verhaltensklassen modifizierend einwirken (z.B. Geld, soziales Prestige etc.).

Tabelle 27-1 zeigt die wichtigsten Kategorien und Typen instrumentellen Lernens:

1. Darbietung eines positiven Verstärkers unmittelbar nach einer Reaktion führt zu Erhöhung der Reaktionsrate und Annäherung an die Lernsituation.
2. Beenden eines negativen Verstärkers, z.B. Abschalten eines elektrischen Schocks, führt zu Wiederholung dieser Fluchtreaktion bei neuerlichem Auftreten des Schocks (Bestrafung vom Typ I).
3. Wird durch eine Reaktion das Auftreten eines negativen Verstärkers verhindert, z.B. durch Händewaschen Verschmutzung, so wird diese Reaktion bei Wiederauftreten der Situation wieder ausgelöst. Aktives Vermeiden kann auch mit „tu das, sonst. . .“ umschrieben werden.
4. Dagegen wird bei passivem Vermeiden („tu das nicht, sonst. . .“) ein negativer Verstärker nach der Reaktion dargeboten. Ein elektrischer Schlag nach Tastendruck führt in Zukunft zu Unterlassen der Reaktion (Bestrafung)
5. Wird eine Reaktion vom Beenden eines positiven Verstärkers gefolgt, so sinkt ihre Auftrittswahrscheinlichkeit, z.B. ein tobendes Kind kurz in ein leeres Zimmer transportieren („Auszeit“).
6. Bleibt ein positiver Verstärker aus, so sinkt die Verhaltenshäufigkeit, es wird gelöscht (Extinktion).

Wie beim klassischen Konditionieren führt positive Verstärkung einer Reaktion in Gegenwart eines sogenannten diskriminativen Reizes (S^D) zum Anstieg dieser Reaktion im Vergleich zu Reaktionen in Gegenwart eines nicht-verstärkten Reizes (S-Delta) oder eines Reizes, auf den Bestrafung folgt: instrumentelle **Diskrimination** im Gegensatz zu instrumenteller **Generalisation**, wo eine in Gegenwart eines S^D1 verstärkte Reaktion auch in Gegenwart eines unverstärkten, aber ähnlichen S^D2 auftritt.

Wie beim klassischen Konditionieren wird die *Akquisitionsrate* (Lern-Erwerbsphase) und *Stabilität* (Extinktionsresistenz) von einer Reihe von Variablen beeinflußt. Neben dem motivationalen Zustand des Lebewesens sind die **Verstärkungspläne** (schedules of reinforcement) entscheidend. Ein Verstärkungsplan kennzeichnet die Abfolge der Darbietung von negativen oder positiven Verstärkern. Wird ein Verhalten jedes Mal bei seinem Auftreten verstärkt, so wird zwar rasch gelernt, aber auch wieder rasch verlernt. Bei *intermittierender Verstärkung*, bei der nicht jede Reaktion verstärkt wird, bleibt das Gelernte länger stabil. Abb. 27-3 gibt die wichtigsten intermittierenden Verstärkerpläne wieder.

Instrumentelle und klassische Konditionierung weisen Ähnlichkeiten (z.B. die Zeitintervalle zwischen den kritischen Ereignissen), aber auch Unterschiede auf, die eine gemeinsame identische physiologische Basis beider Prozesse unwahrscheinlich erscheinen lassen: die verschiedenen Formen operanten Lernens, die in Tabelle 27-1 dargestellt sind, sind an höher entwickelte Organismen gebunden (z.B. Bestrafungslernen ist bei Fischen nur schwer zu erzielen) und benötigen vermutlich komplexere Nervennetze als klassisches Konditionieren. Instrumentelles Lernen vegetativ-autonomer Reaktionen ist schwerer zu erzielen als die klassische Konditionierung visceraler Reaktionen und umgekehrt: Klassische Konditionierung muskulärer Aktivitäten (von Verhalten) benötigt mehr Lerndurchgänge und ist im allgemeinen instabil.

Wissensgedächtnis

Hermann Ebbinghaus begründete 1885 die Gedächtnisforschung mit seinen Reproduktionsversuchen an sinnlosen Silben. Seine Ergebnisse blieben über 100 Jahre unangefochten, auch wenn sich die theoretische Interpretation verändert hat [14]. Ebbinghaus unterschied bereits zwischen Gedächtnisspanne und natürlichem Gedächtnis, heute **Kurzzeit- und Langzeitgedächtnis** (abgekürzt KZG und

kontinuierlich	intermittierend			
	Quotenverstärkung		Intervallverstärkung	
	fixierte	variable	fixierte	variable
	Kombinationen			

Abb. 27-3. Die wichtigsten Verstärkungspläne (schedules of reinfocement). Bei intermittierender Verstärkung (auch partielle Verstärkung genannt) sind zwei Alternativen möglich: ein Quotenplan und ein Zeitintervallplan. Beim Quotenplan wird das Verhältnis von verstärkten zu nichtverstärkten Reaktionen vorher festgelegt, zum Beispiel von 5 Reaktionen wird nur eine verstärkt (Quote 5:1). Beim Zeitintervallplan wird nach Ablauf einer bestimmten Zeit verstärkt, vorausgesetzt, daß eine Reaktion aufgetreten ist (z.B. alle 5 Minuten). In beiden Fällen kann die Verstärkung entweder regelmäßig (fixiert) oder unregelmäßig (variabel) verabreicht werden

LZG) (STM – short term memory; LTM – long term memory). KZG wird häufig auch Arbeitsgedächtnis (working memory) genannt oder als aktives Gedächtnis und unmittelbares Gedächtnis mit *begrenzter Speicherkapazität* bezeichnet. Der Übergang vom KZG in das LZG erfordert meist Organismus-interne oder -externe Wiederholung (rehearsal) des dargebotenen Materials. Der zugrundeliegende Prozeß wird **Konsolidierung** genannt (Abb. 27-4, Abb. 25-2). Unter Konsolidierung wird das cyclische „Kreisen" (Wiederholen) von Information im selben Abschnitt des KZG verstanden, das die Information dort „am Leben" hält und nach einer bestimmten Anzahl von Cyclen eine hypothetische kritische Schwelle zum LZG überschreiten kann.

Müller und Pilzecker haben 1900 in ihrer berühmten Arbeit „Experimentelle Beiträge zur Lehre vom Gedächtnis" aus dem Auftreten **pro- und retroaktiver Hemmung** auf die Existenz eines solchen Konsolidierungsprozesses im KZG geschlossen. In der proaktiven Hemmung interferiert ein alter Gedächtnisinhalt mit einem neu dargebotenen, bei retroaktiver Hemmung stört neues Material ein früher dargebotenes (z. B. eine zweite Liste sinnloser Silben stört die Einprägung der unmittelbar vorher dargebotenen anderen Liste). Als Ursache für **Vergessen** ist neben der Interferenz bei Konsolidierung auch das Fehlen oder Unterlassen der inneren Wiederholung (rehearsal) im KZG anzusehen.

Abb. 27-4 gibt die wichtigsten hypothetischen Elemente des Gedächtnissystems in der Version von Atkinson u. Shiffrin (1968) wieder, an der sich auch die meisten neuropsychologischen Untersuchungen orientieren. Dieses Modell ist eine verein-

Tabelle 27-1. Verhaltenskonsequenzen (*vertikale Spalten*) operanter Verstärkungsprozeduren (*horizontale Reihen*): p(R)↑ Konsequenz der Prozedur ist ein Anstieg der Reaktionswahrscheinlichkeit p(R) jener Reaktionen, auf die ein verstärkender Reiz folgt; p(R)↓ Konsequenz der Prozedur ist ein Abfall der Reaktionswahrscheinlichkeit p(R) jener Reaktion, auf die ein verstärkender Reiz folgt. Verstärkende Reize, die bei den hier umrandeten Prozeduren zu den angezeigten Konsequenzen führen, werden als positive Verstärker bezeichnet. Verstärkende Reize, die bei den nicht umrandeten Prozeduren zu den angezeigten Konsequenzen führen, werden als negative Verstärker bezeichnet. Die Zahlen beziehen sich auf die Erläuterungen im Text auf S. 536

	Konsequenz	
Prozedur	p(R)↑	p(R)↓
Darbietung (presentation)	Belohnung (Annäherung) 1	Bestrafung (passives Vermeiden) 4
Beenden (termination)	Bestrafung Typ I (Flucht) 2	Belohnung Typ I (Auszeit, time out) 5
Ausbleiben (omission)	Bestrafung Typ II (aktives Vermeiden) 3	Belohnung Typ II (Extinktion) 6

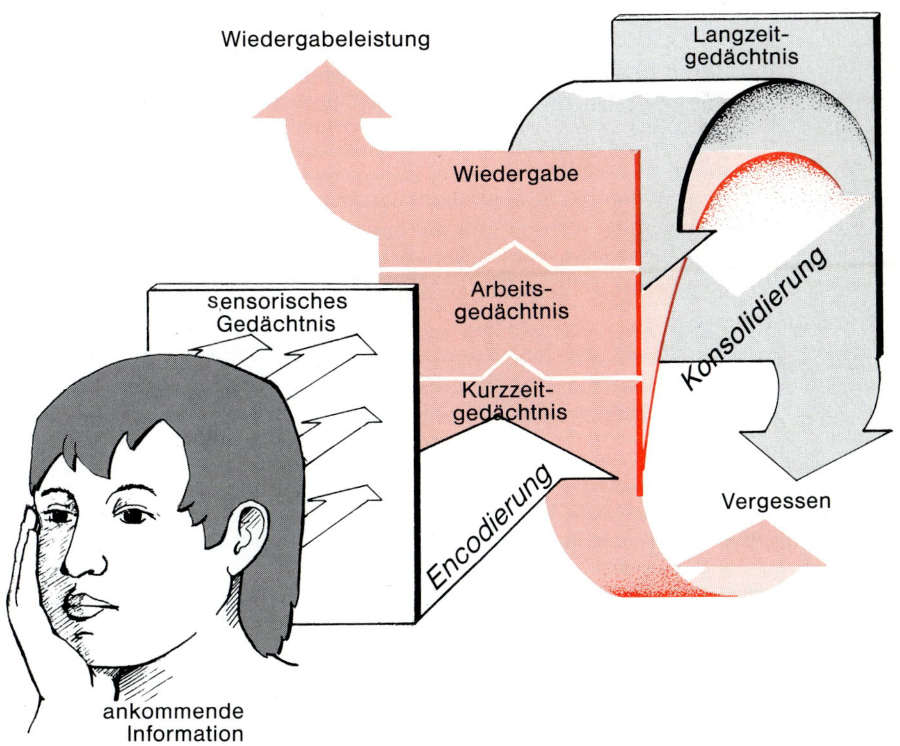

Abb. 27-4. Schema der Gedächtnisprozesse, die Encodierung, sensorisches Gedächtnis, Konsolidierung und Wiedergabe einschließen (Nach Atkinson u. Shiffrin, 1968). (Erläuterungen s. Text, s. auch Abb. 25-2)

fachte Version der tatsächlich ablaufenden Gedächtnisvorgänge. Abb. 25-2 erläutert die Zusammenhänge von Aufmerksamkeit und Gedächtnisprozessen.

In der Geschichte der Gedächtnisforschung waren die psychologischen Modelle, die auf Versuchen mit verbalem und nichtverbalem Gedächtnismaterial beruhten, stets den neurobiologischen Bestätigungen zeitlich voraus; bisher aber haben sich die Vorhersagen der kognitiven Psychologie, die nur auf Verhaltensdaten und subjektiven Daten beruhen, erstaunlich gut später neurophysiologisch fundieren lassen. Dies gilt besonders für die Unterscheidung zwischen Verhaltens- und Gewohnheits(Habit)lernen und **kontrollierter Verarbeitung**, vor allem sprachlicher Inhalte (s. Kap. 25.1). Die später zu diskutierende Differenzierung der Neuropsychologie in prozedurales und deklaratives Gedächtnis folgt dieser lange bekannten psychologischen Unterscheidung (Tabelle 27-3). Vieles bleibt aber bis heute schwer in physiologischer Sprache zu beschreiben: der sensorische Speicher, die Struktur der Decodierungsprozesse sensorischer Reize und die Konsolidierung bleiben neurobiologisch wenig zugänglich; dagegen wurden die Unterschiede der Arbeitsweise von KZG und LZG auch in ihrer neurobiologischen Basis sehr viel klarer verständlich.

Sensorisches Gedächtnis (im akustischen Bereich **echoisches**, im optischen **ikonisches** Gedächtnis genannt). Wenn eine große Zahl von Reizen (z. B. 12 Buchstaben) extrem kurz dargeboten werden (< 50 ms), so können 1/2-1 s danach oft bis zu 80% wiedergegeben werden, ähnlich wie bei optischen Nachbildern (s. Kap. 19). Nach wenigen Sekunden sinkt die Wiedergabe auf bis zu 20% ab. Aus solchen und anderen Befunden schließt man auf die Existenz eines sensorischen Speichers mit großer Speicherkapazität in den primären Sinnessystemen, der die sensorischen Reize für Sekunden und Sekundenbruchteile stabil hält, um die Codierung und Merkmalsextraktion (s. u.) sowie die Anregung von Aufmerksamkeitssystemen zu ermöglichen. Wie wir in Kap. 25 gesehen haben, werden alle ankommenden Reizmuster nicht-bewußt und äußerst schnell (in ms) auf einige wichtige Elemente (z. B. bedrohlich-neutral) analysiert, bevor selektive Aufmerksamkeitssysteme aktiviert werden. Auch dieser Befund macht die Annahme eines umfangreichen und äußerst schnell funktionierenden Gedächtnissystems notwendig.

Der Codierungsprozeß bereitet die Information in unverwechselbare *zeitliche Sequenzen, räumliche* Konfigurationen oder *semantische Relationen* auf. Die Art der Codierung ist reizspezifisch: sprachliche und akustische Reize werden in „chunks" („Ketten," s. u.), während visuelle Reize in räumliche Muster zusammengefaßt werden. Während im sensorischen Speicher die gesamte oder große Teile der ankommenden Information kurz behalten werden, faßt der (hypothetische) Codierungsvorgang im KZG bestimmte Reizkonfigurationen zusammen und hebt einige aus der großen Menge der im sensorischen Speicher vorhandenen hervor. Um diese Leistung zu erbringen, sind Prozesse der **Mustererkennung** (Kap. 19, 20) und **selektive Aufmerksamkeit** (Kap. 25) notwendiger Bestandteil der Codierungsprozesse (s. auch Abb. 25-2).

KZG versus LZG. KZG und LZG sind keine unterschiedliche „Kästchen", in die Information seriell hintereinander abgelegt wird, sondern zwei kontinuierlich ineinander übergehende Informationsverarbeitungsprozesse. Obwohl man die Speicherkapazität des KZG ursprünglich auf sehr gering (±7 Elemente) einschätzte, zeigen neuere Untersuchungen, daß vor allem durch Organisation von Elementen in **Chunks** (Verhaftungen, Gruppierungen oder Superzeichen) sehr viel größere Informationsmengen auch ohne Wiederholung (rehearsal) im KZG aufgenommen werden, allerdings passen nicht mehr als 5-7 Chunks in das KZG. Chunks können die Verbindungen z. B. von Buchstabengruppen in einem Wort, oder mehrere Töne zu einem Rhythmus u. ä. darstellen. Deshalb ist das KZG auch für Sprachverständnis und Sprachproduktion essentiell. Die Informationsmenge pro Chunk kann sehr hoch sein [8].

Wiederholung (rehearsal) und Konsolidierung ist die wesentliche Funktion des KZG, wobei nach jedem Memorierungsdurchgang eine Teileinheit (Chunk) des verfügbaren Materials in das LZG übertragen wird. - Damit der Inhalt länger im KZG aktiv bleibt, sind *kontrollierte Verarbeitung* (s. Kap. 25) und die Zuweisung von Aufmerksamkeitsressourcen, die Aktivität des in Kap. 25 beschriebenen „limited capacity control systems" (LCCS) notwendig.

Die Übertragung in das LZG erfolgt nur bei „tiefer" und „reichhaltiger" Codierung der Information im KZG. Dies wird **elaboriertes Memorieren** genannt. Elaboriertes Memorieren meint das Fortschreiten der Reizanalyse von „oberflächlicher" physikalischer Beschaffenheit etwa eines Satzes über dessen syntaktische und phonemische Struktur bis zur „tiefen" semantischen Analyse seiner **Bedeutung**. Je elaborierter die Codierung, um so mehr Zeit benötigt sie, aber um so stabiler wird die Information behalten; je mehr Beziehungen (zeitliche, räumliche und semantische) zwischen den dargebotenen Inhalten entwickelt werden, um so reichhaltiger der „Code" und um so größer die Wahrscheinlichkeit der Übertragung ins LZG.

Tabelle 27-2 zeigt einige typische Fragen und Antworten aus einem Experiment von Craik u. Tul-

Tabelle 27-2. Typische Fragen und Antworten im Experiment von Craik u. Tulving (1975). Elaborierte Verarbeitung, die z. B. durch die Satzfrage ausgelöst wurde, führt zu besserer Reproduktion als weniger elaborierte Verarbeitung

Art	Frage	Antwort	
		Ja	Nein
Form	Is the word in capital letters? (Ist das Wort in Großbuchstaben geschrieben?)	TABLE (TISCH)	table (Tisch)
Reim	Does the word rhyme with *weight?* (Reimt sich das Wort mit *weight* (Gewicht?))	crate (Korb)	MARKET (MARKT)
Satz	Would the word fit in the sentence: „He met a___in the street"? (Paßt das Wort in den Satz: „Er traf einen___ auf der Straße"?)	FRIEND (FREUND)	cloud (Wolke)

ving (1975 [8]): Nachdem die Vpn viele solcher Fragen beantwortet hatten, wurden Behaltens- und Wiedergabeerkennungstests für die Wörter gegeben. Wörter, die elaboriertes Verarbeiten erfordert hatten (z. B. Satz statt Form in Tabelle 27-2), wurden sehr viel besser behalten.

LZG. Neurobiologische Theorien, die auf tierphysiologischen Untersuchungen basieren, gehen in der Regel von der Annahme eines einheitlich organisierten LZG aus, das sich vor allem in veränderten Proteinsynthesemechanismen der Nervenzelle wiederfindet (s. S. 557). Untersuchungen aus der kognitiven Psychologie legen dagegen nahe, daß mindestens *zwei* grundlegend verschiedene Formen von LZG existieren:

Wir unterscheiden zwischen der Tatsache, daß wir „etwas wissen" (prozedural) und der Tatsache, daß „wir wissen, daß wir es wissen" (deklarativ). Prozedural ist die Modifikation von *Verhalten* beim Erlernen einer *Fertigkeit*, deklarativ ist die Fähigkeit wiederzugeben, **wann** und **wie** die Information erworben wurde. Prozedurales Gedächtnis „enthält" also in detaillierter Form die Aktionen, deklaratives Gedächtnis vor allem die sprachlich codierten Regeln ihrer Ausführung (s. S. 556).

Eine ähnliche Unterscheidung betrifft **episodisches** versus **semantisches Gedächtnis**: wann man etwas gelernt hat (episodisch), vergißt man sehr viel häufiger als sprachlich oder bildlich codiertes Wissen (z. B. die Zahl „ 3.1416"). Trotzdem sind episodisches und semantisches Gedächtnis ein Teil des deklarativen Gedächtnisses, das in beiden Fällen einen aktiven Aufmerksamkeitsprozeß, sowie Codierungs-Encodierungs- und seriell organisierte Speicherprozesse benötigt. Prozedurales Gedächtnis dagegen ist selten bewußt, benötigt weniger aktive Willensanstrengung (effort, Kap. 25) und Aufmerksamkeit und kann verbal nur schwer „auf Kommando" abgerufen werden. Ein Beispiel für deklaratives Gedächtnis ist etwa eine Multiplikation einfacher Zahlen (5×12), wie sie von den meisten Erwachsenen gelöst wird: eine „Tabelle" mit den Resultaten wird aufgerufen und der entsprechende Ort in dieser Tabelle gesucht. Im prozeduralen „Modus", wie ihn Kinder bis 5 Jahre verwenden, wird die Antwort durch Anwendung eines impliziten Algorithmus produziert: es werden die Zahlen einfach 5 mal addiert. Wir kommen unter 27.3 und in Tabelle 27-3 auf diese Unterscheidung ausführlich zurück.

Wiedergabe aus dem LZG. Gedächtnisexperimente mit sprachlichem und nicht-sprachlichem Material zeigen, daß Tiere wie Menschen nicht nur das zu lernende Objekt einprägen und wiedergeben, sondern stets auch *incidentiell* (ohne Absicht) die gesamte Umgebung, in der gelernt wurde, einprägen: Codierung der Information im LZG und deren Abruf ist kontextabhängig: Ein Abruf ist nur dann erfolgreich, wenn der **Kontext** oder große Teile des ursprünglichen Kontexts der Codierung in Realität oder in der *Vorstellung* wiederhergestellt werden. Es handelt sich hier um ein ganz ähnliches Phänomen wie der oben erwähnte Unterschied zwischen elaboriertem und oberflächlichem Memorieren; je mehr vom ursprünglichen Kontext eingeprägt wurde, und je vielfältiger der Kontext ist (z. B. multisensorische Reizung im Gegensatz zu nur einer Sinnesmodalität), um so eher wird ein Teilelement der ursprünglichen Umgebung später den gesamten Gedächtnisinhalt auslösen. Auch der physiologische Zustand („Aktivierung", Gefühl) des/der Lernenden gehört zum Einprägungskontext, weshalb in der Regel korrekte Wiedergabe an den ursprünglichen Zustand gebunden ist (**zustandsabhängiges Lernen**). Z. B. kann man cin unter Alkoholeinfluß erlerntes Verhalten sehr viel leichter unter neuerlichem Alkoholeinfluß als nüchtern wiedergeben.

Dem Wiedergabeprozeß liegt also ein Mustervervollständigungsprozeß zugrunde: das Muster der Abrufungsreize muß zumindest teilweise dem gespeicherten Muster entsprechen. Nur bei „Passen" (matching) von einigen Musterelementen wird das gesamte Muster wiedergegeben (s. Kap. 25). **Wiedererkennen** ist deshalb sehr viel leichter als Wiedergeben, weil sehr viel mehr Hinweisreize des ursprünglichen Musters und des Einprägungskontextes vorhanden sind [8].

Wiedergabeprozesse dagegen erfordern in jedem Fall „Rücktransport" der Information in das KZG (oder Arbeitsgedächtnis), eine *direkte* Wiedergabe aus dem LZG ist vermutlich nicht möglich (deswegen können wir auch nicht gleichzeitig aktiv reproduzieren und speichern). Allerdings ist das LZG bisher fast nur im Zusammenhang deklarativen Wissens studiert worden. Prozedurales Wissen benötigt vermutlich den dazwischengeschalteten Arbeitsspeicher weniger (S. 556).

27.2 Plastizität des Nervensystems und celluläre Modelle einfacher Lernprozesse

Plastizität des NS

Die *Spezifität* des Gedächtnisinhaltes wird sowohl durch den *Ort* des Erregungskreises im ZNS als auch durch die *Frequenz-* und Rhythmuseigenheiten der im Zell-Ensemble („cell-assembly“, S. 547) kreisenden Erregungssalven und der von diesen ausgelösten synaptischen Modifikationen bestimmt („Theorie spezifischer Erregungskonstellationen“, [14]). Die Frage nach den physiologischen Grundlagen des Gedächtnisses ist deshalb nicht identisch mit der Frage der generellen Modifizierbarkeit von neuronalen Strukturen: Modifizierbarkeit und Plastizität sind die *Voraussetzungen* für Lernen, Behalten und Reproduktion. Eine Biologische Psychologie des Lernens muß darüber hinaus die Physiologie *assoziativen Lernens* (klassisches und instrumentelles Konditionieren) und des Wissenserwerbs erklären [5].

Wir wollen uns daher zuerst fragen, welche Vorgänge und Strukturen im ZNS sich überhaupt im Laufe eines Lebens als Folge von Entwicklung und Erfahrung mit bestimmten Umweltbedingungen ändern. Denn diese plastischen Veränderungen des Nervengewebes werden auch an den neuronalen Änderungen bei assoziativem Lernen beteiligt sein.

Entwicklung des ZNS. Die anatomisch-physiologischen Voraussetzungen für Lernen nehmen in den ersten Lebensmonaten und -jahren explosionsartig zu. Eine Vermehrung von Nervenzellen kommt als Grundlage dieser Plastizität nicht in Frage, da bis zum Ende des zweiten Schwangerschaftsdrittels alle Zellen im Neocortex gebildet sind und nur im limbischen System und Cerebellum bis kurz nach der Geburt Zellen entstehen. Abb. 27-5 zeigt, daß vor allem die *Verzweigung* und *Verdickung* der *Dendriten* zunehmen. Die Myelinisierung der Axone verursacht die Verdickung, Axone und Collateralen wachsen aus, und vor allem die Zahl der Synapsen und synaptischen Dornen an den Dendriten nimmt zu.

Die Reifung und das Wachstum der Fasern erfolgt nicht ziellos, sondern entlang von Leitstrukturen mit gemeinsamer „chemischer Affinität“: vermutlich unter dem Einfluß spezifischer chemischer Wachstumsgradienten der Gliazellen „finden“ die Axone und Dendriten ihren Weg [35].

Spezifische Regeneration unter dem Einfluß von **Chemoaffinität** kann auch im erwachsenen Säugetiergehirn stattfinden: Implantation eines vorher eliminierten Tectums in dasselbe Tier führt innerhalb weniger Monate zur ursprünglichen topographischen Neuinnervation des Tectums durch afferente optische Fasern. Die durchtrennten Axone des optischen Nervs „folgen“ der Affinität der tectalen Empfangsneuronen. Oder: Implantation der Iris in das Zwischenhirn der Ratte führt zur regelhaften Neuinnervation (Einwachsen von Axonen) der Iris von adrenergen Fasern aus der Umgebung in derselben topographischen Anordnung, wie sie ursprünglich im Auge bestand, wo auch adrenerge Fasern die Iris versorgen [3, 20].

Obwohl diese Wachstumsprozesse für Lernvorgänge nicht verantwortlich sein können, da sie zu lange dauern (Monate), hängt die starke Zunahme des relativen Hirngewichts beim Menschen in den ersten beiden Lebensjahren mit der Lernfähigkeit und Intelligenz der jeweiligen Species und des Einzelindividuums zusammen (siehe auch Kap. 14, S. 249). Die Zunahme des Hirngewichts beruht auf *Vermehrung der Synapsen*, Größenzunahme der Zellen, Dendriten und dendritischen Dornen, Zunahme der Gliazellen und Zunahme des Capillarnetzes im Gehirn. Voraussetzung für diese Wachstumsprozesse ist eine entsprechende sensorische und motorische Stimulation durch adäquate Umgebungsreize.

Sensorische oder motorische Deprivation, d. h. Einschränkung der Wahrnehmungs- oder Bewegungsmöglichkeiten, führt zu **Atrophie** und/oder verlangsamtem Wachstum mit Einschränkung der Lernfähigkeit in den behinderten Verhaltensbereichen. **Selektive Isolation** von bestimmten visuellen Reizen oder Isolation von sozialer Interaktion (Trennung vom Muttertier) stellt die häufigste Form der Deprivation dar. Je früher die sensorische oder motorische Einschränkung erfolgt und je länger sie über eine bestimmte Wachstumsphase anhält, um so dauerhafter sind die atrophischen Veränderungen. Auch beim Menschen weisen anekdotische Berichte von Kindern, die unter *„Kaspar-Hauser-Bedingungen“* aufgewachsen sind, auf irreversible Störungen der intellektuellen und emotionalen Funktionen hin [6, 15].

Anatomische Plastizität. Da Lernprozesse auch nach Abschluß der entwicklungsbedingten Wachstumsprozesse des ZNS stattfinden, müssen wir nach anatomischen Voraussetzungen für Lernen im er-

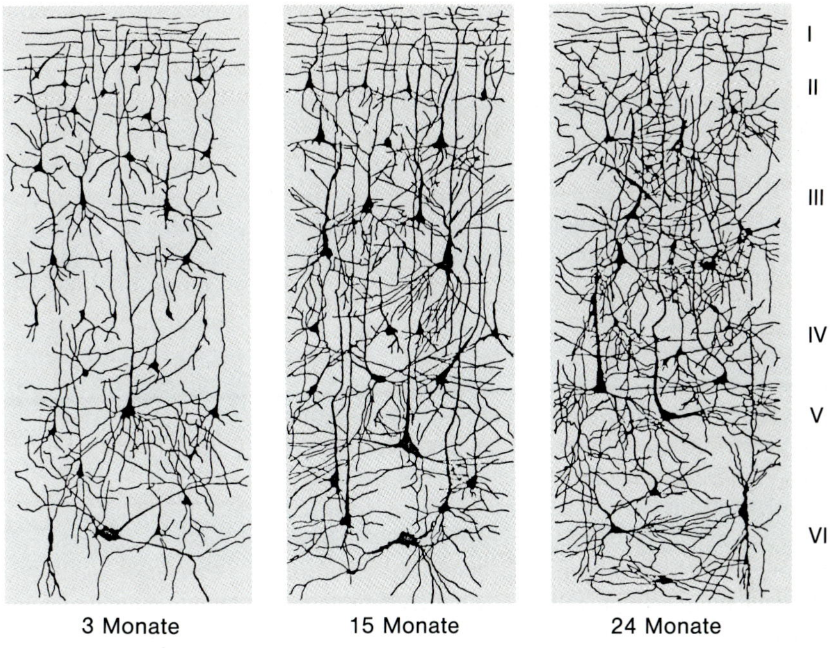

Abb. 27-5. Cortexstruktur bei 3, 15 und 24 Monate alten Kindern. (Nach Conel 1963)

wachsenen Gehirn suchen. Dabei untersucht man vor allem die *Erholung (recovery)* des Nervengewebes nach Läsion. Am häufigsten wurde **reaktive Synaptogenese**, auch **Sprossen (sprouting)** genannt, untersucht. Abb. 27-6 zeigt die drei häufigsten Formen synaptischen Wachstums nach Läsion einer Afferenz zu einer bestimmten Zielregion.

Im erwachsenen Tier konnte bisher vor allem **collaterales Sprossen** beobachtet werden. Collaterales Sprossen geht dabei - sofern die richtigen Zielzellen von den neu wachsenden Synapsen erreicht werden - mit einer *Erholung der Verhaltensfunktion* einher. Dabei handelt es sich um einen Prozeß, der nicht nur nach Läsion auftritt, sondern Neusprossung, wie auch die Aktivitätszunahme vorher inaktiver Synapsen, „stiller" Synapsen, ist ein ständig im ZNS ablaufender Vorgang, der auch unter vielen pathologischen Bedingungen weiter funktioniert.

Physiologische Plastizität. Die Aktivierung vorher *stiller* oder *gehemmter* synaptischer Verbindungen könnte Lernprozessen eher zugrundeliegen als Sprossen, da die Neuaktivierung stiller Verbindun-

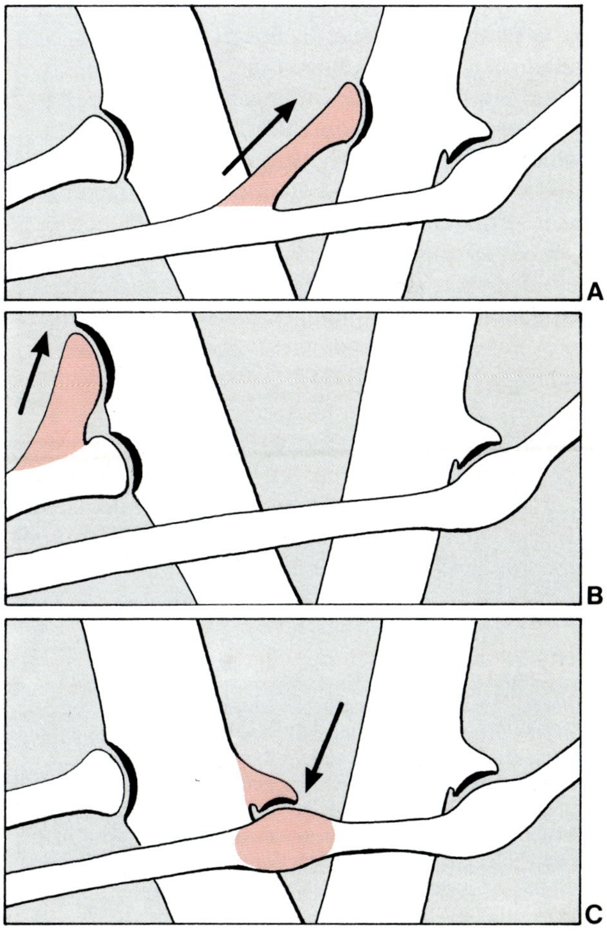

Abb. 27-6. Schematische Darstellung der Mechanismen reaktiver Synaptogenese. Die *roten Areale* und *Pfeile* symbolisieren neues Wachstum. **A** Collaterales Sprossen, **B** Paraterminale Sprossung, **C** Kontakt-Synaptogenese (Nach Cotman u. Nadler 1978)

gen innerhalb von Minuten nach einer Läsion erfolgen kann:

Berman u. Sterling (1976) deprivierten Katzen durch Schließen eines Auges kurz nach der Geburt. Öffnet man das Auge 6–12 Monate später und registriert die Aktivität im kontralateralen Colliculus superior, so reagiert dieser nicht auf Reizung des deprivierten Auges. Setzt man aber zusätzlich eine ausgedehnte Läsion im ipsilateralen visuellen Cortex, so kann man in wenigen Minuten normales Entladungsverhalten der Colliculuszellen beobachten. Der visuelle Cortex hat offensichtlich einen hemmenden Einfluß auf die Colliculusneuronen, und erst nach dessen Entfernung werden die stillen Zellen wieder „laut".

Umgebungsfaktoren (z. B. selektive Deprivation einer Situation) bestimmen in der Entwicklung, welche Verbindungen dominant werden (häufig benützte sind aktiver); der Rest der ursprünglich vorhandenen Verbindungen wird von den gelernten dominanten Verbindungen gehemmt. Bei Zerstörung der hemmenden Zellsysteme werden dann die „Geister aus der Zelle Kindheit" (P. Wall) wieder lebendig, d. h. die ursprünglich gehemmten Zellen werden wieder aktiv und verursachen Auflösung des „Gedächtnisinhalts".

Neben der Aktivierung stiller Zellen kommen eine Reihe anderer synaptischer Mechanismen als Basis für Lernvorgänge in Frage; sowohl das Herstellen neuer Verbindungen, als auch der *Abbruch* alter, „störender" Verbindungen werden an Lernvorgängen beteiligt sein. Abb. 27-7 gibt einige der potentiell für Plastizität verantwortlichen Prozesse wieder [15]. Mit Sicherheit sind nicht ein, sondern *mehrere* dieser Vorgänge an den verschiedenen Formen des Lernens beteiligt; einschränkend muß aber betont werden, daß in höheren Organismen die physiologischen Grundlagen assoziativer Lernprozesse *nur über das Verhalten größerer Zellensembles* erklärbar sind (s. 27.3) [1].

Einfluß von Erfahrung auf das ZNS. In einer Serie von Untersuchungen haben Rosenzweig und Leiman (1982) die anatomischen und physiologischen Effekte einer **„angereicherten", stimulierenden Umgebung** (enriched environmental condition, EC) im Vergleich zu verschiedenen Kontrollbedingungen auf das Rattenhirn untersucht. Abb. 27-8 gibt Beispiele für EC und IC (impoverished conditions, IC, „verarmte", eintönige Umgebung) wieder. Die Ergebnisse sind sowohl beim heranwachsenden, als auch beim erwachsenen Tier eindeutig; bereits nach Tagen in den verschiedenen Bedingungen zeigen sich signifikante Unterschiede, die nicht auf unterschiedliche motorische Aktivität oder Behandlung der Tiere („handling") rückführbar waren. Primär war der Neocortex von den Stoffwechseländerungen betroffen und hier wieder vor allem der Occipitalbereich.

EC-Tiere haben dickere und schwerere Cortices (bis zu 10%), erhöhte Acetylcholinesterasekonzentration (AChE), mehr dendritische Fortsätze (primär der basalen Dendriten, die von benachbarten Neuronen versorgt werden), ausgedehntere Verdickungen der postsynaptischen Membran, vergrößerte Zellkörper und Zellkerne in jenen Zellen, die besonders reich an Dendriten sind, sowie ein Anstieg der Anzahl der Gliazellen. Weder die soziale Erfahrung (zahlenmäßig mehr Tiere in der EC) noch der passive Umgebungseinfluß sind für die Effekte verantwortlich. Nur wenn die Tiere aktiv mit den Gegenständen in ihren Käfigen interagieren („spielen"), treten die Unterschiede auf.

Die Effekte sozialer Erfahrung wurden geprüft, indem Einzeltiere auch unter EC aufgezogen wurden, aber zusätzlich Lernerfahrung erhielten. Die EC-Tiere lernten, in einem Labyrinth mit vielen Barrieren den Weg zum Futter zu finden. Die Kontrolltiere der IC lernten im selben Labyrinth aber *ohne* Barrieren. Die EC-Tiere zeigten deutlichere Änderungen der Anatomie und Histologie des ZNS. – Split-brain-Ratten, denen ein Auge abgedeckt wurde, so daß der visuelle Lernprozeß nur in einer Hemisphäre stattfinden konnte (Ratten haben keine ipsilateralen Verbindungen von der Netzhaut zum Cortex), zeigten die oben aufgeführten Veränderungen *nur* in der „sehenden" und somit lernenden Hemisphäre. Ratten, die nach längerem Aufenthalt unter IC eine Labyrinthaufgabe lernen, zeigen danach *vermehrtes Auswachsen von Verzweigungen* (branching) sowohl der apicalen, als auch der basalen Dendriten der corticalen Pyramidenzellen.

Die biochemischen Veränderungen stützen die Interpretation, daß es sich um spezifische *morphologische und biochemische Korrelate von LZG* und nicht nur um unspezifische Einflüsse auf die Plastizität im Sinne von mehr oder weniger starker sensorischer Deprivation handelt.

Abb. 27-7. Einige Hypothesen über synaptische Veränderungen, die eine Grundlage für Speicherung sein könnten. **A** Nach einer Trainingsprozedur führt jeder neue Impuls im betroffenen neuronalen System zu einer verstärkten Ausschüttung von Transmittermolekülen (symbolisiert durch *Punkte*). Entsprechend kommt es zu einem Anstieg des postsynaptischen Potentials. **B** Ein Interneuron moduliert die Polarisation der Axonendigung und löst die Ausschüttung *vermehrter* Transmittermoleküle pro nervalem Impuls aus. **C** Modifikation der postsynaptischen Receptormembran führt zu einer verstärkten Reaktion auf dasselbe Ausmaß von Transmittersubstanz. **D** Die Fläche des synaptischen Kontaktes erhöht sich mit Training. **E** Ein Erregungskreis, der öfters benützt wird, erhöht die Anzahl der synaptischen Kontakte. **F** Eine häufig benutzte neuronale Verbindung „übernimmt" vorher weniger benützte Synapsen. (Nach Rosenzweig u. Leiman 1982)

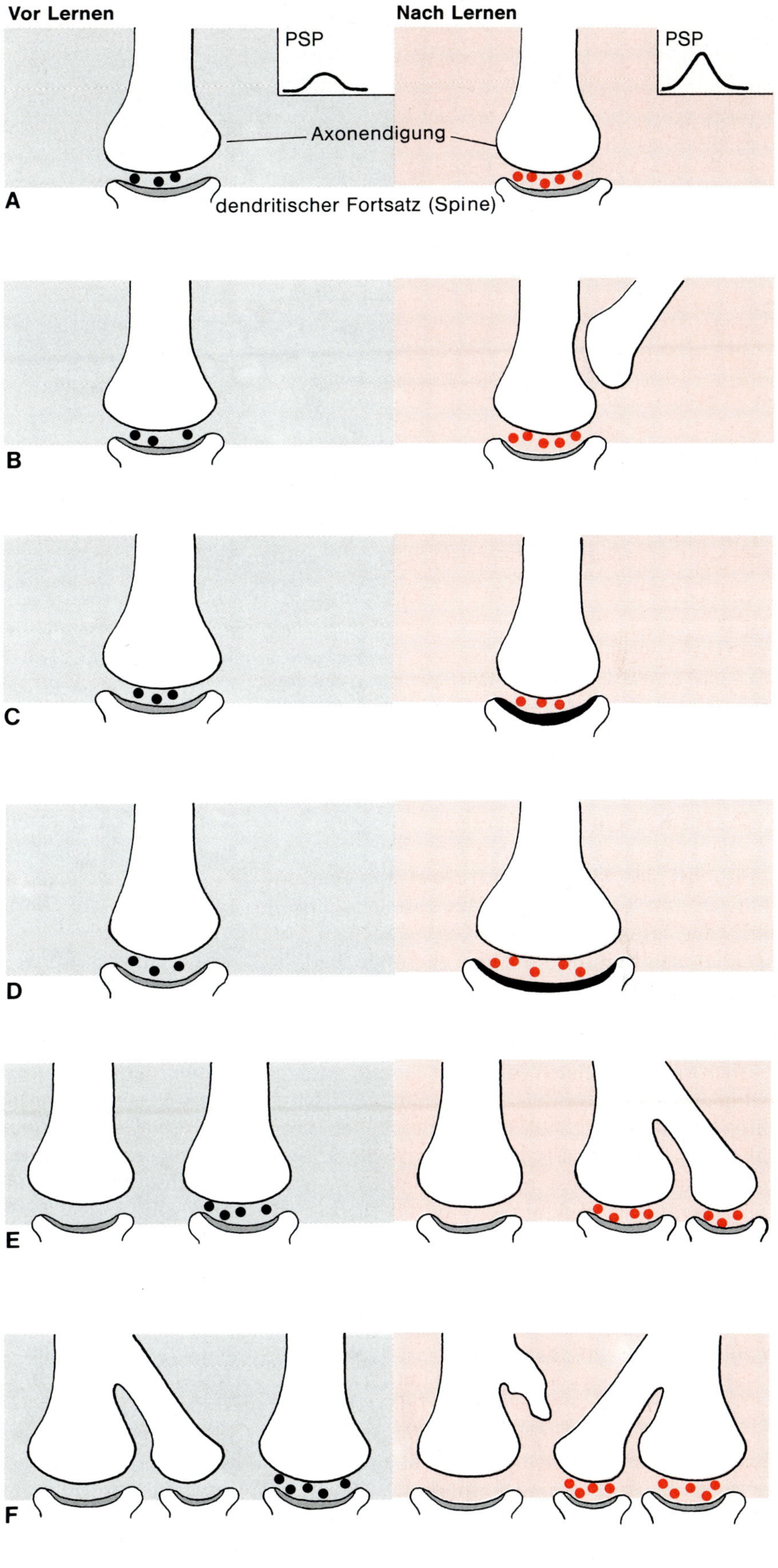
Vor Lernen
Nach Lernen
PSP
PSP
Axonendigung
dendritischer Fortsatz (Spine)
A
B
C
D
E
F

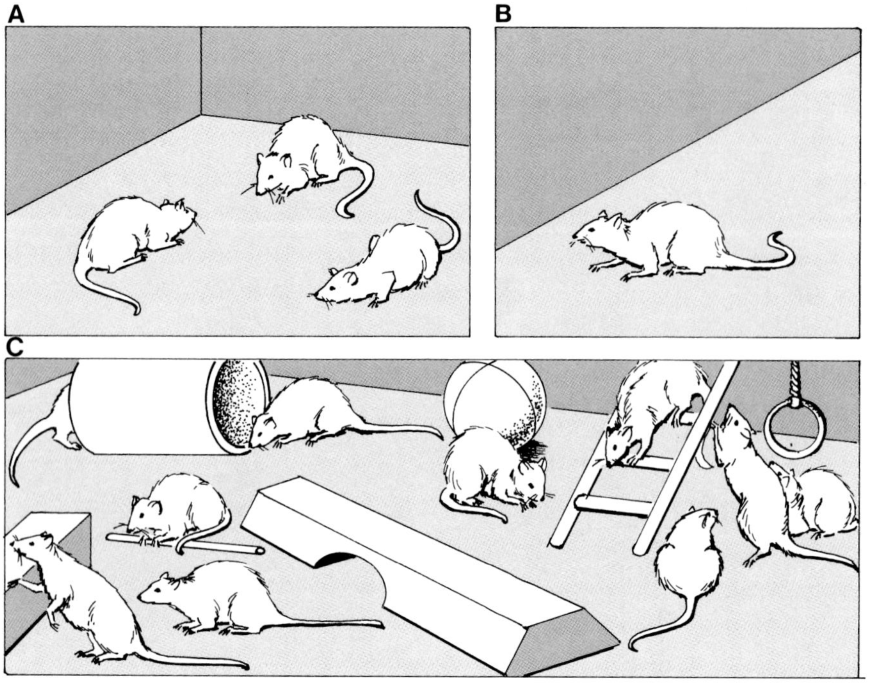

Abb. 27-8. Beispiele für stimulierende und weniger stimulierende Umgebung aus den Untersuchungen von Rosenzweig u.a. **A** Standardkolonie mit drei Ratten pro Käfig. **B** Reizarme Umgebung (IC) mit einer isolierten Ratte. **C** Stimulierende Umgebung (EC) mit 10–12 Ratten pro Käfig und einer Reihe von Spielmöglichkeiten. (Nach Rosenzweig u. Leiman 1982)

Celluläre Korrelate von Lernen

Lernen bei der Meerschnecke (Aplysia). Untersuchungen von Lernvorgängen an einzelnen Zellen und/oder extrem einfachen Nervensystemen von Invertebraten liegt die Annahme zugrunde, daß die komplexen Vorgänge assoziativen Lernens in höheren Organismen als Variationen eines oder weniger fundamentaler neurophysiologischer Vorgänge anzusehen sind. Im letzten Jahrzehnt konnte tatsächlich nachgewiesen werden, daß Habituation, Sensibilisierung und einfache Formen klassischen Konditionierens auf spezifische *präsynaptische Modifikationen* in Neuronensystemen mit einigen wenigen Zellverbindungen rückführbar sind [4, 10, 16, 18]. Beispielhaft sollen hier die cellulären Prozesse bei **Aplysia** erläutert werden.

Abb. 27-9 zeigt einige Verhaltensweisen von Aplysia, die experimentell modifiziert wurden. Wenn das Saugrohr (Siphon) oder das Mantelgerüst (mantle shelf) gereizt werden, kontrahieren sich Siphon, Mantelgerüst und Kieme (gill) (Abwehr). Dieser vorerst unkonditionierte Reflex habituiert, sensibilisiert und läßt sich klassisch über die taktile Reizung des Schwanzes oder Siphons als CS konditionieren. Abb. 27-10 zeigt die bei Habituation und Konditionierung beteiligten neuronalen Schaltkreise, die wir im folgenden besprechen.

Habituation und Sensibilisierung. Wiederholte Reizung des Siphons führt zu Habituation, d.h. bei wiederholter Reizung des Siphons wird die Dauer der Kontraktion des Siphons und der Kiemen zunehmend kürzer. Nach zehn Reizungen mit je 30 s Abstand tritt der Reflex nicht mehr auf. Die Abnahme der Reaktion ist auf die abnehmende Ausschüttung von Transmittern durch das sensorische Neuron (S. N. auf Abb. 27-10) an den Synapsen des Motoneurons zurückzuführen. Die Reduktion der Ausschüttung wird durch Abnahme des **Ca^{++}-Einstroms** in die sensorische Synapse mit jedem neuen Aktionspotential verursacht. Wie wir in Kap. 13 gesehen haben, bestimmt der Ca^{++}-Einstrom die Menge des ausgeschütteten Transmitters. Langzeit-Habituation (über Wochen und Monate) wird dagegen durch Abnahme der Zahl aktiver Zonen der Transmitterfreisetzung in der Synapse, d.h. weniger Vesikel, determiniert.

Bei der Sensibilisierung ist der Mechanismus umgekehrt: Wenn ein „aversiver" noxischer Reiz (Wasserstrahl) auf den Schwanz auftrifft, führen darauffolgende, ursprünglich unwirksame Reize, wie z. B.

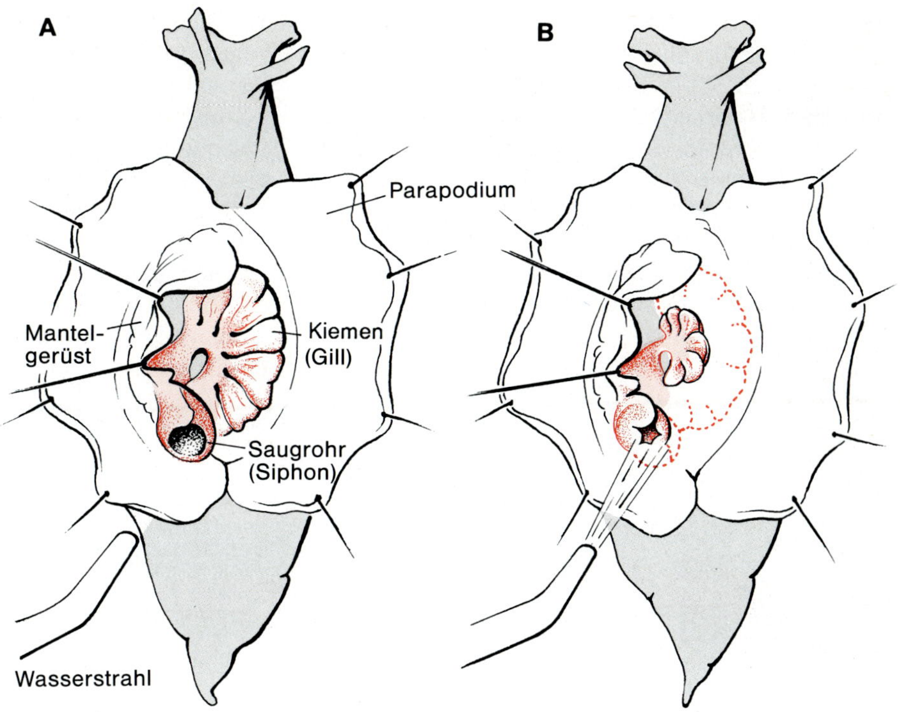

Abb. 27-9. Dorsale Ansicht der Meeresschnecke Aplysia. Der Kiemen (Gill)- und Saugrohr (Siphon)-Abwehrreflex bei Aplysia. Bei **A** sind Mantelgerüst, Kiemen und Saugrohr entspannt. Nach einem Wasserstrahl auf das Saugrohr kontrahieren sich Kiemen und Saugrohr (**B**). Die entspannte Position ist *rechts* durch *punktierte Linien* angezeigt. (Nach Hawkins u. Kandel 1984).

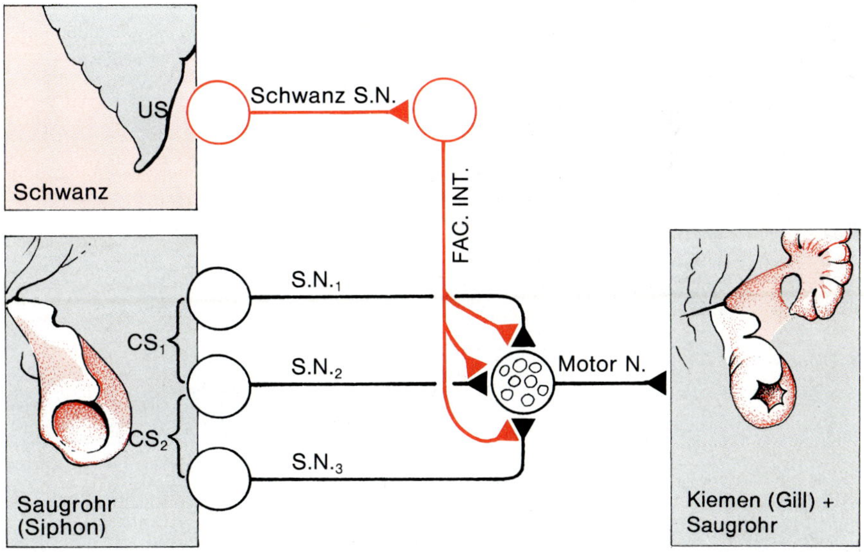

Abb. 27-10. Neuronale Schaltkreise für Kiemen- und Saugrohrabwehrreflex bei Aplysia durch Schwanzreizung. Mechano-sensorische Neurone (*S.N.*) vom Siphon haben direkte exzitatorische synaptische Verbindungen auf die motorischen Neurone für Kiemen und Saugrohr (*Gill* und *Siphon*). Die sensorischen Neurone aus dem Schwanz erregen facilitierende Interneurone, die eine präsynaptische Erregung der sensorischen Neurone des Siphons (*S.N.1, S.N.2, S.N.3*) bewirken. In der Abbildung ist auch der Mechanismus für Reizgeneralisation dargestellt: der *CS1* erregt die sensorischen Neurone 1 und 2 des Siphons, ein *CS2* erregt die Neurone 2 und 3. Nur jene sensorischen Neurone, die *vor* Darbietung des *US* aktiv sind, bewirken eine verstärkte Form der präsynaptischen Facilitierung. Die Konditionierung von *CS1* produziert daher nur eine teilweise, aber keine vollständige Generalisation auf *CS2*. (Nach Hawkins u. Kandel 1984)

leichte Berührung am Siphon, zu der Defensivreaktion. Diese Sensibilisierung kann Minuten bis Wochen, je nach Stärke des noxischen Reizes, andauern. **Dishabituation** beruht auf demselben Mechanismus (s. Kap. 25, S. 483). Neurophysiologisch ist *Sensibilisierung* auf Erhöhung der ausgeschütteten Transmittermenge durch die Synapsen der sensorischen Interneurone am Motoneuron zurückführbar.

Die beteiligten molekularen Prozesse, die zu den Änderungen der Ausschüttung (Abb. 27-11) führen, benötigen fünf Stufen:

a) Reizung des Schwanzes aktiviert eine Gruppe von fördernden Interneuronen (facilitator neurons) (Abb. 27-10), die an den Synapsen der sensorischen Neuronen eine Erhöhung der Ausschüttung bewirken (**präsynaptische Förderung**).
b) Der Transmitter (hier Serotonin) aktiviert das Enzym Adenylatcyclase, das cyclisches AMP (s. Kap. 2 und 12) in den Synapsen der sensorischen Neuronen erhöht.
c) Erhöhung des freien cAMP aktiviert ein zweites Enzym, eine cAMP-abhängige Proteinkinase.

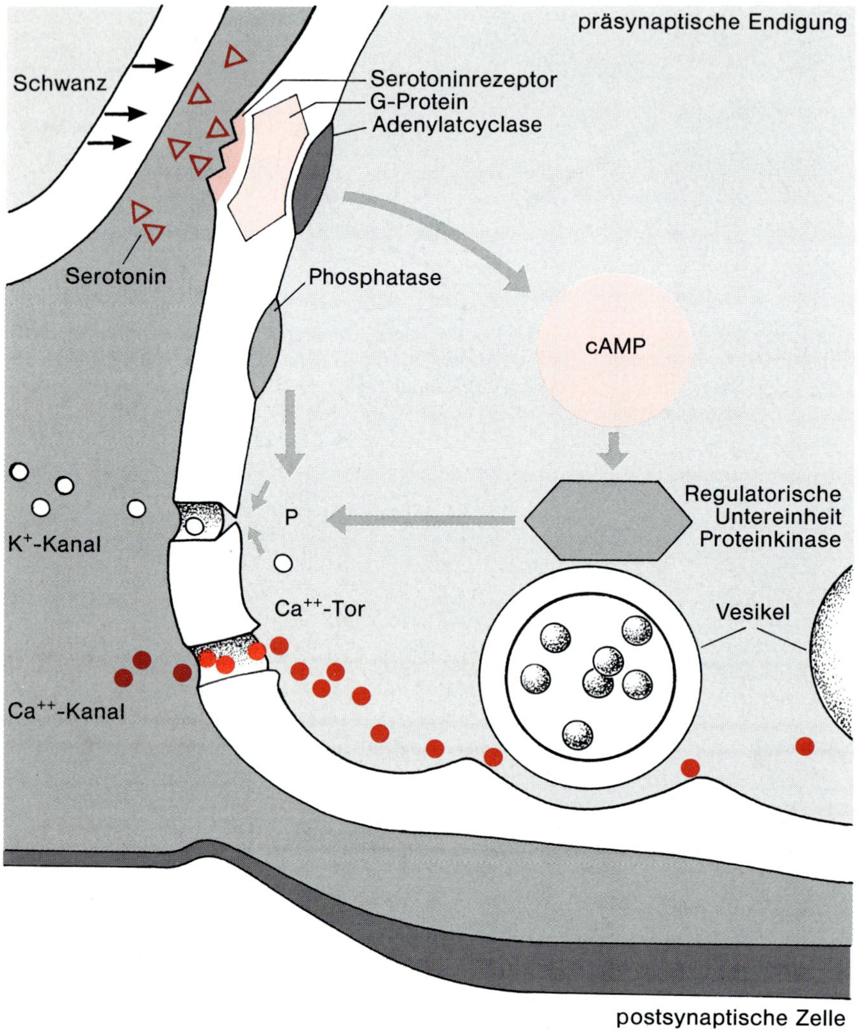

Abb. 27-11. Celluläre Mechanismen für Sensibilisierung und klassische Konditionierung des Aplysia-Abwehrreflexes. Wiederholte Reizung (Habituation) des sensorischen Neurons des Siphons (Saugrohr) bewirkt in der dargestellten präsynaptischen Zelle eine langanhaltende Inaktivierung der Ca^{++}-Kanäle in diesem Neuron; dies führt zu einem Abfall des Ca^{++}-Einstroms während jedes Aktionspotentials und verringerter Transmitterausschüttung. Hier ist Sensibilisierung dargestellt. Reizung des Schwanzes führt zu einer anhaltenden Inaktivierung der K^{+}-Kanäle im sensorischen Neuron des Siphons, ausgelöst durch eine mehrstufige Sequenz von chemischen Prozessen, die vor allem *cAMP* benötigen. Die Inaktivierung der K^{+}-Kanäle führt zu einer Verbreiterung des nachfolgenden Aktionspotentials, wodurch ein Einstrom von Ca^{++} und verstärkte Transmitterausschüttung bewirkt wird (s. Text). Klassische Konditionierung verläuft ähnlich wie Sensibilisierung: Schwanzreizung bewirkt eine Erleichterung der Transmitterausschüttung aus den sensorischen Neuronen des Siphons dann, wenn der Schwanzreizung Aktionspotentiale im sensorischen Neuron vorausgehen. (Nach Kandel, s. Hawkins u. Kandel 1984)

d) Die Proteinkinase schließt einen bestimmten Typ von K^+-Kanal der Membran und reduziert damit die Anzahl durchlässiger K^+-Kanäle während des APs.
e) Der Abfall des K^+-Ausstroms führt zu *Verbreiterung*, d.h. zu einer zeitlichen Verlängerung des nächsten ankommenden APs, wodurch mehr Ca^{++} in die synaptische Endigung fließt und vermehrt Transmitter frei wird, da die Bindung des Transmitters an Ca^{++} Voraussetzung für die Ausschüttung ist (Kap. 12).

Im Cortex und Hippocampus, die Glutamat als erregenden Transmitter benutzen, werden die genannten Prozesse (von b bis e) vermutlich durch sogenannte **NMDA-Receptoren** (N-methyl-D-aspartat) in Gang gebracht [21].

Klassische Konditionierung. Diese entspricht insofern der Sensibilisierung (Abb. 27-11), als die Reaktion auf einen Reiz in einer bestimmten neuronalen Verbindung durch die Aktivität in einer anderen (ursprünglich dem neutralen Reiz zugehörenden) Verbindung verstärkt wird. Klassische Konditionierung „hält" länger als Sensibilisierung und führt zu Aktivitätserhöhung auf einen *spezifischen* Reiz (CS). Meist wird elektrischer Schock auf den Schwanz als US, ein schwacher taktiler oder elektrischer Reiz auf das Siphon als CS benutzt. Das optimale CS-US-Intervall ist auch hier 500 ms.

Wie Sensibilisierung geht auch klassische Konditionierung mit einer Erregungserhöhung auf den CS durch präsynaptische Erleichterung (Facilitierung) einher (Abb. 27-11). Die Erregung aus dem sensorischen CS-Neuron trifft auf die Synapsen der US-Neurone kurz *vor* deren Erregung auf, wodurch präsynaptische Förderung jener sensorischer Synapsen erwirkt wird, die das Motoneuron erregen. Dies bewirkt wiederum eine Verbreiterung des APs im sensorischen Neuron im Vergleich zu alleiniger Darbietung des US ohne CS. Der Ca^{++}-Einstrom wird dadurch erhöht. Diese aktivitätsabhängige *Verstärkung der präsynaptischen Förderung* führt zu Erhöhung der Reagibilität der sensorischen Synapse auch auf den CS.

Den cellulären Modellen liegt also die Annahme zugrunde, daß nicht eine neue S-R-Verbindung durch Lernen geschaffen wird, sondern prä-existierende, „stille" neuronale Verbindungen verstärkt aktiv werden.

Generalisation stellt eine Konsequenz der Überlappung der gereizten sensorischen Neurone und Interneurone dar, die durch ähnliche Reize mitaktiviert werden: Je mehr Reizähnlichkeit, um so größer die Überlappung zwischen erregten sensorischen Neuronen und den Interneuronen. **Extinktion** ist in diesem Modell gleichbedeutend mit Habituation des CS (Abb. 27-10).

Die cellulären Lernmodelle können LZG nur schwer erklären, da alle genannten Prozesse nur begrenzte Zeiten anhalten. Mit klassischer Konditionierung im Verhaltensversuch ist auch nicht vereinbar, daß der CS (z.B. Wasserstrahl) im neurophysiologischen Experiment *vor* seiner Paarung mit dem US bereits eine Reaktion auslösen muß, sonst tritt keine präsynaptische Potenzierung auf; während im Verhaltensversuch der CS vor der zeitlichen Paarung keine Reaktion auszulösen braucht. Trotzdem belegen diese Untersuchungen, daß assoziatives Lernen auf die Aktivität einiger weniger Zellen rückführbar ist.

27.3 Die Verbreitung von Engrammen im ZNS

Elektrophysiologie neuronaler Netzwerke und Lernen

D.O. Hebbs synaptische Theorie spezifischer Gedächtnisinhalte. Unter einem Engramm verstehen wir alle einem *spezifischen* Gedächtnisinhalt (z.B. der Erinnerung an das Gesicht einer befreundeten Person) zugrundeliegenden elektro-chemischen Vorgänge im ZNS. Jene Zellen, deren Aktivität zur Speicherung und Wiedergabe eines Engramms notwendig ist, sind ein **„Cell-Assembly"**, wie es Hebb, der Vater aller physiologischen Gedächtnistheorien, genannt hat. Hebbs (1949) Theorie des KZG und LZG bildet den Ausgangspunkt der gegenwärtigen Überlegungen zur neurobiolobischen Grundlage des Gedächtnisses. Die Grundgedanken dieser Theorie haben sich erstaunlich gut bestätigen lassen [1].

Jede Erregungskonstellation, die aus den Sinnesorganen ins ZNS transportiert wird und die Aufmerksamkeitsfilter (s. Kap. 25) passiert, kann zur Bildung eines geschlossenen Erregungskreises führen, wie in Abb. 27-12 symbolisiert. In diesen, durch erregende Synapsen miteinander verbundenen Nervennetzen kann ein Erregungsmuster einige Zeit zirkulieren. Ein derartig kreisförmig geschlossener Erregungsverlauf wird daher auch **reverberatorischer Kreisverband** („reverberatory circuit") genannt. Ein bestimmtes Engramm kann aus mehreren solcher reverberatorischer Kreisverbände bestehen, die selbst wieder zu ausgedehnteren „cell-assemblies" verbunden sind. Damit ein gegebenes Assembly in kreisende Erregung verfällt, muß es eine gewisse Erregungsschwelle überschreiten, diese wird von den in Kap. 25 beschriebenen Aufmerksamkeitsprozessen bestimmt. Negative langsame Hirnpotentiale haben wir als ein Maß für solche Schwellenänderungen kennengelernt.

Reverberatorische Erregungskreise nach Ende der aktuellen Reizung stellen die neurophysiologische Basis der Konsolidierung dar. Nach mehrmaliger Reverberation treten anhaltende strukturelle synaptische und celluläre Änderungen auf, die unser LZG repräsentieren. In der Reverberationsphase müssen die Zell-Ensembles *ungestört* von weiterer Impulszufuhr bleiben, da sonst keine wiederholte Erregung der Synapsen mit denselben Impulsmustern erfolgen kann. Diese Zeit ungestörter Erregungszirkulation wird **Konsolidierungsphase** genannt. Darbietung ähnlicher oder neuer Inhalte in dieser Zeit führt zu den bekannten Einprägungshemmungen (S. 537).

Während der Konsolidierungsphase werden zunächst schwache synaptische Verbindungen zwischen Neuronen *mächtiger*, vor allem dann, wenn beide Neurone gleichzeitig oder in enger zeitlicher Nachbarschaft mehrmals „assoziativ" erregt werden. Solche zeitlich eng gekoppelten Aktivierungen von Synapsen bilden die Grundlage von Konditionierungsprozessen. Wenn auf Abb. 27-12 A kurz vor B aktiviert wird, erhöht sich die Wahrscheinlichkeit, daß auch Neuron B über die Schwelle aktiv und die Verbindung zwischen A und B verstärkt wird. Später, nach Stabilisierung der Verbindung, genügt bereits die *Teilaktivität* in einem solchen Ensemble, um das gesamte Ensemble zu aktivieren (die Wahrnehmung der Bewegung des Rüssels allein hinter der Zoomauer aktiviert das Bild des Elefanten) [9].

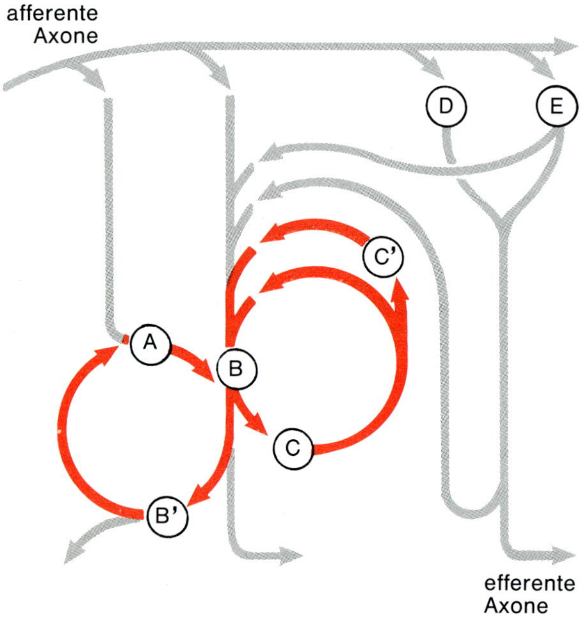

Abb. 27-12. Vereinfachtes Diagramm der Verbindungen für reverberierende neuronale Schaltkreise. Das afferente Axon erregt vier Neurone, *A, B, D* und *E. E* und *B* senden Impulse aus dem System (efferente Axone) in andere Systeme. *A-B-B'*, *B-C*, und *B-C-C'* bilden geschlossene Erregungskreise, sogenannte „cell-assemblies". (Nach Hebb 1949)

Die Spezifität, der abgrenzbare Inhalt eines Gedächtnisinhalts, wird sowohl durch den *Ort* des Ensembles im ZNS als auch durch die *Frequenz-* und *Rhythmuseigenschaften* der kreisenden „Erregungskonstellation" bestimmt. Nach der Konsolidierung, bei Wiedergabe des Gedächtnisinhalts, wird die Erregungskonstellation durch die Strukturänderungen in Synapsen und Zellen identisch oder teilweise identisch rekonstruiert (s. das Beispiel in Abb. 27-13).

Wir wollen an den folgenden *drei* Beispielen von Untersuchungsergebnissen einige Möglichkeiten der Speicherung und Wiedergabe von Gedächtnisinhalten im Nervengewebe kennenlernen. Die Grundgedanken der Hebbschen Theorie fanden sich in allen bisher untersuchten Lernvorgängen bestätigt, auch wenn es offensichtlich äußerst heterogene Realisationsmöglichkeiten der dauerhaften Verknüpfung von Synapsen innerhalb des ZNS gibt. Kreisende Erregung ist dabei nicht immer die Basis der Konsolidierung. In vielen Systemen genügt wiederholte zeitliche Nachbarschaft, um die „Mächtigkeit" synaptischer Verbindungen zu ändern. Unsere Beispiele sind Langzeitpotenzierung im Hippocampus und die Verstärkung und Bildung dendritischer „Spines", klassische Konditionierung der Nickhaut des Auges und EEG-Verläufe bei Lernen. Obwohl jedes Beispiel ein anderes Modell für *prozedurales* Gedächtnis (S. 556) darstellt, ergeben sich doch erstaunliche Parallelen. Die Zell-Ensembles für deklaratives Gedächtnis besprechen wir im nächsten Abschnitt.

Im Säugetiergehirn scheinen fast alle Hirnregionen, subcortical und cortical, Gedächtnisfunktion zu besitzen. Allerdings herrscht keine völlige **Equipotentialität** (Lashley): unterschiedliche Gedächtnisvorgänge benötigen abgrenzbare Hirnregionen und auch unterschiedliche synaptische Vorgänge (s. Abb. 27-7); Wiedergabe und Rekonstruktion von Gedächtnisinhalten ist an umschriebene Hirnregionen gebunden, die allerdings oft weit auseinanderliegen können.

Langzeitpotenzierung und dendritische Spines. Alle Untersuchungen über den Einfluß klassischer und instrumenteller Konditionierung auf das corticale Gewebe zeigen übereinstimmend, daß es im Laufe der Konditionierung, zusätzlich zu den bereits beschriebenen Änderungen, zu vermehrten dendritischen Verzweigungen und Wachsen von „Spines" (dendritische Fortsätze, an denen Synapsen anliegen) *ausschließlich* in den an der Konditionierung beteiligten corticalen Strukturen kommt [36]. Posttetanische Potenzierung (PTP) kann ein Auslöser für das Aus- oder Anwachsen solcher Spines sein (zur PTP siehe Kap. 12 und 13). PTP läßt sich besonders gut im Hippocampus der Ratte studieren. Da der Hippocampus und seine Afferenzen von den Assoziationscortices (über den entorhinalen Cortex; s. Kap. 14) auch beim Menschen an der Konsolidierung von Gedächtnisinhalten beteiligt sind, stellt PTP vermutlich ein celluläres Korrelat des Konsolidierungsprozesses dar.

Elektrische Reizung der corticalen Afferenzen des Hippocampus mit kurzen Salven hoher Frequenz bewirken, daß kurz darauf (200 ms) folgende Reize zu Anstieg und Verlängerung des EPSP aus den Pyramidenzellen des Hippocampus um Minuten, Stunden bis zu Tagen führen; die PTP ist auf Erhöhung der postsynaptischen Effizienz, ausgelöst durch die „vorbereitende" Reizung, zurückzuführen. Das Anschwellen der dendritischen Spines ist ein Zeichen dieser verstärkten Effizienz. Hinzu kommen molekulare Vorgänge an den prä- und/oder postsynaptischen Membranen der Dendriten hippocampaler Pyramidenzellen, die durchaus vergleichbar den Vorgängen bei Sensibilisierung der Zellen in Aplysia (S. 546) sind:

An In-vitro-Präparationen hippocampaler Neurone läßt sich zeigen, daß nach posttetanischer Reizung vermehrt Ca^{++} in die postsynaptische Membran fließt und gleichzeitig innerhalb der postsynaptischen Zelle verringert Ca^{++} in die Mitochondrien transportiert wird. Dadurch kommt es zu lokalem Konzentrationsanstieg von Ca^{++} an der Einstromstelle. Das intracelluläre Ca^{++} aktiviert eine neutrale Protease Calpain I. Diese wiederum führt zu Strukturänderungen von Membranproteinen in der Weise, daß ursprünglich inaktive Glutamatreceptoren „frei" werden (NMDA-Receptor-Komplex). Glutamat bewirkt das Anwachsen oder die Verstärkung der Übertragung an den dendritischen Spines [30, 31].

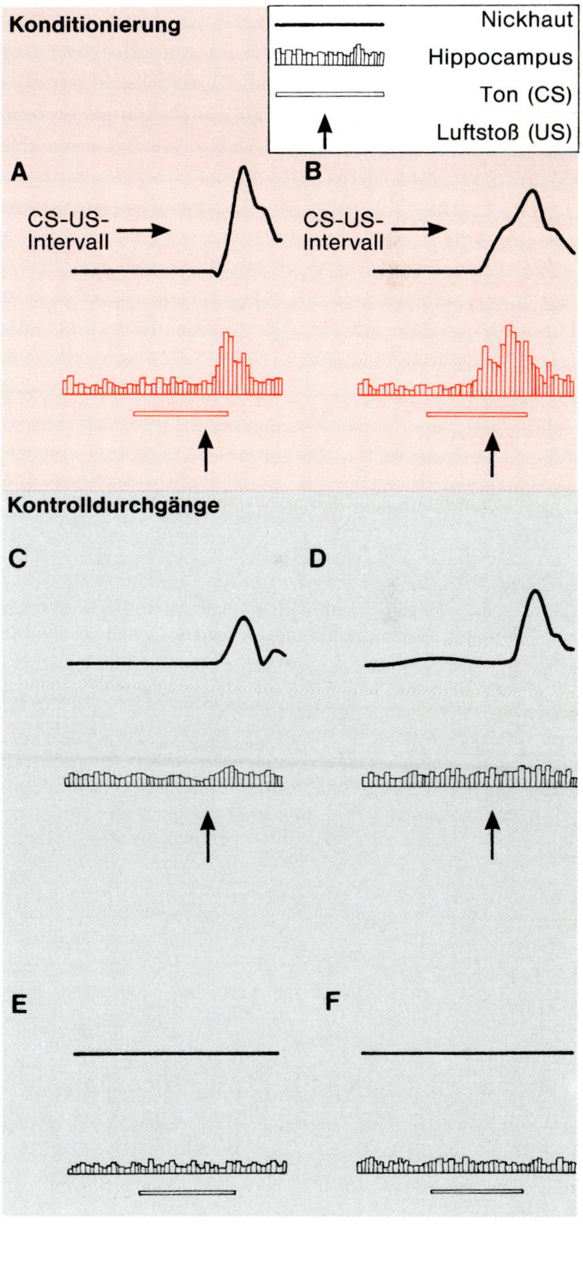

Abb. 27-13. Konditionierung der *Nickhaut* des Auges und der damit verbundenen neuronalen Reaktionen im *Hippocampus* des Kaninchens (Reaktionen der hippocampalen Neurone in 15-ms-Intervallhistogrammen der Aktionspotentiale aufgezeichnet). Jede Aufzeichnung ist 750 ms lang. Der *Ton* (*CS*) dauert 350 ms und überlappt sich mit dem *Luftstoß* (*US*). Wenn Ton und Luftstoß gepaart werden, kommt es zu einer hippocampalen Reaktion während der ersten 8 gepaarten Durchgänge (**A**). Beim letzten Durchgang von insgesamt 13 Blöcken von je 8 Durchgängen am Tag 1 (**B**) geht die Reaktion sowohl der Nickhaut als auch die hippocampale Reaktion dem Luftstoß (*Pfeil*) bereits voraus, Konditionierung hat stattgefunden. Wenn nur Luftstöße gegeben wurden und keine Töne, führt jeder Luftstoß (*Pfeil*) zu dem Schließen der Nickhaut, der Hippocampus zeigt aber keine Abweichung von der spontanen Aktivität. Dies war die ganze Zeit über der Fall: von Tag 1 (**C**) bis zum letzten Durchgang am Tag 2 (**D**). Auch die Darbietung der Töne allein führt nicht zu den konditionierten Reaktionen der Nickhaut und des Hippocampus, weder am Tag 1 (**E**) noch am Tag 2 (**F**). Die Kontrollreaktionen (**C** bis **F**) zeigen, daß die Konditionierung von **B** nicht auf Sensibilisierung zurückgeführt werden kann. (Nach Thompson u. Berger 1984)

Cerebellum und Hippocampus als „Lernmaschinen". Einfachere klassische Konditionierungen benötigen keinen intakten Cortex im Säugetier: Thompson et al. (1984) konnten elektrophysiologisch die Entwicklung eines Engramms in Zellen des Hippocampus und des Ncl. interpositus des Cerebellums der Ratte, des Kaninchens und der Katze beobachten. Als Lernmodell wird dabei *klassische Konditionierung der Nickhaut (nictitating membrane, NM)* des Auges verwendet. Die NM wird auch als drittes Augenlid bei vielen Säugern bezeichnet und schließt sich in der Regel mit dem Lid. Als CS wird ein Ton, als US ein Luftstoß auf das Auge verwendet. Nach mehrmaliger Paarung von CS und US schließt sich die NM schon bei Darbietung des Tons allein. Abb. 27-13 zeigt die Entwicklung der CR in Zellen der CA1-Schicht des Hippocampus (Kap. 14). Der konditionierte Aktivitätsanstieg der Zellen im CS-US-Intervall geht der verhaltensmäßigen Konditionierung um einige Durchgänge *voraus*. Besonders wichtig ist dabei die Tatsache, daß die Form der Zellantwort (gemittelte Entladungshäufigkeit) exakt die Form der später erscheinenden CR der NM vorausnimmt.

Dieselben konditionierten Änderungen des Entladungsverhaltens weisen Neurone im N. interpositus des Cerebellums auf, von denen Efferenzen zu anderen Teilen des Gehirns führen. Zerstörung dieser Zellen führt zu irreversibler Aufhebung der CR ohne Störung der UR, es kann auch keine neue CR gelernt werden. Dabei konnte die Rolle der einzelnen Faser- und Zellsysteme für den Lernprozeß aufgeklärt werden (bezüglich des Bauplans des Cerebellums s. Kap. 16). Die Purkinje-Zellen erhalten die ankommenden Aktionspotentiale (AP) vom CS aus der Olive des Hirnstamms und werden schwach depolarisiert; die AP vom US erreichen die Purkinje-Zellen über die Kletterfasern und verstärken deren Erregung so, daß sie die gehemmten Zellen der tiefliegenden intracerebellaren Kerne enthemmen und die CR ausgelöst wird.

Auch beim Menschen werden einfache klassische Konditionierungen wie der konditionierte Blinkreflex, nach Läsionen im Cerebellum eliminiert. Elektrische Reizung des Vermis des Cerebellums führt beim Menschen zu positiver Verstärkung und Lustgefühlen. Das Cerebellum ist somit eine zentrale Schaltstation für die Steuerung prozeduralen Lernens sowohl klassischer als auch operanter Konditionierung.

Für komplexere Lernvorgänge als die klassische Konditionierung der Nickhaut (z. B. Diskrimination) ist der *intakte Hippocampus und beim Affen zusätzlich die Amygdala Voraussetzung* (s. unten), einfache Formen des Lernens finden bei Säugetieren auch ohne Cortex und Hippocampus statt. Amygdala- oder Hippocampusläsionen alleine führen selten zu anhaltenden Akquisitionsstörungen. Dauerhaftes Speichern (LZG) und Wiedergabe scheinen weniger an diese beiden Regionen gebunden zu sein (s. S. 557).

Erregungskreise, Lernen und Wiedergabe von Information. Entsprechend der Hebbschen Theorie von Konsolidierung, muß eine Erregungskonstellation im allgemeinen mehrmals in ein und demselben Zellensemble ungestört kreisen, bevor strukturelle Änderungen LZG und Wiedergabe ermöglichen. John (1967) geht davon aus, daß nicht die Aktivität einer einzigen oder weniger Zellen, sondern erst das gleichförmige, *kohärente* Entladungsverhalten eines ganzen Zellensembles „speicherbare" Information für das ZNS darstellt. Die Aktivität einer einzigen Zelle geht im elektrochemischen „Rauschen" des ZNS unter. Kohärenz entsteht durch *gleichzeitiges Entladen* eines Erregungsmusters in einem Zellensemble, dessen Form für den Gedächtnisinhalt spezifisch ist (s. Abb. 27-14). Ein Maß für die Kohärenz ist die Amplitudenhöhe evozierter Potentiale über einem gegebenen Zellensemble oder die Kreuzkorrelationsfunktionen der elektrischen Entladungsmuster bzw. des EEGs zwischen verschiedenen Zellensembles (s. Kap. 24). Je höher die Amplitude eines evozierten Potentials oder eines EEG-Musters, um so mehr Zellen müssen synchron geordnet entladen. Je komplexer das Lernmaterial und je mehr Sinnessysteme an dem Engramm beteiligt sind, um so größer werden die Zellensembles und um so länger muß die Erregung kreisen, um eine kritische Verschiebung metabolischer Änderungen (z. B. Ca^{++}-Anstieg in den Zellen) zu erzielen.

Mit dem Lernerfolg steigen die Amplitudenhöhen evozierter Potentiale in den Akquisitionsdurchgängen tatsächlich an. Die Wellenform evozierter Potentiale in fünf verschiedenen Hirnregionen auf denselben Reiz ist ähnlicher (kohärenter) als die Form der evozierten Potentiale in ein und derselben Hirnregion auf verschiedene Reize: weniger der Ort der Speicherung definiert, was gespeichert wird, sondern die Kohärenzverteilung der auf einen Reiz folgenden Erregungsmuster über verstreute Hirnareale. Diese **antilokalisationistische Position** steht im Gegensatz zu Befunden, die einzelnen Hirnregionen (z. B. Hippocampus) kritische Positionen für das Behalten zuschreiben.

Abb. 27-14 zeigt die Akquisitionsphase in einer instrumentellen Konditionierungsaufgabe: Als diskriminativer Reiz S^D wird ein sogenannter *„Tracer"-Lichtreiz* (Flackerlicht von 10 Hz) dargeboten, das Tier lernt auf den S^D für Verstärkung zu reagieren. Das EEG bildet im Verlauf der Lernphasen einen *„assimilierten" Rhythmus* in der Frequenz des S^D in jenen Hirnarealen aus, wo der S^D gespeichert wird. In Abb. 27-14 sind dies vor allem Fornix (FX) und Hippocampus (VH) sowie das visuelle System (VC, visueller Cortex, und LG, laterales Geniculatum). Keine Speicherung dieser Reaktion findet im akustischen System (MG, mediales Geniculatum) und sensomotorischen Areal (MSS) statt. Bei Wie-

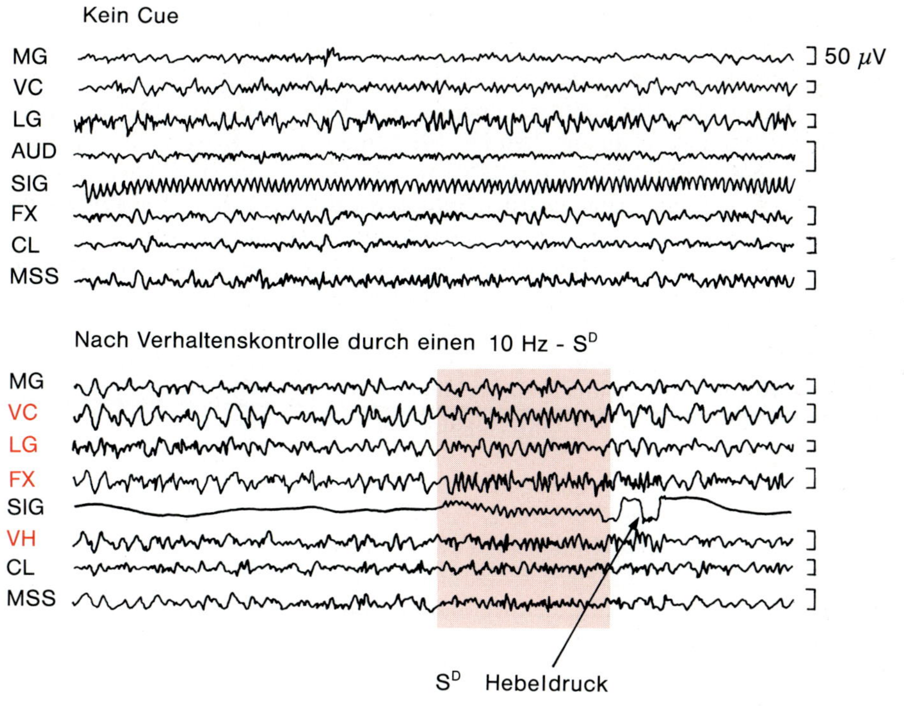

Abb. 27-14. Tracer-Technik: 10-Hz-Flackerlicht (*SIG*) vor (*oben*) und nach (*unten*) Konditionierung des Lichtreizes als S^D (Erläuterungen siehe Text). *MG* und *LG* ist EEG aus dem Thalamus. *CL*, *AUD* und *MSS* verschiedene Cortexableitungen, *FX* Fornix, *VH* Hippocampus, *VC* visueller Cortex. (Nach John 1967)

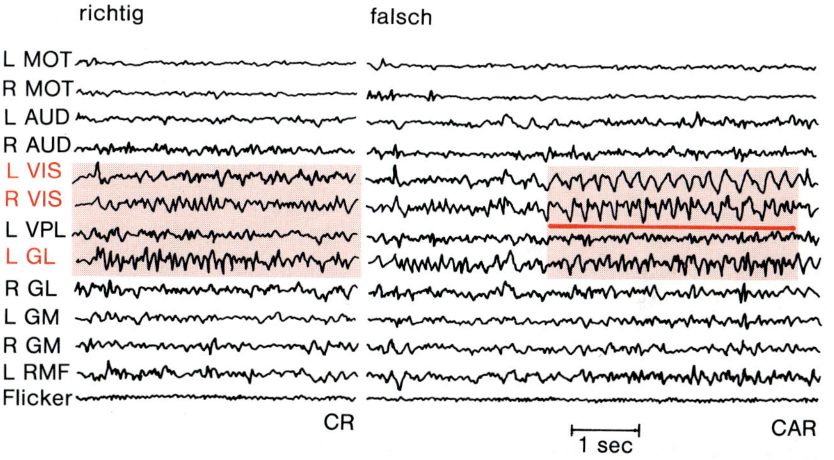

Abb. 27-15. Richtige (*links*) und falsche (*rechts*) Reproduktion eines „Gedächtnisinhalts" aus verschiedenen Hirnregionen. *MOT* motorischer Cortex, *AUD* akustischer Cortex, *VIS* visueller Cortex, *VPL*, *GL*, *GM* Thalamuskerne, *MRF* Formatio reticularis des Mittelhirns. Strich in *Farbe* symbolisiert 7,7-Hz-Lichtreiz. Erläuterungen s. Text. (Nach John 1967)

dergabe der Information tritt derselbe assimilierte Rhythmus in den entsprechenden Regionen wieder auf. Abb. 27-15 zeigt, daß auch fehlerhafte Reproduktion am „assimilierten" Rhythmus des EEGs aus den einzelnen Hirnregionen gut ablesbar ist: in Abb. 27-15 lernte das Tier eine Annäherungsreaktion auf einen 7,7-Hz-Flackerlicht-S^D und eine Vermeidungsreaktion (CAR) auf 3,1 Hz Flackerlicht. Am linken Teil der Abb. 27-15 führt das Tier die Annäherungsreaktion auf den 7,7-Hz-Reiz korrekt aus [man kann den „Gedächtnisinhalt" besonders gut im rechten visuellen Cortex (RVIS) und dem linken Ncl. geniculatum (LGL) beobachten]. Im rechten Teil der Abb. 27-15 vermeidet das Tier *irrtümlich* auf einen 7,7-Hz-S^D: das Auftreten des falschen Gedächtnisinhaltes (3,1 Hz) kann vor allem am visuellen Cortex klar gesehen werden, *bevor* das Tier die falsche Reaktion ausführt.

Neuropsychologie der Konsolidierung: Amnesien

Bisher haben wir uns mit prozeduralem Lernen einfacher konditionierter Reflexe befaßt und dabei gesehen, daß die Speicherung solcher Verhaltensweisen in den spezifischen senso-motorischen Systemen erfolgt; prä- und postsynaptische Prozesse in den an einem Verhalten beteiligten neuronalen Subsystemen liegen den langanhaltenden Modifikationen zugrunde. Je komplexer das ZNS in der Tierreihe wird, um so mehr werden umschriebene Strukturen gefunden, die eine besondere Rolle in der Einprägung spielen; besonders Hippocampus und Cerebellum weisen eine anatomisch-histologische Struktur auf, die gut für assoziative, synaptische Prozesse geeignet sind.

Beim Menschen wird der Unterschied zwischen KZG und LZG erstmals bei Lernaufgaben deutlich, die nicht motorische Fertigkeiten, sondern aktive Wiedergabe von Wissen verlangen. Wir haben dies in 27.1 als deklaratives Gedächtnis bezeichnet [16, 17]. Den fundamentalen Unterschied zwischen prozeduralem und deklarativem Gedächtnis wollen wir in dem folgenden Abschnitt neurobiologisch untermauern. Amnestische Störungen beim Menschen stellen für diese Unterscheidung ein besonders wichtiges Argument dar, da bei ihnen meist deklaratives Gedächtnis isoliert gestört ist.

Korsakoff-Syndrom. 1880 publizierte der russische Neurologe Korsakoff die erste detaillierte Beschreibung der bei Alkoholikern häufigen Amnesie [9]. Die wesentlichen Symptome sind: **anterograde Amnesie**: es werden keine neuen Inhalte gespeichert und wiedergegeben; **retrograde Amnesie**: Inhalte aus der Vergangenheit werden nicht mehr erkannt und wiedergegeben (z. B. Gesichter berühmter Leute); **Konfabulation**: der Gedächtnisverlust wird mit erfundenen Geschichten überdeckt. Bedeutungslose Inhalte dominieren die Sprache, es besteht keine Einsicht in die Gedächtnisausfälle, und die Patienten sind apathisch.

Das Korsakoff-Syndrom wurde auf eine Zerstörung diencephaler und limbischer Strukturen bei Alkoholikern, häufig der Mamillarkörper und des dorsomedialen Nucleus des Thalamus durch Thiaminmangel (Vitamin B_1) zurückgeführt. Die Mamillarkörper erhalten u. a. Efferenzen aus dem **Subiculum**, einem Cortexteil, der über dem Hippocampus liegt und vom Hippocampus Efferenzen erhält (Kap. 14, Kap. 29). Eine genaue mikroskopische Analyse der Hirnsubstanz bei Korsakoff-Patienten zeigt allerdings, daß trotz weitgestreuter Läsionen im limbischen System, der Hippocampus *immer* betroffen ist, während die Mamillarkörper intakt sein können. Lernaufgaben, die eingeübte motorische Fertigkeiten betreffen, werden von Korsakoff-Patienten relativ gut gelernt und können auch noch nach Tagen und Wochen ausgeführt werden. In Gedächtnisaufgaben, die Wiedergabe von *Ereignissen* erfordern – auch wenn diese nur Minuten zurückliegen –, schneiden die Patienten extrem schlecht ab.

Korsakoff-Patienten weisen zu diffuse Verhaltens- und Hirnstörungen auf, um eine genaue Lokalisation der für Gedächtnis wichtigen neuronalen Strukturen zu erlauben. Neben dem Studium von Korsakoff-Patienten, kommt das stärkste Argument für die bedeutsame *Rolle der medialen Temporalregion* (Hippocampus, Amygdala, G. hippocampus, entorhinaler Cortex) in Konsolidierung und deklarativem Gedächtnis aus den Untersuchungen amnestischer Patienten nach beidseitiger chirurgischer Entfernung der Temporalregion zur Behandlung von Temporallappenepilepsien.

Der Fall H. M.: Dem Patient wurden 1953 wegen unbehandelbaren epileptischen Anfällen von Scoville beide medialen Temporallappen, einschließlich G. hippocampus, Amygdala und die beiden vorderen Drittel des Hippocampus entfernt. Abb. 27-16 zeigt das Ausmaß der Zerstörung. B. Milner hat den Patienten erstmals untersucht und eine bis heute bestehende schwere anterograde Amnesie bei erhaltener Intelligenz (IQ = 118) diagnostiziert [9]. Vergleichbare Ausfälle im Gedächtnis traten bei keiner anderen Läsion oder neurochirurgischem Eingriff auf.

H. M. erinnert sich an Ereignisse vor der Operation, erfaßt komplexe sprachliche Reize, erinnert sich aber nicht an den Tod des Vaters, der nach der Operation erfolgte, kann auch nach mehr als einem Jahrzehnt seinen jetzigen Wohnort nicht angeben oder finden, nachdem seine Familie übersiedelte. Alle Aufgaben, bei denen zwischen Darbietung des Lernmaterials und Reproduktion mehr als eine Minute Zeit verstreicht, kann er auch nach hundertfachen Wiederholungen nicht wiedergeben, wie z. B. Gesichter, Wörter, geometrische Figuren, also sowohl rechts- als auch linkshemisphärische Aufgaben. H. M. kann auch einfache Arbeiten nicht verrichten, da er sofort vergißt, was er tun sollte. Teste des unmittelbaren Behaltens, wie z. B. Zahlennachsprechen, gelingen, wenn keine interferierenden Reize dargeboten werden. Emotional ist H. M. angepaßt und flach, die Wahrnehmung autonomer Veränderungen (Hunger, Schmerz, Sättigung) ist erheblich eingeschränkt, was auf die Amygdalektomie rückführbar sein könnte. Sowohl H. M. als auch N. A., ein Patient mit Läsion des dorso-medialen Thalamus, sind sozial isoliert, haben Schwierigkeiten soziale Bindungen aufzubauen und zu erhalten, zeigen aber keine depressiven Verstimmungen (Depression erfordert wahrscheinlich deklaratives Gedächtnis mit Erwartungsvergleichen, Kap. 29). „Jeder Tag steht für sich alleine, egal ob Freude oder Trauriges passierte ... Gerade jetzt frage ich mich, habe ich irgend was Schlechtes gesagt oder getan? Jeder Moment erscheint mir klar, aber was war gerade davor? Es ist wie wenn man gerade aus einem Traum erwacht. Ich kann mich einfach nicht erinnern" (Milner 1970).

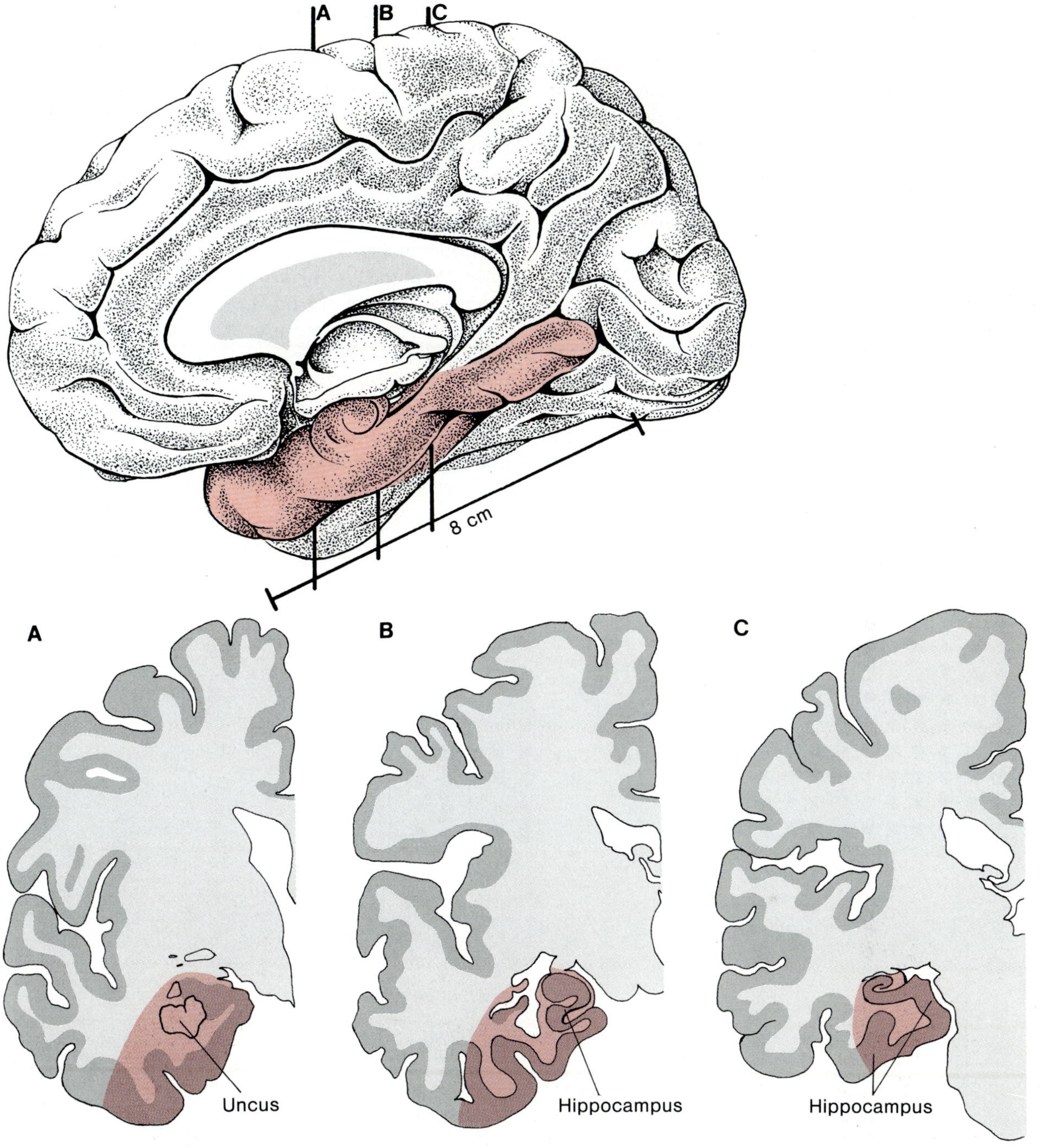

Abb. 27-16. Querschnitte (auf verschiedenen Ebenen) des Gehirns von H. M. Die Operation erfolgte bilateral, die linke Seite ist hier weggelassen. (Nach Milner 1970)

Erstaunliche *Fortschritte* macht H. M. dagegen bei motorischen Lernaufgaben wie einem Stiftlabyrinth (Abb. 27-17) oder Spiegelzeichnen. Dabei muß der Patient ein Muster (z. B. einen Stern), das vor ihm auf dem Tisch liegt, möglichst genau nachfahren, darf dabei aber nur in einen Spiegel schauen, der ihm die Aufgabe seitenverkehrt zeigt. Auch bei schwierigen Denkaufgaben wie dem *„Turm von Hanoi"* zeigen H. M. und andere schwer amnestische Patienten Fortschritte (Abb. 27-18).

Erhalten ist bei amnestischen Patienten auch der sogenannte **„Repetition-priming-Effekt"**: z. B. werden spiegelbildlich geschriebene oder fragmentarische Wörter mehrmals dargeboten und der Patient muß die Aufgabe zu einem späteren Zeitpunkt wiederholen oder die Wörter ergänzen. Die erste Aufgabe bereitet die Darbietung der zweiten identischen Aufgabe vor (priming). Obwohl auch hier dem Patienten die verbesserte Leistung nicht bewußt ist, ergänzt er z. B. die bereits gesehenen Wörter besser. Wenn die Aufgabe aber auf einer bewußten Anstrengung (effort, controlled processing, Kap. 25, s. S. 485) mit Wiedererkennen beruht, gelingt sie nicht mehr, bewußtes Wiedererkennen bleibt gestört. *Motorische, perceptive und kognitive Skills (Fertigkeiten) werden gut gelernt,* obwohl H. M. davon nichts bemerkt: trotz der Fortschritte erlebt H. M. jede Aufgabendarbietung als neu.

Der Hippocampus und Konsolidierung im LZG. Die Ergebnisse von H. M. sind seither an einer Vielzahl amnestischer Patienten bestätigt worden, bei denen stets ein Ausfall der medio-temporalen Region und beider Hippocampi vorlag [16]. Ein von Squire (1987) untersuchter Patient (R. B.) mit erheblicher Amnesie nach einem operativen Zwischenfall wies post mortem nur *eine* nachweisbare Läsion auf: alle Pyramidenzellen der CA1-Schicht beider Hippocampi waren zerstört. Wie aus Kap. 14, Abb. 14-12 ersichtlich, ist damit der gesamte Fluß der Information vom Hippocampus über Subiculum, entorhinalen Cortex und damit aus den übrigen neocorticalen Regionen unterbrochen.

Ähnliche Ergebnisse wurden auch bei Patienten nach **bilateralem Elektroschock** berichtet (ECS, electroconvulsive shock). Dabei wird ein 70-120 V starker Wechselstrom für ca. 1/2 Sekunde mehrmals hintereinander (9-10 mal) meist an Schläfenelektroden (Temporallappen) appliziert. An den *epileptischen Krampfanfall,* der vom Strom ausgelöst wird, schließt sich unterschiedlich lange Bewußtlosigkeit und Somnolenz an. Anterograde und retrograde

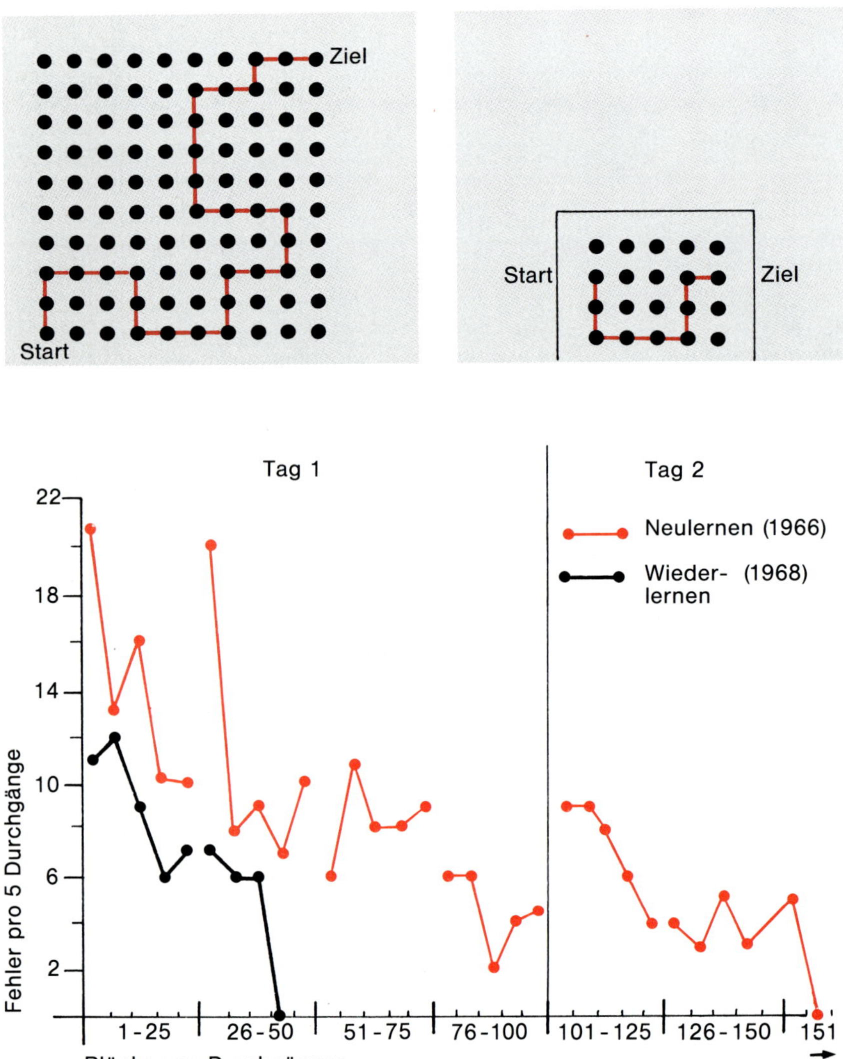

Abb. 27-17. Fortschritte von H. M. in einem Labyrinthtest für Metallbolzen. Die Verbindungslinie gibt den korrekten Weg an. Rechts die verkürzte Form des Brettlabyrinths. Darunter die Lernkurve von H. M. aus dem Jahre 1966 und 1968. Lernkurve 1966 in *Farbe* und Neulernen in *Schwarz* zwei Jahre später für die verkürzte Form des Brettlabyrinths. (Aus Milner 1970)

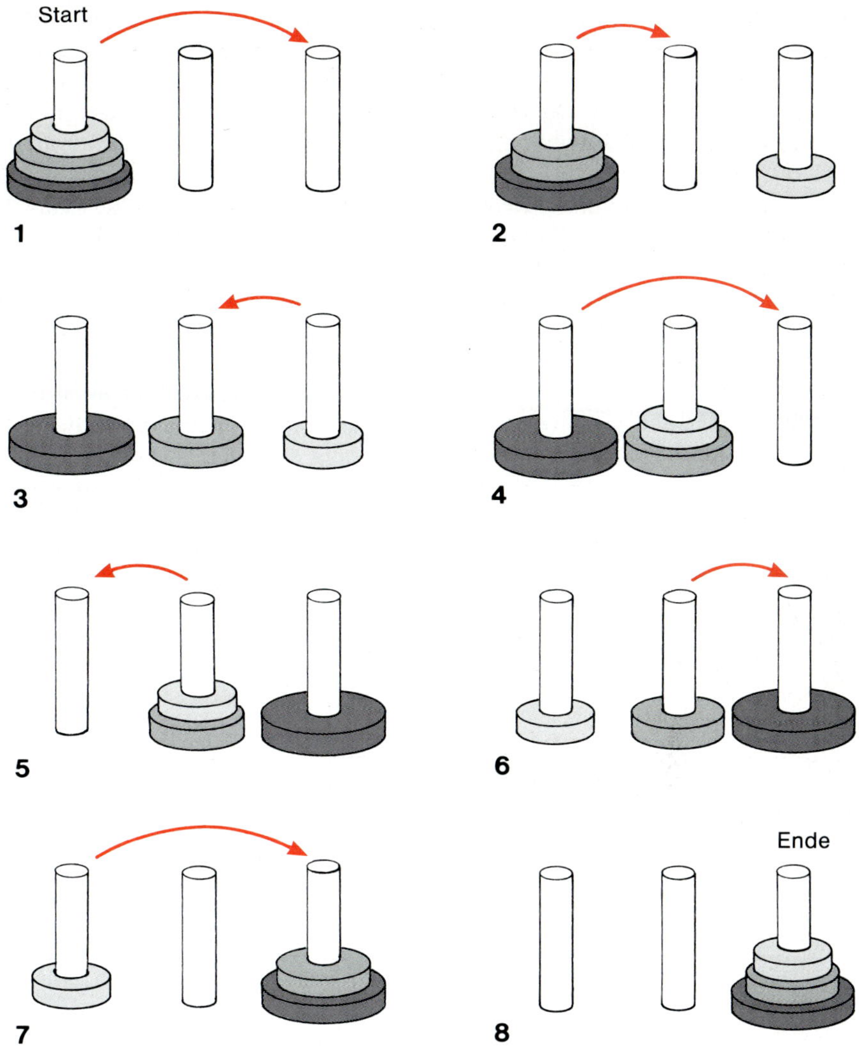

Abb. 27-18. Schematische Darstellung des Turms von Hanoi. Das Problem kann nur im Rahmen von mindestens 31 Schritten gelöst werden. Hier ist eine einfache Version mit 3 Blöcken gezeigt. 5 hölzerne Blöcke liegen *links* und sollen mit Hilfe der in der *Mitte* liegenden Stange in derselben Form um die *rechte* Stange aufgebaut werden, wobei der größte Block *unten* und der kleinste *oben* liegen muß. Es darf immer nur ein Block zu einer Zeit bewegt werden, und es darf nie ein größerer Block auf einem kleineren liegen. Um das Puzzle zu lösen, muß die Vp die einzelnen Blöcke mehrmals an allen drei Stangen aufbauen. Die optimale Lösung ist über 31 Schritte erreichbar. In den hier berichteten Untersuchungen mußten die Vpn die Aufgabe viermal pro Tag an vier hintereinanderliegenden Tagen lösen

Amnesien von Minuten bis Tage und Wochen bei erhaltenem Lernen von Fertigkeiten (skills) sind die Folgen dieser umstrittenen „Therapie" für Depressionen und Schizophrenien (s. jedoch S. 609).

ECS führt zu Krampfentladungen und reversibler Inaktivierung primär im Hippocampus und den vom Hippocampus versorgten Regionen. Der Hippocampus weist die niedrigste Krampfschwelle für die Entstehung epileptischer Entladungen auf. Reizt man den Hippocampus mit starken elektrischen Stromstößen über Tiefenelektroden beim Menschen, so kommt es zu reversibler Blockade der Hippocampusaktivität. Während solcher Reizung entsteht völlig identische anterograde Amnesie wie bei ECS, aber ohne Bewußtseinsverlust: Bilder, die kurz vorher erkannt wurden, werden auch bei mehrmaliger Darbietung nicht mehr eingeprägt und bei neuerlicher Darbietung nicht erkannt. Nach Ende der Reizung verschwindet der Effekt [17].

Abb. 27-19 zeigt die engen Verbindungen der medialen Temporalregion mit dem Rest des Neocortex am Gehirn des Rhesusaffen. Alle Projektionen enden im parahippocampalen Gyrus und entorhinalen Cortex, der mit dem Hippocampus reziprok verbunden ist. Die permanente *Speicherung der Gedächtnisinhalte* selbst muß in den für entsprechende Verhaltensfunktionen spezialisierten neocorticalen Arealen erfolgen. Da völlige Konsolidierung Minuten bis Jahre dauern kann, je nach Art und Komplexität der Gedächtnisinhalte, sind die retrograden und anterograden Amnesien bei Läsionen oft sehr heterogen.

Vermutlich wird in der Konsolidierungsphase durch die reziproke Interaktion zwischen den verteilten neocorticalen Speicherorten und der mediotemporalen-hippocampalen Region der synaptische Verstärkungsprozeß (S. 545) bei deklarativen Lernaufgaben so lange aufrechterhalten, bis ein neues Kohärenzniveau (S. 550) der betroffenen Verbindungen erreicht ist.

Zwei Formen von Lernen. Aus den berichteten Befunden wird auf die entscheidende Rolle der medio-temporalen Region für die *Konsolidierung im Rahmen des deklarativen Gedächtnisses geschlossen.* Das prozedurale (Squire) oder **Fertigkeiten (Habit)-Gedächtnis**, das vor allem nach den Prinzipien des klassischen und instrumentellen Lernens funktioniert, benötigt vor allem extrapyramidale Kerne, Cerebellum (S. 549) und limbische „Verstärkerstrukturen" (Kap. 28, 29) im medialen limbischen System. Das Fertigkeiten-Habit-Gedächtnis ist entwicklungsgeschichtlich älter und tritt auch in der Ontogenese früher auf. Deklaratives Gedächtnis dagegen scheint erst ab dem 5. und 6. Lebensjahr voll zu funktionieren. (Deshalb können wir auch Ereignisse aus der Zeit vor dem 5. Lebensjahr nur schwer aktiv, willentlich erinnern.)

Tabelle 27-3 faßt die Charakteristiken der beiden Lernvorgänge, die sowohl beim Menschen als auch bei höheren Primaten identifiziert werden, zusammen. Beide Gedächtnismechanismen können *simultan* ablaufen. Bei Amnesien, Korsakoff und nach ECS oder auch bei Änderungen des Bewußtseinszustandes (z. B. Traumwiedergabe oder „Wort-auf-der-Zunge-Phänomen") kommt es zur Dissoziation der beiden Mechanismen. D. h. aus einem Traum werden konkrete Inhalte auch nur schwer aktiv erinnert, wohl aber tauchen passiv Stimmungen und Bewegungsfolgen auf.

Die Unterscheidung von prozeduralem und deklarativem Gedächtnis löst nach fast 100 Jahren den Streit zwischen Behavioristen und Kognitivi-

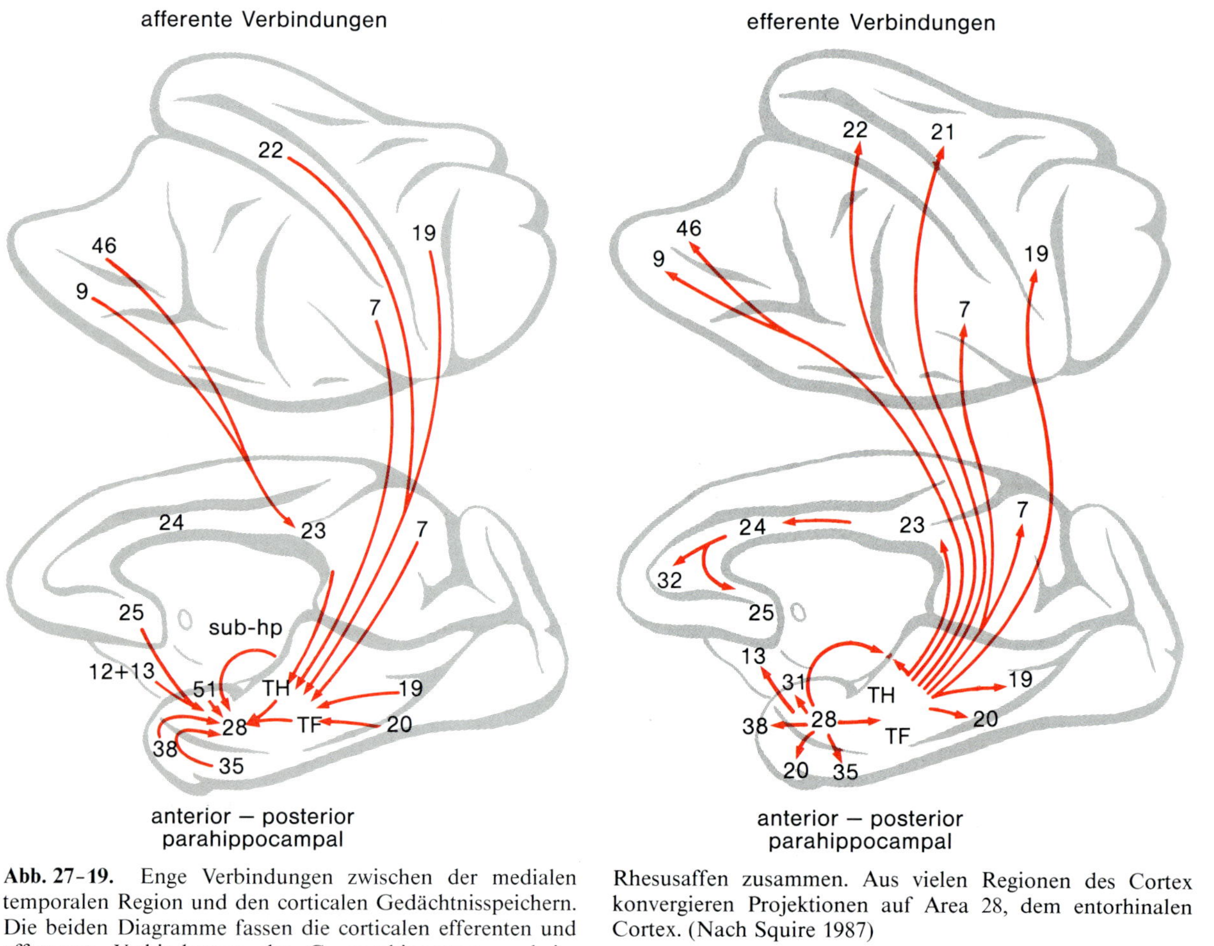

Abb. 27-19. Enge Verbindungen zwischen der medialen temporalen Region und den corticalen Gedächtnisspeichern. Die beiden Diagramme fassen die corticalen efferenten und afferenten Verbindungen des G. parahippocampus beim Rhesusaffen zusammen. Aus vielen Regionen des Cortex konvergieren Projektionen auf Area 28, dem entorhinalen Cortex. (Nach Squire 1987)

Tabelle 27-3. Deklaratives und prozedurales Gedächtnis

	Deklaratives Wissensgedächtnis	Prozedurales Habitgedächtnis
Ort	Hippocampus, Amygdala, dorsomedialer Ncl. des Thalamus, sekundäre sensorische Areale, präfrontaler Cortex	Motorischer und prämotorischer sowie lateral-präfrontaler Cortex, extrapyramidale Kerne (Striatum), Cerebellum, limbische und diencephale Verstärkerstrukturen
Codierung	Konfigurationen von Reizen und Reaktionen (propositionell) - kognitiv (episodische und semantische Inhalte). Speichert Fakten, Episoden und Daten: „Gewußt, was". Kann in einem Durchgang gelernt werden (Alles-oder-Nichts-Lernen)	S-R und S-S-Assoziationen (Wahrscheinlichkeitslernen) - behavioral (Verhaltensakte, Gewohnheiten (habits)). Speichert gezielte Bewegungsfolgen (skills) und Regeln (Prozeduren): „Gewußt wie" Benötigt Wiederholungen
Wiedergabe	Nur nach Konsolidierung, nur über aktiven, intentionalen Suchprozeß zugänglich („controlled processing") - „reflektiv"; Wiedergabe stark von Kontext und elaborierter Verarbeitung abhängig	Keine Konsolidierung, („automatic processing"), kein aktiver Suchprozeß notwendig - „reflexiv"; Wiedergabe weniger stark von Kontext abhängig. Elaborierte Verarbeitung nicht notwendig
Auslöser für Wiedergabe	Incentives, propositionelle cues (Hinweisreize)	CS und SD
Behalten	Zielgerichtete Erwartungen werden aufgebaut und bestätigt bzw. verworfen	Verstärkung stabilisiert Habit
	Für viele Verarbeitungssysteme zugänglich. Phylogenetisch jung, ontogenetisch spät (ab 3-5 J.). Der bewußten Erinnerung zugänglich	In den Verarbeitungssystemen (z. B. visuell, motorisch) selbst enthalten; phylogenetisch alt, ontogenetisch früh (infantile „Erinnerungen"). Der bewußten Erinnerung schwer zugänglich

sten. In der Regel laufen beide Lernvorgänge nebeneinander und miteinander ab, die Gegenwart des einen schließt die des anderen nicht aus. Wissensgedächtnis und Verhaltensgedächtnis sind aber an unterscheidbare Hirnstrukturen gebunden, auch wenn letztlich der biochemische Mechanismus der permanenten Ablage der Gedächtnisinhalte bei beiden Gedächtnisformen vergleichbar sein könnte. Das wollen wir im letzten Abschnitt untersuchen.

27.4 Neurochemie des Gedächtnisses

Um auf die *spezifische* Beteiligung einer Substanz an der Steuerung von Lernprozessen schließen zu können, müssen folgende Kriterien erfüllt sein:

1. Neurochemische Änderungen müssen auf *Lernen* und nicht auf *unspezifische Faktoren* wie verstärkte Reizung oder motorische Aktivität rückführbar sein (assoziatives versus nicht-assoziatives Lernen).
2. Das Ausmaß der neurochemischen Modifikation sollte in einer positiven Beziehung zur „Stärke" des Gedächtnisses stehen.
3. Mit Beginn der LZG-Speicherung (Konsolidierung) sollten auch erste biochemische Veränderungen nachweisbar sein, die so lange wie der Gedächtnisinhalt bestehen bleiben.
4. Die Verteilung der neurochemischen Änderung im ZNS sollte mit der elektrophysiologisch oder anatomisch objektivierten Lokalisation für die jeweiligen Gedächtnisinhalte übereinstimmen.
5. Störung oder Blockade der neurochemischen Prozesse sollte die Gedächtnisbildung (vor allem im LZG) stören oder verhindern.
6. Unterscheidbaren Gedächtnisprozessen (KZG, LZG, deklarativ, prozedural etc.) sollten unterscheidbare elektrochemische Prozesse zugrunde liegen.

Proteinbiosynthese und Konsolidierung im LZG

Die Konsolidierungshypothese und Proteine. Katz u. Halstead (1950) schlugen erstmals vor, das Substrat des phylogenetischen Gedächtnisses, das genetische Material, auch als Grundlage des ontogenetischen Gedächtnisses anzusehen. Vegetative und somatomuskuläre Neurone seien für angeborene Vitalfunktionen z.T. vor der Geburt bereits funktionsfähig; ZNS-Neurone im Cortex und im limbischen System, die Erfahrung speichern, werden erst nach strukturellen Modifikationen funktionstüchtig.

Die Evidenz für diese Hypothese ist in der Zwischenzeit gewachsen, so daß kein Zweifel an einer entscheidenden Rolle der Proteinbiosynthese für die *Konsolidierung*, d.h. die Überführung der flüchtigen KZG-Spur ins LZG besteht. Unklar sind die genauen Mechanismen geblieben und die biologische Grundlage des langzeitigen *Behaltens* über Jahre, die Aufrechterhaltung einer Gedächtnisspur. Die Hypothese einer qualitativen Änderung der Basensequenz der RNS (Kap. 2) als molekulare

Grundlage des in der Zelle dauerhaft gespeicherten Inhalts ist weniger wahrscheinlich geworden; die im Laufe von Lernprozessen gefundenen Basensequenzänderungen stellten sich meist als unspezifische Folgen von Aktivität und Streß heraus [2, 27].

Die Bedeutung der Proteinsynthese kann aus der Tatsache abgeleitet werden, daß Strukturproteine den Aufbau der Zellmembran, die Verzweigung (branching) von Dendriten und dendritischen Fortsätzen (spines) und den Aufbau von Receptorproteinen, sowie die Anzahl und Größe postsynaptischer Verbindungen bestimmen. Dazu sind vermehrt Enzyme (auch Proteine) zur Steuerung notwendig.

Wie wir in den vorausgegangenen Abschnitten gesehen haben, wird die *Spezifität* gespeicherter Information eher über Modifikationen synaptischer Effizienz in einigen umschriebenen neuronalen Netzwerken als durch den spezifischen Aufbau eines Proteins bestimmt. Dafür kommen sowohl a) Enzyme in Frage, die Synthese und Abbau von Transmittern regeln, b) Receptormoleküle an der postsynaptischen Membran, c) Strukturproteine, d) Proteine, die der „Erkennung" (matching) intercellulärer Kommunikation dienen (s. Kap. 2).

Einfluß von Training und Erfahrung auf Hirnproteine. Angereicherte Umgebung (EC, S. 543) führt nach vier Tagen im Vergleich zu IC neben dem bereits erwähnten ACh-Anstieg zu deutlicher RNS-Zunahme. Hyden (1970) war einer der ersten, die zeigten, daß beim Training einer bevorzugten Pfote zum Tastendruck für Futter ein kontralateraler RNS-Anstieg im Cortex und Hippocampus auftrat. Im Vergleich zu Kontrollbedingungen steigt während des Lernens auch die Aufnahme von RNS, speziell der Base Uridin in den Hippocampus. Vor dem Anstieg des Uridins, der erst nach Stunden sein Maximum erreichte, kam es zu ACh-Anstieg im Cytoplasma und den Synapsen. Obwohl all diese Änderungen spezifisch für Lernen im Vergleich zu Nicht-Lern-Bedingungen waren, bleibt unklar, ob nicht subtile Unterschiede in Motivation, Aktivierung oder Exploration zwischen Experimental- und Kontrollbedingung für diese Effekte verantwortlich sind. Dies um so mehr, als sich auch die **„Kannibalismus-Versuche"**, bei denen trainierte Tiere oder deren ZNS an untrainierte verfüttert wurden, und die Empfänger-Tiere auch die Reaktion der „Spender" besser lernten, nicht replizieren ließen [24, 25].

Hemmung der Proteinbiosynthese (Proteinbiosyntheseinhibition, PSI) und Gedächtnisbildung. Verschiedene Antibiotika hemmen die cerebrale Proteinbiosynthese bei der Übersetzung von tRNS in die entsprechende Aminosäure am Ribosom (s. Kap. 2). Verwendet wurden vor allem Puromycin (PURO), Cyclohexamid (CYC) und neuerdings das mit den geringsten Nebeneffekten behaftete Anisomycin (ANI) [24]. In einem typischen Experiment wird ein Tier kurz nach Injektion der Droge trainiert und die Wiedergabe zu unterschiedlichen Zeitpunkten geprüft. Die Zunahme der Proteinbiosynthese erfolgt im Normalfall bei der Maus während und meist wenige Minuten nach dem Training, je nach Dauer des Trainings. Die erhöhte Proteinbiosynthese nach Lerndurchgängen kann Stunden andauern. Für die Rolle der Proteinsynthese werden auch Studien über *lokale Mikroapplikationen von PSI* in bestimmten Hirnregionen angeführt. In den ersten Tagen nach Erlernen einer komplexeren Aufgabe (z. B. Schock-motivierte Helligkeits-Diskrimination) ist die Hemmung der Proteinsynthese in den Amygdalae (bei passiven Vermeidungsaufgaben) und im Hippocampus besonders wirksam (bei Maus und Ratte). Injektionen *subcortical haben keinen Einfluß*, was gegen unspezifische Effekte von PSI spricht.

Die Ergebnisse sind trotz einiger methodischer Probleme einheitlich: 80%-90% der cerebralen Proteinsynthese kann vorübergehend blockiert werden, ohne daß es zu groben Verhaltensausfällen in anderen Bereichen als dem Gedächtnis kommt. Encodierung und Aufnahme der Information wird nicht gestört, sofern sich die Trainingszeiten nicht zu lange mit den Wirkungszeiten des Antibiotikums überschneiden. Auch Wochen nach Abschluß des Trainings bleibt die Wiedergabe beeinträchtigt. Die stärkste Amnesie wird erzielt, wenn die Proteinsynthese kurz vor Trainingsbeginn gehemmt wird, die Proteinsynthese also *während* des Trainings ausfällt. Wiedergabe wird durch PSI nicht beeinflußt, da Injektionen zum Zeitpunkt der Wiedergabe keinen Effekt auf gelerntes Material aufweisen.

Dies bedeutet, daß die Proteinbiosynthese nur für eine kritische *Konsolidierungsphase* während und nach dem Training notwendig ist, mit Verstreichen der Zeit ist keine neue Proteinsynthese notwendig, um Langzeitspeicherung (Aufrechterhalten) von Information zu gewährleisten.

Das wichtigste Ergebnis der PSI-Forschung, die allerdings ausschließlich auf den Tierversuch beschränkt bleibt, ist die Tatsache, daß *KZG nicht beeinträchtigt* wird. Dies stellt ein weiteres Argument für die neurobiologische Differenzierung von KZG und LZG dar. Minuten nach Einleitung und Verifikation der einsetzenden PSI (z. B. durch radioaktiv markiertes Anisomycin) bleibt die Wiedergabe normal. Je nach Tierart und Lernaufgabe kann die Dauer unbeeinflußter Wiedergabe (und somit die Dauer der KZG-Vorgänge) von Minuten bis 5 Stunden anhalten. Theoretisch ist die minimale Dauer der KZG-Prozesse jene Zeit, die notwendig ist, um Proteinmoleküle aufzubauen – was minimal *einige Minuten* dauert – und sie an jene interneuronalen Kommunikationsstellen zu transportieren (über axonalen Transport), wo sie die neuronale Übertragung beeinflussen können. Diese Zeitverhältnisse stimmen mit der Dauer jener Prozesse überein, die wir bei posttetanischer Potenzierung (S. 238, 548) gefunden haben. Die Erweiterung synaptischer Endknöpfe an den Dendriten nach *posttetanischer Reizung* (s. Kap. 12), die normalerweise schon nach 4 min registrierbar ist, wird durch ANI erheblich eingeschränkt.

PSI und Catecholamine. Gegen die PSI-Effekte wurde angeführt, daß PSI die Corticosteroid-Produktion der Nebennierenrinde hemmt und damit eine Aktivierungsreduktion des ZNS und Gedächtnisprobleme verursacht. Allerdings zeigt sich bei Gabe von Emetin, einem PSI, der die Blut-Hirnschranke nicht überwindet, aber die Steroidgenese blockiert, kein Effekt auf das Gedächtnis. Ähnlich wurde eine Störung des ZNS-Catecholaminniveaus für die Gedächtnisstörung verantwortlich gemacht: PSI führt zu Anstieg des Tyrosinniveaus, Abfall der Tyrosinhydroxylase, konsequenterweise Abfall der Syntheserate von Catecholaminen, und Anstieg der Catecholaminkonzentration durch verringerten Abbau (zumeist mit Cyclohexamid, nicht mit Anisomycin). Catecholamingabe ins Gehirn reduziert die PSI-Effekte. Das ist allerdings mit großer Wahrscheinlichkeit auf eine moderate Erhöhung der allgemeinen Aktivierung nach stimulierenden Drogen generell zurückzuführen. Stimulierende Drogen erhöhen die Lebenszeit der KZG-Spur und erlauben daher längere Konsolidierung. Vollständige PSI führt aber auch bei Gabe stimulierender Drogen zu den Konsolidierungsproblemen [11].

Gegen einen kausalen Zusammenhang von Catecholaminen, Gedächtnis und PSI sprechen einige weitere Ergebnisse: der Zeitverlauf von PSI und Catecholaminbiosynthese und deren Hemmung ist unterschiedlich. PSI intracerebral hemmt die Catecholaminsynthese erst Stunden nach der Antibiotikagabe, während die Proteinsynthese bei Anisomycin (0,5 mg/kg Maus) nach 1–1,5 min zu 85% blockiert ist. Hemmung der Catecholaminsynthese mit Alpha-Methyl-Paratyrosin (AMPT) produziert keine vergleichbare Amnesie, hohe Dosen von Tyrosin führen zu keiner LZG-Störung. Läsions- und intracranielle Reizstudien (s. u.) sprechen generell *gegen* eine Bedeutung von zentralen Catecholaminen für Lernen und Gedächtnis. Periphere Catecholamine dagegen modulieren die Gedächtnisspeicherung.

Unklar bleibt der Übergang vom KZG zum LZG: Kandel (s. o.) und Mitarbeiter spekulieren aus ihrem Aplysia-Studium, daß KZG und LZG dieselben molekularen Komponenten am Beginn eines Trainings teilen und erst im Laufe der Zeit mit verlängertem Training nach anfänglichem Anstieg von cAMP (KZG) ein spezifischer Wechsel in der Genwirkung durch Phosphorylierung von Protein aus dem Zellkern (LZG) eintritt. Die Synthese neuer Makromoleküle ist dann der Übergangsschritt zum LZG. Beim Menschen und Primaten kommt hinzu, daß offensichtlich für LZG-Formierung die medialtemporalen Hirnstrukturen notwendig sind.

Die Aufrechterhaltung des LZG kann nicht auf die Proteinsynthese neuer oder mehr Proteine rückführbar sein, da die Halbwertszeit neuronaler Proteine maximal Wochen beträgt. Möglicherweise werden die genetischen „Kommandos“ oder, was wahrscheinlicher ist, Ausmaß und Struktur synaptischer Verbindungen dauerhaft verändert.

Modifikation von Transmittergenen. Neurone benützen mehrere Transmitter und produzieren verschiedene Receptormoleküle für unterschiedliche Transmitter. Da Umgebungsreizung die Genexpression (Kap. 2) modifiziert, kann ein Gedächtnisinhalt in der veränderten Struktur und Qualität der verschiedenen Transmitter bzw. Receptoren oder einer Kombination mehrerer Transmitter oder Receptoren an einer Zelle dauerhaft verschlüsselt werden. Die *synaptischen Moleküle selbst* können der Ort des Gedächtnisses sein. Verschiedene neuronale Impulsmuster aktivieren oder hemmen unterschiedliche „Familien“ von Genen für Transmitter oder Receptoren, was zu unterscheidbaren LZG-Spuren führt [21].

Für diese Möglichkeit der Informationsspeicherung sprechen Untersuchungen an isolierten Hirnpräparaten, die unterschiedlich elektrisch gereizt werden. Die Depolarisationen nach solchen Reizsequenzen entsprechen den „natürlich“ vorkommenden Depolarisationen. Lang anhaltende posttetanische Depolarisationen adrenerger Zellen erhöht z. B. jene mRNS, die das Enzym Tyrosinhydroxylase (TH) encodiert. TH synthetisiert Tyrosin zu L-Dopa, und über verschiedene weitere Zwischenstufen wird NA in den Synapsen erhöht. Der Anstieg der TH-mRNS bleibt bis zu einer Woche stabil (die längste bisher untersuchte Zeitspanne).

Durch Umgebungsreize ausgelöste Depolarisationen führen zu Modifikationen des Verhältnisses verschiedener Transmitter und/oder Receptoren an der Zelle: z. B. wird mRNS für TH erhöht und gleichzeitig aus derselben Zelle die mRNS für die Synthese eines Receptorpeptides für den Neuromodulator Substanz P (Kap. 18) erniedrigt.

Neuropharmakologie und Modulation des Gedächtnisses

In diesem Abschnitt wollen wir einige Substanzen untersuchen, die einen modulatorischen Effekt auf einzelne Phasen des Gedächtnisses ausüben und auf Störungen des Gedächtnisses beim Menschen einwirken.

Außer für die Proteinbiosynthese konnte bisher für *keine einzelne* Substanz oder Substanzklasse ein kausaler Einfluß auf das Gedächtnis nachgewiesen werden. Dies spricht dafür, daß Gedächtnis in einer Vielzahl von synaptischen und cellulären Prozessen verschlüsselt sein kann, die letztlich alle zum selben Endresultat führen: anhaltend veränderte Entladungsmuster eines Zellensembles.

Catecholamine. Angesichts der Bedeutung von peripheren Catecholaminen für Motivation, Emotion und Aktivierung (s. Kap. 28, 29) lag es nahe, *zentralem NA* und *Dopamin* auch eine entscheidende Rolle bei der Stabilisierung von Information zuzuschreiben. Obwohl die Tatsache unbestritten bleibt, daß die Stimulierung der peripheren NA-Synthese und -Verbreitung bis zu einem optimalen „mittleren" Niveau Lernen und Behalten fördert, wird heute übereinstimmend die Rolle der *zentralen* Catecholamine für Lernen und Gedächtnis als vernachlässigbar angesehen [11]. Entfernung der Medulla der Nebenniere mit Reduktion des peripheren NA führt aber zu schweren Amnesien. Dies bedeutet, daß die *peripheren*, autonomen Effekte von NA den Konsolidierungsprozeß modulieren können, da zentrales NA keinen Einfluß auf Behalten hat. Ein starkes Argument gegen die kausale Bedeutung von zentralnervösem NA bei Lernprozessen kommt aus *Locus-coeruleus-Läsionen*: auch nach 80%-Reduktion des corticalen NA gibt es kaum Einflüsse auf Aneignung, Konsolidierung und Wiedergabe, unabhängig davon, wann im Lern-Experiment die Läsion folgt.

Das zentrale Catecholaminniveau wird in der Regel durch orale L-Dopa-(L-Dehydroxyphenylamin) und durch MAOI (Monoaminoxydaseinhibitor)-Gabe erhöht. Sowohl beim Tier als auch beim Menschen wird außer Aktivierungsanstieg und einer allgemeinen Leistungsverbesserung kein Effekt auf das Gedächtnis sichtbar. Dagegen zeigt sich bei Hemmung der Synthese durch Alpha-Methyl-Para-Tyrosin (AMPT), das die Tyrosin-Hydroxilase-Synthese blockiert, und durch 6-Hydroxidopamin, das sowohl die Verfügbarkeit von NA als auch von Dopamin reduziert, ein gleichsinniger Effekt auf die *Aufrechterhaltung und Auftretenswahrscheinlichkeit* eines bereits gelernten Verhaltens, egal, ob es positiv oder negativ motiviert ist: unabhängig davon, wann und wo z. B. 6-Hydroxidopamin injiziert wird, während oder nach Lernaufgaben, es kommt stets zu einer Hemmung des gelernten Verhaltens, vor allem wenn die Dopamin-Synthese blockiert wird, was mit einer Hemmung motorischen Outputs und/ oder der Hemmung positiver Anreize (Incentives) zu tun hat (s. Kap. 28 und 29).

Dopamin. Angesichts der therapeutischen Bedeutung von Dopamin-Antagonisten wie Chlorpromazin zur Behandlung schizophrener Störungen (Kap. 30) sind Untersuchungen über die Funktionen der zentralen Dopaminsynthese von großer Bedeutung. Im Tierversuch führt Dopaminblockade zu motorischer Hemmung. Besonders Fluchtreaktionen, die rasches motorisches Reagieren erfordern, sind gestört. Bei teilweiser Kontrolle der motorischen Effekte sind Effekte auf Lernen und Gedächtnis nicht nachzuweisen. Dies steht nicht im Gegensatz zu der Tatsache, daß lokale Hirn-Selbststimulation mit Dopamin Belohnung vermittelt (s. Kap. 28).

Acetylcholin. Wir haben schon am Beispiel der Studien von Rosenzweig u. Leiman [15] zu EC und IC auf die Rolle von ACh, seinen Vorläufern, Metaboliten und Receptoren hingewiesen (S. 453). Es existieren mehrere ACh-Systeme im Säugetierhirn (s. Kap. 14): mindestens 8 biochemisch abgrenzbare vom Rückenmark zum Cortex; ACh-Vorläufer und Metaboliten sind an fast allen Verhaltensweisen direkt (als Transmitter) oder indirekt (als Neuromodulatoren) beteiligt. Der Nachweis der Beteiligung von ACh-Systemen am assoziativen Lernen ist daher besonders schwierig. Rosenzweig u. Leiman (1982) konnten *lokalen* corticalen AChE-Anstieg in jenen Cortexregionen nachweisen, die an der Lernaufgabe beteiligt waren.

Scopolamin, das muscarinerge ACh-Receptoren blockiert, führt bei jungen Müttern, wenn es während der Geburt gegeben wird, zu Erinnerungsausfall des Geburtsvorganges [25]. Vereinzelt wurde berichtet, daß Physostigmin und Arecolin, postsynaptische cholinerge Stimulatoren, die Wiedergabe bei Patienten mit Alzheimer-Demenz verbessert (s. Kap. 30). Die effektive Dosis ist aber vom bestehenden kognitiven Niveau und vielen anderen Faktoren abhängig, die Nebenwirkungen z. T. intolerabel und die Ergebnisse wenig einheitlich [24]. Bei Patienten mit M. Alzheimer, von denen angenommen wird, daß der neuronale Alterungsprozeß extrem beschleunigt verläuft, finden sich reduzierte AChE, geringere muscarinerge Receptorendichte, weniger ACh-Neurone im Vergleich zu „normalen" Alterungsprozessen. Allerdings liegt bei M. Alzheimer auch eine frühe Zerstörung der hippocampalen Systeme vor, die ACh zwar als Transmitter verwenden, daneben aber eine Vielzahl anderer Transmitter und Neuromodulatoren.

Angesichts der geringen Wirksamkeit cholinerger Stimulation allein liegt nahe, daß ACh- und NA-Systeme vor allem in Schicht I und II des Cortex *zusammenwirken* müssen, um normales Gedächtnis und Konsolidierung zu ermöglichen, aber selbst nicht an der Verschlüsselung und Speicherung beteiligt sind. Bei Alzheimer-Patienten liegt neben der ACh-Degeneration auch eine Degeneration der Nucl.-coeruleus-Zellen vor. Im Tierversuch konnte man durch sechs Monate dauernde elektrische Stimulation des Nucl.-coeruleus bei alternden Mäusen das „Vergessen" einer Schock-Vermeidungsreaktion durch den Altersprozeß verhindern [16]. Ähnliche Effekte erzielte man durch Erhöhung des NA-Outputs aus dem Nucl. coeruleus durch Piperoxon, einen $Alpha_2$-NA-Receptoren-Blocker, der die Autoinhibition der NA-Zellen hemmt.

Diese Untersuchungen bestätigen, daß Gedächtnisvorgänge auf das Zusammenspiel mehrerer Transmitter in spezifischen Hirnregionen, primär im Cortex und Hippocampus und limbischen Regionen angewiesen sind.

Neuropeptide. Wie die Neurotransmitter haben sowohl zentral als auch peripher injizierte Peptide modulierende Einflüsse auf Gedächtnisfunktionen. Alle sind indirekt beteiligt, keiner der bisher untersuchten Peptide des ZNS oder der Hypophyse ist eine notwendige Voraussetzung für Lern- und Gedächtnisprozesse: Vasopressin, ACTH und Somatostatin fördern Lernen und Einprägen, Endorphine und Oxytocin haben negative Einflüsse. Angiotensin, Cholecystokinin und Substanz P stören Einprägung, wenn sie direkt ins ZNS injiziert werden. Für die meisten Neuropeptide, wie auch für NA gilt eine *umgekehrte U-Funktion* zwischen Dosis und Wirkung, d.h. ab einer mittleren, optimalen Dosis beginnt sich der Effekt auf das untersuchte Verhalten umzudrehen [28].

Glutamat. Die hohe Konzentration von Glutamat im Hippocampus und seinen neocorticalen Efferenzen sprechen für eine bedeutsame Rolle dieser Aminosäure im Konsolidierungsprozeß. Unklar bleibt die Frage, ob die Vermehrung von Glutamatreceptoren und das damit korrelierte Wachsen von dendritischen Fortsätzen nach PTP des Hippocampus (s.S.548) eine kausale und spezifische Rolle spielt.

27.5 Literatur

Weiterführende Lehr- und Handbücher

1. BRAITENBERG, V.: On the Texture of Brains. Heidelberg, Berlin, New York: Springer 1977
2. DAVIS, H.P., SQUIRES, L.R.: Protein synthesis and memory: a review. Psychol. Bull. *96*, 518-559 (1984)
3. FINGER, S., STEIN, D.G.: Brain Damage and Recovery. New York: Academic Press 1982
4. HAWKINS, R.D., KANDEL, E.R.: Is there a cell-biological alphabet for simple forms of learning? Psychol. Rev. *91*, 375-391 (1984)
5. HEBB, D.O.: The Organization of Behavior. New York: Wiley 1949
6. HORN, G.: Memory, Imprinting and the Brain. Oxford: Oxford Univ. Press 1985
7. JOHN, E.R.: Mechanism of Memory. New York: Academic Press 1967
8. KINTSCH, W.: Gedächtnis und Kognition. Berlin, Heidelberg, New York: Springer 1982
9. KOLB, B., WHISHAW, I.Q.: Fundamentals of Human Neuropsychology. 2nd edition. New York: Freeman 1985
10. MARLER, P., TERRACE, H.S. (Eds.): The Biology of Learning. Berlin, Heidelberg, New York, Tokyo: Springer 1984
11. REINIS, S., GOLDMAN, S.M.: The Chemistry of Behavior. New York: Plenum 1983
12. ROHRACHER, H.: Die Vorgänge im Gehirn und das geistige Leben. Leipzig: Barth 1939
13. ROHRACHER, H.: Einführung in die Psychologie. 11. Auflage. München: Urban & Schwarzenberg 1976
14. ROHRACHER, H.: Die Arbeitsweise des Gehirns und die psychischen Vorgänge. München: Barth 1967
15. ROSENZWEIG, M.R., LEIMAN, A.L.: Physiological Psychology. Lexington, Mass.: D.C. Heath 1982
16. SQUIRE, L.R., BUTTERS, N.(Eds.): Neuropsychology of Memory. New York: Giulford Press 1984
17. SQUIRE, L.R.: Memory and Brain. Oxford: Oxford Univ. Press 1987
18. WOODY, C.D.: Memory, Learning and Higher Brain Function. Berlin, Heidelberg, New York: Springer 1982

Einzel- und Übersichtsarbeiten

19. ATKINSON, R.C., SHIFFRIN, R.M..: Human memory: A proposed system and its control process. In: SPENCE, K.W., SPENCE, S.T. (Eds.): The Psychology of Learning and Motivation. Vol.2. New York: Academic Press 1968
20. BERMAN, N., STERLING, P.: Cortical suppression of the retino-collicular pathology in the monocularly deprived cat. J. Physiol. *255*, 263-273 (1976)
21. BLACK, I.B., ADLER, J.E., DREYFUS, C.F., FRIEDMAN, W.F., LAGAMMA, E.F., ROACH, A.M.: Biochemistry of information storage in the nervous system. Science *236*, 1263-1268 (1987)
22. CONEL, S.L.: Postnatal Development of the Human Cerebral Cortex. Vol. I-VI. Cambridge: Harvard Univ. Press 1939-1963
23. COTMAN, C.W., NADLER, L.G.: Reactive synaptogenesis in the hippocampus. In: COTMAN, C.W. (Ed.): Neuronal Plasticity. New York: Raven 1978
24. DAVIS, H.P., ROITBLAT, H.L.: Cholinergic pharmacology, behavior and age-related memory decline. In: SQUIRES, L., BUTTERS, N.(Ed.): Neuropsychology of Memory. New York: Guilford Press 1984
25. DRACHMAN, D.A.: Central cholinergic system and memory. In: LIPTON, M.A., DI MASCIO, A., KILLAM, K.F. (Eds.): Psychopharmacology. New York: Raven 1978
26. HAILMAN, J.P.: How an instinct is learned. Sci. Am. *221*, 6 (1969)
27. HYDEN, H.: The question of a molecular basis of the memory trace. In: PRIBRAM, K.H., BROADBENT, D.E. (Eds.): Biology of Memory. New York: Academic Press 1970

28. KATZ, J.J., HALSTAED, W.C.: Protein organisation and mental function. Comp. Psychol. Monogr. *20* (103), 1-38 (1950)
29. KOOB, G.F.: Neuropeptides and memory. In: IVERSON, L.L., IVERSON, S.D., SNYDER, S.H. (Eds.): Handbook of Psychopharmacology, Vol. 19. New Directions in Behavioral Pharmacology. New York: Plenum Press 1987, S.531-674
30. LARSON, S., LYNCH, G.: Induction of synaptic potentiation in hippocampus by patterned stimulation involves two events. Science *232*, 985-988 (1986)
31. LYNCH, G., BRANDRY, M.: Between model systems and memory. In: SQUIRE, L., BUTTERS, N.(Eds.): Neuropsychology of Memory. New York: Guilford Press 1984
32. MILNER, B.: Memory and the medial temporal regions of the brain. In: PRIBRAM, K.H., BROADBENT, D.E. (Eds.): Biology of Memory. New York: Academic Press 1970
33. MÜLLER, G.E., PILZECKER, A.: Experimentelle Beiträge zur Lehre vom Gedächtnis. Z. Psychol., Ergänzungsband 1, 1900
34. QUINN, W.G.: Work in invertebrates on the mechanism underlying learning. In: MARLER, P., TERRACE, H.S. (Eds.): The Biology of Learning. Berlin, Heidelberg, New York, Tokyo: Springer 1984, S.197-246
35. SPERRY, R.W.: Chemoaffinity in the orderly growth of nerve fiber patterns and connections. Proc. Natl. Acad. Sci. *50*, 703-719 (1963)
36. THOMPSON, R.F., BERGER, T.W.: Physiological and anatomical mechanisms: Neural bases of learning. In: MARLER, P.TERRACE, H.S. (Eds.): The Biology of Learning. Berlin, Heidelberg, New York, Tokyo: Springer 1984, S.478-508

28 Motivation

Jedes Verhalten mit Ausnahme einiger Reflexe auf Rückenmarksniveau und mancher visceraler Reflexe ist motiviert; „motiviert" bedeutet, daß die Frequenz und Intensität der Reaktion in Abhängigkeit von Zuständen *innerhalb* des Organismus variiert und nicht in allen Parametern von Reiz, Reizort oder genetischen Variationen abhängig ist. Je besser diese organismusinternen Zustände quantifizierbar sind, umso überflüssiger wird die Annahme einer **intervenierenden Variablen** „Motivation" oder „Emotion". Die Notwendigkeit der Annahme intervenierender Variablen in der Psychologie und Physiologie wird mit der exakten Beschreibung der neurobiologischen Mechanismen innerhalb des Organismus entbehrlich.

Ziel der Motivationsforschung ist die Aufklärung der physiologischen *und* psychologischen Mechanismen der wichtigsten Triebe Hunger, Durst und Reproduktion. Die Analyse des Zusammenhanges zwischen psychologisch beschreibbaren Auslösebedingungen und den körperinternen physiologischen Prozessen ist Gegenstand der Biologischen Psychologie der Motivation. Alle bekannten neurobiologischen Mechanismen der Motivation, seien sie neurohumoral, neurophysiologisch oder neuroanatomisch, sind untrennbar mit ihren psychologischen Auslösebedingungen verbunden. Deshalb verbessert die Kenntnis der neurobiologischen Mechanismen *allein* die Vorhersage von Verhalten wenig.

Dieses Kapitel stellt eine Ergänzung zu Kapitel 22 (Durst und Hunger) dar. Es soll im ersten Abschnitt die wichtigsten psychologischen Begriffe, die zum Verständnis von Motivation notwendig sind, erläutern. Dabei sind vor allem instinktives Verhalten und der Aufbau von **Reflexhierarchien** bedeutsam: auch spontan erscheinendes Verhalten entpuppt sich häufig als Kette von Reflexen. Danach wenden wir uns Sexualität und Reproduktion zu. Dabei werden vor allem hormonelle Prozesse als Voraussetzung für bestimmte Verhaltensmuster besprochen. Der Inhalt von Kap. 10 (endokrine Systeme) sollte dafür bekannt sein. Den Abschluß bildet ein Abschnitt über süchtiges Verhalten: Süchte sind erworbene, **gelernte Triebe**, deren Erforschung zur Aufklärung „natürlicher", angeborener Triebe beitragen kann.

Aggressives Verhalten und die neuronalen Grundlagen positiver Verstärkung („Freude") werden in Kap. 29 (Emotionen) abgehandelt, da sie sehr viel stärker von psychologischen Umgebungsbedingungen abhängig sind als Hunger, Durst und Reproduktion. Dabei darf nicht vergessen werden, daß diese Abgrenzungen nur graduell verlaufen und keine prinzipiellen Unterschiede zwischen motivationalen und emotionalen Prozessen bestehen.

28.1 Grundbegriffe der Motivation

Trieb, Verstärkung, Incentive

Trieb. Unter einem Trieb verstehen wir jene psychobiologischen Prozesse, die zur bevorzugten Auswahl einer Gruppe abgrenzbarer Verhaltensweisen (z. B. Nahrungsaufnahme) bei Ausgrenzung anderer Verhaltenskategorien (z. B. sexuelles Verhalten und Fortpflanzung) führen. Die Auswahl richtet sich nach der zu einem bestimmten Zeitpunkt bestehenden **Triebhierarchie**, die selbst das Resultat einer **Triebkonkurrenz** (drive-competition) zwischen verschiedenen Trieben darstellt. Die „Stärke" eines Triebes und damit auch seine Stellung in der Triebhierarchie ergibt sich aus dem Ausmaß der Abweichung von einem vital „notwendigen" körperlichen homöostatischen Gleichgewicht (z. B. Glucoseniveau im Blut). Dieses Ausmaß der Abweichung vom homöostatischen Gleichgewicht wird vor allem durch jene Zeitspanne bestimmt, die seit dem letzten Ausgleich des homöostatischen Ungleichgewichts verstrichen ist; diese Zeitspanne wird **Deprivationszeit** genannt (z. B. Zeit, die seit letzter Nahrungsaufnahme verstrichen ist). Hunger wird aber auch von den tageszeitlichen Schwankungen des Glucoseniveaus im Blut bestimmt: D. h. es sind die circadianen Perioden dieser Zeiten zu berücksichtigen, die eine eigene Quelle der Motivation darstellen (s. Kap. 26)

Die Unterscheidung von **homöostatischen und nicht-homöostatischen Trieben** ist für das Verständnis der Motivationsmechanismen von Bedeutung: *Homöostatische Triebe* sind weniger von Umgebungsbedingungen und der Lerngeschichte des Individuums als von der Abweichung der körperinternen Homöostasen abhängig. Sie weisen stabile Sollwerte auf, deren Unter- oder Überschreitung zu einer stereotypen Sequenz von Verhaltensweisen bis zur Wiederherstellung des Sollwertes führen. Bei homöostatischen Trieben wird daher eine von Umweltreizen unabhängige Messung der Triebstärke (z.B. Glucoseabfall) eher möglich sein. **Temperaturerhaltung**, **Hunger**, **Durst**, **circadiane Periodik (Schlaf)** und möglicherweise einige Aufzuchtsreaktionen bei Nachkommenschaft gehören dazu. *Nicht-homöostatische Triebe* weisen variable Sollwerte und variable Deprivationszeiten auf, die stark von Lernprozessen und anderen Umgebungsvariationen (Verfügbarkeit, Anreize) mitbestimmt werden. **Sexualität**, **Explorations"trieb"**, **Bindungsbedürfnis** und die **Emotionen** (Kap. 29) gehören hierzu. Die experimentelle Bestimmung der körperinternen Sollwerte ist dabei nicht mehr möglich, es können nur mehr Mindest- und Höchstgrenzen angegeben werden (z.B. eine Mindestmenge an Sexualhormonen im Blut als Voraussetzung für das Auftreten kopulatorischen Verhaltens).

Verstärkung. Wir haben in Kap. 27 (S. 535) bereits die wichtigsten Begriffe des instrumentellen oder operanten Konditionierens kennengelernt. Reize, die zu einem Anstieg der Auftrittswahrscheinlichkeit des vorausgegangenen Verhaltens führen, haben wir verstärkende Reize oder einfach **Verstärker** genannt. Reize, die einen Abfall der Auftrittswahrscheinlichkeit bewirken, werden bestrafende Reize genannt. Unter Verstärk*ung* verstehen wir die Erhö-

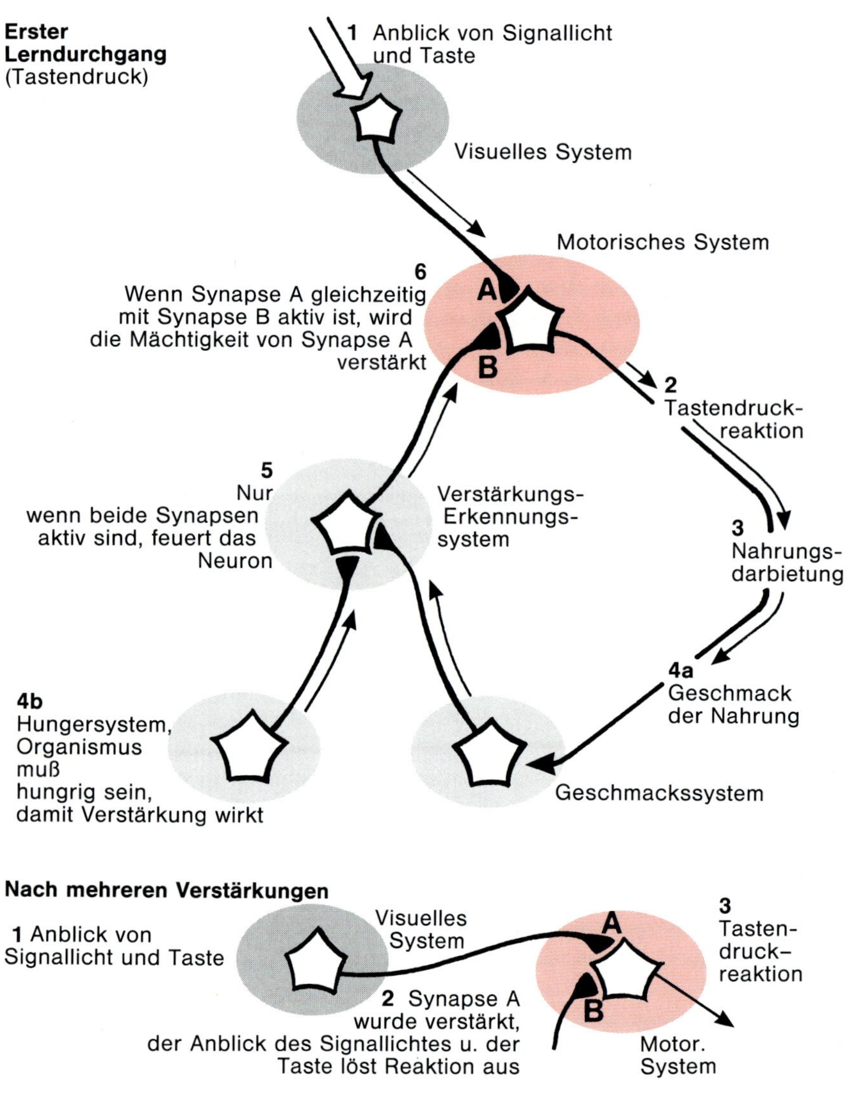

Abb. 28-1. Hypothetische neuronale Verschaltung, die den Effekt von Verstärkung auf instrumentelles Lernen erklärt. (Nach Carlson 1986)

hung der Auftrittswahrscheinlichkeit einer Reaktion in Gegenwart einer *bestimmten (diskriminativen) Situation* durch die Darbietung verstärkender Reize unmittelbar nach einer Reaktion.

Um die neuronalen Prozesse von Verstärkung zu verstehen, müssen wir daher die neuronalen Mechanismen untersuchen, die a) den verstärkenden Reiz als verstärkend *erkennen* und die b) die Verbindung zwischen den Zellsystemen stärken, welche die diskriminativen Reize erkennen und jenen , die das motorische Verhalten kontrollieren. Abb. 28-1 zeigt ein hypothetisches Modell instrumenteller Verstärkung, das diese beiden Forderungen symbolisiert und erfüllt. Dabei ist nicht nur **Triebreduktion** (z.B. Herstellung des alten Glucoseniveaus nach Deprivation), sondern manchmal auch **Triebinduktion** verstärkend: z.B. ein Fenster öffnen, um Neues zu sehen, führt zu keinem Ausgleich eines biologischen Gleichgewichts; trotzdem kann diese Reaktion verstärkt, d.h. wiederholt werden, wenn sie z.B. in reizarmer Umgebung („Monotonie") auftritt. In diesem Fall kommt die Verstärkung von der Reaktion selbst (Fenster öffnen und Beobachten sind appetitive Reaktionen, die in der Vergangenheit mit positiver Verstärkung verbunden waren).

Dieses letzte Beispiel zeigt zwei wichtige Eigenschaften von Verstärkungsprozessen:

1. Sie können von homöostatischen Triebmechanismen unabhängig sein und
2. die Reize von einer appetitiven Reaktion (z.B. der Geschmack beim Essen, oder die Wahrnehmung der Kaubewegungen) stellen wichtige verstärkende Reize dar, auch ohne Bestehen eines Antriebszustandes.

Die Wirkungsweise der beiden Motivationsmechanismen Trieb und Verstärkung wird in Abb. 28-2 symbolisiert. Im Unterschied zu Abb. 28-1 nehmen wir hier *zwei* Triebsysteme an, die miteinander konkurrieren können (Hunger und Durst). Das Lebewesen lernt bei Hunger links zu gehen, bei Durst rechts: dies aber nur, wenn das (hier noch hypothetische) Verstärkungssystem (s. Kap. 29) die Verbindung zu den motorischen Systemen herstellt, wie wir es auf Abb. 28-1 symbolisiert haben.

Die Tatsache, daß für Trieb und Verstärkung anatomisch und neurochemisch abgrenzbare Strukturen auffindbar sind, bestätigt die begriffliche Trennung von Trieb und Verstärkung. Abb. 28-2 zeigt, daß die Triebhomöostaten bei fehlender Homöostase vorerst relativ ungerichtetes **appetitives Suchverhalten** auslösen (strichlierte Linien). Erst nach Erregung eines Verstärkungssystems durch die **konsumatorischen Reaktionen** (Aufnahme der Nahrung

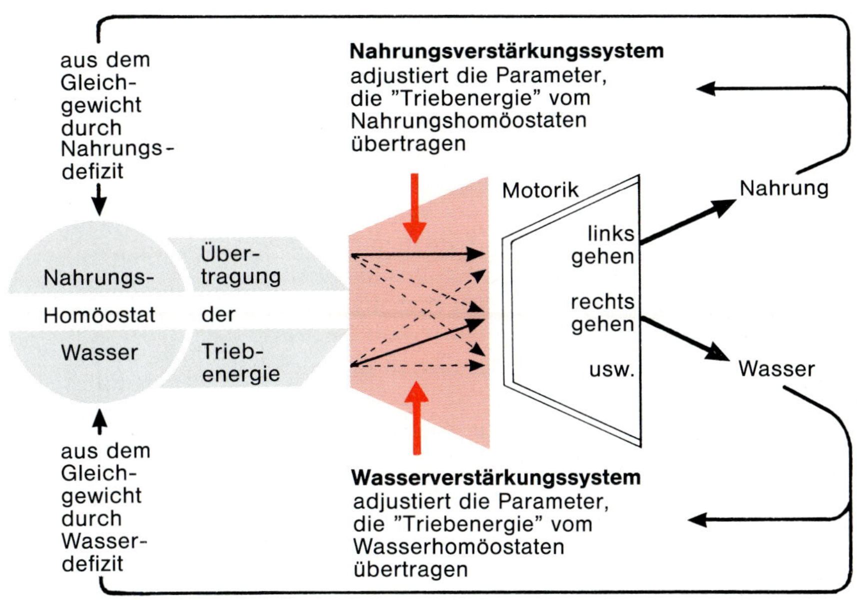

Abb. 28-2. Multiples Homöostasemodell der Verhaltenssteuerung durch mehrere Triebsysteme. Jeder Trieb-Homöostat (meist im Hypothalamus, *grau*) regelt eine andere Körperfunktion (hier Wasserhaushalt und Glucoseniveau). Wenn Verhalten eine Belohnung (*rot*) hervorruft, so wird dieses Verhalten mit eben demselben Homöostaten verbunden. Wird dieser Homöostat später wieder aus dem Gleichgewichtszustand gebracht, so wird er jene Verhaltensweisen aktivieren, die in der Vergangenheit mit dem Homöostaten verbunden worden sind. Siehe weitere Erläuterungen im Text. (Nach Gallistel 1973)

oder Flüssigkeit) werden die Triebreize durch die Verstärkersysteme auf die zielführenden Verhaltensmuster gelenkt, „adjustiert“. Gleichnishaft könnte man sagen, daß die Triebsysteme den Wasserdruck für die Bewässerung (ausreichend intensive neuronale Erregung) liefern, die Verstärkersysteme das Wasser in jene Kanäle lenken, die zu den trockenen Feldern (Motorik) führen. Je häufiger die Bewässerung (Verstärkung), umso stärker der Pflanzenwuchs (Reaktionsstabilität durch mächtigere Verbindung zwischen Reiz- und Reaktionssystemen).

Ein neuer Weg zur experimentellen Definition von Verstärkungswirkung eröffnete sich durch die Entdeckung von Olds u. Milner (1954), daß **intracranielle elektrische Selbstreizung** (ICSS, intracranial self stimulation) im medialen Vorderhirnbündel (MFB, medial forbebrain bundle) zur Beibehaltung der vorausgegangenen Reaktion auf unbeschränkte Zeit bis zur Erschöpfung und Tod des Lebewesens, teilweise unabhängig vom Triebzustand, führt. (Der Leser möge hier Abschnitt 29.3 zur intracraniellen Selbststimulation heranziehen). Sowohl der Ort intracranieller Selbstreizung, als auch die betroffenen Fasersysteme und ihre Transmitter sind nicht mit den Trieb"zentren“ des Hypothalamus identisch. Der Verstärkungsmechanismus wird aber im natürlichen Fall der Triebreduktion (z. B. Nahrungsaufnahme) mitaktiviert.

„Prepared“ Verhalten und Incentive. Der Anblick einer großen, behaarten Spinne löst bei vielen Säugern und beim Menschen auch ohne vorausgegangene Verstärkung und Vermeidungslernen eine Abwehrreaktion aus. Wir sprechen vom „Anreizwert“ eines bestimmten Reizes, in diesem Fall der Spinne. Der englische Ausdruck „incentive“ hat sich auch im Deutschen eingebürgert. Im Falle der Spinne ist der Incentive-Charakter der Spinne angeboren, man spricht von Instinktreaktionen oder **„prepared“** Verhalten (s. Kap. 29). Der Incentive-Wert eines Reizes kann aber auch gelernt werden: Jener Teil der Käfigecke, in der das Tier in der Vergangenheit Futter erhielt, hat nach mehreren zeitlichen Paarungen von Futter und Käfigecke einen positiven Anreizwert, er wird zu einem positiven Incentive-Reiz. Die **Zielgerichtetheit** von Verhalten basiert im wesentlichen auf Incentives. Z. B. das Gehalt für geleistete Arbeit am Ende des Monats stellt keinen positiven Verstärker dar, weil es zu spät nach dem aktuellen Verhalten (Arbeit), erfolgt; es bildet vielmehr einen Anreiz, der das Verhalten „in Gang“ hält.

Instinkt- und Reflexhierarchien

Instinktives und motiviertes Verhalten. In der Biologischen Psychologie unterscheiden wir zwischen Instinkt und Motivation, auch wenn beide Verhaltensklassen neben ihren Unterschieden auch *Gemeinsamkeiten* aufweisen (s. Kap. 27, S. 535):

Beide sind von variablen internen Zuständen (z. B. Hormonspiegel) des Organismus abhängig, die die Reaktionsbereitschaft variieren. Incentives und Verstärkung übertragen die Reaktions**bereitschaft** auf eine bestimmte Reaktionsklasse, z. B. Kopulation. Beide, Instinkt und Triebverhalten, weisen appetitive und konsumatorische Phasen auf (s. 28.2). Beide sind hierarchisch organisiert, von zunehmend einfachen Reflexkreisen bis zu komplizierten Verhaltenssequenzen.

Instinktreaktionen sind vererbte Phänotypen, d. h. im Laufe der ontogenetischen Entwicklung erscheint das Verhalten als Determinante des Genotyps (z. B. sexuelle Reaktionen in der Pubertät). Instinkte sind vollkommen vom Vorhandensein eines angeborenen Auslöse- oder Schlüsselreizes abhängig. Der eben geschlüpfte Vogel benötigt den Anblick des Schnabels der Eltern oder einer Atrappe, um gezielt die Nahrung dort zu suchen. Zusätzlich benötigen Instinktreaktionen wie Triebverhalten endogene Reize (z. B. Hungerkontraktionen des Magens oder Hormonspiegel in bestimmtem Alter), damit ein Schlüsselreiz überhaupt als solcher erkannt wird. Instinkte sind einfacher organisiert als Triebreaktionen sowohl physiologisch, als auch im sichtbaren Verhalten; in kleinhirnigen, isoliert lebenden Lebewesen häufiger und aufgrund der genetischen Determiniertheit Species-spezifisch. Instinkte sind *blind gegenüber den Konsequenzen*, sie äußern sich, wann immer der **angeborene Auslösereiz** auf den endogenen Trieb-Auslösemechanismus trifft, auch wenn die Konsequenz des Verhaltens sinnlos oder destruktiv ist (z. B. ignorieren viele Vögel ihre eigenen Eier und bebrüten sie nicht, wenn ein großes Pseudoei vorhanden ist, das aber die wesentlichen Auslösereize aufweist).

Während motiviertes Verhalten von operantem Lernen sowie von **Antizipation und Erwartung des Ziels** dominiert wird und daher unterschiedliche Verhaltensprogramme für ein und dasselbe Ziel benutzen kann, bleibt das Instinktverhalten im wesentlichen konstant. **Leerlaufverhalten** (z. B. die Stereotypien von Tieren in Gefangenschaft wie zielloses von rechts nach links Laufen im Käfig oder monotone Kopfbewegungen) und **Übersprungshandlungen** (z. B. das Huhn, das bei einer Attacke am Boden zu picken beginnt oder das Verlegen-sich-am-Kopf-Kratzen) sind Teile von Instinktreaktionen; bei starker unspezifischer Erregung des Systems (Angst, Aggression) kommt es zu einem „Rückfall“ auf ein einfacheres und starreres Reflexniveau und Instinktreaktionen erscheinen. Instinktives Verhalten wird eher automatisierte als kontrollierte Informationsverarbeitung benutzen (s. Kap. 25). Es wird daher auch seltener mit affektiven Reaktionen im Sinne einer positiv-negativ Färbung einhergehen, sondern – angesichts seiner Ziellosigkeit – affektiv neutral sein.

Der Nachweis instinktiven Verhaltens erfolgt entweder durch **selektive Deprivation**, durch Isolation oder Aufklärung der genetischen Sequenz und aller biologischen Zwischenschritte vom Genom zum Phänotyp. Wenn das Verhalten trotz völliger Isolation von den relevanten Lernbedingungen auftritt, schließt man auf seine genetische Determination, seine „Instinkthaftigkeit". Die Trennung eines Affen von möglichen Sexualpartnern in den „kritischen" Perioden der Pubertät führt trotz mangelnder Gelegenheit das Verhalten zu lernen zu stereotypen sexuellen Reaktionen (z. B. Masturbation).

Die Deprivationsmethode allein ist nicht vollkommen beweisend für instinktives Verhalten, da *spezifische Deprivation* eines einzigen Verhaltens bei höheren Lebewesen selten möglich ist, sondern immer auch andere Verhaltensweisen mitisoliert werden. Wenn das Tier z. B. nach Isolation in der Pubertät keine sexuellen Reaktionen zeigt, so kann dies auch an der motorischen Apathie („Depression") liegen. – Die genetischen Analysen sind angesichts der vielen Zwischenschritte bei höheren Tierarten zur Zeit noch schwierig.

Reflexhierarchien und Spontaneität. Den fließenden Übergang von instinktivem zu motiviertem Verhalten kann man auch als eine Kette hierarchisch aufgebauter Reflexe verstehen. Dabei bauen kompliziertere Reflexe auf die einfachen auf und ergeben nach Abschluß einer Entwicklung das „ganze" auf ein Ziel gerichtete Verhalten. Dieser stufenweise Aufbau motivierten Verhaltens durch das ZNS läßt sich anhand der **Erholung** von völlig *motivationslosem* Verhalten nach Läsionen des Hypothalamus und anderen Hirnstrukturen studieren.

Nach Zerstörung des lateralen Hypothalamus treten bei der Ratte **Katalepsie** und **Akinese** auf. Katalepsie entspricht beim Menschen zumindest äußerlich der **Katatonie** bei Schizophrenien (s. Kap. 30). Der Organismus nimmt für lange Zeit (Stunden, Tage) Körperpositionen und Haltungen ein, die normalerweise nicht auftreten (z. B. mit gespreizten Beinen und gebeugtem Rücken stehen). Akinese ist Stillstand der Bewegung trotz intakter Wachheit. Die Erholung von solchen Läsionen beginnt mit Verhaltensstillstand und reicht bis zu „spontanem" operantem Verhalten; sie verläuft in gesetzmäßiger und hierarchischer Weise, vergleichbar mit der Entwicklung des reflexabhängigen Neugeborenen bis zu „spontanen" Verhaltensweisen des Kindes. Die Erholung verläuft *rostrocaudal*, zuerst werden Kopfreflexe (anheben, drehen), später Rumpfhaltungen und Lokomotion wieder ausgeführt. Abb. 28-3 demonstriert dies an der Ratte.

Dabei wird zunehmend **Spontaneität** (Motiviertheit) durch zwei Arten von Reizeinflüssen erzeugt:

Abb. 28-3. Fünf Phasen der cephalocaudalen Erholung der Körperhaltung von Akinesie nach Läsion des lateralen Hypothalamus. Jeder Ausschnitt stammt aus einer Filmsequenz, die Tage bis Wochen auseinanderliegen. (Nach Teitelbaum et al. 1983)

a) die aktivierende Wirkung der eigenen Bewegung (reafferente Aktivierung, z. B. wiederholt das Baby die Aufrichtebewegung immer wieder) und b) durch vestibuläre, kinästhetische, taktile, gastrische und thermale Reize; ohne deren Einfluß tritt kein spontanes Verhalten auf. Das Vorhandensein oder Fehlen eines bestimmten Hormons oder einer andern homöostatischen Imbalance reicht nicht aus, um zielgerichtetes Verhalten zu ermöglichen. Jede neue Bewegungssequenz hängt von der Präsenz einer vorausgegangenen Klasse von Reizen und von diesen ausgelösten Erregungssequenzen im NS ab (s. Beispiel auf Abb. 28-4).

Motiviertes Verhalten besteht also aus streng geordneten Reflexen, die in Abhängigkeit von adäquater Reizung zu immer komplexeren *Reflexgruppen* zusammengesetzt werden. Der *Eindruck von Spontaneität* entsteht dadurch, daß komplexere, zusammengesetzte Reflexmuster die einfacheren überlagern oder hemmen und damit die Abhängigkeit der einzelnen Bausteine des komplexen Reflexmusters von der Gegenwart ganz bestimmter Reize nicht oder nur mehr schwer sichtbar wird. Unter extremer Aktivierung (Angst) treten aber die elementaren Reflexe (z. B. „Einfrieren" der Bewegung, Starre) wieder hervor; z. B. hängt der Neuerwerb „motivierten" Laufens auf ein Ziel hin bei Ratten nach Hypothalamus-Läsionen ausschließlich vom Kontakt des Rumpfes und der Beine mit dem Boden ab (taktil-kinästhetisch); in die Höhe gehalten, verschwindet die Lokomotion, das hypothalamische Tier wird kataplektisch, es erstarrt in einer stereotypen Haltung; seine **„Spontaneität kommt vom Boden"** [27].

Nur operantes Lernen kann in diese Stereotypie eine gewisse Flexibilität bringen: die unmittelbaren Konsequenzen modifizieren das Auftreten des gesamten, zusammengesetzten Reflexmusters teilweise unabhängig von der momentanen Gegenwart der spezifischen, auslösenden Reize (s. Kap. 27).

Abb. 28-4 zeigt ein besonders drastisches Beispiel der Abhängigkeit einer bestimmten Verhaltensweise (Kopfhaltung) von kinästhetischen Reizen, in diesem Falle von Druck auf Kopf und Nacken. Bei Anwendung von Druck durch einen Verband um Kopf und Nacken fällt der Kopf nach hinten und bleibt dort, unabhängig von der Stellung des übrigen Körpers. D. h. die reflektorische Korrektur der Kopfhaltung bei Änderung der Rumpflage gelingt nur dann, wenn Druckreceptoren an Kopf und Nacken *nicht* gereizt werden. Dasselbe passiert beim 8-Wochen alten Baby, bei dem auch noch kein übergeordneter Reflex „gereift" ist. Wir werden im folgenden Abschnitt 28.2 Beispiele dieses hierarchischen Zusammenbaues von Reflexen kennenlernen.

Aber nicht nur für primäre, homöostatische Triebreaktionen gilt das eben Gesagte, sondern auch für Emotionen: in Kap. 29 wird dies am Beispiel aggressiven Verhaltens (s. Abb. 29-15) besonders deutlich.

Für die Praxis der wissenschaftlichen Erforschung von Verhalten in der Biologischen Psychologie bedeutet diese Erkenntnis, daß wir die einzelnen Abschnitte einer Verhaltenskette getrennt untersuchen und die beteiligten Prozesse isolieren

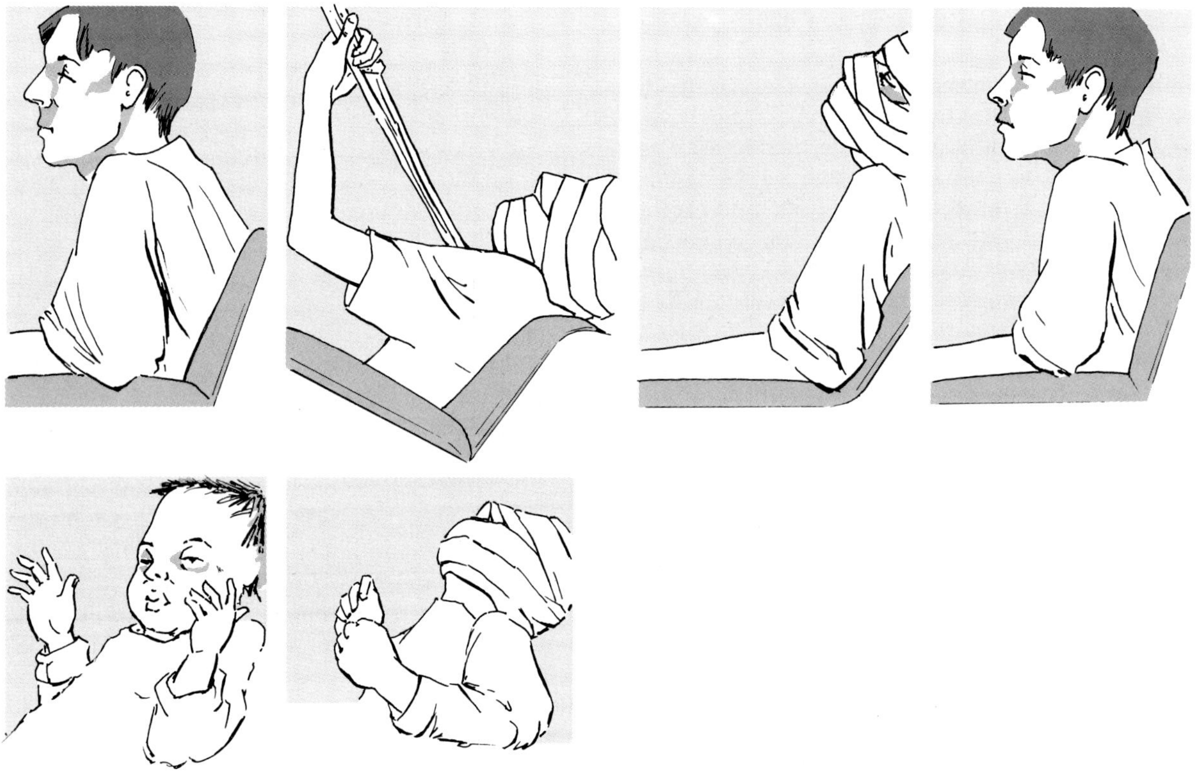

Abb. 28-4. *Oben*: Durch Bandagedruck ausgelöster Verlust der Kopfhaltung (bandage-backfall) bei einem postencephalitischen Parkinson-Patienten. *Oben links*: Ohne die Bandage sitzt der Patient im Rollstuhl mit aufrechtem Nacken und Kopf. Nach Bandagierung von Kopf und Nacken fällt der Kopf nach hinten, wenn der Patient nach einem Stock greift und sein Stuhl leicht nach hinten gekippt wird. Dies passiert nicht ohne Verband (hier nicht gezeigt); der Patient beugt dann seinen Kopf nach vorne, um ihn gerade zu halten und die Rückwärtsbewegung des Stuhls zu kompensieren. *Mitte rechts*: Der Kopf des Patienten bleibt in der schrägen Position, obwohl die Arme gesenkt und der Stuhl wieder gerade steht. *Rechts*: Mit Entfernen der Bandage kehren Kopf und Nacken sofort in die aufrechte Position zurück. Diese Reaktion hängt nicht von visuellen Reizen ab; sie tritt auch auf, wenn die Augen frei bleiben. Sie hängt ausschließlich vom Druck auf Kopf und Nacken ab (siehe Text). *Unten links*: Ein normal entwickeltes 8-Wochen altes Baby hält Kopf und Nacken aufrecht, wenn der Körper nach hinten gekippt wird. *Unten rechts:* Nach Bandage tritt die Rückfallreaktion auf. (Nach Teitelbaum et al. 1983)

können. Beim Zusammenfügen der einzelnen Teilreflexe zu einer Verhaltenseinheit müssen wir die Einzelreflexe hierarchisch - von einfach zu kompliziert - ordnen. Das Verständnis von Sexualverhalten, sowohl bei Tier als auch beim Menschen stellt ein gutes Beispiel für diese Forschungsstrategie dar.

28.2 Sexualität und Reproduktion

In diesem Abschnitt werden vorerst allgemeine Gesichtspunkte reproduktiven Verhaltens besprochen, die für die meisten Säugetiere und den Menschen gelten. Danach erfolgt eine kurze Beschreibung der *menschlichen sexuellen Reaktionen* und ihrer Störungen. Da die Besonderheiten menschlicher Sexualität nicht ohne Kenntnis ihrer ontogenetischen Entwicklung verstanden werden können, besprechen wir die sexuelle Differenzierung zur Frau bzw. zum Mann relativ ausführlich. Primäre Homosexualität wird als Beispiel für eine pränatal und postnatal bedingte Abweichung dieser Differenzierung beschrieben. Wie bei anderen Verhaltensklassen (Lernen, Emotion, Kognition) gilt auch für sexuelles Verhalten und seine Abweichungen, daß eine strenge Trennung „biologisch verursacht" *versus* „Umwelt-verursacht" mit den Daten nicht übereinstimmt, sondern stets beide Faktoren interagieren. Damit sollen gleich anfangs einige Besonderheiten des *menschlichen* Sexualverhaltens hervorgehoben werden, denn in den folgenden Abschnitten konzentrieren wir uns auf allgemein gültige hormonelle und neuronale Grundlagen reproduktiver Reaktionen, wobei Erkenntnisse an Ratten im Vordergrund stehen.

Grundstruktur sexuellen Verhaltens

Stadien und Phasen. Die Grundstruktur reproduktiven Verhaltens ist bei den meisten Säugern und Vögeln ähnlich. Da aber die Aktivierung der einzelnen Verhaltenshierarchien (s. 28.1) die zeitliche und räumliche Feinabstimmung von mindestens zwei Lebewesen benötigt, ist die Aufeinanderfolge und Verkettung der einzelnen Reflexbausteine zu hierarchisch geordneten, komplexeren Reflexmustern störanfällig.

Vier Stadien reproduktiven Verhaltens müssen zeitlich hintereinander innerhalb des einen Individuums ablaufen und das jeweils entsprechende Stadium beim anderen Individuum auslösen, damit „erfolgreiche" Paarung abgeschlossen werden kann:

a) sexuelle Anziehung
b) appetitives Verhalten
c) kopulatorisches Verhalten
d) postkopulatorisches Verhalten

Die vier Stadien müssen beim weiblichen und männlichen Organismus - oder im Fall gleichgeschlechtlicher Paarung bei den beiden gleichgeschlechtlichen Partnern - zeitlich synchron aufeinander abgestimmt ablaufen. Den vier Stadien liegen differenzierbare neuronale und humorale Mechanismen zugrunde.

Sexuelle **Anziehung** (attraction) und alle weiteren Stadien werden bei den meisten Tierarten durch das Androgenniveau des männlichen Tieres und das Östrogenniveau des weiblichen positiv beeinflußt (s. S. 571). Geruch der Sexualorgane, Haltungs- und Farbänderungen und andere Reize tragen dazu bei. Attraktion bringt Partner zusammen, **appetitives Verhalten** hält sie beieinander und löst **kopulatorisches Verhalten** aus. Zu appetitiven Reaktionen gehören „Einladungen" zur Annäherung und zum Besteigen, Haltungsänderungen, Erektion und Lautäußerungen. Während für die Ausbildung kopulatorischer Reaktionen der Neocortex keine Voraussetzung ist, wird appetitives Verhalten durch Decortisierung desorganisiert. Kopulatorisches Verhalten besteht auf seiten des männlichen Partners in Intromission und Orgasmus.

Der **Orgasmus** hat beim höheren Primaten und Menschen *zwei* Elemente: Ejakulation (Samenausstoß) und Kontraktion der Beckenmuskulatur und des Penis beim männlichen Organismus. Beim weiblichen Organismus kommt es zu Uteruskontraktionen und ebenfalls Kontraktionen der Beckenmuskulatur. Das positive Gefühl beim Orgasmus korreliert mit den Kontraktionen der pelvischen Muskulatur; der Samenerguß beim Mann und die Uteruskontraktionen bei der Frau gehen mit Nachlassen der sexuellen Erregung einher. Unter bestimmten Umständen können die beiden „orgasmischen" Subsysteme getrennt voneinander aktiv sein (z. B. multiple Orgasmen beim Mann ohne Samenerguß) [15].

Die sexuelle Reaktion des Menschen. Abb. 28-5 zeigt die durchschnittlichen Verlaufskurven der kopulatorischen und postkopulatorischen Stadien beim Menschen. Die physiologischen Mechanismen bei den Geschlechtern sind zum Großteil identisch, die Plateauphase muß bei der Frau aber meist länger anhalten, um einen Orgasmus auszulösen; die Refraktärzeit ist nur beim Mann absolut, d. h. es muß bis zur nächsten Erektion und Orgasmus eine gewisse Zeit verstreichen (Minuten bis Stunden), bei der Frau sind multiple Orgasmen möglich.

Die ersten beiden Phasen (Erregung und Plateau) sind bei beiden Geschlechtern durch **Vasocongestion** der Genitalien gekennzeichnet (parasympathisch und somatisch-muskulär gesteuert); dabei fließt Blut rasch in die dilatierten Arterien der Muskeln und elastischen Gewebe, gleichzeitig wird der venöse Abfluß durch Kontraktion der abfließenden Gefäßabschnitte behindert. Diese Reaktion wird vom Sakralmark reflektorisch auf mechanische Rei-

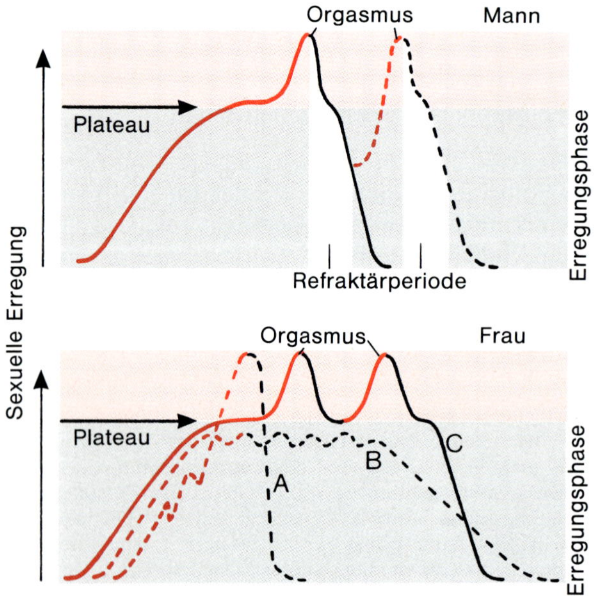

Abb. 28-5. Der sexuelle Reaktionscyclus beim Mann und bei der Frau. Dabei handelt es sich um eine schematische Darstellung von durchschnittlichen Verläufen. Die männliche Reaktion weist eine absolute Refraktärperiode nach dem Orgasmus auf. Bei Frauen (*unten*) ist die Variabilität der Verläufe größer. Drei typische Verläufe *A, B* u. *C* sind abgebildet. (Nach Masters u. Johnson 1966)

zung der Geschlechtsorgane ausgelöst, kann aber durch deszendierende Einflüsse aus dem ZNS gehemmt oder angeregt werden. Die orgasmischen Anteile der Kopulation werden primär durch sympathische Efferenzen gesteuert, wenngleich die dabei ablaufenden neuronalen Prozesse beim Menschen weitgehend ungeklärt sind (Abb. 28-12).

Personen mit Durchtrennung des Rückenmarks über dem Sakralbereich können daher auf mechanische Reizung Erektion (selten Ejakulation) bzw. Lubrikation und orgasmische Kontraktion ausbilden. Sie erleben den Orgasmus natürlich nicht als Resultat der Stimulation, da sie die Erektion und Ejakulation, bzw. Lubrikation nicht wahrnehmen. Die visuelle Beobachtung zeigt nur an, was abläuft, es wird aber keine sexuelle Erregung empfunden. Dafür treten „im Kopf", unabhängig von den peripheren Erregungen „Phantom-Erregungen" auf. (Bezüglich einer detaillierten Beschreibung der neuronalen Verbindungen siehe [13] und Kap. 23).

Sexuelle Störungen. Tabelle 28-1 gibt die wichtigsten **sexuellen Dysfunktionen** wider.

Sexuelle Dysfunktionen sind entweder durch eine organische Grundkrankheit als Begleitsymptom bedingt (z. B. Diabetes) oder pharmakologisch ausgelöst (Alkohol-, Drogen-, Barbituaratmißbrauch, Nebeneffekte vieler therapeutischer Drogen). Die große Mehrzahl der sexuellen Dysfunktionen ist aber psychisch bedingt [14]. Nur in seltenen Fällen liegen Störungen des Hormonhaushalts vor.

Tabelle 28-1. Sexuelle Dysfunktionen

- Geringer und fehlender sexueller Antrieb
- Gestörte sexuelle Erregung:
  Beim Mann: primäre und sekundäre Impotenz (keine oder nicht ausreichende Erektion)
  Bei der Frau: geringe Erregung, keine Lubrikation und fehlendes Schwellen der äußeren und inneren Schamlippen
- Anorgasmie: nicht Erreichen des Orgasmus trotz normaler Erregungs- und Plateauphase
- Frühzeitige Ejakulation (beim Mann)
- Funktionelle Dyspareunie bei der Frau (Schmerzen beim Sexualverkehr ohne pathophysiologische Grundlage)

Die psychologischen Störungsursachen (Angst, Ekel, Schmerz, Abneigung) von sexuellen Dysfunktionen konvergieren auf eine gemeinsame pathophysiologische Endstrecke, nämlich **sympathischer Übererregung** in der Erreguns- und Plateauphase. Dadurch werden die parasympathisch dominierten physiologischen Reaktionen in den Geschlechtsorganen gehemmt. Die **psychologischen Therapien** vieler sexueller Dysfunktionen verwenden daher Strategien, welche die sympathische Dominanz verringern: Entspannung, Desensibilisierung, gemeinsame Berührung ohne Intromission, Partnerschaftstherapie.

Die wichtigsten **sexuellen Abweichungen** sind Transsexualismus (Wunsch, das andere Geschlecht anzunehmen) und die Paraphilien (Fetischismus, Sado-Masochismus, Exhibitionismus, Pädophilie, Zoophilie etc.). Homosexualität ist keine Störung [5]; über mögliche biologische Ursachen der Homosexualität siehe S. 578). Auch die Paraphilien und ein Teil der transsexuellen Störungen sind vermutlich primär psychologisch bedingt, über ihre Ätiologie ist aber im Gegensatz zu den Dysfunktion wenig bekannt. Da diese Störungen aber gehäuft bei Männern vorkommen, ist wahrscheinlich, daß der Androgenhaushalt einen Risikofaktor darstellt: Störungen der Regulation und Produktion von Androgenen haben einen stärkeren Einfluß auf Sexualverhalten und Libido als Störungen der weiblichen Sexualhormone.

Sexuelle Differenzierung und sexuelles Verhalten

Befruchtung und Geschlechtsdifferenzierung. Bei der Befruchtung vereinigt sich eine weibliche Eizelle (Ovum) mit einer Samenzelle (Sperma). Eizellen weisen nur ein X-Chromosom auf, Samenzellen ein X- oder Y-Chromosom. Nur wenn sich eine Samenzelle mit einem Y-Chromosom mit einer Eizelle vereint, kann ein männlicher Organismus (XY) entstehen, in allen anderen Fällen entsteht ein weiblicher („Eva-Prinzip" über „Adam-Prinzip"). Bis zur 8. Schwangerschaftswoche ist das Schwangerschaftsprodukt bisexuell. Erst danach bilden sich die Vorläufer der inneren und äußeren Sexualorgane getrennt für beide Geschlechter unter dem Einfluß der Sexualhormone (Abb. 28-6).

Beim Menschen sind die 12.–22. Schwangerschaftswoche und die ersten 6 Wochen nach der Geburt und die Pubertät *sensitive Perioden* für Androgeneinwirkung. In der pränatalen Entwicklungsperiode wirken die Androgene auch auf das ZNS und formen die geschlechtsspezifischen Unterschiede im Gehirn, vor allem im Hypothalamus und limbischen System. Damit legen sie auch die Grundlage für späteres geschlechtstypisches Verhalten und den *sexuellen Status* (hetero-, homo- oder bisexuell, s. S. 578).

Bei Vorhandensein des XY-Komplements bilden sich in der 7. und 8. Schwangerschaftswoche Vorstufen der Testes. Die von den Testes produzierten **Androgene** sind für die Differenzierung zum männlichen Organismus entscheidend (Andros = Mannes, gennan = produzieren). Das wichtigste Androgen ist **Testosteron**. Ohne ausreichende Androgenproduktion entwickeln sich äußerlich weibliche Geschlechtsorgane. Abb. 28-6 zeigt die Entwicklung der äußeren Genitalien (primäre Geschlechtsmerkmale).

Die sekundären Geschlechtsmerkmale bilden sich erst in der **Pubertät**: u. a. Brüste und erweiterte Hüften beim weiblichen, tiefe Stimme, Bart und vermehrte Muskelmasse beim männlichen Geschlecht. In der Pubertät beginnt der Hypothalamus Vorläufer der gonadotropen Hormone zu produzieren (Kap. 10), die über die Hypophysenhormone LH und FSH (s. S. 572) die Gonaden zur Ausschüttung der Sexualhormone Testosteron und Östradiol (ein Östrogen) anregen. Die sekundären Geschlechtsorgane können z. T. auch im späteren Leben unter dem Einfluß der Sexualhormone rückgängig gemacht werden: Männer unter Östrogeneinfluß entwickeln Brüste, die Stimmlage bleibt aber tief, weil sich der Larynx nicht mehr verkleinert. Als **Hermaphroditen** bezeichnen wir Personen, bei denen es durch einen Defekt in der Entwicklung zu externen und/oder internen Geschlechtsorganen kommt, deren Geschlechtszugehörigkeit unklar ist.

Einfluß der Sexualhormone auf das Gehirn. Geschlechtsspezifisches Verhalten wird zu einem erheblichen Teil vom Aufbau unterschiedlicher ZNS-Strukturen unter Hormoneinfluß determiniert. Der entscheidende Unterschied in der Struktur des Hypothalamus (speziell des **Nucleus praeopticus**) ist die Ausbildung von Zellsystemen, die ab der Pubertät

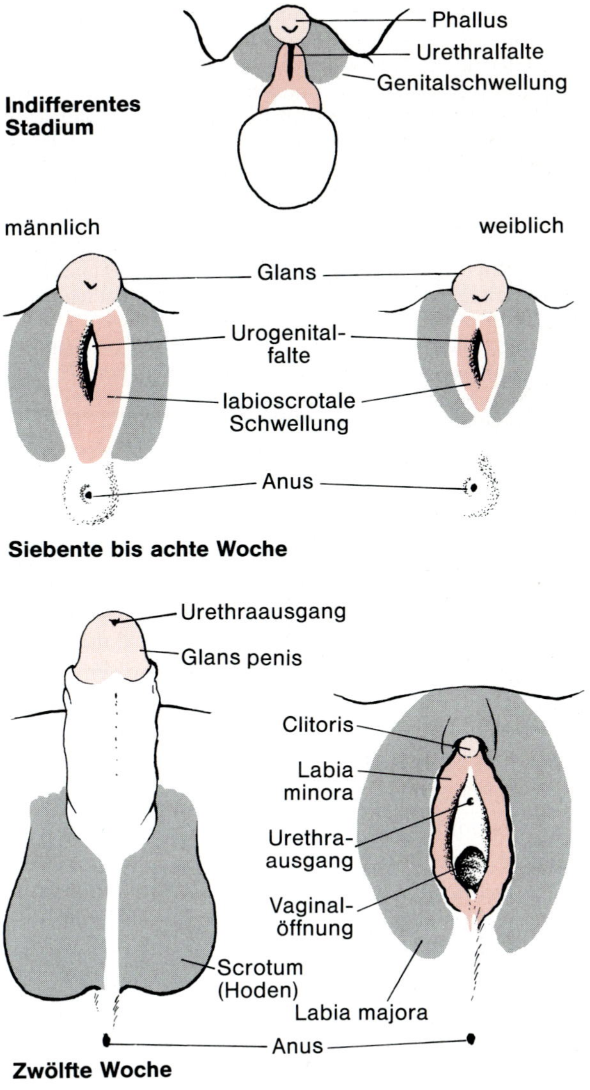

Abb. 28-6. Entwicklung der äußeren Genitalien bei Mann und Frau. Bis zur siebenten, achten Schwangerschaftswoche ist der sich entwickelnde Organismus nicht nach dem Geschlecht differenzierbar. Danach bilden sich Vorstufen der Sexualorgane, die unter Androgeneinfluß männliche Sexualorgane bilden. Im weiblichen Fetus schließt sich die Urogenitalfalte nicht und es bilden sich die Labia minora und die Labia majora. Der Genitalhügel (*Glans*) formt die *Clitoris*. Beim Mann schließt sich die *Urogenitalfalte*, aus der *labioscrotalen Schwellung* entwickelt sich das *Scrotum* und aus dem Genitalhügel der Penis.

beim weiblichen Geschlecht zu typisch cyclischer (beim Menschen 28–30 tägigen) Aktivität der **gonadotropen Hormone** des Hypophysenvorderlappens (Luteinisierendes Hormon, LH und Follikel-stimulierendes Hormon, FSH) führen. Das männliche Gehirn dagegen weist ein stabiles Niveau der LH-Ausschüttung auf (S. 572).

Im Säugetierhirn existieren im Hypothalamus und im limbischen System Östrogen- und Androgen-sensitive Zellsysteme, deren Wachstum wiederum von der peripher produzierten Hormonmenge abhängt. Das Auswachsen der Dendriten und Axone dieser Zellen wird durch Androgene verstärkt und führt somit zu anatomisch unterschiedlichen Verbindungen und Größenverhältnissen von männlichem und weiblichem Gehirn. Das Corpus callosum ist bei Frauen größer, daher besteht eine größere Plastizität der Mädchen für Sprachfunktionen; wenn die linke Hemisphäre ausfällt, sind die resultierenden Sprachstörungen geringer. Die linke Hemisphäre ist beim weiblichen Geschlecht dicker als die rechte, beim männlichen umgekehrt. Dies könnte mit den Begabungsdifferenzen zwischen den Geschlechtern für visuell-räumliche und sprachliche Aufgaben (s. Kap. 30) zusammenhängen. In der Ratte z. B. führt Entfernung der Ovarien in der postnatalen Entwicklungsphase zur Ausbildung des „männlichen" Cortex mit umfangreicher rechter Hemisphäre [7].

Die verstärkte Aggressivität und die höhere Begabung des männlichen Geschlechts für visuell-räumliche und mathematische Aufgaben und die bessere „weibliche" Begabung für Sprachen hängen daher vermutlich auch mit der unterschiedlichen *Hirnentwicklung* (prae- und postnatal) *unter Androgeneinfluß* zusammen (s. Kap. 30, S. 629), da Androgen- oder Östrogenspiegel im Erwachsenenalter kaum mit Aggressivität oder Begabung korrelieren. Ansonsten haben *Erziehungseinflüsse* trotz dieser strukturellen Unterschiede einen starken Einfluß auf geschlechtsspezifisches Verhalten. Die komplizierten Zusammenhänge zwischen genetischem Geschlecht, prä- und postnataler Entwicklung, Erziehung und Kultur und sexuellem bzw. geschlechtstypischem Verhalten wird ab S. 578 an einigen Beispielen illustriert. Vorher sollen aber die wichtigsten hormonellen Mechanismen, die für Reproduktions- und Sexualverhalten wichtig sind, erläutert werden.

Hormonelle Mechanismen sexuellen Verhaltens

In Kap. 10 sind bereits die Grundprinzipien endocriner Systeme beschrieben worden. Wir beschränken uns hier auf jene Hormone, die an der Steuerung reproduktiven Verhaltens beteiligt sind.

Der Hypothalamus und hormonelle Regulation (s. Kap. 14 zur Anatomie des Hypothalamus). Der Hypothalamus enthält Zellgruppen, die Peptide in die lokale Zirkulation oder über die Hypophyse in die systemische Zirkulation ausschütten. Die neuroaktiven Peptide agieren als Hormone und binden an spezifische Receptoren in oft weit entfernten Zellen oder wirken wie Transmitter im synaptischen Spalt, indem sie die Erregbarkeit der Neurone und die synaptische Effizienz *langfristig (tonisch) modulieren.*

Struktur und Funktion der Sexualhormone. Sexualhormone sind Steroide, die in den Testes und Ovarien synthetisiert werden und über den Blutstrom an die Zellen (Abb. 28-7) gelangen. Dort durchdringen sie die Zellmembran und reagieren intracellulär mit einem spezifischen Receptor. Der Receptor-Hormon-Komplex „wandert" in den Zellkern, wo er Anstieg der RNS-Synthese und danach Anstieg der Protein-Synthese bewirkt. Dabei werden abhängig von der Receptorstruktur nur einige spezifische Gene und die Synthese neuer mRNS aktiviert (s. Kap. 2). Abb. 28-7 zeigt den Verlauf der Östradiolbindung in der Zelle (Östradiol ist eines von mehreren Östrogenen, die in den Ovarien produziert werden). Eine Vielzahl von Wirkungen auf Wachstum, Enzymstruktur und Metabolismus (je nach geänderter mRNS-Sequenz) der Zellen kann damit vermittelt werden. Die Hormon-Receptor-Bindungen können äußerst dauerhaft sein und damit einen anhaltenden Einfluß auf Stoffwechsel und Wachstum haben.

Luteinisierendes Releasing Hormon (LHRH, auch Gonadotropin-Releasing-Hormon, GnRH, genannt). Die gesamte Regulation der Sexualhormone

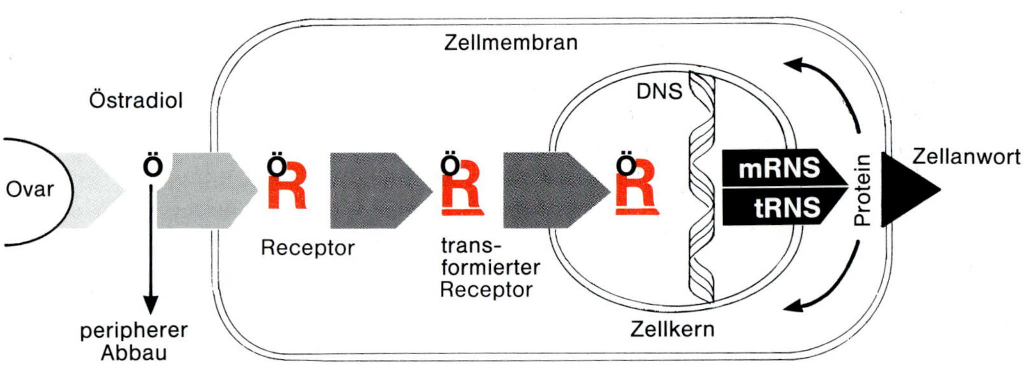

Abb. 28-7. Die Bindung von Östradiol an seinen Receptor und Einflüsse auf den Zellstoffwechsel. Ö Östradiol, R Proteinreceptor. Siehe auch Kap. 10. Erläuterung siehe Text

ist auf dieses Hormon zurückzuführen. LHRH stimuliert die Ausschüttung des Luteinisierenden Hormons (LH) und des Follikel-stimulierenden Hormons (FSH) aus dem Hypophysenvorderlappen. LHRH wird aus verschiedenen hypothalamischen und extrahypothalamischen Zellsystemen ausgeschüttet. Dopaminerge Afferenzen, die an den LHRH-produzierenden Zellen enden, wirken hemmend auf die Ausschüttung, noradrenerge Afferenzen stimulieren die LHRH-Zellen im Hypothalamus. Serotonin hat eine stark hemmende Wirkung. Östradiol und Progesteron, die über den Blutstrom aus den Sexualorganen ins ZNS gelangen, *erhöhen* die Ausschüttung, Testosteron *hemmt* die Produktion mit einer 12-Stunden-Verzögerung.

LHRH gelangt von den hypothalamischen Zellen sowohl in den Blutstrom, als auch in den Hypophysenvorderlappen. Dort wird es an jene Zellen gebunden, die für die Ausschüttung der gonadotropen Hormone (LH und FSH) und Prolactin verantwortlich sind. Die hypophysären LH- und FSH-Zellen schütten nur dann die notwendige Menge Hormone aus, wenn sie *rhythmisch* mit LHRH gereizt werden. Beim Mann erfolgt die Ausschüttung in einem 3–4 Stundenrhythmus, bei der Frau in der ersten Cyclusphase im 90-min-Rhythmus, danach wie beim Mann alle 3–4 Stunden. *Dauerinfusion* von LHRH hat daher keine LH- und FSH-stimulierende Wirkung, sondern nur pulsatile.

LHRH löst auch ohne LH, FSH und ohne die Hormone der Sexualorgane Sexualverhalten aus, wenn es im Tierversuch (Ratte) in die entsprechenden Hirnregionen implantiert wird. Beim Menschen wurde es zur Auslösung von Erektionen bei verzögerter Pubertät eingesetzt [6a].

Gonadotrope Hormone (LH, FSH) (s. Kap. 10). Im weiblichen Organismus stimulieren die beiden Hormone Wachstum und Transformation des Follikels in den Ovarien und die Östrogenproduktion (s. Abb. 28–8), beim männlichen erhalten sie Spermatogenese und Testosteronproduktion.

Beim **männlichen** Organismus erfolgt die Ausschüttung über die Zeit hinweg auf konstantem Niveau. Das ausgeschüttete Testosteron hemmt die weitere Ausschüttung durch LHRH-Hemmung (negative Rückmeldung). LH und FSH agieren synergistisch auf die Testes und sind stark von Umweltreizen abhängig: z. B. in Antizipation sexueller Aktivität steigen FSH und LH in klassischen Konditionierungsexperimenten auch beim Menschen an.

Beim **weiblichen** Organismus erfolgt die Ausschüttung **cyclisch** (Abb. 28–9); ein Anstieg der Östrogene bedingt im positiven Feedbackkreis in der ersten Phase des Cyclus Ausschüttung von LH und FSH. Mit dem Wachstum des Follikels in den ersten Cyclustagen steigen Östrogen und Progesteron zuerst langsam an, um den 12. Tag kommt es zu einem starkem Anstieg der LH-Produktion (positive Rückmeldungsschleife von Östradiol auf LH und FSH); dieser „burst" löst die Ovulation aus (24 Stunden später). Der Follikel entläßt das Ovum (Eisprung). Die zurückbleibenden Follikelzellen vermehren nun die Synthese von Progesteron, was u. a. auch mit einer erhöhten Körpertemperatur einhergeht. Der Follikel wird zum Gelbkörper (Corpus luteum). Der Gelbkörper sezerniert vermehrt Progesteron zusammen mit Östradiol. Nach diesem positiven Feedback-Kreis beginnt der negative: Der Progesteron-Anstieg führt zu Abfall der Ausschüttung von FSH und LH. Die Östrogen- und Progesteronproduktion wird um den 24. Tag durch weitere Senkung der FSH- und LH-Ausschüttung beendet. Danach verliert die Mucosa des Uterus durch Absinken von Progesteron ihre Vitalität. Menstruation (Abstoßung der Uterusschleimhaut) tritt ein [6a].

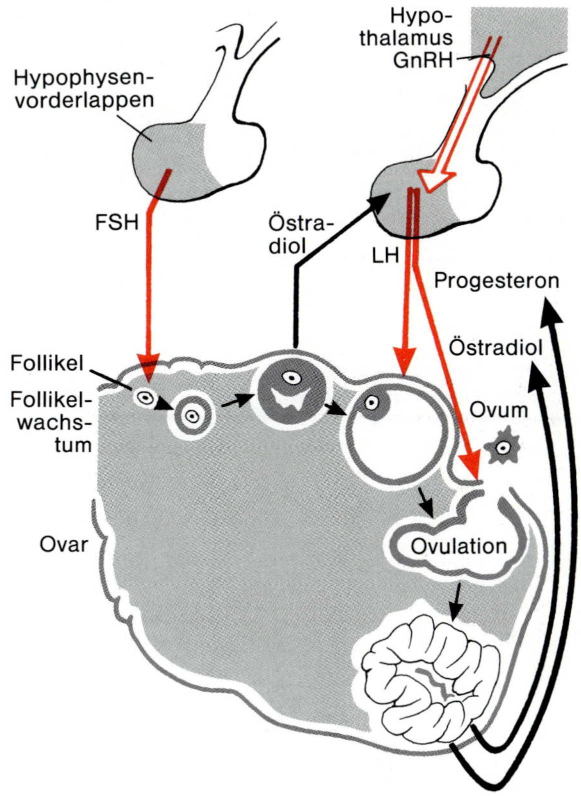

Abb. 28-8. Neuroendokrine Kontrolle des Menstruationscyclus. Siehe auch Abb. 28–9 und Text

Progesteron ist für die zweite Cyclusphase nach der Ovulation wichtig: Progesteron bewirkt – im Falle ausbleibender Befruchtung – die Corpus-lu-

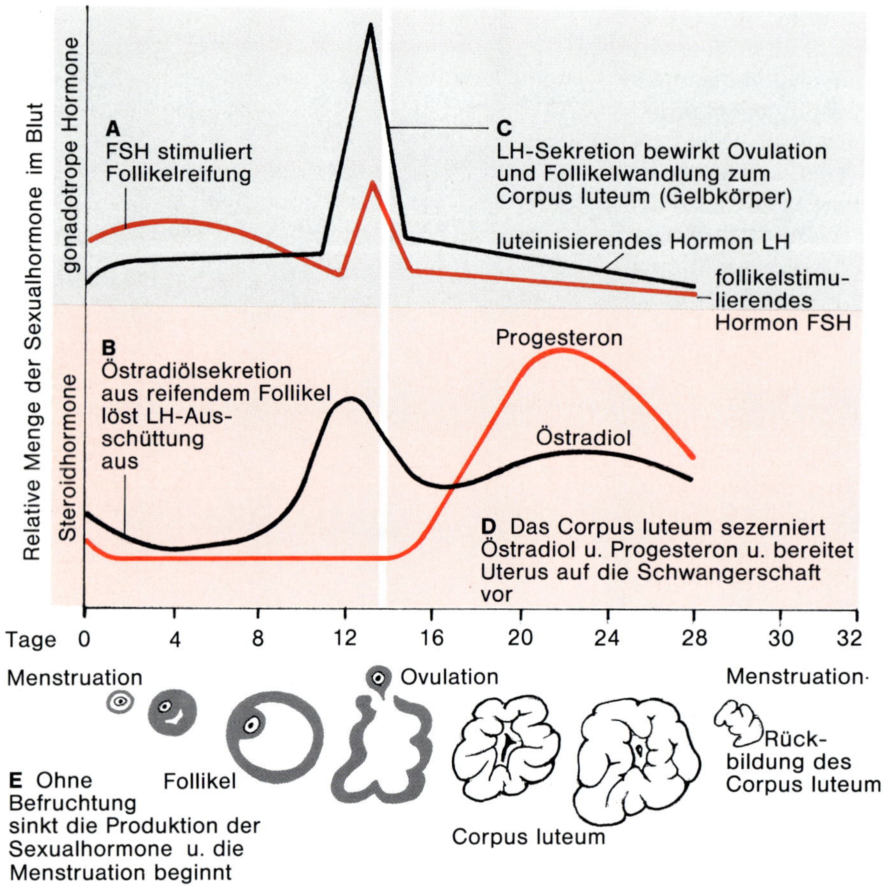

Abb. 28-9. Cyclische Veränderungen der wichtigsten Hormone während des menschlichen Menstruationscyclus

teum-Rückbildung und bereitet die Uterusschleimhaut (Endometrium) für Schwangerschaft vor.

Östrogene und Verhalten. Generell ist der Einfluß der Sexualhormone aus den Sexualorganen bei erwachsenen Primaten geringer als bei anderen Säugetieren. Es muß aber eine gewisse Lernerfahrung mit Annäherungs- und Kopulationsverhalten vorliegen, um nach Ovarektomie (oder Kastration) Sexualverhalten aufrecht zu erhalten. Weibliches Annäherungs- und Kopulationsverhalten ist sehr viel stärker von Testosteronproduktion als von Östrogen abhängig. (Die Androgene werden auch in der Nebenniere produziert und halten eine gewisse Produktion zu allen Zeiten des Menstruationscyclus aufrecht). *Contraceptiva*, die den Rhythmus der hypothalamischen, hypophysären und ovariellen Hormone unterdrücken, haben keinen Einfluß auf die Frequenz des Sexualverhaltens, was auch gegen die Bedeutung der Hormone von Abb. 28-9 für Appetenz- und Kopulationsverhalten spricht.

Amenorrhoe (Ausbleiben der Monatsblutung) ist meist durch psychologische Einflüsse auf den steilen Anstieg der LH-Produktion im Cyclus bedingt. Psychische Belastung kann durch Unterdrückung oder Abschwächung des LH-Anstiegs sowohl Eisprung, als auch Monatsblutung verhindern. Auch bei **Anorexie** fehlt der LH-Anstieg häufig bereits *vor* Ausbruch der aktuellen Nahrungsverweigerung.

Die Ursachen des **prämenstruellen Syndroms**, bei dem einige Tage vor der Menstruation Depressivität, Reizbarkeit und erhöhte Aggressivität bei einem gewissen Prozentsatz der Frauen auftreten, sind unklar. Psychologische Faktoren (Antizipation der Menstruation) sind hier mit den hormonellen verbunden.

Androgene und Verhalten. Während bei nicht-humanen Säugern, vor allem Ratten, Androgene die Frequenz sexueller Reaktionen massiv beeinflussen, ist beim erwachsenen Mann und Primaten der Effekt relativ gering, sofern eine Mindestmenge vorhanden bleibt (Normalmenge mit 350–1000 Nanogramm/Liter Blut.) Auch in hohem Alter bleibt die Mindestmenge in der Regel erhalten. Wenn der Testosteronspiegel unter 350 sinkt, tritt allerdings häufig Impotenz auf, Testosterongaben stellen in *diesen* Fällen das Verhalten wieder her, bei normalem Niveau führt Testosterongabe dagegen häufig zu einem Absinken der Libido (negatives Feedback auf Hypothalamus).

Kastration nach der Pubertät führt beim Menschen meist zu einem langsamen Absinken sexueller Aktivität über Jahre. Je mehr sexuelle Erfahrung vor der Kastration lag, um so langsamer der Abfall.

Hilflosigkeit und **Depression** gehen mit einem Nachlassen der Testosteronproduktion einher: die Antizipation sexueller Aktivität stimuliert normalerweise die Testosteronproduktion; dieser antizipatorische Anstieg unterbleibt bei psychischer Belastung.

Pheromone und Verhalten. Pheromone (von griech. „pherein" = übertragen und „horman" = erregen) sind Substanzen, die von einem Organismus abgegeben werden und direkt das Verhalten oder physiologische Mechanismen eines zweiten Organismus beeinflussen. Die meisten Pheromone werden über Geruchsorgane aufgenommen, manche über die Haut. Bei Ratten und Mäusen haben diese Duftstoffe einen entscheidenden Einfluß auf die Partnerwahl, sexuelles Verhalten und Schwangerschaft. Z. B. kann durch einen Geruchstoff im Urin der männlichen Ratte das Ausbleiben des cyclischen Anstiegs der weiblichen Sexualhormone bei isolierten weiblichen Tieren verhindert werden. Beim Menschen ist der Einfluß dieser Substanzen auf Attraktivität und sexuelle Anziehung umstritten.

Neuronale Mechanismen sexuellen Verhaltens

Angesichts der großen Variabilität menschlichen Sexualverhaltens ist der Schluß vom Tierversuch auf den Menschen in diesem Bereich besonders schwierig. Fast die gesamte Information über neuronale und humorale Mechanismen stammt aber aus Tierversuchen, vieles davon an der Ratte, die ein gut beobachtbares und hoch-stereotypes Verhaltensmuster aufweist [1].

Für weibliches *und* männliches Sexualverhalten existieren *zwei* unterschiedliche neuronale Netzwerke innerhalb desselben Individuums, unabhängig vom Geschlecht: **sexueller Dimorphismus** scheint ein universelles Charakteristikum der Lebewesen zu sein; das jeweils sichtbare typische sexuelle Verhalten eines bestimmten Geschlechts resultiert aus der Hemmung und/oder Erregung eines der beiden Netzwerke. Unter bestimmten Umständen (z. B. Änderung des Hormonspiegels) kann aber das gegengeschlechtliche Verhalten hervortreten. Im Gehirn sind beide Geschlechts"rollen" vorhanden [21].

Der Hypothalamus und die Steuerung der Reproduktion. Für beide Geschlechter wird reproduktives Verhalten durch das *Zusammenspiel* sensorischer und motorischer Reflexbahnen in den Genitalien, in den autonomen extraspinalen Ganglien und Fasern mit spinalen Reflexen und dem *Hypothalamus als zentrale Kontrollinstanz* geregelt. Cortex und limbisches System üben einen modulatorischen und koordinierenden Einfluß auf die zentral gelegenen Strukturen, vor allem den Hypothalamus, aus.

Der Hypothalamus funktioniert sowohl als Drüse wie auch als neuronales Steuerzentrum. Diese Eigenheit erlaubt ihm, an vier Arten von Reflexhierarchien, wie wir sie einleitend genannt haben, (S. 567) teilzunehmen:

- die konventionellen Reflexe mit **neuronalem Input** und **neuronalem Output**. Ein Beispiel dafür ist die **intracranielle Selbststimulation (ICSS**, wie sie in Kap. 29 beschrieben wird): ein elektrischer Impuls aus der Reizelektrode oder den neuronalen Afferenzen (z. B. den Geschmacksreceptoren der Zunge) verstärkt das vorausgegangene Verhalten.
- **neuronaler Input** resultiert in **humoralem Output** z. B. das Saugen des Kindes an der Mutterbrust löst periodisches Feuern in Oxytocin-Zellen des Nucleus supraopticus aus. Wenige Sekunden später erreicht ein erster „Schub" von Oxytocin die Brustdrüsen, erhöht deren Druck und ermöglicht Milchabgabe.
- **humoraler Input** reguliert **humoralen Output**. Die meisten negativen und positiven Rückmeldeschleifen zwischen einer peripheren endokrinen Drüse und der Ausschüttung durch die Hypophyse auf „Kommando" eines Releasing-Hormons des Hypothalamus, z. B. CRH, ACTH-Nebennierenrindencorticoid und Reaktion auf Streß.
- **humoraler Input** führt zu **neuronalem Output**. Wir werden in Abb. 28-15 ein solches Beispiel für die Steuerung der Lordose unter dem Einfluß hypothalamischer Östrogen-Zellen kennenlernen.

Die anatomische Verteilung von Zellsystemen mit hohem Gehalt an Sexualhormonen ist im wesentlichen mit dem gesamten **limbischen System, Hypothalamus und deren wichtigste Afferenzen und Efferenzen** identisch. Abb. 28-10 zeigt die Verteilung von Östradiol- und Testosteron- enthaltenden Zellen. Diese Zellsysteme überlappen sich natürlich mit Zellen, die andere Neuromodulatoren und -transmitter benützen. Viele Zellen enthalten mehrere Neuromodulatoren und sogar mehrere Transmitter. Östradiol-Zellen scheinen mehr mit sensorischen Eingängen, Testosteron bevorzugt mit motorischen Strukturen verbunden zu sein.

Niewenhuys (1985) nennt dieses „System", dessen Ausdehnung sich mit der Lokalisation der Sexualhormone deckt, das **„Paracrine Herz der Neurachse"** (paracrine core of the neuraxis), da es zentral in die Steuerung jener Verhaltensweisen und des inneren Milieus eingreift, die zum Überleben der Spezies und des einzelnen Organismus notwendig sind: die homöostatischen und nicht-homöostatischen Triebe, Erhöhung der Erregbarkeit der Motoneurone, Kampf-Flucht-Verhalten, Reproduktion, antagonistisches Verhalten (Aggression) und Territorialität.

Männliches Verhalten. *Sensorische Einflüsse*. Obwohl der Geruch der weiblichen Genitalien bei den

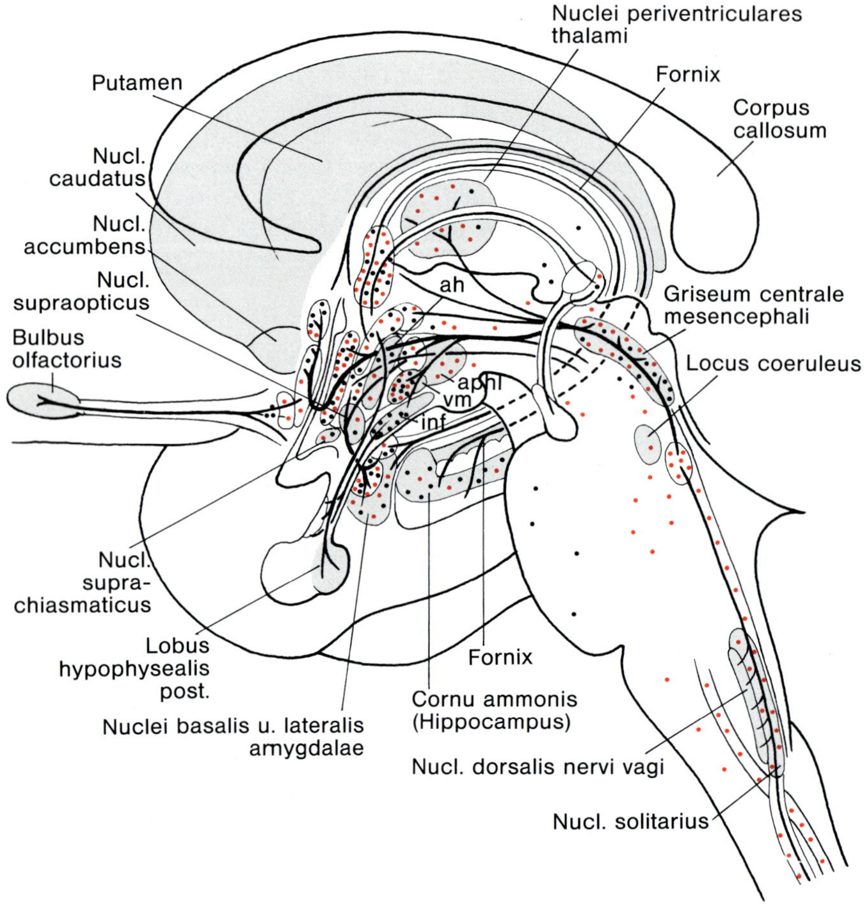

Abb. 28-10. Das „paracrine Herz der Neurachse". Die Lokalisation von Östradiol (*rote Punkte*) und Testosteron (*schwarze Punkte*) enthaltenden Zellen ist schematisch dargestellt. Nur die für das Verständnis des Textes wichtigen Strukturen sind benannt. *ah,* Nucl. anterior hypothalami; *aphl,* Area präoptico-hypothalamica lateralis; *inf,* infundibulum; *vm,* Nucl. ventromedialis. (Zur genaueren Lokalisation siehe Niewenhuys 1985)

meisten Säugern ein wichtiger Auslöser kopulatorischer Reaktionen ist (Pheromone, s. S. 575), bleibt sexuelles Verhalten nach Durchtrennung des Bulbus olfactorius relativ ungestört. Wird aber Durchtrennung des Bulbus mit sozialer Isolation *kombiniert,* kommt es zu Unterdrückung männlichen Sexualverhaltens bei Ratten. – Wichtiger als das Geruchssystem sind cutane Dehnungsreceptoren am Penis: Deafferenzierung ihrer Afferenzen zum Rückenmark führt bei erwachsenen Tieren zu langsamen „Versiegen" sexuellen Verhaltens, bei unreifen Tieren zu vollständiger Unterdrückung. Beim Mann sind ebenfalls die Dehnungsreceptoren entscheidend: bei Querschnittsgelähmten ist durch mechanische Stimulation Erektion und Ejakulation möglich.

Motorisch-vegetative Einflüsse: Erektion wird durch parasympathisch gesteuerte Dilatation der Arterien des Penisgewebes *und* durch Kontraktion der Penismuskel bewirkt. Das führt zu Behinderung des venösen Abflusses und wird **Vasocongestion** genannt. Durchtrennung des parasympathischen N. pudendus verhindert daher Erektion. Orgasmus (pelvische Kontraktion) und Ejakulation sind zwei getrennte Prozesse. Abb. 28-11 zeigt dies beim Menschen. Die orgasmische Kontraktion (tonisch) wird von der rhythmischen Kontraktion des Schließmuskels der Urethra gefolgt. Obwohl an beiden Vorgängen spinal-motorische Efferenzen beteiligt sind, fallen bei Durchtrennung der sympathischen Efferenzen beide Reflexe aus. Dies bedeutet, daß sympathische Efferenzen für Orgasmus essentiell sind.

Spinale Reflexe steuern die gesamte kopulatorische Reaktion, benötigen aber zum Funktionieren eine Mindestmenge von Testosteron und seines Metaboliten Dihydrotestosteron in den Zellen. Abb. 28-12 zeigt schematisch die involvierten Afferenzen und Efferenzen. Die Spinalreflexe sind üblicherweise von den ZNS-Strukturen *tonisch gehemmt*; viele, aber nicht alle sexuellen Reaktionen werden durch Enthemmung der spinalen Schaltzentren durch Einflüsse vom Gehirn erreicht. Nach Rückenmarksdurchtrennung kommt es daher zu spontanen Erektionen („Phantom-Erektionen").

Regionen des ZNS zur Steuerung des Sexualverhaltens sind weit ausgedehnt, entsprechend den vielen sensorischen, motorischen und autonomen

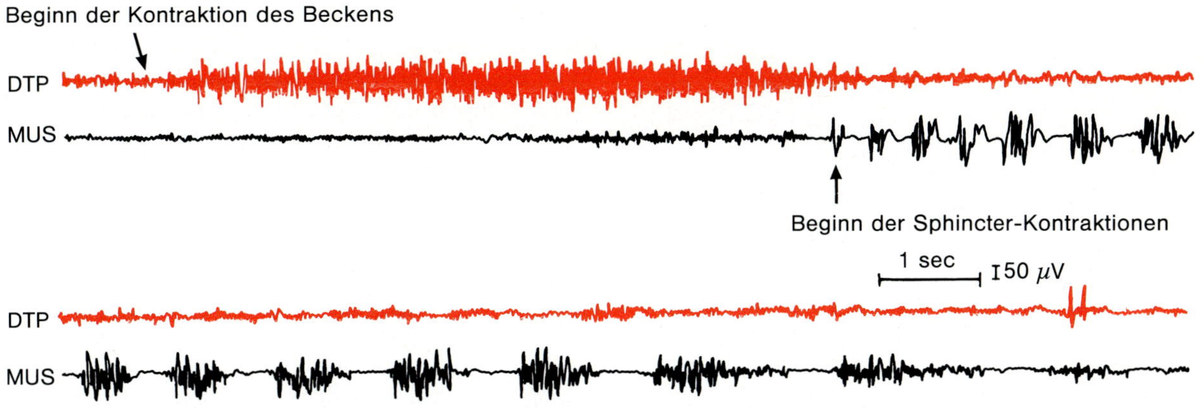

Abb. 28-11. Zwei Phasen des Orgasmus. Elektromyogramm des quergestreiften Sphincter urethrae (*MUS*) und eines Muskels der Beckenbodenmuskulatur (pelvischer Muskel, *DTP* deep transverse perineal) während des Orgasmus beim Mann. Das „Gefühl" des Orgasmus ist an die tonische Kontraktion des *DTP* gebunden. (Aus Hart u. Leedy 1985, nach Kohlberg et al. 1962)

Komponenten, aus denen sexuelles Verhalten zusammengesetzt ist. Die Strukturen, die durch Läsions- und Stimulationsmethoden identifiziert wurden, decken sich im wesentlichen mit den Testosteron, Östrogen und deren Metaboliten enthaltenden Zellsystemen (s. Abb. 28-10). Die **praeoptische Region** des Hypothalamus, der **laterale Hypothalamus** und der **dorsomediale Kern** des Hypothalamus spielen die Hauptrolle in der Steuerung sexueller Reaktionen.

Für heterosexuelle Kopulation bei Affen ist die **mediale praeoptische Region (MP-AH)** essentiell, bei Zerstörung fällt Kopulation aus, nicht aber Masturbation, Urinmarkierung oder andere sexuelle Reaktionen. Abb. 28-13 zeigt die kritische Region im Hypothalamus des Rhesusaffen. Die MP-AH-Region ist bei männlichen Tieren größer als bei weiblichen. Trotz der Intaktheit der kopulatorischen Reflexe auf spinalem Niveau übt die MP-AH-Region den entscheidenden auslösenden Ein-

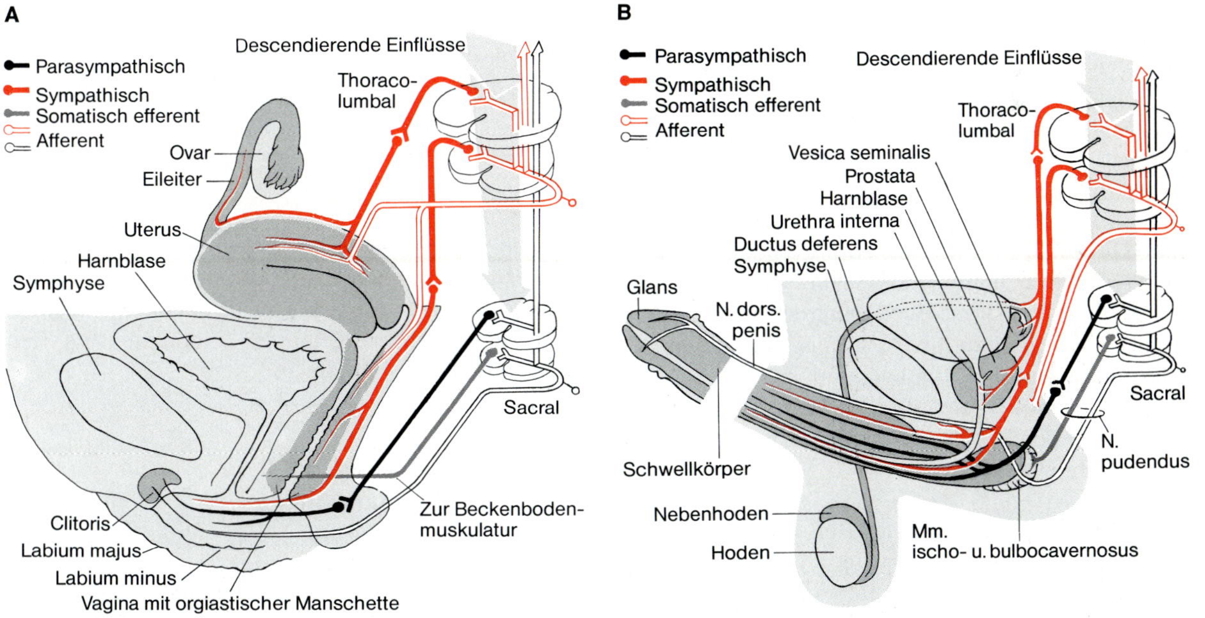

Abb. 28-12. A Innervation der weiblichen Genitalorgane. Interneurone zwischen Afferenzen und efferenten Neuronen im Rückenmark sind nicht eingezeichnet. **B** Innervation der männlichen Genitalorgane. Interneurone zwischen Afferenzen und efferenten Neuronen im Rückenmark sind nicht eingezeichnet. (Aus Jänig, in Schmidt u. Thews 1987)

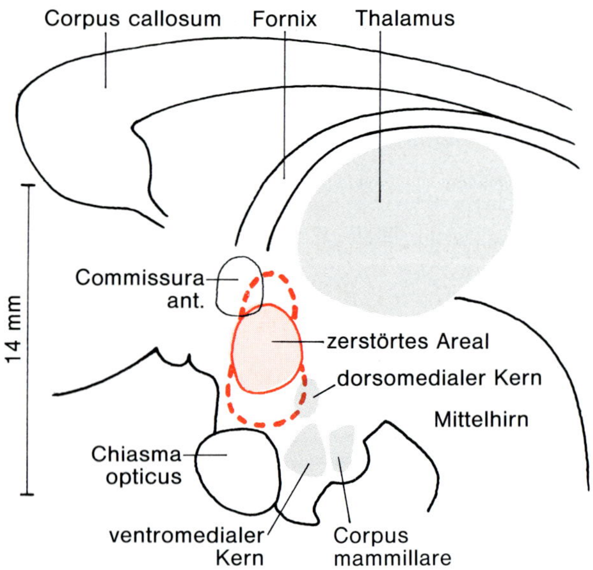

Abb. 28-13. Sagittale Ansicht der Region des Hypothalamus beim Rhesusaffen, deren Zerstörung (*strichlierte* und *dick umrandete* Region, *rot*) zu Störung kopulatorischer Reaktionen führt. (Nach [19])

Abb. 28-14. Kopulation von Ratten. Das angehobene „Hinterteil" des weiblichen Tieres (Lordose) und die seitliche Haltung des Schwanzes ermöglicht Intromission

fluß für das gesamte Verhalten in „sexuellen" Situationen aus. – Der frontale und somato-sensorische Cortex und der basolaterale Kern der Amygdala (s. Abb. 28-10) spielen eine wichtige Rolle in der Modulation männlichen sexuellen Verhaltens: Das sogenannte **Klüver-Bucy-Syndrom** nach Entfernung des Temporallappens und der Amygdala besteht bei Affen aus Zahmheit und Hypersexualität und ist vermutlich auf Wegfall des hemmenden Einfluß der Amygdala auf die MP-AH-Region zurückzuführen [19].

Weibliches Verhalten. In einer Reihe eleganter Studien von Pfaff und Mitarbeitern [23] konnte das neuro-humorale System zur Steuerung der „Lordose-Position" der weiblichen Ratte (s. Abb. 28-14) von der sensorischen Eingangsseite bis zum muskulären Ausgang weitgehend geklärt werden. Dabei wurde die auf S. 567 beschriebene hierarchische Struktur von Reflexketten und deren Abhängigkeit von eng umschriebenen Reizkonstellationen besonders deutlich. Die Aufklärung der Lordosehaltung der weiblichen Ratte kann als Modellsystem für andere Verhaltensweisen angesehen werden. Abb. 28-15 gibt die beteiligten Strukturen und Bahnen schematisch wieder.

Die Position braucht etwa 300 ms bis sie voll ausgebildet ist. Bilaterale cutane Reize an den Flanken der Beine und am Perineum durch das Männchen (*rechts* unten auf 28-15) lösen die erste Sequenz der Reflexkette aus: die Vertebralkrümmung des Rückens wird durch die spinalen Motoneurone gesteuert (*rechts* auf Abb. 28-15). Östrogen muß dafür bereits in Minimalmengen in den Zellen des Hypothalamus vorhanden sein.

Dies ist aber nur *ein* (unzureichender) Abschnitt der gesamten Verhaltenskette. Um die Lordoseposition zu halten, muß das Tier symmetrisch und rigide beide Beinpaare, ähnlich wie bei der Decerebrierungsstarre (s. Kap. 16), abspreizen und den Kopf senken („unter den Kasten schauen"). Dies wird durch einen supraspinalen „Reflex" erreicht: er besteht aus einem descendierenden Einfluß über den lateralen vestibulospinalen Trakt. Die descendierende Aktivität im lateralen vestibulospinalen System wird durch das der Paarung unmittelbar vorausgehende „Hüpfen-und-Zeige"-Verhalten des Weibchens ausgelöst: die lineare Akzeleration des Körpers reizt das vestibuläre System (s. lat. vestibulärer Kern auf Abb. 28-15 *Mitte*), das die „Hintergrund"erregung der spinalen Strukturen so anhebt, daß die Haltungsänderung über die medulläre Reticulärformation möglich wird.

Der Hypothalamus übt einen hemmenden oder erregenden Einfluß (je nach Region) auf die ganze Verhaltenskette aus: der mediale praeoptische Kern hemmt, der ventromediale Kern verstärkt den Reflex und senkt die Schwelle für seine Auslösung. Die hypothalamischen Efferenzen konvergieren mit den somato-sensorischen Afferenzen im zentralen Grau des Mittelhirns und der dorsolateralen Reticulärformation. Die Stärke der hypothalamischen Einflüsse auf diese konvergierenden Strukturen wird primär durch die hormonelle Ausgangslage bestimmt (s. u.); der Hypothalamus fungiert als tonischer „Wegbereiter" für die gesamte Verhaltenskette („priming-function"), während die einzelnen motorischen und vegetativen Elemente von den Spinalreflexen abhängig sind.

Sexuelle Orientierung und Psychoneuroendokrinologie

Die Psychoneuroendokrinologie ist ein junges Fachgebiet, das die Zusammenhänge zwischen Verhalten und endokrinen Prozessen erforscht [11]. Die Psychoneuroendokrinologie versucht, die Umgebungseinflüsse und hormonellen Einflüsse auf Ver-

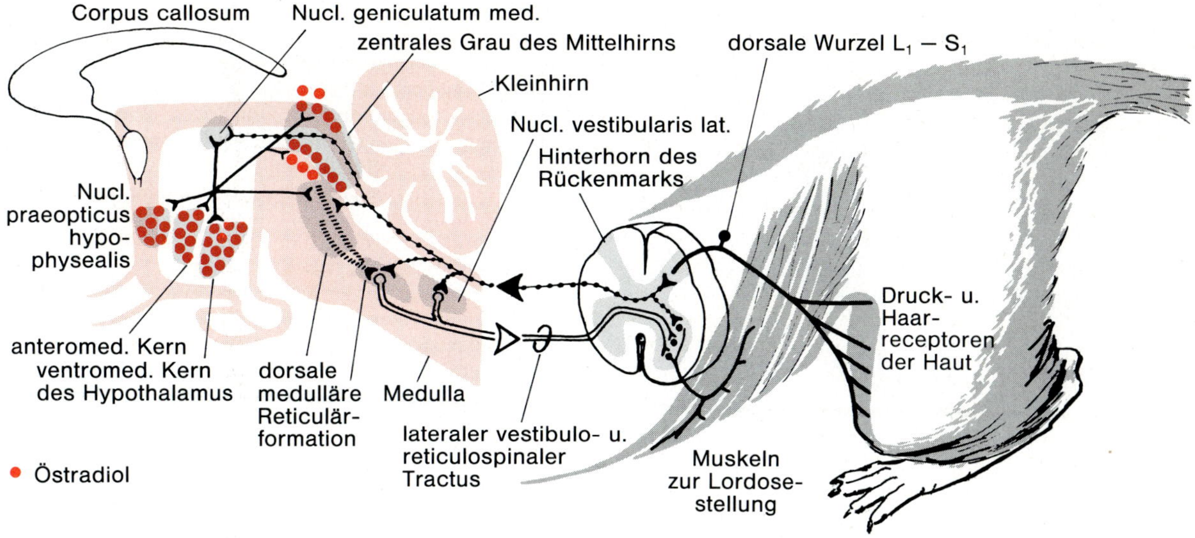

Abb. 28-15. Schematische Darstellung der neuronalen Verbindungen zur Steuerung des Lordose-Verhaltens bei der weiblichen Ratte. Östradiol-Effekte sind durch Neuronen symbolisiert (*rote Punkte*), die Östrogen im Hypothalamus und im zentralen Grau binden. Die aufsteigenden Fasern für Lordose ziehen im anterolateralen Teil des Rückenmarks zur Reticulärformation, dem zentralen Grau des Mittelhirns und dem Hypothalamus. Erläuterungen siehe Text. (Nach Pfaff und Modianos 1985)

halten als *Einheit* zu untersuchen. Bisher wurden die psychologischen und erziehungsbedingten Ursachen sexueller Orientierung und sexueller Präferenzen getrennt von der hormonellen Entwicklung gesehen, und umgekehrt der prägende Einfluß der Umgebung und psychologischer Bedingungen auf die Hormonproduktion in der endokrinen Forschung ignoriert. J. Money und A. Erhardt [10] haben durch Untersuchung von Kindern und Erwachsenen mit Hormonstörungen *und* deren sexuellem und reproduktivem Verhalten die enge Verschränkung von genetischem Geschlecht, morphologischer und psychologischer Entwicklung und sexuellem Verhalten deutlich gemacht. Wir wollen hier nur einige wichtige Erkenntnisse herausgreifen. - Beim Menschen kann man die Beziehungen zwischen Hormonen und Verhalten am besten an Störungen der endokrinen Drüsen studieren. Die folgenden Beispiele sollen vor allem den Einfluß prä- und unmittelbar postnataler Hormonstörungen illustrieren.

Adrenogenitales Syndrom. Aufgrund einer genetischen Abnormität beginnt bei den Betroffenen die Pubertät bereits vor dem 18. Monat. Statt Cortisol werden aus der Nebennierenrinde männliche Sexualhormone ausgeschüttet. Die Folge ist bei genetisch männlichen wie weiblichen Feten eine Vermännlichung der äußeren Sexualorgane. Ein *genetisch weiblicher Fetus* wird im Extremfall mit einem Penis, allerdings ohne ausgebildete Testes geboren. Die inneren Sexualorgane sind weiblich (Ovarien und Uterus). Solche genetisch weibliche Kinder werden als Jungen aufgezogen. Die sexuelle Orientierung dieser genetischen Mädchen nach der Pubertät ist auf das weibliche Geschlecht gerichtet, sie entwickeln normales heterosexuelles Verhalten mit Frauen, sind aber unfruchtbar. Da das *Gehirn* pränatal hohen Androgenmengen ausgesetzt ist, entwickelt sich ein viriles (vermännlichtes) Gehirn. In den 50er Jahren wurden diese Kinder, sofern die Ausbildung der äußeren Sexualorgane nur unzureichend vermännlicht war, postnatal mit Cortisol behandelt, das die Vermännlichung zumindest teilweise verhindert. Chirurgisch wurden die äußeren Genitalien korrigiert. Die spätere sexuelle Orientierung und Präferenz dieser Frauen ist deutlich von der Norm verschieden: 48% sind bisexuell und 17% klar homosexuell (lesbisch). Der Prozentsatz von ausschließlich lesbischer Orientierung in der Normalbevölkerung ist dagegen nur 2%-5% [21]. Die psychischen und sozialen Konflikte nach dieser Behandlung sind entsprechend groß. Pränatale Maskulinisierung des Gehirns reicht also aus, um lebenslange bisexuelle oder lesbische Orientierung bei diesen Frauen zu bewirken.

Androgen-Insensitivitäts-Syndrom. Abb. 28-16 zeigt das Gegenteil des androgenitalen Syndroms, eine Frau mit XY-Chromosom, also ein genetischer Mann. Durch eine genetisch bedingte Insensitivität der Androgenreceptoren an den Zellen für Andro-

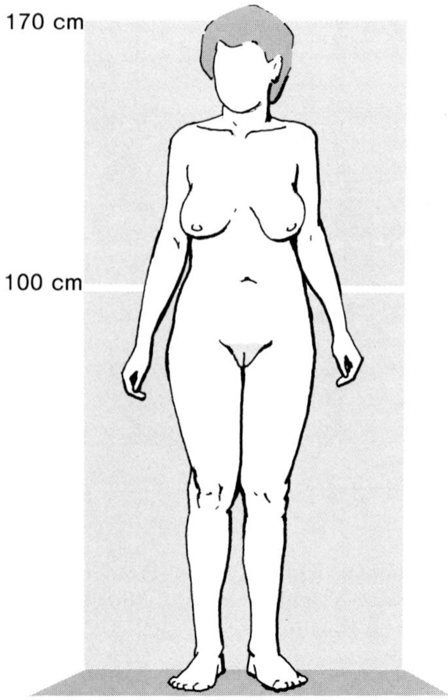

Abb. 28-16. Ein Androgen-insensitiver genetischer „Mann“. (siehe Text. Nach Money & Ehrhardt 1973)

gene entwickeln sich die äußeren männlichen Sexualorgane nicht, sondern entsprechend dem „Eva-Prinzip“ (s. S. 571) weibliche. Die inneren weiblichen Sexualorgane (Uterus, Ovarien) sind nicht oder unterentwickelt, die Testes verbleiben innerhalb des Körpers. Die Kinder werden als Mädchen aufgezogen und weisen durchschnittliche Libido und Orgasmus beim Verkehr mit Männern auf.

Männlicher Hermaphroditismus. Bei mangelnder Androgenproduktion eines XY (männlichen) Fetus wird das Kind mit unklaren äußeren Geschlechtsorganen geboren. Die Kinder werden daher als Jungen oder Mädchen aufgezogen, unabhängig vom genetischen Geschlecht. In der Pubertät erfolgt häufig Feminisierung mit Wachstum der Brüste durch die verstärkte Ausschüttung weiblicher Sexualhormone gegenüber den insuffizienten Androgenen („Eva-Prinzip“). Als Jungen aufgezogene und oft mehrmals chirurgisch behandelte, mit in der Regel deformiertem Penis, erleiden sie Verhaltensstörungen, da ihre Präferenzen auf weibliche Partner gerichtet sind. Als Mädchen aufgezogene und später erfolgreich chirurgisch und hormonell zu Frauen gewordene genetische „Männer“ suchen in der Mehrzahl männliche Geschlechts- und Lebenspartner.

Der Einfluß der kulturellen und elterlichen Umgebung wird an jenen männlichen Hermaphroditen klar, die in isolierten Dörfern der Dominikanischen Republik untersucht wurden; hormonelle oder chirurgische Behandlung war nicht verfügbar. Durch einen genetischen Defekt fehlte bei den untersuchten Personen 5-alpha-Reductase, das Testosteron zu Dihydrotestosteron umwandelt. Dihydrotestosteron ist für die Ausbildung der äußeren männlichen Geschlechtsorgane verantwortlich. Der Defekt beeinflußt aber kaum die Entwicklung des Gehirns, die „in Richtung“ männlich verlief; die äußeren Sexualorgane sind allerdings weiblich. In der ersten Generation wurden die Kinder als weiblich erzogen; in der Pubertät erfolgte dann teilweise Maskulinisierung der äußeren Sexualorgane. In der darauf folgenden Generation wurden die Kinder konsequenterweise „männlich“ erzogen und führten auch später ein Leben mit der kulturell „zugeteilten“ männlichen Rolle. Die „Mädchen“ und „Frauen“ der ersten Generation wurden allerdings zum Großteil als „machi hambra“, Macho-Frau, bezeichnet und hatten erhebliche Anpassungsschwierigkeiten [21].

Allgemein gilt, daß pränatal unter hohem Androgeneinfluß stehende Mädchen, die männliche Sexualorgane ausbilden, und umgekehrt (Knaben, die unter Östrogeneinfluß stehen und Mangel an Androgen aufweisen) später das geschlechtsspezifische Verhalten zeigen, das ihre Umgebung verstärkt, sofern postnatal ihre Geschlechtsorgane umgewandelt werden, also z. B. männliches Verhalten die unter Androgeneinfluß stehenden Mädchen. Im allgemeinen wird das Verhalten nach den sichtbaren Sexualorganen von der Umwelt verstärkt, unabhängig vom genetischen oder körperinternen Geschlecht. Dieses verstärkte Verhalten bleibt dann auch das bevorzugte, sofern es mit der Richtung der pränatalen Hirnentwicklung übereinstimmt.

Homosexualität. Zweifellos gibt es unterschiedliche Subgruppen und Ätiologien homosexuellen Verhaltens. Die Tatsache, daß zumindest **primäre Homosexualität** (keinen anderen als gleichgeschlechtlichen Partner und keine sexuelle Attraktivität eines gegengeschlechtlichen Partners empfunden) trotz z. T. extremer Verfolgung (s. in der Nazizeit oder im Iran in den Jahren der Herrschaft der Mullahs) in allen Kulturen etwa gleich viele Menschen betrifft (bis zu 5% der männlichen Bevölkerung, bei Frauen nicht genau bekannt, aber vermutlich etwas geringere Zahl), könnte für eine biologische Grundlage sprechen [2, 4]. Die Androgen- oder Östrogenmenge im Blut des erwachsenen Menschen ist für die *Richtung* sexuellen Verhaltens bedeutungslos, daher können nur genetische oder entwicklungsbedingte Einflüsse eine Rolle spielen.

In der Ratte läßt sich männliche und weibliche „Homosexualität“ zumindest für Teile des konsumatorischen Verhaltens durch Manipulation der Sexualhormone in den kritischen Phasen der prä- und postnatalen Entwicklung herstellen; z. B. führt extremer *Stress des Muttertiers* in der Schwangerschaft zu Androgenunterdrückung in den männlichen Feten. Postnatal entwickeln diese zwar alle männlichen Geschlechtsorgane normal, ignorieren aber weibliche Annäherung („Hüpfen-und-Zeigen", Lordose, s. S. 578), sondern zeigen selbst weibliches Paarungsverhalten. Umgekehrt weisen weibliche Tiere nach Androgenzufuhr in der kritischen pränatalen Phase später männliches Sexualverhalten auf [7].

Beim Menschen gibt es neben den oben angeführten Störungen der prä- und unmittelbar postnatalen Hormonproduktion noch andere mögliche Ursachen für eine Feminisierung des männlichen Gehirns (männliche Homosexualität) oder eine Virilisierung des weiblichen Gehirns (weibliche Homosexualität). Soziale und erziehungsbedingte Einflüsse sind bei primärer Homosexualität als *gering* einzuschätzen. Neben extremen Belastungen der Mutter in der Schwangerschaft kommen auch Abwehrreaktionen des mütterlichen Immunsystems besonders gegen Androgene des männlichen Fetus in Frage. Die höhere Anzahl männlicher Homosexualität und anderer abweichender sexueller Orientierungen bei Männern könnte mit einem erhöhten Risiko für Abwehrreaktionen zusammenhängen. – Für einige Formen homosexuellen Verhaltens erscheint daher eine biologische Grundlage durchaus wahrscheinlich: nicht im Sinne einer pathologischen Abweichung, sondern als Normvariante variabler Hormonproduktion in kritischen Wachstumsphasen des ZNS.

28.3 Gelernte Motivation und Sucht

Süchtiges Verhalten ist ein „Modell" **erworbener Motivation**, aus dem wichtige Erkenntnisse über die neuronalen Mechanismen von Trieb und Incentive (S. 563) entstanden. Obwohl z. B. für Alkoholismus ein genetisches Risiko (Prädisposition) besteht, handelt es sich bei süchtigem Verhalten um ein *erlerntes Verhaltensmuster*, bei dem psychologische *und* biologische Faktoren eine Rolle spielen. Beim *Erwerb* süchtigen Verhaltens haben sozio-psychologische Faktoren eine überwiegende Bedeutung, die *Aufrechterhaltung* der meisten Süchte wird aber von zentralnervösen Prozessen erheblich beeinflußt.

Die *positiv und negativ verstärkende Wirkung* einer Substanz und der Zeitverlauf der Einnahme (Verstärkungspläne siehe Kap. 27) sind die entscheidenden Determinanten von Sucht, genauso wie von anderen Verhaltenskategorien auch. Jede Substanz hat unterschiedlich verstärkende Eigenschaften und dementsprechend verschieden wird der Verlauf des Erwerbs und die Stabilität süchtigen Verhaltens sein. Die **Verhaltenspharmakologie** untersucht die biochemischen Grundlagen der lernpsychologischen Determinanten verschiedener Süchte [14].

Die WHO-Definition von **Drogen-Abhängigkeit** legt ihren Schwerpunkt ebenfalls auf den fließenden Übergang von „normalem" Annäherungsverhalten zu Sucht: „Abhängigkeit ist ein Syndrom, das sich in einem Verhaltensmuster äußert, bei dem die Aufnahme der Droge Priorität gegenüber anderen Verhaltensweisen erlangt, die früher einen höheren Stellenwert hatten.....es muß nicht dauernd vorhanden sein.... Abhängigkeit ist nicht absolut, sondern existiert in unterschiedlicher Stärke. Die Intensität des Syndroms wird an den Verhaltensweisen gemessen, die im Zusammenhang mit der Drogensuche und -aufnahme gezeigt werden und anderen Verhaltensweisen, die daraus resultieren". Somit sind alle Erkenntnisse, die wir im Rahmen von Motivations- und Emotionsmechanismen gewonnen haben, auch auf süchtiges Verhalten anzuwenden.

Unter **Toleranz** verstehen wir die Abnahme der ursprünglichen Wirkungen der Substanz mit wiederholter Einnahme (Habituation). Toleranz tritt nicht auf alle Wirkungselemente der Substanz auf; z. B. sind bei Opiaten die Atemdepression, die Analgesie und die sedierende Wirkung nach mehreren Einnahmen verschwunden (Toleranz), dagegen bleiben viele der endokrinen und vegetativen Effekte (z. B. Obstipation) bestehen [5].

Gegensatz-Prozeß-Theorie erworbener Motivation

Die Theorie. R. Solomon (1980) entwickelte eine Zwei-Prozeß-Theorie erworbener Motivation, die sich besonders zur Erklärung von süchtigem Verhalten, aber auch zum Verständnis der Dynamik nicht-homöostatischer Triebe und Emotionen eignet.

In der Lernpsychologie (siehe Kap. 27) waren bisher drei Bedingungen bekannt, unter denen Motive („Triebe") erlernt werden können: über konditionierte Furcht (die Entfernung eines konditionierten Furchtreizes wirkt als Motivation), konditionierte (sekundäre) Verstärkung und *Wiederholung eines Verstärkers*. Nach Wiederholung eines Verstärkers (auch wenn er negativ ist) kommt es häufig zu suchtartigem Verhalten, meist Toleranz- und Entzugssymptomen. Wie ist dieses Phänomen erklärbar?

Abb. 28-17 gibt die hypothetischen Prozesse im Organismus wieder, die bei Darbietung eines Reizes ablaufen, der *positive* oder *negative* hedonische Qualität aufweist. Bei dem System in Abb. 28-17 handelt es sich um ein negatives Feed-forward-System, dessen Funktion darin besteht, die Intensität affektiver Aktivierung innerhalb tolerabler Grenzen zu halten: zwei einander hemmende Prozesse (a und b) kontrollieren einen Summator (Additionsglied); der Summator bestimmt die **Richtung** (positiv, negativ, annähernd, verstärkend) und **Stärke**

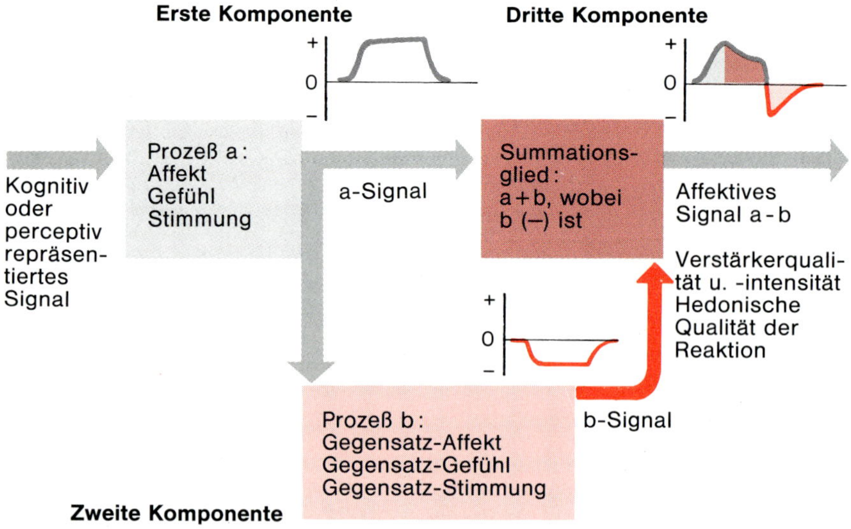

Abb. 28-17. Verlaufsdiagramm der drei postulierten motivationalen Prozesse in der Gegensatz-Prozeß-Theorie. Der einen Affekt auslösende Input aktiviert den *a-Prozeß,* der zwei Informationen weitergibt, eine an den Summator und eine an den Gegensatz-*b-Prozeß.* Der *b-Prozeß* gibt seine Information ebenfalls an den Summator weiter, der die Summe aus *a-b* bildet. Der resultierende Verstärkerwert ist *rechts oben* und in Abb. 28-18 abgebildet. (Nach Solomon 1982)

des Affekts, der Motivation oder des Verstärkerwertes.

Bei Darbietung eines affektiven Reizes wird zunächst der **a-Prozeß** aktiviert. Die Dauer, Stärke und Qualität des a-Prozesses ist der Dauer, Stärke und Qualität des Reizes direkt proportional. Die Aktivierung des a-Prozesses führt etwas *zeitverzögert* zur Aktivierung des gegensätzlichen **b-Prozesses**. Der b-Prozeß weist die *umgekehrte* hedonische Qualität von a auf, er hat eine längere zeitliche Latenz und *langsame Refraktärzeit* und steigt langsamer an. Seine Amplitude ist bei der ersten Darbietung des Verstärkers zwar proportional der Amplitude von a, aber stets kleiner als a. Beide, das Signal aus dem a-Prozeß und das aus dem b-Prozeß, werden in den Summator eingegeben, der nach Addition der beiden Signale (wobei b stets ein negatives Vorzeichen hat) den *aktuellen* Verlauf und die Intensität des Verstärkers und der Reaktion bestimmt. Bei den ersten Darbietungen entspricht daher das Standardmuster der affektiven Dynamik dem Verlauf von Abb. 28-18 der Summe aus a + b (wobei b negativ ist).

Nehmen wir einen positiven affektiven Zustand an, so erreicht dieser kurz nach Darbietung seine maximale Amplitude („Freude"); danach sinkt der affektive Wert ab (Adaptation), weil b verspätet, aber mit wachsender Amplitude einsetzt. Wenn dann der positive Reiz plötzlich entfernt wird, kommt es zu einer negativen Nachschwankung, da der b-Prozeß verzögert zu a abklingt und daher in dieser Phase dominiert („schaler Nachgeschmack nach großer Freude").

Eine zentrale Zusatzannahme bezieht sich nun auf die *Dynamik des b-Prozesses*: im Gegensatz zum a-Prozeß, der bei Wiederholung konstant bleibt, wird b durch *Wiederholung* verstärkt und durch Nicht-Benutzung abgeschwächt. Abb. 28-19 symbolisiert die affektive Dynamik bei einem neuen Reiz und nach häufiger Wiederholung desselben.

Im Falle einer positiven affektiven Situation als a-Prozeß-Auslöser wird sich der positive Wert des Reizes durch Addition von b neutralisieren, nach Abbruch des Reizes kommt es zu einer negativen Nachschwankung, da der b-Prozeß träger verläuft.

Daten zur Theorie. Erfahrungen des täglichen Lebens und Daten aus der Suchtforschung stützen Solomons Theorie: nach wiederholtem Aufsuchen der ursprünglich aversiven Sauna (a) wird der negative Effekt zunehmend neutralisiert (b) und die positive Nachempfindung stärker. Es entwickelt sich selten eine „Sucht" nach Sauna, da die *zeitlichen Abstände* zwischen dem Aufsuchen der Sauna soweit auseinander liegen, daß der b-Prozeß wieder auf die neutrale Ausgangsbasis zurückgekehrt ist, wenn eine neuerliche Darbietung von a erfolgt. Ähnliches ist auch bei (gefährlichen) Sportarten festgestellt worden: Fallschirmspringen, Laufen etc., die durchaus in suchtartiges Verhalten münden können, wenn sie während der Nachschwankung (s. Abb. 28-18 und 28-19) wieder ausgeführt werden und b sich weiter addiert. Dem sind natürlich physische Grenzen gesetzt.

Bei **Drogen** mit extrem positiver Wirkung während der ersten Darbieung (z. B. „Crack", hohe Cocaindosen) treten starke negative Nachschwankun-

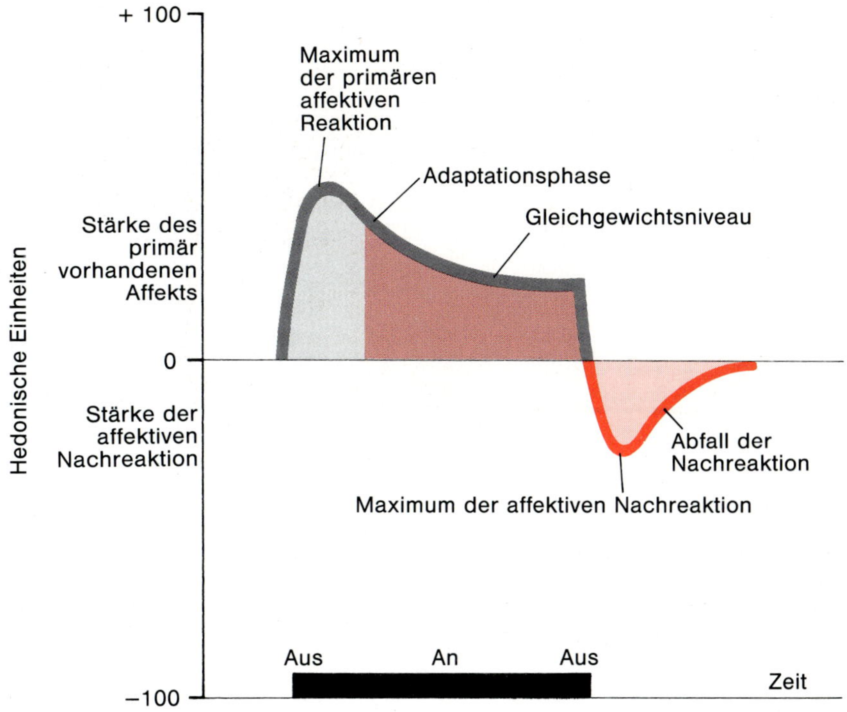

Abb. 28-18. Das Standardmuster affektiver Dynamik nach einem gleichförmigen „Rechteckimpuls" eines affektiven Reizes (s. Abb. 28-17 und Erläuterungen im Text; nach Solomon 1980)

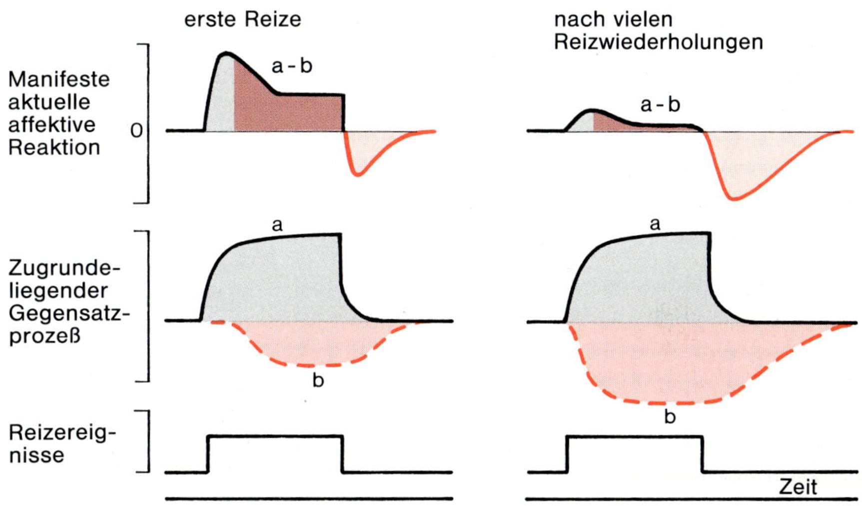

Abb. 28-19. Das Standardmuster affektiver Dynamik bei Darbietung eines neuen verstärkenden Reizes und nachdem der Reiz bereits häufig wiederholt wurde. Die Änderung der Summe *a-b* wird nur durch den Anstieg des Gegensatz-b-Prozesses bedingt, der durch Wiederholung an „Stärke" zunimmt. (Nach Solomon 1980)

gen (b) auf, die nur durch neuerliche Drogeneinnahme (a) reduziert werden können, wodurch sich b weiter addiert und die Rückkehr zum neutralen Ausgangspunkt verzögert wird; damit wird die Chance, daß in diesem Zeitintervall der Nachschwankung die Droge neuerlich zugeführt wird größer: der *Circulus vitiosus aus Toleranz und Entzugssymptomen* ist geschlossen. Die **Entzugssymptome** (b-Prozeß) sind stets affektiv und vegetativ genau das *Gegenteil* der ursprünglichen positiven Zustände (a-Prozeß): wenn bei Einnahme Euphorie auftritt, folgt darauf Depression, wenn ein Gefühl der Allmacht auftrat, folgt soziale Angst und Panik etc.

Abgesehen von Drogen wurde die Zwei-Prozeß-Theorie bei **Prägungsverhalten** von jungen Enten untersucht: obwohl die positiven, hedonischen Verhaltensweisen (Zeichen der „Freude") der Jungtiere, wenn sie der Mutter folgen, bei wiederholter „Darbietung" des Muttertiers absinken (a), werden die negativen Verlassenheitsschreie der Jungtiere (b) bei wiederholter Entfernung des Muttertiers (Abbruch von a) stärker. – Mit der *Dauer* der durch den negativen b-Prozeß verursachten Nachschwankung wird die Suchtgefahr steigen. Bei Morphi-

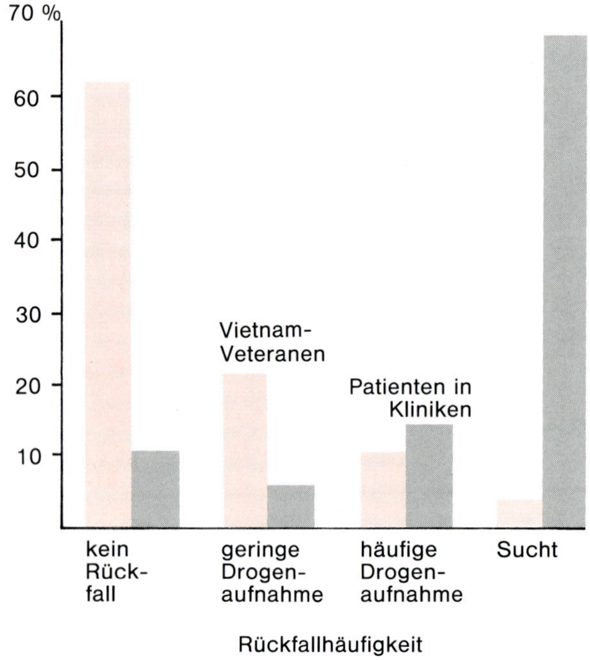

Abb. 28-20. Prozentsatz der Vietnam-Veteranen (*rot*), die in Vietnam heroinabhängig waren und in USA die Droge weiter einnehmen im Vergleich zu „zivilen" Abhängigen, die zum selben Zeitpunkt in staatlichen Institutionen behandelt wurden. (Schematisiert nach Robins et al. 1974)

um z. B. ist die negative Nachreaktion 8-120 Stunden (je nach Dosis und Erfahrung); die Gefahr einer neuerlichen Einnahme und damit die Addition von b ist daher besonders groß. Bei hinreichend langen Intervallen zwischen der Einnahme entsteht auch bei „harten" Drogen keine Suchtgefahr.

Klassische Konditionierung, Toleranz und Abhängigkeit. Die Entstehung und Aufrechterhaltung süchtigen Verhaltens ist ohne Beachtung von Lernprozessen nicht erklärbar. Sowohl a- als auch b-Prozeß werden an kurz vorher und gleichzeitig dargebotene Reize (z. B. Situation der Drogenaufnahme) klassisch konditioniert.

Z. B. läuft der Raucher zum Automaten und raucht sofort eine neue Zigarette, auch wenn die Zeit bis zum Einsatz des Entzugssymptoms (b-Prozeß) noch nicht abgelaufen ist: der Anblick der leeren Schachtel (CS) löst sofort den (negativen) b-Prozeß aus, der in vorausgegangenen Situationen mit dem Anblick der leeren Schachtel verbunden war.

Die Tatsache, daß nach zwei Jahren 80% der Drogen-, Alkohol-, Nicotinabhängigen und auch 80% der Adipösen rückfällig geworden sind, wenn sie keinen radikalen Umgebungswechsel vorgenommen haben, illustriert die Wirkung konditionierter Reize für das Wiederauftreten des (meist) negativen b-Prozesses (Abstinenzerscheinungen). 80% der US-Soldaten in Vietnam z. B. waren heroinabhängig, nur eine Minderheit setzte das Verhalten nach Rückkehr in die USA - trotz Verfügbarkeit der Droge - fort (Abb. 28-20). Die konditionierten Reize der Umgebung in Vietnam waren in den USA nicht vorhanden.

Der **Einfluß von Erwartung**, ausgelöst durch konditionierte Reize (CS) für b-Prozeß-Reaktionen, wurde für so divergierende Phänomene wie Bindungssuche, Barbituratabhängigkeit und Adipositas nachgewiesen.

Bei der klassischen Konditionierung von Abhängigkeit und Toleranz muß beachtet werden, daß bei einigen Substanzen **kompensatorische konditionierte pharmakologische Reaktionen** auftreten [26]. Eine unkonditionierte Reaktion (UCR) auf Morphium (UCS) besteht aus Analgesie, die Reaktion auf einen urspünglich neutralen CS, der mit dem UCS gepaart wurde, ist Hyperalgesie; die UCR auf Ethanol ist Hyp*o*thermie, die CR Hyp*er*thermie. Die kompensatorischen Reaktionen „bereiten" den Organsimus auf die UCR, die von der Droge verursacht wird, vor.

Abb. 28-21 zeigt einen typischen Versuchsplan zur Demonstration des **Erwartungseffekts** und des Umgebungseinflusses auf Toleranz; dieser Versuch erklärt auch die Häufigkeit von Todesfällen nach Heroin-"Überdosis" unter neuen, unerwarteten Umwelteinflüssen. Eine Analyse der Todesfälle zeigt, daß selten eine reale Überdosierung vorlag, sondern meist eine „normale" Dosis in einer ungewohnten Umgebung (z. B. Bahnhofstoilette) eingespritzt wurde; da für die Umgebung noch keine konditionierte vorbereitende und kompensatorische Reaktion ausgebildet worden war, wirkte die „normale" Dosis als Überdosis, so als ob dieselbe Dosis das erste Mal eingenommen würde.

In Abb. 28-21 wird ein Experiment an Ratten dargestellt, in dem nach derselben Dosierung von Heroin und einer Placebosubstanz (Dextrose) in zwei unterschiedlichen Umgebungen (CS; im Käfig oder Versuchsraum) über mehrere Tage hinweg Toleranz aufgebaut wurde (Lerndurchgänge auf Abb. 28-21). Am letzten Testtag erhielten die Tiere eine normalerweise tödliche Dosis von Heroin (15mg/kg) in einer der beiden Umgebungsbedingungen. Die Kontrollgruppe, die keinerlei Toleranz entwickelt hatte, wies eine Mortalität von 96,4%, die Gruppe, welche die letale Dosis in einer neuen Umgebung erhielt, 64,3% („verschieden" in Abb. 28-21), die Gruppe mit derselben Heroin-Vorgeschichte wie die andern Gruppen, aber identischen Lern- und Testbedingungen, eine Mortalität von nur 32,4%. Nur die letzte Gruppe konnte kompensatorische pharmakologische „Erwartungsreaktionen" in der Testsituation entwickeln.

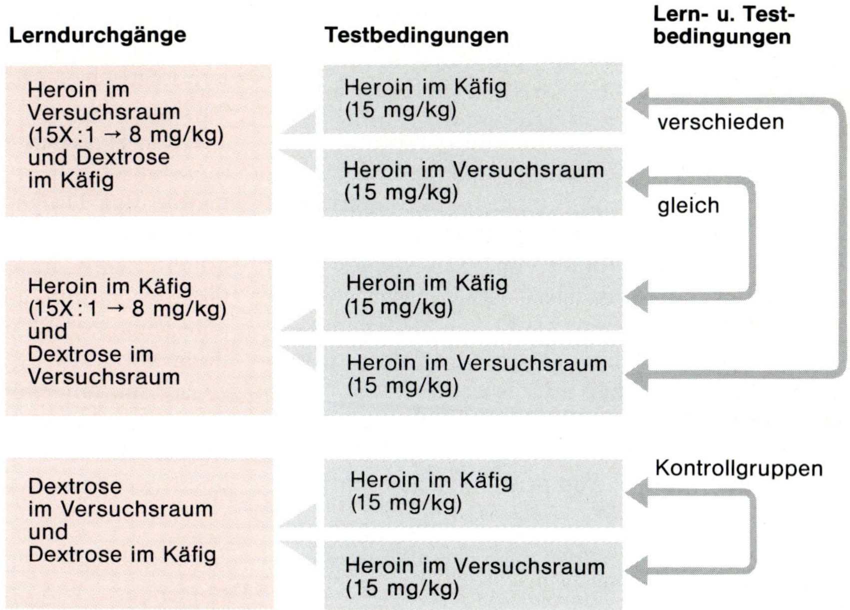

Abb. 28-21. Versuchsplan der Versuchsgruppen eines Experiments zur „diskriminativen Kontrolle von Toleranz" von S. Siegel. In dem Experiment wurde der Einfluß von Umgebungsreizen auf Toleranz gegenüber tödlichen Heroindosen bei der Ratte untersucht, die mit der Drogeneinnahme assoziiert wurden („Erwartung"). Erläuterungen siehe Text. (Nach Siegel 1983)

Neurobiologie süchtigen Verhaltens

Obwohl Lernprozesse beim Erwerb und Aufrechterhaltung süchtigen Verhaltens eine überragende Rolle spielen, sind unkonditionierte, biologische Vorgänge am Aufbau der Toleranz und Abhängigkeit beteiligt. Die Entdeckung **endogener Opiate** und ihrer Receptoren in bestimmten Regionen des ZNS könnte eine molekulare Basis für die Zwei-Prozeßtheorie bilden. Der Prozeß der *physischen Abhängigkeit* kann durch **Opioid-Neuroadaptation** zumindest theoretisch erklärt werden. Da Änderungen der Receptorbindungen endogener Opiate auch bei Nicotin, Alkohol, Barbituraten, ja sogar bei Sport, Essen, Adipositas und Placeboreaktionen, vergleichbar mit den Prozessen bei Opiatsucht, beobachtet wurden, kann man das Konzept der Opioid-Neuroadaptation als ein allgemeines neurobiologisches Modell erworbener Motivation auffassen. Dabei unterscheiden sich die verschiedenen Substanzen weniger in ihrem Wirkungsmechanismus als in der Kombination der beteiligten Transmitter, Hormone und Receptoren (z.B. wirkt Nicotin primär auf ACh-Receptoren, der Mechanismus von Toleranz und Entzug dürfte aber ähnlich wie bei Opiaten sein und diese z.T. einschließen).

Opiat-Neuroadaptation. Wir haben in Kap. 10, 14 und 18 bereits die Rolle endogener Opiate, der **Endorphine und Enkephaline,** bei Schmerz und Stress beschrieben. In Kap. 29 (S. 603) wird gezeigt, daß einige endogene Opiatsysteme in enger funktioneller Verbindung mit den dopaminergen positiven Verstärkerstrukturen („Freude") stehen. Die euphorisierende (verstärkende) Wirkung von exogenen und endogenen Opiaten (Morphin) scheint aber weniger mit Toleranz und Entzugssymptomen verbunden zu sein: Opiate erhöhen im Tierversuch die Sensitivität und Erregbarkeit positiver Verstärkerstrukturen bei elektrischer Selbstreizung des medialen Vorderhirnbündels (s. S. 603), *ohne* daß Toleranz (d.h. Erhöhung der Dosis) bei wiederholter Gabe entsteht. Wir müssen daher die primär süchtig machenden Wirkungen von Opiaten in jenen neurochemischen Systemen und Mechanismen suchen, die mit der Steuerung des affektiv negativen b-Prozesses der Droge befaßt sind. Die *Reduktion der negativen Entzugssymptome* durch neuerliche Einnahme ist der zentrale Motivator zur Wiederaufnahme, nicht die positiv verstärkende Wirkung der Droge.

Die Wirkung von Opiaten auf positive Verstärkung („Freude") und ihre analgetische Wirkung findet in unterschiedlichen Hirnstrukturen statt und benutzt verschiedene Opiat-Receptorgruppen. Natürlich veranlaßt das euphorische Gefühl („kick") und vor allem die damit verbundenen CS („Drogenszene") zur Wiederaufnahme der Drogen. In den positiven Verstärkersystemen (s. Kap. 29) kommt es aber offensichtlich nicht zu jenen kompensatorischen intracellulären

Änderungen, die zu Toleranz und zu dem Abstinenzsyndrom führen; diese scheinen eher in jenen Systemen stattzufinden, die mit der analgetischen Wirkung der Opiate zu tun haben, besonders im periaquäductalen Grau des Mittelhirns (s. Kap. 14 und Abb. 28-10 u. 28-15).

Die Identifikation der neurochemischen Mechanismen für Toleranz und Entzug wird dadurch erschwert, daß wir mindestens über *drei endogene Opiatsysteme* (beta-Endorphin, Enkephalin- und Dynorphinsystem) verfügen. Jedes dieser drei Systeme könnte mit unterschiedlichen Verhaltensweisen bei Sucht zusammenhängen. Eindeutig ist nur, daß Zellen bei Bindung ihrer Receptoren mit extern zugeführten Opiaten kompensatorische intracelluläre Prozesse einleiten. Entzug bewirkt plötzliche Rücknahme dieser kompensatorischen Prozesse und die Gegenregulation führt zu einem „Überschießen" der Kompensation. Abb. 28-22 gibt die hypothetischen Mechanismen auf Einzelzellniveau wieder.

Diese **Hypersensitivitätstheorie** geht von dem homöostatischen Konzept aus, daß im ZNS nach Einnahme der Droge ein stabiles, optimales Niveau von cAMP in Zellen mit Opiatreceptoren aufrechterhalten wird. Im Normalfall wird die Zahl der an Opiatreceptoren ankommenden Endorphin-Moleküle nach „Streß" und Schmerz erhöht und die Bildung von cAMP in diesen Zellen reduziert. Das cAMP moduliert über die in Kap. 2 beschriebenen Zwischenschritte die Reaktion des Neurons. Als Endresultat dieses Prozesses werden die Schmerz übertragenden Systeme kurzfristig gehemmt (s.

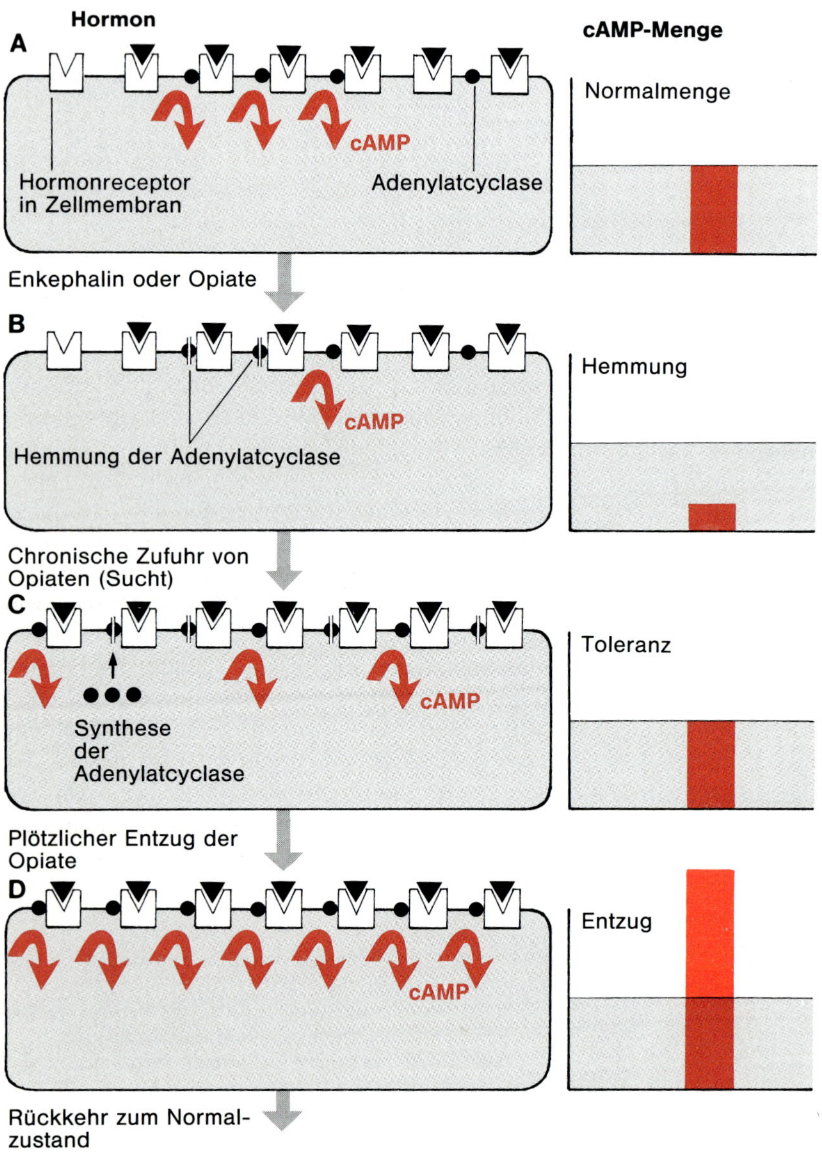

Abb. 28-22. Opiat-Receptor-Modell der Sucht. **A** verschiedene Hormone führen mit Hilfe des Enzyms Adenylatcyclase zur Synthese des intracellulären Botenmoleküls cAMP, das die cellulären Effekte des Hormons bestimmt (s. Kap. 2). **B** Opiate hemmen die Aktivität der Adenylatcyclase und reduzieren damit das *cAMP*-Niveau. **C** Nach wiederholter Opiatgabe adaptiert die Zelle, indem sie mehr Moleküle des Enzyms produziert, sodaß ein normales Ausmaß an *cAMP* produziert wird. Die Zelle wird gegenüber der ursprünglichen Opiatmenge „tolerant". **D** Wenn die Drogenzufuhr plötzlich unterbrochen wird, werden alle Enzymmoleküle aktiv und synthetisieren zu viel cAMP, was zu Entzugssymptomen führen kann (siehe Text)

Kap. 18). Bei künstlicher Zufuhr von exogenen Opiaten (Heroin) werden zunehmend Receptoren besetzt und die cAMP-Synthese blockiert. Mit wiederholter Aufnahme setzt zur Aufrechterhaltung des Gleichgewichts ein Gegenprozeß ein, der zu mehr cAMP führt, so daß insgesamt das Niveau der Enzymaktivität wieder auf Normalwerte zurückkehrt (Toleranz). Nach Entzug fällt die hemmende Wirkung der Opiate auf die cAMP-Produktion weg und die Zelle setzt weiter die kompensatorische Produktion für einige Zeit fort, wodurch ein Überschuß an cAMP entsteht; dieser Überschuß verursacht über eine Reihe von ungeklärten Zwischenschritten die Entzugssymptomatik.

Alkohol. Wie die Opiatsucht sind auch für die Alkohol-Sucht eine Vielzahl von kulturellen, psychologischen, genetischen und pharmakologischen Faktoren verantwortlich. Kein Faktor allein ist in der Lage, Ätiologie und Stabilität des Verhaltens zu erklären. Die Potenz von Alkohol für Toleranz und Entzug ist geringer als die Opiaten und Cocain, da der positive a-Prozeß weniger intensiv ist und rascher absinkt und daher auch die Summation von b bei ausreichend langen Intervallen zwischen der neuerlichen Aufnahme auch bei hohen Dosen „in Grenzen" bleibt. Angesichts der sozialen Akzeptanz in vielen Kulturen ist die Aufnahme und Wirkung von alkoholischen Getränken an eine Vielzahl von sozialen und internen Hinweisreizen (z.B. Tageszeit) konditioniert, was die Einnahme ebenfalls „in Grenzen" hält.

Eine Reihe von Untersuchungen belegen, daß die *Erwartung* der spezifischen Wirkung in einer sozialen Situation, bei geringen und mittleren Alkoholmengen die Wirkungen *mehr* bestimmt als die aktuelle Menge von Alkohol im Blut. Auch ohne Alkoholaufnahme treten die Wirkungen auf, wenn die Personen glaubten, Alkohol getrunken zu haben; und umgekehrt wurden keine Wirkungen gespürt und gemessen, wenn die Personen glaubten, keinen Alkohol aufgenommen zu haben, trotz aktueller Aufnahme (die Getränke waren geschmacksneutral, [16]).

Nur wenige der Menschen (etwa einer von 15), die regelmäßig Alkohol trinken, sind im Sinne der WHO-Definition (s.S.581) als süchtig zu bezeichnen. Diese kleine Gruppe (1-5% der Männer) trinkt mehr als 50% der konsumierten alkoholischen Getränke. Entsprechend den Vorhersagen der Zwei-Prozeßtheorie wird von dieser Gruppe Alkohol in der negativen b-Prozeß-Nachschwankung - („Kater", meist am Morgen des nächsten Tages) - wieder aufgenommen und die Addition von b damit beschleunigt.

Alkohol wird vom gastrointestinalen System rasch aufgenommen und durchdringt als kleines Molekül die Blut-Hirn-

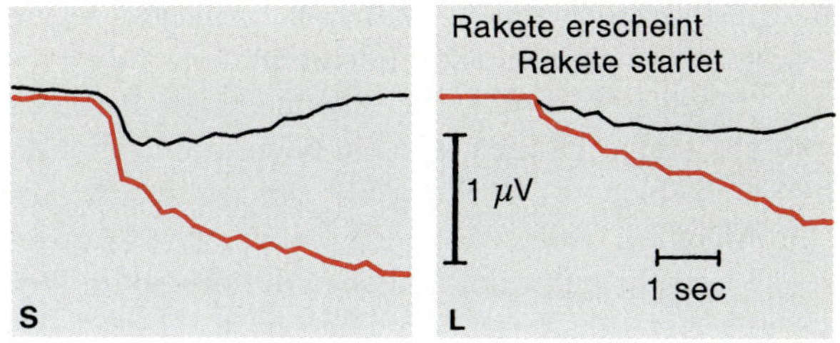

Abb. 28-23. Selbstregulation langsamer Hirnpotentiale bei schweren Rauchern (*S*) und Leichtrauchern (*L*). Die Aufgabe der Versuchspersonen bestand darin, nach Rauchen einer Zigarette die linke zentrale Hirnhemisphäre gegenüber der rechten elektrisch zu positivieren (*rot*) und abwechselnd die rechte zu positivieren (*schwarz*). Als Rückmeldung beobachtet die Vp eine stilisierte Rakete auf einem Videoschirm, die exakt ihre eigenen langsamen Hirnpotentiale wiedergibt (s. Kap. 30, S. 633 zur detaillierten Beschreibung des Versuchs). Raucher nach Rauchen einer Zigarette mit hohem Nicotingehalt (*S*) zeigen deutlich verbesserte Selbstregulationsleistung

schranke; die depressorische, sedierende Wirkung setzt innerhalb von Minuten ein. Bei kleinen Dosen werden inhibitorische Synapsen im ZNS gehemmt, daher die Enthemmung des Verhaltens, später kommt es zu Hemmung auch der exzitatorischen Zellen und ausgedehnter Inhibition im Hirnstamm, bei weiterer Zufuhr auch in corticalen Regionen. Das EEG ist verlangsamt, Tiefschlaf (SWS) vermehrt, REM unterdrückt (s. Kap. 26), der Erholungswert des Schlafes damit reduziert.

90-95% von 10 ml Ethanol (etwa ein Whisky) wird nach einer Stunde zu Wasser und CO_2 metabolisiert. Bei höheren Dosen verzögert sich die Ausscheidung und Metabolisierung in Abhängigkeit von mehreren Faktoren: der aufgenommenen Menge des Alkohols, Körpergewicht, gleichzeitige Nahrungsaufnahme, körperliche Aktivität, Rasse, Alter, Geschlecht und genetischer (familiärer) Vulnerabilität.

Die unkonditionierte physische Abhängigkeit (Neuroadaptation) scheint - zumindest teilweise auch über die auf S. 585 beschriebene Opiat-Receptorbindung zu erfolgen: Bei der Oxydation von Alkohol in der Leber durch die Enzyme Alkohol-Dehydrogenase (ADH) und Aldehydhydrogenase (AldHD) gelangen Aldehydmetaboliten ins ZNS, wo sie in Gegenwart von Alkohol zusammen mit zentralen Monoaminen Kondensationsprodukte herstellen, die strukturell morphinähnliche Alkaloide bilden. Diese Produkte (Tetrahydro-Isoquinolon, TIQ) fungieren als **„falsche" Transmitter** und binden sich an Opiatreceptoren. Dies setzt dann in einzelnen Hirnsystemen, die teilweise mit Endorphin-Enkephalin-Systemen (s. Kap. 18) identisch sind, die Opiat-Neuroadaptation in Gang.

Nicotin. Das Rauchen von Tabak in Zigaretten ist - verglichen mit harten Drogen (Heroin, Cocain) und Alkohol - für die Gesundheit der Bevölkerung das größere Problem. Bis auf die Zeitverläufe und Intensität ähnelt die Wirkung von Nicotin - ein Alkaloid mit stereochemisch ähnlicher Struktur wie die Opiate - in vielen Aspekten den Opiaten und Alkohol. Tabelle 28-2 gibt die verschiedenen Reaktionen auf einige Drogen wieder. Nicotin entfaltet eine Vielzahl von Wirkungen, die es weder als stimulierende noch sedierende Droge charakterisieren. Vielmehr kann der Raucher durch subtile Dosierung des inhalierten Rauches (z.B. „Tiefe" des Zuges, Dauer etc. und in Kombination mit Manipulation der Situation, in der geraucht wird) die Wirkung *selbst regulieren* (ein durchschnittlicher Raucher macht pro Jahr 50-100000 Züge). Die Wirkung eines Zuges tritt innerhalb von Sekunden im ZNS ein. Etwa 20 Minuten nach der letzten Zigarette ist das Nicotin metabolisiert und Abstinenzerscheinungen treten auf, die stark situationsabhängig sind.

Stimulation nicotinerger cholinerger Receptoren im ZNS ist eine der Wirkmechanismen von Nicotin bei niedrigen Dosen; bei höherer Dosierung werden die ACh-Receptoren blockiert. Nicotin stimuliert zusätzlich die Produktion von Hirncatecholaminen und Serotonin, was vermutlich die verbesserte Aufmerksamkeit verursacht. Die Blockade nicotinerger cholinerger Receptoren durch Mecamylamin reduziert Rauchen, hat aber erhebliche Nebeneffekte. Bei Rauchern führt die Zufuhr von Nicotin zu beschleunigter Reaktionszeit, verbesserter Konzentration, reduzierter Aggressivität, Angstreduktion und Muskelentspannung (letzteres über Reizung von hemmenden Renshaw-Zellen im Rükkenmark). Rauchen verkürzt das Ausmaß der subjektiv verstrichenen Zeit und damit Langeweile. Diese Effekte bilden sich deutlich im corticalen EEG und in den Hirnpotentialen ab: die Selbstregulation der langsamen Hirnpotentiale (s. Kap. 24, Kap. 30) ist verbessert, was mit *Erhöhung der Flexibilität von Aufmerksamkeitsprozessen einhergeht* (siehe Abb. 28-23).

Die Abstinenzerscheinungen (b-Prozeß) sind eher *kognitiver* und emotionaler als physischer Natur, so daß bei Nicotin nicht von physischer Abhängigkeit gesprochen werden kann: Konzentrationsprobleme, Fokussierung des Denkens auf Beschaffung von Zigaretten, Nervosität und Streßintoleranz erreichen bis zu einem Tag nach der letzten Zigarette ein Maximum, um dann bis nach einer Woche abzusinken. Die konditionierten Effekte (CS für a- oder b-Prozeß-Reaktionen) bleiben oft noch Jahre bestehen [20].

Die Resistenz der Rauchsucht gegenüber Selbst- und Fremdtherapie erklärt sich sowohl aus der Möglichkeit zur subtilen Selbstregulierung der Dosis in Abhängigkeit von der Situation, als auch aus der extrem häufigen Addition von b-Prozeß-Reaktionen und der Möglichkeit, sofort nach Abklingen der Wirkung, am Höhepunkt der b-Prozeß-Nachschwankung, neuerlich zu rauchen. Die kurzen Zeitintervalle zwischen den Zigaretten erlauben kein Abklingen des b-Prozesses und die Häufigkeit führt zu einer fast unendlichen Zahl externer und körperinterner konditionierter Reize (CS) für a- und b-Reaktionen.

Prävention und Behandlung von Süchten. Die allgemeinen Prinzipien der Neurobiologie und Psychologie zur Änderung von Verhalten gelten auch für Süchte. Es besteht nur ein gradueller Unterschied, da die Beziehung zwischen auslösenden Reizen, Motivation und Verhalten bei Süchten besonders stabil ist. Süchtiges Verhalten in diesem Sinne ist

Tabelle 28-2. Wirkungen verschiedener Drogen. Beachte die Ähnlichkeit der Effekte von Nicotin, Cocain, Morphin und Alkohol

Attribute	Nicotin	Cocain	Morphin	Alkohol	Halluzinogen	Chlorpromazin
1. Klar unterscheidbare interoceptive (subjektive) Effekte	+	+	+	+	+	+
2. Schneller Anstieg und Abfall der Effekte	+	+	+	+	–	–
3. Genuß hängt eng mit Dosis zusammen	+	+	+	+	–	–
4. Erzeugt Euphorie	+	+	+	+	–	–
5. Wirkt als positiver Verstärker in Versuchen zur Selbstreizung mit der Droge	+	+	+	+	?	–
6. Erzeugt physiologische Abhängigkeit	?	?	+	+	–	–
7. Toleranz	+	+	+	+	+	+
8. Verhaltensaktive Dosis ist niedrig verglichen zur schädigenden Dosis, deshalb wird die verhaltensaktive Dosis sehr häufig eingenommen	+	+	–	–	+	–
9. Wird im sozialen Feld benützt und kann soziale Rangposition mitbestimmen	+	+	+	+	+	–

ein extrem gut gelerntes Verhalten, dessen Beseitigung auf dieselben Schwierigkeiten stößt, wie die Änderung von „Gewohnheiten" (habits). Dabei spielen die motivierenden Eigenheiten der Drogen eine ähnliche Rolle wie Hunger und Durst unter Deprivationsbedingungen: jeder Hinweisreiz, der die *Erwartung der Konsumation* signalisiert, „überträgt" ein hohes Ausmaß an „Triebenergie" auf die verhaltenssteuernden Hirnregionen (s. Abb. 28-2). Der Beseitigung *der Verfügbarkeit von Drogen durch sozial-politische Maßnahmen* ist - zumindest in demokratischen Systemen - eine Grenze gesetzt. Dies gilt besonders für Alkohol und Nicotin. Angesichts der Bedeutung dieser Drogen für die „Lebensqualität" und Ökonomie konzentriert sich die Forschung zunehmend auf die Frage des **„kontrollierten Konsums"** dieser Drogen mit minimalen negativen Auswirkungen auf die Gesundheit und das „Funktionieren" einer Kultur und Subkultur.

„Alles-oder-Nichts"-Theorien des Rückfalls (wie im Falle des „ersten Schlucks" und des darauf folgenden Kontrollverlust bei Alkoholikern) tragen wenig zur Reduktion des Verhaltens bei: ein Großteil der Bevölkerung genießt Alkohol ohne gesundheitlichen oder sozialen Schaden zu erleiden, 10-15% der US-Bevölkerung nimmt im Laufe des Lebens Heroin zu sich, davon wird ein minimaler Prozentsatz „süchtig" (0,1-0,5%) etc. Diese Fakten minimieren nicht die schädigenden Einflüsse von Drogen, sondern zeigen nur, daß eine „rein" neurobiologische Betrachtung von Sucht ohne Beachtung der lernpsychologischen und sozial-historischen Bedingungen unvollständig bleiben muß.

Pharmakologische Therapie. Die bevorzugte Therapie für Opioid-Abhängige und Alkoholiker sind nach wie vor pharmakologische Maßnahmen: **Methadon** ist ein Endorphin-Agonist mit ähnlichen Effekten wie Heroin, es bleibt aber nach oraler Einnahme über mehr als 20 Stunden in den Körpergeweben und reduziert den Wunsch nach Neueinnahme und die Abstinenzerscheinungen. Die Toleranzentwicklung auf die Stimmung ist weniger ausgeprägt. In Europa hat sich die Behandlung angesichts der „guten Qualität" von Heroin bisher weniger bewährt (der a-Prozeß ist zu intensiv), in den USA sind die Erfolgsquoten etwas besser als bei soziopsychologischen Maßnahmen allein. Opiat-Receptorblockaden (z. B. Naloxon) sind ungeeignet, da sie nur selektiv auf einige Receptorsysteme einwirken.

Ähnliche Ergebnisse liegen für die Behandlung des Alkoholismus mit **Disulfiram** vor. Disulfiram hemmt die Aldehyddehydrogenase-Synthese und führt zu Anhäufung des toxischen Acetaldehyds; bei Alkoholeinnahme kommt es zu Übelkeit, Erbrechen und Blutdruckabfall. Der Effekt hat nichts mit dem Pharmakon zu tun, sondern ist rein psychologisch: die *Bestrafung der Alkoholaufnahme* reduziert das Verhalten. Auch andere aversive Konsequenzen auf Alkoholaufnahme (schmerzhafter elektrischer Reiz bei Trinken) wirken nur für die Zeit und den Ort der Bestrafung. Die **Rückfallquote** ist bei den meisten Therapien von Süchten gleich: nach einem Jahr sind nur mehr 20-30% der Teilnehmer abstinent. Nur jene Personengruppen, die radikale Lebensänderungen einleiten und damit einen Teil der konditionalen Reizen für b-Prozeß-Reaktionen vermindern, bleiben abstinent.

Psychologische Therapien. Die Rückfallhäufigkeit bei psychologischen und sozialen Therapien hängt von der Fähigkeit ab, die konditionierten Reize zu eliminieren. Psychologische Therapien (Verhaltenstherapien) konzentrieren sich zunehmend auf Personengruppen, die ein *hohes Risiko* für Süchte und Rückfälle aufweisen; als Behandlungsziel wird weniger totale Abstinenz als die Beseitigung sozial schädigender Konsequenzen angesehen und die psychologischen Maßnahmen werden in sozial-politische Kampagnen eingebettet (TV, Werbung, Maßnahmen am Arbeitsplatz, Bürgerinitiativen, Sport etc.). Unter Beachtung der psychologischen Prinzipien erlernter Motivation werden mit diesen Maßnahmen zunehmend bessere Erfolge erzielt. Einzel- und gruppentherapeutische Behandlungen ohne die Beseitigung oder Änderung der auslösenden Reize in der sozialen Umgebung sind relativ wirkungslos, unabhängig von der angewandten Therapiemethode.

28.4 Literatur

Weiterführende Lehr- und Handbücher

1. ADLER, N., PFAFF, D., GOY, R.W.: (Eds.) Reproduction. Handbook of Behavioral Neurobiology. Vol. 7: New York: Plenum 1985
2. BEACH, F.A.: (Ed.) Human Sexuality in Perspective. Baltimore: Johns Hopkins Univ. Press 1977
3. CARLSON, N.R: Physiology of Behavior. 3rd ed. Boston: Allyn & Bacon 1986
4. DIAMANT, L.(Ed.): Male and Female Homosexuality. Cambridge: Hemisphere 1987
5. DSM-III-R: Diagnostic and Statistical Manual for Mental Disorders. 3rd ed. Revised. Washington D.C.: Am. Psychiatric Association 1987
6. DUNN, A.J.: Effects of ACTH, ß-Lipotropin, and related peptides on the central nervous system. In: C.B. NEMEROFF, A. DUNN (Eds.). Peptides, Hormones and Behavior. New York: Spectrum 1984

6a. HIERHOLZER, K., SCHMIDT, R.F. (Hrsg.): Pathophysiologie des Menschen. Weinheim: *edition medizin* der VCH Verlagsgesellschaft 1991

7. KALAT, S.W.: Biological Psychology. 2nd ed. Belmont, Cal.: Wadsworth 1984

8. MASTERS, W.H., JOHNSON, V.E.: Human Sexual Response. Boston: Little Brown 1966
9. KAPLAN, I.H., SADOCK, B.J.: (Eds.) Comprehensive Textbook of Psychiatry. Vol.1, 4th ed. Baltimore: William & Wilkins 1985
10. MONEY, J., EHRHARDT, A.A.: Man and Woman, Boy and Girl. Baltimore: Johns Hopkins Univ Press, 1972
11. NEMEROFF, Ch., LOOSEN, P.T. (Eds.) Handbook of Clinical Psychoneuroendocrinology. New York: Guilford Press 1987
12. NIEUWENHUYS, R.: Chemoarchitecture of the Brain. Berlin: Springer Verlag 1985
13. SCHMIDT, R.F., THEWS, G.(Hrsg.): Physiologie des Menschen, 23. Auflage. Heidelberg: Springer 1987
14. THOMPSON, T., DEWS, P.B., BARRETT, J.E. (Eds.): Advances in Behavioral Pharmacology, Vol.4. New York: Academic Press 1984

Einzel- und Übersichtsarbeiten

15. ADAMS, H., SUTKER, P.B.(Eds.):Comprehensive Textbook of Psychopathology. New York: Plenum Press 1984
16. DAVIDSON, G., NEALE, J.M.: Abnormal Psychology. 3rd ed. New York: Wiley 1985
17. EPSTEIN, A.N.: Instinct and motivation as explanations for complex behavior. In: D.W. PFAFF (Ed.) The Physiological Mechanism of Motivation. New York: Springer Verlag 1982
18. GALLISTEL, C.R.: Self-stimulation: the neurophysiology of reward and motivation. In: J.A. DEUTSCH (Ed). The Physiological Basis of Memory. New York: Academic Press 1973
19. HART, B, L., LEEDY, M.G. Neurological bases of male sexual reproductive behavior. In: ADLER, N., PFAFF, D. & GOY, R.W. (Eds.) Reproduction. Handbook of Behavioral Neurobiology. Vol.7. New York: Plenum Press 1985
20. HENNINGSFIELD, J.E.: Behavioral pharmacology of cigarette smoking. In: T. THOMPSON, P.B. DEWS & J.E. BARRETT (Eds.) Advances in Behavioral Pharmacology, Vol.4. New York: Academic Press 1984
21. MONEY, J.: Sin, sickness, or status. Homosexual gender identity and psychoneuroendocrinology. Am. Psychologist, 42, 384–399 (1987)
22. OLDS, J., MILNER, P.: Positive reinforcement produced by electrical stimulation of septal area and other regions of rat brain. J. comp. physiol. Psychol. *47,* 419–427 (1954)
23. PFAFF, D., MODIANOS, D.: Neural mechanism of female reproductive behavior. In: ADLER, N., PFAFF, D., GOY, R.W. (Eds.) Reproduction. Handbook of Behavioral Neurobiology. Vol.7. New York: Plenum Press 1985
24. ROBINS, L.N., DAVIS, D.H., GOODWIN, D.W.: Drug use by US Army enlisted men in Vietnam: A follow-up on their return home. Am. J. Epidem, 99, 235–249 (1974)
25. SOLOMON, R.L.: The opponent-process theory of acquired motivation. American Psychologist, 35, 691–712 (1980)
26. SIEGEL, S.: Classical conditioning, drug tolerance, and drug dependence. In: I. ISRAEL (Ed.) Research Advances in Alcohol and Drug Problems. Vol.7. New York: Plenum 1983
27. TEITELBAUM, P., SCHALLERT, T., WHISHAW, I.Q.: Sources of spontaneity in motivated behavior. In: E. SATINOFF & P. TEITELBAUM (Eds.) Motivation. Handbook of Behavioral Neurobiology. Vol.6. New York: Plenum Press 1983

29 Emotionen

29.1 Psychophysiologie von Gefühlen

Die drei Gefühlsebenen. Gefühle (Emotionen) sind Reaktionsmuster auf körperinterne und externe Reize, die beim Menschen auf **drei Verhaltensebenen** ablaufen: der *physiologisch-humoralen Ebene*, der *motorisch-verhaltensmäßigen* und der *subjektiv-psychologischen Ebene*. Gefühle werden stets auf der Dimension angenehm-unangenehm (Annäherung – Vermeidung) und der Dimension erregend – desaktivierend erlebt. Emotionen und Motivationen sind nur graduell voneinander abgrenzbar [1].

Homöostatische Triebe zur Aufrechterhaltung internaler vitaler Zustände oder zur Sicherung des Fortbestandes der Species werden nicht als Emotionen bezeichnet, wenngleich sie stets damit einhergehen: Hunger, Durst, Schlafbedürfnis, Sexualität sind primäre Triebe (Kap. 28). Schutz der Jungen und Vermeidung von Schmerz können sowohl als Triebe als auch als Gefühl auftreten (z. B. Bindungsgefühle).

Gefühle und Stimmungen. Die **primären Emotionen (Glück – Freude, Trauer, Furcht, Wut, Überraschung und Ekel)** sind angeborene Reaktionsmuster, die in allen Kulturen gleich ablaufen. Ihre Dauer überschreitet selten Sekunden. Dies ist die Zeit, die maximal für die ununterbrochene Dauer eines Gefühls subjektiv angegeben und in der *gleichzeitig* verstärkte physiologische Reaktionen (z. B. Herzratenanstieg) gemessen werden. Beim heranwachsenden und erwachsenen Menschen in „zivilisierten" Kulturen treten Gefühle meist als Gefühlsgemisch der primären Emotionen auf.

Stimmungen sind länger anhaltende (Stunden, Tage) emotionale Reaktionstendenzen, die das Auftreten einer bestimmten Emotion wahrscheinlich machen („gereizte Stimmung" führt häufiger zu Ärger). Stimmungen sind keine Gefühle, da ein Gefühl, vor allem ein primäres Gefühl, mit dem begleitenden Gesichts- und Körperausdruck nicht länger als Sekunden ununterbrochen bestehen kann. Die Latenz vom Auftreten eines emotionalen Reizes bis zur Messung erster gefühlsspezifischer Reaktionen im Gehirn kann außerordentlich kurz, im Extremfall wenige ms sein. Bis zum Auftreten einer voll ausgebildeten primären Emotion mit entsprechendem Ausdruck müssen mindestens 70–100 ms vergehen.

Man kann davon ausgehen, daß die primären Emotionen in der *Evolution* der höheren Primaten und des Menschen als kontinuierlicher Mechanismus der Informationsausgabe über ablaufende Motivationen entwickelt wurden: Furchtausdruck und Weglaufen signalisiert „Gefahr", Trauer nach Verlust Isolation oder Hilfebedürfnis, Freude – Ekstase signalisieren Besitz oder Erwerb eines Gefährten, Ekel Zurückweisung, Überraschung indiziert Orientierung etc. Insofern haben Gefühle stets eine adaptive Bedeutung in einem sozialen Gefüge.

Periphere und zentrale Gefühlstheorien

Die Rolle des autonomen NS für Gefühle: die James-Lange-Kontroverse. Abb. 29–1 gibt die beiden kontroversen theoretischen Konzepte über die Bedeutung peripher-physiologischer Faktoren (vegetativ und motorisch) wieder. James (1890) hat in der Nachfolge Langes (1885) [10] betont, daß „voll" ausgebildete Gefühle einer *Rückmeldung der peripheren Gefühlsäußerungen* ins ZNS bedürfen („wir sind traurig, weil wir weinen"), während Cannon [16] und die Neurophysiologie den ausschließlichen Ursprung von Gefühlen *nach* der Reizwahrnehmung und -bewertung ins ZNS lokalisieren. Beide Theorien haben eindrucksvolle Ergebnisse gesammelt, die ihre Position stützen. Niemand bezweifelt heute die Richtigkeit der Cannonschen Formulierung: beim Tier und Menschen führt lokale Hirnstimulation (s. u.) in limbischen und einigen corticalen Arealen unmittelbar zu spezifischen, intensiven Gefühlen, auch ohne Gegenwart eines entsprechenden Reizes.

Kritisch für die James-Lange-Theorie wäre der Nachweis *differenzierbarer* vegetativer und somatomuskulärer „Begleiterscheinungen" von Gefühlen. Wenn jedes primäre Gefühl auch ein dafür spezifisches vegetatives Reaktionsmuster aufwiese, läge

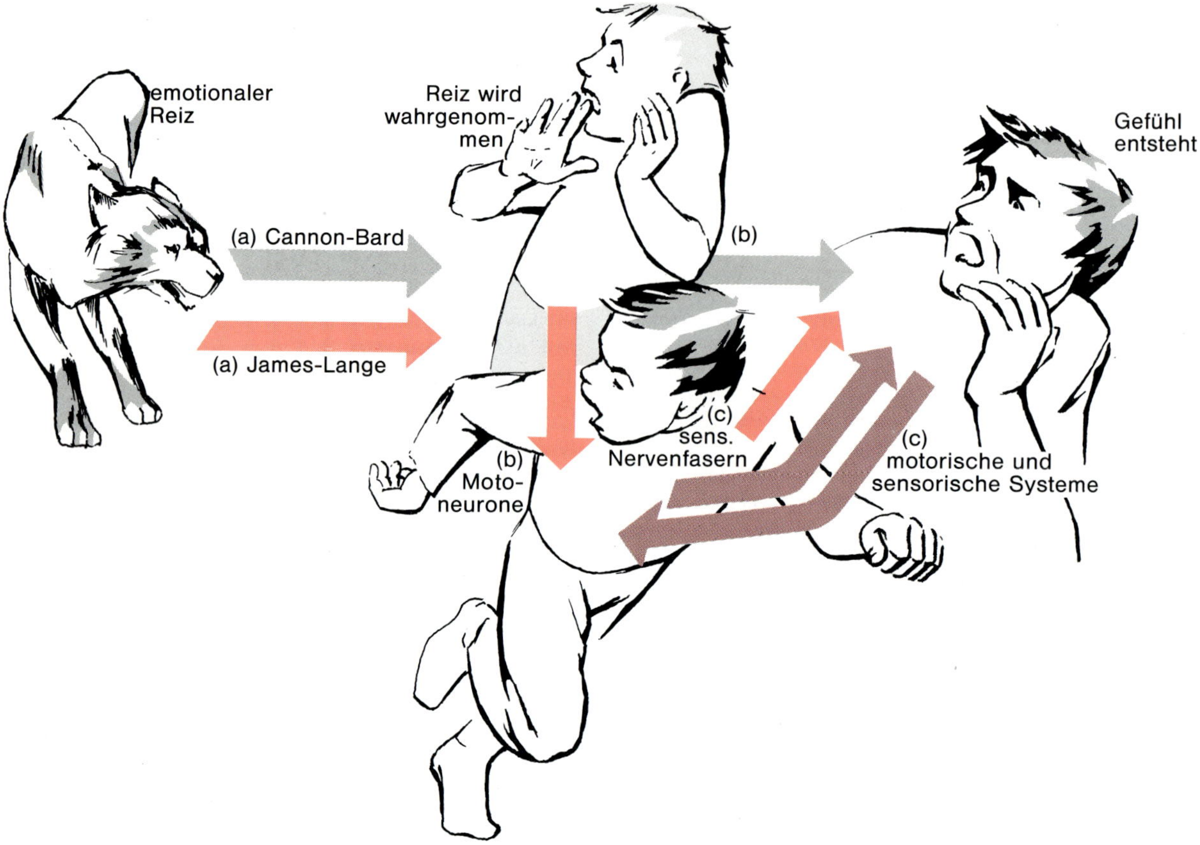

Abb. 29-1. Die „periphere" James-Lange-Theorie der Gefühle, und die „zentrale" Theorie von Cannon. (Nach Rosenzweig u. Leiman 1982)

die Vermutung nahe, daß ein solches Muster auch einen spezifischen Einfluß auf das ZNS ausüben könnte und dort zur Identifikation des Gefühls führt. Dies konnte in letzter Zeit zunehmend wahrscheinlich gemacht werden. Abb. 29-2 zeigt den Verlauf von zwei autonomen Maßen, während sich die Versuchspersonen die primären Gefühle vorstellten.

Für die Bedeutung der peripheren Rückmeldung sprechen aber vor allem die Studien zum muskulären Ausdruck von Gefühlen.

Die Rolle motorisch-verhaltensmäßiger Ausdrucksreaktionen für Gefühle. Die mit primären Emotionen einhergehenden Körper- und Ausdrucksreaktionen, die Ausdrucksäußerungen des **Gesichts**, sind „angeboren" (in dem Sinn, daß sie ab einer bestimmten Hirnreifung auf einige wenige Reize ohne instrumentelles oder klassisches Lernen spontan auftreten) und können in allen menschlichen Kulturen (einschließlich sog. „Primitivkulturen") sowohl von Fotos, als auch von Filmen und in der Realität zweifelsfrei identifiziert werden.

Jede Kultur entwickelt Darstellungsregeln für die einzelnen Gefühle, die die angeborenen Muskelreaktionen der primären Emotionen *überlagern*, aber nicht völlig maskieren können.

Unwillkürliche (primäre) Gefühle benutzen andere neuronale Verbindungen und andere Muskelgruppen als *willkürlich* erzeugte (z.B. „ein miserables Lächeln"): unwillkürliche Gesichtsausdrücke sind symmetrisch auf beiden Seiten des Gesichts, willkürliche stärker auf der linken Gesichtsseite konzentriert; beim künstlichen Lächeln z.B. fehlt die Kontraktion des M. orbicularis oculi, dafür sind die Lippen stärker zusammengepreßt u.ä. [25].

Die Dauer und Stärke der muskulären Aktivität des Gesichtsausdrucks (gemessen mit EMG oder einem psychologischen Beobachtungssystem) ist ein Index für die Dauer und Stärke des subjektiven Gefühls. Emotionen sind neben den Gesichtsmuskeln auch in der Stimme (prosodische Merkmale), in Gang und in Handbewegungen differenzierbar; bis hin zu **Mikrobewegungen der Finger** lassen sich die primären Gefühle voneinander trennen. Abb. 29-3 zeigt die nicht-sichtbaren Mikroschwingungen eines

Mittelfingers bei der wiederholten Vorstellung von Gefühlen [22].

Für die Entscheidung der James-Lange-Kontroverse wäre es notwendig, die Bedeutung der Rückmeldung der Ausdrucksmotorik für die Entstehung von Gefühlen quantitativ zu bestimmen. Dies ist methodisch äußerst schwierig, wenn nicht unmöglich: die Ausschaltung der Ausdrucksmotorik bei erhaltenem Bewußtsein ist nur bei Curarisierung mit künstlicher Beatmung gegeben: die heroischen Selbstversuche einiger Wissenschaftler berichten auch nicht von Angst und Erregung, sondern meist von Müdigkeit und Schlaf. Die Ergebnisse an hoch *Querschnittsgelähmten*, die reduzierte Rückmeldung aus der Peripherie (Gesichtsausdruck vorhanden) erhalten, sind uneinheitlich.

Neben der nur anekdotisch informativen Methode der Curarisierung des Menschen versuchte man, *unsichtbare EMG-Reaktionen*, die den Ausdrucksveränderungen bei primären Emotionen entsprachen, instrumentell, ohne Wissen der Versuchsperson, zu konditionieren: Zunächst bittet man die Person, sich mehrmals hintereinander auf ein Signal bestimmte Gefühle vorzustellen („Liebe“, „Haß“ etc.). Dabei werden nicht sichtbare Mikrobewegungen eines Mittelfingers registriert. Für jedes Gefühl ergibt sich dabei eine unterschiedliche „Gefühlskurve“. Clynes (1975) z. B. hat danach seine Versuchspersonen die auf Abb. 29-3 abgebildeten Kurvenformen ihrer eigenen Emotionen vom Bildschirm im Geiste mit dem Finger nachfahren lassen, ohne zu wissen um welche Emotionskurve es sich handelte. Nach mehreren Wiederholungen traten bei einigen Versuchspersonen plötzlich „spontan“ die

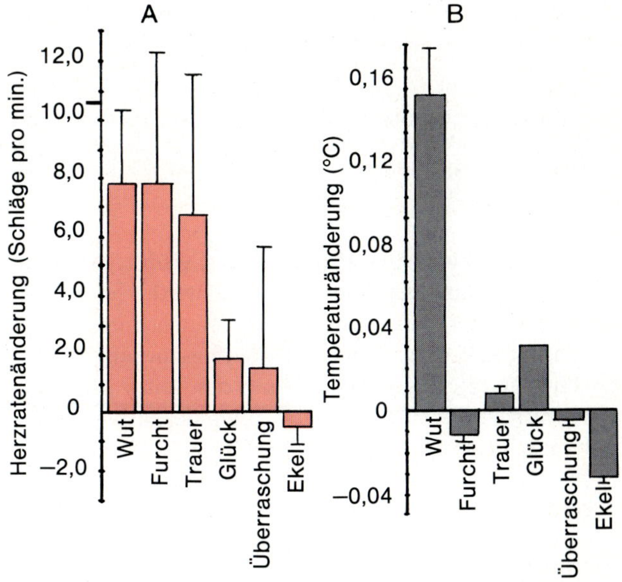

Abb. 29-2. Differenzierung unterschiedlicher emotionaler Reaktionen auf der Grundlage von zwei peripher-autonomen Maßen, Herzrate (HR) und Hauttemperatur (HT). Ärger (Wut) ist von Furcht und Trauer, sowie von Glück, Ekel und Überraschung aufgrund der Reaktionen in diesen zwei Maßen bei Darbietung entsprechender emotionaler Reize oder deren Vorstellung trennbar: z. B. sind während einer Ärger auslösenden Situation HR *und* HT erhöht, während Furcht und Trauer mit erhöhter HR, aber erniedrigter HT einhergehen. Dagegen weisen die drei Gefühle der rechten Seite Glück, Überraschung und Ekel eine schwache Änderung der HR *ohne* signifikante Änderung der HT auf. (Nach Ekman et al. 1983)

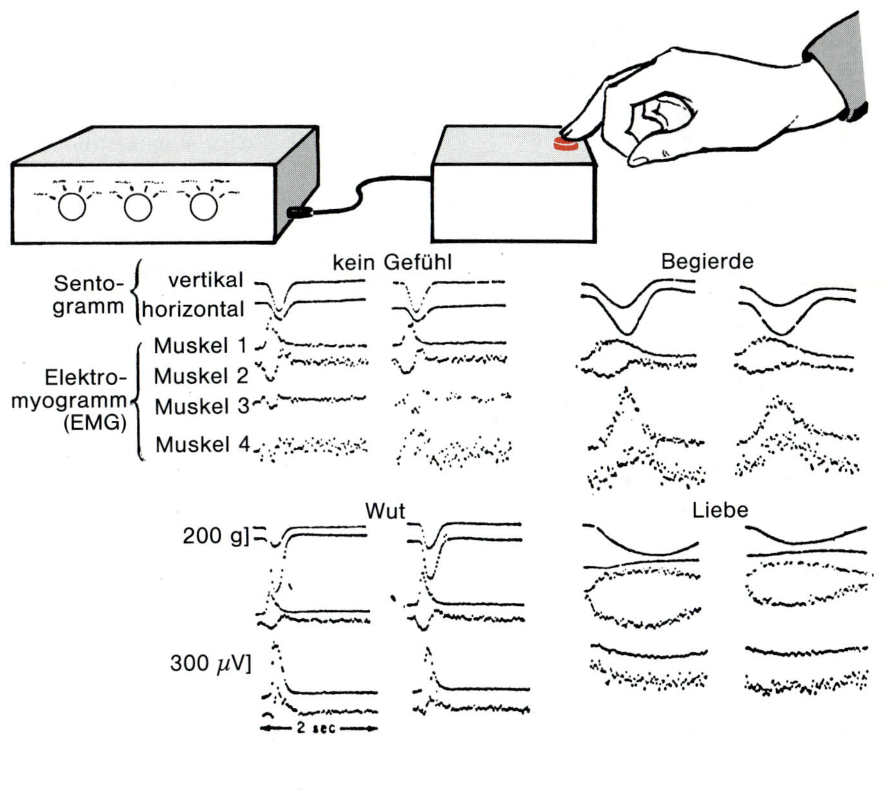

Abb. 29-3. *Oben*: Sentograph zur Registrierung vertikaler und horizontaler Komponenten von Mikrobewegungen des Fingers. Signale von 0–300 Hz, mit 0,5 mm/100 g können registriert werden. *Unten*: Sentogramme als vertikale und horizontale Komponenten des Fingerdrucks; Zeitkonstante 0,1 s. Jede Kurve gemittelt über 50 Einzelgefühle. Muskelableitungen von verschiedenen Arm- und Schultermuskeln unter den Sentogrammen. Die Verläufe der einzelnen Gefühlskurven sind klar differenzierbar. (Nach Clynes 1975)

entsprechenden Gefühle auf. Dies bedeutet, daß die mehrmalige Ausführung einer muskulären Begleitreaktion eines Gefühls (hier Mikrobewegungen des Mittelfingers) das entsprechende Gefühl „erzeugen" kann, auch ohne adäquaten Umweltreiz. Ähnliches wurde durch unbewußte Konditionierung nicht sichtbarer „depressiver" EMG-Reaktionen der Gesichtsmuskeln versucht. Auch hier zeigen sich die *Gefühle als Folge der veränderten Muskelaktivität.*

Die Rolle kognitiver Prozesse für Gefühle. Als integraler Bestandteil einer Emotion wird von Sozialpsychologen ein „kognitiver" Bewertungsprozeß (appraisal) oder ein „**Attributionsvorgang**" (Zuschreibung) angesehen, ohne den eine Emotion richtungslos – nur erregend oder desaktivierend – bleibt, ohne ihre spezifische Qualität zu erhalten. Die bekannteste Theorie, mit einer Vielzahl höchst origineller Experimente stammt von St. Schachter [37]:

Die Vpn erhielten eine „aktivierende" Droge, in der Regel ein Adrenalinabkömmling, oder ein Placebo. Danach wurde das kausale Erklärungs- (Attribuierungs-) Bedürfnis durch Instruktionen über die Wirkung der Droge bzw. des Placebos manipuliert (z. B. korrekt informiert, falsch informiert, „keine Nebenwirkungen", etc.). Im Anschluß daran wurden die Vpn mit Ärger oder Euphorie produzierenden (gestellten) Situationen konfrontiert und ihre Emotionen erfragt. Dabei ergibt sich, daß die Qualität der Emotionen von der Situation (Ärger oder Euphorie) *und* der Wahrnehmung der unspezifischen und nicht erklärbaren Aktivierung abhängt. Stellen Sie sich einen Mann vor, der alleine einen dunklen Weg entlanggeht, als plötzlich eine Gestalt mit einem Gewehr auftaucht. Die Wahrnehmung „Gestalt mit Gewehr", wird einen Zustand physiologischer Erregung hervorrufen; dieser Zustand wird dann im Sinne des Wissens über dunkle Wege und Gewehre interpretiert und der Erregungszustand wird als „Furcht" bezeichnet [37].

Kritisch muß eingewandt werden, daß Emotionen auch *ohne* unspezifische periphere Aktivierung, ohne Attributionsbedürfnis, ohne bewußte Klassifikation der Person (z. B. als kontrollierbar oder nichtkontrollierbar, erklärbar oder nicht-erklärbar), oft sogar *gegen* die bewußte Erklärung und Ursache entstehen. Z. B. können elektrische und mechanische Reizung verschiedener Hirnregionen unmittelbar intensive Gefühle der Furcht und Trauer oder Einsamkeit bei den Patienten auslösen, obwohl die subjektiv bedrohliche Operationssituation klar von den Patienten wahrnehmbar ist (Kognition: „das paßt aber nicht zu hier"). Auch sind die elektrisch ausgelösten Gefühle nicht immer Erinnerungen an Emotionen (und Kognitionen), sondern oft „absolute" spontane Gefühle mit entsprechenden Ausdrucksäußerungen („ich fühle mich glücklich, ich weiß nicht warum").

Gegen die allgemeine Gültigkeit der kognitiven Theorie von Gefühlen sprechen auch eine Vielzahl von Laborexperimenten, die zeigen, daß Gefühle häufig *vor* jeder bewußten Wahrnehmung und *vor* jedem bewußten Wiedererkennen oder Diskriminieren der Situation auftreten (**„Primat des Affektes"**):

a) Experimente zur *subliminalen Wahrnehmung* und tachistoskopisch dargebotenem emotionalen Material (1–5 ms Dauer) belegen Einflüsse auf die Stimmung. Wenn häufig wiederholt, können subliminal dargebotene Reize starke Emotionen auslösen (z. B. drohende Gesichter), obwohl sie weder bewußt erkannt, noch wiedererkannt werden, noch im deklarativen Gedächtnis verfügbar sind.
b) Reize, die häufiger dargeboten werden (bekannte Reize), werden deutlich positiver bewertet, als „neue", auch wenn sie als solche in Wahrnehmungs- und Gedächtnisexperimenten nicht erkannt werden können (z. B. Vielecke, sinnlose Silben etc.).
c) Geschmacks- und Geruchsaversionen, von intensiven Gefühlen begleitet, können auch im anästhesierten Zustand erlernt werden.
d) Psychologisch wirksame Drogen (Psychopharmaka) lösen starke und differenzierte Gefühle aus, z. T. unabhängig von der bestehenden Situation.
e) Es bestehen *direkte* Verbindungen von Sinnesorganen zu Regionen des ZNS, die mit großer Sicherheit nicht mit kognitiven, sondern emotional-motivationalen Prozessen befaßt sind (z. B. der retinohypothalamische Trakt, s. Kap. 26).
f) Affektive und motivationale Systeme des ZNS sind phylogenetisch und ontogenetisch *vor* kognitiven Systemen entstanden (phylogenetisches und ontogenetisches Primat).

29.2 Vermeidung (Furcht und Angst)

Wir sind heute weit davon entfernt, die physiologischen Grundlagen der primären Emotionen zu kennen. Dagegen liegen einige Überlegungen zur Neurobiologie von Vermeidungsverhalten, Annäherung, Depression und Aggression vor. Darauf wollen wir uns hier beschränken. Die übrigen aversiven Emotionen sind Ekel und Trauer, letzteres beschreiben wir in 29.4. Ekel ist bisher vor allem im Zusammenhang von Geschmacks- und Geruchsaversion im Tierversuch untersucht worden. Es gelten dabei ähnliche neurophysiologische Eigenheiten, wie wir sie bei Vermeidungsverhalten kennen.

Angst und Verhaltenshemmung

Lernen von Angst. Die Forschung zur Neurobiologie von Angst ist durch unterschiedliche Forschungsstrategien zwischen Human- und Tierforschung gekennzeichnet: während im Humanbereich Angst meist als *Prozeß* vom Erwerb bis zur Bewältigung der Angst auf den drei Ebenen (S. 591)

Tabelle 29-1. Drei primäre Emotionssysteme. (Nach Gray 1982)

Emotionssystem	Verstärkende Reize	Verhalten
Annäherung Behavioral Activation System (BAS)	konditionierte Reize für Bestrafung, Belohnung und Bestrafungsentzug	Annäherungslernen, aktive Vermeidung; zielgerichtete, konditionierte Flucht („escape"); Beuteaggression
Stop- oder Verhaltenshemmung Behavioral Inhibition System (BIS)	konditionierte Reize für Bestrafung und konditionierte Nicht-Belohnung	passive Vermeidung, Löschung
Kampf-Flucht-System	unkonditionierte Bestrafung und unkonditionierte Nicht-Belohnung	unkonditionierte Flucht, defensive Aggression

untersucht wird, konzentriert man sich im Tierversuch auf die neuronale Steuerung von **aktivem und passivem Vermeidungs- und Fluchtverhalten** (Tabelle 27-1, S. 537) in einer instrumentellen Labor- und Konditionierungssituation.

Im Humanexperiment wird **Angst** meist als *ungerichtete (diffuse)*, peripher-physiologische, zentralnervöse und subjektive Überaktivierung bei der Wahrnehmung von Gefahren definiert. **Furcht** stellt die *spezifische* motorische, physiologische und subjektive Reaktion bei Identifikation der Gefahr und bei Auslösung der entsprechenden **Bewältigungsreaktionen** dar.

Tabelle 27-1 zeigt die wichtigsten instrumentellen Konditionierungsprozeduren, die zu Angstanstieg und -abfall führen. Man geht im allgemeinen davon aus, daß jene neuronalen Steuerungssysteme, die zu Verhaltens*anstieg* (linke Seite der Tabelle 27-1) führen, eine *gemeinsame* Struktur aufweisen und sich von dem System für Verhaltens*abfall* bzw. -hemmung (rechte Seite Tabelle 27-1) unterscheiden lassen. Zusätzlich liegen Hinweise dafür vor, daß *unkonditionierte* Angstreaktionen, die zu Verhaltensanstieg- bzw. -hemmung führen, von jenen Reaktionen unterschieden werden müssen, die auf *konditionierte* Reize auftreten, wo bereits eine Lerngeschichte der Vermeidung vorliegt.

Die Angsttheorie von Gray. Grays [7] Theorie geht von der Annahme aus, daß **drei primäre Emotionssysteme** im Säugetierhirn existieren (Tabelle 29-1).

Diese drei Systeme lassen sich sowohl auf *Verhaltensebene, als auch auf neuronaler Ebene voneinander trennen.* Tabelle 29-1 gibt die drei postulierten Basisgefühle Annäherung, Verhaltenshemmung und Kampf - Flucht wieder. Jedes dieser drei Systeme wird von unterschiedlichen Kategorien von Umweltreizen aktiviert (zweite Spalte auf Tabelle 29-1) und steuert entsprechend unterscheidbare Verhaltensweisen (dritte Spalte in der Tabelle 29-1).

Das **Annäherungssystem** (s. 29.3) (BAS: *behavioral approach* oder *activation system*) wird in allen Situationen aktiv, in denen Annäherung an ein Objekt gelernt, d.h. durch Belohnung oder Elimination eines negativen Verstärkers (s. Tabelle 27-1) verstärkt wurde. Sowohl positive Annäherung an einen Geschlechtspartner, wie auch die aggressive Annäherung an einen Konkurrenten („Kampfesrausch") werden primär von diesem System erzeugt.

Das **Kampf-Flucht-System** tritt nur in Aktion, wenn unkonditionierte aversive Reize (z.B. extremer Lärm, unerwartete Attacken) auftreten.

Das **Verhaltenshemmsystem** (BIS) von Tabelle 29-1 und Abb. 29-4 wird neben *konditionierten Strafreizen* auch durch *neue* Reize erregt und durch *angeborene Furchtreize*, auch *„prepared"* (vorbestimmte) Reize genannt: dies sind Reizmuster, die spezifische Bedrohungen für die jeweilige Species darstellen (z.B. Schlangen für Primaten und Menschen) und Reize, die mit vitaler sozialer Kommunikation innerhalb der Art (z.B. Babyschrei) assoziiert sind.

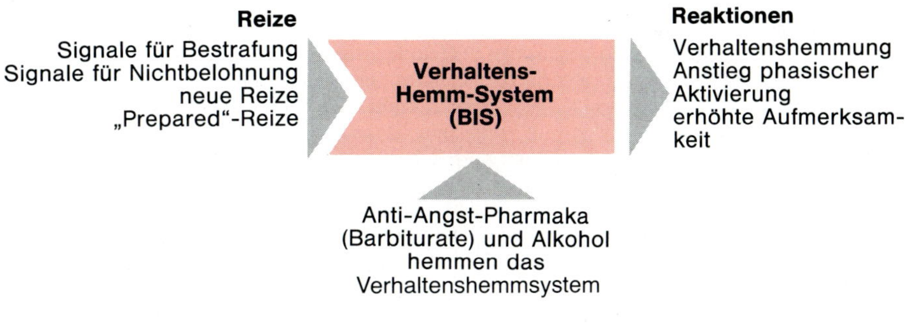

Abb. 29-4. Das Verhaltenshemmsystem (behavioral inhibition system, BIS) (Erläuterung s. Text). (Nach Gray 1982)

„Prepared" Reizmuster unterscheiden sich von den unkonditionierten Auslösesituationen des Kampf-Flucht-Systems dadurch, daß sie artspezifisch sind (z.B. werden Spinnen als Furchtreize nur von jenen Säugetieren „erkannt", die in ihrer Entwicklungsgeschichte Spinnen als artgefährdend erlebten; der Babyschrei erregt nur Menschen und höhere Primaten). Prepared-Reize stellen komplexe Reizmuster mit einer in der Evolution der Art etablierten „Bedeutung" dar. Sie habituieren und löschen sehr viel langsamer als die übrigen Kategorien von Angstreizen.

Das BIS muß über zwei psychologische Mechanismen verfügen, wenn es die Aufgaben von Abb. 29-4 erfüllen möchte: an der Eingangsseite muß es die auf Abb. 29-4 genannten Signale erkennen (Prüf-Vergleichzustand), an der Ausgangsseite die genannten Verhaltensweisen (rechte Seite von Abb. 29-4) bei Erfüllung bestimmter Kriterien einleiten (Kontrollzustand). Es muß vor allem dann in Aktion treten, wenn eine automatisierte Verhaltensroutine („Plan") durch Neuheit, Nicht-Belohnung (Frustration) oder konditionierte Strafreize unterbrochen wird. Das BIS wird also nur bei **Verletzung von Erwartungen** (mismatch) aktiv, was voraussetzt, daß es:

a) Information über die gegenwärtige Reizsituation und
b) Information über erwartete (sensorische) und geplante (motorische) Ereignisse erhält und
c) a) und b) vergleichen und bei „mismatch"
d) laufendes Verhalten hemmt und informationssammmelnde senso-motorische Funktionen (z.B. erhöhte Receptorsensitivität bei Orientierung) so lange fortbestehen, bis die Diskrepanz zwischen Erwartung und Input aufgehoben ist.

Anatomische und physiologische Grundlagen des BIS. Wenn sich für die drei postulierten Gefühlssysteme auch drei unterscheidbare neuronale Mechanismen finden, so erhielte die zunächst rein *psychologische* Dreiteilung auch eine physische Grundlage. Wir wollen zunächst die Neurophysiologie des BIS besprechen, in Abschnitt 29.3 auf das BAS und in 29.5 auf Aggression eingehen.

Das BIS besteht aus **Hippocampus** (CA-1- und CA-3-Zellschicht), **Subiculum** und **entorhinalem Cortex** (EC) und dem **lateralen und medialen Septum** (Abb. 29-5).

Abgesehen von der sensorischen Information aus dem Neocortex (über entorhinalen Cortex zum Subiculum, s. Kap. 14) erhält das BIS aktivierenden *Impulszustrom* über das dorsale noradrenerge Bündel (ascendierend) und wird vom präfrontalen Cortex und Cingulum descendierend erregt. Der **motorische Ausgang**, der vor allem motorische Hemmung ablaufender motorischer Programme verursacht (nicht von automatisierten wohlgeübten Be-

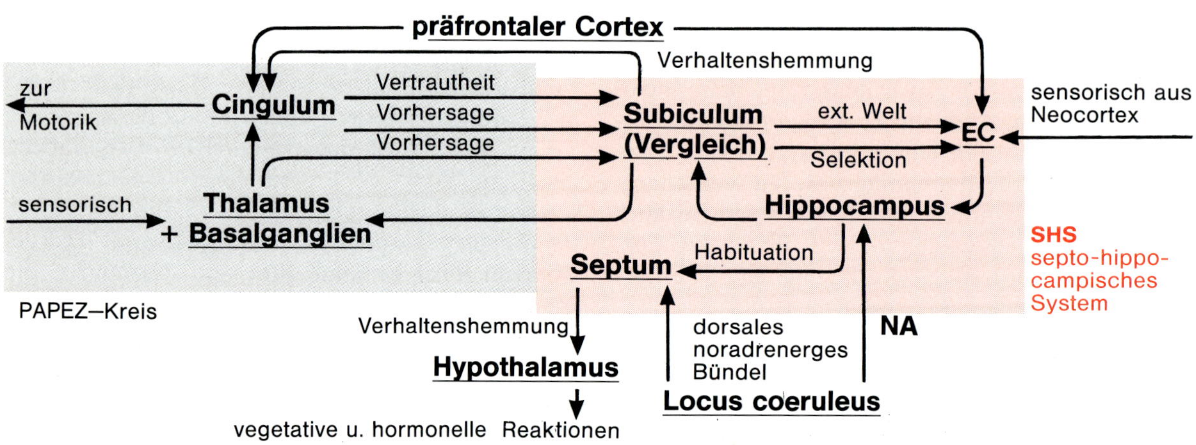

Abb. 29-5. Schematische Übersicht jener Hirnstrukturen und ihrer Verbindungen, die Verhaltenshemmung und passives Vermeiden steuern. *Farbig unterlegt* sind die wichtigsten Strukturen des septo-hippocampischen Hemmsystems (*SHS*): Die Kreisschaltung *EC* (entorhinaler Cortex), *Hippocampus* und *Subiculum* erfüllt eine Vergleichsfunktion. Die ankommende - bereits als „bedeutsam" und „neu" vorselegierte sensorische Information - wird mit gespeicherten (erwarteten) sensorischen Reizmustern und intendierten Bewegungsabfolgen verglichen. Die **Erwartungen** und **Vorhersagen** über sensorische Reizmuster und intendierte Bewegungsabfolgen kommen aus dem bereits in Kap. 25 beschriebenen fronto-thalamischen System. Die vorverarbeitete gegenwärtig präsente Information und ihr Kontext werden über den entorhinalen Cortex (*EC*) und *Hippocampus* im *Subiculum* mit den antizipierten Konsequenzen (aus Papez-Kreis) verglichen. *Hippocampus* und laterales Septum *leiten* die *Unterbrechung von beabsichtigten Bewegungsfolgen* bei antizipierter Bestrafung ein, sowohl über *Hypothalamus* (*unten*) als auch über das dopaminerge striato-thalamische System und *Cingulum* (*oben*). Das dorsale noradrenerge Bündel u.a. subcorticale monoaminerge und cholinerge Systeme informieren das *SHS* über die biologische Bedeutsamkeit der Reizkonstellation und aktivieren das Septo-Hippocampus-System unspezifisch. (Nach Gray 1982)

wegungen, sondern zielgerichteten Bewegungsfolgen), läuft über das Subiculum zum cingulären Cortex und von dort zum striato-thalamischen motorischen (dopaminergen) System einschließlich Cerebellum.

Abb. 29-5 gibt eine Zusammenfassung dieses Modells wieder (s. Kap. 14 für die anatomischen Verbindungen) und ist das Resultat von Läsions- und Reizversuchen an der Ratte. Das abgebildete Modell versucht eine möglichst widerspruchsfreie Zusammenfassung dieser Experimente. Dabei muß beachtet werden, daß Abb. 29-5 ein **„konzeptuelles Nervensystem"** für ein bestimmtes Verhalten darstellen soll und eine Interpretation der Untersuchungen ist. Der elektrische **Hippocampus-Theta-Rhythmus** (vom medialen Septum generiert) spielt dabei die Rolle eines Indikators der Aktivitätszustände: bei Unterbrechung des motorischen Programms ändert der Hippocampus seine Frequenz von desynchronisiert (je schneller die Bewegungsfolge, um so höher die Frequenz) zu Theta. Die Frequenz indiziert dabei den **Zeittakt,** in dem die sensorische Information mit der erwarteten (gespeicherten) in dem gesamten kreisartig geschlossenen Netzwerk von Abb. 29-5 verglichen wird. In neuen und unsicheren Situationen verlangsamt sich der Takt und über das laterale Septum wird motorisches Verhalten blockiert. Der Vergleich selbst ist primär eine Funktion des Subiculums, das u.a. die angekommene Information aus dem entorhinalen Cortex (EC) über den Hippocampus erhält.

Die „Subiculum-Kreisschaltung" (entorhinales Areal + Temporalcortex --> G. dendatus--> CA 3 --> CA 1 --> Subiculum) formt **Vorhersagen** aus den gespeicherten Regularitäten der Umwelt („wenn Reiz präsent, folgt auf mein Verhalten die Konsequenz y") nach Vergleich mit den gegenwärtigen Reizen und nach Vergleich mit intendierten Bewegungsfolgen; der Vergleich mit gespeicherten Bewegungsfolgen erfolgt durch Projektionen vom präfrontalen Cortex (motorische Pläne) und Cingulum unter Beteiligung des Thalamus und der Mamillarkörper. Über diesen als **Papez-Kreis** bezeichneten Weg (linker Teil von Abb. 29-5) wird sowohl eine Korrektur motorischer Programme (Cingulum) als auch eine Selektion der sensorischen Information über den Thalamus vorgenommen (s. Kap. 25).

Läsionen des Septums und des Hippocampus führen zu Einschränkung der Exploration in neuen Situationen, allerdings fällt die Orientierungsreaktion bei einfachen Reizen nicht vollkommen aus; nur wenn mit den Reizen Erwartungen über negative Verstärker verbunden sind, kommt es zu keiner Orientierung. Es ist, als ob die Erwartung des unangenehmen Reizes gleichgültig geworden ist. Aktives Vermeiden und Fluchtverhalten werden erleichtert, passives Vermeiden gestört, die Tiere lernen z. B. nicht mehr, mit Schock bestraftes Trinken zu vermeiden (reduzierte Furcht). Überlernte Aufgaben (keine „Unsicherheit", bei automatisierten Routinen) werden durch die Läsionen weniger betroffen [7].

Das dorsale noradrenerge Band. Ein wesentlicher Input zum BIS kommt von noradrenergen (LC, Locus coeruleus), serotonergen (Nucl. raphe) und cholinergen (Reticulärformation, RF) aktivierenden Regionen. Aus diesen Systemen soll die motivationale Bedeutung ankommender und antizipierter Reize an das septohippocampische BIS weitergegeben werden; die Informationen „wichtig" und „signifikant" über das dorsale noradrenerge Band, die Information „wichtig, weil mit Bestrafung verbunden", durch eine Kombination serotonergen, adrenergen und cholinergen Einstroms.

Das dorsale Bündel besteht aus *zwei* Anteilen (Abb. 29-6), einem periventriculären (Ursprung im LC) und einem tegmentalen (nicht aus dem LC kommend), wobei Amygdala und Septum nur einen Teil ihres NAs aus dem ventralen Bündel erhalten, das durch Zerstörung des dorsalen Bündels selten betroffen wird. Cortex und Hippocampus werden exklusiv über das dorsale Faserbündel versorgt.

Bei Zerstörung der gesamten dorsalen Fasern treten keine Effekte für den Erwerb von neuem Verhalten auf, d.h Lernprozesse werden kaum gestört, sondern im Vordergrund steht bei der Ratte der „dorsale Extinktionseffekt" (**DBEE: dorsal bundle extinction effect**). Die Tiere brauchen besonders nach intermittierenden Verstärkungsplänen, unabhängig ob mit positiven oder negativen Verstärkern, sehr viel länger, bis sie die gelernten Reaktionen *aufgeben.* Die Ursache für diesen Defekt besteht in einem Anstieg des Einstroms irrelevanter Reize (Ablenkung), die Tiere assoziieren viel mehr irrelevante Stimuli der Lernumgebung mit den Verstärkern und reagieren daher länger. Die **Filterung (selektive Aufmerksamkeit)** irrelevanten Materials ist generell gestört, nicht nur in passiven Vermeidungssituationen. Insofern hat das dorsale Bündel einen indirekten Effekt auf das BIS: fällt es aus, fehlt ein energetisierender Einfluß auf das BIS, und die Tiere können Vermeidungsverhalten nicht mehr aufgeben, da die Änderungen der Umgebung nicht mehr eingeordnet werden (Informationsüberflutung).

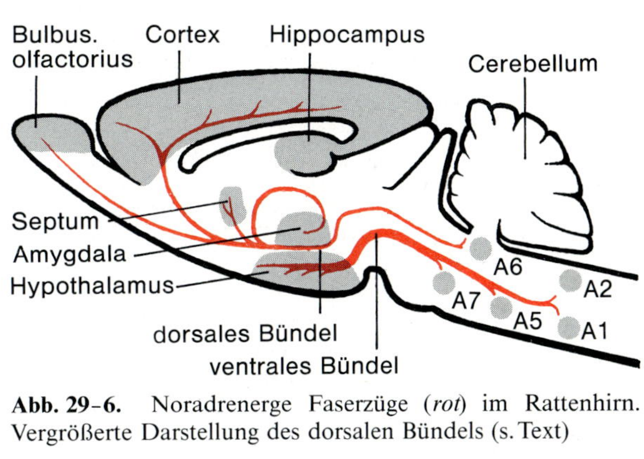

Abb. 29-6. Noradrenerge Faserzüge (*rot*) im Rattenhirn. Vergrößerte Darstellung des dorsalen Bündels (s. Text)

Das septo-hippocampische System hat dann seine Selektivität verloren und blockiert Verhalten generell: es „weiß" nicht mehr, was biologisch bedeutsam und was unwichtig ist, und reagiert daher nach jedem Vergleichsvorgang.

Pharmakologie des BIS. Die Unterscheidung des Verhaltenshemmsystems von den übrigen Gefühlssystemen (dem BAS und dem Kampf-Flucht-System) wird auch durch die unterschiedliche Wirkung von Pharmaka zur Reduktion von „Angst" gestützt (Abb. 29-4): Barbiturate, Benzodiazepine (z. B. Valium) und Alkohol hemmen *isoliert* das BIS im Tierversuch und senken damit von den möglichen Angstphänomenen *nur* die Reaktionen in **passiven Vermeidungssituationen**, Frustrations (Nichtbelohnungs)-situationen, Orientierungsreaktionen auf neue Reize und die Furcht vor „Prepared"-Reizen. Diese Substanzen ändern nicht die Reaktion auf *unkonditionierte* Furcht- und Aggressionssituationen, z. B. Lärm oder plötzliche Attacken, die nicht durch einen Warnreiz angekündigt wurden; und sie haben *keinen* Einfluß auf aktives Vermeidungsverhalten (z. B. zwanghaftes Händewaschen) und Annäherungsverhalten. Diese *Selektivität* der Wirkung von Barbituraten und Benzodiazepinen auf passives Vermeiden und auch ihre vergleichbar kurzdauernde therapeutische Wirkung auf Angststörungen sprechen gegen ein einheitliches „Angstsystem" im Gehirn.

Die Vorstellung eines Angstsystems wurde durch die Entdekkung der **Benzodiazepinreceptoren** an vielen postsynaptischen Zellen des Säugetiergehirns gestützt. Benzodiazepinreceptoren sind Proteine, die besonders hohe Affinität zu den Benzodiazepinen aufweisen. Sie sind stets zusammen mit GABA-Receptoren an der Zellmembran anzutreffen („**GABA-Receptor-Komplex**"). Bindung eines Benzodiazepins an seinen Receptor führt zu Verstärkung der hemmenden Wirkung von GABA (s. Kap. 14). Da aber GABA als universeller, meist hemmender Transmitter überall im Gehirn, besonders im Cortex, anzutreffen und mit einer Vielzahl von Funktionen befaßt ist, kann die selektiv angstreduzierende Wirkung von Benzodiazepinen auf passives Vermeiden und das BIS (wo besonders wenig Benzodiazepinreceptoren vorhanden sind), nicht allein auf die Bindung von Benzodiazepinen an ihre Receptoren rückführbar sein.

Die geringe Selektivität der Benzodiazepine und ihrer Receptoren kann aus der Tatsache abgelesen werden, daß sie auch antiepileptische, allgemein sedierende und REM-unterdrückende Wirkung haben (s. Kap. 26). Die hemmende Wirkung dieser Drogen auf passives Vermeiden (das BIS) ist primär auf die Blockade adrenerger und serotonerger Afferenzen (s. Abb. 29-5, LC), vor allem des dorsalen Bündels (Abb. 29-6), durch Benzodiazepine und Alkohol zurückzuführen. An diesem Hemmprozeß sind Benzodiazepinreceptoren und der GABA-Komplex nur untergeordnet beteiligt; es kommt wahrscheinlich zu einer reversiblen Entleerung der NA-Speicher durch diese beiden Substanzen.

Konsequenzen der Theorie Grays für menschliches Verhalten. Aus der Theorie folgen – abgesehen von den noch im Detail offenen Fragen der anatomischen Verbindungen und ihrer Transmitter – einige prüfbare Annahmen für den Menschen, die sich auch teilweise bestätigen ließen: Benzodiazepine, Barbiturate und Alkohol reduzieren – zumindest *kurzfristig* – Furcht *nur* in passiven Vermeidungssituationen, nicht in aktiven; damit steht der Befund in Einklang, daß diese Substanzen z. B. kurzfristig Phobien beeinflussen (passives Vermeiden), keine Effekte auf Zwangsverhalten (aktives Vermeiden) haben und **soziopathisches Verhalten** sogar verstärken können. Der letzte Befund ist besonders interessant, da soziopathische, antisoziale Reaktionen auf einen Defekt im Erwerb passiven Vermeidens („tu das nicht, sonst ...") beruhen. Personen mit antisozialem Verhalten haben danach häufig ein schwach entwickeltes BIS, das durch Alkohol und Barbiturate weiter geschwächt wird. Wenn diese Hypothese stimmt, könnte dies auch erklären, warum bei Soziopathen ein Großteil ihrer antisozialen Verhaltensweisen unter Alkohol geschehen. Sedierende Drogen sind danach für soziopathische Personen kontraindiziert (s. S. 613).

Therapie der Angst. Benzodiazepine stellen die am häufigsten angewandte Therapie der Angststörungen dar. Ihre Wirkung beim Menschen ist aber in der Regel nicht dauerhaft; besonders nach Absetzen der Drogeneinnahme kehren die phobischen Symptome, Schlafstörungen oder Zwangsrituale häufig wieder. Darüber hinaus haben Benzodiazepine Nebenwirkungen, die ein dauerhaftes „Verlernen" der Symptome verhindern. Verhaltenstherapeutische Behandlung, bei der eine **Konfrontation** mit den Angstsituationen *ohne Flucht- und Vermeidungsmöglichkeit* erfolgt, erlaubt dem Patienten eine dauerhafte Bewältigung seiner Ängste [1, 7].

Streß und gelernte Hilflosigkeit

„Streß". Als wesentlicher Auslöser von negativen Emotionen, von Angst und psychischer und physischer Erkrankung gilt „Streß". Andererseits führt wiederholter Streß häufig zu positiven Emotionen (Bewältigungsgefühlen), reduziert Angst und „immunisiert" gegen psychische und physische Erkrankung.

Die **Wirkung von Streßreizen** (in der Regel aversive Reize) beim Menschen hängt von verschiedenen Faktoren ab, die miteinander interagieren.

1. Objektive, physikalische Intensität der aversiven Reize.
2. Subjektiv-psychologische Intensität der aversiven Reize.
3. Vermeidungs- und Bewältigungsmöglichkeit („coping") der Reizsituation.
4. Vorerfahrung mit Streß („Immunisierung versus Überbewältigtsein"), die „Lerngeschichte" einer Person.
5. Dauer und Häufigkeit von Streßreizen.
6. Konstitutionelle psychologische und physiologische Persönlichkeitsfaktoren („Streßempfindlichkeit").
7. Tonischer Ausgangs- (Aktivierungs-) zustand des Lebewesens vor und während Streßreizen (einschließlich circadianer und ultradianer u.a. Periodizitäten und Schlafstadien).
8. Soziale Stützung und Bindung („social support").

Physiologische Effekte von Streßbewältigung. Bei wiederholten Streßsituationen hängt der Verlauf körperlicher und ZNS-Änderungen vom **Resultat der Bewältigungsversuche** ab. Gut studiert sind Fallschirmspringer, Lärm am Arbeitsplatz und Langzeit-Vermeidung (Phobien) bei Patienten.

Während der ersten Konfrontationen mit dem negativen Ereignis kommt es zu deutlichem *Anstieg der Hypophysen-Nebennierenrinden- und Nebennierenmarkaktivität* (Abb. 29-7), sowie entsprechender peripher-autonomer physiologischer Prozesse: Herzrate (HR), Hautwiderstand, Blutdruck (BP) und elektrische Muskelaktivität (EMG), periphere Corticosteroide, peripheres Adrenalin, Noradrenalin, Wachstumshormon steigen, Testosteron und Insulin werden gehemmt.

Mit zunehmend erfolgreicher Bewältigung (z.B. erfahrene Fallschirmspringer) verschiebt sich der Zeitpunkt erhöhter Aktivierung vom erwarteten Streßereignis zeitlich nach *vorne*, vom Ereignis weg, die Intensität der Aktivierung läßt nach und geht subjektiv in positive Bereiche („Freude an der Gefahr"), was u.a. mit Anstieg des Sexualhormons Testosteron einhergeht. *Bei Bestehenbleiben der Belastung* und neuen Vermeidungsversuchen bleiben einige der hormonellen und autonomen Reaktionen erhöht, auch in Zwischen- und Ruhezeiten: Immunsuppression (reduzierte T-Lymphozyten-Zellaktivität) und eine Reihe anderer – oft durch anhaltende Corticosteroidaktivität verursachte Organschäden – treten auf („psychosomatische" Krankheiten) [21].

Ist der (vergebliche) Bewältigungsversuch mehr somatisch-muskulär orientiert (Kampf-Flucht-Reaktion), so nennen wir dies *aktive Bewältigung* (active coping). Bei Anhalten von vergeblichen aktiven Bewältigungsversuchen treten bevorzugt Schäden des kardiovaskulären Systems, Erkrankungen im Muskel- und Halteapparat (z.B. chronische Muskelschmerzen) auf; ist die Bewältigung mehr auf Rückzug und Passivität ausgerichtet, nennen wir dies *passive Bewältigung* (passive coping); in diesem Fall sind die Organschäden mehr im Einflußbereich der Corticosteroide auf die intestinalen Systeme, einschließlich des Immunsystems konzentriert (z.B. Zwölffingerdarmgeschwüre, Asthma). Die Übergänge zwischen diesen beiden Bewältigungsformen und ihren Konsequenzen sind fließend [27].

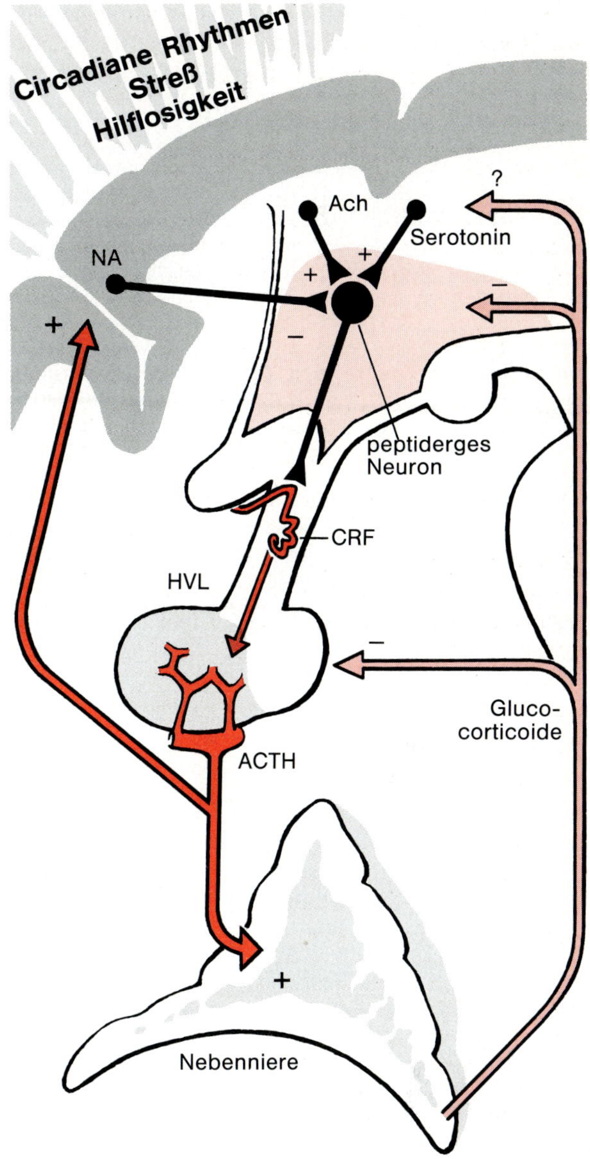

Abb. 29-7. Das Hypothalamus-Hypophysen-Nebennierenrindensystem (*rot*). Noradrenerge (*NA*), cholinerge (*ACh*) und serotonerge Einflüsse auf den Hypothalamus ändern die Ausschüttung des Corticotropin-Releasing-Factors (*CRF*), der die Ausschüttung von ACTH aus dem Hypophysen-Vorderlappen (*HVL*) veranlaßt. ACTH wiederum regt die Glucocorticoid-Ausschüttung der Nebennierenrinde an. Gleichzeitig erregt es die hemmenden NA-Neurone des Hypothalamus. Die Glucocorticoide selbst hemmen die Ausschüttung sowohl von CRF, als auch ACTH und die Nebennierenrindenaktivität. Streß und Hilflosigkeit stimulieren die CRF-Ausschüttung, circadiane Rhythmen bestimmen die Schwankungen der Grundkurve der Hormone

Gelernte Hilflosigkeit. Ein Modellbeispiel für die Konsequenzen anhaltender erfolgloser Bewältigung von Streß ist gelernte Hilflosigkeit oder **gelernte Unkontrollierbarkeit** [17].

Die *experimentelle Anordnung* zur Untersuchung der Effekte gelernter Hilflosigkeit ist dabei prinzipiell für verschiedene Tierarten und Menschen ähnlich: Die Tiere der Experimentalgruppe (EG) erhalten vor dem eigentlichen Test für Hilflosigkeit (meist 24h vorher) mehrere intensive schmerzhafte Reize, denen sie entfliehen, die sie vermeiden können. Die Kontrollgruppe (KG1) erhält keine aversiven Reize und die KG2 exakt dieselben aversiven Reize (*Jochkontrolle*, yoked control) *mit* Fluchtmöglichkeit, das Tier kann eine Taste bewegen. Die Fluchtmöglichkeit stellt aber in diesem Fall nur eine „Illusion" dar, da dieselben unangenehmen Reize wie in der EG gegeben werden. Die Tiere der Jochkontrolle erhalten die aversiven Reize in Abhängigkeit von der Vermeidung eines „Zwillingstieres" der EG völlig unabhängig vom eigenen Verhalten. Sie stehen „unter dem Joch" der EG. In der **Testbedingung** 1–24 Stunden später werden die Tiere aller Gruppen in dieselben Käfige gebracht und erhalten Vermeidungsmöglichkeiten (z.B. Zwei-Weg-aktives Vermeiden: auf ein Lichtsignal über die Barriere in das „sichere" Abteil springen).

Dabei treten im wesentlichen zwei Effekte in der Jochkontrolle (YC) auf:

a) motorische Defizite (Bewegungslosigkeit),
b) assoziative Defizite (kein Vermeidungslernen für bestimmte Zeitspanne; Leistungsabfall in Lern- und Konzentrationsaufgaben beim Menschen).

Die Ursache für b) ist wenig untersucht, während a) auf eine Störung der Interaktion von zentralen NA-Serotonin-DA-Systemen zurückgeht, unter der Voraussetzung, daß das Tier in der Testphase den aversiven Reiz als unangenehm „erlebt" und nicht analgetisch wird (s. nächsten Abschnitt). Zumindest bei Ratte und Maus tritt aber nach der unkontrollierbaren Reizung ab einer bestimmten Intensitätsstufe häufig Analgesie auf. Dabei sind ACTH-abhängige Opiatsysteme sowie Immunfaktoren beteiligt (s. S. 601).

Noradrenalin (NA)-Serotonin (5-HT)-Dopamin (DA)-Interaktion. Im Tierversuch wurde gezeigt, daß Streß und Hilflosigkeit nicht mit der Aktivität eines einzigen Transmittersystems (z.B. NA) zusammenhängt. In Abhängigkeit von Dauer und Intensität der Hilflosigkeit reagieren verschiedene Transmitter im Sinne eines Versuchs, *die homöostatische Balance durch Verhalten („Bewältigung") wiederherzustellen.* Ein Beispiel dafür werden wir bei 29.4 und der Bewältigung von Depression kennenlernen. Bei *lange* anhaltender Hilflosigkeit (z.B. in kaltem Wasser schwimmen für Mäuse) kommt es allerdings zu einer *Entleerung* des zentralen NA-Speichers in den Synapsen der dorsalen NA-Fasern. Andererseits *erhöhen* vermeidbarer oder schwacher Streß oder nur schwach unangenehme Reize die Syntheserate und Kataboliten-Ausscheidung von NA [21].

Wenn die Tiere gegen gelernte Hilflosigkeit durch eine Habituationsperiode (wiederholte Darbietung derselben Streßreize) vorher *immunisiert* werden, tritt keine Entleerung der NA-Speicher bei Hilflosigkeit auf, und auch die „psychosomatischen" Störungen (z.B. Anzahl und Größe von Magengeschwüren bei Ratten) unterbleiben. Auch die Möglichkeit, in Streßsituationen zu kämpfen, verhindert NA-Entleerung und somatische Schäden [40].

Der *assoziative Defekt* nach Hilflosigkeit könnte auch als eine Aufmerksamkeitsstörung durch die NA-Entleerung gedeutet werden (s. Kap. 25). Die motorischen Störungen (Apathie und/oder Stereotypien) dagegen hängen mit einer **Deregulation der DA-Systeme** zusammen: unter starkem Streß mit NA-Entleerung wird der serotonerge Einfluß des dorsalen Raphe-Systems auf die Substantia nigra (DA) stark erhöht, die DA-Synthese-Abbau-Geschwindigkeit (turnover) steigt und auch im Striatum wird mehr DA ausgeschüttet. NA-Systeme haben einen hemmenden Einfluß auf die serotonergen Raphe-Kerne, wodurch exzessive DA-Aktivität verhindert werden kann, und sie halten das DA-System innerhalb enger Grenzen *stabil.* Wenn dann NA *ausfällt*, wie bei gelernter Hilflosigkeit, kommt es entweder zu Überreaktion (Stereotypien, Katatonien) oder „Einfrieren" der Bewegung, vergleichbar dem Parkinsonismus.

Auch das Ansteigen der Wahrscheinlichkeit **schizophrener Episoden** nach Streß könnte mit einer solchen Deregulation des mesolimbischen und mesocorticalen (frontalen) DA-Systems (Kap. 14) unter Streß zusammenhängen. Die Tatsache, daß viele schizophrene Patienten keine Neuroleptika (DA-Receptor-Blocker) benötigen (Kap. 30), wenn sie in einer streßarmen Familie mit geringer emotionaler Überbeteiligung (emotional overinvolvement) leben, stützt dies indirekt. Die DA-Dysregulation hält sich in der streßarmen Umgebung noch innerhalb normaler Grenzen. Die exzessive Fixierung der Aufmerksamkeit in der Schizophrenie auf einige Gedanken oder Ideen könnte mit dem Überreagieren des mesolimbischen DA-Systems zusammenhängen, die extreme Ablenkbarkeit- und Irritierbarkeit auf die episodische Entleerung des NA-Speichers zurückzuführen sein.

Kurzer „Streß" dagegen, der nicht mit anhaltender Hilflosigkeit verbunden ist, führt bei **hypokinetischen Störungen** (z.B. Arthritis, Parkinson) zu kurzfristiger Besserung der Bewegungsstörung und bei

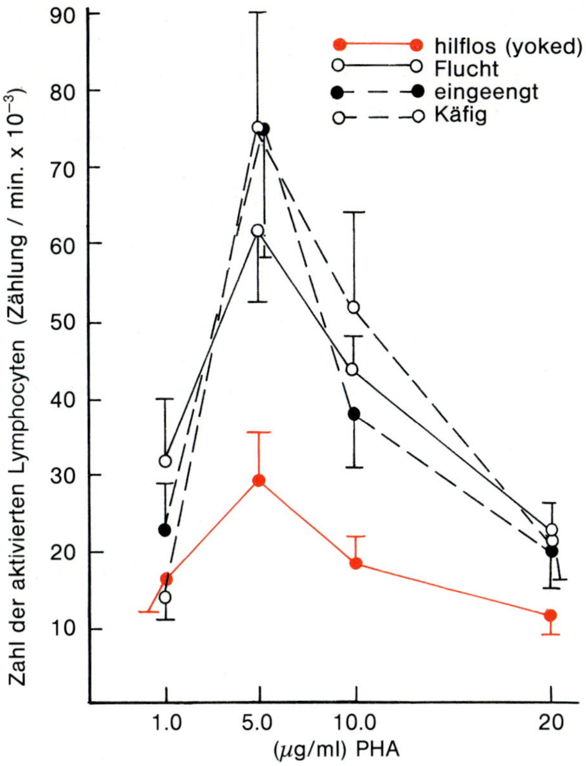

Abb. 29-8. Stimulation der Lymphozyten durch Phytohämagglutinin (*PHA*), ein Maß für die Aktivierbarkeit der Lymphocyten. Vier verschiedene Dosen von *PHA* wurden verwendet. Immunsuppressive Wirkung zeigt sich bei allen Dosen über 5 μg/ml für die Hilflosigkeitsgruppe. Vier verschiedene Gruppen von Versuchstieren (Ratten) wurden 24 Stunden nach der Hilflosigkeitserfahrung oder den Kontrollbedingungen auf Immunsuppression untersucht: Die Escape (Flucht)gruppe (o-o) konnte den elektrischen Reiz abstellen, die „hilflose" Gruppe (yoked ●—●) hatte keine Einflußmöglichkeit, erhielt exakt dieselben elektrischen Reize wie die Escape-Gruppe. Die „restrained" (eingeengte) Gruppe (●----●) wurde unter beengten Käfigbedingungen gehalten (unspezifischer „Streß"), die Home-cage-Gruppe (○----○) blieb im Käfig. 24 Stunden nach dieser Vorbehandlung erhielten alle Tiere Gelegenheit, das Vermeiden des aversiven Reizes zu lernen. Danach wurde die Immunantwort mit PHA geprüft. Die Ordinate gibt die Zahl der aktivierten Lymphocyten wieder. (Nach Maier et al. 1984)

Depressionen zu Nachlassen der Apathie (z. B. bei der Depression bessert Laufen oder Schlafdeprivation den Zustand vorübergehend): dabei werden sowohl verbliebene, aber bisher nicht „bemühte", supersensitive nigro-striatale DA-Receptoren erregt, als auch β-adrenerge Bindungen aktiviert (s. 29.4).

ACTH-Opioid-Immunsystem-Interaktion. Abb. 29-7 zeigt einige der Einflüsse zentraler Neurotransmitter auf die Aktivität des ACTH-Nebennierenrindensystems. Aktivität noradrenerger Afferenzen zum Hypothalamus hemmt z. B. die ACTH-Produktion durch Beeinflussung des entsprechenden Vorläufer-Releasing-Faktors (Kap. 10). ACTH als unspezifisches Streßhormon wird aus dem Vorläufermolekül Pro-opiomelanocortin (POMC) abgespalten, das auch als Vorläufer der endogenen Opiate β-Endorphin, γ-Endorphin, α-Endorphin und Met-enkephalin fungiert (Kap. 10, 14). ACTH und β-Endorphin-Ausschüttung bei Streß scheint für die **„Streß-Analgesie"** nach Hilflosigkeit und die Immunsuppression verantwortlich zu sein. Beim Menschen spricht man oft von *Schockanalgesie*, z. B. nach Unfallverletzungen treten häufig keine Schmerzen auf.

Abb. 29-8 gibt die Ergebnisse eines Experiments wieder, aus dem hervorgeht, daß „Streß" allein (elektrische Reize ohne eine Vorgeschichte unkontrollierbarer Reizung) keine Analgesie, kein Hilflosigkeitsverhalten (motorische Hemmung) und keine Immunsuppression bewirkt, sondern *nur* die Hilflosigkeitsbedingung. Die Corticosteroidausschüttung spielt dabei offensichtlich eine wesentliche Rolle, da Adrenalektomie den Effekt zum Verschwinden bringt. Diese Befunde wurden zu erhöhter Krankheitsanfälligkeit und Tumorwachstum nach gelernter Hilflosigkeit in Beziehung gesetzt.

29.3 Annäherung

„Bekanntlich schweigt zwar, wer froh und glücklich ist, aber sobald es darum geht, über Freude und Glück zu sprechen, wird es allzuleicht geschwätzig" (Tunner 1983). Damit wird angedeutet, wie schwierig positive Gefühle sprachlich zu beschreiben sind. Aber auch die Schwierigkeit intensive positive Gefühle im Labor herzustellen, setzt der Wissenschaft enge Grenzen. Die psychologische Literatur ist voll Spekulationen und - verglichen mit negativen Gefühlen - wenig reproduzierbaren Daten. Dies charakterisiert auch die Situation der neurobiologischen Forschung zu positiven Gefühlen.

Intrakranielle Selbstreizung (ICSS: intracranial self stimulation) ist das einzige weiterentwickelte neuronale Modell positiver Zustände, bei dem aber die Rolle der ICSS als positiver Verstärker im Vordergrund steht und nicht Emotionen wie Humor und Lachen, lustvolle Hingabe, ekstatische oder stille Freude etc. Über die neuronalen Grundlagen dieser komplexen positiven Emotionen, ohne die unser Leben wohl kaum lebenswert wäre, wissen wir wenig.

Intrakranielle Selbstreizung (ICSS) und Belohnung: positive Verstärkung im Tierversuch

Die Entdeckung der ICSS. 1954 gelang Olds und Milner [35] die erste Demonstration eines Phänomens, dessen theoretische und praktische Bedeutung für die gesamte Psychologie außerordentlich ist. Etwa zur selben Zeit berichteten N.E. Miller und seine Mitarbeiter, daß Reizung bestimmter Teile des Hypothalamus der Ratte „belohnende" oder „aversive" Wirkung hatte [19].

Die Entdeckung von Olds und Milner beruht wie so manches unerwartete Ergebnis auf einem Versuchsfehler: beim Studium der Formatio reticularis verfehlte eine der Elektroden das Ziel und wurde in das Septum implantiert. Die Autoren reizten die Hirnregion immer dann, wenn das Tier in eine bestimmte Ecke des Käfigs lief. Es zeigte sich, daß Tiere (Ratten) mit Elektroden im Septum diese Ecke wiederholt aufsuchten, im Gegensatz zu jenen Tieren, die ihre Elektroden tiefer im Stammhirn implantiert hatten. Zunächst dachten die Autoren an eine Anregung von Explorationsverhalten und nicht an Belohnung. Ein Versuch im T-Labyrinth, bei dem das deprivierte Tier in einem Arm Futter, im anderen einen elektrischen Reiz ins Gehirn erhielt, zeigte aber, daß der elektrische Reiz stets bevorzugt wurde. Schließlich ermöglichten die Versuchsleiter dem Tier, sich selbst zu reizen, indem das Tier den Stromkreis bei jedem Hebeldruck selbst schließen konnte (Abb. 29-9). (Im allgemeinen beträgt die Stromstärke bei der Ratte ca. 10-300 μA bei einem Wechselstrom von 60 Hz).

Es zeigte sich, daß die Tiere bis zu 5000 mal und mehr pro Stunde drückten und dies bis zur völligen Erschöpfung. Die Reizung tiefergelegene Strukturen des Mittelhirns hatte den gegenteiligen Effekt; die Tiere versuchten, jede Art von elektrischer Reizung in diesen Hirnteilen zu verhindern. Olds sprach daher von **„pleasure centers" („Zentren der Freude")** und Bestrafungs- und Aversionszentren.

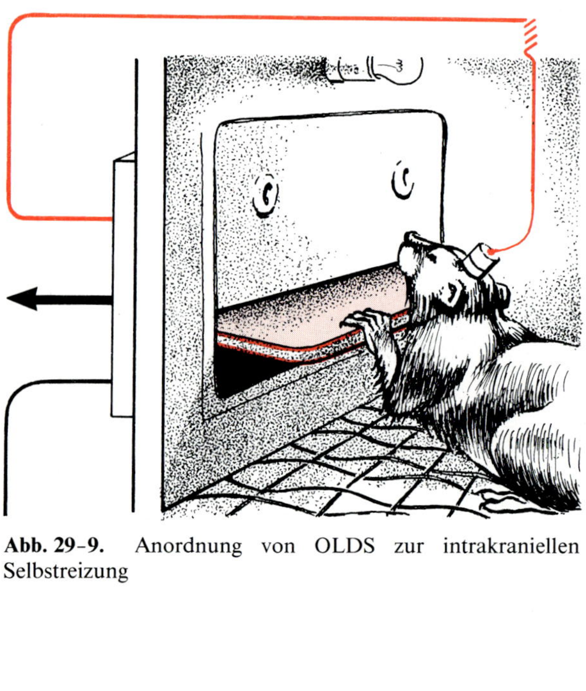

Abb. 29-9. Anordnung von OLDS zur intrakraniellen Selbstreizung

ICSS ist *kein motorischer Zwang*, bei dem der Reizstrom eine motorische Erregung und damit die Tastendruckreaktion auslöst: um Tiere zu erneuter Selbstreizung nach längerem Inter-Stimulus-Intervall (ISI) zu bewegen, muß häufig ein einzelner „priming" (Anstoß)-Reiz gegeben werden. Aber die Tiere suchen auch ohne Reizung jene Käfigorte wieder auf, wo sie gereizt wurden. Das bedeutet, daß die Art der Reizung mit positiver „Erinnerung" assoziiert wird: dazu nehmen sie das Überlaufen elektrisch geladener Gitter in Kauf und lassen ihre Jungen bzw. Sexualpartner „im Stich". ICSS wird jedem anderen Verhalten vorgezogen. ICSS hat auch angsthemmende Wirkung, die Tiere reagieren auf aversive CS oder US nicht mehr.

ICSS ist nicht immer die „Illusion" einer natürlichen Selbstbefriedigung, wenngleich Durst und Hunger häufig die ICSS-Rate erhöhen. Manche Reizorte scheinen keinerlei Interaktion mit natürlichen Motivationen aufzuweisen, sondern „pure" positive Verstärkung („Lust") zu erzeugen. ICSS löscht aber extrem rasch, wenn nicht ein natürlicher Antriebszustand vorliegt, was auch dafür spricht, daß die Elektrode beide Komponenten - *Antrieb* (z.B. Hunger) *und Verstärkung* - stimulieren kann; in diesem Fall löscht die ICSS langsam. Wenn aber *nur* Verstärkersysteme gereizt werden, tritt schnell löschende ICSS auf (Abb. 28-2).

Für die *Trennung von Trieb- und Verstärkersystemen* (s. Kap. 28) spricht auch die Tatsache, daß „Triebneurone" meist lange Abfallszeiten der Depolarisierung nach Reizung, sowie langsamere Leitungsgeschwindigkeiten (2-3 m/s) aufgrund schwächerer Myelinisierung als „Verstärkerneurone" aufweisen. Unter „Triebneurone" verstehen wir Zellen, die bei Erhöhung oder Erniedrigung des Antriebsniveaus feuern. Sie liegen meist im Hypothalamus. Verstärkerneurone dagegen sind besonders bei Triebreduktion (z.B. Futtergabe) oder ICSS aktiv und reagieren nicht auf Änderungen des Antriebs [19].

Anatomie von ICSS. Persistierende ICSS kann von vielen subcorticalen und corticalen Regionen ausgelöst werden: optimal sind bei der Ratte das **descendierende mediale Vorderhornbündel (MFB medial forebrain bundel)** und der laterale Hypothalamus (LH). Am Neocortex ist der frontale Cortex (FC) besonders gut geeignet. Abb. 29-10 gibt die Anatomie des MFB der Ratte wieder und zeigt, daß der LH eine zentrale Integrationsstruktur für dieses sowohl histologisch als auch neurochemisch uneinheitliche Fasergeflecht darstellt. Bevorzugt werden jene Fasern des MFB zu ICSS benutzt, die vom LH nach posterior zum ventralen Tegmentum führen. Als *zweites* ICSS-System fungiert der **mediale Frontalcortex**, der nicht vom MFB versorgt wird und auch andere Reizeigenheiten aufweist (längere Re-

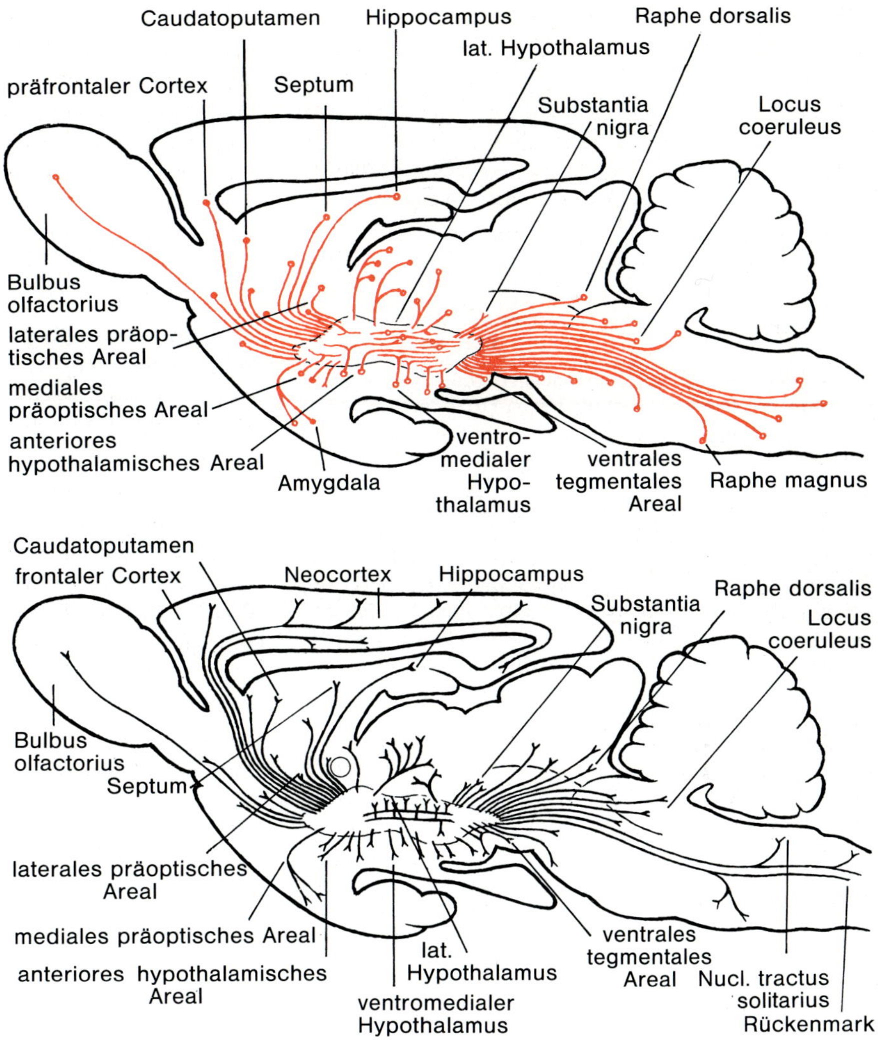

Abb. 29-10. Schematische Darstellung eines Sagittalschnittes durch das Rattenhirn mit afferenten (*oben*) und efferenten (*unten*) Verbindungen des medialen Vorderhirnbündels (*MFB*) vom Hypothalamus. (Nach Stellar u. Stellar 1985)

fraktärzeiten, langsame Reaktionsraten und primär intracorticale und medio-dorsale Thalamus-Verbindungen). Neben den genannten Strukturen – und z.T. mit ihnen überlappend – kann man ICSS primär aus nigrostriatalen und mesolimbischen Regionen auslösen, die Dopamin als Transmitter benutzen.

Neurochemie der ICSS. Die dopaminergen Faserzüge, von denen ICSS auslösbar sind, verlaufen zum Großteil *ascendierend* in Richtung Vorderhirn, dazu gehören z.B. jener Teil des MFB, der zum Ncl. accumbens führt (mesolimbisches DA-System), sowie das ventrale Tegmentum-Bündel, das posteriore MFB und Fasern der Capsula interna, die zum Caudatum, Putamen und Amygdala ziehen (nigrostriatales DA-System). Das Dopaminsystem scheint als *gemeinsame Endstrecke* eines **descendierenden MFB-LH-Systems** und als gemeinsame Endstrecke von **endogenen Opiatzellen** zu fungieren (Abb. 29-11).

Neuroleptica blockieren diese gemeinsame Endstrecke des positiven Verstärkersystems und führen im Tierversuch zu **anhedonischem Verhalten**, indem sie verhindern, daß die verstärkenden Aspekte der Umgebung wahrgenommen werden. (Beim Menschen wird Anhedonie z.B. durch Fragebogen gemessen; anhedonische Personen zeigen wenig oder keine positiven, aber auch keine ausgeprägt negativen Gefühle). Obwohl die anhedonischen Tiere keine Bewegungsdefizite aufweisen, wie sie bei DA-Receptor-Blockade ab einer bestimmten Dosis auftreten, und in Vermeidungsversuchen normal reagieren, haben positive Verstärker keinen motivierenden (incentive) oder reaktionserhaltenden Effekt mehr. Beim Menschen, bei dem Neuroleptica zur Behandlung schizophrener Störungen eingesetzt werden, hemmen Neuroleptica zwar auch die euphorischen Reaktionen auf Amphetamine (ein DA-Agonist), scheinen aber eher eine Art „Bleichung" und Abschwächung positiver Affekte und reduzier-

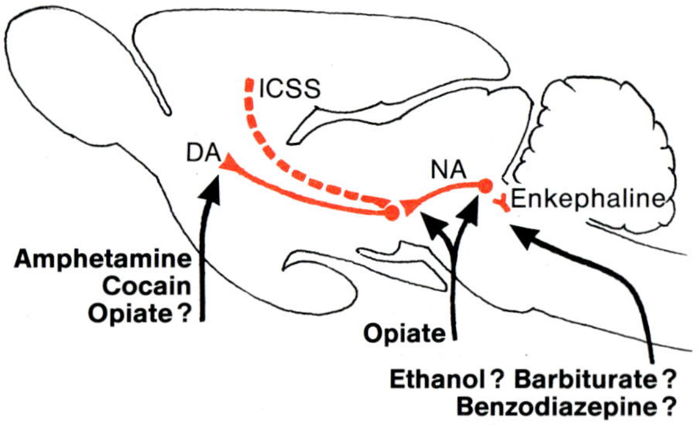

Abb. 29-11. Modell der Dopaminaktivierung duch Selbststimulation des lateralen Hypothalamus (*LH*) im Rattenhirn. Die Selbstreizung (*ICSS*) wirkt auf ein descendierendes myelinisiertes System (*(punktiert*). Reizung dieses Systems erregt die dopaminergen ascendierenden Systeme. Der dopaminerge Teil des Verstärkungssystems wird durch Amphetamine, Cocain und vermutlich Opiate erregt. Ethanol und Beruhigungsmittel (minor tranquillizer) üben einen indirekt verstärkenden Effekt über Hemmung des BIS (29.2) durch Reduktion der Aktivität des dorsalen noradrenergen Bündels aus. Opiate und andere Einflüsse auf das Belohnungsverhalten sind eingezeichnet (s. Text). (Aus Stellar u. Stellar 1985, nach Wise 1982)

te Incentive-Motivation als völlige Anhedonie zu bewirken.

Daß Anhedonie nicht allein ein Resultat *motorischer Hemmung* dopaminerger Systeme durch DA-Receptorenblocker (z. B. Pimozid) sein kann, sondern auf „Lustverlust" zurückzuführen ist, zeigen u. a. Extinktionsversuche, in denen das Tier ein Labyrinth durchlaufen muß, um LH-ICSS zu erhalten: Abschalten des Stromes führt zu langsamer Extinktion, die Tiere laufen noch mehrmals durch das Labyrinth, bevor sie „aufgeben". Pimozid hat denselben Effekt, die Tiere laufen einige Zeit weiter, geben aber das Verhalten alsbald auf, vergleichbar natürlicher Extinktion ohne Drogengabe. Legt man eine Pause von ca. 10 min ein, in der man die Tiere aus dem Käfig nimmt, und gibt sie dann ins Labyrinth zurück, so beginnen sie sofort wieder zu dem Hebel zu laufen, wo sie ICSS erhalten hatten, auch unter Pimozid (spontane Erholung) [40].

Während die DA-Neurone bei operantem Verhalten mehr die *energetisierenden (incentive) Aspekte* von positiv motiviertem Verhalten erzeugen, werden die Endorphine eher mit der *positiven affektiven Tönung* von Belohnungsreizen in Verbindung gebracht; diesen Effekt üben **Endorphin-Systeme** vermutlich primär durch Hemmung noxischen, schmerzhaften Inputs aus: Opiatreceptoren befinden sich vor allem in Umgebung von „Schmerzanalysatoren" im ZNS (Kap. 18) und modulieren Schmerzwahrnehmung vom dorsalen Horn des Rückenmarks über das periaquäductale Grau (wo die descendierende Schmerzhemmung augelöst werden kann), in thalamischen Umschaltstationen für schmerzhafte Erregungskonstellationen, in der Amygdala und im Temporalcortex, sowie schließlich im Striatum, wo sie an ascendierenden DA-Neuronen enden. Auch der *Sucht*-erzeugende Effekt von Opiaten basiert vermutlich auch auf diesem aversions-unterdrückenden Effekt und weniger auf ihrer euphorisierenden Wirkung (s. Zwei-Prozeßtheorie, Kap. 28).

Neuropsychologie positiver Affekte: Ergebnisse beim Menschen

Elektrische Reizung während neurochirurgischer Eingriffe beim Menschen löst emotionale Reaktionen aus, wenn limbische Strukturen und damit in Verbindung stehenden Temporalbereiche sowie der basale FC gereizt werden. Penfield u. Jasper (1959) lösten im oberen Temporallappen und der Insel vor allem Gefühle der Angst und Trauer, sowie akustische und optische Halluzinationen aus. Sie konnten weder Wut, noch Freude oder sexuelle Erregung von einem neocorticalen Areal auslösen. Die Reizversuche von Penfield finden ihre Bestätigung in Untersuchungen von **Temporallappenepilepsien**, wo Furcht vor und während des Anfalls auftreten kann; allerdings wird auch von Patienten mit Lachanfällen berichtet. Elektrische Stimulation in Umgebung des MFBs, im Septum und im Vermis des Cerebellums, der mit dem Septum verbunden ist, löst auch beim Menschen positive Gefühle aus [9].

Angesichts der Variabilität der Patienten und ihrer in der Regel unbekannten prämorbiden psychologischen Biographie lassen sich schwer generalisierbare Aussagen machen. Septumreizung löst häufig sexuelle Erregung beim Menschen aus, was für das Septum als „positive" Region spricht. Während Masturbation und Orgasmus tritt im Septum langsame Thetaaktivität auf, was die Ergebnisse der Reizungsversuche stützt. Positive Gefühle werden bei Reizung des Nucl. caudatus, Teilen des Hypothalamus und Thalamus ausgelöst. Selbstreizung im (endorphinergen) zentralen Grau löst neben Schmerzhemmung auch positive Affekte aus.

Obwohl bisher *keine Evidenz für neocorticale Netzwerke* in der Generierung positiver Emotionen gefunden werden konnte, ist elektrophysiologisch bei *passiven* positiven Emotionen (z. B. Entspannung) häufig eine deutliche Verlangsamung des Grundrhythmus in den Thetabereich beobachtbar. Bei positiver Verstärkung tritt im Spontan-EEG **„post-reinforcement-synchronization"** (PRS, Synchronisation nach Belohnung) auf, mit Verlangsamung des Grundrhythmus in den Alpha- und Thetabereich. Diese elektrophysiologischen Änderungen sind aber nicht spezifisch für einen affektiven Zustand, sondern indizieren eine unspezifische Verlangsamung thalamocorticaler Schrittmacher bei positiven Affekten [1].

29.4 Trauer - Depression

Psychologie der Depression

Trauer ist ein angeborenes (prepared) primäres Gefühl, das nach *Trennung oder Verlust von Bindungen* (loss of attachment) auftritt. Die Äußerungsweisen von Trauer sind in allen Kulturen ähnlich und auch bei höheren Säugern beobachtbar und mit dem humanen Ausdrucksverhalten und menschlichen physiologischen Begleitreaktionen vergleichbar. Evolutionsgeschichtlich könnte man Trauer als psychobiologische Reaktion zur Aufrechterhaltung von Gruppenbindung bei Trennung von einem oder mehreren Gruppenmitgliedern auffassen.

Diagnose der Depression. Depression ist ein komplexes *Mischgefühl*, das einen gewissen Anteil an Trauer enthält, aber auch Ekel, Wut, Ärger, Feindseligkeit, Furcht, Schuld und Scham. Entsprechend der Variabilität beteiligter Gefühle sind Depressionen stets durch eine *Vielzahl* von sozialen, psychologischen und biologischen Einflußfaktoren ausgelöst. Die Klassifikation in *endogene (biologischbedingte)* und *exogene (umweltbedingte) Depressionen* ist irreführend und empirisch nicht haltbar. Dem trägt auch die neue Klassifikation der Depressionen im DSM-III-R (1987) Rechnung, die nurmehr nach der *Intensität* der Störung und nach der Präsenz von psychotischen Symptomen (Halluzinationen, Wahn) unterscheidet. **Bipolare Depressionen**, bei denen zumindest *eine manische Episode* aufgetreten sein muß, scheinen in ihrer Ätiologie (Entstehungsgeschichte) nicht mit monopolaren Depressionen (*nur* depressive Zustände) identisch zu sein. Sie weisen u.a. eine stärkere genetische Beteiligung als unipolare Depressionen auf und sprechen auf unterschiedliche Pharmaka therapeutisch an (Lithiumsalze).

Die Faktoren, die zur Entstehung und Aufrechterhaltung monopolarer Depressionen *zusammenwirken*, sind im wesentlichen bekannt. Im Einzelindividuum sind diese Faktoren in höchst unterschiedlicher Ausprägung und Gewichtung vorhanden, eine einheitliche psychopathologische Verursachung, die allen Depressionen gemeinsam ist, existiert nicht. Beteiligt sind sowohl soziale, als auch psychologische und biologische Faktoren.

Soziale und psychologische Faktoren. Wir werden die sozialen und psychologischen Faktoren hier nur skizzieren. Dies bedeutet nicht, daß biologische Bedingungen für die Erklärung depressiven Verhaltens wichtiger als soziale und psychologische sind.

Ein wesentlicher Reiz zur Entstehung von Trauer und Depression ist zweifellos Verlust durch *Auflösung von Bindungen* an Menschen, Tiere oder Objekte. Personen, die im Laufe ihrer Kindheits- und Jugendentwicklung z.B. einen Elternteil durch Tod verloren haben, neigen als Erwachsene häufiger zu Depressionen als Kontrollpersonen.

Entscheidend für die Intensität und Dauer von Depressionen nach Bindungsverlust sind die Ergebnisse der sozialen und kognitiven **Bewältigungsversuche** des Verlusterlebnisses. Personen, die nach Bindungsverlust keine ausreichend wirksamen **Defensivverhaltensweisen** (Verdrängen, Ausschluß von Informationen, Gewöhnung, Umdeutung, Attributionsänderung) entwickeln, zeigen später stabile **Erwartungshaltungen**, daß sich die Verlustereignisse in Zukunft wiederholen [2]. Diese Erwartungen sind in der Regel nicht bewußt, sondern wirken aus dem Langzeitgedächtnis ohne Mitwirkung des Bewußtseins auf die Einordnung und Speicherung neuer Informationen (Kap. 25 und Kap. 27). Als Risikofaktoren für depressive Störungen konnten eine Reihe von sozialen Bedingungen ermittelt werden:

1. Restriktive äußere Umstände, über die das Individuum keine *Kontrolle* ausüben kann (z.B. Verlusterlebnisse, pathologisches Familiensystem).
2. Starre Handlungsmuster des Individuums selbst (z.B. hohes Anspruchsniveau, Abhängigkeit von anderen, wenig Selbsteinsicht, mangelnde soziale Fertigkeiten etc.)
3. Begrenzter Handlungsspielraum (z.B. nur auf eine soziale Gruppe und Person bezogen, zu viel oder zu wenig Arbeit, unrealistische Ambitionen).

Abb. 29-12 faßt diese sozialen Einflußfaktoren zusammen und führt sie auf den zentralen Faktor einer **geringen positiven Verstärkerrate** zurück. Auch **gelernte Hilflosigkeit** (s. S. 600) resultiert stets in einer niedrigen positiven Verstärkerrate und stellt einen unspezifischen Risikofaktor auch für andere Erkrankungen dar, während die reduzierte positive Verstärkerrate spezifisch Depressionen zu begünstigen scheint [21a].

Neurobiologie der Depressionen

Physiologische Begleiterscheinungen. Wie für viele chronische Erkrankungen spielt ein *konstitutionelles, genetisch verankertes Risiko*, besonders bei bipolaren Depressionen, eine große Rolle, deren absoluten Beitrag man im Einzelindividuum ebenso schwer festlegen kann wie die Anteile der Umweltfaktoren. Sowohl in Zwillingsstudien als auch in Adoptionsstudien treten erhöhte Konkordanzraten mit der Nähe der biologischen Verwandtschaft auf.

Vor und während akuter Depressionen kommt es zu einer Fülle physiologischer Änderungen. Peripher-physiologisch zeigt sich in cardiovasculären und muskulären Maßen (HR, EMG) meist eine unspezifische Erhöhung der Aktivierung, die in Kontrast zu dem Rückzug und der Bewegungsarmut der meisten Depressionen steht. Dagegen sind bei etwa 50%

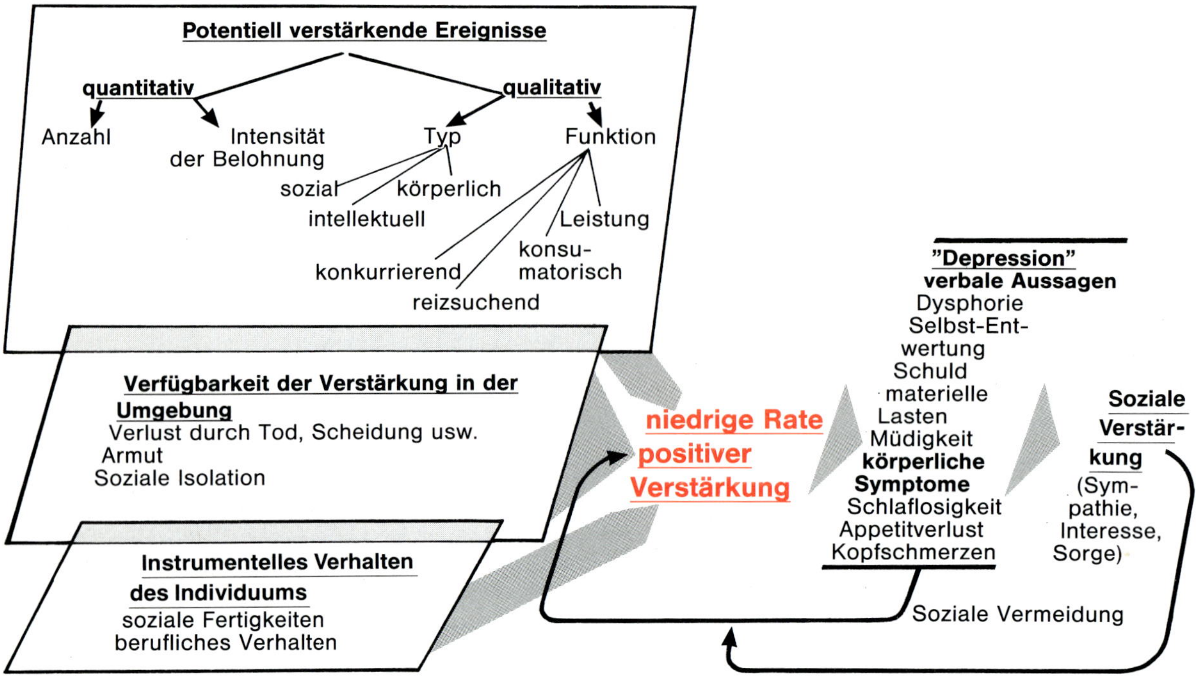

Abb. 29-12. Einflußfaktoren auf depressives Verhalten: Unmittelbare Ursache depressiven Verhaltens ist eine niedrige Rate positiver Verstärkung, die durch drei Faktoren (*linke* Seite der Abbildung) bedingt und durch soziale Verstärkung und soziale Vermeidung (*ganz rechts*) aufrechterhalten wird (s. Text). (Nach Lewinsohn 1975)

aller Depressionen die sympathische Hautwiderstandsreaktionen gehemmt („non-responder"), die Speichelsekretion ist deutlich vermindert.

Zentralnervös ergeben sich im EEG Verschiebungen der Aktivität der beiden Hemisphären (s. 29.6) und eine *erhöhte corticale Reagibilität auf Kontingenzänderungen* (z. B. wenn erwartete Belohnung nicht auftritt) und Hilflosigkeit. Mit zunehmender Anhedonie („Lustverlust") steigt die Negativierung der langsamen Hirnpotentiale (Kap. 24) nach Kontingenzänderung an (Abb. 29-13). Dies ist sowohl bei akut Depressiven als auch bei gesunden Personen mit einem erhöhten Risiko für Anhedonie der Fall [15].

Ausgeprägte Störungen zeigt die **circadiane Periodik**. Bereits Tage und Wochen *vor* der aktuellen Verstimmung kann sich Desynchronisation der Temperaturperiodik zeigen. Während depressiven Verstimmungen sinkt vor allem langsamer Wellen-Schlaf (SWS) ab, die Gesamtschlafzeit sinkt, häufiges Erwachen, besonders in der Früh tritt auf. Die REM-Latenz ist kürzer, d. h. die Personen fallen ohne den normalen Übergang durch eine SWS-Periode in REM (s. S. 512), was vermutlich auf den geringen „SWS-Druck" zurückzuführen ist (s. Kap. 26). Schlafdeprivation verbessert vorübergehend den Zustand. Im freilaufenden Rhythmus (Bunkerversuche) zeigt sich bei Depressiven eine Verkürzung der circadianen Phase von 25 auf 24 h. Das Phasenmaximum am frühen Morgen (Erhöhung der Cortisolausschüttung und Temperaturminimum) scheint sich nach *vorn* (also in die Nachtstunden) zu verschieben, was mit der generellen Beschleunigung des endogenen Rhythmusgebers zusammenhängen kann.

Biogene Amine. *Tricyclische Antidepressiva* weisen eine positive Wirkung auf den depressiven Zustand für die Dauer der Einnahme auf, allerdings erst mit einer 1 bis 3 wöchigen Verzögerung nach Beginn der Einnahme. Der Wirkungsmechanismus dieser Substanzen ist unklar. Ursprünglich ging man davon aus, daß Tricyclica eine Erhöhung der Verfügbarkeit von NA und/oder Serotonin im synaptischen Spalt bewirken. Dieser Zusammenhang stützte sich auf Beobachtungen mit der blutdrucksenkenden Droge **Reserpin**, die zentrales NA und Serotonin reduziert, indem sie Monoaminooxidase (MAO) freisetzt, das die beiden Transmitter abbaut. Reserpin verursacht bei manchen Personen Depressionen. Monoaminooxidaseinhibitoren (MAOI) führen konsequenterweise auch zur Besserung der Depression. Imipramin, eine wirksame antidepressive Substanz, erhöht den NA-Gehalt im synaptischen Spalt durch Blockade der Wiederaufnahme (re-uptake) in die Synapsen [20].

Gegen eine Monoamintheorie der Depression sprechen eine Reihe von Fakten: Drogen, die nicht direkt auf den NA- und

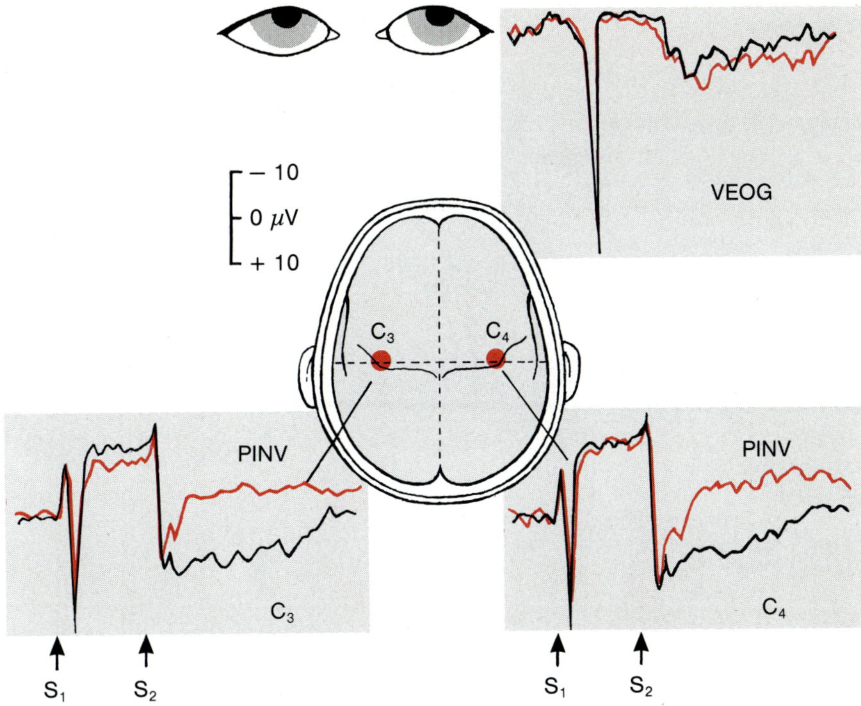

Abb. 29-13. Anhedonie und langsame Hirnpotentiale. Dargestellt sind vertikale Augenbewegungen (*oberste Kurve*), sowie rechte (*C4*) und linke (*C3*) zentrale Ableitungen. *S1* war ein akustischer Warnreiz, der nach 2 s von einem imperativen Reiz (*S2*) gefolgt war. *S2* bestand aus zwei Lichtpunkten, auf die die Versuchsperson so schnell wie möglich einen Microschalter drücken sollte. Die Durchgänge wurden getrennt für Versuchspersonen mit hoher Anhedonie (*rot*) und niederer Anhedonie gemittelt. Anhedonie wurde mit einer Skala zur Messung physischer Anhedonie gemessen. (Die vertikalen Augenbewegungen (VEOG) stellen eine Kontrolle dar.) Vor allem zentral treten erhöhte postimperative Negativierungen (PINV) bei Anhedonie auf. (Nach Rockstroh et al. 1982)

Serotoninhaushalt wirken, sind ebenfalls zur Behandlung der Depression geeignet (z.B. Lithium, Mianserin u.a.). Obwohl der Re-uptake-Hemmeffekt sofort nach der Einnahme der Droge im Gehirn auftritt, zeigen tricyclische Antidepressiva erst nach 7-20 Tagen Einnahme ihre Wirkung. Post-mortem-Analysen von depressiven Suicidanten zeigen keine Änderung des NA- oder Serotoningehalts, die Vorläufer der NA-Synthese (das Enzym Dopamin-β-Hydroxylase, DBH) sind unverändert, die Metaboliten von zentralem NA (MHPG) und Serotonin (5-HIAA) sind ebenfalls nicht bei allen unipolar Depressiven reduziert. Abb. 29-14 zeigt die wichtigsten metabolischen Prozesse der beiden Monoamine.

Antidepressiva bewirken einen Verlust der noradrenergen β_2- und α_2-Receptoren, der klinische Effekt der Besserung geht mit der Geschwindigkeit der Reduktion der Receptorbindungen und nicht mit dem Anstieg der Verfügbarkeit von NA und Serotonin einher! Depressionen könnten demnach auch durch ein *Zuviel* an zentralem NA verursacht sein, und erst nach Zerstörung postsynaptischer NA-Receptoren durch die Droge (was in der Regel Tage bis Wochen dauert), wird die Depression besser. Andererseits geht mit der Reduktion der Zahl der Receptoren ein kompensatorischer Anstieg der Aktivität (Bindung) der verbliebenen β-Receptoren einher [21a, 38].

Besonders problematisch für eine Monoamintheorie der Depression ist die Tatsache, daß jene Transmittersysteme, die in ICSS-Effekte involviert sind, nämlich *Dopamin-* und *Opiatsysteme*, in dieser Theorie keine Rolle spielen und NA-Systeme sowie Serotonin mit positiven Verstärkerprozessen („Freude") wenig zu tun haben. Das zentrale Symptom der Depression, die negative Stimmung und Antriebslosigkeit, müßte daher auf eine Hemmung von positiven Verstärkerstrukturen (endorphinerg für die Stimmung?), die Antriebslosigkeit und motorische Inaktivität auf Reduktion dopaminerger (nigrostratialer?) Systeme rückführbar sein. In der Tat verursachen Antidepressiva eine Subsensitivität dopaminerger Autoreceptoren, und damit eine Erhöhung der Aktivität von DA-Synapsen. Andererseits hellt die Gabe von DA-Vorläufern die Stimmung nicht auf, wohl aber Morphingabe.

Antidepressiva und die Bewältigung von Angst und Hilflosigkeit. Wie wir schon auf S.600 gesehen haben, erhöht ein- oder mehrmalige Belastung vorerst sowohl zentrales als auch peripheres NA. Langanhaltende Belastung und Hilflosigkeit führen zu einem zentralen NA-Verlust. Dies würde mit der Monoamintheorie der Depression übereinstimmen, nicht aber mit einem Zuviel an NA. Ein Teil der

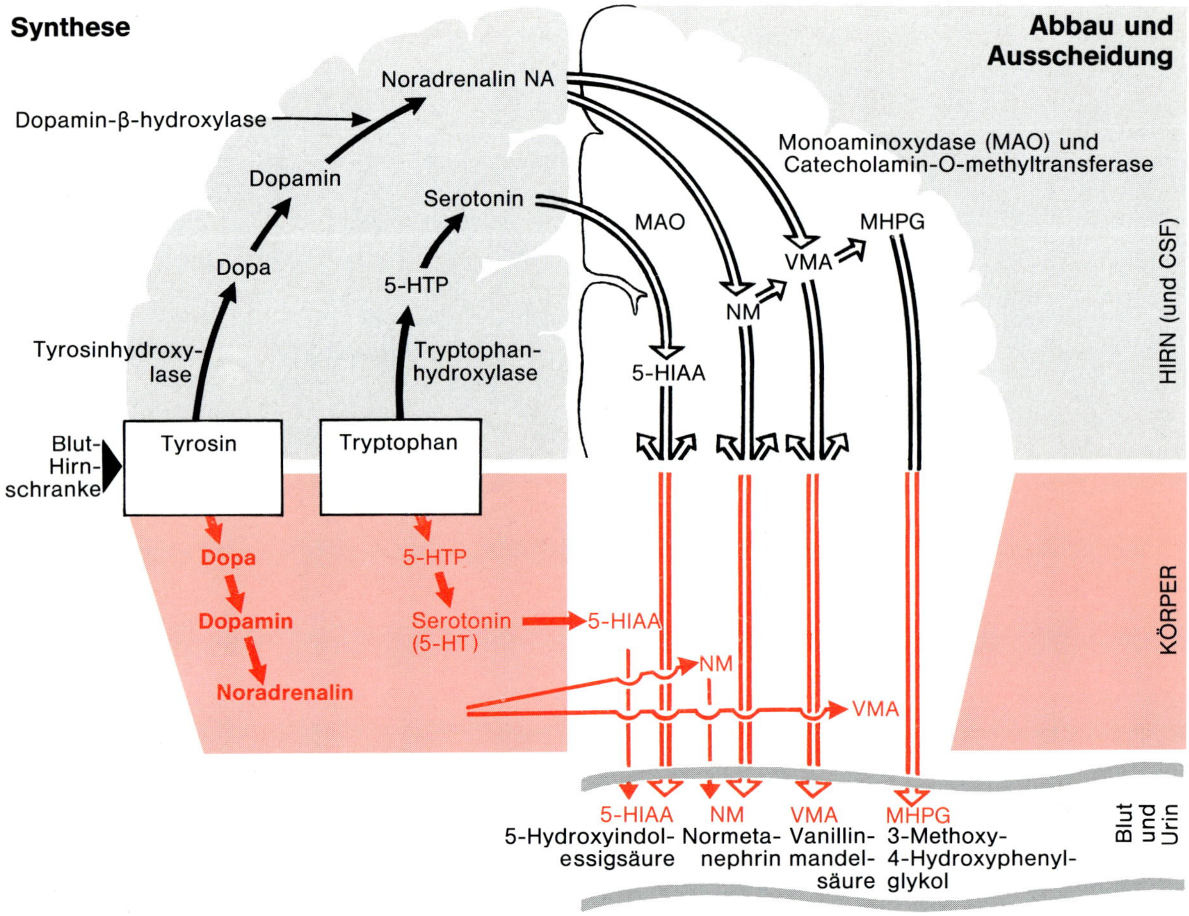

Abb. 29-14. Synthese (*links*), Abbau und Ausscheidung (*rechts*) von Noradrenalin und Serotonin im Gehirn (*oben*) und außerhalb des Gehirns, sowie in Blut und Urin (*unten*). (Nach Whybrow et al. 1984)

Widersprüche läßt sich beseitigen, wenn man den zeitlich-dynamischen *Verlauf* der Wirkung von Antidepressiva mit dem zeitlich-dynamischen Verlauf der Bewältigung von wiederholter Belastung („Streß") vergleicht [38].

Bei Depressionen und nach unbewältigbarem Streß ist die Aktivität von Zellen mit β-adrenergen Receptoren im Gehirn gering. Wenn Anforderungen an das Individuum (die Zellen) gerichtet werden, die energie-mobilisierendes Bewältigungsverhalten erfordern, können die mit NA-Systemen verbundenen Netzwerke nicht ausreichend reagieren (gelernte Hilflosigkeit). Dagegen ist nach mehrmaliger erfolgreicher Streßbewältigung („Immunisierung") *oder* nach Behandlung mit Antidepressiva die *Aktivität der postsynaptischen Zellen mit NA-Receptoren an ihrer postsynaptischen Membran erhöht*; wobei eine Zelle mit β-Receptoren nicht notwendigerweise NA als Transmitter benützen muß (erhöhte Aktivität bedeutet erhöhte Signalübertragung von der β-Receptorzelle auf andere neuronale Netzwerke). Da β-adrenerge Receptoren im Gehirn weit verstreut sind und mit anderen Receptoren am selben Neuron coexistieren, wird durch chronische Gabe von Antidepressiva oder erfolgreiche Streßbewältigung auch die Reagibilität serotonerger und dopaminerger Zellsysteme erhöht.

Die reduzierte Zahl β-adrenerger Receptoren nach Antidepressivabehandlung oder nach Streßbewältigung bei gleichzeitiger Erhöhung der Aktivität β-adrenerger Zellen ist vermutlich auf einen **Desensibilisierungsprozeß** der β-adrenergen Membranen rückführbar: nach anfänglich vermehrter NA-Aktivität durch Streßbewältigung oder Antidepressivagabe nimmt zwar die Zahl der β-Receptoren ab, aber die verbliebenen erhöhen ihre Effizienz um ein Mehrfaches, wodurch die Informationsweiterleitung und -verteilung dieser Zellen verbessert wird. Auch mehrmalige **Elektroschockbehandlung** (ECS), die bei schweren Depressionen positive Effekte aufweist, erzeugt im Tierversuch erhöhte Aktivität β-adrenerger und dopaminerger Zellen.

Therapie der Depression. Unipolare Depressionen werden heute entweder mit antidepressiver Medikation oder mit Verhaltenstherapie (VT) behandelt. Beide Methoden weisen dieselbe Effektivität auf, Verhaltenstherapie scheint zu stabileren Besserungen zu führen als Medikation. Die Kombination von Medikation und VT erhöht die Effektivität der Behandlung nicht. Die *psychologische Behandlung* der Depression (VT) besteht aus dem systematischen Training erhöhter sozialer und motorischer Aktivität, Umstrukturierung der negativen Denk- und Attributionsprozesse und sozial-familiären Maßnahmen zur Erweiterung der verfügbaren Handlungsalternativen. Elektroschockbehandlung führt zu rascher Besserung; angesichts der möglichen dauerhaften Schädigung des Gedächtnisses sollte diese Methode nur nach erfolgloser VT und wirkungsloser medikamentöser Behandlung eingesetzt werden [34].

29.5 Aggression

„...an organism learns to do nothing by doing nothing; therefore a person learns to be nonviolent by being nonviolent" (S. P. Scott).

Psychologische Faktoren

Wir unterscheiden bei tierischem Verhalten neben Wut und (offener) Aggression verschiedene Kategorien antagonistischer Verhaltensweisen:

Beuteaggression ist nicht nur von Hunger, sondern auch von verschiedenen Auslösereizen der Beute abhängig.

Zwischen-männliche Aggression innerhalb einer Art ist vermutlich häufig von der Präsenz der Androgene abhängig (männliche „Eifersucht"?).

Zwischen-weibliche Aggression innerhalb einer Art kann auch ohne zirkulierende Androgene nachgewiesen werden. Hängt vermutlich mit territorialer Konkurrenz um das „fitteste" Männchen zusammen (weibliche „Eifersucht" beim Menschen?).

Furcht-induzierte Aggression tritt stets nach einem Fluchtversuch (defensive Reaktion) auf.

Maternale (mütterliche) Aggression dient nicht bei allen Arten zum Schutz der Jungen, sondern tritt häufig bei Einschränkung des Territoriums des Muttertiers auf. Wird auch von weiblichen Tieren ohne Junge gezeigt.

Irritationsaggression nach Schmerz und Frustration.

Sexuelle Aggression, meist bei männlichen Tieren zu beobachten, wird von Paarungsreizen ausgelöst, ihre Funktion ist unklar.

Gemeinsamkeiten aggressiven Verhaltens. Man kann alle genannten Subklassen aggressiven Verhaltens auf *zwei* Umweltereignisse zurückführen und Irritations-Aggression als die Basis für die Differenzierung der übrigen Kategorien bezeichnen (zumindest im Tierversuch): a) die Darbietung aversiver, schmerzhafter Reize und b) der Entzug von Reizen (Frustration), die zum Überleben wichtig und/oder positiv verstärkend sind, lösen als angeborene elementare Aggressionsreaktion **Beißen** aus (beim Menschen rudimentär als Zähne-Zusammenpressen meßbar). Beißen ist bei jeder Aggressionsart als Reaktion registrierbar [14].

Ob bei Darbietung aversiver Reize (Bestrafung), bzw. Entzug positiver Verstärker (Extinktion) Aggression *oder* Furcht/Flucht ausgelöst wird, hängt von der „Einschätzung" der Reizkonfiguration ab, die beteiligten neuronalen Strukturen überlappen sich für beide Emotionen teilweise (s. u.).

Aggressives Verhalten ist kein homöostatischer Trieb, sondern primär gelerntes Verhalten, dessen Auftretenswahrscheinlichkeit auch von konstitutionell-hormonellen Voraussetzungen abhängt. Die **Vererbbarkeit** aggressiver Reaktionen von männlichen Mäusen z. B. beträgt nach selektiven Züchtungsversuchen im Durchschnitt zwischen 0,3 und 0,5 (bei einem Maximum von 1), die Umweltvarianz daher 70–50%. Die genetische Transmission aggressiven Verhaltens beim Menschen ist nicht bekannt, die Konkordanzrate ein- und zweieiiger Zwillinge ist nicht unterschiedlich, was für eine geringe erbliche Komponente spricht. Die Lokalisation eines „aggressiven Gens" auf dem männlichen Y-Chromosom ist aus einer Reihe von Gründen nicht haltbar und empirisch nicht zu stützen: z. B. haben weibliche Tiere und Frauen kein Y-Chromosom, aber deutlich ausgeprägte aggressive Reaktionen. Auch der Zusammenhang zwischen Gewaltverbrechen und der Existenz einer XYY-Genkonfiguration bei Männern konnte nicht bestätigt werden [18, 30].

Neuronale Kontrolle von Aggression

Die Lokalisation aggressiven Verhaltens in eine oder auch nur einige wenige Hirnstrukturen ist aufgrund der Heterogenität aggressiven Verhaltens innerhalb und zwischen den Arten nicht möglich. Wie bei anderen Emotionen können wir – zumindest für Katze, Maus und Ratte – einige *Knotenpunkte* neuronaler Verbindungen angeben, die zeigen, daß aggressives Verhalten *hierarchisch* organisiert ist. Abb. 29–15 demonstriert dies für aggressive Attacken der Katze auf die Ratte. Wir wollen einige wesentliche Anteile dieses hierarchischen Systems beispielhaft erläutern.

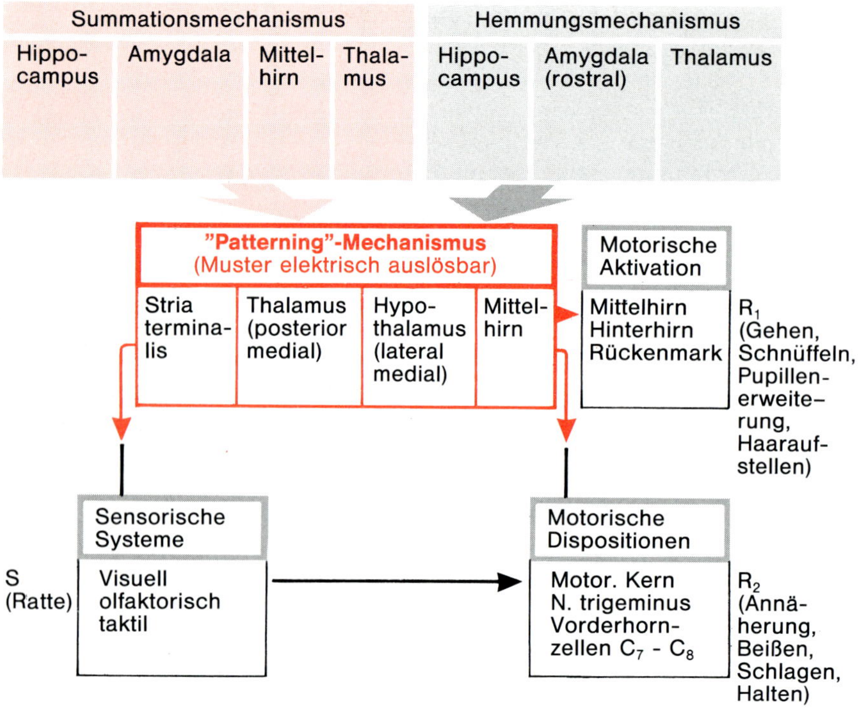

Abb. 29-15. Aggressionsverhalten (*R*) der Katze gegenüber der Ratte (*S*). Die „Mustermechanismen" (Patterning) aktivieren direkt motorische Systeme, die zu relativ umgebungsunabhängigen unspezifischen Reaktionen (*R1*) führen, und auch Systeme, die gezielte Reaktionen (*R2*) in Anpassung an die Reizsituation (*links*) steuern; die sensorischen Systeme werden gleichzeitig ebenfalls im Sinne selektiver Aufmerksamkeit beeinflußt. Andere Strukturen (*oben*) können die Erregung der „Mustermechanismen" unterdrücken oder bahnen. Diese sind oben als Summations- und Hemmungsmechanismus skizziert (weitere Erläuterungen s. Text). (Nach Flynn et al. 1970)

Elektrische Hirnstimulation. Drei Arten von Angriffsverhalten können durch elektrische Hirnreizung ausgelöst werden: affektiver Angriff, Beuteangriff und furcht-induzierte Aggression.

Affektive Angriffe bestehen in extremen Attacken gegen jedes nächste erreichbare, bewegte oder unbewegte Ziel. Sie sind aversiv, die Tiere lernen rasch Hebeldruckreaktionen, um die Reizung zu vermeiden.

Beuteangriff ist nicht aversiv, hat wenig vegetative Begleiterscheinungen und besteht in wohlgeordneten, „kaltblütigen" Verhaltenssequenzen und ist von der Umgebung (z. B. Opferverhalten) abhängig. Beuteangriff kann unabhängig von Hunger erfolgen, Katzen töten z. B. Mäuse nur für die positiv verstärkende Wirkung der Beuteaggression.

Furchtattacken treten nur auf, wenn durch die elektrische Reizung Angst und Flucht ausgelöst wurde und dem Tier ein Hindernis entgegentritt. Dieses Verhalten hat mehr mit Furcht als Aggression zu tun, entsprechend überlappen sich die beteiligten Hirnregionen.

Der Hypothalamus als Musterstruktur. Abb. 29-15 symbolisiert die zentrale Rolle des lateralen und medialen Hypothalamus als integrierende Struktur für Aggressionsverhalten. Reizung des lateralen Hypothalamus bewirkt Beuteaggression, des medialen affektive Aggression. Dies gilt für Ratte, Katze, Opossum und Affe. Dorsale Hypothalamusreizung erzeugt Flucht und bei vorhandenen Hindernissen Furchtaggression.

Der Hypothalamus erhöht die Aktivität von caudal gelegenen Axonen und Kernen (R1 und R2 auf Abb. 29-15), vor allem die des *periaquäductalen Graus des Mittelhirns* bei affektiver Attacke und die des ventralen Tegmentums bei Beuteangriff (bei der Ratte). Zwar kann jede der beiden Aggressionsarten auch von den caudal gelegenen Strukturen ausgelöst werden, das Verhalten ist dabei aber oft „blind" und nicht mit den bestehenden Umweltreizen koordiniert (**Scheinwut**, sham rage). Reizung einer übergeordneten „Musterstruktur" legt also auf die untergeordneten caudal gelegenen Kerne eine Art „*Bias*", eine „Tendenz", die das Auftreten aggressiven Verhaltens begünstigt, sofern die adäquaten Sinnessysteme und die „passenden" motorischen Dispositionen gereizt sind [26].

Amygdalae. Experimentelle Läsionen der corticomedialen Teile der Amygdalae können zu extrem aggressiven Attacken auf lebende und unbelebte Objekte führen. Dieser Effekt wird dahingehend interpretiert, daß sie über die Stria terminalis auf die hypothalamischen Musterstrukturen einwirken. Dies gilt aber nur für Beuteaggression. Eine Affektive Attacke wird durch Reizung der basolateralen Kerne, besonders in Rangkonflikten zwischen männlichen Tieren, ausgelöst. Läsion der basalen Kerne produziert zahme und aggressionslose Tiere. Die Stimulationsstudien zeigen, daß laterale und caudale Regionen der Amygdala bei Reizung einen *graduellen* Anstieg aggressiven Verhaltens produzierten (**Summationsmechanismus** auf Abb. 29-15), andererseits mehr rostrale Regionen Furcht induzieren. Dagegen löst hypothalamische Reizung sofort eine geordnete Attacke aus.

Generell verlieren amygdalaectomierte Tiere ihre **soziale Dominanz**, allerdings auch abhängig von den historischen, innerhalb der Gruppe gewachsenen Dominanzverhältnissen. Dies zeigt Abb. 29-16: zwei der operierten Tiere (Dave und Zeke) fielen an das unterste Ende der sozialen Hierarchie, während eines (Riva) hyperaggressiv wurde.

Das sogenannte **Klüver-Bucy-Syndrom**, bei dem nach Abtragung der anterioren Temporalpole Zahmheit und Hypersexualität bei Rhesusaffen beobachtet wurde, ist auf die (unbeabsichtigte) Entfernung der Amygdalae zurückzuführen und weniger des Temporalpols.

Temporo-präfrontaler Cortex. Die Integrität normaler **sozialer Interaktion** bei Primaten und Mensch scheint generell von der Intaktheit der Strukturen und Verbindungen von Amygdala, Temporalpol und präfrontalem Cortex abzuhängen. Diese drei Strukturen sind anatomisch wechselseitig durch extra- und intrathalamische Verbindungen eng verknüpft.

Abb. 29-16. Änderungen der Hierarchie einer Affenhorde vor (*oben*) und nach (*unten*) beidseitiger Läsion der Mandelkerne (Nucl. amygdalae) bei Dave, Zeke und Riva. Erläuterungen s. Text. (Aus Rosvold et al. 1954)

Der orbitofrontale Cortex (die posteriomediale Region) projiziert in den Temporalpol und vice versa, die oberen und mittleren G. temporali in den präfrontalen Cortex und zurück (s. Kap. 30); die Amygdalae erhalten aus den meisten neocorticalen Regionen Erregungseinstrom über den Temporallappen und projizieren bevorzugt in den frontalen, entorhinalen und insulären Temporalcortex (s. Kap. 14); Amygdala und posteriomedialer Orbito-Frontalcortex projizieren beide in dieselben Regionen von lateralem und medialem Hypothalamus, den wir als „Mustergenerator" für Aggression auf Abb. 29-15 charakterisiert haben. Das „System" aus Amygdalae, präfrontalem und orbitalem Frontalcortex und rostralem sowie superiorem Temporalcortex scheint somit auch anatomisch als oberste Steuer- und Modulationsstruktur für Sozialverhalten *generell* verantwortlich.

Die „Lokalisation" der Aggressivität im Gehirn des Menschen: Die anatomisch-physiologische Untersuchung aggressiven Verhaltens beim Menschen ist durch die methodischen Probleme bei der Messung des sehr heterogenen aggressiven Verhaltens, der Beschaffung adäquater Kontrollgruppen und der Unvergleichbarkeit der Läsionsarten erschwert. Trotzdem können grob die Lokalisationen der Tierversuche bestätigt werden: Septumläsionen durch Tumore können mit wütenden Attacken einhergehen (das Septum wirkt hemmend auf erregende „Musterstrukturen" im Hypothalamus). Entfernung der beiden Temporallappen plus Amygdalae kann zu Aggressionslosigkeit führen.

Personen mit **Temporallappenepilepsien** weisen überzufällig häufig emotionale Störungen und psychiatrische Komplikationen auf, vor allem dann, wenn rechtsseitige anteromediale Temporalregionen, die mit limbischen Strukturen besonders eng verbunden sind, betroffen sind. Gehäufte Aggression kann aber weder ictal noch interictal (zwischen Anfällen) im Vergleich zu andern Personengruppen bestätigt werden, sehr viel häufiger sind Angst, Depression und Hyposexualität.

Schwer zu bestätigen sind auch die immer wieder berichteten Häufungen von verlangsamten frontalen und temporalen EEG-Befunden bei **aggressiven Kriminellen**: bei den Arbeiten handelt es sich in der Regel um unkontrollierte Studien mit fehlenden oder nicht vergleichbaren Kontrollgruppen (s. S. 613).

Sexualhormone, Neurotransmitter und Aggression

Sexualhormone. Hormone haben entweder einen *aktivierenden* oder einen *organisierenden Einfluß* auf Verhalten (Kap. 10). Erwachsene Tiere z. B., die bereits Auseinandersetzungen mit Artgenossen hatten, brauchen kein Testosteron zur Aufrechterhaltung ihrer Rangposition. Denn *ohne* die Gegenwart von Androgenen im Fetus und unmittelbar nach der Geburt (frühe Androgenisierung) kommt es nicht zur Ausbildung der für Aggressionsverhalten notwendigen neuronalen Verbindungen (Organisationseffekt). Injektion von Testosteron in Tiere, die unmittelbar nach der Geburt kastriert wurden, hat keinen aggressions-fördernden Effekt, wenn die Androgene prä- und postnatal blockiert wurden. Der aktivierende Effekt von Testosteron auf Aggression tritt aber bei spätkastrierten Tieren auf.

Bei selektiven Züchtungsversuchen an Mäusen konnte gezeigt werden, daß die Gene für zwischen-männliche Aggressivität nur in Gegenwart von hinreichend hohen **Testosteron-Konzentrationen** im Blut wirksam werden. Aggressive Mäuse mit hoher Androgenkonzentration sind darüber hinaus weniger ängstlich, lernen schneller, sind stärker sympathisch aktiviert und weisen erhöhte Adrenalinausschüttung der Nebenniere auf. Dasselbe gilt für weibliche Tiere, die offensichtlich auch autosomale Gene für Aggressivität besitzen, die bei Gegenwart von Androgenen aktiv werden; bei anderen Mäusestämmen tritt aber weibliche Aggressivität auch ohne Testosterongabe auf. Bei selektiv auf Aggressivität gezüchteten Tieren tritt diese nur nach 1-16 Tagen sozialer Isolation auf; die sozialen Käfigbedingungen, in denen die Tiere miteinander interagieren, können die genetische Variation fast völlig zum Verschwinden bringen [30].

Im Hypothalamus und im Septum einzelner Mäusestämme wurden androgen- und östrogen-sensitive Neurone gefunden, die offensichtlich unterschiedliche Arten aggressiven Verhaltens (männlich, weiblich) vermitteln. Aber bereits *innerhalb* verschiedener Mäusestämme existieren so große Unterschiede, daß ein Vergleich der Androgenwirkung *zwischen* Arten kaum möglich ist. Bei Blockade der Androgenreceptoren im Gehirn verschwindet auch das aggressive Verhalten nach Testosterongabe.

Kastration männlicher Mäusestämme vor oder während der Pubertät, während der - wie beim Menschen - der Testosterongehalt stark steigt, verhindern das postpubertäre Ansteigen der Aggression. Insgesamt scheint Testosteron die Entwicklung zwischenmännlicher Aggression zu beeinflussen, andere Aggressionsarten sind auf Variationen des Testosteronspiegels weniger sensibel.

Beim Menschen besteht zwar auch eine deutlich erhöhte **Gewalttätigkeit** von Männern verglichen mit Frauen nach der Pubertät, ein kausaler Zusammenhang von Androgenniveau und Aggressivität konnte aber bisher bei Erwachsenen nicht nachgewiesen werden. Auch pränatale Androgenbelastung weiblicher und männlicher Feten ergab keine konsistenten prä- und postpubertären Unterschiede der Aggressivität. Allerdings scheinen nach Behandlung Schwangerer mit synthetischen Androgenen die Kinder deutlich aggressiver zu sein. Auch der häufig zitierte aggressionsdämpfende Effekt von Kastration bei männlichen **Gewaltverbrechern** ist methodisch nicht haltbar, da mit diesem Eingriff eine Vielzahl bedeutsamer Änderungen einhergehen, die alle einen nicht-kontrollierbaren Einfluß auf das aggressive Verhalten zeigen. Dasselbe gilt für **psychochirurgische Eingriffe**, vor allem Läsionen in der Amygdala. Nebeneffekte sind nicht auszuschalten, da jede höhere Hirnregion eine Vielzahl von Funktionen steuert und nie allein für ein Verhalten verantwortlich ist [18].

Neurotransmitter. Aggressives Verhalten wird entsprechend der Vielfalt beteiligter Neuronenverbände auch von einer Vielfalt neurochemischer Prozesse begleitet. Zumindest für die „beißende" Attacke und das Drohen der isolierten männlichen Maus scheint **Acetylcholin** eine wesentliche Rolle zu spielen: anticholinerge Drogen unterdrücken aggressive Attacken fast vollständig. Tabelle 29-2 gibt die Neurotransmitterprofile für die bisher untersuchten Arten und Verhaltenskategorien wieder.

Wie in Abschnitt 29.2 besprochen, führt anhaltende gelernte Hilflosigkeit zu Endorphin-vermittelter Analgesie und Immunsuppression sowie Hemmung der Androgenproduktion. Dasselbe gilt für den im Kampf Unterlegenen: Naloxon hebt die Analgesie nach einem verlorenen Kampf bei Mäusen auf. Tiere, die Toleranz auf Morphin entwickelt haben, zeigen keine „**Submissionsanalgesie**". Der Effekt ist zentralnervös lokalisiert, da weder Adrenalectomie noch synthetische Glucocorticoide Submissionsanalgesie wesentlich beeinflussen [33].

Soziopathie (Psychopathie)

Verhalten von Soziopathen. Soziopathen sind Personen, die wiederholt antisoziale aggressive Akte begehen, ohne durch Strafe oder negative Konsequenzen beeindruckbar zu sein. Sie zeigen weder Reue noch Schuld nach antisozialen Aktivitäten, überblicken aber intellektuell sowohl die Tat als auch ihre Konsequenzen. In der Forschung wurde bisher nur die *antisoziale* soziopathische Verhaltensstörung untersucht. Mindestens genauso häufig sind aber **erfolgreiche Soziopathen**, die nicht als „gestört" studiert werden, obwohl sie für ihre Mitmenschen vermutlich eine mindestens vergleichbare Last sind. Über Erfolg oder Mißerfolg (Antisozialität) entscheidet neben der Intelligenz vor allem die Zugehörigkeit zur sozialen Schicht (Modell des Vaters), Schulbildung und Geschlecht [11].

Wichtige *psychologische Merkmale* des Soziopathen, die über Fragebogen, experimentelle Prozeduren und Interview erhoben werden, sind :

- durchschnittliche bis überdurchschnittliche Intelligenz,
- lernt schlecht, wenn Strafreize verwendet werden (passives

Tabelle 29-2. Beteiligte Neurotransmitter bei aggressivem Verhalten für verschiedene aggressive Aktivitäten bei Ratte, Katze und Maus. Nach *oben* gerichtete *Pfeile* symbolisieren einen Anstieg des Neurotransmitters in einer bestimmten Studie für das entsprechende Verhalten. (Nach Miczek 1983)

Neurotransmitterprofile von agonistischem Verhalten						
A. Attacke oder offensives Verhalten			Neurotransmitter-Aktivität			
Paradigma	Verhalten	Species	ACh	5-HT	DA	NA
Isolation-ausgelöste Aggression	Attacke, Drohung	Maus	↑	↑↓		
				↑	↑	↑
				↓	↓	↑↓
B. Abwehrreaktionen						
Aggression nach elektrischem Reiz	Abwehrhaltungen	Ratte	↑	↓	↑	↑
				↑↓		
Aggression nach Hirnreizung	Affektive Abwehrreaktionen	Katze	↑	↓	↑	↑↑
Isolationsangst	Defensive Abwehrreaktionen	Maus		↑		
Neurotransmitterprofile von Beuteaggression						
Töten von Mäusen	Attackieren u. Töten der Maus	Ratte	↑	↓		↓
Beuteattacke nach Hirnreizung	„Kaltblütige" Beißattacke auf Ratte	Katze	↑↑	↓	↓?	↓

Vermeiden), dagegen lernt er/sie normal bei Geld- oder Verstärkerentzug als negative Verstärkung,
- weist geringe Toleranz gegenüber *Verzögerung von positiven Verstärkern* auf - meist durch Impulsivität bedingt -, erträgt Langeweile und Monotonie schlecht, sucht Erregung („Sensationssuche"),
- zeigt keinerlei Irrationalität oder psychotische Zeichen; wenig bis keine antizipatorische Angst; plant kaum länger voraus,
- ist unzuverlässig, verantwortungslos,
- hat selten anhaltende enge Partnerbindungen und Freundschaften,
- häufige aggressive bis kriminelle Angriffe auf andere, besonders unter Alkohol (alkoholisiertes Fahren, Rücksichtslosigkeiten),
- zeigt nach antisozialen Akten wenig oder keine Reue.

Das erste Auftreten der genannten Charakteristiken wird bereits vor dem 18. Lebensjahr sein, und sie müssen nicht alle, mindestens aber sechs davon als Verhaltensmuster vorhanden sein [3].

Die Untersuchung meist krimineller Soziopathen, die 10-30% der Gefängnispopulation ausmachen, ergab überraschend konsistente physiologische Befunde in peripheren Maßen, aber wenig Konsistenz in zentralnervösen Prozessen. Zwar weist das Spontan-EEG krimineller Soziopathen eine etwas erhöhte Tendenz zu temporalen Verlangsamungen auf, diese findet man aber auch oft in der Normalpopulation. *In Antizipation realer oder vorgestellter aversiver Reizung* zeigen Soziopathen eine deutlich verringerte Hautwiderstandsänderung, verringerte NA-Ausschüttung (gemessen im Urin) und erhöhten Herzratenanstieg vor Auftreten der aversiven Situation (Abb. 29-17) [28].

In passiven Vermeidungssituationen (z. B. in einer bestimmten Reihenfolge auf unterschiedlich beleuchtete Tasten drücken, wobei falsche Sequenzen mit einem elektrischen Reiz oder lauten Ton bestraft werden) machen Soziopathen häufiger Fehler, da sie früher bestrafte Sequenzen nicht unterdrükken, sondern im Sinne eines **„disinhibitorischen" Verhaltensdefizits** immer wieder ausführen („Mangel an Angst"). Bei Gabe von Adrenalin oder Amphetamin gleichen sie sich der normalen Kontrollgruppe an. Alkohol und Minor-Tranquilizer (Barbiturate, Diazepam) verschlechtern die Leistung und die Symptomatik bei Soziopathen.

Soziopathie und septo-hippocampisches Hemmsystem. Fowles (1984) vergleicht das Verhalten von Soziopathen mit dem unter 29.2 beschriebenen defizitären Verhaltenshemmsystem (BIS), das durch Alkohol und Minor-Tranquilizer verstärkt *gehemmt* wird. Tiere mit Septum-Läsionen verhalten sich homolog zu Soziopathen: sie lernen *passive Vermeidung schlecht, bei erhaltener aktiver Vermeidung* (z. B. Zwei-Weg-Shuttle-Box), sie sind irritierbar und versagen bei verzögerten Verstärkeraufgaben durch impulsive Störreaktionen. Beim Tier führt die Unteraktivität des BIS (s. S. 595) zu Enthemmung des BAS (behavioral activation system, s. 29.2): Verstärkersuche, Impulsivität und Enthemmung sind die Folge. Dies entspricht den beim Menschen gefundenen Reaktionen. Während die verringerte Hautleitfähigkeitsreaktion beim Menschen (Abb. 29-17) und die reduzierte NA-Ausschüttung die defizitäre Aktivität des BIS widerspiegeln könnte, repräsentierte die überhöhte cardiale Reaktion vor Strafreizen beim Menschen die Überaktivität des BAS.

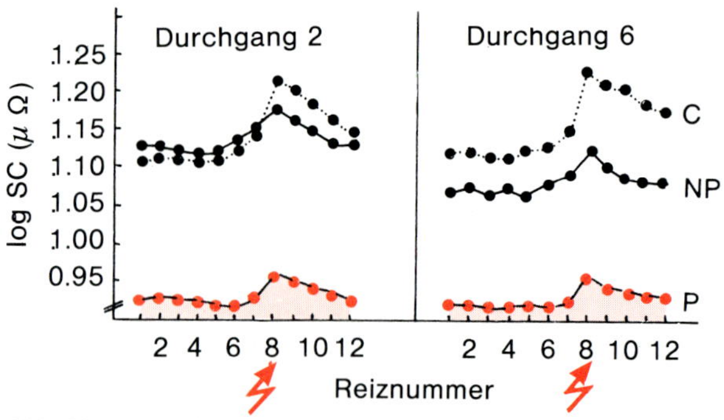

Abb. 29-17. Mittlere logarithmierte Hautleitfähigkeit (*Ordinate*) als Funktion eines antizipierten aversiven elektrischen Reizes. Die Versuchspersonen beobachteten das Auftauchen der Zahlen 1-12 auf einem Bildschirm, bei 8 erhielten sie den elektrischen Reiz. Der zweite (*links*) und sechste (*letzte*) Durchgang ist dargestellt. *Rot:* psychopathische Kriminelle; *darüber* nichtpsychopathische Kriminelle (NP); *punktiert:* nicht-kriminelle Normalpersonen (C). Sowohl die absolute Höhe der Hautleitfähigkeit ist bei Soziopathen signifikant verringert, als auch die Höhe der *antizipatorischen* Hautleitfähigkeitsreaktion. (Nach Hare 1965)

Beim Menschen entstehen nach *Läsionen des orbitofrontalen Cortex* häufig pseudopsychopathische Zustandsbilder. Der orbitofrontale Cortex kann als rostraler Teil des BIS angesehen werden. Dabei ist aber ungeklärt, ob die sozialen Verhaltensstörungen bei orbitofrontalen Läsionen Ursache, Folge oder nur Begleitreaktion einer fundamentalen Denkstörung darstellen (z. B. einer Tendenz, automatisierte Reaktionen beizubehalten, oder einem „Delayed-reinforcement"-Defekt (s. Kap. 25 u. 30, S. 644).

Prävention und Behandlung. Die Therapie der antisozialen Soziopathie (erfolgreiche Soziopathen suchen keine Therapie) ist aufgrund des passiven Vermeidungsdefizits sehr schwierig: die soziale Anpassung an eine Kultur oder Subkultur beruht zu einem wesentlichen Teil auf passivem Vermeiden, d. h. wir lernen, bestimmte Handlungen *nicht* auszuführen, da sie aversive Konsequenzen nach sich ziehen. Die übliche „Therapie" der Strafe (Gefängnis) zeigt wenig Einfluß auf das Verhalten der kriminellen Soziopathen. Sedierende Drogen, die häufig eingesetzt werden, sind - wie oben ausgeführt - kontraindiziert. Aber auch stimulierende Drogen haben nur kurzfristig positive Effekte, da die unter Drogen erworbenen Verhaltensweisen nur im selben „Aktivitätszustand", also wieder unter Drogeneinfluß, wiedergegeben werden können („zustandsabhängiges Lernen"). McCord (1982) faßt die milieu- und verhaltenstherapeutischen Versuche zusammen. Dabei wird deutlich, daß möglichst frühes Einsetzen von *präventiven* psychologischen Maßnahmen bei auffälligen männlichen Jugendlichen, die ohne Strafreize auskommen, gute Erfolgsaussichten hat, so lange die Jugendlichen nicht in ihr altes „soziopathisches" Milieu (z. B. Vorstadtslum) zurückkehren müssen.

29.6 Die neocorticalen Hemisphären und Gefühle

Verarbeitung von Information in den beiden Hemisphären. Die Unterschiede zwischen rechter und linker Hemisphäre werden vor allem bei der Untersuchung von „Split-brain"-Patienten und Patienten mit rechts- oder linkshemisphärischen Läsionen in Experimenten deutlich, in denen die einseitige Aufnahme der Information erzwungen wird (dichotisches Hören, Fixieren der Blickrichtung etc.). Im Normalfall erfolgt ein kontinuierlicher Austausch zwischen rechts und links, wobei die linke Hemisphäre vor allem die Rolle eines „**Ursacheninterpreten**" spielt (Kausalattribution): Erregungskonstellationen aus allen Teilen des Neocortex und subcorticalen Regionen werden mit dem Ziel einer **kognitiven Dissonanzreduktion** von der linken Hemisphäre auf ihre Ursache untersucht. Die linke Hemisphäre konstruiert *Theorien über die Ursachen* des Auftretens von sichtbaren motorischen und „unsichtbaren" emotional-vegetativen Reaktionen (s. Kap. 30, S. 624), bis eine widerspruchsfreie Einordnung oder Änderung der Erwartungs- (Glaubens)haltung der Inhalte erfolgen kann (Konsonanz). Abb. 29-18 zeigt das an dem Split-brain-Patienten P. S., dessen rechte *und* linke Hemisphäre zu expressivem Sprachverhalten in der Lage war [5].

Hintereinander werden Kärtchen der rechten und linken Hemisphäre *getrennt* (durch Fixierung der Blickrichtung in der linken Hemisphäre ‚Anna kam heute zur Stadt', der rechten Hemisphäre ‚Mary wird das Schiff besuchen'. Nach Darbietung der Diapositivserie wurde P. S. nach der Geschichte gefragt, die Antwort ist *rechts* auf der Abbildung zu lesen. (Nach Gazzaniga 1985)

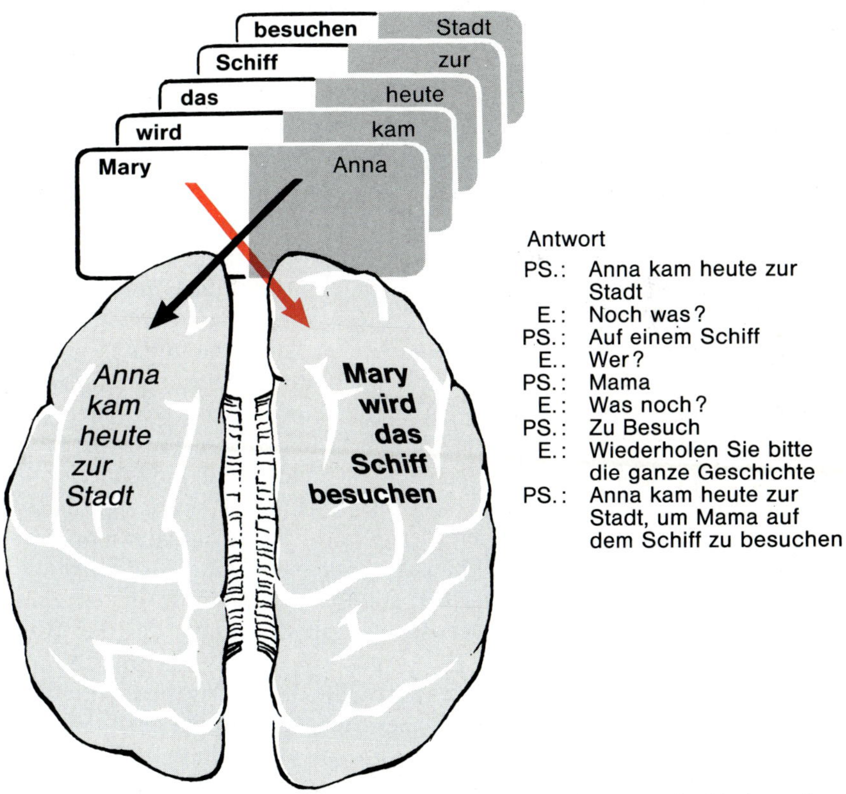

Abb. 29-18. Rechtshemisphärische und linkshemisphärische Informationsverarbeitung bei dem Patienten P. S., der sowohl aus der rechten, als auch linken Hemisphäre nach split-brain sprechen konnte. Den beiden Hemisphären werden auf fünf sequentiell dargebotenen Diapositiven zwei Sätze gezeigt: der

Mittellinie) dargeboten. Nach Darbietung der Serie soll der Patient die Geschichten wiedergeben, das Ergebnis zeigt Abb. 29-18. Die Beschreibungen der rechten Hemisphäre sind emotional gefärbt, ausschweifend, ohne daß logische Schlüsse aus dem Gesagten hervorgingen. Die Sprache der rechten Hemisphäre - wenn vorhanden - ist syntaktisch und semantisch wie die der linken, sie wird aber völlig anders *gebraucht*; oft nur zur Beschreibung der emotionalen und/oder wahrgenommenen Inhalte, voll von Widersprüchen und für Zuhörer und Patient verwirrend. Dabei ist auch der **Sprachklang** der wiederzugebenden Inhalte anders: emotionale Intonationen und Metaphern werden eher rechts-hemispärischen Inhalten unterlegt.

Bei diesen und anderen Befunden zur „Emotionalität" der rechten Hemisphäre bleibt allerdings meist die Frage offen, ob die Emotionalität der Verhaltensweisen auf die überlegene Verarbeitungsstrategie der rechten Hemisphäre für nicht-verbale, gestalthafte Inhalte zurückgeht oder eine *spezifische* Überlegenheit der rechten Hemisphäre für die Verarbeitung „gefühlvoller" Inhalte darstellt.

Hemisphärische Dysfunktionen

Läsionen der Hemisphären. Bei **Läsionen der rechten Hemisphäre** beobachtet man klinisch häufig emotional indifferente oder euphorisch disinhibierte Zustände, bei Läsionen der linken - auch wenn Sprachfunktionen nicht betroffen sind - „**Katastrophenreaktionen**" mit tiefen Depressionen. Dabei ist neurophysiologisch zu beachten, daß bei Läsion einer Seite eine Übererregung der anderen Hemisphäre durch Enthemmung der gegenüberliegenden resultiert. Emotionaler **Ausdruck** ist nach frontalen rechtshemisphärischen Läsionen, **emotionales Erkennen und Diskrimination** nach posterioren, rechtshemisphärischen Läsionen beeinträchtigt: z. B. können Patienten mit rechter temporo-parietaler Läsion den emotionalen Gehalt mehrerer mit unterschiedlicher *Intonation (Prosodie)* gelesenen Worte schlechter identifizieren als Patienten mit links-temporo-parietalen Läsionen trotz gleichem Verständnis und Wiedergabe. Bei rechter parietaler Läsion werden die Existenz und Folgen der Krankheit und/oder emotionaler Inhalte häufig geleugnet (**sensorischer und emotionaler Neglect**, s. 30.4), der emotionale Ausdruck verarmt oder ist unangepaßt enthemmt [4].

Elektroconvulsive Schockbehandlung (ECS) der rechten Hemisphäre führt zu deutlich besserer Depressionsaufhellung als linksseitige; nach posterioren rechtshemisphärischen Läsionen wird das Erkennen oder Ausdrücken des emotionalen Gehalts von Gesichtern beeinträchtigt („Prosopagnosie"). Umgekehrt tritt beim linksseitigen **Wada-Test** stark depressives Empfinden auf (Kap. 30, S. 631): dabei wird Barbiturat zur reversiblen Inaktivierung der linken Hemisphäre in die linke A. carotis injiziert. - Die „Sensibilität" der rechten Hemisphäre für negative Gefühle wird auch durch die Tatsache gestützt, daß aversive Gerüche bevorzugt die rechte Hemisphäre erregen, positive die linke.

Es ist nicht auszuschließen, daß bei Läsion der rechten Hemisphäre die **Steuerung der Aufmerksamkeit** (Kap. 25) stärker beeinträchtigt ist als bei Unteraktivierung der linken und deshalb emotionale und sensorische Inhalte weniger „Bedeutung" erhalten, da sie nicht weiter oder nur oberflächlich verarbeitet werden. Dafür spricht auch die Tatsache des **sensorischen Neglects** (Kap. 30), der meist die linke Körperseite betrifft, als auch erhöhte Hautwiderstandswerte, d. h. reduzierte Aktivierung bei rechten Läsionen. Läsionen der linken Hemisphäre würden danach zu erhöhter Aktivierung und Aufmerksamkeit und damit auch zu erhöhtem Bewußtsein für die Ausfälle führen und Depressionen „begünstigen".

Verhaltensstörungen und Hemisphärenaktivität. Bei depressiven Störungen wurde stärkere EEG-Aktivierung rechts frontal gefunden, bei Manien erhöhte links-frontale Aktivierung. Negativer Gesichtsausdruck wird vor allem in den Gesichtsmuskeln der unteren linken Gesichtspartie gezeigt, die von gekreuzten Bahnen, also primär der rechten Hemisphäre innerviert werden. Gelastische Epilepsien (Lachanfälle bei Temporallappenepilepsien) sind etwas häufiger bei Störungen der links-temporalen Hirnaktivität [8, 9].

Da motorische Aktivität und Kontrolle bei Rechtshändern dominant links gesteuert ist, wird bei rechtshemisphärischer Überaktivierung emotionale Kontrolle durch verbale und motorische Aktivität schwieriger. Dafür spricht auch die Tatsache, daß bei **Linkshändern** und Ambidextern häufiger emotionale, sprachliche und psyochosomatische Störungen auftreten. **Dyslexien** (Lese- und Schreibschwierigkeiten trotz normaler Intelligenz) und **Allergien**, sowie Hyperaktivität und Irritabilität sind bei Linkshändern häufiger. Das Corpus callosum ist größer, die Faserzahl darin höher, die rechte Hemisphäre häufig vergrößert. Geschwind u. Galaburda (1984) brachten dies mit erhöhtem Testosteroneinfluß in der Entwicklung des Gehirns in Beziehung, der das Wachstum der rechten Hemisphäre im Tierversuch fördert und das Wachstum der Thymusdrüse (Immunkompetenz) hemmt. In der Tat findet man mehr männliche Personen mit Linkshändigkeit mit erhöhtem Erkrankungsrisiko und erhöhter (produktiver) musikalischer Begabung [29]; insgesamt ist ja auch die visuell-räumliche Begabung (rechte Hemisphäre) beim männlichen Geschlecht etwas deutlicher ausgeprägt, bei Frauen die verbal-sprachliche (s. Kap. 30).

Entwicklung und affektive Hemisphärendominanz

Für eine stärkere Involviertheit der rechten Hemisphäre in negativen Emotionen und eine stärkere Bedeutung der linken Hemisphäre für die *Hemmung negativer Gefühle* sprechen auch die Untersuchungen an Neugeborenen. Neugeborene kann man als **funktionelle Split-brain-Lebewesen** betrachten, da die Myelinisierung des Corpus callosum noch sehr rudimentär ist und vollständig erst um das 13. Lebensjahr abgeschlossen wird. Die (motorische) Hemisphärendominanz für die rechte Seite (linke Hemisphäre) ist bei der Geburt bereits vorhanden.

Untersuchungen mit der Darbietung wohlschmeckender Zuckerlösung und aversiver Zitronenlösung bei Neugeborenen mit rechtshändigen Eltern zeigen deutlich erhöhte EEG-Aktivierung links bei positiver und rechts bei negativer Geschmacksreizung [4].

Bei 10-monatigen Kindern zeigt sich ebenfalls eine ausgeprägte EEG-Aktivierung links bei Darbietung glücklicher Gesichter. Je früher verbale Fertigkeiten in der Entwicklung erreicht werden, um so eher funktioniert die Hemmung negativer Gefühle: verbal aktivere 18 Monate alte Kinder zeigen weniger Angst bei Fremden und weniger Protest bei Trennung.

29.7 Verhaltensmedizin und Biofeedback: die Anwendung der Gefühlsphysiologie und -psychologie auf Krankheit

Verhaltensmedizin ist eine Wissenschafts-Disziplin, entstanden aus der Klinischen, Biologischen und Allgemeinen Psychologie, in der vor allem die Erkenntnisse der Lernpsychologie auf die psychologische (Selbst)kontrolle von physiologischen und pathophysiologischen Prozessen bei körperlichen Erkrankungen angewandt werden. Die verhaltensmedizinischen Behandlungsmethoden, die sich aus der **Verhaltenstherapie** entwickelt haben, wurden erfolgreich bei einer Vielzahl organmedizinischer Erkrankungen eingesetzt: coronare Herzkrankheiten, Bluthochdruck, Magen-Darm-Leiden, neurologische und neuromuskuläre Leiden, in der Pädiatrie und Frauenheilkunde etc. [12].

Eines der wichtigsten Verfahren in der Verhaltensmedizin sind die sogenannten Biofeedback-Therapien (biologische Rückmeldung). Dabei wird ein biologisches Signal einer Person oder eines Tieres (z. B. Herzrate) registriert und die Person für die Änderung dieses Signals in eine bestimmte Richtung, z. B. Herzratenerniedrigung, negativ oder positiv verstärkt. Die Verstärkung wird auch in Form **informativer Rückmeldung** dargeboten, z. B. kann die Person ihren Herzschlag auf einem Bildschirm oder Digitalzähler verfolgen. Damit erwirbt eine Person über das Prinzip des **operanten (instrumentellen) Lernens** (s. S. 535) automatisierte Selbstkontrolle über eine physiologische Reaktion.

Beispiel einer verhaltensmedizinischen Behandlung. Abb. 29-19 zeigt eine typische Anwendung dieses Prinzips zur Behandlung von **Skoliose** und **Kyphose** bei vorpubertären und pubertären Mädchen.

Skoliose ist eine progressive Verkrümmung des Rückgrates unbekannter Ursache. Ohne Behandlung führt sie zu Buckel, inneren Verwachsungen und, in einigen Fällen, zum Tode. Bei leichteren Verkrümmungen wird ein Korsett verordnet, bei schweren eine aufwendige Operation. Das Biofeedbackgerät auf Abb. 29-19 ersetzt das schmerzhafte und belastende Korsett und meldet der Patientin kontinuierlich Fehlhaltungen und deren Korrektur zurück. Bei Verkrümmung der Wirbelsäule (Lockerung der vertikalen Leine) ertönt für 20 s ein leiser Ton, richtet sich die Patientin auf, stoppt der Ton sofort; richtet sich die Patientin nicht auf, wird der Ton nach 20 s lauter. Bei Abschalten durch Haltungsverbesserung gewinnt die Person unterschiedlich lange „Aus-Zeiten“, in denen der Ton nicht hörbar ist, je nachdem wie schnell und häufig sie den Ton rechtzeitig abschaltet. Die vertikale Leine dient der Korrektur des Brustkorbumfanges durch Atmung, mit der natürlich ebenfalls, aber artifiziell, die vertikale Leine gespannt und eine Haltungskorrektur vorgetäuscht werden kann. Die Person trägt das Gerät Monate bis Jahre 24 Stunden pro Tag.

Ungeklärt ist die Frage, ob instrumentelles Lernen auch bei vegetativen, hormonellen, biochemischen und zentralnervösen Prozessen ohne Beteiligung und Vermittlung (**Mediation**) der quergestreiften Muskulatur möglich ist. Bisher konnten vegetative Reaktionen nur mit **klassischer Konditionierung** (s. Kap. 27) psychologisch modifiziert werden.

Die Curarisierungsversuche von Miller und Dworkin [23]. Es gibt unzählige Möglichkeiten der mechanischen, chemischen und reflektorischen Beeinflussung visceraler autonomer Reaktionen durch die Aktivität der Skelettmuskulatur: z. B. hat erhöhte Lactatsäureproduktion in aktiven Muskeln vasomotorische Effekte auf benachbartes Gewebe, durch muskulär bedingte Änderung der Brustkorbspannung werden Herzrate und Blutdruck beeinflußt etc. Um diese *peripheren Einflußgrößen* auszuschalten, injiziert man im Tierversuch eine hinreichend hohe Dosis des indianischen Pfeilgiftes Curare, was zu einer vollständigen Blockade der cholinergen Erregungsübertragung an den motorischen Endplat-

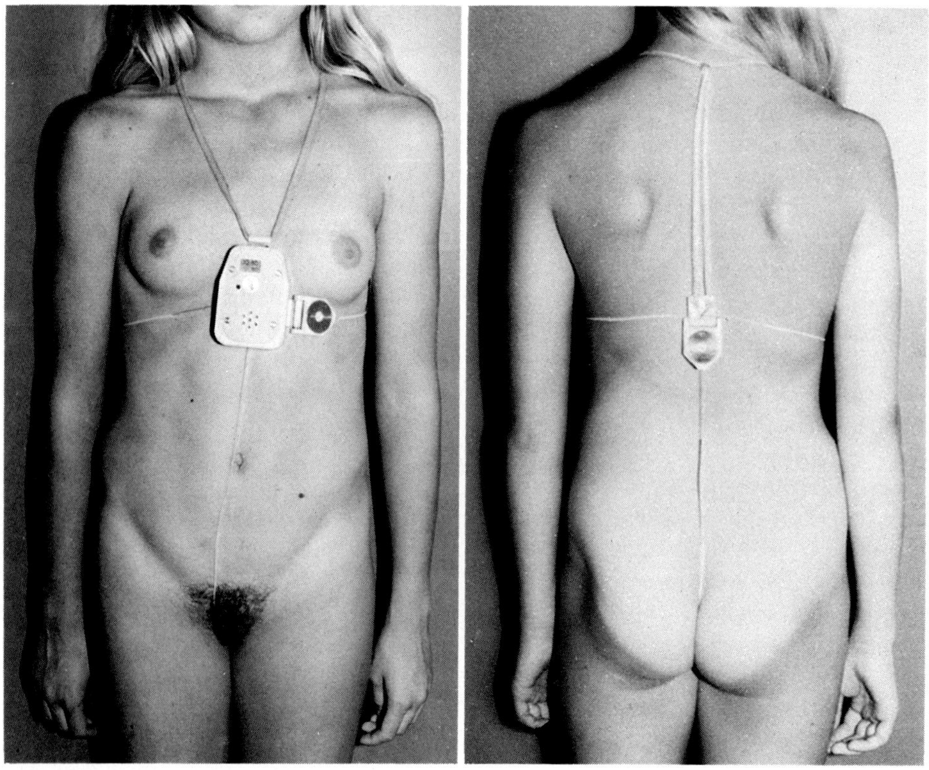

Abb. 29-19. Biofeedbackbehandlung von Skoliose und Kyphose mit einem Gerät zur Rückmeldung der Streckung des Rückgrates. Bei Krümmung ertönt ein 20 s anhaltender leiser Ton, der bei Aufrichten sofort beendet wird. Ohne die Aufrichtreaktion innerhalb der 20s wird der Ton lauter und für Umstehende hörbar. (Anordnung nach Dworkin, Miller u. Birbaumer)

ten und somit zur Lähmung der gesamten quergestreiften Muskulatur führt. Da auch die Atemmuskulatur gelähmt ist, wird künstlich beatmet. Curare führt zu keiner Änderung der visceralen oder somatisch-muskulären Afferenzen (Wahrnehmung), Curare verändert auch den efferent motorischen Output in und aus dem ZNS *nicht.* Die Droge eliminiert aber die *autonomen Konsequenzen* einer *muskulären* Aktivität, die durch mechanische, chemische oder reflektorische Verbindungen ausgelöst werden.

Wenn ein curarisiertes und beatmetes Tier eine autonome Reaktion durch systematische Verstärkung dieser autonomen Reaktion verändern *lernt,* dann ist damit ausgeschlossen, daß die *gelernte* Änderung der visceralen Reaktion durch indirekte Einflüsse der Skelettmusulatur verursacht wurde.

N. E. Miller und Mitarbeitern gelang in den sechziger und siebziger Jahren, an curarisierten Mäusen und Ratten durch Belohnungs- und Vermeidungsversuche verschiedene viscerale und humorale Funktionen instrumentell zu konditionieren: Herzratenanstieg und -abfall, Blutdruckanstieg und -abfall, Darm- und Magenmobilität, Blutverteilung im Magen, Urinproduktion, Uteruskontraktionen, Haut- und Körpertemperatur und Durchblutung verschiedener Körperregionen. Hinzu kam, daß auch beim Menschen die instrumentelle Kontrolle der elektrischen Aktivität *lokaler Hirnregionen* ohne meßbare motorische oder autonome Beteiligung im Laboratorium des Erstautors (s. Kap. 25, 30) nachgewiesen werden konnte.

Beide Befunde stellen starke Argumente *für* die Möglichkeit *direkten* instrumentellen Lernens isolierter und spezifischer visceraler und corticaler Reaktionen dar und eröffnen den Weg für die therapeutische Anwendung dieses Prinzips zur *selektiven* Beeinflussung gestörter Organsysteme durch Rückmeldung und Belohnung der entsprechenden Funktionen (Biofeedbacktherapien wurden bereits an mehreren Stellen dieses Buches dargestellt).

29.8 Literatur

Weiterführende Lehr- und Handbücher

1. BIRBAUMER, N.: Psychophysiologie der Angst. München: Urban & Schwarzenberg 1977
2. BOLWBY, J.: Attachment and Loss. London: Basic Books 1980
3. DIAGNOSTIC AND STATISTICAL MANUAL OF MENTAL DISORDERS (3rd Ed. revised) [DSM-III-R]. Washington D.C.: American Psychiatric Association 1987
4. FOX, N.A., DAVIDSON, R.A. (Eds.): The Psychobiology of Affective Development. Hillsdale: Lawrence Erlbaum 1984
5. GAZZANIGA, M.S.: The Social Brain. New York: Basic Books 1985
6. GESCHWIND, N., GALABURDA, A.(Eds.): Cerebral Dominance: The Biological Foundations. Harvard: Harvard Univ. Press 1984
7. GRAY, G.: Neuropsychology of Anxiety. Oxford Univ. Press, Oxford 1982
8. HEILMAN, K.M., VALENSTEIN, E.(Eds.): Clinical Neuropsychology. 2nd ed. Oxford: Oxford Univ. Press 1985
9. HEILMAN, K.M., SATZ, P.(Eds.): Neuropsychology of Human Emotion. New York: Guilford Press 1983
10. JAMES, W.: The Principles of Psychology. New York: Holt 1890. Nachdruck: Cambridge: Harvard/Univ. Press 1983
11. McCORD, W.M.: The Psychopath and Milieu Therapy. New York: Academic Press 1982
12. MILTNER, W., BIRBAUMER, N., GERBER, W.D.: Verhaltensmedizin. Berlin, Heidelberg, New York, Tokyo: Springer 1986
13. PENFIELD, W., JASPER, H.H.: Epilepsy and the Functional Anatomy of the Human Brain. Boston: Little Brown 1954
14. RENFREW, S.& HUTCHINSON, R.R.: The motivation of aggression. In: SATINOFF, E., TEITELBAUM P.(Eds.): Handbook of Behavioral Neurobiology, Vol. 6: Motivation. New York: Plenum 1983
15. ROCKSTROH, B., ELBERT, T., BIRBAUMER, N., LUTZENBERGER, W.(Eds.): Slow Brain Potentials and Behavior. München: Urban u. Schwarzenberg 1982. 2nd ed 1989
16. ROSENZWEIG, M.R., LEIMAN, A.L.: Physiological Psychology. Lexington, Mass.: Heath 1982
17. SELIGMAN, M.E.P.: Gelernte Hilflosigkeit. München: Urban & Schwarzenberg 1979
18. SIANN, G.: Accounting for Aggression. London: Allen & Irwin 1985
19. STELLAR, J.R., STELLAR E.: The Neurobiology of Motivation and Reward. Berlin, Heidelberg, New York, Tokyo: Springer 1985
20. WHYBROW, P.C., AKISKAL, H.S., MCKINNEY, W.T.: Mood Disorders. New York: Plenum Press 1984

Einzel- und Übersichtsarbeiten

21. ANTELMAN, S., CHIODO, L.A.: Stress: Its effect on interactions among biogenic amines and role in the induction and treatment of disease. In: IVERSEN, L., IVERSEN, S.D., SNYDER, S.(Eds.): Handbook of Psychopharmacology. Vol. 18. New York: Plenum 1984

21a. BIRBAUMER, N., BECKMANN, H.: Affektive Störungen. In: HIERHOLZER, K., SCHMIDT, R.F. (Hrsg).: Pathophysiologie des Menschen. Weinheim: *edition medizin* der VCH Verlagsgesellschaft 1991

22. CLYNES, M.: Communication and generation of emotion through sentic form. In: LEVI, L.(ed.) Emotion. p.561-602. New York: Raven 1975
23. DWORKIN, B., MILLER, N.E.: Failure to replicate visceral learning in the acute curarized rat preparation. Behav. Neurosc. *100*, 299-315 (1986)
24. EKMAN, P., LEVINSON, R.W., FRIESEN, W.V.: Autonomic nervous system activity distinguishes among emotions. Science *221*, 1208-1210 (1983)
25. EKMAN, P.: Expression and the nature of emotion. In: SCHERER, K.R., EKMAN, P.(Eds.): Approaches to Emotion. Hillsdale: Lawrence Erlbaum 1984
26. FLYNN, J., VANEGAS, H., FOOTE, W., EDWARDS, S.: Neural mechanism involved in a cat's attack on a rat. In: WHALEN, R.E., THOMPSON, R.F., VERZEANO, M., WEINBERGER, N.M. (Eds.): The Neural Control of Behavior. New York: Academic Press 1970
27. FOWLES, D.C.: Biological variables in psychopathology. In: ADAMS, H.E., SUTKER, B.(Eds.): Comprehensive Handbook of Psychopathology, p.77-110. New York: Plenum 1984
28. HARE, R.D.: Temporal gradient of fear arousal and psychopathy. J. Abnorm. Psychol. *70*, 442 (1965)
29. HASSLER, M., BIRBAUMER, N., FEIL, A. Musical talent and visuo-spatial abilities: A longitudinal study. Psychol. of Music *13*, 99-113 (1985)
30. LAGERSPETZ, K.M., LAGERSPETZ, K.Y.: Genes and Aggression. In: SIMMEL, E., HAHN, M., WALTERS, J. (Eds.): Aggressive Behavior. Genetic and Neural Approaches, p.89-102. Hillsdale: Lawrence Erlbaum 1983
31. LEWINSOHN, P.M.: The behavioral study and treatment of depression. In: HERSEN, M., EISLER, R.M., MILLER, P.M. (Eds.): Progress in Behavior Modification. Vol 1. New York: Academic Press: 1975
32. MAIER, S.F.R., DUGAN, J.W., GRAU, R., HYSON, A.J., MACLENNON, T.: Learned helpnessness, pain inhibition, and the endogenous opiates. In: ZEILER, M.D., HARZEM, P.(Eds.): Advances in the Analysis of Behavior. Vol. 7. New York: Wiley 1984
33. MICZEK, K.A.: Ethnopharmacology of aggression, defense and defeat. In: SIMMEL, E.C., HAHN, M.E., WALTERS, J.K. (Eds.): Aggressive Behavior, p.147-166. Hillsdale: Lawrence Erlbaum 1983
34. MURPHY, G.E., SIMON, A., WETZEL, R., LUSTMAN, P.: Cognitive therapy and pharmacotherapy of depression. Arch. Gen. Psychiatry *41*, 33-41 (1984)
35. OLDS, J., MILNER, P.: Positive reinforcement produced by electrical stimulation of septal area and other regions of rat brain. J. Comp. Physiol. Psychol. *47*, 419-427 (1954)
36. ROSVOLD, E.H., MIRSKY, A.F., PRIBRAM, K.H.: Influence of amygdalectomy on social behavior in monkeys. J. Comp. Physiol. Psychol. *47*, 173-178 (1954)
37. SCHACHTER, S., SINGER, J.: Cognitive, social and physiological determinates of emotional state. Psychol. Rev. *69*, 379-399 (1962)
38. STONE, E.A.: Problems with the current catecholamine hypotheses of antidepressant agents. Behavioral and Brain Sciences *6*, 539-578 (1983)
39. TUNNER, W.: Lust und Glück - Überlegungen zur Gefühlspsychologie. Psychol. Rundschau *29*, 4, 287-298 (1978)
40. WEISS, R.A.: Neuroleptics and operant behavior. The anhedonia hypothesis. The Behavioral and Brain Sciences *5*, 39-87 (1982)

30 Kognitive Prozesse (Denken)

30.1 Denkprozesse, Sprache und Vorstellung

Die psychologische Untersuchung von Denkvorgängen durch die kognitive Psychologie hat in den letzten 20 Jahren einen bedeutsamen Aufschwung erfahren. Allerdings begnügt sich die kognitive Psychologie methodisch bisher mit der Messung subjektiv-psychologischer Variablen (z. B. Aussagen der Vp) oder einfacher motorischer Größen (meist Reaktionszeit).

Andererseits hat die **Neuropsychologie**, welche vor allem die neuronalen Grundlagen menschlichen Denkens und der Sprache untersucht, von den Versuchsanordnungen der kognitiven Psychologie einen wesentlichen Impuls erhalten, so daß wir heute deutlich mehr über die neuronalen Grundlagen des Denkens wissen als vor wenigen Jahren. Bevor wir uns diesen neuronalen Mechanismen zuwenden, müssen wir vorerst auf *psychologischer Ebene* eine möglichst präzise (d. h. operationalisierbare) Beschreibung von Denken und Sprache zur Verfügung haben. Neben der Sprache selbst werden wir uns dabei mit Konzeptbildung, Vorstellungen und Problemlösen beschäftigen.

Sprache

Sprache besteht aus einem hierarchisch gegliederten System von Grundbausteinen: **Phoneme** (für Gesprochenes) und **Buchstaben** (für Geschriebenes); diese elementaren Einheiten werden zu größeren linguistischen Einheiten kombiniert: Silben zu Wörtern → Wörter zu Phrasen → zu Sätzen → zu Texten. Die **Phrasen- oder Konstituentenstruktur** eines Satzes gliedert gesprochene Sätze durch Pausen und geschriebene Sätze in Wortgruppen, die man durch ein einzelnes Wort ersetzen kann, ohne den Sinn der Sätze zu verändern (Tabelle 30–1).

Sprachverständnis besteht aus einem komplexen, nur teilweise bekannten Prozeß: Hören der Phoneme und Wörter → Speichern derselben im Kurzzeitgedächtnis (KZG) → Erfassen der Bedeutung von Wörtern (mit Hilfe des Langzeitgedächtnis (LZG)) → Organisation der Repräsentationen von Phonemen und Konstituenten → Erfassen der Bedeutung von Konstituenten → Kombination der Konstituenten zum Erfassen der Bedeutung des Satzes → Vergessen der aktuellen Wörter und Konstituenten durch Ersatz derselben zu „Makropropositionen" (z. B. Zusammenfassung eines Textes oder einer Rede).

Sprache ist in **Bedeutungseinheiten (Propositionen)** repräsentiert. Propositionen sind Konzepte (meist aus ein oder zwei Wörtern bestehend) mit einem Prädikat (Verben, Adjektiven, Adverben), das die Beziehungen der Propositionen klarstellt. Propositionen mit überlappenden Bedeutungen (z. B. „Lincoln" und „Präsident") bilden „Kohärenz-Graphen" und formen so einen Text, der zu „Chunks" (Ketten, Kap. 25, 27) von bedeutungsähnlichen Propositionen (Ketten) zusammengefaßt wird. Tabelle 30–2 gibt ein Beispiel für Propositionen und den entsprechenden Kohärenz-Graphen. Im LZG werden in der Regel nur Makropropositionen gespeichert, die aus mehreren Propositionen und Chunks (sinngemäße Zusammenfassung) bestehen, deren Bedeutung sich überlappt. Das LZG enthält darüber hinaus das Sprachlexikon und syntaktische Regeln.

Tabelle 30–1. Baumdiagramm der Phrasen- oder Konstituentenstruktur des Satzes „der Student liest das Buch". Die Phrasenstruktur bestimmt die Pausen zwischen den Wörtern und Satzteilen. Die Pausen erfolgen an den Satzteilen, wo eine neue Phrase beginnt, nicht in der Mitte einer Phrase. (Nach Bourne et al. 1986)

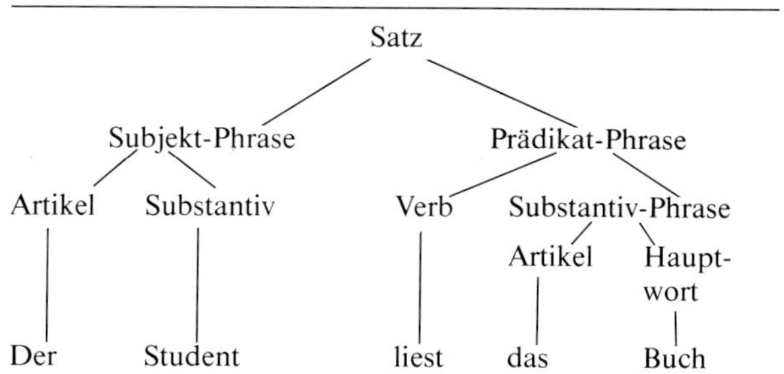

Tabelle 30-2. Satz eines Textes, die dazugehörige Liste von Propositionen und der entsprechende Kohärenz-Graph. „Zusammenstöße zwischen Polizei und Demonstranten" wäre ein „chunck", der als eine sinngemäße Einheit, als „Ganzes" gespeichert wird. Erläuterungen siehe Text. (Nach Bourne et al. 1986)

Text: „Mehrere gewaltsame und blutige Zusammenstöße zwischen Polizei und Demonstranten kennzeichnen die ersten Frühlingstage 1969."

Propositionen:

(1) Mehrere Zusammenstöße
(2) gewaltsam, Zusammenstöße
(3) blutig, Zusammenstöße
(4) zwischen, Zusammenstöße, Polizei, Demonstranten
(5) Zeit: in, Zusammenstöße, Frühling
(6) ersten, Frühlingstage
(7) Zeit: in, Frühlingstage, 1969

Kohärenz-Graph (Die Knoten sind die Nummern der Propositionen von oben)

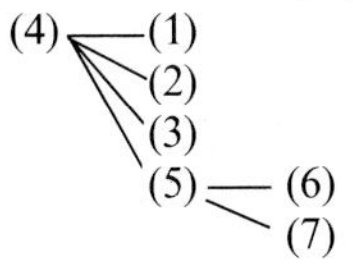

Sprachproduktion. Wie beim Sprachverständnis müssen zur Produktion von Sprache mehrere Prozesse hintereinander (*seriell*) und zeitlich nebeneinander (*parallel*) ablaufen. Die Auswahl von Wörtern und Sätzen hängt primär vom *sozialen Kontext* des Sprechenden ab. Dabei werden in der Regel vom Sprecher gleichzeitig sowohl bekannte, als auch neue Informationen in einem Satz oder einer Satzgruppe mitgeteilt.

Die **Planung der Sprache** verläuft ähnlich einem Problemlöseprozeß (s.u.) und führt schließlich zur **Artikulation** von Lauten. Dabei werden durch Ausstoßen und - seltener - durch Einatmen von Luft der Larynx und dessen Stimmbänder zum Schwingen gebracht und durch Lippen- und Zungenstellung der geäußerte Laut entsprechend der Sprechplanung moduliert. Obwohl geordnetes Sprechen, Verständnis und Planung von Sprache auf eng verbundene neuronale Strukturen zurückführbar sind, lassen sich diese unterschiedlichen Dimensionen der Sprache doch voneinander abgrenzen, sowohl auf psychologische, als auch auf neurophysiologischer Ebene. Besonders deutlich werden die Unterschiede zwischen den einzelnen Sprachfunktionen bei pathologischen Veränderungen des Gehirns.

Sprachproduktion und Sprachverständnis sind nicht an die akustische Sinnesmodalität und die Anatomie und Physiologie des Sprechapparats und seiner zentralnervösen Steuerzentren gebunden; dies geht aus den *Sprachstudien an Menschenaffen* hervor, die sowohl Zeichensprache als auch visuell-haptische Sprache erlernen (s. 30.3).

Taub geborene Kinder lernen zwar schwer gesprochene Sprache, da die akustische Rückmeldung des Eigen- und Fremdsprechens fehlt, erwerben aber Sprachverständnis und Sprechfertigkeiten über Lippen- und Zeichensprache; Zeichensprachen sind in ihren semantischen und syntaktischen Elementen der oralen Sprache vergleichbar (Abb. 30-1).

Alle bekannten und hier beschriebenen kognitiven Operationen, einschließlich Aufmerksamkeit, KZG, LZG-Operationen, Problemlösen und Intelligenz sind bei *Taubgeborenen* und *Blindgeborenen* identisch, es wird nur auf andere Sinneskanäle „ausgewichen". Blindgeborene benützen z.B. für das Behalten und die Korrektur von verdrehten Figuren primär Rückmeldungen aus dem eigenen Bewegungsapparat statt visuellen Vorstellungen; d.h. sie bewegen die Muskeln in der Realität oder in der Vorstellung, so als würden sie die Gegenstände betasten, drehen, etc. Taubstumme Kinder merken sich vor allem den visuellen Kontext, in dem die Zeichensprache „gesprochen" wurde, nicht die einzelnen Zeichensätze. Sie lernen daher nur schwer lesen, da hierzu eine Codierung in Klänge und Laute vorausgehen muß [33].

Vorstellungen, Konzeptbildung und Problemlösen

Vorstellungen. Vorstellungen sind für fast alle Denkprozesse notwendige Vehikel. Gedächtnis, Konzeptbildung und Problemlösen kommen nicht ohne Vorstellungen aus. Vorstellungen sind nicht nur „Bilder im Kopf", sondern meist - ähnlich wie auf S.623 (Abb.30-2) beschrieben - als verbale oder bildlich-abstrakte Propositionen gespeichert. Eine Proposition ist ein Bedeutungsinhalt, der in der Regel aus einem einfachen Satz oder Wort besteht („ich fürchte mich vor Schlangen", in Abb.30-2). In der kognitiven Psychologie symbolisiert man die assoziativen Verbindungen zwischen den Elementen der Propositionen (Wörtern) als *Netzwerke.* Die Stärke der assoziativen Verbindungen bestimmt die Wahrscheinlichkeit (Schwelle), mit der ein Netzwerk erinnert und durch einen äußeren Reiz aktiviert werden kann. Wenn ein äußerer Reiz zu dem gespeicherten Netzwerk oder einem Element davon „paßt" („match"), so werden die assoziativ damit zusammenhängenden Propositionen und die daran geknüpften motorischen und physiologischen Reaktionen aktiviert.

Abb. 30-2 zeigt das Netzwerkmodell der Vorstellung „Schlangenangst" mit einigen *motorisch-physiologischen, sensorischen, und bedeutungshaltigen (semantischen) Propositionen* (semantischer Code, Stimulusrepräsentation u. Reaktionsprogramme).

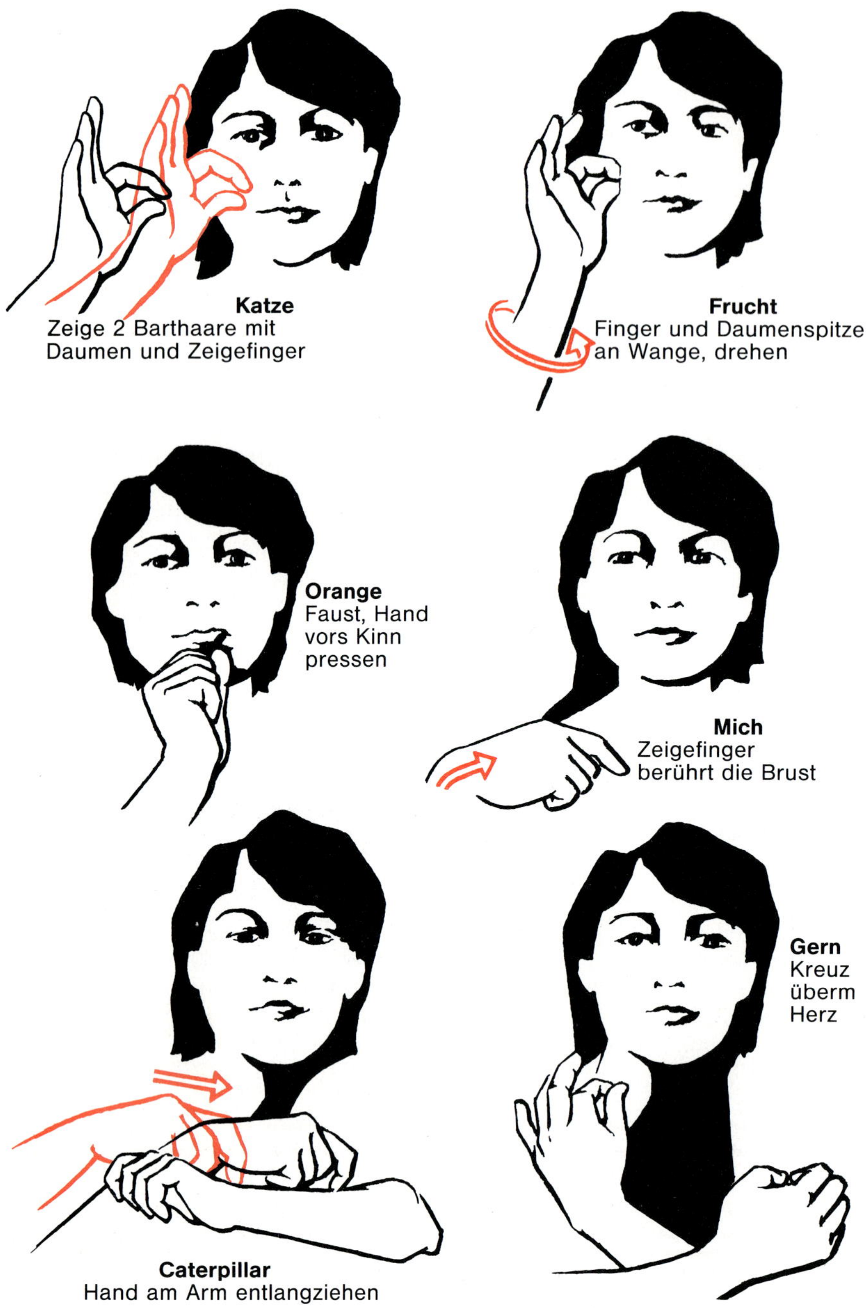

Abb. 30-1. Beispiele aus der amerikanischen Zeichensprache

Aus Netzwerkmodellen von Vorstellungen lassen sich einige Vorhersagen ableiten, die empirisch bestätigt wurden: Für beobachtbares Verhalten und physiologische Reaktionen sind vor allem *motorische Propositionen* wichtig. Bei Vorstellung der motorischen Propositionen sind die physiologischen Reaktionen stärker, die Wiedergabe aus dem Gedächtnis ist besser und die Reaktionszeiten für die vorgestellten Reaktionen sind kürzer.

Die physiologischen Reaktionen während Vorstellungen sind *spezifisch* für die gespeicherten Propositionen und ihre Verbindungen; z.B. löst die Vorstellung einer Wurfbewegung auch ohne aktuelle, sichtbare Bewegung elektromyographische (Kap. 15) Reaktionen in jenen Muskeln aus, die an dieser speziellen Bewegung beteiligt sind. Dasselbe gilt für die Vorstellung von Gefühlen (s. Kap. 29, Abb. 29-1 und 29-2). Personen mit guter Vorstellungsfähigkeit erinnern Gefühle besser, entwickeln leichter Ängste, verlieren diese aber auch eher als Personen mit schlechter Vorstellungsfähigkeit. Auch die bessere Hypnotisierbarkeit solcher Menschen erklärt sich

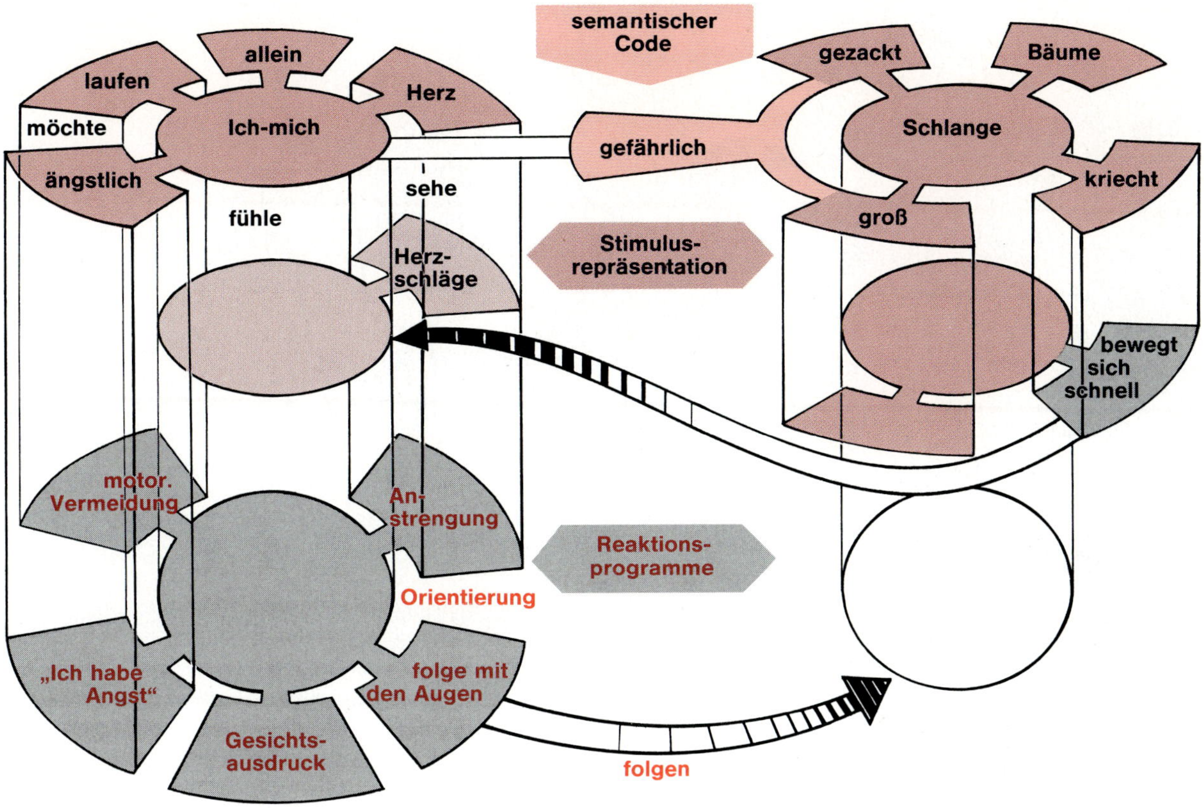

Abb. 30-2. Ein skizzenhaftes Diagramm eines *Prototyps einer Schlangenphobie.* Bei diesem Prototyp handelt es sich um ein **konzeptuelles Netzwerk**, in dem die Information in Propositionen codiert ist und die einzelnen Informationseinheiten durch Assoziationen miteinander verbunden sind. Dieses konzeptuelle Netzwerk hat die Funktion eines sensomotorischen Programms. Der Prototyp wird als Einheit etwa durch Instruktionen, Medien oder den objektiven sensorischen Input aktiviert, der Teilinformationen enthält, die in das Netzwerk *passen.* Der oben skizzierte Phobie-Prototyp könnte z. B. in einer deskriptiven Form so gelesen werden: „Ich stehe alleine in einem Wald und sehe eine große Schlange. Sie bewegt sich langsam auf mich zu. Sie hat ein gezacktes Muster am Rücken. Es könnte eine gefährliche Schlange sein. Meine Augen treten aus dem Kopf hervor und folgen den Bewegungen der Schlange. Mein Herz beginnt stark zu schlagen. Schlangen sind unberechenbar. Ich fürchte mich. Ich sage es zwar laut, aber niemand ist hier, der mich hören kann. Ich bin allein und fürchte mich sehr. Jetzt fange ich zu laufen an. . .“ Die Linien indizieren einige der Verbindungen zwischen den Propositionen, die eine hohe Assoziationswahrscheinlichkeit haben. Es werden nicht alle Propositionen oder möglichen Verbindungen hier aufgezeigt. Sensorische, motorische und bedeutungshaltige Propositionen werden unterschieden. (Erläuterung im Text. Nach P. J. Lang, persönliche Mitteilung und Lang et al. 1983)

aus der leichten Abrufbarkeit gespeicherter assoziativer Netzwerke (z. B. Vorstellung einer Brandblase in Hypnose) durch die Instruktionen des Hypnotiseurs. Netzwerkmodelle emotionaler Vorstellungen sagen z. B. voraus, daß die Gedächtnisleistung stimmungsabhängig ist: in positiver Stimmung werden positive Gedächtnisinhalte eher wiedergegeben als negative und umgekehrt. Die zur Stimmung „passenden“ Propositionen werden leichter aktiviert als nicht passende. Genau dieses Resultat wurde gefunden und erklärt auch zum Teil, warum negativ-depressive Stimmungen oft sehr lange bestehen bleiben, trotz ihres aversiven Charakters [28].

Konzept- und Begriffsbildung. Konzepte werden vor allem über den *Vergleich mit Prototypen* gelernt. Prototypen sind thematisch (assoziativ) verbundene assoziative Netzwerke wie der in Abb. 30-2 dargestellte Prototyp einer Schlangenphobie. Prototypen und Vorstellungen von Prototypen fungieren als Referenzpunkte, Markierungspunkte; je ähnlicher ein Element eines Konzeptes einem Prototyp ist, um so leichter wird ein Begriff (Konzept) gebildet [z. B. von „Schwalbe“ (Prototyp) wird der Begriff „Vogel“ leichter gebildet als von „Huhn“]. Prototypen mit einem *mittleren Allgemeinheitsgrad* (z. B. Apfel, Korkenzieher) führen leichter zu Begriffen als solche mit einem hohen (z. B. Frucht, Werkzeug) oder niedrigem (z. B. Granny-Smith, „Philips“-Korkenzieher).

Der Allgemeinheitsgrad eines Konzepts wird aus der Anzahl von Propositionen geschätzt, den die

Abb. 30-3. Das Hobbits-und-Orcs-Problem. Versuchen Sie, dieses Problem zu lösen: 3 Hobbits (*rechts*) und 3 Orcs (*links*) stehen am Ufer, und alle wollen auf die andere Seite des Flusses kommen. Glücklicherweise haben sie ein Boot, unglücklicherweise kann das Boot zu einem Zeitpunkt nur 2 der Männchen befördern. Darüber hinaus gibt es noch ein anderes Problem. Die Orcs sind gewalttätige Kreaturen und wenn mehr Orcs als Hobbits auf einer Seite des Flusses sind, dann würden die Orcs sofort die Hobbits angreifen und fressen. Sie müssen also sicher sein, daß nie mehr Orcs als Hobbits auf einer Flußseite sind. Wie lösen Sie dieses Problem? (Man muß dazusagen, daß die Orcs, obwohl sie gewalttätig sind, das Boot immer wieder zurückbringen!). (Nach Matlin 1983)

Allgemein-Population oder die Wörterbücher einer bestimmten Sprache mit dem Konzept assoziieren. Auch hier spielen wieder die Zahl der motorischen Elemente, die man mit dem Begriff assoziiert, für die Leichtigkeit der Begriffsbildung eine bedeutsame Rolle. Die *Zeichensprache* für Taubstumme benutzt daher vor allem solche „Basisbegriffe", die mit Bewegungen assoziiert sind.

Problemlösung. Probleme bestehen aus a) einem Ausgangszustand (Situationen zu Beginn des Problemlöseprozesses) und b) einem Zielzustand, der durch die Lösung erreicht werden soll und c) den Regeln und Restriktionen, denen man von a) nach b) folgen muß. Menschen benützen im Gegensatz zu Tieren selten reine *Versuchs-Irrtums-Strategien*, sondern passen die Regeln der Problemsituation und dem Ziel flexibel an. Voraussetzung für a)-c) ist das Verstehen eines Problems, d.h. die Konstruktion einer **internen Repräsentation** der Problemsituation (z. B. das Lesen eines Textes zur Anleitung für einen Bausatz) und die Lenkung der Aufmerksamkeit auf Ausgangssituation und Regeln.

Zur Problemlösung werden vor allem zwei Arten von Strategien verwendet: **zufallsorientierte Suchstrategien und heuristische Suchstrategien**. Unsystematische Zufallsstrategien sind wegen ihrer Ineffizienz selten (z. B. Wählen irgend einer Telefonnummer, in der Hoffnung die richtige zu finden); systematische Zufallsstrategien werden oft mit Algorithmen verwendet (z. B. bei Algebraaufgaben), sind aber sehr zeitaufwendig. Heuristische Suchstrategien („Daumenregeln") sind die häufigsten; sie bestehen aus selektiven Suchvorgängen, bei denen nur jener Teil des Problems beachtet wird, von dem die Lösung am ehesten zu erwarten ist; sie garantieren keine Lösung wie Algorithmen, machen Lösungen aber wahrscheinlicher. Nach Zerlegung in Subprobleme werden diese einzeln gelöst, wobei die Unterschiede zwischen Ausgangszustand und Ziel auf ein Minimum reduziert werden; z. B. in Abb. 30-3 werden bei richtiger Strategie alle Männchen vom Ausgangszustand zum Zielzustand (zum anderen Ufer) transportiert, dazwischen aber müssen einige mehrmals über den Fluß bewegt werden.

Problemlösen wird durch *funktionelle Fixiertheit und mentale Einstellungen* (mental set) häufig erschwert. Im ersten Fall lösen wir uns nicht von einer angenommenen Funktion eines Objektes, im zweiten Fall verwenden wir Strategien, die in der Vergangenheit erfolgreich waren, aber auf das neue Problem nicht passen [1].

30.2 Cerebrale Asymmetrie

Unter cerebraler Asymmetrie verstehen wir die Tatsache, daß die Funktionstüchtigkeit der beiden neocorticalen Hemisphären Voraussetzung für die

Steuerung *unterschiedlicher* Verhaltensweisen und psychischer Funktionen darstellt. Obwohl in der Regel rechte *und* linke Hemisphäre bei den meisten höheren Funktionen *zusammenwirken*, gibt es fast keine Reaktion, bei der nicht eine der beiden Hirn-Hemisphären ein gewisses „Übergewicht“ gegenüber der andern hätte. Wir haben in Kap. 25 bereits die Folgen eines Übergewichts rechts- oder linkshemisphärischer Aufmerksamkeit diskutiert. Kap. 25 befaßt sich auch mit den Konsequenzen der Split-Brain-Operationen auf Bewußtsein und Aufmerksamkeit. In Kap. 29 wurden Beispiele für die unterschiedliche Bedeutung der Hemisphären für die Entstehung von Gefühlen berichtet. Wir wollen uns in diesem Abschnitt mit der Geschichte dieses für die Neuropsychologie so bedeutsamen Konzepts beschäftigen und sensomotorische und kognitive Funktionen darauf untersuchen, wie sie von der Aktivität der beiden Hemisphären abhängig sind.

Geschichte des Konzeptes

Das 19. und Beginn des 20. Jahrhunderts. Bereits in der Antike wurde behauptet, daß die linke Hirnhälfte den „Intellekt“ und „Verstehen“, die rechte den „Sensus“, Wahrnehmung, steuert. Allerdings wurde erst im 19. Jahrhundert die Dichotomie rechter Neocortex und linker Neocortex zu einer dominierenden Doktrin der Neurophysiologie, Anatomie und Neuropsychiatrie: Arthur Ladbroke Wigan veröffentlichte 1844 ein Buch mit dem Titel „A New View of Insanity: Duality of Mind“, in dem er beide Hemisphären als unabhängige Teile mit zwei unabhängigen Willen und zwei Denksystemen bezeichnete, die im Normalfall wie zwei Zugpferde eine Kutsche ziehen, im Krankheitsfall aber getrennt laufen und zu Konflikten beitragen können. Pierre Paul Broca lieferte schließlich empirische Daten als Argument für unterschiedliche Funktionen der beiden Hemisphären, indem er von 1861 bis 1863 über 20 Personen mit Aphasien autopsierte, die alle eine Läsion der linken frontalen Hemisphäre aufwiesen.

Broca legte damit den empirischen Grundstein zur **lokalisationistischen Position**, die kurz darauf, 1870, von Fritsch und Hitzig durch elektrische Reizung der motorischen Areale beim Hund bestätigt wurde: schwache galvanische Reizung der motorischen Areale führte zu kontralateraler Bewegung. 1874 publizierte Carl Wernicke seine Beobachtungen an Patienten mit linken posterioren Läsionen – vor allem dem superioren Gyrus temporalis –, Patienten, die zwar sprechen konnten, aber Gesprochenes nicht verstanden (**sensorische**, **receptive** oder **flüssige Aphasie**). Wernicke entwickelte auch das bis heute gültige Konzept für die Sprachsteuerung: die Verbindungen vom primären akustischen Areal zum oberen posterioren Temporallappen (Wernicke-Areal) und von dort zum unteren posterioren Frontallappen (Broca-Areal). Er legte damit auch den Grundstein zum Begriff der **Leitungsstörungen** (disconnection syndrome), indem er spezifische Ausfälle bei Unterbrechung der Verbindungen zwischen diesen drei Arealen postulierte (s. 30.3) [25].

Wernickes Schüler Hugo Liepmann beschrieb 1908 einen rechtshändigen Patienten, der nach Läsion des C. callosum eine **Apraxie** der linken Hand aufwies. Der Patient konnte links auch nicht schreiben (**Agraphie**). Die Zerstörung des Balkens konnte post mortem nachgewiesen werden. (Apraxie bedeutet eine Störung des Bewegungsablaufes und der Bewegungsplanung, die nicht auf Schwäche, Deafferenzierung oder Bewegungsstörungen wie Tremor, Chorea und intellektuelle Störungen rückführbar ist (s. S. 639 und Abb. 30–15). Liepmann zog zwei Schlüsse aus diesem Fall:

a) Verbale Kommandos für linksseitige Bewegungen müssen über das C. callosum zur rechten Hemisphäre geleitet werden.
b) Die linke Hemisphäre ist nicht nur für Sprache dominant, sondern auch für komplexe gelernte Bewegungen.

Die zweite Annahme wird vor allem durch die Tatsache gestützt, daß Apraxien überwiegend nach linkshemisphärischen Schädigungen auftreten [6].

Das 20. Jahrhundert. Der Anfang des 20. Jahrhunderts ist von der Kritik an den „Diagrammzeichnern“, wie Henry Head 1926 die Lokalisationisten nannte, gekennzeichnet. Friedrich Goltz hatte schon 1892 den gesamten Neocortex von Hunden entfernt, ohne daß es zu gravierenden Bewegungsstörungen kam. Sein Befund wurde kaum beachtet. Die **antilokalisationistische Position** erreichte erst mit Karl Lashley's Prinzip der **Equipotentialität** in den 20er Jahren seinen Höhepunkt: stufenweise Abtragung von mehr als 50% des Neocortex bei Ratten und Durchtrennung der wichtigsten Assoziationsbahnen hatten kaum Konsequenzen auf das Verhalten. Vor allem für Lernen und Gedächtnis seien keine spezifischen Hirnzentren anzunehmen, sondern **Massenaktion** entscheide über Ausfälle: je größer die Läsion, um so stärker die Störung.

Beim Menschen ließ sich diese Position nicht halten, was dann nach Ende des 2. Weltkriegs vor allem unter dem Einfluß der viel früher erschienenen Schriften von John Hughlin Jackson (1835–1911) zu einer „Kompromißlösung“ führte, die heute noch Gültigkeit hat: bezogen auf die beiden Hirnhemisphären erkannte Jackson, daß willkürliche Bewegungen eng mit sprachlichem, d.h. linkshemisphärischem Bewußtsein verknüpft sind, daß aber die sprachlose rechte Hemisphäre objektorientiertes Bewußtsein (Erkennen von visuellen und räumlichen Strukturen) und „automatisiertes" Handeln steuert. Alexander Luria [10] schließlich spricht von einzelnen Cortexarealen als *„Knotenpunkte dynamischer Erregungssyteme"*, die in Abhängigkeit von der psychologischen Funktion der Nervennetze z.T. weit auseinanderliegen können. Die Informationsanalyse schreitet dabei hierarchisch von den primären posterioren Projektionsarealen zu den tertiären und von dort in die frontalen motorischen Areale fort.

Die Split-brain-Versuche Roger W. Sperrys (Kap. 25) in den fünfziger Jahren zunächst an Katzen und Affen, später an Patienten mit vollständiger Durchtrennung des C. callosum führten zu einer unerwarteten Wiederbelebung der Ideen des 19. Jahrhunderts über die „Dualität des Bewußtseins"; dabei scheint die oft verhängnisvolle Neigung der Menschen, Dichotomien zu bilden, eine größere Rolle gespielt zu haben als die experimentellen Befunde, die solche Dichotomien selten stützten. Tabelle 30-3 zeigt, wie geringfügig sich das 19. und die 2. Hälfte des 20. Jahrhunderts unterscheiden [25].

Tabelle 30-3. Postulierte Dichotomien zwischen rechter und linker Hemisphäre im 19. Jahrhundert (*oben*) und im 20. Jahrhundert (*unten*). (Aus Harrington 1985)

Dichotomien des 19. Jhdts.	
Linke Hemisphäre	Rechte Hemisphäre
Menschlich	Tierisch
Motorische Aktivität	Sensorische Aktivität
Intelligenz	Emotion/Sensibilität
„Leben in Beziehungen"	„Organisches" Leben
Verstand	Irrsinn
Männlich	Weiblich
Überlegenheit der weißen Rasse	Unterlegenheit von Farbigen
Waches Bewußtsein	Subliminales, Unbewußtes
Objektiv	Subjektiv

Dichotomien des 20. Jhdts.	
Linke Hemisphäre	Rechte Hemisphäre
Verbal	Nicht-verbal, visuell-räumlich
Seriell	Simultan
Digital	Analog
Rational	Intuitiv
Westliches Denken	Östliches Denken
Abstrakt	Konkret
Objektiv	Subjektiv
Realistisch	Impulsiv
Intellektuell	Gefühlvoll

Split-brain und kognitive Prozesse

Commissurektomie. Abb. 25-5 zeigt die interhemisphärischen Commissuren und die Verbindungen des C. callosum zu den verschiedenen Cortexregionen. Rechter und linker präfrontaler Cortex und die beiden inferioren Parietallappen sind nur teilweise miteinander verbunden, die vordere Commissur verbindet die anterioren Temporallappen, die Amygdalae und deren Umgebung.

Die Effekte vollständiger Balkendurchtrennung auf das Gesamtverhalten sind gering. Die Unabhängigkeit der beiden Hemisphären wird wenige Wochen nach der Operation kaum mehr bemerkt. Anfänglich treten *dissoziative Phänomeme* mit zwei gegensätzlichen Willensentscheidungen auf (s. Kap. 25), Gesichtsausdruck und Inhalt des Verbalisierten können einander widersprechen. Der emotionale Ausdruck, besonders die Sprachmelodie (Prosodie), bleibt verringert, da diese Funktionen stärker rechts „lokalisiert" sind und den Erregungskonstellationen der Weg nach links verschlossen bleibt. Die linke Hand interferiert mit der Tätigkeit der rechten, der Patient muß die linke dabei festhalten. Der rechtshändige Patient erlebt die linke Hand als „fremd", da sie schwer seinem sprachbewußten Willen gehorcht. In wenigen Monaten lernt der Patient aber, Sinnesorgane und Motorik so zu orientieren, daß eine gewisse Synchronizität zwischen rechter und linker Hemisphäre entsteht.

Einflüsse auf Sensorik und Motorik. Um Einflüsse von Split-brain-Effekten nachzuweisen, müssen Anordnungen entwickelt werden, die eine einseitige Darbietung des Reizmaterials ermöglichen. Diese Versuchsanordnungen sollen auf den anatomischen Verlauf der Afferenzen im jeweiligen Sinnessystem und die Tatsache fast völlig gekreuzter Efferenzen für Arme und Hände abgestimmt sein [16].

Geruchssinn. Wenn die Commissura anterior und das Corpus callosum durchtrennt sind, können Gerüche aus dem rechten Nasenloch nicht benannt werden, da die Geruchsbahn ungekreuzt verläuft. Die rechte Hemisphäre kann aber mit der linken Hand unterschiedlich riechende Objekte auswählen. Die rechte Hemisphäre wird durch unangenehme Gerüche aus dem rechten Nasenloch stärker erregt als die linke (s. Kap. 29.6).

Akustischer Sinn. Obwohl die Hörbahnen nur unvollständig gekreuzt sind (Kap. 20, Abb. 20-7), werden Wörter bei *dichotischer Darbietung* nur aus dem rechten Ohr wiedergegeben („auditory suppression"). Allerdings zeigt Abb. 20-7, daß die gekreuzten Bahnen *stärker* entwickelt sind und daher auch im Normalfall akustisches Material auf der zum Ohr kontralateralen Seite verarbeitet werden. Beim *dichotischen Hören* von Sprachlauten sind auch bei intaktem C. callosum die Informationen aus dem linken Ohr durch die simultane Afferenz aus dem rechten gehemmt. Sprachlaute aus dem rechten Ohr werden bei „split-brain“ nicht mehr in die linke Hemisphäre übertragen, wenngleich einfache Instruktionen durchaus von der rechten Hemisphäre verstanden werden (s. 25.1).

Somästhesie. Objekte in der linken Hand, die nicht im rechten Gesichtsfeld gesehen werden, können nicht beschrieben werden, obwohl sie in der Regel von der rechten Hemisphäre korrekt identifiziert werden (**Disconnections-Agnosie**).

Bei *taktiler Diskrimination* der Hände gelangt der Erregungsstrom zuerst in die kontralateralen Areale 1, 2 und 3, von dort ipsi- und kontralateral in beide Areale 43 (sekundäres somatosensorisches Areal), dann in den ipsilateralen medialen Temporalcortex und den orbitalen Frontalcortex; von dort führt der Weg in den prämotorischen und motorischen Cortex zur Ausführung der Reaktion. Bei Split-brain-Patienten erreicht die Information aus 43 nicht das gegenüberliegende Areal 43 und die gelernte Diskrimination bleibt auf die zur Hand kontralateralen Hemisphäre beschränkt; im Normalfall dagegen können beide Hände die Diskrimination ausführen, auch wenn sie nur auf einer Seite gelernt wurde.

Optischer Sinn. Die Überlegenheit der rechten Hemisphäre bei der Analyse visuell-räumlicher Muster und manipulativ-räumlicher Aufgaben wurde durch getrennte Darbietung der Inhalte ins rechte und linke visuelle Feld nachgewiesen. Abb. 25-6 zeigt den Verlauf des Informationsflusses in die beiden Hemisphären. Zur Vermeidung von Augenbewegungen wird entweder das Material sehr kurz (tachistoskopisch unter 200 ms) bei Fixierung auf einen Mittelpunkt dargeboten, oder es werden Linsensysteme verwendet, die den Gegenstand nur auf eine Hälfte der Retina projizieren. Obwohl die rechte Hemisphäre bei fast allen Patienten aphasisch ist (Ausnahmen s. S. 490, Kap. 25.1), werden Zeichnungen nur mit der linken Hand korrekt kopiert, geometrische Formen sowohl besser erkannt, wenn sie ins linke Gesichtsfeld projiziert werden, als auch geometrische und taktile Aufgaben besser mit der linken Hand gelöst. Die rechte Hemisphäre

Abb. 30-4. Experiment mit chimärischen Reizen bei Split-brain-Patienten. (**A**) Der Patientin wird mitgeteilt, daß sie eine Photographie sehen wird. Sie wird aufgefordert, den Mittelpunkt der Projektionsleinwand zu fixieren, das zusammengesetzte Bild wird tachistoskopisch dargeboten. Danach muß die Patientin das Gesicht entweder verbal (**B**), oder durch Hinzeigen mit einer Hand (**C**) identifizieren. Den Split-brain-Patienten ist in dieser Anordnung nicht bewußt, daß die chimärischen Reize unvollständig oder gegensätzlich sind. Wenn sie ihre Antwort verbal geben sollen, wählen sie immer die Gesichtshälfte aus dem rechten visuellen Feld. Wenn sie das Gesicht durch Zeigen herausfinden müssen, wählen sie die Gesichtshälfte aus dem linken visuellen Feld. (Nach Levy et al. 1972)

ist beim *Erkennen von Gesichtern* überlegen, nicht bei Aufgaben, in denen Gesichter semantisch kategorisiert werden sollen. Abb. 30-4 zeigt auch, daß bei Darbietung von **chimärischen Reizen** Split-brain-Patienten in jeder Hemisphäre getrennt ein Gesamtbild ergänzen, alle Patienten berichten, ein ungeteiltes Bild zu sehen [30].

Durch stufenweise Läsion verschiedener Faserzüge, einschließlich des posterioren C. callosum und der Commissura anterior bei Affen, konnte Mishkin [35] die an der **visuellen Diskrimination** beteiligten Hirnstrukturen aufklären. Abb. 30-5 zeigt die beteiligten Regionen und Verbindungen. Wie ersichtlich, verläßt die visuelle Information Area 17 über 18, 19 (visuelles Gedächtnis), kreuzt auf die Gegenseite und läuft beidseitig in die beiden *unteren Temporallappen* und von dort in die Amygdala und den orbitalen Frontalcortex (motivationale und emotionale Signifikanz), wo wiederum Transfer zwischen beiden Seiten erfolgt. Einseitige Läsionen in diesen Systemen haben beim Affen daher wenig Effekt; Unterbrechung der Efferenzen aus Area 17, 18, 19 über den Balken bei zusätzlicher Unterbrechung der Verbindungen zu den temporalen Arealen führen zu Blindheit trotz erhaltener optischer Systeme.

Motorik. Neben Apraxie der linken Körperseite, **Agraphie** der linken Hand auf verbale Kommandos und **Acopie** (Unfähigkeit abzuschreiben oder abzuzeichnen) der rechten sind alle Aufgaben, die eine Kooperation der Feinmotorik beider Hände verlangen, beeinträchtigt (z. B. mit rechter Hand Kaffeetasse halten und mit linker einschenken) (s. 30.4).

Holistische versus analytische Informationsverarbeitung. Aus den wenigen Split-brain-Patienten, die expressive Sprache rechts besitzen (s. Kap. 25.1, Abb. 25-8, Abb. 29-18) und aus Experimenten wie Abb. 30-6, wird geschlossen, daß die linke Hemisphäre eher *sequentiell, analytisch, kausal* (s. Attributionsexperimente auf Abb. 29-18), die rechte eher *ganzheitlich-holistisch, parallel, intuitiv* verarbeitet. Wenn die linke Hemisphäre eines der oben dargestellten Objekte wahrnimmt, so sucht sie aus den Wahlreizen jene heraus, deren *Funktion* zum dargebotenen Reiz paßt. Wenn die rechte Hemisphäre die Reize wahrnimmt, so sucht sie jene heraus, deren *Aussehen (äußere Erscheinung)* zu den Objekten paßt [31].

Man sollte mit diesen funktionellen Zuordnungen äußerst zurückhaltend sein, da sie nur aus den Eigenschaften der psychologischen Aufgaben erschlossen werden und bisher kein physiologisches Substrat für diese unterschiedliche Verarbeitungsweisen gefunden wurde. Darüber hinaus sind an fast allen Verhaltensleistungen *beide* Hemisphären beteiligt, es muß nur geklärt werden, für welches Verhalten welche Anteile und welche Dynamik jede der beiden Hemisphären beisteuern. Von einer solchen Klärung der interhemisphärischen Dynamik sind wir weit entfernt.

Kommunikation zwischen den Hemisphären

Ontogenetische Entwicklung von Lateralität. Bereits beim Neugeborenen läßt sich eine Bevorzugung linkshemisphärischer Verarbeitung (re. Ohr) für Sprachlaute bei dichotischem Hören feststellen und erhöhte Amplituden evozierter Potentiale auf Sprache links. Da aber nach linkshemisphärischen Läsionen Sprachfunktionen noch bis zum 10. Lebensjahr von der rechten Hemisphäre übernommen werden (wobei vollständige Übernahme nur in den ersten Lebensjahren möglich zu sein scheint), ist offensichtlich nur die Anlage zu Sprachfunktionen links angeboren. Daß die Anlage für Lateralisierung von Sprache bereits bei der Geburt vorhanden ist, zeigt auch die Tatsache eines größeren **Planum temporale** bereits bei Neugeborenen. Das Planum temporale bezeichnet jene Region, die innerhalb der Sylvischen Furche hinter dem auditorischen Cortex beginnt (Abb. 30-7). Bei Erwachsenen ist das Planum temporale links 2 cm länger.

Selbst nach der Pubertät ist eine gewisse Modifikation der Lateralisierung möglich: **Bilinguale**, die ihre zweite Sprache spät lernen und dabei keine schulisch-formale („sequentielle") Ausbildung erhalten, sondern die zweite Sprache informell („ganzheitlich") erlernen, weisen erhöhte rechtshemisphärische Beteiligung in der Analyse von Sprechinhalten für die zweite Sprache auf [15]. Die reduzierte Übernahme von Sprachfunktionen im späteren Leben hängt damit zusammen, daß die Plastizität des Gehirns generell bis zur Pubertät abnimmt.

Zusätzlich zu den zweifellos genetisch gesteuerten anatomischen Voraussetzungen für Lateralität, ist *auditorische Erfahrung* in der Entwicklung ein zentraler Einflußfaktor für deren Ausprägung: sprachdeprivierte Kinder, d. h. Kinder, die äußerst wenig Anreiz zum Sprechen erhielten und daher auch kaum sprechen („Kaspar-Hauser"), zeigen ebenso geringere Links-Lateralisierung im dichotischen Hörtest (s. Kap. 25, S. 482) wie **Taubgeborene**. Allerdings scheint auch die Wahrnehmung und motorische Steuerung der Zeichensprache (Abb. 30-1) primär links-dominant zu sein, was sowohl mit der Überlegenheit der linken Hemisphäre für sequentielle Informationsverarbeitung, als auch mit der Dominanz der linken Hemisphäre für komplizierte und gelernte Bewegungen zusammenhängt [15, 33].

Kritisch muß angemerkt werden, daß es sich bei den meisten Analysen von Dominanzverhältnissen um *indirekte Hinweise*

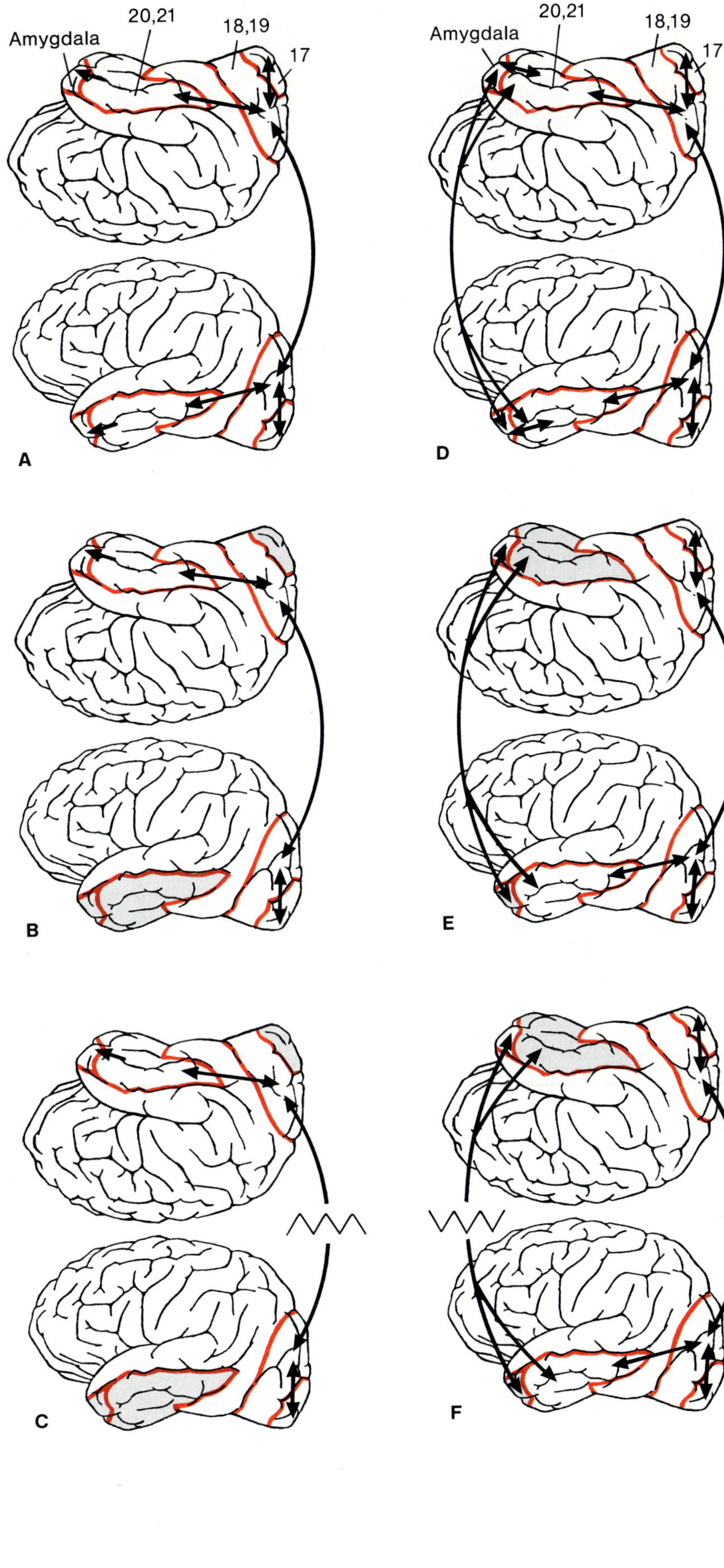

Abb. 30-5. Visuelle Diskrimination und ihre Störungen durch unterschiedliche Läsionen (*grau*). **A** Das visuelle System ist intakt; **B** der linke visuelle Cortex hat weiterhin Zugang zum visuellen Assoziationscortex der rechten Hemisphäre, daher ist das Sehvermögen des Tieres (Affe) intakt; **C** die noch intakten Komponenten des visuellen Systems sind durch die Balkenläsion (*gezackte Linie*) getrennt, es kommt zu massiven visuellen Ausfällen, trotz Intaktheit des linken Occipitalbereichs und des rechten inferioren Temporalbereichs; **D** die normalen Verbindungen des visuellen Systems mit Corpus callosum und vorderer Commissur; **E** auch wenn Teile des temporo-parietalen visuellen Systems zerstört sind, kommt es zu keinen Ausfällen; **F** wenn die vordere Commissur zerstört ist, fällt die Verbindung von visueller Information und Affekt aus, es kommt zu erheblichen visuellen Defiziten; vor allem können visuelle Unterscheidungsaufgaben nicht mehr *gelernt* werden. (Nach Mishkin 1979)

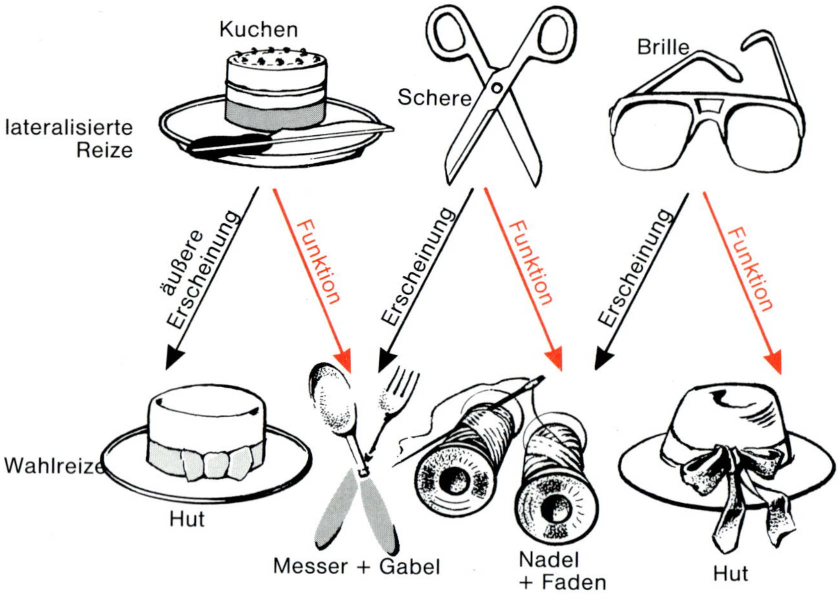

Abb. 30-6. Informationsverarbeitung der rechten und linken Hemisphäre bei Split-brain-Patienten. Die Figuren der oberen Reihe werden lateralisiert einer der beiden Hemisphären dargeboten. Der Patient wird instruiert, aus den Wahlreizen der unteren Zeile jene herauszusuchen, die am besten zu dem Reiz der oberen Objekte passen. Erläuterungen im Text. (Nach Levy u. Trevarthen 1976)

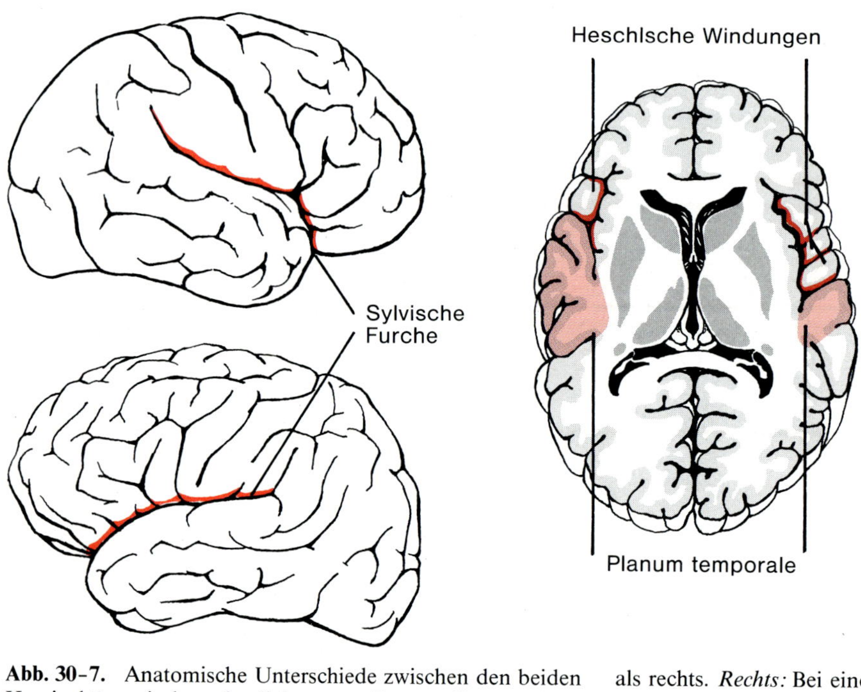

Abb. 30-7. Anatomische Unterschiede zwischen den beiden Hemisphären sind am deutlichsten am Temporallappen sichtbar. *Links:* Die Sylvische Furche (Sulcus lateralis, *rot*) hat links einen weniger steilen und weniger ausgedehnten Verlauf als rechts. *Rechts:* Bei einem Horizontalschnitt auf Höhe der Sylvischen Furche erweist sich das Planum temporale links größer als rechts (*rote Fläche*). (Nach Kolb u. Whishaw 1985)

aus dichotischen Hörversuchen, einseitiger Gesichtsfelddarbietung visueller Reize oder Registrierung evozierter Potentiale in den beiden Hemisphären handelt. Direkte experimentelle Beweise der „Überlegenheit" einer Hemisphäre sind nur bei reversibler einseitiger Ausschaltung im **Wada-Test** oder bei elektrischer Hirnreizung möglich. Beim Wada-Test wird vor neurochirurgischen Eingriffen zur Diagnose der Dominanz ein Narkotikum (Sodium Amytal) in die A. carotis des wachen Patienten gespritzt, was für einige Minuten zu ipsilateraler Anästhesie der fronto-temporalen Hemisphäre führt. Im Fall der linken Hemisphäre kommt es zu vollständiger und rechtsseitiger Parese und globaler Aphasie bei fast allen Patienten. Tabelle 30-4 zeigt, daß 96% der Rechtshänder und 70% der Linkshänder Sprache links lokalisiert haben und 4% der Rechtshänder Sprache rechts, sowie 15% der Linkshänder bilaterale Repräsentation aufweisen.

Händigkeit. Wie Tabelle 30-4 belegt, ist der Zusammenhang zwischen Lateralität und Händigkeit zwar positiv, aber nicht perfekt. Die Sprachlokalisation ist beim Menschen ein weit besserer Prädiktor der anatomischen Organisation als die Bevorzugung der Hand. Tabelle 30-4 und 30-5 zeigen, daß mit Linkshändigkeit eine verbesserte Fähigkeit der rechten Hemisphäre für expressive und receptive Sprache (s. 30.3) nicht durchgängig einhergeht. Linkshänder zeigen aber nach linkshemisphärischen Läsionen weniger Sprachprobleme.

Obwohl die Ursachen für Linkshändigkeit unklar sind, scheint es *zwei Gruppen von Linkshändern* zu geben: eine mit starkem genetischen Anteil und eine zweite, deren Linkshändigkeit Konsequenz prä- oder postnataler Hirnschädigung der linken Hemisphäre mit folgendem „Ausweichen" auf die rechte ist. Deswegen findet man unter Hirngeschädigten mehr Linkshänder. Die erste Gruppe allerdings unterscheidet sich intellektuell nicht von Rechtshändern, abgesehen von einer gewissen Häufung **musikalischer und künstlerisch-malerischer Begabung** unter Linkshändern.

Hassler u. Birbaumer (1986) konnten zeigen, daß der Zusammenhang zwischen künstlerischer Begabung und Linkshändigkeit auf die enge *Korrelation zwischen räumlich-haptischer Leistung und musikalischer Begabung* - beides primär rechtshemisphärische Funktionen - rückführbar ist. Linkshänder „erkaufen" sich aber ihre erhöhte künstlerische Begabung häufig mit **Dyslexien** (isolierte Leseschwäche), Stottern und einer gewissen Schwächung des Immunsystems; sie leiden häufiger unter Allergien, Kopfschmerzen, Erkrankungen der Schilddrüse und Skelettdeformationen als Folge immunologischer Störungen. Es wurde eine erhöhte Testosteronproduktion bei Linkshändern speziell in der Pubertät für eine Wachstumshemmung der linken Hemisphäre und der Thymusdrüse verantwortlich gemacht. Die Ergebnisse hierzu sind aber widersprüchlich (s. 29.5).

Sensomotorische Funktionen. Tabelle 30-5 gibt relative Asymmetrien für einige visuelle und akustische Funktionen wieder, wie sie an Normalpersonen gefunden wurden.

Tabelle 30-4. Beziehung zwischen Sprachlateralisation und Händigkeit nach Wada-Test. (Nach Kolb u. Whishaw 1985)

Händigkeit	N	Sprach-Repräsentation (%)		
		Links	Bilateral	Rechts
Rechts	140	96	0	4
Links	122	70	15	15

Tabelle 30-5. Funktionsasymmetrien bei gesunden Personen. Die Zahlen *rechts* kennzeichnen das Dominanzverhältnis für jede der genannten Aufgaben. (Nach Kolb u. Whishaw 1985)

	Aufgabe	Linkshemisphärische Dominanz	Rechtshemisphärische Dominanz
Visuell (tachistoskopisch)	Buchstaben	1.2	1.0
	Wörter	1.5	1.0
	Zwei-dimensionale Punkt-Lokalisation	1.0	1.2
	Punkte und Formen aufzählen	1.0	1.2
	Zusammenpassen von schrägen Linien	1.0	1.1
	Stereoskopisches Tiefensehen	1.0	1.3
	Gesichter	1.0	1.2
Akustisch (dichotisches Hören)	Wörter	1.9	1.0
	Sinnlose Silben	1.7	1.0
	Rückwärts sprechen	1.7	1.0
	Melodien	1.0	1.2
	Nichtsprachliche Geräusche (Husten, Lachen etc.)	1.0	1.1
Manuell	Geschicklichkeitsaufgaben (skilled movements)	1.0	1.0
	Mitbewegungen während Sprechen	3.1	1.0

Bei **Tastaufgaben** mit Erkennen von Formen und Figuren ist die linke Hand bei Rechtshändern durchwegs überlegen, sofern das Material statisch („ganzheitlich") dargeboten wird. Bei sequentieller Darbietung (z. B. Reihenfolge von Figuren durch Reihenfolge von Fingerbewegungen angeben) macht die rechte Hand weniger Fehler. Musikalische männliche Kinder erzielen durchwegs im **dihaptischen Test** (blindes Ertasten und Wiedererkennen von Formen) mit der linken Hand bessere Leistungen als mit der rechten, was zumindest vor der Pubertät bei Jungen auf eine engere Kopplung zwischen räumlich-haptischer Analysefähigkeit und musikalischer Begabung hinweist. Hinzu kommt, daß musikalische Menschen durchwegs bessere haptische Leistungen erzielen [26].

Daß die gefundenen Asymmetrien nicht eine Funktion der Sprachlateralisierung, sondern eine Funktion des *bevorzugten Modus der Informationsverarbeitung* sind, zeigen Untersuchungen an zwei japanischen Schreibsystemen Kana und Kanji: Kana-Symbole basieren auf Tönen von Silben ohne Bedeutung (phonologisch), ähnlich unserem Alphabet, Kanji-Symbole basieren auf Bedeutung (ideographisch) und sind sehr viel komplizierter, erfordern daher mehr visuell-räumliches Prozessieren. Entsprechend entsteht bei Japanern eine aphasische Störung nach Läsion der linken Hemisphäre mehr beim Erkennen und Schreiben von Kana, während Kanji relativ wenig durch linkshemisphärische Läsionen beeinträchtigt wird, obwohl es aus linguistischer Sicht eine höher entwickelte Sprache darstellt [15].

Der Asymmetrie der Informationsverarbeitung steht auch eine **Asymmetrie der Bewegungsplanung und -ausführung** gegenüber: zwar dominiert die linke Hemisphäre bei Rechtshändern bei gelernten Geschicklichkeitsaufgaben (Apraxien sind daher häufig mit Aphasien korreliert), beim Lösen verbaler Probleme drehen wir den Kopf und die Augen eher nach rechts (Linksdominanz), bei räumlichen Problemen nach links. Gleichzeitiges Sprechen interferiert mehr mit Tätigkeiten der rechten Hand, Melodiensummen interferiert mehr mit der linken Hand. Es besteht also eine Interaktion zwischen Linksdominanz für Motorik und bevorzugtem kognitiven Verarbeitungsstil. Tabelle 30-6 faßt die bisher gesicherten Erkenntnisse zur Lateralisation von Funktionen zusammen.

Tabelle 30-6. Lateralisation von Funktionen in einer Hemisphäre bei Rechtshändern. (Nach Kolb und Whishaw 1985)

Funktion	Linke Hemisphäre	Rechte Hemisphäre
Visuelles System	Buchstaben Wörter	Komplexe geometrische Muster, Gesichter
Auditorisches System	Sprachbezogene Geräusche und Töne	Nicht-sprachliche Töne und Geräusche, Musik (bei den meisten Nicht-Musikern)
Somatosensorisches System	?	Taktiles Diskriminieren komplexer Muster, Braille
Motorik	Komplexe Willkürbewegung	?
Gedächtnis	Verbales Gedächtnis	Visuelles Gedächtnis
Sprache	Sprache Lesen Schreiben Rechnen	
Räumliche Informationsverarbeitung		Geometrie Orientierungssinn Drehen von Formen in der Vorstellung

Geschlechtsunterschiede. Die Tatsache, daß im Durchschnitt Frauen ab der Pubertät signifikant bessere verbale Fähigkeiten haben (sprachliche Analogien, Flüssigkeit), und Männer in visuell-räumlichen und räumlich-haptischen sowie mathematischen Aufgaben überlegen sind, könnte mit unterschiedlicher Kommunikation der beiden Hemisphären bei den Geschlechtern zusammenhängen. Da der Unterschied aber selten größer als 0,4 einer Standardabweichung in den entsprechenden Testverfahren beträgt und sich nicht auf alle räumlichen und sprachlichen Leistungen bezieht, sind die Ergebnisse zur cerebralen Lateralisation bei Mann und Frau *uneinheitlich.*

Läsionen der linken Hemisphäre führen gleich häufig bei Männern wie bei Frauen zu Aphasien, wenngleich *innerhalb* der Hemisphären Frauen eher aphasisch und apraktisch nach anterioren, Männer nach posterioren Schädigungen werden. In den meisten Untersuchungen an Normalpersonen waren Frauen in allen Aufgaben *weniger* lateralisiert als Männer, was zumindest darauf hinweist, daß stärkere Lateralisierung nicht unbedingt bessere Leistung bedeutet (sonst müßten Frauen geringere statt bessere sprachliche Leistungen haben).

Die Geschlechtsunterschiede könnten mit der *genetischen Steuerung der Reifungsgeschwindigkeit* des Gehirns oder der *Genetik räumlicher Begabung* zusammenhängen. Das weibliche Gehirn reift schneller, und langsame Reifung könnte zu stärkerer Lateralisation führen. Die schnellere Reifung der Mädchen scheint primär die linke Hemisphäre zu betreffen; sie sprechen früher als Knaben und entwickeln ein größeres Vokabular. Entweder existiert ein rezessives Gen für räumliche Fertigkeiten oder aber für die Reifungsgeschwindigkeit auf dem X-Geschlechtschromosom. Aus dem ersten Fall würde folgen, daß 50% der männlichen Nachkommen und 25% der weiblichen Nachkommen die Eigenheiten ausprägen (erhöhte räumliche Begabung). Dies entspricht der beobachteten Rate [8].

Beeinflussung von Lateralität. Lateralität läßt sich mit lernpsychologischen Methoden direkt beeinflussen. Ein Beispiel dafür sind Untersuchungen zur Selbst-Regulation von elektrischen Hirnvorgängen in den beiden Hemisphären (Kap. 24 und 25). Dabei lernen Personen, *gleichzeitig* und *abwech-*

selnd die beiden Hemisphären gegensätzlich elektrisch zu polarisieren.

Wie in Kap. 24 beschrieben, bedeutet elektrische Negativierung in einem bestimmten Areal eine **Erhöhung der Bereitschaft** dieses Areals, Informationen zu verarbeiten. Wenn eine Person z. B. lernt, die rechte Hemisphäre über dem sensomotorischen Areal der Hand zu negativieren und gleichzeitig die gegenüberliegende Seite zu positivieren, so muß die Verarbeitungseffizienz für taktile Reize an der linken Hand besser als rechts sein, die motorische Reaktionsgeschwindigkeit müßte links besser sein und auch insgesamt sollte die Tendenz, mit der linken Seite zu reagieren (*„willingness to respond"*) steigen und umgekehrt für die andere Hand.

Experimente zur Beeinflussung von Lateralität. Wie Experimente von Birbaumer et al. [21] zeigen, ist die Selbststeuerung von elektrocorticaler Lateralität möglich. Abb. 30-8 zeigt die Trainingsbedingungen. Die Versuchsperson beobachtet eine „Rakete" auf dem Bildschirm, die ihre *eigene* elektrische Gehirnaktivität darstellt, in diesem Fall die *Differenz* der langsamen corticalen Hirnpotentiale zwischen rechtem und linkem sensomotorischem Areal. Abwechselnd muß sie auf ein Lichtsignal (S^D) die linke oder rechte zentrale Region für 6 s elektrisch negativieren. Für jede geglückte Differenzierung erhält sie Punkte.

Mehrere Sitzungen sind notwendig, um diese hemisphärischen Polarisierungen zu lernen und gleichzeitig Negativierung in der gegenüberliegenden zentralen Region zu unterdrücken. Nachdem die Versuchsperson gelernt hat, mit Hilfe der Rückmeldung am Bildschirm ihre langsamen Hirnpotentiale einmal rechts und einmal links negativ zu polarisieren, muß sie versuchen, die Aufgabe ohne die Hilfe des Bildschirms zu lösen. Es wird nun keine Rückmeldung über die langsamen Hirnpotentiale gegeben, sondern die Vp erhält abwechselnd die beiden Lichtsignale (S^D), die ihr signalisieren, welche der beiden Hemisphären zu negativieren ist; z. B. bei rotem Licht die linke Hirnhälfte zu negativieren, bei gelbem die rechte. Die Person wird aufgefordert, das „biologische Signal" willentlich zu produzieren, wie sie es gelernt hat.

Auf Abb. 30-9 ist zu sehen, daß dies gelingt und die gelernte Differenzierung zwischen rechter und linker Zentralregion im wesentlichen auf diese beschränkt bleibt; nur nach frontal breitet sich die Aktivität aus. Zur Untersuchung der Rückmeldungseffekte auf *Verhalten* werden nun in den Durchgängen ohne Rückmeldung der rechten und linken Hand Tastaufgaben dargeboten, während die Person ohne Rückmeldung ihre LPs „willentlich" beeinflußt (Abb. 30-10).

Nicht alle Vpn lernen die hemisphärenspezifische Veränderung ihrer LP. Bei denjenigen Vpn jedoch, die erfolgreich arealspezifische Negativierung induzieren, ändert sich die Leistung z. B. in den Tastaufgaben. Die selbstinduzierte arealspezifische Negativierung wirkt sich auf die Leistung der kontralateralen Hand aus: Negativierung der linken Hemisphäre erhöht die Leistung der rechten Hand und umgekehrt. „Leistung" bedeutet hierbei statistisch überzufällig kürzere Reaktionslatenzen und signifikant geringere Fehlerhäufigkeiten (Abb. 30-10).

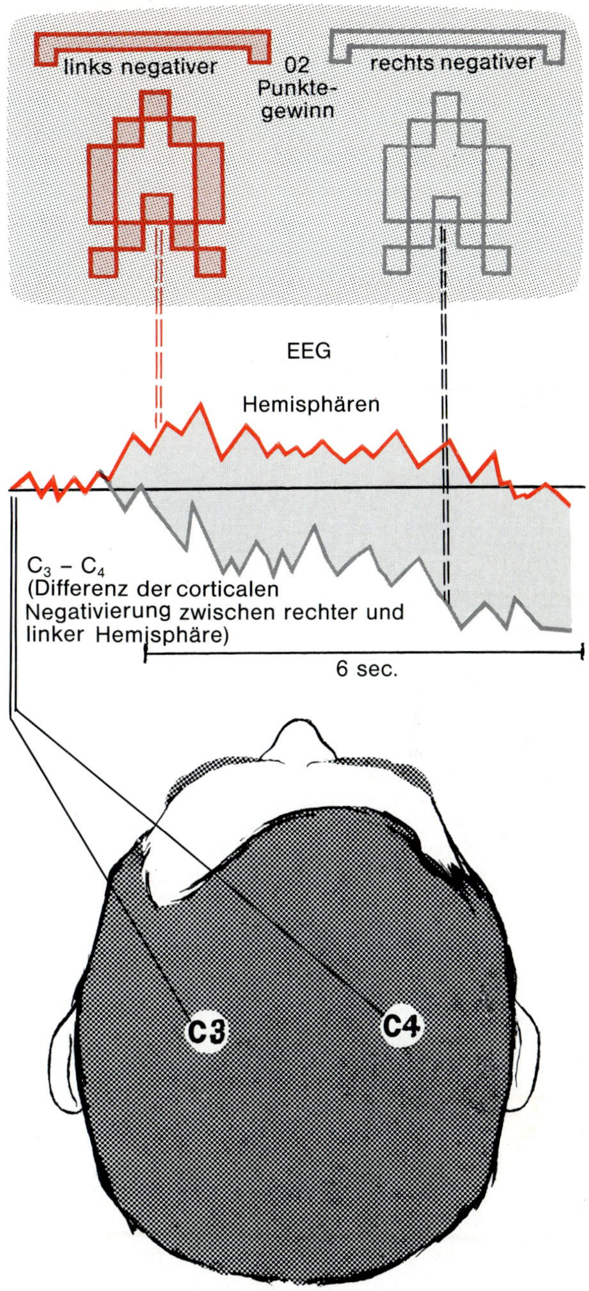

Abb. 30-8. Selbstregulation langsamer Hirnpotentiale: rückgemeldet wird die *Differenz* der Amplitude der langsamen Hirnpotentiale zwischen rechter und linker zentralen Hirnregion. (Erläuterung siehe Text). (Nach [21])

Die Vpn reagieren im Mittel 102 ms schneller mit der kontra- als mit der ipsilateralen Hand, während Vpn, die keine hemisphärenspezifische LP-Kontrolle lernten, keine überzufälligen Unterschiede in der Reaktionslatenz zwischen den Händen aufwiesen.

In einer weiteren Studie, in der die Vpn gleichzeitig mit beiden Händen Hebel bewegen sollten, reagierten wiederum

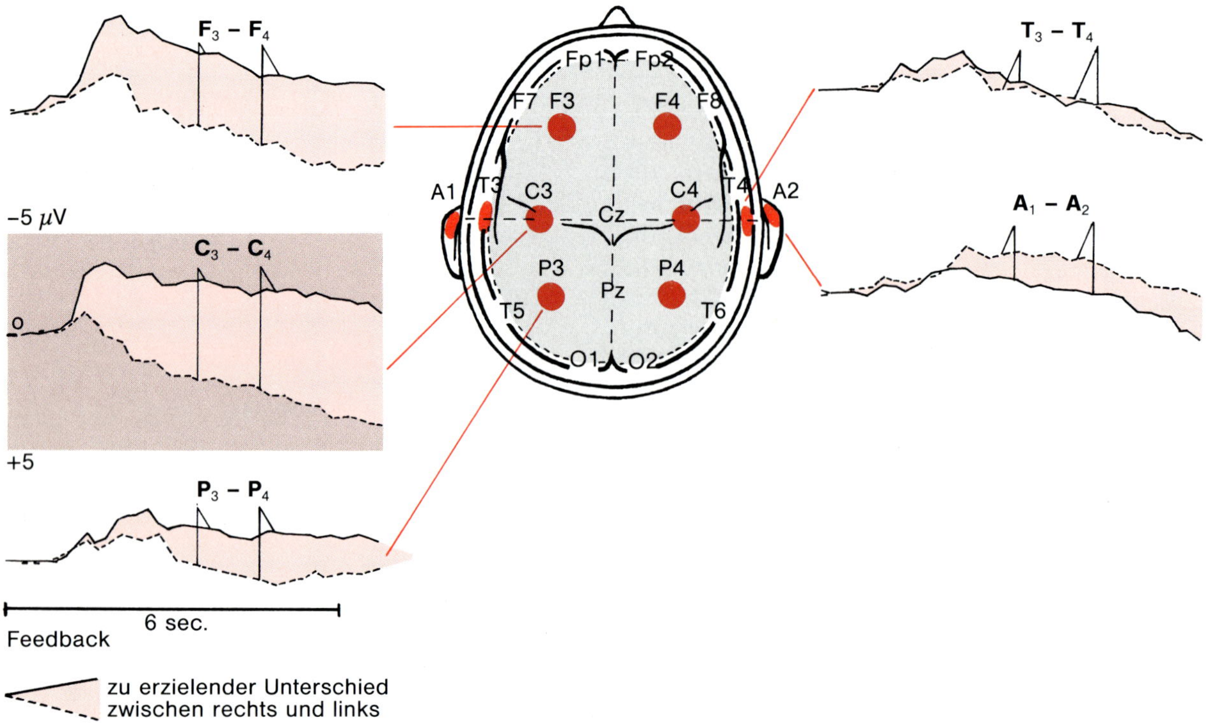

Abb. 30-9. Langsame Hirnpotentiale nach 5 Sitzungen. Selbstregulation von zentralen Hemisphärenunterschieden. Summierte langsame Potentiale von 20 Versuchspersonen für frontale Hirnregionen (*F_3-F_4*), zentrale Hirnregionen (*C_3-C_4*), parietale Hirnregionen (*P_3-P_4*), temporale Regionen (*T_3-T_4*) und, zur Kontrolle, der rechten und linken Ohrläppchen (*A_1-A_2*). Die Versuchspersonen erhielten Rückmeldung über die *Differenz* zwischen rechter und linker zentraler Region (C_3-C_4). Die jeweils *obere Kurve* bedeutet, daß die Versuchsperson die linke Hemisphäre gegenüber der rechten negativieren sollte, die jeweils *untere Kurve* bedeutet, daß die Versuchsperson die rechte Hemisphäre gegenüber der linken negativieren mußte. (Für Erläuterungen siehe Text). (Nach Birbaumer et al. [21])

diejenigen Vpn, die arealspezifische Kontrolle lernten, häufiger mit der Hand kontralateral zur zuvor negativierten Hemisphäre. Die „Lust zu reagieren" („willingness to respond") ändert sich in der vorhergesagten Weise: erlaubt man der Person – während sie das Gehirn einmal links, einmal rechts negativiert – nach ihrem momentanen *Wunsch* eine der beiden Hände zu benutzen, so wählt sie überzufällig häufig die der selbsterzeugten corticalen Negativierung gegenüberliegende Hand. Dabei *wissen* die Personen *nicht*, daß sie rechte und linke Negativierung manipulieren, auch die einseitige Wahl der Hand wird nicht bewußt [21].

Diese und andere Untersuchungen belegen, daß psychologische Einflußgrößen die Lateralität modifizieren und sich selbst bei einer scheinbar so ausgeprägten Präferenz wie der Händigkeit entsprechend dem lernpsychologischen Arrangement der Umweltvariablen Änderungen erzielen lassen.

30.3 Evolution der Sprache und ihre Störungen beim Menschen

Kommunikation in der Menschheitsgeschichte und bei Tieren

Sprache wurde über Jahrtausende in der Philosophie als „typisch menschliche" Leistung angesehen, die uns vom Tier, speziell unsern nächsten „Verwandten", den Primaten, abheben soll. Die Diskussion über diese Frage wurde durch neuere anatomische Untersuchungen (s. Kap. 14) und die Sprach-Lernversuche bei Menschenaffen wiederbelebt. Beide Forschungsfelder weisen darauf hin, daß sich die menschliche Sprache quantitativ, nicht qualitativ von der Kommunikation bei Tieren unterscheidet. Vor allem die *Zunahme der Geschwindigkeit* des Austauschs von neuronaler Kommunikation im menschlichen Cortex wird für die hohe Leistungsfähigkeit der menschlichen Sprache als Kommunikationsmittel verantwortlich gemacht.

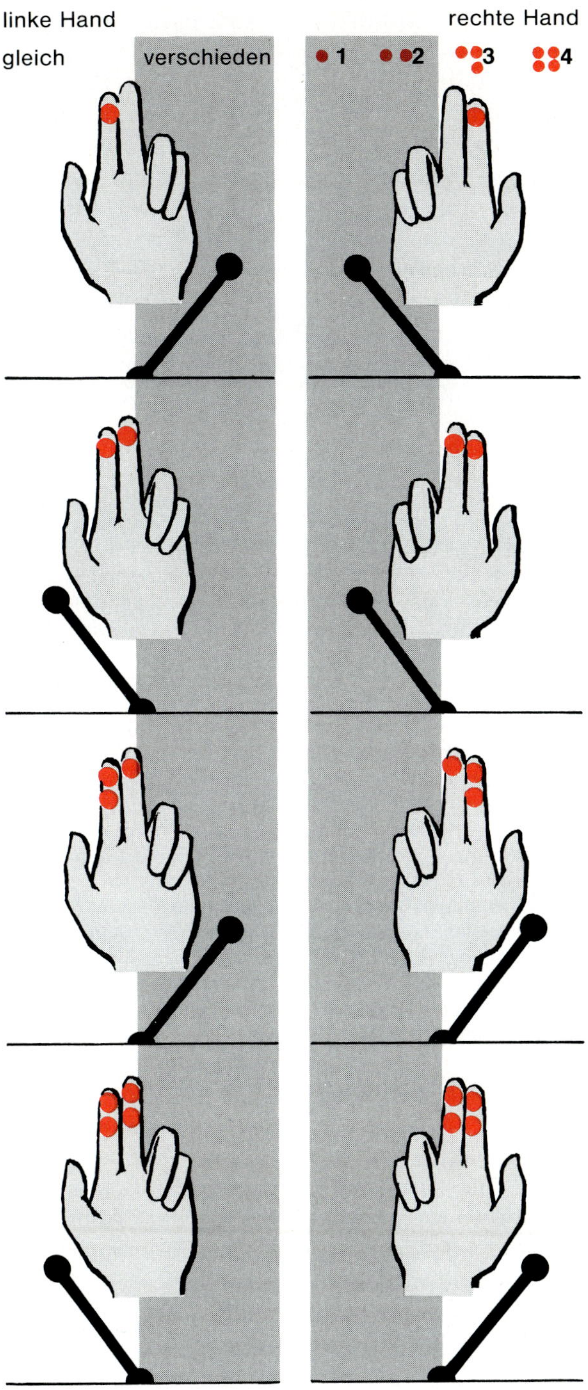

Abb. 30-10. Tastaufgaben zur Überprüfung der Wirkung rechts-versus linkshemisphärischer Selbstregulation des Gehirns. Auf Zeigefinder und Mittelfinger der rechten und linken Hand wurden 1-4 Stifte (*rot*) vorgedrückt, deren Berührung die Versuchsperson mit einer Hebelbewegung nach rechts oder links beantworten mußte. Die linke Hand erhielt rechtshemisphärische Aufgaben, „gleich - verschieden" Urteile abzugeben, die rechte linkshemisphärische Aufgaben, Anzahl der Berührungen zu zählen. Während der Aufgabendarbietung mußte die Versuchsperson abwechselnd die rechte oder linke Hemisphäre negativieren. (Nach Birbaumer et al. [21])

Evolutionäre Aspekte. Obwohl die physiologisch-anatomischen *Voraussetzungen* zum Spracherwerb beim Menschen angeboren sind, scheint die Entwicklung der heute gesprochenen mehreren tausend Sprachen und Dialekte mit ausgeprägten syntaktischen Strukturen relativ jung zu sein. Anthropologische Daten wie der Aufbau von Larynx und Halsraum (Kap. 6) bei unseren Vorahnen sprechen dafür, daß vokale Sprache erst ab dem Neandertaler (ca. 60.000 Jahre) möglich war. Erste geschriebene Symbole finden sich in Höhlenmalereien erstmals vor 30.000 Jahren.

Sprache scheint sich aus **gestischer Kommunikation** entwickelt zu haben; sowohl Gestik wie auch Sprachlaute werden in der linken Hemisphäre generiert, beide Funktionen fallen bei Läsion des linken Parietalcortex aus. Emotionale Laute und Ausdrucksäußerungen, wie man sie bei Schreien von Menschenaffen beobachten kann, kommen weniger für den Sprachursprung in Frage: emotionale Schreie können kaum für die Benutzung als Zeichen konditioniert werden, Gesten dagegen sind auch bei Affen konditionierbar. *Emotionaler Ausdruck* ist sowohl bei Affe wie Mensch primär frontal lokalisiert. Trotzdem könnte die Entwicklung von Sprache aus Gesten über die zunehmend perfektere Kontrolle der Gesichtsmuskulatur erfolgt sein [8]. Grobe Körperbewegungen könnten durch subtilere Lippen- und Zungenbewegungen ersetzt worden sein.

Anthropologische Überlegungen dieser Art können nur schwer mit überprüfbaren Daten belegt werden und bleiben spekulativ. Deswegen wurde versucht, menschliche Sprache oder ein Äquivalent bei nicht-humanen Primaten durch lernpsychologische Versuche zu entwickeln: Lernen diese Tiere die Semantik und Syntax einer menschlichen Sprache, wird die Annahme eines *grundsätzlichen und qualitativen* Unterschieds in der Sprachproduktion zwischen Mensch und Tier unwahrscheinlich.

Spracherwerb bei nicht-humanen Primaten. Obwohl die Anatomie von Larynx und Rachenraum bei Menschenaffen menschliches Sprechen nicht erlaubt, sind Schimpansen, Gorillas und Orang-Utans nach Training (1/2-4 Jahre) in der Lage, mehr als 100 Zeichen, ähnlich oder identisch der Zeichensprache für Taubstumme, zu lernen (Abb. 30-1). Premack (1976) lehrte die Schimpansin Sarah mehr als 100 geometrische Symbole in Form von Plastikchips, die das Tier auf einer Tafel satzartig anordnete. Nicht nur kurze Sätze, sondern auch *spontane Wünsche* und Gefühle äußerte das Tier mit dieser Sprache.

Obwohl unklar bleibt, ob die „Affensprachen" nur auf Modellernen (Imitation der Signale des „Lehrers") oder auch auf das Erlernen syntaktischer Strukturen, vergleichbar der menschlichen Sprache, zurückführbar sind, sind einfache *Sprachäußerungen kein exklusiv menschliches Phänomen*, wie dies Jahrtausende hindurch geglaubt wurde. Die Art der Sprachproduktion und das Sprachverständnis der Menschenaffen entsprechen den humanen Eigenheiten: aktive und affirmative Äußerungen werden besser als negative und passive erinnert, die Bedeutung und der Kontext von Sätzen wird leichter erkannt und wiedergegeben als die einzelnen Wörter.

Die *Kritik*, die den Spracherwerbsstudien entgegengebracht wird, bezieht sich auf das Phänomen des **„Klugen Hans"** (von Oskar Pfungst um die Jahrhundertwende beschrieben), eines Pferdes, das auf Hinweisreize (Cues) seines Trainers mit den Vorderbeinen „sprechen" und „rechnen" konnte. Das Tier lernte über instrumentelle Konditionierung, auf einzelne diskriminative Reize „reflexhaft" zu reagieren. Bei den Hinweisreizen handelte es sich um nicht-sprachliche Hinweisreize (z.B. Ruf), das Pferd hat sich natürlich darüber hinaus nie spontan geäußert oder Syntax gelernt. Die Tatsache, daß die Äffin Washoe ihr adoptiertes Affenkind Louis in der selbst erlernten Sprache (Amerikanische Zeichensprache, s. Abb. 30-1) aktiv über Imitation „unterrichtete", spricht gegen eine einfache Erklärung im Sinne des „Klugen Hans" (Übersicht über „Affensprache" [9]).

Störungen der Sprache

Fast alle neuropsychologischen Erkenntnisse über den Zusammenhang zwischen Sprache und Gehirn stammen aus Untersuchungen an Patienten mit Störungen der Tätigkeit der linken Hemisphäre. Nur wenig wissen wir über die Rolle einzelner Hirnstrukturen für Sprachsteuerung. Erst in den letzten Jahren wird durch Messung der Hirndurchblutung (S. 477) und evozierter Potentiale (Kap. 24) während Sprachleistungen die Beziehung zwischen „normaler" Sprache und Gehirn deutlich. Wir wollen uns daher vor allem auf die Ergebnisse an Patienten mit gestörten Sprachfunktionen konzentrieren, da diese nach wie vor die Basis für das Verständnis der neuronalen Grundlagen von Sprache bilden. Dabei gilt, daß Studien an gestörten Personengruppen in der Regel die Lokalisation von Hirnfunktionen *überschätzen*, während die Untersuchung gesunder Menschen diese eher *unterschätzen* [3, 12, 19].

Klassifikation der Aphasien. Tabelle 30-7 gibt eine Übersicht über die wichtigsten Aphasieformen und ihre Symptomatologie. **Paraphasien**, eines der häufigsten Symptome, sind lautliche (phonematische) oder semantische Veränderungen von Worten: z. B. „Spille" statt „Spinne" (phonematisch) oder „Mutter" statt „Frau" (semantisch), die vor allem bei sensorischen (Wernicke) Aphasien häufig sind.

Broca-Aphasie (expressiv, motorisch): Hierbei wird kaum gesprochen außer „Schlüsselwörter"; die Patienten strengen sich dabei stark an. Artikulation und Prosodie (Sprachmelodie) sind schlecht, das Sprachverständnis ist nur wenig beeinträchtigt.
Wernicke-Aphasie (receptiv, sensorisch): Die Patienten sprechen flüssig, weisen viele phonematische und semantische Paraphasien und Neologismen (Neubildungen) auf. Sprachverständnis und Kommunikation sind stark gestört.
Leitungsaphasie: Kommunikation über Sprache möglich, der Patient kann nicht wiederholen und nachsprechen.
Anomische Aphasie (amnestische, semantische): Wortfindungsstörungen bei guter Wortflüssigkeit und erhaltenem Verständnis.
Subcorticale Aphasie: Nach anfänglichem Mutismus (Stummheit) entstehen Paraphasien, die verschwinden, wenn Gesprochenes nur wiederholt werden soll. Geringe Sprachproduktion, gutes Verständnis und meist rasche Erholung kennzeichnen subcorticale Aphasien. (Zur detaillierten Beschreibung der Aphasien siehe [12]).

Lokalisation der Aphasien. Die meisten Aphasien entstehen als Folge von Gefäßstörungen im Versorgungsgebiet der A. cerebri media. Darüber hinaus treten aber Aphasien auch nach Gefäßsyndromen in subcorticalen Einzugsgebieten auf. Abb. 30-11 gibt die übereinanderprojizierten Computertomogramme von mehreren Patienten mit den entsprechenden Aphasieformen wieder. Die anomische

Tabelle 30-7. Klassifikation der Aphasien und ihrer Hauptsymptome. (Nach Heilman u. Valenstein 1985)

Aphasietyp	Spontanes Sprechen	Paraphasien	Verstehen	Wiedergabe	Benennen
Broca-Aphasie	stockend	selten	gut	schlecht	schlecht
Wernicke-Aphasie	flüssig	häufig	schlecht	schlecht	schlecht
Leitungsaphasie	flüssig	häufig	gut	schlecht	schlecht
Global	stockend	variabel	schlecht	schlecht	schlecht
Anomie	flüssig	fehlen	gut	gut	schlecht
Subcorticale Aphasie	flüssig oder stockend	häufig	variabel	gut	variabel

Aphasie ist zwar sehr häufig, aber schwer zu lokalisieren, meist werden Läsionen im linken G. angularis gefunden. Sie ist daher auf Abb. 30-11 nicht eingezeichnet [7].

Während Abb. 30-11 zeigt, daß exakte Lokalisierungen über verschiedene Patienten nur grob möglich sind, postuliert die Theorie in Abb. 30-12 eine klare Lokalisation einzelner Funktionen: Das Broca-Areal „beherbergt" die Koordination der Sprachmuster, das Wernicke-Areal die Umsetzung des Gehörten in sinnvolle Einheiten oder Wörter, die untere präzentrale Windung steuert die einzelnen Gesichts- und Sprechmuskeln, der G. angularis kombiniert visuelle Muster zu Buchstaben und Wörtern und verbindet das gesehene Muster mit der gehörten Sprache. Ein ausgesprochenes Wort wird im G. angularis erst zur akustischen Repräsentation des Wortes. Der *Fasciculus arcuatus* verbindet die beiden Hauptanalysatoren Wernicke- und Broca-Region. Diese klare Lokalisation ist in der Realität bei hirnverletzten Patienten oder bei der Messung der Hirndurchblutung während Sprechen nicht in dieser Eindeutigkeit gefunden worden. Sie erlaubt aber eine grobe Einordnung aller zur Sprachproduktion notwendigen Hirnfunktionen.

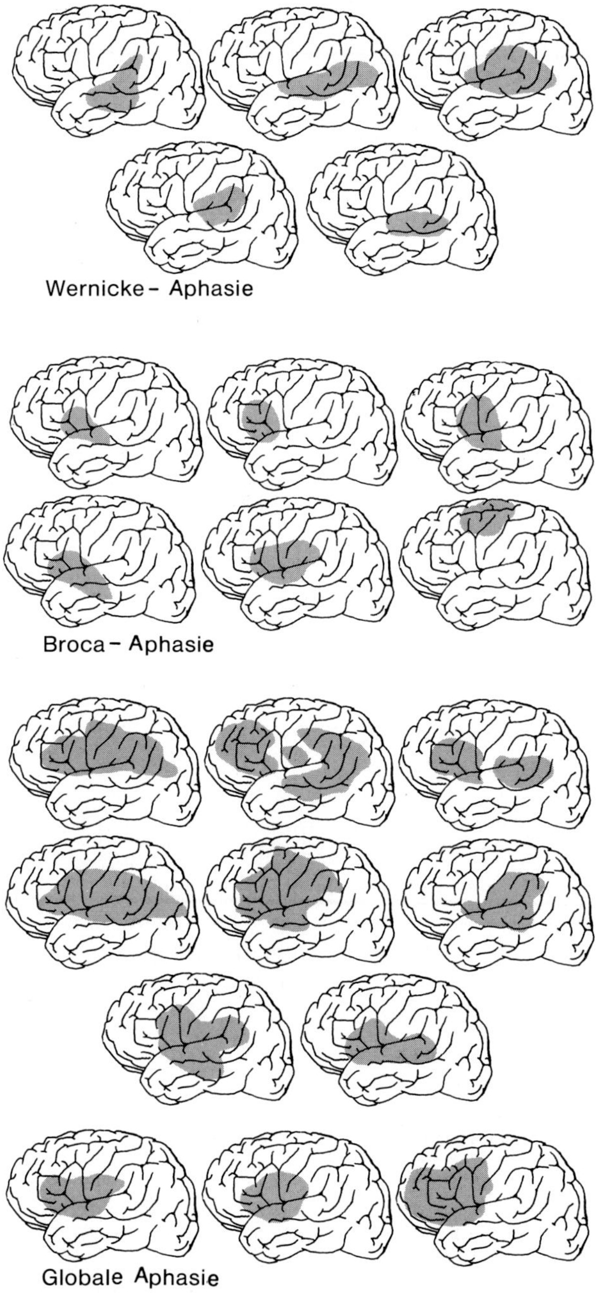

Abb. 30-11. Läsionsorte von Patienten mit Wernickescher Aphasie, Brocascher Aphasie, und globaler Aphasie. Die unterste Reihe zeigt globale Aphasien, obwohl Wernickes Areal intakt ist. (Nach Mazzochi u. Vignolo 1979)

Subcorticale Sprachsteuerung. Vor allem an expressiven Sprachfunktionen sind subcorticale Strukturen beteiligt. Aus Studien von Wallesch et al. (1985) geht hervor, daß die linksseitige Verbindung *Neocortex - Neostriatum - Pallidum - vorderer Thalamus - frontaler Cortex* Bedeutung für adäquate Sprachproduktion aufweist. Bei Messung des **regionalen cerebralen Blutflusses** (rCBF) nach Inhalation von radioaktivem Xenon-133 zeigen diese Strukturen während unterschiedlicher Sprachleistungen spezifische Verteilungen der Durchblutung. Auch bilaterale Durchblutungserhöhung im Ncl. caudatus und in retrorolandischen Regionen bei Nacherzählen und Erinnern wurde festgestellt. Personen mit Läsionen in den linken Basalkernen weisen dauerhafte Sprachstörungen auf. Welche subcorticalen Regionen an welchen Sprachleistungen beteiligt sind, muß noch geklärt werden.

Alexie. Die erworbene Unfähigkeit, geschriebene Sprache zu verstehen, heißt Alexie. Neben globaler Alexie gibt es auch verbale Alexie (nur Wörter) und literale Alexie (nur Buchstaben). Alexien kommen mit und ohne Agraphie vor (aphasische Alexie), je nach der Lokalisation der Störung im Hirngewebe. Alexie ohne Agraphie und ohne Aphasie ist ein Disconnectionsyndrom (S. 625), bei dem die Verbindungen vom rechten visuellen Assoziationscortex (gesehene Zeichen) zum korrespondierenden Sprachareal, dem linken **G. angularis**, unterbrochen sind. Dies kann durch verschiedene Läsionen, z. B. im Splenium des Balkens, verursacht sein. Alexien mit Agraphien weisen meist eine isolierte Läsion des linken G. angularis auf [12].

Agraphie. Zwar treten Schreibstörungen häufig gemeinsam mit Aphasien auf, sind aber auch unabhängig davon diagnostizierbar, was auf teilweise *getrennte Hirnstrukturen* für die Steuerung beider Funktionen hinweist. Mehrere, oft weit auseinanderliegende Hirnregionen können Schreibstörungen verursachen, was angesichts der Komplexität des

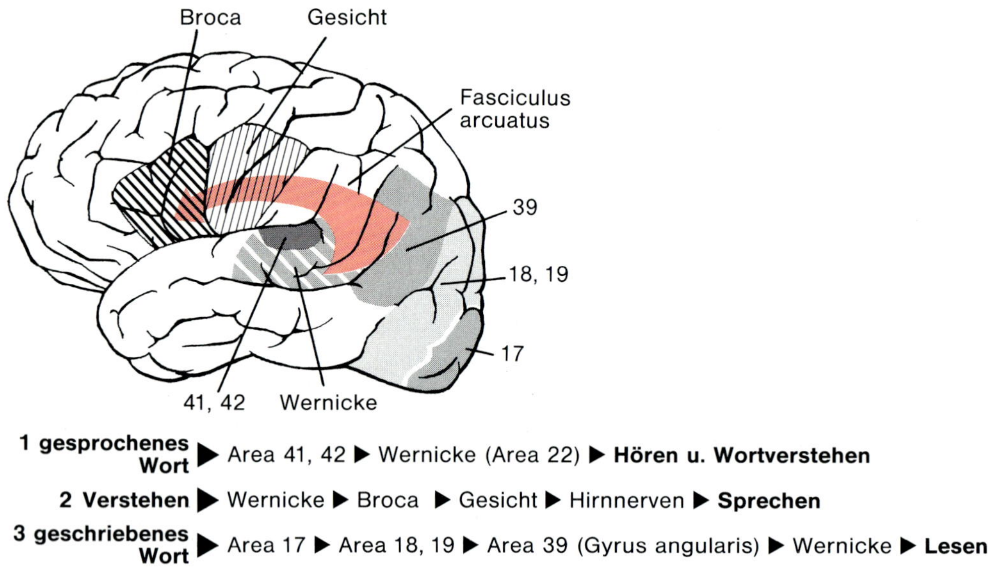

Abb. 30-12. Geschwinds Modell der an Sprache beteiligten Hirnregionen. Es fehlen die subcorticalen Verbindungen. (Nach Kolb u. Whishaw 1985)

Schreibens, an dem semantische, visuell-räumliche und motorische Funktionen beteiligt sind, nicht verwundert. Abb. 30-13 symbolisiert die wichtigsten an der Aussprache (Buchstabieren) und am Schreiben beteiligten Funktionen und die (hypothetischen) Hirnregionen dafür [36].

Entsprechend den angenommenen Sprachfunktionen der Hirnregionen von Abb. 30-11 und 30-12 lassen sich eine Reihe von Störungen des Schreibens und Sprechens unterscheiden: **Lexikalische Agraphie**: seltene aber schwer unterscheidbare Wörter können nicht ausgesprochen werden. Die visuellen Wortbilder entstehen eher aus visuellen und weniger aus phonologischen Engrammen, eine Läsion im linken G. angularis ist dafür verantwortlich (s. Abb. 30-13). **Phonologische Agraphie** führt dagegen zu korrekter schriftlicher Wiedergabe seltener und vertrauter Wörter, aber der Unfähigkeit, sie auszusprechen; verantwortlich dafür ist eine Läsion im G. supramarginalis oder der perisylvischen Region, eines Teils der Broca-Region. Bei **semantischer Agraphie** kann bedeutungshaltiges Material weder ausgesprochen noch geschrieben werden. Verantwortlich sind Störungen der Bahnen von der semantischen Region (links parietal?) auf Abb. 30-13 zum Wernicke-Areal und dem G. angularis oder subcorticale Läsionen, wie wir sie auf S. 627 beschrieben haben. **Apraktische Agraphie** ist meist mit Aphasie gekoppelt, die Patienten können ihre Feinmotorik nicht mehr zum Schreiben formen, gestört sind bei Rechtshändern links-parietale Regionen [6].

30.4 Die Assoziationsareale des Neocortex

Vereinfachend betrachtet, könnte man den drei großen Assoziationsfeldern drei psychische Hauptfunktionen zuordnen: während der **Temporallappen** mit seinen limbischen Verbindungen primär Gedächtnisfunktionen, der **frontale Cortex** motorisch-motivationale Verhaltensweisen steuert, darf man den **parietalen Assoziationscortex** als Basis sensorisch-kognitiver Funktionen ansehen. Als wichtigen Bestandteil der parietalen Funktionen muß man allerdings auch das **posteriore Striatum** betrachten, das eine indirekte subcorticale Verbindung vor allem zu präfrontalen Regionen herstellt (Abb. 25-17, Kap. 25). Der parietale Cortex hat daher aufgrund seiner multisensorischen Integrationsfunktion auch eine entscheidende Bedeutung als „Kommandostruktur" für Bewegungsabläufe, die auf ein Ziel mit motivationaler Bedeutung gerichtet sind.

Der Parietallappen

Anatomie. Die Vielzahl von kognitiven Störungen nach Läsion der parietalen Regionen erklärt sich aus der zentralen anatomischen Stellung des Parietallappens *zwischen den drei Sinnesmodalitäten* visuell, auditorisch und somatosensorisch, von denen er mit Informationen versorgt wird (Abb. 30-14). Seine *Efferenzen* projizieren in die frontalen und tem-

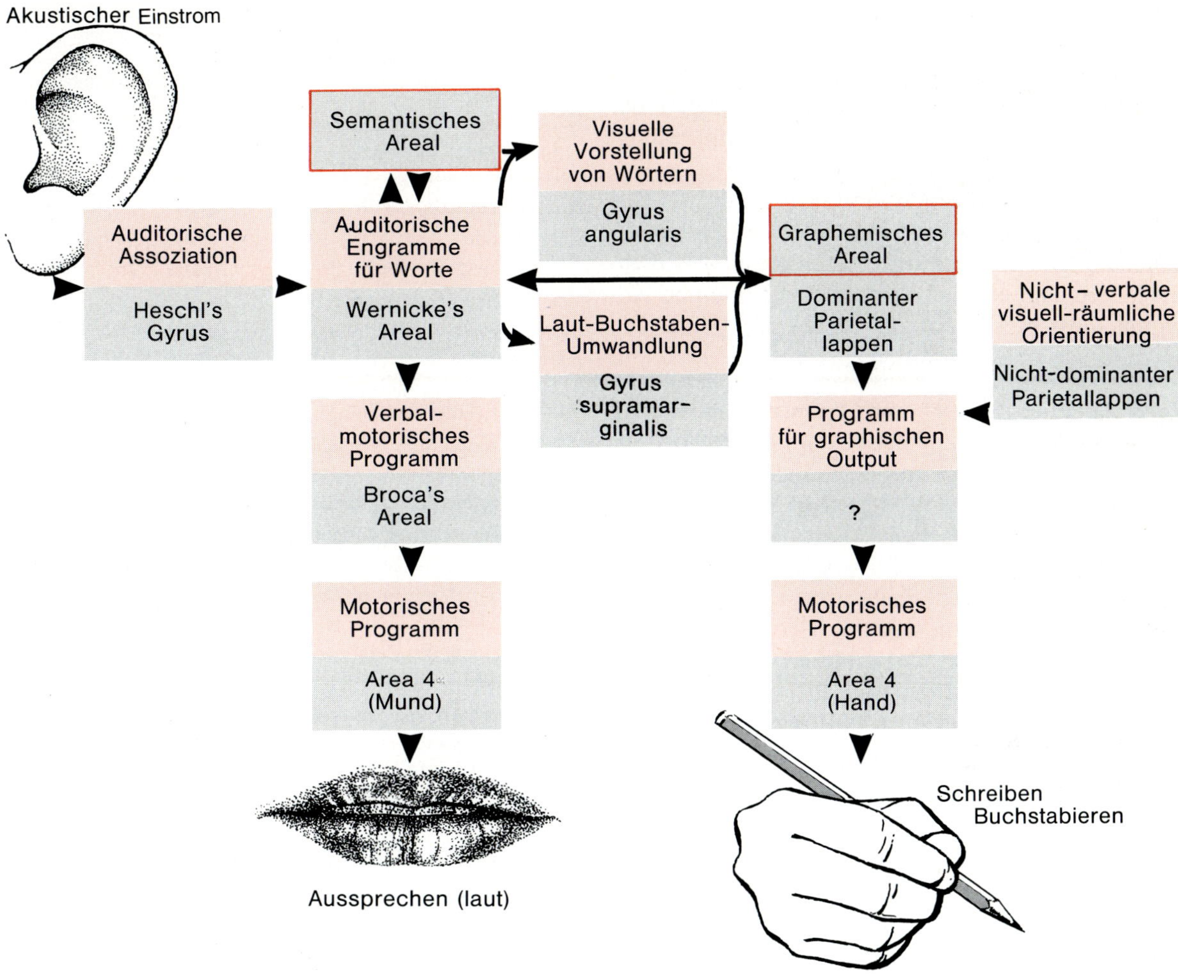

Abb. 30-13. Neuropsychologisches Modell für Schreiben und verbales Buchstabieren. Die neuropsychologische Funktion ist jeweils im *oberen* Teil eines Kastens angeführt, das vermutete anatomische Substrat im *unteren* Teil (Nach Röltgen 1985). (Erläuterungen s. Text)

poralen Assoziationsareale (Abb. 30-14C), Thalamus, Striatum, Mittelhirn und Rückenmark (die subcorticalen Verbindungen sind in Abb. 30-14 nicht dargestellt). Neben den *Afferenzen* aus den drei primären und sekundären Projektionsarealen (Abb. 30-14D) kommt der Einstrom aus lateralem und posteriorem Thalamus und Hypothalamus. Tabelle 30-8 gibt einen Überblick über parietale Funktionen und deren anatomische Zuordnungen. Einige wurden schon in den vorausgegangenen Kapiteln (24 und 25 und in 30.3) beschrieben. Wir wollen uns hier auf einige psychologisch bedeutsame beschränken.

Ideomotorische Apraxie. Engramme für motorische und „visuokinetische" Funktionen für beide Körperhälften sind im linken parietalen Cortex lokalisiert. Wie aus Abb. 30-15 hervorgeht, gibt es eine Reihe von Möglichkeiten für Läsionen, die alle die *Initiierung, Planung, und Ausführung komplexer und zielgerichteter Bewegungsabläufe* behindern können. Die Tatsache, daß viele Patienten mit Aphasien auch Apraxien aufweisen, ist darauf zurückzuführen, daß bei Läsionen links-parietal häufig auch Sprachregionen mitbetroffen sind. Auch das Speichern von Gesten und Bewegungsabläufen ist bei Apraxien gestört (s. u.).

Visuell-räumliche Funktionen. Die *konstruktiven Funktionen* der *linken* Parietalregion sind von den *perceptiven* Funktionen des *rechten* Parietallappens zu trennen (s. auch 30.2). *Visuoperceptive Leistungen* sind Erkennen visueller Objekte, Synthese und Vergleich visueller Objekte, Linienorientierung, Nachzeichnen, Gesichter erkennen. *Visuell*-räumliche Leistungen sind die Lokalisation von Objekten im Raum, Beurteilung von Richtung und Distanz, topographische Orientierung im Raum, Lokalisation des eigenen Körpers und seiner Teile im Raum. (Die Aufgaben des Handlungsteiles im Wechsler-Bellevue-Intelligenztest - HAWIE - sind gute Beispiele für dominant rechts-parietale Leistungen, der Handlungs-IQ ist daher bei Personen mit rechten posterioren Läsionen reduziert.)

Besonders eindrücklich sind *Störungen des Gesichterkennens* (**Prosopagnosie**): die Diskrimination unbekannter Gesichter tritt bei Läsionen des rechten Parietallappens auf, das gestörte Erkennen vertrauter Gesichter allerdings beruht auf bilateralen occipito-parietalen Läsionen.

Kontralateraler Neglect und Aufmerksamkeit [27]. Die Rolle des parietalen Assoziationscortex bei der visuellen und taktilen Aufmerksamkeit geht nicht nur aus Läsionen beim Menschen, sondern auch aus elektrophysiologischen Untersuchungen an Affen hervor. Wurtz et al. (1982) zeigten, daß im posterioren Parietalcortex Zellgruppen existieren, die nur dann feuern, wenn sich das Tier *selektiv* auf einen Reiz konzentriert und andere ignoriert, unabhängig vom Aktivierungszustand.

Beim Menschen tritt nach Läsion des rechten Parietallappens, aber auch nach subcorticalen thala-

Tabelle 30-8. Überblick über Funktionsausfälle nach Läsion des Partietallappens. (Nach Kolb u. Whishaw 1985)

Symptome	Wahrscheinlicher Ort der Läsion
1. Störungen der taktilen Wahrnehmung	Areale 1, 2, 3
2. Visuelle oder taktile Agnosie	Areal 5, 7, 37?
3. Apraxie	Areale 7, 40 links
4. Konstruktions-Apraxie	Areale 7, 40
5. Sprachstörungen (Alexie, Aphasie)	Areale 39, 40 links
6. Acalculie	Areale 39, 40 links
7. Gestörtes cross-modales Vergleichen (matching)	Areale 37, 40
8. Kontralateraler Neglect, Aufmerksamkeit	Areale 7, 40 rechts
9. Schlechtes Kurzzeitgedächtnis	Areale 37, 40
10. Körpergefühlsstörungen	Areal 7?
11. Rechts-links-Verwechslung	Areale 7, 40 links
12. Störungen der räumlichen Fertigkeiten	Areale 7, 40 rechts
13. Störungen des Zeichnens	Areal 40
14. Augenbewegung defekt	Areal 7, 40?
15. Fehlerhafte Zielbewegung (misreaching)	Areals 5, 7

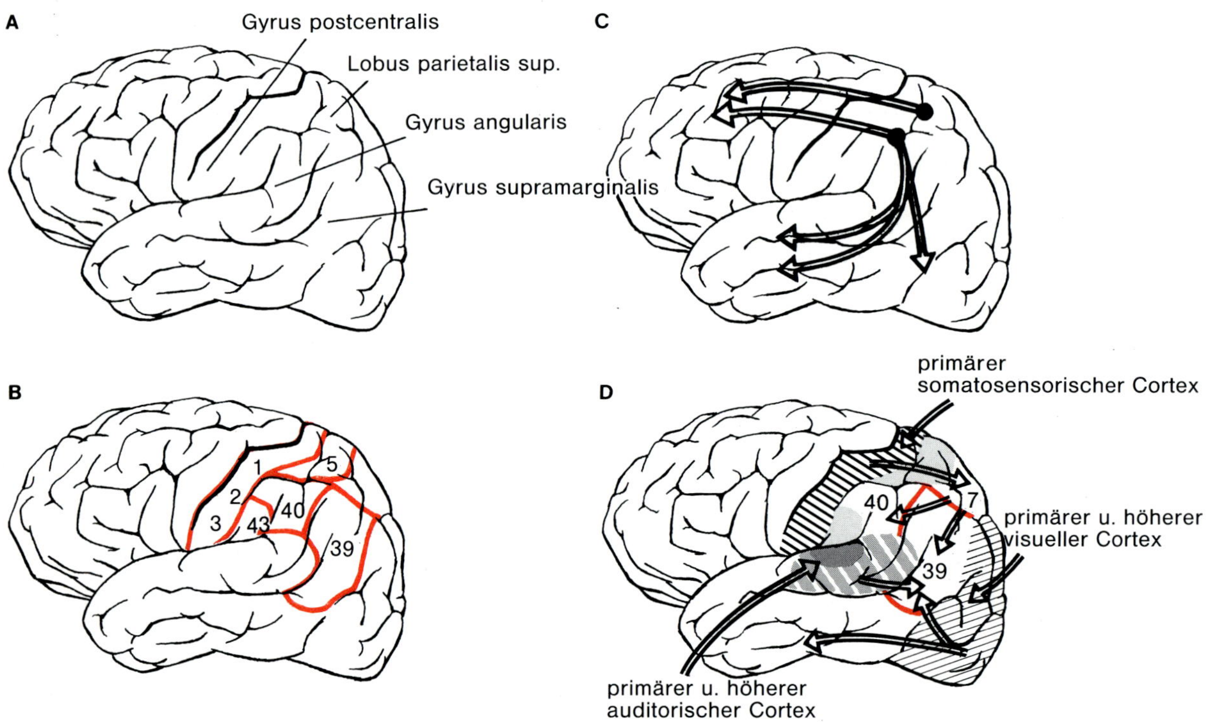

Abb. 30-14. Grobanatomie und Verbindungen des Parietalcortex. **A** Die wichtigsten Windungen; **B** Brodman's cytoarchitektonische Regionen; **C** corticocorticale Projektionen in den Frontallappen und den Temporallappen; **D** die kurzen corticocorticalen Projektionen aus den primären und sekundären somatosensorischen, visuellen und auditorischen Regionen in die tertiären Regionen des Parietallappens. (Nach Kolb u. Whishaw 1985)

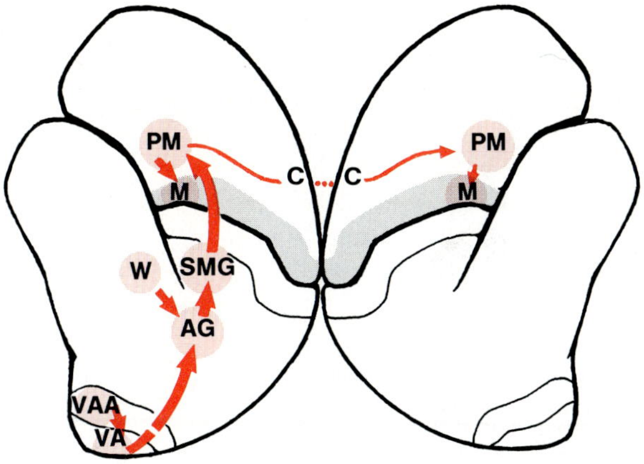

Abb. 30-15. Schema der Hirnregionen und Verbindungen zur Planung und Ausführung nicht-automatisierter Bewegungen. Die visuokinesthetischen Engramme sind im linken Parietalcortex gespeichert (G. supramarginalis = *SMG* und G. angularis = *AG*). Von dort werden sie ins prämotorische Areal (*PM*) übertragen, wo die Planung der Bewegung erfolgt; der *PM* innerviert den motorischen Cortex (*M*), der die spezifischen Muskelgruppen der Gegenseite innerviert. Das Kommando zum Aufruf der Bewegungsengramme kann sprachlich (Wernicke, *W*) oder visuell (z.B. Gestik) aus den visuellen Assoziationsarealen (*VAA*) erfolgen. Läsion von SMG und AG führt daher zu Schwierigkeiten in der Initiative, Auslösung und Imitation von Bewegungen sowie zu Störungen der Bewegungsdiskrimination (z.B. Erkennen von Gesten). Läsion von PM oder der Verbindungen von SMG zu PM führt dagegen zu Fehlern in der Bewegungsfolge, Imitations- und Auslöseschwierigkeiten ohne Diskriminationsprobleme. Schwierigere Bewegungsfolgen der linken Körperseite (re. Hemisphäre) werden nach diesem Schema auch von der linken Hemisphäre ausgelöst. (Nach Heilman u. Valenstein 1985)

mo-reticulären und manchmal auch präfrontalen Läsionen eine Störung auf, die als **kontralateraler Neglect** bezeichnet wurde. Die Person reagiert nicht auf Reize kontralateral zur Läsion (meist linke Körperseite). Sie berichtet auch keinerlei Inhalte von dieser Seite und orientiert sich bei neuen Reizen nicht dahin. Abb. 30-16 zeigt die Selbstporträts des Malers Räderscheidt im Laufe der Erholung von einem rechten parietalen Infarkt.

Die Tatsache, daß auch andere Läsionen zu Neglect führen, spricht für die Teilnahme des Parietalcortex an einem weitgestreuten cortico-subcorticalen **Aufmerksamkeitssystem** (s. auch Kap. 24 und 25, S. 499). Den multimodalen, parietalen und superiortemporalen Assoziationsarealen kommt dabei die Aufgabe zu, ankommende Erregungsmuster mit gespeicherten und vorhandenen zu vergleichen und daraus die „Signifikanz" des Musters zu extrahieren. Während temporal mehr die *Bedeutung* („*was*?") analysiert wird, verarbeitet die Parietalregion die *räumliche Lokalisation* („*wo*?"). Wie wir schon in Kap. 24 und 25 darlegten, spielen dabei auch „motivationale" und aktivierende Strukturen im limbischen System, Basalganglien, mesencephale Reticulärformation (MRF), Thalamus und Frontalcortex eine bedeutsame Rolle.

Heilman et al. (1985) entwickelten eine Theorie, in der die anatomischen Strukturen für die *sensorische* Seite (fehlende kontralaterale bewußte Registrierung und Orientierung) von der *motorischen* Seite (keine Reaktion auf kontralaterale Reize) zu trennen ist. Wie in Kap. 25 beschrieben, ist die zentrale Struktur, die perceptive und reaktive Komponenten verbindet, der ipsilaterale Ncl. reticularis thalami. Die Abb. 30-17A und B fassen die verschiedenen Netzwerke für sensorische (A) und motorisch-präparatorische (B) Aufmerksamkeit zusammen (zum Verständnis der Verbindungen sollte der Leser nochmals die entsprechenden Abschnitte in Kap. 24 und 25 lesen).

Abb. 30-17A zeigt die wichtigsten Strukturen und Verbindungen des Aufmerksamkeitssystems, wie es in Kap. 25 beschrieben wurde. Einseitige Läsion jedes der abgebildeten Subsysteme kann unilateralen Neglect verursachen. Die **inferiore parietale Region** (rechts auf Abb. 30-17A) erhält Information von den drei wichtigsten Sinnessystemen (visuell, auditiv, somatisch) und gibt nach multisensorischem Vergleich die Information über die „Bedeutung" des Reizmusters an frontale und temporale Regionen ab; diese modulieren durch hemmende Verbindungen das thalamische Filtersystem des Ncl. reticularis, wie in Kap. 25 beschrieben. Die Reticulärformation (unten auf Abb. 30-17A) erregt alle corticalen Regionen, hemmt aber den Ncl. reticularis, der durch seinen hemmenden Einfluß auf alle spezifischen Afferenzen über die thalamischen Umschaltstationen (links in Abb. 30-17A) die selektive „Durchlässigkeit" des Thalamus für ankommende Erregungen bestimmt. Die rechte Hemisphäre ist in der Regulation dieser Prozesse dominant aus Gründen, die bisher nicht klar sind. Neglect kann daher nach Läsion jeder dieser Regionen, besonders aber auf der rechten Seite, entstehen.

Sensorischer Neglect muß von **intentionalem motorischen Neglect** unterschieden werden (Abb. 30-17 B). Hauptsymptom ist die fehlende Intention, der fehlende „Wille", eine korrekte Bewegung auszuüben (**Akinesie**). Wie Abb. 30-17 B zeigt, spielt der untere Parietallappen dabei keine Rolle, ansonsten sind ähnliche Strukturen wie bei sensorischem Neglect beteiligt. In beiden Fällen kommt die Information über die „motivationale Bedeutung" der Reize oder der intendierten Reaktion aus limbischen Strukturen und dem G. angularis. – Von den thalamischen Filtersystemen sind bei intentionalem Neglect und Akinesie im Unterschied zu sensorischem Neglect die motorischen Kerne (VA, VL), der mediale Thalamus und die Basalganglien beteiligt. Der präfrontale Cortex (s. nächster Abschnitt) fungiert wie bei sensorischem Neglect als *Entscheidungsinstanz*, die jene Reaktionen auswählt, die am ehesten eine Chance haben, verstärkt (belohnt) zu werden.

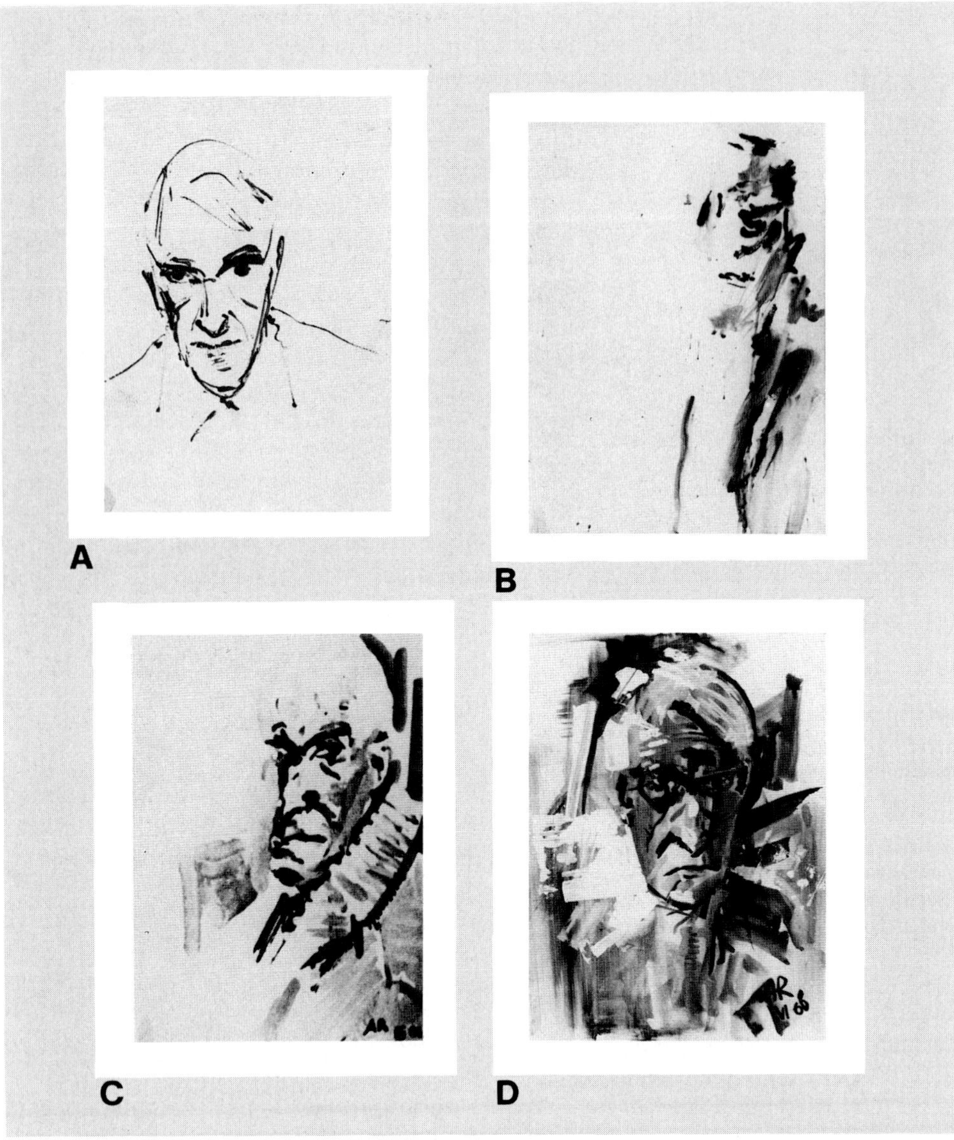

Abb. 30-16. Vier Selbstporträts des deutschen Malers Anton Räderscheidt im Laufe der Erholung von einem rechts-parietalen Infarkt. Das erste Selbstporträt 2 Monate nach dem Infarkt (**B**) zeigt vollständigen kontrolateralen Neglect. Der Künstler kann seine Aufmerksamkeit nicht auf die linke Hälfte seiner Welt richten. Das zweite Selbstporträt (**C**) entstand 5 Monate nach dem Insult, das dritte (**D**) 9 Monate danach. (Die Selbstporträts wurden von Richard Jung in Freiburg gesammelt und mit Erlaubnis der Witwe des Künstlers, Gisela Räderscheidt, publiziert)

Kurzzeitgedächtnis (KZG). In Kap. 24, 25 und 27 haben wir bereits den engen Zusammenhang zwischen kontrollierter Aufmerksamkeit und Kurzzeitgedächtnis beschrieben. Angesichts der Bedeutung des inferioren Parietalcortex in multisensorischen Aufmerksamkeitsprozessen, sind daher bei Läsionen auch Einschränkungen im KZG zu erwarten. Dabei ist der rechte Parietallappen mehr für das Behalten visuell-räumlicher Strukturen und der linke für sprachlich-rechnerisches Material zuständig. Bemerkenswerte Defizite unmittelbaren Behaltens (z. B. Zahlennachsprechen im Wechsler-Test) treten tatsächlich nach parietalen Läsionen auf. Dies bedeutet nicht, daß KZG eine ausschließliche Funktion des Parietallappens ist, sondern nur, daß ein wichtiger Verarbeitungsschritt im Rahmen der vielfältigen Prozesse des deklarativen KZG (Kap. 27) auf die *multisensorische Integration* der Parietalregion angewiesen ist.

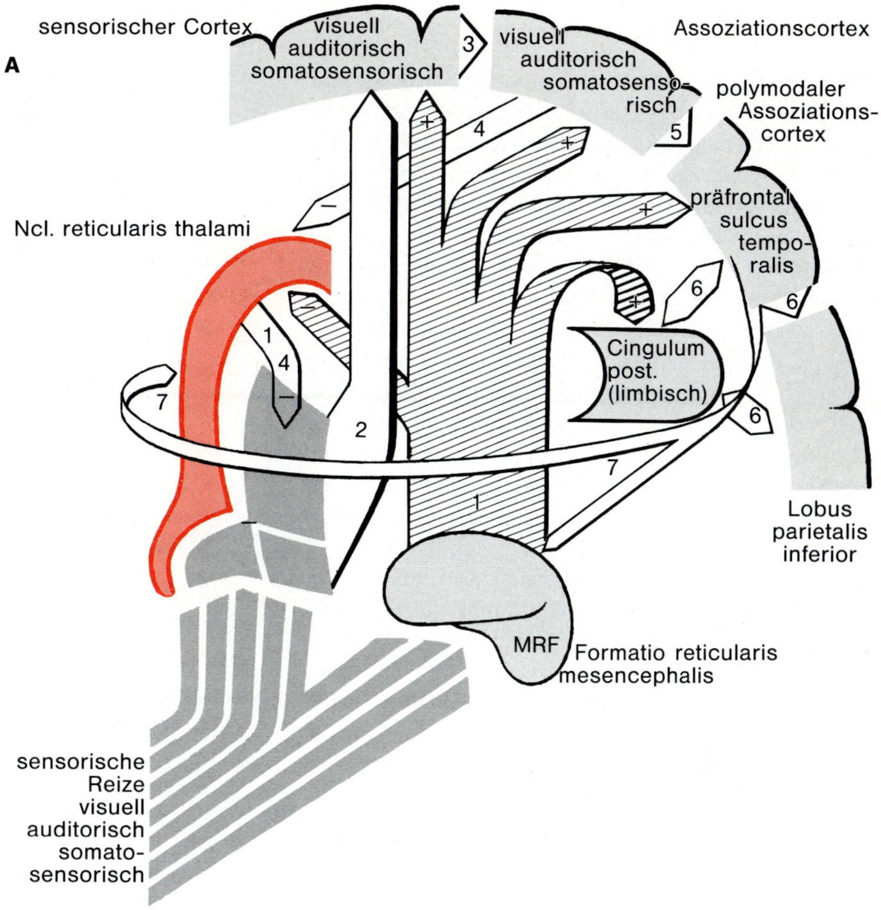

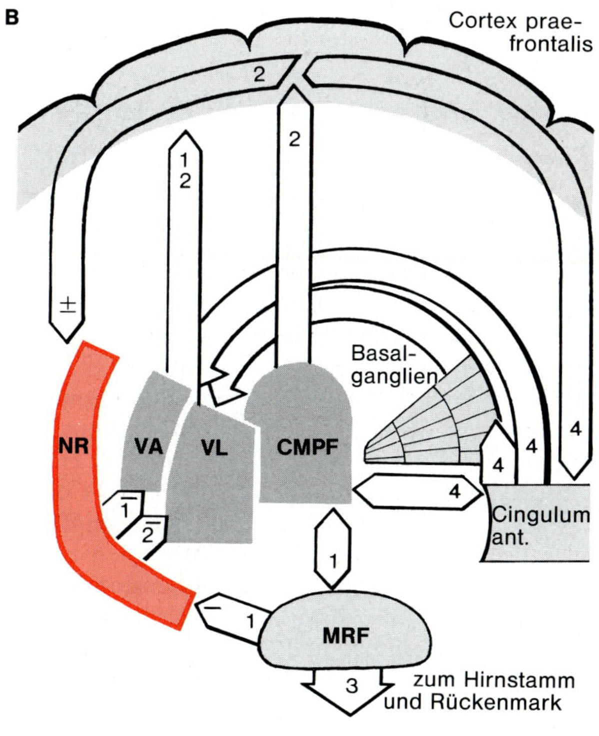

Abb. 30-17. Theorie der Verbindungen und des Aktivitätsflusses für sensorische Aufmerksamkeit und tonische Aktivierung (*A*) und motorisch-präparatorische Aufmerksamkeit (*B*). (Zum Verständnis der einzelnen Verbindungen sollte der Leser nochmals die entsprechenden Abschnitte in Kapitel 24 und 25 heranziehen.) **A** Sensorische Aufmerksamkeit. Die Verbindungen repräsentieren (*1*) Aktivierung, (*2*) sensorische Übertragung, (*3*) Projektionen in die corticalen Assoziationsareale, (*4*) unimodale Projektionen in den Ncl. reticularis thalamus (NR), (*5*) sensorische Konvergenz auf dem polymodalen Cortex, (*6*) supramodaler Cortex (inferiorer Parietallappen) und limbische Verdingungen, (*7*) corticale Aktivierung der mesencephalen Reticulärformation (MRF) und des NR. **B** Motorische Aktivierung und Vorbereitung. (*1*) mesencephale Reticulärformation (*MRF*) - Ncl. reticularis thalamus, (*2*) medial thalamisch-frontocorticales-NR-System (siehe Kapitel 24 und 25), (*3*) *MRF*-Projektionen in den Hirnstamm und das Rückenmark für einfache Orientierungsreaktionen und (*4*) limbisch subcorticale Verbindungen. *CMPF* ist der centromediale parafasciculäre Kern des Thalamus; *VA* Ncl. ventralis anterior des Thalamus; *VL* Ncl. ventrolateralis des Thalamus. + Erregung, - Hemmung. (Nach Heilmann u. Valenstein 1985)

Der Frontallappen

Auch bei ausgedehnten Läsionen des Frontalcortex (FC), der 30% des menschlichen Neocortex ausmacht, treten meist keine sensorischen oder motorischen Ausfälle auf. Die psychologischen Störungen sind dagegen fundamental: im Zentrum der Funktionen vor allem des dorsolateralen FC steht die Herstellung von *stabilen Kontingenzen* zwischen Reaktionen und deren Konsequenzen: Assoziationen zwischen einem Hinweisreiz (CS oder S^D, s. Kap. 27, S. 535), der darauf folgenden motorischen Reaktionssequenz (R) und der biologisch-sozialen Konsequenz führen zum Aufbau stabiler **Erwartungshaltungen**. Der FC spielt dabei eine bedeutsame Rolle: ohne ihn verliert Verhalten seine Zukunftsorientierung, es wird schwer vorhersagbar, irregulär oder stereotyp und perseverativ. Wir wollen neben dieser „Erwartungsfunktion" noch andere Verhaltenskategorien untersuchen, deren Funktionstüchtigkeit vom FC abhängt, da der FC – wie die andern neocorticalen Lappen auch – aus heterogenen Subsystemen besteht [4].

Anatomie. Wir unterscheiden funktionell drei Subsysteme des FC (Abb. 30-18):

a) Die motorischen und prämotorischen Regionen, einschließlich des Broca-Areals und frontale Augenfelder (Areal 4, 6, 44).
b) Dorsolateraler FC, der die Areale 8, 9, 10, 44, 45 und 46 umfaßt und zusammen mit c) als **präfrontaler Cortex** (PFC) bezeichnet wird.
c) Der orbitale FC erstreckt sich über die Areale 11, 12 und 47.

Der PFC (b und c) wird häufig als **granulärer FC** bezeichnet, da er eine besonders gut entwickelte Schicht IV aus Stern(stellate)-Zellen mit sphärisch angeordneten kurzen Dendriten aufweist. Die Areale 4, 6, 8 und 44 erfüllen primär motorische Aufgaben, der dorsolaterale FC ist mit Aufmerksamkeitsfunktionen und der Ausbildung von Erwartungshaltungen, das dritte System mit motivationalen Funktionen befaßt.

Die wesentlichen **Afferenzen** zum PFC stammen aus dem mediodorsalen Nucleus des Thalamus. Allerdings projiziert auch der Ncl. anterior des Thalamus, Hypothalamus, Amygdalae, limbischer Cortex und G. cinguli und MRF, sowie die nicht-primären sensorischen und motorischen Assoziationsareale zum PFC. Alle Verbindungen sind reziprok, der PFC projiziert vor allem in Area 7 (somatisch), Area 22 (auditorisch) und Area 21 (visuell). Der orbitale FC hat auch olfaktorische Verbindungen.

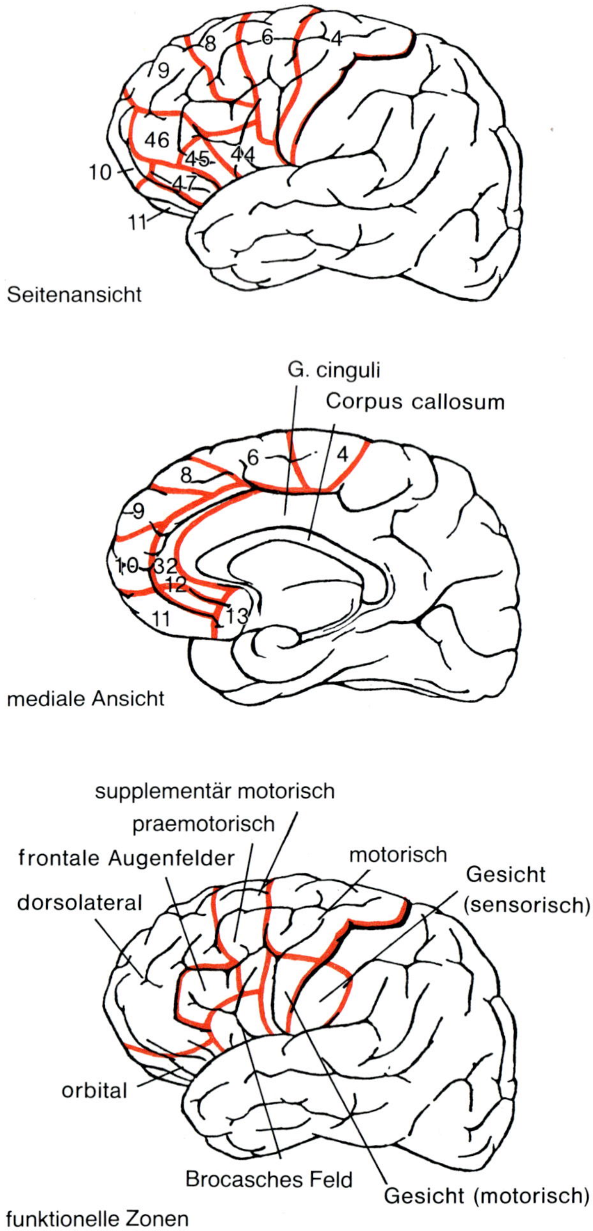

Abb. 30-18. Anatomie des Frontallappens; *oben* laterale und mediale Ansicht der Brodmanschen cytoarchitektonischen Felder; *unten* funktionelle Zonen des Frontallappens

Die **Efferenzen** des PFC gehen neben den Ursprüngen der Afferenzen auch in die Basalganglien (s. Abb. 30-19, – nicht in die primären motorischen Areale! –, Hippocampi und diffus in limbische Regionen). Die Verbindungen zu den Basalganglien sind zur Steuerung des Aufmerksamkeitsverhaltens besonders bedeutsam (siehe Kap. 25).

Verzögerte Verstärkung und Erwartungshaltungen. Im Tierversuch dominiert bei Läsion des dorsolateralen FC, speziell des S. principalis, eine Störung,

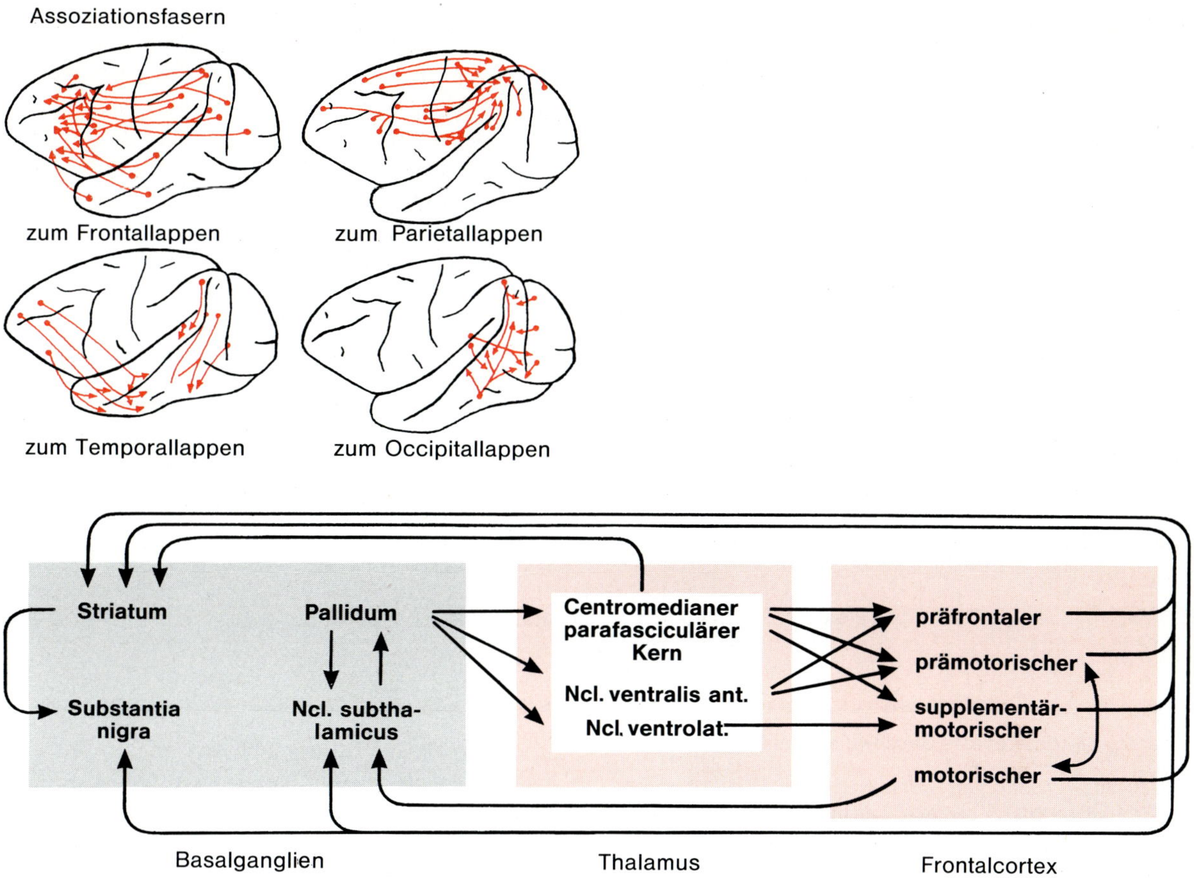

Abb. 30-19. *Oben:* Schematische Darstellung der Assoziationsfasersysteme zu den Assoziationsfeldern des *Frontal-*, *Parietal-*, *Temporal-* und *Occipitallappens* beim Rhesusaffen. *Unten:* Verbindungen des frontalen Cortex zu verschiedenen motorischen Regionen. Bezüglich der Verbindungen zum Hypothalamus und limbischen System siehe Kap. 28, zum Thalamus und der Retikulärformation siehe Abb. 25-17, Kap. 29 und Abb. 30-17. Vor allem die Verbindungen der *Basalganglien* mit *Thalamus* und *Cortex* sind dargestellt. Bei den meisten der eingezeichneten afferenten Verbindungen zum FC handelt es sich um dopaminerge Fasern. (Nach Canavan 1986)

die sowohl Aufmerksamkeits- als auch Lernfunktionen einschließt: Aufgaben, die eine *verzögerte Reaktion (delayed response)* verlangen, sind beeinträchtigt. Solche Aufgaben enthalten fünf zentrale Elemente: Ein Objekt, meist Nahrung, wird unter einem oder mehreren Objekten versteckt (1), das Tier muß Sekunden bis Minuten *warten*, während der das Objekt außer Sicht- und Reichweite ist (2), die Objekte werden zur Wahl gestellt (3), das Tier wählt (4) und erhält die Verstärkung (5) (s. Abb. 1-2). Die Position des „Köders" ist dabei für das Tier schwer vorhersagbar (z. B. bei delayed alternation wechselt der Köder von Durchgang zu Durchgang.

Delayed-matching-to-sample-Aufgaben (DMS) sind ebenfalls gestört: meist wird ein visueller Reiz präsentiert, nach einer Verzögerung derselbe zusammen mit anderen, und das Tier muß wählen, die richtige Wahl wird verstärkt. Von Durchgang zu Durchgang wird der Ziel-Reiz gewechselt. DMS Aufgaben sind auch nach Temporalläsionen gestört, da sie eine visuelle Diskrimination erfordern.

Langsame Hirnpotentiale und Aufmerksamkeit. In Erwartungssituationen kommt es bei Säugern wie beim Menschen zu einem charakteristischen Verlauf der **corticalen Gleichspannung**, wie wir ihn in Kap. 24 und 25 ausführlich beschrieben haben. Zwischen einem ankündigenden Reiz (CS, S_1, S^D) und einem zweiten imperativen Reiz (US, S_2), der eine motorische oder kognitive Reaktion verlangt, bilden sich zwei Negativierungen oder Komponenten des EEGs aus: eine nach S1 (0,5-2 s danach) und eine *vor* S2. Die erste Negativierung (s. Abb. 24-15) ist präfrontal lokalisiert, die zweite kann topographisch über verschiedenen corticalen Regionen variieren. Bei Gesunden ist die erste Komponente über dem Frontalcortex bei automatisierten Handlungen, habituierten Reizen, Reizen ohne Signalbedeutung reduziert, bei informativen

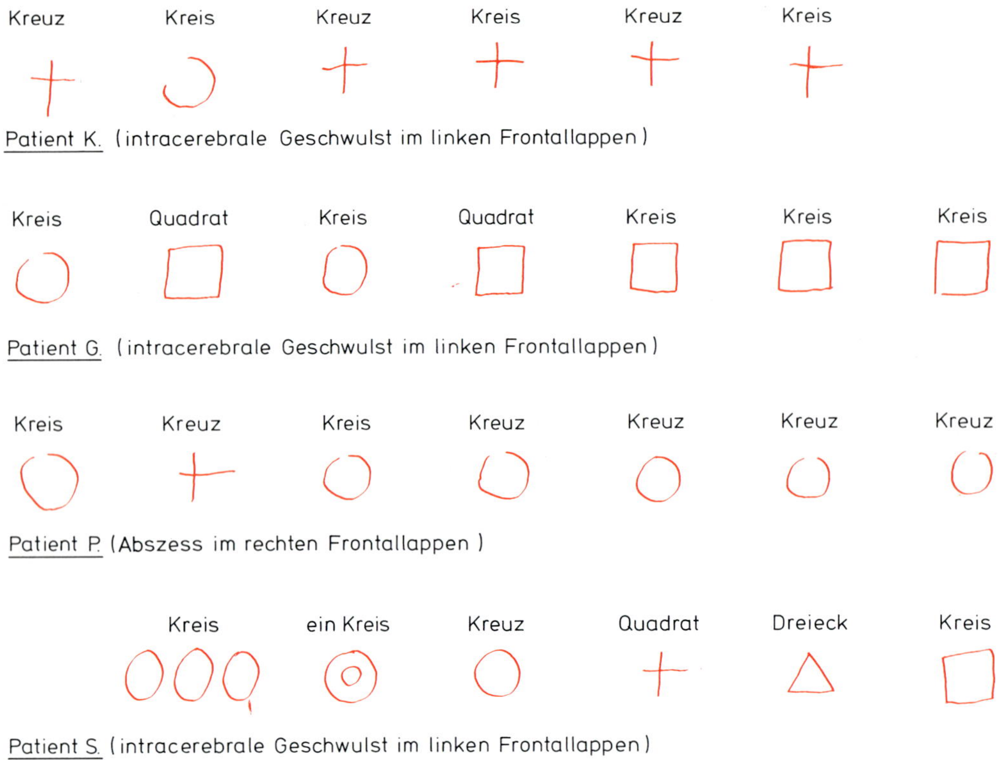

Abb. 30-20. „Zerfall von Verhaltensplänen" bei Störungen des Frontallappens. Über den Zeichnungen der Patienten sind jeweils die Instruktionen des Untersuchers angegeben. (Nach Luria 1970)

Reizen erhöht. Untersuchungen mit unterschiedlich komplexen Reizen ergaben, daß die erste frontale Komponente der langsamen Hirnpotentiale mit der *präparatorischen Aktivierung* von Gedächtnisinhalten nach Darbietungen des ersten Warnreizes zusammenhängt. Die **Erwartung** der angekündigten Reize ist das subjektive Korrelat dieser präparatorischen Aktivierung. Bei Patienten mit beidseitiger Entfernung des FC fehlt diese erste Komponente, was die Störung der Erwartungsprozesse bei längeren Zeitintervallen zwischen zwei Reizen - wie den „Delayed-response"-Aufgaben - widerspiegelt.

Das Grundprinzip allen Lernens, *Assoziation zwischen Reaktion und deren Konsequenz* (*zeitliche Kontiguität*, s. Kap. 27, S. 533), scheint zu einem erheblichen Teil von präfrontalen Strukturen abhängig zu sein. Zwischen CS und UCS bzw. zwischen Reaktion und Verstärkung muß sich durch wiederholte zeitliche Paarung eine elektrophysiologische Verbindung ausbilden. Ausdruck dieser Verbindung ist die Oberflächennegativität.

Der enge Zusammenhang zwischen PFC-Einzelzell-Entladungen und langsamen Hirnpotentialen (s. Abb. 1-2) ist ein weiteres Indiz für die bereits mehrmals beschriebene Tatsache (Kap. 25), daß langsame Potentiale und PFC essentielle Bestandteile der Hirnsysteme zur Steuerung kontrollierter Verarbeitung (s. Kap. 25, S. 485) und selektiver Aufmerksamkeit sind. Beim Menschen ist nach PFC-Läsion die *Aufmerksamkeitsstörung* fundamental: das Verhalten wird schwer vorhersagbar, da offensichtlich keine willentliche Anstrengung zum *rechten Zeitpunkt* nach einem Warnreiz („Effort") bei Aufgaben entwickelt wird, die neu oder kompliziert (nicht automatisch) sind. Dies führt auch zu Abhängigkeit von körperinternen und externen Interferenzen und Gedächtnishemmungen („Ablenkung") und Hyperaktivität.

Information wird im PFC nicht wie in den primären Projektionsarealen (Kap. 18, 19, 20) „verarbeitet", sondern die *zeitliche Steuerung* der Information und motorischer Akte für andere neocorticale Regionen nimmt hier ihren Ausgang. Dieser aktive Mechanismus bezieht seine „Energie" aus den limbischen und subcorticalen Strukturen. Fällt diese Energiequelle aus oder wird sie zeitlich unabhängig von gelernten Hinweisreizen verteilt (wir haben sie im Zusammenhang mit langsamen Hirnpotentialen „corticale Potentialität" genannt, siehe Kap. 24 und 25), so wird die zeitliche Abfolge von Gedanken und Verhaltensabläufen irregulär, und insgesamt sinkt die Wahrscheinlichkeit für ziel- und zweckgerichtetes Verhalten. Dies wurde klinisch in den Fällen bilateraler Läsion des PFC bestätigt. Nicht nur die Potentialität für die Hemmung aktueller Interferenzen fehlt, sondern die damit unauflöslich verbundene Wiedergabe und das Abrufen kurz vorher stattgefundener Inhalte ist zeitlich nicht mehr mit dem danach *erwarteten* Reiz oder Reaktion verbunden. D.h. KZG-Funktionen sind zwar ungestört (sie sind nicht an den PFC gebunden), aber das kontingente Abrufen von KZG-Information nach einem Warnreiz ist gestört.

Zusammenfassend läßt sich sagen, daß der präfrontale Cortex immer dann aktiviert wird, wenn ein Reiz eine *zeitliche Diskrimination* erfordert. Dies ist bei allen Warnreizen und konditionierten Reizen der Fall: der Organismus schätzt die Auftretenswahrscheinlichkeit eines zweiten Reizes ab und mobilisiert „vorausahnend“ entsprechende sensorische und motorische Systeme. Ist die zeitliche Abschätzung der zukünftigen Ereignisse fehlerhaft oder fällt aus, so wird der Zeitpunkt der sensorischen und motorischen Mobilisierung falsch gewählt oder unterbleibt. Die Folge ist die beschriebene Symptomatik des Frontalpatienten: schwer vorhersagbares, irreguläres Verhalten, besonders in Wartesituationen und extreme Ablenkbarkeit.

Handlungspläne und „corrolare“ Entladungen. Bei dorsolateralen Läsionen des FC stellte Luria (1970) fest, daß sprachlich formulierte Handlungsprogramme ihren verhaltenssteuernden Einfluß verlieren (s. Abb. 30-20). Der *„Zerfall von Verhaltensplänen“* geht mit Ablenkbarkeit und einer Unfähigkeit einher, einmal eingeschlagene Reaktionsstrategien aufzugeben (Perseveration). Im Wisconsin Card Sorting Test (WCST, Abb. 30-21) behalten die Patienten trotz gegenteiliger Evidenz die Strategie bei. Die Inflexibilität und Perseveration wird vor allem durch Läsion der linken Area 9 verursacht, die Ablenkbarkeit gilt generell für präfrontale Läsionen.

Der „Zerfall von Verhaltensplänen“ könnte auch mit fehlenden Reafferenzen (corrolaren Entladungen) über z.Z ablaufende Bewegungsfolgen vom FC an die posterioren sensorischen Regionen zusammenhängen. Wenn eine Bewegung durchgeführt wird, so gehen damit *zwei* Erregungsabläufe einher: Erstens wird das Kommando zur Bewegung vom prämotorischen FC an den motorischen Cortex gegeben. Zweitens gibt der dorsolaterale FC an die parietalen und temporalen sensorischen Assoziationscortices ein reafferentes („corrolares“) Signal über die geplante Bewegung ab (Efferenzkopie); diese corrolare Entladung bereitet die zentralen sensorischen Systeme auf die motorischen Änderungen vor und erlaubt antizipatorische Anpassungsprozesse an veränderte Körperhaltungen. Fehlen die frontalen corrolaren Entladungen, so wird keine Korrektur der Wahrnehmung auf der Grundlage der veränderten Körperposition eingeleitet. Personen mit Läsionen des PFC machen z. B. daher auch Fehler, wenn man sie bittet, bei zur Seite geneigter Körperhaltung ein schräges Objekt horizontal zu stellen. Auch die Probleme, die diese Patienten besonders beim *Imitieren von Gesichtsausdruck* aufweisen, könnte auf mangelnde Rückmeldung über den momentanen Ausdruck rückführbar sein.

Psychochirurgie und frontale Leukotomie. Valenstein (1980) kommt nach einem Überblick der Geschichte der Psychochirurgie zu einem vernichtenden Urteil über den therapeutischen und wissenschaftlichen Nutzen der Zerstörung von Hirngewebe zur Beseitigung von Verhaltensstörungen wie Angst,

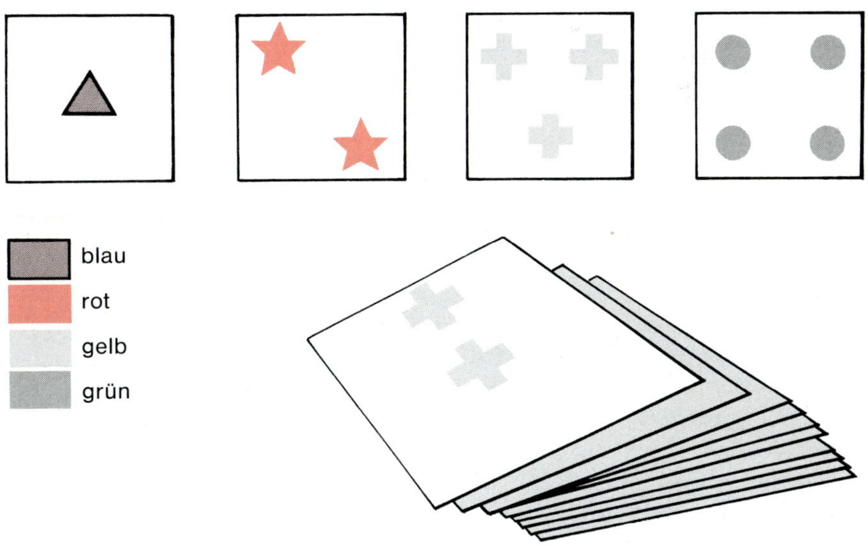

Abb. 30-21. Der Wisconsin Card Sorting Test (WCST). Die Testperson muß die Karten des Pakets vorerst nach den Kategorien der Form zuordnen, nach 10 Zuordnungen wechselt der Versuchsleiter ohne Ankündigung das Zuordnungsprinzip, z. B. muß die Person danach die Karten nach der Farbkategorie zuordnen. Obwohl der Versuchsleiter nach jeder Karte Rückmeldung gibt, bleiben Personen mit Läsionen des Frontallappens bei der eingeschlagenen Strategie, auch wenn der Versuchsleiter nur mehr negative Rückmeldungen gibt

Schizophrenie, Tics, Zwangsverhalten und kriminellem Verhalten. Dies gilt besonders für die *frontale Lobotomie* (Leukotomie ist ein Synonym dafür, nach dem dabei verwendeten beidseitig geschärften Skalpell, dem Leukotom).

Die Operationstechnik wurde von Moniz in den 30er Jahren eingeführt, nachdem im Affenexperiment erhöhte Frustrationsresistenz, Zahmheit und Angstreduktion beobachtet wurden. Dabei werden von einem Bohrloch in der Kreuznaht, 6 cm oberhalb des Jochbeins, die Verbindungen zwischen Thalamus und FC durchtrennt. Die Indikationen für diesen Eingriff sind ebenso unklar wie die Konsequenzen.

Bilaterale Läsion führt weniger zu Intelligenzdefekten (der IQ bleibt häufig gleich) als zu einem *pseudopsychopathischen Zustandsbild* (s. Kap. 29), vor allem bei Läsion des rechten FC, und *pseudodepressiven Zuständen* nach linker Läsion: die psychopathischen Verhaltensweisen umfassen jene Störungen, die früher unter dem unklaren Begriff *ethischer Gefühle* zusammengefaßt bezeichnet wurden. Heute verstehen wir unter pseudopsychopathischen Zuständen einige beobachtbare Verhaltensweisen, die denen der psychopathischen Störung ähnlich sind. Es fehlt allerdings die Stabilität des „echten" Psychopathen [2], die zeitliche Konstanz im Verhalten, bei den Frontalläsionen; innerhalb weniger Minuten können normalerweise unvereinbare Verhaltensweisen abwechselnd in schneller Folge auftreten. Das Verhalten des Psycho(Sozio)pathen ist dagegen über das ganze Leben hinweg vergleichbar stabil, wenn auch sozial destruktiv.

Personen nach ausgedehnten bilateralen Frontalschädigungen zeigen folgende Hauptsymptome: Unfähigkeit, Zukunftspläne zu verwirklichen, auch wenn diese nur wenige Minuten in die Zukunft reichen, Oberflächlichkeit, gestörtes passives Vermeiden (s. Kap. 29, S. 595). Nicht-Ertragen von Verstärkeraufschub, soziale Auffälligkeit durch Taktlosigkeit, verbale „Inkontinenz", im Extremfall auch Inkontinenz der Ausscheidung werden beobachtet. Bei Läsion der linken Seite kommt Anhedonie (Verlust der Verstärkerqualitäten, „Lustverlust"), Apathie und stereotypes Verhalten hinzu. Offene Kriminalität ist selten, da der Antrieb und die zeitliche Stabilität der Verhaltenspläne fehlen. Positive und negative Verstärker haben nur kurzfristig – und wenn sie unverzögert gegeben werden – einen verhaltenssteuernden Einfluß.

Der Temporallappen

Die Rolle der beiden Temporalregionen für Konsolidierung und LZG wurde ausführlich in Kap. 27 besprochen, ihre motivationalen Funktionen sind uns aus der engen Verbindung zu limbischen Regionen verständlich und in Kap. 28 und 29 diskutiert worden. Entsprechend den anatomischen Substrukturen hat der Temporallappen als primäres und sekundäres auditorisches System (Kap. 20) und Teil des tertiären visuellen Systems (Kap. 19) Sinnesfunktionen (superiore und inferiore Anteile), der mediale und limbische Teil dagegen Gedächtnisfunktionen und affektive „Färbung". Während man die Funktionen des Parietallappens mit dem Schlagwort *„Wo ist es?"* umschreiben könnte, fragt der Temporalcortex *„was ist es?"*.

Anatomie. Der Temporallappen umfaßt die neocorticalen Regionen 20, 21, 22, 37, 38, 41 und 42, die als *Archicortex* bezeichnet werden, und die medial gelegenen, phylogenetisch älteren, dreischichtigen Anteile des *Paleocortex*: G. ambiens, parahippocampaler Gyrus und Uncus; Hippocampus und Amygdala sind eng mit dem Paleocortex verbunden (Abb. 30–22). Abb. 30–5 und Abb. 27–19 zeigen auch einige der afferenten und efferenten Verbindungen, die man sich reziprok vorstellen soll. Daraus geht hervor, daß der inferiore Temporalcortex als tertiäres visuelles Feld angesehen werden muß, was sich auch neuropsychologisch bestätigen läßt (Abb. 30–5 und Kap. 19).

Funktionen des Temporallappens. Tabelle 30–9 gibt einen Überblick über die wichtigsten Störungen bei Ausfall der Temporalregion. In den vorausgegangenen Kapiteln wurden die meisten bereits abgehandelt, vor allem die Gedächtnis- und Sprachfunktion, sowie die akustischen Analysatoren. Die Rolle des rechten inferioren G. temporalis für *visuelle Diskriminationsleistungen* ist sowohl im Tierversuch als auch im Humanexperiment nachweisbar. Die Abb. 30–23 zeigt ein Beispiel aus dem McGill-Bild-Anomalietest, bei dem der Patient ungewöhnliche visuelle Inhalte erkennen muß. Obwohl das Gesehene korrekt identifiziert wird, scheint der Vergleichsprozeß der aktuell angekommenen Information mit im LZG gespeicherter Information erschwert. Auch die **Bedeutung** („Signifikanz") von Gesichtern wird nicht erkannt, besonders wenn diese im linken visuellen Halbfeld erscheinen.

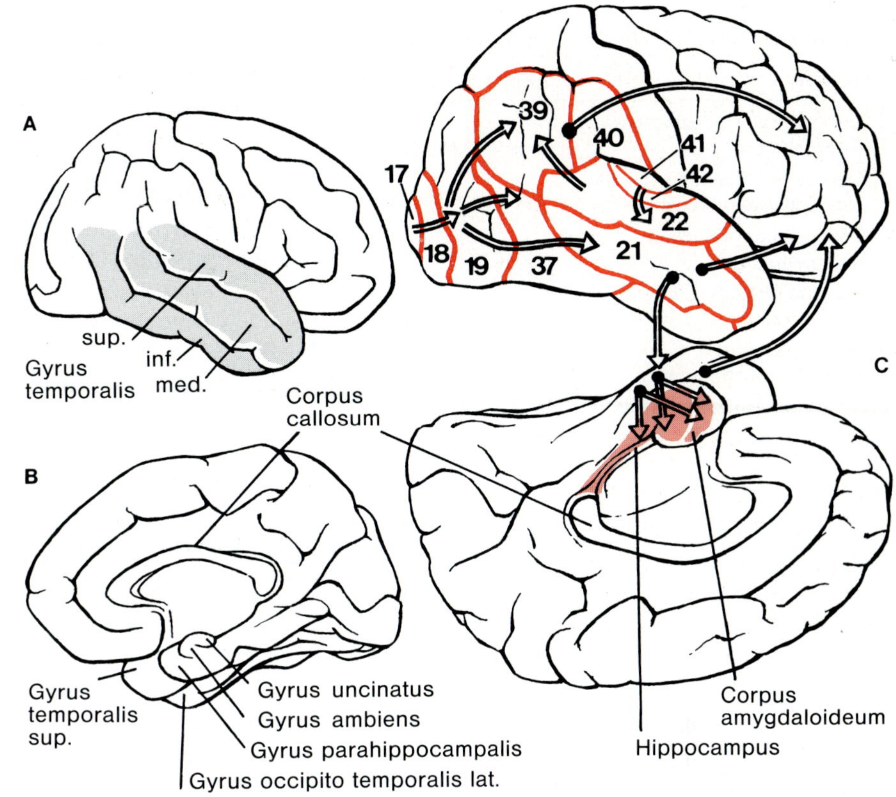

Abb. 30-22. Grobanatomie des Temporallappens. **A** Die drei wichtigsten Windungen an der lateralen Oberfläche. **B** Die Windungen bei medialer Sicht auf den Temporallappen. **C** Aktivitätsfluß aus den visuellen und auditorischen Regionen durch die Temporallappen in die medialen Regionen, einschließlich Amygdala und Hippocampus. Man beachte, daß die Information nach ihrer Analyse im Temporal- oder Parietallappen stets im Frontallappen endet. (Nach Kolb u. Whishaw 1985)

Abb. 30-23. Aufgabe aus dem McGill-Bild-Anomalien-Test. Die Vp soll erkennen, daß ein Bild im Affenkäfig ungewöhnlich ist. (Nach Milner 1958)

30.5 Störungen des Denkens

Die Demenzen

Deskription. Unter Demenzen verstehen wir einen überdurchschnittlichen Verlust intellektueller Funktionen, vor allem der Merkfähigkeit. „Überdurchschnittlich" bedeutet hier im Vergleich zum normalen Abfall intellektueller Funktionen im Laufe des Alterns. Spezifische neuropsychologische Tests für Gedächtnis, Merkfähigkeit und Problemlösen und räumliche Desorientierung geben Grenzwerte an, ab denen „normales" Altern in „krankhaftes" Altern, die Demenz, übergeht. Eine Differentialdiagnose erfordert aber zusätzlich zu den Tests eine *Verhaltensanalyse* und neurologische Untersuchungen [13, 20, 24].

5% der Bevölkerung über 65 weisen schwere Demenzen, weitere 10% der über 65jährigen leichte bis mittelschwache Demenzen auf. Nach dem hauptsächlich betroffenen Ort der Schädigung werden unterschieden:

a) Corticale D.: Alzheimer-Demenzen und Pick-Demenzen (frontal maximal).
b) Fronto-subcorticale D.: Huntington-, Parkinson- und Multi-Infarkt-Demenzen.

Tabelle 30-9. Funktionsausfälle nach Ausfall verschiedener Temporalregionen. (Nach Kolb u. Whishaw 1985)

Symptome	Möglicher Läsionsort
1. Störungen der akustischen Wahrnehmung	Areal 22, 41, 42
2. Störung der Selektion visueller und akustischer Reize	Areal 20, 21, 22, 37, 38
3. Störungen der visuellen Wahrnehmung	Areal 20, 21
4. Gestörte Organisation und Kategorisierung	Areal 21, 38 links
5. Störung der Sprachwahrnehmung	Areal 22 links
6. Schlechtes Langzeitgedächtnis	Areal 21 (Hippocampus und möglicherweise Amygdala)
7. Änderungen der Persönlichkeit und des Affektes	Areal 21, 38 plus Amygdala
8. Änderungen sexuellen Verhaltens	?

c) Axiale D. (über subcortical-corticale Strukturen hinweg): Korsakoff-Syndrom (s. Kap. 27).
d) Globale Amnesien (s. Kap. 27).
e) Gemischte D.: infektiöse, toxische, posttraumatische Demenzen.

Alzheimersche Krankheit. Die Hälfte aller Personen mit Demenzen ist an dieser Störung erkrankt. Wie die meisten Demenzen beginnt sie schleichend und entwickelt sich über ein Anfangsstadium von 1-3 Jahren bis zu vollständiger apathischer Demenz mit Inkontinenz, motorischen Störungen und körperlichem Verfall und Tod nach durchschnittlich 5-10 Jahren. Einsicht in die Erkrankung geht nach dem Anfangsstadium in der Regel verloren. Der *Beginn* wird oft nicht erkannt, die *Vergeßlichkeit* besonders für neues Gedächtnismaterial (Merkfähigkeit für Minuten vorher dargebotene Inhalte) unterscheidet sich vorerst nicht von den Behaltensschwierigkeiten älterer Menschen. Bereits ab dem 50. Lebensjahr können die ersten Merkfähigkeitsstörungen auftreten. Erst etwas später fallen Persönlichkeitsveränderungen auf: extreme Verschärfung vorhandener Persönlichkeitszüge, apathische Einstellung gegenüber Neuem und Ablenkbarkeit, Konfusion und soziale Desorientierung. Neurologische Zeichen (Verlust von Reflexhemmungen, Sprachstörungen) folgen erst relativ spät.

Die *Ursache* für die Alzheimersche Erkrankung ist zur Zeit noch unbekannt; diskutiert werden ein langsamer Virus (slow virus), genetische Disposition, Aluminiumunverträglichkeit und immunologische Defekte. Am wahrscheinlichsten, besonders für die früh auftretende, schwere Form von Alzheimer, ist eine dominant vererbte Anomalie des Zellstoffwechsels. Es kommt zu Atrophie der grauen Substanz, besonders der Assoziationscortices, Atrophie der dendritischen Verzweigungen und histologisch vor allem am Cortex zu **senilen Plaques** und **neurofibrillären Einlagerungen (tangles)**. Senile Plaques sind Ablagerungen abgestorbener Nervenzellen mit hohen Anteilen an Neurotransmittern und Proteinen. Neurofibrilläre Einlagerungen bestehen aus exzessiver Vermehrung der normalen Neurofibrillen (Kap. 2), die u. a. Stützfunktion für die Zellen haben. In den degenerativen Ablagerungen (Plaques) befindet sich ein Protein, Amyloid, das charakteristisch für Alzheimer-Patienten und ihre Verwandten ersten Grades ist.

Die *Schwere* der Störung korreliert hoch mit dem post-mortem festgestellten Verlust des Vorläuferenzyms der Transmitter Acetylcholin (ACh) und Cholin-Acetyltransferase (ChAT), vor allem in den Assoziationsarealen und im Hippocampus. Allerdings sind auch das Abbauenzym Acetylcholinesterase und NA, Serotonin und die Reaktivität auf einige Neuropeptide (Somatostatin, Neurotensin) verringert. Der Verlust cholinerger Neurone nimmt aber von den subcorticalen Ursprungskernen des cholinergen Systems (s. Kap. 14) seinen Ausgang, weshalb die Bezeichnung „corticale Demenz“ mißverständlich ist. Die Ursache für den Verlust cholinerger Zellen dürfte in einer Reduktion des Nervenwachstumsfaktors (Nerve Growth Factor, NGF), eines Proteins mit einem Molekulargewicht von 13000, liegen. NGF wird vor allem im Hippocampus und dem Basalkern des Vorderhirns produziert und stimuliert Wachstum und ChAT-Produktion speziell im cholinergen System (Abb. 30-24). Im Tierversuch hebt Injektion oder Implantation von NGF die Lern- und Gedächtnisdefekte nach Hippocampusläsion auf [18].

Parkinsonsche Krankheit. Obwohl **Ruhetremor, Rigidität und Bradykinesie** (langsam und träge) und **Akinesie** (Initiierung von Bewegung gestört) als die Hauptsymptome bei Parkinson gelten (s. 16.6), sind die **kognitiven Störungen** und die **Depressivität** der meisten Patienten genauso als Teil dieser Störung zu sehen. Canavan (1986) bezeichnet Parkinson sogar als primär kognitive Störung: *vor* Einsetzen der motorischen Ausfälle äußert sich die Krankheit schon früh in einem Nachlassen visuell-räumlicher Funktionen (bei beidseitiger oder rechts-dominanter Lokalisation der Störung, weniger bei links-dominanter). Die Erkrankung tritt meist nach dem 50. Lebensjahr auf und verläuft progredient, innerhalb von 5-20 Jahren nach erstem Auftreten ist die Mortalität 3 mal so hoch wie bei Gesunden.

Bei ideopathischem Parkinson ist die Ursache unbekannt; heute sind viele Parkinsonsche Symptome Folge chronischer Gabe von antipsychotischer Medikation mit anti-dopaminerger Wirkung (s. u.). Da bei Parkinson ein *Verlust dopaminerger Zellen* in der S. nigra und dem benachbarten ventralen Tegmentum vorliegt und die S. nigra Teil eines komplexeren Systems mit motorischen, kognitiven und motivationalen Funktionen ist (s. Kap. 16 und 24, Abb. 30-19), sind motorische Ausfälle allein unwahrscheinlich. Die Tatsache, daß der präfrontale Assoziationscortex eine zentrale Empfangsstelle dopaminerger, cholinerger und noradrenerger Faserzüge ist, läßt Störungen, wie sie bei dorsolateraler Frontalläsion festzustellen sind, vermuten. In der Tat zeigen Parkinson-Patienten und Patienten mit *Frontalläsionen* vergleichbare Störungen im WCST und bei Aufgaben, in denen verschiedene Hinweisreize mit unterschiedlichen Handlungsabfolgen assoziiert werden müssen (delayed alternating response). Da bei Parkinson-Patienten aber auch noradrenerge Zellen im Nucl. coeruleus degenerieren und Serotonin reduziert ist, kann die Krankheit nur nach Aufklärung der *Interaktion* von mehreren beteiligten Transmittern verstanden werden. (Wir haben in Kap. 29, S. 600, bereits ein Beispiel dafür bei Streßverhalten ausgeführt.) Wie bei Morbus Alzheimer ist auch ein Verlust cholinerger Zellen im basalen Kern des Vorderhirns (Abb. 30-24) festgestellt worden, der aber offensichtlich nicht zu den weiten corticalen Schädigungen der Alzheimer-Erkrankung führt, sondern bei Morbus Parkinson am Cortex primär die Frontalregion zu betreffen scheint.

Die **Behandlung** von Parkinson mit L-Dopa, dem Vorläuferenzym von Dopamin, bessert in den ersten Behandlungsmonaten und -jahren die psychomotorischen Störungen, intellektuelle Verbesserungen und Stimmungsaufhellungen sind in der Regel nur von kurzer Dauer. Dies weist darauf hin, daß die Balance eines komplizierten Gefüges von Netzwerken mit kognitiven und motorischen Funktionen gestört ist. Die früher häufig praktizierte stereotaktische Ausschaltung motorischer Kerne des Thalamus als Therapie des Parkinson hat sich genauso wenig bewährt wie die Ausschaltung der Frontalregion bei Schizophrenien oder Zwangsstörungen.

Die Schizophrenien

Deskription. Schizophrenie ist keine einheitliche Erkrankung, sondern besteht aus verschiedenen Verhaltensstörungen, deren Differenzierung in klar abgrenzbare Subgruppen bis heute nicht gelungen ist. Gemeinsam ist den verschiedenen Formen der Schizophrenie eine Gruppe von Symptomen, die allein oder in Kombination auftreten [2]: bizarrer Wahn, Verfolgungs- und Eifersuchtsideen, akustische Halluzinationen, inkohärente und lose Assoziationen, Verlust sozialen Funktionierens. Wenn die Wahnvorstellungen *logisch* und *kohärent* sind und Eifersuchts- und Verfolgungsideen dominieren, sprechen wir von **paranoider Störung**. Die Störungen gehen oft mit sozialer Isolation und flachen oder extrem unangepaßten Affekten einher. Schizophrenie beginnt im jüngeren Erwachsenenalter und führt selten zu vollständiger Remission auf früheres soziales Funktionieren. Trotzdem sind weitgehende Besserungen vor allem bei den akuten Schizophrenien mit plötzlichem Einsatz und „positiv-florider" Symptomatik eher möglich als bei den schleichend verlaufenden, prämorbid schlecht angepaßten mit „negativ-defekter" Symptomatik [2, 29].

Denkstörungen. Da bei Schizophrenen in vielen Denkaufgaben z. T. schwere Störungen festgestellt

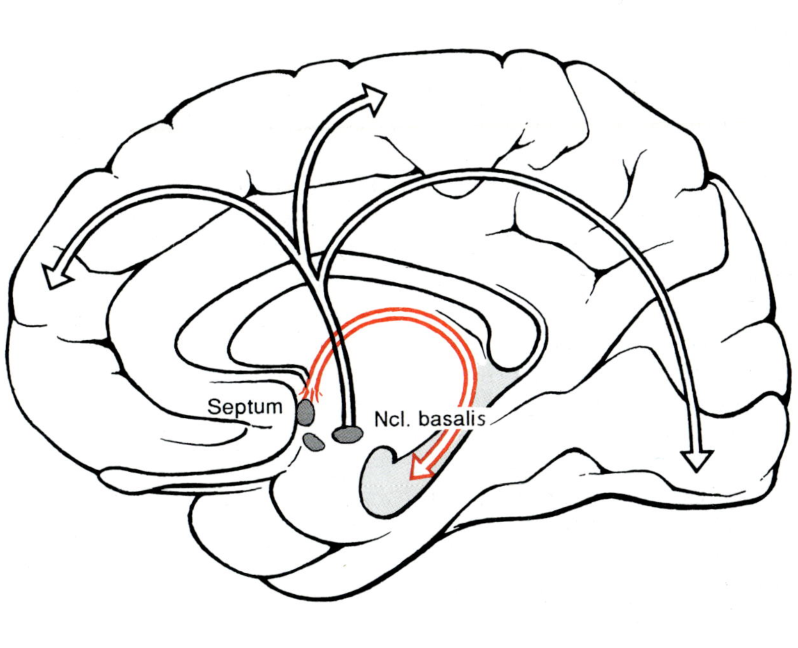

Abb. 30-24. Cholinerge Verbindungen des basalen Vorderhirns: Die Ursprungsneurone haben ihre Zellkörper in den Kernen des basalen Vorderhirns (mediales Septum, Nucl. des diagonalen Bandes und Nucl. basalis) und projizieren in den Cortex und den Hippocampus

wurden, erbrachte vor allem das Studium jener Aufgaben, die Schizophrene *ebenso gut* wie Normalpersonen bewältigen, im Vergleich zu den unbewältigten Aufgaben, wichtige Einsichten in die Informationsverarbeitung dieser Personen; zwei Defizite sind zentral, die miteinander zusammenhängen:

a) Mangelnde **Selektivität von Aufmerksamkeitsprozessen.**
b) **Kontrollierte Suche** (controlled search) im KZG ist erschwert (s. Kap. 25 und 29).

Diese beiden Hauptsymptome lassen sich bereits *vor* Ausbruch der Erkrankung im Kindes- und Jugendalter erfassen: In Längsschnittstudien von Kindern schizophrener Mütter, die nach der Pubertät an schizophrenen Störungen leiden, ergeben sich deutliche Störungen des Aufmerksamkeitsverhaltens: Die **Habituation** der Hautwiderstandsreaktion auf wiederholte einfache Reize ist verlangsamt. Während Kinder, die später nicht erkranken, nach 10 hintereinander dargebotenen Tönen keine Reaktion des Hautwiderstands mehr aufweisen, reagieren die Risikokinder auch noch nach dem 10. Reiz gleich stark. Der Reiz behält seinen *Neuheitswert* trotz seiner offensichtlichen Bedeutungslosigkeit bei. Unwichtiges wird nicht von Wichtigem unterschieden, das Aufmerksamkeitssystem (Kap. 25) reagiert unselektiv und intensiv; man spricht daher auch oft von einer „Überflutung" der Aufmerksamkeit und des KZG. In Aufgaben, wo auf Zielreize schnell reagiert und auf ähnliche oder ablenkende Reize nicht reagiert werden soll (z. B. im Continuos Performance Test, CPT), schneiden Kinder schizophrener Eltern, die später erkranken, deutlich schlechter ab. (Bei einem schizophrenen Elternteil beträgt die Wahrscheinlichkeit einer schizophrenen Störung bis zu 15%, bei zwei erkrankten Eltern 40%, in der Allgemeinbevölkerung 1%).

Bei Überlegungen zur genetischen und neurochemischen Ätiologie der Schizophrenien darf nicht vergessen werden, daß nur die **Vulnerabilität**, das Risiko für die Erkrankung, vererbt und/oder durch eine intrauterine virale Infektion erhöht wird, der *Ausbruch* aber durch eine Vielzahl entwicklungspsychologischer und sozialer Belastungsfaktoren begünstigt wird (Diathese-Stress-Modell): z. B. ist in den Entwicklungsländern der Verlauf günstiger als in Industrieländern. Familien mit wenig ausgedrückten kritischen Emotionen, eine stabile Partnerschaft und Zugehörigkeit zur Mittel- und Oberschicht stellen Schutzfaktoren dar, die eine Dauertherapie mit Neuroleptica in vielen Fällen überflüssig machen [29].

Die Störung in **kontrollierter Informationsverarbeitung** wird erst mit Ausbruch der Krankheit sichtbar und äußert sich vor allem bei *komplexen sprachlichen Funktionen*, weniger bei Gestaltaufgaben. Automatisierte Denkprozesse sind ungestört. Wenn im KZG aktive und bewußte (kontrollierte) Operationen durchgeführt werden sollen, kommt es zu gravierenden Leistungseinbußen: z. B. treten lange Pausen vor Sätzen und Wörtern auf, wo Entscheidungen über Richtung und Verlauf der Sprache getroffen werden müssen. In diesen *Pausen* fließt irrelevante Information ins KZG, und die Patienten „finden" die passenden Assoziationen nicht mehr. Schizophrene sind daher *gute Zuhörer* und *schlechte Sprecher* in allen Situationen, in denen sie *selbst* eine sprachliche Assoziation finden müssen, die für Zuhörer verständlich ist (z. B. schwer zu erkennende Figuren so beschreiben, daß ein Zuhörer sie erkennen kann).

Die beschriebenen Denkstörungen führen zu den Wahnvorstellungen und Halluzinationen Schizophrener: angesichts der mangelnden Auswahl von Reizen durch das Aufmerksamkeitssystem erhalten eine Vielzahl von Ereignissen und Gedächtnisinhalten eine überstarke Bedeutung (z. B. das Flüstern einer Gruppe wird zur Verschwörung). Stille Selbstgespräche werden als laute Stimmen wahrgenommen, da keine konsistenten Erwartungen zu dem Gesprochenen existieren; die Überlastung des KZG mit unselegierten Reizen verursacht die bizarren, unzusammenhängenden Assoziationen.

Verschiedene Faktoren scheinen das Auftreten dieser Denkstörungen zu begünstigen: Geburtskomplikationen wie Anoxie oder extrem langer Geburtsverlauf, traumatische Lebensereignisse, z. B. Tod eines Familienangehörigen und Kommunikationsstörungen in der Familie. Schizophrene, die in Familien leben, wo ein oder mehrere Angehörige zu stark negativen und kritischen Gefühlsäußerungen neigen, erleiden häufiger Rückfälle und benötigen eine höhere Dosis an Medikamenten. Bei Konfrontation mit einem solchen Familienangehörigen zeigen Schizophrene anhaltend erhöhte autonome Erregung (erhöhte Herzrate, verstärkte Hautleitfähigkeit). In diesen Situationen verlangsamt sich die Habituationsrate und die Aufmerksamkeitsstörungen treten verstärkt auf [18a, 29].

Zwei Formen von Schizophrenie. Es werden heute oft zwei „Typen" schizophrener Patienten unterschieden, deren Erkrankung auf verschiedene Ursachen rückführbar sind:

Typ-I-Schizophrenie weist die drei genannten Symptome mit akustischen Halluzinationen und bizarren Wahnvorstellungen auf. Vor Auftreten der akuten Symptome wird keine bedeutsame, länger bestehende Veränderung von den Angehörigen und dem Patienten festgestellt, vor allem keine extreme soziale Isolation. Diese Gruppe weist sogenannte **Positivsymptomatik** auf, d. h. plötzliche, intensive Krankheitszeichen; Typ-I-Patienten sprechen gut auf medikamentöse Behandlung an, die Symptome werden nachhaltig reduziert (s. u.).

Typ-II-Schizophrenien zeigen lange vor Auftreten der Symptome sozialen Rückzug, intellektuellen Abbau, ihre Wahnvorstellungen sind einfach, die Halluzinationen desorganisiert. Der Verlauf ist schleichend und chronisch, über Jahre verfolgbar und kaum reversibel. Wir sprechen daher von **Negativsymptomatik**. Typ-II-Patienten sprechen nicht auf antipsychotische Behandlung an (s. u.).

Die beiden Gruppen lassen sich auch neurologisch unterscheiden. Typ-II-Patienten zeigen deutliche Zeichen einer *Degeneration des Gehirns*: sie haben erweiterte Ventrikel, was mit dem intellektuellen Verfall korreliert. Die genetische Vulnerabilität der Typ-II-Schizophrenien für eine Viruserkrankung, die später zur schizophrenen Störung führt, dürfte größer sein als für Gruppe I. Ähnlichkeiten zwischen der Typ-II-Gruppe und Patienten mit multipler Sklerose sprechen für eine immunologische Erkrankung des ZNS. In der Tat fand man in der cerebrospinalen Flüssigkeit einer Subgruppe von Schizophrenen Antikörper gegen eine virale Infektion ähnlich dem Herpes-Virus [23].

Allerdings zeigt auch Gruppe-I neurophysiologische Änderungen, die *reversibel* sind und keine dauerhafte Hirnschädigung nach sich ziehen müssen. Die frontale Hirnregion ist vor allem in der *linken Hemisphäre* gegenüber der occipitalen mangelhaft durchblutet, die frontale Glucoseaufnahme im PET (s. Kap. 14, S. 477) ist ebenfalls reduziert. Die ereigniskorrelierten Hirnpotentiale (Kap. 14, S. 470) zeigen bei gefordertem Aufmerksamkeitsanstieg eher einen Abfall der Amplituden als den erwarteten Anstieg, was die Aufmerksamkeitsstörung bei Schizophrenen widerspiegelt (paradoxe Amplitudenreduktion).

Die Dopaminhypothese. Bevor Befunde über mögliche neurobiologische Grundlagen der Schizophrenien vorlagen, wurde in den 50er Jahren eine Gruppe von Antihistaminen entwickelt, die wirksam die Hauptsymptome der Gruppe-I-Schizophrenien unterdrückten. Erst nachdem die Wirkung der Medikamente etabliert war, setzte die Forschung über die Wirkungsmechanismen im Gehirn ein. Heute steht uns ein relativ klares Bild der Pharmakologie dieser **antipsychotischen Substanzen** zur Verfügung.

Dabei zeigte sich, daß eine Substanz um so wirksamer ist, je leichter sie eine Bindung mit Dopaminreceptoren an den Zellmembranen des sogenannten **mesolimbischen Systems** eingeht und den Receptor inaktiviert. [Das mesolimbische Dopaminsystem (s. Kap. 14) zieht vom ventralen Tegmentum über das mediale Vorderhirnbündel in das basale Vorderhirn, limbische System und möglicherweise in den präfrontalen Cortex (s. Kap. 28)]. Dies spricht für eine *Überaktivität* des Dopaminsystems als hauptverantwortliche neuropharmakologische Ursache der positiven Symptomatik bei Schizophrenien. Da keine konsistenten pathologischen Veränderungen im Gehirn und den Transmittersubstanzen von Typ-I-Schizophrenen auffindbar sind, geht man davon aus, daß ein Subsystem der Dopaminreceptoren, die sogenannten D_2-Receptoren, in der Schizophrenie entweder vermehrt oder überempfindlich sind. Substanzen, die den D_2-Receptor blockieren, haben die beste therapeutische Wirkung, während Blockade des D_1-Receptors nur wenig Wirkung auf die Symptomatik aufweist. Eine *generelle* Überaktivität dopaminerger Neurone liegt nicht vor. Der D_1-Receptor an dopaminergen Zellen unterscheidet sich vom D_2-Receptor durch seine Koppelung an cAMP, während der D_2-Receptor die cAMP-Bildung nicht stimuliert, sondern eher blockiert (s. Kap. 2). D_2-Receptoren werden durch Apomorphin erregt und durch neuroleptische Drogen blockiert. Dopaminagonisten wie Amphetamin und Cocain bewirken auch bei Normalpersonen schizophrenieähnliche Symptome und verschlimmern bei Schizophrenen die Störung.

Die Medikamente haben eine Reihe *unerwünschter Nebeneffekte*, die häufigsten sind *Parkinson-ähnliche* Bewegungsstörungen wie Verlust des Gesichtsausdrucks, Muskelstarre und Tremor. 10% der Patienten entwickeln zusätzlich nach langer Medikamenteneinnahme die irreversible **tardive Dyskinesie** („langsame Bewegungsfehler"): Gesichts- und Zungentics, Gesten, Sprechprobleme, Schlenkern der Arme u. a. Die Receptoren entwickeln in diesen Fällen eine *Übersensitivität durch Denervierung* (denervation supersensitivity): die dauerhafte Hemmung der Receptoren durch die Medikamente verursacht kompensatorisch eine Übersensitivität auf den blockierten Transmitter [23].

Die Parkinson-Symptome entwickeln sich durch Blockade nicht nur des mesolimbischen Systems, sondern auch der Dopaminreceptoren der Basalganglien und der S. nigra. Eine lokale Wirkung auf das mesolimbische System allein ist bisher nicht möglich.

Neben Dopamin scheint vor allem eine Störung corticaler und subcorticaler *Glutamatreceptoren* vorzuliegen. Diskutiert wird eine verringerte Bindungsfähigkeit dieser Receptoren. Da Dopamin die glutamatergen Neurone hemmt, könnte durch Neuroleptica eine Enthemmung des Glutamatsystems bewirkt werden [18a].

Anhedonie und antipsychotische Pharmaka. Unter Anhedonie verstehen wir die Tatsache, daß die üblichen positiven Verstärker (Speisen, sexuelle Aktivität, freundschaftliche Beziehungen, künstlerische Aktivitäten, Naturerlebnisse) nicht als positiv, sondern neutral empfunden werden.

Die Blockade des überaktiven mesolimbischen präfrontalen Dopaminsystems durch Neuroleptica führt nicht nur zur Unterdrückung der Denkstörung, sondern auch zu **Anhedonie**. Wie wir in Kap. 29 gesehen haben, spielt das dopaminerge System bei der intrakraniellen Selbststimulation (ICSS) eine wichtige Rolle, seine Hemmung reduziert die Wirkung positiver Verstärker und führt daher über medikamentös ausgelöste Anhedonie zu allgemeiner Sedierung [38]. Die beruhigende und das frontale Aufmerksamkeitssystem (s. Kap. 25, S. 499) stabilisierende Wirkung wird mit einem die Apathie und Initiativlosigkeit verstärkenden Effekt erkauft.

Die Überaktivität des mesolimbischen Dopaminsystems könnte auch einige Symptome der Schizophrenie erklären: da dieses System positive Verstärkung zumindest teilweise bewirkt, führt Überaktivität zur Verstärkung einer Unzahl von Reizen und Reaktionen. Auch Unwichtiges und Unzusammenhängendes wird plötzlich bedeutsam. Die Aufmerksamkeitsselektion bricht zusammen. Genau dies sind die hervorstechendsten Symptome der schizophrenen Störung.

30.6 Literatur

Weiterführende Lehr- und Handbücher

1. BOURNE, L., DOMINOWSKI, R.L., LOFTUS, E.F., HEALY, A.F.: Cognitive Processes. 2nd ed. New Jersey: Prentice-Hall 1986
2. DSM-III-R: Revised Diagnostic and Statistical Manual of Mental Disorders. 3rd, revised ed. Washington: American Psychiatric Assoc. 1987
3. FILSKOV, S.B., BOLL, T.J. (Eds.): Handbook of Clinical Neuropsychology. Vol. 1 u. 2. New York: Wiley 1986
4. FUSTER, J.M.: The Prefrontal Cortex. New York: Raven Press 1980
5. GAZZANIGA, M., LEDOUX, J.: The Integrated Mind. New York: Plenum Press 1978
6. HEILMAN, K.M., VALENSTEIN, E.(Eds.): Clinical Neuropsychology. 2nd ed. New York: Oxford Univ. Press 1985
7. KERTESZ, A.: Aphasia and Associated Disorders. New York: Grune & Stratton 1979
8. KOLB, B., WHISHAW, I.Q.: Fundamentals of Human Neuropsychology. 2nd ed. New York: Freeman 1985
9. LUCE, J., WILDER, H.T. (Eds.): Language in Primates. Berlin, Heidelberg, New York, Tokyo: Springer 1983
10. LURIA, A.R.: Die höheren kortikalen Funktionen des Menschen und ihre Störungen bei örtlichen Hirnschädigungen. Berlin: VEB Deutscher Verlag der Wissenschaften 1970
11. MATLIN, M.: Cognition. New York: Holt-International 1983 2nd ed. 1989
12. POECK, K.(Ed.): Klinische Neuropsychologie. Stuttgart: Thieme Verlag 1982
13. POON, L.W. (Ed.): Handbook for Clinical Memory Assessment of Older Adults. Washington D.C.: American Psychological Association 1986
14. PREMACK, D.: Intelligence in Ape and Man. Hillsdale, N.J.: Erlbaum 1976
15. SEGALOWITZ, S.J. (Ed.): Language Functions and Brain Organization. New York: Academic Press 1983
16. SPRINGER, S.P., DEUTSCH, G.: Left Brain, Right Brain. 2nd ed. New York: Freeman 1985
17. VALENSTEIN, E.(Ed.): The Psychosurgery Debate. San Fancisco: Freeman 1980

Einzel- und Übersichtsarbeiten

18. BARNES, D.: Defect in Alzheimer's is on chromosome 21. Science *235*, 846-847 (1987)

18a. BECKMANN, H., BIRBAUMER, N.: Schizophrene Erkrankungen. In: HIERHOLZER, K., SCHMIDT, R.F. (Hrsg.): Pathophysiologie des Menschen. Weinheim: *edition medizin* der VCH Verlagsgesellschaft 1991

19. BENSON, D.F.: Aphasias. In: HEILMAN, K.M., VALENSTEIN, E.(Eds.): Clinical Neuropsychology. 2nd ed. New York: Oxford Univ. Press 1985
20. BIRBAUMER, N.: Höheres Lebensalter. In: MILTNER, W., BIRBAUMER, N., GERBER, D.(Eds.): Verhaltensmedizin. Berlin, Heidelberg, New York, Tokyo: Springer 1985
21. BIRBAUMER, N., ELBERT, T., CANAVAN, A., ROCKSTROH, B.: Slow cortical potentials and behavior. Physiol. Rev. *70*, 1-41 (1990)
22. CANAVAN, A.G.M.: Functions of the basal ganglia in man and monkey. D.Phil. Thesis, Univ. of Oxford 1986
23. CARLSON, N.R.: Physiology of Behavior. 3rd ed. Boston: Allyn and Bacon 1986
24. GOLDSTEIN, G., RUTHVEN S.L.: Rehabilitation of the Brain-Damaged Adult. New York: Plenum Press 1983
25. HARRINGTON, A.: Ninteeth-century ideas on hemisphere differences and duality of mind. Behav. Brain Sci. *8*, 617-660 (1985)
26. HASSLER, M.& BIRBAUMER, N.: Witelson's dichaptic stimulation test in children with different levels of musical talent. Neuropsychologia *24*, 435-440 (1986)
27. HEILMAN, K.M., WATSON, R.D., VALENSTEIN, E.: Neglect and related disorders. In: HEILMAN, K.M., VALENSTEIN, E.(Eds.): Clinical Neuropsychology, 2nd ed. New York: Oxford Univ. Press 1985
28. LANG, P.J., MILLER, G.A., LEVIN, P.N.: Anxiety and fear: Central processes and peripherical physiology. In: DAVIDSON, G.E., SCHWARTZ, G., SHAPIRO, D.(Eds.): Conscioussness and Self-Regulation Vol. 3. New York: Plenum Press 1983, pp. 123-152
29. LEFF, J., VAUGHAN, CH.: Expressed Emotion in Families. New York: Guilford Press 1985
30. LEVY, J., TREVARTHEN, C., SPERRY, R.W.: Perception of bilateral chimeric figures following hemispheric disconnections. Brain *95*, 61-78 (1972)
31. LEVY, J., TREVARTHEN, C.: Metacontrol of hemispheric functions in human split brain patients. J. Exp. Psychol. *2*, 299-312 (1976)
32. MAZZOCHI, F., VIGNOLO, L.A.: Localisation of lesions in aphasia. Cortex *15*, 627-654 (1979)
33. MILLAR, S.: Studies of the deaf and the blind. In: BURTON, A.(Ed.): The Pathology and Psychology of Cognition. London: Methuen 1982, pp. 135-168
34. MILNER, B.: Psychological defects produced by temporal lobe excision. Res. Publ. Assoc. Res. Nerv. Ment. Dis. *38*, 244-257 (1958)
35. MISHKIN, M.: Analogous neural models for tactile and visual learning. Neuropsychologia *17*, 139-152 (1979)
36. RÖLTGEN, D.: Agraphia. In: HEILMAN, K.M., VALENSTEIN, E.(Eds.): Clinical Neuropsychology. 2nd ed. New York: Oxford Univ. Press 1985
37. WALLESCH, C.W., HENRIKSEN, L., KORNHUBER, H.H., PAULSON, O.B.: Observations on regional cerebral blood flow in cortical and subcortical structures during language production in normal man. Brain and Language *25*, 224-233 (1985)
38. WISE, R.A.: Neuroleptics and operant behavior: The anhedonia hypothesis. Behav. Brain Sci. *5*, 39-87 (1982)
39. WURTZ, R.M. GOLDBERG, M.E., ROBINSON, D.L.: Brain mechanism of visual attention. Scientific American, 1982. In: THOMPSON, R.F. (Ed.): Progress in Neuroscience. New York: Freeman 1986

Anhang*

G. THEWS

Maßeinheiten der Physiologie

Internationales System der Einheiten

Für die physikalischen und chemischen Größen, die im Rahmen der Physiologie verwendet werden, ist von der International Organisation for Standardization die Einführung eines neuen Maßsystems empfohlen worden. Viele Staaten, u. a. auch die Bundesrepublik Deutschland, sind der Empfehlung gefolgt und haben dieses System für den geschäftlichen und amtlichen Verkehr gesetzlich vorgeschrieben [3, 4]. Die Basis des neuen *Internationalen Systems der Einheiten (SI = Système International d'Unités)* bilden 7 Größen, die in Tabelle 1 angegeben sind.

Tabelle 1. Namen und Symbole der SI-Basiseinheiten

Größe	Name der Einheit	Symbol
Länge	Meter	m
Masse	Kilogramm	kg
Zeit	Sekunde	s
Elektrische Stromstärke	Ampere	A
Thermodynamische Temperatur	Kelvin	K
Lichtstärke	Candela	cd
Substanzmenge	Mol	mol

Diese Basiseinheiten sind folgendermaßen definiert:

1 Meter (m) ist das 1650763,73fache der Wellenlänge der von Atomen des Nuklids ^{86}Kr beim Übergang vom Zustand $5d_5$ zum Zustand $2p_{10}$ ausgesandten, sich im Vakuum ausbreitenden Strahlung.

1 Kilogramm (kg) ist die Masse des Internationalen Kilogrammprototyps.

1 Sekunde (s) ist das 9192631770fache der Periodendauer der dem Übergang zwischen den beiden Hyperfeinstrukturniveaus des Grundzustandes von Atomen des Nuklids ^{133}Cs entsprechenden Strahlung.

1 Ampere (A) ist die Stärke eines zeitlich unveränderten elektrischen Stromes, der, durch 2 im Vakuum parallel im Abstand 1 m voneinander angeordnete, geradlinige, unendlich lange Leiter von vernachlässigbar kleinem, kreisförmigem Querschnitt fließend, zwischen diesen Leitern je 1 m Leiterlänge elektrodynamisch die Kraft 1/5000000 kg m/s^2 hervorrufen würde.

Tabelle 2. Namen und Symbole einiger abgeleiteter SI-Einheiten

Größe	Name der Einheit	Symbol	Definition
Frequenz	Hertz	Hz	s^{-1}
Kraft	Newton	N	$m \cdot kg \cdot s^{-2}$
Druck	Pascal	Pa	$m^{-1} \cdot kg \cdot s^{-2}$ $(N \cdot m^{-2})$
Energie	Joule	J	$m^2 \cdot kg \cdot s^{-2}$ $(N \cdot m)$
Leistung	Watt	W	$m^2 \cdot kg \cdot s^{-3}$ $(J \cdot s^{-1})$
Elektrische Ladung	Coulomb	C	$s \cdot A$
Elektrische Potentialdifferenz (Spannung)	Volt	V	$m^2 \cdot kg \cdot s^{-3} \cdot A^{-1}$ $(W \cdot A^{-1})$
Elektrischer Widerstand	Ohm	Ω	$m^2 \cdot kg \cdot s^{-3} \cdot A^{-2}$ $(V \cdot A^{-1})$
Elektrischer Leitwert	Siemens	S	$m^{-2} \cdot kg^{-1} \cdot s^3 \cdot A^2$ (Ω^{-1})
Elektrische Kapazität	Farad	F	$m^{-2} \cdot kg^{-1} \cdot s^4 \cdot A^2$ $(C \cdot V^{-1})$
Magnetischer Fluß	Weber	Wb	$m^2 \cdot kg \cdot s^{-2} \cdot A^{-1}$ $(V \cdot s)$
Magnetische Flußdichte	Tesla	T	$kg \cdot s^{-2} \cdot A^{-1}$ $(Wb \cdot m^{-2})$
Induktivität (magnetischer Leitwert)	Henry	H	$m^2 \cdot kg \cdot s^{-2} \cdot A^{-2}$ $(V \cdot s \cdot A^{-1})$
Lichtstrom	Lumen	lm	$cd \cdot sr^a$
Beleuchtungsstärke	Lux	lx	$cd \cdot sr \cdot m^{-2}$ $(lm \cdot m^{-2})$
Aktivität einer radioaktiven Substanz	Becquerel	Bq	s^{-1}

[a] sr (Steradiant) = SI-Einheit des räumlichen Winkels.

* Unveränderter Nachdruck aus: R. F. Schmidt u. G. Thews (Hrsg.): Physiologie des Menschen, 23. Auflage. Heidelberg: Springer 1987. Wir danken dem Verfasser für seine freundliche Zustimmung.

1 Kelvin (K) ist der 273,16te Teil der thermodynamischen Temperatur des Tripelpunktes des Wassers.

1 Candela (cd) ist die Lichtstärke, mit der 1/600000 m^2 der Oberfläche eines Schwarzen Strahlers bei der Temperatur des beim Druck 101325 kg/m s^2 = 760 mm Hg erstarrenden Platins senkrecht zu seiner Oberfläche leuchtet.

1 Mol (mol) ist die Stoffmenge eines Systems bestimmter Zusammensetzung, das aus ebenso vielen Teilchen besteht, wie Atome in 0,012 kg (= 12 g) des Nuklids ^{12}C enthalten sind.

Von den Einheiten dieses Basissystems lassen sich die Einheiten sämtlicher Meßgrößen ableiten. Eine Auswahl hiervon ist in Tabelle 2 zusammengestellt.

Die numerischen Werte der in den Tabellen 1 und 2 genannten Größen enthalten vielfach Zehnerpotenzen als Faktoren. Zur Vereinfachung der Angaben hat man häufig gebrauchten Zehnerpotenzen bestimmte Vorsilben zugeordnet (Tabelle 3), die mit dem Namen der betreffenden Einheiten verbunden werden.

Tabelle 3. Präfixa und Symbole häufig gebrauchter Zehnerpotenzfaktoren

Faktor	Präfixum	Symbol	Faktor	Präfixum	Symbol
10^{-1}	Dezi	d	10	Deka	da
10^{-2}	Centi	c	10^2	Hekto	h
10^{-3}	Milli	m	10^3	Kilo	k
10^{-6}	Mikro	μ	10^6	Mega	M
10^{-9}	Nano	n	10^9	Giga	G
10^{-12}	Pico	p	10^{12}	Tera	T
10^{-15}	Femto	f	10^{15}	Peta	P

Neben den SI-Einheiten dürfen die in Tabelle 4 aufgeführten konventionellen Einheiten auch weiterhin benutzt werden.

Tabelle 4. Einheiten, die nicht zum SI-System gehören, jedoch weiterhin benutzt werden dürfen

Name der Einheiten	Symbol	Wert in SI-Einheiten
Gramm	g	1 g = 10^{-3} kg
Liter	l	1 l = 1 dm^3
Minute	min	1 min = 60 s
Stunde	h	1 h = 3,6 ks
Tag	d	1 d = 86,4 ks
Grad Celsius	°C	t°C = T − 273,15 K

Umrechnungsbeziehungen

Konzentrationen können im Rahmen des SI-Systems als Stoffmenge pro Volumen (mol/l, mmol/l, μmol/l) oder als Masse pro Volumen (g/l, mg/l) angegeben werden. Es wird empfohlen, die *Stoffmengenkonzentration* immer dann anzuwenden, wenn bei chemisch einheitlichen Substanzen die Molekulargewichte (relative Molekülmassen) bekannt sind [5]. Dagegen stellt die *Massenkonzentration* eine zweckmäßige Form der Konzentrationsangabe für Gemische gelöster Substanzen, wie z. B. für die Gesamtplasmaproteine, dar. Angaben in konventionellen Konzentrationseinheiten g-% = g/dl, mg-% = mg/dl und mval/l = mäq/l (s. [2]) können mit Hilfe der in Tabelle 5 zusammengestellten Beziehungen auf solche in SI-Einheiten umgerechnet werden.

Tabelle 5. Umrechnungsbeziehungen von konventionellen Konzentrationseinheiten (g-%, mg-%, mval/l) auf SI-Einheiten der Massenkonzentration (g/l) und der Stoffmengenkonzentration (mmol/l bzw. μmol/l)

	1 g-% =	1 g-% =
Plasmaeiweiß	10 g/l	
Hämoglobin	10 g/l	0,621 mmol/l[a]
	1 mg-% =	1 mval/l =
Natrium	0,4350 mmol/l	1,0 mmol/l
Kalium	0,2558 mmol/l	1,0 mmol/l
Calcium	0,2495 mmol/l	0,5 mmol/l
Magnesium	0,4114 mmol/l	0,5 mmol/l
Chlorid	0,2821 mmol/l	1,0 mmol/l
Glucose	0,0555 mmol/l	
Cholesterin	0,0259 mmol/l	
Bilirubin	17,10 μmol/l	
Kreatinin	88,40 μmol/l	
Harnsäure	59,48 μmol/l	

[a] Bei der Angabe der molaren Hämoglobinkonzentration wird die relative Molekülmasse des Hämoglobinmonomeren zugrunde gelegt.

Die konsequente Einführung des neuen Systems wird wahrscheinlich im Bereich der Medizin eine längere Übergangszeit erfordern. Diese Feststellung bezieht sich nicht nur auf die gerätetechnische Umstellung, sondern auch auf die Notwendigkeit, daß die von den Einheiten abhängigen Normwerte in das neue System übertragen werden müssen. Erst wenn die wichtigsten Normwerte in neuen Einheiten zum Allgemeingut ärztlichen Wissens geworden sind, darf die Praktikabilität des vorgeschlagenen neuen Systems als gesichert gelten. Einwendungen sind insbesondere gegen die Umstellung der eingeführten Druckeinheit mm Hg auf die weniger anschauliche Einheit Pascal erhoben worden.

Dagegen findet im Zusammenhang mit dem Energieumsatz die Einheit Joule anstelle der konventionellen Einheit Calorie in zunehmendem Maße Verwendung. Um die Umstellung zu erleich-

Tabelle 6. Umrechnungsbeziehungen zwischen SI-Einheiten und konventionellen Einheiten

Größe	Umrechnungsbeziehungen	
Kraft	1 dyn = 10^{-5} N 1 kp = 9,81 N	1 N = 10^5 dyn 1 N = 0,102 kp
Druck	1 cm H_2O = 98,1 Pa 1 mm Hg = 133 Pa 1 atm = 101 kPa 1 bar = 100 kPa	1 Pa = 0,0102 cm H_2O 1 Pa = 0,0075 mm Hg 1 kPa = 0,0099 atm 1 kPa = 0,01 bar
Energie (Arbeit) (Wärmemenge)	1 erg = 10^{-7} J 1 mkp = 9,81 J 1 cal = 4,19 J	1 J = 10^7 erg 1 J = 0,102 mkp 1 J = 0,239 cal
Leistung	1 mkp/s = 9,81 W 1 PS = 736 W	1 W = 0,102 mkp/s 1 W = 0,001 36 PS
(Wärmestrom)	1 kcal = 1,16 W	1 W = 0,860 kcal/h
(Energieumsatz)	1 kJ/d = 0,0116 W 1 kcal/d = 0,0485 W	1 W = 86,4 kJ/d 1 W = 20,6 kcal/d
Viscosität	1 Poise = 0,1 Pa · s	1 Pa · s = 10 Poise

tern, werden in diesem Buch die konventionellen und die neuen Einheiten in weitem Umfang nebeneinander benutzt.

Einige oft benötigte Umrechnungsbeziehungen zwischen SI-Einheiten und früher eingeführten Einheiten sind in Tabelle 6 zusammengestellt.

Literatur

1. VAN ASSENDELFT, O. W., MOOK, G. A., ZIJLSTRA, W. G.: International system of units (SI) in Physiology. Pflügers Arch. ges. Physiol *339*, 265 (1973)
2. KOBLET, H.: Physikalische Begriffe in der klinischen Biochemie. Stuttgart: Thieme 1964
3. Gesetz über Einheiten im Meßwesen vom 2. 7. 1969. Bundesgesetzblatt 1969, Teil I, Nr. 55, S. 709
4. Ausführungsverordnung zum Gesetz über Einheiten im Meßwesen vom 26. 6. 1970. Bundesgesetzblatt 1970, Teil I. Nr. 62, S. 981
5. STAMM, D.: Meßgrößen und SI-Einheiten in der Klinischen Chemie. Deutsche Ges. f. Klin. Chem. Mitteilungen 1-1975

Sachverzeichnis